全国勘察设计注册土木工程师
执 业 资 格 考 试 用 书

注册岩土工程师执业资格考试
专业案例辅导手册

上册

匡三峁　周立冰　主编

中国建筑工业出版社

图书在版编目（CIP）数据

注册岩土工程师执业资格考试专业案例辅导手册：上、中、下册 / 匡三峁，周立冰主编. — 北京：中国建筑工业出版社，2024.1（2024.3 重印）
全国勘察设计注册土木工程师执业资格考试用书
ISBN 978-7-112-29569-2

Ⅰ. ①注… Ⅱ. ①匡… ②周… Ⅲ. ①岩土工程－资格考试－自学参考资料 Ⅳ. ①TU4

中国国家版本馆 CIP 数据核字（2023）第 253211 号

责任编辑：刘颖超　李静伟
责任校对：姜小莲

全国勘察设计注册土木工程师执业资格考试用书
注册岩土工程师执业资格考试专业案例辅导手册
匡三峁　周立冰　主编
*
中国建筑工业出版社出版、发行（北京海淀三里河路 9 号）
各地新华书店、建筑书店经销
国排高科（北京）信息技术有限公司制版
北京中科印刷有限公司印刷
*
开本：787 毫米×1092 毫米　1/16　印张：93　字数：2307 千字
2024 年 1 月第一版　　2024 年 3 月第二次印刷
定价：**368.00** 元（上、中、下册）
ISBN 978-7-112-29569-2
（42201）

前　言

2018年注册岩土专业考试进行了比较大的改革，案例考题由30题选做25题变成了25道必做题，考题难度创了新高，通过率也较低，如何有效地复习、快速地提高应试能力、顺利通过考试成了岩土专业考生急需解决的问题，目前考试呈现以下特点：**从偏、从活、从实际出发，原理性强，计算量较大，坑点深**。以往的案例辅导书复习两遍配合刷几遍真题就能通过的日子一去不返了。针对目前考试的特点，华山论剑群总结了近几年高通过率的经验（2017年通过率80%，2018年通过率70%，2019年必过班通过率61%，2020年必过班通过率30%+，2021—2023年必过班通过率35%+），总结出新的考试复习策略即：以规范为主线，深入理解土力学及规范原理，配合大量的习题训练，熟悉原理和考点、掌握快速答题思路和技巧，最后进行实战模拟，制定合理的选题策略，提升岩土专业案例考试快速、准确的解题能力。很遗憾的是，市面高质量的案例辅导手册较少，且存在和最新考试风格贴合不紧密，原理性不深入，把握考试重点不突出、以真题为主自编题少且没有及时的答疑和勘误等弱点，偏离了最新考试命题的方向，造成复习**前期不深、中期不广、后劲乏力**的局面。

为此，华山论剑群主三哥（匡三峁）及华山团队编制了这本适应现在考试要求的案例辅导手册，以土力学和规范为目录，强调贴合规范，深挖规范考点和细节，题量约1500题，覆盖了所有重要考点。本书以考试大纲要求的规范和《工程地质手册》为依据，参考了历年案例真题、各版本《土力学》《基础工程》等书籍。

一、本书的特点

1. 强调土力学原理及规范原理的重要性

土力学是注册岩土考试的“内功心法”，得土力学者易得岩土证，套装教材《土力学一本通》，紧密贴合土力学原理和岩土考试，剔除与注册岩土考试无关的土力学内容，深入分析和总结原理，重点例题详细分析，然后通过大量习题训练理解土力学原理，短时间内可提升注册岩土考试的内功；本书的编排顺序按考试大纲的顺序，以规范为目录，紧密贴合规范，注重对规范内容的理解，做题看书，通过做题加深对规范的理解，最忌讳脱离规范，仅依靠复习辅导书不养成勤翻规范的习惯。

2. 强调了做题训练的重要性

考试失败的原因有很多种，其中排名最前的就是做题太少，很多考生往往是题目看着简单、下笔很难、一做就错，最后遗憾败北，这充分说明了做题的重要性，本书例题约1500

题，覆盖了注册岩土考试的所有重要考点，后期还有案例习题册、案例模拟题等题目用于提高。

3. 注重提高解题技巧和坑点的总结

注册岩土考试注重答题技巧，题目往往有多种解法和答题思路，也往往存在优化、简化的解答步骤，本书例题答案后附有大量的点评，往往是点评答题依据、思路、总结、要点和坑点等，通过学习习题的解答点评，让使用者理解出题意图，做到刷题不盲目，起到举一反三的效果，完成两遍后一定要进行总结，**特别针对错题和难题的总结必不可少**。

4. 大量的自编题，确保覆盖更广的考点

由于近三年注册岩土考试案例题均出现不少生题，大部分生题是较为简单易拿分的题目，但由于不熟悉，大部分考生选择了放弃，对于没有选做题的案例考试非常可惜，故例题对规范的覆盖尤为重要，本书约1500题量，对考点的覆盖全面，编者对规范可能出案例题的知识点，大都精心进行自编题，尽管可能出题不完善，但是可以查漏补缺，加深了对规范的理解，考试时往往能快速定位生题，部分简单的重要考点重复题做两遍后不需要再做，后期的学习重点放在总结和模拟上。

5. 提供大量的增值服务

购买正版图书可加入2024年答疑QQ群：387418000，对于使用本书过程中遇到的疑难问题，及时在群内进行讨论，编者均在群内进行答疑，并对部分疑难问题进行视频解答；答疑群及时提供最新的考试资讯，提供备考攻略、《土力学》公开课、《土力学》课后习题视频讲解、计算器使用技巧讲解课、临考准备选题策略、考前坑点大总结等免费课程。

二、如何使用本书

1. 得案例者得岩土，复习岩土要从复习案例着手，切勿开始复习就在知识题花费过多的时间；规范是根本，但是看规范枯燥，抓不住重点，看书效率非常低，唯有通过做题来熟悉规范出题点和出题方式，做题翻书是效率最高的方法，而不是啃书背书。

2. 做题要勤动笔、勤按计算器，不要光看题不动笔，应严格按考试要求规范书写，建议在B5大小的笔记本上规范书写，形成正确的答题书写习惯、理清答题思路、优化解答，考试时才能如鱼得水，对于错题，要形成错题本，经常复习，往往错题是反复出现的，**建议将本书做2遍以上，历年真题做2遍，再做一定量的质量好的模拟题**。

3. 做题时遇到简单的问题尽量自己查规范、书、百度搜索解决，自己动脑思考得到的答案会记得更深刻，确实遇到难题发到群里讨论，集思广益，对于相同知识点、相同类型的题目做好总结，对于规范的难点、坑点等可在规范上做笔记，不要放过任何重点知识点及历年真题考点，**历年真题的考点重现率非常高**。

4. 复习要抓紧重点，对于历年考试必出或者频率非常高的考点确保做到熟练，尽量达到**闭卷**的程度；对于简单的偏题，应认真做完，加深印象，熟悉其在规范的位置；对于偏门的难题，根据自己的学习进度和理解力要有所取舍，在基本重要考点不熟的情况下，不要把时间花在偏难偏怪的题目上，捡了芝麻丢了西瓜。

为了方便考生使用，书中排版有未满版的情况且留了“比重”的说法；为了方便考生快速查找规范内容，引用规范条文内容时在保证意思不变的情况下对内容进行了概括；书中所有计算结果均用等式表达。

三、学习遇到困难的办法

对于基础薄弱，原理理解困难，做题速度慢或多年不通过的考生，推荐报名华山论剑群岩土培训，2024 年培训共计 140 节课，包括学习方法指导，土力学、规范案例考点精讲，历年真题视频讲解，规范带读，模拟题讲解，考前串讲，临考答题策略等（详细课表见华山论剑大 QQ 群：706509190），视频课程从土力学、规范原理出发，细讲规范公式的原理、推导，答题思路，深入浅出，可以听直播也可以观看离线视频，报名即可直接看 2023 年培训的全程视频录播，咨询请加 QQ：122752305。

由于编者水平有限，难免出现疏漏和错误之处，恳请广大使用者理解和批评指正，并及时和编者沟通，确认后我们将及时在答疑群发布勘误文件。

三哥

2023 年 12 月 12 日于北京

注册岩土案例考试考题分布

注册岩土考试考点分为：岩土工程勘察、浅基础、深基础、地基处理、边坡与土工防护、基坑与地下工程、特殊土及不良地质作用、地震工程、岩土工程检测 9 个大类的考点，第二天上午下午各 25 道，每题 2 分，共计 50 道 100 分，均为必做题。各大类案例出题比重及特点等见表 1。

各大类案例出题比重及特点 表 1

大类	题量	考题特点	重要考点(基本必考)	答题策略
岩土工程勘察	8	知识点范围广、涉及知识点多，经常出现生题，工程地质手册经常出题，常规题简单，注意偏题	1.载荷试验；2.土工试验；3.水文参数测定；4.岩体质量分级	不熟悉的偏题可先不做，往往有偏题和难题
浅基础	8	常规考点多，少部分沉降题型涉及土力学原理较难，大部分易拿分	1.地基承载力计算与修正；2.地基压力验算；3.软弱下卧层验算；4.地基沉降计算	常规题确保拿分，不理解的先略过
深基础	5	规范知识点少，计算量较大，易遗漏各种参数系数，部分较易拿分	1.单桩竖向承载力计算；2.水平承载力计算；3.沉降计算	要细心答题，注意规范小字
地基处理	5～6	分值较大，计算量适中，经常涉及三相换算及置换原理，易拿分	1.预压地基固结度置换率；2.复合地基置换率、承载力、沉降；3.多桩型复合地基	大部分题要确保拿分
边坡与土工防护	6～7	难度较大，计算量较大，部分常规题易拿分，大部分题可以达到闭卷作答	1.朗肯土压力计算；2.重力式挡土墙稳定性；3.边坡圆弧、直线、折线滑动稳定性；4.锚杆拉力计算	部分难题留到最后做
基坑与地下工程	4	偏难题较多，计算量较大，有部分简单题易拿分	1.弹性支点法；2.锚杆长度计算；3.稳定性计算；4.基坑降水计算；5.围岩压力计算	计算量大的偏题留到后面做
特殊土及不良地质	7	分值比重大，较为简单，易拿分	1.湿陷性土；2.膨胀土；3.冻土；4.盐渍土；5.滑坡；6.泥石流	首选
地震工程	4	知识点少，题型变化小，易拿分	1.场地类型判别；2.液化指数计算；3.反应谱计算	首选
岩土工程检测	2	难易不定，偏题较多，视情况拿分	1.桩基检测；2.载荷试验	视难易情况选择是否先做
总计	50		33	

建议答题顺序：特殊土→地震→地基处理→浅基础→勘察→桩基础→基坑→边坡，检

测题视情况先做或者在做完桩基础后再做，具体视个人的擅长情况调整，总体来说是遇到难的、计算量大的、偏的、没有思路的题先跳过，最后来补计算量大的、偏的、难的、没有思路的题；简单题要细心不要求快，确保正确率，超过 10 分钟没有清晰的思路一定要跳过，特别要注意题目要认真读完、加强审题，不可漏看或错看题目条件。

淘宝书店　　三哥（微信）　　书剑（微信）

全国注册土木工程师专业案例考试评分标准

1. 考生在答题卡上作答，不得使用铅笔，否则视为无效；

2. 在答题卡上书写与题意无关的语言，或在答题卡上做标记，均按违纪试卷处理；

3. 每道题只有 0 分或 2 分，无其他分数；

4. 仅有答案无解答过程，无论答案对错均不得分；

5. 答案依据的引用条文号与标准答案完全一致（章、节、条、款），可没有文字描述，得分；

6. 没有引用条文号，但文字叙述与标准答案基本吻合的，得分；

7. 没有列出公式，直接代入数据计算，结果与标准答案一致的，得分；

8. 列出公式，没有代入数据，虽然结果与标准答案一致的，不得分；

9. 引用手册（包括复习指导书）内容的一定要有文字描述，并与标准答案内容一致，得分；

10. 需要论述说明有何优点或特点的试题，一定要有文字描述并与标准答案内容一致，得分；

11. 答案依据的引用条文号与标准答案不一致，同时又没有文字说明的提请专家查相关条文后确认是否得分；

12. 没有按标准答案给定的方法计算，但计算结果与标准答案一致的，需经专家确认是否得分。

岩土考试规范重要性划分、编号及阅读策略

一、核心规范 7 本

核心重点规范：占案例考试50%左右的题量，正文要多看几遍，条文说明要全部仔细看。

1. 《岩土工程勘察规范》GB 50021—2001（2009 年版）（核心重点 1）
2. 《建筑地基基础设计规范》GB 50007—2011（核心重点 2）
3. 《建筑桩基技术规范》JGJ 94—2008（核心重点 3）
4. 《建筑地基处理技术规范》JGJ 79—2012（核心重点 4）
5. 《建筑边坡工程技术规范》GB 50330—2013（核心重点 5）
6. 《建筑基坑支护技术规程》JGJ 120—2012（核心重点 6）
7. 《建筑抗震设计规范》GB 50011—2010（2016 年版）（核心重点 7）

二、重点规范 17 本

占规范案例考试 30%左右，正文重点内容应仔细通读，条文说明浏览即可。

8. 《湿陷性黄土地区建筑标准》GB 50025—2018（重点 1）
9. 《膨胀土地区建筑技术规范》GB 50112—2013（重点 2）
10. 《盐渍土地区建筑技术规范》GB/T 50942—2014（重点 3）
11. 《高层建筑岩土工程勘察标准》JGJ/T 72—2017（重点 4）
12. 《土工合成材料应用技术规范》GB/T 50290—2014（重点 5）
13. 《建筑基桩检测技术规范》JGJ 106—2014（重点 6）
14. 《公路桥涵地基与基础设计规范》JTG 3363—2019（重点 7）
15. 《水电工程水工建筑物抗震设计规范》NB 35047—2015（重点 8）
16. 《铁路隧道设计规范》TB 10003—2016（重点 9）
17. 《铁路路基支挡结构设计规范》TB 10025—2019（重点 10）
18. 《铁路桥涵地基和基础设计规范》TB 10093—2017（重点 11）
19. 《公路路基设计规范》JTG D30—2015（重点 12）
20. 《工程岩体分级标准》GB/T 50218—2014（重点 13）
21. 《土工试验方法标准》GB/T 50123—2019（重点 14）
22. 《中国地震动参数区划图》GB 18306—2015（重点 15）
23. 《公路工程抗震规范》JTG B02—2013（重点 16）
24. 《公路隧道设计规范 第一册 土建工程》JTG 3370.1—2018（重点 17）

三、次重点规范 13 本

占案例考试 5%左右，正文应全部浏览。

25.《工程岩体试验方法标准》GB/T 50266—2013（次重点 1）

26.《水利水电工程地质勘察规范》GB 50487—2008（2022 年版）（次重点 2）

27.《铁路路基设计规范》TB 10001—2016（次重点 3）

28.《铁路工程地质勘察规范》TB 10012—2019（次重点 4）

29.《公路工程地质勘察规范》JTG C20—2011（次重点 5）

30.《城市轨道交通岩土工程勘察规范》GB 50307—2012（次重点 6）

31.《供水水文地质勘察规范》GB 50027—2001（次重点 7）

32.《地基动力特性测试规范》GB/T 50269—2015（次重点 8）

33.《碾压式土石坝设计规范》NB/T 10872—2021（次重点 9）

34.《铁路工程不良地质勘察规程》TB 10027—2022（次重点 10）

35.《铁路工程特殊岩土勘察规程》TB 10038—2022（次重点 11）

36.《建筑地基检测技术规范》JGJ 340—2015（次重点 12）

37.《岩土工程勘察安全标准》GB/T 50585—2019（次重点 13）

四、次要规范 13 本

基本不出案例题，知识有少量出题，翻翻目录，不用通读。

38.《建筑工程地质勘探与取样技术规程》JGJ/T 87—2012（次要规范 1）

39.《水运工程岩土勘察规范》JTS 133—2013（次要规范 2）

40.《工程结构可靠性设计统一标准》GB 50153—2008（次要规范 3）

41.《建筑结构荷载规范》GB 50009—2012（次要规范 4）

42.《水运工程地基设计规范》JTS 147—2017（次要规范 5，2008 年以后没有出案例）

43.《生活垃圾卫生填埋处理技术规范》GB 50869—2013（次要规范 6）

44.《地质灾害危险性评估规范》GB/T 40112—2021（次要规范 7）

45.《建筑基坑工程监测技术标准》GB 50497—2019（次要规范 8）

46.《建筑变形测量规范》JGJ 8—2016（次要规范 9）

47.《城市轨道交通工程监测技术规范》GB 50911—2013（次要规范 10）

48.《混凝土结构设计规范》GB 50010—2010（2015 年版）（次要规范 11）

49.《既有建筑地基基础加固技术规范》JGJ 123—2012（次要规范 12）

50.《建筑边坡工程鉴定与加固技术规范》GB 50843—2013（次要规范 13）

五、《土力学》《工程地质手册》（第五版）

案例和知识题占 15%左右，《土力学》要吃透，闭卷作答；《工程地质手册》第五版主要复习的内容有：地质基本知识和岩土分类、原位测试、特殊性岩土、不良地质和地下水。

目　录

第1篇　岩土工程勘察

第1篇

岩土工程勘察

考试大纲

1. 勘察工作的布置

熟悉场地条件、工程特点和设计要求，合理布置勘察工作。

2. 岩土的分类和鉴定

掌握岩土的工程分类和鉴别，熟悉岩土工程性质指标的物理意义及其工程应用。

3. 工程地质测绘和调查

掌握工程地质测绘和调查的要求和方法；掌握各类工程地质图件的编制。

4. 勘探与取样

了解工程地质钻探的工艺和操作技术；熟悉岩土工程勘察对钻探、井探、槽探和洞探的要求，熟悉岩石钻进中的 RQD 方法；熟悉各级土样的用途和取样技术；**熟悉取土器的规格、性能和适用范围**；熟悉取岩石试样和水试样的技术要求；了解主要物探方法的适用范围和工程应用。

5. 室内试验

了解岩土试验的方法；**熟悉岩土试验指标间的关系**；熟悉根据岩土特点和工程特点提出对岩土试验和水分析的要求；**熟悉岩土试验和水分析成果的应用；熟悉水和土对工程材料腐蚀性的评价方法。**

6. 原位测试

了解原位测试的方法和技术要求，**熟悉其适用范围和成果的应用。**

7. 地下水

熟悉地下水的类型和运动规律；熟悉地下水对工程的影响；了解抽水试验、注水试验和压水试验的方法，**掌握以上试验成果的应用。**

8. 岩土工程评价

掌握岩土力学基本概念在岩土工程评价中的应用；掌握岩土工程特性指标的数据处理和选用；**熟悉场地稳定性的分析评价方法**；熟悉地基承载力、变形和稳定性的分析评价方法；掌握勘察资料的分析整理和勘察报告的编写。

考题特点

自 2018 年后，岩土工程勘察每年 8 题，上午 4 题，下午 4 题，题号均为 1～4，涉及规范 14 本，部分考点出自《土力学》和《工程地质手册》，其中《岩土工程勘察规范》GB 50021—2001（2009 年版）为主要规范，涉及各行各业的众多规范，知识点范围广、涉及知识点多而杂，现今出题方向重点在**岩土的分类和鉴定、室内试验、原位测试、地下水**四个部分，勘探取样、岩土工程评价一般出题 0～1 题，勘察真题呈现以下特点：没考过的偏僻知识点较多、计算量较小、一半以上属于送分题，部分题目涉及土力学原理和实际工程经验，较难做对。

复习方法

复习之前应认真学习土力学，掌握土力学的基本原理，如三相换算、土的渗透性质与渗流理论、土的压缩性指标和渗流固结理论，土的抗剪强度理论等，才能在学习工程勘察时得心应手，**复习时应多做题、勤翻规范**，不可只看辅导书做题，对规范的相关公式尽量理解原理，**常用的公式做到可默写**。对于室内试验，应熟悉试验过程和数据处理；对于原位测试应通过广泛做题，对比总结《岩土工程勘察规范》GB 50021—2001（2009 年版）、《工程地质手册》及《土工试验方法标准》GB/T 50123—2019 的异同点，熟悉一些偏僻知识点的位置；对于地下水部分，应认真完成第 2 章的相关习题，掌握达西定律、裘布依假设、土的渗透破坏等理论，对《工程地质手册》地下水部分应认真通读一遍，通过本书来掌握相关重点考点和偏僻知识点。复习完两轮后，应通读、细读《岩土工程勘察规范》，其他相关的规范根据本书的规范重要性划分及阅读策略复习。

应试技巧

对于考场遇到不熟悉的偏题，可以放到后面做，不要先去做偏题，除非一眼能看出来非常简单的偏僻知识点，没有思路的题目也要放过。做题时注意规范的小注，附录。

主要涉及规范

（1）《岩土工程勘察规范》GB 50021—2001（2009 年版）（核心重点）

（2）《土工试验方法标准》GB/T 50123—2019（重点 1）

（3）《工程岩体分级标准》GB/T 50218—2014（重点 2）

（4）《高层建筑岩土工程勘察标准》JGJ/T 72—2017　J366—2017（重点 3）

（5）《工程岩体试验方法标准》GB/T 50266—2013（次重点 1）

（6）《水利水电工程地质勘察规范》GB 50487—2008（次重点 2）

（7）《铁路工程地质勘察规范》TB 10012—2019（次重点 3）

（8）《城市轨道交通岩土工程勘察规范》GB 50307—2012（次重点 4）

（9）《供水水文地质勘察规范》GB 50027—2001（次重点 5）

（10）《地基动力特性测试规范》GB/T 50269—2015（次重点 6）

（11）《建筑工程地质勘探与取样技术规程》JGJ/T 87—2012（次要规范 1）

（12）《水运工程岩土勘察规范》JTS 133—2013（次要规范 2）

（13）《公路工程地质勘察规范》JTG C20—2011（次要规范 3）

（14）《岩土工程勘察安全标准》GB/T 50585—2019（次要规范 4）

（15）《工程地质手册》（第五版）（重要章节：工程地质、原位测试、地下水）

第 1 章

勘探、取样和土的分类

1.1 勘探与取样

1.1.1 房屋建筑与构筑物的详勘勘探孔深度——《岩土工程勘察规范》第 4.1.18、4.1.19 条

（1）**第 4.1.18 条规定**，详细勘察的勘探深度自基础底面算起，应符合下列规定：

1 勘探孔深度应能控制地基主要受力层，当基础底面宽度不大于 5m 时，勘探孔的深度对条形基础不应小于基础底面宽度的 3 倍，对单独柱基不应小于 1.5 倍，且不应小于 5m；

2 对高层建筑和需作变形验算的地基，控制性勘探孔的深度应超过地基变形计算深度；高层建筑的一般性勘探孔应达到基底下 0.5～1.0 倍的基础宽度，并深入稳定分布的地层；

3 对仅有地下室的建筑或高层建筑的裙房，当不能满足抗浮设计要求，需设置抗浮桩或锚杆时，勘探孔深度应满足抗拔承载力评价的要求；

4 当有大面积地面堆载或软弱下卧层时，应适当加深控制性勘探孔的深度；

5 在上述规定深度内遇基岩或厚层碎石土等稳定地层时，勘探孔深度可适当调整。

（2）**第 4.1.19 条规定**，详细勘察的勘探孔深度，除应符合第 4.1.18 条的要求外，尚应符合下列规定：

1 地基变形计算深度，对中、低压缩性土可取附加压力等于上覆土层有效自重压力 20%的深度；对于高压缩性土层可取附加压力等于上覆土层有效自重压力 10%的深度；

2 建筑总平面内的裙房或仅有地下室部分（或当基底附加压力 $p_0 \leqslant 0$ 时）的控制性勘探孔的深度可适当减小，但应深入稳定分布地层，且根据荷载和土质条件不宜少于基底下 0.5～1.0 倍基础宽度；

3 当需进行地基整体稳定性验算时，控制性勘探孔深度应根据具体条件满足验算要求；

4 当需确定场地抗震类别而邻近无可靠的覆盖层厚度资料时，应布置波速测试孔，其深度应满足确定覆盖层厚度的要求；

5 大型设备基础勘探孔深度不宜小于基础底面宽度的 2 倍；

6 当需进行地基处理时，勘探孔的深度应满足地基处理设计与施工要求；当采用桩基时，勘探孔的深度应满足本规范第 4.9 节的要求。

对上述房屋建筑与构筑物的详勘勘探孔深度总结见表 1-1-1。

详勘勘探孔深度　　表 1-1-1

由基础宽度确定（$b \leqslant 5$m 时）	条基	基底以下勘探孔深度 $z \geqslant 3b$，且 $z \geqslant 5$m
	单独柱基	基底以下勘探孔深度 $z \geqslant 1.5b$，且 $z \geqslant 5$m
由变形计算深度确定	中、低压缩性	取附加压力等于上覆土层有效自重压力 20%的深度，$p_z \leqslant 0.2p_{cz}$
	高压缩性	取附加压力等于上覆土层有效自重压力 10%的深度，$p_z \leqslant 0.1p_{cz}$
大型设备基础		基底以下勘探孔深度 $z \geqslant 2b$

注：**第 4.9.4 条规定**，**桩基础**勘探孔的深度应符合下列规定：①一般性勘探孔的深度应达到预计桩长以下 3*d*～5*d*（*d*为桩径），且不得小于 3m；对大直径桩，不得小于 5m；②控制性勘探孔深度应满足下卧层验算要求；对需验算沉降的桩基，应超过地基变形计算深度；③钻至预计深度遇软弱层时，应予加深；在预计勘探孔深度内遇稳定坚实岩土时，可适当减小；④对嵌岩桩，应钻入预计嵌岩面以下 3*d*～5*d*，并穿过溶洞、破碎带，到达稳定地层；⑤对可能有多种桩长方案时，应根据最长桩方案确定。（与《建筑桩基技术规范》JGJ 94—2008 基本一致）

题 1-1 （02C01）某建筑物条形基础，埋深 1.5m，条形基础轴线间距 8m，按上部结构设计，作用在基础底面荷载标准组合的基底压力值为每延米 400kN，修正的地基承载力特征值估计为 200kPa，无明显软弱或坚硬的下卧层。按《岩土工程勘察规范》GB 50021—2001（2009 年版）进行详细勘察时，勘探孔的孔深以下列哪个选项的深度为宜？

（A）8m （B）10m （C）12m （D）15m

【解】

（1）$p_k \leqslant f_a \Rightarrow b \geqslant \dfrac{400}{200} = 2\text{m} < 5\text{m}$

（2）$D \geqslant 3 \times 2 = 6\text{m} > 5\text{m}$

（3）$L \geqslant 6 + 1.5 = 7.5\text{m}$，可取 8m

【点评】

①根据《岩土工程勘察规范》第 4.1.18 条；②基底宽度不大于 5m 时，条形基础勘探孔深度不小于 $3b$，且不应小于 5m，根据条形基础下的 $3b$处的附加应力约为基础底面附加应力的 0.2 倍；③注意勘探孔总深度为基底以下孔深加上基础埋深。

题 1-2 （12C04）某高层建筑拟采用天然地基，基础埋深 10m，基底附加压力为 280kPa，基础中心点下附加应力系数见表 1-1-2，初勘探明地下水位埋深 3m，地基土为中、低压缩性的粉土和粉质黏土，平均天然重度$\gamma = 19\text{kN/m}^3$，孔隙比$e = 0.7$，土粒比重$G_s = 2.70$，问详细勘察时，钻孔深度至少达到下列哪个选项才能满足变形计算的要求？（水的重度取 10kN/m^3）

题 1-2 表 **表 1-1-2**

基础中心点下深度z（m）	8	12	16	20	24	28	32	36	40
附加应力系数α_i	0.80	0.61	0.45	0.33	0.26	0.20	0.16	0.13	0.11

（A）24m （B）28m （C）34m （D）40m

【解】

（1）中低压缩土，钻孔深度需要满足$P_z \leqslant 0.2P_{cz}$

$$\gamma' = \frac{2.7 - 1}{1 + 0.7} \times 10 = 10\text{kN/m}^3$$

基底下 24m 处，$p_z = 280 \times 0.26 = 72.8\text{kPa}$，$p_{cz} = 19 \times 3 + 10 \times 31 = 367\text{kPa}$，满足$p_z \leqslant 0.2p_{cz}$

基底下 20m 处，$p_z = 280 \times 0.33 = 92.4\text{kPa}$，$p_{cz} = 19 \times 3 + 10 \times 27 = 327\text{kPa}$，不满足$p_z \leqslant 0.2p_{cz}$

（2）最小孔深$L = 24 + 10 = 34\text{m}$

【点评】

①根据《岩土工程勘察规范》第 4.1.19 条；②水面下的浮重度一定要用三相换算计算，不可以直接用天然重度减 10，除非条件不足；③钻孔深度 = 基底下深度 + 基础埋深；④变形深度计算方法有“应力比法”和“沉降比法”，《建筑地基基础设计规范》GB 50007—2011 采用沉降比法，可考性差，《岩土工程勘察规范》采用应力比法，对中、低压缩性土取附加应力等于上覆土层有效自重压力 20%的深度，对高压缩性土取附加应力等于上覆土层有效自重压力 10%的深度；⑤变形计算深度需采用试算法，**验算满足要求则减小深度**继续验算，直至**不满足要求**，取满足要求的最浅深度为最小钻孔深度；⑥本题选项设置有瑕疵，只有 C 选项$34 - 10 = 24$m，可以在题干中查到附加应力系数α_i，其余三个选项无法查得查到附加应力系数α_i，从而无法计算，故本题可以直接从 C 选项开始试算。

题 1–3 （22 补考 D02）某高层建筑物拟采用天然地基，筏形基础，基础长 20m，宽 20m，基础埋深 6m，基底附加压力 205kPa。地下水位埋深为 2m，地基土为巨厚的低压缩性粉质黏土，水位以上土的天然重度$\gamma = 19.5\text{kN/m}^3$，孔隙比$e = 0.70$，土粒比重$G_s = 2.70$，水的重度取 10kN/m³。根据《岩土工程勘察规范》GB 50021—2001（2009 年版），计算详细勘察的控制性钻孔深度至少应达到下列哪个选项？

（A）23m （B）26m （C）29m （D）32m

【解】

（1）$\gamma' = \dfrac{2.7 - 0.7}{1 + 0.7} \times 10 = 10\text{kN/m}^3$

（2）假定孔深 29m，基底下$29 - 6 = 23$m

$p_c = 2 \times 19.5 + (29 - 2) \times 10 = 309\text{kPa}$

$l/b = 10/10 = 1$，$z/b = 23/10 = 2.3$，$\alpha = 0.0685$

$p_z = 205 \times 4 \times 0.0685 = 56.17\text{kPa}$

$\dfrac{p_z}{p_c} = \dfrac{56.17}{309} = 18.2\% < 20\%$，满足要求

（3）假定孔深 26m，基底下$26 - 6 = 20$m

$p_c = 2 \times 19.5 + (26 - 2) \times 10 = 279\text{kPa}$

$l/b = 10/10 = 1$，$z/b = 20/10 = 2$，$\alpha = 0.084$

$p_z = 205 \times 4 \times 0.084 = 68.88\text{kPa}$

$\dfrac{p_z}{p_c} = \dfrac{68.88}{279} = 24.7\% > 20\%$，不满足要求，故选 C

【点评】

①根据《岩土工程勘察规范》第 4.1.18 条第 2 款，详细勘察的勘探深度自基础底面算起，对于高层建筑，控制性勘探孔深度应该超过地基变形计算深度；②第 4.1.19 条第 1 款，地基变形计算深度，对中、低压缩性土可取附加压力等于上覆土层有效自重压力 20%的深度；对于高压缩性土层可取附加压力等于上覆土层有效自重压力 10%的深度，可以满足计算要求。

1.1.2 取土器技术标准——《岩土工程勘察规范》附录 F

取土器技术参数应符合表 1-1-3 的规定。

取土器技术参数 **表 1-1-3**

<table>
<tr><th rowspan="2">取土器参数</th><th rowspan="2" colspan="2">厚壁取土器</th><th colspan="3">薄壁取土器</th></tr>
<tr><th>敞口自由活塞</th><th>水压固定活塞</th><th>固定活塞</th></tr>
<tr><td>面积比$\frac{D_w^2-D_e^2}{D_e^2}\times 100$（%）</td><td>13～20</td><td rowspan="3">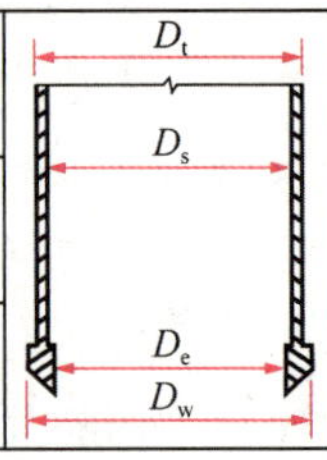
</td><td>≤10</td><td colspan="2">10～13</td></tr>
<tr><td>内间隙比$\frac{D_s-D_e}{D_e}\times 100$（%）</td><td>0.5～1.5</td><td>0</td><td colspan="2">0.5～1.0</td></tr>
<tr><td>外间隙比$\frac{D_w-D_t}{D_t}\times 100$（%）</td><td>0～2.0</td><td colspan="3">0</td></tr>
<tr><td>刃口角度α（°）</td><td colspan="2"><10</td><td colspan="3">5～10</td></tr>
<tr><td>长度L（mm）</td><td colspan="2">400，500</td><td colspan="3">对砂土：（5～10）D_e；
对黏性土（10～15）D_e</td></tr>
<tr><td>外径D_t（mm）</td><td colspan="2">75～89，108</td><td colspan="3">75，100</td></tr>
<tr><td>衬管</td><td colspan="2">整圆或半合管，塑料、酚醛层压纸或镀锌薄钢板制成</td><td colspan="3">无衬管，束节式取土器衬管同左</td></tr>
</table>

注：1. 取样管及衬管内壁必须光滑、圆整；

2. 在特殊情况下取土器直径可增大至 150～250mm；

3. 表中符号：D_e——取土器刃口内径；D_s——取样管内径，加衬管时为衬管内径；D_t——取样管外径；D_w——取土器管靴外径，对薄壁管$D_w = D_t$。

题 1-4 （03C01）如果以标准贯入器作为一种取土器，则其面积比等于下列哪个选项？

（A）177.8%　　（B）146.9%　　（C）112.3%　　（D）45.7%

【解】

（1）标准贯入器外径 51mm，内径 35mm

（2）$\frac{D_w^2 - D_e^2}{D_e^2} = \frac{51^2 - 35^2}{35^2} = 112.3\%$

【点评】

①根据《岩土工程勘察规范》第 10.5 条、附录 F，面积比指取土器最大断面与土样断面之比的百分数；②D_w取土器管靴外径（mm）；D_e取土器管靴内径（mm）。面积比越小，则土样所受的扰动程度就越小，要使面积比小，关键是减少取土器壁厚，但取土器太薄容易产生变形或破裂，对一般黏性土和老黏性土可选用面积比小于 30%、壁厚小于 6mm 的对开式取土器；而软黏土可选用面积比小于 20%、壁厚为 3～4mm 的取土器。

【同类型真题】 04D01

题 1-5　（19D02）现场检验敞口自由活塞薄壁取土器，测得取土器规格如图 1-1-1 所示：根据检定数据，该取土器的鉴定结果符合下列哪个选项？（请给出计算过程）

（A）取土器的内间隙比、面积比都符合要求

（B）取土器的内间隙比、面积比都不符合要求

（C）取土器的内间隙比符合要求，面积比不符合要求

（D）取土器的内间隙比不符合要求，面积比符合要求

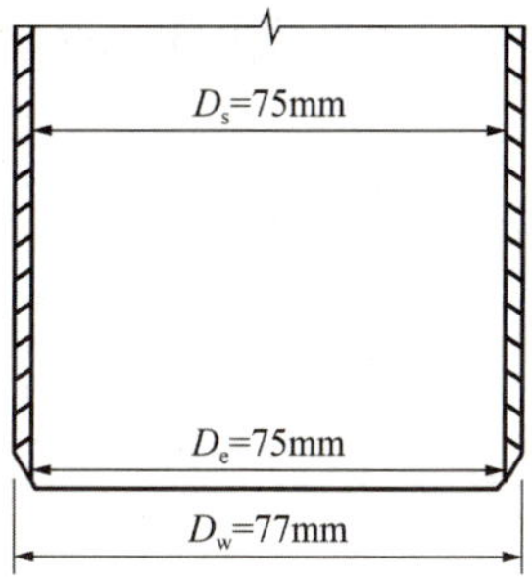

图 1-1-1　题 1-5 图

【解】

（1）内间隙比$C_i = \dfrac{75-75}{75} = 0$，符合要求

（2）面积比$A_r = \dfrac{77^2-75^2}{75^2} \times 100\% = 5.4\% \leqslant 10\%$，符合要求

【点评】

①根据《岩土工程勘察规范》附录 F；②敞口自由活塞薄壁取土器要求面积比$\leqslant$10%，内间隙比 = 0；③面积比指**取土器最大断面与土样断面**之比的百分数；④**取土管内径D_s和管靴刃口内径D_e之差与管靴刃口内径之比**称内间隙比。

1.1.3　钻孔实际孔深及孔深误差计算

钻孔实际孔深及孔深误差计算总结见表 1-1-4。

钻孔实际孔深及孔深误差计算　　**表 1-1-4**

取样器包含岩芯管及钻头，机上余尺也称机上残尺。

机上钻杆一般分为三部分长度，余尺 + 机高 + 地面下剩余部分，仅地面下剩余部分长度为孔深的一部分，见右图。

实际孔深 = 取样器长 + 钻杆总长（含机上钻杆）− 机高 − 余尺

钻进过程中钻孔的**记录累计深度**往往与**实际深度**之间存在着一定的误差，钻孔的实际深度（L_S）与记录深度（L_J）的差值叫做**孔深误差**（ΔL），即：

$$\Delta L = \pm(L_S - L_J)$$

$L_S > L_J$时，取（+）号，称为盈尺；

$L_S < L_J$时，取（−）号，称为亏尺

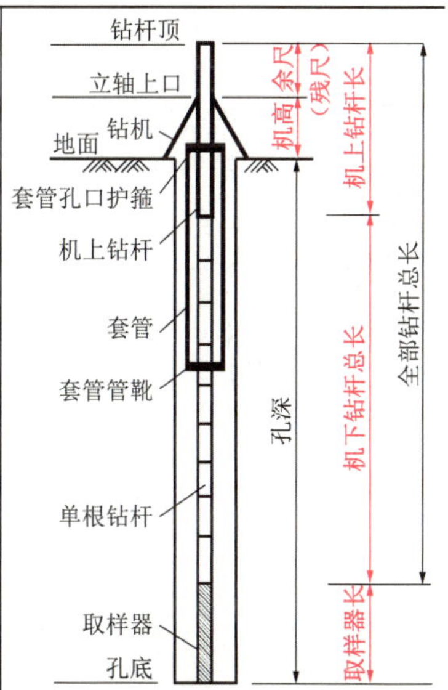

题 1-6 （22C01）某场地钻孔设计孔深 50m，采用 XY-1 型钻机施工，钻探班报表（表 1-1-5）中记录终孔深度 50.80m，为校正孔深偏差，实测钻具长度见下表，则终孔时孔深偏差最接近哪一选项？

题 1-6 表 **表 1-1-5**

名称/编号	岩芯管及钻头	机上钻杆	钻杆 1	钻杆 2	钻杆 3	钻杆 4	钻杆 5	钻杆 6
实测长度（cm）	240	480	424	411	413	419	414	409
名称/编号	钻杆 7	钻杆 8	钻杆 9	钻杆 10	钻杆 11	机高	机上钻杆余尺	
实测长度（cm）	424	408	423	418	420	110	130	

（A）17cm （B）37cm （C）63cm （D）80cm

【解】

$$D = 240 + 480 + 424 + 411 + 413 + 419 + 414 + 409 + 424 + 408 + 423 + 418 + 420 - (110 + 130) = 5063\text{cm}$$

$$\Delta L = 5080 - 5063 = 17\text{cm}$$

【点评】

如表 1-1-4 中图所示，孔深偏差 = 记录孔深 − 总进尺，总进尺 = 岩芯管及钻头长 + 所有钻杆总长（含机上钻杆长）− 机高 − 机上钻杆余尺。**为校正孔深偏差，终孔后均要进行一次孔深测量，误差小于千分之一者可不修正孔深，故孔深偏差为记录孔深和实际孔深的差值。**

题 1-7 （05C01）钻机立轴升至最高时其上口 1.50m，取样用钻杆总长 21.00m，取土器全长 1.00m，下至孔底后机上残尺 1.10m，钻孔用套管护壁，套管总长 18.50m。另有管靴与孔口护箍各高 0.15m，套管口露出地面 0.40m，则取样位置至套管底的距离为下列哪个选项？

（A）0.6m （B）1.0m （C）1.3m （D）2.5m

【解】

$$L = 21 + 1 - (1.5 + 1.1) - (18.5 + 0.15 + 0.15 - 0.4) = 1.0\text{m}$$

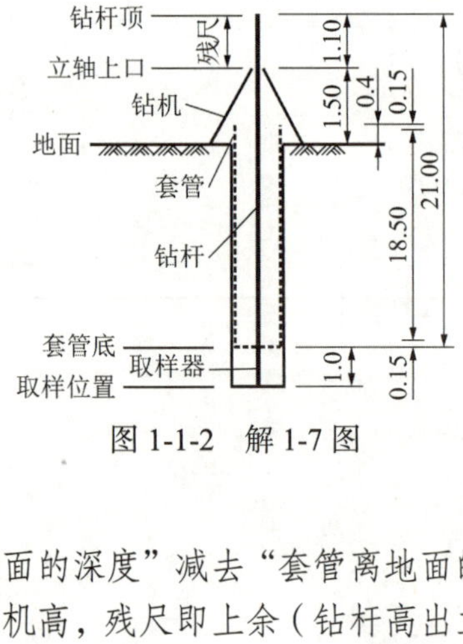

图 1-1-2 解 1-7 图

【点评】

①用“钻杆加取土器离地面的深度”减去“套管离地面的深度”；②上口即立轴顶部到地面的距离，也可以理解为钻机高，残尺即上余（钻杆高出立轴顶部的距离），套管总长不含管靴与孔口护箍（图 1-1-2）；③本题比较巧合，取样器起始位置刚好在套管底部。

1.1.4 土试样质量等级和土样扰动程度——《岩土工程勘察规范》第9.4.1条及条文说明

1. 土试样质量等级

土试样质量应根据试验目的按表1-1-6分为4个等级。

土试验质量等级 表1-1-6

级别	扰动程度	试验内容
Ⅰ	不扰动	土类定名、含水量、密度、强度试验、固结试验
Ⅱ	轻微扰动	土类定名、含水率、密度
Ⅲ	显著扰动	土类定名、含水率
Ⅳ	完全扰动	土类定名

2. 土样扰动程度

土试样扰动程度的鉴定有多种方法，大致可分为现场外观检查、测定回收率、X射线检验、室内试验评价4种方法。一般来说，案例考试主要涉及测定回收率和室内试验评价两种方法，室内试验评价又主要分为扰动指数I_D和体积应变比ε_v两种，计算总结表格和评价标准见表1-1-7和表1-1-8。

土样扰动程度计算 表1-1-7

回收率	回收率$=\frac{L}{H}$	回收率等于0.98左右最理想，大于1.0或小于0.95时土样受扰动	H——取样时取土器贯入孔底以下土层的深度 L——土样长度，可取土试样毛长，而不必是净长，即可从土试样顶端算至取土器刃口，下部如有脱落可不扣除
扰动指数I_D	$I_D=\frac{\Delta e_0}{\Delta e_m}$	Δe_0——原位孔隙比与土样在先期固结压力处孔隙比的差值 Δe_m——原位孔隙比与重塑土在先期固结压力处孔隙比的差值	
体积应变比ε_v	$\varepsilon_v=\frac{\Delta V}{V}=\frac{\Delta e}{1+e_0}$	Δe——加荷至自重压力时的孔隙比变化量 e_0——土样的初始孔隙比	

评价土试样扰动程度的参考标准 表1-1-8

评价标准	扰动程度				
	几乎未扰动	少量扰动	中等扰动	很大扰动	严重扰动
扰动指数I_D	<0.15	0.15～0.30	0.30～0.50	0.50～0.75	>0.75
体积应变比ε_v	$<1\%$	1%～2%	2%～4%	4%～10%	$>10\%$

题1-8 （17D02）土试样进行压缩试验，测得土样初始孔隙比为0.85，加荷至自重压力时孔隙比为0.80，根据《岩土工程勘察规范》GB 50021—2001（2009年版）相关说明，用体积应变评价该土样的扰动程度为下列哪一选项？

（A）几乎未扰动　（B）少量扰动　（C）中等扰动　（D）很大扰动

【解】

$$\varepsilon_v=\frac{e_0-e_1}{1+e_0}=\frac{0.85-0.8}{1+0.85}=2.7\%\in(2\%,4\%)$$，查表为中等扰动。

【点评】

①根据《岩土工程勘察规范》第9.4.1条条文说明P270；②较偏僻考点：根据体积应变ε_v判断土试样的扰动程度。

1.1.5　泥浆配制——《工程地质手册》P121

在岩土层中钻进，除能保持孔壁稳定的黏性土层和完整岩层之外，均应采取护壁措施。泥浆作为钻探的一种冲洗液，除起护壁作用外，还具有携带、悬浮与排除岩粉、冷却钻头、润滑钻具、堵漏等功能。泥浆性能好坏直接影响钻进效率和生产安全。造浆原料为黏土和水。

制造泥浆时，黏土用量和所需水量可以按表 1-1-9 中公式计算。

制造泥浆时黏土用量和所需水量　　表 1-1-9

《工程地质手册》上公式仅适用于完全饱和的黏土（慎用）：		
配制泥浆时黏土用量Q（t）	$Q=V\rho_1\dfrac{\rho_2-\rho_w}{\rho_1-\rho_w}$	V——欲配制泥浆的体积（m³）； V_0——配制泥浆时黏土用量的体积（m³）； ρ_1——黏土的密度（t/m³）； ρ_2——欲制备泥浆的密度（t/m³），数值上等于泥浆比重； ρ_w——水的密度（t/m³），取 1
配制泥浆时黏土用量的体积V_0（m³）	$V_0=V\dfrac{\rho_2-\rho_w}{\rho_1-\rho_w}$	
配制泥浆时所需水量m_w（t）	$m_w=\left(V-\dfrac{Q}{\rho_1}\right)\rho_w$	
正确原理公式如下：		ρ_s——黏土颗粒的密度（t/m³），数值上等于土粒比重G_s； m_s——配制泥浆时黏土颗粒的质量（t）； w——黏土含水率，以小数代入； 其他参数同上
配制泥浆时黏土用量Q（t）	$m_s=V\rho_s\dfrac{\rho_2-\rho_w}{\rho_s-\rho_w}\Rightarrow Q=m_s(1+w)$	
配制泥浆时所需水量m_w（t）	$m_w=\rho_2V-Q$	

注：推导如下：由于泥浆饱和，$V-V_w=V_s\Rightarrow V-\dfrac{V\rho_2-m_s}{\rho_w}=\dfrac{m_s}{\rho_s}\Rightarrow V\rho_w\rho_s-V\rho_s\rho_2+m_s\rho_s=m_s\rho_w$

$\Rightarrow V\rho_s(\rho_w-\rho_2)=m_s(\rho_w-\rho_s)\Rightarrow m_s=V\rho_s\dfrac{\rho_w-\rho_2}{\rho_w-\rho_s}\Rightarrow m_s=V\rho_s\dfrac{\rho_2-\rho_w}{\rho_s-\rho_w}$

题 1-9　（16D02）取黏土试样测得：质量密度$\rho=1.80\text{g/cm}^3$，土粒比重$G_s=2.70$，含水率$w=30\%$。拟使用该黏土配制比重为 1.2 的泥浆，计算配制 1m³ 泥浆所需的黏土质量为下列哪个选项？

（A）0.41t　　（B）0.67t　　（C）0.75t　　（D）0.90t

【解法一】

（1）$1.2=\dfrac{2.7+e}{1+e}\times1\Rightarrow e=7.5$

（2）$\rho_d=\dfrac{2.70}{1+7.5}=0.318\text{t/m}^3$

（3）$m=\rho V=\rho_d(1+w)V=0.318\times(1+0.3)\times1=0.413\text{t}$

【解法二】

（1）$m_s=V\rho_s\dfrac{\rho_2-\rho_w}{\rho_s-\rho_w}=1\times2.7\times\dfrac{1.2-1.0}{2.7-1.0}=0.318\text{t}$

（2）$m=m_s(1+w)=0.318\times(1+0.3)=0.413\text{t}$

【解法三】

（1）$V_s+V_w=1\Rightarrow\dfrac{m_s}{2.70}+\dfrac{1.2\times1-m_s}{1}=1\Rightarrow m_s=0.318\text{t}$

（2）$m=0.318\times(1+0.3)=0.413\text{t}$

【点评】

①注意泥浆比重 1.2 为泥浆的饱和密度，巧妙利用三相换算饱和密度的公式求得孔隙比，然后求得泥浆的干重度，得 1m^3 的黏土颗粒的重量后求得所需黏土的质量；②解法二根据《工程地质手册》P121 公式(2-6-1)，公式内的黏土密度为黏土颗粒G_s，计算的结果为黏土颗粒质量m_s。

题 1-10 （22D08）某深厚饱和黏性土地基，颗粒比重 2.72，饱和度 100%，密度 2.0g/cm^3。在该地基上进行灌注桩施工时拟采用泥浆护壁成孔，泥浆为原土自造浆，要求泥浆密度 1.2g/cm^3。问平均每立方米原土形成的泥浆量最接近下列哪个选项？

（A）3m^2　　（B）4m^2　　（C）5m^2　　（D）6m^2

【解法一】

加水前后质量不变，加水后体积为V，则：

$2+V-1=1.2\times V$，得$V=5\text{m}^3$

【解法二】

（1）加水前：$\dfrac{2.72+e_1}{1+e_1}=2.0$，得$e_1=0.72$

（2）加水后：$\dfrac{2.72+e_2}{1+e_2}=1.2$，得$e_2=7.6$

（3）加水前后V_s不变：$\dfrac{1}{1+0.72}=\dfrac{V}{1+7.6}$，得$V=5\text{m}^3$

【解法三】

加水前后体积不变，设加水体积x：

$1+x=\dfrac{2+x}{1.2}$，得$x=4\text{m}^3$，加水后泥浆体积$V=1+4=5\text{m}^3$

【解法四】

用《工程地质手册》公式

$$Q=V\rho_1\frac{\rho_2-\rho_w}{\rho_1-\rho_w}\Rightarrow 1\times 2.0=V\times 2.0\times\frac{1.2-1.0}{2.0-1.0}\Rightarrow V=5\text{m}^3$$

【点评】

①根据《土力学》三相换算原理；②解法一，根据加水前后的质量不变计算；③解法二，根据泥浆形成前土颗粒的质量和体积不变，可以采用不同的计算方法；解法四，用《工程地质手册》P121 公式，此公式仅适用于完全饱和的黏土，一定要注意适用条件。

1.1.6 架空线路工程塔基勘探深度——《岩土工程勘察规范》第 4.4.15 条条文说明

结合土质条件、塔的基础类型、基础埋深和荷重大小以及塔基受力的特点，按有关理论计算结果，勘探孔深度一般为基础埋置深度下 0.5～2.0 倍基础底面宽度，表 1-1-10 可作参考。

不同类型塔基勘探深度　　表 1-1-10

塔型	勘探孔深度（m）		
	硬塑土层	可塑土层	软塑土层
直线塔	$d+0.5b$	$d+(0.5\sim1.0)b$	$d+(1.0\sim1.5)b$
耐张、转角、跨越和终端塔	$d+(0.5\sim1.0)b$	$d+(1.0\sim1.5)b$	$d+(1.5\sim2.0)b$

注：1. 本表适用于均质土层。如为多层土或碎石土、砂土时，可适当增减；
2. d——基础埋置深度（m），b——基础底面宽度（m）。

题 1-11 某架空送电线路工程位于均质黏性土场地，已知土的天然重度为$\gamma=18.8\text{kN/m}^3$，比重$G_s=2.73$，孔隙比$e=0.78$，塑限含水率为 18%，液限含水率为 42%，拟建直线塔的基础埋深 2.0m，采用独立方形基础，基础边长为 2.2m，根据《岩土工程勘察规范》GB 50021—2001（2009 年版），适宜的勘探孔孔深为下列哪个选项？（取范围值按最大取值）

（A）3.1m　　（B）4.2m　　（C）5.3m　　（D）6.4m

【解】

（1）$18.8=\dfrac{2.73\times(1+w)}{1+0.78}\times10\Rightarrow w=22.58\%$

$I_L=\dfrac{w-w_P}{w_L-w_P}=\dfrac{22.58-18}{42-18}=0.19$，介于 0～0.25 ⇒ 硬塑

（2）根据规范表 4.1.7，直线塔勘探孔深度：$L=d+0.5b=2+0.5\times2.2=3.1\text{m}$

【点评】

①根据《岩土工程勘察规范》第 3.3.11 条、第 4.4.15 条、第 4.4.16 条条文说明；②偏门考点，三相换算与实际工程相结合。

1.1.7 勘察作业危险源辨识和评价——《岩土工程勘察安全标准》附录 A

勘察作业前，应根据勘察项目特点、场地条件、勘察方案、勘察手段等对作业过程中的危险源进行辨识。危险源危险等级评价按表 1-1-11 执行。

危险源危险等级评价　　表 1-1-11

勘察作业危险源危险等级可采用危险性评价因子计算确定，可按下式计算：

$$D = LEC$$

D——危险源危险等级计算值

L——发生事故可能性评价因子

E——暴露于危险环境的频繁程度评价因子

C——发生事故可能产生的后果评价因子

勘察作业危险源危险等级评价可根据危险源危险等级计算值的大小按下表确定：

勘察作业危险源危险等级评价

危险等级评价值	危险源危险等级
$D > 320$	特大级
$160 < D \leqslant 320$	重大级
$70 < D \leqslant 160$	较大级
$20 < D \leqslant 70$	一般级
$D \leqslant 20$	轻微级

凡具备下列条件的危险源应判定为重大级危险源：

1. 曾经发生过非常严重的安全事故，且无有效的安全生产防护措施；
2. 直接观察到很可能发生非常严重安全事故后果，且无有效的安全生产防护措施；
3. 违反安全操作规程，很可能导致非常严重安全事故后果

判定为重大级的危险源，在制订安全生产管理方案、采取现有的控制技术和措施仍不能降低安全风险时，应判定为特大级危险源

发生事故的可能性、暴露于危险环境频繁程度和发生事故可能产生的后果等评价因子可按下表取值：

勘察作业危险源评价因子分值

评价因子	评价内容	分值
发生事故的可能性 L	完全可预料到	10
	相当可能	6
	可能，但不经常	3
	可能性小，完全意外	1
	可能性很小	0.5
	极不可能	0.1
暴露于危险环境的频繁程度 E	连续暴露	10
	每天工作时间内暴露	6
	每周一次或经常暴露	3
	每月暴露一次	2
	每年几次或偶然暴露	1
发生事故可能产生的后果 C	重大灾难，3 人以上死亡或 10 人以上重伤	100
	灾难，2～3 人死亡或 4～10 人重伤	40
	非常严重，1 人死亡或 2～3 人重伤	15
	严重，1 人重伤	7
	比较严重，轻伤	3
	轻微，需要救护	1

题 1-12 （22D01）在每年汛期偶尔发生山洪的山区钻探作业，如果措施不当，可能会造成 3 人以上死亡的重大灾难。经评估，发生以上事故的可能性为“很小”，根据《岩土工程勘察安全标准》GB/T 50585—2019，判断勘察作业山洪危险源的危险等级为下列哪个选项？并给出理由。

（A）轻微级　　（B）一般级　　（C）较大级　　（D）重大级

【解】

（1）可能性很小，查表$L = 0.5$；每年偶尔发生，查表$E = 1$；3 人以上死亡，查表$C = 100$。

（2）$D = 0.5 \times 1 \times 100 = 50 \in (20,70]$，查表 A.0.4，一般级。

【点评】

①根据《岩土工程勘察安全标准》附录 A；②危险源危险等级计算值$D = LEC$，其中L为发生事故可能性因子，E为暴露于危险环境频繁程度，D为发生事故可能产生的后果；③条文说明中，一年仅偶尔出现在危险环境中分值为 0.1，与正文不符。

1.2　土的物理性质与分类

1.2.1　土的三相组成——《土力学》

1. 颗粒级配及应用

固体颗粒构成土骨架，它对土的物理力学性质起决定性的作用。研究固体颗粒就要分析粒径的大小及不同尺寸颗粒在土中所占的百分比，称为土的**颗粒级配**，颗粒级配曲线见图 1-1-3。采用筛分或其他方法，将土中不同粒径的土粒进行分组。根据各粒组的相对含量（各粒组占土粒总质量的百分比）计算砂砾土层颗粒级配，并给土层定名，颗粒级配指标计算与级配曲线特征见表 1-1-12。

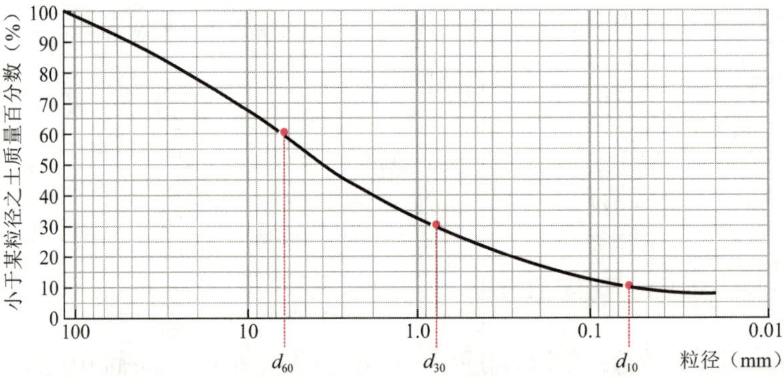

图 1-1-3　颗粒级配曲线图

颗粒级配指标计算与级配曲线特征　　表 1-1-12

<table>
<tr><td colspan="2">**不均匀系数**：$C_u=\dfrac{d_{60}}{d_{10}}$</td><td colspan="2" rowspan="2">d_{60}——限制粒径，颗粒大小分布曲线上的某粒径，小于该粒径的土含量占总质量的 60%；
d_{10}——有效粒径，颗粒大小分布曲线上的某粒径，小于该粒径的土含量占总质量的 10%；
d_{30}——颗粒大小分布曲线上的某粒径，小于该粒径的土含量占总质量的 30%</td></tr>
<tr><td colspan="2">**曲率系数**：$C_c=\dfrac{d_{30}^2}{d_{10}\cdot d_{60}}$</td></tr>
<tr><td>**级配连续**</td><td>$C_c=1\sim3$</td><td>**级配良好**</td><td>$C_u\geqslant5$且$C_c=1\sim3$</td></tr>
<tr><td>**级配不连续**</td><td>$C_c<1$或$C_c>3$</td><td>**级配不良**</td><td>$C_u<5$或$C_c<1$或$C_c>3$</td></tr>
<tr><td colspan="4">不均匀系数C_u反映大小不同粒组的分布情况，C_u越大表示土越不均匀，即粗颗粒和细颗粒的大小相差越悬殊。如果粒径级配曲线是连续的，C_u越大，则曲线越平缓，表示土中含有许多粗细不同的粒组，亦即粒组的变化范围宽。$C_u>5$的土称为**不均匀土**，反之称为**均匀土**。
曲率系数C_c描写的是累积曲线的分布范围，反映曲线的整体形状。**级配连续时**，C_c的范围为 1～3，当$C_c<1$或$C_c>3$时，均表示**级配曲线不连续**。从工程观点看，$C_u\geqslant5$且$C_c=1\sim3$ 的土，称为**级配良好的土**。不能同时满足上述两个要求的土，称为**级配不良的土**。
土的粗细常用**平均粒径**d_{50}表示，它指土中大于此粒径和小于此粒径的土的含量各占 50%</td></tr>
<tr><td colspan="4">**铁路普通填料组别分类**——《铁路路基设计规范》附录 A
$C_u<10$为**均匀级配**；$C_u\geqslant10$且$1\leqslant C_c\leqslant3$为**良好级配**；$C_u\geqslant10$且$[C_c<1$或$C_c>3]$为**间断级配**
填料组别分类查规范附录表 A.0.3～表 A.0.5</td></tr>
</table>

注：颗分试验方法分为**筛析法**、**密度计法**、**移液管法**，非重点案例内容，自行参阅《土工试验方法标准》8。

2. 三相指标及换算

土是由固体颗粒、水和气体三部分组成的三相体系，完全饱和时，土中无气体。土力学中，通常用三相草图表示土的三相组成。土的三相指标原理及换算见表 1-1-13。

三相指标原理及换算　　　　表 1-1-13

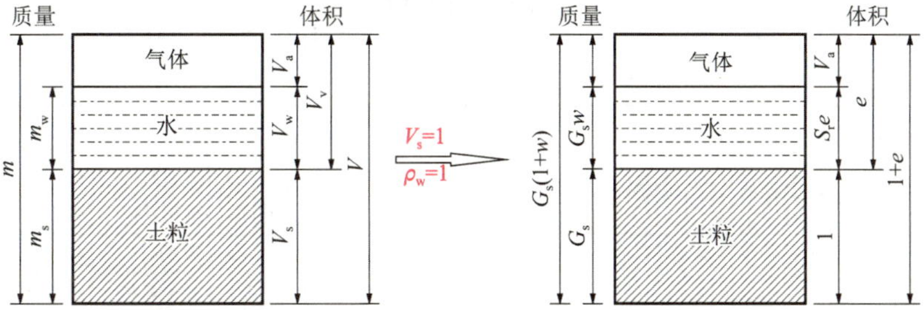

三相草图　　　　脑海中 三相图

土体孔隙体积：$V_v = V_a + V_w$

土体总体积：$V = V_v + V_s = V_a + V_w + V_s$

土体总质量：$m = m_w + m_s$

4℃时，$\rho_w = 1$，令$V_s = 1$，则$V_v = e$，其他参数可按“**脑海中的三相图**”转换如下所示。

三相指标换算

指标		物理意义	表达式	脑海中三相图换算
直接指标	密度ρ（g/cm³）	单位体积内土体的质量	$\rho = \frac{m}{V}$	$\rho = \frac{G_s(1+w)}{1+e}\rho_w$；$\rho = \frac{G_s + S_r e}{1+e}\rho_w$
	比重G_s	土粒的质量与同体积纯水在 4℃（$\rho_w = 1$）时的质量之比	$G_s = \frac{m_s}{V_s \rho_w}$	$G_s w = S_r e \Rightarrow G_s = \frac{S_r e}{w}$
	含水率w（小数表示）	土体中水的质量与土粒质量之比	$w = \frac{m_w}{m_s}$	$G_s w = S_r e \Rightarrow w = \frac{S_r e}{G_s}$
间接指标	孔隙比e	土体中孔隙体积与土粒体积之比	$e = \frac{V_v}{V_s}$	$e = \frac{G_s(1+w)}{\rho}\rho_w - 1$；$G_s w = S_r e$
	孔隙率n（小数表示）	土体中孔隙体积与土体体积之比	$n = \frac{V_v}{V}$	$n = \frac{e}{1+e}$
	饱和度S_r（小数表示）	土中孔隙水的体积与孔隙体积之比	$S_r = \frac{V_w}{V_v}$	$G_s w = S_r e \Rightarrow S_r = \frac{G_s w}{e}$
	干密度ρ_d（g/cm³）	烘干状态下，单位体积内土粒的质量	$\rho_d = \frac{m_s}{V}$	$\rho_d = \frac{\rho}{1+w}$；$\rho_d = \frac{G_s}{1+e}\rho_w$
	饱和密度ρ_{sat}（g/cm³）	完全饱和状态下，单位体积土体的质量	$\rho_{sat} = \frac{m_s + \rho_w V_v}{V}$	$\rho_{sat} = \frac{G_s + e}{1+e}\rho_w$
	浮密度ρ'（g/cm³）	完全饱和状态下，单位体积土体扣除浮力后土粒的质量	$\rho' = \frac{m_s - \rho_w V_s}{V}$	$\rho' = \frac{G_s - 1}{1+e}\rho_w$

注：含水率w、孔隙率n、饱和度S_r单位本为%，但因计算中常用小数代入，且下述“脑海中的三相图”中均用小数表示，故表达式中均未乘 100%

3. 三相指标工程应用

三相指标的工程应用常考的主要有加水增湿、填方压实、地震密实等方面。原理上都是抓住**土颗粒的质量m_s和体积V_s不变**，通过孔隙比e或含水率w等条件变化来进行求解，总结见表 1-1-14。

三相指标工程应用　　表 1-1-14

工程应用	原理	公式
加水量	土颗粒质量m_s不变 含水量w、饱和度S_r可能变化	$m_s=\frac{m_1}{1+w_1}=\frac{m_2}{1+w_2}$ $\Delta m_w=m_s(w_2-w_1)$
填方压实 无填料振冲 大面积固结沉降	土颗粒质量m_s不变 孔隙比e发生变化	$m_s=\frac{m_1}{1+w_1}=\frac{m_2}{1+w_2}=\rho_{d1}V_1=\rho_{d2}V_2$ $\frac{V_1}{1+e_1}=\frac{V_2}{1+e_2}$；$\frac{h_1}{1+e_1}=\frac{h_2}{1+e_2}$($A$不变) 计算沉降$\Delta h=\frac{e_1-e_2}{1+e_1}h$
黏土搅拌泥浆	土颗粒质量m_s不变 完全饱和状态 泥浆比重＝泥浆密度/4℃水的密度	$\rho_{sat}=\frac{G_s+e}{1+e}\rho_w$；$\rho_d=\frac{G_s}{1+e}\rho_w$ $\frac{V_1}{1+e_1}=\frac{V_2}{1+e_2}$ $m_s=\frac{m_1}{1+w_1}=\frac{m_2}{1+w_2}=\rho_{d1}V_1=\rho_{d2}V_2$ $V=V_s+V_w=\frac{m_s}{G_s\rho_w}+\frac{m_w}{\rho_w}=\frac{m_s}{G_s\rho_w}+\frac{wm_s}{\rho_w}$
水泥浆	完全饱和状态，水泥比重＝水泥固体颗粒密度/4℃水的密度	水灰比$\alpha_c=\frac{水的质量}{水泥质量}=\frac{m_水}{m_{水泥}}=\frac{水泥浆孔隙比e}{水泥比重G_s}$ 水泥浆的孔隙比e＝水灰比α_c×水泥比重G_s 水泥浆的干重度$\rho_d=\frac{G_s}{1+e}\rho_w$ $V_浆=V_{水泥}+V_水=\frac{m_{水泥}}{G_s}+\frac{m_水}{\rho_水}=\frac{m_{水泥}}{G_s}+\frac{\alpha_c m_{水泥}}{1}$ 可通过解方程计算$m_{水泥}$
地震密实	土颗粒质量m_s不变 水土总质量m不变	$\frac{h_1}{1+e_1}=\frac{h_2}{1+e_2}$ $m_1=m_2=m_水+m_土$

题 1-13 某勘察场地有砂土，取 550g 湿砂土烘干后进行颗粒筛分试验，试验结果见表 1-1-15。

题 1-13 表 表 1-1-15

筛孔直径（mm）	2	1	0.5	0.25	0.1	0.075	<0.075
各层筛子上土粒质量（g）	80	120	150	100	45	5	0.0

根据试验结果确定砂土名称和d_{10}，d_{30}，d_{60}，计算不均匀系数C_u与曲率系数C_c，并以此判断其级配状况，正确的为下列哪个选项？

（A）级配连续；级配良好　　（B）级配连续；级配不良

（C）级配不连续；级配良好　　（D）级配不连续；级配不良

【解】

（1）干砂总质量 500g，$d_{10}=0.25\text{mm}$，$d_{30}=0.5\text{mm}$，$d_{60}=1\text{mm}$

（2）$C_u=\dfrac{d_{60}}{d_{10}}=\dfrac{1}{0.25}=4<5$，$C_c=\dfrac{{d_{30}}^2}{d_{10}d_{60}}=\dfrac{0.5^2}{0.25\times1}=1\in[1\sim3]$

为级配连续；级配不良

【点评】

①根据土力学，当$C_c=1\sim3$ 时，均表示**级配曲线连续**；$C_u\geqslant5$且$C_c=1\sim3$ 的土称为**级配良好**的土；②注意题目是否明确为烘干土，若未明确，需要验算各层筛子上土粒质量是否等于取土质量。

题 1-14 用环刀取得原状土样，环刀体积为 21.7cm³，称得总质量为 72.49g，经 105℃烘干至恒重为 61.28g，已知环刀质量为 32.54g，土粒比重为 2.74，试求该土样的天然（湿）密度、含水率、干密度及孔隙比？

【解】

（1）$\rho=\dfrac{m}{V}=\dfrac{72.49-32.54}{21.7}=1.84\text{g/cm}^3$

（2）$w=\dfrac{m_w}{m_s}=\dfrac{72.49-61.28}{61.28-32.54}\times100\%=39.0\%$

（3）$\rho_d=\dfrac{\rho}{1+w}=\dfrac{1.84}{1+0.39}=1.32\text{g/cm}^3$或$\rho_d=\dfrac{m_s}{V}=\dfrac{61.28-32.54}{21.7}=1.32\text{g/cm}^3$

（4）$e=\dfrac{G_s(1+w)\rho_w}{\rho}-1=\dfrac{2.74\times(1+0.39)}{1.84}-1=1.07$

【点评】

熟练掌握土基本参数的定义，处理土工试验数据，熟记孔隙比的公式。

【同类型真题】07D02、06C04

题 1-15 已知黏土的干密度$\rho_d = 1.70g/cm^3$，含水率 12.5%，土粒比重$G_s = 2.72$，孔隙比不变的情况下，把土的饱和度提高到 85%，$1m^3$ 黏土要加多少 kg 水?

【解】

根据干密度定义及三相草图（图 1-1-4），设$V_s = 1$：

$$\rho_d = \frac{m_s}{V} = \frac{G_s\rho_w}{1+e} \Rightarrow e = \frac{G_s\rho_w}{\rho_d} - 1$$

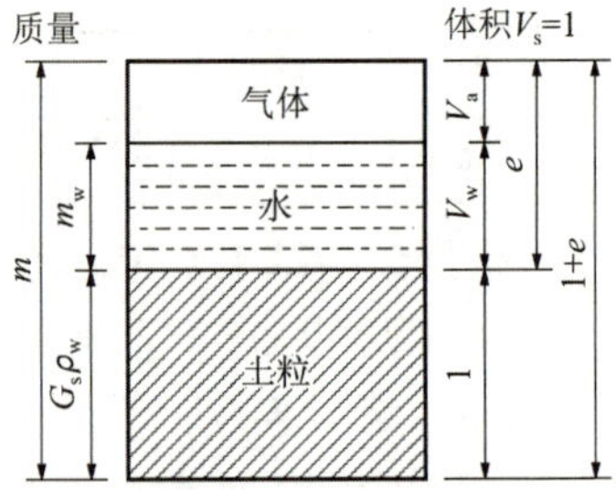

图 1-1-4 解 1-15 图（一）

【解法一】

（1）$\rho_d = \dfrac{G_s\rho_w}{1+e} \Rightarrow 1.7 = \dfrac{2.72}{1+e} \Rightarrow e = 0.6$，

$$w_1 = \frac{eS_r}{G_s} = \frac{0.6 \times 0.85}{2.72} = 0.1875$$

（2）
$$\begin{aligned}\Delta m_w &= m_s(w_1 - w_0)\\ &= 1.70 \times 10^3 \times 1 \times (0.1875 - 0.125)\\ &= 106.25kg\end{aligned}$$

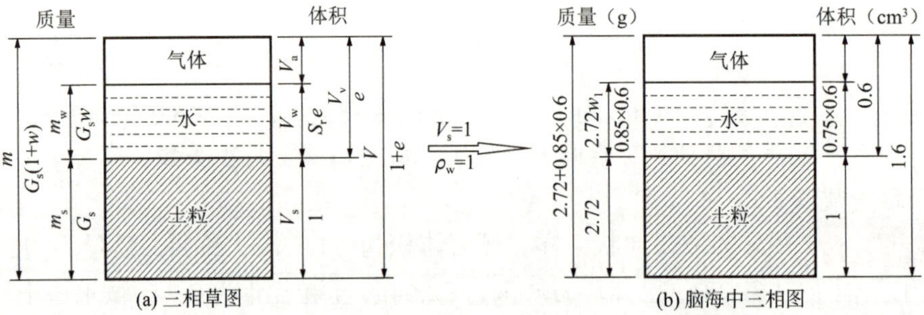

图 1-1-5 解 1-15 图（二）

【解法二】

（1）$\rho_d = \dfrac{G_s\rho_w}{1+e} \Rightarrow 1.7 = \dfrac{2.72}{1+e} \Rightarrow e = 0.6$，$w_1 = \dfrac{eS_r}{G_s} = \dfrac{0.6 \times 0.85}{2.72} = 0.1875$

（2）$m_s = \dfrac{m_1}{1+w_1} \Rightarrow 1.7 \times 10^3 \times 1 = \dfrac{1.7 \times 10^3(1+0.125) + \Delta m_w}{1+0.1875} \Rightarrow \Delta m_w = 106.25kg$

【解法三】

（1）$\rho_d = \dfrac{G_s\rho_w}{1+e} \Rightarrow 1.7 = \dfrac{2.72}{1+e} \Rightarrow e = 0.6$，$S_{r1} = \dfrac{G_s w}{e} = \dfrac{2.72 \times 0.125}{0.6} = 0.5667$

（2）$n = \dfrac{V_v}{V}$，$S_r = \dfrac{V_w}{V_v} \Rightarrow \Delta V_w = V_{w2} - V_{w1} = S_{r2}V_v - S_{r1}V_v = (S_{r2} - S_{r1})V_n$

$$\Delta m_w = \Delta V_w\rho_w = (S_{r2} - S_{r1})V_n\rho_w = (0.85 - 0.5667) \times 1 \times \frac{0.6}{1+0.6} \times 1000 = 106.24kg$$

【点评】

三相换算计算，首先求得孔隙比，孔隙比的公式应通过“脑海三相图”理解记忆，灵活运用基本概念，解法一为《土工试验方法标准》等规范经常采用的公式，解法二、解法三根据三相指标的概念求解。

题 1-16　（22C14）某场地地面下 15m 深度范围内为同一层土，干密度 1.36g/cm³，土粒比重 2.71，最优含水率 16.5%，最大干密度 1.80g/cm³。拟对地面下 3m 深度范围内地基土进行处理。处理前对地基土进行增湿试验，测得增湿前后地基土含水率见表 1-1-16，据此计算增湿试验每平方米范围内的实际加水量最接近下列哪个选项？（不考虑蒸发影响）

题 1-16 表　　表 1-1-16

深度（m）	1.0	2.0	3.0	4.0	5.0	6.0	7.0	8.0
天然含水率 w（%）	8.4	6.6	6.8	6.4	7.1	7.8	5.9	8.0
增湿后含水率 w（%）	19.8	18.6	19.5	13.0	12.5	7.9	5.8	8.0

（A）0.3m³　（B）0.4m³　（C）0.5m³　（D）0.7m³

【解】

$$V = 1.36 \times [1.5 \times (0.198 - 0.084) + 1 \times (0.186 - 0.066) + 1 \times (0.195 - 0.068) + 1 \times (0.130 - 0.064) + 1 \times (0.125 - 0.071)] = 0.732\text{m}^3$$

【点评】

①根据土力学三相基本概念，增加的水量Δm_w = 固体颗粒质量$m_s \times$含水率的变化Δw；②本题求实际加水量，不能仅考虑 3m 深度的含水率，由于 5.5～7.5 增加和减少的水相互抵消，按 5.5m 和 7.5m 计算均可，不影响结果；③1m 处土样代表 0～1.5m 土层，和黄土湿陷系数代表土层相似。

题 1-17　（04D07）某建筑物地基需要压实填土 8000m³，控制压实后的含水率$w_1 =$ 14%、饱和度$S_r = 90\%$，已知填料重度$\gamma = 15.5\text{kN/m}^3$、天然含水率$w_0 = 10\%$，比重为$G_s =$ 2.72，此时需要填料的方量最接近下列哪个选项？

（A）10650m³　（B）10850m³　（C）11050m³　（D）11250m³

【解】

（1）$e_0 = \dfrac{G_s(1+w)\gamma_w}{\gamma} - 1 = \dfrac{2.72 \times (1+0.1) \times 10}{15.5} - 1 = 0.930$

（2）$e_1 = \dfrac{G_s \cdot w}{S_r} = \dfrac{2.72 \times 0.14}{0.90} = 0.423$

（3）$\dfrac{V_0}{1+e_0} = \dfrac{V_1}{1+e_1} \Rightarrow \dfrac{V_0}{1+0.930} = \dfrac{8000}{1+0.423} \Rightarrow V_0 = 10850\text{m}^3$

【点评】

预压固结法和振动下沉类似，抓住土颗粒体积不变列公式，孔隙比的两个常用公式应非常熟练。

题 1-18　（20C01）某场地有一正方形土坑，边长 20m，坑深 5.0m，坑壁垂直。现从周边取土进行回填，共取土 2150m³，其土性为粉质黏土，天然含水率$w = 15\%$，土粒比重$G_s = 2.7$，天然重度$\gamma = 19.0\text{kN/m}^3$，所取土方刚好将土坑均匀压实填满。问坑内压实填土的干密度最接近下列哪个选项？（$\gamma_w = 10.0\text{kN/m}^3$）

（A）15.4kN/m³　（B）16.5kN/m³　（C）17.8kN/m³　（D）18.6kN/m³

【解】

（1）回填前：$V_1\rho_{d1} = 2150 \times \dfrac{19/10}{1+0.15} = 3552.17\text{kg}$

（2）回填后：$V_2\rho_{d2} = 20 \times 20 \times 5 \times \rho_{d2} = 3552.17 \Rightarrow \rho_{d2} = 1.776\text{g/cm}^3$

（3）干重度$\gamma_d = 1.776 \times 10 = 17.76\text{kN/cm}^3$

【点评】

土力学原理，三相图的工程应用，根据土颗粒质量不变。

【同类型真题】21C01、13C04、12C26

题 1-19 钻孔用黏土配制泥浆，黏土的土粒比重$G_s = 2.72$，已有比重 1.2 的泥浆 400L，试问要把泥浆的比重提高至 1.3，需要加多少 kg 含水率 10%的黏土（图 1-1-6）？

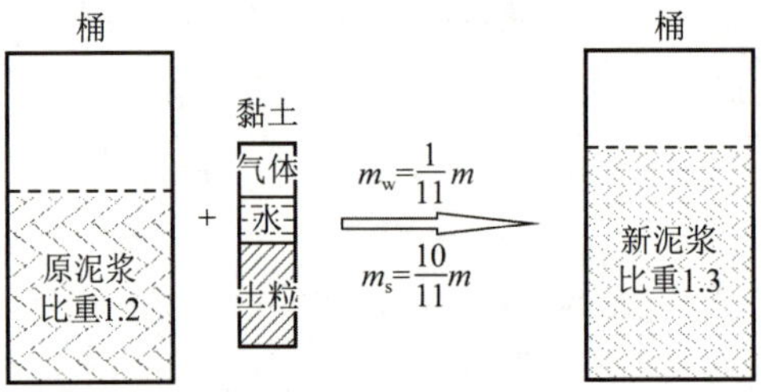

图 1-1-6 题 1-19 图

【解法一】

含水率 10%的黏土，$\frac{m_w}{m_s} = \frac{1}{10}$，即$m_w = \frac{1}{11}m$，$m_s = \frac{10}{11}m$

$$V_0 + V_s + V_w = \frac{m_1}{\rho_1} \Rightarrow 400 + \frac{\frac{10}{11}m}{2.72} + \frac{\frac{1}{11}m}{1} = \frac{400 \times 1.2 + m}{1.3} \Rightarrow m = 89.4\text{kg}$$

【解法二】

（1）$1.2 = \frac{2.72 + e_1}{1 + e_1} \Rightarrow e_1 = 7.6$

（2）$1.3 = \frac{2.72 + e_2}{1 + e_2} \Rightarrow e_2 = 4.73$

（3）$\frac{400}{1 + 7.6} + \frac{\frac{10}{11}m}{2.72} = \frac{400 \times 1.2 + m}{1.3 \times (1 + 4.733)} \Rightarrow m = 89.4\text{kg}$

【解法三】

（1）$1.2 = \frac{2.72 + e_1}{1 + e_1} \Rightarrow e_1 = 7.6$，$\rho_{d1} = \frac{2.72}{1 + 7.6} = 0.3163\text{kg/L}$

（2）$1.3 = \frac{2.72 + e_2}{1 + e_2} \Rightarrow e_2 = 4.733$，$\rho_{d2} = \frac{2.72}{1 + 4.733} = 0.4744\text{kg/L}$

（3）$400 \times 0.3163 + \frac{10}{11}m = \frac{400 \times 1.2 + m}{1.3} \times 0.4744 \Rightarrow m = 89.4\text{kg}$

【点评】

①**泥浆为饱和状态**，新泥浆由原泥浆 + 黏土组成，新泥浆质量 = 原泥浆质量 + 黏土质量（水质量 + 土颗粒质量），新泥浆体积 = 原泥浆体积 + 黏土中水体积 + 黏土中土颗粒体积；②三种解法分别从（水 + 土颗粒）体积不变、土颗粒体积不变、土颗粒质量不变三个方面进行求解，以解法一最为简单。

题 1-20 （16D16）某直径 600mm 水泥土搅拌桩桩长 12m，水泥掺量（重量）为 15%，水灰比（重量比）0.55，假定土的重度$\gamma = 18\text{kN/m}^3$，水泥比重 3.0，请问完成一根桩施工需要配制水泥浆体积最接近下列哪个选项？

（A）0.63m^3　　（B）0.81m^3

（C）1.15m^3　　（D）1.50m^3

【解法一】

（1）一根桩中土的质量$m_{土} = 3.14 \times 0.3^2 \times 12 \times 18/10 = 6.104\text{t}$

一根桩需要水泥质量$m_{水泥} = 0.15 \times 6.104 = 0.916\text{t}$

一根桩需要加水质量$m_{水} = 0.916 \times 0.55 = 0.504\text{t}$

（2）水泥浆体积$V = V_{水泥} + V_{水} = \dfrac{m_{水泥}}{\rho_{水泥}} + \dfrac{m_{水}}{\rho_{水}} = \dfrac{0.916}{3} + \dfrac{0.504}{1} = 0.81\text{m}^3$

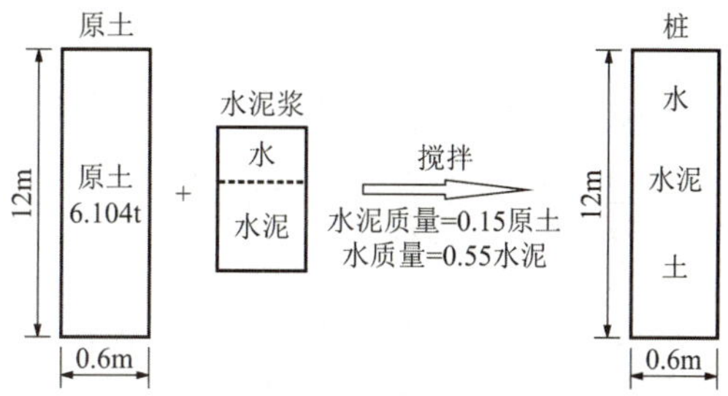

图 1-1-7　解 1-20 图

【解法二】

（1）一根桩需要水泥质量$m_{水泥} = 0.15 \times 3.14 \times 0.3^2 \times 12 \times 18/10 = 0.916\text{t}$

（2）水泥浆：$e = \dfrac{3 \times 0.55}{1} = 1.65$，$\rho_d = \dfrac{3}{1 + 1.65} = 1.132\text{g/cm}^3$

（3）水泥浆体积$V = \dfrac{0.916}{1.132} = 0.81\text{m}^3$

【解法三】

（1）1t 水泥制作成水泥浆的体积：$V_1 = V_{水泥} + V_{水} = \dfrac{m_{水泥}}{\rho_{水泥}} + \dfrac{m_{水}}{\rho_{水}}$

$$= \frac{1}{3} + \frac{1 \times 0.55}{1} = 0.883\text{m}^3$$

（2）一根桩需要水泥质量$m_{水泥} = 0.15 \times 3.14 \times 0.32 \times 12 \times 18/10 = 0.916\text{t}$

（3）一根桩需要水泥浆的体积：$V = 0.883 \times \dfrac{0.916}{1} = 0.81\text{m}^3$

【点评】

①本题主要考查的是水泥土搅拌桩施工中水泥浆比重、水灰比、水泥掺量概念等以及土的三相换算，这需要一定的施工经验；②关键参数定义：水泥掺量 = 水泥质量/土的质量（原土），水灰比 = 水的质量/水泥质量；③水泥土搅拌桩由原土 + 水 + 水泥组成，**水和水泥进入原土的孔隙中，土的体积不变**，水泥和原土的关系由水泥掺量计算，水和水泥的关系由水灰比计算，可得三者之间关系，也可以假想为三相图。

【同类型真题】 19D11、21C12

题 1-21　某砂层地区勘察钻探配制泥浆，采用的黏土的天然密度$\rho = 1.79\text{g/cm}^3$，土粒比重$G_s = 2.72$，孔隙比$e = 0.7$，把 80kg 的黏土倒入含有 300L 水的泥浆桶中搅拌，请问搅拌后泥浆的比重为多少（图 1-1-8）？

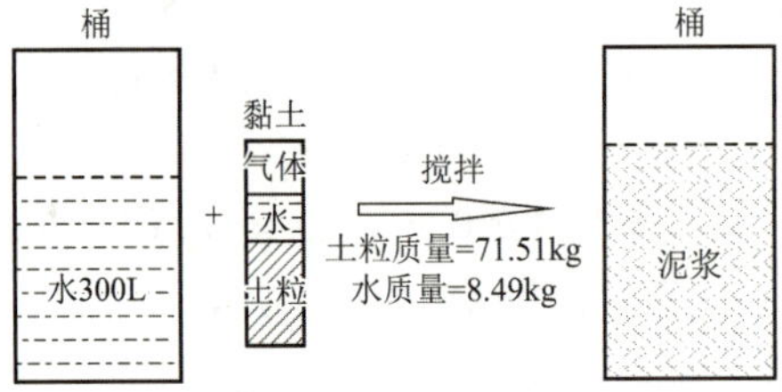

图 1-1-8　题 1-21 图

【解】

（1）$\rho = 1.79 = \dfrac{2.72 \times (1 + w)}{1 + 0.7} \Rightarrow w = 0.1188$

（2）$m_s = 80 \times \dfrac{1}{1 + 0.1188} = 71.51\text{kg}$，$m_w = 80 - 71.51 = 8.49\text{kg}$

（3）$\rho_{sat} = \dfrac{m}{V} = \dfrac{300 + 80}{300 + 8.49 + 71.51/2.72} = 1.135\text{g/cm}^3$，则泥浆比重为 1.135

【点评】

①熟练掌握三相换算的基本公式，**泥浆为饱和状态**，搅拌后的总体积 = 搅拌前的总水体积 + 土颗粒的体积；②泥浆的比重定义：泥浆的密度除以 4℃水的密度，不是土颗粒的比重，一般 4℃水的密度为 1，故泥浆的比重等于泥浆的密度；③泥浆由水 + 黏土组成，泥浆饱和，故只有黏土中水（质量与体积）和土颗粒（质量与体积）进入泥浆，没有气体体积，所以最后计算泥浆比重（饱和重度）时，泥浆质量 = 原水质量 + 黏土质量（水质量 + 土颗粒质量），泥浆体积 = 原水体积 + 黏土中水体积 + 土颗粒体积。

题 1-22　（《土力学》习题 1-15）在密实的海底以上冲填砂 5m，地下水位与地面齐平。填砂的孔隙比$e = 0.9$，饱和重度$\gamma_{sat} = 18.7\text{kN/m}^3$。地震使松砂变密沉降，孔隙比变为$e = 0.65$，问地震后地面下沉多少？砂土的饱和重度变成多少？

【解法一】

（1）根据固体颗粒体积不变：$\dfrac{5}{1 + 0.9} = \dfrac{5 - \Delta H}{1 + 0.65}$，得地面下沉 $\Delta H = 0.658\text{m}$

（2）下沉前后土水总质量不变：

$18.7 \times 5 = 0.658 \times 10 + (5 - 0.658) \times \gamma_{sat} \Rightarrow \gamma_{sat} = 20.02\text{kN/m}^3$

【解法二】

（1）$\Delta H = \dfrac{e_0 - e_1}{1 + e_0} H = \dfrac{0.9 - 0.65}{1 + 0.9} \times 5 = 0.658\text{m}$

（2）$18.7 = \dfrac{G_s + 0.9}{1 + 0.9} \times 10 \Rightarrow G_s = 2.653 \Rightarrow$ 震后$\gamma_{sat} = \dfrac{2.653 + 0.65}{1 + 0.65} \times 10 = 20.02\text{kN/m}^3$

【点评】

土的三相组成知道 3 个参数后，必然可求得其他 6 个参数。其中，孔隙比e和比重G_s为基本参数，一般把e和G_s作为过渡参数求其他参数，利用振动前后土颗粒的体积不变求得沉降量，求饱和重度也可利用土粒总重量不变。

【同类型真题】 17D18

1.2.2 土的物理状态——《土力学》

1. 砂土相对密实度D_r

土的密实度通常指单位体积中固体颗粒的含量，土颗粒含量越多，土就越密实；反之土就越疏松。从这个角度考虑，在上述三相比例指标中，干密度ρ_d和孔隙比e都是表示土的密实度指标。但是这种固体含量和孔隙含量表示密实度的方法存在明显缺点，主要是这种方法没有考虑到固体颗粒粒径级配这一个重要因素，工程上为更好地表征粗粒土的天然松密状态，引入**相对密实度D_r**的概念。计算公式及密实度划分见表 1-1-17。

相对密实度计算与土的密实度划分　　表 1-1-17

计算公式	符号说明
$D_r=\frac{e_{max}-e}{e_{max}-e_{min}}=\frac{\rho_{dmax}(\rho_d-\rho_{dmin})}{\rho_d(\rho_{dmax}-\rho_{dmin})}$ ⇑ $e=\frac{G_s\rho_w}{\rho_d}-1$；$e_{min}=\frac{G_s\rho_w}{\rho_{dmax}}-1$；$e_{max}=\frac{G_s\rho_w}{\rho_{dmin}}-1$	e——粗粒土的孔隙比； e_{max}——该土的最大孔隙比； e_{min}——该土的最小孔隙比； ρ_d——相对于孔隙比为e时的干密度； ρ_{dmax}——相对于孔隙比为e_{min}时的最大干密度； ρ_{dmin}——相对于孔隙比为e_{max}时的最小干密度
密实程度划分：$D_r>2/3$→**密实**；$1/3<D_r\leqslant 2/3$→**中密**；$D_r\leqslant 1/3$→**疏松**	

题 1-23 某砂土土样的密度为 1.78g/cm³，含水率 11.8%，土粒比重G_s为 2.66，烘干后测定最小孔隙比为 0.468，最大孔隙比为 0.962，试求天然孔隙比e、饱和含水率和相对密实度D_r，并评定该砂土的密实度。

【解】

（1）$e=\frac{2.66\times(1+0.118)}{1.78}-1=0.671$，$w_{sat}=\frac{es_r}{G_s}=\frac{0.671}{2.66}\times100\%=25.2\%$

（2）$D_r=\frac{0.962-0.671}{0.962-0.468}=0.589$，$\frac{1}{3}<D_r<\frac{2}{3}$，砂土的密实度为中密

【点评】

土力学可根据相对密实度确定砂土的密实度，规范一般采用原位测试标准贯入试验确定砂土的密实度。

2. 黏性土可塑性指标

黏性土由于比表面积大且颗粒矿物成分具有一定的亲水能力，使得其随着含水率的增大，土体的状态由坚硬状态逐渐过渡为流塑状态，工程中为描述在不同含水率情况下黏性土的状态引入土的可塑性指标，指标定义与黏性土状态分类见表 1-1-18 和表 1-1-19。

黏性土可塑性指标　　表 1-1-18

液限w_L（%）	土体由**塑性**状态转变为**液性**状态的界限含水率
塑限w_P（%）	土体由**半固体**状态转变为**塑性**状态的界限含水率
缩限w_s（%）	土体由**半固体**状态转变为**固体**状态的界限含水率
塑性指数I_P	土呈可塑状态时，含水率变化范围，代表土的可塑程度，一般塑性指数越高，代表黏粒含量越高。塑性指数是细粒土工程分类的重要依据。$I_P=w_L-w_P$
液性指数I_L	直接判定土的软硬程度，反映天然土体所处的状态。$I_L=\frac{w-w_P}{w_L-w_P}$

黏性土状态分类　　表 1-1-19

液性指数I_L	$I_L\leqslant 0$	$0<I_L\leqslant 0.25$	$0.25<I_L\leqslant 0.75$	$0.75<I_L\leqslant 1$	$I_L>1$
状态	坚硬	硬塑	可塑	软塑	流塑

1.2.3 土的分类与鉴定

自然界中土的种类很多，工程性质各异。为便于研究和工程应用，需要按其主要特征进行分类。当前，国内使用的土名和土的分类法并不统一。各个工程部门使用各自制定的规范，各规范中土的分类标准不完全一样。

土的工程分类涉及规范有《岩土工程勘察规范》、《建筑地基基础设计规范》GB 50007—2011、《公路桥涵地基与基础设计规范》JTG 3363—2019、《铁路桥涵地基和基础设计规范》TB 10093—2017、《水运工程地基设计规范》JTS 147—2017 等，各规范大同小异，注册考试中一般以考查《岩土工程勘察规范》为主。

晚更新世 Q_3 及其以前沉积的土，应定为老沉积土；第四纪全新世 Q_4 中近期沉积的土，应定为新近沉积土。根据地质成因，可划分为残积土、坡积土、洪积土、冲积土、淤积土、冰积土和风积土等。

天然土被分为碎石土，砂土、粉土和黏性土四大类。碎石土和砂土属于粗粒土，粉土和黏性土属于细粒土。粗粒土按粒径级配分类，细粒土则按塑性指数I_P分类。具体标准如下。

1. 碎石土——《岩土工程勘察规范》第 3.3 节、附录 B

粒径大于 2mm 的颗粒质量超过总质量 50%的土，应定名为碎石土，并按表 1-1-20 进一步分类。

碎石土分类　　表 1-1-20

土的名称	颗粒形状	颗粒级配
漂石	圆形及亚圆形为主	粒径大于 200mm 的颗粒质量超过总质量 50%
块石	棱角形为主	
卵石	圆形及亚圆形为主	粒径大于 20mm 的颗粒质量超过总质量 50%
碎石	棱角形为主	
圆砾	圆形及亚圆形为主	粒径大于 2mm 的颗粒质量超过总质量 50%
角砾	棱角形为主	

注：定名时，应根据颗粒级配由大到小以最先符合者确定。

碎石土的密实度可根据圆锥动力触探锤击数按表 1-1-21 和表 1-1-22 确定，表中的$N_{63.5}$和N_{120}应按《岩土工程勘察规范》附录 B 修正。

碎石土密实度按$N_{63.5}$分类　　表 1-1-21

重型动力触探修正后锤击数$N_{63.5}$	$N_{63.5} \leqslant 5$	$5 < N_{63.5} \leqslant 10$	$10 < N_{63.5} \leqslant 20$	$N_{63.5} > 20$
密实度	松散	稍密	中密	密实

注：本表适用于平均粒径 ⩽ 50mm，且最大粒径 ⩽ 100mm 的碎石土。

碎石土密实度按N_{120}分类　　表 1-1-22

超重型动力修正后触探锤击数N_{120}	$N_{120} \leqslant 3$	$3 < N_{120} \leqslant 6$	$6 < N_{120} \leqslant 11$	$11 < N_{120} \leqslant 14$	$N_{120} > 14$
密实度	松散	稍密	中密	密实	很密

注：本表适用于平均粒径 > 50mm，或最大粒径 > 100mm 的碎石土。

当采用重型圆锥动力触探确定碎石土密实度时，锤击数$N_{63.5}$应按下式修正：

$$N_{63.5}=\alpha_1 N'_{63.5}$$

式中：$N_{63.5}$——修正后的重型圆锥动力触探锤击数；

$N'_{63.5}$——实测重型圆锥动力触探锤击数；

α_1——修正系数，按表 1-1-23 取值。

重型动力触探锤击数修正（附录表 B.0.1） 表 1-1-23

$N_{63.5}=\alpha_1 N'_{63.5}$	$N_{63.5}$—修正值；α_1—修正系数；$N'_{63.5}$—实测值 杆长L为全长（含地面以上部分）								
杆长 L（m）	实测值$N'_{63.5}$								
	5	10	15	20	25	30	35	40	≥ 50
2	1.00	1.00	1.00	1.00	1.00	1.00	1.00	1.00	
4	0.96	0.95	0.93	0.92	0.90	0.89	0.87	0.86	0.84
6	0.93	0.90	0.88	0.85	0.83	0.81	0.79	0.78	0.75
8	0.90	0.86	0.83	0.80	0.77	0.75	0.73	0.71	0.67
10	0.88	0.83	0.79	0.75	0.72	0.69	0.67	0.64	0.61
12	0.85	0.79	0.75	0.70	0.67	0.64	0.61	0.59	0.55
14	0.82	0.76	0.71	0.66	0.62	0.58	0.56	0.53	0.50
16	0.79	0.73	0.67	0.62	0.57	0.54	0.51	0.48	0.45
18	0.77	0.70	0.63	0.57	0.53	0.49	0.46	0.43	0.40
20	0.75	0.67	0.59	0.53	0.48	0.44	0.41	0.39	0.36

当采用超重型圆锥动力触探确定碎石土密实度时，锤击数N_{120}应按下式修正：

$$N_{120}=\alpha_2 N'_{120}$$

式中：N_{120}——修正后的超重型圆锥动力触探锤击数；

N'_{120}——实测超重型圆锥动力触探锤击数；

α_2——修正系数，按表 1-1-24 取值。

超重型动力触探锤击数修正（附录表 B.0.2） 表 1-1-24

$N_{120}=\alpha_2 N'_{120}$	N_{120}—修正值；α_2—修正系数；N'_{120}—实测值 杆长L为全长（含地面以上部分）											
杆长 L（m）	实测值N'_{120}											
	1	3	5	7	9	10	15	20	25	30	35	40
1	1.00	1.00	1.00	1.00	1.00	1.00	1.00	1.00	1.00	1.00	1.00	1.00
2	0.96	0.92	0.91	0.90	0.90	0.90	0.90	0.89	0.89	0.88	0.88	0.88
3	0.94	0.88	0.86	0.85	0.84	0.84	0.84	0.83	0.82	0.82	0.81	0.81
5	0.92	0.82	0.79	0.78	0.77	0.77	0.76	0.75	0.74	0.73	0.72	0.72
7	0.90	0.78	0.75	0.74	0.73	0.72	0.71	0.70	0.68	0.68	0.67	0.66
9	0.88	0.75	0.72	0.70	0.69	0.68	0.67	0.66	0.64	0.63	0.62	0.62
11	0.87	0.73	0.69	0.67	0.66	0.66	0.64	0.62	0.61	0.60	0.59	0.58
13	0.86	0.71	0.67	0.65	0.64	0.63	0.61	0.60	0.58	0.57	0.56	0.55
15	0.86	0.69	0.65	0.63	0.62	0.61	0.59	0.58	0.56	0.55	0.54	0.53
17	0.85	0.68	0.63	0.61	0.60	0.60	0.57	0.56	0.54	0.53	0.52	0.50
19	0.84	0.66	0.62	0.60	0.58	0.58	0.56	0.54	0.52	0.51	0.50	0.48

题 1-24　某土样的颗粒级配曲线如图 1-1-9 所示，进行圆锥动力触探试验，已知实测击数为 15 击，杆长为 12m，判断该土层的密实度。

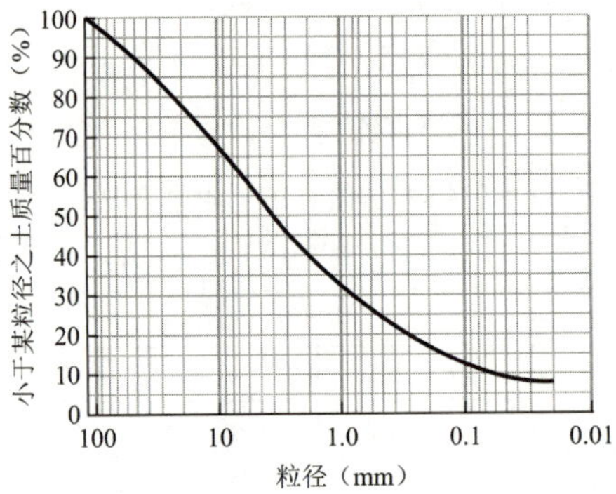

图 1-1-9　题 1-24 图

【解】

（1）小于 2mm 颗粒占比为 40%，即大于 2mm 占 60% > 50%，故为碎石土。

（2）最大粒径 > 100mm，故采用超重型圆锥动力触探。

（3）杆长 12m，15 击，修正系数$\alpha = \dfrac{0.64 + 0.61}{2} = 0.625$

$N = 15 \times 0.625 = 9.4$，介于 6～11，中密。

【点评】

①根据《岩土工程勘察规范》第 3.3.2 条、第 10.4 节、附录 B；②注意区分重型和超重型动力触探的判别条件不同、按修正后击数判定密实度的表也不同；③粒径级配曲线与土样定名结合是高频考点，需要对多种类型的题目多加练习。

【同类型真题】17C01

2. 砂土——《岩土工程勘察规范》第 3.3 条

粒径大于 2mm 的颗粒质量不超过总质量的 50%，粒径大于 0.075mm 的颗粒质量超过总质量 50%的土，应定名为砂土，并按表 1-1-25 进一步分类。

砂土分类　　表 1-1-25

土的名称	颗粒级配
砾砂	粒径大于 2mm 的颗粒质量占总质量 25%～50%
粗砂	粒径大于 0.5mm 的颗粒质量超过总质量 50%
中砂	粒径大于 0.25mm 的颗粒质量超过总质量 50%
细砂	粒径大于 0.075mm 的颗粒质量超过总质量 85%
粉砂	粒径大于 0.075mm 的颗粒质量超过总质量 50%

注：定名时，应根据颗粒级配由大到小以最先符合者确定。

砂土的密实度应根据标准贯入试验锤击数实测值N（无需修正）划分为密实、中密、稍密和松散，并应符合表 1-1-26 的规定。

砂土密实度分类　　表 1-1-26

标准贯入**实测**锤击数N	$N \leqslant 10$	$10 < N \leqslant 15$	$15 < N \leqslant 30$	$N > 30$
密实度	松散	稍密	中密	密实

《水运工程岩土勘察规范》第 4.2.11 节对砂土密实度的划分按表 1-1-27 确定。

砂土密实度分类 表 1-1-27

标准贯入实测锤击数N	$N \leqslant 10$	$10 < N \leqslant 15$	$15 < N \leqslant 30$	$30 < N \leqslant 50$	$N > 50$
密实度	松散	稍密	中密	密实	极密实

注：对**地下水位以下**的**中**、**粗**砂，其N值宜按实测锤击数增加 5 击(仅限于《水运工程岩土勘察规范》)。

题 1-25 某砂土地基勘察，现场进行标准贯入试验，已知实测标贯击数$N = 35$，取原状土样进行颗粒分析试验结果见表 1-1-28，试确定该砂土的名称和状态。

题 1-25 表 表 1-1-28

粒径（mm）	2～0.5	0.5～0.25	0.25～0.075	0.075～0.05	0.05～0.01	< 0.01
粒组质量（g）	10	18	20	25	15	5

【解】

（1）土样的总质量：$m = 10 + 18 + 20 + 25 + 15 + 5 = 93\text{g}$

（2）粒径大于 0.5mm 的颗粒占总质量的：$\dfrac{10}{93} = 11\% < 50\%$，非粗砂

（3）粒径大于 0.25mm 的颗粒占总质量的：$\dfrac{10 + 18}{93} = 30\% < 50\%$，非中砂

（4）粒径大于 0.075mm 的颗粒占总质量的：$\dfrac{10 + 18 + 20}{93} = 52\% < 85\%$，非细砂

粒径大于 0.075mm 的颗粒占总质量的：$52\% > 50\%$，为粉砂

（5）标贯击数$N = 35 > 30$，属密实状态。

【点评】

根据《岩土工程勘察规范》第 3.3.3 条、第 3.3.9 条，砂土的密实度常采用实测标贯击数判别，无需修正。

3. 粉土——《岩土工程勘察规范》第 3.3 节

粒径大于 0.075mm 的颗粒质量不超过总质量的 50%，且塑性指数$I_P \leqslant 10$的土，应定名为粉土。

粉土的密实度应根据孔隙比e，划分为密实、中密和稍密；其湿度应根据含水率w(%)，划分为稍湿、湿、很湿。密实度和湿度的划分应分别符合表 1-1-29 和表 1-1-30 的规定。

粉土密实度分类 表 1-1-29

孔隙比e	$e < 0.75$	$0.75 \leqslant e \leqslant 0.9$	$e > 0.9$
密实度	密实	中密	稍密

注：当有经验时，也可用原位测试或其他方法划分粉土的密实度。

粉土湿度分类 表 1-1-30

含水率w（%）	$w < 20$	$20 \leqslant w \leqslant 30$	$w > 30$
湿度	稍湿	湿	很湿

题 1-26 某土层颗分试验得到粒径大于 0.075mm 的颗粒质量不超过总质量的 50%，土层密度$\rho = 1.87\text{g/cm}^3$、土粒比重$G_s = 2.65$、含水率$w = 22\%$、液限$w_L = 24\%$、塑限$w_P = 15\%$。试根据《岩土工程勘察规范》对土层进行定名并判断其湿度和密实度。

【解】

（1）$I_P = 24 - 15 = 9 < 10$

且粒径大于 0.075mm 颗粒质量不超过总质量的 50%，为粉土

（2）$w = 22\%$，介于 20%~30%，为湿

$$e = \frac{G_s(1+w)\rho_w}{\rho} - 1 = \frac{2.65 \times (1+0.22) \times 1}{1.87} - 1 = 0.73 < 0.75 \Rightarrow \text{密实}$$

【点评】

根据《岩土工程勘察规范》第 3.3.4 条、第 3.3.10 条。

【同类型真题】08D02

4. **黏性土——《岩土工程勘察规范》第 3.3 节**

$I_P = w_L - w_P$；$I_L = \frac{w - w_P}{w_L - w_P}$

塑性指数大于 10 的土应定名为黏性土。

黏性土应根据塑性指数分为粉质黏土和黏土。塑性指数大于 10，且小于或等于 17 的土，应定名为**粉质黏土**；塑性指数大于 17 的土应定名为**黏土**，见表 1-1-31。

注：塑性指数I_P对应由 76g 圆锥仪沉入土中深度为 10mm 时测定的液限w_L计算而得。

黏性土分类 表 1-1-31

土的名称	粉质黏土	黏土
塑性指数I_P	$10 < I_P \leqslant 17$	$I_P > 17$

黏性土的状态应根据液性指数划分为坚硬、硬塑、可塑、软塑和流塑，并应符合表 1-1-32 的规定。

黏性土状态分类 表 1-1-32

液性指数I_L	$I_L \leqslant 0$	$0 < I_L \leqslant 0.25$	$0.25 < I_L \leqslant 0.75$	$0.75 < I_L \leqslant 1$	$I_L > 1$
状态	坚硬	硬塑	可塑	软塑	流塑

按《水运工程岩土勘察规范》第 4.2.13 节规定见表 1-1-33 和表 1-1-34。

根据标准贯入试验确定黏性土状态分类 表 1-1-33

标准贯入锤击数N	$N < 2$	$2 \leqslant N < 4$	$4 \leqslant N < 8$	$8 \leqslant N < 15$	$N \geqslant 15$
天然状态	很软	软	中等	硬	坚硬

根据锥沉量确定黏性土状态分类 表 1-1-34

锥沉量h（mm）	$h \geqslant 7$	$7 > h \geqslant 5$	$5 > h \geqslant 3$	$3 > h \geqslant 2$	$h < 2$
天然状态	很软	软	中等	硬	坚硬

题 1-27 （10D04）在某建筑地基中存在一细粒土层，该土层的天然含水率为 24.0%。经液、塑联合测定试验求得：对应圆锥下沉深度 2mm、10mm、17mm 时的含水率分别为 16.0%、27.0%、34.0%。请分析判断，根据《岩土工程勘察规范》GB 50021—2001（2009 年版）对本土层的定名和状态描述，下列哪个选项是正确的？

（A）粉土，湿　　（B）粉质黏土，可塑

（C）粉质黏土，软塑　　（D）黏土，可塑

【解】

（1）根据《岩土工程勘察规范》，$w_p = 16\%$，$w_L = 27\%$，$I_p = 27 - 16 = 11$，定名为粉质黏土

（2）$I_L = \dfrac{24 - 16}{11} = 0.73 \in (0.25, 0.75]$，状态为可塑

【点评】

《岩土工程勘察规范》规定的液限为 76g 圆锥下沉深度 10mm 的液限，不是土的真正液限，称 10mm 液限，按 10mm 液限计算塑性指数和液性指数，和国家标准《建筑地基基础设计规范》一致，沿用的苏联的标准用法，土的真正液限是 76g 圆锥下沉深度 17mm 的液限，由于国内积累的经验多为 10mm 液限，17mm 规范一般不采用，仅为试验指标，具体解析参加《土工试验方法标准》第 9.2.4 条条文说明。

【同类型真题】10D27

5. 有机质土、软土——《岩土工程勘察规范》附录 A

（1）软土是指天然孔隙比$e \geqslant 1.0$，且天然含水率w大于液限w_L、具有高压缩性、低强度、高灵敏度、低透水性和高流变性，且在较大地震作用下可能出现震陷的**细粒土**。包括淤泥、淤泥质土、泥炭、泥炭质土等，见表 1-1-35。

土按有机质分类　　表 1-1-35

有机质含量W_u（%）	指标特征	分类名称	
$W_u < 5\%$		无机土	
$5\% < W_u \leqslant 10\%$	$w > w_L$，$1.0 \leqslant e < 1.5$	淤泥质土	有机质土
	$w > w_L$，$e \geqslant 1.5$	淤泥	
$10\% < W_u \leqslant 60\%$	$10\% < W_u \leqslant 25\%$	弱泥炭质土	泥炭质土
	$25\% < W_u \leqslant 40\%$	中泥炭质土	
	$40\% < W_u \leqslant 60\%$	强泥炭质土	
$W_u > 60\%$		泥炭	

注：按《建筑地基基础设计规范》：淤泥为在静水或缓慢的流水环境中沉积，并经生物化学作用形成，其天然含水率大于液限、天然孔隙比大于或等于 1.5 的黏性土。当天然含水率大于液限而天然孔隙比小于 1.5 但大于或等于 1.0 的黏性土或粉土为淤泥质土。含有大量未分解的腐殖质，有机质含量大于 60%的土为泥炭，有机质含量大于或等于 10%且小于或等于 60%的土为泥炭质土。

（2）按《水运工程地基设计规范》第 4.2.4 节分类

在静水或缓慢的流水环境中，沉积、天然含水率$w \geqslant 36\%$且$w >$液限w_L、天然孔隙比$e \geqslant 1.0$的黏性土，定名为淤泥性土。进一步划分为淤泥质土、淤泥和流泥，见表 1-1-36。

淤泥性土分类　　表 1-1-36

名称	淤泥质土	淤泥	流泥
孔隙比e	$1.0 \leqslant e < 1.5$	$1.5 \leqslant e < 2.4$	$e \geqslant 2.4$
含水率w（%）	$36 \leqslant w < 55$	$55 \leqslant w < 85$	$w \geqslant 85$

注：淤泥质土可根据塑性指数I_P，再划分为淤泥质黏土、淤泥质粉质黏土。

题 1-28 某土层呈深灰色，含腐殖质和少量未完全分解的动植物体，取饱和土样，液限$w_L = 43\%$，塑限$w_P = 20\%$，饱和度$S_r = 97\%$，孔隙比$e = 1.52$，比重$G_s = 2.65$。计算土的塑性指数I_P、液性指数I_L，并判断土性。

【解】

（1）$w = \dfrac{S_r e}{G_s} = \dfrac{0.97 \times 1.52}{2.65} = 55.6\% > 43\%$

$I_P = 43 - 20 = 23 > 17$

（2）$I_L = \dfrac{w - w_P}{w_L - w_P} = \dfrac{55.6 - 20}{43 - 20} = 1.55 > 1$

（3）综上为淤泥

【点评】

根据《岩土工程勘察规范》第 3.3.5 条、第 3.3.11 条、附录 A.0.5，根据现场鉴别特征，可不进行有机质含量判别。

6. 土的综合定名——《岩土工程勘察规范》第 3.3.6 条

除按颗粒级配或塑性指数定名外，土的综合定名应符合下列规定：

（1）对特殊成因和年代的土类应结合其成因和年代特征定名；

（2）对特殊性土，应结合颗粒级配或塑性指数定名；

（3）对混合土，应冠以主要含有的土类定名，如含黏土角砾、含碎石粉质黏土等；

（4）对同一土层中相间呈韵律沉积，当薄层与厚层的厚度比大于 1/3 时，宜定为“互层”；厚度比为 1/10～1/3 时，宜定为“夹层”；厚度比小于 1/10 的土层，且多次出现时，宜定为“夹薄层”；

（5）当土层厚度大于 0.5m 时，宜单独分层。

7. 混合土和污染土

见第 7 篇“特殊条件下的岩土工程”相关内容。

8. 按其他规范进行土的定名

在考试规定的各行业勘察规范中均有关于“土的分类与定名”相关内容，限于篇幅，此处不多讲解，自行与《岩土工程勘察规范》对比学习。

第2章

岩土参数计算

2.1 各类试验岩土参数取值汇总

各类试验对于取样数量、岩土参数取值及修正要求均有相应的要求，考试时对照试验上的规定即可，汇总见表 1-2-1。

各类试验岩土参数取值汇总　　表 1-2-1

类别	测试名称	参数取值	测试点数取样个数	修正要求
原位测试	岩石地基载荷试验	最小值（特征值）	不少于 3 个	
	浅层平板载荷试验	平均值（特征值）	不少于 3 个	极差不超过平均值的 30%
	深层平板载荷试验	平均值（特征值）	不少于 3 个	极差不超过平均值的 30%
	圆锥动力触探试验	用于评价取平均值，用于力学计算取标准值	土层连续贯入	剔除异常值，进行杆长校正
	标准贯入试验	用于评价取平均值，用于力学计算取标准值	一般垂直间距，1～1.5m 一个测点	剔除异常值，不进行杆长校正
	十字板剪切试验	峰值强度	单点或多点	长期强度为峰值强度 60%～70%，根据土质条件修正
	抽水试验	平均值	1～3 个降深	剔除异常值
室内试验	单轴抗压强度试验	标准值	不少于 6 个	剔除异常值
	含水率试验	平均值	2 个平行试验	测定的差值，$w<40\%$时为 1%，$w\geqslant 40\%$时为 2%，对层状和网状构造的冻土不大于 3%
	击实试验	最大干密度峰值	不少于 5 个	
	承载比试验	平均值	3 个平行试验	变异系数大于 12%，去掉偏离大值后取平均值；变异系数小于 12%，直接取平均值
	其他各土工试验	（1）力学指标采用标准值，因为力学指标计算的结果都有一个可靠度的问题 例如：抗剪强度指标c_k、φ_k （2）评价指标采用平均值，因为评价指标不参与计算，只做评价用 例如：标贯击数N （3）沉降计算采用的压缩性指标用平均值 例如：孔隙比e、压缩系数a_v、压缩模量E_s		
工程检测	单桩竖向抗压、抗拔载荷试验	3 根以上取平均值，3 根或 3 根以下取小值	多点	极差不超过平均值的 30%
	单桩水平载荷试验	平均值	多点	极差不超过平均值的 30%
	钻芯法(岩芯试样抗压强度试验)	每组取平均值，每孔取小值	每孔取多组，每组取 3 块	
	土钉、锚杆抗拔试验	平均值（特征值）	不少于 3 根	极差不超过平均值的 30%

2.2 标准值计算——《岩土工程勘察规范》第 14.2 节、《建筑地基基础设计规范》附录 E

一般情况下，应提供岩土参数的平均值、标准差、变异系数、数据分布范围和数据的数量。承载能力极限状态计算所需要的岩土参数标准值，按表 1-2-2 中公式计算。

标准值计算过程　　表 1-2-2

<table>
<tr><th>计算步骤</th><th colspan="2">计算公式</th></tr>
<tr><td>（1）平均值ϕ_m
⇓</td><td colspan="2">$$\phi_m=\frac{\sum_{i=1}^{n}\phi_i}{n}$$</td></tr>
<tr><td rowspan="2">（2）标准差σ_f
和变异系数δ
⇓</td><td>$\sigma_f=\sqrt{\frac{\sum_{i=1}^{n}\phi_i^2-n\cdot\phi_m^2}{n-1}}$　⇒　$\delta=\frac{\sigma_f}{\phi_m}$</td><td>非相关型（$r=0$）</td></tr>
<tr><td>剩余标准差$\sigma_r=\sigma_f\sqrt{1-r^2}$　⇒　$\delta=\frac{\sigma_r}{\phi_m}$</td><td>相关型（$r\neq0$）</td></tr>
<tr><td>（3）统计修正系数γ_s
⇓</td><td colspan="2">$$\gamma_s=1\pm\left[\frac{1.704}{\sqrt{n}}+\frac{4.678}{n^2}\right]\delta$$
<table>
<tr><td>n</td><td>6</td><td>7</td><td>8</td><td>9</td><td>10</td><td>11</td><td>12</td></tr>
<tr><td>$\frac{1.704}{\sqrt{n}}+\frac{4.678}{n^2}$</td><td>0.8256</td><td>0.7395</td><td>0.6755</td><td>0.6258</td><td>0.5856</td><td>0.5524</td><td>0.5244</td></tr>
</table></td></tr>
<tr><td>（4）标准值ϕ_k</td><td colspan="2">$$\phi_k=\gamma_s\phi_m$$</td></tr>
<tr><td>（5）数据分析</td><td colspan="2">根据《土工试验方法标准》附录 A，为使试验资料可靠和适用，应进行正确的数据分析和整理。整理时对试验资料中明显不合理的数据，应通过研究，分析原因（试样的代表性、试验过程中出现异常情况等），或在有条件时，进行一定的补充试验后，可决定对可疑数据的取舍或改正。
舍弃试验数据时，应根据误差分析或概率的概念，按 3 倍标准差σ_f(即$\pm3\sigma_f$)作为舍弃标准，即在资料分析中应该舍弃那些在$\phi_m\pm3\sigma_f$范围以外的测定值，然后重新计算整理</td></tr>
</table>

注：1. 标准差公式$\sigma_f=\sqrt{\frac{\sum_{i=1}^{n}\phi_i^2-n\cdot\phi_m^2}{n-1}}$、$\sigma_f=\sqrt{\frac{1}{n-1}\left[\sum_{i=1}^{n}\phi_i^2-\frac{\left(\sum_{i=1}^{n}\phi_i\right)^2}{n}\right]}$，通过变换完全等价，各规范对标准差公式的表达式稍有差别。

2. 统计修正系数γ_s公式中的正负号按不利组合考虑，如强度q、黏聚力c、内摩擦角φ、标贯N等取“–”号，孔隙比e、含水率w等取“+”号。

3. 推荐使用计算器自带功能求均值和标准差，结果精确且不易出错，**平均值取四位小数点**代入标准差公式计算的标准差与计算器自带功能求得的标准差结果基本一致，否则会有误差。卡西欧计算器 FX-991CN X 依次按键：**“菜单”** → **“6”** → **“1”** → **“输入数据”** → **“OPTN”** → **“3”** → **“$\bar{x}$”为均值，“SX”为标准差**（第二页）。

题 1-29 （02C05）某一黏性土层，根据 6 个试样的抗剪强度试验结果，经统计后得出土的抗剪强度指标的平均值为：$\varphi_m = 17.5°$，$c_m = 15$kPa，并算得相应的变异系数$\delta_\varphi = 0.25$，$\delta_c = 0.3$。根据《岩土工程勘察规范》GB 50021—2001（2009 年版），则土的抗剪强度指标的标准值φ_k、c_k最接近下列哪个选项的数值？

（A）$\varphi_k = 13.9°$，$c_k = 11.3$kPa　　（B）$\varphi_k = 11.4°$，$c_k = 8.7$kPa

（C）$\varphi_k = 15.3°$，$c_k = 12.8$kPa　　（D）$\varphi_k = 13.1°$，$c_k = 11.2$kPa

【解】

（1）$\gamma_{s\varphi} = 1 - \left(\frac{1.704}{\sqrt{6}} + \frac{4.678}{6^2}\right) \times 0.25 = 0.794$，$\gamma_{sc} = 1 - \left(\frac{1.704}{\sqrt{6}} + \frac{4.678}{6^2}\right) \times 0.3 = 0.752$

（2）$\varphi_k = 0.794 \times 17.5 = 13.9°$，$c_k = 0.752 \times 15 = 11.3$kPa

【点评】

①根据《岩土工程勘察规范》第 14.2 节；②统计修正系数公式中的正负号按对参数不利取值，如抗剪强度参数就是减、孔隙比或液限等就是加。

题 1-30 （13D04）某岩石地基进行了 8 个试样的饱和单轴抗压强度试验，试验值分别为 15MPa、13MPa、17MPa、13MPa、15MPa、12MPa、14MPa、15MPa，则该岩基的岩石饱和单轴抗压强度标准值最接近下列何值？

（A）12.3MPa　　（B）13.2MPa　　（C）14.3MPa　　（D）15.3MPa

【解】

（1）$\varphi_m = \frac{15 + 13 + 17 + 13 + 15 + 12 + 14 + 15}{8} = 14.25$MPa

$$\sigma_f = \sqrt{\frac{1}{8-1}\left[15^2 + 13^2 + 17^2 + 13^2 + 15^2 + 12^2 + 14^2 + 15^2 - \frac{(8\times14.25)^2}{8}\right]} = 1.58\text{MPa}$$

$$\delta = \frac{\sigma_f}{\varphi_m} = \frac{1.58}{14.25} = 0.111$$

$$\gamma_s = 1 - \left(\frac{1.704}{\sqrt{8}} + \frac{4.678}{8^2}\right) \times 0.111 = 0.925$$

（2）$f_{rk} = 0.925 \times 14.25 = 13.18$MPa

【点评】

①根据《岩土工程勘察规范》第 14.2 节、《建筑地基基础设计规范》第 5.2.6 条；②岩土参数的标准值是岩土工程设计的基本代表值，是岩土参数的可靠性估值，本题解答是计算岩土参数标准值的典型过程；③平均值和标准差也可直接用计算器功能求解。

【同类型真题】09D07、06D11、05C09

题 1-31 （12D01）某工程场地进行十字板剪切试验，测定的 8m 以内土层的不排水抗剪强度如表 1-2-3 所示。

题 1-31 表　　　　表 1-2-3

试验深度H（m）	1.0	2.0	3.0	4.0	5.0	6.0	7.0	8.0
不排水抗剪强度c_u（kPa）	38.6	35.3	7.0	9.6	12.3	14.4	16.7	19.0

其中软土层的十字板剪切强度与深度呈线性相关（相关系数$r = 0.98$），最能代表试验深度范围内软土不排水抗剪强度标准值的是下列哪个选项？

（A）9.5kPa　　（B）12.5kPa　　（C）13.9kPa　　（D）17.5kPa

【解】

（1）去掉异常值 38.6、35.3

（2）$\varphi_m = \frac{7+9.6+12.3+14.4+16.7+19}{6} = 13.2\text{kPa}$

$$\sigma_f = \sqrt{\frac{1}{6-1}\left[7^2+9.6^2+12.3^2+14.4^2+16.7^2+19^2-\frac{(6\times 13.2)^2}{6}\right]} = 4.46\text{kPa}$$

（3）$\sigma_r = \sigma_f\sqrt{1-r^2} = 4.46\times\sqrt{1-0.98^2} = 0.8875$

（4）$\delta = \frac{\sigma_r}{\varphi_m} = \frac{0.8875}{13.2} = 0.067$

（5）$\gamma = 1-\left(\frac{1.704}{\sqrt{6}}+\frac{4.678}{6^2}\right)\times 0.067 = 0.945$

（6）$c_k = 0.945\times 13.2 = 12.5\text{kPa}$

【点评】

①根据《岩土工程勘察规范》第 10.1.4 条、第 14.2.2～14.2.4 条；②考点为岩土参数的分析与选定，岩土参数的标准值是岩土设计的基本代表值，是岩土参数的可靠性估值；③分析**原位测试成果资料**时，应结合地层条件，**剔除异常数据**，本题前两个数据为明显异常值，为浅部硬壳层，其数值不具有代表性，统计时需予以剔除；④十字板抗剪强度值随深度增加而变大，属于**相关型参数**，对相关型参数应用**剩余标准差**计算变异系数；⑤参数标准值应按不利组合取值，本题的抗剪强度值应取小值；⑥在此指出，在不同规范中标准差的 3 个计算公式通过变形是完全等价的，可直接记住此结论，具体推导过程可参阅相关文献，哪个公式熟练用哪个即可。

题 1-32　某场地进行岩土工程勘察，某一层取得 10 个原状土样，进行压缩试验，压缩系数结果如表 1-2-4 所示，则该土样压缩系数的标准值最接近下列哪个选项？

题 1-32 表　　**表 1-2-4**

土样变化	1	2	3	4	5	6	7	8	9	10
压缩系数（MPa^{-1}）	0.572	0.487	0.516	0.642	0.572	0.534	0.605	1.896	0.667	1.485

（A）0.51MPa^{-1}　（B）0.53MPa^{-1}　（C）0.62MPa^{-1}　（D）1.11MPa^{-1}

【解】

（1）剔除异常值 8 号样和 10 号样

$$a_m = \frac{0.572+0.487+0.516+0.642+0.572+0.534+0.605+0.667}{8} = 0.574375\text{MPa}^{-1}$$

（2）$\sigma_f = \sqrt{\frac{0.572^2+0.487^2+0.516^2+0.642^2+0.572^2+0.534^2+0.605^2+0.667^2-8\times 0.574375^2}{8-1}}$

$= 0.0618$

（3）$\delta = \frac{0.0618}{0.574375} = 0.1076$

（4）$\gamma_s = 1+\left(\frac{1.704}{\sqrt{8}}+\frac{4.678}{8^2}\right)\times 0.1076 = 1.0727$

（5）$a_k = 0.574375\times 1.0727 = 0.616\text{MPa}^{-1}$

【点评】

①根据《岩土工程勘察规范》第 14.2.2 条；②注意：γ_s算式中“±”按不利组合取值。比如：c、φ、f_{rk}等取负号；α、e取正号；③计算平均值和标准差采用计算器的单变量统计功能，快速准确，普通计算时的平均值保留位数越多，标准差越精确，越接近单变量统计的数据结果，实际考试中不用保留这么多小数位，会有误差但不影响计算结果。本题为示范普通计算和单变量统计的数据结果实际是一致的，保留了更多小数位。

题 1-33 （22C22）某场地多年前测得的土体十字板不排水抗剪强度标准值为 18.4kPa，之后在其附近修建一化工厂，近期对场地进行 8 组十字板剪切试验，测得土体不排水抗剪强度分别为 14.3kPa、16.7kPa、18.9kPa、16.3kPa、21.5kPa、18.6kPa、12.4kPa、13.2kPa。根据《岩土工程勘察规范》GB 50021—2001（2009 版）和《土工试验方法标准》GB/T 50123—2019，判断化工厂污染对该场地土工程特性的影响程度属于下列哪个选项？

（A）无影响　　（B）轻微　　（C）中等　　（D）大

【解】

（1）$\overline{c_u} = \dfrac{14.3 + 16.7 + 18.9 + 16.3 + 21.5 + 18.6 + 12.4 + 13.2}{8} = 16.49\text{kPa}$

$$\sigma_f = \sqrt{\frac{[14.3^2 + 16.7^2 + 18.9^2 + 16.3^2 + 21.5^2 + 18.6^2 + 12.4^2 + 13.2^2 - 8 \times 16.49^2]}{8-1}}$$

$= 3.111$

（2）$\overline{c_u} - 3\sigma_f = 16.49 - 3 \times 3.111 = 7.16\text{kPa}$，$\overline{c_u} + 3\sigma_f = 16.49 + 3 \times 3.111 = 25.8\text{kPa}$

无舍弃数据

$\delta = \dfrac{3.111}{16.49} = 0.1887$

（3）$\gamma_s = 1 - \left(\dfrac{1.704}{\sqrt{8}} + \dfrac{4.678}{8^2}\right) \times 0.1887 = 0.873$

$c_{uk} = 16.49 \times 0.873 = 14.4\text{kPa}$

（4）变化率 $= \dfrac{18.4 - 14.4}{18.4} = 21.7\% \in [10\%, 30\%]$，影响程度中等

【点评】

①根据《岩土工程勘察规范》第 6.10.12 条、第 14.2.2～14.2.4 条，《土工试验方法标准》附录 A.0.2；②舍弃试验数据时，应根据误差分析或概率的概念，按 3 倍标准差（即±3s）作为舍弃标准，即在资料分析中应该舍弃那些在$\overline{x} \pm 3s$范围以外的测定值，然后重新计算整理。

2.3　插值法

1. 一次插值

在岩土工程实践工作中和注册岩土工程师考试中，经常会遇到插值问题，这些插值问题多数为一元一次插值（图 1-2-1）。

一元一次插值问题即已知平面直角坐标系中直线 AB 上两点 $A(x_1、y_1)$、$B(x_2、y_2)$，求直线 AB 两点间横坐标为x的某一点 C 的纵坐标y。

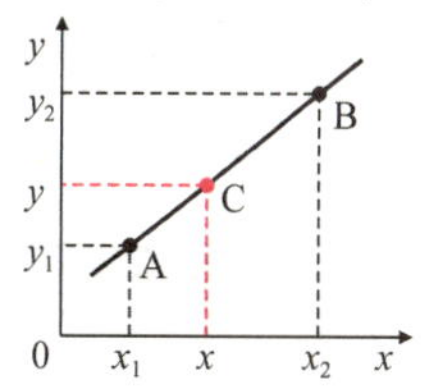

图 1-2-1　一元一次插值

$$\frac{x - x_1}{x_2 - x_1} = \frac{y - y_1}{y_2 - y_1} \Rightarrow y = y_1 + \frac{y_2 - y_1}{x_2 - x_1}(x - x_1)$$

计算器插值操作过程，例如数据（20，0.85）和（25，0.83），插值求（22，y）？

第①步：“菜单”→“6”→“2”选择“$y = ax + b$”

第②步：输入数据（20，0.85）和（25，0.83）：[输入数字后按“=”，用上下左右控制]

第③步：“AC”→输入“22”，按“=”→“OPTN”→翻下一页按“4”→按“5”

第④步：按“=”→出结果$y = 0.842$

注：因假设已知$x = 22$，求y，故按“5”求y，若已知$y = 0.842$，求x，则按“4”求x。

2. 二次插值（双向插值）

二元一次插值可简化为三个一元一次插值问题，下面按表 1-2-5 举例说明。

二次插值举例　　　　**表 1-2-5**

例：沉降计算经验系数如下表，计算$p_0 = 180$，$\overline{E}_s = 4.3$时，$\psi_s = ?$

沉降计算经验系数ψ_s（可插值）

基底附加压力p_0	$\overline{E}_s$(MPa)				
	2.5	4.0	7.0	15.0	20.0
$p_0 \geqslant f_{ak} = 185$	1.4	1.3	1.0	0.4	0.2
$p_0 \leqslant 0.75f_{ak} = 138.75$	1.1	1.0	0.7	0.4	0.2

解：第 1 次在$x = 185$插值求出$y = 1.27$；第 2 次在$x = 138.75$插值求出$y = 0.97$；第 3 次在$x = 180$插值求出$y = 1.24$

	4.0	4.3	7.0
185	1.3	1.27	1.0
180		$0.97 + \frac{1.27 - 0.97}{185 - 138.75} \times (180 - 138.75) = 1.24$	
138.75	1.0	0.97	0.7

注：配合下面的例题理解。

题 1-34　（03C07 改编）矩形基础的底面尺寸为$2\text{m} \times 2\text{m}$，基底附加压力$p_0 = 180\text{kPa}$，基础埋深 2.0m，地质资料如图 1-2-2 所示，地基承载力特征值$f_{ak} = 185\text{kPa}$。按照《建筑地基基础设计规范》GB 50007—2011，计算地基变形计算深度$z_n = 4.5\text{m}$ 内地基最终变形量为多少？（注：通过查表得到有关数据如表 1-2-6 所示）

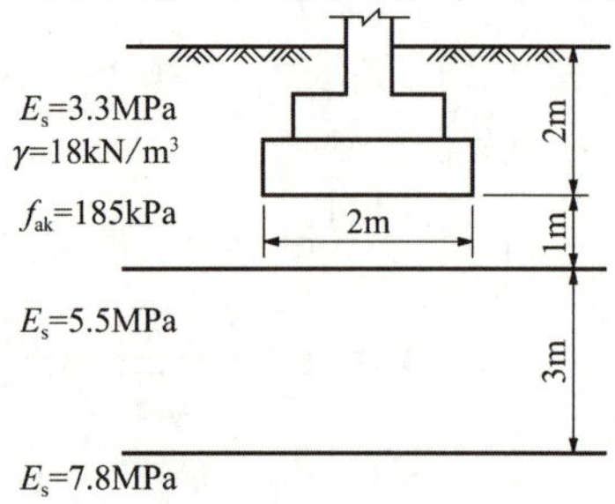

图 1-2-2　题 1-34 图

题 1-34 表　　　　**表 1-2-6**

z_i（m）	$z_i\overline{\alpha}_i - z_{i-1}\overline{\alpha}_{i-1}$	E_{si}（MPa）	$\Delta s'$（mm）	$s' = \Delta s'$（mm）
0	0			
1	0.225	3.5	50.5	50.5
4	0.219	5.5	29.5	80.0
4.5	0.015	7.8	1.4	81.4

【解】

（1）$\overline{E}_s = \dfrac{0.225 + 0.219 + 0.015}{0.225/3.5 + 0.219/5.5 + 0.015/7.8} = 4.3\text{MPa}$

（2）$0.75f_{ak} = 138.75 \leqslant p_0 \leqslant f_{ak} = 185$，需要双向插值，计算如下：

$\overline{E}_s = 4.3\text{MPa}$，$p_0 = 138.75\text{kPa}$ 时，$\psi_s = 1.0 - \dfrac{1.0 - 0.7}{7.0 - 4.0} \times (4.3 - 4.0) = 0.97$

$\overline{E}_s = 4.3\text{MPa}$，$p_0 = 185\text{kPa}$ 时，$\psi_s = 1.3 - \dfrac{1.3 - 1.0}{7.0 - 4.0} \times (4.3 - 4.0) = 1.27$

$\overline{E}_s = 4.3\text{MPa}$，$p_0 = 180\text{kPa}$ 时，$\psi_s = 0.97 + \dfrac{1.27 - 0.97}{185 - 138.75} \times (180 - 138.75) = 1.24$

（3）$s = 1.24 \times 81.4 = 100.9\text{mm}$

【点评】

①根据《建筑地基基础设计规范》第 5.3.5 条、第 5.3.6 条；②早年经常给出表格简化计算，只需要计算压缩模量当量值查表确定经验系数。

2.4 最小二乘法

抗剪强度试验将试验所得数对(σ_i,τ_i)按最小二乘原理计算φ和c，按表 1-2-7 中公式。

最小二乘法公式和计算器操作过程 **表 1-2-7**

$\tan\varphi=\dfrac{n\sum_{i=1}^{n}\sigma_i\tau_i-\sum_{i=1}^{n}\sigma_i\sum_{i=1}^{n}\tau_i}{n\sum_{i=1}^{n}\sigma_i^2-\left(\sum_{i=1}^{n}\sigma_i\right)^2}$；$c=\dfrac{\sum_{i=1}^{n}\sigma_i^2\sum_{i=1}^{n}\tau_i-\sum_{i=1}^{n}\sigma_i\sum_{i=1}^{n}\sigma_i\tau_i}{n\sum_{i=1}^{n}\sigma_i^2-\left(\sum_{i=1}^{n}\sigma_i\right)^2}$	σ_i——第i次试验的法向应力； τ_i——对应于σ_i的抗剪强度
最小二乘法计算器操作步骤如下： 按菜单键→按“**6-数据统计**”→按“**2 − y = ax + b**”，依次输入“**x（σ的数据），y（τ的数据）**”；→按“**OPTN**”，按“**4-回归计算**”可得到结果**tan φ =** “**a**”、c = “**b**”，可用于验算结果，考试还是按要求写步骤	

注：实际上，按《工程地质手册》上的公式不会出现偏差大的数据，剔除无作用，故可以不用验算偏差大的数据。

题 1-35 某土样进行应变式直剪试验，试验结果见表 1-2-8，试求该土样抗剪强度指标？（采用最小二乘法）

题 1-35 表 **表 1-2-8**

正应力σ（kPa）	50	100	200	300	400
峰值剪切应力τ（kPa）	29	37	61	81	101

【解】

（1）$\sum_{i=1}^{n}\sigma_i=50+100+200+300+400=1050$，

$$\sum_{i=1}^{n}\sigma_i^2=50^2+100^2+200^2+300^2+400^2=302500$$

$$\sum_{i=1}^{n}\tau_i=29+37+61+81+101=309,$$

$$\sum_{i=1}^{n}\sigma_i\tau_i=50\times29+100\times37+200\times61+300\times81+400\times101=82050$$

（2）$\tan\varphi=\dfrac{n\sum_{i=1}^{n}\sigma_i\tau_i-\sum_{i=1}^{n}\sigma_i\sum_{i=1}^{n}\tau_i}{n\sum_{i=1}^{n}\sigma_i^2-\left(\sum_{i=1}^{n}\sigma_i\right)^2}=\dfrac{5\times82050-1050\times309}{5\times302500-1050^2}=0.2093\Rightarrow\varphi=11.82^\circ$

（3）$c=\dfrac{\sum_{i=1}^{n}\sigma_i^2\sum_{i=1}^{n}\tau_i-\sum_{i=1}^{n}\sigma_i\sum_{i=1}^{n}\sigma_i\tau_i}{n\sum_{i=1}^{n}\sigma_i^2-\left(\sum_{i=1}^{n}\sigma_i\right)^2}=\dfrac{302500\times309-1050\times82050}{5\times302500-1050^2}=17.85\text{kPa}$

【点评】

①根据《工程地质手册》P270、P271；②最小二乘法公式较为繁杂，可按上述步骤分步解题，简洁、高效，手册上的剔除公式没有剔除效果，可直接根据试验结果剔除不合理数据。

第3章

原位测试

3.1 载荷试验——《岩土工程勘察规范》第 10.2 节、《建筑地基基础设计规范》附录 C、附录 D

载荷试验方法可用于测定承压板下应力主要影响范围内岩土的承载力和变形模量，包括平板载荷试验和螺旋板载荷试验。《工程地质手册》第 3.5 章、《土工试验方法标准》第 49 章，《建筑地基检测技术规范》第 4 章、《建筑地基基础设计规范》附录 C、附录 D、附录 H，其他一些偏僻规范上也有相应规定，注意对比学习。

载荷试验分类见表 1-3-1，浅层和深层平板载荷试验对比见表 1-3-2。

载荷试验分类 表 1-3-1

试验分类	特点及适用范围
浅层平板载荷试验	1. 承压板的面积不应小于 $0.25m^2$，对于软土和粒径较大的填土，不应小于 $0.50m^2$； 2. 试坑宽度或直径不应小于承压板边宽或直径的 3 倍（**无边载**）； 3. 确定浅层地基土、破碎、极破碎岩石地基的承载力和变形参数
深层平板载荷试验	1. 承压板直径为 0.8m 的刚性承压板； 2. 紧靠承压板周围外侧的土层高度不应少于 80cm（**有边载**）； 3. 确定深度不小于 5m 的深层地基土和大直径桩的桩端土的承载力和变形参数
岩基载荷试验	1. 承压板直径为 0.3m 的圆形刚性承压板； 2. 确定完整、较完整、较破碎岩石地基的承载力和变形参数
螺旋板载荷试验	适用于黏土和砂土地基，用于深层地基土或地下水位以下的地基土

浅层和深层平板载荷试验对比（《建筑地基基础设计规范》附录 C、附录 D）表 1-3-2

浅层平板载荷试验要点	深层平板载荷试验要点
适用于确定浅部地基土层的承压板下应力主要影响范围内的承载力和变形参数，承压板面积不应小于 $0.25m^2$，对于软土不应小于 $0.5m^2$	适用于确定深部地基土层及大直径桩桩端土层在承压板下应力主要影响范围内的承载力和变形参数
试验基坑宽度不应小于承压板宽度或直径的三倍。应保持试验土层的原状结构和天然湿度。宜在拟试压表面用粗砂或中砂层找平，其厚度不应超过 20mm	深层平板载荷试验的承压板采用直径为 0.8m 的刚性板，紧靠承压板周围外侧的土层高度应不少于 80cm
加荷分级不应少于 8 级。最大加载量不应小于设计要求的两倍	加荷等级可按预估极限承载力的 1/15～1/10 分级施加
每级加载后，按间隔 10min、10nin、10min、15min、15min。以后为每隔半小时测读一次沉降量，当在连续两小时内，每小时的沉降量小于 0.1mm 时，则认为已趋稳定，可加下一级荷载	

续表

浅层平板载荷试验要点	深层平板载荷试验要点
当出现下列情况之一时，即可**终止加载**： 1. 承压板周围的土明显地侧向挤出； 2. 沉降s急骤增大，荷载-沉降（p-s）曲线出现陡降段； 3. 在某级荷载下，24h 内沉降速率不能达到稳定标准； 4. 沉降量与承压板宽度或直径之比大于或等于 0.06	当出现下列情况之一时，可**终止加载**： 1. 沉降s急剧增大，荷载-沉降（p-s）曲线上有可判定极限承载力的陡降段，且沉降量超过 $0.04d$（d为承压板直径）； 2. 在某级荷载下，24h 内沉降速率不能达到稳定； 3. 本级沉降量大于前一级沉降量的 5 倍； 4. 当持力层土层坚硬，沉降量很小时，最大加载量不小于设计要求的 2 倍
当满足终止加载条件前三款的情况之一时，其对应的前一级荷载为极限荷载p_u	
承载力特征值f_{ak}的确定应符合下列规定： 1. 当p-s曲线上有比例界限时，取该比例界限所对应的荷载值p_{cr}； 2. 当极限荷载p_u小于对应比例界限的荷载值p_{cr}的 2 倍时，取极限荷载值p_u的一半； 3. 当不能按上述二款要求确定时，可取$s/b=0.01$～0.015所对应的荷载p_s，但其值不应大于最大加载量p_{max}的一半（浅层载荷试验压板面积为 0.25～0.50m^2时）	
同一土层参加统计的试验点不应少于三点，各试验实测值的极差不得超过其平均值的 30%，取此平均值作为该土层的地基承载力特征值（f_{ak}）	

3.1.1　浅层平板载荷试验

平板载荷试验是在一定面积的承压板上向地基土逐级施加荷载，测求地基土的压力与变形特性的原位测试方法。它反映承压板下 1.5～2.0 倍承压板直径或宽度范围内地基土强度、变形的综合性状。浅层平板载荷试验适用于确定浅部地基土层承压板下压力主要影响范围内的承载力和变形参数。**试坑宽度或直径不应小于承压板边宽或直径的 3 倍。**

浅层平板载荷试验重物式装置和深层平板载荷试验反力式装置，见图 1-3-1 和图 1-3-2。

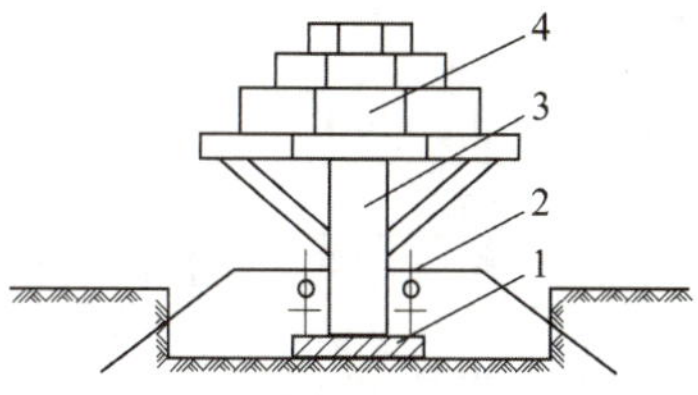

1—承压板；2—沉降观测装置；3—荷载台架；4—重物

图 1-3-1　浅层平板载荷试验重物式装置

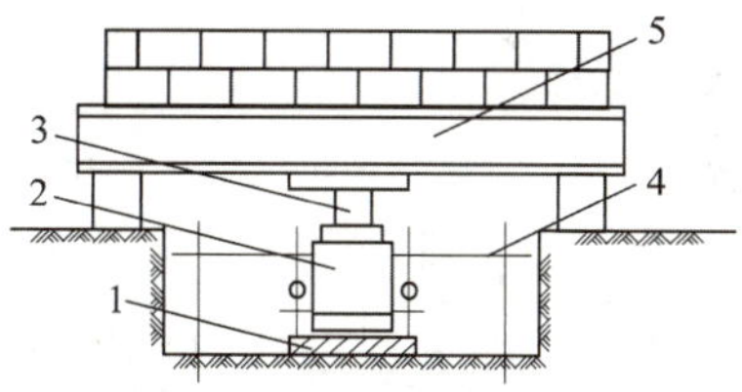

1—承压板；2—加荷千斤顶；3—重荷传感器；4—沉降观测装置；5—反力装置

图 1-3-2　深层平板载荷试验反力式装置

载荷试验p-s曲线见图 1-3-3 和图 1-3-4。

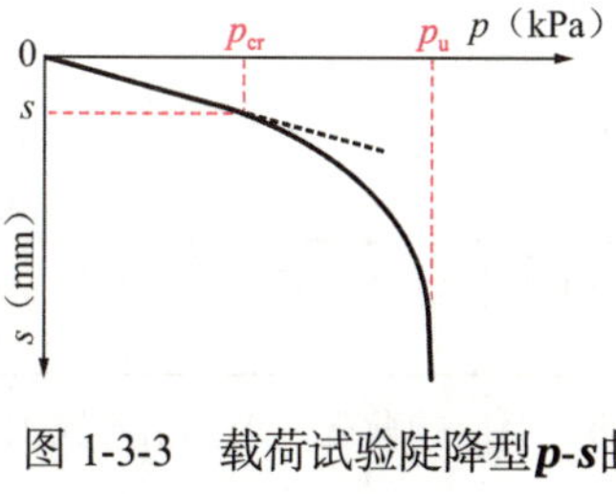

图 1-3-3　载荷试验陡降型$\boldsymbol{p}$-$\boldsymbol{s}$曲线

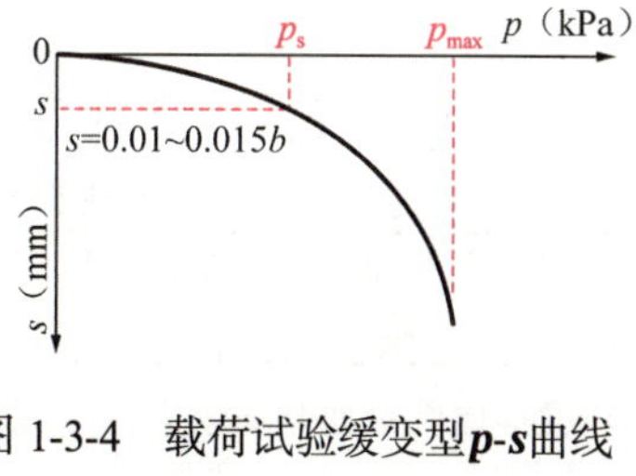

图 1-3-4　载荷试验缓变型$\boldsymbol{p}$-$\boldsymbol{s}$曲线

（1）承载力

浅层平板载荷试验承载力特征值的确定见表 1-3-3。

浅层平板载荷试验承载力特征值　　　　表 1-3-3

<table>
<tr><th>终止条件</th><th>曲线类型</th><th>承载力特征值f_{ak}</th></tr>
<tr><td>1. 承压板周围的土出现明显侧向挤出；
2. 沉降s急骤增大，荷载-沉降（p-s）曲线出现陡降段；
3. 在某一级荷载下，24h 内沉降速率不能达到稳定标准</td><td>陡降型
（有直线段）
有比例界限</td><td>1. 取破坏前一级荷载为极限荷载p_u；
2. 取p-s曲线上比例界限（直线段终点）所对应的荷载值p_{cr}，但其值不能大于极限荷载p_u的一半
$f_{ak}=\min\left(p_{cr},\frac{p_u}{2}\right)$</td></tr>
<tr><td>4. 沉降量与承压板宽度或直径之比大于或等于 0.06；
5. 达不到极限荷载时，最大加载量不小于设计要求的 2 倍</td><td>缓变型
（无直线段）
无比例界限</td><td>板面积 0.25m^2～0.50m^2 时，取s/b = 0.01～0.015 所对应的荷载p_s，但其值不能大于最大加载量p_{max}的一半
$f_{ak}=\min\left(p_s,\frac{p_{max}}{2}\right)$</td></tr>
<tr><td colspan="3">极差验算：同一土层参加统计的试验点不应小于 3 点，各试验实测点的极差不得超过其平均值的 30%，取其平均值作为该土层的地基承载力特征值f_{ak}</td></tr>
<tr><td colspan="3">修正：承载力特征值f_{ak}经宽度、深度修正后→修正后的承载力特征值f_a
$f_a=f_{ak}+\eta_b\gamma(b-3)+\eta_d\gamma_m(d-0.5)$
详细计算方法见第 2 篇“浅基础”相关内容</td></tr>
</table>

关于s/d的取值，如《建筑地基检测技术规范》《土工试验方法标准》《城市轨道交通岩土工程勘察规范》等规范上的规定不尽相同，按指定规范作答，见表 1-3-4。

关于不同规范s/d的取值　　　　表 1-3-4

<table>
<tr><td>《建筑地基基础设计规范》</td><td>当承压板板面积0.25m^2 – 0.50m^{2}时，取s/b = 0.01～0.015对应的荷载值</td></tr>
<tr><td>《土工试验方法标准》</td><td>当承压板板面积0.25m^2 – 0.50m^{2}时，对低压缩性土和砂土，取s/b = 0.01～0.015对应的荷载值；对中、高压缩性土，取s/b = 0.02对应的荷载值</td></tr>
<tr><td>《城市轨道交通岩土工程勘察规范》</td><td>各类土的相对沉降值（s/d或s/b）
<table>
<tr><td>土名</td><td colspan="5">黏性土</td><td colspan="3">粉土</td><td colspan="4">砂土</td></tr>
<tr><td>状态</td><td>流塑</td><td>软塑</td><td>可塑</td><td>硬塑</td><td>坚硬</td><td>稍密</td><td>中密</td><td>密实</td><td>松散</td><td>稍密</td><td>中密</td><td>密实</td></tr>
<tr><td>s/d或s/b</td><td>0.02</td><td>0.016</td><td>0.014</td><td>0.012</td><td>0.01</td><td>0.02</td><td>0.015</td><td>0.01</td><td>0.02</td><td>0.016</td><td>0.012</td><td>0.008</td></tr>
</table>
注：对于软—极软的软质岩、强风化—全风化的风化岩，应根据工程的重要性和地基的复杂程度取s/d或s/b = 0.001～0.002所对应的压力为地基土承载力</td></tr>
<tr><td>《建筑地基检测技术规范》</td><td>各类土的相对沉降值（s/b）
<table>
<tr><td>地基类型</td><td>地基土性质</td><td>s/b</td></tr>
<tr><td rowspan="3">天然地基</td><td>高压缩性土</td><td>0.015</td></tr>
<tr><td>中压缩性土</td><td>0.012</td></tr>
<tr><td>低压缩性土和砂性土</td><td>0.01</td></tr>
<tr><td>人工地基</td><td>中、低压缩性土</td><td>0.01</td></tr>
<tr><td colspan="2">地基土性质不明</td><td>0.01</td></tr>
</table>
注：s为与承载力特征值对应的承压板的沉降量；b为承压板的边宽或直径，当b大于 2m 时，按 2m 计算</td></tr>
</table>

注：当按相对变形值确定地基承载力特征值时，取s/b所对应的荷载，但其值不能大于最大加载量的一半。

题 1-36　（16C03）某建筑场地进行浅层平板载荷试验，方形承压板，面积 $0.5m^2$，加载至 375kPa 时，承压板周围土体明显侧向挤出，实测数据如表 1-3-5 所示。

题 1-36 表　　表 1-3-5

p（kPa）	25	50	75	100	125	150	175	200	225	250	275	300	325	350	375
s（mm）	0.80	1.60	2.41	3.2	4.00	4.80	5.60	6.40	7.85	9.80	12.1	16.4	21.5	26.6	43.5

根据该试验分析确定的土层承载力特征值是哪一选项？

（A）175kPa　（B）188kPa　（C）200kPa　（D）225kPa

【解】

（1）由表格数据确定比例界限为 200kPa。

（2）加至 375kPa 时，承压板周围土体明显倾向挤出，极限荷载为 350kPa。

（3）$200kPa > \frac{350}{2} = 175kPa$，取小值，$f_{ak} = 175kPa$。

【点评】

①根据《建筑地基基础设计规范》附录 C；②土侧向挤出、p-s 曲线出现陡降段、24h 沉降不稳定，取对应的**前一级载荷为极限载荷**；③比例界限为 p-s 曲线中存在直线段时**直线段的终点**，地基承载力特征值取比例界限与极限荷载的一半中小值。

【同类型真题】03C03

题 1-37　（02C03）在较软弱的黏性土中进行平板载荷试验，承压板为正方形，面积为 $0.25m^2$。各级荷载及相应的累计沉降如表 1-3-6 所示。根据 p-s 曲线（图 1-3-5），按《建筑地基基础设计规范》GB 50007—2011，求地基承载力特征的最小值最接近下列哪个选项？

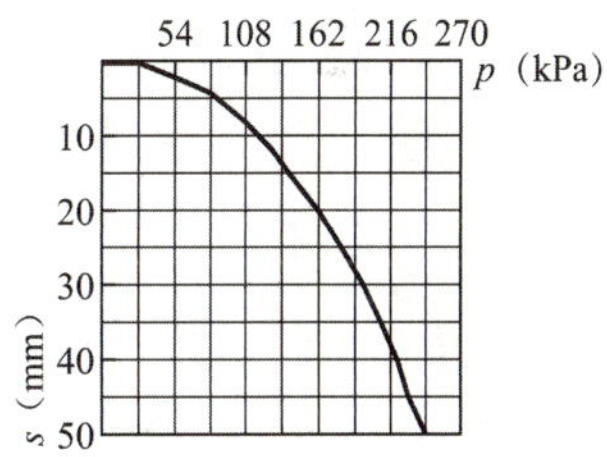

图 1-3-5　题 1-37 图

题 1-37 表　　表 1-3-6

p（kPa）	54	81	108	135	162	189	216	243
s（mm）	2.15	5.05	8.95	13.90	21.50	30.55	40.35	48.50

（A）81kPa　（B）98kPa

（C）122kPa　（D）243kPa

【解】

（1）p-s 曲线为缓变型

最小值，$s = 0.01b = 0.01 \times \sqrt{0.25} \times 1000 = 5.0mm$

插值：$p = 54 + \frac{5-2.15}{5.05-2.15} \times (81 - 54) = 80.5kPa < \frac{243}{2} = 121.5kPa$

（2）取小值，$f_{ak} = 80.5kPa$。

【点评】

①根据《建筑地基基础设计规范》附录 C；②求最小值取 $s/d = 0.01$ 所对应的荷载为承载力特征值，但其值不应大于最大加载量的一半；③本类型题属于重要考点：平板载荷试验确定地基承载力。

【同类型真题】17C02

题 1-38 某高压缩性土地区拟采用天然地基，进行浅层平板载荷试验，圆形承压板面积为 $0.5m^2$，加载至 175kPa 时，因沉降量与承压板直径之比大于 0.06 而终止加载，试验结果如表 1-3-7 所示，试根据《建筑地基基础设计规范》GB 50007—2011，估算该土层的地基承载力特征值最接近下列哪个选项？（取相对变形$s/b = 0.015$所对应的荷载作为承载力特征值）

题 1-38 表　　表 1-3-7

荷载（kPa）	0	25	50	75	100	125	150	175
本级沉降（mm）	0.00	0.88	1.94	3.16	9.74	13.16	11.92	16.68
累计沉降（mm）	0.00	0.88	2.82	5.98	15.72	28.88	40.8	57.48

（A）80.0kPa　（B）84.5kPa　（C）87.5kPa　（D）90.5kPa

【解】

（1）p-s曲线为缓变型，取$s/d = 0.015$对应的荷载

$$3.14 \times \frac{d^2}{4} = 0.5 \Rightarrow d = 0.798\text{m} \Rightarrow s = 0.015 \times 798 = 11.97\text{mm}$$

（2）内插得：$p = 90.4\text{kPa} > \frac{175}{2} = 87.5\text{kPa}$

取$f_{ak} = 87.5\text{kPa}$

【点评】

①根据《建筑地基基础设计规范》附录 C.0.6、C.0.7；②取$s/b = 0.015$作为地基承载力特征值，但其值不应大于最大加载量的一半。如地基发生破坏时，不应大于极限荷载的一半。

题 1-39 （09D08）某场地三个平板载荷试验，试验数据如表 1-3-8 所示。按《建筑地基基础设计规范》GB 50007—2011 确定的该土层的地基承载力特征值接近于下列哪个选项？

题 1-39 表　　表 1-3-8

试验点号	1	2	3
比例界限对应的荷载值（kPa）	160	165	173
极限荷载（kPa）	300	340	330

（A）170kPa　（B）165kPa　（C）160kPa　（D）150kPa

【解】

（1）1 号点：$\frac{300}{2} = 150 < 160$，取$f_{ak1} = 150\text{kPa}$

2 号点：$\frac{340}{2} = 170 > 165$，取$f_{ak2} = 165\text{kPa}$

3 号点：$\frac{330}{2} = 165 < 173$，取$f_{ak3} = 165\text{kPa}$

（2）平均值：$f_{akm} = \frac{150 + 165 + 165}{3} = 160\text{kPa}$

（3）极差：$165 - 150 = 15\text{kPa} < 160 \times 0.3 = 48\text{kPa}$，满足，取$f_{ak} = 160\text{kPa}$

【点评】

①根据《建筑地基基础设计规范》附录 C；②当极限载荷小于对应比例界限的 2 倍时，取极限载荷的一半；③各试验实测值的极差不超过平均值的 30%时，取平均值作为该土层的地基承载力特征值，**极差 = 最大值 − 最小值**。

题 1-40 在某低压缩性黏性土人工地基中进行浅层平板载荷试验，承压板为方形，面积为 0.25m²。各级荷载及相应的累计沉降如表 1-3-9 所示，按《建筑地基检测技术规范》JGJ 340—2015，确定该地基的承载力特征值。

题 1-40 表　　表 1-3-9

p（kPa）	56	84	112	140	168	196	224	252
s（mm）	2.20	5.15	8.85	12.95	17.55	23.10	29.45	36.60

【解】

由表格数据可知p-s曲线呈缓变型

人工地基低压缩性$\Rightarrow s = 0.01 \times \sqrt{0.25 \times 10^6} = 5\text{mm} \Rightarrow f_{ak} = 82.6\text{kPa}$

$\frac{p_{max}}{2} = \frac{252}{2} = 126\text{kPa} > 82.6\text{kPa}$，取$f_{ak} = 82.6\text{kPa}$

【点评】

①根据《建筑地基检测技术规范》第 4.4 节；②对表格数据的判断，p等差增加，但s不是等差增加，可判断没有直线段，为缓变型，不要采用画图法判断，太费时；③很多人对最大加载值和极限值总是分不清，记住一点，试验终止的前三款才有直线段，才有比例界限荷载与极限荷限（一半）比较；试验终止的第四款，没有直线段，为缓变型，不存在比例界限荷载与极限荷限，这时s/b对应的荷载与最大加载值（一半）比较。

（2）**变形模量E_0**

土的变形模量应根据p-s曲线的初始直线段，可按均质各向同性半无限弹性介质的弹性理论计算。浅层平板载荷试验的变形模量E_0（MPa），可按下式计算：

$$E_0 = I_0(1-\mu^2)\frac{pd}{s}$$

式中：I_0——刚性承压板的形状系数，圆形取 0.785，方形取 0.886；矩形承压板当长宽比$l/b = 1.2$时，取 0.809，当$l/b = 2.0$时，取 0.626，其余可计算求得，但l/b不宜大于 2，此时$E_0 = I_0(1-\mu^2)\frac{pl}{s}$，或者直接用$E_0 = 0.886(1-\mu^2)\frac{p}{s}\sqrt{lb}$公式来计算。

μ——土的泊松比，碎石土 0.27、砂土 0.30、粉土 0.35、粉质黏土 0.38、黏土 0.42。

d——承压板直径或边长（m），矩形时，d取长边。

p——p-s曲线线性段的压力（kPa）。

s——与p对应的沉降（mm）。

题 1-41 （04D02）某建筑场地在稍密砂层中进行浅层平板载荷试验，方形压板底面积为 $0.5m^2$，压力与累积沉降量关系如表 1-3-10 所示，计算土的变形模量E_0最接近下列哪个选项？（土的泊松比$\mu = 0.33$，形状系数为 0.89）

题 1-41 表 表 1-3-10

压力p（kPa）	25	50	75	100	125	150	175	200	225	250	275
累积沉降量s（mm）	0.88	1.76	2.65	3.53	4.41	5.30	6.13	7.25	8.00	10.54	15.80

（A）9.8MPa （B）13.3MPa （C）15.9MPa （D）17.7MPa

【解】

$$E_0 = I_0(1-\mu^2)\frac{pd}{s} = 0.89 \times (1-0.33^2) \times \frac{25 \times \sqrt{0.5}}{0.88} = 15.93\text{MPa}$$

【点评】

①根据《岩土工程勘察规范》第 10.2.5 条；②取直线段数据计算。

【同类型真题】11C01

（3）**不排水抗剪强度c_u**—《工程地质手册》P252

用沉降非稳定法（快速法）载荷试验（不排水条件）的极限荷载p_u可估算饱和黏性土的不排水抗剪强度c_u（$\varphi_u = 0$）

$$c_u = \frac{p_u - p_0}{N_c}$$

式中：c_u——地基土的不排水抗剪强度（kPa）；

p_u——快速法载荷试验所得极限压力（kPa）；

p_0——承压板周边外的超载或土的自重压力（kPa）；

N_c——对方形或圆形承压板，当周边无超载时，$N_c = 6.15$，当承压板埋深大于或等于 4 倍板径或边长时，$N_c = 9.25$；当承压板埋深小于 4 倍板径或边长时，N_c由线性内插确定。

题 1-42 某建筑地基土为饱和黏性土，采用快速法进行浅层平板载荷试验，圆形承压板，面积 $0.5m^2$，承压板周边无超载，加载至 150kPa 时，承压板周围土体明显侧向挤出，实测数据如表 1-3-11 所示。

题 1-42 表 表 1-3-11

p（kPa）	15	30	45	60	75	90	105	120	135	150
s（mm）	0.80	1.60	2.41	3.2	4.00	4.80	5.60	6.40	7.85	15.24

估算该饱和黏性土的不排水抗剪强度c_u最接近下列哪个选项？

（A）14kPa （B）16kPa （C）22kPa （D）24kPa

【解】

$$c_u = \frac{p_u - p_0}{N_c} = \frac{135-0}{6.15} = 21.95\text{kPa}$$

【点评】

①沉降非稳定法（快速法）载荷试验（不排水条件）可根据《工程地质手册》P252 式(3-5-12)；②承压板周围土明显挤出代表地基已破坏，则 150kPa 对应的前一级荷载 135kPa 为极限荷载p_u；当周边无超载时，$p_0 = 0$；③当周边无超载时，对于方形或圆形承压板，$N_c = 6.15$。

3.1.2　深层平板载荷试验

深层平板载荷试验是平板载荷试验的一种，适用于埋深大于或等于 5.0m 和地下水位以上的地基土。深层平板载荷试验用于确定深部地基土及大直径桩桩端土层在承压板下应力主要影响范围内的承载力及变形参数。试坑（井）直径应等于承压板直径，当试坑（井）直径大于承压板直径时，**紧靠承压板周围外侧的土层高度不应少于 80cm**。

浅层平板载荷试验重物式装置和浅层平板载荷试验反力式装置见图 1-3-6 和图 1-3-7。

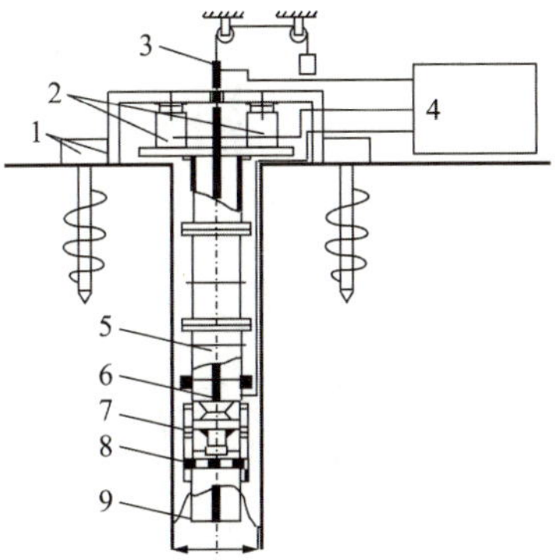

1—反力梁；2—千斤顶；3—位移传感器；4—检测仪；5—传力杆；6—位移杆；7—压力传感器；8—密封装置；9—承压板

图 1-3-6　深层平板载荷试验地锚反力法装置

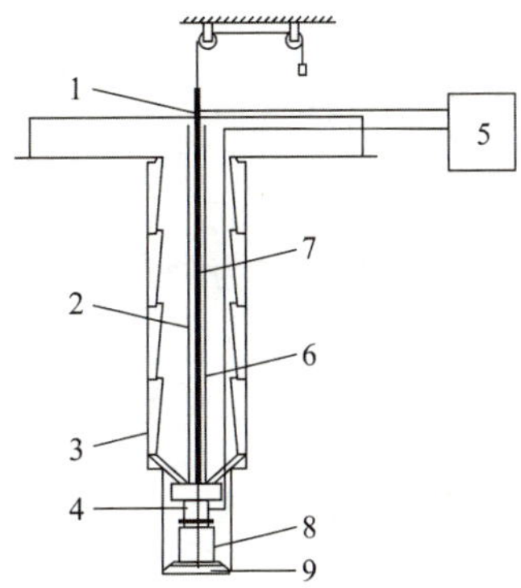

1—位移传感器；2—塑料保温管；3—传力杆；4—压力传感器；5—检测仪；6—井圈护壁；7—拉移杆；8—千斤顶；9—承压板

图 1-3-7　深层平板载荷试验井圈护壁反力法装置

（1）承载力

深层平板载荷试验承载力特征值的确定见表 1-3-12。

深层平板载荷试验承载力特征值　　表 1-3-12

终止条件	曲线类型	承载力特征值f_{ak}
1. 沉降s急骤增大，荷载-沉降（p-s）曲线上有可判定极限承载力的陡降段，且沉降量超过 0.04d（d为承压板直径）； 2. 某一级荷载下，24h 内沉降速率不能达到稳定； 3. 本级沉降量大于前一级沉降量的 5 倍	**陡降型（有直线段）** 有比例界限	1. 取破坏前一级荷载为极限荷载p_u； 2. 取p-s曲线上比例界限（**直线段终点**）所对应的荷载值p_{cr}，但其值不能大于极限荷载p_u的一半 $f_{ak}=\min\left(p_{cr},\frac{p_u}{2}\right)$
4. 当持力层土层坚硬，沉降量很小时，最大加载量不小于设计要求的 2 倍	**缓变型（无直线段）** 无比例界限	取$s/b=0.01\sim0.015$所对应的荷载p_s，但其值不能大于最大加载量p_{max}的一半 $f_{ak}=\min\left(p_s,\frac{p_{max}}{2}\right)$
极差验算：同一土层参加统计的试验点不应小于 3 点，各试验实测点的极差不得超过其平均值的 30%，取其平均值作为该土层的地基承载力特征值f_{ak}（宽深修正→f_a）		
修正：承载力特征值f_{ak}经宽度、深度修正后→修正后的承载力特征值f_a $f_a=f_{ak}+\eta_b\gamma(b-3)+\eta_d\gamma_m(d-0.5)$ **特别注意：**地基承载力特征值按深层平板载荷试验确定时，η_d取 0；载荷试验测试时的深度和基础**埋深不一致时**，需要按二者的**深度差**进行深度修正，或者因为水位等其他条件变化导致边载变化的情况，都需要重新进行深度修正，详细计算方法见第 2 篇“浅基础”相关内容		

注：关于s/d的取值，如《建筑地基检测技术规范》《土工试验方法标准》《城市轨道交通岩土工程勘察规范》等规范上的规定不尽相同，按指定规范作答。

题 1-43　在一均质坚硬黏性土场地中做深层平板载荷试验，承压板为圆形，面积 $0.5m^2$，加载至 550kPa，沉降量为 500kPa 沉降的 6 倍多，各级荷载和对应的沉降量如表 1-3-13 所示，求黏土层的地基承载力特征值最接近下列哪个选项？

题 1-43 表　　表 1-3-13

p（kPa）	50	100	150	200	250	300	350	400	450	500	550
s（mm）	0.71	1.42	2.13	2.83	3.56	4.26	4.97	6.68	8.39	10.10	20.46

（A）250kPa　　（B）275kPa　　（C）350kPa　　（D）500kPa

【解】

（1）由表可知 p-s 曲线中直线段的终点为 $s = 4.97$mm，$p_{cr} = 350$kPa，$p_u = 500$kPa

（2）$p_{cr} = 350\text{kPa} > \dfrac{p_u}{2} = \dfrac{500}{2} = 250\text{kPa}$

取小值 $f_{ak} = 250$kPa 作为地基承载力特征值

【点评】

①根据《建筑地基基础设计规范》附录 D；②p-s 曲线中直线段的中点为比例界限，取比例界限所对应的载荷值为承载力特征值，不得超过极限载荷的一半；③当本级沉降量大于前一级沉降量的 5 倍时，其对应的前一级载荷定为极限载荷。

题 1-44　（17C30）某工程采用深层平板载荷试验确定地基承载力，共进行了 S_1、S_2 和 S_3 三个试验点，各试验点数据见表 1-3-14，请按照《建筑地基基础设计规范》GB 50007—2011 判定该层地基承载力特征值最接近下列何值？（取 $s/d = 0.015$ 所对应的荷载作为承载力特征值）

题 1-44 表　　表 1-3-14

荷载（kPa）	S_1	S_2	S_3
	累计沉降量（mm）		
1320	2.31	3.24	1.61
1980	6.44	7.47	6.09
2640	10.98	13.06	11.12
3300	15.77	21.49	17.02
3960	20.68	31.19	23.69
4620	26.66	42.39	34.83
5280	34.26	56.02	50.36
5940	43.01	79.26	67.38
6600	52.21	104.56	84.93

（A）2570kPa　　（B）2670kPa　　（C）2770kPa　　（D）2870kPa

【解】

（1）$s/b = 0.015$，$s = 0.015 \times 800 = 12$mm

s_1点：$p_1 = 2640 + \dfrac{12 - 10.98}{15.77 - 0.98} \times (3300 - 2640) = 2780.5 < \dfrac{6600}{2} = 3300\text{kPa}$

s_2点：$p_2 = 1980 + \dfrac{12 - 7.47}{13.06 - 7.47} \times (2640 - 1980) = 2514.8 < \dfrac{6600}{2} = 3300\text{kPa}$

s_3点：$p_3 = 2640 + \dfrac{12 - 11.12}{17.02 - 11.12} \times (3300 - 2640) = 2738.4 < \dfrac{6600}{2} = 3300\text{kPa}$

（2）取平均值：$f_{ak} = \dfrac{2780.5 + 2514.8 + 2738.4}{3} = 2677.9\text{kPa}$

验算极差：$2780.5 - 2514.8 = 265.7 < 2677.9 \times 30\% = 803.4$kPa，满足要求。

【点评】

①根据《建筑地基基础设计规范》附录 D；②深层平板载荷试验采用直径 0.8m 的圆形板；③缓变型，沉降对应的荷载值与最大加载值的一半进行比较，取小值，满足极差不超过 30%平均值时，取平均值作为该土层的地基承载力特征值。

题 1-45 某人工挖孔灌注桩，桩长 8m，桩端持力层为极破碎全风化花岗岩，为了确定端阻力，分别在 3 个孔的孔底进行深层载荷试验，压板直径 0.8m，试验数据如表 1-3-15 所示，试确定桩端阻力特征值。

题 1-45 表 表 1-3-15

试验点编号	比例界限对应的荷载值	极限荷载值
1	2600kPa	4680kPa
2	2510kPa	4800kPa
3	2560kPa	4540kPa

【解】

1 号：$\frac{p_u}{2} = \frac{4680}{2} = 2340\text{kPa} < p_{cr} = 2600\text{kPa}$，

2 号：$\frac{p_u}{2} = \frac{4800}{2} = 2400\text{kPa} < p_{cr} = 2510\text{kPa}$

3 号：$\frac{p_u}{2} = \frac{4540}{2} = 2270\text{kPa} < p_{cr} = 2560\text{kPa}$

平均值$q_{pa} = \frac{2340+2400+2270}{3} = 2337\text{kPa}$

极差验算：$\frac{2400-2270}{2337} = 5.6\% < 30\%$，满足，取$q_{pa} = 2337\text{kPa}$

【点评】

①根据《建筑地基基础设计规范》附录 D；②注意此题求出来的结果是桩端承载力特征值（端阻），结合《建筑桩基技术规范》出题求单桩承载力极限值Q_{uk}或单桩承载力特征值R_a。

（2）变形模量E_0

土的变形模量应根据p-s曲线的初始直线段，可按均质各向同性半无限弹性介质的弹性理论计算。深层平板载荷试验的变形模量E_0（MPa），可按下式计算：

$$E_0 = \omega \frac{pd}{s}$$

式中：ω——与试验深度和土类有关的系数，按表 1-3-16 取值；

d——承压板直径或边长（m）；

p——p-s曲线线性段的压力（kPa）；

s——与p对应的沉降（mm）。

深层载荷试验计算系数ω 表 1-3-16

d/z	土类				
	碎石土	砂土	粉土	粉质黏土	黏土
0.30	0.477	0.489	0.491	0.515	0.524
0.25	0.469	0.480	0.482	0.506	0.514
0.20	0.460	0.471	0.474	0.497	0.505
0.15	0.444	0.454	0.457	0.479	0.487
0.10	0.435	0.446	0.448	0.470	0.478
0.05	0.427	0.437	0.439	0.461	0.468
0.01	0.418	0.429	0.431	0.452	0.459

注：1. 对d/z为承压板直径与承压板底面深度之比；

2. 题目给出**泊松比**与表中（碎石土 0.27，砂土 0.30，粉土 0.35，粉质黏土 0.38，黏土 0.42）不一致时，应根据《岩土工程勘察规范》第 10.2.5 条条文说明的公式计算：

$$\left.\begin{aligned} I_1 &= 0.5 + 0.23\frac{d}{z} \\ I_2 &= 1 + 2\mu^2 + 2\mu^4 \end{aligned}\right\} \Rightarrow \omega = I_0 I_1 I_2 (1-\mu^2)$$

题 1-46 （19C25）其建筑工程对 10m 深度处砂土进行了深层平板载荷试验，试验曲线见图 1-3-8，已知承压板直径为 800mm，该砂层变形模量最接近下列哪个选项？

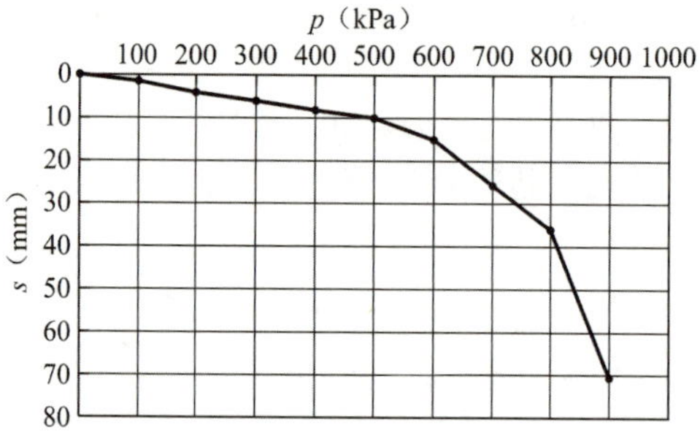

图 1-3-8 题 1-46 图

（A）5MPa （B）8MPa （C）18MPa （D）23MPa

【解】

（1）取线性段的压力 $p = 500\text{kPa}$，$s = 10\text{mm}$

（2）砂土，$d/z = 0.8/10 = 0.08$，查表插值$\omega = 0.446 - \dfrac{0.446 - 0.437}{0.1 - 0.05} \times (0.1 - 0.08) = 0.4424$

（3）$E_0 = 0.4424 \times \dfrac{500 \times 0.8}{10} = 17.7\text{MPa}$

【点评】

①根据《岩土工程勘察规范》第 10.2.5 条；②计算变形模量采用直线段的p和s，系数根据土性和d/z，查表插值求得；也可根据条文说明公式计算，但增大了计算量，如题目给出的泊松比和《岩土工程勘察规范》不一致，则应根据条文说明公式计算。

【同类型真题】07D03

题 1-47 某建筑场地在稍密砂层中进行深层平板载荷试验，试验深度为 6m，承压板的直径为 0.8m，各级试验压力与累计沉降量关系如表 1-3-17 所示，按《岩土工程勘察规范》确定该地基土变形模量？（试验确定砂土的泊松比$\mu = 0.32$）

题 1-47 表 **表 1-3-17**

p（kPa）	50	100	150	200	250	300	350	400	450	500	550
s（mm）	0.84	1.68	2.52	3.36	4.2	5.04	6.72	8.56	11.08	14.44	18.64

【解】

（1）由表可知，p-s曲线存在线性段，比例界限$P_{cr} = 300\text{kPa}$

（2）$I_0 = 0.785$，$I_1 = 0.5 + 0.23 \times \dfrac{0.8}{6} = 0.531$，$I_2 = 1 + 2 \times 0.32^2 + 2 \times 0.32^4 = 1.226$

（3）$\omega = 0.785 \times 0.531 \times 1.226 \times (1 - 0.32^2) = 0.4587$

（4）$E_0 = 0.4587 \times \dfrac{300 \times 0.8}{5.04} = 21.8\text{MPa}$

【点评】

①根据《岩土工程勘察规范》第 10.2.5 条条文说明；②土的泊松比有试验确定时按试验数据，不取规范的经验值，根据泊松比计算变形模量计算系数ω；③变形模量计算公式中s为曲线线性段压力值p对应的沉降量。

3.1.3　基床系数——《工程地质手册》P261、P262

文克尔地基模型：假设地基上任意一点所受的压力强度p与该点的地基沉降量s成正比：$p = ks$，式中比例系数k称为基床反力系数，或简称基床系数。

根据这一假设，地基表面某点的沉降与其他点的压力无关，故可把地基土体划分成许多竖直的土柱，每条土柱可用一根独立的弹簧来代替。如果在这种弹簧体系上施加荷载，则每根弹簧所受的压力与该弹簧的变形成正比。这种模型的基底反力图形与基础底面的竖向位移形态是相似的。如果基础刚度非常大，受荷后基础底面仍保持为平面，则基底反力图按直线规律变化。这也是常规设计中所采用的基底压力简化算法所依据的计算图式（图 1-3-9）。

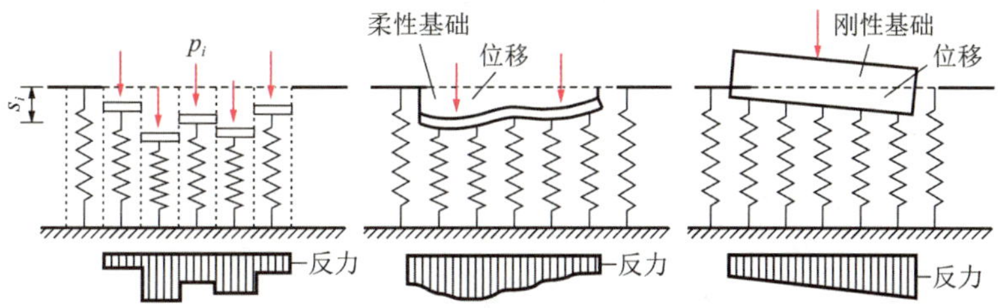

(a) 土柱弹簧体系　　(b) 柔性基础　　(c) 刚性基础

图 1-3-9　文克尔地基模型示意图

每根弹簧与相邻弹簧的压力和变形毫无关系。这样，由弹簧所代表的土柱，在产生竖向变形时，与相邻土柱之间没有摩阻力，也即地基中只有正应力而没有剪应力。因此，地基变形只限于基础底面范围之内。

实际上地基是一个很宽广的连续介质，表面任意点的变形量不仅取决于直接作用在该点上的荷载，而且与整个地面荷载有关，因此严格符合文克尔地基模型的实际地基是不存在的。但是对于抗剪强度较低的软土地基，或地基压缩层较薄，其厚度不超过基础短边的一半，荷载基本上不向外扩散的情况，可以认为比较符合文克尔地基模型。

（1）**基准基床系数K_v**

①**直接测定：基准基床系数K_v**用边长为 30cm 的方形承压板的平板载荷试验直接测定。

$$K_v = \frac{p}{s}$$

式中：$\frac{p}{s}$——p-s关系曲线直线段的斜率，p-s曲线无直线段时，p取临塑荷载的一半（kPa），s为相应于该p值的沉降值（m）；

K_v——基准基床系数（kN/m³）。

注：1.《铁路路基设计规范》第 2.1.13 条规定：地基系数通过试验测得的直径 30cm 的载荷板下沉$s = 1.25$mm 时，对应的荷载强度p与其下沉量$s = 1.25$mm 的比值$K_{30} = p/s$。

2.按《高层建筑岩土工程勘察标准》和《铁路原位测试规程》等规范的规定：关于p-s曲线无直线段时，p取极限荷载p_u的一半，s为相应于该p值的沉降值；但《工程地质手册》取临塑荷载的一半；建议按指定规范作答。

②**间接测定**：若平板载荷试验的承压板尺寸不是标准的$b = 30\text{cm}$方形承压板，则可通过下式换算成**基准基床系数K_v**。

$$\text{黏性土：} K_v = \frac{b}{0.3}K_{v1}\text{；砂土：} K_v = \left(\frac{2b}{b+0.3}\right)^2 K_{v1}$$

式中：K_v——基准基床系数（kN/m^3）；

b——非边长 30cm 方形承压板的直径（边长）（m）；

K_{v1}——边长不是 30cm 的承压板的静载试验所得到的基床系数，算法同基准基床系数$K_{v1} = p/s$。

（2）**基础基床系数K_s**

实际应用中，基础的尺寸远远大于承压板的尺寸，因此实际基础下的基床系数K_s可按下式求得：

黏性土地基：$K_s = \frac{0.3}{B}K_v$

砂土地基：$K_s = \left(\frac{B+0.3}{2B}\right)^2 K_v$

式中：K_s——实际基础下的基床系数（kN/m^3）；

B——基础宽度（m）。

基床系数计算汇总见表 1-3-18。

基床系数总结 表 1-3-18

<table>
<tr><td rowspan="3">基准基床系数K_v</td><td>边长 30cm 方形承压板</td><td>$K_v = \frac{p}{s}$</td><td>K_v——基准基床系数（kN/m^3）；
p/s——p-s关系曲线直线段的斜率，p-s曲线无直线段时，p取临塑荷载的一半（kPa），s为相应于该p值的沉降值（m）
《铁路路基设计规范》取$s = 1.25\text{mm}$和其对应的p</td></tr>
<tr><td rowspan="2">其他尺寸方形承压板</td><td>黏性土：$K_v = \frac{b}{0.3}K_{v1}$</td><td rowspan="2">$K_{v1}$——非边长 30cm 方形承压板的基床系数（$\text{kN/m}^3$），$K_{v1} = p/s$；
b——非边长 30cm 方形承压板的直径（边长）（m）</td></tr>
<tr><td>砂土：$K_v = \left(\frac{2b}{b+0.3}\right)^2 K_{v1}$</td></tr>
<tr><td rowspan="2">基础基床系数K_s</td><td rowspan="2">实际基础尺寸远大于承压板尺寸</td><td>黏性土：$K_s = \frac{0.3}{B}K_v$</td><td rowspan="2">K_s——实际基础下的基床系数（kN/m^3）；
B——基础宽度（m）</td></tr>
<tr><td>砂土：$K_s = \left(\frac{B+0.3}{2B}\right)^2 K_v$</td></tr>
</table>

注：1. 按《高层建筑岩土工程勘察标准》和《铁路原位测试规程》等规范的规定：关于p-s曲线无直线段时，p取极限荷载p_u的一半，s为相应于该p值的沉降值；但《工程地质手册》取临塑荷载的一半；建议按指定规范作答。

2.《高层建筑岩土工程勘察标准》上基床系数修正方法的规定也不一样，详见本篇第四章第一节。

3.《城市轨道交通岩土工程勘察规范》第 7.3.10 条条文说明里面有对基床系数的详细解释及基床系数的室内试验测试方法，且有岩石基床系数的计算方法，自行学习，了解即可。

4. 岩石地基的变形模量E_0和基准基床系数K_v的计算，按《工程岩体试验方法标准》第 3.1 节“刚性承压板法”的内容进行计算，详见本篇第三章工程岩体试验中的“岩体变形试验”。

题 1-48 （13C01）某多层框架建筑位于河流阶地上，采用独立基础，基础埋深 2.0m，基础平面尺寸 2.5m × 3.0m，基础下影响深度范围内地基土均为粉砂，在基底标高进行平板载荷试验，采用 0.3m × 0.3m 的方形载荷板，各级试验荷载下的沉降数据如表 1-3-19 所示，问实际基础下的基床系数最接近下列哪一选项？

题 1-48 表 **表 1-3-19**

荷载p（kPa）	40	80	120	160	200	240	280	320
沉降量s（mm）	0.9	1.8	2.7	3.6	4.5	5.6	6.9	9.2

（A）13938kN/m³ （B）27484kN/m³ （C）44444kN/m³ （D）89640kN/m³

【解】

（1）$K_{\mathrm{v}} = \dfrac{p}{s} = \dfrac{40000}{0.9} = 44444\mathrm{kN/m^3}$

（2）$K_{\mathrm{s}} = \left(\dfrac{B+0.3}{2B}\right)^2 K_{\mathrm{v}} = \left(\dfrac{2.5+0.3}{2\times 2.5}\right)^2 \times 44444 = 13938\mathrm{kN/m^3}$

【点评】

①根据《工程地质手册》P261、P262；②注意区分基准基床系数、实际基础下的基床系数，实际的基础系数和基准基床系数要进行转换；③如果不是 0.3m × 0.3m 的方形载荷板，要进行换算后才能得到基准基床系数（本题未考查）。

题 1-49 （19C06）某柱下钢筋混凝土条形基础，基础宽度 2.5m，该基础按弹性地基梁计算，基础的沉降曲线概化图如图 1-3-10 所示，地基的基床系数为 20MN/m³，计算该基础下地基反力的合力，最接近下列何值？（图中尺寸单位：mm）

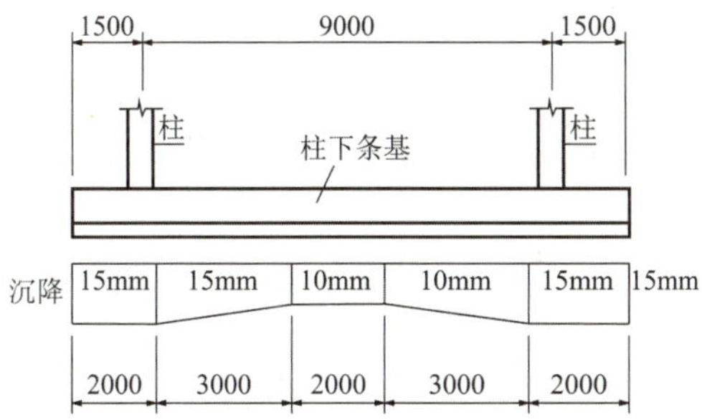

图 1-3-10 题 1-49 图

（A）3100kN （B）4950kN （C）6000kN （D）7750kN

【解法一】

（1）平均沉降$s = \dfrac{15\times2\times2+12.5\times3\times2+10\times2}{12} = 12.92\mathrm{mm}$

（2）反力合力$P = 12.92 \times 12 \times 2.5 \times 20 = 7750\mathrm{kN}$

【解法二】

$P = pA = ksA = 20 \times (2 \times 15 \times 2 \times 2.5 + 10 \times 2 \times 2.5 + 2 \times 12.5 \times 3 \times 2.5) = 7750\mathrm{kN}$

【点评】

①根据《工程地质手册》P261；②理解基床系数的原理和定义，文克尔地基模型假设：地基上任意一点所受的压力强度p与该点的地基沉降量s成正比：$p = ks$，式中比例系数k称为基床反力系数，或简称基床系数，土体相当于弹簧变形和应力成正比，合力P = 压强$p \times$ 面积A；③沉降不均匀时采用直线变化段的中点沉降代表这一段的沉降。

题 1-50 （22 补考 C05）某柱下钢筋混凝土条形基础，基础底面宽度 2.5m。该基础按弹性地基梁计算，在柱子竖向荷载作用下基础的沉降曲线概化图如图 1-3-11 所示。地基的基床系数为 24MN/m^3。按照倒梁法计算柱子 1 的竖向荷载最接近下列哪个选项？（图中尺寸单位：mm）

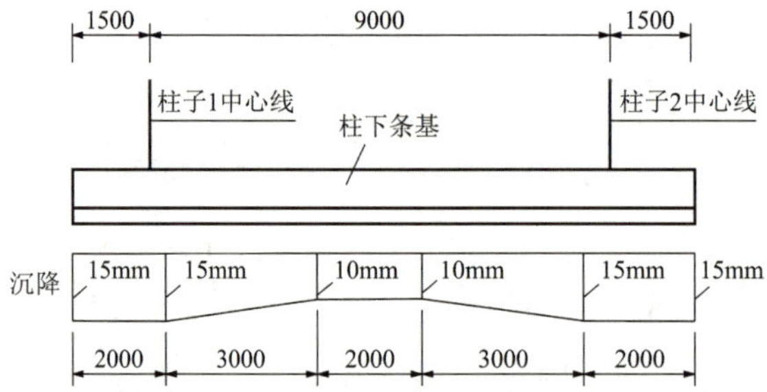

图 1-3-11 题 1-50 图

（A）1860kN （B）2790kN （C）3720kN （D）4650kN

【解】

（1）基础总竖向力 $P = (2 \times 15 \times 2 + 10 \times 2 + 12.5 \times 3 \times 2) \times 2.5 \times 24 = 9300\text{kN}$

（2）柱子 1 受力 $= \dfrac{9300}{2} = 4650\text{kN}$

【点评】

①根据文克尔地基模型，压强 $p = ks$，其中 k 为基床系数；②2019 年真题重现，考前晚上预测到此题。

题 1-51 （08D04）某铁路工程勘察时要求采用 K_{30} 方法测定地基系数，表 1-3-20 为采用直径 30cm 的荷载板进行竖向载荷试验获得的一组数据。则试验所得 K_{30} 值与下列哪个选项的数据最为接近？

题 1-51 表　　表 1-3-20

分级	1	2	3	4	5	6	7	8	9	10
荷载强度 p（MPa）	0.01	0.02	0.03	0.04	0.05	0.06	0.07	0.08	0.09	0.10
下沉量 s（mm）	0.2675	0.5450	0.8550	1.0985	1.3695	1.6500	2.0700	2.4125	2.8375	3.3125

（A）12MPa/m （B）36MPa/m （C）46MPa/m （D）108MPa/m

【解】

（1）$s = 1.25\text{mm}$ 时，$p = 0.04 + 0.01 \times \dfrac{1.25-1.0985}{1.3695-1.0985} = 0.0456\text{MPa}$

（2）$K_{30} = \dfrac{p}{s} = \dfrac{0.0456}{1.25\times10^{-3}} = 36.48\text{MPa/m}$

【点评】

①根据《铁路路基设计规范》第 2.1.13 条；②铁路地基系数 K_{30} 和建筑行业区别很大，特指通过试验测得的直径 30cm 载荷板下沉 1.25mm 时对应的载荷强度（MPa）与其下沉量（mm）的比值。

题 1-52 某建筑采用独立基础，基础尺寸为 3m × 3m，基础埋深 2m，持力层为砂土，在其上进行浅层平板载荷试验，方形承压板面积 $0.5m^2$，试验数据如表 1-3-21 所示，在载荷加载至 250kPa 时，承压板周围的土明显地侧向挤出，该基础按弹性地基梁计算，在准永久组合作用下，基础顶面的轴心竖向力$F = 600kN$，则基础平均沉降最接近下列哪个选项？（基础及回填土的混合重度取 $20kN/m^3$）

题 1-52 表　　表 1-3-21

p（kPa）	25	50	75	100	125	150	75	200	225	250
s（mm）	1.4	2.8	4.2	5.6	7	8.8	11.0	13.6	16.6	21.5

（A）3.7mm　　（B）6.0mm　　（C）6.3mm　　（D）10.0mm

【解】

（1）$b = \sqrt{0.5} = 0.707m \neq 0.3m$

非标准尺寸基床系数：$K_{v1} = \frac{p}{s} = \frac{25}{1.4} = 17.85MN/m^3$

（2）砂土，$K_v = \frac{4b^2}{(b+0.3)^2}K_{v1} = \frac{4\times0.707^2}{(0.707+0.3)^2} \times 17.857 = 35.21MN/m^3$

（3）实际基础的基床系数：$K_s = \left(\frac{B+0.3}{2B}\right)^2 K_v = \left(\frac{3+0.3}{2\times3}\right)^2 \times 35.21 = 10.65MN/m^3$

（4）$\frac{600}{3\times3} + 2 \times 20 = 10.65 \times s \Rightarrow s \geqslant 10.0mm$

【点评】

①根据《工程地质手册》式（3-5-23）、式（3-5-24）和式（3-5-26）；②注意区分非标准基床系数、基准基床系数（标准尺寸）和实际基础的基床系数，并掌握三者之间的转换关系（如果不是 0.3m × 0.3m 的方形载荷板，要进行转换后才能得到基准基床系数）；③理解基床系数的原理和定义；文克尔地基模型假设：地基所受的压力强度p（非附加应力，为基底压力）与地基沉降量s成正比：$p = ks$，式中比例系数k为基床系数。

3.1.4 岩石地基载荷试验

岩石地基载荷试验是平板载荷试验的一种。适用于确定完整、较完整、较破碎岩石地基作为天然地基或桩基础持力层时的承载力。采用圆形刚性承压板，直径为 300mm。当岩石埋藏深度较大时，可采用钢筋混凝土桩，但桩周需采取措施以消除桩身与土之间的摩擦力。

（1）承载力

岩石地基载荷试验承载力特征值的确定见表 1-3-22。

岩石地基载荷试验承载力特征值　　表 1-3-22

终止条件	曲线类型	承载力特征值f_{ak}
1. 沉降量读数不断变化，在 24h 内，沉降速率有增大的均势； 2. 压力加不上或勉强加而不能保持稳定	**陡降型** **（有直线段）** 有比例界限	1. 取破坏前一级荷载为极限荷载p_u； 2. 取p-s曲线上比例界限（**直线段终点**）所对应的荷载值p_{cr}，但其值不能大于极限荷载p_u的 1/3 $f_{ak} = \min\left(p_{cr}, \frac{p_u}{3}\right)$
每个场地载荷试验的数量不应少于 3 个，取**最小值**作为岩石地基承载力特征值f_{ak}。 岩石地基承载力**不进行深宽修正**$f_a = f_{ak}$		

注：《建筑地基检测技术规范》岩石地基承载力特征值取平均值，注意按指定规范作答。

（2）变形模量E_0和基准基床系数K_v

岩石地基的变形模量E_0和基准基床系数K_v的计算，按《工程岩体试验方法标准》第 3.1 节“刚性承压板法”的内容进行计算，详见本篇第 4 章工程岩体试验中的“岩体变形试验”。

题 1-53 （12C01）某建设场地的岩石地基上进行了 3 组岩基载荷试验，试验结果见表 1-3-23。

根据试验结果确定的岩石地基承载力特征值最接近下列哪一选项？并说明确定过程。

（A）480kPa （B）510kPa

（C）570kPa （D）820kPa

题 1-53 表　　表 1-3-23

试验编号	比例界限对应的荷载值（kPa）	极限荷载值（kPa）
1	640	1920
2	510	1580
3	560	1440

【解】

（1）第 1 组：$\dfrac{p_u}{3}=\dfrac{1920}{3}=640\text{kPa}=640\text{kPa}$，取$f_{ak1}=640\text{kPa}$

第 2 组：$\dfrac{p_u}{3}=\dfrac{1580}{3}=527\text{kPa}>510\text{kPa}$，取$f_{ak2}=510\text{kPa}$

第 3 组：$\dfrac{p_u}{3}=\dfrac{1440}{3}=480\text{kPa}<560\text{kPa}$，取$f_{ak3}=480\text{kPa}$

（2）取最小值$f_{ak}=480\text{kPa}$

【点评】

①根据《建筑地基基础设计规范》附录 H.0.10；②岩石地基载荷试验是比例界限值与极限荷载的**三分之一**比较；③取三组中的**最小值**（非平均值）为岩石地基承载力特征值；④《建筑地基检测技术规范》第 4.4.3 条、第 4.4.4 条岩石地基承载力特征值取平均值，注意区别，按指定规范作答。

【同类型真题】18D03、16D30

题 1-54 某建设场地在岩石地基上进行了三组岩基载荷试验，试验数据如表 1-3-24 所示，按《建筑地基检测技术规范》确定该岩石地基的承载力特征值？

题 1-54 表　　表 1-3-24

试验点编号	比例界限对应的荷载值	极限荷载值
1	600kPa	1920kPa
2	510kPa	1680kPa
3	560kPa	1440kPa

【解】

1 号：$\dfrac{p_u}{3}=\dfrac{1920}{3}=640\text{kPa}>600\text{kPa}$，取$f_{ak1}=600\text{kPa}$

2 号：$\dfrac{p_u}{3}=\dfrac{1680}{3}=560\text{kPa}>510\text{kPa}$，取$f_{ak2}=510\text{kPa}$

3 号：$\dfrac{p_u}{3}=\dfrac{1440}{3}=480\text{kPa}<560\text{kPa}$，取$f_{ak3}=480\text{kPa}$

$$f_{ak}=\frac{600+510+480}{3}=530\text{kPa}$$

极差验算：$\dfrac{600-480}{530}=22.6\%<30\%$，满足，取$f_{ak}=530\text{kPa}$

【点评】

根据《建筑地基检测技术规范》第 4.4.3 条、第 4.4.4 条，岩石地基承载力特征值取平均值，《建筑地基基础设计规范》附录 H 取三组中的最小值为特征值，注意区别。一定要看清按哪本规范做答。如果不指定规范，建议按《建筑地基基础设计规范》。

3.1.5 螺旋板载荷试验——《土工试验方法标准》第 49.4 节、《工程地质手册》P257

螺旋板荷载试验是将一螺旋形的承压板用人力或机械旋入地面以下的预定深度，通过传力杆向螺旋形承压板施加压力，测定承压板的下沉量。螺旋板荷载试验适用于深层地基土或地下水位以下的地基土。螺旋板荷载试验相关指标计算见表 1-3-25。

螺旋板载荷试验 **表 1-3-25**

螺旋板荷载试验可以测求地基土的压缩模量、固结系数、饱和软黏土的不排水抗剪强度、地基土的承载力等，其测试深度可达 10～15m

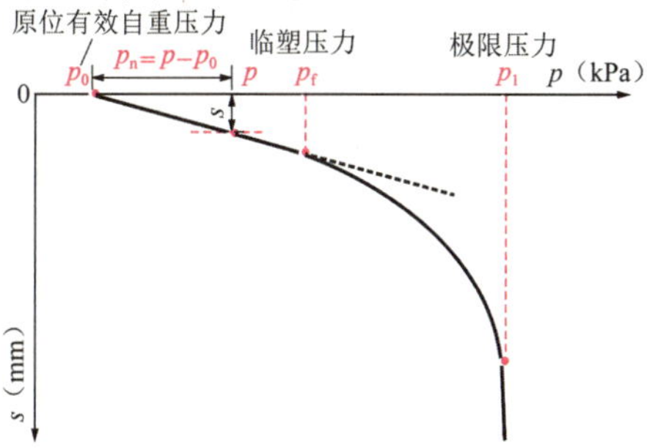

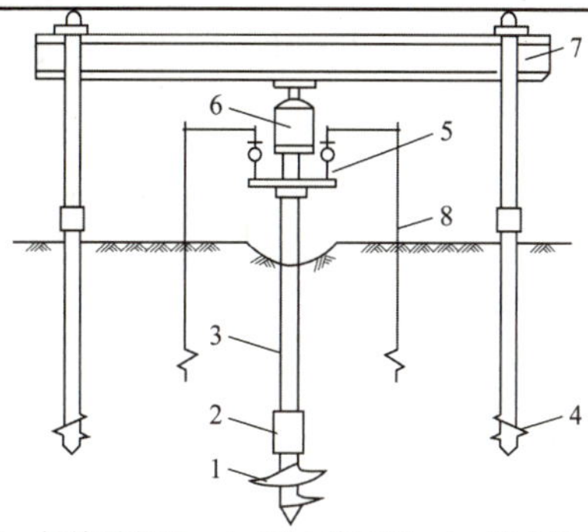

1—螺旋手载板；2—测力传感器；3—传力杆；4—反力地锚；5—位移计；6—油压千斤顶；7—反力钢梁；8—位移固定锚

指标计算

《岩土工程勘察规范》 第 10.2.5 条	（1）土层的承载力特征值确定方法同深层平板载荷试验； （2）土层的变形模量计算同深层平板载荷试验	
《工程地质手册》 P257 《土工试验方法标准》 第 49.4.6 条	（3）一维压缩模量E_{sc}（kPa）： $E_{sc}=mp_a\left(\dfrac{p}{p_a}\right)^{1-\alpha}$ $m=\dfrac{s_c}{s}\cdot\dfrac{(p-p_0)D}{p_a}$ 注:《土工试验方法标准》把上式计算的一维压缩E_{sc}定义为变形模量，公式原理一致	E_{sc}——一维压缩模量； m——模数； p_a——标准压力，取 100kPa； p——p-s曲线上的荷载（kPa）； α——应力指数，超固结土取 1，砂与粉土取 0.5，正常固结饱和黏土取 0； s_c——无因次沉降数，可查《工程地质手册》图 3-5-6； s——与p相应的沉降量（cm）； p_0——有效上覆压力（kPa）； D——螺旋板直径（cm）
《工程地质手册》 P257	（4）对一般黏性土： 不排水变形模量 $E_u=0.33\dfrac{\Delta pD}{s}$ 排水变形模量 $E'=0.42\dfrac{\Delta pD}{s}$	E_u、E'——不排水、排水变形模量（kPa）； Δp——压力增量（kPa）； s——压力增量Δp下固结完成后的最终沉降量（cm）； D——螺旋板直径（cm）
《工程地质手册》 P258	（5）不排水抗剪强度c_u（kPa）： $c_u=\dfrac{P_L}{k\pi R^2}$	P_L——p-s曲线上极限荷载的压力（kN）； R——螺旋板半径（m）； k——系数，对软塑、流塑软黏土取 8.0～9.5，对其他土取 9.0～11.5。
《工程地质手册》 P258 《土工试验方法标准》 第 49.4.7 条	（6）径向固结系数C_h： $C_h=T_{90}\dfrac{R_{sc}^2}{t_{90}}=0.335\dfrac{R_{sc}^2}{t_{90}}$	C_h——径向固结系数（cm²/s）； T_{90}——相应于 90%固结度的时间因数，$T_{90}=0.335$； R_{sc}——螺旋承压板半径（cm）； t_{90}——固结度达 90%的所需时间（s）

题 1-55　（20D01）某钻孔揭露地层如图 1-3-12 所示，在孔深 7.5m 处进行螺旋板载荷试验。板直径为 160mm，当荷载为 5kN 时，载荷板沉降量为 2.3mm。试计算该深度处土层的一维压缩模量最接近下列哪个选项？（无因次沉降系数$s_c = 0.62$，$\gamma_w = 10\text{kN/m}^3$）

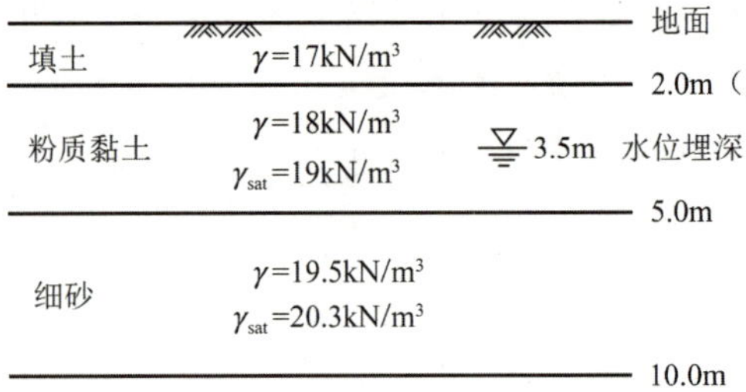

图 1-3-12　题 1-55 图

（A）5MPa　　（B）10MPa　　（C）16MPa　　（D）18MPa

【解】

（1）$p = \dfrac{5}{3.14 \times 0.08^2} = 248.8\text{kPa}$

$p_0 = 17 \times 2 + 18 \times 1.5 + 9 \times 1.5 + 10.3 \times 2.5 = 100.25\text{kPa}$

（2）$m = \dfrac{s_s}{s} \cdot \dfrac{(p - p_0)D}{p_a} = \dfrac{0.62}{0.23} \times \dfrac{(248.8 - 100.25) \times 16}{100} = 64.1$

（3）$E_{sc} = mp_a\left(\dfrac{p}{p_a}\right)^{1-\alpha} = 64.1 \times 100 \times \left(\dfrac{248.8}{100}\right)^{1-0.5} = 10110\text{kPa} = 10.1\text{MPa}$

【点评】

①根据《工程地质手册》P257，螺旋板试验计算一维压缩模量；注意《土工试验方法标准》第 49.4.6 条也有类似公式，不过名称为变形模量，原位测试一般以《岩土工程勘察规范》或《工程地质手册》为准；②注意单位要和《工程地质手册》上公式参数的单位要一致，p_0为有效竖向应力；③《工程地质手册》上最常考的“原位测试”“特殊性土”“特殊地质”“地下水”四部分，应通读一次，贴好书签，考试时快读定位。

题 1-56　某硬黏土场地中，勘察时进行螺旋板载荷试验，采用常规慢速法，试验深度为 9m，螺旋板直径为 113mm，p-s曲线初始段为直线，50kPa 时最终沉降为 2mm，直线段终点压力值为 350kPa，最终沉降量为 14mm，计算该土层的不排水变形模量最接近下列哪个选项？

（A）0.9MPa　　（B）1.2MPa　　（C）1.8MPa　　（D）2.4MPa

【解】

$$E_u = 0.33\frac{\Delta p \cdot D}{s} = 0.33 \times \frac{(350 - 50) \times 113}{14 - 2} \times 10^{-3} = 0.93\text{MPa}$$

【点评】

《工程地质手册》P257，题目求的不排水变形模量E_u，直接套用公式，原位测试部分一定要好好看《工程地质手册》。

3.2 圆锥动力触探试验——《岩土工程勘察规范》第 10.4 节及条文说明

圆锥动力触探试验是岩土工程勘察中常规的原位测试方法之一，它是利用一定质量的落锤，以一定高度的自由落距将标准规格的圆锥形探头击入土层中，根据探头贯入击数、贯入度或动贯阻力判别土层的变化，评价土的工程性质。

动力触探试验根据锤击能量分为**轻型**、**重型**和**超重型**三种，见表 1-3-26。

圆锥动力触探类型　　表 1-3-26

类型		轻型	重型	超重型
落锤	质量M（kg）	10	63.5	120
	落距H（m）	0.5	0.76	1.0
探头	直径（mm）	40	74	74
	截面积A（cm^2）	12.56	43	43
	锥角（°）	60	60	60
触探杆直径（mm）		25	42	50～60
指标		贯入 **30cm** 的读数N_{10}	贯入 **10cm** 的读数$N_{63.5}$	贯入 **10cm** 的读数N_{120}
贯入度e（cm）		30/N_{10}	10/$N_{63.5}$	10/N_{120}
主要适用岩土		浅部的素填土、砂土、粉土、黏性土	砂土、中密以下碎石土、极软岩	密实和很密的碎石土、软岩、极软岩

轻型动力触探适用于浅部的素填土、砂土、粉土和黏性土，重型动力触探适用于中、粗、砾砂和中密以下碎石土，超重型适用于卵石、密实和很密的碎石土以及砾石类土。

3.2.1 动贯入阻力q_d

动贯入阻力可采用荷兰的动力公式，按表 1-3-27 计算。

动贯入阻力　　表 1-3-27

$q_d=\dfrac{M}{M+m}\cdot\dfrac{M\cdot g\cdot H}{A\cdot e}$(荷兰公式) 用表 1-3-26 中标红数据和单位	q_d——动贯入阻力（MPa）； m——圆锥探头及杆件系统（包括打头、导向杆等）的质量（kg）； g——重力加速度，其值取 9.81m/s^2； e——等于D/N，D为规定贯入深度（cm），N为规定贯入深度的击数； 其他参数见表 1-3-26 中标红数据
《土工试验方法标准》第 47.4.2 条 $q_d=\dfrac{Q_{lc}^2}{Q_{lc}+Q_{ct}}\cdot\dfrac{H_1N_0}{A_t\Delta S}\times1000$	Q_{lc}——落锤重（kN）； Q_{ct}——触探器被打入部分（包括探头、触探杆、锤座和导向杆）的重量（kN）； H_1——落距（m）； A_t——探头面积（m^2）； N_0——相应的一阵击锤击数； ΔS——一阵击的贯入度（mm）

注：《土工试验方法标准》上**动贯入阻力**q_d的公式本质是一样的。

题 1-57 （14D03）某碎石土地层中进行超重型圆锥动力触探试验，在 8m 深度处测得贯入 10cm 的读数$N_{120}=25$，已知圆锥探头及杆件系统的质量 150kg，请采用荷兰公式计算该深度处的动贯入阻力最接近下列何值？

（A）3.0MPa　　（B）9.0MPa　　（C）21.0MPa　　（D）30.0MPa

【解】

$$q_d=\frac{M}{M+m}\cdot\frac{M\cdot g\cdot H}{A\cdot e}=\frac{120}{120+150}\cdot\frac{120\times 9.81\times 1}{3.14\times 3.7^2\times 10/25}=30.4\text{MPa}$$

【点评】

①根据《岩土工程勘察规范》第 3.3.8 条、第 10.4.1 条条文说明；②看清是哪种类型动力触探，查表确定相关的参数代入公式，e为每一击的贯入量；③注意各参数的单位。

3.2.2　动力触探锤击数修正

动力触探锤击数修正主要是结合确定碎石土密实度考查，见本章第一节“碎石土”部分。

3.2.3　判定地基土承载力特征值f_{ak}和变形模量E_0——《建筑地基检测技术规范》第 8.4.9 条、第 8.4.11 条

（1）初步判定地基土承载力特征值时，可根据平均击数N_{10}或修正后的平均击数$\overline{N}_{63.5}$按表 1-3-28 和表 1-3-29 进行估算。

轻型动力触探试验推定地基承载力特征值f_{ak}（kPa）　　表 1-3-28

N_{10}（击数）	5	10	15	20	25	30	35	40	45	50
一般黏性土地基	50	70	90	115	135	160	180	200	220	240
黏性素填土地基	60	80	95	110	120	130	140	150	160	170
粉土、粉细砂土地基	55	70	80	90	100	110	125	140	150	160

重型动力触探试验推定地基承载力特征值f_{ak}（kPa）　　表 1-3-29

修正后$\overline{N}_{63.5}$（击数）	2	3	4	5	6	7	8	9	10	11	12	13	14	15	16
一般黏性土	120	150	180	210	240	265	290	320	350	375	400	425	450	475	500
中砂、粗砂土	80	120	160	200	240	280	320	360	400	440	480	520	560	600	640
粉砂、细砂土	—	75	100	125	150	175	200	225	250		—	—	—	—	—

（2）对冲击、洪积卵石土和圆砾土地基，当贯入深度小于 12m 时，判定地基的变形模量E_0应结合载荷试验比对试验结果和地区经验进行。初步评价时，可根据修正后的平均击数$\overline{N}_{63.5}$按表 1-3-30 进行。

卵石土、圆砾土变形模量E_0值（MPa）　　表 1-3-30

修正后$\overline{N}_{63.5}$	3	4	5	6	8	10	12	14	16	18	20	22	24	26	28	30	35	40
变形模量E_0	9.9	11.8	13.7	16.2	21.3	26.4	31.4	35.2	39.0	42.8	46.6	50.4	53.6	56.1	58.0	59.9	62.4	64.3

注：圆锥动力触探试验更多工程应用详见《工程地质手册》P195～P205，了解即可。

题 1-58 某建筑场地勘察，土粒以亚圆形为主，现场采取土样经筛析后各颗粒粒组含量见表 1-3-31，为测定密实度进行了重型动力触探，触探杆长度为 12m，实测动探击数为 10，根据《岩土工程勘察规范》GB 50021—2001（2009 年版）和《建筑地基检测技术规范》JGJ 340—2015，判定该土层的名称和密实度，并估算土层的变形模量E_0。

题 1-58 表　　表 1-3-31

粒径（mm）	＜0.075	0.075～0.25	0.25～0.5	0.5～2	2～5	5～20
含量（%）	5	15	10	15	30	25

【解】

（1）粒径大于 2mm 的颗粒含量：$30\% + 25\% = 55\% > 50\% \Rightarrow$ 圆砾

（2）触探杆长度为 12m，$N'_{63.5} = 10 \Rightarrow \alpha_1 = 0.79$

$N_{63.5} = 0.79 \times 10 = 7.9 \in (5,10] \Rightarrow$ 稍密

（3）$N_{63.5} = 7.9 \Rightarrow E_0 = 21.3 + \dfrac{26.4 - 21.3}{10 - 8} \times (7.9 - 8) = 21.0\text{MPa}$

【点评】

①根据《岩土工程勘察规范》第 3.3.2 条、第 3.3.8 条、附录 B 和《建筑地基检测技术规范》第 8.4.11 条；②当根据重型圆锥动力触探确定碎石土密实度时，锤击数应根据杆长进行修正，并根据修正后的锤击数确定密实度。

3.2.4　超前滞后效应

当触探头尚未达到下卧土层时，在一定深度以上，下卧土层的影响已经超前反映出来，叫作“超前反映”。而当探头已经穿过上覆土层进入下卧土层中时，在一定深度以内，上覆土层的影响仍会有一定反映，这叫作“滞后反映”。在软硬地层接触的界面上分层时要注意超前滞后现象，不同土层的超前滞后量不同，见表 1-3-32。

超前滞后效应　　表 1-3-32

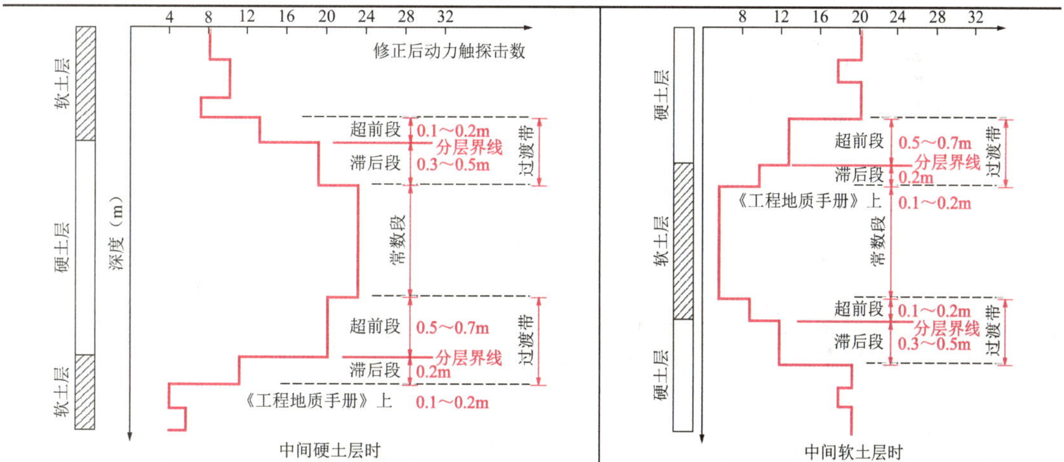

《岩土工程勘察规范》第 10.4 节条文说明	上硬土层下软土层	超前为 0.5～0.7m，滞后为 0.2m
	上软土层下硬土层	超前为 0.1～0.2m，滞后为 0.3～0.5m
《工程地质手册》P195	上硬土层下软土层	超前为 0.5～0.7m，滞后为 0.2m；触探曲线由硬层进入软层时，分层界线可定在软层第一个小值点以上 0.1～0.2m 处
	上软土层下硬土层	超前为 0.1～0.2m，滞后为 0.3～0.5m；触探曲线由软层进入硬层时，分层界线可定在软层最后一个小值点以下 0.1～0.2m 处

注：计算触探指标平均值时，超前滞后范围内的值不反映真实土性，应剔除。

题 1-59 （21D03）某场地位于山前地段，分布有较厚的冲洪积层，定性判断第二层为碎石土层。某孔重型动力触探试验修正后，锤击数随深度变化曲线见图 1-3-13。根据《岩土工程勘察规范》GB 50021—2001（2009 年版），判断该碎石土层分层深度及密实程度最可能是下列哪个选项？（超前滞后量范围可取规范中的小值）

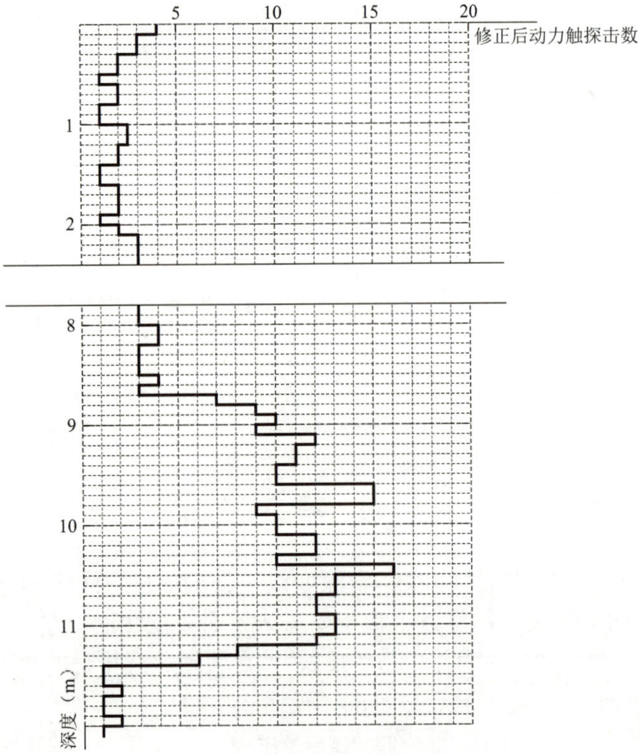

图 1-3-13　题 1-59 图

（A）8.7～11.5m，稍密　　（B）8.7～11.5m，中密

（C）8.8～11.3m，稍密　　（D）8.8～11.3m，中密

【解】

（1）上层交界处，属于上软下硬，取小值

超前 0.1m，分层处取 8.8m，滞后取 0.3m，动探数据取 9.1m 以后的数据

（2）下层交界处，上硬下软，滞后取 0.1m，土层分界取 11.3m。

超前取 0.5m，动探数据取 10.8m 以上的数据。

（3）分层深度为 8.8～11.3m

动探数据取 9.1～10.8m，位于(10,20]区间，属于中密。

【点评】

①根据《工程地质手册》P195；②计算触探指标平均值时，超前滞后范围内的值不反映真实土性，应剔除，当上覆为硬层下卧为软层时，对触探击数的影响范围大，超前反映量（约为 0.5～0.7m）大于滞后反映量（约为 0.2m）；上覆为软层下卧为硬层时，影响范围小，超前反映量（约为 0.1m～0.2m）小于滞后反映量（约为 0.3m～0.5m）；③根据《岩土工程勘察规范》第 3.3.8 条及第 10.4.3 条条文说明，会有所差别，滞后为 0.2m，和题目选项不对应。

3.3 标准贯入试验——《岩土工程勘察规范》第 10.5 节

标准贯入试验是用质量为 63.5kg 的穿心锤，以 76cm 的落距，将标准规格的贯入器，自钻孔底部预打 15cm，记录再打入 30cm 的锤击数，判定土的力学特性。适用于砂土、粉土和一般黏性土，不适用于软塑—流塑软土。标准贯入试验设备规格见表 1-3-33。

标准贯入试验设备规格 表 1-3-33

落 锤		锤的质量（kg）	63.5
		落距（cm）	76
贯入器	对开管	长度（mm）	＞500
		外径（mm）	51
		内径（mm）	35
	管靴	长度（mm）	50～76
		刃口角度（°）	18～20
		刃口单刃厚度（mm）	1.6
钻 杆		直径（mm）	42
		相对弯曲	＜1/1000

标准贯入试验锤击数N值，可对砂土、粉土、黏性土的物理状态、土的强度、变形参数、地基承载力、单桩承载力，砂土和粉土的液化，成桩的可能性等作出评价。应用N值时是否修正及如何修正，应根据建立统计关系时的具体情况确定。

锤击数的确定：

采用自动落锤法，锤击速率宜采用 15～30 击/min，将贯入器打入土中 15cm 后，开始记录每打入 10cm 的锤击数，累计打入 30cm 的锤击数为标准贯入击数N，同时记录贯入深度与试验情况。若遇密实土层，当锤击数已达到 50 击，而贯入深度尚未达到 30cm 时，不应强行打入，可记录 50 击的贯入深度，并按下式换算成相当于 30cm 的标准贯入试验锤击数N，并终止试验。

$$N = 30 \times \frac{50}{\Delta S}$$

式中：ΔS——50 击时的贯入度（cm）。

注：1. 标准贯入试验实际贯入 45cm，前面 15cm 为预打（由于孔底沉渣，此段击数不能反映原状土层的真实状态），不计入试验击数；只记录后 30cm 的测试击数，为标准贯入试验击数N。

2. 标准贯入试验的工程应用如判定地基土承载力特征值等，详见《建筑地基检测技术规范》第 7.4 节、《工程地质手册》P210～P223。

题 1-60 （08D03）进行海上标贯试验时共用钻杆 9 根，其中 1 根钻长 1.20m，其余 8 根钻杆，每根长 4.1m，标贯器长 0.55m。实测水深 0.50m，标贯试验结束时水面以上钻杆余尺 2.45m，标贯试验结果为：预击 15cm，6 击；后 30cm，每 10cm 击数分别为 7、8、9 击。则标贯试验段深度（从水底算起）及标贯击数应为下列哪个选项？

（A）20.80～21.10m，24 击　　（B）20.65～21.10m，30 击

（C）31.30～31.60m，24 击　　（D）27.15～27.60m，30 击

【解】

（1）标贯底部：$h = 1.2 + 8 \times 4.1 + 0.55 - 0.5 - 2.45 = 31.6\text{m}$

标贯试验段为：31.3～31.6m

（2）标贯击数：$N = 7 + 8 + 9 = 24$击

【点评】

①根据《水运工程岩土勘察规范》第 14.5.3 条；②画图确定标贯试验的位置，预击 15cm 的击数不计入，以累计打入 30cm 的锤击数作为标准贯入试验锤击数。

3.4 旁压试验——《岩土工程勘察规范》第 10.7 节

旁压试验是用可侧向膨胀的旁压器，对钻孔孔壁周围的土体施加径向压力，使土压力产生径向变形，根据压力和变形的关系，计算土的模量和强度。适用于黏性土、粉土、砂土、碎石土、残积土、极软岩和软岩等。

旁压试验包括预钻式、自钻式和压入式三种，目前国内以预钻式为主。根据初始压力、临塑压力、极限压力和旁压模量，结合地区经验可评定地基承载力和变形参数。

更多内容详见《土工试验方法标准》第 48 章、《工程地质手册》P284～P295，对比学习。

3.4.1 初始压力、临塑压力、极限压力

旁压试验中的初始压力、临塑压力和极限压力确定按表 1-3-34。

初始压力、临塑压力和极限压力　　表 1-3-34

初始压力p_0：将旁压曲线直线段延长与V轴相交，交点为V_0，由V_0作与p轴平行线相交于曲线的点所对应的压力	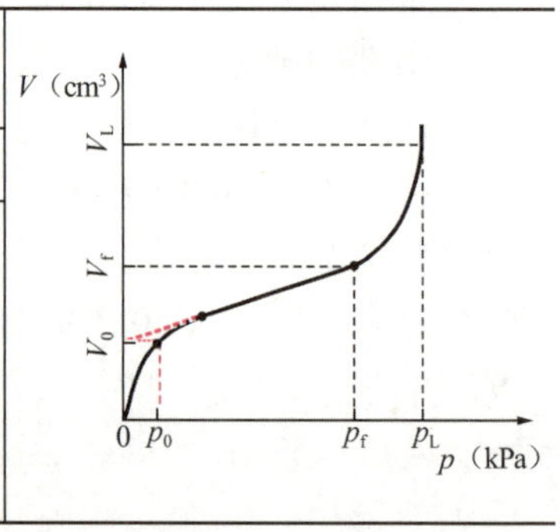
临塑压力p_f：旁压曲线直线段的终点对应的压力	
极限压力p_L：（1）渐近线对应的压力；（2）量测扩张体积V_L相当于量测腔固有体积V_c（或扩张后体积相当于二倍固有体积）时的压力。 注：当从p-V曲线上不能直接求出极限压力为何值时，可用曲线外推方法至最大体积增量值$V_L = V_c + 2V_0$，取对应V_L的压力为极限压力p_L。V_c为旁压器中腔初始（固有）体积，V_0为孔穴体积与初始体积的差值	

3.4.2 旁压模量E_m、剪切模量G_m和侧向基床反力系数K_M

根据旁压曲线直线段斜率按表 1-3-35 计算旁压模量、剪切模量和侧向基床反力系数。

旁压模量、剪切模量和侧向基床反力系数　　表 1-3-35

公式	参数
$E_m = 2(1+\mu)\left(V_c + \dfrac{V_0 + V_f}{2}\right)\dfrac{\Delta p}{\Delta V}$	E_m——旁压模量（kPa）； G_m——旁压剪切模量（kPa）； μ——土的泊松比，碎石土 0.27，砂土 0.30，粉土 0.35，粉质黏土 0.38，黏土 0.42； V_c——旁压器量测腔初始固有体积（cm³）； V_0——与初始压力p_0对应的体积（cm³）； V_f——与临塑压力p_f对应的体积（cm³）； $\Delta p/\Delta V$——旁压曲线直线段的斜率（kPa/cm³）
$G_m = \dfrac{E_m}{2(1+\mu)}$	
$K_M = \dfrac{\Delta p}{\Delta r}$	K_M——侧向基床反力系数（kPa/m）； Δp——孔壁压力差（kPa）； Δr——Δp对应的半径差（m）

注：表中旁压模量公式为《岩土工程勘察规范》和《工程地质手册》上的公式，注意《土工试验方法标准》和《水运工程岩土勘察规范》上的旁压模量公式为：$E_m = 2(1+\mu)(V_c + V_m)\dfrac{\Delta p}{\Delta V}$。主要区别在于前者$\dfrac{V_0+V_f}{2} = V_m$，即“$V_m$取旁压试验曲线上$V_0$与$V_f$两点体积之和的一半（**含图中红虚线延长段**）”，而后者“V_m取旁压试验曲线直线段两点间压力所对应的体积之和的一半（**不含红虚线图中延长段**）。

题 1-61 （04C04）粉质黏土层中旁压试验结果如下，测量腔初始固有体积$V_c = 491cm^3$，初始压力对应的体积为$V_0 = 134.5cm^3$，临塑压力对应的体积$V_f = 217cm^3$，从零压力到直线段末尾点的压力增量$\Delta p = 0.29MPa$，泊松比$\mu = 0.38$，则旁压模量最接近下列哪个选项？

（A）3.5MPa （B）6.5MPa （C）9.5MPa （D）12.5MPa

【解】

$$E_m = 2(1+\mu)\left(V_c + \frac{V_0 + V_f}{2}\right)\frac{\Delta p}{\Delta V}$$
$$= 2 \times (1+0.38) \times \left(491 + \frac{134.5+217}{2}\right) \times \frac{0.29}{217-134.5} = 6.5MPa$$

【点评】

①根据《岩土工程勘察规范》第 10.7.4 条及条文说明；②加荷采用快速法，相当于不排水条件，依据弹性理论，初始压力p_0为旁压曲线中直线段延长与纵坐标交点作平行线交于p轴对应的压力，临塑压力p_f为旁压曲线中直线段末尾点的压力，$V_c + (V_0 + V_f)/2$相当于试验过程中的平均体积，$\Delta p/\Delta V$为直线的斜率。

3.4.3 自钻式侧压力系数K_0和孔隙水压力u

侧压力系数和孔隙水压力按表 1-3-36 计算。

侧压力系数和孔隙水压力 表 1-3-36

公式	参数
侧压力系数：$K_0 = \frac{\sigma'_h}{\sigma'_v}$	σ_h——试验深度处，土的原位水平应力（kPa）； σ'_h——试验深度处，土的原位水平有效应力（kPa），$\sigma'_h = \sigma_h - u$；
孔隙水压力：$u = \sigma_h - \sigma'_h$	σ'_v——试验深度处，土的原位竖向有效应力（kPa）； $\sigma'_v = \sum \gamma_i h_i$，（水下取浮重度$\gamma'$）

题 1-62 （16C01）在均匀砂土地层进行自钻式旁压试验，某试验点深度为 7.0m，地下水埋深为 1.0m，测得原位水平应力为$\sigma_h = 93.6kPa$，地下水位以上砂土的比重$G_s = 2.65$，含水率$w = 15\%$，天然重度$\gamma = 19kN/m^3$，请计算试验点处的侧压力系数K_0最接近下列哪个选项？（水的重度$\gamma_w = 10kN/m^3$）

（A）0.37 （B）0.42 （C）0.55 （D）0.59

【解】

（1）$\sigma'_h = 93.6 - 10 \times (7-1) = 33.6kPa$

（2）$e = \frac{2.65 \times (1+0.15) \times 10}{19} - 1 = 0.604$

$\gamma' = \frac{2.65-1}{1+0.604} \times 10 = 10.3kN/m^3$，$\sigma'_v = 19 \times 1 + 10.3 \times 6 = 80.8kPa$

（3）$K_0 = \frac{33.6}{80.8} = 0.42$

【点评】

①根据《工程地质手册》P294；②理解侧压力系数含义，侧压力系数K_0为原位水平**有效**应力σ'_h与**有效**覆盖压力σ'_v之比；③土的三相换算基本孔隙比公式$e = \frac{G_s(1+w)\gamma_w}{\gamma} - 1$及重度公式$\gamma' = \frac{G_s-1}{1+e}\gamma_w$，$\gamma_{sat} = \frac{G_s+e}{1+e}\gamma_w$应顺手拈来。

3.4.4 地基承载力f_{ak}和不排水抗剪强度c_u

根据旁压旁压曲线按下表 1-3-37 计算地基承载力f_{ak}和不排水抗剪强度c_u。

地基承载力和不排水抗剪强度　　表 1-3-37

估算项目		公式	参数
地基承载力 f_{ak}（kPa）	临塑压力法	$f_{ak}=p_f-p_0$	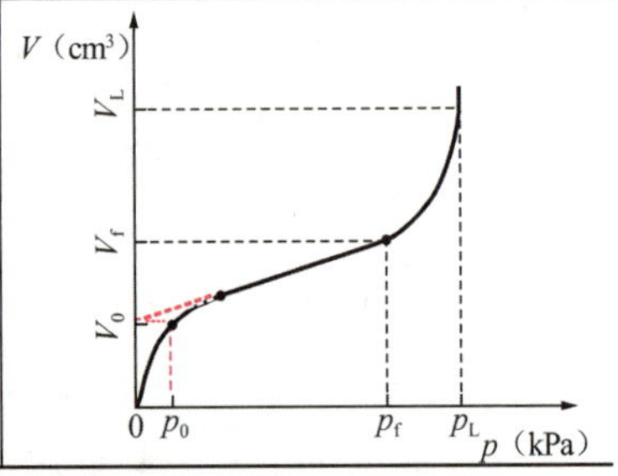
	极限压力法	$f_{ak}=\dfrac{p_L-p_0}{F_s}$	
不排水抗剪强度c_u（kPa）		$c_u=p_f-p_0$	
p_0、p_f、p_L——分别为初始压力、临塑压力、极限压力（kPa） F_s——安全系数，一般取 2～3			

注：更多旁压试验的工程应用详见《工程地质手册》P289～P291 和 P294。

题 1-63 （08C04）预钻式旁压试验得压力p-V的数据，据此绘制p-V曲线如表 1-3-38 和图 1-3-14 所示，图 1-3-14 中ab为直线线段，采用旁压试验临塑荷载法确定，该试验土层的承载力特征值f_{ak}与下列哪个选项的数值最为接近？

题 1-63 表　　表 1-3-38

压力p（kPa）	30	60	90	120	150	180	210	240	270
变形V（cm^3）	70	90	100	110	120	130	140	170	240

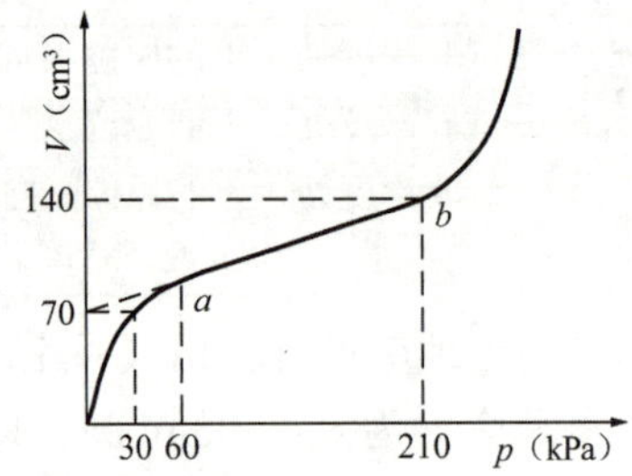

图 1-3-14　题 1-63 图

（A）120kPa　　（B）150kPa

（C）180kPa　　（D）210kPa

【解】

由图可知初始压力$p_0=30$kPa，临塑压力$p_f=210$kPa

则$f_{ak}=p_f-p_0=210-30=180$kPa

【点评】

①根据《岩土工程勘察规范》第 10.7.4 条、第 10.7.5 条及其条文说明；②从p-V曲线图可知：初始压力$p_0=30$kPa，临塑压力$p_f=210$kPa，极限压力p_L不能确定，因此采用临塑压力法；③临塑压力p_f为旁压曲线**中段直线的末尾点**或蠕变曲线的第二拐点相应的压力；**初始压力p_0**为直线段延长与V轴的**交点V_0所对应的试验曲线上的压力值**。

【同类型真题】06C03

3.5 扁铲侧胀试验——《岩土工程勘察规范》第 10.8 节

扁铲侧胀试验将接在探杆上的扁铲测头压入至土中预定深度，然后施压，使位于扁铲测头一侧面的圆形钢模向土内膨胀，量测钢模膨胀三个特殊位置（A、B、C）的压力，从而获得多种岩土参数，适用于软土、一般黏性土、粉土、黄土和松散—中密的砂土。在密实的砂土、杂填土和含砾土层及风化岩中，因模片容易损坏，故一般不宜采用。

扁铲侧胀试验数据修正与指标计算见表 1-3-39 和表 1-3-40。

对试验的实测数据进行模片刚度修正　　表 1-3-39

修正压力	公式	参数
膨胀至 0.05mm 时接触压力 p_0（kPa）	$p_0 = 1.05(A - z_m + \Delta A) - 0.05(B - z_m - \Delta B)$	A——试验时膨胀至 0.05mm 时的压力（kPa）； B——试验时膨胀至 1.10mm 时的压力（kPa）；
膨胀至 1.10mm 时压力 p_1（kPa）	$p_1 = B - z_m - \Delta B$	
回到 0.05mm 时终止压力 p_2（kPa）	$p_2 = C - z_m + \Delta A$	C——试验时回到 0.05mm 时的压力（kPa）； ΔA——率定时膨胀至 0.05mm 时的气压值（kPa）； ΔB——率定时膨胀至 1.10mm 时的气压值（kPa）； z_m——调零前的压力表初始读数（kPa）

根据 p_0、p_1、p_2 计算的四个指标　　表 1-3-40

指标	公式	参数
侧胀模量 E_D	$E_D = 34.7(p_1 - p_0)$	u_0——试验深度处的静水压力（kPa）； σ_{v0}——试验深度处的有效上覆压力（kPa） $\sigma_{v0} = \Sigma\gamma_i h_i$，（水下取浮重度 γ'）
侧胀水平应力指数 K_D	$K_D = \dfrac{p_0 - u_0}{\sigma_{v0}}$	
侧胀土性指数 I_D	$I_D = \dfrac{p_1 - p_0}{p_0 - u_0}$	
侧胀孔压指数 U_D	$U_D = \dfrac{p_2 - u_0}{p_0 - u_0}$	

注：更多扁铲侧胀试验的工程应用如变形模量 E_s 和弹性模量 E 等，见《工程地质手册》P298～P303。

题 1-64（08D01）在地面下 8.0m 处进行扁铲侧胀试验，地下水位 2.0m，水位以上土的重度为 18.5kN/m³。试验前率定时膨胀至 0.05mm 及 1.10mm 的气压实测值分别为 $\Delta A = 10$kPa 及 $\Delta B = 65$kPa，试验时模片膨胀至 0.05mm 及 1.10mm 和回到 0.05mm 的压力分别为 $A = 70$kPa 及 $B = 220$kPa 和 $C = 65$kPa。压力表初读数 $z_m = 5$kPa，计算该试验点的侧胀水平应力指数与下列哪个选项最为接近？

（A）0.07　　（B）0.09　　（C）0.11　　（D）0.13

【解】

（1）$p_0 = 1.05 \times (A - z_m + \Delta A) - 0.05(B - z_m - \Delta B)$
$= 1.05 \times (70 - 5 + 10) - 0.05 \times (220 - 5 - 65) = 71.25\text{kPa}$

（2）$\sigma_{v0} = 18.5 \times 2 + 8.5 \times (8 - 2) = 88\text{kPa}$，$u_0 = 10 \times (8 - 2) = 60\text{kPa}$

（3）$K_D = \dfrac{p_0 - u_0}{\sigma_{v0}} = \dfrac{71.25 - 60}{88} = 0.13$

【点评】

①根据《岩土工程勘察规范》第 10.8 节；②侧胀水平应力指数为有效水平侧胀应力除以竖向有效应力；③看清物理量取值，计算细心，本考点熟练套公式即可。

题 1-65 （14C02）在地面下 7m 处进行扁铲侧胀试验，地下水位埋深 1.0m，试验前率定时膨胀至 0.05mm 及 1.10mm 的气压实测值分别为 10kPa 和 80kPa，试验时模片膨胀至 0.05mm、1.10mm 和回到 0.05mm 的压力值分别为 100kPa、260kPa 和 90kPa，调零前压力表初始读数为 8kPa，请计算该试验点的侧胀孔压指数为下列哪项？

（A）0.16　　（B）0.48　　（C）0.65　　（D）0.83

【解】

（1）$p_0 = 1.05 \times (100 - 8 + 10) - 0.05 \times (260 - 8 - 80) = 98.5\text{kPa}$

$p_2 = 90 - 8 + 10 = 92\text{kPa}$，$u_0 = 10 \times (7 - 1) = 60\text{kPa}$

（2）$U_D = \dfrac{p_2 - u_0}{p_0 - u_0} = \dfrac{92 - 60}{98.5 - 60} = 0.83$

【点评】

①根据《岩土工程勘察规范》第 10.8 节；②p_0为模片向土中膨胀之前的接触压力，p_2为模片回到 0.05mm 时的终止压力；③U_D侧胀孔压指数指土体的侧胀后有效水平压力比初始土体的水平有效压力；④较重要考点：扁铲侧胀试验相关指标计算，纯代公式，送分题型，仔细对照规范计算即可。

题 1-66 某建筑场地地面下 8m 处进行扁铲侧胀试验，地下水埋深 3.0m，试验前率定时膨胀至 0.05mm 及 1.1mm 的气压实测值分别为 14kPa 和 89kPa，试验时模片膨胀至 0.05mm、1.10mm 和回到 0.05mm 的压力值分别为 115kPa、252kPa 和 93kPa，调零前压力表初始读数为 7kPa，试按侧胀土性指数，划分土类名称。

【解】

（1）$p_0 = 1.05 \times (A - z_m + \Delta A) - 0.05(B - z_m - \Delta B)$

$= 1.05 \times (115 - 7 + 14) - 0.05 \times (252 - 7 - 89) = 120.3\text{kPa}$

$p_1 = B - z_m - \Delta B = 252 - 7 - 89 = 156\text{kPa}$，$u_0 = 10 \times (8 - 3) = 50\text{kPa}$

（2）$I_D = \dfrac{p_1 - p_0}{p_0 - u_0} = \dfrac{156 - 120.3}{120.3 - 50} = 0.51$，介于 0.35～0.6，为粉质黏土

【点评】

根据《工程地质手册》P297、P298，掌握扁铲侧胀试验数据的应用。

题 1-67 （22 补考 D01）某场地进行扁铲侧胀试验，测点深度 9m，地下水位埋深 2m，试验前率定模片膨胀至 0.05mm、1.10mm 的气压实测值分别为 8kPa、65kPa。探头达到测试深度后，测定模片膨胀至 0.05mm、1.10mm 和回到 0.05mm 的压力值分别为 220kPa、325kPa、75kPa，调零前的压力表初读数为 5kPa。土层的天然重度为 18kN/m³，饱和重度为 19kN/m³。假定c_u与侧胀水平指数K_D，有下列经验关系：$c_u = 0.22 \times (K_D/2)^{1.25} \times \sigma_{v0}$，则根据《岩土工程勘察规范》GB 50021—2001（2009 年版）估算的c_u，最接近下列哪个选项？（注：σ_{v0}为试验深度处的有效上覆土压力）

（A）5kPa　　（B）9kPa　　（C）16kPa　　（D）20kPa

【解】

（1）$\Delta A = 8\text{kPa}$，$\Delta B = 65\text{kPa}$，$A = 220\text{kPa}$，$B = 325\text{kPa}$，$C = 75\text{kPa}$，$z_m = 5\text{kPa}$

$p_0 = 1.05 \times (220 - 5 + 8) - 0.05 \times (325 - 5 - 65) = 221.4\text{kPa}$

$u_0 = (9 - 2) \times 10 = 70\text{kPa}$，$\sigma_{v0} = 2 \times 18 + 7 \times 9 = 99\text{kPa}$

（2）$K_D = \dfrac{221.4 - 70}{99} = 1.53$，$c_u = 0.22 \times \left(\dfrac{1.53}{2}\right)^{1.25} \times 99 = 15.6\text{kPa}$

【点评】

①根据《岩土工程勘察规范》第 10.8.3 条，扁铲侧胀题目注意带公式，小心计算即可；②有效上覆土压力计算时，水下采用浮重度计算。

3.6　现场直接剪切试验——《岩土工程勘察规范》第 10.9 节、《工程地质手册》P264～P276

现场直接剪切试验涉及《工程地质手册》P264～P276、《土工试验方法标准》第 43 章、《工程岩体试验方法标准》第 4.1～4.3 节。

现场直剪试验可用于岩土体本身、岩土体沿软弱结构面和岩体与其他材料接触面的剪切试验，可分为岩土体在法向应力作用下的沿剪切面剪切破坏的抗剪断试验，岩土体剪断后沿剪切面继续剪切的抗剪试验（摩擦试验），法向应力为零时岩体剪切的抗切试验。

现场直剪试验可在试洞、试坑、探槽或大口径钻孔内进行。当剪切面水平或近于水平时，可采用平推法或斜推法；当剪切面较陡时，可采用楔形体法。平推法和斜推法按表 1-3-41 计算。

现场直剪试验（《工程地质手册》P264～P276、《工程岩体试验方法标准》第 4.1～4.3 节）

表 1-3-41

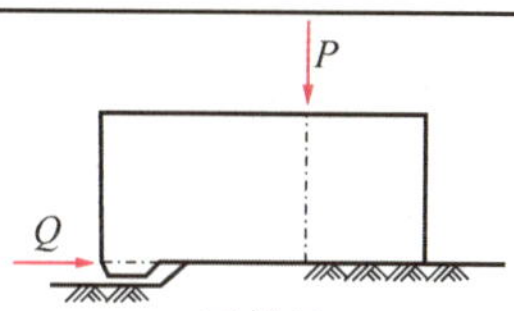

平推法

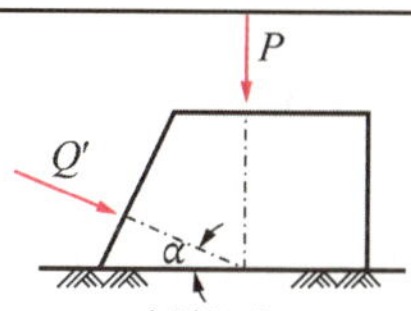

斜推法

（1）平推法，各法向载荷下的法向应力和剪应力应分别按下列公式计算： $\sigma=\dfrac{P}{A}$；$\tau=\dfrac{Q}{A}$	σ——作用于剪切面上的法向应力（MPa）； τ——作用于剪切面上的剪应力（MPa）； P——作用于剪切面上的总法向载荷（N）； Q——作用于剪切面上的总剪切载荷（N）； A——剪切面面积（mm^2）； Q'——作用于剪切面上的总斜向剪切载荷（N）； α——斜向载荷施力方向与剪切面的夹角（°）
（2）斜推法，各法向载荷下的法向应力和剪应力应分别按下列公式计算： $\sigma=\dfrac{P}{A}+\dfrac{Q'}{A}\sin\alpha$；$\tau=\dfrac{Q'}{A}\cos\alpha$	
（3）抗剪强度参数的确定： ①图解法 不同的抗剪强度参数可通过绘制法向应力与不同的强度（比例强度、屈服强度、峰值强度、残余强度）曲线，确定相应的强度参数。 图中 1 为剪应力峰值与相应的法向应力关系曲线；2 为剪应力残余值与相应的法向应力关系曲线。 根据剪应力峰值与相应的法向应力关系曲线，按库仑公式确定抗剪断强度参数（f，c），摩擦系数$f=\tan\varphi$	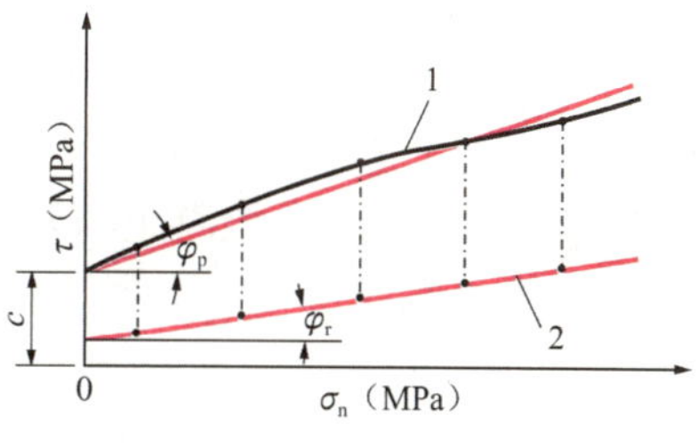
②最小二乘法 将试验所得数对（σ_i，τ_i）按最小二乘原理计算φ和c。 $\tan\varphi=\dfrac{n\sum\limits_{i=1}^{n}\sigma_i\tau_i-\sum\limits_{i=1}^{n}\sigma_i\sum\limits_{i=1}^{n}\tau_i}{n\sum\limits_{i=1}^{n}\sigma_i^2-\left(\sum\limits_{i=1}^{n}\sigma_i\right)^2}$；$c=\dfrac{\sum\limits_{i=1}^{n}\sigma_i^2\sum\limits_{i=1}^{n}\tau_i-\sum\limits_{i=1}^{n}\sigma_i\sum\limits_{i=1}^{n}\sigma_i\tau_i}{n\sum\limits_{i=1}^{n}\sigma_i^2-\left(\sum\limits_{i=1}^{n}\sigma_i\right)^2}$	σ_i——第i次试验的法向应力； τ_i——对应于σ_i的抗剪强度

续表

最小二乘法计算器操作步骤如下： 按菜单键→按“**6-数据统计**”→按“**2 − $y = ax + b$**”，依次输入“**x（σ的数据），y（τ的数据）**”；→按“**OPTN**”，按“**4-回归计算**”可得到结果**$\tan\varphi$ = “a”**、**c = “b”**，可用于验算结果，考试还是按要求写步骤

注：实际上，按《**工程地质手册**》上的公式不会出现偏差大的数据，剔除无作用，故可以不用验算偏差大的数据。

题 1-68　（19C04）某跨江大桥为悬索桥，主跨约 800m，大桥两端采用重力式锚碇提供水平抗力，为测得锚碇基地摩擦系数，进行了现场直剪试验，试验结果见表 1-3-42。

各试件在不同正应力下接触面水平剪切应力（MPa）　　表 1-3-42

试件	试件 1	试件 2	试件 3	试件 4	试件 5
正应力σ（MPa）	0.34	0.68	1.02	1.36	1.70
剪应力τ（峰值 MPa）	0.62	0.71	0.94	1.26	1.64

根据上述试验结果计算出的该锚碇基底峰值摩擦系数最接近下面哪个值？

（A）0.64　　（B）0.68　　（C）0.72　　（D）0.76

【解】

（1）$\sum_{i=1}^{n}\sigma_i = 0.34 + 0.68 + 1.02 + 1.36 + 1.70 = 5.1$

$\sum_{i=1}^{n}\sigma_i^2 = 0.34^2 + 0.68^2 + 1.02^2 + 1.36^2 + 1.70^2 = 6.358$

$\sum_{i=1}^{n}\tau_i = 0.62 + 0.71 + 0.94 + 1.26 + 1.64 = 5.17$

$\sum_{i=1}^{n}\sigma_i\tau_i = 0.34 \times 0.62 + 0.68 \times 0.71 + 1.02 \times 0.94 + 1.36 \times 1.26 + 1.70 \times 1.64 = 6.154$

（2）$\tan\varphi = \frac{5\times6.154-5.1\times5.17}{5\times6.358-5.1^2} = 0.76$

【点评】

①本题考最小二乘法拟合线性方程的算法，出处为《工程地质手册》P270，现场直接剪切试验的资料整理与计算；②在计算$\tan\varphi$、c之前，应进行数据分析，舍弃某些偏差大的测值，实际按《工程地质手册》上的公式不会出现偏差大的数据，剔除无作用，故可以不验算；③本题计算量较大，可采用计算器的“单变量统计”功能快速验算结果（群内有公开课：计算器使用方法详细视频讲解）。

题 1-69　为测得混凝土与岩体接触面的抗剪强度，在现场进行斜推法直剪试验，实际剪切面积 3000cm²，斜向推力中心线与剪切面的夹角为 16°，如图 1-3-15 所示，试验时施加的总法向荷载P及破坏时斜向剪切力Q如表 1-3-43 所示，根据《工程岩体试验方法标准》GB/T 50266—2013，试计算剪切面的摩擦系数f最接近下列哪个选项？

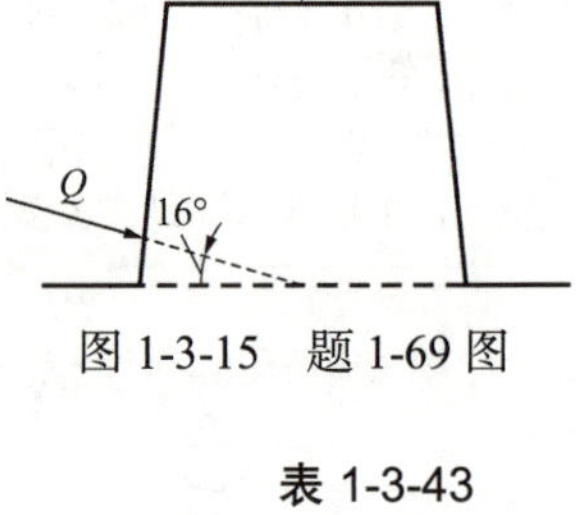

图 1-3-15　题 1-69 图

题 1-69 表　　表 1-3-43

总法向荷载P（kN）	100	200
斜向剪切力Q（kN）	750	930

(A) 0.80　　(B) 0.95　　(C) 1.10　　(D) 1.15

【解】

(1) $\sigma_1 = \dfrac{100}{0.3} + \dfrac{750}{0.3} \times \sin 16° = 1022\text{kPa}$，$\tau_1 = \dfrac{750}{0.3} \times \cos 16° = 2403\text{kPa}$

$\sigma_2 = \dfrac{200}{0.3} + \dfrac{930}{0.3} \times \sin 16° = 1521\text{kPa}$，$\tau_2 = \dfrac{930}{0.3} \times \cos 16° = 2980\text{kPa}$

(2) $\tau = c + \sigma f \Rightarrow \begin{cases} 2403 = c + 1022f \\ 2980 = c + 1521f \end{cases} \Rightarrow f = 1.16$

【点评】

①根据《工程岩体试验方法标准》第 4.1.20 条；②斜推法中剪切面位于底部，按三角函数关系求得法向与切向分力，最后按库仑理论计算抗剪强度参数；③量纲要统一。

3.7 十字板剪切试验——《岩土工程勘察规范》第 10.6 节

十字板剪切试验是用插入土中的标准十字板探头，以一定速率扭转，量测土破坏时的抵抗力矩，进而计算得土体的不排水抗剪强度，十字板剪切试验适用于饱和黏性土（$\varphi = 0$）。十字板剪切试验结果可按地区经验，确定地基承载力、单桩承载力、计算边坡稳定性，判定软黏土的固结历史和灵敏度。

对比学习《工程地质手册》P276～P282、《土工试验方法标准》第 44 章、《建筑地基检测技术规范》第 10.4 节，规范和手册上公式稍有差别，是因为参数的单位不一致，把量纲统一即可。

3.7.1 不排水抗剪强度

十字板剪切试验不排水抗剪强度按表 1-3-44 计算。

不排水抗剪强度　　**表 1-3-44**

<table>
<tr><th>类型</th><th>计算公式</th><th colspan="2">参数</th></tr>
<tr><td rowspan="2">电阻应变式</td><td>原状土
$c_u = \boldsymbol{K}\cdot\xi\cdot\boldsymbol{R}_y$</td><td rowspan="2">$K$——十字板剪切常数（$m^{-2}$）；
ξ——电阻应变式十字板传感器的率定系数（kN/με）；
R_y、R_c——原状土、重塑土剪损时最大微应变值（με）</td><td rowspan="4">$K = \dfrac{2R}{\pi D^2\left(\dfrac{D}{3} + H\right)}$
R——转盘半径（m）；
D——十字板直径（m）；
H——十字板高度（m）。
计算值可查表 1-3-45</td></tr>
<tr><td>重塑土
$c'_u = \boldsymbol{K}\cdot\xi\cdot\boldsymbol{R}_c$</td></tr>
<tr><td rowspan="2">开口钢环式</td><td>原状土
$c_u = KC(R_y - R_g)$</td><td rowspan="2">C——钢环系数（kN/0.01mm）；
R_y、R_c——原状土、重塑土剪损时量表最大读数（0.01mm）；
R_g——轴杆与土摩擦时量表最大读数（0.01mm）</td></tr>
<tr><td>重塑土
$c'_u = KC(R_c - R_g)$</td></tr>
<tr><td>理论表达式</td><td>$\tau_f = \dfrac{2M_{max}}{\pi D^2\left(\dfrac{D}{3} + H\right)}$</td><td colspan="2">$M_{max}$为最大扭矩，详细推导见《土力学》第三版（清华大学李广信）P197</td></tr>
</table>

注：各规范上公式表达方式稍有差别，主要注意量纲统一即可，c_u精确至 0.1kPa。

十字板规格及十字板常数K值 表 1-3-45

十字板规格$D \times H$（mm）	十字板尺寸（mm）			转盘半径R（mm）	十字板常数K（m^{-2}）
	直径D	高度H	厚度B		
50 × 100	50	100	2～3	200 250	436.78 545.98
50 × 100	50	100	2～3	210	458.62
75 × 150	75	150	2～3	200 250	129.41 161.77
75 × 150	75	150	2～3	210	135.88

3.7.2 抗剪强度修正——《岩土工程勘察规范》第 10.6.4 条条文说明

十字板测得的不排水抗剪强度修正按表 1-3-46 计算。

抗剪强度修正 表 1-3-46

修正原因	修正方法	计算公式	修正系数μ
十字板测得的不排水抗剪强度是峰值强度，一般认为其值偏高。土的长期强度只有峰值强度的 60%～70%。因此，需根据土质条件和当地经验对十字板测得的强度值S_u作必要的修正，以供设计采用	曲线 2 适用于液性指数I_L大于 1.1 的土。 曲线 1 适用于其他软黏土	$c_u = \mu S_u$	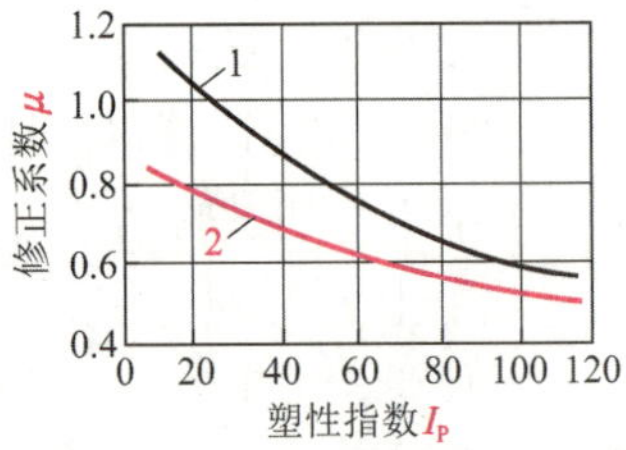
《铁路工程地质原位测试规程》规定：当$I_P \leqslant 20$时，$\mu = 1$；$20 < I_P \leqslant 40$时，$\mu = 0.9$			

题 1-70 （17D04）某公路工程采用电阻应变式十字板剪切试验估算软土路基临界高度。土体剪损时最大微应变值$R_y = 300\mu\varepsilon$，传感器的率定系数$\xi = 1.585 \times 10^{-4} kN/\mu\varepsilon$，十字板常数$K = 545.97m^{-2}$，取峰值强度的 0.7 倍作为修正后现场不排水抗剪强度，据此估算的修正后软土的不排水抗剪强度最接近下列哪个选项？

（A）12.4kPa （B）15.0kPa （C）18.2kPa （D）26.0kPa

【解】

（1）$c_u = K \cdot \xi \cdot R_y = 545.97 \times 1.585 \times 10^{-4} \times 300 = 26.0kPa$

（2）$[c_u] = \mu \cdot c_u = 0.7 \times 26.0 = 18.2kPa$

【点评】

①根据《岩土工程勘察规范》第 10.6.4 条条文说明、《工程地质手册》P281；②《工程地质手册》上有错误，图 3-6-17 中应该是曲线 2 适用于液性指数大于 1.1 的土，曲线 1 适用于其他软黏土，以《岩土工程勘察规范》为准（本题已经给出了修正系数μ）。

题 1-71　（20C02）某工程采用开口钢环式十字板剪切试验估算软黏土的抗剪强度。已知十字板钢环系数为 0.0014kN/0.01mm，转盘直径为 0.6m，十字板头直径为 0.1m，高度为 0.2m，测得土体剪损时量表最大读数$R_y = 220$（0.01mm），轴杆为土摩擦时量表最大读数$R_g = 20$（0.01mm）；室内试验测得土的塑性指数$I_P = 40$，液性指数$I_L = 0.8$。试按《岩土工程勘察规范》GB 50021—2001（2009 年版）中的 Daccal 法估算修正后的土体抗剪强度c_u最接近下列哪个选项？

（A）41kPa　　（B）30kPa　　（C）23kPa　　（D）20kPa

【解】

（1）$K = \dfrac{2 \times 0.3}{3.14 \times 0.1^2 \times \left(\dfrac{0.1}{3} + 0.2\right)} = 81.893\text{m}^{-2}$

（2）$S_u = 81.893 \times 0.0014 \times (220 - 20) = 22.93\text{kPa}$

（3）$I_L = 0.8 < 1.1 \Rightarrow$ 曲线 1；$I_p = 40 \Rightarrow \mu = 0.9$

$c_u = 22.93 \times 0.9 = 20.64\text{kPa}$

【点评】

①根据《工程地质手册》P279～P281、《岩土工程勘察规范》第 10.6.4 条条文说明；②《岩土工程勘察规范》中采用 10mm 液限，长期强度需峰值强度乘以修正系数，修正系数查图确定，地基承载力需采用修正后的不排水强度计算，《工程地质手册》上的修正是错误的。

3.7.3　土的灵敏度

黏性土的灵敏度按表 1-3-47 计算，黏性土结构性按灵敏度分类见表 1-3-48。

灵敏度　　**表 1-3-47**

公式	参数	备注
灵敏度$S_t = \dfrac{c_u}{c_u'}$	c_u——原状土不排水抗剪强度（kPa）； c_u'——重塑土不排水抗剪强度（kPa）	无侧限抗压试验测得的无侧限抗压强度q_u与c_u的关系：$c_u = \dfrac{q_u}{2}$
灵敏度$S_t = \dfrac{q_u}{q_u'}$	q_u——原状土无侧限抗压强度（kPa）； q_u'——重塑土无侧限抗压强度（kPa）	

黏性土结构性按灵敏度分类（《工程地质手册》P178、《水运工程地基设计规范》第 4.2.15 条）　　**表 1-3-48**

灵敏度S_t	$S_t \leqslant 2$	$2 < S_t \leqslant 4$	$4 < S_t \leqslant 8$	$8 < S_t \leqslant 16$	$S_t > 16$
结构性分类	不灵敏	中灵敏性	高灵敏性	极灵敏性	流性

注：无指定规范时可按上表，有指定其他规范时按指定规范查表。

题 1-72 （07C02）某电测十字板试验结果记录如表 1-3-49 所示，试计算土层的灵敏度S_t最接近下列哪个选项？

题 1-72 表 表 1-3-49

原状土	顺序	1	2	3	4	5	6	7	8	9	10	11	12	13
	读数	20	41	65	89	114	178	187	192	185	173	148	135	100
扰动土	顺序	1	2	3	4	5	6	7	8	9	10	—	—	—
	读数	11	21	33	46	58	69	70	68	63	57	—	—	—

（A）1.83 （B）2.54 （C）2.74 （D）3.04

【解】

取峰值强度读数：$S_t=\dfrac{K\xi R_y}{K\xi R_c}=\dfrac{R_y}{R_c}=\dfrac{192}{70}=2.74$

【点评】

①根据《工程地质手册》P280、P281，十字板剪切试验（VST）是用插入土中的标准十字板探头，以一定速率扭转，量土破坏时的抵抗力矩，测定土的不排水抗剪强度和残余抗剪强度。主要分为机械式和电测式两种，可用于测定饱和软黏性土（$\varphi=0$）的不排水抗剪强度和灵敏度；②这两个试验是分别进行的，原状土和扰动土的抗剪强度都要取**各自的**最大读数（峰值）。

【同类型真题】07D24

题 1-73 （09C03）对于饱和软黏土进行开口钢环十字板剪切试验，十字板常数为129.41m^{-2}，钢环系数为 0.00386kN/0.01mm。某一试验点的测试钢环读数记录如表 1-3-50 所示，则该试验点处土的灵敏度最接近下列哪个选项？

题 1-73 表 表 1-3-50

原状土（0.01mm）	2.5	7.6	12.6	17.8	23.0	27.6	31.2	32.5	35.4	36.5	34.0	30.8	30.0
重塑土（0.01mm）	1.0	3.6	6.2	8.7	11.2	3.5	14.5	14.8	14.6	13.8	13.2	13.0	—
轴杆（0.01mm）	0.2	0.8	1.3	1.8	2.3	2.6	2.8	2.6	2.5	2.5	2.5	—	—

（A）2.5 （B）2.8 （C）3.3 （D）3.8

【解】

$$S_t=\frac{C_u}{C_u'}=\frac{K\cdot C(R_y-R_g)}{K\cdot C(R_c-R_g)}=\frac{36.5-2.8}{14.8-2.8}=2.81$$

【点评】

①根据《工程地质手册》P279、P280 式(3-6-29)～式(3-6-32)，②取峰值读数作为土的抗剪强度读数，注意和电测十字板剪切试验的区别，应扣除轴杆与土的摩擦力；③《工程地质手册》中原位测试知识点非常详细，经常出题。

【同类型真题】03C02

题 1-74 某港口工程，现场对软土层进行十字板剪切试验，测得土的抗剪强度$\tau=50$kPa，取土样进行重塑土的无侧限抗压强度试验得$q_u'=40$kPa，按《水运工程地基设计规范》JTS 147—2017，确定土的灵敏度为下列哪个选项？

（A）不灵敏 （B）中灵敏性 （C）高灵敏性 （D）极灵敏性

（1）$q_u=2\tau=50\times2=100$kPa

（2）$S_t=\dfrac{q_u}{q_u'}=\dfrac{100}{40}=2.5\in(2,4]$，为中灵敏度土。

【点评】

①根据《土工试验方法标准》第 20.4.5 条、第 44.2.4 条，《土力学》第三版（清华大学李广信）P32、P196，《工程地质手册》P172、P178，《水运工程地基设计规范》第 4.2.15 条。②十字板剪切试验所测得的抗剪强度τ相当于土的不排水强度c_u或无侧限抗压强度q_u的一半。

题 1-75 某软土地区进行十字板剪切试验，采用 75mm × 150mm 的十字板，剪切破坏时扭矩$M = 0.04\text{kN}\cdot\text{m}$，在同样深度取土进行重塑土的无侧限抗压强度试验，得到无侧限抗压强度$q_u = 10\text{kPa}$，试判断土的灵敏度等级为下列哪个选项？

（A）不灵敏　　（B）中灵敏　　（C）高灵敏　　（D）极灵敏

【解】

（1）依题意：十字板直径 75mm，高度 150mm

（2）原状土强度$\tau_f = \dfrac{M}{\dfrac{\pi D^2}{2}\left(\dfrac{D}{3}+H\right)} = \dfrac{0.04}{\dfrac{3.14\times 0.075^2}{2}\left(\dfrac{0.075}{3}+0.15\right)} = 25.88\text{kPa}$

（3）重塑土$\tau_r = \dfrac{q_u}{2} = \dfrac{10}{2} = 5\text{kPa}$

灵敏度$S_t = \dfrac{25.88}{5} = 5.2 \Rightarrow$ 查表等级为高灵敏性

【点评】

根据《工程地质手册》P178 表 3-1-32 或者《水运工程地基设计规范》表 4.2.15 查土的灵敏度等级，《工程地质手册》P277 可查十字板的规格。

3.7.4 估算地基容许承载力

用**修正后**不排水抗剪强度按表 1-3-51 估算地基容许承载力。

估算地基容许承载力　　表 1-3-51

公式	参数
$q_a = 2c_u + \gamma h$	c_u——修正后的不排水抗剪强度（kPa）； γ——土的重度（kN/m^3），水下用饱和重度； h——基础埋深（m）

注：c_u为总应力指标，对应水下采用土的饱和重度。

题 1-76 某黏性土地层，天然重度$\gamma = 19\text{kN/m}^3$，比重$G_s = 2.68$，孔隙比$e = 0.8$。由液塑限联合测定法试验测得 76g 的圆锥仪沉入土中深度为 2mm、10mm、17mm 时的含水率分别为 12%、32%、45%。经现场十字板剪切试验测该黏性土的不排水抗剪强度实测值为 30kPa，已知基础埋深 2m，根据《岩土工程勘察规范》GB 50021—2001（2009 年版）的规定，估算该地基土的承载力特征值最接近下列哪个选项？

（A）85kPa　　（B）90kPa　　（C）98kPa　　（D）100kPa

【解】

$$\rho = \frac{G_s(1+w)}{1+e}\rho_w = \frac{2.68\times(1+w)}{1+0.8}\times 1 = 1.9 \Rightarrow w = 27.6\%$$

$$I_P = 32 - 12 = 20$$

$I_L = \dfrac{27.6-12}{20} = 0.781 < 1.1$，适用曲线 $1 \Rightarrow \mu = 1.04$

$$[c_u] = \mu c_u = 1.04\times 30 = 31.2\text{kPa}$$

$$f_{ak} = 2c_u + \gamma h = 2\times 31.2 + 19\times 2 = 100.4\text{kPa}$$

【点评】

①根据《岩土工程勘察规范》第 10.6.4 条、第 10.6.5 条条文说明；②《岩土工程勘察规范》中采用 10mm 液限，长期强度需峰值强度乘以修正系数，修正系数查图确定，地基承载力需采用修正后的不排水强度计算，《工程地质手册》上的图错误。

3.7.5 估算桩的端阻力和侧阻力

用修正后不排水抗剪强度按表 1-3-52 估算桩的端阻力和侧阻力。

估算桩的端阻力和侧阻力　　表 1-3-52

公式		参数
桩端阻力q_p	$q_p = 9c_u$	c_u——分别为桩端和桩周土修正后的不排水抗剪强度（kPa）； α——与桩类型、土类、土层顺序等有关的系数； 其他参数参照深基础单桩极限承载力计算公式
桩侧阻力q_s	$q_s = \alpha \cdot c_u$	
单桩极限承载力Q_u	$Q_u = u\sum q_{si}l_i + q_pA_p$	
《工程地质手册》P282 单桩极限承载力Q_u	$Q_u = u\sum c_{ui}l_i + N_c c_u A_p$	本公式与上式对比，仅少一个α系数

3.8 静力触探试验——《岩土工程勘察规范》第 10.3 节

静力触探是用静力将探头以一定的速率压入土中，利用探头内的力传感器，通过电子量测器将探头受到的贯入阻力记录下来。由于贯入阻力的大小与土层的性质有关，因此通过贯入阻力的变化情况，可以达到了解土层工程性质的目的。孔压静力触探除静力触探原有功能外，在探头上附加孔隙水压力量测装置，用于量测孔隙水压力增长与消散。利用孔压量测的高灵敏性，可以更加精确地辨别土类，测定评价更多的岩土工程性质指标。

本节主要学习《土工试验方法标准》第 46 章、《建筑地基检测技术规范》第 9.4 节、《工程地质手册》P230～P244。

静力触探试验简介见表 1-3-53。

静力触探试验简介　　表 1-3-53

适用土层	土样为原位的软土、一般黏性土、粉土、砂土或含少量碎石的土层。其中孔压静力触探试验中土样为饱和土
采用探头 测试项目	静力触探可根据工程需要采用单桥探头、双桥探头或带孔隙水压力测量的单、双桥探头。试验时将圆锥形探头按一定速率匀速压入土中，可量测比贯入阻力、锥尖阻力、侧壁摩阻力和贯入时的孔隙水压力
试验成果 工程应用	1. 划分土层，判定土层类别，查明软、硬夹层及土层在水平和垂直方向的均匀性； 2. 评价地基土的工程特性，包括容许承载力、压缩性质、不排水抗剪强度、水平向固结系数、土体液化判别、砂土密实度； 3. 探寻和确定桩基持力层，预估打入桩沉桩可能性和单桩承载力； 4. 检验人工填土的密实度及地基加固效果

静力触探试验测试项目及主要工程应用见表 1-3-54。

静力触探测试项目（《土工试验方法标准》第 46.4 节、《工程地质手册》P230）

表 1-3-54

测试项目	公式	参数
比贯入阻力 p_s（kPa）	$p_s = k_p \cdot \varepsilon_p$	k_p、k_q、k_f、k_u——p_s、q_c、f_s、u对应的率定系数（kPa/με 或 kPa/mV）； ε_p、ε_q、ε_f、ε_u——单桥探头、双桥探头、摩擦筒及孔压探头传感器的应变量或输出电压（με 或 mV）； Δu——超孔压数（kPa）； u_0——试验深度处的静水压力（kPa）； u_i——孔压探头贯入时的孔隙水压力，即初始孔压（kPa），贯入孔隙压力由锥肩处测得时，$u_i = u_t$，贯入孔隙压力由锥面测得时，$u_i = u_d$；u_t和u_d分别为于探头锥肩和锥面处测得的贯入孔压； q_t——经孔压修正的总锥尖阻力（kPa）； σ_{v0}——试验深度处总上覆压力（kPa）； α——锥尖端面有效面积比，$\alpha = F_\alpha / A$；F_α为锥尖端面有效面积（m^2），即丝扣连接部的截面积（与地下水隔离）；A为锥尖（探头）的全截面积（m^2）； β——转换系数，见下表
锥头阻力q_c（kPa）	$q_c = k_q \cdot \varepsilon_q$	
侧壁摩阻力 f_s（kPa）	$f_s = k_f \cdot \varepsilon_f$	
孔隙水压力 u（kPa）	$u = k_u \cdot \varepsilon_u$	
摩阻比F_m（%）	$F_m = \dfrac{f_s}{q_c}$	
静止孔压系数（超孔压比）B_q	$B_q = \dfrac{\Delta u}{q_t - \sigma_{v0}} = \dfrac{u_i - u_0}{q_t - \sigma_{v0}}$ $q_t = q_c + (1-\alpha)u_t$ 或 $q_t = q_c + \beta(1-\alpha)u_d$ $\beta = u_t/u_d$	

与土质状态有关的β值

地质状态	中砂粗砂	粉细砂		粉土	粉质黏土	黏土	重超固结黏土
		松散—中密	密实	正常固结及轻度固结			
β	1.0	0.7～0.3	< 0.3	0.6～0.3	0.7～0.5	0.8～0.4	0.4～−0.1

测试项目	公式	参数
径向固结系数C_h（cm^2/s）	$C_h = \dfrac{R_t^2}{t_{50}} T_{50}$	T_{50}——与圆锥几何形状、透水板位置有关的相应于孔隙压力消散度50%的时间因数（对锥角 60°、截面积为 $10cm^2$、透水板位于锥底处的孔压探头，取$T_{50} = 5.6$）； R_t——探头圆锥底半径（cm）； t_{50}——实测孔隙消散度达 50%的经历时间（s）
归一化消散度$\overline{U}$（%）	$\overline{U} = \dfrac{u_t - u_0}{u_i - u_0}$	$\overline{U}$—— t时刻孔隙水压力消散度（%）； u_t—— t时刻孔隙水压力实测值（kPa）； u_0——初始孔隙水压力，即静水压力（kPa）； u_i——开始（或贯入）时的孔隙水压力（$t = 0$）（kPa）

初步判定地基土承载力特征值和压缩模量时，可根据比贯入阻力或锥尖阻力标准值按表 1-3-55 估算。

估算地基土承载力特征值f_{ak}和压缩模量$E_{s0.1-0.2}$（《建筑地基检测技术规范》第 9.4.7 条）

表 1-3-55

适用土类	p_s适用范围（MPa）	f_{ak}（kPa）	$E_{s0.1-0.2}$（MPa）	
黏性土	0.4～5.0	$f_{ak} = 80p_s + 20$	$E_{s0.1-0.2} = 2.5\ln(p_s) + 4$	注：当采用q_c值时，取$p_s = 1.1q_c$
粉土	1.0～16.0	$f_{ak} = 47p_s + 40$	$E_{s0.1-0.2} = 2.44\ln(p_s) + 4$	
砂土	3.0～30.0	$f_{ak} = 40p_s + 70$	$E_{s0.1-0.2} = 3.6\ln(p_s) + 3$	

注：更多静力触探的工程应用见《工程地质手册》P232～P244。

题 1-77 某中砂场地勘探时采用双桥静力触探，探头全截面积为 $10cm^2$，地下水位距地面 4m，双桥静力触探在深度 10m 处测得锥面初始孔压为 120kPa，锥尖摩阻力q_c为 350kPa，锥尖有效面积为 $7cm^2$，土的天然重度为 $18kN/m^3$，饱和重度为 $20kN/m^3$，求静探孔压系数B_q最接近下列哪个选项？

（A）0.24　　（B）0.31　　（C）0.38　　（D）0.45

【解】

（1）$\alpha = \frac{F_a}{A} = \frac{7}{10} = 0.7$

$q_t = q_c + \beta(1-\alpha)u_d = 350 + 1 \times (1-0.7) \times 120 = 386kPa$

（2）$B_q = \frac{u_i - u_0}{q_t - \sigma_{v0}} = \frac{120 - 6 \times 10}{386 - (18 \times 4 + 20 \times 6)} = 0.309$

【点评】

①根据《工程地质手册》P230、《岩土工程勘察规范》第 10.3 节；②静力触探试验在《工程地质手册》上有很多内容，应加强对手册的学习，考到了知道去哪里翻书，都是代公式的题目。

题 1-78 某建筑场地地基土为饱和软土，地下水埋深 0.5m，采用孔压静力触探测试土的径向固结系数，孔压探头的锥尖锥角 60°，锥底截面积为 $10cm^2$，透水板位于锥底处，测试点位于地面下 8m 处，测得孔压和时间的关系如表 1-3-56 所示，根据《土工试验方法标准》GB/T 50123—2019，计算静探径向固结系数最接近下列哪个选项？（单位采用 cm^2/s）

题 1-78 表　　表 1-3-56

时间t（h）	0	1	2	3	4
孔隙水压力（kPa）	150	125	105	90	80

（A）$3.0 \times 10^{-3}cm^2/s$　　（B）$4.2 \times 10^{-3}cm^2/s$

（C）$5.4 \times 10^{-3}cm^2/s$　　（D）$6.8 \times 10^{-3}cm^2/s$

【解】

（1）初始超静孔隙水压力：$u_0 = 150 - (8 - 0.5) \times 10 = 75kPa$

（2）超静孔隙水压力消散度为 50%时的实测孔隙水压力：

$u_{50\%} = 0.5 \times 75 + (8 - 0.5) \times 10 = 112.5kPa$

内插可得：$t_{50} = 2 - \frac{112.5 - 105}{125 - 105} \times (2 - 1) = 1.625h = 5850s$

（3）$C_h = \frac{10/3.14}{5850} \times 5.6 = 3.049 \times 10^{-3}cm^2/s$

【点评】

①根据《土工试验方法标准》第 46.4.3 条；②锥角 60°、截面积为 $10cm^2$、透水板位于锥底处的孔压探头，T_{50}取 5.6；③孔压探头测量结果为总孔隙水压力，包含静孔隙水压力和超静孔隙水压力；④固结计算应注意统一量纲。

题 1-79 某场地基础以下为深厚粉土，进行双桥静力触探试验，测得$q_c = 3.2\text{MPa}$，$f_s = 46\text{kPa}$，按《建筑地基检测技术规范》估算粉土层压缩模量$E_{s0.1-0.2}$和承载力特征值f_{ak}。

【解】

$$p_s = 1.1q_c = 1.1 \times 3.2 = 3.52\text{MPa}$$
$$E_{s0.1-0.2} = 2.44\ln p_s + 4 = 2.44\ln 3.52 + 4 = 7.07\text{MPa}$$
$$f_{ak} = 47p_s + 40 = 47 \times 3.52 + 40 = 205.44\text{kPa}$$

【点评】

①根据《建筑地基检测技术规范》第 9.4.7 条；②直接套公式，基础承载力和压缩模量的公式为有局限性的经验公式，考的可能性不大。

3.9 波速测试

3.9.1 波速测试指标——《岩土工程勘察规范》第 10.10 节及条文说明、《土工试验方法标准》第 50.4 节

波速测试适用于测定各类岩土体的压缩波、剪切波或瑞利波的波速，可根据任务要求，采用单孔法、跨孔法或面波法。波速计算和波速测试指标计算分别见表 1-3-57 和表 1-3-58。

波速计算 表 1-3-57

压缩波、剪切波和瑞利波的传播速度应按下列公式计算，其最大允许误差应为±5%	
$v_P = \dfrac{L_P}{t_P}$ $v_S = \dfrac{L_S}{t_S}$ $v_R = \dfrac{L_R}{t_R} = \dfrac{L_R}{2\pi/\omega} = L_R f$	v_P、v_S、v_R——压缩波、剪切波和瑞利波的波速（m/s）； L_P、L_S——压缩波和剪切波的传播距离（激振点与检波点的距离）（m）； L_R——瑞利波的波长（m）（规范表述不清）； t_P、t_S——压缩波和剪切波从激振点传至检波点所需的时间（s）； t_R——瑞利波一个波长所对应的时间（s）（规范表述不清）； ω——简谐波的圆频率（rad/s）； f——激振频率（s^{-1}）

波速测试指标计算 表 1-3-58

土的指标	计算公式	参数
动泊松比μ_d	$\mu_d = \dfrac{v_P^2 - 2v_S^2}{2(v_P^2 - v_S^2)}$	v_S——剪切波波速（m/s）； v_P——压缩波波速（m/s）； ρ——土的质量密度（g/cm^3）
动剪切模量G_d（kPa）	$G_d = \rho v_S^2$	
动弹性模量E_d（kPa）	$E_d = \dfrac{\rho v_S^2(3v_P^2 - 4v_S^2)}{v_P^2 - v_S^2}$	
动弹性模量E_d换算：$E_d = \dfrac{\rho v_S^2(3v_P^2 - 4v_S^2)}{v_P^2 - v_S^2} = 2G_d(1+\mu_d) = \dfrac{\rho v_P^2(1+\mu_d)(1-2\mu_d)}{1-\mu_d}$		

题 1-80　某均质黏土场地进行波速测试，测得平均剪切波波速 340m/s，平均压缩波波速 700m/s，土层重度为 20kN/m³，试计算该场地土的动剪切模量、动弹性模量及动泊松比，下列哪个选项是正确的？

（A）$G_d = 231\text{MPa}$；$E_d = 622\text{MPa}$；$\mu_d = 0.35$

（B）$G_d = 231\text{MPa}$；$E_d = 622\text{MPa}$；$\mu_d = 0.42$

（C）$G_d = 241\text{MPa}$；$E_d = 682\text{MPa}$；$\mu_d = 0.35$

（D）$G_d = 241\text{MPa}$；$E_d = 682\text{MPa}$；$\mu_d = 0.42$

【解】

（1）$G_d = \rho v_s^2 = 2 \times 340^2 = 231200\text{kPa} = 231.2\text{MPa}$

（2）$E_d = \dfrac{\rho v_s^2(3v_p^2 - 4v_s^2)}{v_p^2 - v_s^2} = \dfrac{2\times340^2\times(3\times700^2 - 4\times340^2)}{700^2 - 340^2} = 622214.5\text{kPa} = 622.2\text{MPa}$

（3）$\mu_d = \dfrac{v_p^2 - 2v_s^2}{2(v_p^2 - v_s^2)} = \dfrac{700^2 - 2\times340^2}{2\times(700^2 - 340^2)} = 0.346$

【点评】

根据《岩土工程勘察规范》第 10.10 条及条文说明，注意单位的统一。

3.9.2　单孔法和跨孔法——《地基动力特性测试规范》第 7.1～7.3 节

通常波速测试主要有三种方法，单孔法、跨孔法和面波法（瑞雷波法），单孔法和跨孔法见表 1-3-59 和表 1-3-60。面波法同《建筑地基检测技术规范》第 14.4 节，见本书第 9 篇。

单孔法　　表 1-3-59

<table>
<tr><td>

①时间校正与波速计算：

$$T = \eta_s T_L \Leftarrow \eta_s = \frac{H + H_0}{\sqrt{L^2 + (H + H_0)^2}}$$

T——压缩波或剪切波从振源到达测点经斜距校正后的时间（s）；
T_L——压缩波或剪切波从振源到达测点的实测时间（s）；
η_s——斜距校正系数；
H——测点的深度（m）；
H_0——振源与孔口的高差（m），当振源低于孔口时，H_0为负值；
L——从板中心到测试孔的水平距离（m）

$$v_P = \frac{\Delta H}{\Delta T_P};\ v_s = \frac{\Delta H}{\Delta T_s}$$

v_P、v_S——压缩波、剪切波的波速（m/s）；
ΔH——波速层的厚度（m）；
ΔT_P、ΔT_S——压缩波、剪切波传到波速层顶面和底面的时间差（s）

</td><td>

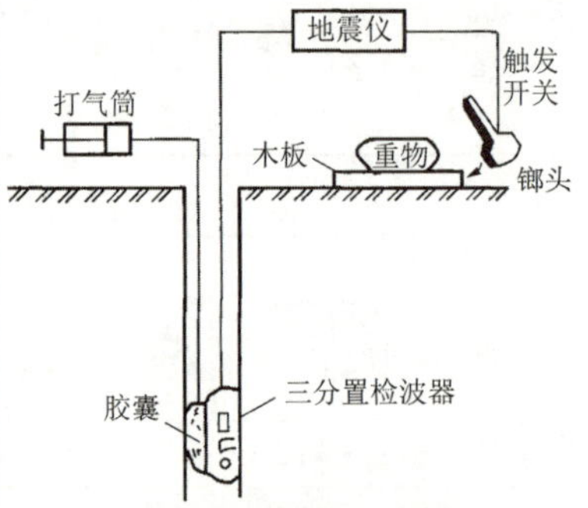

单孔法波速测试示意图

</td></tr>
<tr><td>

②**如果靠近地表的地层为低速层**，下有高速层就会产生折射波，如图所示。O 点处为振源，C 点处为传感器，OC 为直达波传播途径，OABC 为折射波传播途径。当L足够大时，波按 OABC 行走的时间将小于按 OC 行走的时间。传感器会检测到两次波速到达t_1和t_2，一次为经过路径一 OC，一次为经过路径二 OABC。图中 OC、OA、BC 段波速为v_1，AB 段波速为v_2。

$$t_1 = \frac{L_{OC}}{v_1};\ t_2 = \frac{L_{OA}}{v_1} + \frac{L_{AB}}{v_2} + \frac{L_{BC}}{v_1};\ 或 i = \sin^{-1}\left(\frac{v_1}{v_2}\right)$$

</td><td>

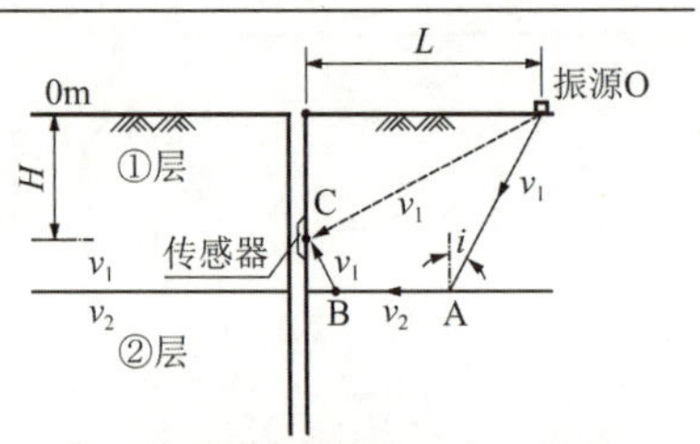

产生折射波的传播途径示意图

</td></tr>
</table>

跨孔法　　　　**表 1-3-60**

①**波速计算：** $$v_{\mathrm{P}}=\frac{S_2-S_1}{T_{\mathrm{P2}}-T_{\mathrm{P1}}};\ v_{\mathrm{s}}=\frac{S_2-S_1}{T_{\mathrm{s2}}-T_{\mathrm{s1}}}$$ S_1——由振源到第 1 个接收孔测点的距离（m）； S_2——由振源到第 2 个接收孔测点的距离（m）； T_{p1}——压缩波到达第 1 个接收孔测点的时间（s）； T_{p2}——压缩波到达第 2 个接收孔测点的时间（s）； T_{s1}——剪切波到达第 1 个接收孔测点的时间（s）； T_{s2}——剪切波到达第 2 个接收孔测点的时间（s）	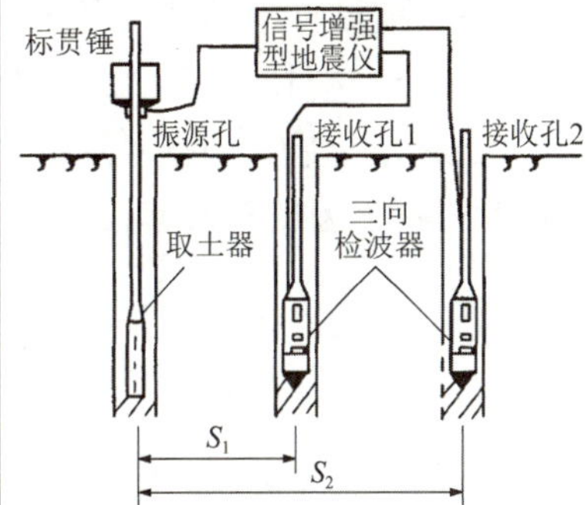 **标贯器振源跨孔法测试示意图**
②**当所要观测的地层上下有高速层时**，可能产生折射波。在离振源距离大于临界距离时，折射波会比直达波先到达接收点，这时所接收到的就是折射波的初至，按这个时间计算出的波速将比实际地层波速值高。因此孔间距离不应大于临界距离（如图所示），计算临界距离的公式为： $$X_{\mathrm{c}}=\frac{2\cos i\cos\varphi}{1-\sin(i+\varphi)}H \Leftarrow i=\sin^{-1}\left(\frac{v_1}{v_2}\right)$$ X_{c}——临界距离（m），当振源点到接收器点的距离大于X_{c}时，会接收到折射波； i——临界角（°）； v_1、v_2——低速层、高速层的波速（m/s）； φ——地层界面倾角（°），以顺时针为正，逆时针为负（图中为顺时针）； H——沿测试孔方向振源至高速层的距离（m）	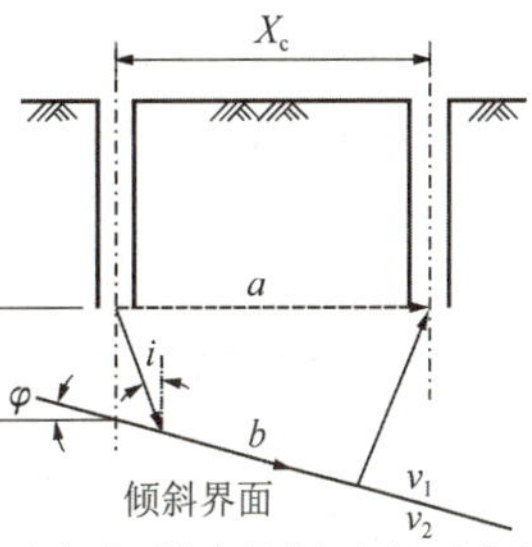 **直射波与折射波传播途径示意图**

题 1-81　某场地进行单孔法剪切波速测试，已知激振板宽 0.2m，离地面 0.3m，边缘距离孔口为 2.5m，将检波器放入孔深 3m 处，得到剪切波初至时间为 36ms，求土层的剪切波速。

【解】

（1）斜距校正：$\eta_{\mathrm{s}}=\dfrac{H+H_0}{\sqrt{L^2+(H+H_0)^2}}=\dfrac{3+0.3}{\sqrt{(0.1+2.5)^2+(3+0.3)^2}}=0.785$

（2）$T=\eta_{\mathrm{s}}T_{\mathrm{L}}=0.785\times36=28.3\mathrm{ms}$

（3）$V=\dfrac{3+0.3}{28.3\times10^{-3}}=116.7\mathrm{m/s}$

【点评】

①根据《地基动力特性测试规范》第 7.1.7 条、第 7.1.10 条；②本考点了解即可，可与《建筑抗震设计规范》联合出题。

题 1-82 （22 补考 D23）某场地的钻孔资料如图 1-3-16 所示，现场采用单孔法进行波速测试，振源位于 O 点，井下传感器位于 B 点，一次击振后，井下传感器检测到两次剪切波到达，到达时间分别为 0.0216s 及 0.0262s，已知素填土属软弱土，粉土层的剪切波速明显大于素填土层，根据《地基动力特性测试规范》GB/T 50269—2015，分别确定素填土层及粉土层的剪切波速最接近下列哪个选项？（取$\alpha = 29°$）

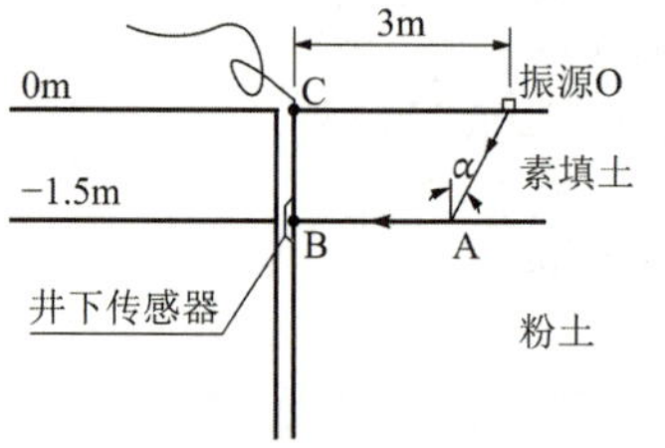

图 1-3-16　题 1-82 图

（A）128m/s，265m/s　　（B）128m/s，304m/s

（C）155m/s，143m/s　　（D）155m/s，182m/s

【解法一】

（1）$V_{s1} = \dfrac{\sqrt{1.5^2 + 3^2}}{0.0262} = 128.0\text{m/s}$

（2）粉土层，$\Delta H = 3 - 1.5 \times \tan 29° = 2.169\text{m}$，

$$\Delta T_s = 0.0216 - \frac{1.5 \div \cos 29°}{128.0} = 0.00820\text{s}$$

$$V_{s2} = \frac{2.169}{0.00820} = 264.5\text{m/s}$$

【解法二】

$$V_{s1} = \frac{\sqrt{1.5^2 + 3^2}}{0.0262} = 128.0\text{m/s}$$

$29° = \sin^{-1}\left(\dfrac{128.0}{V_{s2}}\right)$，解得$V_{s2} = 264.0\text{m/s}$

【点评】

①根据《地基动力特性测试规范》第 7.1.7 条、第 7.1.8 条及条文说明，第 7.1.10 条；②解题的关键是确定波速的传递距离和时间，素土层剪切波传递距离为直线 OB，粉土层中剪切波的传递路径为直线 AB；③解法二根据条文说明，本题虽然属于偏僻考点，但是正常可以不翻书闭卷作答。

第 4 章

土工试验

本章以讲解《土工试验方法标准》为主，本章节标注规范默认为《土工试验方法标准》。新版规范新增内容特别多，新增原位测试部分归在第一章岩土工程勘察部分，**渗透试验、固结试验、抗剪强度试验**等已归于第一篇土力学部分，本章不再重复罗列。本章主要列出一些较重要试验，其他非重要试验，自行快速过一遍，考点有限。

4.1 土的基本物理力学试验

4.1.1 试样制备与饱和——《土工试验方法标准》第 4 章

扰动土试样的制备，根据工程实际情况可分别采用击样法、击实法和压样法。试样饱和方法视土样的透水性能，可选用浸水饱和法、毛管饱和法及真空抽气饱和法。

试样制备与饱和的相关指标按表 1-4-1 计算。

试样制备与饱和的相关指标　　表 1-4-1

<table>
<tr><td colspan="3">适用对象：试样制备的扰动土和原状土的颗粒粒径应小于 60mm</td></tr>
<tr><td>干土质量m_d（g）</td><td>$m_d=\dfrac{m_0}{1+0.01w_0}$</td><td rowspan="5">$m_0$——风干土质量（或天然湿土质量）(g)；
w_0——风干含水率（或天然含水率）(%)；
w'——土样所要求的含水率（%）；
ρ_d——制备试样所要求的干密度（g/cm^3）；
V——击实土样体积或压样器所用环刀容积（cm^3）；
ρ——饱和后的密度（g/cm^3）；
G_s——土粒比重；
e——土的孔隙比；
w——饱和后的含水率（%）</td></tr>
<tr><td>土样制备含水率所需加水量m_w（g）</td><td>$m_w=\dfrac{m_0}{1+0.01w_0}\times 0.01(w'-w_0)$</td></tr>
<tr><td>制备扰动土试样所需总土质量m_0（g）</td><td>$m_0=(1+0.01w_0)\rho_d V$</td></tr>
<tr><td>制备扰动土样所需加水量Δm_w（g）</td><td>$\Delta m_w=0.01(w'-w_0)\rho_d V$</td></tr>
<tr><td>饱和度S_r（%）</td><td>$S_r=\dfrac{(\rho-\rho_d)G_s}{e\rho_d}\times 100$ 或 $S_r=\dfrac{wG_s}{e}$</td></tr>
<tr><td colspan="3">数据分析：原状土样同一组试样的密度最大允许差值应为±$0.03g/cm^3$，含水率最大允许差值应为±2%；扰动土样制备试样密度、含水率与制备标准之间最大允许差值应分别为±$0.02g/cm^3$ 与±1%；扰动土平行试验或一组内各试样之间最大允许差值应分别为±$0.02g/cm^3$ 与±1%</td></tr>
</table>

注：饱和度公式推导：$S_r=\dfrac{wG_s}{e}$，$w=\dfrac{m-m_s}{m_s}=\dfrac{m/V-m_s/V}{m_s/V}=\dfrac{\rho_{sat}-\rho_d}{\rho_d}\Rightarrow S_r=\dfrac{(\rho_{sat}-\rho_d)G_s}{e\rho_d}$。

题 1-83 已知粉质黏土的含水率$w = 11.9\%$，土粒比重$G_s = 2.70$，天然密度$\rho = 1.86g/cm^3$，用内径 79.8mm，高度 20mm 的环刀取粉质黏土样进行抽气饱和，环刀质量为 80.0g，总质量为 282.3g，求此时试样的饱和度最接近下列哪个选项？

（A）94%　　（B）95%　　（C）96%　　（D）97%

【解法一】

（1）$e = \dfrac{2.70 \times (1 + 0.119) \times 1}{1.86} - 1 = 0.624$，$\rho_d = \dfrac{1.86}{1 + 0.119} = 1.662g/cm^3$

（2）$\rho_{sat} = \dfrac{282.3 - 80}{\dfrac{3.14 \times 7.98^2}{4} \times 2} = 2.023g/cm^3$

（3）$S_r = \dfrac{(2.023 - 1.662) \times 2.70}{1.662 \times 0.624} = 94.0\%$

【解法二】

（1）环刀体积$V = \dfrac{3.14 \times 7.98^2}{4} \times 2 = 100.0cm^3$

（2）$e = \dfrac{2.70 \times (1 + 0.119) \times 1}{1.86} - 1 = 0.624$，$\rho_d = \dfrac{1.86}{1 + 0.119} = 1.662g/cm^3$

（3）抽气后含水率$w = \dfrac{(282.3 - 80) - 100.0 \times 1.662}{100.0 \times 1.662} = 21.72\%$

（4）$S_r = \dfrac{wG_s}{e} = \dfrac{21.72 \times 2.70}{0.624} = 94.0\%$

【点评】

根据《土工试验方法标准》第 4.6 节、第 4.7.5 条；②抽气饱和过程中，气体被抽出来，水被压进去充填原有孔隙，整个过程保持真空负压，因此孔隙比和土样体积不发生变化，含水率和密度会发生变化。

4.1.2 含水率试验——《土工试验方法标准》第 5 章

本试验以烘干法为室内试验的标准方法。在野外当无烘箱设备或要求快速测定含水率时，可用酒精燃烧法测定细粒土含水率。含水率试验相关指标计算见表 1-4-2。

烘干法、酒精燃烧法-含水率试验　　表 1-4-2

适用对象：有机质含量不宜大于干土质量的 5%，当含量为 5%～10%时，应注明有机质含量		
简要步骤：（1）取样称重m_0→（2）烘干或酒精燃烧后称重m_d		
含水率w（%） 精确至 0.1%	$w = \dfrac{m_0 - m_d}{m_d} \times 100$	m_0——湿土质量（g）； m_d——干土质量（g）
数据分析：需进行两次平行测定，取算术平均值，其最大允许平行差值： 含水率$w < 10$时为±0.5%，$10 \leqslant w \leqslant 40$时为±1.0%，$w > 40$时为±2.0%		

题 1-84 （11C02）取网状构造冻土试样 500g，待冻土样完全融化后，加水调成均匀的糊状，糊状土质量为 560g，经试验测得糊状土的含水率为 60%，问冻土试样的含水率最接近下列哪个选项？

（A）43%　　（B）48%　　（C）54%　　（D）60%

【解法一】（规范公式）

$$w=\frac{m_1}{m_2}(1+w_h)-1=\frac{500}{560}\times(1+0.6)-1=0.429=42.9\%$$

【解法二】（加水前后固体颗粒质量不变）

$$\frac{m_1}{1+w_1}=\frac{m_2}{1+w_2}\Rightarrow\frac{500}{1+w_1}=\frac{560}{1+60\%}\Rightarrow w_1=42.9\%$$

【点评】

①根据《土工试验方法标准》第 32.2.3 条；②直接采用规范的公式计算，也可采用三相换算解答，规范公式推导如下：

$$w_f=\frac{m_w}{m_s}=\frac{m_{f0}-m_s}{m_s}=\frac{m_{f0}}{m_s}-1=\frac{m_{f0}}{m_{f1}/(1+w_n)}-1=\frac{m_{f0}}{m_{f1}}(1+w_n)-1$$

4.1.3 密度试验——《土工试验方法标准》第 6 章、第 43 章

室内密度试验方法有环刀法和蜡封法，原位密度试验方法有环刀法、灌砂法和灌水法。环刀法适用于细粒土。灌砂法、灌水法适用于细粒土、砂类土和砾类土。

（1）环刀法和蜡封法——《土工试验方法标准》第 6 章

室内环刀法和蜡封法相关指标计算见表 1-4-3。

环刀法和蜡封法-密度试验　　表 1-4-3

<table>
<tr><td colspan="3">**适用对象：**细粒土。细粒土，试样易碎裂，难以切削时，用蜡封法</td></tr>
<tr><td rowspan="2">环刀法</td><td colspan="2">**简要步骤：**（1）取样称重m_0→（2）测定含水率w</td></tr>
<tr><td>$\rho=\frac{m_0}{V}$，$\rho_d=\frac{\rho}{1+0.01w}$</td><td>$\rho$、$\rho_d$——湿密度、干密度（g/cm³），精确至 0.01g/cm³；
m_0——试样质量（g）；
w——试样含水率（%）；
V——环刀容积（cm³）</td></tr>
<tr><td rowspan="2">蜡封法</td><td colspan="2">**简要步骤：**（1）切取 30cm³ 试样，称重m_0，测定含水率w→（2）封蜡，称蜡封试样质量m_n→（3）将蜡封试样沉没纯水中称重m_{nw}，记录水温→（4）取出试样，检验称蜡封试样质量m_n</td></tr>
<tr><td>$\rho=\frac{m_0}{\frac{m_n-m_{nw}}{\rho_{wT}}-\frac{m_n-m_0}{\rho_n}}$</td><td>$m_n$——试样加蜡质量（g）；
m_{nw}——试样加蜡在水中质量（g）；
ρ_{wT}——纯水在T°C时的密度（g/cm³）；
ρ_n——蜡的密度（g/cm³）</td></tr>
<tr><td colspan="3">**数据分析：**需进行两次平行测定，其最大允许平行差值应为±0.03g/cm³，取算术平均值</td></tr>
</table>

题 1-85 （07D02）现场取环刀试样测定土的干密度，环刀容积 200cm³，测得环刀内湿土质量 380g，从环刀内取出湿土 32g，烘干后干土质量为 28g，求土的干密度最接近下列哪个选项？

（A）1.90g/cm³　　（B）1.85g/cm³　　（C）1.69g/cm³　　（D）1.66g/cm³

【解】

（1）$w=\frac{32-28}{28}=0.143$，$\rho_0=\frac{380}{200}=1.90\text{g/cm}^3$

（2）$\rho_d=\frac{1.90}{1+0.143}=1.66\text{g/cm}^3$

【点评】

根据《土工试验方法标准》第 6.2.3 条，也是基本的三相换算。

题 1-86 某土样质量为 134g，对土样进行蜡封，蜡封后试件的质量为 135g，蜡封试件沉入水中后的质量为 60g，若已知土样烘干后质量为 100g，试计算该土样的干密度最接近下列哪个选项？（注：水的密度取 $1g/cm^3$，蜡的密度取 $0.85g/cm^3$）

（A）$1.90g/cm^3$　（B）$1.82g/cm^3$　（C）$1.65g/cm^3$　（D）$1.35g/cm^3$

【解】

$$\rho_d = \frac{100}{\frac{135-60}{1}-\frac{135-134}{0.85}} = 1.35g/cm^3$$

【点评】

①根据《土工试验方法标准》第 6.3.3 条；②蜡封法实质是阿基米德原理的运用，分子为试件质量，分母为试件体积，即蜡封后试件体积减去蜡的体积为试件的体积，相除即得密度，用天然质量除即为天然密度，而用烘干质量除得到干密度。其中蜡封试件体积用蜡封试件沉入水中后排开水的质量除以水的密度得到，蜡的体积用蜡封前后的质量差除以蜡的密度得到。理解原理后这类题目非常简单，2018 年就考了一道相关题目。

（2）**灌砂法**——《土工试验方法标准》第 41.2 节

灌砂法相关指标计算见表 1-4-4。

灌砂法-密度试验　　表 1-4-4

<table>
<tr><td colspan="3">适用对象：细粒土、砂类土和砾类土</td></tr>
<tr><td colspan="3">简要步骤：（1）挖坑→（2）称标准砂（量砂）质量m_1→（3）称试样砂质量m_0，测定含水率w</td></tr>
<tr><td>原理
（《土工试验方法标准》GB/T 50123—1999）</td><td>$\rho=\frac{m_0}{V} \Leftarrow V=\frac{m_1}{\rho_1}$
$\rho_d=\frac{\rho}{1+0.01w}$</td><td>$\rho$、$\rho_d$——湿密度、干密度（$g/cm^3$），精确至 $0.01g/cm^3$；
V——试坑体积（cm^3）；
m_0——试样质量（g）；
m_1——标准砂（量砂）质量（g）</td></tr>
<tr><td>有套环</td><td>$\rho=\frac{(m_{y4}-m_{y6})-[(m_{y1}-m_{y2})-m_{y3}]}{\frac{m_{y2}+m_{y3}-m_{y5}}{\rho_{1s}}-\frac{m_{y1}-m_{y2}}{\rho'_{1s}}}$</td><td rowspan="2">$m_{y1}$——量砂容器＋原有量砂质量（g）；
m_{y2}——量砂容器＋第 1 次剩余砂质量（g）；
m_{y3}——从套环中取出的量砂质量（g）；
m_{y4}——试样容器＋试样质量（包含少量遗留砂质量）（g）；
m_{y5}——量砂容器＋第 2 次剩余砂质量（g）；
m_{y6}——试样容器质量（g）；
m_{y7}——量砂容器＋剩余砂质量（g）；
ρ_{1s}——往试坑内灌量砂的平均密度（g/cm^3）；
ρ'_{1s}——挖试坑前，往套环内灌量砂的平均密度（g/cm^3）</td></tr>
<tr><td>无套环</td><td>$\rho=\frac{m_{y4}-m_{y6}}{\frac{m_{y1}-m_{y7}}{\rho_{1s}}}$</td></tr>
<tr><td colspan="3">数据分析：需进行两次平行测定，取算术平均值</td></tr>
</table>

题 1-87　（05D01）现场用灌砂法测定某土层的干密度，试验成果见表 1-4-5，求土层的干密度最接近下列哪个选项？

题 1-87 表　　表 1-4-5

试坑用标准砂质量m_s（g）	标准砂密度ρ_s（g/cm^3）	试样质量m_p（g）	试样含水率w
12566.40	1.6	15315.3	14.5%

（A）$1.55g/cm^3$　（B）$1.70g/cm^3$　（C）$1.85g/cm^3$　（D）$1.95g/cm^3$

【解】

（1）试坑体积：$V=\dfrac{m_s}{\rho_s}=\dfrac{12566.4}{1.6}=7854cm^3$

（2）$\rho_0=\dfrac{m}{V}=\dfrac{15315.2}{7854}=1.95g/cm^3$

（3）$\rho_d=\dfrac{\rho_0}{1+w}=\dfrac{1.95}{1+0.145}=1.70g/cm^3$

【点评】

①根据《土工试验方法标准》第 41.2.4 条；②可不用翻规范，根据公式含义和试验过程，直接闭卷作答。新旧规范变化较大，不能死套公式，要懂公式的原理。

【同类型真题】 10D01、19C01

（3）**灌水法**——《土工试验方法标准》第 41.3 节

灌砂法相关指标计算见表 1-4-6。

灌水法-密度试验　　表 1-4-6

<table>
<tr><td colspan="2">适用对象：细粒土、砂类土和砾类土</td></tr>
<tr><td colspan="2">简要步骤：（1）挖坑→（2）称试样砂质量m_0，测定含水率w→（3）注水，记录初始和终了水位高度H_{t1}、H_{t2}</td></tr>
<tr><td>试坑体积$V_{sk}=(H_{t1}-H_{t2})A_w-V_{th}$
$\rho=\dfrac{m_0}{V_{sk}}$，$\rho_d=\dfrac{\rho}{1+0.01w}$</td><td>$\rho$、$\rho_d$——湿密度、干密度（$g/cm^3$），精确至 $0.01g/cm^3$；
m_0——试样质量（g）；
V_{sk}——试坑体积（cm^3）；
V_{th}——套环体积（cm^3）；
A_w——储水筒断面积（cm^2）；
H_{t1}、H_{t2}——分别为储水筒内初始、注水终了时水位高度（cm）</td></tr>
<tr><td colspan="2">数据分析：需进行两次平行测定，取算术平均值</td></tr>
</table>

注：规范公式错误。

题 1-88　采用灌水法测定粉砂地层的密度，开挖一个大的试坑，取出土样 5.5t，测定其含水率为 16%。用储水桶向铺塑料薄膜的试坑内注水，储水桶内初始水位高程为 10.5m，至刚好注满时，储水桶内水位高程为 8.8m，已知储水桶内径为 1.5m，套环体积为 $0.2m^3$，试按《土工试验方法标准》GB/T 50123—2019，试估算粉砂干密度最接近下列哪个选项？

（A）$1.69g/cm^3$　（B）$1.75g/cm^3$　（C）$1.88g/cm^3$　（D）$1.96g/cm^3$

【解】

（1）$V_{sk}=(H_{t1}-H_{t2})A_w-V_{th}=(10.5-8.8)\times3.14\times0.75^2-0.2=2.8m^3$

（2）$\rho=\dfrac{m_0}{V_{sk}}=\dfrac{5.5}{2.8}=1.964g/cm^3$

（3）$\rho_d=\dfrac{\rho}{1+0.01w}=\dfrac{1.964}{1+0.16}=1.69g/cm^3$

【点评】

根据《土工试验方法标准》第41.3.3条，规范公式错误，应为$H_{t1}-H_{t2}$。

4.1.4 土粒比重试验——《土工试验方法标准》

土粒比重试验相关指标计算见表1-4-7。

土粒比重G_s试验 表1-4-7

<table>
<tr><td rowspan="4">适用对象</td><td>比重瓶法</td><td>粒径＜5mm的土</td></tr>
<tr><td>浮称法</td><td>粒径≥5mm的土，且其中粒径大于20mm的颗粒含量＜10%</td></tr>
<tr><td>虹吸筒法</td><td>粒径≥5mm的土，且其中粒径大于20mm的颗粒含量≥10%</td></tr>
<tr><td colspan="2">一般土粒用纯水测定，含易溶盐、亲水性胶体或有机质的土，用煤油等中性液体替代水</td></tr>
<tr><td colspan="2">对粒径＜5mm＋粒径≥5mm的土，土粒平均比重
G_s按下式计算：
$$G_s=\frac{1}{\frac{P_5}{G_{s1}}+\frac{1-P_5}{G_{s2}}}$$</td><td>P_5——粒径≥5mm的土粒占总质量的含量，以小数计算：$P_5=20\%$，取0.2代入公式；
G_{s1}——粒径≥5mm的土粒的比重；
G_{s2}——粒径＜5mm的土粒的比重</td></tr>
<tr><td rowspan="2">比重瓶法</td><td colspan="2">简要步骤：（1）使用100mL或50mL比重瓶中装入15g或12g烘干土m_d→（2）抽气、注水、煮沸等→（3）称瓶、水和土总重量m_{bws}，测定水温→（4）从温度与瓶、水总质量关系曲线中查取瓶、水总质量m_{bw}</td></tr>
<tr><td>纯水：$G_s=\frac{m_d}{m_{bw}+m_d-m_{bws}}G_{wT}$
中性液体：$G_s=\frac{m_d}{m_{bk}+m_d-m_{bks}}G_{kT}$</td><td>$m_d$——烘干土质量（g）；
m_{bw}、m_{bk}——比重瓶＋水（中性液体）总质量（g）；
m_{bws}、m_{bks}——比重瓶＋水（中性液体）＋土总重（g）；
G_{wT}——T℃时纯水的比重（可查物理手册），准确至0.001；
G_{kT}——T℃时中性液体的比重（实测），准确至0.001</td></tr>
<tr><td rowspan="4">浮称法</td><td colspan="2">简要步骤：（1）制饱和面干试样称重m_b，放入铁丝筐，浸没水中，称试样加铁丝筐在水中总重量m_{ks}→（2）取出试样烘干、称重m_d→（3）称铁丝筐在水中重量m_k，测定水温</td></tr>
<tr><td>（1）$G_s=\frac{m_d}{m_d-(m_{ks}-m_k)}G_{wT}$</td><td>$m_{ks}$——试样＋铁丝筐在水中总质量（g）；
m_k——铁丝筐在水中质量（g）</td></tr>
<tr><td>（2）$G_s'=\frac{m_d}{m_b-(m_{ks}-m_k)}G_{wT}$</td><td>$G_s'$——干比重；
m_b——饱和面干试样质量（g）</td></tr>
<tr><td>（3）$w_{ab}=\left(\frac{m_b-m_d}{m_d}\right)\times 100$</td><td>$w_{ab}$——吸着含水率（%），计算至0.1%</td></tr>
<tr><td rowspan="2">虹吸筒法</td><td colspan="2">简要步骤：（1）取样处理后晾干、称重m_{ad}→（2）放入虹吸筒中处理，称筒与水总重量m_{cw}，测定温度→（3）取出试样烘干、称重m_d</td></tr>
<tr><td>$G_s=\frac{m_d}{(m_{cw}-m_c)-(m_{ad}-m_d)}G_{wT}$</td><td>$m_{cw}$——量筒＋排开水的总质量（g）；
m_c——量筒质量（g）；
m_{ad}——晾干试样质量（g）</td></tr>
<tr><td colspan="3">数据分析：应进行两次平行测定，其最大允许平行差值应为±0.02，取算术平均值</td></tr>
</table>

题 1-89　某土样进行土粒比重试验，采用比重瓶法，已知比重瓶质量 32.5g，瓶、干土质量 47.13g，瓶、水总质量 132.679g，瓶、水、干土总质量 141.913g，试计算该试样的土粒比重最接近下列哪个选项？（水的密度取 1g/cm³）

（A）2.62　　（B）2.65　　（C）2.68　　（D）2.71

【解】

（1）干土质量：$m_d = 47.13 - 32.5 = 14.63\text{g}$

（2）土粒比重：$G_s = \dfrac{m_d}{m_{bw} + m_d - m_{bws}} \cdot G_t = \dfrac{14.63}{132.679 + 14.63 - 141.913} \times 1 = 2.71$

【点评】

根据《土工试验方法标准》第 7.2.4 条，需要理解公式的含义。

题 1-90　某土样进行土粒比重试验，采用浮称法，已知铁丝筐质量 200g，铁丝筐、干土质量 750g，铁丝筐在水中的质量为 135g，铁丝筐和试样在水中的质量为 480g，试计算该试样的土粒比重最接近下列哪个选项？（水的密度取 1g/cm³）

（A）2.60　　（B）2.64　　（C）2.68　　（D）2.72

【解】

（1）干土质量：$m_d = 750 - 200 = 550\text{g}$

（2）土粒比重：$G_s = \dfrac{m_d}{m_d - (m_{ks} - m_k)} G_{wT} = \dfrac{550}{550 - (480 - 135)} \times 1 = 2.68$

【点评】

根据《土工试验方法标准》第 7.3.3 条，需要理解公式的含义。

题 1-91　某土样进行土粒比重试验，采用虹吸筒法，取代表土样 800g，浸水后取出晾干，称得试样为 850g，进行虹吸试验后，称量筒与水的总质量为 560g，后将土样烘干称重为 700g，已知量筒质量 150g，试计算该试样的土粒比重最接近下列哪个选项？（水的密度取 1g/cm³）

（A）2.61　　（B）2.65　　（C）2.69　　（D）2.73

【解】

$$G_s = \frac{m_d}{(m_{cw} - m_c) - (m_{ad} - m_d)} G_{wT} = \frac{700}{(560 - 150) - (850 - 700)} \times 1 = 2.69$$

【点评】

根据《土工试验方法标准》第 7.4.3 条，需要理解公式的含义。

题 1-92　某土样经颗粒分析，粒径小于 5mm 的干土质量为 15.5g，粒径大于等于 5mm 的干土质量为 19g，最大粒径为 10mm。分别采用比重瓶法和浮称法确定土颗粒的比重，其中比重瓶法试验中：瓶、水总质量为 133g，瓶、水和土的总质量为 143g；浮称法中：铁丝框在水中的质量为 12g，土和铁丝框在水中的质量为 24g。试计算该土样的平均比重最接近下列哪个选项？

（A）2.62　　（B）2.68　　（C）2.72　　（D）2.76

【解】

（1）粒径小于 5mm 采用比重瓶法，$G_{s1} = \dfrac{15.5}{133 + 15.5 - 143} \times 1 = 2.82$

（2）粒径大于 5mm 采用浮称法，$G_{s2} = \dfrac{19}{19 - (24 - 12)} \times 1 = 2.71$

（3）平均比重：$G_s=\dfrac{1}{\dfrac{P_5}{G_{s1}}+\dfrac{1-P_5}{G_{s2}}}=\dfrac{1}{\dfrac{15.5/(15.5+19)}{2.82}+\dfrac{19/(15.5+19)}{2.71}}=2.76$

【点评】

根据《土工试验方法标准》第 7.2.4 条、第 7.3.3 条、第 7.3.7 条，需要理解公式的含义。

4.1.5　颗粒分析试验（筛析法、密度计法、移液管法）——《土工试验方法标准》第 8 章

本试验主要考查级配曲线和级配指标，按表 1-4-8 计算。

土颗粒分析试验　　表 1-4-8

<table>
<tr><td rowspan="4">适用对象</td><td>筛析法</td><td>适用于粒径为 0.075～60mm 的土</td></tr>
<tr><td>密度计法</td><td>适用于粒径小于 0.075mm 的土</td></tr>
<tr><td>移液管法</td><td>适用于粒径小于 0.075mm 的土</td></tr>
<tr><td colspan="2">当土中粗细兼有时，应联合使用筛析法和密度计法或筛析法和移液管法</td></tr>
<tr><td colspan="2">小于某粒径的试样质量占试样总质量百分数应按下式计算：
$X=\dfrac{m_A}{m_B}d_x$</td><td>X——小于某粒径的试样质量占试样总质量的百分数（%）；
m_A——小于某粒径的试样质量（g）；
m_B——当细筛分析时或用密度计法分析时所取试样质量（粗筛分析时则为试样总质量）（g）；
d_x——粒径小于 2mm 或粒径小于 0.075mm 的试样质量占总质量的百分数（%）</td></tr>
<tr><td colspan="3">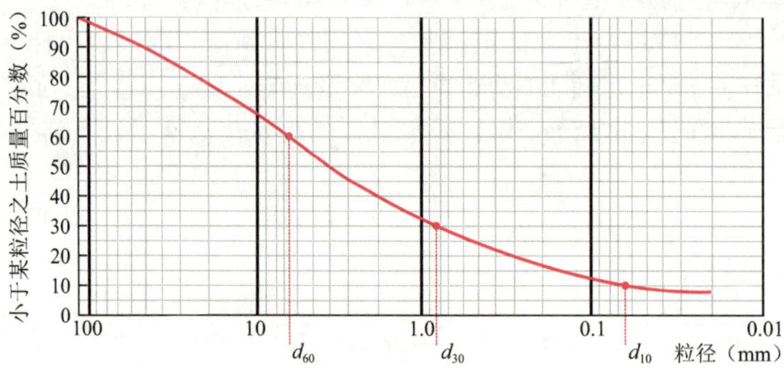

颗粒级配曲线</td></tr>
<tr><td colspan="2">不均匀系数：
$C_u=\dfrac{d_{60}}{d_{10}}$</td><td rowspan="2">$d_{60}$——限制粒径，颗粒大小分布曲线上的某粒径，小于该粒径的土含量占总质量的 60%；
d_{10}——有效粒径，颗粒大小分布曲线上的某粒径，小于该粒径的土含量占总质量的 10%；
d_{30}——颗粒大小分布曲线上的某粒径，小于该粒径的土含量占总质量的 30%</td></tr>
<tr><td colspan="2">曲率系数：
$C_c=\dfrac{d_{30}^2}{d_{10}\cdot d_{60}}$</td></tr>
</table>

题 1-93　（07C01）表 1-4-9 为一土工试验颗粒分析成果表，表中数值为留筛质量，底盘内试样质量为 20g，试计算该试样的不均匀系数C_u和曲率系数C_c，并按《岩土工程勘察规范》GB 50021—2001（2009 年版）为土样定名为下列哪个选项？

题 1-93 表　　表 1-4-9

筛孔孔径（mm）	2.0	1.0	0.5	0.25	0.075
留筛质量（g）	50	150	150	100	30

（A）$C_u = 4.0$；$C_c = 1.0$；粗砂　（B）$C_u = 4.0$；$C_c = 1.0$；中砂

（C）$C_u = 9.3$；$C_c = 1.7$；粗砂　（D）$C_u = 9.3$；$C_c = 1.7$；中砂

【解】

（1）$d_{10} = 0.25\text{mm}$，$d_{30} = 0.5\text{mm}$，$d_{60} = 1\text{mm}$

$$C_u = \frac{d_{60}}{d_{10}} = \frac{1}{0.25} = 4，C_c = \frac{d_{30}^2}{d_{60} \cdot d_{60}} = \frac{0.5^2}{0.25 \times 1} = 1$$

（2）粒径大于 2mm 的含量：$\frac{50}{50+150+150+100+30+20} = 10\% < 50\%$，非碎石土；

粒径大于 0.5mm 的含量：$\frac{50+150+150}{50+150+150+100+30+20} = 70\% > 50\%$，为粗砂。

【点评】

①根据《土力学》第一章，《岩土工程勘察规范》第 3.3 节；②土的分类，《岩土工程勘察规范》和《建筑地基基础设计规范》方法相同，土的类别按由从大到小的顺序判别。

4.1.6　界限含水率试验——《土工试验方法标准》第 9 章

通过圆锥下沉深度与含水率关系图，查得下沉深度为 17mm 所对应的含水率为液限，下沉深度为 10mm 所对应的含水率为 10mm 液限；查得下沉深度为 2mm 所对应的含水率为塑限，以百分数表示，准确至 0.1%。

塑性指数：$I_P = w_L - w_P$；　液性指数：$I_L = \frac{w - w_P}{w_L - w_P}$(计算至 0.01)

注：17mm 液限和 10mm 液限的区别，在《土工试验方法标准》第 9.2.4 条条文说明有详细解说。两个液限使用于不同的目的，各规范有专门的规定，一般用 10mm 液限的较多。

收缩皿法测定缩限计算见表 1-4-10。

收缩皿法测定缩限　　表 1-4-10

<table>
<tr><td colspan="3">**适用对象：**土的粒径应小于 0.5mm 以及有机质含量不大于干土质量的 5%</td></tr>
<tr><td colspan="3">**简要步骤：**（1）用纯水制备成约为液限的试样→（2）在收缩皿内处理后，称收缩皿加湿土总质量→（3）晾干、烘干，称皿和干土总质量→（4）按蜡封法测定干土体积V_d</td></tr>
<tr><td>缩限w_s（%）
精确至 0.1%</td><td>$w_s = \left(0.01w' - \frac{V_0 - V_d}{m_d} \cdot \rho_w\right) \times 100$</td><td>$w'$——土样所要求的含水率（制备含水率）（%）；
V_0——湿土体积（即收缩皿或环刀的容积）（cm^3）；
V_d——烘干后土的体积（cm^3）；
m_d——干土试样质量（g）；
ρ_w——水的密度（g/cm^3）</td></tr>
<tr><td colspan="3">**数据分析：**需进行两次平行测定，取算术平均值，其最大允许平行差值：
含水率$w < 10\%$时为±0.5%，$10\% \leqslant w \leqslant 40\%$时为±1.0%，$w > 40\%$时为±2.0%</td></tr>
</table>

题 1-94 （18C03）采用收缩皿法对某黏土样进行缩限含水率的平行试验，测得试样的含水率为 33.2%，湿土样体积为 60cm³，将试样晾干后，往烘箱烘至恒量，冷却后测得干试样的质量为 100g，然后将其蜡封，称得质量为 105g，蜡封试样完全置入水中称得质量为 58g，试计算该土样缩限含水率最接近哪个选项？（水的密度为 1g/cm³，蜡的密度为 0.82g/cm³）

（A）14.1%　　（B）18.7%　　（C）25.5%　　（D）29.6%

【解】

（1）$V_d = \dfrac{105-58}{1} - \dfrac{105-100}{0.82} = 40.9\text{cm}^3$

$V_0 = 60\text{cm}^3$，$m_d = 100\text{g}$

（2）$w_n = 0.332 - \dfrac{60-40.9}{100} \times 1 = 14.1\%$

【点评】

①根据《土工试验方法标准》第 5.2 节、第 9.5.3 条；②根据蜡封法求得干试样的体积 V_d，m_d为干试样质量，按式(9.5.3)带入各个参数即可答对；③规范采用“收缩皿法”测定缩限含水率，土的缩限是扰动的**黏性土在饱和状态**下，因干燥收缩至体积不变时的含水率，故试样一直处于饱和状态，收缩的体积=蒸发的水量的体积，$(V_0 - V_d)\rho_w = (w - w_n)m_d$，得出式(9.5.3)。④土工试验每年至少出一题，且常为新考点，建议通读规范，了解各试验的数据处理。

4.2 相对密实度试验——《土工试验方法标准》第 12 章

相对密实度试验相关指标计算按表 1-4-11。

相对密实度试验　　表 1-4-11

土样为能自由排水的砂砾土，粒径不应大于 5mm，其中粒径为 2～5mm 的土样质量不应大于土样总质量的 15%		
最小干密度试验宜采用漏斗法和量筒法，最大干密度试验宜采用振动锤击法		
进行两次平行测定，两次测定值其最大允许平行差值应为±0.03g/cm³，取两次测值的算术平均值		
最小干密度	$\rho_{dmin} = \dfrac{m_d}{V_{max}}$	ρ_{dmin}——最小干密度（g/cm³）； V_{max}——松散状态时试样的最大体积（cm³）
最大孔隙比	$e_{min} = \dfrac{\rho_w G_s}{\rho_{dmin}} - 1$	e_{max}——最大孔隙比
最大干密度	$\rho_{dmax} = \dfrac{m_d}{V_{min}}$	ρ_{dmax}——最大干密度（g/cm³）； V_{min}——紧密状态时试样的最小体积（cm³）
最小孔隙比	$e_{min} = \dfrac{\rho_w G_s}{\rho_{dmax}} - 1$	e_{min}——最小孔隙比
相对密实度	$D_r = \dfrac{e_{max} - e_0}{e_{max} - e_{min}}$ $D_r = \dfrac{\rho_{dmax}(\rho_d - \rho_{dmin})}{\rho_d(\rho_{dmax} - \rho_{dmin})}$	D_r——相对密实度，计算至 0.01； e_0——天然孔隙比或填土的相应孔隙比； ρ_d——相对于e_0时的干密度（g/cm³）

题 1-95（10D14）某松散砂土地基，砂土初始孔隙比$e_0=0.85$，最大孔隙比$e_{max}=0.9$，最小孔隙比$e_{min}=0.55$；采用不加填土料振冲振密处理，处理深度为 8.00m，振密处理后地面平均下沉 0.80m，求此时处理范围内砂土的相对密实度，最接近下列哪个选项？

（A）0.76　　（B）0.72　　（C）0.67　　（D）0.62

【解】

（1）$\dfrac{h_0}{1+e_0}=\dfrac{h_1}{1+e_1}\Rightarrow\dfrac{8}{1+0.85}=\dfrac{8-0.8}{1+e_1}\Rightarrow e_1=0.665$

（2）$D_r=\dfrac{e_{max}-e_1}{e_{max}-e_{min}}=\dfrac{0.9-0.665}{0.9-0.55}=0.67$

【点评】

因土颗粒体积不变，场地面积不变，故场地高度变化对应着孔隙比的变化。

4.3　击实试验——《土工试验方法标准》第 13 章

4.3.1　最大干密度和最优含水率

击实试验中最大干密度和最优含水率的确定按表 1-4-12。

最大干密度和最优含水率　　表 1-4-12

压实就是指土体在压实能量作用下，土颗粒克服粒间阻力，产生相对位移，使得土中孔隙减小，密度增加的过程。试验表明：**压实能越大**，得到的**最优含水率越小**，相应的**最大干密度越大**。 将某一土样分成若干份，每份加不同的水，得到不同含水率的试验土样，然后对每份土样进行击实试验，测得击实后的含水率和干密度，以含水率为横坐标，干密度为纵坐标，绘制含水率-干密度曲线图。 **最大干密度**ρ_{dmax}：在同一压实功作用下，图中干密度随着含水率增加而增大，当达到峰值后，干密度随含水率增加而减小，此峰值干密度即为最大干密度。 **最优含水率**w_{op}：最大干密度ρ_{dmax}对应的含水率	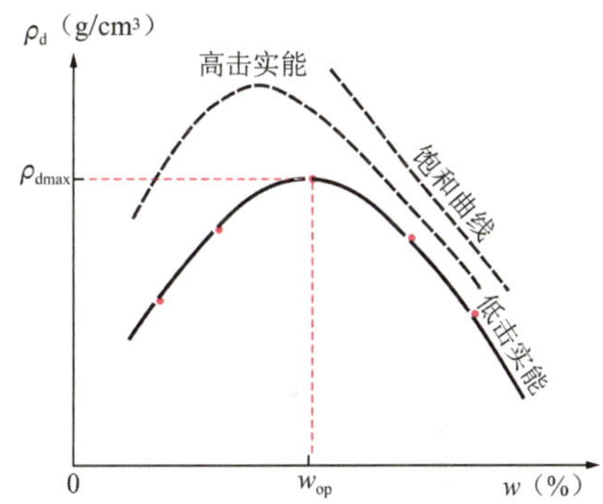 含水率-干密度曲线
（1）土的**饱和含水率**应按下式计算： $w_{sat}=\left(\dfrac{\rho_w}{\rho_d}-\dfrac{1}{G_s}\right)\times100$	w_{sat}——饱和含水率（%）； ρ_w——水的密度（g/cm³）； ρ_d——土的干密度（g/cm³）； G_s——土的比重
（2）击实试验的操作应符合现行国家标准《土工试验方法标准》的有关规定。对于碎石、卵石或岩石碎屑等填料，其最大干密度可取 2100～2200kg/m³。对于黏性土或粉土填料，当无试验资料时，可按下式计算最大干密度： $\rho_{dmax}=\eta\dfrac{\rho_w d_s}{1+0.01w_{op}d_s}$	ρ_{dmax}——压实填土的最大干密度（kg/m³）； η——经验系数： **粉质黏土**取 0.96，**粉土**取 0.97； ρ_w——水的密度（kg/m³）； d_s——土粒相对密度（比重G_s）； w_{op}——最优含水率（%）

注：按《工程地质手册》P152 及《土工试验方法标准》（1999 年版），轻型击实试验中，当土中粒径大于 5mm 的粗颗粒含量小于 30%时，按下式校正最大干密度和最优含水率。

$$\rho'_{dmax}=\frac{100}{\dfrac{100-P_5}{\rho_{dmax}}+\dfrac{P_5}{\rho_w d_{s2}}};\quad w'_{op}=w_{op}(1-0.01P_5)+0.01P_5w_A$$

ρ'_{dmax}——校正后最大干密度（kg/m^3）；

d_{s2}——粒径大于5mm土粒相对密度（饱和面干比重G_s）；

w_{op}——击实试样最优含水率（%）；

P_5——粒径大于5mm土的质量（%），去%后代入；

w'_{op}——校正后最优含水率（%）；

w_A——粒径大于5mm土粒的吸着含水率（%）。

2019版规范，轻型击实试验的击实筒，增加了和《公路工程地质勘察规范》一样152mm内径的击实筒，不用过5mm筛，所以不需要对最大干密度和最优含水率进行修正，规范删除了上面修正公式。1999版规范，轻型击实试验土样必须过5mm筛，所以需要对最大干密度和最优含水率进行修正。

4.3.2 压实系数——《建筑地基基础设计规范》第6.3.7条、第6.3.8条或《建筑地基处理技术规范》第6.2.2条

工程设计中，要求填土达到的压实标准，采用压实系数λ_c控制，按表1-4-13确定。

压实填土地基压实系数控制值　　表1-4-13

结构类型	填土部位	压实系数λ_c	控制含水率（%）	
砌体承重及框架结构	地基主要受力层**范围内**	≥0.97	$w_{op}\pm2$	$\lambda_c=\frac{\rho_d}{\rho_{dmax}}$ ρ_d——填土实际干密度
	地基主要受力层**范围以下**	≥0.95		
排架结构	地基主要受力层**范围内**	≥0.96		
	地基主要受力层**范围以下**	≥0.94		

注：地坪垫层以下及基础底面标高以上的压实填土，压实系数不应小于0.94。

题1-96　（10D30）某建筑地基处理采用3：7灰土垫层换填，该3：7灰土击实试验结果如表1-4-14所示。采用环刀法对刚施工完毕的第一层灰土进行施工质量检验，测得试样的湿密度为$1.78g/cm^3$，含水率为19.3%，其压实系数最接近下列哪个选项？

题1-96表　　表1-4-14

湿密度（g/m^3）	1.59	1.76	1.85	1.79	1.63
含水率	17.0	19.0	21.0	23.0	25.0

（A）0.94　　（B）0.95　　（C）0.97　　（D）0.99

【解】

（1）$\rho_{d1}=\frac{1.59}{1+0.17}=1.36g/cm^3$，同理，$\rho_{d2}=1.48g/cm^3$，$\rho_{d3}=1.53g/cm^3$，$\rho_{d4}=1.46g/cm^3$，$\rho_{d5}=1.30g/cm^3$，$\rho_{dmax}=1.53g/cm^3$

（2）$\rho_d=\frac{1.78}{1+0.193}=1.49g/cm^3$

（3）$\lambda_c=\frac{1.49}{1.53}=0.974$

【点评】

①根据《土工试验方法标准》第13.4.2条、第13.4.4条，《建筑地基基础设计规范》第6.3.7条表6.3.7；②最大干密度一般位于表格数据的中间位置，但严格来说都要计算，熟记压实系数的概念，最大密度对应的不一定是最大干密度。

题 1-97　（23D02）某场地填土的比重和颗分试验数据见表 1-4-15，轻型击实试验测得其最优含水率为 15%，对应的湿密度为 1.95g/m³。估算土体最大干密度对应的饱和重度最接近下列哪个选项？（注：水的重度取 10kN/m³）

题 1-97 表　　　表 1-4-15

比重试验	粒径	> 5mm			≤ 5mm	
	比重	2.65			2.72	
颗分试验	粒组（mm）	20～10	10～5	5～0.075	0.075～0.005	< 0.005
	质量百分比（%）	9	11	25	41	14

（A）19.3kN/m³　（B）20.7kN/m³　（C）21.5kN/m³　（D）22.2kN/m³

【解】

（1）粒径 > 5mm 的土粒质量占比为 9% + 11% = 20%，$G_{s1} = 2.65$

粒径 ≤ 5mm 的土粒质量占比为 25% + 41% + 14% = 80%，$G_{s2} = 2.72$

$$G_s = \frac{1}{\frac{0.2}{2.65} + \frac{0.8}{2.72}} = 2.71$$

（2）$w_{op} = 15\%$时，$e = \frac{2.71 \times (1 + 0.15)}{1.95} \times 1 - 1 = 0.598$

（3）$\gamma_{sat} = \frac{2.71 + 0.598}{1 + 0.598} \times 10 = 20.7\text{kN/m}^3$

【点评】

①根据《土工试验方法标准》GB/T 50123—2019 第 7.3.7 条、第 13.4 节及条文说明；②1999 版规范，轻型击实试验土样必须过 5mm 筛，所以需要对最大干密度和最优含水率进行修正，2019 版规范，轻型击实试验的击实筒，增加了和《公路工程地质勘察规范》一样 152mm 内径的击实筒，不用过 5mm 筛，所以不需要对最大干密度和最优含水率进行修正；③本题未明确采用什么样的击实筒，过筛不过筛，所以按默认按最新规范不进行修正，如果题目采用 100mm 内径的击实筒，则过 5mm 筛，此时需要修正。

题 1-98　（19C01）灌砂法检测压实填土的质量。已知标准砂的密度为 1.5g/cm³，试验时，试坑中挖出的填土质量为 1.75kg，其含水率为 17.4%，试坑填满标准砂的质量为 1.20kg。实验室击实试验测得压实填土的最大干密度为 1.96g/cm³，试按《土工试验方法标准》GB/T 50123—2019 计算填土的压实系数最接近下列哪个值？

（A）0.87　（B）0.90　（C）0.95　（D）0.97

【解】

（1）$V_{砂} = \frac{1.2 \times 1000}{1.5} = 800\text{cm}^3$

（2）$\rho = \frac{1.75 \times 1000}{800} = 2.19\text{g/cm}^3$，$\rho_d = \frac{2.19}{1 + 0.174} = 1.87\text{g/cm}^3$

（3）$\lambda_c = \frac{1.87}{1.96} = 0.95$

【点评】

①根据《土工试验方法标准》第 41.2 节灌砂法，《建筑地基基础设计规范》表 6.3.7 注 1；②压实系数为填土的实际干密度ρ_d与最大干密度ρ_{dmax}之比。

题 1-99 （13D03）某粉质黏土土样中混有粒径大于 5mm 的颗粒占总质量的 20%，对其进行轻型击实试验，干密度ρ_d和含水率w数据如表 1-4-16 所列，则该土样的最大干密度最接近的选项是哪个？（注：粒径大于 5mm 的土颗粒的饱和面干比重取值 2.60）

题 1-99 表　　表 1-4-16

w（%）	16.9	18.9	20.0	21.1	23.1
ρ_d（g/cm³）	1.62	1.66	1.67	1.66	1.62

（A）1.61g/cm³　（B）1.67g/cm³　（C）1.74g/cm³　（D）1.80g/cm³

【解】

$$\rho'_{\mathrm{dmax}}=\frac{1}{\dfrac{1-P_5}{\rho_{\mathrm{dmax}}}+\dfrac{P_5}{\rho_{\mathrm{w}}\cdot G_{\mathrm{s2}}}}=\frac{1}{\dfrac{1-0.2}{1.67}+\dfrac{0.2}{1\times2.6}}=1.8\mathrm{g/cm^3}$$

【点评】

①根据《工程地质手册》P152 或《土工试验方法标准》GB/T 50123—1999 第 10.0.9 条，新 2019 年版规范删除了该内容；②当试样中粒径大于 5mm 的土质量小于或等于试样总质量的 30%时，应对最大干密度进行校正。

4.4 承载比试验——《土工试验方法标准》第 14 章

承载比试验相关指标计算按表 1-4-17。

承载比试验　　表 1-4-17

<table>
<tr><td colspan="3">**适用对象**：土样粒径小于 20mm。用重型击实法将扰动土在规定试样筒内制样后进行试验</td></tr>
<tr><td colspan="3">**简要步骤**：（1）试样制备 3 个试样→（2）浸水膨胀→（3）贯入试验，贯入 2.5mm 时读数不得少于 5 个，当贯入量达 10～12.5mm 时可终止试验</td></tr>
<tr><td>①计算承载比$CBR_{2.5}$、$CBR_{5.0}$</td><td>$CBR_{2.5}=\frac{p}{7000}\times100$
$CBR_{5.0}=\frac{p}{10500}\times100$</td><td>$CBR_{2.5}$、$CBR_{5.0}$——贯入量为 2.5mm、5.0mm 时的承载比（%）；
p——单位压力（kPa）；
7000、10500——贯入量为 2.5mm、5.0mm 时的标准压力（kPa）</td></tr>
<tr><td>②判断数据可用性</td><td colspan="2">（1）承载比一般是指贯入量为 2.5mm 时的承载比，$CBR=CBR_{2.5}$；
（2）当$CBR_{5.0}>CBR_{2.5}$时，应重做试验，当试验结果仍然相同时，应该采用$CBR=CBR_{5.0}$</td></tr>
<tr><td>③计算变异系数c_v</td><td colspan="2">平均值$\bar{x}=\frac{1}{n}\sum_{i=1}^{n}x_i$ ⇓
标准差$s=\sqrt{\frac{\sum_{i=1}^{n}x_i^2-n\cdot\bar{x}^2}{n-1}}$ ⇓
变异系数$c_v=\frac{s}{\bar{x}}$</td></tr>
<tr><td>④承载比 CBR 取平均值</td><td colspan="2">当 3 个试样试验结果所得承载比的**变异系数$c_v>12\%$时，去掉一个偏离大的值，取其余 2 个结果的平均值；当变异系数$c_v<12\%$时，取 3 个结果的平均值**</td></tr>
</table>

题 1-100 （10C02）某公路工程，承载比（CBR）三次平行试验成果如表 1-4-18 所示。

题 1-100 表　　表 1-4-18

贯入量（0.01mm）		100	150	200	250	300	400	500	750
荷载强度（kPa）	试样 1	164	224	273	308	338	393	442	496
	试样 2	136	182	236	280	307	362	410	460
	试样 3	183	245	313	357	384	449	493	532

上述三次平行试验土的干密度满足规范要求，则据上述资料确定 CBR 值应为下列哪个选项？

（A）4.0%　　（B）4.2%　　（C）4.4%　　（D）4.5%

【解】

（1）1 号：$CBR_{2.5}=\dfrac{308}{7000}=4.4\%$，$CBR_5=\dfrac{442}{10500}=4.2\%$

2 号：$CBR_{2.5}=\dfrac{280}{7000}=4.0\%$，$CBR_5=\dfrac{410}{10500}=3.9\%$

3 号：$CBR_{2.5}=\dfrac{357}{7000}=5.1\%$，$CBR_5=\dfrac{493}{10500}=4.7\%$

三次试验均满足$CBR_5\leqslant CBR_{2.5}$

（2）平均值：$CBR_m=\dfrac{4.4+4+5.1}{3}=4.5$

$$\sigma_f=\sqrt{\frac{1}{3-1}\left[4.4^2+4^2+5.1^2-\frac{(3\times4.5)^2}{3}\right]}=0.557$$

变异系数：$\delta=\dfrac{0.557}{4.5}=12.4\%>12\%$

（3）去掉偏差大的 5.1%，$CBR=\dfrac{4.4\%+4.0\%}{2}=4.2\%$

【点评】

①根据《土工试验方法标准》第 14.3.3 条、第 14.4.1 条；②计算出$CBR_{2.5}$、CBR_5需进行比较，CBR_5大于$CBR_{2.5}$的试验结果应重做；③**3 个试验结果的变异系数大于 12%时，去掉一个偏离大的值，取其余 2 个结果的平均值，当变异系数小于 12%时，取 3 个结果的平均值。**

4.5　回弹模量试验——《土工试验方法标准》第 15 章

回弹模量试验相关指标计算按表 1-4-19。

杠杆压力仪法-回弹模量试验　　表 1-4-19

<table>
<tr><td colspan="3">适用对象：土样粒径小于 20mm。含水率较大，硬度较小的试样</td></tr>
<tr><td colspan="3">简要步骤：（1）制备试样→（2）对试样筒中的试样进行预压→（3）以单位压力p为横坐标，回弹变形量l为纵坐标，绘制p-l曲线，取其直线段计算回弹模量。p-l曲线不通过原点时，允许用初始直线段与纵坐标轴的交点当作原点，修正各级荷载下的回弹变形和回弹模量</td></tr>
<tr><td>规范公式</td><td>$E_e=\dfrac{\pi pD}{4l}(1-\mu^2)$</td><td rowspan="2">$E_e$——回弹模量（kPa）；
p——承载板上的单位压力（kPa）；
D——承载板直径（cm）；
l——相应于压力的回弹变形量（加载读数减卸载读数）（cm）；
μ——土的泊松比，一般取 0.35；</td></tr>
<tr><td>原理公式（无需修正p-l曲线）</td><td>$E_e=\dfrac{\pi\Delta pD}{4\Delta l}(1-\mu^2)$</td></tr>
<tr><td>原理公式（无需修正p-l曲线）</td><td>$E_e=\dfrac{\pi\Delta pD}{4\Delta l}(1-\mu^2)$</td><td>$\Delta p$——$p$-$l$曲线直线段压力增量（kPa）；
Δl——对应Δp的回弹变形量增量（cm）</td></tr>
<tr><td colspan="3">数据分析：进行 3 次平行试验，每次试验结果与回弹模量的均值间最大允许差值应为±5%</td></tr>
</table>

题 1-101 某细粒土场地，在该场地取样进行回弹模量试验，各级压力和回弹变形见表 1-4-20，试计算回弹模量最接近下列哪个选项？

题 1-101 表 **表 1-4-20**

各级承压板压力（MPa）	100	150	200
回弹变形（0.1mm）	0.25	0.4	0.55

（A）100MPa （B）105MPa （C）110MPa （D）115MPa

【解法一】

表中数据呈直线分布，且不过原点，需对回弹变形进行修正。

由表中数据可知，p-l曲线上，三点连线与l轴的交点为-0.05，故对各级承压板压力的变形各加 0.05 后修正为通过原点的直线如图 1-4-1 所示。

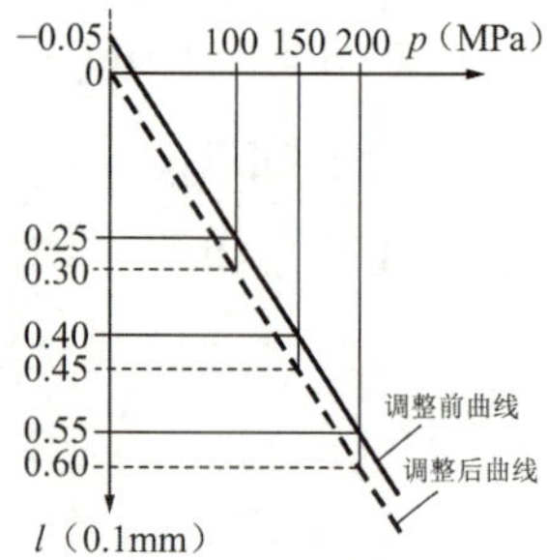

图 1-4-1 解 1-101 图

承压板直径 50mm，$E_e=\dfrac{\pi pD}{4l}(1-\mu^2)$，带入任意数据计算：

$$E_e=\frac{3.14\times100\times5}{4\times(0.25+0.05)\times10^{-2}}(1-0.35^2)=114.9\text{MPa}$$

【解法二】

$$E_e=\frac{3.14\times(150-100)\times5}{4\times(0.4-0.25)\times10^{-2}}(1-0.35^2)=114.9\text{MPa}$$

【点评】

①根据《土工试验方法标准》第 15.2.3 条、第 15.2.4 条；②注意本题是一次试验 3 级压力，不是 3 次试验，不需要验证差值 5%；③解法一为规范表述即不通过原点需对各级回弹进行修正，解法二直接通过斜率计算，原理相同。

4.6 渗透试验——《土工试验方法标准》第 16 章

渗透试验分为常水头试验法和变水头试验法，按表 1-4-21 计算渗透系数。

渗透试验 **表 1-4-21**

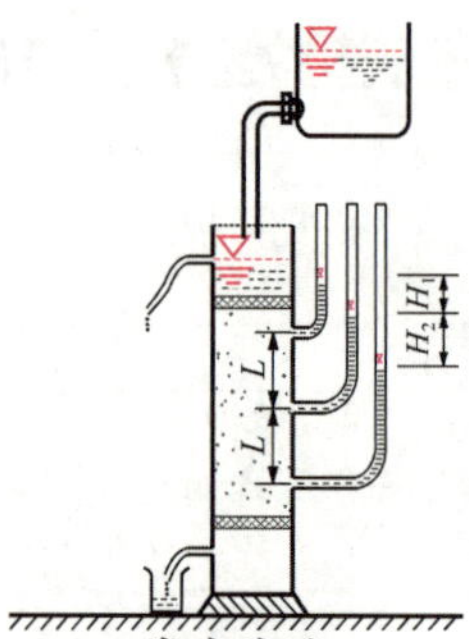 常水头法	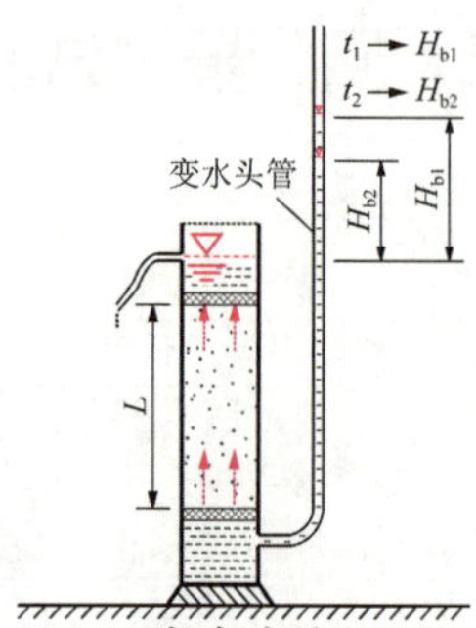 变水头法
（1）常水头试验法（适用于粗粒土）： 保持试验水头不变，渗流稳定后，量得时间t内流经试样的水量Q，根据达西定律推导渗透系数： $k_T=\dfrac{QL}{AHt}=\dfrac{2QL}{At(H_1+H_2)}$ 式中：k_T——水温为T℃时试样的渗透系数（cm/s）； Q——时间ts 内的渗透水量（cm^3）；	**（2）变水头试验法**（适用于细粒土）： 水头随时间而变化，读取时间t_1和t_2对应的水头高度H_{b1}和H_{b2}，根据达西定律推导渗透系数： $k_T=2.3\dfrac{aL}{A(t_2-t_1)}\lg\dfrac{H_{b1}}{H_{b2}}$ 式中：a——变水头管的截面积（cm^2）； L——渗径（cm），等于试样高度；

续表

L——渗径（cm），等于两测压孔中心间的试样高度； A——试样的断面积（cm^2）； H_1、H_2——水位差（cm），平均水位差$H=(H_1+H_2)/2$； t——时间（s）	A——试样的截面积（cm^2）； t_1、t_2——分别为测读水头开始时间和终止时间（s）； H_{b1}——开始时刻t_1测读的水头（cm）； H_{b2}——终止时刻t_2测读的水头（cm）

（3）温度修正

本试验采用 20℃标准水温，当试验温度为非标准温度时，应换算标准温度 20℃下的渗透系数k_{20}（cm/s）：

$$\text{标准温度 20℃下：} k_{20}=k_T\frac{\eta_T}{\eta_{20}}$$

式中：η_T、η_{20}——分别为T℃和 20℃时水的黏滞系数（10^{-6}kPa·s），η_T/η_{20}按表 1-4-22 取值

（4）数据分析与处理

渗透系数的**最大允许差值**应为$\pm2.0\times10^{-n}$cm/s，在测得的结果中取 3～4 个在**允许差值范围内**的数据，求其**平均值**，作为试样在该孔隙比e时的渗透系数

黏滞系数比η_T/η_{20} 表 1-4-22

T（℃）	$\frac{\eta_T}{\eta_{20}}$	T（℃）	$\frac{\eta_T}{\eta_{20}}$	T（℃）	$\frac{\eta_T}{\eta_{20}}$	T（℃）	$\frac{\eta_T}{\eta_{20}}$	T（℃）	$\frac{\eta_T}{\eta_{20}}$	T（℃）	$\frac{\eta_T}{\eta_{20}}$	T（℃）	$\frac{\eta_T}{\eta_{20}}$
5.0	1.501	8.5	1.353	12.0	1.227	15.5	1.119	19.0	1.025	22.5	0.943	29.0	0.815
5.5	1.478	9.0	1.334	12.5	1.211	16.0	1.104	19.5	1.012	23.0	0.932	30.0	0.798
6.0	1.455	9.5	1.315	13.0	1.194	16.5	1.090	20.0	1.000	24.0	0.910	31.0	0.781
6.5	1.435	10.0	1.297	13.5	1.176	17.0	1.077	20.5	0.988	25.0	0.890	32.0	0.765
7.0	1.414	10.5	1.279	14.0	1.163	17.5	1.066	21.0	0.976	26.0	0.870	33.0	0.750
7.5	1.393	11.0	1.261	14.5	1.148	18.0	1.050	21.5	0.964	27.0	0.850	34.0	0.735
8.0	1.373	11.5	1.243	15.0	1.133	18.5	1.038	22.0	0.953	28.0	0.833	35.0	0.720

题 1-102 （16D03）某饱和黏性土试样，若水温 15℃的条件下进行变水头渗透试验，四次试验实测渗透系数见表 1-4-23，求土样在标准温度下的渗透系数为下列哪个选项？

题 1-102 表 表 1-4-23

试验次数	渗透系数（cm/s）	试验次数	渗透系数（cm/s）
第一次	3.79×10^{-5}	第三次	1.47×10^{-5}
第二次	1.55×10^{-5}	第四次	1.71×10^{-5}

（A）1.58×10^{-5}cm/s （B）1.79×10^{-5}cm/s

（C）2.13×10^{-5}cm/s （D）2.42×10^{-5}cm/s

【解】

（1）把 15℃的数据换算为标准温度下的数据：$k_{20}=k_{15}\times\eta_{15}/\eta_{20}$

$k_1=1.133\times3.79\times10^{-5}=4.29\times10^{-5}$cm/s

$k_2=1.133\times1.55\times10^{-5}=1.76\times10^{-5}$cm/s

$k_3=1.133\times1.47\times10^{-5}=1.67\times10^{-5}$cm/s

$k_4=1.133\times1.71\times10^{-5}=1.94\times10^{-5}$cm/s

（2）由于最大允许差值为2×10^{-5}cm/s，$4.29\times10^{-5}-1.67\times10^{-5}=2.62\times10^{-5}>2\times10^{-5}$，舍去偏差最大的$k_1$，其他 3 个渗透系数差值$<2\times10^{-5}$cm/s

取均值作为渗透系数：$\bar{k}=\frac{1.76+1.67+1.94}{3}\times10^{-5}=1.79\times10^{-5}$cm/s

【点评】

①根据《土工试验方法标准》第 16.1.3 条、第 16.1.4 条、第 16.3.3 条、表 8.3.5-1；②注意需要先把各试验数据换算到标准温度，再判断差值，因为此差值限值为 20℃标准温度下的数值；③渗透系数最大允许差值不大于2×10^{-n}，其中$-n$为土样的渗透系数指数；④注意此最大允许差值是极差，不满足则应剔除异常的数据。

题 1-103 （17D01）室内常水头渗透试验，试样高度 40mm、直径 75mm，测得试验时的水头损失为 46mm，渗水量为每 24h 3520cm^3，问该试样土的渗透系数最接近下列哪个选项？

（A）1.2×10^{-4}cm/s （B）3.0×10^{-4}cm/s

（C）6.2×10^{-4}cm/s （D）8.0×10^{-4}cm/s

【解】

$$k=\frac{QL}{HAt}=\frac{3520\times4}{4.6\times3.14\times3.75^2\times24\times3600}=8.02\times10^{-4}\text{cm/s}$$

【点评】

①根据《土工试验方法标准》第 16.2.3 条；②土力学基本公式，应熟记，由$Q=kiAt$推导得到，注意单位的统一，按答案选项统一采用 cm 和 s；③新规范的公式表达有所不同，但原理一样。重要考点常水头试验求渗透系数，难度小，计算量小。

题 1-104 做变水头渗透试验的黏土试样的截面积为 30cm^2，厚度为 5cm，渗透仪细玻璃管的内径为 0.4cm，试验开始时的水位差为 130cm，经过时间段为 3 分 20 秒观察的水位差为 115cm，试验时的水温为 15℃，试求黏土试样标准温度下的渗透系数最接近下列哪个选项？

（A）1.13×10^{-5}cm/s （B）1.28×10^{-5}cm/s

（C）1.45×10^{-5}cm/s （D）2.10×10^{-5}cm/s

【解】

（1）$k_\text{T}=2.3\dfrac{aL}{At}\lg\dfrac{H_{b1}}{H_{b2}}=2.3\times\dfrac{3.14\times0.2^2\times5}{30\times(3\times60+20)}\lg\dfrac{130}{115}=1.28\times10^{-5}\text{cm/s}$

（2）$k_{20}=1.28\times10^{-5}\times1.133=1.45\times10^{-5}\text{cm/s}$

【点评】

根据《土工试验方法标准》第 16 章，简单代公式题目。

题 1-105（21D04）某土样进行室内变水头渗透试验，环刀内径 61.8mm，高 40mm，变水头管内径 8mm，土样孔隙比$e = 0.900$，共进行 6 次试验（表 1-4-24），每次历时均为 20min，根据《土工试验方法标准》GB/T 50123—2019，该土样渗透系数最接近下列哪个选项？（不进行水温校正）

题 1-105 表　　　　表 1-4-24

次数	初始水头H_1（mm）	终止水头H_2（mm）
1	1800	916
2	1700	1100
3	1600	525
4	1500	411
5	1200	383
6	1000	314

（A）5.38×10^{-5}cm/s　　（B）6.54×10^{-5}cm/s

（C）7.98×10^{-5}cm/s　　（D）8.63×10^{-5}cm/s

【解】

（1）$A = \frac{3.14}{4} \times 6.18^2 = 29.98\text{cm}^2$，$a = \frac{3.14}{4} \times 0.8^2 = 0.5024\text{cm}^2$

（2）$K_{T1} = 2.3 \times \frac{0.5024 \times 4}{29.98 \times 20 \times 60} \times \lg\left(\frac{1800}{916}\right) = 3.77 \times 10^{-5}\text{cm/s}$

$K_{T2} = 2.43 \times 10^{-5}\text{cm/s}$，$K_{T3} = 6.22 \times 10^{-5}\text{cm/s}$，$K_{T4} = 7.22 \times 10^{-5}\text{cm/s}$

$K_{T5} = 6.37 \times 10^{-5}\text{cm/s}$，$K_{T6} = 6.46 \times 10^{-5}\text{cm/s}$

（3）最大允许差值2×10^{-5}cm/s，舍弃K_{T1}、K_{T2}

取平均值$K_T = \frac{6.22+7.22+6.37+6.46}{4} \times 10^{-5} = 6.57 \times 10^{-5}\text{cm/s}$

【点评】

①根据《土工试验方法标准》第 16.1.3 条，第 16.3.3 条；②渗透系数的最大允许差值应为$\pm 2.0 \times 10^{-n}$cm/s，在测得的结果中取 3～4 个在允许差值范围内的数据，求得其平均值，作为试样在该孔隙比e时的渗透系数。

4.7　固结试验——《土工试验方法标准》第 17 章

固结试验分为标准固结试验、快速固结试验和应变控制连续加荷固结试验。

1. 标准固结试验

标准固结试验相关指标计算按表 1-4-25。

标准固结试验　　　　表 1-4-25

<table>
<tr><td colspan="3">适用对象：饱和细粒土，非饱和土只适用于压缩试验。渗透性较大的细粒土，可进行快速固结试验</td></tr>
<tr><td colspan="3">简要步骤：（1）将环刀试样（高 20mm）放入固结容器→（2）确定需施加的各级压力（最后一级压力应大于上覆土层的计算压力 100～200kPa）→（3）按稳定标准，依次逐级加压至试验结束→（4）需做回弹试验时，可在某级压力（大于上覆有效压力）下固结稳定后卸压，直至卸至第 1 级压力</td></tr>
<tr><td colspan="3">（1）试样初始孔隙比e_0：$e_0=\frac{G_s(1+w_0)}{\rho_0}\rho_w-1$</td></tr>
<tr><td>（2）各级压力下固结稳定后的孔隙比e_i：
$e_i=e_0-(1+e_0)\frac{\sum\Delta h_i}{h_0}\Leftarrow\frac{\Delta e}{1+e_0}=\frac{\Delta h}{h_0}$</td><td colspan="2">$\sum\Delta h_i$——某级压力下试样的高度总变形量（cm）；
h_0——试样初始高度（cm）；等于环刀高度</td></tr>
<tr><td colspan="2">（3）某一压力范围内的压缩系数a_v（MPa^{-1}）：
$$a_v=\frac{e_i-e_{i+1}}{p_{i+1}-p_i}$$
式中：p_i——某一单位压力值（MPa）</td><td rowspan="2">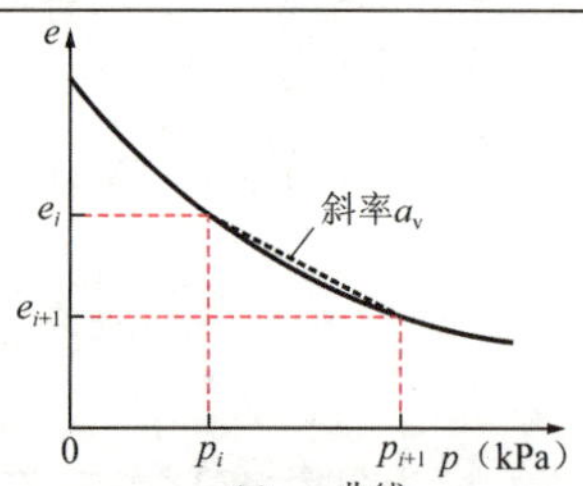

(a) e–p曲线</td></tr>
<tr><td colspan="2">（4）某一压力范围内的压缩模量E_s（MPa）和体积压缩系数m_v（MPa^{-1}）：
$$E_s=\frac{1+e_0}{a_v}\text{或}E_s=\frac{1+e_i}{a_v}；\ m_v=\frac{1}{E_s}=\frac{a_v}{1+e_0}$$
注：对于区间压缩性指标E_s，采用e_i；求某一段土（自重应力起始）的指标采用自重压力对应的孔隙比e_1（此处规范有错误）</td></tr>
<tr><td colspan="2">（5）压缩指数C_c及回弹指数C_s：
$$C_c\text{或}C_s=\frac{e_i-e_{i+1}}{\lg p_{i+1}-\lg p_i}$$
C_c为e-lg p曲线直线段斜率；C_s为回弹段上平均斜率</td><td>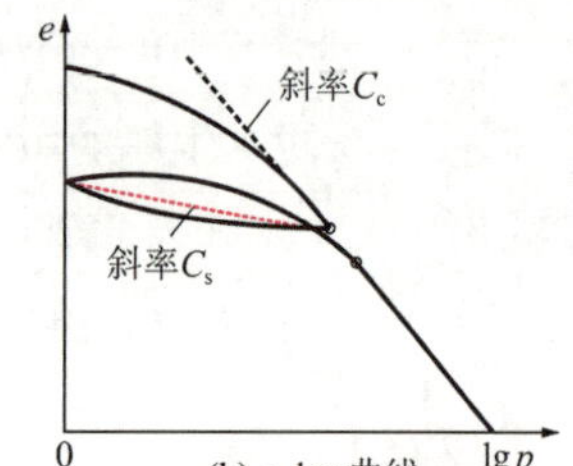

(b) e–lg$p$曲线</td></tr>
<tr><td>（6）固结系数C_v（cm^2/s）：
$$C_v=\begin{cases}\frac{0.848\bar{h}^2}{t_{90}} & \text{时间平方根法}\\ \frac{0.197\bar{h}^2}{t_{50}} & \text{时间对数法}\end{cases}$$</td><td colspan="2">$\bar{h}$——最大排水距离，等于某一压力下试样初始与终了高度的平均值之半（cm），初始不是h_0
$$\bar{h}=\frac{h_i+h_{i+1}}{4}$$
t_{90}——固结度达 90%所需的时间（s）；
t_{50}——固结度达 50%所需的时间（s）</td></tr>
<tr><td colspan="3">（7）次固结系数C_α：
对于某一压力，以孔隙比e为纵坐标，时间在对数（min）横坐标上，绘制e-lg t曲线。主固结结束后试验曲线下部的直线段的斜率即为次固结系数</td></tr>
<tr><td>$$C_\alpha=\frac{-\Delta e}{\lg t_2-\lg t_1}$$</td><td colspan="2">Δe——对应时间t_1到t_2的孔隙比的差值；
t_1、t_2——次固结某一时间（min）</td></tr>
<tr><td>（8）超固结比 OCR：
$$OCR=\frac{p_c}{p_{cz}}$$</td><td>OCR > 1→超固结土
OCR = 1→正常固结土
OCR < 1→欠固结土</td><td>p_c——先期固结压力（kPa）；
p_{cz}——目前土的自重压力（kPa）</td></tr>
<tr><td colspan="3">注：老规范环刀尺寸：内径 61.8mm 或 79.8mm，高度 20mm；新规范按《土工试验仪器　环刀》SL 370 规定</td></tr>
</table>

题 1-106 （09C04）用内径为 79.8mm，高为 20mm 的环刀切取未扰动饱和黏性土试样，比重$G_s = 2.7$，含水率$w = 40.3\%$，湿土质量 154g，现做侧限压缩试验，在压力 100kPa 和 200kPa 作用下，总压缩量分别为$s_1 = 1.4$mm和$s_2 = 2$mm，其压缩系数$a_{v1\text{-}2}$最接近下列哪个选项？

（A）0.4MPa^{-1}　（B）0.5MPa^{-1}　（C）0.6MPa^{-1}　（D）0.7MPa^{-1}

【解】

（1）$\rho_0 = \dfrac{154}{3.14\times3.99^2\times2} = 1.54\text{g/cm}^3$，$e_0 = \dfrac{2.7\times(1+0.403)}{1.54} - 1 = 1.460$

$e_1 = 1.460 - \dfrac{1.4}{20}\times(1+1.460) = 1.288$，$e_2 = 1.460 - \dfrac{2}{20}\times(1+1.460) = 1.214$

（2）$a_{v1\text{-}2} = \dfrac{1.288-1.214}{0.2-0.1} = 0.74\text{MPa}^{-1}$

【点评】

①根据《土工试验方法标准》第 17.2.3 条；②熟练常用的三相计算后可达到闭卷水平，考试时孔隙比保留 4 位有效数字满足计算要求，不熟练的学习视频文件“脑海中的三相图”，理解记忆三相换算公式。

【同类型真题】 04C03

题 1-107 （03D02）某土样高压固结试验成果如表 1-4-26 所示，并已绘成e-lg p曲线如图 1-4-2 所示，则该土样的压缩指数C_c最接近下列哪个选项？

题 1-107 表　　表 1-4-26

压力p（kPa）	25	50	100	200	400	800	1600	3200
孔隙比e	0.916	0.913	0.903	0.883	0.838	0.757	0.677	0.599

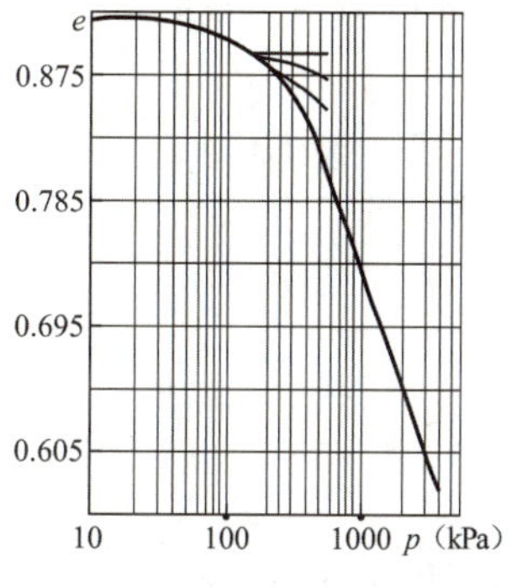

图 1-4-2　题 1-107 图

（A）0.15　（B）0.26　（C）0.36　（D）1.00

【解】

取直线段计算：$C_c = \dfrac{e_1-e_2}{\lg p_2-\lg p_1} = \dfrac{0.677-0.599}{\lg 3200-\lg 1600} = 0.26$

【点评】

①根据《土工试验方法标准》第 17.2.3 条，土力学基本压缩指标计算；②最后一段肯定是直线，故不用判别可直接取最后一段计算压缩指数。

【同类型真题】 10C04

题 1-108 （14C01）某饱和黏性土样，测定土粒比重为 2.70，含水率为 31.2%，湿密度为 1.85g/cm³，环刀切取高 20mm 的试样，进行侧限压缩试验，在压力 100kPa 和 200kPa 作用下，试样总压缩量分别为$s_1 = 1.4\text{mm}$和$s_2 = 1.8\text{mm}$，问其体积压缩系数$m_{\text{v1-2}}$（MPa^{-1}）最接近下列哪个选项？

（A）0.30　　（B）0.25　　（C）0.20　　（D）0.15

【解法一】

（1）$e_0 = \frac{2.7\times(1+0.312)\times1}{1.85} - 1 = 0.915$

$e_1 = 0.915 - \frac{1.4}{20}\times(1 + 0.915) = 0.781$，$e_2 = 0.915 - \frac{1.8}{20}\times(1 + 0.915) = 0.743$

（2）$a_{\text{v1-2}} = \frac{0.781-0.743}{0.2-0.1} = 0.38\text{MPa}^{-1}$

（3）$m_{\text{v1-2}} = \frac{0.38}{1+0.781} = 0.21\text{MPa}^{-1}$

【解法二】

根据体积压缩系数的定义

$$m_{\text{v1-2}} = \frac{\Delta\varepsilon}{\Delta p} = \frac{\frac{1.8-1.4}{20-1.4}}{0.2-0.1} = 0.215\text{MPa}^{-1}$$

【点评】

①根据《土力学》P142，m_v是某一压力范围内的体积压缩系数，应采用区间初始压力（或有效自重应力）的e_1，而不能采用$p = 0$时的e_0；②解法二根据定义计算步骤少速度快，从 100kPa 到 200kPa，竖向变形 0.4mm，初始高度$(20 - 1.4)$mm。

题 1-109 （06C02）用高度 20mm 的试样做固结试验，各压力作用下的压缩量见表 1-4-27，用时间平方根法求得固结度达到 90%的时间为 9min，计算$p = 200\text{kPa}$压力下的固结系数C_v最接近下列何值？

题 1-109 表　　　　表 1-4-27

压力p（kPa）	0	50	100	200	400
压缩量d（mm）	0	0.95	1.25	1.95	2.5

（A）$0.8\times10^{-3}\text{cm}^2/\text{s}$　　（B）$1.3\times10^{-3}\text{cm}^2/\text{s}$

（C）$1.6\times10^{-3}\text{cm}^2/\text{s}$　　（D）$2.6\times10^{-3}\text{cm}^2/\text{s}$

【解】

$$\overline{h} = \frac{(20-1.25)+(20-1.95)}{4} = 9.2\text{mm} = 0.92\text{cm}$$

$$C_\text{v} = \frac{0.848\overline{h}^2}{t_{90}} = \frac{0.848\times0.92^2}{9\times60} = 1.33\times10^{-3}\text{cm}^2/\text{s}$$

【点评】

①根据《土工试验方法标准》第 17.2.6 条；②固结试验土样上下两面均排水，$\overline{h}$为最大排水距离，等于**某级压力下**试样的初始和最终高度的平均值一半，$\overline{h} = (h_1 + h_2)/4$。

题 1-110　（12D03）某场地位于水面以下，表层 10m 为粉质黏土，土的天然含水率为 31.3%，天然重度为 17.8kN/m³，天然孔隙比为 0.98，土粒比重为 2.74，在地表下 8m 深度取土样测得先期固结压力为 76kPa，该深度处土的超固结比接近下列哪一选项？

（A）0.9　　（B）1.1　　（C）1.3　　（D）1.5

【解】

（1）$\gamma' = \frac{2.74-1}{1+0.98} \times 9.8 = 8.61\text{kN/m}^3$

（2）$\text{OCR} = \frac{76}{8\times 8.61} = 1.10$

【点评】

①根据《土力学》P144，超固结比为先期固结压力与目前上覆土层有效自重压力的比值；②先期固结压力是指土层在地质历史上所曾经受过的上覆土层自重压力或其他作用力，并在该力作用下已固结稳定的最大压力，可通过固结试验求得，本题题干已给出；③计算有效自重压力，无渗流情况下地下水位以下采用浮重度，本真题给出 4 个参数，多余 1 个参数，如果$g = 9.8\text{m/s}^2$，4 个参数正好符合，取$g = 10\text{m/s}^2$计算也判正确。

2. 应变控制连续加荷固结试验

应变控制连续加荷固结试验相关指标计算按表 1-4-28。

应变控制连续加荷固结试验　　表 1-4-28

（1）任意时刻试样的有效压力σ_i'： $\sigma_i' = \sigma_i - \frac{2}{3}u_b$	σ_i'——任意时刻t试样上的有效压力（kPa）； σ_i——任意时刻t试样上施加的总压力（kPa）； u_b——任意时刻t试样底部的孔隙水压力（kPa）
（2）任意时刻t的固结系数C_v： $C_v = \frac{\Delta\varepsilon}{\Delta t}\cdot\frac{h^2}{2m_v u_b'} = \frac{\Delta\sigma'}{\Delta t}\cdot\frac{h^2}{2u_b'}$ 注：条文说明，$\Delta\varepsilon = m_v\Delta\sigma'$，$m_v = \frac{1}{E_s} = \frac{a}{1+e_0}$	$\Delta\varepsilon$——两读数间的应变变化（%）； h——两读数间的试样平均高度（cm）； Δt——两读数间的历时（s）； u_b'——两读数间试样底部测得的孔隙水压力平均值（kPa）； m_v——试样体积压缩系数（kPa⁻¹）

题 1-111　取饱和黏性土进行应变控制连续加荷固结试验，在 15min 内，施加于试样的总应力由 25kPa 增加至 150kPa，试样底部孔隙水压力由 15kPa 增加至 30kPa，两次读数间试样平均高度为 19.35mm，求试样此时的固结系数。

【解】

$$\Delta\sigma' = \left(150 - \frac{2}{3}\times 30\right) - \left(25 - \frac{2}{3}\times 15\right) = 115\text{kPa}$$

$$C_v = \frac{\Delta\varepsilon}{\Delta t}\cdot\frac{h^2}{2m_v u_b'} = \frac{\Delta\sigma'}{\Delta t}\cdot\frac{h^2}{2u_b'} = \frac{115}{15\times 60}\times\frac{19.35^2}{2\times(15+30)/2} = 1.063\text{mm}^2/\text{s}$$

【点评】

根据《土工试验方法标准》第 17.4.3 条及条文说明，注意条文说明里$\Delta\varepsilon = m_v\Delta\sigma$。

4.8　三轴压缩试验和孔隙水压力系数——《土工试验方法标准》第 19 章

4.8.1　三轴压缩试验

三轴压缩试验相关指标计算见表 1-4-29。

三轴压缩试验　　**表 1-4-29**

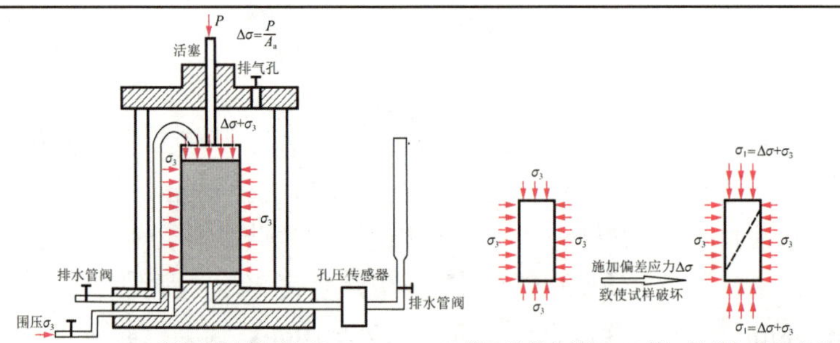

(a) 三轴压缩试验压力室　(b) 第一阶段加围压　(c) 第二阶段加偏差应力

（1）试验方法：

不固结不排水（UU）	试样在**施加围压和施加偏差应力**直至剪切破坏过程中均不排水，施加围压后，快速增大轴压，试样剪切破坏	总应力指标（c_u、φ_u）
固结不排水（CU）	试样在**施加围压**进行排水固结后，在不排水条件下**施加偏差应力**，快速增大轴压，试样剪切破坏	总应力指标或有效应力指标（c_{cu}、φ_{cu}）或（c'、φ'）
固结排水（CD）	试样在**施加围压**进行排水固结后，在排水条件下**施加偏差应力**，慢速增大轴压（充分排水），试样剪切破坏	有效应力指标（c'、φ'）

（2）主应力差Δσ应按下式计算：

$$\Delta\sigma=\sigma_1-\sigma_3=\frac{CR}{A_a}\times 10$$

有效大小主应力σ_1'、σ_3'：

$$\sigma_1'=\sigma_1-u;\ \sigma_3'=\sigma_3-u$$

σ_1'——大主应力（kPa）；

σ_3'——小主应力（kPa）；

u——孔隙水压力（kPa）；

C——测力计率定系数（N/0.01mm）；

R——测力计读数（0.01mm）；

A_a——试样剪切时的面积（cm^2），按下页表格计算

（3）制图与确定指标：

破坏点可取$\Delta\sigma$-ε_1曲线上$\Delta\sigma$的峰点值，或(σ_1'/σ_3')-ε_1曲线上(σ_1'/σ_3')的峰点值。如均无峰值，可取$\varepsilon_1=15\%$相应的$\Delta\sigma$或(σ_1'/σ_3')作为破坏强度值。

分别在不同围压σ_3下进行试验，可得一系列摩尔圆，公切线即为破坏强度包线，可以确定土体抗剪强度指标。

圆心坐标$\left(\frac{\sigma_{1f}+\sigma_{3f}}{2},0\right)$、圆半径$\left(r=\frac{\sigma_{1f}-\sigma_{3f}}{2}\right)$

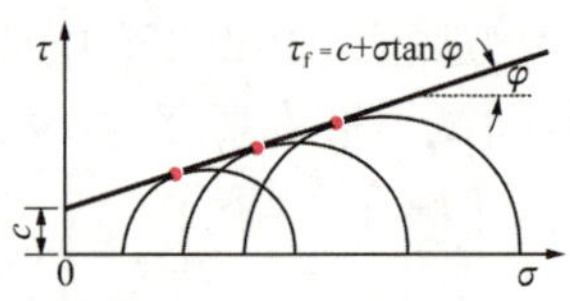

（4）应力路径法计算有效抗剪强度指标

如各应力圆无规律，难以绘制各圆的强度包线，可按应力路径取值，即以为$\frac{\sigma_1'-\sigma_3'}{2}$纵坐标，$\frac{\sigma_1'+\sigma_3'}{2}$为横坐标，绘制应力圆，作通过各圆之圆顶点的平均直线。根据直线的倾角及在纵坐标上的截距，按下列公式计算：

$$\varphi'=\sin^{-1}\tan\alpha\ ;\ c'=\frac{d}{\cos\varphi'}$$

α——平均直线的倾角（°）；

d——平均直线在纵轴上的截距（kPa）

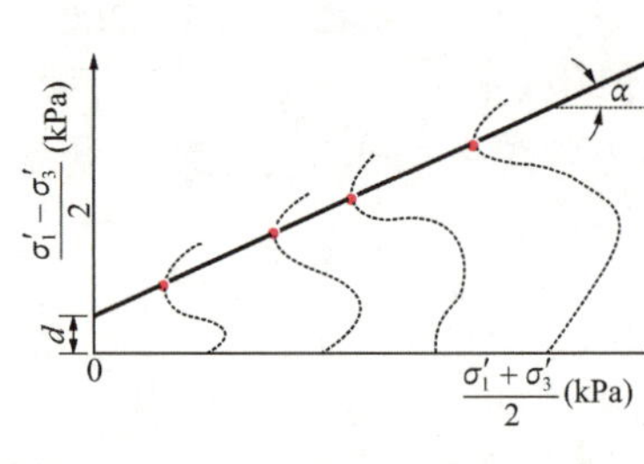

试样高度、面积、体积及剪切时的面积计算，见表 1-4-30。

试样高度、面积、体积及剪切时的面积计算　　　　表 1-4-30

<table>
<tr><th rowspan="2">项目</th><th rowspan="2">起始</th><th colspan="2">固结后</th><th rowspan="2">剪切时校正值</th></tr>
<tr><th>按实测固结下沉</th><th>等应变简化式样</th></tr>
<tr><td>试样高度（cm）</td><td>h_0</td><td>$h_c = h_0 - \Delta h_c$</td><td>$h_c = h_0 \times \left(1 - \frac{\Delta V}{V_0}\right)^{1/3}$</td><td>—</td></tr>
<tr><td rowspan="3">试样面积（cm^2）</td><td rowspan="3">A_0</td><td rowspan="3">$A_c = \frac{V_0 - \Delta V}{h_c}$</td><td rowspan="3">$A_c = A_0 \times \left(1 - \frac{\Delta V}{V_0}\right)^{2/3}$</td><td>不固结不排水剪：$A_a = \frac{A_0}{1-0.01\varepsilon_1}$</td></tr>
<tr><td>固结不排水剪：$A_a = \frac{A_c}{1-0.01\varepsilon_1}$</td></tr>
<tr><td>固结排水剪：$A_a = \frac{V_c-\Delta V_i}{h_c-\Delta h_i}$</td></tr>
<tr><td>试样体积（cm^3）</td><td>V_0</td><td colspan="2">$V_c = h_c \cdot A_c$</td><td>—</td></tr>
</table>

式中：Δh_c——固结下沉量（cm），由轴向位移计测得；

ΔV——固结排水量（cm^3），实测或试验前后试样质量差换算；

ΔV_i——排水剪中剪切时的试样体积变化（cm^3），按体变管或排水管读数求得；

ε_1——轴向应变（%），$\varepsilon_1 = \frac{\Delta h_i}{h_c} \times 100\%$；

Δh_i——试样剪切时高度变化（cm），由轴向位移计测得

题 1-112　（04C02）某土样做固结不排水测孔压三轴试验，部分结果如表 1-4-31 所示，试有效应力法求摩尔圆的圆心坐标及半径。

题 1-112 表　　　　表 1-4-31

序号	应力		
	大主应力σ_1（kPa）	小主应力σ_3（kPa）	孔隙水压u（kPa）
1	77	24	11
2	131	60	32
3	161	80	43

【解】

（1）试验 1：$\sigma_1' = \sigma - u = 77 - 11 = 66\text{kPa}$，$\sigma_3' = \sigma_3 - u = 24 - 11 = 13\text{kPa}$

圆形坐标 $= \frac{66+13}{2} = 39.5\text{kPa}$，半径$r = \frac{66-13}{2} = 26.5\text{kPa}$

（2）同理试验 2：圆心坐标 63.5kPa，半径 35.5kPa

试验 3：圆心坐标 77.5kPa，半径：40.5kPa

【点评】

有效摩尔应力圆的画法，有效应力 = 总应力 − 孔隙水压力。

4.8.2 反压力饱和法的试样饱和标准

计算每级周围压力下的孔隙压力增量Δu，并与周围压力增量$\Delta\sigma_3$比较，当孔隙水压力增量与周围压力增量之比$\Delta u/\Delta\sigma_3 > 0.98$时，认为试样饱和。

$$\Delta u/\Delta\sigma_3 > 0.98 \Rightarrow 饱和$$

题 1-113 （22 补考 C01）对四个黏性土样进行饱和固结不排水三轴剪切试验，采用反压力饱和法饱和试样。试验结果见表 1-4-32。

题 1-113 表　　　　表 1-4-32

试样编号	反压力饱和		
	上一级围压（kPa）	最终围压（kPa）	孔隙水压力增量Δu（kPa）
①	50	80	28.5
②	50	80	29.7
③	80	110	27.6
④	80	110	29.8

符合《土工试验方法标准》GB/T 50123—2019 要求的试验数量是以下哪个选项?

（A）1 个　　（B）2 个　　（C）3 个　　（D）4 个

【解】

（1）试样 1: $\frac{\Delta u}{\Delta\sigma_3}=\frac{28.5}{80-50}=0.95<0.98$，不符合要求。

（2）试样 2: $\frac{\Delta u}{\Delta\sigma_3}=\frac{29.7}{80-50}=0.99>0.98$，符合要求。

（3）试样 3: $\frac{\Delta u}{\Delta\sigma_3}=\frac{27.6}{110-80}=0.92<0.98$，不符合要求。

（4）试样 4: $\frac{\Delta u}{\Delta\sigma_3}=\frac{29.8}{110-80}=0.993>0.98$，符合要求。

满足要求的试验数量为 2 个。

【点评】

①根据《土工试验方法标准》第 19.3.2 条第 3 款，反压力饱和法，计算每级周围压力下的孔隙压力增量Δu，并与周围压力增量$\Delta\sigma_3$比较，当孔隙水压力增量与周围压力增量之比$\Delta u/\Delta\sigma_3 > 0.98$时，认为试样饱和；否则应按本标准第 19.3.2 条第 3 款的规定重复，直至试样饱和为止；②本题为 2022 年上午知识 46 题重现，送分题。

4.8.3　孔隙水压力系数

孔隙水压力系数计算按表 1-4-33。

孔隙水压力系数　　表 1-4-33

孔压系数是指在不允许土中孔隙流体进出的情况下，由**附加应力引起的超静孔隙水增量与总应力增量之比**。斯开普顿的孔隙水压力计算公式如下：

$$\Delta u=\Delta u_1+\Delta u_2=B\Delta\sigma_3+B\cdot A\cdot\Delta(\sigma_1-\sigma_3)$$

式中：Δu_1——各向等压、不排水条件下施加围压应力分量的增量使得土体内产生的孔隙水压力增量（kPa）；

Δu_2——围压σ_3不变、不排水条件下只施加偏差应力$\Delta(\sigma_1-\sigma_3)$使得土体内产生的孔隙水压力增量（kPa）；

B——各向等压条件下的孔隙水压力系数；

A——围压σ_3不变、偏差应力条件下的孔隙水压力系数

孔隙压力系数B和A应按下列公式计算：

$$B=\frac{u_0}{\sigma_3};\ A=\frac{u_{\mathrm{d}}}{B(\sigma_1-\sigma_3)}$$

式中：u_0——试样在围压（σ_3）下产生的初始孔隙压力（kPa）；

u_{d}——试样在主应力差（$\Delta\sigma=\sigma_1-\sigma_3$）下产生的孔隙压力（kPa）

由围压（σ_3）和偏差应力（$\Delta\sigma=\sigma_1-\sigma_3$）引起的总孔隙水压力$u$：

$$u=u_0+u_{\mathrm{d}}=B[\sigma_3+A(\sigma_1-\sigma_3)]$$

试验过程中的孔隙水压力按下表计算。

试验过程中的孔隙水压力

不固结不排水	施加围压和偏差应力**两阶段**均不排水	$u=u_0+u_{\mathrm{d}}=B[\sigma_3+A(\sigma_1-\sigma_3)]$
固结不排水	施加**围压阶段**排水固结，施加**偏差应力阶段**不排水	$u=u_{\mathrm{d}}=AB(\sigma_1-\sigma_3)$
固结排水	施加围压和偏差应力**两阶段**均排水，孔隙水压力完全消散	$u=0$

注：对饱和土体，土骨架间的孔隙完全为水充满，此时$B=1.0$；对干土，土骨架间的孔隙完全为气体充满，此时$B=0$；对非饱和土体，土骨架间的孔隙为水和气体两者充填，此时B介于 0～1.0，孔压系数B主要取决于土的饱和度。

题 1-114　对完全饱和黏土样进行固结不排水试验，土样的直径为 39.1mm，高度为 80mm，围压$\sigma_3 = 300$kPa，固结下沉量$\Delta h_c = 0.12$cm，固结排水量$\Delta V = 5.4\text{cm}^3$，剪切破坏时的测力计读数$R = 51.2$（0.01mm），测力计率定系数$C = 7.5$N/0.01mm，试验剪切时的高度变化$\Delta h_i = 0.7$cm，破坏时的孔隙水压力$u_f = 120$kPa，根据《土工试验方法标准》GB/T 50123—2019，求破坏时的孔隙水压力系数A最接近下列哪个选项？

（A）0.40　　（B）0.52　　（C）0.66　　（D）0.73

【解】

（1）$A_0 = 3.14 \times \dfrac{39.1^2}{4} = 12\text{cm}^2$，$\Delta V = 5.4\text{cm}^3$，$V_0 = 12 \times 8 = 96\text{cm}^3$，

$h_c = 8 - 0.12 = 7.88\text{cm}$

（2）$A_c = \dfrac{96-5.4}{7.88} = 11.50\text{cm}^2$，$\varepsilon_1 = \dfrac{0.7}{7.88} = 0.0888$，$A_a = \dfrac{11.50}{1-0.0888} = 12.62\text{cm}^2$

（3）饱和土$B = 1$，且

$$\sigma_1 - \sigma_3 = \frac{7.5 \times 51.2}{12.62} \times 10 = 304.3\text{kPa} \Rightarrow A = \frac{u_d}{B(\sigma_1 - \sigma_3)} = \frac{120}{1 \times 304.3} = 0.394$$

【点评】

①根据《土工试验方法标准》表 19.8.1、式(19.8.1-1)及式(19.8.1-6)；②三轴压缩试验的试样在固结后和剪切过程中试样面积会减小或增大，因此必须进行修正，按实测固结下沉量计算固结后截面积；③注意统一各参数量纲。

题 1-115　（17C03）取某粉质黏土试样进行三轴固结不排水压缩试验，施加周围压力为 200kPa，测得初始孔隙水压力为 196kPa，待土样固结稳定后再施加轴向压力直至试样破坏，测得土样破坏时的轴向压力为 600kPa，孔隙水压力为 90kPa，求试样破坏时的孔隙水压力系数A？

（A）0.17　　（B）0.23　　（C）0.30　　（D）0.50

【解】

$$B = \frac{\Delta u_3}{\Delta \sigma_3} = \frac{196}{200} = 0.98$$

$$A = \frac{u_f}{B(\sigma_1 - \sigma_3)_f} = \frac{90}{0.98 \times (600 - 200)} = 0.23$$

【点评】

①根据《土工试验方法标准》第 19.8.1 条，土力学原理题；②孔隙水压力系数A为主应力差引起的孔隙水压力与主压力差的比值，固结时孔隙水压力已消散，u_f完全由偏差应力引起；③根据《土力学》P125，孔压系数是指不允许土中的孔隙流体进出的情况，由附加应力引起的超静水压力增量与总应力增量之比，根据斯开普顿的孔隙水压力计算公式：$\Delta u = \Delta u_1 + \Delta u_2 = B[\Delta\sigma_3 + A\Delta(\sigma_1 - \sigma_3)]$，本题中固结后再施加轴向压力，此时$\Delta\sigma_3$为 0，$\Delta u = 90$kPa。

4.9　无侧限压缩试验和直接剪切试验

4.9.1　无侧限压缩试验——《土工试验方法标准》第 20 章

无侧限压缩试验相关指标计算按表 1-4-34。

无侧限压缩试验　　表 1-4-34

<table>
<tr><td colspan="4">（1）原理：饱和黏土在不固结不排水剪切试验中，由于不能施加和改变周围压力 6s，所以如右图所示，只能测得一个通过原点的极限应力状态摩尔圆，得不到强度包线。破坏包线就是一根水平线，即$\varphi_u=0$，可用无侧限抗压强度q_u来换算土的不固结不排水强度c_u。即：
$$\tau_f=\frac{q_u}{2}=c_u$$</td><td colspan="2">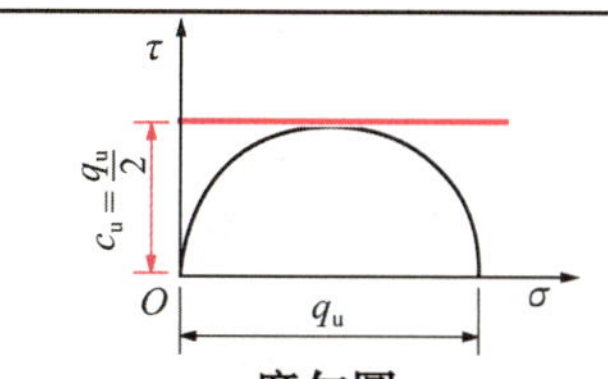

摩尔圆</td></tr>
<tr><td colspan="6">（2）试验相关指标：
土样应为饱和软黏土。加荷方式应为应变控制式。试样直径可为 3.5～4.0cm。试样高度宜为 8.0cm</td></tr>
<tr><td>试样的轴向应变ε_1（%）</td><td colspan="2">$\varepsilon_1=\frac{\Delta h}{h_0}\times 100$</td><td colspan="3">$\Delta h$——剪切过程中，试样高度的变化（cm）；
h_0——试样初始高度（cm），宜为 8.0cm</td></tr>
<tr><td>试样剪切时的平均断面积A_a（cm^2）</td><td colspan="2">$A_a=\frac{A_0}{1-0.01\varepsilon_1}$</td><td colspan="3">$A_0$——试样初始截面积（$cm^2$）</td></tr>
<tr><td>试样所受的轴向应力σ（kPa）</td><td colspan="2">$\sigma=\frac{CR}{A_a}\times 10$</td><td colspan="3">$C$——测力计率定系数（N/0.01mm）；
R——测力计读数（0.01mm）</td></tr>
<tr><td>无侧限抗压强度q_u（kPa）</td><td colspan="3">以轴向应力为纵坐标，轴向应变为横坐标，绘制应力-应变曲线。取曲线上最大轴向应力作为无侧限抗压强度q_u。
最大轴向应力不明显时，取轴向应变$\varepsilon=15\%$对应的应力作为无侧限抗压强度q_u</td><td colspan="2">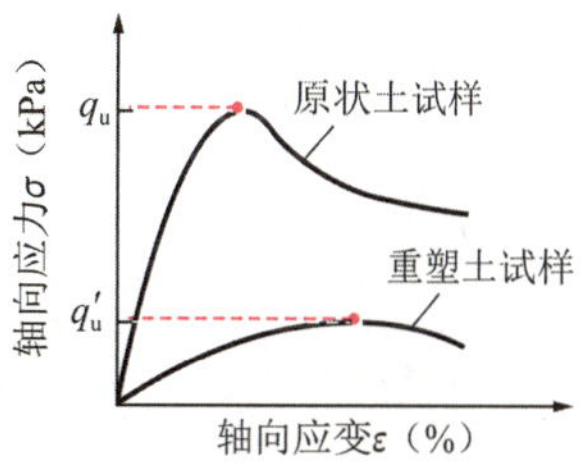

应力-应变曲线</td></tr>
<tr><td>土的不固结不排水强度c_u（kPa）</td><td>$c_u=\frac{q_u}{2}$</td><td>灵敏度S_t</td><td>$S_t=\frac{q_u}{q'_u}$</td><td colspan="2">q_u——原状试样的无侧限抗压强度（kPa）；
q'_u——重塑试样的无侧限抗压强度（kPa）</td></tr>
</table>

题 1-116　（07D01）某饱和软黏土无侧限抗压强度试验的不排水抗剪强度$c_u=70\text{kPa}$，如果对同一土样进行三轴不固结不排水试验，施加围压$\sigma_3=150\text{kPa}$时，计算试验在发生破坏时的轴向应力σ_1最接近下列哪个选项？

（A）140kPa　（B）220kPa　（C）290kPa　（D）370kPa

【解】

不固结不排水剪切试验时，摩尔应力圆半径：$r=c_u=70\text{kPa}$

$\sigma_1=\sigma_3+2r=150+2\times 70=290\text{kPa}$

【点评】

根据土力学基本原理，不排水三轴试验时，摩尔应力圆的半径不变为不排水抗剪强度，且半径$r=(\sigma_1-\sigma_3)/2$。

【同类型真题】 05C02

题 1-117 取原状土样进行无侧限抗压强度试验，土样的直径 40mm，高度为 80mm，测力计峰值读数为 14N（假设此时土样的轴向应力最大），此时土样的竖向变形Δh为 10mm，求原状试样的无侧限抗压强度最接近下列哪个选项？

（A）2.8kPa （B）9.8kPa （C）11.2kPa （D）14.0kPa

【解】

$$\varepsilon_1=\frac{10}{80}=0.125,\ A_a=\frac{A_0}{1-\varepsilon}=\frac{3.14\times0.2^2}{1-0.125}=1.435\times10^{-3}\text{m}^2$$

$$q_u=\frac{14}{1.435\times10^{-3}}=9.76\text{kPa}$$

【点评】

根据《土工试验方法标准》第 20.4.1～20.4.4 条。

4.9.2 直接剪切试验——《土工试验方法标准》第 21 章

直接剪切试验相关指标计算按表 1-4-35。

直接剪切试验 表 1-4-35

<table>
<tr><td colspan="2">（1）直接剪切试验分为快剪、固结快剪和慢剪三种方法，分别测得强度指标：
快剪→c_q、φ_q；固结快剪→c_{cq}、φ_{cq}；慢剪→c_s、φ_s</td></tr>
<tr><td>（2）试样的剪应力τ（kPa）：
$\tau=\frac{CR}{A_0}\times10$</td><td>$C$——测力计率定系数（N/0.01mm）；
R——测力计读数（0.01mm）；
A_0——试样初始的面积（cm^2）</td></tr>
<tr><td colspan="2">（3）试验通过施加法向应力σ，逐级增加剪切面上剪应力τ，使试件破坏，取峰值强度的法向应力σ和剪应力τ（无峰值时，取剪切位移$\Delta L=4$mm 所对应的剪应力τ），绘制强度包线（σ-τ）曲线，求取土的黏聚力和内摩擦角：
抗剪强度：$\tau_f=c+\sigma\tan\varphi$</td></tr>
</table>

注：表格中内容为室内直接剪切试验；野外现场直接剪切试验见本篇第 2 章原位测试。

题 1-118 某土样进行应变式直剪试验，数据见表 1-4-36，已知剪力盒面积$A=30\text{cm}^2$，应力环系数$K=0.2\text{kPa/0.01mm}$，百分表 0.01mm/格，试求该土样抗剪强度指标，最接近下列哪个选项？

题 1-118 表 表 1-4-36

垂直荷载（kN）	0.15	0.30	0.60	0.90	1.20
应力环百分表格数	120	160	280	380	480

（A）$c=10\text{kPa}$，$\varphi=14°$ （B）$c=10\text{kPa}$，$\varphi=12°$

（C）$c=13\text{kPa}$，$\varphi=12°$ （D）$c=13\text{kPa}$，$\varphi=14°$

【解】

（1）计算每组的正应力和剪应力如表 1-4-37 所示：$\sigma=P/A$，$\tau=K\times$应力环百分表格数

解 1-118 表 表 1-4-37

σ（kPa）	50	100	200	300	400
τ（kPa）	24	32	56	76	96

（2）根据$\tau=c+\sigma\tan\varphi$，采用最小二乘法直线拟合

$$\sum_{i=1}^{n}\sigma_i=1050,\ \sum_{i=1}^{n}\sigma_i^2=302500,\ \sum_{i=1}^{n}\tau_i=284,\ \sum_{i=1}^{n}\sigma_i\tau_i=76800$$

（3）$\tan\varphi=\dfrac{5\times76800-1050\times284}{5\times302500-1050^2}=0.209\Rightarrow\varphi=11.8°$

（4）$c=\dfrac{302500\times284-1050\times76800}{5\times302500-1050^2}=12.9\text{kPa}$

【点评】

①根据《土工试验方法标准》第 21.4.1 条、第 21.4.4 条，《土力学》第 5 章，《工程地质手册》P270，最小二乘法的计算；②注意看K的单位。

4.10　冻土密度、含水率和未冻含水率试验

4.10.1　冻土含水率试验——《土工试验方法标准》第 32 章

冻土含水率试验主要有烘干平均试样法和联合测定法，相关指标计算按表 1-4-38。

烘干平均试样法、联合测定法-冻土含水率试验　　　　表 1-4-38

<table>
<tr><td colspan="4">适用对象：冻土的有机质含量不宜大于干土质量 5%的层状和网状冻土</td></tr>
<tr><td rowspan="3">烘干平均试样法</td><td colspan="3">简要步骤：（1）取样称重m_{f0}→（2）融化调制成糊状称重m_{f1}→（3）测定糊状土的含水率w_n</td></tr>
<tr><td>冻土含水率w_f（%）精确至 0.1%</td><td>$w_f=\left[\dfrac{m_{f0}}{m_{f1}}(1+0.01w_n)-1\right]\times100$</td><td>$m_{f0}$——冻土试样质量（g）；
m_{f1}——调成糊状的土样质量（g）；
w_n——平均试样（糊状土）含水率（%）</td></tr>
<tr><td colspan="3">数据分析：应进行两次平行测定，其平行最大允许差值应为±1%</td></tr>
<tr><td rowspan="2">联合测定法</td><td colspan="3">简要步骤：（1）固定排液筒→（2）取样称重m_{f0}→（3）控制虹吸管的止水夹，使排液筒中水面稳定，称筒和水总质量m_{tw}→（4）将试样放入排液筒中，控制止水夹，称筒、水和试样总质量m→充分融化，控制止水夹，称筒、水和冻土颗粒总质量m_{tws}</td></tr>
<tr><td>冻土含水率w_f（%）精确至 0.1%</td><td>$w_f=\left[\dfrac{m_{f0}(G_s-1)}{(m_{tws}-m_{tw})G_s}-1\right]\times100$</td><td>$m_{f0}$——冻土试样质量（g）；
m_{tws}——筒、水和冻土颗粒的总质量（g）；
m_{tw}——筒加水的总质量（g）</td></tr>
</table>

注：整体状冻土含水率采用烘干法同含水率试验。

题 1-119　（19 模三 03）采用联合测定法测定冻土含水率，倒水使得水面超过虹吸管顶，松开止水夹，水面稳定后，拧紧止水夹，称筒和水的质量为 5786g，放入冻土后，称筒、水和土样的总质量为 7056g，融化澄清，松开止水夹排水，称得筒、水和试样总质量为 6397g，已知土粒比重$G_s=2.70$，试计算冻土的含水率最接近下列哪个选项？

（A）19%　　　（B）21%　　　（C）31%　　　（D）35%

【解】

（1）$m=7056-5786=1270\text{g}$

（2）$w=\left[\dfrac{m\times(G_s-1)}{(m_3-m_1)\times G_s}-1\right]\times100\%=\left[\dfrac{1270\times(2.70-1)}{(6397-5786)\times2.7}-1\right]\times100\%=30.87\%$

【点评】

根据《土工试验方法标准》第 32.2 节，或依土三相原理也可解答，注意试验过程和规范有所差别，规范公式推导如下：

$$w=\frac{m_w}{m_s}\times100\%=\frac{m_{f0}-m_s}{m_s}\times100\%=\left(\frac{m_{f0}}{m_s}-1\right)\times100\%$$

$$=\left(\frac{m_{f0}}{\rho_d V}-1\right)\times100\%=\left(\frac{m_{f0}}{\rho' V\times\dfrac{\rho_d}{\rho'}}-1\right)\times100\%$$

由于$\rho_d=\dfrac{G_s}{1+e}\rho_w$，$\rho'=\dfrac{G_s-1}{1+e}\rho_w$，$\dfrac{\rho_d}{\rho'}=\dfrac{G_s}{G_s-1}$，$\rho' V=m_{tws}-m_{tw}$

$$w=\left[\frac{m_{f0}}{(m_{tws}-m_{tw})\times\dfrac{G_s}{G_s-1}}-1\right]\times100\%=\left[\frac{m_{f0}\times(G_s-1)}{(m_{tws}-m_{tw})\times G_s}-1\right]\times100\%$$

4.10.2 冻土密度试验——《土工试验方法标准》第 33 章

冻土密度试验相关指标计算按表 1-4-39。

冻土密度试验　　表 1-4-39

<table>
<tr><td colspan="3">冻土密度试验应根据冻土的特点和试验条件选用浮称法、联合测定法、环刀法或充砂法：
（1）浮称法用于表面无显著孔隙的冻土；
（2）联合测定法用于砂质冻土和层状、网状结构的黏质冻土；
（3）环刀法用于温度高于−3℃的黏质和砂质冻土；
（4）充砂法用于表面有明显孔隙的冻土。
冻土密度试验宜在负温环境下进行。无负温环境时，应采取保温措施和快速测定。在试验过程中，冻土表面不得发生融化</td></tr>
<tr><td colspan="3">适用对象：原状冻土或人工冻土</td></tr>
<tr><td>浮称法和环刀法</td><td>$\rho_f=\dfrac{m_{f0}}{V_f}\Leftarrow V_f=\dfrac{m_{f0}-m_{fm}}{\rho_m}$
$\rho_{fd}=\dfrac{\rho_f}{1+0.01w_f}$</td><td rowspan="3">$\rho_f$——冻土湿密度（g/cm³）；
ρ_{fd}——冻土干密度（g/cm³），精确至 0.01g/cm³；
V_f——冻土试样体积（cm³）；
m_{f0}——冻土试样的质量（g）；
m_{fm}——冻土试样在煤油中的质量（g）；
ρ_m——试验温度下煤油的密度（g/cm³）；
m_{tw}——放入冻土试样前筒+水的质量（g）；
m'_{tws}——放入冻土试样后筒+水+试样的总质量(g)；
m_{tfs}——测筒+试样+量砂的总质量（g）；
m_{lt}——测筒的质量（g）；
m_{ts}——筒+砂的质量（g）；
ρ_{ls}——量砂的平均密度（g/cm³）；
V_t——测筒容积（cm³）</td></tr>
<tr><td>联合测定法</td><td>$\rho_f=\dfrac{m_{f0}}{V_f}\Leftarrow V_f=\dfrac{m_{f0}+m_{tw}-m'_{tws}}{\rho_w}$</td></tr>
<tr><td>充砂法</td><td>$\rho_f=\dfrac{m_{f0}}{V_f}$
$V_f=V_t-\dfrac{m_{tfs}-m_{lt}-m_{f0}}{\rho_{ls}}$
$\rho_{ls}=\dfrac{m_{ts}-m_{lt}}{V_t}$</td></tr>
<tr><td colspan="3">数据分析：应进行不少于 2 组平行试验。对于整体状构造的冻土，两次测定的最大允许差值应为 ±0.03g/cm³，并取其算术平均值；对于层状和网状构造和其他富冰冻土，宜提出两次测定值</td></tr>
</table>

题 1-120　采用联合测定法测定冻土干密度。已知冻土试样质量为 1500g，排液筒及水的总质量为 3200g，冻土试样放入排液筒后的筒、水、试样总质量为 3850g，冻土融解后加水，秤得筒、水、土颗粒总质量为 3970g。土粒比重为 2.68，试按《土工试验方法标准》GB/T 50123—2019 计算冻土的含水率和干密度最接近下列哪个选项？

（A）$w=22\%$，$\rho_d=1.45\text{g/cm}^3$　　（C）$w=22\%$，$\rho_d=1.76\text{g/cm}^3$

（B）$w=28\%$，$\rho_d=1.45\text{g/cm}^3$　　（D）$w=28\%$，$\rho_d=1.76\text{g/cm}^3$

【解】

（1）含水率：$w=\dfrac{m_{f0}(G_s-1)}{(m_3-m_{tw})\cdot G_s}-1=\dfrac{1500\times(2.68-1)}{(3970-3200)\times2.68}-1=22.1\%$

（2）冻土的密度：$\rho_f=\dfrac{m_{f0}}{m_{f0}+m_{tw}-m'_{tws}}\cdot\rho_w=\dfrac{1500}{1500+3200-3850}\times1=1.76\text{g/cm}^3$

（3）冻土的干密度：$\rho_{fd}=\dfrac{\rho_f}{1+w}=\dfrac{1.76}{1+0.221}=1.45\text{g/cm}^3$

【点评】

根据《土工试验方法标准》第 32.3 节、第 33.3 节，了解公式原理。

题 1-121 采用充砂法测定冻土密度。已知测筒的质量为 100g，容积为 150cm³，测筒充满标准砂时，测得砂、筒总质量为 400g，切取冻土试样 200g 用标准砂充填冻土试样后，测得测筒、试样、砂总质量为 380g，试按《土工试验方法标准》GB/T 50123—2019，计算冻土的密度最接近下列哪个选项？

（A）1.68g/cm³　　（B）1.72g/cm³　　（C）1.78g/cm³　　（D）1.82g/cm³

【解】

（1）量砂的密度：$\rho_{1s}=\dfrac{m_{ts}-m_{1t}}{V_t}=\dfrac{400-100}{150}=2.0\text{g/cm}^3$

（2）冻土试样的体积：$V_f=V_t-\dfrac{m_{tfs}-m_{1t}-m_{f0}}{\rho_{1s}}=150-\dfrac{380-100-200}{2.0}=110\text{cm}^3$

（3）冻土密度：$\rho_f=\dfrac{m_{f0}}{V_f}=\dfrac{200}{110}=1.82\text{g/cm}^3$

【点评】

根据《土工试验方法标准》第 33.5.3 条，一定要理解公式的含义，就可闭卷作答。

4.10.3 冻土的未冻含水率试验——《土工试验方法标准》第 36 章

冻土的未冻含水率试验相关指标计算按表 1-4-40。

冻土的未冻含水率试验　　表 1-4-40

适用对象：黏土或砂质土		
冻土的未冻含水率w_{fn}（%）	$w_{fn}=AT_f^{-B}$ $A=w_LT_L^B$ $B=\dfrac{\ln w_L-\ln w_P}{\ln T_P-\ln T_L}$	T_f——试样的冻结温度（负温）绝对值（℃）； T_L——液限试样的冻结温度绝对值（℃）； T_P——塑限试样的冻结温度绝对值（℃）； w_P、w_L——塑限、10mm 液限（%），代入时去掉百分号； A、B——与土的性质有关的常数
数据分析：两次平行试验的差值，最大允许误差在 0～−3℃范围内应为±2%；低于−3℃时应为±1%		

题 1-122 某扰动黏土试样进行未冻含水率试验，已测定该土样锥尖贯入 10mm 的液限为 36%，锥尖贯入 17mm 的液限为 42%，塑限为 18%，塑限时冻结温度为−16℃，液限时冻结温度为−2℃，试计算−3.5℃时该土样的未冻含水率最接近下列哪个选项？

（A）20%　　（B）25%　　（C）30%　　（D）35%

【解】

（1）液限取 10mm 液限

$B=\dfrac{\ln 36-\ln 18}{\ln 16-\ln 2}=0.333$，$A=w_L\cdot T_L^B=36\times 2^{0.333}=45.4$

（2）$w_{fn}=A\cdot T_f^{-B}=45.4\times 3.5^{-0.333}=29.9\%$

【点评】

根据《土工试验方法标准》第 36.4.1 条。

4.11 收缩试验——《土工试验方法标准》第 26 章

收缩试验相关指标计算按表 1-4-41。

收缩试验 表 1-4-41

适用对象：土样应为原状试样或击实试样。本试验应在室温不高于 30℃的条件下进行		
不同时间的**含水率**w_t（%）	$w_t=\left(\frac{m_t}{m_d}-1\right)\times 100$	m_t——时间t时的试样质量（g）； m_d——试样烘干后的干土质量（g）
不同时间的**线缩率**δ_{st}（%）	$\delta_{st}=\frac{Z_t-Z_0}{h_0}\times 100$	Z_t——时间t时的百分表读数（mm）； Z_0——百分表初始读数（mm）； h_0——土样原始高度（mm）
体缩率δ_V（%）	$\delta_V=\frac{V_0-V_d}{V_0}\times 100$	V_0——试样初始体积（环刀容积）（cm^3）； V_d——试样烘干后的体积（cm^3）
收缩系数λ_s	$\lambda_s=\frac{\Delta\delta_{st}}{\Delta w}$	$\Delta\delta_{st}$——收缩曲线上第 I 阶段 2 点线缩率之差（%）； Δw——相应于$\Delta\delta_{st}$两点含水率之差（%）
缩限w_s（%）	以线缩率为纵坐标，含水率为横坐标，绘制关系曲线。延长第 I 、Ⅲ阶段的直线段至相交，两线交点对应的横坐标值w_s，即为原状土的缩限	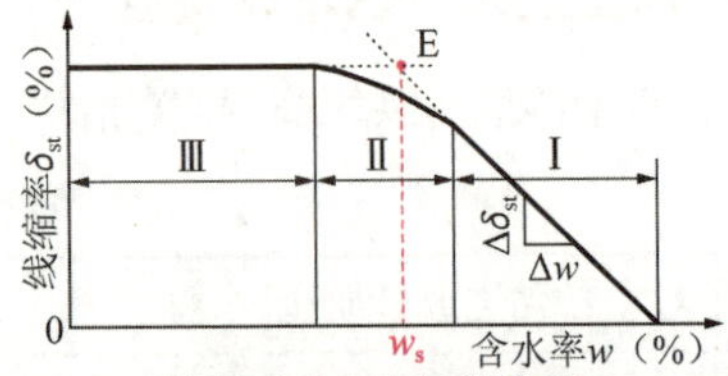 **线缩率与含水率曲线**

题 1-123 某击实黏土进行收缩试验，根据试验结果绘制线缩率与含水率的关系曲线见图 1-4-3，试求该土样的收缩系数λ_s和缩限w_s最接近下列哪个选项？

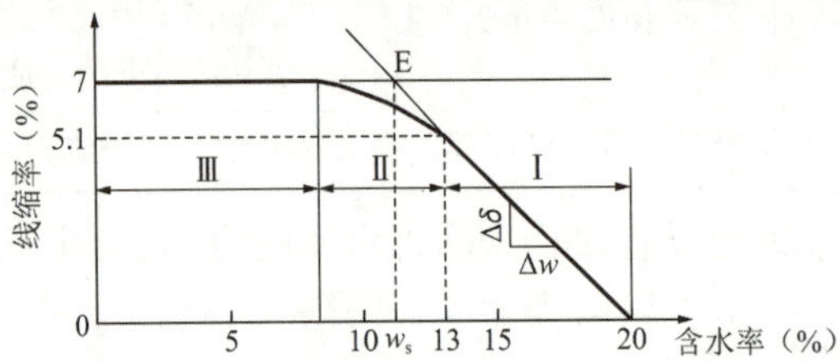

图 1-4-3 题 1-123 图

（A）$\lambda_s=0.66$，$w_s=8.5\%$ （B）$\lambda_s=0.66$，$w_s=10.5\%$

（C）$\lambda_s=0.73$，$w_s=8.5\%$ （D）$\lambda_s=0.73$，$w_s=10.5\%$

【解】

（1）收缩系数$\lambda_s=\frac{\Delta\delta_s}{\Delta w}=\frac{5.1-0}{20-13}=0.73$

（2）缩限为直线段与水平段交点对应的含水率，通过几何关系插值：

$$\frac{5.1}{7}=\frac{20-13}{20-w}\Rightarrow w_s=10.4\%$$

【点评】

根据《土工试验方法标准》第 26.4.4 条、第 26.4.5 条。

4.12　振动三轴试验——《土工试验方法标准》第 29 章

振动三轴试验相关指标计算按表 1-4-42。

振动三轴试验　　　　表 1-4-42

适用对象：（1）土样应为饱和的细粒土或砂土，其他粗粒土也可参照执行。

（2）动强度（或抗液化强度）特性试验宜采用固结不排水振动试验条件；动力变形特性试验宜采用固结不排水振动试验条件；动残余变形特性试验宜采用固结排水振动试验条件

简要步骤：（1）试样制备→（2）试样饱和→（3）试样安装→（4）试样固结→（5）根据需要进行动强度试验（排水阀关闭）、动力变形特性试验（排水阀关闭）、动残余变形特性试验（保持排水阀开启）→（6）计算机自动采集、处理数据、成图

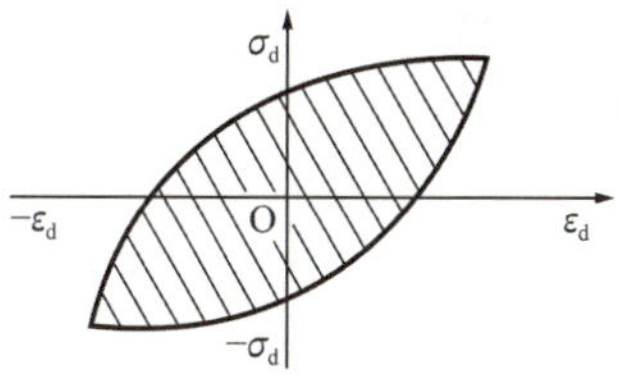

动应力σ_d-动应变ε_d滞回圈

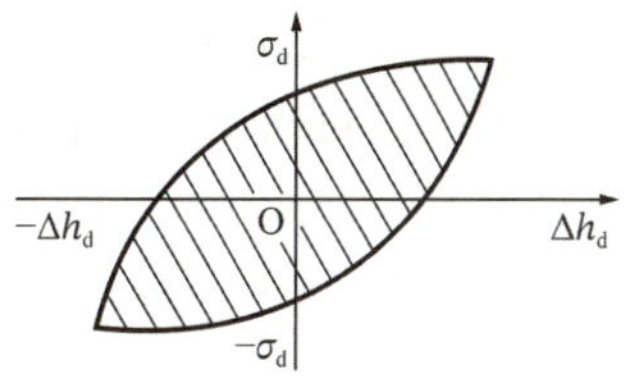

动应力σ_d-动变形Δh_d滞回圈

轴向动应力 σ_d（kPa）	$\sigma_d = \frac{W_d}{A_c} \times 10$
轴向动应变 ε_d（%）	$\varepsilon_d = \frac{\Delta h_d}{h_c} \times 100$
动弹性模量 E_d（kPa）	$E_d = \frac{\sigma_d}{\varepsilon_d} \times 100$
动剪切模量 G_d（kPa）	$G_d = \frac{E_d}{2(1+\mu)}$
动剪应变 γ_d（%）	$\gamma_d = \varepsilon_d(1+\mu)$
阻尼比 λ	$\lambda = \frac{1}{4\pi}\frac{A_z}{A_s}$

W_d——轴向动荷载（N）；

A_c——固结后试样截面积（cm^2）；

Δh_d——轴向动变形（mm）；

h_c——固结后试样高度（mm）；

μ——泊松比；

A_z——滞回圈 ABCDA 的面积（kPa）；

A_s——三角形 OAE 的面积（kPa）

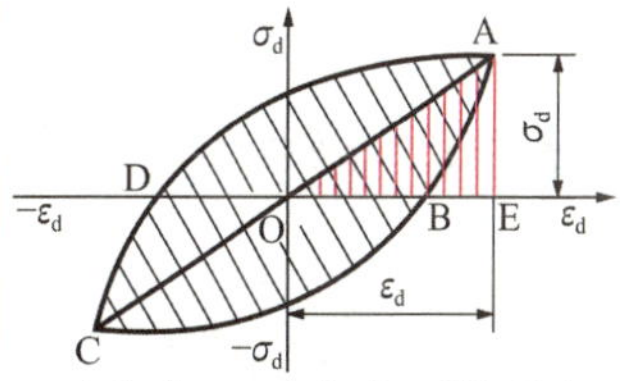

动应力σ_d-动应变ε_d滞回圈

题 1-124（19D24）运用振动三轴仪测试土的动模量。试样原始直径 39.1mm，原始高度 81.6mm，在 200kPa 围压下等向固结后的试样高度为 80.0mm，随后轴向施加 100kPa 动应力，得到动应力-动变形滞回曲线如图 1-4-4 所示。若土的泊松比为 0.35，试问试验条件下土试样的动剪切模量最接近下列哪个选项？

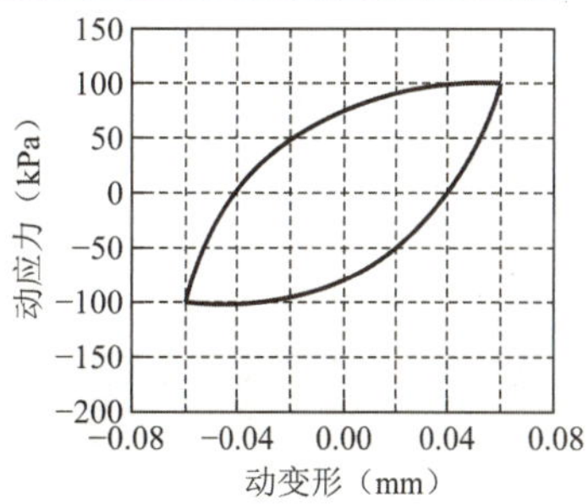

图 1-4-4　题 1-124 图

（A）25MPa　　（B）50MPa

（C）62MPa　　（D）74MPa

【解】

（1）动轴应变幅$\varepsilon_d = \frac{0.06}{80} = 7.5 \times 10^{-4}$

（2）动弹性模量$E_d = \frac{100}{7.5\times10^{-4}} \times 10^{-3} = 133.3\text{MPa}$

（3）动剪切模量$G_d = \frac{133.3}{2\times(1+0.35)} = 49.4\text{MPa}$

【点评】

①依据《土力学》P350,《地基动力特征测试规范》第 9.4.2 条、第 9.4.3 条，或《工程地质手册》P352，或《土工试验方法标准》第 29.4.4 条；②生僻考点，需要熟练掌握材料力学的应力、应变、动弹性模量、动剪切模量的概念与公式。

题 1-125 对某土样进行振动三轴仪试验，已知试样原始直径 39.1mm，原始高度 80mm，在 200kPa 围压下等向固结后的试样高度为 74.5mm，随后轴向施加 200kPa 动应力，轴向动变形$\Delta h_d = 0.15$mm，得到动应力-动应变滞回曲线如图 1-4-5 所示，已知滞回圈 ABCDA 的面积为 4100×10^{-4}kPa，根据《土工试验方法标准》GB/T 50123—2019，试计算该土的阻尼比最接近下列哪个选项？(《土工试验方法标准》上滞回圈面积的单位 cm² 错误，应勘误为 kPa）

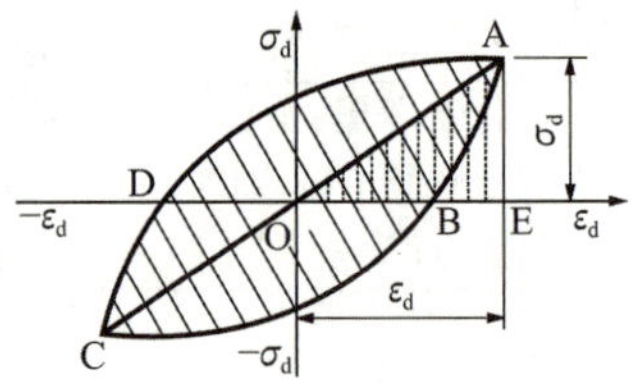

图 1-4-5　题 1-125 图

（A）0.174　　（B）0.162　　（C）0.087　　（D）0.081

【解】

$$\lambda = \frac{1}{4 \times 3.14} \times \frac{0.41}{0.5 \times \frac{0.15}{74.5} \times 200} = 0.162$$

【点评】

①根据《土工试验方法标准》第 29.4.4 条；②A_z为滞回圈 ABCDA 的面积，A_s为 AOE 的面积；③注意各参数量纲统一。

第 5 章

工程岩体与工程地质

5.1 工程岩体试验

本节重点为**单轴抗压强度试验**和**点荷载试验**，标注规范默认为《工程岩体试验方法标准》。

5.1.1 岩块试验

1. 含水率试验——《工程岩体试验方法标准》第 2.1 节

岩石含水率试验指标计算按表 1-5-1。

含水率试验 **表 1-5-1**

岩石含水率试验应采用烘干法。计算应精确至 0.01	
$w=\dfrac{m_0-m_s}{m_s}\times 100$	w——岩石含水率（%）； m_0——烘干前的试件质量（g）； m_s——烘干后的试件质量（g）

2. 颗粒密度试验——《工程岩体试验方法标准》第 2.2 节

岩石颗粒密度试验指标计算按表 1-5-2。

颗粒密度试验 **表 1-5-2**

岩石颗粒密度试验应采用比重瓶法或水中称量法。颗粒密度试验应进行两次平行测定，两次测定的差值不应大于 0.02，颗粒密度应取两次测值的平均值。计算应精确至 0.01	
$\rho_s=\dfrac{m_s}{m_1+m_s-m_2}\rho_{wT}$	ρ_s——岩石颗粒密度（g/cm^3）； m_s——烘干岩粉质量（g）； m_1——瓶、试液总质量（g）； m_2——瓶、试液、岩粉总质量（g）； ρ_{wT}——与试验温度同温度的试液密度（g/cm^3）

题 1-126 某岩石试样磨成岩粉，取 16.056g 岩粉，105℃烘干后质量为 15.005g，将岩粉倒入比重瓶，注入蒸馏水近满后采用煮沸法排气，将比重瓶放至 20℃恒温水槽，澄清后使得多余试液溢出，称得瓶、试液和岩粉的总质量为 273.465g，洗净比重瓶，注入蒸馏水至比重瓶近满，多余蒸馏水自瓶塞毛细孔溢出后，称得瓶和试液的质量为 263.925，试计算岩石颗粒密度最接近下列哪个选项？（20℃时蒸馏水的密度为 $0.998g/cm^3$）

（A）$2.72g/cm^3$ （B）$2.74g/cm^3$ （C）$2.76g/cm^3$ （D）$2.78g/cm^3$

【解】

$$\rho_s=\frac{15.005}{263.925+15.005-273.465}\times 0.998=2.74g/cm^3$$

【点评】

根据《工程岩体试验方法标准》第 2.2 节，岩粉比重试验采用烘干后的岩粉，测试方法和土粒比重试验类似。

3. 块体密度试验——《工程岩体试验方法标准》第 2.3 节

岩石块体密度试验指标计算见表 1-5-3。

块体密度试验 表 1-5-3

岩石块体密度试验可采用量积法、水中称量法或蜡封法。计算应精确至 0.01		
量积法	$\rho_d = \dfrac{m_s}{AH}$	ρ_d——岩石块体干密度（g/cm^3）； m_s——烘干试件质量（g）； A——试件截面积（cm^2）； H——试件高度（cm）
蜡封法	$\rho_d = \dfrac{m_s}{\dfrac{m_1-m_2}{\rho_w}-\dfrac{m_1-m_s}{\rho_p}}$； $\rho = \dfrac{m}{\dfrac{m_1-m_2}{\rho_w}-\dfrac{m_1-m}{\rho_p}}$ $\rho_d = \dfrac{\rho}{1+0.01w}$	ρ——岩石块体湿密度（g/cm^3）； m——湿试件质量（g）； m_1——蜡封试件质量（g）； m_2——蜡封试件在水中的称量（g）； ρ_w——水的密度（g/cm^3）； ρ_p——蜡的密度（g/cm^3）； w——岩石含水率（%）

题 1-127 （14D02）某天然岩块质量为 134.00g，在 105～110℃下烘干 24h 后，质量变为 128.00g，再对岩块进行蜡封，蜡封后的质量为 135.00g，蜡封试件沉入水中后的质量为 80.00g。试计算该岩块的干密度最接近下列哪个选项？（注：蜡的密度取 $0.85g/cm^3$）

（A）$2.33g/cm^3$　（B）$2.52g/cm^3$　（C）$2.74g/cm^3$　（D）$2.87g/cm^3$

【解】

$$\rho_d = \frac{m_s}{\dfrac{m_1-m_2}{\rho_w}-\dfrac{m_1-m_s}{\rho_p}} = \frac{128}{\dfrac{135-80}{1}-\dfrac{135-128}{0.85}} = 2.74g/cm^3$$

【点评】

①根据《工程岩体试验方法标准》第 2.3.9 条；②不能死套规范公式，要理解公式的含义，分母“—”前面是蜡封试件体积（根据阿基米德定律，减轻的质量 **m = 试件加蜡的体积 × ρ_w**），“—”后面是**蜡的体积**，但是要注意蜡封的是天然岩块还是烘干后的岩块，代入的数据是不一样的；③难度小，需闭卷完成（闭卷方是真正理解了公式的含义）。

4. 吸水性试验——《工程岩体试验方法标准》第 2.4 节

岩石吸水性试验指标计算按表 1-5-4。

吸水性试验 表 1-5-4

岩石吸水性试验应包括岩石吸水率试验和岩石饱和吸水率试验。计算应精确至 0.01		
岩石吸水率	$w_a = \dfrac{m_0-m_s}{m_s}\times 100$	w_a——岩石吸水率（%）； w_{sa}——岩石饱和吸水率（%）； K_w——饱和系数； m_0——试件自由浸水 48h 后的质量（g）； m_s——烘干试件质量（g）； m_p——试件经强制饱和（煮气真空抽气）后的质量（g）； m_w——强制饱和试件在水中的称量（g）； ρ_w——水的密度（g/cm^3）
饱和吸水率	$w_{sa} = \dfrac{m_p-m_s}{m_s}\times 100$	
饱和系数	$K_w = \dfrac{w_a}{w_{sa}}$	
块体干密度	$\rho_d = \dfrac{m_s}{m_p-m_w}\rho_w$	
颗粒密度	$\rho_s = \dfrac{m_s}{m_s-m_w}\rho_w$	

题 1-128 某岩石试件质量为 300g，烘干 24h 后称量，质量为 275g，先采用自由浸水法，48h 后称量为 298g，后采用煮沸法将试件煮沸 7h，冷却后称量为 308g，在 4℃纯水中称量为 183g，试计算该岩石块体天然状态含水率、吸水率、饱和吸水率、干密度和岩石颗粒密度。

【解】

（1）天然状态含水率：$w=\dfrac{300-275}{275}=9.1\%$

（2）吸水率：$w_a=\dfrac{298-275}{275}=8.4\%$

（3）饱和吸水率：$w_{sa}=\dfrac{308-275}{275}=12\%$

（4）干密度：$\rho_d=\dfrac{m_s}{\dfrac{m_p-m_w}{\rho_w}}=\dfrac{275}{\dfrac{308-183}{1}}=2.2\text{g/cm}^3$

（5）岩石颗粒密度：$\rho_s=\dfrac{m_s}{V_s}=\dfrac{275}{\dfrac{275-183}{1}}=3\text{g/cm}^3$

【点评】

根据《工程岩体试验方法标准》第 2.1 节、第 2.4 节。

5. 膨胀性试验——《工程岩体试验方法标准》第 2.5 节

岩石膨胀性试验指标计算按表 1-5-5。

膨胀性试验 表 1-5-5

<table>
<tr><td colspan="3">岩石膨胀性试验应包括岩石自由膨胀率试验、岩石侧向约束膨胀率试验和岩石体积不变条件下的膨胀压力试验。计算值应取 3 位有效数字</td></tr>
<tr><td>轴向自由膨胀率</td><td>$V_H=\dfrac{\Delta H}{H}\times 100$</td><td rowspan="4">$V_H$——岩石轴向自由膨胀率（%）；
V_D——岩石径向自由膨胀率（%）；
V_{HP}——岩石侧向约束膨胀率（%）；
p_c——体积不变条件下的岩石膨胀压力（MPa）；
ΔH——试件轴向变形值（mm）；
H——试件高度（mm）；
ΔD——试件径向平均变形值（mm）；
D——试件直径或边长（mm）；
ΔH_1——有侧向约束试件的轴向变形值（mm）；
F——轴向荷载（N）；
A——试件截面积（mm²）</td></tr>
<tr><td>径向自由膨胀率</td><td>$V_D=\dfrac{\Delta D}{D}\times 100$</td></tr>
<tr><td>侧向约束膨胀率</td><td>$V_{HP}=\dfrac{\Delta H_1}{H}\times 100$</td></tr>
<tr><td>膨胀压力</td><td>$p_c=\dfrac{F}{A}$</td></tr>
</table>

题 1-129 某遇水不易崩解的圆柱形岩石试样做自由膨胀率试验，试件放入水中后，轴向长度由 50mm 变为 51.2mm，直径由 40mm 变为 42mm。（1）求轴向自由膨胀率和径向自由膨胀率。（2）假设改做侧向约束膨胀率试验后，膨胀体积和自由膨胀率膨胀体积相同，求膨胀后试样的高度及侧向约束膨胀率。（3）如果做体积不变条件下的膨胀压力试验，轴向加载量为 15kN，则岩石的膨胀压力为多少？

【解】

（1）轴向自由膨胀率：$V_H=\dfrac{51.2-50}{50}=2.4\%$

径向自由膨胀率：$V_D=\dfrac{42-40}{40}=5\%$

（2）膨胀后体积：$V'=3.14\times 21^2\times 51.2=70898.7\text{mm}^3$

膨胀后高度：$h' = \dfrac{70898.7}{3.14 \times 20^2} = 56.45\text{mm}$

侧向约束膨胀率：$V_{HP} = \dfrac{56.45-50}{50} = 12.9\%$

（3）膨胀压力：$P_e = \dfrac{F}{A} = \dfrac{15000}{3.14 \times 20^2} = 11.9\text{MPa}$

【点评】

根据《工程岩体试验方法标准》第 2.5.9 条。

6. 耐崩解性试验——《工程岩体试验方法标准》第 2.6 节

岩石耐崩解性试验指标计算按表 1-5-6。

耐崩解性试验 **表 1-5-6**

遇水易崩解岩石可采用岩石耐崩解性试验。计算值应取 3 位有效数字	
$I_{d2} = \dfrac{m_r}{m_s} \times 100$	I_{d2}——岩石二次循环耐崩解性指数（%）； m_s——原试件烘干质量（g）； m_r——残留试件烘干质量（g）

题 1-130 某岩石试样进行耐崩解性试验，岩样烘干后质量为 500g，经循环崩解后质量损失 200g，试计算耐崩解性指数最接近下列哪个选项？

（A）0.2　（B）0.4　（C）0.6　（D）0.8

【解】

$$I_d = \frac{500-200}{500} = 0.6$$

【点评】

根据《工程岩体试验方法标准》第 2.6.6 条。

7. 单轴抗压强度试验和岩石软化系数——《工程岩体试验方法标准》第 2.7 节

岩石单轴抗压强度试验相关指标计算见表 1-5-7，岩石软化系数分类见表 1-5-8，岩石坚硬程度分类见表 1-5-9。

单轴抗压强度试验 **表 1-5-7**

尺寸要求：1. 圆柱体试件直径宜为 48～54mm； 2. 试件的直径应大于岩石最大颗粒直径的 10 倍； 3. 试件高度与直径之比宜为 2.0～2.5		
高径比 2.0～2.5 时： 岩石单轴抗压强度R（MPa）	$R = \dfrac{P}{A}$	R——**标准高径比**试件的抗压强度（MPa）； P——破坏荷载（N）； A——试件截面积（mm^2）
高径比小于 2.0 或大于 2.5 时： 岩石单轴抗压强度R（MPa）	$R = \dfrac{8R'}{7 + \dfrac{2D}{H}} \Leftarrow R' = \dfrac{P}{A}$	R'——**任意高径比**试件的抗压强度（MPa）； D——试件直径（mm）； H——试件高度（mm）
软化系数η	$\eta = \dfrac{\overline{R}_w}{\overline{R}_d}$	$\overline{R}_w$——岩石饱和单轴抗压强度平均值（MPa）； $\overline{R}_d$——岩石烘干单轴抗压强度平均值（MPa）
数据分析：岩石单轴抗压强度R取 3 位有效数字；软化系数η精确至 0.01		

岩石软化程度分类（《岩土工程勘察规范》第 3.2.4 条） **表 1-5-8**

岩石软化程度分类	软化岩石	不软化岩石
软化系数η	$\eta \leqslant 0.75$	$\eta > 0.75$

岩石坚硬程度分类　　表 1-5-9

坚硬程度	坚硬岩	较硬岩	较软岩	软岩	极软岩
饱和单轴抗压强度R_c（MPa）	$R_c > 60$	$60 \geqslant R_c > 30$	$30 \geqslant R_c > 15$	$15 \geqslant R_c > 5$	$R_c \leqslant 5$

题 1-131　直径为 50mm，长为 150mm 的圆柱体岩石试件，进行单轴抗压强度试验，测得破坏时极限荷载为 70000N，试计算岩石的单轴抗压强度。

【解】

（1）$R = \dfrac{P}{A} = \dfrac{70000}{3.14 \times 25^2}$ =35.65MPa

（2）该试件的高度与直径之比为 3，不满足规范 2～2.5 的要求，应进行换算：

$$R = \frac{8R'}{7 + \dfrac{2D}{H}} = \frac{8 \times 35.65}{7 + \dfrac{2 \times 50}{150}} = 37.2\text{MPa}$$

【点评】

①根据《工程岩体试验方法标准》第 2.7 节及条文说明；②注意判断是否为标准试件，非标准需要换算。

题 1-132　为判断某岩石地基的耐水浸能力，取若干组岩样在天然状态下测得其极限抗压强度平均值为 45MPa，同样岩样强制饱和后测得使样品破坏的抗压强度平均值为 38MPa，烘干至质量不再减少后测得极限抗压强度平均值为 50MPa。试计算岩石的软化系数并判别其软化程度为下列哪个选项？

（A）0.76，软化　（B）0.76，不软化　（C）0.84，软化　（D）0.84，不软化

【解】

软化系数：$\eta = \dfrac{38}{50} = 0.76 > 0.75 \Rightarrow$ 查表为不软化岩石

【点评】

①根据《岩土工程勘察规范》第 3.2.4 条、《工程岩体试验方法标准》第 2.7.10 条；②软化系数采用饱和状态和烘干状态进行计算，0.75 为软化岩石界限。

题 1-133　（18C04）对某岩石进行单轴抗压强度试验，试件直径均为 72mm，高度均为 95mm，测得其在饱和状态下岩石单轴抗压强度分别为 62.7MPa、56.5MPa、67.4MPa，在干燥状态下标准试件单轴抗压强度平均值为 82.1MPa，按《工程岩体试验方法标准》GB/T 50266—2013 求该岩石的软化系数与下列哪个选项最接近？

（A）0.69　（B）0.71　（C）0.74　（D）0.76

【解】

（1）$\dfrac{H}{D} = \dfrac{95}{72} = 1.32 < 2$ 为非标准件

$$R_{w1} = \frac{8 \times 62.7}{7 + \dfrac{2 \times 0.72}{0.95}} = 58.9\text{MPa}，\ 同理 R_{w2} = 53.1\text{MPa}，\ R_{w3} = 63.3\text{MPa}$$

（2）平均值：$\overline{R}_w = \dfrac{58.9+53.1+63.3}{3} = 58.4\text{MPa}$

（3）$\eta = \dfrac{58.4}{82.1} = 0.71$

【点评】

①根据《工程岩体试验方法标准》第 2.7.3 条、第 2.7.10 条及条文说明；②常规小知识点，软化系数为岩石**饱和**单轴抗压强度**平均值**与岩石**烘干**单桩抗压强度**平均值之比**；③易

错点是要先判断试件高度与直径之比不为 2.0～2.5 时为非标准件，需要根据条文说明换算为标准件下的单轴抗压强度，$R=\dfrac{8R'}{7+2D/H}$ 。

8. 冻融试验——《工程岩体试验方法标准》第 2.8 节

岩石冻融试验相关指标计算见表 1-5-10。

冻融试验　　表 1-5-10

<table>
<tr><td colspan="3">岩石冻融试验应采用直接冻融法，能制成圆柱体试件的各类岩石均可采用直接冻融法。岩石冻融质量损失率和岩石冻融单轴抗压强度计算值应取 3 位有效数字，岩石冻融系数计算值应精确至 0.01</td></tr>
<tr><td>冻融质量损失率</td><td>$M=\dfrac{m_p-m_{fm}}{m_s}\times 100$</td><td rowspan="3">$M$——岩石冻融质量损失率（%）；
R_{fm}——岩石冻融单轴抗压强度（MPa）；
K_{fm}——岩石冻融系数；
m_p——冻融前饱和试件质量（g）；
m_{fm}——冻融后试件质量（g）；
m_s——试验前烘干试件质量（g）；
$\overline{R}_{fm}$——冻融后岩石单轴抗压强度平均值（MPa）；
$\overline{R}_w$——岩石饱和单轴抗压强度平均值（MPa）</td></tr>
<tr><td>冻融单轴抗压强度</td><td>$R_{fm}=\dfrac{P}{A}$</td></tr>
<tr><td>冻融系数</td><td>$K_{fm}=\dfrac{\overline{R}_{fm}}{\overline{R}_w}$</td></tr>
</table>

题 1-134 某住宅楼场地进行岩土工程勘察时，在场地下伏岩层采取了 6 块圆柱体岩芯试件，分成两组进行岩石冻融试验，试验结果见表 1-5-11。

题 1-134 表　　表 1-5-11

试件编号		试件尺寸		破坏荷载P（kN）	试件含水状态	试验加载方向
		直径D（mm）	高度H（mm）			
1 组	1-1 号	50	100	40	冻融后	轴向加载
	1-2 号	50	110	45		
	1-3 号	50	120	38		
2 组	2-1 号	50	105	70	强制饱和	
	2-2 号	50	105	60		
	2-3 号	50	110	55		

试计算该岩层的冻融系数最接近下列哪个选项？

（A）0.66　　（B）0.72　　（C）0.78　　（D）0.84

【解】

（1）标准试件为：直径 48～54mm，高度与直径比 2～2.5，满足要求。

$R=P/A$，计算结果见表 1-5-12。

解 1-134 表　　表 1-5-12

试件编号		试件尺寸		R（MPa）	$\overline{R}_w$（MPa）	$\overline{R}_d$（MPa）
		直径D（mm）	高度H（mm）			
1 组	1-1 号	50	100	20.37	20.88	—
	1-2 号	50	110	22.92		
	1-3 号	50	120	19.35		
2 组	2-1 号	50	105	35.65	—	31.40
	2-2 号	50	105	30.56		
	2-3 号	50	110	28.00		

（2）冻融系数：$K_{fm}=\dfrac{20.88}{31.40}=0.66$

【点评】

根据《工程岩体试验方法标准》第 2.8.7 条，首先判断是否为标准件，不标准需要换算，冻融系数与软化系数类似，为平均值之比。

9. **单轴压缩强度试验——《工程岩体试验方法标准》第 2.9 节**

岩石单轴压缩强度试验相关指标计算见表 1-5-13。

单轴压缩强度试验 **表 1-5-13**

岩石单轴压缩变形试验应采用电阻应变片法或千分表法，能制成圆柱体试件的各类岩石均可采用电阻应变片法或千分表法。试验成果按下述方法整理	
（1）岩石单轴抗压强度应按下式计算：$$R=\frac{P}{A}$$	R——岩石单轴抗压强度（MPa）； P——破坏载荷（N）； A——试件截面积（mm^2）
（2）各级应力应按下式计算：$$\sigma=\frac{P}{A}$$	σ——各级应力（MPa）； P——与所测各组应变值相应的载荷（N）
（3）千分表各级应力的轴向应变值、与 ε_l 同应力的径向应变值应分别按下列公式计算：$$\varepsilon_l=\frac{\Delta L}{L};\ \varepsilon_d=\frac{\Delta D}{D}$$	ε_l——各级应力的轴向应变值； ε_d——与ε_l同应力的径向应变值； ΔL——各级载荷下的轴向变形平均值（mm）； ΔD——与L同载荷下径向变形平均值（mm）； L——轴向测量标距或试件高度（mm）； D——试件直径（mm）
（4）应绘制应力与轴向应变及径向应变关系曲线	
（5）岩石平均弹性模量和岩石平均泊松比应分别按下列公式计算：$$E_{av}=\frac{\sigma_b-\sigma_a}{\varepsilon_{lb}-\varepsilon_{la}};\ \mu_{av}=\frac{\varepsilon_{db}-\varepsilon_{da}}{\varepsilon_{lb}-\varepsilon_{la}}$$	E_{av}——岩石平均弹性模量（MPa）； μ_{av}——岩石平均泊松比； σ_a——应力与轴向应变关系曲线上直线段始点的应力值（MPa）； σ_b——应力与轴向应变关系曲线上直线段终点的应力值（MPa）； ε_{la}、ε_{lb}——应力为σ_a和σ_b时的轴向应变值； ε_{da}、ε_{db}——应力为σ_a和σ_b时的径向应变值
（6）岩石割线弹性模量及相应的岩石泊松比应分别按下列公式计算：$$E_{50}=\frac{\sigma_{50}}{\varepsilon_{l50}};\ \mu_{50}=\frac{\varepsilon_{d50}}{\varepsilon_{l50}}$$	E_{50}——岩石割线弹性模量（MPa）； μ_{50}——岩石泊松比； σ_{50}——相当于岩石单轴抗压强度 50%时的应力值（MPa）； ε_{l50}——应力为σ_{50}时的轴向应变值； ε_{d50}——应力为σ_{50}时的径向应变值
（7）岩石弹性模量值应取 3 位有效数字，岩石泊松比计算值应精确至 0.01	

10. **三轴压缩强度试验——《工程岩体试验方法标准》第 2.10 节**

岩石三轴压缩强度试验相关指标计算见表 1-5-14。

三轴压缩强度试验 **表 1-5-14**

岩石三轴压缩强度试验应采用等侧向压力，能制成圆柱体试件的各类岩石均可采用等侧向压力三轴压缩强度试验。试验成果按下述方法整理	
（1）不同侧压条件下的**最大主应力**应按下式计算：$$\sigma_1=\frac{P}{A}$$	σ_1——不同侧压条件下的最大主应力（MPa）； P——不同侧压条件下的试件轴向破坏荷载（N）； A——试件截面积（mm^2）

续表

（2）应根据计算的最大主应力σ_1及相应施加的侧向压力σ_3，在τ-σ坐标图上绘制摩尔应力圆；应根据摩尔-库仑强度准则确定岩石在三向应力状态下的抗剪强度参数，应包括摩擦系数f和黏聚力c值
（3）抗剪强度参数也可采用下述方法予以确定。应在以σ_1为纵坐标和σ_3为横坐标的坐标图上，根据各试件的σ_1、σ_3值，点绘出各试件的坐标点，并应建立下列线性方程式： $\sigma_1 = F\sigma_3 + R$
式中：F——σ_1-σ_3关系曲线的斜率； R——σ_1-σ_3关系曲线在σ_1轴上的截距，等同于试件的单轴抗压强度（MPa）

（4）根据参数F、R，摩尔-库仑强度准则参数分别按下列公式计算： **摩擦系数：**$f = \frac{F-1}{2\sqrt{F}}$；**黏聚力：**$c = \frac{R}{2\sqrt{F}}$	f——摩擦系数； c——黏聚力（MPa）

题 1-135 岩石三轴压缩强度试验，已知根据各试件的σ_1、σ_3，确定的线性方程式为$\sigma_1 = 15\sigma_3 + 137$，试计算该岩石的$f$、$c$值最接近下列哪个选项？

（A）1.62，17.7MPa　　（B）1.81，17.7MPa

（C）1.62，19.7MPa　　（D）1.81，19.7MPa

【解】

（1）根据线性方程式可知：$F = 15$，$R = 137$

（2）$f = \frac{F-1}{2\sqrt{F}} = \frac{15-1}{2\times\sqrt{15}} = 1.81$

（3）$c = \frac{R}{2\sqrt{F}} = \frac{137}{2\times\sqrt{15}} = 17.7\text{MPa}$

【点评】

根据《工程岩体试验方法标准》第2.10.6条，以σ_1、σ_3为坐标轴拟合直线得出F、R。

题 1-136 某建筑场地采取两块直径 50mm、高度 100mm 的岩石试样进行室内岩石三轴压缩强度试验，试验结果见表 1-5-15，按《工程岩体试验方法标准》GB/T 50266—2013 确定岩石的抗剪强度参数f、c。

题 1-136 表　　表 1-5-15

试件编号	直径（mm）	高度（mm）	试验围压σ_3（kPa）	轴向破坏荷载P（N）
1	50	100	60	1580
2	50	100	110	1830

【解】

轴向加压，破坏时的大主应力：

$$\sigma_{11} = \frac{P}{A} = \frac{1580}{3.14\times25^2}\times10^3 = 805.1\text{kPa}，\sigma_{12} = \frac{P}{A} = \frac{1830}{3.14\times25^2}\times10^3 = 932.5\text{kPa}$$

【解法一】

带入：$\sigma_1 = F\sigma_3 + R$得方程组：

$$\begin{cases}805.1 = 60F + R\\932.5 = 110F + R\end{cases} \Rightarrow \begin{cases}F = 2.548\\R = 652.2\end{cases}$$

解得：$f = \frac{F-1}{2\sqrt{F}} = \frac{2.548-1}{2\times\sqrt{2.548}} = 0.485$，$c = \frac{R}{2\sqrt{F}} = \frac{652.2}{2\times\sqrt{2.548}} = 204.3\text{kPa}$

【解法二】

根据摩尔-库仑强度理论：

$$\begin{cases}805.1 = 60\tan^2\left(45+\frac{\varphi}{2}\right)+2c\tan\left(45+\frac{\varphi}{2}\right)\\932.5 = 110\tan^2\left(45+\frac{\varphi}{2}\right)+2c\tan\left(45+\frac{\varphi}{2}\right)\end{cases}\Rightarrow\begin{cases}c = 204.3\text{kPa}\\\varphi = 25.87°\end{cases}$$

得：$f=\tan\varphi=\tan 25.87°=0.485$，$c=204.3\text{kPa}$

【点评】

①根据《工程岩体试验方法标准》第 2.10.6 条；②偏僻考点，通过对σ_1和σ_3拟合直线方程，求取中间参数F和R，然后求得摩擦系数和黏聚力，由于可以采用最小二乘法求取F和R，多个试验时可以提高精度；③解法二根据摩尔-库仑破坏准则列方程计算结果相同，但处理多个试验结果时，无法采用最小二乘法。

11. 抗拉强度试验——《工程岩体试验方法标准》第 2.11 节

岩石抗拉强度试验相关指标计算见表 1-5-16。

抗拉强度试验 表 1-5-16

<table>
<tr><td colspan="2">岩石抗拉强度试验应采用劈裂法，能制成规则试件的各类岩石均可采用劈裂法</td></tr>
<tr><td colspan="2">岩石试件要求：（1）圆柱体试件的直径宜为 48～54mm。试件厚度宜为直径的 0.5～1.0 倍，并应大于岩石中最大颗粒直径的 10 倍。（2）其他应符合规范第 2.7.2 条、第 2.7.4～2.7.6 条的要求</td></tr>
<tr><td>岩石抗拉强度应按下式计算（计算值应取 3 位有效数字）：
$\sigma_t=\frac{2P}{\pi Dh}$</td><td>$\sigma_t$——岩石抗拉强度（MPa）；
P——试件破坏荷载（N）；
D——试件直径（mm）；
h——试件厚度（mm）</td></tr>
</table>

题 1-137 直径为 50mm，厚度为 40mm 的标准岩石试件，进行劈裂法抗拉强度试验，测得破坏时极限荷载为 8000N，试计算岩石抗拉强度最接近下列哪个选项？

（A）1.27MPa （B）2.04MPa （C）2.55MPa （D）8.15MPa

【解】

$$\sigma_t=\frac{2P}{\pi Dh}=\frac{2\times8000}{3.14\times50\times40}=2.55\text{MPa}$$

【点评】

根据《工程岩体试验方法标准》第 2.11.6 条。

12. 直剪试验——《工程岩体试验方法标准》第 2.12 节

岩石直剪试验相关指标计算见表 1-5-17。

直剪试验 表 1-5-17

<table>
<tr><td colspan="2">岩石直剪试验应采用平推法。各类岩石、岩石结构面以及混凝土与岩石接触面均可采用平推法直剪试验。直剪试验的结果，应按下列方法确定</td></tr>
<tr><td>（1）各法向载荷下，作用于剪切面上的法向应力和剪应力应分别按下列公式计算：
$\sigma=\frac{P}{A}$；$\tau=\frac{Q}{A}$</td><td>σ——作用于剪切面上的法向应力（MPa）；
τ——作用于剪切面上的剪应力（MPa）；
P——作用于剪切面上的法向荷载（N）；
Q——作用于剪切面上的剪切荷载（N）；
A——有效剪切面积（mm^2）</td></tr>
<tr><td colspan="2">（2）应绘制各法向应力下的剪应力与剪切位移及法向位移关系曲线，应根据曲线确定各剪切阶段特征点的剪应力。将各剪切阶段特征点的剪应力和法向应力点绘在坐标图上，绘制剪应力与法向应力关系曲线，并应按库仑-奈维表达式确定相应的岩石强度参数（f、c）</td></tr>
</table>

注：本篇第 3 章“原位测试”中已经对现场直接剪切试验有较详细讲解。

13. **点荷载强度试验——《工程岩体试验方法标准》第 2.13 节**

岩石试件应符合下列规定：（1）作**径向试验**的岩芯试件，长度与直径之比应大于 1.0；作**轴向试验**的岩芯试件，长度与直径之比宜为 0.3～1.0。（2）**方块体或不规则块体**试件，其尺寸宜为 50mm±35mm，两加载点间距与加载处平均宽度之比宜为 0.3～1.0。

（1）未经修正的点荷载强度I_s

未经修正的点荷载强度I_s计算见表 1-5-18。

未经修正的点荷载强度I_s 表 1-5-18

<table>
<tr><td colspan="4">等价岩芯直径D_e（mm）：破坏截面面积A，等效变换$\frac{\pi D_e^2}{4}=A\Rightarrow D_e^2=\frac{4A}{\pi}$</td></tr>
<tr><td colspan="2">径向试验</td><td>轴向试验</td><td>不规则岩块试验</td></tr>
<tr><td>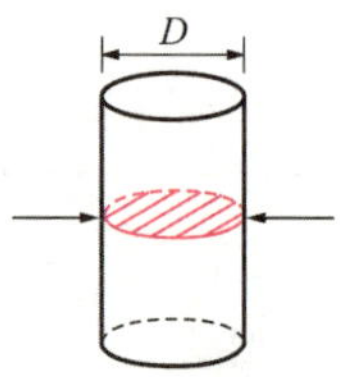
未发生贯入</td><td>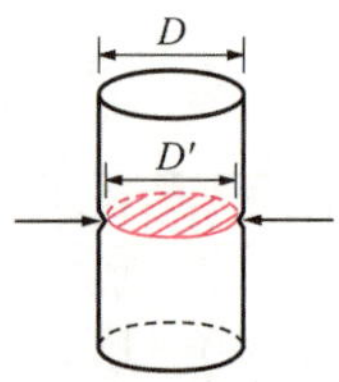
发生贯入</td><td>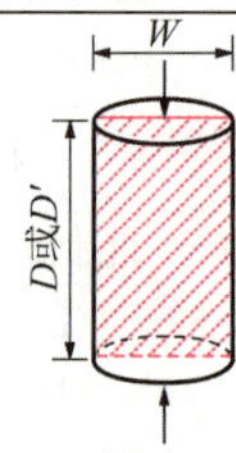
轴向</td><td>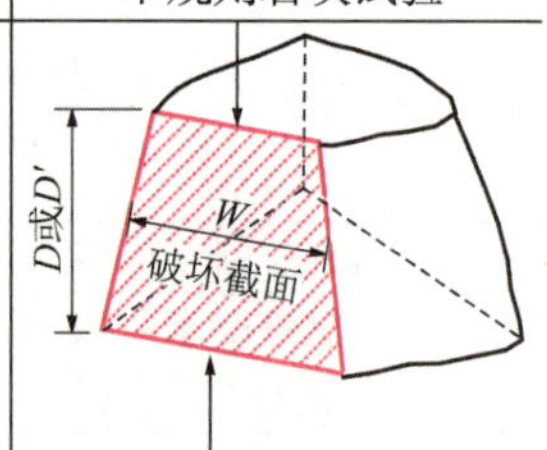
不规则</td></tr>
<tr><td>$D_e^2=D^2$</td><td>$D_e^2=DD'$</td><td colspan="2">$D_e^2=\frac{4WD}{\pi}$或$D_e^2=\frac{4WD'}{\pi}$</td></tr>
<tr><td colspan="4">式中：D——加载点间距（mm）；
D'——上下锥端发生贯入后，试件破坏瞬间的加载点间距（mm）；
W——通过两加载点最小截面的宽度或平均宽度（mm），最小截面的宽度不一致时取平均宽度</td></tr>
<tr><td>未经修正的点荷载强度
I_s（MPa）</td><td>$I_s=\frac{P}{D_e^2}$</td><td colspan="2">D_e——等价岩芯直径（mm）；
P——破坏载荷（N）</td></tr>
</table>

（2）点荷载强度指数$I_{s(50)}$

点荷载强度指数$I_{s(50)}$计算见表 1-5-19。

未经修正的点荷载强度$I_{s(50)}$ 表 1-5-19

<table>
<tr><td colspan="3">当等价岩芯直径D_e不等于 50mm 时，应对计算值I_s进行修正</td></tr>
<tr><td>D_e =50mm 时</td><td>$I_{s(50)}=I_s$</td><td rowspan="3">$I_{s(50)}$——等价岩芯直径为 50mm 的岩石点荷载强度指数（MPa）；
P_{50}——根据$D_e{}^2$-P关系曲线求得的$D_e{}^2$为 2500mm^{2}时的P值(N)；
F——修正系数，$F=\left(\frac{D_e}{50}\right)^m$，$m$为修正指数，可取 0.40～0.45</td></tr>
<tr><td>D_e ≠50mm 时
且试验数据较多</td><td>$I_{s(50)}=\frac{P_{50}}{2500}$</td></tr>
<tr><td>D_e ≠50mm 时
且试验数据较少</td><td>$I_{s(50)}=F\cdot I_s$</td></tr>
<tr><td>**数据处理**</td><td colspan="2">一组有效试验数据 ≤ **10** 个时：舍去最高值和最低值，再取其余数据平均值；
一组有效试验数据 > **10** 个时：舍去 2 个最高值和 2 个最低值，再取其余数据平均值</td></tr>
</table>

注：**《工程岩体分级标准》上规定不一样：**

1.试件尺寸：（1）径向岩芯加载试验，岩芯直径宜为 30～70mm，长度应为试件直径的 1.4 倍；（2）岩芯轴向加载试验，岩芯直径宜为 30～70mm，长度为试件直径的 0.5～1.0 倍；（3）方块体试件或不规则块体试件，试件的最短边长宜为 30～80mm，加荷点间距D与通过两加载点的最小截面平均宽度W之比宜为 0.5～1.0，且加载点至自由端的距离L应大于 0.5D。

2.点荷载强度指数测试，同组试验岩样数量不应少于 10 个。试验成果应为舍去最大、最小测试值后的算术平均值。

（3）岩石点荷载强度指数$I_{s(50)}$换算饱和单轴抗压强度R_c

岩石点荷载强度指数$I_{s(50)}$按表 1-5-20 中公式换算饱和单轴抗压强度R_c。

换算饱和单轴抗压强度R_c　　表 1-5-20

$R_c = 22.82 I_{s(50)}^{0.75}$	R_c——岩石饱和单轴抗压强度（MPa）; $I_{s(50)}$——等价岩芯直径为 50mm 的岩石点荷载强度指数（MPa）

（4）岩石点荷载强度各向异性指数$I_{a(50)}$

岩石点荷载强度各向异性指数$I_{a(50)}$计算按表 1-5-21。

点荷载强度各向异性指数$I_{a(50)}$　　表 1-5-21

$I_{a(50)} = \dfrac{I'_{s(50)}}{I''_{s(50)}}$	$I'_{s(50)}$——垂直于弱面的岩石点荷载强度指数（MPa）; $I''_{s(50)}$——平行于弱面的岩石点荷载强度指数（MPa）

题 1-138　（03D01）一岩块测得点载荷强度指数$I_{s(50)} = 2.9\text{MN/m}^2$，按《工程岩体分级标准》GB/T 50218—2014 推荐的公式计算，岩石的单轴饱和抗压强度最接近下列选项?

（A）50MPa　　（B）56MPa　　（C）67MPa　　（D）84MPa

【解】

$$R_c = 22.82 \times I_{s(50)}{}^{0.75} = 22.82 \times 2.9^{0.75} = 50.7\text{MPa}$$

【点评】

①根据《工程岩体分级标准》第 3.3.1 条；②点载荷试验属于重要的考点，破碎岩体无法取得完整的试样进行岩石饱和单轴抗压强度试验时，通过进行点载荷试验，换成饱和单轴抗压强度。

【同类型真题】09D03

题 1-139　边长为 60mm 的立方体岩石试件，进行点荷载强度试验，加载点位于平面的中心，测得破坏时极限荷载为 4000N，破坏瞬间加荷点两面均贯入 5mm，根据《工程岩体试验方法标准》GB/T 50266—2013，判断该岩石的坚硬程度属于下列哪个选项？（修正指数m取 0.45）

（A）软岩　　（B）较软岩　　（C）较坚硬岩　　（D）坚硬岩

【解】

（1）$D_e^2 = \dfrac{4WD'}{\pi} = \dfrac{4\times60\times(60-2\times5)}{\pi} = 3821.7\text{mm}^2$

$$I_s = \frac{P}{D_e^2} = \frac{4000}{3821.7} = 1.05\text{MPa}$$

（2）$I_{s(50)} = FI_s = \left(\dfrac{\sqrt{3821.7}}{50}\right)^{0.45} \times 1.047 = 1.16\text{MPa}$

（3）$R_c = 22.82 \times (1.16)^{0.75} = 25.5 \in (15,30) \Rightarrow$ 较软岩

【点评】

①根据《工程岩体试验方法标准》第 2.13.9 条；注意统一各参数量纲。②等价岩芯直径D_e的换算原则为“面积相等”原则；③注意区分修正指数m和修正系数F，此处容易出错；上下锥端发生贯入后，应按试件“破坏瞬间的加载点间距”换算等价岩芯直径D_e。

题 1-140 对某不规则岩块进行点载荷强度试验，测得破坏时的极限荷载为 3800N，加载位置如图 1-5-1 所示，破坏时加载点上面贯入 5mm，下面未贯入，通过加载点最小截面如图所示梯形，梯形上边$W_1 = 40$mm，下边$W_2 = 60$mm，高度$D = 50$mm，判断该岩石的坚硬程度为下列哪个选项？（修正指数m取 0.45）

（A）坚硬岩　　（B）较坚硬岩

（C）较软岩　　（D）软岩

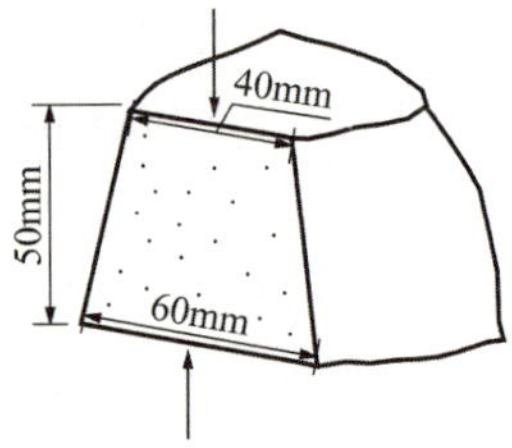

图 1-5-1　题 1-140 图

【解】

（1）$\frac{W_1'-40}{60-40} = \frac{5}{50} \Rightarrow W_1' = 42\text{mm}$，$D' = 50 - 5 = 45\text{mm}$

（2）$D_e^2 = \frac{4\times0.5\times(42+60)\times45}{3.14} = 2923.6\text{mm}^2$，$I_s = \frac{3800}{2923.6} = 1.30\text{MPa}$

（3）$F = \left(\frac{\sqrt{2923.6}}{50}\right)^{0.45} = 1.036$，$I_{s(50)} = 1.036 \times 1.30 = 1.347\text{MPa}$

（4）$R_c = 22.82 \times 1.347^{0.75} = 28.53\text{MPa}$，介于 15～30⇒较软岩

【点评】

①根据《工程岩体试验方法标准》第 2.13 节；②等价岩芯直径D_e的换算原则为“面积相等”原则；③注意区分修正指数m和修正系数F，此处容易出错；④上下锥端发生贯入后，应按试件“破坏瞬间的加载点间距”换算等价岩芯直径D_e，此为《工程岩体试验方法标准》和《工程岩体分级标准》的区别。

题 1-141 （22D03）对直径 30mm、高度 42mm 的某岩石饱和试样进行径向点载荷试验，测得岩石破坏时极限荷载 1300N，锥端发生贯入破坏，试件破坏瞬间加荷点间距 26mm，试按《工程岩体试验方法标准》GB/T 50266—2013、《工程岩体分级标准》GB/T 50218—2014 判定，该岩石的坚硬程度是下列哪个选项？并说明理由。（修正系数取 0.45）

（A）坚硬岩　　（B）较坚硬岩　　（C）较软岩　　（D）软岩

【解】

（1）取$D_e^2 = 30 \times 26 = 780\text{mm}^2$，$D_e = \sqrt{780} = 28\text{mm}$

$I_s = \frac{1300}{780} = 1.67\text{MPa}$

（2）$F = \left(\frac{28}{50}\right)^{0.45} = 0.77$，$I_{s(50)} = 1.67 \times 0.77 = 1.29\text{MPa}$

$R_c = 22.82 \times 1.29^{0.75} = 27.6\text{MPa} \in (15,30]$，查表，较软岩

【点评】

①根据《工程岩体试验方法标准》第 2.13 节、《工程岩体分级标准》第 3.3.1 条、第 3.3.3 条；②径向加载时的宽度取试件破坏瞬间的加载点间距；③题干中的修正系数应为出题的笔误，应该为修正指数，修正系数 0.45 是明显不合理数据；④不是单轴抗压强度试验，不需要进行尺寸修正。

5.1.2 岩体变形试验——《工程岩体试验方法标准》第 3 章

1. **承压板法试验——《工程岩体试验方法标准》第 3.1 节**

岩体承压板法试验相关指标计算按表 1-5-22。

承压板法试验 表 1-5-22

（1）**刚性承压板法岩体弹性（变形）模量**应按下式计算： $$E=I_0\frac{(1-\mu^2)pD}{W}$$ E——岩体弹性（变形）模量（MPa）：当以总变形量 W_0 代入式中计算的为变形模量 E_0，当以弹性变形 W_e 代入式中计算的为弹性模量 E	W——岩体变形（cm）； p——按承压板面积计算的压力（MPa）； I_0——刚性承压板的形状系数，圆形承压板取 0.785，方形承压板取 0.886； D——承压板直径或边长（cm）； μ——岩体泊松比
（2）**柔性承压板法**试验量测岩体**表面变形**时，**岩体弹性（变形）模量**应按下式计算： $$E=\frac{(1-\mu^2)p}{W}\times 2(r_1-r_2)$$	r_1、r_2——环形柔性承压板的有效外半径和内半径（cm）； W——柔性承压板中心岩体表面变形（cm）
（3）**柔性承压板法**试验量测中心孔**深部变形**时，**岩体弹性（变形）模量**应分别按下列公式计算： $$E=\frac{p}{W_z}K_z$$ $$K_z=2(1-\mu^2)\left(\sqrt{r_1{}^2+Z^2}-\sqrt{r_2{}^2+Z^2}\right)-(1+\mu)\left(\frac{Z^2}{\sqrt{r_1{}^2+Z^2}}-\frac{Z^2}{\sqrt{r_2{}^2+Z^2}}\right)$$	W_z——深度为 Z 处的岩体变形（cm）； Z——测点深度（cm）； K_z——与承压板尺寸、测点深度和泊松比有关的系数（cm）
（4）当**柔性承压板**中心孔法试验量测到**不同深度两点**的岩体变形值时，**两点之间岩体弹性（变形）模量**应按下式计算： $$E=\frac{p(K_{z1}-K_{z2})}{W_{z1}-W_{z2}}$$	W_{z1}、W_{z2}——深度分别为 Z_1 和 Z_2 处的岩体变形（cm）； K_{z1}、K_{z2}——深度分别为 Z_1 和 Z_2 处的相应系数（cm）
（5）当**方形刚性承压板**边长为 30cm 时，基准基床系数 K_v 应按下式计算： $$K_v=\frac{p}{W}$$	K_v——基准基床系数（kN/m³）； p——按方形刚性承压板计算的压力（kN/m²）； W——岩体变形（m）

题 1-142 某岩体变形试验，采用刚性承压板法，方形承压板底面积 0.5m²、厚度 3cm，试验加载压力为 100kN，总变形 $W_0=0.9$mm，弹性变形 $W_e=0.05$mm，岩石泊松比取 0.3，问：（1）计算该级压力下岩体变形模量 E_0、弹性模量 E；（2）若改用边长为 30cm 的承压板进行试验，加载压力为 50kN 时，岩体变形 $W=5$mm，计算基准基床系数。

【解】

（1）$$E_0=I_0\frac{(1-\mu^2)pD}{W_0}=0.886\times\frac{(1-0.3^2)\times\frac{100}{0.5}\times10^{-3}\times\sqrt{0.5}\times10^2}{0.9\times10^{-1}}=126.7\text{MPa}$$

$$E=I_0\frac{(1-\mu^2)pD}{W_e}=0.886\times\frac{(1-0.3^2)\times\frac{100}{0.5}\times10^{-3}\times\sqrt{0.5}\times10^2}{0.05\times10^{-1}}=2280\text{MPa}$$

（2）$$K_v=\frac{p}{W}=\frac{50/0.3^2}{5\times10^{-3}}=1.11\times10^5\text{kN/m}^3$$

【点评】

根据《工程岩体试验方法标准》第 3.1.17 条。

题 1-143 某岩体变形试验，采用柔性承压板法，环形承压板有效外半径和内半径分别为 0.6m、0.4m，试验加载压力为 60kN，测得表面变形$W = 0.4$mm，泊松比取 0.25。问:(1)计算表面岩体变形模量;(2)若测中心孔深部变形时，5m 处岩体变形为$W = 0.1$mm，求该深度处岩体的变形模量；(3)在第(2)问基础上，若 8m 处岩体变形为$W = 0.04$mm，求 8m 处的变形模量和 5～8m 范围内岩体的平均变形模量。

【解】

(1) 表面变形模量

$$p = \frac{F}{A} = \frac{60000}{3.14\times(600^2-400^2)} = 0.0955\text{MPa}$$

$$E = \frac{(1-\mu^2)p}{W}\times 2(r_1 - r_2) = \frac{(1-0.25^2)\times0.0955}{0.4\times10^{-1}}\times 2\times(60-40) = 89.5\text{MPa}$$

(2) 5m 处的变形模量

$$K_z = 2(1-\mu^2)\left(\sqrt{{r_1}^2+Z^2} - \sqrt{{r_2}^2+Z^2}\right) - (1+\mu)\left(\frac{Z^2}{\sqrt{{r_1}^2+Z^2}} - \frac{Z^2}{\sqrt{{r_2}^2+Z^2}}\right)$$

$$= 2\times(1-0.25^2)\left(\sqrt{60^2+500^2} - \sqrt{40^2+500^2}\right) - (1+0.25)\left(\frac{500^2}{\sqrt{60^2+500^2}} - \frac{500^2}{\sqrt{40^2+500^2}}\right) = 6.19\text{cm}$$

$$E = \frac{p}{W_z}K_z = \frac{0.0955}{0.1\times10^{-1}}\times 6.19 = 59.1\text{MPa}$$

(3) 8m 处的变形模量

$$K_{z2} = 2\times(1-0.25^2)\left(\sqrt{60^2+800^2} - \sqrt{40^2+800^2}\right) - (1+0.25)\left(\frac{800^2}{\sqrt{(60^2+800^2)}} - \frac{800^2}{\sqrt{40^2+800^2}}\right) = 3.89\text{cm}$$

$$E = \frac{p}{W_z}K_z = \frac{0.0955}{0.04\times10^{-1}}\times 3.89 = 92.9\text{MPa}$$

5～8m 范围内岩体的平均变形模量：

$$\overline{E} = \frac{p(K_{z1}-K_{z2})}{W_{z1}-W_{z2}} = \frac{0.0955\times(6.19-3.89)}{(0.1-0.04)\times10^{-1}} = 36.6\text{MPa}$$

【点评】

根据《工程岩体试验方法标准》第 3.1.17 条。

2. 钻孔径向加压试验——《工程岩体试验方法标准》第 3.2 节

岩体钻孔径向加压试验相关指标计算按表 1-5-23。

钻孔径向加压试验 **表 1-5-23**

(1) 采用**钻孔膨胀计**进行试验时，**岩体弹性（变形）模量**: $E = p(1+\mu)\dfrac{d}{\Delta d}$ E——岩体弹性（变形）模量（MPa）：当以总变形Δd_t代入式中计算的为变形模量E_0，当以弹性变形Δd_e代入式中计算的为弹性模量E	p——计算压力（MPa），为试验压力与初始压力之差； d——实测钻孔直径（cm）； Δd——岩体径向变形（cm）
(2) 采用**钻孔弹模计**进行试验时，**岩体弹性（变形）模量**: $E = K\cdot p(1+\mu)\dfrac{d}{\Delta d}$	K——与三维效应、传感器灵敏度、加压角及弯曲效应等有关的系数，根据率定确定

题 1-144 某基岩场地进行钻孔径向加压试验，钻孔实测成孔口径为110mm，采用钻孔膨胀计试验，初始压力为0，加压至1.5MPa时，孔径变为113.5mm，卸压后孔径变为111.5mm，试计算岩体弹性模量最接近下列哪个选项？（泊松比取0.3）

（A）78MPa　　（B）85MPa　　（C）96MPa　　（D）107MPa

【解】

$$E=p(1+\mu)\frac{d}{\Delta d}=1.5\times(1+0.3)\times\frac{110}{113.5-111.5}=107.25\text{MPa}$$

【点评】

根据《工程岩体试验方法标准》第3.2.9条第1款，计算变形模量时采用总变形，计算弹性模量E时采用弹性变形，弹性变形指去除外力后完全消失的变形。

5.1.3 岩石强度测试——《工程岩体试验方法标准》第4章

岩体直剪强度试验见本篇第3章。

5.1.4 岩石声波测试——《工程岩体试验方法标准》第5章

岩石声波测试相关指标计算按表1-5-24。

岩石声波测试 　　**表 1-5-24**

岩石各种动弹性参数应分别按下列公式计算（取3位有效数字）		
岩石动弹性模量	$E_d=\rho v_p^2\frac{(1+\mu_d)(1-2\mu_d)}{1-\mu_d}\times10^{-3}$	E_d——岩石动弹性模量（MPa）； μ_d——岩石动泊松比； G_d——岩石动刚性模量或动剪切模量（MPa）； λ_d——岩石动拉梅系数（MPa）； K_d——岩石动体积模量（MPa）； v_p——纵波速度（m/s）； v_s——横波速度（m/s）； ρ——岩石密度（g/cm^3）
	$E_d=2\rho v_s^2(1+\mu_d)\times10^{-3}$	
岩石动泊松比	$\mu_d=\frac{(v_p/v_s)^2-2}{2(v_p/v_s)^2-2}$	
岩石动刚性模量或动剪切模量	$G_d=\rho v_s^2\times10^{-3}$	
岩石动拉梅系数	$\lambda_d=\rho(v_p^2-2v_s^2)\times10^{-3}$	
岩石动体积模量	$K_d=\rho\frac{3v_p^2-4v_s^2}{3}\times10^{-3}$	

题 1-145 某花岗岩进行岩块声波测试，测得平均剪切波波速为2600m/s，平均压缩波波速为5000m/s，岩层重度为27.5kN/m³，问：该岩石动弹性模量E_d、动剪切模量G_d、动泊松比μ_d、动拉梅系数λ_d、动体积模量K_d分别为多少？

【解】

$$\mu_d=\frac{(5000/2600)^2-2}{2\times[(5000/2600)^2-1]}=0.315$$

$$E_d=2.75\times5000^2\times\frac{(1+0.315)\times(1-2\times0.315)}{1-0.315}\times10^{-3}=4.88\times10^4\text{MPa}$$

$$G_d=2.75\times2600^2\times10^{-3}=1.86\times10^4\text{MPa}$$

$$\lambda_d=2.75\times(5000^2-2\times2600^2)\times10^{-3}=3.16\times10^4\text{MPa}$$

$$K_d=2.75\times\frac{3\times5000^2-4\times2600^2}{3}\times10^{-3}=4.40\times10^4\text{MPa}$$

【点评】

①根据《工程岩体试验方法标准》第5.1节；②通过规范式(5.1.8-5)、式(5.1.8-6)联立可

解得μ，表达式与式(5.1.8-7)相同，可知此处为动泊松比；③每一参数均可出案例考题。

5.1.5 岩体应力测试（水压致裂法）——《工程岩体试验方法标准》第 6.4 节

岩体应力测试（水压致裂法）相关指标计算按表 1-5-25。

岩体应力测试（水压致裂法） 表 1-5-25

完整和较完整岩体可采用水压致裂法测试。 岩体钻孔横截面上岩体平面大、小主应力应分别按下列公式计算： $S_h = p_s$ $S_H = 3S_h - p_b - p_0 + \sigma_t$ $S_H = 3p_s - p_r - p_0$	S_h——钻孔横截面上岩体平面最小主应力（MPa）； S_H——钻孔横截面上岩体平面最大主应力（MPa）； σ_t——岩体抗拉强度（MPa）； p_s——瞬时关闭压力（MPa）； p_r——重张压力（MPa）； p_b——破裂压力（MPa）； p_0——岩体孔隙水压力（MPa）

题 1-146 某深埋隧洞勘察时进行水压致裂应力测量，地下水位位于地面下 25m，试验段在深度 125m 处，已知岩体重度 28kN/m³，得到的水压致裂应力曲线如图 1-5-2 所示，按最新《工程岩体试验方法标准》GB/T 50266—2013，试计算岩体抗拉强度最接近下列哪个选项？

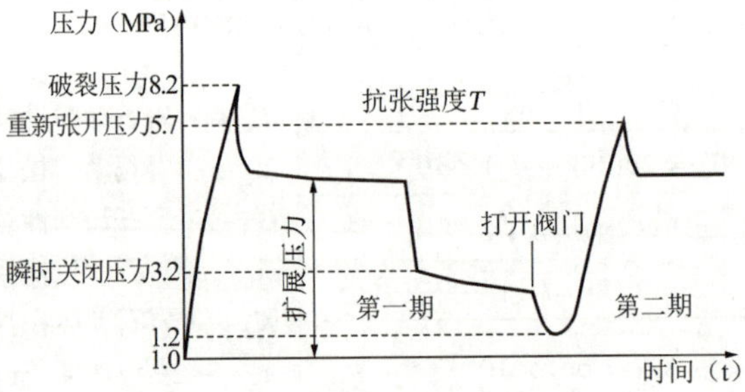

图 1-5-2 题 1-146 图

（A）2.5MPa （B）5MPa （C）10MPa （D）15MPa

【解】

（1）按规范式(6.4.8-2)

$p_s = 3.2$MPa，$p_b = 8.2$MPa，$p_0 = (125 - 25) \times 10/1000 = 1$MPa

$S_H = 3S_h - p_b - p_0 + \sigma_t = 3 \times 3.2 - 8.2 - 1 + \sigma_t = 0.4 + \sigma_t$

（2）按规范式(6.4.8-3)

$P_s = 3.2$MPa，$P_r = 5.7$MPa

$S_H = 3 \times 3.2 - 5.7 - 1 = 2.9$MPa

（3）令两者相等，即 $0.4 + \sigma_t = 2.9$，解得$\sigma_t = 2.5$MPa

【点评】

①根据《工程岩体试验方法标准》第 6.4.8 条；②实际抗拉强度即为破裂压力与重新张开压力之差；③水压致裂法相对可考性较强，可结合本图理解下试验过程，弄懂每个参数的意义。

5.2　岩体构造、工程地质

5.2.1　岩体产状

岩体产状要素和表示方法总结见表 1-5-26。

岩体产状　　表 1-5-26

<table>
<tr><td>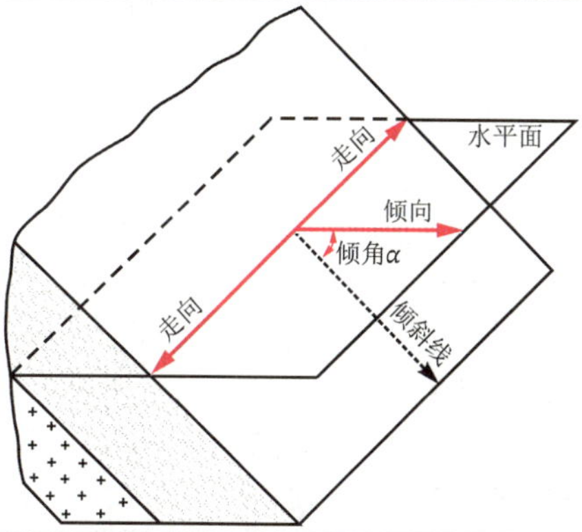
</td><td>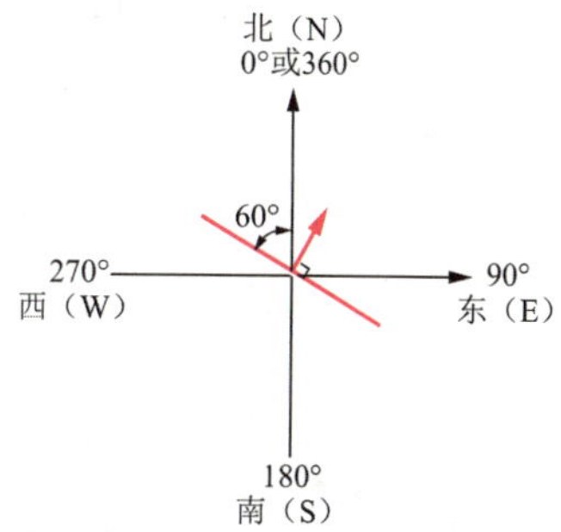
</td></tr>
<tr><td>（1）产状要素
走向：倾斜岩层面与水平面的交线两端的延伸方向，一条走向线两端方位相差 180°。一般用 NE 或 NW 向的方位来表示。
倾向：倾斜岩层面与走向线相垂直的倾向线在水平面上投影所指向的方向。倾向与走向相差 90°。
倾角：倾斜岩层面上的倾斜线与倾向的夹角α</td><td>（2）产状表示方法
方位角法：即倾向∠倾角，如：30°∠40°，表示倾向 30°、倾角 40°。【常用】
象限角法：即走向∠倾角、倾向，如：N60°W∠40°NE，表示走向北偏西 60°、倾角 40°、倾向北东。
产状一般常用方位角法表示，少见用象限角法</td></tr>
</table>

5.2.2　V 形法则——《构造地质学》

学习“V 形法则”前，先要学会识别地形与等高线的关系，重点熟悉山脊和沟谷等高线（图 1-5-3）。

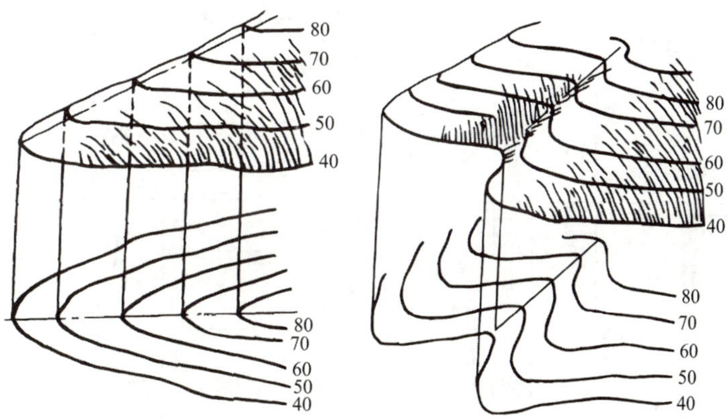

山脊等高线　　沟谷等高线

山脊等高线尖端指向：**由高向低**　　沟谷等高线尖端指向：**由低向高**

图 1-5-3　山脊和沟谷等高线

“V 形法则”总结见表 1-5-27。

“V 形法则”总结表 表 1-5-27

注：在下列平面图中，等高线左低右高时，为山脊；等高线左高右低时，为沟谷

	平面图		剖面图（→“V 形”尖端指向）		说明
倾斜岩层	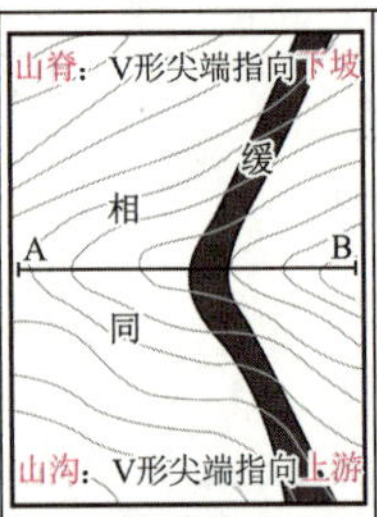	坡倾相反 ⇐ ⇐ 线线相同	山脊	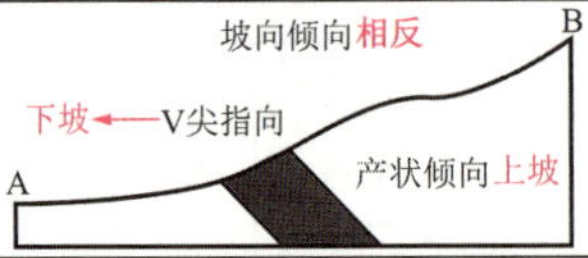	**若坡向与岩层倾向相反，则岩层界线与地形线相同** **弯曲度：**岩层界线缓于等高线 岩层界线的“V 形”尖端指向**左侧：** 即：山脊为下坡，沟谷为上游
			沟谷	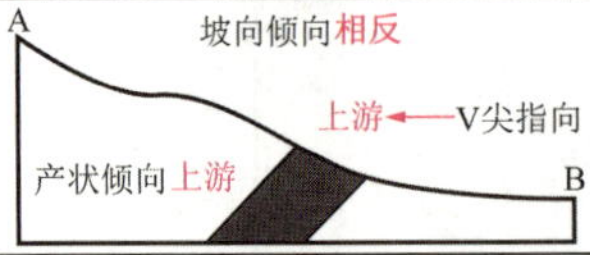	
	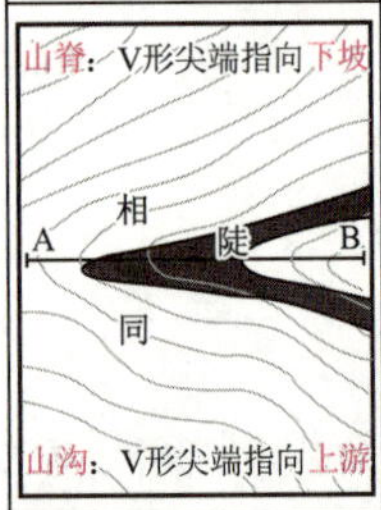	坡倾相同 ⇐ ⇐ 线线相同	山脊		**若坡向与岩层倾向相同，岩层倾角小于坡角，则岩层界线与地形线相同** **弯曲度：**岩层界线陡于等高线 岩层界线的“V 形”尖端指向**左侧：** 即：山脊为下坡，沟谷为上游
			沟谷	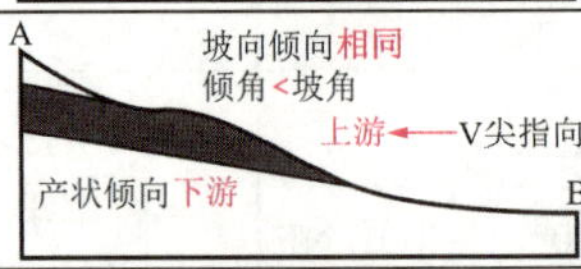	
	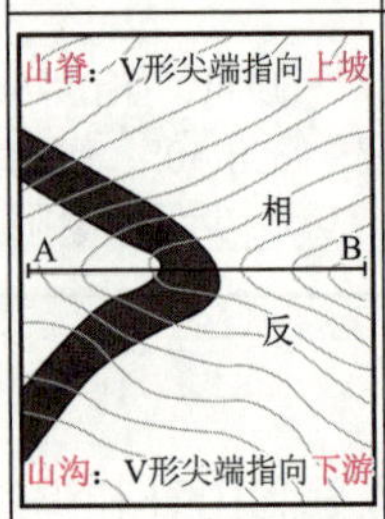	坡倾相同 ⇐ ⇐ 线线相同	山脊	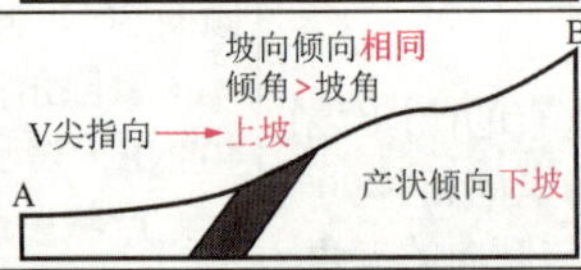	**若坡向与岩层倾向相同，岩层倾角大于坡角，则岩层界线与地形线相反** 岩层界线的“V 形”尖端指向**右侧：** 即：山脊为上坡，沟谷为下游
			沟谷		
水平岩层	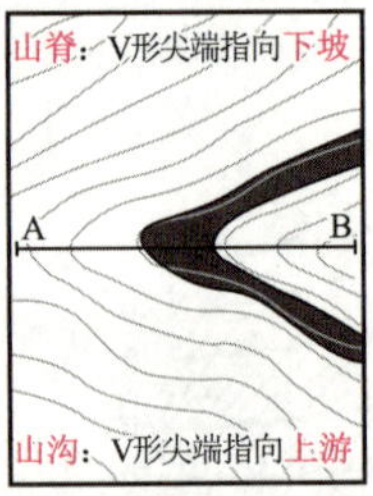		山脊	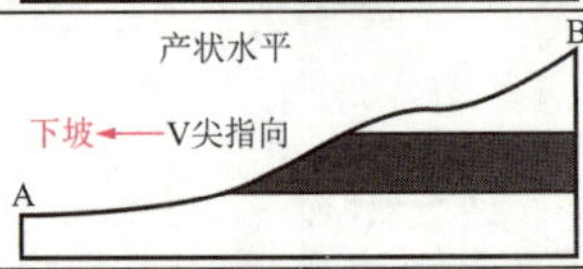	产状近水平，岩层倾角约为 0°，岩层界线与地形线近于平行； **弯曲度：**岩层界线与等高线相等； 岩层界线的“V 形”尖端指向**左侧：** 即：山脊为下坡，沟谷为上游
			沟谷	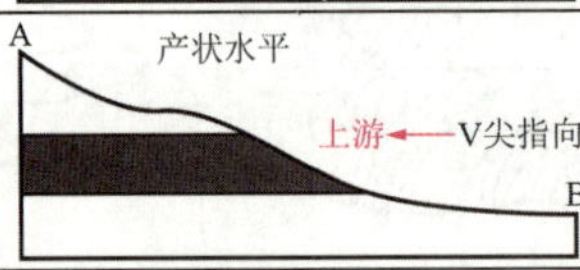	
直立岩层	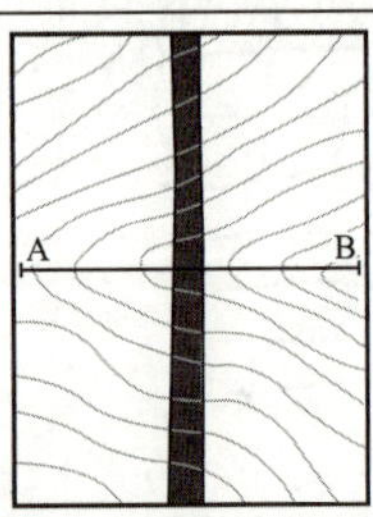		山脊	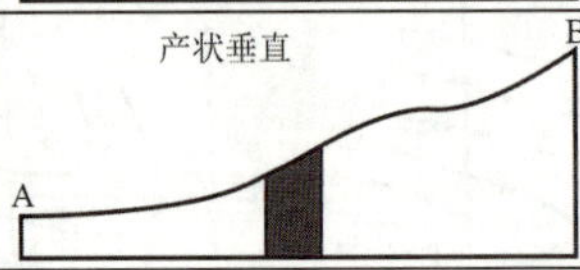	岩层倾角为 90°，岩层界线为一条直线，不受地形影响
			沟谷	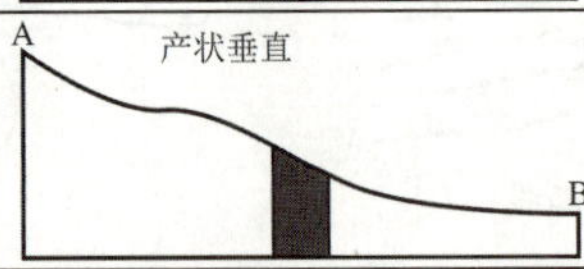	

注：1. 岩层界线的“V 形”尖端指向，对于山脊和沟谷，刚好相反；

2. 若岩层倾向与坡向相同，岩层倾角等于坡角时，整个地表坡面为同一岩层，无岩层界线出露。

5.2.3　等高线与真倾角

等高线与真倾角计算总结见表 1-5-28。

等高线与真倾角　　　　表 1-5-28

<table>
<tr>
<td>如图所示，岩层被 40m、50m、60m 三个等高线所截，同一高程等高线相交的两个点连线为该岩层的走向线，ab为高程 40m 的走向线，cd为高程 60m 的走向线，产状稳定的情况下，ab平行于cd，其高程差$\Delta h = 60 - 40 = 20$m，设两线在水平面上的投影距离为l，则岩层的真倾角α可以表示为：
$$\tan\alpha = \frac{\Delta h}{l}$$
Δh——两等高线之间的高程差（m）；
l——两等高线之间的平距（m）</td>
<td>立体图
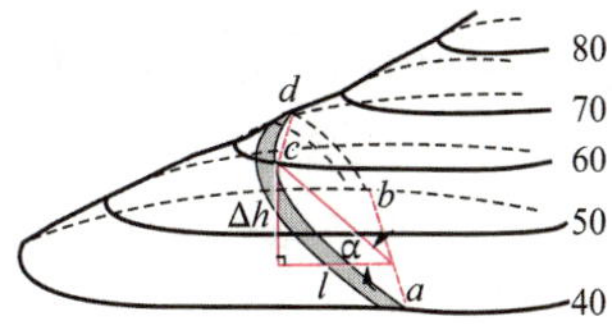

平面图
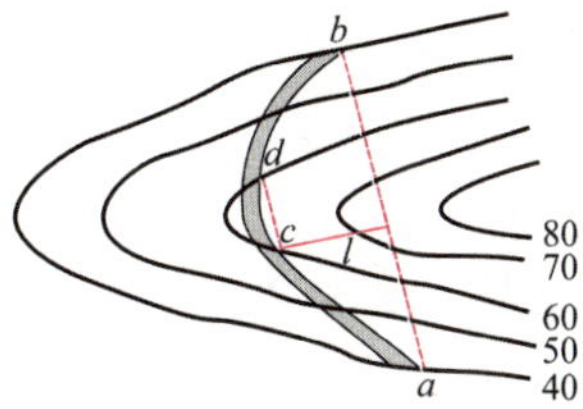
</td>
<td>坡向与岩层倾向相反，则岩层界线与地形线相同。
图为山脊：岩层界线弯曲度缓于等高线。
V 形尖端指向下坡</td>
</tr>
</table>

5.2.4　真倾角与视倾角

岩层真倾角与视倾角换算总结见表 1-5-29。

真倾角与视倾角换算　　　　表 1-5-29

<table>
<tr>
<td>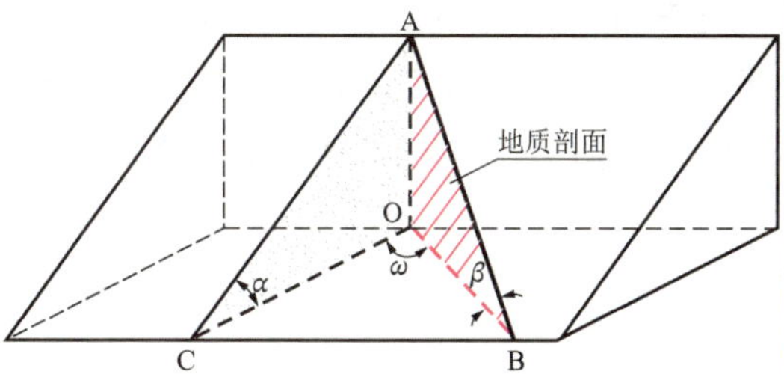
</td>
<td>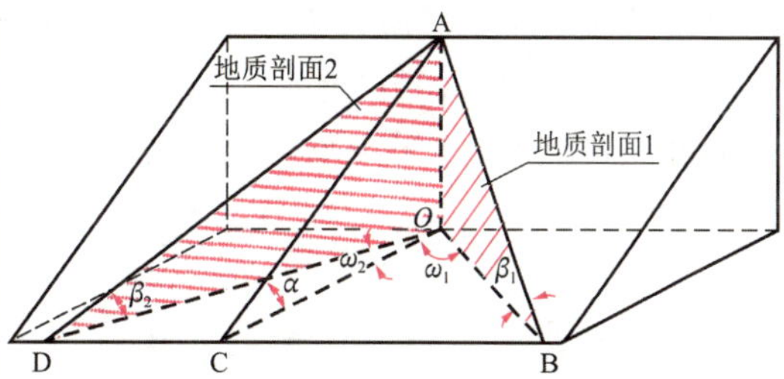
</td>
</tr>
<tr>
<td>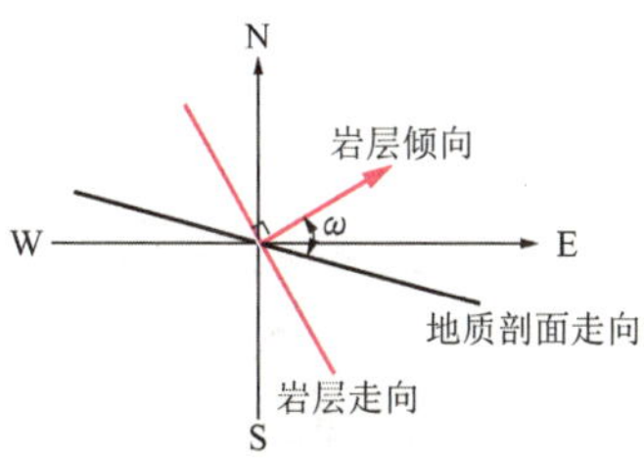
</td>
<td>（1）不垂直于岩层走向的地质剖面与岩层面的交线为视倾斜线 AB（左图），视倾斜线与其在水平面上投影线 OB 的夹角为视倾角β。视倾角β小于等于真倾角α，二者的换算关系如下：
$$\tan\beta = \eta \times \tan\alpha \times \cos\omega$$
α——真倾角（°）；
ω——地质剖面走向与岩层倾向的夹角（°）（锐角）；
η——纵向比例尺与横向比例尺的比值。
例：纵向比例尺 1 : m_1，横向比例尺 1 : m_2，则$\eta = m_2/m_1$（易错点）</td>
</tr>
<tr>
<td colspan="2">（2）不垂直于岩层走向的两条地质剖面与岩层面的交线分别为视倾斜线 AB 和 AD（右图），视倾角分别为β_1和β_2。两条地质剖面走向与岩层倾向的夹角分别为ω_1和ω_2，则：
$$\left.\begin{array}{l}\tan\beta_1 = \eta_1\tan\alpha\cos\omega_1\\ \tan\beta_2 = \eta_2\tan\alpha\cos\omega_2\end{array}\right\} \Rightarrow \tan\alpha = \frac{\tan\beta_1}{\eta_1\cos\omega_1} = \frac{\tan\beta_2}{\eta_2\cos\omega_2}$$
η_1、η_1——分别为剖面 1 和剖面 2 的纵向比例尺与横向比例尺的比值</td>
</tr>
</table>

题 1-147 （03D26）在岩质边坡稳定性评价中，多用岩层的视角来分析。现有一岩质边坡，岩层产状的走向为 N17°E，倾向北西，倾角 43°，挖方走向为 N12°W，在西侧开坡，按纵、横比例尺为 1：1 计算垂直于边坡走向的纵剖面图上岩层的视倾角，正确的为下列哪个选项？

（A）顺向 24°20′ （B）顺向 39°12′ （C）反向 24°20′ （D）反向 38°56′

【解】

（1）岩层倾向北西，边坡在西侧开坡，岩层倾向与边坡倾向夹角小于 90°，为顺向。

（2）$\tan\beta = \eta\tan\alpha\cos\omega = 1\times\tan43^\circ\times\cos(17^\circ+12^\circ)$

解得：$\beta = 39^\circ12'$

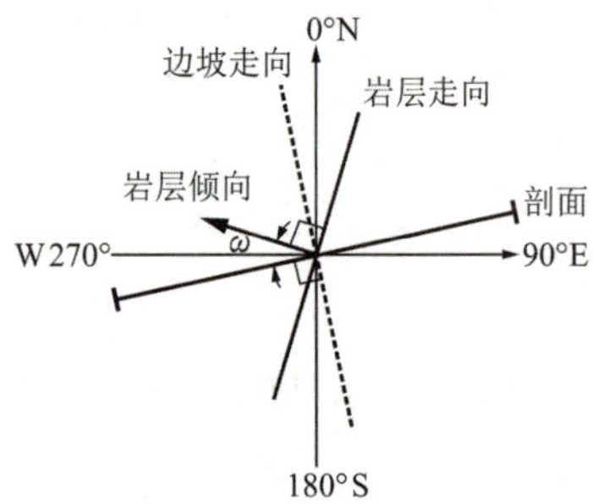

图 1-5-4 解 1-147 图

【点评】

①根据《铁路工程地质手册》P46 或构造地质学教材，考查产状和真厚度，此考点务必熟透，基本上是送分题；②$\tan\beta = \eta\tan\alpha\cos\omega$，$\beta$为视倾角，$\alpha$为真倾角，$\omega$为**岩层倾向**与**剖面走向**的夹角，$\eta$为垂直比例和水平比例的比值；③最关键的一步是画草图（图 1-5-4）判断ω；④当边坡的坡向和岩层的倾向相同时，真倾角 = 视倾角；纵向比例尺越大，视倾角越大；视倾向与真倾向的夹角越大，视倾角越小；⑤岩层倾向与边坡倾向夹角小于 90°，为顺向，大于 90°则为反向。

题 1-148 （17C04）某公路隧道走向 80°，其围岩产状 50°∠30°，现需绘制沿隧道走向的地质剖面（水平与垂直比例尺一致），求剖面图上地层视倾角最接近下列哪个选项？

（A）11.2° （B）16.1° （C）26.6° （D）30°

【解】

（1）岩层倾向 50°，剖面走向 80°

（2）$\tan\beta = \eta\tan\alpha\cos\omega = 1\times\tan30^\circ\times\cos(80^\circ-50^\circ)$，解得$\beta = 26.6^\circ$

【点评】

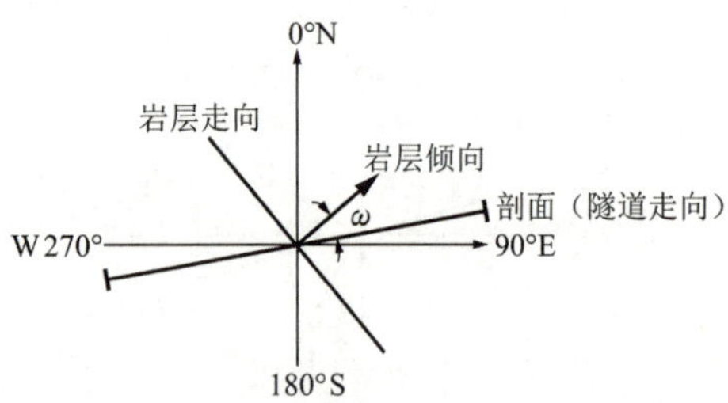

图 1-5-5 解 1-148 图

①根据《铁路工程地质手册》P46 或普通地质学教材；②真倾角、视倾角及其换算关系，$\tan\beta = \eta\tan\alpha\sin\delta = \eta\tan\alpha\cos\omega$，其中$\beta$为视倾角，$\alpha$为真倾角，$\eta$为纵向比例尺与横向比例尺的比值，$\delta$为**岩层走向与断（剖）面间**的夹角，其中$\sin\delta = \cos\omega$，$\omega$为**岩层倾向与断（剖）面间**的夹角；③关键是确定剖面方向，**判断是沿隧道走向还是垂直隧道走向的剖面**，确定好各个角度，本题岩层倾向 50°，断面走向 80°，故$\omega = 80^\circ - 50^\circ = 30^\circ$；④掌握岩层产状的表示方法，50°∠30°表示倾向 50°，倾角 30°，走向垂直于倾向，画图判断夹角（图 1-5-5）。

题 1-149　（14C03）某公路隧道走向 80°，其围岩产状 50°∠30°，欲作沿隧道走向的工程地质剖面（垂直比例与水平比例的比值为 2），问在剖面图上地层倾角取值最接近下列哪项？

（A）27°　　（B）30°

（C）38°　　（D）45°

【解】

$\tan\beta = 2\times\tan 30°\times\cos(80°-50°)=1$，解得：$\beta = 45°$

【点评】

①根据《铁路工程地质手册》P46，也属于地质基本知识；②关键是确定剖面方向，看清剖面是**沿隧道**走向还是**垂直隧道**走向，确定各个角度，然后代公式；③$\tan\beta=\eta\times\tan\alpha\times\cos\omega$，$\omega$为剖面与岩层倾向的夹角，$\eta$为纵向比例尺与横向比例尺的比值，$\alpha$为真倾角，$\beta$为视倾角，或者采用公式$\tan\beta=\eta\times\tan\alpha\times\sin\delta$，$\delta$为剖面与岩层走向的夹角。

题 1-150　（08C02）图 1-5-6 为某地质图的一部分，图中虚线为地形等高线，粗实线为一倾斜岩面的出露界线。a、b、c、d为岩面界线和等高线的交点，直线ab平行于cd，和正北方向的夹角为 15°，两线在水平面上的投影距离为 100m，下列关于岩面产状，正确的是哪个选项？

（A）NE75°，∠27°

（B）NE75°，∠63°

（C）SW75°，∠27°

（D）SW75°，∠63°

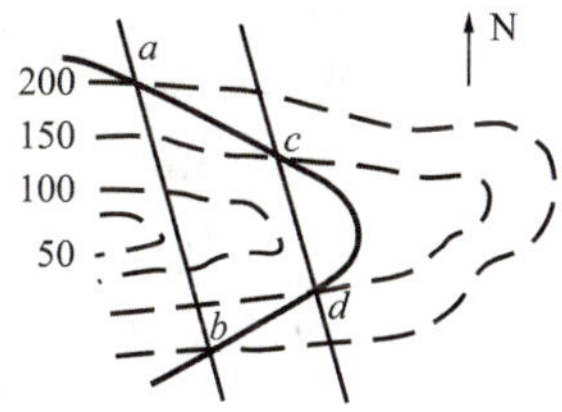

图 1-5-6　题 1-150 图

【解】

（1）ab位于 200m 等高线，cd位于 150m 等高线

由a点高于c点可知岩层倾向为 NE 向：$90°-15°=75°$

ab线与cd线高差为 $200-150=50$m，水平距为 100m

（2）倾角为：$\beta=\arctan\left(\frac{50}{100}\right)=26.6°$，产状：NE75°∠26.6°

【点评】

①由 V 形法则（必会）“相反相同”—倾向与坡向相反，则露头线与等高线相同，但弯曲度要缓于等高线，能判断倾向为 NEE。②产状：NE75°∠26.6°，表示倾向北偏东 75°，倾角 26.6°，其中倾向也可直接用方位角表示，产状为：75°∠26.6°。

题 1-151　（22D04）某场地位于城区，上部被填土覆盖，下部岩层层序正常。矩形基坑开挖后揭露的两侧地质剖面如图 1-5-7 所示。则岩层产状最接近下列哪个选项?并说明理由。

（A）40°∠33.5°　　（B）80°∠35°

（C）120°∠33.5°　　（D）130°∠35°

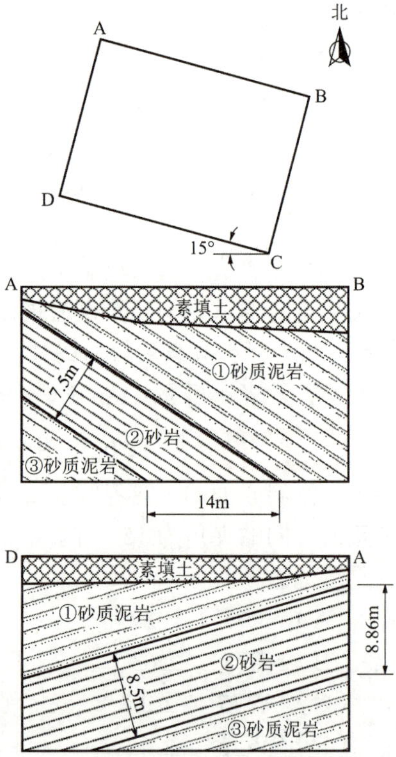

图 1-5-7　题 1-151 图

【解】

（1）剖面 AB，视倾角$\beta_1 = \arcsin\left(\frac{7.5}{14}\right) = 32.392°$

剖面 AD，视倾角$\beta_2 = \arccos\left(\frac{8.5}{8.86}\right) = 16.389°$

（2）剖面 AB 方位角 105°，剖面 AD 方位角 195°。则推断真倾向为 105°～195°之间，设倾向为θ

$$\tan\alpha = \frac{\tan 32.392°}{\cos(\theta - 105°)} = \frac{\tan 16.389°}{\cos(195° - \theta)} \Rightarrow \theta = 129.9°$$

（3）$\tan\alpha = \dfrac{\tan 32.392°}{\cos(129.9° - 105°)} \Rightarrow \alpha = 35.0°$

【点评】

①根据《工程地质学》教材或《铁路工程地质手册》；②$\tan\beta = \eta\cos\omega\tan\alpha$，其中为$\omega$为剖面和倾向间的夹角（小于 90°），本题$\eta = 1$；③本题产状的真倾向和真倾角均未知，有两个未知数，但也刚好有两条剖面，可以列出两个真倾角的方程联立解方程；④需要先判断倾向的大致方向，从图可知位于 AB 与 AD 之间，本题难度较大，可结合图 1-5-8 理解。

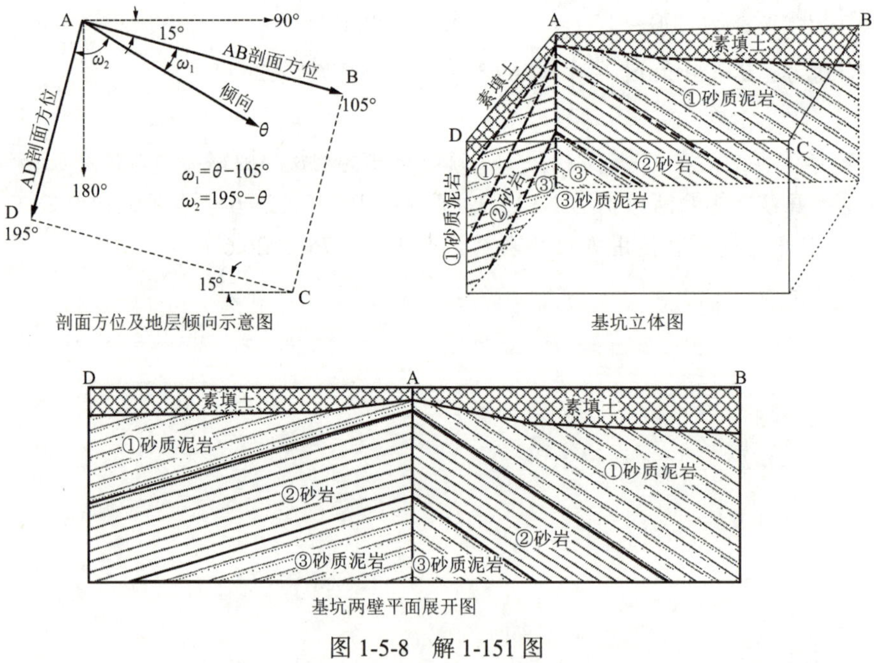

图 1-5-8　解 1-151 图

5.2.5　真厚度

岩层真厚度计算总结见表 1-5-30。

真厚度计算　　　　表 1-5-30

铅直厚度H：岩层顶板与底板之间的铅垂距离（m）。当岩层产状不变（α不变）时，在任意方向的剖面上量得的铅直厚度H都相等。

真厚度h：岩层顶板与底板之间的垂直距离（m）。

视厚度h'：不垂直于岩层走向的地质剖面上岩层顶板与底板之间的垂直距离（m）

（1）岩层倾向与坡向相反，剖面垂直岩层走向时：

真厚度：$h = H \times \cos\alpha$；$h = L \times \sin(\alpha + \theta)$

（2）岩层倾向与坡向相反，剖面不垂直岩层走向时：

视厚度：$h' = H \times \cos\beta$；$h' = L \times \sin(\beta + \theta)$

真厚度：$h = \dfrac{h'}{\cos\beta} \times \cos\alpha$

式中：α——真倾角（°）；β——视倾角（°）；θ——坡角（°）

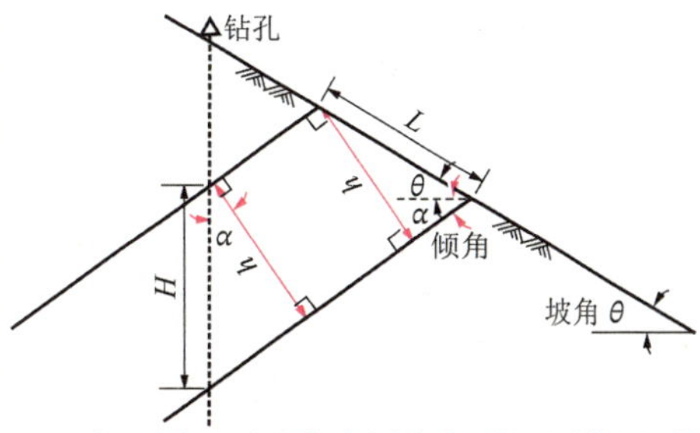

注：剖面不垂直岩层走向时，图中用β替换α，h'替换h；剖面不垂直边坡走向时，用视坡角θ'替换坡角θ

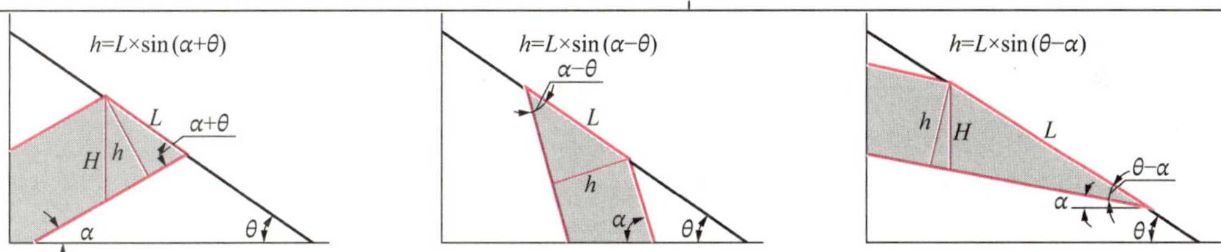

(a) 岩层与坡向相反　(b) 岩层与坡向相同，倾角大于坡角　(c) 岩层与坡向相同，倾角小于坡角

注：剖面不垂直岩层走向时，图中用β替换α，h'替换h；剖面不垂直边坡走向时，用视坡角θ'替换坡角θ

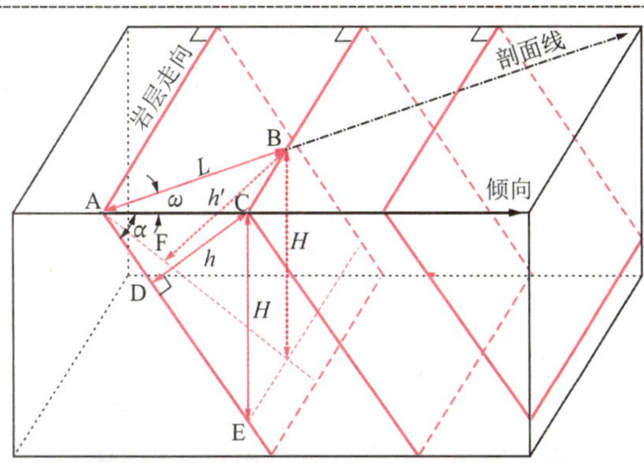

真厚度、视厚度立体图（剖面线水平时）

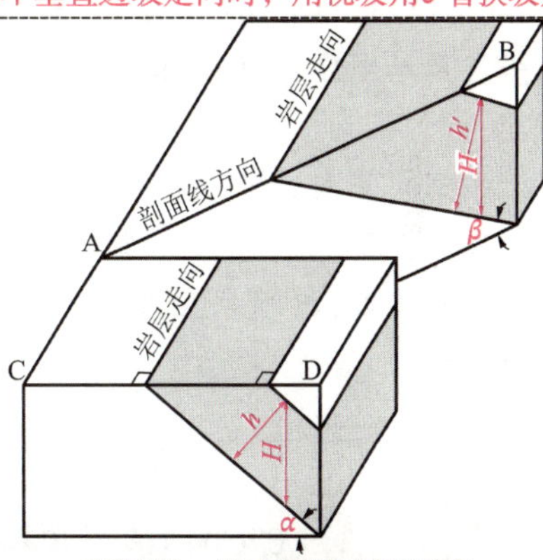

真厚度、铅直厚度和视厚度

AB：剖面地表露头长度L；CD：真厚度h；CE：铅垂厚度H

BF：视厚度h'；∠CAD：真倾角α；∠BAF：视倾角β

真厚度$h = H \times \cos\alpha$；或$h = L \cdot \cos\omega \cdot \sin\alpha$（仅适用于地面水平）

视厚度$h' = H \times \cos\beta$；或$h' = L \cdot \sin\beta$（仅适用于地面水平）

h——真厚度；
H——铅直厚度；
h'——视厚度；
α——岩层的真倾角；
β——岩层的视倾角

总结	①铅直厚度H总是大于等于真厚度h，视厚度h'总是大于真厚度h； ②当岩层产状不变时，在任意方向的剖面上量得的铅直厚度H都相等； ③产状水平，即真倾角等于 0 时，铅直厚度H等于真厚度h； ④地质剖面垂直于岩层走向时，剖面上岩层顶面线与底面线之间的垂直距离为真厚度

题 1-152　（22 补考 C04）图 1-5-9 为某地质平面图的一部分，图中虚线为地形等高线，阴影部分为一倾斜岩层的露头，I-I′剖面方向和岩层的走向正交，I-I′剖面上岩层露头线 AB 刚好交于两等高线，线段 AB 在水平面上的投影长度为 100m，岩层倾角$\alpha = 60°$，I-I′剖面处该岩层真厚度最接近下列哪个选项？

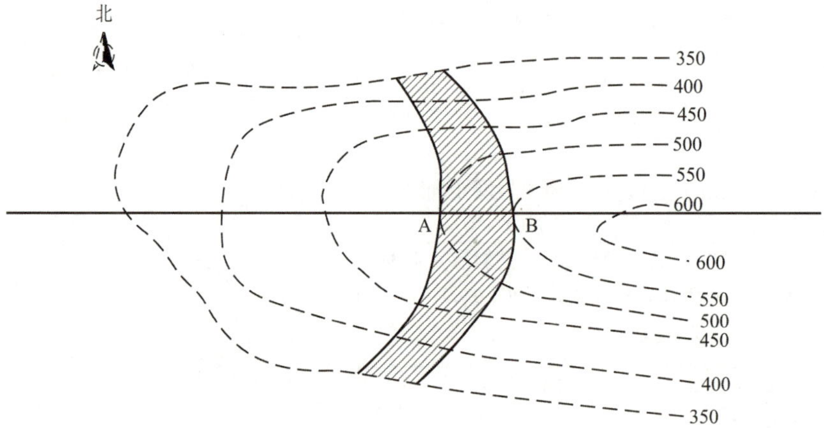

图 1-5-9　题 1-152 图

（A）50.1m　　（B）61.5m　　（C）93.3m　　（D）111.8m

【解】

（1）依图坡向与岩层倾向相同，岩层倾角大于坡角

等高线差$\Delta h = 550 - 500 = 50\text{m}$，则坡角$\theta = \arctan\left(\frac{50}{100}\right) = 26.57°$

（2）岩层出露长度$L = \sqrt{50^2 + 100^2} = 50\sqrt{5}\text{m}$

岩层真厚度$H = 50\sqrt{5} \times \sin(60° - 26.57°) = 61.6\text{m}$

【点评】

①根据《华山论剑答题手册》V 形法则总结，线线相反，坡倾向同，岩层倾角大于坡角；②画图，先计算出露长度，再根据三角函数关系计算真厚度（图 1-5-10）。

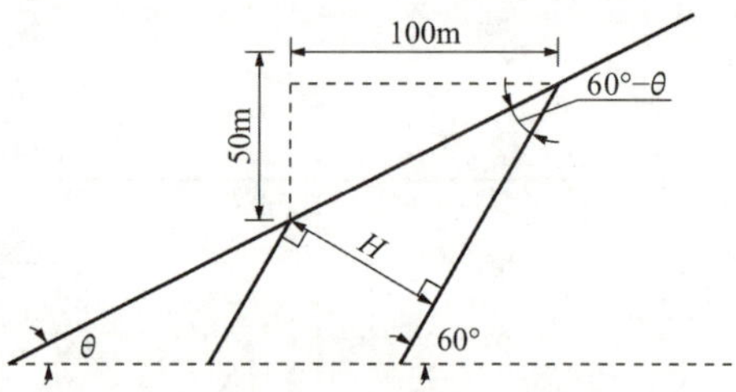

图 1-5-10　解 1-152 图

题 1-153　（07C04）在某单斜构造地区，剖面方向与岩层走向垂直，煤层倾向与地面坡向相同，剖面上煤层露头的出露宽度为 16.5m，煤层倾角为 45°，地面坡角为 30°，在煤层露头下方不远处的钻孔中，煤层岩芯的长度为 6.04m（假设岩芯采取率为 100%），分别按照露头与钻孔中煤层揭露情况计算煤层的实际厚度为下列哪个选项（图 1-5-11）？

（A）煤层厚度不同，分别为 14.29m 和 4.27m

（B）煤层厚度相同，为 3.02m

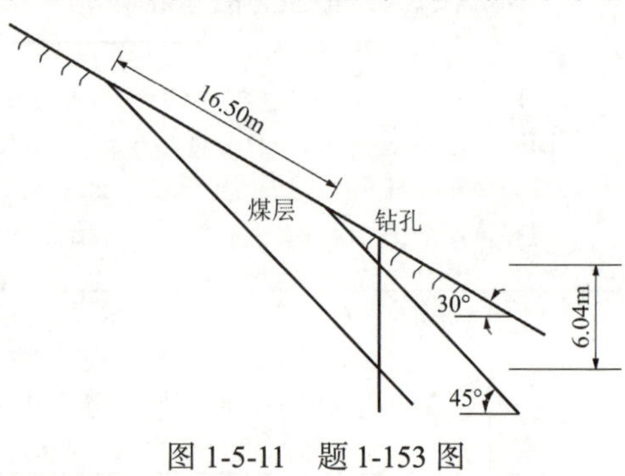

图 1-5-11　题 1-153 图

（C）煤层厚度相同，为 4.27m

（D）煤层厚度不同，为 4.27m 和 1.56m

【解】

（1）按露头：$H_1 = 16.5 \times \sin(45° - 30°) = 4.27\text{m}$

（2）按钻孔：$H_2 = 6.04 \times \sin 45° = 4.27\text{m}$

【点评】

①地质中最简单的考点的真厚度计算，参考相关地质教材；②**真厚度**为煤层顶板与底板的垂直距离，钻孔中揭露的煤心长度为**垂直厚度**；③注意不要把本题的计算结果当结论，根据露头与钻孔揭露分别计算的真厚度是不一定相等的，只有煤层顶板和底板平行时（煤层厚度稳定），二者才相等；如果顶板和底板不平行（煤层厚度起伏变化），二者计算的结果往往是不相等的；④本题可拓展为钻孔（**斜孔**）的真厚度计算（图 1-5-12）。

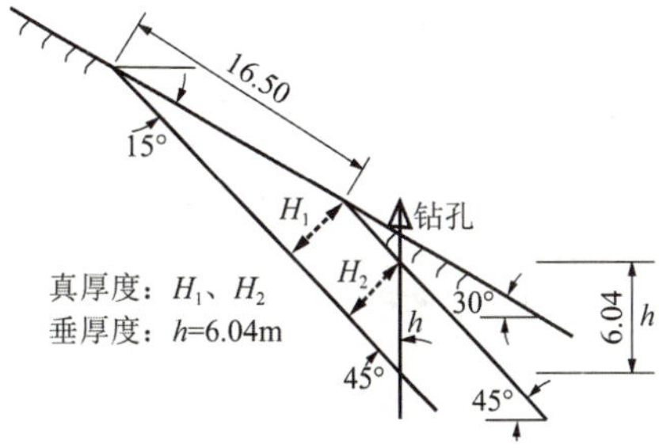

图 1-5-12　解 1-153 图

题 1-154　某煤矿位于单斜构造山区，矿体产状稳定，产状为 90°∠20°，某勘查线剖面所在山坡的坡面倾向为 140°，坡角为 30°，勘查线方位角为 110°，沿勘查线方向山坡上出露煤矿地表长度 10m，试计算矿体的真厚度最接近下列哪个选项？（假设煤层产状、厚度均稳定）

（A）1.3m　（B）1.9m　（C）2.3m　（D）2.8m

【解法一】

（1）$\omega_1 = 140° - 110° = 30°$，$\tan\theta' = \tan 30° \times \cos 30° \Rightarrow$ 视坡角 $\theta' = 26.6°$

$\omega_2 = 110° - 90° = 20°$，$\tan\beta = \tan 20° \times \cos 20° \Rightarrow$ 视倾角 $\beta = 18.9°$

（2）$10 \times \sin(26.6° - 18.9°) = H \times \cos 18.9° \Rightarrow H = 1.42\text{m}$

（3）真厚度 $h = 1.42 \times \cos 20° = 1.33\text{m}$

【解法二】

（1）$\omega_1 = 140° - 110° = 30°$，$\tan\theta' = \tan 30° \times \cos 30° \Rightarrow$ 视坡角 $\theta' = 26.6°$

$\omega_2 = 110° - 90° = 20°$，$\tan\beta = \tan 20° \times \cos 20° \Rightarrow$ 视倾角 $\beta = 18.9°$

（2）视厚度 $h' = 10 \times \sin(26.6° - 18.9°) = 1.34\text{m}$

（3）真厚度 $h = \dfrac{1.34}{\cos 18.9°} \times \cos 20° = 1.33\text{m}$

【点评】

①根据《案例答题手册》P66、P67；②产状 100°∠40°表示倾向为 100°方向（自 N 顺时针旋转），倾角为 40°；③ω 为剖面走向与岩层倾向的夹角，取锐角；④真厚度为煤层顶板与底板的垂直距离，稳定岩层垂直厚度 H 在任何方向上不变，解法一先计算垂直厚度 H，再根据真倾角计算真厚度 h；解法二先求出视厚度 h'，再计算真厚度 h（图 1-5-13）。

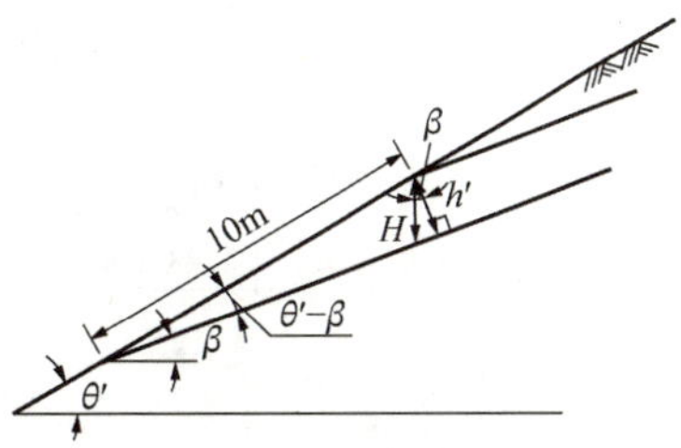

图 1-5-13　解 1-154 图

5.2.6 断层——《工程地质手册》P14

岩体受构造应力作用超过其强度时发生裂缝或错断，破坏了岩体的完整性从而形成断裂构造。**断裂**构造主要分为**节理**和**断层**两大类。未发生位移或位移不明显的断裂构造叫**节理**。节理广泛分布于岩石中，它切割岩石，破坏岩石的完整性，是影响工程建筑物稳定的重要因素。发生明显位移的断裂叫**断层**，断层基本要素和断层分类见表 1-5-31。

断层基本要素和断层分类 表 1-5-31

<table>
<tr><td>概念</td><td colspan="3">断裂两侧的岩石沿断裂面发生明显位移者称断层</td></tr>
<tr><td rowspan="5">断层基本要素</td><td colspan="2">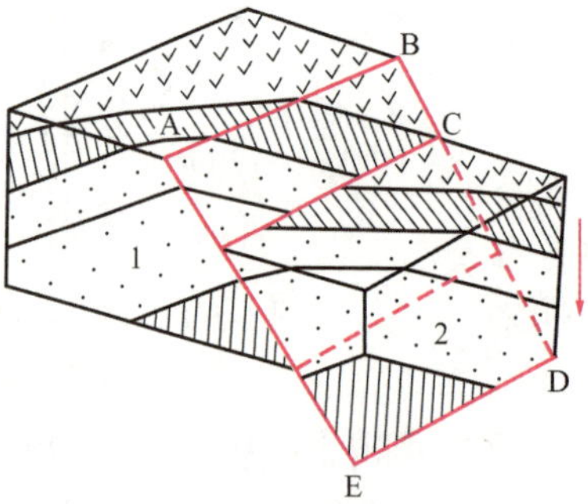

(a)
1—下盘；2—上盘；ABCDEA 面—断层面；
AB 线—断层走向线；AE 线—断层倾向线</td><td>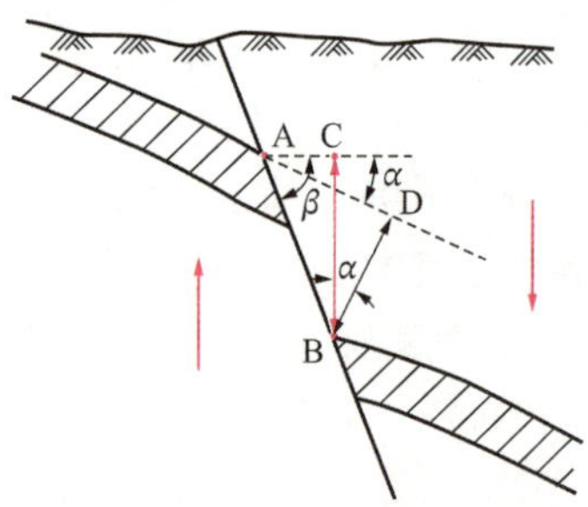

(b)
AB 线—总断距；BD 线—地层断距；
CB 线—垂直断距；AC 线—水平断距</td></tr>
<tr><td>断层面</td><td colspan="2">岩层发生位移的破裂面，可以是平面或曲面，断层面的产状可用走向、倾向及倾角来表示。有时断层面并不是一个简单的破裂面，而是常形成一个较大的断层破碎带</td></tr>
<tr><td>断层线</td><td colspan="2">断层面与地面的交线。它反映断层地表的延伸方向，可以是直线或曲线</td></tr>
<tr><td>断盘</td><td colspan="2">断层面两侧相对位移的岩块称为断盘。在断层面上部的岩块称为上盘，下部的岩块称为下盘。若断层面直立则无上下盘之分</td></tr>
<tr><td>断距</td><td colspan="2">断层两盘相对错开的距离，分为总断距、地层断距、垂直断距、水平断距。
总断距：断层面上地层间发生的相对位移。（AB 线）
地层断距：同一地层被断层错开的垂直距离。（DB 线）
垂直断距：断层两盘上对应层之间的铅垂距离。（CB 线）
水平断距：断层两盘上对应层之间的水平距离（AC 线）</td></tr>
<tr><td>断层分类</td><td colspan="3">断层按相对位移分为逆断层、正断层和平移断层
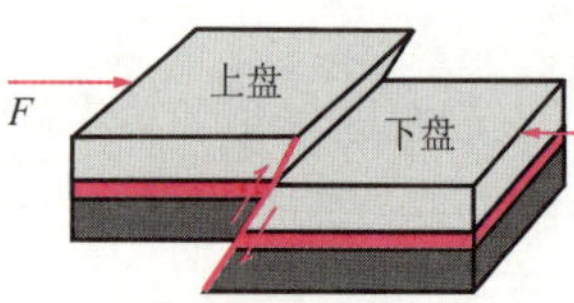

逆断层
逆断层（上盘上移）
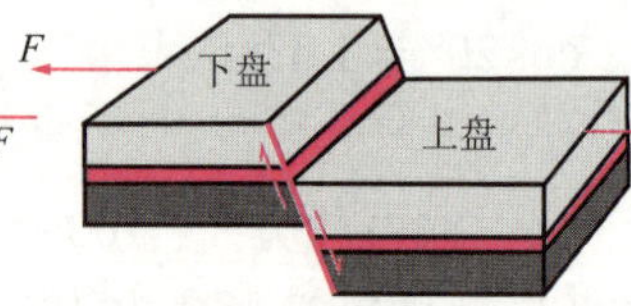

正断层
正断层（上盘下移）
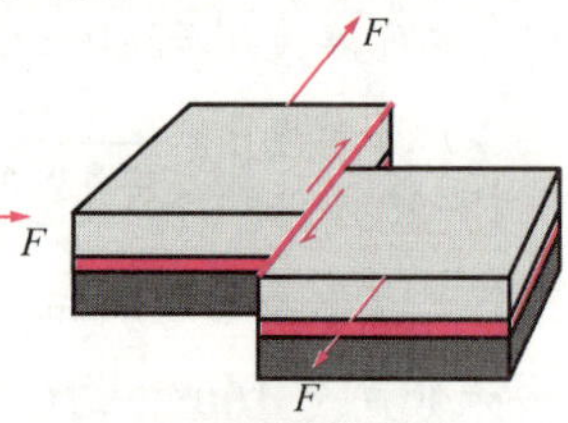

平移断层
平移断层（水平错动）</td></tr>
</table>

题 1-155　(20C03) 某场地岩层近于水平，地质填图时发现地表出露岩层有突变现象，可能存在一断层，于是布置两个钻孔予以查明。已知 ZK1、ZK2 孔矩 5.67m，其连线与岩性突变界线走向垂直，各钻孔的钻口高程、分层及埋深、孔深等信息如图 1-5-14 所示。ZK1、ZK2 分别在孔深 14.20m、7.50m 处揭露断层带（厚度可忽略），对该断层说法正确的是下列哪个选项？

(A) 正断层，垂直断距 7.28m

(B) 逆断层，垂直断距 7.28m

(C) 正断层，水平断距 1.84m

(D) 逆断层，水平断距 1.84m

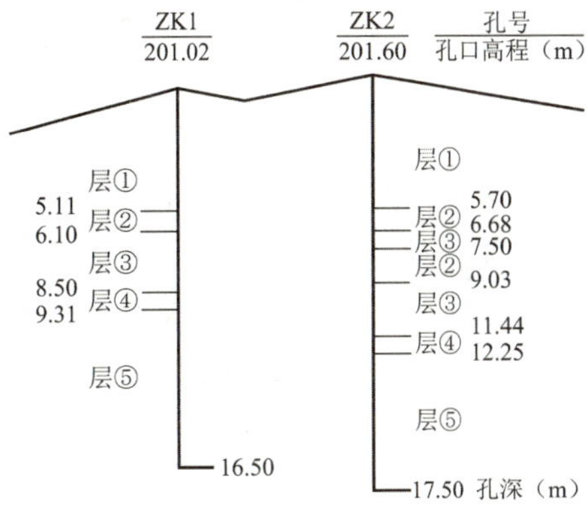

图 1-5-14　题 1-155 图

【解】

(1) 连剖面，岩层与断层相交，如图 1-5-15 所示。

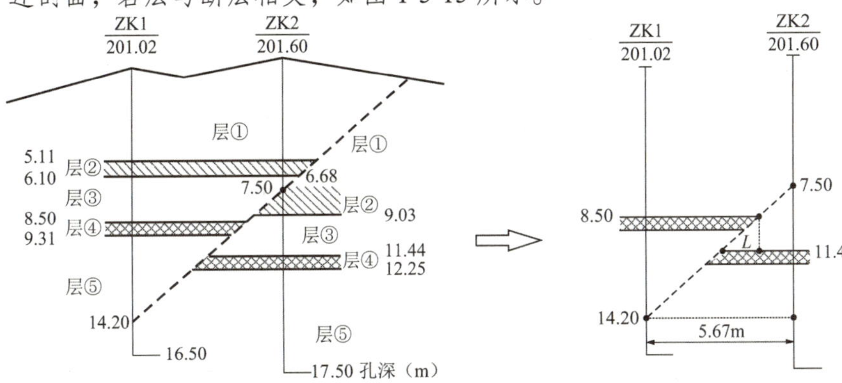

图 1-5-15　解 1-155 图

如图所示，岩层上盘上升、下盘下降为逆断层

(2) 选取层④顶板计算

垂直断距 = (201.02 − 8.50) − (201.60 − 11.44) = 2.36m

(3) 设水平断距为L，由相似三角形（或先求断层倾角）计算

$$\frac{(201.6-7.5)-(201.02-14.20)}{5.67}=\frac{2.36}{L}\Rightarrow L=1.84\text{m}$$

【点评】

①地质基本知识，上盘上升、下盘下降为逆断层，上盘下降、下盘上升为正断层，或钻孔中同一岩层重复出现有逆断层，岩层缺失为正断层，岩层中同一点被断层错开的垂直距离为垂直断距，岩层中同一点被断层错开的水平距离为水平断距；②注意 ZK2 中层②的厚度变化较大，通过连接剖面可以确定层②的底板，但不能确定其顶板，增加了题目难度，不知道是出题人有意为之，还是题目有瑕疵，如此近的钻孔且稳定的近水平产状，一般厚度不该变化太大；③本题用排除法可以快速得出选项，题目图中 ZK2 中层②、层③重复出现，层④在上盘上升、下盘下降，为逆断层，且层④垂直断距 = (201.02 − 8.50) − (201.60 − 11.44) = 2.36m，可排除 ABC，排除法可能不得分，实际考试中仍需要作图和计算水平断距。

5.3 工程岩体分类分级

5.3.1 岩石质量指标 RQD——《岩土工程勘察规范》第 2.1.8 条、第 3.2.5 条

用直径为 75mm 的**金刚石钻头**和**双层岩芯管**在岩石中钻进，**连续取芯**，回次钻进所取岩芯中，**长度大于 10cm 的岩芯段长度之和与该回次进尺的比值**，以百分数表示。

$$RQD(\%) = \frac{\sum(l_i > 10cm)}{L(本回次进尺)} \times 100$$

岩石按 RQD 分类见表 1-5-32。

岩石按 RQD 分类　　表 1-5-32

岩体分类	好的	较好的	较差的	差的	极差的
RQD（%）	＞90	75～90	50～75	25～50	＜25

题 1-156 某工程进行地质钻探时采用直径 75mm 的金刚石钻头和双层岩芯套管在岩层中钻进，在 1.5m 回次深度内取得岩芯长度分别为 22cm、15cm、25cm、10cm、3cm、23cm，其余为岩屑和泥化夹层，试计算该岩石质量指标 RQD 并对该段的岩石质量进行评价，下列哪个选项是正确的？

（A）57%，较差　（B）57%，差　（C）63%，较差　（D）63%，差

【解】

（1）长度大于 10cm 的岩芯长度：$L = 22 + 15 + 25 + 23 = 85cm$

（2）$RQD = \frac{85}{150} = 57\%$，介于 50%～75%，为较差

【点评】

根据《岩土工程勘察规范》第 2.1.8 条、第 3.2.5 条，长度等于 10cm 的岩芯不计入统计。

5.3.2 岩石风化程度——《岩土工程勘察规范》附录 A.0.3

《水运工程岩土勘察规范》等其他偏僻勘察规范上也有岩石风化程度的划分，基本一致，自行学习，了解即可。

岩石按风化程度划分见表 1-5-33。

岩石按风化程度划分　　表 1-5-33

风化程度	波速比K_v	风化系数K_f	野外特征
未风化	0.9～1.0	0.9～1.0	岩质新鲜，偶见风化痕迹
微风化	0.8～0.9	0.8～0.9	结构基本未变，仅节理面有渲染或略有变色，有少量风化裂隙
中等风化	0.6～0.8	0.4～0.8	结构部分破坏，沿节理面有次生矿物，风化裂隙发育，岩体被切割成岩块。用镐难挖，岩芯钻方可钻进
强风化	0.4～0.6	＜0.4	结构大部分破坏，矿物成分显著变化，风化裂隙很发育，岩体破碎，用镐可挖，干钻不易钻进
全风化	0.2～0.4		结构基本破坏，但尚可辨认，有残余结构强度，可用镐挖，干钻可钻进
残积土	＜0.2		结构组织全部破坏，已风化成土状，锹镐易挖掘，干钻易钻进，具可塑性

注：1.波速比K_v为**风化**岩石与**新鲜**岩石压缩波（纵波）速度之比；2.风化系数K_f为**风化**岩石与**新鲜**岩石饱和单轴抗压强度之比；3.岩石风化程度，除按表列野外特征和定量指标划分外，也可根据当地经验划分；4.花岗岩类岩石，可采用标准贯入试验划分：$N \geqslant 50$ 为强风化，$50 > N \geqslant 30$ 为全风化，$N < 30$ 为残积土；5.泥岩和半成岩，可不进行风化程度划分。

题 1-157　经工程岩体试验，测得某风化岩石饱和单轴抗压强度为 25MPa，新鲜岩石的饱和单轴抗压强度为 35MPa，风化岩石的压缩波波速为 4.1km/s，新鲜岩石的压缩波波速为 5km/s，试判别该岩体风化程度。

（A）未风化　　（B）微风化　　（C）中等风化　　（D）强风化

【解】

（1）波速比：$K_v = \frac{4.1}{5} = 0.82$，介于 0.8～0.9，属于微风化

（2）风化系数：$K_f = \frac{25}{35} = 0.71$，介于 0.4～0.8，属于中等风化

判别岩石风化程度为中等风化。

【点评】

①根据《岩土工程勘察规范》附录 A.0.3；②波速比K_v为**风化岩石与新鲜岩石**压缩波（纵波）速之比，区别为岩石的完整性系数K_v；风化系数K_f为**风化岩石与新鲜岩石**饱和单轴抗压强度之比；③如果二者判断结果不一致，按不利原则。

题 1-158　（16C02）某风化岩石用点荷载试验求得点荷载强度指数$I_{s(50)} = 1.28$MPa，其新鲜岩石的单轴饱和抗压强度$f_r = 42.8$MPa，试根据给定条件判定该岩石的风化程度为下列哪一项？

（A）未风化　　（B）微风化　　（C）中等风化　　（D）强风化

【解】

（1）$R_c = 22.82 \times 1.28^{0.75} = 27.46$MPa

（2）$K_f = \frac{27.46}{42.8} = 0.64$，介于 0.4～0.8，中等风化

【点评】

①根据《工程岩体分级标准》第 3.3.1 条、《岩土工程勘察规范》附录 A.0.3；②岩石饱和单桩抗压强度可采用实测的岩石点载荷强度指数$I_{s(50)}$的**换算值**，公式应熟记；③风化系数K_f为**风化**岩石与**新鲜**岩石饱和单桩抗压强度之比，与完整性系数K_v不同，没有平方。

5.3.3　岩体基本质量的分级因素——《工程岩体分级标准》第 3.3 节、附录 B

岩体基本质量应由**岩石坚硬程度**和**岩体完整程度**两个因素确定。岩石坚硬程度和岩体完整程度应采用定性划分和定量指标两种方法确定，定量指标见表 1-5-34 和表 1-5-35。

$R_c = 22.82 I_{s(50)}^{0.75}$

1. **岩石坚硬程度**

岩石坚硬程度分类　　表 1-5-34

坚硬程度	坚硬岩	较硬岩	较软岩	软岩	极软岩
饱和单轴抗压强度R_c（MPa）	$R_c > 60$	$60 \geqslant R_c > 30$	$30 \geqslant R_c > 15$	$15 \geqslant R_c > 5$	$R_c \leqslant 5$

2. 岩体完整程度

岩体完整程度分类 表 1-5-35

完整程度	完整	较完整	较破碎	破碎	极破碎
完整性指数K_v	> 0.75	0.75～0.55	0.55～0.35	0.35～0.15	< 0.15
体积节理数J_v	< 3	3～10	10～20	20～35	> 35
$K_v=\left(\frac{V_{pm}}{V_{pr}}\right)^2=\left(\frac{V_{p岩体}}{V_{p岩石}}\right)^2=\left(\frac{数据小}{数据大}\right)^2$	V_{pm}——岩体弹性纵波（压缩波）速度（km/s）； V_{pr}——岩石（岩块）弹性纵波（压缩波）速度（km/s）				

注：对岩石坚硬程度、岩体完整程度定性划分，参阅《工程岩体分级标准》第 3.2 节。

3. 岩体体积节理数J_v

1）岩体体积节理数J_v的测试应采用直接法或间距法。

2）间距法的测试应符合下列规定：

（1）测线应水平布置，测线长度不宜小于 5m；根据具体情况，可增加垂直测线，垂直测线长度不宜小于 2m。

（2）应对与测线相交的各结构面**迹线交点位置**及相应结构面产状进行编录，并根据产状分布情况对结构面进行**分组**。

（3）应对测线上**同组结构面**沿测线方向**间距**进行测量与统计，获得沿测线方向视间距。应根据结构面产状与测线方位，计算该组结构面沿法线方向的真间距，其**算术平均值的倒数**即为该组结构面沿法向每延米结构面的**条数**。

（4）对迹线长度**大于 1m** 的分散节理应予以统计，已为**硅质、铁质、钙质胶结的节理不应参与统计**。

（5）J_v值应根据节理统计结果按表 1-5-36 计算。

岩石坚硬程度分类 表 1-5-36

体积节理数J_v（条/m^3）	$J_v=\sum_{i=1}^{n}S_i+S_0$，$i=1,\cdots,n$	n——统计区域内结构面组数； S_i——第i组结构面沿法向（垂直结构面）每米长结构面的条数； S_0——每立方米岩体非成组节理条数
①视间距L（m）	$L=\frac{测线长度l(m)}{测线长度范围内节理的条数}$	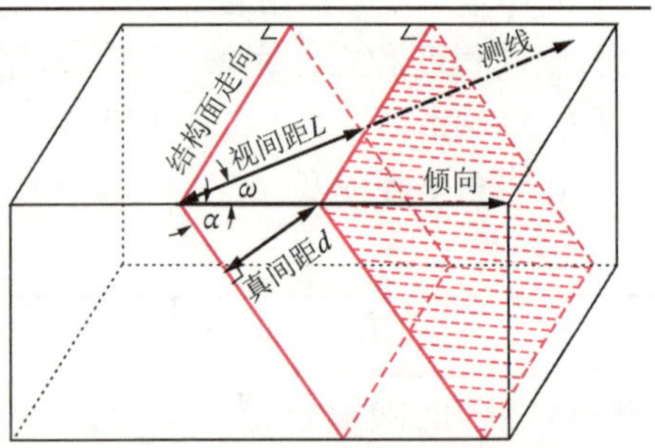
②真间距d（m）	$d=L\cdot\cos\omega\cdot\sin\alpha$ 式中：α——真倾角（°）； ω——测线与结构面**倾向**之间的夹角（°）	
③每延米结构面的条数	$S_i=\frac{1}{d}$	

题 1-159 （14C04）某港口工程，基岩为页岩，试验测得其风化岩体纵波速度为 2.0km/s，风化岩石纵波速度为 3.2km/s，新鲜岩石纵波速度为 5.6km/s，根据《水运工程岩土勘察规范》JTS 133—2013 判断，该基岩的风化程度和完整程度分类为下列哪项？

（A）中等风化、较破碎　　（B）中等风化、较完整

（C）强风化、较完整　　（D）强风化、较破碎

【解】

（1）波速比$K_f = \dfrac{3.2}{5.6} = 0.57$，介于 0.4～0.6，强风化

（2）完整性指数$K_v = \left(\dfrac{2.0}{3.2}\right)^2 = 0.39$，介于 0.35～0.55，较破碎

【点评】

①《水运工程岩土勘察规范》第 4.1 节、附录 A。②本题当年采用《港口岩土工程勘察规范》JTS 133—1—2010 判别，要考虑页岩为软岩，采用软岩判别方法。现在已经采用《水运工程岩土勘察规范》JTS 133—2013 取代，对软岩和硬岩不再区分判别方法，与《岩土工程勘察规范》一致。③旧规范采用波速风化折减系数K_{vp}判别：K_{vp} = 风化**岩体**V_p/新鲜**岩体**V_p，新规范采用波速比K_f判别，K_f = 风化**岩石**V_p/新鲜**岩石**V_p，故对真题进行了改编，使其符合新的规范，完整性指数K_v = [岩体V_p/岩石（或岩块）V_p]^2，两个K_v的含义不一样。④广义的岩石定义"一般指三大岩，包含岩体和岩块"，**狭义的（工程上）**岩石定义"多指小块岩石或岩块"。⑤岩体定义"指在**一定工程范围**内，由包含软弱结构面的各类岩石所组成的具有不连续性、非均质性和各向异性的**地质体**"。

题 1-160 （18C02）在近似水平的测面上沿正北方向布置 6m 长测线测定结构面的分布情况，沿测线方向共发育了 3 组结构面和 2 条非组成节理，测量结果见表 1-5-37。

题 1-160 表　　表 1-5-37

编号	产状（倾向/倾角）	实测间距（m）/条数	延伸长度（m）	结构面特征
1	0°/30°	0.4～0.6/12	75	平直，泥质胶结
2	30°/45°	0.7～0.9/8	75	平直，无充填
3	315°/60°	0.3～0.5/15	75	平直，无充填
4	120°/76°		75	钙质胶结
5	165°/64°		3	张开度小于 1mm，粗糙

按《工程岩体分级标准》GB/T 50218—2014 要求判定该处岩体的完整性为下列哪个选项？（假定没有平行于测面的结构面分布）

（A）较完整　　（B）较破碎　　（C）破碎　　（D）极破碎

【解】

（1）1 号结构面真间距：$d_1 = \dfrac{6}{12} \times \sin 30° \cos 0° = 0.25\text{m}$，$s_1 = \dfrac{1}{0.25} = 4$

2 号结构面真间距：$d_2 = \dfrac{6}{8} \times \sin 45° \cos 30° = 0.459\text{m}$，$s_2 = \dfrac{1}{0.495} = 2.18$

3 号结构面真间距：$d_3 = \dfrac{6}{15} \times \sin 60° \cos 45° = 0.245\text{m}$，$s_3 = \dfrac{1}{0.245} = 4.08$

钙质胶结节理不统计，6m 侧线一条非成组节理$S_0 = \dfrac{1}{6} = 0.17$

（2）钙质胶结节理不统计，$J_v = 4 + 2.18 + 4.08 + 0.17 = 10.43$ 条/m^3

查表对应$K_v = 0.35$～0.55，完整程度为较破碎。

【点评】

①根据《工程岩体分级标准》第 3.2 节、附录 B。②本题目难度较大，从未考过的知识点一出现就考的很深，本题关键需将测线上的视间距转化为真间距，通过将测线上结构面间距投影为水平面内结构面间“垂直”距离，再投影得到竖直面内结构面真间距（图 1-5-16）。本题不可纯定性分析，如此则忽略了真间距与视间距的区别。③本题难度很大，即使工程中接触过类似工作的工程师，在考场中也很难做出来。

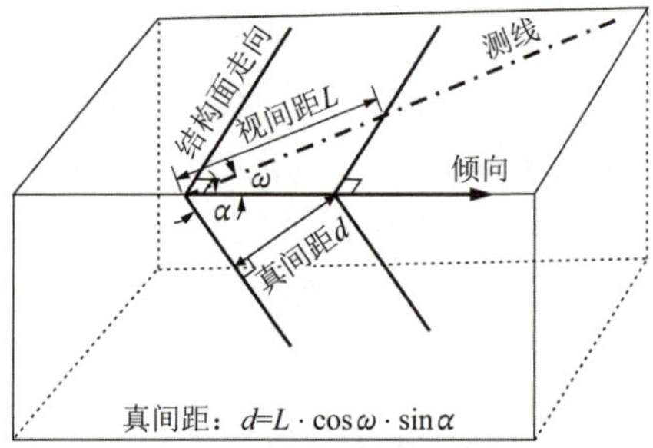

图 1-5-16　解 1-160 图

5.3.4　岩体基本质量分级——《工程岩体分级标准》第 4.1 节、第 4.2 节

岩体基本质量指标 BQ 计算按表 1-5-38。

岩体基本质量指标 BQ　　　　表 1-5-38

$BQ = 100 + 3R_c + 250K_v$	$\Leftarrow \begin{cases} R_c = \min(90K_v + 30, R_c) \\ K_v = \min(0.04R_c + 0.4, K_v) \end{cases}$ R_c、K_v用原值代入验算公式	$\Leftarrow \begin{cases} R_c = 22.82I_{s(50)}^{0.75} \\ K_v = \left(\dfrac{V_{pm}}{V_{pr}}\right)^2 \end{cases}$

岩体基本质量分级按表 1-5-39。

岩体基本质量分级　　　　表 1-5-39

岩体基本质量级别	岩体基本质量的定性特征	岩体基本质量指标（BQ）
Ⅰ	坚硬岩，岩体完整	＞550
Ⅱ	坚硬岩，岩体较完整；较坚硬岩，岩体完整	550～451
Ⅲ	坚硬岩，岩体较破碎；较坚硬岩，岩体较完整；较软岩，岩体完整	450～351
Ⅳ	坚硬岩，岩体破碎；较坚硬岩，岩体较破碎—破碎；较软岩，岩体较完整—较破碎；软岩，岩体完整—较完整	350～251
Ⅴ	较软岩，岩体破碎；软岩，岩体较破碎—破碎；全部极软岩及全部极破碎岩	≤250

题 1-161　（02D22）某岩体的岩石单轴饱和抗压强度为 10MPa，在现场做岩体的波速试验，$V_{pm} = 4.0$km/s，在室内对岩块进行波速测试$V_{pr} = 5.2$km/s，如不考虑地下水、软弱结构面及初始应力的影响，按照《工程岩体分级标准》GB/T 50218—2014 计算，岩体基本质量指标 BQ 值和确定基本质量级别最接近下列哪个选项？

（A）322.3；Ⅳ级　　（B）277.5；Ⅳ级

（C）496.8；Ⅱ级　　（D）330.0；Ⅲ级

【解】

（1）$K_v = \left(\dfrac{4}{5.2}\right)^2 = 0.59$

$90 \times 0.59 + 30 = 83.1 > 10$，取$R_c = 10$MPa

$0.04 \times 10 + 0.4 = 0.8 > 0.59$，取$K_v = 0.59$

（2）$BQ = 100 + 250K_v + 3R_c = 100 + 250 \times 0.59 + 3 \times 10 = 277.5$，介于 251～350，为Ⅳ级。

【点评】

①根据《工程岩体分级标准》第 4.2.2 条、附录 B.0.1；②岩体完整指数$K_v=(V_{pm}/V_{pr})^2$，波速采用**弹性纵波**波速即**压缩波**波速，V_{pm}为**岩体**的，V_{pr}为**岩石或岩块**的。

题 1-162　（22C04）某建筑地基勘察，钻孔揭露的基岩特征如下：褐红色，岩芯破碎，多呈薄片状；岩石为变质岩类，表面可见丝绢光泽，主要矿物成分为绢云母、绿泥石，粒度较细，遇水易软化、泥化，有膨胀性，工程性质差；测试结果：岩体纵波波速 848m/s，岩块纵波波速 1357m/s，岩石饱和单轴抗压强度 10.84MPa，根据上述描述，该岩石定名和岩体基本质量等级为下列哪个选项？并给出理由。

（A）千枚岩，Ⅳ级　（B）片麻岩，Ⅳ级　（C）千枚岩，Ⅴ级　（D）片麻岩，Ⅴ级

【解】

（1）变质岩，多呈薄片状，丝绢光泽，为千枚岩；片麻岩为片麻状构造，排除片麻岩

（2）定性判别：遇水易软化、泥化，有膨胀性，工程性质差，为软岩。

岩芯破碎、多呈薄片状，为较破碎。查《工程岩体分级标准》表 4.1.1，岩石为Ⅴ级

（3）定量判别：$K_v=\left(\frac{848}{1357}\right)^2=0.39<0.04\times10.84+0.4=0.83$

$R_c=10.84\text{MPa}<90\times0.39+30=65.1\text{MPa}$

$BQ=100+3\times10.84+0.39\times250=230$，查《工程岩体分级标准》表 4.4.1，岩石为Ⅴ级

综上所述，岩石为千枚岩，Ⅴ级。

【点评】

①根据《工程岩体分级标准》第 3.2.1 条、第 3.2.3 条、第 4.1.1～4.2.2 条及附录 B；《工程地质手册》P18，变质岩的分类；②当定性特征和定量计算 BQ 确定的级别不一致时，应进行综合分析，本题一致，故可直接定为Ⅴ级；③仅仅给出定性或者定量判别不严密，阅卷一般情况会都给分。

5.3.5 工程岩体级别的确定（修正）——《工程岩体分级标准》第 5.2～5.4 条

1. 地下工程

地下工程岩体质量指标修正值[BQ]，可按表 1-5-40 计算。其修正系数K_1、K_2、K_3值，可分别按表 1-5-41、表 1-5-42 和表 1-5-43 确定。

地下工程岩体质量指标[BQ]　　表 1-5-40

$[BQ]=BQ-100(K_1+K_2+K_3)$	K_1、K_2、K_3——地下水、主要结构面、初始应力状态影响修正系数 注：按下表取范围值或不利值计算

地下工程地下水影响修正系数K_1（取范围值或不利值）　　表 1-5-41

地下水出水状态	BQ				
	> 550	550～451	450～351	350～251	≤250
潮湿或点滴状出水，$p<0.1$或$Q\leqslant25$	0	0	0～0.1	0.2～0.3	0.4～0.6
淋雨状或线流状出水，$0.1<p\leqslant0.5$或$25<Q\leqslant125$	0～0.1	0.1～0.2	0.2～0.3	0.4～0.6	0.7～0.9
涌流状出水，$p>0.5$或$Q>125$	0.1～0.2	0.2～0.3	0.4～0.6	0.7～0.9	1.0

注：1. p为地下工程围岩裂隙水压（MPa）；
2. Q为每 10m 洞长出水量［L/（min · 10m）］，为抽水试验出水量，非压水试验流量。

地下工程主要结构面产状影响修正系数K_2（取范围值或不利值） 表1-5-42

结构面产状及其与洞轴线的组合关系	结构面走向与洞轴线夹角＜30°且结构面倾角30°～75°	结构面走向与洞轴线夹角＞60°且结构面倾角＞75°	其他组合
K_2	0.4～0.6	0～0.2	0.2～0.4

地下工程初始应力状态影响修正系数K_3（取范围值或不利值） 表1-5-43

围岩强度应力比（$\frac{R_c}{\sigma_{max}}$）	BQ				
	＞550	550～451	450～351	350～251	≤250
极高应力区＜4	1.0	1.0	1.0～1.5	1.0～1.5	1.0
高应力区4～7	0.5	0.5	0.5	0.5～1.0	0.5～1.0

注：1. σ_{max}为垂直洞轴线方向的最大初始应力；

2. 根据开挖过程中出现的主要现象评估围岩强度应力比，参阅《工程岩体分级标准》附录C。

地下工程岩体自稳能力，应按表1-5-44确定。

地下工程岩体自稳能力 表1-5-44

岩体级别	自稳能力
Ⅰ	跨度≤20m，可长期稳定，偶有掉块，无塌方
Ⅱ	跨度＜10m，可长期稳定，偶有掉块； 跨度10～20m，可基本稳定，局部可发生掉块或小塌方
Ⅲ	跨度＜5m，可基本稳定； 跨度5～10m，可稳定数月，可发生局部块体位移及小、中塌方； 跨度10～20m，可稳定数日至1个月，可发生小、中塌方
Ⅳ	跨度≤5m，可稳定数日至1个月； 跨度＞5m，一般无自稳能力，数日至数月内可发生松动变形、小塌方，进而发展为中、大塌方。埋深小时，以拱部松动破坏为主，埋深大时，有明显塑性流动变形和挤压破坏
Ⅴ	无自稳能力

注：1. 小塌方：塌方高度小于3m，或塌方体积小于30m³；

2. 中塌方：塌方高度3～6m，或塌方体积30～100m³；

3. 大塌方：塌方高度大于6m，或塌方体积大于100m³。

题1-163 （12C02）某洞室轴线走向为南北向，其中某工程段岩体实测弹性纵波波速为3800m/s，主要软弱结构面产状为：倾向NE68°，倾角59°；岩石单轴饱和抗压强度$R_c = 72\text{MPa}$，岩块弹性纵波速为4500m/s，垂直洞室轴线方向的最大初始应力为12MPa；洞室地下水呈淋雨状出水，水量为8L/（min·m），该工程岩体质量等级为下列哪个选项？

（A）Ⅰ级 （B）Ⅱ级 （C）Ⅲ级 （D）Ⅳ级

【解】

（1）$K_v = \left(\frac{3800}{4500}\right)^2 = 0.71$

$0.04R_c + 0.4 = 0.04 \times 72 + 0.4 = 3.28 > 0.71$，取$K_v = 0.71$

$90K_v + 30 = 90 \times 0.71 + 30 = 93.9 > 72$，取$R_c = 72\text{MPa}$

$BQ = 100 + 3 \times 72 + 250 \times 0.71 = 493.5$

（2）地下水流量：$Q = 8\text{L/min} \cdot \text{m} = 80\text{L/min} \cdot 10\text{m}$，介于25～125，$K_1 = 0.1 \sim 0.2$

结构面走向与洞轴线夹角：$90° - 68° = 22° < 30°$，倾角：59°，$K_2 = 0.4 \sim 0.6$

$\frac{R_c}{\sigma_{max}} = \frac{72}{12} = 6$，$K_3 = 0.5$

$[BQ] = 493.5 - 100 \times (0.1 \sim 0.2 + 0.4 \sim 0.6 + 0.5) = 363.5 \sim 393.5$，确定为Ⅲ级。

【点评】

①根据《工程岩体分级标准》第 4.2.2 条、第 5.2 节、附录 B；②《工程岩体分级标准》中地下工程常规题目，建议修正 BQ 按范围值比较严谨，也可以按不利值，其中地下水影响修正系数表中的Q为**每 10m 洞长出水量**，注意单位的转换；③此类题目岩体分级基本每年必考一题，只要按照步骤，认真计算、查表，一般较易得分，12C02 与 16D04 完全一致。

【同类型真题】17D21、16D04、06D01、02D22

题 1-164 （17D21）某地下工程穿越一座山体，已测得该地段代表性的岩体和岩石的弹性波波速分别为 3000m/s 和 3500m/s，岩石饱和单轴抗压强度为 35MPa；岩体中仅有点滴状地下水，出水量为 20L/min·10m；主要结构面走向与洞轴线夹角为 62°，倾角 78°；初始应力为 5MPa。根据《工程岩体分级标准》GB/T 50218—2014，该项工程岩体质量等级应为下列哪个选项？

（A）Ⅱ级　　（B）Ⅲ级　　（C）Ⅳ级　　（D）Ⅴ级

【解】

（1）$K_v = \left(\frac{3000}{3500}\right)^2 = 0.73$

$90 \times 0.73 + 30 = 95.7 > 35$，取$R_c = 35\text{MPa}$；$0.04 \times 35 + 0.4 = 1.8 > 0.73$，取$K_v = 0.73$

$\text{BQ} = 100 + 250 \times 0.73 + 3 \times 35 = 387.5$

（2）BQ 修正：

地下水流量：$Q = 20\text{L/min} \cdot 10\text{m} < 25\text{L/min} \cdot 10\text{m}$，$K_1 = (0,0.1)$

结构面走向与洞轴线夹角：$62° > 60°$，且结构面倾角：$78° > 75°$，$K_2 = (0,0.2)$

$\frac{R_c}{\sigma_{max}} = \frac{35}{5} = 7$，$K_3 = 0.5$

$[\text{BQ}] = 387.5 - 100 \times (0.1 + 0.2 + 0.5) \sim 387.5 - 100 \times (0 + 0 + 0.5) = 307.5 \sim 337.5$，查表为Ⅳ级

【点评】

根据《工程岩体分级标准》第 4.5.3 条和附录 E。

题 1-165 （21C03）某隧道呈南北走向，勘察时在隧道两侧各布置 1 个钻孔，隧道位置及断面、钻孔深度、孔口高程及揭露的地层见图 1-5-17（单位：m）。场地基岩为泥岩、砂岩，岩层产状 270°∠45°，层面属软弱结构面，其他构造不发育，场地属低地应力区（可不进行初始应力状态修正）。经抽水试验，孔内地下水位无法恢复。室内试验和现场测试所得结果见表 1-5-45。依据《工程岩体分级标准》GB/T 50218—2014，隧道围岩分级为下列哪个选项？

题 1-165 表　　表 1-5-45

岩性	岩石单轴抗压强度（MPa）		岩体完整性系数	压水试验流量［L/（min·m）］
	天然	饱和		
砂岩	62	55	0.75	11.5
泥岩	21	15	0.72	4.5

（A）Ⅱ级　　（B）Ⅲ级　　（C）Ⅳ级　　（D）Ⅴ级

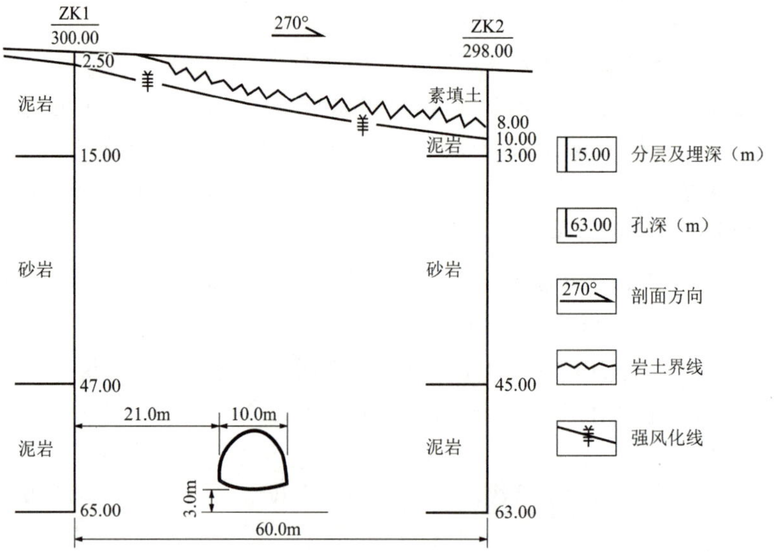

图 1-5-17 题 1-165 图

【解】

（1）根据岩层产状 270°∠45°，剖面的方向为 270°，砂岩和泥岩的界线如图 1-5-18 所示，可知隧道全部位于砂岩内。

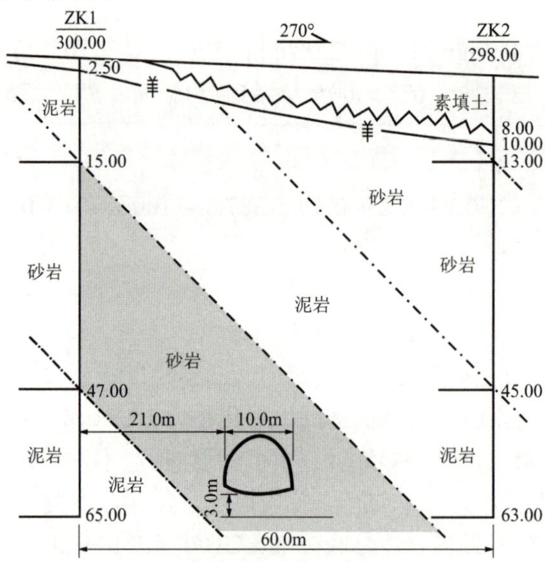

图 1-5-18 解 1-165 图

（2）$R_c = 55\text{MPa} < 90 \times 0.75 + 30 = 97.5\text{MPa}$，取$R_c = 55\text{MPa}$

$K_v = 0.75 < 0.04 \times 55 + 0.4 = 2.6$，取$K_v = 0.75$

$\text{BQ} = 100 + 3 \times 55 + 250 \times 0.75 = 452.5$

（3）地下水修正：经抽水试验，孔内地下水位无法恢复，则水量较少取$Q \leqslant 25\text{L/min} \cdot 10\text{m}$ 地下水修正系数取不利$K_1 = 0$

（4）结构面走向 $270 - 90 = 180°$，与洞轴线夹角南北走向夹角 0°结构面倾角 $45° \in (30°, 75°)$，查表取不利$K_2 = 0.6$

（5）$[\text{BQ}] = 452.5 - 100 \times (0 + 0.6) = 392.5$，为Ⅲ级

【点评】

①根据《工程岩体分级标准》第 4.2 节、第 5.2 节；②先根据围岩产状和剖面情况对地层剖面进行连线，确定隧道所处的岩层；③先计算基本质量指标，再进行地下水、结构面和初始应力状态三项修正，其中地下水修正采用抽水试验数据，压实试验只能确定岩层的透水性，不能确定地下水量；④注意R_c采用饱和单轴抗压强度，抽水试验，孔内地下水位无法恢复说明地下水出水很少；⑤本题联系工程实践，综合性强，难度较大，考试紧张下很难有时间思考并计算隧道所处的岩石，有图的题目可能有隐含条件，考试时应特别注意。

题 1-166　某地下工程，洞轴线走向为 30°，主要软弱结构面的产状：55°∠75°，岩石点载荷强度$I_{s(50)}=3.8\text{MPa}$，实测岩体压缩波波速为 3700m/s，岩石压缩波波速为 4500m/s，垂直洞室线方向的最大初始应力为 100MPa，围岩裂隙水压 0.8MPa，试根据《工程岩体分级标准》GB/T 50218—2014，该地下工程岩体的自稳能力评价，下列哪个选项是正确的?

（A）跨度 10～20m，可基本稳定，局部可发生掉块或小塌方

（B）跨度 5～10m，可稳定数月

（C）跨度 ≤5m，可稳定数日至 1 个月

（D）无自稳能力

【解】

（1）$K_v=\left(\frac{3700}{4500}\right)^2=0.676$，$R_c=22.82\times3.8^{0.75}=62.11\text{MPa}$

$R_c=62.11\text{MPa}<90\times0.676+30=90.84$，取$R_c=62.11\text{MPa}$

$K_v=0.676<0.04\times62.11+0.4=2.88$，取$K_v=0.676$

$\text{BQ}=100+3\times62.11+250\times0.676=455.3$

（2）$p=0.8\text{MPa}>0.5$，$\text{BQ}=455.3\Rightarrow K_1=0.3$

（3）$\omega=90°-(55°-30°)=65°$，倾角$\alpha=75°$，属于其他组合$\Rightarrow K_2=0.4$

（4）$\frac{R_c}{\sigma_{max}}=\frac{62.11}{100}=0.62<4$，$\text{BQ}=455.3\Rightarrow K_3=1.0$

（5）$[\text{BQ}]=455.3-100\times(0.3+0.4+1.0)=285.3\in(251,350)\Rightarrow$Ⅳ级

查规范表 E.0.1：跨度 ≤5m，可稳定数日至 1 个月。

【点评】

①根据《工程岩体分级标准》第 4.2 节，第 5.2 节和附录 E；②修正系数K_1，K_2，K_3和[BQ]可按最不利或范围值取值。

2. **边坡工程**

边坡工程岩体质量指标修正值[BQ]，可按表 1-5-46 计算。其修正系数λ、K_4和K_5值，可分别按表 1-5-47、表 1-5-48 和表 1-5-49 确定。

边坡工程岩体质量指标[BQ]　　表 1-5-46

$[\text{BQ}]=\text{BQ}-100(K_4+\lambda K_5)$ $K_5=F_1\times F_2\times F_3$	λ、K_4、K_5——修正系数； F_1、F_2、F_3——结构面产状影响系数 注：按表 1-5-47、表 1-5-48 取范围值或不利值计算

边坡工程主要结构面类型与延伸性修正系数λ（取范围值或不利值） 表 1-5-47

结构面类型与延伸性	修正系数λ
断层、夹泥层	1.0
层面、贯通性较好的节理和裂隙	0.9～0.8
断续节理和裂隙	0.7～0.6

边坡工程地下水影响修正系数K_4（取范围值或不利值） 表 1-5-48

边坡工程地下水发育程度	BQ				
	＞550	550～451	450～351	350～251	≤250
潮湿或点滴状出水，$p_w < 0.2H$	0	0	0～0.1	0.2～0.3	0.4～0.6
线流状出水，$0.2H < p_w \leq 0.5H$	0～0.1	0.1～0.2	0.2～0.3	0.4～0.6	0.7～0.9
涌流状出水，$p_w > 0.5H$	0.1～0.2	0.2～0.3	0.4～0.6	0.7～0.9	1.0

注：1. p_w为边坡坡内潜水或承压水头（m）；2. H为边坡高度（m）。

边坡工程主要结构面产状影响修正F_1、F_2、F_3 表 1-5-49

序号	条件与修正系数	影响程度划分				
		轻微	较小	中等	显著	很显著
1	结构面**倾向**与边坡坡面**倾向**间的夹角（°）	＞30	30～20	20～10	10～5	≤5
	F_1	0.15	0.40	0.70	0.85	1.0
2	结构面倾角（°）	＜20	20～30	30～35	35～45	≥45
	F_2	0.15	0.40	0.70	0.85	1.0
3	结构面**倾角**减去边坡坡面**倾角**的差值（°）	＞10	10～0	0	0～−10	≤−10
	F_3	0	0.2	0.8	2.0	2.5

注：表中负值表示结构面倾角小于坡面倾角，在坡面出露。

边坡工程岩体自稳能力，应按表 1-5-50 确定。

边坡工程岩体自稳能力 表 1-5-50

岩体级别	自稳能力
Ⅰ	高度≤60m，可长期稳定，偶有掉块
Ⅱ	高度＜30m，可长期稳定，偶有掉块； 高度 30～60m，可基本稳定，局部可发生楔形体破坏
Ⅲ	高度＜15m，可基本稳定，局部可发生楔形体破坏； 高度 15～30m，可稳定数月，可发生由结构面及局部岩体组成的平面或楔形体破坏，或由反倾结构面引起的倾倒破坏
Ⅳ	高度＜8m，可稳定数月，局部可发生楔形体破坏； 高度 8～15m，可稳定数日至 1 个月，可发生由不连续面及岩体组成的平面或楔形体破坏，或由反倾结构面引起的倾倒破坏
Ⅴ	不稳定

注：表中边坡指坡角大于 70°的陡倾岩质边坡。

题 1-167　（18D02）某边坡高度为 55m，坡面倾角为 65°，倾向为 NE59°，测得岩体的纵波波速为 3500m/s，相应岩块的纵波波速为 5000m/s，岩石的饱和单轴抗压强度$R_c =$ 45MPa，岩层结构面的倾角为 69°，倾向为 NE75°，边坡结构面类型与延伸性修正系数为 0.7，地下水影响系数为 0.5，按《工程岩体分级标准》GB/T 50218—2014 计算岩体基本质量指标，确定该边坡岩体的质量等级为下列哪项？

（A）Ⅴ级　　（B）Ⅳ级　　（C）Ⅲ级　　（D）Ⅱ级

【解】

（1）$K_v = \left(\frac{3000}{5000}\right)^2 = 0.49$

$90 \times 0.49 + 30 = 74.1 > 45$，取$R_c = 45\text{MPa}$；$0.04 \times 45 + 0.4 = 2.2 > 0.49$，取$K_v = 0.49$

$BQ = 100 + 250K_v + 3R_c = 100 + 250 \times 0.49 + 3 \times 45 = 357.5$

（2）结构面倾向与边坡坡面倾向间的夹角为 $75° - 59° = 16°$，介于 10°～30°，得$F_1 = 0.7$

结构面倾角 $69° > 45°$，得$F_2 = 1$

结构面倾角与边坡坡面倾角差为：$69° - 65° = 4°$，介于 0°～10°，得$F_3 = 0.2$

$K_5 = F_1 \times F_2 \times F_3 = 0.7 \times 1 \times 0.2 = 0.14$

$[BQ] = BQ - 100(K_4 + \lambda K_5) = 357.5 - 100 \times (0.5 + 0.7 \times 0.14) = 297.7$，介于 251～350，为Ⅳ级。

【点评】

①依据《工程岩体分级标准》第 5.3.2 条；②边坡工程岩体级别主要考虑三个方面的修正：**主要结构面类型与延伸性**、**地下水影响修正**、**主要结构面产状与坡面间的关系**；③结构面与边坡坡面倾向夹角**越小**、结构面倾角**越大**、坡面倾角**大于**结构面倾角时不利。

【同类型真题】22 补考 D04

题 1-168　某岩石边坡工程，坡高 8m，在该边坡钻孔内做波速测试，测得中等风化花岗岩，岩体的压缩波速度为 2800m/s，剪切波速度为 1550m/s，已知相应岩石的压缩波速度为 4900m/s，剪切波速度为 2400m/s，饱和单轴抗压强度为 42MPa。主要结构面类型为断层，结构面倾角 34°，边坡坡面倾角 43°，结构面倾向与边坡坡面倾向间的夹角为 28°，已知坡内承压水头高 2.5m，确定该工程岩体质量等级。

【解】

（1）$K_v = \left(\frac{2800}{4900}\right)^2 = 0.327$

$90K_v + 30 = 90 \times 0.327 + 30 = 59.4 > 42$，取$R_c = 42\text{MPa}$

$0.04R_c + 0.4 = 0.04 \times 42 + 0.4 = 2.08 > 0.327$，取$K_v = 0.327$

$BQ = 100 + 250K_v + 3R_c = 100 + 250 \times 0.327 + 3 \times 42 = 307.8$

（2）主要结构面为断层，$\lambda = 1$

$P_w = 2.5\text{m}$，介于 $0.2H$～$0.5H$，即 1.6～4m，得$K_4 = 0.4$～0.6

主要结构面产状影响修正：

结构面倾向与边坡坡面倾向间的夹角为 28°，介于 20°～30°，得$F_1 = 0.4$

结构面倾角 34°，介于 30°～35°，得$F_2 = 0.7$

结构面倾角与边坡坡面倾角差为：$34° - 43° = -9°$，介于 0°～−10°，得$F_3 = 2$

$K_5 = F_1 \times F_2 \times F_3 = 0.4 \times 0.7 \times 2 = 0.56$

$[BQ]=BQ-100(K_4+\lambda K_5)=307.8-100\times(0.6+1\times0.56)\sim307.8-100\times(0.4+1\times0.56)=191.8\sim211.8$

查表为V级。

【点评】

根据《工程岩体分级标准》第5.3节，注意结构面倾角与边坡坡面倾角差可以为负值。

3. 地基工程

地基工程岩体应按岩体基本质量指标BQ定级，无需修正。根据地基工程岩体级别按表1-5-51确定岩体基岩承载力基本值。

地基工程各级别岩体基岩承载力基本值 表1-5-51

岩体级别	Ⅰ	Ⅱ	Ⅲ	Ⅳ	Ⅴ
f_0（MPa）	>7.0	7.0～4.0	4.0～2.0	2.0～0.5	≤0.5

题1-169 （10C03）某地基工程测得中等风化岩体压缩波波速$V_{pm}=3185m/s$，剪切波速率$V_s=1603m/s$，相应岩块的压缩波波速$V_{pt}=5067m/s$，剪切波速率$V_s=2438m/s$；岩石质量密度$\rho=2.64g/cm^3$，饱和单轴抗压强度$R_c=40MPa$，则该岩体质量指标BQ为下列哪个选项？

（A）255　（B）320　（C）491　（D）714

【解】

（1）$K_v=\left(\frac{3185}{5067}\right)^2=0.395$

$90\times0.395+30=65.6>40$，取$R_c=40MPa$；$0.04\times40+0.4=2>0.395$，取$K_v=0.395$

（2）$BQ=100+3\times40+250\times0.395=318.8$

【点评】

①根据《工程岩体分级标准》第4章、第5.4节；②地基工程岩土按岩体基本质量级别定级，不需要考虑其他修正。

5.3.6 围岩工程地质分类——《水利水电工程地质勘察规范》附录 N

围岩工程地质分类分为**初步分类**和**详细分类**。初步分类适用于规划阶段、可研阶段及深埋洞室施工之前。详细分类主要用于初步设计、招标和施工图设计阶段。初步分类参阅附录 N.0.2～N.0.6。**详细分类、围岩稳定性评价**和**岩爆分级**按表 1-5-52～表 1-5-59。

围岩工程地质详细分类　　表 1-5-52

围岩总评分 $T = A + B + C + D + E$	$S = \dfrac{R_b \cdot K_v}{\sigma_m}$	R_b——岩石饱和单轴抗压强度（MPa）； K_v——岩体完整性系数； σ_m——围岩最大主应力（MPa），当无实测资料时可用自重应力代替

围岩类别

围岩类别	围岩总评分 T	围岩强度应力比 S
Ⅰ	> 85	> 4
Ⅱ	$85 \geqslant T > 65$	> 4
Ⅲ	$65 \geqslant T > 45$	> 2
Ⅳ	$45 \geqslant T > 25$	> 2
Ⅴ	$T \leqslant 25$	—

⇒ Ⅱ、Ⅲ、Ⅳ类围岩，S 小于左侧表中规定时，**降低一级：** Ⅱ→Ⅲ；Ⅲ→Ⅳ；Ⅳ→Ⅴ

岩石强度评分 A（插值）　　表 1-5-53

岩质类型	硬质岩		软质岩	
	坚硬岩	中硬岩	较软岩	软岩
饱和单轴抗压强度 R_b（MPa）	$R_b > 60$	$60 \geqslant R_b > 30$	$30 \geqslant R_b > 15$	$R_b \leqslant 15$
岩石强度评分 A	30～20	20～10	10～5	5～0

注：当 $R_b > 100$MPa 时，$A = 30$；当 $R_b < 5$MPa 时，$A = 0$

岩体完整程度评分 B（插值）　　表 1-5-54

岩体完整程度		完整	较完整	完整性差	较破碎	破碎
岩体完整性系数		$K_v > 0.75$	$0.75 \geqslant K_v > 0.55$	$0.55 \geqslant K_v > 0.35$	$0.35 \geqslant K_v > 0.15$	$K_v \leqslant 0.15$
岩体完整性评分 B	硬质岩	40～30	30～22	22～14	14～6	< 6
	软质岩	25～19	19～14	14～9	9～4	< 4

注：1. 当 $60\text{MPa} \geqslant R_b > 30\text{MPa}$ 时，若 B + C > 65，取 B + C = 65；
2. 当 $30\text{MPa} \geqslant R_b > 15\text{MPa}$ 时，若 B + C > 55，取 B + C = 55；（此项恒满足）
3. 当 $15\text{MPa} \geqslant R_b > 5\text{MPa}$ 时，若 B + C > 40，取 B + C = 40；（此项恒满足）
4. 当 $R_b \leqslant 5$MPa 时，取 B + C = 0

结构面状态评分 C（不插值）　　表 1-5-55

结构面状态	宽度 W（mm）	$W < 0.5$		$0.5 \leqslant W < 5.0$									$W \geqslant 5.0$		
	充填物	—		无充填			岩屑			泥质			岩屑	泥质	无充填
	起伏粗糙状况	起伏粗糙	平直光滑	起伏粗糙	起伏光滑或平直粗糙	平直光滑	起伏粗糙	起伏光滑或平直粗糙	平直光滑	起伏粗糙	起伏光滑或平直粗糙	平直光滑	—	—	—
结构面状态评分 C	硬质岩	27	21	24	21	15	21	17	12	15	12	9	12	6	0～3
	较软岩	27	21	24	21	15	21	17	12	15	12	9	12	6	
	软岩	18	14	17	14	8	14	11	8	10	8	6	8	4	0～2

注：1. 结构面延伸长度 < 3m 时，硬质岩、较软岩 $C + 3$，软岩 $C + 2$；
2. 结构面延伸长度 > 10m 时，硬质岩、较软岩 $C - 3$，软岩 $C - 2$；结构面状态最低分 $C = 0$

地下水评分D（插值） 表1-5-56

活动状态			渗水到滴水	线状流水	涌水
水量Q[L/（min·10m洞长）] 或压力水头H（m）			$Q \leqslant 25$或$H \leqslant 10$	$25 < Q \leqslant 125$或 $10 < H \leqslant 100$	$Q > 125$或$H > 100$
基本因素评分T' $T' = A + B + C$	$T' > 85$	地下水评分D	0	0～−2	−2～−6
	$85 \geqslant T' > 65$		0～−2	−2～−6	−6～−10
	$65 \geqslant T' > 45$		−2～−6	−6～−10	−10～−14
	$45 \geqslant T' > 25$		−6～−10	−10～−14	−14～−18
	$T' \leqslant 25$		−10～−14	−14～−18	−18～−20

注：1. 干燥状态，$D = 0$。

2. 插值过程存在争议没有定论，优先采用地下水水量或压力水头进行插值，根据题意有按Q插值、按T'插值、按不利三种不同的意见，当含水率为$25 \leqslant Q \leqslant 125$L/min·10m时优先采用含水率插值；当$25 \leqslant T' \leqslant 85$时，可采用$T'$插值，其他情况取不利插值

主要结构面产状评分E（不插值） 表1-5-57

结构面走向与洞轴线夹角β		$90° \geqslant \beta \geqslant 60°$				$60° > \beta \geqslant 30°$				$\beta < 30°$			
结构面倾角α（°）		$\alpha > 70$	$70 \geqslant \alpha > 45$	$45 \geqslant \alpha > 20$	$\alpha \leqslant 20$	$\alpha > 70$	$70 \geqslant \alpha > 45$	$45 \geqslant \alpha > 20$	$\alpha \leqslant 20$	$\alpha > 70$	$70 \geqslant \alpha > 45$	$45 \geqslant \alpha > 20$	$\alpha \leqslant 20$
结构面产状评分E	洞顶	0	−2	−5	−10	−2	−5	−10	−12	−5	−10	−12	−12
	边墙	−2	−5	−2	0	−5	−10	−2	0	−10	−12	−5	0

注：1. 按岩体完整程度分级为**完整性差、较破碎和破碎**的围岩，$E = 0$。

2. 没有明确洞顶或边墙时，按不利

围岩稳定性评价 表1-5-58

围岩类型	围岩稳定性评价	支护类型
Ⅰ	稳定。围岩可长期稳定，一般无不稳定块体	不支护或局部锚杆或喷薄层混凝土。大跨度时，喷混凝土、系统锚杆加钢筋网
Ⅱ	基本稳定。围岩整体稳定，不会产生塑性变形，局部可能产生掉块	
Ⅲ	局部稳定性差。围岩强度不足，局部会产生塑性变形，不支护可能产生塌方或变形破坏。完整的较软岩，可能暂时稳定	喷混凝土、系统锚杆加钢筋网。采用TBM掘进时，需及时支护。跨度 > 20m时，宜采用锚索或刚性支护
Ⅳ	不稳定。围岩自稳时间很短，规模较大的各种变形和破坏都可能发生	喷混凝土、系统锚杆加钢筋网，刚性支护，并浇筑混凝土衬砌。不适宜于开敞式TBM施工
Ⅴ	极不稳定。围岩不能自稳，变形破坏严重	

岩爆分级及判别（《水利水电工程地质勘察规范》附录Q） 表1-5-59

岩爆分级	主要现象和岩性条件	R_b/σ_m	建议防治措施
轻微岩爆（Ⅰ级）	围岩表层有爆裂射落现象，内部有噼啪、撕裂声响，人耳偶然可以听到。岩爆零星间断发生。一般影响深度0.1～0.3m。对施工影响较小	4～7	根据需要进行简单支护
中等岩爆（Ⅱ级）	围岩爆裂弹射现象明显，有似子弹射击的清脆爆裂声响，有一定的持续时间。破坏范围较大，一般影响深度0.3～1m。对施工有一定影响；对设备及人员安全有一定威胁	2～4	需进行专门支护设计。多进行喷锚支护等

续表

岩爆分级	主要现象和岩性条件	R_b/σ_m	建议防治措施
强烈岩爆（Ⅲ级）	围岩大片爆裂，出现强烈弹射，发生岩块抛射及岩粉喷射现象，巨响，似爆破声，持续时间长，并向围岩深部发展，破坏范围和块度大，一般影响深度 1～3m。对施工影响大，威胁机械设备及人员人身安全	1～2	主要考虑采取应力释放钻孔、超前导洞等措施，进行超前应力解除，降低围岩应力。也可采取超前锚固及格栅钢支撑等措施加固围岩。需进行专门支护设计
极强岩爆（Ⅳ级）	洞室断面大部分围岩严重爆裂，大块岩片出现剧烈弹射，振动强烈，响声剧烈，似闷雷。迅速向围岩深处发展，破坏范围和块度大，一般影响深度大于 3m，乃至整个洞室遭受破坏。严重影响施工，人财损失巨大。最严重者可造成地面建筑物破坏	＜1	

注：R_b/σ_m为岩石强度应力比，R_b为岩石饱和单轴抗压强度（MPa），σ_m为最大主应力。

题 1-170 （11D22）某电站引水隧洞，围岩为流纹斑岩，其各项评分见表 1-5-60，实测岩体纵波波速平均值为 3320m/s，岩块的波速为 4176m/s。岩石的饱和单轴抗压强度$R_b = 55.8$MPa，围岩最大主应力$\sigma_m = 11.5$MPa，试按《水利水电工程地质勘察规范》GB 50487—2008 的要求进行的围岩分类是下列哪个选项？

题 1-170 表　　表 1-5-60

项目	岩石强度	岩土完整程度	结构面状态	地下水状态	主要结构面产状
评分	20 分	28 分	24 分	−3 分	−2 分

（A）Ⅳ类　（B）Ⅲ类　（C）Ⅱ类　（D）Ⅰ类

【解】

（1）$T = 20 + 28 + 24 - 3 - 2 = 67$，介于 65～85，为Ⅱ类

（2）$K_v = \left(\frac{3320}{4176}\right)^2 = 0.632$

$S = \frac{R_b \cdot K_v}{\sigma_m} = \frac{55.8\times0.63}{11.5} = 3.1 < 4$，围岩类别降低一级，为Ⅲ类

【点评】

①根据《水利水电工程地质勘察规范》附录 N；②应注意不要漏掉S对围压等级的修正，根据T查表Ⅱ类岩体$S < 4$时降一级，Ⅲ、Ⅳ类岩体$S < 2$时降一级。

题 1-171 （10C18）水电站的地下厂房围岩为白云质灰岩，饱和单轴抗压强度$R_b =$ 50MPa，围岩岩体完整性系数$K_v = 0.5$，结构面宽度 3mm，充填物为岩屑，裂隙面平直光滑，结构面延伸长度 7m，岩壁渗水。围岩的最大主应力为 8MPa。根据《水利水电工程地质勘察规范》GB 50487—2008，该厂房围岩的工程地质类别是下列哪一选项？

（A）Ⅰ类　（B）Ⅱ类　（C）Ⅲ类　（D）Ⅳ类

【解】

（1）$R_b = 50$MPa，插值得：$A = 16.7$

$R_b = 50$MPa 为硬质岩，且$K_v = 0.5$，插值得：$B = 20$

（2）$w = 3$mm，介于 0.5～5mm，且充填物为岩屑，裂隙面平直、光滑，结构面延伸长度 7m，查表得：$C = 12$

（3）岩壁渗水，且$T' = 16.7 + 20 + 12 = 48.7$，按$T'$插值得：$D = -5.3$

（4）$K_v = 0.5$，介于 0.35～0.55，为完整性差，$E = 0$

（5）$T = 16.7 + 20 + 12 - 5.3 = 43.4$，介于 25～45，为Ⅳ类

（6）$S=\dfrac{R_b \cdot K_v}{\sigma_m}=\dfrac{50\times0.5}{8}=3.1>2$，不修正，为Ⅳ类。

【点评】

①根据《水利水电工程地质勘查规范》附录 N；②A、B、D需进行插值，C不插值，特别注意地下水的评分D，插值规范表述不明确，存在争议没有定论，优先采用地下水水量或压力水头进行插值，根据题意有按Q插值、按T'插值、按不利三种不同的意见，当含水率为$25\leqslant Q\leqslant125$L/（min · 10m）时有限采用含水率插值；当$25\leqslant T'\leqslant85$时，可采用$T'$插值，其他情况取不利，本题没有水量，按$T'$插值；③岩体**完整性差、较破碎和破碎**的围岩**不进行主要结构面产状评分E**的修正，$E=0$。

题 1-172 （14C22）某水利建筑物洞室由厚层砂岩组成，其岩石的饱和单轴抗压强度R_b为 30MPa，围岩的最大主应力为σ_m为 9MPa。岩体的纵波波速为 2800m/s，岩石的纵波波速为 3500m/s，结构面状态评分为 25，地下水评分为−2，主要结构面产状评分为−5，根据《水利水电工程地质勘察规范》GB 50487—2008，该洞室围岩的类别是下列哪一选项？

（A）Ⅰ类围岩　　（B）Ⅱ类围岩　　（C）Ⅲ类围岩　　（D）Ⅳ类围岩

【解】

（1）$R_b=30$MPa，$A=10$

$R_b=30$MPa 为软质岩，且$K_v=\left(\dfrac{2800}{3500}\right)^2=0.64$，插值得：$B=16.25$

（2）$T=10+16.25+25-2-5=44.25$，介于 25～45，为Ⅳ类

$S=\dfrac{R_b \cdot K_v}{\sigma_m}=\dfrac{30\times0.64}{9}=2.13>2$，不修正

（3）综上，为Ⅳ类。

【点评】

①根据《水利水电工程地质勘察规范》附录 N；②重要考点：水利水电工程地下洞室围岩类别判定，**Ⅱ类要求围岩强度应力比$S>4$，Ⅲ、Ⅳ要求围岩强度应力比$S>2$，不满足降一级**；③评分A、B、D需进行插值，C、E不插值。

题 1-173 （20D03）某水电工程的地下洞室，轴线走向 NE40°，跨度 10m，进洞后 20～120m 段，围岩为巨厚层石英砂岩，岩层产状 NE50°/SE∠20°，层面紧密起伏粗糙，其他结构面不发育。测得岩石和岩体弹性波纵波波速分别为 4000m/s、3500m/s，岩石饱和单轴抗压强度 101MPa。洞内有地下水渗出，测得该段范围内总出水量约 200L/min；洞室所在地段，区域最大主应力 22MPa。根据《水利水电工程地质勘察规范》GB 50487—2008，该段洞室围岩详细分类和岩爆分级应为下列哪个选项？并说明理由。

（A）围岩Ⅰ类，岩爆Ⅰ级　　（B）围岩Ⅱ类，岩爆Ⅱ级

（C）围岩Ⅲ类，岩爆Ⅰ级　　（D）围岩Ⅲ类，岩爆Ⅱ级

【解】

（1）$R_b=101\text{MPa}>60$，$A=30$，为硬质岩

$K_v=\left(\dfrac{3500}{4000}\right)^2=0.7656$，插值：$B=40-\dfrac{1-0.7656}{1-0.75}\times(40-30)=30.6$

（2）层面紧密起伏粗糙，其他结构面不发育，查表$C=27$

（3）$Q=\dfrac{200}{100}\times10=20$L/（min · 10m）$<25$

$T'=30+30.6+27=87.6$，查表$D=0$

$\beta = 50° - 40° = 10°$、$\alpha = 20°$，查表$E = -12$

（4）$T = 87.6 - 12 = 75.6$，查表为Ⅱ类

$S = \frac{101 \times 0.7656}{22} = 3.5 < 4$，围岩级别降低一级，为Ⅲ类

（5）$\frac{R_b}{\sigma_m} = \frac{101}{22} = 4.6$，查表为岩爆Ⅰ级

【点评】

根据《水利水电工程地质勘察规范》附录 N、附录 Q；②重要考点：水利水电工程地下洞室围岩类别判定，**Ⅱ类要求围岩强度应力比$S > 4$，Ⅲ、Ⅳ要求围岩强度应力比$S > 2$，不满足降一级**；③评分A、B、D需进行插值，C、E不插值；④本考点真题反复考查，属于基本题，虽然增加了岩爆考点，但是难度较小，细心即可。

【同类型真题】10D22、07D23、03D25、02D20、02D23

5.3.7　次要规范岩体（围岩）分类

其他次要规范岩体（围岩）分类属于非重点内容，此处不再罗列，自行学习，如果考试指定规范，按相应规范作答即可。本书第七篇“公路隧道设计规范”和“铁路隧道设计规范”中也有相应介绍。次要规范岩体（围岩）分类总结见表 1-5-61。

次要规范岩体（围岩）分类　　表 1-5-61

序号	规范及类型	定量分类
1	《水利水电工程地质勘察规范》附录 V “坝基岩体工程地质分类”	根据饱和单轴抗压强度R_b，纵波波速V_p，岩体完整性系数K_v，岩石质量指标 RQD，分为Ⅰ～Ⅴ级
2	《公路隧道设计规范》第 3.6 节、附录 A “围岩分级”	类似前述《工程岩体分级标准》“**地下工程**岩体分级”，见第七篇“公路隧道设计规范”
3	《铁路隧道设计规范》附录 B、附录 C “围岩分级”“围岩亚分级”	类似前述《工程岩体分级标准》“**地下工程**岩体分级”，增加了**定性修正与定量修正相结合**的方法，增加了“围岩亚分级”。见第七篇“铁路隧道设计规范”

题 1-174　（14D04）某大型水电站坝基位于花岗岩上，其饱和单轴抗压强度为 50MPa，岩体弹性纵波波速为 4200m/s，岩块弹性纵波波速为 4800m/s，岩石质量指标 RQD = 80%。坝基岩体结构面平直且闭合，不发育，勘探时未见地下水。根据《水利水电工程地质勘察规范》GB 50487—2008，该坝基岩体的工程地质类别应为下列哪个选项？

（A）Ⅰ类　　（B）Ⅱ类　　（C）Ⅲ类　　（D）Ⅳ类

【解】

（1）$R_b = 50\text{MPa}$，为中硬岩，$R_b = 40 \sim 60\text{MPa}$

（2）$K_v = \left(\frac{4200}{4800}\right)^2 = 0.77 > 0.75$

（3）岩体$V_p = 4200\text{m/s}$，属于 4000～4500m/s

（4）$\text{RQD} = 80\% > 70\%$

满足中硬岩中Ⅱ类的各项要求，定为Ⅱ类。

【点评】

①根据《水利水电工程地质勘察规范》附录 V；②偏僻规范的偏僻考点：坝基岩体工程地质分类；③要注意题目关键词“坝基”，找准规范位置；④完整性系数公式记不清“岩块”与“岩体”谁比谁时，记住分子小于分母就行。

第6章

地下水勘察

6.1 土的渗透性和渗流问题

6.1.1 达西定律——《土力学》

1. 渗流中的总水头与水力坡降

渗流中的总水头与水力坡降计算总结，见表 1-6-1。

渗流中的总水头与水力坡降 **表 1-6-1**

<table>
<tr><td>（1）根据流体力学中的伯努利方程，流体中某点的总水头（h）由位置水头（z）、压力水头（u/γ_w）和速度水头（$v^2/2g$）三部分组成：
$$h = z + \frac{u}{\gamma_w} + \frac{v^2}{2g}$$
式中：u——孔隙水压力；
v——流速。
土中渗流阻力较大，渗流速度v在一般情况下都很小，形成的速度水头（$v^2/2g$）也很小，为简便起见可以忽略，总水头h可近似采用该点的测压管水头代替：
$$h = z + \frac{u}{\gamma_w} \quad （常用公式）$$</td><td>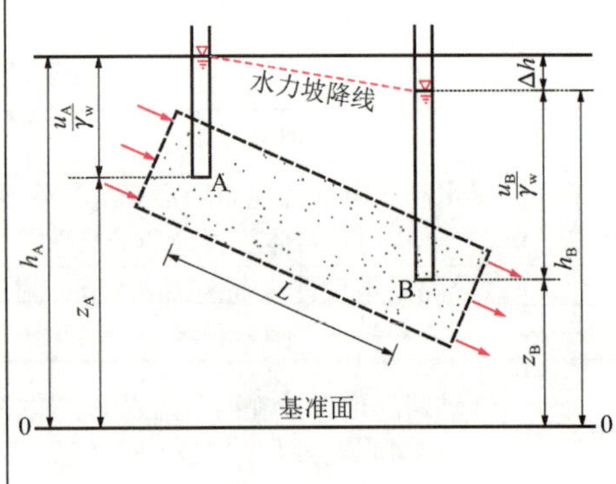
</td></tr>
<tr><td>（2）饱和土体中两点间是否发生渗流，完全由总水头差（Δh）决定，当两点间的总水头差 > 0 时，才会发生水由高水头点向低水头点流动（见图）</td><td>$$\left.\begin{aligned} h_A &= z_A + \frac{u_A}{\gamma_w} \\ h_B &= z_B + \frac{u_B}{\gamma_w} \end{aligned}\right\} \Rightarrow \Delta h = h_A - h_B$$</td></tr>
<tr><td colspan="2">（3）上图中 A、B 两点的测管水头连接起来，为水力坡降线。由于渗流过程中存在能量损失，测管水头沿渗流方向下降。A、B 两点间单位渗流长度的水头损失，可定义为水力坡降i：
$$i = \frac{\Delta h}{L}$$</td></tr>
</table>

2. 达西定律

按达西定律计算渗出水量Q和水在土中的渗流速度v，见表 1-6-2。

达西定律 **表 1-6-2**

<table>
<tr><td>达西定律适用于渗流为稳定层流的情况，渗出水量Q与过水断面面积A和水力坡降i成正比，或者水在土中的渗流速度v与水力坡降i成正比，且与土体的渗透性有关。
$$Q = kiA = vA$$
$$v = k\frac{\Delta h}{L} = ki$$
式中：k——渗透系数</td><td>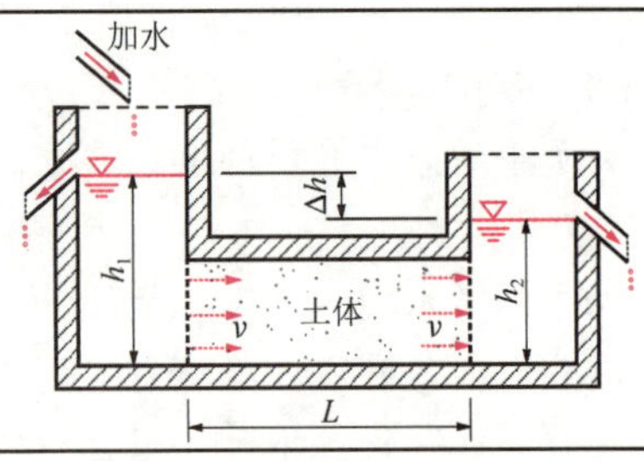
</td></tr>
</table>

题 1-175 （08D18）土坝因坝基渗漏严重，拟在坝顶采用旋喷桩技术做一道沿坝轴方向的垂直防渗心墙，墙身伸到坝基下伏的不透水层中。已知坝基基底为砂土层，厚度 10m，沿坝轴长度为 100m，旋喷桩墙体的渗透系数为 1×10^{-7}cm/s，墙宽 2m，则当上游水位高度 40m，下游水位高度 10m 时，加固后该土石坝坝基的渗漏量最接近下列哪个选项（图 1-6-1）？（不考虑土坝坝身的渗漏量）

（A）$0.9\text{m}^3/\text{d}$　　（B）$1.1\text{m}^3/\text{d}$　　（C）$1.3\text{m}^3/\text{d}$　　（D）$1.5\text{m}^3/\text{d}$

【解】

（1）$i=\dfrac{40-10}{2}=15$，$A=100\times10=1000\text{m}^3$

（2）$Q=kiA=15\times1000\times1\times10^{-7}\times864=1.30\text{m}^3/\text{d}$

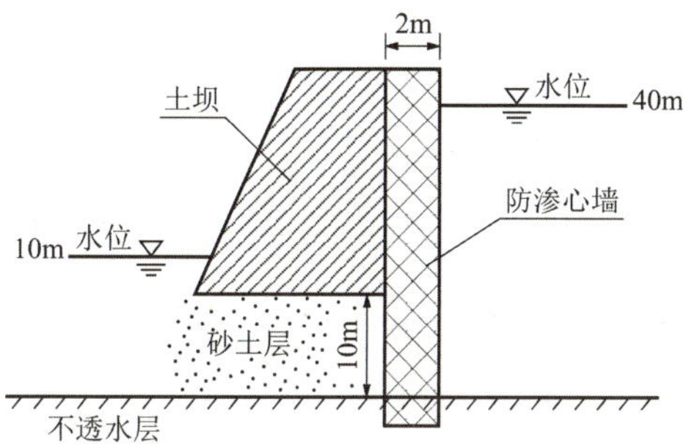

图 1-6-1　解 1-175 图

【点评】

土力学基本原理，$Q=kiA$ 应熟记，注意渗透系数单位的换算 $1\text{cm/s}=24\times36=864\text{m/d}$。注意延伸方向为 100m，读题时需做示意图。

3. 集水廊道渗流量

集水廊道渗流量计算，见表 1-6-3。

集水廊道渗流量　　　　**表 1-6-3**

<table>
<tr><td colspan="2">集水廊道既是采集地下水作水源的给水建筑物，又是排泄地下水降低附近地下水位的排水建筑物。如图所示，一水平底的集水廊道，底部为不透水层，侧面为透水性均质土壤，上为地面，在廊道未取水前土壤中天然无压地下水水面（称浸润面）为一水平线，如图中虚线所示，取水后水面降落为曲率极小的缓降曲线，为一渐变渗流</td></tr>
<tr><td>单宽渗流量：$q=\dfrac{k(H^2-h^2)}{2L}$
集水廊道两侧的总流量：$Q=2qL_0$
式中：k——渗透系数；
H——含水层厚度；
h——为廊道内水深；
L——称为集水廊道的影响长度；
L_0——为垂直于纸面的廊道纵向长度</td><td>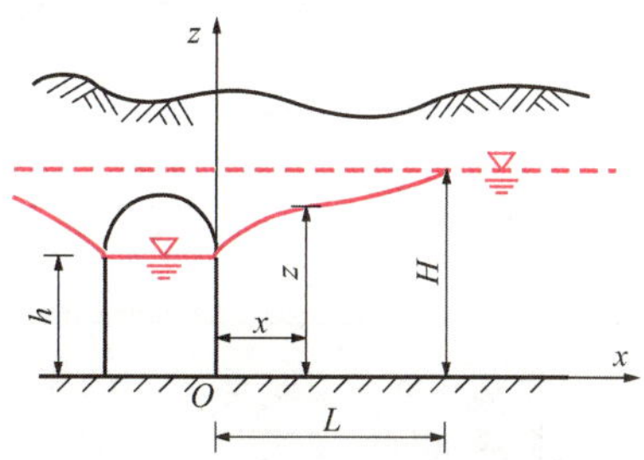</td></tr>
</table>

题 1-176 （11C04）图 1-6-2 为一工程地质剖面图，图中虚线为潜水水位线。已知 $h_1 = 15\text{m}$，$h_2 = 10\text{m}$，$M = 5\text{m}$，$l = 50\text{m}$，第①层土渗透系数$k_1 = 5\text{m/d}$，第②层土渗透系数 $k_2 = 50\text{m/d}$，其下为不透水层，则通过 1、2 断面之间的单宽（每米）平均水平渗流流量值？

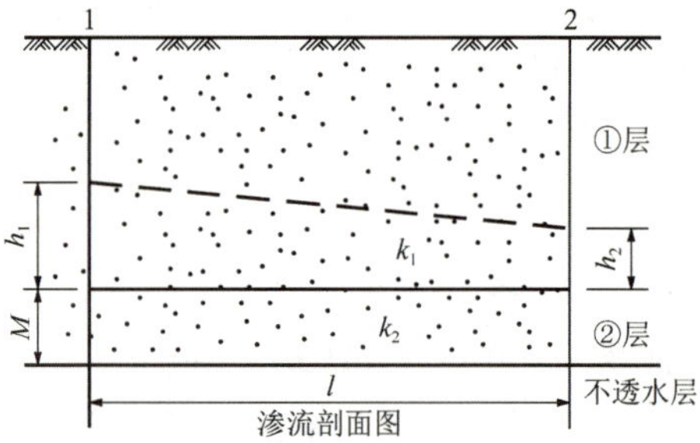

图 1-6-2 题 1-176 图

【解】

（1）第①层土，$Q_1 = k\dfrac{H^2 - h^2}{2l} = 5 \times \dfrac{15^2 - 10^2}{2 \times 50} = 6.25\text{m}^3/\text{d}$

（2）第②层土：$Q_2 = kiA = 50 \times \dfrac{15 - 10}{50} \times 5 = 25\text{m}^3/\text{d}$

（3）总流量：$Q = 6.25 + 25 = 31.25\text{m}^3/\text{d}$

【点评】

第①层使用了集水廊道单宽渗流量公式，第②层直接使用达西定律，集水廊道单宽渗流量公式为基础考试内流体力学的内容，也可通过积分法求得公式。

【同类型真题】20C04、19D03

4. 等效渗透系数

大多数天然沉积土层是由渗透系数不同的多层土所组成，宏观上具有非均质性。在计算渗流量时，为简单考虑，常常把几个土层厚度等效为各土层厚度之和，渗透系数为等效渗透系数的单一土层。但要注意，等效渗透系数的大小与水流的方向有关，分为水平向渗透系数k_h和竖向渗透系数k_v。

应用达西定律原理可以推导出水平向渗透系数k_h和竖向渗透系数k_v公式，见表 1-6-4 中的推导过程。

等效渗透系数 表 1-6-4

（1）水平向渗透系数k_h（各层i相等）：	（2）竖向渗透系数k_v（各层q相等）：
$k_h = \dfrac{\sum_{i=1}^{n} k_i H_i}{H}$ 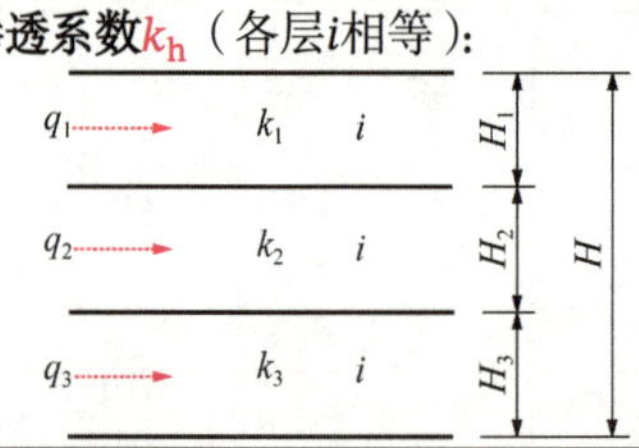	$k_v = \dfrac{H}{\sum_{i=1}^{n} \dfrac{H_i}{k_i}}$ 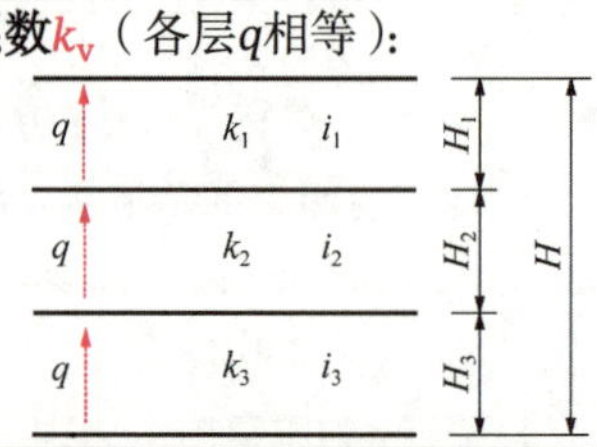
①各土层中的水力坡降$i = \Delta h/l$与等效土层的平均水力坡降i相同； ②通过等效土层的总渗流量q等于通过各层土渗流量之和，即$q_h = q_{h1} + q_{h1} + \cdots + q_n = \sum_{i=1}^{n} q_{hi}$	①根据水流连续原理，流经各土层的流速与流经等效土层的流速相同，即$v_1 = v_2 = v_3 = \cdots = v$； ②流经等效土层$H$的总水头损失$\Delta h$等于各层土的水头损失之和，即$\Delta h = \Delta h_1 + \Delta h_2 + \cdots + \Delta h_n = \sum_{i=1}^{n} \Delta h_i$

题 1-177　（22D02）拟在某河段建造水闸，水闸上下游水位及河床下地层见图 1-6-3。勘察揭露①层为密实中细砂，层厚 3m，渗透系数 1.15×10^{-3}cm/s；②层为密实含砾中粗砂，层厚 4m，渗透系数 2.3×10^{-3}cm/s；③层为密实卵砾石，层厚 5m，渗透系数 1.15×10^{-2}cm/s。估算水闸下游剖面 A 处每日单宽渗漏量最接近下列哪个选项？

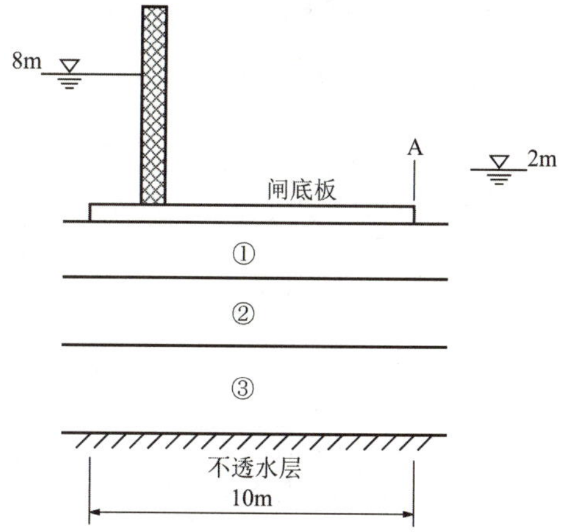

图 1-6-3　题 1-177 图

（A）17.0m³/d　　（B）31.0m³/d　　（C）36.4m³/d　　（D）48.2m³/d

【解】

（1）$i=\dfrac{8-2}{10}=0.6$

（2）$k_{\mathrm{h}}=\dfrac{3\times1.15\times10^{-3}+4\times2.3\times10^{-3}+5\times1.15\times10^{-2}}{3+4+5}\times864=5.05\mathrm{m/d}$

（3）$Q=5.05\times0.6\times12\times1=36.4\mathrm{m^3/d}$

【点评】

①根据《土力学》渗透理论，达西定律；②渗流方向平行于多层土时，总流量 = 各层流量之和，水力坡降相等，水平等效渗流系数各土层渗透系数的厚度加权平均值。

【同类型真题】09D02、02D24

6.1.2 二维渗流与流网——《土力学》

二维流网绘出后，即可求得渗流场中各点的测管水头、水力坡降、渗透流速和渗流量，见表 1-6-5。

二维渗流与流网 **表 1-6-5**

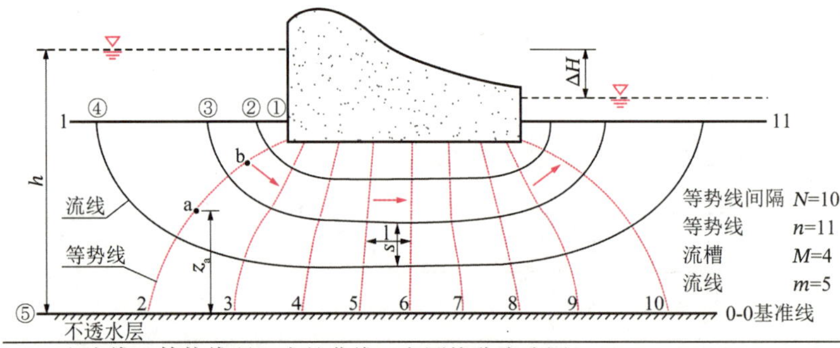

图注：①号流线沿坝基底面，⑤号流线沿不透水层面；1号等势线为上游地面，11号等势线为下游地面。

由**流线**和**等势线**所组成的曲线正交网格称为流网。

流线表示水质点的运动路线，相邻两流线间流量相等，如图中标有①～⑤共 5 条流线，4 个流槽，即$M = 4$；

等势线是渗流场中势能或测管水头的等值线，如图中标有号码 1～11 共 11 条等势线，10 个等势线间隔，即$N = 10$；沿同一等势线不同点处，如图中 a、b 两点安放测压管时，则管中水位将升至相同的高度

<table>
<tr><td>（1）单网格水头损失Δh
$\Delta h = \frac{\Delta H}{N}$</td><td>（2）测管水头（总水头）$h_a$
$h_a = h_b = h - x\Delta h$
式中：x——上游起始等势线与计算点间的间隔数</td><td>（3）孔隙水压力u_a
压力水头h_{ua} = 测管水头h_a − 位置水头z_a
$u_a = \gamma_w h_{ua} = \gamma_w (h_a - z_a)$</td></tr>
<tr><td colspan="3">（4）单网格水力坡降i与渗透流速v
$i = \frac{\Delta h}{l} \Rightarrow v = ki$
流网中，网格越密，流线越短，水力坡降越大，水流速度越大，土体越易出现破坏</td></tr>
<tr><td colspan="2">（5）坝基单宽渗流量q
$q = Mk\Delta h \Leftarrow s = l$且$q = M \cdot k \cdot \frac{\Delta h}{l} \cdot s \cdot l \Leftarrow q = M \cdot kiA$
注：任意两相邻流线间的单宽流量相等：$q' = k\Delta h$</td><td>（6）坝基总渗流量Q
$Q = qL = Mk\Delta h \cdot L$
式中：L——坝基总长度</td></tr>
</table>

题 1-178 （09D19）小型均质土坝的蓄水高度为 16m，流网如图 1-6-4 所示，流网中水头梯度等势线$M = 22$，从下游算起等势线编号见下图，土坝中G点位于第 20 条等势线上，其位置在地面以上 11.5m，则G点的孔隙水压力接近于下列哪个选项？

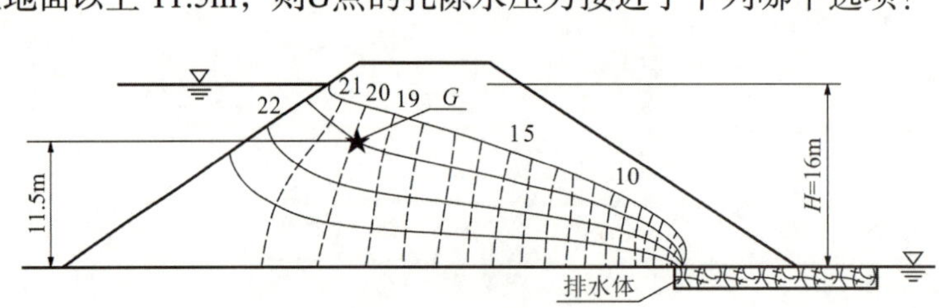

图 1-6-4 题 1-178 图

（A）30kPa （B）45kPa （C）115kPa （D）145kPa

【解】

$$u_G = 10 \times \left(16 - 2 \times \frac{16}{22 - 1} - 11.5\right) = 29.8\text{kPa}$$

【点评】

根据《碾压式土石坝设计规范》附录 C.3.3，根据土力学中的流网理论，$u_G = \gamma_w h_{uG} = \gamma_w(h_G - z_a) = \gamma_w(H - x\Delta h - z_a) = \gamma_w\left(H - x\frac{\Delta H}{N} - z_a\right)$，压力水头 = 总水头 − 位置水头，$G$ 点的总水头和左侧自由水面相差 2 个等势线的水头，故G的总水头为$h_G=16 - \frac{16}{22-1} \times 2$。

题 1-179 （21C16）某混凝土溢流坝段上下游水位、地层分布以及透水层内渗流流网见图 1-6-5。透水层厚 18m，渗透系数为 2×10^{-6}m/s，坝底埋深 2m、宽 20m。据此曲边正方形流网，坝基中最大水力梯度、图中点 6 的水压以及上游向下游的流量最接近下列哪个选项？

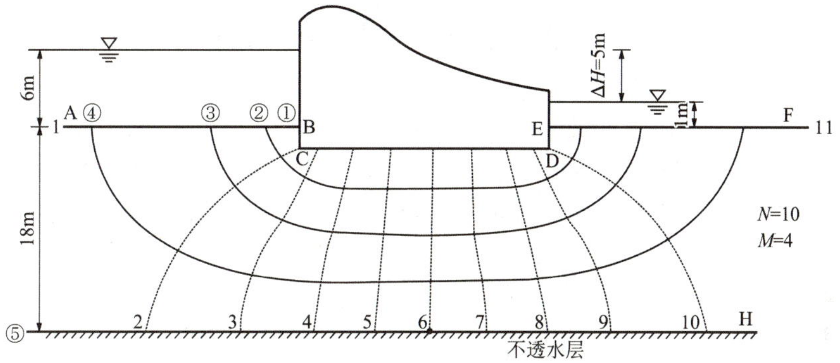

图 1-6-5　题 1-179 图

（A）0.25，35kPa，0.346m³/（m · d）　（B）0.25，215kPa，0.346m³/（m · d）

（C）0.25，215kPa，3.6m³/（m · d）　（D）0.10，215kPa，0.175m³/（m · d）

【解】

（1）DE 处水力梯度最大，$\Delta h = \frac{6-1}{10} = 0.5$，$i = \frac{0.5}{2} = 0.25$

（2）$u_6 = 10 \times (6 + 18 - 0.5 \times 5) = 215$kPa

（3）$q = Mk\Delta h = 4 \times 2 \times 10^{-6} \times 0.5 \times 24 \times 3600 = 0.3456$m³/（m · d）

【点评】

①根据《土力学》二维流网理论，水力梯度=水头差/渗径，顺着流线的方向，每经过 1 个等势线的间隔，总水头减少一个Δh，压力水头 = 总水头 − 位置水头；②当流网为曲边正方形时$l = s$，单宽渗流量指坝走向上 1m 的流量$q = Mk\Delta h$，注意渗透系数单位的换算。

【同类型真题】09C22

6.1.3　渗流条件下土条的压力水头

如图 1-6-6 所示，流线平行于坡面，故等势线垂直于坡面，取坡底面 a 点做直线垂直于坡面交于 b 点，则由于 ab 在同一等势线上，a 点和 b 点总水头相等，b 点压力水头为零，设 a 点位置水头为 0，则 a 点压力水头等于 b 点位置水头。

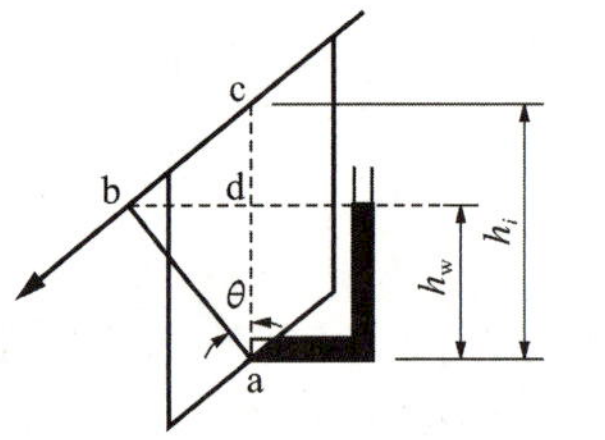

图 1-6-6　渗流条件下压力水头

$$h_w = |ad| = |ab|\cos\theta = h_i\cos^2\theta$$

或按渗流顺流减压原理，$i = \sin\theta$，分解竖直方向的水力坡降$i_v = i \cdot \sin\theta = \sin^2\theta$，则底面上的压力水头为：

$$h_w = h_i - \Delta h = h_i - h_i\sin^2\theta = h_i\cos^2\theta$$

注册考试中，一般考查平行坡面渗流条件下的无限斜坡稳定性分析或瑞典条分法中单一土条稳定性分析。

题 1-180　（11C19）如图 1-6-7 所示的一个坡角为 28°的均质土坡，由于降雨，土坡中地下水发生平行于坡面方向的渗流，利用圆弧条分法进行稳定分析时，其中第i条块高度为 6m，作用在该条块底面上的孔隙水压力最接近下列哪一数值？

（A）60kPa　　（B）53kPa　　（C）47kPa　　（D）30kPa

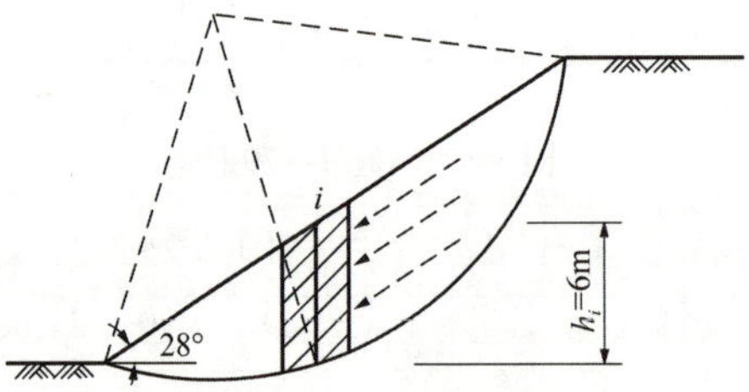

图 1-6-7　题 1-180 图

【解法一】

沿坡面渗流，水力坡降$i = \sin 28°$，分解竖直方向的水力坡降$i_v = \sin 28° \times \sin 28° = 0.22$，则底面上的压力水头$h_w = 6 - 6 \times 0.22 = 4.678\text{m}$，则$u_w = 4.678 \times 10 = 46.78\text{kPa}$

【解法二】

流线平行于坡面，故等势线垂直于坡面，取坡底面 a 点做直线垂直于坡面交于 b 点，则由于 ab 在同一等势线上，a 点和 b 点总水头相等，b 点压力水头为零，设 a 点位置水头为 0，则 a 点压力水头等于 b 点位置水头（图 1-6-8）。

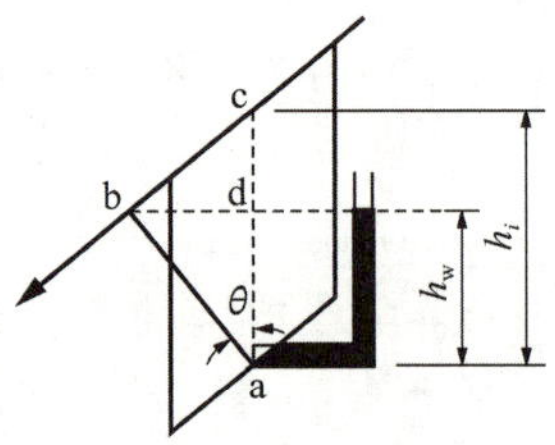

图 1-6-8　解 1-180 图

$$h_w = |ad| = \cos 28°\,|ab| = \cos^2 28°\,|ac| = 4.678\text{m}$$

$$u_w = 4.678 \times 10 = 46.78\text{kPa}$$

【点评】

①土力学原理题目，本题可采用土骨架分析法，直接对水平坡降进行分解得到答案；②也可以采用整体分析法，根据总水头 = 位置水头 + 压力水头，利用平面流网的特性解题。

【同类型真题】 07C21

6.1.4 渗透力与渗透破坏——《土力学》

1. 渗透力和临界水力坡降

（1）**渗透力j**

单位土体内颗粒所受的渗流作用力为渗透力，渗透力是一种体积力，量纲与γ_w相同，渗透力的大小和水力坡降成正比，其方向与渗流方向一致。土体内向上的渗流作用，会使得土颗粒受到向上的渗透力而发生渗透变形；土体内向下的渗透作用，会使得土颗粒受到向下的渗透力而发生压密现象。单位渗透力j和总渗透力J按下式计算。

单位渗透力j（kN/m^3）：$j = \gamma_w i$　　总渗透力J（kN）：$J = jV$

（2）**临界水力坡降i_{cr}**

当向上的渗透力等于土颗粒的有效重度时，土颗粒处于悬浮状态，此时的水力坡降为临界水力坡降。它是土体开始发生渗透变形破坏时的水力坡降。临界水力坡降i_{cr}按下式计算。

$$i_{cr} = \frac{\gamma'}{\gamma_w} = \frac{G_s - 1}{1 + e} = (G_s - 1)(1 - n) \Leftarrow \gamma_w i_{cr} = \frac{G_s - 1}{1 + e}\gamma_w \Leftarrow j = \gamma'$$

题 1-181 （09C02）某场地地下水位如图 1-6-9 所示，已知黏土层饱和重度$\gamma_{sat} = 19.2kN/m^3$，砂层中承压水头$h_w = 15m$（由砂层顶面起算），$h_1 = 4m$，$h_2 = 8m$，砂层顶面有效应力及黏土层中的单位渗流力最接近下列哪个选项？

（A）43.6kPa，3.75kN/m³　　（B）88.2kPa，7.6kN/m³

（C）150kPa，10.1kN/m³　　（D）193.6kPa，15.5kN/m³

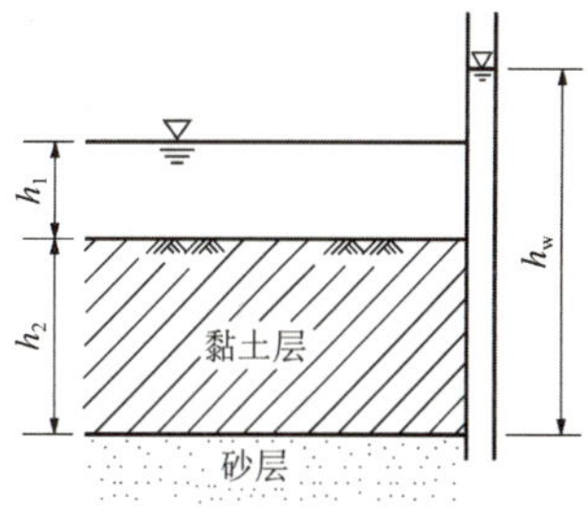

图 1-6-9 题 1-181 图

【解】

（1）$\sigma = (10 \times 4 + 19.2 \times 8) - 15 \times 10 = 43.6kPa$

（2）$i = \dfrac{15 - 4 - 8}{8} = 0.375$，$j = 0.375 \times 10 = 3.75kN/m^3$

【点评】

熟记有效应力原理公式及渗透力的基本概念，砂层水位承压水：有效应力 = 总应力 − 孔隙水压力，渗透力为体积力$j = i\gamma_w$，关键在于求水力坡降$i = \Delta h/L$，本题只有黏土层中有渗流，渗径$L = h_2 = 8m$，水头差$\Delta h = h_w - h_1 - h_2$。

【同类型真题】05D03

题 1-182 （11D01）某砂土试样高度$H = 30cm$，初始孔隙比$e_0 = 0.803$，比重$G_s = 2.71$，进行渗透试验（图 1-6-10）。渗透水力梯度达到流土的临界水力梯度时，总水头差Δh应为下列哪个选项？

（A）13.7cm　　（B）19.4cm

（C）28.5cm　　（D）37.6cm

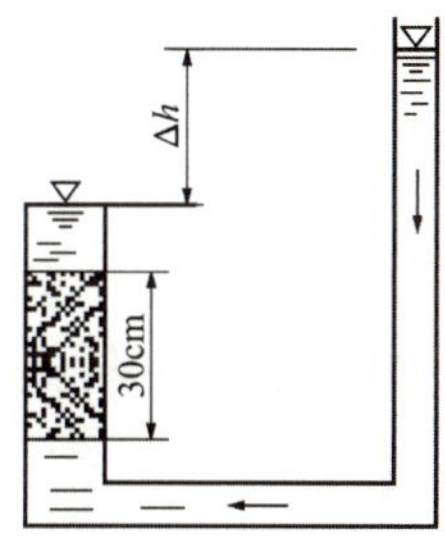

图 1-6-10 题 1-182 图

【解】

$$i = i_{cr} = \frac{G_s - 1}{1 + e} \Rightarrow \frac{\Delta h}{30} = \frac{2.71 - 1}{1 + 0.803} \Rightarrow \Delta h = 28.45cm$$

【点评】

根据《土力学》第二章，单层土渗流破坏的判别准则，临界水力梯度为$i_{cr} = \dfrac{\gamma'}{\gamma_w} = \dfrac{G_s-1}{1+e} = (G_s - 1)(1 - n)$，水力梯度与渗流路径的乘积为水头损失。

2. 渗透变形和允许水力坡降

（1）流土可能性的判别

流土可能性的判别见表 1-6-6。

流土可能性的判别　　　　**表 1-6-6**

在自下而上的渗流逸出处，任何土，包括黏性土或无黏性土，只要满足渗透坡降大于临界水力坡降这一水力条件，均会发生流土。 $i < i_{cr}$，土体处于稳定状态；$i = i_{cr}$，土体处于临界状态，发生流土破坏；$i > i_{cr}$，土体会发生流土破坏
由于流土将造成地基破坏、建筑物倒塌等灾难性事故，工程上是不允许发生的，故设计时要保证具有一定的安全系数，把逸出坡降限制在允许坡降$i_{允许}$以内，即： $$i_{允许} = \frac{i_{cr}}{K}$$ K——流土安全系数，按《碾压式土石坝设计规范》或《建筑基坑支护技术规程》中的规定，取$K = 1.5$～2.0

（2）双层土发生流土可能性的判别

双层土发生流土可能性的判别见表 1-6-7。

双层土发生流土可能性的判别　　　　**表 1-6-7**

垂直土层渗流，流速相等： $$k_1 i_1 = k_2 i_2 \Rightarrow \frac{i_1}{i_2} = \frac{k_2}{k_1}$$	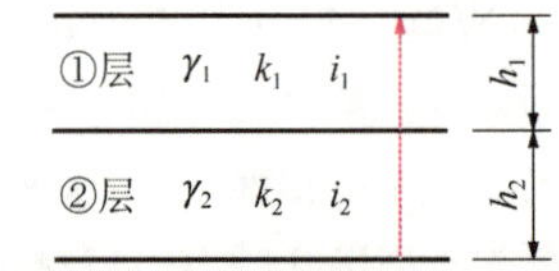
（1）$\frac{i_1}{i_2} = \frac{k_2}{k_1} > \frac{i_{cr1}}{i_{cr2}}$时，上层①层先破坏，①层直接取临界$i_{cr1}$，下层②层根据$k_1 i_{cr1} = k_2 i_2$计算，用临界状态判断是否发生流土破坏	（2）$\frac{i_1}{i_2} = \frac{k_2}{k_1} < \frac{i_{cr1}}{i_{cr2}}$时，下层②层先破坏，此时①层相当于盖重，用**整体分析法**：②层底有效应力为 0 时发生流土破坏（有效应力原理、土中应力计算见《土力学》第三章）

注：多层中间夹渗透系数大的土层时，可假设每层土首先发生流土$i = i_{cr}$，按流量相等（即ki相同）计算各层土的水头损失，取各层水头损失相加最小的情况为临界破坏状态。渗透破坏发生在上层土时，采用上层土的临界水力坡降$i_{cr上}$计算上层土破坏时下层土的水力坡降；渗透破坏发生在下层时，可采用整体受力分析法。

题 1-183　（22 补考 C03）某基坑地层为厚层松散粉细砂，孔隙比 0.92，土粒比重 2.65。基坑开挖深度 8.0m，坑外地下水埋深 1.5m。隔水帷幕施工后坑内外地下水渗流场流网如图 1-6-11 所示，流线上 a、b 两点间距 1.0m。若安全系数按 1.5 考虑，估算 ab 段的水力梯度，并判断 a 点处渗透破坏安全性是否满足工程要求，下列哪个选项是正确的？

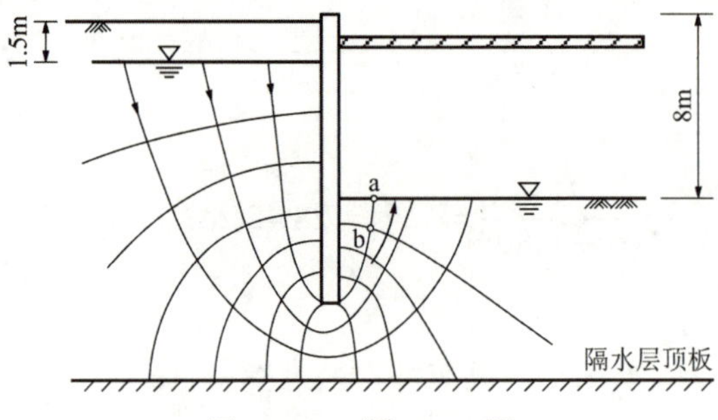

图 1-6-11　题 1-183 图

（A）0.54，满足工程要求　　（B）0.54，不满足工程要求
（C）0.59，满足工程要求　　（D）0.59，不满足工程要求

【解】

（1）$i_{cr}=\dfrac{2.65-1}{1+0.92}=0.86$

（2）$\Delta h=\dfrac{8-1.5}{11}=0.59\text{m}$

（3）$i_{ab}=\dfrac{0.59}{1}=0.59>\dfrac{0.86}{1.5}=0.57$，不满足要求

【点评】

①根据《土力学》渗流流网和渗透破坏考点，第 2.3.2 条公式(2-42)，第 2.4.1 条公式(2-51)，第 2.4.2 条公式(2-52)；②允许坡降$[i]=$临界水利坡降i_{cr}/F_s。

题 1-184　（13D21）图 1-6-12 河堤由黏性土填筑而成，河道内侧正常水深 3.0m，河底为粗砂层，河堤下卧两层粉质黏土层，其下为与河底相通的粗砂层，其中粉质黏土层①的饱和重度为 19.5kN/m^3，渗透系数为 $2.1\times10^{-5}\text{cm/s}$；粉质黏土层②的饱和重度为 19.8kN/m^3，渗透系数为 $3.5\times10^{-5}\text{cm/s}$，试问河内水位上涨深度$H$的最小值接近于下列哪个选项时，粉质黏土层①将发生渗流破坏？

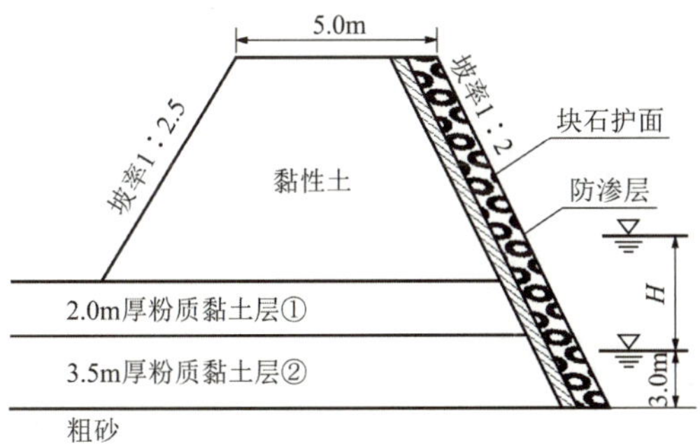

图 1-6-12　题 1-184 图

（A）4.46m　（B）5.83m　（C）6.40m　（D）7.83m

【解】

（1）临界水力梯度：$i_{cr1}=\dfrac{9.5}{10}=0.95$，$i_{cr2}=\dfrac{9.8}{10}=0.98$

（2）当第二层达到$i_{cr}=0.98$时，$i_1=0.98\times1.67=1.64>0.95$，故第一层先发生渗流破坏

$i_1=0.95\Rightarrow i_2=\dfrac{0.95}{1.67}=0.57$

（3）此时$H+3.0-2-3.5=0.95\times2+0.57\times3.5$，解得$H=6.395\text{m}$。

【点评】

①考点为土力学中有关孔隙水渗流时渗透力、临界水力梯度等方面的知识；②判别双层土的流土问题，首先根据渗透性和浮重度判别土层首先发生渗流的位置，发生在上层时直接取上层临界水力坡降，根据流量相等计算下层的水力坡降；③发生在下层时，采用整体受力分析法，下层底的有效应力为零。

题 1-185 （13D21 改编）如图 1-6-13 所示，河堤由黏性土填筑而成，河道内侧正常水深 3.0m，河底为粗砂层，河堤下卧两层粉质黏土层，其下为与河底相通的粗砂层，其中粉质黏土层①的饱和重度为 19.5kN/m^3，渗透系数为 2.9×10^{-5}cm/s；粉质黏土层②的饱和重度为 18.5kN/m^3，渗透系数为 3.2×10^{-5}cm/s，试问河内水位上涨深度H达到多少时，粉质黏土层将发生渗流破坏，下列哪个选项正确？

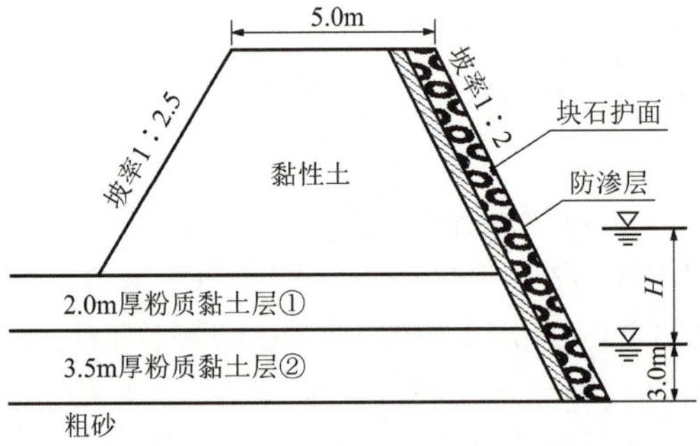

图 1-6-13 题 1-185 图

（A）4.5m （B）7.5m （C）10.5m （D）13.5m

【解】

（1）临界水力坡降：

$$i_{cr1}=\frac{9.5}{10}=0.95,\ i_{cr2}=\frac{8.5}{10}=0.85\Rightarrow\frac{i_{cr1}}{i_{cr2}}=\frac{0.95}{0.85}=1.12$$

（2）垂直土层渗流，流速相等，则：

$$i_1k_1=i_2k_2\Rightarrow\frac{i_1}{i_2}=\frac{k_2}{k_1}=\frac{3.2}{2.9}=1.10<1.12$$

（3）则②层粉质黏土先发生渗流破坏，取整体进行受力分析：

此时$(H+3.0)\times10\geqslant19.5\times2+18.5\times3.5$，得$H\geqslant7.375$m。

【点评】

判别双层土的流土问题，首先根据渗透性和浮重度判别土层首先发生渗流的位置，发生在上层时直接取上层临界水力坡降，根据流量相等计算下层的水力坡降；发生在下层时，采用整体受力分析法，下层底的有效应力为零。

题 1-186　如图 1-6-14 所示的多层土地基，两层黏土中间夹一层砂土，黏土层①中潜水位在地表，当砂砾石层的测管水头至少高出地面为下列哪个选项的高度时，地基土发生流土破坏？

（A）9.3m　　（B）13.5m　　（C）15.3m　　（D）19.5m

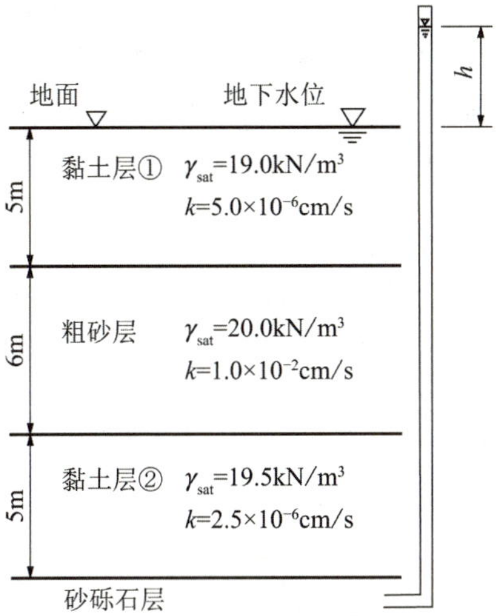

图 1-6-14　题 1-186 图

【解】

（1）由于砂土的渗透系数远大于黏性土，不考虑其水头损失

（2）当第一层黏土先破坏时，$i_1 = 0.9$，此时

$$i_2 = \frac{0.9 \times 5 \times 10^{-6}}{2.5 \times 10^{-6}} = 1.8$$

$h = 0.9 \times 5 + 1.8 \times 5 = 13.5\text{m}$

（3）当第二层黏土先破坏时，按整体受力分析

$h \times 10 = 9 \times 5 + 10 \times 6 + 9.5 \times 5$，得$h = 15.25\text{m}$

（4）综上，按不利考虑，$h = 13.5\text{m}$

【点评】

①多层中间夹渗透系数大的土层时，可假设渗透发生的位置取不利；②渗透破坏发生在上层土时，采用上层土的临界水力坡降$i_{cr上}$计算上层土破坏时下层土的水力坡降；③渗透破坏发生在下层时，可采用整体受力分析法。

6.2 地下水流向、流速计算

6.2.1 地下水流向的测定——《工程地质手册》P1230、P1231

流向： 测定地下水流向可用几何法，量测点不应少于呈三角形分布的3个测孔（井），需考虑形成锐角三角形，其中最小的夹角不宜小于40°，钻孔布置应在同一水文地质单元。测点间距按岩土的渗透性、水力梯度和地形坡度确定，宜为50～100m。应同时量测各孔（井）内水位，确定地下水的流向。以其水位高程编绘等水位线图，**垂直**等水位线并向**水位降低**的方向为**地下水流向**。测定地下水流向的钻孔布置如图1-6-15所示，测定地下水流速的钻孔布置如图1-6-16所示。

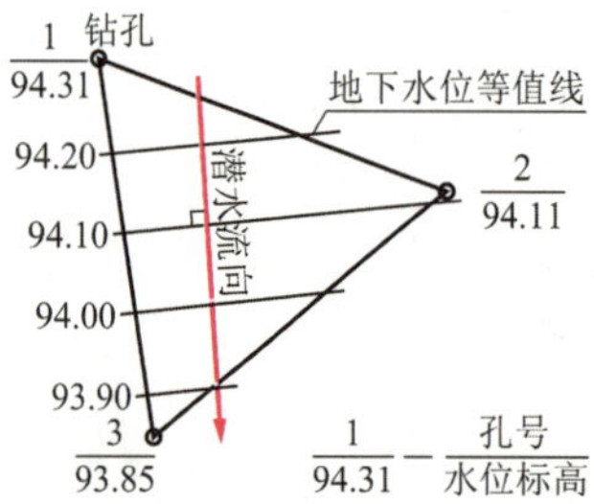

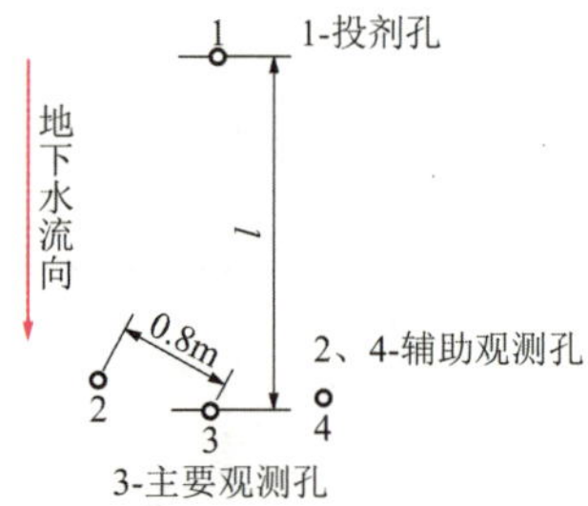

图1-6-15 测定地下水流向的钻孔布置　图1-6-16 测定地下水流速的钻孔布置

注：数学坐标系中，Y轴为纵坐标轴，指向北方；而在**测量坐标系**中，**X轴为纵坐标轴**，指向北方。

6.2.2 地下水流速的测定——《工程地质手册》P1230、P1231

地下水流速的测定可采用指示剂法或充电法。

用指示剂法测定地下水流速，试验孔与观测孔的距离由含水层条件确定，一般细砂层为2～5m，含砾粗砂层为5～15m，裂隙岩层为10～15m，对岩溶水可大于50m；指示剂可采用各种盐类、着色颜料等，其用量决定于地层的透水性和渗透距离。

用充电法测定地下水的流速适用于地下水位埋深不大于5m的潜水。

（1）利用水力坡度求地下水流速

在等水位线图的地下水流向上，求出相邻两等水位间的水力坡度，然后利用下列公式计算地下水流速。

$$v = ki$$

式中：v——地下水的渗透速度（m/d）；

k——渗透系数（m/d）；

i——水力坡度。

（2）利用指示剂或示踪剂，测定地下水的流速

利用指示剂或示踪剂来现场测定流速，要求被测量的钻孔能代表所要查明的含水层，钻孔附近的地下水流为稳定流，呈层流运动。根据已有等水位线图或三点孔资料，确定地下水流动方向后，在上、下游设置投剂孔和观测孔来实测地下水流速。为了防止指示剂（示踪剂）绕过观测孔，可在其两侧0.5～1.0m各布一辅助观测孔。投剂孔与观测孔的间距取决于岩石（土）的透水性。根据试验观测资料绘制观测孔内指示剂随时间的变化曲线，并

选指示剂浓度高峰值出现时间（或选用指示剂浓度中间值对应时间）按下列公式来计算地下水流速。

$$v' = \frac{l}{t};\ v = nv'$$

式中：v——地下水的渗透速度（m/h）；

v'——地下水平均实际流速（m/h）；

l——投剂孔与观测孔距离（m）；

t——观测孔内浓度峰值出现所需时间（h）；

n——孔隙度。

此外，地下水流速的测定，尚可用人工放射性同位素单井稀释法于现场测定。水文地质示踪常用的人工放射性同位素有 ^{3}H、^{51}Cr、^{60}Co、^{82}Br、^{131}I、^{137}s 等。流速的测定是根据示踪剂投剂孔内不同时间的浓度变化曲线，用下列公式计算可得到平均的实际流速v（近似值）。

$$v = \frac{V}{st}\ln\left(\frac{C_0}{C}\right)$$

式中：C_0、C——分别为时间$T = 0$和$T = t$时的浓度（μg/L）；

t——观测时间（h）；

s——水流通过隔绝段中心的垂向横截面面积（m^2）；

V——隔绝段井孔水柱的体积（m^3）。

注：渗透速度v是过水断面全部被水充满情况下的平均流速（用过水断面单位面积的水量表示）。而实际上，水是从岩土体的孔隙中通过，则平均实际流速v'为渗透速度v除以孔隙面积。平均实际流速v'大于渗透速度v。

地下水流速计算总结见表 1-6-8。

地下水流速计算总结　　　　表 1-6-8

<table>
<tr><td rowspan="3">流速</td><td>水力坡度法</td><td colspan="2">$v = ki$</td><td>v——地下水的渗透速度（m/d）；
k——渗透系数（m/d）；
i——水力坡度</td></tr>
<tr><td rowspan="2">示踪剂法</td><td>普通示踪剂</td><td>$v' = \frac{l}{t}$；$v = nv'$</td><td>v'——地下水平均实际流速（m/h）；
l——投剂孔与观测孔距离（m）；
t——观测孔内浓度峰值出现所需时间（h）；
n——孔隙度</td></tr>
<tr><td>同位素示踪剂</td><td>$v = \frac{V}{st}\ln\left(\frac{C_0}{C}\right)$</td><td>$C_0$、$C$——分别为时间$T = 0$和$T = t$时的浓度（μg/L）；
t——观测时间（h）；
V——隔绝段井孔水柱的体积（m^3）；
s——水流通过隔绝段中心的垂向横截面面积（m^2）</td></tr>
</table>

题 1-187　（12D02）某勘察场地地下水为潜水，布置k_1、k_2、k_3三个水位观测孔，同时观测稳定水位埋深分别为 2.70m、3.10m、2.30m，观测孔坐标和高程数据如表 1-6-9 所示，地下水流向正确的选项是哪一个？（选项中流向角度是由正北方向顺时针旋转的角度）

题 1-187 表　　**表 1-6-9**

观测孔号	坐标		孔口高程（m）
	X（m）	Y（m）	
k_1	25818.00	29705.00	12.70
k_2	25818.00	29755.00	15.60
k_3	25868.00	29705.00	9.80

（A）45°　　（B）135°

（C）225°　　（D）315°

【解】

（1）各孔水位高程：

k_1：$12.7 - 2.7 = 10.0\text{m}$，$k_2$：$15.6 - 3.1 = 12.5\text{m}$，$k_3$：$9.8 - 2.3 = 7.5\text{m}$

（2）根据平面几何关系，作示意图如图 1-6-17 所示，可得到 3 个孔围成的是等腰直角三角形

（3）k_2、k_3连线的中点M的水位高程：$\dfrac{7.5+12.5}{2} = 10.0\text{m}$，等于$k_1$的水位高程，$k_1M$为等水位线，地下水流向为垂直于等水位线由$k_2$指向$k_3$，方向为 N45W°，即 315°（图 1-6-17）。

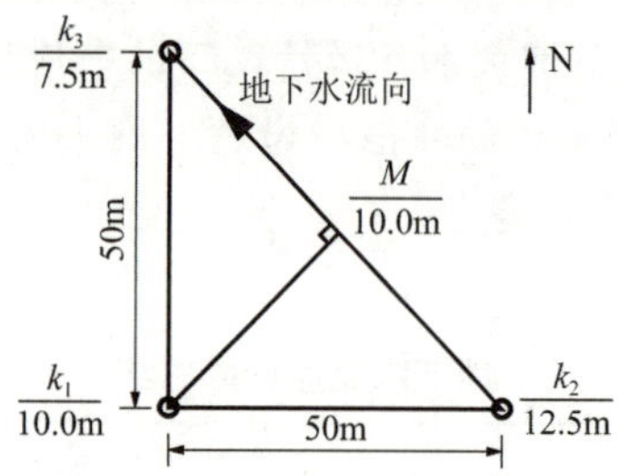

图 1-6-17　解 1-187 图

【点评】

①根据《工程地质手册》P1230；②考点为利用钻孔稳定水位确定潜水流向；③潜水具有稳定的自由水面，其流向为垂直于潜水等水位线，由高向低的方向；④作图时需注意，测量坐标系下，纵轴为x轴，横轴为y轴，x轴向北方向为正，y轴东方向为正，与数学中的笛卡尔坐标系正好相反。

题 1-188　（13C02）某场地冲积砂层内需测定地下水的流向和流速，呈等边三角形布置 3 个钻孔。钻孔孔距为 60.0m，测得 A、B、C 三孔的地下水位标高分别为 28.0m、24.0m、24.0m（图 1-6-18），地层的渗透系数为$k = 1.8 \times 10^{-3}$cm/s，则地下水的流速最接近下列哪个选项？

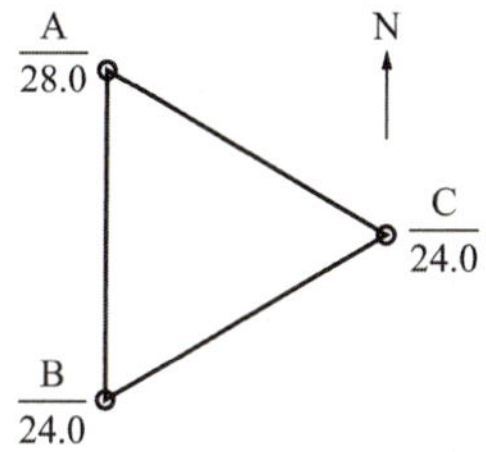

图 1-6-18　题 1-188 图

（A）1.20×10^{-4}cm/s　　（B）1.40×10^{-4}cm/s

（C）1.60×10^{-4}cm/s　　（D）1.80×10^{-4}cm/s

【解】

（1）如图 1-6-19 所示通过平面几何关系，可知过 A 作 BC 垂线即为地下水流向

$$i = \frac{\Delta h}{L} = \frac{28 - 24}{30\sqrt{3}} = 0.077$$

（2）$v = ki = 1.8 \times 10^{-3} \times 0.077 = 1.39 \times 10^{-4}$cm/s

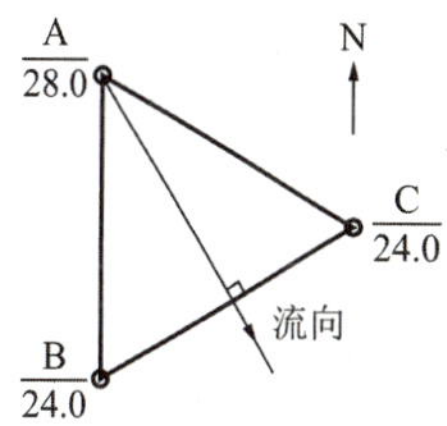

图 1-6-19　解 1-188 图

【点评】

①根据《工程地质手册》P1230 或《土力学》及相关大学课程教材；②考点为根据 3 个测孔地下水位确定地下水流向的方法和地下水渗流的达西定律两个知识点；③不同高程地下水流线不同，L取水平为近似处理。

题 1-189　某场地为均质中砂性土，孔隙比$e = 0.84$，采用指示剂测得地下水的流速，在地下水流动方向上设置投剂孔和观测孔，间距为 12m，指示剂浓度高峰值出现的时间为 1.5h，试估算地下水的渗透速度最接近下列哪个选项？

（A）3.65m/h　　（B）6.72m/h　　（C）8.00m/h　　（D）17.52m/h

【解】

（1）$v' = \frac{l}{t} = \frac{12}{1.5} = 8$m/h

（2）$v = n \cdot v' = \frac{0.84}{1 + 0.84} \times 8 = 3.65$m/h

【点评】

①根据《工程地质手册》P1231；②计算间距采用平距不是斜距，地表虽然流径是斜的，但整个含水层流径是近水平的；③区分测试出来的地下水实际流速与渗透速度，渗透速度是对应土层全截面的，实际流速是对应孔隙的，根据流量相等，可知渗透速度小于实际速度。

6.3 水文地质参数测定方法

6.3.1 抽水试验——《抽水试验规程》第 5.2～5.3 节、《供水水文地质勘察规范》第 8.2 节

岩土工程勘察中抽水试验的目的，通常为查明建筑场地的地层渗透性和富水性，测定有关水文地质参数，为建筑设计提供水文地质资料。

抽水孔深度的确定与试验目的有关。若以试验段长度与含水层厚度两者关系而言，分为完整孔与非完整孔两种情况。**完整孔**：进水部分揭穿整个含水层的钻孔；**非完整孔**：进水部分仅揭穿部分含水层的钻孔；**潜水**：地表以下，第一稳定隔水层（渗透性极弱的黏土层）之上具有自由水面的地下水；**承压水**：充满于两个隔水层之间具有承压性质的地下水。

注册考试以考查完整井为主，分为**潜水完整孔**和**承压水完整孔**。

1）**单孔稳定流抽水试验**

（1）当Q-s或Δh^2关系曲线呈直线时，完整孔的渗透系数可按表 1-6-10 计算。

完整孔的渗透系数计算方法 表 1-6-10

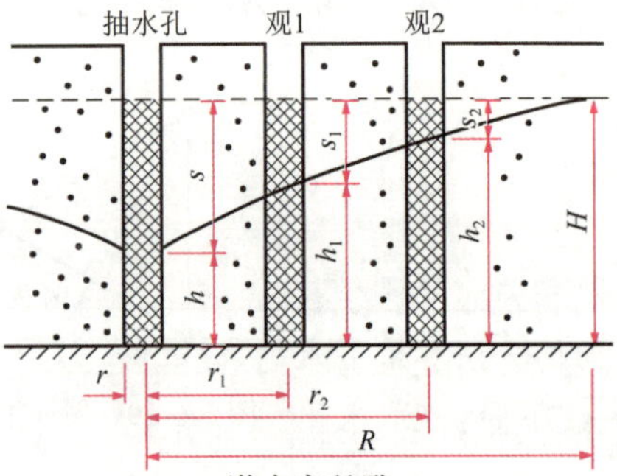

潜水完整孔

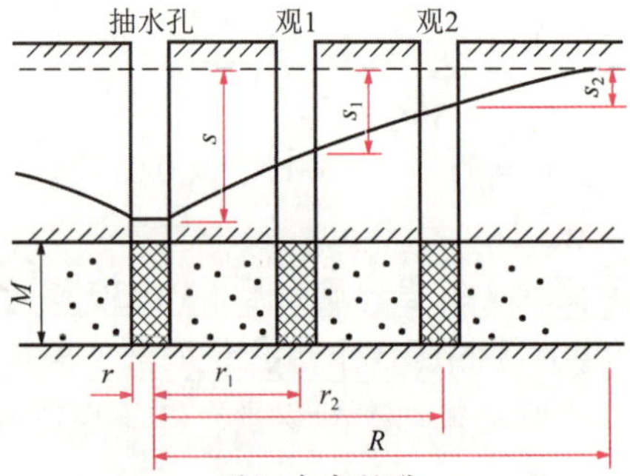

承压水完整孔

适用条件		计算公式
潜水	单孔抽水	$k=\frac{0.732Q}{(2H-s)s}\lg\frac{R}{r}$或$k=\frac{Q}{\pi(H^2-h^2)}\ln\frac{R}{r}$ $R=2s\sqrt{Hk}$
潜水	一个观测孔	$k=\frac{0.732Q}{(2H-s-s_1)(s-s_1)}\lg\frac{r_1}{r}$
	两个观测孔	$k=\frac{0.732Q}{(2H-s_1-s_2)(s_1-s_2)}\lg\frac{r_2}{r_1}$或$k=\frac{Q}{\pi(h_2^2-h_1^2)}\ln\frac{r_2}{r_1}$
承压水	单孔抽水	$k=\frac{Q}{2\pi sM}\ln\frac{R}{r}$或$k=\frac{0.366Q}{M\cdot s}\lg\frac{R}{r}$ $R=10s\sqrt{k}$
	一个观测孔	$k=\frac{0.366Q}{M(s-s_1)}\lg\frac{r_1}{r}$
	两个观测孔	$k=\frac{0.366Q}{M(s_1-s_2)}\lg\frac{r_2}{r_1}$或$k=\frac{Q}{2\pi M(s_1-s_2)}\ln\frac{r_2}{r_1}$

式中：k——渗透系数（m/d）；

Q——抽水井的抽水量（m^3/d）；

s——水位降深（m）；

s_1、s_2——观测孔水位降深（m）；

r——抽水孔的半径（m）；

r_1、r_2——观测孔至抽水孔的距离（m）；

R——抽水影响半径（m）；

M——承压含水层厚度（m）；

H——自然情况下潜水含水层厚度（m）；

h——潜水含水层在抽水时的厚度（m）；

h_1、h_2——观测孔中潜水含水层在抽水时的厚度（m）。

注：《供水水文地质勘察规范》上公式与《抽水试验规程》上裘布依公式是完全等价的。

单孔潜水完整井：

$$h=H-s,\ k=\frac{Q}{\pi(H^2-h^2)}\ln\frac{R}{r}=\frac{\ln 10\cdot Q}{\pi\left[H^2-(H-s)^2\right]}\lg\frac{R}{r}=\frac{0.732Q}{(2H-s)s}\lg\frac{R}{r}$$

单孔承压水完整井：$k=\frac{Q}{2\pi sM}\ln\frac{R}{r}=\frac{\ln 10\cdot Q}{2\pi sM}\lg\frac{R}{r}=\frac{0.366Q}{M\cdot s}\lg\frac{R}{r}$

两个观测孔潜水完整井：$\Delta h_1^2=H^2-h_1^2$，$\Delta h_2^2=H^2-h_2^2$，$h_1=H-s_1$，$h_2=H-s_2$，则：

$$k=\frac{Q}{\pi\left(\Delta h_1^2-\Delta h_2^2\right)}\ln\frac{r_2}{r_1}=\frac{\ln 10\cdot Q}{\pi\left(H^2-h_1^2-H^2+h_2^2\right)}\lg\frac{R}{r}=\frac{0.732Q}{(2H-s_1-s_2)(s_1-s_2)}\lg\frac{r_2}{r_1}$$

两个观测孔承压水完整井：$k=\frac{Q}{2\pi M(s_1-s_2)}\ln\frac{r_2}{r_1}=\frac{\ln 10\cdot Q}{2\pi sM}\lg\frac{r_2}{r_1}=\frac{0.366Q}{M(s_1-s_2)}\lg\frac{r_2}{r_1}$

下面“非完整孔”的内容属于非重点，了解即可。

（2）当 Q-s 或 Δh^2 关系曲线呈直线时，非完整孔的渗透系数可按表 1-6-11 计算。

非完整孔的渗透系数计算方法 表 1-6-11

简图		适用条件	计算公式
潜水	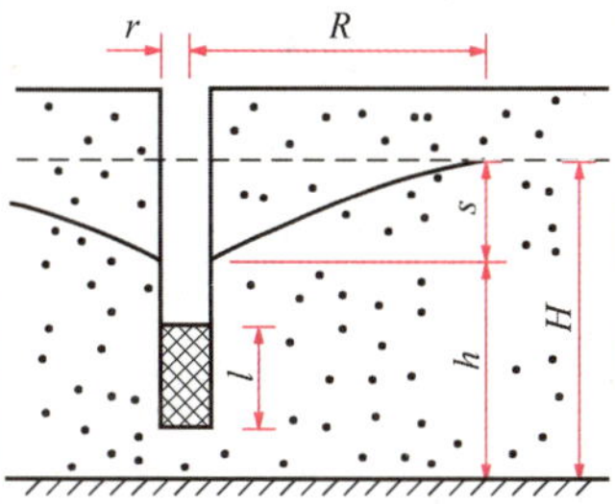	当 $\bar{h}>150r$，$l/\bar{h}>0.1$ 时	$k=\frac{Q}{\pi(H^2-h^2)}\left(\ln\frac{R}{r}+\frac{\bar{h}-l}{l}\ln\frac{1.12\bar{h}}{\pi r}\right)$
		当过滤器位于含水层的顶部或底部时	$k=\frac{Q}{\pi(H^2-h^2)}\left[\ln\frac{R}{r}+\frac{\bar{h}-l}{l}\ln\left(1+0.2\frac{\bar{h}}{r}\right)\right]$
承压水	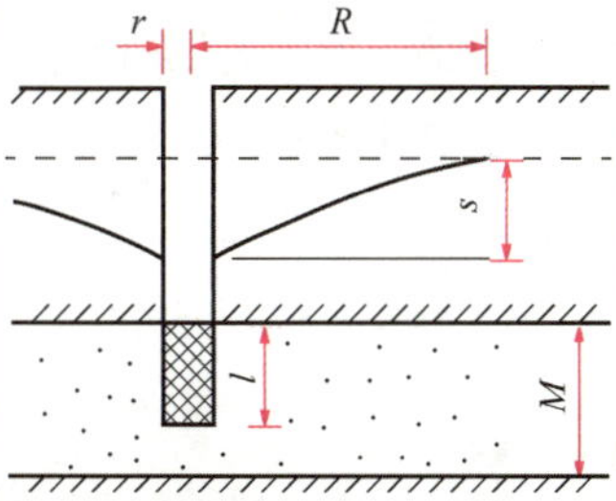	当 $M>150r$，$l/M\gg 0.1$ 时	$k=\frac{Q}{2\pi sM}\left(\ln\frac{R}{r}+\frac{M-l}{l}\ln\frac{1.12M}{\pi r}\right)$
		当过滤器位于含水层的顶部或底部时	$k=\frac{Q}{2\pi sM}\left[\ln\frac{R}{r}+\frac{M-l}{l}\ln\left(1+0.2\frac{M}{r}\right)\right]$

式中：k——渗透系数（m/d）；

Q——抽水井的抽水量（m^3/d）；

s——水位降深（m）；

l——过滤器的长度（m）；

r——抽水孔的半径（m）；

H——自然情况下潜水含水层厚度（m）；

M——承压含水层厚度（m）；

R——抽水影响半径（m）；

h——潜水含水层在抽水时的厚度（m）；

$\bar{h}$——潜水含水层在自然情况下和抽水试验时的厚度平均值（m），$\bar{h}=(H+h)/2$。

注：更多关于非完整井的计算，参阅《工程地质手册》P1233～P1240。

（3）利用稳定流抽水试验观测孔中的水位下降资料计算影响半径时，可按表 1-6-12 计算。

影响半径 **表 1-6-12**

<table>
<tr><td>承压水完整孔</td><td>$\lg R=\dfrac{s_1\lg r_2-s_2\lg r_1}{s_1-s_2}$</td><td rowspan="2">参数同前</td></tr>
<tr><td>潜水完整孔</td><td>$\lg R=\dfrac{\Delta h_1^2\lg r_2-\Delta h_2^2\lg r_1}{\Delta h_1^2-\Delta h_2^2}$
$\Delta h_1^2=H^2-h_1^2$、$\Delta h_2^2=H^2-h_2^2$</td></tr>
</table>

注：更多关于影响半径计算参阅《工程地质手册》P1238。

2）**单孔非稳定流抽水试验（非重点内容，了解即可）**

单孔非稳定流抽水试验，利用抽水孔或观测孔的水位下降资料计算渗透系数时，分无补给和有越流补给两种条件下，可按表 1-6-13 计算。

单孔非稳定流抽水试验的渗透系数计算方法 **表 1-6-13**

<table>
<tr><td rowspan="4">无补给时</td><td rowspan="2">配线法</td><td>承压水完整孔</td><td colspan="2">$\begin{cases}k=\dfrac{0.08Q}{Ms}W(u)\\ u=\dfrac{S}{4kM}\cdot\dfrac{r^2}{t}\end{cases}$</td></tr>
<tr><td>潜水完整孔</td><td colspan="2">$\begin{cases}k=\dfrac{0.159Q}{\Delta h^2}W(u)\\ u=\dfrac{\mu}{4kH}\cdot\dfrac{r^2}{t}\end{cases}$ 或 $\begin{cases}k=\dfrac{0.08Q}{\bar{h}s}W(u)\\ u=\dfrac{\mu}{4k\bar{h}}\cdot\dfrac{r^2}{t}\end{cases}$</td></tr>
<tr><td rowspan="2">直线法</td><td>承压水完整孔</td><td rowspan="2">当$u<0.01$时</td><td>$k=\dfrac{Q}{2\pi M(s_1-s_2)}\ln\dfrac{r_2}{r_1}$或$k=\dfrac{Q}{4\pi M(s_2-s_1)}\ln\dfrac{t_2}{t_1}$</td></tr>
<tr><td>潜水完整孔</td><td>$k=\dfrac{Q}{\pi(\Delta h_1^2-\Delta h_2^2)}\ln\dfrac{r_2}{r_1}$或$k=\dfrac{Q}{2\pi(\Delta h_2^2-\Delta h_1^2)}\ln\dfrac{t_2}{t_1}$</td></tr>
<tr><td colspan="3">有越流补给时
（不考虑弱透水层水的释放）</td><td>$k=\dfrac{2.3Q}{4\pi Mm_i e^{r/B}}$</td><td>$r$——观测孔至抽水孔的距离（m）；
B——越流参数；
m_i——s-$\lg t$关系曲线上拐点处的斜率</td></tr>
</table>

式中：$W(u)$——井函数；

S——承压水含水层的释水系数；

μ——潜水含水层的给水度；

t_1、t_2——在s（或Δh^2）-$\ln t$关系曲线上纵坐标为s_1、s_2（或Δh_1、Δh_2）的两点相应的时间表（min）。

3）**根据水位恢复速度计算渗透系数**

抽水结束后应量测恢复水位。根据不同时刻水位恢复与时间的关系，可按表 1-6-14 和表 1-6-15 计算渗透系数。

根据水位恢复速度计算渗透系数（《工程地质手册》P1238）　　表 1-6-14

简图	计算公式		适用条件	说明
图1 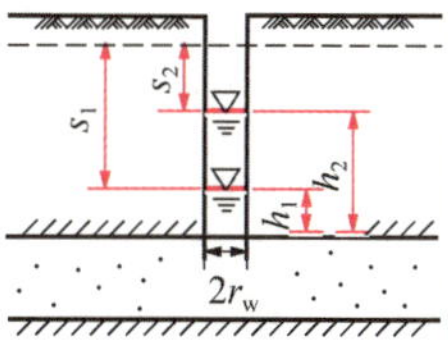	对应图 1	$k=\dfrac{1.57r_w(h_2-h_1)}{t(s_1+s_2)}$	1. 承压水层； 2. 大口径平底井（或试坑）	求得一系列与水位恢复时间有关的数值k后，则可作$k=f(t)$曲线，根据此曲线，可确定近于常数的渗透系数值，如下图所示。 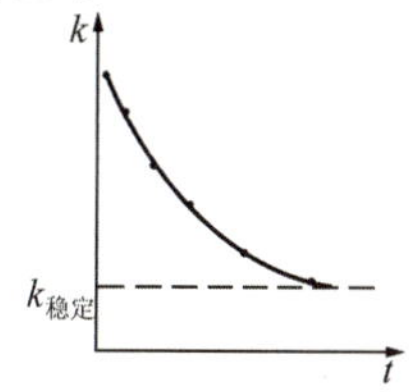 由上图可知：水位恢复时间t越长，求得渗透系数k越稳定精确
		$k=\dfrac{r_w(h_2-h_1)}{t(s_1+s_2)}$	1. 条件同上； 2. 大口径半球状井底（试坑）	
图2 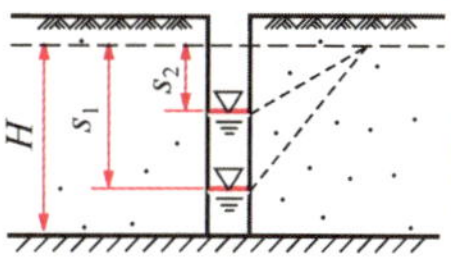	对应图 2	$k=\dfrac{3.5r_w^2}{t(H+2r_w)}\ln\dfrac{s_1}{s_2}$	潜水完整井	
图3 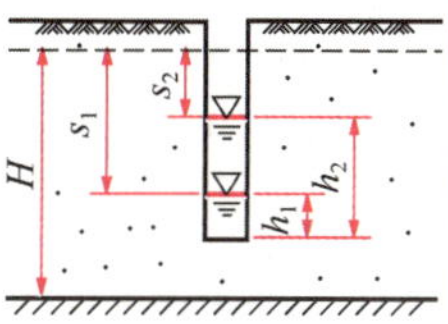	对应图 3	$k=\dfrac{\pi r_w}{4t}\ln\dfrac{H-h_1}{H-h_2}$	1. 潜水非完整井； 2. 大口径井底进水，井壁不进水	

式中：k——渗透系数（m/d）；

r_w——抽水孔的半径（m）；

t——水位恢复时间（d）；

H——潜水含水层厚度（m）；

s_1、s_2——零时刻（抽水降至最低水位时）、观测终止时刻的水位降深（m）；

h_1、h_2——零时刻、观测终止时刻水位至承压水层顶板（或潜水非完整井底部）的距离（m）。

根据水位恢复速度计算渗透系数（《供水水文地质勘察规范》第 8.2.5 条）表 1-6-15

停止抽水前，动水位已稳定	$k=\dfrac{2.3Q}{4\pi Mm_i e^{r/B}}$	t_k——抽水开始到停止的时间（min）； t_T——抽水停止时算起的恢复时间（min）； s——水位恢复时的剩余下降值（m）； h——水位恢复时的潜水含水层厚度（m）； 其他参数同前
停止抽水前，动水位未稳定，仍沿直线下降	承压水完整井：$k=\dfrac{Q}{4\pi sM}\ln\left(1+\dfrac{t_k}{t_T}\right)$ 潜水完整井：$k=\dfrac{Q}{2\pi(H^2-h^2)}\ln\left(1+\dfrac{t_k}{t_T}\right)$	

4）**利用同位素示踪测井资料计算渗透系数（非重点内容，了解即可）**

利用同位素示踪测井资料计算渗透系数时，可采用下列公式：

$$k=\frac{V_{\mathrm{f}}}{I}\Leftarrow V_{\mathrm{f}}=\frac{\pi\left(r^2-r_0^2\right)}{2art}\ln\frac{N_0-N_{\mathrm{b}}}{N_{\mathrm{t}}-N_{\mathrm{b}}}$$

式中：V_{f}——测点的渗透速度（m/d）；

I——测试孔附近的地下水水力坡度；

r——测试孔滤水管内半径（m）；

r_0——探头半径（m）；

a——流场畸变校正系数；

t——示踪剂浓度从N_0变化到N_{t}所需要的时间（d）；

N_0——同位素在孔中的初试计数率；

N_{t}——同位素t时的计数率；

N_{b}——放射性本底计数率。

题 1-190 （06C05）某工程场地有一厚 11.5m 砂土含水层，其下为基岩，为测砂土的渗透系数打一钻孔到基岩顶面，并以 $1.5\times10^3\mathrm{cm^3/s}$ 的流量从孔中抽水，距抽水孔 4.5m 和 10.0m 处各打一观测孔，当抽水孔水位降深为 3.0m 时，分别测得观测孔的降深分别为 0.75m 和 0.45m，用潜水完整井公式计算砂土层渗透系数k值最接近于下列哪个选项（图 1-6-20）？

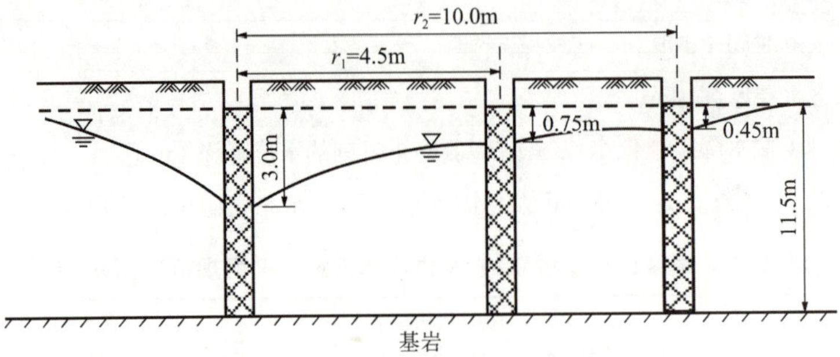

图 1-6-20 题 1-190 图

（A）7m/d （B）6m/d （C）5m/d （D）4m/d

【解】

$$k=\frac{0.732Q}{(2H-s_1-s_2)(s_1-s_2)}\lg\frac{r_2}{r_1}$$

$$=\frac{0.732\times1.5\times10^3\times10^{-6}\times86400}{(2\times11.5-0.75-0.45)\times(0.75-0.45)}\times\lg\frac{10}{4.5}=5.03\mathrm{m/d}$$

【点评】

①根据《抽水试验规程》，交流群文件有下载，辅导书上有公式总结；②本规范虽然不在考试大纲，但是本考点为常考知识点：通过抽水试验求土的参透系数。

题 1-191 （04D27）在水平均质具有潜水自由面的含水层中进行单孔抽水试验，如图 1-6-21 所示，已知水井直径$d = 0.3$m，影响半径$R = 60$m，含水层厚度$H = 10$m，水位降深$s = 3.0$m，渗透系数$k = 25$m/d，则流量最接近下列哪个选项？

（A）572m³/d　　（B）669m³/d

（C）737m³/d　　（D）953m³/d

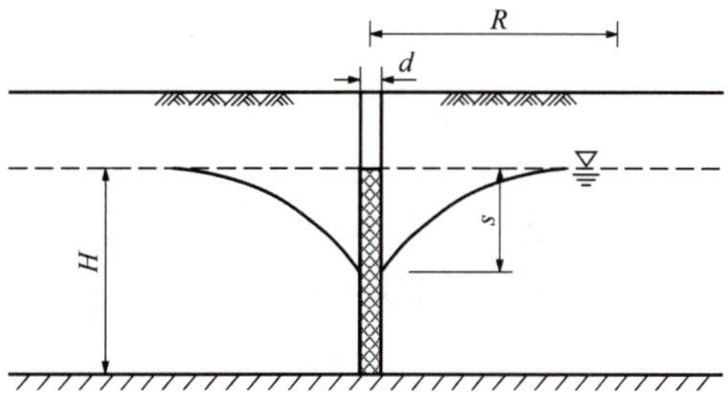

图 1-6-21　题 1-191 图

【解】

$$k = \frac{0.732Q}{(2H-s)s}\lg\frac{R}{r} \Rightarrow Q = 1.366k\frac{(2H-s)\cdot s}{\lg\left(\frac{R}{r}\right)} = 1.366\times 25\times\frac{(2\times 10-3)\times 3}{\lg\left(\frac{60}{0.15}\right)} = 669.3\text{m}^3/\text{d}$$

【点评】

①根据《抽水试验规程》或《工程地质手册》第二版，可以查《岩土工程设计技术规范》做题，也可根据《土力学》第二章渗透原理推导公式；②抽水试验为重要考点，注意直径化半径。

题 1-192 （08C03）为求取有关水文地质参数，采用带两个观察孔的潜水完整井进行 3 次降深抽水试验，其地层和井壁结构如图 1-6-22 所示，已知$H = 15.8$m，$r_1 = 10.6$m，$r_2 = 20.5$m，抽水试验成果见表 1-6-16，计算渗透系数K值最接近下列哪个选项？

题 1-192 表　　表 1-6-16

水位降深s（m）	涌水量Q（m³/d）	观 1 水位降深s_1（m）	观 2 水位降s_2（m）
5.6	1490	2.2	1.8
4.1	1218	1.8	1.5
2.0	817	0.9	0.7

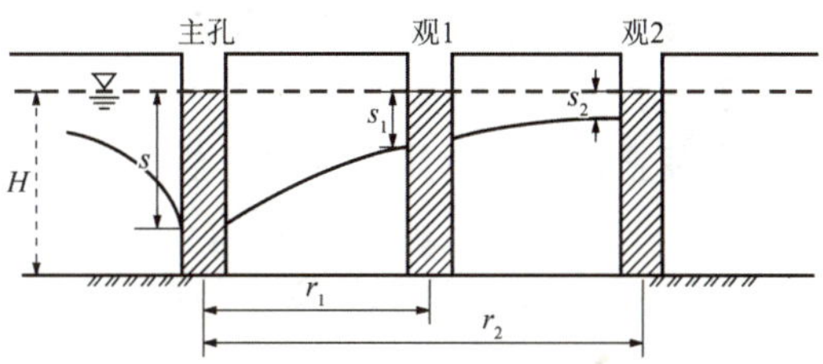

图 1-6-22　题 1-192 图

（A）25.6m/d　　（B）28.9m/d　　（C）31.7m/d　　（D）35.2m/d

【解】

（1）$$k_1 = \frac{0.732Q}{(2H-s_1-s_2)(s_1-s_2)}\lg\frac{r_2}{r_1}$$

$$= \frac{0.732\times 1490}{(2\times 15.8-2.2-1.8)\times(2.2-1.8)}\times\lg\frac{20.5}{10.6} = 28.3\text{m/d}$$

同理可得：$k_2 = 30.1$m/d，$k_3 = 28.6$m/d

（2）$$\bar{k} = \frac{28.3+30.1+28.6}{3} = 29.0\text{m/d}$$

【点评】

①根据《抽水试验规程》或《工程地质手册》第二版公式计算，也可根据裘布依假设进行积分推导，公式总结见《岩土工程设计技术规范》；②看清试验条件，水文地质试验多是套公式的题目。

【同类型真题】03C04

题 1-193　（02C02）某工程场地进行了单孔抽水试验，地层情况及滤水管位置如图 1-6-23 所示，滤水管上下均设止水装置，主要数据如下：钻孔深度 12.0m，承压水位 1.50m，钻孔直径 800mm，假定影响半径 100m。试用裘布依公式计算含水层的平均渗透系数最接近下列哪个选项（表 1-6-17）？

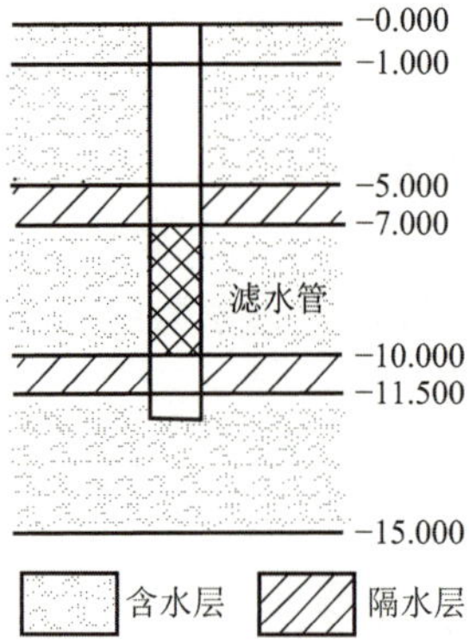

图 1-6-23　题 1-193 图

题 1-193 表　　表 1-6-17

降深		涌水量
第一次	2.1m	510t/d
第二次	3.0m	760t/d
第三次	4.2m	1050t/d

（A）73m/d　　（B）90m/d　　（C）107m/d　　（D）136m/d

【解】

（1）承压水完整井$k_1 = \dfrac{0.366Q}{M \cdot s}\lg\dfrac{R}{r} = \dfrac{0.366 \times 510}{3 \times 2.1} \cdot \lg\dfrac{100}{0.8/2} = 71\text{m/d}$

同理可得：$k_2 = 74.1\text{m/d}$，$k_3 = 73.1\text{m/d}$

（2）$\overline{k} = \dfrac{71 + 74.1 + 73.1}{3} = 72.7\text{m/d}$

【点评】

①根据《抽水试验规程》或《供水水文地质勘察规范》或《工程地质手册》第二版公式计算，也可根据裘布依假设进行积分推导；②本题为无观测孔的单孔承压水含水层完整井，注意滤水管上下均设止水装置，采用承压含水层完整井稳定流计算公式；③注意滤水器采用半径计算。

题 1-194　（17D03）某抽水试验，场地内深度 10.0～18.0m 范围内为均质、各向同性等厚、分布面积很大的砂层，其上下均为黏土层，抽水孔孔深 20.0m，孔径为 200mm，滤水管设置于深度 10.0～18.0m 段，另在距抽水孔中心 10.0m 处设置观测孔，原始稳定地下水位埋深为 1.0m，以水量为 1.6L/s 长时间抽水后，测得抽水孔内稳定水位埋深为 7.0m，观测孔水位埋深为 2.8m，则含水层的渗透系数k最接近以下哪个选项？

（A）1.4m/d　　（B）1.8m/d　　（C）2.6m/d　　（D）3.0m/d

【解】

（1）为承压水完整井，$M = 18 - 10 = 8\text{m}$，$s = 7 - 1 = 6\text{m}$，$s_1 = 2.8 - 1 = 1.8\text{m}$

（2）$k = \dfrac{0.366Q}{M(s - s_1)}\lg\dfrac{r_1}{r} = \dfrac{0.366 \times 1.6 \times 10^{-3} \times 86400}{8 \times (6 - 1.8)} \times \lg\dfrac{10}{0.1} = 3.01\text{m/d}$

【点评】

看清题目是完整井或非完整井、潜水井或承压水井，注意抽水试验一般用的都是半径，题目条件给的直径应除以 2，历年真题考的均是完整井，非完整井了解即可；③注意单位换算，已知抽水量为 1.60L/s，要将 L/s 换算为 m^3/d。

题 1-195 （12C03）某工程进行现场水文地质试验，已知潜水含水层底板埋深为 9.0m，设置潜水完整井，井径$D = 200mm$，实测地下水位埋深 1.0m，抽水至水位埋深 7.0m 后让水位自由恢复，不同恢复时间测得的地下水位如表 1-6-18 所示。

题 1-195 表　　表 1-6-18

测读时间（min）	1.0	5.0	10.0	30.0	60.0
水位埋深（cm）	603.0	412.0	332.0	190.0	118.5

则估算的地层渗透系数最接近下列哪个数值？

（A）1.3×10^{-3}cm/s　　（B）1.8×10^{-4}cm/s

（C）4.1×10^{-4}cm/s　　（D）5.2×10^{-4}cm/s

【解】

（1）$H = 900 - 100 = 800\text{cm}$，$r_w = \dfrac{20}{2} = 10\text{cm}$

（2）取$t_1 = 0$、$t_2 = 60\text{min}$ 计算

$s_1 = 700 - 100 = 600\text{cm}$，$s_2 = 118.5 - 100 = 18.5\text{cm}$

$$k = \frac{3.5{r_w}^2}{(H + 2r_w)t}\ln\frac{s_1}{s_2}$$
$$= \frac{3.5 \times 10^2}{(800 + 2 \times 10) \times 3600} \times \ln\frac{600}{18.5}$$
$$= 4.1 \times 10^{-4}\text{cm/s}$$

【点评】

①根据《工程地质手册》P1238；②利用水位恢复资料确定渗透系数的方法在工程中经常用到，属工程实践的题型，s_1为**抽水后**t_1时刻的水位埋深减去**抽水前**的实测地下水位埋深；③随着恢复时间的加长，渗透系数越趋于稳定并接近实际值，因此只需计算最后一个恢复时间的渗透系数值（图 1-6-24）。

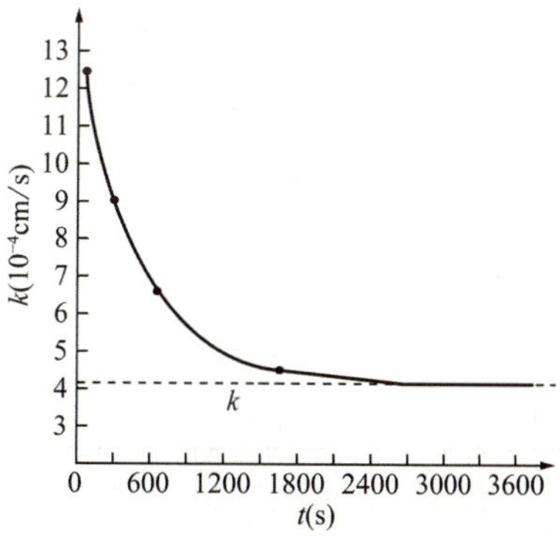

图 1-6-24　解 1-195 图

6.3.2　压水试验——《工程地质手册》P1241～P1246

岩土工程勘察中的压水试验，主要是为了探查天然岩（土）层的裂隙性和渗透性，为评价岩体的渗透特性和设计渗控措施提供基本资料。

压水试验采用三级压力（P_1、P_2、P_3）、五个阶段（$P_1 \to P_2 \to P_3 \to P_4 = P_2 \to P_5 = P_1$），其中 P_1、P_2、P_3宜分别采用 0.3MPa、0.6MPa、1.0MPa。试验段的总压力是指用于试验段的实际平均压力，其单位习惯上均以水柱高度 m 计算，即 1m 水柱压力 = 9.8kPa，近似于 $1N/cm^2$。

（1）**水柱压力p_z**按表 1-6-19 计算。

水柱压力p_z（MPa）　　表 1-6-19

<table>
<tr><td>地下水位位于试验段以下时，以通过试验段 1/2 处的水平线作为压力计算零线</td><td>地下水位位于试验段之内时，以通过地下水位以上试验段 1/2 处的水平线作为压力计算零线</td><td>地下水位位于试验段之上时，且试验段在该含水水层中，以地下水位线作为压力计算零线</td></tr>
<tr><td>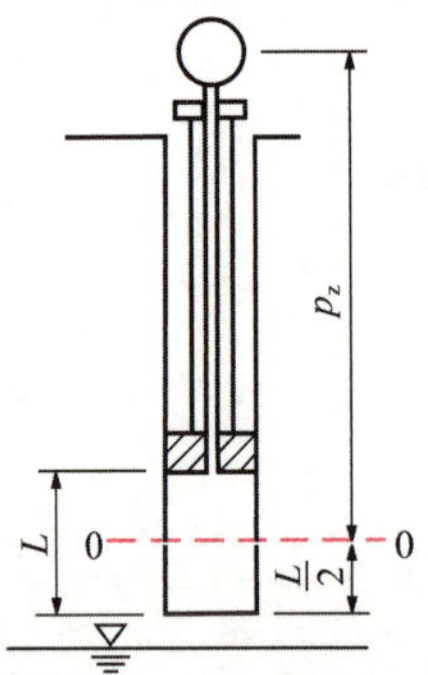
</td><td>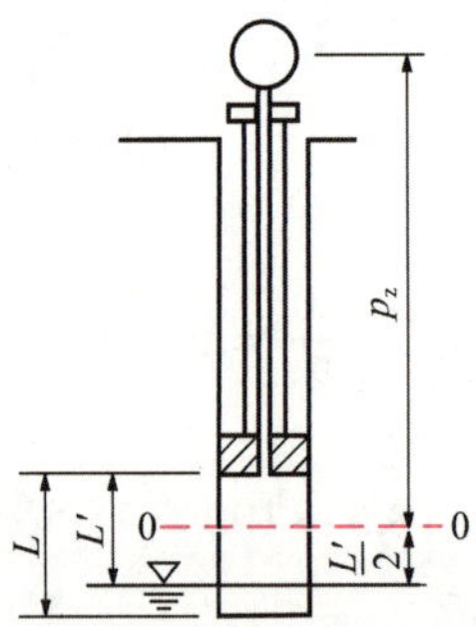
</td><td>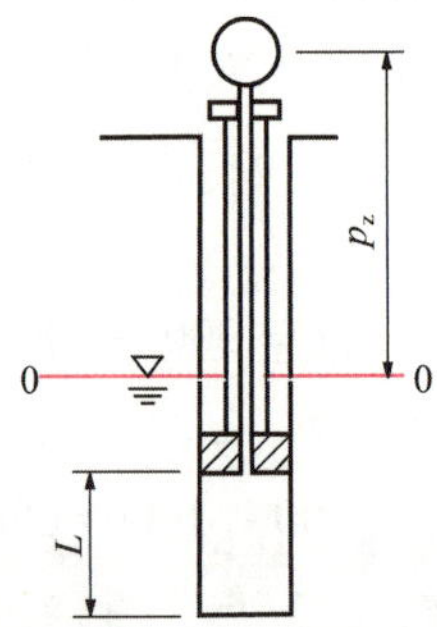
</td></tr>
<tr><td colspan="3">p_z—水柱压力（MPa）[自压力表中心至压力计算零线的铅直距离H（m）]；
L—试验段长度（m）；L'—地下水水位以上试验段长度（m）</td></tr>
<tr><td colspan="3">$p_z =$ 水柱高度$H(m) \times \dfrac{9.8}{1000}$（MPa）</td></tr>
<tr><td colspan="3">斜孔（倾角α）</td></tr>
<tr><td>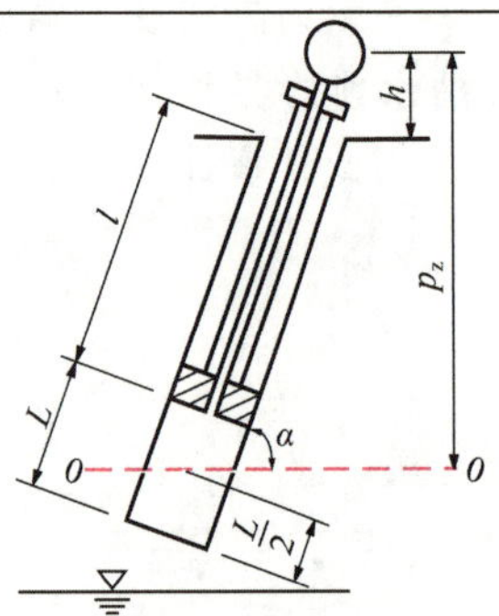
</td><td>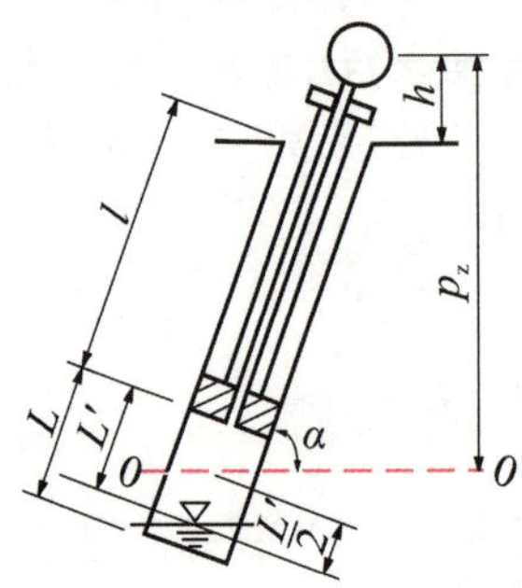
</td><td>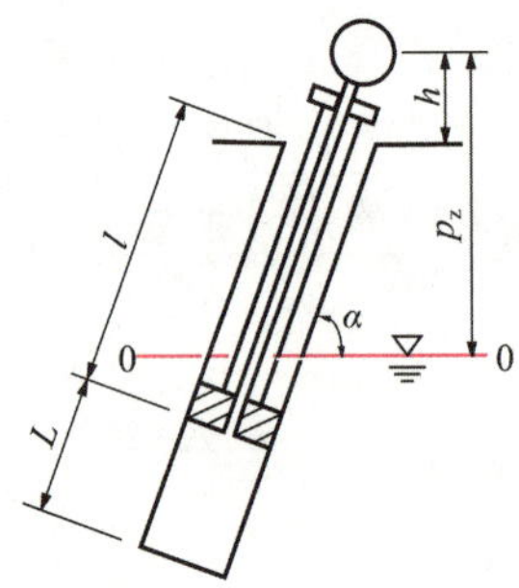
</td></tr>
<tr><td colspan="3">l——试验段顶部至孔口的距离（m）；h——压力表中心高于孔口的距离（m）</td></tr>
<tr><td>$p_z = \left[\left(l + \dfrac{L}{2}\right) \times \sin\alpha + h\right] \times \dfrac{9.8}{1000}$
（MPa）</td><td>$p_z = \left[\left(l + \dfrac{L'}{2}\right) \times \sin\alpha + h\right] \times \dfrac{9.8}{1000}$
（MPa）</td><td>$p_z =$ 水柱高度$H(m) \times \dfrac{9.8}{1000}$
（MPa）</td></tr>
</table>

注：如题目已知g = 10，则按 10/1000。

（2）**试验段压力p**分下面两种情况按表 1-6-20 规定计算。

试验段压力p（MPa）　　表 1-6-20

①当压力计安设与试验段连通的**测压管**上时	$p = p_p + p_z$	p_p——压力计指示压力（MPa）
②当压力计安设在**进水管**上时	$p = p_p + p_z - p_s$	p_s——管路压力损失（MPa）

（3）**压力损耗值p_s**分下面三种情况按表 1-6-21 规定计算。

压力损耗值p_s（MPa）　　表 1-6-21

①当工作管内径**一致**，**且**内壁粗糙度变化不大时的管路压力损失	$p_s = \lambda \frac{L_p}{d} \cdot \frac{v^2}{2g}$	λ——摩阻系数，$\lambda = 2 \times 10^{-4} \sim 4 \times 10^{-4}$MPa/m； L_p——工作管长度（m）； d——工作管内径（m）； v——管内流速（m/s）； g——重力加速度，$g = 9.8\text{m/s}^2$
②当工作管内径**不一致**时，各种流量下**每副接头**的压力损失	$p_{sj} = \frac{\Delta p_s}{n}$	p_{sj}——某流量下每副接头的压力损失（MPa）； Δp_s——该流量下两套管路的压力损失差（MPa）； n——两套管路接头数之差
从各种流量下的管路压力损失中减去接头的压力损失，计算出各种流量下每米钻杆的压力损失值		
③但对“突大”或“突小”两种情况，也可分别按下列公式计算：		
管径断面突然扩大时的压力损失	$p_s = \frac{(v_1 - v_2)^2}{2g}$	v_1——水在小管径的管内流速（m/s）； v_2——水在大管径的管内流速（m/s）； g——重力加速度，$g = 9.8\text{m/s}^2$； α——阻力系数，见下表
管径断面突然缩小时的压力损失	$p_s = \alpha \frac{v_1^2}{2g}$	

阻力系数α

d_2/d_1	0.1	0.2	0.4	0.6	0.8
α	0.5	0.42	0.33	0.25	0.15

注：d_1为大管内径，d_2为小管内径。压力损失值的确定尚可查有关图表或试验确定

（4）**透水率q**按表 1-6-22 计算：

透水率q（Lu）　　表 1-6-22

透水率：试验压力为 1MPa 时每米试验段的压入水流量（L/min）。采用第三阶段的压力值（p_3）和流量值（Q_3） $q = \frac{Q_3}{Lp_3}$	q——试验段的透水率（Lu），取两位有效数字； L——试验段长度（m），倾斜钻孔取斜长； Q_3——第三阶段的计算流量（L/min）； p_3——第三阶段的压力（MPa）

（5）**绘制p-Q曲线**，应采用统一比例尺，纵坐标（p轴 0.01MPa），横坐标（Q轴 1L/min），升压阶段用实线，降压阶段用虚线。当p-Q曲线中第 4 点与第 2 点、第 5 点与第 1 点的流量值绝对差不大于 1L/min 或相对差不大于 5%时，可认为基本重合。

试验段的p-Q曲线类型应根据升压阶段p-Q曲线的形状以及降压阶段p-Q曲线与升压阶段p-Q曲线之间的关系确定。分为下面 5 种情况，见表 1-6-23。

p-Q曲线类型及曲线特点表 表1-6-23

类型名称	**A型**（层流）	**B型**（紊流）	C型（扩张）	D型（冲蚀）	E型（充填）
p-Q曲线	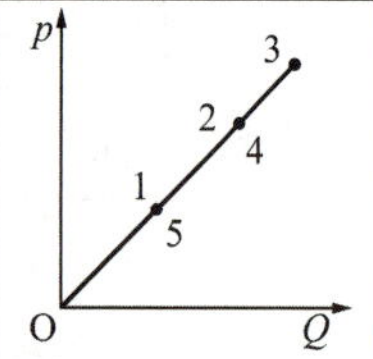	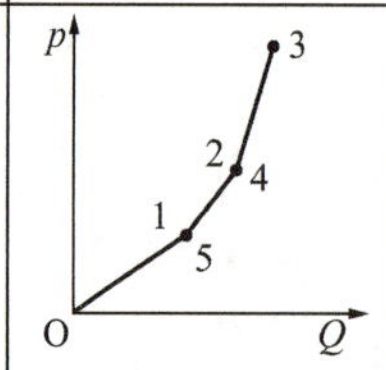	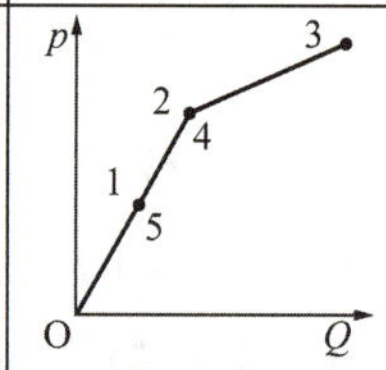	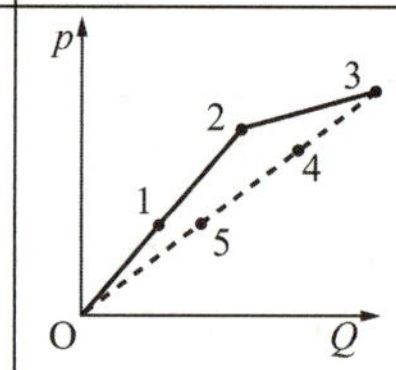	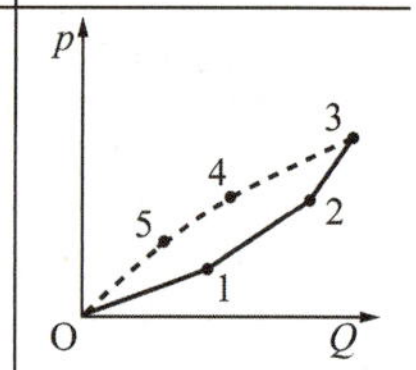
曲线特点	升压曲线为**通过原点的直线**，降压曲线与升压曲线**基本重合**	升压曲线**凸向Q轴**，降压曲线与升压曲线**基本重合**	升压曲线**凸向p轴**，降压曲线与升压曲线**基本重合**	升压曲线**凸向p轴**，降压曲线与升压曲线**不重合**，呈**顺时针**环状	升压曲线**凸向Q轴**，降压曲线与升压曲线**不重合**，呈**逆时针**环状

（6）**渗透系数k**按表1-6-24计算。

渗透系数k（m/d） 表1-6-24

	p-Q曲线为**A型（层流）**	p-Q曲线为**B型（紊流）**
当试验段位于地下水位以下时，**透水性较小**（$q<10$Lu）	用**第三阶段**的压力值p_3和流量值Q_3计算	用**第一阶段**的压力值p_1和流量值Q_1计算
	$k=\frac{Q_3}{2\pi H_3 L}\ln\left(\frac{L}{r_0}\right)$ $H_3=\frac{p_3(\text{kPa})}{9.8}$ p_3无法计算时，可取1000kPa	$k=\frac{Q_1}{2\pi H_1 L}\ln\left(\frac{L}{r_0}\right)$ $H_1=\frac{p_1(\text{kPa})}{9.8}$ p_1无法计算时，可取300kPa

式中：k——岩体渗透系数（m/d）；

Q——压入流量（m^3/d），$1\text{L/min}=1.44\text{m}^3/\text{d}$；

H——试验水头（m）；

r_0——钻孔半径（m）；

L——试验段长度（m）。

（7）**岩土体渗透性分级**，可按《水利水电工程地质勘察规范》附录F，即表1-6-25进行划分。

岩土体渗透性分级（《水利水电工程地质勘察规范》附录F） 表1-6-25

渗透性等级	标准	
	渗透系数k（cm/s）	透水率q（Lu）
极微透水	$k<10^{-6}$	$q<0.1$
微透水	$10^{-6}\leqslant k<10^{-5}$	$0.1\leqslant q<1$
弱透水	$10^{-5}\leqslant k<10^{-4}$	$1\leqslant q<10$
中等透水	$10^{-4}\leqslant k<10^{-2}$	$10\leqslant q<100$
强透水	$10^{-2}\leqslant k<1$	$q\geqslant 100$
极强透水	$k>1$	

注：**土体**的透水性分级以**渗透系数**为依据，**岩体**的透水性分级以**透水率**为依据。但**强透水—极强透水岩体**宜采用**渗透系数**作为划分依据。

（8）**透水率与岩石裂隙性的关系**

单位吸水量是在0.01MPa压力时，每米试验段的压入水流量（L/m）。

透水率与岩石裂隙系数见表1-6-26。

透水率与岩石裂隙性的关系（《工程地质手册》P1247） 表 1-6-26

透水率（Lu）	裂隙系数	岩体评价
< 0.1	< 0.2	最完整
0.1～1	0.2～0.4	完整
1～10	0.4～0.6	节理较发育
10～50	0.6～0.8	节理裂隙发育
> 50	> 0.8	破碎岩体

题 1-196 （04D03）某钻孔进行压水试验，试验段位于水位以下，采用安设在与试验段连通的测压管上的压力表测得水压力为 0.75MPa，压力表中心至压力计算零线的水柱压力为 0.25MPa，试验段长度 5.0m，试验时渗漏量为 50L/min，则透水率为下列哪个选项？

（A）5Lu （B）10Lu （C）15Lu （D）20Lu

【解】

（1）$p_3 = p_p + p_z = 0.75 + 0.25 = 1\text{MPa}$

（2）$q = \dfrac{Q_3}{L \cdot p_3} = \dfrac{50}{5 \times 1} = 10\text{Lu}$

【点评】

①根据《工程地质手册》P1241～P1246；②压水试验是非常重要的试验，频繁考查，务必掌握《工程地质手册》相关内容。

【同类型真题】03C03

题 1-197 某压水试验地面进水管的压力表读数$p_p = 0.95\text{MPa}$，压力表高于孔口 1.5m，压入流量$Q = 65\text{L/min}$，试验段长度 3m，管路压力损失$p_s = 0.05\text{MPa}$，钻孔为斜孔，与竖直方向的夹角为 40°，试验段内有 1.5m 位于地下水以下，孔口至地下水位段钻孔的实际长度为 24.2m，试计算试验段地层的透水率。

【解】

水柱压力$p_z = \left[1.5 + \left(24.2 - \dfrac{1.5}{2}\right) \times \cos 40°\right] \times 0.01 = 0.195\text{MPa}$

试验段压力：$p_3 = p_p + p_z - p_s = 0.95 + 0.195 - 0.05 = 1.095\text{MPa}$

透水率：$q = \dfrac{Q_3}{L \cdot p_3} = \dfrac{65}{3 \times 1.095}$=19.8Lu

【点评】

①依据《工程地质手册》P1246；②压水试验为重要考点，加强练习。

题 1-198 （10C01）某压水试验地面进水管的压力表读数$p_p = 0.9\text{MPa}$，压力表中心高于孔口 0.5m，压入流量$Q = 80\text{L/min}$，试验段长度$L = 5.1\text{m}$，钻杆及接头的压力总损失为 0.04MPa，钻孔为斜孔，倾角为 60°，地下水位位于试验段之上，自孔口至地下水位段钻孔的实际长度$H = 24.8\text{m}$，计算试验段地层的透水率（Lu）最接近下列于哪个选项？

（A）14.0 （B）14.5 （C）15.6 （D）16.1

【解】

（1）$p_z = (0.5 + 24.8 \times \sin 60°) \times 10 \times 10^{-3} = 0.22\text{MPa}$

$p_3 = 0.9 + 0.22 - 0.04 = 1.08\text{MPa}$

（2）$q = \dfrac{Q_3}{Lp_3} = \dfrac{80}{5.1 \times 1.08}$=14.5Lu

【点评】

①根据《工程地质手册》P1246；②倾角为钻孔与水平的夹角，试验段增加的压力＝地下水水位至压力表段的水头压力＋压力表的压力－压力损失，斜孔的水头为钻孔计算段在竖直方向的长度。

题1-199 （13D02）在某花岗岩岩体中进行钻孔压水试验，钻孔孔径为110mm，地下水位以下试验段长度为5.0m。资料整理显示，该压水试验p-Q曲线为A（层流）型，第三（最大）压力阶段试验段压力为1.0MPa，压入流量为7.5L/min，问该岩体的渗透系数最接近下列哪个选项？

（A）1.4×10^{-5}cm/s　　（B）1.8×10^{-5}cm/s

（C）2.2×10^{-5}cm/s　　（D）2.6×10^{-5}cm/s

【解】

（1）$q=\dfrac{Q_3}{Lp_3}=\dfrac{7.5}{5\times1}=1.5\text{Lu}<10\text{Lu}$，透水性较小，且为层流型

（2）$k=\dfrac{Q}{2\pi HL}\ln\dfrac{L}{r_0}=\dfrac{7.5\times10^{-3}\times60\times24}{2\times3.14\times100\times5}\times\ln\dfrac{5}{0.055}=0.0155\text{m/d}$

$=1.794\times10^{-5}\text{cm/s}$

【点评】

①根据《工程地质手册》P1246；②注意公式适用条件为透水率＜10Lu，层流、紊流的公式不同；③压水试验一般采用三级压力、五个阶段，p-Q曲线分为五个类型，1MPa相当于$H=100$m水柱，自行学习《工程地质手册》中对应内容，本知识点非常重要也简单。

题1-200 （18D01）在某地层中进行钻孔压水试验，钻孔直径为0.10m，试验段长度为5.0m，位于地下水位以下，测得该地层的p-Q曲线如图1-6-25所示，试计算该地层的渗透系数与下列哪项最接近？（注：1m水柱压力为9.8kPa）

（A）0.052m/d　　（B）0.069m/d

（C）0.073m/d　　（D）0.086m/d

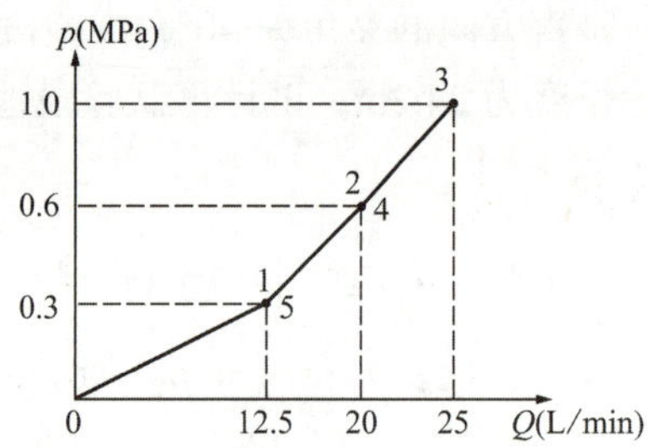

图1-6-25　题1-200图

【解】

（1）曲线为B型，且试验段位于地下水位以下

$q=\dfrac{Q_3}{L\cdot p_3}=\dfrac{25}{5\times1}=5\text{Lu}<10\text{Lu}$，透水性较小

$H_1=\dfrac{P_1}{9.8}=\dfrac{300}{9.8}=30.6\text{m}$，$12.5\text{L/min}=12.5\times1\times10^{-3}\times24\times60=18\text{m}^3/\text{d}$

（2）$k=\dfrac{Q_1}{2\pi H_1L}\ln\left(\dfrac{L}{r_0}\right)=\dfrac{18}{2\times3.14\times30.6\times5}\times\ln\left(\dfrac{5}{0.05}\right)=0.0863\text{m/d}$

【点评】

①依据《工程地质手册》P1246；②公式(9-3-11)先判断适用条件后计算，注意单位换算，流量的单位$\text{L/min}=1.44\text{m}^3/\text{d}$，直径应化成半径；③$p$-$Q$曲线为B型（紊流）时可采用第一阶段的压力$p_1$和流量$Q_1$近似计算渗透系数，但是必须满足**试验段位于地下水位以下，**

透水性较小（$q<10$Lu）；④计算透水率一律采用**第三阶段的压力值p_3和流量值Q_3**计算；⑤本题难度一般，水文地质测试为重要考点，务必加强《工程地质手册》上相关内容的学习。

题 1-201　（21D01）某场地岩体较完整、渗透性弱，地下水位埋深 10m，钻孔压水试验数据见表 1-6-27，试验段深度范围为 15.0～20.0m，试验曲线见图 1-6-26。已知压力表距地表高度 0.5m，管路压力损失 0.05MPa，钻孔直径 150mm，估算岩体渗透系数最接近下列哪一项？（1m 水柱压力取 10kPa）

题 1-201 表　　　　表 1-6-27

压力表读数p（MPa）	0	0.1	0.3	0.5	0.3	0.1
流量Q（L/min）	0	10	12	12.7	12	10

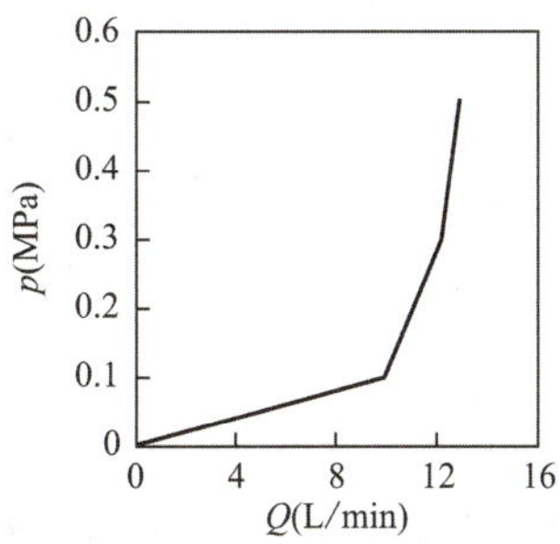

图 1-6-26　题 1-201 图

（A）9.4×10^{-3}m/d　（B）9.4×10^{-2}m/d　（C）12.4×10^{-2}m/d（D）19.2×10^{-2}m/d

【解】

（1）$p_3=0.5+\dfrac{10+0.5}{1000}\times10-0.05=0.555\text{MPa}$，$q=\dfrac{12.7}{5\times0.555}=4.58\text{Lu}$

（2）依图，B 型，水位下，$q<10$Lu

$$H_1=\frac{0.1+\dfrac{10+0.5}{1000}\times10-0.05}{10}\times10^3=15.5\text{m}$$

（3）$k=\dfrac{10\times10^{-3}\times24\times60}{2\times3.14\times15.5\times5}\times\ln(\dfrac{5}{0.15/2})=0.124\text{m/d}=12.4\times10^{-2}\text{m/d}$

【点评】

①根据《工程地质手册》P1241～P1246；②p-Q曲线为 B 型时采用一级压力计算渗透系数；③渗透系数计算时必须满足三个条件，试验段位于水下，透水性较小（$q<10$），曲线类型为 A 型或者 B 型；④地下水位位于试验段之上时，地下水位线作为压力计算零线。

题 1-202 某水利水电工程采用竖直钻孔进行压水试验，钻孔孔径 150mm，孔深 33m，孔内水位埋深 16.5m。洗孔完毕后，下入止水栓对 18～23.5m 的石灰岩段进行压水试验。位于进水管路的压力表中心高于孔口 1m，管路压力总损失为 0.025MPa，各试验阶段的试验数据如表 1-6-28 所示。根据试验数据绘制p-Q曲线可知，升压曲线为凸向Q轴的曲线，降压曲线与升压曲线重合。求该石灰岩层的透水率、渗透系数和渗透性等级。

题 1-202 表 表 1-6-28

压力表读数（MPa）	0.17	0.50	0.91	0.50	0.18
压入流量（L/min）	13.0	32.0	50.0	32.0	13.0

【解】

（1）透水率计算

$p_z = (16.5 + 1) \times 0.01 = 0.175\text{MPa}$，

$p_3 = p_p + p_z - p_s = 0.91 + 0.175 - 0.025 = 1.06\text{MPa}$

$$q = \frac{Q_3}{L \cdot p_3} = \frac{50}{(23.5 - 18) \times 1.06} = 8.58\text{Lu}$$

（2）根据p-Q曲线特点，可知为 B 型曲线，

$p_1 = 0.17 + 0.175 - 0.025 = 0.32\text{MPa}$，$H_1 = 0.32 \times 1000/9.8 = 32.65\text{m}$

$$k = \frac{Q_1}{2\pi H_1 L}\ln\frac{L}{r_0} = \frac{13 \times 1.44}{2 \times 3.14 \times 32.65 \times 5.5} \times \ln\left(\frac{5.5}{0.15/2}\right) = 0.071\text{m/d}$$

（3）渗透性等级划分

根据《水利水电工程地质勘察规范》附录 F

$k = 0.071\text{m/d} = 8.22 \times 10^{-5}\text{cm/s}$，为弱透水

$q = 8.58\text{Lu}$，为弱透水

综上可知，为弱透水。

【点评】

①根据《工程地质手册》P1246、《水利水电工程地质勘察规范》附录 F；②注意透水率计算用第三阶段数据，B 型曲线渗透系数计算用第一阶段数据。压水试验要特别注意单位的问题，透水率计算中和渗透系数计算中的Q单位不同。

6.3.3　注水试验——《工程地质手册》P1247～P1252、《土工试验方法标准》第 42.4 节

（1）**钻孔注水（渗水）试验**是野外测定岩土层渗透性的一种比较简单的方法，其原理与抽水试验相似，仅以注水代替抽水。钻孔注水试验渗透系数计算见表 1-6-29。

钻孔注水试验渗透系数　　表 1-6-29

试验分类		计算公式		参数
常水头法	仅孔底进水	$k=\dfrac{Q}{FH}$		k——试验土层的渗透系数（cm/min）； Q——注入流量（cm^3/min）； H——试验水头（cm）； F——形状系数（cm），按表 1-6-30 选用； A——注水管内径截面积（cm^2）； H_1、H_2——在时间t_1、t_2时的试验水头（cm）
	孔壁和孔底同时进水			
变水头法	升水头法	$k=\dfrac{A}{FT}$；$T=\dfrac{t_1-t_2}{\ln(H_1/H_2)}$		
	降水头法			
水工建筑部门常量注水试验法（巨厚且水平分布宽的含水层）		当$\dfrac{l}{r}\leqslant 4$时	$k=\dfrac{0.08Q}{rs\sqrt{\dfrac{l}{2r}+\dfrac{1}{4}}}$	k——岩土体渗透系数（m/d）； Q——稳定注水量（m^3/d）； r——钻孔或过滤器半径（m）； l——试验段或过滤器长度（m）； s——孔中水头高度（m），高于初始水位的高度
		当$\dfrac{l}{r}>4$时	$k=\dfrac{0.366Q}{ls}\lg\dfrac{2l}{r}$	

形状系数F　　表 1-6-30

试验条件	简图	形状系数	备注
1. 潜水； 2. 试验段位于地下水位以下，钻孔套管下至孔底，孔底进水	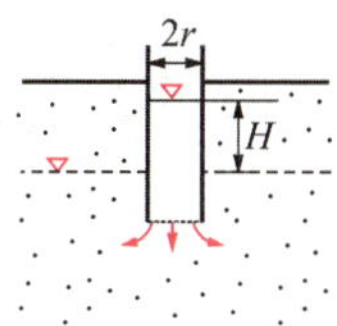	$F=5.5r$	
1. 承压水； 2. 试验段位于地下水位以下，钻孔套管下至孔底，孔底进水	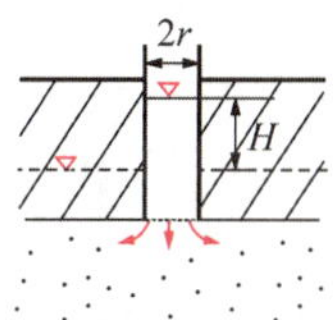	$F=4r$	
潜水； 试验段位于地下水位以下，孔内不下套管或部分下套管，试验段裸露或下花管，孔壁与孔底进水	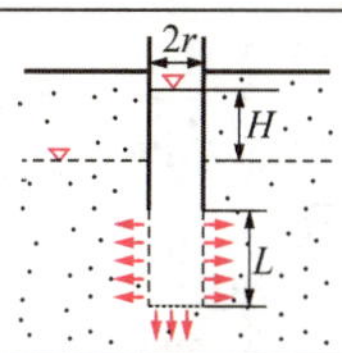	$F=\dfrac{2\pi l}{\ln\dfrac{ml}{r}}$	应满足$\dfrac{ml}{r}>10$ $m=\sqrt{k_h/k_v}$ 其中，k_h、k_v分别为试验土层的水平、垂直渗透系数
1. 承压水； 2. 试验段位于地下水位以下，孔内不下套管或部分下套管，试验段裸露或下花管，孔壁与孔底进水	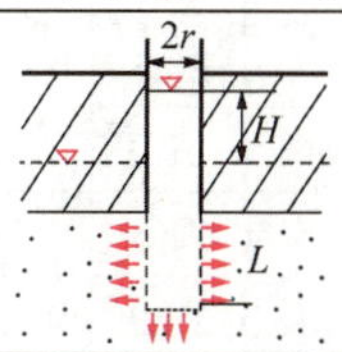	$F=\dfrac{2\pi l}{\ln\dfrac{2ml}{r}}$	应满足$\dfrac{2ml}{r}>10$ $m=\sqrt{k_h/k_v}$ 其中，k_h、k_v分别为试验土层的水平、垂直渗透系数

（2）**试坑渗水试验**是野外测定包气带非饱和岩（土）层渗透系数的简易方法，最常用的是试坑法、单环法和双环法。砂土及粉土宜用单环法，黏性土宜用双环法，试验装置见图 1-6-27。试坑渗水试验渗透系数计算见表 1-6-31～表 1-6-34。

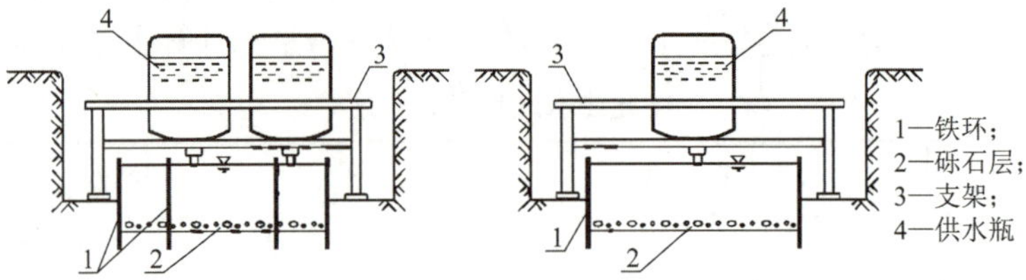

(a) 双环法　　(b) 单环法

图 1-6-27　试坑渗水法装置

试坑渗透试验（《土工试验方法标准》第 42.4 节）　　表 1-6-31

计算公式	参数
近似值：$k_T=\dfrac{Q}{tA_h}$ 较精确值：$k_T=\dfrac{QH_{y1}}{tA_h(H_{y1}+H_{y2}+H_{y3})}$ 标准温度下：$k_{20}=k_T\dfrac{\eta_T}{\eta_{20}}$	k_T、k_{20}——水温T℃、标准温度（20℃）时土体渗透系数（cm/s）； t——时间（s）； Q——渗透水量（cm^3），双环法为内环渗透水量； A_h——铁环面积（cm^2），双环法为内环面积； H_{y1}——试验时水的入渗深度（cm）； H_{y2}——贮水坑中水的深度（cm）； H_{y3}——相当于作用毛细管力的水柱高度（cm），可按表 1-6-32 取值； η_T、η_{20}——分别为T℃和 20℃时水的黏滞系数（10^{-6}kPa·s），按表 1-6-33 取值

相当于作用毛细管力的水柱高度表H_{y3}（cm）　　表 1-6-32

土的名称	H_{y3}（cm）	土的名称	H_{y3}（cm）
粉质黏土（CL）	100	黏土质细砂（SC）	30
砂质黏土（CLS）	80	细砂（SM）	20
粉土（ML）	60	中砂（SP）	10
砂质粉土（MLS）	40	粗砂（SW）	5

黏滞系数比η_T/η_{20}　　表 1-6-33

T（℃）	η_T/η_{20}	T（℃）	η_T/η_{20}	T（℃）	η_T/η_{20}	T（℃）	η_T/η_{20}	T（℃）	η_T/η_{20}	T（℃）	η_T/η_{20}	T（℃）	η_T/η_{20}
5.0	1.501	8.5	1.353	12.0	1.227	15.5	1.119	19.0	1.025	22.5	0.943	29.0	0.815
5.5	1.478	9.0	1.334	12.5	1.211	16.0	1.104	19.5	1.012	23.0	0.932	30.0	0.798
6.0	1.455	9.5	1.315	13.0	1.194	16.5	1.090	20.0	1.000	24.0	0.910	31.0	0.781
6.5	1.435	10.0	1.297	13.5	1.176	17.0	1.077	20.5	0.988	25.0	0.890	32.0	0.765
7.0	1.414	10.5	1.279	14.0	1.163	17.5	1.066	21.0	0.976	26.0	0.870	33.0	0.750
7.5	1.393	11.0	1.261	14.5	1.148	18.0	1.050	21.5	0.964	27.0	0.850	34.0	0.735
8.0	1.373	11.5	1.243	15.0	1.133	18.5	1.038	22.0	0.953	28.0	0.833	35.0	0.720

试坑注水（渗水）试验（《工程地质手册》P1252）　　　　表 1-6-34

<table>
<tr><th>试验分类</th><th>计算公式</th><th>参数</th></tr>
<tr><td>试坑法</td><td rowspan="2">$k=\dfrac{Q}{A}$</td><td rowspan="3">k——岩土体渗透系数（cm/min）；
Q——稳定注水量（cm^3/min）；
l——试验结束时的渗入深度（cm）；
H_k——毛细压力水头（cm）；
Z——试坑（内环）中水层高度（cm）；
A——试坑（内环）渗水面积（cm^2）。
当圆形坑底的坑壁有防渗措施时，$A=\pi r^2$
当坑壁无防渗措施，$A=\pi r(r+2z)$
上式中：r——试坑底的半径（cm）；z——试坑中水层厚度（cm）</td></tr>
<tr><td>单环法</td></tr>
<tr><td>双环法</td><td>$k=\dfrac{Ql}{A(H_k+Z+l)}$</td></tr>
</table>

注：原理与《土工试验方法标准》第 42.4 节基本相同，但H_k的取值不同。

题 1-203　某工程地层为均质细砂，采用双环法试坑渗水试验测试土层的渗透系数，试坑底嵌入两个高度 20cm 的铁环，外环直径为 0.5m，内环直径为 0.25m，保持内外环水柱高度为 10cm 时，内环的稳定渗入量为 97.5cm^3/min，试验结束时水的渗入深度为 2.0m，按《土工试验方法标准》GB/T 50123—2019 计算土的渗透系数最接近下列哪个选项？

（A）0.04cm/min　（B）0.15cm/min　（C）0.17cm/min　（D）0.20cm/min

【解】

（1）细砂，$H_{y3}=20\text{cm}$

（2）$k=\dfrac{QH_{y1}}{tA_h(H_{y1}+H_{y2}+H_{y3})}=\dfrac{97.5\times200}{3.14\times12.5^2\times(200+10+20)}=0.173\text{cm/min}$

【点评】

①根据《土工试验方法标准》第 42.4.1 条；②细砂取毛细压力水头 20cm，注意《工程地质手册》上规定不一样；③铁环坑壁不渗水，注意计算渗水面积采用半径及单位换算。

题 1-204　某建筑场地为均质土层，渗流为层流，上部土层为 10m 厚的不透水黏土层，下部为粗砂层，作钻孔注水试验，钻孔孔径为 130mm，钻孔深 10m，套管下至孔底。已知初始地下水位为地面下 5m，第一次注水试验时钻孔中稳定水位为地表下 2m，常量注水量为 22.2m^3/d；第二次注水试验时钻孔中稳定水位为地表下 1.5m，常量注水量为 26.5m^3/d；第三次注水试验时钻孔中稳定水位为地表下 1m，常量注水量为 28.3m^3/d，试计算该土层的渗透系数最接近下列哪个选项？

（A）10.3m/d　（B）14.1m/d　（C）20.6m/d　（D）28.3m/d

【解】

（1）第一次，$k_1=\dfrac{Q}{F\cdot H}=\dfrac{22.2}{4\times0.065\times(5-2)}=28.46\text{m/d}$

同理：$k_2=29.12\text{m/d}$，$k_3=27.21\text{m/d}$

（2）$k=\dfrac{28.46+29.12+27.21}{3}=28.26\text{m/d}$

【点评】

依据《工程地质手册》P1248，关键确定试验条件，根据试验条件按表 9-3-16 确定参数F。

6.3.4　孔隙水压力测定——《工程地质手册》P1201、P1202

孔隙水压力测定方法和相关计算见表 1-6-35。

孔隙水压力测定方法　　表 1-6-35

仪器类型		适用条件	测定方法	优缺点
测压计式	立管式测压计	渗透系数大于 10^{-4}cm/s 的均匀孔隙含水层	将带有过滤器的测压管打入土层，直接在管内量测	安装简单，并可测定土的渗透性；过滤器易堵塞，影响精度，反应时间慢
	水压式测压计	渗透系数低的土层，量测由潮汐涨落、挖方引起的压力变化	用装在孔壁的小型测压计探头，地下水压力通过塑料管传导至水银压力计测定	反应快，可同时测定渗透性，宜用于浅埋，有时也用于在钻孔中量测大的孔隙水压力；因装置埋设在土层，施工时易受损坏
	电测式测压计（电阻应变式、钢弦应变式）	各种土层	孔压通过透水石传导至模片，引起挠度变化，诱发电阻片（或钢弦）变化，用接受仪测定	性能稳定、灵敏度高，不受电线长短影响；安装技术要求高，安装后不能检验，透水探头不能排气，电阻应变片不能保持长期稳定
	气动测压计	各种土层	利用两根排气管使压力为常数，传来的孔压在透水元件中的水压阀产生压差测定	价格低廉，安装方便反应快；透水探头不能排气，不能测渗透性
孔压静力触探仪		各种土层	在探头上装有多孔透水过滤器、压力传感器，在贯入过程中测定	操作简便，可现场直接得到超静孔隙水压力曲线，同时测出土层的锥尖阻力

（1）**孔隙水压力测定**

测试仪器	计算公式	参数
液压式孔隙水压力计	$u=p+\gamma_w h$	u——土中孔隙水压力（kPa）； p——压力表读数（kPa）； h——测点至压力表基准面高度（m）； γ_w——水的重度（kN/m³）
气压式孔隙水压力计	$u=c+\alpha p_a$	u——土中孔隙水压力（kPa）； p_a——压力表读数（kPa）； c、α——压力表标定常数
钢弦应变式孔隙水压力计	$u=k(f_0^2-f^2)$ （u为负值时水位下降）	u——土中孔隙水压力（kPa）； k——测头的灵敏度系数（kPa/Hz²）； f_0——测头零压时的频率（Hz）； f——测头受压后的频率（Hz）
电阻应变式孔隙水压力计	$u=k(\varepsilon_i-\varepsilon_0)$	u——土中孔隙水压力（kPa）； k——测头的灵敏度系数（kPa/με）； ε_i——受力后的测读数（με）； ε_0——未受力前的初读数（με）

（2）根据孔隙水压力测定值**计算地下水位深度**

公式	参数
$h=H-\dfrac{u}{\gamma_w}$	h——地下水位深度（m）； H——孔隙水压力测点埋设深度（m）； γ_w——水的重度（kN/m³）； u——孔隙水压力测定值（kPa）（u为负值时水位深度增大）

题 1-205　（16A40）某水井采用固定式振弦式孔隙水压力计观测水位，压力计初始频率为$f_0 = 3000$Hz，当日实测频率为$f_1 = 3050$Hz，已知其压力计的标定系数为$k = 5.25 \times 10^{-5}$kPa/Hz^2，若不考虑温度变化影响，则当日测得水位累计变化值为下列哪个选项？

（A）水位下降 1.6m　　　　（B）水位上升 1.6m

（C）水位下降 1.3m　　　　（D）水位上升 1.3m

【解】

根据《工程地质手册》P1202，$u = K(f_0^2 - f^2) = (3000^2 - 3050^2) \times 5.25 \times 10^{-5} = -16$kPa，为负值，水压力越小，则振弦式孔隙水压力计的钢弦张力变大，钢弦的频率增大，说明水位下降 1.6m。

6.4 《供水水文地质勘察规范》

6.4.1 抽水孔过滤器——《供水水文地质勘察规范》第 5.3 节

1. **过滤器类型——《供水水文地质勘察规范》第 5.3.1 条**

抽水孔过滤器的类型，可按表 1-6-36 采用。抽水试验的观测孔宜采用包网过滤器。

抽水孔过滤器的类型选择　　表 1-6-36

含水层	抽水孔过滤器类型
具有裂缝、溶洞（其中有大量填充物）的基岩	骨架过滤器、缠丝过滤器或填砾过滤器
卵（碎）石、圆（角）砾	缠丝过滤器或填砾过滤器
粗砂、中砂	缠丝过滤器或填砾过滤器
细砂、粉砂	包网过滤器或填砾过滤器

注：基岩含水层，当裂缝、溶洞（其中很少有填充物）稳定时，可不设置过滤器。

2. **基本要求——《供水水文地质勘察规范》第 5.3.2～5.3.4 条**

（1）抽水孔过滤器骨架管的内径，在松散层中，宜大于 200mm；在基岩中，宜大于 100mm。抽水试验观测孔过滤器骨架管的外径，不宜小于 75mm。

（2）抽水孔过滤器的长度，宜符合下列规定：①含水层厚度小于 30m 时，可与含水层厚度一致。②含水层厚度大于 30m 时，可采用 20～30m；当含水层的渗透性差时，其长度可适当增加。③抽水试验观测孔过滤器的长度可采用 2～3m。

（3）抽水孔过滤器骨架管孔隙率，不宜小于 15%。

3. **非填砾过滤器——《供水水文地质勘察规范》第 5.3.5 条**

非填砾过滤器的**包网网眼、缠丝缝隙尺寸**，宜按表 1-6-37 确定。

非填砾过滤器的包网网眼、缠丝缝隙尺寸　　表 1-6-37

过滤器类型	网眼、缝隙尺寸（mm）	
	含水层不均匀系数$\eta_1 \leqslant 2$	含水层不均匀系数$\eta_1 > 2$
缠丝过滤器	（1.25～1.5）d_{50}	（1.5～2.0）d_{50}
包网过滤器	（1.5～2.0）d_{50}	（2.0～2.5）d_{50}

注：1. 细砂取较小值，粗砂取较大值；
2. η_1为砂土类含水层的不均匀系数，即$\eta_1 = d_{60}/d_{10}$；
3. d_{50}为含水层筛分颗粒组成中，过筛质量累计为 50%时的最大颗粒直径

4. 填砾过滤器——《供水水文地质勘察规范》第 5.3.6 条、第 5.3.7 条

填砾过滤器的**滤料厚度**，粗砂以上含水层应为 75mm，中砂、细砂和粉砂含水层应为 100mm。填砾过滤器的**滤料规格和缠丝间隙**，可按表 1-6-38 确定。

填砾过滤器的滤料规格和缠丝间隙　　表 1-6-38

1. 当砂土类含水层的η_1小于 10 时，填砾过滤器的滤料规格：$D_{50} = (6\sim8)d_{50}$
2. 当碎石土类含水层的d_{20}小于 2mm 时，填砾过滤器的滤料规格：$D_{50} = (6\sim8)d_{20}$
3. 当碎石土类含水层的d_{20}大于或等于 2mm 时，应充填粒径 10～20mm 的滤料
4. 填砾过滤器滤料的η_2值应小于或等于 2
5. 填砾过滤器的缠丝间隙和非缠丝过滤器的孔隙尺寸，可采用D_{10}

注：1. η_1为砂土类含水层的不均匀系数，即$\eta_1 = d_{60}/d_{10}$；η_2为填砾过滤器滤料的不均匀系数，即$\eta_2 = D_{60}/D_{10}$。

2. d_{10}、d_{20}、d_{60}为含水层土试样筛分中能通过网眼的颗粒，其累计质量占试样总质量分别为 10%、20%、60%时的最大颗粒直径。

3. D_{10}、D_{50}、D_{60}为滤料试样筛分中能通过网眼的颗粒，其累计质量占试样总质量分别为 10%、50%、60%时的最大颗粒直径

题 1-206　（19C02）图 1-6-28 为某含水层的颗粒分析曲线，若对该层进行抽水，根据《供水水文地质勘察规范》GB 50027—2001 的要求，对填砾过滤器的滤料规格D_{50}取哪项最适合？

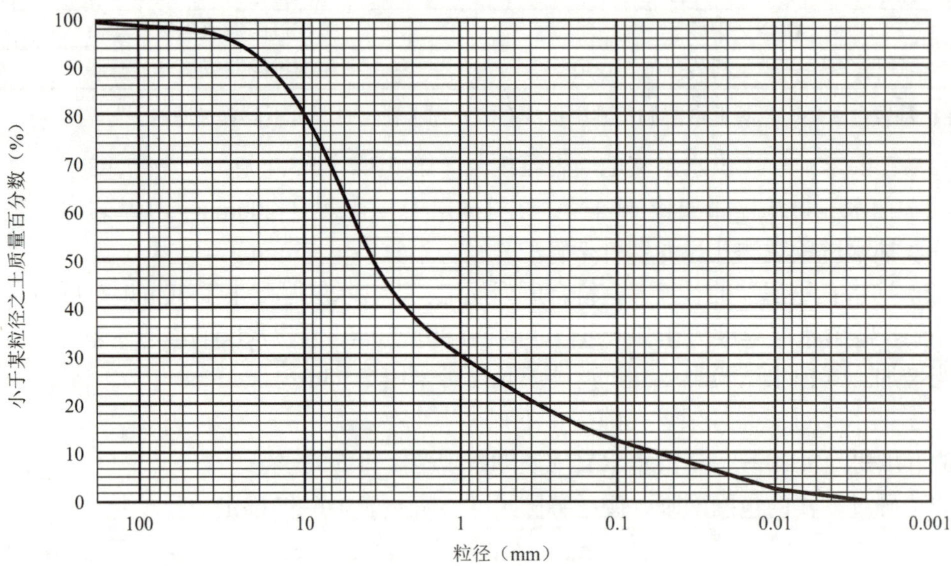

图 1-6-28　题 1-206 图

（A）0.2mm　　（B）2mm　　（C）8mm　　（D）20mm

【解】

（1）含水层$d_{50} = 4.2\text{mm} > 2\text{mm}$，即粒径大于 2mm 的含量大于 50%，土层属于碎石土类

（2）$d_{20} = 0.35\text{mm} < 2\text{mm}$

（3）$D_{50} = (6\sim8)d_{20} = 0.35 \times 6\sim0.35 \times 8 = 2.1\sim2.8\text{mm}$

【点评】

①根据《供水水文地质勘察规范》第 5.3.6 条、《岩土工程勘察规范》第 3.3 节；②首先，判断含水层的类型，是砂土类还是碎石土类；再根据d_{20}的大小计算填砾过滤器的滤料规格。

6.4.2 渗透系数——《供水水文地质勘察规范》第 8.2 节

见本章第二节中“抽水试验”部分。

6.4.3 降水入渗系数——《供水水文地质勘察规范》第 8.5 节

在平原地区，利用降水过程前后的“地下水水位观测资料”计算潜水含水层的一次降水入渗系数时，可采用下式近似计算：

$$\alpha = \mu(h_{\max} - h \pm \Delta h \cdot t)/X$$

式中：α——一次降水入渗系数；

μ——潜水含水层的给水度，是指地下水位下降一个单位深度（水头），而从地下水位延伸到地表面的单位面积岩石柱体在重力作用下所释放出的水的体积，常用小数表示，无量纲；

$h_{\max}$——降水后观测孔中的最大水柱高度（m）；

h——降水前观测孔中的水柱高度（m）；

Δh——临近降水前，地下水水位的天然平均降（升）速（m/d）；

t——从h变到$h_{\max}$的时间（d）；

X——t日内降水总量（m）。

6.4.4 降水补给量（隧道涌水量）——《供水水文地质勘察规范》第 9.2 节、《铁路工程地质手册》P197

1. 隧道涌水量——《铁路工程地质手册》P197

隧道涌水量常用的计算方法有降水入渗法、地下径流模数法和地下径流深度法，见表 1-6-39。

隧道涌水量（《铁路工程地质手册》P197）　　表 1-6-39

计算方法	适用条件	计算公式	参数
降水入渗法	1. 适用于埋藏深度较浅的越岭隧道，亦适用于岩溶区； 2. 两侧进水	$Q=\alpha 2.74WA$ $A=LB$	Q——地下水径流量（m^3/d）； α——降水入渗系数； A——隧道通过含水体的地下集水面积（km^2）； W——年降水量（mm），2.74W 为日降水量（10^{-6}m/d）； L——隧道通过含水体地段的长度（km）； B——L长度内对隧道两侧的影响宽度（km）
地下径流模数法	适用于山岭隧道，通过一个或多个地表水流域地区，亦适用于岩溶区	$Q=MA$ $M=\dfrac{Q'}{F}$	M——为地下径流模数（$m^3/(d\cdot km^2)$）； F——为相应于Q'的地表流域面积（km^2）； Q'——地下水补给的河流或下降泉的流量（m^3/d），宜采用枯水期流量计算

续表

计算方法	适用条件	计算公式	参数
地下径流深度法	适用条件同地下径流模数法	$Q = 2.74hA$ $h = W - H - E - S_S$ $E = \dfrac{W}{\sqrt{0.9 + \dfrac{W^2}{(300 + 25t + 0.05t^3)^2}}}$	h——年地下径流深度（mm）； H——流域年地表径流深度（mm）； E——流域年蒸发蒸散量（mm）； S_S——流域年地表滞水深度（mm）； t——为流域多年平均气温（℃）

注：圈定集水面积A时，取分水岭与降水影响半径界线中的较近线，见图 1-6-29。

2. 地下水补给量——《供水水文地质勘察规范》第 9.2 节

地下水的补给应计算由下列途径进入含水层（带）的水量：

（1）地下水径流的流入；（2）降水渗入；（3）地表水渗入；（4）越层补给；（5）其他途径渗入。

计算补给量时，应按自然状态和开采条件下两种情况进行。计算方法见表 1-6-40。

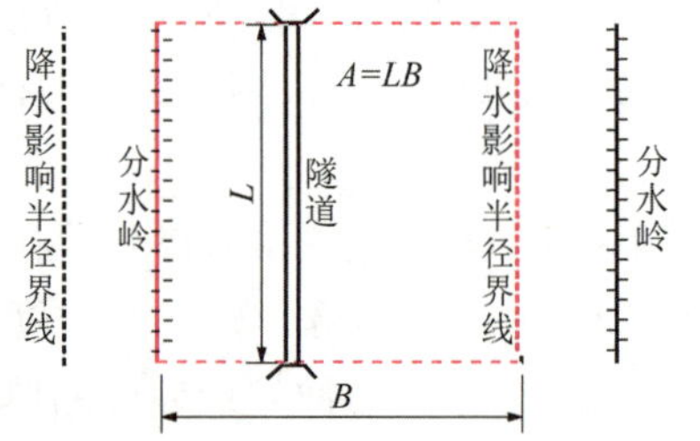

图 1-6-29　降水入渗法集水面积A示意图

补给量计算（《供水水文地质勘察规范》第 9.2 节）　　　表 1-6-40

计算类型		计算公式	参数
进入含水层的**地下水径流量**（同土力学$Q = kiA$）		$Q = KIBM$	Q——地下水径流量（m^3/d）； K——渗透系数（m/d）； B——计算断面的宽度（m）； M——承压含水层的厚度（m）； I——自然状态或开采条件下的地下水水力坡度
降水入渗的补给量	按降水入渗系数计算（同上表**降水入渗法**）	$Q = \dfrac{F \cdot \alpha \cdot X}{365}$	Q——日平均降水入渗补给量（m^3/d）； F——降水入渗的面积（m^2），**同表 1-6-39 中A**； α——年平均降水入渗系数； X——年降水量（m），**$X/365$ 为日降水量（m）**
	在地下水径流条件较差，以垂直补给为主的潜水分布区	$Q = \dfrac{\mu \cdot F \cdot \sum \Delta h}{365}$	$\Sigma\Delta h$——年内每次降水后，地下水水位升幅之和； μ——潜水含水层的给水度
利用**开采区**内的地下水排泄量和含水层中地下水储存量之差计算**补给量**时		$Q_B = E + Q_Y + Q_j + Q_k + \Delta W/365$	Q_B——日平均地下水补给量（m^3/d）； E——日平均地下水蒸发量（m^3/d）； Q_Y——日平均地下水溢出量（m^3/d）； Q_j——流向开采区外的日平均地下水径流量（m^3/d）； Q_k——日平均地下水开采量（m^3/d）； ΔW——连续两年内相同一天的地下水储存量之差（年储存量小于上年者取负值）（m^3/d）

3. **总补给量——《供水水文地质勘察规范》第 9.2.7 条、第 9.2.9 条**

（1）利用各单项补给量之和确定总补给量时，应对各单项补给项目进行具体分析，确定对本区起主导作用的项目，并避免重复。

（2）地下水总补给量，也可根据水源地上游地下水最小径流量与水源地影响范围内潜水最低、最高水位之间的储存量（m/d）之和确定。

6.4.5　地下水储存量——《供水水文地质勘察规范》第 9.3 节

地下水储存量计算见表 1-6-41。

地下水储存量计算（《供水水文地质勘察规范》第 9.3 节）　　表 1-6-41

计算类型	计算公式	参数
潜水含水层的储存量	$W=\mu V$	W——地下水的储存量（m^3）； μ——潜水含水层的给水度； V——潜水含水层的体积（m^3）
承压水含水层的弹性储存量	$W=FSh$	W——地下水的弹性储存量（m^3）； F——含水层的面积（m^2）； S——弹性释水系数； h——承压水含水层自顶板算起的压力水头高度（m）

题 1-207　（03C31）一铁路隧道通过岩溶化极强的灰岩，由地下水补给的河泉流量Q'为 50 万 m^3/d，相应于Q'的地表流域面积F为 100km^2，隧道通过含水体的地下集水面积A为 10km^2，年降水量W为 4930mm，降水入渗系数α为 0.4。按《铁路工程地质手册》（1999 年版），用降水入渗法估算，并用地下径流模数（M）法核对，隧道通过含水体地段的经常涌水量Q最接近下列哪个选项？

（A）$2.0\times10^4 m^3/d$　　（B）$5.4\times10^4 m^3/d$

（C）$13.5\times10^4 m^3/d$　　（D）$54.0\times10^4 m^3/d$

【解】

（1）用降水入渗法计算：

$$Q=2.74\alpha WA=2.74\times0.4\times4930\times10=54032m^3/d$$

$$或Q=\frac{F\cdot\alpha\cdot X}{365}=\frac{10\times10^6\times0.4\times4.93}{365}=54027m^3/d$$

（2）用地下径流模数法计算：

$$Q=MA=\frac{Q'}{F}\cdot A=\frac{50\times10^4}{100}\times10=5\times10^4m^3/d$$

【点评】

①根据《供水水文地质勘察规范》第 9.2.4 条，或《铁路工程地质手册》表 2-4-12；②原题参数错误，两种方法差别过大，修改了年降水量；③本知识点虽然不在考试大纲，但是属于地下水较重要考点，2018 年又考了一次。

题 1-208　（18D04）某拟建公路隧道工程穿越碎屑岩地层，平面上位于地表及地下分水岭以南 1.6km，长约 4.3km，埋深约 240m，年平均降水量 1245mm，试按大气降水入渗法估算大气降水引起的拟建隧道日平均涌水量接近下列哪个值（图 1-6-30）？（该地层降水影响半径按$R = 1780\text{m}$，大气降水入渗系数$\lambda = 0.10$ 计算，汇水面积近似取水平投影面积且不计隧道两端入渗范围）

（A）$4600\text{m}^3/\text{d}$

（B）$4960\text{m}^3/\text{d}$

（C）$5220\text{m}^3/\text{d}$

（D）$5450\text{m}^3/\text{d}$

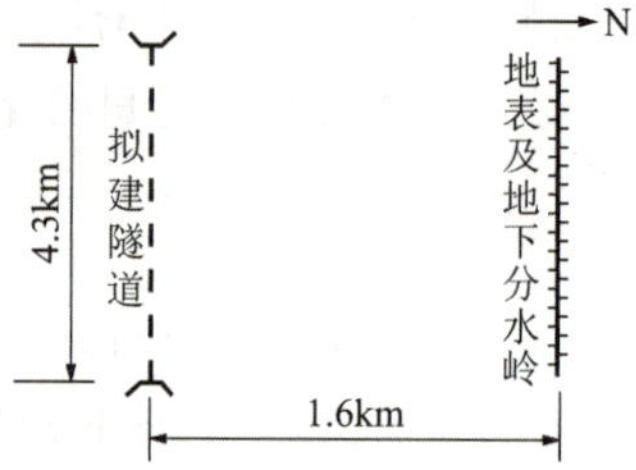

图 1-6-30　题 1-208 图

【解法一】

$$Q = \frac{F \cdot \alpha \cdot X}{365} = \frac{(1600 + 1780) \times 4300 \times 0.1 \times 1.245}{365} = 4957.5\text{m}^3/\text{d}$$

【解法二】

$$Q = 2.74\lambda WA = 2.74 \times 0.1 \times 1245 \times (1.6 + 1.78) \times 4.3 = 4958\text{m}^3/\text{d}$$

【点评】

①根据《供水水文地质勘察规范》第 9.2.4 条，或《铁路工程地质手册》表 2-4-12，此题为较难偏题，却是真题 03C31 知识点重现，如果理解原真题原理，极可能得分，可惜 2003 年真题大部分书籍的答案是错的；②需要我们重视每一个往年真题，哪怕是超纲，也需要学习总结。

第 7 章 水土腐蚀性评价

7.1 地下水矿化度和化学类型

7.1.1 水的矿化度——《工程地质手册》P1216

矿化度：地下水含离子、分子与化合物的总量为矿化度，或称总矿化度。矿化度包括了全部的溶解组分和胶体物质，但**不包括游离气体**。通常以可滤性蒸发残渣（溶解性固体）来表示，也可按水分析所得的**全部阴阳离子含量的总和**（计算时 HCO_3^-含量只取**半数**）表示理论上的可滤性蒸发残渣量。用离子交换法测定矿化度。矿化度单位一般以 g/L，mg/L 表示。地下水按矿化度分类见表 1-7-1。

地下水按矿化度分类　　表 1-7-1

类别	淡水	低矿化水（微咸水）	中矿化水（咸水）	高矿化水（盐水）	卤水
矿化度（g/L）	＜1	1～3	3～10	10～50	＞50

题 1-209 （09D01）某工程水质分析试验结果如表 1-7-2 所示，试问总矿化度最接近下列哪个选项？

题 1-209 表　　表 1-7-2

成分	Na^+	K^+	Ca^{2+}	Mg^{2+}	NH_4^+	Cl^-	SO_4^{2-}	HCO^{3-}	游离 CO_2	侵蚀性 CO_2
矿化度（mg/L）	51.39	28.78	75.43	20.23	10.80	83.47	27.19	366.00	22.75	1.48

（A）480mg/L　（B）585mg/L　（C）660mg/L　（D）690mg/L

【解】

总矿化度：$51.39 + 28.78 + 75.43 + 20.23 + 10.80 + 83.47 + 27.19 + \frac{1}{2} \times 366.0$

$= 480.29\text{mg/L}$

【点评】

①根据《工程地质手册》P1216；②总矿化度计算 HCO_3^-含量只取半数，不计侵蚀性 CO_2 和游离 CO_2。

7.1.2 分子式和化学类型——《工程地质手册》P1216

分子式和化学类型的确定和计算见表 1-7-3。

分子式和化学类型计算　　表 1-7-3

（1）计算每项离子当量浓度（me/L）	离子当量浓度 $= \frac{离子质量}{离子摩尔质量} \times$ 化学价
（2）计算（1）中阴离子当量浓度总和（me/L）；计算（1）中阳离子当量浓度总和（me/L）	Σ 阴离子当量浓度；Σ 阳离子当量浓度

续表

(3)计算每项离子当量浓度的百分含量(me%)	$\frac{阴离子当量浓度}{\sum 阴离子当量浓度}$；$\frac{阳离子当量浓度}{\sum 阳离子当量浓度}$
计算**分子式**：(4)判断(3)中百分含量(me%)超过10%的离子	例：HCO_3^-、Cl^-、Ca^{2+}、Na^+、Mg^{2+}
(5)库尔洛夫式：微量元素(g/L)气体成分(g/L)矿化度(g/L)$\frac{阴离子(me\%>10者列入)}{阳离子(me\%>10者列入)}$温度(℃) 例：F0.005M1.04$\frac{HCO_3 67.0Cl26.6}{Ca41.7Na24.7Mg18.7}$T15℃；(M表示矿化度，分式中离子按含量由高到低表示)	
计算**化学类型**：(4)判断(3)中百分含量(me%)超过25%的离子	例：HCO_3^-、Cl^-、Ca^{2+}
(6)地下水化学类型定名	例：$HCO_3\cdot Cl$—Ca

常用元素离子当量浓度和百分含量计算见表1-7-4。元素周期表见附录表VI。

常用元素离子当量浓度和百分含量计算　　表1-7-4

元素	Na^+	K^+	Ca^{2+}	Mg^{2+}	NH_4^+	Cl^-	SO_4^{2-}	HCO_3^-	NO_3^-	F^-
当量浓度	$\frac{x_1}{23}\times 1$	$\frac{x_2}{39}\times 1$	$\frac{x_3}{40}\times 2$	$\frac{x_4}{24}\times 2$	$\frac{x_5}{18}\times 1$	$\frac{x_6}{35.5}\times 1$	$\frac{x_7}{96}\times 2$	$\frac{x_8}{61}\times 1$	$\frac{x_9}{62}\times 1$	$\frac{x_{10}}{19}\times 1$
求和	$\sum +$					$\sum -$				
百分含量	$\frac{x_1/23}{\sum +}$	$\frac{x_2/39}{\sum +}$	$\frac{x_3/20}{\sum +}$	$\frac{x_4/12}{\sum +}$	$\frac{x_5/18}{\sum +}$	$\frac{x_6/35.5}{\sum -}$	$\frac{x_7/48}{\sum -}$	$\frac{x_8/61}{\sum -}$	$\frac{x_9/62}{\sum -}$	$\frac{x_{10}/19}{\sum -}$

题1-210　(09D01改编)某工程水质分析试验结果如表1-7-5所示，试判断地下水化学类型为下列哪个选项？

题1-210表　　表1-7-5

成分	Na^+	K^+	Ca^{2+}	Mg^{2+}	NH_4^+	Cl^-	SO_4^{2-}	HCO_3^-	游离CO_2	侵蚀性CO_2
矿化度(mg/L)	51.39	28.78	75.43	20.23	10.80	83.47	27.19	366.00	22.75	1.48

(A)$HCO_3\cdot Cl$—Ca　(B)$HCO_3\cdot Cl$—Na　(C)Cl—Na　(D)Cl—Ca

【解】

(1)$离子当量浓度=\frac{矿化度}{摩尔质量}\times 化学价$

$Cl^-=\frac{83.47}{35.5}\times 1=2.35me/L$，同理可得其他离子当量浓度见表1-7-6。

解1-210表　　表1-7-6

成分	Na^+	K^+	Ca^{2+}	Mg^{2+}	NH_4^+	Cl^-	SO_4^{2-}	HCO_3^-
离子当量浓度/(me/L)	2.23	0.74	3.77	1.69	0.6	2.35	0.57	6.0
离子百分含量/(me/L%)	24.7	8.2	41.7	18.7	6.7	26.3	6.4	67

(2)阴离子总和：$2.35+0.57+6=8.92me/L$

阳离子总和：$2.23+0.74+3.77+1.69+0.6=9.03me/L$

含量超过25%的阴离子为：HCO_3^-、Cl^-

含量超过25%的阳离子为：Ca^{2+}

(3)因此地下水化学类型为：$HCO_3\cdot Cl$—Ca，即重碳酸氯化钙型水

【点评】

①根据《工程地质手册》P1216；②超过25%的阴离子指超过阴离子总量25%，非阴阳离子总和的25%，阳离子同理。

7.2　水和土对混凝土结构的腐蚀性评价

7.2.1　一般规定——《岩土工程勘察规范》第 12.1 节

1）当有足够经验或充分资料，认定工程场地及其附近的土或水（地下水或地表水）对建筑材料为微腐蚀时，可不取样试验进行腐蚀性评价；否则，应取水试样或土试样进行试验，并按本章评定其对建筑材料的腐蚀性。

土对钢结构腐蚀性的评价可根据任务要求进行。

2）采取水试样和土试样应符合下列规定：

（1）混凝土结构处于地下水位以上时，应取土试样作土的腐蚀性测试；

（2）混凝土结构处于地下水或地表水中时，应取水试样作水的腐蚀性测试；

（3）混凝土结构部分处于地下水位以上、部分处于地下水位以下时，应分别取土试样和水试样作腐蚀性测试；

（4）水试样和土试样应在混凝土结构所在的深度采取，每个场地不应少于 2 件。当土中盐类成分和含量分布不均匀时，应分区、分层取样，每区、每层不应少于 2 件。

3）水和土腐蚀性的测试项目和试验方法应符合下列规定：

（1）水对混凝土结构腐蚀性的测试项目包括：pH 值、Ca^{2+}、Mg^{2+}、Cl^-、SO_4^{2-}、HCO_3^-、CO_3^{2-}、侵蚀性 CO_2、游离 CO_2、NH_4^+、OH^-、总矿化度；

（2）土对混凝土结构腐蚀性的测试项目包括：pH 值、Ca^{2+}、Mg^{2+}、Cl^-、SO_4^{2-}、HCO_3^-、CO_3^{2-}的易溶盐（土水比 1∶5）分析；

（3）土对钢结构腐蚀性的测试项目包括：pH 值、氧化还原电位、极化电流密度、电阻率、质量损失；

（4）腐蚀性测试项目的试验方法应符合《岩土工程勘察规范》表 12.1.3 的规定。

4）水和土对建筑材料的腐蚀性，可分为微、弱、中、强四个等级，并可按本节进行评价。

7.2.2　场地环境类型分类——《岩土工程勘察规范》附录 G

场地环境类型分类见表 1-7-7。

场地环境类型分类　　　　**表 1-7-7**

环境类型	场地环境地质条件
Ⅰ	①高寒区、干旱区直接临水；②高寒区、干旱区强透水层中的地下水
Ⅱ	③高寒区、干旱区弱透水层中的地下水；④各气候区湿、很湿的弱透水层；⑤湿润区直接临水；⑥湿润区强透水层中的地下水；⑦湿润区弱透水层中的地下水
Ⅲ	⑧各气候区稍湿的弱透水层；⑨各气候地下水位以上的强透水层

注：1. **高寒区**是指海拔高度 ⩾ 3000m 的地区；**干旱区**是指海拔高度 < 3000m，干燥度指数K ⩾ 1.5 的地区；**湿润区**是指干燥度指数K < 1.5 的地区；**干燥度指数**为年蒸发能力和年降水量的比值；
2. **强透水层**是指碎石土和砂土；**弱透水层**是指粉土和黏性土；
3. 含水率w < 3%的土层，可视为干燥土层，不具有腐蚀环境；
3A. 当混凝土结构一边接触地面水或地下水，一边暴露在大气中，水可以通过渗透或毛细作用在暴露大气中一边蒸发时，应定为Ⅰ类（条文说明：如**隧洞、坑道、竖井、地下洞室、路堑护面**等）；
4. 环境类型可根据地区经验划分；当同一场地出现两种环境类型时，应根据具体情况选定；
5. 在表中补充了⑦湿润区弱透水层中的地下水；
6. 表中④⑧⑨三种情况适用于判断**土的腐蚀性**，其他情况适用于判断**水的腐蚀性**。

7.2.3 水对混凝土结构的腐蚀性评价——《岩土工程勘察规范》第 12.2.1~12.2.3 条

水对混凝土结构的腐蚀性分别按“环境类型”和“地层渗透性”的腐蚀性评价结果，按不利原则，取**最高腐蚀程度**为综合评价等级，见表 1-7-8 和表 1-7-9。

按环境类型水对混凝土结构的腐蚀性评价 表 1-7-8

腐蚀等级	腐蚀介质	环境类型				
		有干湿交替			无干湿交替	
		Ⅰ	Ⅱ	Ⅲ	Ⅰ	Ⅱ
微 弱 中 强	硫酸盐含量 SO_4^{2-}（mg/L）	< 200 200~500 500~1500 > 1500	< 300 300~1500 1500~3000 > 3000	< 500 500~3000 3000~6000 > 6000	< 260 260~650 650~1950 > 1950	< 390 390~1950 1950~3900 > 3900
微 弱 中 强	镁盐含量 Mg^{2+}（mg/L）	< 1000 1000~2000 2000~3000 > 3000	< 2000 2000~3000 3000~4000 > 4000	< 3000 3000~4000 4000~5000 > 5000	< 1000 1000~2000 2000~3000 > 3000	< 2000 2000~3000 3000~4000 > 4000
微 弱 中 强	铵盐含量 NH_4^+（mg/L）	< 100 100~500 500~800 > 800	< 500 500~800 800~1000 > 1000	< 800 800~1000 1000~1500 > 1500	< 100 100~500 500~800 > 800	< 500 500~800 800~1000 > 1000
微 弱 中 强	苛性碱含量 OH^-（mg/L）	< 35000 35000~43000 43000~57000 > 57000	< 43000 43000~57000 57000~70000 > 70000	< 57000 57000~70000 70000~100000 > 100000	< 35000 35000~43000 43000~57000 > 57000	< 43000 43000~57000 57000~70000 > 70000
微 弱 中 强	总矿化度（mg/L）	< 10000 10000~20000 20000~50000 > 50000	< 20000 20000~50000 50000~60000 > 60000	< 50000 50000~60000 60000~70000 > 70000	< 10000 10000~20000 20000~50000 > 50000	< 20000 20000~50000 50000~60000 > 60000

注：1. 表中苛性碱（OH^-）含量应为 NaOH 和 KOH 中的 OH^- 含量。
2. 干湿交替是指地下水位变化和毛细水升降时，建筑材料的干湿变化情况。

按地层渗透性水对混凝土结构的腐蚀性评价 表 1-7-9

腐蚀等级	pH 值		侵蚀性 CO_2（mg/L）		HCO_3^-（mmol/L）
	A	B	A	B	A
微 弱 中 强	> 6.5 6.5~5.0 5.0~4.0 < 4.0	> 5.0 5.0~4.0 4.0~3.5 < 3.5	< 15 15~30 30~60 > 60	< 30 30~60 60~100 —	> 1.0 1.0~0.5 < 0.5 —

注：1. 表中，A 是指直接临水或强透水层中的地下水；B 是指弱透水层中的地下水。强透水层是指碎石土和砂土；弱透水层是指粉土和黏性土。
2. HCO_3^- 含量是指水为矿化度低于 0.1g/L 的软水时，该类水质 HCO_3^- 的腐蚀性。

题 1-211 （07C03）某建筑场地位于湿润区，基础埋深 2.5m，地基持力层为黏性土，含水率为 31%，地下水位埋深 1.5m，年变幅 1.0m，取地下水样进行化学分析，结果如表 1-7-10 所示，判断地下水对基础混凝土的腐蚀性为下列哪个选项？

题 1-211 表　　　　表 1-7-10

离子	Cl^-	SO_4^{2-}	PH	侵蚀性 CO_2	Mg^{2+}	NH_4^+	OH^-	总矿化度
含量（mg/L）	85	1600	5.5	12	530	510	3000	15000

（A）强腐蚀性　（B）中等腐蚀性　（C）弱腐蚀性　（D）无腐蚀性

【解】

（1）湿润区，弱透水层，查得为Ⅱ类，地下水范围：0.5～2.5m，有干湿交替

（2）SO_4^{2-}含量：1600mg/L，介于 1500～3000mg/L，中等腐蚀

Mg^{2+}含量：530mg/L＜2000mg/L，微腐蚀

NH_4^+含量：510mg/L，介于 500～800mg/L，弱腐蚀

OH^-含量：3000mg/L＜43000mg/L，微腐蚀

总矿化度：15000mg/L＜20000mg/L，微腐蚀

弱透水土，B 类，pH＝5.5＞5，微腐蚀

侵蚀性 CO_2：12mg/L＜30mg/L，微腐蚀

（3）综上，为中等腐蚀

【点评】

①根据《岩土工程勘察规范》第 12.2 节、附录 G，逐个判定，不可漏项；②注意场地类别的判定，地下水的环境类型为Ⅰ类和Ⅱ类，土的类型为Ⅱ类和Ⅲ类；③注意是否有干湿交替的判定，水还是土的腐蚀性，最终取最不利的腐蚀等级，变幅 1m 表示±1m。

题 1-212 某建筑场地所在地区年蒸发力为 1158mm，年降雨量 795mm，基础埋深 3.5m，基础持力层为粉土，无干湿交替，取地下水样进行化学分析，试验结果如表 1-7-11 所示，按《岩土工程勘察规范》GB 50021—2001（2009 版）判断地下水对混凝土基础的腐蚀性为下列哪个选项？

题 1-212 表　　　　表 1-7-11

离子	HCO_3^-	SO_4^{2-}	pH	Mg^{2+}	NH_4^+	OH^-	侵蚀性 CO_2	总矿化度
含量 mg/L（HCO_3^-单位为 mmol/L）	170	3200	6.2	2750	760	23000	22	15000

（A）微腐蚀　（B）弱腐蚀　（C）中腐蚀　（D）强腐蚀

【解】

（1）干燥度 $=\dfrac{1158}{795}=1.46<1.5$，湿润区

粉土，湿润区弱透水层中的地下水，判为Ⅱ类环境，B 类

（2）按环境类别考虑：SO_4^{2-}：3200mg/L，介于 1500×1.3～3000×1.3mg/L，中等腐蚀

Mg^{2+}：2750mgL，介于 2000～3000mg/L，弱腐蚀

NH_4^+：760mg/L，介于 500～800mg/L，弱腐蚀

OH^-：23000mg/L＜43000mg/L，微腐蚀

总矿化度：15000mg/L＜20000mg/L，微腐蚀

（3）按地层渗透性考虑：$pH = 6.2 > 5$，微腐蚀

侵蚀性 CO_2：$22mg/L < 30mg/L$，微腐蚀

总矿化度：$15000mg/L = 15g/L > 0.1g/L$，因此，不评价 HCO_3^-的腐蚀性

（4）综合判断为中等腐蚀

【点评】

①根据《岩土工程勘察规范》第 12.2 节、附录 G；②首先要判断环境类型，规范中干燥度*K*为某地区年蒸发量与年降雨量的比值；③注Ⅱ类环境，无干湿交替，表中硫酸盐含量数值应乘以 1.3 的系数；④HCO_3^-腐蚀性评价仅对矿化度小于 0.1g/L 的软水。

题 1-213　（18C01）湿润平原区圆砾地层中修建钢筋混凝土挡墙，墙后地下水埋深 0.5m，无干湿交替作用，地下水试样测试结果见表 1-7-12，按《岩土工程勘察规范》GB 50021—2001（2009 年版）要求判定地下水对混凝土结构的腐蚀性为下列哪项？并说明依据。

题 1-213 表　　　　**表 1-7-12**

<table>
<tr><td colspan="2">分析项目</td><td>$\rho_B^{z\pm}$（mg/L）</td><td colspan="2">C（$1/ZB^{z\pm}$）（mmol/L）</td><td>X（$1/ZB^{z\pm}$）%</td></tr>
<tr><td rowspan="4">阳离子</td><td>K^+、Na^+</td><td>97.87</td><td colspan="2">4.255</td><td>32.53</td></tr>
<tr><td>Ca^+</td><td>102.5</td><td colspan="2">5.115</td><td>39.10</td></tr>
<tr><td>Mg^{2+}</td><td>45.12</td><td colspan="2">3.711</td><td>28.37</td></tr>
<tr><td>NH_4^+</td><td>0.00</td><td colspan="2">0.00</td><td>0.00</td></tr>
<tr><td colspan="2">合计</td><td>245.49</td><td colspan="2">13.081</td><td>100</td></tr>
<tr><td rowspan="5">阴离子</td><td>Cl^-</td><td>108.79</td><td colspan="2">3.069</td><td>23.46</td></tr>
<tr><td>SO_4^{2-}</td><td>210.75</td><td colspan="2">4.388</td><td>33.54</td></tr>
<tr><td>HCO_3^-</td><td>343.18</td><td colspan="2">5.624</td><td>43.00</td></tr>
<tr><td>CO_3^{2-}</td><td>0.00</td><td colspan="2">0.00</td><td>0.00</td></tr>
<tr><td>OH^-</td><td>0.00</td><td colspan="2">0.00</td><td>0.00</td></tr>
<tr><td colspan="2">合计</td><td>662.72</td><td colspan="2">13.081</td><td>100.00</td></tr>
<tr><td colspan="2">分析项目</td><td>C（$1/ZB^{z\pm}$）（mmol/L）</td><td>分析项目</td><td>$\rho_B^{z\pm}$（mg/L）</td><td rowspan="4">pH 值 6.3</td></tr>
<tr><td colspan="2">总硬度</td><td>441.70</td><td>游离 CO_2</td><td>4.79</td></tr>
<tr><td colspan="2">暂时硬度</td><td>281.46</td><td>侵蚀性 CO_2</td><td>4.15</td></tr>
<tr><td colspan="2">永久硬度</td><td>160.24</td><td>固形物（矿化度）</td><td>736.62</td></tr>
</table>

（A）微腐蚀　　（B）弱腐蚀　　（C）中等腐蚀　　（D）强腐蚀

【解】

（1）场地环境类别为Ⅰ类，无干湿交替

SO_4^{2-}：$210.75mg/L < 200 \times 1.3 = 260mg/L$，微腐蚀

Mg^{2+}：$45.12mg/L < 1000mg/L$，微腐蚀

总矿化度：$736.62mg/L < 10000mg/L$，微腐蚀

（2）按地层渗透性考虑，A 类

$pH = 6.3$，介于 5.0～6.5，弱腐蚀

侵蚀性 CO_2：$4.15mg/L < 15mg/L$，微腐蚀

总矿化度：$0.73662g/L > 0.1g/L$，不考虑 HCO_3^-的腐蚀性影响

（3）综上，地下水对混凝土结构的腐蚀性为弱腐蚀性

【点评】

①根据《岩土工程勘察规范》第 12.2.1～12.2.3 条、附录 G 及其条文说明；②地下水对混凝土腐蚀性的判别，需要按环境类型 5 种介质判别和地层渗透性 3 种判别两方面考虑，取不利（高腐蚀性），**Ⅰ类、Ⅱ类，无干湿交替，表 12.2.1 中硫酸盐含量数值应乘以 1.3 的系数；③混凝土结构一侧与地表水或地下水接触，另一侧暴露在大气中**，水通过**渗透作用**不断蒸发，如隧道、坑道、竖井、地下洞室、路堑护面等，渗入面腐蚀轻微，而渗出面腐蚀严重，这种情况对混凝土腐蚀性是最严重的，定为Ⅰ类环境；④常规知识点，但考查难度明显增大，难度中等偏上，ρ代表质量溶度，C代表物质的量浓度，X表示离子百分比含量。

7.2.4　土对混凝土结构的腐蚀性评价——《岩土工程勘察规范》第 12.2.1～12.2.3 条

土对混凝土结构的腐蚀性分别按“环境类型”和“地层渗透性”的腐蚀性评价结果，按不利原则，取最高腐蚀程度为综合评价等级，见表 1-7-13 和表 1-7-14。

按环境类型土对混凝土结构的腐蚀性评价　　表 1-7-13

腐蚀等级	腐蚀介质	环境类型				
		有干湿交替			无干湿交替	
		Ⅰ	Ⅱ	Ⅲ	Ⅰ	Ⅱ
微 弱 中 强	硫酸盐含量 SO_4^{2-} （mg/kg）	＜300 300～750 750～2250 ＞2250	＜450 450～2250 2250～4500 ＞4500	＜750 750～4500 4500～9000 ＞9000	＜390 390～975 975～2925 ＞2925	＜585 585～2925 2925～5850 ＞5850
微 弱 中 强	镁盐含量 Mg^{2+} （mg/kg）	＜1500 1500～3000 3000～4500 ＞4500	＜3000 3000～4500 4500～6000 ＞6000	＜4500 4500～6000 6000～7500 ＞7500	＜1500 1500～3000 3000～4500 ＞4500	＜3000 3000～4500 4500～6000 ＞6000
微 弱 中 强	铵盐含量 NH_4^+ （mg/kg）	＜150 150～750 750～1200 ＞1200	＜750 750～1200 1200～1500 ＞1500	＜1200 1200～1500 1500～2250 ＞2250	＜150 150～750 750～1200 ＞1200	＜750 750～1200 1200～1500 ＞1500
微 弱 中 强	苛性碱含量 OH^- （mg/kg）	＜52500 52500～64500 64500～85500 ＞85500	＜64500 64500～85500 85500～105000 ＞105000	＜85500 85500～105000 105000～150000 ＞150000	＜52500 52500～64500 64500～85500 ＞85500	＜64500 64500～85500 85500～105000 ＞105000
微 弱 中 强	总矿化度 （mg/kg）	＜15000 15000～30000 30000～75000 ＞75000	＜30000 30000～75000 75000～90000 ＞90000	＜75000 75000～90000 90000～105000 ＞105000	＜15000 15000～30000 30000～75000 ＞75000	＜30000 30000～75000 75000～90000 ＞90000

注：1. 表中，苛性碱（OH^-）含量应为 NaOH 和 KOH 中的 OH^-含量。

2. 干湿交替是指地下水位变化和毛细水升降时，建筑材料的干湿变化情况。

按地层渗透性土对混凝土结构的腐蚀性评价 表 1-7-14

腐蚀等级	pH 值	
	A	B
微	> 6.5	> 5.0
弱	6.5～5.0	5.0～4.0
中	5.0～4.0	4.0～3.5
强	< 4.0	< 3.5

注：表中 A 是指强透水层；B 是指弱透水层；强透水层是指碎石土和砂土；弱透水层是指粉土和黏性土。

题 1-214 （13D01）工程勘察场地地下水位埋藏较深，基础埋深范围为砂土，取砂土样进行腐蚀性测试，其中一个土样的测试结果如表 1-7-15 所示，按Ⅱ类环境、无干湿交替考虑，此土样对基础混凝土结构腐蚀性正确的是哪一个？

题 1-214 表 表 1-7-15

腐蚀介质	SO_4^{2-}	Mg^{2+}	NH_4^+	OH^-	总矿化度	pH 值
含量（mg/kg）	4551	3183	16	42	20152	6.85

（A）微腐蚀 （B）弱腐蚀 （C）中等腐蚀 （D）强腐蚀

（1）按环境类型评价：Ⅱ类环境、无干湿交替，规范表中 SO_4^{2-}范围值需乘 1.3 系数，对土的腐蚀性范围值需乘 1.5 系数。

SO_4^{2-}含量：4551mg/kg，介于 1500 × 1.3 × 1.5～3000 × 1.3 × 1.5mg/kg，即 2925～5850mg/kg，中等腐蚀

Mg^{2+}含量：3183mg/kg，介于 2000 × 1.5～3000 × 1.5mg/kg，即 3000～4500mg/kg，弱腐蚀

NH_4^+含量：16mg/kg < 500 × 1.5 = 750mg/kg，微腐蚀

OH^-含量：42mg/kg < 43000 × 1.5 = 64500mg/kg，微腐蚀

总矿化度：20152mg/kg < 20000 × 1.5 = 30000mg/kg，微腐蚀

（2）按地层渗透性评价：pH = 6.85 > 6.5，微腐蚀

（3）综上，为中等腐蚀

【点评】

①根据《岩土工程勘察规范》第 12.2 节；②注意土的腐蚀性评价时，表中数据要乘 1.5 的系数、**Ⅰ类和Ⅱ类腐蚀环境无干湿交替** SO_4^{2-}需再乘 1.3 的系数，本书中表格已经乘了系数，可直接取用；③重要考点，腐蚀性评价的典型题目，按规范表格每项、每个指标认真判别，不可漏项（官方解答），取**腐蚀性最高等级**的作为结论。

题 1-215　某建筑场地海拔 3600m，地基土为碎石土，基础埋深 2.5m，地下水位埋深为 2.5m，年变幅 1.5m，地表下 2m 处取得一个土样的测试结果如表 1-7-16 所示，按《岩土工程勘察规范》GB 50021—2001（2009 年版）要求判别该土样对基础混凝土结构的腐蚀性为下列哪个选项？并说明依据。

题 1-215 表　　表 1-7-16

腐蚀介质	SO_4^{2-}	Mg^{2+}	pH 值
含量（mg/kg）	680	3568	6.3

（A）微腐蚀　（B）弱腐蚀　（C）中等腐蚀　（D）强腐蚀

【解】

（1）场地土属于各气候区地下水位以上的强透水层，场地类别为Ⅲ类，有干湿交替

（2）SO_4^{2-}含量：$680mg/kg < 1.5 \times 500 = 750mg/kg$，微腐蚀

Mg^{2+}含量：$3568mg/kg < 1.5 \times 3000 = 4500mg/kg$，微腐蚀

（3）碎石土，强透水层，A 类

pH：6.3 介于 5～6.5，弱腐蚀

（4）综上，为弱腐蚀

【点评】

①根据《岩土工程勘察规范》第 12.2 节、附录 G；②关键是判断场地类别，地下水位以上的强透水层土的腐蚀性场地类别均为Ⅲ类；③按地层渗透性，土的腐蚀性评价只考虑 pH 指标；④**干湿交替**是指地下水位变化和毛细水升降时，建筑材料的干湿变化情况。

题 1-216　某建筑场地环境类型为Ⅱ类，基础埋深 2.5m，地基持力层为黏土，层厚 15m，天然重度为 $17kN/m^3$，比重为 2.68，孔隙比为 1.075，塑限含水率为 15%，液限含水率为 35%，勘察深度内未揭露地下水。勘察期间在黏土层采土样进行腐蚀性评价，结果见表 1-7-17。

题 1-216 表　　表 1-7-17

土样深度（m）	腐蚀介质（mg/kg）						
	Cl^-	SO_4^{2-}	PH	Mg^{2+}	NH_4^+	OH^-	总矿化度
2.1～2.3	550	2100	4.2	450	16	42	15000

判断该黏土对钢筋混凝土中钢筋的腐蚀程度。

【解】

$$\rho = \frac{G_s(1+w)}{1+e}\rho_w \Rightarrow 1.7 = \frac{2.68 \times (1+w)}{1+1.075} \times 1 \Rightarrow w = 31.6\%$$

$I_L = \dfrac{31.6-15}{35-15} = 0.83$，介于 0.75～1 为软塑，B 类

Cl^-含量：550mg/kg，介于 500～5000mg/kg，中等腐蚀。

【点评】

①根据《岩土工程勘察规范》第 3.3.11 条、第 12.2.4 条；②看清让评价哪个腐蚀项目，不同的腐蚀项目评价指标不同。

7.2.5　水和土对钢筋混凝土结构中钢筋的腐蚀性评价——《岩土工程勘察规范》第 12.2.4 条

水和土对钢筋混凝土结构中钢筋的腐蚀性评价见表 1-7-18。

对钢筋混凝土结构中钢筋的腐蚀性评价　　表 1-7-18

腐蚀等级	水中的 Cl^- 含量（mg/L）		土中的 Cl^- 含量（mg/kg）	
	长期浸水	干湿交替	A	B
微	< 10000	< 100	< 400	< 250
弱	10000～20000	100～500	400～750	250～500
中	—	500～5000	750～7500	500～5000
强	—	> 5000	> 7500	> 5000

注：1. A 是指地下水位以上的碎石土、砂土，稍湿的粉土，坚硬、硬塑的黏性土；B 是指湿、很湿的粉土，可塑、软塑、流塑的黏性土。
2. 干湿交替是指地下水位变化和毛细水升降时，建筑材料的干湿变化情况。

7.2.6　土对钢结构的腐蚀性评价——《岩土工程勘察规范》第 12.2.5 条

土对钢结构的腐蚀性评价见表 1-7-19。

土对钢结构的腐蚀性评价　　表 1-7-19

腐蚀等级	pH	氧化还原电位（mV）	视电阻率（Ω·m）	极化电流密度（mA/cm^2）	质量损失（g）
微	> 5.5	> 400	> 100	< 0.02	< 1
弱	5.5～4.5	400～200	100～50	0.02～0.05	1～2
中	4.5～3.5	200～100	50～20	0.05～0.20	2～3
强	< 3.5	< 100	< 20	> 0.20	> 3

注：土对钢结构的腐蚀性评价，取各指标中腐蚀等级最高者。

7.2.7　电阻率测试

1. 电阻率法基本原理——《工程地质手册》P79

电阻率法基本原理　　表 1-7-20

<table>
<tr>
<td>均向各向同性岩层中电流线的分布如图所示，AB为供电电极，MN为测量电极，当AB供电时用仪器测出供电电流I和MN处的电位差ΔV，岩层的电阻率按下式计算：
$\rho = K\dfrac{\Delta V}{I}$</td>
<td>ρ——电阻率（Ω·m）；
ΔV——测量电极间的电位差（mV）；
I——供电回路的电流强度（mA）；
K——装置系数（m），与供电和测量电极间距有关，K值按下表计算</td>
<td>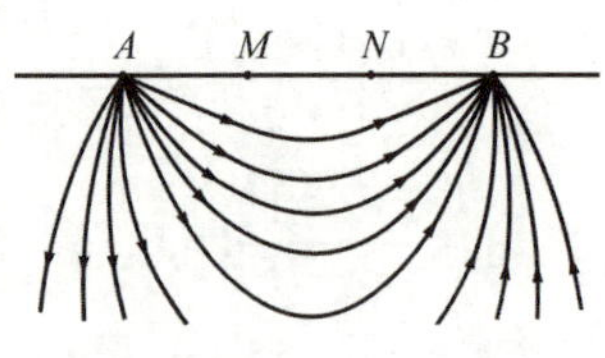
</td>
</tr>
</table>

续表

K值		
电探方法	K值计算公式	电测剖面装置
对称测深、对称剖面	$K=\pi\frac{AM\cdot AN}{MN}$	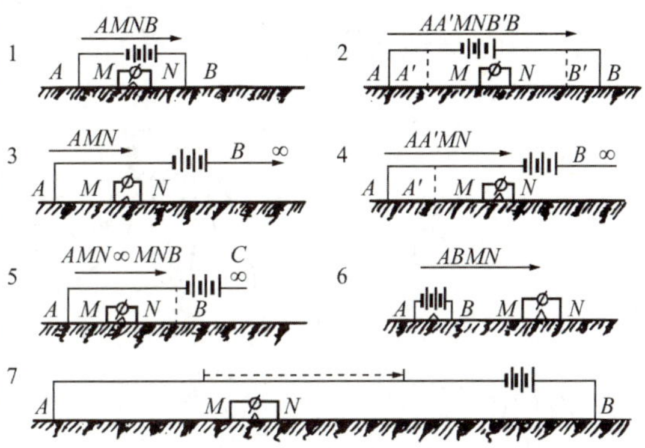1—对称四极剖面；2—复合对称四极剖面；3—三极剖面；4—复合三极剖面；5—联合剖面；6—偶极剖面；7—中间梯度法
三极测深、三极剖面、联合剖面	$K=2\pi\frac{AM\cdot AN}{MN}$	
轴向偶极测深、偶极剖面	$K=\frac{2\pi\cdot AM\cdot AN\cdot BM\cdot BN}{MN\cdot(AM\cdot AN-BM\cdot BN)}$	
赤道偶极测深	$K=\frac{AM\cdot AN}{AN-AM}$	
双电极剖面	$K=2\pi\cdot AM$	
中间梯度	$K=\frac{2\pi\cdot AM\cdot AN\cdot BM\cdot BN}{MN\cdot(AM\cdot AN+BM\cdot BN)}$	

2. 交流四级法电阻率——《工程地质手册》P369、P370

交流四级法电阻率测试方法与计算见表 1-7-21。

交流四级法电阻率 表 1-7-21

电阻率：土的电阻率愈大，腐蚀程度越低；反之电阻率愈小，腐蚀程度愈强		
测试方法	（1）将四支探针按直线等距离排布插入土中，使两相邻探针的距离等于欲测土层的深度a，探针插入深度应为 $0.05a$。 （2）仪器水平放置，调整检流计指针，导线接电极，摇动仪器手柄，转动“测量标度盘”和倍率钮，调整标度盘，记录数据，测试结果可得地表至a深度处的电阻率。 （3）若改变两相邻探针的间距为b（m），即可测试地表至b深度处的电阻率。 （4）在进行上述测量的同时应测量土的温度	
①土的电阻率ρ ⇓	土的电阻率ρ应按下式计算： $\rho=2\pi aR$	ρ——土的电阻率（Ω·m）； a——两探针间的距离（m）； R——电阻测量仪读数
②温度校正 ⇓	土的温度对电阻率影响较大，土的温度每增加 1℃，电阻率减少2%，为便于对比，ρ值统一校正至15℃。 $\rho_{15}=\rho[1+\alpha(t-15)]$	ρ_{15}——土温度为 15℃的电阻率（Ω·m）； α——温度系数，一般为 0.02； t——实测时土的温度，指 0.5m 以下土的温度
③埋置深度校正	由于土的不均匀性，不同深度处土的电阻率不同，因此需要计算结构物埋置深度处的电阻率，计算公式如下： $\rho_{(a-b)}=\frac{\rho_a R_b-\rho_b R_a}{R_b-R_a}$	$\rho_{(a-b)}$——结构物埋置深度处土的电阻率（Ω·m）； ρ_a、ρ_b——从地表分别至a、b深度处土的电阻率（Ω·m）； R_a、R_b——探针间距分别为a（m）、b（m）时的仪表读数

题1-217 （16D01）在某场地采用对称四极剖面法进行电阻率测试，四个电极的布置见图1-7-1，两个供电电极A、B之间的距离为30m，两个测量电极M、N之间的距离为6m。在一次测试中，供电回路的电流强度为183mA，测量电极间的电位差为77mV。请根据本次测试的视电阻率值，按《岩土工程勘察规范》GB 500021—2001（2009年版），判断场地土对钢结构的腐蚀性等级属于下列哪个选项？

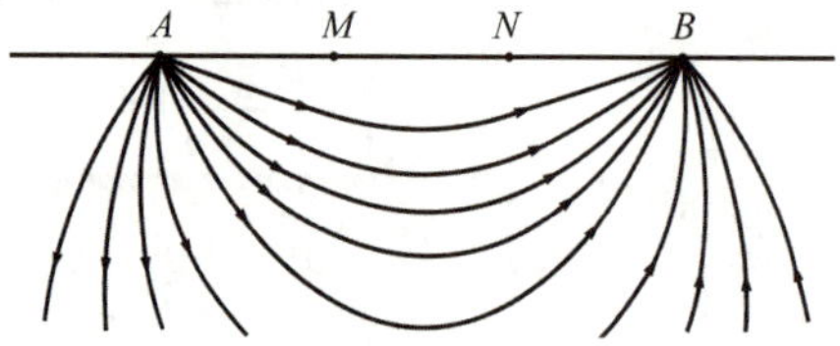

图1-7-1 题1-217图

（A）微 （B）弱 （C）中 （D）强

【解】

（1）$K=\pi\dfrac{AM\cdot AN}{MN}=3.14\times\dfrac{12\times18}{6}=113.1\text{m}$

（2）$\rho=K\dfrac{\Delta V}{I}=113.1\times\dfrac{77}{183}=47.6\Omega\cdot\text{m}\in(20,\ 50)$，为中等腐蚀

【点评】

①根据《岩土工程勘察规范》第12.2.5条、《工程地质手册》P79；②在自然界中，由于岩土的种类、成分、结构、湿度和温度等因素的不同，而具有不同的电学性质；电法勘探是以这种电性差异为基础，利用仪器观测天然或人工的电场变化或岩土体电性差异，来解决某些地质问题的物探方法；③当年知识考点中出现物探考点，第二的案例也考了物探，在很多年份都有这样的规律，专业知识中新出现的考点，案例也同时考查；④物探属于较偏的考点，主要集中在《工程地质手册》上，可自行学习，了解即可。

题1-218 在某场地采用交流四极剖面法进行电阻率测试，四支探针按直线等距离排布插入土中，测试地表至6m深度处的电阻率，测试时土的温度为0℃，在一次测试中，供电回路的电流强度为153mA，测量电极间的电位差为102mV。请根据本次测试的视电阻率值，按《岩土工程勘察规范》GB 50021—2001（2009年版），判断场地土对钢结构的腐蚀性等级属于下列哪个选项？

（A）强 （B）中 （C）弱 （D）微

【解】

（1）$\rho=2\pi aR=2\times3.14\times6\times\dfrac{102}{153}=25.12\Omega\cdot\text{m}$

（2）$\rho_{15}=\rho[1+\alpha(t-15)]=25.12\times[1+0.02\times(0-15)]=17.6\Omega\cdot\text{m}<20\Omega\cdot\text{m}$

腐蚀性等级为强

【点评】

①根据《工程地质手册》P369和《岩土工程勘察规范》表12.2.5；②两探针间的距离a等于欲测土层的深度，即$a=6\text{m}$；③土的温度对电阻率影响较大，视电阻率值统一校正至温度15°。

第 8 章

高层建筑岩土工程勘察标准(第二轮复习)

本章不属于重点内容且涉及浅基础、深基础等，新考生在第二轮复习时再学习。

8.1 工程勘察

8.1.1 详勘阶段勘探孔的深度——《高层建筑岩土工程勘察标准》第 4.2.2 条

（1）控制性勘探点深度应超过地基变形计算深度。

（2）控制性勘探点深度，对于箱形基础或筏形基础，在不具备变形深度计算条件时，可按下式计算确定：

$$d_c = d + \alpha_c \beta b$$

（3）一般性勘探点的深度应适当大于主要受力层的深度，对于箱形基础或筏形基础可按下式计算确定：

$$d_g = d + \alpha_g \beta b$$

式中：d_c——控制性勘探点深度（m）；

d——箱形基础或筏形基础埋置深度（m）；

α_c——与土的压缩性有关的经验系数，根据基础下的地基主要土层按下表取值；

β——与高层建筑层数或基底压力有关的经验系数，对勘察等级为甲级的高层建筑可取 1.1，对乙级高层建筑可取 1.0；

b——箱形基础或筏形基础宽度（m），对圆形基础或环形基础，按最大直径考虑，对不规则形状的基础，按面积等代成方形、矩形或圆形面积的宽度或直径考虑；

d_g——一般性勘探点的深度（m）；

α_g——与土的压缩性有关的经验系数，根据基础下的地基主要土层按表 1-8-1 取值。

经验系数α_c、α_g值 表 1-8-1

值别	土类				
	碎石土	砂土	粉土	黏性土（含黄土）	软土
α_c	0.5～0.7	0.7～0.8	0.8～1.0	1.0～1.5	1.5～2.0
α_g	0.3～0.4	0.4～0.5	0.5～0.7	0.7～1.0	1.0～1.5

注：1. 表中范围值对同一类土，地质年代老、密实或地下水位深者取小值，反之取大值；

2. $b \geqslant 50$m 时，取小值；$b \leqslant 20$m 时，取大值；b为 20～50m 时，取中间值。

（4）一般性勘探点，在预定深度范围内，有比较稳定且厚度超过 3m 的坚硬地层时，可钻入该层适当深度并能正确定名和判明其性质；当在预定深度内遇软弱地层时，应加深或钻穿。

（5）在基岩和浅层岩溶发育地区，当基础底面下的土层厚度小于地基变形计算深度时，一般性钻孔应钻至完整、较完整基岩面；控制性钻孔应深入完整、较完整基岩不小于 5m；专门查明溶洞或土洞的钻孔深度应深入洞底完整地层不小于 5m。

（6）在花岗岩地区，对箱形或筏形基础，勘探孔宜穿透强风化岩至中等风化、微风化岩，控制性勘探点宜进入中等、微风化岩 3～5m，一般性勘探点宜进入中等、微风化岩 1～2m；当强风化岩很厚时，勘探点深度宜穿透强风化中带，进入强风化下带，控制性勘探点宜进入 3～5m，一般性勘探点宜进入 1～2m。

题 1-219 某 80m 高层商业建筑，对地基变形无特殊要求，基坑支护结构失效对基坑周边环境的影响很严重，采用筏板基础，基础尺寸为 35m × 70m，基础埋深 12m，基础下的地基主要土层为粉质黏土，根据《高层建筑岩土工程勘察标准》JGJ/T 72—2017，试确定详细勘察阶段一般性勘探孔的深度宜为下列哪个选项？

（A）42m （B）45m （C）58m （D）62m

【解】

（1）依题意，判断勘察等级为甲级，$\beta = 1.1$

$b = 35\text{m}$，粉质黏土，查表插值$\alpha_g = 0.85$

（2）$d_g = 12 + 1.1 \times 0.85 \times 35 = 44.7\text{m}$

【点评】

①根据《高层建筑岩土工程勘察标准》第 3.0.2 条，第 4.2.2 条及《建筑基坑支护技术规范》第 3.1.3 条；②基坑安全等级一级为甲级勘察；③对应 $20\text{m} < b < 50\text{m}$ 时，查表 4.2.2 进行插值。

8.1.2 不均匀的地基——《高层建筑岩土工程勘察标准》第 8.2.3 条

对判定为不均匀的地基，应进行沉降、差异沉降、倾斜等特征分析评价，并应提出相应建议。符合下列情况之一者，应判定为不均匀地基：

（1）地基持力层跨越不同地貌单元或工程地质单元，工程特性差异显著。

（2）地基持力层虽属于同一地貌单元或工程地质单元，但存在下列情况之一：

①中—高压缩性地基，持力层底面或相邻基底高程的坡度大于 10%；

②中—高压缩性地基，持力层及其下卧层在基础宽度方向上的厚度差值大于 $0.05b$（b 为基础宽度）。

（3）同一高层建筑虽处于同一地貌单元或同一工程地质单元，但各处地基土的压缩性有较大差异时，可在计算各钻孔地基变形计算深度范围内当量模量的基础上，根据当量模量最大值$\overline{E}_{smax}$和当量模量最小值$\overline{E}_{smin}$的比值判定地基均匀性。当$\frac{\overline{E}_{smax}}{\overline{E}_{smin}}$大于**表 1-8-2 中地基不均匀系数**界限值K**时**，可按**不均匀地基**考虑。

地基不均匀系数界限值K 表 1-8-2

同一建筑物下各钻孔压缩模量当量值$\overline{E}_s$的平均值（MPa）	≤4	7.5	15	>20
不均匀系数界限值K	1.3	1.5	1.8	2.5

在地基变形计算深度范围内，某一个钻孔的压缩模量当量值$\overline{E}_s$应根据平均附加应力系数在各层土的层位深度内积分值A_i和各土层压缩模量E_{si}（按实际应力段取值）按下式计算：

$$\overline{E}_s=\frac{\sum A_i}{\sum \frac{A_i}{E_{si}}}$$

式中：$\overline{E}_s$——压缩模量当量值；

A_i——第i层土的层位深度内平均附加应力系数的积分值。

题 1-220 某 13 层高层采用独立基础，尺寸 2m×2m，基础埋深 4m，无地下水，基底平均压力 150kPa，无相邻荷载影响，该建筑详细勘察时布置了 4 个测试钻孔，根据原位测试及土工试验资料，各钻孔的地层资料如表 1-8-3 所示。

题 1-220 表 表 1-8-3

孔号	土层编号	岩性	厚度（m）	埋深（m）	重度（kN/m^3）	E_s（MPa）
1	1	填土	1.2	1.2	18.5	0.0
	2	粉质黏土、黏质粉土	1.5	2.7	19.0	4.0
	3	细砂、粉砂	2.9	5.6	19.5	12.0
	4	卵石、圆砾	10.0	15.6	20.0	28.0
2	1	填土	1.2	1.2	18.5	0.0
	2	粉质黏土、黏质粉土	2.0	3.2	19.0	4.0
	3	细砂、粉砂	2.0	5.2	19.5	12.0
	4	卵石、圆砾	10.0	15.20	20.0	28.0
3	1	填土	1.2	1.2	18.5	0.0
	2	粉质黏土、黏质粉土	2.8	4.0	19.0	4.0
	3	细砂、粉砂	2.0	6.0	19.5	12.0
	4	卵石、圆砾	10.0	16.0	20.0	28.0
4	1	填土	1.2	1.2	18.5	0.0
	2	粉质黏土、黏质粉土	2.5	3.7	19.0	4.0
	3	细砂、粉砂	2.1	5.8	19.5	12.0
	4	卵石、圆砾	10.0	15.8	20.0	28.0

根据《高层建筑岩土工程勘察标准》JGJ/T 72—2017，计算地基的不均匀系数界限值K并判断地基的不均匀性为下列哪个选项？（变形计算深度取 4.4m）

（A）1.15，不均匀 （B）1.15，均匀

（C）1.79，不均匀 （D）1.79，均匀

【解】

（1）1 号孔（表 1-8-4）

解 1-220 表　　表 1-8-4

z_i（m）	l/b	z_i/b	$\overline{\alpha}_i$	$4z_i\overline{\alpha}_i$	$4(z_i\overline{\alpha}_i - z_{i-1}\overline{\alpha}_{i-1})$	E_{si}（MPa）
1.6	1	1.6	0.1939	1.2410	1.2410	12
4.4	1	4.4	0.1035	1.8216	0.5806	28

$$\overline{E}_{s1} = \frac{1.8216}{\frac{1.2410}{12} + \frac{0.5806}{28}} = 14.67\text{MPa}$$

同理：$\overline{E}_{s2} = 15.95\text{MPa}$，$\overline{E}_{s3} = 13.84\text{MPa}$，$\overline{E}_{s4} = 14.22\text{MPa}$

（2）$\overline{E}_{s平} = \frac{14.67 + 15.95 + 13.84 + 14.22}{4} = 14.67\text{MPa}$，查表$K = 1.79$

（3）$\frac{\overline{E}_{smax}}{\overline{E}_{smin}} = \frac{15.95}{13.84} = 1.15 < K = 1.79$，均匀

【点评】

①《高层建筑岩土工程勘察标准》第 8.2.3 条及条文说明；②条文说明里的例题计算错误；③难度不大，但计算量偏大，需要特别细心查表和计算。

【同类型真题】22 补考 C02

8.1.3 基床系数——《高层建筑岩土工程勘察标准》附录 H 及条文说明

竖向基准基床系数载荷试验的试坑直径不应小于承压板边长的 3 倍，水平向基准基床系数载荷试验承压板设置深度不应小于 1.0m。用于基床系数载荷试验的标准承压板应为方形，其边长应为 300mm。

根据标准承压板载荷试验p-s曲线，可按下式计算竖向基准基床系数K_v或水平基准基床系数K_h（kN/m³）：

$$K_v或K_h = \frac{p_0}{s}$$

对于**非标准承压板**载荷试验计算的基床系数，**可不进行面积大小的修正**。

式中：p_0——实测p-s关系曲线上比例界限压力（kPa），若p-s关系曲线无明显直线段，p_0可取极限压力之半；

s——为相应于该p_0值的沉降量或水平变形（m）。

题 1-221　某 120m 高层商业建筑，采用筏板基础，基础尺寸为 50m × 60m，基础埋深 8m，持力层为砂质黏土，在持力层上进行浅层平板载荷试验，采用的方形承压板面积 $0.5m^2$，载荷试验测试成果如表 1-8-5 所示，根据《高层建筑岩土工程勘察标准》JGJ/T 72—2017，计算基础采用的竖向地基基床系数最接近下列哪个选项？

题 1-221 表　　表 1-8-5

荷载p（kPa）	40	80	120	160	200	240	280	320
累计沉降s（mm）	0.45	1.07	1.82	2.84	4.24	5.98	8.62	25.40

（A）$10.4MN/m^3$　（B）$16.2MN/m^3$
（C）$32.5MN/m^3$　（D）$60.1MN/m^3$

【解】

（1）320kPa 时，s急剧增大，出现陡降段，极限荷载$p_u = 280kPa$

（2）取$p_0 = 280/2 = 140kPa$，则$s = 2.33mm$

（3）$K_v = \dfrac{140}{2.33} \times 10^3 = 60086kN/m^3 = 60.1MN/m^3$

【点评】

①根据《高层建筑岩土工程勘察标准》附录 H；②p-s曲线无初始直线段，p_0可取极限荷载的一半，但要注意区分极限荷载和最大加载的定义；③对筏形和箱形大面积基础可不进行面积大小的修正。

8.1.4　有效内摩擦角——《高层建筑岩土工程勘察标准》第 6.0.4 条条文说明

实际工程中，很难取得砂、砾、卵石的原状试样而进行室内试验，测求有效强度。采用砂土天然休止角试验和现场标准贯入试验可估算砂土的有效内摩擦角φ'（°）：

$$\varphi' = \sqrt{20N} + 15°$$

式中：N——标准贯入**实测**击数。

8.2　浅基础

8.2.1　地基承载力特征值——《高层建筑岩土工程勘察标准》第 8.2.7 条、第 8.2.8 条、附录 B

1. 太沙基公式法——《高层建筑岩土工程勘察标准》第 8.2.7 条、附录 B

地基承载力特征值f_{ak}和修正后的地基承载力特征值f_a应按现行国家标准《建筑地基基础设计规范》确定。地基承载力特征值f_{ak}也可按《高层建筑岩土工程勘察标准》附录 B 采用估算的地基极限承载力f_u除以安全系数K确定。

天然地基极限承载力可按下列公式估算：

$$f_u = \frac{1}{2}N_\gamma\zeta_\gamma b\gamma + N_q\zeta_q\gamma_0 d + N_c\zeta_c\bar{c}_k$$

$$f_{ak} = f_u/K$$

式中：f_u——地基极限承载力（kPa）；

f_{ak}——地基承载力特征值（kPa）；

ζ_γ、ζ_q、ζ_c——基础形状修正系数，按表 1-8-6 确定；

N_γ、N_q、N_c——地基承载力系数，根据地基持力层代表性内摩擦角标准值$\bar{\varphi}_k$（°），按表 1-8-7 确定；

γ_0、γ——分别为**基底以上**和基底组合**持力层**的土体平均重度（kN/m³）；位于地下水位以下且不属于隔水层的土层取浮重度；当基底土层位于地下水位以下但属于隔水层时，γ可取天然重度；如基底以上的地下水与基底高程处的地下水之间有隔水层，基底以上土层在计算γ_0时可取天然重度；

K——安全系数，应根据建筑安全等级和土性参数的可靠性在 2～3 之间选取；

d——基础埋置深度（m）；一般自室外地面高程算起，对于地下室采用箱形或筏形基础时，自室外天然地面起算，采用独立柱基或条形基础时，从室内地面起算；在填方整平地区，可自填土地面起算；但若填方在上部结构施工后完成时，自填方前的天然地面起算；当高层建筑周边附属建筑为超补偿基础时，宜分析周边附属建筑基底压力低于土层自重压力的影响。

基础形状修正系数　　　**表 1-8-6**

基础形状	ζ_γ	ζ_q	ζ_c
条形	1.00	1.00	1.00
矩形	$1-0.4\frac{b}{l}$	$1+\frac{b}{l}\tan\bar{\varphi}_k$	$1+\frac{b}{l}\cdot\frac{N_q}{N_c}$
圆形或方形	0.60	$1+\tan\bar{\varphi}_k$	$1+\frac{N_q}{N_c}$

注：b、l——分别为基础（包括箱形基础和筏形基础）底面的宽度与长度，当$b>6$m 时，取$b=6$m。

极限承载力系数表（本表系数调整顺序与公式一致）　　表 1-8-7

$\overline{\varphi}_k$（°）	N_γ	N_q	N_c	$\overline{\varphi}_k$（°）	N_γ	N_q	N_c
0	0.00	1.00	5.14	26	12.54	11.85	22.25
1	0.07	1.09	5.38	27	14.47	13.20	23.94
2	0.15	1.20	5.63	28	16.72	14.72	25.80
3	0.24	1.31	5.90	29	19.34	16.44	27.86
4	0.34	1.43	6.19	30	22.40	18.40	30.14
5	0.45	1.57	6.49	31	25.99	20.63	32.67
6	0.57	1.72	6.81	32	30.22	23.18	35.49
7	0.71	1.88	7.16	33	35.19	26.09	38.64
8	0.86	2.06	7.53	34	41.06	29.44	42.16
9	1.03	2.25	7.92	35	48.03	33.30	46.12
10	1.22	2.47	8.35	36	56.31	37.75	50.59
11	1.44	2.71	8.80	37	66.19	42.92	55.63
12	1.69	2.97	9.28	38	78.03	48.93	61.35
13	1.97	3.26	9.81	39	92.25	55.96	67.87
14	2.29	3.59	10.37	40	109.41	64.20	75.31
15	2.65	3.94	10.98	41	130.22	73.90	83.86
16	3.06	4.34	11.63	42	155.55	85.38	93.71
17	3.53	4.77	12.34	43	186.54	99.02	105.11
18	4.07	5.26	13.10	44	224.64	115.31	118.37
19	4.68	5.80	13.93	45	271.76	134.88	133.88
20	5.39	6.40	14.83	46	330.35	158.51	152.10
21	6.20	7.07	15.82	47	403.67	187.21	173.64
22	7.13	7.82	16.88	48	496.01	222.31	199.26
23	8.20	8.66	18.05	49	613.16	265.51	229.93
24	9.44	9.60	19.32	50	762.86	319.07	266.89
25	10.88	10.66	20.72				

注：$N_q = e^{\pi\tan\overline{\varphi}_k}\tan^2\left(45° + \frac{\overline{\varphi}_k}{2}\right)$，$N_c = \frac{N_q - 1}{\tan\overline{\varphi}_k}$，$N_\gamma = 2(N_q + 1)\tan\overline{\varphi}_k$，$f_u = \frac{1}{2}N_\gamma\zeta_\gamma b\gamma + N_q\zeta_q\gamma_0 d + N_c\zeta_c\overline{c}_k$。

2. 旁压试验法——《高层建筑岩土工程勘察标准》第 8.2.8 条

采用旁压试验（PMT）成果估算岩性均一土层的竖向地基承载力时，p-V曲线如图 1-8-1 所示，可按下列方法进行承载力估算：

临塑压力法： $f_{hak} = \lambda(p_f - p_0)$

极限压力法： $f_{hu} = p_L - p_0 \rightarrow f_{hak} = f_{hu}/K$

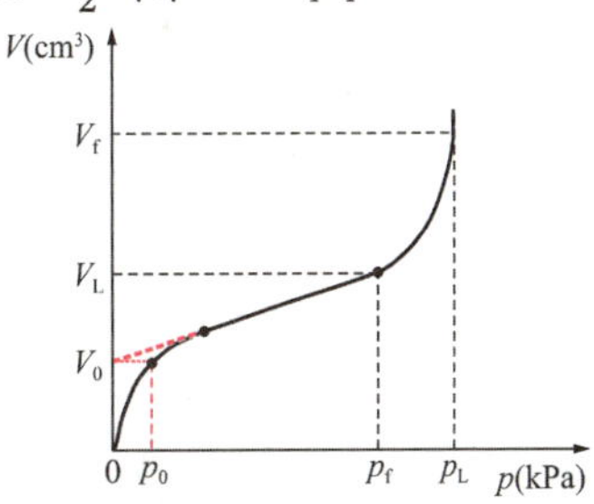

图 1-8-1　p-V曲线

式中：f_{hak}——原位测试深度处均一土层的地基承载力特征值（kPa）；

p_0——由旁压试验曲线和经验综合确定的土的**初始压力**（kPa）；

p_f——由旁压试验曲线确定的**临塑压力**（kPa）；

λ——修正系数，结合地区经验取值，但不应大于 1；

f_{hu}——原位测试深度处均一土层的地基极限承载力（kPa）；

p_L——由旁压试验曲线确定的**极限压力**（kPa）；

K——旁压极限承载力安全系数，根据地区经验在 2～4 之间选取，且f_{hak}不高于临塑压力p_f。

题 1-222 某 24 层办公楼，地下 2 层，采用筏形基础，底板埋深 6.6m，基础尺寸为 20m × 30m，初步勘察时地下水位于地面以下 3.5m，试验得到场地的地层岩土参数如表 1-8-8 所示。

题 1-222 表 **表 1-8-8**

层序	土层名称	层底深度（m）	重度γ（kN/m^3）	黏聚力c_k（kPa）	内摩擦角φ_k
①	填土	2	18.0	9	14°
②	淤泥质粉质黏土	4	17.5	8	5°
③	粉质黏土	17	18.5	22	19°
④	细砂	25	19.0	0	24°

根据《高层建筑岩土工程勘察标准》JGJ/T 72—2017 估算地基的承载力特征值。（安全系数K取 2.5）

（A）445kPa （B）556kPa （C）828kPa （D）1112kPa

【解】

（1）$\overline{\varphi}_k = 19°$，查表：$N_c = 13.93$，$N_q = 5.80$，$N_\gamma = 4.68$

（2）矩形，$\zeta_r = 1 - 0.4 \times \dfrac{20}{30} = 0.733$，$\zeta_q = 1 + \dfrac{20}{30} \times \tan 19° = 1.230$，

$$\zeta_c = 1 + \frac{20 \times 5.80}{30 \times 13.93} = 1.278$$

（3）$\gamma_0 = \dfrac{18 \times 2 + 17.5 \times 1.5 + 7.5 \times 0.5 + 8.5 \times 2.6}{6.6} = 13.35kN/m^3$

$$f_u = \frac{1}{2} \times 4.68 \times 0.733 \times 6 \times 8.5 + 5.8 \times 1.23 \times 13.35 \times 6.6 + 13.93 \times 1.278 \times 22$$
$$= 1107.7kPa$$

（4）$f_{ak} = \dfrac{1107.7}{2.5} = 443.1kPa$

【点评】

①根据《高层建筑岩土工程勘察标准》附录 B；②重要坑点：注意基底土层是否属于隔水层，本题不属于隔水层，重度取浮重度，否则应取天然重度。

题 1-223 （22C02）某高层建筑拟采用箱形基础，基础埋深 6.0m，箱形基础底面长 30.0m，宽 20.0m。基底以上及以下土层均为密实砾砂，其饱和重度 $22.0kN/m^3$，天然重度 $20.0kN/m^3$，内摩擦角标准值 30°，地下水位位于地面下 1.0m。按《高层建筑岩土工程勘察标准》JGJ/T 72—2017 估算地基持力层的承载力特征值，安全系数取 3.0，估算值最接近下列哪个选项？

（A）670kPa （B）750kPa （C）790kPa （D）870kPa

【解】

（1）$\varphi = 30°$，查表$N_q = 18.4$，$N_\gamma = 22.4$

（2）$\zeta_\gamma = 1 - 0.4 \times \dfrac{20}{30} = 0.733$，$\zeta_q = 1 + \dfrac{20}{30} \times \tan 30° = 1.385$

（3）$f_u = \dfrac{1}{2} \times 22.4 \times 0.733 \times 6 \times 12 + 18.4 \times 1.385 \times (1 \times 20 + 5 \times 12) = 2629.8kPa$

$$f_{ak} = \frac{2629.8}{3} = 876.6kPa$$

【点评】

①根据《高层建筑岩土工程勘察标准》附录 B；②基础埋深对于箱形基础自室外天然地面起算；③基础宽度大于 6m 时取 6m；④$\gamma_0 d$为边载，可以合并计算节约答题时间，$\gamma_0 d$为基础底面处的有效自重用力，本题基底土层为透水层，水上取天然重度、水下取浮重度；如基底位于不透水层，采用总应力作为有效应力；基底位于承压水或者有渗流时采用有效应力原理计算有效应力 = 总应力 − 孔隙水压力。

8.2.2　固结沉降量——《高层建筑岩土工程勘察标准》第 8.2.11 条、附录 C

1. 标准固结试验e-lg p曲线法——《高层建筑岩土工程勘察标准》第 8.2.11 条

当地基由饱和土层组成且次固结变形忽略不计时，根据 I 级土样的标准固结试验结果，分层预测超固结土、正常固结土和欠固结土的基础沉降，然后合计估算总沉降，见表 1-8-9。整个沉降计算深度内的总沉降量应为各土层沉降量之和。沉降计算深度对于中、低压缩性土应算至有效附加压力等于上覆土有效自重压力 20%处，对于高压缩性土应算至有效附加压力等于上覆土有效自重压力 10%处（中、低压缩性土：$p_z = 0.2p_c$处；高压缩性土：$p_z = 0.1p_c$处）。

标准固结试验e-lg p曲线法　　表 1-8-9

应力历史		沉降量计算公式	重要参数
正常固结土 OCR = 1.0～1.2		$s_i = \sum_{i=1}^{n}\frac{h_i}{1+e_{0i}}\left[C_{ci}\lg\left(\frac{p_{zi}+p_{0i}}{p_{zi}}\right)\right]$	e_{0i}——第i层土初始孔隙比平均值； p_{zi}——第i层土的有效**自重**压力平均值（kPa）； p_{0i}——第i层土的有效**附加**压力平均值（kPa）（准永久组合）； p_{ci}——第i层土的**先期固结**压力平均值（kPa）； C_{ci}——第i层土的**压缩指数**平均值； C_{ri}——第i层土的**回弹再压缩指数**平均值
欠固结土 OCR < 1.0		$s_i = \sum_{i=1}^{n}\frac{h_i}{1+e_{0i}}\left[C_{ci}\lg\left(\frac{p_{zi}+p_{0i}}{p_{ci}}\right)\right]$	
超固结土 OCR > 1.2	$p_{0i}+p_{zi}\leqslant p_{ci}$时	$s_i = \sum_{i=1}^{n}\frac{h_i}{1+e_{0i}}\left[C_{ri}\lg\left(\frac{p_{zi}+p_{0i}}{p_{zi}}\right)\right]$	
	$p_{0i}+p_{zi}>p_{ci}$时	$s_i = \sum_{i=1}^{n}\frac{h_i}{1+e_{0i}}\left[C_{ri}\lg\left(\frac{p_{ci}}{p_{zi}}\right)+C_{ci}\lg\left(\frac{p_{zi}+p_{0i}}{p_{ci}}\right)\right]$	

2. 用变形模量E_0估算天然和复合地基最终沉降量——《高层建筑岩土工程勘察标准》附录 C

当无相邻荷载影响时，可按下列方法估算天然和复合地基最终沉降量。

（1）沉降计算深度确定

按变形模量E_0预测沉降时，沉降计算深度z_n可按下式确定：

$$z_n = (z_m + \xi b)\beta$$

式中：z_n——沉降计算深度（m）；

b——基础底面宽度（m）；

z_m——与基础长宽比有关的经验值，按表 1-8-10 确定；

ξ——折减系数，按表 1-8-10 确定；

β——调整系数，按表 1-8-11 确定。（先$z_n=(z_m+\xi b)$确定沉降计算深度，再按此深度范围内各土层厚度加权平均值确定值β）

z_m值和折减系数ξ　　表 1-8-10

l/b	1	2	3	4	≥5
z_m	11.6	12.4	12.5	12.7	13.2
ξ	0.42	0.49	0.53	0.60	1.00

调整系数β　　表 1-8-11

土类	碎石土	砂土	粉土	黏性土、花岗岩残积土	软土
β	0.30	0.50	0.60	0.75	1.00

当无相邻荷载影响，基础宽度在 30m 范围内时，基础中点地基沉降计算深度也可按下式计算：

$$z_n=b(2.5-0.4\ln b)$$

（2）**箱形基础、筏形基础**

对筏形和箱形基础，地基最终平均沉降量可按下式估算：

$$s=\psi_s pb\eta\sum_{i=1}^{n}\left(\frac{\delta_i-\delta_{i-1}}{E_{0i}}\right)$$

式中：s——地基最终平均沉降量（mm）；

ψ_s——沉降经验系数，根据地区经验确定，对花岗岩残积土可取 1；

p——对应于荷载效应准永久组合时的基底平均压力（kPa），地下水位以下用浮重度；

b——基础底面宽度（m）；

E_{0i}——基底下第i层土的变形模量（MPa），可通过载荷试验或地区经验确定；

η——考虑刚性下卧层影响的修正系数，可按表 1-8-12 确定；

δ_i——沉降应力系数，按表 1-8-13 确定。

修正系数η　　表 1-8-12

$m=\frac{z_n}{b}$	$0<m\leqslant0.5$	$0.5<m\leqslant1$	$1<m\leqslant2$	$2<m\leqslant3$	$3<m\leqslant5$	$m>5$
η	1.00	0.95	0.90	0.80	0.75	0.70

估算地基沉降应力系数δ_i　　表 1-8-13

$m=\frac{2z}{b}$	圆形基础 $b=2r$	矩形基础$n=l/b$ 1.0	1.4	1.8	2.4	3.2	5.0	条形基础 $n\geqslant10$
0.0	0.000	0.000	0.000	0.000	0.000	0.000	0.000	0.000
0.4	0.067	0.100	0.100	0.100	0.100	0.100	0.100	0.104
0.8	0.163	0.200	0.200	0.200	0.200	0.200	0.200	0.208
1.2	0.262	0.299	0.300	0.300	0.300	0.300	0.300	0.311
1.6	0.346	0.380	0.394	0.397	0.397	0.397	0.397	0.412
2.0	0.411	0.446	0.472	0.482	0.486	0.486	0.486	0.511

续表

$m=\frac{2z}{b}$	圆形基础 $b=2r$	矩形基础$n=l/b$						条形基础 $n\geqslant 10$
		1.0	1.4	1.8	2.4	3.2	5.0	
2.4	0.461	0.499	0.538	0.556	0.565	0.567	0.567	0.605
2.8	0.501	0.542	0.592	0.618	0.635	0.640	0.640	0.687
3.2	0.532	0.577	0.637	0.671	0.696	0.707	0.709	0.763
3.6	0.558	0.606	0.676	0.717	0.750	0.768	0.772	0.831
4.0	0.579	0.630	0.708	0.756	0.796	0.802	0.830	0.892
4.4	0.596	0.650	0.735	0.789	0.837	0.867	0.883	0.949
4.8	0.611	0.668	0.759	0.819	0.873	0.908	0.932	1.001
5.2	0.624	0.683	0.780	0.884	0.904	0.948	0.977	1.050
5.6	0.635	0.697	0.798	0.867	0.933	0.981	1.018	1.095
6.0	0.645	0.708	0.814	0.887	0.958	1.011	1.056	1.138
6.4	0.653	0.719	0.828	0.904	0.980	1.031	1.092	1.178
6.8	0.661	0.728	0.841	0.920	1.000	1.065	1.122	1.215
7.2	0.668	0.736	0.852	0.935	1.019	1.088	1.152	1.251
7.6	0.674	0.744	0.863	0.948	1.036	1.109	1.180	1.285
8.0	0.679	0.751	0.872	0.960	1.051	1.128	1.205	1.316
8.4	0.684	0.757	0.881	0.970	1.065	1.146	1.229	1.347
8.8	0.689	0.762	0.888	0.980	1.078	1.162	1.251	1.376
9.2	0.693	0.768	0.896	0.989	1.089	1.178	1.272	1.404
9.6	0.697	0.772	0.902	0.998	1.100	1.192	1.291	1.431
10.0	0.700	0.777	0.908	1.005	1.110	1.205	1.309	1.456
11.0	0.705	0.786	0.912	1.022	1.132	1.230	1.349	1.506
12.0	0.710	0.794	0.933	1.037	1.151	1.257	1.384	1.550

注：1. l与b分别为矩形基础的长度与宽度（m）；
2. z为基础底面至该层土底面的距离（m）；
3. r为圆形基础的半径（m）。

（3）扩展基础、条形基础

对扩展基础、条形基础按变形模量E_0预测地基沉降时，可按下列公式估算地基最终沉降量s（mm）：

$$s=\eta\sum_{i=1}^{n}\frac{p_{0i}}{E_{0i}}h_i \Leftarrow p_{0i}=\alpha_i(p_k-p_c)$$

式中：E_{0i}——基底下第i层土的变形模量（MPa）；
η——沉降计算经验系数，对花岗岩类的土岩层可取 0.8；
p_{0i}——第i层中点处的附加压力（kPa）；
h_i——第i层土的厚度（m）；
p_k——对应于荷载效应标准永久组合，基础底面的平均压力（kPa）；
p_c——基础底面以上土的自重压力标准值（kPa）；
α_i——矩形基础和条形基础均布荷载作用下中心点竖向附加应力系数，可根据表 1-8-14 确定。

矩形基础和条形基础均布荷载作用下中心点竖向附加应力系数α_i（Boussinesq 解）

表 1-8-14

$\frac{2z}{b}$	l/b											
	1	1.2	1.4	1.6	1.8	2	3	4	5	6	10	条形基础
0	1.000	1.000	1.000	1.000	1.000	1.000	1.000	1.000	1.000	1.000	1.000	1.000
0.2	0.994	0.995	0.996	0.996	0.996	0.997	0.997	0.997	0.997	0.997	0.997	0.997
0.4	0.960	0.968	0.972	0.974	0.975	0.976	0.977	0.977	0.977	0.977	0.977	0.977
0.6	0.892	0.910	0.920	0.926	0.930	0.932	0.936	0.936	0.937	0.937	0.937	0.937
0.8	0.800	0.830	0.848	0.859	0.866	0.870	0.878	0.880	0.881	0.881	0.881	0.881
1.0	0.701	0.740	0.766	0.782	0.793	0.800	0.814	0.817	0.818	0.818	0.818	0.818
1.2	0.606	0.651	0.682	0.703	0.717	0.727	0.748	0.753	0.754	0.755	0.755	0.755
1.4	0.522	0.569	0.603	0.628	0.645	0.658	0.685	0.692	0.694	0.695	0.696	0.696
1.6	0.449	0.496	0.532	0.558	0.578	0.593	0.627	0.636	0.639	0.640	0.642	0.642
1.8	0.388	0.433	0.469	0.496	0.517	0.534	0.573	0.585	0.590	0.591	0.593	0.593
2.0	0.336	0.379	0.414	0.441	0.463	0.481	0.525	0.540	0.545	0.547	0.549	0.550
2.2	0.293	0.333	0.366	0.393	0.416	0.433	0.482	0.499	0.505	0.508	0.511	0.511
2.4	0.257	0.294	0.325	0.352	0.374	0.392	0.443	0.462	0.470	0.473	0.477	0.477
2.6	0.226	0.260	0.290	0.315	0.337	0.355	0.408	0.429	0.438	0.442	0.446	0.447
2.8	0.201	0.232	0.260	0.284	0.304	0.322	0.377	0.400	0.410	0.414	0.419	0.420
3.0	0.179	0.208	0.233	0.256	0.276	0.293	0.348	0.373	0.384	0.389	0.395	0.396
3.2	0.160	0.187	0.210	0.232	0.251	0.267	0.322	0.348	0.360	0.366	0.373	0.374
3.4	0.144	0.169	0.191	0.211	0.229	0.244	0.299	0.326	0.339	0.345	0.353	0.354
3.6	0.131	0.153	0.173	0.192	0.209	0.224	0.278	0.305	0.319	0.327	0.335	0.337
3.8	0.119	0.139	0.158	0.176	0.192	0.206	0.259	0.287	0.301	0.309	0.318	0.320
4.0	0.108	0.127	0.145	0.161	0.176	0.190	0.241	0.269	0.285	0.293	0.303	0.306
4.2	0.099	0.116	0.133	0.148	0.163	0.176	0.225	0.254	0.270	0.278	0.290	0.292
4.4	0.091	0.107	0.123	0.137	0.150	0.163	0.211	0.239	0.255	0.265	0.277	0.280
4.6	0.084	0.099	0.113	0.127	0.139	0.151	0.197	0.226	0.242	0.252	0.265	0.268
4.8	0.077	0.091	0.105	0.118	0.130	0.141	0.185	0.213	0.230	0.240	0.254	0.258
5	0.072	0.085	0.097	0.109	0.121	0.131	0.174	0.202	0.219	0.229	0.244	0.248
6	0.051	0.060	0.070	0.078	0.087	0.095	0.130	0.155	0.172	0.184	0.202	0.208
7	0.038	0.045	0.052	0.059	0.065	0.072	0.100	0.122	0.139	0.150	0.171	0.179
8	0.029	0.035	0.040	0.046	0.051	0.056	0.079	0.098	0.113	0.125	0.147	0.158
9	0.023	0.028	0.032	0.036	0.041	0.045	0.064	0.081	0.094	0.105	0.128	0.140
10	0.019	0.022	0.026	0.030	0.033	0.037	0.053	0.067	0.079	0.089	0.112	0.126
12	0.013	0.016	0.018	0.021	0.023	0.026	0.038	0.048	0.058	0.066	0.088	0.106
14	0.010	0.012	0.013	0.015	0.017	0.019	0.028	0.036	0.044	0.051	0.070	0.091
16	0.007	0.009	0.010	0.012	0.013	0.015	0.022	0.028	0.034	0.040	0.057	0.079
18	0.006	0.007	0.008	0.009	0.010	0.012	0.017	0.023	0.028	0.032	0.047	0.071
20	0.005	0.006	0.007	0.008	0.009	0.009	0.014	0.018	0.023	0.027	0.040	0.064
25	0.003	0.004	0.004	0.005	0.005	0.006	0.009	0.012	0.015	0.017	0.027	0.051
30	0.002	0.003	0.003	0.003	0.004	0.004	0.006	0.008	0.010	0.012	0.019	0.042
35	0.002	0.002	0.002	0.002	0.003	0.003	0.005	0.006	0.008	0.009	0.015	0.036
40	0.001	0.001	0.002	0.002	0.002	0.002	0.004	0.005	0.006	0.007	0.011	0.032

注：l、b分别为基础底面的长度和宽度，z_i为基础底面至第i层土中点的距离。

题 1-224 某办公楼地上 24 层，地下 2 层，基础为筏形基础，基础埋深 6.6m，筏板尺寸为 16m × 28.8m，地基采用 CFG 刚性复合地基，荷载效应准永久值组合时的基底平均压力为 400kPa，基础底面以下各土层的参数如表 1-8-15 所示。

题 1-224 表　　表 1-8-15

层号	土的类别	土层厚度（m）	天然重度（kN/m^3）	变形模量E_0（MPa）
④	细砂	15	19.5	28
⑤	中砂	20	20.0	22
⑥	粗砂	20	20.5	25

根据《高层建筑岩土工程勘察标准》JGJ/T 72—2017，计算地基最终平均沉降量最接近下列哪个选项？（沉降经验系数取 1）

（A）54mm　（B）70mm　（C）92mm　（D）105mm

【解】

（1）$l/b = 28.8/16 = 1.8$，查表$z_m = 12.24$，$\xi = 0.476$，砂土取$\beta = 0.50$

则沉降计算深度$z_n = (12.24 + 0.476 \times 16) \times 0.5 = 9.93m$

（2）$l/b = 28.8/16 = 1.8$，$2z/b = 2 \times 9.93/16 = 1.24$，查表$\delta_i = 0.3097$

（3）$s = 1 \times 400 \times 16 \times 1.0 \times \dfrac{0.3097}{28} = 70.8mm$

【点评】

①根据《高层建筑岩土工程勘察标准》附录 C；②无刚性下卧层，η取 1；③先根据基础形状和土类得到沉降计算深度z_n；④注意表中的土层是从基底起算，不是地面起算。

题 1-225 某高层建筑物采用条形基础，基础边长 3m，基础埋深$d = 4.0m$，拟建场地地下水位距地表 1.0m，地基土层分布及主要物理力学指标见表 1-8-16。对应于荷载效应标准永久组合基础底面的平均压力$p = 250kPa$，根据《高层建筑岩土工程勘察标准》JGJ/T 72—2017 估算地基的最终沉降量接近下列哪个选项？（沉降计算至基岩顶面，经验系数取 0.6）

题 1-225 表　　表 1-8-16

层序	土名	层厚（m）	天然重度γ（kN/m^3）	变形模量E_0（MPa）
①	粉质黏土	2.5	18.0	4.5
②	黏土	4.5	18.7	7.5
③	细砂	6.0	19.0	8.5
④	中砂	3.0	19.5	12.5
⑤	基岩	—	—	—

（A）60mm　（B）70mm　（C）90mm　（D）120mm

【解】

（1）$p - p_c = 250 - (18 \times 1 + 8 \times 1.5 + 8.7 \times 1.5) = 206.95kPa$

（2）$s = 0.6 \times \left(\dfrac{169.3}{7.5} \times 3 + \dfrac{63.33}{8.5} \times 6 + \dfrac{37.04}{12.5} \times 3\right) = 72.8mm$

解 1-225 表　　　　表 1-8-17

z_i	$2z/b$	α_i	p_{0i}	E_{si}（MPa）
1.5	1	0.818	169.3	7.5
6	4	0.306	63.33	8.5
10.5	7	0.179	37.04	12.5

【点评】

①根据《高层建筑岩土工程勘察标准》附录 C.0.3；

②《高层建筑岩土工程勘察标准》沉降计算类似《建筑地基基础设计规范》，但采用的是本层中点处的附加应力系数计算，而不是平均附加应力系数。

8.2.3　回弹量和回弹再压缩量——《高层建筑岩土工程勘察标准》第 10.0.8 条、第 10.0.9 条、附录 A

勘察等级为**特级的高层建筑**岩土工程勘察，基础埋深较大时，应分析卸荷引起的地基土回弹和回弹再压缩对工程的不利影响，估算地基土的回弹量和回弹再压缩量，分析地基土应力历史对回弹量的影响。地基的回弹变形量s_r、地基的回弹再压缩量s_{rc}可按下列公式估算。

计算深度应自基坑底面算起，算到坑底以下 1.5 倍基坑开挖深度处，当在计算深度以下尚有软弱下卧土层时，应算至软弱下卧层底部。

（1）正常固结土可按下列公式估算：

$$s_r = \psi_r \sum_{i=1}^{n} \frac{\sigma_{zri}}{E_{ri}} h_i ;\quad \Leftarrow \sigma_{zri} = \delta_m \alpha_i p_c$$

$$s_{rc} = \psi_{rc} \sum_{i=1}^{n} \frac{\sigma_{zrci}}{E_{rci}} h_i \Leftarrow \sigma_{zrci} = \delta_m \alpha_i p_{0c}$$

式中：s_r、s_{rc}——地基的回弹量、回弹再压缩量（mm）；

σ_{zri}——由于基坑开挖卸荷（kPa），引起基础底面处及底面以下第i层土中点处产生向上回弹的附加应力，相当于**该处有效自重压力的减量**，为负值；

σ_{zrci}——基坑开挖卸荷回弹后，随着结构施工**再加荷**，**加至卸除基坑底面以上土的有效自重压力时**，基坑底面及基坑底面以下第i层土**中点产生的附加应力的增量**（kPa），为正值；

ψ_r、ψ_{rc}——回弹量计算经验系数和回弹再压缩量计算经验系数，无经验时可取 1.0；

n——地基变形计算深度范围内所划分的土层数；

h_i——第i层土的厚度（m）；

δ_m——由 Boussinesq 解换算为 Mindlin 解的应力修正系数，可按《高层建筑岩土工程勘察标准》附录 J 确定，当$\delta_m > 1.0$时取$\delta_m = 1.0$；

α_i——按 Boussinesq 解的竖向附加应力系数，可根据表 1-8-14 确定；

p_c——基坑底面处有效自重压力（kPa），地下水位以下用浮重度；

p_{0c}——基坑**开挖卸荷后**，随着结构**施工**基坑底面处**新增的附加压力**；

E_{ri}、E_{rci}——第i层土的回弹模量、回弹再压缩模量（MPa），按表 1-8-18 确定。

回弹模量E_{ri}和回弹再压缩模量E_{rci}　　　　表 1-8-18

$$E_{ri}=(1+e_{ai})\frac{p_d}{e_{bi}-e_{ai}}$$

$$E_{rci}=(1+e_{bi})\frac{p_d}{e_{bi}-e_{ci}}$$

E_{ri}、E_{rci}——第i层土的回弹模量、回弹再压缩模量；

e_{bi}、e_{ai}、e_{ci}——回弹曲线和回弹再压缩曲线上，分别为b_i、a_i、c_i点固结压力下相对稳定后的孔隙比

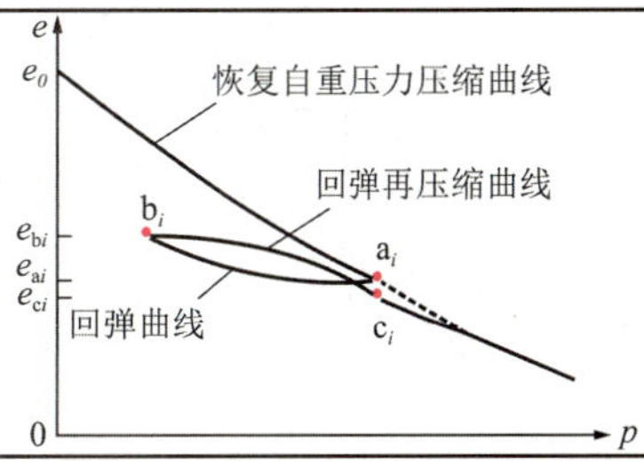

（2）当需分析地基土应力历史对回弹量的影响时，可采用回弹指数C_{si}，按下列公式估算地基回弹量：

$$s_i=\psi_r\sum_{i=1}^{n}\frac{C_{si}h_i}{1+e_{0i}}\lg\left(\frac{p_{czi}+\sigma_{zri}}{p_{czi}}\right)\Leftarrow p_{czi}=p_{ci}\cdot\delta_m$$

式中：e_{0i}——第i层土的初始孔隙比；

C_{si}——坑底开挖面以下第i层土的回弹指数，C_{si}可用e-$\log p$曲线按应力变化范围确定；

p_{czi}——考虑应力修正系数（δ_m）后的第i层土层中心点的原有土层有效自重压力（kPa）；

p_{ci}——第i层土的原有有效自重压力（kPa）。

题 1-226　某高度为 320m 的超高层建筑，基坑长 60m，宽度 50m，无地下水，基坑开挖深度 25m，场地地面以下土层的参数如表 1-8-19 所示。

题 1-226 表　　　　表 1-8-19

土层名称	层底深度（m）	重度γ（kN/m^3）	初始孔隙比e_0	回弹指数C_s
填土	5	17.7		
粉土	22	18.5		
粉质黏土	65	18.2	0.9	0.04
中砂	80（未钻穿）	18.6	0.65	0.01

试根据《高层建筑岩土工程勘察标准》JGJ/T 72—2017，采用回弹指数法计算基坑中心的回弹变形量最接近下列哪个选项？（回弹量计算系数取 1.0）

（A）13.6cm　　（B）15.5cm　　（C）17.6cm　　（D）22.9cm

【解】

（1）计算深度$z_n=1.5\times25=37.5$m

（2）$l/b=60/50=1.2$，$h/b=25/50=0.5$，查表$\delta_m=\dfrac{0.911+0.825}{2}=0.868$

（3）回弹计算土层为 25～62.5m，计算中点为 43.75m

$p_{czi}=0.868\times(17.7\times5+18.5\times17+21.75\times18.2)=693.4$kPa

（4）$p_c=5\times17.7+17\times18.5+3\times18.2=457.6$kPa

$l/b=60/50=1.2$，$2z/b=37.5/50=0.75$，查表$\alpha=0.85$

$\delta_{zri}=0.868\times0.85\times457.6=-337.6$kPa

（5）$s_r=1\times\dfrac{0.04\times37.5}{1+0.9}\times\lg\left(\dfrac{693.4-337.6}{693.4}\right)=-0.229$m

【点评】

①《高层建筑岩土工程勘察标准》第 10.0.8 条、第 10.0.9 条及条文说明、附录 J；②计算深度自基坑底面起，算到坑底以下**1.5 倍基坑开挖深度处**，当计算深度以下尚有软弱下卧层时，应算至软弱下卧层底部；③计算土层中的附加应力计算，和《建筑地基基础设计规范》的平均附加应力不同；④注意计算土层中点的原有土层有效自重应力，应乘以应力修正系数δ_m，公式分子分母直接约掉了，可以不计算查表，根据基坑长宽、挖深查表附录 J。

题 1-227 某高层建筑采用筏板基础，基础平面尺寸 40m × 20m，基础埋深 6m，地面各土层均为正常固结土，勘察时得到土层的参数如表 1-8-20 所示，相应于荷载效应准永久组合作用于基底的压力 300kPa，地下水埋深 5m。根据《高层建筑岩土工程勘察标准》JGJ/T 72—2017，估算地基的回弹再压缩量最接近下列哪个选项？（回弹再压缩量计算经验系数取 0.8，变形计算至③层顶）

题 1-227 表 表 1-8-20

土层	层厚（m）	天然（饱和）重度γ（kN/m^3）	压缩模量E_s	回弹模量E_{ri}	回弹再压缩模量E_{rci}
①粉质黏土	16	18.5	5.2	20.5	18.5
②黏土	10	19.5	8.5	32.1	27.6
③基岩	—	22	不考虑变形		

（A）60mm （B）75mm （C）110m （D）115mm

【解】

（1）$p_c = 5 \times 18.5 + 1 \times 8.5 = 101\text{kPa}$，$p_{0c} = 300 - 101 = 199\text{kPa} > p_c$

（2）表 1-8-21

题 1-227 表 表 1-8-21

z	l	b	l/b	$2z/b$	α
5	40	20	2	0.5	$\frac{0.976+0.932}{2}=0.954$
15	40	20	2	1.5	$\frac{0.658+0.593}{2}=0.6255$

（3）$\frac{h}{B}=\frac{6}{20}=0.3$，$\frac{L}{B}=\frac{40}{20}=2$；$\delta_m = 0.996$

$\sigma_{zrc1} = 0.996 \times 0.954 \times 101 = 95.97\text{kPa}$；$\sigma_{zrc2} = 0.996 \times 0.6255 \times 101 = 62.92\text{kPa}$

（4）$s_{rc} = 0.8 \times \left(\frac{95.97}{18.5} \times 10 + \frac{62.92}{27.6} \times 10\right) = 59.74\text{mm}$

【点评】

①根据《高层建筑岩土工程勘察标准》第 10.0.8 条、附录 C.0.3 和附录 J；②求竖向附加应力系数时，z是基坑底面至第i层土层中点的距离；③z_{rci}为基坑开挖卸荷回弹后，随着结构施工再加荷，加至卸除基坑底面以上土的有效自重压力时，基坑底面及基坑底面以下第i层土中点产生的附加应力的增量（kPa），为正值；④《高层建筑岩土工程勘察标准》的意思是计算当p_{0c}小于p_c时的回弹再压缩量，超过p_c就是正常的压缩变形了。

8.3　桩基础

8.3.1　单桩竖向承载力特征值——《高层建筑岩土工程勘察标准》第 8.3.9 条

单桩竖向承载力特征值R_a可按下式确定：

$$R_a = Q_u/K$$

式中：R_a——单桩竖向承载力特征值（kN）；

Q_u——单桩竖向极限承载力（kN）；

K——安全系数，按本标准所列计算式估算的Q_u值，均可取$K = 2.0$。

8.3.2　嵌岩桩——《高层建筑岩土工程勘察标准》第 8.3.12 条

对嵌入中等风化和微风化岩石中的嵌岩灌注桩，可根据岩石的坚硬程度、单轴抗压强度和岩体完整程度，按下式估算单桩极限承载力：

$$Q_u = u_s\sum_{i=1}^{n} q_{sis} l_i + u_r\sum_{i=1}^{n} q_{sir} h_{ri} + q_{pr} A_p$$

式中：Q_u——嵌入中等风化、微风化岩石中的灌注桩单桩竖向极限承载力（kN）；

u_s、u_r——分别为桩身在土、全风化、强风化岩石和中等、微风化岩石中的周长（m）；

q_{sis}、q_{sir}——分别为第i层土、岩的极限侧阻力（kPa），q_{sis}可按现行行业标准《建筑桩基技术规范》确定，q_{sir}可按表 1-8-22 经地区经验验证后确定；

q_{pr}——岩石极限端阻力（kPa），应按《高层建筑岩土工程勘察标准》附录 E 大直径桩端阻力载荷试验要点确定，岩石极限侧阻力宜用载荷试验确定，当无条件进行载荷试验时，可按表 1-8-22 经地区经验验证后确定；

h_{ri}——桩身全断面嵌入第i层中风化、微风化岩石内长度（m）；

Q_u——桩底端面积（m^2）。

嵌岩灌注桩岩石极限侧阻力、极限端阻力经验值　　　　表 1-8-22

岩石风化程度	岩石饱和单轴极限抗压强度标准值f_{rk}（MPa）	岩体完整程度	岩石极限侧阻力 q_{sir}（kPa）	岩石极限端阻力 q_{pr}（kPa）
中等风化	软岩 $5 < f_{rk} \leqslant 15$	极破碎、破碎	300～800	3000～9000
中等风化或微风化	较软岩 $15 < f_{rk} \leqslant 30$	较破碎	800～1200	9000～16000
微风化	较硬岩 $30 < f_{rk} \leqslant 60$	较完整	1200～2000	16000～32000

注：1. 表中极限侧阻力和极限端阻力适用于孔底残渣厚度为 50～100mm 的钻孔、冲孔、旋挖灌注桩；对于残渣厚度小于 50mm 的钻孔、冲孔灌注桩和无残渣挖孔桩，极限端阻力按表中数值乘以 1.1～1.2；

2. 对于扩底桩，扩大头斜面及斜面以上直桩部分 1.0～2.0m 不计侧阻力（扩大头直径大者取大值，反之取小值）；

3. 风化程度愈弱、抗压强度愈高、完整程度愈好、嵌入深度愈大，其侧阻力、端阻力可取较高值，反之取较低值，也可根据f_{rk}值按内插法求取；

4. 对于软质岩，单轴极限抗压强度可采用天然湿度试样进行，不经饱和处理。

8.3.3 预制桩——《高层建筑岩土工程勘察标准》第 8.3.11 条、第 8.3.13 条、附录 D

1. 单桩竖向极限承载力——《高层建筑岩土工程勘察标准》附录 D

可按下式估算预制桩单桩竖向极限承载力：

$$Q_u = u\sum q_{sis}l_i + q_{ps}A_p$$

式中：q_{sis}——第i层土的极限侧阻力（kPa）；

q_{ps}——桩端土极限端阻力（kPa）。

2. 旁压试验确定侧阻、端阻——《高层建筑岩土工程勘察标准》第 8.3.13 条

预制桩的桩周土极限侧阻力q_{sis}可根据旁压试验曲线的极限压力p_L，按表 1-8-23 确定；桩端土的极限端阻力q_{ps}可按下列公式估算：

黏性土： $q_{ps} = 2p_L$

粉土： $q_{ps} = 2.5p_L$

砂土： $q_{ps} = 3p_L$

预制桩的桩周极限侧阻力q_{sis}（kPa）（可插值） **表 1-8-23**

土性	旁压试验曲线的极限压力p_L（kPa）												
	200	400	600	800	1000	1200	1400	1600	1800	2000	2200	2400	2600
黏性土	10	24	36	50	64	74	80	86	90				
粉土		24	40	52	66	76	84	92	96	98	100		
砂土		24	40	54	68	84	94	100	106	110	114	118	120

题 1-228 （22C10）某高层建筑拟采用预制桩桩筏基础，勘察报告揭示的地层条件及每层土的旁压试验极限压力值如图 1-8-2 所示，筏板底面埋深为自然地面下 5.0m，预制桩为方形桩，截面尺寸为 0.5m × 0.5m，桩端进入⑤层中粗砂 1.0m，根据《高层建筑岩土工程勘察标准》JGT/T 72—2017，估算预制桩单轴竖向抗压承力特征值最接近下列哪个选项?

（A）2600kN （B）2200kN

（C）1300kN （D）1100kN

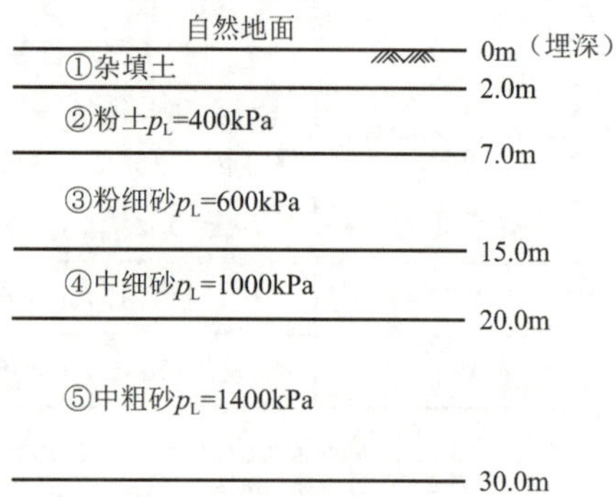

图 1-8-2 题 1-228 图

【解】

（1）粉土，$q_{sis} = 24\text{kPa}$

粉细砂，$q_{sis} = 40\text{kPa}$

中细砂，$q_{sis} = 68\text{kPa}$

中粗砂，$q_{sis} = 94\text{kPa}$，$q_{ps} = 3 \times 1400 = 4200\text{kPa}$

（2）$Q_u = 0.5 \times 4 \times (2 \times 24 + 8 \times 40 + 5 \times 68 + 1 \times 94) + 0.5^2 \times 4200 = 2654\text{kN}$

$R_a = \dfrac{2654}{2} = 1327\text{kN}$

【点评】

①根据《高层建筑岩土工程勘察标准》第 8.3.9 条、第 8.3.13 条；②计算得到的侧阻力和端阻力为极限值，计算特征值时应除以安全系数，可取 2。

3. 标贯试验确定侧阻、端阻——《高层建筑岩土工程勘察标准》附录 D

标贯试验确定侧阻、端阻分别按表 1-8-24 和表 1-8-25。

用标准贯入实测击数N测求混凝土预制桩极限侧阻力q_{sis}　　表 1-8-24

土的名称	标准贯入试验实测击数N（击）	混凝土预制桩极限侧阻力q_{sis}（kPa）
淤泥	$N<3$	14～20
淤泥质土	$3<N\leqslant 5$	22～30
黏性土	流塑$N\leqslant 2$	24～40
	软塑$2<N\leqslant 4$	40～55
	可塑$4<N\leqslant 8$	55～70
	硬可塑$8<N\leqslant 15$	70～86
	硬塑$15<N\leqslant 30$	86～98
	坚硬$N>30$	98～105
粉土	稍密$2<N\leqslant 6$	26～46
	中密$6<N\leqslant 12$	46～66
粉土	密实$12<N\leqslant 30$	66～88
粉细砂	稍密$10<N\leqslant 15$	24～48
	中密$15<N\leqslant 30$	48～66
	密实$N>30$	66～88
中砂	中密$15<N\leqslant 30$	54～74
	密实$N>30$	74～95
粗砂	中密$15<N\leqslant 30$	74～95
	密实$N>30$	95～116
砾砂	密实$N>30$	116～138
全风化软质岩	$30<N\leqslant 50$	100～120
全风化硬质岩	$40<N\leqslant 70$*	140～160
强风化软质岩	$N>50$	160～240
强风化硬质岩	$N>70$*	220～300

注：1. 全风化、强风化软质岩和全风化、强风化硬质岩系指其母岩分别为$f_{rk}\leqslant 15$MPa、$f_{rk}>30$MPa的岩石；
2. 单桩极限承载力最终宜通过单桩静载荷试验确定；
3. 表中数据可根据地区经验作适当调整；
4. 带*者，主要适用于花岗岩、花岗片麻岩和火山凝灰岩硬质岩。

用标准贯入试验实测击数N测求混凝土预制桩极限端阻力q_{ps}（kPa）　　表1-8-25

<table>
<tr><td>土层类别</td><td colspan="2">强风化软质岩
$N>50$
强风化硬质岩
$N>70$*</td><td colspan="2">全风化软质岩
$30<N\leqslant 50$
全风化硬质岩
$40<N\leqslant 70$*</td><td>$15<N\leqslant(40)$
中密—密实
中、粗、砾砂</td><td colspan="2">$4<N\leqslant(40)$
可塑—坚硬黏性土</td><td colspan="2">$6<N\leqslant 30$
中密—密实粉土</td></tr>
<tr><td>入土深度（m）</td><td>硬质岩</td><td>软质岩</td><td>硬质岩</td><td>软质岩</td><td>中密、密实
$N=15$～(40)</td><td>硬塑、坚硬
$N=15$～(40)</td><td>可塑、硬可塑
$N=4$～15</td><td>密实
$N=12$～30</td><td>中密
$N=6$～12</td></tr>
<tr><td><9</td><td rowspan="2">7000～9000</td><td rowspan="2">6000～7500</td><td rowspan="2">5000～6500</td><td rowspan="2">4000～5000</td><td>4000～7500</td><td>2500～3800</td><td>850～2300</td><td>1500～2600</td><td>950～1700</td></tr>
<tr><td>9～16</td><td>5500～9500</td><td>3800～5500</td><td>1400～3300</td><td>2100～3000</td><td>1400～2100</td></tr>
<tr><td>16～30</td><td rowspan="2">9000～11000</td><td rowspan="2">7500～9000</td><td rowspan="2">6500～8000</td><td rowspan="2">5000～6000</td><td>6500～10000</td><td>5500～6000</td><td>1900～3600</td><td>2700～3600</td><td>1900～2700</td></tr>
<tr><td>>30</td><td>7500～11000</td><td>6000～6800</td><td>2300～4400</td><td>3600～4400</td><td>2500～3400</td></tr>
</table>

注：1. 表中极限端阻力q_{ps}可根据标准贯入试验实测击数用插入法求取，表中N值带(　)者，系为插入法用；
2. 表中中密—密实的中砂、粗砂、砾砂的q_{ps}范围值，中砂取小值，粗砂取中值，砾砂取大值；
3. 表中数据可根据地区经验作适当调整；
4. 带*者，主要适用于花岗岩、花岗片麻岩和火山凝灰岩硬质岩。

题1-229　某高层建筑采用桩筏基础，筏板埋深6.5m，勘察标贯资料如表1-8-26所示，采用预制混凝土方桩，桩断面尺寸为400mm×400mm，有效桩长18m，持力层为密实中砂层，按《高层建筑岩土工程勘察标准》JGJ/T 72—2017，估算单桩竖向承载力特征值最接近下列哪个选项？

题1-229表　　表1-8-26

层序	土名	层底深度	实测标贯击数N（击）
1	填土	2.0	7
2	黏性土	13.0	15
3	细砂	21.0	23
4	中砂	32.0	30

（A）1650kN　（B）1700kN　（C）3300kN　（D）3400kN

【解】

（1）黏性土，$N=15$，q_{sis}=86kPa

细砂，$N=23$，插值q_{sis}=57.6kPa

中砂，$N=30$，q_{sis}=74kPa

（2）入土深度$6.5+18=24.5\text{m}\in(16,30)$，$N=30$，插值$q_{ps}=8600\text{kPa}$

（3）$R_a=\frac{1}{2}\times[4\times0.4\times(86\times6.5+57.6\times8+74\times3.5)+8600\times0.4^2]=1711\text{kN}$

【点评】

①根据《高层建筑岩土工程勘察标准》附录D和第8.3.11条；②极限侧阻力和极限端阻力可按表格数据内插计算；③注意题目问法是单桩竖向极限承载力还是单桩竖向承载力特征值。

8.3.4　钻孔灌注桩——《高层建筑岩土工程勘察标准》第 8.3.13 条

可按下式估算钻孔灌注桩单桩竖向极限承载力：

$$Q_{\mathrm{u}} = u\sum q_{\mathrm{sis}}l_i + q_{\mathrm{ps}}A_{\mathrm{p}}$$

式中：q_{sis}——第i层土的极限侧阻力（kPa），可按预制桩的 70%～80%采用；

q_{ps}——桩端土极限端阻力（kPa），可按预制桩的 30%～40%采用。

8.3.5　桩基沉降——《高层建筑岩土工程勘察标准》第 8.3.14 条、第 8.3.15 条、附录 F

1）详细勘察阶段，桩基沉降验算宜根据工程性质及设计要求，按现行国家标准《建筑地基基础设计规范》计算最终沉降量，亦可在取得地区经验后用有关原位测试参数按《高层建筑岩土工程勘察标准》附录 F 估算。

2）对需估算桩基最终沉降量的高层建筑，应提供土试样压缩曲线、地基土在有效自重压力至有效自重压力加附加压力之和时的压缩模量E_{s}。对无法或难以采取不扰动土样的土层，可在取得地区经验后根据原位测试参数按《高层建筑岩土工程勘察标准》附录 F 表 F.0.2 换算土的压缩模量E_{s}值。

3）**原位测试参数估算群桩基础最终沉降量**

（1）用原位测试参数换算土压缩模量E_{s}，或直接用原位测试参数估算预制群桩基础沉降量的方法适用于一般黏性土、粉土和砂土地基，应符合下列规定：

①桩中心距小于 $6d$、排列密集的预制桩群桩基础；

②桩基承台、桩群和桩间土可视为实体基础，不计入沿桩身的应力扩散；

③沉降计算深度自桩端全断面平面算起，算至有效附加压力等于土有效自重压力的 20%处，有效附加压力应计入相邻基础影响。

（2）对无法或难以采取不扰动土试样的填土、粉土、砂土和深部土层，可根据静力触探试验、标准贯入试验和旁压试验测试参数按表 1-8-27 的经验关系换算土的压缩模量E_{s}值，此压缩模量为有效自重压力至有效自重压力加附加压力之和段的压缩模量。

土的压缩模量E_{s}与原位测试参数的经验关系　　　　**表 1-8-27**

原位测试方法	土性	E_{s}（MPa）	适用深度（m）	适用范围值
静力触探试验	一般黏性土	$E_{\mathrm{s}} = 3.3p_{\mathrm{s}} + 3.2$ $E_{\mathrm{s}} = 3.7q_{\mathrm{c}} + 3.4$	15～70	$0.8 \leqslant p_{\mathrm{s}} \leqslant 5.0$（MPa） $0.7 \leqslant q_{\mathrm{c}} \leqslant 4.0$（MPa）
	粉土及粉细砂	$E_{\mathrm{s}} = (3\sim4)p_{\mathrm{s}}$ $E_{\mathrm{s}} = (3.4\sim4.4)q_{\mathrm{c}}$	20～80	$3.0 \leqslant p_{\mathrm{s}} \leqslant 25.0$（MPa） $2.6 \leqslant q_{\mathrm{c}} \leqslant 22.0$（MPa）
标准贯入试验	粉土及粉细砂	$E_{\mathrm{s}} = (1\sim1.2)N$	< 120	$10 \leqslant N \leqslant 50$（击）
	中、粗砂	$E_{\mathrm{s}} = (1.5\sim2)N$		
旁压试验	一般黏性土	$E_{\mathrm{s}} = (0.7\sim1)E_{\mathrm{m}}$	> 10	—
	粉土	$E_{\mathrm{s}} = (1.2\sim1.5)E_{\mathrm{m}}$		
	粉细砂	$E_{\mathrm{s}} = (2\sim2.5)E_{\mathrm{m}}$		
	中、粗砂	$E_{\mathrm{s}} = (3\sim4)E_{\mathrm{m}}$		

注：表中经验公式仅适用于桩基，使用前应根据地区资料进行验证。

（3）预制群桩基础最终沉降量可按下列公式估算：

$$s=\eta\psi_{s1}\psi_{s2}\sum_{i=1}^{n}\frac{p_{0i}h_i}{E_{si}}$$

式中：s——桩基最终沉降量（mm）；

h_i——桩端下第i土层的厚度（m）；

η——桩端入土深度修正系数，$\eta=1-(0.5p_{cz})/p_0$，$\eta<0.3$ 时，取 0.3；

p_{cz}——桩端处土的有效自重压力（kPa）；

p_0——对应于荷载效应准永久组合时的桩端处的有效附加压力（kPa）；

ψ_{s1}——桩侧土性修正系数，当桩侧土有层厚不小于 $0.3B$（B为等效基础宽度）的硬塑状的黏性土或中密—密实砂土时，$\psi_{s1}=0.7\sim0.8$；可塑状黏性土或稍密砂土时，$\psi_{s1}=1$；流塑状淤泥质土时，$\psi_{s1}=1.2$；

ψ_{s2}——桩端土性修正系数，当桩端下有层厚$\geqslant0.5B$的硬塑状的黏性土或中密—密实砂土时，$\psi_{s2}=0.8$；可塑状黏性土或稍密砂土时，$\psi_{s2}=1$；流塑状淤泥质土时，$\psi_{s2}=1.1$；

p_{0i}——桩端下第i土层中的平均有效附加压力（kPa）（采用 Boussinesq 应力分布解）；

E_{si}——桩端下第i土层中的平均压缩模量（MPa），可按表 1-8-27 确定。

（4）采用静力触探试验或标准贯入试验方法估算桩基础最终沉降量，可按下列公式计算：

$$s=\psi_s\frac{p_0}{2}B\eta/(3.3\overline{p}_s)\text{或}s=\psi_s\frac{p_0}{2}B\eta/(4\overline{q}_c)\text{或}s=\psi_s\frac{p_0}{2}B\eta/\overline{N}$$

式中：s——桩基最终沉降量（mm）；

ψ_s——桩基沉降估算经验系数，应根据类似工程条件下沉降观测资料和经验确定；

B——等效基础宽度（m），$B=\sqrt{A}$；A为等效基础面积（m²）；

η——桩端入土深度修正系数，$\eta=1-\frac{0.5p_{cz}}{p_0}$，$\eta<0.3$ 时，取 0.3；

$\overline{p}_s$——取 1 倍B范围内静探比贯入阻力按厚度修正平均值（MPa）；

$\overline{q}_c$——取 1 倍B范围内静探锥尖阻力按厚度修正平均值（MPa）；

$\overline{N}$——取 1 倍B范围内标准贯入试验击数按厚度修正平均值，计算方法与静力触探计算方法相同。

（5）静力触探比贯入阻力按厚度修正平均值$\overline{p}_s$可按下式计算：

$$\overline{p}_s=\sum_{i=1}^{n}p_{si}I_{si}h_i/(0.5B)$$

式中：p_{si}——桩端以下第i层土的比贯入阻力（MPa）；

I_{si}——第i层土应力衰减系数，取该层土深度中点处与桩端处为 1.0，1 倍等效基础宽度深度处为 0 的应力三角形交点值（图 1-8-3）；

h_i——桩端下第i土层的厚度（m）。

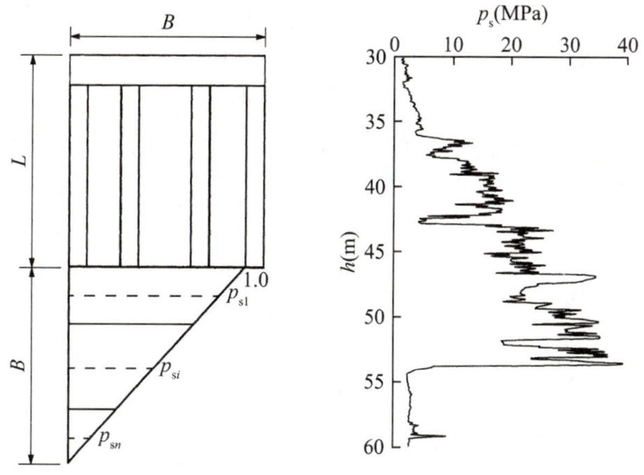

图 1-8-3　$\overline{p}_s$计算方法示意图

题 1-230　某高层建筑物采用桩基础，等效基础面积为 400m²，承台埋深 3.5m，桩长 8m，相应于准永久组合时的桩端处有效附加应力$p_0 = 300$kPa，地下水位埋深 4.5m，勘察时自地面下土层和静探数据如表 1-8-28 所示，根据《高层建筑岩土工程勘察标准》JGJ/T 72—2017 计算该桩基础的最终沉降量为多少？（桩基沉降经验系数取 1.0）

题 1-230 表　　　　**表 1-8-28**

序号	土层名称	层底埋深	重度（kN/m³）	p_s（MPa）
1	填土	2.5	18.5	2.3
2	粉砂	15.5	19.2	4.9
3	粉土	22.5	19.5	1.4
4	粉质黏土	36.5	19.5	2.4

（A）180mm　　（B）220mm　　（C）240mm　　（D）250mm

【解】

（1）$B = \sqrt{400} = 20\text{m}$

$$p_{cz} = 18.5 \times 2.5 + 19.2 \times 2 + 9.2 \times 7 = 149.1\text{kPa} \Rightarrow \eta = 1 - 0.5 \times \frac{149.1}{300} = 0.75$$

（2）$z_1 = 2\text{m}$，$I_{s1} = \dfrac{18}{20} \times 1 = 0.9$

$$z_2 = 4 + \frac{7}{2} = 7.5\text{m}，I_{s2} = \frac{20 - 7.5}{20} \times 1 = 0.625$$

$$z_3 = 11 + \frac{9}{2} = 15.5\text{m}，I_{s2} = \frac{20 - 15.5}{20} \times 1 = 0.225$$

（3）$\overline{p}_s = \dfrac{4.9 \times 0.9 \times 4 + 1.4 \times 0.625 \times 7 + 2.4 \times 0.225 \times 9}{0.5 \times 20} = 2.86\text{MPa}$

（4）$s = \dfrac{1.0 \times \dfrac{300}{2} \times 20 \times 0.75}{3.3 \times 2.86} = 238.4\text{mm}$

【点评】

①依据《高层建筑岩土工程勘察标准》附录 F；②注意桩端入土深度修正系数$\eta < 0.3$时，取$\eta = 0.3$；③2022 年首次考查了两道高层规范的案例题，要引起重视。

题 1-231 某高层建筑物采用方形桩筏基础，边长 25m，承台埋深 3.5m，桩长 8m，相应于准永久组合时的桩端处有效附加应力$p_0 = 300\text{kPa}$，地下水位埋深 5.5m，勘察时自地面下土层和静探数据如表 1-8-29 所示，根据《高层建筑岩土工程勘察标准》JGJ/T 72—2017 计算该桩基础的最终沉降量最接近下列哪个选项？（桩基沉降经验系数取 0.6，沉降深度计算至 4 层底）

题 1-231 表 表 1-8-29

序号	土层名称	层底埋深	重度（kN/m^3）	q_c（MPa）
1	填土	2.5	18.5	2.3
2	粉砂	15.5	19.2	3.4
3	粉土	22.5	19.5	6.5
4	粉质黏土	36.5	19.5	2.4

（A）95mm （B）115mm （C）160mm （D）195mm

【解】

（1）$p_{cz} = 18.5 \times 2.5 + 19.2 \times 3 + 9.2 \times 6 = 159.1\text{kPa} \Rightarrow \eta = 1 - 0.5 \times \dfrac{159.1}{300} = 0.735$

（2）$z_1 = 2\text{m}$，$I_{s1} = \dfrac{25-2}{25} \times 1 = 0.92$

$z_2 = 4 + \dfrac{7}{2} = 7.5\text{m}$，$I_{s2} = \dfrac{25-7.5}{25} \times 1 = 0.7$

$z_3 = 11 + \dfrac{14}{2} = 18\text{m}$，$I_{s3} = \dfrac{25-18}{25} \times 1 = 0.28$

（3）$\overline{q}_c = \dfrac{3.4 \times 0.92 \times 4 + 6.5 \times 0.7 \times 7 + 2.4 \times 0.28 \times 14}{0.5 \times 25} = 4.3\text{MPa}$

（4）$s = \dfrac{0.6 \times \dfrac{300}{2} \times 25 \times 0.735}{4 \times 4.3} = 96.15\text{mm}$

【点评】

①依据《高层建筑岩土工程勘察标准》附录 F；②注意桩端入土深度修正系数$\eta < 0.3$时，取$\eta = 0.3$。

8.4　地下室抗浮

8.4.1　抗浮桩——《高层建筑岩土工程勘察标准》第 8.6.9~8.6.11 条

（1）初步设计时，非整体破坏时，抗浮桩的**单桩抗拔极限承载力**Q_{ul}可按下式计算：

$$Q_{ul}=\sum\lambda_i q_{si}u_i l_i$$

（2）**群桩**可能发生整体破坏时，**单桩抗拔极限承载力**Q_{ul}可按下式计算：

$$Q_{ul}=\frac{1}{n}\sum\lambda_i q_{si}u_l l_i$$

（3）抗浮桩**抗拔承载力特征值**F_{a1}可按下式计算：

$$F_{a1}=\frac{Q_{ul}}{2}$$

式中：Q_{ul}——单桩抗拔极限承载力（kN）；

u_i——桩的破坏表面周长（m），对于等直径桩取$u_i=\pi d$，对于扩底桩按表 1-8-30 取值；

q_{si}——桩侧表面第i层岩土的抗压极限侧阻力（kPa）；应按现行行业标准《建筑桩基技术规范》确定；

λ_i——第i层土的抗拔系数，当无当地经验时，可按表 1-8-31 取值；

l_i——第i层土的桩长（m）；

u_l——桩群外围周长；

n——桩群内的桩数；

F_{a1}——抗浮桩抗拔承载力特征值（kN）。

扩底桩破坏表面周长　　　　**表 1-8-30**

自桩底起算的长度l_i	$\leqslant 5d$	$>5d$	D——桩的扩底直径（m）； d——桩身直径（m）
u_i	πD	πd	

第i层土得抗拔系数λ_i　　　　**表 1-8-31**

桩型	预制桩		泥浆护壁的冲孔			
土、岩类别	砂土	黏性土、粉土	砂土	黏性土、粉土	全风化、强风化岩	中等风化、微风化岩
λ_i	0.5～0.7	0.7～0.8	0.4～0.6	0.5～0.7	0.7～0.8	0.8～0.9

注：1. 桩长l与桩径d之比小于 20 时，λ_i取较小值，反之取较大值；
2. 砂土、粉土密度较小、黏性土状态较软者，λ_i取较小值，反之取较大值；
3. 风化程度越强取较小值，反之取较大值；
4. 表中λ_i值在有充分试验依据的条件下，可根据地区经验作适当调整。

注：非整体破坏与整体破坏时的抗拔验算过程同《建筑桩基技术规范》。

8.4.2　抗浮锚杆——《高层建筑岩土工程勘察标准》第 8.6.12 条

抗浮锚杆承载力特征值可按下式估算：

$$F_{a2} = \sum f_{sai} u_i l_i$$

式中：F_{a2}——抗浮锚杆抗拔承载力特征值（kN）；

u_i——锚固体周长（m），对于等直径锚杆取$u_i = \pi d$（d为锚固体直径）；

f_{sai}——第i层岩土体与锚固体粘结强度特征值（kPa），宜按现行国家标准《建筑边坡工程技术规范》确定。

题 1-232　某高层建筑裙楼地下室抗浮采用旋挖灌注抗浮桩，初步设计时单桩抗浮桩承载力特征值为 600kN，设计桩径 600mm，扩底直径 1.0m，桩顶以下土层见表 1-8-32。

题 1-232 表　　　　**表 1-8-32**

土层名称	厚度（m）	天然重度（kN/m³）	极限侧阻力标准值q_{sik}（kPa）	极限端阻力标准值q_{pk}（kPa）
粉质黏土	4	18.2	35	1400
粉土	10	19.0	42	1600
细砂	20	18.6	48	2200

试根据《高层建筑岩土工程勘察标准》JGJ/T 72—2017，计算抗浮桩的设计桩长最小为下列哪个选项？（查表抗拔系数取高值）

（A）19.4m　　（B）20.5m　　（C）27.2m　　（D）28.7m

【解】

（1）$Q_{ul} = 2 \times 600 = 1200\text{kN}$

假设扩底部分全部位于粉土层，设桩长为l，则需满足$7\text{m} < l < 14\text{m}$

则：$0.7 \times 3.14 \times 0.6 \times 4 \times 35 + 0.7 \times 3.14 \times 1 \times 3 \times 42 + 0.7 \times 3.14 \times 0.6 \times (l - 7) \times 42 = 1200$

解得$l = 20.33\text{m}$，不符合要求

（2）假设扩底部分全部位于细砂层，设桩长为l，则需满足$17\text{m} < l < 34\text{m}$

$0.7 \times 3.14 \times 0.6 \times 4 \times 35 + 0.7 \times 3.14 \times 0.6 \times 10 \times 42 + 0.6 \times 3.14 \times 0.6 \times (l - 17) \times 48 + 0.6 \times 3.14 \times 1 \times 3 \times 48 = 1200$

解得$l = 20.5\text{m}$

符合要求，取$l = 20.5\text{m}$

【点评】

①根据《高层建筑岩土工程勘察标准》第 8.6.9～8.6.11 条，扩底桩破坏表面周长计算πD的高度为 $5d$；②抗浮桩抗拔承载力特征值取极限值的一半；③根据选项直接判断扩底部分位于细砂层可节约计算时间。

第 9 章

其他勘察类偏僻规范

本章为非重点内容，可在第二轮时复习。

本章包含**《水利水电工程地质勘察规范》《水运工程岩土勘察规范》《公路工程地质勘察规范》《铁路工程地质勘察规范》《城市轨道交通岩土工程勘察规范》**五本规范。五本规范中的重要案例考点（例如岩土分类、载荷试验、渗透破坏、围岩分级、特殊岩土和特殊地质等）已经收录在主要规范相应章节，其中**《公路工程地质勘察规范》**和**《铁路工程地质勘察规范》**一般考查结合常规考点出题，然后在规范上查表，如**《铁路工程地质勘察规范》**附录 C 可结合土的物理性质查表地表极限承载力 p_u（见本书附录 K）。

其他非重要案例知识点历年考查非常少，了解即可，学习性价比不高，不建议花太多时间。为了减轻学习任务，提高学习性价比，本章不再一一罗列五本规范上的偏僻考点。

9.1.1 《水利水电工程地质勘察规范》

（1）**渗透变形和允许水力坡降**——《水利水电工程地质勘察规范》附录 G

渗透变形和允许水力坡降计算总结见表 1-9-1。

渗透变形和允许水力坡降 **表 1-9-1**

（1）无黏性土渗透变形判别：

<table>
<tr><th>类型</th><th colspan="2">判别方法</th><th colspan="2">临界水力坡降 i_{cr}</th><th>重要参数</th></tr>
<tr><td rowspan="2">流土</td><td colspan="2">$C_u \leqslant 5$</td><td colspan="2" rowspan="2">$(G_s - 1)(1 - n)$</td><td rowspan="7">$C_u = \frac{d_{60}}{d_{10}}$
P——细颗粒含量；对级配连续的土，粗细颗粒的区分粒径为：$d = \sqrt{d_{70} \cdot d_{10}}$对于级配不连续的土（颗粒大小分布曲线上至少有一个以上粒组的颗粒含量小于或等于 3%的土），取颗粒级配曲线平缓段的平均粒径或最小粒径；
n——孔隙率；
k——渗透系数（cm/s）</td></tr>
<tr><td>$C_u > 5$</td><td>$P \geqslant 35\%$</td></tr>
<tr><td>过渡型</td><td rowspan="2">$C_u > 5$</td><td>$25\% \leqslant P < 35\%$</td><td rowspan="2">$2.2(G_s - 1)(1 - n)^2 \frac{d_5}{d_{20}}$</td><td>—</td></tr>
<tr><td>管涌</td><td>$P < 25\%$</td><td>$42d_3/\sqrt{k/n^3}$</td></tr>
<tr><td>不发生接触冲刷</td><td colspan="2">两层土均$C_u \leqslant 10$且$D_{10}/d_{10} \leqslant 10$</td><td colspan="2" rowspan="3">$D_{10(15、20)}$、$d_{10(85、70)}$——分别为粗颗粒和细颗粒，小于该粒径的土含量占总质量的百分比分别为 10%（15%、20%）、10%（85%、70%）</td></tr>
<tr><td rowspan="2">不发生接触流失</td><td rowspan="2">渗流向上</td><td>$C_u \leqslant 5$且$D_{15}/d_{85} \leqslant 5$</td></tr>
<tr><td>$C_u \leqslant 10$且$D_{20}/d_{70} \leqslant 7$</td></tr>
</table>

<table>
<tr><td>（2）允许水力坡降：
$i_{允许} = \frac{i_{cr}}{K}$</td><td>$K$——安全系数，可取 1.5～2.0，当渗透稳定对水工建筑物的危害较大时，取 2 的安全系数；对于特别重要的工程也可用 2.5 的安全系数</td></tr>
</table>

题 1-233 （14D01）某小型土石坝坝基土的颗粒分析成果见表 1-9-2，该土属级配连续的土，孔隙率为 33%，土粒比重为 2.66，根据区分粒径确定的细颗粒含量为 32%。试根据《水利水电工程地质勘察规范》GB 50487—2008 确定坝基渗透变形类型及估算最大允许水力比降值为下列哪一选项？（安全系数取 1.5）

题 1-233 表　　表 1-9-2

土粒直径（mm）	0.025	0.038	0.07	0.31	0.40	0.7
小于某粒径的土质量百分比（%）	5	10	20	60	70	100

（A）流土型，0.74　　（B）管涌型，0.58

（C）过渡型，0.58　　（D）过渡型，0.39

【解】

（1）$C_u=\dfrac{d_{60}}{d_{10}}=\dfrac{0.31}{0.038}=8.2>5$，且$P=32\%$，介于 25%～35%，为过渡型

（2）$J_{cr}=2.2(G_s-1)(1-n)^2\dfrac{d_5}{d_{20}}=2.2\times(2.66-1)(1-0.33)^2\times\dfrac{0.025}{0.07}=0.585$

（3）$J_{允许}=\dfrac{J_{cr}}{K}=\dfrac{0.585}{1.5}=0.39$

【点评】

①根据《水利水电工程地质勘察规定》附录 G；②本题容易忽视允许水力比降与临界水力比降，两者差个安全系数。

【同类型真题】21C02、11D03、05D21

题 1-234 （22 补考 D03）某堤防工程段分布厚层土，层厚大于 20m，土粒比重$G_s=2.67$，孔隙比$e=0.70$，颗粒级配见图 1-9-1。根据《水利水电工程地质勘察规范》GB 50487—2008，判断可能的渗透变形类型及临界水力梯度，正确的是下列哪个选项？

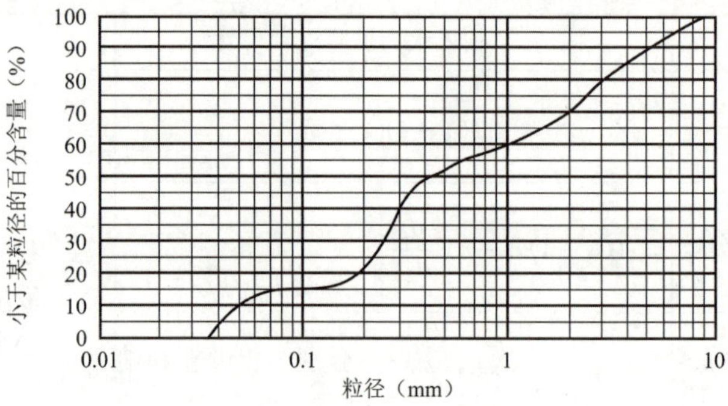

图 1-9-1　题 1-234 图

（A）流土，0.50　　（B）流土，0.98

（C）管涌，0.50　　（D）管涌，0.98

【解】

（1）查图$d_{60}=1\text{mm}$，$d_{10}=0.05\text{mm}$，$d_{70}=2\text{mm}$，$C_u=\dfrac{1}{0.05}=20>5$

（2）由图可知为级配连续土：$d=\sqrt{2\times0.05}=0.316\text{mm}$，$P\approx42\%>35\%$，流土

（3）$J_{cr}=\dfrac{2.67-1}{1+0.7}=0.982$

【点评】

①根据《水利水电工程地质勘察规范》附录 G.0.3～G.0.6；②本题各个粒组的颗粒含量均大于 3%，属于级配连续的图，根据规范采用C_u和细粒含量判定渗透破坏类别，流土的临界水力梯度J_{cr}可采用孔隙比公式直接计算。

（2）**《水利水电工程地质勘察规范》第 5.14.3 条，可行性研究阶段工程地质勘察：初查储量**与实际储量的误差不应超过 40%；初查储量不得少于设计需要量的 **3 倍**。

《水利水电工程地质勘察规范》第 6.20.3 条，初步设计阶段工程地质勘察：详查储量与实际储量的误差不应超过 15%，详查储量不得少于设计需要量的 **2 倍**。

题 1-235（09C01 改编）某水利工程需填方，要求填土干重度为$\gamma_d = 17.8\text{kN/m}^3$。需填方量 40 万 m³，对采料场勘察结果为：土的比重$G_s = 2.7$，含水率$w = 15.2\%$，孔隙比$e = 0.823$。问初步设计阶段，该料场储量至少要达到下列哪个选项（以万 m³ 计）才能满足要求？

（A）48　　（B）72　　（C）96　　（D）144

【解】

（1）$\gamma_{d1} = \dfrac{2.7}{1 + 0.823} \times 10 = 14.81\text{kN/m}^3$

（2）$14.81V_1 = 17.8 \times 40$，解得：$V_1 = 48.1$万 m³

（3）$V_1' = 2 \times 48.1 = 96.2$万 m³

【点评】

①根据《水利水电工程地质勘察规范》第 6.20.3 条；②初步设计阶段，天然建筑材料的详查储量不得少于设计需要量的 2 倍；③原真题为公路填方，但 2011 年版《公路工程地质勘察规范》已经删除 2 倍储量要求，进行了改编。

（3）**《水利水电工程地质勘察规范》附录 E.0.4 条**：岩体抗剪断强度参数按峰值强度平均值取值。抗剪强度参数对于脆性破坏岩体按残余强度与比例极限强度二者的小值作为标准值，对于塑性破坏岩体取屈服强度作为标准值。规划阶段及可行性研究阶段，当试验资料不足时，可根据表 1-9-3 结合地质条件提出地质建议值。

坝基岩体抗剪断（抗剪）强度参数及变形参数经验值表　　表 1-9-3

岩体分类	混凝土与基岩接触面			岩体			岩体变形模量
	抗剪断		抗剪	抗剪断		抗剪	
	f'	c'（MPa）	f	f'	c'（MPa）	f	E（GPa）
Ⅰ	1.50～1.30	1.50～1.30	0.85～0.75	1.60～1.40	2.50～2.00	0.90～0.80	＞20
Ⅱ	1.30～1.10	1.30～1.10	0.75～0.65	1.40～1.20	2.00～1.50	0.80～0.70	20～10
Ⅲ	1.10～0.90	1.10～0.70	0.65～0.55	1.20～0.80	1.50～0.70	0.70～0.60	10～5
Ⅳ	0.90～0.70	0.70～0.30	0.55～0.40	0.80～0.55	0.70～0.30	0.60～0.45	5～2
Ⅴ	0.70～0.40	0.30～0.05	0.40～0.30	0.55～0.40	0.30～0.05	0.45～0.35	2～0.2

注：1. 表中参数限于硬质岩，软质岩应根据软化系数进行折减。

2. f——抗剪强度摩擦系数；f'——抗剪断强度摩擦系数；c'——抗剪断强度黏聚力。

题 1-236 （23D03）某建设项目需要砂岩料石，拟划定一处 50m × 50m 开采区，如图 1-9-2 所示。其中 c 点处有一个钻孔资料，孔口标高 232.0m，揭露的岩性分层情况见表 1-9-4。已知区内为单斜地层，岩层倾向 270°，倾角 20°。若按直立开采考虑，开采底面标高为 205.0m 时，估算拟开采区砂岩储量最接近下列哪个选项？

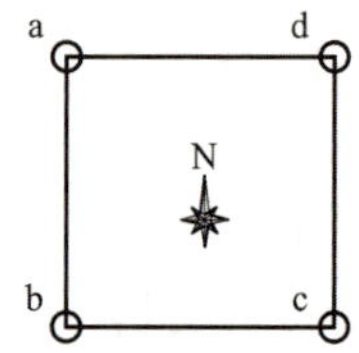

图 1-9-2 题 1-236 图

题 1-236 表 **表 1-9-4**

分层深度（m）	岩性描述
0～3.0	强风化泥岩
3.0～6.8	中风化泥岩
6.8～20.8	中风化砂岩
20.8～30.0	中风化泥岩

【解】

（1）c 点：钻孔孔口标高 232.0m，开采底面标高为 205.0m，则开采下限深度为 27m

砂岩厚度为$20.8 - 6.8 = 14$m

（2）b 点砂岩开采上限深度为$6.8 + 50 \times \tan 20° = 25$m

b 点可开采厚度为$27 - 25 = 2$m，不可开采厚度为$14 - 2 = 12$m

（3）如图所示，可采储量 = 全部储量 − 不能开采的储量

$$V = \left(50 \times 14 - \frac{1}{2} \times 12 \times \frac{12}{\tan 20°}\right) \times 50 = 25109\text{m}^3$$

【点评】

①先要知道开采底面以下的砂岩是不能开采的，要减去这部分砂岩的体积；②可采储量 = 全部储量 − 不能开采的储量，即为图中平行四边形减去开采底面标高以下的三角形面积，再乘走向 50m；③本题关键要先画出草图（图 1-9-3），按几何知识计算很快能出答案。

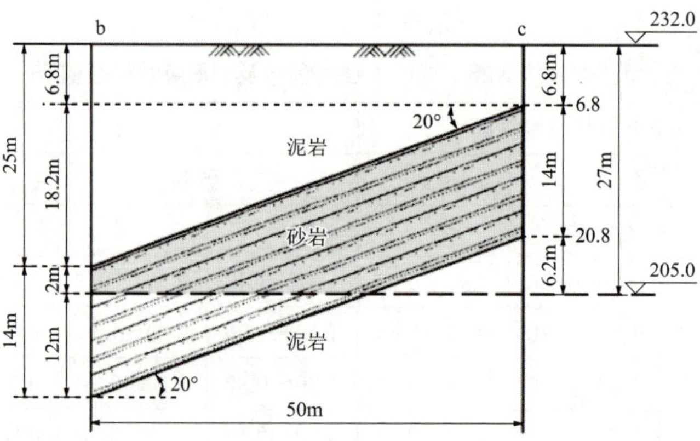

图 1-9-3 解 1-236 图

题 1-237　某水利工程拟采用混凝土重力坝，坝基位于石灰岩上。该混凝土重力坝在可行性勘察阶段的坝基岩体饱和单轴抗压强度为 50MPa，岩石和岩体纵波波速分别为 5000m/s 和 4450m/s。勘察时采用金刚石钻头的双层岩芯管连续钻进 2m 进行取芯，岩芯长度：10cm、30cm、7cm、18cm、8cm、15cm、50cm、5cm、25cm、10cm、22cm。坝基岩体结构面平直且闭合、不发育，未揭露地下水。因经验资料不足，按《水利水电工程地质勘察规范》GB 50487—2008 可确定坝基岩体的变形模量最小为多少？

【解】

$R_b = 50\text{MPa}$，为中硬岩

$K_v = \left(\dfrac{4450}{5000}\right)^2 = 0.79 > 0.75$，完整

$\text{RQD} = \dfrac{30+18+15+50+25+22}{200} = 0.8 > 0.7$，通过附录 V 查得为Ⅱ类

根据附录 E.0.4，可得：岩体变形模量最小值为 10GPa。

【点评】

根据《水利水电工程地质勘察规范》附录 E、附录 V。

（4）**岩土体渗透性分级**，可按《水利水电工程地质勘察规范》附录 F，表 1-9-5 进行划分。

岩土体渗透性分级（《水利水电工程地质勘察规范》附录 F）　　表 1-9-5

渗透性等级	标准	
	渗透系数k（cm/s）	透水率q（Lu）
极微透水	$k < 10^{-6}$	$q < 0.1$
微透水	$10^{-6} \leqslant k < 10^{-5}$	$0.1 \leqslant q < 1$
弱透水	$10^{-5} \leqslant k < 10^{-4}$	$1 \leqslant q < 10$
中等透水	$10^{-4} \leqslant k < 10^{-2}$	$10 \leqslant q < 100$
强透水	$10^{-2} \leqslant k < 1$	$q \geqslant 100$
极强透水	$k \geqslant 1$	

注：土体的透水性分级以渗透系数为依据，岩体的透水性分级以透水率为依据。但强透水—极强透水岩体宜采用渗透系数作为划分依据。

题 1-238　某压水试验的地面进水管压力表读数为 0.9MPa，压力表中心高于孔口 0.5m，第三阶段的压入流量$Q = 60\text{L/min}$，试验段长度$L = 6\text{m}$，钻杆及接头的压力总损失为 0.04MPa，钻孔为倾斜，孔径 0.9m，倾角为 60°，地下水位位于试验段中点，孔口至孔底的实际长度 25m，曲线为层流型。求该岩体的透水率，并按《水利水电工程地质勘察规范》判断其渗透性等级。

【解】

水柱压力 $p_z = \dfrac{\left[\left(25 - \dfrac{3}{4} \times 6\right) \times \sin 60° + 0.5\right] \times 10}{1000} = 0.18\text{MPa}$

试验段压力：$p_3 = p_p + p_z - p_s = 0.9 + 0.18 - 0.04 = 1.04\text{MPa}$

透水率：$q = \dfrac{Q_3}{L \cdot p_3} = \dfrac{60}{6 \times 1.04} = 9.6\text{Lu}$，介于 1~10，为弱透水

【点评】

根据《工程地质手册》P1241、P1246、《水利水电工程地质勘察规范》附录 F。

（5）**最优细粒含量**是判别渗透破坏形式的标准。粗粒孔隙全被细粒料充满时的细料颗粒含量为最优细粒含量，相应级配称为最优级配。最优细粒含量由下式确定。

$$P_{cp} = \frac{0.3 + 3n^2 - n}{1 - n}$$

式中：P_{cp}——最优细粒颗粒含量（%）；

n——孔隙率（%）。

题 1-239　某砂土场地，取原状土样进行室内试验，测得 $G_s = 2.65$，含水率 $w = 4.4\%$，天然密度为 $\rho = 2\mathrm{g/cm^3}$，试根据《水利水电工程地质勘察规范》GB 50487—2008 求此场地土的最优细粒含量。

【解】

$$\rho_0 = \frac{G_s(1+w)}{1+e}\rho_w \Rightarrow 2 = \frac{2.65 \times (1+0.044)}{1+e} \Rightarrow e = 0.383$$

$$n = \frac{e}{1+e} = \frac{0.383}{1+0.383} = 0.277$$

$$P_{cp} = \frac{0.3 + 3n^2 - n}{1 - n} = \frac{0.3 + 3 \times 0.277^2 - 0.277}{1 - 0.277} = 0.35$$

【点评】

根据《水利水电工程地质勘察规范》附录 G 条文说明。

9.1.2 《公路工程地质勘察规范》

题 1-240　某公路工程勘察现场取原状砂土试样进行室内试验，测得天然密度 $\rho = 1.82\mathrm{g/cm^3}$，将试样强制饱和后测得含水率 $w = 33\%$，已知 $G_s = 2.7$，判断该砂土的天然湿度状态。

【解】

$$w_{sat} = \frac{e \cdot S_r}{G_s} \Rightarrow 0.33 = \frac{e \times 1}{2.7} \Rightarrow e = 0.891$$

$$\rho_0 = \frac{G_s(1+w_0)}{1+e}\rho_w \Rightarrow 1.82 = \frac{2.7 \times (1+w_0)}{1+0.891} \times 1 \Rightarrow w_0 = 0.275$$

$$w_0 = \frac{e \cdot S_{r0}}{G_s} \Rightarrow 0.275 = \frac{0.891 \times S_{r0}}{2.7} \Rightarrow S_{r0} = 0.83 > 0.8\text{，为饱和}$$

【点评】

①根据《公路工程地质勘察规范》第 3.3.9 条；②《公路工程地质勘察规范》第 3.3 节和《岩土工程勘察规范》大同小异，进行对比学习。

9.1.3 《铁路工程地质勘察规范》

题 1-241 某铁路特大桥拟采用桩基础，在勘察时取原状土样进行颗分试验如表 1-9-6 所示，测得场地开挖前地面标高为 100m，冲刷深度为 8m，承台埋深 10m，桩长 20m，试按最新《铁路工程地质勘察规范》TB 10012—2019 规定，确定自地面算起的勘探深度。(数据取大值)

题 1-241 表　　　　表 1-9-6

粒径（mm）	< 0.075	0.075～0.25	0.25～0.5	0.5～2	2～20	> 20
含量（%）	5	15	35	25	15	5

【解】

（1）粒径大于 2mm 的颗粒含量占总质量的$15\% + 5\% = 20\% < 50\%$，非碎石土

粒径大于 0.075mm 的颗粒含量占总质量的$1 - 5\% = 95\% > 50\%$，为砂土

粒径大于 2mm 的颗粒含量占总质量的$15\% + 5\% = 20\% < 25\%$，非砾砂

粒径大于 0.5mm 的颗粒含量占总质量的$25\% + 15\% + 5\% = 45 < 50\%$，非粗砂

粒径大于 0.25mm 的颗粒含量占总质量的$35\% + 25\% + 15\% + 5\% = 80\% > 50\%$，为中砂

（2）应勘探至地面下 40m

桩基应钻至桩底以下 5m，即地面下$10 + 20 + 5 = 35$m

取二者大值，故勘探深度为地面下 40m。

【点评】

①根据《铁路工程地质勘察规范》第 4.2.3 条第 6 款及条文说明、表 4.2.3；②表列深度已包含冲刷深度；③表中数值为自地面算起的深度；④按两种情况计算取大值；⑤《铁路工程地质勘察规范》第 4.2 章诸多确定勘探深度的表格都可以这么出题，作答基本相同。

题 1-242 （19D01）某 Q_3 冲积黏土的含水率为 30%，密度为 1.9g/cm³，土颗粒比重为 2.70，在侧限压缩试验下，测得压缩系数$a_{1-2} = 0.23\text{MPa}^{-1}$，同时测得该黏土的液限为 40.5%，塑限为 23.0%。按《铁路工程地质勘察规范》TB 10012—2019 确定黏土的地基极限承载力值p_u最接近下列哪项？

（A）240kPa　　（B）446kPa　　（C）484kPa　　（D）730kPa

【解】

（1）$e = \dfrac{2.7 \times (1 + 0.3)}{1.9} - 1 = 0.847$

（2）$E_s = 1 + \dfrac{0.847}{0.23} = 8.03\text{MPa} < 10\text{MPa}$

（3）$I_L = \dfrac{30 - 23}{40.5 - 23} = 0.4$

（4）查表 C.0.2-5，插值$p_u = 448.75$kPa

【点评】

①根据《铁路工程地质勘察规范》附录 C.0.2 第 5、6 款；②注意小注，E_s小于 10MPa 时，按表 C.0.2-5 确定极限承载力，官方的答案预计e取 0.85，结果$p_u = 446.5$kPa；③本题属于偏门考点，用到的三相换算、压缩指标、土的性质指标公式必须达到闭卷的水平。

题 1-243 某岩石地基铁路沿线厂房的地质勘察中，现场调查得到岩体结构大多数为块状、次块状，由于条件有限现场仅取得一块直径 50mm，长度 30mm 的岩芯样，进行轴向点荷载试验，得到破坏荷载为 2800N，根据经验修正指数取 0.5，试估计该岩石地基基本承载力和极限承载力范围。

【解】

$$D_e = \sqrt{4WD/\pi} = \sqrt{4 \times 50 \times 30/3.14} = 43.71\text{mm}$$

$$I_s = \frac{P}{{D_e}^2} = \frac{2800}{43.71^2} = 1.47\text{MPa}$$

$$F = \left(\frac{D_e}{50}\right)^m = \left(\frac{43.71}{50}\right)^{0.5} = 0.935，I_{s(50)} = 0.935 \times 1.47 = 1.37\text{MPa}$$

$R_c = 22.82{I_{s(50)}}^{0.75} = 22.82 \times 1.37^{0.75} = 28.9\text{MPa}$，介于 15～30MPa，为较软岩，岩体结构大多数为块状、次块状，为较完整，结构面间距 > 0.4m，可得岩石地基基本承载力$[\sigma_0] =$ 1500～3000kPa，极限承载力 $p_u = 4500$～9000kPa。

【点评】

根据《铁路工程地质勘察规范》附录 C.0.1-1、C.0.2-1、《建筑地基基础设计规范》附录 A.0.2。

题 1-244 某铁路路基场地为Q_3新近堆积黄土地区，勘察时取原状土样进行室内土工试验，测得天然含水率为 25%，饱和含水率为 29%，比重试验测得$G_s = 2.68$，圆锥仪锥沉量 10mm 时的含水率为 28%，锥沉量 17mm 的含水率为 32%，试初步确定该地区的地基基本承载力和极限承载力。

【解】

(1) $w = \dfrac{e \cdot S_r}{G_s} \Rightarrow 29\% = \dfrac{0.85e}{2.68} \Rightarrow e = 0.914$

$w_L = 28\%$，$w_0 = 25\%$，插值得：$\sigma_0 = 123.25\text{kPa}$，$p_u = 246.5\text{kPa}$

(2) 非饱和Q_3新近堆积黄土，σ_0、p_u可提高 10%

$\sigma_0' = 123.25 \times 1.1 = 135.6\text{kPa}$，$p_u' = 246.5 \times 1.1 = 271.2\text{kPa}$

【点评】

①根据《铁路工程地质勘察规范》附录 C.0.1-9、C.0.2-9；②黄土饱和度为 85%；③采用锥沉量 10mm 为液限含水率；④注意天然含水率小于饱和含水率为非饱和状态，基本承载力可提高 10%。

9.1.4 《水运工程岩土勘察规范》

题1-245　某港口工程取静水中沉积的土样做室内试验，测得天然含水率$w=40\%$，塑限含水率$w_P=20\%$，液限含水率$w_L=38\%$，天然密度$\rho=1.8\text{g/cm}^3$，土粒比重为 2.7，按《水运工程岩土勘察规范》JTS 133—2013 为该土样定名。

【解】

$$w=\frac{e\cdot S_r}{G_s}\Rightarrow e=\frac{2.7\times0.4}{1}=1.1\in(1.0,1.5)\text{，且}w=\ 40\%\in(35,55)\text{，为淤泥质土}$$

$I_P=38-20=18>17$，为黏土

故综合定名为淤泥质黏土。

【点评】

根据《水运工程岩土勘察规范》第 4.2.3 条、第 4.2.4 条。

题1-246　在某港口地基中存在缓慢的流水环境中沉积的细粒土层，该土层的天然含水率为 38.0%，密度为 1.8g/cm^3，比重 2.65。经液、塑限联合测定法试验求得：对应圆锥下沉深度 2mm、10mm、17mm 时的含水率分别为 16.0%、32.0%、42.0%。试根据最新《水运工程岩土勘察规范》JTS 133—2013 对土层进行定名。

【解】

$$e=\frac{G_s(1+w)\rho_w}{\rho_0}-1=\frac{2.65\times(1+0.38)\times1}{1.8}-1=1.03\in(1,1.5)\text{，为淤泥质土}$$

塑限、液限分别为锥尖下沉 2mm、10mm 的含水率

$I_P=32-16=16$，介于 10～17，为粉质黏土

故综合定名为淤泥质粉质黏土。

【点评】

《水运工程岩土勘察规范》采用 10mm 液限。

题1-247　港口工程勘察中，实测某地下水位以下中砂层的标准贯入锤击数为 18、20、17、16、18、17。根据《水运工程岩土勘察规范》JTS 133—2013 评价该中砂层的密实度。

【解】

标准贯入试验的实测锤击数平均值：

$$N=\frac{18+20+17+16+18+17}{6}=17.7$$

地下水位以下的中粗砂，N值在实测锤击数基础上增加 5

$N'=17.7+5=22.7\in(15,30)$，为中密。

【点评】

①根据《水运工程岩土勘察规范》第 4.2.11 条；②水面以下中粗砂击数增加 5。

题 1-248 （11C03 改编）取某土试样 2000g，进行颗粒分析试验，测得各级筛上质量如表 1-9-7 所示。筛底质量为 560g，已知土样中的粗颗粒以棱角形为主，细颗粒为黏土。试根据最新《岩土工程勘察规范》和《水运工程岩土勘察规范》分别对该土样进行定名。

题 1-248 表 表 1-9-7

孔径（mm）	20	10	5	2.0	1.0	0.5	0.25	0.075
筛上质量（g）	0	100	600	400	100	50	40	150

【解】

（1）根据《岩土工程勘察规范》第 3.3 节、第 6.4 节，

大于 2mm 颗粒含量：$\dfrac{400+600+100}{2000}=55\%>50\%$，颗粒以棱角为主，为角砾

小于 0.075mm 颗粒含量：$\dfrac{560}{2000}=28\%>25\%$，为混合土

细颗粒为黏土，故定名为含黏土角砾。

（2）根据《水运工程岩土勘察规范》第 4.2.3 条、第 4.2.6 条，

大于 2mm 颗粒含量：$\dfrac{400+600+100}{2000}=55\%>50\%$，颗粒以棱角为主，为角砾

小于 0.075mm 颗粒含量：$\dfrac{560}{2000}=28\%\in(10,40)$，定名为角砾混黏土。

【点评】

注意两本规范的不同之处。

题 1-249 某港口工程场地中进行旁压试验，从整理后的旁压曲线上查得$P_0=60\text{kPa}$，$P_{0m}=110\text{kPa}$，$P_f=300\text{kPa}$，$P_L=480\text{kPa}$，与各特征点压力相对应的体积变形量分别为$V_0'=67\text{cm}^3$，$V_{0m}=90\text{cm}^3$，$V_f=130\text{cm}^3$，$V_L=600\text{cm}^3$，旁压器中腔体积为 565cm³，中腔长度为 20mm，外径为 60mm，量管截面积为 13.2cm²，取安全系数$F=2$，泊松比$\mu=0.3$，求该土层的容许承载力及旁压模量（图 1-9-4）。

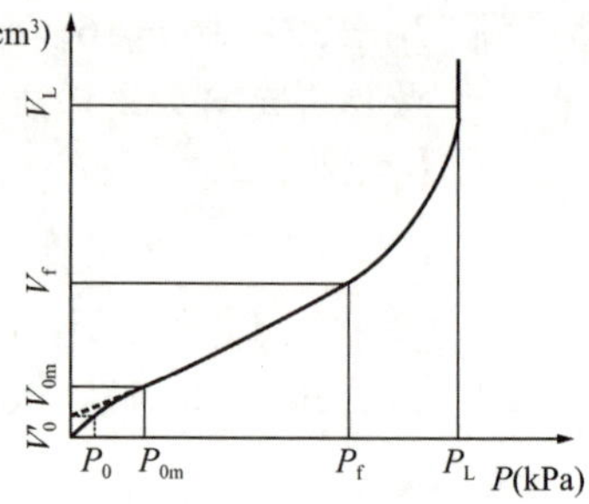

图 1-9-4 题 1-249 图

【解】

（1）临塑压力法：$f=P_f-P_0=300-60=240\text{kPa}$

极限压力法：$f=\dfrac{P_L-P_0}{F}=\dfrac{480-60}{2}=210\text{kPa}$

取小值，容许承载力$f=210\text{kPa}$

（2）$V_m=\dfrac{V_{0m}+V_f}{2}=\dfrac{90+130}{2}=110\text{cm}^3$

$$E_m=2(1+\mu)(V_0+V_m)\frac{\Delta P}{\Delta V}=2\times(1+0.3)\times(565+110)\times\frac{300-110}{130-90}=8336\text{kPa}$$

【点评】

①根据《水运工程岩土勘察规范》第 14.7 节；②注意V_m为直线段两端点所对应的体积增量之和的一半，起点变形量应该是V_{0m}，而非V_0；③可参考《土工试验方法标准》第 48 章内容，加深理解。

题 1-250　已知某饱和淤泥性土场地土的天然含水率为 65%，无其他资料，试根据《水运工程岩土勘察规范》计算该场地土的重度、孔隙比。

【解】

$\gamma = 32.4 - 9.07\lg w = 32.4 - 9.07 \times \lg 65 = 15.96\text{kN/m}^3$

饱和淤泥性土，$S_r = 1$

$$\gamma = \frac{G_s(1+w)}{1+w \cdot G_s/S_r} \cdot \gamma_w \Rightarrow 15.96 = \frac{G_s \times (1+0.65)}{1+0.65 \times G_s/1} \times 10 \Rightarrow G_s = 2.61$$

$$w = \frac{eS_r}{G_s} \Rightarrow 0.65 = \frac{e \times 1}{2.61} \Rightarrow e = 1.7$$

【点评】

根据《水运工程岩土勘察规范》第 15.2.4 条。

9.1.5 《城市轨道交通岩土工程勘察规范》

题 1-251　（17C02）某城市轨道工程的地基土为粉土，取样后测得土粒比重为 2.71，含水率为 35%，密度$\rho = 1.75\text{g/cm}^3$，在粉土地基上进行平板载荷试验，圆形承压板的面积为 0.25m^2，各级荷载作用下测得承压板的沉降量如表 1-9-8 所示，请按《城市轨道交通岩土工程勘察规范》GB 50307—2012，确定粉土层的地基承载力为下列哪个选项？

题 1-251 表　　表 1-9-8

加载p（kPa）	20	40	60	80	100	120	140	160	180	200	220	240	260	280
沉降量s（mm）	1.33	2.75	4.16	5.58	7.05	8.39	9.93	11.42	12.71	14.18	15.55	17.02	18.45	20.65

（A）121kPa　　（B）140kPa　　（C）158kPa　　（D）260kPa

【解】

（1）$e = \dfrac{2.71 \times (1+0.35)}{1.75} - 1 = 1.09$，查表：为稍密

（2）p-s曲线为缓变型，取$s = 0.02d$的压力评定地基承载力

$$3.14 \times \frac{d^2}{4} = 0.25 \Rightarrow d = 0.564\text{m}，s = 0.02 \times 564 = 11.28\text{mm}$$

插值：$p = 140 + (160-140) \times \dfrac{(11.28-9.93)}{(11.42-9.93)} = 158.1\text{kPa} > \dfrac{280}{2} = 140\text{kPa}$

（3）取$f_{ak} = 140\text{kPa}$

【点评】

①根据《城市轨道交通岩土工程勘察规范》第 4.3.5 条、第 15.6.8 条；②重要考点：根据平板载荷试验确定地基承载力，根据**土的类型和状态**确定某一相对沉降量（s/d）的压力评定地基承载力；③缓变型p-s曲线的地基承载力，其值**不应大于最大加载量的一半**。

题 1-252 某城市地铁 1 号线勘察，现场进行钻孔注水试验确定均质土层的透水性，已知试验段长度为 2.5m，花管直径为 0.3m，孔壁和孔底同时进水。当水头差稳定在 5m 时，测得注水量为 20L/min。已知土层的水平渗透系数是垂直渗透系数的 1.4 倍，试验土层顶部为透水层，试确定试验土层的透水性为下列哪个选项？

（A）强透水　　（B）中等透水　　（C）弱透水　　（D）微透水

【解】

（1）$m = \sqrt{k_h/k_v} = \sqrt{1.4} = 1.18$，$\dfrac{ml}{r} = \dfrac{1.18 \times 2.5}{0.15} = 19.7 > 10$

（2）$F = \dfrac{2\pi l}{\ln\dfrac{ml}{r}} = \dfrac{2\pi \times 2.5}{\ln\dfrac{1.18 \times 2.5}{0.15}} = 5.27\text{m}$

（3）$k = \dfrac{Q}{FH} = \dfrac{20 \times 10^{-3} \times 60 \times 24}{5.27 \times 5} = 1.09\text{m/d} \in [1,10)$，为中等透水

【点评】

根据《工程地质手册》P1248 的钻孔注水试验公式(9-3-12)计算土层的渗透系数，注意 4 种情况；按**孔壁是否进水和顶板是否透水**确定形状系数F的计算公式；根据《城市轨道交通岩土工程勘察规范》表 10.3.5 确定土层的透水性等级。

题 1-253 某黏性土样固结试验成果如表 1-9-9 所示，试样初始高度 20mm，天然孔隙比$e_0 = 0.765$，根据《城市轨道交通岩土工程勘察规范》GB 50307—2012，求该试样在压力 100～200kPa 范围内的基床系数K。

题 1-253 表　　表 1-9-9

压力p（kPa）	100	200
稳定校正后的变形量Δh_i（mm）	0.23	1.69

【解】

（1）$e_1 = 0.765 - \dfrac{0.23}{20} \times (1 + 0.765) = 0.745$

$e_2 = 0.765 - \dfrac{1.69}{20} \times (1 + 0.765) = 0.616$

（2）$K = \dfrac{\sigma_2 - \sigma_1}{e_1 - e_2} \times \dfrac{1 + e_m}{h_0} = \dfrac{200-100}{0.745-0.616} \times \dfrac{1+(0.745+0.616)/2}{20\times10^{-3}} = 6.51 \times 10^4\text{kN/m}^3$

【点评】

①根据《城市轨道交通岩土工程勘察规范》第 7.3.10 条条文说明；②基床系数属于送分的考点，本题练习大家翻规范的能力，翻到就送分，每年真题都会有这样的题目；③对于偏僻规范的偏僻题目，本题答题技巧，题目中“固结试验”属于室内试验，找第 16 章及条文说明，即第 16.3.7 条条文说明里指向第 7.3.10 条条文说明。

题 1-254 某孔压静力触探试验，滤水器位于探头锥尖后，超孔隙水压力消散达到 50%所用时间为 10h，已知孔压探头直径为 0.1m，根据《城市轨道交通岩土工程勘察规范》的规定，计算固结系数。

【解】

$$C_v = \left(\frac{T_{50}}{t_{50}}\right) \cdot {r_0}^2 = \left(\frac{6.87}{60 \times 10}\right) \times 5^2 = 0.286\text{cm}^2/\text{min}$$

【点评】

根据《城市轨道交通岩土工程勘察规范》第 15.5.5 条条文说明。

题 1-255 某软土场地进行孔隙水压力静力触探试验，滤水器位于探头锥尖上，孔压探头的半径 2.185cm，地下水位深度 2m，当静力触探锥尖至场地 7.5m 的位置时，记录孔隙水压力测试结果，测得孔隙水压力与时间的关系见表 1-9-10，试根据《城市轨道交通岩土工程勘察规范》GB 50307—2012，测试结果计算土的固结系数C_v值。

题 1-255 表 表 1-9-10

时间t（h）	0	1	2	3	4	5
孔隙水压力u（kPa）	160	138	118	100	84	70

【解】

（1）滤水器位于探头锥尖上，$T_{50} = 1.64$，超孔隙水压力$u' = u - \gamma_w h_w$

解 1-255 表 表 1-9-11

时间t（h）	0	1	2	3	4	5
超孔隙水压力u'（kPa）	105	83	63	45	29	15

（2）$0.5u' = 0.5 \times 105 = 52.5\text{kPa} \Rightarrow t_{50} = 2 \times 60 + \dfrac{1 \times 60}{63 - 45} \times (63 - 52.5) = 155\text{min}$

（3）$C_v = (T_{50}/t_{50})r_0^2 = (1.64/155) \times 2.185^2 = 0.0505\text{cm}^2/\text{min}$

【点评】

根据《城市轨道交通岩土工程勘察规范》第 15.5.5 条条文说明。

第2篇

浅基础

考试大纲

3.1 浅基础方案选用与比较

了解各种类型浅基础的传力特点、构造特点和适用条件；掌握浅基础方案选用和方案比较的方法。

3.2 地基承载力计算

熟悉不同结构对地基条件的要求；**熟悉确定地基承载力的各种方法；掌握地基承载力深宽修正与软弱下卧层强度验算的方法。**

3.3 地基变形分析

了解各种建（构）筑物对变形控制的要求；**掌握地基应力计算和沉降计算方法**；了解地基、基础和上部结构的共同作用分析方法及其在工程中的应用。

3.4 基础设计

了解各种类型浅基础的设计要求和设计步骤；**熟悉基础埋置深度与基础底面积的确定原则；掌握基础底面压力分布的计算方法；熟悉各种类型浅基础的设计计算内容**；掌握浅基础内力计算的方法。

3.5 动力基础

了解动力基础的基本特点；了解天然地基动力参数的测定方法。

3.6 不均匀沉降

了解建筑物的变形特征以及不均匀沉降对建筑物的各种危害；了解产生不均匀沉降的原因；了解防止和控制不均匀沉降对建筑物损害的建筑措施和结构措施。

考题特点

自2018年后，浅基础每年8题，上午4题，下午4题，题号均为5～8，涉及规范6本，案例考点主要涉及3本，主要考点出自《建筑地基基础设计规范》GB 50007—2011，《公路桥涵地基与基础设计规范》JTG 3363—2019和《铁路桥涵地基和基础设计规范》TB 10093—2017大概1年出1题，浅基础考点不多，主要为4个方面：地基承载力、基底压力和软弱下卧层验算、地基变形计算、扩展基础设计，其中地基承载力、基底压力验算出题一般不难，近年出题的方向为深挖规范考点，题目稍有灵活，注重反算基础宽度、深度等；地基变形计算出题完全体现了灵活二字，紧密结合土力学等原理；扩展基础设计出题量不多，一般大概1年出1题，难度和计算量不大，注意出题的灵活性，也应掌握原理；地基稳定性计算出题不多，掌握基本的算法即可。

复习方法

学习《浅基础》之前加强土力学原理的学习，土力学中的有效应力原理、基底压力原理、附加应力原理、压缩指标和变形原理对浅基础的复习非常重要，应在复习《浅基础》之前认真学习土力学相关内容，完成华山论剑案例习题册《土力学》部分的习题，学习规范时要理解规范公式，从原理上分析，达到知其然也知其所以然，熟记规范基本公式，通过做题强化公式的记忆，提高计算速度，总结坑点和易错点。

应试技巧

考场遇到常规题应小心计算，确保做对，遇到短时间难以理解的灵活题先不要做，常规题做完后再做。

主要涉及规范

（1）《建筑地基基础设计规范》GB 50007—2011（核心重点）

（2）《公路桥涵地基与基础设计规范》JTG 3363—2019（重点 1）

（3）《铁路桥涵地基和基础设计规范》TB 10093—2017（重点 2）

（4）《水运工程地基设计规范》JTS 147—2017（次要规范 1）

（5）《工程结构可靠性设计统一标准》GB 50153—2008（次要规范 2）

（6）《建筑结构荷载规范》GB 50009—2012（次要规范 3）

（7）《混凝土结构设计规范》GB 50010—2010（2015 年版）（次要规范 4）

第 10 章

建筑地基基础设计规范

本规范中桩基础、边坡、基坑、冻土、检测等部分考点均归到后面相应章节(图 2-10-1)。

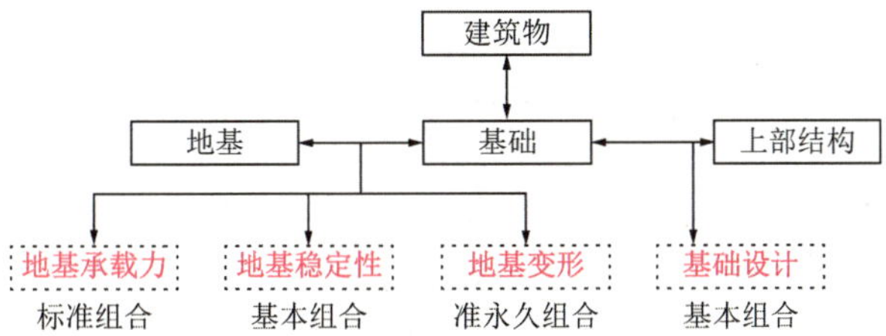

图 2-10-1

10.1 地基承载力计算

10.1.1 地基承载力特征值计算——《建筑地基基础设计规范》第 5.2 节

1. **地基承载力特征值宽深修正 f_a——《建筑地基基础设计规范》第 5.2.4 条**

地基承载力特征值可由载荷试验或其他原位测试、公式计算，并结合工程实践经验等方法综合确定。当基础宽度大于 3m 或埋置深度大于 0.5m 时，从载荷试验或其他原位测试、经验值等方法确定的地基承载力特征值 f_{ak}，还应计入宽度和深度的影响，应按表 2-10-1 修正。

地基承载力特征值宽深修正 表 2-10-1

<table>
<tr><td colspan="3">$f_a = f_{ak} + \eta_b\gamma(b-3) + \eta_d\gamma_m(d-0.5)$</td></tr>
<tr><td colspan="3">f_{ak}——地基承载力特征值（kPa）;
γ——基础底面以下土的重度，地下水位以下取浮重度（kN/m^3）;
γ_m——基础底面以上土的加权平均重度，地下水位以下取浮重度（kN/m^3）;
b——基础底面短边宽度（m），且 $3m \leqslant b \leqslant 6m$；圆形或正多边形基础时，可参考《铁路桥涵地基和基础设计规范》第 4.1.3 条，$b=\sqrt{A}$，A为基础底面积</td></tr>
<tr><td rowspan="5">d——基础埋深（m）</td><td colspan="2">一般自室外地面标高算起</td></tr>
<tr><td rowspan="2">填方整平地区</td><td>填土在上部结构施工后完成时→天然地面标高算起</td></tr>
<tr><td>其他情况→自填土地面标高算起</td></tr>
<tr><td rowspan="2">地下室</td><td>采用箱形基础或筏基→室外地面标高算起</td></tr>
<tr><td>采用独立基础或条形基础→室内地面标高算起</td></tr>
</table>

续表

η_b、η_d——承载力宽度和深度修正系数，按基底下土的类别查下表取值：

承载力宽度和深度修正系数η_b、η_d

土的类别		η_b	η_d
淤泥和淤泥质土		0	1.0
人工填土 $e \geqslant 0.85$ 或$I_L \geqslant 0.85$ 的黏性土		0	1.0
红黏土	含水比$a_w > 0.8$	0	1.2
	含水比$a_w \leqslant 0.8$	0.15	1.4
大面积压实填土	压实系数大于 0.95，黏粒含量$\rho_c \geqslant 10\%$的粉土	0	1.5
	最大干密度大于 2100kg/m³ 的级配砂石	0	2.0
粉土	黏粒含量$\rho_c \geqslant 10\%$的粉土	0.3	1.5
	黏粒含量$\rho_c < 10\%$的粉土	0.5	2.0
$e < 0.85$ 且$I_L < 0.85$ 的黏性土		0.3	1.6
粉砂、细砂（不包括很湿与饱和时的稍密状态）		2.0	3.0
中砂、粗砂、砾砂和碎石土		3.0	4.4

注：1. 强风化和全风化的岩石，可参照所风化成的相应土类取值，其他状态下的岩石不修正。

2. 地基承载力特征值按深层平板载荷试验确定时，η_d取 0；载荷试验测试深度和基础**埋深不一致时**，需要按二者的**深度差**进行深度修正。

3. 含水比a_w是指土的含水量与液限的比值。

4. 大面积压实填土是指填土范围大于两倍基础宽度的填土

1）宽深修正说明：

现场载荷试验测试f_{ak}时的尺寸、埋深往往与施工时实际基础尺寸、埋深不一致，此时要对载荷试验测得的承载力进行宽度、深度修正得到修正后的地基承载力特征值，才能应用到实际工程上。

浅层载荷试验没有边载，相当于试验时基础埋深为 0，所测定的承载力f_{ak}没有包含深度影响，同时由于载荷板的尺寸比基础的尺寸要小很多，因此要进行宽度和深度修正。

深层载荷试验有边载，如果试验时的深度和实际基础埋深一致时，则所测定的承载力f_{ak}包含了深度影响，不再需要进行深度修正，只进行宽度修正。但如果试验时的深度和实际基础埋深不一致时，虽然所测定的承载力f_{ak}包含了试验时的深度影响，但不是实际基础的埋深影响，此时需要按二者的深度差进行深度修正。也可采用“复原法”修正，即**先扣除试验时的边载分量（深度影响）**，得到施工相当于浅层载荷试验下的承载力f_{ak}'，再按浅层载荷试验一样的方法重新修正。此外，对于深层载荷试验，如果试验时和施工时的水位变化，有效应力也相应发生变化，也会影响边载分量变化（γ_m变化），同理也需要重新修正深度影响。

2）公式中基础埋深d取值说明（不利原则）：

深度修正的本质是基础侧面土体或建筑物（如裙楼）超载起到压重作用。深度越小的一侧越容易破坏，因此如果在基础几个方向的埋深不一致时，取最小埋深一侧控制，以保证安全。分为下面几种情况（图 2-10-2）：

（a）一般情况下，室外地面低于室内地面，从室外地面算起；

（b）对于填方整平地区，填土在上部结构施工前完成时，可以考虑填土压重的有利影响，因为施工时是在填方土上面施工的，已经有了这个压重，故从填土地面算起。

（c）对于填方整平地区，填土在上部结构施工后完成时，不能考虑填土压重的有利影响，因为施工时是在天然地面施工的，并没有这个压重，故从天然地面算起。

（d）对于地下室，采用箱形基础或筏板基础时，室内基底连成整片，从室外地面算起；

（e）对于地下室，采用独立基础或条形基础时，室外地面高于室内地面，从室内地面算起。

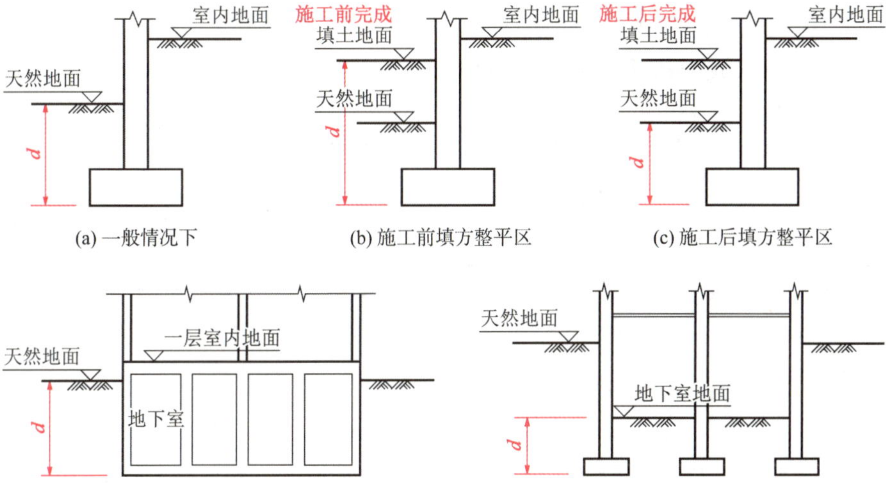

(a) 一般情况下　(b) 施工前填方整平区　(c) 施工后填方整平区

(d) 有地下室的箱基、筏基　(e) 有地下室的独立基础、条基

图 2-10-2　不同情况下的基础埋深示意图

3）地基埋置深度的基本规定——《建筑地基基础设计规范》第 5.1 节

（1）在满足地基稳定和变形要求的前提下，当上层地基的承载力大于下层土时，宜利用上层土作持力层。除岩石地基外，**基础埋深不宜小于 0.5m**。

（2）高层建筑基础的埋置深度应满足地基承载力、变形和稳定性要求。位于岩石地基上的高层建筑，其基础埋深应**满足抗滑**稳定性要求。

（3）**在抗震设防区，除岩石地基外，天然地基上的箱形和筏形基础其埋置深度不宜小于建筑物高度的 1/15；桩箱或桩筏基础的埋置深度（不计桩长）不宜小于建筑物高度的 1/18**。

（4）基础宜埋置在**地下水位以上**，当必须埋在地下水位以下时，应采取地基土在施工时不受扰动的措施。当基础埋置在易风化的岩层上，施工时应在基坑**开挖后立即铺筑**垫层。

（5）当存在相邻建筑物时，新建建筑物的基础**埋深**不宜大于**原有建筑**基础。当埋深大于原有建筑基础时，两基础间应**保持一定**净距，其数值应根据建筑荷载大小、基础形式和土质情况确定。

注：冻土地基基础埋深见第 7 篇“特殊条件下的岩土工程”第 4 章第 1 节。

4）主裙楼一体结构的承载力修正——《建筑地基基础设计规范》第 5.2.4 条条文说明

目前建筑工程大量存在着主裙楼一体的结构，对于主体结构地基承载力的深度修正，宜将基础底面以上范围内的荷载，按基础两侧的超载考虑，当超载宽度大于基础宽度两倍时，可将超载折算成土层厚度作为基础埋深，基础两侧超载不等时，取小值，按表 2-10-2。

主裙楼一体结构的承载力修正 表 2-10-2

步骤：①判断单侧裙楼宽b_1大于两倍主楼宽度b； ②计算基础埋深d范围加权平均重度γ_m； ③折算裙楼超载**等效基础埋深**$d_1=\dfrac{p_{k1}}{\gamma_m}$； ④取 $\min(d,d_1)$→承载力修正f_a。 注：对于两侧均有裙楼宽分别都大于两倍主楼宽度，应分别折算两侧裙楼**等效基础埋深**d_1、d_2，条形基础取 $\min(d_1,d_2)$；方形基础取 $\min(d,d_1,d_2)$	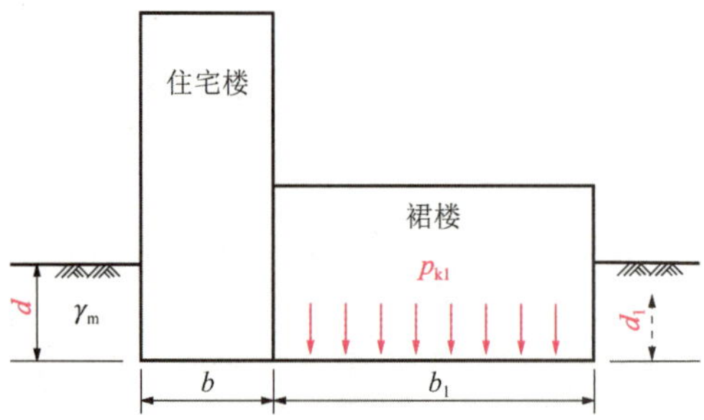

注：1. 深度修正的原理：在地基破坏时，周围土层的压重起有利作用，深度修正按照不利来取值，即埋深小的起决定作用；当两侧裙房宽度大于两倍主楼宽度时，可认为能起到同样修正的作用。

2. 争议点："两侧超载宽度大于基础宽度两倍"是"单侧要求大于两倍"还是"两侧之和大于两倍"？规范没有明确，按土力学原理分析，地基承载力破坏在基础单侧的影响范围约为 $2b$，只有裙楼单侧宽度达到 $2b$，超载才能完全起到压重作用，故为"单侧要求大于两倍"。结构考试中，专家认为按"两侧之和要求大于两倍"，是不正确的，对于"两侧之和大于两倍"的承载力，因单侧宽度没有达到 $2b$，超载只起到局部压重作用，修正要根据当地工程经验修正，可考性不强

题 2-1 （03C08）柱基底面尺寸为 3.2m × 3.6m，埋置深度 2.0m。地下水位埋深为地面下 1.0m，埋深范围内有两层土，其厚度分别为$h_1=0.8$m 和$h_2=1.2$m，天然重度分别为$\gamma_1=17\text{kN/m}^3$和$\gamma_2=18\text{kN/m}^3$。基底下持力层为黏土，天然重度$\gamma_3=19\text{kN/m}^3$，天然孔隙比$e_0=0.7$，液性指数$I_L=0.6$，地基承载力特征值$f_{ak}=280$kPa，问修正后地基承载力特征值最接近下列哪个选项？

（A）285kPa （B）295kPa （C）310kPa （D）325kPa

【解】

（1）黏土，$e=0.7<0.85$，$I_L=0.6<0.85$，查表：$\eta_b=0.3$，$\eta_d=1.6$

$$\gamma_m=\frac{0.8\times17+0.2\times18+1\times8}{2}=12.6\text{kN/m}^3$$

（2）$f_a=f_{ak}+\eta_b\gamma(b-3)+\eta_d\gamma_m(d-0.5)=280+0.3\times9\times(3.2-3)+1.6\times12.6\times(2-0.5)=310.8\text{kPa}$

【点评】

①根据《建筑地基基础设计规范》第 5.2.4 条；②承载力深宽修正最基本的题目，计算时可画草图辅助，宽度b取短边宽度，大于 6m 取 6m；③基础底面以下土的重度γ，地下水位以下取浮重度，γ_m对应基础埋深，基础以上的土的厚度加权平均重度，地下水位以下的土层取浮重度。

【同类型真题】04D08、09D05

题 2-2 （05C10）积水低洼场地进行地面排水后在天然土层上回填厚度 5.0m 的压实粉土，以此时的回填面标高为准下挖 2.0m，利用压实粉土作为独立方形基础的持力层，方形基础边长 4.5m，在完成基础及地上结构施工后，在室外地面上再回填 2.0m 厚的压实粉土，达到室外设计地坪标高，回填材料为粉土，载荷试验得到压实粉土的承载力特征值为 150kPa，其他参数见图 2-10-3，若基础施工完成时地下水位已恢复到室外设计地坪下 3.0m，（如图所示）地下水位上下土的重度分别为 18.5kN/m³ 和 20.5kN/m³，请按《建筑地基基础设计规范》GB 50007—2011 得出深度修正后地基承载力的特征值最接近下列哪个选项？（承载力宽度修正系数$\eta_b = 0$，深度修正系数$\eta_d = 1.5$）

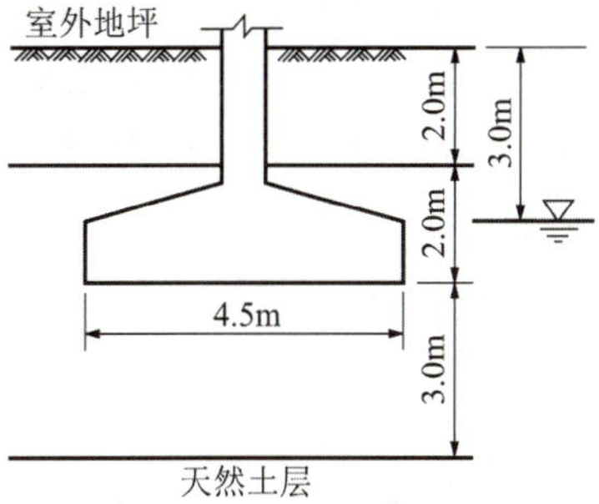

图 2-10-3　题 2-2 图

（A）198kPa　　（B）193kPa　　（C）188kPa　　（D）183kPa

【解】

$$\gamma_m = \frac{1 \times 18.5 + 10.5 \times 1}{2} = 14.5\text{kN/m}^3$$

$$f_a = 150 + 0 + 1.5 \times 14.5 \times (2 - 0.5) = 182.6\text{kPa}$$

【点评】

①根据《建筑地基基础设计规范》第 5.2.4 条；②注意地下水以下浮重度优先用饱和重度减 10 计算，题目没给饱和重度才近似用天然重度减 10；③重点是基础埋深应取基础及地上结构施工完成时的埋深，$d = 2$m。

题 2-3 （17C06）在地下水位很深的场地上，均质厚层细砂地基的平板载荷试验结果如表 2-10-3 所示，正方形压板边长为$b = 0.7$m，土的重度$\gamma = 19$kN/m³，细砂的承载力修正系数$\eta_b = 2.0$，$\eta_d = 3.0$。在进行边长 2.5m、埋置深度$d = 1.5$m 的方形柱基础设计时，根据载荷试验结果按$s/b = 0.015$ 确定且按《建筑地基基础设计规范》GB 50007—2011 的要求进行修正的地基承载力特征值最接近下列哪个选项？

题 2-3 表　　　　**表 2-10-3**

p（kPa）	25	50	75	100	125	150	175	200	250	300
s（mm）	2.17	4.20	6.44	8.61	10.57	14.07	17.50	21.07	31.64	49.91

（A）150kPa　　（B）180kPa　　（C）200kPa　　（D）220kPa

【解】

（1）$s = 0.015 \times 700 = 10.5$mm

（2）插值：$p = 100 + \dfrac{10.5 - 8.61}{10.57 - 8.61} \times (125 - 100) = 124.1\text{kPa} < \dfrac{300}{2} = 150\text{kPa}$

取$f_{ak} = 124.1$kPa

（3）$f_a = 124.1 + 0 + 3 \times 19 \times (1.5 - 0.5) = 181.1$kPa

【点评】

①根据《建筑地基基础设计规范》第 5.2.4 条、附录 C；②两个重要考点，平板载荷试验和地基承载力修正联合考查；③取$s/d = 0.015$ 所对应的荷载为承载力特征值，但其值不应大于最大加载量的一半。

【同类型真题】04D13

题 2-4 某建筑物带有一层地下室，地下室层高 3.9m（包括地下室顶板及建筑面层），室内外高差 0.45m，建于大面积压实粉土地基上，粉土的压实系数为 0.97，黏粒含量 $\rho_c \geqslant 10\%$，基础采用筏板基础，筏板基础板厚 0.5m，垫层厚 0.1m，筏板宽 18m，地基土重度为 $20kN/m^3$，地下水位于地面下 6m 处，施工前在地面下 5m 处采用深层平板载荷试验得到的地基承载力特征值为 180kPa，计算该筏板基础进行深宽修正后的地基承载力特征值最接近下列哪个选项？

（A）148.5kPa （B）180.0kPa （C）246.5kPa （D）297.0kPa

【解法一】

（1）修正深度 $d = 3.9 + 0.5 - 0.45 = 3.95m$

（2）黏粒含量 $\rho_c \geqslant 10\%$ 的大面积压实粉土地基，粉土的压实系数为 0.97

查表 $\eta_b = 0$，$\eta_d = 1.5$

（3）深层载荷试验，$f_{ak} = 180kPa$，扣除边载影响后：

$f_{ak}{'} = 180 - 1.5 \times 20 \times (5 - 0.5) = 45kPa$

（4）$f_a = f_{ak}{'} + \eta_b\gamma(b-3) + \eta_d\gamma_m(d-0.5)$

$= 45 + 0 + 1.5 \times 20 \times (3.95 - 0.5) = 148.5kPa$

【解法二】

$f_a = f_{ak} + \eta_b\gamma(b-3) + \eta_d\gamma_m\Delta d = 180 + 0 + 1.5 \times 20 \times (3.95 - 5) = 148.5kPa$

【点评】

①根据《建筑地基基础设计规范》第 5.2.4 条；②平板载荷试验的承压板尺寸、试验深度均与实际基础的尺寸、基础埋深不一致时，由试验确定的地基承载力特征值必须根据实际基础尺寸和基础埋深进行重新深宽修正；③浅层平板载荷试验和深层平板载荷试验的承压板尺寸一般都比实际基础尺寸小得多，故都要进行宽度修正，但深层平板载荷试验承压板紧挨周围外侧土层（与浅层平板载荷试验承压板小于基坑宽度的 1/3，是二者最大的区别），深层平板载荷试验深度一般与基础埋深一致（包含了边载分量），正常情况下（基础埋深一致）不需要再进行深度修正；④但如果施工前试验时的条件（埋深、水位等）和施工后实际的条件不一致时，则需要将边载去掉后，重新深度修正；⑤深层平板载荷试验的结果相当于浅层平板载荷按照试验深度修正后的地基承载力特征值。

题 2-5 某筏板基础宽 15m，基础埋深 5m，地基土为厚层黏粒含量 $\rho_c < 10\%$ 的粉土层，施工前在埋深 5m 处采用深层平板载荷试验得到的地基承载力特征值为 250kPa，此时采用了地下水降水的方式进行降水，地下水埋深 6.0m，地基土重度为 $20kN/m^3$，上部结构施工完成前地下水水位恢复至地下 3.0m，计算该筏板基础进行深宽修正后的地基承载力特征值最接近下列哪个选项？

（A）187kPa （B）229kPa （C）250kPa （D）265kPa

【解】

（1）$f_{ak} = 250 - 2 \times 20 \times (5 - 0.5) = 70kPa$

（2）地下水位恢复后：$\gamma_m = \dfrac{20 \times 3 + 10 \times 2}{5} = 16kN/m^3$

$f_a = f_{ak} + \eta_b\gamma(b-3) + \eta_d\gamma_m(d-0.5) = 70 + 0.5 \times 10 \times (6-3) + 2 \times 16 \times (5-0.5)$
$= 229kPa$

【点评】

①根据《建筑地基基础设计规范》第 5.2.4 条；②水位变化导致了边载修正分量中的重度发生了变化，需要重新修正，已知施工前深层平板载荷试验得到的地基承载力特征值，需先反算出未经深度修正的承载力特征值，再对水位恢复后进行深宽修正。

题 2-6 （05D09）如图 2-10-4 所示，某高层筏板式住宅楼的一侧设有地下车库，两部分地下结构相互连接，均采用筏板基础，埋深在室外地面以下 10m，住宅楼基底平均压力p_k为 260kPa，地下车库基底平均压力p_k为 60kPa，场区地下水位埋深在室外地面以下 3.0m，为解决基础抗浮问题，在地下车库底板以上再回填厚度约 0.5m，重度为 35kN/m³ 的钢碴，场区土层的重度均按考虑 20kN/m³，地下水重度按 10kN/m³ 取值，根据《建筑地基基础设计规范》GB 50007—2011 计算，住宅楼地基承载力f_a最接近下列哪个选项？

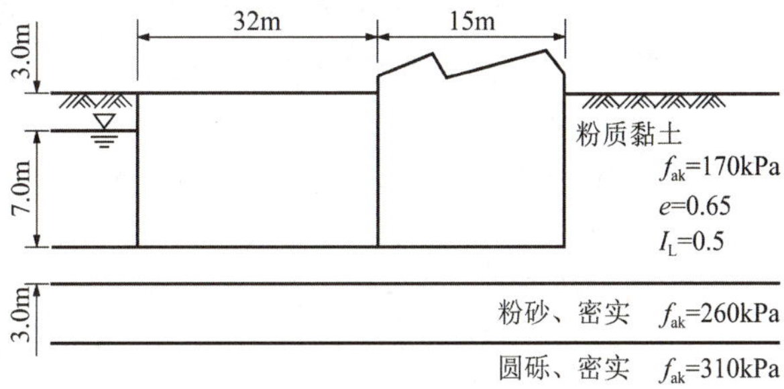

图 2-10-4　题 2-6 图

（A）285kPa　（B）293kPa　（C）300kPa　（D）308kPa

【解】

（1）基底压力：$p = 60 + 35 \times 0.5 = 77.5\text{kPa}$

（2）裙楼宽度大于主楼 2 倍宽度

$$\gamma_m = \frac{3 \times 20 + 7 \times 10}{3 + 7} = 13\text{kN/m}^3$$

折算土层厚度：$d = \dfrac{77.5}{13} = 5.96\text{m} < 10\text{m}$

（3）$f_a = 170 + 0.3 \times 10 \times (6 - 3) + 1.6 \times 13 \times (5.96 - 0.5) = 292.6\text{kPa}$

【点评】

①根据《建筑地基基础设计规范》第 5.2.4 条及第 5.2.4 条条文说明；②主裙楼一体的结构，将基础底面以上范围内的荷载按基础两侧超载考虑，且当超载宽度大于基础宽度两倍时，可将超载折算成土层厚度作为基础埋深，基础两侧超载不等时取小值。

【同类型真题】12C08

2. **抗剪强度指标确定地基承载力特征值f_a——《建筑地基基础设计规范》第 5.2.5 条**

当偏心距e小于或等于 0.033 倍基础底面宽度时，根据土的抗剪强度指标确定地基承载力特征值可按表 2-10-4 计算，并应满足变形要求。不同情况下的基础埋深示意图见图 2-10-5。

抗剪强度指标确定地基承载力特征值 **表 2-10-4**

当偏心矩 $e \leqslant 0.033b$ 时：

$$f_a = M_b \gamma b + M_d \gamma_m d + M_c c_k$$

γ——基础底面以下土的重度，地下水位以下取浮重度（kN/m³）；

γ_m——基础底面以上土的加权平均重度，地下水位以下取浮重度（kN/m³）；

c_k——基础底面以下一倍短边宽度的深度范围内土的黏聚力标准值（kPa）；

b——基础底面短边宽度（m），且 $b \leqslant 6$m，对砂土 $3\text{m} \leqslant b \leqslant 6\text{m}$；圆形或正多边形基础时，可参考《工程地质手册》P456，$b = 2\sqrt{A/\pi}$，A 为基础底面积

<table>
<tr><td rowspan="5">d——基础埋深（m）</td><td colspan="2">一般自室外地面标高算起（图 2-10-5）</td></tr>
<tr><td rowspan="2">填方整平地区</td><td>填土在上部结构施工后完成时→天然地面标高算起</td></tr>
<tr><td>其他情况→自填土地面标高算起</td></tr>
<tr><td rowspan="2">地下室</td><td>采用箱形基础或筏基→室外地面标高算起</td></tr>
<tr><td>采用独立基础或条形基础→室内地面标高算起（室内室外取不利）</td></tr>
</table>

M_b、M_d、M_c——承载力系数，按基底下一倍短边宽度的深度范围内土的内摩擦角标准值 φ_k（°）查表取值：

承载力系数 M_b、M_d、M_c

内摩擦角标准值 φ_k	M_b	M_d	M_c	内摩擦角标准值 φ_k	M_b	M_d	M_c
0°	0	1.00	3.14	22°	0.61	3.44	6.04
2°	0.03	1.12	3.32	24°	0.80	3.87	6.45
4°	0.06	1.25	3.51	26°	1.10	4.37	6.90
6°	0.10	1.39	3.71	28°	1.40	4.93	7.40
8°	0.14	1.55	3.93	30°	1.90	5.59	7.95
10°	0.18	1.73	4.17	32°	2.60	6.35	8.55
12°	0.23	1.94	4.42	34°	3.40	7.21	9.22
14°	0.29	2.17	4.69	36°	4.20	8.25	9.97
16°	0.36	2.43	5.00	38°	5.00	9.44	10.80
18°	0.43	2.72	5.31	40°	5.80	10.84	11.73
20°	0.51	3.06	5.66				

注：该公式与确定塑性区深度的临界荷载 $p_{1/4}$ 的公式是相似的，已经包含了宽度和深度的影响，不需要再进行宽深修正，公式是在竖向中心荷载条件下推导的，所以适用于偏心距 e 不大的情况，要求 $e \leqslant 0.033b$。

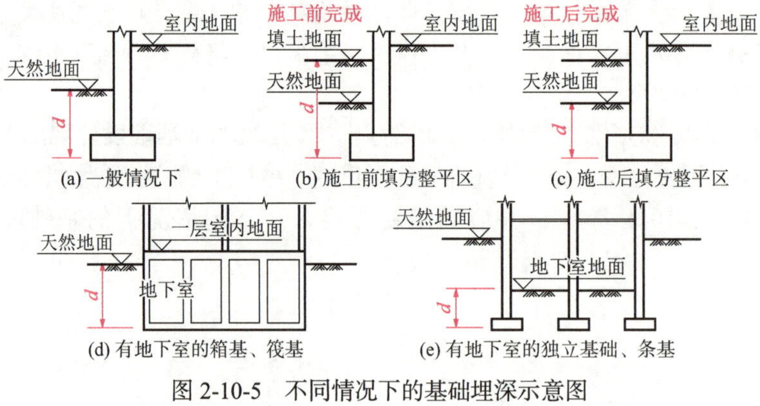

图 2-10-5　不同情况下的基础埋深示意图

题 2-7　（03D07）某建筑物基础尺寸为 16m × 32m，基础底面埋深为 4.4m，基底以上土的加权平均重度为 13.3kN/m³。基底以下持力层为粉质黏土，浮重度为 9.0kN/m³，内摩擦角标准值$\varphi_k = 18°$，黏聚力标准值$c_k = 30$kPa。根据上述条件，用《建筑地基基础设计规范》GB 50007—2011 的计算公式确定该持力层的地基承载力特征值f_a最接近下列哪个选项？

（A）392.6kPa　　（B）380.2kPa　　（C）360.3kPa　　（D）341.7kPa

【解】

（1）$\varphi_k = 18°$，查表$M_b = 0.43$，$M_d = 2.72$，$M_c = 5.31$

（2）$f_a = M_b\gamma b + M_d\gamma_m d + M_c c_k = 0.43 \times 9 \times 6 + 2.72 \times 13.3 \times 4.4 + 5.31 \times 30$
$= 341.7$kPa

【点评】

①根据《建筑地基基础设计规范》第 5.2.5 条，常考知识点根据抗剪强度指标确定地基承载力特征值；②看清楚γ、γ_m的取值，水下取浮重度。

【同类型真题】 04D05、07D05、08D09

题 2-8　（16C06）某建筑采用条形基础，其中条形基础 A 的底面宽度 2.6m，其他参数及场地工程地质条件如图 2-10-6 所示。按《建筑地基基础设计规范》GB 50007—2011，根据土的抗剪强度指标确定基础 A 地基持力层承载力特征值，其值最接近以下哪个选项？

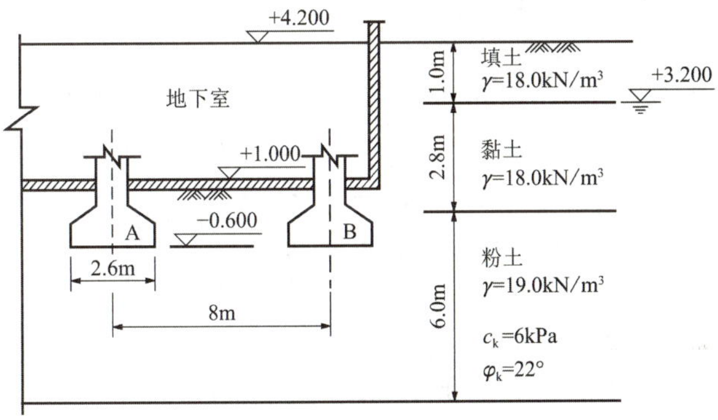

图 2-10-6　题 2-8 图

（A）69kPa　　（B）98kPa　　（C）161kPa　　（D）220kPa

【解】

（1）$d = 1 + 0.6 = 1.6$m，$\varphi_k = 22°$，查表$M_b = 0.61$，$M_d = 3.44$，$M_c = 6.04$

（2）$f_a = 0.61 \times 9 \times 2.6 + 3.44 \times (8 \times 0.6 + 9 \times 1) + 6.04 \times 6 = 98$kPa

【点评】

①根据《建筑地基基础设计规范》第 5.2.4 条、第 5.2.5 条；②存在地下室，当采用独立基础或条形基础时，应从室内标高算起，由于一般地下室低于室外，按不利深度修正取小值。

题 2-9 （18C05）某独立基础底面尺寸 2.5m × 3.5m，深埋 2.0m，场地地下水埋深 1.2m，场区土层分布及主要物理力学指标如表 2-10-5 所示，水的重度$\gamma_w = 9.8\text{kN/m}^3$。按《建筑地基基础设计规范》GB 50007—2011 计算持力层地基承载力特征值，其值最接近以下哪个选项？

题 2-9 表　　表 2-10-5

层序	土名	层底深度（m）	天然重度γ（kN/m³）	饱和重度γ_{sat}（kN/m³）	黏聚力c_k（kPa）	内摩擦角φ_k（°）
①	素填土	1.00	17.5			
②	粉砂	4.60	18.5	20	0	29
③	粉质黏土	6.50	18.8	20	20	18

（A）191kPa　（B）196kPa　（C）205kPa　（D）225kPa

【解】

（1）$\varphi_k = 29°$，查表插值$M_b = 1.65$，$M_d = 5.26$，$\gamma' = 20 - 9.8 = 10.2\text{kN/m}^3$

砂土$b = 2.5\text{m} < 3\text{m}$ 取 3m

（2）$f_a = M_b\gamma b + M_d\gamma_m d + M_c c_k = 1.65 \times 10.2 \times 3 + 5.26 \times (17.5 \times 1 + 18.5 \times 0.2 + 10.2 \times 0.8) + 0 = 204.9\text{kPa}$

【点评】

①根据《建筑地基基础设计规范》第 5.2.5 条；②c_k与φ_k均取基底下一倍短边宽度的加权平均标准值（重要坑点，但本题不涉及），**对于砂土b小于 3m 时取 3m**；③本题打破定向思维，另外设置了一个没有意义的坑点，$\gamma_w = 9.8\text{kN/m}^3$。

题 2-10 （10C09）某建筑物基础承受轴向压力，其矩形基础剖面及土层的指标如图 2-10-7 所示，基础底面尺寸为 1.5m × 2.5m。根据《建筑地基基础设计规范》GB 50007—2011 由土的抗剪强度指标确定的地基承载力特征值f_a应与下列哪个选项最为接近？

（A）138kPa　（B）143kPa

（C）148kPa　（D）153kPa

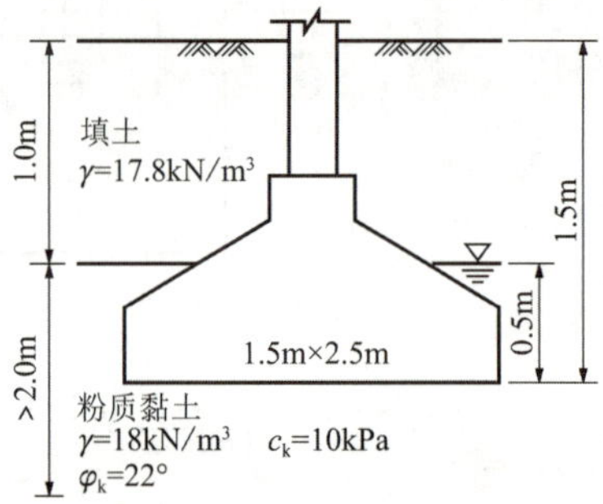

图 2-10-7　题 2-10 图

【解】

（1）$\varphi_k = 22°$，查表$M_b = 0.61$，$M_d = 3.44$，$M_c = 6.04$

（2）$f_a = 0.61 \times 8 \times 1.5 + 3.44 \times (17.8 \times 1 + 8 \times 0.5) + 6.04 \times 10 = 142.7\text{kPa}$

【点评】

①根据《建筑地基基础设计规范》第 5.2.5 条；②$b < 3\text{m}$ 按 3m 计算是针对砂土，黏土仍采用原值；③不要漏看地下水，水下重度取浮重度。

题 2-11　（21C07）某建筑室内柱基础 A 为承受轴心竖向荷载的矩形基础，基础底面尺寸为 3.2m × 2.4m，勘察揭露的场地工程地质条件和土层参数如图 2-10-8 所示，勘探孔深度 15m。按《建筑地基基础设计规范》GB 50007—2011，根据土的抗剪强度指标确定的地基承载力特征值最接近下列哪个选项？

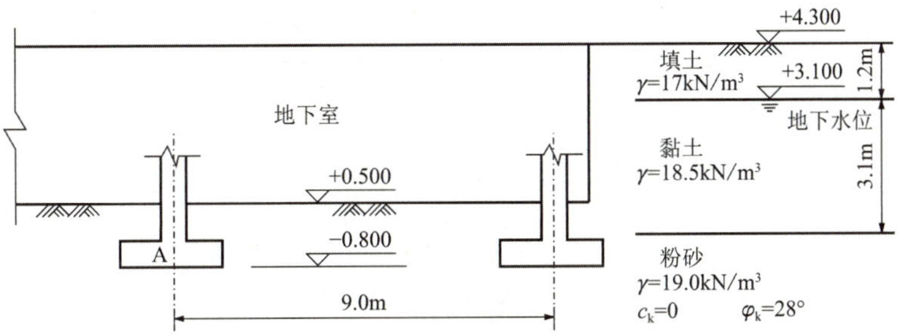

图 2-10-8　题 2-11 图

（A）73kPa　　（B）86kPa　　（C）94kPa　　（D）303kPa

【解】

（1）$\varphi_k = 28° \Rightarrow M_b = 1.40,\ M_d = 4.93$

（2）$d = 0.5 + 0.8 = 1.3\text{m}$

（3）$f_a = 1.40 \times 9 \times 3 + 4.93 \times (8.5 \times 0.5 + 9 \times 0.8) = 94.3\text{kPa}$

【点评】

①根据《建筑地基基础设计规范》第 5.2.5 条；②常规考点"抗剪强度指标确定地基承载力"，条形基础有地下室时，埋深按不利取基底到地下室地面的距离，$\gamma_m d$可以整体计算，不用单独计算γ_m。

题 2-12　（19C07）某建筑物基础底面尺寸 1.5m × 2.5m，基础剖面及土层指标如图 2-10-9 所示，按《建筑地基基础设计规范》GB 50007—2011 计算，如果地下水位从埋深 1.0m 处下降至基础底面处，则由土的抗剪强度指标确定的基底地基承载力特征值增加值最接近哪个选项？（水的重度取 10kN/m³）

（A）7kPa　　（B）20kPa

（C）32kPa　　（D）54kPa

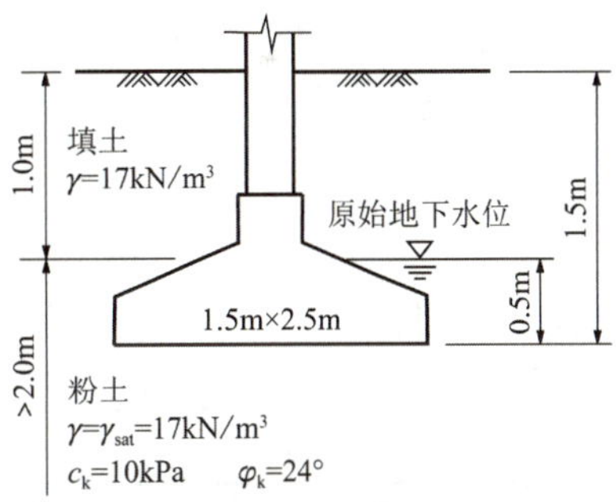

图 2-10-9　题 2-12 图

【解】

（1）$\varphi_k = 24°$，查表$M_d = 3.87$

（2）$\Delta f_a = M_d \Delta(\gamma_m \text{d}) = 3.87 \times 10 \times 0.5 = 19.35\text{kPa}$

【点评】

①根据《建筑地基基础设计规范》第 5.2.5 条；②直接取变化的部分计算，快速得分，根据土的抗剪强度指标计算地基承载力，属于基本每年必考的送分题。

【同类型真题】 04D09

题 2-13 （07C05）已知载荷试验的荷载板尺寸为 1.0m × 1.0m，试验坑的剖面如图 2-10-10 所示，在均匀的黏性土层中，试验坑的深度为 2.0m，黏性土层的抗剪强度指标的标准值为黏聚力$c_k = 40$kPa，内摩擦角$\varphi_k = 20°$，土的重度为 $18kN/m^3$，按《建筑地基基础设计规范》GB 50007—2011 计算载荷试验测得的地基承载力特征值，其结果最接近于下列哪个选项？

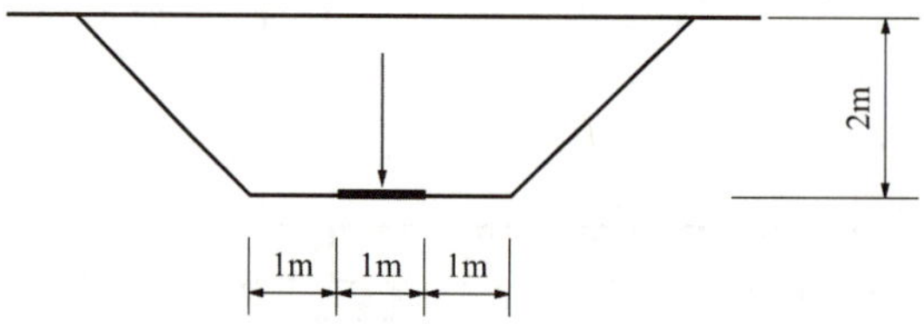

图 2-10-10 题 2-13 图

（A）345.8kPa （B）235.6kPa （C）210.5kPa （D）180.6kPa

【解】

（1）试验基坑宽度等于承压板宽度的 3 倍，没有边载，为浅层平板荷载试验，埋深$d = 0$

（2）$\varphi_k = 20°$，查表$M_b = 0.51$，$M_d = 3.06$，$M_c = 5.66$

$f_a = 0.51 \times 18 \times 1 + 0 + 5.66 \times 40 = 235.6\text{kPa}$

【点评】

①根据《建筑地基基础设计规范》第 5.2.5 条和附录 C；②关键点要理解埋深，不要以为图上标的 2m，而是因为承压板两侧并没有边载，所以埋深是 0；③原真题出题有瑕疵，对问题进行了改编，题意为通过抗剪强度估算载荷试验的承载力特征值。

题 2-14 某独立条形基础宽度 2m，深埋 3.0m，场地地下水埋深 1.5m，场区土层分布及主要物理力学指标如表 2-10-6 所示。按《建筑地基基础设计规范》GB 50007—2011 计算持力层地基承载力特征值最接近下列哪个选项？

题 2-14 表 表 2-10-6

层序	土名	层底深度（m）	天然重度γ（kN/m^3）	饱和重度γ_{sat}（kN/m^3）	黏聚力c_k	内摩擦角φ_k
①	素填土	2.00	17.5			
②	粉质黏土	4.50	18.5	19.5	15	18°
③	粉质黏土	6.50	18.8	20	20	20°

（A）194kPa （B）202kPa （C）207kPa （D）211kPa

【解】

（1）$c_k = \dfrac{15 \times 1.5 + 20 \times 0.5}{2} = 16.25\text{kPa}$，$\varphi_k = \dfrac{18° \times 1.5 + 20° \times 0.5}{2} = 18.5°$

（2）查表的$M_b = 0.45$，$M_d = 2.805$，$M_c = 5.3975$

$$f_a = 0.45 \times 9.5 \times 2 + 2.805 \times (17.5 \times 1.5 + 7.5 \times 0.5 + 9.5 \times 1) + 5.3975 \times 16.25 = 207.1\text{kPa}$$

【点评】

c_k和φ_k取基底一倍短边宽度范围内的标准值，对一倍短边宽度范围内的参数进行厚度加强平均。

题 2-15 （22D05）某承受轴心荷载的条形基础，基础底面宽 1.2m，基础埋深 1.5m（从室外地面标高起算），勘察时地下水位较深。场地地面下 10.0m 深度范围内均为粉砂，主要物理力学指标如表 2-10-7 所示。该砂土内摩擦角随含水率变化规律如图 2-10-11 所示。根据土的抗剪强度指标按《建筑地基基础设计规范》GB 50007—2011 计算地下水上升至室外地面（地基土干密度不变）时持力层地基承载力特征值最接近哪个选项？

题 2-15 表 表 2-10-7

层序	土名	层底深度（m）	含水率 w（%）	干密度ρ_d（g/cm^3）	颗粒比重 G_s	黏聚力标准值 c_k（kPa）	内摩擦角标准值 φ_k（°）
①	粉砂	10.0	6.5	1.63	2.68	0	32.0

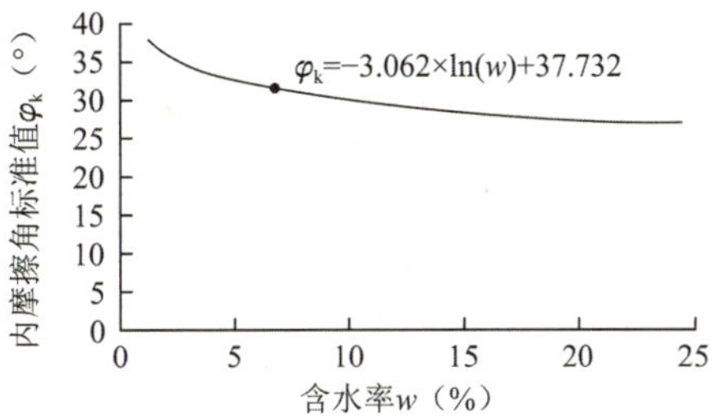

图 2-10-11 题 2-15 图

（A）230kPa （B）180kPa （C）120kPa （D）90kPa

【解】

（1）$e=\dfrac{2.68}{1.63}-1=0.644$，$w=\dfrac{0.644}{2.68}=0.24$

（2）$\varphi_k=-3.062\times\ln 24+37.732=28°$，查表$M_b=1.40$，$M_d=4.93$

（3）$\gamma'=\dfrac{2.68-1}{1+0.644}\times 10=10.22\text{kN/m}^3$

$f_a=1.40\times 10.22\times 3+4.93\times 10.22\times 1.5=118.5\text{kPa}$

【点评】

①根据《建筑地基基础设计规范》第 5.2.5 条，土力学三相换算原理；②根据抗剪强度指标确定地基承载力时，对于砂土基础宽度小于 3m 取 3m；③水位上升后，土层变成饱和土，$S_r=1$，$w=e/G_s$。

3. **岩石地基承载力特征值f_a——《建筑地基基础设计规范》第5.2.6条**

对于完整、较完整、较破碎的岩石地基承载力特征值可按第一篇中岩石地基载荷试验方法确定；对破碎、极破碎的岩石地基承载力特征值，可根据平板载荷试验确定。对**完整、较完整和较破碎的岩石地基承载力特征值**，也可根据室内饱和单轴抗压强度按表2-10-8进行计算。

岩石地基承载力特征值 **表2-10-8**

对完整、较完整、较破碎的岩石：	$f_a = \psi_r \cdot f_{rk}$
f_{rk}——岩石饱和单轴抗压强度标准值（kPa） ψ_r——折减系数，完整岩体取0.5，较完整0.2～0.5，较破碎0.1～0.2	

完整计算步骤：

（1）确定标准值f_{rk}：①平均值$f_{rm} = \frac{\sum_{i=1}^{n} f_{ri}}{n}$→②标准差$\sigma_f = \sqrt{\frac{\sum_{i=1}^{n} f_{ri}^2 - n \cdot f_{rm}^2}{n-1}}$→③变异系数$\delta = \frac{\sigma_f}{f_{rm}}$

→④统计修正系数$\gamma_s = 1 - \left\{\frac{1.704}{\sqrt{n}} + \frac{4.678}{n^2}\right\}\delta$→⑤标准值$f_{rk} = \gamma_s \cdot f_{rm}$

（2）确定折减系数ψ_r：⑥$K_v = \left(\frac{V_{pm}}{V_{pr}}\right)^2$→⑦判断岩体完整性→⑧折减系数$\psi_r$

（3）计算岩石地基承载力特征值：⑨$f_a = \psi_r \cdot f_{rk}$

完整程度	完整	较完整	较破碎
折减系数ψ_r	0.5	0.2～0.5	0.1～0.2

岩体完整程度分类（定量）

完整程度	完整	较完整	较破碎	破碎	极破碎
完整性指数K_v	＞0.75	0.75～0.55	0.55～0.35	0.35～0.15	＜0.15
体积节理数J_v	＜3	3～10	10～20	20～35	＞35
$K_v = \left(\frac{V_{pm}}{V_{pr}}\right)^2 = \left(\frac{V_{p岩体}}{V_{p岩石}}\right)^2$	V_{pm}——岩体弹性纵波（压缩波）速度（km/s）； V_{pr}——岩石（岩块）弹性纵波（压缩波）速度（km/s）				

岩体完整程度划分（定性）

名称	结构面组数	控制性结构面平均间距（m）	代表性结构类型
完整	1～2	＞1.0	整状结构
较完整	2～3	0.4～1.0	块状结构
较破碎	＞3	0.2～0.4	镶嵌状结构
破碎	＞3	＜0.2	碎裂状结构
极破碎	无序	—	散体状结构

n	6	7	8	9	10	11	12
$\frac{1.704}{\sqrt{n}} + \frac{4.678}{n^2}$	0.8256	0.7395	0.6755	0.6258	0.5856	0.5524	0.5244

注：1. 上述折减系数值未考虑施工因素及建筑物使用后风化作用的继续；

2. 对于黏土质岩（泥岩、页岩等），在确保施工期及使用期不致遭水浸泡时，也可采用天然湿度的试样，不进行饱和处理。

题 2-16　（05C09）某场地作为地基的岩体结构面组数为 2 组，控制性结构面平均间距为 1.5m，室内 9 个饱和单轴抗压强度的平均值为 26.5MPa，变异系数为 0.2，按《建筑地基基础设计规范》GB 50007—2011，上述数据确定的岩石地基承载力特征值最接近下列哪个选项？

（A）13.6MPa　　（B）12.6MPa　　（C）11.6MPa　　（D）10.6MPa

【解】

（1）$\gamma_s = 1 - \left(\dfrac{1.704}{\sqrt{9}} + \dfrac{4.678}{9^2}\right) \times 0.2 = 0.875$

$f_{rk} = 0.875 \times 26.5 = 23.19\text{MPa}$

（2）由结构面组数和平均间距可知岩体完整性为完整，取$\psi_r = 0.5$

$f_a = 0.5 \times 23.19 = 11.6\text{MPa}$

【点评】

①《建筑地基基础设计规范》第 5.2.6 条、附录 A.0.2、附录 J；②查附录表 A.0.2，根据结构面组数、控制性结构面平均间距、代表结构类型确定岩体完整性程度，对于完整岩体折减系数取 0.5，较完整 0.2～0.5，较破碎 0.1～0.2，《岩土工程勘察规范》附录表 A.0.2、《工程岩体分级标准》表 3.2.3 也有定性分类，根据考试指定的规范解答；③对于标准值的求法，《建筑地基基础设计规范》附录 E 和《岩土工程勘察规范》是等价的。

题 2-17　（06D11）对强风化较破碎的砂岩采取岩块进行了室内饱和单轴抗压强度试验，其试验值为 9MPa、11MPa、13MPa、10MPa、15MPa、7MPa，据《建筑地基基础设计规范》GB 50007—2011 确定的岩石地基承载力特征值的最大取值，最接近下列哪个选项？

（A）0.7MPa　　（B）1.2MPa　　（C）1.7MPa　　（D）2.1MPa

【解】

（1）$f_{rm} = \dfrac{9 + 11 + 13 + 10 + 15 + 7}{6} = 10.83\text{MPa}$

$$\sigma_f = \sqrt{\frac{(9^2 + 11^2 + 13^2 + 10^2 + 15^2 + 7^2) - 6 \times 10.83^2}{6 - 1}} = 2.87$$

$\delta = \dfrac{2.87}{10.83} = 0.265$

$\gamma_s = 1 - \left(\dfrac{1.704}{\sqrt{6}} + \dfrac{4.678}{6^2}\right) \times 0.265 = 0.781$

（2）$f_{rk} = 0.781 \times 10.83 = 8.46\text{MPa}$

（3）岩石较破碎，ψ_r最大取 0.2：$f_a = \psi_r f_{rk} = 0.2 \times 8.46 = 1.7\text{MPa}$

【点评】

①根据《建筑地基基础设计规范》第 5.2.6 条、附录 E；②计算方法和《岩土工程勘察规范》第 14.2 节的方法等价，为确保计算结果的准确性，建议求的平均值至少保留 4 位有效数字；③对于γ_s式中的正负号按不利组合考虑，饱和单桩抗压强度越小越不利取负值。

题 2-18 （13D09）某建筑位于岩石地基上，对该岩石地基的测试结果为：岩石饱和抗压强度的标准值为 75MPa，岩块弹性纵波速度为 5100m/s，岩体的弹性纵波速度为 4500m/s。问该岩石地基的承载力特征值为下列何值？

（A）1.50×10^4kPa （B）2.25×10^4kPa （C）3.75×10^4kPa （D）7.50×10kPa

【解】

（1）$K_v=\left(\frac{V_{pm}}{V_{pr}}\right)^2=\left(\frac{4500}{5100}\right)^2=0.78$，岩体完整，取$\psi_r=0.5$

（2）$f_a=\psi_r\cdot f_{rk}=0.5\times75\times10^3=3.75\times10^4$kPa

【点评】

①根据《建筑地基基础设计规范》第 5.2.6 条及《岩土工程勘察规范》第 3.2.2 条；②考点为岩石地基承载力特征值，首先要确定岩体完整程度分类和岩石饱和抗压强度标准值。

【同类型真题】07C06

题 2-19 （09D07）某场地建筑地基岩石为花岗岩、块状结构，勘探时取样 6 组，测得饱和单轴抗压强度的平均值为 29.1MPa，变异系数为 0.022，按照《建筑地基基础设计规范》GB 50007—2011 的规定，则该建筑地基的承载力特征值最大取值接近于下列哪个选项？

（A）29.1MPa （B）28.6MPa （C）14.3MPa （D）10MPa

【解】

（1）$f_{rk}=\left[1-\left(\frac{1.704}{\sqrt{6}}+\frac{4.678}{6^2}\right)\times0.022\right]\times29.1=28.57$MPa

花岗岩，块状结构，岩体较完整，求最大值取$\psi_r=0.5$

（2）$f_a=\psi_r\cdot f_{rk}=0.5\times28.57=14.3$MPa

【点评】

①根据《建筑地基基础设计规范》第 5.2.6 条、附录 A.0.2、附录 J；②根据附录 A.0.2 确定岩体完整性程度，根据附录 J 计算饱和单轴抗压强度标准值，根据第 5.2.6 条较完整岩体，折减系数取 0.2～0.5。

题 2-20 某岩石地基岩石的结构面组数为 2 组，控制性结构面间距为 1.6m，测得 6 个饱和单轴抗压强度的平均值为 56.6MPa，变异系数为 0.32，按照《建筑地基基础设计规范》的规定，确定该岩石的坚硬程度及岩石地基的承载力特征值最大值。

【解】

（1）$\psi=1-\left(\frac{1.704}{\sqrt{6}}+\frac{4.678}{6^2}\right)\times0.32=0.736$

$f_{rk}=\psi\cdot f_{rm}=0.736\times56.6=41.66$MPa，查表为较硬岩

（2）结构面组数为 2 组，控制性结构面间距为 1.6m，岩体完整，取$\psi_r=0.5$

$f_a=\psi_r\cdot f_{rk}=0.5\times41.66=20.83$MPa

【点评】

根据《建筑地基基础设计规范》表 4.1.3，附录 A，附录 J。

4. 承载力修正总结

承载力计算和修正的情况很多，对于不同规范、不同行业的承载力计算和修正方法也存在较大的差别，可通过表 2-10-9 和表 2-10-10 对比学习和总结。其他规范的承载力计算会在本书后面相应章节讲解。

常见的承载力修正情形 表 2-10-9

序号	修正情形	深宽修正	计算参数
1	岩石地基承载力	不修正	$\eta_b=0$、$\eta_d=0$
2	按抗剪强度指标计算承载力	不修正	M_b、M_d、M_c
3	浅层载荷试验测承载力修正	宽度和深度均要修正	η_b、η_d查表
4	深层载荷试验测承载力修正	只修正宽度，不修正深度（特例：试验时与施工时的埋深不一致时，需要复原修正）	η_b查表、$\eta_d=0$（特例：η_b、η_d查表）
5	主裙楼一体结构承载力修正	将超载换算等效基础埋深，再进行宽深修正	η_b、η_d查表
6	软弱下卧层承载力修正f_{az}	不修正宽度，只修正深度	$\eta_b=0$、η_d按原土查表
7	复合地基承载力修正	不修正宽度，只修正深度	$\eta_b=0$、$\eta_d=1$（大面积压实填土不同，可查表）
8	湿陷性黄土地基承载力修正	宽度和深度均要修正	《湿陷性黄土地区建筑标准》第 5.6.5 条 $f_a=f_{ak}+\eta_b\gamma(b-3)+\eta_d\gamma_m(d-1.5)$
9	膨胀土地基承载力修正	不修正宽度，只修正深度	《膨胀土地区建筑技术规范》第 5.2.6 条 $f_a=f_{ak}+\gamma_m(d-1.0)$
10	公路工程地基承载力修正	宽度和深度均要修正	《公路桥涵地基与基础设计规范》第 4.3.4 条 $f_a=f_{a0}+k_1\gamma_1(b-2)+k_2\gamma_2(h-3)$
11	铁路工程地基承载力修正	宽度和深度均要修正	《铁路桥涵地基和基础设计规范》第 4.1.3 条 $[\sigma]=\sigma_0+k_1\gamma_1(b-2)+k_2\gamma_2(h-3)$
12	水运工程地基承载力修正	宽度和深度均要修正	《水运工程地基设计规范》附录 G

不同行业规范的承载力计算公式比较 表 2-10-10

计算项目	规范名称	计算公式
由强度指标计算地基承载力	《建筑地基基础设计规范》第 5.2.5 条	$f_a=M_b\gamma b+M_d\gamma_m d+M_c c_k$
	《公路桥涵地基与基础设计规范》第 4.3.4 条	$f_a=\dfrac{5.14}{m}k_pC_u+\gamma_2 h$
	《铁路桥涵地基和基础设计规范》第 4.1.4 条	$[\sigma]=5.14C_u\dfrac{1}{m'}+\gamma_2 h$
	《水运工程地基设计规范》第 5.3.6 条	$p_{zj}=0.5\gamma_k(b_j+b_{j-1})N_\gamma+q_kN_q+c_kN_c$
地基承载力的宽深修正	《建筑地基基础设计规范》第 5.2.4 条	$f_a=f_{ak}+\eta_b\gamma(b-3)+\eta_d\gamma_m(d-0.5)$
	《公路桥涵地基与基础设计规范》第 4.3.4 条	$f_a=f_{a0}+k_1\gamma_1(b-2)+k_2\gamma_2(h-3)$
	《铁路桥涵地基和基础设计规范》第 4.1.3 条	$[\sigma]=\sigma_0+k_1\gamma_1(b-2)+k_2\gamma_2(h-3)$

10.1.2 土体中的应力计算——《土力学》

1. 自重应力（有效自重应力）

（1）土层有效应力原理和常见的几种自重应力计算见表 2-10-11。

有效应力原理和自重应力应力计算 表 2-10-11

有效应力原理的主要内容可归纳为如下两点：

（1）饱和土体内任一平面上受到的总应力可分为由土骨架承受的有效应力和由孔隙水承受的孔隙水压力两部分，二者间关系总是满足下式：

$$\sigma = \sigma' + u$$

式中：σ——作用在饱和土中任意面上的总应力；

σ'——有效应力，作用于同一平面的土骨架上；

u——孔隙水压力，作用于同一平面的孔隙水上。

（2）土的变形（压缩）与强度的变化都只取决于有效应力的变化

①一般情况下，相对不透水层以上的地下水为静水，土层的自重应力计算如下

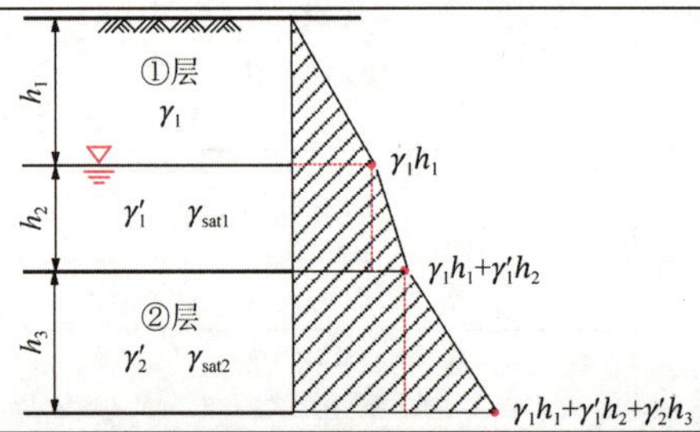

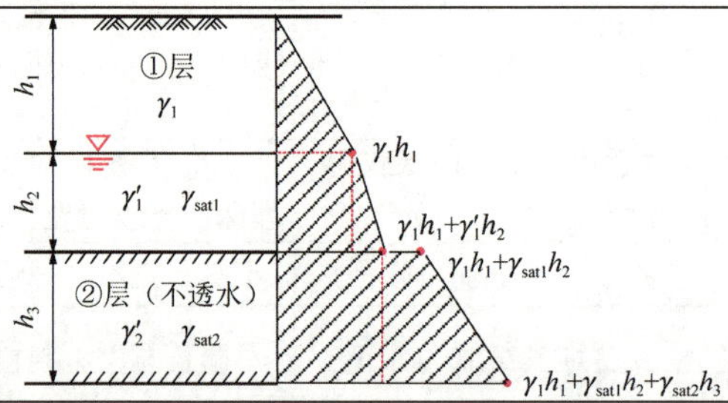

注：注意水位处分层，水下用浮重度计算，若地下水位以下有不透水层时，不透水层顶面及以下的自重应力按上覆土层的水土总重（采用饱和重度）计算

②地表以上存在静水的情况下，土层的自重应力计算如下

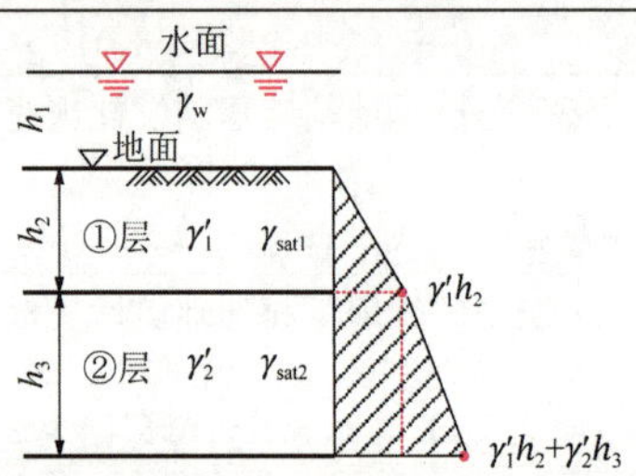

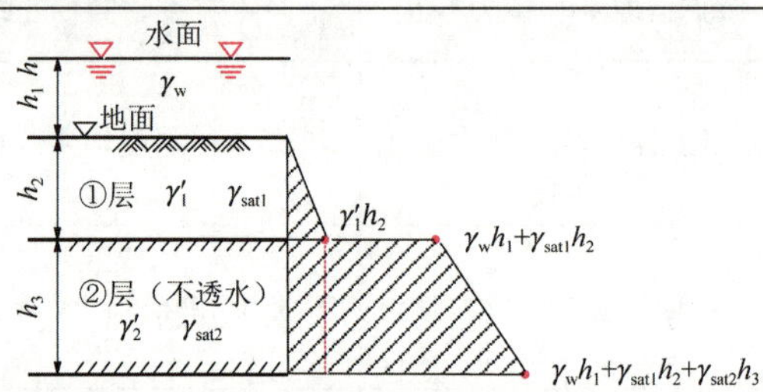

③存在承压水的情况下，土层的自重应力计算如下

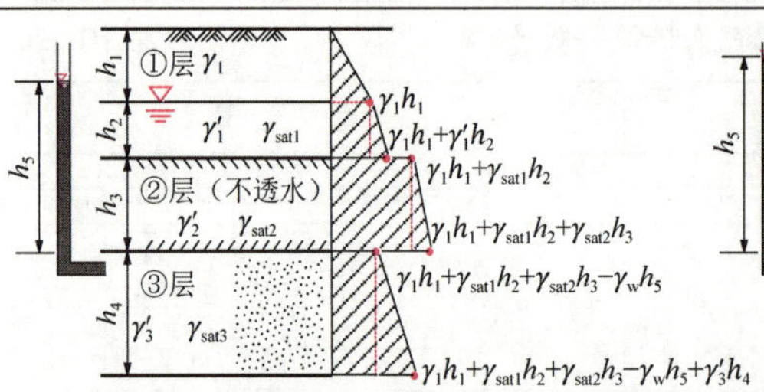

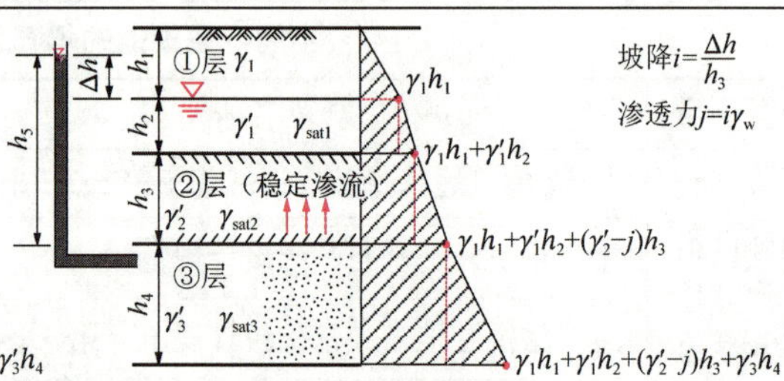

注：右图中为渗流向上的情况，若②层渗流方向向下，则公式括号中用加号，即“$(\gamma_2'+j)$”，下一小节中有专门关于竖直稳定渗透下土的自重应力计算

$\sigma_z=\sum_{i=1}^{n}\gamma_i h_i$	γ_i——第i层土的天然重度（kN/m^3），地下水位以下取浮重度； h_i——第i层土的厚度（m）

注：上面为一般性公式，不同情况下的具体计算按图示土层自重应力分布图确定

题 2-21 某建筑场地的地层分布均匀，各土层的情况及试验结果见图 2-10-12，第一层杂填土 1.5m，$\gamma=17\text{kN/m}^3$；第二层粉质黏土厚 3m，$\gamma=19\text{kN/m}^3$，$G_s=2.73$，$w=31\%$，地下水位于地面下 2m 深处；第三层淤泥质黏土厚 6m，$\gamma=17.5\text{kN/m}^3$，$G_s=2.74$，$w=41\%$；第四层粉土厚 5m，$\gamma=19.5\text{kN/m}^3$，$G_s=2.72$，$w=27\%$；第五层泥岩未钻穿。试分别计算第四层粉土底及第五层不透水泥岩顶的自重应力最接近下列哪个选项？（水位以下土层为完全饱和状态，取土样过程中土的孔隙比不变）

（A）145kPa；145kPa （B）155kPa；155kPa

（C）145kPa；270kPa （D）155kPa；290kPa

【解】

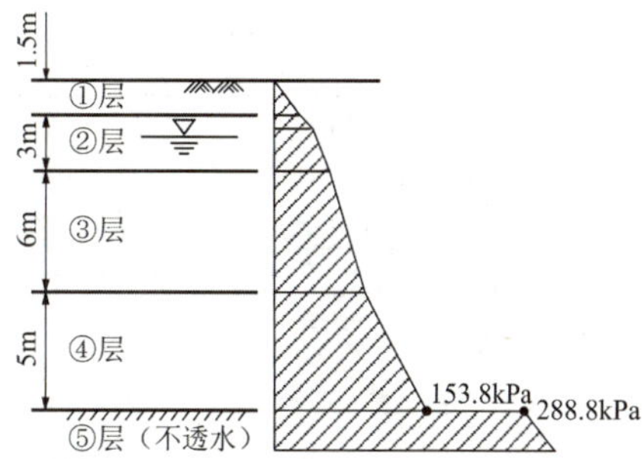

图 2-10-12 解 2-21 图

（1）$e_2=\dfrac{2.73\times(1+0.31)}{1.9}-1=0.882$，

$$\gamma_{sat2}=\frac{2.73+0.882}{1+0.882}\times10=19.19\text{kN/m}^3$$

$$e_3=\frac{2.74\times(1+0.41)}{1.75}-1=1.208$$

$$\gamma_{sat3}=\frac{2.74+1.208}{1+1.208}\times10=17.88\text{kN/m}^3$$

$$e_4=\frac{2.72\times(1+0.27)}{1.95}-1=0.771,\ \gamma_{sat4}=\frac{2.72+0.771}{1+0.771}\times10=19.71\text{kN/m}^3$$

（2）$\sigma_{4底}=1.5\times17+0.5\times19+2.5\times9.19+6\times7.88+5\times9.71=153.8\text{kPa}$

或$\sigma_{4底}=1.5\times17+0.5\times19+2.5\times19.19+6\times17.88+5\times19.71-13.5\times10$

$=153.8\text{kPa}$

$\sigma_{5顶}=1.5\times17+0.5\times19+2.5\times19.19+6\times17.88+5\times19.71=288.8\text{kPa}$

【点评】

①自重应力 = 总自重应力 − 孔隙水压力，自重应力一般指有效自重应力；②不透水层中不存在孔隙水压力，不透水层的自重应力等于上覆土层的总重度，有效压力 = 总自重应力。

题 2-22 （08C07）山前冲洪积场地，粉质黏土①层中潜水水位埋深 1.0m，黏土②层下卧砾砂③层，③层内存在承压水，水头高度与地面平齐（图 2-10-13），问地表下 7.0m 处地基土的有效自重应力最接近下列哪个选项？

（A）66kPa （B）76kPa

（C）86kPa （D）136kPa

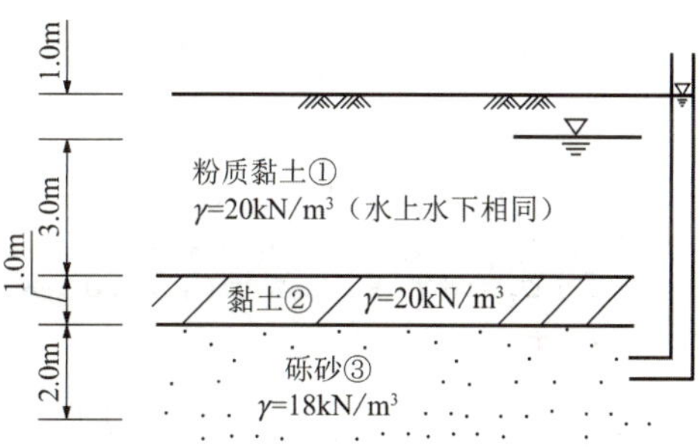

图 2-10-13 题 2-22 图

【解】

$\sigma'=20\times(1+3+1)+18\times2-10\times7=66\text{kPa}$

【点评】

①根据土力学原理、太沙基有效应力原理，有效应力 = 总应力 − 孔隙水压力；②承压水情况下的有效自重应力计算优先采用有效应力原理。

（2）**考虑渗流情况下**的土层有效应力计算见表 2-10-12。

考虑渗流情况下的有效应力 表 2-10-12

<table>
<tr><td colspan="3">渗透力对水“顺流减压，逆流加压”；对土“顺流增压，逆流减压”</td></tr>
<tr><td colspan="2">顺流</td><td>逆流</td></tr>
<tr><td>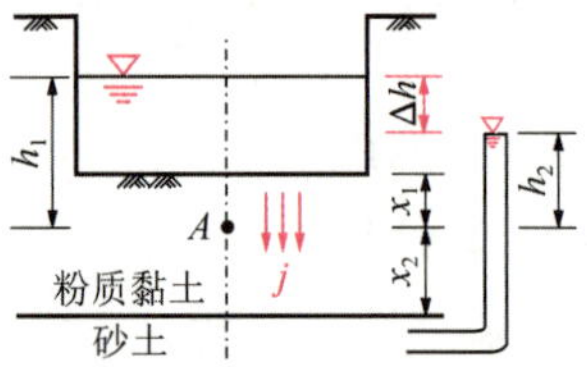
</td><td>$i = \dfrac{\Delta h}{x_1 + x_2}$
$j = \gamma_w i$</td><td>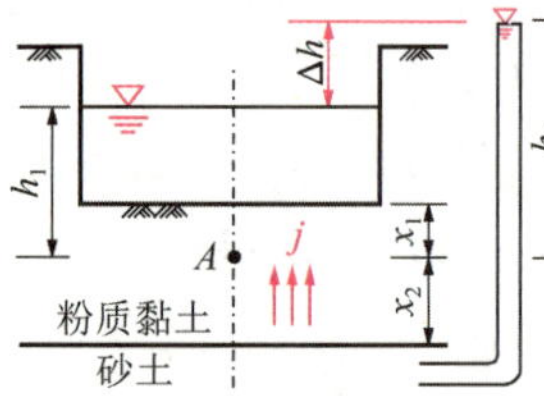
</td></tr>
<tr><td colspan="2">$u_A = \gamma_w h_1 - jx_1 = \gamma_w h_2 + jx_2$
有效应力法：$\sigma_A = (\gamma' + j)x_1$
总应力法：$\sigma_A = \gamma_w(h_1 - x_1) + \gamma_{sat}x_1 - u_A$</td><td>$u_A = \gamma_w h_1 + jx_1 = \gamma_w h_2 - jx_2$
有效应力法：$\sigma_A = (\gamma' - j)x_1$
总应力法：$\sigma_A = \gamma_w(h_1 - x_1) + \gamma_{sat}x_1 - u_A$</td></tr>
<tr><td colspan="3">渗流段有效重度和水重度发生变化：顺流：$\gamma' \to \gamma' + j$；$\gamma_w \to \gamma_w - j$；逆流：$\gamma' \to \gamma' - j$；$\gamma_w \to \gamma_w + j$</td></tr>
<tr><td colspan="3">注：渗透力$j = \gamma_w i$，单位为 kN/m³，与重度单位一致，可以用来与重度进行加减运算，也可以直接把j当成一种渗透重度来计算</td></tr>
</table>

题 2-23 如图 2-10-14 所示，地表水上有 0.5m 的水头，由上向下稳定渗流，在A点和B点分别设置两个孔隙水压力探头，A点和B点之间的距离为 2m，水头损失为 0.2，计算离地表 6m 处（位于AB之间）土单元的有效应力。

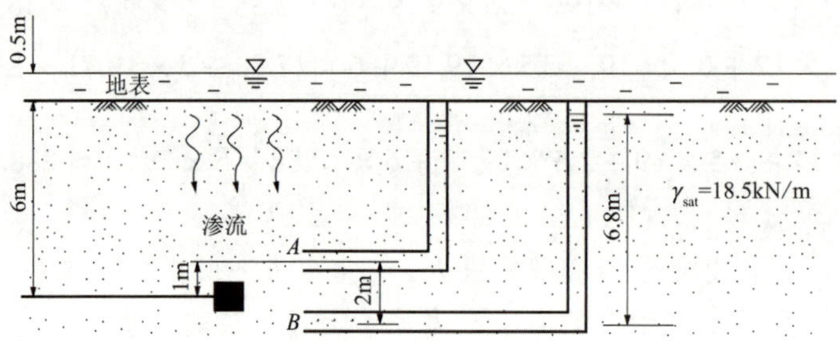

图 2-10-14 题 2-23 图

（A）45kPa （B）52kPa （C）57kPa （D）62kPa

【解法一】

（1）AB间$i = \dfrac{\Delta H}{L} = 0.2/2 = 0.1$

（2）$\sigma_z = (\gamma' + i\gamma_w)z = (8.5 + 0.1 \times 10) \times 6 = 57\text{kPa}$

【解法二】

（1）AB间的总水头$h_{总} = \dfrac{h_A + h_B}{2} = \dfrac{6.8 + 7}{2} = 6.9\text{m}$，压力水头 $h = 6.9 - 1 = 5.9\text{m}$

（2）$\sigma_z' = \sigma_z - u = 0.5 \times 10 + 6 \times 18.5 - 5.9 \times 10 = 57\text{kPa}$

【点评】

①渗流对土的有效重力的影响，与水压的变化相反，顺流增加，逆流减压，A点水头并非在地面处，按孔隙水压力反算，地表处也有水头；②发生稳定渗流，土层内水压力或测管水头线性变化，根据有效应力原理计算AB中点的有效应力。

（3）考虑毛细饱和区的土层有效应力计算见表 2-10-13。

考虑毛细饱和区的有效应力计算　　表 2-10-13

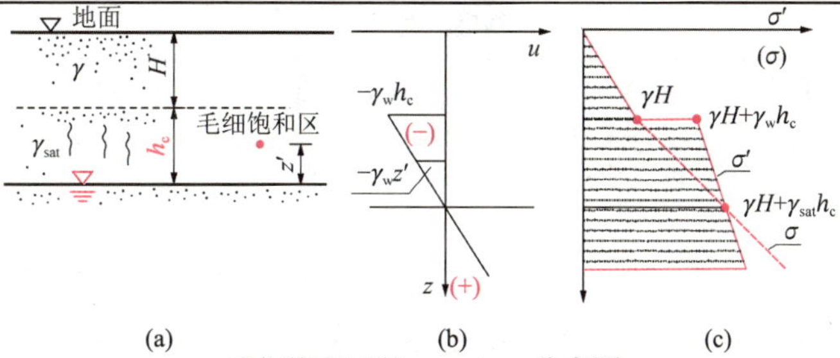

毛细饱和区的*u*、σ'、σ分布图

在毛细力作用下，土中的地下水在自由水面以上的一定范围内会上升，其饱和度可达 80%以上。这个区域也可近似看作是饱和的，称为**毛细饱和区**，在这个区域内，有效应力原理也基本是适用的。

当地下水位以上某个高度h_c如上图（a）所示，范围内出现**毛细饱和区**时，毛细区内的水呈张拉状态，故孔隙水压力是**负值**。毛细水压力分布规律与静水压力分布相同，任一点的$u_c=-\gamma_w z'$，z'为该点至地下水位（自由水面）之间的垂直距离，离开地下水位越高，毛细负孔压绝对值越大，在饱和区最高处$u_c=-\gamma_w h_c$，至地下水位处$u_c=0$，其孔隙水压力分布如上图（b）所示。由于u是负值，按照有效应力原理，毛细饱和区的有效应力σ'将会比总应力增大，即：

$$\sigma'=\sigma-(-|u|)=\sigma+|u|$$

画出有效应力σ'与总应力σ分布，如上图（c）所示，图中实线为σ'分布，虚线为σ分布。在h_c以上属于非饱和土的范畴，存在着吸力，但有效应力原理的适用性尚待深入研究

题 2-24　（20D15）某边坡工程，地层中存在稳定渗流，其测压管测试结果、土层分布如图 2-10-15 所示，土层参数如下：层①天然重度$\gamma_1=17\text{kN/m}^3$；层②天然重度$\gamma_2=16\text{kN/m}^3$，饱和重度$\gamma_{2sat}=19\text{kN/m}^3$；层③饱和重度$\gamma_{3sat}=20\text{kN/m}^3$，渗透系数$k_3=5\times10^{-5}\text{ m/s}$；层④饱和重度$\gamma_{4sat}=20\text{kN/m}^3$，渗透系数$k_4=1\times10^{-4}\text{m/s}$，层③顶上部存在 1m 的饱和毛细水，试计算图中③层层底 D 点处土的竖向有效应力最接近下列哪个选项？（$\gamma_w=10\text{kN/m}^3$）

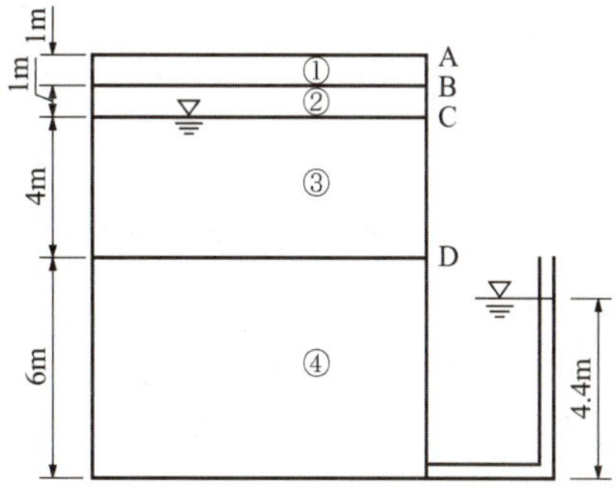

图 2-10-15　题 2-24 图

（A）76kPa　　（B）105kPa　　（C）108kPa　　（D）120kPa

【解】

（1）$\Delta h=6+4-4.4=5.6\text{m}$

$$\begin{cases}i_3\times4+i_4\times6=5.6\\5\times10^{-5}\times i_3=1\times10^{-4}\times i_4\end{cases}\Rightarrow i_3=0.8$$

（2）D 点孔隙水压力$p_w=10\times4-0.8\times10\times4=8\text{kPa}$

$\sigma_D'=17\times1+19\times1+20\times4-8=108\text{kPa}$

【点评】

①土力学原理题目，结合饱和毛细水概念，考查竖直稳定渗流下自重应力计算；②渗透力**对水"顺流减压"，对土"顺流增压"**；③答案采用的是整体分析法，如果用土骨架分析法，则$\sigma_D'=17\times1+19\times1+(10+0.8\times10)\times4=108\text{kPa}$；④毛细水饱和区应采用饱和重度。

2. 基底附加压力

浅基础基底附加压力计算见表 2-10-14。

基底附加压力 表 2-10-14

一般浅基础总是埋置在天然地面下一定深度处，该处原有土中竖向有效自重应力p_c（图（a））。开挖基坑后，卸除了原有的自重应力，即基底处建前曾有过自重应力的作用（图（b））。建筑物建后的基底平均压力p扣除建前基底处土中自重应力p_c后，才是新增加于地基的基底平均附加压力p_0（图（c））

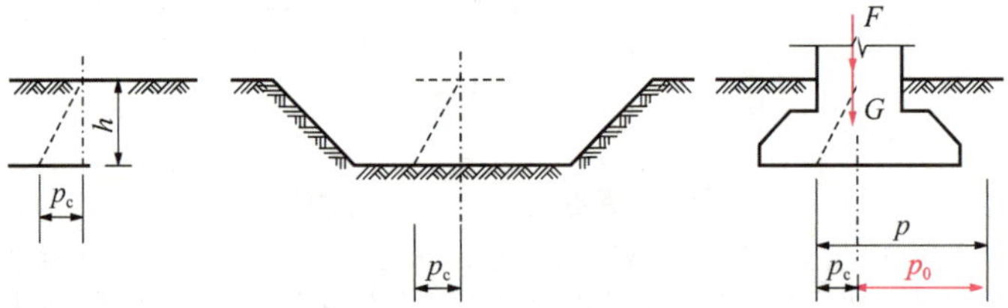

(a) (b) (c)

$p_0 = p - p_c = p - \sum_{i=1}^{n}\gamma_i h_i$	p——基础底面处平均压力（kPa）； p_c——基础底面的土体自重压力（kPa），自天然地面起算

题 2-25 （03D05）某建筑物筏板基础尺寸为 16m × 32m，从天然地面算起的基础底面埋深为 3.4m，地下水稳定水位埋深为 1.0m。基础底面以上填土的天然重度平均值为 19kN/m³。作用于基础底面相应于荷载效应准永久组合和标准组合的轴心竖向荷载值分别是 122880kN 和 153600kN。根据设计要求，室外地面将在上部结构施工后普遍提高 1.0m。计算地基变形用的基底附加压力最接近下列哪个选项？

（A）175kPa （B）184kPa （C）199kPa （D）210kPa

【解】

$$p_0 = \frac{122880}{16 \times 32} - 19 \times 1 - 9 \times (3.4 - 1) = 199.4\text{kPa}$$

【点评】

①根据《建筑地基基础设计规范》第 5.3.5 条；②计算地基变形采用准永久组合荷载；③筏形基础或者箱形基础，基本上均是有地下室的情况。不同于独立基础或者条形基础的形式，筏形基础或者箱形基础边缘外伸很小，可不考虑室外底面填土的影响，即认为室外底面填土并未覆压在筏形基础或箱形基础上，对基底附加压力几乎无影响。

题 2-26 （03B05）箱形基础的埋置深度 5m，原始地下水位在地面以下 0.5m 处，作用在基础底面的总压力为p；如地下水位下降 3m，基础底面平均附加压力的变化量将为下列（ ）？

（A）−30kPa （B）0kPa （C）+30kPa （D）+45kPa

【答案】C

【解析】

水位下降时基底孔隙水压力减小，根据有效应力原理，有效应力的增加值 = 孔隙水压力的减小值，$\Delta p_0 = \Delta u = 45 - 15 = 30\text{kPa}$。

题 2-27（02C08）有一箱形基础，上部结构和基础自重传至基底的压力$p = 80\text{kPa}$，若地基土的天然重度$\gamma = 18\text{kN/m}^3$，地下水位在地表下 10m 处，当基础埋置为下列哪个选项的深度时，基底附加压力正好为零？

（A）$d = 4.4\text{m}$　　（B）$d = 8.3\text{m}$　　（C）$d = 10.0\text{m}$　　（D）$d = 3.0\text{m}$

【解】

附加压力为 0

即$p - p_c = 0$，$80 - 18d = 0$，得$d = 4.4\text{m}$

【点评】

补偿基础原理，当基底压力与自重压力相等即$p = p_c$时附加压力为零，即$p = \gamma d$。

3. 地基附加应力

根据荷载作用类型和分布形式的不同，以及基础形状的区别，地基中的附加应力的计算方法也不同。下面依次介绍几种比较常见的地基中附加应力计算方法。

（1）**矩形（条形）均布荷载**的地基附加应力计算见表 2-10-15。

矩形（条形）均布荷载　　　　**表 2-10-15**

<table>
<tr><td colspan="2">基底以下地基土中的附加应力p_z，采用角点法来计算：
$p_z = \alpha \cdot p_0$
式中：p_0——基础底面处的附加压力（kPa）；
α——矩形面积均布荷载作用下角点的附加应力系数，可按《建筑地基基础设计规范》附录 K.0.1 或本书附录 I.0.1 查取</td><td>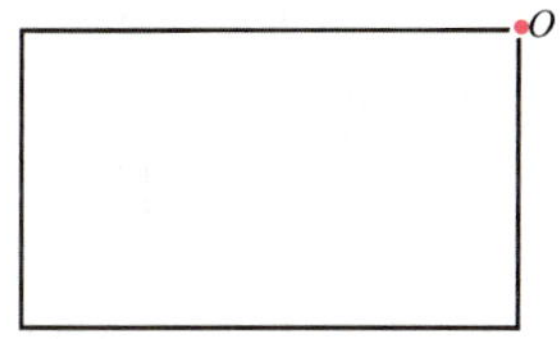</td></tr>
<tr><td>基础中心点</td><td>基础边缘</td><td>基础范围内</td></tr>
<tr><td>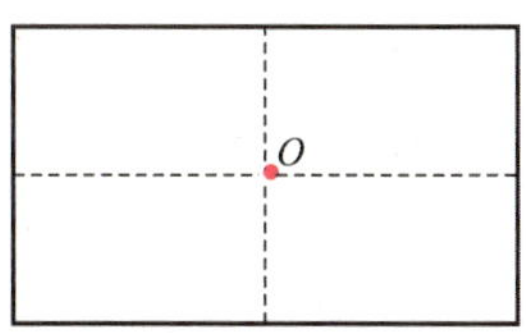</td><td>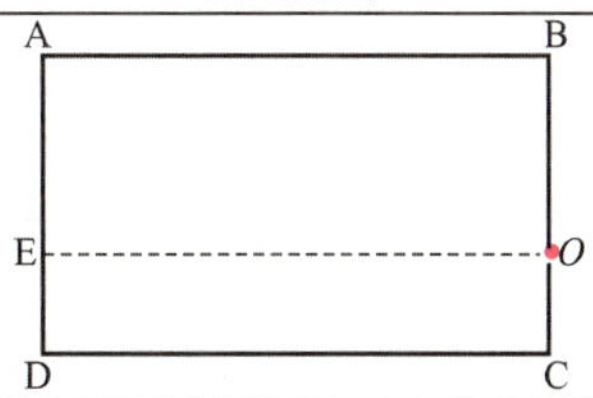</td><td>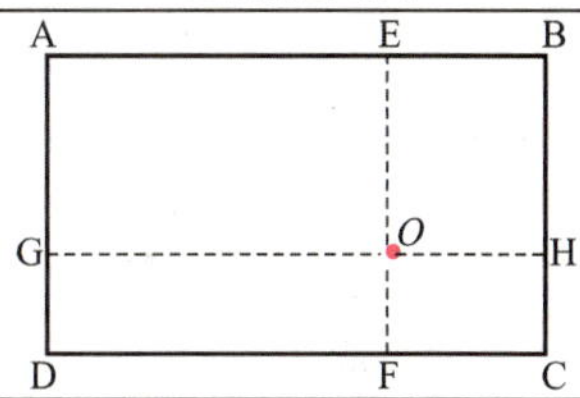</td></tr>
<tr><td>由四块相等小矩形组成：
$\alpha' = 4\alpha$（用$l/2$、$b/2$查表）</td><td>$\alpha' = \alpha_{\text{OBAE}} + \alpha_{\text{OCDE}}$</td><td>$\alpha' = \alpha_{\text{OGAE}} + \alpha_{\text{OGDF}} + \alpha_{\text{OHBE}} + \alpha_{\text{OHCF}}$</td></tr>
<tr><td>基础范围外 1</td><td>基础范围外 2</td><td rowspan="3">注：分块后计算时，l、b为相应分块矩形的长度和宽度</td></tr>
<tr><td>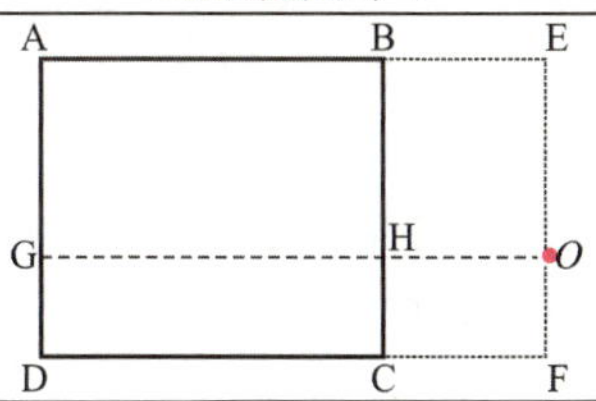</td><td>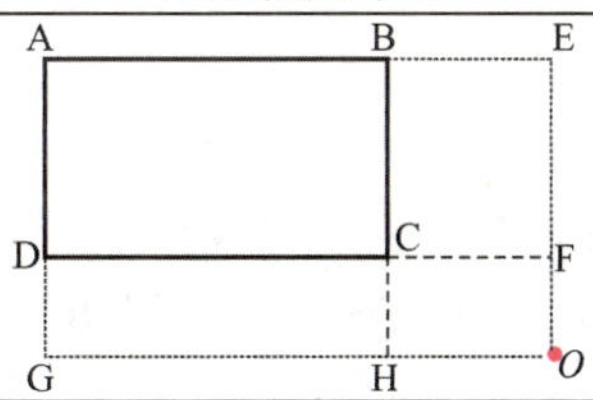</td></tr>
<tr><td>$\alpha' = \alpha_{\text{OGAE}} + \alpha_{\text{OGDF}} - \alpha_{\text{OHBE}} - \alpha_{\text{OHCF}}$</td><td>$\alpha' = \alpha_{\text{OGAE}} - \alpha_{\text{OGDF}} - \alpha_{\text{OHBE}} + \alpha_{\text{OHCF}}$</td></tr>
</table>

题 2-28 （05D10）某办公楼基础尺寸 42m × 30m，采用箱形基础，基础埋深在室外地面以下 8m，基底平均压力 425kPa，场区土层的重度为 $20kN/m^3$，地下水水位埋深在室外地面以下 5.0m，地下水的重度为 $10kN/m^3$，计算基础底面中心点以下深度 18m 处的附加应力与土的有效自重应力的比值最接近下列哪个选项？

（A）0.55 （B）0.60 （C）0.65 （D）0.70

【解】

（1）$p_0 = 425 - (20 \times 5 + 10 \times 3) = 295\text{kPa}$

$l/b = 21/15 = 1.4$，$z/b = 18/15 = 1.2$，查表$\alpha = 0.171$

$p_z = 4 \times 0.171 \times 295 = 201.8\text{kPa}$

$p_{cz} = 5 \times 20 + 3 \times 10 + 18 \times 10 = 310\text{kPa}$

（2）$\dfrac{p_z}{p_{cz}} = \dfrac{201.8}{310} = 0.65$

【点评】

①求某一点处的附加应力用附加应力系数，如果是求某一层土的平均附加应力系数一般用平均附加应力系数，也可用附加应力系数求得土层顶和底的附加应力再求平均值，但不够精确；②《建筑地基基础设计规范》规定求沉降时必须用平均附加应力系数。

题 2-29 （11C05）在地面作用矩形均布荷载$p = 400\text{kPa}$，承载面积为 4m × 4m，如图 2-10-16 所示。计算承载面积中心O点下 4m 深处的附加应力与角点C下 8m 深处的附加应力比值，最接近下列何值？（矩形均布荷载中心点下竖向附加应力系数α_0可由表 2-10-16 查得）

题 2-29 表 表 2-10-16

z/b	l/b	
	1.0	2.0
0.0	1.000	1.000
0.5	0.701	0.800
1.0	0.336	0.481

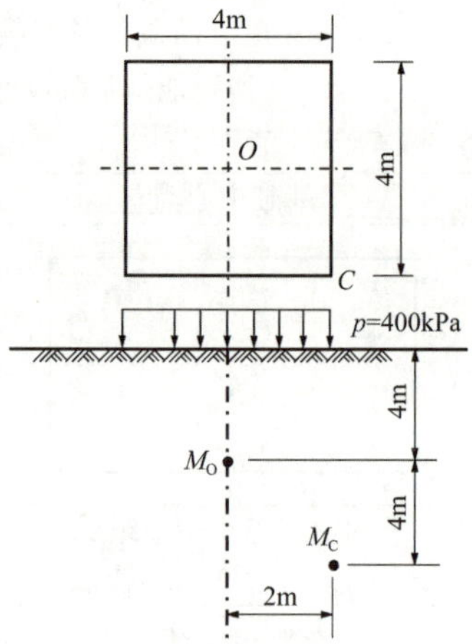

图 2-10-16 题 2-29 图

（A）1/2 （B）1

（C）2 （D）4

【解】

（1）O点下 4m 处：$l/b = 4/4 = 1$，$z/b = 4/4 = 1$，查表：$\alpha_0 = 0.336$

（2）取 8m × 8m 矩形面积中心 8m 深处，$l/b = 8/8 = 1$，$z/b = 8/8 = 1$，

查表：$\alpha_0 = 0.336$

则 4m × 4m 面积角点C下 8m 深处，为$\alpha_0/4 = 0.336/4$

（3）附加应力比值：$\dfrac{p_{z1}}{p_{z2}} = \dfrac{p_0\alpha_0}{p_0\alpha_0/4} = 4$

【点评】

①$z = 0$时$\alpha = 1 > 0.25$，可以看出是中心点的附加应力系数，非角点法，和《公路桥涵地基与基础设计规范》附表一致，注意查表无需用$l/2$、$b/2$，查到的中心点的附加应力系数不用乘 4；②角点C计算时，可以看成是边长 8m 矩形的1/4计算。

题 2-30　（07D08）如图 2-10-17 所示，某高低层一体的办公楼，采用整体筏形基础，基础埋深 7m，高层部分的基础尺寸为 40m × 40m，基底总压力 $p = 430\text{kPa}$，多层部分的基础尺寸为 40m × 16m，场区土层的重度为 20kN/m^3，地下水位埋深 3m。高层部分的荷载在多层建筑基底中心点以下深度 12m 处，所引起的附加应力最接近下列哪个选项？

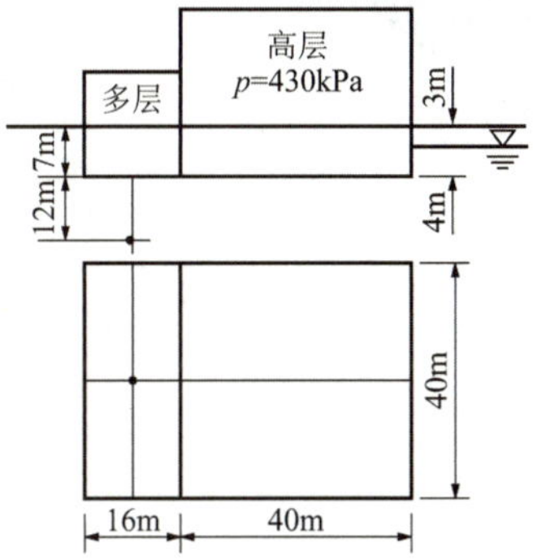

图 2-10-17　题 2-30 图

（A）48kPa　（B）65kPa　（C）80kPa　（D）95kPa

【解】

（1）$p_0 = 430 - (20 \times 3 + 10 \times 4) = 330\text{kPa}$

（2）大矩形 $acoe$：$l/b = 48/20 = 2.4$，$z/b = 12/20 = 0.6$，

$\alpha_1 = 0.2334$

小矩形 $bcod$：$l/b = 20/8 = 2.5$，$z/b = 12/8 = 1.5$，$\alpha_2 = 0.16$

（3）$p_z = 330 \times 2 \times (0.2334 - 0.16) = 48.4\text{kPa}$

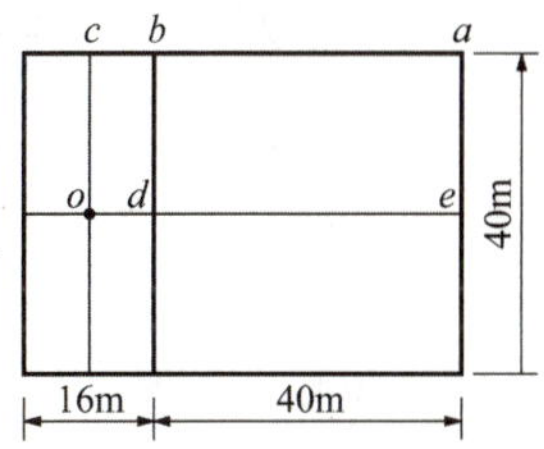

图 2-10-18　解 2-30 图

【点评】

土力学基本原理，应力叠加，根据《建筑地基基础设计规范》角点法细心查表。

题 2-31　在矩形面积 $abcd$ 上作用均布荷载 $p = 150\text{kPa}$，如图 2-10-19 所示，试计算 g 点下深度 6m 处的附加竖向应力 σ_z 值最接近下列哪个选项？系数查《建筑地基基础设计规范》

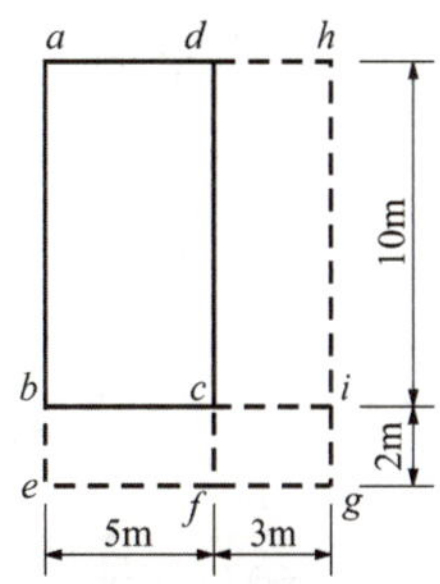

图 2-10-19　题 2-31 图

（A）7.7kPa　（B）9.2kPa

（C）10.8kPa　（D）12.5kPa

【解】

矩形 $aegh$，$l/b = 12/8 = 1.5$，$z/b = 6/8 = 0.75$，查表得：$\alpha_1 = 0.218$

矩形 $begi$，$l/b = 8/2 = 4$，$z/b = 6/2 = 3$，查表得：$\alpha_2 = 0.093$

矩形 $dfgh$，$l/b = 12/3 = 4$，$z/b = 6/3 = 2$，查表得：$\alpha_3 = 0.135$

矩形 $cfgi$，$l/b = 3/2 = 1.5$，$z/b = 6/2 = 3$，查表得：$\alpha_4 = 0.061$

$$p_z = (\alpha_1 - \alpha_2 - \alpha_3 + \alpha_4)p_0 = (0.218 - 0.093 - 0.135 + 0.061) \times 150 = 7.65\text{kPa}$$

【点评】

土力学基本原理，应力叠加。

（2）**矩形面积三角形荷载**的地基附加应力计算见表 2-10-17。

矩形面积三角形荷载 **表 2-10-17**

矩形面积上有三角形分布荷载（基底压力为三角形）作用时，荷载角点（1点和2点）下任意深度z处的附加应力p_z，可按下式计算：

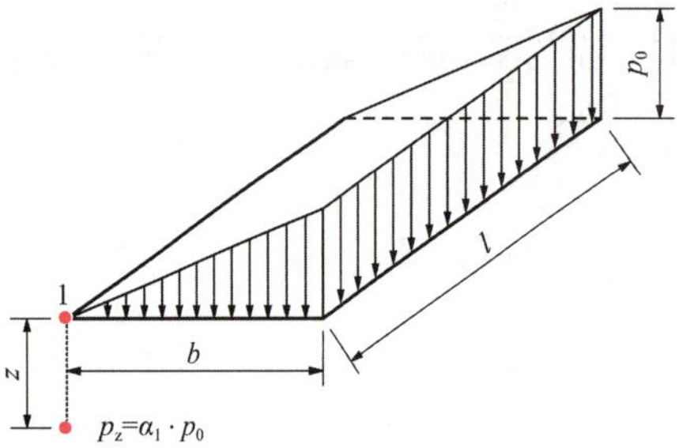

(a) 尖端角点1

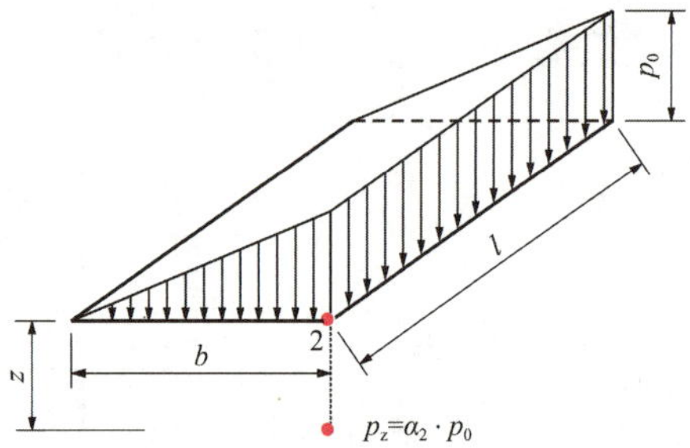

(b) 尾端角点2

角点1：$p_z = \alpha_1 \cdot p_0$	角点2：$p_z = \alpha_2 \cdot p_0$

式中：p_0——基础底面处的附加压力（kPa）；

α_1、α_2——角点附加应力系数，可按《建筑地基基础设计规范》附录K.0.2或本书附录I.0.3查取；

l——**垂直于三角形荷载变化方向**的矩形基础边长（m），**不一定是基础长边；**

b——**沿三角形荷载变化方向**的矩形基础边长（m），**不一定是基础短边；**

z——计算点距离**基础底面**的垂直距离（m）

题 2-32 已知矩形基础底面尺寸 3.6×3.0m，作用在基底面上的相应于荷载效应标准组合时的三角形荷载引起的基底最大附加压力值p_0为200kPa，如图2-10-20所示，求此基础角点b下$z = 6$m处的竖向附加应力最接近下列哪个选项？

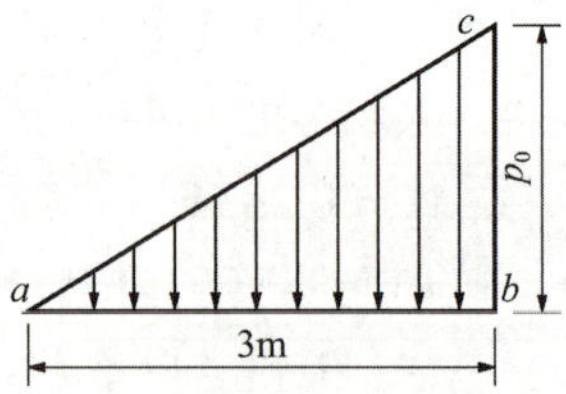

图 2-10-20 题 2-32 图

（A）8.7kPa （B）10.3kPa

（C）11.0kPa （D）25.5kPa

【解】

（1）$l/b = 3.6/3 = 1.2$，$z/b = 6/3 = 2$，查表得：$\alpha = 0.0513$

（2）$p_z = p_0 \cdot \alpha = 0.0513 \times 200 = 10.26$kPa

【点评】

①根据《建筑地基基础设计规范》附录K；②三角形荷载查系数时，注意b为荷载变化的方向，与矩形基础不同。

题 2-33 某条形分布荷载$p = 150$kPa，如图2-10-21所示，试计算O点（条形荷载边缘中点）下3m处的附加竖向应力最接近下列哪个选项？

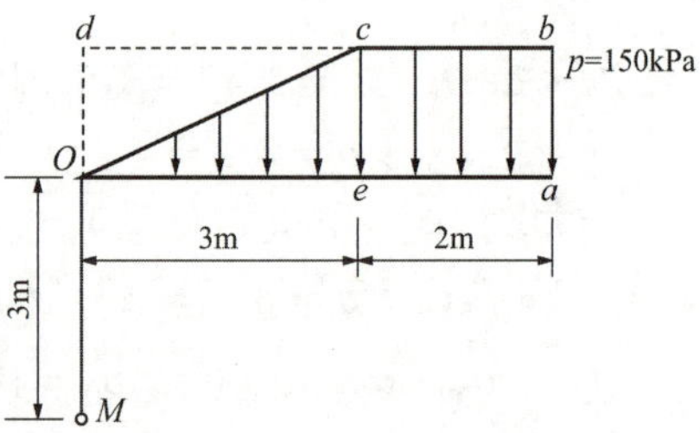

图 2-10-21 题 2-33 图

（A）18kPa （B）25kPa

（C）33kPa （D）42kPa

【解法一】

矩形$oabd$，$l/b = 10$，$z/b = 3/5 = 0.6$，

查表得：$\alpha_1 = 0.234$

三角形ocd，$l/b = 10$，$z/b = 3/3 = 1$，查表得：$\alpha_2 = 0.125$

$p_{z0} = 2(\alpha_1 - \alpha_2)p_0 = 2 \times (0.234 - 0.125) \times 150 = 32.7$kPa

【解法二】

矩形$oabd$，$l/b=10$，$z/b=3/5=0.6$，查表得：$\alpha_1=0.234$

矩形$oecd$，$l/b=10$，$z/b=3/3=1$，查表得：$\alpha_2=0.205$

三角形oce，$l/b=10$，$z/b=3/3=1$，查表得：$\alpha_3=0.0796$

$$p_{z0}=2(\alpha_1-\alpha_2+\alpha_3)p_0=2\times(0.234-0.205+0.0796)\times150=32.58\text{kPa}$$

【点评】

①解法一直接计算，ocd在M点用点 2 查表，较为快捷；②解法二oce在M点用点 1 查表，计算较为繁琐。

（3）**圆形均布荷载**的地基附加应力计算见表 2-10-18。

圆形均布荷载 **表 2-10-18**

圆形基底的半径为r，其上作用均布荷载p_0，**圆心点**下z深度处地基土中的附加应力p_z，可按下式计算： $$p_z=\alpha\cdot p_0$$ 式中：p_0——基础底面处的附加压力（kPa）； α——圆心附加应力系数，可按《建筑地基基础设计规范》附录 K.0.3 查取； r——圆形基础半径（m）； z——计算点距离**基础底面**的垂直距离（m）	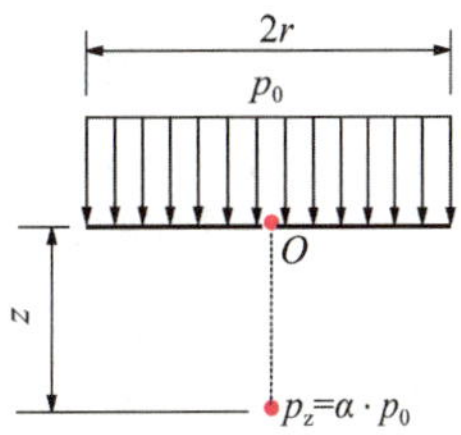

题 2-34 一圆形基础，直径$R=10$m，地基表面作用均布荷载$p=100$kPa，试计算基础中心下 20m 处的竖向力σ_z值最接近下列哪个选项？

（A）8.7kPa （B）25.5kPa （C）28.5kPa （D）65.8kPa

【解】

（1）$z/r=20/5=4$，查表$\alpha=0.087$

（2）$\sigma_z=0.087\times100=8.7$kPa

【点评】

①根据《建筑地基基础设计规范》附表 K.0.3；②圆心基础中线，只需要一个参数z/r即可插得系数。

（4）**圆形面积三角形荷载**的地基附加应力计算见表 2-10-19。

圆形面积三角形荷载　　　　**表 2-10-19**

圆形面积上有三角形分布荷载作用时，边点（1 点和 2 点）下深度z处的附加应力p_z，可按下式计算：

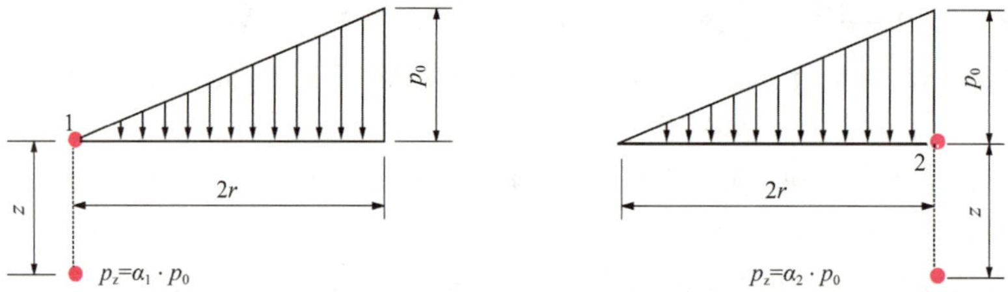

(a) 尖端边点 1　　　　(b) 尾端边点 2

边点 1：$p_z = \alpha_1 \cdot p_0$	边点 2：$p_z = \alpha_2 \cdot p_0$

式中：p_0——基础底面处的附加压力（kPa）；

α_1、α_2——边点附加应力系数，可按《建筑地基基础设计规范》附录 K.0.4 查取；

r——圆形基础半径（m）；

z——计算点距离**基础底面**的垂直距离（m）

题 2-35　圆形油罐底面直径 15.0m，埋深$d = 2.5$m，场地地层如图 2-10-22 所示，地下水位位于黏土层顶面。储油后相应于作用准永久组合的基底压力为 120kPa，根据《建筑地基基础设计规范》GB 50007—2011，计算储油后油罐底边缘处地基的最终沉降量，其值最接近下列哪个选项？（不考虑相对硬层的影响，不考虑基础刚度的影响）

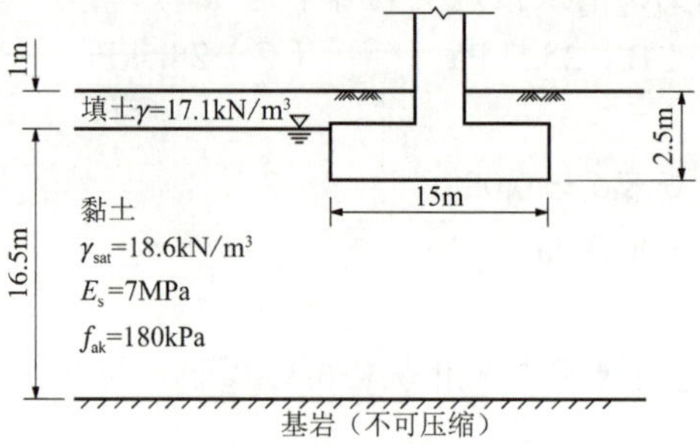

图 2-10-22　题 2-35 图

（A）45mm　　（B）65mm　　（C）89mm　　（D）127mm

【解】

（1）$p_0 = 120 - 17.1 \times 1 - 8.6 \times 1.5 = 90\text{kPa} < 0.75 \times 180 = 135\text{kPa}$

$\overline{E}_s = E_s = 7\text{MPa} \Rightarrow \psi_s = 0.7$

（2）圆形边缘，均布荷载分解为 2 个三角形分布荷载

$z/r = 15/7.5 \Rightarrow \overline{\alpha}_1 = 0.073$，$\overline{\alpha}_2 = 0.263$

（3）$s = 0.7 \times 90 \times \dfrac{15 \times (0.073 + 0.263)}{7} = 45.36\text{mm}$

【点评】

①根据《建筑地基基础设计规范》第 5.3.5～5.3.6 条、附录 K.0.4 及土力学附加应力叠加原理；②根据叠加原理局布荷载可分为 2 个三角形荷载叠加；③注意计算的沉降量应考虑经验系数。

10.1.3 基底压力与持力层验算——《建筑地基基础设计规范》第 5.2.1 条、第 5.2.2 条

基础底面受压分为三种情形：轴心受压（$e=0$）、小偏心受压（$e\leqslant\dfrac{b}{6}$）和大偏心受压（$e>\dfrac{b}{6}$），三种情形下的基底压力计算及承载力验算按表 2-10-20。

地基承载力验算　　**表 2-10-20**

受压情况	轴心	小偏心	大偏心
简图	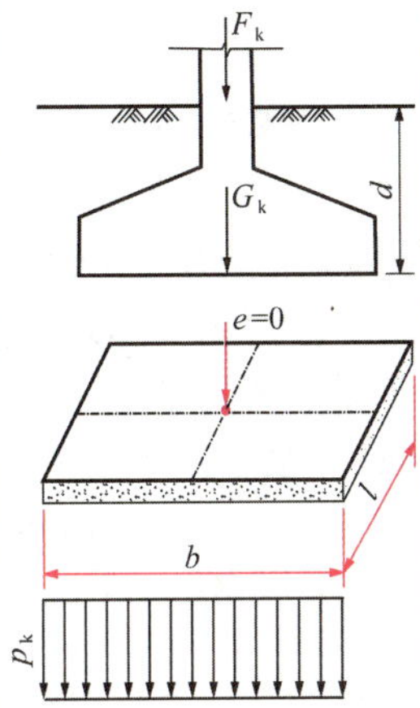	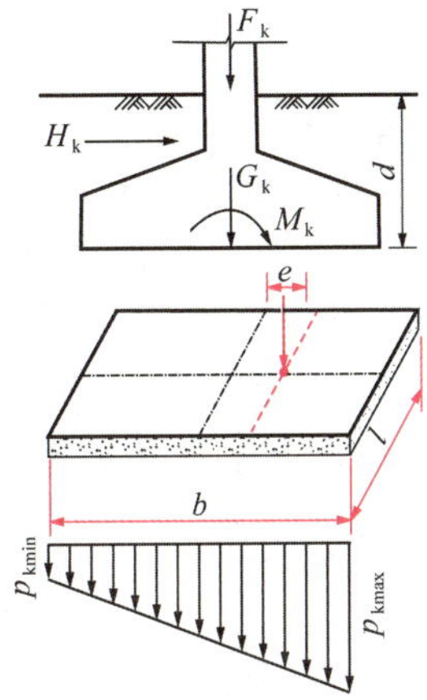	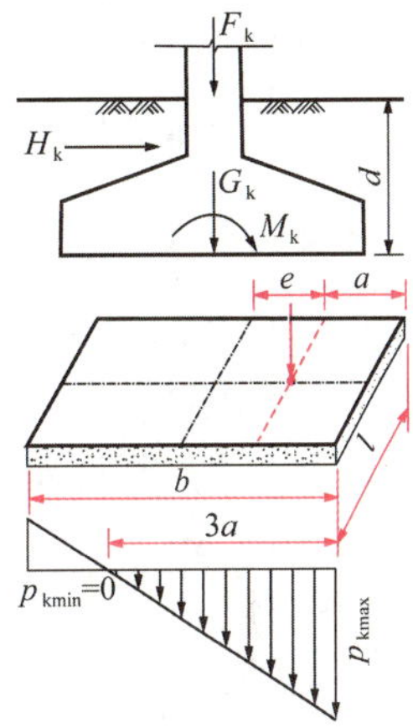
	基础两侧埋深不一致时，计算p_k用两侧平均值，计算f_a按不利取埋深较小一侧		
偏心情况	$e=0$	$e\leqslant\dfrac{b}{6}$	$e>\dfrac{b}{6}$
基底压力	$p_k=\dfrac{F_k+G_k}{A}$	$p_{kmax}=\dfrac{F_k+G_k}{A}+\dfrac{M_k}{W_k}=p_k\left(1+\dfrac{6e}{b}\right)$ $p_{kmin}=\dfrac{F_k+G_k}{A}-\dfrac{M_k}{W_k}=p_k\left(1-\dfrac{6e}{b}\right)$ （矩形基础）	$p_{kmax}=\dfrac{2(F_k+G_k)}{3la}$ $=\dfrac{2(F_k+G_k)}{3l\left(\dfrac{b}{2}-e\right)}$ （矩形基础）
承载力验算	$p_k\leqslant f_a$	$p_k\leqslant f_a$且$p_{kmax}\leqslant 1.2f_a$	$p_{kmax}\leqslant 1.2f_a$
偏心矩$e=\dfrac{M_k}{F_k+G_k}$，$a=\dfrac{b}{2}-e$，大偏心基底压力分布面积$3la$ = 全面积A − 脱空面积，分布有效宽度 $3a$			
b——沿力矩作用方向的边长； l——垂直力矩作用方向的边长			
基础底面抵抗矩W：矩形基础$W=\dfrac{lb^2}{6}$，条形基础$W=\dfrac{b^2}{6}$，圆形基础$W=\dfrac{\pi d^3}{32}$			
圆心基础用e与$\dfrac{W}{A}=\dfrac{d}{8}$比较判断偏心情况，小偏心$p_{kmin}^{kmax}=\dfrac{F_k+G_k}{A}\pm\dfrac{M_k}{W_k}=p_k\left(1\pm\dfrac{8e}{d}\right)$			

注：1. 双向偏心和圆心基础大偏心相关计算见后面“公路桥涵规范”章节；

2. 矩形基础当偏心矩$e\geqslant\dfrac{b}{30}$时，$p_{kmax}\leqslant 1.2f_a$成立，则$p_k\leqslant f_a$恒成立，故大偏心只验算$p_{kmax}\leqslant 1.2f_a$即可；

3. 结合规范来学习本表，通过做题融会贯通，达到闭卷程度或考试时直接用本表能提高解题速度且不易出错。

题 2-36 （17C05）墙下条形基础，作用于基础底面中心的竖向力为每延米 300kN，弯矩为每延米 150kN·m，拟控制基底反力作用有效宽度不小于基础宽度的 0.8 倍，满足此要求的基础宽度最小值最接近下列哪个选项？

（A）1.85m （B）2.15m （C）2.55m （D）3.05m

【解】

（1）$e=\frac{150}{300}=0.5\text{m}$

（2）$3a=3\times\left(\frac{b}{2}-0.5\right)\geqslant 0.8b\Rightarrow b\geqslant 2.14\text{m}$

【点评】

①根据《建筑地基基础设计规范》第 5.2.2 条；②重要考点，基底压力分布，灵活的题目，有零应力区属于大偏心，反力作用面积为 $3la$。

题 2-37 （10D09）如图所示，有一工业塔，刚性连接设置在宽度$b=6\text{m}$、长度$l=10\text{m}$，埋置深度$d=3\text{m}$的矩形基础板上，包括基础自重在内的总重为$N_k=20\text{MN}$，作用于塔身上部的水平合力$H_k=1.5\text{MN}$，基础侧面抗力不计。为保证基底不出现零压力区，计算水平合力作用点与地面距离h最大值应与下列哪个选项的数值最为接近？（图 2-10-23）

（A）15.2m （B）19.3m （C）21.5m （D）24.0m

【解】

基底不出现零压力区，$e\leqslant\frac{10}{6}=1.67\text{m}$

$$e=\frac{1.5\times10^3\times(h+3)}{20\times10^3}\leqslant 1.67\Rightarrow h\leqslant 19.3\text{m}$$

【点评】

①根据《建筑地基基础设计规范》第 5.2 节；②矩形基础基底面压力不出现零压力区即偏心距$e\leqslant b/6$，其中**b为弯矩作用方向的长度**；③水平力力臂不要漏加基础埋深。

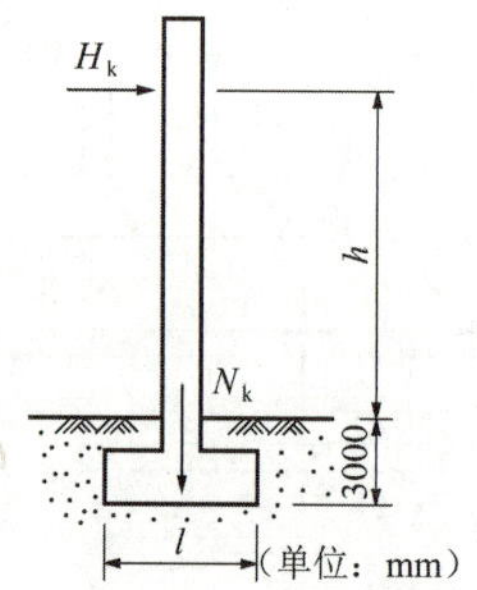

图 2-10-23 题 2-37 图

题 2-38 （20C08）图 2-10-24 中车间的柱基础，底面宽度$b=2.6\text{m}$，长度$l=5.2\text{m}$，在图示所有荷载（$F=1800\text{kN}$，$P=220\text{kN}$，$Q=180\text{kN}$，$M=950\text{kN}\cdot\text{m}$）作用下，基底偏心距接近于下列何值？（基础及其上土的平均重度$\gamma=20\text{kN/m}^3$）

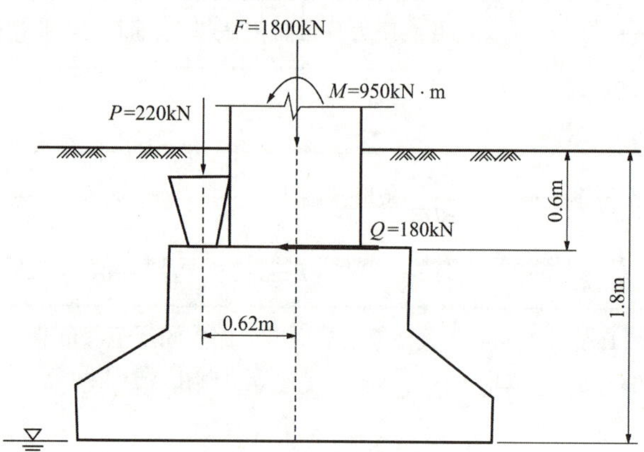

图 2-10-24 题 2-38 图

（A）0.52m （B）0.60m （C）0.65m （D）0.70m

【解】

（1）$\sum M = 950 + 220 \times 0.62 + 180 \times (1.8 - 0.6) = 1302.4\text{kN} \cdot \text{m}$

（2）$\sum N = 1800 + 220 + 20 \times 1.8 \times 2.6 \times 5.2 = 2506.72\text{kN}$

（3）$e = \dfrac{1302.4}{2506.72} = 0.52\text{m}$

【点评】

①根据《土力学》P100，$M_x = P \cdot e_y$，浅基础基底压力验算的常规考点：单向偏心矩的计算公式$e = M/N$，M为对于基底中心的总弯矩，N为基底总竖向力；②与华山论剑群 2020 年 2 月 19 日作业数据和图均完全一样，属于送分题。

【同类型真题】04C12、04D11、22 补考 C08

题 2-39　（22C06）边长为 5m 的正方形基础，承受的竖向力的合力为P（含基础自重），如图 2-10-25 所示。如果基础底面的基底压力分布区域的面积为 22.5m^2，则合力P作用点与基础形心的距离e最接近于下列哪个选项？

（A）0.8m　　（B）0.9m

（C）1.0m　　（D）1.1m

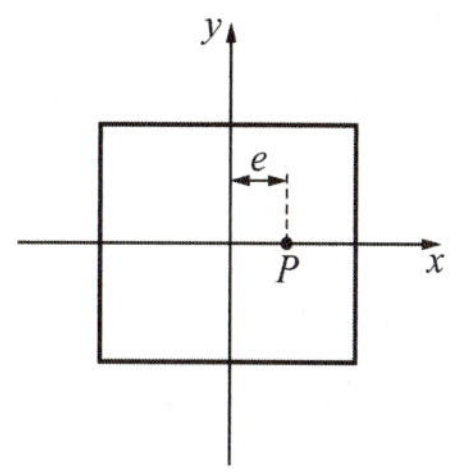

图 2-10-25　题 2-39 图

【解】

（1）$22.5 = 3 \times 5 \times a \Rightarrow a = 1.5\text{m}$

（2）$1.5 = \dfrac{5}{2} - e \Rightarrow e = 1.0\text{m}$

【点评】

①根据《建筑地基基础设计规范》第 5.2.2 条，基底压力分布区域小于基底面积时为大偏心，其受力区域为 $3la$；②大偏心时，$e + a = b/2$。

题 2-40　（11D06）从基础底面算起的风力发电塔高 30m，圆形平板基础直径$d =$ 6m，侧向风压的合力为 15kN，合力作用点位于基础底面以上 10m 处，当基础底面的平均压力为 150kPa 时，求基础边缘的最大与最小压力之比最接近于下列何值？（圆形板的抵抗矩$W = \pi d^3/32$）

（A）1.10　　（B）1.15　　（C）1.20　　（D）1.25

【解】

（1）$M_\text{k} = 15 \times 10 = 150\text{kN} \cdot \text{m}$，$e = \dfrac{150}{150 \times 3.14 \times 3^2} = 0.035\text{m} < \dfrac{d}{8} = \dfrac{6}{8}$

$= 0.75\text{m}$，小偏心

$p_\text{kmax} = 150 + \dfrac{150}{3.14 \times 6^3/32} = 157.1\text{kPa}$，$p_\text{kmin} = 150 - \dfrac{150}{3.14 \times 6^3/32} = 142.9\text{kPa}$

（2）$\dfrac{p_\text{kmax}}{p_\text{kmin}} = \dfrac{157.1}{142.9} = 1.10$

【点评】

①根据《建筑地基基础设计规范》第 5.2.2 条；②本题考点是：掌握偏心荷载作用下圆形基础底面压力分布的计算方法，除抵抗矩计算方法不同外，圆形基础与矩形基础相同，大小偏心的分界为$d/8$；③圆形基础当恰好$p_\text{kmin} = 0$时，$e = d/8$，与矩形基础不同。

【同类型真题】06C11

题 2-41 （14C07）某拟建建筑物采用墙下条形基础（图 2-10-26），建筑物外墙厚 0.4m，作用基础顶面的竖向力为 300kN/m，力矩为 100kN · m/m，由于场地限制，力矩作用方向一侧的基础外边缘距离外墙皮的距离为 2m，保证基底压力均布时，估算基础宽度最接近于下列哪个选项？

（A）1.98m （B）2.52m

（C）3.74m （D）4.45m

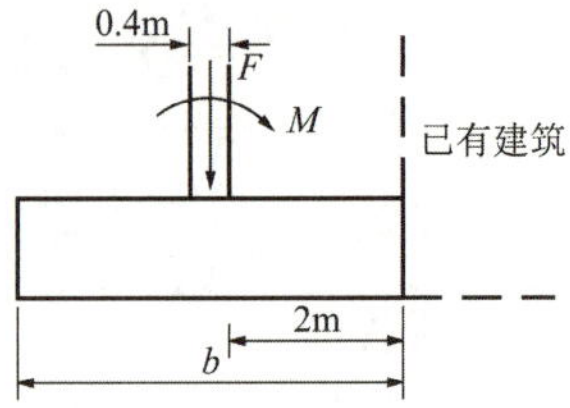

图 2-10-26 题 2-41 图

【解法一】

（1）要保证基底压力均布，即总弯距为 0，则要求F产生的弯矩为逆时针方向

力臂大小$x = 2 + \frac{0.4}{2} - \frac{b}{2} = 2.2 - \frac{b}{2}$

（2）$300 \times \left(2.2 - \frac{b}{2}\right) - 100 = 0 \Rightarrow b=3.73\text{m}$

【解法二】

对右边缘的弯矩，取均布力（不考虑弯矩）等于计算F的弯矩和M

$300 \times \frac{b}{2} = 300 \times 2.2 - 100$，得$b = 3.73\text{m}$

【点评】

①基底压力均布则基底总弯矩为零，由于基础自重不产生弯矩，则基础顶部力F产生的弯矩与力矩M大小相等，方向相反；②根据F弯矩的方向判断作用位于基础中心的左侧，则F至基础中心的距离为$2 + 0.2 - b/2$，即为F的偏心距（力臂大小）。

题 2-42 （19D07）如图 2-10-27 所示条形基础，受轴向荷载作用，埋深$d = 1.0\text{m}$，原基础按设计荷载计算确定的宽度为$b = 2.0\text{m}$，基底持力层经深度修正后的地基承载力特征值$f_a = 100\text{kPa}$。因新增设备，在基础上新增竖向荷载$F_{k1} = 80\text{kN/m}$。拟采用加大基础宽度的方法来满足地基承载力设计要求，且要求加宽后的基础仍符合轴心受荷条件，求新增荷载作用一侧基础宽度的增加量b_1值，其最小值最接近下列哪个选项？（基础及其上土的平均重度取 20kN/m^3）

（A）0.25m （B）0.5m

（C）0.75m （D）1.0m

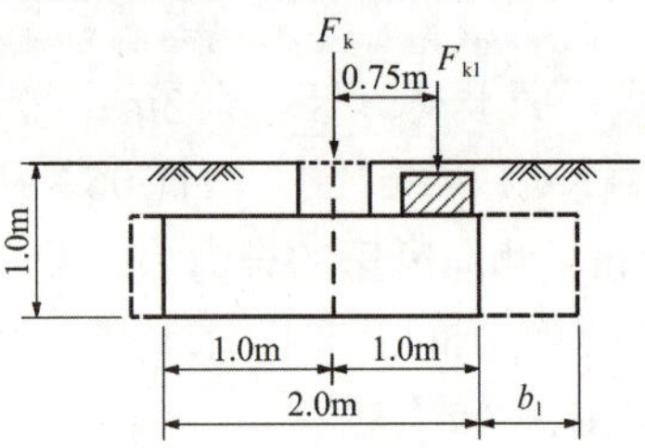

图 2-10-27 题 2-42 图

【解】

（1）$\frac{F_k}{2} + 20 \times 1 = 100 \Rightarrow F_k = 160\text{kN/m}$

（2）设增宽后基础最小宽度为$b \leqslant 3$，轴心受荷

$p_k = \frac{160 + 80}{b} + 20 \times 1 = 100 \Rightarrow b = 3\text{m}$，满足假设

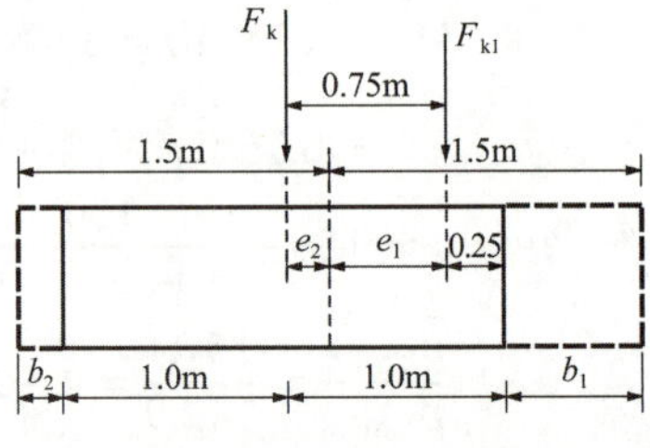

图 2-10-28 解 2-42 图

（3）设基础右侧增加量为b_1

$160 \times (1 + b_1) + 80 \times (0.25 + b_1) = (160 + 80) \times 1.5 \Rightarrow b_1 = 0.75$

【点评】

①根据《建筑地基基础设计规范》第 5.2.1 条、第 5.2.2 条；②根据轴心受力快速得到最小加宽的宽度，轴心荷载对基础边缘的等效力臂长为$b/2$；③现在地基承载力经常出现加上基础加宽和加深的题目，一定要先假设$b > 3$m 时，修正后的地基承载力特征值会变化。

题 2-43（07C09）已知墙下条形基础的底面宽度 2.5m，墙宽 0.5m，基底压力在全断面分布为三角形（图 2-10-29），基底最大边缘压力为 200kPa，则作用于每延米基础底面上的轴向力和力矩最接近下列哪个选项？

（A）$N = 300$kN，$M = 154.2$kN · m

（B）$N = 300$kN，$M = 134.2$kN · m

（C）$N = 250$kN，$M = 104.2$kN · m

（D）$N = 250$kN，$M = 94.2$kN · m

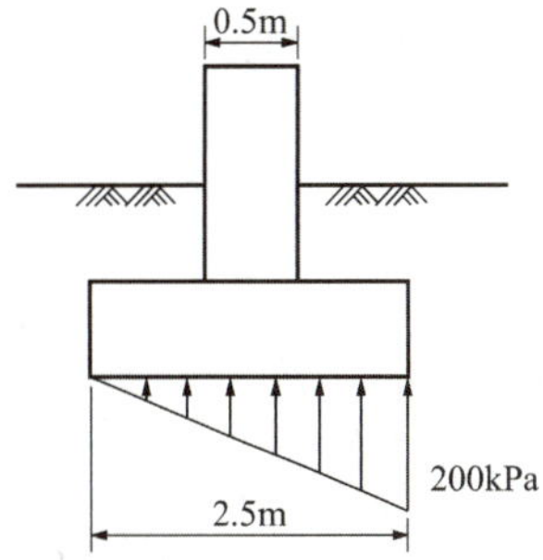

图 2-10-29　题 2-43 图

【解】

（1）$p_k = \dfrac{200}{2} = 100$kPa，$N = 100 \times 2.5 = 250$kN

（2）$M = 250 \times \dfrac{2.5}{6} = 104.2$kN · m

【点评】

①根据《建筑地基基础设计规范》第 5.2.2 条；②重要考点：基底压力计算；③基底全断面三角形分布是比较特殊的一种情况，此时$p_{kmax} = 2p_k$，$p_{kmin} = 0$，$e = b/6$。

【同类型真题】02C07、06C09

题 2-44（11C06）如图 2-10-30 所示，柱基础底面尺寸为 1.8m × 1.2m，作用在基础底面的偏心荷载$F_k + G_k = 300$kN，偏心距$e = 0.2$m，基础底面应力分布最接近下列哪个选项？

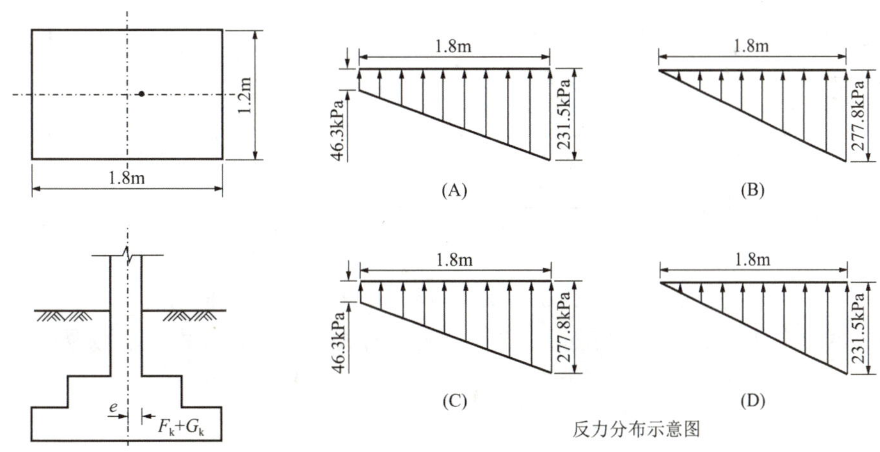

图 2-10-30　题 2-44 图

【解法一】

（1）$e = 0.2\text{m} < b/6 = 0.3$m，为小偏心

（2）$p_{kmax} = \dfrac{300}{1.8 \times 1.2}\left(1 + \dfrac{6 \times 0.2}{1.8}\right) = 231.5$kPa

$p_{kmin} = \dfrac{300}{1.8 \times 1.2}\left(1 - \dfrac{6 \times 0.2}{1.8}\right) = 46.3$kPa

【解法二】

（1）$e = 0.2\text{m} < b/6 = 0.3\text{m}$，为小偏心

（2）$p_{\text{kmax}} = \dfrac{300}{1.8 \times 1.2} + \dfrac{300 \times 0.2}{1.2 \times 1.8^2/6} = 231.5\text{kPa}$

$p_{\text{kmin}} = \dfrac{300}{1.8 \times 1.2} - \dfrac{300 \times 0.2}{1.2 \times 1.8^2/6} = 46.3\text{kPa}$

【点评】

①根据《建筑地基基础设计规范》第5.2.2条；②先判断小偏心，再代公式，对于小偏心可用两种公式计算：$p_{\text{kmax}} = p_{\text{k}}\left(1 + \dfrac{6e}{b}\right)$，$p_{\text{kmin}} = p_{\text{k}}\left(1 - \dfrac{6e}{b}\right)$或$p_{\text{kmax}} = p_{\text{k}} + \dfrac{M}{W}$，$p_{\text{kmin}} = p_{\text{k}} - \dfrac{M}{W}$，本题已知偏心距$e$，用解法一计算更为快捷。

题2-45　（13C06）如图2-10-31所示双柱基础，相应于作用的标准组合时，Z_1的柱底轴力1680kN，Z_2柱底轴力4800kN，假设基础底面压力线性分布，试计算基础底面边缘A的压力值最接近下列哪个选项的数值？（基础及其上土平均重度取20kN/m³）

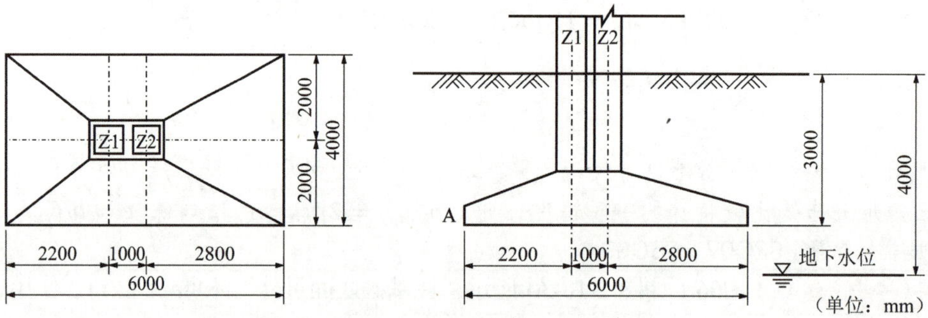

图2-10-31　题2-45图

（A）286kPa　　（B）314kPa　　（C）330kPa　　（D）346kPa

【解】

（1）$e = \dfrac{1680 \times 0.8 - 4800 \times 0.2}{1680 + 4800 + 4 \times 6 \times 3 \times 20} = \dfrac{384}{7920} = 0.0485\text{m} < \dfrac{b}{6} = 1.0\text{m}$，小偏心

（2）$p_{\text{kmax}} = \dfrac{7920}{4 \times 6} \times \left(1 + \dfrac{0.0485 \times 6}{6}\right) = 346\text{kPa}$

【点评】

①根据《建筑地基基础设计规范》第5.2.2条；②考点为掌握偏心荷载作用下，基础底面压力分布的计算方法，此类题目第一步都是先判断大小偏心；③本题看似复杂，实际是很简单的题目，双柱仅比单柱多增加了弯矩和荷载，其他算法相同。

题 2-46　（14C08）某高层建筑，平面、立面轮廓如图 2-10-32 所示。相当于作用标准组合时，地上建筑物平均荷载为 15kPa/层，地下建筑物平均荷载（含基础）为 40kPa/层。假定基底压力线性分布，问基础底面右边缘的压力值最接近下列哪个选项的数值？

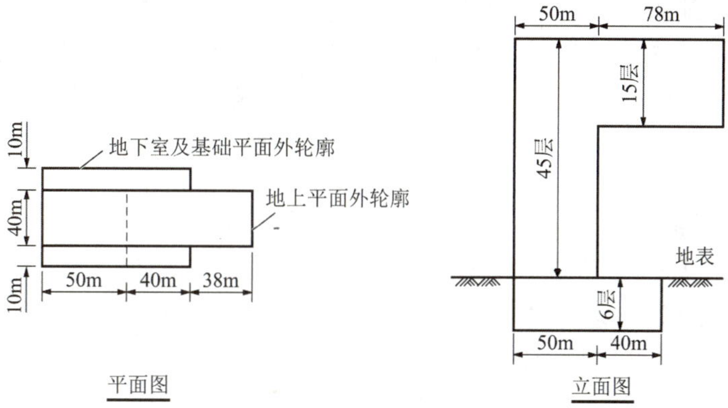

图 2-10-32　题 2-46 图

（A）319kPa　　（B）668kPa　　（C）692kPa　　（D）882kPa

【解】

（1）$F_k + G_k = 6 \times 40 \times 90 \times 60 + 45 \times 15 \times 50 \times 40 + 15 \times 15 \times 78 \times 40$

$= 3348000\text{kN}$

$$e = \frac{15 \times 15 \times 78 \times 40 \times (39 + 5) - 15 \times 45 \times 50 \times 40 \times (45 - 25)}{3348000}$$

$= 1.16\text{m} < \frac{b}{6} = 15\text{m}$，向右小偏心

（2）右边缘压力 $p_{kmax} = \frac{3348000}{60 \times 90} \times \left(1 + \frac{6 \times 1.16}{90}\right) = 668\text{kPa}$

【点评】

①根据《建筑地基基础设计规范》第 5.2.2 条；②注意地表以下部分基础不会产生弯矩，**偏心距是力与基底中心的距离**，抓住这一点就不会被题目中诸多的数据干扰，力的计算可以采用量纲法不容易错，准确计算各个力的**大小和偏心距**即可；③本题数据多计算量较大，但原理简单，需要十分细心且思路清晰才可又快又准。

题 2-47　（12C05）图 2-10-33 所示柱下钢筋混凝土独立基础，底面尺寸为 2.5m × 2.0m，基础埋深为 2.0m，上部结构传至基础顶面的竖向荷载F为 700kN，基础及其上土的平均重度为 20kN/m^3，作用于基础底面的力矩M为 260kN · m，距基底 1m 处作用水平荷载H为 190kN，该基础底面的最大压力与下列哪个数值最接近？

（A）400kPa　　（B）396kPa

（C）213kPa　　（D）180kPa

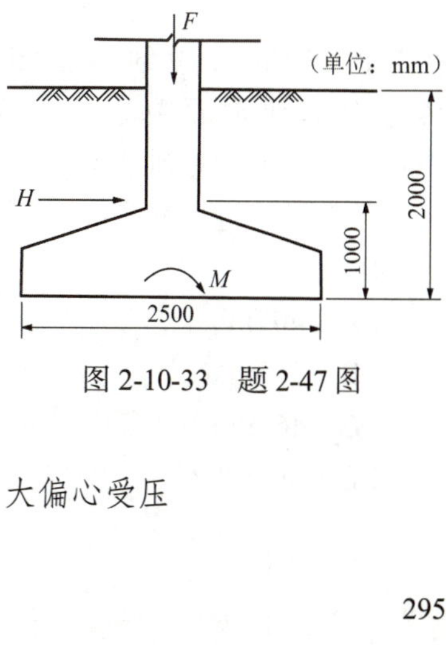

图 2-10-33　题 2-47 图

【解】

（1）$e = \frac{260 + 190 \times 1}{700 + 2.5 \times 2 \times 2 \times 20} = 0.5\text{m} > \frac{2.5}{6} = 0.42\text{m}$，大偏心受压

（2）$p_{kmax} = \dfrac{2\times(700+200)}{3\times2.0\times\left(\dfrac{2.5}{2}-0.5\right)} = 400\text{kPa}$

【点评】

①根据《建筑地基基础设计规范》第5.2.2条；②本题考点是：掌握矩形基础偏心荷载作用下的基底压力分布，首先计算偏心距并与$b/6$比较判断大、小偏心，再套用相应公式，其中b为弯矩作用方向基础的边长；③计算弯矩时要看清力、力矩作用方向，不要搞错正负号；④小偏心荷载分布为梯形，大偏心荷载分布为三角形，三角形在底边的分布长度为$3a$，其中$a=b/2-e$。

【同类型真题】10C10

题2-48 （16C05）某高度60m的结构物，采用方形基础，基础边长15m，埋深3m，作用在基础底面中心的竖向力为24000kN，结构物上作用的水平荷载呈梯形分布，顶部荷载分布值50kN/m，地表处荷载分布为20kN/m，如图2-10-34所示，求基础底面边缘的最大压力最接近下列哪个选项的数值？（不考虑土压力的作用）

（A）219kPa　　（B）237kPa

（C）246kPa　　（D）252kPa

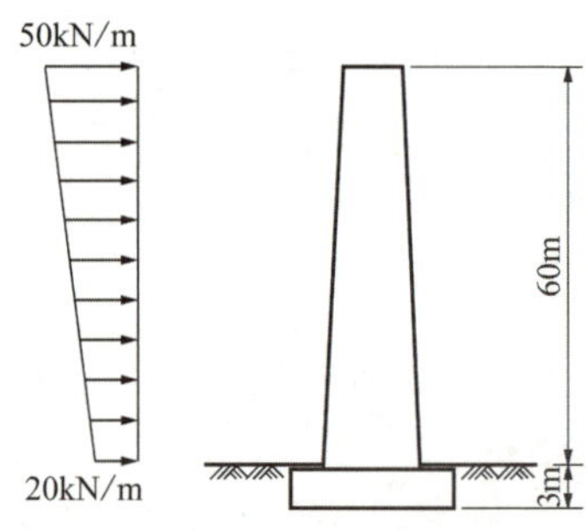

图2-10-34　题2-48图

【解】

（1）$M_k = 20\times60\times\left(\dfrac{60}{2}+3\right)+\dfrac{50-20}{2}\times60\times\left(\dfrac{2}{3}\times60+3\right) = 78300\text{kN}\cdot\text{m}$

（2）$e=\dfrac{78300}{24000}=3.26\text{m}>\dfrac{15}{6}=2.5\text{m}$，大偏心

（3）$p_{kmax} = \dfrac{2\times24000}{3\times15\times\left(\dfrac{15}{2}-3.26\right)} = 252\text{kPa}$

【点评】

①根据《建筑地基基础设计规范》第5.2.2条；②基底压力计算最关键的一步是先判断大、小偏心；③梯形荷载的重心较难确定，分解为矩形＋三角形后，能更快计算出弯矩；④计算弯矩不要漏乘基础埋深。

题2-49 （17D07）某3m×4m矩形独立基础如图2-10-35所示，基础埋深2.5m，无地下水。已知上部结构传递至基础顶面中心的力为$F=2500\text{kN}$，力矩为$M=300\text{kN}\cdot\text{m}$。假设基础底面压力线性分布，求基础底面边缘的最大压力最接近下列何值？（基础及其上土体的平均重度为20kN/m^3）

（A）407kPa

（B）427kPa

（C）465kPa

（D）506kPa

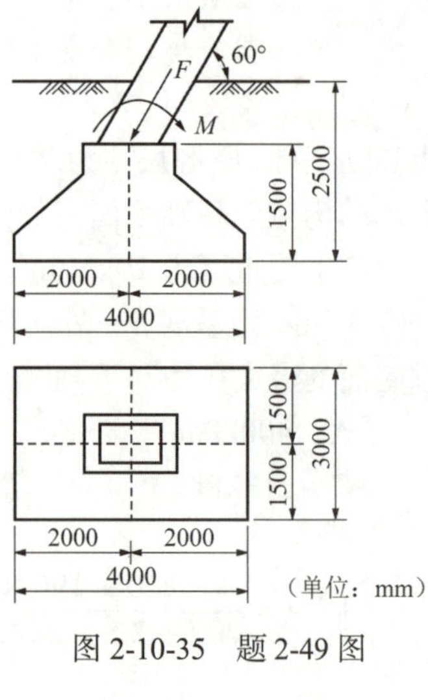

图2-10-35　题2-49图

【解】

（1）$M_k = 2500 \times \cos 60° \times 1.5 - 300 = 1575\text{kN} \cdot \text{m}$

（2）$e = \dfrac{1575}{2500 \times \sin 60° + 3 \times 4 \times 2.5 \times 20} = 0.57\text{m} < \dfrac{4}{6} = 0.67\text{m}$，小偏心

（3）$p_{kmax} = \dfrac{2500 \times \sin 60° + 3 \times 4 \times 2.5 \times 20}{3 \times 4} \times \left(1 + \dfrac{6 \times 0.57}{4}\right) = 427.4\text{kPa}$

【点评】

①根据《建筑地基基础设计规范》第 5.2.2 条；②斜向力分解为竖直和水平力后，正常计算即可；③近年浅基础题目都比较灵活，基础形式多样化如斜柱、双柱基础等，但原理都一样，掌握到位都是非常简单的。

题 2-50　（10D07）条形基础宽度为 3.6m，基础自重和基础上的土重为$G_k = 100\text{kN/m}$，上部结构传至基础顶面的竖向力值为$F_k = 200\text{kN/m}$，$F_k + G_k$合力的偏心距为 0.4m，修正后的地基承载力特征值至少要达到下列哪个选项才能满足承载力验算要求？

（A）68kPa　（B）83kPa　（C）116kPa　（D）139kPa

【解】

（1）$e = 0.4\text{m} < \dfrac{3.6}{6} = 0.6\text{m}$，小偏心

（2）$p_k = \dfrac{200 + 100}{3.6} = 83.3\text{kPa} \leqslant f_a \Rightarrow f_a \geqslant 83.3\text{kPa}$

（3）$p_{kmax} = \dfrac{200 + 100}{3.6} + \dfrac{(200 + 100) \times 0.4}{1 \times 3.6^2/6} = 138.9\text{kPa} \leqslant 1.2f_a \Rightarrow f_a \geqslant 115.8\text{kPa}$

（4）取大值，$f_a \geqslant 115.8\text{kPa}$

【点评】

①《建筑地基基础设计规范》第 5.2.1 条、第 5.2.2 条；②小偏心时可采用两个公式计算基底最大压力$p_{kmax} = \dfrac{F_k+G_k}{A} + \dfrac{M_k}{W} = \dfrac{F_k+G_k}{A}\left(1 + \dfrac{6e}{b}\right)$，对于偏心距$e = \dfrac{M_k}{F_k+G_k}$为总偏心距；③偏心荷载，应同时验算$p_k \leqslant f_a$和$p_{kmax} \leqslant 1.2f_a$，当$e > b/30$ 即大偏心时，修正后的地基承载力就由基底最大压力控制。

【同类型真题】10D08

题 2-51　（06C06）条形基础宽度为 3.6m，合力偏心距为 0.8m，基础自重和基础上的土重为 100kN/m，相应于荷载效应标准组合时上部结构传至基础顶面的竖向力值为 260kN/m，修正后的地基承载力特征值至少要达到下列哪个选项时才能满足承载力验算要求？

（A）120kPa　（B）200kPa　（C）240kPa　（D）288kPa

【解】

（1）$e = 0.8\text{m} > \dfrac{3.6}{6} = 0.6\text{m}$，大偏心

（2）$f_a \geqslant p_k = \dfrac{260 + 100}{3.6} = 100\text{kPa}$

（3）$p_{kmax} = \dfrac{2 \times (260 + 100)}{3 \times \left(\dfrac{3.6}{2} - 0.8\right)} = 240\text{kPa}$，$f_a \geqslant \dfrac{240}{1.2} = 200\text{kPa}$

（4）取大值，$f_a \geqslant 200\text{kPa}$

【点评】

①根据《建筑地基基础设计规范》第 5.2.1 条、第 5.2.2 条；②在大偏心的情况下，轴心验算肯定恒满足，但规范规定$p_k \leqslant f_a$和$p_{kmax} \leqslant 1.2f_a$都要验算。

题 2-52 （13D06）柱下独立基础底面尺寸 2m × 3m，持力层为粉质黏土，重度$\gamma = 18.5kN/m^3$，$c_k = 20kPa$，$\varphi_k = 16°$，基础埋深位于天然地面下 1.2m，上部结构施工结束后进行大面积回填土，回填土厚度 1.0m，重度$\gamma = 17.5kN/m^3$，如图 2-10-36 所示。地下水位位于基底平面处。作用的标准组合下传至基础顶面（与回填土顶面齐平）的柱荷载$F_k = 650kN$，$M_k = 70kN \cdot m$，按《建筑地基基础设计规范》GB 50007—2011 计算，基底边缘最大压力p_{kmax}与持力层地基承载力特征值f_a的比值最接近以下何值？

（A）0.85　　（B）1.0

（C）1.1　　（D）1.2

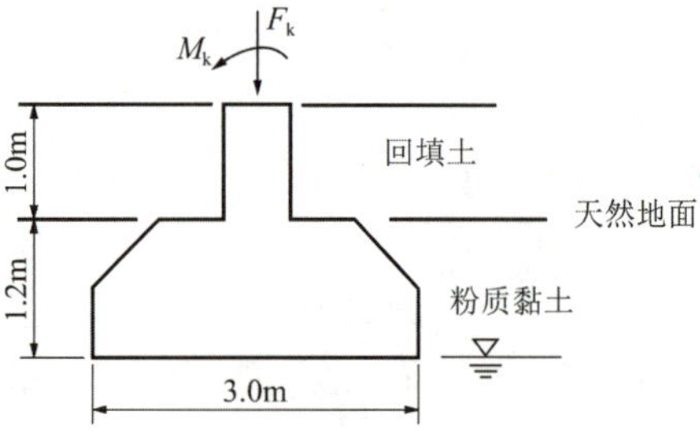

图 2-10-36 题 2-52 图

【解】

（1）$e = \dfrac{70}{650 + 2 \times 3 \times 1.2 \times 20 + 2 \times 3 \times 1 \times 20} = 0.076m < \dfrac{b}{6} = 0.5m$

$$p_{kmax} = \frac{914}{2 \times 3} \times \left(1 + \frac{6 \times 0.076}{3}\right) = 175.5kPa$$

（2）$e = 0.076m < 0.033b = 0.1m$

$\varphi_k = 16°$，查表$M_b = 0.36$，$M_d = 2.43$，$M_c = 5.00$

$$f_a = 0.36 \times 8.5 \times 2 + 2.43 \times 18.5 \times 1.2 + 5.00 \times 20 = 160.1kPa$$

（3）$\dfrac{p_{kmax}}{f_a} = \dfrac{175}{160.1} = 1.1$

【点评】

①根据《建筑地基基础设计规范》第 5.2.2 条、第 5.2.5 条；②考点为偏心荷载下基础底面压力分布的计算，以及根据土的抗剪强度指标确定地基承载力特征值；③本类型题的第一步永远是先判断大、小偏心，选择对应的公式；④特别要注意“作用的标准组合下传至基础顶面（**与回填土顶面齐平**）”，故回填部分 1m 高度的重度要取$\gamma_G = 20N/m^3$。

题 2-53 （12D09）如图 2-10-37 所示，某建筑采用条形基础，基础埋深 2m，基础宽度 5m，作用于每延米基础底面的竖向力为F，力矩M为 300kN · m/m，基础下地基反力无零应力区。地基土为粉土，地下水位埋深 1.0m，水位以上土的重度为 18kN/m³，水位以下土的饱和重度为 20kN/m³，黏聚力为 25kPa，内摩擦角为 20°。问该基础作用于每延米基础底面的竖向力F最大值最接近下列哪个选项？（此题有瑕疵，可按$e \leqslant 0.033b$计算基底承载力）

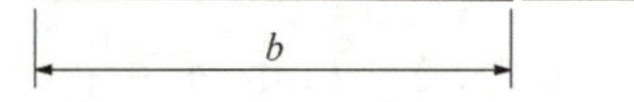

图 2-10-37 题 2-53 图

（A）253kN/m　　（B）1157kN/m

（C）1265kN/m　　（D）1518kN/m

【解】

（1）$\varphi = 20°$，查表$M_b = 0.51$，$M_d = 3.06$，$M_c = 5.66$

$f_a = 0.51 \times 10 \times 5 + 3.06 \times (18 \times 1 + 10 \times 1) + 5.66 \times 25 = 252.7\text{kPa}$

（2）小偏心：$\frac{F}{5} + \frac{300}{5^2/6} \leqslant 1.2 \times 252.7 = 303.2 \Rightarrow F \leqslant 1156.2\text{kN/m}$

（3）轴心：$\frac{F}{5} \leqslant 252.7$，解得：$F \leqslant 1263.5\text{kN/m}$

取小值，$F = 1156.2\text{kN/m}$

【点评】

①根据《建筑地基基础设计规范》第 5.2.2 条；②本题考点是：掌握偏心荷载下基础底面平均压力与边缘最大压力的控制标准；③无零应力区即为小偏心，联立两个不等式计算即可；④将抗剪强度指标确定承载力特征值结合起来，计算量小幅增加，仍属简单题目；⑤题目有瑕疵，偏心矩e不满足承载力公式的计算条件$e \leqslant 0.033b$。

【同类型真题】 09C10、08C09

题 2-54 （05D06）条形基础宽度为 3.0m，由上部结构传至基础底面的最大边缘压力为 80kPa，最小边缘压力为 0，基础埋置深度为 2.0m，基础及台阶上土自重的平均重度为 20kN/m^3，则下列哪项的论述是错误的？

（A）计算基础结构内力时，基础底面压力的分布符合小偏心（$e \leqslant b/6$）的规定

（B）按地基承载力验算基础底面尺寸时基础底面压力分布的偏心已经超过了《建筑地基基础设计规范》GB 50007—2011 中根据土的抗剪强度指标确定地基承载力特征值的规定

（C）作用于基础底面上的合力为 240kN/m

（D）考虑偏心荷载时，地基承载力特征值应不小于 120kPa 才能满足设计要求

【解】

（1）$G_k = 20 \times 3 \times 1 \times 2 = 120\text{kN/m}$，$A = 1 \times 3 = 3\text{m}^2$，$W = \frac{3^2 \times 1}{6} = 1.5\text{m}^3$

$\frac{F_k}{A} + \frac{M_k}{W} = \frac{F_k}{3} + \frac{M_k}{1.5} = 80$，$\frac{F_k}{A} - \frac{M_k}{W} = \frac{F_k}{3} - \frac{M_k}{1.5} = 0$

解得：$F_k = 120\text{kN/m}$，$M_k = 60\text{kN} \cdot \text{m/m}$

（2）$e = \frac{60}{120 + 120} = 0.25\text{m} < \frac{3}{6} = 0.5\text{m}$，小偏心，A 正确

（3）$e = 0.25\text{m} > 0.033 \times 3 = 0.099\text{m}$，B 正确

（4）$F_k + G_k = 120 + 120 = 240\text{kN/m}$，C 正确

（5）$p_{kmax} = \frac{120 + 120}{3} + \frac{60}{1.5} = 120\text{kPa}$，$f_a \geqslant \frac{p_{kmax}}{1.2} = \frac{120}{1.2} = 100\text{kPa}$，D 错误

【点评】

①根据《建筑地基基础设计规范》第 5.2.1 条、第 5.2.4 条；②深层平板荷载试验得到的承载力不需要再进行深度修正；③“上部结构传至基础底面”这种说法容易出现歧义，仅在注册考试早年出现过，后来就没有这种说法了，要么是“顶面”就不包含G_k，要么是“底面”就是包含了G_k，不会有争议；④本题意为p_j，不包含G_k，也仅此一年是这样。

【同类型真题】 04C01、04D06

题 2-55 （14C09）条形基础埋深3.0m，相应于作用的标准组合时，上部结构传至基础顶面的竖向力$F_k = 200\text{kN/m}$，为偏心荷载。修正后的地基承载力特征值为200kPa，基础及其上土的平均重度为20kN/m^3。按地基承载力计算条形基础宽度时，使基础底面边缘处的最小压力恰好为零，且无零应力区，问基础宽度的最小值接近下列何值？

（A）1.5m （B）2.3m （C）3.4m （D）4.1m

【解】

（1）依题意，偏心距$e = b/6$

（2）$p_{\text{kmax}} = 2 \times \left(\dfrac{200}{b} + 3 \times 20\right) \leqslant 1.2 \times 200 \Rightarrow b \geqslant 3.3\text{m}$

（3）$p_k = \dfrac{200}{b} + 3 \times 20 \leqslant 200 \Rightarrow b \geqslant 1.43\text{m}$

（4）取大值，$b \geqslant 3.33\text{m}$

【点评】

①根据《建筑地基基础设计规范》第5.2.1条、第5.2.2条；②最小基底压力恰好为0时，既可以用大偏心公式，也可以用小偏心公式验算承载力，$p_{\text{kmax}} = 2p_k$；③虽然大偏心验算满足时轴心验算必满足，但是按规范规定需要同时都验算，建议不要省略。

【同类型真题】 11C07、12C07

题 2-56 （17D09）位于均质黏性土地基上的钢筋混凝土条形基础，基础宽度为2.4m，上部结构传至基础顶面相应于荷载效应标准组合时的竖向力为300kN/m，该力偏心距为0.1m，黏性土地基天然重度为18kN/m^3，孔隙比为0.83，液性指数0.76，地下水位埋藏很深，由荷载试验确定的地基承载力特征值$f_{ak} = 130\text{kPa}$。基础及基础上覆土的加权平均重度取20kN/m^3。根据《建筑地基基础设计规范》GB 50007—2011验算，经济合理的基础埋深最接近下列哪个选项的数值？

（A）1.1m （B）1.2m （C）1.8m （D）1.9m

【解】

（1）$f_a = 130 + 0 + 1.6 \times 18 \times (d - 0.5) = 28.8d + 115.6$

（2）$e = \dfrac{300 \times 0.1}{300 + 2.4 \times 1 \times 20 \times d} = \dfrac{30}{300 + 48d} < \dfrac{2.4}{6} = 0.4\text{m}$，小偏心

（3）$p_k \leqslant f_a \Rightarrow \dfrac{300 + 2.4 \times 1 \times 20 \times d}{2.4 \times 1} \leqslant 28.8d + 115.6 \Rightarrow d \geqslant 1.07\text{m}$

（4）$p_{\text{kmax}} \leqslant 1.2f_a \Rightarrow \dfrac{300 + 2.4 \times 1 \times 20 \times d}{2.4 \times 1} + \dfrac{300 \times 0.1}{1 \times 2.4^2/6} \leqslant 1.2 \times (28.8d + 115.6) \Rightarrow d \geqslant 1.20\text{m}$

（5）两者取大值，$d \geqslant 1.20\text{m}$

【点评】

①根据《建筑地基基础设计规范》第5.2.1条、第5.2.2条、第5.2.4条；②本题要注意已知偏心距是基础顶部F_k的偏心距，不是基底$F_k + G_k$的偏心距；③难度小，重要考点为根据承载力确定埋深，为基本题型。

题 2-57 （19C08）大面积级配砂石压实填土厚度 8m，现场测得平均最大干密度 1800kg/m³，根据现场静载试验确定该填土层的地基承载力特征值为f_{ak} = 200kPa，条形基础埋深 2.0m，相应于作用标准组合时，基础顶面轴心荷载F_k = 370kN/m。根据《建筑地基基础设计规范》GB 50007—2011 计算，最适宜的基础宽度接近下列何值？（填土的天然重度 19kN/m³，无地下水，基础及其上土的平均重度取 20kN/m³）

（A）1.7m （B）2.0m （C）2.4m （D）2.5m

【解】

（1）级配砂石最大干密度$\rho_{dmax} = 1800kg/m^3 < 2100kg/m^3$，$\eta_b = 0$，$\eta_d = 1$

（2）$f_a = 200 + 1 \times 19 \times (2 - 0.5) = 228.5kPa$

（3）$\frac{370}{b} + 20 \times 2 \leqslant 228.5 \Rightarrow b \geqslant 1.96m$，取$b = 2.0m$

【点评】

①根据《建筑地基基础设计规范》第 5.2.4 条；②《建筑地基基础设计规范》表 5.2.4，不满足最大干密度要求$\eta_b = 0$、$\eta_d = 1$，注意基础顶面的作用力，验算基底压力时应加上基础自重。

题 2-58 （20D07）某轻钢结构广告牌，结构自重忽略不计，作用在该结构上的最大力矩为 200kN · m，该构筑物拟采用正方形的钢筋混凝土独立基础，基础高度为 1.6m，基础埋深 1.6m，基底持力层土深宽修正后的地基承载力特征值为 60kPa（图 2-10-38）。若不允许基础的基底出现零应力区，且地基承载力满足规范要求，根据《建筑地基基础设计规范》GB 50007—2011，基础边长的最小值应取下列何值？（钢筋混凝土重度 25kN/m³）

（A）2.7m （B）3.0m

（C）3.2m （D）3.4m

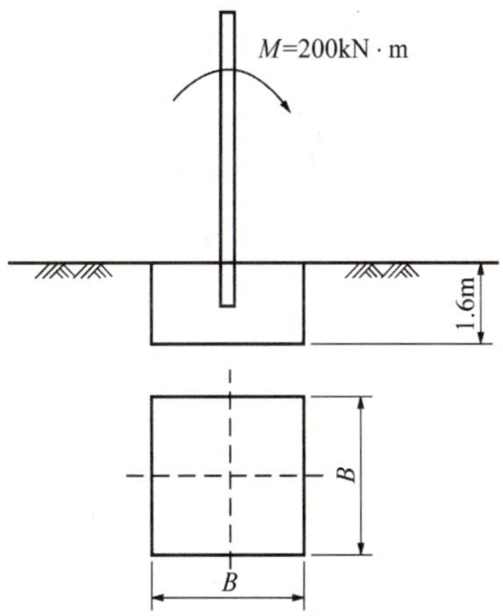

图 2-10-38 题 2-58 图

【解】

（1）小偏心，$e = \frac{200}{25 \times 1.6 \times B^2} \leqslant \frac{B}{6} \Rightarrow B \geqslant 3.11m$

（2）$p = 25 \times 1.6 = 40kPa < 60$，满足

$$p_{max} = 25 \times 1.6 + \frac{200}{B^3/6} \leqslant 1.2 \times 60 \Rightarrow B \geqslant 3.35m$$

（3）取大值$B \geqslant 3.35m$

【点评】

①根据《建筑地基基础设计规范》第 5.2.1 条、第 5.2.2 条；②基本考点：持力层承载力验算；③同时满足轴心和偏心验算的要求且满足题目要求的不允许基础的基底出现零应力区。

题 2-59 （18D05）作用于某厂房柱对称轴平面的荷载（相应于作用的标准组合）如图 2-10-39 所示。$F_1 = 880\text{kN}$，$M_1 = 50\text{kN}\cdot\text{m}$；$F_2 = 450\text{kN}$，$M_2 = 120\text{kN}\cdot\text{m}$，忽略柱子自重。该柱子基础拟采用正方形，基底埋深 1.5m，基础及其上土的平均重度为 20kN/m^3，持力层经修正后的地基承载力特征值f_a为 300kPa，地下水位在基底以下。若要求相应于作用标准组合时基础底面不出现零应力区，且地基承载力满足要求，则基础边长的最小值接近下列何值？

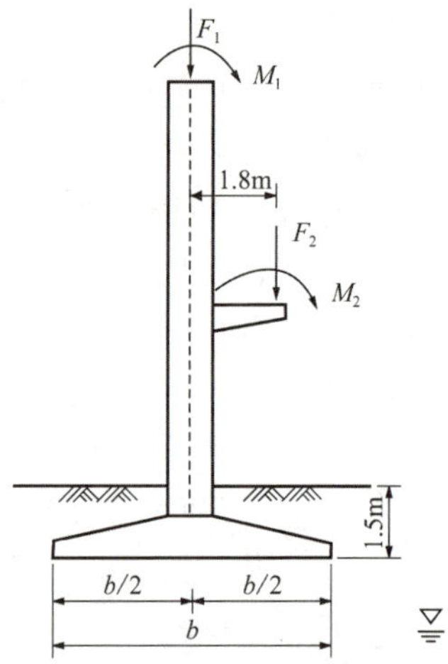

图 2-10-39 题 2-59 图

（A）3.2m （B）3.5m

（C）3.8m （D）4.4m

【解】

（1）不出现零应力区，为小偏心

$$p_{\text{kmax}} = \frac{880 + 450 + 20 \times 1.5 \times b^2}{b^2} + \frac{50 + 120 + 450 \times 1.8}{b^3/6} \leqslant 1.2 \times 300 \Rightarrow b \geqslant 3.12\text{m}$$

$$p_{\text{k}} = \frac{880 + 450 + 20 \times 1.5 \times b^2}{b^2} \leqslant 300 \Rightarrow b \geqslant 2.22\text{m}$$

（2）且满足$e = \dfrac{50 + 120 + 450 \times 1.8}{880 + 450 + 20 \times 1.5 \times b^2} \leqslant \dfrac{b}{6} \Rightarrow b \geqslant 3.47\text{m}$

（3）取大值：$b \geqslant 3.47\text{m}$

【点评】

①根据《建筑地基基础设计规范》第 5.2.1 条、第 5.2.2 条；②本题基础宽度需要同时满足承载力要求、小偏心的条件，取最大值；③难度小，计算量一般，应闭卷作答。

题 2-60 （21D05）某建筑物采用天然基础，拟选用方形基础，承受中心荷载，基础平面尺寸 4m × 4m，土层条件如图 2-10-40 所示，场地无地下水，基础埋深 1.0m，地基承载力正好满足要求。后期因主体设计方案调整，基础轴向荷载标准值将增加 240kN，根据《建筑地基基础设计规范》GB 50007—2011，在基础平面尺寸不变的条件下，承载力满足要求的基础埋深最小值为下列哪个选项？（基础及以上覆土平均重度取 20kN/m^3）

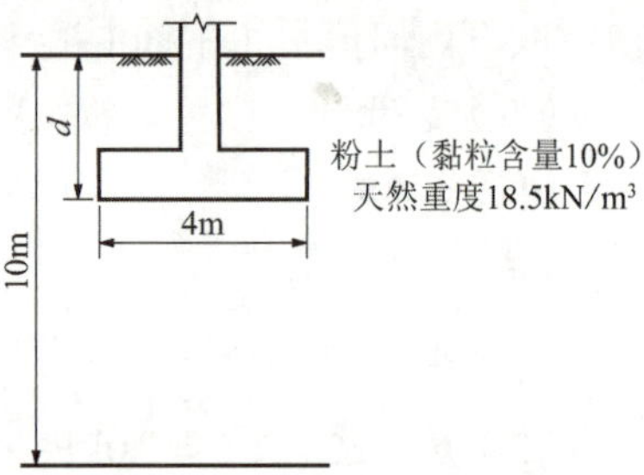

图 2-10-40 题 2-60 图

（A）2.0m （B）2.6m （C）3.0m （D）3.2m

【解】

（1）粉土，$\rho_c = 10\%$，查表$\eta_d = 1.5$

（2）设增加埋深 Δd：则 $\Delta f_a = 1.5 \times 18.5 \times \Delta d \geqslant \Delta p_k = 20 \times \Delta d + \dfrac{240}{4 \times 4}$

解得$\Delta d \geqslant 1.93\text{m}$，$d \geqslant 1 + 1.93 = 2.93\text{m}$

【点评】

①根据《建筑地基基础设计规范》第 5.2.1 条、第 5.2.4 条；②基础宽度不变，承载力变化的部分只有深度部分，基础深度增加时，基底压力也将增加 $20\Delta d$。

【同类型真题】 13C09

题 2-61 （17D05）均匀深厚地基上，宽度为 2.0m 的条形基础，埋深 1.0m，受轴向荷载作用，经验算地基承载力不满足设计要求，基底平均压力比地基承载力特征值大了 20kPa，已知地下水位在地面下 8.0m，地基承载力的深度修正系数为 1.6，水位以上土的平均重度为 19kN/m³，基础及台阶上的土的平均重度为 20kN/m³。如果采取加深基础埋置深度的方法以提高地基承载力，将埋置深度至少增大下列哪个选项时才能满足设计要求？

（A）2.0m （B）2.5m （C）3.0m （D）3.5m

【解法一】

（1）加深前：$\dfrac{F_k+20\times2}{2}\leqslant f_{ak}+20\Rightarrow F_k\leqslant 2f_{ak}$

（2）加深后：$\dfrac{2f_{ak}}{2}+20\times d\leqslant f_{ak}+0+1.6\times19\times(d-0.5)\Rightarrow d\geqslant1.46\text{m}$

（3）$\Delta d=1.46-1=0.46\text{m}$

【解法二】

（1）加深前：$f_{a1}=f_{ak}+0+1.6\times19\times(1-0.5)=f_{ak}+15.2$，$p_{k1}=f_{a1}+20=f_{ak}+35.2$

（2）加深后：$f_{a2}=f_{ak}+0+1.6\times19\times(d-0.5)=f_{ak}+30.4d-15.2$

$p_{k2}=p_{k1}+20(d-1)=f_{ak}+35.2+20\times(d-1)=f_{ak}+20d+15.2$

令$p_{k2}\leqslant f_{a2}$，即$f_{ak}+20d+15.2\leqslant f_{ak}+30.4d-15.2$，解得：$d\geqslant2.92\text{m}$

（3）$\Delta d=2.92-1=1.92\text{m}$

【点评】

①本题为争议题，没有表达清楚基底压力p_k是比“地基承载力特征值f_{ak}”大 20kPa，还是比“修正后地基承载力特征值f_a”大 20kPa，解法一按前者计算，解法二按后者计算；②解法二应更合理，因为题目明确了地基承载力不满足规范要求，而规范验算是通过p_k与f_a进行比较的，没有直接和f_{ak}比较；③注意要考虑基础加深引起的基础重力G增加；④注意题目问的是埋置深度至少增加多少，官方答案按解法一选 A，答案 1.46 或 0.46 均给分。

题 2-62 （08C05）如图 2-10-41 所示，其砖混住宅条形基础，地层为黏粒含量小于 10%的均质粉土，重度 19kN/m³，施工前用深层载荷试验实测基底标高处的地基承载力特征值为 350kPa，已知上部结构传至基础顶面的竖向力为 260kN/m，基底和台阶上土平均重度为 20kN/m³，按《建筑地基基础设计规范》GB 50007—2011 要求，设计的基础宽度最接近下列哪个选项？

（A）0.84m

（B）1.04m

（C）1.33m

（D）2.17m

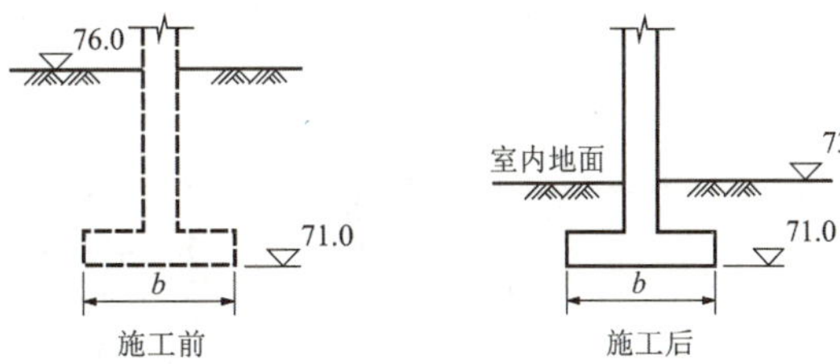

图 2-10-41 题 2-62 图

【解法一】

（1）深层载荷试验时，$d=76-71=5\text{m}$，$350=f_{ak}+2.0\times19\times(5-0.5)$，解得：$f_{ak}=179\text{kPa}$

（2）设$b\leqslant3\text{m}$，施工后，$d=73-71=2\text{m}$

$f_a=179+0+2.0\times19\times(2-0.5)=236\text{kPa}$

（3）$p_k=\dfrac{F_k+G_k}{b}\leqslant f_a\Rightarrow\dfrac{260}{b}+20\times2\leqslant236\Rightarrow b\geqslant1.33\text{m}$，取$b=1.33\text{m}$，假设成立

【解法二】

（1）设$b \leqslant 3$m，深层载荷试验时，$d = 76 - 71 = 5$m，施工后，$d = 73 - 71 = 2$m

（2）$f_a = f_{ak} + 0 + \eta_d \gamma_m \Delta d = 350 + 2.0 \times 19 \times (2 - 5) = 236$kPa

（3）$p_k = \dfrac{F_k + G_k}{b} \leqslant f_a \Rightarrow \dfrac{260}{b} + 20 \times 2 \leqslant 236 \Rightarrow b \geqslant 1.33$m，取$b = 1.33$m，假设成立

【点评】

①根据《建筑地基基础设计规范》第5.2.1～5.2.4条、附录D；②施工前深层载荷试验在天然地面（标高76.0m）处，施工后应该按室内地面修正（标高73.0m，施工前后深度已经变化），不能直接采用深层载荷试验得到的地基承载力特征值进行修正；③深层载荷试验得到的数据为该深度的地基承载力特征值，相当于**浅层的地基承载力特征值**经过深度修正后的承载力特征值，故可以通过反算求得该处浅层载荷试验得到的地基承载力特征值；④解法一属于先还原土中原始的f_{ak}，再进行宽深修正；⑤解法二直接用深度载荷试验的结果，按理说只用进行宽度修正，但因为深度发生了变化，所以还要进行边载增加或减少部分的修正；⑥本题需要从深层载荷试验和浅层载荷试验的主要区别（**有无边载**）上来理解；⑦原题配图歧义大，对配图进行了优化。

题2-63 （21C06）某建筑场地20m深度范围内地基土参数如表2-10-21所示，20m以下为厚层密实卵石，地下潜水位位于地表。场地设计基本地震加速度值0.30g，设计地震分组为第一组，场地类别为Ⅱ类。拟建建筑高60m，拟采用天然地基，筏形基础，底面尺寸35m×15m，荷载标准组合下基底压力为450kPa。若地基变形能满足要求，按《建筑地基基础设计规范》GB 50007—2011，确定该建筑基础最小埋置深度为下列哪个选项？（水的重度取10kN/m³）

题2-63表 表2-10-21

地层层号	层底深度（m）	饱和重度（kN/m³）	颗粒组成（%）					标准贯入试验锤击数N（击）	承载力特征值f_{ak}（kPa）
			>1.0	1.0～0.5	0.5～0.25	0.25～0.075	≤0.075		
①	4.0	20.3	0	4.1	32.1	24.0	39.8	20	160
②	20.0	20.3	7.0	5.0	42.5	32.6	12.9	23	180

（表中"颗粒组成"项下百分比的含义为此范围的颗粒质量与总质量的比值）

（A）3.5m （B）4.0m （C）4.5m （D）7.5m

【解】

（1）抗震设防区，$d \geqslant \dfrac{60}{15} = 4\text{m} \Rightarrow$ 持力层为第②层土

（2）大于0.25mm粒径：$\dfrac{7.0 + 5.0 + 42.5}{7.0 + 5.0 + 42.5 + 32.6 + 12.9} = 54.5\% > 50\% \Rightarrow$ 中砂

（3）$450 \leqslant 180 + 3 \times 10.3 \times (6 - 3) + 4.4 \times 10.3 \times (d - 0.5) \Rightarrow d \geqslant 4.4$m

【点评】

①根据《建筑地基基础设计规范》第4.1.7条、第5.1.4条、第5.2.1条、第5.2.4条；②本题结合多个规范条文联合考查，同时考查了"抗震区箱筏基础埋置深度要求""土的分类"和"承载力验算"；③题目的荷载为标准组合，没有考虑地震作用，地基承载力不用进行抗震提高；④液化判别为逐点计算，单孔判别，本题标贯值为一层的平均击数，不能用于液化复判。

10.1.4　软弱下卧层验算——《建筑地基基础设计规范》第 5.2.7 条

如图 2-10-42 所示，当地基受力层范围内有软弱下卧层时（当上层土与下卧软弱土层的压缩模量比值大于或等于 3 时），应按下式验算软弱下卧层的地基承载力。

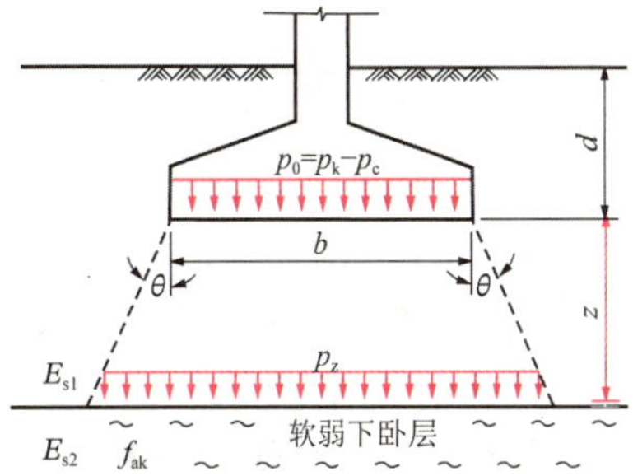

图 2-10-42　软弱下卧层验算示意图

$$p_z + p_{cz} \leqslant f_{az}$$

$$p_{cz} = \sum \gamma_i h_i$$

$$f_{az} = f_{ak} + \eta_d \gamma_m (d + z - 0.5)$$

式中：p_z——相应于作用的标准组合时，软弱下卧层顶面处的附加压力值（kPa）；

p_{cz}——软弱下卧层顶面处土的自重压力值（kPa）；天然地面起算（$d+z$范围），注意水下用浮重度；

f_{az}——软弱下卧层顶面处经深度修正后的地基承载力特征值（kPa）；

η_d——承载力深度修正系数，按软弱下卧层原土参数查表 2-10-1 取值。

例如：

黏粒含量$\rho_c \geqslant 10\%$的粉土：$\eta_d = 1.5$

黏粒含量$\rho_c < 10\%$的粉土：$\eta_d = 2.0$

对条形基础、矩形基础和圆形基础，上式中的p_z值可按下列公式简化计算。

条形基础：$p_z = \dfrac{b(p_k - p_c)}{b + 2z\tan\theta}$

矩形基础：$p_z = \dfrac{bl(p_k - p_c)}{(b + 2z\tan\theta)(l + 2z\tan\theta)}$

圆形基础（图 2-10-43）：$p_z = \dfrac{\pi r^2(p_k - p_c)}{\pi(r + z\tan\theta)^2}$

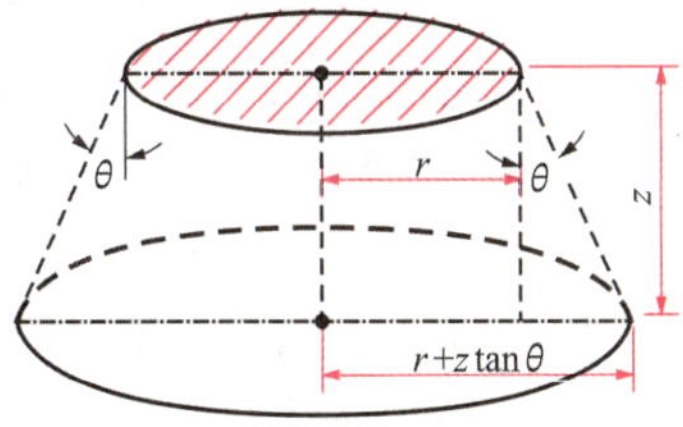

图 2-10-43　圆形基础软弱下卧层

式中：p_k——基础底面处平均压力标准值（kPa）（不考虑偏心）；

p_c——基础底面的土体自重压力（kPa），自天然地面起算；

z——基底至软弱下卧层的深度（m）；

b——矩形基础或条形基础底边的宽度（m）；

l——矩形基础底边的长度（m）；

r——圆形基础半径（m）；

θ——地基压力扩散线与垂直线的夹角（°），可按表 2-10-22 或表 2-10-23 采用。

地基压力扩散角θ（插值使用）　表 2-10-22

E_{s1}/E_{s2}	z/b（b为短边）		
	< 0.25	0.25	⩾ 0.50
3	0°	6°	23°
5		10°	25°
10		20°	30°

闭卷秘诀：

$z/b = 0.25$ 时，$\theta = 2° \times \dfrac{E_{s1}}{E_{s2}}$

$z/b > 0.5$ 时，$\theta = 20° + \dfrac{E_{s1}}{E_{s2}}$

地基压力扩散角θ（插值快速计算）　　表 2-10-23

E_{s1}/E_{s2}	z/b（b为短边）			
	<0.25	0.25	0.25～0.50	≥0.50
3～10	0°	$2^\circ \times \frac{E_{s1}}{E_{s2}}$	$2\frac{E_{s1}}{E_{s2}} + \left(20 - \frac{E_{s1}}{E_{s2}}\right)\left(4\frac{z}{b} - 1\right)$	$20^\circ + \frac{E_{s1}}{E_{s2}}$

题 2-64 （08D05）如图 2-10-44 所示，条形基础宽度 2.0m，埋深 2.5m，基底总压力 200kPa，按照《建筑地基基础设计规范》GB 50007—2011，基底下淤泥质黏土层顶面的附加应力值最接近下列哪个选项？

（A）89kPa　　（B）108kPa

（C）81kPa　　（D）200kPa

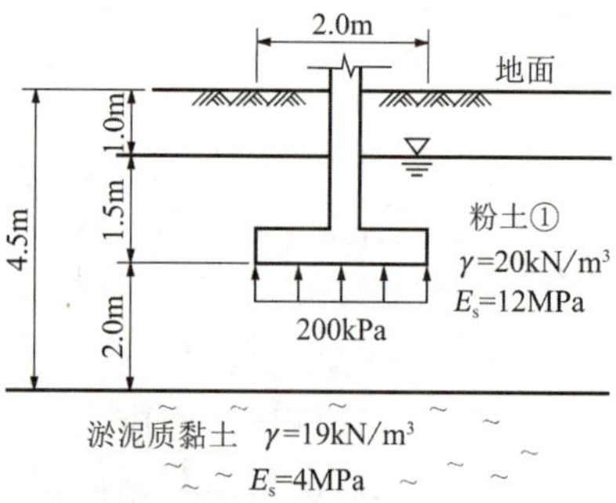

图 2-10-44　题 2-64 图

【解】

（1）$p_k = 200\text{kPa}$，$p_c = 1 \times 20 + 10 \times 1.5 = 35\text{kPa}$

$E_{s1}/E_{s2} = 12/4 = 3$，$z/b = 2/2 = 1$，查得：$\theta = 23^\circ$

（2）$p_z = \dfrac{b(p_k - p_c)}{b + 2z\tan\theta} = \dfrac{2 \times (200 - 35)}{2 + 2 \times 2 \times \tan 23} = 89.2\text{kPa}$

【点评】

①根据《建筑地基基础设计规范》第 5.2.7 条；②基本的必考知识点，$z/b \geqslant 0.5$ 时，扩散角$\theta = 20^\circ + (E_{s1}/E_{s2})$，应快速闭卷作答。

【同类型真题】 02C11、02C12、04D06、09D06、10C07、11D09、12D08

题 2-65 （05C08）某厂房柱基础建于如图 2-10-45 所示的地基上，基础底面尺寸为，$l = 2.5\text{m}$，$b = 5.0\text{m}$，基础埋深为室外地坪下 1.4m，相应荷载效应标准组合时基础底面平均压力$p_k = 145\text{kPa}$，对软弱下卧层②进行验算，其结果应符合下列哪个选项？

（A）$p_z + p_{cz} = 89\text{kPa} > f_{az} = 81\text{kPa}$

（B）$p_z + p_{cz} = 89\text{kPa} < f_{az} = 114\text{kPa}$

（C）$p_z + p_{cz} = 112\text{kPa} > f_{az} = 92\text{kPa}$

（D）$p_z + p_{cz} = 112\text{kPa} < f_{az} = 114\text{kPa}$

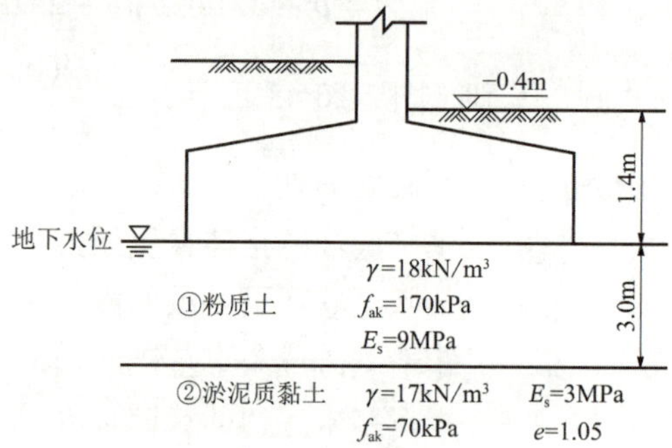

图 2-10-45　题 2-65 图

【解】

（1）$p_c = 1.4 \times 18 = 25.2\text{kPa}$，$p_{cz} = 25.2 + 3 \times 8 = 49.2\text{kPa}$

$E_{s1}/E_{s2} = 9/3 = 3$，$z/b = 3/2.5 = 1.2 > 0.5$，查得：$\theta = 23^\circ$

$$p_z = \frac{5 \times 2.5 \times (145 - 25.2)}{(5.0 + 2 \times 3 \times \tan 23^\circ) \times (2.5 + 2 \times 3 \times \tan 23^\circ)} = 39.3\text{kPa}$$

（2）$f_{az} = 70 + 1 \times \dfrac{49.2}{4.4} \times (4.4 - 0.5) = 113.7\text{kPa}$

（3）$p_z + p_{cz} = 39.3 + 49.2 = 88.5\text{kPa} < f_{az}$，满足要求。

【点评】

①根据《建筑地基基础设计规范》第 5.2.7 条；②软弱下卧层承载力f_{az}只进行深度修正，修正系数按土的性质取值，并不一定就是 1。

题 2-66　（20C07）柱下单独基础底面尺寸为 2.5m × 3.0m，埋深 2.0m，相应于荷载效应标准组合时作用于基础底面的竖向合力$F = 870$kN。地基土条件如图 2-10-46 所示，地下水位埋深 1.2m。为满足《建筑地基基础设计规范》GB 50007—2011 的要求，软弱下卧层顶面修正后地基承载力特征值最小应为下列何值？

（A）60kPa　　（B）80kPa
（C）100kPa　　（D）120kPa

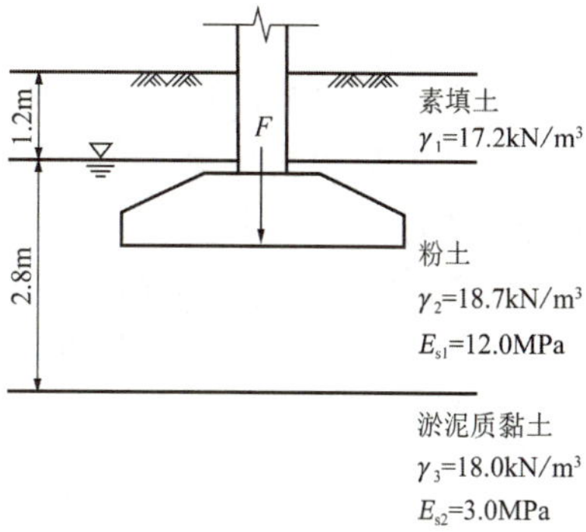

图 2-10-46　题 2-66 图

【解】

（1）$p_{cz} = 1.2 \times 17.2 + 2.8 \times 8.7 = 45$kPa，$p_0 = \dfrac{870}{3 \times 2.5} - (1.2 \times 17.2 + 0.8 \times 8.7) = 88.4$kPa

（2）$z = 2.8 + 1.2 - 2 = 2$m，$\dfrac{z}{b} = \dfrac{2}{2.5} = 0.8 > 0.5$，且$\dfrac{E_{s1}}{E_{s2}} = \dfrac{12}{3} = 4 \Rightarrow \theta = 24°$

$$p_z = \frac{3 \times 2.5 \times 88.4}{(3 + 2 \times 2 \times \tan 24°) \times (2.5 + 2 \times 2 \times \tan 24°)} = 32.4\text{kPa}$$

（3）$f_{az} \geqslant 32.4 + 45 = 77.4$kPa

【点评】

①根据《建筑地基基础设计规范》第 5.2.7 条，软弱下卧层验算常规题；②注意扩散角的简化计算方法，当$z/b \geqslant 0.5$时，$\theta = 20 + E_{s1}/E_{s2}$。

题 2-67　某建筑采用独立矩形基础，尺寸为 2m × 3m，基础埋深 2.25m，地下水位深度 1.0m，地面下土层厚度及有关的试验指标见表 2-10-24，相应于荷载效应标准组合时，作用于基础顶面轴心荷载为 800kN，基础及其上土的平均重度为 20kN/m³，按《建筑地基基础设计规范》GB 50007—2011，为满足软弱下卧层②的验算，②层的地基承载力特征值不得小于下列哪个选项？

题 2-67 表　　　　**表 2-10-24**

层号	土的类别	土层厚度（m）	天然重度（kN/m³）	饱和重度（kN/m³）	压缩模量（MPa）
①	粉砂	3	19	20	12
②	黏粒含量小于 10%的粉土	5	17	19	3

（A）68kPa　　（B）71kPa　　（C）104kPa　　（D）141kPa

【解】

（1）$p_{cz} = 1 \times 19 + 2 \times 10 = 39$kPa

$$p_0 = \frac{800}{2 \times 3} + 1 \times 20 + 1.25 \times 10 - (1 \times 19 + 1.25 \times 10) = 134.3\text{kPa}$$

（2）$\dfrac{z}{b} = \dfrac{0.75}{2} = 0.375$，$\dfrac{E_{s1}}{E_{s2}} = \dfrac{12}{3} = 4 \Rightarrow$ 内插：$\theta = 16°$

$$p_z = \frac{134.3 \times 2 \times 3}{(2 + 2 \times 0.75 \times \tan 16°) \times (3 + 2 \times 0.75 \times \tan 16°)} = 96.7\text{kPa}$$

（3）粉土，黏粒含量小于 10%$\Rightarrow \eta_d = 2.0$

$$p_{cz} + p_z = 39 + 96.7 \leqslant f_{az} = f_{ak} + 2.0 \times (3 - 0.5) \times \frac{39}{3} \Rightarrow f_{ak} \geqslant 70.7\text{kPa}$$

【点评】

①根据《建筑地基基础设计规范》第 5.2.4 条、第 5.2.7 条；②当下卧层为非黏性土时，深度修正系数根据《建筑地基基础设计规范》第 5.2.5 条选取；③当题目给了饱和重度时，浮重度应根据饱和重度求取，审题时应注意题目已知条件。

题 2-68 （16D07）某建筑场地天然地面下地层参数如表 2-10-25 所示，无地下水，拟建建筑基础埋深 2.0m，筏形基础平面尺寸 20m × 60m，采用天然地基，根据《建筑地基基础设计规范》GB 50007—2011 满足下卧层②层强度要求情况下，相应于作用标准组合时，该建筑基础底面处平均压力最大值接近下列哪个选项？

题 2-68 表　　表 2-10-25

序号	名称	层底深度（m）	重度（kN/m^3）	地基承载力特征值（kPa）	压缩模量（MPa）
①	粉质黏土	12	19	280	21
②	粉土（黏粒含量为 12%）	15	18	100	7

（A）330kPa　（B）360kPa　（C）470kPa　（D）600kPa

【解】

（1）黏粒含量大于 10%的粉土，$\eta_d = 1.5$，$f_{az} = 100 + 1.5 \times 19 \times (12 - 0.5) = 427.75\text{kPa}$

（2）$E_{s1}/E_{s2} = 21/7 = 3$，$z/b = 10/20 = 0.5$，查得：$\theta = 23°$

$p_c = 19 \times 2 = 38\text{kPa}$，$p_{cz} = 19 \times 12 = 228\text{kPa}$

$$p_z = \frac{20 \times 60 \times (p_k - 38)}{(20 + 2 \times 10 \times \tan 23°)(60 + 2 \times 10 \times \tan 23°)} = 0.615(p_k - 38)$$

（3）$p_z + p_{cz} \leqslant f_{az}$，即：$0.615(p_k - 38) + 228 \leqslant 427.75$

解得：$p_k \leqslant 362.8\text{kPa}$

【点评】

①根据《建筑地基基础设计规范》第 5.2.4 条、第 5.2.7 条；②注意下卧层粉土应**按原土参数选取深度修正系数**，粉土（黏粒含量为 12%），取$\eta_d = 1.5$，不要思维定式认为凡是下卧层η_d都取 1；③读题要仔细，本题问的是按满足下卧层强度验算，无需验算持力层承载力，且没有条件验算持力层，考场上不要过多纠结，要读懂题意。

题 2-69 （14C05）柱下独立基础及地基土层如图 2-10-47 所示，基础的底面尺寸 3.0m × 3.6m，持力层压力扩散角$\theta = 23°$，地下水位埋深 1.2m。按照软弱下卧层承载力的设计要求，求基础可承受的竖向作用力F_k最大值与下列哪项最接近？（基础和基础上土的平均重度取 20kN/m³）

（A）1180kN　（B）1440kN

（C）1890kN　（D）2090kN

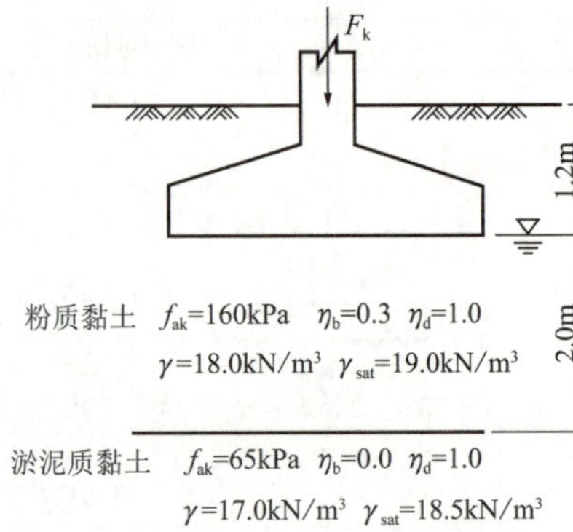

图 2-10-47 题 2-69 图

【解】

（1）$p_k = \dfrac{F_k}{3.0 \times 3.6} + 1.2 \times 20 = \dfrac{F_k}{10.8} + 24$

$p_c = 1.2 \times 18 = 21.6\text{kPa}$，$p_{cz} = 21.6 + 2 \times 9 = 39.6\text{kPa}$

（2）$p_z=\dfrac{3.0\times3.6\times\left(\dfrac{F_k}{10.8}+24-21.6\right)}{(3.0+2\times2\times\tan23°)\times(3.6+2\times2\times\tan23°)}=0.04F_k+1.04$

（3）$f_{az}=65+1.0\times\dfrac{39.6}{3.2}\times(3.2-0.5)=98.4\text{kPa}$

（4）$0.04F_k+1.04+39.6\leqslant98.4$，解得：$F_k\leqslant1444\text{kN}$

【点评】

①根据《建筑地基基础设计规范》第 5.2.7 条；②重要考点：通过软弱下卧层验算承载力计算竖向力，题目没有要求持力层的承载力验算，不用画蛇添足；③注意水位上下天然重度和饱和重度不同，F_k作用在基础顶面；④难度小，熟练后按部就班计算即可。

【同类型真题】10D06

题 2-70　（06D10）已知基础宽 10m，长 20m，埋深 4m，地下水位距地表 1.5m，基础底面以上土的平均重度为 12kN/m^3，持力层土的饱和重度为 18kN/m^3，在持力层以下有一软弱下卧层，该层顶面距地表 6m。已知软弱下卧层经深度修正的地基承载力为 130kPa，则基底总压力不超过下列哪个选项的数值时才能满足软弱下卧层强度验算要求？

（A）66kPa　　（B）88kPa　　（C）104kPa　　（D）114kPa

【解】

（1）$p_c=4\times12=48\text{kPa}$，$p_{cz}=12\times4+2\times8=64\text{kPa}$

（2）$z/b=2/10=0.2<0.25$，取$\theta=0°$，$p_z=p_0=p_k-48$

（3）由$p_z+p_{cz}\leqslant f_{az}$，即：$p_k-48+64\leqslant130$，解得：$p_k\leqslant114\text{kPa}$

【点评】

①根据《建筑地基基础设计规范》第 5.2.7 条；②$\theta=0°$时，应力不扩散，$p_z=p_0=p_k-p_c$。

题 2-71　（17C07）条形基础宽度 2.0m，基础埋深 1.5m，地下水位在地面下 1.5m，地面下土层厚度及有关的试验指标见表 2-10-26，相应于荷载效应标准组合时，基底处平均压力为 160kPa，按《建筑地基基础设计规范》GB 50007—2011 对软弱下卧层②进行验算，其结果符合下列哪个选项？

题 2-71 表　　　　**表 2-10-26**

层号	土的类别	土层厚度（m）	天然重度（kN/m^3）	饱和重度（kN/m^3）	压缩模量（MPa）	地基承载力特征值f_{ak}（kPa）
①	粉砂	3	20	20	12	160
②	黏粒含量大于 10%的粉土	5	17	17	3	70

（A）软弱下卧层顶面处附加应力为 78kPa，软弱下卧层承载力满足要求

（B）软弱下卧层顶面处附加应力为 78kPa，软弱下卧层承载力不满足要求

（C）软弱下卧层顶面处附加应力为 87kPa，软弱下卧层承载力满足要求

（D）软弱下卧层顶面处附加应力为 87kPa，软弱下卧层承载力不满足要求

【解】

（1）$E_{s1}/E_{s2}=12/3=4$，$z/b=1.5/2=0.75$，查表：$\theta=24°$

（2）$p_c=1.5\times20=30\text{kPa}$，$p_{cz}=1.5\times20+1.5\times10=45\text{kPa}$

$$p_z = \frac{2\times(160-30)}{2+2\times1.5\times\tan24^\circ} = 77.9\text{kPa}$$

（3）$f_{az} = 70 + 1.5\times\frac{45}{3}\times(3-0.5) = 126.25\text{kPa}$

（4）$p_z + p_{cz} = 77.9 + 45 = 122.9\text{kPa} < f_{az}$，满足要求。

【点评】

①根据《建筑地基基础设计规范》第5.2.7条；②f_{az}计算时，d取软弱层顶到地面的距离，下卧层深度修正系数应按原粉土参数取1.5，不能直接取1，一般软弱的黏性土均取1；③软弱下卧层验算题目每年必考，难度小，务必做到闭卷作答。

【同类型真题】07D10、03D08

题2-72 （19D06）某条形基础埋深2m，地下水埋深4m，相应于作用标准组合时，上部结构传至基础顶面的轴心荷载为480kN/m，土层分布及参数如图2-10-48所示，软弱下卧层顶面埋深6m，地基承载力特征值为85kPa，地基压力扩散角为23°，根据《建筑地基基础设计规范》GB 50007—2011，满足软弱下卧层承载力要求的最小基础宽度最接近下列哪个选项？（基础及其上土的平均重度取20kN/m³，水的重度$\gamma_w = 10\text{kN/m}^3$）

（A）2.0m　　（B）3.0m

（C）4.0m　　（D）5.0m

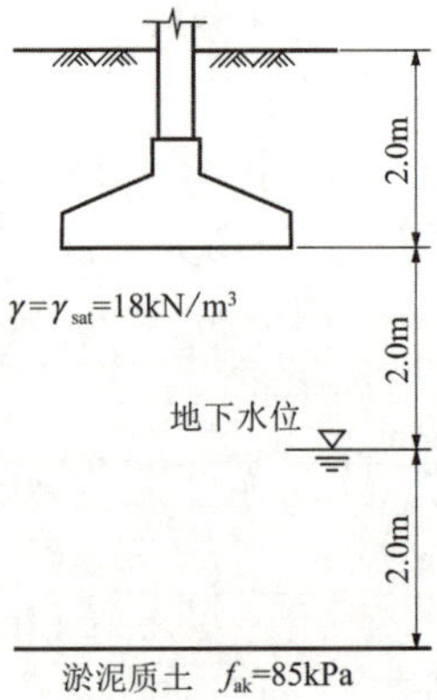

图2-10-48　题2-72图

【解】

（1）$p_{cz} = 18\times4 + 8\times2 = 88\text{kPa}$

$$p_z = \frac{b\times\left(\frac{480}{b}+20\times2-18\times2\right)}{b+2\times4\times\tan23^\circ} = \frac{480+4b}{b+3.4}$$

（2）$f_{az} = 85 + 1.0\times\frac{88}{6}\times(6-0.5) = 165.7\text{kPa}$

（3）$\frac{480+4b}{b+3.4} + 88 \leqslant 165.7 \Rightarrow b \geqslant 2.93\text{m}$

【点评】

①依据《建筑地基基础设计规范》第5.2.7条；②重要考点：下卧层验算反求基础宽度，题目说了满足软弱下卧层承载力要求的最小基础宽度，不需要同时进行持力层验算。

题2-73 （14D07）某房屋为条形基础，天然地基，基础持力层为中密粉砂，承载力特征值150kPa，基础宽度3m，埋深2m，地下水埋深8m。该基础承受轴心荷载，地基承载力刚好满足要求。现拟对该房屋进行加层改造，相应于作用的标准组合对基础顶面轴心荷载增加240kN/m。若采用增加基础宽度的方法满足地基承载力的要求，问根据《建筑地基基础设计规范》GB 50007—2011，基础宽度的最小增加量最接近于下列哪个选项？（基础及基础以上土体的平均重度、基底土层的重度均取20kN/m³）

（A）0.63m　　（B）0.7m　　（C）1.0m　　（D）1.2m

【解】

（1）粉砂查表，$\eta_b = 2.0$，$\eta_d = 3.0$

加层前：$f_a = 150 + 0 + 3.0\times20\times(2-0.5) = 240\text{kPa}$

$F_k + G_k = 240\times3 = 720\text{kN/m}$

（2）加层后$p_k = \frac{720+240+20\times2\times\Delta b}{3+\Delta b} \leqslant 240 + 2.0\times20\times\Delta b \Rightarrow \Delta b \geqslant 0.69\text{m}$

【点评】

①根据《建筑地基基础设计规范》第 5.2.2 条；②基础加宽不要漏掉增加的ΔG_k；③宽度增加后，承载力宽度修正项不再是 0，这点容易被忽略；④题目问的增加量不是基础宽度，看清问题不要答非所问；⑤原题未给出土重，本题假设取土重度为 20kN/m³ 进行计算。

题 2-74 （18D06）圆形基础上作用于地面处的竖向力$N_k = 1200$kN，基础直径 3m，基础埋深 2.5m，地下水位埋深 4.5m，基底以下的土层依次为：厚度 4m 的可塑黏性土、厚度 5m 的淤泥质黏土，基底以上土层的天然重度为 17kN/m³，基础及其上土的平均重度为 20kN/m³，已知可塑黏性土的地基压力扩散线与垂直线夹角为 23°，则淤泥质黏土层顶面处的附加压力最接近下列何值？

（A）20kPa　　（B）39kPa　　（C）63kPa　　（D）88kPa

【解】

（1）$p_0 = \dfrac{1200}{3.14 \times 1.5^2} + 20 \times 2.5 - 17 \times 2.5 = 177.35\text{kPa}$

（2）$p_z = \dfrac{3.14 \times 1.5^2}{3.14 \times (1.5 + 4 \times \tan 23°)^2} \times 177.35 = 39\text{kPa}$

【点评】

①根据《建筑地基基础设计规范》第 5.2.7 条，理解附加应力扩散法的原理，圆形基础的应力扩散原理同矩形和条形基础一样，基础底面外围以一个与竖向夹角为θ的角度向下卧层扩散，圆形基础扩散到下卧层顶为一个更大的圆，半径增大$z\tan\theta$；②注意题目给的土层从基础底面起算，而不是从地面算起土层。

题 2-75 （03D06）某建筑物基础尺寸为 16m × 32m，基础底面埋深为 4.4m，基础底面以上土的加权平均重度为 13.3kN/m³，作用于基础底面相应于荷载效应准永久组合和标准组合的轴心竖向荷载值分别是 122880kN 和 153600kN。在深度 12.4m 以下埋藏有软弱下卧层，其内摩擦角标准值$\varphi_k = 6°$，黏聚力标准值$c_k = 30$kPa。深度 12.4m 以上土的加权平均重度为 10.5kN/m³。根据上述条件，计算作用于软弱下卧层顶面的总压力并验算是否满足承载力要求。设地基压力扩散角取 23°，则下列哪个选项是正确的？

（A）总压力为 270kPa，满足承载力要求

（B）总压力为 270kPa，不满足承载力要求

（C）总压力为 280kPa，满足承载力要求

（D）总压力为 280kPa，不满足承载力要求

【解】

（1）$p_k = \dfrac{153600}{16 \times 32} = 300\text{kPa}$，$p_c = 4.4 \times 13.3 = 58.5\text{kPa}$

$$p_z = \frac{16 \times 32 \times (300 - 58.5)}{(16 + 2 \times 8 \times \tan 23°)(32 + 2 \times 8 \times \tan 23°)} = 139.9\text{kPa}$$

$p_{cz} = 10.5 \times 12.4 = 130.2\text{kPa}$

（2）$\varphi_k = 6°$，查得：$M_b = 0.1$，$M_d = 1.39$，$M_c = 3.71$

$f_{az} = 0 + 1.39 \times 10.5 \times 12.4 + 3.71 \times 30 = 292.3\text{kPa}$

（3）$p_z + p_{cz} = 139.9 + 130.2 = 270.1\text{kPa} < 292.3\text{kPa}$，满足要求。

【点评】

①根据《建筑地基基础设计规范》第 3.0.5 条、第 5.2.7 条；②按承载力确定基础底面积时用标准组合，计算地基变形用准永久组合，不计风荷载和地震作用；③本题题意未给出软弱下卧层的重度，按不利原则计算软弱下卧层承载力时，宽度取 0；④此处存在争议，一些高校教材上按抗剪强度确定下卧层的承载力时，按实际的土性直接用公式$f_{az}=M_b\gamma b+M_d\gamma_m d+M_c c_k$计算下卧层的承载力，但规范规定为了安全考虑，不进行宽度修正，即不考虑宽度的影响；⑤按抗剪强度确定下卧层的承载力不在规范明文规定之列，不用过多纠结，考场灵活应变，一般不会考。

题 2-76 某建筑采用墙下条形基础，基础埋深 1.5m，地下水位在地面以下 2m。基础剖面及地质条件如图 2-10-49 所示，基础及其上土体的加权平均重度$\gamma=20\text{kN/m}^3$，上部结构传至顶面的轴心竖向力$F_k=240\text{kN}$，黏土层地基承载力特征值$f_{ak}=145\text{kPa}$，孔隙比$e=0.8$，液性指数$I_L=0.75$，淤泥质黏土层的地基承载力特征值$f_{ak}=60\text{kPa}$，试设计基础宽度。

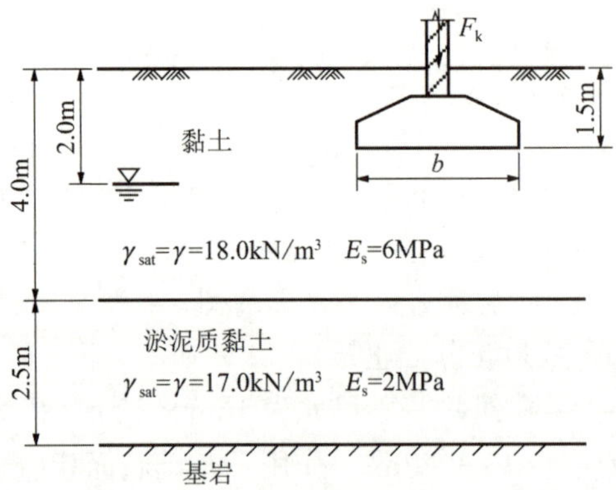

图 2-10-49 题 2-76 图

【解】

（1）按持力层承载力验算，假设$b\leqslant 3\text{m}$，则有：

$$f_a=f_{ak}+\eta_b\gamma(b-3)+\eta_d\gamma_m(d-0.5)=145+0+1.6\times18\times(1.5-0.5)=173.8\text{kPa}$$

条形基础：$p_k=\dfrac{240}{b}+20\times1.5\leqslant f_a=173.8$，解得：$b\geqslant1.67\text{m}$，满足假设

（2）按软弱下卧层验算：

$E_{s1}/E_{s2}=6/2=3$，设$z/b>0.5$，得：$\theta=23°$

$$p_z=\frac{b(p_k-p_c)}{b+2z\tan\theta}=\frac{b\times(240/b+1.5\times20-1.5\times18)}{b+2\times2.5\times\tan23°}$$

$$p_{cz}=18\times2+2\times8=52\text{kPa}$$

$$f_{az}=f_{ak}+\eta_d\gamma_m(d-0.5)=60+1\times\frac{52}{4}\times(4-0.5)=105.5\text{kPa}$$

$p_z+p_{cz}\leqslant f_{az}$，解得：$b\geqslant2.5\text{m}$

验证：$z/b=2.5/2.5=1>0.5$，满足假设

（3）取两者大值，$b\geqslant2.5\text{m}$

【点评】

根据《建筑地基基础设计规范》第 5.2.7 条，计算量较大，考点简单，细心即可。

题 2-77　如图 2-10-50 所示柱下方形独立基础，持力层为黏土，$f_{ak}=160\text{kPa}$，下卧层为淤泥，$f_{ak}=65\text{kPa}$，地下水位于天然地面下 1m 深处，荷载标准值及其他有关数据如图所示。试按持力层和软弱下卧层承载力计算基础最小边长。

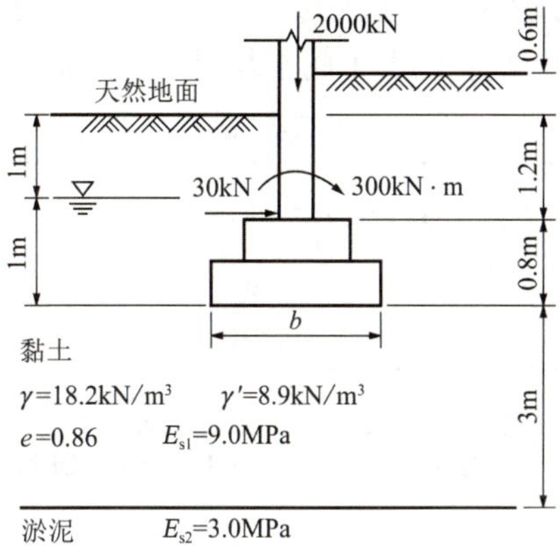

图 2-10-50　题 2-77 图

【解】

（1）按持力层验算，$M_k=300+30\times0.8=324\text{kN}\cdot\text{m}$

$$G_k=\left[20\times\left(1+\frac{0.6}{2}\right)+10\times1\right]\times b^2=36b^2$$

黏土，$e>0.85$，$f_a=160+0+1\times\dfrac{18.2\times1+8.9\times1}{2}\times(2-0.5)=180.3\text{kPa}$

假设小偏心

$$p_k=\frac{2000+36b^2}{b^2}\leqslant180.3\Rightarrow b\geqslant3.72\text{m}$$

$$p_{k\max}=\frac{2000+36b^2}{b^2}+\frac{324}{b^3/6}\leqslant1.2\times180.3\Rightarrow b\geqslant3.74\text{m}$$

$$e=\frac{324}{2000+36\times3.74^2}=0.14\text{m}\leqslant\frac{3.74}{6}\text{m}\Rightarrow \text{满足小偏心假设，取大值}b\geqslant3.74\text{m}$$

（2）按下卧层验算

$$f_{az}=f_{ak}+\eta_d\gamma_m(d-0.5)=65+1\times(18.2\times1+8.9\times4)/5\times(5-0.5)=113.4\text{kPa}$$

$E_{s1}/E_{s2}=9.0/3=3$，设$z/b>0.5$，得：$\theta=23°$

$$p_{cz}=18.2\times1+8.9\times4=53.8\text{kPa}$$

$$p_z=\frac{b^2\times[(2000+36b^2)/b^2-18.2\times1-8.9\times1]}{(b+2\times3\times\tan23)^2}=\frac{2000+8.9b^2}{(b+2\times3\times\tan23)^2}$$

$$p_z+p_{cz}\leqslant f_{az}\Rightarrow\frac{2000+8.9b^2}{(b+2\times3\times\tan23)^2}+53.8\leqslant113.4\Rightarrow b\geqslant3.4\text{m}$$

（3）综上取大值$b\geqslant3.74\text{m}$

【点评】

这种计算量符合 2018 年之后考试风格，都是常规考点，细心即可得分。

题 2-78 某建筑场采用环形基础，基础底面内环直径$D_1=10\text{m}$，底面外环直径$D_2=16\text{m}$，基础埋深3.0m，场地地层如表2-10-27所示，地下水埋深1.5m，粉土层顶面处的地基压力扩散角为25°，相应于荷载效应标准组合时，按《建筑地基基础设计规范》GB 50007—2011计算软弱下卧层满足地基承载力要求时，上部结构作用于基础顶面的F_k最大值最接近下列哪个选项？（基础自重和基底以上土的平均重度为20kN/m³）

题 2-78 表　　表 2-10-27

层号	土的类别	土层厚度（m）	天然重度（kN/m³）	饱和重度（kN/m³）	压缩模量（MPa）	地基承载力特征值f_{ak}（kPa）
1	粉砂	5	18.5	20	15	170
2	粉土（黏粒含量< 10%）	7	17	18	3	80

（A）17950kN　（B）25550kN　（C）32350kN　（D）39100kN

【解】

（1）$p_{cz}=1.5\times18.5+10\times3.5=62.75\text{kPa}$，$p_c=1.5\times18.5+10\times1.5=42.75\text{kPa}$

（2）$2\times(5-3)\times\tan25°=1.87\text{m}<$内环直径$D_1=10\text{m}\Rightarrow$扩散后面积不会重叠

基底压力面积：$3.14\times(8^2-5^2)=122.46\text{m}^2$

扩散至软弱层顶的压力面积：$3.14\times\left[(8+2\times\tan25°)^2-(5-2\times\tan25°)^2\right]=198.60\text{m}^2$

（3）粉土，黏粒含量$<10\%\Rightarrow\eta_d=2.0$，$f_{az}=80+2.0\times\dfrac{62.75}{5}\times(5-0.5)$

$=192.95\text{kPa}$

$$p_z+p_{cz}=\frac{122.46\times(p_k-42.75)}{198.60}+62.75\leqslant f_{az}=192.95\Rightarrow p_k\leqslant253.9\text{kPa}$$

（4）$p_k=\dfrac{F_k}{122.46}+1.5\times20+1.5\times10\leqslant253.9\Rightarrow F_k\leqslant25583\text{kN}$

【点评】

①根据《建筑地基基础设计规范》第5.2.4条、第5.2.7条；②环形基础基底压力和基底压力扩散后的压力分布面积均为圆环形状，应注意判断环形内侧扩散后的面积是否重叠；③下卧软弱层为粉土，深度修正系数应查询《建筑地基基础设计规范》表5.2.4。

注：（1）**环形基础**地基压力扩散，需要考虑内环向内扩散是否存在重叠区域，如图2-10-51所示，软弱下卧层顶面处附加压力计算：

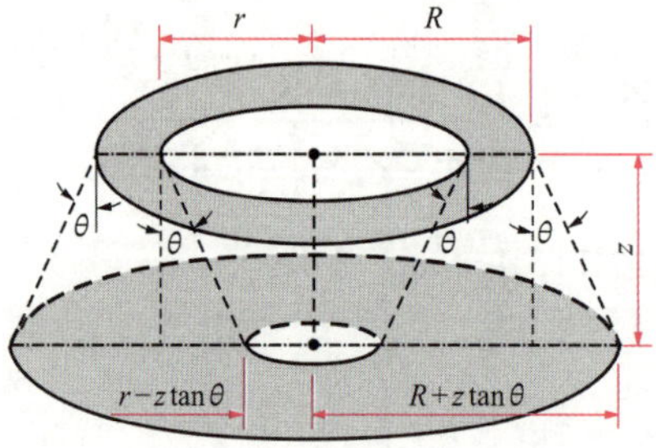

(a)内环向内扩散不重叠

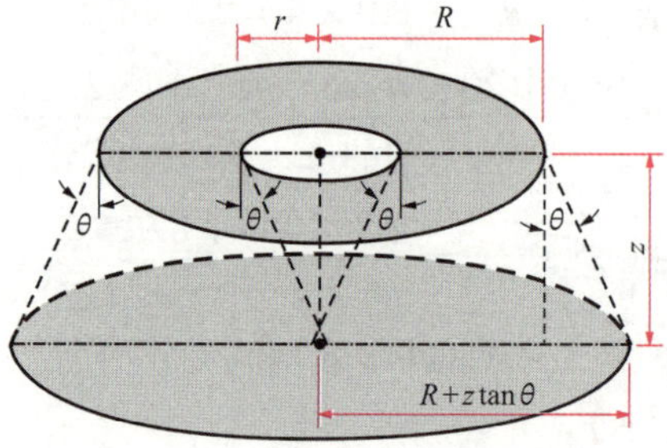

(b)内环向内扩散重叠

图 2-10-51　环形基础软弱下卧层验算示意图

内环向内扩散不重叠（$z\cdot\tan\theta<r$）：

$$p_z=\frac{\pi(R^2-r^2)(p_k-p_c)}{\pi\left[(R+z\tan\theta)^2-(r-z\tan\theta)^2\right]}$$

内环向内扩散重叠（$z\cdot\tan\theta\geqslant r$）：

软弱层顶附加压力按均布考虑时，$p_z=\dfrac{\pi(R^2-r^2)(p_k-p_c)}{\pi(R+z\tan\theta)^2}$

环形基础地基压力扩散例题见第四篇第一章第二节。

（2）**正六边形和正多边形基础地基压力扩散**，根据规范公式，应该按垂线扩散，不是按对角线扩散，按垂线扩散面积更接近实际扩散后的面积（稍大于实际面积），如果按对角线扩散计算，则扩散后的面积比实际面积偏小很多，正六边形扩散后软弱下卧层顶面处投影面积，如图 2-10-52 所示。可推导出正多边形通用公式：

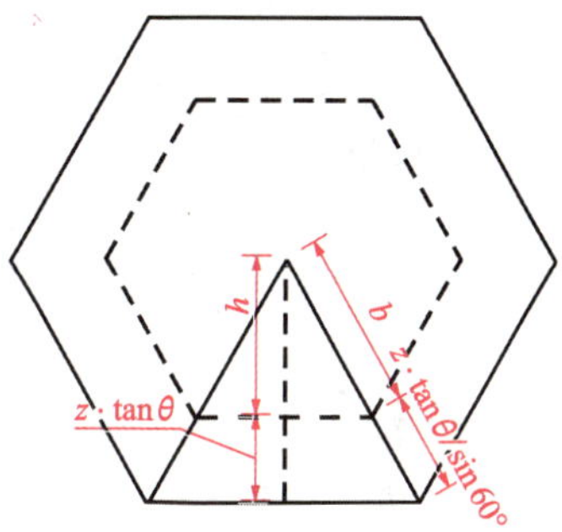

图 2-10-52 正六边形基础软弱下卧层

n为边数，h为垂高

扩散前原面积：$A_1=n\cdot\tan\left(\dfrac{180°}{n}\right)\cdot h^2$

扩散后面积：$A_2=n\cdot\tan\left(\dfrac{180°}{n}\right)\cdot(h+z\tan\theta)^2$

通用公式：$\dfrac{A_1}{A_2}=\dfrac{h^2}{(h+z\tan\theta)^2}$

n趋于无穷大，即为圆：$\dfrac{A_1}{A_2}=\dfrac{h^2}{(h+z\tan\theta)^2}$（$h$ 此时即为半径r）

正六边形基础地基压力扩散例题见第四篇第一章第二节。

10.2 地基稳定性计算

10.2.1 圆弧滑动——《建筑地基基础设计规范》第5.4.1条

地基稳定性可采用圆弧滑动面法进行验算。最危险的滑动面上诸力对滑动中心所产生的抗滑力矩与滑动力矩应符合下式要求：

$$\frac{M_R(\text{抗滑力矩})}{M_S(\text{滑动力矩})} \geqslant 1.2$$

注：抗震条件下，滑动力矩需计入水平地震和竖向地震产生的效应。

题2-79 （《土力学》习题7-7）在验算淤泥土地基中基坑坑底隆起时，可采用如图2-10-53所示圆弧滑动面的整体圆弧法计算，已知$c_u = 30\text{kPa}$，极限荷载q_u是多少？

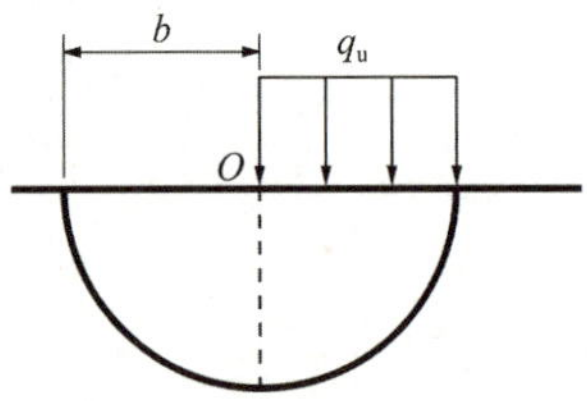

图2-10-53 题2-79图

【解】

滑动力矩$M_T = \dfrac{q_u \cdot b \cdot b}{2}$，抗滑力矩$M_R = c_u \cdot \pi b \cdot b$

由$M_R = M_T \Rightarrow q_u = \dfrac{c_u \cdot \pi b \cdot b}{b \cdot b/2} = 2 \times 30 \times 3.14 = 188.4\text{kPa}$

【点评】

以O点为圆心滑动，地面荷载$Q = q_u \cdot b$，力臂为$b/2$，滑动力矩$M_T = q_u \cdot b \cdot b/2$；黏聚力$c_u$沿半圆滑动面产生抗滑力$R = c_u \cdot \pi b$，力臂为抗滑力矩$M_R = c_u \cdot \pi b \cdot b$；在极限平衡状态下，二者相等，$M_R = M_T$。

题2-80 （17D06）某饱和软黏土地基上的条形基础，基础宽度3.0m，埋深2.0m，在荷载F、M共同作用下，该地基发生滑动破坏。已知圆弧滑动面如图2-10-54所示，软黏土饱和重度16kN/m³，滑动面上土的抗剪强度指标：$c = 20\text{kPa}$、$\varphi = 0$。上部结构传递至基础顶面中心的竖向力$F = 360\text{kN/m}$，基础及基础以上土体的平均重度为20kN/m³，求地基发生滑动破坏时，作用于基础上的力矩M的最小值最接近下列何值？

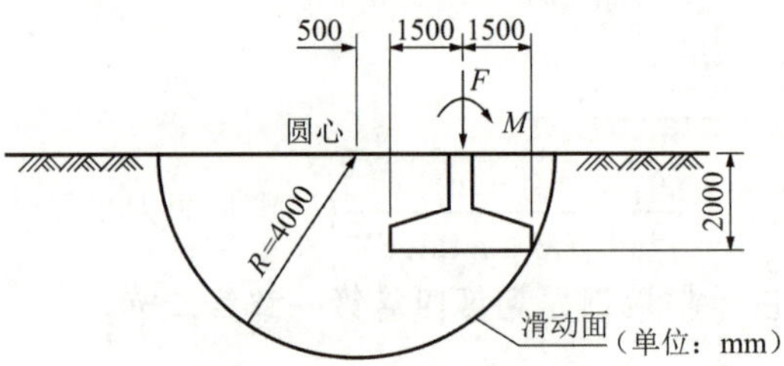

图2-10-54 题2-80图

（A）45kN·m/m （B）118kN·m/m （C）237kN·m/m （D）285kN·m/m

【解】

$$\frac{20 \times 3.14 \times 4 \times 4}{M + [360 + (20 - 16) \times 3 \times 2] \times (0.5 + 1.5)} = 1.0 \Rightarrow M = 236.8\text{kN} \cdot \text{m/m}$$

【点评】

①根据《建筑地基基础设计规范》第5.4.1条，可直接从整体圆弧滑动的原理解答；②注意引起地基滑动的为基底附加压力，而非基底压力；③题目原理性较强，比较新颖。

10.2.2 稳定土坡坡顶的建筑——《建筑地基基础设计规范》第 5.4.2 条

位于稳定土坡坡顶上的建筑，应符合表 2-10-28 的规定。

稳定土坡坡顶的建筑　　　　**表 2-10-28**

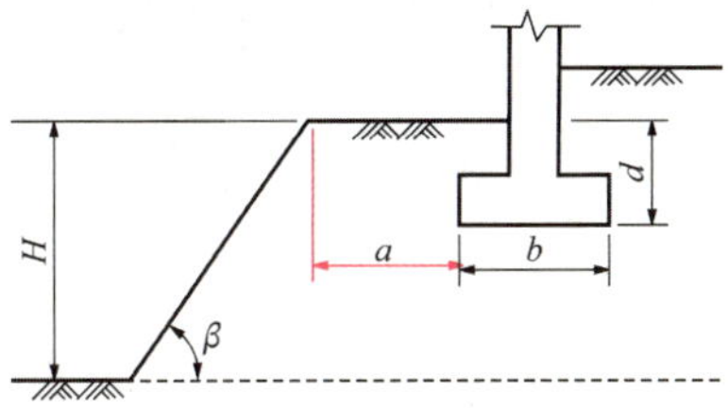

条件	基础类型	要求		说明
（1）当垂直于坡顶边缘线的基础底面边长小于或等于 3m 时	条形基础	$a \geqslant 3.5b - \dfrac{d}{\tan\beta}$	且 $a \geqslant 2.5\text{m}$	a——基础底面外边缘线至坡顶的水平距离（m）； d——基础埋深（m）； β——边坡坡角（°）
	矩形基础	$a \geqslant 2.5b - \dfrac{d}{\tan\beta}$		
（2）当 a 不满足要求时	$\dfrac{M_R(\text{抗滑力矩})}{M_S(\text{滑动力矩})} \geqslant 1.2$			
（3）当边坡坡脚大于 45°、坡高大于 8m 时	需同时满足第（1）条和 $\dfrac{M_R(\text{抗滑力矩})}{M_S(\text{滑动力矩})} \geqslant 1.2$			

注：根据《建筑抗震设计规范》第 3.3.5 条条文说明：有关山区建筑距边坡边缘的距离，参照《建筑地基基础设计规范》第 5.4.1、第 5.4.2 条计算时，其边坡坡角需按地震烈度的高低修正——减去地震角 ρ（表 2-10-29），$a \geqslant 2.5\text{m}$ 且验算基础基底处外边缘离边坡临空面的距离，对于条形基础不小于 $3.5b$，对于矩形基础不小于 $2.5b$，如图 2-10-55 所示，此时：

条基：$\left(a + \dfrac{H}{\tan\beta}\right) - \dfrac{H-d}{\tan(\beta-\rho)} \geqslant 3.5b$ 且 $a \geqslant 2.5\text{m}$

矩基：$\left(a + \dfrac{H}{\tan\beta}\right) - \dfrac{H-d}{\tan(\beta-\rho)} \geqslant 2.5b$ 且 $a \geqslant 2.5\text{m}$

地震角 ρ　　　　**表 2-10-29**

类别	7 度		8 度		9 度
	0.10g	0.15g	0.20g	0.30g	0.40g
水上	1.5°	2.3°	3.0°	4.5°	6.0°
水下	2.5°	3.8°	5.0°	7.5°	10.0°

注：本表引自《建筑边坡工程技术规范》表 6.2.11。

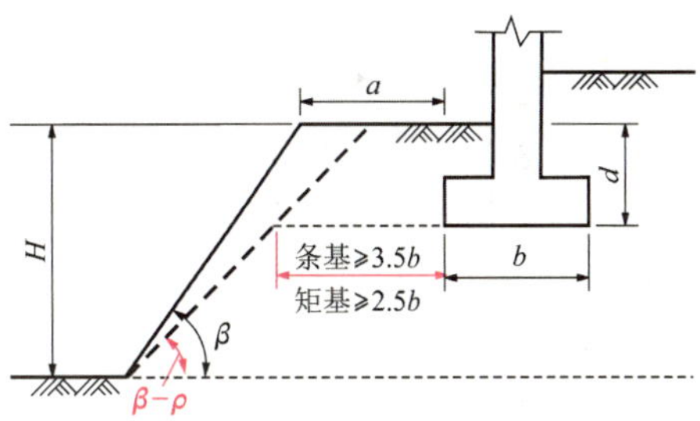

图 2-10-55　稳定土坡坡顶的建筑

题 2-81　（05C11）如图 2-10-56 所示某稳定土坡的坡角为 30°，坡高 3.5m，现拟在坡顶部建一幢办公楼，该办公楼拟采用墙下钢筋混凝土条形基础，上部结构传至基础顶面的竖向力 $F_k = 300\text{kN/m}$，基础砌置深度在室外地面以下 1.8m，地基土为粉土，其黏粒含量 $\rho_c = 11.5\%$，重度 $\gamma = 20\text{kN/m}^3$，$f_{ak} = 150\text{kPa}$，场区无地下水，根据以上条件，为确保地基基础的稳定性，若基础底面外缘线距离坡顶的最小水平距离 a 应满足下列哪个选项的数值？

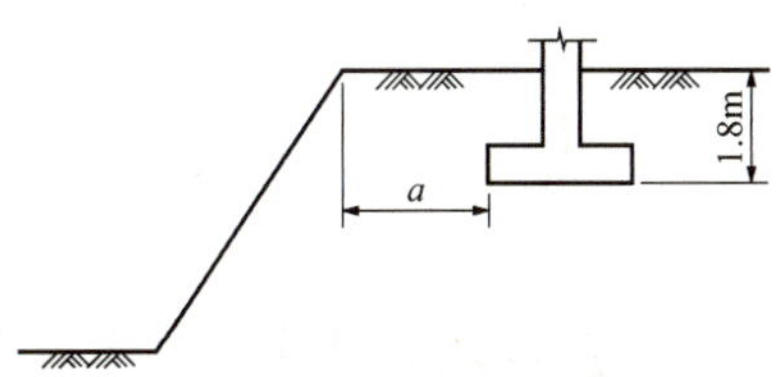

图 2-10-56　题 2-81 图

（A）≥4.2m　　（B）≥3.8m　　（C）≥3.5m　　（D）≥3.3m

【解】

（1）查表$\eta_b = 0.3$，$\eta_d = 1.5$

设$b \leqslant 3$m，$f_a = 150 + 0 + 1.5 \times 20 \times (1.8 - 0.5) = 189$kPa

$p_k = \frac{300}{b} + 20 \times 1.8 \leqslant 189 \Rightarrow b \geqslant 1.96$m，满足假设

（2）$a \geqslant 3.5b - \frac{d}{\tan\beta} = 3.5 \times 1.96 - \frac{1.8}{\tan 30°} = 3.75\text{m} > 2.5\text{m}$，满足要求。

【点评】

①根据《建筑地基基础设计规范》第5.4.2条；②考点：同时考查地基承载力验算反算基础宽度和土坡顶部地基基础的安全距离；③通过承载力条件计算宽度，再代入条形基础公式计算a。

【同类型真题】06C08、07D06

题2-82　（09D10）某稳定边坡坡角β为30°，矩形基础垂直于坡顶边缘线的底面边长为2.8m，基础埋深$d = 3$m，试问按《建筑地基基础设计规范》GB 50007—2011基础底面外边缘线至坡顶的水平距离应不小于下列哪个选项？

（A）1.8m　　（B）2.5m　　（C）3.2m　　（D）4.6m

【解】

$a \geqslant 2.5b - \frac{d}{\tan\beta} = 2.5 \times 2.8 - \frac{3}{\tan 30°} = 1.8\text{m} < 2.5\text{m}$，取$a = 2.5$m

【点评】

①根据《建筑地基基础设计规范》第5.4.2条；②注意计算出的a与限值2.5m进行比较取大值。

题2-83　（18D07）如图2-10-57所示，某边坡其坡角为35°，坡高为6.0m，地下水位埋藏较深，坡体为均质黏性土层，重度为20kN/m³，地基承载力特征值f_{ak}为160kPa，综合考虑持力层承载力修正系数η_b =0.3、η_d =1.6，坡顶矩形基础底面尺寸为2.5m×2.0m，基础底面外边缘距坡肩水平距离3.5m，上部结构传至基础的荷载情况如下图所示（基础及其上土的平均重度按20kN/m³考虑）。按《建筑地基基础设计规范》GB 50007—2011规定，该矩形基础最小埋深最接近下列哪个选项？

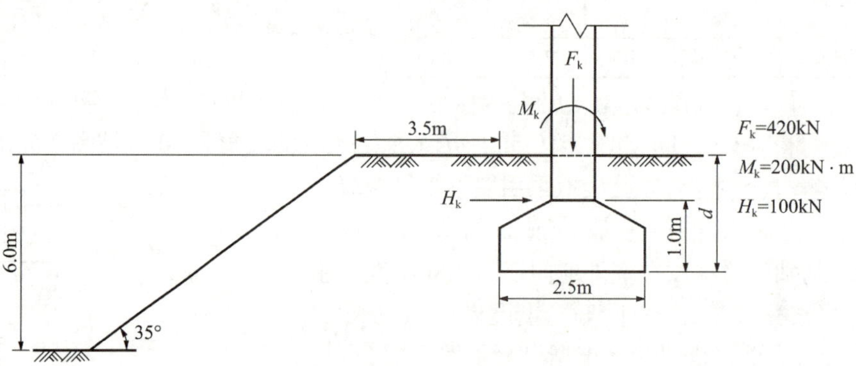

图2-10-57　题2-83图

（A）2.0m　　（B）2.5m　　（C）3.0m　　（D）3.5m

【解】

（1）按稳定性验算：

$$a \geqslant 2.5b - \frac{d}{\tan\beta} \Rightarrow 3.5 \geqslant 2.5 \times 2.5 - \frac{d}{\tan 35^\circ} \Rightarrow d \geqslant 1.93\text{m}$$

（2）按承载力验算：假设小偏心

$$f_a = 160 + 0 + 1.6 \times 20 \times (d - 0.5) = 144 + 32d$$

$$p_k = \frac{420}{2.5 \times 2} + 20d \leqslant 144 + 32d \Rightarrow d \geqslant -5\text{m}，恒成立$$

$$p_{kmax} = \frac{420}{2.5 \times 2} + 20d + \frac{200 + 100 \times 1}{2 \times 2.5^2/6} \leqslant 1.2 \times (144 + 32d) \Rightarrow d \geqslant 3\text{m}$$

$$e = \frac{200 + 100 \times 1}{420 + 20 \times 2.5 \times 2 \times 3} = 0.417 = \frac{b}{6} = \frac{2.5}{6} = 0.417，满足假设$$

（3）取大值，$d \geqslant 3$m，最小埋深为 3m

【点评】

①根据《建筑地基基础设计规范》第 5.2.1 条、第 5.2.2 条、第 5.2.4 条、第 5.4.2 条；②本题为综合 2 个知识点联合考查，稳定性验算与承载力验算得出的埋深取大值。

题 2-84　拟在某山区建设一条高速公路，形成路堑边坡，抗震设防烈度 7 度，设计基本地震加速度为 0.10g，边坡高度 6m，拟形成的边坡旁有一建筑物，基础为条形基础，基础宽度为 2.2m，地基埋深为 3m，设计开挖后坡顶和基础的距离为 5m，如图 2-10-58 所示，求满足建筑地基稳定性的切坡角β最大值最接近下列哪个选项？

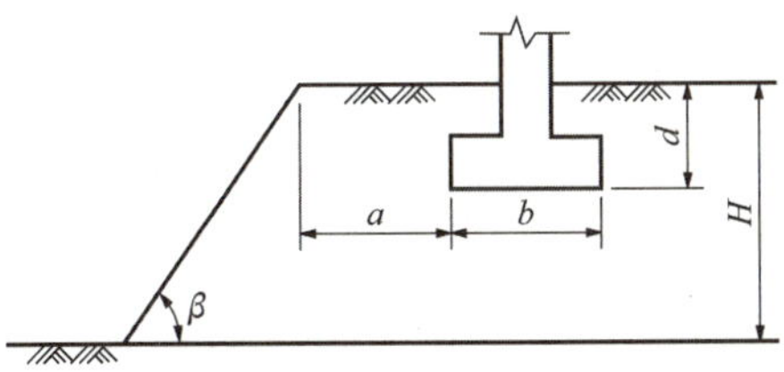

图 2-10-58　题 2-84 图

（A）46.5°　　（B）48.0°　　（C）49.5°　　（D）51.0°

【解】

（1）抗震设防烈度 7 度，查表$\rho = 1.5^\circ$

（2）$a + \dfrac{H}{\tan\beta} - \dfrac{H-d}{\tan(\beta-\rho)} \geqslant 3.5b$

$$5 + \frac{6}{\tan\beta} - \frac{6-3}{\tan(\beta - 1.5^\circ)} \geqslant 3.5 \times 2.2 \Rightarrow \beta = 46.43^\circ$$

【点评】

①根据《建筑抗震设计规范》第 3.3.5 条条文说明：有关山区建筑距边坡边缘的距离，参照《建筑地基基础设计规范》第 5.4.1 条、第 5.4.2 条；②计算时，其边坡坡角需按地震烈度的高低修正，减去地震角(ρ)，同时验算$a \geqslant 2.5$m 且验算基础基底处外边缘离边坡临空面的距离，对于条形基础不小于 3.5b，对于矩形基础不小于 2.5b。

10.2.3 抗浮稳定性——《建筑地基基础设计规范》第 5.4.3 条

建筑物基础存在浮力作用时应进行抗浮稳定性验算，并应符合下列规定：

（1）对于简单的浮力作用情况，基础抗浮稳定性应符合下式要求：

$$\frac{G_{\mathrm{k}}}{N_{\mathrm{w,k}}} \geqslant K_{\mathrm{w}}$$

式中：G_{k}——建筑物自重及压重之和（kN），自重取饱和重度，压重取有效重度；

$N_{\mathrm{w,k}}$——浮力作用值（kN），与建筑物自重取饱和重度的范围要对应，不重复计算或漏算浮力；

K_{w}——抗浮稳定安全系数，一般情况下可取 1.05。

（2）抗浮稳定性不满足设计要求时，可采用增加压重或设置抗浮构件等措施。在整体满足抗浮稳定性要求而局部不满足时，也可采用增加结构刚度的措施。

题 2-85 （12D07）某地下车库采用筏形基础，基础宽 35m，长 50m，地下车库自重作用于基底的平均压力 $p_{\mathrm{k}} = 70\mathrm{kPa}$，埋深 10.0m，地下 15m 范围内的土的重度为 $18\mathrm{kN/m^3}$（回填前后相同），抗浮设计地下水位埋深 1.0m（图 2-10-59）。若要满足抗浮安全系数 1.05 的要求，需用钢渣替换地下车库顶面一定厚度的覆土，计算钢渣的最小厚度接近下列哪个选项？

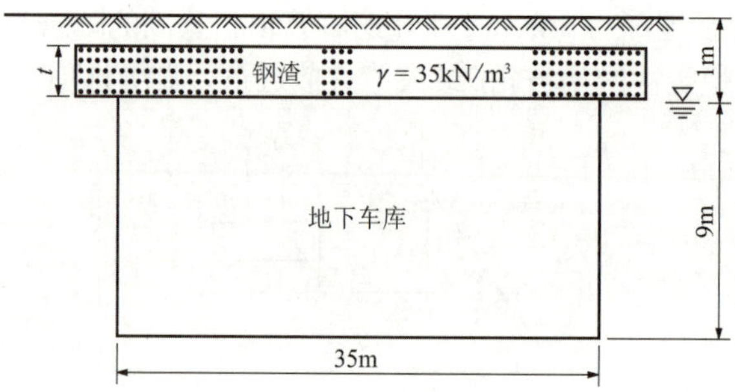

图 2-10-59 题 2-85 图

（A）0.22m （B）0.33m （C）0.38m （D）0.70m

【解】

$$\frac{G_{\mathrm{k}}}{N_{\mathrm{w,k}}} \geqslant K_{\mathrm{w}} \Rightarrow \frac{70 + 18 \times (1 - t) + 35t}{10 \times 9} \geqslant 1.05 \Rightarrow t \geqslant 0.38\mathrm{m}$$

【点评】

①根据《建筑地基基础设计规范》第 5.4.3 条，考点为纯地下结构抗浮验算；②在给定的地下水位前提下，地下结构的抗浮安全系数等于荷载除以浮力；③荷载（采用饱和重度）包括结构自重及压重之和，本题中压重为钢渣及上部的回填土，**压重位于地下水位以下时采用浮重度**；④地下室底面的浮力：从地下室底面计算至水位，如**水位高于地下室顶板时，应计算至地下室顶板**（顶板之上荷载采用浮重度）。

题 2-86　（09C05）如图 2-10-60 所示，箱涵的外部尺寸为宽 6m、高 8m，四周壁厚均为 0.4m，顶面距原地面 1.0m，抗浮设计地下水位埋深 1.0m，混凝土重度 $25kN/m^3$，地基土及填土的重度均为 $18kN/m^3$，若要满足抗浮安全系数 1.05 的要求，地面以上覆土的最小厚度应接近下列哪个选项？

（A）1.22m　　（B）1.40m

（C）1.60m　　（D）1.80m

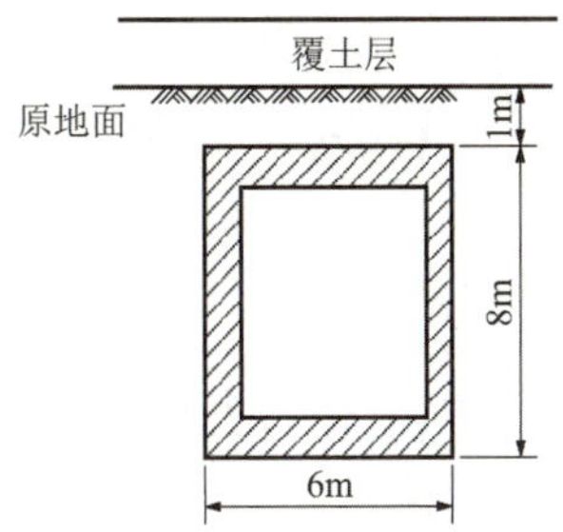

图 2-10-60　题 2-86 图

【解】

（1）取箱涵纵向 1m 长度分析

浮力：$F = 10 \times 6 \times 8 = 480kN/m$

箱涵自重：$G_1 = [6 \times 8 - (6 - 0.4 \times 2) \times (8 - 0.4 \times 2)] \times 25 = 264kN/m$

顶板上覆天然土层重：$G_2 = 18 \times 6 \times 1 = 108kN/m$

（2）$\dfrac{G_k}{N_{w,k}} \geqslant K_w \Rightarrow \dfrac{264 + 108 + 18 \times 6h}{480} \geqslant 1.05 \Rightarrow h \geqslant 1.22m$

【点评】

①根据《建筑地基基础设计规范》第 5.4.3 条；②以箱涵为分析对象，箱涵自身受到的浮力为荷载，抗力为箱涵的自重和压重之和，其中压重采用有效重量。

【同类型真题】 13D08、04C09、22 补考 D05

题 2-87　（21D07）位于砂土地基上平面为圆形的钢筋混凝土地下结构，基础筏板自外墙挑出 1.5m，结构顶板上覆土 2m，基坑侧壁与地下结构外墙之间填土，如图 2-10-61 所示。已知地下结构自重为 11000kN，填土、覆土的饱和重度均为 $19kN/m^3$，忽略基坑侧壁与填土之间的摩擦力，当地下水位在地表时，该地下结构的抗浮稳定系数最接近下列哪个选项？

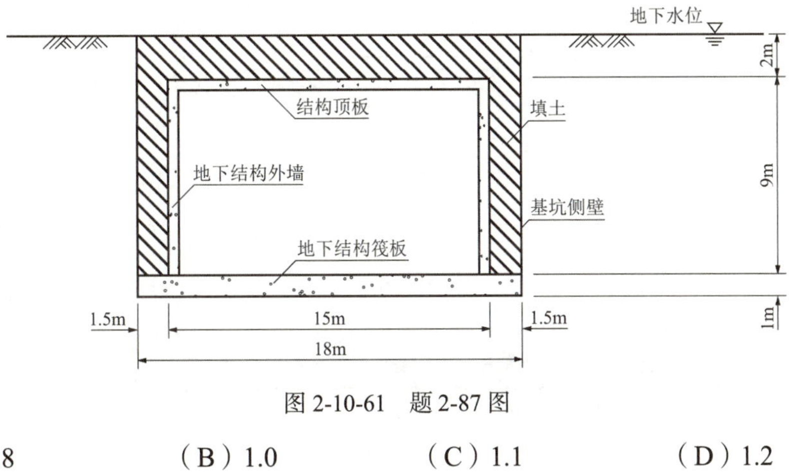

图 2-10-61　题 2-87 图

（A）0.8　　（B）1.0　　（C）1.1　　（D）1.2

【解法一】

（1）压重 $G_k = \dfrac{3.14}{4} \times (18^2 - 15^2) \times 9 \times 9 + \dfrac{3.14}{4} \times 18^2 \times 2 \times 9 = 10873kN$

（2）$N_{w,k} = \dfrac{3.14}{4} \times 15^2 \times 9 \times 10 + \dfrac{3.14}{4} \times 18^2 \times 1 \times 10 = 18440kN$

（3）$K_w = \dfrac{11000 + 10873}{18440} = 1.19$

【解法二】

(1) $G_k = \frac{3.14}{4} \times (18^2 - 15^2) \times 9 \times 19 + \frac{3.14}{4} \times 18^2 \times 2 \times 19 = 22954\text{kN}$

(2) $N_{w,k} = \frac{3.14}{4} \times 18^2 \times 12 \times 10 = 30521\text{kN}$

(3) $K_k = \frac{11000 + 22954}{30521} = 1.11$

【点评】

①根据《建筑地基基础设计规范》第5.4.3条；②计算的压重为外力，采用有效重度；③抗浮分析的对象为建筑物，本题为砂土地基，应该采用有效应力计算其压重，压重的浮力不属于结构物上的浮力作用，不应计入浮力作用值；④本题有争议点，《建筑工程抗浮技术标准》采用饱和重度计算压重，即按解法二，实际不符合土力学原理。

题2-88 已知基础如图2-10-62所示（尺寸单位：mm），自重为280kN/m，基础上设备自重为60kN/m，设备检修活荷载为35kN/m，当基础的抗浮稳定性不满足要求时，本工程拟采取对称外挑基础底板的抗浮措施。假定，基础底板外挑板厚度取800mm，抗浮验算时钢筋混凝土的重度取23kN/m³，设备自重可作为压重，抗浮水位取地面下0.5m。为了保证基础抗浮的稳定安全系数不小于1.05，计算虚线所示的底板外挑最小长度。

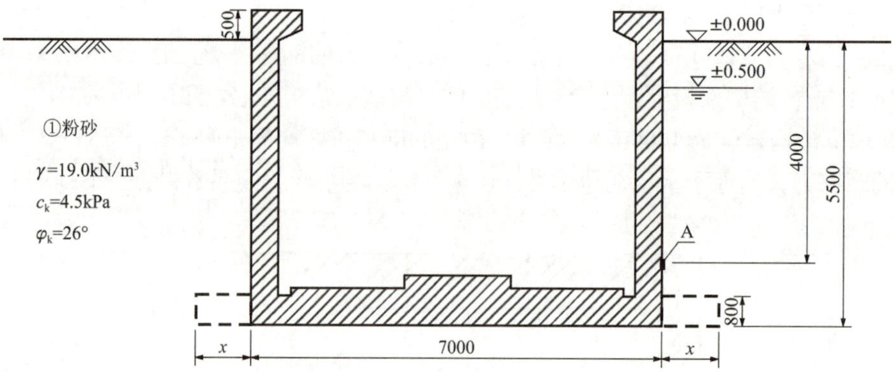

图2-10-62 题2-88图

【解】

$G_k = 280 + 60 + (0.8 \times 23 + 0.5 \times 19 + 9 \times 4.2) \times 2x$

$F = 10 \times 5 \times 7 + 2 \times 0.8 \times 10x$

$K_k = \frac{G_k}{F} = \frac{280 + 60 + [0.8 \times 23 + 0.5 \times 19 + 9 \times 4.2] \times 2x}{10 \times 5 \times 7 + 2 \times 0.8 \times 10x} \geqslant 1.05$

解得：$x \geqslant 0.24\text{m}$

【点评】

①根据《建筑地基基础设计规范》第3.0.5条第3款、第5.4.3条第1款；②本题有两种计算思路：第一种，外伸部分混凝土板计算浮力，外伸板上覆土不计浮力，仅算压重，压重取有效重量，即本题解法；第二种，外伸部分全部计算浮力，包括上覆土。虽然第二种计算方法方便且容易想到，但是第一种更加合理，因为土与混凝土有本质区别，土不抗浮，不应计算浮力，二者计算结果相差很小。

10.3　地基变形计算

10.3.1　地基变形计算（规范法）——《建筑地基基础设计规范》第 5.3.5~5.3.8 条

1. 地基最终沉降量

地基最终沉降量按表 2-10-30 的步骤计算，结合下面例题理解。

地基最终沉降量　　表 2-10-30

简图

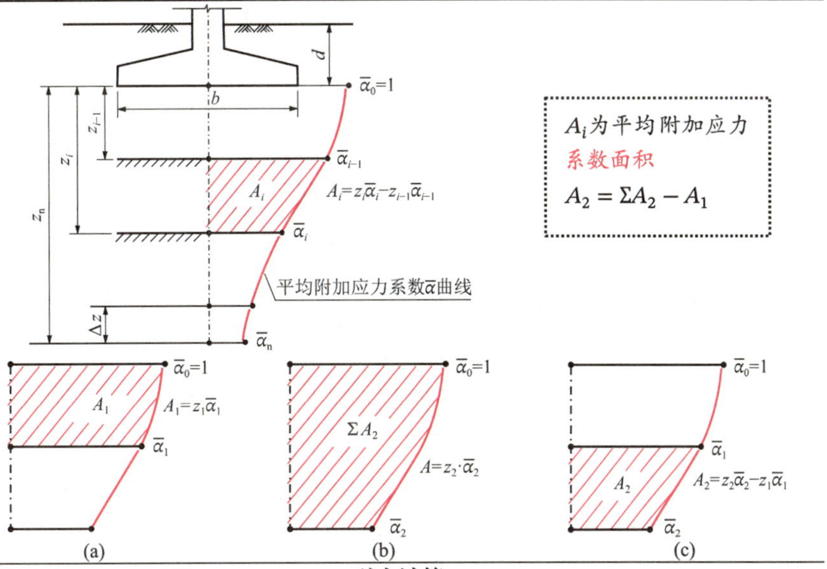

（1）平均附加应力系数面积A_i

列表计算

z_i（m）	l/b	$z_i/0.5b$	$\bar{\alpha}_i$	$4z_i\bar{\alpha}_i$	$4(z_i\bar{\alpha}_i-z_{i-1}\bar{\alpha}_{i-1})$	E_{si}（MPa）
0				0	0	
z_1				ΣA_1	$A_1=\Sigma A_1-0$	
z_2				ΣA_2	$A_2=\Sigma A_2-\Sigma A_1$	
…				ΣA_i	$A_i=\Sigma A_i-\Sigma A_{i-1}$	

（2）压缩模量当量值$\bar{E}_s$（MPa）

$$\bar{E}_s=\frac{\sum A_i}{\frac{A_1}{E_{s1}}+\frac{A_2}{E_{s2}}+\cdots}=\frac{\sum A_i}{\sum\frac{A_i}{E_{si}}}$$

（3）沉降经验系数ψ_s

沉降计算经验系数ψ_s（可插值）

基底附加压力p_0	$\bar{E}_s$（MPa）								
	2.5	2.5～4	4	4～7	7	7～15	15	15～20	20
$p_0\geqslant f_{ak}$	1.4	$\frac{23.5-\bar{E}_s}{15}$	1.3	$\frac{17-\bar{E}_s}{10}$	1.0	$\frac{61-3\bar{E}_s}{40}$	0.4	$\frac{25-\bar{E}_s}{25}$	0.2
$p_0\leqslant 0.75f_{ak}$	1.1	$\frac{19-\bar{E}_s}{15}$	1.0	$\frac{14-\bar{E}_s}{10}$	0.7	$\frac{77-3\bar{E}_s}{80}$	0.4	$\frac{25-\bar{E}_s}{25}$	0.2

（4）地基最终变形量s（mm）

$$s=\psi_s s'=\psi_s\sum_{i=1}^{n}\frac{p_0}{E_{si}}(z_i\bar{\alpha}_i-z_{i-1}\bar{\alpha}_{i-1})$$

按（1）表格所列：

$$s=\psi_s p_0\sum_{i=1}^{n}\frac{A_i}{E_{si}}\text{或}s=\psi_s p_0\frac{\Sigma A_i}{\bar{E}_s}$$

重要参数

s'——按分层总和法计算出的地基变形量（mm）[计算值]；

p_0——准永久组合基底附加压力（kPa），$p_0=p_k-p_c$；

E_s——基础底面下第i层土的压缩模量（MPa），取土的自重压力至土的自重压力与附加压力之和的压力段计算；

$\bar{\alpha}_i$——平均附加应力系数，查本书附录 I.0.2

建筑物的地基变形允许值见表 2-10-31。

建筑物的地基变形允许值 **表 2-10-31**

变形特征		地基土类别	
		中、低压缩性土	高压缩性土
砌体承重结构基础的**局部倾斜**		0.002	0.003
工业与民用建筑相邻柱基的**沉降差**	框架结构	$0.002l$	$0.003l$
	砌体墙填充的边排柱	$0.0007l$	$0.001l$
	当基础不均匀沉降时不产生附加应力的结构	$0.005l$	$0.005l$
单层排架结构（柱距为 6m）柱基的**沉降量**		**（120mm）**	**200mm**
桥式起重机轨面的**倾斜**（按不调整轨道考虑）	纵向	0.004	
	横向	0.003	
多层和高层建筑的整体**倾斜**	$H_g \leqslant 24m$	0.004	
	$24m < H_g \leqslant 60m$	0.003	
	$60m < H_g \leqslant 100m$	0.0025	
	$H_g > 100m$	0.002	
体型简单的高层建筑基础的平均**沉降量**		**200mm**	
高耸结构基础的**倾斜**	$H_g \leqslant 20m$	0.008	
	$20m < H_g \leqslant 50m$	0.006	
	$50m < H_g \leqslant 100m$	0.005	
	$100m < H_g \leqslant 150m$	0.004	
	$150m < H_g \leqslant 200m$	0.003	
	$200m < H_g \leqslant 250m$	0.002	
高耸结构基础的**沉降量**	$H_g \leqslant 100m$	**400mm**	
	$100m < H_g \leqslant 200m$	**300mm**	
	$200m < H_g \leqslant 250m$	**200mm**	

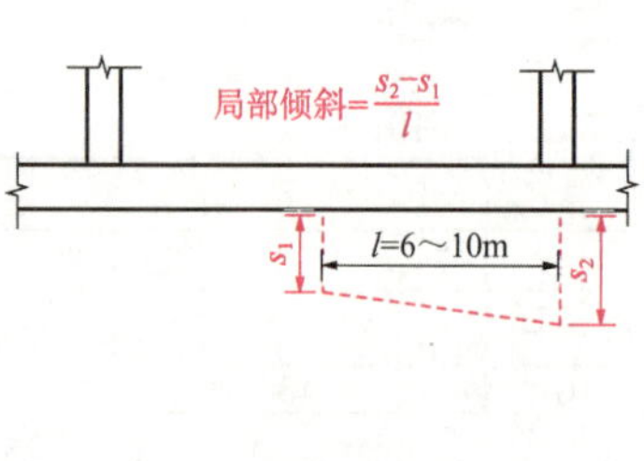

局部倾斜控制

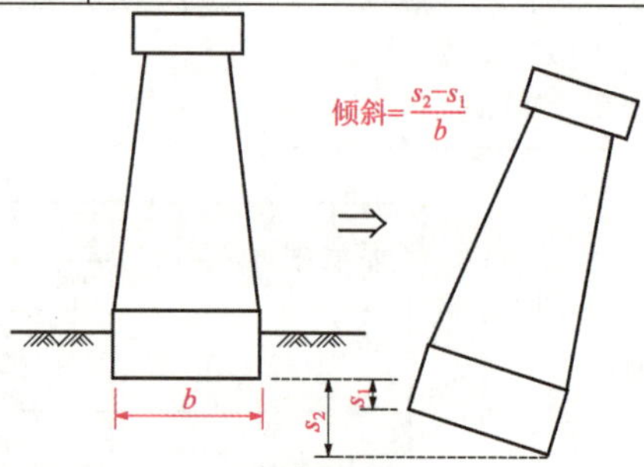

倾斜控制

注：1. 本表数值为建筑物地基实际最终变形允许值；
2. 有括号者仅适用于中压缩性土；
3. l为相邻柱基的中心距离（mm）；H_g为自室外地面起算的建筑物高度（m）；
4. 倾斜指基础倾斜方向两端的沉降差与其水平距离的比值；
5. 局部倾斜指砌体承重结构沿纵向 6～10m 内基础两点的沉降差与其水平距离的比值。

当存在相邻荷载时，应计算相邻荷载引起的地基变形其值可按应力叠加原理，采用角点法计算。

2. 地基变形计算深度

地基变形计算深度z_n应符合表 2-10-32 的规定。

地基变形计算深度 表 2-10-32

（1）满足$\Delta s'_n \leqslant 0.025\sum_{i=1}^{n}\Delta s'_i = 0.025s'$
当计算深度下部仍有较软土层时，应继续计算

s'——计算深度范围内的计算变形值（mm）；
$\Delta s'_n$——由计算深度z_n向上取厚度Δz土层的计算变形值（mm），见下表

基础宽度b（m）	$b \leqslant 2$	$2 < b \leqslant 4$	$4 < b \leqslant 8$	$b > 8$
Δz（m）	0.3	0.6	0.8	1.0

注：前述《岩土工程勘察规范》中“变形计算深度”采用$p_z \leqslant 0.2p_{cz}$或$p_z \leqslant 0.1p_{cz}$的深度，为应力比法，属于估算，精度较差；此处为变形比法，精度高，计算复杂，可考性不强

（2）当无相邻荷载影响，且基础宽度 1～30m 范围内时，基础中点的地基变形计算深度为：

$$z_n = b(2.5 - 0.4\ln b)$$

式中：b——基础宽度（m）

（3）当计算深度范围内：①存在基岩时，z_n可取至基岩表面；②当存在较厚坚硬黏性土层，其孔隙比$e < 0.5$、压缩模量$E_s > 50$MPa，或存在较厚密实砂卵石层，其压缩模量大于 80MPa 时，z_n可取至该层土表面。

此时，地基土附加压力分布应考虑相对硬层存在的影响，按《建筑地基基础设计规范》公式(6.2.2)计算地基最终变形量

3. 刚性下卧层对地基变形的增大效应——《建筑地基基础设计规范》第 5.3.8 条、第 6.2.2条

刚性下卧层对地基变形的增大效应应符合表 2-10-33 的规定。

刚性下卧层对地基变形的增大效应 表 2-10-33

（1）当地基中下卧**基岩面**为单向倾斜、岩面坡度大于 10%、基底下的土层厚度大于 1.5m 时，且其结构类型和地质条件符合下表的要求时，可不做地基变形验算（此时，建筑物的主要危险是倾斜）

下卧基岩表面允许坡度值

地基土承载力特征值f_{ak}（kPa）	四层及四层以下的砌体承重结构 三层及三层以下的框架结构	具有 ≤ 150kN 起重机的一般单层排架结构	
		带墙的边柱和山墙	无墙的中柱
≥ 150	≤ 15%	≤ 15%	≤ 30%
≥ 200	≤ 25%	≤ 30%	≤ 50%
≥ 300	≤ 40%	≤ 50%	≤ 70%

（2）不满足上述条件时，需判断是否存在刚性下卧层并按《建筑地基基础设计规范》公式(6.2.2)计算地基的变形。

刚性下卧层：

当计算深度范围内：①存在基岩时，z_n可取至基岩表面；②当存在较厚坚硬黏性土层，其孔隙比$e < 0.5$、压缩模量$E_s > 50$MPa，或存在较厚密实砂卵石层，其压缩模量大于 80MPa 时，z_n可取至该层土表面。

上述①②两种情况视为刚性下卧层，应考虑刚性下卧层对上覆土层变形的增大影响，按下式计算最终地基变形量：

$$s_{gz} = \beta_{gz} \cdot s_z$$

式中：s_{gz}——具刚性下卧层时，地基土的变形计算值（mm）；

s_z——变形计算深度相当于实际土层厚度按《建筑地基基础设计规范》第 5.3.5 条计算确定的地基最终变形计算值（mm）；

β_{gz}——刚性下卧层对上覆土层的变形增大系数，按下表采用

刚性下卧层对上覆土层的变形增大系数β_{gz}

h/b	0.5	1.0	1.5	2.0	2.5
β_{gz}	1.26	1.17	1.12	1.09	1.00

注：h—基底至刚性下卧层顶面土层厚度（m）；b—基础底面宽度（m）

题 2-89 （18C07）某矩形基础底面尺寸 3m × 3.6m，基础埋深 2m，相应于作用的准永久组合时，上部荷载传至地面处的竖向力$N = 1080$kN，地基土层分布如图 2-10-63 所示，无地下水，基础及其上覆土重度取 20kN/m³，沉降计算深度为密实砂层顶层，沉降计算经验系数$\psi_s = 1.2$。按《建筑地基基础设计规范》GB 50007—2011 规定计算基础的最大沉降量，其值最接近以下哪个选项？

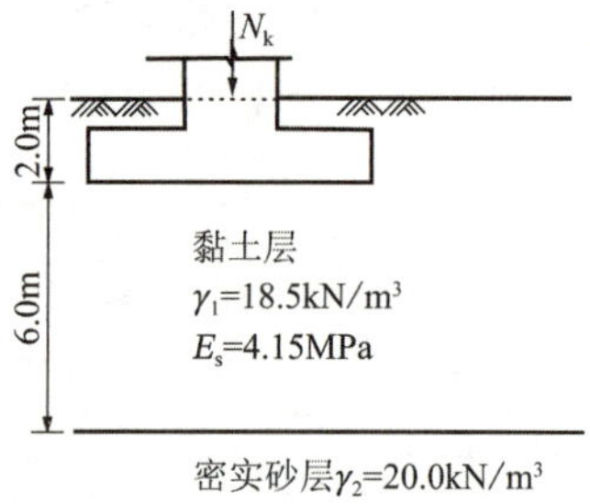

图 2-10-63 题 2-89 图

（A）21mm （B）70mm

（C）85mm （D）120mm

【解】

（1）$p_0 = \dfrac{1080}{3 \times 3.6} + 20 \times 2 - 18.5 \times 2 = 103\text{kPa}$

（2）$z = 6\text{m}$，$l/b = 1.8/1.5 = 1.2$，$z/b = 6/1.5 = 4$，查表：$\overline{\alpha} = 0.1189$

（3）$s = 1.2 \times \dfrac{103}{4.15} \times 4 \times 6 \times 0.1189 = 85\text{mm}$

【点评】

①根据《建筑地基基础设计规范》第 5.3.5 条；②考点为矩形基础沉降计算；③看清竖向力作用位置为地面，**系数查表时，用笔横竖各画一条线，避免查错行。**

【同类型真题】 03C07、04D10、08C08、09C07、13C05

题 2-90 （12D06）某高层建筑筏板基础，平面尺寸 20m × 40m，埋深 8m，基底压力的准永久组合值为 607kPa，地面以下 25m 范围内为山前冲洪积粉土、粉质黏土，平均重度 19kN/m³，其下为密实卵石，基底下 20m 深度内的压缩模量当量值为 18MPa。实测筏形基础中心点最终沉降量为 80mm，问由该工程实测资料推出的沉降经验系数最接近下列哪个选项？

（A）0.15 （B）0.20 （C）0.66 （D）0.80

【解】

（1）$p_0 = 607 - 19 \times 8 = 455\text{kPa}$

（2）$l/b = 2$，$z/b = 2 \Rightarrow \overline{\alpha} = 0.1958$

$s' = \dfrac{455}{18} \times 4 \times 0.1958 \times 20 = 396\text{mm}$

（3）$\psi_s = \dfrac{80}{396} = 0.202$

【点评】

①根据《建筑地基基础设计规范》第 5.3.5 条；②考点为求矩形均布荷载中心点的计算沉降与实测值的比值（沉降经验系数的含义）；③由于题目只给出了基底 20m 深度范围内的压缩模量当量值，故计算深度只能取 20m。

题 2-91 （02C10）某建筑物采用独立基础，基础平面尺寸为 4m × 6m，基础埋深 $d = 1.5$m，拟建场地地下水位距地表 1.0m，地基土层分布及主要物理力学指标见表 2-10-34。假如作用于基础底面处的有效附加压力（标准值）$p_0 = 60$kPa，压缩层厚度为 5.2m，按《建筑地基基础设计规范》GB 50007—2011 确定沉降计算深度范围内压缩模量的当量值最接近下列哪个选项？

题 2-91 表　　表 2-10-34

层序	土名	层底深度（m）	含水率 w（%）	天然重度 γ（kN/m³）	孔隙比 e	液性指数 I_L	压缩模量 E_s（MPa）
①	填土	1.00		18.0			
②	粉质黏土	3.50	30.5	18.7	0.82	0.70	7.5
③	淤泥质黏土	7.90	48.0	17.0	1.38	1.20	2.4
④	黏土	15.00	22.5	19.7	0.68	0.35	9.9

（A）3.0MPa　（B）3.4MPa　（C）3.8MPa　（D）4.2MPa

【解】

（1）

解 2-91 表　　表 2-10-35

z_i	l/b	z/b	$\overline{\alpha}_i$	$4z_i\overline{\alpha}_i$	$4(z_i\overline{\alpha}_i - z_{i-1}\overline{\alpha}_{i-1})$	E_{si}（MPa）
0				0		
2	1.5	1.0	0.2320	1.8560	1.8560	7.5
5.2	1.5	2.6	0.1664	3.4611	1.6051	2.4

（2）$\overline{E}_i = \dfrac{3.4611}{\dfrac{1.8560}{7.5} + \dfrac{1.6051}{2.4}} = 3.78\text{MPa}$

【点评】

①根据《建筑地基基础设计规范》第 5.3.5 条或《土力学》教材；②重要考点：掌握多层土情况下，变形计算深度范围内压缩模量当量值计算，压缩模量当量值用于变形计算时查表确定经验系数。

题 2-92 （17D08）某矩形基础，底面尺寸 2.5m × 4.0m，基础底面附加应力 $p_0 = 200$kPa，基础中心点下地基附加应力曲线如图 2-10-64 所示。问：基底中点下深度 1.0～4.5m 范围内附加应力曲线与坐标轴围成的面积 A（图中阴影部分）最接近下列何值？

（A）274kN/m　（B）308kN/m

（C）368kN/m　（D）506kN/m

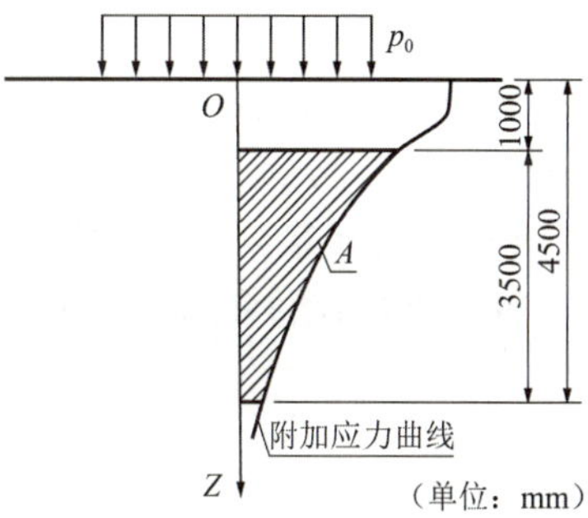

图 2-10-64　题 2-92 图

【解】

（1）

解 2-92 表　　表 2-10-36

z_i	l/b	z_i/b	$\overline{\alpha}_i$	$4z_i\overline{\alpha}_i$	$4(z_i\overline{\alpha}_i - z_{i-1}\overline{\alpha}_{i-1})$
1.0	1.6	0.8	0.2395	0.9580	0.9580
4.5	1.6	3.6	0.1389	2.5002	1.5422

（2）$A = p_0(z_i\overline{\alpha}_i - z_{i-1}\overline{\alpha}_{i-1}) = 200 \times 1.5422 = 308.44\text{kN/m}$

【点评】

①根据《建筑地基基础设计规范》第5.3.6条；②原理性题目，应力面积即为附加应力沿深度的积分，查表得到的平均附加应力系数为从基底0m起算的平均系数。

题2-93 （05D11）某独立柱基尺寸为4m×4m，基础底面处的附加压力为130kPa，地基承载力特征值$f_{ak}=180\text{kPa}$，根据表2-10-37中所提供的数据，采用分层总和法计算独立柱基的地基最终变形量，变形计算深度为基础底面下6.0m，沉降计算经验系数取$\psi_s=0.4$，根据以上条件计算得出的地基最终变形量最接近下列哪个选项？

题2-93表 表2-10-37

第i土层	基底至第i土层底面距离z_i（m）	E_{si}（MPa）
1	1.6	16
2	3.2	11
3	6.0	25
4	30	60

（A）17mm （B）15mm （C）13mm （D）11mm

【解】

（1）

解2-93表 表2-10-38

z_i	l/b	z/b	$\overline{\alpha}_i$	$4z_i\overline{\alpha}_i$	$4(z_i\overline{\alpha}_i - z_{i-1}\overline{\alpha}_{i-1})$	E_{si}（MPa）
0				0		
1.6	1	0.8	0.2346	1.5014	1.5014	16
3.2	1	1.6	0.1939	2.4819	0.9805	11
6.0	1	3	0.1369	3.2856	0.8037	25

（2）$s=0.4\times130\times\left(\frac{1.5014}{16}+\frac{0.9805}{11}+\frac{0.8037}{25}\right)=11.2\text{mm}$

【点评】

①根据《建筑地基基础设计规范》第5.3.5条；②注意题干为减少计算量已给出沉降经验系数，不要定向思维，一上来就算经验系数，一定要把题目读全；③多层土的沉降计算用列表方式计算，比较方便且不易出错。

【同类型真题】02C09、04D12

题 2-94　某条形基础（图 2-10-65），基础宽度为6m，作用于基础中心底面准永久组合压力$P = 1200\text{kN/m}$，无地下水，各土层的压缩模量如表 2-10-39 所示，根据《建筑地基基础设计规范》GB 50007—2011，试计算基础中心的沉降量？（沉降计算至黏土层顶，不考虑刚性下卧层增大影响）

（A）4.25mm　（B）6.95mm

（C）9.30mm　（D）10.64mm

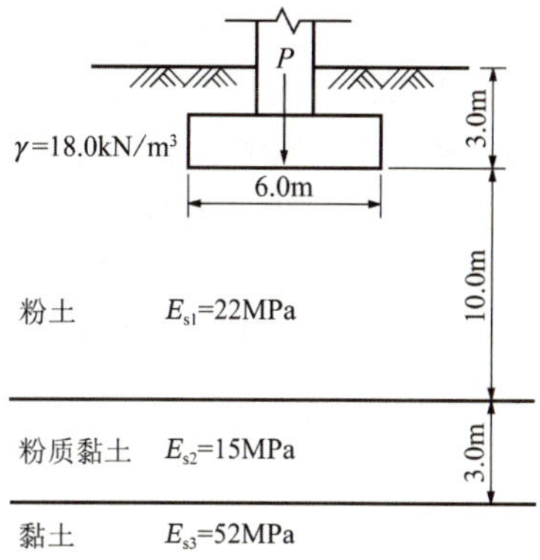

图 2-10-65　题 2-94 图

【解】

（1）$p_0 = \dfrac{1200}{6} - 3 \times 18 = 146\text{kPa}$

解 2-94 表　　表 2-10-39

z	z/b	l/b	$\overline{\alpha}_i$	$4\overline{\alpha}_i z_i$	$4\overline{\alpha}_i z_i - 4\overline{\alpha}_{i-1} z_{i-1}$
10	10/3 = 3.333	10	0.1654	6.616	6.616
13	13/3 = 4.333	10	0.1456	7.5712	0.9552

（2）$\overline{E}_s = \dfrac{7.5712}{\dfrac{6.616}{22} + \dfrac{0.9552}{15}} = 20.78\text{MPa} > 20\text{MPa}$，$\psi_s = 0.2$

（3）$s = 0.2 \times 146 \times \left(\dfrac{6.618}{22} + \dfrac{0.9532}{15}\right) = 10.64\text{mm}$

【点评】

根据压缩模量当量值确定经验系数，当压缩模量当量值 ⩾ 20MPa 时，沉降经验系数与p_0和f_{ak}的关系无关。

题 2-95　（08D08）某住宅楼采用长宽 40m × 40m 的筏形基础，埋深 10m。基础底面平均总压力值为 300kPa。室外地面以下土层重度$\gamma = 20\text{kN/m}^3$，地下水位在室外地面以下4m。根据表 2-10-40 数据计算基底下深度 7～8m 土层的变形值$\Delta s'_{7\text{-}8}$，最接近下列哪个选项？

题 2-95 表　　表 2-10-40

第i土层	基底至第i土层底面距离z_i	E_{si}
1	4.0m	20MPa
2	8.0m	16MPa

（A）7.0mm　（B）8.0mm　（C）9.0mm　（D）10.0mm

【解】

（1）$p_0 = 300 - (4 \times 20 + 6 \times 10) = 160\text{kPa}$

解 2-95 表　　表 2-10-41

z_i（m）	l/b	z_i/b	$\overline{\alpha}_i$	$4z_i\overline{\alpha}_i$	$4(z_i\overline{\alpha}_i - z_{i-1}\overline{\alpha}_{i-1})$	E_{si}（MPa）
7	1	0.35	0.24795	6.9426	6.9426	
8	1	0.40	0.2474	7.9168	0.9742	16

（2）$\Delta s'_{7\text{-}8} = \dfrac{p_0}{E_{si}}(z_i\overline{\alpha}_i - z_{i-1}\overline{\alpha}_{i-1}) = \dfrac{160}{16} \times 0.9742 = 9.74\text{mm}$

【点评】

①根据《建筑地基基础设计规范》第5.3.5条；②题目问的7～8m沉降计算值，不需乘经验系数；③本题也可计算地面下8m沉降与7m沉降作差，比较繁琐。

题2-96 （14D05）某既有建筑基础为条形基础，基础宽度$b = 3$m，埋深$d = 2$m，剖面如图2-10-66所示。由于房屋改建拟增加一层，导致基础底面压力p由原来的65kPa增加至85kPa，沉降计算经验系数$\psi_s = 1.0$。计算由于房屋改建使淤泥质黏土层产生的附加压缩量最接近以下何值？

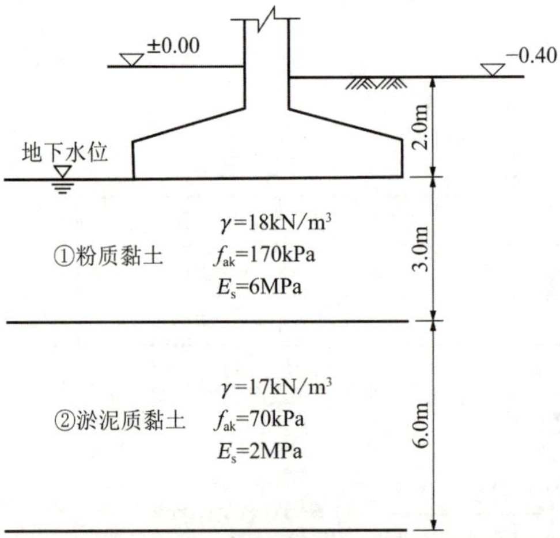

图2-10-66 题2-96图

（A）9.0mm （B）10.0mm （C）20.0mm （D）35.0mm

【解】

（1）

解2-96表 表2-10-42

z_i	l/b	z/b	$\overline{\alpha}_i$	$4z_i\overline{\alpha}_i$	$4(z_i\overline{\alpha}_i - z_{i-1}\overline{\alpha}_{i-1})$	E_{si}
3.0	10	2	0.2018	2.4216	2.4216	6
9.0	10	6	0.1216	4.3776	1.956	2

（2）$\Delta s = 1.0 \times (85 - 65) \times \dfrac{1.956}{2} = 19.56\text{mm}$

【点评】

①根据《建筑地基基础设计规范》第5.3.5条；②重要考点：房屋改造附加沉降量计算；③读题要仔细，是“增加至”不是“增加了”，附加应力的变化值$\Delta p = 85 - 65 = 20$kPa。

题 2-97 （19C05）某矩形基础，荷载作用下基础中心点下不同深度处的附加应力系数如表 2-10-43 所示，基底以下土层参数见表 2-10-44。基底附加压力为 200kPa，地基变形计算深度取 5m，沉降计算经验系数见表 2-10-45。按照《建筑地基基础设计规范》GB 50007—2011，该基础中心点的最终沉降量最接近下列何值？

基础中心点下的附加应力系数 表 2-10-43

计算点至基底的垂直距离（m）	1.0	2.0	3.0	4.0	5.0
附加应力系数	0.674	0.32	0.171	0.103	0.069

基底以下土层的参数 表 2-10-44

名称	厚度（m）	压缩模量（MPa）
①黏性土	3	6
②细砂	10	15

沉降计算经验系数 表 2-10-45

变形计算深度内压缩模量的计算当量值（MPa）	2.5	4	7	15	20
沉降计算经验系数	1.4	1.3	1	0.4	0.2

（A）40mm （B）50mm （C）60mm （D）70mm

【解】

（1）基底以下 3m 内附加应力面积：

$$A_1=\left(\frac{1+0.674}{2}\times 1+\frac{0.674+0.32}{2}\times 1+\frac{0.32+0.171}{2}\times 1\right)\times 200=315.9\text{kN/m}$$

（2）基底以下 3～5m 内附加应力面积：

$$A_2=\left(\frac{0.171+0.103}{2}\times 1+\frac{0.103+0.069}{2}\times 1\right)\times 200=44.6\text{kN/m}$$

（3）压缩模量当时值：$\overline{E}_s=\dfrac{315.9+44.6}{\dfrac{315.9}{6}+\dfrac{44.6}{15}}=6.48\text{MPa}$

（4）查表插值，经验系数$\psi_s=1.052$，则沉降

$$s=1.052\times\left(\frac{315.9}{6}+\frac{44.6}{15}\right)=58.5\text{mm}$$

【点评】

①根据《建筑地基基础设计规范》第 5.3.6 条；②要理解平均附加应力面积和压缩模量当量值的含义；③土力学中的分层总和法，每一层中的附加应力为直线变化，根据梯形的面积计算附加应力面积，每一层的沉降计算值 = 附加应力面积/压缩模量。

题 2-98 （22D06）位于同一地基上的两个基础，基础下地基的自重应力二者相同、地基压缩层厚度二者相同、附加应力曲线与竖向坐标轴围成的面积二者相同。压缩层内地基土的自重应力、附加应力、压缩试验的e-p曲线如图 2-10-67 所示。判断两个基础总沉降量的关系为下列哪个选项？并说明理由。

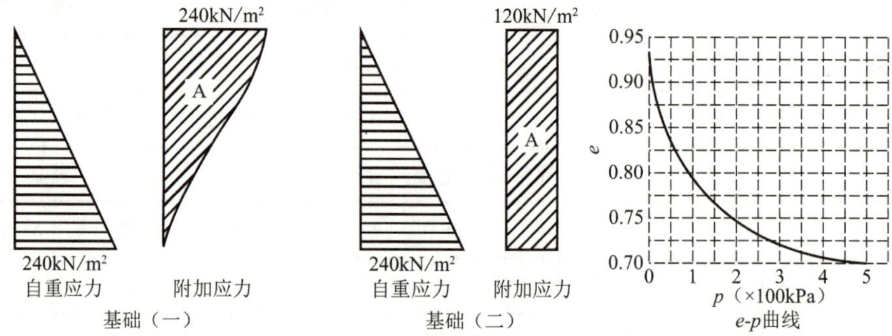

图 2-10-67 题 2-98 图

（A）基础（一）大于基础（二） （B）基础（一）等于基础（二）

（C）基础（一）小于基础（二） （D）不能确定

【解】

（1）从土层中点处分为上下两层，基础一和基础二共有附加应力部分抵消后（图2-10-68）

基础一剩余中点以上部分A_1，基础二剩余中点以下部分A_2，且$A_1 = A_2$

剩余平均附加压力约等于$\dfrac{120}{2} = 60\text{kPa}$

对于基础一：$s_1 = \dfrac{A_1}{E_{s1}}$，对于基础二：$s_2 = \dfrac{A_2}{E_{s2}}$

（2）E_{s1}对应压力区间（图 2-10-68）：

180(平均自重 60 + 平均附加 120) → 180 + 60 = 240kPa

E_{s2}对应压力区间（图 2-10-68）：

240(平均自重 180 + 平均附加 60) → 240 + 60 = 300kPa

根据e-p曲线，压力区段越大，$\Delta e/\Delta p$越小，即压缩系数α越小

由于$E_s = \dfrac{1+e_0}{\alpha}$，$\alpha_1 > \alpha_2$，则$E_{s1} < E_{s2}$ ⇒则$s_1 > s_2$，选 A

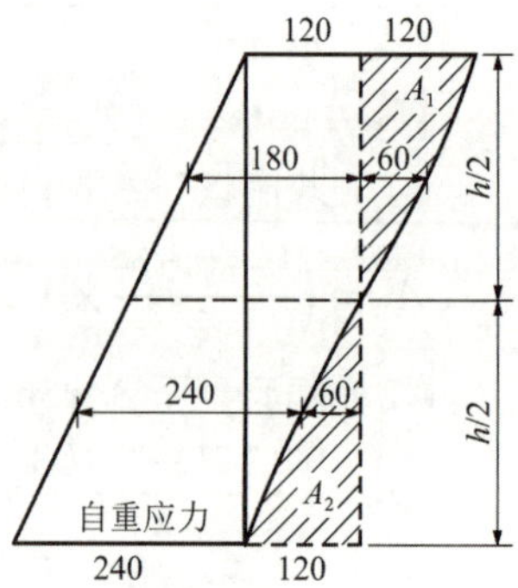

图 2-10-68 解 2-98 图

【点评】

①根据《土力学》中压缩指标的关系及沉降计算原理；②对于土层的沉降计算，分层越小则沉降计算越准；③如整体按一层土计算，则基础一和基础二沉降相等，属于原理性错误。

题 2-99 （17C09）某筏形基础，平面尺寸 12m × 20m，其地质资料如图 2-10-69 所示，地下水位在地面处，相应于荷载效应准永久组合时基础底面的竖向合力$F = 28000\text{kN}$，力矩$M = 8200\text{kN}\cdot\text{m}$，基底压力按线性分布计算，按照《建筑地基基础设计规范》GB 50007—2011 规定方法，计算筏板基础长边两端 A 点与 B 点之间的沉降差值（沉降计算经验系数$\psi_s = 1.0$），其值最接近以下哪个数值？

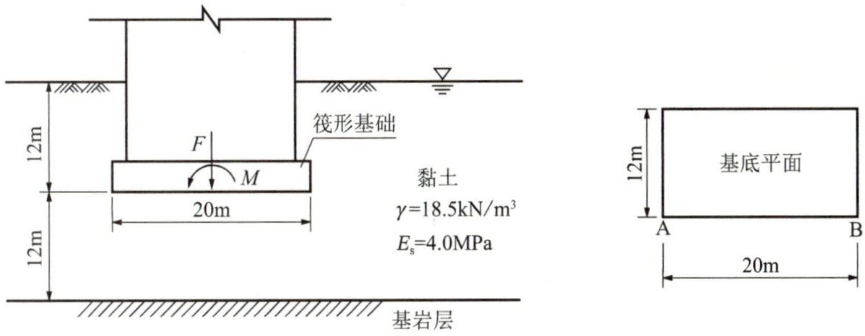

图 2-10-69 题 2-99 图

（A）10mm （B）14mm （C）20mm （D）41mm

【解】

（1）$e = \dfrac{8200}{28000} = 0.29\text{m} < \dfrac{20}{6} = 3.3\text{m}$，小偏心，基底压力梯形分布

$p_{0B} = \dfrac{28000}{12 \times 20} - \dfrac{8200 \times 6}{12 \times 20^2} - 12 \times 8.5 = 4.42\text{kPa}$，附加压力梯形分布

沉降差由三角形附加压力部分引起：

$\Delta p_k = p_{max} - p_{min} = \dfrac{2M}{W} = \dfrac{2 \times 8200}{12 \times 20^2/6} = 20.5\text{kPa}$

（2）按三角形荷载附加应力系数计算：

$l/b = 12/20 = 0.6$，$z/b = 12/20 = 0.6 \Rightarrow \overline{\alpha}_A = 0.1966$，$\overline{\alpha}_B = 0.0355$

（3）$\Delta s = 1.0 \times \dfrac{20.5}{4} \times (12 \times 0.1966 - 12 \times 0.0355) = 9.91\text{mm}$

【点评】

①根据《建筑地基基础设计规范》第 5.2 节、第 5.3.5 条、附录 K.0.2；②沉降差仅为三角形荷载造成，不用分别计算p_{0max}、p_{0min}造成的沉降，**三角形荷载引起的平均附加应力查附表 K.0.2**，零荷载下为 1 点，最大荷载下为 2 点，注意区分；③此题为三角形荷载原理题，但是**原题有瑕疵，计算出的基底附加压力小于 0**，导致考场中不少考生浪费了时间，且未做出正确答案；**本题修改了竖向合力 18000kN 为 28000kN 后，基底附加压力均大于零，可正常计算**。

题 2-100　某建筑采用墙下条形基础，持力层地基承载力$f_{ak}=140\text{kPa}$，相应于荷载效应准永久组合时基础底面附加压力为 100kPa。采用分层总和法计算基础底面中点沉降量，已知基底至黏土层底部范围内的平均附加应力系数为 0.8，至淤泥质土层底部范围内的平均附加应力系数为 0.6。其他各参数如图 2-10-70 所示，试计算基础底面中点沉降量最接近下列哪个选项？

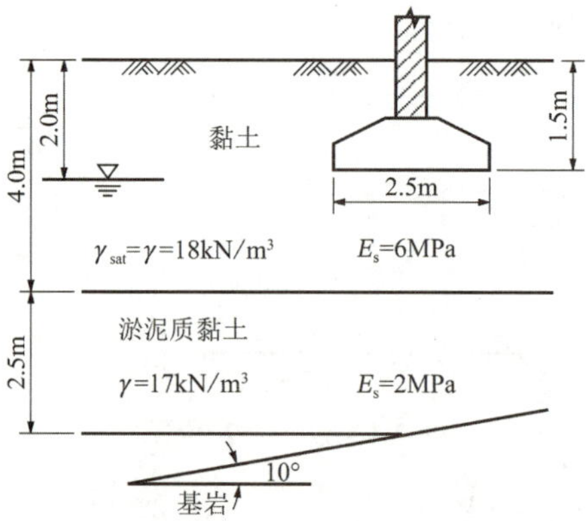

图 2-10-70　题 2-100 图

（A）86mm　　（B）93mm　　（C）98mm　　（D）104mm

【解】

（1）$p_0=100\text{kPa}<0.75f_{ak}=105\text{kPa}$

$$\overline{E}_s=\frac{5\times0.6}{2.5\times\dfrac{0.8}{6}+\dfrac{5\times0.6-2.5\times0.8}{2}}=3.6\text{MPa}$$

查表插值：$\psi_s=1.027$

$$s=1.027\times\left[\frac{100}{6}\times2.5\times0.8+\frac{100}{2}\times(5\times0.6-2.5\times0.8)\right]=85.6\text{mm}$$

（2）基岩坡度$\tan10°=17.6\%>10\%$，且基底土层厚度$h=5\text{m}>1.5\text{m}$，考虑放大

$h/b=5/2.5=2$，得：$\beta_{gz}=1.09$

$s_{gz}=\beta_{gz}\cdot s_z=1.09\times85.6=93.3\text{mm}$

【点评】

①根据《建筑地基基础设计规范》第 5.3.5 条、第 5.3.6 条、第 6.2.2 条；②刚性下卧层增大真题还未考过，岩土历年真题条件都不满足刚性下卧层第 6.2.2 条的三个增大条件，但结构考试考过了这个题目，需要引起足够的重视；③由于规范存在争议和混乱，根据弹性力学应力集中的原理第 6.2.2 条的条件是错误的，下卧刚性层的影响和第 6.2.2 条的条件不符，故考试时除非题目明示考虑刚性下卧层增大或者满足第 6.2.2 条的三个条件，否则一般不考虑增大。

题 2-101　某建筑物采用矩形基础，尺寸为 3m × 3m，准永久组合下上部结构传至基础顶面的轴心竖向力$F = 810$kN，基础埋深 2m，土层分布见图 2-10-71，0～5.3m 粉质黏土，$\gamma = 19\text{kN/m}^3$，$E_s = 6.5$MPa，$f_{ak} = 160$kPa；5.3～7.1m 为粉土，$E_s = 8.0$MPa；7.1m 以下为卵石层，$E_s = 95$MPa，无地下水。根据《建筑地基基础设计规范》GB 50007—2011，考虑刚性下卧层对地基变形的增大影响，试计算基础中心的最终变形量最接近下列哪个选项？（基础与回填土的混合重度取 20N/m³）

（A）26.0mm　　（B）28.5mm

（C）36.5mm　　（D）40.5mm

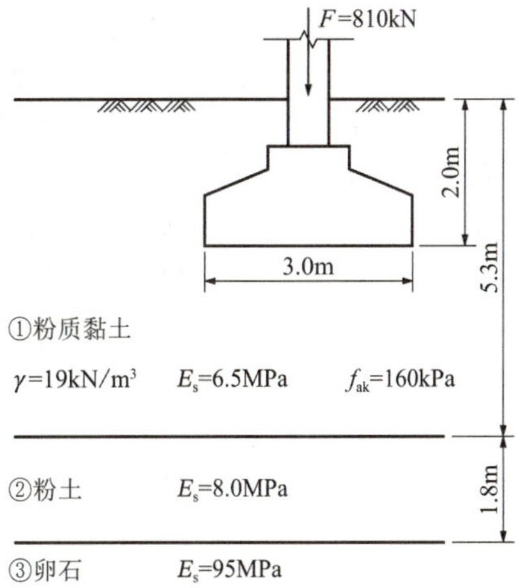

图 2-10-71　题 2-101 图

【解】

（1）$p_0 = \dfrac{810}{3\times 3} + 20\times 2 - 19\times 2 = 92\text{kPa}$

（2）$z_n = 3\times(2.5 - 0.4\times\ln 3) = 6.2\text{m}$，变形计算深度范围内的卵石层$E_s = 95\text{MPa}$ $\Rightarrow z_n$计算至卵石层顶

（3）

解 2-101 表　　　　表 2-10-46

z_i（m）	z_i/b	l/b	$\overline{\alpha}_i$	$4z_i\overline{\alpha}_i$	$4(z_i\overline{\alpha}_i - z_{i-1}\overline{\alpha}_{i-1})$	E_{si}（MPa）
3.3	2.2	1	0.1659	2.18988	2.18988	6.5
5.1	3.4	1	0.1256	2.56224	0.37236	8.0

$$\overline{E}_s = \frac{2.56224}{\dfrac{2.18988}{6.5} + \dfrac{0.37236}{8.0}} = 6.682\text{MPa},$$

$$p_0 = 92\text{kPa} < 0.75f_a = 0.75\times 160 = 120\text{kPa}$$

$$\Rightarrow \psi_s = 1.0 - \frac{6.682 - 4}{7 - 4}\times(1 - 0.7) = 0.732$$

（4）$s = 0.732\times 92\times\dfrac{2.56224}{6.682} = 25.82\text{mm}$

（5）$h/b = 5.1/3 = 1.7 \Rightarrow \beta_{gz} = 1.108$，$s' = 1.108\times 25.82 = 28.61\text{mm}$

【点评】

①根据《建筑地基基础规范》第 5.3.5 条、第 5.3.6 条、第 5.3.8 条、第 6.2.2 条；②变形计算深度范围内有基岩，压缩模量较大的坚硬黏土或密实砂卵石层，且题目要求考虑刚性下卧层对变形的增大影响时，z_n应取至该硬层层顶，且沉降计算值应考虑放大系数。

题 2-102 （11D08）既有基础平面尺寸 4m × 4m，埋深 2m，底面压力 150kPa，如图 2-10-72 和图 2-10-73 所示，新建基础紧贴既有基础修建，基础平面尺寸 4m × 2m，埋深 2m，底面压力 100kPa，已知基础下地基土为均质粉土，重度$\gamma = 20\text{kN/m}^3$，压缩模量E_s = 10MPa，层底埋深 8m，下卧基岩，试计算新建基础的荷载引起既有基础中心点的沉降量最接近下列何值？（沉降修正系数取 1.0）

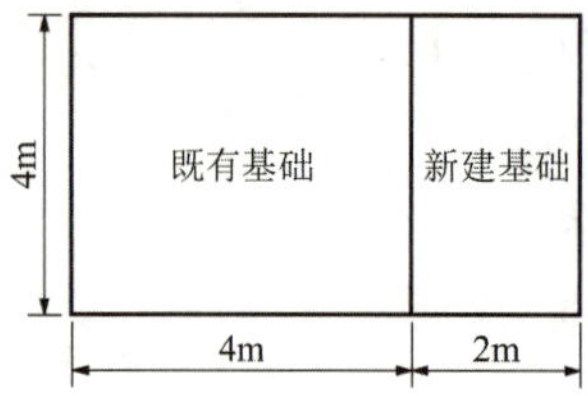

图 2-10-72 题 2-102 图

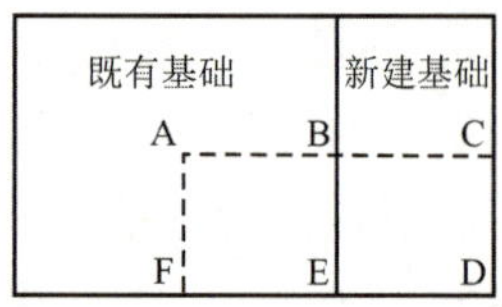

图 2-10-73 解 2-102 图

（A）1.8mm （B）3.0mm （C）3.3mm （D）4.5mm

【解】

（1）矩形 ACDF：$l/b = 4/2 = 2$，$z/b = 6/2 = 3$，$\bar{\alpha}_1 = 0.1619$

矩形 ABEF：$l/b = 1$，$z/b = 6/2 = 3$，$\bar{\alpha}_2 = 0.1369$

（2）$s = 1.0 \times \dfrac{100 - 2 \times 20}{10} \times 6 \times 2 \times (0.1619 - 0.1369) = 1.8\text{mm}$

【点评】

①根据《建筑地基基础设计规范》第 5.3.10 条；②角点法计算平均附加应力，进行分块后采用叠加法计算，新建基础荷载引起的既有基础中心点 A 点的沉降量为荷载块 **BCDE** 引起的 A 点沉降量的 **2 倍**。

题 2-103 （13D07）如图 2-10-74 和图 2-10-75 所示甲、乙两相邻基础，其埋深和基底平面尺寸均相同，埋深$d = 1\text{m}$，底面尺寸均为 2m × 4m，地基土为黏土，压缩模量E_s = 3.2MPa。作用的准永久组合下基础底面处的附加压力分别为$p_{0甲} = 120\text{kPa}$、$p_{0乙} = 60\text{kPa}$，沉降计算经验系数取$\psi_s = 1.0$，根据《建筑地基基础设计规范》GB 50007—2011 计算，甲基础荷载引起的乙基础中点的附加沉降量最接近下列何值？

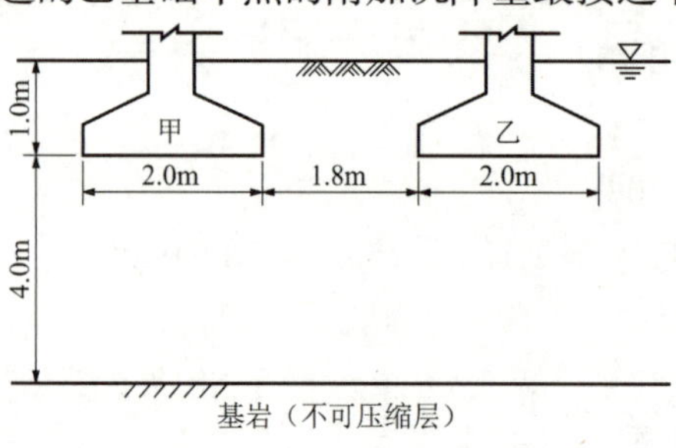

图 2-10-74 题 2-103 图

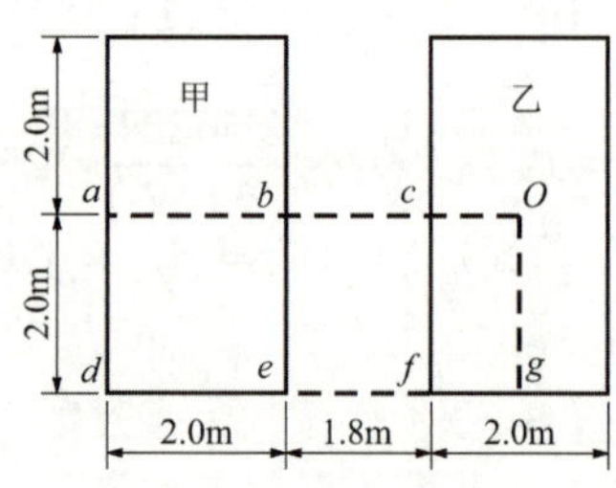

图 2-10-75 解 2-103 图

（A）1.6mm （B）3.2mm （C）4.8mm （D）40.8mm

【解】

（1）矩形$aOgd$，$l/b = \dfrac{2 + 1.8 + 1}{2} = 2.4$，$z/b = 4/2 = 2 \Rightarrow$ 查表$\bar{\alpha} = 0.1982$

矩形$bOge$，$l/b = \dfrac{1.8 + 1}{2} = 1.4$，$z/b = 4/2 = 2 \Rightarrow$ 查表$\bar{\alpha} = 0.1875$

（2）$s = 1.0 \times \dfrac{2 \times 120}{3.2} \times (0.1982 \times 4 - 0.1875 \times 4) = 3.21\text{mm}$

【点评】

①根据《建筑地基基础设计规范》第 5.3.5 条；②本题考点：求矩形均布荷载引起的基础外任意一点的沉降，按应力叠加原理，如图 2-10-75 所示采用角点法计算；③注意经验系数根据乙基础的参数确定。

题 2-104　（20D08）某变形已稳定的既有建筑，矩形基础底面尺寸为 4m × 6m，基础埋深 2.0m，原建筑作用于基础底面的竖向合力为 3100kN（含基础及其上土重），因增层改造增加荷载 1950kN。地基土分布如图 2-10-76 所示，粉质黏土层综合e-p见表 2-10-47，地下水位埋藏很深。已知沉降计算经验系数为 0.6，不计密实砂层的压缩量，按照《建筑地基基础设计规范》GB 50007—2011 规定计算，因建筑改造，该基础中心点增加的沉降量最接近下列哪个选项？

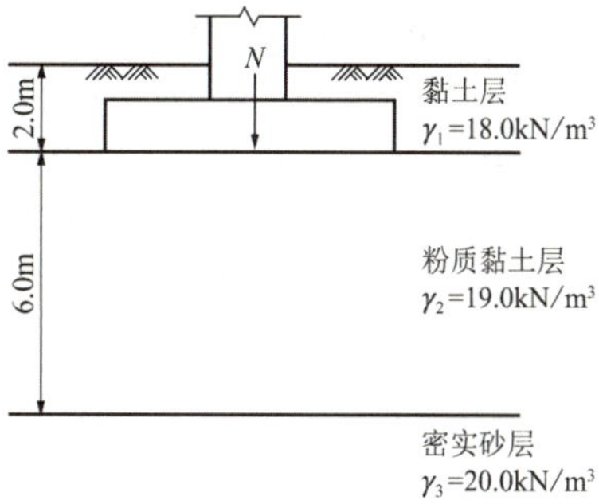

图 2-10-76　题 2-104 图

题 2-104 表　　　　表 2-10-47

压力p（kPa）	0	50	100	200	300	400	600
孔隙比e	0.768	0.751	0.740	0.725	0.710	0.705	0.689

（A）16mm　　（B）25mm　　（C）50mm　　（D）65mm

【解】

（1）$p_{01}=\dfrac{3100}{4\times6}-18\times2=93.17\text{kPa}$，$p_{02}=93.17+\dfrac{1950}{4\times6}=174.4\text{kPa}$

（2）$p_{cz}=18\times2+19\times3=93\text{kPa}$

$\dfrac{z}{b}=\dfrac{6}{2}=3$，$\dfrac{l}{b}=\dfrac{6}{4}=1.5\Rightarrow\overline{\alpha}=0.1533$

$p_{z1}+p_{cz}=93.17\times4\times0.1533+93=150.1\text{kPa}\Rightarrow e_0=\dfrac{0.74+0.725}{2}=0.7325$

$p_{z2}+p_{cz}=174.4\times4\times0.1533+93=199.9\text{kPa}\Rightarrow e_1=0.725$

（3）$s=0.6\times\dfrac{0.7325-0.725}{1+0.7325}\times6000=15.6\text{mm}$

【点评】

①根据《建筑地基基础设计规范》第 5.2.2 条；②注意对比本题与上题的区别，虽然原理一样，但是本题是采用平均附加应力系数。

题 2-105　（09C09 改编）均匀土层上有一直径为 10m 的油罐，其基底平均附加压力为 100kPa，通过沉降观测得到油罐中心的底板沉降为 200mm，深度 10m 处的深层沉降为 40mm，沉降经验系数取 1.0，试用近似方法反算 10m 范围内土层的压缩模量最接近下列哪个选项？

（A）1.8MPa　　（B）3.3MPa　　（C）4.1MPa　　（D）5.5MPa

【解】

（1）$s=200-40=160\text{mm}$

（2）$z/r=10/5=2\Rightarrow\overline{\alpha}=0.658$

（3）$s=\dfrac{\Delta p\cdot h}{E_s}\Rightarrow160=\dfrac{100\times0.658}{E_s}\times10\Rightarrow E_s=4.11\text{MPa}$

【点评】

计算沉降采用平均附加应力，根据《建筑地基基础设计规范》表 K.0.3 查表，圆形基础中心的平均附加应力系数只和z/r有关。

题 2-106　（22C05）圆形基础底面直径 10m，均布基底附加压力$p_0 = 80\text{kPa}$，土层参数如图 2-10-77 所示。沉降观测获得图中四个测点 1、2、3、4 的沉降量分别为 130mm、70mm、40mm、10mm，根据《建筑地基基础设计规范》GB 50007—2011 的地基变形计算方法，求土层①至土层③土体压缩模量的当量值$\overline{E}_s$最接近下列哪个选项？

（A）3.0MPa　　（B）4.8MPa

（C）5.2MPa　　（D）7.5MPa

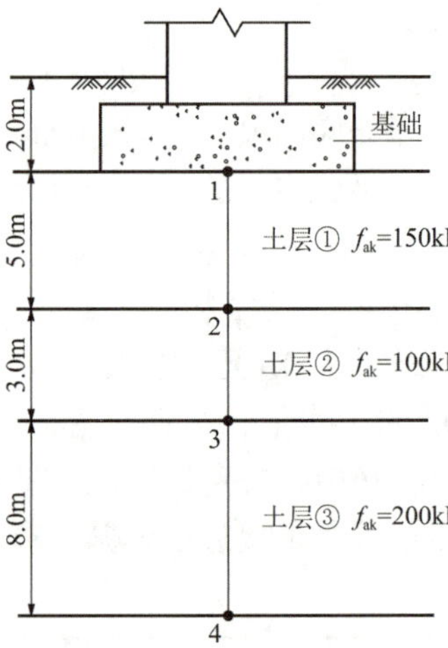

图 2-10-77　题 2-106 图

【解】

（1）①～③土层的实际沉降量$s = 130 - 10 = 120\text{mm}$

（2）$z/r = 16/5 = 3.2$，查表$\overline{\alpha} = 0.484$

由于$p_0 = 80\text{kPa} < 0.75f_{ak} = 0.75 \times 150 = 112.5\text{ kPa}$

（3）假设 $4\text{MPa} \leqslant \overline{E}_s \leqslant 7\text{MPa} \Rightarrow \psi_s = \dfrac{14 - \overline{E}_s}{10}$

$$120 = \frac{14 - \overline{E}_s}{10} \times \frac{80 \times 0.484}{\overline{E}_s} \times 16 \Rightarrow \overline{E}_s = 4.77\text{MPa}，符合假设$$

【点评】

①根据《建筑地基基础设计规范》第 5.2.5 条进行地基变形时，计算值和实测值之间包含了沉降经验系数；②根据《建筑地基基础设计规范》表 5.3.5，经验系数和压缩模量当量值呈负相关，故正确的压实模量当量值有且仅只有一个，题目选项设置 4～7 之间有 2 个，故先假设压缩模量当量值处于 4～7 之间，可快速得到答案。

题 2-107　某建筑圆形基础，基础底面直径为 8m，准永久组合下作用于基础底面的竖向力为 9000kN，基础埋深 2.5m，基础底面上下土层为均质粉质黏土，重度为 18kN/m³，取样进行试验，数据结果e-p关系如表 2-10-48 所示，地基变形计算深度取 12m，无地下水。已知沉降计算经验系数为 0.8，将粉质黏土按一层计算，计算该基础中心点的最终沉降量最接近下列哪个选项？

题 2-107 表　　表 2-10-48

压力p_i（kPa）	0	50	100	200	300	400
孔隙比e	0.554	0.538	0.526	0.512	0.508	0.500

（A）30mm　　（B）36mm　　（C）47mm　　（D）54mm

【解】

（1）$p_1 = 18 \times \left(2.5 + \dfrac{12}{2}\right) = 153\text{kPa}$，

$$e_1 = 0.526 - \frac{153 - 100}{200 - 100} \times (0.526 - 0.512) = 0.5186$$

（2）$p_0 = \dfrac{9000}{3.14 \times 4^2} - 18 \times 2.5 = 134.14\text{kPa}$，$\dfrac{z}{r} = \dfrac{12}{4} = 3 \Rightarrow \overline{\alpha} = 0.507$

$p_2 = p_1 + p_0\overline{\alpha} = 153 + 134.14 \times 0.507 = 221.01\text{kPa}$

$$\Rightarrow e_2 = 0.512 - \frac{221.01-200}{300-200} \times (0.512-0.508) = 0.5112$$

（3）$s = 0.8 \times \frac{0.5186-0.5112}{1+0.5186} \times 12 = 47.04\text{mm}$

【点评】

①e_1对应“土层平均自重应力p_c”；e_2对应“土层平均自重应力p_c + 平均附加应力$\overline{p}_z$”；②某层土的自重应力一般为线性变化，因此中点处的自重应力就是该层土的自重应力平均值；③基底下的附加应力一般呈曲线变化，因此该范围土层中点处的附加应力不是平均附加应力；基底以下z范围内的平均附加应力$\overline{p}_z$等于基底附加应力p_0乘以该范围土层的平均附加应力系数；④孔隙比e精度应保证小数点后三位有效数字，否则误差较大。

题 2-108　某油罐采用圆形基础，基础直径 20m，埋深 2m，准永久组合下基底附加压力为 120kPa，地面以下土层参数如表 2-10-49 所示，无地下水，假定变形计算深度为卵石层顶面，根据《建筑地基基础设计规范》GB 50007—2011，试计算油罐基础中点的最终沉降量为多少？（经验系数取 0.6，不考虑刚性下卧层对上覆盖土层的变形增大系数）

题 2-108 表　　表 2-10-49

土层名称	土层厚度（m）	重度γ（kN/m^3）	压缩模量E_s（MPa）	地基承载力特征值f_{ak}（kPa）
粉质黏土	6	18.0	7	200
细砂	12	19.0	12	
密实卵石	25	21.0	90	

【解】

（1）压缩层范围内的平均附加应力系数（表 2-10-50）

解 2-108 表　　表 2-10-50

z	z/r	$\overline{\alpha}_i z$	A_i
4	$4/10=0.4$	$4\times0.986=3.944$	3.944
16	$16/10=1.6$	$16\times0.739=11.824$	7.880

（2）$s = 0.6 \times 120 \times \left(\frac{3.944}{7} + \frac{7.88}{12}\right) = 87.85\text{mm}$

【点评】

①圆形基础利用计算点至基础底面的距离z和基础半径r确定平均附加应力系数，区别于矩形分布荷载的角点法；②基本题型，注意附加应力系数的计算细节，细心即可作对。

题 2-109　某建筑物采用圆形筏形基础，直径 12m，基础埋深 4m，筏板厚度 1m，重度 23kN/m³，相应于荷载效应准永久组合，作用于筏板上的总竖向力 18000kN，偏心距 0.5m，无地下水，地面以下各土层分布如表 2-10-51 所示，按《建筑地基基础设计规范》GB 50007—2011，计算基础底面边缘最大压力与最小压力处的沉降差最接近下列哪个选项？（沉降计算经验系数$\psi_s = 1.0$）

题 2-109 表　　表 2-10-51

土层	层厚（m）	重度γ（kN/m^3）	地基承载力特征值f_{ak}	压缩模量（MPa）
①	10	18	150	4
②	12	19	180	8
③	20	22	250	不考虑其变形

（A）55mm　　（B）110mm　　（C）130mm　　（D）255mm

【解】

（1）$e < 0.5m < 12/8$，小偏心

$$p_{0\min} = \left(\frac{18000}{3.14 \times 6^2} + 23 \times 1\right) - \frac{18000 \times 0.5}{3.14 \times \frac{12^3}{32}} - 18 \times 4 = 57.16\text{kPa}$$，附加压力梯形分布

$$\Delta p_0 = 2 \times \frac{18000 \times 0.5}{3.14 \times 12^3/32} = 106.2\text{kPa}$$

（2）

解 2-109 表　　表 2-10-52

z_i（m）	z_i/r	$\overline{\alpha}_{1i}$	$\overline{\alpha}_{2i}$	$\Delta\overline{\alpha}_i$	$\Delta\overline{\alpha}_i z_i$	$\Delta\overline{\alpha}_i z_i - \Delta\overline{\alpha}_{i-1} z_{i-1}$	E_{si}
0					0		
6	1	0.057	0.356	0.299	1.794	1.794	4
18	3	0.070	0.204	0.134	2.412	0.618	8

（3）$s = 1.0 \times 106.2 \times \left(\frac{1.794}{4} + \frac{0.618}{8}\right) = 55.83\text{mm}$

【点评】

①根据《建筑地基基础设计规范》第 5.2 节、第 5.3.5 条、附录 K.0.4；②沉降差仅为三角形荷载造成，不用分别计算$p_{0\max}$、$p_{0\min}$造成的沉降，**圆形基础三角形荷载引起的平均附加应力查附表 K.0.4**，零荷载下为 1 点，最大荷载下为 2 点，注意区分。

题 2-110 （22 补考 D08）圆形油罐底面直径 15.0m，埋深$d = 2.5$m，场地地层如图 2-10-78 所示，地下水位位于黏土层顶面。储油后相应于作用准永久组合的基底压力为 120kPa，根据《建筑地基基础设计规范》GB 50007—2011，计算储油后油罐底边缘处地基的最终沉降量，其值最接近下列哪个选项？（不考虑相对硬层的影响，不考虑基础刚度的影响）

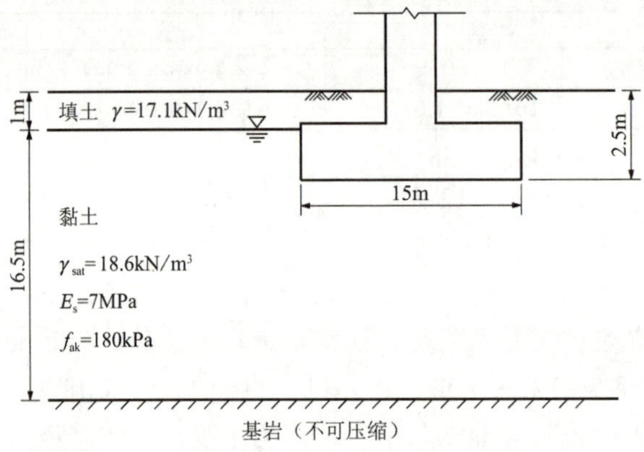

图 2-10-78　题 2-110 图

（A）45mm　（B）65mm　（C）89mm　（D）127mm

【解】

（1）$p_0 = 120 - 17.1 \times 1 - 8.6 \times 1.5 = 90\text{kPa} < 0.75 \times 180 = 135\text{kPa}$

$\overline{E}_s = E_s = 7\text{MPa}$，查表$\psi_s = 0.7$

（2）圆形边缘，均布荷载分解为 2 个三角形分布荷载

$z/r = 15/7.5 = 2$，查表$\overline{\alpha}_1 = 0.073$，$\overline{\alpha}_2 = 0.263$

（3）$s = 0.7 \times 90 \times \frac{15 \times (0.073 + 0.263)}{7} = 45.36\text{mm}$

【点评】

①根据《建筑地基基础设计规范》第 5.3 节、第 5.3.6 条，附录 I.0.5，及土力学附加应力叠加原理；②根据叠加原理，局布荷载可分为 2 个三角形荷载叠加；③注意计算的沉降量应考虑经验系数。

题 2-111　（13B02）某直径 20m 钢筋混凝土圆形筒仓，沉降观测结果显示，直径方向两端的沉降量分别为 40mm、90mm，问在该直径方向上筒仓的整体倾斜最接近下列哪个选项？

（A）2‰　　（B）2.5‰　　（C）4.5‰　　（D）5‰

【解】

整体倾斜为：$\dfrac{90-40}{20000}=2.5‰$

【点评】

根据《建筑地基基础设计规范》表 5.3.4 注 4。

题 2-112　（07C10）高压缩性土地基上，某厂房框架结构横断面的各柱沉降量如表 2-10-53 所示，根据《建筑地基基础设计规范》GB 50007—2011，下列说法正确的是哪个选项？

题 2-112 表　　表 2-10-53

<table>
<tr><td>测点位置</td><td colspan="2">A 轴边柱</td><td colspan="2">B 轴中柱</td><td colspan="2">C 轴中柱</td><td colspan="2">D 轴边柱</td></tr>
<tr><td>沉降量（mm）</td><td colspan="2">80</td><td colspan="2">150</td><td colspan="2">120</td><td colspan="2">100</td></tr>
<tr><td>柱跨距（m）</td><td></td><td colspan="2">A-B 跨 9</td><td colspan="2">B-C 跨 12</td><td colspan="2">C-D 跨 9</td><td></td></tr>
</table>

（A）3 跨都不满足规范要求　　（B）3 跨都满足规范要求

（C）A-B 跨满足规范要求　　（D）B-C、C-D 跨满足规范要求

【解】

（1）A-B 跨沉降差：$150-80=70>0.003\times9000=27\text{mm}$，不满足要求

（2）B-C 跨沉降差：$50-120=30\text{mm}<0.003\times12000=36\text{mm}$，满足要求

（3）C-D 跨沉降差：$120-100=20\text{mm}<0.003\times9000=27\text{mm}$，满足要求

【点评】

①根据《建筑地基基础设计规范》第 5.3.3 条、第 5.3.4 条；②对于框架结构，相邻柱基的沉降差应满足要求，对于高压缩性土允许值为 $0.003l$，l为柱基的跨距，中低压缩性土允许值为 $0.002l$。

10.3.2 分层总和法和大面积沉降——《土力学》《工程地质手册》P719

1. 不考虑应力历史和大面积沉降

不考虑应力历史的分层总和法沉降计算见表 2-10-54。

不考虑应力历史的分层总和法（e-p曲线） 表 2-10-54

（1）土体变形的本质为孔隙比变化： $s=\sum_{i=1}^{n}\frac{e_{0i}-e_{1i}}{1+e_{0i}}h_i=\sum_{i=1}^{n}\frac{a_i}{1+e_{0i}}\Delta p_i h_i=\sum_{i=1}^{n}\frac{1}{E_{si}}\Delta p_i h_i$	s——土层最终沉降量（mm）； e_0——土层自重压力对应孔隙比（原始孔隙比）； e_1——土层自重压力＋附加应力对应孔隙比； Δp——附加应力（有效应力增量）（kPa）； a——土层压缩系数（MPa^{-1}）； E_{si}——压缩模量（MPa）
（2）降水致大面积**地面沉降** 黏性土及粉土：$s_\infty=\frac{a}{1+e_0}\Delta ph$ 砂土：$s_\infty=\frac{1}{E}\Delta ph$	s_∞——土层最终沉降量（cm）； h——计算土层厚度（cm）； a——土层压缩系数（MPa^{-1}），计算回弹量时用回弹系数； e_0——土层原始孔隙比； Δp——水位变化施加于土层上的平均附加应力（MPa）； E——砂层弹性模量（MPa），计算回弹量时用回弹模量

降水致大面积沉降计算见表 2-10-55 和表 2-10-56。

降水致大面积沉降的几种常见情况 表 2-10-55

<table>
<tr><td colspan="4">降水区间有效应力计算在降水前采用浮重度，降水后采用天然重度。降水致大面积沉降附加应力（有效应力增量）计算如图所示。当题目给出的数据是e_0、a、m_v时，可采用$E_s=\frac{1+e_0}{a}=\frac{1}{m_v}$代入公式</td></tr>
<tr><td>（1）一般情况下（天然重度≈饱和重度）</td><td>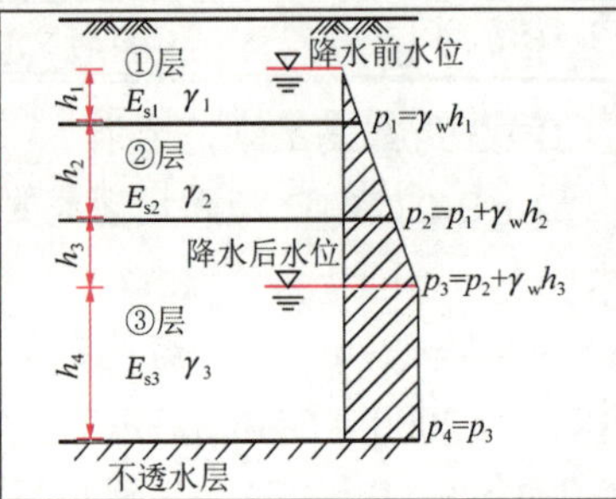
</td><td>（2）饱和重度大于天然重度</td><td>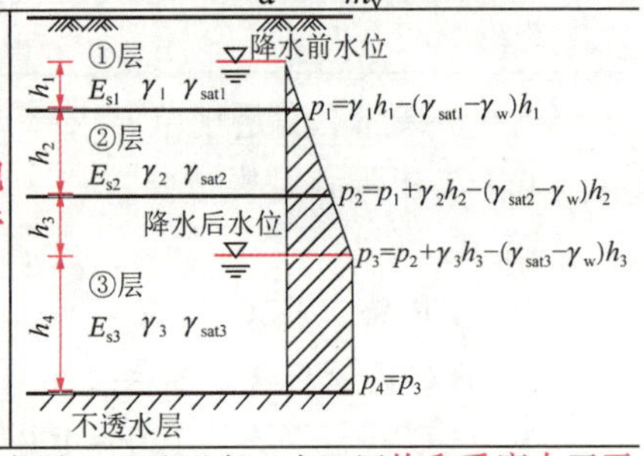
</td></tr>
<tr><td colspan="2">无不透水层，无承压水，一般情况下，可认为土层天然重度≈饱和重度</td><td colspan="2">无不透水层，无承压水，当土层饱和重度大于天然重度时</td></tr>
<tr><td colspan="4">$s_f=\frac{p_1}{2E_{s1}}h_1+\frac{p_1+p_2}{2E_{s2}}h_2+\frac{p_2+p_3}{2E_{s3}}h_3+\frac{p_3}{E_{s3}}h_4$</td></tr>
<tr><td>（3）有承压水不考虑渗流</td><td>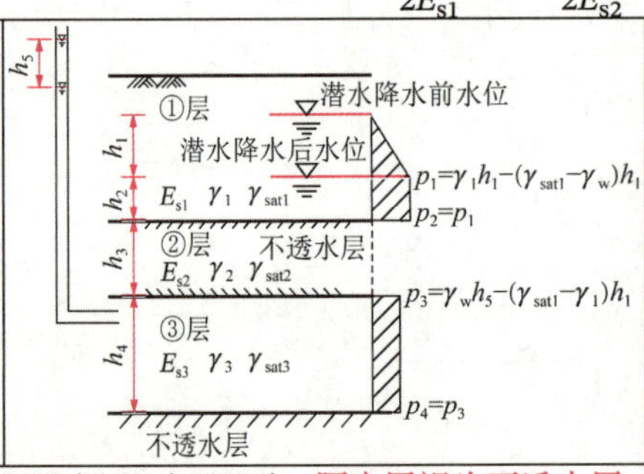
</td><td>（4）有承压水考虑渗流</td><td>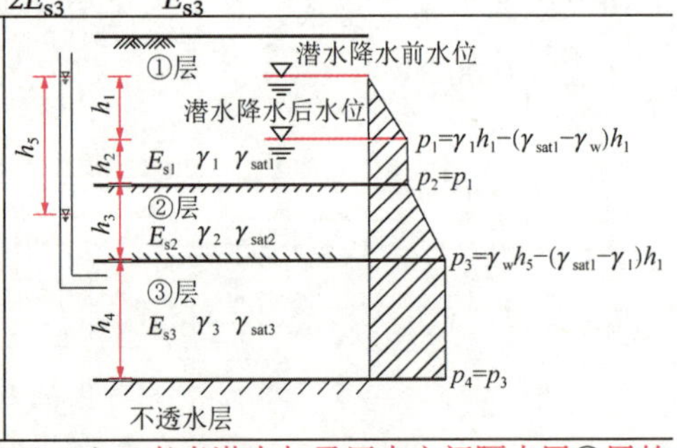
</td></tr>
<tr><td colspan="2">有不透水层，有承压水，隔水层视为不透水层，即不考虑渗流</td><td colspan="2">有承压水，考虑潜水与承压水之间隔水层②层的稳定渗流，忽略①层和③层的渗流</td></tr>
<tr><td colspan="2">$s_f=\frac{p_1}{2E_{s1}}h_1+\frac{p_1}{E_{s1}}h_2+\frac{p_3}{E_{s3}}h_4$</td><td colspan="2">$s_f=\frac{p_1}{2E_{s1}}h_1+\frac{p_1}{E_{s1}}h_2+\frac{p_1+p_3}{2E_{s2}}h_3+\frac{p_3}{E_{s3}}h_4$</td></tr>
</table>

地面沉降发展趋势的预测　　　　表 2-10-56

计算公式	符号说明
$s_t = s_\infty U$ $U = 1 - \frac{8}{\pi^2}\left(e^{-N} + \frac{1}{9}e^{-9N} + \frac{1}{25}e^{-25N} + \cdots\right)$ （U的计算公式一般取第 1 项即可） $N = \frac{\pi^2 C_v}{4H^2}t$	s_t——预测某时刻t月后地面沉降量（mm）； U——固结度，以小数表示； t——时间（月）； N——时间因素； C_v——固结系数（mm^2/月）； H——土层的计算厚度，两面排水时取实际厚度的一半，单面排水时取全部厚（mm）

注：C_v单位为 mm^2/月，实验室一般用 cm^2/s，换算关系为 $1cm^2/s = 2.59 \times 10^8 mm^2$/月。

2. 考虑应力历史（e-lg p曲线）

考虑应力历史的分层总和法沉降计算见表 2-10-57。

考虑应力历史的分层总和法（e-lg p曲线）　　　　表 2-10-57

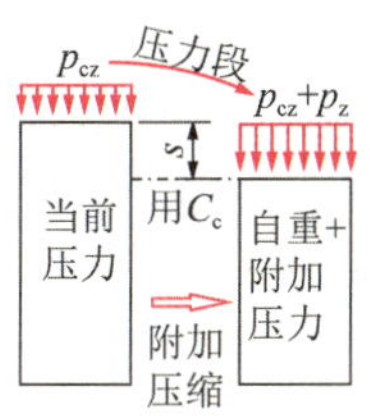

(a) 正常固结土，压力段：$p_{cz} \rightarrow p_{cz} + p_z$
由$p_{cz} \rightarrow p_{cz} + p_z$产生**附加压缩量**

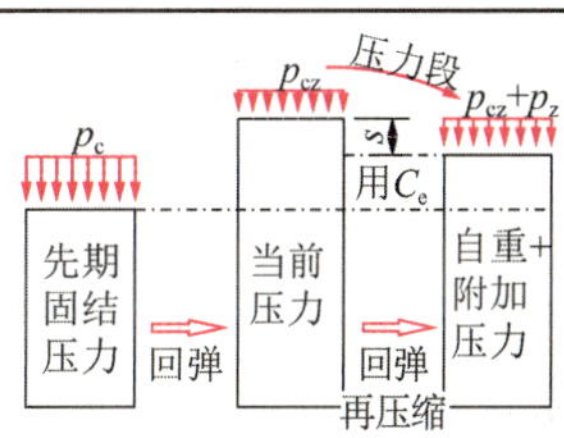

(c) 超固结土（$p_{cz} + p_z < p_c$），压力段：$p_{cz} \rightarrow p_{cz} + p_z$
由$p_{cz} \rightarrow p_{cz} + p_z$产生**回弹再压缩量**，无附加压缩量

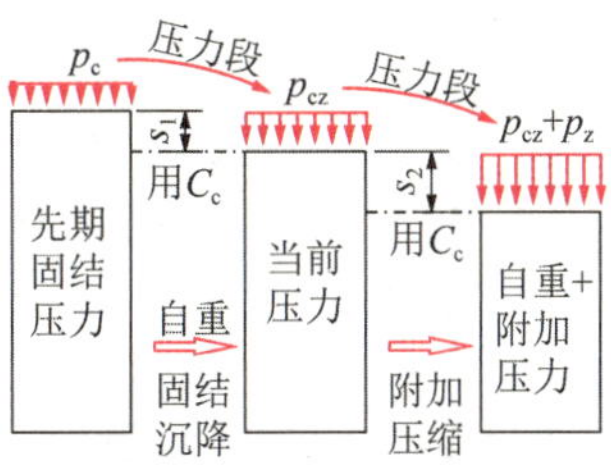

(b) 欠固结土，压力段：$p_c \rightarrow p_{cz} \rightarrow p_{cz} + p_z$
由$p_c \rightarrow p_{cz}$产生**自重固结沉降量**和$p_{cz} \rightarrow p_{cz} + p_z$产生**附加压缩量**两部分组成

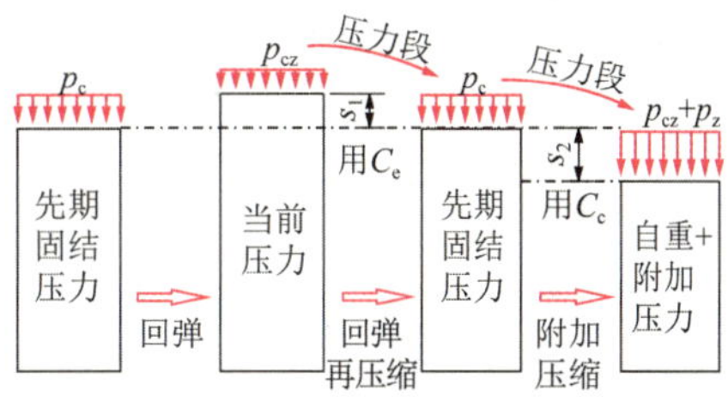

(d) 超固结土（$p_{cz} + p_z > p_c$），压力段：$p_{cz} \rightarrow p_c \rightarrow p_{cz} + p_z$
由$p_{cz} \rightarrow p_c$产生**回弹再压缩量**和$p_c \rightarrow p_{cz} + p_z$产生**附加压缩量**两部分组成

应力历史		沉降量计算公式	重要参数
正常固结土 OCR ≈ 1		$s = \sum_{i=1}^{n} \frac{h_i}{1 + e_{0i}} C_{ci} \lg\left(\frac{p_{cz} + p_z}{p_{cz}}\right)_i$	e_0——土层天然孔隙比； p_{cz}——土层**平均**有效自重压力（kPa）； p_z——土层**平均**附加压力（kPa）； p_c——土层**平均**先期固结压力（kPa）； C_{ci}——土层的压缩指数； C_{ei}——土层的回弹指数
欠固结土 OCR < 1		$s = \sum_{i=1}^{n} \frac{h_i}{1 + e_{0i}} C_{ci} \lg\left(\frac{p_{cz} + p_z}{p_c}\right)_i$	
超固结土 OCR > 1	$p_z + p_{cz} \leqslant p_c$	$s = \sum_{i=1}^{n} \frac{h_i}{1 + e_{0i}} C_{ei} \lg\left(\frac{p_{cz} + p_z}{p_{cz}}\right)_i$	
	$p_z + p_{cz} > p_c$	$s = \sum_{i=1}^{n} \frac{h_i}{1 + e_{0i}} \left[C_{ei} \lg\left(\frac{p_c}{p_{cz}}\right)_i + C_{ci} \lg\left(\frac{p_{cz} + p_z}{p_c}\right)_i\right]$	

附加应力系数α：指基底下地基某一深度z处的附加应力系数，用于计算**某一点**的**附加应力**，可应用于软弱下卧层承载力验算、直线分布法计算沉降。

平均附加应力系数$\overline{\alpha}$：指基底至地基深度z范围内附加应力系数的平均值，其计算可按上述角点法进行分块，然后直接查《建筑地基基础设计规范》附录 K.0.1-2 表格采用。而不必先计算出基础底面下的附加应力分布，再计算平均附加应力系数。主要用于计算**某一深度范围内**的**平均附加应力**，多用于采用规范法计算地基变形。

大面积沉降计算不涉及附加应力系数，直接根据土层中的有效应力增量来计算。三者的主要区别见表 2-10-58。

附加应力系数、平均附加应力系数、大面积沉降三种附加应力面积图解 表 2-10-58

附加应力系数（近似直线分布）	**平均附加应力系数**（曲线分布）
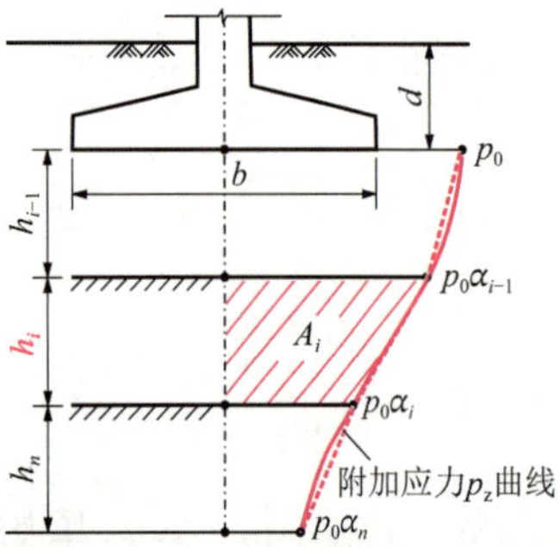	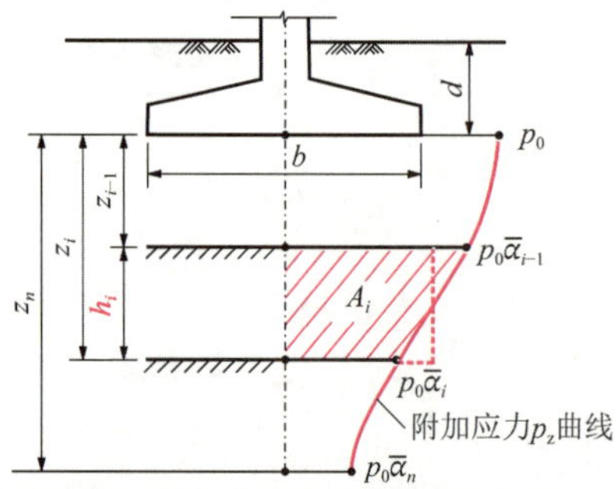
应力面积$A_i=\Delta p h_i=\dfrac{p_0\alpha_i+p_0\alpha_{i-1}}{2}h_i$	应力面积$A_i=\Delta p h_i=p_0 z_i\overline{\alpha}_i-p_0 z_{i-1}\overline{\alpha}_{i-1}$
例：平均附加应力面积A_2计算图示如下（第 2 层为例）：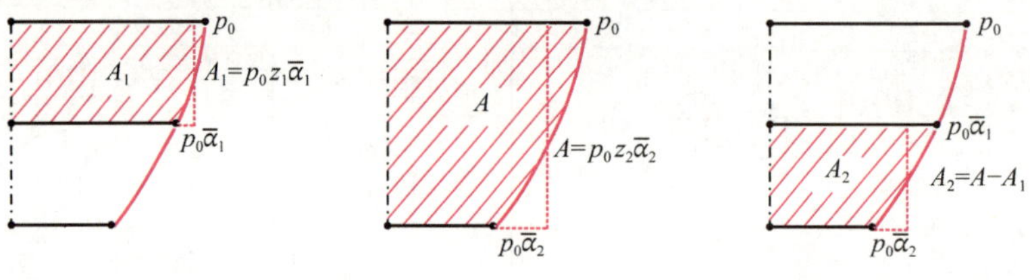(a)　(b)　(c)	
例：降水致大面积沉降附加应力（有效应力增量）计算如右图所示（一般情况下），最终沉降量s_f计算如下： $s_f=\dfrac{1}{E_{s1}}\cdot\dfrac{p_1}{2}h_1+\dfrac{1}{E_{s2}}\cdot\dfrac{p_1+p_2}{2}h_2+\dfrac{1}{E_{s3}}\cdot\dfrac{p_2+p_3}{2}h_3+\dfrac{1}{E_{s3}}\cdot p_3h_4$ $s_f=\dfrac{p_1}{2E_{s1}}h_1+\dfrac{p_1+p_2}{2E_{s2}}h_2+\dfrac{p_2+p_3}{2E_{s3}}h_3+\dfrac{p_3}{E_{s3}}h_4$	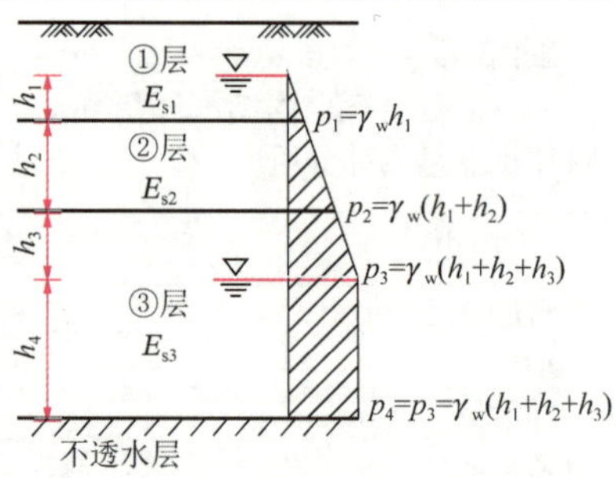

题 2-113　（04C08）某正常固结土层厚 3.5m，平均自重应力$p_{cz}=80\text{kPa}$；压缩试验数据如表 2-10-59 所示，建筑物平均附加应力$p_0=250\text{kPa}$，试计算该土层的最终沉降量？

题 2-113 表　　表 2-10-59

压力p（kPa）	0	50	100	200	300	400
孔隙比e	0.984	0.900	0.828	0.752	0.710	0.680

【解】

（1）$p_{cz}=80\text{kPa}$，查表插值$e_1=0.900-\dfrac{0.900-0.828}{100-50}\times(80-50)=0.8568$

（2）$p_0+p_{cz}=250+80=330$，查表

$$e_2=0.710-\frac{0.710-0.680}{400-300}\times(330-300)=0.701$$

（3）$s=\dfrac{e_1-e_2}{1+e_1}h=\dfrac{0.8568-0.701}{1+0.8568}\times350=29.37\text{cm}$

【点评】

根据《建筑地基基础设计规范》第 5.3.5 条，沉降计算压力段为平均自重应力（p_{cz}）至平均自重应力＋平均附加应力（$p_{cz}+p_z$）段。

题 2-114　（12C06）大面积料场场区地层分布及参数如图 2-10-79 所示，②层黏土的压缩试验结果见表 2-10-60，地表堆载 120kPa，在此荷载的作用下，黏土层的压缩量与下列哪个选项的数值最接近？

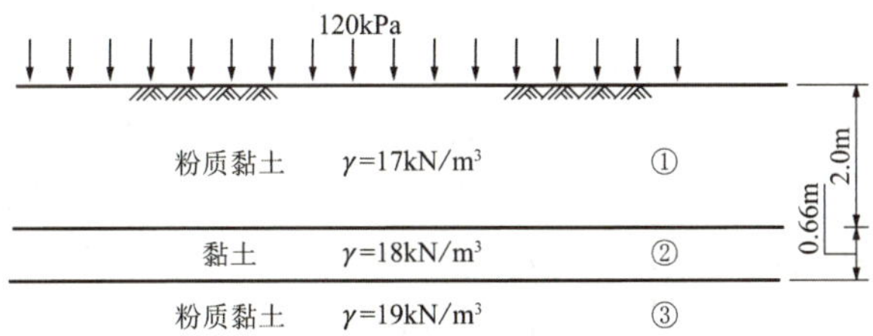

图 2-10-79　题 2-114 图

题 2-114 表　　表 2-10-60

p（kPa）	0	20	40	60	80	100	120	140	160	180
e	0.900	0.865	0.840	0.825	0.810	0.800	0.791	0.783	0.776	0.771

（A）46mm　（B）35mm　（C）28mm　（D）23mm

【解】

（1）②层土中点处：$p_{cz}=17\times2+18\times\dfrac{0.66}{2}=39.94\text{kPa}$，查表：$e_1=0.840$

（2）$p_{cz}+p_z=39.94+120=159.94\text{kPa}$，查表：$e_2=0.776$

（3）$s=\dfrac{0.840-0.776}{1+0.840}\times0.66=0.023\text{m}=23\text{mm}$

【点评】

①根据土力学原理，考点为根据压缩试验e-p曲线，计算相应土层的压缩量（大面积沉降）；②压力段为自重应力至自重应力＋附加应力，取对应的孔隙比代入公式计算即可；③本题易错点是，将荷载为 0 时的孔隙比作为e_1计算；④本题无地下水影响，有效自重应力＝总自重应力，大面积地面沉降计算为常规常考知识点，应熟练闭卷作答。

【同类型真题】13D05、07C08、16D13；本考点对比第四篇的预压地基变形计算。

题 2-115 （22C03）某场地地下水位埋深大于 40m，地面下 12.0m 深度范围内为①层粉土，重度 17.8kN/m³，地面下 12.0～21.0m 为②层粉质黏土，重度为 19.2kN/m³，深度 16.5m 处土样的室内固结试验数据如表 2-10-61 所示，拟建建筑物在该深度处引起的附加应力为 300kPa。地基沉降计算时，该土样压缩模量E_s的合理取值最接近下列哪个选项？

题 2-115 表　　表 2-10-61

压力（kPa）	0	100	200	300	400	500	600	700	800
孔隙比	0.877	0.829	0.807	0.791	0.778	0.767	0.758	0.750	0.743

（A）8.5MPa　（B）9.5MPa　（C）13.0MPa　（D）17.0MPa

【解】

（1）$p_c = 12 \times 17.8 + 4.5 \times 19.2 = 300\text{kPa}$，$e_1 = 0.791$

$p_c + p_z = 300 + 300 = 600\text{kPa}$，$e_2 = 0.758$

（2）$\alpha = \dfrac{0.791 - 0.758}{0.6 - 0.3} = 0.11\text{MPa}^{-1}$

$E_s = \dfrac{1 + 0.791}{0.11} = 16.3\text{MPa}$

【点评】

①根据《建筑地基基础设计规范》第 5.3.5 条，计算地基沉降时，压缩模量取土的自重压力到土的自重压力与附加压力之和的压力段计算；②由于天然土层土的厚度和 $1+e_1$对应，故计算沉降时压缩模量应采用 1 + 0.791 除以压缩系数；③与沉降计算原理不符的计算方法采用(1 + 0.877)/0.11 = 17.0MPa，虽然和选项更接近，但属于错误计算方法，不排除命题组的故意设坑，阅卷松的话可能都给分。

题 2-116 （03C10）某筏形基础，其地层及资料如图 2-10-80 所示，该 4 层建筑物建造后两年需加层至 7 层。已知未加层前基底有效附加压力$p_0 = 60\text{kPa}$，建造后两年固结度U_t达 0.80，加层后基底附加压力增加到$p_0 = 100\text{kPa}$（第二次加载施工期很短，忽略不计加载过程，E_s近似不变），则加层后建筑物基础中点的最终沉降量最接近下列哪个选项？

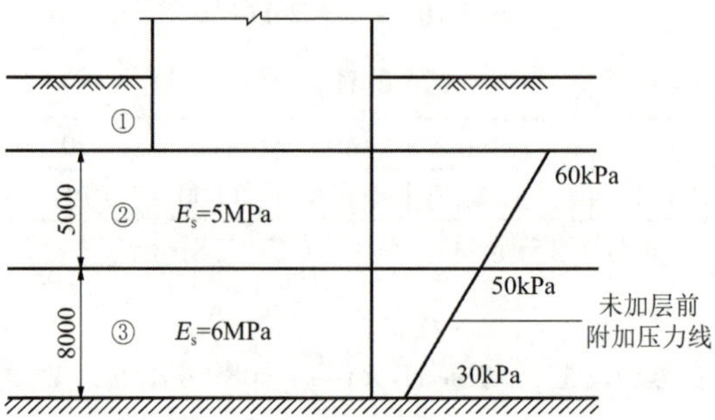

图 2-10-80　题 2-116 图

（A）94mm　（B）108mm　（C）158mm　（D）180mm

【解】

（1）加层前：$s_{1f} = \dfrac{60 + 50}{2 \times 5} \times 5 + \dfrac{50 + 30}{2 \times 6} \times 8 = 108.3\text{mm}$

建后两年：$s_1 = 0.80 \times 108.3 = 86.64\text{mm}$

（2）加层后：$s_{2f} = \dfrac{100}{60} \times 108.3 = 180.5\text{mm}$

（3）加层后发生的最终沉降量：$\Delta s = 180.5 - 86.64 = 93.86\text{mm}$

【点评】

土力学原理，闭卷型题目，关键在于理解加层后附加压力的系数和之前一致，线性分布呈等比例增加附加应力。

【同类型真题】09C08、10C08

题 2-117　（04C10）相邻两座 A、B 楼，由于建 B 楼对 A 楼产生附加沉降，如图 2-10-81 所示，计算 A 楼的附加沉降量最接近下列哪个选项？

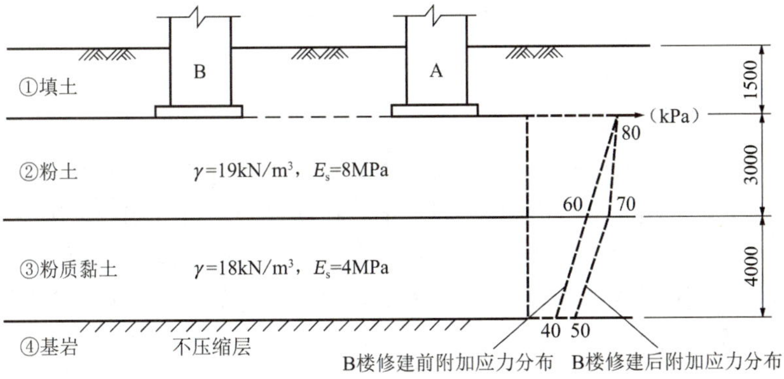

图 2-10-81　题 2-117 图

（A）0.9cm　（B）1.2cm　（C）2.4cm　（D）3.2cm

【解】

$$s = \frac{70-60}{2\times 8}\times 3 + \frac{(70-60)+(50-40)}{2\times 4}\times 4 = 11.9\text{mm} = 1.19\text{cm}$$

【点评】

①根据《土力学》；②附加应力变化量为土层中点处的变化值，即层顶、层底的变化平均值，本题属于老真题，为计算值，没有考虑沉降经验系数。

题 2-118　（09C20）某填方高度为 8m 的公路路基垂直通过一作废的混凝土预制场，在地面高程原建有 30 个钢筋混凝土梁，梁下有 53m 深灌注桩，为了避免路面不均匀沉降，在地梁上铺设聚苯乙烯泡沫板块（EPS），路基填土重度 18.4kN/m³。据计算，在地基土 8m 填方的荷载下，沉降量为 15cm，忽略地梁本身的沉降，EPS 的平均压缩模量为$E_s = 500\text{kPa}$。为消除地基不均匀沉降，在地梁上铺设聚苯乙烯的厚度为下列哪个选项？

（A）150mm　（B）350mm　（C）550mm　（D）750mm

【解】

设 EPS 板厚度为h

$$\frac{(8-h)\times 18.4}{0.5}\times h = 150 \Rightarrow h = 0.547\text{m} = 547\text{mm}$$

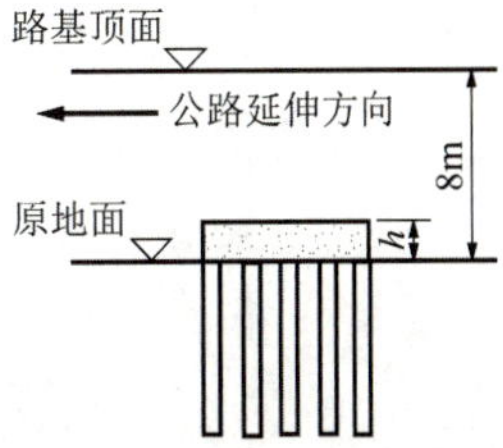

图 2-10-82　解 2-118 图

【点评】

不均匀沉降是因为地梁下有桩，忽略其沉降，而地梁两侧地基土有 15cm 沉降，为了消除不均匀沉降，用 EPS 的压缩量来抵消地梁两侧地基土的下沉量，假设 EPS 板厚度为h（图 2-10-82），其上填土就是$8-h$，计算这部分荷载对 EPS 产生的压缩量。

题 2-119 （09C09）均匀土层上有一直径为 10m 的油罐，其基底平均附加压力为 100kPa，已知油罐中心轴线上在油罐基础底面中心以下 10m 处的附加应力系数为 0.285，通过沉降观测得到油罐中心的底板沉降为 200mm，深度 10m 处的深层沉降为 40mm，则 10m 范围内土层用近似方法估算的反算模量最接近下列哪个选项？（假设附加应力直线变化）

（A）2.5MPa　（B）4.0MPa　（C）3.5MPa　（D）5.0MPa

【解】

（1）$\overline{p}=\dfrac{100\times(1+0.285)}{2}=64.25\text{kPa}$

（2）$200-40=\dfrac{64.25}{E_s}\times 10\Rightarrow E_s=4.0\text{MPa}$

【点评】

早期真题按土力学原理计算，**不考虑沉降经验系数，且假定附加应力直线变化。**

题 2-120 （05C07）大面积堆载试验时，在堆载中心点下用分层沉降仪测各土层顶面的最终沉降量和用孔隙水压力计测得的各土层中部加载时的起始超孔隙水压力值如表 2-10-62 所示，根据实测数据可以反算各土层的平均模量，试反算第③层土的平均压缩模量最接近下列哪个选项？

题 2-120 表　　　　**表 2-10-62**

土层编号	土层名称	层顶深度（m）	土层厚度（m）	实测层顶沉降（mm）	起始超孔隙水压力值（kPa）
①	填土	0	2		
②	粉质黏土	2	3	460	380
③	黏土	5	10	400	240
④	黏质粉土	15	5	100	140

（A）8.0MPa　（B）7.0MPa　（C）6.0MPa　（D）4.0MPa

【解】

$s=\dfrac{\Delta p}{E_s}h\Rightarrow 400-100=\dfrac{240}{E_s}\times 10\Rightarrow E_s=8\text{MPa}$

【点评】

①重要考点：大面积沉降反算平均压缩模量；②首先确定第③层黏土的压缩量为顶部下沉量减去底部下沉量，其次确定起始超孔隙水压力 240kPa 最后全部消散，成为有效应力增量，最后代公式即可；③土力学原理，有效应力增量即为消散的超孔隙水压力。

题 2-121 （05D04）如图 2-10-83 所示，某滞洪区滞洪后沉积泥砂层厚 3.0m，地下水位由原地面下 1.0m 升至现地面下 1.0m，原地面下有厚 5.0m 可压缩层，平均压缩模量为 0.5MPa，滞洪之前沉降已经完成，为简化计算，所有土层的天然重度都以 18kN/m³ 计，试计算由滞洪引起的原地面下沉值最接近下列哪个选项？

（A）51cm　（B）31cm　（C）25cm　（D）21cm

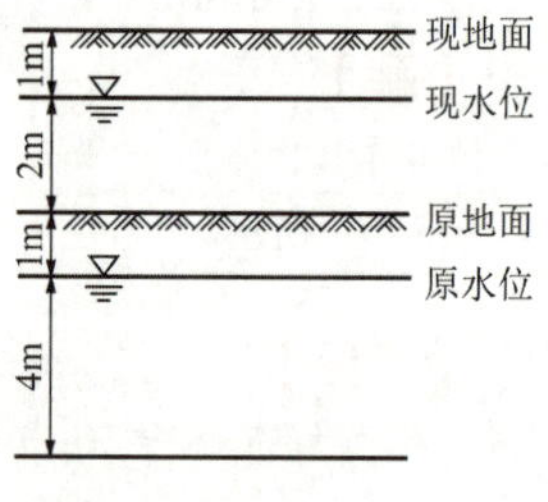

图 2-10-83　题 2-121 图

【解】

（1）原地面处有效应力增量：$\Delta p_1=18\times 1+8\times 2=34\text{kPa}$

原水位处及以下有效应力增量：$\Delta p_2=18\times 1+8\times 3-18\times 1=24\text{kPa}$

（2）$s=\dfrac{34+24}{2\times 0.5}\times 1+\dfrac{24}{0.5}\times 4=250\text{mm}=25\text{cm}$

【点评】

①土力学基本原理，对于大面积沉降计算，关键是要确定起始和终了的平均有效应力，求出有效应力增量；②图 2-10-84 中实线为滞洪后自重应力分布，虚线为滞洪前自重应力分布，增量为二者之差。

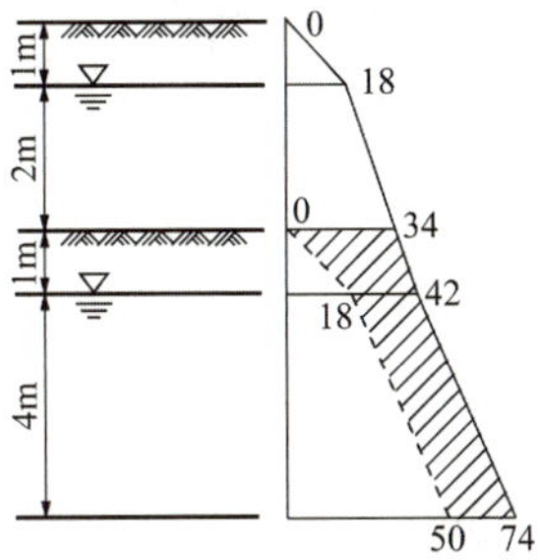

图 2-10-84　解 2-121 图

【同类型真题】18C21、16D05、11D05、11D24、08C24、06C26、02C15

题 2-122　（09D25 改编）土层剖面及计算参数如图 2-10-85 所示，由于大面积抽取地下水，地下水位深度由抽水前距地面 10m，以 3m/a 的速率逐年下降，忽略卵石层以下岩土层的沉降，试计算 8 年后地面的总沉降量？

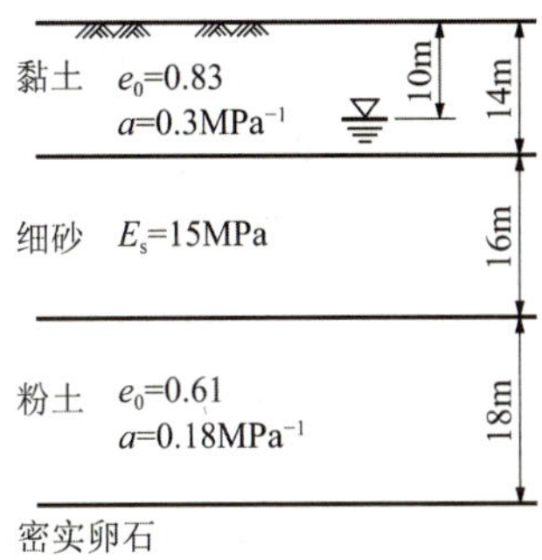

图 2-10-85　题 2-122 图

（A）550mm　　（B）615mm

（C）650mm　　（D）715mm

【解】

（1）地下水位由−10m 下降至−34m，则：

0～10m，有效应力无变化$\Delta p_1=0$，$s_1=0$

$$10\sim14\text{m},\ \Delta p_2=\frac{40}{2}=20\text{kPa},\ s_2=\frac{a\Delta p}{1+e_0}\times h_2=\frac{0.3\times20}{1+0.83}\times4=13.11\text{mm}$$

$$14\sim30\text{m},\ \Delta p_3=\frac{40+200}{2}=120\text{kPa},\ s_3=\frac{\Delta p}{E_s}\times h_3=\frac{120}{15}\times16=128\text{mm}$$

$$30\sim34\text{m},\ \Delta p_4=\frac{200+240}{2}=220\text{kPa},\ s_4=\frac{a\Delta p}{1+e_0}\times h_4=\frac{0.18\times220}{1+0.61}\times4=98.39\text{mm}$$

$$34\sim48\text{m},\ \Delta p_5=24\times10=240\text{kPa},\ s_5=\frac{a\Delta p}{1+e_0}\times h_5=\frac{0.18\times240}{1+0.61}\times14=375.65\text{mm}$$

（2）总沉降量

$$S=0+13.11+128+98.39+375.65=615.15\text{mm}$$

【点评】

①根据《工程地质手册》P719；②应熟悉各种压缩变形指标；③计算地下水引起的地面沉降，应在水位变化处和地层分界线进行分层计算，可以画出水位变化引起的附加应力增加折线图（图 2-10-86），熟练之后可以一步出结果，节省时间。

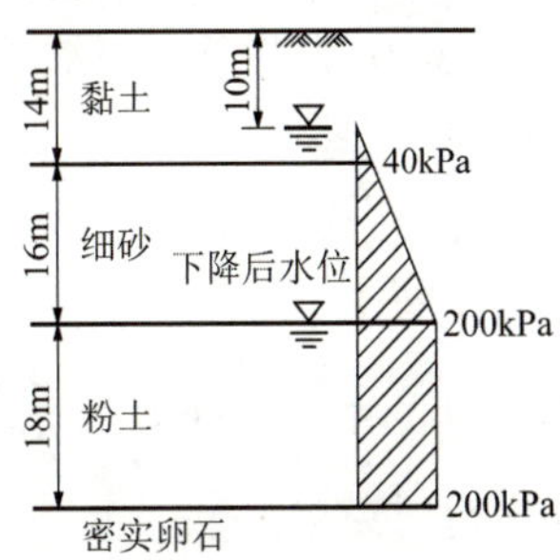

图 2-10-86　解 2-122 图

题 2-123　（19D04）某平原区地下水源地（开采目的层为第③层）土层情况见表 2-10-63，已知第③层砾砂中承压水初始水头埋深 4.0m，开采至一定时期后下降且稳定至埋深 32.0m；第①层砂中潜水位埋深一直稳定在 4.0m，试预测抽水引发的第②层最终沉降量最接近下列哪一选项？（水的重度 $10kN/m^3$）

题 2-123 表　　　　表 2-10-63

层号	土名	层顶埋深（m）	重度γ（kN/m^3）	孔隙比e_0	压缩系数 a（MPa^{-1}）
①	砂	0	19.0	0.8	
②	粉质黏土	10.0	18.0	0.85	0.3
③	砾砂	40.0	20.0	0.7	
④	基岩	50.0			

（A）680mm　　（B）770mm　　（C）860mm　　（D）930mm

【解法一】

（1）抽水前无渗流，土层平均有效应力取土层中点的自重应力

$\sigma_1' = 19\times4 + 9\times6 + 8\times15 = 250kPa$

（2）抽水后第②层平均总自重应力$\sigma_2 = 19\times10 + 18\times15 = 460kPa$

层顶孔隙水压力$u_{2顶} = 60kPa$，层底孔隙水压力$u_{2底} = 10\times(40-32) = 80kPa$

平均有效应力$\sigma_2' = 460 - \dfrac{80+60}{2} = 390kPa$

（3）$s = \dfrac{\alpha\Delta p}{1+e_0}h = \dfrac{0.3\times(390-250)}{1+0.85}\times30 = 681.1mm$

【解法二】

（1）抽水后第②层层底孔隙水压力减小$u = 10\times(32-4) = 280kPa$，而顶部孔隙水压力不变，粉质黏土层内孔隙水压力减小的形状为三角形，根据有效应力原理，有效应力增量等于孔隙水压力的减少量。

（2）$s = \dfrac{0.3}{1+0.85}\times\dfrac{280}{2}\times30 = 681.1mm$

【点评】

①根据《工程地质手册》P719 式(6-6-1)，本题考查有效应力原理，需要有扎实的土力学基本功，解法二直接计算平均变化的有效应力计算更简便；②题目灵活，粉质黏土层在长期的水头差下，内部形成稳定渗流，层内孔隙水压力线性变化。

题 2-124　某地区因大面积降水发生地面沉降。0～15m 为粉质黏土，压缩模量E_{s1}；15～30m 为黏土，压缩模量$E_{s2} = 2E_{s1}$。原地下水位在地面下 2.0m，下降到地面下 10.0m 处，引起地面沉降 15cm。假设土体的侧限压缩模量为常数，如果地下水位再下降 5.0m，问将会再引起多大的沉降？

【解】

$E_{s2} = 2E_{s1} \Rightarrow s_1 = \dfrac{80}{2E_{s1}}\times8 + \dfrac{80}{E_{s1}}\times5 + \dfrac{80}{2E_{s1}}\times15 = 150mm \Rightarrow$

$E_{s1} = 8.8MPa$，$E_{s2} = 17.6MPa$

再下降 5m：$s_2 = \dfrac{50}{2\times8.8}\times5 + \dfrac{50}{17.6}\times15 = 56.8mm$

【点评】

根据《工程地质手册》P719，土力学原理题，解析同上。

题 2-125　（22D07）某建筑采用天然地基筏形基础方案，基础尺寸 40m × 20m，基础埋深 10m。在建筑荷载（含基础荷载）、地下水浮力共同作用下，准永久组合的基底压力为 360kPa。地基土及地下水情况如图 2-10-87 所示。建成若干年后场地及其周边大面积开采地下水，最终地下水位降至基岩层并长期稳定。建筑荷载、降水引起的沉降计算经验系数均取 0.4，根据《建筑地基基础设计规范》GB 50007—2011 计算在基底附加压力和降水作用下，基础中心最终变形量接近下列哪个选项？（不考虑刚性下卧层对沉降计算影响，不考虑地基土失水对压缩性影响）

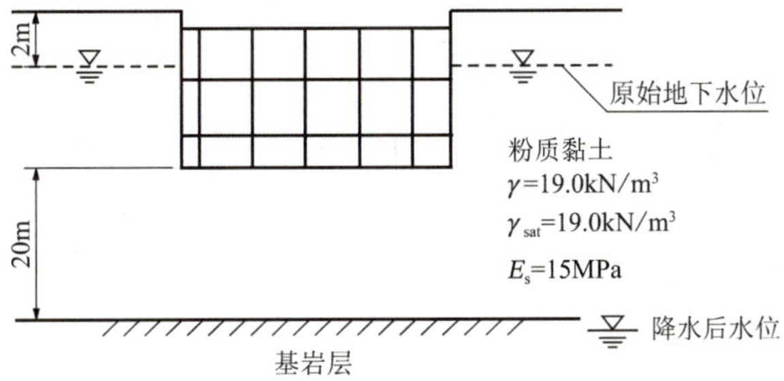

图 2-10-87　题 2-125 图

（A）180mm　　（B）200mm　　（C）220mm　　（D）240mm

【解】

（1）降水引起的沉降：$s_1 = 0.4 \times \dfrac{(80+280)/2}{15} \times 20 = 96\text{mm}$

（2）基底附加压力引起的沉降：

$p_0 = 360 - (2 \times 19 + 8 \times 9) = 250\text{kPa}$

$z/b = 20 - 10 = 2$，$l/b = 20/10 = 2$，查表$\overline{\alpha} = 0.1958$

$s_2 = 0.4 \times \dfrac{250 \times 4 \times 0.1958}{15} \times 20 = 104.4\text{mm}$

（3）$s_f = 96 + 104.4 = 200.4\text{mm}$

【点评】

①根据《建筑地基基础设计规范》第 5.3.5 条；②基础范围内水位下降导致增大的 80kPa 附加应力是大范围的，可认为是无限范围的一次附加荷载的施加，其产生的沉降变形与原来的基底附加应力变形计算有区别，降水按大面积附加荷载计算，原有的基底附加应力仍按有限范围计算，将计算变形结果进行叠加；③孔隙水压力变化为三角形变化，基底下 20m 孔隙水压力减小分布为梯形，根据有效应力原理，即增加的有效应力分布为梯形。

题 2-126 存在大面积地面沉降的某市，现地下水位在地面下 5m 处，主要地层结构及参数见表 2-10-64，试用分层总和法估算沉降，若要满足今后 12 年内的总沉降量不大于 250mm，则地下水位的年平均降低速率不得大于多少？

题 2-126 表 **表 2-10-64**

层号	地层名称	层底埋深（m）	压缩/弹性模量（MPa）
①	粉质黏土	10	5.6
②	粉土	20	6.8
③	细砂	35	10.5
④	不透水岩石	—	—

【解】

（1）设 12 年内水位降h，假设 $5\text{m} \leqslant h \leqslant 15\text{m}$

$$\frac{50}{2\times 5.6}\times 5+\frac{50+10h}{2\times 6.8}\times (h-5)+\frac{10h}{6.8}\times (15-h)+\frac{10h}{10.5}\times 15\leqslant 250\text{mm}$$

$\Rightarrow h\leqslant 8.1\text{m}$

（2）$v\leqslant \dfrac{8.1}{12}=0.675\text{m/a}$

【点评】

①根据《工程地质手册》P719，分层总和法计算大面积地下水下降引起的地面沉降，历年真题重现非常多；②要学会预估，先假设地下水位降低到的位置位于哪一层。

题 2-127 某大面积堆料场地下地质条件及各岩土层参数如表 2-10-65 所示，场地下存在两层地下水，一层为潜水层，水位埋深 3.0m；第二层为承压水，位于砾砂层中，测压管内水位埋深 4.0m。地表堆载量$p=120\text{kPa}$，后期由于地下水抽采，其潜水和承压水水位分别下降了 5.0m 和 3.0m。试求地面总沉降量。

题 2-127 表 **表 2-10-65**

层号	地层名称	层厚（m）	层顶埋深（m）	压缩模量（MPa）
1	粉土	6	0	5.2
2	细砂	6	6	10
3	黏土（不透水）	5	12	15
4	砾砂	8	17	20
5	泥岩（不可压缩层）	20	25	80

【解】

堆载：$s_1=\dfrac{120}{5.2}\times 6+\dfrac{120}{10}\times 6+\dfrac{120}{15}\times 5+\dfrac{120}{20}\times 8=298.5\text{mm}$

潜水：$s_2=\dfrac{30}{2\times 5.2}\times 3+\dfrac{30+50}{2\times 10}\times 2+\dfrac{50}{10}\times 4=36.7\text{mm}$

承压水：$s_3=\dfrac{30}{20}\times 8=12.0\text{mm}$

$s=298.5+36.7+12.0=347.2\text{mm}$

【点评】

根据《工程地质手册》P719，出现潜水和承压水两种水，关键要把握有效应力原理，注意在土层和水位分界处分层，准确求取孔隙水压力的平均变化量。

题 2-128 某场地内为稳定潜水，地下水位埋深 2m；由于开采地下水，7 年后，水位降低至地面下 20m，地表以下土层的资料如表 2-10-66 所示，计算地表的最终沉降量为多少？

题 2-128 表 表 2-10-66

土层名称	层厚	压缩模量（MPa）	天然重度（kN/m^3）	饱和重度（kN/m^3）
①细砂	10	7.6	18.5	19.0
②粉质黏土	10	8.3	19.2	19.5
③中砂	20	10.0	19.5	20.5
④泥岩	—	不可压缩		

【解】

（1）$z = 10\text{m}$：$\Delta\sigma_1' = 18.5 \times 8 - 9 \times 8 = 76\text{kPa}$

$z = 20\text{m}$：$\Delta\sigma_2' = 76 + (19.2 \times 10 - 9.5 \times 10) = 173\text{kPa}$

（2）$s = \dfrac{76}{2 \times 7.6} \times 8 + \dfrac{76 + 173}{2 \times 8.3} \times 10 + \dfrac{173}{10} \times 20 = 536\text{mm}$

【点评】

①根据《工程地质手册》P719；②本题关键注意天然重度和饱和重度不一致，不能直接用水的重度来计算有效应力增量。

题 2-129 某场地细砂内为稳定潜水，地下水位埋深 2m；中砂层为承压水层，承压水头位于地面下 2m，由于开采地下水，2 年后，承压水层内的水头降低至地面下 12m，细砂层内潜水位同时下降至地面下 4m，地表以下土层的资料如表 2-10-67 所示，计算地表的最终沉降量为多少？（粉质黏土层内发生稳定渗流）

题 2-129 表 表 2-10-67

土层名称	层厚	压缩模量（MPa）	天然重度（kN/m^3）	饱和重度（kN/m^3）
①细砂	10	7.6	18.5	19.0
②粉质黏土	10	6.5	19.2	19.5
③中砂	20	10.5	19.5	20.5
④泥岩	—	不可压缩		

（A）190mm （B）230mm （C）265mm （D）297mm

【解】

（1）细砂层：

$z = 4\text{m}$：$\Delta\sigma_{4\text{m}}' = 18.5 \times 4 - (18.5 \times 2 + 2 \times 9) = 19\text{kPa}$

$z = 10\text{m}$：$\Delta\sigma_{10\text{m}}' = (18.5 \times 4 + 9 \times 6) - (18.5 \times 2 + 9 \times 8) = 19\text{kPa}$

细砂层沉降$s_1 = \dfrac{0.5 \times 19}{7.6} \times 2 + \dfrac{19}{7.6} \times 6 = 17.5\text{mm}$

（2）粉质黏土层：

$z = 10\text{m}$：$\Delta\sigma_{10\text{m}}' = 19\text{kPa}$

$z = 20\text{m}$：

$\Delta\sigma_{20\text{m}}' = \Delta\sigma_{总} - \Delta u = (18.5 - 19.0) \times 2 - (8 \times 10 - 18 \times 10) = 99\text{kPa}$

粉质黏土层沉降$s_2 = \dfrac{0.5 \times (19 + 99)}{6.5} \times 10 = 90.8\text{mm}$

（3）中砂层：$\Delta\sigma' = 99\text{kPa}$，$s_3 = \dfrac{99}{10.5} \times 20 = 188.6\text{mm}$

（4）地面总沉降量$s = 17.5 + 90.8 + 188.6 = 296.9\text{mm}$

【点评】

①根据《工程地质手册》P719；②关键是要把握有效应力原理，分别计算土层分界处和降水前、后水位分界处的有效应力增量（即降水后与降水前有效应力的差值），然后根据“有效应力增量面积/压缩模量”求得各层沉降并求和；③由于砂土和黏性土的渗透系数相差较大，可忽略砂层内的渗流，发生渗流时，孔隙水压力和有效应力会发生突变，在同一土层内线性变化。

题 2-130 （06C15）大面积填海造地工程平均海水深约 2.0m，淤泥层平均厚度为 10.0m，重度为 15kN/m³，采用e-lg p曲线计算该淤泥层固结沉降，已知该淤泥层属正常固结土，压缩指数$C_c = 0.8$，天然孔隙比$e_0 = 2.33$，上覆填土在淤泥层中产生的附加应力按 120kPa 计算，则该淤泥层的固结沉降量最接近下列哪个选项？

（A）1.85m　　（B）1.95m　　（C）2.05m　　（D）2.2m

【解】

（1）$p_{cz} = 5 \times 5 = 25\text{kPa}$

（2）$s = C_c \cdot \dfrac{h}{1+e_0} \cdot \lg\dfrac{p_{cz}+p_z}{p_{cz}} = 0.8 \times \dfrac{10}{1+2.33} \times \lg\dfrac{25+120}{25} = 1.834\text{m}$

【点评】

①根据土力学沉降计算基本原理；②地面上的水不产生有效应力。

【同类型真题】07C15、03D18

题 2-131 （04C11）超固结黏土层厚度为 4.0m，前期固结压力$p_c = 400\text{kPa}$，压缩指数$C_c = 0.3$。再压缩曲线上回弹指数$C_s = 0.1$，平均自重压力$p_{cz} = 200\text{kPa}$，天然孔隙比$e_0 = 0.8$，建筑物平均附加应力在该土层中为$p_0 = 300\text{kPa}$，则该黏土层最终沉降量最接近下列哪个选项？

（A）8.5cm　　（B）11.0cm

（C）13.2cm　　（D）15.8cm

【解】

$$s = \frac{h}{1+e_0}\left(C_e \lg\frac{p_c}{p_{cz}} + C_c \lg\frac{p_{cz}+p_z}{p_c}\right)$$
$$= \frac{400}{1+0.8}\left(0.1 \times \lg\frac{400}{200} + 0.3 \times \lg\frac{200+300}{400}\right) = 13.15\text{cm}$$

【点评】

①根据《土力学》；②压力段为自重应力—先期应力—最大应力（自重应力加附加应力），厘清压力段套公式即可；③自重应力—先期应力采用回弹指数，先期应力—最大应力采用压缩指数。

10.3.3 回弹变形——《建筑地基基础设计规范》第 5.3.10 条及条文说明

前述压缩沉降变形并未考虑基坑开挖卸荷作用造成的地基回弹变形，但是当建筑物地下室基础埋置深度较深且闲置时间较长时，由于基底土的卸荷作用比较大，同时基底土有足够的时间进行卸荷回弹过程，此时基底的回弹变形量不能简单地忽略，地基的最终沉降变形量s由两部分：即地基回弹再压缩变形和地基压缩变形共同组成。

当建筑物地下室基础埋置较深时，地基土的回弹变形量可按表 2-10-68 进行计算。

回弹变形计算　　　　表 2-10-68

计算公式	示意图
$$s_c=\psi_c\sum_{i=1}^{n}\frac{p_c}{E_{ci}}(z_i\overline{\alpha}_i-z_{i-1}\overline{\alpha}_{i-1})$$ s_c——地基的回弹变形量（mm）； ψ_c——回弹量计算经验系数，无地区经验时可取 1.0； p_c——基坑底面以上土的有效自重压力（kPa）； E_{ci}——土的回弹模量（MPa），按《土工试验方法标准》中土的固结试验回弹曲线的不同应力段计算； 其他参数同前	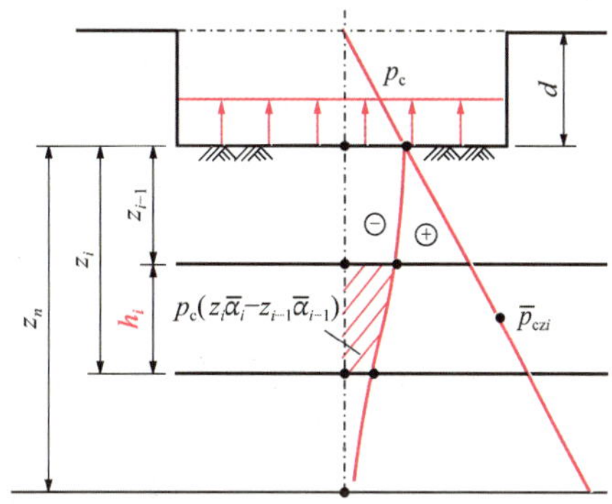 回弹量计算示意图

解题思路（关键确定应力段，然后选取相应的回弹模量）：

第①步：计算基坑底面处卸荷的土**自重应力**（负值）：$p_c=-\gamma_{m1}d$

第②步：计算基坑底面以下第i层土的**平均自重应力**（中点处）：$\overline{p}_{czi}=\gamma_{m1}d+\gamma_{m2}\left(z_{i-1}+\frac{h_i}{2}\right)$

第③步：计算基坑底面以下第i层土的**平均卸荷附加应力**（负值）：$\overline{p}_{zi}=\frac{p_c(z_i\overline{\alpha}_i-z_{i-1}\overline{\alpha}_{i-1})}{z_i-z_{i-1}}$

第④步：根据应力区间$[\overline{p}_{czi}\rightarrow(\overline{p}_{czi}+\overline{p}_{zi})]$确定回弹模量$E_{ci}$（$\overline{p}_{zi}$用负值代入）

第⑤步：计算地基的回弹变形量$s_c=\psi_c\sum_{i=1}^{n}\frac{p_c}{E_{ci}}(z_i\overline{\alpha}_i-z_{i-1}\overline{\alpha}_{i-1})$（$p_c$用正值代入）

注：应力区间$[\overline{p}_{czi}\rightarrow(\overline{p}_{czi}+\overline{p}_{zi})]$跨越多个固结试验回弹曲线上不同应力段的回弹模量$E_{ci}$时，应按回弹曲线上不同应力段进行分段计算；也可先计算出E_{ci}平均值后代入回弹变形量公式计算（精度较差）

注：可以对比沉降公式$s=\psi_s\sum_{i=1}^{n}\frac{p_0}{E_{si}}(z_i\overline{\alpha}_i-z_{i-1}\overline{\alpha}_{i-1})$来进行理解，相当于压缩的反算过程。基坑开挖后，挖除土体的自重应力相当于地基土回弹力p_c，方向竖直向上。这个回弹力p_c在坑底以下也会产生应力扩散，这个应力扩散和前述沉降计算的基底附加应力p_0扩散机理是一样的。基底土层的回弹模量也应根据开挖过程的压力段选取。

《土力学一本通》上有更多原理介绍。

题 2-132　（05D07）某采用筏基的高层建筑，地下室 2 层，按分层总和法计算出的地基变形量为 160mm，沉降计算经验系数取 1.2，计算得地基回弹变形量为 18mm，地基变形允许值为 200mm，则下列地基变形计算值中哪项是正确的？

（A）178mm　　（B）192mm　　（C）210mm　　（D）214mm

【解】

$$s=1.2\times160+1.0\times18=210\text{mm}$$

【点评】

①简单考点：总变形量 = 压缩变形量 + 回弹变形量；②注意回弹经验系数一般默认取1.0，不要和压缩变形一起乘以1.2的经验系数；③不要犯概念性错误，计算变形值时想当然的用压缩量减去回弹量，而实际上是先回弹，但回弹土会被挖除，所以最终变形值是先把回弹的压回去，再继续压缩，所以是“相加”而不是“相减”。

题 2-133 （10D10）建筑物埋深10m，基底附加压力为300kPa，基底以下压缩层范围内各土层的压缩模量、回弹模量及建筑物中心点附加压力系数α分布如图2-10-88所示，地面以下所有土的重度均为20kN/m³，无地下水，沉降修正系数为$\psi_s = 0.8$，回弹沉降修正系数$\psi_c = 1.0$。回弹变形计算深度为11m，则该建筑物中心点的总沉降量最接近下列哪个选项？

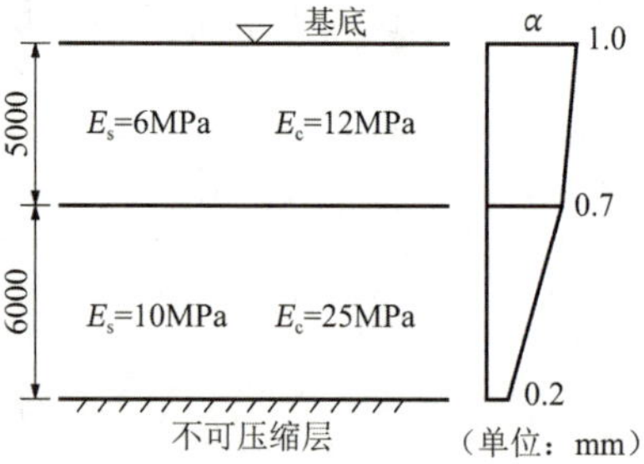

图 2-10-88 题 2-133 图

（A）142mm （B）161mm

（C）327mm （D）373mm

【解】

（1）$s_1 = 0.8 \times \left[\dfrac{300\times(1+0.7)}{2\times 6}\times 5 + \dfrac{300\times(0.7+0.2)}{2\times 10}\times 6\right] = 234.8\text{mm}$

（2）$s_2 = 1.0 \times \left[\dfrac{20\times 10\times(1+0.7)}{2\times 12}\times 5 + \dfrac{20\times 10\times(0.7+0.2)}{2\times 25}\times 6\right] = 92.4\text{mm}$

（3）$s = 234.8 + 92.4 = 327.2\text{mm}$

【点评】

①根据《建筑地基基础设计规范》第5.3.3条、第5.3.10条及《土力学》；②总沉降等于回弹再压缩量与正常压缩量之和，注意正常压缩Δp取附加应力，回弹再压缩Δp取卸荷应力；③本题地基下的附加应力简化计算近似按折线分布，每一层的平均附加应力取中点即可，现在考试一般比较严密，通过平均附加应力系数查表得到每层的平均附加应力。

题 2-134 某工程采用箱形基础，基础平面尺寸40m × 10m，无地下水，基础埋深6m，基底以下各土层的参数如表2-10-69所示，基底卸载土的压力120kPa，准永久组合时基础底面处的压力为360kPa，沉降修正系数$\psi_s = 0.8$，回弹沉降修正系数$\psi_c = 1.0$。变形计算深度为12m，根据《建筑地基基础设计规范》GB 50007—2011，该基础中心点的总沉降量最接近下列哪个选项？

题 2-134 表 表 2-10-69

土层	层厚（m）	重度（kN/m³）	回弹模量（MPa）	压缩模量（MPa）
③粉土	4	18	28	8
④粉质黏土	8	19	56	16
⑤基岩	—	22	不考虑回弹和沉降	

（A）141mm （B）183mm （C）196mm （D）210mm

【解】

（1）

解 2-134 表　　表 2-10-70

z_i（m）	z_i/b	l/b	$\overline{\alpha}_i$	$4z_i\overline{\alpha}_i$	$4(z_i\overline{\alpha}_i - z_{i-1}\overline{\alpha}_{i-1})$	E_s	E_c
4	4/5 = 0.8	20/5 = 4	0.2410	3.8560	3.8560	8	28
12	12/5 = 2.4	20/5 = 4	0.1885	9.0480	5.1920	16	56

（2）压缩量$s_1 = 0.8 \times (360 - 120) \times \left(\frac{3.8560}{8} + \frac{5.1920}{16}\right) = 154.85\text{mm}$

回弹量$s_c = 1.0 \times 120 \times \left(\frac{3.8560}{28} + \frac{5.1920}{56}\right) = 27.65\text{mm}$

（3）$s = 154.85 + 27.65 = 182.5\text{mm}$

【点评】

①根据《建筑地基基础设计规范》第 5.3.5 条、第 5.3.10 条；②总沉降量等于回弹再压缩量与正常压缩量之和，注意正常压缩量取基底附加应力进行计算，回填再压缩量取基底卸荷应力进行计算。

题 2-135（18D08）某基坑开挖深度 3m，平面尺寸为 20m × 24m，自然地面以下地层为粉质黏土，重度为 20kN/m^3，无地下水，粉质黏土层各压力段的回弹模量见表 2-10-71。按《建筑地基基础设计规范》GB 50007—2011，基坑中心点下 7m 位置的回弹模量最接近下列哪个选项？

题 2-135 表　　表 2-10-71

$E_{0\text{-}0.025}$（MPa）	$E_{0.025\text{-}0.05}$（MPa）	$E_{0.05\text{-}0.1}$（MPa）	$E_{0.1\text{-}0.15}$（MPa）	$E_{0.15\text{-}0.2}$（MPa）	$E_{0.2\text{-}0.3}$（MPa）
12	14	20	200	240	300

（A）20MPa　（B）200MPa　（C）240MPa　（D）300MPa

【解】

（1）基坑底卸荷量为 $20 \times 3 = 60\text{kPa}$

则基底下 7m 处：$l/b = 12/10 = 1.2$，$z/b = 7/10 = 0.7$，查表：$\alpha = 0.2175$

实际卸荷量：$60 \times 4 \times 0.2175 = 52.2\text{kPa}$

（2）基底下 7m 处原自重应力：$20 \times 10 = 200\text{kPa}$

卸荷后实际应力：$200 - 52.2 = 147.8\text{kPa} \approx 148\text{kPa}$

（3）压力段为：148～200kPa，故$E = 240\text{MPa}$

【点评】

①根据《土力学》；②2016 年真题再现，原理完全一样，突出了近年考试重视土力学原理；③不要定向思维，2016 年题目是求基坑下**一层土**的回弹，用平均附加应力系数；本题是求基坑下**某一点处**的回弹模量，用附加应力系数；④牢牢把握有限面积卸荷计算回弹土层中点处的压力段变化情况；⑤回弹变形为近年热门考点，可考性很强，考生又相对陌生，需要从原理上理解。

【同类型真题】16D09、21D08

题 2-136 某工程采用箱形基础，基坑开挖平面尺寸 60m × 15m，基坑开挖深度 6m，无地下水，地面以下各土层分布在自重压力下做回弹试验，测得回弹模量如表 2-10-72 所示，试计算基坑中点最大回弹变形量。

题 2-136 表　　表 2-10-72

土层	层厚（m）	重度（kN/m^3）	回弹模量（MPa）			
			$E_{0\text{-}0.025}$	$E_{0.025\text{-}0.05}$	$E_{0.05\text{-}0.1}$	$E_{0.1\text{-}0.25}$
①粉土	8	18	28.7	30.2	49.1	570
②粉质黏土	8	19	12.8	14.1	22.3	280
③卵石	12	22	不考虑其变形			

【解】

（1）0～2m：$l/b = 60/15 = 4$，$z/b = 2/7.5 = 0.267$，查表得：$\overline{\alpha} = 0.2494$

基底土层平均附加压力：$\overline{p}_0 = -18 \times 6 \times 4 \times 0.2494 = -107.7\text{kPa}$

基底土层卸压前平均自重压力：$\overline{p}_{cz} = 18 \times 6 + 18 \times 1 = 126\text{kPa}$

基底土层卸压后平均压力：$\overline{p}'_{cz} = 126 - 107.7 = 18.3\text{kPa}$

$$s_1 = \left(\frac{25 - 18.3}{28.7} + \frac{25}{30.2} + \frac{50}{49.1} + \frac{126 - 100}{570}\right) \times 2 = 4.25\text{mm}$$

（2）2～10m：$l/b = 4$，$z/b = 10/7.5 = 1.333$，查表得：$\overline{\alpha} = 0.2241$

基底土层平均附加压力：

$$\overline{p}_0 = -18 \times 6 \times 4 \times \frac{10 \times 0.2241 - 2 \times 0.2494}{10 - 2} = -94.08\text{kPa}$$

基底土层卸压前平均自重压力：$\overline{p}_{cz} = 18 \times 8 + 19 \times 4 = 220\text{kPa}$

基底土层卸压后平均压力：$\overline{p}'_{cz} = 220 - 94.08 = 125.92\text{kPa}$

$$s_2 = \frac{220 - 125.92}{280} \times 8 = 2.69\text{mm}$$

$$s = 1.0 \times (4.25 + 2.69) = 6.94\text{mm}$$

【点评】

①根据《建筑地基基础设计规范》第 5.3.10 条；②土的回弹模量应根据不同应力段计算，经验系数取 1.0；③第二段 2～10m 的平均附加应力 = 应力面积 ÷ 土层厚度。

题 2-137 某工程采用筏形基础，基础平面尺寸 40m × 20m，无地下水，基础埋深 8m，基底以下各土层均为超固结土，勘察时得到土层的参数如表 2-10-73 所示，黏土层的平均先期固结压力$p_c = 250$kPa，基底附加应力$p_0 = 400$kPa，估算筏板基底中心点下的回弹量和再压缩量之和最接近下列哪个选项？

题 2-137 表　　表 2-10-73

土层	层厚（m）	重度γ（kN/m³）	初始孔隙比e_0	再压缩指数C_e	压缩指数C_c
①粉质黏土	6	18	0.85	0.13	0.45
②黏土	10	19	0.68	0.09	0.35
③基岩	—	22	不考虑回弹和压缩		

（A）0.5m　（B）0.8m　（C）1.0m　（D）1.4m

【解】

（1）开挖前：$\overline{p}_{cz1} = 18 \times 6 + 19 \times (2 + 8/2) = 222$kPa

开挖后：$p_0 = -(18 \times 6 + 19 \times 2) = -146$kPa，$l/b = 2$，$z/b = 0.8 \Rightarrow \overline{\alpha} = 0.2403$

$\overline{p}_{cz1} + \overline{p}_z = 222 - 146 \times 4 \times 0.2403 = 81.66$kPa

$$s_c = \frac{8}{1 + 0.68} \times 0.09 \times \lg\frac{222}{81.66} = 0.186\text{m}$$

（2）完工后：$p_0 = 400$kPa，$p_z = 4 \times 400 \times 0.2403 = 384.5$kPa

$p_z + \overline{p}_{cz1} = 384.48 + 222 = 606.5$kPa

$$s' = \frac{8}{1 + 0.68}\left(0.09 \times \lg\frac{250}{81.66} + 0.35 \times \lg\frac{606.5}{250}\right) = 0.850\text{m}$$

（3）$s_c + s' = 0.186 + 0.850 = 1.036$m

【点评】

土层自重应力 + 附加应力大于先期固结压力时，压力段分两段：先回弹再压缩；沉降计算也应该分为两部分。土层自重应力 + 附加应力小于先期固结压力时，只有回弹一个压力段和回弹压缩沉降量。因此，沉降计算前要先掌握回弹再压缩变形计算过程的压力段分布。

10.3.4 回弹再压缩变形——《建筑地基基础设计规范》第5.3.11条及条文说明

因基坑卸荷量大，出现拟建建筑物的基底压力p（即再加荷量）小于或等于基坑开挖的卸荷量p_c（被挖除部分土体的自重压力），此时土体在“再加荷量作用下”发生的回弹再压缩沉降s_c'不一定等于基坑开挖造成的卸荷回弹变形s_c，需要根据基底压力大小进行计算。回弹再压缩变形量计算可采用再加荷的压力小于卸荷土的自重压力段内再压缩变形线性分布的假定，按表2-10-74进行计算。

回弹再压缩变形计算（适用$p \leqslant p_c$） 表2-10-74

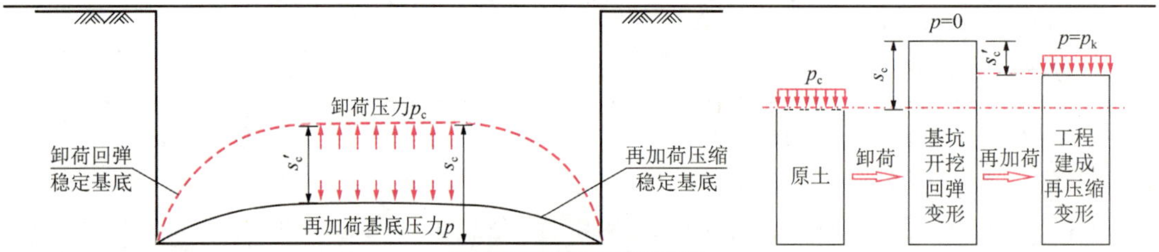

回弹再压缩过程示意图

回弹再压缩过程：

（1）基坑开挖→造成地基土被卸荷p_c→地基土产生卸荷回弹变形s_c；

（2）建筑物施工→造成地基土被再加荷p→地基土产生回弹再压缩变形s_c'；

（3）再压缩比率$r' = \dfrac{s_c'}{s_c}$；再加荷比$R' = \dfrac{p}{p_c}$

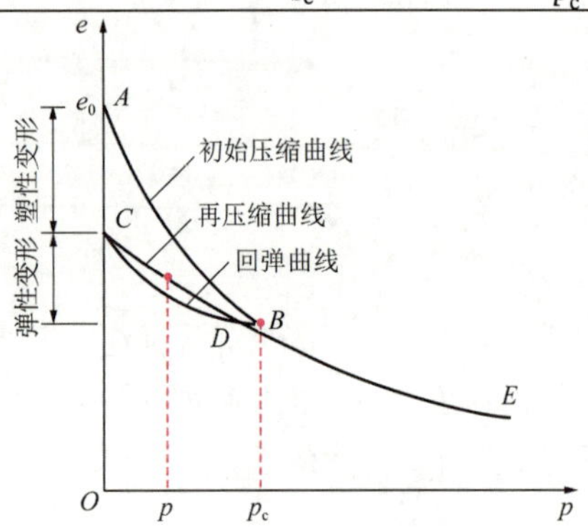

e-p坐标系中的卸载重加载曲线

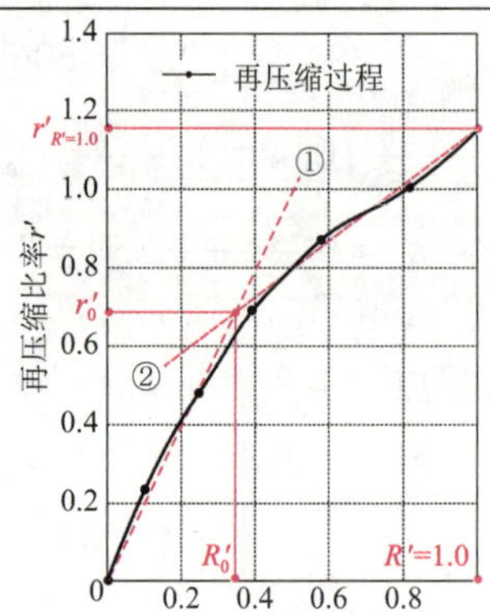

再加荷比R'

$p < R_0' p_c$时	$s_c' = r_0' s_c \dfrac{p}{p_c R_0'}$
$R_0' p_c \leqslant p \leqslant p_c$时	$s_c' = s_c \left[r_0' + \dfrac{r'_{R'=1.0} - r_0'}{1 - R_0'} \left(\dfrac{p}{p_c} - R_0' \right) \right]$

s_c'——地基土回弹再压缩变形量（mm）；

s_c——地基的回弹变形量（mm）；

p——再加荷的基底压力（kPa）；

p_c——基坑底面处地基土的自重应力（kPa）；

r_0'——临界再压缩比率，相应于**再压缩比率**与**再加荷比**关系曲线上两段线性交点对应的再压缩比率，由土的固结回弹再压缩试验确定；

R_0'——临界再加荷比，相应于**再压缩比率**与**再加荷比**关系曲线上两段线性交点对应的再加荷比，由土的固结回弹再压缩试验确定；

$r'_{R'=1.0}$——对应于再加荷比$R' = 1.0$时的再压缩比率，由土的固结回弹再压缩试验确定，其值等于回弹再压缩变形增大系数

题 2-138 某建筑基坑大小为 15m × 45m，开挖深度6m，采用箱形基础，基础尺寸为15m × 45m，地基土天然重度为 $18kN/m^3$，无地下水，测得基坑中心的回弹变形最终量为 49.8mm，最终再加荷压力为78kPa，地基土的固结回弹再压缩试验成果如图 2-10-89 所示，根据《建筑地基基础设计规范》GB 50007—2011，计算基坑中点的最终再压缩变形量最接近下列哪个选项？

(A) 36.0mm

(B) 48.5mm

(C) 61.5mm

(D) 72.0mm

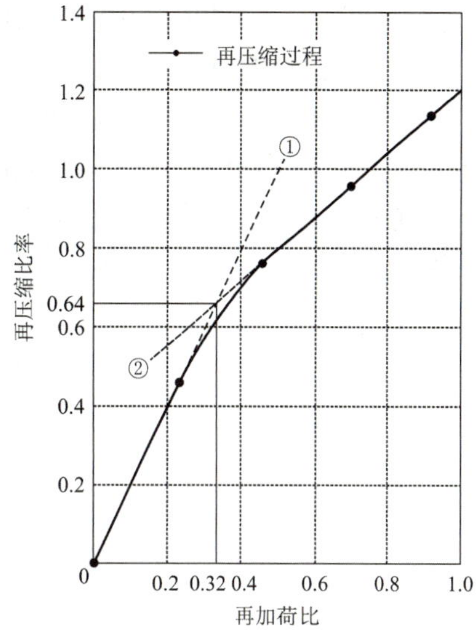

图 2-10-89 题 2-138 图

【解】

(1)由图可知：$R_0'=0.32$，$r_0'=0.64$，$r'_{R'=1.0}=1.2$

$$p_c\cdot R_0'=18\times6\times0.32=34.56\text{kPa}\leqslant p=78\text{kPa}\leqslant p_c=18\times6=108\text{kPa}$$

(2) $$s_c'=\left[r_0'+\frac{r'_{R'=1.0}-r_0'}{1-R_0'}\cdot\left(\frac{p_k}{p_c}-R_0'\right)\right]\cdot s_c$$

$$=\left[0.64+\frac{1.2-0.64}{1-0.32}\times\left(\frac{78}{108}-0.32\right)\right]\times49.8=48.37\text{mm}$$

【点评】

①根据《建筑地基基础设计规范》第 5.3.11 条；②理解了再加荷比和再压缩比率概念，直接套公式。

题 2-139 (20D05)某大面积地下建筑工程，基坑开挖前基底平面处地基土的自重应力为 400kPa，由土的固结试验获得基底下地基土的回弹再压缩参数，并确定其再压缩比率与再加荷比关系曲线如图 2-10-90 所示。已知基坑开挖完成后基底中心点的地基回弹变形量为 50mm，工程建成后的基底压力为 100kPa，按照《建筑地基基础设计规范》GB50007—2011 计算工程建成后基底中心点的地基沉降变形量，其值最接近下列哪个选项？

(A) 12mm (B) 15mm

(C) 30mm (D) 45mm

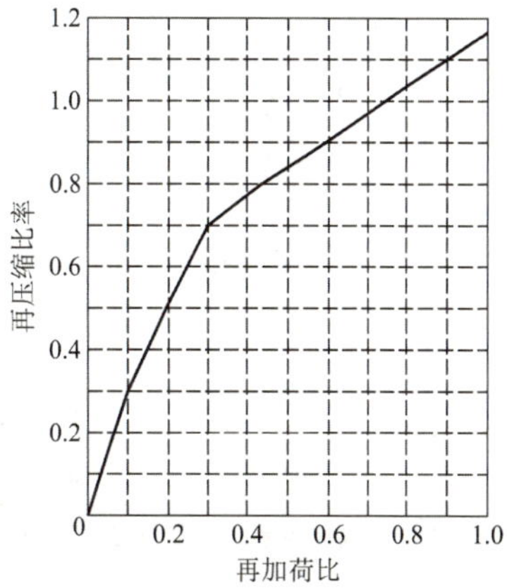

图 2-10-90 题 2-139 图

【解】

(1) 再加荷比 $\dfrac{p}{p_c}=\dfrac{100}{400}=0.25$，查图再压缩比率为 0.6

(2) $s_c'=0.6\times50=30\text{mm}$

【点评】

①根据《建筑地基基础设计规范》第 5.3.11 条；②再加荷的压力小于临界再加荷的压力时，变形位于第一个直线段上，本题临界再加荷比为 0.3，临界再压缩比率为 0.7，直接根据再加荷比查取再压缩比率，2019 年华山论剑模拟题四第 8 题押中此题。

题 2-140 （22D06）某建筑物采用筏形基础尺寸为 30m × 150m，基坑开挖深度 12m，荷载准永久组合时基底压力为 216kPa。地层条件如图 2-10-91 所示。地下水位埋深 30m。②层回弹模量为 105MPa，压缩模量为 15MPa，再压缩比率与再加荷比关系曲线如图所示。基础施工时基底回弹变形已全部完成，计算建筑荷载作用下基础中心点沉降量最接近下列哪个选项？（变形计算深度取 12m，不考虑基底层及地基相对硬层的影响，回弹计算经验系数取 1.0）

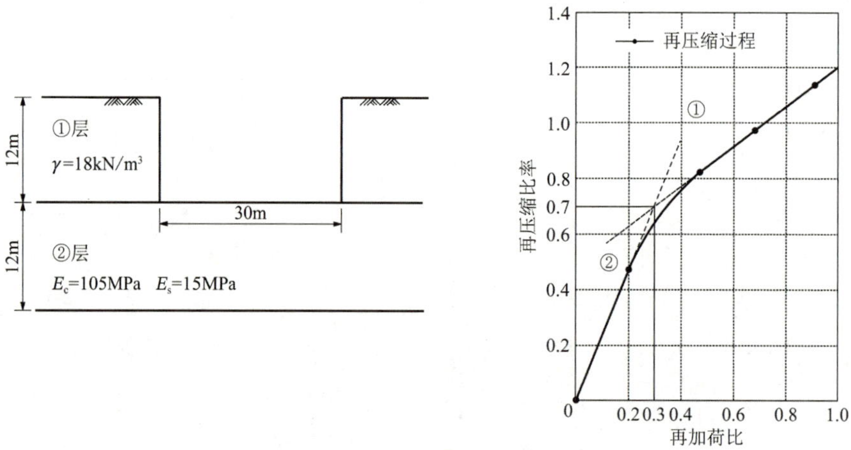

图 2-10-91 题 2-140 图

（A）24mm （B）29mm （C）34mm （D）39mm

【解】

（1）$p_c = 12 \times 18 = 216$kPa，则 $p = p_c$

由图可知：$r_0' = 1.2$，故再压缩变形 $s_c' = 1.2 s_c$

（2）$\dfrac{l}{b} = \dfrac{75}{15} = 5$，$\dfrac{z}{b} = \dfrac{12}{15} = 0.8$，查表 $\overline{\alpha} = 0.2410$

$$s_c = 1.0 \times \frac{216}{105} \times 12 \times 4 \times 0.2410 = 23.80\text{mm}$$

（3）$s_c' = 1.2 \times 23.8 = 28.56$mm

【点评】

①根据《建筑地基基础设计规范》第 5.3.10 条、第 5.3.11 条；②当 $p = p_c$ 时，《建筑地基基础设计规范》公式(5.3.11)可简化计算回弹再压缩变形 = 1.2 倍的回弹变形，本题应通过理解回弹变形及再压缩原理，快速答题。

10.3.5 地面堆载引起柱基沉降——《建筑地基基础设计规范》附录 N

在建筑范围内有地面荷载的单层工业厂房、露天车间和单层仓库的设计，应考虑由于地面荷载所产生的地基不均匀变形对其上部结构的不利影响。

由地面荷载引起柱基内侧边缘中点的地基附加沉降计算可按以下方法计算：

（1）地面荷载**计算范围**：**横向**取 5 倍柱基宽度为 $5b$，**纵向**为实际堆载长度 a。

（2）当荷载范围横向宽度 B 超过 $5b$ 时，按 $5b$ 计算；当荷载范围横向宽度小于 $5b$ 或荷载不均匀时，应换算成宽度为 $5b$ 的**等效均布**地面荷载再进行计算。

（3）换算时，将柱基两侧地面荷载（折算后宽度 $5b$）按每段 $0.5b$ 分成 10 个区段，然后按表 2-10-75 计算等效均布地面荷载。

等效均布地面荷载计算　　表 2-10-75

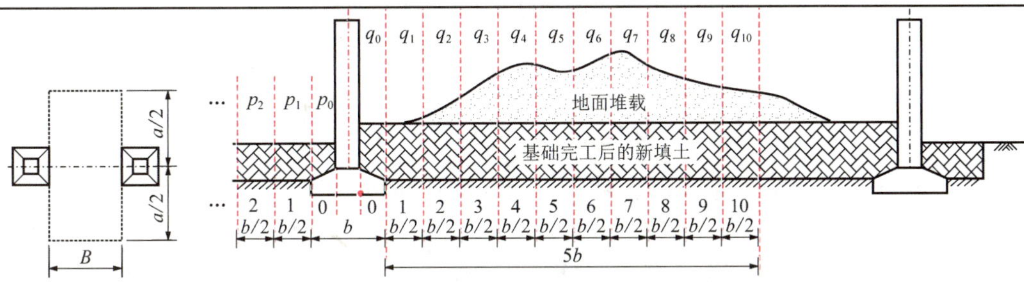

平面图　　**地面荷载 10 个区段划分简图**

$$q_{eq}=0.8\left(\sum_{i=0}^{10}\beta_i q_i-\sum_{i=0}^{10}\beta_i p_i\right)$$

q_{eq}——等效均布地面荷载（kPa），计算结果正值表示柱基将内倾，负值表示将外倾；

q_i、p_i——柱内侧、外侧第 i 区段内的平均地面荷载（kPa）；

β_i——第 i 区段的地面荷载换算系数（权重系数），按下表取值

第 i 区段的地面荷载换算系数 β_i

区段	0	1	2	3	4	5	6	7	8	9	10
$\frac{a}{5b}\geqslant 1$	0.30	0.29	0.22	0.15	0.10	0.08	0.06	0.04	0.03	0.02	0.01
$\frac{a}{5b}<1$	0.52	0.40	0.30	0.13	0.08	0.05	0.02	0.01	0.01	—	—

注：a——地面荷载的纵向长度（m）；b——车间跨度方向基础底面边长（m）；β_i 相当于不均布荷载的权重系数，把荷载按权重分配来计算等效均布地面荷载，离柱基越近，对柱边中点沉降影响的贡献越大，权重系数 β_i 就越大；1～10 个区段 β_i 相加等于 1.0

（4）柱基**内侧边缘中点**的地基附加沉降量，可根据分层总和法，按表 2-10-76 验算

柱基内侧边缘中点的地基附加沉降量验算　　表 2-10-76

$$s'_g=\sum_{i=1}^{n}\frac{q_{eq}}{E_{si}}(z_i\overline{\alpha}_i-z_{i-1}\overline{\alpha}_{i-1})\leqslant[s'_g]$$

s'_g——柱基内侧边缘中点的地基附加沉降量（mm）；

$[s'_g]$——地基附加沉降量允许值（mm）

地基附加沉降量允许值 $[s'_g]$（mm）（a、b 同表 2-10-75）

b	a							
	6	10	20	30	40	50	60	70
1	40	45	50	55	55			
2	45	50	55	60	60			
3	50	55	60	65	70	75		
4	55	60	65	70	75	80	85	90
5	65	70	75	80	85	90	95	100

注：$\overline{\alpha}_i$ 查表后 ×2，不是 ×4

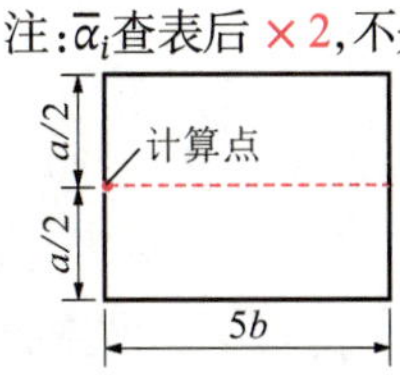

题 2-141 （16C08）柱基 A 宽度$b = 2m$，柱宽度为 0.4m，柱基内外侧回填土及地面堆载的纵向长度均为 20m，柱基内、外侧回填土厚度分别为 2.0m、1.5m，回填土的重度为 18kN/m³，内侧地面堆载为 30kPa，回填土及堆载范围见图 2-10-92。根据《建筑地基基础设计规范》GB 50007—2011，计算回填土及地面堆载作用下柱基 A 内侧边缘中点的地基附加沉降量时，其等效均布地面荷载最接近下列哪个选项的数值？

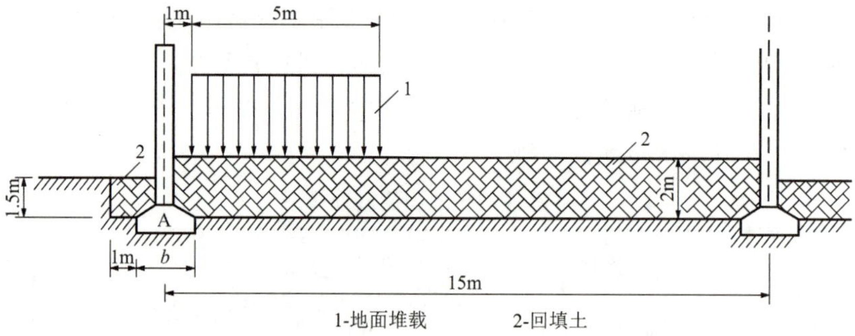

图 2-10-92 题 2-141 图

（A）40kPa （B）45kPa （C）50kPa （D）55kPa

【解法一】（常规）

（1）荷载不均匀，应换算成宽度为$5b$等效均布荷载

（2）柱内侧填土荷载：$2 \times 18 = 36$kPa，柱内侧填土荷载 + 堆载：$36 + 30 = 66$kPa，柱外侧填土荷载：$1.5 \times 18 = 27$kPa，$\frac{a}{5b} = \frac{20}{5 \times 2} = 2 > 1$，所以地面荷载换算系数$\beta_i$按表 2-10-77 取值。

解 2-141 表 表 2-10-77

区段		0	1	2	3	4	5	6	7	8	9	10
$a/5b \geqslant 1$		0.30	0.29	0.22	0.15	0.10	0.08	0.06	0.04	0.03	0.02	0.01
	填土	36	36	36	36	36	36	36	36	36	36	36
柱内侧q_i	堆载	0	30	30	30	30	30	0	0	0	0	0
	合计	36	66	66	66	66	66	36	36	36	36	36
柱外侧p_i	填土	27	27	0	0	0	0	0	0	0	0	0

（3）$q_{eq} = 0.8 \times (\Sigma\beta_i q_i - \Sigma\beta_i p_i) = 0.8 \times [0.3 \times 36 + (0.29 + 0.22 + 0.15 + 0.1 + 0.08) \times 66 + (0.06 + 0.04 + 0.03 + 0.02 + 0.01) \times 36 - (0.3 + 0.29) \times 27] = 44.86\text{kPa}$

【解法二】（快速）

（1）$\frac{a}{5b} = \frac{20}{5 \times 2} = 2 > 1$

（2）$q_{eq} = 0.8 \times [1.3 \times 18 \times 2 + (0.29 + 0.22 + 0.15 + 0.1 + 0.08) \times 30 - (0.3 + 0.29) \times 18 \times 1.5] = 44.86\text{kPa}$

【点评】

①根据《建筑地基基础设计规范》第 7.5.5 条、附录 N；②理解了原理，用解法二可一步到位，不用列表，节省时间，第一步先计算$a/5b = 20/(5 \times 2) = 2 > 1$不能省，这是为了确定第二步的$\beta_i$，然后第二步等效计算；③$\beta_i$相当于是荷载的权重系数，让荷载重新分布，距柱子越近，权重系数β_i越大；④如图所示内侧填土 $18 \times 2 = 36$kPa 是全分布的，β_i的和是 1.3，内侧堆载 30kPa 分布有五段β_i的和是 $0.29 + 0.22 + 0.15 + 0.10 + 0.08$，外侧填土 $18 \times 1.5 = 27$kPa 分布有两段，β_i的和是 $0.3 + 0.29$。

题 2-142　单层工业厂房，跨度 24m，柱基底面边长$b=3.5$m，基础埋深 1.7m，地基为均质土，土的压缩模量$E_s=4.0$MPa，堆载纵向长度$a=35$m，厂房填土在基础完工后填筑，地面荷载大小和范围如图 2-10-93 所示，厂房内地面堆载$q_1=20$kPa，柱内侧填土荷载$q_2=15.2$kPa，柱子外侧填土荷载$q_3=9.5$kPa，计算由于地面荷载作用下柱基内侧边缘中点的地基附加变形值并判断是否符合《建筑地基基础设计规范》GB 50007—2011 的要求，则下列哪个选项是正确的？（沉降变形计算深度取 28m）

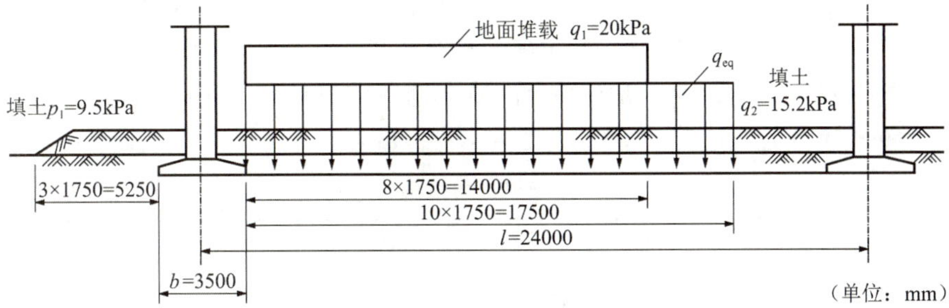

图 2-10-93　题 2-142 图

（A）67mm，满足规范要求　　（B）67mm，不满足规范要求

（C）137mm，满足规范要求　　（D）137mm，不满足规范要求

【解】

（1）$\dfrac{a}{5b}=\dfrac{35}{5\times3.5}=2>1$

$$q_{eq}=0.8\times[(1-0.02-0.01)\times20+1.3\times15.2-(0.3+0.29+0.22)\times9.5-0.15\times\frac{9.5}{2}]=24.60\text{kPa}$$

（2）$l/b=17.5/17.5=1$，$z/b=28/17.5=1.6$，$\overline{\alpha}=0.1939$

（3）$s'_g=\dfrac{24.6}{4}\times28\times2\times0.1939=66.78$mm，

查表$[s'_g]=70$mm，$s'_g<[s'_g]$，满足要求

【点评】

①根据《建筑地基基础设计规范》第 7.5.5 条及条文说明，有详细算例；②理解了原理，不用列表，节省时间，第一步先计算$a/5b=20/(5\times2)=2>1$不能省，这是为了确定第二步中的β_i，然后第二步等效计算；③β_i相当于是荷载的权重系数，让荷载重新分布，距柱子越近，权重系数β_i越大；④如图所示内侧填土 15.2kPa 是全分布的，β_i和是 1.3，内侧堆载 20kPa 分布有八段，β_i和是（$1-0.02-0.01$），外侧填土 9.5kPa 分布有三段，β_i和是（$0.3+0.29+0.22$），三角形荷载 9.5/2kPa 分布有一段，β_i是 0.15；⑤注意计算位置为柱基内侧边缘中点，类似于计算矩形基础边线中点处沉降，分两块叠加。

10.4　基础设计

10.4.1　无筋扩展基础——《建筑地基基础设计规范》第8.1节

无筋扩展基础是指由砖、毛石、灰土、三合土、混凝土或毛石混凝土等材料组成的墙下条形基础或柱下独立基础。无筋扩展基础适用于多层民用建筑和轻型厂房。

基础底面尺寸确定后，就要确定基础的构造尺寸，因无筋扩展基础（刚性基础）抗压性能好，抗拉、抗弯性能差，为适应这种特点，刚性基础要求一定的构造形式。如表2-10-78中图所示，要求α角不大于刚性角，即b/H不大于允许值，否则基础外伸长度较大时，由于基础材料抗弯强度不足而断裂。b/H的允许值根据基础材料和基底压力大小而定。按刚性角要求，无筋扩展基础高度H_0应满足表2-10-78的要求。

无筋扩展基础　　**表2-10-78**

$$H_0 \geqslant \frac{b-b_0}{2\tan\alpha}$$

式中：H_0——基础高度（m），比基础埋深d小；

b——基础底面宽度（m）；

b_0——基础顶面的墙体宽度或柱脚宽度（m）；

b_2——基础台阶宽度（m）；

$\tan\alpha$——基础台阶宽高比$b_2:H_0$，其允许值按下表

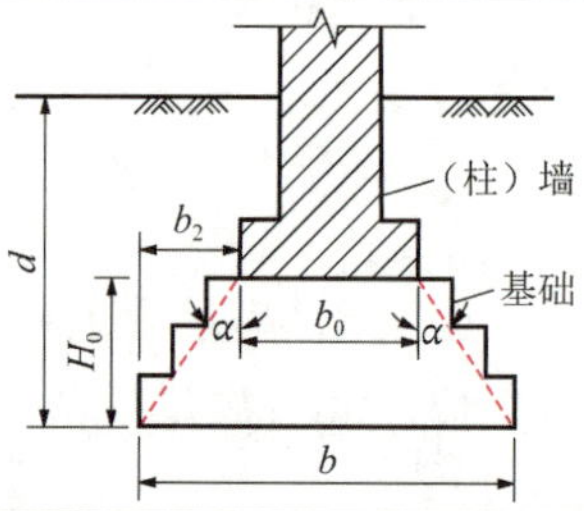

无筋扩展基础台阶宽高比的允许值

基础材料	质量要求	台阶宽高比的允许值		
		$p_k \leqslant 100$	$100 < p_k \leqslant 200$	$200 < p_k \leqslant 300$
混凝土基础	C15混凝土	1:1.00	1:1.00	1:1.25
毛石混凝土基础	C15混凝土	1:1.00	1:1.25	1:1.50
砖基础	砖不低于MU10，砂浆不低于M5	1:1.50	1:1.50	1:1.50
毛石基础	砂浆不低于M5	1:1.25	1:1.50	—
灰土基础	体积比为3:7或2:8的灰土	1:1.25	1:1.50	—
三合土基础	石灰、砂、骨料体积比为1:2:4～1:3:6	1:1.50	1:2.00	—

注：1. p_k为作用标准组合时基础底面处的平均压力值（kPa）；

2. 阶梯形毛石基础的每阶伸出宽度，不宜大于200mm；

3. 混凝土基础单侧扩展范围内基础底面处的平均压力值超过300kPa时（$p_k > 300$kPa），尚应按下列公式对墙（柱）边缘或变阶处进行**抗剪验算**：

$$V_s \leqslant 0.366 f_t A$$

同时验算： $H_0 \geqslant \frac{b-b_0}{2\tan\alpha}$

式中：V_s——相应于作用基本组合时的地基土平均净反力产生的沿墙（柱）边缘或变阶处的剪力设计值（kN）；

f_t——混凝土轴心抗拉强度设计值（kPa）；

A——沿墙（柱）边缘或变阶处基础的垂直截面面积（m^2）。

题 2-143 （10C06）某毛石基础如图 2-10-94 所示，荷载效应标准组合时，基础底面处的平均压力值为 110kPa，基础砂浆强度等级为 M5，根据《建筑地基基础设计规范》GB 50007—2011 设计，求基础高度H_0至少应取下列哪个选项？

（A）0.5m　　（B）0.75m

（C）1.0m　　（D）1.5m

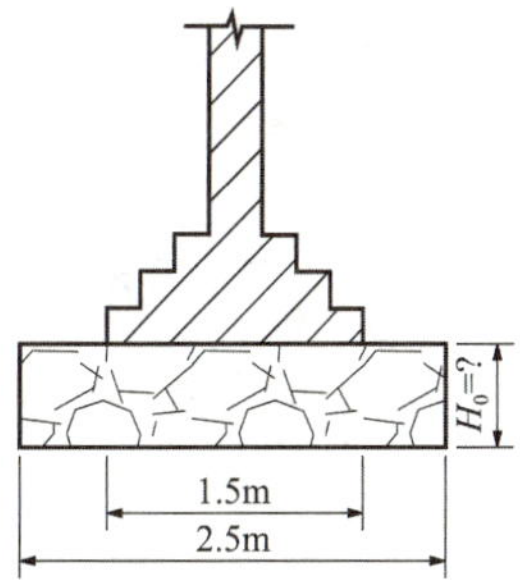

图 2-10-94　题 2-143 图

【解】

（1）毛石基础，$p_k = 110\text{kPa}$，查表得$\tan\alpha = 1:1.5$

（2）$H_0 \geqslant \dfrac{b-b_0}{2\tan\alpha} = \dfrac{2.5-1.5}{2\times 1/1.5} = 0.75\text{m}$

【点评】

①根据《建筑地基基础设计规范》第 8.1.1 条；②考点为无筋扩展基础高度计算，根据基础材料的类型和基底压力p_k查表确定允许的宽高比。

【同类型真题】 07C07、08D06

题 2-144 （14C06）柱下方形基础采用 C15 素混凝土建造，柱脚截面尺寸为 0.6m × 0.6m，基础高度$H = 0.7\text{m}$，基础埋深$d = 1.5\text{m}$，场地地基土为均质黏性土，重度$\gamma = 19.0\text{kN/m}^3$，孔隙比$e = 0.9$，地基承载力特征值$f_{ak} = 180\text{kPa}$，地下水位埋藏很深。基础顶面的竖向力为 580kN，根据《建筑地基基础设计规范》GB 50007—2011 的设计要求，满足设计要求的最小基础宽度为下列哪个选项？（基础和基础土的平均重度取 20kN/m³）

（A）1.8m　　（B）1.9m　　（C）2.0m　　（D）2.1m

【解】

（1）查表$\eta_b = 0$，$\eta_d = 1$，$f_a = 180 + 0 + 1\times 19\times(1.5-0.5) = 199\text{kPa}$

$\dfrac{580}{b^2} + 20\times 1.5 \leqslant 199 \Rightarrow b \geqslant 1.85\text{m}$

（2）$p_k \leqslant f_a = 199\text{kPa}$，查得$\tan\alpha = 1:1 = 1$

$H_0 \geqslant \dfrac{b-b_0}{2\tan\alpha} \Rightarrow b \leqslant b_0 + 2H_0\tan\alpha = 0.6 + 2\times 0.7\times 1 = 2.0\text{m}$

（3）故 $1.85\text{m} \leqslant b \leqslant 2.0\text{m}$，最小宽度可取$b = 1.9\text{m}$

【点评】

①根据《建筑地基基础设计规范》第 5.2.1 条、第 5.2.4 条、第 8.1.1 条；②在基础高度及基础埋深确定的条件下，地基承载力控制基础宽度的最小值，无筋扩展基础宽高比控制基础的最大宽度值，两个条件必须都验算。

题 2-145 （18C08）某毛石混凝土条形基础顶面的墙体宽度为 0.72m，毛石混凝土强度等级 C15。基底埋深 1.5m，无地下水，上部结构传至地面处的竖向压力标准组合$F = 200\text{kN/m}$，地基持力层为粉土，其天然重度$\gamma = 17.5\text{kN/m}^3$，经深宽修正后的地基承载力特征值$f_a = 155.0\text{kPa}$，基础及其上覆土重度取 20kN/m³，按《建筑地基基础设计规范》GB 50007—2011 规定确定此基础高度，满足设计要求的最小高度值最接近以下何值？

（A）0.35m　　（B）0.44m　　（C）0.55m　　（D）0.70m

【解】

（1）$p_k = \dfrac{200}{b} + 20\times 1.5 \leqslant 155$，解得：$b \geqslant 1.6\text{m}$

（2）取$b = 1.6\text{m}$，则 $100\text{kPa} < p_k = 155\text{kPa} < 200\text{kPa}$

C15 毛石混凝土，查表$\tan\alpha = 1:1.25$

（3）$H_0 \geqslant \dfrac{1.6 - 0.72}{2 \times 1/1.25} = 0.55\text{m}$

【点评】

①根据《建筑地基基础设计规范》第 5.2.1 条、第 8.1.1 条；②常规考点：无筋扩展基础高度计算；③看清竖向力作用位置为地面，基底压力p_k要加上基础自重$\gamma_G d$。

题 2-146 （08C10）柱下素混凝土方形基础顶面的竖向力$F_k = 570\text{kN}$，基础宽度为 2.0m，柱脚宽度 0.40m。室内地面以下 6m 深度内为均质粉土层，$\gamma = \gamma_m = 20\text{kN/m}^3$，$f_{ak} = 150\text{kPa}$，黏粒含量$\rho_c = 7\%$。根据以上条件和《建筑地基基础设计规范》GB 50007—2011，柱基础埋深应不小于下列哪个选项？（基础与基础上土的平均重度$\gamma = 20\text{kN/m}^3$）

（A）0.50m　　（B）0.70m　　（C）0.80m　　（D）1.00m

【解】

（1）素混凝土基础，假设$p_k \leqslant 200\text{kPa}$，则$\tan\alpha = 1:1$

基础高度$H_0 \geqslant \dfrac{b - b_0}{2\tan\alpha} = \dfrac{2 - 0.4}{2 \times 1} = 0.8\text{m}$

$p_k = \dfrac{570}{2 \times 2} + 20 \times 0.8 = 158.5\text{kPa} < 200\text{kPa}$，假设成立

（2）考虑承载力要求：

$p_k = \dfrac{570}{2 \times 2} + 20d \leqslant f_a = 150 + 2 \times 20 \times (d - 0.5) \Rightarrow d \geqslant 0.625\text{m}$

（3）基础埋深取大值，不应小于 0.8m

【点评】

①根据《建筑地基基础设计规范》第 5.2 节、第 8.1.1 条，柱基础的高度即为基础埋深；②承载力验算、基础构造要求算出d取大值，常考考点，应熟练运用假设条件求解。

题 2-147 某条形基础墙厚 0.24m，作用的竖向荷载$F_k = 261\text{kN/m}$，基础埋深$d = 1.8\text{m}$，地基土为黏性土，$e = 0.9$，$I_L = 0.7$，$\gamma = 20\text{kN/m}^3$，浅层平板载荷试验的地基承载力特征值$f_{ak} = 150\text{kPa}$，在质量要求均满足的前提下，试计算毛石基础、毛石混凝土基础和素混凝土基础的高度。

【解】

（1）$e = 0.9$的黏性土，$f_a = 150 + 1 \times 20 \times (1.8 - 0.5) = 176\text{kPa}$

（2）$p_k = \dfrac{F_k + G_k}{bl} = \dfrac{261 + 20 \times 1.8 \times b}{b} \leqslant f_a = 176\text{kPa} \Rightarrow b \geqslant 1.86\text{m}$

（3）毛石基础，$100\text{kPa} < p_k < 200\text{kPa}$，查得$\tan\alpha = 1:1.5$

$H_0 \geqslant \dfrac{b - b_0}{2\tan\alpha} = \dfrac{1.86 - 0.24}{2 \times 1/1.5} = 1.22\text{m}$

（4）毛石混凝土基础，查得$\tan\alpha = 1:1.25$

$H_0 \geqslant \dfrac{b - b_0}{2\tan\alpha} = \dfrac{1.86 - 0.24}{2 \times 1/1.25} = 1.01\text{m}$

（5）素混凝土基础，$\tan\alpha = 1:1$

$H_0 \geqslant \dfrac{b - b_0}{2\tan\alpha} = \dfrac{1.86 - 0.24}{2 \times 1} = 0.81\text{m}$

【点评】

根据《建筑地基基础设计规范》第 5.2.4 条、第 8.1.1 条。

题 2-148 某建筑采用墙下素混凝土基础，基础宽度 1.5m，设计基础埋深 2.0m（图 2-10-95），作用于基础顶面标准组合下轴心竖向力$F_k = 480$kN，混凝土强度等级为 C20，根据《建筑地基基础设计规范》GB 50007—2011，满足规范要求所需的基础最小高度最接近下列哪个选项？（台阶宽高比的允许值取 1：1.25）

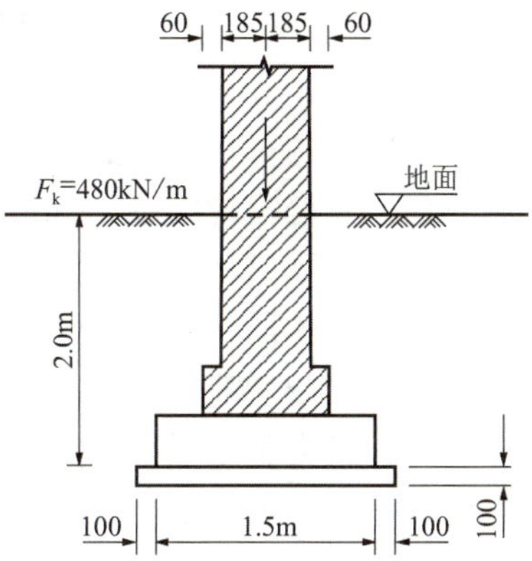

图 2-10-95 题 2-148 图

（A）0.54m （B）0.63m （C）0.74m （D）0.82m

【解】

（1）$p_k = \dfrac{480}{1.5} + 20 \times 2 = 360\text{kPa} > 300\text{kPa}$

$$V_s = p_j \cdot A_l = 1.35 \times \frac{480}{1.5} \times \left(\frac{1.5}{2} - 0.06 - 0.185\right) = 218.16\text{kN/m}$$

（2）混凝土强度等级 C20，查表$f_t = 1.10\text{N/mm}^2$

$V_s \leqslant 0.366 f_t A$，即：$218.16 \leqslant 0.366 \times 1.10 \times 10^3 \times H_0$，解得：$H_0 \geqslant 0.54$m

（3）$H_0 \geqslant \dfrac{b - b_0}{2\tan\alpha} = \dfrac{1.5 - 2 \times (0.06 + 0.185)}{2 \times 1/1.25} = 0.63\text{m}$

（4）取大值，$H_0 \geqslant 0.63$m

【点评】

①根据《混凝土结构设计规范》第 4.1.4 条、《建筑地基基础设计规范》第 8.1.1 条及条文说明；②第一步的基底压力采用标准组合，第二步地基净反力采用基本组合，注意区分。

10.4.2 扩展基础——《建筑地基基础设计规范》第8.2节

（1）基本原理

扩展基础包括柱下钢筋混凝土单独基础和墙下钢筋混凝土条形基础。由于采用钢筋承担弯曲所产生的拉应力，基础不需要满足刚性角的要求，高度可以较小，但需要满足抗弯、抗剪、抗冲切破坏以及局部抗压的要求，即通过冲切或剪切验算确定基础高度和混凝土强度，通过基础底板抗弯验算确定基础底板配筋。一般情况下，工程中通过提高基础高度或提高基础混凝土强度，以达到提高基础的抗冲切或剪切的能力；通过提高基础底板配筋率，以达到提高基础底板的抗弯能力。

扩展基础可视为连接上部结构与地基的一个钢筋混凝土构件，在对其进行强度验算时，应采用承载能力极限状态下作用的**基本组合**，**设计值＝标准值×1.35**。扩展基础是一种受弯和受剪的钢筋混凝土构件，在荷载作用下，可能发生如下几种破坏形式。

①**冲切破坏**：构件在弯、剪荷载共同作用下，主要的破坏形式是先在弯剪区域出现斜裂缝，随着荷载增加，裂缝向上扩展，未开裂部分的正应力和剪应力迅速增加。当正应力和剪应力组合后的主应力出现拉应力，且大于混凝土的抗拉强度时，斜裂缝被拉断，出现斜拉破坏，在扩展基础上也称冲切破坏，如图2-10-96（a）所示。一般情况下，冲切破坏控制扩展基础的高度。基础在柱下集中或局部荷载作用下，出现沿应力扩散角（45°）破裂的现象。多发生于“双向受力”状态下的独立基础中（一般基础长短边较为接近），形成四个剪切斜面组成的四面锥体。

②**剪切破坏**：当单独基础的宽度较小，冲切破坏锥体可能落在基础以外时，可能在柱与基础交接处或台阶的变阶处沿着铅直面发生剪切破坏，如图2-10-96（b）所示。基础在柱下集中或局部荷载作用下，沿最不利斜截面发生受剪破坏的现象，多发生于“单向受力”状态下的独立基础（一般基础长短边尺寸相差较大）或条形基础中，形成由两个剪切面组成的破坏体。

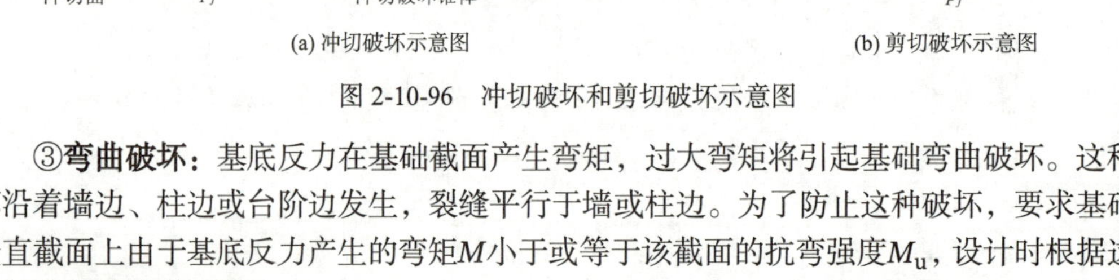

(a) 冲切破坏示意图　　(b) 剪切破坏示意图

图2-10-96　冲切破坏和剪切破坏示意图

③**弯曲破坏**：基底反力在基础截面产生弯矩，过大弯矩将引起基础弯曲破坏。这种破坏沿着墙边、柱边或台阶边发生，裂缝平行于墙或柱边。为了防止这种破坏，要求基础各竖直截面上由于基底反力产生的弯矩M小于或等于该截面的抗弯强度M_u，设计时根据这个条件决定基础的配筋。

（2）规范基本规定

①对柱下独立基础，当冲切破坏锥体落在基础底面以内时，应验算柱与基础**交接处**以及基础**变阶处**的**受冲切**承载力；

②对基础底面短边尺寸小于或等于柱宽加两倍基础有效高度的柱下独立基础，以及墙

下条形基础，应验算柱（墙）与基础**交接处**的基础**受剪切**承载力；（《建筑地基基础设计规范》附录 U 规定变阶处也应验算）

③基础底板的配筋，应按抗弯计算确定；

④当基础的混凝土强度等级小于柱的混凝土强度等级时，尚应验算柱下基础顶面的局部受压承载力。

1. 受冲切验算

独立基础受冲切承载力验算见表 2-10-79，受冲切承载力截面高度影响系数β_{hp}见表 2-10-80，混凝土轴心抗拉强度设计值f_t见表 2-10-81。

独立基础受冲切承载力验算　　表 2-10-79

<table>
<tr><td colspan="2">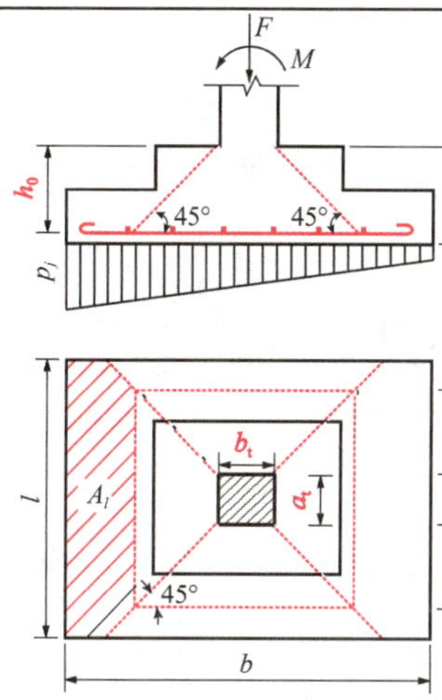

柱与基础交接处</td><td colspan="2">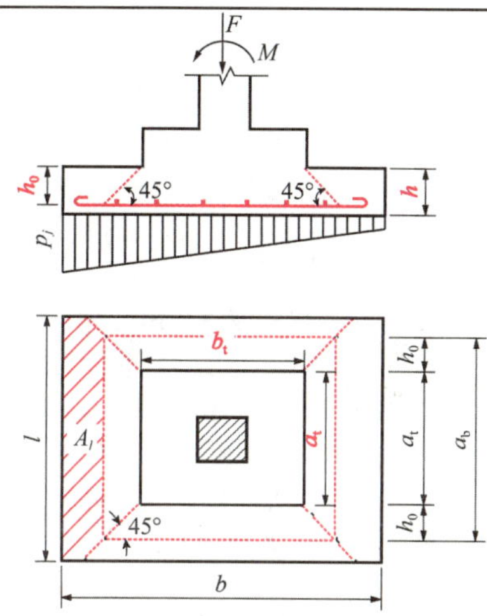

基础变阶处</td></tr>
<tr><td colspan="2">验算公式</td><td colspan="2">$F_L \leqslant 0.7\beta_{hp}f_t a_m h_0$</td></tr>
<tr><td colspan="2">受冲切承载力
$0.7\beta_{hp}f_t a_m h_0$</td><td colspan="2">$a_m=\frac{a_t+a_b}{2}=a_t+h_0$；$h_0=h-$保护层厚度$-\frac{d}{2}$
（未知钢筋直径d时，取$\frac{d}{2}=0.01$m）
$\beta_{hp}=1-\frac{h-0.8}{12}(0.8\text{m}\leqslant h\leqslant 2\text{m})\begin{cases}h\leqslant 0.8\text{m}\rightarrow\beta_{hp}=1\\h\geqslant 2\text{m}\rightarrow\beta_{hp}=0.9\end{cases}$（表 2-10-80）</td></tr>
<tr><td rowspan="4">冲切力设计值F_l</td><td>轴心</td><td>$F_l=p_jA_l\Leftarrow p_j=\frac{F}{A}=\frac{1.35F_k}{A}=1.35\left(p_k-\frac{G_k}{A}\right)$</td><td rowspan="2">$F=1.35F_k$，$G=1.35G_k$
$e_0=\frac{M}{F}$，$e=\frac{M}{F+G}$</td></tr>
<tr><td>偏心</td><td>$F_l=p_{j\max}A_l\Leftarrow p_{j\max}=\frac{F}{A}+\frac{M}{W}=\frac{F}{A}\left(1+\frac{6e_0}{b}\right)$</td></tr>
<tr><td>$b>l$时（**常用**）</td><td>$A_l=\left(\frac{b-b_t}{2}-h_0\right)l-\left(\frac{l-a_t}{2}-h_0\right)^2$</td><td rowspan="2">**方形基础方柱时：**
$A_l=\frac{b^2-(a_t+2h_0)^2}{4}$</td></tr>
<tr><td>$b<l$时（**罕见**）</td><td>$A_l=\left(\frac{b-b_t}{2}-h_0\right)^2+\left(\frac{b-b_t}{2}-h_0\right)(a_t+2h_0)$</td></tr>
<tr><td>重要参数</td><td colspan="3">h_0——基础冲切破坏锥体的有效高度（m）；
d——钢筋直径（m）；
f_t——混凝土轴心抗拉强度设计值（kPa）（表 2-10-81）；
A——基础全底面积（m^2）；
p_j——轴心受压时、扣除基础自重及其上土重G相应于作用的**基本组合**时，地基土单位面积净反力（kPa）；
$p_{j\max}$——轴心受压时、偏心受压时、扣除基础自重及其上土重G相应于作用的**基本组合**时，基础边缘最大地基土单位面积净反力（kPa）</td></tr>
</table>

受冲切承载力截面高度影响系数β_{hp}　　表 2-10-80

h（m）	0.8	0.85	0.9	0.95	1	1.05	1.1	1.15	1.2	1.25	1.3	1.35	1.4
$\beta_{hp}=1-\frac{h-0.8}{12}$	1	0.996	0.992	0.988	0.983	0.979	0.975	0.971	0.967	0.963	0.958	0.954	0.950
h（m）	1.45	1.5	1.55	1.6	1.65	1.7	1.75	1.8	1.85	1.9	1.95	2	
$\beta_{hp}=1-\frac{h-0.8}{12}$	0.946	0.942	0.938	0.933	0.929	0.925	0.921	0.917	0.913	0.908	0.904	0.900	

混凝土轴心抗拉强度设计值f_t（MPa）　　表 2-10-81

强度	混凝土强度等级													
	C15	C20	C25	C30	C35	C40	C45	C50	C55	C60	C65	C70	C75	C80
f_t	0.91	1.10	1.27	1.43	1.57	1.71	1.80	1.89	1.96	2.04	2.09	2.14	2.18	2.22

注：1. 基础的有效高度h_0按结构规定为$h_0=h-a_s$，a_s为受力钢筋重心到受拉区边缘的距离，根据近年官方答案，基础冲切破坏锥体有效高度$h_0=$基础高度$h-$保护层厚度$-$钢筋直径的一半（$d/2$）（未知按惯例取$d/2=0.01$m）。

2. 规范冲切验算公式只验算最不利一侧，最不利一侧冲切力设计值$F_l\leqslant$最不利一侧承载力$0.7\beta_{hp}f_ta_mh_0$。对于**偏心荷载**、矩形柱或矩形基础的**轴心荷载**，存在不利面，只验算最不利一侧的承载力，忽略其他三侧强度的有利影响，是偏于安全的。

但当**方形基础**受**方柱轴心荷载**时，表 2-10-79（规范法）只是验算了一侧的承载力，并不是整个基础的承载力，整个基础均匀受力，四侧均为最不利，整个基础的最大冲切承载力应为四侧承载力之和（图 2-10-97）。

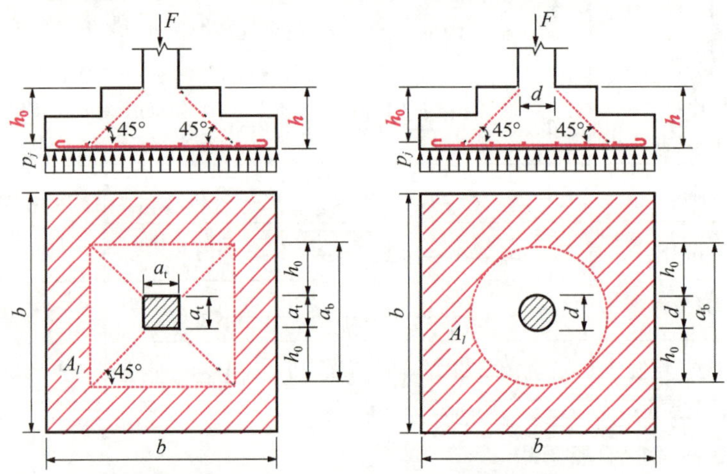

图 2-10-97　冲切破坏和剪切破坏示意图

轴心荷载**方柱**冲切，按下列公式计算。

$$F_l \leqslant 0.7\beta_{hp}f_t a_m h_0 \Leftarrow \begin{cases} F_l = p_j A_l \Leftarrow \begin{cases} p_j = \dfrac{F}{A} = \dfrac{1.35F_k}{A} = 1.35\left(p_k - \dfrac{G_k}{A}\right) \\ A_l = A - (a_t + 2h_0)^2 \end{cases} \\ 0.7\beta_{hp}f_t a_m h_0 \Leftarrow a_m = 4(a_t + h_0) \end{cases}$$

轴心荷载**圆形柱**冲切，按下列公式计算。

$$F_l \leqslant 0.7\beta_{hp}f_t a_m h_0 \Leftarrow \begin{cases} F_l = p_j A_l \Leftarrow \begin{cases} p_j = \dfrac{F}{A} = \dfrac{1.35F_k}{A} = 1.35(p_k - \dfrac{G_k}{A}) \\ A_l = [A - \dfrac{\pi}{4}(d + 2h_0)^2] \end{cases} \\ 0.7\beta_{hp}f_t a_m h_0 \Leftarrow a_m = \pi(d + h_0) \end{cases}$$

式中：A为基础全底面积，方形基础$A = b^2$；圆形基础$A = \dfrac{\pi D^2}{4}$，D为圆形基础底面直径。

注：轴心荷载下变阶处的冲切验算，把上台阶视为柱子即可，计算方法一样。方形柱圆形基础或圆柱圆形基础的冲切验算，同理先确定图 2-10-97 中红色阴影面积，其他计算方法一样。

题 2-149　（14D06）柱下独立方形基础底面尺寸 2.0m × 2.0m，高 0.5m，有效高度 0.45m，混凝土强度等级为 C20（轴心抗拉强度设计值$f_t = 1.1$MPa），柱截面尺寸为 0.4m × 0.4m。基础顶面作用竖向力F，偏心距 0.12m（图 2-10-98）。根据《建筑地基基础设计规范》GB 50007—2011，满足柱与基础交接处受冲切承载力的验算要求时，基础顶面可承受的最大竖向力F（相应于作用的基本组合设计值）最接近下列哪个选项？

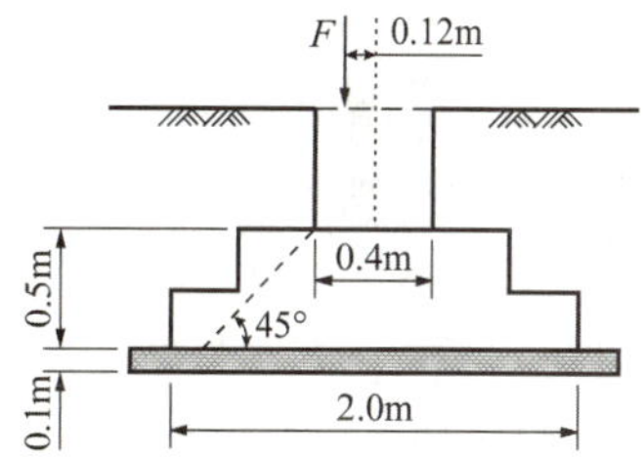

图 2-10-98　题 2-149 图

（A）980kN　　（B）1080kN　　（C）1280kN　　（D）1480kN

【解】

（1）$h = 0.5$m，$\beta_{hp} = 1.0$

$0.7\beta_{hp}f_t a_m h_0 = 0.7 \times 1 \times 1100 \times (0.4 + 0.45) \times 0.45 = 294.5$kN

（2）e <0.12m< $\dfrac{2}{6}$ =0.33m，为小偏心受压

$$F_l = p_{jmax} \cdot A_j = \frac{F}{2 \times 2} \times \left(1 + \frac{6 \times 0.12}{2}\right) \times \left[\frac{2^2 - (0.4 + 2 \times 0.45)^2}{4}\right] = 0.196F$$

（3）$0.196F \leqslant 294.5$，解得：$F \leqslant 1503$kN

【点评】

①根据《建筑地基基础设计规范》第 8.2.8 条；②计算基础边缘处最大地基土单位面积净反力时，需要验算是大偏心还是小偏心，偏心矩肯定是小于净偏心矩 0.12m 的，所以小于$b/6$；③偏心受压，只需验算最不利一侧的冲切承载力是否满足要求。

题 2-150 （17C08）某承受轴心荷载的柱下独立基础图 2-10-99 所示（图中尺寸单位 mm），基础混凝土强度等级为 C30，问根据《建筑地基基础设计规范》GB 50007—2011，该基础可承受的最大冲切力设计值最接近下列何值？（C30 混凝土轴心抗拉强度设计值为 1.43N/mm²，基础主筋的保护层厚度为 50mm）

（A）1000kN　　（B）2000kN

（C）3000kN　　（D）4000kN

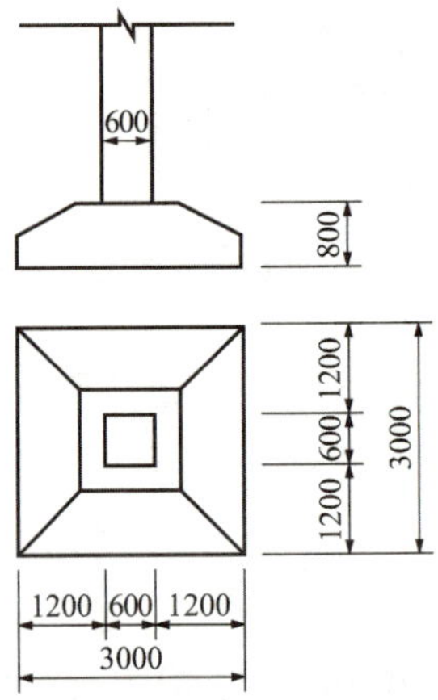

图 2-10-99　题 2-150 图

【解】

（1）$h=0.8\text{m}$，$\beta_{hp}=1$，$h_0=0.8-0.05-0.01=0.74\text{m}$

$a_m=a_t+h_0=0.6+0.74=1.34\text{m}$

（2）$F_l\leqslant 0.7\beta_{hp}f_t a_m h_0=0.7\times1\times1.43\times10^3\times1.34\times0.74$

$=992.6\text{kN}$

（3）冲切破坏体为四面椎体，轴心受压：

$F_l=4\times992.6=3970.4\text{kN}$

【点评】

①《基础工程》第 2.7 节指出：基础板冲切锥的斜截面受剪承载力为：$0.7\beta_{hp}f_t b_p h_0$，其中$b_p=2(a_c+b_c+2h_0)$，由此可以看出当基础只受轴心力时，冲切承载力算四个面，等于 3970.4kN；②基础的有效高度h_0按结构严格规定为$h-a_s$，a_s为受力钢筋重心到底板的距离，本题为$h-$保护层厚度（5cm）$-$钢筋的半径（未知按惯例取 1cm）；③按《建筑地基基础设计规范》如按最不利一侧计算，冲切承载力为 992.6N，但是本题为轴心荷载，整个基础均匀受力，四个面均为最不利，整个基础的最大冲切承受能力为 3970kN，虽有争议但官方的解答准确无误（本题答案采用官方答案）。

题 2-151 （19D08）某柱下独立圆形基础底面直径 3.0m，柱截面直径 0.6m（图 2-10-100）。按照《建筑地基基础设计规范》GB 50007—2011 规定计算，柱与基础交接处基础的受冲切承载力设计值为 2885kN，按冲切控制的最大柱底轴力设计值F接近下列哪个选项？

（A）2380kN　　（B）2880kN

（C）5750kN　　（D）7780kN

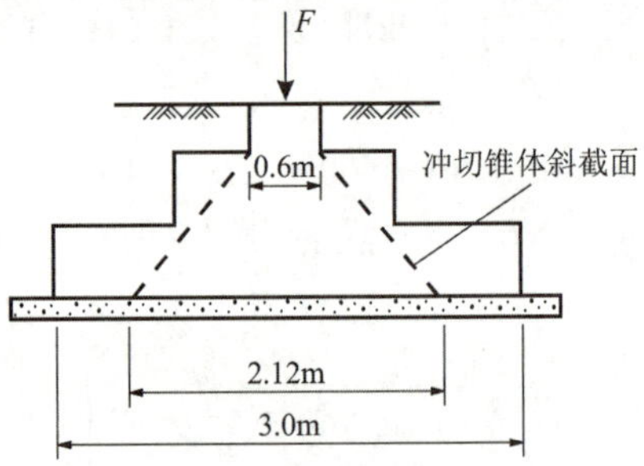

图 2-10-100　题 2-151 图

【解】

（1）$p_j=\dfrac{F}{3.14\times1.5^2}$，$A_l=3.14\times(1.5^2-1.06^2)$

（2）$F_l=\dfrac{F}{3.14\times1.5^2}\times3.14\times(1.5^2-1.06^2)\leqslant2885\Rightarrow F\leqslant5762.8\text{kN}$

【点评】

①根据《建筑地基基础设计规范》第 5.2.1 条、第 8.1.1 条；②圆形基础为近年热门考点，因为规范上没有圆形基础的相关计算公式，需要理解冲切破坏的原理，才能会圆形基础的各种计算。

题 2-152 （21C08）圆形柱截面直径 0.5m，柱下方形基础底面边长 2.5m，高度 0.6m（图 2-10-101）。基础混凝土强度等级 C25，轴心抗拉强度设计值$f_t = 1.27$MPa。基底下设厚度 100mm 的 C10 素混凝土垫层，基础钢筋保护层厚度取 40mm。按照《建筑地基基础设计规范》GB 50007—2011 规定的柱与基础交接处受冲切承载力的验算要求，柱下基础顶面可承受的最大竖向力设计值F最接近下列哪个选项？

（A）990kN （B）1660kN

（C）2370kN （D）3640kN

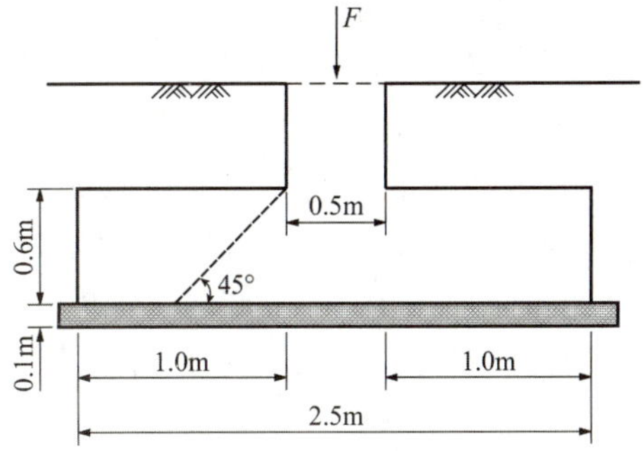

图 2-10-101 题 2-152 图

【解】

（1）$h < 0.8 \Rightarrow \beta_{hp} = 1.0$，$h_0 = 0.6 - 0.04 - 0.01 = 0.55$m

（2）$a_m h_0 = 3.14 \times (0.5 + 0.55) \times 0.55 = 1.813\text{m}^2$

（3）$$\frac{F}{2.5^2} \times \left[2.5^2 - \frac{3.14}{4} \times (0.5 + 2 \times 0.55)^2\right] \leqslant 0.7 \times 1.0 \times 1270 \times 1.813$$

$\Rightarrow F \leqslant 2375.6$kN

【点评】

①根据《建筑地基基础设计规范》第 8.2.8 条；②圆形柱冲切，要从冲切的原理来理解，与 19D08 非常相似，轴向荷载，冲切力的面积为：正方形面积 – 冲切椎体的底面积；③参照 2017 年冲切真题官方答案，有效高度扣除钢筋直径的一半（一般可扣 10mm），更严谨，和答案也更接近，阅卷时没有减 10mm 也给了分。

题 2-153 如图 2-10-102 所示，某建筑采用柱下独立方形基础，拟采用 C20 钢筋混凝土材料，基础为锥形，底面尺寸为 2.5m × 2.5m，柱截面尺寸为 0.4m × 0.4m。作用在基础顶面的轴心竖向力标准值$F_k = 600$kN，弯矩标准值$M_k = 100\text{kN}\cdot\text{m}$，基础高度$h = 0.6$m，保护层厚度 50mm，试验算基础受冲切承载力？

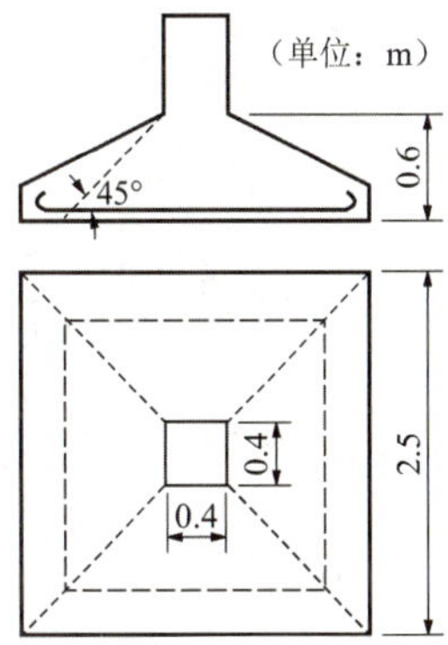

图 2-10-102 题 2-153 图

【解】

（1）$e = \dfrac{M_k}{F_k+G_k} < \dfrac{100}{600} = 0.17\text{m} < \dfrac{2.5}{6} = 0.42\text{m}$，小偏心

$$p_{jmax} = \frac{1.35\times600}{2.5^2} + \frac{1.35\times100}{2.5^3/6} = 181.44\text{kPa}$$

（2）$h_0 = 0.6 - 0.05 = 0.55$m，$a_t = 0.4$m，$a_b = 0.4 + 2 \times 0.55 = 1.5$m

$$A_l = \frac{2.5^2 - 1.5^2}{4} = 1.0\text{m}^2$$

（3）$h = 0.6\text{m} < 0.8\text{m}$，$\beta_{hp} = 1.0$，C20，查表得$f_t = 1100$kPa，$a_m = 0.4 + 0.55 = 0.95$m

（4）$F_l = 181.44 \times 1.0 = 181.44\text{kN} < 0.7\beta_{hp} f_t a_m h_0$

$= 0.7 \times 1.0 \times 1100 \times 0.95 \times 0.55 = 402.3$kN

基础受冲切承载力满足要求。

【点评】

①根据《建筑地基基础规范》第8.2.8条；②题干中轴心竖向力为标准组合下的力，计算冲切力设计值，要记得转换为基本组合；③验算基础受冲切承载力即比较冲切力设计值与受冲切承载力的大小。

题2-154 某独立基础（图2-10-103），底面尺寸为3.0m×4m，基础高度1.0m，有效高度$h_0 = 0.95$m，柱截面的尺寸为0.6m×0.8m，变截面尺寸为0.9m×1.2m，基础顶面受到轴心荷载$F_k = 3600$kN，弯矩$M_k = 200$kN·m，$H_k = 50$kN，基础采用C25混凝土，试计算柱与基础交界处受到的冲切力为下列哪个选项？

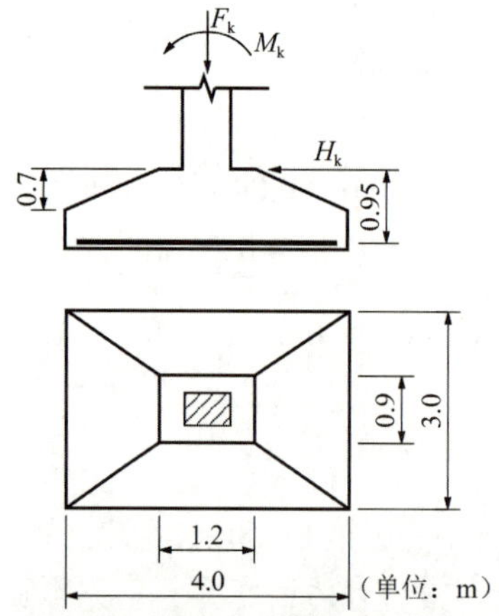

图2-10-103 题2-154图

（A）620kN （B）760kN

（C）840kN （D）3380kN

【解】

（1）$e < \dfrac{200 + 50 \times 1}{3600} = 0.069 < \dfrac{4}{6} = 0.67$m，为小偏心

$$p_{jmax} = 1.35 \times \left(\frac{F_k}{A} + \frac{M_k}{W}\right) = 1.35 \times \left(\frac{3600}{3 \times 4} + \frac{200 + 50 \times 1}{3 \times 4^2 \div 6}\right) = 447.2\text{kPa}$$

$$A_l = \left(\frac{b}{2} - \frac{b_t}{2} - h_0\right) \times l - \left(\frac{l}{2} - \frac{a_t}{2} - h_0\right)^2$$

$$= \left(\frac{4}{2} - \frac{0.8}{2} - 0.95\right) \times 3 - \left(\frac{3}{2} - \frac{0.6}{2} - 0.95\right)^2 = 1.89\text{m}^2$$

（2）$F_l = 447.2 \times 1.89 = 845.2$kN

【点评】

①基础承载力计算时应采用基本组合下设计值，荷载分项系数取1.35；②注意区分地基净反力、基底反力和基底压力。

题 2-155　如图 2-10-104 所示，某建筑采用柱下独立方形基础，拟采用 C25 混凝土，$f_t = 1.27\text{MPa}$，基础为变阶型，底面尺寸 3.0m × 3.0m，柱截面尺寸为 0.4m × 0.4m。作用在基础顶面的轴心竖向力标准值$F_k = 1200\text{kN}$，弯矩标准值$M_k = 200\text{kN} \cdot \text{m}$，变阶处厚度$h = 0.4\text{m}$，保护层厚度 50mm，根据《建筑地基基础设计规范》GB 50007—2011，计算基础变阶处的冲切承载力与冲切力的比值最接近下列哪个选项？

（A）1.9　　（B）2.4

（C）2.6　　（D）3.0

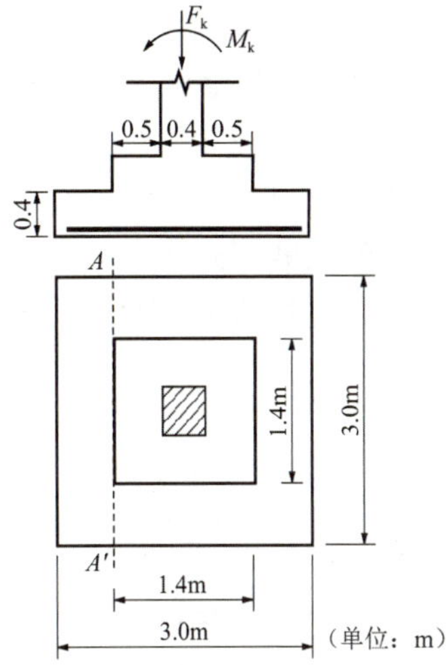

图 2-10-104　题 2-155 图

【解】

（1）$h_0 = 0.4 - 0.05 - 0.01 = 0.34\text{m} < 0.8\text{m}$

$\Rightarrow \beta_{hp} = 1$，$a_m = 1.4 + 0.34 = 1.74\text{m}$

抗冲切承载力：$0.7 \times 1 \times 1.27 \times 10^3 \times 1.74 \times 0.34 = 525.9\text{kN}$

（2）$e = \dfrac{200}{1200} = 0.167 < \dfrac{3}{6} = 0.5\text{m}$

$\Rightarrow p_{j\max} = 1.35 \times \left(\dfrac{1200}{3^2} + \dfrac{200}{3^2 \times 3/6}\right) = 240\text{kPa}$

$A_l = \dfrac{3^2 - (1.4 + 2 \times 0.34)^2}{4} = 1.168\text{m}^2$

$F_l = 240 \times 1.168 = 280.3\text{kN}$

（3）$\dfrac{\text{冲切承载力}}{\text{冲切力}} = \dfrac{525.9}{280.3} = 1.88$

【点评】

①根据《建筑地基基础设计规范》第 8.2.8 条；②基础承载力计算时应采用基本组合的设计值，地基反力采用扣除基础自重的净反力，荷载分项系数取 1.35；③受冲切承载力截面高度影响，系数β_{hp}根据台阶高度确定。

题 2-156　（20D06）某地下结构抗浮采用预应力锚杆，基础的钢筋混凝土抗水板厚度为 300mm，混凝土强度等级 C35，其上设置的抗浮预应力锚杆拉力设计值为 320kN。锚杆与抗水板的连接如图 2-10-105 所示。图中锚垫板为正方形钢板，为满足《建筑地基基础设计规范》GB 50007—2011 的要求，该钢板的边长至少为下列何值？（C35 混凝土抗压强度设计值为 16.7N/mm^2，抗拉强度设计值为 1.57N/mm^2，抗水板钢筋的混凝土保护层厚度为 50mm，钢板厚度满足要求）

（A）100mm　　（B）150mm

（C）200mm　　（D）250mm

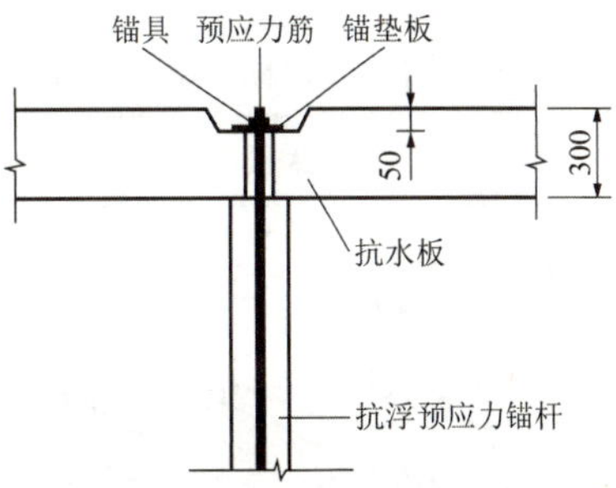

图 2-10-105　题 2-156 图

【解】

（1）抗水板发生冲切破坏，$\beta_{hp} = 1$

$h_0 = 300 - 50 - 50 - 10 = 190\text{mm}$

（2）$F_l \leqslant 0.7\beta_{hp} f_t a_m h_0 \Rightarrow 320 \leqslant 0.7 \times 1 \times 1.57 \times 10^{-3} \times (a_t + 190) \times 190 \times 4 \Rightarrow$

$a_t \geqslant 193\text{mm}$

【点评】

①根据《建筑地基基础设计规范》第 8.2.8 条；②锚杆拉力拉动锚垫板冲切抗水板，本题可以想象锚垫板为正方形基础柱子，对扩展基础冲切；③锚杆的拉力为轴心荷载，冲切面为四个面，故冲切承载力乘以 4，和 17C08 题类似。

2. 受剪切验算

独立基础受剪切承载力验算见表 2-10-82。受剪切承载力截面高度影响系数见表 2-10-83。

独立基础受剪切承载力验算 表 2-10-82

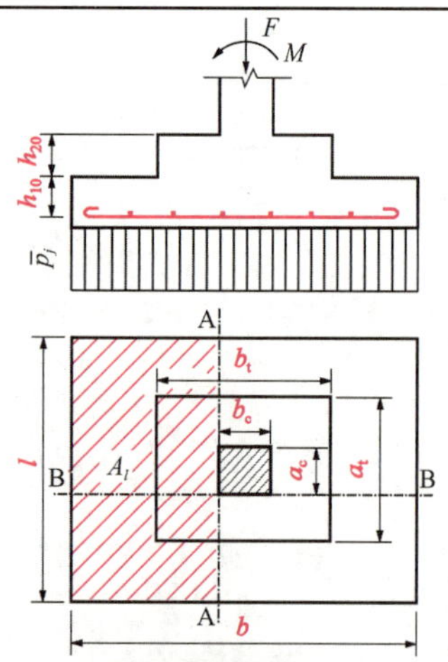

阶形基础柱边

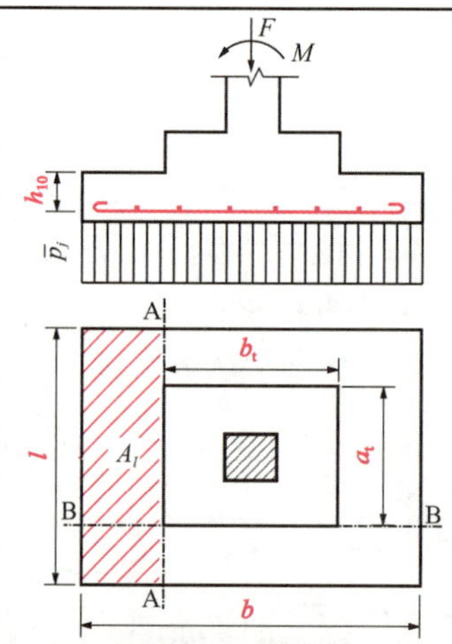

阶形基础变阶处

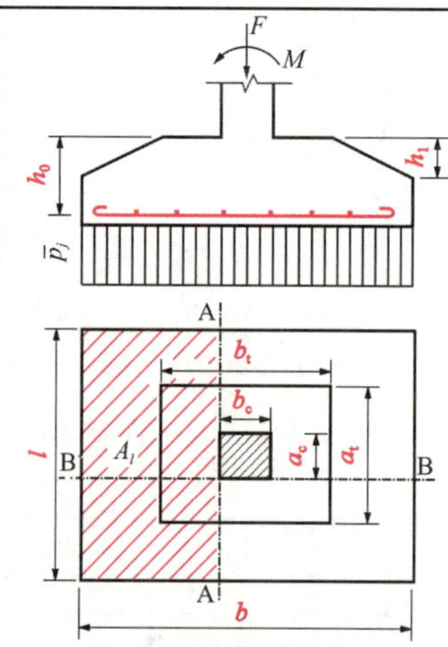

锥形基础柱边

验算公式	$V_s \leqslant 0.7\beta_{hs}f_tA_0$			
受剪切承载力 $0.7\beta_{hs}f_tA_0$	$\beta_{hs}=\left(\dfrac{0.8}{h_0}\right)^{0.25}(0.8\text{m}\leqslant h_0\leqslant 2\text{m})\begin{cases}h_0\leqslant 0.8\text{m}\rightarrow\beta_{hs}=1\\h_0\geqslant 2\text{m}\rightarrow\beta_{hs}=0.795\end{cases}$ （表 2-10-83）			
	截面	阶形基础柱边	阶形基础变阶处	锥形基础柱边
	图示 剪切面A_0	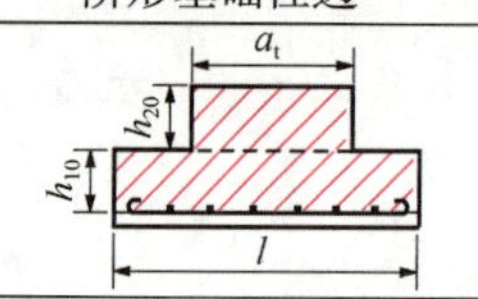	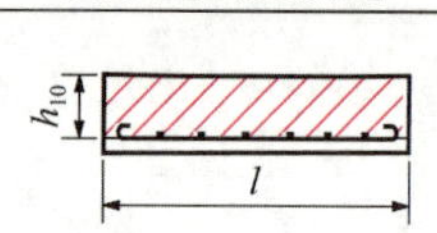	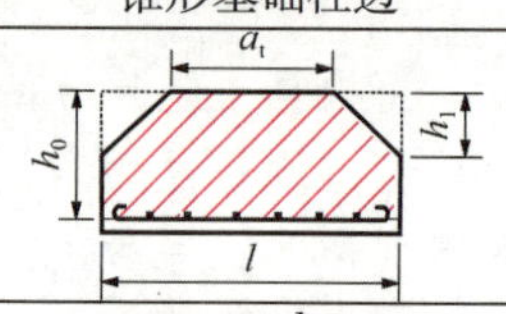
	A-A 截面	$A_0=lh_{10}+a_th_{20}$	$A_0=lh_{10}$	$A_0=lh_0-\dfrac{l-a_t}{2}h_1$
	B-B 截面	$A_0=bh_{10}+b_th_{20}$	$A_0=bh_{10}$	$A_0=bh_0-\dfrac{b-b_t}{2}h_1$
剪力设计值 V_s	$V_s=\bar{p}_jA_l\Leftarrow\bar{p}_j=\dfrac{F}{A}=\dfrac{1.35F_k}{A}$			
	A-A 截面	$A_l=\left(\dfrac{b-b_c}{2}\right)l$	$A_l=\left(\dfrac{b-b_t}{2}\right)l$	$A_l=\left(\dfrac{b-b_c}{2}\right)l$
	B-B 截面	$A_l=\left(\dfrac{l-a_c}{2}\right)b$	$A_l=\left(\dfrac{l-a_t}{2}\right)b$	$A_l=\left(\dfrac{l-a_c}{2}\right)b$
重要参数	$\bar{p}_j$——全基底面积平均净反力设计值（kPa），不用考虑弯矩；$F=1.35F_k$，$G=1.35G_k$			

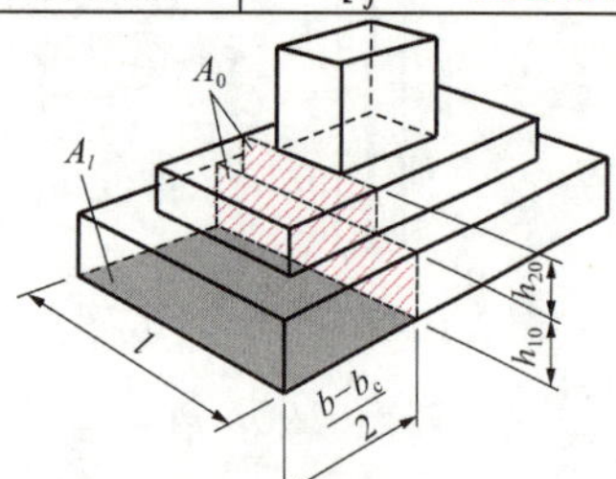

阶形基础柱边

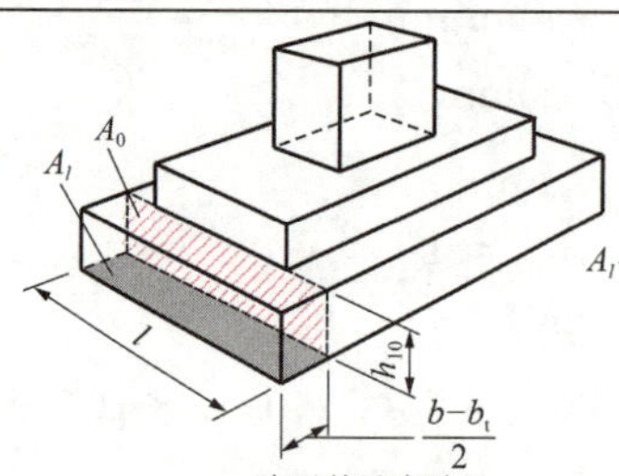

阶形基础变阶处

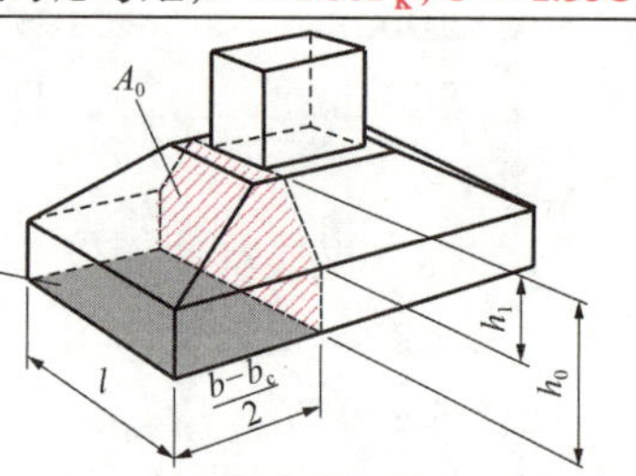

锥形基础柱边

受剪切承载力截面高度影响系数β_{hs}　　　表 2-10-83

h_0（m）	0.8	0.85	0.9	0.95	1	1.05	1.1	1.15	1.2	1.25	1.3	1.35	1.4
$\beta_{hs}=(\frac{0.8}{h_0})^{0.25}$	1	0.985	0.971	0.958	0.946	0.934	0.923	0.913	0.904	0.894	0.886	0.877	0.869
h_0（m）	1.45	1.5	1.55	1.6	1.65	1.7	1.75	1.8	1.85	1.9	1.95	2	
$\beta_{hs}=(\frac{0.8}{h_0})^{0.25}$	0.862	0.855	0.848	0.841	0.834	0.828	0.822	0.816	0.811	0.806	0.800	0.795	

墙下条形基础受剪切承载力验算见表 2-10-84。

墙下条形基础受剪切承载力验算　　　表 2-10-84

$V_s \leqslant 0.7\beta_{hs}f_t h_0$ $V_s=\overline{p}_j b_1 \Leftarrow \overline{p}_j=\frac{F}{b}=\frac{1.35F_k}{b}$ 式中：b_1——验算截面的挑出长度（m）； h_0——验算截面对应的基础有效高度（m），**变阶处**取下阶h_0	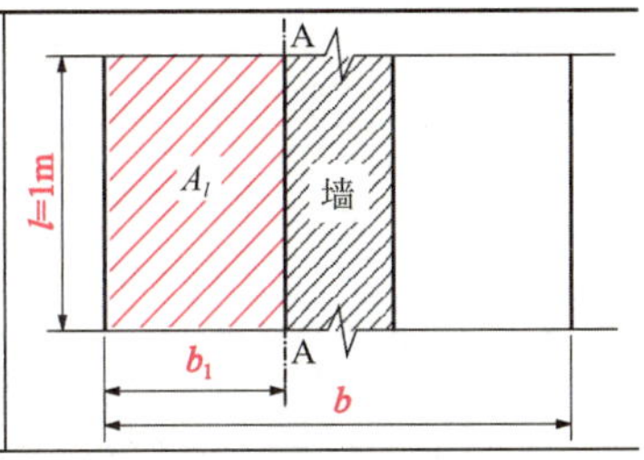

题 2-157　（13D08）已知柱下独立基础底面尺寸为 2.0m × 3.5m，相应于作用效应标准组合时传至基础顶面±0.000 处的竖向力和力矩为$F_k=800$kN，$M_k=50$kN · m。基础高度 1.0m，埋深 1.5m，如图 2-10-106 所示。根据《建筑地基基础设计规范》GB 50007—2011 方法验算柱与基础交接处的截面受剪承载力时，其剪力设计值最接近下列以下何值？

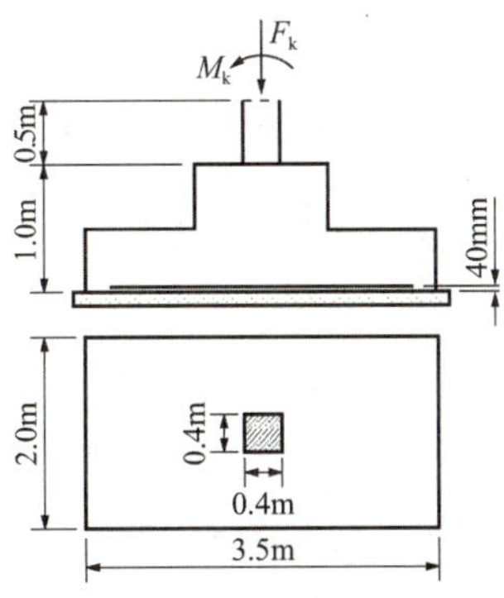

图 2-10-106　题 2-157 图

（A）200kN　　（B）350kN　　（C）480kN　　（D）550kN

【解】

（1）$A_l=2\times\frac{3.5-0.4}{2}=3.1\text{m}^2$，$p_j=1.35\times\frac{800}{2\times3.5}=154.3\text{kPa}$

（2）$V_s=154.3\times3.1=478.3\text{kN}$

【点评】

①根据《建筑地基基础设计规范》第 8.2.9 条；②注册岩土考试中，基底平均净反力指的是不考虑弯矩作用的整个基底面积范围内；③注册结构考试中，基底平均净反力指的是考虑弯矩作用的《建筑地基基础设计规范》中图 8.2.9 阴影部分面积范围内；④基本组合 = 1.35 倍标准组合。

题 2-158 某独立基础底面尺寸为 2.2m × 3.7m，基础高度 1.0m，有效高度 0.95m，柱的尺寸为 0.4m × 0.6m，变截面处尺寸为 1.2m × 1.8m，基础边缘高度 0.4m（图 2-10-107），相应用于标准组合作用于基础顶面的竖向力$F_k = 1500\text{kN}$，弯矩$M_k = 250\text{kN}\cdot\text{m}$，基础混凝土的强度等级为 C25，根据《建筑地基基础设计规范》GB 50007—2011，试计算柱与基础交接处截面A-A'受剪承载力与剪力设计值的比值为下列哪个选项？

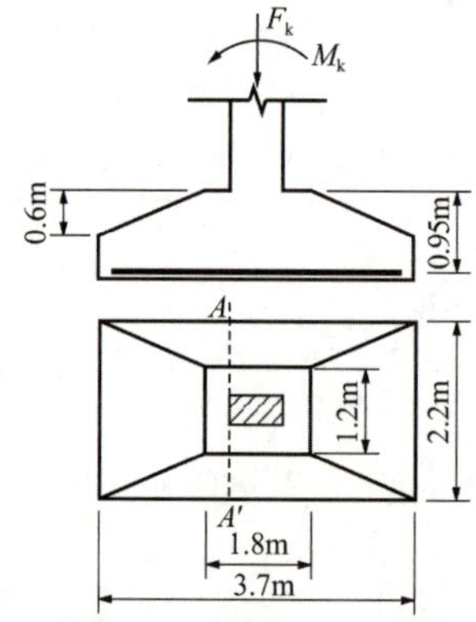

图 2-10-107 题 2-158 图

（A）0.4　　（B）0.6　　（C）1.8　　（D）2.4

【解】

（1）$A_0 = 2.2 \times 0.95 - \frac{2.2-1.2}{2} \times 0.6 = 1.79\text{m}^2$，$\beta_{hs} = \left(\frac{800}{950}\right)^{\frac{1}{4}} = 0.958$

（2）受剪承载力$0.7 \times 0.958 \times 1270 \times 1.79 = 1524.4\text{kN}$

（3）剪力设计值$V_s = 1.35 \times \frac{1500}{3.7\times2.2} \times \frac{3.7-0.6}{2} \times 2.2 = 848.3\text{kN}$

（4）$\frac{受剪承载力}{剪力设计值} = \frac{1524.4}{848.3} = 1.8$

【点评】

①根据《建筑地基基础设计规范》第 8.2.9 条、《混凝土结构设计规范》表 4.1.4-2；②基础承载力计算时应采用基本组合下设计值，弯矩、剪力和基底净反力的荷载分项系数取 1.35；③剪力设计值计算时，不需要考虑弯矩的影响。

3. 受弯验算

轴心荷载或单向荷载作用下，当**台阶**的宽高比 ≤ 2.5 且偏心距$e \leqslant 1/6$基础宽度时，柱下矩形独立基础和墙下条形基础任意截面的底板弯矩可按表 2-10-85 的简化方法计算。

受弯承载力验算　　　　**表 2-10-85**

<table>
<tr><th colspan="3">计算步骤</th><th>简图</th></tr>
<tr><td colspan="3">①确定a_1、a'，柱边截面：$a_1=\frac{b-h}{2}$，$a'=a$ ⇓</td><td rowspan="7">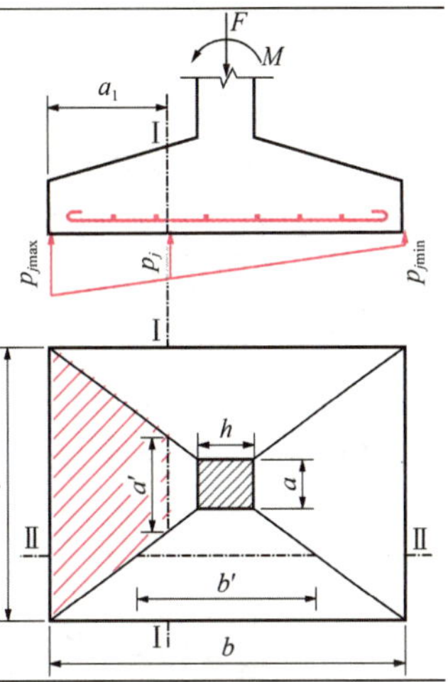
</td></tr>
<tr><td colspan="3">②$p_j=p_{j\max}-\frac{a_1}{b}(p_{j\max}-p_{j\min}) \Leftarrow p_{j\min}^{j\max}=\frac{F}{A}\pm\frac{M}{W}$ ⇓</td></tr>
<tr><td colspan="2">Ⅰ-Ⅰ截面
（受弯矩影响）</td><td>$M_{\mathrm{I}}=\frac{1}{12}a_1^2[(p_{j\max}+p_j)(2l+a')+(p_{j\max}-p_j)l]$</td></tr>
<tr><td colspan="2">Ⅱ-Ⅱ截面
（不受弯矩影响）</td><td>$M_{\mathrm{II}}=\frac{1}{24}(l-a')^2(2b+b')\bar{p}_j \Leftarrow \bar{p}_j=\frac{F}{A}$</td></tr>
<tr><td rowspan="2">轴心受压</td><td>Ⅰ-Ⅰ截面</td><td>$M_{\mathrm{I}}=\frac{1}{6}a_1^2(2l+a')\bar{p}_j$</td></tr>
<tr><td>Ⅱ-Ⅱ截面</td><td>$M_{\mathrm{II}}=\frac{1}{24}(l-a')^2(2b+b')\bar{p}_j$</td></tr>
<tr><td colspan="3"></td></tr>
<tr><td colspan="3">墙下条形基础受弯承载力验算</td><td rowspan="4">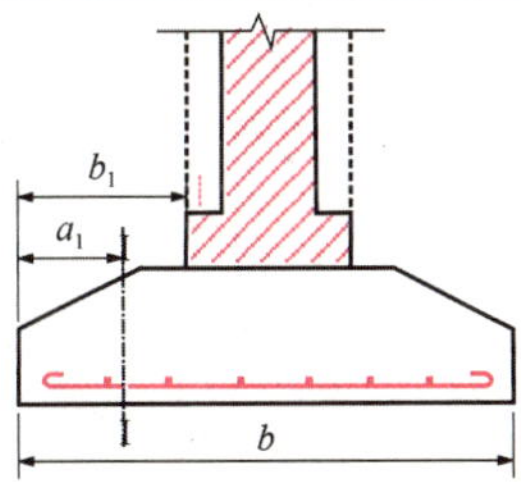
</td></tr>
<tr><td colspan="2">偏心</td><td>$M_{\mathrm{I}}=\frac{1}{6}a_1^2(2p_{j\max}+p_j)$</td></tr>
<tr><td colspan="2">轴心</td><td>$M_{\mathrm{I}}=\frac{1}{2}a_1^2 p_j$</td></tr>
<tr><td colspan="3">一般考查最大弯矩截面位置（柱边）：
钢筋混凝土墙：$a_1=b_1$
砖墙且放脚不大于 1/4 砖长时：$a_1=b_1+1/4$砖长</td></tr>
</table>

注：1. 用净反力做题更为方便，由$p_j=p-\frac{G}{A}$，$p_{j\max}=p_{\max}-\frac{G}{A}$可化为规范公式，不建议用规范公式；
2. 官方解析可按净反力作答，不用先判断大小偏心。

$F=1.35F_k$
$G=1.35G_k$

配筋计算符合表 2-10-86 的规定。

配筋计算　　　　**表 2-10-86**

<table>
<tr><td colspan="2">受力钢筋最小配筋率不应小于 0.15%，底板受力钢筋的最小直径不应小于 10mm，间距 100～200mm。墙下钢筋混凝土条形基础纵向分布钢筋的直径不应小于 8mm；间距 ≤ 300mm；每延米分布钢筋的面积不应小于受力钢筋面积的 15%。当有垫层时，钢筋保护层厚度不应小于 40mm；无垫层时，不应小于 70mm</td></tr>
<tr><td>同时满足：$A_s=\frac{M}{0.9f_yh_0}$且$A_s \geqslant 0.15\% \times A_0$
墙下条形基础：$A_s=\frac{M}{0.9f_yh_0}$且$A_s \geqslant 0.15\% \times 1000 \times h_0$</td><td rowspan="2">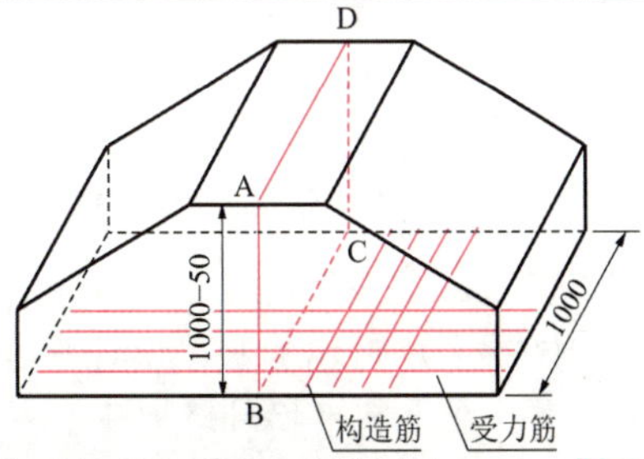

墙下条形基础受弯配筋图（ABCD 截面）</td></tr>
<tr><td>A_s——基础底板配筋面积（mm^2）；
M——截面弯矩（N·mm）；
f_y——钢筋抗拉强度设计值（MPa）（表 2-10-87）；
h_0——截面有效高度（mm）；
A_0——有效截面面积（mm^2），计算同前</td></tr>
</table>

注：钢筋代号，例如 5ϕ20@200，表示 5 根、直径 20mm、间距 200mm。

普通钢筋强度设计值（MPa） 表 2-10-87

牌号	HPB300	HRB335	HRB400、HRBF400、RRB400	HRB500、HRBF500
抗拉强度设计值f_y	270	300	360	435

题 2-159 （10C05）如图 2-10-108 所示，某建筑采用柱下独立方形基础，基础底面尺寸为 2.4m × 2.4m，柱截面尺寸为 0.4m × 0.4m，基础顶面中心处作用的柱轴竖向力为$F = 700$kN，力矩$M = 0$，根据《建筑地基基础设计规范》GB 50007—2011，则基础柱边截面处的弯矩设计值最接近下列哪个选项？

（A）105kN · m （B）145kN · m

（C）185kN · m （D）225kN · m

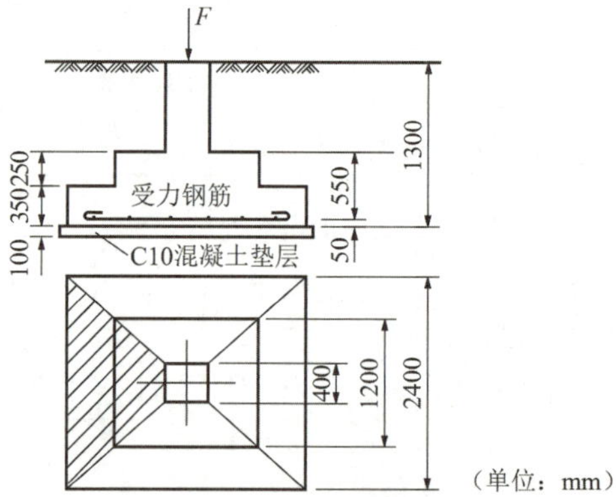

图 2-10-108 题 2-159 图

【解】

轴心荷载，$p_{j\max} = p_j = \dfrac{700}{2.4^2} = 121.5\text{kPa}$

$$M_{\rm I} = \frac{1}{12} \times \left(\frac{2.4 - 0.4}{2}\right)^2 \times [(2 \times 2.4 + 0.4) \times (121.5 \times 2) + 0] = 105.3\text{kN} \cdot \text{m}$$

【点评】

①根据《建筑地基基础设计规范》第 8.2.11 条，规范公式可以简化为净反力的形式，$M_{\rm I} = \frac{1}{12} \times a_1^2 \times [(2l + a')(p_{j\max} + p_j) + (p_{j\max} - p_j)l]$；②注意区分$a_1$与$a'$，其中$a_1$为计算截面至基底边缘最大反力处的距离，$a'$为计算截面在弯矩作用力阴影面积的重叠线的长度。

题 2-160 （06D09）墙下条形基础的剖面如图 2-10-109 所示，基础宽度$b = 3$m，基础底面净压力分布为梯形，最大边缘压力设计值$p_{\max} = 150$kPa，最小边缘压力设计值$p_{\min} = 60$kPa，已知验算截面 I - I 距最大边缘压力端的距离$a_1 = 1.0$m，则截面 I - I 处的弯矩设计值为下列何值？

（A）70kN · m （B）80kN · m

（C）90kN · m （D）100kN · m

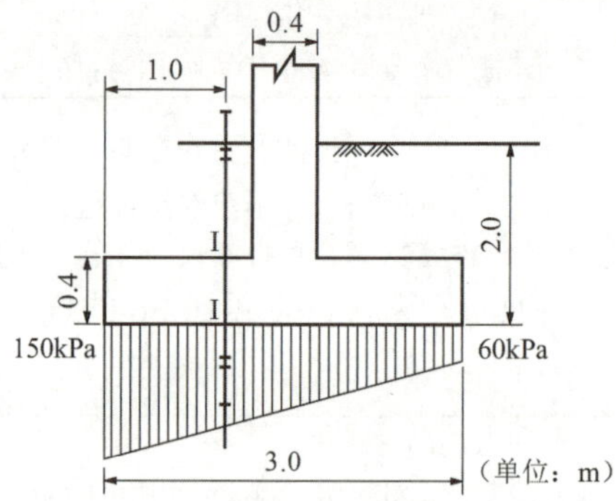

图 2-10-109 题 2-160 图

【解】

$$（1）p_j = p_{j\max} - \frac{a_1}{b}(p_{j\max} - p_{j\min}) = 150 - \frac{1}{3} \times (150 - 60) = 120\text{kPa}$$

$$（2）M_{\rm I} = \frac{1}{6}a_1^2(2p_{j\max} + p_j) = \frac{1}{6} \times 1^2 \times (2 \times 150 + 120) = 70\text{kN} \cdot \text{m}$$

【点评】

①根据《建筑地基基础设计规范》第 8.2.14 条；②根据线性插值求验算截面的地基反力设计值；③也可根据材料力学的知识直接计算弯矩，分成均布荷载$p = 120$kPa 和$p_{\max} = 30$kPa 的三角形荷载计算弯矩$M = 120 \times 1 \times 0.5 + 30 \times 0.5 \times (2/3) = 70\text{kN} \cdot \text{m}$。

题 2-161 （09C06）某条形基础宽度 2m，埋深 1m，地下水埋深 0.5m。承重墙位于基础中轴，宽度 0.37m，作用于基础顶面荷载基本组合的设计值 235kN/m，基础材料采用钢筋混凝土。验证基础底板配筋时的弯矩最接近下列哪个选项？

（A）35kN · m/m （B）40kN · m/m

（C）55kN · m/m （D）60kN · m/m

【解】

（1）$a_1=1-\frac{0.37}{2}=0.815\text{m}$，$p_{j\max}=p_j=\frac{235}{2}=117.5\text{kPa}$

（2）$M_{\text{I}}=\frac{1}{6}a_1^2(2p_{j\max}+p_j)=\frac{1}{6}\times 0.815^2\times 3\times 117.5=39\text{kN}\cdot\text{m/m}$

【点评】

①根据《建筑地基基础设计规范》第 8.2.14 条；②轴心受压也可直接根据材料力学的基本公式$M=\frac{1}{2}pl^2$作答。

题 2-162 （16C09）某钢筋混凝土墙下条形基础，宽度$b=2.8\text{m}$，高度$h=0.35\text{m}$，埋深$d=1\text{m}$，墙厚 0.37m，上部结构传来的荷载：标准组合为$F_1=288\text{kN/m}$，$M_1=16.5\text{kN}\cdot\text{m/m}$；基本组合为$F_2=360\text{kN/m}$，$M_2=20.6\text{kN}\cdot\text{m/m}$；准永久组合为$F_3=250.4\text{kN/m}$，$M_3=4.3\text{kN}\cdot\text{m/m}$。按《建筑地基基础设计规范》GB 50007—2011 规定计算基础底板配筋时，基础验算截面弯矩设计值最接近下列哪个选项？（基础及其上土的平均重度为 20kN/m^3）

（A）72kN · m/m （B）83kN · m/m

（C）103kN · m/m （D）116kN · m/m

【解】

（1）$e=\frac{M}{F+G}<\frac{M}{F}=\frac{20.6}{360}=0.06\text{m}<\frac{b}{6}=0.47\text{m}$，为小偏心

（2）$a_1=\frac{2.8-0.37}{2}=1.215\text{m}$，$p_{j\max}=\frac{360}{2.8}+\frac{20.6}{1\times 2.8^2/6}=144.3\text{kPa}$

$$p_{j\min}=\frac{360}{2.8}-\frac{20.6}{1\times 2.8^2/6}=112.8\text{kPa}$$

$$p_j=144.3-\frac{(144.3-112.8)\times 1.215}{2.8}=130.6\text{kPa}$$

（3）$M=\frac{1}{6}\times 1.215^2\times(2\times 144.3+130.6)=103.1\text{kN}\cdot\text{m/m}$

【点评】

①根据《建筑地基基础设计规范》第 3.0.5 条第 4 款、第 8.2.14 条；②第一步，净偏心距根据受力情况分析实际并不存在，故应该是计算总偏心距，但是G_k并非必须计算，可以采用小于号表明关系，既省了时间，原理上也不出错；③$p_j=p_{j\max}-\frac{(p_{j\max}-p_{j\min})a_1}{b}$，此公式为线性内插，《建筑地基基础设计规范》公式(8.2.11-2)、公式(8.2.14)均可用净反力来表达，简单推导，自行计算。

题 2-163 （14D08）墙下钢筋混凝土筏形基础，厚度 1.2m，混凝土强度等级 C30，受力钢筋拟采用 HRB400 钢筋，主筋保护层厚度 40mm。已知该筏板的弯矩图（相应于作用基本组合时的弯矩设计值）如图 2-10-110 所示。问按照《建筑地基基础设计规范》GB 50007—2011，满足该规范规定且经济合理的筏板顶部受力主筋配置为下列哪个选项？（注：C30 混凝土抗压强度设计值为 14.3N/mm^2，HRB400 钢筋抗拉强度设计值 360N/mm^2）

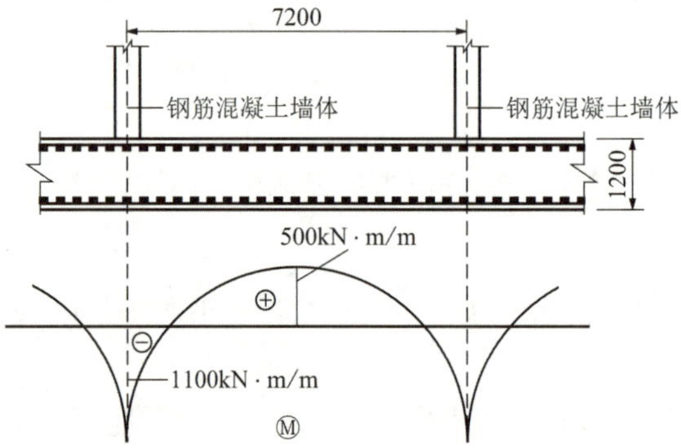

图 2-10-110 题 2-163 图

题 2-163 表 表 2-10-88

公称直径（mm）	不同模数钢筋的公称截面面积（mm^2）								
	1	2	3	4	5	6	7	8	9
6	28.3	57	85	113	142	170	198	226	255
8	50.3	101	151	201	252	302	352	402	453
10	78.5	157	236	314	393	471	550	628	707
12	113.1	226	339	452	565	678	791	904	1017
14	153.9	308	461	615	769	923	1077	1231	1385
16	201.1	402	603	804	1005	1206	1407	1608	1809
18	254.5	509	763	1017	1272	1527	1781	2036	2290
20	314.2	628	942	1256	1570	1884	2199	2513	2827
22	380.1	760	1140	1520	1900	2281	2661	3041	3421
25	490.9	982	1473	1964	2454	2945	3436	3927	4418
28	615.8	1232	1847	2463	3079	3695	4310	4926	5542
32	804.2	1609	2413	3217	4021	4826	5630	6434	7238
35	1017.9	2036	3054	4072	5089	6107	7125	8143	9161
40	1256.5	2513	3770	5027	6283	7540	8790	10053	11310
50	1963.5	3928	5892	7856	9820	11784	13748	15712	17676

（A）ϕ18@200　　（B）ϕ20@200　　（C）ϕ22@200　　（D）ϕ28@200

【解】

（1）$A_s = \dfrac{500}{0.9 \times 360 \times 10^3 \times (1.2 - 0.04)} \times 10^6 = 1330.4\text{mm}^2$

（2）按最小配筋率$A_s = 0.15\% \times 1000 \times (1200 - 40) = 1740\text{mm}^2$

取大值，$A_s = 1740\text{mm}^2/\text{m}$

（3）选项钢筋的间距均为 200mm，每延米布置$\dfrac{1000}{200} = 5$ 根钢筋

$$5 \times \frac{3.14 \times d^2}{4} \geqslant 1740，得 d \geqslant 21.1\text{mm}$$

取$d = 22$mm 最经济合理（或查表确定$d = 22$mm 时最经济合理）

【点评】

①《建筑地基基础设计规范》第 8.2.1 条、第 8.2.12 条；②本题计算的是筏板顶部受力主筋配置，故应采用筏板顶部所受的弯矩 500kN · m/m 进行计算；③本题中的不同模数钢筋的公称截面面积可直接查表获得，也可通过计算获得，比如$d = 20$mm，5 根钢筋的截面面积查表为 1570mm²，计算为 $5 \times 3.14 \times 10^2 = 1570$mm²。

题 2-164　如图 2-10-111 所示，某墙下钢筋混凝土条形基础，基础宽度 2.5m，埋深 1.5m，无地下水，底板高度 500mm，保护层厚度 40mm，基础底面受到相应于荷载效应基本组合的竖向力设计值$F = 300$kN/m，弯矩$M = 30$kN · m，混凝土$f_t = 1.1$N/mm²，问按照《建筑地基基础设计规范》GB 50007—2011，满足规范规定且经济合理的条形基础底板受力钢筋配筋最合理的为下面哪个选项？（钢筋采用 HPB300 钢筋，$f_y = 270$N/mm²，基础及上覆土平均均质γ取 20kN/m³）

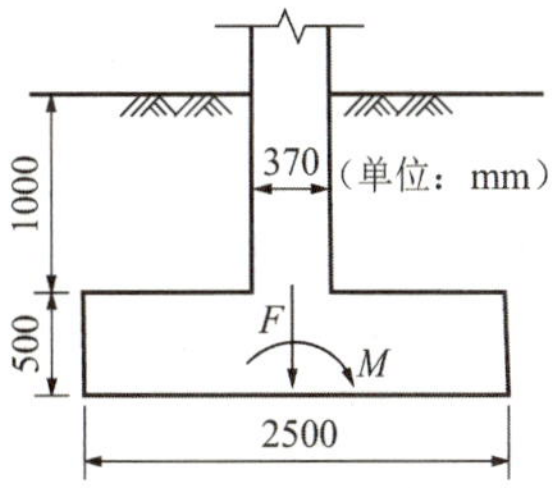

图 2-10-111　题 2-164 图

（A）ϕ10@200　（B）ϕ12@200　（C）ϕ14@200　（D）ϕ16@200

【解】

（1）$e = \dfrac{30}{300} = 0.1 < \dfrac{b}{6} = \dfrac{2.5}{6} = 0.42$m，小偏心，$a_1 = \dfrac{2.5 - 0.37}{2} = 1.065$m

（2）$p_{j\max} = \dfrac{300}{2.5} + \dfrac{30}{\frac{1}{6} \times 2.5^2} - 1.35 \times 1.5 \times 20 = 108.3$kPa

$$p_{j\min} = \frac{300}{2.5} - \frac{30}{\frac{1}{6} \times 2.5^2} - 1.35 \times 1.5 \times 20 = 50.7\text{kPa}$$

$$p_j = 108.3 - \frac{1.065}{2.5} \times (108.3 - 50.7) = 83.76\text{kPa}$$

（3）$M = \dfrac{1}{6} \times 1.065^2 \times (2 \times 108.3 + 83.76) = 56.78$kN · m/m

（4）$A_s = \dfrac{56.78 \times 10^6}{0.9 \times 270 \times (500 - 40)} = 508$mm²/m

按最小配筋率$A_s = 0.15\% \times 1000 \times (500 - 40) = 690$mm²

（5）钢筋的间距取 200mm，则每延米布置 5 根钢筋

$5 \times \dfrac{3.14}{4} \times d^2 \geqslant 690$，得$d \geqslant 13.3$mm，选 C 最合理

【点评】

①根据《建筑地基基础设计规范》第 8.2.1 条、第 8.2.12 条；②本题计算的是条形基础底板受力钢筋配筋的计算，每延米的弯矩计算时应该采用净反力，配筋率计算时采用有效高度；③注意标准值和设计值的转换，$G = 1.35G_k$。

题 2-165 （13C07 改编）某墙下钢筋混凝土条形基础如图 2-10-112 所示，墙体及基础的混凝土强度等级均为 C30，基础受力钢筋等级为 HRB400，保护层厚度 50mm，该条形基础承受轴心荷载，假定地基反力线性分布，相应于作用的基本组合时基础底面地基净反力设计值为 200kPa。问：按照《建筑地基基础设计规范》GB 50007—2011，满足该规范规定且经济合理的受力主筋面积为下列哪个选项？

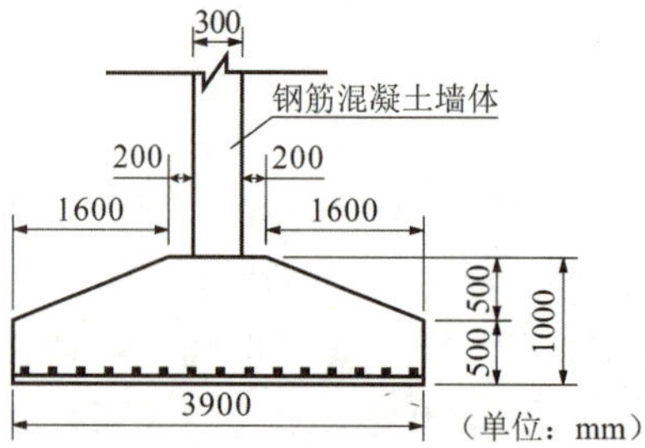

图 2-10-112 题 2-165 图

（A）$1263mm^2/m$ （B）$1425mm^2/m$

（C）$1695mm^2/m$ （D）$1520mm^2/m$

【解】

（1）HRB400，查表 $f_y = 360N/mm^2$

（2）$M = \frac{1}{6} \times 1.8^2 \times (3 \times 200) = 324kN \cdot m/m$

（3）$A_s = \frac{324 \times 10^6}{0.9 \times 360 \times (1000 - 50)} = 1053mm^2/m$

（4）按最小配筋率 $A_s = 0.15\% \times 1000 \times (1000 - 50) = 1425mm^2/m$

取大值，$A_s = 1425mm^2/m$

【点评】

①根据《建筑地基基础设计规范》第 8.2.1 条、第 8.2.12 条、第 8.2.14 条，《混凝土结构设计规范》表 4.2.3-1；②考点为墙下钢筋混凝土条形基础受力主筋面积计算，除按照墙与基础底板交接处的弯矩计算配筋外，尚应满足规范中最小配筋率的要求：**扩展基础受力钢筋最小配筋率不应小于 0.15%**；③抵抗弯矩的钢筋是垂直于条形基础走向的，故配筋率对于基础走向最大有效截面面积计算；④历年真题关于混凝土各种强度设计值和钢筋抗拉/抗压强度均给出数据，2018 年新增《混凝土结构设计规范》（本题改编为需要查规范），以后的趋势需要自己找规范查表，应看一下相应章节的内容。

10.4.3 高层建筑筏形基础——《建筑地基基础设计规范》第 8.4.7~8.4.12 条

高层建筑筏形基础分为平板式筏基和梁板式筏基，历年真题以考查梁板式筏基，平板式筏基计算较为复杂，了解为主。

筏形基础冲、剪验算汇总见表 2-10-89。

筏形基础冲、剪验算汇总 表 2-10-89

验算内容			验算公式
梁板式	（1）受冲切		$F_l \leqslant 0.7\beta_{hp}f_t u_m h_0$
	（2）受剪切		$V_s \leqslant 0.7\beta_{hs}f_t(l_{n2}-2h_0)h_0$
平板式	受冲切	（3）柱下	$\tau_{max} \leqslant 0.7\left(0.4+\dfrac{1.2}{\beta_s}\right)\beta_{hp}f_t$
		（4）内筒下	$\tau_{max} \leqslant 0.7\dfrac{1}{\eta}\beta_{hp}f_t$
	受剪切	（5）柱边、内筒边	$V_s \leqslant 0.7\beta_{hs}f_t h_0$

1. **抗倾覆——《建筑地基基础设计规范》第 8.4.2 条及条文说明**

高层建筑筏形基础的抗倾覆验算见表 2-10-90。

抗倾覆验算 表 2-10-90

对单幢建筑物，在地基土比较均匀的条件下，基底平面形心宜与结构竖向永久荷载重心重合。当不能重合时，在作用的准永久组合下，偏心距e宜符合下式规定： 矩形基础：$e \leqslant \dfrac{0.1\cdot W}{A}=\dfrac{b}{60}$；圆形基础：$e \leqslant \dfrac{0.1\cdot W}{A}=\dfrac{d}{80}$	W——与偏心方向一致的基底边缘抵抗矩（m^3）； A——基础底面积（m^2）； b——与偏心方向一致的基底边长（m）； d——圆形基础直径（m）； y——基底平面形心至最大受压边缘的距离（m）
对基底平面为矩形的筏基，在偏心荷载作用下，基础抗倾覆稳定系数K_F： $K_F \leqslant \dfrac{y}{e}$	

题 2-166 （06D06）已知建筑物基础的宽度 10m，作用于基底的轴心荷载 200MN，为满足偏心距$e \leqslant 0.1W/A$的条件，作用于基底的力矩最大值不能超过下列哪个选项的数值？（注：W为基础底面的抵抗矩，A为基础底面面积）

（A）33MN · m （B）38MN · m

（C）42MN · m （D）46MN · m

【解】

（1）$e \leqslant 0.1\dfrac{W}{A}=0.1\times\dfrac{10}{6}=\dfrac{1}{6}\text{m}$

（2）$M=e\cdot N \leqslant 200\times\dfrac{1}{6}=33.3\text{MN}\cdot\text{m}$

【点评】

基本原理题，根据抵抗矩和偏心距的定义，矩形基础，$W=\dfrac{1}{6}lb^2$，$e=\dfrac{M}{N}$。题目中$e \leqslant \dfrac{0.1\cdot W}{A}$来自《建筑地基基础设计规范》第 8.4.2 条筏基的要求。

2. 梁板式筏基底板受冲切承载力——《建筑地基基础设计规范》第 8.4.12 条

梁板式筏基底板受冲切承载力计算应符合表 2-10-91 的规定。

梁板式筏基底板受冲切承载力验算 **表 2-10-91**

验算公式：$F_l \leqslant 0.7\beta_{hp} f_t u_m h_0$		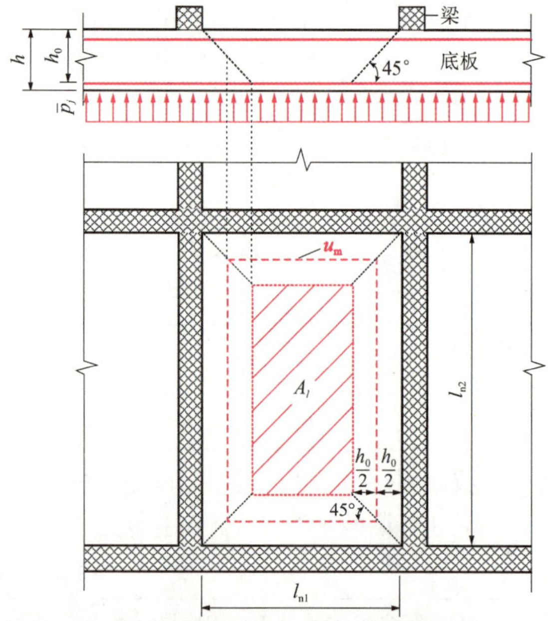
受冲切承载力 $0.7\beta_{hp} f_t u_m h_0$	⇑ $u_m = 2(l_{n1} + l_{n2} - 2h_0)$	
冲切力设计值 F_l	⇑ $F_l = \bar{p}_j(l_{n1} - 2h_0)(l_{n2} - 2h_0)$	
梁板式筏基双向底板受冲切所需要有效厚度h_0： $$h_0 = \frac{(l_{n1}+l_{n2}) - \sqrt{(l_{n1}+l_{n2})^2 - \frac{4\bar{p}_j l_{n1} l_{n2}}{\bar{p}_j + 0.7\beta_{hp} f_t}}}{4}$$ 同时满足（$h = h_0 + 1$个保护层厚度 $\geqslant \frac{l_{n1}}{14}$且$h \geqslant$ 400mm） 注：本公式实质为$F_l \leqslant 0.7\beta_{hp} f_t u_m h_0$变换而来		
重要参数	l_{n1}、l_{n2}——计算格板**短边**和**长边**的**净长度**（m）；**净长度** = 柱网尺寸 - 梁宽； $\bar{p}_j$——扣除底板及其上填土自重后，相应于作用基本组合时的基底平均净反力设计值（kPa）	

题 2-167 （10D05 改编）某筏基底板梁板如图 2-10-113 所示，筏板保护层厚度 50mm，混凝土强度等级为 C35，根据《建筑地基基础设计规范》GB 50007—2011 计算，该底板受冲切承载力最接近下列哪个选项？

（A）5.60×10^3kN

（B）11.25×10^3kN

（C）16.08×10^3kN

（D）19.70×10^3kN

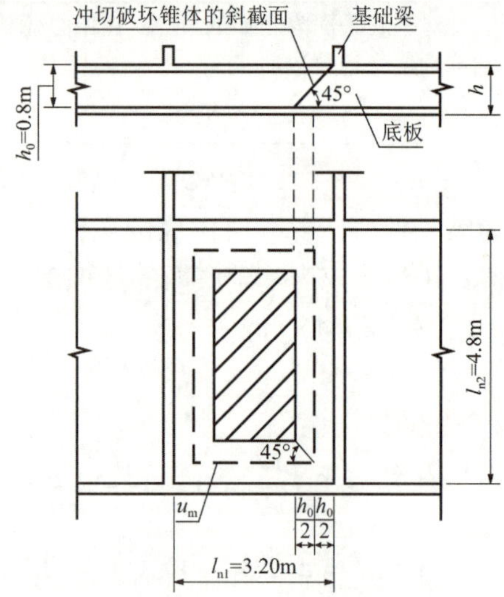

图 2-10-113 题 2-167 图

【解】

（1）混凝土强度等级为 C35，查表 $f_t = 1.57\text{N/mm}^2$

（2）$\beta_{hp} = 1 - \frac{850 - 800}{12000} = 0.996$

$u_m = 2(l_{n1} + l_{n2} - 2h_0) = 2 \times (3.2 + 4.8 - 2 \times 0.8) = 12.8\text{m}$

（3）$0.7\beta_{hp} f_t u_m h_0 = 0.7 \times 0.996 \times 1570 \times 12.8 \times 0.8 = 11208.7\text{kN}$

【点评】

①根据《建筑地基基础设计规范》第 8.4.12 条，《混凝土结构设计规范》第 4.1.4 条；②冲切验算关键确定冲切破坏锥体的斜截面，梁板式筏基冲切临界截面的周长为距离基础梁$h_0/2$处的矩形周长；③β_{hp}为受冲切截面高度影响系数，全高$h \leqslant 0.8$m 时，$\beta_{hp}=1$；$h \geqslant 2.0$m 时，$\beta_{hp}=0.9$；其间线性插值$\beta_{hp}=1-(h-0.8)/12$；④改编后需要按《混凝土结构设计规范》查表确定f_t。

题 2-168　（16D08）某高层建筑为梁板式基础（图 2-10-114），底板区格为矩形双向板，柱网尺寸 8.7m × 8.7m，梁宽为 450mm，荷载基本组合地基净反力设计值为 540kPa，底板混凝土轴心抗拉强度设计值为 1570kPa，按《建筑地基基础设计规范》GB 50007—2011，验算底板受冲切所需的有效厚度最接近下列哪个选项？

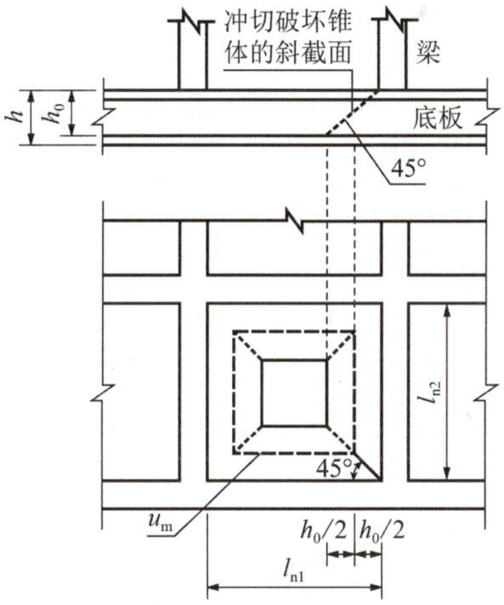

图 2-10-114　题 2-168 图

（A）0.825m　　（B）0.747m　　（C）0.658m　　（D）0.558m

【解】

（1）$l_{n1}=l_{n2}=8.7-0.45=8.25$m，设$h \leqslant 800$mm，取$\beta_{hp}=1$

$$h_0=\frac{(l_{n1}+l_{n2})-\sqrt{(l_{n1}+l_{n2})^2-\dfrac{4p_nl_{n1}l_{n2}}{p_n+0.7\beta_{hp}f_t}}}{4}$$

$$=\frac{(8.25+8.25)-\sqrt{(8.25+8.25)^2-\dfrac{4\times540\times8.25\times8.25}{540+0.7\times1\times1570}}}{4}=0.747\text{m}$$

（2）验算：$h=h_0+50=747+50=797\text{mm}<800\text{mm}$，满足假设

且$h=0.797\text{m}>\dfrac{8.25}{14}=0.589\text{m}$、$h>400$mm 满足构造要求。

【点评】

①根据《建筑地基基础设计规范》第 8.4.12 条；②注意l_{n1}、l_{n2}为板格净长度，需要扣掉梁宽；③也可采用《建筑地基基础设计规范》的受冲切承载力验算公式(8.4.12-1)反算，结果相同，因为本题采用的计算公式即由受冲切承载力验算公式推导而来；④注意验算构造要求的步骤不能少。

3. **梁板式筏基底板受剪切承载力——《建筑地基基础设计规范》第 8.4.12 条**

梁板式筏基底板受剪切承载力计算应符合表 2-10-92 的规定。

梁板式筏基底板受剪切承载力验算　　**表 2-10-92**

<table>
<tr><td>双向底板验算公式：
$V_s \leqslant 0.7\beta_{hs} f_t (l_{n2} - 2h_0) h_0$</td><td rowspan="3">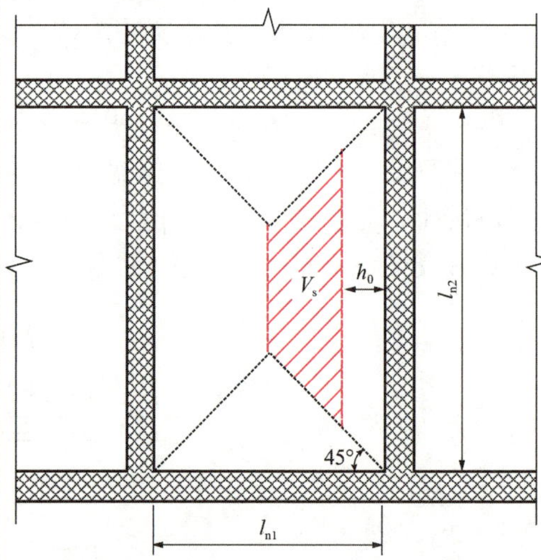
</td></tr>
<tr><td>$\Uparrow V_s = \bar{p}_j \left(\frac{l_{n1}}{2} - h_0\right)\left(l_{n2} - \frac{l_{n1}}{2} - h_0\right)$</td></tr>
<tr><td>注：单向板验算公式同墙下条形基础受剪切承载力验算，且底板厚度 $h = h_0 + 1$ 个保护层厚度 $\geqslant$ 400mm</td></tr>
</table>

题 2-169　(11C09)某梁板式筏基底板区格如图 2-10-115 所示，筏板混凝土强度等级为 C35($f_t = 1.57\text{N/mm}^2$)，根据《建筑地基基础设计规范》GB 50007—2011 计算，该区格底板斜截面受剪承载力最接近下列何值？

(A) 5.60×10^3kN　(B) 6.65×10^3kN　(C) 16.08×10^3kN　(D) 119.70×10^3kN

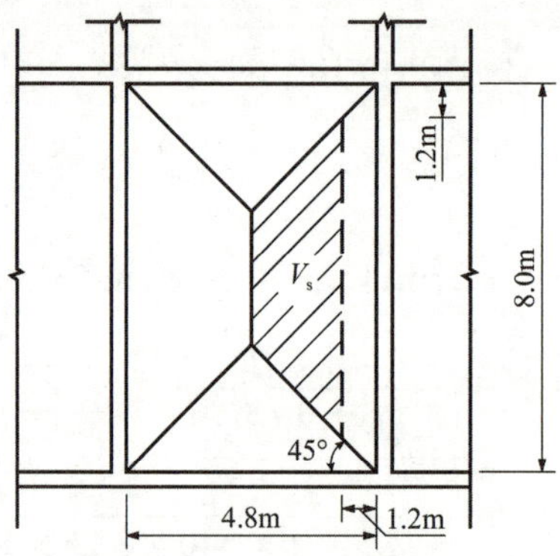

图 2-10-115　题 2-169 图

【解】

$$\beta_{hs} = \left(\frac{0.8}{1.2}\right)^{1/4} = 0.904$$

$$0.7\beta_{hs} f_t (l_{n2} - 2h_0) h_0 = 0.7 \times 0.904 \times 1570 \times (8 - 2 \times 1.2) \times 1.2 = 6.676 \times 10^3\text{kN}$$

【点评】

①根据《建筑地基基础设计规范》第 8.4.12 条第 3 款；②梁板式筏基双向底板斜截面受剪承载力验算截面距离梁边缘h_0处，关键确定破坏面的斜截面，图中虚线即为破坏的斜截面；③剪力设计值采用基本组合的**基底平均净反力**产生的剪力设计值。

题 2-170 （12C09）某高层建筑采用梁板式筏形基础（图 2-10-116，图 2-10-117），柱网尺寸为 8.7m × 8.7m，柱横截面为 1450mm × 1450mm，柱下为交叉基础梁，梁宽为 450mm，荷载效应基本组合下地基净反力为 400kPa，设梁板式筏基的底板厚度为 1000mm，双排钢筋，钢筋合力点至板截面近边的距离取 70mm，按《建筑地基基础设计规范》GB 50007—2011 计算距基础梁边缘h_0（板的有效厚度）处底板斜截面所承受剪力设计值最接近下列何值？

（A）4100kN （B）5500kN （C）6200kN （D）6500kN

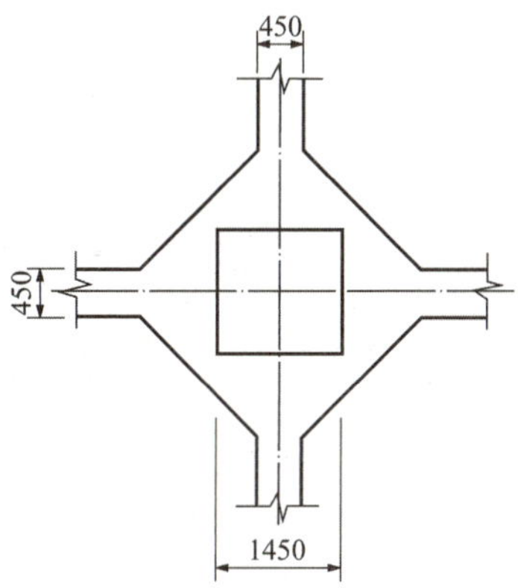

图 2-10-116 题 2-170 图

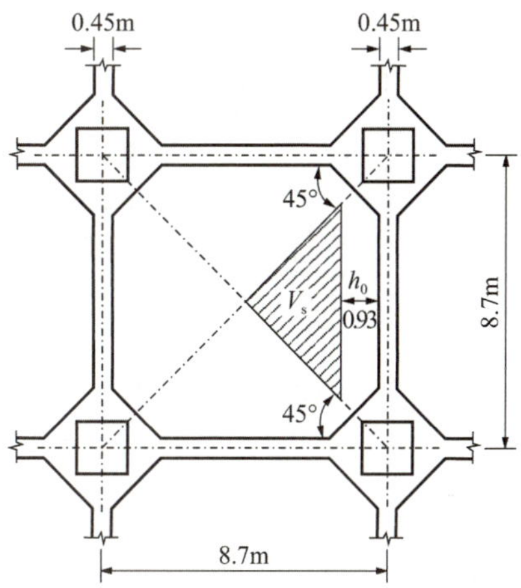

图 2-10-117 解 2-170 图

【解】

$$l_{n1} = l_{n2} = 8.7 - 0.45 = 8.25\text{m},\ h_0 = 1 - 0.07 = 0.93\text{m}$$

$$V_s = \left(\frac{l_{n1}}{2} - h_0\right)\left(l_{n2} - \frac{l_{n1}}{2} - h_0\right)p_j$$

$$= \left(\frac{8.25}{2} - 0.93\right) \times \left(8.25 - \frac{8.25}{2} - 0.93\right) \times 400 = 4083.2\text{kN}$$

【点评】

①根据《建筑地基基础设计规范》第 8.4.12 条；②考点为梁板式筏基的厚度应满足受剪切承载力的要求，本题仅要求计算基础所受剪力设计值V_s；③本题关键是计算阴影面积，相邻两柱之间距离即 8.7m 在题目图中并未显示，可参考《建筑地基基础设计规范》中图 8.4.12-2；④本题柱网为正方形，阴影部分三角形面积为正方形面积的 1/4（正方形的边长为柱网间距 − 2 × 有效高度 − 梁宽）：

$$A = \frac{1}{4} \times (8.7 - 2 \times 0.93 - 0.45)^2 = 10.208\text{m}^2$$

4. 平板式筏基柱下受冲切承载力——《建筑地基基础设计规范》第 8.4.7 条（非重点，了解即可）

平板式筏基内柱下受冲切验算应符合表 2-10-93 的规定。

平板式筏基内柱下受冲切承载力验算 表 2-10-93

<table>
<tr>
<td colspan="2">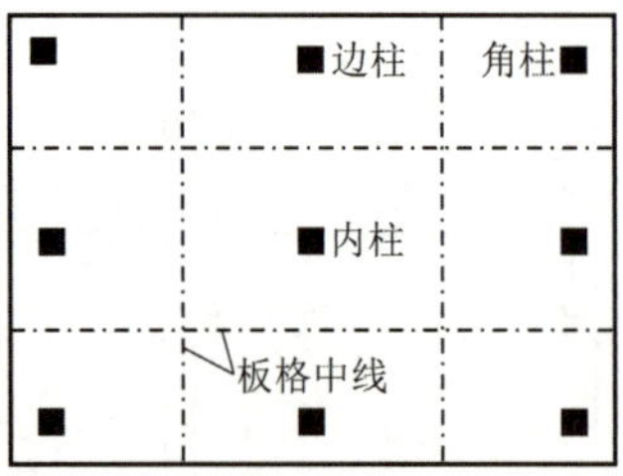

验算公式：
$$\tau_{\max} \leqslant 0.7(0.4+\frac{1.2}{\beta_s})\beta_{hp}f_t$$</td>
<td>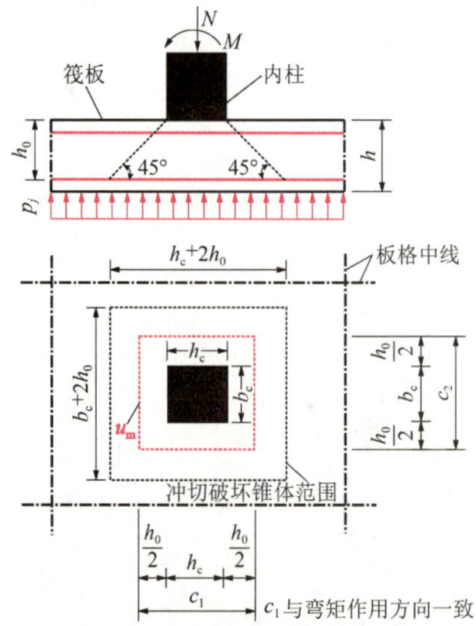
</td>
</tr>
<tr>
<td>抗剪切强度（kPa）
$0.7\left(0.4+\frac{1.2}{\beta_s}\right)\beta_{hp}f_t$</td>
<td colspan="2">$\Uparrow \beta_s=\frac{\text{柱截面长边}}{\text{柱截面短边}}(\beta_s<2\text{时，取 }2，\beta_s>4\text{时，取 }4)$</td>
</tr>
<tr>
<td rowspan="2">最大剪应力（kPa）
$\tau_{\max}$</td>
<td>$\Uparrow \tau_{\max}=\frac{F_l}{u_m h_0}+\alpha_s\frac{M_{unb}c_{AB}}{I_s}$</td>
<td rowspan="2">$\Leftarrow \alpha_s=1-\frac{1}{1+\frac{2}{3}\sqrt{\frac{c_1}{c_2}}}$
$\Leftarrow c_{AB}=\frac{c_1}{2}$
$\Leftarrow I_s=\frac{c_1h_0^3}{6}+\frac{c_1^3h_0}{6}+\frac{c_2h_0c_1^2}{2}$
F_l——基本组合时冲切力（kN），对内柱取轴力设计值减去破坏锥体内的基底净反力设计值；
M_{unb}——不平衡弯矩设计值（kN·m）</td>
</tr>
<tr>
<td>$\Uparrow F_l=N-p_j(h_c+2h_0)(b_c+2h_0)$
$\Uparrow u_m=2(c_1+c_2)$
$\Uparrow c_1=h_c+h_0，c_2=b_c+h_0$</td>
</tr>
</table>

注：对基础边柱和角柱冲切验算时，其冲切力应分别乘以 1.1 和 1.2 的增大系数。边柱和角柱相关参数的计算更为复杂，有余力自行参阅《建筑地基基础设计规范》附录 P。（了解即可）

题 2-171　（**选做题**）某高层建筑的平板式筏基如图 2-10-118 所示，柱为底层内柱，其截面尺寸为 600mm × 1650mm，筏板采用 C30 级混凝土，相应于作用效应基本组合时的地基净反力为 242kPa，相应于作用效应基本组合时的柱子轴力为 16000kN，弯矩为 200kN · m。筏板厚度为 1.2m，局部板厚度为 1.8m，试验算柱边$h_0/2$处的冲切临界截面上的受冲切承载力。（保护层厚度取 50mm）

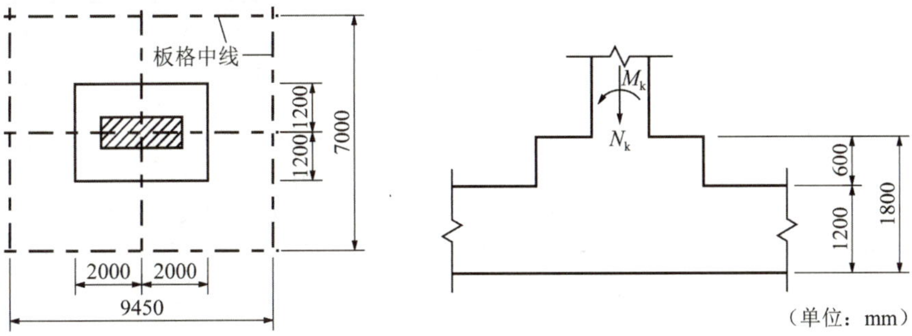

图 2-10-118　题 2-171 图

【解】

（1）$c_1 = h_c + h_0 = 1.65 + (1.8 - 0.05) = 3.4 < 4\text{m}$,

$c_2 = b_c + h_0 = 0.6 + (1.8 - 0.05) = 2.35 < 2.4\text{m}$

$u_m = 2c_1 + 2c_2 = 2 \times (3.4 + 2.35) = 11.5\text{m}$

$c_{AB} = \frac{c_1}{2} = \frac{3.4}{2} = 1.7\text{m}$，$\beta_s = \frac{h_c}{b_c} = \frac{1.65}{0.6} = 2.75$

$$I_s = \frac{c_1 h_0^3}{6} + \frac{c_1^3 h_0}{6} + \frac{c_2 h_0 c_1^2}{2} = \frac{3.4 \times 1.75^3}{6} + \frac{3.4^3 \times 1.75}{6} + \frac{2.35 \times 1.75 \times 3.4^2}{2}$$
$$= 38.27\text{m}^4$$

$$\alpha_s = 1 - \frac{1}{1 + \frac{2}{3}\sqrt{\frac{c_1}{c_2}}} = 1 - \frac{1}{1 + \frac{2}{3}\sqrt{\frac{3.4}{2.35}}} = 0.445$$

（2）$F_l = 16000 - 242 \times (1.65 + 2 \times 1.75) \times (0.6 + 2 \times 1.75) = 10890\text{kN}$

$$\tau_{max} = \frac{F_l}{u_m h_0} + \alpha_s \frac{M_{unb} c_{AB}}{I_s} = \frac{10890}{11.5 \times 1.75} + \frac{0.455 \times 200 \times 1.7}{38.27} = 545.1\text{kPa}$$

（3）$\beta_{hp} = 1 - \frac{1800 - 800}{12000} = 0.917$

混凝土强度等级 C30，查表$f_t = 1.43 \times 10^3\text{kPa}$

$\tau_{max} \leqslant 0.7(0.4 + 1.2/\beta_s)\beta_{hp} f_t = 0.7 \times (0.4 + 1.2/2.75) \times 0.917 \times 1430 = 767.7\text{kPa}$

所以筏板满足抗冲切承载力要求。

【点评】

本题目中为内柱，根据规范要求，边柱和角柱所计算冲切力需乘以 1.1 或 1.2 的放大系数，且各项系数根据《建筑地基基础设计规范》附录 P 不尽相同，不属于重要考点，计算量太大。

5. 平板式筏基内筒下受冲切承载力——《建筑地基基础设计规范》第 8.4.8 条（非重点，了解即可）

平板式筏基内筒下的板厚应满足受冲切承载力的要求，并应符合表 2-10-94 的规定。

平板式筏基内筒下受冲切承载力验算 表 2-10-94

不考虑弯矩时，验算公式：$\tau_{max}=\dfrac{F_l}{u_m h_0}\leqslant 0.7\dfrac{1}{\eta}\beta_{hp}f_t$		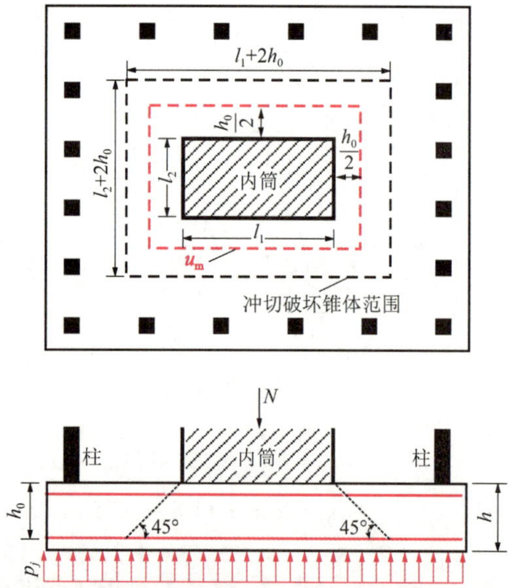
抗剪切强度（kPa）$0.7\dfrac{1}{\eta}\beta_{hp}f_t$	$\Uparrow\ \eta=1.25$	
最大剪应力（kPa）τ_{max}	$\Uparrow\ \tau_{max}=\dfrac{F_l}{u_m\cdot h_0}$	
	$\Uparrow\ F_l=N-p_j(l_1+2h_0)(l_2+2h_0)$ $\Uparrow\ u_m=2(l_1+l_2+2h_0)$	
重要参数	h_0——距内筒外表面$h_0/2$处筏板的截面有效高度（m）	
考虑弯矩时：$\tau_{max}=\dfrac{F_l}{u_m h_0}+\alpha_s\dfrac{M_{unb}c_{AB}}{I_s}$		计算同前，用l_1、l_2替换h_c、b_c

题 2-172 某安全等级为二级的高层建筑采用钢筋混凝土框架-核心筒结构体系，框架柱截面尺寸为 900mm × 900mm，筒体平面尺寸 11.4m × 11.8m（图 2-10-119）。基础采用平板式筏形基础，板厚 1.4m，钢筋保护层厚度 50mm，筏形基础的混凝土强度等级为 C30。柱传至基础的荷载由永久作用控制，相应于作用效应标准组合时的内筒轴力为 38000kN，相应于作用效应标准组合的地基净反力为 120kPa（已知除筏形基础自重），试验算内筒下受冲切承载力是否满足要求。

【解】

混凝土强度等级为 C30，查表$f_t=1.43\times10^3$kPa

$u_m=2(l_1+l_2+2h_0)=2\times(11.4+11.8+2\times1.35)=51.8$m

$F_l=1.35\times[38000-120\times(11.4+2\times1.35)\times(11.8+2\times1.35)]=18179.1$kN

不考虑弯矩：$\tau_{max}=\dfrac{F_l}{u_m\cdot h_0}=\dfrac{18179.1}{51.8\times1.35}=260$kPa

$\beta_{hp}=1-\dfrac{1400-800}{12000}=0.95$，$\eta=1.25$

$0.7\beta_{hp}f_t/\eta=0.7\times0.95\times1430/1.25=761\text{kPa}>260\text{kPa}$，满足要求

【点评】

根据《建筑地基基础设计规范》第 8.4.7 条、第 8.4.8 条、附录 P。

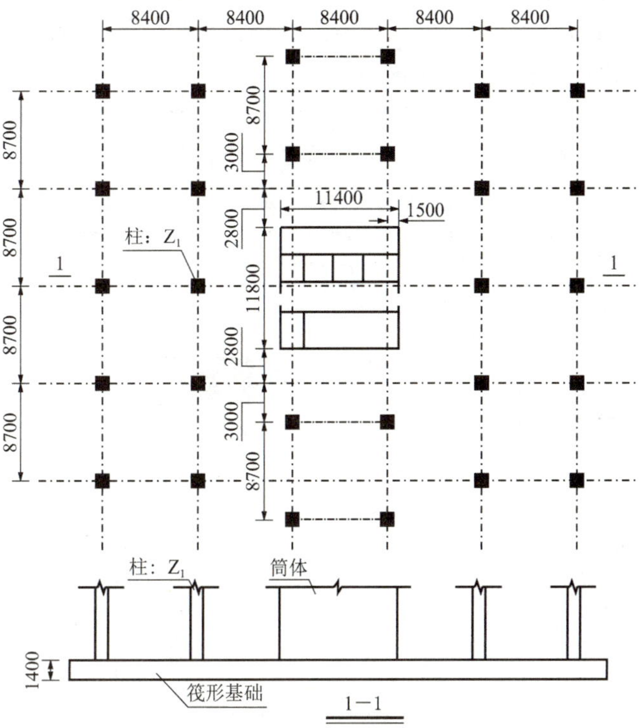

图 2-10-119　题 2-172 图

题 2-173　题目条件同上题，另外已知柱传至基础的荷载效应由永久荷载控制。柱Z_1按荷载效应标准组合的柱轴力为$F_k = 9000\text{kN}$，柱底端弯矩为$M = 150\text{kN}\cdot\text{m}$，荷载效应标准组合的地基净反力为 135kPa（已知除筏基自重）。已知$c_1 = c_2 = 2.25\text{m}$，$c_{AB} = 1.13\text{m}$，$I_s = 11.17\text{m}^4$，$\alpha_s = 0.4$。试验算Z_1柱边$h_0/2$处冲切临界截面上的受冲切承载力是否满足要求。

【解】

$$u_m = 2c_1 + 2c_2 = 2\times(2.25+2.25) = 9\text{m}$$

$$F_l = 1.35\times[9000 - 135\times(0.9+2\times1.35)\times(0.9+2\times1.35)] = 9788\text{kN}$$

考虑弯矩：$$\tau_{max} = \frac{F_l}{u_m h_0} + \alpha_s\frac{M_{unb}c_{AB}}{I_s} = \frac{9788}{9\times1.35} + \frac{0.4\times1.35\times150\times1.13}{11.17} = 813.8\text{kPa}$$

$\beta_s = h_c/b_c = 0.9/0.9 = 1 < 2$，取$\beta_s = 2$，$\beta_{hp} = 1 - \dfrac{1400-800}{12000} = 0.95$

$\tau_c = 0.7\left(0.4+\dfrac{1.2}{\beta_s}\right)\beta_{hp}f_t = 0.7\times\left(0.4+\dfrac{1.2}{2}\right)\times0.95\times1430 = 950.95\text{kPa} > \tau_{max} = 813.8\text{kPa}$，满足要求

【点评】

根据《建筑地基基础设计规范》第 8.4.7 条、第 8.4.8 条、附录 P。

6. **平板式筏基内筒边和柱边受剪切承载力——《建筑地基基础设计规范》第 8.4.9 条、第 8.4.10 条及条文说明（非重点，了解即可）**

平板式筏基应验算距离内筒和柱边缘h_0处截面的受剪承载力。当筏板变厚度时，尚应验算变厚度处筏板的受剪承载力，平板式筏基受剪承载力应按表 2-10-95 进行验算。

平板式筏基内筒边和柱边受剪切承载力验算　　表 2-10-95

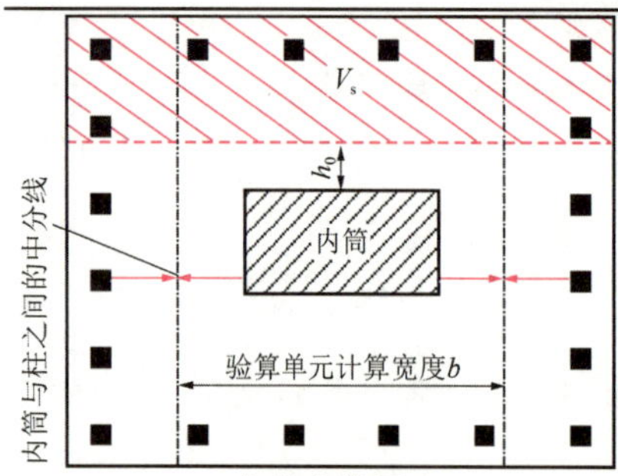

内筒边简图

$$V_s=\frac{\bar{p}_jA_l-nN_{边}}{b}$$

（n——阴影面积A_l内边柱的数目）

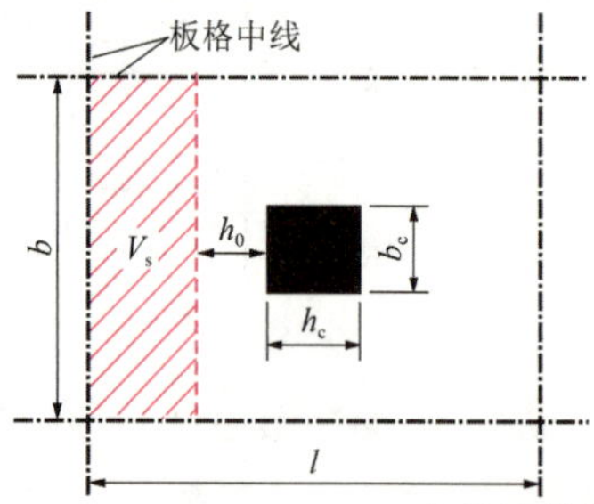

内柱边简图

$$V_s=\frac{\bar{p}_jA_l}{b}$$

验算公式：

$$V_s\leqslant 0.7\beta_{hs}f_th_0$$

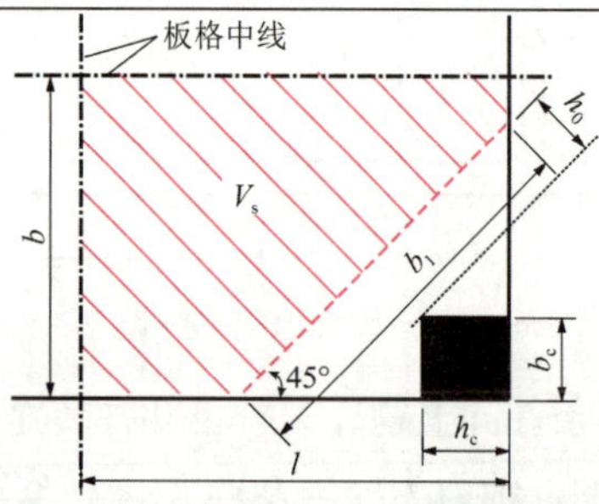

角柱边简图

$$V_s=(1.2\bar{p}_jA_l)/b_1$$

$$b_1=2h_0+\sqrt{2}(b_c+h_c)$$

重要参数：V_s——相应于作用的基本组合时，基底**平均净反力**（$\bar{p}_j$）产生的距内筒或柱边缘处筏板**单位宽度**的剪力值（kN/m）；对角柱乘以 1.2 的增大系数

题 2-174　某建筑采用框架结构，柱网尺寸为 8.8m × 8.8m，柱子截面尺寸为 1.45m × 1.45m（图 2-10-120）。基础形式为平板式筏形基础，筏板厚度 1.0m，钢筋保护层厚度 50mm，基础埋深 5.0m。相应于作用的基本组合时，平均基底压力为 500kPa（基础及其上覆土体平均重度 20kN/m³），根据《建筑地基基础设计规范》GB 50007—2011 验算距离内柱边缘h_0处的受剪切承载力确定符合规范要求时，求筏形基础最低混凝土强度等级最接近下列哪个选项？

（A）C25　　（B）C30

（C）C35　　（D）C40

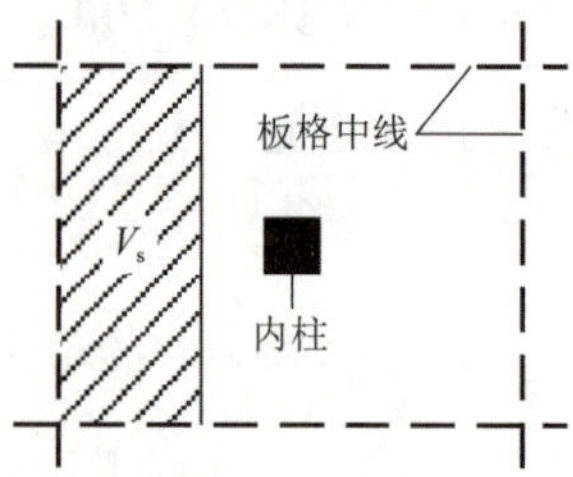

图 2-10-120　题 2-174 图

【解】

（1）$\bar{p}_j=500-1.35\times20\times5=365\text{kPa}$

$$V_s=365\times8.8\times\frac{4.4-0.95-0.725}{8.8}=994.625\text{kN}$$

（2）$\beta_{hs}=\left(\frac{800}{950}\right)^{1/4}=0.958$

$0.7\times0.958\times1\times f_t\times0.95\geqslant994.625$，解得：$f_t\geqslant1.56\text{MPa}$

（3）查表，最接近大值为 C35

【点评】

①根据《建筑地基基础设计规范》第 8.4.10 条及条文说明，《混凝土结构设计规范》第 4.1.4 条；②《混凝土结构设计规范》主要掌握会查表确定混凝土和钢筋的强度和变形参数。

题 2-175　某高层建筑采用钢筋混凝土框架-核心筒结构体系，框架柱截面尺寸均为 0.9m × 0.9m（图 2-10-121）。基础采用平板式筏基，板厚 1.5m、钢筋保护层厚度为 50mm，基础的混凝土强度等级为 C30（$f_t = 1.43\text{N/mm}^2$）。柱传至基础的荷载由永久作用控制，相应于作用标准组合时，内筒轴力为 38000kN，相应于作用标准组合的地基净反力为 120kPa（已经扣除基础及其上上覆土重），相应于作用基本组合的边柱轴力为 4000kN，柱中心距离筏板边缘 2m。计算该筏形基础的内筒下受剪切承载力是否满足设计要求。

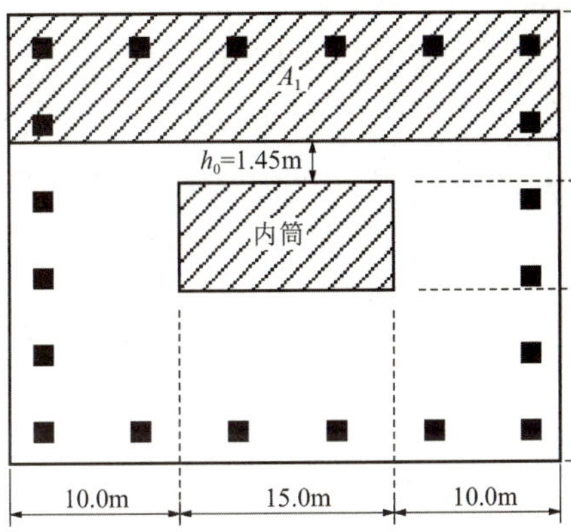

图 2-10-121　题 2-175 图

【解】

$$b = 15 + \frac{10 - 2 - 0.45}{2} \times 2 = 22.55\text{m}$$

$$V_s = \frac{\overline{p}_j \cdot A_j - n \cdot N_{边}}{b} = \frac{1.35 \times 120 \times (12 - 1.45) \times 35 - 8 \times 4000}{22.55} = 1233.6\text{kN}$$

$$\beta_{hs} = \left(\frac{0.8}{h_0}\right)^{\frac{1}{4}} = \left(\frac{0.8}{1.5 - 0.05}\right)^{\frac{1}{4}} = 0.86$$

$0.7\beta_{hs} f_t h_0 = 0.7 \times 0.86 \times 1430 \times 1.45 = 1248.25\text{kN} > V_s$，满足要求

【点评】

根据《建筑地基基础设计规范》第 8.4.10 条及条文说明，宽度b的取值为内筒两侧与相邻跨的跨中分线之间的距离，及内筒外侧和紧邻柱基内侧连线的中点。

第 11 章

公路桥涵地基和基础设计规范（浅基础）

11.1.1 地基承载力——《公路桥涵地基与基础设计规范》第 4.3 节

1. 地基承载力特征值及修正

地基承载力特征值f_{a0}应由载荷试验或其他原位测试取得，其值不应大于地基极限承载力的 1/2。对中小桥、涵洞，当受现场条件限制或载荷试验和原位测试确有困难时，可按本书附录表Ⅶ.0.1～表Ⅶ.0.7 选用。地基承载力特征值及修正按表 2-11-1。

修正后的地基承载力特征值f_a　　表 2-11-1

$$f_a = f_{a0} + k_1\gamma_1(b-2) + k_2\gamma_2(h-3)$$

★★★当基础位于水中**不透水**地层上时：

f_a按平均常水位至一般冲刷线的水深，**每米再增大** 10kPa

参数	重要坑点
b——基础底面的最小边宽（m），圆形或正多边形基础为$\sqrt{F}$，F为基础的底面积	当$b<2$m 时取$b=2$m；当$b>10$m 时取$b=10$m
h——基底埋置深度（m）	自**天然地面**或**开挖后地面**算起，有冲刷时自一般冲刷线起算 当$h<3$m 时取$h=3$m；当$h>4b$时取$h=4b$
γ_1——基底持力层土的天然重度（kN/m³）	**持力层**在水面以下且为**透水层**，应取**浮重度**
γ_2——基底以上土层的加权平均重度（kN/m³）（γ_2与h范围一致，不受 3m或 4b限制） k_1、k_2——基础宽度、深度修正系数，根据基底**持力层**土的类别按下表确定	**持力层**在**水面以下且不透水**时，不论基底以上土的透水性质如何，一律取**饱和重度**； **持力层**在**水面以下且透水**时，水中土层应取**浮重度**

地基土承载力宽度、深度修正系数k_1、k_2

修正系数	黏性土				粉土	砂土								碎石土			
	老黏性土	一般黏性土		新近沉积黏性土	—	粉砂		细砂		中砂		砾砂粗砂		碎石、圆砾、角砾		卵石	
		$I_L\geqslant0.5$	$I_L<0.5$		—	中密	密实	中密	密实	中密	密实	中密	密实	中密	密实	中密	密实
k_1	0	0	0	0	0	1.0	1.2	1.5	2.0	2.0	3.0	3.0	4.0	3.0	4.0	3.0	4.0
k_2	2.5	1.5	2.5	1.0	1.5	2.0	2.5	3.0	4.0	4.0	5.5	5.0	6.0	5.0	6.0	6.0	10.0

注：1. 对于稍密和松散状态的砂、碎石土，k_1、k_2值可采用表中中密值的 50%；
2. 强风化和全风化的岩石，可参照所风化成的相应土类取值；其他状态下的岩石不修正

⇓⇓⇓

桥涵地基承载力的验算应以修正后的地基承载力特征值f_a乘以地基承载力抗力系数γ_R（表 2-11-2）控制。

地基承载力抗力系数γ_R——3.0.7　　　　表 2-11-2

受荷阶段	作用组合或地基条件		f_a（kPa）	γ_R
使用阶段	频遇组合	永久作用与可变作用组合	⩾150	1.25
			＜150	1.00
		仅计结构重力、预加力、土的重力、土侧压力和汽车荷载、人群荷载	—	1.00
	偶然组合		⩾150	1.25
			＜150	1.00
	多年压实未遭破坏的非岩石旧桥基		⩾150	1.5
			＜150	1.25
	岩石旧桥基		—	1.00
施工阶段	不承受单向推力		—	1.25
	承受单向推力		—	1.5

2. 软土地基承载力特征值

软土地基承载力特征值f_{a0}应由载荷试验或其他原位测试取得。载荷试验或原位测试确有困难时，对中小桥、涵洞基底未经处理的软土地基，也可采用表 2-11-3 中两种方法确定。

软土修正后地基承载力特征值f_a　　　　表 2-11-3

<table>
<tr><td rowspan="2">按天然含水率</td><td colspan="2">$f_a=f_{a0}+\gamma_2 h$</td></tr>
<tr><td colspan="2">软土地基承载力特征值f_{a0}
<table>
<tr><td>天然含水率w（%）</td><td>36</td><td>40</td><td>45</td><td>50</td><td>55</td><td>65</td><td>75</td></tr>
<tr><td>f_{a0}（kPa）</td><td>100</td><td>90</td><td>80</td><td>70</td><td>60</td><td>50</td><td>40</td></tr>
</table></td></tr>
<tr><td>按强度指标</td><td colspan="2">$f_a=\frac{5.14}{m}k_p c_u+\gamma_2 h$　　$\Leftarrow k_p=\left(1+0.2\frac{b}{l}\right)\left(1-\frac{0.4H}{blc_u}\right)$</td></tr>
<tr><td rowspan="4">参数</td><td>h——基底埋置深度（m）；</td><td>自天然地面或挖方后地面算起
有冲刷时自一般冲刷线起算
h无限值</td></tr>
<tr><td>γ_2——基底以上土层的加权平均重度（kN/m³）（γ_2与h范围一致）；
m——抗力修正系数，可根据软土灵敏度及基础长宽比等因素选用 1.5～2.5；
c_u——地基土不排水抗剪强度标准值（kPa）；
H——由作用（标准值）引起的水平力（kN）；</td><td>持力层在水面以下且不透水时，不论基底以上土的透水性质如何，一律取饱和重度；
持力层在水面以下且透水时，水中土层应取浮重度</td></tr>
<tr><td>b——基础宽度（m）；</td><td>有偏心作用时，取$b-2e_b$</td></tr>
<tr><td>l——垂直于b边的基础长度（m）；
e_b、e_l——偏心作用在宽度和长度方向的偏心距</td><td>有偏心作用时，取$l-2e_l$</td></tr>
</table>

⇓⇓⇓

★当基础位于水中**不透水**地层上时，f_a按平均常水位至一般冲刷线的水深，**每米再增大 10kPa**★

注：《公路桥涵地基与基础设计规范》上未明确此处需要按“每米再增大 10kPa”，但从原理上理解以及按《铁路桥涵地基和基础设计规范》上的要求，此处需要“每米再增大 10kPa”，鉴于《公路桥涵地基与基础设计规范》一般都是抄的《铁路桥涵地基和基础设计规范》，且抄错之处极多，此处考试时建议根据题目选项灵活应对。

⇓⇓⇓

桥涵地基承载力的验算应以修正后的地基承载力特征值f_a乘以地基承载力抗力系数γ_R控制（表 2-11-2）

题 2-176 （12D05）天然地基上的桥梁基础，底面尺寸为 2m × 5m，基础埋置深度、地层分布及相关参数见图 2-11-1，地基承载力特征值为 200kPa，根据《公路桥涵地基与基础设计规范》JTG 3363—2019，计算修正后的地基承载力特征值最接近下列哪个选项？

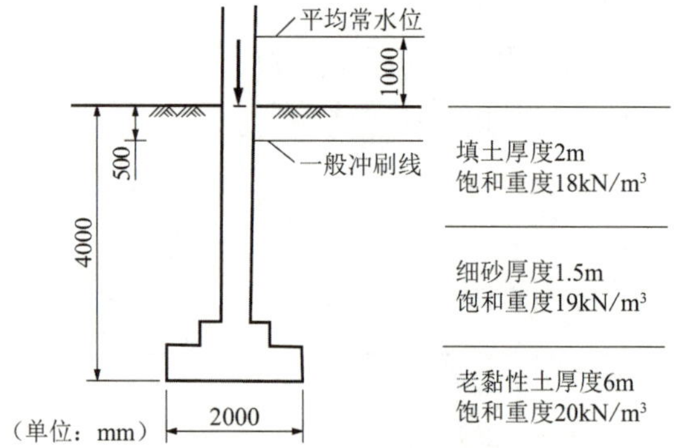

图 2-11-1 题 2-176 图

（A）200kPa （B）220kPa （C）238kPa （D）356kPa

【解】

（1）$h = 4 - 0.5 = 3.5\text{m}$，$b = 2\text{m}$

老黏土，查表：$k_1 = 0$，$k_2 = 2.5$

$$\gamma_2 = \frac{18 \times 1.5 + 19 \times 1.5 + 20 \times 0.5}{3.5} = 18.7\text{kN/m}^3$$

（2）$f_a = f_{a0} + k_1\gamma_1(b-2) + k_2\gamma_2(h-3) = 200 + 0 + 2.5 \times 18.7 \times (3.5-3) = 223.4\text{kPa}$

（3）$f_a' = 223.4 + 1.5 \times 10 = 238.4\text{kPa}$

【点评】

①根据《公路桥涵地基与基础设计规范》第 4.3.4 条；②考点为天然地基土上的桥梁基础经深度、宽度修正后的地基承载力特征值$f_a = f_{a0} + k_1\gamma_1(b-2) + k_2\gamma_2 \times (h-3)$；③$b$基础底面的最小宽度< 2m 取 2m，**> 10m 取 10m**；④基底埋置深度h，自天然地面起算，有水流冲刷时自一般冲刷线起算，$h < 3\text{m}$ 时取 3m，**$h > 4b$时取$h = 4b$**；⑤注意当**基础位于不透水层**时，按平均常水位至一般冲刷线的水深每米增大 10kPa，**老黏土按不透水层计算**；⑥此类题目需要注意的几个细节：特别注意**持力层是否透水**、有没有冲刷、是否有抗力系数等，坑点多，需要多做训练才能避免掉坑。

题 2-177 （18C06）桥梁墩台基础底面尺寸为 5m × 6m，埋深 5.2m。地面以下均为一般黏性土，按不透水考虑，天然含水率$w = 24.7\%$，天然重度$\gamma = 19.0\text{kN/m}^3$，土粒比重$G_s = 2.72$，液性指数$I_L = 0.6$，饱和重度为 19.44kN/m³，平均常水位在地面上 0.3m，一般冲刷线深度 0.7m，水的重度$\gamma_w = 9.8\text{kN/m}^3$，按《公路桥涵地基与基础设计规范》JTG 3363—2019 确定修正后的地基承载力特征值f_a，其值最接近以下哪个选项？

（A）275kPa （B）285kPa （C）294kPa （D）303kPa

【解】

（1）$h = 5.2 - 0.7 = 4.5\text{m}$

一般黏性土且$I_L = 0.6$，查表：$k_1 = 0$，$k_2 = 1.5$

$$e=\frac{2.72\times(1+0.247)\times9.8}{19}-1=0.75\text{，查表：}f_{a0}=250\text{kPa}$$

（2）$f_a=f_{a0}+k_1\gamma_1(b-2)+k_2\gamma_2(h-3)=250+0+1.5\times19.44\times(4.5-3)$
$=293.74\text{kPa}$

（3）$f_a'=293.74+1\times10=303.74\text{kPa}$

【点评】

①《公路桥涵地基与基础设计规范》第 4.3.3 条、第 4.3.4 条；②当基础位于**水中不透水地层**上时，f_a按平均常水位至一般冲刷线的水深每米再增大 10kPa；③注意审题，本题$\gamma_w=9.8\text{kN/m}^3$，非常无聊的坑，规范上都说了每米增大 10kPa，工程上也是这么操作的，但按原理γ_w取 9.8kN/m^3，每米就是增大 9.8kPa，这让考生左右为难。

题 2-178 （08D07）高速公路连接线路平均宽度 25m，硬壳层厚 5.0m，$f_{ak}=180\text{kPa}$，$E_s=12\text{MPa}$，重度$\gamma=19\text{kN/m}^3$，下卧淤泥质土$f_{ak}=80\text{kPa}$，$E_s=4\text{MPa}$，路基重度 20kN/m^3，在充分利用硬壳层，满足强度条件下的路基填筑最大高度最接近下列哪个选项？

（A）4.0m　　（B）8.7m　　（C）9.0m　　（D）11.0m

【解法一】（按《公路桥涵地基与基础设计规范》）

（1）$f_a=f_{a0}+\gamma_2h=80+19\times5=175\text{kPa}$

（2）$20H+19\times5=175$，解得：$H=4\text{m}$

【解法二】（按《建筑地基基础设计规范》）

（1）假设路基填筑最大高度H（图 2-11-2），$b>25\text{m}$

$E_{s1}/E_{s2}=12/4=3$，$z/b=5/25<0.2<0.25$，

查得：$\theta=0°$

（2）$p_z=\dfrac{b(p_k-p_c)}{b+2z\tan\theta}=p_k-p_c=20H$

$p_{cz}=19\times5=95\text{kPa}$

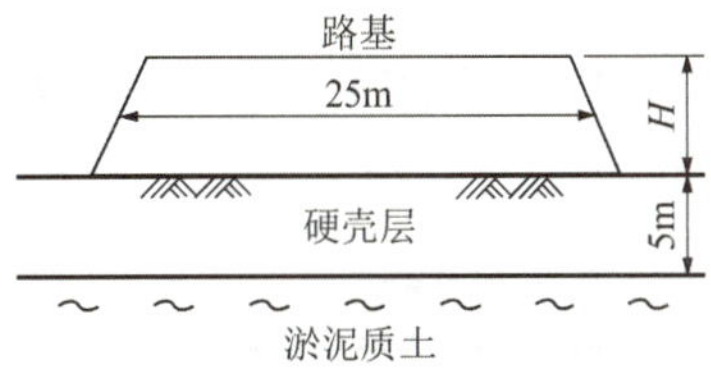

图 2-11-2　解 2-178 图

（3）$f_{az}=80+1.0\times19\times(5-0.5)=165.5\text{kPa}$

（4）$p_z+p_{cz}\leqslant f_{az}$，$20H+95\leqslant165.5$，解得$H\leqslant3.5\text{m}$

【点评】

①根据《公路桥涵地基与基础设计规范》第 4.3.5 条（解法一），或根据《建筑地基基础设计规范》第 5.2.4 条、第 5.2.7 条（解法二）；②注意本题基础埋深为 0，当年真题没有指定规范，导致有多种解法；③本题不严谨，严格来说，应该按《公路桥涵地基与基础设计规范》第 5.2.6 条，老规范公式中没有抗力系数γ_R，按新规范要补充条件抗力系数取$\gamma_R=1.0$计算如下：

（1）$z/b=5/25=0.2$，条基，$\alpha=0.977$

（2）$p_z=\gamma_1(h+z)+\alpha(p-\gamma_2h)=19\times5+0.977\times(20H-0)\leqslant\gamma_Rf_a$
$=1.0\times(80+19\times5)$，解得：$H\leqslant4.1\text{m}$

题 2-179 某软土地基上的桥墩基础，基础尺寸 4m × 6m，基础埋深 3m，桥墩承受偏心荷载。偏心作用在宽度和长度方向的偏心距分别为 0.5m、1.0m，水平力标准值$H=260\text{kN}$，软土不排水抗剪强度$c_u=20\text{kPa}$，基础埋深范围内土层平均重度$\gamma=17.5\text{kN/m}^3$，软土持力层视为不透水层，抗力修正系数$m=2$，根据《公路桥涵地基与基础设计规范》JTG 3363—2019，计算当墩台施工期间承受单向推力时，求软土地基修正后的承载力特征值最接近下列哪个选项？

（A）86kPa （B）99kPa （C）108kPa （D）129kPa

【解】

（1）$k_p=\left(1+0.2\dfrac{b-2e_b}{l-2e_l}\right)\left[1-\dfrac{0.4H}{(b-2e_b)(l-2e_l)c_u}\right]$

$=\left(1+0.2\times\dfrac{4-2\times0.5}{6-2\times1}\right)\left[1-\dfrac{0.4\times260}{(4-2\times0.5)\times(6-2\times1)\times20}\right]=0.652$

（2）$f_a=\dfrac{5.14}{m}k_pc_u+\gamma_2h=\dfrac{5.14}{2}\times0.652\times20+17.5\times3=86\text{kPa}$

【点评】

根据《公路桥涵地基与基础设计规范》第 4.3.5 条、第 3.0.7 条，根据下面b，l解释可将本题第一步公式写在旁边，考试期间紧张，容易遗漏下面的b，l文字解释。

11.1.2 合力偏心距验算及持力层验算——《公路桥涵地基与基础设计规范》第 5.2 节、附录 G

1. 桥梁墩台基础基底的合力偏心距容许值及验算见表 2-11-4。

墩台基底的合力偏心距容许值$[e_0]$及验算 **表 2-11-4**

作用情况	地基条件	$[e_0]$	备注
墩台仅承受永久作用标准值效应组合	非岩石地基	桥墩，0.1ρ	拱桥、钢构桥墩台的合力作用点应尽量保持在基底重心附近
		桥台，0.75ρ	
墩台承受作用标准值效应组合或偶然作用（地震作用除外）标准值效应组合	非岩石地基	ρ	拱桥单向推力墩不受限制，但应符合规范抗倾覆稳定系数
	较破碎—极破碎岩石地基	1.2ρ	
	完整、较完整岩石地基	1.5ρ	
验算：$e_0=\dfrac{M}{N}\leqslant[e_0]$			

注：1. 大偏心情况仅允许在岩石地基条件下。

2. 偏心矩$e_0=\dfrac{M}{N}$，矩形基础$W=\dfrac{lb^2}{6}$，条形基础$W=\dfrac{b^2}{6}$；圆形基础$W=\dfrac{\pi d^3}{32}$；

3. 核心半径$\rho=\dfrac{e_0}{1-\frac{p_{\min}A}{N}}$：**单向偏心受压时**，矩形基础、条形基础化简为$\rho=\dfrac{b}{6}$，圆形基础化简为$\rho=\dfrac{d}{8}$；**双向偏心受压时**，$\rho=\dfrac{e_0}{1-\frac{p_{\min}A}{N}}\Leftarrow p_{\min}=\dfrac{N}{A}-\dfrac{M_x}{W_x}-\dfrac{M_y}{W_y}=\dfrac{N}{A}\left(1-\dfrac{6e_x}{b}-\dfrac{6e_y}{l}\right)$

题 2-180　（20C06）公路桥涵的桥墩承受的荷载为永久作用标准值组合，桥墩下地基土为卵石层，作用于基底的竖向合力N作用点及数值如图 2-11-3 所示，根据《公路桥涵地基与基础设计规范》JTG 3363—2019，基础长边宽度b不应小于下列何值？

（A）3m　　　　（B）4m

（C）5m　　　　（D）6m

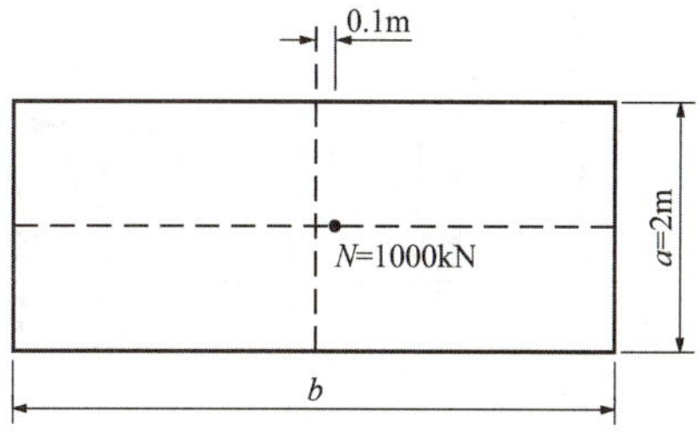

图 2-11-3　题 2-180 图

【解】

（1）核心半径$\rho = \dfrac{b}{6}$，非岩石地基，桥墩仅受永久作用标准组合

（2）由偏心距$e_0 \leqslant [e_0] \Rightarrow 0.1 \leqslant 0.1 \times \dfrac{b}{6} \Rightarrow b \geqslant 6\text{m}$

【点评】

①根据《公路桥涵地基与基础设计规范》第 5.2.5 条；②桥涵墩台应根据作用条件和地基条件验算作用于基底的合力偏心距；③本题为 03C05 考点重现，要重视早年真题的偏僻考点，近年来经常重新考查。

题 2-181　（03C05）某公路桥台基础宽度 4.3m，作用在基底的合力的竖向力分力为 7620.87kN，对基底重心轴的弯矩为 4204.12kN · m。在验算桥台基础的合力偏心距e_0并与桥台基底截面核心半径ρ比较时，下列论述中哪个选项是正确的？

（A）e_0为 0.55m，$e_0 < 0.75\rho$　　　　（B）e_0为 0.55m，$0.75\rho < e_0 < \rho$

（C）e_0为 0.72m，$e_0 < 0.75\rho$　　　　（D）e_0为 0.72m，$0.75\rho < e_0 < \rho$

【解】

（1）$e_0 = \dfrac{4204.12}{7620.87} = 0.55\text{m}$，$\rho = \dfrac{4.3}{6} = 0.72\text{m}$

（2）$0.75\rho = 0.75 \times 0.72 = 0.54 < e_0 < \rho$

【点评】

①根据《公路桥涵地基与基础设计规范》第 5.2.5 条；②矩形桥台单向受压时核心半径$\rho = b/6$。

2. 当不考虑嵌固作用时，桥梁墩台基础底面岩土的承载力可按表 2-11-5、表 2-11-6 进行验算。

当不考虑嵌固作用时，基础底面岩土的承载力　　　　**表 2-11-5**

受压情形	偏心距e_0	承载力验算	
轴心受压	$e_0 = 0$	$p = \dfrac{N}{A} \leqslant f_a$	
单向小偏心受压	$e_0 \leqslant \rho = \dfrac{b}{6}$	$p_{max} = \dfrac{N}{A} + \dfrac{M}{W} = \dfrac{N}{A}\left(1 + \dfrac{6e_0}{b}\right) \leqslant \gamma_R f_a$且$p = \dfrac{N}{A} \leqslant f_a$	且$e_0 \leqslant [e_0]$（$[e_0]$见表 2-11-4）
岩基单向大偏心受压	$e_0 > \rho = \dfrac{b}{6}$	$p = \dfrac{2N}{3la} = \dfrac{2N}{3l\left(\dfrac{b}{2} - e_0\right)} \leqslant \gamma_R f_a$	
圆形基础小偏心受压	$e_0 \leqslant \rho = \dfrac{d}{8}$	$p_{max} = \dfrac{N}{A} + \dfrac{M}{W} = \dfrac{N}{A}\left(1 + \dfrac{8e_0}{d}\right) \leqslant \gamma_R f_a$且$p = \dfrac{N}{A} \leqslant f_a$	且$e_0 \leqslant [e_0]$（$[e_0]$见表 2-11-4）
岩基圆形基础大偏心受压	$e_0 > \rho = \dfrac{d}{8}$	$p_{max} = \lambda \dfrac{N}{A}$　（表 2-11-6）	

系数λ表（适用于圆形基础大偏心） 表 2-11-6

$n=e/d$	λ	$n=e/d$	λ	$n=e/d$	λ	$n=e/d$	λ	$n=e/d$	λ
0.1250	2.000	0.1654	2.358	0.2070	2.851	0.2597	3.768	0.3115	5.334
0.1260	2.012	0.1680	2.378	0.2122	2.920	0.2620	3.803	0.3150	5.484
0.1270	2.015	0.1686	2.391	0.2160	2.967	0.2640	3.859	0.3190	5.634
0.1290	2.034	0.1716	2.421	0.2174	2.996	0.2678	3.949	0.3220	5.793
0.1330	2.064	0.1752	2.457	0.2200	3.036	0.2718	4.046	0.3260	5.957
0.1370	2.102	0.1780	2.487	0.2232	3.080	0.2741	4.161	0.3310	6.130
0.1384	2.109	0.1787	2.499	0.2271	3.143	0.2770	4.193	0.3330	6.311
0.1414	2.134	0.1815	2.524	0.2300	3.193	0.2789	4.245	0.3380	6.512
0.1430	2.151	0.1848	2.571	0.2310	3.208	0.2826	4.356	0.3390	6.700
0.1441	2.160	0.1886	2.608	0.2347	3.271	0.2868	4.471	0.3430	6.911
0.1468	2.181	0.1890	2.620	0.2380	3.321	0.2907	4.593	0.3470	7.141
0.1500	2.213	0.1916	2.645	0.2415	3.382	0.2940	4.715	0.3500	7.368
0.1532	2.242	0.1951	2.690	0.2452	3.465	0.2945	4.729	0.3540	7.620
0.1562	2.268	0.1989	2.736	0.2470	3.497	0.2980	4.828	0.3570	7.881
0.1580	2.288	0.2020	2.777	0.2490	3.540	0.3020	4.949	0.3600	8.157
0.1593	2.296	0.2022	2.773	0.2529	3.610	0.3050	5.074	0.3690	8.467
0.1625	2.327	0.2055	2.823	0.2565	3.692	0.3080	5.230		

题 2-182 （03C06）某公路桥台基础，基底尺寸为 4.3m × 9.3m，荷载作用情况如图 2-11-4 所示。已知地基土修正后的承载力特征值为 270kPa。试按《公路桥涵地基与基础设计规范》JTG 3363—2019 验算基础底面土的承载力时，得到的正确结果应该是下列哪个选项？（取$\gamma_R=1.25\text{kN/m}^3$）

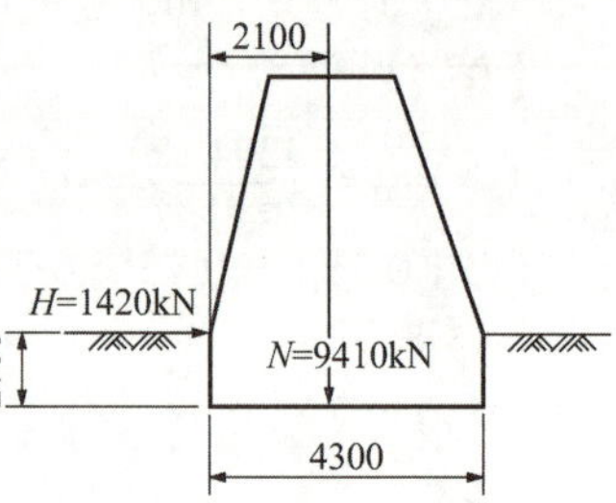

图 2-11-4 题 2-182 图

（A）基础底面平均压力小于地基修正后的承载力特征值；基础底面最大压力大于地基修正后的承载力特征值

（B）基础底面平均压力小于地基修正后的承载力特征值；基础底面最大压力小于地基修正后的承载力特征值

（C）基础底面平均压力大于地基修正后的承载力特征值；基础底面最大压力大于地基修正后的承载力特征值

（D）基础底面平均压力小于地基修正后的承载力特征值；基础底面最小压力大于地基修正后的承载力特征值

【解】

（1）$M=1420\times2.7-9410\times\left(\dfrac{4.3}{2}-2.1\right)=3363.5\text{kN}\cdot\text{m}$

$e_0=\dfrac{3363.5}{9410}=0.357\text{m}<\rho=\dfrac{4.3}{6}=0.72\text{m}$，小偏心

（2）$p=\dfrac{9410}{4.3\times9.3}=235.3\text{kPa}\leqslant f_a=270\text{kPa}$，满足要求

（3）$p_{\max}=\dfrac{9410}{4.3\times9.3}\times\left(1+\dfrac{0.357\times6}{4.3}\right)=352.52\text{kPa}\geqslant1.25\times270=337.5\text{kPa}$，不满足要求

【点评】

根据《公路桥涵地基与基础设计规范》第 5.2.2 条、第 5.2.5 条，首先判断力矩作用的方向，相反时相减。

【同类型真题】14D09

题 2-183　某公路桥台圆形基础建于岩石地基上，基础底面直径为 4.4m，基础自重 1800kN，荷载作用情况如图 2-11-5 所示，锥形承台顶部中心受到单向倾斜推力作用 $F=600\text{kN}$，力与水平方向的夹角为 40°，地基的承载力特征值为 250kPa。试按《公路桥涵地基与基础设计规范》JTG 3363—2019，计算基底最大压应力并验算施工阶段地基承载力是否满足要求，最接近下列哪个选项？

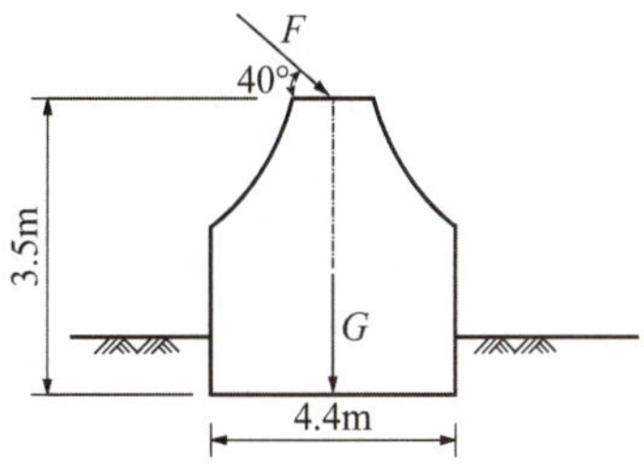

图 2-11-5　题 2-183 图

（A）335kPa，满足　（B）335kPa，不满足

（C）340kPa，满足　（D）340kPa，不满足

【解】

（1）$M=600\times\cos40°\times3.5=1608.7\text{kN}\cdot\text{m}$

$N=600\times\sin40°+1800=2185.7\text{kN}$

（2）$e=\dfrac{1608.7}{2187.5}=0.735\text{m}>\dfrac{d}{8}=0.55\text{m}$，大偏心

（3）$p=\dfrac{2185.7}{3.14\times2.2^2}=143.8\text{kPa}<f_a=250\text{kPa}$

（4）偏心率 $n=\dfrac{e}{d}=\dfrac{0.735}{4.4}=0.167$，查表 $\lambda=2.372$

$p_{max}=2.372\times\dfrac{2185.7}{3.14\times2.2^2}=341.1\text{kPa}<\gamma_R f_a=1.5\times250=375\text{kPa}$，满足要求

【点评】

①根据《公路桥涵地基与基础设计规范》第 4.3.6 条、第 5.2.2 条及附录 G.0.2；②根据第 3.0.7 条，墩台在施工期间承受单向推力时，$\gamma_R=1.5$；③圆形截面偏心受压大偏心时，根据附录 G.0.2 查表计算基底最大压力。

3. 桥梁墩台基础双向偏心受压情况下承载力验算见表 2-11-7。

双向偏心受压情况下承载力验算　　表 2-11-7

受压情形	判断条件	承载力验算	
双向小偏心受压	$p_{min}\geqslant0$	$p_{max}=\dfrac{N}{A}+\dfrac{M_x}{W_x}+\dfrac{M_y}{W_y}\leqslant\gamma_R f_a$ 或 $p_{max}=\dfrac{N}{A}(1+\dfrac{6e_x}{b}+\dfrac{6e_y}{l})\leqslant\gamma_R f_a$ 且 $p=\dfrac{N}{A}\leqslant f_a$	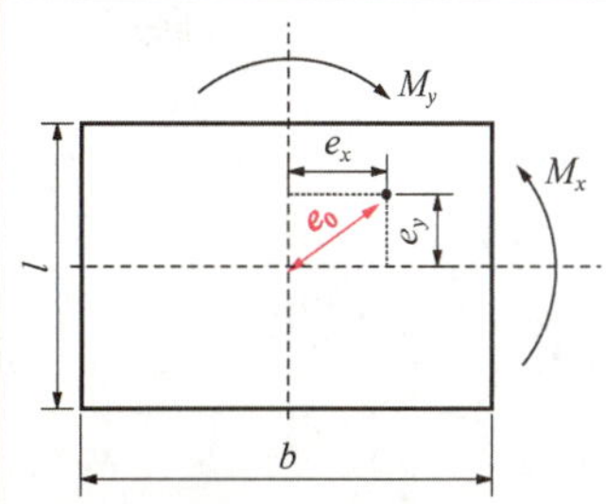
岩基双向大偏心受压	$p_{min}<0$	$p_{max}=\lambda\dfrac{N}{A}\leqslant\gamma_R f_a$ （λ 查《公路桥涵地基与基础设计规范》G.0.1 图）	且 $e_0\leqslant[e_0]$（$[e_0]$ 见表 2-11-4）

题 2-184 （14D09 改）公路桥涵基础建于旧桥岩石基础上，基础平面尺寸为 2m × 3m，修正后地基承载力特征值$f_a = 240\text{kPa}$，基底双向偏心受压，承受的竖向力作用位置为图 2-11-6 中 O 点，根据《公路桥涵地基与基础设计规范》JTG 3363—2019，按基底最大压应力验算时，使用阶段能承受的最大竖向力最接近下列哪个选项？

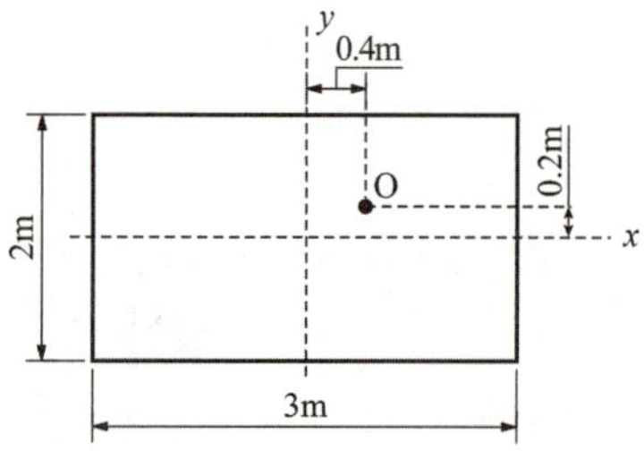

图 2-11-6 题 2-184 图

（A）460kN （B）500kN

（C）550kN （D）600kN

【解】

（1）岩石旧桥基础，取$\gamma_R = 1$

（2）$p_{min} = \dfrac{N}{A} - \dfrac{M_x}{W_x} - \dfrac{M_y}{W_y} = \dfrac{N}{2\times3} - \dfrac{0.2N}{\frac{1}{6}\times3\times2^2} - \dfrac{0.4N}{\frac{1}{6}\times2\times3^2} = -\dfrac{N}{15} < 0$，双向大偏心

（3）$e_x/b = 0.4/3 = 0.133$，$e_y/l = 0.2/2 = 0.1$，查得：$\lambda = 2.43$

（4）$p_{max} = \lambda\dfrac{N}{A} = 2.43 \times \dfrac{N}{2\times3} \leqslant \gamma_R f_a = 1\times240 \Longrightarrow N \leqslant 592.6\text{kN}$

【点评】

①根据《公路桥涵地基与基础设计规范》第 3.0.7 条、第 5.2.2 条、附录 G；②岩石地基双向偏心时先验算最小压力是否小于零，小于零时按双向大偏心，按附录 G 查图确定系数；③原真题没有明确为岩石基础，且修正后地基承载力特征值f_a非常低，属于瑕疵题，故进行了改编。

4. 桥梁墩台圆形基础小偏心受压情况下基底压力计算见表 2-11-8。

圆形基础小偏心受压情况下基底压力计算 **表 2-11-8**

<table>
<tr><td rowspan="2">圆形基础受单向小偏心</td><td>$p_{max} = \dfrac{F+G}{A} + \dfrac{M}{W} = p(1+\dfrac{8e}{d})$
$p_{min} = \dfrac{F+G}{A} - \dfrac{M}{W} = p\left(1-\dfrac{8e}{d}\right)$</td><td rowspan="2">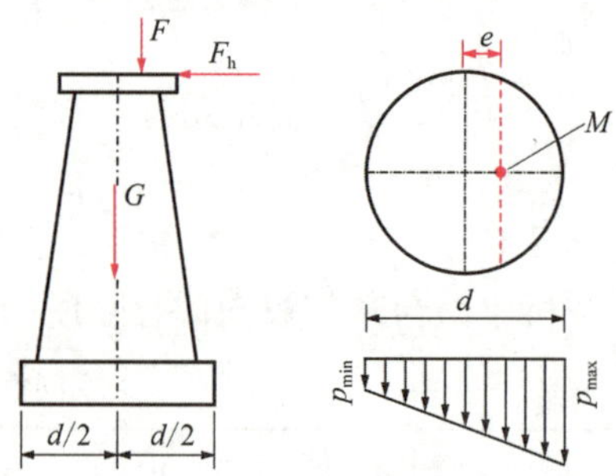</td></tr>
<tr><td>e——偏心作用对基础底面的偏心矩（m），$e = \dfrac{M}{F+G}$；
A——基底面积（m^2），$A = \dfrac{\pi d^2}{4}$，d为圆形基础的直径（m）；
W——基础底面抵抗矩（m^3），$W = \dfrac{\pi d^3}{32}$；
M——基础底面的合力矩（kN·m）</td></tr>
<tr><td>圆形基础受双向小偏心</td><td>圆形基础受双向小偏心荷载作用的情况，作用于墩台上的力如图所示，当基底受到不同方向弯矩时，先求合力矩M_k，再按单向偏心荷载作用的公式求解。
$M_x = Fa_1$；$M_y = \lvert F_h a_3 - Fa_2\rvert$
$M = \sqrt{M_x^2 + M_y^2}$
$p_{max} = \dfrac{F+G}{A} + \dfrac{M}{W} = p\left(1+\dfrac{8e}{d}\right)$
$p_{min} = \dfrac{F+G}{A} - \dfrac{M}{W} = p\left(1-\dfrac{8e}{d}\right)$</td><td>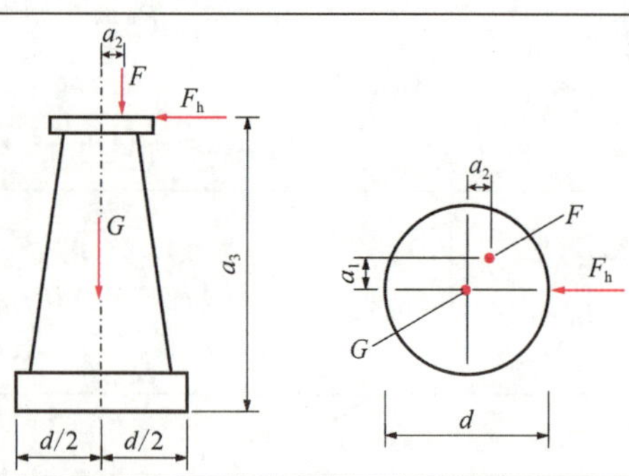</td></tr>
</table>

题 2-185　（22C07）某岩基上的公路桥涵墩台，基础平面为圆形，在某一种工况荷载组合下，作用于墩台上的力如图 2-11-7 所示。图中$P_1 = 1500\text{kN}$，$P_2 = 1000\text{kN}$，$P_3 = 50\text{kN}$，$D = 3.0\text{m}$，$a_1 = 0.4\text{m}$，$a_2 = 0.3\text{m}$，$a_3 = 12\text{m}$。计算以上荷载作用下基础底面的最大压应力最接近下列哪个选项（假定基底压力线性分布）？

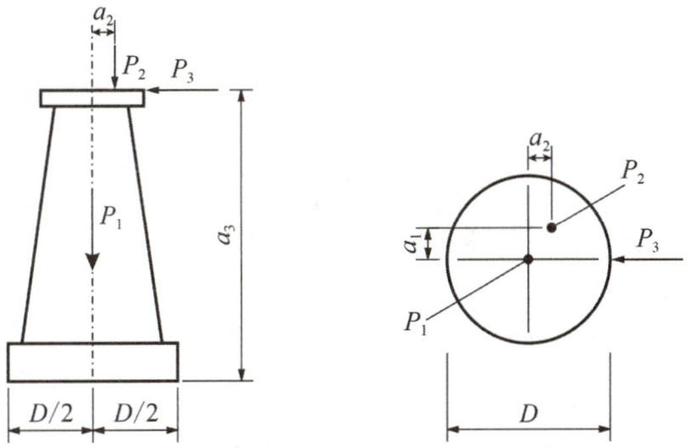

图 2-11-7　题 2-185 图

（A）480kPa　　（B）540kPa

（C）630kPa　　（D）720kPa

【解】

（1）$M_x = 50 \times 12 - 1000 \times 0.3 = 300\text{kN} \cdot \text{m}$，$M_y = 1000 \times 0.4 = 400\text{kN} \cdot \text{m}$

$M = \sqrt{300^2 + 400^2} = 500\text{kN} \cdot \text{m}$

（2）$e = \dfrac{500}{1000 + 1500} = 0.20\text{m} < \dfrac{3}{8} = 0.375\text{m}$，小偏心

（3）$p_{\max} = \dfrac{1000 + 1500}{3.14 \times 1.5^2} \times \left(1 + \dfrac{8 \times 0.2}{3}\right) = 542.6\text{kPa}$

【点评】

①根据《公路桥涵地基与基础设计规范》第 5.2.2 条；②对于圆形基础，不存在双向偏心，偏心距$e > d/8$时为大偏心，$e \leqslant d/8$时为小偏心，此时可用$p_{\max} = (N/A)(1 + 8e/d)$或$p_{\max} = N/A + M/W$计算基底最大压应力。

11.1.3 软弱下卧层验算——《公路桥涵地基与基础设计规范》第 5.2.6 条、第 9.1.4 条

在基础底面下有软弱地基或软土层时，应按表 2-11-9 验算软弱地基或软土层的承载力。

软弱下卧层承载力验算 表 2-11-9

<table>
<tr><td colspan="2">$p_z=\gamma_1(h+z)+\alpha(p-\gamma_2 h)\leqslant\gamma_R f_a$</td><td rowspan="2">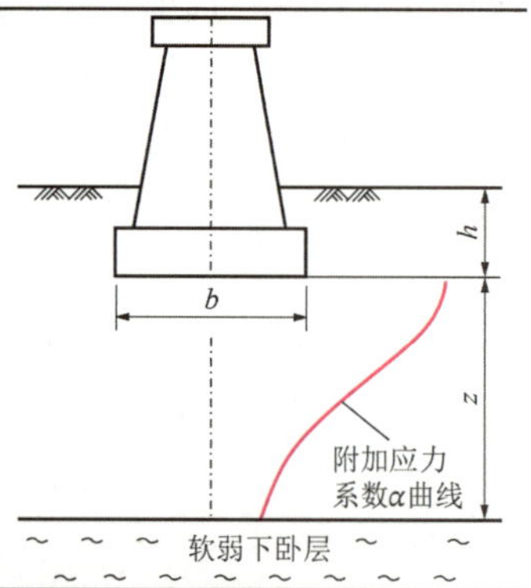</td></tr>
<tr><td>软弱
下卧层</td><td>⇑⇑⇑
一般地基土：$f_a=f_{a0}+k_2\gamma_1(h+z-3)$
软土：$f_a=f_{a0}+\gamma_1(h+z)$或$f_a=\frac{5.14}{m}k_p c_u+\gamma_1(h+z)$
γ_1——深度$(h+z)$范围内各土层的换算重度（kN/m^3）</td></tr>
<tr><td colspan="2" rowspan="2">γ_2——深度h范围内各土层的换算重度（kN/m^3）；
z——从基底或基桩桩端处到软弱地基或软土层地基顶面的距离（m）；
h——基底或桩端处的埋置深度（m）；
α——土中附加压应力系数，参见《公路桥涵地基与基础设计规范》附录 J.0.1；
p——基底压应力（kPa）</td><td>不受水流冲刷时，由天然地面算起；
当基础受水流冲刷时，由一般冲刷线算起；
如位于挖方内，则由开挖后地面算起</td></tr>
<tr><td>当$z/b>1$时，采用基底平均压应力（b为矩形基底短边宽度）；
当$z/b\leqslant1$时，基底压应力梯形图形前后端压应力差值较大时，p采用最大压应力点$b/4$处的压应力；反之，则采用最大压应力点$b/3$处的压应力</td></tr>
</table>

注：软土或软弱**地基处理**，**砂砾垫层**的下卧土层承载力验算，自行参阅《公路桥涵地基与基础设计规范》第 9.1.4 条，按**应力扩散原理**，基本同《建筑地基处理技术规范》。

题 2-186 某公路工程采用墩台基础（图 2-11-8），作用于基础顶面的竖向力$P=3200kN$，基础及上覆土体自重$G=800kN$。场地下伏土层：0～7m 坚硬黏硬土，天然重度为$19.2kN/m^3$；7～10m 淤泥质软土，天然重度为$17.2kN/m^3$，不排水抗剪强度标准值$c_u=30kPa$，无地下水。对淤泥质软土层进行承载力验算时，求淤泥质软土层顶面修正后的承载力特征值与作用于淤泥质软土层顶面的压应力之比最接近下列哪个选项？（抗力修正系数取 2）

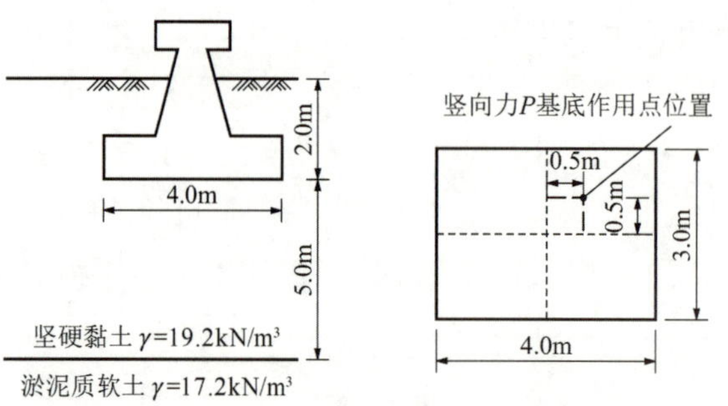

图 2-11-8 题 2-186 图

（A）1.1　　（B）1.2　　（C）1.3　　（D）1.4

【解】

（1）$e_b=\frac{3200\times0.5}{3200+800}=0.4m$，$b'=3.0-2\times0.4=2.2m$

$e_l=\dfrac{3200\times0.5}{3200+800}=0.4\text{m}$，$l'=4.0-2\times0.4=3.2\text{m}$

$k_p=\left(1+0.2\times\dfrac{2.2}{3.2}\right)\times(1-0)=1.14$，$f_a=\dfrac{5.14}{2}\times1.14\times30+19.2\times7=222.3\text{kPa}$

（2）$z/b=5/3>1$，采用平均压力 $p=\dfrac{N}{A}=\dfrac{3200+800}{3\times4}=333.3\text{kPa}$

$z/b=5/3=1.67$，$l/b=4/3=1.33$，查表得：$\alpha=0.1894$

$p_z=\gamma_1(h+z)+\alpha(p-\gamma_2h)=19.2\times(2+5)+0.1894\times(333.3-19.2\times2)=190.3\text{kPa}$

（3）$\dfrac{f_a}{p_z}=\dfrac{222.3}{190.3}=1.17$

【点评】

根据《公路桥涵地基与基础设计规范》第 4.3.5 条、第 5.2.6 条、附录 J，偏心是对于整个基底以上竖向力而言的，不能仅计算基底顶面力的偏心。

题 2-187　（22C07）天然地基上的桥梁基础，底面尺寸 2.0m × 4.0m，基础埋深 3.0m，传至基础顶面的竖向力为 1520kN，力矩为 400kN · m（频遇组合）。地层结构、土性指标如图 2-11-9 所示，地下水位位于②层顶面。①层土承载力满足要求，②层土为软土层，需进行软弱下卧层承载力验算，按《公路桥涵地基与基础设计规范》JTG 3363—2019 计算，作用于②层顶面的压应力最接近下列哪个选项？（基础及其上土的平均重度取 20kN/m³）

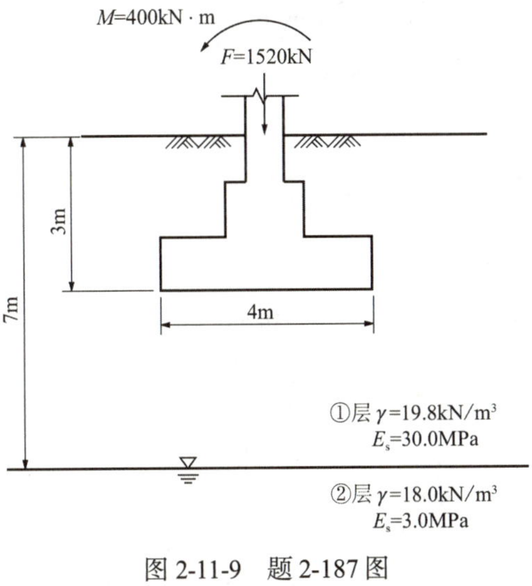

图 2-11-9　题 2-187 图

（A）156kPa　　（B）165kPa　　（C）175kPa　　（D）189kPa

【解】

（1）$\dfrac{z}{b}=\dfrac{7-3}{2}=2>1$，采用基底平均压力 $p=\dfrac{1520}{2\times4}+20\times3=250\text{kPa}$

（2）$z/b=2$，$l/b=4/2=2$，查表 $\alpha=0.189$

（3）$p_z=7\times19.8+0.189\times(250-3\times19.8)=174.6\text{kPa}$

【点评】

①根据《公路桥涵地基与基础设计规范》第 5.2.6 条；②对公路桥涵地基软弱下卧层采用布辛奈斯克弹性力学解，软弱下卧层顶面的压应力 = 自重应力 + 附加应力。

题 2-188　某公路桥墩基础为条形基础，埋深$d = 1.5$m，基础宽$b = 1.6$m，偶然组合作用效应在基底产生的竖向力合力$N = 280$kN/m，土层分布如图 2-11-10 所示，用砂夹石将地基中淤泥土全部换填，按《公路桥涵地基与基础设计规范》JTG 3363—2019 验算使用阶段下卧层承载力是否满足要求。（垫层材料重度$\gamma = 20$kN/m³，密实粉砂）

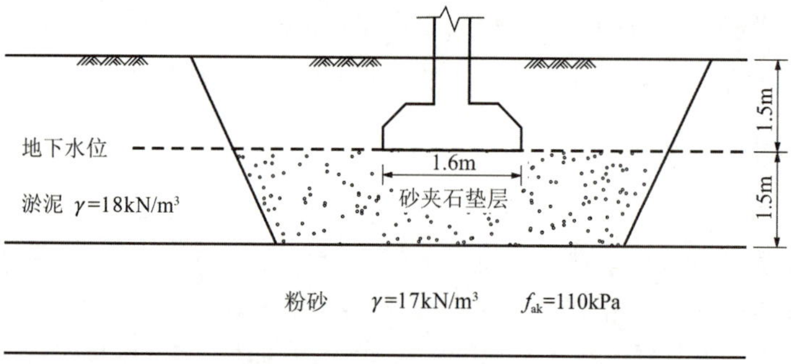

图 2-11-10　题 2-188 图

【解】

（1）$z/b = 1.5/1.6 = 0.94 > 0.5$，取$\theta = 30°$

$$p_{0k} = \frac{bp_0}{b + 2z\tan\theta} = \frac{1.6 \times \left(\frac{280}{1.6} - 18 \times 1.5\right)}{1.6 + 2 \times 1.5 \times \tan 30°} = 71.07\text{kPa}$$

$$p_{gk} = 27 + 1.5 \times (20 - 10) = 42\text{kPa}$$

$$p_{0k} + p_{gk} = 71.07 + 42 = 113.07\text{kPa}$$

（2）$\gamma_2 = \dfrac{18 \times 1.5 + 8 \times 1.5}{3} = 13\text{kN/m}^3$

垫层底面下为密实粉砂层，查表：$k_1 = 1.2$，$k_2 = 2.5$，下卧层不考虑宽度作用

$$f_a = f_{a0} + k_1\gamma_1(b - 2) + k_2\gamma_2(h - 3) = 110 + 0 + 2.5 \times 13 \times (3 - 3) + 0 = 110\text{kPa}$$

（3）使用阶段，地基承受偶然组合作用效应，且$f_a < 150$kPa，取$\gamma_R = 1$

（4）$\gamma_R f_a = 110\text{kPa} < p_{0k} + p_{gk} = 113.07$kPa，下卧层承载力不满足要求。

【点评】

①根据《公路桥涵地基与基础设计规范》第 9.1.4 条，砂砾垫层处理后的软弱下卧层验算，《公路桥涵地基与基础设计规范》与《建筑地基处理技术规范》基本相同；②本题的粉砂层并未经过处理，而是原状土，应按原土参数取值，进行承载力修正，而不能按处理后的地基土来进行取值修正；③对于砂砾、碎石换填垫层，$z/b > 0.5$ 时，扩散角按规范取 30°。

11.1.4　地基沉降计算——《公路桥涵地基与基础设计规范》第 5.3 节

墩台基础的最终沉降量，可按下式计算：

$$s=\psi_s s_0=\psi_s\sum_{i=1}^{n}\frac{p_0}{E_{si}}(z_i\overline{\alpha}_i-z_{i-1}\overline{\alpha}_{i-1})$$

$$p_0=p-\gamma h$$

计算方法及原理同《建筑地基基础设计规范》，p与h的计算稍有不同。

注：$\overline{\alpha}_i$查表所得为基底中心点下的平均附加应力系数，与《建筑地基基础设计规范》不同，计算沉降量时不需要再乘以 4。如果题目求的是边点（如桥头）或角点处，要注意将系数除以 2 或 4。

题 2-189　（08C06）高速公路在桥头段软土地基上采用高填方路基，路基平均宽度 30m，路基自重及路面荷载传至路基底面的均布荷载为 120kPa，地基土均匀，平均$E_s=$ 6MPa，沉降计算压缩层厚度按 24m 考虑，沉降计算修正系数取 1.2，计算桥头路基的最终沉降量最接近下列哪个选项？

（A）124mm　　（B）248mm　　（C）206mm　　（D）495mm

【解法一】（按《公路桥涵地基与基础设计规范》）

（1）$\frac{z}{b}=\frac{24}{30}=0.8$，查表$\overline{\alpha}=0.860/2=0.430$

（2）$s=1.2\times\frac{120\times0.430\times24}{6}=247.7\text{mm}$

【解法二】（按《建筑地基基础设计规范》）

（1）$z/b=24/15=1.6$，查表$\overline{\alpha}=0.2152\times2=0.4304$

（2）$s=1.2\times\frac{120\times0.4304\times24}{6}=247.9\text{mm}$

【点评】

①根据《公路桥涵地基与基础设计规范》第 5.3 节、附录 J；②将公路视为条形基础，条形基础桥头沉降，只有半个矩形基础，系数除以 2；③或根据《建筑地基基础设计规范》第 5.3.5 条、附录 K 解答，分块分成 2 块，系数乘 2，结果一致，注意两个规范查表的区别，《建筑地基基础设计规范》采用的**角点法**，《公路桥涵地基与基础设计规范》采用的是**中心点法**。

11.1.5 基础稳定性验算——《公路桥涵地基与基础设计规范》第 5.4 节

桥涵墩台基础的抗滑移和抗倾覆稳定性应按表 2-11-10 验算。

抗滑移和抗倾覆 表 2-11-10

（1）抗滑移稳定性验算

桥涵墩台基础的**抗滑动**稳定性系数：

$$k_c = \frac{\mu\sum P_i + \sum H_{ip}}{\sum H_{ia}}$$

μ——基础底面与地基土之间的摩擦系数，可按下表采用

注：水平合力较大者为ΣH_{ia}，切勿遗漏**基础自重**

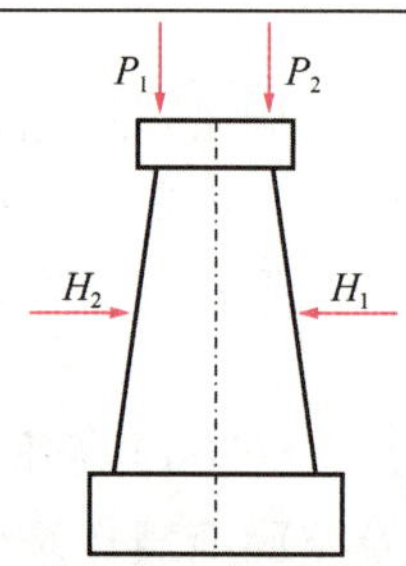

基底摩擦系数μ

地基土分类	黏土（流塑—坚硬）粉土	砂土（粉砂—砾砂）	碎石土（松散—密实）	软岩（极软岩—较软岩）	硬岩（较硬岩、坚硬岩）
μ	0.25～0.35	0.30～0.40	0.40～0.50	0.40～0.60	0.60、0.70

（2）抗倾覆稳定性验算

桥涵墩台基础的**抗倾覆**稳定性系数：

$$k_0 = \frac{s}{e_0}$$

$$e_0 = \frac{\sum P_i e_i + \sum H_i h_i}{\sum P_i}\ （实质 e_0 = \frac{M}{N}）$$

注：切勿遗漏**基础自重**

e_0——所有外力合力的作用点对基底重心轴的偏心矩；

s——在**截面重心**至**合力作用点的**延长线上，自截面重心至验算倾覆轴（A-A）的距离（m）★★★；

单向偏心：$s = \frac{b}{2}$（b为偏心方向基底边长）；

双向偏心：由几何关系求得

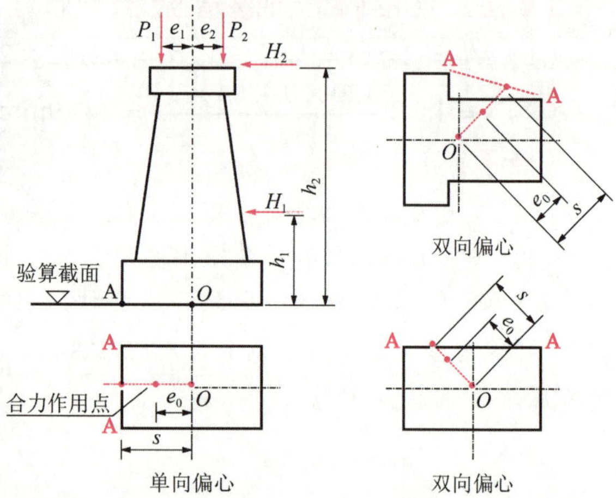

（3）验算墩台抗倾覆和抗滑动的稳定性时，稳定性系数不应小于下表的规定

抗倾覆和抗滑动的稳定性系数

作用组合		验算项目	稳定安全系数限值
使用阶段	仅计永久作用（不计混凝土收缩及徐变、浮力）和汽车、人群的标准值效应组合	抗倾覆 抗滑动	1.5 1.3
	各种作用的标准值效应组合	抗倾覆 抗滑动	1.3 1.2
施工阶段作用的标准值效应组合		抗倾覆 抗滑动	1.2

题 2-190　（03B02）桥涵墩台的抗倾覆稳定系数$k = s/e_0$，s为基底截面重心轴至截面最大受压边缘的距离，e_0为偏心矩。对于宽度为b的矩形基础底面，当作用于基础上的力系使基础底面最小压力$p_{\min} = 0$时，试计算抗倾覆稳定系数最接近下列哪个选项？

（A）1.0　　（B）2.0　　（C）3.0　　（D）3.5

【解】

（1）最小边缘$p_{\min} = 0$，即$e_0 = \frac{b}{6}$，且$s = \frac{b}{2}$

（2）$k_0 = \frac{s}{e_0} = 3$

【点评】

①根据《公路桥涵地基与基础设计规范》第 5.4.1 条；②当基底$p_{\min} = 0$时，$e_0 = b/6$，$y = b/2$，即$k = y/e_0 = 3$，基本原理题，s为倾覆轴到截面重心的距离。

题 2-191　如图 2-11-11 所示，某公路桥涵墩台基础，地基土为砾砂，底面宽度 6.0m，$P_1 = 100\text{kN}$，$P_2 = 300\text{kN}$，$e_1 = e_2 = 0.3\text{m}$，桥墩自重$P_3 = 150\text{kN}$，$e_3 = 0$，水平力$H_1 = 100\text{kN}$，$h_1 = 1.5\text{m}$，水平力$H_2 = 150\text{kN}$，$h_2 = 4\text{m}$。试验算墩台基础在施工阶段的抗倾覆稳定性和抗滑稳定性，正确的为下列哪个选项？（查表取大值）

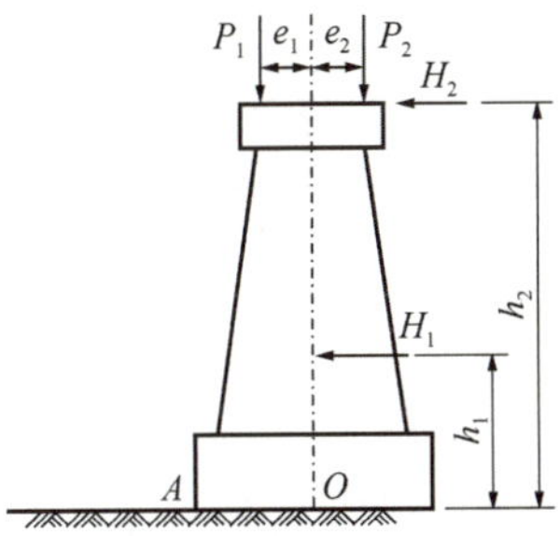

图 2-11-11　题 2-191 图

（A）抗倾覆满足；抗滑移满足　　（B）抗倾覆满足；抗滑移不满足

（C）抗倾覆不满足；抗滑移满足　　（D）抗倾覆不满足；抗滑移不满足

【解】

（1）抗倾覆稳定性验算

$$e_0 = \frac{\sum p_i e_i + \sum H_i h_i}{\sum p_i} = \frac{(100\times0.3-300\times0.3)+(100\times1.5+150\times4)}{300+100+150} = 1.255\text{m}$$

$$k_0 = \frac{s}{e_0} = \frac{0.5\times6}{1.255} = 2.39 > 1.2\text{，满足要求}$$

（2）抗滑移稳定性验算

$$k_e = \frac{\mu\sum p_i + \sum H_{iP}}{\sum H_{ia}} = \frac{0.4\times(300+100+150)+0}{100+150} = 0.88 < 1.2\text{，不满足要求}$$

【点评】

根据《公路桥涵地基与基础设计规范》第 5.4.1～5.4.3 条，施工阶段的抗倾覆和抗滑移稳定性系数均要求≥1.2。

11.1.6 台背路基填土对桥台基底或桩端平面处的附加竖向压应力——《公路桥涵地基与基础设计规范》附录F（非重点，了解即可）

台背路基填土对桥台基底或桩端平面处的附加竖向压应力计算应符合表2-11-11的规定。

台背路基填土对桥台基底或桩端平面处的附加竖向压应力　　表2-11-11

（1）台背路基填土引起的附加压应力p_1（kPa）：

$$p_1 = \alpha_1 \cdot \gamma_1 \cdot H_1$$

（2）对于埋置式桥台，台前锥体对基底或桩端平面处前边缘引起的附加压应力p_2（kPa）：

$$p_2 = \alpha_2 \cdot \gamma_2 \cdot H_2$$

（3）将p_1和p_2与其他荷载引起的相应基底或桩端平面处的边缘应力相加即得基底总应力

H_2——基底或桩端平面处的前边缘上的锥体高度（m），取基底或桩端前边缘处的原地面向上竖向引线与溜坡相交点距离；

α_1、α_2——附加竖向压应力系数，见下表；

其他参数如图所示

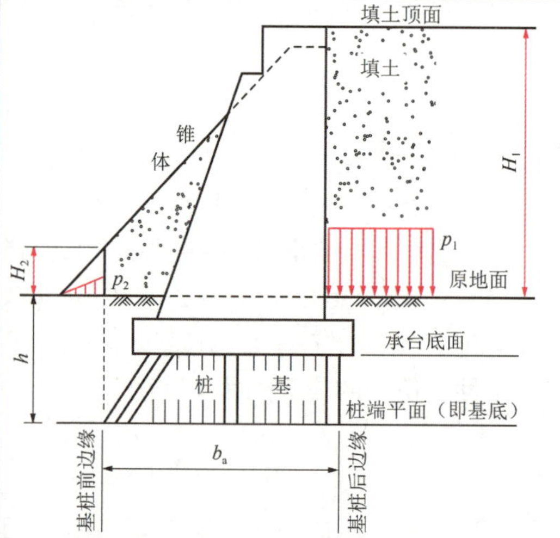

系数α_1表

基础埋置深度h（m）	填土高度H_1（m）	桥台边缘			
		后边缘	前边缘，基底平面的基础长度b_a（m）		
			5	10	15
5	5	0.44	0.07	0.01	0
	10	0.47	0.09	0.02	0
	20	0.48	0.11	0.04	0.01
10	5	0.33	0.13	0.05	0.02
	10	0.40	0.17	0.06	0.02
	20	0.45	0.19	0.08	0.03
15	5	0.26	0.15	0.08	0.04
	10	0.33	0.19	0.10	0.05
	20	0.41	0.24	0.14	0.07
20	5	0.20	0.13	0.08	0.04
	10	0.28	0.18	0.10	0.06
	20	0.37	0.24	0.16	0.09
25	5	0.17	0.12	0.08	0.05
	10	0.24	0.17	0.12	0.08
	20	0.33	0.24	0.17	0.10
30	5	0.15	0.11	0.08	0.06
	10	0.21	0.16	0.12	0.08
	20	0.31	0.24	0.18	0.12

注：路堤按黏性土考虑。

系数α_2表

基础埋置深度h（m）	台背路基填土高度H_1（m）	
	10	20
5	0.4	0.5
10	0.3	0.4
15	0.2	0.3
20	0.1	0.2
25	0	0.1
30	0	0

题 2-192 如图 2-11-12 所示，某公路桥台基础，基础底面前后边缘间的长度$b_a = 6m$，台背路基填土高 10m，重度$\gamma_1 = 19kN/m^3$，基底前边缘锥体高 2m，重度$\gamma_2 = 18kN/m^3$。原地面至基底的深度$h = 5m$，问：①计算台背路基填土和台前锥体对桥台基底前边缘地基土上引起的总附加压应力；②计算台背路基填土对基底后边缘地基土引起的附加压应力。

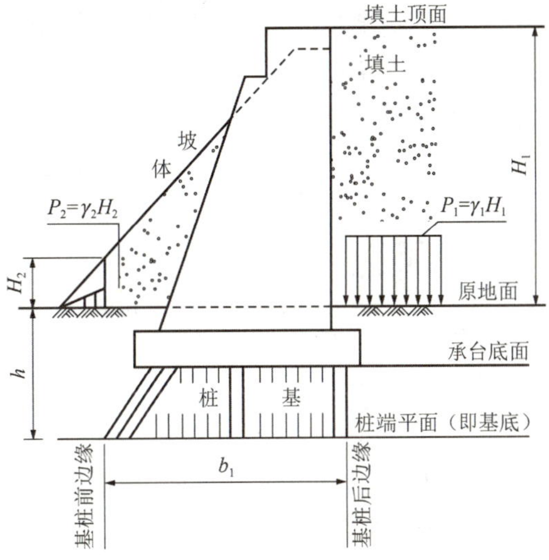

图 2-11-12 题 2-192 图

【解】

（1）计算台背填土对基底前边缘地基土引起的附加应力p_1

根据查表插值得：$h = 5m$，$H_1 = 10m$，$b_a = 6m$，查表插值得：$\alpha_1 = 0.076$

$$p_1 = \alpha_1 \cdot \gamma_1 \cdot H_1 = 0.076 \times 19 \times 10 = 14.44kPa$$

（2）计算台前锥体对基底前边缘引起的附加压应力p_2

根据$h = 5m$，$H_1 = 10m$，查表得$\alpha_2 = 0.4$

$$p_2 = \alpha_2 \cdot \gamma_2 \cdot H_2 = 0.4 \times 18 \times 2 = 14.4kPa$$

（3）计算台基底前边缘总附加压应力

$$p = p_1 + p_2 = 14.44 + 14.4 = 28.84kPa$$

（4）计算台背填土对基底后边缘地基土引起的附加压应力p_1'

根据$h = 5m$，$H_1 = 10m$，查表插值得：$\alpha_1' = 0.47$

$$p_1' = \alpha_1'\gamma_1 H_1 = 0.47 \times 19 \times 10 = 89.3kPa$$

【点评】

①根据《公路桥涵地基与基础设计规范》附录 F、附录 J；②计算p_2时，用H_1查系数α_2，再用H_2计算p_2，这里的H_1和H_2不要用反了。

第 12 章

铁路桥涵地基和基础设计规范（浅基础）

本章和《公路桥涵地基与基础设计规范》的内容非常相似，对比学习。

12.1.1 地基承载力——《铁路桥涵地基和基础设计规范》第 4.1 节

1. 地基基本承载力及地基容许承载力（修正值）

地基基本承载力σ_0可按本书附录表Ⅸ.0.1～表Ⅸ.0.10 选用。修正后地基的容许承载力$[\sigma]$应符合表 2-12-1 的规定。

地基容许承载力$[\sigma]$ 表 2-12-1

$$[\sigma]=\sigma_0+k_1\gamma_1(b-2)+k_2\gamma_2(h-3)$$

★★★当基础位于水中**不透水**地层上时：

$[\sigma]$按平均常水位至一般冲刷线的水深，**每米再增大** 10kPa

参数	重要坑点
b——基础底面的最小边宽（m），圆形或正多边形基础为$\sqrt{F}$，F为基础的底面积；	当$b<2$m 时取$b=2$m；当$b>10$m 时取$b=10$m
h——基底埋置深度（m）；	自**天然地面或挖方后地面**算起，有冲刷时自一般冲刷线起算 当$h<3$m 时取$h=3$m；当$h>4b$时取$h=4b$
γ_1——基底持力层土的天然重度（kN/m^3）；	持力层在水面以下且为**透水层**，应取**浮重度**
γ_2——基底以上土层的加权平均重度（kN/m^3）（γ_2与h范围一致）	**持力层**在**水面以下且不透水**时，不论基底以上土的透水性质如何，一律取**饱和重度**； **持力层**在**水面以下且透水**时，水中土层应取**浮重度**

k_1、k_2——基础宽度、深度修正系数，根据基底**持力层**土的类别按下表确定：

宽度、深度修正系数k_1、k_2

修正系数	黏性土				粉土	黄土	砂类土								碎石类土			
	Q_4的冲、洪积土		Q_3及以前的冲、洪积土	残积土			粉砂		细砂		中砂		砾砂粗砂		碎石、圆砾、角砾		卵石	
	$I_L<0.5$	$I_L\geqslant 0.5$					稍、中密	密实	稍、中密	密实	稍、中密	密实	稍、中密	密实	稍、中密	密实	稍、中密	密实
k_1	0	0	0	0	0	0	1	1.2	1.5	2	2	3	3	4	3	4	3	4
k_2	2.5	1.5	2.5	1.5	1.5	1.5	2	2.5	3	4	4	5.5	5	6	5	6	6	10

注：1. **稍松**状态的砂类土和**松散**状态的碎石土，k_1、k_2值可采用表中稍、中密值的 50%；

2. 节理不发育或较发育的岩石不修正；节理发育或很发育的岩石，k_1、k_2可采用碎石类土的系数；对已风化成砂、土状的岩石，则按砂类土、黏性土的系数；

3. 冻土的k_1、k_2均取 0

续表

<table>
<tr><td colspan="3">⇓⇓⇓</td></tr>
<tr><td colspan="3">地基容许承载力[σ]提高系数</td></tr>
<tr><td colspan="2">地基情况</td><td>提高系数</td></tr>
<tr><td colspan="2">主力加附加力（不含长钢轨纵向力）</td><td>1.2</td></tr>
<tr><td rowspan="3">主力加特殊荷载（地震作用除外）</td><td>$\sigma_0 > 500$kPa 的岩石和土</td><td>1.4</td></tr>
<tr><td>$150 < \sigma_0 \leqslant 500$kPa 的岩石和土</td><td>1.3</td></tr>
<tr><td>$100 < \sigma_0 \leqslant 150$kPa 的土</td><td>1.2</td></tr>
<tr><td colspan="3">注：既有墩台地基基本承载力σ_0可根据压密程度予以提高，但提高值不应超过 25%</td></tr>
</table>

题 2-193 （16D06）某铁路桥墩台为圆形，半径为 2.0m，基础埋深 4.5m，地下水埋深 1.5m，不受水流冲刷，地面以下相关地层及参数见表 2-12-2。根据《铁路桥涵地基和基础设计规范》TB 10093—2017，该墩台基础的地基容许承载力最接近下列哪个选项的数值？

题 2-193 表 **表 2-12-2**

地层编号	地层岩性	层底深度（m）	天然重度（kN/m^3）	饱和重度（kN/m^3）
①	粉质黏土	3.0	18	20
②	松散砾砂	7.0	19	20
③	黏质粉土	20.0	19	20

（A）270kPa （B）280kPa （C）300kPa （D）340kPa

【解】

（1）$b = \sqrt{3.14 \times 2^2} = 3.544$m

松散砾砂，查表$k_1 = 3 \times 0.5 = 1.5$，$k_2 = 5 \times 0.5 = 2.5$，$\sigma_0 = 200$kPa

$$\gamma_2 = \frac{1.5 \times 18 + 1.5 \times 10 + 1.5 \times 10}{4.5} = 12.67\text{kN/m}^3$$

（2）$[\sigma] = \sigma_0 + k_1\gamma_1(b-2) + k_2\gamma_2(h-3)$

$= 200 + 1.5 \times 10 \times (3.544 - 2) + 2.5 \times 12.67 \times (4.5 - 3) = 270.7$kPa

【点评】

①根据《铁路桥涵地基和基础设计规范》第 4.1.2 条、第 4.1.3 条；②圆形或正多边形的基础修正$b = \sqrt{F}$，F为基础的底面积；③查《铁路桥涵地基和基础设计规范》表 4.1.2-3 确定砾砂的基础承载力σ_0，原题为老规范的稍松砾砂，新规范改名为松散砾砂，故对题目进行了改编；④松散砾砂，查《铁路桥涵地基和基础设计规范》表 4.1.3 确定深宽修正系数时，注 2 只有稍松状态的，根据注 2 采用稍松砾砂的折减，对k_1和k_2折减，原规范的稍松＝新规范的松散。

题 2-194 某铁路桥梁采用独立墩基础，基础底面尺寸为 3m × 9m，埋深为 4.0m，桥墩位于河水中，常水位高出河底 2.0m，一般冲刷线为河底下 0.5m，地基土为不透水均质黏土，全新世河流冲积相，$I_L = 0.55$，$I_P = 18$，$e = 0.75$，饱和重度为 20kN/m³，问该桥墩地基的容许承载力最接近下列哪个选项？

（A）257.5kPa （B）272.5kPa （C）297.5kPa （D）330.5kPa

【解】

（1）$e=0.75$，$I_{\mathrm{L}}=0.55$，双向内插：$\sigma_0=\dfrac{290+270+240+230}{4}=257.5\text{kPa}$

查表得：$k_1=0$，$k_2=1.5$

$[\sigma]=\sigma_0+k_1\gamma_1(b-2)+k_2\gamma_2(h-3)=257.5+0+1.5\times20\times(3.5-3)=272.5\text{kPa}$

（2）墩台位于水中，基底为不透水层，地基的实际容许承载力为

$[\sigma]=272.5+2.5\times10=297.5\text{kPa}$

【点评】

①根据《铁路桥涵地基和基础设计规范》第 4.1.2 条、第 4.1.3 条、第 4.2.3 条；②需注意持力层不透水时，实际容许承载力增大的问题；③注意水的位置，深度跟冲刷线的位置关系。

2. 软土地基承载力容许值

软土地基的基础应满足稳定和变形的要求，修正后地基的容许承载力$[\sigma]$应符合表 2-12-3 的规定。

软土地基容许承载力$[\sigma]$　　表 2-12-3

<table>
<tr><td rowspan="6">按天然含水率</td><td colspan="2">$[\sigma]=\sigma_0+\gamma_2(h-3)$</td></tr>
<tr><td colspan="2">软土地基基本承载力σ_0
<table>
<tr><td>天然含水率w（%）</td><td>36</td><td>40</td><td>45</td><td>50</td><td>55</td><td>65</td><td>75</td></tr>
<tr><td>σ_0（kPa）</td><td>100</td><td>90</td><td>80</td><td>70</td><td>60</td><td>50</td><td>40</td></tr>
</table></td></tr>
<tr><td rowspan="2">h——基底埋置深度（m）；
γ_2——基底以上土层的加权平均重度（kN/m^3）（γ_2与h范围一致）</td><td>自天然地面或挖方后地面算起；
有冲刷时，自一般冲刷线起算；
当$h<3\text{m}$时取$h=3\text{m}$；当$h>4b$时取$h=4b$</td></tr>
<tr><td>持力层在水面以下且不透水时，不论基底以上土的透水性质如何，一律取饱和重度；
持力层在水面以下且透水时，水中土层应取浮重度</td></tr>
<tr><td colspan="2">注：仅适用小桥和涵洞基础；公式与《公路桥涵地基与基础设计规范》$[f_{\mathrm{a}}]=[f_{\mathrm{a0}}]+\gamma_2h$不一样</td></tr>
<tr></tr>
<tr><td rowspan="3">按强度指标</td><td colspan="2">$[\sigma]=5.14c_{\mathrm{u}}\dfrac{1}{m'}+\gamma_2h$</td></tr>
<tr><td rowspan="2">h——基底埋置深度（m）；
γ_2——基底以上土层的加权平均重度（kN/m^3）（γ_2与h范围一致）；
m'——安全系数，可根据软土灵敏度及建筑物对变形的要求等因素选用 1.5～2.5；
c_{u}——地基土不排水抗剪强度（kPa）</td><td>自天然地面或挖方后地面算起；
有冲刷时，自一般冲刷线起算；
h无限值</td></tr>
<tr><td>持力层在水面以下且不透水时，不论基底以上土的透水性质如何，一律取饱和重度；
持力层在水面以下且透水时，水中土层应取浮重度</td></tr>
<tr><td colspan="3">⇓⇓⇓</td></tr>
<tr><td colspan="3">★当基础位于水中不透水地层上时，$[\sigma]$按平均常水位至一般冲刷线的水深，每米再增大 10kPa★</td></tr>
<tr><td colspan="3">⇓⇓⇓</td></tr>
</table>

续表

地基容许承载力[σ]提高系数

地基情况		提高系数
主力加附加力（不含长钢轨纵向力）		1.2
主力加特殊荷载（地震作用除外）	$\sigma_0 > 500$kPa 的岩石和土	1.4
	$150 < \sigma_0 \leqslant 500$kPa 的岩石和土	1.3
	$100 < \sigma_0 \leqslant 150$kPa 的土	1.2
注：既有墩台地基基本承载力σ_0可根据压密程度予以提高，但提高值不应超过 25%		

题 2-195　（08D10）某铁路涵洞基础位于深厚淤泥黏土地基上，基础埋置深度 1.0m，地基土不排水抗剪强度$c_u = 35$kPa，地基土天然重度 18kN/m³，地下水位在地面下 0.5m 处，按照《铁路桥涵地基和基础设计规范》TB 10093—2017，安全系数m'取 2.5，计算涵洞基础地基容许承载力[σ]的最小值接近下列哪个选项？

（A）60kPa　　（B）70kPa　　（C）80kPa　　（D）90kPa

【解】

$$[\sigma] = 5.14c_u\frac{1}{m'} + \gamma_2 h = 5.14 \times 35 \times \frac{1}{2.5} + 18 \times 1 = 89.96\text{kPa}$$

【点评】

①根据《铁路桥涵地基和基础设计规范》第 4.1.4 条；②本题争议点在于h取值是否需要按规范第 4.1.3 条规定小于 3m 取 3m？按原理和对规范正确的理解，应该是取 1m，第 4.1.3 条规定h小于 3m 取 3m 的原因是公式中深度修正不出现负值，所以不适合本公式。规范写的h同第 4.1.3 条应该只是想表达h的定义：基础底面的埋置深度（m），自天然地面算起，有水流冲刷时自一般冲刷线起算，位于挖方内时由开挖后地面算起。

题 2-196　（12D04）某铁路工程地质勘察中，揭示地层如下：①粉细砂层，厚度 4m；②软黏土层，未揭穿。地下水位埋深为 2m，粉细砂层的土粒比重$G_s = 2.65$，水上部分的天然重度$\gamma = 19$kN/m³，含水率$w = 15\%$，整个粉细砂层密实程度一致，软黏土层的不排水抗剪强度$c_u = 20$kPa。问软黏土层顶面的容许承载力为下列何值？（取安全系数$k = 1.5$）

（A）69kPa　　（B）98kPa　　（C）127kPa　　（D）147kPa

【解】

（1）$e = \frac{2.65\times(1+0.15)\times10}{19} - 1 = 0.604$，$\gamma_{sat} = \frac{2.65+0.604}{1+0.604} \times 10 = 20.29\text{kN/m}^3$

（2）$[\sigma] = \frac{5.14c_u}{k} + \gamma h = \frac{5.14\times20}{1.5} + 2 \times 19 + 2 \times 20.29 = 147\text{kPa}$

【点评】

①《铁路桥涵地基和基础设计规范》第 4.1.4 条；②考点为利用不排水抗剪强度确定地基承载力，公式是由条形基础的极限荷载公式修正而来的；③规范规定："如持力层在水面以下，且为透水层，水中部分应采用浮重度；如为不透水层及基底以上水中部分土层无论透水性质如何，均应采用饱和重度"；④此处**软黏土视为不透水土层为公路铁路的行业做法**，可记住此结论，不必深究。

12.1.2 持力层验算及合力偏心距验算——《铁路桥涵地基和基础设计规范》第5.1.2条、第5.2.2条

（1）**基底压应力不应大于地基的容许承载力**，即$p_{max} \leqslant [\sigma]$。设置在基岩上的基底承受偏心荷载，其基底合力偏心距超过截面核心半径时，可仅按受压区计算基底最大压应力（不考虑基底承受拉应力）。

注：p_{max}的计算同《公路桥涵地基与基础设计规范》。

（2）**墩台应验算作用于基底的合力偏心距**，合力偏心距限值应符合表2-12-4的规定。

合力偏心距e的限值　　表2-12-4

地基及荷载情况			e的限值
仅承受恒载作用	非岩石地基	合力的作用点应接近基础底面的重心	
①主力+附加力 ②主力+附加力+长钢轨伸缩力或挠曲力	非岩石地基上的桥台（包括土状的风化岩层）	土的基本承载力σ_0 >200kPa	1.0ρ
		土的基本承载力$\sigma_0 \leqslant$200kPa	0.8ρ
	岩石地基	硬质岩	1.5ρ
		其他岩石	1.2ρ
主力+长钢轨伸缩力或挠曲力（桥上无车）	非岩石地基	基本承载力σ_0 >200kPa	0.8ρ
		基本承载力$\sigma_0 \leqslant$200kPa	0.6ρ
	岩石地基	硬质岩	1.25ρ
		其他岩石	1.0ρ
主力+特殊荷载（地震力除外）	非岩石地基	基本承载力σ_0 >200kPa	1.2ρ
		基本承载力$\sigma_0 \leqslant$200kPa	1.0ρ
	岩石地基	硬质岩	2.0ρ
		其他岩石	1.5ρ

注：1. 表中②指当长钢轨纵向力参与组合时，计入长钢轨纵向力的桥上线路应按无车考虑；

2. 偏心矩$e_0 = \frac{M}{N}$，$e_0 \leqslant e$的限值；

3. 核心半径$\rho = \dfrac{e_0}{1 - \dfrac{\sigma_{min} A}{N}}$，$\sigma_{min} = \frac{N}{A} - \frac{M_x}{W_x} - \frac{M_y}{W_y} = \frac{N}{A}\left(1 - \frac{6e_x}{b} - \frac{6e_y}{l}\right)$，$\sigma_{min}$可代入负值，表示拉应力。

题2-197 某铁路桥墩明挖基础尺寸2m×4m，基础埋深4.0m，埋深范围内土重度$\gamma = 20kN/m^3$，持力层为粉土，$\gamma_{sat} = 19kN/m^3$，$e = 0.75$，$w = 15\%$，地下水位齐地面。桥墩基础承受主力加附加力作用，传至基础底面施工作用荷载为1000kN，作用于长边方向弯矩$M = 400kN \cdot m$，试按《铁路桥涵地基和基础设计规范》TB 10093—2017验算偏心距e是否满足要求，并验算桥墩地基承载力是否满足要求。

【解】

（1）粉土，$e = 0.75$，$w = 15\%$，查表得：$\sigma_0 = \frac{235+190}{2} = 212.5kPa$，$k_1 = 0$，$k_2 = 1.5$

$[\sigma] = 212.5 + 0 + 1.5 \times 10 \times (4 - 3) = 227.5kPa$

（2）偏心距：$e = \frac{M}{N} = \frac{400}{1000} = 0.4m$

核心半径：$\rho=\dfrac{W}{A}=\dfrac{b}{6}=0.67\text{m}>e$

非岩石地基上的墩台，当承受主力加附加力时，$e<\rho$满足要求。

放大$[\sigma]=1.2\times227.5=273\text{kPa}$

（3）$p_{\max}=\dfrac{N}{A}+\dfrac{M}{W}=\dfrac{1000}{2\times4}+\dfrac{400}{2\times4^2/6}=200\text{kPa}$

（4）$p_{\max}\leqslant[\sigma]$，承载力满足要求。

【点评】

①根据《铁路桥涵地基和基础设计规范》第 4.1.2 条第 4 款粉土根据孔隙比和含水率查表确定地基承载力，可以插值；②根据第 4.1.3 条进行承载力修正，粉土为透水层采用浮重度；③根据第 4.2.1 条对地基容许承载力进行提高；④根据第 5.1.2 条验算基底压力，基底压应力不应大于地基的容许承载力；⑤根据第 5.2.2 条验算合力偏心距是否满足规范要求。

12.1.3 软弱下卧层验算——《铁路桥涵地基和基础设计规范》第 5.2.1 条

当基底以下有软弱下卧层时，应按表 2-12-5 检算软弱下卧土层的压应力。

软弱下卧层压应力验算　　表 2-12-5

<table>
<tr><td colspan="2">$\gamma(h+z)+\alpha(\sigma_h-\gamma h)\leqslant[\sigma]$</td><td rowspan="2">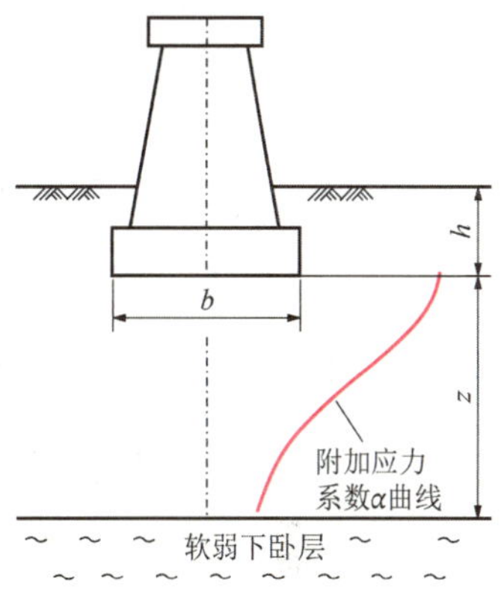
</td></tr>
<tr><td>软弱下卧层</td><td>⇑⇑⇑
一般地基土：$[\sigma]=\sigma_0+k_2\gamma_2(h+z-3)$
软土：$[\sigma]=\sigma_0+\gamma_2(h+z-3)$
或$[\sigma]=5.14c_u\dfrac{1}{m'}+\gamma_2(h+z)$
参数同前</td></tr>
<tr><td colspan="2" rowspan="2">γ——土的重度（kN/m^3）；
α——土中附加压应力系数，参见《铁路桥涵地基和基础设计规范》附录 C；
h——基底或桩端处的埋置深度（m）；
σ_h——基底压应力（kPa）</td><td>不受水流冲刷时，由天然地面算起；
当基础受水流冲刷时，由一般冲刷线算起；
如位于挖方内，则由开挖后地面算起</td></tr>
<tr><td>当$z/b>1$时，采用基底平均压应力（b为矩形基底短边宽度）；
当$z/b\leqslant1$时，基底压应力梯形图形前后端压应力差值较大时，σ_h采用最大压应力点$b/4$处的压应力；反之，则采用最大压应力点$b/3$处的压应力</td></tr>
</table>

注：完全同《公路桥涵地基与基础设计规范》。

题 2-198 某铁路墩台明挖基础尺寸为 2m × 4m，基础埋深为 3.0m，埋深范围内土重度$\gamma = 20\text{kN/m}^3$，持力层为粉质黏土，$\gamma = 18\text{kN/m}^3$，距基底 3.0m 处为淤泥质土层，传至基础顶面施工作用荷载为 1200kN，作用于长边方向弯矩$M = 20\text{kN}\cdot\text{m}$，淤泥质土层地基的基本承载力为 60kPa，试按《铁路桥涵地基和基础设计规范》TB 10093—2017 验算施工阶段软弱下卧层承载力。

【解】

（1）$z/b = 3/2 = 1.5 > 1$，$\sigma_\text{k} = N/A = 1200/8 + 3 \times 20 = 210\text{kPa}$

（2）$l/b = 4/2 = 2$，$z/b = 1.5$，查附录 C 得：$\alpha = 0.294$

（3）$p_\text{z} = \gamma(h+z) + \alpha(\sigma_\text{k} - \gamma h) = (20 \times 3 + 18 \times 3) + 0.294 \times (210 - 20 \times 3) = 158.1\text{kPa}$

$$\gamma_2 = \frac{20\times3+18\times3}{6} = 19\text{kN/m}^3$$

$[\sigma] = 60 + 19 \times (6-3) = 117\text{kPa} < 158.1\text{kPa}$，不满足要求。

【点评】

①根据《铁路桥涵地基和基础设计规范》第 4.1.4 条、第 5.2.1 条、附录 C；②σ_k采用基底平均压应力。

12.1.4 地基沉降计算——《铁路桥涵地基和基础设计规范》第 3.2 节

基础的最终沉降量，可按下式计算：

$$S = m_\text{s}\sum_{i=1}^{n}\Delta S_i = m_\text{s}\sum_{i=1}^{n}\frac{\sigma_{\text{z}(0)}}{E_{si}}(Z_iC_i - Z_{i-1}C_{i-1})$$

计算方法同《公路桥涵地基与基础设计规范》，仅沉降经验系数m_s多了一个限值，对于软土地基m_s不应小于 1.3。详细计算及原理见《建筑地基基础设计规范》。

注：C_i查表所得为基底中心点下的平均附加应力系数，与《建筑地基基础设计规范》不同，计算沉降量时不需要再乘以 4。如果题目求的是边点（如桥头）或角点处，要注意将系数除以 2 或 4。

12.1.5　基础稳定性验算——《铁路桥涵地基和基础设计规范》第 3.1 节

基础的抗滑移和抗倾覆稳定性应按表 2-12-6 验算。

抗滑移和抗倾覆稳定性验算　　表 2-12-6

（1）抗滑移稳定性验算

桥涵墩台基础的**抗滑动**稳定性系数：

$$K_c = \frac{f\sum P_i}{\sum T_i}$$

（$K_c \geqslant 1.3$，施工荷载作用下 $K_c \geqslant 1.2$）

f——基础底面与地基土之间的摩擦系数，可按下表采用

注：与《公路桥涵地基与基础设计规范》不同，水平力均计入分母

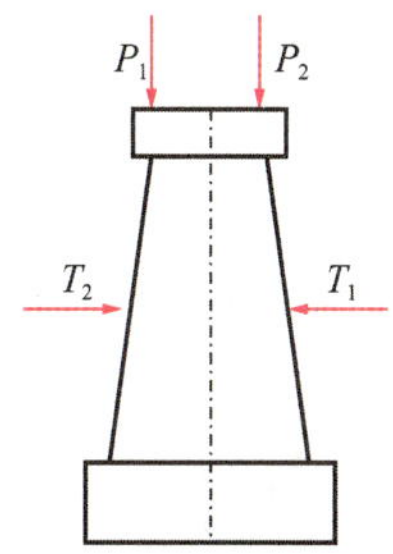

基底摩擦系数 f

地基土石分类	黏性土			粉土	砂类土	碎石类土	软质岩	硬质岩
	软塑	硬塑	坚硬					
f	0.25	0.3	0.3～0.4	0.3～0.4	0.4	0.5	0.4～0.6	0.6～0.7

（2）抗倾覆稳定性验算

桥涵墩台基础的**抗倾覆**稳定性系数：

$$K_0 = \frac{s\sum P_i}{\sum P_i e_i + \sum T_i h_i} = \frac{s}{e}$$

（$K_0 \geqslant 1.5$，施工荷载作用下 $K_0 \geqslant 1.2$）

注：完全同《公路桥涵地基与基础设计规范》，$e = \frac{M}{N}$，勿漏算**基础自重**

e——所有外力合力的作用点对基底重心轴的偏心矩；

s——在**截面重心**至**合力作用点的**延长线上，自截面重心至验算倾覆轴（A-A）的距离（m）★★★。

单向偏心：$s = \frac{b}{2}$（b 为偏心方向基底边长）；

双向偏心：由几何关系求得

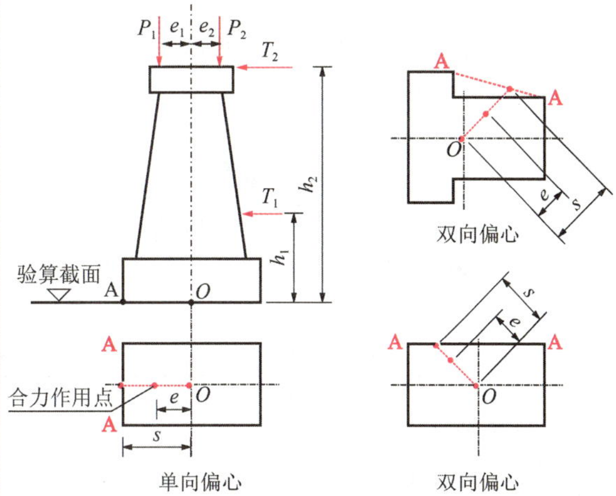

题 2-199 （16C07）某铁路桥墩台基础，所受的外力如图 2-12-1 所示，其中$P_1 = 140$kN，$P_2 = 120$kN，$F_1 = 190$kN，$T_1 = 30$kN，$T_2 = 45$kN，基础自重$W = 150$kN，基底为砂类土，根据《铁路桥涵地基和基础设计规范》TB 10093—2017，该墩台基础的滑动稳定系数最接近下列哪个选项的数值？

（A）1.25　　（B）1.30

（C）1.35　　（D）1.40

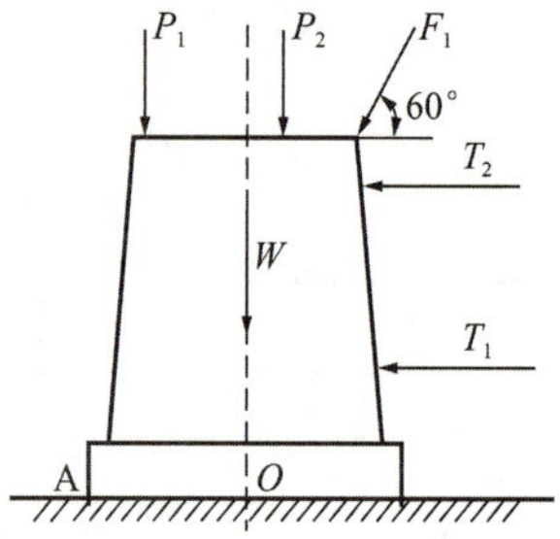

图 2-12-1　题 2-199 图

【解】

（1）$F_{1x} = 190 \times \cos 60° = 95$kN，$F_{1y} = 190 \times \sin 60° = 164.5$kN

（2）砂类土，查表取：$f = 0.4$

$$K = \frac{f\sum P_i}{\sum T_i} = \frac{0.4 \times (150 + 140 + 120 + 164.5)}{30 + 45 + 95} = 1.35$$

【点评】

①根据《铁路桥涵地基和基础设计规范》第 3.1.2 条；②作用于基础上的斜作用力应分解成水平、竖向 2 个力后求稳定性。

题 2-200 如图 2-12-2 所示，某铁路桥涵墩台基础，地基土为硬塑黏土，底面宽度 6m，$P_1 = 150$kN，$P_2 = 100$kN，$e_1 = e_2 = 0.3$m，桥墩自重$P_3 = 120$kN，$e_3 = 0$，水平力$T_1 = 50$kN，$h_1 = 2$m，水平力$T_2 = 100$kN，$h_2 = 5$m，验算墩台基础在施工阶段的抗倾覆稳定性和抗滑稳定性。

（A）抗倾覆满足；抗滑移满足

（B）抗倾覆满足；抗滑移不满足

（C）抗倾覆不满足；抗滑移满足

（D）抗倾覆不满足；抗滑移不满足

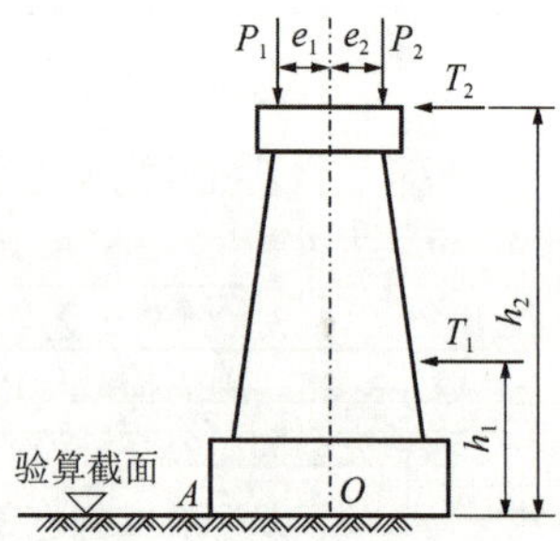

图 2-12-2　题 2-200 图

【解】

（1）$K_0 = \dfrac{s\sum P_i}{\sum P_i e_i + \sum T_i h_i} = \dfrac{3 \times (150 + 100 + 120)}{(150 - 100) \times 0.3 + 100 \times 5 + 50 \times 2} = 1.8 > 1.2$，抗倾覆满足

（2）地基土为硬塑黏土，查表取$f = 0.3$

$$K_c = \frac{f\sum P_i}{\sum T_i} = \frac{0.3 \times (150 + 100 + 120)}{100 + 50} = 0.74 < 1.2\text{，抗滑移不满足。}$$

【点评】

①根据《铁路桥涵地基和基础设计规范》第 3.1.1 条、第 3.1.2 条；②注意与《公路桥涵地基与基础设计规范》的区别；③在验算抗倾覆稳定性时，P_1方向为正，P_2方向为负，不要弄反了。

12.1.6 台后路基对桥台基底附加竖向压应力的计算——《铁路桥涵地基和基础设计规范》附录 F（非重点，了解即可）

台后路基及锥体对桥台基底前后边缘的附加竖向压应力，可按表 2-12-7 计算。

台后路基对桥台基底附加竖向压应力的计算　　表 2-12-7

台后路基及锥体对桥台基底前后边缘的附加竖向压应力σ（kPa），可按下式计算：

$$\sigma=\alpha\cdot\gamma\cdot H$$

式中：σ——附加竖向应力（kPa）；

γ——路基填土的重度（kN/m^3）；

H——路基填土的高度（m）；

α——系数，见表 2-12-8

注：与《公路桥涵地基与基础设计规范》不同，不单独考虑台前锥体对基底或桩端平面处前边缘引起的附加压应力，考试按指定规范作答

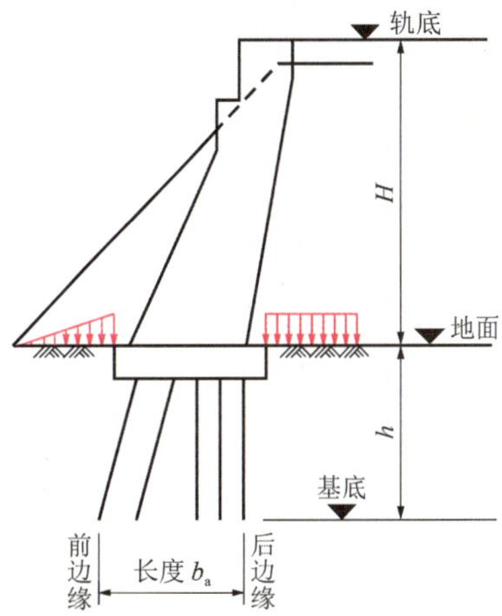

系数α　　表 2-12-8

基础前后缘	路基填土高度H（m）	5		10			20		
	距地面深度h（m）	基础长度b_a（m）							
		5	10	5	10	15	5	10	15
前缘	5	0.100	0.020	0.250	0.040	0.010	0.360	0.230	0.120
	10	0.170	0.060	0.320	0.130	0.045	0.430	0.300	0.170
	15	0.170	0.090	0.310	0.170	0.085	0.500	0.370	0.240
	20	0.150	0.095	0.260	0.160	0.100	0.480	0.380	0.260
	25	0.140	0.090	0.240	0.160	0.110	0.440	0.350	0.260
	30	0.120	0.085	0.200	0.150	0.110	0.400	0.330	0.260
后缘	5	0.480	0.480	0.520	0.510	0.510	0.540	0.520	0.510
	10	0.380	0.380	0.510	0.490	0.490	0.580	0.550	0.540
	15	0.290	0.290	0.440	0.420	0.420	0.590	0.560	0.550
	20	0.220	0.220	0.360	0.350	0.350	0.560	0.540	0.530
	25	0.190	0.190	0.300	0.290	0.290	0.500	0.490	0.480
	30	0.150	0.150	0.250	0.250	0.250	0.450	0.440	0.430

题 2-201 某铁路桥台基础如图 2-12-3 所示，已知基底前后边缘间的基础长度为 6m，台背填土高度为 8m，重度为 19kN/m³，原地面至基底深度$h = 5$m。试计算台背填土对桥台基底前、后边缘的附加应力。

【解】

（1）因为$h = 5$m，$H_1 = 8$m，$b_a = 6$m

则台背填土对基础底前边缘的附加应力系数$\alpha_1 = 0.1584$

台台背填土对基础底后边缘的附加应力系数$\alpha_2 = 0.5028$

（2）前边缘的附加应力为$\alpha_1 \gamma H = 0.1584 \times 19 \times 8 = 24.08$kPa

后边缘的附加应力为$\alpha_2 \gamma H = 0.5028 \times 19 \times 8 = 76.43$kPa

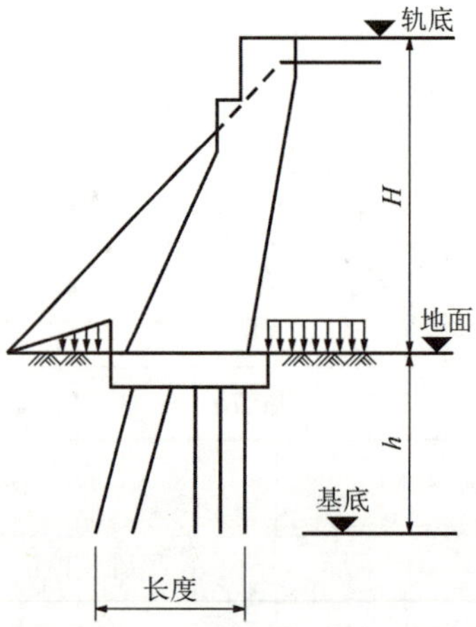

图 2-12-3 解 2-201 图

【点评】

根据《铁路桥涵地基和基础设计规范》附录 F，偏僻考点，仅做了解。

第 13 章

水运工程地基设计规范

《水运工程地基设计规范》已经替代《港口工程地基规范》，本章在 2005 年后不再考查，了解即可。

13.1.1 作用于计算面上的应力——《水运工程地基设计规范》第 5.2 节

（1）如图 2-13-1 所示，验算地基承载力时，无抛石基床的水工建筑物应以建筑物结构底面为计算面；有抛石基床的水工建筑物基础应以抛石基床底面为计算面（见图），抛石基床底面的**计算宽度**宜按下式计算：

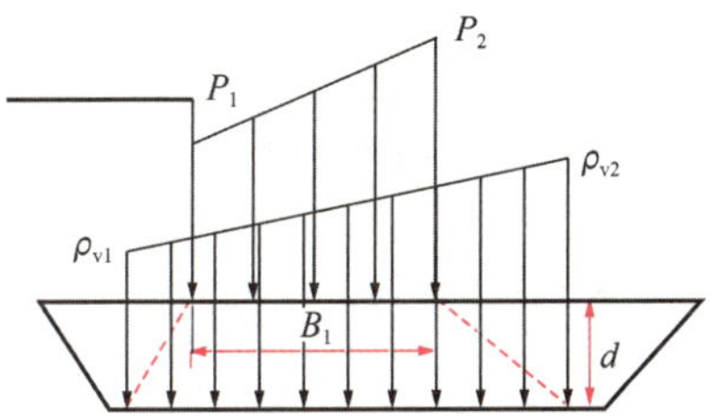

图 2-13-1 计算面应力示意图

$$B_e = B_1 + 2d$$

式中：B_e——计算面宽度（m）；

B_1——建筑物底面即抛石基床顶面的实际受压宽度（m）；

d——抛石基床厚度（m）。

（2）计算面的竖向应力可按线性分布考虑，其后端、前端的**竖向应力**可按下列公式确定：

$$p_{v1} = \frac{B_1}{B_e} p_1 + \gamma d \quad p_{v2} = \frac{B_1}{B_e} p_2 + \gamma d$$

式中：p_{v1}、p_{v2}——计算面后端、前端竖向应力标准值（kPa）；

p_1、p_2——分别为建筑物底面后踵、前趾竖向应力标准值（kPa）；

γ——抛石体的重度标准值（kN/m^3），水下用浮重度；

d——抛石基床厚度（m）。

（3）计算面合力的**倾斜率**可按下式计算：

$$\tan\delta = \frac{H_k}{V_k}$$

式中：δ——作用于计算面上的合力方向与竖向的夹角（°）；

H_k——作用于计算面以上的水平合力标准值（kN/m^3），对重力式码头H_k应包括基床厚度范围内的主动土压力，对直立式防波堤可不计土压力；

V_k——作用于计算面上的竖向合力标准值（kN/m^3）。

题 2-202 （02C06）某港口建筑物采用抛石基床，抛石基床厚$d = 2m$，抛石基床内饱和重度$\gamma_{sat} = 18kN/m^3$，抛石基床底面土层饱和重度$\gamma_{sat} = 20kN/m^3$，建筑物底面实际受压宽度$B_1 = 8m$，建筑物底面后踵、前趾竖向应力标准值分别为：$p_1 = 180kPa$、$p_2 = 220kPa$，假设计算面的竖向应力按线性分布考虑，试按《水运工程地基设计规范》JTS 147—2017 确定抛石基床底面后端、前端竖向应力标准值p_{v1}、p_{v2}最接近下列哪个选项？

（A）$p_{v1} = 121kPa$、$p_{v2} = 152kPa$

（C）$p_{v1} = 143kPa$、$p_{v2} = 170kPa$

（B）$p_{v1} = 136kPa$、$p_{v2} = 163kPa$

（D）$p_{v1} = 155kPa$、$p_{v2} = 180kPa$

【解】

$$B_e = B_1 + 2d_1 = 8 + 2 \times 2 = 12m$$

$$p_{v1} = \frac{B_1}{B_e} p_1 + \gamma d = \frac{8}{12} \times 180 + 8 \times 2 = 136.0kPa$$

$$p_{v2} = \frac{B_1}{B_e} p_2 + \gamma d = \frac{8}{12} \times 220 + 8 \times 2 = 162.7kPa$$

【点评】

①根据《水运工程地基设计规范》第 5.2.1 条、第 5.2.2 条；②《水运工程地基设计规范》JTS 147—2017 已经替代《港口工程地基规范》，且港口地基从 2005 年之后就没有再考查过，主要原因是港航有自己的注册考试，不作为重点复习，了解即可。

13.1.2 极限承载力及验算——《水运工程地基设计规范》第 5.3 节

（1）地基承载力应按下述极限状态设计表达式验算：

$$\gamma_0 V_d \leqslant \frac{1}{\gamma_R} F_k$$

式中：γ_0——重要性系数，安全等级为一级、二级、三级的建筑物分别取 1.1、1.0、1.0；

V_d——作用于计算面上竖向合力的设计值（kN/m）；

γ_R——抗力分项系数，尚应《水运工程地基设计规范》第 5.3.3 条；

F_k——计算面上地基承载力的竖向合力标准值（kN/m）。

（2）作用于计算面上竖向合力的设计值V_d可按下式计算：

$$V_d = \gamma_s V_k$$

式中：γ_s——作用综合分项系数，可取 1.0；

V_k——作用于计算面上竖向合力的标准值（kN/m）。

（3）均质土地基、均布边载的极限承载力竖向应力应对$\varphi > 0$和$\varphi = 0$分别计算，并应符合下列规定。

当$\varphi > 0$时，$[b_{j-1},\ b_j]$极限承载力竖向应力的平均值宜按下列公式计算：

$$p_{zj} = 0.5\gamma_k(b_j + b_{j-1})N_\gamma + q_k N_q + c_k N_c$$

$$\lambda = \frac{\gamma_k B_e}{c_k + q_k \tan\varphi_k}$$

当$\varphi = 0$时，$[b_{j-1},\ b_j]$极限承载力竖向应力的平均值宜按下列公式计算：

$$p_{zj} = q_k + c_{uk} N_s$$

$$N_s = 0.5(\pi + 2) + 2\tan^{-1}\sqrt{\frac{1-k}{1+k}} \times \frac{\pi}{180} + \sqrt{1-k^2} \qquad k = \frac{\gamma_h H_k}{B_e c_{uk}}$$

式中：p_{zj}——$[b_{j-1},\ b_j]$极限承载力竖向应力的平均值（kPa）；

γ_k——计算面以下土的重度标准值（kN/m^3），可取均值，水下用浮重度；

b_j——小区间分点坐标（m），$b_0 = 0$；

N_γ、N_q、N_c——为地基土处于极限状态下的承载力系数，可计算确定或按《水运工程地基设计规范》附录 H 取值；

q_k——计算面以上边载的标准值（kPa）；

c_k——黏聚力标准值（kPa）；

φ_k——内摩擦角标准值（°），可取均值；

B_e——计算面宽度（m）；

N_s——承载力系数；

c_{uk}——地基土的十字板剪切强度标准值（kPa），可取均值；

H_k——作用于计算面以上的水平合力标准值（kN/m）；

γ_h——水平抗力分项系数，取 1.3。

（4）地基承载力的竖向合力标准值F_k可按区间总和法计算，详见《水运工程地基设计规范》第 5.3.5 条。

题 2-203 （03D09）某沉箱码头为一条形基础，在抛石基床底面的计算宽度$B_e=12m$，墙前基础底面以上边载的标准值$q_k=18kPa$，抛石基床底面合力与垂线间夹角$\delta=11.31°$。抛石基床底面以下地基土的指标标准值为：内摩擦角$\varphi_k=18°$，黏聚力$c_k=10kPa$，天然重度$\gamma=19kN/m^3$。不考虑波浪力的作用，若将计算面宽度分成 20 个小区间，试按《水运工程地基设计规范》JTS 147—2017 计算第 2 个小区间$[b_1,b_2]$的地基极限承载力的竖向应力平均值最接近下列哪个选项？

（A）137kPa （B）147kPa （C）157kPa （D）167kPa

【解】

（1）$\varphi_k=18°>0$，按下列公式计算：

$$\lambda=\frac{\gamma_k B_e}{c_k+q_k\tan\varphi_k}=\frac{9\times 12}{10+18\tan 18°}=6.81$$

（2）$\tan\delta=\tan 11.31=0.2$，查表得：$N_c=8.009$，$N_\gamma=1.484$

$$N_q=N_c\tan\varphi_k+1=8.009\tan 18+1=3.602$$

（3）$\Delta B=B_e/M=0.6m$，$[b_1,b_2]=[0.6,1.2]$

$$\begin{aligned}p_{zj}&=0.5\gamma_k(b_j+b_{j-1})N_\gamma+q_kN_q+c_kN_c\\&=0.5\times 9\times(0.6+1.2)\times 1.484+18\times 3.602+10\times 8.009=156.9kPa\end{aligned}$$

【点评】

根据《水运工程地基设计规范》第 5.3.6 条、附录 H。

题 2-204 （04C07）水下重力式码头为条形基础，基底为抛石基床，抛石厚度 2.0m，计算面宽度$B_e=14m$，计算面以上竖向合力标准值$G_k=450kN/m$，地基土的十字板剪切强度标准值$c_{uk}=40kPa$，$\varphi=0$ 地基土天然重度为 $18kN/m^3$，抛石基床内天然重度为 $19kN/m^3$，计算面合力的倾斜率$\tan\delta=0.22$。试根据《水运工程地基设计规范》JTS 147—2017 计算面内各小区间地基极限承载力竖向应力的平均值最接近下列哪个选项？

（A）183kPa （B）193kPa （C）203kPa （D）213kPa

【解】

（1）$H_k=\tan\delta\cdot V_k=0.22\times 450=99kN/m$

（2）$k=\frac{\gamma_h H_k}{B_e c_{uk}}=\frac{1.3\times 99}{14\times 40}=0.23$

$$\begin{aligned}N_s&=0.5(\pi+2)+2\tan^{-1}\sqrt{\frac{1-k}{1+k}}\times\frac{\pi}{180}+\sqrt{1-k^2}\\&=0.5(3.14+2)+2\times\tan^{-1}\sqrt{\frac{1-0.23}{1+0.23}}\times\frac{\pi}{180}+\sqrt{1-0.23^2}=4.88\end{aligned}$$

（3）$p_{ij}=q_k+c_{uk}N_s=2\times 9+40\times 4.88=213.2kPa$

【点评】

①《水运工程地基设计规范》第 5.2.3 条、第 5.3.6 条，式中$\tan^{-1}$计算出来的是角度，应转化为弧度；②2005 年之后没有再考查水运港口基础的案例题，非重要考点。

13.1.3 查表法确定地基承载力修正及验算——《水运工程地基设计规范》附录 G

非重点内容，了解即可，此处不再摘抄。

题 2-205 （03C09）港口重力式沉箱码头，沉箱底面受压宽度$B_{r1}=10m$，长度$L_{r1}=170m$，抛石基床厚$d=2m$，基础埋深$D=3m$，抛石基床底面以下地基土为圆砾，重度$\gamma_{sat}=20kN/m^3$，承载力设计值$f_d=200kPa$，基础底面以上土的加权平均重度取 $10kN/m^3$，作用于抛石基床底面的水平合力标准值$H_k=60000kN$，作用于抛石基床底面的竖向合力标准值$V_k=150000kN$，受平行于码头宽度方向的水平力，抛石基床底面合力标准值在基床底面处的有效受压宽度和长度方向的偏心距分别为$e'_B=0.5m$、$e'_L=0m$，试计算垂直平均压力设计值和修正后的地基承载力设计值，结果最接近下列哪个选项？

（A）$\sigma_d=66kPa$，$f'_d=326kPa$　　（B）$\sigma_d=66kPa$，$f'_d=350kPa$

（C）$\sigma_d=88kPa$，$f'_d=326kPa$　　（D）$\sigma_d=88kPa$，$f'_d=350kPa$

【解】

（1）$B'_{r1}=B_{r1}+2d_1=10+2\times2=14m$，$B'_{re}=B'_{r1}-2e'_B=14-2\times0.5=13m$

$L'_{r1}=L_{r1}+2d_1=170+2\times2=174m$，$L'_{re}=L'_{r1}-2e'_L=174-2\times0=174m$

（2）圆砾属于碎石土，$\tan\delta=6000/15000=0.4$，查表得：$m_B=1.8$，$m_D=2.4$

$B'_{re}=13m>8m$，取 8m

$$f'_d=200+1.8\times10\times(8-3)+2.4\times10\times(3-1.5)=326kPa$$

（3）$\sigma_d=\dfrac{1\times150000}{13\times174}=66.3kPa<f'_d=326kPa$，满足要求

【点评】

①根据《水运工程地基设计规范》第 5.3.4 条、附录 G.02；②基础底面的有效面积或者有效宽度应根据偏心距和抛石基床的厚度调整；③承载力修正时，基础有效宽度> 8m 时取 8m；④竖向力设计值的作用综合分项系数取 1.0，故$V_d=V_k$。

题 2-206 （05D08）某安全等级为三级的港口工程建筑物，采用条形基础抛石基床，以抛石基床底面为基础底面，墙底面的实际受压宽度$B_1=8m$，抛石基床厚$d=2m$，抛石基床底面合力标准值的偏心矩$e'=0.5m$，基础埋深$D=5m$，抛石基床底面以下地基土为粉细砂，重度$\gamma_{sat}=20kN/m^3$，标准贯入击数$N=15$，作用于计算面上的合力方向与竖向的夹角$\delta=11.3°$，基础底面以上土的加权平均重度取 $9.8kN/m^3$，试按《水运工程地基设计规范》JTS 147—2017 确定修正后的地基承载力设计值f'_d最接近下列哪个选项？

（A）310kPa　　（B）368kPa　　（C）378kPa　　（D）388kPa

【解】

（1）$B'_1=B_1+2d=8.0+2\times2.0=12.0m$，$B'_e=B'_1-2e'=12.0-2\times0.5=11.0m$

（2）$\tan\delta=\tan11.3=0.2$，$N=15$，查表得：$f_d=144kPa$

（3）粉细砂，$\tan\delta=0.2$，查表 G.0.5，取$m_B=1.6$，$m_D=2.5$

$B'_e=11.0m>8.0m$，取 8.0m

$$f'_d=f_d+m_B\gamma_1(B'_e-3)+m_D\gamma_2(D-1.5)$$
$$=144+1.6\times10\times(8.0-3)+2.5\times9.8\times(5.0-1.5)=310kPa$$

【点评】

根据《水运工程地基设计规范》附录 G。

全国勘察设计注册土木工程师
执业资格考试用书

注册岩土工程师执业资格考试
专业案例辅导手册

中册

匡三峁　周立冰　主编

中国建筑工业出版社

目 录

第 3 篇 深基础

第 4 篇　地基处理

第 5 篇 土工结构与边坡支护

第 19 章 铁路路基支挡结构设计规范

第3篇

深基础

考试大纲

4.1 桩的类型、选型与布置

了解桩的类型及各类桩的适用条件；熟悉桩的设计选型应考虑的因素；掌握布桩设计原则。

4.2 单桩竖向承载力

了解单桩在竖向荷载作用下的荷载传递和破坏机理；**熟悉单桩竖向承载力的确定方法；掌握桩身承载力的验算方法**。

4.3 群桩的竖向承载力

了解竖向荷载作用下的群桩效应；**掌握群桩竖向承载力计算方法。**

4.4 负摩阻力

了解负摩阻力的发生条件；**掌握负摩阻力的确定方法**。

4.5 桩的抗拔承载力

了解抗拔桩基的适用条件；**掌握单桩及群桩的抗拔承载力计算方法**。

4.6 桩基沉降计算

熟悉桩基沉降计算的基本假定和计算模式；**掌握桩基沉降计算方法**。

4.7 桩基水平承载力和水平位移

了解桩基在水平荷载作用下的荷载传递和破坏机理；**熟悉桩基水平承载力的确定方法**；了解桩基在水平荷载作用下的位移计算方法。

4.8 承台设计

熟悉承台形式的确定方法；**掌握承台的受弯、受冲切和受剪承载力计算方法**。

4.9 桩基施工

了解灌注桩、预制桩和钢桩的主要施工方法及其适用条件；了解桩基施工中容易发生的问题及预防措施。

4.10 沉井基础

了解沉井基础的应用条件；掌握沉井设计方法；了解沉井下沉施工方法和主要工序；了解沉井施工中常见的问题与处理方法。

考题特点

自 2018 年后，深基础每年 5 题，上午下午 2～3 题，题号为 9～11，涉及规范 3 本，案例考点主要涉及三本，主要考点出自《建筑桩基技术规范》《公路桥涵地基与基础设计规范》和《铁路桥涵地基和基础设计规范》大概 1 年出 1 题，规范知识点少，原理性简单，涉及计算量较大，各种参数较多，题型变化不大，主要集中在**竖向承载力计算、水平承载力计算、桩基沉降计算**，近年来承台设计考题较少，桩基题目部分计算量较大，特别要注意构造验算，有的题目出题比较新颖灵活，公路铁路的题目较偏，有一定的难度。

复习方法

复习“深基础”时应注意总结答题步骤和坑点，熟读规范，做好规范笔记，特别是自己做题出错的地方，要形成错题本，做好总结，熟记坑点。

应试技巧

考场遇到计算量特别大的题，不要先做，常规题目要不急不躁，确保计算准确，不遗漏各种参数。做题时注意规范的小注、附录，先理清答题思路再下笔做题。

主要涉及规范

（1）《建筑桩基技术规范》JGJ 94—2008（核心重点）

（2）《公路桥涵地基与基础设计规范》JTG 3363—2019（重点 1）

（3）《铁路桥涵地基和基础设计规范》TB 10093—2017（重点 2）

（4）《建筑地基基础设计规范》GB 50007—2011（重点 3）

第 14 章

建筑桩基技术规范

- 桩基计算
  - 桩基承载力计算
    - 1. 桩顶作用效应计算
    - 2. 桩基竖向承载力计算
    - 3. 单桩竖向极限承载力
    - 4. 特殊条件下桩基竖向承载力验算
    - 5. 桩基水平承载力计算
    - 6. 桩身承载力计算
  - 桩基沉降计算
    - 1. 密桩
    - 2. 单桩、疏桩
    - 3. 软土地基减沉复合桩
  - 承台计算
    - 1. 受弯
    - 2. 受冲切
    - 3. 受剪切

单桩极限承载力计算方法汇总见表 3-14-1。

单桩极限承载力 **表 3-14-1**

单桩极限承载力Q_{uk}	$Q_{uk}=Q_{sk}+Q_{pk}$	Q_{sk}——桩身总侧阻力标准值（kN）； Q_{pk}——桩身总端阻力标准值（kN）
单桩极限承载力计算方法	原位测试法	单桥静力触探法 双桥静力触探法
	经验参数法	中、小直径桩 大直径桩（含扩底桩）
	钢管桩（土塞效应）	
	混凝土空心桩（土塞效应）	
	嵌岩桩	
	后压浆灌注桩	
	液化效应修正	

单桩极限承载力验算导图见图 3-14-1。

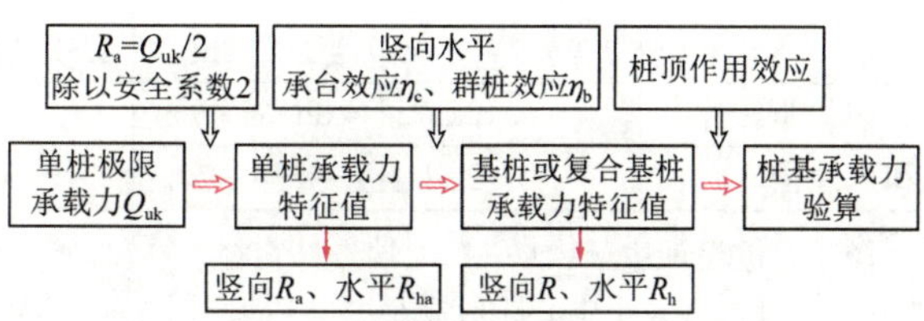

图 3-14-1 单桩极限承载力验算导图

14.1 基本规定

14.1.1 基桩的分类与布置——《建筑桩基技术规范》第3.3节、第3.4节

1. 基桩的分类——《建筑桩基技术规范》第3.3.1条

基桩可按表3-14-2的规定进行分类。

基桩分类 表3-14-2

按承载性状分类	摩擦型桩	摩擦桩：在承载能力极限状态下，桩顶竖向荷载由桩侧阻力承受，桩端阻力小到可忽略不计 端承摩擦桩：在承载能力极限状态下，桩顶竖向荷载主要由桩侧阻力承受
	端承型桩	端承桩：在承载能力极限状态下，桩顶竖向荷载由桩端阻力承受，桩侧阻力小到可忽略不计 摩擦端承桩：在承载能力极限状态下，桩顶竖向荷载主要由桩端阻力承受
按成桩方法分类	非挤土桩	干作业法钻（挖）孔灌注桩、泥浆护壁法钻（挖）孔灌注桩、套管护壁法钻（挖）孔灌注桩
	部分挤土桩	冲孔灌注桩、钻孔挤扩灌注桩、搅拌劲芯桩、预钻孔打入（静压）预制桩、打入（静压）式敞口钢管桩、敞口预应力混凝土空心桩和H型钢桩
	挤土桩	沉管灌注桩、沉管夯（挤）扩灌注桩、打入（静压）预制桩、闭口预应力混凝土空心桩和闭口钢管桩
按桩径（设计直径d）大小分类	小直径桩	$d \leqslant 250$mm
	中等直径桩	250mm $< d <$ 800mm
	大直径桩	$d \geqslant 800$mm

2. 基桩的中心矩——《建筑桩基技术规范》第3.3.3条

基桩的最小中心距应符合表3-14-3的规定；当施工中采取减小挤土效应的可靠措施时，可根据当地经验适当减小。

基桩的最小中心矩 表3-14-3

土类与成桩工艺		排数不少于3排且桩数不少于9根的摩擦型桩桩基	其他情况
非挤土灌注桩		$3.0d$	$3.0d$
部分挤土桩	非饱和土、饱和非黏性土	$3.5d$	$3.0d$
	饱和黏性土	$4.0d$	$3.5d$
挤土桩	非饱和土、饱和非黏性土	$4.0d$	$3.5d$
	饱和黏性土	$4.5d$	$4.0d$
钻、挖孔扩底桩		$2D$或$D+2.0$m（当$D>2$m）	$1.5D$或$D+1.5$m（当$D>2$m）
沉管夯扩、钻孔挤扩桩	非饱和土、饱和非黏性土	$2.2D$且$4.0d$	$2.0D$且$3.5d$
	饱和黏性土	$2.5D$且$4.5d$	$2.2D$且$4.0d$

注：1. d—圆桩设计直径或方桩设计边长，D—扩大端设计直径。
2. 当纵横向桩距不相等时，其最小中心距应满足“其他情况”一栏的规定。
3. 当为端承桩时，非挤土灌注桩的“其他情况”一栏可减小至$2.5d$。

3. 桩长——《建筑桩基技术规范》第 3.3.3 条、第 3.4.3 条、第 3.4.6 条

如果题目是求桩长，注意一定要验算桩长的构造是否满足以下要求：

（1）应选择较硬土层作为桩端持力层。桩端全断面进入持力层的深度，对于黏性土、粉土不宜小于 $2d$，砂土不宜小于 $1.5d$，碎石类土不宜小于 $1d$。当存在软弱下卧层时，桩端以下硬持力层厚度不宜小于 $3d$。（**《建筑桩基技术规范》第 3.3.3 条第 5 款**）

（2）对于**嵌岩桩**，**嵌岩深度**应综合荷载、上覆土层、基岩、桩径、桩长诸因素确定；对于嵌入倾斜的完整和较完整岩的全断面深度不宜小于 $0.4d$ 且不小于 0.5m，倾斜度大于 30%的中风化岩，宜根据倾斜度及岩石完整性适当加大嵌岩深度；对于嵌入平整、完整的坚硬岩和较硬岩的深度不宜小于 $0.2d$ 且不应小 0.2m。（**《建筑桩基技术规范》第 3.3.3 条第 6 款**）

（3）**季节性冻土和膨胀土**地基中的桩基：桩端进入冻深线或膨胀土的大气影响急剧层以下的深度应满足抗拔稳定性验算要求，且不得小于 4 倍桩径及 1 倍扩大端直径，最小深度应大于 1.5m。（**《建筑桩基技术规范》第 3.4.3 条第 1 款**）

（4）抗震设防区桩基：桩进入液化土层以下稳定土层的长度（不包括桩尖部分）应按计算确定；对于碎石土，砾、粗、中砂，密实粉土，坚硬黏性土尚不应小于（2～3）d，对其他非岩石土尚不宜小于（4～5）d。（**《建筑桩基技术规范》第 3.4.6 条第 1 款**）

4. 混凝土强度等级——《建筑桩基技术规范》第 4.1.2 条、第 3.5.2 条

桩身混凝土强度等级不得小于 C25，混凝土预制桩尖强度等级不得小于 C30；设计使用年限为 50 年的桩基桩身混凝土强度等级在二 b 类环境及三类环境中不应低于 C30。

注：《建筑地基基础设计规范》第 8.5.3 条中对桩和桩的构造也有规定，可以对比学习。2020 年真题就考查了《建筑地基基础设计规范》第 8.5.3 条中桩身混凝土强度等级要求。近年真题考查注重构造要求，要引起重视。

14.1.2 基桩构造——《建筑桩基技术规范》第 4.1 节

1. 配筋——《建筑桩基技术规范》第 4.1.1 条

灌注桩应按下列规定配筋：

（1）**配筋率**：

当桩身直径为 300～2000mm 时，正截面配筋率可取 0.65%～0.2%（小直径桩取高值）；对受荷载特别大的桩、抗拔桩和嵌岩端承桩应根据计算确定配筋率，并不应小于上述规定值。

（2）**配筋长度**：

①端承型桩和位于坡地、岸边的基桩应沿桩身等截面或变截面通长配筋；

②桩径大于 600mm 的摩擦型桩配筋长度不应小于 2/3 桩长；当受水平荷载时，配筋长度尚不宜小于 $4.0/\alpha$（α为桩的水平变形系数）；

③对于受地震作用的基桩，桩身配筋长度应穿过可液化土层和软弱土层，进入稳定土层的深度不应小于《建筑桩基技术规范》第 3.4.6 条规定的深度；

④受负摩阻力的桩、因先成桩后开挖基坑而随地基土回弹的桩，其配筋长度应穿过软弱土层并进入稳定土层，进入的深度不应小于（2～3）d；

⑤抗拔桩及因地震作用、冻胀或膨胀力作用而受拔力的桩，应等截面或变截面通长配筋。

2. 扩底桩——《建筑桩基技术规范》第 4.1.3 条

扩底灌注桩扩底端尺寸应符合下列规定（图 3-14-2）：

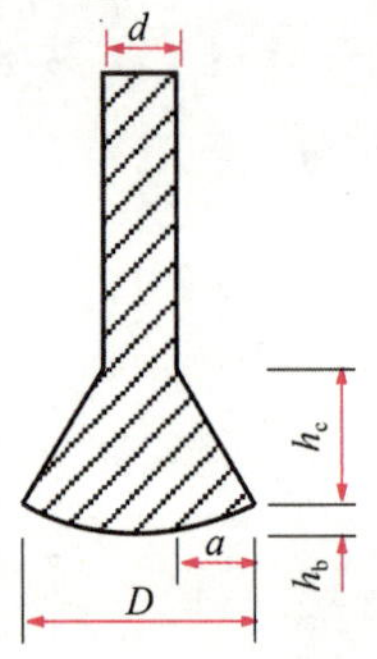

图 3-14-2 扩底桩构造

（1）对于持力层承载力较高、上覆土层较差的抗压桩和桩端以上有一定厚度较好土层的抗拔桩，可采用扩底；扩底端直径与桩身直径之比D/d，应根据承载力要求及扩底端侧面和桩端持力层土性特征以及扩底施工方法确定；挖孔桩的D/d不应大于 3，钻孔桩的D/d不应大于 2.5；

（2）扩底端侧面的斜率应根据实际成孔及土体自立条件确定，a/h_c可取 1/4～1/2，砂土可取 1/4，粉土、黏性土可取 1/3～1/2；

（3）抗压桩扩底端底面宜呈锅底形，矢高h_b可取（0.15～0.20）D。

14.2　桩基承载力计算

14.2.1　桩基竖向承载力验算——《建筑桩基技术规范》第 5.1 节

1. 桩顶作用效应计算

对于一般建筑物和受水平力（包括力矩与水平剪力）较小的高层建筑群桩基础，应按表 3-14-4 计算柱、墙、核心筒群桩中基桩或复合基桩的桩顶作用效应。

桩顶作用效应计算　　　　表 3-14-4

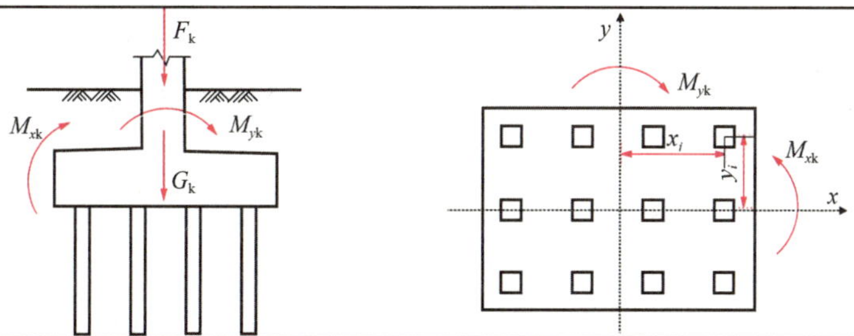

轴心竖向力	$N_k=\dfrac{F_k+G_k}{n}$
偏心竖向力	$N_{ik}=\dfrac{F_k+G_k}{n}\pm\dfrac{M_{xk}y_i}{\sum y_j^2}\pm\dfrac{M_{yk}x_i}{\sum x_j^2}$

F_k——荷载效应标准组合下，作用于承台顶面的竖向力；

G_k——桩基承台和承台上土自重标准值，对稳定的地下水位以下部分应扣除水的浮力；

N_k——荷载效应标准组合轴心竖向力作用下，基桩或复合基桩的平均竖向力，正为压力，负为上拔力；

N_{ik}——荷载效应标准组合偏心竖向力作用下，第i基桩或复合基桩的竖向力；

M_{xk}、M_{yk}——荷载效应标准组合下，作用于承台底面，绕通过桩群形心的x、y主轴的力矩；

x_i、x_j、y_i、y_j——第i、j基桩或复合基桩至y、x轴的距离；

n——桩基总桩数

2. 桩基竖向承载力验算

桩基竖向承载力计算应符合表 3-14-5 的要求。

桩基竖向承载力验算　　　　表 3-14-5

荷载效应组合	验算公式	
荷载效应标准组合	轴心竖向力	$N_k\leqslant R$
	偏心竖向力	$N_{kmax}\leqslant 1.2R$ 且 $N_k\leqslant R$
地震作用效应和荷载效应标准组合	轴心竖向力	$N_{Ek}\leqslant 1.25R$
	偏心竖向力	$N_{Ekmax}\leqslant 1.5R$ 且 $N_{Ek}\leqslant 1.25R$

N_k——荷载效应标准组合轴心竖向力作用下，基桩或复合基桩的平均竖向力；

N_{kmax}——荷载效应标准组合偏心竖向力作用下，桩顶最大竖向力；

N_{Ek}——地震作用效应和荷载效应标准组合下，基桩或复合基桩的平均竖向力；

N_{Ekmax}——地震作用效应和荷载效应标准组合下，基桩或复合基桩的最大竖向力；

R——基桩或复合基桩竖向承载力特征值

题 3-1 （06D13）某桩基工程基底面积 4.8m × 6.6m，桩型平面布置、剖面分布如图 3-14-3 所示，已知轴力$F_k = 12000kN$，力矩$M_k = 1000kN \cdot m$，水平力$H_k = 600kN$，承台和填土的平均重度为 $20kN/m^3$，桩顶轴向压力最大值N_k的计算结果最接近下列哪个选项？（图中尺寸单位：mm）

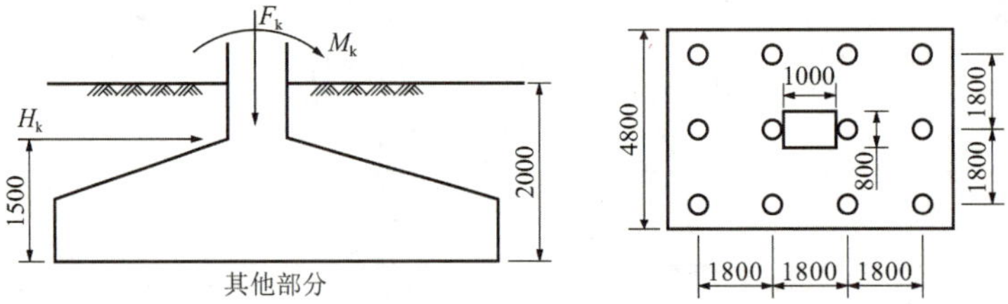

图 3-14-3 题 3-1 图

（A）1020kN （B）1210kN （C）1380kN （D）1520kN

【解】

$$N_{kmax} = \frac{12000 + 4.8 \times 6.6 \times 2 \times 20}{12} + \frac{(1000 + 600 \times 1.5) \times (1.8 + 0.9)}{6 \times 2.7^2 + 6 \times 0.9^2} = 1211kN$$

【点评】

①根据《建筑桩基技术规范》第 5.1.1 条；②一般情况下F_k、M_k、H_k带下标k的为标准值；③本公式在理解的基础上必须达到闭卷程度。

【同类型真题】04C13、02D02

题 3-2 （17C12）某建筑桩基，作用于承台顶面的荷载效应标准组合偏心竖向力为 5000kN，承台及其上土自重的标准值为 500kN，桩的平面布置和偏心竖向力作用点位置见图 3-14-4，问承台下基桩最大竖向力最接近下列哪个选项？（不考虑地下水的影响，图中尺寸单位为 mm）

（A）1270kN （B）1820kN

（C）2010kN （D）2210kN

【解】

$$N_{kmax} = \frac{5000 + 500}{5} + \frac{5000 \times 0.4 \times 0.9}{4 \times 0.9^2} + \frac{5000 \times 0.4 \times 0.9}{4 \times 0.9^2} = 2211.1kN$$

【点评】

①根据《建筑桩基技术规范》第 5.1.1 条；②对于双向偏心求解只是比单向偏心多一项而已，求最大或者最小时后两项同加或者同减；③题目最后问题前面加上"标准组合下"更严谨。

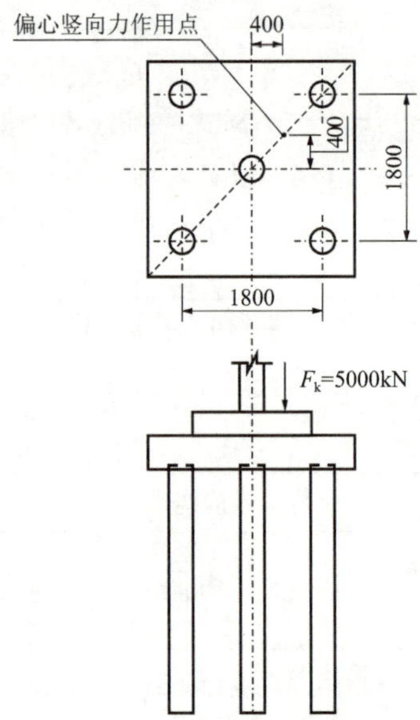

图 3-14-4 题 3-2 图

题 3-3　如图 3-14-5 所示，某等边三桩承载基础，桩径 1m，桩间距 3m，承台面积 $5m^2$，承台埋深 1.5m，作用中心竖向荷载$F_k = 3680kN$，作用方向指向 1 号桩侧的弯矩$M_{x'k} = 2000kN \cdot m$，试计算每根桩的竖向力标准值？

【解】

$G_k = 5 \times 20 \times 1.5 = 150kN$

1 号桩到x'轴的距离：$y_1 = \dfrac{1.5}{\cos 30°} = 1.732m$

2 号和 3 号桩到x'轴的距离：$y_{2、3} = \dfrac{1.732}{2} = 0.866m$

1 号桩：$N_1 = \dfrac{3680+150}{3} + \dfrac{2000 \times 1.732}{1.732^2+2 \times 0.866^2} = 2046.5kN$

2 号桩和 3 号桩：$N_2 = N_3 = \dfrac{3680+150}{3} - \dfrac{2000 \times 0.866}{1.732^2+2 \times 0.866^2} = 891.8kN$

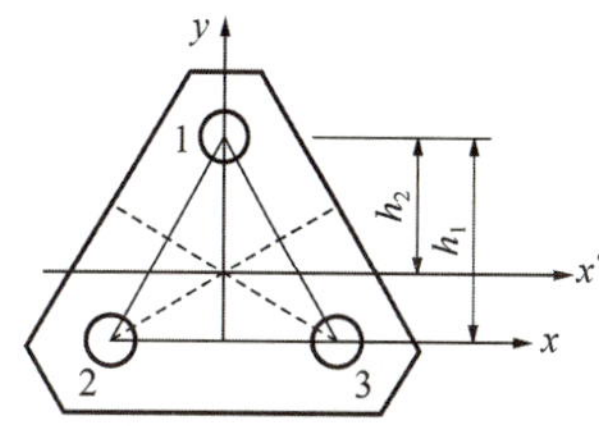

图 3-14-5　题 3-3 图

【点评】

①根据《建筑桩基技术规范》第 5.1.1 条；②每根桩的竖向力之和$N_1 + N_2 + N_3 = 3830kN$等于$F_k + G_k$，计算完成后可以用此方法进行核对。

题 3-4　（20C10）杆塔桩基础布置和受力如图 3-14-6 所示，承台底面尺寸为 3.2m × 4.0m，埋深 2.0m，无地下水。已知上部结构传至基础顶面中心的力为$F_k = 400kN$，力矩为$M_k = 1800kN \cdot m$。根据《建筑桩基技术规范》JGJ 94—2008 计算，基桩承受的最大上拔力最接近下列何值？（基础及其上土的平均重度为 $20kN/m^3$）

（A）80kN　　（B）180kN

（C）250kN　　（D）420kN

【解】

（1）$M_{yk} = 1800 - 400 \times \cos 60° \times 1.5 = 1500kN \cdot m$

（2）$N_k = \dfrac{400 \times \sin 60° + 20 \times 3.2 \times 4 \times 2}{5} - \dfrac{1500 \times 1.5}{1.5^2 \times 4}$

$= -78.32kN$，负值代表承受上拔力

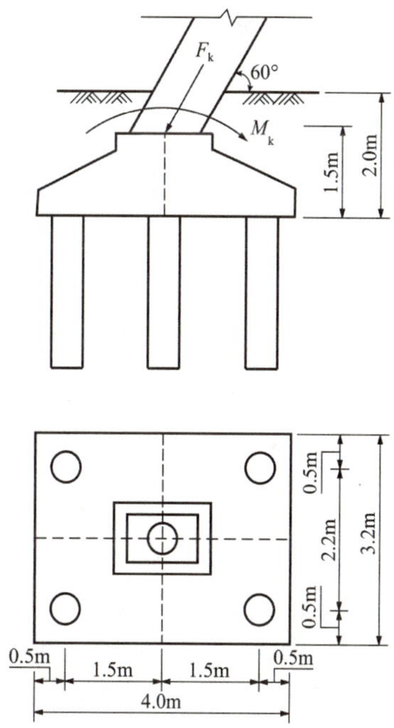

图 3-14-6　题 3-4 图

【点评】

①根据《建筑桩基计算规范》第 5.1.1 条；②对于群桩基础，在偏心竖向力作用下，复合基桩的竖向力小于 0 时，则表明基桩承受拉力。

题3-5 （11D11）某柱下桩基础如图3-14-7所示，采用5根相同的基桩，桩径$d=800mm$，地震作用效应和荷载效应标准组合下，柱作用在承台顶面处的竖向力$F_k=10000kN$，弯矩标准值$M_{yk}=480kN\cdot m$，承台与土自重标准值$G_k=500kN$，根据《建筑桩基技术规范》JGJ 94—2008，基桩竖向承载力特征值至少要达到下列何值，该柱下桩基才能满足承载力要求？

（A）1460kN　　（B）1680kN　　（C）2100kN　　（D）2180kN

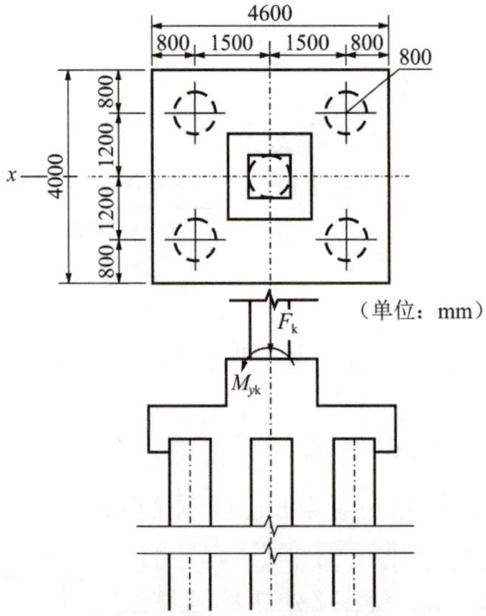

图3-14-7　题3-5图

【解】

（1）$N_{Ekmax}=\dfrac{10000+500}{5}+\dfrac{480\times1.5}{4\times1.5^2}=2180kN$

$N_{Ek}=\dfrac{10000+500}{5}=2100kN$

（2）$N_{Ek}\leqslant1.25R$，得$R\geqslant\dfrac{2100}{1.25}=1680kN$

（3）$N_{Ekmax}\leqslant1.5R$，得$R\geqslant\dfrac{2180}{1.5}=1453kN$

取大值$R=1680kN$

【点评】

①根据《建筑桩基技术规范》第5.1.1条、第5.2.1条；②在地震作用效应和荷载效应标准组合下，轴心竖向力作用下应满足$N_{Ek}\leqslant1.25R$，偏心竖向力作用下，除应满足上式外，尚应满足$N_{Ekmax}\leqslant1.5R$，得出的结果R取大值。

14.2.2 单桩、基桩、复合基桩竖向承载力特征值——《建筑桩基技术规范》第 5.2 节

单桩、基桩、复合基桩竖向承载力特征值应符合表 3-14-6 的要求。

单桩、基桩、复合基桩竖向承载力特征值　　表 3-14-6

<table>
<tr><td>单桩R_a</td><td colspan="3">$R_a = \frac{Q_{uk}}{2}$</td></tr>
<tr><td>基桩R</td><td>不考虑承台效应</td><td>（1）端承桩；
（2）桩数少于 4 根的摩擦型柱下独立桩基；
（3）不宜考虑承台效应时</td><td>$R = R_a = \frac{Q_{uk}}{2}$</td></tr>
<tr><td>复合基桩R</td><td>考虑承台效应</td><td>（1）上部结构整体刚度较好、体型简单的建（构）筑物；
（2）对差异沉降适应性较强的排架结构和柔性构筑物；
（3）按变刚度调平原则设计的桩基刚度相对弱化区；
（4）软土地基的减沉复合疏桩基础</td><td>不考虑地震：$R = R_a + \eta_c f_{ak} A_c$
考虑地震：$R = R_a + \frac{\zeta_a}{1.25}\eta_c f_{ak} A_c$
承台净面积：$A_c = \frac{A - nA_{ps}}{n}$ ⇑</td></tr>
</table>

f_{ak}——承台下 1/2 承台宽度且不超过 5m 深度范围内，各层土的地基承载力特征值按厚度加权的平均值（kPa）；

A_c——计算基桩所对应的承台底净面积（m^2）；

A_{ps}——桩身截面面积（m^2）；

A——承台计算域面积，对于柱下独立桩基，A为承台总面积；对于桩筏基础，A为柱、墙筏板的 1/2 跨距和悬臂边 2.5 倍筏板厚度所围成的面积；桩集中布置于单片墙下的桩筏基础，取墙两边各 1/2 跨距围成的面积，按单排桩承台计算η_c；

η_c——承台效应系数，按表 3-14-7 取值；

ζ_a——地基抗震承载力调整系数，按表 3-14-8 取值

承台效应系数η_c　　表 3-14-7

<table>
<tr><td rowspan="2">B_c/l</td><td colspan="5">s_a/d</td></tr>
<tr><td>3</td><td>4</td><td>5</td><td>6</td><td>>6</td></tr>
<tr><td>≤0.4</td><td>0.06～0.08</td><td>0.14～0.17</td><td>0.22～0.26</td><td>0.32～0.38</td><td rowspan="4">0.50～0.80</td></tr>
<tr><td>0.4～0.8</td><td>0.08～0.10</td><td>0.17～0.20</td><td>0.26～0.30</td><td>0.38～0.44</td></tr>
<tr><td>>0.8</td><td>0.10～0.12</td><td>0.20～0.22</td><td>0.30～0.34</td><td>0.44～0.50</td></tr>
<tr><td>单排桩条形承台</td><td>0.15～0.18</td><td>0.25～0.30</td><td>0.38～0.45</td><td>0.50～0.60</td></tr>
<tr><td colspan="6">当承台底为可液化土、湿陷性土、高灵敏度软土、欠固结土、新填土、沉桩引起超孔隙水压力和土体隆起时，不考虑承台效应，取$\eta_c = 0$</td></tr>
</table>

注：1. 表中s_a/d为桩中心距与桩径之比，B_c/l为承台宽度与桩长之比。当计算基桩为非正方形排列时，$s_a = \sqrt{A/n}$，A为承台计算域面积，n为总桩数。
2. 对于桩布置于墙下的箱、筏承台，η_c可按单排桩条形承台取值。
3. 对于单排桩条形承台，当承台宽度小于 1.5d时，η_c按非条形承台取值。
4. 对于采用后注浆灌注桩的承台，η_c宜取低值。
5. 对于饱和黏性土中的挤土桩基、软土地基上的桩基承台，η_c宜取低值的 0.8 倍。

地基抗震承载力调整系数ζ_a 表 3-14-8

岩土名称和性状	ζ_a
岩石，密实的碎石土，密实的砾、粗、中砂，$f_{ak} \geqslant 300kPa$ 的黏性土和粉土	1.5
中密和稍密的碎石土，中密和稍密的砾、粗、中砂，密实和中密的细、粉砂，$150kPa \leqslant f_{ak} < 300kPa$ 的黏性土和粉土，坚硬黄土	1.3
稍密的细、粉砂，$100kPa \leqslant f_{ak} < 150kPa$ 的黏性土和粉土，可塑黄土	1.1
淤泥、淤泥质土，松散的砂，杂填土，新近堆积黄土及流塑黄土	1.0

关于承台计算域面积A的理解：

（1）**柱下独立桩基，A为承台总面积。**

（2）**桩筏基础（图 3-14-8），A为柱、墙筏板的 1/2 跨距和悬臂边 2.5 倍筏板厚度（$2.5t$）所围成的面积。**

①当柱两侧均有悬臂时（角柱），围成面积：

$$A = \left[\frac{B}{2} + \min(b', 2.5t)\right]\left[\frac{L}{2} + \min(l', 2.5t)\right];$$

②当柱只有一侧有悬臂时（边柱），围成面积：

$$A = \left[\frac{B}{2} + \min(b', 2.5t)\right]L\text{或}A = B\left[\frac{L}{2} + \min(l', 2.5t)\right];$$

③当柱两侧没悬臂时（中间柱），围成面积：$A = B \cdot L$。

计算基桩所对应的承台底净面积A_c时，n取围成面积中包含桩的数量（如图 3-14-9 所示$n = 3$）。

注：但当图中阴影面积A超出承台范围时，应该取 1/2 跨距和承台边所围成的面积，即取$\min(2.5t, b')$或$\min(2.5t, l')$参与计算。

（3）**桩集中布置于单片墙下的桩筏基础（图 3-14-9），取墙两边各 1/2 跨距围成的面积，按单排桩条形承台计算η_c。**

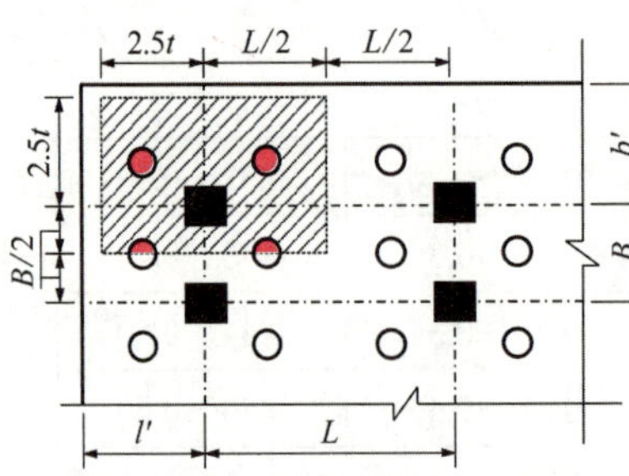

图 3-14-8 桩筏基础承台计算域

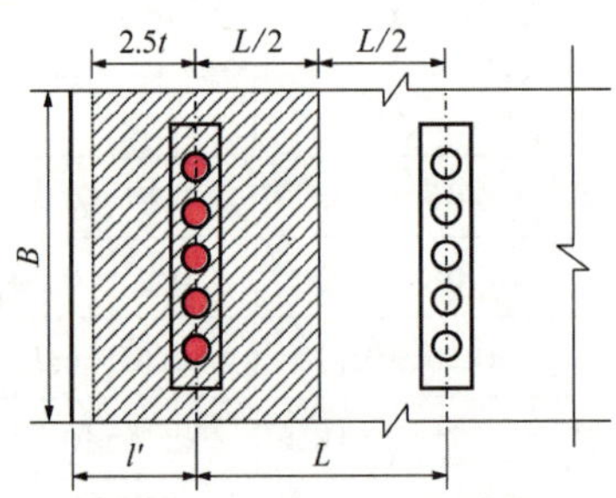

图 3-14-9 条形基础承台计算域

①当墙侧没悬臂时（中间墙），围成面积：$A = B \cdot L$;

②当墙一侧有悬臂时（边墙），围成面积：

$$A = B\left[\frac{L}{2} + \min(l', 2.5t)\right]$$

注：当承台宽度$\left[\frac{L}{2} + \min(l', 2.5t)\right]$小于 $1.5d$（1.5 倍桩径）时，按非条形承台计算。

题 3-6　（02D07）某建筑采用柱下桩基础，如图 3-14-10 所示，采用 6 根钢筋混凝土预制桩，边长为 400mm，桩长为 22m，桩顶入土深度为 2m，桩端入土深度 24m。假定由经验法估算得到单桩的总极限侧阻力标准值为 1500kN，总极限端阻力标准值为 700kN，承台底部为厚层粉土，其承载力特征值为 180kPa。考虑桩群、土、承台相互作用效应，按《建筑桩基技术规范》JGJ 94—2008，计算非端承桩复合地基竖向承载力特征值R。（承台效应系数η_c按不利取值）

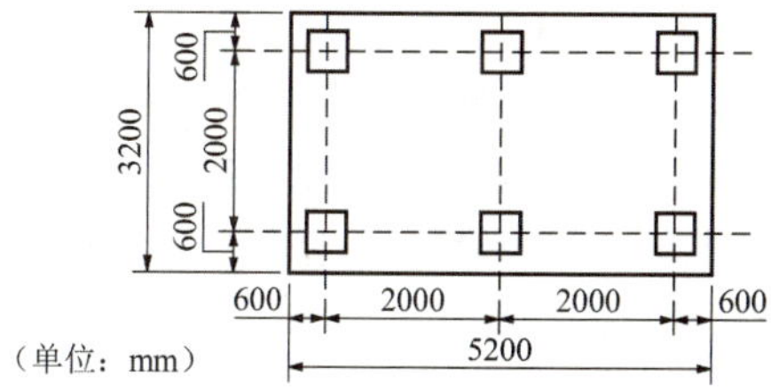

图 3-14-10　题 3-6 图

（A）1.2×10^3kN　　（B）1.3×10^3kN　　（C）1.4×10^3kN　　（D）1.5×10^3kN

【解】

（1）$s_a/d = 2/0.4 = 5$，$B_c/l = 3.2/22 = 0.145 < 0.4$，查表，按不利取值得$\eta_c = 0.22$

$$A_c = \frac{A - nA_{ps}}{n} = \frac{3.2 \times 5.2 - 6 \times 0.4^2}{6} = 2.61\text{m}^2$$

（2）$R_a = \dfrac{1500+700}{2} = 1100\text{kN}$

（3）$R = R_a + \eta_c f_{ak} A_c = 1100 + 0.22 \times 180 \times 2.61 = 1203\text{kN}$

【点评】

①根据《建筑桩基技术规范》第 5.2.2 条、第 5.2.5 条；②本题属于正方形规则布桩所以不考虑换算，非正方形排列时进行换算$s_a = \sqrt{A/n}$，距径比计算时，圆桩用直径，方桩用边长，不需要换算；③注意端承型桩基不宜考虑承台效应，对于摩擦型桩基才考虑承台效应。

题 3-7　（12D11）假设某工程中上部结构传至承台顶面处相应于荷载效应标准组合下的竖向力$F_k = 10000\text{kN}$，弯矩$M_k = 500\text{kN} \cdot \text{m}$，水平力$H_k = 100\text{kN}$，设计承台尺寸为 1.6m × 2.6m，厚度为 1.0m，承台及其上土平均重度为 20kN/m³，桩数为 5 根。根据《建筑桩基技术规范》JGJ 94—2008，单桩竖向极限承载力标准值最小应为下列何值（图 3-14-11）？（不考虑承台效应）

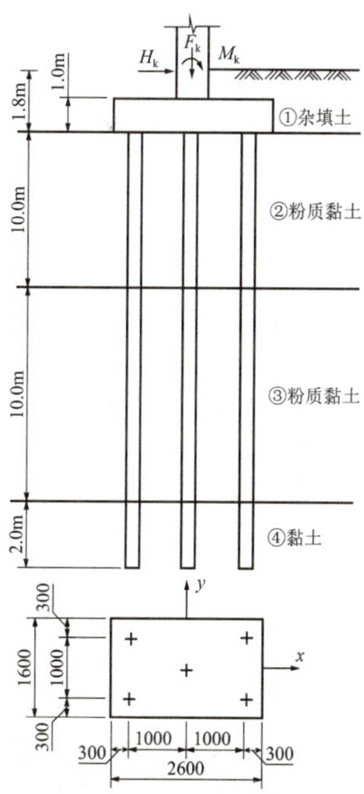

图 3-14-11　题 3-7 图

（A）1690kN　　（B）2030kN

（C）4060kN　　（D）4800kN

【解】

（1）$G_k = 20 \times 1.6 \times 2.6 \times 1.8 = 150\text{kN}$

$$N_k = \frac{F_k + G_k}{n} = \frac{10000+150}{5} = 2030\text{kN}$$

$$N_{kmax} = 2030 + \frac{(500 + 100 \times 1.8) \times 1.0}{4 \times 1.0^2} = 2200\text{kN}$$

（2）$N_k \leqslant R$，即：$R \geqslant 2030\text{kN}$

$N_{kmax} \leqslant 1.2R$，即：$R \geqslant \dfrac{2200}{1.2} = 1833.3\text{kN}$

取大值，$R \geqslant 2030\text{kN}$，不考虑承台作用$R_a = R = 2030\text{kN}$

（3）$Q_{uk} = 2R = 2 \times 2030 = 4060\text{kN}$

【点评】

①根据《建筑桩基技术规范》第 5.1.1 条、第 5.2.1 条；②在轴向竖向力作用下应满足：$N_k \leqslant R$，在偏心竖向力作用下，尚应满足：$N_{kmax} \leqslant 1.2R$，最后R取大值，R为**基桩或者复合基桩**竖向承载力特征值；③注意是求单桩竖向极限承载力标准值还是单桩竖向承载力特征值，$Q_{uk} = 2R_a$。

题 3-8 某场地土层分布为 0～1.0m 新填土，1.0～8.0m 欠固结软塑淤泥，8.0m 以下为黏土，$I_L = 0.25$。承台顶作用竖向荷载$F_k = 2000\text{kN}$，$M_k = 200\text{kN}\cdot\text{m}$，地面作用水平力$H_k = 100\text{kN}$（产生的力矩与$M_k$同向），承台尺寸为 2.7m × 2.7m，埋深 2m，承台下布 5 根桩，试计算该桩基础单桩竖向极限承载力标准至少应为多少?（图 3-14-12 中尺寸单位为 mm）

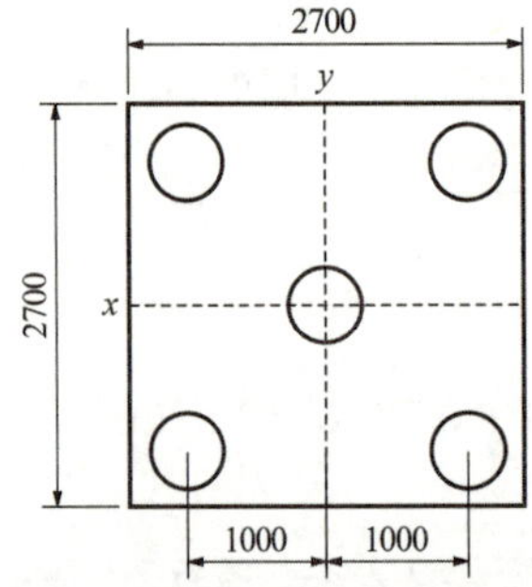

图 3-14-12 题 3-8 图

【解】

（1）$G_k = 20 \times 2.0 \times 2.7^2 = 291.6\text{kN}$

$$N_k = \frac{F_k + G_k}{n} = \frac{2000 + 291.6}{5} = 458.3\text{kN} \leqslant R \Rightarrow R \geqslant 458.3\text{kN}$$

$$N_{kmax} = 458.32 + \frac{(200 + 100 \times 2.0) \times 1.0}{4 \times 1.0^2} = 558.32\text{kN} \Rightarrow R \geqslant \frac{558.32}{1.2} = 465.27\text{kN}$$

取大值$R \geqslant 465.27\text{kN}$

（2）由于承台下土为欠固结软塑淤泥，承台效应系数$\eta_c = 0$

单桩竖向承载力特征值$R_a = R \geqslant 465.27\text{kN}$

（3）单桩竖向极限承载力标准$Q_{uk} = 2R_a = 2 \times 465.27 = 930.54\text{kN}$

【点评】

根据《建筑桩基技术规范》第 5.1.1 条、第 5.2.1 条、第 5.2.2 条、第 5.2.5 条。

题 3-9　某建筑采用柱下桩筏基础，共 144 根非端承桩，桩型平面布置如图 3-14-13 所示，桩径为 400mm，桩长为 24m，桩顶入土深度为 4m，桩端入土深度 28m，筏板厚度 1.2m。假定由经验法估算得到单桩的总极限侧阻力标准值为 1800kN，总极限端阻力标准值为 800kN，承台底部为厚层粉土，其承载力特征值为 160kPa。考虑桩群、土、承台相互作用效应，按《建筑桩基技术规范》JGJ 94—2008 计算图中 2 号基桩竖向承载力特征值最接近下列哪个选项？（承台效应系数η_c按不利取值）

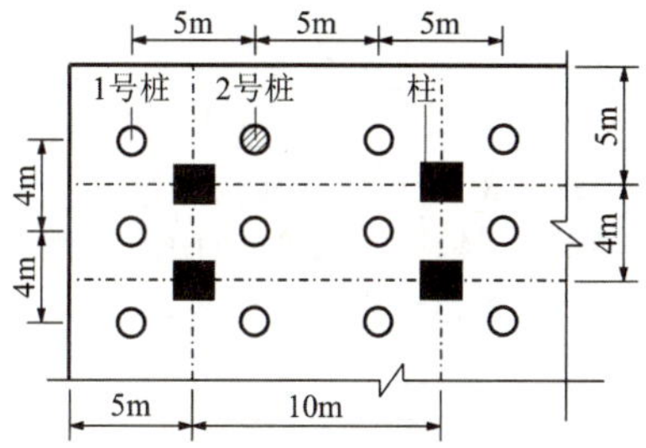

图 3-14-13　题 3-9 图

（A）1300kN　　（B）2350kN　　（C）2600kN　　（D）3650kN

【解】

（1）$5>2.5\times1.2=3\text{m}$，$A=\left(\frac{4}{2}+3\right)\times\left(\frac{10}{2}+3\right)=40\text{m}^2$，计算域内共 3 根桩，$n=3$

$s_a/d=\frac{\sqrt{40/3}}{0.4}=9.1$，$B_c/l=5/24=0.21<0.4$，查表，按不利取$\eta_c=0.5$

$$A_c=\frac{40-3\times3.14\times0.2^2}{3}=13.21\text{m}^2$$

（2）$R_a=\frac{1800+800}{2}=1300\text{kN}$

（3）$R=1300+0.5\times160\times13.21=2356.8\text{kN}$

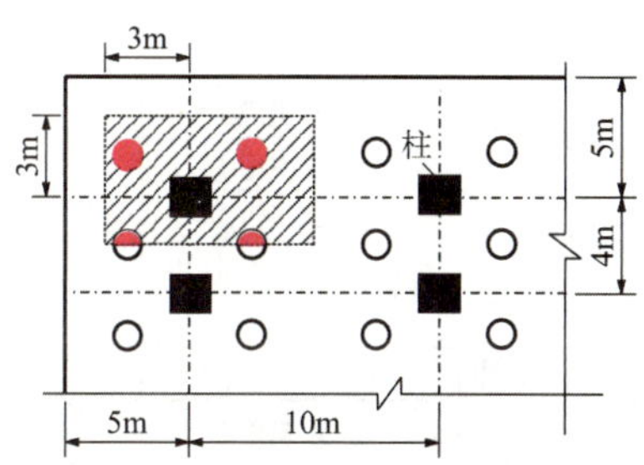

图 3-14-14　解 3-9 图

【点评】

①根据《建筑桩基技术规范》第 5.2.2 条，第 5.2.5 条；②对于柱下独立桩基，承台计算域面积A为承台总面积；对于桩筏基础，A为柱、墙筏板的 1/2 跨距和悬臂边 2.5 倍筏板厚度所围成的面积。

14.2.3 单桩竖向极限承载力Q_{uk}——《建筑桩基技术规范》第5.3节

1. 原位测试法（单桥、双桥静力触探法）——《建筑桩基技术规范》第5.3.3条、第5.3.4条

（1）**单桥静力触探法**

当根据单桥探头静力触探资料确定混凝土预制桩单桩竖向极限承载力标准值时，如无当地经验，利用“单桥静力触探试验”测定各土层的“**比贯入阻力p_s**”，按表3-14-9计算Q_{uk}。

单桥静力触探法　　表3-14-9

计算步骤	计算过程

①桩端比贯入阻力标准值p_{sk}（kPa）

（1）桩端全截面以上8倍桩径范围内的比贯入阻力**加权**平均值p_{sk1}

（2）桩端全截面以下4倍桩径范围内的比贯入阻力**加权**平均值p_{sk2}

（如桩端持力层为**密实砂土层**，且$p_s > 20$**MPa** 时，取$C \cdot p_s$计算p_{sk1}和p_{sk2}）

折减系数C

密实砂土p_s（MPa）	20～30	35	>40	可内插
折减系数C	5/6	2/3	1/2	

（3）当$p_{sk1} > p_{sk2}$时，$p_{sk} = p_{sk2}$

当$p_{sk1} \leqslant p_{sk2}$时，$p_{sk} = \dfrac{p_{sk1} + \beta \cdot p_{sk2}}{2}$

折减系数β

p_{sk2}/p_{sk1}	≤5	7.5	12.5	>15	可内插
折减系数β	1	5/6	2/3	1/2	

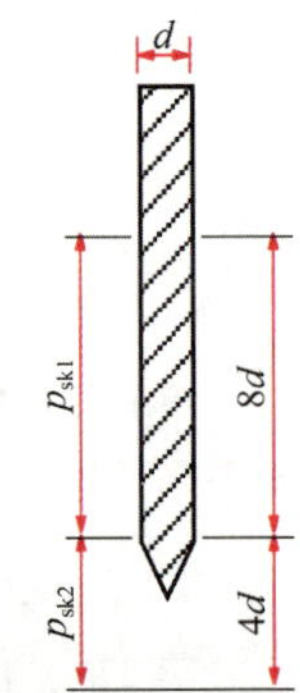

②极限侧阻力标准值q_{sik}（kPa）

土层类别	土层p_s（kPa）	土层q_{sik}（kPa）
地表下**6m**内土	—	15
无粉土及砂土层的**黏性土**；粉土或砂土层以上的**黏性土**	$p_s \leqslant 1000$	$0.05p_s$
	$1000 < p_s < 4000$	$0.025p_s + 25$
	$p_s \geqslant 4000$	125
被穿透的**粉土或砂土**	$p_s < 5000$	$\eta_s \times 0.02p_s$
	$p_s \geqslant 5000$	$\eta_s \times 100$
紧邻粉土或砂土层以下的（或之间的）**黏性土**	$p_s \leqslant 600$	$0.05p_s$
	$600 < p_s < 5000$	$0.016p_s + 20.45$
	$p_s \geqslant 5000$	100
未被穿透的**粉土或砂土**	$p_s < 5000$	$0.02p_s$
	$p_s \geqslant 5000$	100

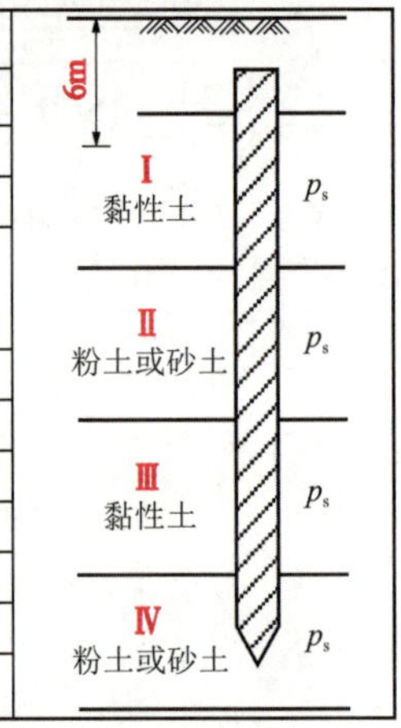

被穿透的**粉土或砂土层桩侧阻力折减系数η_s**

$\dfrac{\text{粉土或砂土层}p_s}{\text{其下卧土层的}p_s}$	≤5	7.5	≥10	可内插
η_s	1.00	0.50	0.33	

③单桩竖向极限承载力标准值Q_{uk}（kN）

$$Q_{uk} = Q_{sk} + Q_{pk} = u\sum q_{sik}l_i + \alpha p_{sk}A_p$$

桩端阻力修正系数α

桩长（m）	$l < 15$	$15 \leqslant l \leqslant 30$	$30 < l \leqslant 60$	可内插
桩端阻力修正系数α	0.75	0.75～0.90	0.90	

注：l为桩长（不包括桩尖），《建筑桩基技术规范》中的桩长均不包括桩尖

参数：Q_{sk}、Q_{pk}——分别为总极限侧阻力标准值和总极限端阻力标准值（kN）；

q_{sik}——用静力触探比贯入阻力值估算的桩周第i层土的极限侧阻力（kPa）；

p_{sk}——桩端附近的静力触探比贯入阻力标准值（平均值）（kPa）；

p_{sk1}——桩端全截面以上 8 倍桩径范围内的比贯入阻力平均值（kPa）；

p_{sk2}——桩端全截面以下 4 倍桩径范围内的比贯入阻力平均值（kPa），如桩端持力层为密实的砂土层，其比贯入阻力平均值超过 20MPa 时，则需乘以系数C予以折减后，再计算p_{sk}；

u——桩身周长（m）；

A_p——桩端面积（m^2）；

l_i——桩周第i层土的厚度（m）；

α——桩端阻力修正系数；

β——折减系数。

题 3-10　（11D10）某混凝土预制桩，桩径$d = 0.5$m，长 18m，地基土性与单桥静力触探资料如图 3-14-15 所示，按《建筑桩基技术规范》JGJ 94—2008 计算，单桩竖向极限承载力标准值最接近下列哪个选项？（桩端阻力修正系数α取为 0.8）

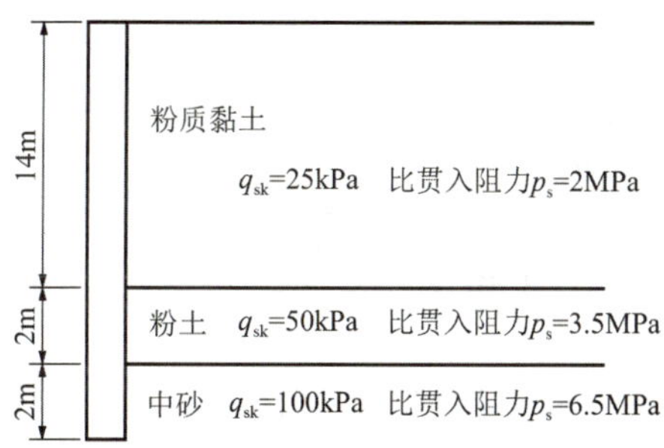

图 3-14-15　题 3-10 图

（A）900kN　　（B）1020kN　　（C）1920kN　　（D）2230kN

【解】

（1）$p_{sk1} = \dfrac{3.5 \times 2 + 6.5 \times 2}{2 + 2} = 5.0\text{MPa}$，$p_{sk2} = 6.5\text{MPa}$

$\dfrac{p_{sk2}}{p_{sk1}} = \dfrac{6.5}{5} = 1.3 < 5$，查表$\beta = 1$

$$p_{sk} = \frac{p_{sk1} + \beta \cdot p_{sk2}}{2} = \frac{5 + 6.5}{2} = 5.75\text{MPa} = 5750\text{kPa}$$

（2）$Q_{uk} = u\sum q_{sik}l_i + \alpha p_{sk}A_p$

$= 3.14 \times 0.5 \times (25 \times 14 + 2 \times 50 + 2 \times 100) + 0.8 \times 3.14 \times 0.25^2 \times 5750$

$= 1923.3\text{kN}$

【点评】

①根据《建筑桩基技术规范》第 5.3.3 条；②利用静力触探原位测试指标与预制桩承载力之间的经验关系，以经验参数法确定单桩竖向极限承载力标准值；③首先要求确定测试的是单桥静力触探，计算时注意区分桩端全截面（非桩尖）以上 8 倍桩径范围内的比贯入阻力平均值p_{sk1}与全截面以下 4 倍桩径范围内的比贯入阻力平均值p_{sk2}的大小，对$p_{sk1} \leqslant p_{sk2}$与$p_{sk1} > p_{sk2}$两种情况，分别采用不同的$p_{sk}$计算公式，同时计算桩端阻力时，注意乘

以题中给出的桩端阻力修正系数α；④题目已经给出各层土的极限侧阻力，不要重复计算。

【同类型真题】14C12

题 3-11 （03D12）某工程单桥静力触探资料，如图 3-14-16 所示，拟采用第④层粉砂作为桩端持力层，假定采用钢筋混凝土方桩，断面为 350mm × 350mm，桩长 16m，桩端入土深度 18m，按《建筑桩基技术规范》JGJ 94—2008 计算单桩竖向极限承载力标准值Q_{uk}最接近下列哪个选项？

（A）1200kN （B）1380kN

（C）1570kN （D）1900kN

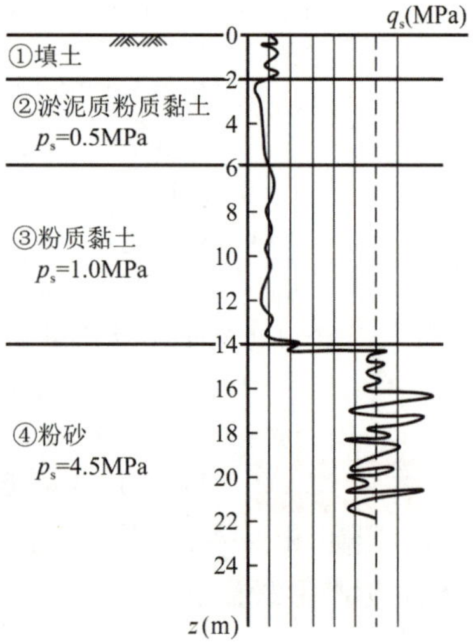

图 3-14-16 题 3-11 图

【解】

（1）计算桩端阻力系数α

$15< l = 16 < 30$，插值得：$\alpha = 0.76$

（2）计算桩端静力触探比贯入阻力标准值

$8d = 8 \times 0.35 = 2.8\text{m}$

$p_{sk1} = 4.5\text{MPa}$，$p_{sk2} = 4.5\text{MPa}$

查表β =1，取$p_{sk} = 4.5\text{MPa}$

（3）计算桩侧各土层极限侧阻力

第②层地表下 6m 内，$q_{sk2} = 15\text{kPa}$

第③层砂土以上的黏性土，取折线 B 计算

$q_{sk3} = 0.025 \times 1000 + 25 = 50\text{kPa}$

第④层砂土为桩端土，无下卧软土，取折线 D 计算

$q_{sk4} = 0.02 \times 4500 = 90\text{kPa}$

（4）$Q_{uk} = 0.35 \times 4 \times (15 \times 4 + 50 \times 8 + 90 \times 4) + 0.76 \times 4.5 \times 1000 \times 0.35^2 = 1567\text{kN}$

【点评】

①根据《建筑桩基技术规范》第 5.3.3 条；②单桥静力触探法有时候计算量较大，本题较为简单，单一地层时p_{sk}为固定值，对于黏性土的极限侧阻力计算注意按条件选择折线 B 和折线 C，折线 B 的侧阻力大于折线 C 的侧阻力，如黏土层的**上层为砂土或者粉土**时，一定要选择不利**折线 C** 计算。

（2）**双桥静力触探法**

当根据双桥探头静力触探资料确定混凝土预制桩单桩竖向极限承载力标准值时，对于黏性土、粉土和砂土，如无当地经验时，利用“双桥静力触探试验”测定各土层的“**探头平均侧阻力f_{si}**”和“**探头阻力q_{ci}**”，按表 3-14-10 计算Q_{uk}。

双桥静力触探法　　表 3-14-10

<table>
<tr><th>计算步骤</th><th colspan="2">计算过程</th></tr>
<tr><td>① 桩端探头阻力标准值 q_c（kPa）</td><td>（1）桩端全截面以上 4 倍桩径范围内的探头阻力加权平均值 q_{c1}
（2）桩端全截面以下 1 倍桩径范围内的探头阻力加权平均值 q_{c2}
（3）桩端探头阻力标准值q_c（kPa）
$$q_c=\frac{q_{c1}+q_{c2}}{2}$$</td><td>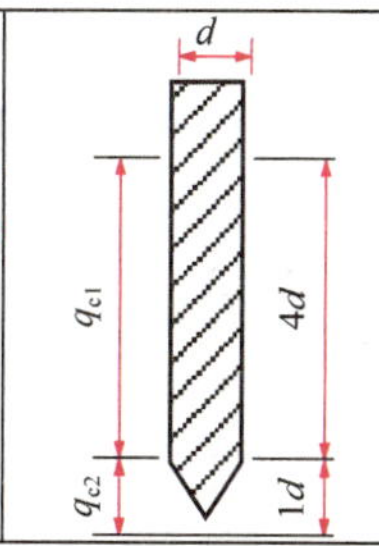</td></tr>
<tr><td>②桩侧、桩端修正系数β_i、α</td><td>黏性土、粉土：$\beta_i=10.04(f_{si})^{-0.55}$
砂土：$\beta_i=5.05(f_{si})^{-0.45}$</td><td>黏性土、粉土：$\alpha=2/3$
饱和砂土：$\alpha=1/2$</td></tr>
<tr><td>③Q_{uk}（kN）</td><td colspan="2">$$Q_{uk}=Q_{sk}+Q_{pk}=u\sum\beta_i f_{si}l_i+\alpha q_c A_p$$</td></tr>
<tr><td>重要参数</td><td colspan="2">f_{si}——第i层土的探头平均侧阻力（kPa）；
q_c——桩端平面上、下探头阻力，取桩端平面以上 $4d$（d为桩的直径或边长）范围内按土层厚度的探头阻力加权平均值（kPa），然后再和桩端平面以下 $1d$范围内的探头阻力进行平均；
α——桩端阻力修正系数，对于黏性土、粉土取 2/3，饱和砂土取 1/2；
β_i——第i层土桩侧阻力综合修正系数，黏性土、粉土：$\beta_i=10.04(f_{si})^{-0.55}$，砂土：$\beta_i=5.05(f_{si})^{-0.45}$</td></tr>
</table>

注：双桥探头的圆锥底面积为 $15cm^2$，锥角 60°、摩擦套筒高 21.85cm，侧面积 $300cm^2$。

题 3-12　（04C17）某工程双桥静探资料如表 3-14-11 所示，拟采用 3 层粉砂做持力层，采用混凝土方桩，桩断面尺寸为 400mm × 400mm，桩长 13m，承台埋深为 2.0m，桩端进入饱和粉砂层 2.0m，按《建筑桩基技术规范》JGJ 94—2008 计算，单桩竖向极限承载力标准值最接近下列哪个选项？

题 3-12 表　　表 3-14-11

层序	土名	层底深度（m）	探头平均侧阻力f_{si}（kPa）	探头阻力q_{ci}（kPa）	柱侧阻力综合修正系数β_i
1	填土	1.5			
2	淤泥质黏土	13	12	600	2.56
3	饱和粉砂	20	110	12000	0.61

（A）1220kN　（B）1580kN　（C）1715kN　（D）1900kN

【解】

（1）$2m>4d=1.6m$，$q_{c1}=q_{c2}=12000kPa$，取$q_c=12000kPa$

（2）$Q_{uk}=u\sum\beta_i f_{si}l_i+\alpha q_c A_p$

$$Q_{uk}=4\times0.4\times(11\times2.56\times12+2\times0.61\times110)+\frac{1}{2}\times12000\times0.4^2=1715kN$$

【点评】

①根据《建筑桩基技术规范》第5.3.4条；②双桥静力触探法计算思路：计算桩端阻力修正系数→计算桩端探头阻力→计算桩侧各土层极限侧阻力综合修正系数→计算单桩竖向极限承载力标准值，计算思路与单桥大致相同，但计算过程更加简单；③本题中极限侧阻力综合修正系数已给出，不必计算。

题 3-13 某建筑采用桩基础，承台埋深2.5m，混凝土方桩，桩断面尺寸为400mm×400mm，桩总长19m，桩顶嵌入承台0.5m，其地层双桥静力触探结果如表3-14-12所示，试计算单桩竖向承载力特征值。

题3-13表　　表3-14-12

土层名称	层底深度（m）	探头平均侧阻力f_{si}（kPa）	探头阻力q_{ci}（kPa）
填土	2.5	—	—
淤泥质土	12.5	15.8	—
黏土	20.5	45.5	1800
饱和细砂	29.5	90.5	5500

（A）830kN　（B）920kN　（C）1660kN　（D）1840kN

【解】

（1）饱和砂土中，桩端阻力修正系数：$\alpha = 1/2$

（2）淤泥质土：$\beta_i = 10.04(f_{si})^{-0.55} = 10.04 \times 15.8^{-0.55} = 2.20$

黏土：$\beta_i = 10.04(f_{si})^{-0.55} = 10.04 \times 45.5^{-0.55} = 1.23$

细砂：$\beta_i = 5.05(f_{si})^{-0.45} = 5.05 \times 90.5^{-0.45} = 0.665$

（3）桩底深度为：$19 + 2.5 - 0.5 = 21.0\text{m}$

$$q_{c1} = \frac{\sum q_{ci} \cdot h_i}{4d} = \frac{5500 \times 0.5 + 1800 \times (1.6 - 0.5)}{1.6} = 2956.25\text{kPa}$$

$q_{c2} = 5500\text{kPa}$，$q_c = 0.5 \times (2956.25 + 5500) = 4228.1\text{kPa}$

（4）
$$\begin{aligned} Q_{uk} &= u\sum \beta_i f_{si} l_i + \alpha q_c A_p \\ &= 4 \times 0.4 \times (2.20 \times 15.8 \times 10 + 1.23 \times 45.5 \times 8 + 0.665 \times 90.5 \times 0.5) + \\ &\quad 0.5 \times 4228.1 \times 0.4^2 \\ &= 1658.5\text{kN} \end{aligned}$$

（5）$R_a = \dfrac{Q_{uk}}{2} = \dfrac{1658.5}{2} = 829.25\text{kN}$

【点评】

①根据《建筑桩基技术规范》第5.3.4条；②双桥静力触探计算单桩竖向承载力的关键在于求q_c，取桩端平面以上$4d$的厚度加权q_{c1}，再计算桩端平面以下$1d$范围的厚度加权q_{c2}，最后$q_c = (q_{c1} + q_{c2})/2$；③注意计算的是单桩竖向承载力特征值还是单桩竖向极限承载力标准值。

2. **经验参数法（普通单桩、大直径桩）——《建筑桩基技术规范》第 5.3.5 条、第 5.3.6条**

根据土的物理指标与承载力参数之间的经验关系确定单桩竖向承载力标准值按表 3-14-13 计算。

经验参数法　　**表 3-14-13**

<table>
<tr><td rowspan="1">普通单桩（$d<$ 800mm）</td><td colspan="3">$$Q_{uk}=Q_{sk}+Q_{pk}=u\sum q_{sik}l_i+q_{pk}A_p$$
q_{sik}——桩侧第i层土的极限侧阻力标准值（kPa），可按《建筑桩基技术规范》表 5.3.5-1 取值；
q_{pk}——极限端阻力标准值（kPa），可按《建筑桩基技术规范》表 5.3.5-2 取值</td></tr>
<tr><td rowspan="4">大直径桩（含扩底桩）（$d\geqslant$ 800mm）</td><td colspan="3">$$Q_{uk}=Q_{sk}+Q_{pk}=u\sum\psi_{si}q_{sik}l_i+\psi_p q_{pk}A_p$$
★A_p用扩底直径D计算★
q_{sik}——桩侧第i层土的极限侧阻力标准值（kPa），可按《建筑桩基技术规范》表 5.3.5-1 取值，对于扩底桩变截面以上 2d长度范围（$h+2d$）不计侧阻力；（d不考虑振捣密实的护壁厚度）
q_{pk}——桩径为 800mm 的极限端阻力标准值（kPa），对于干作业挖孔（清底干净）可按《建筑桩基技术规范》表 5.3.6-1 取值；
u——桩身周长（m），当人工挖孔桩桩周护壁为振捣密实的混凝土时，桩身周长可按护壁外径计算；
ψ_{si}、ψ_p——大直径桩侧阻、端阻尺寸效应系数，按下表取值
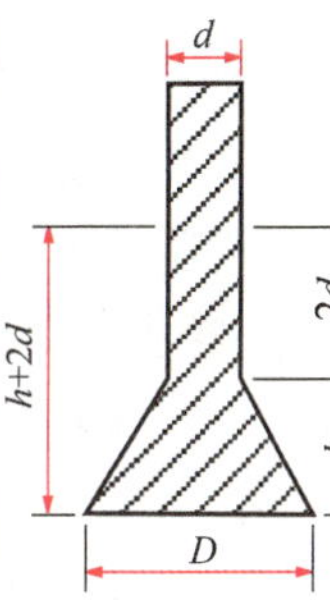
</td></tr>
<tr><td colspan="3">大直径桩侧阻效应系数ψ_{si}、端阻尺寸效应系数ψ_p</td></tr>
<tr><td>土的类型</td><td>黏性土、粉土</td><td>砂土、碎石类土</td></tr>
<tr><td colspan="3">ψ_{si} | $(0.8/d)^{1/5}$ | $(0.8/d)^{1/3}$
ψ_p | $(0.8/D)^{1/4}$ | $(0.8/D)^{1/3}$
注：D为扩底桩径，等直径桩时，$D=d$（d不考虑振捣密实的护壁厚度）</td></tr>
</table>

注：1. 无当地经验时，q_{sik}、q_{pk}可按《建筑桩基技术规范》第 5.3.5 条、第 5.3.6 条中表格取值。

2. 大直径桩端阻尺寸效应（ψ_p），是由于端阻力以压剪变形为主导的渐进破坏，极限端阻力随桩径增大而呈双曲线形减小；大直径桩侧阻尺寸效应（ψ_{si}），是由于桩成孔后应力释放，孔壁出现松弛变形，导致侧阻力有所降低，侧阻力随桩径增大呈双曲线形减小。

3. 嵌岩桩一般不考虑大直径桩尺寸效应。

常见桩径的大直径桩效应系数计算结果见表 3-14-14。

大直径桩效应系数ψ_{si}、ψ_p　　**表 3-14-14**

d或D（m）			0.9	1.0	1.1	1.2	1.3	1.4	1.5	1.6	1.7	1.8	1.9	2.0
ψ_{si}	黏性土粉土	$(0.8/d)^{1/5}$	0.977	0.956	0.938	0.922	0.907	0.894	0.882	0.871	0.860	0.850	0.841	0.833
	砂土碎石土	$(0.8/d)^{1/3}$	0.961	0.928	0.899	0.874	0.851	0.830	0.811	0.794	0.778	0.763	0.750	0.737
ψ_p	黏性土粉土	$(0.8/D)^{1/4}$	0.971	0.946	0.923	0.904	0.886	0.869	0.855	0.841	0.828	0.816	0.806	0.795
	砂土碎石土	$(0.8/D)^{1/3}$	0.961	0.928	0.899	0.874	0.851	0.830	0.811	0.794	0.778	0.763	0.750	0.737

题 3-14 某预制桩，截面尺寸 0.35m × 0.35m，桩长 10m，桩顶下土层分布：0～3m 粉质黏土，$w = 30.7\%$，$w_L = 35\%$，$w_P = 18\%$；3.0～9.0m 粉土，$e = 0.9$；9m 以下为中密中砂。试按《建筑桩基技术规范》JGJ 94—2008 估算单桩竖向承载力特征值最小值最接近下列哪个选项？

（A）685kN （B）725kN （C）1370kN （D）1450kN

【解】

（1）粉质黏土$I_L = \frac{w-w_P}{I_P} = \frac{0.307-0.18}{0.35-0.18} = 0.75$，$q_{sik} = 55\text{kPa}$

同理查表取小值：粉土$q_{sik} = 46\text{kPa}$；中密中砂$q_{sik} = 54\text{kPa}$，$q_{pk} = 5500\text{kPa}$

（2）$Q_{uk} = 4 \times 0.35 \times (55 \times 3 + 46 \times 6 + 54 \times 1) + 5500 \times 0.35^2 = 1366.8\text{kN}$

单桩竖向承载力特征值$R_a = \frac{Q_{uk}}{2} = \frac{1366.8}{2} = 683.4\text{kN}$

【点评】

①根据《建筑桩基技术规范》第 5.3.5 条，根据已知条件查表 5.3.5-1、表 5.3.5-2 确定侧阻力及端阻力标准值；②注意查表根据混凝土预制桩、泥浆护壁钻孔桩、干作业钻孔桩三种工艺不同取值也不同，预制桩有挤土效应取值最大。

题 3-15 （03C12）某工程灌注桩基的单桩极限承载力标准值要求达到$Q_{uk} = 30000\text{kN}$，桩直径$d = 1.4\text{m}$，桩的总极限侧阻力经尺寸效应修正后为$Q_{sk} = 12000\text{kN}$，桩端持力层为密实砂土，极限端阻力$q_{pk} = 3000\text{kPa}$。拟采用扩底，由于扩底导致总极限侧阻力损失$\Delta Q_{sk} = 2000\text{kN}$。根据《建筑桩基技术规范》JGJ 94—2008 的规定，为了要达到设计要求的单桩极限承载力，其扩底直径应接近下列哪个选项？

（A）3.0m （B）3.5m （C）3.8m （D）4.0m

【解】

（1）$Q_{pk} = Q_{uk} - (Q_{sk} - \Delta Q_{sk}) = 30000 - (12000 - 2000) = 20000\text{kN}$

（2）$Q_{pk} = \psi_p q_{pk} A_p \Rightarrow 20000 = \left(\frac{0.8}{D}\right)^{1/3} \times 3000 \times \frac{3.14 \times D^2}{4} \Rightarrow D = 3.8\text{m}$

【点评】

①根据《建筑桩基技术规范》第 5.3.6 条；②以直径为未知数，列方程，解得答案；③根据数据可以确定本工程桩为挖孔桩，3.8/1.4 = 2.7，大于 2.5 小于 3，虽然本题未考察基桩构造问题，但是做题应该注意。

题 3-16 （18D10）某建筑场地地层条件为：地表以下 10m 内为黏性土，10m 以下为深厚均质砂层，场地内进行了三组相同施工工艺试桩，试桩结果见表 3-14-15：根据试桩结果估算，在其他条件均相同时，直径 800mm，长度 16m 桩的单桩竖向承载力特征值最接近下列哪个选项？（假定同一土层内，极限侧阻力标准值及端阻力标准值不变）

题 3-16 表 表 3-14-15

组别	桩径（mm）	桩长（m）	桩顶深埋（m）	试桩数量（根）	单桩极限承载力标准值（kN）
一	600	15	5	5	2402
二	600	20	5	5	3156
三	800	20	5	3	4396

（A）1790kN （B）3060kN （C）3280kN （D）3590kN

【解】

（1）由一、二组数据：砂层极限侧阻力标准值$q_{sik} = \frac{3156-2402}{3.14 \times 0.6 \times 5} = 80.04\text{kPa}$

（2）由第三组数据及砂层侧阻：$Q_{uk} = 4396 - 3.14 \times 0.8 \times 4 \times 80.04 = 3592\text{kN}$

（3）$R_a = \frac{Q_{uk}}{2} = \frac{3592}{2} = 1796\text{kN}$

【点评】

①根据《建筑桩基技术规范》第 5.3.5 条；②常规考点，出题比较灵活，考的是数学上的整体思维能力；③本题如采用列方程组的形式求解，步骤较为繁琐。

题 3-17　某钻孔灌注桩基础，桩身直径$d = 1.0\text{m}$，承台埋深 2.5m，桩底埋深 15.0m。土层分布：0～8.5m 为黏土，$q_{sik} = 40\text{kPa}$；8.5～13.2m 为粉土，$q_{sik} = 44\text{kPa}$；13.2m 以下为中砂层，$q_{sik} = 55\text{kPa}$，$q_{pk} = 5500\text{kPa}$。试按《建筑桩基技术规范》JGJ 94—2008 估算单桩竖向承载力特征值最接近下列哪个选项？

（A）2235kN　　（B）2820kN　　（C）4470kN　　（D）5640kN

【解】

（1）d =1.0m>0.8m，属大直径桩

桩侧阻力尺寸效应系数：

黏土及粉土层：$\psi_{si} = (0.8/d)^{1/5} = (0.8/1.0)^{1/5} = 0.956$

中砂层：$\psi_{si} = (0.8/d)^{1/3} = (0.8/1.0)^{1/3} = 0.928$

桩端阻力尺寸效应系数：中砂层$\psi_p = 0.928$

（2）
$$\begin{aligned} Q_{uk} &= u\sum\psi_{si}q_{sik}l_i + \psi_p q_{pk} A_p \\ &= 3.14 \times 1.0 \times (0.956 \times 40 \times 6 + 0.956 \times 44 \times 4.7 + 0.928 \times 55 \times 1.8) + \\ &\quad 0.928 \times 5500 \times 3.14 \times 0.5^2 \\ &= 5636\text{kN} \end{aligned}$$

（3）$R_a = \frac{Q_{uk}}{2} = \frac{5636}{2} = 2818\text{kN}$

【点评】

①根据《建筑桩基技术规范》第 5.3.6 条；②经验参数法（大直径桩）计算首先确定尺寸效应系数；③对于直径大于 800mm 的非挤土桩，应考虑大尺寸效应，主要为钻孔和挖孔、不带挤扩的桩；④对于嵌岩桩，中风化以上岩石部分不考虑大尺寸效应，土层考虑大尺寸效应。

题 3-18　某场地土层分布：0～2.3m 为填土（黏性土），$q_{sik} = 20\text{kPa}$；2.3～8.3m 为黏土，$q_{sik} = 50\text{kPa}$；8.3～10m 为细砂，$q_{sik} = 65\text{kPa}$；10m 以下为粗砂，$q_{sik} = 100\text{kPa}$，$q_{pk} = 5000\text{kPa}$。桩基采用人工挖孔灌注桩，桩身直径$d = 1.0\text{m}$，桩顶位于地面下 1m，桩长 10m，经计算不能满足承载力要求。后更改为扩底直径$D = 1.6\text{m}$，扩底高度 1.2m，桩长不变。试计算单桩极限承载力提高了多少？

【解】

（1）d =1.0m>0.8m，属大直径桩，扩底后桩端以上$2.0 + 1.2 = 3.2\text{m}$不计侧阻力

（2）黏性土：$\psi_{si} = (0.8/d)^{1/5} = (0.8/1.0)^{1/5} = 0.956$

细砂、砂卵石：$\psi_{si} = (0.8/d)^{1/3} = (0.8/1.0)^{1/3} = 0.928$

扩底前$\psi_p = (0.8/d)^{1/3} = (0.8/1.0)^{1/3}$ =0.928，扩底后$\psi_p = (0.8/D)^{1/3} = (0.8/1.6)^{1/3} = 0.794$

（3）$\Delta Q_{uk} = 0.794 \times 5000 \times 3.14 \times 0.8^2 - [0.928 \times 5000 \times 3.14 \times 0.5^2 + 3.14 \times 1 \times 0.928 \times 100 \times 1 + 0.928 \times 65 \times 1.7 + 0.956 \times 50 \times 0.5]$
$= 3647.3\text{kN}$

【点评】

根据《建筑桩基技术规范》第 5.3.6 条，画图确定地层和桩的关系，对于桩径 > 0.8m 的挖孔桩，应考虑大直径尺寸效应系数，注意扩底桩不计侧阻力的范围。

题 3-19 某柱下 5 根灌注桩承台基础，承台埋深 2.0m，如图 3-14-17 所示，设计桩径 1000mm，扩径直径 $D = 1200\text{mm}$，扩底高度 2m，场地土层情况如表 3-14-16 所示，载荷效应标准组合下承台顶部受到上部结构的竖向力标准值 $F_k = 9000\text{kN}$、弯矩 $M_{xk} = 2000\text{kN}\cdot\text{m}$、$M_{yk} = 1000\text{kN}\cdot\text{m}$，根据《建筑桩基技术规范》JGJ 94—2008 的规定，不考虑承台效应时，最大受力桩的设计桩长接近下列哪个选项？（承台与上部填土的平均重度取 20kN/m^3）

（A）11.3m　　（B）13.1m

（C）15.7m　　（D）17.8m

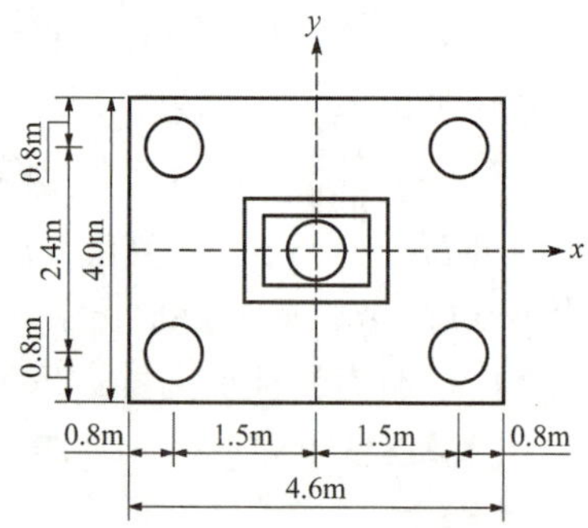

图 3-14-17　题 3-19 图

题 3-19 表　　表 3-14-16

土层编号	土层名称	层厚（m）	q_{sik}（kPa）	q_{pk}（kPa）
①	粉质黏土	3	30	
②	黏土	3	35	
③	细砂	9	45	1500
④	砾砂	—	75	2500

【解】

（1）$G_k = 4.6 \times 4 \times 2 \times 20 = 736\text{kN}$

$N_k = \dfrac{9000 + 736}{5} \leqslant R = R_a \Rightarrow R_a \geqslant 1947.2\text{kN}$

$N_{kmax} = \dfrac{9000 + 736}{5} + \dfrac{2000 \times 1.2}{4 \times 1.2^2} + \dfrac{1000 \times 1.5}{4 \times 1.5^2} = 2530.53\text{kN} \leqslant 1.2R_a$

$\Rightarrow R_a \geqslant 2108.78\text{kN}$

取大值，$R_a \geqslant 2108.78\text{kN}$，$Q_{uk} \geqslant 4217.56\text{kN}$

（2）粉质黏土、黏土：$\psi_s = \left(\dfrac{0.8}{1}\right)^{1/5} = 0.956$

细砂、砾砂：$\psi_s = \left(\dfrac{0.8}{1}\right)^{1/3} = 0.928$，$\psi_p = \left(\dfrac{0.8}{1.2}\right)^{1/3} = 0.874$

假设桩端进入砾砂层为 l，且 $l \geqslant h + 2d = 2 + 2 \times 1 = 4\text{m}$

$Q_{uk} = 3.14 \times 1.0 \times [0.956 \times 30 \times 1 + 0.956 \times 35 \times 3 + 0.928 \times 45 \times 9 + 0.928 \times 75 \times (l - 4)] + 0.874 \times 2500 \times 3.14 \times 0.6^2 \geqslant 4217.56$

解得：$l \geqslant 4.74\text{m}$，满足假设，满足构造要求

桩长 $\geqslant 4.74 + 1 + 3 + 9 = 17.74\text{m}$

【点评】

①根据《建筑桩基技术规范》第 4.1.3 条、第 5.2.1 条、第 5.3.6 条；②题干说明不考虑承台效应，$R = R_a$；③扩底桩斜面及变截面以上 $2d$ 范围内不计侧阻力。

题 3-20 （05D15）某桩基工程的桩型平面布置、剖面和地层分布如图所示（尺寸单位为 mm），土层及桩基设计参数见图 3-14-18 中注，承台底面以下存在高灵敏度淤泥质黏土，$f_{ak}=90\text{kPa}$，试按《建筑桩基技术规范》JGJ 94—2008，计算复合基桩竖向承载力特征值最接近下列哪个选项？

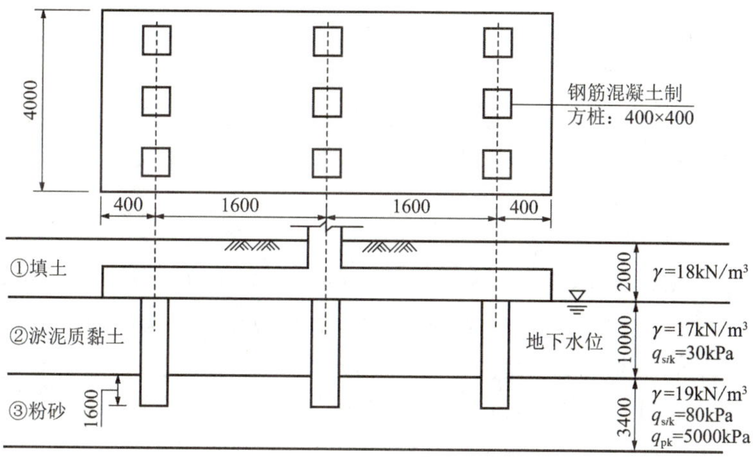

图 3-14-18　题 3-20 图

（A）742kN　　（B）907kN　　（C）1028kN　　（D）1286kN

【解】

（1）$Q_{uk}=4\times0.4\times(10\times30+1.6\times80)+0.4^2\times5000=1484.8\text{kN}$

（2）$R_a=\dfrac{1484.8}{2}=742.4\text{kN}$

（3）承台底存在高灵敏度淤泥质黏土，取$\eta_c=0$

$R=R_a=742.4\text{kN}$

【点评】

①根据《建筑桩基技术规范》第 5.2.5 条、第 5.3.5 条；②当承台底为可液化土、湿陷性土、高灵敏度软土、欠固结土、新填土、沉桩引起超孔隙水压力和土体隆起时，不考虑承台效应，直接取$\eta_c=0$即可。

题 3-21 （18C09）如图 3-14-19 所示柱下独立承台桩基础，桩径 0.6m，桩长 15m，承台效应系数$\eta_c=0.10$，按《建筑桩基技术规范》JGJ 94—2008 规定，地震作用下，考虑承台效应的复合基桩竖向承载力特征值最接近下列哪个选项？（图中尺寸单位为 m）

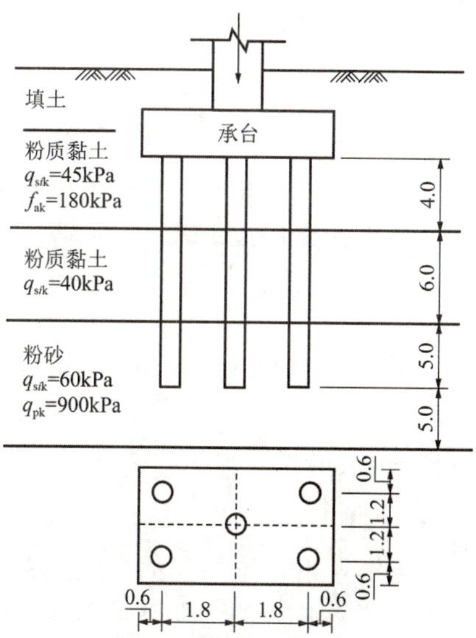

图 3-14-19　题 3-21 图

（A）800kN　　（B）860kN

（C）1130kN　　（D）1600kN

【解】

（1）$Q_{uk}=3.14\times0.6\times(45\times4+40\times6+60\times5)+900\times3.14\times0.3^2=1610.8\text{kN}$

$$R_a = \frac{1610.8}{2} = 805.4\text{kN}$$

$$A_c = \frac{3.6 \times 4.8 - 5 \times 3.14 \times 0.3^2}{5} = 3.173\text{m}^2$$

（2）f_{ak} =180kPa 的粉质黏土ζ_a =1.3

$$R = 805.4 + \frac{1.3}{1.25} \times 0.1 \times 180 \times 3.173 = 864.8\text{kN}$$

【点评】

①根据《建筑桩基技术规范》第 5.2.5 条及《建筑抗震设计规范》表 4.2.3；②考虑地震作用条件下的情况，查找相应系数即可；③本题"考虑地震作用"，不是计算地震承载力 R_E，不乘 1.25 的增大系数。

【同类型真题】09D13

题 3-22 如图 3-14-20 所示（图中尺寸单位为 m），某 5 桩承台桩基，桩径 0.5m，采用混凝土预制桩，桩长 12m，承台埋深 1.2m，土层分布：0～3m 新填土，q_{sik} =24kPa，f_{ak} =100kPa；3～7m 可塑黏土，q_{sik} =66kPa；7m 以下为中砂，q_{sik} =64kPa，q_{pk} =5700kPa。作用于承台顶轴心竖向荷载标准组合值F_k =5400kN，M_k =1200kN · m，试验算复合基桩竖向承载力是否满足要求？

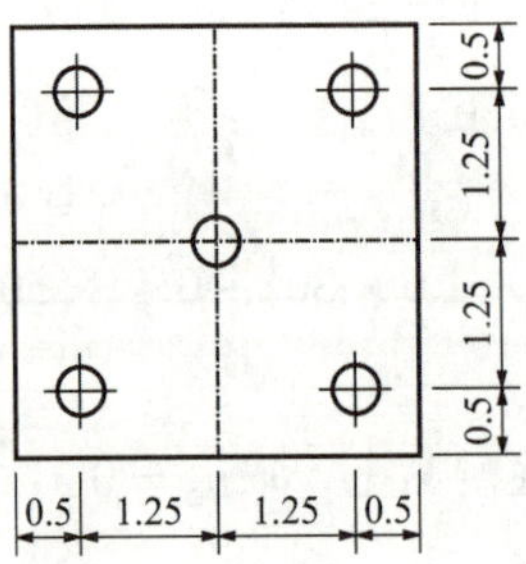

图 3-14-20 题 3-22 图

【解】

（1）计算复合基桩竖向承载力特征值：

$$Q_{uk} = 3.14 \times 0.5 \times (1.8 \times 24 + 4 \times 66 + 6.2 \times 64) + 3.14 \times 0.25^2 \times 5700 = 2224\text{kN}$$

$$R_a = \frac{Q_{uk}}{2} = \frac{2224}{2} = 1112\text{kN}$$

承台底为新填土，不考虑承台效应，取$R = R_a = 1112\text{kN}$

（2）验算复合基桩竖向承载力：

$$N_k = \frac{F_k+G_k}{n} = \frac{5400+3.5^2\times1.2\times20}{5} = 1139\text{kN} > R = 1112\text{kN}$$，不满足要求

$$N_{kmax} = \frac{F_k+G_k}{n} + \frac{M_{xk}y_i}{\sum y_j^2} + \frac{M_{yk}x_i}{\sum x_j^2} = 1138.8 + \frac{1200\times1.25}{4\times1.25^2} = 1379\text{kN} > 1.2R = 1.2 \times 1112 = 1334\text{kN}$$，不满足要求

【点评】

①根据《建筑桩基技术规范》第 5.1.1 条、第 5.2.2 条、第 5.2.5 条、第 5.3.5 条；②承台底为新填土，不考虑承台效应，η_c =0，$R = R_a$。

3. 钢管桩（壁厚小，可忽略）——《建筑桩基技术规范》第 5.3.7 条

对于敞口钢管桩，由于沉桩过程中，桩端部分土涌入管内形成“土塞”，导致端阻力降低，称为“土塞效应”。当根据土的物理指标与承载力参数之间的经验关系确定钢管桩单桩竖向极限承载力标准值时，可按表 3-14-17 计算。

钢管桩 **表 3-14-17**

<table>
<tr><td>计算步骤</td><td colspan="3">计算过程</td></tr>
<tr><td>类型</td><td>全敞口</td><td>半敞口</td><td>闭口</td></tr>
<tr><td>简图</td><td></td><td>
n=2 n=4 n=9</td><td></td></tr>
<tr><td>①等效直径
d_e（m）</td><td>—</td><td>$d_e=\dfrac{d}{\sqrt{n}}$</td><td>—</td></tr>
<tr><td rowspan="3">②桩端土塞效应系数λ_p</td><td>$\dfrac{h_b}{d}\geqslant 5$时，$\lambda_p=0.8$</td><td>$\dfrac{h_b}{d_e}\geqslant 5$时，$\lambda_p=0.8$</td><td rowspan="2">$\lambda_p=1.0$</td></tr>
<tr><td>$\dfrac{h_b}{d}<5$时，$\lambda_p=\dfrac{0.16h_b}{d}$</td><td>$\dfrac{h_b}{d_e}<5$时，$\lambda_p=\dfrac{0.16h_b}{d_e}$</td></tr>
<tr><td colspan="3">h_b——桩端进入持力层的深度（m）;
d——桩外径（m）</td></tr>
<tr><td>③桩端面积
A_p（m²）</td><td colspan="3">$A_p=\dfrac{\pi d^2}{4}$（d为外径，与壁厚、d_e均无关）</td></tr>
<tr><td>④Q_{uk}
（kN）</td><td colspan="3">$Q_{uk}=Q_{sk}+Q_{pk}=u\sum q_{sik}l_i+\lambda_p q_{pk}A_p$</td></tr>
</table>

题 3-23 （07C11）某钢管桩外径为 0.90m，壁厚为 20mm，桩端进入密实中砂持力层 2.5m，桩端开口时单桩竖向极限承载力标值为Q_{uk} =8000kN（其中桩端总极限阻力占 30%），如为进一步发挥桩端承载力，在桩端加设十字形钢板，按《建筑桩基技术规范》JGJ 94—2008 计算，下列哪个选项最接近桩端改变后的单桩竖向极限承载力标准值？

（A）9920kN （B）12090kN （C）13700kN （D）14500kN

【解】

（1）开口时：$Q_{sk}=(1-0.3)\times 8000=5600\text{kN}$，$Q_{pk1}=0.3\times 8000=2400\text{kN}$

$$\frac{h_b}{d}=\frac{2.5}{0.9}=2.78<5，Q_{pk1}=0.16\times\frac{2.5}{0.9}\times q_{pk}A_p=2400\Rightarrow q_{pk}A_p=5400\text{kN}$$

（2）半敞口时：$d_e=\dfrac{d}{\sqrt{n}}=\dfrac{0.9}{\sqrt{4}}=0.45\text{m}$，$\dfrac{h_b}{d_e}=\dfrac{2.5}{0.45}=5.56>5$，取$\lambda_p=0.8$

$$Q_{uk}=Q_{sk}+Q_{pk}=5600+0.8\times 5400=9920\text{kN}$$

【点评】

①根据《建筑桩基技术规范》第 5.3.7 条；②通过反算求变化后的单桩竖向极限承载力标准值，现在考试反算是主流，逆向思维很重要。

【同类型真题】 02D03、22 补考 C09

题 3-24　(03C11)某工程钢管桩外径$d_s = 0.8m$，桩端进入中砂层 2m，桩端闭口时其单桩竖向极限承载力标准值$Q_{uk} = 7000kN$，其中总极限侧阻力$Q_{sk} = 5000kN$，总极限端阻力$Q_{pk} = 2000kN$。由于沉桩困难，改为敞口，加一隔板(图 3-14-21)。按《建筑桩基技术规范》JGJ 94—2008 规定，改变后该桩竖向极限承载力标准值接近于下列哪个选项？

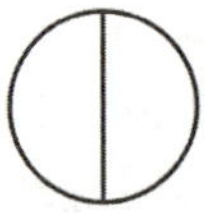

图 3-14-21　题 3-24 图

(A) 5600kN　　(B) 5900kN　　(C) 6100kN　　(D) 6400kN

【解】

(1)闭口时：侧阻力$Q_{sk} = Q_{uk} - Q_i = 7000 - 2000 = 5000kN$

端阻力$Q_{pk1} = q_{pk}A_p = 2000kN$

(2)半敞口时：$d_e = \frac{d}{\sqrt{2}} = 0.566m$，$\frac{h_b}{d_e} = \frac{2}{0.566} = 3.53 < 5$

$\lambda_p = 0.16\frac{h_b}{d_e} = 0.16 \times 3.53 = 0.565$

端阻力：$Q_{pk2} = \lambda_p q_{pk} A_p = 0.565 \times 2000 = 1130kN$

(3)单桩竖向极限承载力：$Q_{uk2} = Q_{sk} + Q_{pk2} = 5000 + 1130 = 6130kN$

【点评】

①根据《建筑桩基技术规范》第 5.3.7 条；②钢管桩开口时，侧阻力不发生变化，根据桩端土塞效应系数的改变计算求得变化的端阻力即可，土塞效应系数小于 1；③加钢板后，先计算等效直径d_e，然后计算进入持力层厚度与等效直径的比值h_b/d_e，大于 5 时λ_p取 0.8，小于 5 时λ_p取 0.16(h_b/d_e)，其中$d_e = d/\sqrt{n}$，n为桩端被分割成的块数，本题为 2 块。

题 3-25　某工程地层条件如表 3-14-18 所示，采用钢管桩外径d =0.8m，壁厚为 20mm，桩顶入土 2m，桩端进入中砂层 2m，桩端闭口时其单桩竖向极限承载力标准值$Q_{uk} = 4800kN$。由于沉桩困难，改为敞口，桩顶入土 2m，桩端进入中砂层 1.5m，加两隔板(图 3-14-22 所示)，按《建筑桩基技术规范》JGJ 94—2008 的规定，改变后该桩竖向承载力特征值最接近下列哪个选项？

图 3-14-22　题 3-25 图

题 3-25 表　　表 3-14-18

层号	名称	层地埋深(m)	重度γ(kN/m³)	侧阻q_{sik}(kPa)
①	饱和黏性土	12.0	18.2	35.0
②	粉土	18.0	18.5	55.0
③	中砂	—	20.0	85.0

(A) 1810kN　　(B) 1865kN　　(C) 3630kN　　(D) 3730kN

【解】

(1)闭口桩：$\lambda_p = 1$

$Q_{uk} = 4800 = 3.14 \times 0.8 \times (10 \times 35 + 6 \times 55 + 2 \times 85) + Q_{pk} \Rightarrow Q_{pk} = 2664.8kN$

(2)敞口桩：

$d_e = \frac{0.8}{\sqrt{4}} = 0.4 \Rightarrow \frac{h_b}{d_e} = \frac{1.5}{0.4} = 3.75 < 5 \Rightarrow \lambda_p = 0.16 \times 3.75 = 0.6$

$$Q_{uk} = 3.14 \times 0.8 \times (10 \times 35 + 6 \times 55 + 1.5 \times 85) + 0.6 \times 2664.8 = 3627\text{kN}$$

（3）$R_a = \dfrac{3627}{2} = 1813.5\text{kN}$

【点评】

①根据《建筑桩基技术规范》第 5.3.7 条；②第 5.3.7 条第 2 款和第 5.3.7 条第 3 款中的 d 应为 d_e，注意勘误；③钢管桩桩端为闭口时，桩端土塞效应系数为 1；开口时，桩端承载力需要根据隔板分割形式进行折减；④做桩基题目应画好简图，明辨各土层与桩基的关系。

4. 混凝土空心桩（壁厚较大，不可忽略）——《建筑桩基技术规范》第 5.3.8 条

当根据土的物理指标与承载力参数之间的经验关系确定敞口预应力混凝土空心桩单桩竖向极限承载力标准值时，可按表 3-14-19 计算。

混凝土空心桩　　表 3-14-19

计算步骤	计算过程			
①桩端敞口面积 A_{p1} 和净面积 A_j	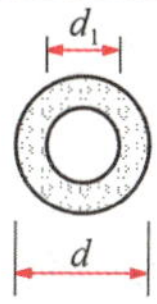 空心管桩	$A_{p1} = \dfrac{\pi d_1^2}{4}$ $A_j = \dfrac{\pi}{4}(d^2 - d_1^2)$	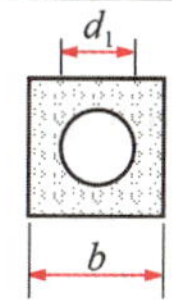 空心方桩	$A_{p1} = \dfrac{\pi d_1^2}{4}$ $A_j = b^2 - \dfrac{\pi d_1^2}{4}$
②桩端土塞效应系数 λ_p	$\dfrac{h_b}{d_1} \geqslant 5$ 时，$\lambda_p = 0.8$			
	$\dfrac{h_b}{d_1} < 5$ 时，$\lambda_p = \dfrac{0.16h_b}{d_1}$			
	h_b——桩端进入持力层的深度（m）； d_1——桩内径（m）			
③Q_{uk}（kN）	$Q_{uk} = Q_{sk} + Q_{pk} = u\sum q_{sik}l_i + q_{pk}(A_j + \lambda_p A_{p1})$			

题 3-26　（17D10）某工程地层条件如图 3-14-23 所示，拟采用敞口 PHC 管桩，承台底面位于自然地面下 1.5m，桩端进入中粗砂持力层 4m，桩外径 600mm，壁厚 110mm。根据《建筑桩基技术规范》JGJ 94—2008，根据土层参数估算得到单桩竖向极限承载力标准值最接近下列哪个选项？

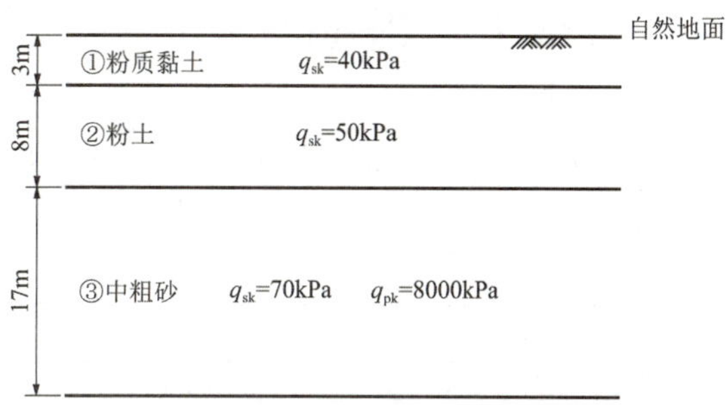

图 3-14-23　题 3-26 图

（A）3656kN　　（B）3474kN　　（C）3205kN　　（D）2749kN

【解】

（1）桩长 $l = 3 + 8 + 4 - 1.5 = 13.5\text{m}$

$d_1 = 0.6 - 2 \times 0.11 = 0.38\text{m}$，$h_b = 4\text{m}$，$\dfrac{h_b}{d_1} = \dfrac{4}{0.38} = 10.5 > 5$，取 $\lambda_p = 0.8$

（2）$A_j = \dfrac{3.14 \times (0.6^2 - 0.38^2)}{4} = 0.169\text{m}^2$，$A_{p1} = \dfrac{3.14 \times 0.38^2}{4} = 0.113\text{m}^2$

（3）$Q_{uk} = 3.14 \times 0.6 \times (40 \times 1.5 + 50 \times 8 + 70 \times 4) + 8000 \times (0.169 + 0.8 \times 0.113)$
$= 3469\text{kN}$

【点评】

①根据《建筑桩基技术规范》第 5.3.8 条；②PHC 管桩为目前常用的预应力高强度混凝土管桩，应按混凝土空心桩公式计算，要考虑壁厚，不要误按钢管桩公式计算；③要结合地层图画上桩的草图，才不易出错。

题 3-27 某工程场地，地表以下深度 2～12m 为黏性土，桩的极限侧阻力标准值 $q_{sik}=50\text{kPa}$，12～20m 为粉土层，$q_{sik}=60\text{kPa}$；20～30m 为中砂，$q_{sik}=80\text{kPa}$；极限端阻力$q_{pk}=7000\text{kPa}$。采用外径$d=800\text{mm}$，壁厚 80mm，$L=21\text{m}$ 的预应力混凝土空心桩，桩顶在地面下 2m，按《建筑桩基技术规范》计算单桩竖向极限承载力标准值Q_{uk}？

【解】

（1）$d_1=0.8-2\times0.08=0.64\text{m}$

$h_b=(21+2)-20=3\text{m}$，$h_b/d_1=3/0.64=4.69<5$

$\lambda_p=0.16h_b/d_1=0.16\times3/0.64=0.75$

（2）桩端净面积：$A_j=3.14\times(0.4^2-0.32^2)=0.1809\text{m}^2$

敞口面积：$A_{p1}=3.14\times0.32^2=0.3215\text{m}^2$

（3）$Q_{uk}=u\sum q_{sik}l_i+q_{pk}(A_j+\lambda_pA_{pl})$

$=3.14\times0.8\times(50\times10+60\times8+80\times3)+7000\times(0.1809+0.75\times0.3215)$

$=6019\text{kN}$

【点评】

①根据《建筑桩基技术规范》第 5.3.8 条；②混凝土空心桩计算思路：计算桩端土塞效应系数→计算桩端净面积和敞口面积→计算单桩竖向极限承载力标准值。

题 3-28 某建筑桩基础采用敞口 PHC 管桩，桩型为 PHC400（95）AB 型，承台埋深 1.5m，地下水埋深 3.5m，桩总长 23m，桩顶嵌入承台 0.5m，持力层为④层，其地层双桥静力触探结果如表 3-14-20 所示，根据《建筑桩基技术规范》JGJ 94—2008，试计算单桩竖向承载力特征值最接近下列哪个选项？

题 3-28 表 表 3-14-20

土层名称	层底深度（m）	探头平均侧阻力f_{si}（kPa）	探头阻力q_{ci}（kPa）
①粉质黏土	4.0	16.0	—
②淤泥质土	12.5	5.6	—
③粉质黏土	22.8	19.5	2000
④细砂	27.5	69.8	8500

（A）480kN （B）685kN （C）960kN （D）1290kN

【解】

（1）$q_{c1}=\dfrac{0.4\times2000+1.2\times8500}{1.6}=6875\text{kPa}$，$q_{c2}=8500\text{kPa}$

$$q_c=\frac{6875+8500}{2}=7687.5\text{kPa}$$

（2）$\beta_1=10.04\times16.0^{-0.55}=2.185$，$\beta_2=10.04\times5.6^{-0.55}=3.893$

$\beta_3=10.04\times19.5^{-0.55}=1.960$，$\beta_4=5.05\times69.8^{-0.45}=0.747$，$\alpha=\dfrac{1}{2}$

（3）$d_1=0.4-2\times0.095=0.21\text{m}$，$A_{p1}=\dfrac{3.14}{4}\times0.21^2=0.0346\text{m}^2$

$A_j = \dfrac{3.14}{4} \times (0.4^2 - 0.21^2) = 0.091\text{m}^2$，$\dfrac{h_b}{d_1} = \dfrac{1.2}{0.21} = 5.7 > 5 \Rightarrow \lambda_p = 0.8$

$$Q_{uk} = 3.14 \times 0.4 \times (2.5 \times 2.185 \times 16.0 + 8.5 \times 3.893 \times 5.6 + 10.3 \times 1.960 \times 19.5 + 1.2 \times 0.747 \times 69.8) + \frac{1}{2} \times 7687.5 \times (0.091 + 0.8 \times 0.0346) = 1371.7\text{kN}$$

（4）$R_a = \dfrac{1371.7}{2} = 685.85\text{kN}$

【点评】

①根据《建筑桩基技术规范》第 5.3.4 条、第 5.3.8 条；②空心桩端部承载力由两部分组成即：净截面承载力 + 考虑土塞效应的敞口部分承载力；双桥静力触探测试结果中的αq_c相当于q_{pk}；③总桩长包含桩顶嵌入承台的高度；④注意审题，区别单桩承载力特征值和承载力极限值。

题 3-29 某建筑桩基础，矩形承台，承台底面尺寸为 5.6m × 9.2m（图 3-14-24），承台底面埋深 3.0m，采用打入式预制混凝土空心桩，外径 600mm，内径 300mm，有效桩长 14.0m，地下水位埋深 2.0m，场地的土层情况如表 3-14-21 所示。

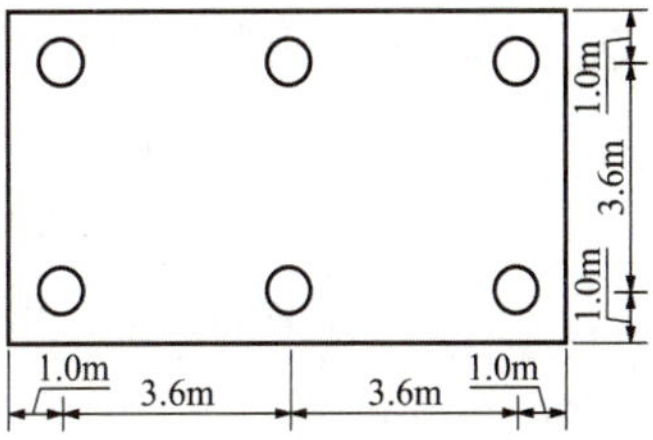

图 3-14-24 题 3-29 图

题 3-29 表 表 3-14-21

层号	名称	层地埋深（m）	重度γ（kN/m³）	侧阻q_{sik}（kPa）	端阻q_{pk}（kPa）	承载力特征值 f_{ak}（kPa）
①	饱和黏性土	14.0	17.9	35.0	550.0	100
②	粉土	29.0	18.5	55.0	1500.0	180
③	细砂	—	20.5	85.0	3500.0	250

考虑承台作用效应，按《建筑桩基技术规范》计算轴心荷载作用下，作用于该承台底面的最大荷载标准值。

【解】

（1）单桩竖向承载力特征值

$h/d_1 = 3/0.3 = 10 \geqslant 5$，则$\lambda_p = 0.8$

$A_j = 3.14 \times (0.3^2 - 0.15^2) = 0.212\text{m}^2$，$A_{p1} = 3.14 \times 0.15^2 = 0.071\text{m}^2$

$Q_{uk} = 3.14 \times 0.6 \times (35 \times 11 + 55 \times 3) + 1500 \times (0.212 + 0.8 \times 0.071) = 1439.4\text{kN}$

$R_a = \dfrac{Q_{uk}}{2} = \dfrac{1439.4}{2} = 719.7\text{kN}$

（2）复合基桩竖向承载力特征值

$s_a/d = 3.6/0.6 = 6.0$，$B_c/l = 5.6/14 = 0.4$，饱和黏性土中挤土桩基，

$\eta_c = 0.8 \times 0.32 = 0.256$

$$R = 719.7 + 0.256 \times 100 \times \frac{5.6 \times 9.2 - 6 \times 3.14 \times 0.3^2}{6} = 932.3\text{kN}$$

$$N_k = \frac{F_k + G_k}{6} \leqslant R = 932.3\text{kN} \Rightarrow F_k + G_k \leqslant 5593.8\text{kN}$$

【点评】

①根据《建筑桩基技术规范》第5.3.8条、第5.2.5条；②注意承台效应系数对于饱和黏性土中的挤土桩基、软土地基上的桩基承台，宜取小值的0.8倍。

5. 嵌岩桩（不考虑大直径尺寸效应）——《建筑桩基技术规范》第5.3.9条

桩端置于完整、较完整基岩的嵌岩桩单桩竖向极限承载力，由桩周土总极限侧阻力和嵌岩段总极限阻力组成。根据岩石单轴抗压强度确定单桩竖向极限承载力标准值时，按表3-14-22计算。

嵌岩桩　　　　表3-14-22

$$Q_{uk} = Q_{sk} + Q_{rk} = u\sum q_{sik}l_i + \zeta_r f_{rk} A_p$$

Q_{sk}、Q_{rk}——分别为土的总极限侧阻力标准值、嵌岩段总极限阻力标准值（kN）；

f_{rk}——岩石饱和单轴抗压强度标准值（kPa），黏土岩取天然湿度单轴抗压强度标准值；

ζ_r——嵌岩段侧阻和端阻综合系数，按下表取值

嵌岩段侧阻和端阻综合系数ζ_r（可内插）

嵌岩深径比h_r/d	0	0.5	1.0	2.0	3.0	4.0	5.0	6.0	7.0	8.0
极软岩、软岩（$f_{rk} \leqslant 15$MPa）	0.60	0.80	0.95	1.18	1.35	1.48	1.57	1.63	1.66	1.70
较硬岩、坚硬岩（$f_{rk} > 30$MPa）	0.45	0.65	0.81	0.90	1.00	1.04	—	—	—	—

注：1. 表中数值适用于泥浆护壁成桩，对于干作业成桩（清底干净）和泥浆护壁成桩后注浆，ζ_r应取表列数值的**1.2倍**；

2. 桩身**嵌岩深度**h_r，当岩面倾斜时，以坡下方嵌岩深度为准；对嵌入倾斜的完整和较完整岩的**全断面深度**$h_r \geqslant 0.4d$且$h_r \geqslant 0.5$m；对嵌入平整、完整的较硬岩和坚硬岩的**深度**$h_r \geqslant 0.2d$且$h_r \geqslant 0.2$m

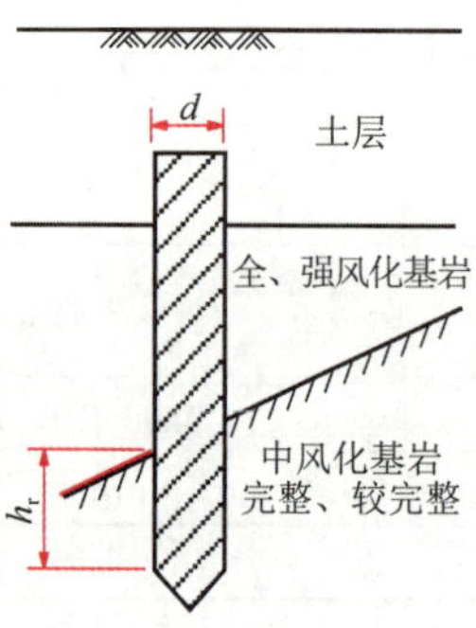

构造要求：嵌岩深度对于嵌入倾斜的完整和较完整岩的全断面深度不宜小于**0.4d且**不小于0.5m，倾斜度大于30%的中风化岩，宜根据倾斜度及岩石完整性适当加大嵌岩深度；对于嵌入平整、完整的坚硬岩和较硬岩的深度不宜小于**0.2d且**不应小于0.2m。（**《建筑桩基技术规范》第3.3.3条第6款**）

注：《建筑桩基技术规范》与《公路桥涵地基与基础设计规范》《铁路桥涵地基和基础设计规范》关于嵌岩桩承载力计算，差别较大。《建筑桩基技术规范》将嵌岩部分的侧阻和端阻**合算**；《公路桥涵地基与基础设计规范》将嵌岩部分的侧阻和端阻**分算**；《铁路桥涵地基和基础设计规范》将嵌岩部分的侧阻和端阻**分算，且不计土层的侧阻力**。

《建筑地基基础设计规范》第8.5.6条，桩端嵌入完整及较完整的硬质岩中，当桩长较短且入岩较浅时，估算单桩竖向承载力，只计入端阻，不考虑侧阻，计算公式为：$R_a = q_{pa}A_p$。

《高层建筑岩土工程勘察标准》将嵌岩部分的侧阻和端阻**分算**，但与《公路桥涵地基与基础设计规范》计算公式不一样。

题 3-30 （22D10）某建筑拟采用干作业钻孔灌注桩基础，施工清底干净，设计桩径 1.0m；桩端持力层为较完整岩，其干燥状态单轴抗压强度标准值为 20MPa，软化系数为 0.75。根据《建筑桩基技术规范》JGJ 94—2008，当桩端嵌入岩层 2.0m 时，其嵌岩段总极限阻力标准值最接近下列哪个选项？

（A）13890kN （B）16670kN （C）22230kN （D）29680kN

【解】

（1）$f_{rk}=20\times0.75=15\text{MPa}$，软岩，$h_r/d=2/1=2$

查表$\zeta_r=1.18$，干作业清底干净取 1.2 倍，$\zeta_r=1.18\times1.2=1.416$

（2）$Q_{rk}=1.416\times15000\times3.14\times0.5^2=16673.4\text{kN}$

【点评】

①根据《建筑桩基技术规范》第 5.3.9 条、《工程岩体试验方法标准》第 2.7.10 条；②嵌岩段总极限阻力标准值计算公式$Q_{rk}=\zeta_r f_{rk} A_p$，其中$f_{rk}$为岩石饱和单轴抗压强度标准值，提高系数$\zeta_r$查表的结果对于干作业（清底干净）取 1.2 倍；对于泥浆护壁后注浆也提高 1.2 倍，不再考虑嵌岩段的增强系数β_{si}和β_p，与华山论剑 2022 年 7 月 13 日作业题基本一致。

【同类型真题】 09C11

题 3-31 某嵌岩桩采用泥浆护壁成桩，采用单一桩端后注浆进行处理，桩长 18m，桩径 800mm。桩顶以下土层分布为：粉质黏土层厚 6m，$q_{sik}=60\text{kPa}$；细砂层厚 3m，$q_{sik}=80\text{kPa}$；全风化花岗岩层厚 1m，$q_{sik}=120\text{kPa}$；强风化花岗岩层厚 7m，$q_{sik}=180\text{kPa}$，$q_{pk}=2500\text{kPa}$；其下为中风化花岗岩$q_{sik}=200\text{kPa}$，$f_{rk}=12\text{MPa}$。计算嵌岩桩的单桩竖向极限承载力标准值。

【解】

嵌岩桩进入中风化层 1m，$h_r/d=1/0.8=1.25$，$f_{rk}=12\text{MPa}$，属于软岩，$\zeta_r=1.0$

由于该嵌岩桩为泥浆护壁成桩后注浆，ζ_r应乘以 1.2 的倍数，即$\zeta_r=1.2$

侧阻增强段，强风化岩 7m，$\beta_{si}=1.4$，全风化岩 1m，$\beta_{si}=1.4$，细砂层 3m，$\beta_{si}=1.6$

$$\begin{aligned}Q_{uk}&=3.14\times0.8\times(60\times6+1.6\times80\times3+1.4\times120\times1+1.4\times180\times7)+\\&\quad 1.2\times12\times10^3\times3.14\times0.4^2\\&=13957\text{kN}\end{aligned}$$

【点评】

①根据《建筑桩基技术规范》第 5.3.9 条；②根据嵌岩深度和直径之比h_r/d与岩石的软硬程度查表确定综合系数ζ_r，可以插值计算，当岩石面倾斜时，以坡下方的嵌岩深度为准；③侧阻增强系数按不利取小值，嵌岩段侧阻不重复计算。

题3-32 某嵌岩桩，采用泥浆护壁成桩，单一桩端后注浆进行处理。桩长17.5m，桩径600mm，进入较完整的中风化花岗岩1.2m。桩周岩土层分布为：粉质黏土厚度6.0m，$q_{sik} = 60$kPa；残积黏性土厚度2.8m，$q_{sik} = 80$kPa；全风化花岗岩厚度0.9m，$q_{sik} = 90$kPa；强风化花岗岩厚度 6.6m，$q_{sik} = 170$kPa，$q_{pk} = 2100$kPa；中风化花岗岩未见底，$q_{sik} = 200$kPa，$f_{rk} = 10800$kPa。试计算嵌岩桩单桩竖向承载力特征值最接近下列哪个选项？

（A）4033kN （B）4393kN （C）8066kN （D）8786kN

【解】

（1）$h_r/d = 1.2/0.6 = 2.0$，$f_{rk} = 10800$kPa，属于软岩，查表$\zeta_r = 1.18$

泥浆护壁成桩后注浆，取$\zeta_r = 1.2 \times 1.18 = 1.416$

（2）桩侧增强段，强风化岩6.6m，$\beta_{si} = 1.4$；全风化岩0.9m，$\beta_{si} = 1.4$

残积黏性土2.8m，$\beta_{si} = 1.4$；粉质黏土0.5m，$\beta_{si} = 1.4$

（3）
$$\begin{aligned} Q_{uk} &= u\sum q_{sik}l_i + \zeta_r f_{rk} A_p \\ &= 3.14 \times 0.6 \times [60 \times 5.5 + 1.4 \times (60 \times 0.5 + 80 \times 2.8 + 90 \times 0.9 + 170 \times 6.6)] + \\ &\quad 1.416 \times 10800 \times 3.14 \times 0.3^2 \\ &= 8786\text{kN} \end{aligned}$$

（4）$R_a = \dfrac{Q_{uk}}{2} = \dfrac{8786}{2} = 4393$kN

【点评】

①根据《建筑桩基技术规范》第5.3.9条；②嵌岩桩计算思路：计算嵌岩段侧阻力和端阻力综合系数→计算单桩竖向极限承载力标准值；③对于干作业成桩（清底干净）和泥浆护壁成桩后注浆，ζ_r应取相应数值的1.2倍；④侧阻增强系数按不利取小值，嵌岩段侧阻不重复计算；⑤《建筑桩基技术规范》嵌岩段的端阻力和侧阻力合并计算，和《公路桥涵地基与基础设计规范》《铁路桥涵地基和基础设计规范》不同，应注意区别。

题3-33 （09C11）某工程采用泥浆护壁钻孔灌注桩，桩径1200mm，桩端进入中风化岩1.0m，岩体较完整，岩块饱和单桩抗压强度标准值41.5MPa，桩顶以下土层参数如表3-14-23所示，按《建筑桩基技术规范》JGJ 94—2008估算，单桩极限承载力最接近下列哪个选项？（取桩基嵌岩段侧阻和端阻力综合系数为0.76）

题3-33表 表3-14-23

岩土层编号	岩土层名称	桩顶以下岩土层厚度（m）	q_{sik}（kPa）	q_{pk}（kPa）
1	黏土	13.7	32	
2	粉质黏土	2.3	40	
3	粗砂	2.00	75	2500
4	强风化岩	8.85	180	
5	中风化岩	8.00		

（A）32200kN （B）36800kN （C）40800kN （D）44200kN

【解法一】

$$\begin{aligned} Q_{uk} &= 3.14 \times 1.2 \times (13.7 \times 32 + 2.3 \times 40 + 2 \times 75 + 8.85 \times 180) + \\ &\quad 0.76 \times 41.5 \times 10^3 \times 3.14 \times 0.6^2 \\ &= 44219\text{kN} \end{aligned}$$

【解法二】（如考虑大直径尺寸效应系数）

（1）①层和②层：$\psi_{si}=(0.8/1.2)^{1/5}=0.922$，③层$\psi_{si}=(0.8/1.2)^{1/3}=0.874$

④层强风化按砂土状，$\psi_{si}=(0.8/1.2)^{1/3}=0.874$

（2）$Q_{uk}=3.14\times1.2\times(0.922\times13.7\times32+0.922\times2.3\times40+0.874\times2\times75+0.874\times8.85\times180)+0.76\times41.5\times10^3\times3.14\times0.6^2=43235.6\text{kN}$

【点评】

①根据《建筑桩基技术规范》第 5.3.9 条；②本题为大直径嵌岩桩，从两种解法可知考虑大直径尺寸效应对结果影响不大，真题答案没有考虑大直径尺寸效应系数；③从原理上考虑，由于大直径，孔壁松弛效应加大，嵌岩桩周土层应考虑大直径尺寸效应系数折减；④考试建议看题意，一般不考虑大直径尺寸效应系数，侧阻较大，桩长较长时考虑大尺寸效应。

题 3-34 某住宅楼，土层为单一土层，持力层为强风化泥灰岩$\gamma=20\text{kN/m}^3$，$I_L=0.9$，$f_{ak}=480\text{kPa}$，采用桩基础，桩基础桩径 0.6m，土层剖面参数如图 3-14-25 所示，在能确保施工及使用期间不致遭水浸泡的情况下，请按《建筑地基基础设计规范》确定单桩竖向承载力特征值。

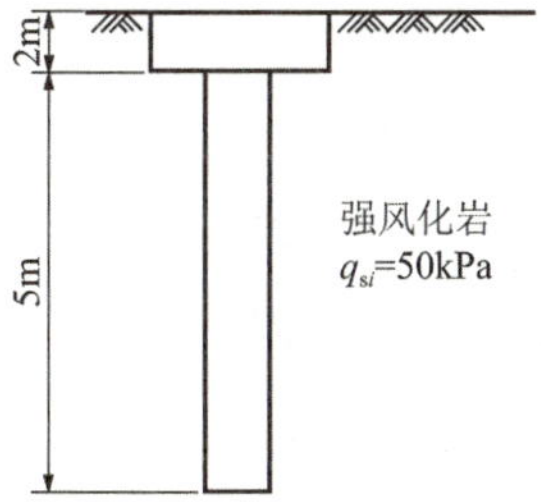

图 3-14-25 题 3-34 图

【解】

强风化岩，视为土，并进行深宽修正

$I_L=0.9>0.85$，查得$\eta_b=0$，$\eta_b=1$

$f_a=480+0+1\times20\times(7-0.5)=610\text{kPa}$

$R_a=3.14\times0.6\times5\times50+3.14\times0.3^2\times610=643.4\text{kN}$

【点评】

根据《建筑地基基础设计规范》表 5.2.4 小注 1、第 8.5.6 条第 4 款。

6. 后注浆灌注桩——《建筑桩基技术规范》第 5.3.10 条

（1）灌注桩浇灌后，由设置于桩端或桩身的后注浆口进行**后注浆**，以增强桩身侧阻力和端阻力，从而提高单桩竖向极限承载力，关键在于划分“**增强段l_{gi}范围**”，按表 3-14-24 计算Q_{uk}。

后注浆灌注桩　　表 3-14-24

计算步骤	计算过程

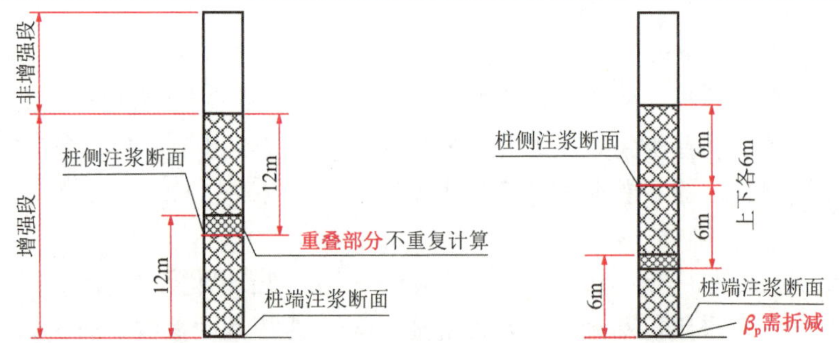

泥浆护壁成孔灌注桩
桩端、桩侧复式注浆

干作业成孔灌注桩
桩端、桩侧复式注浆

①增强段划分l_{gi}（m）

增强段划分l_{gi}（m）

成孔方式	注浆位置	竖向增强段⊥
泥浆护壁成孔	单一桩端注浆	桩端以上 12m
	桩侧+桩端复式注浆	桩端以上 12m＋桩侧**注浆断面以上** 12m
干作业成孔（仅β_p需折减）	单一桩端注浆	桩端以上 6m
	桩侧+桩端复式注浆	桩端以上 6m＋桩侧**注浆断面**上、下各 6m

②增强段侧阻、端阻增大系数β_{si}、β_p

增强段侧阻、端阻增大系数β_{si}、β_p

土层名称	淤泥 淤泥质土	黏性土 粉土	粉砂 细砂	中砂	粗砂 砾砂	砾石 卵石	全风化岩 强风化岩
β_{si}	1.2～1.3	1.4～1.8	1.6～2.0	1.7～2.1	2.0～2.5	2.4～3.0	1.4～1.8
β_p	—	2.2～2.5	2.4～2.8	2.6～3.0	3.0～3.5	3.2～4.0	2.0～2.4

注：**干作业钻、挖孔桩**时，当桩端为黏性土、粉土时，表中**仅β_p**乘以 0.6 折减；当桩端为砂土、碎石土时，表中**仅β_p**乘以 0.8 折减

③大直径桩的尺寸效应系数ψ_{si}、ψ_p

当桩径d>800mm 时，尚应考虑“大直径桩的尺寸效应”修正：

大直径桩侧阻效应系数ψ_{si}、端阻尺寸效应系数ψ_p

土的类型	黏性土、粉土	砂土、碎石类土
ψ_{si}	$(0.8/d)^{1/5}$	$(0.8/d)^{1/3}$
ψ_p	$(0.8/D)^{1/4}$	$(0.8/D)^{1/3}$

注：D为扩底桩径，等直径桩时，$D=d$

④Q_{uk}（kN）

$d\leqslant$800mm 时	$Q_{uk}=Q_{sk}+Q_{pk}=u\sum q_{sik}l_i+u\sum\beta_{si}q_{sjk}l_{gj}+\beta_p q_{pk}A_p$
$d>$800mm 时	$Q_{uk}=Q_{sk}+Q_{pk}=u\sum\psi_{si}q_{sik}l_i+u\sum\psi_{sj}\beta_{si}q_{sjk}l_{gj}+\psi_p\beta_p q_{pk}A_p$

（2）**注浆量估算——《建筑桩基技术规范》第 6.7.4 条**

$$G_c = \alpha_p d + \alpha_s n d$$

式中：α_p、α_s——桩端、桩侧注浆量经验系数，$\alpha_p = 1.5 \sim 1.8$，$\alpha_s = 0.5 \sim 0.7$，对于卵、砾石、中粗砂取较高值；

n——桩侧注浆断面数；

d——基桩设计直径（m）；

G_c——注浆量，以水泥质量计（t）。

对于**独立单桩、桩距大于 6*d* 的群桩和群桩初始注浆的数根基桩**的注浆量 G_c 乘以 1.2 的系数。

题 3-35　（10D12）某泥浆护壁灌注桩，桩径为 800mm，桩长 24m，采用桩端桩侧联合后注浆，桩侧注浆断面位于桩顶下 12m，桩周土性及后注浆桩侧阻力与桩端阻力增强系数如图 3-14-26 所示。按《建筑桩基技术规范》JGJ 94—2008 估算的单桩极限承载力标准值最接近下列哪个选项？

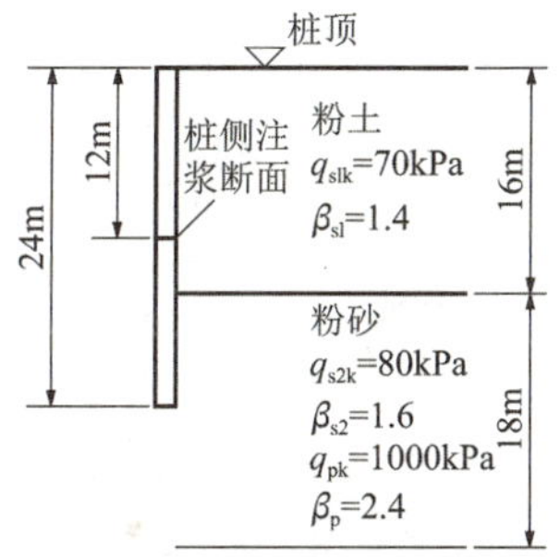

图 3-14-26　题 3-35 图

（A）5620kN　　（B）6460kN　　（C）7420kN　　（D）7700kN

【解】

（1）增强段全长 24m

（2）$Q_{uk} = Q_{sk} + Q_{gsk} + Q_{gpk}$

$= u\sum q_{sjk} l_j + u\sum \beta_{si} q_{sik} l_{gi} + \beta_p q_{pk} A_p$

$= 3.14 \times 0.8 \times (1.4 \times 70 \times 16 + 1.6 \times 80 \times 8) + 2.4 \times 1000 \times 3.14 \times 0.4^2$

$= 7717\text{kN}$

【点评】

①根据《建筑桩基技术规范》第 5.3.10 条；②后注浆灌注桩计算思路：划分出后注浆增强段（画图表示更直观）→确定增强段桩侧阻力、桩端阻力增大系数→计算单桩竖向极限承载力标准值；③本题增大系数已经给出，不必查表；④若为大直径桩时应该考虑尺寸效应，在计算单桩竖向极限承载力前确定尺寸效应系数；⑤**泥浆护壁灌注桩**桩端、桩侧复式注浆时，竖向增强段为**桩端以上 12m** 及各桩侧注浆**断面以上 12m**；**干作业灌注桩**不同，竖向增强段为**桩端以上、桩侧注浆断面上下各 6m**，重叠部分应扣除。

题 3-36 （16C12）某工程勘察报告揭示的地层条件以及桩的极限侧阻力和极限端阻力标准值如图 3-14-27 所示，拟采用干作业钻孔灌注桩基础，桩设计直径 1.0m，设计桩顶位于地面下 1m。桩端进入粉细砂层 2.0m，采用单一桩端后注浆，根据《建筑桩基技术规范》JGJ 94—2008 计算单桩竖向极限承载力标准值最接近下列哪个选项？（后注浆增强系数均取规范表中的低值）

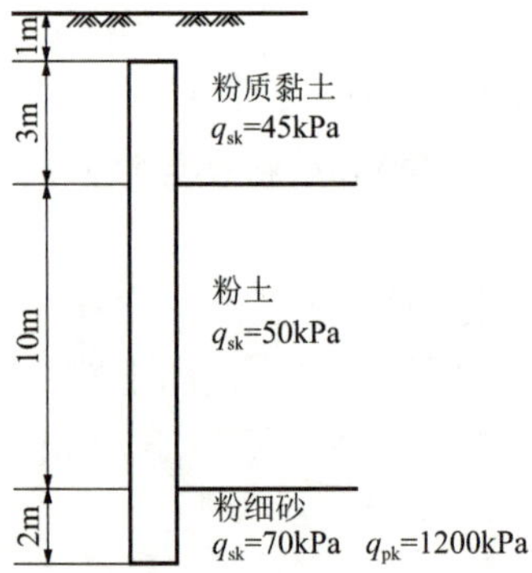

图 3-14-27 题 3-36 图

（A）4400kN （B）4800kN （C）5100kN （D）5500kN

【解】

（1）干作业，增强段取桩端以上 6m

（2）桩径 1.0m>0.8m，大尺寸效应修正；增强系数取低值：

粉质黏土和粉土层：$\psi_{si} = (0.8/1.0)^{1/5} = 0.956$，$\beta_{si} = 1.4$

粉砂层：$\psi_{si} = \psi_p = (0.8/1.0)^{1/3} = 0.928$，$\beta_{si} = 1.6$，$\beta_p = 0.8 \times 2.4 = 1.92$

（3）$Q_{uk} = 3.14 \times 1.0 \times (0.956 \times 45 \times 3 + 0.956 \times 50 \times 6 + 0.956 \times 1.4 \times 50 \times 4 + 0.928 \times 1.6 \times 70 \times 2) + 0.928 \times 1.92 \times 1200 \times 3.14 \times 0.5^2$
$= 4477\text{kN}$

【点评】

①根据《建筑桩基技术规范》第 5.3.6 条、第 5.3.10 条；②**干作业钻、挖孔桩，β_p乘以小于 1.0 的折减系数**，当桩端持力层为黏性土或粉土时，折减系数取 0.6；为砂土或碎石土时，取 0.8；③本题只需按部就班就可以计算完成，但是计算的系数太多时，特别要注意干作业时的折减系数，一定仔细谨慎。

题 3-37 某干作业螺旋钻孔灌注桩，桩径为 800mm，桩长 20m，采用桩端桩侧联合后注浆，桩侧注浆断面位于桩顶下 12m，桩周土性及后注浆桩侧阻力与桩端阻力增强系数如表 3-14-25 所示。试按《建筑桩基技术规范》估算单桩极限承载力。（注：下表中β_{si}、β_p为《建筑桩基技术规范》表列数值）

题 3-37 表　　　　表 3-14-25

岩土层编号	岩土层名称	土层厚度（m）	q_{sik}（kPa）	q_{pk}（kPa）	β_{si}	β_p
1	素填土	1.5	25	—	—	—
2	粉质黏土	8.5	55	—	1.4	—
3	细砂	8.0	60	—	1.8	2.6
4	粗砂	6.0	90	4600	2.0	3.0

【解】

增强段为 6～20m，对干作业钻孔灌注桩，持力层为砂土，β_p应乘以 0.8 的折减系数

$$\begin{aligned}Q_{uk} &= 3.14\times0.8\times(25\times1.5+55\times4.5)+3.14\times0.8\times(1.4\times55\times4.0+1.8\times60\times\\&\quad 8.0+2.0\times90\times2.0)+0.8\times3.0\times4600\times3.14\times0.4^2\\&=10111\text{kN}\end{aligned}$$

【点评】

对于干作业灌注桩，竖向增强段为桩端以上、桩侧注浆**断面上下各 6m**，重叠部分应扣除。

题 3-38 某灌注桩采用旋挖成孔工艺，桩径 1000mm，桩长 18m，承台埋深 2.0m。地下水位埋深 3.5m，地面以下土层分布为：粉质黏土层厚 8m，$q_{sik}=60$kPa；粉土厚 8m，$q_{sik}=65$kPa；中砂层 6.5m，$q_{sik}=80$kPa，$q_{pk}=1900$kPa，采用单一桩端后注浆时，按《建筑桩基技术规范》JGJ 94—2008 规定，试计算单桩承载力特征值最小值最接近下列哪个选项？

（A）3690kN　　（B）4225kN　　（C）4590kN　　（D）4930kN

【解】

（1）$\psi_{s1}=\psi_{s2}=\left(\frac{0.8}{1}\right)^{\frac{1}{5}}=0.9564$，$\psi_{s3}=\left(\frac{0.8}{1}\right)^{\frac{1}{3}}=0.9283$，$\psi_p=\left(\frac{0.8}{1}\right)^{\frac{1}{3}}=0.9283$

水下施工采用泥浆护壁，增强系数取最小值⇒ $\beta_{s2}=1.4$，$\beta_{s3}=1.7$，$\beta_p=2.6$

泥浆护壁，单一桩端后注浆，增强段为桩端以上 12m

（2）$Q_{sk}=3.14\times1\times6\times60\times0.9564=1081.11\text{kN}$

$Q_{gsk}=3.14\times1\times(8\times65\times0.9564\times1.4+4\times80\times0.9283\times1.7)=3771.94\text{kN}$

$Q_{gpk}=0.9283\times3.14\times0.5^2\times1900\times2.6=3599.86\text{kN}$

（3）$R_a=\dfrac{1081.11+3771.94+3599.86}{2}=4226.45\text{kN}$

【点评】

①根据《建筑桩基技术规范》第 5.3.10 条；②桩径大于 800mm 时，需要考虑侧阻力和端阻力尺寸效应系数；③本题中桩身位于地下水位以下，因此旋挖成孔工艺必须采用泥浆护壁，规范注解读，**干作业钻孔或者干作业挖孔**才需要折减；④注意区分单桩竖向极限承载力标准值Q_{uk}和竖向承载力特征值R_a。

题 3-39 某建筑工程采用反循环钻孔灌注桩，设计桩径 1.0m，承台埋深 2.5m，泥浆护壁成孔，地层情况如表 3-14-26 所示，桩端进入中风化花岗岩深度 1.5m，采用单一桩端后注浆，根据《建筑桩基技术规范》JGJ 94—2008，估算单桩竖向极限承载力标准值最接近下列哪个选项？（查表取小值）

题 3-39 表　　表 3-14-26

土层编号	土层名称	层底埋深（m）	q_{sik}（kPa）	f_{rk}（MPa）
①	粉质黏土	10.7	50	
②	中砂	15.5	72	
③	强风化花岗岩	18.2	85	
④	中风化花岗岩	—	110	35

（A）7150kN　（B）28550kN　（C）31810kN　（D）32520kN

【解】

（1）泥浆护壁成孔，单一桩端注浆，竖向增强段为桩端以上 12m

粉质黏土：$\beta_{s1}=1.4$；中砂：$\beta_{s2}=1.7$；强风化花岗岩：$\beta_{s3}=1.4$

$f_{rk}=35\text{MPa}\geqslant 30\text{MPa}$，较硬岩，$\dfrac{h_r}{d}=1.5$，$\zeta_r=1.2\times\dfrac{0.81+0.90}{2}=1.026$

（2）$Q_{uk}=3.14\times1.0\times(50\times5.2+1.4\times50\times3+1.7\times72\times4.8+1.4\times85\times2.7)+1.026\times3.14\times0.5^2\times35000$
$=32518.84\text{kN}$

【点评】

①根据《建筑桩基技术规范》第 5.3.9 条、第 5.3.10 条；②泥浆护壁成孔后注浆的嵌岩段和端阻力综合系数要考虑 1.2 倍增大系数；③嵌岩桩可不考虑大直径尺寸效应，嵌岩段的侧阻力已经在综合系数内考虑，不可重复计算。

题 3-40 某单桩基础，采用钻孔泥浆护壁灌注桩，桩径为 1200mm，桩长 48m，采用桩端桩侧联合后注浆，桩侧注浆面有 3 个，分别位于桩端以上 12m、24m、36m，$\alpha_p=1.6$、$\alpha_s=0.6$。试按《建筑桩基技术规范》JGJ 94—2008 估算后注浆单桩注浆量最接近下列哪个选项？

（A）3.2t　（B）4.1t　（C）4.9t　（D）5.8t

【解】

（1）$G_c=\alpha_p d+\alpha_s nd=1.6\times1.2+0.6\times3\times1.2=4.08\text{t}$

（2）单桩，注浆量应按上述估算值乘以 1.2 的系数：$G_c=1.2\times4.08=4.9\text{t}$

【点评】

①根据《建筑桩基技术规范》第 6.7.4 条；②对独立单桩、桩距大于 $6d$ 的群桩和群桩初始注浆的数根基桩的注浆量应按上述估算值乘以 1.2 的系数。

7. 液化效应修正——《建筑桩基技术规范》第 5.3.12 条

如图 3-14-28 所示，对于桩身周围有液化土层的低承台桩基，当承台底面上下**分别有**厚度不小于 1.5m、1.0m 的非液化土或非软弱土层时，可将液化土层极限侧阻力乘以土层液化影响折减系数ψ_l计算单桩极限承载力标准值。

$$Q_{uk} = Q_{sk} + Q_{pk} = u\sum\psi_l q_{sik}l_i + q_{pk}A_p$$

土层液化影响折减系数ψ_l按表 3-14-27 确定。

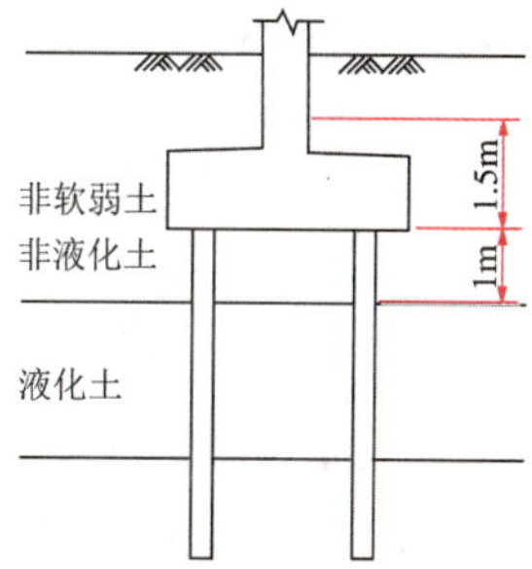

图 3-14-28　液化效应修正示意图

土层液化影响折减系数ψ_l　　　表 3-14-27

$\lambda_N = \frac{实测值N}{临界值N_{cr}}$		自地面算起的液化土层深度d_L（m）	ψ_l
（1）当承台底面上下**分别有**厚度不小于 1.5m、1.0m 的非液化土或非软弱土层时	$\lambda_N \leqslant 0.6$	$d_L \leqslant 10$	0
		$10 < d_L \leqslant 20$	1/3
	$0.6 < \lambda_N \leqslant 0.8$	$d_L \leqslant 10$	1/3
		$10 < d_L \leqslant 20$	2/3
	$0.8 < \lambda_N \leqslant 1.0$	$d_L \leqslant 10$	2/3
		$10 < d_L \leqslant 20$	1.0
	对于挤土桩当桩距不大于 4d 且桩的排数不少于 5 排、总桩数不少于 25 根时		ψ_l按表列值提高一档 如：1/3→2/3
（2）当承台底面处的非液化土或非软弱土层，上侧小于 1.5m **或**下侧小于 1.0m 时			0

注：地震时土体尚未完全液化，但土体刚度明显降低，故应对桩侧摩阻力做适当折减。λ_N小于 0.6 时，几乎全部液化；当λ_N大于 1.0 时，一般不发生液化；λ_N介于 0.6～1.0 之间，则有液化的趋势，通过折减系数来体现这种趋势。

深度从地面起算：地震中桩基土液化深度是以地面下 20m 为界限，即埋深 20m 以下土体不液化。地震时地基振动状态随深度而减弱，深度大于 10m 的土层完全液化（$\psi_l = 0$）的实例较少，故在主震时折减系数以 10m 为界。

本知识点应与《建筑抗震设计规范》和《公路工程抗震设计规范》对比学习，更多液化效应桩基题目见第十篇第一章第四小节和第九篇第一章第一小节。

题 3-41　（13D13）某承台埋深 1.5m，承台下为钢筋混凝土预制方桩，断面 0.3m × 0.3m，有效桩长 12m，地层分布如图所示，地下水位于地面下 1m。在粉细砂和中粗砂层进行标准贯入试验，结果如图 3-14-29 所示。按《建筑桩基技术规范》JGJ 94—2008，计算单桩极限承载力最接近下列何值？

（A）589kN　　（B）789kN

（C）1129kN　　（D）1329kN

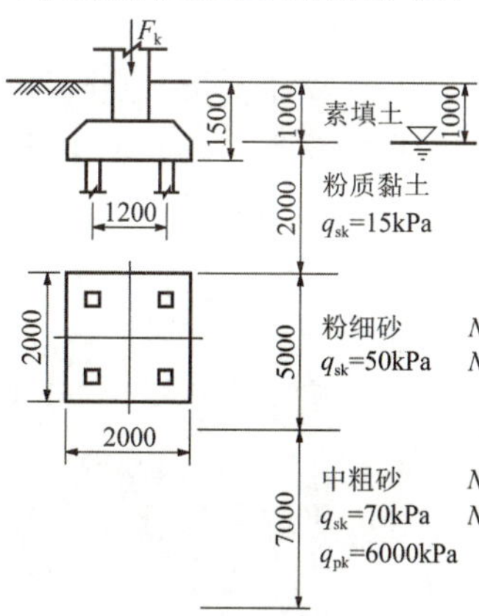

图 3-14-29　题 3-41 图

【解】

（1）满足承台底面上下非液化土的要求

粉细砂层$\frac{N}{N_{cr}} = \frac{9}{14.5} = 0.62$

液化土范围地面下 3～8m，查表得$\psi_l = \frac{1}{3}$

（2）中粗砂层$N > N_{cr}$，为不液化土

$$Q_{uk} = 4 \times 0.3 \times \left(15 \times 1.5 + \frac{1}{3} \times 50 \times 5 + 70 \times 5.5\right) + 6000 \times 0.3^2 = 1129\text{kN}$$

【点评】

①根据《建筑桩基技术规范》第5.3.4条、第5.3.12条；②对于桩身周围有液化土层的低承台桩基，当承台底面上、下分别有厚度不小于1.5m、1.0m的非液化或非软弱土时，可将液化土层极限侧阻力乘以土层液化影响折减系数计算单桩极限承载力标准值；③土层液化折减系数可根据饱和土的标贯击数实测值与液化判别标贯击数临界值之比确定。

题3-42 （18D09）某建筑采用灌注桩基础，桩径0.8m，承台底深埋4.0m，地下水位深埋1.5m，拟建场地地层条件见表3-14-28，按照《建筑桩基技术规范》JGJ 94—2008规定，如需单桩竖向承载力特征值达到2300kN，考虑液化效应时，估算最短桩长与下列哪个选项最接近？

题3-42表　　表3-14-28

地层	层底深埋（m）	N/N_{cr}	桩的极限侧阻力标准值（kPa）	桩的极限端阻力标准值（kPa）
黏土	1.0		30	
粉土	4.0	0.6	30	
细砂	12.0	0.8	40	
中粗砂	20.0	1.5	80	1800
卵石	35.0		150	3000

（A）16m　（B）20m　（C）23m　（D）26m

【解】

（1）承台埋深4m，承台底面不满足液化土厚度的要求

细砂层：$N/N_{cr} = 0.8$，会发生液化，不计侧摩阻力

中粗砂层：$N/N_{cr} = 1.5 > 1$，不会发生液化，不折减

$Q_{uk} = 2R_a = 2300 \times 2 = 4600\text{kN}$

（2）根据选项L至少16m，则桩端持力层为卵石层，设桩长为L

则$3.14 \times 0.8 \times [80 \times 8 + 150 \times (L - 16)] + 3.14 \times 0.4^2 \times 3000 = 4600$，解得$L = 19.94\text{m}$

$16\text{m} < L < 31\text{m}$，地层满足要求

桩端进入持力层碎石类土不宜小于$1d = 0.8\text{m}$，$L > 16.8\text{m}$，满足要求

取最短桩长20m

【点评】

①根据《建筑桩基技术规范》第5.3.4条、第5.3.12条、第3.3.3条；②注意当承台底面上非液化土层厚度小于1.5m或承台底面下非液化土层小于1.0m时，土层液化折减系数ψ_l取0，该“坑点”从未考过，特别容易定向思维“掉坑”；③本题未验证桩端进入持力层深度也算对，但求桩长要养成验算的习惯，2020年就考查了求桩长验算桩端进入持力层深度。

题 3-43 （21D09）某建筑位于 8 度设防区，勘察揭露的地层条件如图 3-14-30 所示。拟采用钻孔灌注桩桩筏基础，筏板底埋深 2.0m。设计桩径为 800mm，要求单桩竖向抗压承载力特征值不低于 950kN，下列哪个选项是符合《建筑桩基技术规范》JGJ 94—2008 相关要求的合理设计桩长？

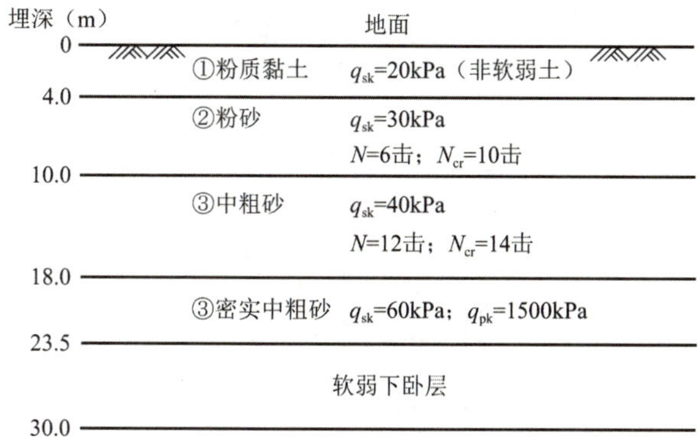

图 3-14-30　题 3-43 图

（A）16m　　（B）17.5m　　（C）18.5m　　（D）19.5m

【解】

（1）粉砂层，$\lambda_N=\dfrac{6}{10}=0.6$，$d_L\leqslant 10$m，取$\psi_l=0$

中粗砂层，$\lambda_N=\dfrac{12}{14}=0.86$，$d_L>10$m，取$\psi_l=1.0$

（2）设桩长l，则：

$$3.14\times0.8\times[2\times20+8\times40+(l-16)\times60]+\frac{3.14}{4}\times0.8^2\times1500\geqslant2\times950$$

$\Rightarrow l\geqslant17.6$m

（3）抗震设防区桩基，桩进入密实中粗砂尚不应小于$(2\sim3)d$：

$l\geqslant16+(2\times0.8\sim3\times0.8)=17.6\sim18.4$m

（4）存在软土下卧层，桩端以下硬持力层不小于$3d=3\times0.8=2.4$m

$l\leqslant23.5-2-2.4=19.1$m

（5）综上，桩长取 18.5m 最合理。

【点评】

①根据《建筑桩基技术规范》第 3.3.3 条、第 3.4.6 条、第 5.2.2 条、第 5.3.5 条、第 5.3.12 条。②土层液化影响折减系数按实测标贯击数/标贯击数临界值，根据不同的d_L取值。③根据第 3.3.3 条第 5 款，应选择较硬土层作为桩端持力层。桩端全断面进入持力层的深度，对于砂土不宜小于 1d当存在软弱下卧层时，桩端以下硬持力层厚度不宜小于 3d。④根据第 3.4.6 条，抗震设防区桩基，进入液化土层以下稳定土层的长度（不包括桩尖部分）应按计算确定；对于碎石土、砾、粗、中砂，密实粉土，坚硬黏性土尚不应小于$(2\sim3)d$，对其他非岩石土尚不宜小于$(4\sim5)d$。

14.2.4 特殊条件下桩基竖向承载力验算——《建筑桩基技术规范》第 5.4 节

1. 软弱下卧层验算——《建筑桩基技术规范》第 5.4.1 条

对于桩距不超过 6*d*的群桩基础，桩端持力层下存在承载力低于桩端持力层承载力 1/3 的软弱下卧层时，可按表 3-14-29 验算软弱下卧层的承载力。

软弱下卧层验算　　表 3-14-29

<table>
<tr><th>计算步骤</th><th colspan="2">计算过程</th></tr>
<tr><td>简图</td><td colspan="2">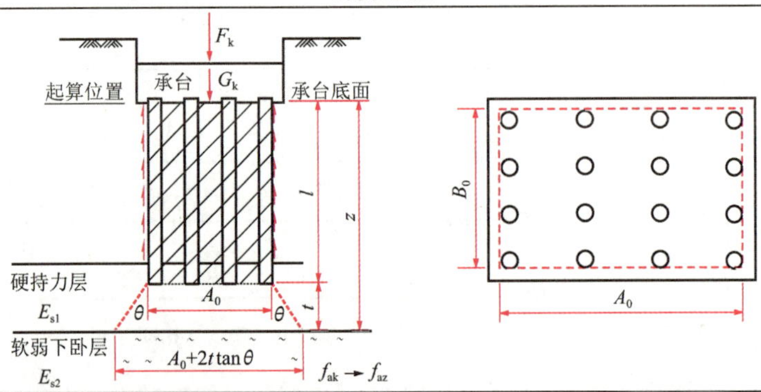
</td></tr>
<tr><td>①群桩外边缘尺寸 A_0、B_0（m）</td><td colspan="2">如图所示：总桩间距＋一倍桩径（A_0为长边，B_0为短边）
构造要求：边桩中心至承台边缘的距离不应小于桩的直径或边长，且桩的外边缘至承台边缘的距离不应小于 150mm。对于墙下条形承台梁，桩的外边缘至承台梁边缘的距离不应小于 75mm</td></tr>
<tr><td>②软弱下卧层顶面附加应力σ_z（kPa）</td><td>$\sigma_z=\frac{(F_k+G_k)-\frac{3}{2}(A_0+B_0)\cdot\sum q_{sik}l_i}{(A_0+2t\tan\theta)(B_0+2t\tan\theta)}$</td><td>桩端硬持力层压力扩散角$\theta$（可插值）
<table>
<tr><td rowspan="2">E_{s1}/E_{s2}</td><td colspan="3">t/B_0（B_0为短边）</td></tr>
<tr><td><0.25</td><td>0.25</td><td>≥0.50</td></tr>
<tr><td>1</td><td rowspan="4">0°</td><td>4°</td><td>12°</td></tr>
<tr><td>3</td><td>6°</td><td>23°</td></tr>
<tr><td>5</td><td>10°</td><td>25°</td></tr>
<tr><td>10</td><td>20°</td><td>30°</td></tr>
</table></td></tr>
<tr><td>③软弱下卧层顶面上覆土体自重σ_{cz}（kPa）</td><td>$\sigma_{cz}=\gamma_m z$</td><td>承台底起算</td></tr>
<tr><td>④软弱下卧层承载力修正f_{az}（kPa）</td><td>$f_{az}=f_{ak}+\eta_d\gamma_m(z-0.5)$</td><td>承台底起算
《建筑桩基技术规范》第 5.4.1 条条文说明：η_d一般取 1</td></tr>
<tr><td>⑤软弱下卧层验算</td><td colspan="2">$\sigma_z+\sigma_{cz}\leqslant f_{az}$</td></tr>
</table>

注：验算范围规定在桩端平面以下受力层范围存在低于持力层承载力 1/3 的软弱下卧层。

理解公式：将**承台底面**荷载（F_k+G_k）传递至**桩端平面**，扣除“实体深基础”外表面总极限侧阻力的 3/4 后，**桩端平面荷载为**$(F_k+G_k)-\frac{3}{2}(A_0+B_0)\cdot\sum q_{sik}l_i$。

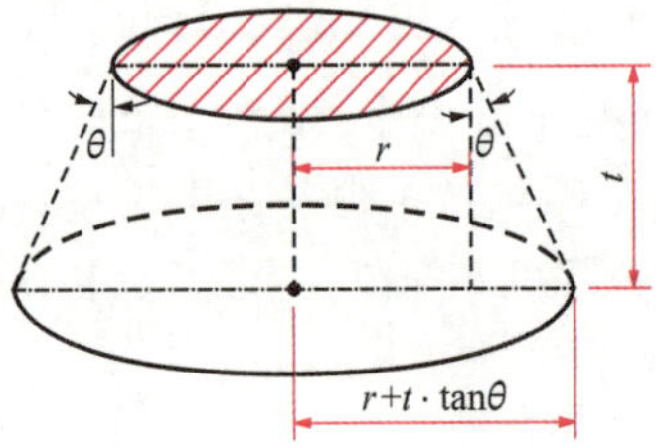

图 3-14-31　圆形外缘扩散

圆形外缘扩散（图 3-14-31）：

$$\sigma_z=\frac{(F_k+G_k)-\frac{3}{4}u\sum q_{sik}l_i}{\pi(r+t\cdot\tan\theta)^2}$$

注：桩距不超过 $6d$的群桩，当桩端平面以下软弱下卧层承载力与桩端持力层相差过大（低于持力层的 1/3）且荷载引起的局部压力超出其承载力过多时，将引起软弱下卧层侧向挤出，桩基偏沉，严重者引起整体失稳。对于本条软弱下卧层承载力验算公式着重说明 4点：

（1）验算范围。规定在桩端平面以下受力层范围存在低于持力层承载力 1/3 的软弱下卧层。实际工程持力层以下存在相对软弱土层是常见现象，只有当强度相差过大时才有必要验算。因下卧层地基承载力与桩端持力层差异过小，土体的塑性挤出和失稳也不致出现。

（2）传递至桩端平面的荷载，按扣除实体基础外表面总极限侧阻力的 3/4 而非 1/2 总极限侧阻力。这是主要考虑荷载传递机理，在软弱下卧层进入临界状态前基桩侧阻平均值已接近极限。

（3）桩端荷载扩散。持力层刚度愈大扩散角愈大这是基本性状，这里所规定的压力扩散角与《建筑地基基础设计规范》一致。

（4）软弱下卧层承载力只进行深度修正。这是因为下卧层受压区应力分布并非均匀，呈内大外小，不应作宽度修正；考虑到承台底面以上土已挖除且可能和土体脱空，因此修正深度从承台底部计算至软弱土层顶面。另外，既然是软弱下卧层，即多为软弱黏性土，故深度修正系数取 1.0。

题 3-44 （11D12）某构筑物柱下桩基础采用 16 根钢筋混凝土预制桩，桩径$d=0.5$m，桩长 20m，承台埋深 5m，其平面布置、剖面、地层如图 3-14-32 所示。荷载效应标准组合下，作用于承台顶面的竖向荷载$F_k=27000$kN，承台及其上土重$G_k=1000$kN，桩端以上各土层的$q_{sik}=60$kPa，软弱层顶面以上土的平均重度$\gamma_m=18\text{kN/m}^3$，按《建筑桩基技术规范》JGJ 94—2008 验算，软弱下卧层承载力特征值应至少接近下列何值才能满足要求？（取$\eta_d=1.0$，$\theta=15°$）

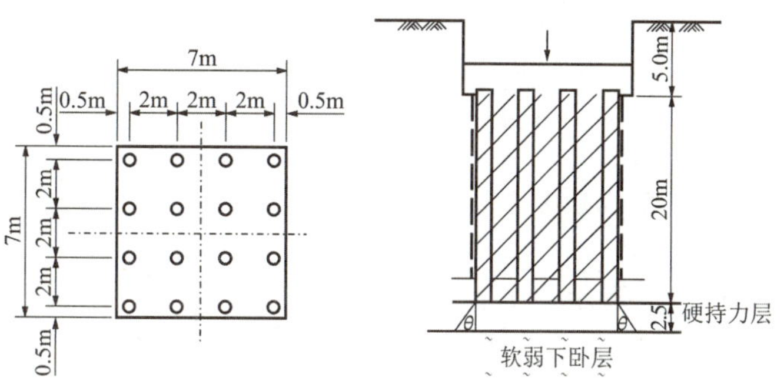

图 3-14-32 题 3-44 图

（A）66kPa （B）84kPa （C）175kPa （D）204kPa

【解】

（1）$A_0=B_0=(2\times3+0.5)=6.5$m，$t=2.5$m

（2）$$\sigma_z=\frac{(F_k+G_k)-\frac{3}{2}(A_0+B_0)\cdot\sum q_{sik}l_i}{(A_0+2t\tan\theta)(B_0+2t\tan\theta)}=\frac{(27000+1000)-\frac{3}{2}\times(6.5+6.5)\times60\times20}{(6.5+2\times2.5\times\tan15°)^2}$$

$=74.84$kPa

（3）$f_{az}=f_{ak}+1.0\times18\times(22.5-0.5)\geqslant74.84+18\times22.5$

解得：$f_{ak}\geqslant83.84$kPa

【点评】

①根据《建筑桩基技术规范》第 5.4.1 条；②软弱下卧层验算计算思路：确定实体深基础尺寸→计算软弱下卧层顶面附加应力→验算软弱下卧层的承载力。

题 3-45 （14C10）某桩基础采用钻孔灌注桩，桩径 0.6m，桩长 10.0m。承台底面尺寸及布桩如图所示，承台顶面荷载效应标准组合下的竖向力F_k =6300kN。土层条件及桩基计算参数如图 3-14-33、表 3-14-30 所示。根据《建筑桩基技术规范》JGJ 94—2008 计算，求作用于软弱下卧层④层顶面的附加应力σ_z值最接近下列何值？（承台及上覆土的重度取 20kN/m^3）

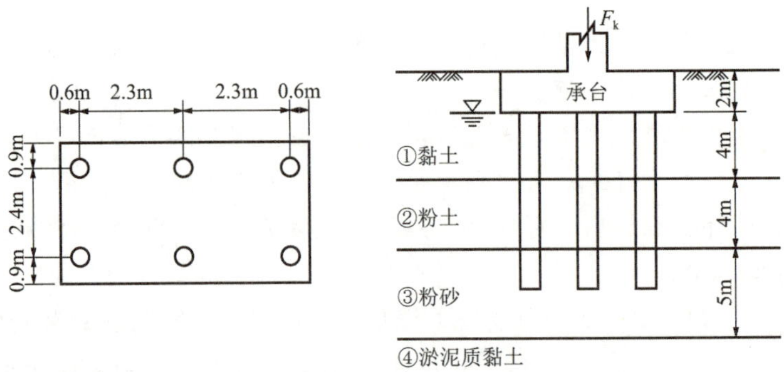

图 3-14-33 题 3-45 图

题 3-45 表 表 3-14-30

序号	土名	天然重度γ（kN/m^3）	极限侧阻力标准值q_{sik}（kPa）	极限端阻力标准值q_{pk}（kPa）	压缩模量E_s（MPa）
①	黏土	18.0	35		
②	粉土	17.5	55	2100	10
③	粉砂	18.0	60	3000	16
④	淤泥质黏土	18.5	30		3.2

（A）8.5kPa （B）18kPa （C）30kPa （D）40kPa

【解】

（1）$G_k = 20 \times 2 \times 4.2 \times 5.8 = 974.4\text{kN}$

$A_0 = 2.3 \times 2 + 0.6 = 5.2\text{m}$，$B_0 = 2.4 + 0.6 = 3.0\text{m}$

（2）$E_{s1}/E_{s2} = 16/3.2 = 5$，$t = 3\text{m} > 0.5B_0 = 0.5 \times 3.0 = 1.5\text{m}$，查表$\theta$ =25°

（3）$$\sigma_z = \frac{(6300 + 974.4) - \frac{3}{2} \times [(5.2 + 3.0) \times (4 \times 35 + 4 \times 55 + 2 \times 60)]}{(5.2 + 2 \times 3 \times \tan 25°) \times (3.0 + 2 \times 3 \times \tan 25°)} = 29.55\text{kPa}$$

【点评】

①根据《建筑桩基技术规范》第 5.4.1 条；②传递至桩端平面的荷载，按扣除实体基础外表面**总极限侧阻力的 3/4** 而非 1/2 总极限侧阻力；桩端荷载扩散，持力层刚度愈大扩散角愈大，压力扩散角和《建筑地基基础设计规范》一致；③软弱下卧层承载力只进行深度修正，因为下卧层受压区应力分布并非均匀，呈内大外小，不应做宽度修正，考虑到承台底面以上土已挖除且可能和土体脱空，因此修正深度z**自承台底面计算至软弱土层顶面**，多为软弱黏性土，故深度修正系数取 1.0。

题 3-46　（21C11）某建筑采用桩筏基础，筏板尺寸为 41m × 17m，正方形满堂布桩，桩径 600mm，桩间距 3m，桩长 20m，基底埋深 5m，荷载效应标准组合下传至筏板顶面（**应勘误为底面**）的平均荷载为 400kPa，地下水位埋深 5m，地层条件及相关参数如图 3-14-34 所示，满足《建筑桩基技术规范》JGJ 94—2008 相关规定所需的最小软弱下卧层承载力特征值（经深度修正后的值）最接近下列哪个选项？（图中尺寸单位为 mm）

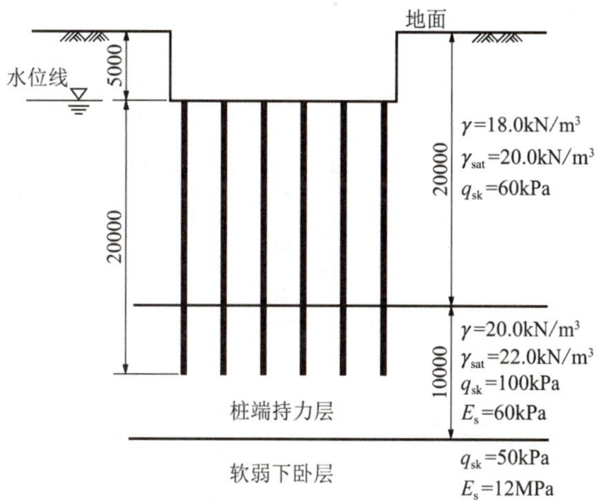

图 3-14-34　题 3-46 图

（A）190kPa　　（B）215kPa　　（C）270kPa　　（D）485kPa

【解】

（1）$B_0 = 3 \times 5 + 0.6 = 15.6\text{m}$，$A_0 = 3 \times 13 + 0.6 = 39.6\text{m}$

$\dfrac{E_{s1}}{E_{s2}} = \dfrac{60}{12} = 5$，$\dfrac{t}{B_0} = \dfrac{5}{15.6} = 0.32 \Rightarrow$ 插值 $\theta = 14.2°$

（2）$\sigma_z = \dfrac{400 \times 41 \times 17 - \dfrac{3}{2} \times (39.6 + 15.6) \times (60 \times 15 + 100 \times 5)}{(39.6 + 2 \times 5 \times \tan 14.2°) \times (15.6 + 2 \times 5 \times \tan 14.2°)} = 213.2\text{kPa}$

（3）$f_{az} \geqslant 213.2 + 10 \times 15 + 12 \times 10 = 483.2\text{kPa}$

【点评】

①根据《建筑桩基技术规范》第 5.4.1 条；②本题是瑕疵题，题目给的荷载为筏板顶面的力，作用在筏板底部的荷载应加上筏板重量，题目没有给出筏板的厚度和重度，无法计算；③桩基下卧层验算，注意扩散角插值确定；本题正方形满堂布桩确定桩数及布置方法如下：（布桩边长 $-2d$）/桩间距 ≈ 布桩数 -1，故本题布桩数为 6×14。

题 3-47 某桩基础采用钻孔灌注桩，桩径 0.4m，桩长 10.0m。圆形承台直径为 5m，近似圆形布桩（按圆形考虑），内圆半径为 2m，承台顶面荷载效应标准组合下的竖向力F_k = 7200kN。土层条件及桩基计算参数如图 3-14-35、表 3-14-31 所示。根据《建筑桩基技术规范》JGJ 94—2008 计算作用于软弱下卧层④层顶面的附加应力σ_z值。（承台及上覆土的重度取 20kN/m³）

题 3-47 表 **表 3-14-31**

序号	土名	天然重度γ（kN/m³）	极限侧阻力标准值q_{sik}（kPa）	极限端阻力标准值q_{pk}（kPa）	压缩模量E_s（MPa）
①	黏土	18.0	35		
②	粉土	17.5	55	2100	10
③	粉砂	18.0	60	3000	16
④	淤泥质黏土	18.5	30		3.2

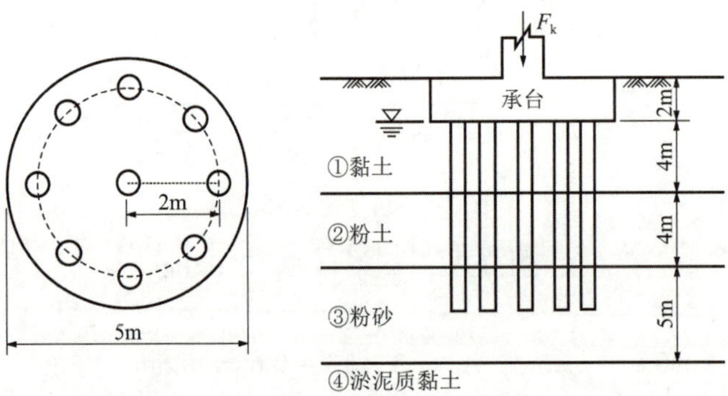

图 3-14-35 题 3-47 图

【解】

（1）$G_k = 20 \times 2 \times 3.14 \times 2.5^2 = 785\text{kN}$

桩外围半径$r_0 = 2 + 0.4/2 = 2.2\text{m}$

（2）$E_{s1}/E_{s2} = 16/3.2 = 5$，$t = 3\text{m} > 0.5B_0 = 0.5 \times 4.4 = 2.2\text{m}$，查表$\theta = 25°$

$$\sigma_z = \frac{(F_k + G_k) - \frac{3}{4}u\sum q_{sik}l_i}{\pi(r_0 + t\tan\theta)^2}$$

$$= \frac{(7200 + 785) - \frac{3}{4} \times 3.14 \times 4.4 \times (4 \times 35 + 4 \times 55 + 2 \times 60)}{3.14 \times (2.2 + 3 \times \tan 25°)^2}$$

$$= 74.04\text{kPa}$$

【点评】

①根据《建筑桩基技术规范》第 5.4.1 条；②分子减去 3/4 极限侧阻力，则应该减去 $3/4u \cdot q_{sik} \cdot l_i$。

2. 负摩阻力计算——《建筑桩基技术规范》第 5.4.2～5.4.4 条

符合下列条件之一的桩基，当桩周土层产生的沉降超过基桩的沉降时，在计算基桩承载力时应计入桩侧负摩阻力：（1）桩穿越较厚松散填土、自重湿陷性黄土、欠固结土、液化土层进入相对较硬土层时；（2）桩周存在软弱土层，邻近桩侧地面承受局部较大的长期荷载，或地面大面积堆载（包括填土）时；（3）由于降低地下水位，使桩周土有效应力增大，并产生显著压缩沉降时。如图 3-14-36 所示，负摩阻力按表 3-14-32 计算。

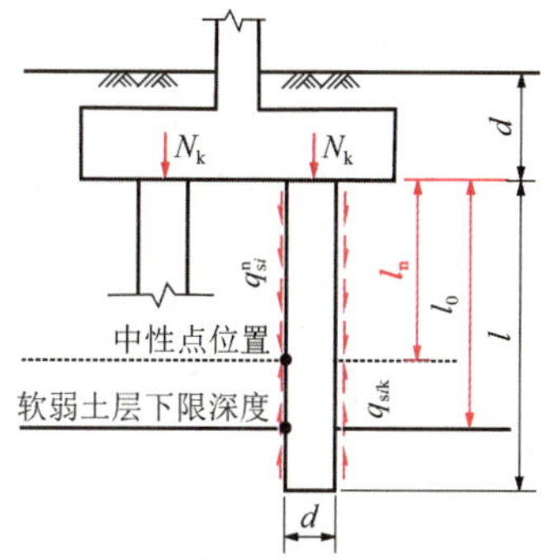

图 3-14-36　负摩阻力计算示意图

负摩阻力计算　　　　**表 3-14-32**

<table>
<tr><th>计算步骤</th><th colspan="2">计算过程</th></tr>
<tr><td>①中性点深度l_n（m）</td><td colspan="2">★切勿直接取全桩长进行计算★
确定桩周（桩顶起算）软弱土层下限深度l_0，按下表计算l_n
<table>
<tr><td>持力层性质</td><td>黏性土、粉土</td><td>中密以上砂</td><td>砾石、卵石</td><td>基岩</td></tr>
<tr><td>中性点深度比l_n/l_0</td><td>0.5～0.6</td><td>0.7～0.8</td><td>0.9</td><td>1.0</td></tr>
</table>
注：1. 桩穿过自重湿陷性黄土层时，l_n可按表列值增大 10%（持力层为基岩除外）；
2. 当桩周土层固结与桩基沉降同时完成时，取$l_n=0$；
3. 当桩周土层计算沉降量小于 20mm 时，l_n应按表列值乘以 0.4～0.8 折减</td></tr>
<tr><td rowspan="2">②各土层负摩阻力标准值q_{si}^n（kPa）</td><td>由地表大面积堆载p和土层自重引起的桩周第i层土的平均竖向有效应力如下：
$$\sigma_i' = p + \sum_{e=1}^{i-1}\gamma_e \Delta z_e + \frac{1}{2}\gamma_i \Delta z_i$$（水位处要分层）</td><td>群桩外围桩→自地面起算
群桩内部桩→自承台底起算（不计入p）
p——地面均布荷载（kPa）
γ_i、γ_e——分别为第i层土和其上第e层土的有效重度（kN/m³）
Δz_i、Δz_e——第i土层和第e土层的厚度（m）</td></tr>
<tr><td colspan="2">中性点以上（桩顶～l_n范围）第i层土的负摩阻力标准值q_{si}^n
$q_{si}^n = \xi_{ni} \cdot \sigma_i'$（$q_{si}^n > q_{sik}$时，取$q_{si}^n = q_{sik}$）
<table>
<tr><td>土层类别</td><td>饱和软土</td><td>黏性土、粉土</td><td>砂土</td><td>自重湿陷性黄土</td></tr>
<tr><td>负摩阻力系数ξ_{ni}</td><td>0.15～0.25</td><td>0.25～0.40</td><td>0.35～0.50</td><td>0.20～0.35</td></tr>
</table>
注：1. 在同一类土中，挤土桩取表中较大值；非挤土桩取表中较小值；
2. 填土按其组成取表中同类土的较大值</td></tr>
<tr><td>③基桩下拉荷载标准值Q_g^n（kN）</td><td>$$Q_g^n = \eta_n \cdot u \sum_{i=0}^{n} q_{si}^n l_i$$圆桩：$\eta_n = \dfrac{s_{ax} \cdot s_{ay}}{\pi d\left(\dfrac{q_s^n}{\gamma_m} + \dfrac{d}{4}\right)} \leqslant 1$
方桩：$\eta_n = \dfrac{s_{ax} \cdot s_{ay}}{4b\dfrac{q_s^n}{\gamma_m} + b^2} \leqslant 1$</td><td>$\eta_n$——负摩阻力群桩效应系数；
n——中性点以上土层数；
l_i——中性点以上第i土层厚度；
s_{ax}、s_{ay}——基桩的纵横间距；
γ_m——中性点以上土层加权平均有效重度；
q_s^n——中性点以上土层加权平均负摩阻力标准值；
单桩和计算η_n >1 时，均取η_n =1</td></tr>
<tr><td>④受负摩阻力桩基承载力验算</td><td colspan="2">（1）对摩擦型基桩，可取桩身计算中性点以上土层侧阻力为零，并验算：
$$N_k < R_a$$（2）对端承型基桩，应考虑负摩阻力引起的基桩下拉荷载作用，按下式验算：
$$N_k + Q_g^n < R_a$$（R_a仅计算中性点以下部分侧阻力和端阻力）</td></tr>
</table>

注：负摩阻力属于重要考点，需要在理解原理的基础上通过大量做题达到闭卷的程度，坑点较多，要牢记于心。

（1）负摩阻力发生机理： 通常情况下，桩受竖向荷载下沉，桩侧土体对桩产生与桩的位移方向相反的向上摩阻力，即正摩阻力。当桩侧土体因某种原因而下沉，且其沉降量大于桩的沉降时，桩侧土体将对桩产生向下摩阻力，即负摩阻力。

（2）中性点： 如图 3-14-37 所示，当桩侧产生负摩阻力时，由负摩阻力过渡到正摩阻力，出现摩阻力为零的断面称为中性点。中性点以上桩的位移小于桩侧土的位移，中性点以下桩的位移大于桩侧土的位移，中性点为桩、土位移相等的断面。**中性点以上桩身轴向压力随深度递增，中性点以下桩身轴向压力随深度递减，中性点截面桩身的轴力最大。**

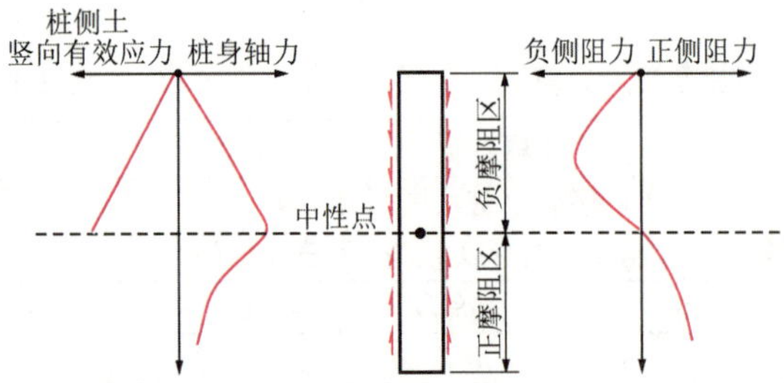

图 3-14-37 负摩阻力中性点

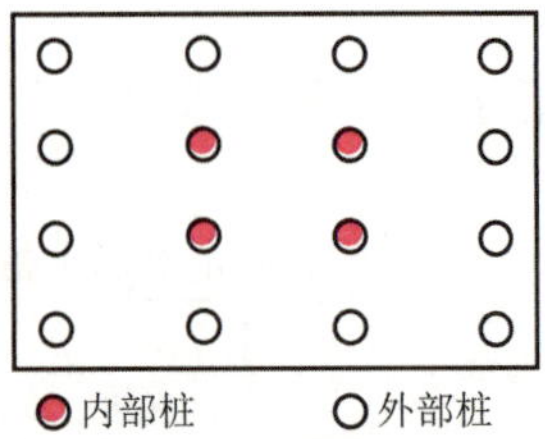

图 3-14-38 内部桩和外部桩

（3）影响中性点深度的因素： ①桩端持力层的刚度，持力层愈硬，中性点愈深；端承型桩的中性点深度大于摩擦型桩；②桩周土层的变形性质和应力历史，桩周土层压缩性愈高，欠固结度愈大，欠固结土层愈厚，中性点深度愈大；③桩基在桩顶荷载作用下的沉降已完成的情况下，因外部条件变化引起负摩阻力时，中性点深度较大；当堆载强度和面积愈大，或地下水降低幅度和面积愈大时，中性点深度愈大；④桩的长径比愈小、截面刚度愈大，中性点深度愈大。一般来说，中性点的位置，在初期多少是有变化的，它随着桩的沉降增加而向上移动，当沉降趋于稳定时，中性点也将稳定在某一固定的深度l_n处。工程实测表明，在高压缩性土层l_0的范围内，负摩阻力的作用长度，即中性点的稳定深度l_n，是随桩端持力层的强度和刚度的增大而增加的，其深度比l_n/l_0的经验值见表 3-14-32。

（4）计算过程中的重要坑点：

①计算下拉荷载第一步确定中性点深度l_n，取l_0范围计算，切忌直接取全桩长l进行计算；

②中性点深度自桩顶起算，而不是从地表算起；

③计算负摩阻力标准值q_{si}^n和平均竖向有效应力σ_i'时，水位处要进行分层，水位以下取浮重度计算；

④计算平均竖向有效应力σ_i'时，不要忽略了地面均布荷载p，当桩顶在土层以下时，应将桩顶上部土层自重计入地面均布荷载p中；

⑤当计算得出负摩阻力标准值q_{si}^n大于正摩阻力q_{sik}时，取正摩阻力标准值q_{sik}进行计算；

⑥群桩效应系数$\eta_n \leqslant 1$，当计算值$\eta_n > 1$时取 1；

⑦当计算群桩的负摩阻力时，土的自重引起的桩周土层平均竖向有效应力，对桩群外围桩自地面算起（图 3-14-38），桩群内部桩自承台底算起（不计地面均布荷载p）；

⑧负摩阻力不考虑大直径尺寸效应修正；

⑨考虑负摩阻力的基桩承载力验算中，基桩的竖向承载力特征值R_a只计中性点以下部分侧阻值及端阻值。

题 3-48 （03D30）在一自重湿陷性黄土场地上，采用人工挖孔端承型单桩基础。考虑到黄土浸水后产生自重湿陷，对桩身会产生负摩阻力，已知桩顶位于地下 3.0m，计算中性点位于桩顶下 3.0m，黄土的天然重度为 15.5kN/m³，含水率 12.5%，孔隙比 1.06，在没有实测资料时，按《建筑桩基技术规范》JGJ 94—2008 估算得出的黄土对桩的负摩阻力标准值最接近下列哪个选项？

（A）13.95kPa　　（B）16.33kPa　　（C）17.03kPa　　（D）17.43kPa

【解】

（1）$e=\dfrac{G_s(1+w)\gamma_w}{\gamma}-1 \Rightarrow 1.06=\dfrac{G_s(1+0.125)\times 10}{15.5}-1 \Rightarrow G_s=2.84$

$\gamma_{sat}=\dfrac{2.84+0.85\times 1.06}{1+1.06}\times 10=18.16\text{kN/m}^3$

（2）$\sigma_i'=18.16\times 3+\dfrac{1}{2}\times 18.16\times 3=81.72\text{kPa}$，$q_{si}^n=81.72\times 0.2=16.34\text{kPa}$

【点评】

①根据《建筑桩基技术规范》第 5.4.4 条；②对湿陷性黄土，饱和度S_r为 85%时为饱和；③计算竖向应力时均采用饱和重度，因为湿陷黄土地区的水位一般都特别深，场地黄土在水位之上，内部不易形成有效的孔隙水压力，故不采用有效重度（注意浸水和位于水位之下的区别）；④人工挖孔桩属于非挤土桩，查《建筑桩基技术规范》表 5.4.4-1 的负摩阻力系数ξ_n取小值 0.2。

题 3-49 （11C13）如图 3-14-39 所示，某端承桩单桩基础桩身直径$d=600$mm，桩端嵌入基岩，桩顶以下 10m 为欠固结的淤泥质土，该土有效重度为 8.0kN/m³，桩侧土的抗压极限侧阻力标准值为 20kPa，负摩阻力系数ξ_n为 0.25，按《建筑桩基技术规范》JGJ 94—2008 计算，求桩侧负摩阻力引起的下拉荷载最接近下列哪个选项？

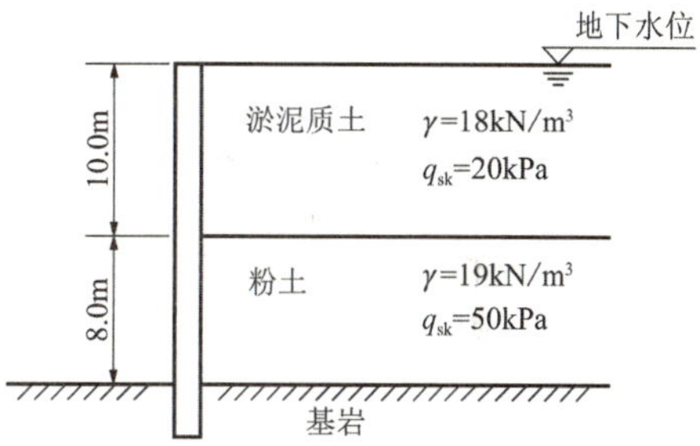

图 3-14-39　题 3-49 图

（A）150kN　　（B）190kN　　（C）250kN　　（D）300kN

【解】

（1）桩端嵌入基岩，查表$l_n/l_0=1$，$l_n=l_0=10$m

（2）$\sigma_{\gamma i}'=\sum_{e=1}^{i-1}\gamma_e\Delta z_e+\dfrac{1}{2}\gamma_i\Delta z_i=0+\dfrac{1}{2}\times 8\times 10=40\text{kPa}$

$q_{si}^n=\xi_{ni}\cdot\sigma_{\gamma i}'=0.25\times 40=10\text{kPa}<20\text{kPa}$

（3）$Q_g^n=\eta_n\cdot u\sum_{i=1}^{n}q_{si}^n l_i=1.0\times 3.14\times 0.6\times 10\times 10=188.4\text{kN}$

【点评】

①根据《建筑桩基技术规范》第 5.4.4 条；②考点有两个，中性点深度l_n和l_0均自桩顶起算，l_0下限深度为桩周软弱土下限深度；③根据题中给出的嵌岩桩条件和欠固结的淤泥质土层厚度，确定中性点的深度l_n；计算桩侧负摩阻力时，首先计算欠固结的淤泥质土层

的平均竖向有效应力，然后再乘以该土层负摩阻力系数。

【同类型真题】 02D05、04C16

题 3-50　（03C15）一钻孔灌注桩，桩径 $d = 0.8\text{m}$，长 $l_0 = 10\text{m}$，穿过软土层，桩端持力层为砾石。如图 3-14-40 所示，地下水位在地面下 1.5m，地下水位以上软黏土的天然重度 $\gamma = 17.0\text{kN/m}^3$，地下水位以下的浮重度 $\gamma' = 9.5\text{kN/m}^3$。现在桩顶四周地面大面积填土，填土荷重 $p = 10\text{kN/m}^2$，要求按《建筑桩基技术规范》JGJ 94—2008，计算因填土对该单桩造成的负摩擦下拉荷载最接近下列哪个选项？（计算中负摩阻力系数取 0.2）。

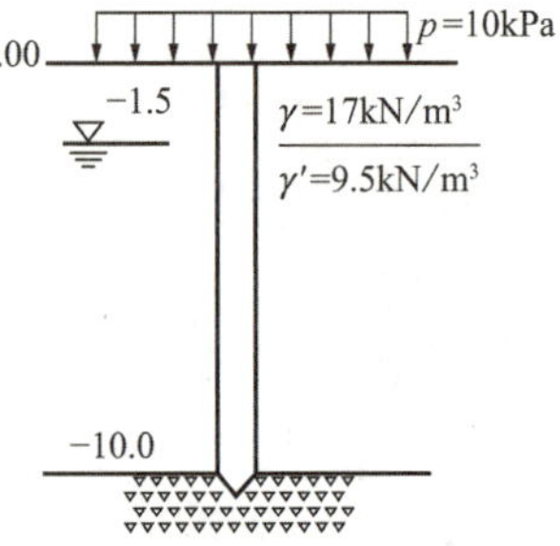

图 3-14-40　题 3-50 图

（A）393kN　　（B）316kN　　（C）285kN　　（D）238kN

【解】

（1）桩端为砾石，$l_n/l_0 = 0.9$，$l_n = 0.9 \times 10 = 9.0\text{m}$

（2）0～1.5m 段：$\sigma_1' = 10 + \frac{1}{2} \times 17 \times 1.5 = 22.75\text{kPa}$，

$q_{s1}^n = 0.2 \times 22.75 = 4.55\text{kPa}$

1.5～9m 段：$\sigma_2' = 10 + 17 \times 1.5 + \frac{1}{2} \times 7.5 \times 9.5 = 71.125\text{kPa}$，

$q_{s2}^n = 0.2 \times 71.125 = 14.2\text{kPa}$

（3）$Q_g^n = 1.0 \times 3.14 \times 0.8 \times (4.55 \times 1.5 + 14.23 \times 7.5) = 285.24\text{kN}$

【点评】

①根据《建筑桩基技术规范》第 5.4.4 条；②答题顺序：确定中性点的深度→各土层的平均竖向有效应力→桩侧负摩阻力的计算→计算嵌岩桩的下拉载荷；③应注意在水位处进行分层，在竖向有效应力折线拐点处分层。

题 3-51　（04D15）一穿过自重湿陷性黄土端承于含卵石的极密砂层的高承台基桩，有关土性系数及深度值如图 3-14-41 所示。当地基严重浸水时，按《建筑桩基技术规范》JGJ 94—2008 计算，负摩阻力 Q_g^n 值最接近下列哪个选项？（计算时取 $\xi_n = 0.3$，$\eta_n = 1.0$，饱和度为 80% 时的平均重度为 18kN/m^3，桩周长 $u = 1.884\text{m}$，下拉荷载累计至砂层顶面）

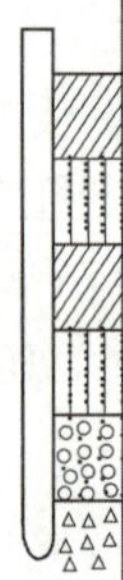

层底深度（m）	层厚（m）	自重湿陷系数 δ_{zs}	桩侧正摩阻力（kPa）
2	2	0.003	15
5	3	0.065	30
7	2	0.003	40
10	3	0.075	50
13	3		80

图 3-14-41　题 3-51 图

（A）178kN　　（B）366kN

（C）509kN　　（D）610kN

【解】

（1）0～2m：$\sigma_1' = \frac{1}{2} \times 18 \times 2 = 18\text{kPa}$，

$q_{s1}^n = 0.3 \times 18 = 5.4\text{kPa} < 15\text{kPa}$

2～5m：$\sigma_2' = 18 \times 2 + \frac{1}{2} \times 18 \times 3 = 63\text{kPa}$，

$q_{s2}^n = 0.3 \times 63 = 18.9\text{kPa} < 30\text{kPa}$

5～7m：$\sigma_3' = 18 \times 2 + 18 \times 3 + \frac{1}{2} \times 18 \times 2 = 108\text{kPa}$，

$q_{s3}^{n} = 0.3 \times 108 = 32.4\text{kPa} < 40\text{kPa}$

7～10m：$\sigma_4' = 18 \times 2 + 18 \times 3 + 18 \times 2 + \frac{1}{2} \times 18 \times 3 = 153\text{kPa}$，

$q_{s4}^{n} = 0.3 \times 153 = 45.9\text{kPa} < 50\text{kPa}$

（2）$Q_g^n = 1.0 \times 1.884 \times (5.4 \times 2 + 18.9 \times 3 + 32.4 \times 2 + 45.9 \times 3) = 508.7\text{kN}$

【点评】

①根据《建筑桩基技术规范》第 5.4.4 条；②关键是计算每层**中点处**的有效自重应力，注意要和正摩阻力要进行比较。

题 3-52　（05C13）某端承灌注桩桩径 1.0m，桩长 22m，桩周土性参数如图 3-14-42 所示，地面大面积堆载p =60kPa，桩周沉降变形土层下限深度 20m，试按《建筑桩基技术规范》JGJ 94—2008 计算下拉荷载最接近下列哪个选项？（已知中性点深度$l_n/l_0 = 0.8$，黏土负摩阻力系数$\xi_n = 0.3$，粉质黏土负摩阻力系数$\xi_n = 0.4$，负摩阻力群桩效应系数$\eta_n = 1.0$。）

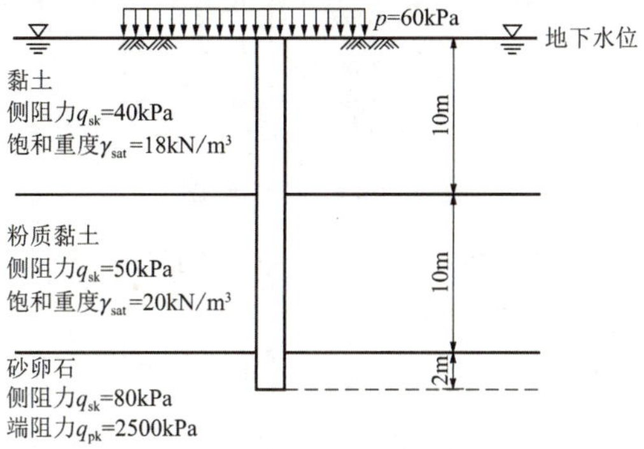

图 3-14-42　题 3-52 图

（A）1880kN　　（B）2200kN　　（C）2510kN　　（D）3140kN

【解】

（1）$l_n/l_0 = 0.8$，$l_n = 0.8 \times 20 = 16\text{m}$

（2）0～10m：$\sigma_1' = 60 + 8 \times \frac{10}{2} = 100\text{kPa}$，

$q_{s1}^{n} = 0.3 \times 100 = 30\text{kPa} < 40\text{kPa}$，取$q_{s1}^{n} = 30\text{kPa}$

10～16m：$\sigma_2' = 60 + 8 \times 10 + 10 \times \frac{6}{2} = 170\text{kPa}$

$q_{s2}^{n} = 0.4 \times 170 = 68\text{kPa} > 50\text{kPa}$，取$q_{s2}^{n} = 50\text{kPa}$

（3）$Q_g^n = 1.0 \times 3.14 \times 1 \times (30 \times 10 + 50 \times 6) = 1884\text{kN}$

【点评】

①根据《建筑桩基技术规范》第 5.4.4 条；②首先确定中性点，其次计算中性点之上桩侧负摩阻力，并与正负摩阻力比较取小值，最后代入公式求下拉荷载。

题 3-53 （14C11）某钻孔灌注桩单桩基础，桩径 1.2m，桩长 16m，土层条件如图 3-14-43 所示。地下水位在桩顶平面处。若桩顶平面处作用大面积荷载$p = 50\text{kPa}$，根据《建筑桩基技术规范》JGJ 94—2008 计算桩侧负摩阻力引起的下拉荷载Q_g^n最接近下列何值？（忽略密实粉砂层压缩量）。

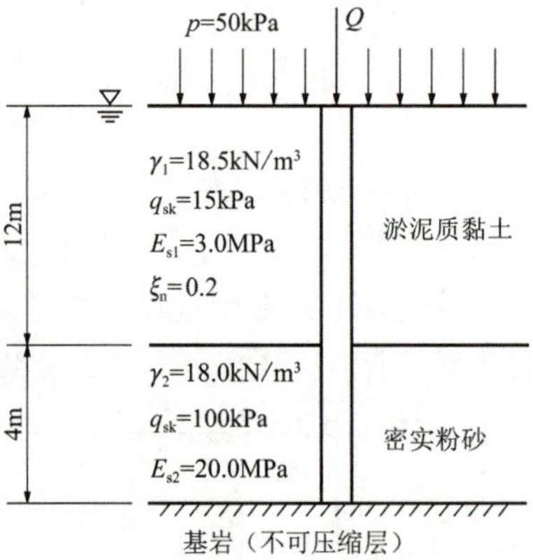

图 3-14-43 题 3-53 图

（A）240kN （B）680kN （C）910kN （D）1220kN

【解】

（1）持力层为基岩，取$l_n/l_0 = 1$，$l_n = l_0 = 12\text{m}$

（2）$\sigma_i' = p + \sum_{e=1}^{i-1}\gamma_e\Delta z_e + \frac{1}{2}\gamma_i\Delta z_i = 50 + \frac{1}{2}\times 8.5\times 12 = 101\text{kPa}$

$q_{si}^n = \xi_{ni}\sigma_{\gamma i}' = 0.2\times 101 = 20.2\text{kPa} > q_{sk} = 15\text{kPa}$，取$q_{si}^n = 15\text{kPa}$

（3）$Q_g^n = \eta_n\cdot u\sum_{i=1}^{n}q_{si}^n l_i = 1.0\times 3.14\times 1.2\times 15\times 12 = 678.24\text{kN}$

【点评】

①根据《建筑桩基技术规范》第 5.4.4 条；②重要考点：桩侧负摩阻力计算，首先判断中性点深度，然后对产生负摩阻力的土层进行分层（**水位处、土层界面分层**），确保每层的**竖向有效压力直线分布**，取每层**中点**计算**平均**负摩阻力标准值；③注意计算出来的**负摩阻力标准值**要和**正负摩阻力极限标准值比较取小值**；④中性点深度l_n、桩周软弱土层下限深度l_0**均自桩顶起算**，应熟记所有坑点，通过大量练习，达到闭卷程度。

题 3-54 （04D14）某端承型单桩基础，桩入土深度 12m，桩径$d = 0.8\text{m}$，桩顶荷载$Q_0 = 500\text{kN}$，由于地表进行大面积堆载而产生了负摩阻力，负摩阻力平均值为$q_s^n = 20\text{kPa}$，中性点位于桩顶下 6m，求桩身最大轴力最接近下列哪个选项？

（A）500kN （B）650kN （C）800kN （D）900kN

【解】

（1）$Q_g^n = \eta_n\cdot u\sum_{i=1}^{n}q_{si}^n l_i = 1\times 3.14\times 0.8\times 20\times 6 = 301.4\text{kN}$

（2）轴力最大点位于中性点处：

$Q = Q_0 + Q_g^n = 500 + 301.4 = 801.4\text{kN}$

【点评】

①根据《建筑桩基技术规范》第 5.4.4 条；②中性点处桩侧土的沉降等于桩体的沉降，摩擦力为零，轴力最大，经过中性点，由负摩擦力转为正摩擦力，轴力逐渐减小。

题 3-55 （12D10）某正方形承台下布端承灌注桩 9 根，桩身直径为 700mm，纵、横间距均为 2.5m，地下水位埋深为 0m，桩端持力层为卵石，桩周土 0～5m 为均匀的新填土，以下为正常固结土层，假定填土重度为 18.5kN/m³，桩侧负摩阻力标准值为 30kPa，按《建筑桩基技术规范》JGJ 94—2008 考虑群桩效应时，计算基桩下拉荷载最接近下列哪个选项？

（A）180kN　　（B）230kN　　（C）280kN　　（D）330kN

【解】

（1）$l_n/l_0 = 0.9$，$l_n = 0.9 \times 5 = 4.5\text{m}$

$$\eta_n = s_{ax} \cdot s_{ay}/\left[\pi d\left(\frac{q_s^n}{\gamma_m} + \frac{d}{4}\right)\right] = \frac{2.5^2}{3.14 \times 0.7 \times \left(\frac{30}{8.5} + \frac{0.7}{4}\right)} = 0.768 < 1$$

（2）$Q_g^n = \eta_n \cdot u\sum_{i=1}^{n} q_{si}^n l_i = 0.768 \times 3.14 \times 0.7 \times 30 \times 4.5 = 227.9\text{kN}$

【点评】

①根据《建筑桩基技术规范》第 5.4.4 条；②考点为桩基负摩阻力计算和考虑群桩效应的基桩下拉荷载的计算，计算负摩阻力需**首先确定中性点深度**，新填土在固结沉降时会对桩产生负摩阻力；③γ_m应采用**负摩阻力范围内**桩周土厚度加权**有效重度**，应注意方化圆。

题 3-56 由桩径$d = 0.8\text{m}$的灌注桩组成群桩，群桩纵横向桩距均为 $3d$，桩周 0～5m 为新填土，以下为正常固结土，水位与地面相平，持力层为卵石，新填土层负摩阻力标准值的计算值$q_s^n = 20\text{kPa}$，极限侧阻力标准值$q_{sk} = 15\text{kPa}$；持力层极限侧阻力标准值$q_{sk} = 140\text{kPa}$，极限端阻力标准值$q_{pk} = 3500\text{kPa}$，填土重度 20kN/m³，试按《建筑桩基技术规范》JGJ 94—2008 计算考虑群桩效应基桩下拉荷载？

【解】

（1）负摩阻力标准值$q_s^n = 20\text{kPa}>$正摩阻力标准值$q_{sk} = 15\text{kPa}$，取$q_s = 15\text{kPa}$

（2）群桩效应系数：$\eta_n = s_{ax} \cdot s_{ay}/\left[\pi d\left(\frac{q_s^n}{\gamma_m} + \frac{d}{4}\right)\right] = \frac{(3 \times 0.8)^2}{3.14 \times 0.8 \times \left(\frac{15}{10} + \frac{0.8}{4}\right)}$

$= 1.35 > 1$，取$\eta_n = 1$

（3）桩端持力层为卵石，中性点深度比：$l_n/l_0 = 0.9$，$l_n = 0.9 \times 5 = 4.5\text{m}$

（4）基桩下拉荷载：$Q_g^n = \eta_n \cdot u\sum_{i=1}^{n} q_{si}^n l_i = 1.0 \times 3.14 \times 0.8 \times (15 \times 4.5) = 169.6\text{kN}$

【点评】

①对γ_m的取值，当土层位于地下水位以下时，应取浮重度；②当计算得到$\eta_n > 1$时，应取$\eta_n = 1$；③桩群外围桩自地面算起，桩群内部桩自承台底算起。

题 3-57 （20C09）某建筑场地地表以下 10m 范围内为新近松散填土，其重度为 $18kN/m^3$，填土以下为基岩，无地下水。拟建建筑物采用桩筏基础，筏板底埋深 5m，按间距 3m × 3m 正方形布桩，桩径 800mm，桩端入岩，填土的正摩阻力标准值 20kPa，填土层负摩阻力系数取 0.35，根据《建筑桩基技术规范》JGJ 94—2008，考虑群桩效应时，筏板中心点处基桩下拉荷载最接近下列哪个选项？

（A）200kN　　（B）500kN　　（C）590kN　　（D）660kN

【解】

（1）$l_0 = 5m$，$l_n = 5 \times 1.0 = 5m$

（2）筏板中心基桩属于内部桩：

$\sigma'_{\gamma 1} = 18 \times 2.5 = 45kPa$，$q^n_{s1} = 45 \times 0.35 = 15.75kPa < 20kPa$

（3）$\eta_n = \dfrac{3 \times 3}{3.14 \times 0.8 \times \left(\dfrac{15.75}{18} + \dfrac{0.8}{4}\right)} = 3.33 > 1$，$\eta_n$取 1.0

（4）$Q^n_g = 1.0 \times 3.14 \times 0.8 \times (15.75 \times 5) = 197.8kN$

【点评】

①根据《建筑桩基技术规范》第 5.4.4 条；②计算桩的负摩阻力时，对于桩群内部桩，土层的平均竖向有效应力应从承台底算起；③考虑群桩效应系数时，负摩阻力群桩效应系数不得大于 1。

题 3-58 某自重湿陷性黄土场地，考虑到黄土浸水后产生自重湿陷，对桩身会产生负摩阻力，采用闭口钢管桩单桩基础进行处理。已知黄土层厚 12m，其下为卵石层。桩径 800mm，桩顶位于地下 2.0m，桩端进入卵石层 2m。黄土的天然重度为 $15.9kN/m^3$，含水率 15%，孔隙比 1.02，$q_{sk} = 25kPa$，按《建筑桩基技术规范》JGJ 94—2008 估算桩侧负摩阻力引起的下拉荷载？

【解】

（1）$e = \dfrac{G_s(1+w)\gamma_w}{\gamma} - 1 \Rightarrow 1.02 = \dfrac{G_s(1+0.15) \times 10}{15.9} - 1 \Rightarrow G_s = 2.79$

饱和黄土的饱和度S_r取 85%：

$\gamma_{sat} = \dfrac{(G_s + S_r e)\gamma_w}{1+e} = \dfrac{(2.79 + 0.85 \times 1.02) \times 10}{1 + 1.02} = 18.10kN/m^3$

（2）持力层为卵石，$l_n/l_0 = 0.9$，同时l_n需要增加 10%，$l_n = 10 \times 0.9 \times 1.1 = 9.9m$

$\sigma'_i = 18.1 \times 2 + \dfrac{1}{2} \times 18.1 \times 9.9 = 125.8kPa$

挤土桩ξ_n取较大值为 0.35

$q^n_{si} = 0.35 \times 125.8 = 44.03kPa > q_{sk} = 25kPa$，取$q^n_{si} = 25kPa$

（3）$Q^n_g = \eta_n \cdot u \sum_{i=1}^{n} q^n_{si} l_i = 1.0 \times 3.14 \times 0.8 \times 25 \times 9.9 = 621.7kN$

【点评】

l_n/l_0是否增加 10%，ξ_n取 0.2 和 0.35 是主要考点，但前边数据均选错也可能会得出正确答案，考试的时候也会选对，因为本题设置了$q_{sk} = 25kPa$，但是不会得分。

题 3-59　某建筑地基桩基础采用泥浆护壁钻孔灌注桩，桩身设计直径$d = 1.0$m，承台埋深 1.6m，桩位布置、地基土层分布，各土层厚度等如图 3-14-44 所示，淤泥质土为欠固结土，地下水位 1.6m，各土层的天然和饱和重度均取 18.5kN/m^3，根据《建筑桩基技术规范》JGJ 94—2008 的规定，估算负摩阻力引起基桩的下拉载荷最接近下列哪个选项？（不考虑群桩效应，查表取小值，图中尺寸单位为 mm）

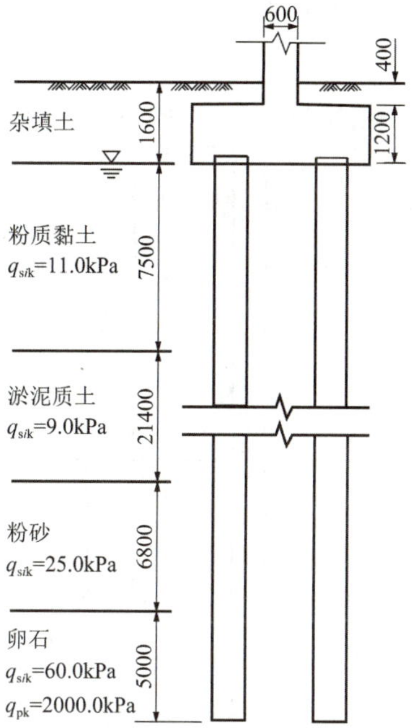

图 3-14-44　题 3-59 图

（A）782kN　　（B）885kN　　（C）1760kN　　（D）1860kN

【解】

（1）$l_0 = 7.5 + 21.4 = 28.9$m，$l_n = 28.9 \times 0.9 = 26$m

（2）粉质黏土：$\sigma_1' = 18.5 \times 1.6 + 8.5 \times \frac{7.5}{2} = 61.475$kPa

$\zeta_{n1} = 0.25$，$q_{s1}^n = 61.475 \times 0.25 = 15.37\text{kPa} > q_{s1k} = 11$kPa，取$q_{s1}^n = 11$kPa

（3）淤泥质土：$\sigma_2' = 18.5 \times 1.6 + 8.5 \times 7.5 + 8.5 \times \frac{26.01-7.5}{2} = 172.02$kPa

$\zeta_{n2} = 0.15$，$q_{s2}^n = 172.02 \times 0.15 = 25.80\text{kPa} > q_{s2k} = 9$kPa，则$q_{s2}^n = 9$kPa

（4）$Q_g^n = 1.0 \times 3.14 \times 1.0 \times [11 \times 7.5 + 9 \times (26 - 7.5)] = 782$kN

【点评】

①根据《建筑桩基技术规范》第 5.4.4 条；②l_0和l_n均从桩顶起算，土层产生负摩阻力的实质原因是“竖向有效应力增加导致的桩土间差异沉降”，因此平均竖向有效应力σ_i'即为i层土中点处的竖向有效应力，计算的分界点一般为桩顶、土层分界处、水位和l_n处；③不计群桩效应时，η_n取 1。

题 3-60 （21D10）某仓储库建于软弱土地基上，拟大面积堆积物资，勘察揭露地层如图 3-14-45 所示，地下水埋深 0.8m。仓储库为柱下独立承台多桩基础。桩顶位于地面下 0.8m，正方形布桩，桩径 0.8m，桩端进入较完整基岩 3.2m。根据《建筑桩基技术规范》JGJ 94—2008，在荷载效应标准组合轴心竖向力作用下，基桩可承受的最大柱下竖向荷载最接近下列哪个选项？（淤泥质土层沉降量大于 20mm，软弱土的负摩阻力标准值按正摩阻力标准值取值进行设计，考虑群桩效应）

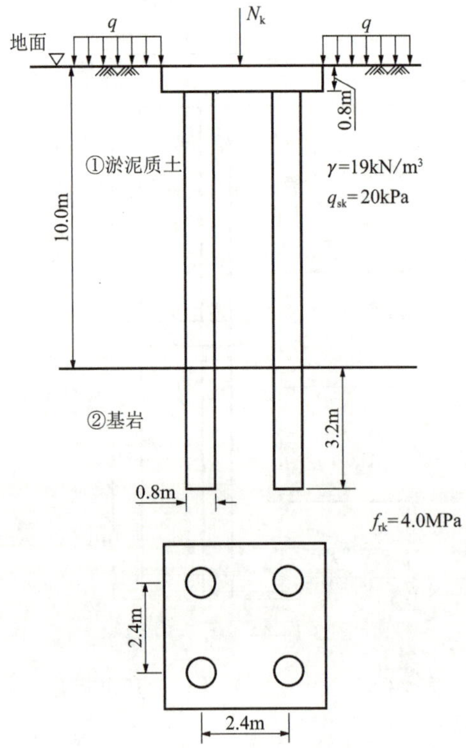

图 3-14-45 题 3-60 图

（A）1040kN （B）1260kN （C）1480kN （D）1700kN

【解】

（1）持力层基岩，$l_n = l_0 = 10 - 0.8 = 9.2\text{m}$，$\eta_n = \dfrac{2.4 \times 2.4}{3.14 \times 0.8 \times \left(\dfrac{20}{9} + \dfrac{0.8}{4}\right)} = 0.947$

（2）$Q_g^n = 0.947 \times 3.14 \times 0.8 \times 20 \times 9.2 = 437.7\text{kN}$

（3）$f_{rk} = 4\text{MPa}$，极软岩，$h_r/d = 3.2/0.8 = 4$，查表插值$\zeta_r = 1.48$

$R_a = \dfrac{1}{2} \times 1.48 \times \dfrac{3.14}{4} \times 0.8^2 \times 4000 = 1487.1\text{kN}$

（4）$N_k \leqslant 1487.1 - 437.7 = 1049.4\text{kN}$

【点评】

①根据《建筑桩基技术规范》第 5.2.2 条、第 5.3.9 条、第 5.4.3 条、第 5.4.4 条；②负摩阻力群桩效应系数中γ_m水下取浮重度；③下拉载荷计算时，持力层为基岩时，中性点深度比$l_n/l_0 = 1$。

题 3-61 （22C11）某工业厂房柱基础采用一柱一桩方案，承台底面埋深 1.5m，设计桩径 800mm，桩长 15m。场地地质条件如图 3-14-46 所示，地面下 10m 内为淤泥质土，其下为厚层的砾石层。投入使用后地面将均布堆放重物，荷载为 80kPa。按照《建筑桩基技术规范》JGJ 94—2008 的相关规定，计算的基桩竖向承载力特征值最接近下列哪个选项？

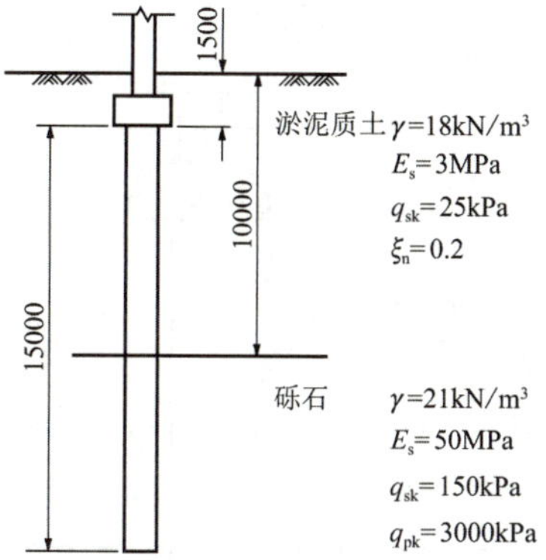

（注：图中尺寸单位均为mm。）

图 3-14-46　题 3-61 图

（A）1330kN　　（B）1970kN　　（C）2000kN　　（D）2240kN

【解】

（1）桩周土层沉降 $s > \frac{80}{3} \times 8.5 = 227\text{mm} > 20\text{mm}$

$l_n = 0.9 \times 8.5 = 7.65\text{m}$

（2）$Q_u = 3.14 \times 0.8 \times (25 \times 0.1 \times 8.5 + 6.5 \times 150) + 3000 \times 3.14 \times 0.4^2 = 4009.8\text{kN}$

无承台效应：$R = R_a = \frac{4009.8}{2} = 2004.9\text{kN}$

【点评】

①根据《建筑桩基技术规范》第 5.2.2 条、第 5.4.2～5.4.4 条；②基桩承载力不计算中性点以上土层的侧阻力，负摩阻力下拉载荷计入荷载，不算入基桩承载力；③存在负摩阻力时，承台底面土和承台脱离，不存在承台效应，基桩R = 单桩R_a；④桩周土层沉降小于 20mm 时，中性点深度乘以 0.4～0.8 的系数折减，本题不验算应该不会扣分。

题 3-62 （22 补考 D10）独立承台钻孔灌注桩单桩基础，桩径 0.8m，桩 12m，桩顶埋深 2.0m，桩端持力层为密实砂层，地下水位在地面处，其余土层条件如图 3-14-47 所示。若地下水位由地面处下降 5m，在桩周淤泥质黏土层产生负摩阻力，中性点深度比l_n/l_0取 0.75，按《建筑桩基技术规范》JGJ 94—2008 规定计算桩侧负摩阻力引起的下拉荷载，其值最接近下列哪个选项？

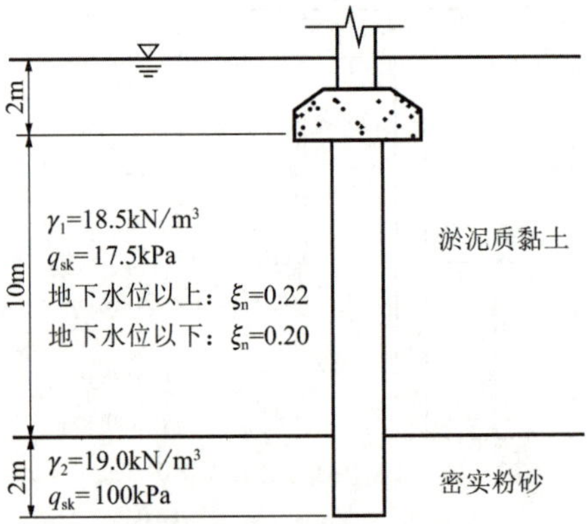

图 3-14-47 题 3-62 图

（A）305kN （B）360kN （C）380kN （D）415kN

【解】

（1）$l_n = 0.75 \times 10 = 7.5\text{m}$

（2）水位以上，地面下 2～5m：$\sigma_1' = 18.5 \times 2 + 18.5 \times \frac{5-2}{2} = 64.75\text{kPa}$

$q_{s1}^n = 0.22 \times 64.75 = 14.2\text{kPa} < 17.5\text{kPa}$，取$q_{s1}^n = 14.2\text{kPa}$

水位以下，5～9.5m：$\sigma_2' = 18.5 \times 5 + 8.5 \times \frac{9.5-5}{2} = 111.6\text{kPa}$

$q_{s2}^n = 0.20 \times 111.6 = 22.32\text{kPa} > 17.5\text{kPa}$，取$q_{s2}^n = 17.5\text{kPa}$

（3）$Q_g^n = 1.0 \times 3.14 \times 0.8 \times (14.2 \times 3 + 17.5 \times 4.5) = 304.8\text{kN}$

【点评】

①根据《建筑桩基技术规范》第 5.4.4 条，计算负摩阻力时，注意在水位处分层；②首先确定中性点，其次计算中性点之上桩侧负摩阻力，并与正负摩阻力比较取小值，最后代入公式求下拉荷载，常规送分题。

3. 抗拔（抗浮）桩基承载力验算——《建筑桩基技术规范》第 5.4.5 条、第 5.4.6 条

承受上拔力（浮力）的桩基础，应**同时验算**群桩基础的**整体破坏**和**非整体破坏**时**基桩**的抗拔承载力，见表 3-14-33。

抗拔桩基承载力　　　表 3-14-33

<table>
<tr><td rowspan="3">整体破坏</td><td colspan="2">$N_k \leqslant \frac{T_{gk}}{2} + G_{gp}$</td><td rowspan="2">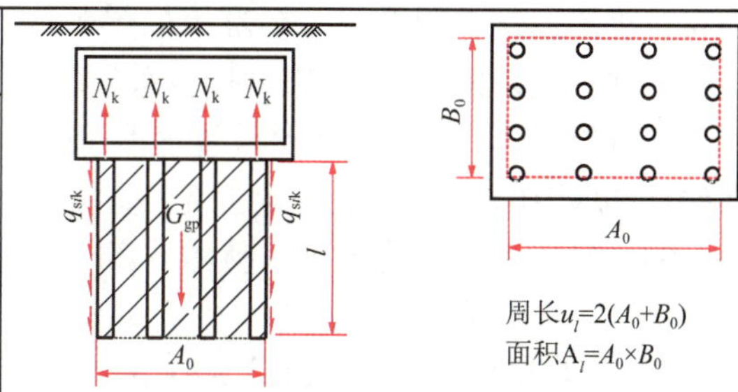</td></tr>
<tr><td colspan="2">$T_{gk} = \frac{1}{n} u_l \sum \lambda_i q_{sik} l_i$；$G_{gp} = \frac{\gamma_G l A_l}{n}$
矩形承台：$n = n_1 \times n_2$
（n_1、n_2忽略小数取整）
$n_1 = \frac{承台长-2d}{桩间距} + 1$，$n_2 = \frac{承台宽-2d}{桩间距} + 1$
（d小于 150mm 时，取 150mm）</td></tr>
<tr><td colspan="3">边桩中心至承台边缘的距离不应小于桩的直径或边长，且桩的外边缘至承台边缘的距离不应小于 150mm。对于墙下条形承台梁，桩的外边缘至承台梁边缘的距离不应小于 75mm</td></tr>
<tr><td rowspan="2">非整体破坏</td><td>等截面桩</td><td>$N_k \leqslant \frac{T_{uk}}{2} + G_p$
$T_{uk} = u \sum \lambda_i q_{sik} l_i$；$G_p = \gamma_c l A_p$</td><td rowspan="2">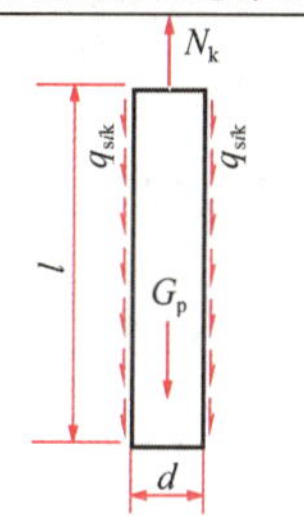等截面桩
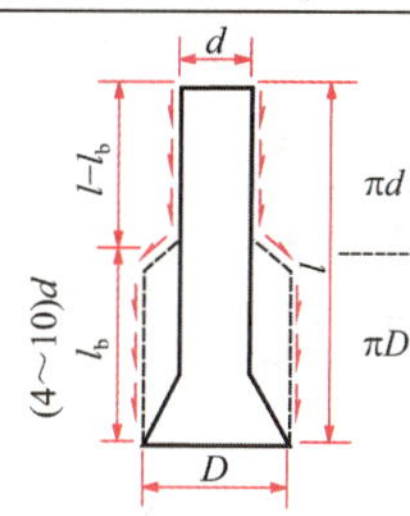扩底桩</td></tr>
<tr><td>扩底桩</td><td>$T_{uk} = \sum u_i \lambda_i q_{sik} l_i$（$u_i$分段计算）
$G_p = \frac{\pi d^2}{4}\gamma_c l + \frac{\pi(D^2-d^2)}{4}\gamma_s l_b$（推荐）
或$G_p = \frac{\pi d^2}{4}\gamma_c (l - l_b) + \frac{\pi D^2}{4}\gamma_G l_b$</td></tr>
<tr><td>重要参数</td><td colspan="3">N_k——按荷载标准组合计算的基桩拔力（kN）；
T_{gk}、T_{uk}——群桩呈整体、非整体破坏时，基桩抗拔极限承载力标准值（kN）；
G_{gp}——群桩基础所包围体积的桩土总自重除以总桩数（kN），地下水位以下取浮重度；
G_p——基桩自重（kN），地下水位以下取浮重度；
u_i——桩身周长（m），对于等直径桩取$u = \pi d$；对于扩底桩按上图取值；
q_{sik}——桩侧表面第i层土的抗压极限侧阻力标准值（kPa）；
u_l——桩群外围周长（m）；
γ_c——混凝土的有效重度（kN/m³），水位以下取浮重度；
γ_s——圆柱体土的有效重度（kN/m³），水位以下取浮重度；
γ_G——桩、土的平均有效重度（kN/m³），一般可取 20，水位以下取浮重度；
l_b——自桩底起算的扩底影响高度（m），可取(4～10)d，对软土取低值，对卵石、砾石取高值；
λ_i——抗拔系数，见下表
抗拔系数λ_i
<table><tr><td>土类</td><td>λ_i值</td><td>$\frac{桩长l}{桩径d} < 20$时：λ_i值</td></tr><tr><td>砂土</td><td>0.5～0.7</td><td>0.5</td></tr><tr><td>黏性土、粉土</td><td>0.7～0.8</td><td>0.7</td></tr></table></td></tr>
</table>

注：1. 验算的都是**基桩**，整体的受力都要**按桩数平均到每根桩**。特别注意：水位以下和**抗浮桩**（就算题目没有指定水位）要用**浮重度**计算。

2.《建筑桩基技术规范》第 5.4.6 条条文说明中，抗拔系数=抗拔极限承载力/抗压极限承载力，表述不严谨。应为抗拔系数 = 抗拔极限承载力（不含桩自重）/抗压极限侧阻力（不含端阻）。抗拔试验测得的单桩竖向抗拔极限承载力**含桩自重**，计算抗拔系数时需减去桩自重。

题 3-63 （17D12）某地下结构采用钻孔灌注桩做抗浮桩，桩径 0.6m，桩长 15.0m，承台平面尺寸 27.6m × 37.2m，纵横向按等间距布桩，边桩中心距承台边缘 0.6m，桩数为 12 × 16 = 192 根，土层分布及桩侧土的极限摩阻力标准值如图 3-14-48 所示。粉砂抗拔系数取 0.7，细砂抗拔系数取 0.6，群桩基础所包围体积内的桩土平均重度取 $18.8kN/m^3$，水的重度取 $10kN/m^3$。根据《建筑桩基技术规范》JGJ 94—2008 计算，当群桩呈整体破坏时，按荷载效应标准组合计算基桩能承受的最大上拔力接近下列何值？

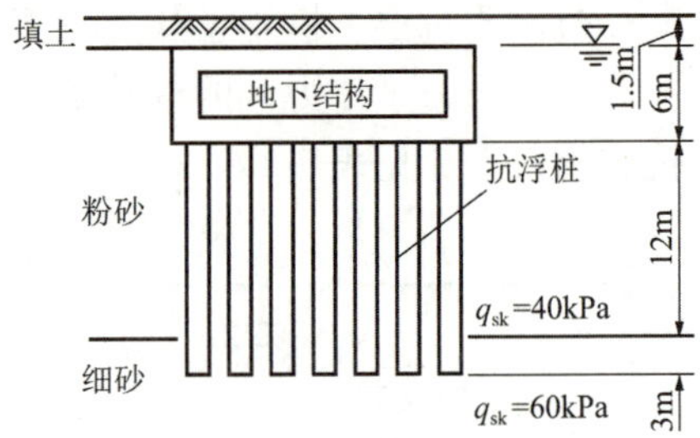

图 3-14-48 题 3-63 图

（A）145kN （B）820kN （C）850kN （D）1600kN

【解】

（1）桩群外围边长：$A_0 = 27.6 - 2 \times (0.6 - 0.3) = 27.0m$

$B_0 = 37.2 - 2 \times (0.6 - 0.3) = 36.6m$

$$T_{gk} = \frac{1}{n} u_l \sum \lambda_i q_{sik} l_i = \frac{1}{192} \times 2 \times (27.0 + 36.6) \times (0.7 \times 40 \times 12 + 0.6 \times 60 \times 3) = 294.2kN$$

（2）$G_{gp} = \frac{1}{192} \times 27.0 \times 36.6 \times (12 + 3) \times (18.8 - 10) = 679.4kN$

（3）$N_k \leqslant \frac{T_{gk}}{2} + G_{gp} = \frac{294.2}{2} + 679.4 = 826.5kN$

【点评】

①根据《建筑桩基技术规范》第 5.4.5 条、第 5.4.6 条；②抗浮桩计算中重度一般是采用浮重度；③注意看清题目是求基桩拔力还是抗拔极限承载力，二者相差桩土的重量。

题 3-64 （03D14）某地下车库为抗浮设置抗拔桩，桩型采用 300mm × 300mm 钢筋混凝土方桩，桩长 12m，桩中心距为 2.0m，桩群外围周长为 4 × 30m = 120m，桩数n = 14 × 14 = 196 根，单一基桩上拔力标准值N_k = 330kN。已知各土层极限侧阻力标准值如图 3-14-49 所示。抗拔系数λ_i对黏土取 0.7，粉砂取 0.6，钢筋混凝土桩体重度 $25kN/m^3$，桩群范围内桩土平均重度取 $20kN/m^3$。按《建筑桩基技术规范》JGJ 94—2008，验算群桩基础及其基桩的抗拔承载力，则结果符合下列哪个选项？

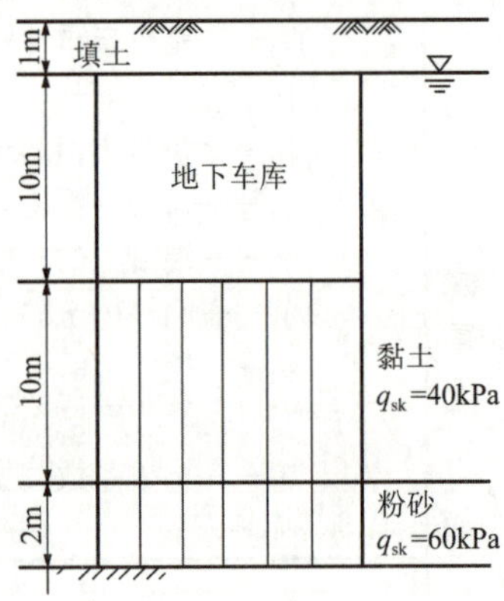

图 3-14-49 题 3-64 图

（A）群桩和基桩均满足

（B）群桩满足，基桩不满足

（C）基桩满足，群桩不满足

（D）群桩和基桩均不满足

【解】

（1）群桩整体破坏：

$$T_{gk} = \frac{1}{n} u_l \sum \lambda_i q_{sik} l_i = \frac{1}{196} \times 120 \times (0.7 \times 40 \times 10 + 0.6 \times 60 \times 2) = 215.5kN$$

$$G_{gp}=\frac{1}{196}\times30\times30\times12\times(20-10)=551.0\text{kN}$$

$\frac{T_{gk}}{2}+G_{gp}=\frac{215.5}{2}+551.0=658.75kN>330\text{kN}$，满足

（2）基桩非整体破坏：

$$T_{uk}=\sum\lambda_i q_{sik}u_i l_i=0.3\times4\times(0.7\times40\times10+0.6\times60\times2)=422.4\text{kN}$$

$$G_p=0.3\times0.3\times12\times(25-10)=16.2\text{kN}$$

$\frac{T_{uk}}{2}+G_p=\frac{422.4}{2}+16.2=227.4\text{kN}<330\text{kN}$，不满足

【点评】

①根据《建筑桩基技术规范》第 5.4.5 条、第 5.4.6 条；②对于抗浮桩，采用浮重度，计算时需要减去水的重度 10kN/m^3，群桩验算是计算抗拔力和重力均采用**群桩外围（最外侧桩外侧）的边长计算**。

【同类型真题】04D08

题 3-65　（09C12）某地下车库作用有 141MN 的浮力，基础上部结构和土重为 108MN，拟设置直径 600mm，长 10m 的抗浮桩，桩身重度为 25kN/m^3，水重度为 10kN/m^3，基础底面以下 10m 内为粉质黏土，其桩侧极限摩阻力为 36kPa，车库结构侧面与土的摩擦力忽略不计，按《建筑桩基技术规范》JGJ 94—2008，按群桩呈非整体破坏估算，需要设置抗拔桩的数量至少应大于下列哪个选项？

（A）83 根　（B）89 根　（C）108 根　（D）118 根

【解】

（1）$l/d=10/0.6=16.7<20$，粉质黏土，取最小值$\lambda=0.70$

（2）$\frac{T_{uk}}{2}+G_p=\frac{3.14\times0.6\times0.7\times10\times36}{2}+(25-10)\times3.14\times0.3^2\times10=279.8\text{kN}$

（3）$n=\frac{(141-108)\times10^3}{279.8}=118$ 根

【点评】

①根据《建筑桩基技术规范》第 5.4.5 条、第 5.4.6 条；②注意本题是进行群桩呈非整体破坏估算；③桩长l与桩径d之比小于 20 时，λ取小值；④抗浮桩位于地下水位以下，计算重力时应采用浮重度。

【同类型真题】22 补考 C10

题 3-66　（11C12）某抗拔基桩桩顶拔力为 800kN，地基土为单一的黏土，桩侧土的抗压极限侧阻力标准值为 50kPa，抗拔系数λ取为 0.8，桩身直径为 0.5m，桩顶位于地下水位以下，桩身混凝土重度为 25kN/m^3，按《建筑桩基技术规范》JGJ 94—2008 计算，群桩基础呈非整体破坏的情况下，基桩桩长至少不小于下列哪个选项？

（A）15m　（B）18m　（C）21m　（D）24m

【解】

（1）$T_{uk}=\sum\lambda_i q_{sik}u_i l_i=0.8\times50\times3.14\times0.5l=62.8l$

（2）$G_p=\gamma' A_{ps}l=(25-10)\times3.14\times0.25^2\times l=2.94l$

（3）$N_k\leqslant\frac{T_{uk}}{2}+G_p\Rightarrow800\leqslant\frac{62.8l}{2}+2.94l\Rightarrow l\geqslant23.3\text{m}$

【点评】

①根据《建筑桩基技术规范》第5.4.5条、第5.4.6条；②应注意乘以抗拔系数，计算抗拔承载力时应计入桩身自重，位于水下的桩身部分应扣除浮力，桩身自重是有利于抗浮的一种恒载，不需要和土对桩的侧阻力一样除以2后作为抗浮承载力特征值；③反算题目还是比较受出题组青睐的，解题步骤还是按部就班，未知数一直在过程结果中以x代替，最后用计算器解方程求解即可。

题3-67 （21C10）某独立承台PHC管桩基础，管桩外径800mm，壁厚110mm，桩端敞口，承台底面以下桩长22.0m，桩的布置及土层分布情况如图3-14-50所示，地表水与地下水联系紧密。桩身混凝土重度为24.0kN/m³，群桩基础所包围体积内的桩土平均重度取18.8kN/m³（忽略自由段桩身自重），水的重度取10kN/m³。按《建筑桩基技术规范》JGJ 94—2008验算，荷载标准组合下基桩可承受的最大上拔力最接近下列哪个选项？（不考虑桩端土塞效应，不受桩身强度控制）

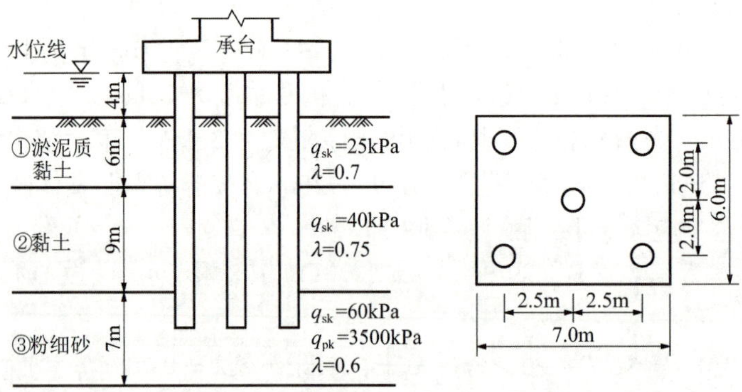

图3-14-50 题3-67图

（A）660kN （B）1270kN （C）1900kN （D）2900kN

【解】

（1）整体破坏：

$B_0 = 4 + 0.8 = 4.8\text{m}$，$A_0 = 5 + 0.8 = 5.8\text{m}$

$$T_{gk} = \frac{1}{5} \times 2 \times (4.8 + 5.8) \times (0.7 \times 25 \times 6 + 0.75 \times 40 \times 9 + 0.6 \times 60 \times 3) = 2048\text{kN}$$

$$G_{gp} = \frac{8.8 \times 18 \times 4.8 \times 5.8}{5} = 882\text{kN}$$

$$N_k \leqslant \frac{2048}{2} + 882 = 1906\text{kN}$$

（2）非整体破坏：

$d_1 = 0.8 - 2 \times 0.11 = 0.58\text{m}$

$$N_k \leqslant \frac{3.14 \times 0.8 \times (0.7 \times 25 \times 6 + 0.75 \times 40 \times 9 + 0.6 \times 60 \times 3)}{2} + 14 \times 18 \times \frac{3.14 \times (0.8^2 - 0.58^2)}{4} = 666.7\text{kN}$$

（3）取小值：$N_k \leqslant 666.7\text{kN}$

【点评】

①根据《建筑桩基技术规范》第 5.4.5 条、第 5.4.6 条；②重要考点“抗拔桩计算”，验算最大上拔力要同时满足整体和非整体抗拔验算，取低值；③注意题目条件，计算桩自重时忽略自由段，管桩自重计算取桩实体重量，截面积为环形，水位以下取浮重度。

题 3-68 （20D09）某建筑地基土为细中砂，饱和重度为 $20kN/m^3$，采用 $38m \times 20m$ 的筏板基础，为满足抗浮要求，按间距 $1.2m \times 1.2m$ 满堂布置直径 400mm、长 10m 的抗拔桩，桩身混凝土重度为 $25kN/m^3$，桩侧土的抗压极限侧阻力标准值为 60kPa，抗拔系数$\lambda = 0.6$，根据《建筑桩基技术规范》JGJ 94—2008，验算群桩基础抗浮呈整体破坏时，基桩所承受的最大上拔力N_k最接近下列哪个选项？

（A）180kN （B）220kN （C）320kN （D）350kN

【解】

（1）$\frac{38-0.8}{1.2}+1=31$，$\frac{20-0.8}{1.2}+1=17$，则布桩数$n=32\times 17=544$根

（2）$G_{gp}=\frac{[(31\times 1.2+0.4)\times(16\times 1.2+0.4)-544\times 3.14\times 0.2^2]\times 10\times 10}{544}+$
$3.14\times 0.2^2\times 10\times 15=141.8kN$

$$T_{gk}=\frac{2\times(31\times 1.2+0.4+16\times 1.2+0.4)\times 10\times 60\times 0.6}{544}=75.7kN$$

（3）$N_k\leqslant\frac{75.7}{2}+141.8=179.65kN$

【点评】

①根据《建筑桩基技术规范》第 5.4.5 条、第 5.4.6 条；②本题首先要确定总桩数，忽略小数取整（非四舍五入），其次要注意抗浮桩用浮重度。

题 3-69 某建筑物扩底抗拔灌注桩桩径$d=1.0m$，桩长 12m，扩底直径$D=1.8m$，扩底段高度$h_c=1.2m$，桩周土性参数如图 3-14-51 所示，试按《建筑桩基技术规范》JGJ 94—2008 计算基桩的抗拔极限承载力标准值最接近下列哪个选项？（抗拔系数：粉质黏土$\lambda=0.7$，砂土$\lambda=0.5$，自桩底起算的长度$l_i=8d$）。

（A）1000kN （B）2000kN

（C）3000kN （D）4000kN

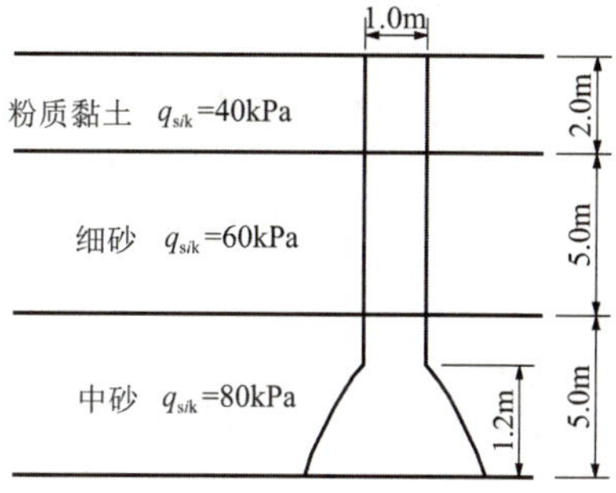

图 3-14-51 题 3-69 图

【解】

（1）$l_i=8d=8\times 1.0=8m$

$u_d=\pi d=3.14\times 1=3.14$，$u_D=3.14\times 1.8=5.65m$

（2）$T_{uk}=0.7\times 40\times 2\times 3.14+0.5\times 60\times 2\times 3.14+$
$0.5\times 60\times 3\times 5.65+0.5\times 80\times 5\times 5.65$
$=2002.7kN$

【点评】

①根据《建筑桩基技术规范》第 5.4.6 条；②对于扩底桩桩底以上一定范围内（本题为 $8d$）桩身面积及周长均按照扩底直径D计算。

【同类型真题】05D13、02D06

题 3-70 某建筑采用桩基基础，承台埋深 2.0m，桩基采用泥浆护壁灌注桩，桩径 600mm，扩底 1.2m，桩长 10m，承台尺寸及桩侧土质情况如图 3-14-52 所示，地下水位于地面以下 5m，承台及填土混合重度取 20kN/m³，水位以上土的天然重度取 18.5kN/m³，水位以下土的饱和重度取 19.5kN/m³，混凝土的重度取 25kN/m³，非整体破坏时自桩底 6*d* 范围内破坏表面周长按扩大直径计算，根据《建筑桩基技术规范》JGJ 94—2008 呈非整体破坏时，承台能承载受的最大上拔力标准值最接近下列哪个选项？（忽略扩底部分桩体自重与土重的差值）

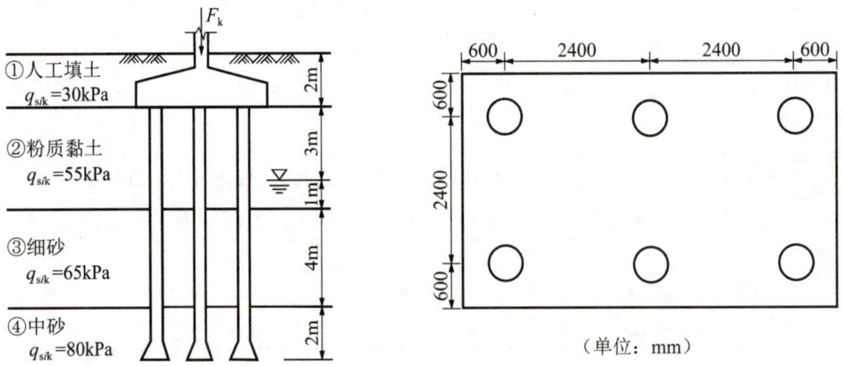

图 3-14-52 题 3-70 图

（A）545kN （B）855kN （C）4145kN （D）5995kN

【解】

（1）$l/d = 10/0.6 = 16.67 < 20 \Rightarrow \lambda_2 = 0.7，\lambda_3 = \lambda_4 = 0.5$

$$T_{uk} = 3.14 \times 0.6 \times (55 \times 4 \times 0.7 + 65 \times 2.4 \times 0.5) + 3.14 \times 1.2 \times (65 \times 1.6 \times 0.5 + 80 \times 2 \times 0.5) = 934.46\text{kN}$$

（2）$G_p = 3.14 \times 0.3^2 \times (25 \times 3 + 15 \times 7) + (19.5 - 10) \times 3.6 \times \dfrac{3.14 \times (1.2^2 - 0.6^2)}{4} = 79.86\text{kN}$

（3）基桩承受上拔力 $N_k \leqslant 934.46 \times 0.5 + 79.86 = 547.1\text{kN}$

（4）承台可承受的最大上拔力：$547.1 \times 6 + (2.4 \times 2 + 1.2) \times (2.4 + 1.2) \times 2 \times 20 = 4146.6\text{kN}$

【点评】

①根据《建筑桩基技术规范》第 5.4.5 条、第 5.4.6 条；②扩底桩抗拔承载力由两部分组成，分别为“扩底抗拔部分（包含桩体和桩体外围土体）”和“桩体抗拔部分”，位于水下时应采用浮重度；③T_{uk}和T_g为标准值，除以 2 之后为特征值，然后与标准值N_k进行比较；④题目未告知桩土平均重度时，建议G_{gp}分别按桩与土体积进行计算。

4. 抗冻拔稳定性验算——《建筑桩基技术规范》第 5.4.7 条

季节性冻土上轻型建筑的短桩基础，应按表 3-14-34 验算其抗冻拔稳定性。

抗冻拔稳定性　　表 3-14-34

整体破坏	非整体破坏
$\eta_f q_f u z_0 \leqslant \dfrac{T_{gk}}{2} + N_G + G_{gp}$	$\eta_f q_f u z_0 \leqslant \dfrac{T_{uk}}{2} + N_G + G_p$
$T_{gk} = \dfrac{1}{n} u_l \sum \lambda_i q_{sik} l_i$ $N_G = \dfrac{F_k + G_k}{n}$，$G_{gp} = \dfrac{\gamma_G l A_l}{n}$	$T_{uk} = u \sum \lambda_i q_{sik} l_i$ $N_G = \dfrac{F_k + G_k}{n}$，$G_p = \gamma_c l A_p$

η_f——冻深影响系数；

q_f——切向冻胀力（kPa）；

λ_i——抗拔系数；

z_0——季节性冻土标准冻深范围内的桩长（m）（低承台从承台底起算；高承台从地面起算）；

l_i——标准冻深线以下桩侧第i层土的厚度（m）；

T_{gk}——标准冻深线以下群桩呈整体破坏时基桩抗拔极限承载力标准值（kN）；

T_{uk}——标准冻深线以下单桩抗拔极限承载力标准值（kN）；

N_G——基桩承受的建筑物自重、承台及上土重标准值（kN）

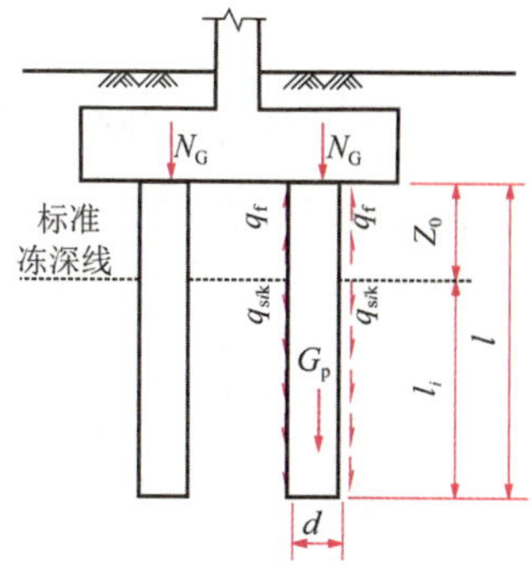

注：1. 水位以下的重度都用**浮重度**，但冻深范围内的重度要采用**饱和重度**；

2. **构造要求**：桩端进入**标准冻深线以下的深度**应满足抗拔稳定性要求，且不得小于 4 倍桩径及 1 倍扩大端直径，最小深度应大于 1.5m

冻深影响系数η_f值

标准冻深z_0（m）	$z_0 \leqslant 2.0$	$2.0 < z_0 \leqslant 3.0$	$z_0 > 3.0$
η_f	1.0	0.9	0.8

抗拔系数λ_i

土类	λ_i值	$\dfrac{桩长l}{桩径d} < 20$时 λ_i取小值
砂土	0.5～0.7	
黏性土、粉土	0.7～0.8	

切向冻胀力q_f（kPa）值

土类	冻胀性分类			
	弱冻胀	冻胀	强冻胀	特强冻胀
黏性土、粉土	30～60	60～80	80～120	120～150
砂土、砾（碎）石（黏、粉粒含量 > 15%）	< 10	20～30	40～80	90～200

注：1. 表面粗糙的灌注桩，表中数值乘以系数 1.1～1.3；

2. 本表不适用于含盐量大于 0.5%的冻土

题 3-71 （14D11）某位于季节性冻土地基上的轻型建筑采用短桩基础，场地标准冻深为 2.5m，地面下 20m 深度内为粉土，土中含盐量不大于 0.5%，属冻胀土，抗压极限侧阻力标准值 30kPa，桩型为直径 0.6m 的钻孔灌注桩，表面粗糙。当群桩呈非整体破坏时，根据《建筑桩基技术规范》JGJ 94—2008 自地面算起，满足抗冻拔稳定要求的最短桩长最接近下列何值？（$N_G = 180$kN，桩身重度取 25kN/m^3，抗拔系数取 0.5，切向冻胀力及相关系数取规范表中相应的最小值）

（A）4.7m　　（B）6.4m　　（C）7.2m　　（D）8.3m

【解】

（1）自地面算起的桩长为l，则有效桩长为$l-2.5$

$T_{uk} = 0.5 \times 30 \times 3.14 \times 0.6 \times (l-2.5) = 28.26(l-2.5)$

$G_p = 3.14 \times 0.3^2 \times l \times 25 = 7.065l$

（2）$z_0 = 2.5$m，查表$\eta_f = 0.9$，冻胀，粉土，查表取小值$q_f = 60$kPa

表面粗糙的灌注桩：$q_f = 60 \times 1.1 = 66$kPa

（3）冻拔力$\eta_f q_f u z_0 = 0.9 \times 66 \times 3.14 \times 0.6 \times 2.5 = 279.8$kN

（4）$279.8 \leqslant \dfrac{28.26(l-2.5)}{2} + 180 + 7.065l \Rightarrow l \geqslant 6.37$m

【点评】

①根据《建筑桩基技术规范》第 5.4.6 条、第 5.4.7 条；②**冻拔力采用标准冻深**非设计冻深，采用标准冻深线以下的土层计算抗拔极限承载力；③查表 5.4.7-2：**表面粗糙的灌注桩，切向冻胀力q_f值应乘以系数 1.1～1.3**；④本题为短桩基础，承受的是冻拔力、不是抗浮桩，题目中无水位，不要自己增加水位进来，然后采用浮重度计算桩自重，**桩的自重全部用于抵抗冻拔力，故应采用全长**；⑤2014 年真题选项有问题，计算结果无合适选项，故把选项 B 改成了 6.4m，只计算标准冻深线以下的桩自重的结果是选 C。

5. **抗胀拔稳定性验算——《建筑桩基技术规范》第 5.4.8 条**

膨胀土上轻型建筑的短桩基础应按表 3-14-35 验算抗胀拔稳定性。

抗胀拔稳定性　　表 3-14-35

<table>
<tr><th>整体破坏</th><th>非整体破坏</th><td rowspan="4">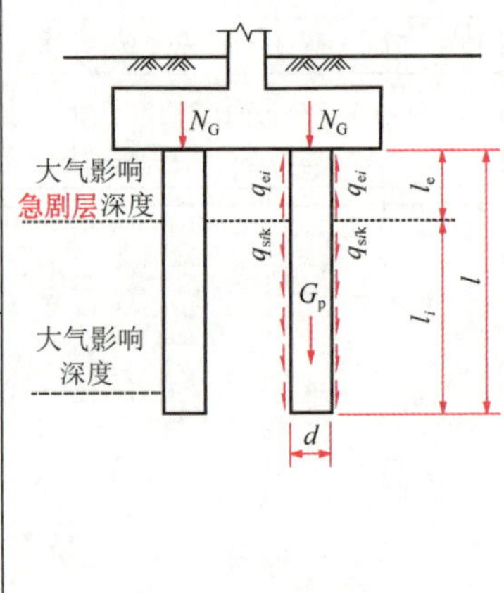
</td></tr>
<tr><td>$u\sum q_{ei} l_{ei} \leqslant \dfrac{T_{gk}}{2} + N_G + G_{gp}$</td><td>$u\sum q_{ei} l_{ei} \leqslant \dfrac{T_{uk}}{2} + N_G + G_p$</td></tr>
<tr><td colspan="2">q_{ei}——大气影响急剧层中第i层土的极限胀切力（kPa）；
l_{ei}——大气影响急剧层中桩侧第i层土的厚度（m）（低承台从承台底起算，高承台从地面起算）；
T_{gk}、T_{uk}——群桩呈整体、非整体破坏时，大气影响急剧层下稳定土层中基桩的抗拔极限承载力标准值（kN）</td></tr>
<tr><td colspan="2">注：1. 桩端进入大气影响急剧层以下的深度应满足抗拔稳定性要求，且不得小于 4 倍桩径及 1 倍扩大端直径，最小深度应大于 1.5m；
2. 大气影响急剧层深度为大气影响深度乘以 0.45；关于"土的湿度系数计算，查表大气影响深度"计算详见《膨胀土地区建筑技术规范》第 5.2.11 条、第 5.2.13 条</td></tr>
</table>

题 3-72　某膨胀土上的轻型建筑采用直径 400mm，长 6m 的桩基础，该地大气影响层厚 5m，承台埋深 1m，桩侧土的极限胀切力标准值为 55kPa，不计承台埋深范围内的胀拔作用，计算作用于单桩上的上拔力最接近下列哪个选项？

（A）85kN　　（B）150kN　　（C）230kN　　（D）275kN

【解】

上拔力$u\sum q_{ei}l_{ei} = 3.14 \times 0.4 \times 55 \times (0.45 \times 5 - 1) = 86.35\text{kN}$

【点评】

①根据《建筑桩基技术规范》第 5.4.8 条；②注意承台范围内由于已经采取处理措施，故不计承台埋深范围内的胀拔作用，计算深度应将大气影响急剧层深度减去承台埋深；③注意大气影响急剧层深度为大气影响深度乘以 0.45。

题 3-73　轻型建筑物位于膨胀土场地，采用桩基础，承台埋深 1m，采用方桩的边长为 400mm，土的湿度系数为 0.6，桩侧土的极限胀切力为 80kPa，已知土的抗拔系数为 0.7，极限侧阻力标准$q_{sik} = 60\text{kPa}$，地下水很深，单桩承受的建筑物自重、承台及土重标准值$N_G = 100\text{kN}$，根据《建筑桩基技术规范》JGJ 94—2008 计算短桩基础满足非整体抗拔稳定性时，最小的桩长最接近下列哪个选项？（桩的自重取 24kN/m^3）

（A）2.30m　　（B）2.75m　　（C）2.85m　　（D）5.60m

【解】

（1）$\psi_w = 0.6$，$d_a = 5\text{m} \Rightarrow$大气影响深度为：$0.45 \times 5 = 2.25\text{m}$

胀切力：$4 \times 0.4 \times (2.25 - 1) \times 80 = 160\text{kN}$

（2）设总桩长为l，则：

$$T_{uk} = 4 \times 0.4 \times 0.7 \times 60 \times [l - (2.25 - 1)] = 67.2 \times (l - 1.25)$$

$$G_p = 0.4^2 \times l \times 24 = 3.84l$$

$$160 \leqslant \frac{67.2 \times (l - 1.25)}{2} + 100 + 3.84l \Rightarrow l \geqslant 2.72\text{m}$$

（3）构造要求：$l - (2.25 - 1) \geqslant 4d = 4 \times 0.4 \Rightarrow l \geqslant 2.85\text{m}$

$l - (2.25 - 1) \geqslant 1.5 \Rightarrow l \geqslant 2.75\text{m}$

（4）综上所述，$l \geqslant 2.85\text{m}$

【点评】

①根据《建筑桩基技术规范》第 3.4.3 条、第 5.4.8 条；②T_{uk}和T_g为极限标准值，除以 2 之后成为特征值，然后与标准值N_k进行比较；③胀拔力由大气影响急剧层范围内的土对桩体产生；抗拔力由大气影响急剧层以下的桩体提供；④桩长计算除了满足抗拔承载力要求，还应满足第 3.4.3 条所规定的构造要求。

14.2.5 桩基水平承载力计算——《建筑桩基技术规范》第 5.7 节

1. 单桩水平承载力特征值

单桩水平承载力特征值的确定应符合表 3-14-36 和表 3-14-37 的规定。

单桩水平承载力特征值 R_{ha} 表 3-14-36

<table>
<tr><th>控制因素</th><th>计算方法</th><th>计算公式</th></tr>
<tr><td rowspan="2">位移控制$\rho_g \geqslant 0.65\%$
预制桩、钢桩</td><td>单桩水平静载荷试验</td><td>取地面处水平位移 10mm（对水平位移敏感的建筑物取 6mm）所对应荷载H的 75%：
$R_{ha} = 0.75H$</td></tr>
<tr><td>经验公式法</td><td>$R_{ha} = \dfrac{0.75\alpha^3 EI}{\upsilon_x}\chi_{0a}$</td></tr>
<tr><td rowspan="2">强度控制$\rho_g < 0.65\%$</td><td>单桩水平静载荷试验</td><td>取临界荷载H_{cr}的 75%：
$R_{ha} = 0.75H_{cr}$</td></tr>
<tr><td>经验公式法</td><td>$R_{ha} = \dfrac{0.75\alpha\gamma_m f_t W_0}{\upsilon_M}(1.25 + 22\rho_g)\left(1 \pm \dfrac{\zeta_N N}{\gamma_m f_t A_n}\right)$</td></tr>
<tr><td colspan="3">★调整：永久荷载控制，乘以调整系数 0.8；验算地震作用，乘以调整系数 1.25★</td></tr>
<tr><td colspan="3">注：规范第 5.2.7 条第 7 款“对其中 1～5 款”应该是“对上述 1～6 款”，可能是笔误造成，但官方没有勘误，验算地震作用已经确定是“对其中 1～6 款”，永久荷载控制考试需要灵活应对</td></tr>
<tr><td colspan="3">位移控制：$R_{ha} = \dfrac{0.75\alpha^3 EI}{\upsilon_x}\chi_{0a}$</td></tr>
<tr><td>桩身计算宽度b_0（m）</td><td>圆桩：桩径$d \leqslant 1$m 时：
$b_0 = 0.9(1.5d + 0.5)$
桩径$d > 1$m 时：$b_0 = 0.9(d + 1)$</td><td>方桩：桩宽$b \leqslant 1$m 时：
$b_0 = 1.5b + 0.5$
桩宽$b > 1$m 时：$b_0 = b + 1$</td></tr>
<tr><td>桩的水平变形系数α（m^{-1}）</td><td colspan="2">$\alpha = \sqrt[5]{\dfrac{mb_0}{EI}} = \left(\dfrac{mb_0}{EI}\right)^{0.2}$</td></tr>
</table>

m——**桩侧**土体水平抗力系数的比例系数（kN/m^4），可按《建筑桩基技术规范》表 5.7.5 取值；**承台底或地面（高承台）下桩侧** 2（d+1）范围内有**多层土**时，按《建筑桩基技术规范》附录 C.0.2 计算，方化圆按$d = 1.129b$；

EI——桩身抗弯刚度（$kN \cdot m^2$）；

χ_{0a}——桩顶允许水平位移（m），一般情况取 0.01m，对水平位移敏感的建筑物取 0.006m；

υ_x——桩顶水平位移系数，按下表采用

桩顶（身）最大弯矩系数υ_M和桩顶水平位移系数υ_x

桩顶约束情况	桩的换算埋深（αh）	υ_M（强度控制）	υ_x（位移控制）
铰接、自由	≥4.0	0.768	2.441
	3.5	0.750	2.502
	3.0	0.703	2.727
	2.8	0.675	2.905
	2.6	0.639	3.163
	2.4	0.601	3.526
固接	≥4.0	0.926	0.940
	3.5	0.934	0.970
	3.0	0.967	1.028
	2.8	0.990	1.055
	2.6	1.018	1.079
	2.4	1.045	1.095

注：α——桩的水平变形系数（m^{-1}）；h——桩身入土深度（m）

单桩水平承载力特征值 R_{ha}　　　　**表 3-14-37**

强度控制：$R_{ha}=\dfrac{0.75\alpha\gamma_m f_t W_0}{\upsilon_M}(1.25+22\rho_g)\left(1\pm\dfrac{\zeta_N N}{\gamma_m f_t A_n}\right)$

参数	圆桩（桩径d）	方桩（桩截面宽度b）
有效桩径d_0、有效桩宽b_0	$d_0=d-2$倍保护层厚度	$b_0=b-2$倍保护层厚度
α_E	钢筋弹性模量与混凝土弹性模量的比值	
桩身换算截面受拉边缘的截面模量W_0（m^3）	$W_0=\dfrac{\pi d}{32}[d^2+2(\alpha_E-1)\rho_g d_0^2]$	$W_0=\dfrac{b}{6}[b^2+2(\alpha_E-1)\rho_g b_0^2]$
桩身换算截面的惯性矩I_0（m^4）	$I_0=\dfrac{W_0 d_0}{2}$	$I_0=\dfrac{W_0 b_0}{2}$
桩身抗弯刚度EI（$kN\cdot m^2$）	$EI=0.85E_c I_0$（E_c为混凝土弹性模量 kPa）	
桩截面模量塑性系数γ_m	$\gamma_m=2$	$\gamma_m=1.75$
桩顶竖向力影响系数ζ_N	竖向压力为正：$\zeta_N=0.5$；竖向拉力为负：$\zeta_N=1.0$	
桩身换算截面积A_n（m^2）	$A_n=\dfrac{\pi d^2}{4}[1+(\alpha_E-1)\rho_g]$	$A_n=b^2[1+(\alpha_E-1)\rho_g]$
其他参数意义	ρ_g——桩身配筋率，以小数代入，例：$\rho_g=0.68\%$取 0.0068 代入； f_t——混凝土抗拉强度设计值（kPa）； N——荷载效应**基本组合**下桩顶的竖向力设计值（kN），$N=1.35N_k$； υ_M——桩顶（身）最大弯矩系数，按表 3-14-36 采用	

注：如图 3-14-53 所示，当基桩侧面为多层土时，深度$h_m=2(d+1)$m 范围内的m值按下式计算：(《建筑桩基技术规范》附录 C)

两层土：$m=\dfrac{m_1h_1^2+m_2(2h_1+h_2)h_2}{h_m^2}$

三层土：$m=\dfrac{m_1h_1^2+m_2(2h_1+h_2)h_2+m_3(2h_1+2h_2+h_3)h_3}{h_m^2}$

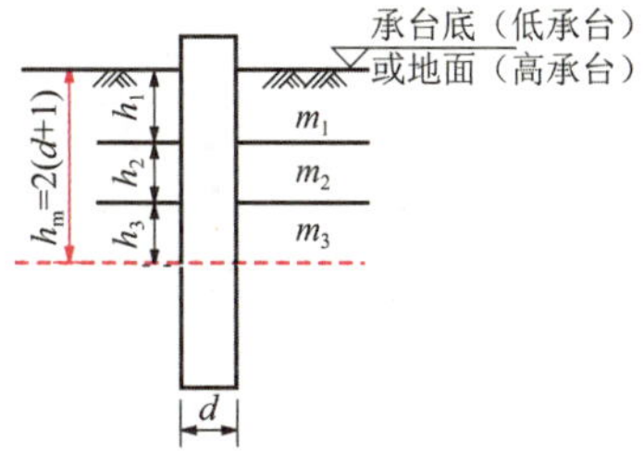

图 3-14-53　多层土m值

当桩顶以下 $2(d+1)$m 深度内有液化夹层时，其水平抗力系数的比例系数综合计算值m，系将液化层的m值按表 3-14-38 折减后，代入上式中计算确定。

土层液化影响折减系数ψ_l　　　　**表 3-14-38**

$\lambda_N=\dfrac{实测值N}{临界值N_{cr}}$		自地面算起的液化土层深度d_L（m）	ψ_l
（1）当承台底面上下分别有厚度不小于 1.5m、1.0m 的非液化土或非软弱土层时	$\lambda_N\leqslant0.6$	$d_L\leqslant10$	0
		$10<d_L\leqslant20$	1/3
	$0.6<\lambda_N\leqslant0.8$	$d_L\leqslant10$	1/3
		$10<d_L\leqslant20$	2/3
	$0.8<\lambda_N\leqslant1.0$	$d_L\leqslant10$	2/3
		$10<d_L\leqslant20$	1.0
	对于挤土桩当桩距不大于 4d且桩的排数不少于 5 排、总桩数不少于 25 根时		ψ_l按表列值提高一档 如：1/3→2/3
（2）当承台底面处的非液化土或非软弱土层，上侧小于 1.5m或下侧小于 1.0m 时			0

题 3-74 （04D17）桩顶为自由端的钢管桩，桩径$d = 600mm$，桩入土深度$h = 10m$，地基土水平抗力系数的比例系数$m = 10MN/m^4$，桩身抗弯刚度$EI = 1.7 \times 10^5 kN \cdot m^2$，桩水平变形系数$\alpha = 0.59$，桩顶容许水平位移$\chi_{0a} = 10mm$，按《建筑桩基技术规范》JGJ 94—2008 计算，单桩水平承载力特征值最接近下列哪个选项？

（A）75kN （B）107kN （C）143kN （D）175kN

【解】

（1）$\alpha h = 0.59 \times 10 = 5.9 > 4$，桩顶自由，$\upsilon_x = 2.441$

（2）$R_{ha} = \frac{0.75\alpha^3 EI}{\upsilon_x}\chi_{0a} = 0.75 \times \frac{0.59^3 \times 1.7 \times 10^5}{2.441} \times 0.01 = 107.3kN$

【点评】

①根据《建筑桩基技术规范》第 5.7.2 条；②当桩的水平承载力由水平位移控制，且缺少单桩水平静载试验资料时，可按此公式估算预制桩、钢桩、桩身配筋率不小于 0.65%的灌注桩单桩水平承载力特征值；③平均练习可以写公式，加深印象，考试时可不写公式，直接列式代数计算即可。

题 3-75 （03D13）某桩基工程采用直径为 2.0m 的灌注桩，桩身配筋率为 0.68%，桩长 25m，桩顶铰接，桩顶允许水平位移 0.005m，桩侧土水平抗力系数的比例系数$m = 25MN/m^4$，桩身抗弯刚度$EI = 2.149 \times 10^7 kN \cdot m^2$。试按《建筑桩基技术规范》JGJ 94—2008 的规定，估算单桩水平承载力特征值最接近下列哪个选项？

（A）900kN （B）1042kN （C）1163kN （D）1238kN

【解】

（1）$b_0 = 0.9 \times (2 + 1) = 2.7m$

$$\alpha = \sqrt[5]{\frac{mb_0}{EI}} = \sqrt[5]{\frac{25 \times 10^3 \times 2.7}{2.149 \times 10^7}} = 0.316$$

$\alpha h = 0.316 \times 25 = 7.9 > 4$，桩顶铰接，$\upsilon_x = 2.441$

（2）$R_{ha} = \frac{0.75\alpha^3 EI}{\upsilon_x}\chi_{0a} = \frac{0.75 \times 0.316^3 \times 2.149 \times 10^7}{2.441} \times 0.005 = 1041.7kN$

【点评】

①根据《建筑桩基技术规范》第 5.7.2 第 6 款、第 5.7.5 条；②按桩顶允许水平位移计算单桩水平承载力特征值，需要考虑 0.75 的安全系数。

题 3-76 （02D08）一高填方挡土墙基础下，设置单排打入式钢筋混凝土阻滑桩，桩横截面 400mm × 400mm，桩长 5.5m，桩距 1.2m，地基土水平抗力系数的比例系数m为$10^4 kN/m^4$，桩顶约束条件按自由端考虑，试按《建筑桩基技术规范》JGJ 94—2008 计算，当控制桩顶水平位移$\chi_{0a} = 10mm$时，则每根阻滑桩能对每延米挡土墙提供的水平阻滑力最接近下列哪个选项？（桩身抗弯刚度$EI = 5.08 \times 10^4 kN \cdot m^2$）

（A）90kN （B）80kN （C）70kN （D）50kN

（1）$b_0 = 1.5b + 0.5 = 1.5 \times 0.4 + 0.5 = 1.1m$

$$\alpha = \sqrt[5]{\frac{mb_0}{EI}} = \sqrt[5]{\frac{10^4 \times 1.1}{5.08 \times 10^4}} = 0.736m^{-1}$$

$\alpha h = 0.736 \times 5.5 = 4.05 > 4$，桩顶自由，查表$\upsilon_x = 2.441$

（2）$R_{ha} = \frac{0.75\alpha^3 EI}{\upsilon_x}\chi_{0a} = 0.75 \times \frac{0.736^3 \times 5.08 \times 10^4}{2.441} \times 10 \times 10^{-3} = 62.2kN$

（3）水平力$F=\frac{R_{ha}}{1.2}=\frac{62.2}{1.2}$=51.8kN

【点评】

①根据《建筑桩基技术规范》第 5.7.2 条第 6 款、第 5.7.5 条，计算公式适用于配筋率不小于 0.65%的灌注桩；②求得单桩的水平承载力，题目要求计算的是每延米的阻滑力，需要除以桩间距 1.2m。

题 3-77　某桩基工程采用泥浆护壁非挤土灌注桩，桩径 600mm，桩长 30m，灌注桩配筋为 12ϕ20。已知建筑物对水平位移不敏感，进行单桩水平静载试验时，桩顶水平位移 6mm 时所对应的荷载为 75kN，桩顶水平位移 10mm 时所对应的荷载为 120kN。试按《建筑桩基技术规范》JGJ 94—2008 计算由永久荷载控制的桩基水平承载力时的单桩水平承载力特征值最接近下列哪个选项？

（A）65kN　　（B）72kN　　（C）90kN　　（D）120kN

【解】

（1）$\rho_g=\frac{12\times20^2}{600^2}=1.33\%>0.65\%$

$R_{ha1}=0.75\times120=90$kN

（2）$R_{ha}=0.8\times90=72$kN

【点评】

①根据《建筑桩基技术规范》第 5.7.2 条；②建筑物对水平位移不敏感，对于桩身配筋率不小于 0.65%的灌注桩，可根据静载试验结果取地面处水平位移为 10mm 所对应的荷载 75%的单桩水平承载力特征值；③由永久荷载控制，单桩水平承载力特征值乘以调整系数 0.80。

题 3-78　（13C11）某承受水平力的灌注桩，直径为 800mm，保护层厚度为 50mm，配筋率为 0.65%，桩长 30m，桩的水平变形系数为 0.360m^{-1}，桩身抗弯刚度为 6.75×10^{11}kN · mm^2，桩顶固接且容许水平位移为 4mm，按《建筑桩基技术规范》JGJ 94—2008 估算，由水平位移控制的单桩水平承载力特征值接近于下列哪个选项？

（A）50kN　　（B）100kN　　（C）150kN　　（D）200kN

【解】

（1）$\alpha h=0.36\times30=10.8>4$，桩顶固接，$\upsilon_x=0.940$

（2）$R_{ha}=0.75\times\frac{0.36^3\times6.75\times10^{11}\times10^{-6}}{0.94}\times4\times10^{-3}=100.5$kN

【点评】

①根据《建筑桩基技术规范》第 5.7.2 条第 6 款；②考点为单桩水平承载力的概念与计算；③已明确要求计算由水平位移控制的单桩水平承载力特征值，并给出了桩身抗弯刚度，只需计算桩的换算埋深和查表确定桩顶水平位移系数。

题 3-79　（18C10）某灌注桩基基础，桩径 1.0m，桩入土深度$h=16$m，配筋率 0.75%，混凝土强度等级为 C30，桩身抗弯刚度$EI=1.2036\times10^3$MN · m^2，桩侧土水平抗力系数的比例系数$m=25$MN/m^4。桩顶按固接考虑，桩顶水平位移允许值 6mm，按《建筑桩基技术规范》JGJ 94—2008 估算单桩水平承载力特征值，其值最接近以下何值？

（A）220kN　　（B）310kN　　（C）560kN　　（D）800kN

【解】

（1）$d=1.0\text{m}$，$b_0=0.9\times(1.5+0.5)=1.8\text{m}$

$$\alpha=\sqrt[5]{\frac{mb_0}{EI}}=\sqrt[5]{\frac{25\times1.8}{1.2036\times10^3}}=0.518\text{m}^{-1}$$

$\alpha h=0.518\times16=8.29>4$，桩顶固接，$\upsilon_x=0.940$

（2）$R_{\text{ha}}=0.75\times\dfrac{0.518^3\times1.2036\times10^3\times10^3}{0.940}\times6\times10^{-3}=800.9\text{kN}$

【点评】

①根据《建筑桩基技术规范》第 5.7.2 条、第 5.7.5 条；②注意看清楚是方桩还是圆桩，是桩顶铰接还是桩顶固接，水平承载力是否由水平位移控制。

题 3-80 （17C10）某构筑物基础拟采用摩擦型钻孔灌注桩承受竖向荷载和水平荷载，设计桩长 10.0m，桩径 800mm。当考虑桩基承受水平荷载时，下列桩身配筋长度符合《建筑桩基技术规范》JGJ 94—2008 的最小值的是哪个选项？（不考虑承台锚固筋长度及地震作用与负摩阻力，桩、土的相关参数：$EI=4.0\times10^5\text{kN}\cdot\text{m}^2$，$m=10\text{MN/m}^4$）

（A）10.0m　　（B）9.0m　　（C）8.0m　　（D）7.0m

【解】

（1）摩擦型灌注桩配筋长度不应小于 2/3 桩长

$$L\geqslant\frac{2}{3}\times10=6.67\text{m}$$

（2）当受水平荷载时，配筋长度尚不宜小于 $4.0/\alpha$

$d=0.8\text{m}<1\text{m}$，$b_0=0.9\times(1.5\times0.8+0.5)=1.53\text{m}$

$$\alpha=\sqrt[5]{\frac{mb_0}{EI}}=\sqrt[5]{\frac{10\times10^3\times1.53}{4.0\times10^5}}=0.52\text{m}^{-1},\ L\geqslant\frac{4}{\alpha}=\frac{4}{0.52}=7.69\text{m}$$

（3）取大值：$L=7.69\text{m}$

【点评】

①根据《建筑桩基技术规范》第 4.1.1 条、第 5.7.2 条；②摩擦型灌注桩配筋长度不应小于 2/3 桩长，当受水平荷载时，配筋长度尚不宜小于 $4.0/\alpha$，配筋长度要满足这两个条件；③本题考两条规定分别在不同的章节里，主要考查对规范的熟悉程度。

题 3-81 （10C12）群桩基础中的某灌注桩基桩，桩身直径 700mm，入土深度 25m，配筋率为 0.60%，桩身抗弯刚度EI为 $2.83\times10^5\text{kN}\cdot\text{m}^2$，桩侧土水平抗力系数的比例系数$m$为 2.5MN/m^4，桩顶为铰接，按《建筑桩基技术规范》JGJ 94—2008，当桩顶水平荷载为 50kN 时，其水平位移值最接近下列哪个选项？

（A）6mm　　（B）9mm　　（C）12mm　　（D）15mm

【解】

（1）$d<1\text{m}$，$b_0=0.9\times(1.5\times0.7+0.5)=1.395\text{m}$

$$\alpha=\sqrt[5]{\frac{mb_0}{EI}}=\sqrt[5]{\frac{2.5\times10^3\times1.395}{2.83\times10^5}}=0.415$$

$\alpha h=0.415\times25=10.4>4$，桩顶铰接，$\upsilon_x=2.441$

（2）$\chi_{0\text{a}}=\dfrac{H_{\text{cr}}\upsilon_x}{\alpha^3EI}=\dfrac{50\times2.441}{0.415^3\times2.83\times10^5}=0.006\text{m}=6\text{mm}$

【点评】

①依据《建筑桩基技术规范》第 5.7.3 条、公式(5.7.3-5)、χ_{0a}的定义解释；②当以桩身强度控制（配筋率小于 0.65%）时采用此公式，以位移控制（配筋率不小于 0.65%）时不可采用；③计算水平位移值，不是容许水平位移值，不用考虑 0.75 的安全系数。

题 3-82 （07C13）某灌注桩基础，桩入土深度为$h = 20\text{m}$，桩径$d = 1000\text{mm}$，配筋率为$\rho = 0.68\%$，桩顶铰接，要求单桩水平承载力特征值为$R_{ha} = 1000\text{kN}$，桩侧土的水平抗力系数的比例系数$m = 20\text{MN/m}^4$，抗弯刚度$EI = 5\times10^6\text{kN}\cdot\text{m}^2$，按《建筑桩基技术规范》JGJ 94—2008，满足水平承载力要求的相应桩顶容许水平位移值至少要接近下列哪个选项的数值？

（A）7.4mm （B）8.4mm （C）9.4mm （D）12.4mm

【解】

（1）$b_0 = 0.9\times(1.5\times1.0+0.5) = 1.8\text{m}$，$\alpha = \sqrt[5]{\dfrac{20\times10^3\times1.8}{5\times10^6}} = 0.373$

$\alpha h = 0.373\times20 = 7.46 > 4$，桩顶铰接，$\upsilon_x = 2.441$

（2）$\chi_{0a} = \dfrac{R_{ha}\upsilon_x}{0.75\alpha^3 EI} = \dfrac{1000\times2.441}{0.75\times0.373^3\times5\times10^6} = 0.01254\text{m} = 12.54\text{mm}$

【点评】

①根据《建筑桩基技术规范》第 5.7.2 条、第 5.7.5 条；②计算单桩水平承载力特征值时考虑了 0.75 的安全系数，故应采用$R_{ha}/0.75$ 做为水平力**反算**容许水平位移值；③本题难点：公式中分母是否需要乘 0.75，本题配筋率为$\rho \geqslant 0.65\%$，属于位移控制，题意为反算容许水平位移值，因而需要乘 0.75；而《建筑桩基技术规范》式(5.7.3-5)$\chi_{0a} = \dfrac{R_{ha}\upsilon_x}{\alpha^3 EI}$仅适用于强度控制（$\rho < 0.65\%$），不适合本题，对比上一题加深理解。

题 3-83 （19C24）某高层建筑采用钢筋混凝土桩基础，桩径 0.4m，桩长 12m，桩身配筋率大于 0.65%，桩周土层为黏性土，桩端持力层为粗砂，水平抗力系数的比例系数为 25MN/m^4，试估算单桩抗震水平承载力特征值最接近下列哪个选项？（假设桩顶自由，$EI = 32\text{MN}\cdot\text{m}^2$，桩顶允许水平位移取 10mm）

（A）85kN （B）105kN （C）110kN （D）117kN

【解】

（1）$b_0 = 0.9\times(1.5\times0.4+0.5) = 0.99\text{m}$

（2）$\alpha = \sqrt[5]{\dfrac{25\times0.99}{32}} = 0.95$

（3）桩顶自由，$\alpha h = 12\times0.95 = 11.4 > 4.0$，取$\upsilon_x = 2.441$

（4）$R_{Eha} = 1.25\times R_{ha} = 1.25\times0.75\times\dfrac{0.95^3\times32}{2.441}\times10 = 105.4\text{kN}$

【点评】

①根据《建筑桩基技术规范》第 5.7.2 条、第 5.7.5 条，本题为争议题，在于是否乘以 1.25 系数的问题，不乘选 A，乘 1.25 选 B；②对于《建筑桩基技术规范》第 5.7.2 条第 6 款计算得到的水平承载力特征值，验算地震作用时没有提到乘增大系数，此处规范错误但是没有勘误；③按《建筑抗震设计规范》考虑抗震作为偶然作用，应乘 1.25 的系数。

题 3-84 （05C12）某受压灌注桩桩径为 1.2m，桩端入土深度 20m，桩身配筋率 0.6%，桩顶铰接，桩顶竖向压力设计值$N = 5000\text{kN}$，桩的水平变形系数$\alpha = 0.301\text{m}^{-1}$。桩身换算截面积$A_n = 1.2\text{m}^2$，换算截面受拉边缘的截面模量$W_0 = 0.2\text{m}^3$，桩身混凝土抗拉强度设计值$f_t = 1.5\text{N/mm}^2$，按《建筑桩基技术规范》JGJ 94—2008 计算单桩水平承载力特征值最接近下列哪个选项？

（A）410kN　　（B）450kN　　（C）500kN　　（D）550kN

【解】

（1）$\alpha h = 0.301 \times 20 = 6.02 > 4$，桩顶铰接，$\upsilon_M = 0.768$

（2）$R_{ha} = \dfrac{0.75\alpha\gamma_m f_t W_0}{\upsilon_M}(1.25 + 22\rho_g)\left(1 \pm \dfrac{\zeta_N N}{\gamma_m f_t A_n}\right)$

$= \dfrac{0.75\times0.301\times2\times1.5\times10^3\times0.2}{0.768} \times (1.25 + 22 \times 0.006) \times \left(1 + \dfrac{0.5\times5000}{2\times1.5\times10^3\times1.2}\right)$

$= 413\text{kN}$

【点评】

①根据《建筑桩基技术规范》第 5.7.2 条；②当缺少单桩水平静载试验资料时，可按此公式估算桩身配筋率小于 0.65%的灌注桩的单桩水平承载力特征值；③看似公式复杂，只是确定几个参数后代入公式即可，注意看清楚是方桩还是圆桩，是桩顶铰接还是桩顶固接，是桩顶受压还是受拉；④是受永久荷载控制还是地震作用时，需要相应调整；⑤《建筑桩基技术规范》式(5.7.2-1)里面采用标准值N_k错误，应为竖向力设计值N，对应桩身混凝土抗拉强度设计值。

题 3-85 某灌注桩桩径为 1.0m，桩顶自由，桩端入土深度 15m，桩身配筋率 0.62%，保护层厚度 50mm，桩顶竖向压力设计值$N = 5000\text{kN}$，桩周 $2(d + 1)$m 深度内桩侧水平抗力系数的比例系数$m = 10\text{MN/m}^4$。采用 C30 混凝土（$f_t = 1430\text{kN/m}^2$），桩身换算截面积$A_n = 0.81\text{m}^2$，桩身换算截面受拉边缘的截面模量$W_0 = 0.12\text{m}^3$，抗弯刚度$EI = 1.2 \times 10^6\text{kN}\cdot\text{m}^2$，试按《建筑桩基技术规范》JGJ 94—2008 的规定，计算在地震作用下单桩水平抗震承载力特征值最接近下列哪个选项？

（A）365kN　　（B）415kN　　（C）520kN　　（D）635kN

【解】

（1）$b_0 = 0.9 \times (1.5 \times 1 + 0.5) = 1.8\text{m}$

$\alpha = \sqrt[5]{\dfrac{mb_0}{EI}} = \sqrt[5]{\dfrac{10 \times 10^3 \times 1.8}{1.2 \times 10^6}} = 0.432\text{m}^{-1}$

$\alpha h = 0.432 \times 15 = 6.48 > 4$，桩顶自由，$\upsilon_M = 0.768$

（2）$R_{ha} = \dfrac{0.75\alpha\gamma_m f_t W_0}{\upsilon_M}(1.25 + 22\rho_g)\left(1 \pm \dfrac{\zeta_N N}{\gamma_m f_t A_n}\right)$

$= \dfrac{0.75\times0432\times2\times1430\times0.12}{0.768} \times (1.25 + 22 \times 0.0062) \times \left(1 + \dfrac{0.5\times5000}{2\times1430\times0.81}\right)$

$= 417.4\text{kN}$

（3）单桩抗震水平承载力特征值乘以调整系数 1.25

$R_{ha} = 1.25 \times 417.4 = 521.7\text{kN}$

【点评】

①根据《建筑桩基技术规范》第 5.7.2 条；②公式中的“±”号根据桩顶竖向力性质确

定，压力取“+”，拉力取“−”；③桩顶竖向力影响系数，竖向压力取 0.5，竖向拉力取 1.0。

题 3-86　某桩基工程，承台埋深 2m，采用直径为 0.6m 的灌注桩，桩身配筋率为 0.70%，桩长 22m，桩顶铰接，桩顶允许水平位移 0.006m，桩身抗弯刚度$EI=1.7\times10^2\text{MN}\cdot\text{m}^2$。场地土层参数如表 3-14-39 所示，按《建筑桩基技术规范》JGJ 94—2008 的规定，估算单桩抗震水平承载力特征值为多少？

题 3-86 表　　表 3-14-39

层序	土名	层底深埋（m）	水平抗力系数的比例系数m（MN/m^4）	实测标准贯入击数N	临界标准贯入击数N_{cr}
①	粉质黏土	3	10	10	
②	粉土	8	6	7	11
③	砂土	23	15	20	15
④	密实卵石	—	—		—

【解】

（1）$h_m=2\times(0.6+1)=3.2\text{m}$，$h_1=1\text{m}$，$h_2=3.2-1=2.2\text{m}$

粉土$\lambda_N=\dfrac{7}{11}=0.636\in(0.6,0.8)\Rightarrow\psi=\dfrac{1}{3}\Rightarrow m_2=6\times\dfrac{1}{3}=2\text{MN/m}^4$

主要影响深度内的比例系数$m=\dfrac{10\times1^2+2\times(2\times1+2.2)\times2.2}{3.2^2}=2.781\text{MN/m}^4$

（2）$b_0=0.9\times(1.5\times0.6+0.5)=1.26\text{m}$

铰接，$\alpha h=0.46\times22=10.12>4\Rightarrow\upsilon_x=2.441$

$$R_{ha}=0.75\times\frac{0.46^3\times1.7\times10^5}{2.441}\times0.006=30.5\text{kN}$$

（3）抗震承载力$R_{Eha}=30.5\times1.25=38.13\text{kN}$

【点评】

①根据《建筑桩基技术规范》第 5.7.2 条、第 5.7.5 条、第 5.3.12 条、附录 C.0.2 第 1 款、附录 C.0.4 第 3 款和《建筑抗震设计规范》第 4.4.2 条、第 4.4.3 条作答；②当基桩侧面为几层土组成时，应根据主要影响深度h_m内的水平抗力系数的比例系数m来求解桩的变形系数α；③当h_m范围内有液化土时，液化层的m_i值应先按液化折减系数进行折减，再代入《建筑桩基技术规范》式(C.0.2-1)或式(C.0.2-2)中计算h_m内的水平抗力系数的比例系数m。

2. 群桩水平承载力特征值

群桩基础（不含水平力垂直于单排桩基纵向轴线和力矩较大的情况）的基桩水平承载力特征值应考虑由承台、桩群、土相互作用产生的群桩效应，可按下列公式确定：

$$R_h = \eta_h R_{ha}$$

考虑地震作用且$s_a/d \leqslant 6$时：$\eta_h = \eta_i \eta_r + \eta_l$

其他情况：$\eta_h = \eta_i \eta_r + \eta_l + \eta_b$

四种效应系数按表 3-14-40 计算。

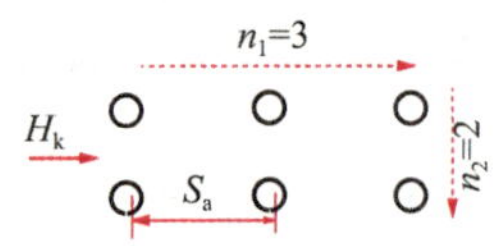

四种效应系数η_i、η_r、η_l、η_b 表 3-14-40

<table>
<tr><th>效应系数</th><th>计算公式</th><th>参数意义</th></tr>
<tr><td>桩相互影响效应系数η_i</td><td>$\eta_i = \dfrac{(s_a/d)^{0.015n_2+0.45}}{0.15n_1 + 0.1n_2 + 1.9}$</td><td>$s_a/d$——沿水平荷载作用方向的距径比；
n_1——沿水平荷载方向的每排桩中的桩数；
n_2——垂直于水平荷载方向的每排桩中的桩数</td></tr>
<tr><td>桩顶约束效应系数η_r</td><td colspan="2">桩顶约束效应系数η_r
<table>
<tr><td>换算深度αh</td><td>2.4</td><td>2.6</td><td>2.8</td><td>3.0</td><td>3.5</td><td>≥4.0</td></tr>
<tr><td>位移控制</td><td>2.58</td><td>2.34</td><td>2.20</td><td>2.13</td><td>2.07</td><td>2.05</td></tr>
<tr><td>强度控制</td><td>1.44</td><td>1.57</td><td>1.71</td><td>1.82</td><td>2.00</td><td>2.07</td></tr>
</table>
注：α——桩的水平变形系数（m^{-1}），$\alpha = \left(\dfrac{mb_0}{EI}\right)^{0.2}$；
h——桩身入土深度（m）</td></tr>
<tr><td>承台侧向土水平抗力效应系数η_l</td><td>$\eta_l = \dfrac{m\chi_{0a}B_c' h_c^2}{2n_1 n_2 R_{ha}}$

注：高承台：$\eta_l = 0$
承台外围为松散填土时，$\eta_l = 0$</td><td>m——承台侧土体水平抗力系数的比例系数（kN/m^4）；
χ_{0a}——桩顶（承台）的允许水平位移（m），如下：
位移控制：$\chi_{0a} = 0.01m$（对水平位移敏感取0.006m）；
强度控制：$\chi_{0a} = \dfrac{R_{ha}\upsilon_x}{\alpha^3 EI}$；
B_c'——承台受侧向土抗力一边的计算宽度（m），如下：
$B_c' = B_c + 1$
（B_c为对应承台宽度）；
h_c——承台高度（m）</td></tr>
<tr><td>承台底摩阻效应系数η_b</td><td>$\eta_b = \dfrac{\mu P_c}{n_1 n_2 R_{ha}}$

注：高承台：$\eta_b = 0$
承台底为可液化土、湿陷性土、高灵敏度软土、欠固结土、新填土、沉桩引起超孔隙水压力和土体隆起时：$\eta_c = 0 \rightarrow P_c = 0 \rightarrow \eta_b = 0$</td><td>$\mu$——承台底与地基土摩擦系数，按《建筑桩基技术规范》表 5.7.3-2；
P_c——承台底地基土分担的竖向总荷载标准值（kN）；
$P_c = \eta_c f_{ak}(A - nA_{ps})$
η_c——承台效应系数，按《建筑桩基技术规范》表 5.2.5；
f_{ak}——承台下 1/2 承台宽度且不超过 5m 深度范围内，各层土的地基承载力特征值按厚度加权的平均值（kPa）；
A——承台总面积（m^2）；
A_{ps}——桩身截面面积（m^2）</td></tr>
</table>

题 3-87（06C13）某桩基工程桩型平面布置如图 3-14-54 所示（图中尺寸单位为 mm），已知单桩水平承载力特征值$R_{ha}=100$kN，按《建筑桩基技术规范》JGJ 94—2008 计算水平向群桩基础的复合基桩水平承载力特征值，其结果最接近下列哪个选项？（水平荷载沿承台长边方向；$\eta_r=2.05$，$\eta_l=0.3$，$\eta_b=0.2$）

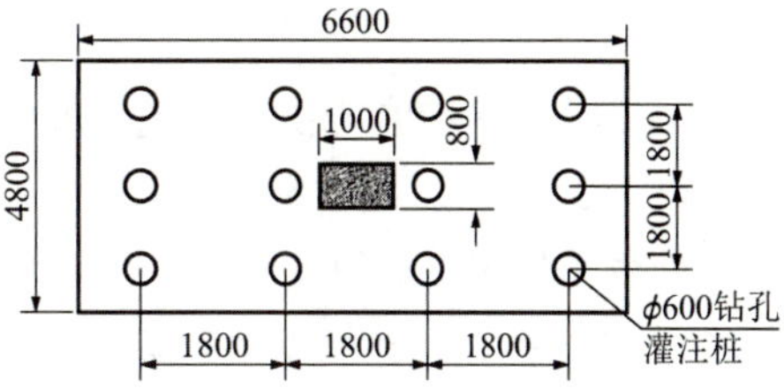

图 3-14-54　题 3-87 图

（A）108kN　　（B）135kN　　（C）156kN　　（D）176kN

【解】

（1）$\eta_r=2.05$，$\eta_l=0.3$，$\eta_b=0.2$

$$\eta_i=\frac{(1.8/0.6)^{0.015\times3+0.45}}{0.15\times4+0.10\times3+1.9}=0.615$$

$$\eta_h=\eta_i\eta_r+\eta_l+\eta_b=0.615\times2.05+0.3+0.2=1.761$$

（2）$R_h=1.761\times100=176.1$kN

【点评】

①根据《建筑桩基技术规范》第 5.7.3 条；②s_a/d是沿水平荷载方向的距径比，此处不需要考虑等效换算问题，图片标注错误；③桩的相互作用影响随桩距减小、桩数增加而增大，沿荷载方向的影响远大于垂直荷载作用方向。

题 3-88（02D09）如图 3-14-55 所示桩基，桩侧土水平抗力系数的比例系数$m=20\text{MN/m}^4$，承台侧面土水平抗力系数的比例系数$m=10\text{MN/m}^4$，承台底与地基土间的摩擦系数$\mu=0.3$，承台保护层厚 50mm，承台底地基土分担竖向荷载$p_c=1364$kN，单桩$\alpha h>4.0$，其水平承载力$R_{ha}=150$kN，承台容许水平位移$\chi_{0a}=6$mm。按《建筑桩基技术规范》JGJ 94—2008 计算复合基桩水平承载力特征值最接近下列哪个选项？

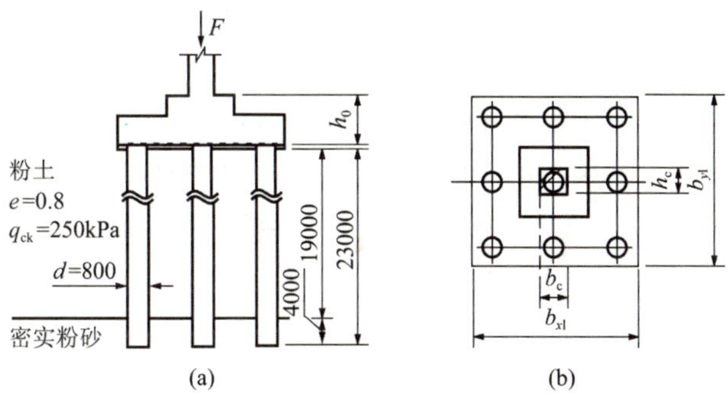

图中尺寸：$b_{x1}=b_{y1}=6.4$m；$h_0=1.6$m；$s_a=3d$（其余尺寸单位为mm）

图 3-14-55　题 3-88 图

（A）450kN　　（B）380kN　　（C）310kN　　（D）200kN

【解】

（1）$\eta_i=\dfrac{(s_a/d)^{0.015n_2+0.45}}{0.15n_1+0.10n_2+1.9}=\dfrac{3^{0.015\times3+0.45}}{0.15\times3+0.10\times3+1.9}=0.65$

$\alpha h>4$，位移控制，$\eta_r=2.05$

$$\eta_l=\frac{m\chi_{0a}\cdot B_c'h_c^2}{2n_1n_2R_{ha}}=\frac{10\times10^3\times0.006\times(6.4+1)\times(1.6+0.05)^2}{2\times3\times3\times150}=0.4477$$

$$\eta_b=\frac{\mu p_c}{n_1n_2R_{ha}}=\frac{0.3\times1364}{3\times3\times150}=0.303$$

（2）$\eta_h=\eta_i\eta_r+\eta_l+\eta_b=0.65\times2.05+0.4477+0.303=2.08$

（3）$R_h=\eta_h\cdot R_{ha}=2.08\times150=312$kN

【点评】

①根据《建筑桩基技术规范》第 5.7.3 条；②群桩基础的基桩水平承载力特征值计算思路：确定各个系数→计算群桩效应综合系数（注意条件情况）→基桩水平承载力特征值；③考虑地震作用且$s_a/d \leqslant 6$时，$\eta_h = \eta_i\eta_r + \eta_l$；④$n_1$为沿水平作用方向荷载方向的每排桩的桩数，即沿着水平荷载方向数桩数，从起始到终点的桩的个数；⑤计算承台侧向土的抗力取承台全高，计算宽度取承台的宽度 +1m。

题 3-89 （04C14）群桩基础，桩径$d = 0.6$m，桩的换算埋深$\alpha h \geqslant 4.0$，单桩水平承载力特征值$R_{ha} = 50$kN（位移控制），沿水平荷载方向布桩排数n_1 =3 排，垂直于水平荷载方向每排桩数$n_2 = 4$根，距径比$s_a/d = 3$，承台底位于地面上 50mm，按《建筑桩基技术规范》JGJ 94—2008 计算群桩中复合基桩水平承载力特征值最接近下列哪个选项？

（A）45kN　　（B）50kN　　（C）55kN　　（D）65kN

（1）承台底位于地面以上，取$\eta_l = 0$；$\eta_b = 0$

（2）$\alpha h \geqslant 4.0$，位移控制，$\eta_r = 2.05$

（3）$\eta_i = \dfrac{3^{(0.015\times4+0.45)}}{0.15\times3+0.10\times4+1.9} = 0.637$

（4）$\eta_h = 0.637\times2.05+0+0 = 1.305$

$R_h = 1.305\times50 = 65.3$kN

【点评】

①根据《建筑桩基技术规范》第 5.7.3 条；②对于高承台，$\eta_b = \eta_l = 0$。

题 3-90 某群桩基础，基础下均匀对称布桩 9 根，桩径 800mm，桩长 30m，桩身配筋 14ϕ20，距径比$s_a/d = 3$，桩的换算埋深$\alpha h \geqslant 4.0$，承台底和承台侧均为松散新填土。建筑物对水平位移敏感，对试桩进行单桩水平静载试验，桩顶水平位移 6mm 时所对应的荷载为 100kN，桩顶水平位移 10mm 时所对应的荷载为 150kN。按《建筑桩基技术规范》JGJ 94—2008 验算永久荷载控制的桩基水平承载力时，求群桩基础的基桩水平承载力特征值最接近下列哪个选项？

（A）60kN　　（B）75kN　　（C）80kN　　（D）120kN

【解】

（1）桩身配筋率$\rho = 14\times20^2/800^2 = 0.875\% > 0.65\%$

对水平位移敏感，取水平位移 6mm 所对应荷载的 75%为水平承载力特征值

$R_{ha1} = 0.75\times100 = 75$kN

永久荷载控制，$R_{ha} = 0.8\times75 = 60$kN

（2）$\eta_i = \dfrac{3^{0.015\times3+0.45}}{0.15\times3+0.10\times3+1.9} = 0.65$

$\alpha h \geqslant 4.0$，位移控制，$\eta_r = 2.05$

松散新填土，$\eta_b = 0$，$\eta_l = 0$

$\eta_h = 0.65\times2.05+0 = 1.33$

（3）$R_h = \eta_h R_{ha} = 1.33\times60 = 79.8$kN

【点评】

①根据《建筑桩基技术规范》第 5.7.2 条、第 5.7.3 条；②验算永久荷载控制的桩基水平承载力时，应将第 5.7.2 条第 2～5 款方法确定的**单桩水平承载力特征值**乘以**调整系数 0.80**。

题 3-91 （03C14、12C13）某钻孔灌注桩群桩基础，桩径为 0.8m，单桩水平承载力特征值为$R_{ha}=100kN$（位移控制），沿水平荷载方向每排桩数$n_1=3$，垂直水平荷载方向每排桩数$n_2=4$，距径比$s_a/d=4$，承台位于松散填土中，埋深 0.5m，桩的换算深度$\alpha h=3.0$，考虑地震作用，按《建筑桩基技术规范》JGJ 94—2008 计算群桩中复合基桩水平承载力特征值最接近下列哪个选项？

（A）134kN （B）154kN （C）157kN （D）177kN

【解】

（1）考虑地震作用，且$s_a/d=4<6$，$\eta_h=\eta_i\eta_r+\eta_l$

$$\eta_i=\frac{4^{0.015\times4+0.45}}{0.15\times3+0.10\times4+1.9}=0.737$$

$\alpha h=3$，位移控制，$\eta_r=2.13$，承台位于松散填土中，$\eta_l=0$

$\eta_h=0.737\times2.13+0=1.57$

（2）$R_h=1.57\times100=157kN$

【点评】

①根据《建筑桩基技术规范》第 5.7.3 条；②考点为群桩基础中基桩水平承载力计算，应考虑承台、桩群、土相互作用产生的群桩效应；③考虑地震作用，$\eta_b=0$，承台位于松散填土中$\eta_l=0$；④本题容易误解的是“考虑地震作用求基桩水平承载力特征值R_h”，而不是“求基桩水平**抗震承载力**特征值R_{hE}”，所以不用乘以 1.25 的系数，注意区别。

题 3-92 某群桩基础采用灌注桩，桩径 1.2m，桩长 20.0m，桩身配筋率 0.6%，承台位于松散填土，承台底面埋深 0.5m，桩顶铰接。桩顶竖向压力设计值$N=5000kN$，桩的水平变形系数$\alpha=0.301m^{-1}$，桩身换算截面面积$A_n=1.2m^2$，换算截面受拉边缘的截面模量$W_0=0.2m^3$，桩身混凝土抗拉强度设计值$f_t=1.5N/mm^2$。沿水平荷载方向每排桩中的桩数为 3 根，垂直于水平荷载方向每排桩中的桩数为 4 根，距径比为 4.0。按《建筑桩基技术规范》JGJ 94—2008 计算该群桩基础的复合基桩水平抗震承载力特征值。

【解】

（1）单桩水平承载力特征值

$$R_{ha}=\frac{0.75\times0.301\times2\times1500\times0.2}{0.768}\times(1.25+22\times0.006)\times\left(1+\frac{0.5\times5000}{2\times1500\times1.2}\right)=413kN$$

水平地震承载$R_{haE}=1.25\times413=516.25kN$

（2）复合基桩水平承载力特征值

$$\eta_i=\frac{(s_a/d)^{0.015n_2+0.45}}{0.15n_1+0.10n_2+1.9}=\frac{4^{0.015\times4+0.45}}{0.15\times3+0.10\times4+1.9}=0.737$$

松散填土，$\eta_l=0$，$\eta_b=0$

（3）$R_{hE}=(0.737\times2.07+0)\times516.25=787.6kN$

【点评】

①根据《建筑桩基技术规范》第 5.7.2 条、第 5.7.3 条；②不要漏掉单桩抗震水平承载力特征值的调整，乘 1.25 倍；③《建筑桩基技术规范》式(5.7.2-1)里面采用标准值N_k错误，应为竖向力设计值N，对应桩身混凝土抗拉强度设计值。

3. 桩基水平承载力验算

受水平荷载的一般建筑物和水平荷载较小的高大建筑物单桩基础和群桩中基桩应满足表 3-14-41 的要求。

单桩和群桩中基桩水平承载力验算　　表 3-14-41

<table>
<tr><td rowspan="2">$H_{ik} \leqslant R_h \Leftarrow$</td><td>$H_{ik} = \dfrac{H_k}{n}$</td><td>$H_k$——荷载效应标准组合下，作用于基桩承台底面的水平力（kN）;
H_{ik}——荷载效应标准组合下，作用于基桩桩顶处的水平力（kN）;
n——桩基中的桩数</td></tr>
<tr><td>R_h</td><td>单桩基础或群桩中基桩的水平承载力特征值（kN）;
单桩基础，可取单桩的水平承载力特征值R_{ha}</td></tr>
</table>

题 3-93　某群桩基础，桩径 0.8m，桩中心间距 3.2m，正方形布桩，桩长 5.5m，桩身配筋率为 1.95%，地基土水平抗力系数的比例系数$m = 10^4 kN/m^4$，桩顶约束条件为铰接，桩身抗弯刚度$EI = 5.08 \times 10^4 kN \cdot m^2$，桩顶允许水平位移为 10mm，沿水平载荷方向每排桩中的桩数为 5 根，垂直于水平荷载方向每排桩中的桩数为 8 根，承台底面埋深 2.5m，承台底地基土分担竖向总荷载$P_c = 3000kN$，承台底与地基土的摩擦系数取 0.35。按《建筑桩基技术规范》JGJ 94—2008 确定，在荷载效应标准组合作用下，该群桩基础中每根复合基桩顶部能够承受的水平力最大值。（不考虑地震作用，$\eta_l = 0.2$）

【解】

（1）$b_0 = 0.9 \times (1.5 \times 0.8 + 0.5) = 1.53m$

$$\alpha = \sqrt[5]{\frac{10^4 \times 1.53}{5.08 \times 10^4}} = 0.787 \Rightarrow \alpha \cdot h = 0.787 \times 5.5 = 4.33 > 4.0 \Rightarrow \upsilon_x = 2.441$$

$$R_{ha} = 0.75 \times \frac{0.787^3 \times 5.08 \times 10^4}{2.441} \times 0.01 = 76.1kN$$

（2）$\eta_i = \dfrac{(3.2/0.8)^{0.015\times 8+0.45}}{0.15 \times 5 + 0.1 \times 8 + 1.9} = 0.639$

$\alpha h \geqslant 4.0$，位移控制，$\eta_r = 2.05$

$$\eta_b = \frac{0.35 \times 3000}{5 \times 8 \times 76.1} = 0.345$$

$$\eta_h = \eta_i \eta_r + \eta_l + \eta_b = 0.639 \times 2.05 + 0.2 + 0.345 = 1.855$$

（3）$H_{ik} \leqslant R_h = 1.855 \times 76.1 = 141.2kN$

【点评】

①根据《建筑桩基技术规范》第 5.7.1～5.7.3 条；②$H_{ik} \leqslant R_h$，R_h对于群桩取基桩水平承载力特征值；对于单桩基础取单桩的水平承载力特征值。

4. 桩侧土体水平抗力系数的比例系数m

《建筑桩基技术规范》和《建筑基桩检测技术规范》都有关于反算桩侧土体水平抗力系数的比例系数m的规定，总结如表 3-14-42 所示。

桩侧土体水平抗力系数的比例系数m **表 3-14-42**

<table>
<tr><td colspan="3">m值对于同一根桩并非定值，与荷载呈非线性关系，低荷载水平下，m值较高；随荷载增加，桩侧土的塑性区逐渐扩展而降低。因此，m取值应与实际荷载、允许位移相适应</td></tr>
<tr><td rowspan="2">《建筑桩基技术规范》</td><td>低配筋率</td><td>如根据试验结果求低配筋率桩的m，应取临界荷载H_{cr}及对应位移χ_{cr}按下式计算：
$$m=\frac{\left(\frac{H_{cr}}{\chi_{cr}}\cdot\upsilon_x\right)^{5/3}}{b_0\cdot(EI)^{2/3}}=\frac{\left(\frac{R_{ha}}{0.75\chi_{cr}}\cdot\upsilon_x\right)^{5/3}}{b_0\cdot(EI)^{2/3}}$$</td></tr>
<tr><td>配筋率较高</td><td>对于配筋率较高的预制桩和钢桩，则应取允许位移及其对应的荷载按上式计算m</td></tr>
<tr><td rowspan="2">《建筑基桩检测技术规范》</td><td colspan="2">当桩顶自由且水平力作用位置位于地面处时，m值应按下式确定：
$$m=\frac{(\upsilon_y\cdot H)^{5/3}}{b_0Y_0^{5/3}(EI)^{2/3}}$$</td></tr>
<tr><td colspan="2">υ_y——桩顶水平位移系数，当$\alpha h>4.0$时（h为桩的入土深度），$\upsilon_y=2.441$；
α——桩的水平变形系数（m^{-1}）；
Y_0——水平力H作用点的水平位移（m）；
H——作用于地面的水平力（kN），H与Y_0要对应，按题目给的水平力H计算m，没有给按$H=R_{ha}$；
EI——桩身抗弯刚度（$kN\cdot m^2$），其中E为桩身材料弹性模量，I为桩身换算截面惯性矩；
b_0——桩身计算宽度（m）：
圆形桩$\begin{cases}d<1m\rightarrow b_0=0.9(1.5d+0.5)\\d\geqslant 1m\rightarrow b_0=0.9(d+1)\end{cases}$ 矩形桩$\begin{cases}b<1m\rightarrow b_0=1.5b+0.5\\b\geqslant 1m\rightarrow b_0=b+1\end{cases}$</td></tr>
</table>

注：根据题目给的荷载和对应的水平位移计算m；与第 9 篇第 34 章“建筑基桩检测技术规范”对比学习。

题 3-94 （06D15）某试桩桩径 0.4m，配筋率 0.60%，水平静载试验所采取每级荷载增量值为 15kN，试桩H_0-t_0-X_0曲线明显出现拐点的荷载为 120kN 时对应的水平位移为 3.2mm，其前一级荷载和后一级荷载对应的水平位移分别为 2.6mm 和 4.2mm，则由试验结果计算的地基土水平抗力系数的比例系数m值最接近下列哪个选项？（为简化计算，假定$(\upsilon_x)^{5/3}=4.425$，$(EI)^{2/3}=877(kN\cdot m^2)^{2/3}$）

（A）242MN/m^4 （B）228MN/m^4 （C）205MN/m^4 （D）165MN/m^4

【解】

（1）取出现拐点的前一级荷载为单桩的水平临界载荷：$H_{cr}=120-15=105kN$

（2）$b_0=0.9(1.5\times0.4+0.5)=0.99m$

$$m=\frac{(\upsilon_x\cdot H_{cr})^{5/3}}{b_0Y_0^{5/3}(EI)^{2/3}}=\frac{105^{5/3}\times4.425}{0.99\times(2.6\times10^{-3})^{5/3}\times877}=242273kN/m^4=242.3MN/m^4$$

【点评】

①根据《建筑基桩检测技术规范》第 6.4.2 条、第 6.4.4 条、《建筑桩基技术规范》第 5.7.5 条条文说明；②根据试验结果求低配筋率桩的m，应取临界载荷H_{cr}及对应位移χ_{cr}按

《建筑桩基技术规范》第5.7.5条条文说明计算m，对于配筋率较高的桩，则应取允许位移及其对应的荷载计算m；③根据《建筑基桩检测技术规范》第6.4.4条确定单桩水平临界荷载，$R_a = 0.75H_{cr}$；④m计算公式可由$\chi_{0a} = \frac{H_{cr}\upsilon_x}{\alpha^3 EI}$和$\alpha = \sqrt[5]{\frac{mb_0}{EI}}$推导出来。

题3-95　某灌注桩，桩径为1.0m，桩长为12m，桩身配筋率为0.67%，对该桩进行水平静载试验，对位移敏感，水平力位移$\chi_{0a} = 6$mm对应的水平力为150kN，水平位移$\chi_{0a} = 10$mm对应的水平力为200kN，$EI = 5.5\times10^4$kN·m²，试按《建筑桩基技术规范》JGJ 94—2008计算地基土水平抗力系数的比例系数？（取$\upsilon_x = 2.441$）

【解】

（1）$b_0 = 0.9(1.5d + 0.5) = 0.9\times(1.5\times1.0 + 0.5) = 1.8\text{m}$

（2）$m = \frac{\left(\frac{H}{\chi_{cr}}\cdot\upsilon_x\right)^{5/3}}{b_0\cdot(EI)^{2/3}} = \frac{\left(\frac{150}{0.006}\times2.441\right)^{5/3}}{1.8\times(5.5\times10^4)^{2/3}} = 36336\text{kN/m}^4 = 36.34\text{MN/m}^4$

【点评】

①根据《建筑桩基技术规范》第5.7.5条条文说明。②m值对于同一根桩并非定值，与荷载呈非线性关系，低荷载水平下，m值较高；随荷载增加，桩侧土的塑性区逐渐扩展而降低。因此，m取值应与实际荷载、允许位移相适应。③配筋率较高的预制桩和钢桩，则应取允许位移及其对应荷载（R_{ha}）。

题3-96　某对水平位移敏感的建筑物基础采用预制桩，桩的尺寸为0.5m×0.5m，桩长15m，配筋率0.72%，混凝土强度等级C45，保护层厚度5cm，钢筋弹性模量与混凝土弹性模量之比$\alpha_E = 6$，桩顶自由且作用于地面处水平力为165kN时预制桩在地面处水平位移为6mm，试按《建筑桩基技术规范》JGJ 94—2008计算地基土水平抗力系数的比例系数m值最接近下列哪个选项？（取$\upsilon_x = 2.441$）

（A）5390kN/m⁴　（B）22070kN/m⁴　（C）35640kN/m⁴　（D）57570kN/m⁴

【解】

（1）C45，查表$E_c = 3.35\times10^4\text{N/mm}^2$

有效宽度$b_0 = 0.5 - 2\times0.05 = 0.4\text{m}$，

$W_0 = \frac{0.5}{6}\times[0.5^2 + 2\times(6-1)\times0.0072\times0.4^2] = 0.0218\text{m}^3$

$I_0 = \frac{0.0218\times0.4}{2} = 4.36\times10^{-3}\text{m}^4$，

$EI = 0.85\times4.36\times10^{-3}\times3.35\times10^4\times10^3 = 124151\text{kN}\cdot\text{m}^2$

（2）桩身计算宽度$b_0 = 1.5\times0.5 + 0.5 = 1.25\text{m}$

$$m = \frac{\left(\frac{165}{0.006}\times2.441\right)^{\frac{5}{3}}}{1.25\times124151^{\frac{2}{3}}} = 35642\text{kN/m}^4$$

【点评】

①根据《混凝土结构设计规范》第4.1.5条、《建筑桩基技术规范》第5.7.2条、第5.7.5条及条文说明作答；②对于配筋率较高的预制桩（桩身配筋率不小于0.65%）和钢桩，根据《建筑桩基技术规范》第5.7.5条条文说明中公式（9），取允许位移及其对应的荷载带入公式计算。

14.2.6 桩身承载力计算——《建筑桩基技术规范》第 5.8 节

1. 受压桩桩身承载力计算——《建筑桩基技术规范》第 5.8.2～5.8.4 条

钢筋混凝土轴心受压桩正截面受压承载力应符合下列规定：

（1）桩顶以下 $5d$ 范围的桩身螺旋式箍筋间距不大于 100mm，且符合《建筑桩基技术规范》第 4.1.1 条规定时：

$$N \leqslant \varphi(\psi_c f_c A_{ps} + 0.9 f_y' A_s')$$

（2）当桩身配筋不符合上述（1）款规定时：

$$N \leqslant \varphi \psi_c f_c A_{ps}$$

式中：N——荷载效应**基本组合**下的桩顶轴向压力设计值，$N = 1.35N_k$，**考虑下拉荷载时**，$N = 1.35(N_k + Q_g^n)$；

f_c——混凝土轴心抗压强度设计值（kPa），本书附录表Ⅱ.0.1；

f_y'——纵向主筋抗压强度设计值（kPa），本书附录表Ⅱ.0.4；

A_{ps}——桩有效截面面积（m^2），对**空心桩应扣除空心面积**，不用扣除钢筋；

A_s'——纵向主筋截面面积（m^2）；

ψ_c——成桩工艺系数：混凝土预制桩、预应力混凝土空心桩ψ_c =0.85；干作业非挤土灌注桩ψ_c =0.90；泥浆护壁和套管护壁非挤土灌注桩、部分挤土灌注桩、挤土灌注桩ψ_c = 0.7～0.8；软土地区挤土灌注桩ψ_c =0.60；

φ——桩身稳定系数，轴心受压，φ = 1；对于**高承台**基桩、桩身穿越**可液化土**或**不排水抗剪强度**c_u <10kPa(f_{ak} <25kPa）**的软弱土层**的基桩，应考虑压屈影响。其稳定系数φ可根据桩身压屈计算长度l_c和桩的设计直径d（或矩形桩短边尺寸b）按表 3-14-43 确定，桩的稳定系数φ可按表 3-14-44 确定。

桩身压屈计算长度l_c　　　　**表 3-14-43**

桩顶铰接				桩顶固接			
桩底支于非岩石土中		桩底嵌于岩石中		桩底支于非岩石土中		桩底嵌于岩石中	
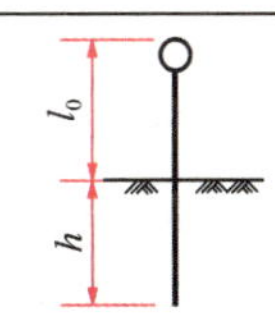		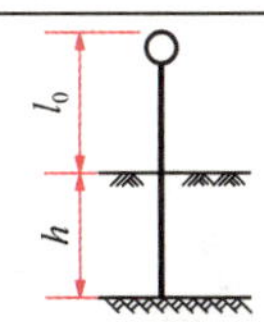		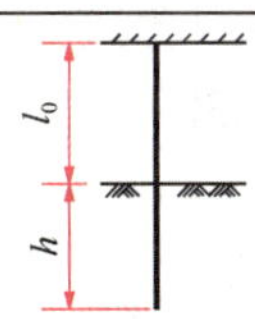		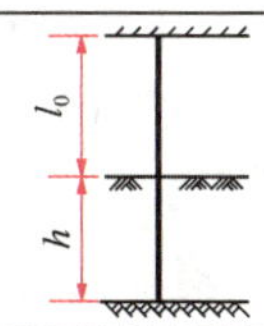	
$h < \frac{4}{\alpha}$	$h \geqslant \frac{4}{\alpha}$	$h < \frac{4}{\alpha}$	$h \geqslant \frac{4}{\alpha}$	$h < \frac{4}{\alpha}$	$h \geqslant \frac{4}{\alpha}$	$h < \frac{4}{\alpha}$	$h \geqslant \frac{4}{\alpha}$
$l_c = l_0 + h$	$l_c = 0.7(l_0 + \frac{4}{\alpha})$	$l_c = 0.7(l_0 + h)$	$l_c = 0.7(l_0 + \frac{4}{\alpha})$	$l_c = 0.7(l_0 + h)$	$l_c = 0.5(l_0 + \frac{4}{\alpha})$	$l_c = 0.5(l_0 + h)$	$l_c = 0.5(l_0 + \frac{4}{\alpha})$

注：1. $\alpha = \left(\frac{mb_0}{EI}\right)^{0.2}$，$l_0$为高承台基桩露出地面的长度，对于低承台桩基，$l_0 = 0$；

2. h为桩的入土深度，当桩侧有厚度d_l的液化土层时，桩露出地面长度l_0和入土深度h分别调整如下：$l_0' = l_0 + (1-\psi_l)d_l$；　　$h' = h - (1-\psi_l)d_l$　　（ψ_l查表 3-14-38）

3. 当存在f_{ak} < 25kPa(c_u < 10kPa)的软弱土时，按液化土处理。

桩身稳定系数φ 表 3-14-44

l_c/d	≤7	8.5	10.5	12	14	15.5	17	19	21	22.5	24
l_c/b	≤8	10	12	14	16	18	20	22	24	26	28
φ	1.00	0.98	0.95	0.92	0.87	0.81	0.75	0.70	0.65	0.60	0.56
l_c/d	26	28	29.5	31	33	34.5	36.5	38	40	41.5	43
l_c/b	30	32	34	36	38	40	42	44	46	48	50
φ	0.52	0.48	0.44	0.40	0.36	0.32	0.29	0.26	0.23	0.21	0.19

注：b为矩形桩短边尺寸，d为桩直径。

题 3-97 （14D10）某钢筋混凝土预制方桩，边长 400mm，混凝土强度等级 C40，主筋为 HRB335，12ϕ18，桩顶以下 2m 范围内箍筋间距 100mm，考虑纵向主筋抗压承载力，根据《建筑桩基技术规范》JGJ 94—2008，求桩身轴心受压时正截面受压承载力设计值最接近下列何值？（C40 混凝土$f_c = 19.1\text{N/mm}^2$，HRB335 钢筋$f_y' = 300\text{N/mm}^2$）

（A）3960kN （B）3420kN （C）3050kN （D）2600kN

【解】

$$N \leqslant \psi_c f_c A_{ps} + 0.9 f_y' A_s' = 0.85 \times 19.1 \times 10^3 \times 0.4^2 + 0.9 \times 300 \times 10^3 \times 12 \times 3.14 \times 0.009^2 = 3421.7\text{kN}$$

【点评】

①根据《建筑桩基技术规范》第 5.8.2 条、第 5.8.3 条；②首先确定基桩成桩工艺系数，本题为轴向受压不考虑压屈影响，取稳定系数$\varphi = 1$；③题目中已说明考虑纵向主筋抗压承载力，即配筋满足要求，不需要再自行判断配筋是否满足要求。

题 3-98 （13D12）某框架柱采用 6 桩独立基础，桩基承台埋深 2.0m，承台面积 3.0m × 4.0m，采用边长 0.2m 的钢筋混凝土预制实心方桩，桩长 12m，承台顶部标准组合下轴心竖向力为F_k，桩身混凝土强度等级为 C25，抗压强度设计值$f_c = 11.9\text{MPa}$，箍筋间距 150mm，根据《建筑桩基技术规范》JGJ 94—2008，若按桩身承载力验算，求该桩基础能够承受的最大竖向力F_k最接近下列何值（图 3-14-56）？（承台与其上土的重度取 20kN/m^3，上部结构荷载效应基本组合按标准组合的 1.35 倍取用）

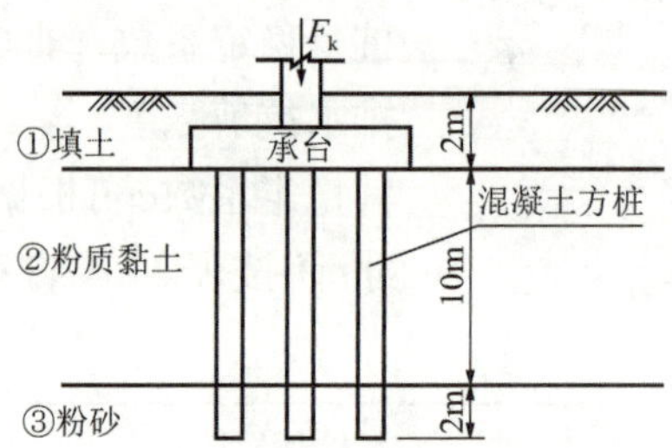

图 3-14-56 题 3-98 图

（A）1320kN （B）1630kN （C）1950kN （D）2270kN

【解】

（1）箍筋间距 150mm > 100mm，则

$N \leqslant \psi_c f_c A_{ps} = 0.85 \times 11.9 \times 10^3 \times 0.2^2 = 404.6\text{kN}$

$G_k = 20 \times 3 \times 4 \times 2 = 480\text{kN}$

（2）$N \geqslant \dfrac{F+G}{n} = 1.35 \times \dfrac{(F_k+480)}{6} = 404.6 \Rightarrow F_k \leqslant 1318.2\text{kN}$

【点评】

①根据《建筑桩基技术规范》第 5.8.2 条；②考点为桩身承载力验算及相应荷载组合的选用与换算，以及成桩工艺系数；③桩身承载力N为荷载效应基本组合的数值，F_k荷载效应标准组合的数值需要利用分项系数 1.35 转换；④虽然计算结果是小于 1318.2kN，但题目问的是最接近下列何值，所以可以选 1320kN，因为计算精度可能会导致误差。

题 3-99 （21C09）某预制混凝土实心方桩基础，高桩承台，方桩边长为 500mm，桩身露出地面的长度为 6m，桩入土长度为 20m，桩端持力层为粉砂层，桩的水平变形系数 α为 0.483m^{-1}，桩顶铰接，桩顶以下 3m 范围内箍筋间距为 150mm，纵向主筋截面面积$A_s' =$ 2826mm^2，主筋抗压强度设计值$f_y' = 360N/mm^2$。桩身混凝土强度等级为 C30，轴心抗压强度设计值$f_c = 14.3N/mm^2$。按照《建筑桩基技术规范》JGJ 94—2008 规定的轴心受压桩正截面受压承载力验算要求，该基桩能承受的最大桩顶轴向压力设计值最接近下列哪个选项？（不考虑桩侧土性对桩出露地面和入土长度的影响）

（A）1820kN （B）2270kN （C）3040kN （D）3190kN

【解】

（1）桩顶铰接，桩端支于非岩石

$$h = 20 > \frac{4.0}{0.483} = 8.3 \Rightarrow l_c = 0.7 \times \left(6 + \frac{4.0}{0.483}\right) = 10\text{m}$$

$$\frac{l_c}{b} = \frac{10}{0.5} = 20 \Rightarrow \varphi = 0.75$$

（2）预制混凝土桩，且箍筋间距 > 100mm

$$N \leqslant 0.75 \times 0.85 \times 14.3 \times 10^3 \times 0.5^2 = 2279\text{kN}$$

【点评】

①根据《建筑桩基技术规范》第 5.8.2～5.8.4 条；②重要考点“受压桩压屈计算”，当桩顶以下 $5d$范围内箍筋间距>100mm 时，不考虑钢筋的受压承载力。

【同类型真题】 03C13

题 3-100 （16D12）竖向受压高承台桩基础，采用钻孔灌注桩，设计桩径 1.2m，桩身露出地面的自由长度l_0为 3.2m，入土长度h为 15.4m，桩的换算埋深αh <4.0，桩身混凝土强度等级为 C30，桩顶 6m 范围内的箍筋间距为 150mm，桩顶与承台连接按铰接考虑。土层条件及桩基计算参数如图 3-14-57 所示。按照《建筑桩基技术规范》JGJ 94—2008 计算基桩的桩身正截面受压承载力设计值最接近下列哪个选项？（成桩工艺系数取$\psi_c = 0.75$，C30 混凝土轴心抗压强度设计值$f_c = 14.3N/mm^2$，纵向主筋截面积$A_s' =$ 5024mm^2，抗压强度设计值$f_y' = 210N/mm^2$）

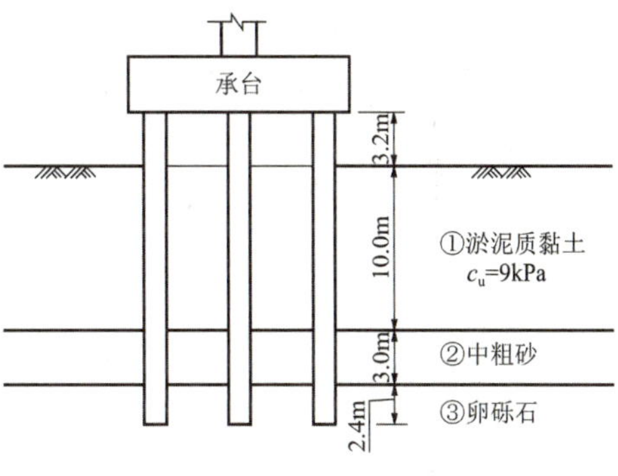

图 3-14-57 题 3-100 图

（A）9820kN （B）12100kN （C）16160kN （D）10580kN

【解】

（1）淤泥质黏土，$c_u = 9\text{kPa} < 10\text{kPa}$，

$l_0' = 3.2 + 10 = 13.2\text{m}$，$h' = 15.4 - 10 = 5.4\text{m}$

（2）$\alpha h < 4.0$，铰接，桩底支于非岩石土中

$l_c = 13.2 + 5.4 = 18.6$，$l_c/d = 18.6/1.2 = 15.5$，查表φ =0.81

（3）桩顶 6m 范围内的箍筋间距为 150mm > 100mm，则：

$$N = 0.81 \times 0.75 \times 14.3 \times 10^3 \times 3.14 \times 0.6^2 = 9820.1\text{kN}$$

【点评】

①按照《建筑桩基技术规范》第5.8.2～5.8.4条；②对于高承台基桩、桩身穿越可液化土或不排水抗剪强度小于10kPa（地基承载力特征值小于25kPa）的软弱土层的基桩，应考虑压屈影响；③桩顶以下5d范围的桩身螺旋式箍筋间距＞100mm时，不考虑钢筋的抗压强度；④当存在$f_{ak}<25$kPa或$c_u<10$kPa的软弱土时，按液化土处理，高承台，土层液化折减系数取0。本题官方答案没有考虑液化折减，欠妥。

题3-101 （19D10）如图3-14-58所示轴向受压高承台灌注桩基础，桩径800m，桩长24m。桩身露出地面的自由长度l_0=3.8m，桩的水平变形系数α=0.403m^{-1}，地层参数如图所示，桩与承台连接按铰接考虑。未考虑压屈影响的基桩桩身正截面受压承载力计算值为6800kN。按照《建筑桩基技术规范》JGJ 94—2008，考虑压屈影响的基桩正截面受压承载力计算值最接近下列哪个选项？（淤泥层影响折减系数ψ_1取0.3，桩露出地面l_0和桩的入土长度h分别调整为$l_0'=l_0+(1-\psi_1)d_1$，$h'=h-(1-\psi_1)d_1$，d_1为软性土厚度）。

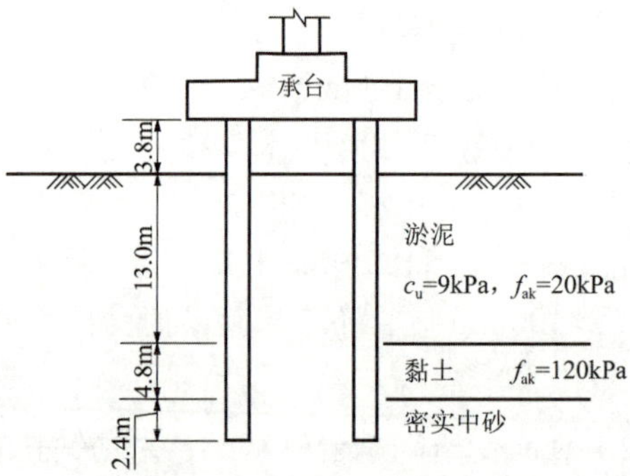

图3-14-58 题3-101图

（A）3400kN （B）4590kN （C）6220kN （D）6800kN

【解】

（1）$l_0'=3.8+(1-0.3)\times13=12.9$m

$$h'=24-12.9=11.1\text{m}\geqslant\frac{4}{\alpha}=\frac{4}{0.403}=9.93\text{m}$$

（2）桩顶铰接，桩底为土，$l_c=0.7\times(12.9+9.93)=16$m

$l_c/d=16/0.8=20$，查表$\varphi=0.675$

（3）$N=6800\times0.675=4590$kN

【点评】

①根据《建筑桩基技术规范》第5.8.2条、第5.8.4条；②软弱土层的液化折减系数，规范规定不太明确，与《建筑桩基技术规范应用手册》也不太一致，本题为避免争议，直接给出计算公式，本题也算是对16D12官方答案的一个纠错。

题 3-102 （20C11）某高层建筑，拟采用钻孔灌注桩桩筏基础，筏板底埋深为地面下 5.0m，地层条件如表 3-14-45 所示。设计桩径 0.8m，经计算桩端需进入碎石土层 1.0m，在永久作用控制的基本组合条件下，桩基轴心受压。根据《建筑地基基础设计规范》GB 50007—2011 设计，基桩竖向抗压承载力不受桩身强度控制及满足规范要求的桩身混凝土强度等级最低为下列哪个选项？（工作条件系数取 0.6，混凝土轴心抗压强度设计值见表 3-14-46）

题 3-102 表（一）　　表 3-14-45

层号	土体名称	层底埋深（m）	q_{sa}（kPa）	q_{pa}（kPa）
①	粉土	10.0	15	
②	中细砂	18.0	25	
③	中粗砂	20.0	70	
④	碎石土	＞30.0	75	1500

题 3-102 表（二）　　表 3-14-46

混凝土强度等级	C15	C20	C25	C30	C35
轴心抗压强度设计值（N/mm²）	7.2	9.6	11.9	14.3	16.7

（A）C20　　（B）C25　　（C）C30　　（D）C35

【解】

（1）$R_a = 3.14 \times 0.8 \times (15 \times 5 + 25 \times 8 + 70 \times 2 + 75 \times 1) + 3.14 \times 0.4^2 \times 1500 = 1984.5\text{kN}$

（2）桩基能承受的竖向荷载设计值 $N = 1.35 \times 1984.5 = 2679\text{kN}$

（3）桩基轴心受压，由 $2679 \leqslant 3.14 \times 0.4^2 \times f_c \times 0.6$，解得 $f_c \geqslant 8.89\text{MPa}$，可取 C20

（4）根据《建筑地基基础设计规范》第 8.5.3 条，灌注桩混凝土强度等级不低于 C25，综合取 C25

【点评】

①根据《建筑地基基础设计规范》第 8.5.3 条、第 8.5.5 条、第 8.5.6 条、第 8.5.11 条；②根据《建筑地基基础设计规范》第 8.5.6 条第 4 款，采用端阻力、桩侧阻力特征值计算得到的为单桩承载力特征值，不用折减；③不受桩身强度控制则：$A_p f_c \varphi_c \geqslant 1.35R_a$；④注意《建筑地基基础设计规范》第 8.5.3 条构造的要求，灌注桩的混凝土强度等级不应低于 C25，本题主要考察核心规范的熟练程度。

题 3-103　（08D13）某一柱一桩（端承灌注桩）基础，桩径 1.0m，桩长 20m，承受轴向竖向荷载设计值$N = 5000$kN，地表大面积堆载，$p = 60$kPa，桩周土层分布如图 3-14-59 所示，桩顶以下 5m 范围内的箍筋间距 150mm，根据《建筑桩基技术规范》JGJ 94—2008 确定桩身混凝土强度等级（表 3-14-47）选用下列哪个选项最经济合理？（不考虑地震作用，灌注桩施工工艺系数$\varphi_c = 0.7$，负摩阻力系数$\xi_n = 0.20$）

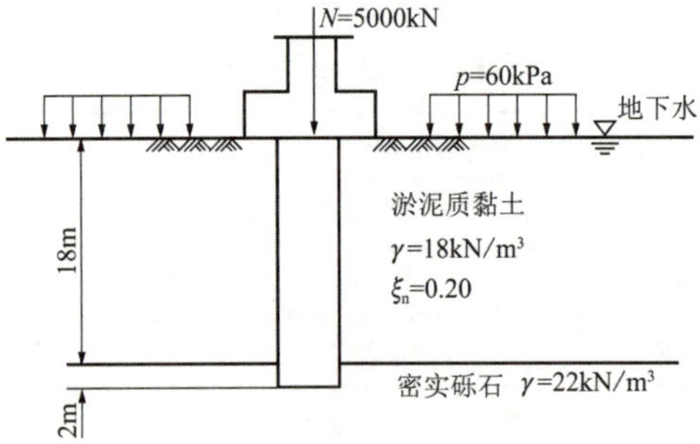

图 3-14-59　题 3-103 图

题 3-103 表　　　　表 3-14-47

混凝土强度等级	C20	C25	C30	C35
轴心抗压强度设计值f_c（N/mm^2）	9.6	11.9	14.3	16.7

（A）C20　　（B）C25　　（C）C30　　（D）C35

【解】

（1）$l_n/l_0 = 0.9$，$l_n = 0.9 \times 18 = 16.2$m

（2）$\sigma'_{si} = 60 + \frac{1}{2} \times 8 \times 16.2 = 124.8$kPa，$q^n_{si} = 0.2 \times 124.8 = 24.96$kPa

$Q^n_g = 3.14 \times 1 \times 24.96 \times 16.2 = 1270$kN

（3）$N_{max} = 5000 + 1.35 \times 1270 = 6715$kN

（4）$6715 \leqslant 0.7 \times f_c \times 3.14 \times 0.5^2$，解得：$f_c \geqslant 12.22$MPa

最经济合理的桩身混凝土强度等级应为 C30 > C25，满足要求。

【点评】

①根据《建筑桩基技术规范》第 5.4.4 条、第 5.8.2 条；②如题目不给混凝土强度等级和抗压强度设计值的关系表，可根据《混凝土结构设计规范》查表确定混凝土等级，要注意构造要求，桩身混凝土强度等级不得小于 C25；③注意负摩阻力下拉载荷为标准值，换算成设计值应乘以 1.35；④本题为老规范题目，均不考虑钢筋的竖向承载力，故改编增加箍筋条件。

题 3-104　（19C10）某既有建筑为钻孔灌注桩基础，桩身混凝土强度等级 C40（轴心抗压强度设计值取 19.1MPa），桩身直径 800mm，桩身螺旋箍筋均匀配筋，间距 150mm，桩身完整。既有建筑在荷载效应标准组合下，作用于承台顶面的轴心竖向力为 20000kN。现拟进行增层改造，岩土参数如图 3-14-60 所示，根据《建筑桩基技术规范》JGJ 94—2008，原桩基础在荷载效应标准组合下，允许作用于承台顶面的轴心竖向力最大增加值最接近下列哪个选项？（不考虑偏心、地震和承台效应，既有建筑桩基承载力随时间的变化，无地下水，增层后荷载效应基本组合下，基桩桩顶轴向压力设计值为荷载效应标准组合下的 1.35 倍，承台及承台底部以上土的重度为 $20kN/m^3$；桩的成桩工艺系数取 0.9，桩嵌岩段侧阻与端阻综合系数取 0.7）

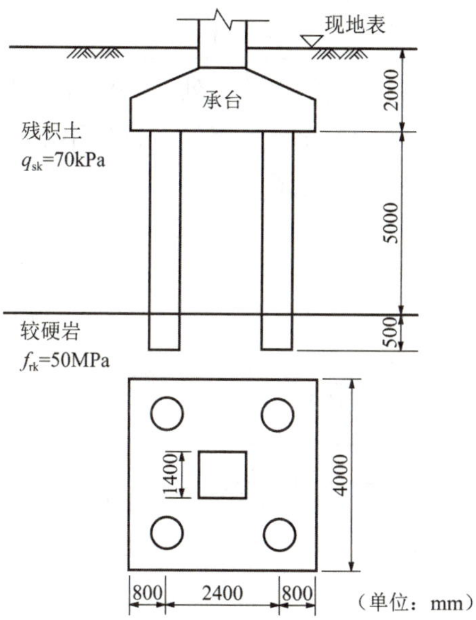

图 3-14-60　题 3-104 图

（A）4940kN　　（B）8140kN　　（C）13900kN　　（D）16280kN

【解】

（1）$Q_{uk} = 3.14 \times 0.8 \times 5 \times 70 + 0.7 \times 3.14 \times 0.4^2 \times 50 \times 1000 = 18463.2\text{kN}$

（2）$20000 + \Delta N_k + 4 \times 4 \times 2 \times 20 \leqslant 4 \times \dfrac{18463.2}{2} \Rightarrow \Delta N_k \leqslant 16286.4\text{kN}$

（3）配筋不合规定，$1.35 \times (20000 + \Delta N_k + 20 \times 2 \times 4 \times 4) \leqslant 4 \times 0.9 \times 3.14 \times 0.4^2 \times 19.1 \times 1000$

解得 $\Delta N_k \leqslant 4948.9\text{kN}$

（4）取小值 $\Delta N_k = 4948.9\text{kN}$

【点评】

①根据《建筑桩基技术规范》第 5.3.6 条、第 5.8.2 条、第 5.8.3 条；②嵌岩桩的极限承载力计算和桩身承载力验算，注意是 4 根桩共同作用，不考虑承台效应，两个考点的结合。

2. 打入式钢管桩局部压屈验算——《建筑桩基技术规范》第 5.8.6 条

对于打入式钢管桩，可按表 3-14-48 的规定验算桩身局部压屈。

打入式钢管桩局部压屈验算 表 3-14-48

当$\frac{t}{d}=\frac{1}{50}\sim\frac{1}{80}$、$d\leqslant 600$mm，最大锤击压应力小于钢材强度设计值时，可不进行局部压屈验算	
当 $600\text{mm}<d<900\text{mm}$ 时	$\frac{t}{d}\geqslant\frac{f_y'}{0.388E}$
当$d\geqslant 900$mm 时	$\frac{t}{d}\geqslant\sqrt{\frac{f_y'}{14.5E}}$且$\frac{t}{d}\geqslant\frac{f_y'}{0.388E}$

t、d——钢管桩壁厚、外径（mm）；

E——钢材弹性模量（MPa），本书附录表Ⅱ.0.7；

f_y'——钢材抗压强度设计值（MPa），本书附录表Ⅱ.0.4

题 3-105 （16C10）某打入式钢管桩，外径 900mm，如果按桩身局部压屈控制，根据《建筑桩基技术规范》JGJ 94—2008，所需钢管桩最小壁厚接近下列哪个选项?（弹性模量$E=2.1\times10^5\text{N/mm}^2$，抗压强度设计值$f_y'=350\text{N/mm}^2$）

（A）3mm （B）4mm （C）8mm （D）10mm

【解】

（1）$d=900\text{mm}>600\text{mm}$

$$\frac{t}{d}\geqslant\frac{f_y'}{0.388E}\Rightarrow t\geqslant\frac{350}{0.388\times2.1\times10^5}\times900=3.87\text{mm}$$

（2）$\frac{t}{d}\geqslant\sqrt{\frac{f_y'}{14.5E}}\Rightarrow t\geqslant\sqrt{\frac{350}{14.5\times2.1\times10^5}}\times900=9.65\text{mm}$

（3）取大值 9.65mm

【点评】

①根据《建筑桩基技术规范》第 5.8.6 条；②对于打入式钢管桩，应验算桩身局部压屈，对于大于或等于 900mm 的钢管桩要用两个公式进行验算，均需要满足要求，故取大值。

题 3-106 打入式钢管桩，桩端进入密实粗砂持力层 2.5m，桩端开口并加设十字形钢板，单桩竖向极限承载力标准值为$Q_{uk}=8000\text{kN}$（其中桩端总极限阻力占 50%），粗砂层$q_{sik}=100\text{kPa}$，$q_{pk}=8000\text{kPa}$，试按《建筑桩基技术规范》确定钢管桩最大内径?（$f_y'=210\text{MPa}$，$E=2.1\times10^5\text{MPa}$）。

【解】

（1）设$h_b/d_e>5$，取$\lambda_p=0.8$

$$Q_{pk}=\lambda_p q_{pk}A_p=0.8\times8000\times\frac{3.14d^2}{4}=4000\Rightarrow d=0.892\text{m}$$

（2）桩端开口并加设十字形钢板，取$d_e=d/\sqrt{n}=\frac{0.892}{\sqrt{4}}=0.446\text{m}$

$h_b/d_e=2.5/0.446=5.6>5$，假设成立

（3）$d=0.892\text{m}>600\text{mm}$

$$t/d\geqslant f_y'/0.388E\Rightarrow\frac{t}{0.892\times10^3}\geqslant\frac{210}{0.388\times2.1\times10^5}\Rightarrow t\geqslant2.3\text{mm}$$

（4）钢管桩最大内径为：$892-2.3\times2=887.4\text{mm}$

【点评】

①根据《建筑桩基技术规范》第 5.3.7 条、第 5.8.6 条；②钢管桩承载力计算与桩身压屈验算相结合。

3. 抗拔桩正截面受拉承载力验算——《建筑桩基技术规范》第 5.8.7 条

钢筋混凝土轴心抗拔桩的正截面受拉承载力应符合下式规定：

$$N \leqslant f_y A_s + f_{py} A_{py}$$

式中：N——荷载效应**基本组合**下桩顶轴向拉力设计值（kN），$N = 1.35N_k$；

f_y、f_{py}——普通钢筋、预应力钢筋的抗拉强度设计值（kPa），本书附录表Ⅱ.0.4、表Ⅱ.0.5；

A_s、A_{py}——普通钢筋、预应力钢筋的截面面积（m^2）。

题 3-107　（12C11）某地下箱形构筑物，基础长 50m，宽 40m，顶面高程−3m，底面高程为−11m，构筑物自重（含上覆土重）总计 1.2×10^5kN，其下设置 100 根Φ600 抗浮灌注桩，桩轴向配筋抗拉强度设计值为 300N/mm²，抗浮设防水位为−2m，假定不考虑构筑物与土的侧摩阻力，按《建筑桩基技术规范》JGJ 94—2008 计算桩顶截面最低配筋率至少是下列哪一个选项？（分项系数取 1.35，不考虑裂缝验算，抗浮稳定安全系数取 1.0）

（A）0.40%　　（B）0.50%　　（C）0.65%　　（D）0.96%

【解】

（1）$F_{浮} = \rho GV = 10\times50\times40\times(11-3) = 1.6\times10^5\text{kN}$

（2）$N = \dfrac{1.35\times(1.6\times10^5 - 1.2\times10^5)}{100} = 540\text{kN}$

（3）$N \leqslant f_y A_s$，$540\times10^3 \leqslant 300\times A_s$，$A_s \geqslant 1800\text{mm}^2$

（4）$\rho_g \geqslant \dfrac{1800}{3.14\times300^2} = 0.637\% > 0.2\%$，满足构造要求

【点评】

①根据《建筑桩基技术规范》第 5.8.7 条；②确定桩身配筋时，作用效应按承载能力极限状态下作用的基本组合，采用相应的分项系数；③注意浮力计算时，不能从−2m 开始计算浮力，因为箱子上部的水（−2～−3m 段）对箱子不产生浮力，计算抗浮力的上覆土重是外力，默认已经扣除了浮力；④对于由永久作用控制的基本组合，可采用简化规则，基本组合的效应设计$S_d = 1.35S_k$，本题S_k = 浮力 − 自重。

4. 预制桩吊运和锤击验算——《建筑桩基技术规范》第 5.8.12 条

对于裂隙控制等级为一级、二级的混凝土预制桩、预应力混凝土管桩，可按表 3-14-49 的规定验算桩身的锤击压应力和锤击拉应力：最大锤击压应力和最大锤击拉应力分别不应超过混凝土的轴心抗压强度设计值和轴心抗拉强度设计值。

预制桩吊运和锤击验算　　表 3-14-49

公式	符号说明
（1）最大锤击压应力： $\sigma_p = \dfrac{\alpha\sqrt{2eE\gamma_p H}}{\left(1+\dfrac{A_c}{A_H}\sqrt{\dfrac{E_c\cdot\gamma_c}{E_H\cdot\gamma_H}}\right)\left(1+\dfrac{A}{A_c}\sqrt{\dfrac{E\cdot\gamma_p}{E_c\cdot\gamma_c}}\right)}$	σ_p——桩的最大锤击压应力（kPa）； α——锤形系数：自由落锤为 1.0；柴油锤取 1.4； e——锤击效率系数：自由落锤为 0.6；柴油锤取 0.8； A_H、A_c、A——锤、桩垫、桩的实际断面面积（m^2）； E_H、E_c、E——锤、桩垫、桩的纵向弹性模量（kPa）； γ_H、γ_c、γ_p——锤、桩垫、桩的重度（kN/m^3）； H——锤落距（m）

续表

(2)最大锤击拉应力：

当桩需穿越软土层或桩存在变截面时，可按下表确定桩身的最大锤击拉应力

最大锤击拉应力σ_t建议值(kPa)

应力类别	桩类	建议值	出现部位
桩轴向拉应力值	预应力混凝土管桩	$(0.33\sim0.5)\sigma_p$	①桩刚穿越软土层时；②距桩尖(0.5~0.7)倍桩长处
	混凝土及预应力混凝土桩	$(0.25\sim0.33)\sigma_p$	
桩截面环向拉应力或侧向拉应力	预应力混凝土管桩	$0.25\sigma_p$	最大锤击压应力相应的截面
	混凝土及预应力混凝土桩(侧向)	$(0.22\sim0.25)\sigma_p$	

(3)最大锤击压应力和最大锤击拉应力分别不应超过混凝土的轴心抗压强度设计值和轴心抗拉强度设计值

题3-108 某边长350mm的打入式混凝土桩，混凝土为C30，$f_c = 14.3\text{MPa}$，拟采用柴油锤方式打入，锤的直径为500mm，锤垫直径为400mm，桩身无需穿越软土层，根据《建筑桩基技术规范》JGJ 94—2008，试计算锤的最大落距最接近下列哪个选项(表3-14-50)？

题3-108表 表3-14-50

部位	弹性模量(MPa)	重度(kN/m^3)
桩	2.5×10^4	25
锤	2×10^5	78
锤垫	2×10^3	10

(A) 3.5m (B) 4.5m (C) 5.0m (D) 5.5m

【解】

(1)锤击时，桩身最大压应力不得超过混凝土轴心抗压强度设计值，则可取$\sigma_p \leqslant f_c$。对柴油锤，锤型系数取$\alpha = 1.4$，锤击效率系数取$e = 0.8$。

$A_H = 3.14\times0.25^2 = 0.19625\text{m}^2$；$A_c = 3.14\times0.2^2 = 0.1256\text{m}^2$；$A = 0.35^2 = 0.1225\text{m}^2$

(2) $$\sigma_p = \frac{\alpha\sqrt{2eE\gamma_p H}}{\left(1+\frac{A_c}{A_H}\sqrt{\frac{E_c\cdot\gamma_c}{E_H\cdot\gamma_H}}\right)\left(1+\frac{A}{A_c}\sqrt{\frac{E\cdot\gamma_p}{E_e\cdot\gamma_c}}\right)} \leqslant f_c$$

$$\frac{1.4\times\sqrt{2\times0.8\times2.5\times10^7\times25H}}{\left(1+\frac{0.1256}{0.19625}\times\sqrt{\frac{2\times10^3\times10}{2\times10^5\times78}}\right)\times\left(1+\frac{0.1225}{0.1256}\times\sqrt{\frac{2.5\times10^4\times25}{2\times10^3\times10}}\right)} \leqslant 14.3\times10^3$$

$\Rightarrow H \leqslant 4.54\text{m}$

【点评】

①根据《建筑桩基技术规范》第5.8.12条；②历年考题对于预制桩吊运和锤击并未出过题，公式虽然复杂，但只是代数，区分自由落锤和柴油锤的系数。

14.3 桩基沉降计算

14.3.1 桩中心距不大于 6 倍桩径的桩基——《建筑桩基技术规范》第 5.5.1～5.5.13 条

对于桩中心距不大于 6 倍桩径（$s_a/d \leqslant 6$）的桩基，其最终沉降量计算可采用**等效作用分层总和法**。等效作用面位于**桩端平面**，等效作用面积为桩**承台投影面积**，等效作用附加压力近似取承台底平均附加压力。等效作用面以下基本同浅基础沉降计算，仅多了一个等效沉降系数ψ_e。任意点最终沉降量计算采用角点法，矩形桩基中点最终沉降量计算方法见表 3-14-51。

桩中心距不大于 6 倍桩径的桩基沉降计算 **表 3-14-51**

$$s = 4\psi \cdot \psi_e \cdot p_0 \sum_{i=1}^{n} \frac{z_i\overline{\alpha}_i - z_{i-1}\overline{\alpha}_{i-1}}{E_{si}}$$

①距径比s_a/d，不规则（非正方形）布桩时：

圆桩$s_a/d = \sqrt{A}/(\sqrt{n} \cdot d)$，方桩$s_a/d = 0.886\sqrt{A}/(\sqrt{n} \cdot b)$

注：考试出题s_a/d应为整数，方便查表

②等效沉降系数ψ_e

$$\psi_e = C_0 + \frac{n_b - 1}{C_1 \times (n_b - 1) + C_2}$$

n_b——矩形布桩短边布桩数，不规则布桩时：$n_b = \sqrt{n \cdot B_c/L_c}$；

C_0、C_1、C_2——按《建筑桩基技术规范》附录 E

③列表计算平均附加应力系数$\overline{\alpha}_i$

z_i（m）	a/b	z_i/b	$\overline{\alpha}_i$	$z_i\overline{\alpha}_i$	$z_i\overline{\alpha}_i - z_{i-1}\overline{\alpha}_{i-1}$	E_{si}（MPa）
0				0	0	
z_i						

注：$a = L_c/2$、$b = B_c/2$，B_c为承台**短边**，L_c为承台长边

④压缩模量当量值：$\overline{E}_s = \sum A_i / \sum \frac{A_i}{E_{si}}$ ⇓

桩基沉降计算经验系数ψ（可内插）

$\overline{E}_s$（MPa）	⩽10	15	20	35	⩾50
ψ	1.2	0.9	0.65	0.5	0.4

注：对于采用后注浆施工工艺的灌注桩，ψ根据桩端持力土层类别乘以折减系数，砂、砾、卵石：$\psi \times 0.7$，黏性土、粉土$\psi \times 0.8$；

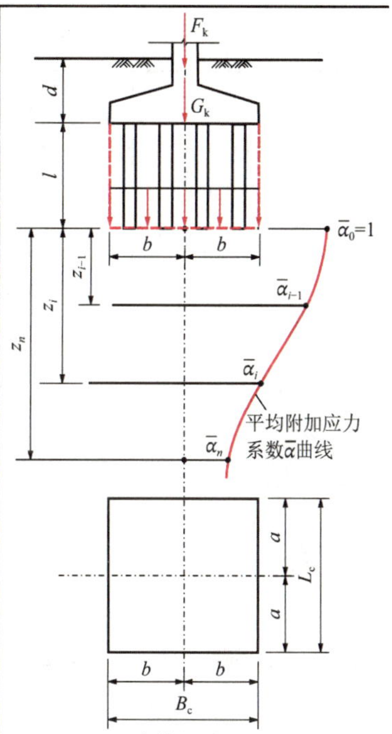

中点下**计算深度**z_n：

$\sigma_z \leqslant 0.2\sigma_c$

$\sigma_z = 4\alpha p_0$

饱和土中采用预制桩（不含复打、复压、引孔沉桩）时，ψ乘以 1.3～1.8 **挤土效应系数**，土的渗透性低、桩距小、桩数多、沉桩速率快时取大值

σ_c——计算深度z_n处的土自重应力；

α——附加应力系数

⑤荷载准永久组合下承台底面的平均附加压力p_0（kPa）：

$$p_0 = \frac{F_k + G_k}{A} - \gamma_m d$$

$s_a/d = 3$

l/d		L_c/B_c = 1
30	C_0	0.055
	C_1	1.542
	C_2	8.741
40	C_0	0.044
	C_1	1.632
	C_2	10.535

$s_a/d = 4$

l/d		L_c/B_c = 1
30	C_0	0.055
	C_1	1.477
	C_2	6.843
40	C_0	0.044
	C_1	1.555
	C_2	8.261

$s_a/d = 5$

l/d		L_c/B_c = 1
30	C_0	0.055
	C_1	1.431
	C_2	5.668
40	C_0	0.044
	C_1	1.498
	C_2	6.865

题 3-109 （02D04）某建筑物，场地地层土性如表 3-14-52 所示。柱下桩基础，采用 9 根钢筋混凝土预制桩，边长为 400mm，桩长为 22m，桩顶入土深度为 2m，桩端入土深度 24m，地下水位离地表为 0.5m。假定传至承台底面长期效应组合的附加压力为 400kPa，压缩层厚度为 9.6m，桩基沉降计算经验系数$\psi=1.5$，按《建筑桩基技术规范》JGJ 94—2008 等效作用分层总和法计算桩基最终沉降量最接近下列哪个选项？（注：图 3-14-61 中尺寸单位为 mm）

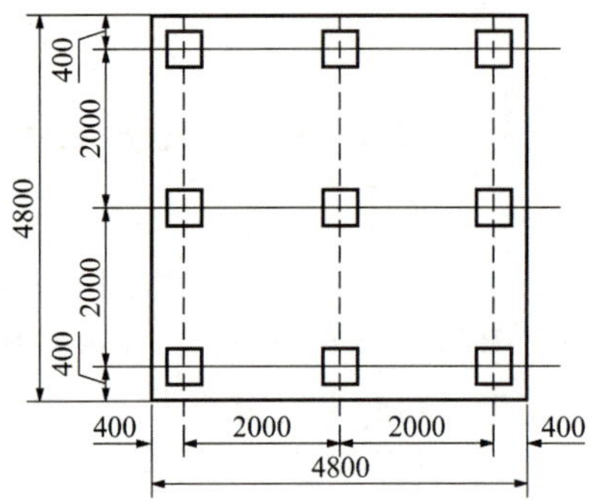

图 3-14-61　题 3-109 图

题 3-109 表　　表 3-14-52

层序	土层名称	层底深度（m）	厚度（m）	含水率 w_0	天然重度 γ（kN/m³）	孔隙比 e_0	塑性指数 I_P	黏聚力、内摩擦角（固快） c（kPa）	φ/（°）	压缩模量（MPa）	极限侧阻力标准值 q_{sik}（kPa）
①	填土	1.20	1.20		18.0						
②	粉质黏土	2.00	0.80	31.7%	18.0	0.92	18.3	23.0	17.0°		
④	淤泥质黏土	12.00	10.00	46.6%	17.0	1.34	20.3	13.0	8.5°		28
⑤$_1$	黏土	22.70	10.70	38%	18.0	1.08	19.7	18.0	14.0°	4.50	55
⑤$_2$	粉砂	28.80	6.10	30%	19.0	0.78		5.0	29.0°	15.00	100
⑤$_3$	粉质黏土	35.30	6.50	34.0%	18.5	0.95	16.2	15.0	22.0°	6.00	
⑦$_2$	粉砂	40.00	4.70	27%	20.0	0.70		2.0	34.5°	30.00	

（A）30mm　（B）45mm　（C）50mm　（D）60mm

【解】

（1）$s_a/d=2/0.4=5<6$

（2）$L_c/B_c=1$，$l/d=22/0.4=55$

查表：$C_0=0.0335$，$C_1=1.6055$，$C_2=8.613$

$$\psi_e=C_0+\frac{n_b-1}{C_1\times(n_b-1)+C_2}=0.0335+\frac{3-1}{1.6055\times(3-1)+8.613}=0.2026$$

（3）

解 3-109 表　　表 3-14-53

z_i	a/b	z/b	$\overline{\alpha}_i$	$4z_i\overline{\alpha}_i$	$4(z_i\overline{\alpha}_i-z_{i-1}\overline{\alpha}_{i-1})$	E_{si}（MPa）
0					0	
4.8	1	2	0.1746	3.3523	3.3523	15
9.6	1	4	0.1114	4.2778	0.9255	6

（4）$s=4\psi\cdot\psi_e\cdot p_0\sum_{i=1}^{n}\frac{z_i\overline{\alpha}_i-z_{i-1}\overline{\alpha}_{i-1}}{E_{si}}=1.5\times0.2026\times400\times\left(\frac{3.3523}{15}+\frac{0.9255}{6}\right)$=45.9mm

【点评】

①根据《建筑桩基技术规范》第 5.5.7 条、第 5.5.9 条；②桩中心距不大于 6 倍桩径的桩基求沉降的计算思路：计算距径比→计算等效沉降系数→确定平均附加应力系数→确定沉降经验系数（本题已给出）→沉降计算。

题 3-110 （03D11）非软土地区一个框架柱采用钻孔灌注桩基础，承台底面所受荷载的长期效应组合的平均附加力$p_0 = 173\text{kPa}$。承台平面尺寸 3.8m × 3.8m，承台下 5 根ϕ600mm 灌注桩，布置如图 3-14-62 所示。承台埋深 1.5m，位于厚度 1.5m 的回填土层内，地下水位于地面以下 2.5m，桩身穿过厚 10m 的软塑粉质黏土层，桩端进入密实中砂 1m，有效桩长 11m，中砂层厚 4.0m，该层以下为粉土，较厚未钻穿。各土层的天然重度γ，浮重度γ'及压缩模量E_s等已列于剖面图上。已知等效沉降系数$\psi_e = 0.229$，$\sigma_z = 0.2\sigma_c$条件的沉降计算深度为桩端以下 5m，按《建筑桩基技术规范》JGJ 94—2008 计算，该桩基础的中心点沉降最接近下列哪个选项？

（A）5.5mm （B）7.5mm

（C）12mm （D）22mm

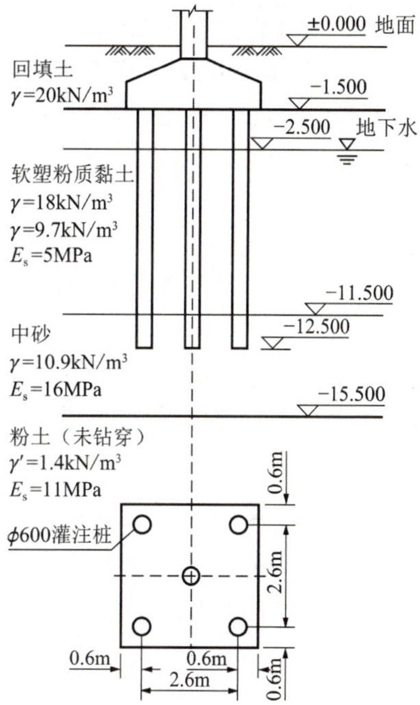

图 3-14-62 题 3-110 图

【解】

（1）$s_a/d = \sqrt{A}/\left(\sqrt{n}\cdot d\right) = \sqrt{3.8\times3.8}/\left(\sqrt{5}\times0.6\right)$

$= 2.8 < 6$

解 3-110 表 表 3-14-54

z_i	a/b	z/b	$\overline{\alpha}_i$	$4z_i\overline{\alpha}_i$	$4(z_i\overline{\alpha}_i - z_{i-1}\overline{\alpha}_{i-1})$	E_{si}（MPa）
0	1	0	0.25	0	0	
3	1	1.58	0.1949	2.3388	2.3388	16
5	1	2.63	0.1493	2.9860	0.6472	11

（2）$\overline{E}_s = \dfrac{2.9862}{\dfrac{2.3388}{16}+\dfrac{0.6472}{11}} = 14.57\text{MPa}$，查表插值$\psi = 0.9258$

（3）$s = 4\psi\cdot\psi_e\cdot p_0\sum\limits_{i=1}^{n}\dfrac{z_i\overline{\alpha}_i - z_{i-1}\overline{\alpha}_{i-1}}{E_{si}}$

$= 0.9258\times0.229\times173\times\left(\dfrac{2.3388}{16}+\dfrac{0.6472}{11}\right) = 7.52\text{mm}$

【点评】

①根据《建筑桩基技术规范》第 5.5.7 条、第 5.5.11 条；②查表求角点平均附加应力系数时，注意b取承台宽度的一半；③计算距径比时，只有正方形布桩才是规则布桩，其他均为不规则布桩（例如等边三角形布桩、矩形布桩等）。距径比的换算可以看成由 2 部分换算组成：第 1 部分是由不规则布桩换算成规则布桩；第 2 部分是由方桩换算成圆桩（$d = 1.129b$ 或$b = 0.886d$）。

题 3-111 （07D11）某构筑物采用桩柱基础，柱下桩基础采用 16 根钢筋混凝土预制桩，桩径$d = 0.5$m，桩长 15m，其承台平面布置、剖面、地层以及桩端下的有效附加应力（假定按直线分布）如图 3-14-63 所示，按《建筑桩基技术规范》JGJ 94—2008 估算桩基沉降量最接近下列哪个选项？（沉降经验系数取 1.0）

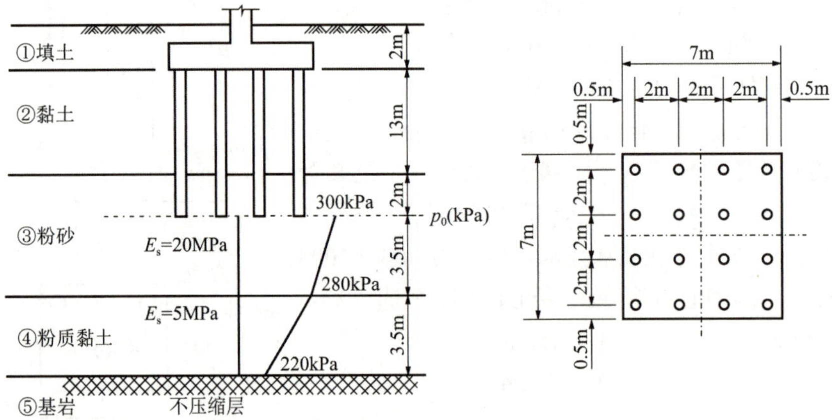

图 3-14-63 题 3-111 图

（A）7.3cm （B）9.5cm （C）11.8cm （D）13.2cm

【解】

（1）$s_a/d = 2/0.5 = 4 < 6$，$l/d = 15/0.5 = 30$，$L_c/B_c = 1$

查表：$C_0 = 0.055$，$C_1 = 1.477$，$C_2 = 6.843$

$$\psi_e = C_0 + \frac{n_b - 1}{C_1 \times (n_b - 1) + C_2} = 0.055 + \frac{4-1}{1.477 \times (4-1) + 6.843} = 0.321$$

（2）$s = 4\psi \cdot \psi_e \cdot p_0 \sum_{i=1}^{n} \frac{z_i\overline{\alpha}_i - z_{i-1}\overline{\alpha}_{i-1}}{E_{si}}$

$$= 1 \times 0.321 \times \left(\frac{300+280}{2 \times 20} \times 3.5 + \frac{280+220}{2 \times 5} \times 3.5\right) = 72.5\text{mm}$$

【点评】

①根据《建筑桩基技术规范》第 5.5.6 条、第 5.5.9 条；②正方形属于规则布桩，直接求s_a/d不换算，当布桩不规则（非正方形）时，按《建筑桩基技术规范》第 5.5.10 条计算等效距径比。

【同类型真题】 04D19、05D14、06C14

题 3-112　（19C11）某建筑采用桩筏基础，满堂均匀布桩，桩径 800mm，桩间距 2500mm，基底埋深 5m，桩端位于深厚中粗砂层中，荷载效应准永久组合下基底压力为 400kPa，筏板尺寸为 32m × 16m，地下水位埋深 5m，桩长 20m，地层条件及相关参数如图 3-14-64 所示（图中标注单位为 mm），按照《建筑桩基技术规范》JGJ 94—2008，试求自地面起算的桩筏基础中心点沉降计算深度最小值最接近下列哪个选项？

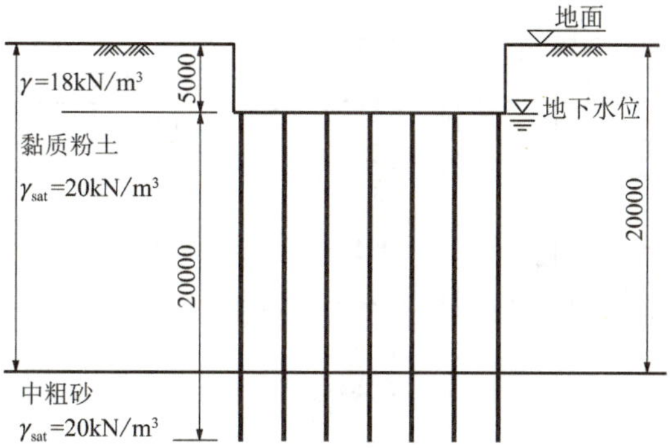

图 3-14-64　题 3-112 图

（A）22m　　（B）27m　　（C）47m　　（D）52m

【解】

（1）计算深度z_n采用应力比法

（2）假设计算深度为桩端下 22m，则$z/b = 22/8 = 2.75$，$a/b = 16/8 = 2$

查表$\alpha = 0.08225$，$\sigma_z = 4 \times 0.08225 \times (400 - 18 \times 5) = 102\text{kPa}$

（3）$\sigma_c = 5 \times 18 + 10 \times (27 + 15) = 510\text{kPa}$，

$\sigma_z = 102\text{kPa} = 0.2\sigma_c = 510 \times 0.2 = 102\text{kPa}$，满足要求

（4）从地面起算深度$z = 22 + 25 = 47\text{m}$

【点评】

①根据《建筑桩基技术规范》第 5.5.8 条；②桩基沉降计算深度确定一般采用试算法，2012 年真题有一道勘探孔深度计算的题，也是验算应力比的要求，采用试算法；③与钻孔要加上基础埋深一样，从地面起算本题也要加上桩端以上长度。

题 3-113 建筑物场地柱下桩基础，采用 4 根钢筋混凝土灌注桩，直径 800mm，单一桩端后注浆施工工艺，桩长为 12m，桩顶入土深度为 2m，布置及各土层性质如图 3-14-65 所示。假定传至承台底面长期效应组合的附加压力为 300kPa，地基沉降计算深度至第⑤层顶面，按《建筑桩基技术规范》JGJ 94—2008，计算该桩基础的中心点沉降值最接近下列哪个选项？

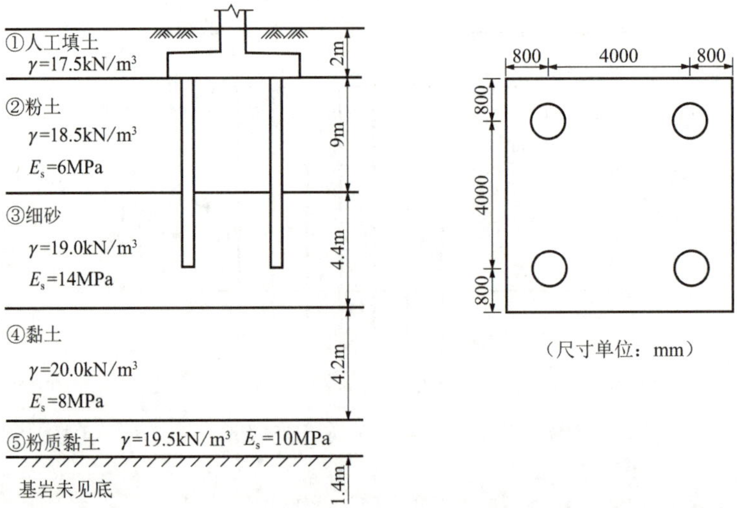

图 3-14-65 题 3-113 图

（A）30mm （B）35mm （C）43mm （D）52mm

【解】

（1）$\frac{s_a}{d}=\frac{4}{0.8}=5$，按密桩计算，$n_b=2$，$\frac{l}{d}=\frac{12}{0.8}=15$，$\frac{L_c}{B_c}=\frac{5.6}{5.6}=1$

查表$C_0=0.093$，$C_1=1.351$，$C_2=3.724$

$$\psi_e=0.093+\frac{2-1}{1.351\times(2-1)+3.724}=0.29$$

（2）$L_c=B_c=4+0.8\times2=5.6\text{m}$

解 3-113 表　　表 3-14-55

z	z/b	l/b	$4\bar{\alpha}z$	A_i
1.4	1.4/2.8=0.5	2.8/2.8=1	1.371	1.371
5.6	5.6/2.8=2	2.8/2.8=1	3.911	2.54

（3）$\overline{E}_s=\dfrac{3.911}{\dfrac{1.371}{14}+\dfrac{2.54}{8}}=9.41\text{MPa}<10\text{MPa}\Rightarrow\psi=0.7\times1.2=0.84$

（4）$s=0.84\times0.29\times300\times\left(\frac{1.371}{14}+\frac{2.54}{8}\right)=30.4\text{mm}$

【点评】

①根据《建筑桩基技术规范》第 5.5.6～5.5.11 条；②规则布桩即为正方形布桩，后注浆工艺的灌注桩和饱和土中的预制桩的沉降系数ψ需要考虑折减；③等效作用附加应力取承台底平均附加应力，作用面位于桩端平面；平均附加应力系数按承台长宽考虑，沉降深度自桩端起算。

题 3-114　某建筑采用柱下独立承台桩基（图 3-14-66），承台底面埋深 3.50m，桩基采用预应力管桩（桩端封闭），桩径 0.56m，有效桩长 16.80m，采用沉桩速率快的锤击法沉桩施工。相应于作用的准永久组合下，传至承台底面的竖向荷载标准值为 26801.5kN。经勘察，地下水稳定水位埋深 1.50m，场地下伏各岩土层情况如表 3-14-56 所示，按《建筑桩基技术规范》JGJ 94—2008 确定，求该桩群基础的承台底面中点的最终沉降量。（计算深度至花岗岩顶面）

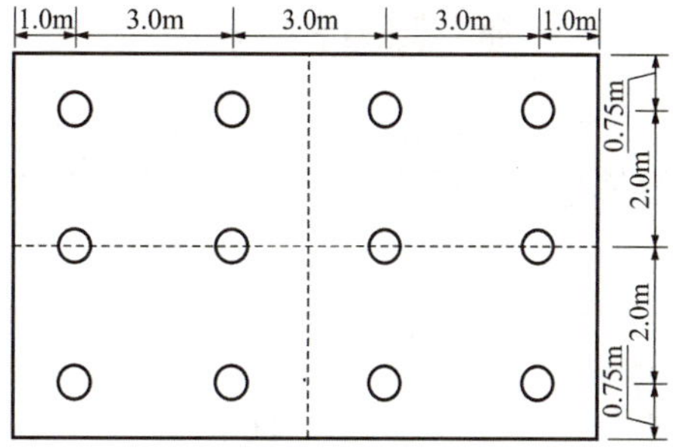

图 3-14-66　题 3-114 图

题 3-114 表　　表 3-14-56

层序	土名	层底深埋（m）	层厚（m）	重度γ（kN/m^3）	q_{sik}（kPa）	q_{pk}（kPa）	E_{si}（MPa）	f_{ak}（kPa）
①	粉质黏土	1.50	1.50	18.0	55.0	2000.0	8.50	150
②	粉土	16.30	14.80	18.0	75.0	3000.0	10.50	180
③	中砂	25.80	9.50	19.5	95.0	8500.0	16.35	250
④	粗砂	31.30	5.50	21.0	110.0	10000.0	30.00	350
⑤	花岗岩	不可压缩层						

【解】

（1）$s_a/d=\sqrt{11\times5.5}/(\sqrt{12}\times0.56)=4.0<6.0$，$l/d=16.8/0.56=30$，$L_c/B_c=11/5.5=2$

查表：$C_0=0.117$，$C_1=1.555$，$C_2=6.122$

$$\psi_e=C_0+\frac{n_b-1}{C_1\times(n_b-1)+C_2}=0.117+\frac{3-1}{1.555\times(3-1)+6.122}=0.334$$

（2）

解 3-114 表　　表 3-14-57

z_i（m）	a/b	z_i/b	$\overline{\alpha}_i$	$4z_i\overline{\alpha}_i$	$4(z_i\overline{\alpha}_i-z_{i-1}\overline{\alpha}_{i-1})$	E_{si}（MPa）
0				0		
5.5	2.0	2.0	0.1958	4.3076	4.3076	16.35
11.0	2.0	4.0	0.1362	5.9928	1.6852	30.00

（3）$$\overline{E}_s=\frac{5.9928}{\dfrac{4.3076}{16.35}+\dfrac{1.6852}{30}}=18.75\text{MPa}$$

饱和土内的沉桩速率快的预制桩，$\psi=0.7128\times1.8=1.2825$

（4）$$p_0=\frac{26801.5}{11\times5.5}-18\times1.5-8\times2=400\text{kPa}$$

（5）$$s=4\psi\cdot\psi_e\cdot p_0\sum_{i=1}^{n}\frac{z_i\overline{\alpha}_i-z_{i-1}\overline{\alpha}_{i-1}}{E_{si}}=0.334\times1.2825\times400\times\frac{5.9928}{18.75}=54.76\text{mm}$$

【点评】

①根据《建筑桩基技术规范》第 5.5.7 条、第 5.5.9 条、第 5.5.11 条；②对于采用后注浆施工工艺的灌注桩，桩基沉降计算经验系数应根据桩端持力土层类别，乘以 0.7（砂、砾、卵石）～0.8（黏性土、粉土）折减系数；饱和土中采用预制桩（不含复打、复压、引孔沉桩）时，应根据桩距、土质、沉桩速率和顺序等因素，乘以 1.3～1.8 挤土效应系数，土的渗透性低、桩距小、桩数多、沉降速率快时取大值。

14.3.2 单桩、单排桩、疏桩基础——《建筑桩基技术规范》第 5.5.14 条、第 5.5.15 条、附录 F

单桩、单排桩、疏桩基础（$s_a/d>6$）的沉降包括**桩身压缩量**和**桩端土沉降量**两部分，计算过程分别见表 3-14-58～表 3-14-61。

计算深度和计算范围　　表 3-14-58

计算深度	**计算深度**z_n可按应力比法确定，应符合下式要求： $\sigma_z+\sigma_{zc}\leqslant 0.2\sigma_c$ σ_z——z_n处桩引起的附加应力； σ_{zc}——z_n处承台土压力引起的附加应力； σ_c——z_n处的土自重应力	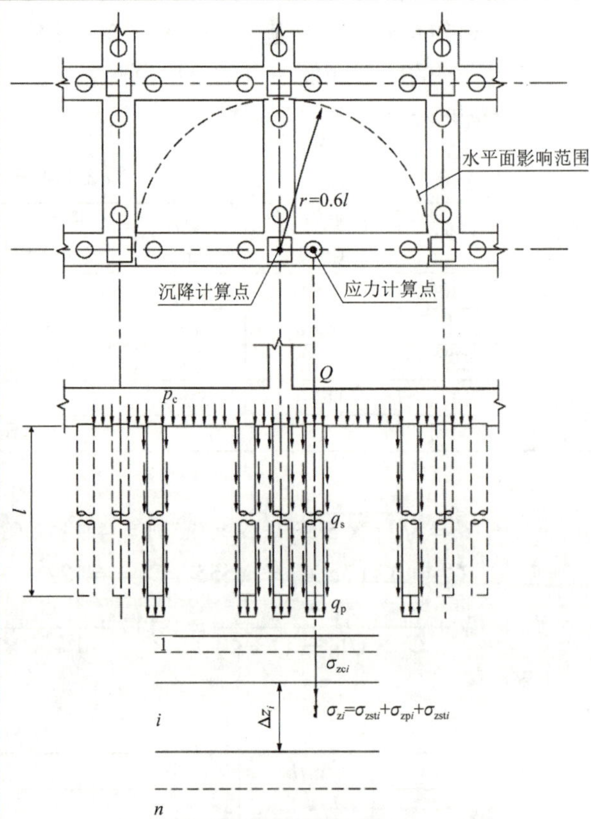 单桩、单排桩、疏桩基础沉降计算示意图
计算范围	以沉降计算点为圆心，0.6 倍桩长为半径的水平面影响范围。 **注**：沉降计算点取底层柱、墙中心点，应力计算点应取与沉降计算点最近的桩中心点，如右图所示。当沉降计算点与应力计算点不重合时，二者的沉降并不相等，但由于承台刚度的作用，在工程实践的意义上，近似取二者相同	
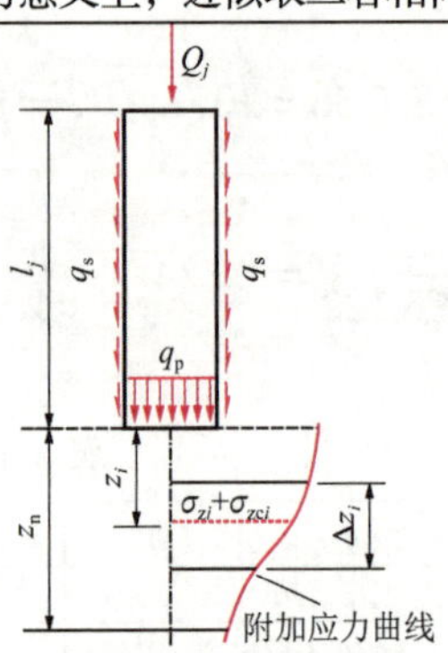 单桩沉降计算示意图		

桩身压缩量s_e计算　　表 3-14-59

$$s_e=\xi_e\frac{Q_jl_j}{E_cA_{ps}}$$

桩身压缩系数ξ_e

系数＼桩型	摩擦桩（桩长l/桩径d）			
		$l/d\leqslant 30$	$30<l/d<50$	$l/d\geqslant 50$
桩身压缩系数ξ_e	1.0	$\frac{2}{3}$	$\frac{11}{12}-\frac{l/d}{120}$	$\frac{1}{2}$

普通基桩：$Q_j=\frac{F_k+G_k-\gamma_m dA}{n}$

复合基桩：$Q_j=\frac{F_k+G_k-\gamma_m dA-\eta_c f_{ak}(A-nA_{ps})}{n}$

Q_j——第j桩在荷载效应准永久组合作用下（对于复合基桩应扣除承台底土分担荷载），**桩顶附加荷载**（kN）（当地下室埋深超过 5m 时，取荷载效应准永久组合作用下的总荷载为考虑回弹再压缩的等代附加荷载）；

l_j——第j桩桩长（m）；　A_{ps}——桩身截面面积（m^2）

E_c——桩身混凝土的弹性模量（MPa）；　η_c——承台效应系数，见表 3-14-7

单桩、单排桩、疏桩基础（$s_a/d>6$）的总沉降量计算 表 3-14-60

承台底地基土不分担荷载 **（普通基桩）**	$s=\psi\sum_{i=1}^{n}\frac{\sigma_{zi}}{E_{si}}\Delta z_i+s_e$	$\sigma_{zi}=\sum_{j=1}^{m}\frac{Q_j}{l_j^2}[\alpha_j I_{p,ij}+(1-\alpha_j)I_{s,ij}]$ $\sigma_{zi}=\sum_{j=1}^{m}(\sigma_{zp,ij}+\sigma_{zsr,ij}+\sigma_{zst,ij})$

m——以沉降计算点为圆心，0.6 倍桩长为半径的水平面影响范围内的基桩数；

n——沉降计算深度范围内土层的计算分层数；分层数应结合土层性质，分层厚度不应超过计算深度的 0.3 倍；

σ_{zi}——水平面影响范围内各基桩对应力计算点桩端平面以下第i层土 **1/2 厚度处**产生的附加竖向应力之和（kPa），应力计算点应取与沉降计算点最近的桩中心点；

E_{si}——第i计算土层的压缩模量（MPa），采用土的自重压力至土的自重压力加附加压力作用时的压缩模量；

α_j——第j桩总桩端阻力与桩顶荷载之比，近似取极限总端阻力与单桩极限承载力之比；

$I_{p,ij}$、$I_{s,ij}$——分别为第j桩的桩端阻力和桩侧阻力对计算轴线第i计算土层 1/2 厚度处的应力影响系数，可按《建筑桩基技术规范》附录 F 确定；

ψ——沉降计算经验系数，无经验时可取 1.0；

Δz_i——第i计算土层厚度（m）；

其他参数同前

承台底地基土分担荷载 **（复合基桩）**	$s=\psi\sum_{i=1}^{n}\frac{\sigma_{zi}+\sigma_{zci}}{E_{si}}\Delta z_i+s_e$	$\sigma_{zci}=\sum_{k=1}^{u}\alpha_{ki}\cdot p_{c,k}$

σ_{zci}——承台压力对应力计算点桩端平面以下第i土层 **1/2 厚度处**产生的应力(kPa)；可将承台板划分为u个矩形块，可按《建筑桩基技术规范》附录 D 采用角点法计算；

$p_{c,k}$——第k块承台底均布压力（kPa），$p_{c,k}=\eta_{c,k}\cdot f_{ak}$；其中$\eta_{c,k}$为第$k$块承台底板的承台效应系数，$f_{ak}$为承台底地基承载力特征值（**承台效应系数$\eta_{c,k}=0$时，$\sigma_{zc}=0$**）；

α_{ki}——第k块承台底角点处，桩端平面以下第i计算土层 **1/2 厚度**处的附加应力系数，可按《建筑桩基技术规范》附录 D 确定；

其他参数同前

考虑桩径影响的 Mindlin（明德林）解应力影响系数 表 3-14-61

水平影响范围内，第j根基桩引起的附加应力σ_z应根据考虑桩径影响的明德林解按下列公式计算：

$$\sigma_z=\sigma_{zp}+\sigma_{zsr}+\sigma_{zst}$$

$$\sigma_{zp}=\frac{\alpha Q}{l^2}I_p$$

$$\sigma_{zsr}=\frac{\beta Q}{l^2}I_{sr}$$

$$\sigma_{zst}=\frac{(1-\alpha-\beta)Q}{l^2}I_{st}$$

α——桩端阻力比；β——均匀分布侧阻力比；

l——桩长

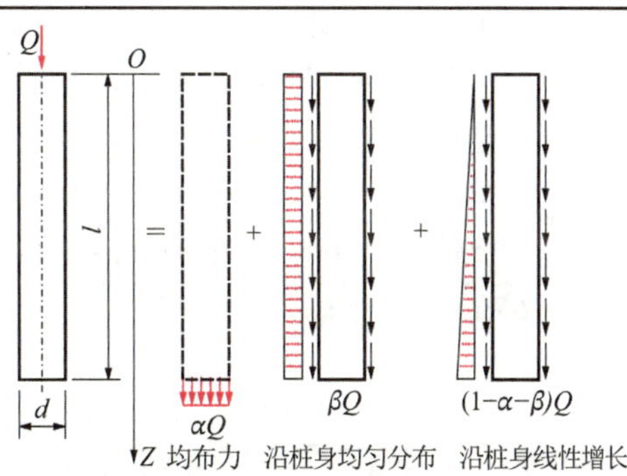

单桩荷载分担及侧阻力、端阻力分布示意图

Q——准永久作用下（对复合基桩应扣除承台底土分担荷载），第j桩顶附加荷载（kN）；

σ_{zp}——端阻力在应力计算点引起的附加应力（kPa）；

σ_{zsr}——均匀分布侧阻力在应力计算点引起的附加应力（kPa）；

σ_{zst}——三角形分布侧阻力在应力计算点引起的附加应力（kPa）；

I_p、I_{sr}、I_{st}——考虑桩径影响的明德林解应力影响系数；

续表

根据$n=\rho/l$、$m=z/l$、l/d三个系数查《建筑桩基技术规范》附录表F.0.2-1～表F.0.2-3； ρ——相邻桩至计算桩轴线的水平距离（m）； z——桩端平面下地基土内计算应力点离桩顶的竖向距离（m）； l——桩长（m）； d——桩径（m）

题 3-115 （11C11）钻孔灌注桩单桩基础，桩长24m，桩径$d=600$mm，桩顶以下30m范围内为粉质黏土，在荷载效应准永久组合作用下，桩顶附加荷载为1200kN，桩身混凝土弹性模量为3.0×10^4MPa，根据《建筑桩基技术规范》计算桩身压缩变形量最接近下列哪个选项？

（A）2.0mm （B）2.5mm （C）3.0mm （D）3.5mm

【解】

（1）$l/d=24/0.6=40$，内插得$\xi_e=\frac{11}{12}-\frac{l/d}{120}=\frac{11}{12}-\frac{40}{120}=\frac{7}{12}$

$A_{ps}=3.14\times0.3^2=0.2826\text{m}^2$

（2）$s_e=\xi_e\frac{Q_jl_j}{E_cA_{ps}}=\frac{7}{12}\times\frac{1200\times24}{3.0\times10^4\times0.2826}=1.98\text{mm}$

【点评】

①根据《建筑桩基技术规范》第5.5.14条；②桩身压缩变形量采用压杆变形的概念计算，变形$s=$杆度$l\times$应变ε，应变$\varepsilon=$应力$\sigma\div$弹性模量E_c，应力$\sigma=$轴力$Q\div$受力面积A；③ξ_e反映了侧摩阻力的影响，本题持力层为粉质黏土，判断桩的类型为摩擦桩。

题 3-116 （09D12）某柱下单桩独立基础采用混凝土灌注桩，桩径800mm，桩长30m，在荷载效应永久组合作用下，作用在桩顶的附加荷载$Q=6000$kN，桩身混凝土弹性模量$E_c=3.15\times10^4\text{N/mm}^2$，在该桩桩端以下的附加压力假定按分段线性分布，土层压缩模量如图3-14-67所示，不考虑承台分担荷载作用，据《建筑桩基技术规范》JGJ 94—2008计算，该单桩最终沉降量接近下列哪个选项？（取沉降计算经验系数$\psi=1.0$，桩身压缩系数$\xi_e=0.6$）

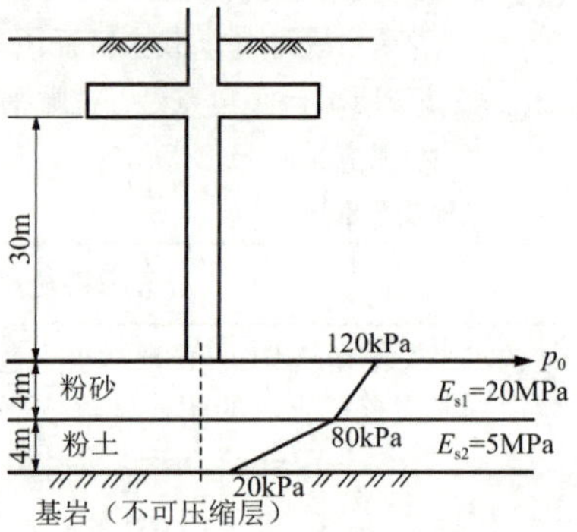

图3-14-67 题3-116图

（A）55mm （B）60mm

（C）67mm （D）72mm

【解】

（1）$s_e=\xi_e\frac{Q_jl_j}{E_cA_{ps}}=0.6\times\frac{6000\times30}{3.15\times10^4\times3.14\times0.4^2}=6.8\text{mm}$

（2）$s'=\psi\sum_{i=1}^{n}\frac{\sigma_{zi}}{E_{si}}\Delta z_i=1.0\times\left(\frac{120+80}{2\times20}\times4+\frac{80+20}{2\times5}\times4\right)=60\text{mm}$

（3）$s=s_e+s'=6.8+60=66.8\text{mm}$

【点评】

①根据《建筑桩基技术规范》第5.5.14条；②单桩沉降＝桩身压缩量＋桩底以下压缩土层的沉降，地基土沉降给出了附加应力分布，按应力面积计算附加应力产生的变形。

题 3-117　（16D10）四桩承台基础，准永久组合作用在每根基桩桩顶附加荷载均为1000kN，沉降计算深度范围内分为两计算土层，土层参数如图所示，各基桩对承台中心计算轴线的应力影响系数相同，各土层 1/2 厚度处的应力影响系数见图 3-14-68，不考虑承台底地基土分担荷载及桩身压缩。应用明德林（Mindlin）解计算桩基沉降量最接近下列哪个选项？（取各基桩总端阻力与桩顶荷载之比$\alpha = 0.2$，沉降经验系数$\psi_p = 0.8$）

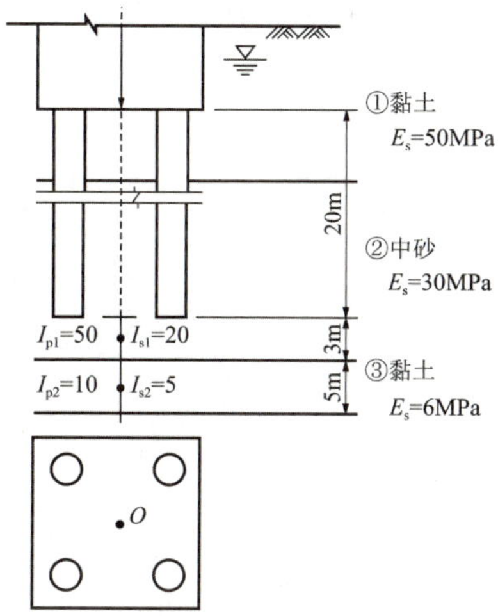

图 3-14-68　题 3-117 图

（A）15mm　　（B）20mm　　（C）60mm　　（D）75mm

【解】

（1）$\sigma_{z1} = \sum_{j=1}^{m} \frac{Q_j}{l_j^2}[\alpha_j I_{p,ij} + (1-\alpha_j) I_{s,ij}]$

$= 4 \times \frac{1000}{20^2} \times [0.2 \times 50 + (1-0.2) \times 20] = 260\text{kPa}$

$\sigma_{z2} = 4 \times \frac{1000}{20^2} \times [0.2 \times 10 + (1-0.2) \times 5] = 60\text{kPa}$

（2）$s = \psi \sum_{i=1}^{n} \frac{\sigma_{zi}}{E_{si}} \Delta z_i + s_e = 0.8 \times \left(\frac{260}{30} \times 3 + \frac{60}{6} \times 5\right) + 0 = 60.8\text{mm}$

【点评】

①根据《建筑桩基技术规范》第 5.5.14 条和附录 F.0.1；②计算范围以沉降点为圆心，0.6 倍桩长为半径面影响范围内的基桩数，本题有 4 个桩对沉降有影响；③明德林（Mindlin）解计算桩基沉降量考点虽然重要，但是因计算复杂，可考性较差，往年一直没有出案例，需要从原理上理解，再考的可能性很大。

题 3-118 某四桩承台疏桩基础（图 3-14-69），采用直径 0.6m 的实心钢筋混凝土预制摩擦桩，混凝土强度等级为 C40，有效桩长 24.0m，荷载效应准永久组合作用下，各桩桩顶附加荷载$Q_i = 2500\text{kN}$。根据实测结果确定桩端阻力呈均匀分布，桩侧阻力沿桩身呈正梯形分布，各桩端阻力占桩顶总荷载比例$\alpha = 0.2$，各桩均匀分布侧阻力占桩顶总荷载比例$\beta = 0.5$。按《建筑桩基技术规范》JGJ 94—2008 确定，在考虑桩径的影响下，采用明德林解计算该群桩基础的承台底面中点计算轴线的沉降量。（承台底地基土不分担荷载，沉降经验系数ψ取 1.0，按一层计算）

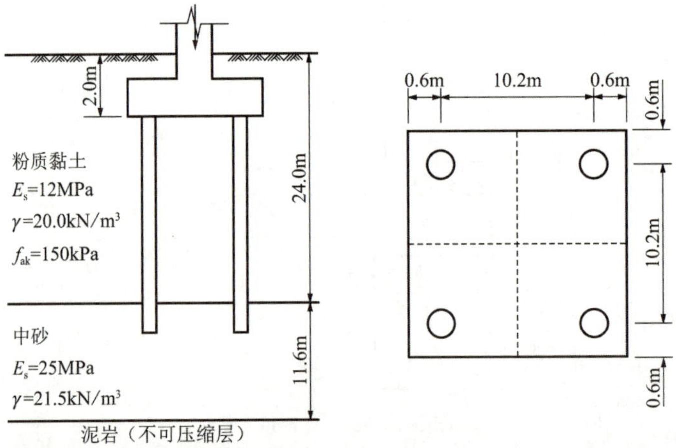

图 3-14-69　题 3-118 图

【解】

（1）$\dfrac{l}{d} = \dfrac{24}{0.6} = 40$，$m = \dfrac{z}{l} = \dfrac{24+4.8}{24} = 1.200$，$n = \dfrac{\rho}{l} = \dfrac{\sqrt{2\times5.1^2}}{24} = 0.301$

查表：$I_p = 0.400$，$I_{sr} = 0.408$，$I_{st} = 0.453$

（2）四根角桩在桩端平面下中砂层中点处引起的附加应力如下：

$$\sigma_z = 4\times\left[\frac{0.2\times2500}{24^2}\times0.400 + \frac{0.5\times2500}{24^2}\times0.408 + \frac{(1-0.2-0.5)\times2500}{24^2}\times0.453\right] = 7.29\text{kPa}$$

（3）$l/d = 24/0.6 = 40$，$\xi = 7/12$，C40，查表$E_c = 3.25\times10^4\text{N/mm}^2$

$$s = 1.0\times\frac{7.29}{25}\times9.6 + \frac{7}{12}\times\frac{2500\times24}{3.25\times10^4\times3.14\times0.3^2} = 6.61\text{mm}$$

【点评】

①根据《建筑桩基技术规范》第 5.5.14 条和附录 F.0.1，《混凝土结构设计规范》第 4.1.5 条；②单桩、单排桩、疏桩基础的最终沉降量包括桩身压缩量（桩顶附加荷载作用引起）和桩端平面以下地基土的压缩沉降量（承台与基桩产生的附加应力叠加引起），审题时一定看清楚题目要求计算哪部分沉降量；③ρ为计算点至桩中心的水平距离，m、n按查表一般应该保留三位小数；④本题可考性强，需要留意，本题查表可直接取$n = 0.30$，可不插值，不影响结果。

题 3-119　（16D10 改编）四桩承台基础，准永久组合作用在每根基桩桩顶附加荷载均为 1000kN，沉降计算深度范围内分为两计算土层，土层参数如图 3-14-70 所示，各基桩对承台中心计算轴线的应力影响系数相同，各土层 1/2 厚度处的应力影响系数见图，不考虑承台底地基土分担荷载及桩身压缩。若桩端阻力比$\alpha = 0.2$，均匀分布侧阻力比$\beta = 0.5$，试计算桩基沉降量（沉降经验系数$\psi_p = 0.8$）。

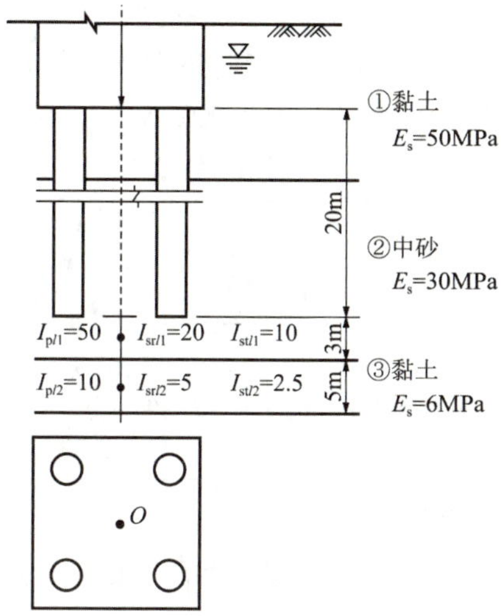

图 3-14-70　题 3-119 图

【解】

（1）上土层：$\sigma_{zp1} = \frac{\alpha Q}{l^2} I_{p1} = \frac{0.2 \times 1000}{20^2} \times 50 = 25\text{kPa}$

$$\sigma_{zsr1} = \frac{\beta Q}{l^2} I_{sr1} = \frac{0.5 \times 1000}{20^2} \times 20 = 25\text{kPa}$$

$$\sigma_{zst1} = \frac{(1-\alpha-\beta)Q}{l^2} I_{st1} = \frac{(1-0.2-0.5) \times 1000}{20^2} \times 10 = 7.5\text{kPa}$$

$$\sigma_{z1} = \sigma_{zp1} + \sigma_{zsr1} + \sigma_{zst1} = 25 + 25 + 7.5 = 57.5\text{kPa}$$

（2）下土层：

$$\sigma_{zp2} = \frac{\alpha Q}{l^2} I_{p2} = \frac{0.2 \times 1000}{20^2} \times 10 = 5\text{kPa}$$

$$\sigma_{zsr2} = \frac{\beta Q}{l^2} I_{sr2} = \frac{0.5 \times 1000}{20^2} \times 5 = 6.25\text{kPa}$$

$$\sigma_{zst2} = \frac{(1-\alpha-\beta)Q}{l^2} I_{st2} = \frac{(1-0.2-0.5) \times 1000}{20^2} \times 2.5 = 1.875\text{kPa}$$

$$\sigma_{z2} = \sigma_{zp2} + \sigma_{zsr2} + \sigma_{zst2} = 5 + 6.25 + 1.875 = 13.125\text{kPa}$$

（3）$s = 4 \times 0.8 \times \left(\frac{57.5}{30} \times 3 + \frac{13.125}{6} \times 5\right) + 0 = 53.4\text{mm}$

【点评】

①根据《建筑桩基技术规范》第 5.5.14 条和附录 F.0.1；②注意最后计算考虑四根桩的影响，应力叠加需要乘以 4；③本考点真题尚未考过，可考性较强，需要加强理解。

14.3.3 软土地基减沉复合桩基础——《建筑桩基技术规范》第5.6节

软土地基上的多层建筑采用减沉复合疏桩基础，既能有效利用天然地基的承载能力，又能充分发挥桩对地基沉降的控制作用。

1. 承台面积与桩数计算

当软土地基上多层建筑地基承载力基本满足要求时，**为减小沉降**而采用疏布摩擦型桩，由桩和桩间土共同分担荷载，称为减沉复合疏桩基础，应同时满足承载力和变形两种极限状态。由于沉降计算需在承台面积和桩数确定的条件下才能进行，如果沉降量不满足要求，再调整桩数。按承载力公式确定承台面积和桩数见表3-14-62。

承台面积和桩数 表3-14-62

承台总净面积A_c	$A_c=\xi\dfrac{F_k+G_k}{f_{ak}}$	$\Leftarrow f_{ak}A_c=\xi(F_k+G_k)=p_k(\xi A)$	A_c——承台总净面积（m^2）； ξ——承台面积控制系数，$\xi\geqslant0.6$； f_{ak}——承台底地基承载力特征值（kPa）； η_c——承台效应系数，按《建筑桩基技术规范》表5.2.5，软土地基上的桩基承台η_c宜取低值的0.8倍
桩数n	$n\geqslant\dfrac{F_k+G_k-\eta_c f_{ak}A_c}{R_a}$	$\Leftarrow F_k+G_k\leqslant nR_a+\eta_c f_{ak}A_c$	

2. 减沉复合疏桩基础中心点沉降计算

减沉复合疏桩基础中心点沉降量，由**桩间土在承台底土反力作用下的压缩量**s_s与**桩土相互作用的增沉量**s_{sp}两部分组成，见表3-14-63。

减沉复合疏桩基础中心点沉降计算 表3-14-63

$s=\psi(s_s+s_{sp})$	ψ——沉降计算经验系数，无当地经验时，可取1.0
①**承台底地基土：** $s_s=4p_0\sum\limits_{i=1}^{n}\dfrac{z_i\overline{\alpha}_i-z_{i-1}\overline{\alpha}_{i-1}}{E_{si}}$	$\Leftarrow p_0=\eta_p\dfrac{F-nR_a}{A-nA_{ps}}$
z_i——计算深度（m），从承台底起算； $\overline{\alpha}$——平均附加应力系数，由a/b及z_i/b查《建筑桩基技术规范》附录D。 承台等效宽度$B_c=\sqrt{(BA_c)/L}\Rightarrow b=B_c/2$ 承台等效长度$L_c=A_c/B_c\Rightarrow a=L_c/2$ 注：《建筑桩基技术规范》公式$B_c=B\sqrt{A_c}/L$错误	F——承台底的总附加荷载（kN）： $F=(p_k-p_c)A=F_k+G_k-\gamma_m dA$ η_p——桩刺入变形影响系数，按桩端持力层土质确定： **砂土**为1.0；**粉土**为1.15；**黏性土**为1.30
②**桩土相互作用：** $d=1.27b$ $s_{sp}=280\dfrac{\overline{q}_{su}}{\overline{E}_s}\cdot\dfrac{d}{(s_a/d)^2}$	$\overline{q}_{su}$——桩身范围内按厚度加权平均桩侧极限摩阻力（kPa）； $\overline{E}_s$——桩身范围内按厚度加权平均压缩模量（MPa）； d——桩身直径（m），方形桩时，$d=1.27b$； s_a/d——等效距径比，按下表取值

等效距径比s_a/d

正方形布桩		非正方形布桩	
圆形桩（d）	方形桩（b）	圆形桩（d）	方形桩（b）
s_a/d	$s_a/d=\dfrac{s_a}{1.129b}$	$s_a/d=\dfrac{\sqrt{A}}{\sqrt{n}\cdot d}$	$s_a/d=\dfrac{0.886\sqrt{A}}{\sqrt{n}\cdot b}$

注：方形桩时，公式中分子直接用$d=1.27b$**周长等效**替换，分母则要按表格中的**面积等效**方化圆

题 3-120　（12D12）某多层住宅框架结构，采用独立基础，荷载效应准永久值组合下作用于承台底的总附加荷载$F_k = 360kN$，基础埋深 1m，方形承台，边长 2m，土层分布如图 3-14-71 所示（图中尺寸单位为 mm）。为减少基础沉降，基础下疏布 4 根摩擦桩，钢筋混凝土预制方桩 0.2m × 0.2m，桩长 10m，单桩承载力特征值$R_a = 80kN$，地下水水位在地面下 0.5m，根据《建筑桩基技术规范》JGJ 94—2008 计算由承台底地基土附加压力作用下产生的承台中点的沉降量为下列何值？（沉降计算深度取承台底面下 3.0m）

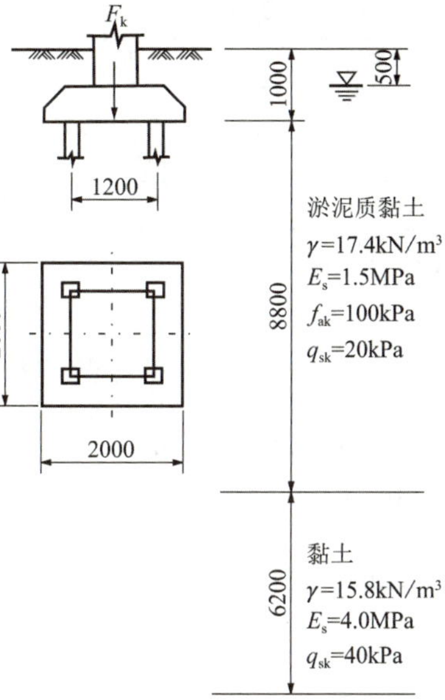

图 3-14-71　题 3-120 图

（A）14.8mm　　（B）20.9mm　　（C）39.7mm　　（D）53.9mm

【解】

（1）黏土，$\eta_p = 1.3$，$A_c = 2 \times 2 - 4 \times 0.2 \times 0.2 = 3.84m^2$

$$p_0 = 1.3 \times \frac{360-4\times80}{3.84} = 13.54kPa$$

$l/b = 1$，$z/b = 3$，查表$\overline{\alpha} = 0.1369$

（2）$s_s = 4p_0\sum_{i=1}^{n}\frac{z_i\overline{\alpha}_i - z_{i-1}\overline{\alpha}_{i-1}}{E_{si}} = 4 \times 13.54 \times \frac{3 \times 0.1369}{1.5} = 14.83mm$

【点评】

①根据《建筑桩基技术规范》第 5.6.1 条；②首先判断该题考查的内容为减沉疏桩，只要求计算其中由承台底地基土附加压力作用下产生的中心点沉降量s_s，题目已经给出计算深度 3m，不需要再去计算$\sigma_z < 0.1\sigma_c$；③解析为官方答案，严格按规范要求，需要计算承台的等效宽度，$B_c = \sqrt{BA_c/L} = \sqrt{3.84} = 1.96m$，计算量增大，考试随机应变，按等效计算会给分。

题3-121 （22补考D09）某建筑基底埋深8m，采用筏式承台减沉复合疏桩基础，筏板尺寸为50m×30m，桩径400mm，长16.5m。单桩承载力特征值562kN，桩间距3200mm，正方形布置，共布设160根，荷载效应准永久值组合下作用于承台底的总附加荷载为162500kN。地层条件及相关参数见表3-14-64，地下水位埋深2m。根据《建筑桩基技术规范》JGJ 94—2008的相关规定，计算由承台底地基附加压力作用产生的基础中点处的沉降量最接近下列哪个选项？（沉降计算深度按基底下24m计）

题3-121表　　表3-14-64

地层名称	层底埋深（m）	重度（kN/m^3）	压缩模量（MPa）
填土	2	18	
淤泥质土	12	19	3
粉土	40	20	15

（A）110mm　（B）130mm　（C）145mm　（D）190mm

【解】

（1）粉土，$\eta_p = 1.15$，$p_0 = 1.15 \times \dfrac{162500-160\times562}{50\times30-160\times3.14\times0.2^2} = 56.4\text{kPa}$

（2）$A_c = 50\times30-160\times3.14\times0.2^2 = 1480\text{m}^2$

$B_c = \sqrt{30\times1480/50} = 29.8\text{m}$，$L_c = 1480/29.8 = 49.7\text{m}$

解3-121表　　表3-14-65

z	z/b	l/b	$\bar{\alpha}_i$	$4\bar{\alpha}_i z_i$	$4\bar{\alpha}_i z_i - 4\bar{\alpha}_{i-1} z_{i-1}$
4	4/14.9 = 0.27	1.67	0.2493	3.9888	3.9888
24	24/14.9 = 1.61	1.67	0.2082	19.9872	15.9984

（3）$s_s = 56.4\times\left(\dfrac{3.9888}{3}+\dfrac{15.9984}{15}\right) = 135.1\text{mm}$

【点评】

①根据《建筑桩基技术规范》第5.6.2条，沉降计算深度自承台底面计算，计算深度一般题目会给；②注意根据承台等效面积计算分块矩形长宽比和深宽比，其中《建筑桩基技术规范》承台等效宽度B_c公式有误，应按《华山论剑案例答题手册》勘误。

题3-122 （13C12）某多层住宅框架结构，采用独立基础，荷载效应准永久值组合下作用于承台底的总附加荷载$F_k = 360\text{kN}$，基础埋深1m，方形承台，边长为2m，土层分布如图3-14-72所示（图中尺寸单位为mm）。为减少基础沉降，基础下疏布4根摩擦桩，钢筋混凝土预制方桩0.2m×0.2m，桩长10m，根据《建筑桩基技术规范》JGJ 94—2008，计算桩土相互作用产生的基础中心点沉降s_{sp}最接近下列何值？

（A）10mm　（B）20mm

（C）30mm　（D）40mm

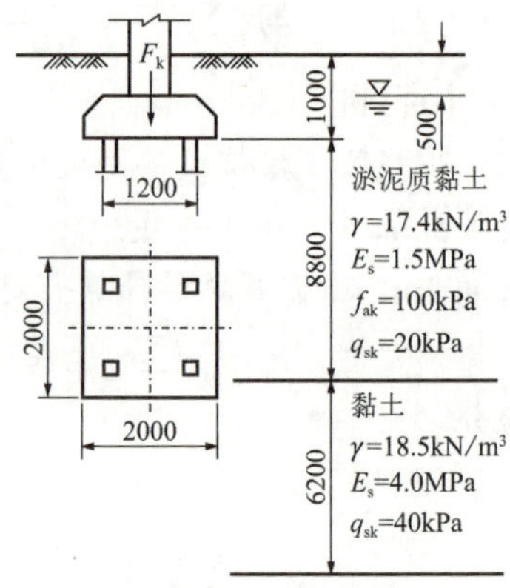

图3-14-72　题3-122图

【解】

（1）$\bar{q}_{su} = \dfrac{20\times8.8+40\times1.2}{8.8+1.2} = 22.4\text{kPa}$

$$\overline{E}_s=\frac{8.8\times1.5+4\times1.2}{8.8+1.2}=1.8\text{MPa}$$

$$\frac{s_a}{d}=\frac{1.2}{1.128\times0.2}=5.32$$

（2）$s_{sp}=280\frac{\overline{q}_{su}}{\overline{E}_s}\cdot\frac{d}{(s_a/d)^2}=280\times\frac{22.4}{1.8}\times\frac{1.27\times0.2}{5.32^2}=31.3\text{mm}$

【点评】

①根据《建筑桩基技术规范》第 5.5.10 条、第 5.6.2 条；②此题为规则布桩，分子的d应将方桩换算成等效周长圆桩$d=1.27b$，特别要注意的是分母中的s_a/d应该按面积等效$s_a/d=s_a/(1.128b)$，而不是直接按$s_a/d=s_a/(1.27b)$；③当布桩不规则时，按第 5.5.10 条计算等效距径比，本题官方答案有误，按$d=1.128$计算，无答案再考虑$d=1.27b$计算。

题 3-123　（10C13）某软土地基上多层建筑，采用减沉复合疏桩基础，筏板平面尺寸为 35m × 10m，承台底设置钢筋混凝土预制方桩共计 102 根，桩截面尺寸为 200m × 200m，间距 2m，桩长 15m，正三角形布置，地层分布及土层参数如图 3-14-73 所示，则按《建筑桩基技术规范》JGJ 94—2008 计算基础中心点由桩土相互作用产生的沉降s_{sp}，其值最接近下列哪个选项？

（A）6.4mm　　（B）8.4mm

（C）11.9mm　　（D）15.8mm

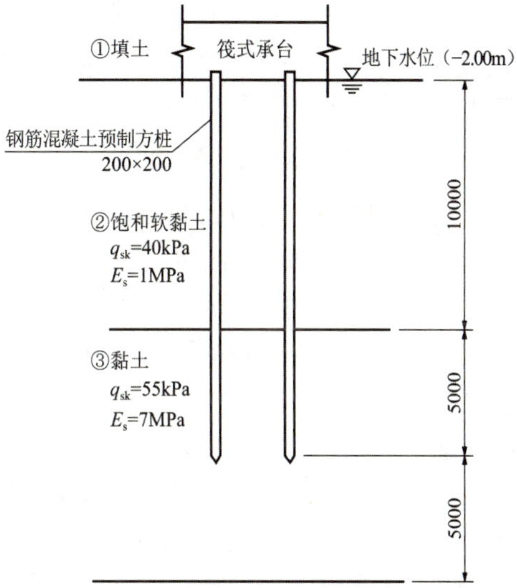

注：图中未注明尺寸以mm计。

图 3-14-73　题 3-123 图

【解】

（1）$\frac{s_a}{d}=\frac{0.886\sqrt{A}}{\sqrt{n}\cdot b}=\frac{0.886\times\sqrt{35\times10}}{\sqrt{102}\times0.2}=8.21$

（2）$d=1.27\times0.2=0.254\text{m}$

$$\overline{q}_{su}=\frac{40\times10+5\times55}{15}=45\text{kPa}$$

$$\overline{E}_s=\frac{1\times10+7\times5}{15}=3\text{MPa}$$

（3）$s_{sp}=280\frac{\overline{q}_{su}}{\overline{E}_s}\cdot\frac{d}{(s_a/d)^2}=280\times\frac{45}{3}\times\frac{0.254}{8.21^2}=15.8\text{mm}$

【点评】

①根据《建筑桩基技术规范》第 5.6.2 条，第 5.5.10 条；②方形桩，正三角形布置，属不规则布桩，距径比根据第 5.5.10 条计算，面积等效换算；分子为桩身直径，方形桩时，根据原理进行等周长代换$d=1.27b$。

题 3-124 （13D11）某减沉复合疏桩基础，荷载效应标准组合下，作用于承台顶面的竖向力为 1200kN，承台及其上土的自重标准值为 400kN，承台底地基承载力特征值为 80kPa，承台面积控制系数为 0.60，承台下均匀布置 3 根摩擦型桩，基桩承台效应系数为 0.40，按《建筑桩基技术规范》JGJ 94—2008 计算，单桩竖向承载力特征值最接近下列哪一个选项？

（A）350kN　　（B）375kN　　（C）390kN　　（D）405kN

【解】

（1）$A_c = \xi \dfrac{F_k + G_k}{f_{ak}} = 0.60 \times \dfrac{1200+400}{80} = 12\text{m}^2$

（2）$n \geqslant \dfrac{F_k + G_k - \eta_c f_{ak} A_c}{R_a} \Rightarrow R_a \geqslant \dfrac{1200+400-0.4\times80\times12}{3} = 405.3\text{kN}$

【点评】

①根据《建筑桩基技术规范》第 5.6.1 条；②软土地基减沉复合疏桩基础的布桩，设计遵循两个原则，一是桩和桩间土在受荷载变形过程中始终保持共同分担荷载；二是桩距大于 5～6 倍的桩径，确保桩间土的荷载分担比足够大，承台面积控制系数一般要求$\xi \geqslant 0.6$，除满足承载力要求外，还应进行沉降计算。

题 3-125 （17C11）某多层建筑采用条形基础，宽度 1m，其地质条件如图 3-14-74 所示，基础底面埋深为地面下 2m，地基承载力特征值 120kPa，可以满足承载力要求。拟采用减沉复合疏桩基础减小基础沉降，桩基设计采用桩径为 600mm 的钻孔灌注桩，桩端进入第②层土 2m，如果桩沿条形基础的中心线单排均匀布置，根据《建筑桩基技术规范》JGJ 94—2008，下列桩间距选项中哪一个最适宜？（传至条形基础顶面的荷载$F_k = 120\text{kN/m}$，基础底面以上土和承台的重度取 20kN/m^3，承台面积控制系数$\xi = 0.6$，承台效应控制系数$\eta_c = 0.6$）

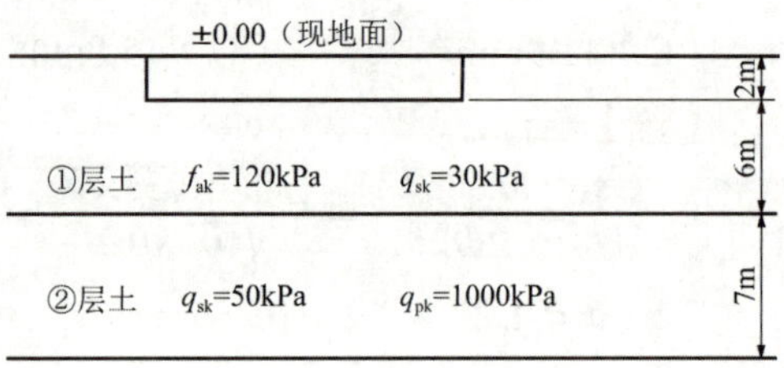

图 3-14-74 题 3-125 图

（A）4.2m　　（B）3.6m　　（C）3.0m　　（D）2.4m

【解】

（1）$A_c = \xi \dfrac{F_k + G_k}{f_{ak}} = 0.6 \times \dfrac{120+1\times20\times2}{120} = 0.8\text{m}^2$

（2）$Q_{uk} = 3.14 \times 0.6 \times (30 \times 6 + 50 \times 2) + 1000 \times 3.14 \times 0.3^2 = 810\text{kN}$

$R_a = \dfrac{810}{2} = 405\text{kN}$

（3）$n \geqslant \dfrac{F_k + G_k - \eta_c f_{ak} A_c}{R_a} = \dfrac{120+1\times2\times20-0.6\times120\times0.8}{405} = 0.253$

（4）$s = \dfrac{1}{n} \leqslant \dfrac{1}{0.253} = 3.95$

【点评】

①根据《建筑桩基技术规范》第 5.6.1 条；②计算出的n为每延米布置的桩数，倒数为桩间距；③当题目问法不是最接近时，要带不等号计算，才好确定选项，本题桩间距选项要小于计算值才满足要求；④重要考点为减沉复合疏桩基础反算桩间距，考法较新颖和灵活。

14.3.4 实体深基础——《建筑地基基础设计规范》附录 R

所谓**假想实体深基础**，就是将在桩端以上一定范围的承台、桩及桩周土当成一实体深基础。实体深基础法实质为视桩基础为一种深度较大的浅基础，视桩端为基底，荷载沿桩群外侧扩散到桩端（按图理解）。用布辛内斯克解计算桩端以下各点的附加应力，再用与浅基础沉降计算一样的单向压缩分层总和法计算沉降。不计从地面到桩端平面间的压缩变形。沉降计算经验系数不一样。

《公路桥涵地基与基础设计规范》附录 N 和《铁路桥涵地基和基础设计规范》附录 E 均有实体深基础的计算，规定上稍有区别，但原理一样，本篇第二章和第三章自行对比学习。

实体深基础沉降计算见表 3-14-66。

实体深基础沉降　　　　**表 3-14-66**

（1）扩散角取为桩所穿过各土层内摩擦角加权平均值的 1/4，桩端平面处的**附加压力 p_0**，按下式计算：

$$p_0=\frac{F+G_T}{\left(b_0+2l\cdot\tan\frac{\overline{\varphi}}{4}\right)\left(a_0+2l\cdot\tan\frac{\overline{\varphi}}{4}\right)}-p_c$$

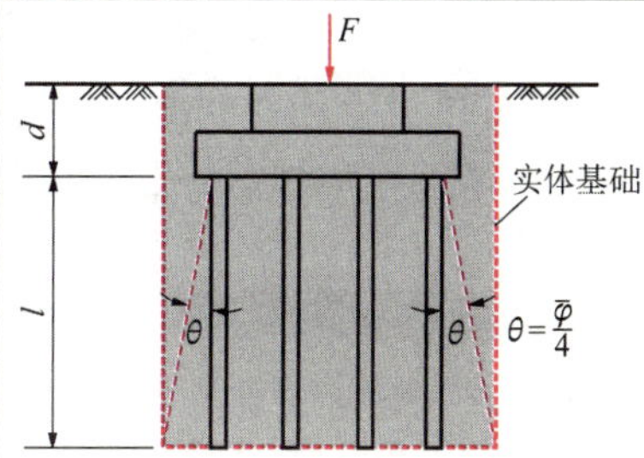

（2）采用实体深基础计算桩基础**最终沉降量 s** 时，采用单向压缩分层总和法按《建筑地基基础设计规范》第 5.3.5～5.3.8 条的有关公式计算：

$$s=\psi_{ps}\sum_{i=1}^{n}\frac{p_0}{E_{si}}(z_i\overline{\alpha}_i-z_{i-1}\overline{\alpha}_{i-1})$$

（同**浅基础**，但沉降计算经验系数 ψ_{ps} 不一样）

实体深基础计算桩基沉降经验系数 ψ_{ps}（可插值）

$\overline{E}_s$（MPa）	⩽ 15	25	35	⩾ 45
ψ_{ps}	0.5	0.4	0.35	0.25

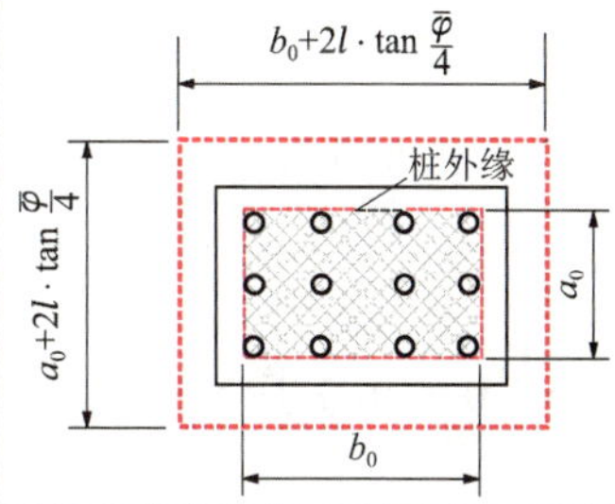

F——对应于作用**准永久组合时**作用在桩基**承台顶面**的竖向力（kN）；

G_T——在**扩散后面积**上，从**桩端平面到设计地面**间的承台、桩和土的总重量（kN）；即实体基础（图中阴影部分）总重量，水下用浮重度（右图中 1 桩土自重、2 基础两侧土总自重和 3 基础自重之和）图中公式参数参考本篇第二章“公路桥涵地基与基础设计规范”中实体深基础

a_0、b_0——群桩的**外缘矩形**面积的长度、宽度（m）；

$\overline{\varphi}$——桩所穿过土层的内摩擦角加权平均值（°）；

l——桩的入土深度（m）；

p_c——**桩端平面**上地基土的自重压力（kPa）（$l+d$ 深度）；水下用浮重度

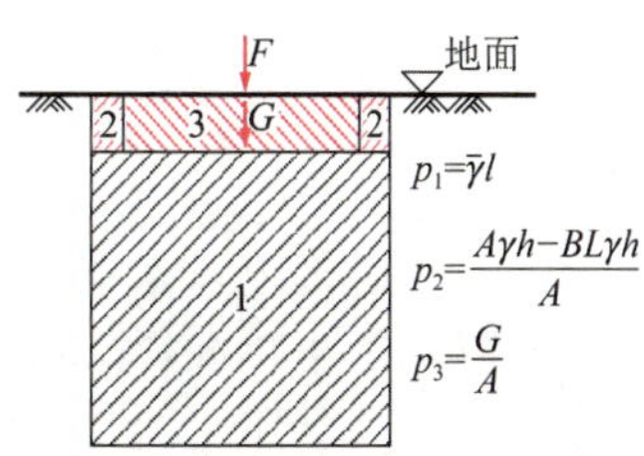

对公式的理解如图所示，实体基础自重分为三部分：1 范围内表示桩土自重 p_1；2 范围表示承台基础两侧土总自重 p_2；3 范围表示承台基础自重 p_3

注：本考点建议结合第 15 章“公路桥涵地基与基础设计规范”对照学习后再做下面例题。

题 3-126 （16C13）某均布布置的群桩基础尺寸及土层条件图 3-14-75，已知相应于作用准永久组合时，作用在承台底面处的竖向力为 668000kN，当按《建筑地基基础设计规范》GB 50007—2011 考虑土层应力扩散，按照实体深基础方法计算桩基最终沉降时，桩基沉降计算的平均附加压力最接近下列哪个选项？（地下水位在地面以下 1m）

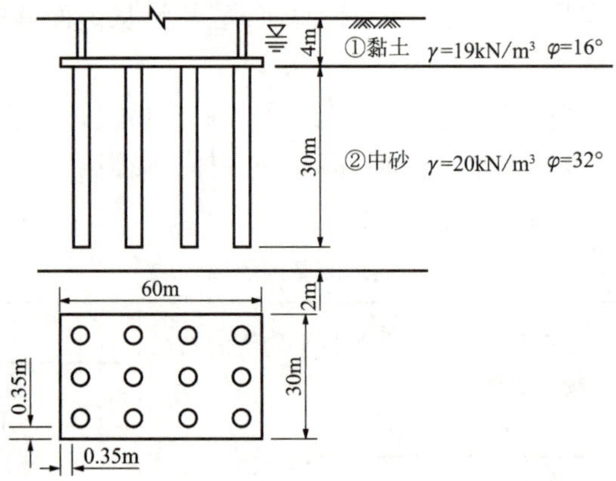

图 3-14-75 题 3-126 图

（A）185kPa （B）215kPa （C）230kPa （D）300kPa

【解】

（1）$A=\left(60-0.35\times2+2\times30\times\tan\dfrac{32^\circ}{4}\right)\times\left(30-0.35\times2+2\times30\times\tan\dfrac{32^\circ}{4}\right)$
$=2555.7\text{m}^2$

（2）扩散后的桩底平面的应力 $p_k=\overline{\gamma}l+\gamma h-\dfrac{\gamma hBL}{A}+\dfrac{N}{A}$

$$p_k=10\times30+19\times1+9\times3-\frac{(19\times1+9\times3)\times60\times30}{2555.7}+\frac{668000}{2555.7}=575\text{kPa}$$

$p_c=10\times30+(19\times1+9\times3)=346\text{kPa}$

（3）附加应力 $p_0=575-346=229\text{kPa}$

或简化计算：$p_0=\dfrac{668000-(19\times1+9\times3)\times60\times30}{2555.7}=229\text{kPa}$

【点评】

①根据《建筑地基基础设计规范》附录 R，或《公路桥涵地基与基础设计规范》附录 N 的公式解释更为详细；②注意假想基础面积为桩身外围围成的面积扩散，而不是承台面积扩散，以$\overline{\varphi}/4$角度扩散至桩底，计算扩散后的p_k应考虑扩散后面积以上的总竖向力，2016 年官方答案计算过程简单粗暴：$p_0=\dfrac{668000}{2555.7}-19\times1-9\times3=215\text{kPa}$。

题 3-127 某均布布置的群桩基础尺寸及土层条件见图 3-14-76，承台埋深 3m，地下水位埋深 1m，已知相应于作用准永久组合时，作用在承台顶面处的竖向力$N = 80000$kN，承台及上覆土的重度及实体基础范围内桩土的混合重度均取 20kN/m^3，按《建筑地基基础设计规范》GB 50007—2011 考虑土层应力扩散，按照实体深基础方法计算桩基最终沉降量最接近下列哪个选项？（沉降计算深度至密实卵石顶面）

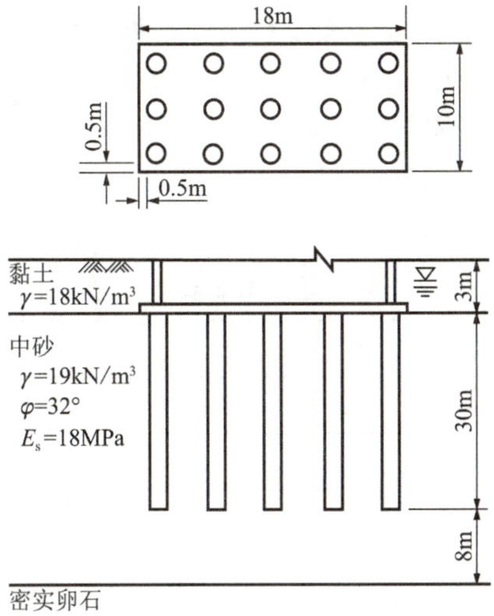

图 3-14-76 题 3-127 图

（A）33mm （B）42mm （C）48mm （D）53mm

【解】

（1）$a_0 = (18 - 0.5 \times 2) + 2 \times 30 \times \tan\dfrac{32^\circ}{4} = 25.43\text{m}$

$b_0 = (10 - 0.5 \times 2) + 2 \times 30 \times \tan\dfrac{32^\circ}{4} = 17.43\text{m}$，$A_0 = 25.43 \times 17.43 = 443.24\text{m}^2$

（2）$p_c = (18 \times 1 + 8 \times 2) + 9 \times 30 = 304\text{kPa}$

$$p = \frac{80000}{443.24} + 20 \times 1 + 10 \times (30 + 2) = 520.49\text{kPa}$$

$p_0 = 520.49 - 304 = 216.49\text{kPa}$

（3）

解 3-127 表 表 3-14-67

z	z/b	l/b	$\bar{\alpha}$	$4\bar{\alpha}z$
8	$\dfrac{8}{17.43/2} = 0.918$	$\dfrac{25.43/2}{17.43/2} = 1.459$	0.2346	7.508

（4）$\psi_{ps} = 0.5 - \dfrac{18-15}{25-15} \times (0.5 - 0.4) = 0.47$

（5）$s = 0.47 \times \dfrac{216.49 \times 7.508}{18} = 42.44\text{mm}$

【点评】

①根据《建筑地基基础设计规范》附录 R；②桩底附加压力 = 桩底平均压力/桩底应力扩散面积—桩底处土层有效自重应力；③确定平均附加应力系数的尺寸为桩底应力扩散范围的长和宽；④实体深基础法计算沉降时，沉降经验系数应根据附录 R.0.3 确定。

题 3-128 某建筑桩基承台如图 3-14-77 所示，作用于承台顶面长期效应组合的竖向力为 18000kN，桩径 0.5m，桩长为 22m，桩顶入土深度为 2m，桩端入土深度 24m，地下水位离地表为 0.5m，承台高度 2m，假定实体深基础范围内承台、桩和土的混合平均重度取 20kN/m³，压缩层厚度取 12m，桩基沉降计算经验系数$\psi = 0.5$，根据《建筑地基基础设计规范》GB 50007—2011，按实体深基础法，计算桩基最终沉降量最接近下列哪个选项？

（A）91mm （B）125mm

（C）154mm （D）182mm

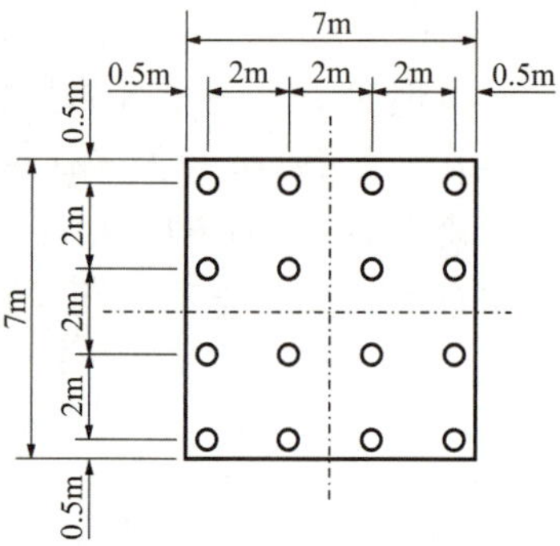

图 3-14-77 题 3-128 图

题 3-128 表 表 3-14-68

层序	土层名称	层底深度（m）	重度γ（kN/m³）	内摩擦角φ（°）	压缩模量（MPa）
①	填土	2	17.5	15	
②	粉质黏土	6	18.5	20	
③	淤泥质黏土	12	18.0	16	
④	黏土	22	19.0	22	4.5
⑤$_1$	粉砂	28	19.5	30	15.0
⑤$_2$	粉质黏土	36	18.5	24	6.0
⑥	粉砂	50	19.5	32	30.0

【解】

（1）$\varphi = \dfrac{20\times4+16\times6+22\times10+30\times2}{22} = 20.73°$

$b = 7 - 0.5 + 2\times22\times\tan\left(\dfrac{20.73°}{4}\right) = 10.49\text{m}$，$A = \left[7 - 0.5 + 2\times22\times\tan\left(\dfrac{20.73°}{4}\right)\right]^2 = 110.06\text{m}^2$

$p_0 = \dfrac{18000}{110.06} + 20\times0.5 + 10\times23.5 - 17.5\times0.5 - 7.5\times1.5 - 8.5\times4 - 8\times6 - 9\times10 - 9.5\times2 = 197.55\text{kPa}$

（2）

解 3-128 表 表 3-14-69

z_i（m）	l/b	z_i/b	$\overline{\alpha}_i$	$4z_i\overline{\alpha}_i$	$4(z_i\overline{\alpha}_i - z_{i-1}\overline{\alpha}_{i-1})$	E_{si}（MPa）
0				0		
4	1	0.76	0.2361	3.778	3.778	15
12	1	2.29	0.1623	7.790	4.012	6

（3）$s = 0.5\times197.55\times\left(\dfrac{3.778}{15} + \dfrac{4.012}{6}\right) = 90.9\text{mm}$

【点评】

根据《建筑地基基础设计规范》附录 R。

14.4　承台计算

14.4.1　受弯计算——《建筑桩基技术规范》第 5.9.1～5.9.5 条

1. 两桩条形承台和多桩矩形承台弯矩计算

两桩条形承台和多桩矩形承台弯矩计算截面取在柱边和承台变阶处，计算如表 3-14-70 所示。

两桩条形承台和多桩矩形承台弯矩计算　　表 3-14-70

<table>
<tr><td>桩中心到截面
（柱边或变阶处）
截面一侧所有桩的弯矩之和</td><td>$M_x=\sum N_i y_i$
$M_y=\sum N_i x_i$</td><td>M_x、M_y——分别为绕X轴和绕Y轴方向计算截面处的弯矩设计值（kN·m）</td></tr>
<tr><td colspan="2">⇑ $N_i=\dfrac{F}{n}\pm\dfrac{M_x y_i}{\sum {y_j}^2}\pm\dfrac{M_y x_i}{\sum {x_j}^2}$
N_i——不计承台及其上土重，在荷载效应基本组合下的第i基桩或复合基桩竖向反力设计值（kN）；
F——荷载基本组合下，作用于承台顶面的竖向力（kN）；
M_x、M_y——荷载效应基本组合下，作用于承台底面，绕通过桩群形心的x、y主轴的力矩（kN·m）。
注：本公式中的M_x、M_y、x_i、y_i不同于上式中的M_x、M_y、x_i、y_i，为桩中心到桩中心，如下图所示</td><td rowspan="2">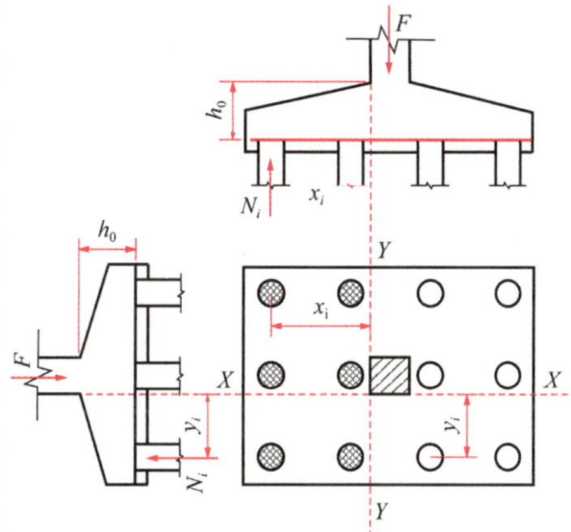
基本组合＝标准组合×1.35</td></tr>
<tr><td colspan="2">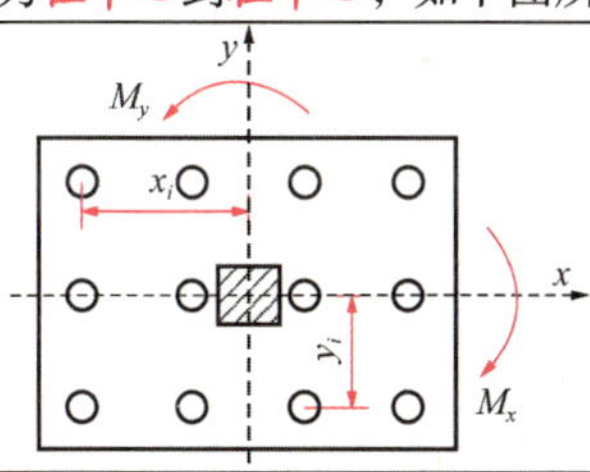</td></tr>
</table>

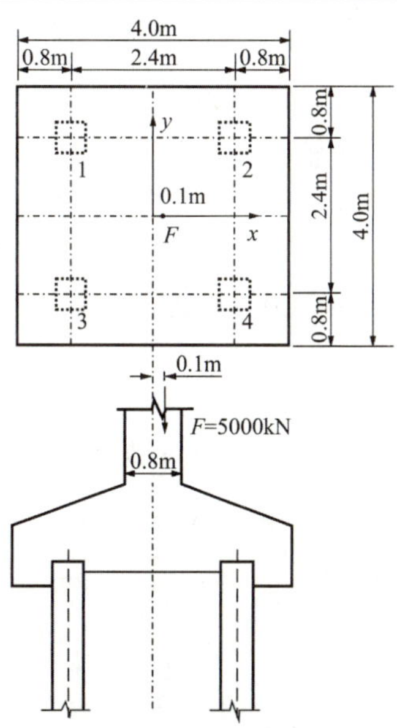

图 3-14-78　题 3-129 图

题 3-129　（08C11）作用于桩基承台顶面的竖向力设计值为 5000kN，x方向的偏心距为 0.1m，不计承台及承台上土自重，承台下布置 4 根桩，如图 3-14-78 所示，根据《建筑桩基技术规范》JGJ 94—2008 计算承台承受的正截面最大弯矩最接近下列哪个选项？

（A）1999.8kN·m

（B）2166.4kN·m

（C）2999.8kN·m

（D）3179.8kN·m

【解】

（1）$N_{max}=\dfrac{F}{n}+\dfrac{M_y x_i}{\sum {x_j}^2}=\dfrac{5000}{4}+\dfrac{5000\times0.1\times1.2}{4\times1.2^2}=1354.2\text{kN}$

（2）$M_y=\sum N_i x_i=2\times1354.2\times(1.2-0.4)=2166.7\text{kN}$

【点评】

①根据《建筑桩基技术规范》第 5.1.1 条、第 5.9.2 条；

②题目给出的是设计值，为基本组合值，不必乘分项系数 1.35，**求弯矩的目的为确定承台的尺寸和配筋**，应采用传至承台顶面的荷载效应基本组合；③从图可以看出 2、4 号桩受弯矩比 1、3 号桩大。

题 3-130 （11C10）桩基承台如图 3-14-79 所示（尺寸单位：mm），已知柱轴力$F=12000$kN，力矩$M=1500$kN · m，水平力$H=600$kN（F、M和H均对应荷载效应基本组合），承台及其上填土的平均重度为 20kN/m。试按《建筑桩基技术规范》JGJ 94—2008 计算，求图示虚线截面处的弯矩设计值最接近下列哪一数值？

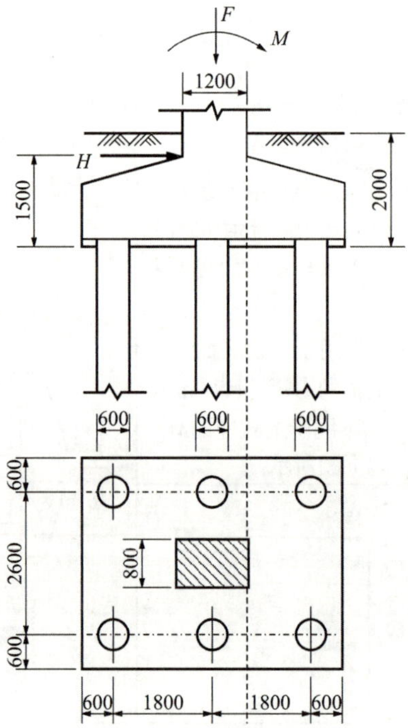

图 3-14-79 题 3-130 图

（A）4800kN · m （B）5300kN · m （C）5600kN · m （D）5900kN · m

【解】

（1）$N=\frac{12000}{6}+\frac{(1500+600\times1.5)\times1.8}{4\times1.8^2}=2333.3\text{kN}$

（2）$M_y=\sum N_i x_i=2\times2333.3\times(1.8-0.6)=5600\text{kN}$

【点评】

①根据《建筑桩基技术规范》第 5.1.1 条、第 5.9.2 条；②计算净反力不需要计入G；③本题中给出的是基本组合值，若给出标准组合值应乘以分项系数 1.35；④弯矩计算至柱边，而不是柱中心。

2. 三桩承台的正截面弯矩计算

三桩承台的正截面弯矩值，计算如表 3-14-71 所示。

三桩承台的正截面弯矩计算　　表 3-14-71

<table>
<tr><td rowspan="2">等边三桩承台</td><td colspan="2">$M=\frac{N_{\max}}{3}\left(S_a-\frac{\sqrt{3}}{4}c\right)$</td><td rowspan="2">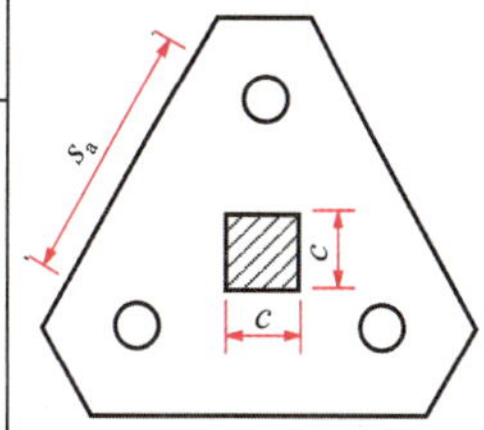
</td></tr>
<tr><td colspan="2">M——承台形心至各边边缘正交截面弯矩设计值（kN·m）；
$N_{\max}$——不计承台及其上土重，在荷载效应基本组合下三桩中最大基桩或复合基桩竖向反力设计值（kN）；
S_a——桩中心距（m）；
c——方柱边长，圆柱时$c=0.8d$（d为圆柱直径）</td></tr>
<tr><td rowspan="3">等腰三桩承台</td><td>至两腰</td><td>$M_1=\frac{N_{\max}}{3}\left(S_a-\frac{0.75}{\sqrt{4-\alpha^2}}c_1\right)$</td><td rowspan="3">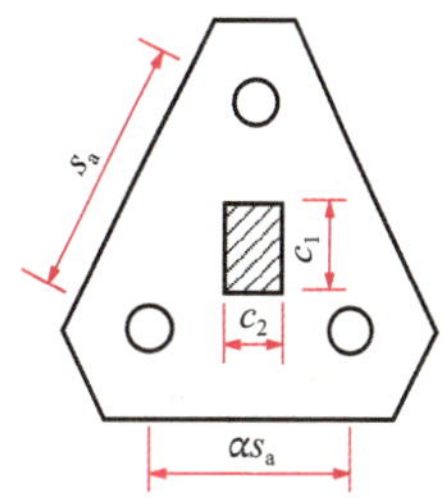
</td></tr>
<tr><td>至底边</td><td>$M_2=\frac{N_{\max}}{3}\left(\alpha S_a-\frac{0.75}{\sqrt{4-\alpha^2}}c_2\right)$</td></tr>
<tr><td colspan="2">M_1、M_2——分别为通过承台形心至两腰边缘和底边边缘正交截面范围内板带的弯矩设计值（kN·m）；
S_a——长向桩中心距（m）；
α——短向桩中心距与长向桩中心距之比，当α小于 0.5 时，应按变截面的二桩承台设计；
c_1、c_2——分别为垂直于、平行于承台底边的柱截面边长（m）</td></tr>
</table>

题 3-131　（09C13）某柱下桩基采用等边三角形承台，如图 3-14-80 所示，承台等厚，三向均匀，在荷载效应基本组合下，作用于基桩顶面的轴心竖向力为 2100kN，承台及其上土重标准值为 300kN，按《建筑桩基技术规范》JGJ 94—2008，该承台正截面最大弯矩接近下列哪个选项？

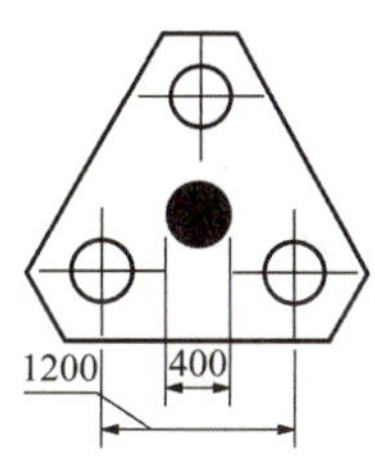

图 3-14-80　题 3-131 图

（A）600kN·m　　（B）635kN·m　　（C）695kN·m　　（D）705kN·m

【解】

（1）$c=0.8d=0.8\times0.4=0.32\text{m}$

（2）$M=\frac{N_{\max}}{3}\left(S_a-\frac{\sqrt{3}}{4}c\right)=\frac{2100-1.35\times300/3}{3}\times\left(1.2-\frac{\sqrt{3}}{4}\times0.32\right)=695.2\ \text{kN}\cdot\text{m}$

【点评】

①根据《建筑桩基技术规范》第 5.9.2 条；②$N_{\max}$不含承台及其上填土重；③本题当年为错题，没有正确选项，有的真题进行了另一种改编，把作用力改编为作用于承台顶面，结果为 743kN·m。

题 3-132 （20D10）某厂房基础，采用柱下独立等边三桩承台基础，桩径 0.8m，地层及勘察揭露如图 3-14-81 所示。计算得到通过承台形心至各边边缘正交截面范围内板带的弯矩设计值为 1500kN，根据《建筑桩基技术规范》JGJ 94—2008，满足受力和规范要求的最小桩长不宜小于下列哪个选项？（取荷载效应基本组合为标准组合的 1.35 倍；不考虑承台及其上土重等其他荷载效应）

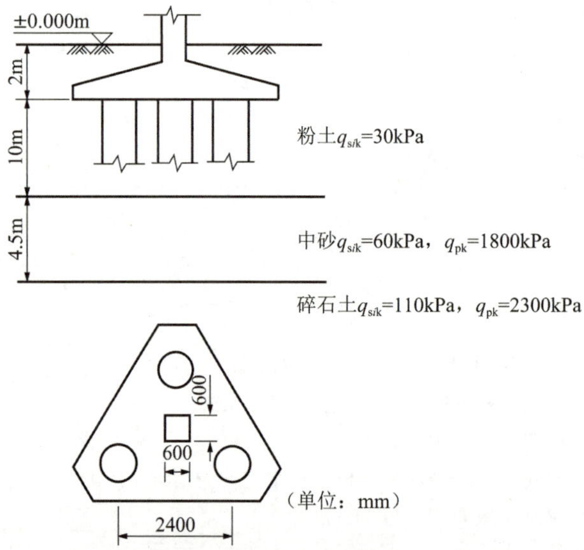

图 3-14-81 题 3-132 图

（A）14.0m （B）15.0m （C）15.5m （D）16.5m

【解】

（1）$1500 = \frac{1.35N_{\text{kmax}}}{3}\left(2.4 - \frac{\sqrt{3}}{4} \times 0.6\right) \Rightarrow N_{\text{kmax}} = 1557.5\text{kN}$

（2）偏心荷载时，$R_a \geqslant \frac{N_{\text{kmax}}}{1.2} = \frac{1557.5}{1.2} = 1297.9\text{kN}$

设桩长为l，则：

$$3.14 \times 0.8 \times [30 \times 10 + 60 \times 4.5 + 110 \times (l - 14.5)] + 3.14 \times 0.4^2 \times 2300 \geqslant 2 \times 1297.9$$

$\Rightarrow l \geqslant 14.53\text{m}$

（3）进入碎石土 $14.53 - 14.5 = 0.03\text{m} < 0.8\text{m}$，不满足构造要求的 $1d$

取桩长$l = 14.5 + 0.8 = 15.3\text{m}$

【点评】

①根据《建筑桩基技术规范》第 3.3.3 条、第 5.2.1 条、第 5.2.2 条、第 5.3.5 条、第 5.9.2 条；②《建筑桩基技术规范》第 5.9.2 条第 3 款中$N_{\max}$为基本组合下三桩中最大基桩或复合基桩竖向反力设计值；③根据《建筑桩基技术规范》第 3.3.3 条第 5 款，桩端全断面进入持力层为碎石类土时的深度不宜小于 $1d$；④本题没有明确是否为轴心荷载，如轴心荷载则：

a. 设桩长为l，$R_a \geqslant N_k = N_{\text{kmax}} = 1557.5\text{kN}$

$$3.14 \times 0.8 \times [30 \times 10 + 60 \times 4.5 + 110 \times (l - 14.5)] + 3.14 \times 0.4^2 \times 2300 \geqslant 2 \times 1557.5$$

$\Rightarrow l \geqslant 16.41\text{m}$

b. 进入碎石土 $16.41 - 14.5 = 1.91\text{m} > 0.8\text{m}$，满足构造要求，可取桩长$l = 16.5\text{m}$

3. 砌体墙下条形承台梁弯矩和剪力——《建筑桩基技术规范》附录 G

按倒置弹性地基梁计算砌体墙下条形桩基连续承台梁时，先求得作用于梁上的荷载，然后按普通连续梁计算其弯矩和剪力。弯矩和剪力的计算分别按表 3-14-72 中公式采用。

砌体墙下条形桩基连续承台梁内力计算　　表 3-14-72

内力	计算简图编号	内力计算公式
支座弯矩	(a) (b) (c)	$M=-p_0\frac{a_0^2}{12}\left(2-\frac{a_0}{L_c}\right)$
	(d)	$M=-q\frac{L_c^2}{12}$
跨中弯矩	(a) (c)	$M=p_0\frac{a_0^3}{12L_c}$
	(b)	$M=\frac{p_0}{12}\left[L_c\left(6a_0-3L_c+0.5\frac{L_c^2}{a_0}\right)-a_0^2\left(4-\frac{a_0}{L_c}\right)\right]$
	(d)	$M=\frac{qL_c^2}{24}$
最大剪力	(a) (b) (c)	$Q=\frac{p_0a_0}{2}$
	(d)	$Q=\frac{qL}{2}$

注：当连续承台梁少于 6 跨时，其支座与跨中弯矩应按实际跨数和图求计算公式

p_0——线荷载的最大值（kN/m），按下式确定：

$$p_0=\frac{qL_c}{a_0}$$

a_0——自桩边算起的三角形荷载图形的底边长度，分别按下列公式确定：

中间跨：$a_0=3.14\left(\frac{E_nl}{E_kb_k}\right)^{\frac{1}{3}}$；边跨：$a_0=2.4\left(\frac{E_nl}{E_kb_k}\right)^{\frac{1}{3}}$

L_c——计算跨度（m），$L_c=1.05L$；

L——两相邻桩之间的净距（m）；

s——两相邻桩之间的中心距（m）；

d——桩身直径（m）；

q——承台梁底面以上的均布荷载（kN/m）；

E_nl——承台梁的抗弯刚度（kN · m²）

E_n——承台梁混凝土弹性模量（kPa），1N/mm² = MPa；

l——承台梁横截面的惯性矩（m⁴）；

E_k——墙体的弹性模量（kPa）；

b_k——墙体的宽度（m）

计算简图

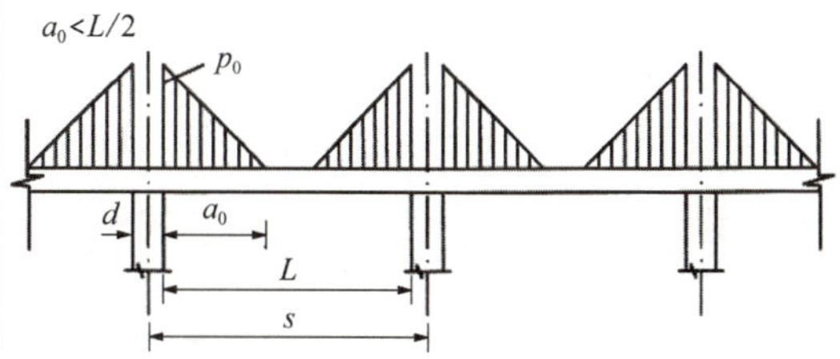

(a) 三角形荷载范围<桩净距

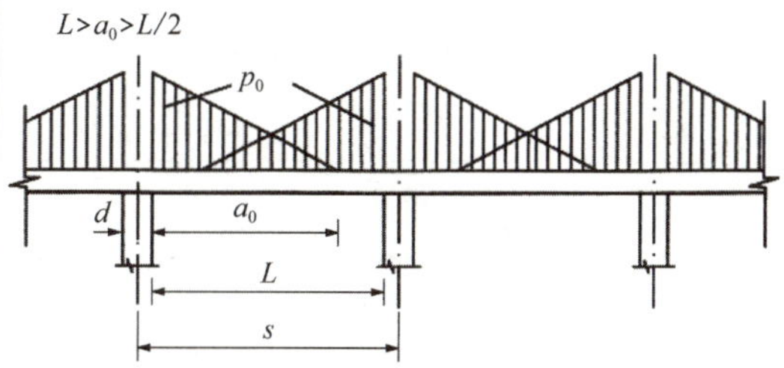

(b) 三角形荷载范围部分重合

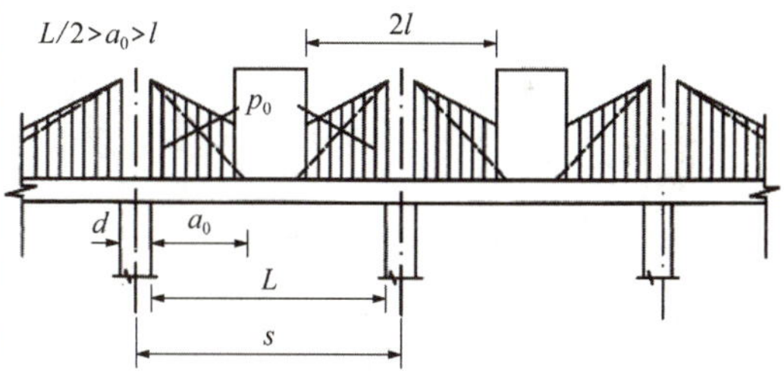

(c) 存在门洞

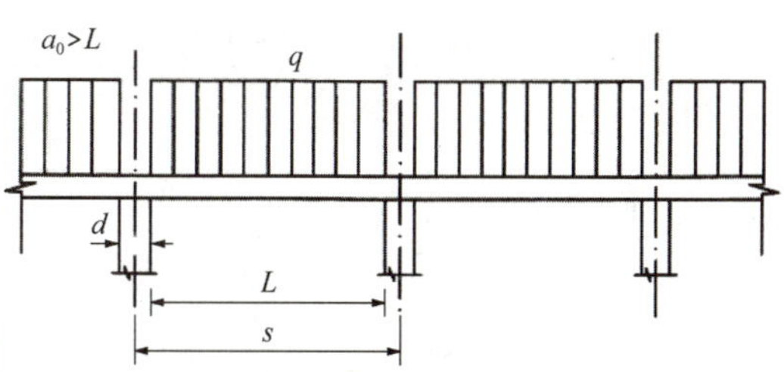

(d) 三角形荷载范围完全重合

当门窗口下布有桩，且承台梁顶面至门窗口的砌体高度小于门窗口的净宽时，则应按倒置的简支梁计算该段梁的弯矩，即取门窗净宽的 1.05 倍为计算跨度，取门窗下桩顶荷载为计算集中荷载进行计算

注：规范图有错。

题 3-133　（06D14）某桩基的多跨条形连续承台梁净跨距均为 7.0m，承台梁受均布荷载$q = 100\text{kN/m}$，求作用在承台梁中跨支座处弯矩M最接近下列哪个选项？

（A）450kN · m　　（B）498kN · m　　（C）530kN · m　　（D）568kN · m

【解】

（1）$L_c = 1.05L = 1.05 \times 7 = 7.35\text{m}$

（2）$M = q\dfrac{L_c^2}{12} = 100 \times \dfrac{7.35^2}{12} = 450\text{kN} \cdot \text{m}$

【点评】

①根据《建筑桩基技术规范》附录 G；②均布荷载为计算简图编号（d），按倒置弹性地基梁计算，支座处为负弯矩，计算跨距为 1.05 的实际净跨距。

14.4.2 受冲切计算——《建筑桩基技术规范》第 5.9.6~5.9.8 条

1. 柱（墙）对承台的冲切承载力验算

冲切破坏锥体应采用自柱（墙）边或承台变阶处至相应桩顶边缘连线所构成的锥体，锥体斜面与承台底面间夹角不应小于 45°。

轴心竖向力作用下桩基承台受柱（墙）的冲切，计算如表 3-14-73 所示。

柱（墙）对承台的冲切承载力验算　　表 3-14-73

<table>
<tr><td colspan="2">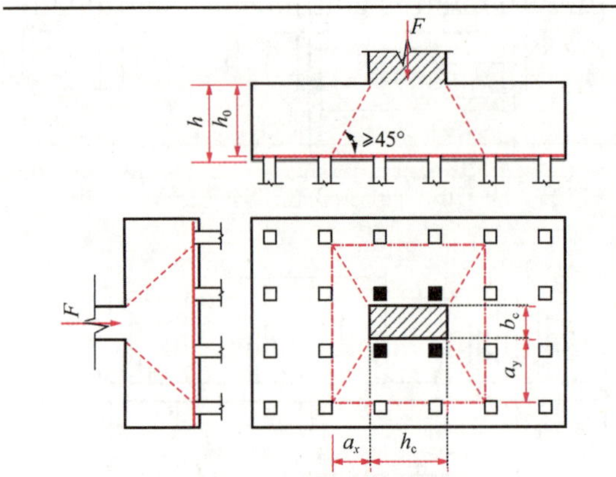

柱对承台冲切验算简图</td><td>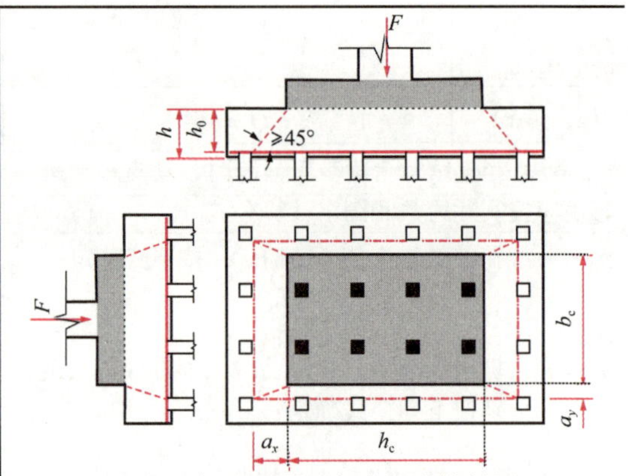

上阶承台对下阶承台冲切验算简图</td></tr>
<tr><td colspan="3">圆柱和圆桩均必须转化为方柱和方桩→$b = 0.8d$；基本组合 = 标准组合 × 1.35
可把上阶承台假想为一宽度更大的柱体，进行冲切验算</td></tr>
<tr><td colspan="3">⇓①确定柱边（或阶边）至桩边的距离a_x、a_y，承台（或变阶处）有效高度和总高度h_0、h</td></tr>
<tr><td>⇓②冲跨比$\lambda_x = \dfrac{a_x}{h_0}$，$\lambda_y = \dfrac{a_y}{h_0}$</td><td>⇐</td><td>$\lambda > 1$时，取$\lambda = 1$→反算$a_x(a_y) = h_0$
$\lambda < 0.25$时，取$\lambda = 0.25$→不反算</td></tr>
<tr><td colspan="3">⇓③冲切系数$\beta_x = \dfrac{0.84}{\lambda_x+0.2}$，$\beta_y = \dfrac{0.84}{\lambda_y+0.2}$</td></tr>
<tr><td>⇓④验算：$F_l \leqslant 2[\beta_x(b_c + a_y) + \beta_y(h_c + a_x)]\beta_{hp} f_t h_0$</td><td colspan="2">⇐$\beta_{hp} = 1 - \dfrac{h-0.8}{12}$（$0.8\text{m} \leqslant h \leqslant 2\text{m}$）
$\begin{cases} h \leqslant 0.8\text{m} \rightarrow \beta_{hp} = 1 \\ h \geqslant 2\text{m} \rightarrow \beta_{hp} = 0.9 \end{cases}$</td></tr>
<tr><td>⇑$F_l = F - \dfrac{n_1 F}{n}$
F_l——不计承台及其上土重，在荷载效应基本组合作用下，作用于冲切破坏锥体上的冲切力设计值（kN）</td><td colspan="2">n——承台下总桩数；
n_1——冲切破坏锥体之内桩数之和（图中黑色桩）；
F——不计承台及其上土重，在荷载效应基本组合作用下，承台顶面的竖向荷载设计值（kN）</td></tr>
</table>

混凝土轴心抗拉强度设计值f_t见表 3-14-74。

混凝土轴心抗拉强度设计值f_t（MPa） **表 3-14-74**

强度	混凝土强度等级													
	C15	C20	C25	C30	C35	C40	C45	C50	C55	C60	C65	C70	C75	C80
f_t	0.91	1.10	1.27	1.43	1.57	1.71	1.80	1.89	1.96	2.04	2.09	2.14	2.18	2.22

常用受冲切承载力截面高度影响系数β_{hp}见表 3-14-75。

受冲切承载力截面高度影响系数β_{hp} **表 3-14-75**

h（m）	0.8	0.85	0.9	0.95	1	1.05	1.1	1.15	1.2	1.25	1.3	1.35	1.4
β_{hp}	1	0.996	0.992	0.988	0.983	0.979	0.975	0.971	0.967	0.963	0.958	0.954	0.950
h（m）	1.45	1.5	1.55	1.6	1.65	1.7	1.75	1.8	1.85	1.9	1.95	2	
β_{hp}	0.946	0.942	0.938	0.933	0.929	0.925	0.921	0.917	0.913	0.908	0.904	0.900	

题 3-134 （04D16）某柱下桩基如图 3-14-82 所示，柱宽$h_c = 0.6$m，承台总高度$h = 1.0$m，有效高度$h_0 = 0.95$m，承台混凝土抗拉强度设计值$f_t = 1.71$MPa，作用于承台顶面的竖向力设计值$F = 7500$kN，按《建筑桩基技术规范》JGJ 94—2008 验算柱冲切承载力时，正确的是下列哪个选项？

（A）受冲切承载力比冲切力小 800kN

（B）受冲切承载力与冲切力相等

（C）受冲切承载力比冲切力大 810kN

（D）受冲切承载力比冲切力大 1300kN

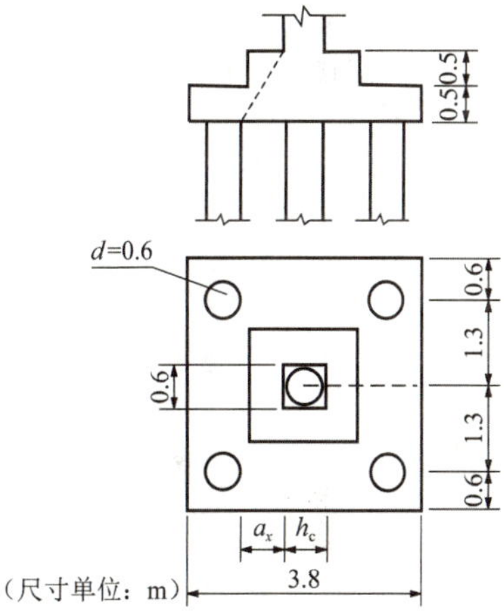

图 3-14-82 题 3-134 图

【解】

（1）$F_l = 7500 - \frac{1}{5} \times 7500 = 6000\text{kN}$

（2）$b = 0.8 \times 0.6 = 0.48\text{m}$，$a_{0x} = a_{0y} = 1.3 - \frac{0.48}{2} - \frac{0.6}{2} = 0.76\text{m}$

$$\lambda_{0x} = \lambda_{0y} = \frac{0.76}{0.95} = 0.8$$

$$\beta_{0x} = \beta_{0y} = \frac{0.84}{0.8+0.2} = 0.84，\beta_{hp} = 1 - \frac{1.0-0.8}{12} = 0.983$$

（3）$2[\beta_{0x}(b_c + a_{0y}) + \beta_{0y}(h_c + a_{0x})]\beta_{hp} f_t h_0 = 4 \times 0.84 \times (0.6 + 0.76) \times 0.983 \times 1710 \times 0.95 = 7297\text{kN}$

（4）受冲切承载力 − 冲切力 = 7297 − 6000 = 1297kN

【点评】

①根据《建筑桩基技术规范》第 5.9.7 条；②本题原题忽略了保护层厚度，属于瑕疵题，在此进行了略微修改；③为圆柱时，要将圆柱化为方柱。

题 3-135 （02D01）如图 3-14-83 所示桩基，竖向荷载设计值$F = 16500\text{kN}$，承台混凝土强度等级为 C35（$f_t = 1.65\text{MPa}$），保护层厚度 0.1m，按《建筑桩基技术规范》JGJ 94—2008 计算承台受柱冲切的承载力，其结果最接近下列哪个选项？

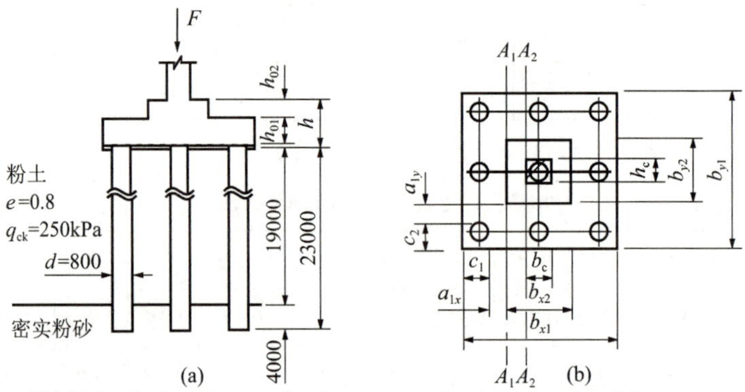

图中尺寸：$b_c=h_c=1.0\text{m}$　$b_{x1}=b_{y1}=6.4\text{m}$　$h_{01}=1.0\text{m}$　$h_{02}=0.6\text{m}$
$b_{x2}=b_{y2}=2.8\text{m}$　$c_1=c_2=1.2\text{m}$　$a_{1x}=a_{1y}=0.6\text{m}$　（其余尺寸单位为mm）

图 3-14-83　题 3-135 图

（A）$1.55 \times 10^4\text{kN}$　（B）$1.67 \times 10^4\text{kN}$　（C）$1.80 \times 10^4\text{kN}$　（D）$2.05 \times 10^4\text{kN}$

【解】

（1）$h_0 = 1 + 0.6 = 1.6\text{m}$，$h = 1.6 + 0.1 = 1.7\text{m}$

$$\beta_{hp} = 1 - \frac{1.7-0.8}{12} = 0.925$$

$a_{0x} = a_{0y} = 0.6 + \frac{2.8-1.0}{2} = 1.5\text{m}$，$\lambda_{0x} = \lambda_{0y} = \frac{a_{0y}}{h_0} = \frac{1.5}{1.6} = 0.9375$，满足 $0.25 \leqslant \lambda \leqslant 1$

$$\beta_{0x} = \beta_{0y} = \frac{0.84}{\lambda_{0y}+0.2} = \frac{0.84}{0.9375+0.2} = 0.738$$

（2）受柱冲切承载力：

$$2[\beta_{0x}(b_c + a_{0y}) + \beta_{0y}(h_c + a_{0x})]\beta_{hp}f_t h_0 = 2 \times [0.738 \times (1 + 1.5) + 0.738 \times (1 + 1.5)] \times 0.925 \times 1.65 \times 10^3 \times 1.6 = 1.80 \times 10^4\text{kN}$$

【点评】

①根据《建筑桩基技术规范》第 5.9.7 条；②首先需要验算冲垮比是否满足 $0.25 \leqslant \lambda_{0x} \leqslant 1$，注意结果是否在范围内，$\lambda > 1$ 时，应按$\lambda = 1$，且反算a_x；应按$\lambda < 0.25$ 时，按$\lambda = 0.25$ 计算冲切系数，不反算a_x；③本题已经给出a_{1x}和a_{1y}，不需要进行圆化方（早年真题为降低难度），现在的真题如果出现圆桩或圆柱一般都需要圆化方。

2. 四桩及以上承台受角桩冲切承载力验算

对位于柱（墙）冲切破坏锥体以外的基桩，四桩以上（含四桩）承台受角桩冲切的承载力可按表 3-14-76 计算。

四桩及以上承台受角桩冲切承载力验算　　　　表 3-14-76

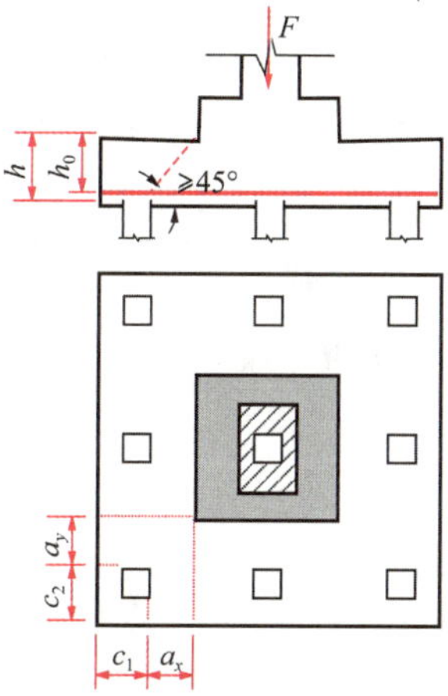 **阶形承台受角桩冲切简图**	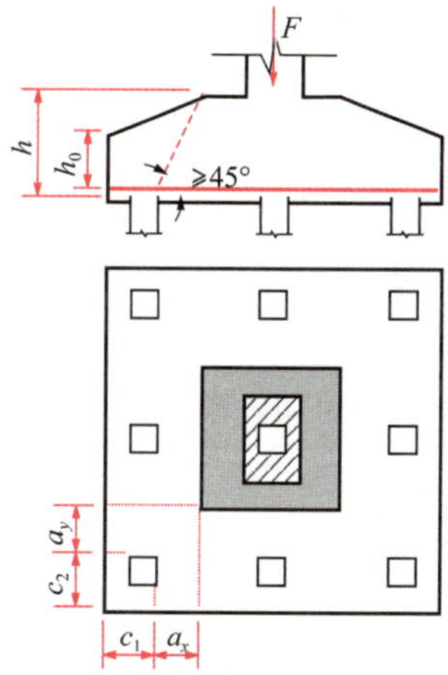 **锥形承台受角桩冲切简图**
圆柱和圆桩均**必须转化**为方柱和方桩→$b=0.8d$；**基本组合＝标准组合**$\times 1.35$	
⇓①确定边至边的距离c_1、c_2、a_x、a_y，截面有效高度和总高度h_0、h	
⇓②$\lambda_x=\dfrac{a_x}{h_0}$，$\lambda_y=\dfrac{a_y}{h_0}$	⇐　$\lambda>1$时，取$\lambda=1$→反算$a_x(a_y)=h_0$ $\lambda<0.25$时，取$\lambda=0.25$→不反算
⇓③$\beta_x=\dfrac{0.56}{\lambda_x+0.2}$，$\beta_y=\dfrac{0.56}{\lambda_y+0.2}$	
⇓④验算： $N_l\leqslant\left[\beta_x\left(c_2+\dfrac{a_y}{2}\right)+\beta_y\left(c_1+\dfrac{a_x}{2}\right)\right]\beta_{hp}f_th_0$	⇐$\beta_{hp}=1-\dfrac{h-0.8}{12}$（$0.8m\leqslant h\leqslant 2m$） $\begin{cases}h\leqslant 0.8m\rightarrow\beta_{hp}=1\\h\geqslant 2m\rightarrow\beta_{hp}=0.9\end{cases}$
⇑$N_l=\dfrac{F}{n}$（轴心）；$N_l=\dfrac{F}{n}+\dfrac{M_xy_i}{\sum y_j^2}+\dfrac{M_yx_i}{\sum x_j^2}$（偏心） N_l——不计承台及其上土重，在荷载效应**基本组合**作用下，角桩**净反力设计值**（kN）	

注：特别注意锥形承台h_0与h的位置。

题 3-136　（07D12）如图 3-14-84 所示，四桩承台，采用截面 0.4m×0.4m 钢筋混凝土预制方桩，承台混凝土强度等级为 C35（$f_t=1.57MPa$），按《建筑桩基技术规范》JGJ 94—2008 验算承台受角桩冲切的承载力最接近下列哪个选项？

（A）780kN　　（B）900kN

（C）1100kN　　（D）1250kN

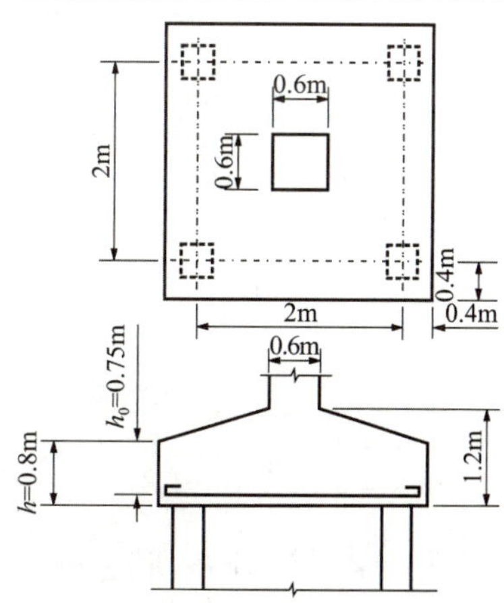

图 3-14-84　题 3-136 图

【解】

（1）$a_{1x}=\dfrac{2}{2}-\dfrac{0.6}{2}-\dfrac{0.4}{2}=0.5m$

$\lambda_{1x}=\dfrac{0.5}{0.75}=0.667$，满足 $0.25\leqslant\lambda_{1x}\leqslant 1$

$$\beta_{1x}=\frac{0.56}{0.667+0.2}=0.646,\ \beta_{hp}=1-\frac{1.2-0.8}{12}=0.967$$

（2）$\left[\beta_{1x}\left(c_2+\frac{a_{1y}}{2}\right)+\beta_{1y}\left(c_1+\frac{a_{1x}}{2}\right)\right]\beta_{hp}f_th_0=\left[0.646\times\left(0.6+\frac{0.5}{2}\right)\right]\times2\times0.967\times1570\times0.75=1250.5\text{kN}$

【点评】

①根据《建筑桩基技术规范》第5.9.8条；②区分h、h_0的两个高度的取值，对于锥形承台，h为全高，h_0为外边缘高，画图确定冲切破坏面，计算冲切破坏截面面积。

3. 三桩三角形承台受角桩冲切承载力验算

基本组合 = 标准组合 ×1.35

对于三桩三角形承台可按表3-14-77计算受角桩冲切的承载力。

三桩三角形承台受角桩冲切承载力验算　表3-14-77

底部角桩冲切验算	顶部角桩冲切验算
⇓①确定c_1、a_1、h_0、h	①确定c_2、a_2、h_0、h
⇓②$\lambda_1=\frac{a_1}{h_0}$	⇓②$\lambda_2=\frac{a_2}{h_0}$
$\lambda>1$时，取$\lambda=1$→反算$a_1(a_2)=h_0$；$\lambda<0.25$时，取$\lambda=0.25$→不反算	
⇓③$\beta_1=\frac{0.56}{\lambda_1+0.2}$	⇓③$\beta_2=\frac{0.56}{\lambda_2+0.2}$
$N_l\leqslant\beta_1(2c_1+a_1)\tan\left(\frac{\theta_1}{2}\right)\beta_{hp}f_th_0$	$N_l\leqslant\beta_2(2c_2+a_2)\tan\left(\frac{\theta_2}{2}\right)\beta_{hp}f_th_0$

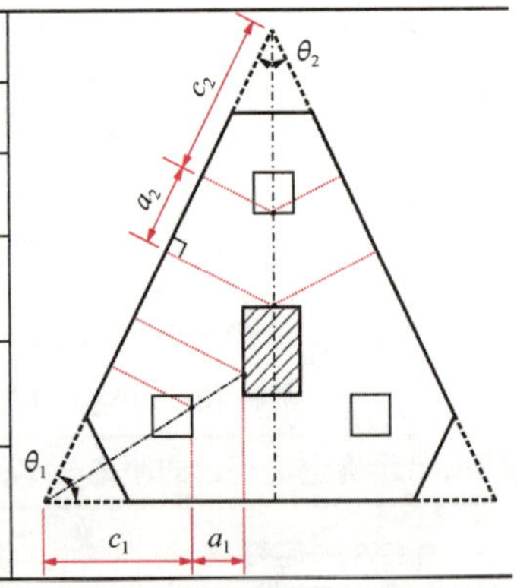

题3-137　（05D12）某桩基三角形承台如图3-14-85所示，承台厚度1.1m，钢筋保护层厚度0.1m，承台混凝土抗拉强度设计值$f_t=1.7\text{N/mm}^2$，试按《建筑桩基技术规范》JGJ 94—2008计算承台受底部角桩冲切的承载力，其值最接近下列哪个选项？

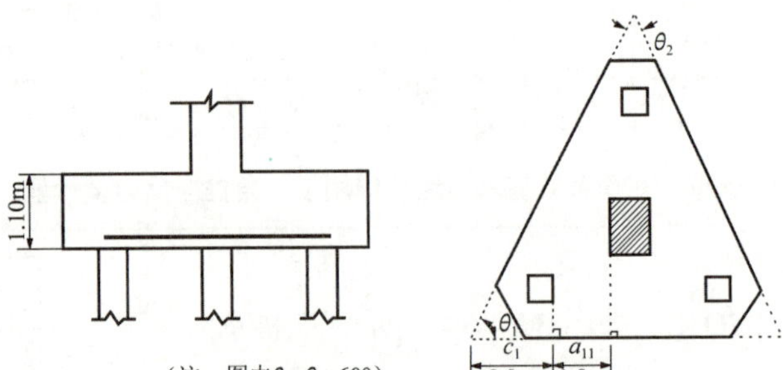

图3-14-85　题3-137图

（A）1500kN　（B）2010kN　（C）2430kN　（D）2640kN

【解】

（1）$\beta_{hp}=1-\frac{1.1-0.8}{12}=0.975$

$\lambda_{11}=\frac{1.8}{1.1-0.1}=1.8>1$，取$\lambda_{11}=1$，反算$a_{11}=1\text{m}$，$\beta_{11}=\frac{0.56}{1+0.2}=0.467$

（2）$\beta_{11}(2c_1+a_{11})\beta_{hp}\tan\left(\frac{\theta_1}{2}\right)f_th_0=0.467\times(2\times2.2+1)\times0.975\times\tan\frac{60°}{2}\times1700\times1.0=2413\text{kN}$

【点评】

①根据《建筑桩基技术规范》第 5.9.8 条；②考点：三角形承台受底部角桩冲切的承载力计算；③易错点：λ_{11}计算值大于 1 时取 1 且需要反算a_{11}；④次重点内容，不用过多研究其原理，直接代公式即可。

4. 箱形、筏形承台受内部基桩冲切承载力验算

对于箱形、筏形承台，可按表 3-14-78 计算承台受内部基桩的冲切承载力。

箱形、筏形承台受内部基桩冲切承载力验算　　　表 3-14-78

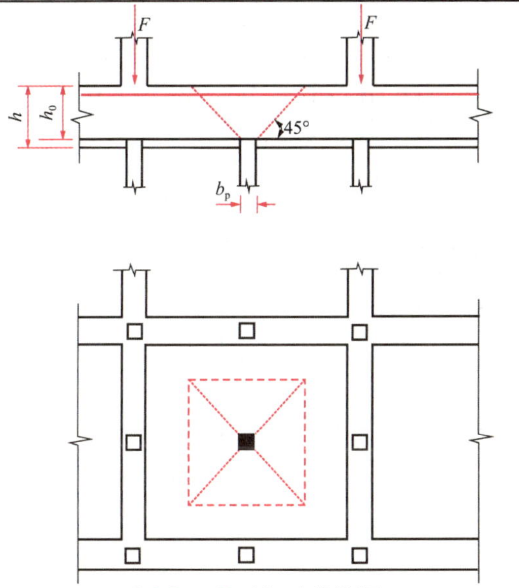 受内部基桩冲切验算简图	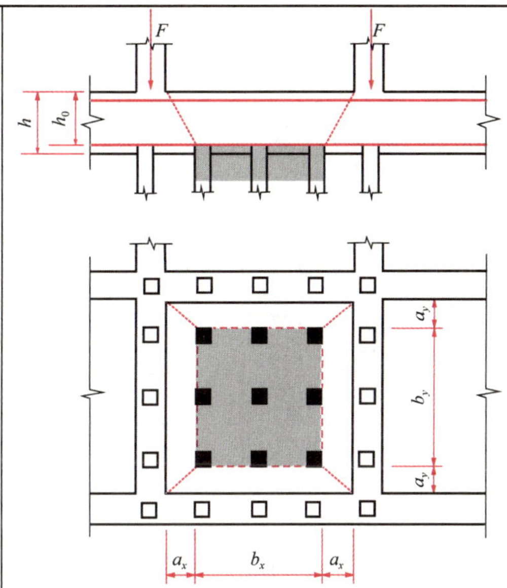 受内部桩群冲切验算简图
$N_l \leqslant 2.8(b_p+h_0)\beta_{hp}f_t h_0$ ⇑ $N_l=\frac{F}{n}$	⇓①a_x、a_y、h_0、h ⇓②$\lambda_x=\frac{a_x}{h_0}$，$\lambda_y=\frac{a_y}{h_0}$ $\lambda>1$时，取$\lambda=1$→反算$a_x(a_y)=h_0$ $\lambda<0.25$时，取$\lambda=0.25$→不反算
n——承台下总桩数； N_l——冲切破坏锥体之内桩数之和（图中黑色 9 根）； F——不计承台及其上土重，在荷载效应**基本组合**作用下，承台顶面的竖向荷载**设计值**	⇓③$\beta_x=\frac{0.84}{\lambda_x+0.2}$，$\beta_y=\frac{0.84}{\lambda_y+0.2}$ $\sum N_{li}\leqslant 2[\beta_x(b_y+a_y)+\beta_y(b_x+a_x)]\beta_{hp}f_t h_0$ ⇑冲切力设计值：$\sum N_{li}=\frac{n_1F}{n}$

注：受内部基桩（桩群）冲切时，可把图倒过来看，则跟柱对承台冲切计算原理相同。

桩基冲切承载力总公式可表达为$\beta u_m\beta_{hp}f_t h_0$，对上述几种冲切汇总如表 3-14-79 所示。

桩基冲切承载力汇总表　　　表 3-14-79

冲切类型	冲切系数β	$\beta\cdot u_m$	备注
柱（墙）对承台	$\beta=\frac{0.84}{\lambda+0.2}$	$2[\beta_x(b_c+a_y)+\beta_y(h_c+a_x)]$	四个面
内部桩群对箱、筏承台		$2[\beta_x(b_y+a_y)+\beta_y(b_x+a_x)]$	
内部基桩对箱、筏承台	0.7	$0.7\times4(b_p+h_0)$	
角桩对四桩及以上承台	$\beta=\frac{0.56}{\lambda+0.2}$	$\beta_x\left(c_2+\frac{a_y}{2}\right)+\beta_y\left(c_1+\frac{a_x}{2}\right)$	两个面
角桩对三桩三角形承台		$\beta\cdot(2c+a)\tan\left(\frac{\theta}{2}\right)$	

题 3-138 如图 3-14-86 所示桩基，柱子尺寸为 1.0m × 1.0m，方桩边长为 0.4m，桩中心间距为 1.2m。承台有效高度为 1.6m，保护层厚度为 0.1m，承台底面埋深为 3.0m，荷载效应基本组合作用下，作用于承台底面的总竖向力为 23610kN。按《建筑桩基技术规范》JGJ 94—2008 确定，柱下独立承台柱子冲切承载力验算确定承台混凝土抗拉强度设计值？（承台及其上覆土体平均重度按 20kN/m^3 考虑）

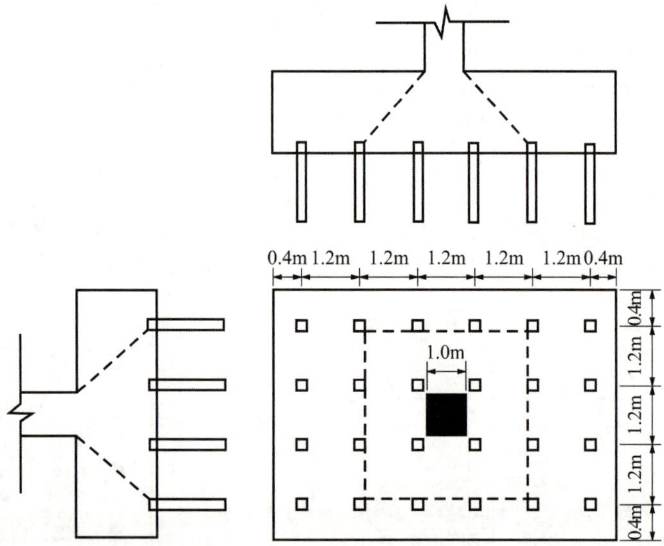

图 3-14-86 题 3-138 图

【解】

（1）$b_c \cdot h_c = 1.0\text{m} \times 1.0\text{m}$，

$a_{0x} = \frac{6.8}{2} - \frac{1}{2} - 1.2 - 0.4 - \frac{0.4}{2} = 1.1\text{m}$，$a_{0y} = \frac{4.4}{2} - \frac{1}{2} - 0.4 - \frac{0.4}{2} = 1.1\text{m}$

$h_0 = 1.6\text{m}$，$h = 1.7\text{m} \Rightarrow \lambda_{0x} = \lambda_{0y} = \frac{1.1}{1.6} = 0.6875 \Rightarrow \beta_{0x} = \beta_{0y} = \frac{0.84}{0.6875+0.2} = 0.9465$

$\beta_{hp} = 1 - \frac{1.7-0.8}{12} = 0.925$

（2）$2[\beta_{0x}(b_c + a_{0y}) + \beta_{0y}(h_c + a_{0x})]\beta_{hp} f_t h_0$

$= 4 \times 0.9465 \times (1 + 1.1) \times 0.925 \times f_t \times 1.6 = 11.77 f_t$

（3）$Q_i = \frac{23610-1.35\times20\times3\times6.8\times4.4}{24} = 882.8\text{kN}$

$F_l = 882.8 \times 20 = 17656\text{kN} \leqslant 11.77 f_t$，解得：$f_t \geqslant 1500\text{kPa}$

【点评】

①根据《建筑桩基技术规范》第 5.9.8 条；②按部就班，无坑点，认真即可做对。

14.4.3 受剪切计算——《建筑桩基技术规范》第 5.9.9～5.9.14 条

柱（墙）下桩基承台，应分别对柱（墙）边、变阶处和桩边连线形成的贯通承台的斜截面的受剪承载力进行验算。当承台悬挑边有多排基桩形成多个斜截面时，应对每个斜截面的受剪承载力进行验算。

1. 一阶矩形承台与锥形承台柱边受剪切承载力验算

A-A 截面和 B-B 截面计算方法完全一样，下面仅列出 A-A 截面计算过程如表 3-14-80 所示。

一阶矩形承台与锥形承台柱边受剪切承载力　　表 3-14-80

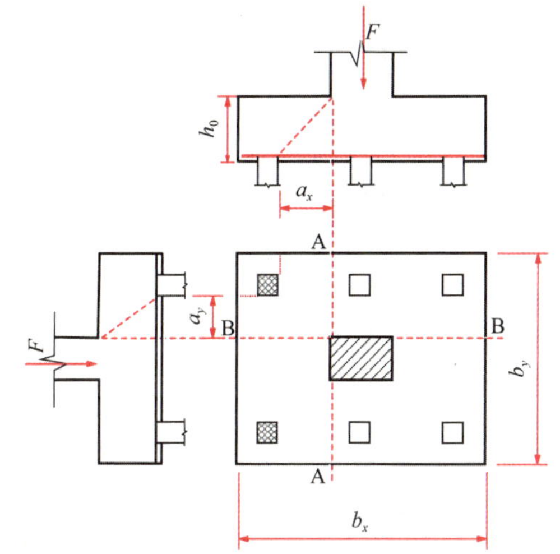

一阶矩形承台柱边验算简图

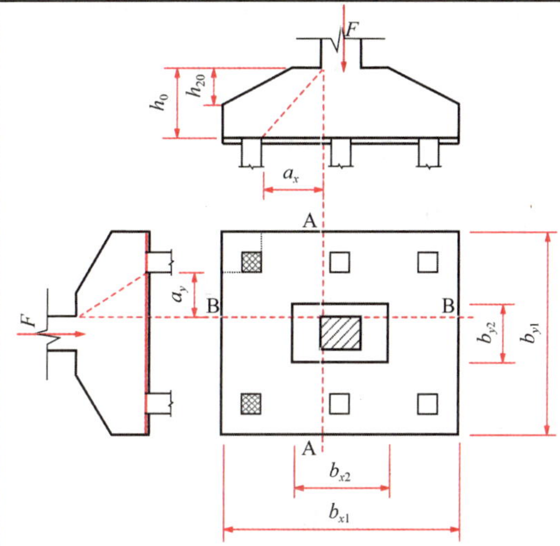

锥形承台柱边验算简图

圆柱和圆桩均**必须转化**为方柱和方桩→$b = 0.8d$；**基本组合 = 标准组合** × 1.35

$$\beta_{hs} = \left(\frac{0.8}{h_0}\right)^{0.25}\ (0.8\text{m} \leqslant h_0 \leqslant 2\text{m})\ \begin{cases} h_0 \leqslant 0.8\text{m} \rightarrow \beta_{hs} = 1 \\ h_0 \geqslant 2\text{m} \rightarrow \beta_{hs} = 0.795 \end{cases}$$

$$\lambda = \frac{a_x}{h_0}\ (0.25 \leqslant \lambda \leqslant 3) \Rightarrow \alpha = \frac{1.75}{\lambda+1}$$

一阶矩形承台	锥形承台
$V \leqslant \beta_{hs}\alpha f_t b_y h_0$	$V \leqslant \beta_{hs}\alpha f_t \left(b_{y1}h_0 - \frac{b_{y1}-b_{y2}}{2}h_{20}\right)$

↑最大剪力**设计值**：$V = \frac{n_1 F}{n}$（轴心）；$V = \sum N_i$（偏心）；

n——承台下总桩数；　　n_1——剪切截面**外侧**桩数之和（图中左侧 2 根桩）；

F——不计承台及其上土重，在荷载效应**基本组合**作用下，承台顶面的竖向荷载**设计值**（kN）；

$\sum N_i$——验算截面**外侧**所有基桩的竖向净反力之和（kN）$N_i = \frac{F}{n} + \frac{M_x y_i}{\sum y_j^2} + \frac{M_y x_i}{\sum x_j^2}$

混凝土轴心抗拉强度设计值 f_t（MPa）

强度	混凝土强度等级													
	C15	C20	C25	C30	C35	C40	C45	C50	C55	C60	C65	C70	C75	C80
f_t	0.91	1.10	1.27	1.43	1.57	1.71	1.80	1.89	1.96	2.04	2.09	2.14	2.18	2.22

受剪切承载力截面高度影响系数 β_{hs}

h_0（m）	**0.8**	**0.85**	**0.9**	**0.95**	**1**	**1.05**	**1.1**	**1.15**	**1.2**	**1.25**	**1.3**	**1.35**	**1.4**
β_{hs}	1	0.985	0.971	0.958	0.946	0.934	0.923	0.913	0.904	0.894	0.886	0.877	0.869
h_0（m）	**1.45**	**1.5**	**1.55**	**1.6**	**1.65**	**1.7**	**1.75**	**1.8**	**1.85**	**1.9**	**1.95**	**2**	
β_{hs}	0.862	0.855	0.848	0.841	0.834	0.828	0.822	0.816	0.811	0.806	0.800	0.795	

题 3-139 （08D12）如图 3-14-87 所示，竖向荷载设计值 $F=24000\text{kN}$，承台混凝土为 C40（$f_t=1.71\text{MPa}$），按《建筑桩基技术规范》JGJ 94—2008 验算柱边 A-A′至桩边连线形成的斜截面的抗剪承载力与剪切力之比（抗力/V）最接近下列哪个选项？

（A）1.0　　（B）1.2

（C）1.3　　（D）1.4

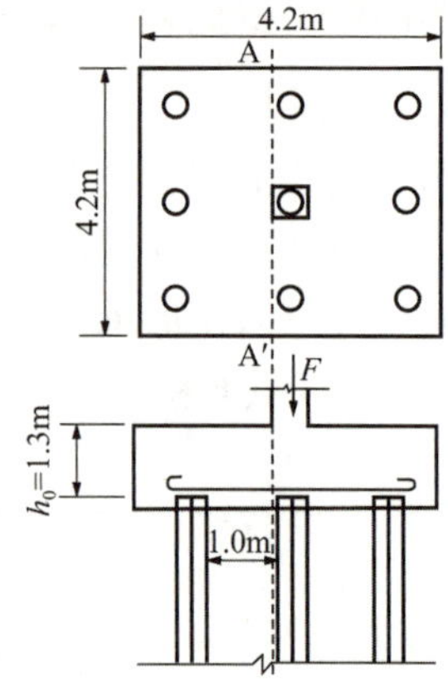

图 3-14-87　题 3-139 图

【解】

（1）$V=\dfrac{F}{n}\times 3=\dfrac{24000}{9}\times 3=8000\text{kN}$

（2）$a_x=10\text{m}$，$h_0=1.3\text{m}$，$\lambda_x=\dfrac{1}{1.3}=0.769$，介于 0.25～3.0

$\alpha_x=\dfrac{1.75}{0.769+1}=0.989$，$\beta_{hs}=\left(\dfrac{800}{1300}\right)^{\frac{1}{4}}=0.8857$

（3）$\beta_{hs}\alpha_x f_t b_{0y} h_0=0.8857\times 0.989\times 1.71\times 10^3\times 4.2\times 1.3=8178.5\text{kN}$

（4）$\dfrac{\text{抗力}}{V}=\dfrac{8178.5}{8000}=1.02$

【点评】

①根据《建筑桩基技术规范》第 5.9.10 条；②常规考点：桩基抗剪承载力与剪切力计算，早年真题，参数不全，不然需要圆化方；③抗剪承载力与剪切力对比计算或者反算混凝土强度只是增加了计算步骤而已。

【同类型真题】 03D10、04C15、13C10

题 3-140 某五桩基承台布置如图 3-14-88 所示，承台顶面承受柱传来的竖向力设计值 $F=3300\text{kN}$，柱截面的尺寸为 600mm×600mm，桩径 400mm，承台埋深为地面下 1.5m，承台的高度为 600mm，保护层厚度 50mm，承台混凝土强度等级为 C30，按《建筑桩基技术规范》JGJ 94—2008，试计算承台的抗剪承载力为下列哪个选项？

（A）1960kN　　（B）1985kN

（C）2015kN　　（D）2040kN

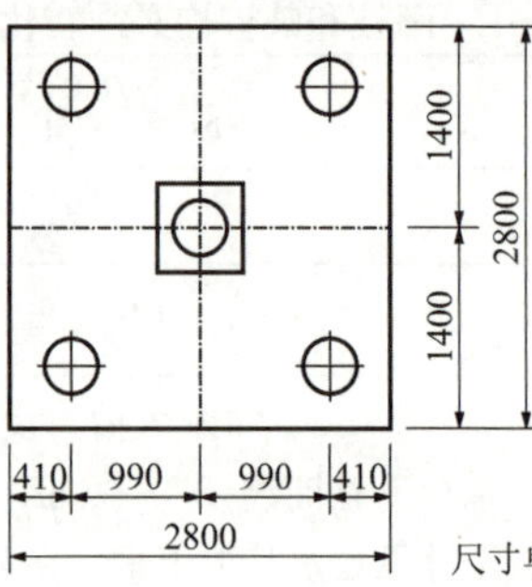

图 3-14-88　题 3-140 图

【解】

（1）$b=0.8d=0.8\times 0.4=0.32\text{m}$；$h_0=0.6-0.05=0.55\text{m}$

（2）$a_x=a_y=0.99-\dfrac{0.6}{2}-\dfrac{0.32}{2}=0.53\text{m}$；$\lambda_x=\lambda_y=\dfrac{0.53}{0.55}=0.964\in(0.25,3)$

$\alpha_x=\dfrac{1.75}{0.964+1}=0.891$；$\beta_{hs}=1$

（3）承台受剪承载力 $=1\times 0.891\times 2.8\times 1430\times 0.55=1962.25\text{kN}$

【点评】

①根据《建筑桩基技术规范》第 5.9.10 条；②承台抗剪切计算时，荷载应采用基本组合下的设计值；③圆柱、圆桩化为方柱、方桩；④混凝土的抗拉强度设计值查《混凝土结构设计规范》表 4.1.4-2。

题 3-141　（22D09）某建筑柱下独立桩基如图 3-14-89 所示，承台混凝土强度等级为 C50，若要求承台长边斜截面的受剪承载力不小于 10MN，按《建筑桩基技术规范》JGJ 94—2008 计算，承台截面的最小有效高度最接近下列哪个选项？（C50 混凝土的轴心抗拉强度设计值 $f_t = 1.89\text{N/mm}^2$）

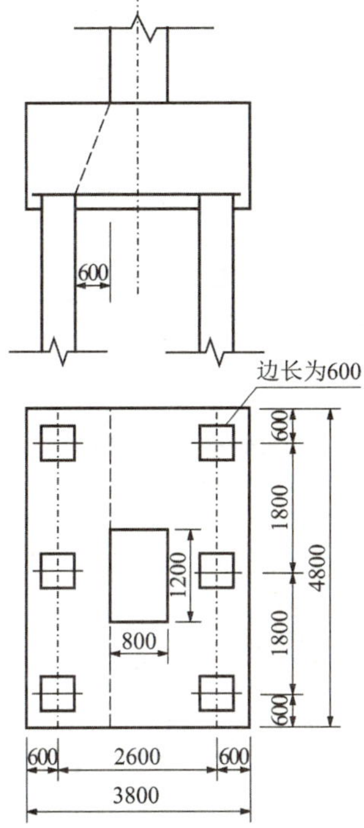

图 3-14-89　题 3-141 图

（A）1000mm　　（B）1100mm　　（C）1200mm　　（D）1300mm

【解】

（1）由选项可知$h_0 \in [1000,1300]$，$\beta_{hs} = \left(\frac{800}{h_0}\right)^{\frac{1}{4}}$

剪跨比$\lambda = \frac{600}{h_0} \in [0.25,3]$，承台剪切系数$\alpha = \frac{1.75}{\frac{0.6}{h_0} + 1}$

（2）$\left(\frac{800}{h_0}\right)^{\frac{1}{4}} \times \frac{1.75}{\frac{600}{h_0} + 1} \times 1.89 \times 4800 \times h_0 \geqslant 10 \times 10^6$，得$h_0 \geqslant 1058.5\text{mm}$

【点评】

①根据《建筑桩基技术规范》第 5.9.10 条；②本题属于基本公式的数学题，熟练掌握计算器牛顿法解方程，初始值输入和选项接近的值，可更快速得到答案，2022 年真题中解方程题目非常多，要习惯这种反算的题目。

题 3-142 如图 3-14-90 所示 4 桩承台基础，承台尺寸为 3.2m × 3.2m，桩中心间距 2.4m，承台埋深 2m，桩的直径为 400mm，承台混凝土强度等级 C30（$f_t = 1.43\text{N/mm}^2$），相应与荷载效应标准组合时，作用于承台底面标高处的竖向力$F_k = 5000\text{kN}$，弯矩$M_{xk} = 1000\text{kN}\cdot\text{m}$，$M_{yk} = 0$，承台有效高度$h_0 = 730\text{mm}$，承台及其上的土重为 20kN/m^3，按照《建筑桩基技术规范》JGJ 94—2008 的规定，验算承台斜截面受剪承载力是否满足要求？

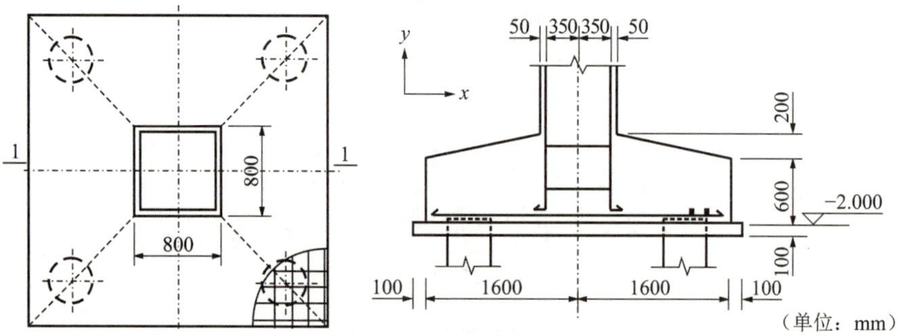

图 3-14-90 题 3-142 图

【解】

（1）$b_0 = 0.8 \times 0.4 = 0.32\text{m}$，$h_0 = 0.73\text{m} < 0.8\text{m} \Rightarrow \beta_{hs} = 1.0$

$$a_x = \frac{2.4}{2} - \frac{0.8}{2} - \frac{0.32}{2} = 0.64\text{m}，\lambda = \frac{0.64}{0.73} = 0.877，\alpha = \frac{1.75}{0.877+1} = 0.932$$

抗剪切承载力：$1.0 \times \left(3.2 \times 0.73 - \frac{3.2-0.8}{2} \times 0.2\right) \times 0.932 \times 1.43 \times 10^3 = 2793.5\text{kN}$

（2）$N_i = \frac{5000-3.2\times3.2\times2\times20}{4} + \frac{1000\times1.2}{1.2^2\times4} = 1355.9\text{kN}$

$V = 1.35 \times 2 \times 1355.9 = 3660.9\text{kN} > 2793.5\text{kN} \Rightarrow$ 不满足承载力要求

【点评】

①根据《建筑桩基技术规范》第 5.9.10 条；②圆柱和圆桩均必须转化为方柱和方桩，$b = 0.8d$；③基础承载力计算应采用基本组合下设计值，荷载分项系数取 1.35；④解答这类题的关键是：根据题目关键词选择相应的公式；对照规范图例，熟练掌握每个参数的含义和计算办法并形成固定的答题套路；参数尽量保证小数点后三位有效数字，否则最后结果误差略大。

2. 二阶矩形承台柱边和变阶处受剪切承载力验算

二阶矩形承台柱边和变阶处受剪切承载力验算见表 3-14-81。

二阶矩形承台柱边和变阶处受剪切承载力 表 3-14-81

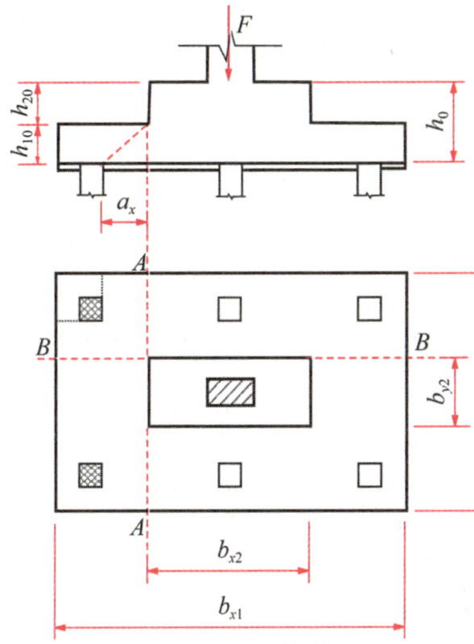 **变阶处验算简图**	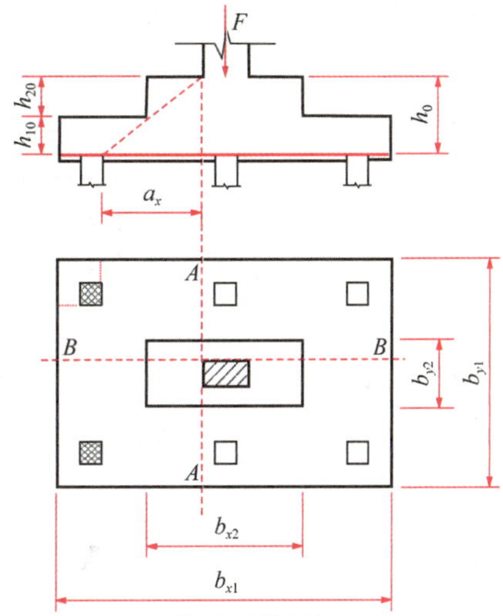 **柱边验算简图**
圆柱和圆桩均**必须转化**为方柱和方桩→$b=0.8d$；**基本组合＝标准组合**$\times 1.35$	
$\beta_{hs}=\left(\frac{0.8}{h_{10}}\right)^{0.25}$（$0.8m \leqslant h_{10} \leqslant 2m$）	$\beta_{hs}=\left(\frac{0.8}{h_0}\right)^{0.25}$（$0.8m \leqslant h_0 \leqslant 2m$）
$\lambda=\frac{a_x}{h_0}$（$0.25 \leqslant \lambda \leqslant 3$）$\Rightarrow \alpha=\frac{1.75}{\lambda+1}$	$\lambda=\frac{a_x}{h_0}$（$0.25 \leqslant \lambda \leqslant 3$）$\Rightarrow \alpha=\frac{1.75}{\lambda+1}$
$V \leqslant \beta_{hs}\alpha f_t b_{y1} h_{10}$	$V \leqslant \beta_{hs}\alpha f_t (b_{y1}h_{10}+b_{y2}h_{20})$

↑最大剪力**设计值**：$V=\frac{n_1 F}{n}$（轴心）；$V=\sum N_i$（偏心）；

n——承台下总桩数；

n_1——剪切截面**外侧**桩数之和（图中左侧 2 根桩）；

F——不计承台及其上土重，在荷载效应**基本组合**作用下，承台顶面的竖向荷载**设计值**（kN）；

$\sum N_i$——验算截面**外侧**所有基桩的竖向净反力之和（kN）$N_i=\frac{F}{n}+\frac{M_x y_i}{\sum y_j^2}+\frac{M_y x_i}{\sum x_j^2}$

桩基受剪切承载力和浅基础抗剪部分对比理解，总公式可表达为$\alpha\beta_{hs}f_t A_0$，汇总如下表所示

剪切类型	一阶矩形承台柱边	锥形承台柱边	二阶矩形承台变阶处	二阶矩形承台柱边
图示剪切面	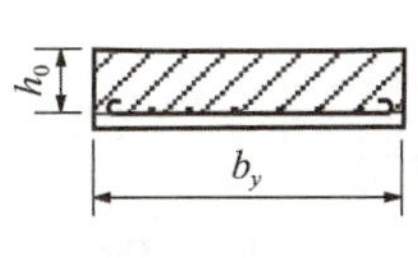	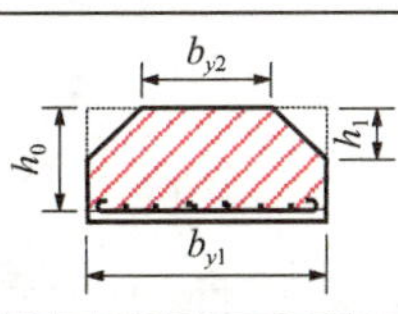	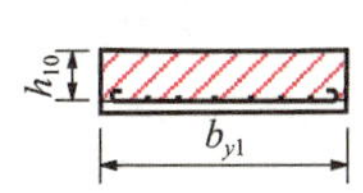	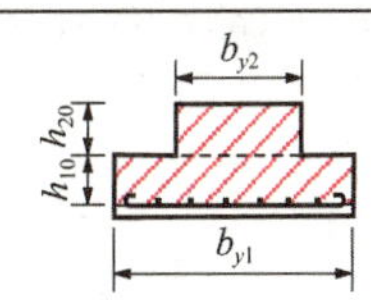
剪切面积A_0	$b_y h_0$	$b_{y1}h_0-\frac{b_{y1}-b_{y2}}{2}h_1$	$b_{y1}h_{10}$	$b_{y1}h_{10}+b_{y2}h_{20}$
计算过程	$\beta_{hs}=\left(\frac{0.8}{h_{10}}\right)^{0.25} \Rightarrow \lambda=\frac{a_x}{h_{10}} \Rightarrow \alpha=\frac{1.75}{\lambda+1} \Rightarrow V \leqslant \beta_{hs}\alpha f_t A_0 \Leftarrow V=\frac{n_1 F}{n}$（轴心）；$V=\sum N_i$（偏心）			

题 3-143 （17C13）某柱下阶梯形承台如图 3-14-91 所示，方桩截面为 0.3m × 0.3m，承台混凝土强度等级为 C40（$f_c = 19.1\text{MPa}$、$f_t = 1.71\text{MPa}$），根据《建筑桩基技术规范》JGJ 94—2008 计算所得变阶处斜截面A_1-A_1'的抗剪承载力设计值最接近下列哪一选项？（图示尺寸单位为 mm）

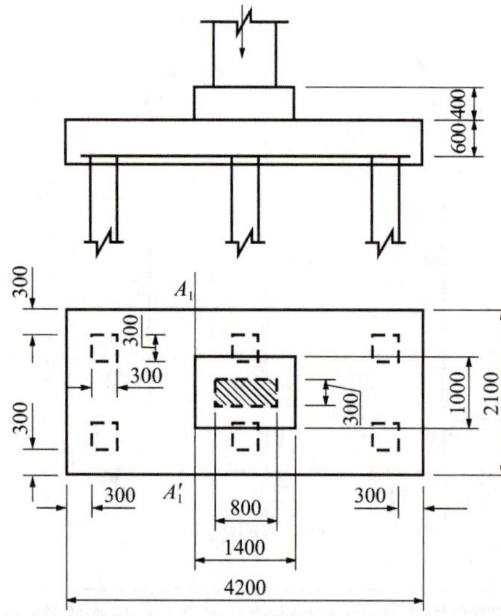

图 3-14-91 题 3-143 图

（A）1500kN （B）1640kN （C）1730kN （D）3500kN

【解】

（1）$a_x = \frac{4.2}{2} - \frac{1.4}{2} - 0.3 - 0.3 = 0.80\text{m}$，$h_0$= 600mm，$\beta_{hs} = 1.0$

$\lambda_x = \frac{a_x}{h_0} = \frac{0.8}{0.6} = 1.33$，满足 $0.25 \leqslant \lambda_x \leqslant 3$，$\alpha = \frac{1.75}{\lambda+1} = \frac{1.75}{1.33+1} = 0.75$

（2）$\beta_{hs}\alpha f_t b_0 h_0 = 1.0 \times 0.75 \times 1710 \times 2.1 \times 0.6 = 1616\text{kN}$

【点评】

①根据《建筑桩基技术规范》第 5.9.10 条；②受剪切计算为常规考点，简单送分题，答题顺序：桩边到柱边或者承台变阶处的距离→计算剪跨比→计算承台剪切系数、受剪承载力截面高度影响系数→计算抗剪承载力，注意圆化方$b = 0.8d$；③本题如果保留一位小数$\lambda_x = 1.3$，$\alpha = 0.8$ 计算，则结果为 1724kN 导致选项变化，视为选项设置不严谨，本题精确结果为 1616 与 B 选项也相差较大。

题 3-144 （10D11）如图 3-14-92 所示，柱下桩基承台，承台混凝土轴心抗拉强度设计值$f_t = 1.71\text{MPa}$，试按《建筑桩基技术规范》JGJ 94—2008，计算承台柱边A_1-A_1'斜截面的受剪承载力，其值与下列哪个选项最为接近？（图中尺寸单位为 mm）

（A）1.00MN （B）1.21MN

（C）1.53MN （D）2.04MN

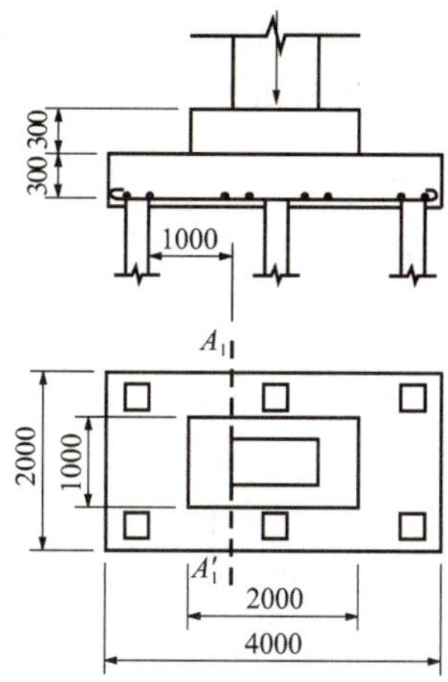

图 3-14-92 题 3-144 图

【解】

（1）$\lambda_x = \dfrac{a_x}{h_{10}+h_{20}} = \dfrac{1}{0.3+0.3} = 1.67$，满足 $0.25 \leqslant \lambda \leqslant 3$

$\alpha = \dfrac{1.75}{\lambda_x+1} = \dfrac{1.75}{1.67+1} = 0.655$

$h_{10} + h_{20} = 600\text{mm} < 800\text{mm}$，取$\beta_{hs} = 1$

（2）$\beta_{hs}\alpha f_t(b_{y1}h_{10} - b_{y2}h_{20}) = 1 \times 0.655 \times 1.71 \times (1 \times 0.3 + 2 \times 0.3) = 1.01\text{MN}$

【点评】

①根据《建筑桩基技术规范》第 5.9.10 条；②承台受剪计算比浅基础受剪计算多了剪跨比和承台剪切系数的计算，a_x为柱边（墙边）或承台变阶处至计算桩边的水平距离，当柱或桩为圆形时，均需要圆化方$c = 0.8d$；③计算剪切面积不需要先算斜截面计算宽度，直接计算破坏斜截面的面积；④受剪切承载力截面高度系数$\beta_{hs} = (0.8/h_0)^{0.25}$，当有效高度$h_0 < 0.8\text{m}$ 时取$h_0 = 0.8\text{m}$，当$h_0 > 2\text{m}$ 时取$h_0 = 2.0\text{m}$。

3. 砌体墙下、柱下条形承台梁斜截面受剪承载力验算

砌体墙下、柱下条形承台梁斜截面受剪承载力验算见表 3-14-82。

砌体墙下、柱下条形承台梁斜截面受剪承载力 表 3-14-82

砌体墙下条形承台梁	承台梁配有箍筋，未配弯起钢筋	$V \leqslant 0.7f_t bh_0 + 1.25f_{yv}\dfrac{A_{sv}}{s}h_0$
	承台梁配有箍筋和弯起钢筋	$V \leqslant 0.7f_t bh_0 + 1.25f_{yv}\dfrac{A_{sv}}{s}h_0 + 0.8f_y A_{sb}\sin\alpha_s$
柱下条形承台梁	承台梁配有箍筋，未配弯起钢筋	$V \leqslant \dfrac{1.75}{\lambda+1}f_t bh_0 + f_{yv}\dfrac{A_{sv}}{s}h_0$
$\lambda = \dfrac{a}{h_0}$，当$\lambda < 1.5$ 时，取$\lambda = 1.5$；当$\lambda > 3$ 时，取$\lambda = 3$←a为柱边至桩边的水平距离		

注：V——不计承台及其上土自重，在荷载效应基本组合下，计算截面处的剪力设计值（kN）；

A_{sv}——配置在同一截面内箍筋各肢的全部截面面积（m^2）；

s——沿计算截面方向箍筋的间距（m）；

b——承台梁计算截面处的计算宽度（m）；

f_{yv}——箍筋抗拉强度设计值（kPa，$1\text{N/mm}^2 = 1\text{MPa}$）；

f_t——混凝土轴心抗拉强度设计值（kPa）；

f_y——弯起钢筋的抗拉强度设计值（kPa）；

h_0——承台梁计算截面处的有效高度（m）；

A_{sb}——同一截面内弯起钢筋的截面面积（m^2）；

α_s——斜截面上弯起钢筋与承台底面的夹角（°）；

λ——计算截面的剪跨比。

4. **圆形桩和方形桩的换算总结**

圆形和方形桩的换算主为分为按面积等效和按周长等效，常见情况总结如表 3-14-83 所示。

圆形、方形桩的换算情况总结 **表 3-14-83**

形式	情况	公式	原理	备注
方形桩 ↓ 圆形桩	查表求承台效应系数	$d=1.129b$	面积等效	计算s_a/d时，布桩为非正方形时为不规则布桩。与承台形状无关。规则布桩不换。 一般不换算。换算后才是整数则可换算
	桩基等效沉降系数中查表求C_0、C_1、C_2	$d=1.129b$	面积等效	1.《建筑桩基技术规范》第 5.5.10 条：计算s_a/d时，布桩为非正方形视为不规则布桩，与承台形状无关，规则布桩（正方形）不换。 2.《建筑桩基技术规范》第 5.5.9 条，这里关于布桩是否规则的规定有区别： （1）计算n_b时，布桩：矩形为规则，非矩形桩为不规则； （2）计算s_a/d时，布桩：正方形为规则。 注：考试出题s_a/d应为整数，方便查表
	减沉疏桩复合基础桩土相互作用沉降	$d=1.27b$ $d=1.129b$	周长等效 面积等效	公式中侧阻力q_{sk}计算与周长有关。 规则布桩时，$d=1.27b$； 距径比中s_a/d为剪切位移法原理计算影响范围，$d=1.129b$； 不规则布桩，按照《建筑桩基技术规范》第 5.5.10 条执行
	水平承载力m值的计算深度$h_m=2(d+1)$	$d=1.129b$	面积等效	当基桩侧面为多层土时，h_m范围内的m值计算按《建筑桩基技术规范》附录 C 公式。即：方桩换成圆桩。规范并没要求换算。可比较$d=b$，取不利
圆形桩 ↓ 方形桩	承台受冲切 承台受剪切	$b=0.8d$	面积等效	圆桩、圆柱都要换算；换算以后桩中心到承台边的距离也将变化，以转换后的b进行计算
	承台的受弯	$c=0.8d$	面积等效	**圆桩**不需要换算，因为最大弯矩位置在柱边，与桩形无关。但等边三桩承台的**圆柱**要换算。《建筑桩基技术规范》第 5.9.2 条第 2 款注解

14.5　桩基施工

14.5.1　内夯沉管灌注桩施工——《建筑桩基技术规范》第 6.5.13 条

桩端夯扩头平均直径可按表 3-14-84 中公式估算。

桩端夯扩头平均直径　　表 3-14-84

一次夯扩	$D_1 = d_0\sqrt{\dfrac{H_1+h_1-C_1}{h_1}}$
二次夯扩	$D_2 = d_0\sqrt{\dfrac{H_1+H_2+h_2-C_1-C_2}{h_2}}$
D_1、D_2——第一次、第二次夯扩扩头平均直径（m）； d_0——外管直径（m）； H_1、H_2——第一次、第二次夯扩工序中，外管内灌注混凝土面从桩底算起的高度（m）； h_1、h_2——第一次、第二次夯扩工序中，外管从桩底算起的上拔高度（m），分别可取 $H_1/2$，$H_2/2$； C_1、C_2——第一次、二次夯扩工序中，内外管同步下沉至离桩底的距离，均可取 0.2m（见图）	

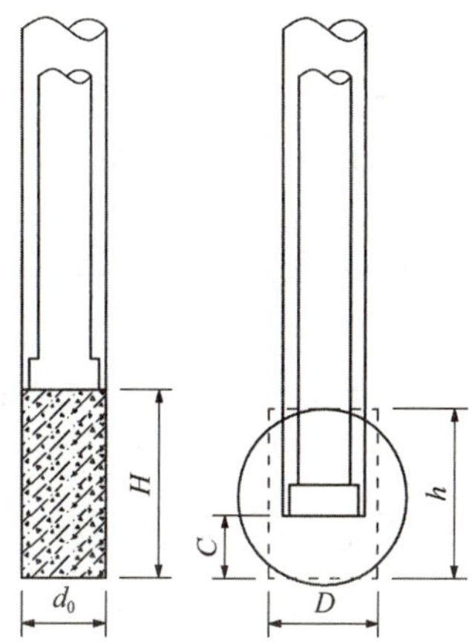

注：根据混凝土质量守恒，如图 3-14-93 所示（阴影部分的质量相等），公式推导如下：

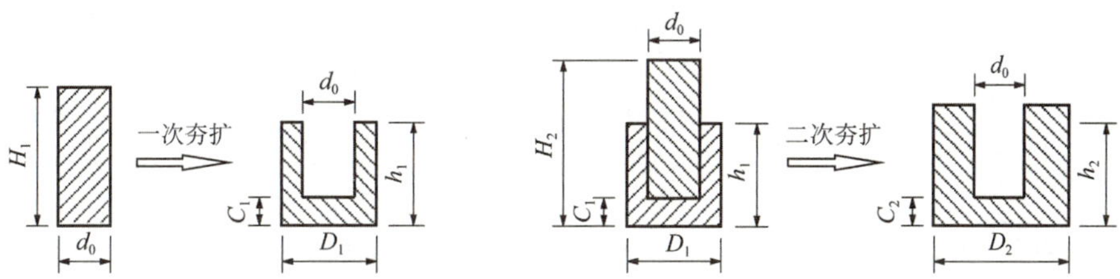

图 3-14-93　内夯沉管灌注桩施工示意图

一次夯扩： $\dfrac{\pi}{4}d_0^2H_1 = \dfrac{\pi}{4}D_1^2h_1 - \dfrac{\pi}{4}d_0^2(h_1-C_1) \Rightarrow D_1 = d_0\sqrt{\dfrac{H_1+h_1-C_1}{h_1}}$

二次夯扩： $\dfrac{\pi}{4}d_0^2H_1 + \dfrac{\pi}{4}d_0^2(H_2-C_1) = \dfrac{\pi}{4}D_2^2h_2 - \dfrac{\pi}{4}d_0^2(h_2-C_2)$

$$\Rightarrow D_2 = d_0\sqrt{\frac{H_1+H_2+h_2-C_1-C_2}{h_2}}$$

题 3-145　某内夯沉管灌注桩，扩展头的做法为一次夯扩法施工，外管内径为 450mm，内管外径为 430mm，设计夯扩头的平均直径为 700mm，施工时柴油锤将双管打入地基中至设计深度后，拔出内夯管，向外管内灌入混凝土，夯打内管，并将内夯管在外桩管中压在混凝土面上，将外桩管拔起$h_1 = 1.2$m 的高度，用桩锤通过内夯管将桩管中灌入的混凝土挤出外管，再将内外管同时打至距离桩底$C_1 = 0.2$m，根据《建筑桩基技术规范》JGJ 94—2008，向外管内灌入混凝土的量最接近下列哪个选项？

（A）0.20m³　　（B）0.30m³　　（C）0.40m³　　（D）0.50m³

【解】

（1）一次夯扩法施工，$D_1 = 0.7$m，$d_0 = 0.45$m，$C_1 = 0.2$m，$h_1 = 1.2$m

$$D_1 = d_0\sqrt{\frac{H_1+h_1-C_1}{h_1}} \Rightarrow 0.7 = 0.45 \times \sqrt{\frac{H_1+1.2-0.2}{1.2}} \Rightarrow H_1 = 1.904\text{m}$$

（2）灌入混凝土的量：$V = 3.14 \times \frac{0.45^2}{4} \times 1.904 = 0.303\text{m}^3$

【点评】

根据《建筑桩基技术规范》第 6.5.13 条。

第 15 章

公路桥涵地基与基础设计规范（桩基础）

本章主要涉及考点：**摩擦桩**单桩轴向受压承载力容许值（分为**钻（挖）孔和沉桩**）、**桩端后压浆灌注桩**承载力容许值、**嵌岩桩**承载力容许值、摩擦桩单桩**轴向受拉**承载力容许值、**挤扩支盘桩（新增考点）**、**沉井**基础。“桩基实体深基础”计算统一安排在本篇第一章第三节。

本章主要特点是原理性较简单，但参数、坑点较多，需要非常细心计算。

15.1 钻（挖）孔灌注桩的承载力特征值 ——《公路桥涵地基与基础设计规范》第 6.3.3 条

对支承在土层中的钻（挖）孔灌注桩，其单桩轴向受压承载力特征值R_a可按表 3-15-1 计算。

钻（挖）孔灌注桩的承载力　　表 3-15-1

$R_a=\frac{1}{2}u\sum_{i=1}^{n}q_{ik}l_i+A_pq_r$	R_a——单桩轴向受压承载力特征值（kN），桩身自重与置换土重（当自重计入浮力时，置换土重也计入浮力）的差值作为荷载考虑； l_i——承台底面或局部**冲刷线**以下各土层的厚度（m），扩孔部分及变截面以上 $2d$ 长度范围内不计摩阻力； q_{ik}——与l_i对应的桩侧各土层的摩阻力标准值（kPa），可按本书附录表Ⅶ.0.3 取值； A_p——桩端截面面积（m^2），对于扩底桩，取扩底截面面积； u——桩身周长（m）
⇑ $q_r=m_0\lambda[f_{a0}+k_2\gamma_2(h-3)]$ q_r——修正后的桩端土承载力特征值，当持力层为砂土、碎石土时，若计算值超过下列值，宜按**下列值**采用（**限值**）： **粉砂**：1000kPa； **细砂**：1150kPa； **中砂、粗砂、砾砂**：1450kPa； **碎石土**：2750kPa	f_{a0}——桩端土的承载力特征值（kPa），可按本书附录Ⅵ取值 γ_2——桩端以上土层的加权平均重度（kN/m^3）【与h对应，不受 40m 限制】； **持力层**在**水面以下且**不透水时，不论基底以上土的透水性质如何，一律取**饱和重度**； **持力层**在**水面以下且**透水时，水中土层应取**浮重度** h——桩端的埋置深度（m），自**天然地面**或**开挖后地面**算起，有冲刷时自局部**冲刷线**起算，$h>40$m 时，取$h=40$m
	其他参数见下表

续表

修正系数λ值

桩端土情况	l/d		
	4～20	20～25	＞25
透水性土	0.70	0.70～0.85	0.85
不透水性土	0.65	0.65～0.72	0.72

清底系值数m_0值

t/d	0.3～0.1
m_0	0.7～1.0

注：1. t、d为桩端沉渣厚度和桩的直径；
2. $d \leqslant 1.5$m 时，$t \leqslant 300$mm；$d > 1.5$m 时，$t \leqslant 500$mm；且 $0.1 < t/d < 0.3$

地基土承载力深度修正系数k_2

修正系数	黏性土				粉土	砂土								碎石土			
	老黏性土	一般黏性土		新近沉积黏性土	—	粉砂		细砂		中砂		砾砂粗砂		碎石、圆砾、角砾		卵石	
		$I_L \geqslant 0.5$	$I_L < 0.5$		—	中密	密实	中密	密实	中密	密实	中密	密实	中密	密实	中密	密实
k_2	2.5	1.5	2.5	1.0	1.5	2.0	2.5	3.0	4.0	4.0	5.5	5.0	6.0	5.0	6.0	6.0	10.0

注：1. 对于稍密和松散状态的砂、碎石土，k_1、k_2值可采用表列中密值的50%；
2. 强风化和全风化的岩石，可参照所风化成的相应土类取值；其他状态下的岩石不修正

⇓⇓⇓

桩基承载力验算应以单桩轴向受压承载力特征值R_a乘以单桩承载力抗力系数γ_R控制（表3-15-2）。

单桩承载力抗力系数γ_R（《公路桥涵地基与基础设计规范》第3.0.7条） 表3-15-2

受荷阶段	作组合		γ_R
使用阶段	频遇组合	永久作用与可变作用组合	1.25
		仅计结构自重、预加力、土的重力、土侧压力和汽车荷载、人群荷载	1.00
	偶然组合		1.25
施工阶段	施工荷载组合		1.25

题 3-146　（16C11）某公路桥梁基础采用摩擦钻孔灌注桩，设计桩径为 1.5m，勘察报告揭露的地层条件、岩土参数和基桩入土情况如图 3-15-1 所示，根据《公路桥涵地基与基础设计规范》JTG 3363—2019，在施工阶段时的单桩轴向受压承载力特征值最接近下列哪个选项？（不考虑冲刷影响，清底系数$m_0 = 1.0$，修正系数λ取 0.85，修正系数$k_1 = 4.0$，$k_2 = 6.0$，水的重度 10kN/m³）

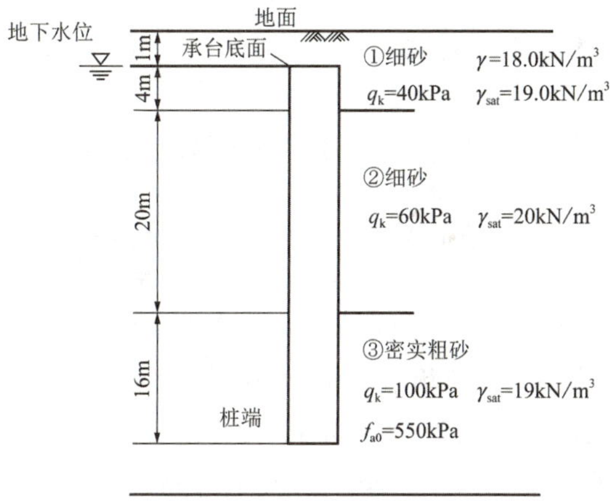

图 3-15-1　题 3-146 图

（A）9500kN　　（B）10600kN　　（C）11900kN　　（D）13700kN

【解】

（1）$\gamma_2 = \dfrac{18 \times 1 + 9 \times 4 + 10 \times 20 + 9 \times 16}{41} = 9.71\text{kN/m}^3$

$$q_r = m_0\lambda[f_{a0} + k_2\gamma_2(h-3)]$$
$$= 1.0 \times 0.85 \times [550 + 6.0 \times 9.71 \times (40-3)]$$
$$= 2300\text{kPa} > 1450\text{kPa}$$

取$q_r = 1450\text{kPa}$

（2）$R_a = \dfrac{1}{2}u\sum_{i=1}^{n} q_{ik}l_i + A_p q_r$

$$= \frac{1}{2} \times 3.14 \times 1.5 \times (40 \times 4 + 60 \times 20 + 100 \times 16) + 3.14 \times 0.75^2 \times 1450$$
$$= 9532\text{kN}$$

（3）施工阶段，$\gamma_R \cdot R_a = 1.25 \times 9532 = 11915\text{kN}$

【点评】

①根据《公路桥涵地基与基础设计规范》第 6.3.3 条、第 3.0.7 条；②注意q_r的限制，粉砂≤1000kPa，细砂≤1150kPa，中、粗、砾砂≤1450kPa，碎石土≤2750kPa；③根据受荷阶段及受荷情况乘以相应的抗力系数，施工阶段乘以 1.25 的抗力系数；④计算γ_2取桩端到地面或局部冲刷面的平均重度，持力层透水时，地下水以下取浮重度；⑤本题计算γ_2取 41m 还是取 40m 争议较大，按官方答案取 41m 计算；⑥基本为 12C12 原题的进一步简化题，给出了参数。

【同类型真题】09D11

题 3-147 （22补考 C11）某高速公路大桥采用钻孔灌注桩基础，桩径为 1.2m。自然地面 15m 以下为深厚密实的卵石层，其地基承载力特征值f_{a0}为 1200kPa。如果桩端置于该卵石层，设计要求修正后的桩端土的承载力特征值达到 2750kPa。根据《公路桥涵地基与基础设计规范》JTG 3363—2019，在不考虑冲刷影响时，从自然地面起估算的桩端最小埋置深度最接近下列哪个选项？（清底系数m_0取 1.0，修正系数λ取 0.85，桩端以上各土层加权平均重度取 22.0kN/m³，地下水位位于自然地面）

（A）17.0m （B）20.0m （C）30.0m （D）37.0m

【解】

$$q_r = 1.0 \times 0.85 \times [1200 + 10 \times (22 - 10) \times (h - 3)] = 2750 \Rightarrow h = 19.96\text{m}$$

【点评】

①根据《公路桥涵地基基础设计规范》第 6.3.3 条，卵石层为透水层，γ_2取浮重度；②地下水位于自然地面，无冲刷，桩端埋置深度自天然地面起算。

题 3-148 （12C12）某公路跨河桥梁采用钻孔灌注桩（摩擦桩），桩径 1.2m，桩端入土深度 50m，桩端持力层为密实粗砂，桩周及桩端地基土的参数见表 3-15-3，桩基位于水位以下，无冲刷，假定清底系数为 0.8，桩端以上土层的加权平均浮重度为 9.0kN/m³，按《公路桥涵地基与基础设计规范》JTG 3363—2019 计算，施工阶段单桩轴向抗压承载力特征值最接近下列哪一个选项？

题 3-148 表 表 3-15-3

土层	土层厚度（m）	侧摩阻力标准值q_{ik}（kPa）	承载力基本特征值$[f_{a0}]$（kPa）
①黏土	35	40	
②粉土	10	60	
③粗砂	20	120	500

（A）6000kN （B）7000kN （C）8000kN （D）9000kN

【解】

（1）$l/d = 50/1.2 = 41.7 > 25$，查表$\lambda = 0.85$，查表$k_2 = 6.0$

$$\begin{aligned} q_r &= m_0\lambda[f_{a0} + k_2\gamma_2(h-3)] \\ &= 0.8 \times 0.85 \times [500 + 6 \times 9 \times (40 - 3)] = 1698.6\text{kPa} > 1450\text{kPa} \end{aligned}$$

取$q_r = 1450$kPa

$$\begin{aligned} (2)\ R_a &= \frac{1}{2}u\sum_{i=1}^{n} q_{ik}l_i + A_p q_r \\ &= \frac{1}{2} \times 3.14 \times 1.2 \times (40 \times 35 + 60 \times 10 + 120 \times 5) + 3.14 \times 0.6^2 \times 1450 \\ &= 6537\text{kN} \end{aligned}$$

（3）施工阶段：$\gamma_R \cdot R_a = 1.25 \times 6537 = 8171$kN

【点评】

①根据《公路桥涵地基与基础设计规范》第 6.3.3 条、第 3.0.7 条，原真题答案单位错误，kPa 改为 kN；②根据受荷阶段及受荷情况乘以相应的抗力系数，施工阶段乘以 1.25 的抗力系数；③h大于 40m 取 40m，当q_r超过限值时取限值；④需要注意的几处解题条件：钻孔桩、清底系数、桩端为粗砂属于透水层、$l/d > 25$、无冲刷、修正系数k_2，需仔细计算。

15.2　沉桩的承载力特征值
——《公路桥涵地基与基础设计规范》第 6.3.5 条

支承在土层中的沉桩单桩轴向受压承载力特征值R_a可按表 3-15-4 计算。

沉桩的承载力　　**表 3-15-4**

公式	说明
$R_a=\frac{1}{2}\left(u\sum_{i=1}^{n}\alpha_i l_i q_{ik}+\alpha_r\lambda_p A_p q_{rk}\right)$	l_i——承台底面或**局部冲刷线**以下各土层的厚度（m）； q_{ik}、q_{rk}——侧阻、端阻标准值（kPa），可根据静探资料按下表计算，无试验条件时按本书附录表Ⅶ.0.1～表Ⅶ.0.2 取值； α_i、α——振动沉桩对各土层桩周摩阻力和桩底承压力的影响系数； λ_p——桩端土塞效应系数；对**闭口桩**取 1.0；对**开口桩**，1.2m < $d\leqslant$ 1.5m 时取 0.3～0.4，$d>$ 1.5m 时取 0.2～0.3

静力触探试验测定q_{ik}、q_{rk}

参数	当$\bar{q}_{ri}>2000$kPa 且$\bar{q}_i/\bar{q}_{ri}\leqslant 0.014$	其他情况	当$\bar{q}_i<5$kPa 时，取 5kPa 代入公式
$q_{ik}=\beta_i\bar{q}_i$	$\beta_i=5.067(\bar{q}_i)^{-0.45}$	$\beta_i=10.045(\bar{q}_i)^{-0.55}$	
参数	当$\bar{q}_{r下}>2000$kPa 且$\bar{q}_{i下}/\bar{q}_{r下}\leqslant 0.014$	其他情况	$\bar{q}_{i下}$对应$\bar{q}_{r下}$范围
$q_{rk}=\beta_r\bar{q}_r$	$\beta_r=3.975(\bar{q}_r)^{-0.25}$	$\beta_r=12.064(\bar{q}_r)^{-0.35}$	

注：$\bar{q}_i$——桩侧第i层土由静力触探测得的局部侧摩阻力的平均值（kPa），当$\bar{q}_i<5$kPa 时取 5kPa；

$\bar{q}_{ri}$——相应于$\bar{q}_i$土层中桩侧静力触探平均端阻（kPa）（此处《公路桥涵地基与基础设计规范》表述不清，应与《铁路桥涵地基和基础设计规范》一致）

$\bar{q}_r$——桩端标高以上 4d（$\bar{q}_{r上}$）和以下 4d（$\bar{q}_{r下}$）范围内静力触探端阻的平均值（kPa），d为桩的直径或边长

$\bar{q}_r=\frac{\bar{q}_{r上}+\bar{q}_{r下}}{2}$，若$\bar{q}_{r上}>\bar{q}_{r下}$时，取$\bar{q}_r=\bar{q}_{r下}$

振动沉桩影响系数α_i、α_r值

桩径或边长（m）	系数α_i、α_r				
	砂类土	粉土	粉质黏土	黏土	**打入桩**（锤击、静压）
$d\leqslant 0.8$	1.1	0.9	0.7	0.6	$\alpha_i=1.0$、$\alpha_r=1.0$
$0.8<d\leqslant 2.0$	1.0	0.9	0.7	0.6	
$d>2.0$	0.9	0.7	0.6	0.5	

注：对于**打入桩**（锤击、静压），$\alpha_i=1.0$、$\alpha_r=1.0$

⇓⇓⇓

桩基承载力验算应以单桩轴向受压承载力特征值R_a乘以**单桩承载力抗力系数**γ_R控制（表 3-15-2）。

题 3-149 某公路桥梁采用振动沉桩基础，桩端闭口，桩周土层参数如表 3-15-5 所示，桩长 25m，桩径 1.2m，根据《公路桥涵地基与基础设计规范》JTG 3363—2019，试计算沉桩的单桩轴向受压承载力特征值。

题 3-149 表　　表 3-15-5

土层名称	桩周土层顶标高（m）	桩侧土摩阻力标准值q_{ik}（kPa）	桩端承载力标准值q_{rk}（kPa）
①粉土	0	45	2300
②黏土	5	55	1800
③粗砂	20	85	4500

【解】

（1）$d = 1.2\text{m}$，粉土层$\alpha_1 = 0.9$，黏土层$\alpha_2 = 0.6$，粗砂层$\alpha_3 = 1.0$ 且$\alpha_r = 1.0$

闭口桩，$\lambda_p = 1$

（2）$$R_a = \frac{1}{2}(u\sum_{i=1}^{n}\alpha_i l_i q_{ik} + \alpha_r \lambda_p A_p q_{rk}) = \frac{1}{2} \times [3.14 \times 1.2 \times (0.9 \times 45 \times 5 + 0.6 \times 55 \times 15 + 1 \times 85 \times 5) + 1 \times 3.14 \times 0.6^2 \times 4500] = 4658\text{kN}$$

【点评】

根据《公路桥涵地基与基础设计规范》第 6.3.5 条、第 6.3.6 条。

题 3-150　某公路桥梁采用振动沉桩基础，桩端闭口，桩周土层参数及静力触探资料如表 3-15-6 所示，桩长 24m，桩径 1.0m，根据《公路桥涵地基与基础设计规范》JTG 3363—2019，计算沉桩的竖向抗压承载力特征值最接近下列哪个选项？

题 3-150 表　　表 3-15-6

土层名称	桩周土层顶标高（m）	静力触探资料	
		$\overline{q}_i$（kPa）	$\overline{q}_r$（kPa）
粉土	0	25	2500
黏土	5	40	3400
粗砂	20	120	4800

（A）2385kN　　（B）2470kN　　（C）2530kN　　（D）2645kN

【解】

（1）桩端以上 4d范围内，$\overline{q}_{r上} = 4800\text{kPa}$

桩端以下 4d范围内，$\overline{q}_{r下} = 4800\text{kPa} \Rightarrow \overline{q}_r = 4800\text{kPa}$

（2）各土层的桩侧阻力标准值和底端阻力标准值

粉土层：$\overline{q}_r > 2000\text{kPa}$且$\overline{q}_i/\overline{q}_r = 25/2500 = 0.01 \leqslant 0.014$

$\beta_1 = 5.067 \times 25^{-0.45} = 1.19$，$q_{ik} = \beta_i \cdot \overline{q}_i = 1.19 \times 25 = 29.75\text{kPa}$

黏土层：$\overline{q}_r > 2000\text{kPa}$且$\overline{q}_i/\overline{q}_r = 40/3400 = 0.012 \leqslant 0.014$

$\beta_2 = 5.067 \times 40^{-0.45} = 0.963$，$q_{ik} = \beta_i \cdot \overline{q}_i = 0.963 \times 40 = 38.5\text{kPa}$

粗砂层：且$\overline{q}_r > 2000\text{kPa}\overline{q}_i/\overline{q}_r = 120/4800 = 0.025 \geqslant 0.014$

$\beta_3 = 10.045 \times 120^{-0.55} = 0.722 \Rightarrow q_{ik} = \beta_i \cdot q_i \Rightarrow 0.722 \times 120 = 86.64\text{kPa}$

$\beta_r = 12.064 \times 4800^{-0.35} = 0.621 \Rightarrow \overline{q}_{rk} = 0.621 \times 4800 = 2980.8\text{kPa}$

（3）各土层的桩侧阻力和桩端阻力的沉桩影响系数

桩径$d = 1.0\text{m}$ 且振动成桩，粉土层$\alpha_1 = 0.9$，黏土层$\alpha_2 = 0.6$，粗砂层$\alpha_3 = 1.0$ 且$\alpha_r = 1.0$

闭口桩，$\lambda_p = 1$

（4）沉桩单桩竖向抗压承载力容许值

$$R_a = \frac{1}{2}(u\sum_{i=1}^{n}\alpha_i l_i q_{ik} + \alpha_r \lambda_p A_p q_{rk})$$
$$= \frac{1}{2} \times [3.14 \times 1 \times (0.9 \times 29.75 \times 5 + 0.6 \times 38.52 \times 15 + 1 \times 86.64 \times 4) +$$
$$1 \times 3.14 \times 0.5^2 \times 2980.8] = 2468.5\text{kN}$$

【点评】

①根据《公路桥涵地基与基础设计规范》第 6.3.5 条、第 6.3.6 条；②本题未涉及重要坑点：对于“锤击、静压”沉桩时，直接取$\alpha_i = 1.0$ 和$\alpha_r = 1.0$；③$\overline{q}_r$桩端上下各 4d范围内的静力触探端阻力加权平均值的平均值；④注意计算β_i时，《公路桥涵地基与基础设计规范》上表述不清，应该与《铁路桥涵地基和基础设计规范》一致，每一层$\overline{q}_r$与 2000kPa 及$\overline{q}_i$比较。

15.3 桩端后压浆灌注桩承载力特征值——《公路桥涵地基与基础设计规范》第 6.3.4 条

（1）对符合《公路桥涵地基与基础设计规范》附录 K 规定的后压浆灌注桩单桩轴向受压承载力特征值R_a可按表 3-15-7 计算。

桩端后压浆灌注桩承载力 表 3-15-7

<table>
<tr><td>$$R_a=\frac{1}{2}u\sum_{i=1}^{n}\beta_{si}q_{ik}l_i+\beta_pA_pq_r$$
⇑
$$q_r=m_0\lambda[f_{a0}+k_2\gamma_2(h-3)]$$</td><td>q_r——修正后的桩端土承载力特征值（kPa），当持力层为砂土、碎石土时，若计算值超过下列值，宜按下列值采用（限值）：
粉砂：1000kPa；
细砂：1150kPa；
中砂、粗砂、砾砂：1450kPa；
碎石土：2750kPa</td></tr>
<tr><td>β_{si}——第i层土的侧阻力增强系数，按下表取值
↑增强段：饱和土层：桩端或桩侧以上 10.0～12.0m；（粗粒土取低值、细粒土取高值）
非饱和土层：桩端以上或桩侧上下 5.0～6.0m；
对于非增强段，$\beta_i=1$
β_p——端阻力增强系数，按下表取值</td><td>其余参数同前
仅多了β_{si}和β_p两个系数</td></tr>
</table>

后压浆侧阻力增强系数β_s、端阻力增强系数β_p

土层名称	淤泥质土	黏土粉质黏土	粉土	粉砂	细砂	中砂	粗砂砾砂	角砾圆砾	碎石卵石	全风化岩强风化岩
β_s	1.2～1.3	1.3～1.4	1.4～1.5	1.5～1.6	1.6～1.7	1.7～1.9	1.8～2.0	1.6～1.8	1.8～2.0	1.2～1.4
β_p	—	1.6～1.8	1.8～2.1	1.9～2.2	2.0～2.3	2.0～2.3	2.2～2.4	2.2～2.5	2.3～2.5	1.3～1.6

注：对**稍密和松散**状态的**砂、碎石土**可取**较高值**，对**密实**状态的**砂、碎石土**可取**较低值**

⇓⇓⇓

桩基承载力验算应以单桩轴向受压承载力特征值R_a乘以单桩承载力抗力系数γ_R控制（表 3-15-2）。

注：本节与《建筑桩基技术规范》的后注浆原理一样，但计算公式不一样，增强段取值也稍有区别。

（2）**《公路桥涵地基与基础设计规范》第 K.0.5 条：单桩压浆量**应根据桩径、桩长、桩端桩侧土层性质、单桩承载力增幅等因素确定，可按下式计算：

$$G_c=\sum_{1}^{m}\alpha_{si}d+\alpha_pd$$

式中：G_c——单桩压浆量（t）；

d——桩径（m）；

m——桩侧压浆横断面数；

α_{si}、α_p——分别为第i压浆断面处桩侧压浆量经验系数、桩端压浆量经验系数（t/m），取值范围如表 3-15-8 所示。

桩侧压浆量经验系数α_s、桩端压浆量经验系数α_p　　　　表 3-15-8

土层名称	黏土 粉质黏土	粉土	粉砂	细砂	中砂	粗砂 砾砂	角砾 碎石	砾石 卵石	全风化岩 强风化岩
α_s	0.7～0.8	0.8～0.9	0.8～0.9	0.8～0.9	0.9～1.1	0.9～1.1	0.8～0.9	0.8～0.9	0.8～0.9
α_p	2.0～2.4	2.1～2.5	2.4～2.7	2.4～2.7	2.3～2.7	2.7～3.0	2.9～3.2	3.0～3.2	2.3～2.5

注：对于稍密和松散状态的砂、碎石土可取高值，对于密实状态的砂、碎石土可取低值。

题 3-151　某公路桥梁钻孔桩为摩擦桩，设计桩径为 1.2m，桩长 35m，勘察报告揭露的地层条件、岩土参数和基桩入土情况如图 3-15-2 所示，采用单一桩端后压浆工艺，试按《公路桥涵地基与基础设计规范》JTG 3363—2019 的规定，计算施工阶段单桩竖向承载力特征值最接近下列哪个选项？（清底系数$m_0=0.8$，查表取规范表中相应的最小值）

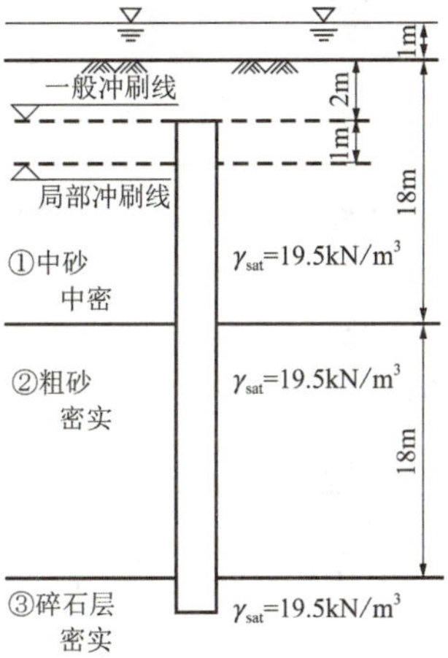

图 3-15-2　题 3-151 图

（A）10550kN　　（B）10830kN　　（C）12940kN　　（D）13540kN

【解】

（1）$\dfrac{l}{d}=\dfrac{34}{1.2}=28.3\Rightarrow\lambda=0.85$；密实碎石土$\Rightarrow k_2=6.0$，$f_{a0}=800\text{kPa}$

（2）$q_r=0.8\times0.85\times[800+6.0\times9.5\times(34-3)]=1746\text{kPa}<2750\text{kPa}$

（3）中密中砂$q_{ik}=45\text{kPa}$，密实粗砂$q_{ik}=90\text{kPa}$，密实碎石$q_{ik}=220\text{kPa}$

增强段取桩端以上 10m

密实粗砂$\beta_s=1.8$；密实碎石$\beta_s=1.8$，$\beta_p=2.3$

$$R_a=\frac{1}{2}\times3.14\times1.2\times(45\times15+90\times9+1.8\times90\times9+1.8\times220\times1)+$$
$$2.3\times3.14\times0.6^2\times1746=10830\text{kN}$$

（4）施工阶段：$\gamma_R R_a=1.25\times10830=13538\text{kN}$

【点评】

①根据《公路桥涵地基与基础设计规范》第 3.0.7 条、第 4.3.3 条、第 6.3.4 条、第 6.3.3 条；②“当在饱和土层中压浆时，仅对桩端以上 10～12m 范围”是指“从桩端向上算 10～12m 的桩长为增强段长度”，而不是“10～12m 之间的桩长为增强段”；③桩端后注浆灌注

桩的单桩竖向承载力容许值中端桩上层承载力容许值q_r的计算方法同“钻（挖）孔灌注桩”，注意限值条件；④2019 年真题较多考察查表，应平时注意规范上的表格并通过做题熟练，考试才能快速查对，公路铁路规范均可以查岩土的地基承载力。

题 3-152 某公路桥梁桩基础，桩径$d = 1.2$m，桩长 45m，桩顶位于地面下 1m，地下水位于地下 5m，采用桩端后压浆技术提高泥浆护壁钻孔灌注桩的承载力，场地土层及相关参数如表 3-15-9 所示，按《公路桥涵地基与基础设计规范》JTG 3363—2019，试计算单桩轴向受压承载力特征值的最小值最接近下列哪个选项？（查表等均取小值，清底系数$m_0 = 0.8$）

题 3-152 表 **表 3-15-9**

地层序号名称	层厚（m）	重度γ（kN/m³）	q_{ik}（kPa）	f_{a0}（kPa）
①粉土	9	18	60	
②粉质黏土	18	20	64	
③中密细砂	10	19	120	
④密实粗砂	15	21	180	500

（A）13400kN （B）14600kN （C）15800kN （D）16500kN

【解】

（1）取小值，增强段取桩端上 10m，即桩身 35～45m 范围

（2）$l/d = 45/1.2 > 25$，$\lambda = 0.85$；$h > 40$m，取 40m

$$\gamma_2 = \frac{18\times5+8\times4+10\times18+9\times10+11\times9}{46} = 10.67\text{kN/m}^3$$

$$q_r = 0.8\times0.85\times[500+6.0\times10.67\times(40-3)] = 1951\text{kPa} > 1450\text{kPa}$$

取$q_r = 1450$kPa

$$(3)\ R_a = \frac{1}{2}\times3.14\times1.2\times(60\times8+64\times18+120\times9+1.6\times120\times1+1.8\times180\times9) +2.2\times3.14\times0.6^2\times1450 = 14571\text{kN}$$

【点评】

①根据《公路桥涵地基与基础设计规范》第 5.3.6 条；②q_r超过限值，取限值；③熟记增强段范围的确定，桩端以上 10～12m 范围是指从桩端往上算 10～12m 的增强段长度，而不是指桩端上部 10～12m 这“4.0m 桩长为增强段”；④桩端后注浆灌注桩的单桩竖向受压承载力特征值中端桩上层承载力特征值q_r的计算方法同“钻（挖）孔灌注桩”，所以二者条件相同，若需要计算q_r，注意限值条件；⑤桩端的埋置深度极限是取至$h = 40$m，因为超过这个临界深度，端阻基本上不再增加；⑥建议按官方解答，γ_2取值范围是桩端至地表，按理论应该是γ_2取值范围和$h = 40$m 一致，从桩顶计算，而不是从桩底计算，因为公式只考虑临界深度之上的土对端阻有贡献。

题 3-153 某公路工程单桩基础，承台埋深 2m，采用钻孔泥浆护壁灌注桩，桩径为 1500mm，桩长 45m，采用桩端桩侧联合后压浆技术，桩侧注浆面有 1 个，位于桩端以上 10m 处。根据《公路桥涵地基与基础设计规范》，估算后注浆单桩压浆量为多少（表 3-15-10）？

题 3-153 表　　表 3-15-10

岩土层编号	岩土层名称	土层厚度（m）
1	粉土	12
2	细砂	11
3	稍密中砂	14
4	密实粗砂	15

【解】

（1）稍密中砂取高值，$\alpha_{s1} = 1.1$；密实粗砂取低值，$\alpha_p = 2.7$

（2）$G_c = 1.1 \times 1.5 + 2.7 \times 1.5 = 5.7\text{t}$

【点评】

①根据《公路桥涵地基与基础设计规范》附录第 K.0.5 条作答；②注意侧压浆量经验系数表下面的小注要求：稍密中砂取高值，密实粗砂取低值。

15.4 嵌岩桩承载力特征值——《公路桥涵地基与基础设计规范》第 6.3.7 条、第 6.3.8 条

对支承在基岩上或嵌入基岩中的钻（挖）孔桩、沉桩，其单桩轴向受压承载力特征值 R_a 可按表 3-15-11 计算。

嵌岩桩承载力　　表 3-15-11

$$R_a = c_1 A_p f_{rk} + u\sum_{i=1}^{m} c_{2i} h_i f_{rki} + \frac{1}{2}\zeta_s u \sum_{i=1}^{n} l_i q_{ik}$$

端阻　嵌岩段侧阻　覆盖土层侧阻

注：全风化岩和强风化岩当土层考虑

系数 c_1、c_2 值

岩石层情况	c_1	c_2	注：
完整、较完整	0.6	0.05	1. 当嵌岩深度 $h \leqslant 0.5\text{m}$ 时，c_1 乘以 0.75 的折减系数，$c_2 = 0$。 2. 对钻孔桩，c_1、c_2 均乘以 0.8 的折减系数。对桩端沉渣厚度 t，$d \leqslant 1.5\text{m}$ 时，$t \leqslant 50\text{mm}$；$d > 1.5\text{m}$ 时，$t \leqslant 100\text{mm}$。 3. 桩端为中风化持力层时，c_1、c_2 均乘以 0.75 的折减系数
较破碎	0.5	0.04	
破碎、极破碎	0.4	0.03	

覆盖土层的侧阻力发挥系数 ζ_s（可内插）

桩端持力层的 f_{rk}（MPa）	2	15	30	≥60
侧阻力发挥系数 ζ_s	1.0	0.8	0.5	0.2

注：ζ_s 值可内插计算。当 $f_{rk} > 60\text{MPa}$ 时，ζ_s 可按 $f_{rk} = 60\text{MPa}$ 取值

续表

A_p——桩端截面面积（m^2），对于扩底桩，取扩底截面面积； f_{rk}——桩端岩石饱和单轴抗压强度标准值（kPa），黏土质岩取天然湿度单轴抗压强度标准值，$f_{rk}<2MPa$ 时按支承在土层中的桩计算； l_i——承台底面或局部**冲刷线**以下各土层的厚度（m）； q_{ik}——桩侧第i层土的侧阻力标准值（kPa），应采用单桩摩阻力试验值，当无试验条件时，对钻（挖）孔桩可按本书附录表Ⅶ.0.3选用，对沉桩可按本书附录表Ⅶ.0.1选用，扩孔部分不计摩阻力； h_i——桩嵌入各岩层部分的深度（m），**不包括强风化层和全风化层及局部冲刷线以上基岩**。 桩基按嵌岩设计时，其**嵌入基岩中的有效深度**h_r可按下表计算，且不应小于0.5m

嵌岩深度h_r

圆形桩	矩形桩
$h_r=\dfrac{1.27H+\sqrt{3.81\beta f_{rk}dM_H+4.84H^2}}{0.5\beta f_{rk}d}\geqslant 0.5m$	$h_r=\dfrac{H+\sqrt{3\beta f_{rk}bM_H+3H^2}}{0.5\beta f_{rk}b}\geqslant 0.5m$

h_r——桩嵌入基岩中（不计强风化层、全风化层及局部冲刷线以上基岩）的有效深度（m），不应小于0.5m；
H——基岩顶面处的水平力（kN）；
M_H——基岩顶面处的弯矩（kN·m）；
β——系数，$\beta=0.5\sim1.0$，岩层节理发育取小值，不发育取大值；
b——垂直于弯矩的平面桩边长（m）；
f_{rk}——岩石饱和单轴抗压强度标准值（kPa）

⇓⇓⇓

桩基承载力验算应以单桩轴向受压承载力特征值R_a乘以单桩承载力抗力系数γ_R控制（表3-15-2）。

题3-154（08D11）某公路桥梁嵌岩钻孔灌注桩基础，清孔良好，孔底岩石较完整，河床岩层有冲刷，桩径$D=1000mm$，在基岩顶面处，桩承受的弯矩$M_H=500kN\cdot m$，基岩的天然湿度单轴极限抗压强度$f_{rk}=40MPa$，按《公路桥涵地基与基础设计规范》JTG 3363—2019计算，单桩轴向受压承载力特征值R_a与下列哪个选项最为接近？（取$\beta=0.6$，系数c_1，c_2不需考虑降低采用）

（A）12350kN （B）16350kN （C）19350kN （D）22350kN

【解】

（1）$h_r=\dfrac{1.27H+\sqrt{3.81\beta f_{rk}dM_H+4.84H^2}}{0.5\beta f_{rk}d}=\dfrac{0+\sqrt{3.81\times0.6\times40000\times1\times500+0}}{0.5\times0.6\times40000\times1}$

$=0.56m$

h_r大于0.5m，满足要求

（2）孔底岩石较完整，查表得：$c_1=0.6$，$c_2=0.05$

$$R_a=c_1A_pf_{rk}+u\sum_{i=1}^{m}c_{2i}h_if_{rki}+\frac{1}{2}\zeta_su\sum_{i=1}^{n}l_iq_{ik}$$

$$=0.6\times3.14\times0.5^2\times40\times10^3+3.14\times1\times(0.05\times0.56\times40\times10^3)=22357kN$$

【点评】

①根据《公路桥涵地基与基础设计规范》第6.3.7条、第6.3.8条；②对于钻孔桩，如果题目未说明系数c_1、c_2不需考虑降低采用，则应降低20%采用；③如果岩层上有覆盖土层，则要计算土层部分对承载力的贡献，注意覆盖层土的侧阻力发挥系数ζ_s，根据桩端岩石饱和单轴抗压强度标准值选值；④本题选项按新版规范进行了改编。

题 3-155 （18C11）某公路桥拟采用钻孔灌注桩基础，桩径 1.0m，桩长 26m，桩顶以下的地层情况如图 3-15-3 所示，施工控制桩端沉渣厚度不超过 45mm，按《公路桥涵地基与基础设计规范》JTG 3363—2019，估算单桩轴向受压承载力特征值最接近下列哪个选项？

（A）9357kN （B）14350kN

（C）15160kN （D）15800kN

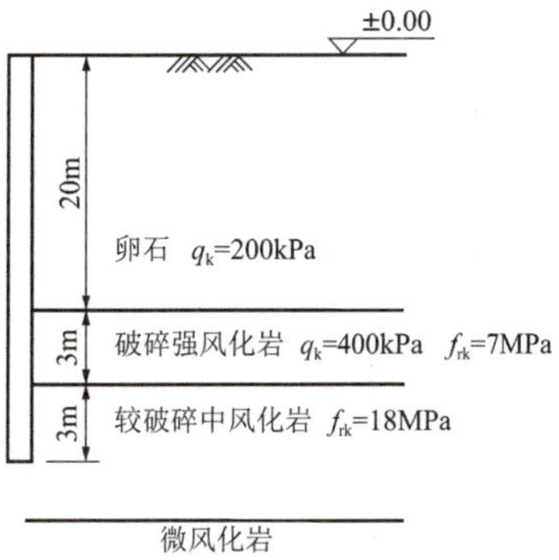

图 3-15-3 题 3-155 图

【解】

（1）钻孔桩，持力层为较破碎中风化岩，查表

$c_1 = (1-0.2) \times 0.75 \times 0.5 = 0.3$，

$c_2 = (1-0.2) \times 0.75 \times 0.04 = 0.024$

（2）$f_{rk} = 18\text{MPa}$，插值$\zeta_s = 0.74$

（3）
$$\begin{aligned} R_a &= c_1 A_p f_{rk} + u\sum_{i=1}^{m} c_{2i} h_i f_{rki} + \frac{1}{2}\zeta_s u \sum_{i=1}^{n} l_i q_{ik} \\ &= 0.3 \times 3.14 \times 0.5^2 \times 18 \times 10^3 + 3.14 \times 1 \times 0.024 \times 3 \times 18 \times 10^3 + \\ &\quad \frac{1}{2} \times 0.74 \times 3.14 \times 1 \times (20 \times 200 + 3 \times 400) \\ &= 14349.8\text{kN} \end{aligned}$$

【点评】

①依据《公路桥涵地基与基础设计规范》第 6.3.7 条；②根据桩端岩层的完整性查表c_1、c_2，**钻孔桩**，系数c_1、c_2应降低 20%采用，即乘以 0.8 的折减系数；③对于**中风化层作为持力层**的情况，c_1、c_2应分别乘以 0.75 的折减系数；以上情况同时出现时，应叠加折减；④ζ_s为覆盖层土的侧阻发挥系数，**持力层越坚硬，沉降越小**，越不利于土层侧阻力的发挥；**强风化和全风化的岩层属于覆盖层，按土层计算侧阻**。

15.5 摩擦桩单桩轴向受拉承载力特征值——《公路桥涵地基与基础设计规范》第 6.3.9 条

摩擦型桩的受拉要求应符合下列规定：

1 当桩的轴向力由结构自重、预加力、土重、土侧压力、汽车荷载和人群荷载的频遇组合引起时，桩不得受拉。

2 当桩的轴向力由上述荷载与其他可变作用、偶然作用的频遇组合或偶然组合引起时，桩可受拉，其单桩轴向受拉承载力特征值按表 3-15-12 计算。

3 计算作用于承台底面由外荷载引起的轴向力时，应扣除桩身自重。

摩擦桩单桩轴向受拉承载力 表 3-15-12

$$R_t = 0.3u\sum_{i=1}^{n}\alpha_i q_{ik} l_i$$

u——桩身周长（m），对于等直径桩，$u=\pi d$；

↑对于扩底桩，自桩端起算的长度$\Sigma l_i \leqslant 5d$时，取$u=\pi D$，其余长度均取$u=\pi d$（D为扩底直径，d为桩身直径）；

α_i——振动沉桩对各土层桩侧摩阻力的影响系数，按下表采用

振动沉桩影响系数α_i

桩径或边长（m）	系数α_i			
	黏土	粉质黏土	粉土	砂土
$d \leqslant 0.8$	0.6	0.7	0.9	1.1
$0.8 < d \leqslant 2.0$	0.6	0.7	0.9	1.0
$d > 2.0$	0.5	0.6	0.7	0.9

注：对于**锤击**、**静压沉桩**和**钻孔桩**，$\alpha_i = 1.0$

题 3-156 （14D12）某公路桥梁采用振动沉入预制桩，桩身截面尺寸 400mm × 400mm，地层条件和桩入土深度如图 3-15-4 所示，桩基可能承受拉力。根据《公路桥涵地基与基础设计规范》JTG 3363—2019 验算，桩基受拉承载力特征值最接近下列何值？

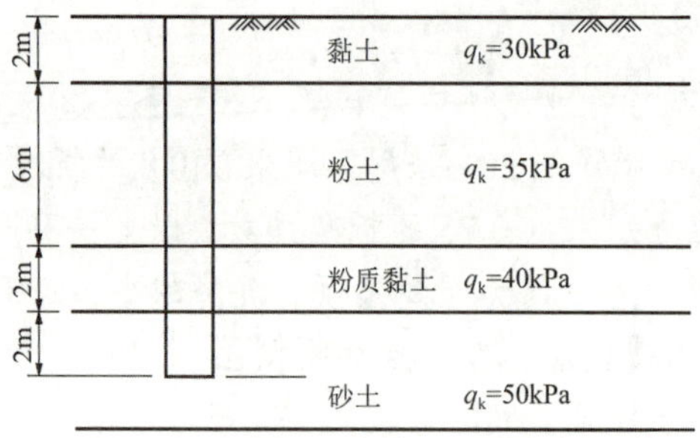

图 3-15-4 题 3-156 图

（A）98kN （B）138kN （C）188kN （D）228kN

【解】

$$R_t = 0.3u\sum_{i=1}^{n}\alpha_i q_{ik} l_i$$
$$= 0.3 \times 4 \times 0.4 \times (0.6 \times 2 \times 30 + 0.9 \times 35 \times 6 + 0.7 \times 40 \times 2 + 1.1 \times 50 \times 2)$$
$$= 187.7\text{kN}$$

【点评】

①根据《公路桥涵地基与基础设计规范》第 6.3.9 条、表 5.3.5-3；②系数 0.3 综合了抗拔系数和安全系数（极限承载力/容许承载力）；③对于振动沉桩应考虑**振动对桩侧摩阻力的影响**，乘以影响系数α_i，查表 6.3.5-3 确定，$d \leqslant 0.8$m 时，黏土$\alpha_i = 0.6$，粉土$\alpha_i = 0.9$，粉质黏土$\alpha_i = 0.7$，砂土$\alpha_i = 1.1$；④本知识未考坑点之一，对于“锤击、静压”沉桩时，直接取$\alpha_i = 1.0$；未考坑点之二，对于扩底桩，自桩端起算 5d内采用扩底后直径D。

15.6　钢管混凝土组合桩的截面刚度
——《公路桥涵地基与基础设计规范》第 6.3.10 条

计算桩内力时，可采用m法（见《公路桥涵地基与基础设计规范》附录 L 和附录 M）或其他可靠的方法。钢管混凝土组合桩的截面刚度可按表 3-15-13 计算。

钢管混凝土组合桩的截面刚度　　　　**表 3-15-13**

$EA = E_c A_c + E_s A_s$ $EI = E_c I_c + E_s I_s$ $GA = G_c A_c + G_s A_s$	EA——钢管混凝土组合桩的截面压缩刚度； EI——钢管混凝土组合桩的截面抗弯刚度； GA——钢管混凝土组合桩的截面剪切刚度； 下标c、s分别表示混凝土和钢管对应的参数

15.7　群桩作为整体基础的计算
——《公路桥涵地基与基础设计规范》附录 N

群桩作为整体基础可按表 3-15-14 计算。

群桩作为整体基础的计算　　　　**表 3-15-14**

群桩（摩擦桩）作为整体基础时，桩基可视为图中$acde$范围内的实体基础

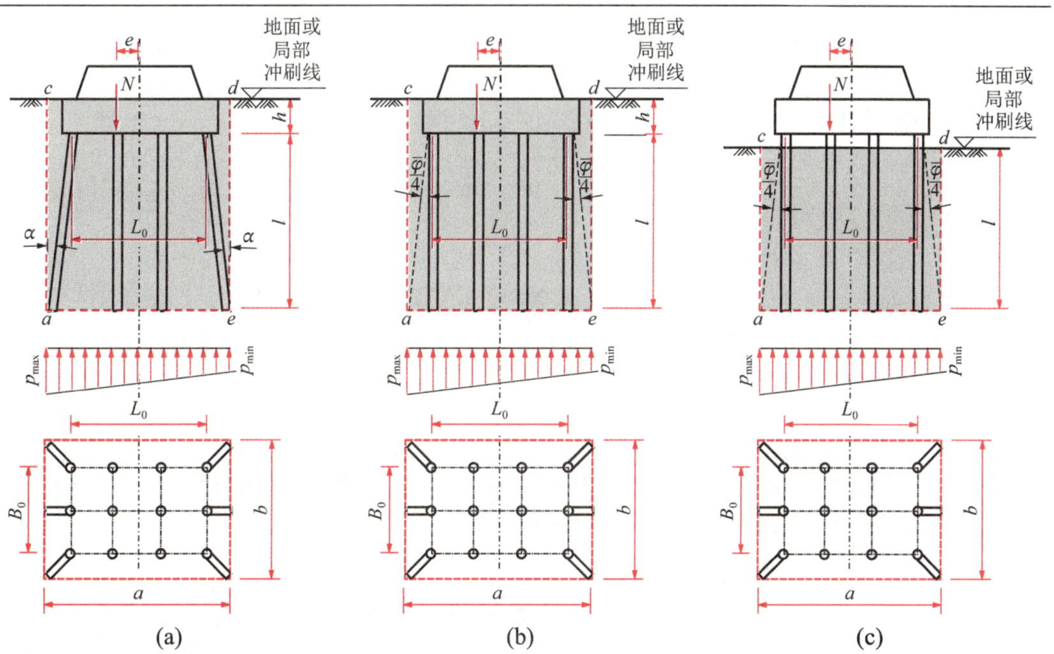

续表

<table>
<tr><td>轴心受压</td><td colspan="2">$p=\overline{\gamma}l+\gamma h-\dfrac{BL\gamma h}{A}+\dfrac{N}{A}\leqslant f_a$</td><td rowspan="2">$e=\dfrac{M}{N}$
$W=\dfrac{ba^2}{6}$</td><td rowspan="5">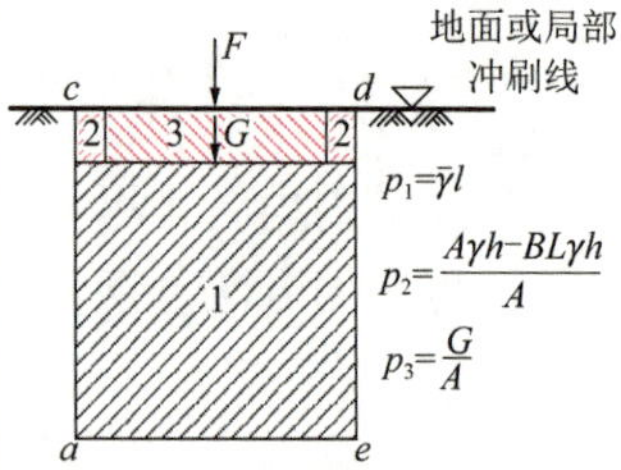
对公式的理解如图所示，实体基础自重分为三部分：1 范围表示桩土自重p_1；2 范围表示承台基础两侧土总自重p_2；3 范围表示承台基础自重p_3。
题目给基础顶部竖向力F时：$N=F+G$</td></tr>
<tr><td>偏心受压</td><td colspan="2">$p=\overline{\gamma}l+\gamma h-\dfrac{BL\gamma h}{A}+\dfrac{N}{A}\leqslant f_a$
且$p_{max}=\overline{\gamma}l+\gamma h-\dfrac{BL\gamma h}{A}+\dfrac{N}{A}\left(1+\dfrac{eA}{W}\right)\leqslant\gamma_R f_a$</td></tr>
<tr><td rowspan="2">$A=ab$</td><td>$\alpha\leqslant\dfrac{\overline{\varphi}}{4}$时</td><td colspan="2">$a=L_0+d+2l\tan\dfrac{\overline{\varphi}}{4}$；$b=B_0+d+2l\tan\dfrac{\overline{\varphi}}{4}$</td></tr>
<tr><td>$\alpha>\dfrac{\overline{\varphi}}{4}$时</td><td colspan="2">$a=L_0+d+2l\tan\alpha$；$b=B_0+d+2l\tan\alpha$</td></tr>
<tr><td colspan="4">$\overline{\varphi}$——基桩所穿过土层的平均土内摩擦角（°）：
$$\overline{\varphi}=\frac{\varphi_1 l_1+\varphi_2 l_3+\cdots+\varphi_n l_n}{l}$$
$\varphi_1 l_1$、$\varphi_2 l_3$、$\varphi_n l_n$——各层土的内摩擦角与相应土层厚度的乘积</td></tr>
</table>

p——桩端平面处的平均压应力（kPa）；

p_{max}——桩端平面处的最大压应力（kPa）；

$\overline{\gamma}$——承台底面至桩端平面范围（图中1范围）含桩的重力在内的平均重度（kN/m³）；

γ——承台底面以上土的平均重度（kN/m³）；

A——假定的实体基础在桩端平面处的计算面积（m²）；

a、b——假定的实体基础在桩端平面处的计算长度和宽度（m），注意图中弯矩方向；

L_0、B_0——外围桩中心围成的矩形轮廓长度和宽度（m）

L、B——承台的长度、宽度（m）；**构造要求：**[$d\leqslant 1$m 时，$L\geqslant(L_0+2d)$且$L\geqslant(L_0+d+0.5)$
$B\geqslant(B_0+2d)$且$B\geqslant(B_0+d+0.5)$]
[$d>1$m 时，$L\geqslant(L_0+1.6d)$且$L\geqslant(L_0+d+1)$
$B\geqslant(B_0+1.6d)$且$B\geqslant(B_0+d+1)$]

对边桩（或角桩）外侧与承台边缘的距离，桩直径（或边长）小于或等于 1m 时，不应小于 0.5 倍桩径（或边长）且应不小于 250mm；桩直径大于 1m 时，不应小于 0.3 倍桩径（或边长）且应不小于 500mm。

l——桩位于土中的深度（m）；

d——桩的直径（m）；

W——假定的实体基础在桩端平面处的截面抵抗矩（m³）；

e——作用于承台底面合力的竖向分力对桩端平面处计算面积重心轴的偏心距（m）；

f_a——桩端平面处修正后的地基承载力特征值（kPa）；

γ_R——抗力系数，见表 3-15-15

桥涵地基承载力验算应以修正后的地基承载力特征值f_a乘以地基承载力抗力系数γ_R控制（表 3-15-15）。

地基承载力抗力系数γ_R（《公路桥涵地基与基础设计规范》第 3.0.7 条）表 3-15-15

受荷阶段	作用组合或地基条件		f_a（kPa）	γ_R
使用阶段	频遇组合	永久作用与可变作用组合	≥150	1.25
			<150	1.00
		仅计结构重力、预加力、土的重力、土侧压力和汽车荷载、人群荷载	—	1.00
使用阶段	偶然组合		≥150	1.25
			<150	1.00
	多年压实未遭破坏的非岩石旧桥基		≥150	1.50
			<150	1.25
	岩石旧桥基		—	1.00
施工阶段	不承受单向推力		—	1.25
	承受单向推力		—	1.50

题 3-157（22C09）某公路桥梁采用群桩基础，桩基布置如图 3-15-5 所示。设计桩径为 1.0m，桩间距为 3.0m，承台边缘与边桩（角桩）外侧的距离按规范最小要求设计。根据勘察报告统计的承台底面以上土的重度 19.0kN/m³，桩穿过土层的平均内摩擦角为 26°。当桩基础作为整体基础计算轴心受压时，桩端平面处的平均压应力最接近下列哪个选项？（承台底面至桩端平面处包括桩的重力在内的土的重度为 22.0kN/m³，地下水位在桩端平面以下）

（A）800kPa　　（B）820kPa

（C）840kPa　　（D）870kPa

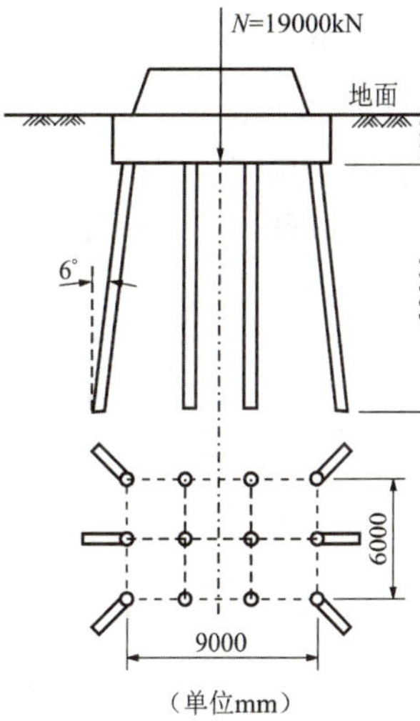

图 3-15-5　题 3-157 图

【解】

（1）$\dfrac{26°}{4}=6.5°>6°$

$a=9+1+2\times33\times\tan6.5°=17.5\text{m}$，

$b=6+1+2\times33\times\tan6.5°=14.5\text{m}$

（2）根据最小构造要求：$L=9+1+1=11\text{m}$，$B=6+1+1=8\text{m}$

（3）$p=33\times22+19\times1.5-\dfrac{11\times8\times19\times1.5}{17.5\times14.5}+\dfrac{19000}{17.5\times14.5}=819.5\text{kPa}$

【点评】

①根据《公路桥涵地基与基础设计规范》第 6.2.6 条第 5 款、附录 N，群桩作为整体基础的计算；②应从受力分析理解公式，群桩外围桩扩散后的底面之上所有竖向力相加 ÷ 扩散后的面积，2016 年真题官方答案错误，华山论剑真题解析早已修改。

题 3-158 某公路桥梁桩基如图 3-15-6 所示，承台宽度$B=4.0\text{m}$，承台长度$L=6.4\text{m}$，承台高度$h=2\text{m}$，地下水位与地表齐平，作用于承台底面的施工荷载效应组合竖向力$N=6000\text{kN}$，偏心距$e=0.2\text{m}$，外围桩中心围成矩形轮廓的宽度$B=2.4\text{m}$，长度$L=4.8\text{m}$，桩长$l=40\text{m}$，桩径$d=0.8\text{m}$，桩的斜度$\alpha=6°$。承台底面以上土的重度$\gamma=18\text{kN/m}^3$，承台底面包括桩的重力在内至桩端平面土的平均重度$\gamma=20\text{kN/m}^3$，桩周土层平均内摩擦角$\overline{\varphi}=20°$。按最新《公路桥涵地基与基础设计规范》，当施工阶段时，墩台在施工期间承受单向推力，求桩端底面处修正后的地基承载力特征值？

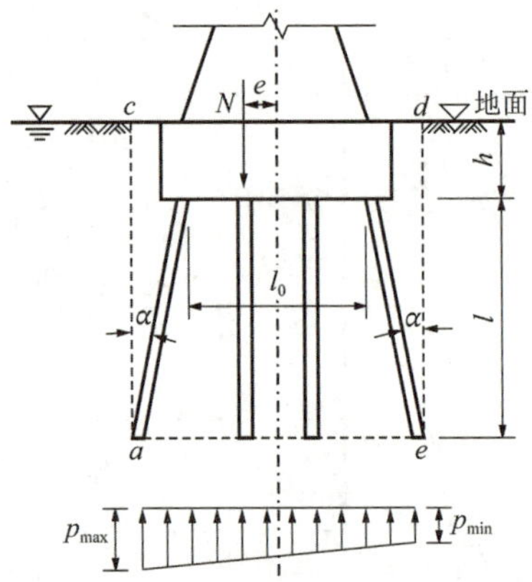

图 3-15-6 题 3-158 图

【解】

（1）$\alpha=6°>\dfrac{\overline{\varphi}}{4}=\dfrac{20°}{4}=5°$

$a=L_0+d+2l\tan\alpha=4.8+0.8+2\times40\times\tan6°=14.01\text{m}$

$b=B_0+d+2l\tan\alpha=2.4+0.8+2\times40\times\tan6°=11.61\text{m}$

$A=a\times b=14.01\times11.61=162.6\text{m}^2$

（2）轴心受压$p=\overline{\gamma}l+\gamma h-\dfrac{BL\gamma h}{A}+\dfrac{N}{A}=10\times40+8\times2-\dfrac{4\times6.4\times8\times2}{162.6}+\dfrac{6000}{162.6}$
$=450.4\text{kPa}$

$p\leqslant f_a\Rightarrow f_a\geqslant450.4\text{kPa}$

（3）偏心受压

$$p_{max}=\overline{\gamma}l+\gamma h-\frac{BL\gamma h}{A}+\frac{N}{A}\left(1+\frac{eA}{W}\right)$$
$$=10\times40+8\times2-\frac{4\times6.4\times8\times2}{162.6}+\frac{6000}{162.6}\times\left(1+\frac{6\times0.2}{14.01}\right)=453.4\text{kPa}$$

施工阶段，墩台在施工期间承受单向推力，得$\gamma_R=1.50$

$p_{max}\leqslant\gamma_R f_a\Rightarrow f_a\geqslant453.4/1.5=302.3\text{kPa}$

（4）两者取大值，$f_a\geqslant450.4\text{kPa}$

【点评】

①根据《公路桥涵地基与基础设计规范》第 3.0.7 条、第 5.2.2 条、附录 N；②公式中$eA/W=6e/b$，类似浅基础偏心公式。

题 3-159　某公路桥梁桩基如图 3-15-7 所示，施工荷载组合下作用于承台底面合力的竖向分力$N = 5000\text{kN}$、承台底面处的弯矩$M = 2000\text{kN}\cdot\text{m}$。桩长 30m，桩径 0.8m，承台高度 2m，地下水位为地面下 3m，场地为均质砂土，土层的重度$\gamma = 18.5\text{kN/m}^3$，内摩擦角$\varphi = 28°$，假定实体深基础范围内承台及上覆土、桩和土的混合平均重度取 20kN/m^3，试按《公路桥涵地基与基础设计规范》JTG 3363—2019 的规定，按实体基础验算，计算满足要求的桩端底面处修正后的地基承载力特征值最小值接近下列哪个选项？

（A）243kPa　　（B）307kPa

（C）362kPa　　（D）377kPa

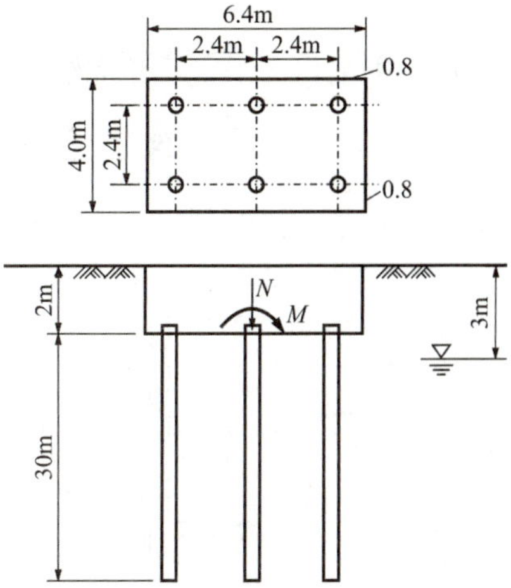

图 3-15-7　题 3-159 图

【解】

（1）$a = 4.8 + 0.8 = 5.6\text{m}$，$b = 2.4 + 0.8 = 3.2\text{m}$，$\bar{\varphi} = \dfrac{28°}{4} = 7°$

$A = (5.6 + 2 \times 30 \times \tan 7°) \times (3.2 + 2 \times 30 \times \tan 7°) = 137.02\text{m}^2$

（2）$p = 1 \times 20 + 29 \times 10 + \dfrac{18.5 \times 2 \times 137.02 - 6.4 \times 4 \times 18.5 \times 2}{137.02} + \dfrac{5000}{137.02}$

$= 376.58\text{kPa} \leqslant f_a$

$f_a \geqslant 376.58\text{kPa}$

（3）$e = \dfrac{M}{F} = \dfrac{2000}{5000} = 0.4\text{m} < \dfrac{12.96}{6} = 2.16\text{m} \Rightarrow$ 小偏心；施工阶段$\gamma_R = 1.25$

$B' = 2.4 + 0.8 + 2 \times 30 \times \tan 7° = 10.57\text{m}$，$L' = 5.6 + 2 \times 30 \times \tan 7° = 12.97$

$p_{max} = 376.58 + \dfrac{2000}{12.97^2 \times 10.57/6} = 383.3\text{kPa}$

$p_{max} = 383.3\text{kPa} \leqslant 1.25 \times f_a \Rightarrow f_a \geqslant 306.6\text{kPa}$

（4）取大值，$f_a \geqslant 376.58\text{kPa}$

【点评】

①根据《公路桥涵地基与基础设计规范》附录 N；②题干给了承台底面处的弯矩，除了考虑轴心验算，还要考虑偏心验算；③题干给了地下水位，水位以下取浮重度。

15.8 沉井基础——《公路桥涵地基与基础设计规范》第7.3.2条、第7.3.7条、附录P

沉井基础相关计算见表3-15-16。

沉井基础 表3-15-16

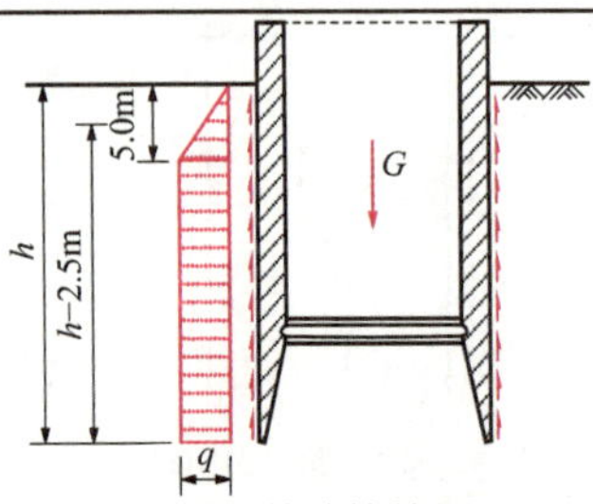下沉系数计算简图	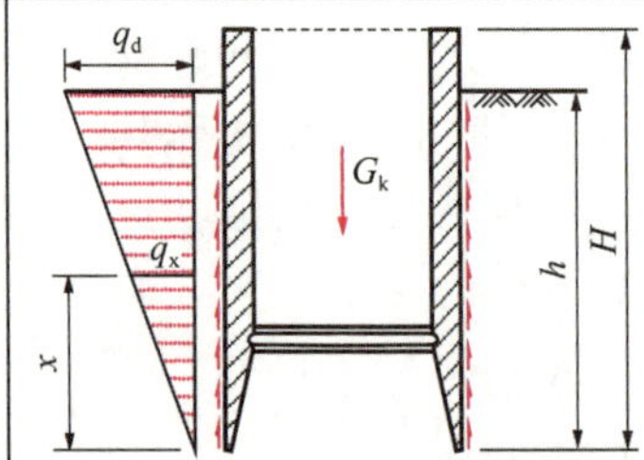等截面井壁竖向受拉计算简图	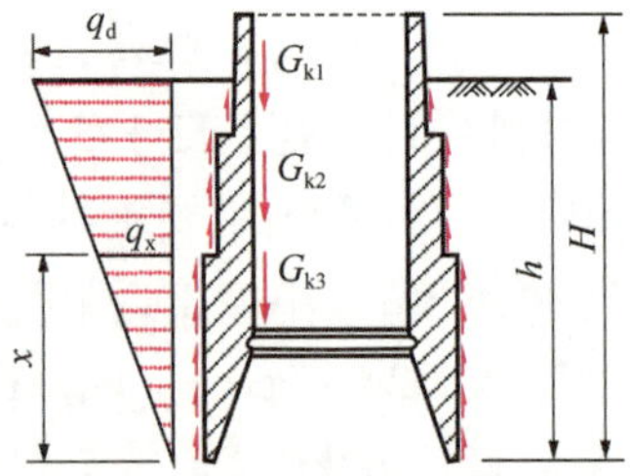台阶形井壁竖向受拉计算简图
（1）下沉系数k_{st} **（刃脚底面支撑反力为零时）**	（k_{st}控制在1.15～1.25范围） $k_{st}=\dfrac{G_k-F_{fw,k}}{R_f}$ ⇑ $R_f=u(h-2.5)q$ 排水下沉，不考虑浮力 $F_{fw,k}=0$	G_k——沉井自重标准值（外加助沉量的标准值）(kN)； $F_{fw,k}$——**下沉过程中**水的浮托力标准值（kN）； R_f——井壁总摩阻力标准值（kN），单位面积摩阻力沿主要深度按梯度分布，距离地面5m范围内为三角形分布，其下为常数； q——井壁与土体间摩阻力厚度加权平均值（kPa），缺乏资料时，可按《公路桥涵地基与基础设计规范》表7.3.2取值； u——沉井下端面周长（m），对阶梯形井壁，各阶梯端的u值取本阶梯段的下端面周长； h——沉井入土深度（m）
（2）下沉稳定系数$k_{st,s}$ **（下沉系数较大，或下沉过程中遇有软弱土层时）**	（$k_{st,s}$控制在0.8～0.9范围） $k_{st,s}=\dfrac{G_k-F'_{fw,k}}{R'_f+R_b}$ $R_b=R_1+R_2$ $R_1=U\left(c+\dfrac{n}{2}\right)\cdot 2\cdot f_a$ $R_2=2\cdot A_1\cdot f_a$ 排水下沉，不考虑浮力 $F'_{fw,k}=0$	$F'_{fw,k}$——**验算状态下**水的浮力标准值（kN）； R'_f——**验算状态下**井壁总摩阻力标准值（kN）； R_b——沉井刃脚、隔墙和底梁下地基土的承载力标准值之和（kN）； R_1——刃脚踏面及斜面下土的支撑力（kN）； U——侧壁外围周长（m）； c——刃脚踏面宽度（m）； n——刃脚斜面的水平宽度（m）； f_a——地基土的承载力特征值（kPa），当缺乏资料时可按《公路桥涵地基与基础设计规范》第4.3节规定取值； R_2——隔墙和底梁下土的支承反力（kN）； A_1——隔墙和底梁的总支承面积（m^2）

续表

<table>
<tr>
<td rowspan="4">（3）井壁拉力 P</td>
<td rowspan="3">等截面</td>
<td>x处</td>
<td>$P_x = G_x \dfrac{x^2 G_k}{h^2}$</td>
<td rowspan="3">G_k——沉井自重（kN）；
G_x——x高度范围内的沉井自重（kN）；
P_{max}——最大竖向拉力（kN），位于$x = h^2/2H$处；
h——沉井入土深度（m）；
H——沉井高度（m）；
x——刃脚底面至验算截面的高度（m）；
γ——沉井重度（kN/m^3）；
A——沉井截面积（m^2）</td>
</tr>
<tr>
<td>$h = H$时</td>
<td>$P_{max} = \dfrac{G_k}{4}$</td>
</tr>
<tr>
<td>$h < H$时</td>
<td>$P_{max} = \dfrac{\gamma A h^2}{4H}$</td>
</tr>
<tr>
<td>台阶形</td>
<td colspan="2">$P_x = G_{xk} - \dfrac{1}{2} u q_x x$
$q_x = \dfrac{x}{h} q_d$</td>
<td>P_x——距刃脚底面x变阶处的井壁拉力（kN）；
G_{xk}——x高度范围内的沉井自重（kN）；
u——井壁周长（m）；
q_x——距刃脚底面x变阶处的摩阻力（kPa）；
q_d——沉井顶面摩阻力（kPa）；
h——沉井入土深度（m）；
x——刃脚底面至变阶处（或验算截面）的高度（m）</td>
</tr>
<tr>
<td>（4）浮体稳定倾斜角φ</td>
<td colspan="3">$\varphi = \tan^{-1}\left[\dfrac{M}{\gamma_w V(\rho - a)}\right]$
⇑
$\rho = \dfrac{I}{V}$</td>
<td>φ——沉井在浮运阶段的倾斜角，$\varphi \leqslant 6°$，并满足$(\rho - a) > 0$；
M——外力矩（kN·m）；
V——排水体积（m^3）；
a——沉井重心至浮心的距离（m）；
↑ 重心在浮心之上为正，反之为负
ρ——定倾半径，即定倾中心至浮心的距离（m）；
I——薄壁沉井浮体排水截面面积的惯性矩（m^4）；
↑ 矩形沉井$I = \dfrac{bh^3}{12}$；圆形沉井$I = \dfrac{\pi d^4}{64}$
b——沉井宽度（m）；
h——沉井高度（m）；
γ_w——水的重度，$\gamma_w = 10kN/m^3$</td>
</tr>
</table>

注：结合《公路桥涵地基与基础设计规范》第 7.3 节、附录 P 及本书上的例题进行理解，规范公式 $P_x = \dfrac{xG_x}{h} - \dfrac{x^2 G_k}{h^2}$有误。《公路桥涵地基与基础设计规范》和《铁路桥涵地基和基础设计规范》两本规范，计算方法基本一致，对比学习。

题 3-160 （05C14）沉井靠自重下沉，若不考虑浮力及刃脚反力作用，则下沉系数$K = Q/T$，式中Q为沉井自重，T为沉井与土间的摩阻力[假设$T = \pi D(H - 2.5)f$]，某工程地质剖面及设计沉井尺寸如图 3-15-8 所示，沉井外径$D = 20\text{m}$，下沉深度为 16.5m，井身混凝土体积为 977m^3，混凝土重度为 24kN/m^3，验算沉井在下沉到图示位置时的下沉系数K最接近下列哪个选项？

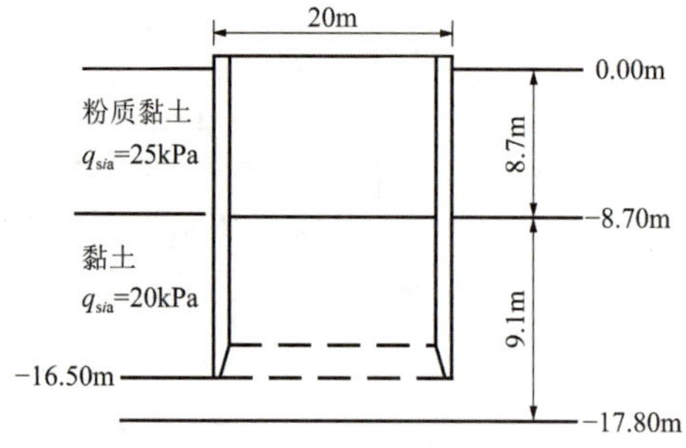

图 3-15-8 题 3-160 图

（A）1.10 （B）1.20 （C）1.28 （D）1.35

【解】

（1）$f = \dfrac{25 \times 8.7 + 20 \times 7.8}{8.7 + 7.8} = 22.64\text{kPa}$

（2）$K = \dfrac{24 \times 977}{3.14 \times 20 \times (16.5 - 2.5) \times 22.64} = 1.18$

【点评】

根据《公路桥涵地基与基础设计规范》第 7.3.2 条，下沉系数$K =$下沉力（重力）/摩阻力，题目已经给出了摩阻力公式，f为井壁与土体间的摩阻力标准值，应按厚度加权得到。

题 3-161 （23D09）某公路桥梁基础拟采用圆筒形钢筋混凝土沉井基础，沉井高度$h = 16\text{m}$，外直径$D = 18\text{m}$，内直径$d = 15\text{m}$，沉井重度$\gamma_G = 26\text{kN/m}^3$。地面以下 16m 范围内土性及井壁与土体间摩阻力标准值如图 3-15-9 所示，地下水位位于地面以下 2m。沉井采用排水下沉至顶部与地面齐平，沉井内土体挖至刃脚以下，刃脚底面下被掏空，验算此时沉井的下沉系数最接近下列哪个选项？

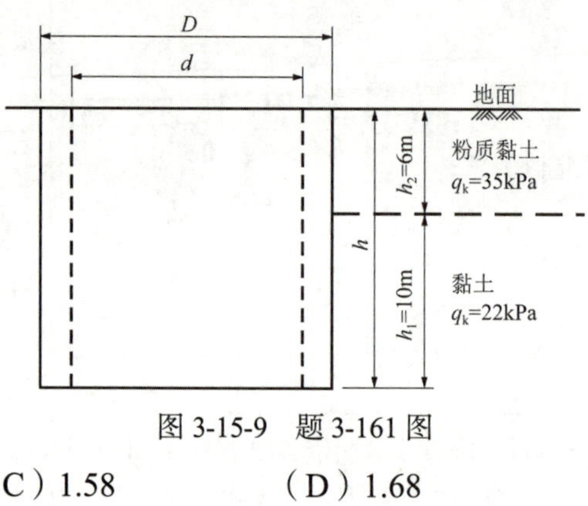

图 3-15-9 题 3-161 图

（A）1.10 （B）1.38 （C）1.58 （D）1.68

【解】

（1）$q = \dfrac{35 \times 6 + 22 \times 10}{16} = 26.875\text{kPa}$

$R_f = 3.14 \times 18 \times (16 - 2.5) \times 26.875 = 20507\text{kN}$

$G_k = 3.14 \times \dfrac{18^2 - 15^2}{4} \times 26 \times 16 = 32329\text{kN}$

排水下沉，$F_{fw,k} = 0$

（2）$k_{st} = \dfrac{32329 - 0}{20507} = 1.577$

【点评】

①根据《公路桥涵地基与基础设计规范》第 7.3.2 条；②注意题目是采用排水下沉，即已经排过水了，不存在浮托力了。

题 3-162 （10D13）铁路桥梁采用钢筋混凝土沉井基础，沉井壁厚 0.4m，高度 12m，排水挖土下沉施工完成后，沉井顶和河床面平齐，假定井壁四周摩擦力分布为倒三角形（图 3-15-10），施工中沉井井壁截面的最大拉力与下列哪个选项最为接近？（注：井壁重度为 $25kN/m^3$）

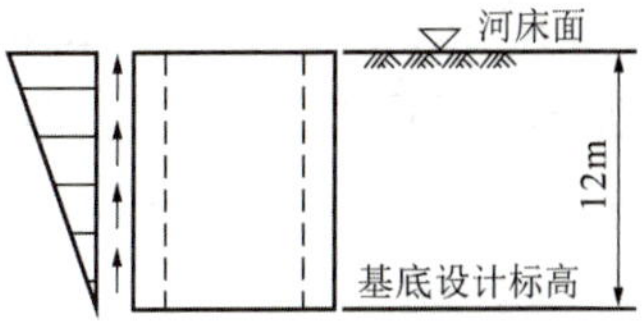

图 3-15-10　题 3-162 图

（A）0　　（B）75kPa

（C）150kPa　　（D）300kPa

【解】

$$\sigma_{max}=\frac{G_k}{4A}=\frac{1}{4}\times 25\times 12=75kPa$$

【点评】

①根据《公路桥涵地基与基础设计规范》附录 P 或《铁路桥涵地基和基础设计规范》第 7.2.3 条及条文说明；②条文说明有推导，在沉井入土深度中点处，单位侧摩阻力 = 单位平均自重应力，此时沉井井壁拉力最大，最大值视为沉井自重的 1/4；③沉井基础近年考查较少，需要引起重视，考试新风格经常出现较偏的老题新考法。

题 3-163 （08C12）一圆形等截面沉井排水挖土下沉过程中处于如图 3-15-11 所示状态，刃脚完全掏空，井体仍然悬在土中，假设井壁外侧摩阻力呈倒三角形分布，沉井自重 G_0 = 1800kN，问地表下 5m 处井壁所受拉力最接近下列哪个选项？（假定沉井自重沿深度均匀分布）

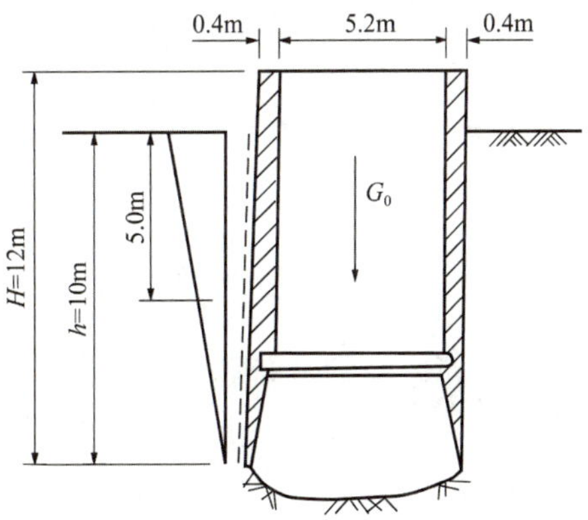

图 3-15-11　题 3-163 图

（A）300kN　　（B）450kN

（C）600kN　　（D）800kN

【解】

（1）取地表下 5m 以下部分沉井段为研究对象

拉力 T = 重力 G − 侧壁摩擦力 f

（2）下部沉井段重力为：$\frac{10-5}{12}G_0=\frac{5}{12}G_0$；

下部沉井段侧壁摩阻力计算分析：由于沉井侧壁阻力均匀分布，则侧壁摩阻力呈倒三角形分布，5m 处为沉井中点，根据倒三角面积分布计算，中点以下部分沉井侧壁摩阻力只占整个侧壁摩阻力的 1/4；另外，由于沉井时处于平衡状态，可知整个沉井侧壁阻力 = 沉井重力 G_0，即中点以下部分沉井侧壁阻力为 $G_0/4$：

（3）由此可知：$P=\frac{5}{12}G_0-\frac{1}{4}G_0=\frac{1}{6}G_0=\frac{1}{6}\times 1800=300kN$

【点评】

①根据《公路桥涵地基与基础设计规范》附录 P 或《铁路桥涵地基和基础设计规范》第 7.2.3 条及条文说明；②关键是受力平衡分析，直接利用规范公式时（规范公式错误）：

$$P_x=\frac{xG_0}{H}-\frac{x^2G_0}{h^2}=\left(\frac{5}{12}-\frac{5^2}{10^2}\right)\times 1800=300kN。$$

题 3-164 （07D13）一处于悬浮状态的浮式沉井（落入河床前），其所受外力矩$M=48\text{kN}\cdot\text{m}$，排水体积$V=40\text{m}^3$，浮体排水截面的惯性矩$I=50\text{m}^4$，重心至浮心的距离$a=0.4\text{m}$（重心在浮心之上），按《公路桥涵地基与基础设计规范》JTG 3363—2019 计算，沉井浮体稳定的倾斜角应该选用下列哪个选项的数值？

（A）5°　　（B）6°　　（C）7°　　（D）8°

【解】

（1）定倾半径：$\rho=I/V=50/40=1.25\text{m}$

（2）$\varphi=\tan^{-1}\left[\dfrac{M}{\gamma_w V(\rho-\alpha)}\right]=\tan^{-1}\left[\dfrac{48}{10\times40\times(1.25-0.4)}\right]=8°>6°$

（3）取$\varphi=6°$

【点评】

①根据《公路桥涵地基与基础设计规范》第 7.3.7 条；②倾斜角不得大于 6°，并应满足$(\rho-\alpha)>0$；③《铁路桥涵地基和基础设计规范》第 7.2.6 条规定一样。偏僻考点，但属于纯代公式的送分题。

15.9 挤扩支盘桩——《公路桥涵地基与基础设计规范》第 9.5 节

挤扩支盘桩单桩轴向受压承载力特征值和轴向受拉承载力特征值可按表 3-15-17 计算。

挤扩支盘桩　　表 3-15-17

（1）挤扩支盘桩单桩轴向受压承载力特征值R_a $R_a=\frac{1}{2}u\sum_{i=1}^{m}q_{ik}l_i+\sum_{i=1}^{n}A_{pj}q_{rj}+A_pq_r$ ⇑ $q_{rj}=m_0\lambda[f_{aj}+k_2\gamma_2(h_j-3)]$	l_i——承台底面或局部冲刷线以下第i层土的厚度（m），当该层土内设有支、盘时，应减去每个支高和盘高的 1.5 倍； A_{pj}——第j个支或盘的面积（扣除主桩的面积）（m^2）； q_{rj}——第j个支或盘端土的承载力特征值（kPa）； n——支、盘的总数； f_{aj}——支盘处土的承载力特征值（kPa），按《公路桥涵地基与基础设计规范》第 4.3.3 条确定； 其他符号及取值规定应符合《公路桥涵地基与基础设计规范》第 6.3.3 条的规定。 q_r——修正后的桩端土承载力特征值（kPa），当持力层为砂土、碎石土时，若计算值超过下列值，宜按下列值采用（限值）： **粉砂**：1000kPa； **细砂**：1150kPa； **中砂、粗砂、砾砂**：1450kPa； **碎石土**：2750kPa
（2）挤扩支盘桩单桩轴向受拉承载力特征值R_t $R_t=0.3u\sum_{i=1}^{n}q_{ik}l_i+0.8\sum A_{pj}q_{rj}$	符号同前 计入的支、盘其顶面以上持力层应符合《公路桥涵地基与基础设计规范》第 9.5.2 条规定

注：设置盘的适宜持力层厚度宜大于 6 倍盘环宽；设置支的适宜持力层厚度宜大于 4 倍支长。支或盘底进入持力层的深度宜大于 1.0 倍的支或盘的高度，对碎石土、强风化、软质岩等硬土宜大于 0.5 倍支或盘高度；当存在软弱下卧层时，最下支或盘底距软弱下卧层顶面的距离不宜小于 9 倍支长或盘环宽。

题 3-165　某公路桥梁钻孔桩为摩擦桩，桩径为1.0m，桩长 35m，土层分布、桩周极限摩擦力q_{sik}及桩端处土的承载力特征值f_{a0}如图 3-15-12 所示，桩端以上各土层的加权平均重度$\gamma_2 = 20\text{kN/m}^3$，密实粗砂层中设置一个支盘，支盘的高度为 1m，直径为 1.5m，试按《公路桥涵地基与基础设计规范》JTG 3363—2019，计算单桩轴向受压承载力特征值最接近下列哪个选项？（注：取修正系数$\lambda = 0.8$，清底系数$m_0 = 0.8$）

（A）6490kN

（B）6580kN

（C）7132kN

（D）7355kN

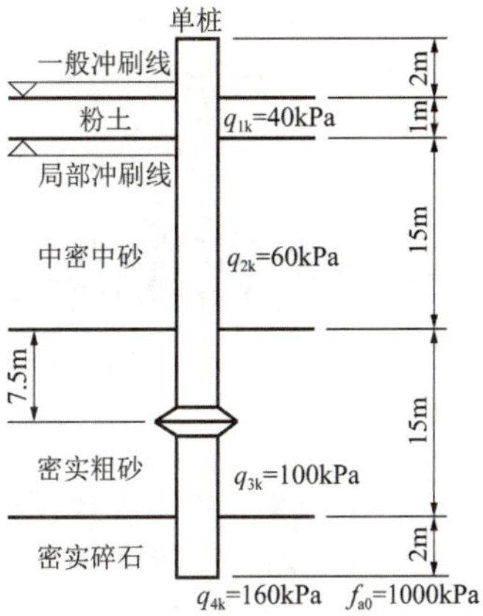

图 3-15-12　题 3-165 图

【解】

（1）$q_r = 0.8 \times 0.8 \times [1000 + 6.0 \times 10 \times (32 - 3)] = 1753.6\text{kPa} < 2750\text{kPa}$

$q_{rj} = 0.8 \times 0.8 \times [550 + 6 \times 10 \times (15 + 7.5 - 3)] = 1100.8\text{kPa} < 1450\text{kPa}$

（2）$$R_a = \frac{1}{2} \times 3.14 \times 1 \times [60 \times 15 + 100 \times (15 - 1.5) + 160 \times 2] + 3.14 \times (0.75^2 - 0.5^2) \times 1100.8 + 3.14 \times 0.5^2 \times 1753.6 = 6492\text{kN}$$

【点评】

①根据《公路桥涵地基与基础设计规范》第 4.3.1 条、第 9.5.3 条；②有水流冲刷时，桩底埋置深度h从局部冲刷线算起，大于 40m 取 40m，但γ_2对h无限制，按照实际桩底埋深计算；③当q_r超过限值时取限制值，有水流冲刷时，l_i从局部冲刷线算起；④密实粗砂层f_{a0}可查规范表 4.3.3-3。

第 16 章

铁路桥涵地基和基础设计规范（桩基础）

本章与第二章《公路桥涵地基与基础设计规范》相似度高，对比学习。考点“沉井基础”完全同《公路桥涵地基与基础设计规范》，见第一章；“桩基实体深基础”计算统一安排在本篇第一章第三节。本章主要特点是原理性较简单，但参数、坑点较多，需要非常细心计算。

16.1　摩擦桩单桩轴向受压容许承载力——《铁路桥涵地基和基础设计规范》第 6.2.2 条

16.1.1　打入、振动下沉、桩尖爆扩桩轴向受压承载力容许值

打入、振动下沉、桩尖爆扩桩轴向受压承载力容许值$[P]$可按表 3-16-1 计算。

打入、振动下沉、桩尖爆扩桩轴向受压承载力容许值$[P]$　　表 3-16-1

$[P]=\frac{1}{2}(U\sum_{i=1}^{n}\alpha_i f_i l_i+\lambda AR\alpha)$ U——桩身截面周长（m）； A——桩底支承面积（m^2）	l_i——承台底面或局部冲刷线以下各土层的厚度（m）； f_i、R——桩周土、桩尖土极限摩阻力（kPa），可根据静探资料按下表计算，无试验条件时按本书附录表Ⅸ.0.1～表Ⅸ.0.2 取值； α_i、α——振动沉桩对各土层桩周摩阻力和桩底承压力的影响系数； λ——系数

静力触探试验测定f_i、R

参数	当$\overline{q}_{ci}>2000\text{kPa}$且$\overline{f}_{si}/\overline{q}_c\leqslant 0.014$	其他情况	当$\overline{f}_{si}<5\text{kPa}$时，取 5kPa 代入公式
$f_i=\beta_i\overline{f}_{si}$	$\beta_i=5.067(\overline{f}_{si})^{-0.45}$	$\beta_i=10.045(\overline{f}_{si})^{-0.55}$	
参数	当$\overline{q}_{c下}>2000\text{kPa}$且$\overline{f}_{s下}/\overline{q}_{c下}\leqslant 0.014$	其他情况	$\overline{f}_{s下}$对应$\overline{q}_{c下}$范围
$R=\beta\overline{q}_c$	$\beta=3.975(\overline{q}_c)^{-0.25}$	$\beta=12.064(\overline{q}_c)^{-0.35}$	

注：$\overline{f}_{si}$——桩侧第i层土由静力触探测得的局部侧摩阻力的平均值（kPa），当$\overline{f}_{si}<5\text{kPa}$时取 5kPa；

$\overline{q}_{ci}$——相应于$\overline{f}_{si}$土层中桩侧静力触探平均端阻（kPa）；

$\overline{q}_c$——桩尖标高以上 $4d$（$\overline{q}_{c上}$）和以下 $4d$（$\overline{q}_{c下}$）范围内静力触探端阻的平均值（kPa），d为桩的直径或边长$\overline{q}_c=\frac{\overline{q}_{c上}+\overline{q}_{c下}}{2}$，若$\overline{q}_{c上}>\overline{q}_{c下}$时，取$\overline{q}_c=\overline{q}_{c下}$

振动沉桩影响系数α_i、α值

桩径或边长（m）	系数α_i、α				
	砂类土	粉土	粉质黏土	黏土	打入桩（锤击、静压）
$d\leqslant 0.8$	1.1	0.9	0.7	0.6	$\alpha_i=1.0$、$\alpha=1.0$
$0.8<d\leqslant 2.0$	1.0	0.9	0.7	0.6	
$d>2.0$	0.9	0.7	0.6	0.5	

注：对于打入桩（锤击、静压），$\alpha_i=1.0$、$\alpha=1.0$

续表

系数λ值

爆扩桩径D_p / 桩径d	桩尖爆扩体处土的种类			
	砂类土	粉土	粉质黏土	黏土
1.0	1.0	1.0	1.0	1.0
1.5	0.95	0.85	0.75	0.70
2.0	0.90	0.80	0.65	0.50
2.5	0.85	0.75	0.50	0.40
3.0	0.80	0.60	0.40	0.30

⇓⇓⇓

主力加附加力作用（不含长钢轨纵向力）时，按《铁路桥涵地基和基础设计规范》第 6.2.2 条求得的桩的**轴向受压容许承载力**可提高 20%；

主力加特殊荷载（地震作用除外）时，**柱桩的轴向受压容许承载力**可提高 40%，**摩擦桩**可提高 20%～40%

题 3-166 某铁路工程的振动下沉摩擦桩，柱径 800mm，桩长 13.0m，桩顶位于地面下 2.0m，经勘察确定稳定地下水位埋深 5.0m，场地下伏岩土层情况如表 3-16-2 所示。

题 3-166 表　　表 3-16-2

层号	岩土名称	层底埋深（m）	层厚（m）	探头平均侧摩阻力 $\overline{f}_{si}$（kPa）	探头平均端阻力 $\overline{q}_{ci}$（kPa）
①	填土	1.0	1.0	30	1200
②	粉土	11.0	10.0	95	6000
③	中砂	25.0	14.0	180	18000
其下为基岩					

根据《铁路桥涵地基和基础设计规范》TB 10093—2017，计算该摩擦桩的单桩轴向受压容许承载力值最接近下列哪个选项？

（A）2990kN　　（B）3250kN　　（C）3560kN　　（D）4220kN

【解】

（1）粉土层：$d \leqslant 0.8$，取$\alpha_i = 0.9$

$\overline{q}_{ci} = 6000\text{kPa} > 2000\text{kPa}$，$\overline{f}_{si}/\overline{q}_{ci} = 95/6000 = 0.016 > 0.014$

$\beta_i = 10.045(\overline{f}_{si})^{-0.55} = 10.045 \times 95^{-0.55} = 0.821$，$f_i = \beta_i \overline{f}_{si} = 0.821 \times 95 = 78.0\text{kPa}$

中砂层：$d \leqslant 0.8$，取$\alpha_i = 1.1$

$\overline{q}_{ci} = 18000\text{kPa} > 2000\text{kPa}$，$\overline{f}_{si}/\overline{q}_{ci} = 180/18000 = 0.010 < 0.014$

$\beta_i = 5.067(\overline{f}_{si})^{-0.45} = 5.067 \times 180^{-0.45} = 0.490$

$f_i = \beta_i \overline{f}_{si} = 0.490 \times 180 = 88.20\text{kPa}$

（2）$\overline{q}_{c1} = \overline{q}_{c2} = 18000\text{kPa}$

$\overline{q}_c = 18000\text{kPa} > 2000\text{kPa}$，$\overline{f}_{s2}/\overline{q}_{c2} = 1800/18000 = 0.010 < 0.014$

$\beta = 3.975(\overline{q}_c)^{-0.25} = 3.975 \times 18000^{-0.25} = 0.343$

$R = \beta \overline{q}_c = 0.343 \times 18000 = 6174\text{kPa}$

（3）$[P] = \frac{1}{2}(U\sum_{i=1}^{n}\alpha_i f_i l_i + \lambda AR\alpha) = \frac{1}{2} \times [3.14 \times 0.8 \times (0.9 \times 78.0 \times 9 + 1.1 \times 88.20 \times 4)$

$+1.0 \times 3.14 \times 0.4^2 \times 6174 \times 1.1] = 2987\text{kN}$

【点评】

①根据《铁路桥涵地基和基础设计规范》第6.2.2条第1款；②计算β_i时，每一层的$\overline{q}_{ci}$与2000kPa及$\overline{f}_{si}$比较，而《公路桥涵地基与基础设计规范》原依据《铁路桥涵地基和基础设计规范》资料，应进行统一，对《公路桥涵地基与基础设计规范》进行勘误；③参数多，注意细节也多，计算量大，需要特别细心。

16.1.2 钻（挖）孔桩轴向受压容许承载力

钻（挖）孔桩轴向受压容许承载力$[P]$可按表3-16-3计算。

钻（挖）孔桩轴向受压容许承载力　　表3-16-3

$[P]=\frac{1}{2}U\sum f_il_i+m_0A[\sigma]$			
$[\sigma]$——桩端地基土容许承载力（kPa）	$[\sigma]=\begin{cases}\sigma_0+k_2\gamma_2(h-3) & h\leqslant 4d\\ \sigma_0+k_2\gamma_2(4d-3)+k_2'\gamma_2(h-4d) & 4d<h\leqslant 10d\\ \sigma_0+k_2\gamma_2(4d-3)+k_2'\gamma_2(6d) & h>10d\end{cases}$		d为桩径或桩宽；k_2、k_2'按下表采用
h——桩端的埋置深度（m）	自**天然地面**或**开挖后地面**算起，有冲刷时自**一般冲刷线**起算		
γ_2——桩端以上土层加权平均重度（kN/m³）【与h对应】	桩端**持力层**在**水面以下时**	**持力层不透水**时，不论基底以上土的透水性质如何，一律取**饱和重度**；**持力层透水**时，水中土层应取**浮重度**	

σ_0——地基基本承载力（kPa），可按本书附录表Ⅷ.0.1～表Ⅷ.0.10选用；

U——桩身截面周长（m），按**设计桩径**计算；

f_i——各土层的极限摩阻力（kPa），按本书附录表Ⅸ.0.3采用；

l_i——**承台底面**或**局部冲刷线**以下各土层的厚度（m）；

A——桩底支承面积（m²），按设计桩径计算；

m_0——桩底支承力折减系数，挖孔灌注桩可取$m_0=1.0$；钻孔灌注桩可按下表采用

桩底支承力折减系数m_0

土质及清底情况	m_0			
	$5d<h\leqslant 10d$	$10d<h\leqslant 25d$	$25d<h\leqslant 50d$	h为地面线或**局部冲刷线**以下的桩长
土质较好，不易坍塌，清底良好	0.9～0.7	0.7～0.5	0.5～0.4	
土质较差，易坍塌，清底稍差	0.7～0.5	0.5～0.4	0.4～0.3	
土质差，难以清底	0.5～0.4	0.4～0.3	0.3～0.1	

桩端土深度修正系数k_2、k_2'

修正系数	黏性土				黄土	粉土	砂类土								碎石类土			
	Q_4的冲、洪积土		Q_3及以前的冲、洪积土	残积土			粉砂		细砂		中砂		砾砂粗砂		碎石、圆砾、角砾		卵石	
	$I_L<0.5$	$I_L\geqslant 0.5$					稍、中密	密实	稍、中密	密实	稍、中密	密实	稍、中密	密实	稍、中密	密实	稍、中密	密实
k_2	2.5	1.5	2.5	1.5	1.5	1.5	2	2.5	3	4	4	5.5	5	6	5	6	6	10
k_2'	1					0.75	1	1.25	1.5	2	2	2.75	2.5	3	2.5	3	3	5

注：**稍松**状态的砂类土和**松散**状态的碎石土，k_2、k_2'值可采用表列稍、中密值的50%

续表

⇓⇓⇓
主力加附加力作用（不含长钢轨纵向力）时，按《铁路桥涵地基和基础设计规范》第 6.2.2 条求得的桩的**轴向受压容许承载力**可提高 20%； **主力加特殊荷载**（地震作用除外）时，**柱桩的轴向受压容许承载力**可提高 40%，**摩擦桩**可提高 20%～40%

题 3-167 （14C13）某铁路桥梁采用钻孔灌注桩基础，地层条件和基桩入土深度如图 3-16-1 所示，成孔桩径和设计桩径均为 1.0m，桩底支承力折减系数m_0取 0.7。如果不考虑冲刷及地下水的影响，根据《铁路桥涵地基和基础设计规范》TB 10093—2017，计算基桩的容许承载力最接近下列何值？

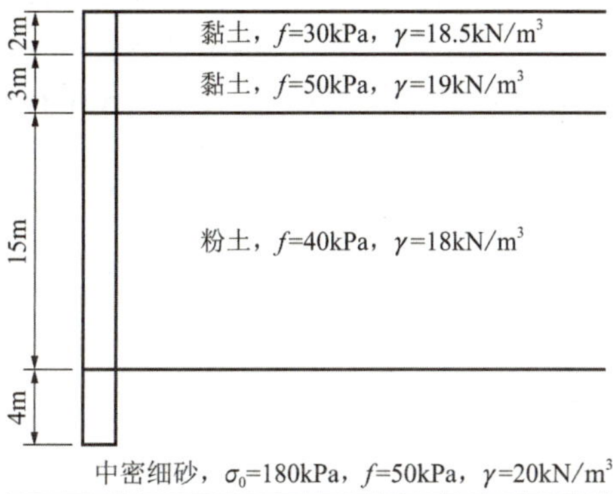

图 3-16-1 题 3-167 图

（A）1700kN （B）1800kN （C）1900kN （D）2000kN

【解】

（1）$h = 2 + 3 + 15 + 4 = 24\text{m} > 10d = 10\text{m}$

中密细砂，查表取$k_2 = 3$，$k_2' = 3/2 = 1.5$

$$\gamma_2 = \frac{2 \times 18.5 + 3 \times 19 + 15 \times 18 + 4 \times 20}{24} = 18.5\text{kN/m}^3$$

（2）$[\sigma] = \sigma_0 + k_2\gamma_2(4d - 3) + k_2'\gamma_2(6d) = 180 + 3 \times 18.5 \times (4 \times 1 - 3) + 1.5 \times 18.5 \times 6 \times 1 = 402\text{kPa}$

（3）$[P] = \frac{1}{2}U\sum f_i l_i + m_0 A[\sigma]$

$$= \frac{1}{2} \times 3.14 \times 1.0 \times (30 \times 2 + 50 \times 3 + 40 \times 15 + 50 \times 4) + 0.7 \times 3.14 \times 0.5^2 \times 402 = 1807\text{kN}$$

【点评】

①根据《铁路桥涵地基和基础设计规范》第 4.1.3 条、第 6.2.2 条第 2 款；②桩身截面周长U和桩底支承面积A，均按设计桩径计算；③侧摩阻力采用极限摩阻力，除以安全系数 2；④桩底地基土采用容许承载力，只进行深度修正，修正深度$h \leqslant 10d$，$4d$以内采用k_2，$4d$～$10d$采用$k_2' = k_2/2 \geqslant 1$，桩底支持力乘以折减系数m_0，m_0根据土质及清底情况、h和d关系查表。

16.2　柱桩（嵌岩桩）轴向受压容许承载力——《铁路桥涵地基和基础设计规范》第6.2.2条

柱桩（嵌岩桩）轴向受压容许承载力[P]可按表3-16-4计算。

柱桩（嵌岩桩）轴向受压容许承载力　　表3-16-4

支承于岩石层上的打入桩、振动下沉桩（包括管柱）	$[P]=CRA$	R——岩石单轴抗压强度（kPa）； C——系数，匀质无裂缝的岩石层采用$C=0.45$；有严重裂缝的、风化的或易软化的岩石层采用$C=0.30$； A——柱底面积（m^2）； U——嵌入岩石层内的桩及管柱的钻孔周长（m）； C_1、C_2——系数，根据岩石层破碎程度和清底情况按下表采用； h——自新鲜岩石面（平均高程）算起的嵌入深度（m）
支承于岩石层上与嵌入岩石层内的钻（挖）孔灌注桩、管柱	$[P]=R(C_1A+C_2Uh)$	

系数C_1、C_2值

岩石层及清底情况	C_1	C_2	
良好	0.5	0.04	注：当入岩深度$h\leqslant0.5$m时，C_1乘以0.7，$C_2=0$
一般	0.4	0.03	
较差	0.3	0.02	

当桩下端锚固在岩石内时，假定弯矩由锚固侧壁岩石承受，嵌岩深度h_1计算如下：

圆形桩：$h_1=\sqrt{\dfrac{M}{0.066KRd}}\geqslant0.5\text{m}$　　**矩形桩**：$h_1=\sqrt{\dfrac{M}{0.083KRb}}\geqslant0.5\text{m}$

式中：h_1——自桩下端锚固点算起的锚固需要深度（m），且$h_1\geqslant0.5$m；

M——桩下端锚固点处的弯矩（kN·m）；

K——根据岩层构造在水平方向的岩石容许压力换算系数，0.5～1.0（岩层节理发育取小值，不发育取大值）；

d——桩径（m）；

b——垂直于弯矩作用方向的桩边长（m）；

R——岩石单轴抗压强度（kPa）

⇓⇓⇓

主力加附加力作用（不含长钢轨纵向力）时，按《铁路桥涵地基和基础设计规范》第6.2.2条求得的桩的**轴向受压容许承载力**可提高20%；

主力加特殊荷载（地震力除外）时，**柱桩的轴向受压容许承载力**可提高40%，**摩擦桩**可提高20%～40%

题 3-168　某铁路桥梁嵌岩钻孔灌注桩基础，岩石层及清底情况良好，岩层侧面节理不发育，河床岩层有冲刷，桩径$d = 1.0\text{m}$，桩下端锚固点处的弯矩$M = 500\text{kN}\cdot\text{m}$，基岩的单轴抗压强度$R = 40\text{MPa}$，按最小嵌岩深度设计，试根据《铁路桥涵地基和基础设计规范》TB 10093—2017，计算单桩容许承载力$[P]$最接近下列哪个选项？

（A）9500kN　　（B）11000kN　　（C）12500kN　　（D）13000kN

【解】

（1）岩层侧面节理不发育，取$K = 1.0$

圆形桩：$h = \sqrt{\dfrac{M}{0.066K\cdot R\cdot d}} = \sqrt{\dfrac{500}{0.066\times1.0\times40\times10^3\times1.0}} = 0.435\text{m} < 0.5\text{m}$，取$h = 0.5\text{m}$

（2）岩石层及清底情况良好，查表取$C_1 = 0.5$，$C_2 = 0.04$

C_1、C_2应进行折减，取$C_1 = 0.7\times0.5 = 0.35$，$C_2 = 0$

（3）$[P] = R(C_1A + C_2Uh) = 40\times10^3\times0.35\times3.14\times0.5^2 = 10990\text{kN}$

【点评】

①根据《铁路桥涵地基和基础设计规范》第 6.2.2 条、第 6.2.3 条；②当入岩深度$h \leqslant 0.5\text{m}$时，C_1乘以 0.7 的折减系数，$C_1 = 0$；③注意与《公路桥涵地基与基础设计规范》部分系数折减区别。

16.3　摩擦桩单桩轴向受拉容许承载力——《铁路桥涵地基和基础设计规范》第 6.2.2 条

摩擦桩单桩轴向受拉容许承载力$[P']$可按表 3-16-5 计算。

摩擦桩单桩轴向受拉容许承载力　　表 3-16-5

$$[P'] = 0.3U\sum_{i=1}^{n}\alpha_i l_i f_i$$

式中：$[P']$——摩擦桩轴向受拉的容许承载力（kN）；

U——桩身截面周长（m），按**设计桩径**计算；

f_i——各土层的极限摩阻力（kPa），按《铁路桥涵地基和基础设计规范》表 6.2.2-5 采用；

l_i——各土层的厚度（m）；

α_i——振动沉桩对各土层桩周摩阻力和桩底承压力的影响系数，按下表取值；对于**打入桩**，$\alpha_i = 1.0$

振动沉桩影响系数α_i

桩径或边长（m）	系数α_i			
	砂类土	粉土	粉质黏土	黏土
$d \leqslant 0.8$	1.1	0.9	0.7	0.6
$0.8 < d \leqslant 2.0$	1.0	0.9	0.7	0.6
$d > 2.0$	0.9	0.7	0.6	0.5

注：对于**打入桩**（锤击、静压），$\alpha_i = 1.0$

题 3-169 某铁路桥梁采用振动沉入预制方桩，桩身截面边长 500mm，地层条件和桩入土深度如图 3-16-2 所示，桩基可能承受拉力。根据《铁路桥涵地基和基础设计规范》TB 10093—2017，计算桩基受拉容许承载力最接近下列哪个选项？

（A）185kN （B）225kN

（C）310kN （D）355kN

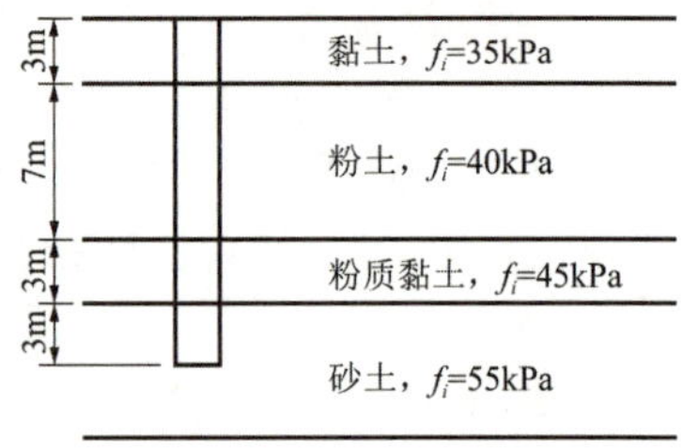

图 3-16-2 题 3-169 图

【解】

$$[P'] = 0.3U\sum_{i=1}^{n}\alpha_i l_i f_i = 0.3\times4\times0.5\times$$
$$(0.6\times3\times35+0.9\times7\times40+0.7\times3\times45+1.1\times3\times55)=354.6\text{kN}$$

【点评】

①根据《铁路桥涵地基和基础设计规范》第 6.2.2 条第 5 款、表 6.2.2-1；②计算结果已考虑了 2 倍的安全系数，和《公路桥涵地基与基础设计规范》完全一致。

16.4 铁路多年冻土地基钻孔桩的单桩容许承载力——《铁路桥涵地基和基础设计规范》第 9.3.7 条

多年冻土地基钻孔桩的单桩容许承载力应通过试桩确定，无条件试桩时可按表 3-16-6 计算。

多年冻土地基钻孔桩的单桩容许承载力 表 3-16-6

$$[P]=\frac{1}{2}\sum\tau_iF_im''+m_0'A[\sigma]$$

τ_i——第i层冻土同桩侧表面的冻结强度（kPa），可采用《铁路桥涵地基和基础设计规范》附录 G 表 G.0.1-1 中S_m值；

F_i——第i层冻土中桩侧表面的冻结面积（m^2）；

A——桩底支承面积（m^2）；

m''——冻结力修正系数，取 1.3～1.5（钻孔插入桩$m''=0.7$～0.9；钻孔打入桩$m''=1.1$～1.3；钻孔灌注桩$m''=1.3$～1.5）；

m_0'——桩底支承力折减系数，可根据孔底条件采用 0.5～0.9；
不发生坍孔，且清底情况良好的钻孔灌注桩、钻孔插入桩用 0.7～0.9；
有坍孔现象，且清底较差的钻孔灌注桩、钻孔插入桩用 0.5～0.7；
预留孔深的钻孔打入桩用 0.5～0.6。

$[\sigma]$——桩底多年冻土容许承载力（kPa），根据《铁路桥涵地基和基础设计规范》表 4.1.2-10 确定

题 3-170 （19C09）某铁路桥梁位于多年少冰冻土区，自地面起土层均为不融沉多年冻土，土层的月平均最高温度为−1.0℃。多年冻土天然上限埋深 1.0m，下限埋深 30m。桥梁拟采用钻孔灌注桩基础，设计桩径 800mm，桩顶位于现地面下 5.0m，有效桩长 8.0m（图 3-16-3）。根据《铁路桥涵地基和基础设计规范》TB 10093—2017，按岩土阻力计算单桩轴向受压容许承载力最接近下列哪个选项？（不融沉冻土与桩侧表面的冻结强度按多年冻土与混凝土基础表面的冻结强度 S_m 降低 10%考虑，冻结力修正系数取 1.3，桩底支承力折减系数取 0.5）

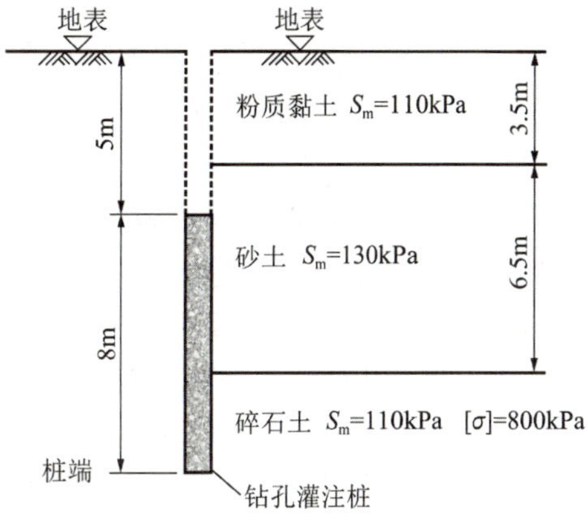

图 3-16-3　题 3-170 图

（A）2000kN　　（B）1800kN　　（C）1640kN　　（D）1340kN

【解】

$$[P]=\frac{1}{2}\sum\tau_i F_i m''+m_0'A[\sigma]=\frac{1}{2}\times(110\times0.9\times3+130\times0.9\times5)\times3.14\times0.8\times1.3+0.5\times3.14\times0.4^2\times800=1641.1\text{kN}$$

【点评】

①根据《铁路桥涵地基和基础设计规范》第 9.3.7 条；②考点为多年冻土地基的钻孔灌注桩的单桩容许承载力计算；③考点较偏，直接套规范公式题目，承载力分为冻结强度＋桩底土的承载力。

16.5　桥梁桩基当作实体基础的检算——《铁路桥涵地基和基础设计规范》附录 E

桥梁桩基当作实体基础的检算可按表 3-16-7 计算。

桥梁桩基当作实体基础　　　　表 3-16-7

将桩基视为图中 1、2、3、4 范围内的实体基础可按下式检算： $\frac{N}{A}+\frac{M}{W}\leqslant[\sigma]$ 注：参考《建筑地基基础设计规范》和《公路桥涵地基与基础设计规范》原理计算方法，主要区别在于《公路桥涵地基与基础设计规范》中 N 作用在承台底，而《铁路桥涵地基和基础设计规范》中 N 作用在桩基底面	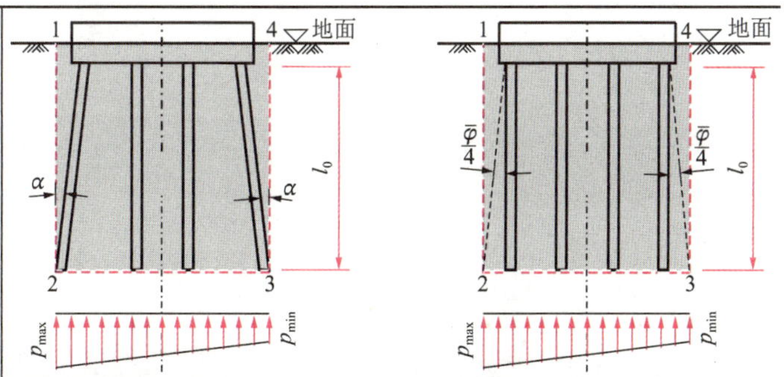
N——作用于桩基底面的竖直力（kN），其中包括土体 1、2、3、4 和桩的恒载； M——外力对承台底面处桩基重心的力矩（kN·m）； A 和 W——桩基底面的面积（m^2）和截面抵抗矩（m^3）； $[\sigma]$——修正后的桩底处地基容许承载力（kPa），按本书"铁路桥涵地基和基础设计规范（浅基础）"章节相应内容	

题 3-171 （08C13）某铁路桥梁桩基如图 3-16-4 所示，作用于承台顶面的竖向力和承台底面处的力矩分别为 6000kN 和 2000kN·m。桩长 40m，桩径 0.8m，承台高度 2m，地下水位与地表齐平，桩基所穿过土层的按厚度加权平均内摩擦角为$\overline{\varphi}=24°$，假定实体深基础范围内承台、桩和土的混合平均重度取 20kN/m³，根据《铁路桥涵地基和基础设计规范》TB 10093—2017 按实体基础验算，计算满足要求的桩端底面处地基容许承载力最接近下列哪个选项？

（A）460kPa　　（B）890kPa

（C）1100kPa　　（D）1300kPa

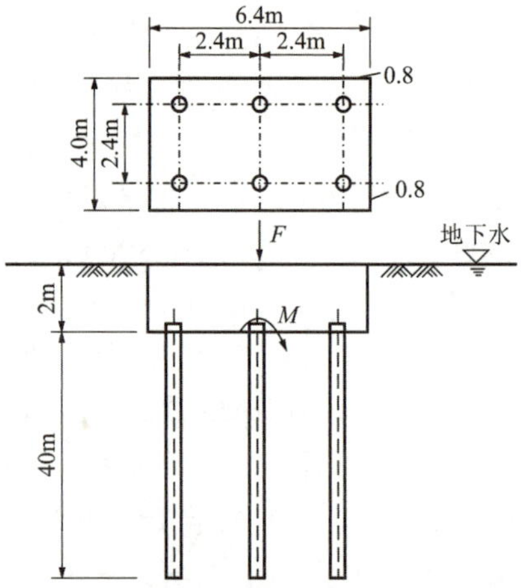

图 3-16-4　题 3-171 图

【解】

（1）$A=\left(2\times2.4+0.8+2\times40\times\tan\dfrac{24°}{4}\right)\times\left(2.4+0.8+2\times40\times\tan\dfrac{24°}{4}\right)$

$=14.04\times11.61=162.6\text{m}^2$

（2）$[\sigma]\geqslant\dfrac{N}{A}+\dfrac{M}{W}=\dfrac{6000}{14.01\times11.61}+10\times(40+2)+\dfrac{2000}{11.61\times\dfrac{14.01^2}{6}}=462\text{kPa}$

【点评】

①根据《铁路桥涵地基和基础设计规范》第 5.1.2 条、附录 E；②A为扩散后的面积，基础为扩散后的深基础，弯矩W也采用实体基础底面尺寸；③承台顶面与地面齐平，故应加上地面至桩底的自重。

第4篇

地基处理

考试大纲

5.1 地基处理方法

熟悉常用地基处理方法的机理、适用范围、施工工艺（18D13 双轴搅拌站施工工艺）和质量检验方法。

5.2 复合地基

熟悉复合地基的形成条件；掌握常用复合地基承载力和沉降计算方法。

5.3 地基处理设计

了解各类**软弱地基**和不良地基的加固机理；熟悉地基处理方案的选用；**掌握地基处理设计计算方法。**

5.4 土工合成材料

了解**常用**土工合成材料的性质及其工程应用。

5.5 防渗处理

了解防渗处理技术及其工程应用。

5.6 既有工程地基加固与基础托换

了解既有工程地基加固要求和加固程序；了解常用加固技术、应用范围及加固设计方法了解既有工程基础托换的常用方法和适用范围；了解建筑物迁移的常用方法。

考题特点

自 2018 年后，地基处理题量 5～6 题，上午和下午各 2～3 题，题号为 11～14，涉及规范 3 本，案例考点主要涉及一本，主要考点出自《建筑地基处理技术规范》，2008 年以前《水运工程地基设计规范》也有出题。题目相对容易，属于**易拿分知识点**，主要知识点为复合地基，多年来反复出题，一般出题量达 4 题，2023 年以来，灵活性和计算量有所增加，特别注重**置换率原理、土的三相原理**的运用；预压固结地基平均出题 1 题，涉及固结度计算时，计算量较大，其他如注浆地基处理等较为简单，考查的是土的三相性和化学溶液溶质的相关原理；另一个命题特点是现在有的题目偏向于工程实践，会考一些施工相关的题目，不能直接套规范。

复习方法

要**深刻掌握面积置换率的计算原理**，不能只会常规布桩的套置换率公式，对于非常规布桩，应通过原理计算其置换率；对于挤密法复合地基，要**熟练掌握三相换算孔隙比，干重度等与置换率的关系**；对于各种地基处理方法，应总结其处理深度、边界的要求，熟读规范条文，重视偏僻知识点；记忆常用的公式，大部分题目做到闭卷答题。有余力可以阅读《地基处理手册》，进一步复习，加深理解。

应试技巧

对于考场遇到的计算超大的预压固结题目和难题理解的实践型题目，可以放到后面做；对于非常规地基处理的题目要从原理分析，简单的题目要细心各种参数，确保做对。

主要涉及规范

（1）《建筑地基处理技术规范》JGJ 79—2012（核心重点）

（2）《水运工程地基设计规范》JTS 147—2017（次要规范）

（3）《既有建筑地基基础加固技术规范》JGJ 123—2012（次要规范）

第 17 章

建筑地基处理技术规范

地基处理方法分为以下六大类：

地基处理方法
- （1）换填垫层
- （2）预压地基
- （3）压实地基和夯实地基
- （4）复合地基
- （5）注浆加固
- （6）微型桩加固

复合地基又可按以下分类：

复合地基
- （1）散体材料桩
  - 振冲碎石桩、沉管砂石桩
  - 灰土挤密桩、土挤密桩
  - 柱锤冲扩桩
- （2）有粘结强度桩
  - 水泥土搅拌桩
  - 旋喷桩
  - 夯实水泥土桩
  - CFG 桩
  - 素混凝土桩
- （3）多桩型复合地基
  - 两种粘结强度桩组合
  - 粘结强度桩＋散体材料桩组合

17.1 基本规定——《建筑地基处理技术规范》第 3.0 节

1. **经处理后的地基，当按地基承载力确定基础底面积及埋深而需要对《建筑地基处理技术规范》确定的地基承载力特征值进行修正时，应符合下列规定：**

（1）大面积压实填土地基，基础宽度的地基承载力修正系数应取$\eta_b = 0$；基础埋深的地基承载力修正系数η_d，对于压实系数大于 0.95、黏粒含量$\rho_c \geqslant 10\%$的**粉土**，可取$\eta_d = 1.5$，对于最大干密度大于 2.1t/m^3 的**级配砂石**可取$\eta_d = 2.0$。

（2）其他处理地基，基础宽度的地基承载力修正系数应取$\eta_b = 0$，基础埋深的地基承载力修正系数应取$\eta_d = 1.0$。

由以上两条总结修正系数见表 4-17-1，**处理后地基承载力特征值修正**如下：

$$f_a = f_{ak} + \eta_d \gamma_m (d - 0.5)$$

修正系数 表 4-17-1

地基处理方式		η_b	η_d
大面积压实填土（处理宽度＞2倍基础宽度）	压实系数＞0.95，黏粒含量$\rho_c \geqslant 10\%$的粉土	0	1.5
	最大干密度＞2100kg/m^{3}的级配砂石	0	2.0
其他处理地基（换填垫层、预压地基、压实地基、复合地基等）		0	1.0

2. 处理后的地基应满足建筑物地基承载力、变形和稳定性要求，地基处理的设计尚应符合下列规定：

（1）经处理后的地基，当在受力层范围内仍存在软弱下卧层时，应进行软弱下卧层地基承载力验算。

（《建筑地基处理技术规范》第 3.0.5 条条文说明，**处理地基的软弱下卧层验算**，对**压实、夯实、注浆加固地基及散体材料增强体复合地基**等应按**压力扩散角**，按现行国家标准《建筑地基基础设计规范》的方法验算，对有**粘结强度的增强体复合地基**，按其荷载传递特性，可按**实体深基础法**验算。）

（2）按地基变形设计或应作变形验算且需进行地基处理的建筑物或构筑物，应对处理后的地基进行**变形验算**。

（3）对建造在处理后的地基上受较大水平荷载或位于斜坡上的建筑物及构筑物，应进行**地基稳定性验算**。

3. 处理后地基的承载力验算，应同时满足轴心荷载作用和偏心荷载作用的要求（按《建筑地基基础设计规范》的方法验算）

$$\text{轴心：} p_k \leqslant f_a$$

$$\text{偏心：} p_k \leqslant f_a \text{且} p_{kmax} \leqslant 1.2 f_a$$

式中：f_a——处理后地基的承载力特征值修正值。

4. 处理后地基的整体稳定分析可采用圆弧滑动法，其稳定安全系数不应小于 1.30

$$\frac{M_R\text{（抗滑力矩）}}{M_S\text{（滑动力矩）}} \geqslant 1.3$$

散体加固材料的抗剪强度指标，可按加固体材料的密实度通过试验确定；胶结材料的抗剪强度指标，可按桩体断裂后滑动面材料的摩擦性能确定。

题 4-1 （19A17）某大厚度大面积粉土填方整平场地，地基承载力特征值为 180kPa。拟建建筑筏形基础尺寸为 12m×28m，基础埋深 2.5m，无地下水。经检测，填土黏粒含量 10%，平均压实系数为 0.94，修正后填土地基承载力特征值正确选项是哪一个？（填土重度为 20kN/m^3）

（A）180kPa （B）220kPa （C）240kPa （D）255kPa

【解】

$f_a = f_{ak} + \eta_d \gamma_m (d - 0.5) = 180 + 1 \times 20 \times (2.5 - 0.5) = 220\text{kPa}$。

【点评】

根据《建筑地基处理技术规范》第 3.0.4 条，压实系数不满足大于 0.95 的要求，宽度修正系数取 0，深度修正系数取 1。

17.2　换填垫层

换填垫层法是将基础底面下一定范围内的软弱土层挖除，换填其他无侵蚀性的低压缩性的散体材料，经过分层夯实，作为地基的持力层。垫层的材料有砂石、灰土、粉质黏土、土工合成材料等，粉煤灰、矿渣、其他工业废渣经检验合格后，也可作为垫层材料。

垫层的作用是提高持力层的承载力，并通过垫层的应力扩散作用，减小垫层下天然土层所承受的压力，这样可减少基础的沉降量。另外，用透水性大的材料作垫层时，软土中的水分可以部分通过它排出，从而加速软土的固结。同时，还能防止土的冻胀作用及消除膨胀土的胀缩作用等。

工程实践表明，在合适的条件下，采用换填垫层法能有效地解决中小型工程的地基处理问题。本法的优点是：可就地取材，施工简便，不需特殊的机械设备，既能缩短工期，又能降低造价。因此，得到普遍的应用。

换填垫层适用于浅层软弱土层或不均匀土层的地基处理。换填垫层的厚度应根据置换软弱土的深度以及下卧土层的承载力确定，厚度宜为 0.5～3.0m。

17.2.1　垫层设计——《建筑地基处理技术规范》第 4.2 条

1. 垫层及下卧层承载力验算

垫层及下卧层承载力验算见表 4-17-2。

垫层及下卧层承载力验算　　表 4-17-2

同时满足 **垫层承载力验算：** 轴心：$p_k \leqslant f_a$ 偏心：$p_k \leqslant f_a$且$p_{kmax} \leqslant 1.2f_a$ **下卧层承载力验算：** $p_z + p_{cz} \leqslant f_{az}$	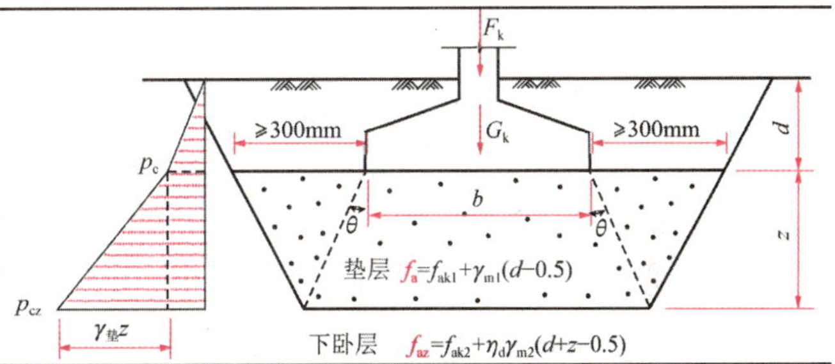
持力层承载力$f_a = f_{ak1} + \gamma_{m1}(d - 0.5)$ 下卧层承载力 $f_{az} = f_{ak2} + \eta_d\gamma_{m2}(d + z - 0.5)$ **基础底面处自重压力：**$p_c = \gamma_{m1}d$ **垫层底面处自重压力：**$p_{cz} = \gamma_{m1}d + \gamma_{垫}z$	f_{ak1}——垫层承载力特征值（kPa），可按表 4-17-4 取值； f_{ak2}——原土承载力特征值（kPa）； η_d——原土深度修正系数； γ_{m1}——**基底以上**原土平均重度（kN/m³）； γ_{m2}——**下卧层顶面以上**原土平均重度（kN/m³）； $\gamma_{垫}$——**垫层土**重度（kN/m³）

垫层底面处附加压力p_z

条形基础	$p_z = \dfrac{b(p_k - p_c)}{b + 2z\tan\theta}$	p_k——基底平均压力（kPa）； p_c——基础底面处自重压力（kPa）（按基底以上原土计算$\gamma_{m1}d$）
矩形基础	$p_z = \dfrac{bl(p_k - p_c)}{(b + 2z\tan\theta)(l + 2z\tan\theta)}$	
圆形基础	$p_z = \dfrac{\pi r^2(p_k - p_c)}{\pi(r + z\tan\theta)^2}$	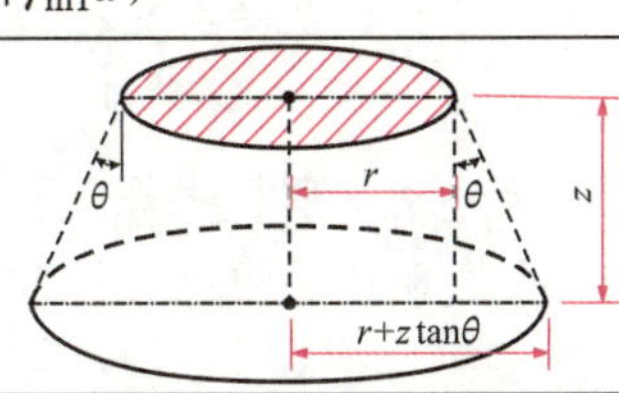

土和砂石材料压力扩散角θ见表 4-17-3。

土和砂石材料压力扩散角θ（插值使用）　　表 4-17-3

<table>
<tr><th rowspan="2">z/b
（b为短边）</th><th colspan="4">换填材料</th></tr>
<tr><th>中砂、粗砂、砾砂、圆砾、石屑、卵石、碎石、矿渣</th><th>粉质黏土、粉煤灰</th><th>灰土</th><th>土工带加筋垫层</th></tr>
<tr><td>< 0.25</td><td colspan="2">0°</td><td rowspan="3">28°</td><td rowspan="3">一层筋：26°
两层及以上筋：35°</td></tr>
<tr><td>0.25</td><td>20°</td><td>6°</td></tr>
<tr><td>≥ 0.5</td><td>30°</td><td>23°</td></tr>
</table>

注：垫层土承载力特征值f_{ak1}：宜通过试验确定，按《建筑地基基础设计规范》设计等级为丙级的建筑物及一般的小型、轻型或对沉降要求不高的工程，在无试验资料或经验时，当施工达到《建筑地基处理技术规范》要求的压实标准后，初步设计时可以参考**《建筑地基处理技术规范》第 4.2.5 条条文说明**（表 4-17-4）所列的承载力特征值取用。

垫层的承载力　　表 4-17-4

<table>
<tr><th>换填材料</th><th>承载力特征值f_{ak}（kPa）</th><th>换填材料</th><th>承载力特征值f_{ak}（kPa）</th></tr>
<tr><td>砂夹石（其中碎石、卵石占全重的 30%～50%）</td><td>200～250</td><td>土夹石（其中碎石、卵石占全重的 30%～50%）</td><td>150～200</td></tr>
<tr><td>碎石、卵石</td><td>200～300</td><td>石屑</td><td>120～150</td></tr>
<tr><td rowspan="2">中砂、粗砂、砾砂、圆砾、角砾</td><td rowspan="2">150～200</td><td>灰土</td><td>200～250</td></tr>
<tr><td>粉煤灰</td><td>120～150</td></tr>
<tr><td>粉质黏土</td><td>130～180</td><td>矿渣</td><td>200～300</td></tr>
</table>

注：压实系数小的垫层，承载力特征值取低值，反之取高值；原状矿渣垫层取低值、分级矿渣或混合矿渣垫层取高值。

题 4-2　（06C17）某建筑基础采用独立基础，基础尺寸为 6m × 6m，埋深 1.5m，基础顶面的轴心荷载$F_k = 6000\text{kN}$，基础和基础上土重$G_k = 1200\text{kN}$，场地地层为粉质黏土，$f_{ak} = 120\text{kPa}$，$\gamma = 18\text{kN/m}^3$，由于承载力不能满足要求，拟采用灰土换填垫层处理。当垫层厚度为 2.0m 时，采用《建筑地基处理技术规范》JGJ 79—2012 计算，垫层底面处的附加压力值最接近下列哪个选项？

（A）27kPa　　（B）63kPa　　（C）78kPa　　（D）94kPa

【解】

（1）$p_k = \dfrac{F_k + G_k}{A} = \dfrac{6000 + 1200}{6 \times 6} = 200\text{kPa}$，$p_c = 18 \times 1.5 = 27\text{kPa}$

灰土换填，$\theta = 28°$

（2）$p_z = \dfrac{bl(p_k - p_c)}{(b + 2z\tan\theta)(l + 2z\tan\theta)} = \dfrac{6 \times 6 \times (200 - 27)}{(6 + 2 \times 2 \times \tan 28°)^2} = 94.3\text{kPa}$

【点评】

①根据《建筑地基处理技术规范》第 4.2.2 条；②求基底附加压力p_0时采用的p_c采用原土的重度；③灰土换填垫层的压力扩散角$\theta = 28°$，和z/b无关；④如垫层的重度和原土的重度不一致，下卧层的自重应力p_{cz}应采用垫层的重度。

题 4-3　（05D17）某钢筋混凝土条形基础埋深$d = 1.5\text{m}$，基础宽$b = 1.2\text{m}$，传至基础底面的竖向荷载$F_k + G_k = 180\text{kN/m}$（荷载效应标准组合），土层分布如图 4-17-1 所示，用砂夹石将地基中淤泥土全部换填，按《建筑地基处理技术规范》JGJ 79—2012 验算下卧层承载力属于下述哪个选项的情况？（垫层材料重度$\gamma = 19\text{kN/m}^3$）

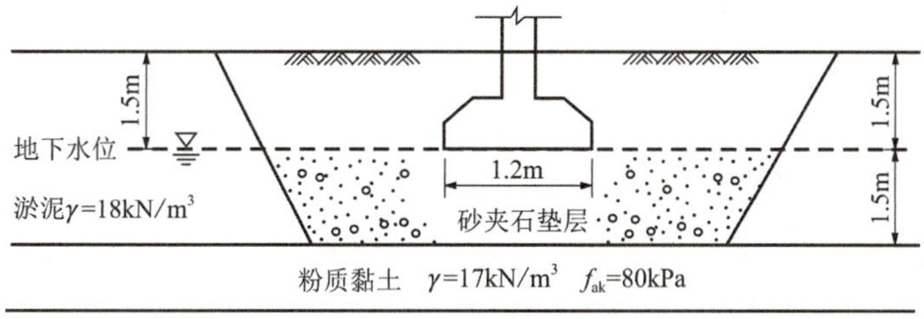

图 4-17-1　题 4-3 图

（A）$p_z + p_{cz} < f_{az}$　　（B）$p_z + p_{cz} > f_{az}$

（C）$p_z + p_{cz} = f_{az}$　　（D）$p_k + p_{cz} < f_{az}$

【解】

（1）$z/b = 1.5/1.2 > 0.5$，取$\theta = 30°$

$$p_z = \frac{b(p_k - p_c)}{b + 2z\tan\theta} = \frac{1.2 \times \left(\frac{180}{1.2} - 18 \times 1.5\right)}{1.2 + 2 \times 1.5 \times \tan 30°} = 50.3\text{kPa}$$

$p_{cz} = 27 + 9 \times 1.5 = 40.5\text{kPa}$，$p_z + p_{cz} = 50.3 + 40.5 = 90.8\text{kPa}$

（2）$\gamma_m = \dfrac{18 \times 1.5 + 8 \times 1.5}{3} = 13\text{kN/m}$，

$f_{az} = 80 + 1.0 \times 13 \times (3 - 0.5) = 112.5\text{kPa}$

（3）$p_z + p_{cz} = 90.8 < f_{az} = 112.5$，满足要求

【点评】

①根据《建筑地基处理技术规范》第 4.2.2 条；②本题是验算下卧层承载力最常规的题目，务必十分熟悉，粉质黏土$f_{ak} = 80\text{kPa}$，为软弱黏性土，可知$\eta_d = 1$；③p_c用原土的重度，p_{cz}用垫层材料重度。

题 4-4 某独立基础尺寸为 2.5m × 1.5m，基底埋深为 1.0m，荷载效应标准组合传至基础顶面的竖向力$F_k = 2100kN$，原表层 1m 为粉质黏土，重度$\gamma_1 = 18kN/m^3$；1～8m 为粉土，$\gamma_2 = 19kN/m^3$，黏粒含量$\rho_c > 10\%$，$f_{ak} = 80kPa$，场地地下水深度为 2m，拟采用灰土垫层进行处理，灰土的重度$\gamma = 21kN/m^3$，试计算满足下卧层承载力要求的最小换填厚度最接近下列哪个选项？

（A）1.5m　　（B）2.1m　　（C）2.7m　　（D）3.5m

【解】

（1）假设换填厚度z大于 1m

$$f_{az} = 80 + 1.5 \times \frac{18 \times 1 + 19 \times 1 + 9 \times (z-1)}{z+1} \times (z + 1 - 0.5)$$

$$= 80 + \frac{1.5 \times (28 + 9z) \times (z + 0.5)}{z+1}$$

$$p_k - p_c = \frac{2100}{2.5 \times 1.5} + 20 \times 1 - 18 \times 1 = 562kPa$$

（2）$p_{cz} = 18 \times 1 + 21 \times 1 + 11 \times (z-1) = 11z + 28$

（3）$p_z = \dfrac{2.5 \times 1.5 \times 562}{(2.5 + 2 \times z \times \tan 28°) \times (1.5 + 2 \times z \times \tan 28°)}$

$$= \frac{2107.5}{(2.5 + 1.0634z) \times (1.5 + 1.0634z)}$$

$$11z + 28 + \frac{2107.5}{(2.5 + 1.0634z) \times (1.5 + 1.0634z)} \leqslant 80 + \frac{1.5 \times (28 + 9z) \times (z + 0.5)}{z+1}$$

解得：$z \geqslant 2.69m$，大于 1m 假设

【点评】

主要靠计算器解方程，直接按上面最后一步输入，不必化简，必会的技能。

题 4-5 在深厚的软黏土层上采用 1m 厚的灰土换填，然后用 1m × 1m 的平板在灰土垫层上进行平板载荷试验，结果下面的软黏土层破坏失稳，试验得到承载力的特征值为 340kPa，如果在此 1m 厚的灰土换填土上，设计宽度为 2m 的条形基础，该基础底面可承受的最大压应力最接近下列哪个选项？

（A）80kPa　　（B）95kPa　　（C）120kPa　　（D）135kPa

【解】

（1）当采用载荷板时：

$$p_{z1} = \frac{b_1 l_1 (p_{k1} - p_c)}{(b_1 + 2z_1 \tan\theta)(l_1 + 2z_1 \tan\theta)} = \frac{340 \times 1 \times 1}{(1 + 2\tan 28°)^2} = 79.86kPa$$

$$f_{az} \geqslant p_{z1} + p_{cz} = 79.86 + p_{cz}$$

（2）当为条形基础时：$p_{z2} = \dfrac{b_2 (p_{k2} - p_c)}{b_2 + 2z_1 \tan\theta} = \dfrac{2p_{k2}}{2 + 2 \times \tan 28°} = 0.653p_{k2}$

（3）因为$f_{az} \geqslant p_{z2} + p_{cz} = 0.653p_{k2} + p_{cz}$

即$79.86 + p_{cz} \geqslant 0.653p_{k2} + p_{cz}$，解得$p_{k2} = 122.3kPa$

【点评】

①根据《建筑地基处理技术规范》第 4.2.2 条；②因为载荷板和条形基础在原地表，因此公式中的$p_c = 0$。

题 4-6 在深厚的淤泥质土上采用 2m 厚的灰土换填，然后用面积 $2m^2$ 的圆形平板在灰土垫层上进行浅层平板载荷试验，沉降过大终止试验，得到地基承载力特征值为 260kPa，在换填地基上设计宽度为 2m，埋深 0.5m 条形基础，则该基础顶面可承受的最大竖向力为多少？（灰土重度 $20kN/m^3$）

【解】

（1）$3.14r^2 = 2$，得$r = 0.8m$

圆形平板载荷试验时，$\dfrac{2\times 260}{3.14\times(0.8+2\tan 28°)^2} + p_{cz} \leqslant f_{az}$

（2）条基，$\dfrac{2\times(p_k - p_c)}{2+2\times 1.5\times\tan 28°} + p_{cz} \leqslant f_{az}$，解得$p_k - p_c = 85.73kPa$

（3）$p_k - p_c = \dfrac{F_k}{2.0} + 20\times 0.5 - 20\times 0.5 = 85.73 \Rightarrow F_k = 171.46kN$

【点评】

①沉降过大，验算下卧层；②试验得到的承载力 260kPa 是灰土垫层顶面的。

题 4-7 （20D11）某换填垫层地基上建造条形基础和圆形独立基础平面布置如图 4-17-2 所示，基础埋深均为 1.5m，地下水位很深，基底以上土层的天然重度为 $17kN/m^3$，基底下换填垫层厚度 2.2m，重度为 $20kN/m^3$，条形基础荷载（作用于基础底面处）500kN/m，圆形基础荷载（作用于基础底面处）1400kN。换填垫层的压力扩散角为 30°时，求换填垫层底面处的自重压力和附加压力之和的最大值最接近下列哪个选项？

（A）120kPa　　（B）155kPa

（C）190kPa　　（D）205kPa

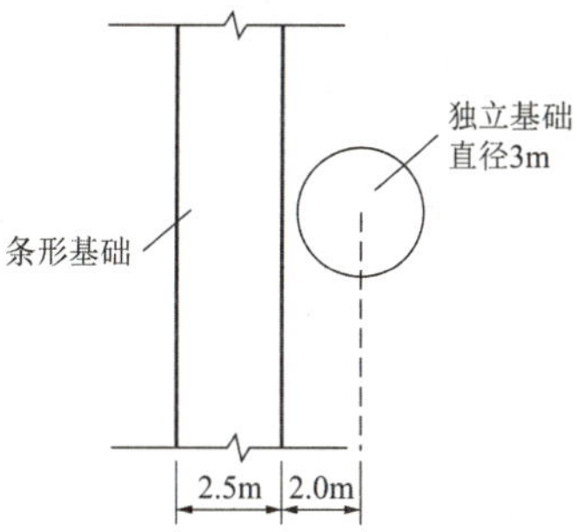

图 4-17-2　题 4-7 图

【解】

（1）条形基础

$$p_{01} = \frac{500}{2.5} - 17\times 1.5 = 174.5kPa$$

$$p_{z1} = \frac{174.5\times 2.5}{2.5+2\times 2.2\times\tan 30°} = 86.55kPa$$

（2）圆形基础

$$p_{02} = \frac{1400}{3.14\times 1.5^2} - 17\times 1.5 = 172.66kPa$$

$$p_{z2} = \frac{3.14\times 1.5^2\times 172.66}{3.14\times(1.5+2.2\times\tan 30°)^2} = 50.6kPa$$

（3）由于圆形基础和条形基础之间的最小距离

$d = 0.5m < 2\times 2.2\times\tan 30° = 2.54m$

最大值$p_{cz} + p_z = 86.55 + 50.6 + 17\times 1.5 + 20\times 2.2 = 206.7kPa$

【点评】

①根据《建筑地基处理技术规范》第 4.2.2 条；②本题考软弱下卧层的应力扩散，条形基础和圆形独立基础之间的间隔小于扩散的长度，产生应力叠加，2018 年案例真题下午第 6 题已经考过圆形基础下卧层的应力扩散，扩散之后的圆形半径增加$z\tan\theta$。

环形基础地基压力扩散和正六边形和正多边形基础地基压力扩散总结见第二篇第一章第一节，例题如下。

题 4-8 （22D12）某工程场地表层为①层填土，厚度 5.5m，天然重度 $17kN/m^3$；①层填土以下为②层黏性土，厚度 5.0m。拟建工程采用圆环形基础，基础埋深 2.5m，圆环形基础外径 4.0m，内径 2.0m。采用换填垫层法处理填土地基，垫层厚度 3.0m。上部结构传至基础顶面的竖向力 1200kN，基础及其上土的平均重度为 $20kN/m^3$。已知换填垫层的地基压力扩散线与垂直线的夹角为 23°。根据《建筑地基处理技术规范》JGJ 79—2012，基底附加压力扩散到②层黏性土层顶面处的压力最接近下列哪个选项？（假定地基压力均匀分布）

（A）18kPa （B）38kPa （C）58kPa （D）98kPa

【解】

（1）$z\tan\theta = 3\times\tan 23° = 1.27\text{m}$

$2\times1.27 = 2.54 > 2$，内环扩散有重叠

（2）$p_0 = \dfrac{1200}{3.14\times(2^2-1^2)} + 20\times2.5 - 17\times2.5 = 134.9\text{kPa}$

$$p_z = \frac{134.9\times3.14\times(2^2-1^2)}{3.14\times(2+1.27)^2} = 37.8\text{kPa}$$

【点评】

①根据《建筑地基处理技术规范》第 4.2.2 条；②环形基础下卧验算时，外环向外扩，内环向内，当 $2z\tan\theta$大于内环直径时，扩散部分有重叠，扩散之后的下卧层受力形状为半径为$2+z\tan\theta$的圆形；③本题假定地基压力均匀分布，则下卧层顶附加压力 = 基底附加压力 × 扩散之前面积/扩散之后的面积。

题 4-9 某建筑建在深厚的淤泥质土上，建筑基础底面形状为正六边形，边长 2m，基础埋深 2m，基底压力$p_k = 150\text{kPa}$，拟采用灰土换填地基处理，已知淤泥质土的重度为 $17.5kN/m^3$，地基承载力特征值$f_{ak} = 70\text{kPa}$，地下水埋深 6m，根据《建筑地基处理技术规范》JGJ 79—2012，灰土换填的厚度最小值最接近下列哪个选项时，下卧土层的承载力符合规范要求？（灰土重度 $20kN/m^3$）

（A）0.75m （B）1.35m （C）1.60m （D）2.80m

【解】

（1）$p_z = \dfrac{3\sqrt{3}/2\times2^2\times(150-17.5\times2)}{3\sqrt{3}/2\times\left(2+\dfrac{2z}{\sqrt{3}}\tan28°\right)^2} = \dfrac{460}{\left(2+\dfrac{2z}{\sqrt{3}}\tan28°\right)^2}$

（2）$p_{cz} = 17.5\times2 + 20z = 35 + 20z$

（3）$f_{az} = 70 + 1.0\times17.5\times(2+z-0.5) = 96.25 + 17.5z$

（4）$p_z + p_{cz} = \dfrac{460}{\left(2+\dfrac{2z}{\sqrt{3}}\tan28°\right)^2} + 35 + 20z \leqslant 96.25 + 17.5z \Rightarrow z \geqslant 1.33\text{m}$

【点评】

①根据《建筑地基处理技术规范》第 4.2.2 条，灰土的扩散角取 28°，根据应力扩散原理计算扩散后的附加应力，不可漏算淤泥质土和灰土重度的差值；②通过解方程反求需要换填的厚度，一般宜为 1～3m；③根据规范公式（4.2.2-3），应该按垂线扩散，不是按对角线扩散（扩散后底面投影如图 4-17-3 所示），按垂线扩散面积更接近实际扩散后的面积（稍大于实际面积），如果按对角线扩散计算，则扩散后的面积比实际面积偏小很多；④按对角线扩散解法如下：

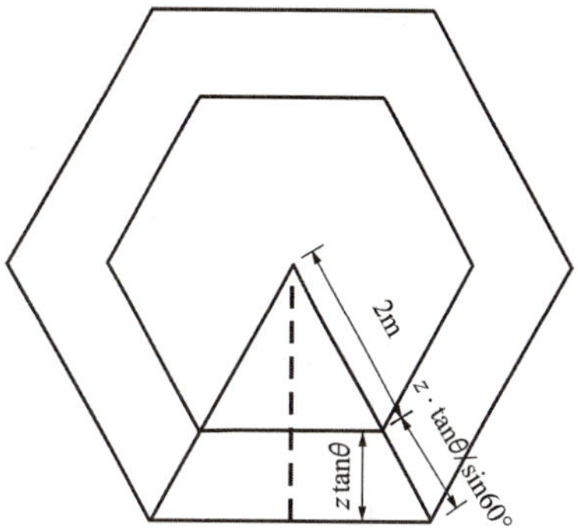

扩散后六边形边长：2+z · tanθ/sin60°

图 4-17-3　解 4-9 图

（1）$p_z=\dfrac{3\sqrt{3}/2\times 2^2\times(150-17.5\times 2)}{3\sqrt{3}/2\times(2+z\tan 28°)^2}=\dfrac{460}{(2+z\tan 28°)^2}$

（2）$p_{cz}=17.5\times 2+20z=35+20z$

（3）$f_{az}=70+1.0\times 17.5\times(2+z-0.5)=96.25+17.5z$

（4）$p_z+p_{cz}=\dfrac{460}{(2+z\tan 28°)^2}+35+20z\leqslant 96.25+17.5z\Rightarrow z\geqslant 1.57\text{m}$

2. **垫层宽度**

垫层底面宽度应满足基础底面应力扩散的要求，可按表 4-17-5 确定。

垫层宽度　　表 4-17-5

垫层宽度	底面宽度	$b'\geqslant b+2z\tan\theta$	θ按上表取值，但$z/b<0.25$时，仍按$z/b=0.25$取值
	顶面宽度	垫层顶面**每边**超过**基础底边缘**不应小于 300mm，且从垫层底面两侧向上，按当地基坑开挖的经验及要求放坡	

注：整片垫层底面的宽度可根据施工的要求适当加宽。

题 4-10　（02D10）当采用换填法处理地基时，若基底宽度为 10.0m，在基底下铺设厚度为 2.0m 的灰土垫层。根据《建筑地基处理技术规范》JGJ 79—2012，为了满足基础底面应力扩散的要求，垫层底面宽度应超出基础底面宽度至少为下列哪个选项的数值？

（A）0.6m　　（B）1.2m　　（C）1.8m　　（D）2.2m

【解】

灰土垫层，压力扩散角$\theta=28°$

$b'-b=2z\tan\theta=2\times 2\times\tan 28°=2.13\text{m}$

【点评】

①根据《建筑地基处理技术规范》第 4.2.2 条、第 4.2.3 条；②当$z/b<0.25$时，θ取$z/b=0.25$对应的值，而不同于第 4.2.2 条的θ取 0，本题是灰土，固定取$\theta=28°$；③垫层底面两边均超出基础$z\tan\theta$的宽度。

3. 变形计算

垫层地基的变形计算可按表 4-17-6 的规定。

变形计算 **表 4-17-6**

垫层地基的变形由垫层自身变形和下卧层变形组成。换填垫层在满足《建筑地基处理技术规范》第 4.2.2～4.2.4 条的条件下，垫层地基的变形可仅考虑其下卧层的变形。 对地基沉降有严格限制的建筑，应计算垫层自身的变形。垫层下卧层的变形量可按现行国家标准《建筑地基基础设计规范》的规定进行计算	$s=s_s+s_{cu} \Leftarrow$	$s_s=\psi_s\sum_{i=1}^{n}\frac{p_0}{E_{si}}(z_i\overline{\alpha}_i-z_{i-1}\overline{\alpha}_{i-1})$ $s_{cu}=\frac{p_m}{E_{cu}}z$

s——砂砾垫层地基沉降量（mm）；

s_s——下卧层沉降量（mm），按《建筑地基基础设计规范》规定计算；

s_{cu}——垫层本身的压缩量（mm）；

p_m——垫层内的平均压应力（MPa），即基底平均压应力与垫层底平均压应力的平均值；

z——垫层厚度（mm）；

E_{cu}——垫层的压缩模量（MPa），如无实测资料时，可按表 4-17-7 取值

注：沉降经验系数查表应按《建筑地基基础设计规范》取值，如表 4-17-7 所示。

沉降计算经验系数 ψ_s（可插值） **表 4-17-7**

基底附加压力 p_0	$\overline{E}_s$（MPa）								
	2.5	2.5～4	4	4～7	7	7～15	15	15～20	20
$p_0 \geqslant f_{ak}$	1.4	$\frac{23.5-\overline{E}_s}{15}$	1.3	$\frac{17-\overline{E}_s}{10}$	1.0	$\frac{61-3\overline{E}_s}{40}$	0.4	$\frac{25-\overline{E}_s}{25}$	0.2
$p_0 \leqslant 0.75f_{ak}$	1.1	$\frac{19-\overline{E}_s}{15}$	1.0	$\frac{14-\overline{E}_s}{10}$	0.7	$\frac{77-3\overline{E}_s}{80}$	0.4		0.2

注：$\overline{E}_s \geqslant 15$MPa 时，$\psi_s$与$p_0$和$f_{ak}$的关系无关。

变形计算的说明：

对于垫层下存在软弱下卧层的建筑，在进行地基变形计算时应考虑邻近建筑物基础荷载对软弱下卧层顶面应力叠加的影响。当超出原地面标高的垫层或换填材料的重度高于天然土层重度时，宜及时换填，并应考虑其附加荷载的不利影响。

粗粒换填材料的垫层在施工期间垫层自身的压缩变形已基本完成，且量值很小。因而对于碎石、卵石、砂夹石、砂和矿渣垫层，在地基变形计算中，可以忽略垫层自身部分的变形值；但对于细粒材料的尤其是厚度较大的换填垫层，则应计入垫层自身的变形，有关垫层的模量应根据试验或当地经验确定。在无试验资料或经验时，可参照表 4-17-8 选用。

垫层模量（MPa） **表 4-17-8**

垫层材料	压缩模量E_{cu}	变形模量E_0
粉煤灰	8～20	—
砂	20～30	—
碎石、卵石	30～50	—
矿渣	—	35～70

注：压实矿渣的E_0/E_s比值可按 1.5～3.0 取用。

题 4-11 某建筑采用条形基础，基础宽度 4.0m，采用换填碎石垫层法进行地基处理，场地土层分布如图 4-17-4 所示，地下水位位于地表处。换填垫层从基础底面至黏性土顶面，垫层材料重度为$\gamma = 19.5\text{kN/m}^3$。基础底面处相应于荷载效应准永久组合时的平均压力值 200kPa。试计算自地面 13m 深度范围内基础的最终沉降量最接近下列哪个选项？（建筑对地基沉降无严格限制，沉降计算经验系数$\psi_s = 1.1$）

（A）143mm （B）157mm

（C）173mm （D）185mm

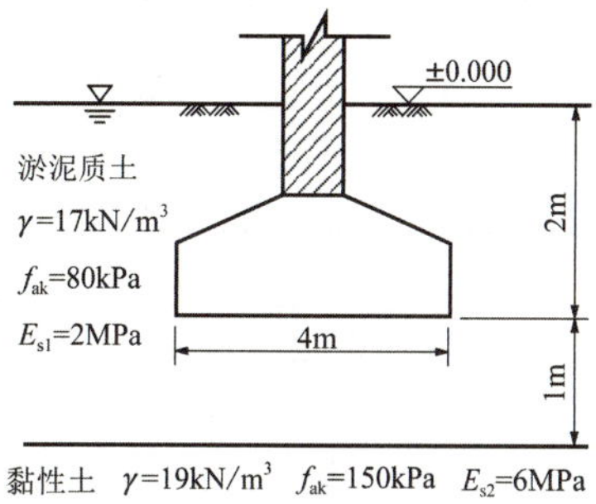

图 4-17-4 题 4-11 图

【解】

（1）$p_0 = 200 - 2 \times 7 = 186\text{kPa}$

$\dfrac{z}{b} = \dfrac{1}{4} = 0.25$，碎石换填 $\Rightarrow \theta = 20°$，$B = 4 + 2 \times 1 \times \tan 20° = 4.728\text{m}$

碎石垫层底的附加应力：$p_z = \dfrac{186 \times 4}{4.728} + (9.5 - 7) \times 1 = 159.86\text{kPa}$

（2）

解 4-11 表 表 4-17-9

z	z/b	l/b	$\bar{\alpha}$	$4z\bar{\alpha}$	E_s
10	10/(4.728/2) = 4.23	10	0.1474	5.896	6

（3）$s = 1.1 \times 159.86 \times \dfrac{5.896}{6} = 172.8\text{mm}$

【点评】

①根据《建筑地基处理技术规范》第 4.2.7 条；②对地基沉降没有严格限制的建筑，不需要考虑垫层变形；③下卧层沉降采用下卧层顶面处的附加应力和作用面积计算沉降，计算方法参照《建筑地基基础设计规范》；④垫层材料与换填土的自重差应该计入附加应力，参与沉降计算。

题 4-12 某混凝土独立基础，基础尺寸为$3\text{m} \times 3\text{m}$，埋深 2m，采用换填垫层法进行地基处理，碎石垫层厚度 2m，准永久组合时基底附加应力为 150kPa，原地面以下土层的参数见表 4-17-10，建筑对地基沉降不严格，按《建筑地基处理技术规范》JGJ 79—2012 及《建筑地基基础设计规范》GB 50007—2011 规定，试计算该基础中心点的沉降计算值。（变形计算深度取至②层底）

题 4-12 表 表 4-17-10

土层	重度γ（kN/m^3）	层底埋深（m）	压缩模量E_s（MPa）	地基承载力特征值f_{ak}（kPa）
①	19	6	4	120
②	18	8	8	180
③	20	10	30	

（A）27mm （B）30mm （C）42mm （D）47mm

【解】

（1）$z/b = 2/3 > 0.5$，取$\theta = 30°$

$$p_z = \frac{3 \times 3 \times 150}{(3 + 2 \times 2 \times \tan 30°)^2} = 47.89\text{kPa} < 0.75 f_{ak} = 90\text{kPa}$$

（2）$b' = l' = 3 + 2 \times 2 \times \tan 30° = 5.31\text{m} > 3 + 2 \times 0.3 = 3.6\text{m}$

解 4-12 表 **表 4-17-11**

z_i（m）	l'/b'	z_i/b'	$\overline{\alpha}_i$	$4z_i\overline{\alpha}_i$	$4(z_i\overline{\alpha}_i - z_{i-1}\overline{\alpha}_{i-1})$	E_{si}（MPa）
0				0		
2	1	0.753	0.2364	1.8912	1.8912	4
4	1	1.506	0.1988	3.1808	1.2896	8

（3）$\overline{E}_s = \dfrac{3.1808}{\dfrac{1.8912}{4} + \dfrac{1.2896}{8}} = 5.0\text{MPa}$，$\psi_s = 0.9$

（4）$s = 0.9 \times 47.89 \times \left(\dfrac{1.8912}{4} + \dfrac{1.2896}{8}\right) = 27.3\text{mm}$

【点评】

①依据《建筑地基处理技术规范》第 4.2.7 条；②沉降要求不严格的建筑可不计算垫层自身的沉降，垫层的沉降按应力扩散后的状态根据《建筑地基基础设计规范》计算，经验系数通过《建筑地基基础设计规范》查表。

17.2.2 垫层压实标准——《建筑地基处理技术规范》第 4.2.4 条

垫层的压实标准可按表 4-17-12 选用。矿渣垫层的压实系数可根据满足承载力设计要求的试验结果，按最后两遍压实的压陷差确定。

各种垫层的压实标准 **表 4-17-12**

<table>
<tr><th>施工方法</th><th>换填材料类别</th><th colspan="4">压实系数λ_c</th></tr>
<tr><td rowspan="7">碾压
振密
或夯实</td><td>碎石、卵石</td><td rowspan="7">轻型击实试验</td><td rowspan="4">≥0.97</td><td rowspan="7">重型击实试验</td><td rowspan="4">≥0.97</td></tr>
<tr><td>砂夹石（其中碎石、卵石占全重的30%～50%）</td></tr>
<tr><td>土夹石（其中碎石、卵石占全重的30%～50%）</td></tr>
<tr><td>中砂、粗砂、砾砂、角砾、圆砾、石屑</td></tr>
<tr><td>粉质黏土</td><td>≥0.97</td><td rowspan="3">≥0.94</td></tr>
<tr><td>灰土</td><td>≥0.95</td></tr>
<tr><td>粉煤灰</td><td>≥0.95</td></tr>
</table>

注：1. 压实系数λ_c为土的控制干密度ρ_d与最大干密度ρ_{dmax}的比值；土的最大干密度宜采用击实试验确定；碎石或卵石的最大干密度可取 2.1～2.2t/m^3；

2. 表中压实系数λ_c系使用轻型击实试验测定土的最大干密度ρ_{dmax}时给出的压实控制标准，采用重型击实试验时，对粉质黏土、灰土、粉煤灰及其他材料压实标准应为压实系数$\lambda_c \geqslant 0.94$。

17.3　压实地基和夯实地基

压实地基适用于处理大面积填土地基。浅层软弱地基以及局部不均匀地基的换填处理应采用上节所述的换填垫层法。

夯实地基可分为强夯和强夯置换处理地基。强夯处理地基适用于碎石土、砂土、低饱和度的粉土与黏性土、湿陷性黄土、素填土和杂填土等地基；强夯置换适用于高饱和度的粉土与软塑—流塑的黏性土地基上对变形要求不严格的工程。

强夯法是反复将夯锤（质量一般为 10～60t）提到一定高度使其自由落下（落距一般为 10～40m），给地基以冲击和振动能量，在极短时间内对地基土体施加一个巨大的冲击能量，这种突然释放的巨大能量将使土体发生一系列的物理变化；如土体结构破坏或液化、排水固结压密、触变恢复等。其作用结果使一定范围内地基强度提高、孔隙挤密、消除湿陷性等。从而提高地基的承载力并降低其压缩性，改善地基性能。

强夯置换法是在强夯形成的夯坑内回填块石、碎石等粗颗粒材料，然后用夯锤夯击，重复此过程连续施工，形成一个墩体，称为强夯置换墩。强夯置换除在土中形成墩体外，当加固土层为深厚饱和粉土或黏性土时，还对墩间土和墩底端以下土有排水和加密作用，其密度及状态可以改善。由此可知，强夯置换的加固深度由两部分组成，即置换墩长度和墩下加密范围。此时，可将墩身与墩间土视为构成了复合地基。对淤泥或流塑的黏性土中的置换墩则不考虑墩间土的承载力，仅考虑墩的承载力，宜按单墩载荷试验确定的单墩承载除以单墩加固作为加固后的地基承载力。同时，墩体本身也是一个特大直径排水体，有利于加快土层固结。强夯置换的加固原理为三者之和即：**强夯置换＝强夯（加密）＋碎石墩＋特大直径排水井**。

17.3.1　压实填土的质量控制——《建筑地基处理技术规范》第 6.2.2 条

压实填土的质量控制按表 4-17-13 的规定。

各种垫层的压实标准　　表 4-17-13

（1）压实填土的质量以压实系数λ_c控制，按下表确定：

压实填土的质量控制

结构类型	填土部位	压实系数λ_c		控制含水率（%）
砌体承重结构和框架结构	在地基主要受力层范围以内	$\lambda_c=\dfrac{\rho_d}{\rho_{dmax}}$	≥0.97	$w_{op}\pm2$
	在地基主要受力层范围以下		≥0.95	
排架结构	在地基主要受力层范围以内		≥0.96	
	在地基主要受力层范围以下		≥0.94	

注：地坪垫层以下及基础底面标高以上的压实填土，压实系数λ_c≥0.94

（2）压实填土的最大干密度和最优含水率，宜采用击实试验确定，当无试验资料时，最大干密度可按下式计算：

$$\rho_{dmax}=\eta\frac{\rho_w G_s}{1+0.01w_{op}G_s}$$

当填料为碎石或卵石时，其最大干密度可取 2.1～2.2t/m³

ρ_d——控制干密度（t/m³）；

ρ_{dmax}——分层压实填土的最大干密度（t/m³）；

η——经验系数，粉质黏土取 0.96，粉土取 0.97；

ρ_w——水的密度（t/m³）；

G_s——土粒比重；

w_{op}——填料的最优含水率（%）

题 4-13 （17A22）某填土工程拟采用粉土作填料，粉土土粒比重为 2.70，最优含水率为 17%，现无击实试验资料，试计算该粉土的最大干密度最接近下列何值？

（A）$1.6t/m^3$ （B）$1.7t/m^3$ （C）$1.8t/m^3$ （D）$1.9t/m^3$

【解】

$$\rho_{dmax}=\eta\frac{\rho_w G_s}{1+0.01w_{op}G_s}=0.97\times\frac{1\times2.7}{1+0.17\times2.7}=1.8t/m^3$$

【点评】

①根据《建筑地基处理技术规范》第 6.2.2 条或《建筑地基基础设计规范》第 6.3.8 条；②估算粉土在最优含水率时的干密度，等于饱和时的干密度再乘以经验系数η，粉土取 0.97，黏性土取 0.96，黏性土更不易达到饱和。

题 4-14 某建筑采用砌体承重结构，地基主要受力层范围内的土采用填方压实，已知填土的土粒比重$G_s=2.70$，最优含水率$w_{op}=15.6\%$，试验中，土在最优含水率情况下进行轻型击实试验，测得土的饱和度$S_r=96.5\%$，根据《建筑地基处理技术规范》JGJ 79—2012，已知实际施工过程中采用填土的含水率为 16.5%，则通过灌水法测得压实后填土的密度最低值最接近下列哪个选项？

（A）$1.79g/cm^3$ （B）$1.82g/cm^3$ （C）$2.08g/cm^3$ （D）$2.13g/cm^3$

【解】

（1）$e=\dfrac{2.70\times0.156}{0.965}=0.436$，$\rho_{dmax}=\dfrac{2.70}{1+0.436}=1.88g/cm^3$

（2）砌体承重结构，主要地基受力层$\lambda_c\geqslant0.97\Rightarrow\rho_d\geqslant1.88\times0.97=1.824g/cm^3$

（3）$\rho\geqslant1.824\times(1+0.165)=2.125g/cm^3$

【点评】

①根据《建筑地基处理技术规范》表 6.2.2-2 规定：砌体结构在地基主要受力层范围内压实系数不小于 0.97；②本题属于三相图的基本应用，应掌握群里视频讲解“脑海中三相图”的方法，通过理解记忆常用公式，达到闭卷快速做题的目标。

17.3.2 强夯法有效加固深度——《建筑地基处理技术规范》第 6.3.3 条条文说明

有效加固深度H按梅纳公式计算：

$$H=K\sqrt{Mh}=K\sqrt{E/g}；K=0.34\sim0.80$$

式中：M——夯锤质量（t）；

h——落距（m）；

K——修正系数；

E——夯击能（kN·m）；

g——重力加速度（m/s^2），一般取 10。

注：1. 强夯的有效加固深度，应根据现场试夯或地区经验确定。在缺少试验资料或经验时，可按《建筑地基处理技术规范》表 6.3.3-1 进行预估。

2.《水运工程地基设计规范》第 8.7.4 条，α一般采用 0.4～0.7，$H=\alpha\sqrt{Mh}$。

题 4-15 （03D31）某地湿陷性黄土地基采用强夯法处理，拟采用圆底夯锤，质量 10t，落距 10m。已知梅纳公式的修正系数为 0.5，估算此强夯处理加固深度最接近下列哪个选项？

（A）3.0m （B）3.5m （C）4.0m （D）5.0m

【解】

$H = \alpha\sqrt{Mh} = 0.5 \times \sqrt{10 \times 10} = 5.0\text{m}$

【点评】

①根据《建筑地基处理技术规范》第 6.3.3 条及条文说明；②《水运工程地基设计规范》第 8.7.4 条增加了经验修正系数α，一般采用 0.4～0.7。

17.3.3 强夯置换法地基承载力——《建筑地基处理技术规范》第 6.3.5 条第 11 款及条文说明

软黏性土中强夯置换地基承载力特征值应通过现场单墩静载荷试验确定；对于饱和粉土地基，当处理后形成 2.0m 以上厚度的硬层时，其承载力可通过现场单墩复合地基静载荷试验确定。

淤泥或流塑软土：$f_{\text{spk}} = mf_{\text{pk}}$

饱和粉土（处理后形成 2m 以上厚度的硬层时）：$f_{\text{spk}} = mf_{\text{pk}} + (1 - m)f_{\text{sk}}$

题 4-16 （06D18）某软黏土地基天然含水率$w = 50\%$，液限$w_{\text{L}} = 45\%$，采用强夯置换法进行地基处理，夯点采用正三角形布置，间距 2.5m，成墩直径为 1.2m，根据检测结果，单墩承载力特征值为$P_{\text{k}} = 800\text{kN}$，按《建筑地基处理技术规范》JGJ 79—2012 计算，处理后该地基的承载力特征值最接近下列哪个选项？

（A）128kPa （B）138kPa （C）148kPa （D）158kPa

【解】

（1）$f_{\text{pk}} = \dfrac{P_{\text{k}}}{A_{\text{p}}} = \dfrac{800}{3.14 \times 0.6^2} = 707.7\text{kPa}$

（2）$m = \dfrac{d^2}{{d_{\text{e}}}^2} = \dfrac{1.2^2}{(1.05 \times 2.5)^2} = 0.209$

（3）$f_{\text{spk}} = mf_{\text{pk}} = 0.209 \times 707.7 = 147.9\text{kPa}$

【点评】

①根据《建筑地基处理技术规范》第 6.3.5 条条文说明；②强夯置换后的地基承载力对**粉土**按**复合地基**考虑，对**淤泥或流塑的黏性土**则**不考虑墩间土承载力**。

题 4-17 某饱和粉土地基，采用强夯置换法进行地基处理，夯点采用正三角形布置，间距2.5m，成墩直径为1.2m，根据检测结果，处理后桩间土承载力特征值为100kPa，单墩承载力特征值为$P_k = 800\text{kN}$，按《建筑地基处理技术规范》JGJ 79—2012 计算处理后该地基的承载力特征值最接近下列哪个选项？

（A）207kPa （B）217kPa （C）227kPa （D）237kPa

【解】

（1）$f_{pk} = \dfrac{P_k}{A_p} = \dfrac{800}{3.14 \times 0.6^2} = 707.7\text{kPa}$

$$m = \frac{d^2}{{d_e}^2} = \frac{1.2^2}{(1.05 \times 2.5)^2} = 0.209，\ n = \frac{f_{pk}}{f_{sk}} = \frac{707.7}{100} = 7.1$$

（2）$f_{spk} = [1 + m(n-1)]f_{sk} = [1 + 0.209 \times (7.1 - 1)] \times 100 = 227.5\text{kPa}$

或根据原理

$$f_{spk} = mf_{pk} + (1-m)f_{sk} = 0.209 \times 707.7 + (1 - 0.209) \times 100 = 227\text{kPa}$$

【点评】

根据《建筑地基处理技术规范》第6.3.5条条文说明，粉土强夯置换按复合地基计算地基的承载力特征值。

17.3.4 强夯置换法单击夯击能——《建筑地基处理技术规范》第6.3.5条第11款及条文说明

单击夯击能应根据现场试验决定，但在可行性研究或初步设计时可按下列公式估计。

$$较适宜的夯击能\overline{E} = 940(H_1 - 2.1)$$

$$夯击能最低值E_w = 940(H_1 - 3.3)$$

式中：H_1——置换墩深度（m）。

初选夯击能宜在$\overline{E}$与E_w之间选取，高于$\overline{E}$则可能浪费，低于E_w则可能达不到所需的置换深度。

题 4-18 某淤泥质软土场区采用强夯置换处理，已知需要处理的深度为7.5m，试问在初步设计时采用较适宜的单击夯击能最接近下列哪个选项？

（A）3215kN·m （B）3950kN·m （C）5075kN·m （D）6510kN·m

【解】

$$\overline{E} = 940 \times (7.5 - 2.1) = 5076\text{kN}\cdot\text{m}$$

【点评】

根据《建筑地基处理技术规范》第6.3.5条条文说明，对于重要规范的条文说明，一定要认真看。

17.3.5　强夯置换地基的变形——《建筑地基处理技术规范》第 6.3.5 条第 12 款

强夯置换地基的变形宜按单墩静载荷试验确定的变形模量计算加固区的地基变形，对墩下地基土的变形可按置换墩材料的压力扩散角计算传至墩下土层的附加应力，按现行国家标准《建筑地基基础设计规范》有关规定计算确定，此时沉降经验系数查表应按《建筑地基基础设计规范》取值，如表 4-17-14 所示。

对饱和粉土地基，当处理后形成 2.0m 以上厚度的硬层时，可按《建筑地基处理技术规范》第 7.1.7 条的规定（复合地基变形计算，见第四节相关内容）确定，此时沉降经验系数查表应按《建筑地基处理技术规范》取值，如表 4-17-15 所示。

按《建筑地基基础设计规范》沉降计算经验系数 ψ_s（可插值）　　表 4-17-14

<table>
<tr><td rowspan="2">基底附加压力 p_0</td><td colspan="9">$\overline{E}_s$（MPa）</td></tr>
<tr><td>2.5</td><td>2.5～4</td><td>4</td><td>4～7</td><td>7</td><td>7～15</td><td>15</td><td>15～20</td><td>20</td></tr>
<tr><td>$p_0 \geqslant f_{ak}$</td><td>1.4</td><td>$\frac{23.5-\overline{E}_s}{15}$</td><td>1.3</td><td>$\frac{17-\overline{E}_s}{10}$</td><td>1.0</td><td>$\frac{61-3\overline{E}_s}{40}$</td><td>0.4</td><td rowspan="2">$\frac{25-\overline{E}_s}{25}$</td><td>0.2</td></tr>
<tr><td>$p_0 \leqslant 0.75f_{ak}$</td><td>1.1</td><td>$\frac{19-\overline{E}_s}{15}$</td><td>1.0</td><td>$\frac{14-\overline{E}_s}{10}$</td><td>0.7</td><td>$\frac{77-3\overline{E}_s}{80}$</td><td>0.4</td><td>0.2</td></tr>
</table>

注：$\overline{E}_s \geqslant 15$MPa 时，$\psi_s$与$p_0$和$f_{ak}$的关系无关。

按《建筑地基处理技术规范》沉降计算经验系数 ψ_s（可插值）　　表 4-17-15

$\overline{E}_s$（MPa）	4	4～7	7	7～15	15	15～20	20	20～35	35
ψ_s	1.0	$\frac{14-\overline{E}_s}{10}$	0.7	$\frac{77-3\overline{E}_s}{80}$	0.4	$\frac{85-3\overline{E}_s}{100}$	0.25	$\frac{95-\overline{E}_s}{300}$	0.2

17.4 预压地基

17.4.1 一维渗流固结——《土力学》

根据有效应力原理，在外荷载的作用下饱和土体所受应力由土骨架和孔隙水共同承担，即土骨架上产生有效应力，孔隙水产生超静孔隙水压力。随着孔隙水的排出，超静孔隙压力逐渐消散，有效应力逐渐增加，土体的变形随之增加，这一过程称为渗流固结。饱和土体的最终沉降量，可采用分层总和法计算求得。工程设计中，经常还需要知道沉降随时间的变化过程，即沉降与时间的关系，便引入“固结度”这一概念，专门进行研究饱和土体的变形、强度等指标随时间的变化规律。饱和土体的渗流固结本质就是土体内的超静孔隙水压力消散的过程，该过程的快慢取决于土体的渗透性、排水条件等因素。

太沙基一维渗流固结理论：

在厚度为H的饱和土层上面施加无限宽广的均布荷载p_0（如表 4-17-16 中图所示），这时土中的附加应力沿深度为均匀分布（如面积$abdc$所示），土层只在与外荷载作用方向相一致的竖直方向发生渗流和变形（一维问题）。渗流固结过程中，附加应力由孔隙水和土骨架共同承担，某一时刻t，面积ace表示孔隙水分担的超静水压力u的空间分布，面积$abde$表示由骨架分担的有效应力σ'沿竖向的分布。曲线ae的位置随时间逐渐变化（向左移动）：

当$t=0$时（p_0加载瞬间），ae与bd重叠，全部附加应力p_0由水承担，起始超静水压力$u_0=p_0$；

加载过程中，超静水压力逐渐消散$u\downarrow$，有效应力逐渐增加$\sigma'\uparrow$，$p_0=u\downarrow+\sigma'\uparrow$；

当$t=\infty$时，ae与ac重叠，全部附加应力p_0由土骨架承担，p_0全部转化为有效应力σ'。

整个过程中超静孔隙水压力的增加和消散不影响静孔隙水压力，静孔隙水压力由水自重引起，超静孔隙水压力由外荷载引起。

一维渗流固结度计算见表 4-17-16。

一维渗流固结　　　　表 4-17-16

<table>
<tr><td>

（1）土中某一点的固结度U_{zt}

t时刻，对**某一深度**z处，有效应力σ'与起始超静水压力u_0（附加应力p_0）的比值：

$$U_{zt}=\frac{\text{起始超静孔隙水压力消散部分}}{\text{起始超静孔隙水压力}}=\frac{\sigma'}{p_0}=\frac{p_0-u}{p_0}$$

</td><td rowspan="2">

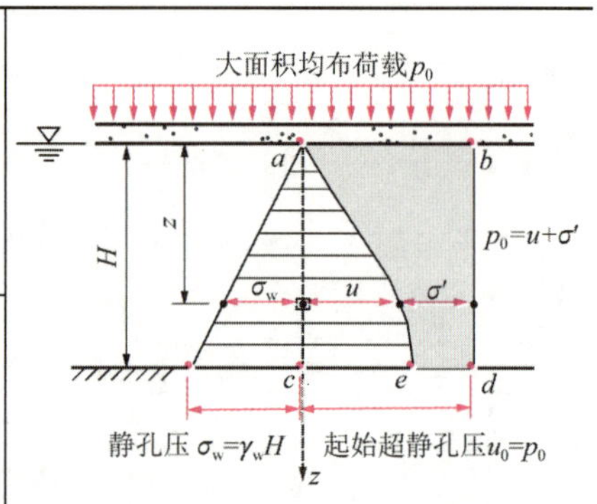

</td></tr>
<tr><td>

（2）土层的平均固结度U_t

t时刻，土骨架承担的有效应力面积（$abde$）与附加应力面积（$abdc$）的比值：

</td></tr>
<tr><td colspan="2">

$$U_t=\frac{\text{有效应力面积}abde}{\text{附加应力面积}abdc}=1-\frac{\text{超孔压力面积}aec}{\text{附加应力面积}abdc}=1-\frac{\sum u_i z_i}{p_0 H}$$

由固结度定义可知土层的平均固结度：$U_t=\dfrac{t\text{时刻沉降量}s_t}{\text{最终沉降量}s_f}=\dfrac{s_t}{s_f}$

</td></tr>
</table>

题 4-19　某厚度为 8m 的饱和软土层，孔隙比$e = 0.86$，渗透系数$k = 5.0 \times 10^{-8}$cm/s，采用大面积堆载预压处理，堆载压力$p_0 = 120$kPa，在某时刻测得超孔隙水压力沿深度分布如图 4-17-5 所示，并测得此时刻的土层压缩量为 86mm。问当土层的平均固结度达到 95%时，土层的压缩量为多少？（沉降计算经验系数取 1.0）

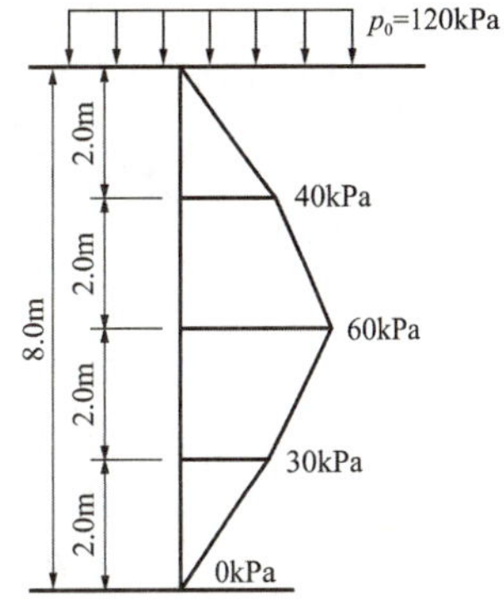

图 4-17-5　题 4-19 图

【解】

（1）$\overline{U}_{zt} = 1 - \dfrac{\dfrac{40}{2} \times 2 + \dfrac{40+60}{2} \times 2 + \dfrac{60+30}{2} \times 2 + \dfrac{30}{2} \times 2}{120 \times 8}$

$= 0.729$

（2）$s_t = \dfrac{86}{0.729} \times 0.95 = 112.07$mm

【点评】

①根据《土力学》P164，t时刻土层的平均固结度等于此时土层中骨架已经承担的平均有效应力面积对最终平均有效应力面积的比值，即：$U_t = 1 - \dfrac{\text{某时刻超孔隙水压力图面积}}{\text{起始超孔隙水压力图面积}}$；$t$时刻达到的沉降量$s_t = U_t s_\infty$；②在饱和土的固结过程中，任一时刻$t$，有效应力$\sigma'$与超孔隙水压力$u$之和等于作用在土中的附加应力$\sigma_z$，即$\sigma' + u = \sigma_z$，所以饱和土的固结就是孔隙水压力的消散和有效应力相应增长的过程；③刚施加p的瞬间，p_0全部转化为超孔隙水压力，即起始超孔隙水压力图面积为$p_0 H$。

【同类型真题】12C04

题 4-20　（20C05）厚度为 4m 的黏土层上瞬时大面积均匀加载 100kPa，若干时间后，测得土层中 A、B 点处的孔隙水压力分别为 72kPa、115kPa，估算该黏土层此时的平均固结度最接近下列何值（图 4-17-6）？

（A）41%

（B）48%

（C）55%

（D）61%

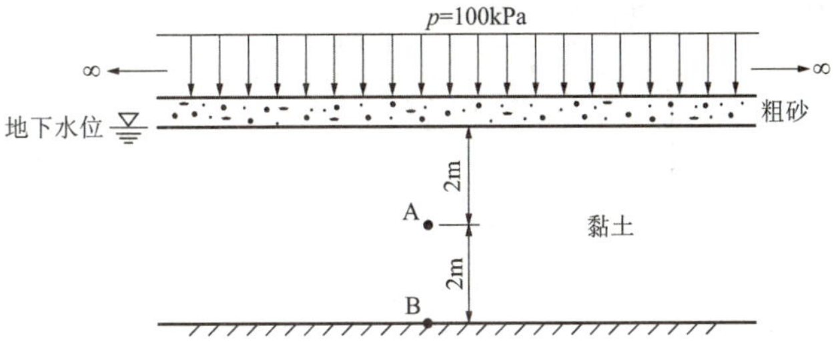

图 4-17-6　题 4-20 图

【解】

（1）$u_{A超} = 72 - 20 = 52$kPa，

$u_{B超} = 115 - 40 = 75$kPa

（2）超静孔隙水压力分布面积$A_{u超} = \dfrac{52}{2} \times 2 + \dfrac{52+75}{2} \times 2 = 179$

（3）$U_t = \dfrac{4 \times 100 - 179}{4 \times 100} \times 100\%$=55.3%

【点评】

①根据《土力学》p164，平均固结度的定义：土层骨架已经承担的平均有效应力面积对最终平均有效应力面积的比值，黏土层的超静孔隙水压力顶部为 0，底部为附加应力p_0；②本题大面积加载，土层最终的附加应力均为 100kPa，附加应力 = 有效附加应力 + 超静孔隙水压力，超静孔隙水压力 = 总水压力 − 静水压力。

题4-21 某场地土层分布为：填土，厚度0.9m；黏土，厚度2.6m；淤泥质黏土，厚度5.0m。采用堆载预压地基处理堆载$p_0=100$kPa，地下水位地面下0.9m，在淤泥质黏土层底埋设孔隙水压力传感器量测孔隙水压力变化情况，经过2个月预压，测得孔隙水压力120kPa，试计算传感器附近淤泥质黏土的固结度。

（A）35%　（B）44%　（C）56%　（D）65%

【解】

（1）孔隙水压力传感器埋设地面下8.5m处，其静水压力为$7.6\times10=76$kPa

2个月后超孔压$u=120-76=44$kPa

（2）固结度$U=\frac{p_0-u}{p_0}=1-\frac{44}{100}=56\%$

【点评】

①本题是求的某一点处的固结度，注意区分；②工程中求土中某一点处的固结度意义不大，故考的可能性很小，了解即可。

17.4.2 基本概念

预压法是在建筑物施工前，用堆土或其他荷重对地基进行预压，使地基土压密，从而提高地基强度和减少建筑物建成后的沉降量。预压荷载可采用**堆载**、**真空预压**或**堆载加真空预压联合预压**，还有**降水预压**等。这种方法对各类软弱地基，包括天然沉积层或人工冲填的土层，如沼泽土、淤泥、淤泥质土以及水力冲填土等均有效。其缺点是堆载预压需要一定的时间过程，特别是深厚的饱和软黏土，排水固结所需的时间很长，同时还需要大量的堆载，因此，在使用上受到一定的限制。

为了加速地基固结，缩短预压时间，常在地基中打入砂井，然后进行堆载预压，这种方法称为**砂井堆载预压法**（图4-17-7）。砂井的作用是缩短软土中的排水距离，土中水通过砂井顶部的砂垫层或排水沟排走，使软土中孔隙水压力得以较快地消散，从而加速地基固结，地基强度迅速提高。应注意到，当预压场地邻近有建筑物时，需考虑到预压荷载对邻近建筑物的影响。

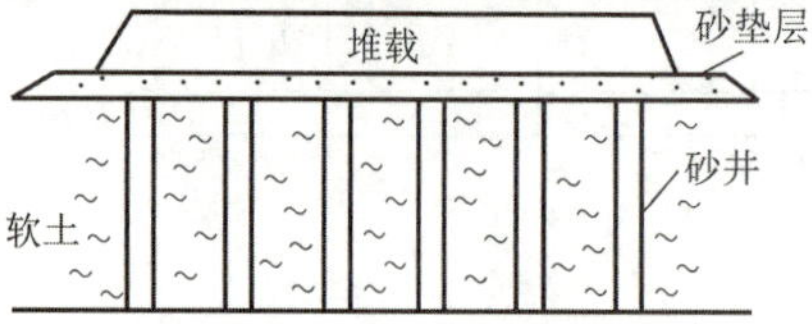

图4-17-7　砂井堆载预压法

堆载预压：工程上广泛使用，行之有效的方法。堆载一般用填土、砂石等散粒材料，油罐通常用充水对地基进行预压。对堤坝、堆场等工程，则以其本身的重量有控制地分级逐渐加载，直至设计标高。

通常堆载预压有两种情况：（1）在建筑物建造以前，在场地先进行堆载预压，待建筑物施工时再移去预压荷载。经过堆载预压，建筑物使用期间的沉降大大减小。（2）**超载预压**，对机场场道、高速公路或铁路路堤等建筑物，在预压过程中，将一超过使用荷载P_f的超载P_s先加上去，待沉降满足要求后，将超载移去，再建造道面或铺设轨道，此后建筑物的工后沉降将很小。对深厚软黏土地基，应设置塑料排水带或砂井等排水竖井。当软土层厚度较小或软土层中含较多薄粉砂夹层，且固结速率能满足工期要求时，可不设置排水竖井。

真空预压法：先在需加固的软土地基表面铺设一层透水砂垫层或砂砾层，再在其上覆盖一层不透气的塑料薄膜或橡胶布，四周密封好与大气隔绝，在砂垫层内埋设渗水管道，然后与真空泵连通进行抽气，使透水材料保持较高的真空度，在土的孔隙水中产生负的孔隙水压力，将土中孔隙水和空气逐渐吸出，从而使土体固结。

真空预压适用于处理以黏性土为主的软弱地基。当存在粉土、砂土等透水、透气层时，加固区周边应采取确保膜下真空压力满足设计要求的密封措施。对塑性指数大于 25 且含水率大于 85%的淤泥，应通过现场试验确定其适用性。加固土层上覆盖有厚度大于 5m 以上的回填土或承载力较高的黏性土层时，不宜采用真空预压处理。

真空预压联合堆载预压法：当地基预压荷载大于 80kPa 时，应在真空预压抽真空的同时再施加定量的堆载，称为真空预压联合堆载预压法。对于一般软黏土，上部堆载施工宜在真空预压膜下真空度稳定地达到 86.7kPa（650mmHg）且抽真空时间不少于 10d 后进行。对于高含水量的淤泥类土，上部堆载施工宜在真空预压膜下真空度稳定地达到 86.7kPa（650mmHg）且抽真空 20～30d 后可进行。

真空预压与堆载预压联合加固，加固效果可以叠加，是由于它们符合有效应力原理，并经工程实践证明。真空预压是逐渐降低土体的孔隙水压力，不增加总应力；而堆载预压是增加土体总应力，同时使孔隙水压力增大，然后逐渐消散。两者叠加既抽真空降低孔隙水压力又堆载增加总应力，使孔隙水压力增大，然后消散开始时抽真空使土中孔隙水压力降低有效应力增大，在土体保持稳定的情况下堆载，使土体产生正孔隙水压力，并与抽真空产生的负孔隙水压力叠加。正、负孔隙水压力叠加，转化的有效应力为消散的正、负孔隙压力绝对值之和。堆载预压和真空预压的特点见表 4-17-17。

堆载预压和真空预压的比较（《地基处理手册》）　　表 4-17-17

堆载预压	真空预压
1. 适用于淤泥质土、淤泥、冲填土等饱和黏性土地基	1. 适用于处理以黏性土为主的软弱地基。当存在粉土、砂土等透水、透气层时，加固区周边应采取确保膜下真空压力满足设计要求的密封措施。加固土层上覆有厚度大于 5m 以上的回填土或承载力较高的黏性土层时，不宜采用
2. 深厚软黏土地基，应设置排水竖井，当软土层厚度较小或软土层中含较多薄粉细砂夹层，且固结速率能满足工期要求时，可不设置排水竖井	2. 应设置排水竖井
3. 预压荷载根据设计要求确定，可采用超载预压	3. 膜下真空度应稳定地保持在 86.7kPa（650mmHg）以上，且应均匀分布
4. 总应力增加，孔隙水压力消散而使有效应力增加	4. 总应力不变，孔隙水压力减小而使有效应力增加
5. 加载预压过程中，一方面土体强度在提高，另一方面剪应力也在增大。当剪应力达到土的抗剪强度时，土体发生破坏	5. 加载预压过程中，有效应力增量是各向相等的，剪应力不增加，不会引起土体的剪切破坏
6. 堆载过程中需控制加载速率	6. 不必控制加载速率，可连续抽真空至最大真空度，因而可缩短预压时间
7. 预压过程中，预压区周围土产生向外的侧向变形	7. 预压过程中，预压区周围土产生向内的侧向变形
8. 非等向应力增量下固结而获得强度增大	8. 等向应力增量下固结而使土的强度增长
9. 有效影响深度较大，有效影响深度取决于附加应力的大小和分布	9. 真空度往下传递有一定衰减，实测真空度沿深度的衰减每延米 0.8～2.0kPa

预压法按加荷条件分类见表 4-17-18。

预压法按加荷条件分类 **表 4-17-18**

加荷条件		分析方法
瞬时加荷	单级瞬时加荷	太沙基渗流固结理论法
	多级瞬时加荷	
等速加荷	单级等速加荷	高木俊介法
	多级等速加荷	

17.4.3 瞬时加荷地基平均固结度

采用堆载预压处理地基：（1）当地基内设置了竖向排水体时（砂井、塑料排水板等），总固结度由竖向固结度和径向固结度两部分组成，以径向固结度为主；（2）当地基内没有设置竖向排水体时（砂井、塑料排水板等），总固结度仅包含竖向固结度。预压法排水系统分为**竖向排水系统**和**水平排水系统**。排水固结方式有**竖向排水固结、径向排水固结、竖向+径向排水固结**，因此所计算的固结度有竖向固结度$\overline{U}_z$、径向固结度$\overline{U}_r$和总固结度$\overline{U}$。

1. 一般表达式——《建筑地基处理技术规范》第 5.2.1 条条文说明、第 5.2.7 条

砂井打穿压缩层的固结度计算见表 4-17-19。

固结度计算一般表达式 **表 4-17-19**

一般表达式：$\overline{U}=1-\alpha e^{-\beta t}$ 《工程地质手册》： $\overline{U}=1-(1-\overline{U}_z)(1-\overline{U}_r)$ 与上式等效	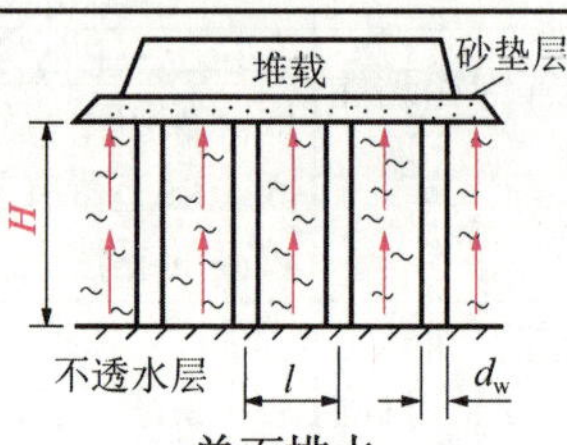 单面排水	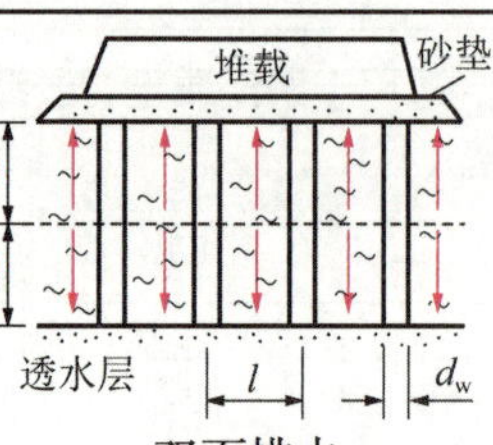 双面排水
竖向 固结度$\overline{U}_z$（适用$\overline{U}_z>30\%$）	$\alpha=0.811$，$\beta=\dfrac{\pi^2 c_v}{4H^2}$	$\overline{U}_z=1-0.811e^{-\frac{\pi^2 c_v}{4H^2}t}$
径向 固结度$\overline{U}_r$	$\alpha=1$，$\beta=\dfrac{8c_h}{F_n d_e^2}$	$\overline{U}_r=1-e^{-\frac{8c_h}{F_n d_e^2}t}$
竖向+径向 固结度$\overline{U}$	$\alpha=0.811$，$\beta=\dfrac{\pi^2 c_v}{4H^2}+\dfrac{8c_h}{F_n d_e^2}$	$\overline{U}=1-0.811e^{-\left(\frac{\pi^2 c_v}{4H^2}+\frac{8c_h}{F_n d_e^2}\right)t}$
注：β一般为 0.01～0.05d^{-1}，计算过大或过小，一般有可能是计算失误		
井径比：$n=\dfrac{d_e}{d_w}$ ⇓	$\Leftarrow d_e=\begin{cases}1.05l & \text{等边三角形}\\ 1.13l & \text{正方形}\end{cases}$	d_e——竖井的有效排水直径（m）； l——竖井间距（m）
	$\Leftarrow d_w=\begin{cases}d_w & \text{砂井}\\ \dfrac{2(b+\delta)}{\pi} & \text{塑料排水带}\end{cases}$	d_w——竖井直径（m）； b——塑料排水带宽度（m）； δ——塑料排水带厚度（m）
$F_n=\dfrac{n^2}{n^2-1}\ln(n)-\dfrac{3n^2-1}{4n^2}$		$n\geqslant 15$时，可按$F_n=\ln(n)-0.75$计算

续表

井径比n与F_n对应关系表

n	5	5.5	6	6.5	7	7.5	8	8.5	9	9.5
F_n	0.936	1.021	1.100	1.173	1.242	1.306	1.366	1.424	1.478	1.529
n	10	10.5	11	11.5	12	12.5	13	13.5	14	14.5
F_n	1.578	1.625	1.670	1.713	1.754	1.794	1.832	1.868	1.904	1.938

H——土层厚度（m）； c_v——竖向固结系数（m^2/d）； c_h——径向固结系数（m^2/d）	**单面排水**时取土层厚度，**双面排水**时取土层厚度的一半	
	$c_v=\frac{k_v(1+e_0)}{a\gamma_w}=\frac{k_vE_s}{\gamma_w}$ $c_h=\frac{k_h(1+e_0)}{a\gamma_w}=\frac{k_hE_s}{\gamma_w}$	k_v、k_h——竖向、径向渗透系数（m/d）； a——土的压缩系数（kPa^{-1}）； E_s——压缩模量（kPa）； e_0——初始孔隙比； γ_w——水的重度（kN/m^3）

注：单位换算，$1cm^2/s=8.64m^2/d$；　$1cm/s=864m/d$；　$1m^2/s=86400m^2/d$；　$1d=86400s$

注：竖井的有效排水直径d_e的推导过程如下（面积置换率）：

一般砂井的平面布置有正方形和等边三角形两种（图 4-17-8），在大面积荷载作用下，假设每根砂井为一个独立排水系统，正方形布置时，每根砂井的影响范围为一个正方形，等边三角形布置时，每根砂井的影响范围为一个正六边形，为了计算简化，每根砂井的影响范围以等面积圆代替（相当于方化圆的面积等效），其等效影响直径为d_e。

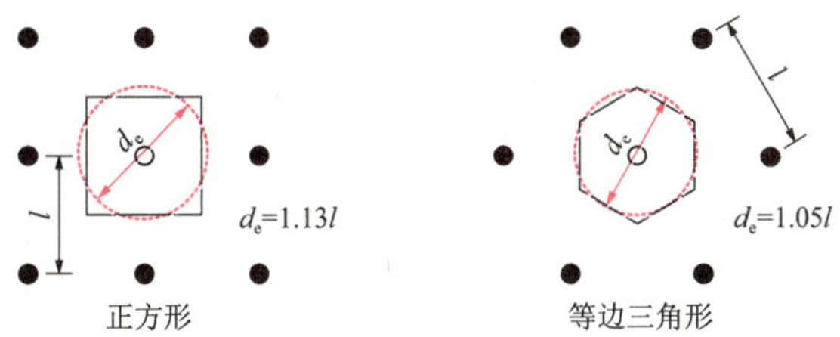

图 4-17-8　砂井堆载预压法

正方形布置：$\frac{\pi}{4}d_e^2=l^2\Rightarrow d_e=\sqrt{\frac{4}{\pi}}\cdot l\approx1.13l$

等边三角形布置：$\frac{\pi}{4}d_e^2=2\times\frac{\sqrt{3}}{4}l^2\Rightarrow d_e^2=\frac{2\sqrt{3}}{\pi}l^2\Rightarrow d_e=\sqrt{\frac{2\sqrt{3}}{\pi}}\cdot l\approx1.05l$

题 4-22 （03D16）某建筑场地采用预压排水固结法加固软土地基。软土厚度 10m，软土层面以上和层底以下都是砂层，未设置排水竖井。为简化计算。假定预压是一次瞬时施加的。已知该软土层孔隙比为 1.60，压缩系数为 0.8MPa^{-1}，竖向渗透系数$k_v = 5.8 \times 10^{-7}\text{cm/s}$。则预压时间要达到多少天时，软土地基固结度达到 0.80？

（A）78　　（B）87　　（C）98　　（D）105

【解】

（1）$c_v = \dfrac{k_v(1+e)}{\alpha\gamma_w} = \dfrac{5.8 \times 10^{-7} \times 10^{-2} \times 24 \times 3600 \times (1+1.6)}{0.8 \times 10^{-3} \times 10} = 0.163\text{m}^2/\text{d}$

（2）$\beta = \dfrac{\pi^2 c_v}{4H^2} = \dfrac{3.14^2 \times 0.163}{4 \times 5^2} = 0.0161\text{d}^{-1}$

（3）$\overline{U_t} = 1 - 0.811\text{e}^{-\beta t} \Rightarrow 0.80 = 1 - 0.811\text{e}^{-0.0161t} \Rightarrow t = 87\text{d}$

【点评】

①根据《建筑地基处理技术规范》第 5.2.7 条、第 5.2.1 条条文说明及土力学知识；②预压固结反算时间，是最常规的考法，必须要非常熟练的用计算器解方程。

题 4-23 （20C12）某大面积场地，原状地层从上到下依次为：①层细砂，厚度 1.0m，重度 18kN/m^3；②层饱和淤泥质土，厚度 10m，重度 16kN/m^3；③层中砂，厚度 8m，重度 19.5kN/m^3。场地采用堆载预压进行处理，场地表面的均面堆载为 100kPa。②层饱和淤泥质土的孔隙比 1.2，压缩系数 0.6MPa^{-1}，渗透系数 0.1m/a。问堆载 9 个月后，②层土的压缩量最接近下列何值？

（A）162mm　　（B）195mm　　（C）230mm　　（D）258mm

【解】

（1）$c_v = \dfrac{k(1+e_0)}{a\gamma_w} = \dfrac{0.1 \times (1+1.2)}{0.6 \times 0.001 \times 10} = 36.67\text{m}^2/\text{a}$

（2）$U_t = 1 - \dfrac{8}{\pi^2} \times \text{e}^{-\frac{\pi^2 \times 36.67 \times \frac{9}{12}}{4 \times 5^2}} = 0.945$

（3）$s_f = \dfrac{0.6}{1+1.2} \times 100 \times 10 = 272.7\text{mm}$

（4）$s_t = 0.945 \times 272.7 = 257\text{mm}$

【点评】

①根据《土力学》P162～P168，根据式（4-37）计算土的固结系数，注意单位的换算；根据式（4-44）计算竖向固结度，根据式（4-51）知道土层的最终沉降量和固结度就可以求得基础在时间t达到的沉降量s_t；②淤泥质土下层为中砂，则双面排水，最短排水距离为$H/2$，用式（4-43）计算竖向固结度时，T_v不是很小时只需要采用一项。

题 4-24 （11D14）某饱和淤泥质土层厚 6.00m，固结系数$c_v = 1.9 \times 10^{-2}cm^2/s$，在大面积堆载作用下，单面排水，淤泥质土层发生固结沉降，其竖向平均固结度与时间因数关系如表 4-17-20 所示。当平均固结度$\overline{U}_z$达 75%时，求所需要预压的时间最接近下列哪个选项？

题 4-24 表　　表 4-17-20

竖向平均固结度$\overline{U}_z$（%）	25	50	75	90
时间因数T_v	0.050	0.196	0.450	0.850

（A）60d　（B）100d　（C）140d　（D）180d

【解】

（1）$\overline{U}_z = 75\%$时，$T_v = 0.45$

（2）$T_v = \dfrac{c_v}{H^2}t = \dfrac{1.9 \times 10^{-2} \times 8.64}{6^2}t = 0.45 \Rightarrow t = 98.7d$

【点评】

①根据《土力学》P163 式（4-39）时间因数公式，单位为无量纲，是固结理论的基本概念；②固结系数越大、时间越长、最大排水距离越短，时间因数越大，固结度越大；③单位换算：$1cm^2/s = 1 \times 24 \times 3600 \times 10^{-4}m^2/d = 8.64m^2/d$。

题 4-25 （03D19）某港口堆场区，分布有 15m 厚的软黏土层，其下为粉细砂层，经比较，地基处理采用砂井固结，井径$d_w = 0.4m$，井距$s = 2.5m$，按等边三角形布置。土的固结系数$c_v = c_h = 1.5 \times 10^{-3}cm^2/s$。在大面积荷载作用下，按径向固结考虑，当固结度达到 80%时所需要的时间最接近下列何值？

（A）130d　（B）125d　（C）120d　（D）115d

【解】

（1）$n = \dfrac{d_e}{d_w} = \dfrac{1.05 \times 2.5}{0.4} = 6.56$

$$F_n = \frac{n^2}{n^2 - 1}\ln(n) - \frac{3n^2 - 1}{4n^2} = \frac{6.56^2}{6.56^2 - 1}\ln(6.56) - \frac{3 \times 6.56^2 - 1}{4 \times 6.56^2} = 1.18$$

$$\beta = \frac{8c_h}{F_n d_e^2} = \frac{8 \times 1.5 \times 10^{-3} \times 10^{-4} \times 24 \times 3600}{1.18 \times (1.05 \times 2.5)^2} = 0.01275d^{-1}$$

（2）$\overline{U}_t = 1 - e^{-\beta t} \Rightarrow 0.8 = 1 - e^{-0.01275t} \Rightarrow t = 126d$

【点评】

①根据《建筑地基处理技术规范》第 5.2.7 条；②一定仔细看题，是按径向固结考虑，**不考虑竖向固结**。

【同类型真题】 06D17、05C17

题 4-26 （12D16）某堆载预压法工程，典型地质剖面图如图 4-17-9 所示，填土层重度为 18kN/m³，砂垫层重度为 20kN/m³，淤泥层重度为 16kN/m³，$e_0 = 2.15$，$c_v = c_h = 3.5 \times 10^{-4}\text{cm}^2/\text{s}$。如果塑料排水板尺寸为 100mm × 4mm，间距为 1.0m × 1.0m，正方形布置，长 14.0m，堆载一次施加，问预压 8 个月后，软土的平均固结$\overline{U}$最接近以下哪个选项？

（A）85%　　（B）91%

（C）93%　　（D）96%

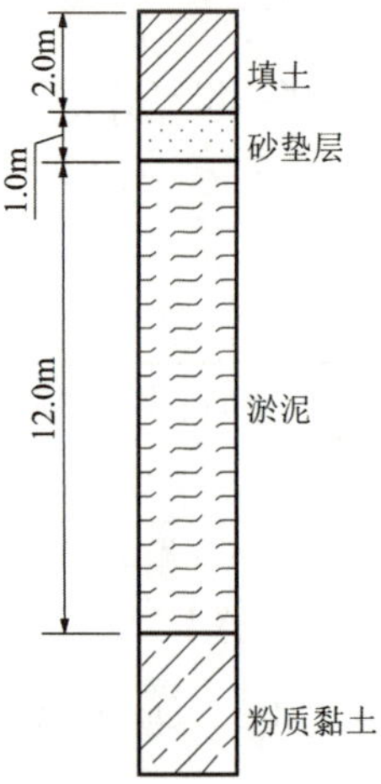

图 4-17-9　题 4-26 图

【解】

（1）$d_e = 1.13 \times 1 = 1.13\text{m}$，$d_p = \dfrac{2 \times (100 + 4)}{3.14 \times 1000} = 0.066\text{m}$

（2）$n = \dfrac{1.13}{0.0662} = 17.07$，$F_n = \ln(17.07) - \dfrac{3}{4} = 2.09$

（3）$\alpha = 0.811$，$\beta = \left(\dfrac{8}{2.09 \times 1.13^2} + \dfrac{3.14^2}{4 \times 12^2}\right) \times 3.5 \times 10^{-4} \times 8.64 = 0.0091\text{d}^{-1}$

（4）$\overline{U} = 1 - 0.811 \times e^{-0.00911 \times 8 \times 30} = 90.9\%$

【点评】

①根据《建筑地基处理技术规范》第 5.2.7 条；②本题为塑料板排水固结瞬时加载条件计算固结度的典型过程，要求同时考虑竖向和径向排水固结的平均固结度，竖向排水对固结度的贡献很小，有的题目不考虑竖向固结，要非常熟练的半闭卷做答；③$1\text{cm}^2/\text{s} = 8.64\text{m}^2/\text{d}$，$1\text{cm/s} = 864\text{m/d}$ 这些常用的单位换算都要记下来。

题 4-27 （17D13）某深厚软黏土地基，采用堆载预压法处理，塑料排水带宽度 100mm，厚度 5mm，平面布置如图 4-17-10 所示。按照《建筑地基处理技术规范》JGJ 79—2012，求塑料排水带竖井的井径比n最接近下列何值？（图中尺寸单位：mm）

（A）13.5　　（B）14.3

（C）15.2　　（D）16.1

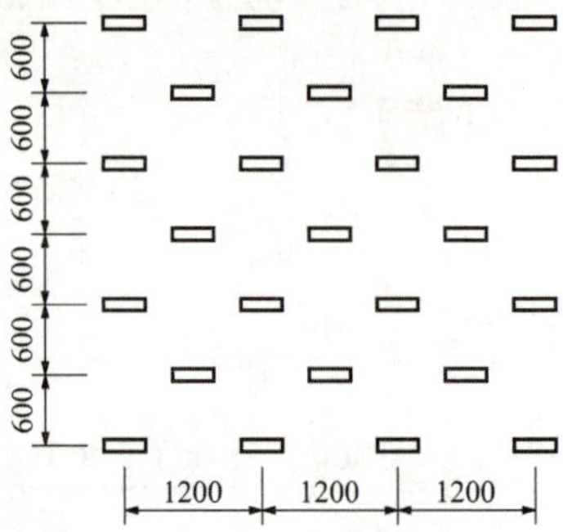

图 4-17-10　题 4-27 图

【解】

（1）$2 \times \dfrac{3.14 \times {d_e}^2}{4} = 1.2 \times 1.2 \Rightarrow d_e = 0.958\text{m}$

（2）$d_w = \dfrac{2 \times (0.1 + 0.005)}{3.14} = 0.067\text{m}$

（3）$n = \dfrac{0.958}{0.067} = 14.3$

【点评】

①根据《建筑地基处理技术规范》第 5.2.3 条、第 5.2.5 条；②运用求面积置换率的方法，关键是求出等效半径d_e，2 个排水带等效排水的面积如图 4-17-11 正方形所示；③重要考点为面积置换率，考查得非常灵活，需要对置换率的概念和原理非常熟悉，才能快速解答。

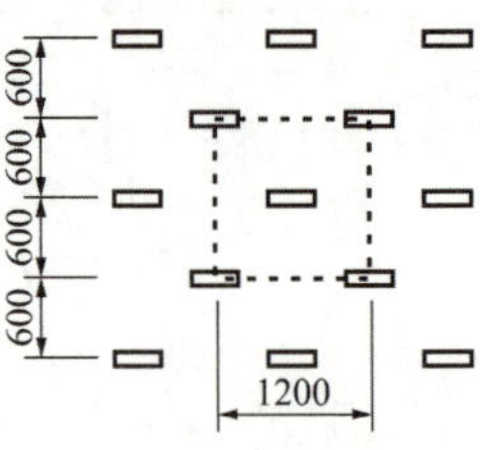

图 4-17-11　解 4-27 图

题 4-28 （10D21）在软土地基上快速填筑一路堤，建成后 70d 观测的平均沉降为 120mm，140d 观测的平均沉降为 160mm，已知如果固结度$U_t \geqslant 60\%$，按照太沙基的一维固结理论公式$U = 1 - 0.81e^{-\alpha t}$预测其后期沉降量和最终沉降量，则此路堤最终沉降量$s_f$最接近下列哪个选项？

（A）180mm （B）200mm （C）220mm （D）240mm

【解】

（1）70d 时，$U_{70} = 1 - 0.81e^{-\alpha\times70}$，140d 时，$U_{140} = 1 - 0.81e^{-\alpha\times140}$

$\frac{U_{70}}{U_{140}} = \frac{s_{70}}{s_{140}} \Rightarrow \frac{1-0.81e^{-\alpha70}}{1-0.81e^{-\alpha140}} = \frac{120}{160}$，解得$e^{-\alpha\times70} = 0.485$ 或 0.848

（2）$U_{70} = 1 - 0.81\times0.485 = 0.607$或$U_{70} = 1 - 0.81\times0.848 = 0.313$

取$U_{70} = 0.607 \geqslant 60\%$

（3）$s_f = \frac{120}{0.607} = 197.7\text{mm}$

【点评】

①根据《土力学》太沙基一维固结理论；②本题初次遇到需要一定的数学功底，所列方程把$e^{-\alpha\times70}$用x代替，那么$e^{-\alpha\times140} = x^2$，就是一个一元二次方程，有两个解，用计算器牛顿法解方程，需要合理输入初始值，本题输入初始值 0 和 1 得到 2 个解，需要验算哪个解满足$U_t \geqslant 60\%$，考试中应该注意这些细节；③也可以先把方程化成标准格式，采用计算器多项式二次方程，直接求两个解，卡西欧 fx-991CN X 按菜单键→8→2→2 即可输入标准格式的一元二次方程进行解方程，一般不推荐标准格式解法，速度较慢。

题 4-29 （18C14）某建筑场地地上部分布有 12m 厚的饱和软黏土，其下为中粗砂层，拟采用砂井预压固结法加固地基，设计砂井直径$d_w = 400\text{mm}$，井距 2.4m，正三角形布置，砂井穿透软黏土层，若饱和软黏土的竖向固结系数$c_v = 0.01\text{m}^2/\text{d}$，水平固结系数$c_h$为$c_v$的 2 倍，预压荷载一次施压，加载后 20d，求竖向固结度与径向固结度之比最接近下列哪个选项？（不考虑涂抹和井阻影响）

（A）0.20 （B）0.30 （C）0.42 （D）0.56

【解】

（1）竖向固结度

H=6m，$\overline{U}_z = 1 - 0.811e^{-\frac{3.14^2\times0.01}{4\times6^2}\times20} = 0.200$

（2）径向固结度

$d_e = 1.05\times2.4 = 2.52\text{m}$，$n = \frac{2.52}{0.4} = 6.3$

$F_n = \frac{6.3^2}{6.3^2-1}\ln(6.3) - \frac{3\times6.3^2-1}{4\times6.3^2} = 1.144$

$\overline{U}_r = 1 - e^{-\frac{8\times0.01\times2}{1.144\times2.52^2}\times20} = 0.356$

（3）$\frac{\overline{U}_z}{\overline{U}_r} = \frac{0.200}{0.356} = 0.561$

【点评】

①根据《建筑地基处理技术规范》第 5.2.1 条条文说明、表 5.2.7；②本题答案存在争议，竖向固结度小于 30%，不符合规范规定，但从答案设置看，是出题人失误，数据设置不合理，而并非故意设坑；③竖向固结度小于 30%的情况不在规范考试范围之内，采用《土力学》P165 上的公式（4-45a），计算过程见本书配套习题册第一篇的例题。

题 4-30　（22 补考 C13）某饱和土场地，地质条件如图 4-17-12 所示。采用降水法对场地进行初步处理，井间距按 10m × 10m 正方形布置，井深 12m 且全长为滤管。降水使地下水位整体快速下降 6m，取井阻系数$F = 6$，问降水 60d 时最大地面沉降最接近下列哪个选项（沉降计算经验系数取 1）？

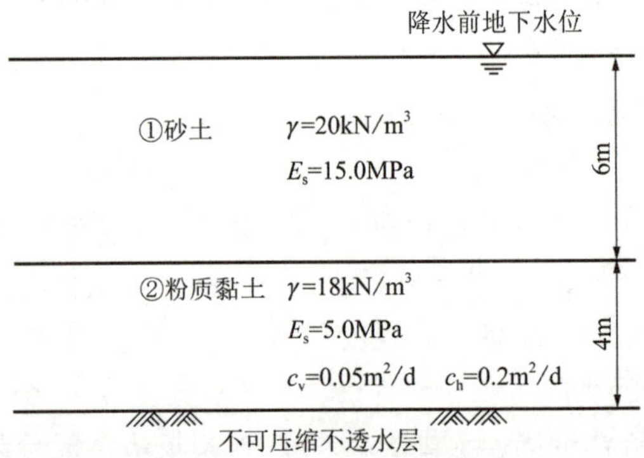

图 4-17-12　题 4-30 图

（A）20mm　　（B）40mm　　（C）60mm　　（D）70mm

【解】

（1）砂层平均附加应力$p_1 = \dfrac{0+60}{2} = 30\text{kPa}$

沉降$s_1 = 1 \times \dfrac{30}{15} \times 6 = 12\text{mm}$

（2）粉质黏土层：

$d_e = 1.13 \times 10 = 11.3\text{m}$，$\alpha = 0.811$，$\beta = \dfrac{3.14^2 \times 0.05}{4 \times 4^2} + \dfrac{8 \times 0.2}{6 \times 11.3^2} = 0.00979\text{d}^{-1}$

$U_t = 1 - 0.811\text{e}^{-0.00979 \times 60} = 0.549$

附加应力$p_2 = 60\text{kPa}$

沉降$s_2 = 1 \times 0.549 \times \dfrac{60}{5} \times 4 = 26.4\text{mm}$

（3）总沉降$s = 12 + 25.4 = 37.4\text{mm}$

【点评】

①根据《建筑地基处理计算规范》第 5.2.1 条条文说明、第 5.2.7 条；②本题需要考虑竖向和水平固结，砂土固结时间短，可认为全部固结，粉质黏土按固结度计算变形。

2. 砂井未打穿压缩层——《工程地质手册》P1138

砂井未打穿压缩层的固结度计算见表 4-17-21。

砂井未打穿压缩层的固结度计算　　　　表 4-17-21

$\overline{U} = Q\overline{U}_{rz} + (1-Q)\overline{U}_z \qquad \Leftarrow Q = \dfrac{H_1}{H}$	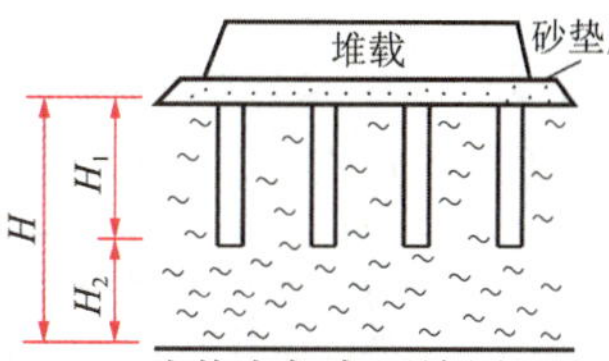 砂井未打穿压缩层
$\overline{U}_{rz}$——竖井深度部分（H_1）平均固结度，（**竖向＋径向**，采用H_1单面排水计算）； $\overline{U}_z$——竖井深度以下部分（H_2）平均固结度，（**竖向**）底层**不透水**时，按单面排水计算，采用H_2；底层**透水**时，按双面排水计算，采用$H_2/2$	

题 4-31　某软黏土地基采用袋装砂井预压法地基处理，处理土层厚度 15m，土的固结系数$c_v = c_h = 1.6\times10^{-3}\,\text{cm}^2/\text{s}$，袋装砂井的直径$d_w$ = 70mm，砂井间距 1.4m，砂井深度 10m，正三角形排列，试计算瞬时加荷后 180d 时处理土层的平均固结度最接近下列哪个选项（图 4-17-13）？（不考虑井阻和涂抹影响）？

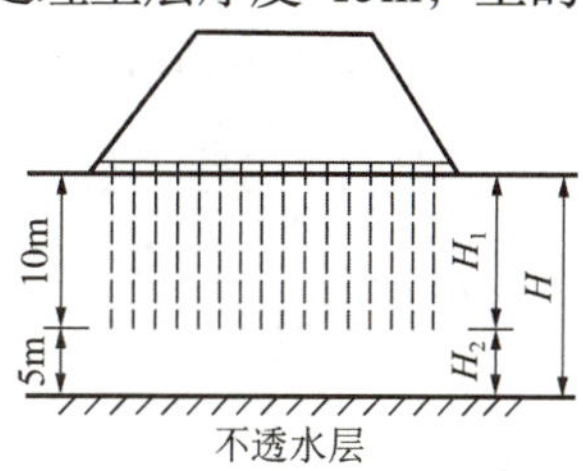

图 4-17-13　题 4-31 图

（A）0.70　　（B）0.75

（C）0.78　　（D）0.90

【解】

（1）$d_e = 1.05\times1.4 = 1.47\text{m}$，$n = 1.47/0.07 = 21$

$F_n = \ln(21) - \dfrac{3}{4} = 2.29$

（2）H_1范围内：$\beta_1 = \left(\dfrac{3.14^2}{4\times10^2} + \dfrac{8}{2.29\times1.47^2}\right)\times1.6\times10^{-3}\times8.64 = 0.0225\text{d}^{-1}$

$\overline{U}_{rz} = 1 - 0.811e^{-0.0225\times180} = 0.986$

H_2范围内：$\beta_2 = \dfrac{3.14^2\times1.6\times10^{-3}\times8.64}{4\times5^2} = 0.00136\text{d}^{-1}$

$\overline{U}_z = 1 - 0.811e^{-0.00136\times180} = 0.365$

（3）$Q = \dfrac{10}{15} = \dfrac{2}{3}$，$\overline{U} = \dfrac{2}{3}\times0.986 + \left(1-\dfrac{2}{3}\right)\times0.365 = 0.779$

【点评】

①根据《工程地质手册》P1137；②分开计算竖向和径向固结度，根据砂井未打穿压缩土层的公式计算平均固结度；③未打穿土层时采用《地基处理手册》中的 China 法：对应底层不透水的情况，计算U_{rz}时采用H_1，计算U_z采用H_2；对于底层透水的情况下，计算U_{rz}采用H_1，计算U_z采用$H_2/2$。

17.4.4 一级或多级加荷地基平均固结度

1. 改进高木俊法（规范法）——《建筑地基处理技术规范》第 5.2.7 条

一级或多级等速加载条件下，当固结时间为t时，对应总荷载的地基平均固结度可按表 4-17-22 计算。

改进高木俊法（规范法） **表 4-17-22**

$\overline{U}_t=\sum\limits_{i=1}^{n}\frac{\dot{q}_i}{\sum\Delta p}\left[(T_i-T_{i-1})-\frac{\alpha}{\beta}e^{-\beta t}\left(e^{\beta T_i}-e^{\beta T_{i-1}}\right)\right]$	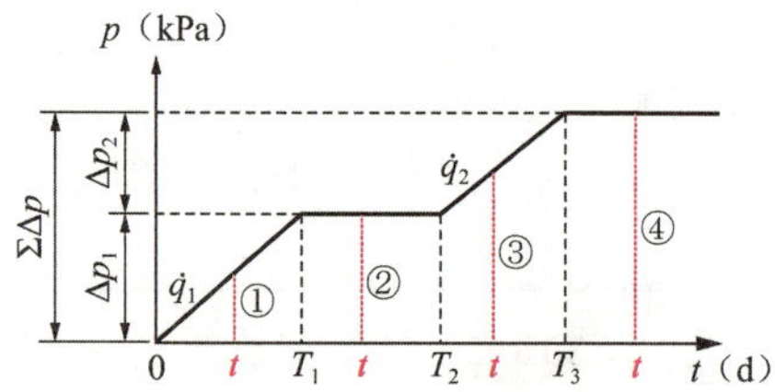 $\dot{q}_1=\frac{\Delta p_1}{T_1}$，$\dot{q}_2=\frac{\Delta p_2}{T_3-T_2}$
$\dot{q}_i$——第i级荷载的加载速率（kPa/d）； $\sum\Delta p$——各级荷载的累加值（kPa）（**总加载量**）； T_{i-1}、T_i——第i级荷载加载的起始和终止时间（从零点起算）（d），当计算第i级荷载**加载过程中某时刻**t（图中①③情形）的固结度时，T_i改为t； t——固结时间（d）； α、β取值计算同前（需达到闭卷程度）	

对二级加载（图中t位于①②③④情形）分别总结如下：

①$0<t\leqslant T_1$：$\overline{U}_t=\frac{\dot{q}_1}{\sum\Delta p}\left[t-\frac{\alpha}{\beta}\left(1-e^{-\beta t}\right)\right]$

②$T_1<t\leqslant T_2$：$\overline{U}_t=\frac{\dot{q}_1}{\sum\Delta p}\left[T_1-\frac{\alpha}{\beta}e^{-\beta t}\left(e^{\beta T_1}-1\right)\right]$

③$T_2<t\leqslant T_3$：$\overline{U}_t=\frac{\dot{q}_1}{\sum\Delta p}\left[T_1-\frac{\alpha}{\beta}e^{-\beta t}\left(e^{\beta T_1}-1\right)\right]+\frac{\dot{q}_2}{\sum\Delta p}\left[(t-T_2)-\frac{\alpha}{\beta}\left(1-e^{-\beta(t-T_2)}\right)\right]$

④$t>T_3$：$\overline{U}_t=\frac{\dot{q}_1}{\sum\Delta p}\left[T_1-\frac{\alpha}{\beta}e^{-\beta t}\left(e^{\beta T_1}-1\right)\right]+\frac{\dot{q}_2}{\sum\Delta p}\left[(T_3-T_2)-\frac{\alpha}{\beta}e^{-\beta t}\left(e^{\beta T_3}-e^{\beta T_2}\right)\right]$

或化简为④$t>T_3$：$\overline{U}_t=1-\frac{\alpha e^{-\beta t}}{\beta\sum\Delta p}\left[\dot{q}_1\left(e^{\beta T_1}-1\right)+\dot{q}_2\left(e^{\beta T_3}-e^{\beta T_2}\right)\right]$

题 4-32 某地基存在大面积饱和淤泥质黏土层，厚度 10m，其竖向和径向固结系数分别为$c_v=1.6\times10^{-3}cm^2/s$，$c_h=3.0\times10^{-3}cm^2/s$，采用砂井堆载预压法进行处理，砂井直径$d_w=0.35m$，正三角形布置，间距$l=2.0m$，砂井打到不透水层顶面，深 10m，堆载$p=150kPa$，加荷时间 5d，试计算开始加载后 60d 时的固结度。

【解】

（1）$d_e=1.05\times2=2.1m$，$n=\frac{2.1}{0.35}=6$

$$F_n=\frac{6^2}{6^2-1}\ln6-\frac{3\times6^2-1}{4\times6^2}=1.1$$

（2）$\alpha=\frac{8}{\pi^2}=0.811$

$$\beta=\frac{\pi^2c_v}{4H^2}+\frac{8c_h}{F_nd_e^2}=\frac{3.14^2\times1.6\times10^{-3}\times8.64}{4\times10^2}+\frac{8\times3.0\times10^{-3}\times8.64}{1.1\times2.1^2}=0.0431d^{-1}$$

（3）$\overline{U}_t=\sum\limits_{i=1}^{n}\frac{\dot{q}_i}{\sum\Delta p}\left[(T_i-T_{i-1})-\frac{\alpha}{\beta}e^{-\beta t}\left(e^{\beta T_i}-e^{\beta T_{i-1}}\right)\right]$

$$=\frac{30}{150}\times\left[5-\frac{0.811}{0.0431}e^{-0.0431\times60}\left(e^{0.0431\times5}-1\right)\right]=0.932$$

【点评】

①根据《建筑地基处理技术规范》第 5.2.7 条；②一级加载，本考点需要大量习题练习以达到非常熟练的程度。

题 4-33　（04D20）如图 4-17-14 所示，某场地中淤泥质黏土厚 15m，下为不透水土层，该淤泥质黏土层固结系数$c_v = c_h = 2.0 \times 10^{-3}\text{cm}^2/\text{s}$，拟采用大面积堆载预压法加固，采用袋装砂井排水，井径为$d_w = 70\text{mm}$，砂井按等边三角形布置，井距$s = 1.4\text{m}$，井深度 15m，预压荷载$p = 60\text{kPa}$；一次匀速施加，时间为 12d，开始加荷后 100d，试按《建筑地基处理技术规范》JGJ 79—2012 计算，平均固结度接近下列哪个选项？

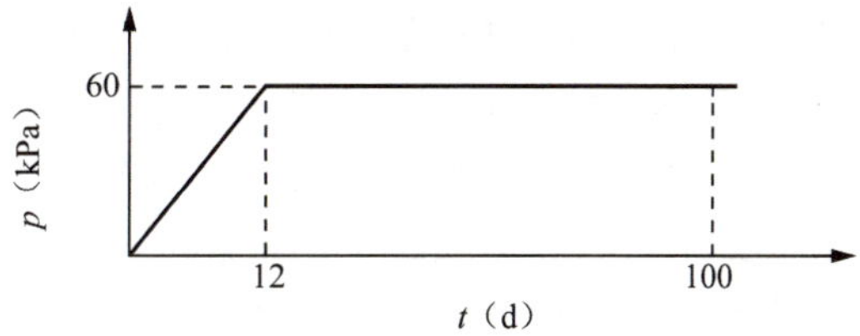

图 4-17-14　题 4-33 图

（A）0.80　　（B）0.85　　（C）0.90　　（D）0.95

【解】

（1）$d_e = 1.05 \times 1.4 = 1.47\text{m}$，$n = \dfrac{d_e}{d_w} = \dfrac{1.47}{0.07} = 21$，

$F_n = \ln(n) - \dfrac{3}{4} = \ln(21) - \dfrac{3}{4} = 2.3$

（2）$\alpha = \dfrac{8}{3.14^2} = 0.811$，

$$\beta = \frac{\pi^2 c_v}{4H^2} + \frac{8c_h}{F_n d_e^2} = \left(\frac{3.14^2}{4 \times 15^2} + \frac{8}{2.3 \times 1.47^2}\right) \times 2 \times 10^{-3} \times 8.64 = 0.028\text{d}^{-1}$$

（3）
$$\overline{U}_t = \sum_{i=1}^{n} \frac{\dot{q}_i}{\sum \Delta p}\left[(T_i - T_{i-1}) - \frac{\alpha}{\beta}e^{-\beta t}\left(e^{\beta T_i} - e^{\beta T_{i-1}}\right)\right]$$
$$= \frac{60/12}{60}\left[12 - \frac{0.811}{0.028} \times e^{-0.028\times100} \times (e^{0.028\times12} - 1)\right] = 0.94$$

【点评】

①根据《建筑地基处理技术规范》第 5.2.7 条；②此类题计算量较大，按计算器时更要仔细，解题过程中要注意排水条件、砂桩布置形式、固结时间起始点、单位换算等问题；③熟练之后（闭卷程度）可以如题中解题步骤一样，一气呵成，快速作答。

题 4-34　某地基存在大面积饱和淤泥质黏土层，厚度 10m，其竖向和径向固结系数分别为$c_v = 1.4 \times 10^{-3}\text{cm}^2/\text{s}$，$c_h = 3.2 \times 10^{-3}\text{cm}^2/\text{s}$，下卧层为透水砂层，采用砂井堆载预压法进行处理，砂井直径$d_w = 0.35\text{m}$，正三角形布置，砂井深 11m，堆载压力为 100kPa，加荷时间 5d，现要使得堆载 65d（加荷开始起算）后，固结度达到 95%，试问砂井设计的合理间距为多少？

【解】

（1）$0.95 = \dfrac{100/5}{100}\left[5 - \dfrac{0.811}{\beta}e^{-65\beta}(e^{5\beta} - 1)\right] \Rightarrow \beta = 0.0446\text{d}^{-1}$

（2）$n = \dfrac{1.05s}{0.35} = 3s$，$F_n = \dfrac{(3s)^2}{(3s)^2 - 1}\ln(3s) - \dfrac{3(3s)^2 - 1}{4(3s)^2}$

（3）
$$\beta = 0.0446 = \frac{3.14^2 \times 1.4 \times 10^{-3} \times 8.64}{4 \times 5^2} + \frac{8 \times 3.2 \times 10^{-3} \times 8.64}{\left[\dfrac{(3s)^2}{(3s)^2 - 1}\ln(3s) - \dfrac{3(3s)^2 - 1}{4(3s)^2}\right] \times (1.05s)^2}$$

$\Rightarrow s = 2.04\text{m}$

【点评】

①计算并不难，细心，然后解方程，赋初值可以预估s一般为2m左右，这样解方程速度更快，不要初值默认的很大或很小，这样解出来会很慢，而且可能会出现第二个解（非答案）；②$1cm^2/s = 8.64m^2/d$是必须要背下来的换算。

题4-35　（13C13）拟对某淤泥土地基采用预压法加固，已知淤泥的固结系数$c_v = c_h = 2.0 \times 10^{-3}cm^2/s$，淤泥层厚度为20.0m，在淤泥层中打设塑料排水板，长度打穿淤泥层，预压荷载$p = 100kPa$，分两级等速增加，如图4-17-15所示。按照《建筑地基处理技术规范》JGJ 79—2012公式计算，如果已知固结度计算参数$\alpha = 0.8$，$\beta = 0.025d^{-1}$，则地基固结度90%时预压时间为下列哪个选项？

（A）110d　　（B）125d

（C）150d　　（D）180d

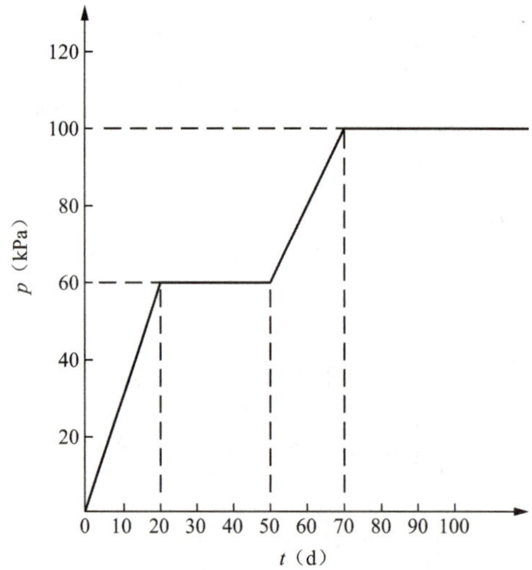

图4-17-15　题4-35图

【解】

（1）$\dot{q}_1 = \dfrac{60}{20} = 3kPa/d$，$\dot{q}_2 = \dfrac{40}{20} = 2kPa/d$

（2）$$\overline{U}_t = \frac{3}{100}\left[20 - \frac{0.8}{0.025} \times e^{-0.025t}(e^{0.025\times20} - 1)\right] + \frac{2}{100}\left[(70-50) - \frac{0.8}{0.025} \times e^{-0.025t}(e^{0.025\times70} - e^{0.025\times50})\right] = 90\%$$

解得$t = 121d$

【点评】

①根据《建筑地基处理技术规范》第5.2.7条；②反算时间属于常考题型，不建议将答案带入试算，最好采用计算器解方程；③本题计算量一般，可以说是直接代公式即可得分，本考点非常重要，务必做到非常熟练。

题4-36　地基土为淤泥质黏土层，厚度为10m，固结系数$c_h = c_v = 2.2 \times 10^{-3}cm^2/s$，受压土层厚10m，袋装砂井直径$d_w = 100mm$，正三角形布置，间距为1.6m，砂井底部为不透水层，预压总荷载$p = 100kPa$，第一级等速加载到40kPa，加载时间10d，稳定20d后，再等速加载到100kPa，加载时间20d，计算自开始加荷载后多少天后的平均固结度可达到90%？

【解】

（1）$d_e = 1.05 \times 1.6 = 1.68m$，$n = \dfrac{1.68}{0.1} = 16.8$

$$F_n = \frac{16.8^2}{16.8^2 - 1}\ln 16.8 - \frac{3 \times 16.8^2 - 1}{4 \times 16.8^2} = 2.08$$

（2）$\alpha = 0.811$，$\beta = \dfrac{3.14^2 \times 2.2 \times 10^{-3} \times 8.64}{4 \times 10^2} + \dfrac{8 \times 2.2 \times 10^{-3} \times 8.64}{2.08 \times 1.68^2} = 0.0264d^{-1}$

（3）假设需要加荷天数大于50d

$$\overline{U}_t = \frac{40}{10 \times 100}\left[10 - \frac{0.811}{0.0264} \times e^{-0.0264t}(e^{0.0264\times10} - 1)\right] + \frac{60}{20 \times 100}\left[20 - \frac{0.811}{0.0264} \times e^{-0.0264t}(e^{0.0264\times50} - e^{0.0264\times30})\right] = 0.9$$

解得：$t = 109.2$，假设成立

【点评】

①根据《建筑地基处理技术规范》第 5.2.7 条；②题目未给出加荷载过程简图时，自己要先绘出加荷简图，最多考二级加载，细心即可；③最后一个式子计算器输入太长，易出错，可根据群内计算器视频课内的方法进行化简后再解方程。

题 4-37　某场地为 20m 厚的软黏土，其下为砂砾石层。采用砂井预压固结法加固地基。砂井直径$d_w = 400mm$，井距 2.5m，正三角形布置。竖向固结系数$c_v = 1.2 \times 10^{-6} m^2/s$，水平固结系数$c_h$为$c_v$的 3 倍。加载过程如图 4-17-16 所示。试计算，加载后 15d、25d、40d、66d 的平均固结度分别为多少？

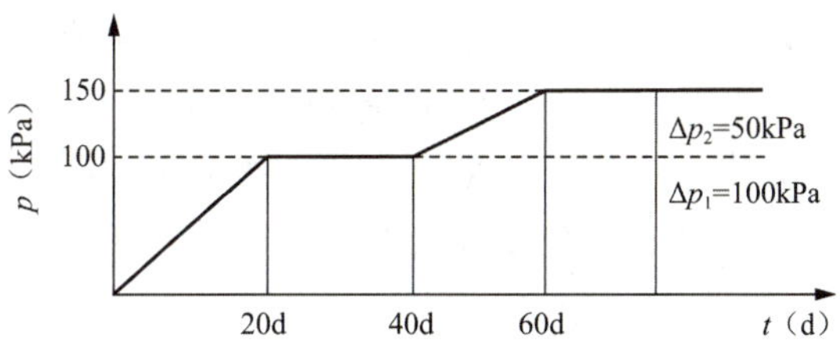

图 4-17-16　题 4-37 图

【解】

（1）$c_v = 1.2 \times 10^{-6} m^2/s = 1.2 \times 10^{-6} \times 86400 m^2/d = 0.1037 m^2/d$，

$c_h = 3c_v = 0.3111 m^2/d$

$d_e = 1.05s = 1.05 \times 2.5 = 2.625m$，$n = \dfrac{d_e}{d_w} = \dfrac{2.625}{0.4} = 6.56$

$$F_n = \frac{n^2}{n^2-1}\ln(n) - \frac{3n^2-1}{4n^2} = \frac{6.56^2}{6.56^2-1} \times \ln(6.56) - \frac{3 \times 6.56^2 - 1}{4 \times 6.56^2} = 1.182$$

（2）$\alpha = \dfrac{8}{\pi^2} = 0.811$，

$$\beta = \frac{\pi^2 c_v}{4H^2} + \frac{8c_h}{F_n d_e^2} = \frac{3.14^2 \times 0.1037}{4 \times 10^2} + \frac{8 \times 0.3111}{1.182 \times 2.625^2} = 0.309/d$$

（3）15d 平均固结度：

$$\overline{U}_{15} = \frac{100/20}{100+50} \times \left[15 - \frac{0.811}{0.309} \times e^{-0.309\times15}(e^{0.309\times15} - 1)\right] = 0.413$$

25d 平均固结度：

$$\overline{U}_{25} = \frac{100/20}{100+50} \times \left[20 - \frac{0.811}{0.309} \times e^{-0.309\times25}(e^{0.309\times20} - 1)\right] = 0.648$$

40d 平均固结度：

$$\overline{U}_{40} = \frac{100/20}{100+50} \times \left[20 - \frac{0.811}{0.309} \times e^{-0.309\times40}(e^{0.309\times20} - 1)\right] = 0.666$$

计算加载后 66d 平均固结度：

$$\overline{U}_{66} = \frac{100/20}{100+50} \times \left[20 - \frac{0.811}{0.309} \times e^{-0.309\times66}(e^{0.309\times20} - 1)\right] + \frac{50/20}{100+50} \times \left[(60-40) - \frac{0.811}{0.309} \times e^{-0.309\times66}(e^{0.309\times60} - e^{0.309\times40})\right] = 0.993$$

【点评】

①根据《建筑地基处理技术规范》第 5.2.7 条；②重要考点，务必做到非常熟练。

2. 按《水运工程地基设计规范》——第 8.5.10 条

分级加载条件下，砂井地基对应于总荷载在t时刻的平均总应力固结度可按表 4-17-23 计算。

平均总应力固结度　　表 4-17-23

$U_{rz}=\sum_{i=1}^{m}U_{rzi\left(t-\frac{T_i^0+T_i^f}{2}\right)}\cdot\frac{P_i}{\sum P_i}$ ⇒	**理解**：每级荷载在终止时刻达到的固结度按加载量加权平均，最后求和：$U_{rz}=U_1\frac{P_1}{\sum P_i}+U_2\frac{P_2}{\sum P_i}+\cdots+U_i\frac{P_i}{\sum P_i}$

注：本考点公式参数极其难懂，只能通过做下面例题可以更容易的理解公式的含义。

题 4-38　（03C20）某港陆域工程区为冲填土地基，土质很软，采用砂井预压加固，分期加荷：第一级荷重 40kPa，加荷 14d，间歇 20d 后加第二级荷重；第二级荷重 30kPa，加荷 6d，间歇 25d 后加第三级荷重；第三级荷重 20kPa，加荷 4d，间歇 26d 后加第四级荷重；第四级荷重 20kPa，加荷 4d，间歇 28d 后加第五级荷重；第五级荷重 10kPa，瞬时加上，则第五级荷重施加时，土体总固结度最接近下列哪个选项？（加荷等级和时间关系如图 4-17-17、表 4-17-24 所示）

题 4-38 表　　表 4-17-24

加荷顺序	荷重p_i（kPa）	加荷日期t（d）	竖向固结度U_z	径向固结度U_r
1	40	120	17%	88%
2	30	90	15%	79%
3	20	60	11%	67%
4	20	30	7%	46%
5	10	0	0	0

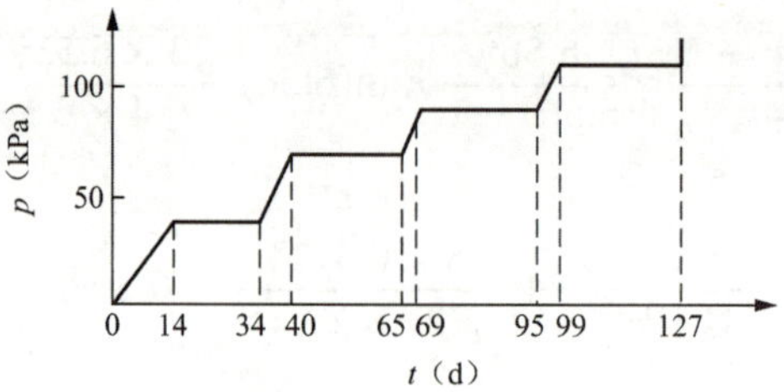

图 4-17-17　题 4-38 图

（A）82.0%　　（B）80.0%　　（C）70.6%　　（D）68.0%

【解】

（1）$U_{rz1}=1-(1-U_{z1})(1-U_{r1})=1-(1-0.17)\times(1-0.88)=0.90$

同理：$U_{rz2}=0.822$，$U_{rz3}=0.706$，$U_{rz4}=0.498$，$U_{rz5}=0$

（2）$$U_{rz}=\sum_{i=1}^{m}U_{rzi\left(t-\frac{T_i^0+T_i^f}{2}\right)}\cdot\frac{P_i}{\sum P_i}=\frac{40}{120}\times0.90+\frac{30}{120}\times0.822+\frac{20}{120}\times0.706+\frac{20}{120}\times0.498+\frac{10}{120}\times0=0.706$$

【点评】

①根据《水运工程地基设计规范》第 8.5.10 条、《工程地质手册》P1138，属于改进的太沙基法，适合于逐级加载的情况；②原理上是每级荷载达到的固结度按加载量加权平均，可以不用看公式，直接根据理解闭卷作答；③注意第五级荷重施加时，第五级荷重还没有产生固结。

题 4-39　（08C14）某软黏土地基采用排水固结法处理，根据设计，瞬时加载条件下加载后不同时间的平均固结度见表 4-17-25（表中数据可内插）。加载计划如下：第一次加载（可视为瞬时加载，下同）量为 30kPa，预压 20d 后第二次再加载 30kPa，再预压 20d 后第三次再加载 60kPa，第一次加载后到 80d 时观测到沉降量为 120cm。则 120d 时，沉降量最接近下列哪个选项？

题 4-39 表　　　　表 4-17-25

t（d）	10	20	30	40	50	60	70	80	90	100	110	120
U（%）	37.7	51.5	62.2	70.6	77.1	82.1	86.1	89.2	91.6	93.4	94.9	96.0

（A）130cm　　（B）140cm　　（C）150cm　　（D）160cm

【解】

（1）$\overline{U}_{80}=\dfrac{30}{120}\times0.892+\dfrac{30}{120}\times0.821+\dfrac{60}{120}\times0.706=0.781$

（2）$\overline{U}_{120}=\dfrac{30}{120}\times0.96+\dfrac{30}{120}\times0.934+\dfrac{60}{120}\times0.892=0.920$

（3）$s_{120}=\dfrac{120}{0.781}\times0.920=141.4\text{cm}$

【点评】

①根据《水运工程地基设计规范》第 8.5.10 条，太沙基修正法；②原理上就是每级荷载达到的固结度按加载量加权平均，掌握土力学固结度的原理后可以不用看公式直接闭卷作答；③虽然 2008 年之后没有再考查“水运”和“港口”类规范，但对于此类考点还是掌握以防意外。

题 4-40　（07D15）某软黏土地基采用预压排水固结法处理，根据设计，瞬时加载条件下不同时间平均固结度如表 4-17-26 所示。加载计划如下：第一次加载量为 30kPa，预压 30d 后第二次再加载 30kPa，再预压 30d 后第三次再加载 60kPa。如图 4-17-18 所示，自第一次加载后到 120d 时的平均固结度最接近下列哪个选项？

题 4-40 表　　　　表 4-17-26

t（d）	10	20	30	40	50	60	70	80	90	100	110	120
U（%）	37.7	51.5	62.2	70.6	77.1	82.1	86.1	89.2	91.6	93.4	94.9	96.0

（A）0.800　　（B）0.840

（C）0.880　　（D）0.920

【解】

$U_{rz}=\dfrac{30}{120}\times0.96+\dfrac{30}{120}\times0.916+\dfrac{60}{120}\times0.821=0.880$

【点评】

①根据《水运工程地基设计规范》第 8.5.10 条；②原理是每级荷载达到的固结度按加载量加权平均，可以不用看规范公式，直接根据理解闭卷解答。

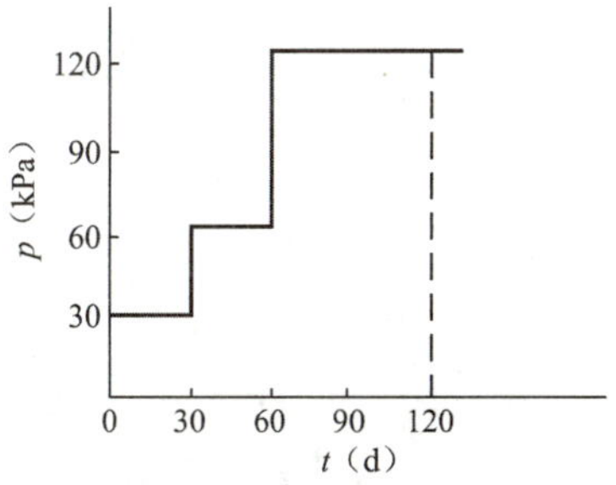

图 4-17-18　题 4-40 图

17.4.5 考虑涂抹与井阻影响——《建筑地基处理技术规范》第 5.2.8 条

当排水竖井采用挤土方式施工时，应考虑涂抹对土体固结的影响。当竖井的纵向通水量q_w与天然土层水平向渗透系数k_h的比值较小，且长度较长时，尚应考虑井阻影响。

（1）瞬时加载条件下，考虑涂抹和井阻影响时，竖井地基径向排水平均固结度可按下列公式计算：

$$\overline{U}_r = 1 - e^{-\frac{8c_h}{Fd_e^2}t}$$

（2）一级或多级等速加荷条件下，考虑涂抹和井阻影响时竖井穿透受压土层地基的平均固结度可按下式计算：

$$\overline{U}_t = \sum_{i=1}^{n} \frac{\dot{q}_i}{\sum \Delta p}\left[(T_i - T_{i-1}) - \frac{\alpha}{\beta} e^{-\beta t}\left(e^{\beta T_i} - e^{\beta T_{i-1}}\right)\right]$$

考虑涂抹与井阻影响时，仅在计算β时，把公式中的F_n替换为F即可，其他参数的计算方法均同前。F计算按表 4-17-27 中公式。

F计算公式　　表 4-17-27

<table>
<tr><td>$F = F_n + F_s + F_r$</td><td rowspan="2">k_h、k_s——天然土层、涂抹区土层水平向渗透系数（m/d）；可取 $k_s = (1/5 \sim 1/3)k_h$；
s——涂抹区直径d_s与竖井直径d_w的比值，可取$s = 2.0 \sim 3.0$，对中等灵敏黏性土取低值，对高灵敏黏性土取高值；
L——竖井深度（m）（软土层中的竖井排水深度）；
q_w——竖井纵向通水量，为单位水力梯度下单位时间的排水量（m^3/d）；
k_w——砂料渗透系数（m/d）；
F_s、F_r——涂抹因子、井阻因子</td></tr>
<tr><td>$F_n = \ln(n) - 0.75 \quad n \geqslant 15$
$F_s = \left(\frac{k_h}{k_s} - 1\right)\ln s$
$F_r = \frac{\pi^2 L^2}{4}\frac{k_h}{q_w} = \frac{\pi L^2}{d_w^2}\frac{k_h}{k_w}$</td></tr>
</table>

题 4-41　（14D14）对某淤泥质土地基采用预压加固，淤泥的固结系数$c_h = c_v = 2.0 \times 10^{-3} cm^2/s$，$k_h = 1.2 \times 10^{-7} cm/s$，淤泥层厚度为 10m，在淤泥层中打袋装砂井，砂井直径$d_w = 70mm$，间距 1.5m，等边三角形排列，砂料渗透系数$k_w = 2 \times 10^{-2} cm/s$，长度打穿淤泥层，涂抹区的渗透系数$k_s = 0.3 \times 10^{-7} cm/s$。如果取涂抹区直径为砂井直径的 2.0 倍，按照《建筑地基处理技术规范》JGJ 79—2012 有关规定，问在瞬时加载条件下，考虑涂抹和井阻影响时，地基径向固结度达到 90%时，预压时间最接近于下列哪个选项？

（A）120 天　　（B）150 天　　（C）180 天　　（D）200 天

【解】

（1）$d_e = 1.05 \times 1.5 = 1.575mm$，$n = \frac{1.575}{0.07} = 22.5$

$F_n = \ln(22.5) - 0.75 = 2.3635$

$F_r = \frac{\pi^2 L^2}{4} \cdot \frac{k_h}{q_w} = \frac{\pi L^2}{d_w^2}\frac{k_h}{k_w} = \frac{3.14 \times 1000^2 \times 1.2 \times 10^{-7}}{7^2 \times 2.0 \times 10^{-2}} = 0.3845$

$F_s = \left(\frac{k_h}{k_s} - 1\right)\ln s = \left(\frac{1.2 \times 10^{-7}}{0.3 \times 10^{-7}} - 1\right) \times \ln 2 = 2.0794$

（2）$F = F_n + F_s + F_r = 2.3635 + 0.3845 + 2.0794 = 4.8274$

（3）$\beta = \frac{8c_h}{F_n d_e^2} = \frac{8 \times 2.0 \times 10^{-3} \times 8.64}{4.8274 \times 1.575^2} = 0.011544 d^{-1}$

（4）$0.90 = 1 - e^{-0.011544t} \Rightarrow t = 199.5d$

【点评】

①根据《建筑地基处理技术规范》第 5.2.8 条及条文说明；②仔细读题，题目只求径向固结度达到 90%时的预压时间；考虑井阻和涂抹效应时，思路比较简单固定，虽然题目计算量较大，但基本上没有坑点，需要大量练习达到快速而准确，是绝对不能放弃的考点。

题 4-42　某软土地区工程采用分级堆载预压法处理，分两级等速加载(图 4-17-19)，土层厚度 20m，土的固结系$c_h = c_v = 1.8 \times 10^{-3}\text{cm}^2/\text{s}$，袋装砂井直径 70mm，等边三角形排列，砂井间距 1.40m，砂井深度 20m，打穿受压土层，底部为不透水层，砂井填料渗透系数$k_w = 2.0 \times 10^{-2}\text{cm/s}$，土层水平向渗透系数$k_h = 1.0 \times 10^{-7}\text{cm/s}$，涂抹区土的渗透系数$k_s = 0.2 \times 10^{-7}\text{cm/s}$，涂抹区直径与竖井直径比值$s = 2$，按《建筑地基处理技术规范》JGJ 79—2012 有关规定，试计算$t = 120\text{d}$时的土层平均固结度最接近下列哪个选项？（考虑井阻和涂抹影响）

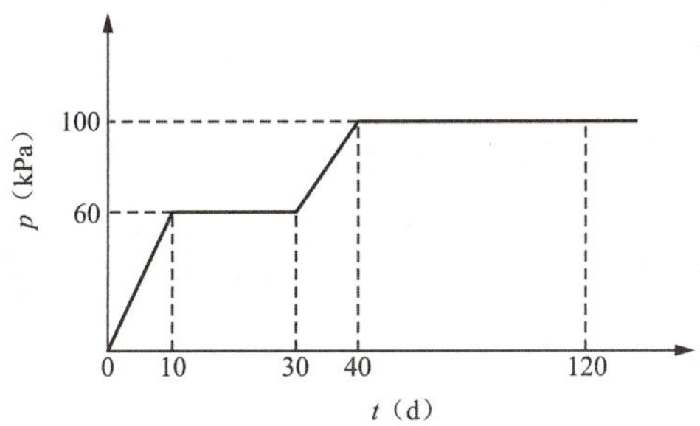

图 4-17-19　题 4-42 图

（A）68%　　（B）72%　　（C）76%　　（D）80%

【解】

（1）$d_e = 1.05 \times 1.40 = 1.47\text{m}$，$n = \dfrac{1.47}{0.07} = 21$，$F_n = \ln 21 - 0.75 = 2.29$

$$F_r = \frac{\pi^2 L^2}{4}\frac{k_h}{q_w} = \frac{\pi L^2}{d_w^2}\frac{k_h}{k_w} = \frac{3.14 \times 20^2}{0.07^2} \times \frac{1 \times 10^{-7}}{2 \times 10^{-2}} = 1.28$$

$$F_s = \left(\frac{k_h}{k_s} - 1\right)\ln s = \left(\frac{1 \times 10^{-7}}{0.2 \times 10^{-7}} - 1\right) \times \ln 2 = 2.77$$

$$F = F_n + F_s + F_r = 2.29 + 2.77 + 1.28 = 6.34$$

（2）$$\beta = \frac{8c_h}{Fd_e^2} + \frac{\pi^2 c_v}{4H^2} = \frac{8 \times 1.8 \times 10^{-3}}{6.34 \times 1.47^2} + \frac{3.14^2 \times 1.8 \times 10^{-3}}{4 \times 2000^2}$$

$$= 1.06 \times 10^{-7}/s = 0.0092/\text{d}$$

（3）$$\overline{U}_t = \sum_{i=1}^{n}\frac{\dot{q}_i}{\sum \Delta p}\left[(T_i - T_{i-1}) - \frac{\alpha}{\beta}e^{-\beta t}\left(e^{\beta T_i} - e^{\beta T_{i-1}}\right)\right]$$

$$= \frac{6}{100}\left[10 - \frac{0.811}{0.0092}e^{-0.0092\times120}\left(e^{0.0092\times10} - 1\right)\right] +$$

$$\frac{4}{100}\left[(40-30) - \frac{0.811}{0.0092}e^{-0.0092\times120}\left(e^{0.0092\times40} - e^{0.0092\times30}\right)\right] = 68\%$$

【点评】

①根据《建筑地基处理技术规范》第 5.2.8 条及条文说明；②考虑井阻和涂抹影响的多级加载，属于较重要和少坑点的考点，需要熟悉；③预压固结大综合题型，用来练习熟练度，考试时可不用写公式，能节省大量时间。

题 4-43 某淤泥质土地基采用预压法加固，已知淤泥质土的固结系数$c_h = c_v = 2.0 \times 10^{-3}cm^2/s$，水平向渗透系数$k_h = 2.5 \times 10^{-7}cm/s$，淤泥质土厚度为 12m，压缩模量$E_s = 2MPa$，其下为砂层，采用砂井预压法进行地基处理，袋装砂井直径为 70mm，正方形布置，间距 1.2m，砂井打穿淤泥质土层，砂料渗透系数$k_w = 4.0 \times 10^{-2}cm/s$，涂抹区渗透系数$k_s = 0.5 \times 10^{-7}cm/s$，涂抹区直径$d_s = 140mm$，预压荷载 80kPa，等速一次性施加，加荷速率为 10kPa/d，地基附加压力 60kPa 时要求工后沉降小于 50mm，至少要预压多少天?

【解】

(1) $p_0 = 80\text{kPa}$ 时，$s_{f1} = \dfrac{80}{2} \times 12 = 480\text{mm}$

$p_0 = 60\text{kPa}$ 时，$s_{f2} = \dfrac{60}{2} \times 12 = 360\text{mm}$

$\overline{U}_t = \dfrac{360 - 50}{480} = 0.646$

(2) $n = \dfrac{1.13 \times 1.2}{0.07} = 19.37$，$F_n = \ln 19.37 - 0.75 = 2.21$

$F_s = \left(\dfrac{2.5 \times 10^{-7}}{0.5 \times 10^{-7}} - 1\right) \times \ln\dfrac{140}{70} = 2.77$；$F_r = \dfrac{3.14 \times 12^2 \times 2.5 \times 10^{-7}}{0.07^2 \times 4 \times 10^{-2}} = 0.577$

$F = 0.577 + 2.21 + 2.77 = 5.56$

(3) $\alpha = \dfrac{8}{\pi^2} = 0.811$，

$\beta = \dfrac{2.467 \times 2 \times 10^{-3} \times 8.64}{6^2} + \dfrac{8 \times 2 \times 10^{-3} \times 8.64}{5.56 \times (1.13 \times 1.2)^2} = 0.0147\text{d}^{-1}$

(4) $\overline{U}_t = \dfrac{10}{80} \times \left[8 - \dfrac{0.811}{0.0147} \times e^{-0.0147t}(e^{0.0147 \times 8} - 1)\right] = 0.646 \Rightarrow t = 60.43\text{d}$

【点评】

综合考查，需要对每个考点都时常熟悉，除个别公式，都应该闭卷做答，才能提高解题速度。

17.4.6 预压下土的抗剪强度——《建筑地基处理技术规范》第 5.2.11 条

计算预压荷载下饱和黏性土地基中某点的抗剪强度时，应考虑土体原来的固结状态。对正常固结饱和黏性土地基，某点某一时间的抗剪强度可按下式计算。

$$\tau_{ft} = \tau_{f0} + \Delta\sigma_z \cdot U_t \cdot \tan\varphi_{cu}$$

式中：τ_{ft}——t时刻，该点土的抗剪强度（kPa）；

τ_{f0}——地基土的天然抗剪强度（kPa）；

$\Delta\sigma_z$——预压荷载引起的该点的附加竖向应力（kPa）；

U_t——该点土的固结度；

φ_{cu}——三轴固结不排水压缩试验求得的土的内摩擦角（°）。

题 4-44　（05D16）某地基饱和软黏土层厚度 15m，软黏土层中某点土体天然抗剪强度$\tau_{f0}=20$kPa，三轴固结不排水抗剪强度指标$c_{cu}=0$，$\varphi_{cu}=15°$，该地基采用大面积堆载预压加固，预压荷载为 120kPa，堆载预压到 120d 时，该点土的固结度达到 0.75，则此时该点土体抗剪强度最接近下列何值？

（A）34kPa　　（B）37kPa　　（C）40kPa　　（D）44kPa

【解】

$\tau_{ft}=\tau_{f0}+\Delta\sigma_z\cdot U_t\cdot\tan\varphi_{cu}=20+120\times0.75\times\tan15°=44.1\text{kPa}$

【点评】

①根据《建筑地基处理技术规范》第 5.2.11 条；②真题多次考查，送分题练。

题 4-45　（13D17）某厚度 6m 饱和软土，现场十字板抗剪强度为 20kPa，三轴固结不排水试验$c_{cu}=13$kPa，$\varphi_{cu}=12°$，$E_s=2.5$MPa。现采用大面积堆载预压处理，堆载压力$p_0=100$kPa，经过一段时间后软土层沉降 150mm，问该时刻饱和软土的抗剪强度最接近下列哪个值？

（A）13kPa　　（B）21kPa　　（C）33kPa　　（D）41kPa

【解】

（1）沉降量：$s=\dfrac{100}{2.5}\times6=240\text{mm}$

沉降 150mm 时的固结度：$U_t=\dfrac{150}{240}=0.625$

（2）抗剪强度：

$\tau_{ft}=\tau_{f0}+\Delta\sigma_z\cdot U_t\cdot\tan\varphi_{cu}=20+100\times0.625\times\tan12°=33.3\text{kPa}$

【点评】

①根据《建筑地基处理技术规范》第 5.2.11 条；②简单考点为大面积堆载软土固结度与抗剪强度的关系，原理为土力学库仑抗剪强度公式，真题多次考查。

【同类型真题】11D16

题 4-46　（10D17）拟对厚度为 10.0m 的淤泥层进行预压法加固。已知淤泥面上铺设 1.0m 厚中粗砂垫层，再上覆厚 2.0m 的压实填土，地下水位与砂层顶面齐平，淤泥三轴固结不排水试验得到的黏聚力$c_{cu}=10.0$kPa，内摩擦角$\varphi_{cu}=9.5°$，淤泥面处的天然抗剪强度$\tau_0=12.3$kPa，中粗砂重度为 20kN/m^3，填土重度为 18kN/m^3，按《建筑地基处理技术规范》JGJ 79—2012 计算，如果要使淤泥面处抗剪强度值提高 50%，则要求该处的固结度至少应达到下列哪个选项？

（A）60%　　（B）70%　　（C）80%　　（D）90%

【解】

（1）抗剪强度提高值$\Delta\tau=12.3\times0.5=6.15\text{kPa}$

预压附加竖向应力$\Delta\sigma_z=18\times2+10\times1=46\text{kPa}$

（2）$\Delta\tau=\Delta\sigma_z\cdot U_t\cdot\tan\varphi_{cu}$，即：$6.15=46\times U_t\times\tan9.5°$，解得$U_t=80\%$

【点评】

①根据《建筑地基处理技术规范》第 5.2.11 条；②根据库仑土的抗剪强度原理$\tau=c+\sigma\tan\varphi$及太沙基有效应力原理，已知土的c，φ值，则土体的抗剪强度与土的竖向有效应力线性相关，土的竖向有效应力增加量为$\Delta\sigma_z\cdot U_t$。

题 4-47 （21D13）在一厚层正常固结软黏土地基上修建路堤，现场十字板确定的原地基天然抗剪强度为 10kPa，填筑前采用大面积堆载预压法加固路基，预压荷载 85kPa。6 个月后测得土层平均超静孔压为 30kPa，土体$\varphi_{cu} = 12°$，则按《建筑地基处理技术规范》JGJ 79—2012 确定的此时地基平均抗剪强度最接近下列哪个选项？

（A）10kPa （B）15kPa

（C）20kPa （D）30kPa

【解法一】

（1）$\Delta\sigma'_v = 85 - 30 = 55\text{kPa}$

（2）$\tau_{ft} = 10 + 55 \times \tan 12° = 21.7\text{kPa}$

【解法二】

（1）$U_t = 1 - \frac{30}{85} = 0.647$

（2）$\tau_{ft} = 10 + 85 \times 0.647 \times \tan 12° = 21.7\text{kPa}$

【点评】

①根据《建筑地基处理技术规范》第 5.2.11 条；②根据库仑强度理论，土的抗剪强度＝天然抗剪强度＋竖向有效应力乘以摩擦系数，其中天然抗剪强度采用不固结不排水抗剪强度，摩擦系数＝$\tan\varphi_{cu}$（三轴固结不排水内摩擦角）。

17.4.7 最终竖向变形量计算——《建筑地基处理技术规范》第 5.2.12 条

预压荷载下地基最终竖向变形量的计算可取**附加应力与土自重应力的比值为 0.1 的深度**作为压缩层的计算深度，按下式计算。

$$s_f = \xi \sum_{i=1}^{n} \frac{e_{0i} - e_{fi}}{1 + e_{0i}} h_i = \xi \cdot \sum_{i=1}^{n} \frac{p_{zi}}{E_{si}} h_i$$

式中：s_f——最终竖向变形量（m）；

e_{0i}——第i层**中点**土自重应力所对应的孔隙比；

e_{fi}——第i层**中点**土自重应力与附加应力之和所对应的孔隙比；

h_i——第i层土层厚度（m）；

p_{zi}——第i层土平均附加应力（kPa），大面积时取预压附加应力p_0；

E_{si}——第i层土的压缩模量（kPa）；

ξ——经验系数，堆载预压$\xi = 1.1$～1.4，真空预压、联合预压$\xi = 1.0$～1.3；荷载较大或地基软弱土层厚度大时应取较大值。

题 4-48　（02D15）有一饱和软黏土层，厚度$H = 6\text{m}$，压缩模量$E_s = 1.5\text{MPa}$，地下水位与饱和软黏土层顶面相齐。现准备分层铺设 80cm 砂垫层（重度为 18kN/m^3），打设塑料排水板至饱和软黏土层底面。然后采用 80kPa 大面积真空预压 3 个月，固结度正好达到 85%。求此时的残留沉降最接近下列哪个选项？（注：沉降修正系数取 1.0，附加应力不随深度变化）

（A）6cm　　（B）20cm　　（C）30cm　　（D）40cm

【解】

（1）附加压力：$\Delta p = 80 + 0.8 \times 18 = 94.4\text{kPa}$

（2）最终沉降量：

$$s_f = \xi \cdot \sum_{i=1}^{n} \frac{e_{0i} - e_{fi}}{1 + e_{0i}} h_i = \xi \cdot \sum_{i=1}^{n} \frac{\Delta p_i}{E_{si}} h_i = 1 \times \frac{94.4}{1.5} \times 6 = 377.6\text{mm}$$

（3）固结度 85%时残余沉降量：

$$s' = (1 - U)s_f = (1 - 0.85) \times 377.6 = 56.6\text{mm} = 5.66\text{cm}$$

【点评】

根据《建筑地基处理技术规范》第 5.2.12 条及《土力学》固结度的概念$s_t = U_t s_\infty$。

【同类型真题】 11C15、08D15、04D24

题 4-49　（10D16）某填海造地工程对软土地基采用堆载预压法进行加固，已知海水深 1.0m，下卧淤泥层厚度 10m，天然密度$\rho = 1.5\text{g/cm}^3$，室内固结试验测得各级压力下的孔隙比如表 4-17-28 所示。如果淤泥上覆填土的附加压力p_0取 125kPa，按《建筑地基处理技术规范》JGJ 79—2012 计算该淤泥的最终沉降量，取经验修正系数为 1.2，将 10m 厚的淤泥层按一层计算，则最终沉降量最接近下列哪个选项？

题 4-49 表　　表 4-17-28

p（kPa）	0	12.5	25.0	50	100	200	300
e	2.325	2.215	2.102	1.926	1.710	1.475	1.325

（A）1.46m　　（B）1.82m　　（C）1.96m　　（D）2.64m

【解】

（1）淤泥层平均自重压力：$p_{cz} = (1.5 \times 10 - 10) \times 5 = 25\text{kPa}$，查表$e_1 = 2.102$

平均自重压力 + 附加压力：

$$p_{cz} + p_z = 25 + 125 = 150\text{kPa}，查表e_2 = \frac{1.710+1.475}{2} = 1.593$$

（2）$s_f = \xi \sum_{i=1}^{n} \frac{e_{0i} - e_{1i}}{1 + e_{0i}} h_i = 1.2 \times \frac{2.102 - 1.593}{1 + 2.102} \times 10 = 1.969\text{m}$

【点评】

①根据《建筑地基处理技术规范》第 5.2.12 条；②有效应力原理，水下用浮重度。

题 4-50 （14D13）某大面积软土场地，表层淤泥顶面绝对标高为 3m，厚度为 15m，压缩模量 1.2MPa。其下为黏性土，地下水为潜水，稳定水位绝对标高为 1.5m。现拟对其进行真空和堆载联合预压处理，淤泥表面铺 1m 厚砂垫层（重度为 $18kN/m^3$），真空预压加载 80kPa，真空膜上修筑水池储水，水深 2m。问当淤泥层的固结度达到 80%时，其固结沉降量最接近下列哪个值？（沉降计算经验系数取 1.1）

（A）1.0m （B）1.1m （C）1.2m （D）1.3m

【解】

$$s = 0.8 \times 1.1 \times \frac{80 + 1 \times 18 + 2 \times 10}{1.2} \times 15 = 1298\text{mm} = 1.30\text{m}$$

【点评】

①真空预压和堆载预压均会引起有效应力增量，能够进行有效加固；②水位不变，不用考虑将水位线上、下土层分算沉降。

题 4-51 （16D13）已知某场地地层条件及孔隙比e随压力变化拟合函数如表 4-17-29 所示，②层以下为不可压缩层，地下水位在地面处，在该场地上进行大面积填土，当堆土荷载为 30kPa 时，估算填土荷载产生的沉降最接近下列那个选项？（沉降经验系数ξ按 1.0，变形计算深度至应力比为 0.1 处）

题 4-51 表 表 4-17-29

土层名称	层底埋深（m）	饱和重度γ（kN/m^3）	e-lg$p$关系式
①粉砂	10	20.0	$e = 1 - 0.05\lg p$
②淤泥质粉质黏土	40	18.0	$e = 1.6 - 0.2\lg p$

（A）50mm （B）200mm （C）230mm （D）300mm

【解】

（1）$10 \times 10 + 8 \times (z - 10) = 30/0.1$，解得$z = 35\text{m}$

（2）埋深 0～−10m 段：$p_{cz} = 10 \times 5 = 50\text{kPa}$，$e_0 = 1 - 0.05\lg 50 = 0.915$

$p_{cz} + p_z = 50 + 30 = 80\text{kPa}$，$e_1 = 1 - 0.05\lg 80 = 0.905$

（3）埋深−10～−35m 段：$p_{cz} = 10 \times 10 + 12.5 \times 8 = 200\text{kPa}$，

$e_0 = 1.6 - 0.2\lg 200 = 1.140$

$p_{cz} + p_z = 200 + 30 = 230\text{kPa}$，$e_1 = 1.6 - 0.2\lg 230 = 1.128$

（4）$s = 1.0 \times \left(\frac{0.915 - 0.905}{1 + 0.915} \times 10 + \frac{1.140 - 1.128}{1 + 1.140} \times 25\right) = 0.192\text{m} = 192\text{mm}$

【点评】

①根据《建筑地基处理技术规范》第 5.2.12 条；②关键要先确定计算深度，若直接取 40m 计算得错误选项 C；③题目很灵活，通过压力p与孔隙比e的关系先求出孔隙比e。

题 4-52　（12C16）某软土地基采用堆载预压法进行加固，已知在工作荷载作用下软土地基的最终固结沉降量为 248cm，在某一超载预压荷载作用下软土的最终固结沉降量为 260cm。如果要求该软土地基在工作荷载作用下工后沉降量小于 15cm，则在该超载预压荷载作用下软土地基的平均固结度应达到下列哪个选项？

（A）80%　　　（B）85%　　　（C）90%　　　（D）95%

【解】

（1）工后沉降量 15cm，则软土的预压固结沉降量为$248 - 15 = 233\text{cm}$

（2）超载预压下：$U = \dfrac{233}{260} = 89.6\%$

【点评】

①超载预压是利用超过使用荷载的一个较大的荷载进行预压，以达到加快地基土固结沉降的过程；②所谓固结度均是相对于某一荷载而言的，如本题中工作荷载下固结度为$U = 233/248 = 94\%$，而在超载下$U = 233/260 = 90\%$；③关键理解工后沉降和超载预压两个概念，工后沉降为施工结束后的剩余沉降。

【同类型真题】08C15

题 4-53　（03D18）地基中有一饱和软黏土层，厚度$H = 8\text{m}$，其下为粉土层，采用打设塑料排水板真空预压加固。平均潮位与饱和软黏土顶面相齐。该层顶面分层铺设 80cm 砂垫层（重度为 19kN/m^3），塑料排水板打至软黏土层底面，正方形布置，间距 1.3m，然后采用 80kPa 大面积真空预压 6 个月。按正常固结土考虑，其最终固结沉降量最接近下列哪个选项？（经试验得：软土的天然重度$\gamma = 17\text{kN/m}^3$，天然孔隙比$e_0 = 1.6$，压缩指数$C_\text{c} = 0.55$，沉降修正系数取 1.0）

（A）0.73m　　　（B）0.99m　　　（C）1.09m　　　（D）1.20m

【解】

（1）$p_\text{z} = 80 + 19 \times 0.8 = 95.2\text{kPa}$，$p_\text{cz} = 7 \times 4 = 28\text{kPa}$

（2）$$s = \sum_{i=1}^{n} \frac{h_i}{1 + e_{0i}}\left[C_{\text{c}i} \lg\left(\frac{p_\text{cz} + p_\text{z}}{p_\text{cz}}\right)\right]$$

$$= 1 \times \frac{8}{1 + 1.6} \times 0.55 \times \lg\left(\frac{28 + 95.2}{28}\right) = 1.09\text{m}$$

【点评】

①根据《工程地质手册》第 4.4.2 条；②考虑预压固结法的大面积沉降计算，关键是分清压力变化段，计算沉降采用平均有效应力，多层土时注意分层。

17.4.8 根据实测变形和时间关系曲线推算最终变形量s_f和参数β——《建筑地基处理技术规范》第 5.4.1 条条文说明

在预压期间应及时整理竖向变形与时间、孔隙水压力与时间等关系曲线，并推算地基的最终竖向变形、不同时间的固结度以分析地基处理效果，并为确定卸载时间提供依据。工程上往往利用实测变形与时间关系曲线按表 4-17-30 推算最终竖向变形量s_f和参数β值。

根据实测变形和时间关系曲线推算最终变形量s_f和参数β　　表 4-17-30

<table>
<tr><td rowspan="2">$s_f=\dfrac{s_3(s_2-s_1)-s_2(s_3-s_2)}{(s_2-s_1)-(s_3-s_2)}=\dfrac{s_2^2-s_1s_3}{2s_2-s_1-s_3}$
$\beta=\dfrac{1}{t_2-t_1}\ln\dfrac{s_2-s_1}{s_3-s_2}$
$s_t=s_f(1-\alpha e^{-\beta t})$</td><td>$s_1$、$s_2$、$s_3$——加荷停止后时间$t_1$、$t_2$、$t_3$相应的竖向变形量（m）
且$t_2-t_1=t_3-t_2$</td></tr>
<tr><td>注：此β值反映土层的平均固结速率，可用于计算平均固结系数和任意时间的平均固结度。</td></tr>
<tr><td colspan="2">利用加载停歇时间的超孔隙水压力u与时间t的关系曲线按下式可计算出参数β：</td></tr>
<tr><td>$\dfrac{u_1}{u_2}=e^{\beta(t_2-t_1)}\Rightarrow\beta=\dfrac{1}{t_2-t_1}\ln\dfrac{u_1}{u_2}$</td><td>$u_1$、$u_2$——相应时间$t_1$、$t_2$相应的实测超孔隙水压力值（kPa）
注：此β值反映测点附近土体的固结速率</td></tr>
</table>

注：《建筑地基处理技术规范》上“孔隙水压力u”应该为“超孔隙水压力u”。

题 4-54　（16C17）某工程软土地基采用堆载预压加固（单级瞬时加载），实测不同时刻t及竣工时（$t=150$d）地基沉降量s如表 4-17-31 所示，假定荷载维持不变，按固结理论，竣工后 200d 时的工后沉降最接近下列哪个选项？

题 4-54 表　　表 4-17-31

时刻t（d）	50	100	150（竣工）
沉降s（mm）	100	200	250

（A）25mm　　（B）47mm　　（C）275mm　　（D）297mm

【解法一】

（1）$s_f=\dfrac{s_3(s_2-s_1)-s_2(s_3-s_2)}{(s_2-s_1)-(s_3-s_2)}=\dfrac{250\times(200-100)-200\times(250-200)}{(200-100)-(250-200)}=300\text{mm}$

（2）设$t_1=50$d，$t_3=150$d，$t_4=250$d

则$s_f=\dfrac{s_4(250-100)-250(s_4-250)}{2\times250-100-s_4}=300\text{mm}$，$t=250$d 的沉降$s_4=287.5$mm

设$t_3=150$d，$t_4=250$d，$t_5=350$d（即竣工后 200d）

则$s_f=\dfrac{s_5(287.5-250)-287.5(s_5-287.5)}{2\times287.5-250-s_5}=300\text{mm}$，得$s_5=296.875$mm

（3）工后沉降：$s_4=296.875-250\approx47\text{mm}$

【解法二】

（1）$s_f=\dfrac{s_3(s_2-s_1)-s_2(s_3-s_2)}{(s_2-s_1)-(s_3-s_2)}$

$$=\frac{250\times(200-100)-200\times(250-200)}{(200-100)-(250-200)}=300\text{mm}$$

（2）竣工后 200d 时，即$t=200+150=350$d

$$\beta=\frac{1}{t_2-t_1}\ln\frac{s_2-s_1}{s_3-s_2}=\frac{1}{100-50}\times\ln\frac{200-100}{250-200}=0.01386\text{d}^{-1}$$

150d 时：$\overline{U}_{150}=1-\alpha e^{-\beta t}\Rightarrow\frac{250}{300}=1-\alpha e^{-0.01386\times150}\Rightarrow\alpha=1.3327$

350d 时：$\overline{U}_{350}=1-1.3327\times e^{-0.01386\times350}=0.9896$，

$s_4=0.9896\times300=297\text{mm}$

（3）工后沉降：$s_4=297-250=47\text{mm}$

【点评】

①根据《建筑地基处理技术规范》第 5.4.1 条条文说明；②计算不难，关键是理解工后沉降，即竣工后的沉降量（起算时间为竣工时刻），本题的意思即竣工后至竣工后的 200d 内的沉降，本题全部工后沉降是$300-250=50\text{mm}$；③利用β值可用于计算任意一时刻的固结度和沉降量，固结度的一般表达式α不一定等于 0.811。

题 4-55　某工程采用真空联合堆载预压法进行加固，地下水与地表齐平，经实测深度 5m 点处，加载后 90d、180d 时的实测孔隙水压力u分别为 268kPa、188kPa，已知$\alpha=0.811$，试计算该点加载后 270d 时的固结度。

（A）72%　　（B）80%　　（C）85%　　（D）90%

【解】

（1）$\frac{u_1}{u_2}=e^{\beta(t_2-t_1)}$，则$\frac{268-10\times5}{188-10\times5}=e^{\beta(180-90)}$，解得$\beta=0.0051\text{d}^{-1}$

（2）该点 270d 时的固结度$U=1-\alpha e^{-\beta t}=1-0.811\times e^{-0.0051\times270}=0.795=79.5\%$

【点评】

根据《建筑地基处理技术规范》第 5.4.1 条条文说明，采用超静孔压计算。

题 4-56　某工程采用真空联合堆载预压法进行加固，地下水为地面下 1m，经实测地面下深度 5m 点处，加载后 50d、100d 时的实测孔隙水压力u分别为 158kPa、99kPa，已知$\alpha=0.811$，试计算该点加载后多少天时的固结度可达到 95%？

（A）150d　　（B）200d　　（C）250d　　（D）300d

【解】

（1）$\frac{u_1}{u_2}=e^{\beta(t_2-t_1)}$，则$\frac{158-10\times4}{99-10\times4}=e^{\beta\times(100-50)}\Rightarrow\beta=0.0139\text{d}^{-1}$

（2）该点固结度$U=1-\alpha e^{-\beta t}=1-0.811\times e^{-0.0139\times t}=0.95\Rightarrow t=200\text{d}$

【点评】

①根据《建筑地基处理技术规范》第 5.4.1 条条文说明；②计算固结度采用超静孔压，条文说明的实测孔隙水压力值应为实测的超静孔隙水压力值。

题 4-57 （22D11）某场地采用大面积堆载预压法处理地基，假设荷载一次瞬时施加，地基土为饱和粉质黏土，厚度 10m，天然重度为 16.8kN/m^3，压缩模量为 5.0MPa，下部地层为基岩，水位在粉质黏土顶面。堆载预压前先在地面铺设 1m 厚的砂垫层，地层情况见图 4-17-20。前期试验堆载时，测得第 10d、第 40d 粉质黏土层中点处孔隙水压力分别为 110kPa、80kPa。现要求堆载 50d 时，粉质黏土层顶面沉降量不小于 230mm，砂垫层顶面的最小堆载压力最接近下列哪个选项？（沉降计算经验系数取 1.0，假定孔隙水压力沿深度呈直线分布，忽略粉质黏土自重固结沉降）

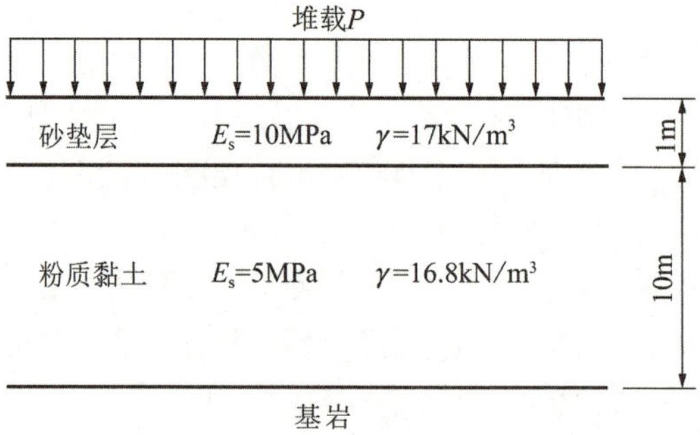

图 4-17-20　题 4-57 图

（A）200kPa　　（B）155kPa　　（C）140kPa　　（D）90kPa

【解】

（1）$\beta = \dfrac{1}{40-10}\ln\left(\dfrac{110-50}{80-50}\right) = 0.023\text{d}^{-1}$

（2）$1 - 0.811 \times e^{-0.023\times 50} = \dfrac{230}{1\times \dfrac{p+17}{5}\times 10} \Rightarrow p = 137.7\text{kPa}$

【点评】

①根据《建筑地基处理技术规范》第 5.4.1 条条文说明，利用加载停歇时间的孔隙水压力u与时间土的关系曲线可以计算参数β，其中公式的孔隙水压力规范表述不清，应采用**超静孔隙水压力**，《华山论剑案例答题手册》明确并已用红色标明；②根据孔隙水压力沿深度直线分布，则固结土层中点的固结度可以表示土层的平均固结度；③试验堆载，用来测试得到固结系数和β，试验堆载压力不一定等于实际堆载压力，砂垫层作为排水层，其中的水会被及时排走，其压重用天然重度计算；④因本题没有砂井，仅存在竖向固结，故$\alpha = 0.811$。

17.5　复合地基

17.5.1　面积置换率

研究复合地基时，在众多根桩所加固的地基中，选取一根桩及其影响的桩周土所组成的单元体作为研究对象。若桩体的横截面积为A_p，该桩体对应的**加固面积**为A_e，该桩体所对应的加固面积等效圆直径为d_e，则面积置换率$m = A_p/A_e$。常见的面积置换率计算见表 4-17-32。

面积置换率　　表 4-17-32

（1）无限面积（含条形基础）：$m = \dfrac{单元体内桩面积}{单元体面积} = \dfrac{nA_p}{单元体面积}$

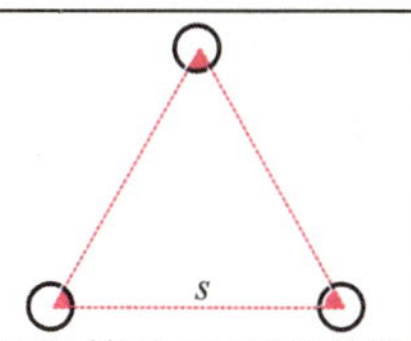 **圆桩等边三角形布桩** $m = \dfrac{\frac{1}{2}\cdot\frac{\pi d^2}{4}}{\frac{\sqrt{3}}{4}s^2} = \dfrac{d^2}{(1.05s)^2}$	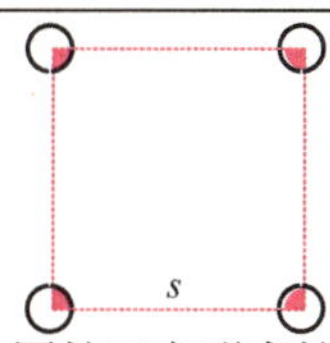 **圆桩正方形布桩** $m = \dfrac{\frac{\pi d^2}{4}}{s^2} = \dfrac{d^2}{(1.13s)^2}$	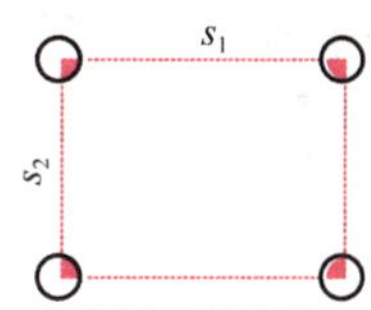 **圆桩矩形布桩** $m = \dfrac{\frac{\pi d^2}{4}}{s_1 s_2}$	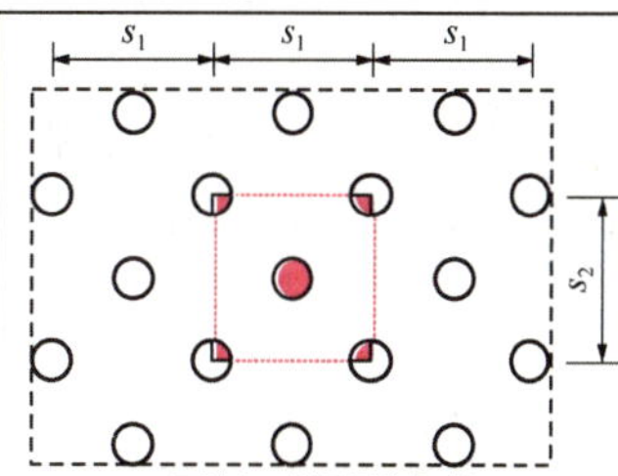 **圆桩不规则布桩**（取横平竖直的重复单元计算）$m = \dfrac{nA_p}{单元体面积} = \dfrac{2A_p}{s_1 s_2}$
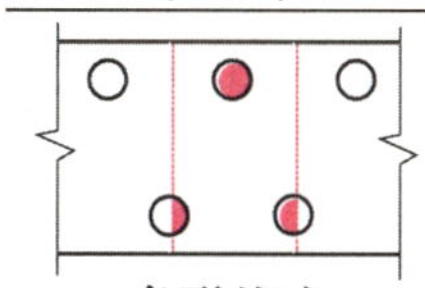 **条形基础** $m = \dfrac{nA_p}{单元体面积}$	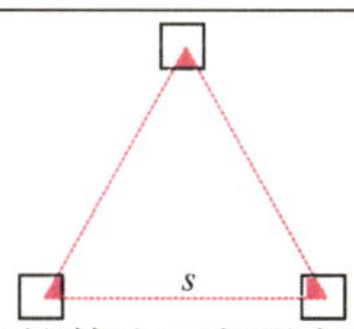 **方桩等边三角形布桩** $m = \dfrac{\frac{1}{2}b^2}{\frac{\sqrt{3}}{4}s^2}$	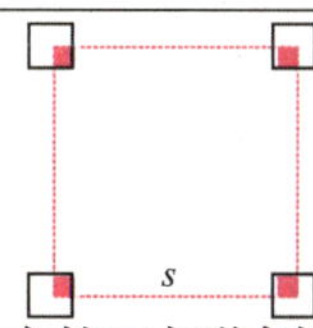 **方桩正方形布桩** $m = \dfrac{b^2}{s^2}$	**（2）有限面积：** 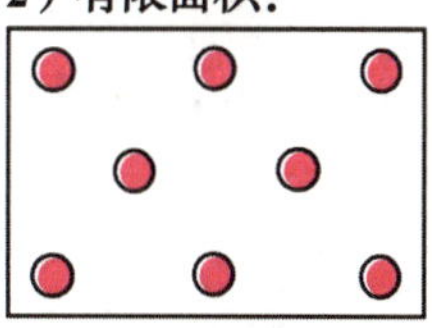 $m = \dfrac{总桩面积}{基础面积} = \dfrac{nA_p}{A}$
（3）多桩型无限面积（《建筑地基处理技术规范》公式错误）	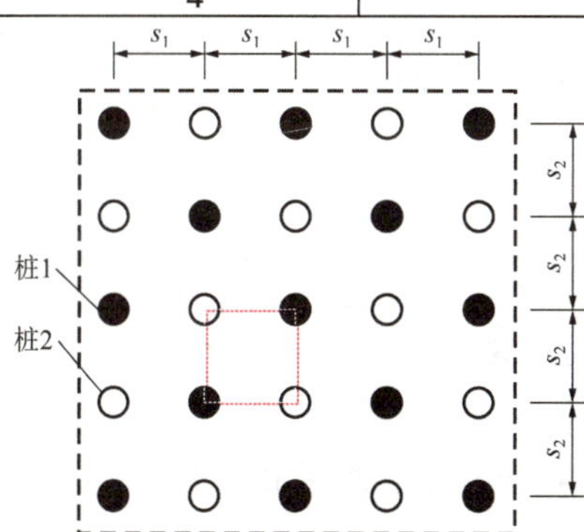 **矩形布桩** $m_1 = \dfrac{A_{p1}}{2s_1 s_2}$，$m_2 = \dfrac{A_{p2}}{2s_1 s_2}$		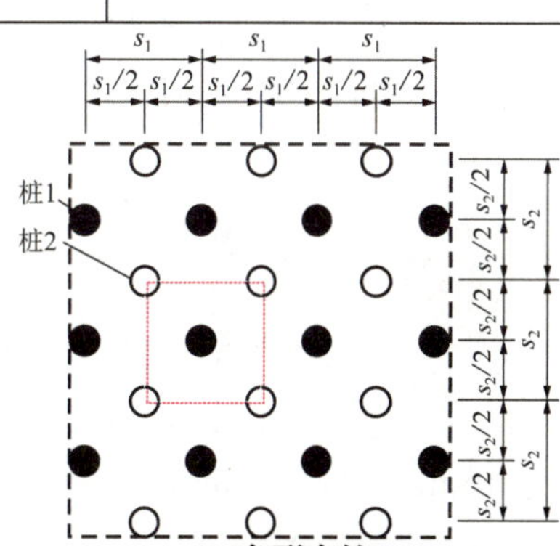 **三角形布桩** $m_1 = \dfrac{A_{p1}}{s_1 s_2}$，$m_2 = \dfrac{A_{p2}}{s_1 s_2}$

注：等效直径d_e主要应用于砂井排水固结中，在计算复合地基置换率中一般没有必要先计算d_e。建议除等边三角形和正方形布桩时用$m = \dfrac{d^2}{(1.05s)^2}$和$m = \dfrac{d^2}{(1.13s)^2}$外，其他情形的置换率直接采用面积比来计算。

题 4-58 某筏形基础，拟采用整片复合地基处理，桩径为 0.6m，桩间距 1.5m，采用等边三角形布桩时，求面积置换率。

【解】

$$d_e = 1.05 \cdot s = 1.05 \times 1.5 = 1.575\text{m} \Rightarrow m = \frac{d^2}{d_e^2} = \frac{0.6^2}{1.575^2} = 0.1451$$

$$\text{或} m = \frac{\frac{1}{2} \cdot \frac{\pi d^2}{4}}{\frac{\sqrt{3}}{4} s^2} = \frac{3.14 \times 0.6^2}{2\sqrt{3} \times 1.5^2} = 0.1450$$

【点评】

大面积等边三角形布桩求面积置换率，等边三角形内含有半个桩。

题 4-59 某筏形基础，拟采用整片复合地基处理，桩径为 0.6m，桩间距 1.5m，采用正方形布桩时，求面积置换率。

【解】

$$d_e = 1.13 \cdot s = 1.13 \times 1.5 = 1.695\text{m} \Rightarrow m = \frac{d^2}{d_e^2} = \frac{0.6^2}{1.695^2} = 0.1253$$

$$\text{或} m = \frac{\pi r^2}{s^2} = \frac{3.14 \times 0.3^2}{1.5^2} = 0.1256$$

【点评】

大面积正方形布桩求面积置换率，正方形范围内含有一个桩。

题 4-60 某筏形基础，拟采用整片复合地基处理，矩形布桩，桩径为 0.6m，桩间距 1.5m × 1.1m。求复合地基处理的置换率为多少？

【解】

$$m = \frac{\pi r^2}{s_1 s_2} = \frac{3.14 \times 0.3^2}{1.5 \times 1.1} = 0.1713$$

【点评】

大面积矩形布桩求面积置换率。

题 4-61 某筏形基础，拟采用整片复合地基处理，采用正方形预制桩实心桩，边长为 0.4m，桩间距 1.5m，采用正方形布桩，求面积置换率。

【解】

$$m = \frac{b^2}{s^2} = \frac{0.4^2}{1.5^2} = 0.0711$$

【点评】

对于正方形桩的置换率应采用面积置换率的原理计算，正方形范围内含有一个桩。

题 4-62 某筏形基础，拟采用整片复合地基处理，采用正方形预制桩实心桩，边长为 0.5m，桩间距 2.0m，采用等边三角形布桩，求面积置换率。

【解】

$$m = \frac{\frac{1}{2} b^2}{\frac{\sqrt{3}}{4} s^2} = \frac{2 \times 0.5^2}{\sqrt{3} \times 2^2} = 0.0722$$

【点评】

对于正方形桩的置换率应采用面积置换率的原理计算，等边三角形内含有半个桩。

题 4-63　某筏形基础，拟采用整片复合地基处理，采用如图 4-17-21 所示布桩（尺寸单位：mm），桩径为 300mm。求复合地基处理的置换率为多少？

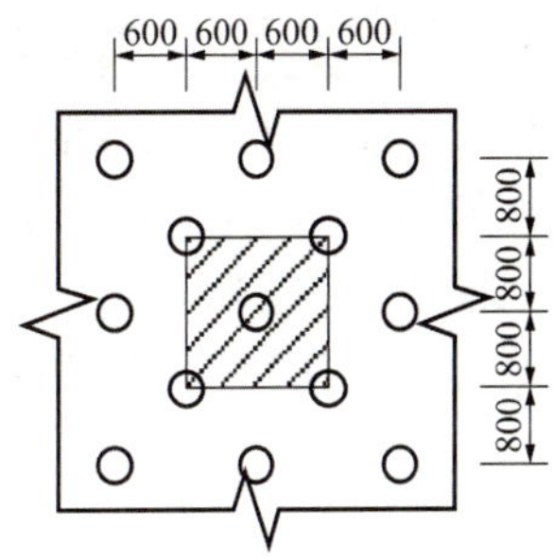

图 4-17-21　题 4-63 图

【解】

$$m=\frac{n\cdot A_{\mathrm{p}}}{\text{重复单元体面积}}=\frac{2\times 3.14\times 0.15^2}{1.2\times 1.6}=0.0736$$

【点评】

大面积布桩根据定义求面积置换率，等腰三角形布桩，关键在于确定重复单元。

题 4-64　某建筑物采用条形基础，拟采用复合地基处理，采用如图 4-17-22 所示布桩（尺寸单位：mm），桩径为 400mm。求复合地基处理的置换率为多少？

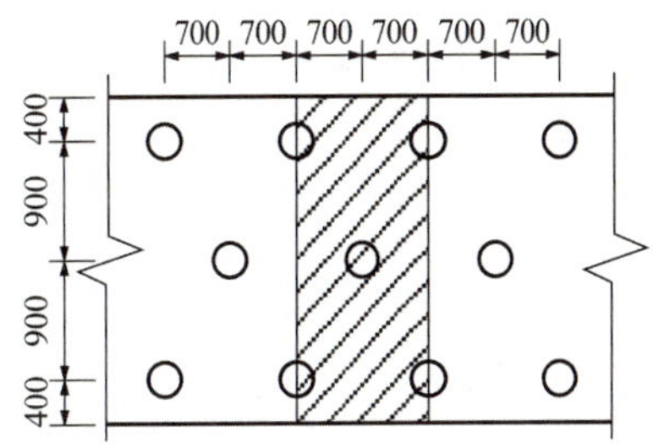

图 4-17-22　题 4-64 图

【解】

$$m=\frac{n\cdot A_{\mathrm{p}}}{\text{重复单元体面积}}=\frac{3\times 3.14\times 0.2^2}{1.4\times 2.6}=0.1035$$

【点评】

条形基础，大面积布桩根据定义求面积置换率，关键在于确定重复单元。

题 4-65　某建筑物采用独立基础，基础尺寸为 1.8m × 1.8m，拟采用复合地基处理，基础内正方形桩布置 4 根，桩径为 400mm，桩间距 1.2m × 1.2m。求复合地基处理的置换率为多少？

【解】

$$m=\frac{n\cdot A_{\mathrm{p}}}{\text{基础面积}}=\frac{4\times 3.14\times 0.2^2}{1.8\times 1.8}=0.1551$$

【点评】

有限面积布桩根据定义求面积置换率，m = 桩的总面积/基础总面积。

题 4-66　拟采用多桩型 CFG 桩（●）+ 水泥土搅拌桩（○）进行复合地基，承台尺寸 3m × 3m。CFG 桩径 450mm，水泥土搅拌桩桩径 600mm，承台下正方形布桩如图 4-17-23 所示（尺寸单位：mm）。求 CFG 桩和水泥土搅拌桩的置换率为多少？

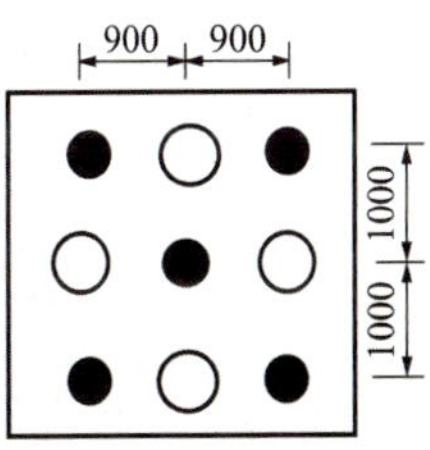

图 4-17-23　题 4-66 图

【解】

$$\text{CFG 桩：}m_1=\frac{n\cdot A_{\mathrm{p}}}{\text{基础面积}}=\frac{5\times 3.14\times 0.225^2}{3\times 3}=0.0883$$

$$\text{水泥土搅拌桩：}m_2=\frac{n\cdot A_{\mathrm{p}}}{\text{基础面积}}=\frac{4\times 3.14\times 0.3^2}{3\times 3}=0.1256$$

【点评】

有限面积多桩型布桩根据定义求面积置换率。

题 4-67 某高层住宅楼采用筏形基础，地基采用多桩型 CFG 桩（●）+ 水泥土搅拌桩（○）进行复合地基，CFG 桩径 450mm，水泥土搅拌桩桩径 500mm，等腰三角形布桩如图 4-17-24 所示（尺寸单位：mm），两种桩的桩间距 1.2m × 1.6m。求 CFG 桩和水泥土搅拌桩的置换率分别为多少？

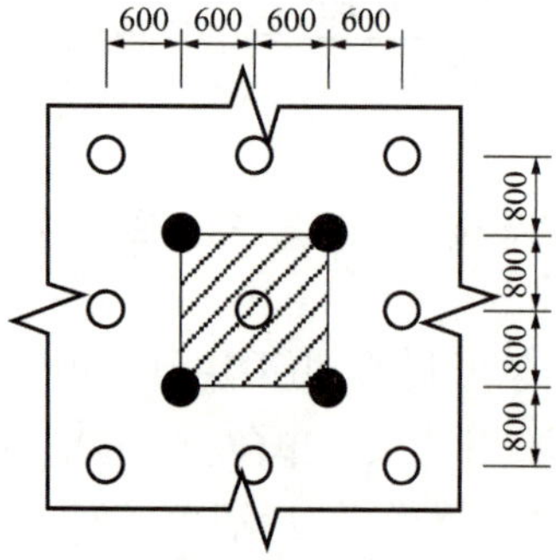

图 4-17-24 题 4-67 图

【解】

CFG 桩：$m_1 = \dfrac{n \cdot A_p}{\text{重复单元体面积}} = \dfrac{3.14 \times 0.225^2}{1.2 \times 1.6}$

$= 0.0828$

水泥土搅拌桩：$m_2 = \dfrac{n \cdot A_p}{\text{重复单元体面积}} = \dfrac{3.14 \times 0.25^2}{1.2 \times 1.6}$

$= 0.1022$

【点评】

①大面积多桩型布桩根据定义求面积置换率；②《建筑地基处理技术规范》第 7.9.7 条第 2 款求面积置换率的公式分母中多除了 2，而且规范图中的辅助线不太合适。

17.5.2 处理范围汇总

各类处理地基的处理范围汇总见表 4-17-33。

处理范围汇总 表 4-17-33

<table>
<tr><td colspan="2">堆载预压</td><td>预压荷载顶面的范围应不小于建筑物基础外缘的范围</td></tr>
<tr><td colspan="2">真空预压</td><td>真空预压区边缘应大于建筑物基础轮廓线，每边增加量不得小于 3.0m</td></tr>
<tr><td colspan="2">强夯法
强夯置换法</td><td>强夯和强夯置换施工前，应在施工现场有代表性的场地选取一个或几个试验区，进行试夯或试验性施工。每个试验区面积不宜小于 20m×20m。
强夯处理范围应大于建筑物基础范围，每边超出基础外缘宽度宜为基底下设计处理深度的 1/2～2/3，且不应小于 3m；对可液化地基，基础边缘的处理宽度，不应小于 5m；对湿陷性黄土地基，应符合现行国家标准《湿陷性黄土地区建筑标准》的有关规定（处理范围应大于建筑物基础范围）</td></tr>
<tr><td rowspan="3">散体材料桩</td><td>振冲碎石桩
沉管砂石桩</td><td>地基处理范围应根据建筑物的重要性和场地条件确定，宜在基础外缘扩大（1～3)排桩。对可液化地基，在基础外缘扩大宽度不应小于基底下可液化土层厚度的 1/2，且不应小于 5m</td></tr>
<tr><td>灰土挤密桩
土挤密桩</td><td>当采用整片处理时，应大于基础或建筑物底层平面的面积，超出建筑物外墙基础底面外缘的宽度，每边不宜小于处理土层厚度的 1/2，且不应小于 2m；
当采用局部处理时，对非自重湿陷性黄土、素填土和杂填土等地基，每边不应小于基础底面宽度的 25%，且不应小于 0.5m；对自重湿陷性黄土地基，每边不应小于基础底面宽度的 75%，且不应小于 1.0m</td></tr>
<tr><td>柱锤冲扩桩</td><td>处理范围应大于基底面积。对一般地基，在基础外缘应扩大(1～3)排桩，且不应小于基底下处理土层厚度的 1/2；对可液化地基，在基础外缘扩大的宽度，不应小于基底下可液化土层厚度的 1/2，且不应小于 5m</td></tr>
<tr><td colspan="3">有粘结强度桩（水泥土搅拌桩；旋喷桩；夯实水泥土桩；CFG 桩等）：基础范围以内布桩</td></tr>
<tr><td colspan="2">多桩复合地基</td><td>多桩型复合地基的布桩宜采用正方形或三角形间隔布置，刚性桩宜在基础范围内布桩，其他增强体布桩应满足液化土地基和湿陷性黄土地基对不同性质土质处理范围的要求</td></tr>
<tr><td colspan="2">硅化浆液注浆法</td><td>最外侧注浆孔位超出基础底面宽度不得小于 0.5m；
单液硅化法加固湿陷性黄土地基时：对新建建（构）筑物和设备基础的地基，应在基础底面下按等边三角形满堂布孔，超出基础底面外缘的宽度，每边不得小于 1.0m</td></tr>
</table>

17.5.3 散体材料桩复合地基——《建筑地基处理技术规范》第 7.1 节、第 7.2 节、第 7.5 节、第 7.8 节

散体材料桩主要包含三类：（1）振冲碎石桩、管砂石桩；（2）灰土挤密桩、土挤密桩；（3）柱锤冲扩桩；知识点在规范中较为分散，但该三类桩的复合地基承载力计算方法和公式都是相同的，通过对比学习并大量做题达到融会贯通，并尽量达到半闭卷程度。

1. 振冲碎石桩和沉管砂石桩

（1）**复合地基承载力特征值**

复合地基承载力特征值应通过复合地基静载荷试验或采用增强体静载荷试验结果和其周边土的承载力特征值结合经验确定，初步设计时，对散体材料增强体复合地基应按下式计算：

$$f_{spk}=[1+m(n-1)]f_{sk} \quad 或 \quad f_{spk}=mf_{pk}+(1-m)f_{sk}$$

式中：f_{spk}——复合地基承载力特征值（kPa）；

f_{pk}——增强体单桩承载力特征值（kPa）；

m——面积置换率；

f_{sk}——处理后桩间土承载力特征值（kPa），无经验时，黏性土取$f_{sk}=f_{ak}$；砂土、粉土取$f_{sk}=(1.2\sim1.5)f_{ak}$；

n——复合地基桩土应力比，$n=f_{pk}/f_{sk}$；无经验时，黏性土取$n=2\sim4$；砂土、粉土取$n=1.5\sim3$。

（2）**桩间距**

沉管砂石桩的桩间距，不宜大于砂石桩直径的 4.5 倍；初步设计时，对松散粉土和砂土地基，应根据挤密后要求达到的孔隙比确定，可按下列公式估算：

等边三角形布置：
$$s=0.95\xi d\sqrt{\frac{1+e_0}{e_0-e_1}}$$

正方形布置：
$$s=0.89\xi d\sqrt{\frac{1+e_0}{e_0-e_1}}$$

$$e_1=e_{max}-D_{r1}(e_{max}-e_{min})$$

式中：s——砂石桩间距（m）；

d——砂石桩直径（m）；

ξ——修正系数，当考虑振动下沉密实作用时，可取 1.1～1.2；不考虑振动下沉密实作用时，可取 1.0；

e_0——地基处理前砂土的孔隙比，可按原状土样试验确定；

e_1——地基挤密后要求达到的孔隙比；

e_{max}、e_{min}——砂土的最大、最小孔隙比；

D_{r1}——地基挤密后要求砂土达到的相对密实度，可取 0.70～0.85。

（3）**桩孔的数量**

$$n=\frac{A}{A_e}=\frac{mA}{A_p};\ m=\frac{A_p}{A_e};\ A_e=\frac{\pi d_e^2}{4};\ A_p=\frac{\pi d^2}{4}$$

式中：n——桩孔的数量；

A——拟处理地基的面积（m^2）；

A_p——单根桩的面积（m^2）；

d——桩的直径（m）；

A_e——单根桩所承担的等效处理地基面积（m^2）；

d_e——单根桩分担的处理地基面积的等效圆直径（m）。

（4）**地基处理范围**

地基处理范围应根据建筑物的重要性和场地条件确定，宜在基础外缘扩大(1～3)排桩。对**可液化地基**，在基础外缘扩大宽度不应小于基底下可液化土层厚度的 1/2，且不应小于 5m。

注：（1）置换率公式的推导

不考虑振动下沉，地面标高不变时，如图 4-17-25 所示，设一根桩对应等效处理面积$A_e=1$，则桩的面积$A_p=m$，成桩过程相当于把面积A_e范围内挤出一根桩孔的体积，再往桩孔内加填料。如图所示，加固前后土颗粒质量m_s和体积V_s保持不变，由土的三相原理，则：

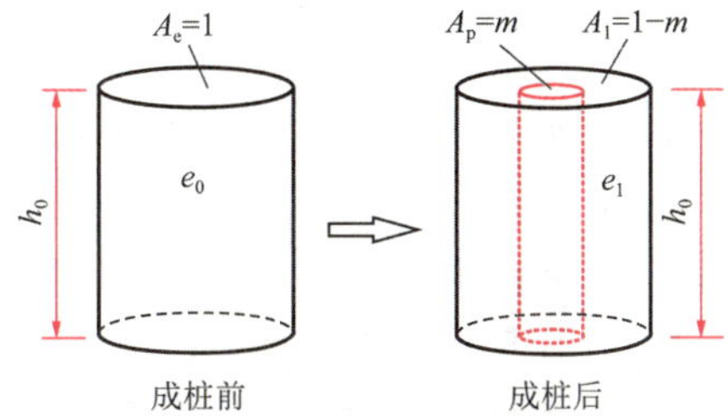

图 4-17-25 砂井堆载预压法

用孔隙比表示：
$$\frac{V_0}{1+e_0}=\frac{V_1}{1+e_1}\Rightarrow\frac{1\times h_0}{1+e_0}=\frac{(1-m)h_0}{1+e_1}\Downarrow$$
$$m=\frac{e_0-e_1}{1+e_0}$$

（适用于不考虑振动下沉，地面标高不变）

用干密度表示：$m_s=\overline{\rho}_d\times V_0=\overline{\rho}_{d1}\times V_1\Rightarrow\overline{\rho}_d\times 1\times h_0=\overline{\rho}_{d1}\times(1-m)\times h_0\Downarrow$
$$m=\frac{\overline{\rho}_{d1}-\overline{\rho}_d}{\overline{\rho}_{d1}}\Rightarrow m=\frac{\overline{\eta}_c\cdot\rho_{dmax}-\overline{\rho}_d}{\overline{\eta}_c\cdot\rho_{dmax}}$$

（适用于不考虑振动下沉，地面标高不变）

式中：e_0——**处理前**土体的孔隙比；
e_1——**处理后**桩间土的孔隙比；
$\overline{\rho}_d$——**处理前**桩间土的平均干密度；
$\overline{\rho}_{d1}$——**处理后**桩间土的平均干密度；
ρ_{dmax}——**处理后**桩间土的最大干密度；
$\overline{\eta}_c$——桩间土平均挤密系数。

（2）桩间距公式的推导：

①不考虑振动下沉正三角形布置时：
$$m=\frac{e_0-e_1}{1+e_0}=\frac{d^2}{(1.05s)^2}\Rightarrow s^2=\frac{d^2}{1.05^2}\cdot\frac{1+e_0}{e_0-e_1}\Rightarrow s=0.95d\sqrt{\frac{1+e_0}{e_0-e_1}}$$
$$m=\frac{e_0-e_1}{1+e_0}=\frac{\left(\frac{G_s}{\overline{\rho}_d}-1\right)-\left(\frac{G_s}{\overline{\eta}_c\rho_{dmax}}-1\right)}{1+\left(\frac{G_s}{\overline{\rho}_d}-1\right)}=\frac{\overline{\eta}_c\cdot\rho_{dmax}-\overline{\rho}_d}{\overline{\eta}_c\cdot\rho_{dmax}}=\frac{d^2}{(1.05s)^2}\Rightarrow$$
$$s=0.95d\sqrt{\frac{\overline{\eta}_c\cdot\rho_{dmax}}{\overline{\eta}_c\cdot\rho_{dmax}-\overline{\rho}_d}}$$

②不考虑振动下沉正方形布置时：
$$m=\frac{e_0-e_1}{1+e_0}=\frac{d^2}{(1.13s)^2}\Rightarrow s^2=\frac{d^2}{1.13^2}\cdot\frac{1+e_0}{e_0-e_1}\Rightarrow s=0.89d\sqrt{\frac{1+e_0}{e_0-e_1}}$$

$$m=\frac{e_0-e_1}{1+e_0}=\frac{\left(\frac{G_s}{\overline{\rho}_d}-1\right)-\left(\frac{G_s}{\overline{\eta}_c\rho_{dmax}}-1\right)}{1+\left(\frac{G_s}{\overline{\rho}_d}-1\right)}=\frac{\overline{\eta}_c\cdot\rho_{dmax}-\overline{\rho}_d}{\overline{\eta}_c\cdot\rho_{dmax}}=\frac{d^2}{(1.13s)^2}\Rightarrow$$

$$s=0.89d\sqrt{\frac{\overline{\eta}_c\cdot\rho_{dmax}}{\overline{\eta}_c\cdot\rho_{dmax}-\overline{\rho}_d}}$$

砂土的压实标准一般用相对密实度来控制，而粉土和黏性土的压实标准用挤密系数(压实系数)来控制。

题 4-68 （12D13）某建筑松散砂土地基，处理前现场测定砂土孔隙比$e=0.78$，砂土最大、最小孔隙比为 0.91 和 0.58，采用砂石桩法处理地基，要求挤密后砂土地基相对密实度达到 0.85，若桩径 0.8m，等边三角形布置，试问砂石桩的间距为下列何项数值？（修正系数ξ取 1.2）

（A）2.90m （B）3.14m （C）3.62m （D）4.15m

【解】

（1）$e_1=e_{max}-D_{r1}(e_{max}-e_{min})=0.91-0.85\times(0.91-0.58)=0.63$

（2）$s=0.95\xi d\sqrt{\frac{1+e_0}{e_0-e_1}}=0.95\times1.2\times0.8\times\sqrt{\frac{1+0.78}{0.78-0.63}}=3.14\text{m}$

【点评】

①根据《建筑地基处理技术规范》第 7.2.2 条；②注意桩间距选择比计算值更小的选项才满足要求；③基本的砂土相对密实度概念和挤密桩面积置换率与孔隙比变化的关系，是特别重要的考点，真题反复考查，原理为三相换算和面积置换率。

【同类型真题】02D13、07D14、09D17、11C17

题 4-69 （05C18）某建筑场地为松砂，天然地基承载力特征值为 100kPa，孔隙比为 0.78，要求采用振冲法处理后孔隙比为 0.68，考虑采用桩径为 0.5m，桩体承载力特征值为 500kPa 的砂石桩处理，按正方形布桩，不考虑振动下沉密实作用，处理后桩间土的承载力提高了 20%，据此估计初步设计的桩距和此方案处理后复合地基承载力特征值分别最接近下列哪个选项？

（A）1.6m；140kPa （B）1.9m；140kPa （C）1.9m；120kPa （D）2.2m；110kPa

【解】

（1）$s=0.89\xi d\sqrt{\frac{1+e_0}{e_0-e_1}}=0.89\times1.0\times0.5\times\sqrt{\frac{1+0.78}{0.78-0.68}}=1.88\text{m}$

（2）$m=\frac{d^2}{d_e{}^2}=\frac{0.5^2}{(1.13\times1.88)^2}=0.055$

（3）$f_{spk}=mf_{pk}+(1-m)f_{sk}=0.055\times500+(1-0.055)\times1.2\times100=140.9\text{kPa}$

【点评】

①根据《建筑地基处理技术规范》第 7.2.2 条；②对于松散的砂土、粉土，f_{sk}应该取天然地基承载力特征值f_{ak}的 1.2～1.5 倍；③f_{spk}由土体和桩各自所做贡献简单相加得到，这样计算可以省去求应力比n的过程：$f_{spk}=[1+m(n-1)]f_{sk}=(1-m)f_{sk}+mnf_{sk}=(1-m)f_{sk}+mf_{pk}$；④原真题答案没有考虑松砂$f_{sk}$增大，本题题干增加了“处理后桩间土的承载力提高了 20%”。

【同类型真题】02D11、04C21、05C15

题 4-70 （14C16）某松散粉细砂场地，地基处理前承载力特征值 100kPa，现采用砂石桩满堂处理，桩径 400mm，桩位如图 4-17-26 所示（图中尺寸单位：mm）。处理后桩间土的承载力提高了 20%，桩土应力比 3。根据《建筑地基处理技术规范》JGJ 79—2012 估算的该砂石桩复合地基的承载力特征值最接近下列哪个选项？

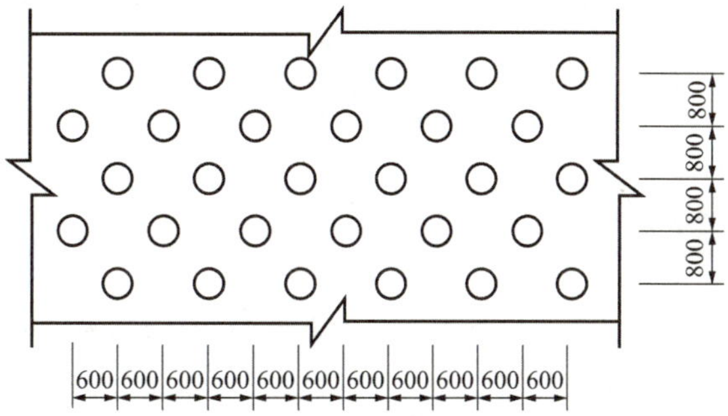

图 4-17-26 题 4-70 图

（A）135kPa （B）150kPa （C）170kPa （D）185kPa

【解】

（1）$m=\dfrac{2\times3.14\times0.2^2}{1.2\times1.6}=0.131$

（2）$f_{spk}=[1+0.131\times(3-1)]\times1.2\times100=151.4\text{kPa}$

【点评】

①根据《建筑地基处理技术规范》第 7.1.5 条、第 7.2.2 条；②在复合地基中，一根桩和它所承担的桩间土体为一复合土体单元，在这一复合土体单元中，桩的断面面积和复合土体单元面积之比称为面积置换率；③对于非规则布桩应根据面积置换率的定义计算，如图 4-17-27 中虚线所示选取一个单元体来计算；④本题还需要注意"松散粉细砂"，题目不说，按规范松散砂土和粉土的 f_{sk} 也是要比 f_{ak} 提高 1.2～1.5 倍。

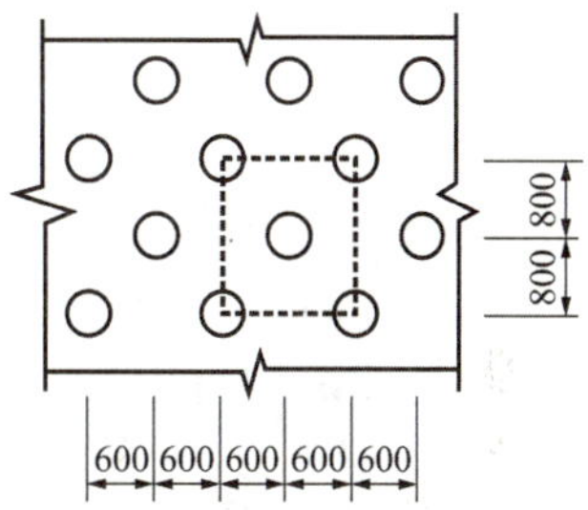

图 4-17-27 解 4-70 图

【同类型真题】 02D12、02D19

题 4-71 （12D15）某场地用振冲法复合地基加固，填料为砂土，桩径 0.8m，正方形布桩，桩距 2.0m，现场平板载荷试验测定复合地基承载力特征值为 200kPa，桩间土承载力特征值为 150kPa，试问估算的桩土应力比与下列何项数值最为接近？

（A）2.67 （B）3.08 （C）3.30 （D）3.67

【解】

（1）$m=\dfrac{0.8^2}{(1.13\times2.0)^2}=0.1253$

（2）$200=[1+0.1253(n-1)]\times150\Rightarrow n=3.67$

【点评】

①根据《建筑地基处理技术规范》第 7.1.5 条；②本题属于利用实测资料进行反分析的案例题，正常的设计计算顺序是根据经验选定桩土应力比，估算地基承载力，反分析对积累工程经验非常必要；③利用计算器解方程直接得出答案，每年题目都是难易搭配。

题 4-72 （09D14）某松散砂土地基，拟采用直径400mm的振冲桩进行加固，如果取处理后桩间土承载力特征值$f_{sk}=90kPa$，桩土应力比取3.0，采用等边三角形布桩，要使加固后地基承载力特征值达到120kPa，试据《建筑地基处理技术规范》JGJ 79—2012，振冲砂石桩的间距应选用下列哪个选项的数值？

（A）0.85m （B）0.93m （C）1.00m （D）1.10m

【解】

（1）$f_{spk}=[1+m(n-1)]f_{sk}$，$[1+m(3-1)]\times 90\geqslant 120$，解得$m\geqslant 0.167$

（2）$m=\dfrac{d^2}{d_e{}^2}=\dfrac{0.4^2}{(1.05s)^2}\geqslant 0.167\Rightarrow s\leqslant 0.93m$

【点评】

①根据《建筑地基处理技术规范》第7.1.5条、第7.2.2条；②题目问的不是最接近，最好带不等号计算，或者等号计算后应该桩间距选小于计算值的选项。

题 4-73 （17C16）某工程要求地基处理后的承载力特征值达到200kPa，初步设计采用振冲碎石桩复合地基，桩径800mm，桩长10m，正三角形布置，桩间距1.8m，经现场试验测得单桩承载力特征值为200kN，复合地基承载力特征值为170kPa，未能达到设计要求。若其他条件不变，只通过调整桩间距使复合地基承载力满足设计要求，请估算合适的桩间距最接近下列哪个选项？

（A）1.0m （B）1.2m （C）1.4m （D）1.6m

【解】

（1）$m=\dfrac{d^2}{d_e{}^2}=\dfrac{0.8^2}{(1.05\times 1.8)^2}=0.1792$，$f_{pk}=\dfrac{R_a}{A_p}=\dfrac{200}{3.14\times 0.4^2}=398.1kPa$

（2）$f_{spk}=mf_{pk}+(1-m)f_{sk}$，$170=0.1792\times 398.1+(1-0.1792)f_{sk}$，

解得$f_{sk}=120.2kPa$

$200=m\times 398.1+(1-m)\times 120.2$，解得$m=0.287$

（3）$m=\dfrac{d^2}{d_e{}^2}=\dfrac{0.8^2}{(1.05s)^2}=0.287\Rightarrow s=1.42m$

【点评】

①根据《建筑地基处理技术规范》第7.1.5条、第7.2.2条；②重要考点通过调整桩间距使得复合地基承载力达到设计要求；③巧妙利用f_{pk}作为中间参数，$f_{spk}=[1+m(n-1)]f_{sk}$，$n=f_{pk}/f_{sk}$，可化为$f_{spk}=mf_{pk}+(1-m)f_{sk}$，此公式为原理性公式，也是老规范公式，可直接使用节省计算书写时间；④题型跟06D16一模一样，只改了数据，所以我们一定要特别重视老的真题，考试可以不写公式，直接代数计算。

【同类型真题】06D16

题 4-74　某工程要求地基加固后承载力特征值达到 160kPa，初步设计采用振冲碎石桩复合地基加固，桩径取$d = 0.6\text{m}$，桩长取$l = 10\text{m}$，正三角形，桩中心距为 1.8m，地基处理试验测得桩间土承载力特征值 110kPa，复合地基承载力特征值为 140kPa，未达到设计要求。根据《建筑地基处理技术规范》，在桩径、桩长、布桩形式、桩间土承载力特征值、桩土应力比不变的情况下，桩中心距至少调整为下列哪个选项时可达到设计要求？

（A）0.90m　　（B）1.30m　　（C）1.40m　　（D）1.50m

【解】

（1）初步设计：$[1 + m_1(n - 1)] \times 110 = 140 \Rightarrow m_1(n - 1) = \dfrac{140 - 110}{110} = \dfrac{3}{11}$

（2）加固后：$[1 + m_2(n - 1)] \times 110 = 160 \Rightarrow m_2(n - 1) = \dfrac{160 - 110}{110} = \dfrac{5}{11}$

（3）两式相除：$\dfrac{m_1}{m_2} = \dfrac{3}{5} = \dfrac{(1.05s)^2}{(1.05 \times 1.8)^2} \Rightarrow s = 1.4\text{m}$

【点评】

①根据《建筑地基处理技术规范》第 7.1.5 条；②考点为散体材料增强体复合地基承载力计算；③依据题意，本题可根据两个算式化简，无需求取桩土应力比n，直接得出结果。

题 4-75　某砂土地基上的住宅楼，筏形基础，基础尺寸为 $15\text{m} \times 30\text{m}$，基础埋深 2.0m，相应于作用的标准组合时，上部结构传至基础顶面的竖向力$F_k = 81000\text{kN}$。场地下伏地下水位埋深 1.0m，0～11.0m 为中砂层，天然重度$\gamma = 19.5\text{kN/m}^3$，天然地基承载力特征值为 150kPa，属于液化层，其下为密实砾石层。为消除基底下伏砂土层的液化问题，拟采用振冲碎石桩法处理，桩径 1000mm，正方形布桩，处理后的中砂层地基承载力为原天然地基承载力特征值的 1.10 倍，桩土应力比$n = 3.0$。按《建筑地基处理技术规范》求该复合地基的布桩数至少为多少？（基础及其上覆土体平均重度按 20kN/m^3 考虑）

【解】

（1）$p_k = \dfrac{81000}{15 \times 30} + 20 \times 1 + 10 \times 1 = 210\text{kPa}$

（2）$\gamma_m = \dfrac{19.5 \times 1 + 9.5 \times 1}{2} = 14.5\text{kN/m}^3$

$f_{spa} = f_{spk} + \gamma_m(d - 0.5)$，即$f_{spk} = 210 - 14.5 \times (2.0 - 0.5) = 188.25\text{kPa}$

$[1 + m(3 - 1)] \times 1.10 \times 150 = 188.25$，解得$m = 0.07$

（3）$\dfrac{3.14 \times 0.5^2}{A_c} = 0.07 \Rightarrow A_c = 11.21\text{m}^2$

液化土层的 1/2：$\dfrac{11 - 2}{2} = 4.5\text{m} < 5\text{m}$，取扩边为 5m

$n = \dfrac{(15 + 2 \times 5) \times (30 + 2 \times 5)}{11.21} = 89.2$ 根，取$n = 90$ 根

【点评】

①根据《建筑地基处理技术规范》第 7.2.2 条；②注意处理面积需要在基础底面积上加上**两侧**扩边；③注意液化土层厚度从基底起算。

2. 灰土挤密桩和土挤密桩

（1）**复合地基承载力特征值**

复合地基承载力特征值应通过复合地基静载荷试验或采用增强体静载荷试验结果和其周边土的承载力特征值结合经验确定，初步设计时，对散体材料增强体复合地基应按下式计算：

$$f_{spk}=[1+m(n-1)]f_{sk} \quad 或 \quad f_{spk}=mf_{pk}+(1-m)f_{sk}$$

式中：f_{spk}——复合地基承载力特征值（kPa）；

f_{pk}——增强体单桩承载力特征值（kPa）；

f_{sk}——处理后桩间土承载力特征值（kPa）；

n——复合地基桩土应力比，$n=f_{pk}/f_{sk}$；

m——面积置换率。

灰土挤密桩复合地基承载力特征值，不宜大于处理前天然地基承载力特征值的 2.0 倍，且不宜大于 250kPa；对土挤密桩复合地基承载力特征值，不宜大于处理前天然地基承载力特征值的 1.4 倍，且不宜大于 180kPa。

（2）**桩间距**

桩孔直径宜为 300～600mm。桩孔宜按等边三角形布置，桩孔之间的中心距离可为桩孔直径的(2.0～3.0)倍，也可按下式估算：

等边三角形布置：$$s=0.95d\sqrt{\frac{\overline{\eta}_c\cdot\rho_{dmax}}{\overline{\eta}_c\cdot\rho_{dmax}-\overline{\rho}_d}}=0.95d\sqrt{\frac{\overline{\rho}_{d1}}{\overline{\rho}_{d1}-\overline{\rho}_d}}$$

正方形布置：$$s=0.89d\sqrt{\frac{\overline{\eta}_c\cdot\rho_{dmax}}{\overline{\eta}_c\cdot\rho_{dmax}-\overline{\rho}_d}}=0.89d\sqrt{\frac{\overline{\rho}_{d1}}{\overline{\rho}_{d1}-\overline{\rho}_d}}$$

$$\overline{\eta}_c=\frac{\overline{\rho}_{d1}}{\rho_{dmax}}$$

式中：s——桩孔之间的中心距离（m）；

d——桩孔直径（m）；

$\overline{\rho}_d$——**地基处理前**土的平均干密度（t/m^3）；

$\overline{\rho}_{d1}$——**处理后**桩间土的平均干密度（t/m^3），平均试样数不应小于 6 组；

ρ_{dmax}——桩间土的最大干密度（t/m^3）；

$\overline{\eta}_c$——桩间土经成孔挤密后的平均挤密系数，不宜小于 0.93。

（3）**桩孔的数量**

$$n=\frac{A}{A_e}=\frac{mA}{A_p};\ m=\frac{A_p}{A_e};\ A_e=\frac{\pi d_e^2}{4};\ A_p=\frac{\pi d^2}{4}$$

式中：n——桩孔的数量；

A——拟处理地基的面积（m^2）；

A_p——单根桩的面积（m^2）；

d——桩的直径（m）；

A_e——单根桩所承担的处理地基面积（m^2）；

d_e——单根桩分担的处理地基面积的等效圆直径（m）。

（4）**地基处理范围**

当采用**整片处理**时，应大于基础或建筑物底层平面的面积，超出建筑物外墙基础底面外缘的宽度，每边不宜小于处理土层厚度的 1/2，且不应小于 2m；

当采用**局部处理**时，对**非自重**湿陷性黄土、素填土和杂填土等地基，每边不应小于基础底面宽度的 25%，且不应小于 0.5m；对**自重**湿陷性黄土地基，每边不应小于基础底面宽度的 75%，且不应小于 1.0m

（5）**增湿加水量**

成孔时，地基土宜接近最优（或塑限）含水率，当土的含水率低于 12%时，宜对拟处理范围内的土层进行增湿，应在地基处理前 4～6d，将需增湿的水通过一定数量和一定深度的渗水孔均匀地浸入拟处理范围内的土层中，增湿土的加水量可按下式估算：

$$Q = v\overline{\rho}_{d}(w_{op} - \overline{w})k$$

式中：Q——计算加水量（t）；

v——拟加固土的总体积（m^3），$v = Ah$；

A——拟处理地基的面积（m^2）；

h——增湿试验确定的深度（m），即实际增湿可达到地基土层的深度，而非拟处理地基的深度；

$\overline{\rho}_{d}$——地基处理前土的平均干密度（t/m^3）；

w_{op}——土的最优含水率（%），通过室内击实试验求得；

$\overline{w}$——地基处理前土的平均含水率（%）；

k——损耗系数，可取 1.05～1.10。

（6）**预钻孔挤密法——《湿陷性黄土地区建筑标准》第 6.4.3～6.4.5 条**

见第七篇第一章第五节。

题 4-76 （02D16）某场地湿陷性黄土厚度 6～6.5m、平均干密度$\rho_{d} = 1.28t/m^3$。设计要求消除黄土湿陷性，地基经治理后，桩间土最大干密度为 1.60t/m³。现决定采用挤密灰土桩处理地基，灰土桩桩径为 0.4m，等边三角形布桩。依据《建筑地基处理技术规范》JGJ 79—2012 的要求，该场地灰土桩的桩距至少达到下列哪个选项的数值才能满足设计要求？（注：桩间土平均挤密系数$\overline{\eta}_{c}$取 0.93）

（A）0.9m （B）1.0m （C）1.1m （D）1.2m

【解】

$$s = 0.95d\sqrt{\frac{\overline{\eta}_{c} \cdot \rho_{dmax}}{\overline{\eta}_{c} \cdot \rho_{dmax} - \overline{\rho}_{d}}} = 0.95 \times 0.4 \times \sqrt{\frac{1.6 \times 0.93}{1.6 \times 0.93 - 1.28}} = 1.02m$$

【点评】

①根据《建筑地基处理技术规范》第 7.5.2 条；②本考点历年真题重复率很高，直接代公式计算，但需理解置换率、孔隙比和干密度之间的关系：$m = \frac{\overline{\rho}_{d1} - \overline{\rho}_{d}}{\overline{\rho}_{d1}} = \frac{e_0 - e_1}{1 + e_0} = \frac{d^2}{d_e^2}$。

题 4-77 （14C15）某湿陷性黄土厚度 6m，天然含水率 15%，天然重度 14.5kN/m³。设计拟采用灰土挤密桩法进行处理，要求处理后桩间土平均干密度达到 1.5g/cm³。挤密桩等边三角形布置，桩孔直径 400mm，问满足设计要求的灰土桩的最大间距应取下列哪个值？（忽略处理后地面标高的变化，桩间土平均挤密系数不小于 0.93）

（A）0.70m （B）0.80m （C）0.95m （D）1.20m

【解】

（1）$\bar{\rho}_{\mathrm{d}}=\dfrac{\rho}{1+w}=\dfrac{14.5/10}{1+0.15}=1.26\mathrm{g/cm^3}$

（2）$s=0.95d\sqrt{\dfrac{\bar{\eta}_{\mathrm{c}}\cdot\rho_{\mathrm{dmax}}}{\bar{\eta}_{\mathrm{c}}\cdot\rho_{\mathrm{dmax}}-\bar{\rho}_{\mathrm{d}}}}=0.95\times0.4\times\sqrt{\dfrac{1.5}{1.5-1.26}}=0.95\mathrm{m}$

【点评】

①根据《建筑地基处理技术规范》第 7.5.2 条；②题目已知的是处理后的平均干密度$\bar{\rho}_{\mathrm{d1}}=\bar{\eta}_{\mathrm{c}}\rho_{\mathrm{dmax}}=1.5\mathrm{g/cm^3}$，很多人硬套公式将 1.5g/cm³ 多乘了平均挤密系数 0.93 而错，所以一定要理解公式含义；③本题的原理为干密度和置换率的关系，处理前后的土体颗粒质量、场地标高不变。

$$m=\frac{\Delta A}{A}=\frac{\Delta V}{V}=\frac{\dfrac{m_{\mathrm{s}}}{\bar{\rho}_{\mathrm{d}}}-\dfrac{m_{\mathrm{s}}}{\eta_{\mathrm{c}}\rho_{\mathrm{dmax}}}}{\dfrac{m_{\mathrm{s}}}{\bar{\rho}_{\mathrm{d}}}}=\frac{\bar{\eta}_{\mathrm{c}}\rho_{\mathrm{dmax}}-\bar{\rho}_{\mathrm{d}}}{\bar{\eta}_{\mathrm{c}}\rho_{\mathrm{dmax}}}=\frac{d^2}{(1.05s)^2}\Rightarrow s=0.95d\sqrt{\frac{\bar{\eta}_{\mathrm{c}}\rho_{\mathrm{dmax}}}{\bar{\eta}_{\mathrm{c}}\rho_{\mathrm{dmax}}-\bar{\rho}_{\mathrm{d}}}}。$$

题 4-78 （19C12）某非自重湿陷性黄土场地上的甲类建筑物采用整片筏形基础，基础长度 30m，宽度 12.5m，基础埋深为 4.5m，湿陷性黄土下限深度为 13.5m。拟在整体开挖后采用挤密桩复合地基，桩径$d=0.40\mathrm{m}$，等边三角形布桩，地基处理前地基土平均干密度$\rho_{\mathrm{d}}=1.35\mathrm{g/cm^3}$，最大干密度$\rho_{\mathrm{dmax}}=1.73\mathrm{g/cm^3}$，要求挤密桩处理后桩间土平均挤密系数不小于 0.93，最少理论布桩数最接近下列哪一个选项？

（A）480 根 （B）720 根 （C）1100 根 （D）1460 根

【解法一】

（1）处理后干密度$\rho_{\mathrm{d1}}=0.93\times1.73=1.61\mathrm{g/cm^3}$

（2）置换率$m=\dfrac{1.61-1.35}{1.61}=0.1615$

（3）处理面积$A=(30+9)\times(12.5+9)=838.5\mathrm{m^2}$

（4）$n=\dfrac{A}{A_{\mathrm{e}}}=\dfrac{A}{A_{\mathrm{p}}/m}=\dfrac{A\cdot m}{A_{\mathrm{p}}}=\dfrac{838.5\times0.1615}{3.14\times0.2^2}=1078$ 根

【解法二】

（1）$s=0.95\times0.4\times\sqrt{\dfrac{0.93\times1.73}{0.93\times1.73-1.35}}=0.947\mathrm{m}$

（2）$A_{\mathrm{e}}=\dfrac{3.14}{4}\times(1.05\times0.947)^2=0.776\mathrm{m^2}$

（3）处理面积$A=(30+9)\times(12.5+9)=838.5\mathrm{m^2}$

（4）$n=\dfrac{838.5}{0.776}=1080$ 根

【点评】

①根据《建筑地基处理技术规范》第 5.2 节；②解法一根据土力学原理解答可轻松闭卷，解法二根据规范的公式；③注意整片筏形基础处理时扩边不小于处理土层厚度的一半（且不小于 2m），两边都要扩，矩形基础计算处理面积时长宽直接加处理厚度。

【同类型真题】03D15

题 4-79　（10D15）某黄土场地，地面以下 8m 为自重湿陷性黄土，其下为非湿陷性黄土层，建筑物采用筏形基础，底面积为 18m × 45m，基础埋深 3.00m。采用灰土挤密桩法消除自重湿陷性黄土的湿陷性，灰土桩直径为 400mm，桩间距为 1.00m，等边三角形布置。根据《建筑地基处理技术规范》JGJ 79—2012 规定，处理该场地的灰土桩数量（根）最少不应少于下列哪个选项？

（A）936　　（B）1245　　（C）1328　　（D）1592

【解】

（1）筏基为整片处理，处理面积$A = (18 + 2 \times 2.5) \times (45 + 2 \times 2.5) = 1150\text{m}^2$

（2）1 根桩处理 2 个三角形面积$A_e = 2 \times \frac{\sqrt{3}}{4} \times 1^2 = 0.8660\text{m}^2$

或$A_e = \frac{\pi d_e^2}{4} = \frac{3.14 \times 1.05^2}{4} = 0.8655\text{m}^2$

（3）$n = \frac{A}{A_e} = \frac{1150}{0.866} = 1328$ 根

【点评】

①根据《建筑地基技术处理规范》第 7.5.2 条；②灰（土）挤密桩复合地基**整片处理时**，处理面积外扩每边不宜小于处理土层厚度的 1/2，且不应小于 2m，和自重湿陷或非自重湿陷无关；③注意 1 根桩是处理 2 个三角形的面积，单根桩所承担的地基处理面积$A_e = \pi d_e^2/4$，等边三角形布置时$d_e = 1.05s$，正方形布置时$d_e = 1.13s$。

题 4-80　（10C16）对于某新近堆积的自重湿陷性黄土地基，拟采用灰土挤密桩对柱下独立基础的地基进行加固。已知基础为 1.0m × 1.0m 的方形基础，该层黄土平均含水率为 10%，最优含水率为 18%，平均干密度为 1.50t/m³。根据《建筑地基处理技术规范》JGJ 79—2012，为达到最好加固效果，拟对该基础 5.0m 深度范围内的黄土进行增湿，则最少加水量取下列哪个选项的数值最合适？

（A）0.65t　　（B）2.6t　　（C）3.8t　　（D）5.8t

【解】

（1）局部处理，处理面积每边外扩 0.75b，且不应小于 1.0m

处理面积$A = (1 + 2)^2 = 9\text{m}^2$

（2）损耗系数k取 1.05

$Q = v\bar{\rho}_d(w_{op} - \bar{w})k = 9 \times 5 \times 1.5 \times (0.18 - 0.1) \times 1.05 = 5.67\text{t}$

【点评】

①根据《建筑地基处理技术规范》第 7.5.2 条、第 7.5.3 条；②局部处理，处理面积每边外扩 0.75b，且不应小于 1.0m；③本公式实质就是土的三相换算，水的质量 = 土颗粒固体质量 × 含水率的变化，考虑施工因素增加了一个损耗系数k。

题 4-81 （12D14）拟对非自重湿陷性黄土地基采用灰土挤密桩加固处理，处理面积为 $22m \times 36m$，采用正三角形满堂布桩，桩距 1.0m，桩长 6.0m，加固前地基土平均干密度$\overline{\rho}_d = 1.4t/m^3$，平均含水率$\overline{w} = 10\%$，最优含水率$w_{op} = 16.5\%$。为了优化地基土挤密效果，成孔前拟在三角形布桩形心处挖孔预渗水增湿，损耗系数$k = 1.1$，试问完成该场地增湿施工需加水量最接近下列哪个选项的数值？

（A）289t　　（B）318t　　（C）410t　　（D）476t

【解】

$$Q = v\overline{\rho}_d(w_{op} - \overline{w})k = 22 \times 36 \times 6 \times 1.4 \times (0.165 - 0.1) \times 1.1 = 476t$$

【点评】

①根据《建筑地基处理技术规范》第 7.5.2 条、第 7.5.3 条；②本题实质上是一个简单的土的三相换算题目，$m_w = m_s\Delta w$，只要概念清楚，只是多了一个损耗系数，不用查规范就可以推算出答案；③本题与布桩形式无关，求单孔增湿施工加水量才需要布桩形式。

题 4-82 （05C16）拟对某湿陷性黄土地基采用灰土挤密桩加固，采用等边三角形布桩，桩距 1.0m，桩长 6.0m，加固前地基土平均干密度$\overline{\rho}_d = 1.32t/m^3$，平均含水率$\overline{w} = 9.0\%$，为达到较好的挤密效果，让地基土接近最优含水率，拟在三角形形心处挖孔预渗水增湿，场地地基土最优含水率$w_{op} = 15.6\%$，渗水损耗系数k可取 1.1，每个浸水孔需加水量最接近下列哪个选项？

（A）$0.25m^3$　　（B）$0.5m^3$　　（C）$0.75m^3$　　（D）$1.0m^3$

【解法一】

在三角形形心处挖孔浸水，每个浸水孔承担的浸水面积为一个三角形面积

$$Q = v\overline{\rho}_d(w_{op} - \overline{w})k = \frac{1}{2} \times 1.0 \times \frac{\sqrt{3}}{2} \times 6 \times 1.32 \times (0.156 - 0.09) \times 1.1 = 0.25t = 0.25m^3$$

【解法二】

每个浸水孔承担的浸水面积为挤密桩等效处理面积的一半

$$v = \frac{1}{2} \times \frac{3.14 \times (1.05 \times 1)^2}{4} \times 6 = 2.60m^2$$

$$Q = v\overline{\rho}_d(w_{op} - \overline{w})k = 2.60 \times 1.32 \times (0.156 - 0.09) \times 1.1 = 0.25t = 0.25m^3$$

【点评】

①本题求一个浸水孔需加水量，所以要先确定一个浸水孔所处理的面积，解法一更直接更精确，解法二有点舍近求远，死套公式，不推荐；②本题比常规的加水量公式多了一个损耗系数k，关键把握含水率的定义，用土中变化的含水率求对应的加水量。

题 4-83　某场地浅层湿陷性土厚度 8m，取原状土样测得土的密度$\rho = 1.75\text{g/cm}^3$，土粒比重$G_s = 2.73$，含水率 10%，下部为非湿陷性土层，采用沉管法灰土挤密桩处理该地基，灰土桩直径 0.6m，等边三角形布桩，桩距 1.2m，经击实试验测得土的最优含水率为 16%，在三桩中心设置渗水孔，则每个渗水孔的加水量宜为多少吨？（损耗系数取 1.05）

（A）0.48t　　（B）0.50t　　（C）0.52t　　（D）0.55t

【解】

（1）$\rho_{d1} = \dfrac{1.75}{1+0.1} = 1.59\text{g/cm}^3$

（2）三桩中心连线范围内的土颗粒质量$m_s = \rho_{d1}V_1 = 1.59 \times \left(\dfrac{\sqrt{3}}{4} \times 1.2^2 \times 8\right) = 7.931\text{t}$

（3）每孔需加水 $\Delta m_w = 7.931 \times (0.16 - 0.1) \times 1.05 = 0.50\text{t}$

【点评】

本题属于三相图的基本应用，属于加水问题，三桩中心分担的面积为一个边长为s的等边三角形的面积。

题 4-84　某场地采用灰土挤密桩加固，桩径 500mm，间距 1.5m，天然地基承载力特征值 100kPa，处理后桩间承载力特征值为原天然地基承载力特征值的 1.1 倍，设计布桩可选用等边三角形布置或正方形布置，试对比估算桩土应力比最大值为多少？

【解】

（1）灰土挤密桩复合地基承载力特征值不宜大于处理前天然地基承载力特征值的 2.0 倍，且不宜大于 250kPa，$2f_{ak} = 200\text{kPa} < 250\text{kPa}$，取小值：$f_{spk} = 200\text{kPa}$

（2）正方形布桩m值更小，n最大，取$m = \dfrac{0.5^2}{(1.13\times1.5)^2} = 0.087$

（3）$200 = [1 + 0.087 \times (n-1)] \times 1.1 \times 100 \Rightarrow n = 10.4$

【点评】

①根据《建筑地基处理技术规范》第 7.5.2 条；②本考点未考过，要引起重视，注意灰土挤密桩地基承载力特征值最大 250kPa，土挤密桩最大 180kPa。

3. 柱锤冲扩桩

（1）复合地基承载力特征值

桩位布置宜为正方形和等边三角形，桩距宜为 1.2～2.5m 或取桩径的(2～3)倍。

复合地基承载力特征值应通过复合地基静载荷试验或采用增强体静载荷试验结果和其周边土的承载力特征值结合经验确定，初步设计时，对散体材料增强体复合地基应按下式计算：

$$f_{spk} = [1 + m(n-1)]f_{sk} \quad \text{或} \quad f_{spk} = mf_{pk} + (1-m)f_{sk}$$

式中：f_{spk}——复合地基承载力特征值（kPa）；

f_{pk}——增强体单桩承载力特征值（kPa）；

f_{sk}——处理后桩间土承载力特征值（kPa）；当$f_{ak} \geqslant 80\text{kPa}$时，$f_{sk} = f_{ak}$；对于新填沟坑、杂填土等松软土层，可经现场试验根据重型动力触探平均击数$\overline{N}_{63.5}$参考表 4-17-34 确定；

n——复合地基桩土应力比，$n = f_{pk}/f_{sk}$，无经验时可取 2～4；

m——面积置换率，宜取 0.2～0.5。

桩间土$\overline{N}_{63.5}$和f_{sk}关系表 表 4-17-34

$\overline{N}_{63.5}$	2	3	4	5	6	7
f_{sk}（kPa）	80	110	130	140	150	160

注：1. 计算$\overline{N}_{63.5}$时应去掉 10%的极大值和极小值，当触探深度大于 4m 时，$\overline{N}_{63.5}$应乘以 0.9 折减系数；
2. 杂填土及饱和松软土层，表中f_{sk}应乘以 0.9 折减系数。

加固后桩间土压缩模量E_s可根据加固后桩间土重型动力触探平均击数$\overline{N}_{63.5}$参考表 4-17-35。

桩间土$\overline{N}_{63.5}$和E_s关系表 表 4-17-35

$\overline{N}_{63.5}$	2	3	4	5	6
E_s（MPa）	4.0	6.0	7.0	7.5	8.0

（2）**桩孔的数量n**

$$n=\frac{A}{A_e}=\frac{mA}{A_p};\ m=\frac{A_p}{A_e};\ A_e=\frac{\pi d_e^2}{4};\ A_p=\frac{\pi d^2}{4}$$

式中：d_e——单根桩分担的处理地基面积的等效圆直径（m）；

A——拟处理地基的面积（m^2）；

A_p——单根桩的面积（m^2）；

d——桩的直径（m）；

A_e——单根桩所承担的处理地基面积（m^2）。

（3）**地基处理范围**

处理范围应大于基底面积。对**一般地基**，在基础外缘应扩大 1～3 排桩，且不应小于基底下处理土层厚度的 1/2；对**可液化地基**，在基础外缘扩大的宽度，不应小于基底下可液化土层厚度的 1/2，且不应小于 5m。

题 4-85 （04D22 改编）某建筑场地分布有厚 4m 的素填土层，经试验得到天然地基土承载力特征值$f_{ak}=80$kPa，其下为粉质黏土层。现采用柱锤冲扩桩法处理 4m 厚素填土层形成复合地基，冲扩桩桩身强度$f_{pk}=350$kPa，成孔直径 0.5m，按等边三角形布桩，桩中心距$s=1.2$m，当初步设计估算复合地基承载力时，桩面积可按 1.2 倍成孔直径计算，桩间土承载力特征值为天然地基土承载力特征值的 1.2 倍，则复合地基承载力特征值最接近下列哪个选项？

（A）117kPa （B）127kPa （C）137kPa （D）154kPa

【解】

（1）$m=\dfrac{(1.2\times0.5)^2}{(1.05\times1.2)^2}=0.2268$

（2）$f_{spk}=mf_{pk}+(1-m)f_{sk}=0.2268\times350+(1-0.2268)\times1.2\times80$
$=153.6\text{kPa}$

【点评】

①根据《建筑地基处理技术规范》第 7.1.5 条、第 7.8.4 条；②柱锤冲扩桩复合地基对桩间土有挤密作用，可以用于消除液化，复合地基承载力计算和振冲碎石桩类似；③原题为石灰桩，规范已经取消，本题已经改编。

题 4-86 某筏形基础埋深 3m，基础底面积为 24m × 48m，地表以下 12m 为可液化粉土，其下为密实砂层，采用柱锤冲扩桩复合地基处理，正三角形布桩，桩体直径为 0.6m，假定处理后桩土应力比为 3.0，处理后桩间土的地基承载力为 100kPa，要求加固后复合地基承载力达到 150kPa，试根据《建筑地基处理技术规范》JGJ 79—2012，计算该场地的布桩数量至少为下列哪个选项？

（A）1020 根　　（B）1360 根　　（C）1665 根　　（D）1745 根

【解】

（1）处理深度$h = 12 - 3 = 9\text{m}$，处理区域自基础边缘外扩宽度为$9/2 = 4.5\text{m} < 5\text{m}$，取 5m

处理区面积为$A = (24 + 2 \times 5) \times (48 + 2 \times 5) = 1972\text{m}^2$

（2）$[1 + m(3 - 1)] \times 100 = 150 \Rightarrow m = 0.25$

（3）$n = \dfrac{0.25 \times 1972}{3.14 \times 0.3^2} = 1744.5$ 根，取$n = 1745$ 根

【点评】

①根据《建筑地基处理技术规范》第 7.8 节；②散体桩（如碎石桩，挤密桩和冲扩桩等）处理地基时，处理范围应大于基底面积；外扩宽度与基底以下的处理深度有关；③处理范围为有限面积时，可根据$n = \dfrac{m \times A}{A_p}$计算布桩数。

题 4-87 （21C13）某粉土场地，加固处理前其孔隙比为 0.95，地基承载力特征值为 130kPa。现采用柱锤冲扩桩复合地基，桩径为 500mm，桩距为 1.2m，等边三角形布桩。假设处理后桩间土层地基承载力特征值f_{sk}与孔隙比e的经验关系为$f_{sk} = 715 - 600\sqrt{e}$（单位：kPa），且加固处理前后场地标高无变化，若桩土应力比取 2，按照《建筑地基处理技术规范》JGJ 79—2012 估算，该复合地基承载力特征值最接近下列哪个选项？

（A）150kPa　　（B）200kPa　　（C）240kPa　　（D）270kPa

【解】

（1）$m = \dfrac{0.5^2}{(1.05 \times 1.2)^2} = 0.157 = m = \dfrac{0.95 - e}{1 + 0.95} \Rightarrow e = 0.643$

（2）$f_{sk} = 715 - 600 \times \sqrt{0.643} = 233.9\text{kPa}$

（3）$f_{spk} = [1 + 0.157 \times (2 - 1)] \times 233.9 = 270.6\text{kPa}$

【点评】

①根据《建筑地基处理技术规范》第 7.1.5 条、第 7.8.4 条；②复合地基面积置换率的几个公式要灵活使用，场地标高无变化时，置换率$m = (e_0 - e_1)/(1 + e_0)$。

题 4-88 （22 补考 D11）某场地地面下 12m 为素填土。拟建建筑筏形基础埋深 2.0m，基础尺寸 20m×30m。采用柱锤冲扩桩法处理基础底面下全部素填土，桩长 10m。桩体填料采用碎砖三合土（三合土重量比按生石灰：碎砖：黏性土＝1：2：4），要求处理后复合地基承载力特征值f_{spk}不小于 150kPa，桩间土承载力特征值f_{sk}为 100kPa。根据《建筑地基处理技术规范》JGJ 79—2012，估算理论布桩条件下生石灰量最接近下列哪个选项？（桩身压实后重度 16.9kN/m^3，不考虑材料损耗，桩土应力比取 3）

（A）360t （B）400t （C）625t （D）725t

【解】

（1）$150 = [1 + m \times (3-1)] \times 100 \Rightarrow m = 0.25$

（2）外扩宽度$\geqslant 0.5 \times 10 = 5$m，处理面积$A = (20 + 2 \times 5) \times (30 + 2 \times 5) = 1200\text{m}^2$

（3）$m_{灰} = 1200 \times 0.25 \times 10 \times 1.69 \times \dfrac{1}{1+2+4} = 724.3\text{t}$

【点评】

①根据《建筑地基处理技术规范》第 7.1.5 条、第 7.8.4 条；②先要通过求置换率得出桩体的面积，注意处理面积有扩边要求；③石灰占桩身的质量为 1/7。

题 4-89 （19D12）某地采用挤密法石灰桩加固，石灰桩直径 300mm，桩间距 1m，正方形布桩，地基土天然重度$\gamma = 16.8\text{kN/m}^3$，孔隙比$e = 1.40$，含水率$w = 50\%$。石灰桩吸水后体积膨胀率 1.3（按均匀侧胀考虑），地基土失水并挤密后重度$\gamma = 17.2\text{N/m}^3$，承载力与含水率经验关系式$f_{ak} = 110 - 100w$（单位为 kPa），处理后地面标高未变化。假定桩土应力比为 4，求处理后复合地基承载力特征值最接近下列哪个选项？（重力加速g取 10m/s^2）

（A）70kPa （B）80kPa （C）90kPa （D）100kPa

【解】

（1）$m = \dfrac{1.3 \times 3.14 \times 0.15^2}{1 \times 1} = 0.092$

$m = \dfrac{1.4 - e_1}{1 + 1.4} = 0.092 \Rightarrow e_1 = 1.179$

（2）失水前：$16.8 = \dfrac{G_s(1 + 0.5)}{1 + 1.4} \times 10 \Rightarrow G_s = 2.688$

失水后：$17.2 = \dfrac{2.688 \times (1 + w_1)}{1 + 1.179} \times 10 \Rightarrow w_1 = 0.3943$

（3）$f_{sk} = 110 - 100 \times 0.3943 = 70.57\text{kPa}$

$f_{spk} = [1 + 0.092 \times (4 - 1)] \times 70.57 = 90.05\text{kPa}$

【点评】

①根据《建筑地基技术处理规范》第 7.1.5 条；②近年来地基处理的题目都非常灵活，本题需要同时对三相换算和置换率概念都特别熟练，但难度和计算量都不大。

散体材料桩承载力、桩间距及桩土应力比相关计算总结见表 4-17-36。

散体材料桩承载力、桩间距及桩土应力比总结表　　　　**表 4-17-36**

<table>
<tr><td colspan="3">$f_{spk}=mf_{pk}+(1-m)f_{sk}$，$f_{pk}=nf_{sk}\Rightarrow f_{spk}=[1+m(n-1)]f_{sk}$
桩数：$n=\frac{mA}{A_p}=\frac{A}{\pi d_e^2/4}$；不考虑振动下沉且场地高度不变时：$m=\frac{e_0-e_1}{1+e_0}=\frac{\bar{\rho}_{d1}-\bar{\rho}_d}{\bar{\rho}_{d1}}$</td></tr>
<tr><td>振冲碎石桩、沉管砂石桩</td><td>**桩间距**s（不宜大于桩直径的 4.5 倍）：
$s=0.95\xi d\sqrt{\frac{1+e_0}{e_0-e_1}}$（正三角形）
$s=0.89\xi d\sqrt{\frac{1+e_0}{e_0-e_1}}$（正方形）
$e_1=e_{max}-D_{r1}(e_{max}-e_{min})$</td><td>$\xi$——修正系数，不考虑振密取 1.0，振密时取 1.1～1.2
黏性土：$n=2$～4，$f_{sk}=f_{ak}$
砂土、粉土：$n=1.5$～3，$f_{sk}=(1.2$～$1.5)f_{ak}$
处理面积A：
扩大 1～3 排桩；对可液化地基，扩大宽度不小于基底下液化土层厚度的 0.5 倍，且 ≥ 5m</td></tr>
<tr><td rowspan="2">灰土挤密桩、土挤密桩</td><td>**桩间距**s（正三角形）：
$s=0.95d\sqrt{\frac{\bar{\eta}_c\cdot\rho_{dmax}}{\bar{\eta}_c\cdot\rho_{dmax}-\bar{\rho}_d}}=0.95d\sqrt{\frac{\bar{\rho}_{d1}}{\bar{\rho}_{d1}-\bar{\rho}_d}}$
桩间距s（正方形）：
$s=0.89d\sqrt{\frac{\bar{\eta}_c\cdot\rho_{dmax}}{\bar{\eta}_c\cdot\rho_{dmax}-\bar{\rho}_d}}=0.89d\sqrt{\frac{\bar{\rho}_{d1}}{\bar{\rho}_{d1}-\bar{\rho}_d}}$
$\bar{\eta}_c=\frac{\bar{\rho}_{d1}}{\rho_{dmax}}$</td><td>$\bar{\rho}_d$——**处理前**土的平均干密度；
$\bar{\rho}_{d1}$——**处理后**桩间土的平均干密度；
ρ_{dmax}——桩间土的最大干密度；
$\bar{\eta}_c$——桩间土平均挤密系数，不宜小于 0.93

$f_{sk}=f_{ak}$</td></tr>
<tr><td>**预钻孔桩间距**s（正三角形）[《湿陷性黄土地区建筑标准》第 6.4.3 条]：
$s=0.95\sqrt{\frac{\bar{\eta}_c\rho_{dmax}D^2-\bar{\rho}_d d^2}{\bar{\eta}_c\rho_{dmax}-\bar{\rho}_d}}$
D、d——分别为成孔直径与预钻孔直径</td><td>土含水率$w<12\%$时，**增湿加水量**Q：
$Q=v\bar{\rho}_d(w_{op}-\bar{w})k$
k取 1.05～1.10，$v=Ah$
处理面积A：
整片处理：每边扩处理厚度的 0.5 倍，且 ≥ 2m；
局部处理：自重湿陷性黄土，每边扩 ≥ $0.75b$，且 ≥ 1m；其他则 ≥ $0.25b$，且 ≥ 0.5m</td></tr>
<tr><td rowspan="2">柱锤冲扩桩</td><td>$n=2$～4，$m=0.2$～0.5
当$f_{ak}\geqslant$ 80kPa 时，$f_{sk}=f_{ak}$；其他情形可按下表</td><td>**处理面积**A：
对一般地基，扩大 1～3 排桩，且不应小于基底下处理土层厚度的 0.5 倍；对可液化地基，不小于基底下液化土层厚度的 0.5 倍，且 ≥ 5m</td></tr>
<tr><td>对于新填沟坑、杂填土等松软土层，可经现场试验根据重型动力触探平均击数$\bar{N}_{63.5}$参考下表确定
<table><tr><td>$\bar{N}_{63.5}$</td><td>2</td><td>3</td><td>4</td><td>5</td><td>6</td><td>7</td></tr><tr><td>f_{sk}（kPa）</td><td>80</td><td>110</td><td>130</td><td>140</td><td>150</td><td>160</td></tr></table>注：1. 计算$\bar{N}_{63.5}$时应去掉 100%的极大值和极小值，当触探深度大于 4m 时，$N_{63.5}$应乘以 0.9 折减系数；
2. 杂填土及饱和松软土层，表中f_{sk}应乘以 0.9 折减系数</td><td>加固后桩间土压缩模量可根据加固后桩间土重型动力触探平均击数$\bar{N}_{63.5}$参考下表选用
<table><tr><td>$\bar{N}_{63.5}$</td><td>2</td><td>3</td><td>4</td><td>5</td><td>6</td></tr><tr><td>E_s（MPa）</td><td>4.0</td><td>6.0</td><td>7.0</td><td>7.5</td><td>8.0</td></tr></table></td></tr>
<tr><td>桩土应力比</td><td>**散体材料桩**：$n=\frac{f_{pk}}{f_{sk}}$</td><td>**有粘结强度桩**：$n=\frac{\lambda f_{pk}}{\beta f_{sk}}\Leftarrow f_{pk}=\frac{R_a}{A_p}$</td></tr>
</table>

注：**灰土挤密桩**复合地基承载力特征值，不宜大于处理前天然地基承载力特征值的 2.0 倍，且不宜大于 250kPa；对**土挤密桩**复合地基承载力特征值，不宜大于处理前天然地基承载力特征值的 1.4 倍，且不宜大于 180kPa。

4. 振冲填料计算

振冲填料计算总结见表4-17-37，结合下面例题理解。

振冲填料计算 表4-17-37

<table>
<tr><td colspan="3">加填料灌砂，填料为场地外取材：处理后，地基土对应形成桩间土，填料灌砂对应形成桩体。根据土颗粒质量不变：
$m_{s0}=m_{s1}$；$m_{sp}=m_{s2}$
$\Rightarrow \rho_{d0}V_0=\rho_{d1}V_1$；$\rho_{dp}\Delta V=\rho_{d2}V_2$
$\Rightarrow \dfrac{V_0}{1+e_0}=\dfrac{V_1}{1+e_1}$；$\dfrac{\Delta V}{1+e_p}=\dfrac{V_2}{1+e_2}$
$V_0=Ah_0$；$V_1=(1-m)Ah_1$；$V_2=mAh_1$</td><td>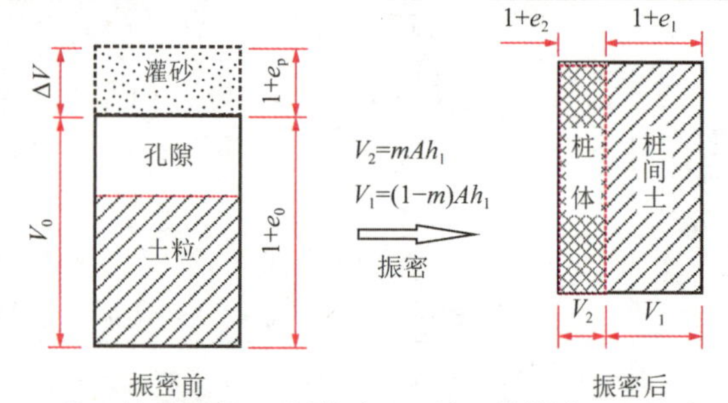

注：处理面积A，置换率m，处理前深度h_0，处理后深度h_1</td></tr>
<tr><td colspan="4">m_{s0}——处理前土体土颗粒质量；m_{sp}——填料灌砂土颗粒质量；m_{s1}——处理后桩间土土颗粒质量；
m_{s2}——桩体土颗粒质量；ρ_{d0}——处理前土体的干密度；ρ_{dp}——填料灌砂的干密度；
ρ_{d1}——处理后桩间土的干密度；ρ_{d2}——桩体的干密度；V_0——处理前土体的体积；
ΔV——填料灌砂的体积；V_1——处理后桩间土的体积；V_2——桩体的体积；
e_0——处理前土体的孔隙比；e_p——填料灌砂的孔隙比；e_1——处理后桩间土的孔隙比；
e_2——桩体的孔隙比</td></tr>
<tr><td colspan="4">加填料灌砂，填料为场地外取材：处理前地基土体积V_0和孔隙比e_0，地基土振密或挤密后对应形成桩间土体积V_1和孔隙比e_1，土颗粒质量和体积不变；填料灌砂ΔV和孔隙比e_p对应形成桩体体积V_2和孔隙比e_2</td></tr>
<tr><td rowspan="2">加填料</td><td>场地高度不变</td><td>桩间土：$\dfrac{1}{1+e_0}=\dfrac{1-m}{1+e_1}$
桩体（填料）：
$\dfrac{\Delta V}{1+e_p}=\dfrac{mAh_0}{1+e_2}$</td><td rowspan="2">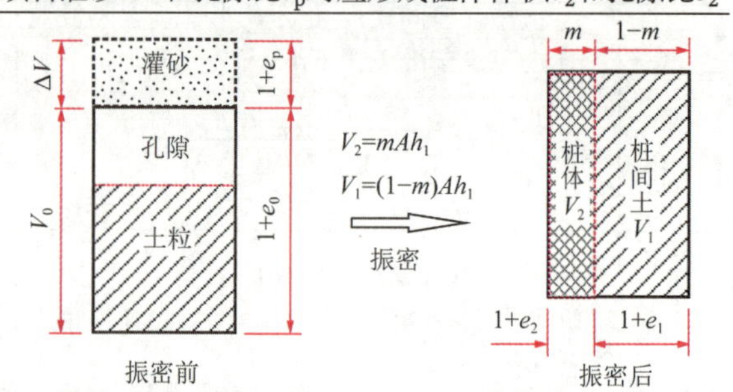

注：处理面积A，置换率m，处理前深度h_0，处理后深度h_1</td></tr>
<tr><td>场地高度变化</td><td>桩间土：$\dfrac{h_0}{1+e_0}=\dfrac{(1-m)h_1}{1+e_1}$
桩体（填料）：
$\dfrac{\Delta V}{1+e_p}=\dfrac{mAh_1}{1+e_2}$</td></tr>
<tr><td colspan="2">一根桩体需要加入的填料ΔV</td><td>$\dfrac{\Delta V}{1+e_p}=\dfrac{\dfrac{\pi d^2}{4}h_1}{1+e_2}$</td><td>$e_p$——填料灌砂的孔隙比；
e_2——桩体的孔隙比；
d——桩体的直径（m）；
h_1——桩体长度，即处理后深度（m）</td></tr>
<tr><td colspan="4">不加填料，或填料为场地内就地取材：桩体和桩间土均由原地基土振密形成，处理面积不变，场地高度肯定会下沉</td></tr>
<tr><td colspan="2">就地取材，处理后桩体和桩间土孔隙比不一致</td><td>$\dfrac{h_0}{1+e_0}=\dfrac{(1-m)h_1}{1+e_1}+\dfrac{mh_1}{1+e_2}$</td><td>$e_1$——处理后桩间土的孔隙比；
e_2——桩体的孔隙比</td></tr>
<tr><td colspan="2">无填料振冲（或就地取材，且处理后场地孔隙比一致）</td><td>$\dfrac{h_0}{1+e_0}=\dfrac{h_1}{1+e_1}$</td><td>$e_0$——处理前场地土体的孔隙比；
e_1——处理后场地土体的孔隙比</td></tr>
</table>

注：砂石桩**桩孔内材料填料量**，应通过现场试验确定，估算时，可按**设计桩孔体积乘以充盈系数**确定，**充盈系数可取1.2～1.4**。题目提示充盈系数时才考虑，按原理计算时不考虑。

题 4-90　（06C16）某松散砂土地基$e_0=0.85$；$e_{max}=0.90$；$e_{min}=0.55$；采用沉管砂石桩加固，砂桩采用正三角形布置，间距$s=1.6m$，孔径$d=0.6m$，桩孔内填料就地取材，填料相对密实度和挤密后场地砂土的相对密实度相同，不考虑振动下沉密实和填料充盈系数，则每根桩孔内每米需填入松散砂（$e_0=0.85$）多少立方米？

（A）$0.28m^3$　　（B）$0.32m^3$　　（C）$0.36m^3$　　（D）$0.4m^3$

【解法一】

（1）$s=0.95\xi d\sqrt{\dfrac{1+e_0}{e_0-e_1}}\Rightarrow 1.6=0.95\times1\times0.6\times\sqrt{\dfrac{1+0.85}{0.85-e_1}}\Rightarrow e_1=0.615$

$$V_1=\frac{3.14\times(1.05\times1.6)^2}{4}\times1=2.216m^3$$

（2）$\dfrac{V_0}{1+e_0}=\dfrac{V_1}{1+e_1}\Rightarrow V_0=\dfrac{(1+e_0)V_1}{1+e_1}=\dfrac{(1+0.85)\times2.216}{1+0.615}=2.538m^3$

（3）$\Delta V=V_0-V_1=2.538-2.216=0.322m^3$

【解法二】

（1）$s=0.95\xi d\sqrt{\dfrac{1+e_0}{e_0-e_1}}\Rightarrow 1.6=0.95\times1\times0.6\times\sqrt{\dfrac{1+0.85}{0.85-e_1}}\Rightarrow e_1=0.615$

（2）挤密过程相当于把地基中挤出一根桩的空白体积来，而且这空白体积的孔隙比也达到了 0.615，那么对于这一根桩的空白体积：

$$\frac{\Delta V_0}{1+e_0}=\frac{\Delta V_1}{1+e_1}\Rightarrow\frac{\Delta V_0}{1+0.85}=\frac{3.14\times0.3^2\times1}{1+0.615}\Rightarrow\Delta V_0=0.324m^3$$

【点评】

①根据《建筑地基处理技术规范》第 7.2 节或土力学三相换算原理，挤密后场地的孔隙比一致；②原理为处理前后土颗粒体积不变，根据孔隙比变化求得填料体积；③解法一按单桩处理面积前后总土颗粒体积不变求得处理后需要的全部填料体积，然后减去场地内原有的填料，得到单桩需要的填料；④解法二直接计算单桩需要填料体积，更为简便。

题 4-91　（22 补考 D13）某砂场地天然孔隙比为 0.91，拟采用加填料振冲挤密法处理，要求处理后加固范围（含桩身）土的平均孔隙比不大于 0.60。已知填料孔隙比为 0.30，计算原地基单位体积（m^3）填料量最接近下列哪个选项？（假设处理前后地表标高不变，填料与砂土的比重相同）

（A）$0.13m^3$　　（B）$0.2m^3$　　（C）$0.25m^3$　　（D）$0.3m^3$

【解】

$$\frac{1}{1+0.91}+\frac{V}{1+0.30}=\frac{1}{1+0.60}\Rightarrow V=0.13m^3$$

【点评】

根据土力学三相换算原理，处理 $1m^3$ 土的固体颗粒体积 + 填料的固体颗粒体积 = 处理后的 $1m^3$ 土的固体颗粒体积。

题 4-92 （22 补考 C12）某场地地面以下松散砂土厚度 10m，砂土初始孔隙比$e_0 = 0.850$，最大孔隙比$e_{max} = 0.910$，最小孔隙比$e_{min} = 0.550$，采用不加料振冲挤密法对松散砂土层进行处理，处理后砂土的相对密实度$D_r = 0.675$，土振冲挤密处理后地面沉降最接近下列哪个选项？

（A）90cm （B）95cm （C）100cm （D）105cm

【解】

（1）$e_1 = 0.910 - 0.675 \times (0.910 - 0.550) = 0.667$

（2）$\Delta h = \dfrac{0.850 - 0.667}{1 + 0.850} \times 10 = 0.989\text{m} \approx 100\text{cm}$

【点评】

①根据《土力学》三相换算；②无填料振冲，土体中的固体颗粒体积不变。

题 4-93 某大面积松砂场地采用振冲法处理，松砂的厚度为 8m，处理前松砂的天然密度$\rho = 1.70\text{g/cm}^3$，含水率$w = 20\%$，土粒比重$G_s = 2.65$，砂土的最大孔隙比$e_{max} = 0.92$，最小孔隙比为$e_{min} = 0.35$，要求处理后场地的砂土的相对密实度达$D_r = 0.75$，已知砂石桩的直径 0.4m，正三角形布置，则问桩间距最大宜为下列哪个选项？（假设振冲处理后场地平均下沉 0.5m）

（A）0.75m （B）0.95m （C）1.25m （D）1.55m

【解】

（1）振冲前$e_1 = \dfrac{2.65 \times (1 + 0.2)}{1.7} - 1 = 0.871$

振冲后$e_2 = 0.92 - 0.75 \times (0.92 - 0.35) = 0.4925$

（2）$\dfrac{V_1}{1 + e_1} = \dfrac{V_2}{1 + e_2} \Rightarrow \dfrac{\left(\dfrac{1}{2} \times s \times \dfrac{\sqrt{3}}{2} s \times 8\right)}{1 + 0.871} = \dfrac{\left(\dfrac{1}{2} \times s \times \dfrac{\sqrt{3}}{2} s - \dfrac{1}{2} \times \dfrac{3.14 \times 0.4^2}{4}\right) \times 7.5}{1 + 0.4925}$

$\Rightarrow s = 0.986\text{m}$

【点评】

①本题属于三相图的基本应用，该知识点要求通过大量做题熟练掌握后能够快速闭卷完成；②振冲法处理前后的核心是加固土的土颗粒质量不变；③砂土相对密度的公式应熟记。

题 4-94 （20C13）某场地为细砂地基，天然孔隙比$e_0 = 0.95$，最大孔隙比$e_{max} = 1.10$，最小孔隙比$e_{min} = 0.60$。拟采用沉管砂石桩处理，等边三角形布桩，桩长 10m，沉管外径 600mm，桩距 1.75m。要求砂石桩挤密处理后细砂孔隙比不大于 0.75 且相对密实度不小于 0.80，根据《建筑地基处理技术规范》JGJ 79—2012，则每根砂石桩体积最接近下列哪个选项？（不考虑振动下沉密实作用，处理前后场地标高不变）

（A）2.5m^3 （B）2.8m^3 （C）3.1m^3 （D）3.4m^3

【解】

（1）$e_1 = 1.1 - 0.8 \times (1.1 - 0.6) = 0.7 < 0.75$，则$e_1$取 0.7

（2）$1.75 = 0.95 \times 1 \times d \times \sqrt{\dfrac{1 + 0.95}{0.95 - 0.7}} \Rightarrow d = 0.66\text{m}$

或$m = \dfrac{0.95 - 0.7}{1 + 0.95} = 0.1282 \Rightarrow \dfrac{d^2}{(1.05 \times 1.75)^2} = 0.1282 \Rightarrow d = 0.66\text{m}$

（3）$V = \dfrac{3.14}{4} \times 0.66^2 \times 10 = 3.42\text{m}^3$

【点评】

①根据《建筑地基处理技术规范》第 7.2.2 条第 4 款；②根据规范公式（7.2.2-1）计算，不考虑振动下沉时修正系数$\xi=1$，当场地处理前后标高有变化时，宜采用土力学三相换算原理解答。

题 4-95　某建筑物地基需要大面积处理松散砂土，处理厚度 8m，处理前现场测得砂土的孔隙比为 0.850，采用加入填料振冲振密处理，桩孔内填料为就地取材，桩径 0.6m，桩距 1.8m，正方形布桩，要求处理后桩孔外的地基砂土平均孔隙比达到 0.670，假设此时桩体的平均孔隙比为 0.613，试问按要求处理后，场地平均下沉深度最接近下列哪个选项？

（A）0.5m　　（B）0.6m　　（C）0.7m　　（D）0.8m

【解】

（1）$m=\dfrac{0.6^2}{(1.13\times1.8)^2}=0.087$

（2）$\dfrac{8}{1+0.850}=\dfrac{(8-\Delta h)\times(1-0.087)}{1+0.670}+\dfrac{(8-\Delta h)\times0.087}{1+0.613}\Rightarrow\Delta h=0.80\text{m}$

【点评】

根据土力学三相换算原理，抓住处理前后土颗粒的质量或体积不变这一突破点。

题 4-96　某建筑工程场地，地面下存在 10m 厚的松散粉细砂层，已知砂层最大孔隙比为 0.97，最小孔隙比为 0.62，天然孔隙比为 0.95，拟采用振冲碎石桩处理，正三角形布置，要求处理后土的相对密实度达到 0.80，砂桩直径为 0.5m，筏形基础尺寸为 12m × 30m，埋深 3m，要求处理范围大于基础尺寸每边 3m，已知碎石填料的孔隙比$e=0.85$，处理后碎石桩桩体的孔隙比为 0.72，试计算处理所需要的总填料方量最接近下列哪个选项？（振冲前后场地高程不变）

（A）625m³　　（B）650m³　　（C）690m³　　（D）700m³

【解】

（1）$e_1=0.97-0.80\times(0.97-0.62)=0.69$

（2）$m=\dfrac{e_0-e_1}{1+e_0}=\dfrac{0.95-0.69}{1+0.95}=0.1333$

（3）$V=0.1333\times(12+6)\times(30+6)\times\dfrac{1+0.85}{1+0.72}\times(10-3)=650.3\text{m}^3$

【点评】

根据填料前后土颗粒的体积不变求填料方量。

5. 挤密作用机理

挤密作用机理主要分为按单元土体面积分析和一根桩处理的等效圆面积土体分析两种方法计算，总结见表 4-17-38 和表 4-17-39，结合下面例题理解。

根据处理单元土体面积分析计算　　表 4-17-38

<table>
<tr><td rowspan="3">正三角形分布</td><td colspan="2">如图所示，正三角形布置，处理一个正三角形面积的土体，需要 1/2 根桩。处理前土体面积为一个三角形，场地厚度为h_0；处理后的土体面积变为三角形减 1/2 根桩体圆，场地厚度变为h_1，根据处理前后土体土颗粒的质量不变</td><td rowspan="3">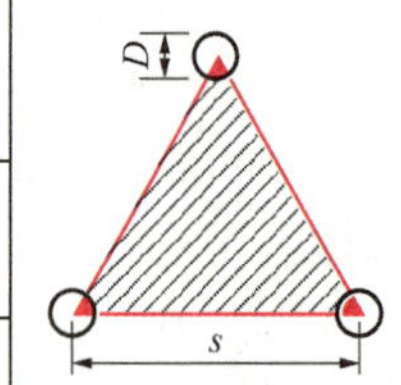</td></tr>
<tr><td>无预钻孔</td><td>$\frac{\sqrt{3}}{4}s^2h_0\overline{\rho}_{d0}=\left(\frac{\sqrt{3}}{4}s^2-\frac{\pi}{8}D^2\right)h_1\overline{\rho}_{d1}$</td></tr>
<tr><td>有预钻孔</td><td>$\left(\frac{\sqrt{3}}{4}s^2-\frac{\pi}{8}d^2\right)h_0\overline{\rho}_{d0}=\left(\frac{\sqrt{3}}{4}s^2-\frac{\pi}{8}D^2\right)h_1\overline{\rho}_{d1}$</td></tr>
<tr><td rowspan="3">正方形分布</td><td colspan="2">如图所示，正方形布置，处理一个正方形面积的土体，需要 1 根桩。处理前土体面积为一个正方形，场地厚度为h；处理后的土体面积变为正方形减 1 根桩体圆，场地厚度变为h_1，根据处理前后土体土颗粒的质量不变</td><td rowspan="3">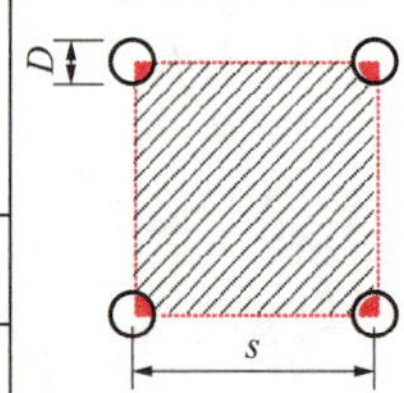</td></tr>
<tr><td>无预钻孔</td><td>$s^2h_0\overline{\rho}_{d0}=\left(s^2-\frac{\pi}{4}D^2\right)h_1\overline{\rho}_{d1}$</td></tr>
<tr><td>有预钻孔</td><td>$\left(s^2-\frac{\pi}{4}d^2\right)h_0\overline{\rho}_{d0}=\left(s^2-\frac{\pi}{4}D^2\right)h_1\overline{\rho}_{d1}$</td></tr>
<tr><td colspan="4">h_0——处理前场地高度；　h_1——处理后场地高度；$\overline{\rho}_{d0}$——处理前土体的干密度；
$\overline{\rho}_{d1}$——处理后土体的干密度；D——桩体的直径；　d——预钻桩的直径（m）；　s——桩间距</td></tr>
</table>

注：挤密孔把原土体挤到孔外部分，孔隙变小，干密度增大；预钻孔无挤密作用，相当于挖除了孔内土体，故挤密前土体体积应扣除预钻孔体积；方形桩的计算原理类同，不再列举。

根据一根桩处理的等效圆面积土体分析计算　　表 4-17-39

<table>
<tr><td colspan="4">根据土颗粒质量不变：$m_s=\overline{\rho}_{d0}V_0=\overline{\rho}_{d1}V_1$　⇓</td></tr>
<tr><td rowspan="2">无预钻孔</td><td>场地高度不变</td><td>$\overline{\rho}_{d0}\frac{\pi d_e^2}{4}=\overline{\rho}_{d1}\frac{\pi(d_e^2-D^2)}{4}$</td><td rowspan="2">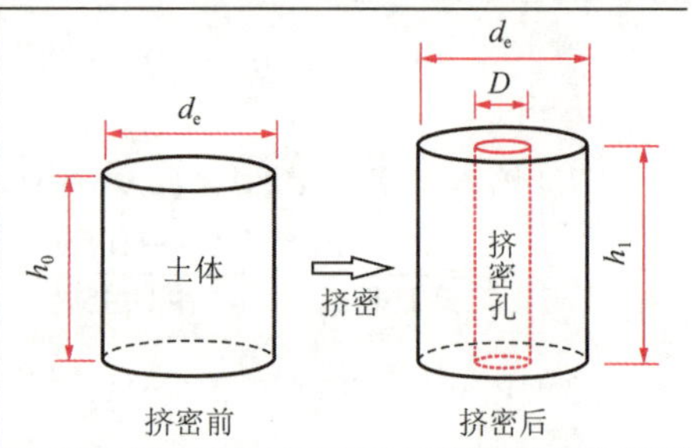</td></tr>
<tr><td>场地高度变化</td><td>$\overline{\rho}_{d0}\frac{\pi d_e^2}{4}h_0=\overline{\rho}_{d1}\frac{\pi(d_e^2-D^2)}{4}h_1$</td></tr>
<tr><td rowspan="2">有预钻孔</td><td>场地高度不变</td><td>$\overline{\rho}_{d0}\frac{\pi(d_e^2-d^2)}{4}=\overline{\rho}_{d1}\frac{\pi(d_e^2-D^2)}{4}$</td><td rowspan="2">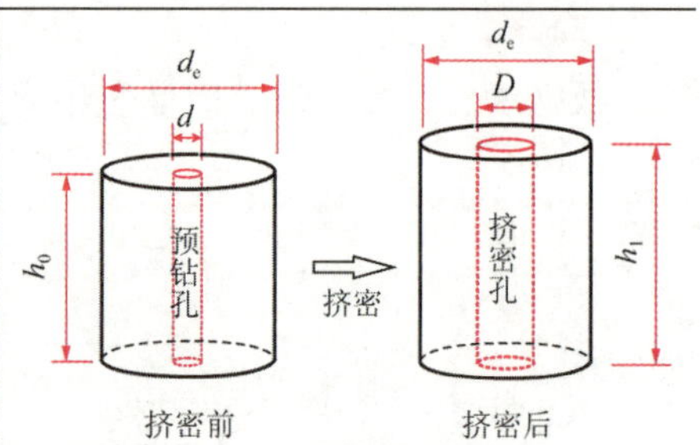</td></tr>
<tr><td>场地高度变化</td><td>$\overline{\rho}_{d0}\frac{\pi(d_e^2-d^2)}{4}h_0=\overline{\rho}_{d1}\frac{\pi(d_e^2-D^2)}{4}h_1$</td></tr>
<tr><td colspan="4">m_s——土体土颗粒质量；　$\overline{\rho}_{d0}$——处理前土体的干密度；$\overline{\rho}_{d1}$——处理后土体的干密度；
V_0——处理前土体的体积；　V_1——处理后土体的体积；　h_0——处理前场地高度；
h_1——处理后场地高度；　D——桩体的直径（m）；　d——预钻桩的直径（m）；
d_e——一根桩处理的土体等效圆直径</td></tr>
</table>

题 4-97 （17D15）某砂土场地，试验测得砂土的最大、最小孔隙比为 0.92、0.60，地基处理前，砂土的天然重度为 15.8kN/m^3，天然含水率为 12%，土粒相对密实度为 2.68。该场地经振冲挤密法（不加填料）处理后，场地地面下沉量为 0.7m。振冲挤密法有效加固深度 6.0m（从处理前地面算起），求挤密处理后砂土的相对密实度最接近下列何值？（忽略侧向变形）

（A）0.76　　（B）0.72　　（C）0.66　　（D）0.62

【解】

（1）$e_0 = \dfrac{2.68 \times (1 + 0.12) \times 10}{15.8} - 1 = 0.90$

（2）$\dfrac{6}{1 + 0.90} = \dfrac{6 - 0.7}{1 + e_1} \Rightarrow e_1 = 0.678$

（3）$D_r = \dfrac{0.92 - 0.678}{0.92 - 0.60} = 0.756$

【点评】

①熟记三相图基本公式，快速答题，相对密实度的公式应熟记；②重要考点：挤密法地基处理前后砂土孔隙比的变化及密实度联合考察。

【同类型真题】 10D14

题 4-98 （18C12）某场地浅层湿陷性土厚度 6m，平均干密度 1.25t/m^3，下部为非湿陷性土层，采用沉管法灰土挤密桩处理该地基，灰土桩直径 0.4m，等边三角形布桩，桩距 0.8m，桩端达湿陷性土层底，施工完成后，场地地面平均上升 0.2m，求地基处理后桩间土的平均干密度最接近下列何值？

（A）1.56t/m^3　　（B）1.61t/m^3　　（C）1.68t/m^3　　（D）1.73t/m^3

【解法一】

（1）$0.80 = 0.95 \times 0.4 \times \sqrt{\dfrac{\bar{\rho}_{d1}}{\bar{\rho}_{d1} - 1.25}} \Rightarrow \bar{\rho}_{d1} = 1.614\text{t/m}^3$

（2）$\bar{\rho}'_{d1} = \dfrac{1.614}{6.2} \times 6 = 1.56\text{t/m}^3$

【解法二】

（图 4-17-28）

取处理前的重复单元三角形为分析对象，处理前厚度为 6m；处理后的面积变为三角形减半个圆，厚度为 6.2m，依据处理前后土颗粒的质量不变。

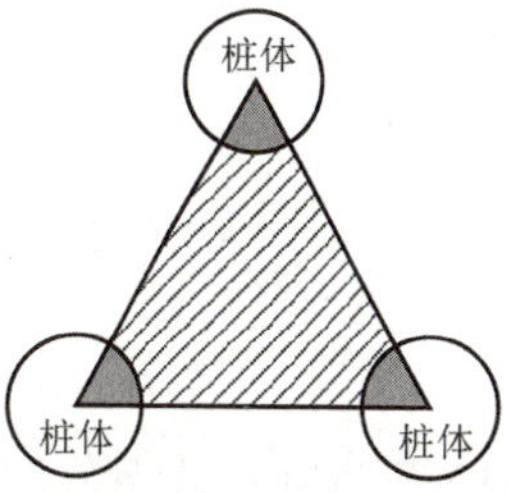

图 4-17-28　解 4-98 图

$$\frac{\sqrt{3}}{4}s^2 \times H \times \bar{\rho}_{d0} = \left(\frac{\sqrt{3}}{4}s^2 - \frac{\pi}{8}d^2\right) \times (H + 0.2) \times \bar{\rho}_{d1}$$

$$\frac{\sqrt{3}}{4} \times 0.8^2 \times 6 \times 1.25 = \left(\frac{\sqrt{3}}{4} \times 0.8^2 - \frac{3.14}{8} \times 0.4^2\right) \times (6 + 0.2) \times \bar{\rho}_{d1} \Rightarrow \bar{\rho}_{d1} = 1.56\text{t/m}^3$$

【解法三】

$$\overline{\rho}_{d0}\times V_0=\overline{\rho}_{d1}\times V_1\Rightarrow\overline{\rho}_{d0}\times\frac{3.14\times d_e^2}{4}\times H=\overline{\rho}_{d1}\times\frac{3.14\times(d_e^2-d^2)}{4}\times(H+0.2)$$

$$\Rightarrow 1.25\times\frac{3.14\times(1.05\times0.8)^2}{4}\times6=\overline{\rho}_{d1}\times\frac{3.14\times\left[(1.05\times0.8)^2-0.4^2\right]}{4}\times(6+0.2)$$

$$\Rightarrow\overline{\rho}_{d1}=1.56\text{t/m}^3$$

【点评】

①根据《建筑地基处理技术规范》第7.5.2条；②利用挤密处理前后土颗粒质量不变的原理，本题为土体上浮，以前一般是考土体下沉；③解法一先利用规范公式求场地标高不变时的干重度，再利用土颗粒质量不变的原理，解法二和解法三是直接利用土力学原理，处理前后场地内的土颗粒质量不变。

题4-99 （09C15）桩径400mm，等边三角形布桩，中心距1.0m，桩间土在地基处理前的平均干密度为1.38t/m³，据《建筑地基处理技术规范》JGJ 79—2012，在正常施工条件下，挤密深度内，桩间土的平均干密度预计可达到下列哪个选项？

（A）1.48t/m³　（B）1.54t/m³　（C）1.61t/m³　（D）1.68t/m³

【解法一】

$$s=0.95d\sqrt{\frac{\overline{\rho}_{d1}}{\overline{\rho}_{d1}-\overline{\rho}_d}}\Rightarrow1.0=0.95\times0.4\times\sqrt{\frac{\overline{\rho}_{d1}}{\overline{\rho}_{d1}-1.38}}\Rightarrow\overline{\rho}_{d1}=1.61\text{t/m}^3$$

【解法二】

$$\overline{\rho}_dV=\overline{\rho}_{d1}V_1\Rightarrow1.38\times\frac{\sqrt{3}}{4}=\overline{\rho}_{d1}\times\left(\frac{\sqrt{3}}{4}-0.5\times3.14\times0.2^2\right)\Rightarrow\overline{\rho}_{d1}=1.61\text{t/m}^3$$

或利用等效直径$d_e=1.05\times1$计算如下：

$$\overline{\rho}_dV=\overline{\rho}_{d1}V_1\Rightarrow1.38\times3.14\times\frac{1.05^2}{4}=\overline{\rho}_{d1}\left(3.14\times\frac{1.05^2}{4}-3.14\times\frac{0.4^2}{4}\right)$$

$$\Rightarrow\overline{\rho}_{d1}=1.61\text{t/m}^3$$

【点评】

①根据《建筑地基处理技术规范》第7.5.2条；②解法二为土力学基本原理，0.5根桩正好处理一个三角形面积，处理前后土颗粒质量不变。

题4-100 （16C16）某湿陷性黄土场地，天然状态下，地基土的含水率15%，重度15.4kN/m³。地基处理采用灰土挤密法，桩径400mm，桩距1.0m，采用正方形布置。忽略地基处理后地面标高变化，问处理后桩间土的平均干密度最接近下列哪个选项？（重力加速度g取10m/s²）

（A）1.50g/cm³　（B）1.53g/cm³

（C）1.56g/cm³　（D）1.58g/cm³

【解法一】

（1）$\overline{\rho}_d=\dfrac{\rho}{1+\omega}=\dfrac{15.4}{10\times(1+0.15)}=1.34\text{g/cm}^3$

（2）$s=0.89d\cdot\sqrt{\dfrac{\overline{\rho}_{d1}}{\overline{\rho}_{d1}-\overline{\rho}_d}}\Rightarrow1.0=0.89\times0.4\times\sqrt{\dfrac{\overline{\rho}_{d1}}{\overline{\rho}_{d1}-1.34}}\Rightarrow\overline{\rho}_{d1}=1.53\text{g/cm}^3$

【解法二】

（1）$\bar{\rho}_d = \dfrac{15.4}{10 \times (1+0.15)} = 1.34\text{g/cm}^3$

（2）$\bar{\rho}_d V = \bar{\rho}_{d1} V_1 \Rightarrow 1.34 \times 1.0^2 = \bar{\rho}_{d1} \times (1.0^2 - 3.14 \times 0.2^2) \Rightarrow \bar{\rho}_{d1} = 1.53\text{g/cm}^3$

【解法三】

（1）$\bar{\rho}_d = \dfrac{15.4}{10 \times (1+0.15)} = 1.34\text{g/cm}^3$

（2）$m = \dfrac{3.14 \times 0.2^2}{1.0 \times 1.0} = 0.1256 \left[或 m = \dfrac{0.4^2}{(1 \times 1.13)^2} \right]$，

$\bar{\rho}_{d1} = \dfrac{1.34 \times 1.0}{1 - 0.1256} = 1.53\text{g/cm}^3$

【点评】

①根据《建筑地基处理技术规范》第 7.2.2 条、第 7.5.2 条；②解法一为灵活运用规范公式，规范式（7.5.2）为正三角形布桩的公式，本题改为正方形布桩，结合规范第 7.2.2 条或自行推导可得正方形布桩公式；③解法二为土力学基本原理，取正方形 1m × 1m 的面积分析，1 根桩正好处理的面积为 1m^2，处理前后土颗粒质量不变；④解法三与解法二类似，都是通过原理解答，只是加入了置换率的概念，根据原理计算置换率。

题 4-101　某均质湿陷性黄土地基，采用灰土挤密法，处理前土层的孔隙比为 0.90，拟采用挤密桩的填料孔直径为 0.55m，桩间距 1.10m，正三角形布置，要求处理后土层的孔隙比不大于 0.7，则满足要求的预钻孔最大直径最接近下列哪选项？

（A）0.225m　　（B）0.325m　　（C）0.425m　　（D）0.525m

【解】

（1）$d_e = 1.05 \times 1.1 = 1.155\text{m}$

（2）土颗粒体积不变：$\dfrac{\frac{\pi}{4}({d_e}^2 - d^2)}{1+e_0} H = \dfrac{\frac{\pi}{4}({d_e}^2 - D^2)}{1+e_1} H$

（3）$\dfrac{1.155^2 - d^2}{1+0.90} = \dfrac{1.155^2 - 0.55^2}{1+0.70} \Rightarrow d = 0.425\text{m}$

【点评】

用原理解答，处理前面积应该减去预钻孔面积，处理后面积减去挤密桩面积。

题 4-102　某工程采用挤密碎石桩处理，桩长为 13m，预钻孔孔径为 300mm，碎石桩桩径为 500mm，等边三角形布桩，桩距 1.4m，处理后桩间土地基承载力特征值为 120kPa，已知处理前 $e_1 = 0.720$，处理后 $e_2 = 0.525$。试计算经处理后由振动密实作用引起的地面沉降值？

【解】

（1）等边三角形布桩：$d_e = 1.05s = 1.05 \times 1.4 = 1.47\text{m}$

（2）处理前：$\dfrac{V_1}{1+e_1} = \dfrac{V_2}{1+e_2}$

$\dfrac{3.14 \times (0.735^2 - 0.15^2)}{1+0.720} \times 13 = \dfrac{3.14 \times (0.735^2 - 0.25^2)}{1+0.525} h_2 \Rightarrow h_2 = 12.5\text{m}$

（3）地面沉降值：$\Delta h = h_1 - h_2 = 13 - 12.5 = 0.5\text{m}$

【点评】

需要了解先打预钻孔，再施工碎石桩的过程，然后从原理上解答本题，即振动前的面积是等效面积减去预钻孔面积，振动后的面积是等效面积减去碎石桩的面积。

17.5.4 有粘结强度桩复合地基——《建筑地基处理技术规范》第7.1节、第7.3节、第7.4节、第7.6节、第7.7节

规范所列的刚性桩包括4类：（1）水泥土搅拌桩；（2）旋喷桩；（3）夯实水泥土桩；（4）CFG桩。另外，素混凝土桩（低强度混凝土桩）也属于刚性桩，其承载力计算方法与刚性桩基本相同。知识点在规范中较为分散，但该5类桩的复合地基承载力计算方法和公式都是相同的，仅参数各有差异。将刚性桩的相关计算总结如表4-17-40所示，结合规范与本表进行学习，并通过大量做下面例题达到融会贯通，熟练使用表4-17-40来解题，并尽量达到半闭卷程度。

1. **承载力计算**

有粘结强度桩复合地基承载力计算见表4-17-40。

有粘结强度桩复合地基承载力计算　　表4-17-40

<table>
<tr><td colspan="4">$f_{spk}=\lambda m\dfrac{R_a}{A_p}+\beta(1-m)f_{sk}$，$f_{spa}=f_{spk}+\gamma_m(d-0.5)$</td></tr>
<tr><td>水泥土搅拌桩</td><td>$\Uparrow$
$\min\begin{cases}R_a=u_p\sum_{i=1}^{n}q_{si}l_{pi}+\alpha_p q_p A_p\\R_a=\eta f_{cu}A_p\end{cases}$
η **干法**取0.20～0.25；**湿法**取0.25</td><td>旋喷桩
夯实水泥土桩
CFG桩
素混凝土桩</td><td>$\Uparrow$
$R_a=u_p\sum_{i=1}^{n}q_{si}l_{pi}+\alpha_p q_p A_p$
验算：$f_{cu}\geqslant 4\dfrac{\lambda R_a}{A_p}$
或 $f_{cu}\geqslant 4\dfrac{\lambda R_a}{A_p}\left[1+\dfrac{\gamma_m(d-0.5)}{f_{spa}}\right]$
（承载力深度修正时）</td></tr>
</table>

计算参数取值：

类型	λ	β	f_{sk}	α_p	q_p
水泥土搅拌桩	1.0	对淤泥、淤泥质土和流塑软土取0.1～0.4，其他取0.4～0.8	$f_{sk}=f_{ak}$	0.4～0.6	桩端土f_{ak}
旋喷桩	—	—	—	1.0	桩端土f_{ak}
夯实水泥土桩	1.0	0.9～1.0	—	1.0	—
CFG桩 素混凝土桩	0.8～0.9	0.9～1.0	非挤土桩（如长螺旋成孔）： $f_{sk}=f_{ak}$； 挤土桩，对黏性土： $f_{sk}=f_{ak}$； 挤土桩，对松散砂土、粉土： $f_{sk}=(1.2～1.5)f_{ak}$	1.0	—

注：**处理面积**：均在基础范围内布桩即可；独立基础下的桩数：水泥土搅拌桩不宜少于4根，旋喷桩不应少于4根；对于CFG桩，筏板厚度与跨距之比小于1/6的平板式筏基、梁的高跨比大于1/6且板的厚跨比（筏板厚度与梁的中心距之比）小于1/6的梁板式筏基，应在柱（平板式筏基）和梁（梁板式筏基）边缘每边外扩2.5倍板厚的面积范围内布桩。

桩土应力比：有粘结强度桩复合地基桩土应力比$n=\dfrac{\lambda f_{pk}}{\beta f_{sk}}\Leftarrow f_{pk}=\dfrac{R_a}{A_p}$。

2. **水泥土搅拌桩——《建筑地基处理技术规范》第 7.1 节、第 7.3 节**

结合表 4-17-40，认真阅读《建筑地基处理技术规范》第 7.1 节和第 7.3 节，限于篇幅，此处不摘抄。

题 4-103　（09D16）某场地地层如图 4-17-29 所示，拟采用水泥搅拌桩进行加固，已知基础埋深 2.0m，搅拌桩桩径 600mm，桩长 14m，桩身强度$f_{cu}=0.8\text{MPa}$，桩身强度折减系数 $\eta=0.25$，单桩承载力发挥系数$\lambda=1.0$，桩间土承载力发挥系数$\beta=0.6$，桩端土端阻力发挥系数$\alpha=0.4$，搅拌桩中心距 1.0m，采用等边三角形布桩，复合地基承载力特征值取下列哪个选项的数值合适？

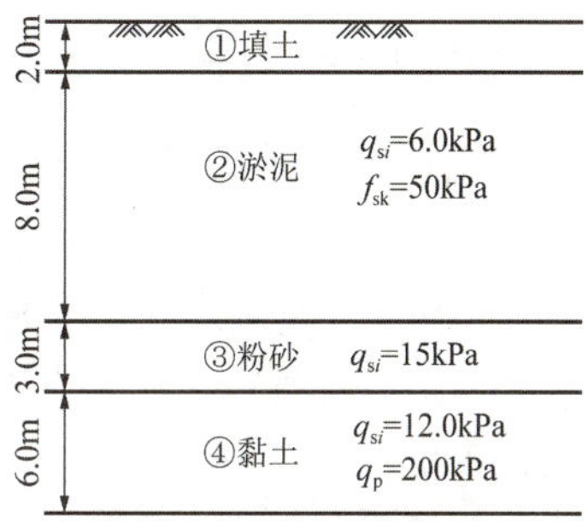

图 4-17-29　题 4-103 图

（A）85kPa　　（B）90kPa

（C）100kPa　　（D）110kPa

【解】

（1）$R_{a1}=\eta f_{cu}A_p=0.25\times800\times3.14\times0.3^2=56.52\text{kN}$

$$R_{a2}=u_p\sum_{i=1}^{n}q_{si}l_{pi}+\alpha_p q_p A_p$$

$$=3.14\times0.6\times(6\times8+15\times3+12\times3)+0.4\times200\times3.14\times0.3^2$$

$$=265.6\text{kN}$$

取最小值$R_a=56.52\text{kN}$

（2）$m=\dfrac{0.6^2}{(1.05\times1)^2}=0.3265$

$$f_{spk}=\lambda m\frac{R_a}{A_p}+\beta(1-m)f_{sk}=1.0\times0.3265\times\frac{56.52}{3.14\times0.3^2}+0.6\times(1-0.3265)\times50$$

$$=85.5\text{kPa}$$

【点评】

①根据《建筑地基处理技术规范》第 7.1.5 条、第 7.7.3 条；②都要按桩身强度和土对桩作用两种情况计算R_a然后取小值，一般都是受桩身强度控制，如果计算出来不是桩身强度控制，应该要注意检查答案。

【同类型真题】02D17、04C20、04D23、06C18、08D16、16C15

题 4-104　（22C12）某劲芯搅拌桩复合地基，搅拌桩桩长 10m，桩径 0.6m，桩距 2.0m，正方形布置：搅拌桩内插 C40 混凝土预制方桩（200mm × 200mm），桩顶标高同搅拌桩，桩长为 9m。搅拌桩采用湿法施工，从搅拌桩桩顶标高处向下的土层参数见表 4-17-41。根据《建筑地基处理技术规范》JGJ 79—2012 估算，复合地基承载力特征值最接近下列哪个选项？（桩身强度满足要求；劲芯搅拌桩单桩承载力发挥系数取 1.0，桩间土承载力发挥系数取 0.8）

题 4-104 表　　表 4-17-41

土层编号	厚度（m）	承载力特征值f_{ak}（kPa）	桩侧阻力特征值（kPa）	桩端端阻力发挥系数	水泥土 90d 龄期抗压强度f_{cu}（MPa）
①	4	85	15	0.4	1.5
②	14	160	30	0.6	2

（A）90kPa　　（B）120kPa　　（C）150kPa　　（D）180kPa

【解】

（1）$R_a = 3.14\times0.6\times(4\times15+6\times30)+0.6\times160\times3.14\times0.3^2=479.3\text{kN}$

桩身强度满足要求，取$R_a=479.3\text{kN}$

（2）$m=\left(\dfrac{0.6}{1.13\times2}\right)^2=0.0705$

$f_{spk}=1\times0.0705\times\dfrac{479.3}{3.14\times0.3^2}+0.8\times(1-0.0705)\times85=183\text{kPa}$

【点评】

①根据《建筑地基处理技术规范》第 7.1.5 条；②对于水泥土搅拌桩桩端阻力特征值取未经修正的桩端地基承载力特征值；③劲芯搅拌桩计算土对桩的承载力取外围的水泥搅拌桩，本题明确了桩身强度满足要求，不需要验算桩身强度。

题 4-105　（13C15）某建筑场地浅层有 6.0m 厚淤泥，设计拟采用喷浆的水泥土搅拌桩法进行加固，桩径取 600mm，室内配比试验得出了不同水泥掺入量时水泥土 90d 龄期抗压强度值，如图 4-17-30 所示，如果单桩承载力由桩身强度控制且要求达到 70kN，桩身强度折减系数取 0.25，则水泥掺入量至少应选择下列哪个选项？

（A）15%　　（B）20%

（C）25%　　（D）30%

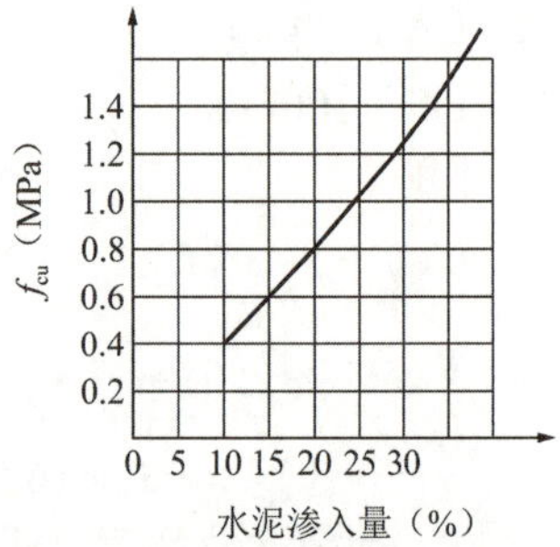

图 4-17-30　题 4-105 图

【解】

（1）$R_a=\eta f_{cu}A_p\Rightarrow 70=0.25\times f_{cu}\times3.14\times0.3^2\Rightarrow f_{cu}=0.99\text{MPa}$

（2）查图得水泥掺入量为 25%

【点评】

①根据《建筑地基处理技术规范》第 7.3.3 条；②水泥土搅拌桩强度随水泥掺入量不同而不同，一般工程应用时可先进行室内配比试验，本题考点为根据桩身强度确定立方体抗压强度，再根据配比试验确定水泥掺入量；③实践性较强的题目，但难度很小，原题数据桩身强度折减系数$\eta=0.3$不太符合新规范经验值，本题稍改动数据。

题 4-106　（11D15）某可塑粉质黏土场地，土的天然地基承载力特征值$f_{ak}=75\text{kPa}$；初步设计采用水泥土搅拌桩复合地基加固，等边三角形布桩，桩间距 1.2m，桩径 500mm，桩长 10.0m，单桩承载力发挥系数$\lambda=1.0$，桩间土承载力发挥系数β取 0.75，设计要求加固后复合地基承载力特征值达到 160kPa。经载荷试验，复合地基承载力特征值$f_{spk}=145\text{kPa}$，若其他设计条件不变，调整桩间距，下列哪个选项是满足设计要求的最适宜桩距？

（A）0.90m　　（B）1.00m　　（C）1.10m　　（D）1.20m

【解】

（1）$m=\dfrac{0.5^2}{(1.05\times1.2)^2}=0.1575$

（2）$145=1.0\times0.1575\times\dfrac{R_a}{A_p}+0.75\times(1-0.1575)\times75\Rightarrow\dfrac{R_a}{A_p}=619.74\text{kPa}$

（3）$160=1.0\times m\times619.74+0.75\times(1-m)\times75\Rightarrow m=0.184$

（4）$\dfrac{0.5^2}{(1.05s)^2}=0.184\Rightarrow s=1.11\text{m}$

【点评】

①根据《建筑地基处理技术规范》第 7.3.3 条；②把R_a/A_p作为一个整体考虑，通过解方程求解，选项要小于计算值才满足要求；③近年来都不是死套公式的题目，学会灵活运用题目数据反求相应的参数，本题原为淤泥质土根据新的规范桩间土承载力发挥系数β取值为 0.1～0.4，不能按 0.75 取值，故对原题进行改编，把淤泥质土改成可塑粉质黏土。

【同类型真题】03C18、07C14、08D17

题 4-107 （12C15）某场地地基为淤泥质粉质黏土，天然地基承载力特征值为 60kPa，拟采用水泥土搅拌桩复合地基加固，桩长 15.0m，桩径 600mm，桩周侧阻力$q_s = 10$kPa，端阻力$q_p = 40$kPa，桩身强度折减系数η取 0.2，桩端端阻力发挥系数α_p取 0.4，水泥加固土试块 90d 龄期立方体抗压强度平均值为$f_{cu} = 1.8$MPa，单桩承载力发挥系数λ取 1.0，桩间土承载力发挥系数β取 0.4。试问，要使复合地基承载力特征值达到 160kPa，用等边三角形布桩时，计算桩间距最接近下列哪个选项的数值？

（A）0.50m　　（B）0.90m　　（C）1.2m　　（D）1.6m

【解】

（1）$R_{a1} = 0.2 \times 1800 \times 3.14 \times 0.3^2 = 101.7\text{kN}$

$R_{a2} = 3.14 \times 6 \times 10 \times 15 + 0.4 \times 40 \times 3.14 \times 0.3^2 = 287.1\text{kN}$

取小值，$R_a = 101.7\text{kN}$

（2）$160 = 1 \times m \times \dfrac{101.7}{3.14 \times 0.3^2} + 0.4 \times (1 - m) \times 60 \Rightarrow m = 0.405$

（3）$\dfrac{0.6^2}{(1.05s)^2} = 0.405 \Rightarrow s = 0.90\text{m}$

【点评】

①根据《建筑地基处理技术规范》第 7.1.5 条、第 7.3.3 条；②注意单桩竖向承载力是受桩身强度和桩周土、桩端土的抗力双控，不要忘记进行比较后取小值；③原题$\eta = 0.3$和$\beta = 0.6$是根据 2002 年版规范的出题，取值范围不符合 2012 年版规范的经验值，故改编了数据。

题 4-108 （17C17）有一个大型设备基础，基础尺寸为 15m × 12m，地基土为软塑状态的黏性土，承载力特征值为 80kPa。拟采用水泥土搅拌桩复合地基，以桩身强度控制单桩承载力，单桩承载力发挥系数取 1.0，桩间土承载力发挥系数取 0.5，按照配比试验结果，桩身材料立方体抗压强度平均值为 2.0MPa，桩身强度折减系数取 0.25，采用桩径$d = 500$mm，设计要求复合地基承载力特征值达到 180kPa，请估算理论布桩数量最接近下列哪个选项？（只考虑基础范围内布桩）

（A）180 根　　（B）280 根　　（C）380 根　　（D）480 根

【解】

（1）$R_a = 0.25 \times 2000 \times 3.14 \times 0.25^2 = 98.1\text{kN}$

（2）$180 = 1 \times m \times \dfrac{98}{3.14 \times 0.25^2} + 0.5 \times (1 - m) \times 80 \Rightarrow m = 0.305$

（3）$n = \dfrac{0.305 \times 15 \times 12}{3.14 \times 0.25^2} = 279.7$ 根，取 280 根

【点评】

①根据《建筑地基处理技术规范》第7.1.5条、第7.3.3条；②用复合地基承载力反求基础下布桩数，刚性桩复合一般不外扩，独立基础下的桩数不宜少于4根，题目明确了只考虑基础范围内布桩；③对于独立基础的面积置换为桩的截面积之和比基础面积，即$m = nA_p/A$。

【同类型真题】04C18、04D21、07C16、08C16

题 4-109 （13C16）已知独立桩基采用水泥搅拌桩复合地基，承台尺寸为2.0m×4.0m，布置8根桩，桩直径600mm，桩长7.0m，如果桩身抗压强度取1.0MPa，桩身强度折减系数0.25，桩间土和桩端土承载力发挥系数均为0.4，不考虑深度修正，充分发挥复合地基承载力，则基础承台底最大荷载（荷载效应标准组合）最接近下列哪个选项？（图4-17-31中尺寸单位：m）

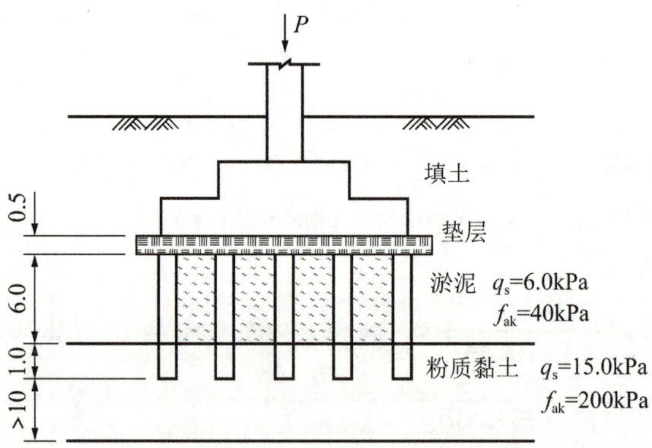

图4-17-31 题4-109图

（A）475kN （B）655kN （C）710kN （D）950kN

【解】

（1）$R_{a1} = 0.25 \times 1000 \times 3.14 \times 0.3^2 = 70.65\text{kN}$

$R_{a2} = 3.14 \times 0.6 \times (6 \times 6 + 15 \times 1) + 0.4 \times 200 \times 3.14 \times 0.3^2 = 118.7\text{kN}$

取小值R_a =70.65kN

（2）$m = \dfrac{8 \times 3.14 \times 0.3^2}{2 \times 4} = 0.2826$

$f_{spk} = 0.2826 \times 0.25 \times 1000 + 0.4 \times (1 - 0.2826) \times 40 = 82.1\text{kPa}$

（3）$p_k \leqslant f_{spk} = 82.1\text{kPa}$

$N_{kmax} \leqslant 82.1 \times 2 \times 4 = 656.8\text{kN}$

【点评】

①根据《建筑地基处理技术规范》第7.3.3条；②独立基础的面积置换率m = 所有桩的截面积/独立基础面积，不能按满堂布桩的公式计算；③原题数据桩身强度折减系数$\eta = 0.3$不符合新规范经验值，改为$\eta = 0.25$符合新规范的规定。

题 4-110　（07D16）某独立基础底面尺寸 3.5m × 3.5m，埋深 2.5m，基础埋深范围内土层重度$\gamma = 18\text{kN/m}^3$，地下水位在地面下 1.25m，作用于基础顶面的竖向力$F_k = 1255\text{kN}$，采用水泥土搅拌桩复合地基，桩径 0.5m，桩长 8m，水泥土试块$f_{cu} = 1800\text{kPa}$，$\eta = 0.25$，$\beta = 0.3$，$\lambda = 1.0$，根据土层性质计算的单桩承载力特征值为 145kN，桩间土$f_{ak} = 70\text{kPa}$，试计算独立基础桩数最接近下列何值？

（A）12　　　　（B）13

（C）14　　　　（D）15

【解】

（1）$R_a = \eta f_{cu} A_p = 0.25 \times 1800 \times 3.14 \times 0.25^2 = 88.3\text{kN} < 145\text{kN}$，取$R_a = 88.3\text{kN}$

$$f_{spa} = 1.0 \times m \times \frac{88.3}{3.14 \times 0.25^2} + 0.3 \times (1 - m) \times 70 + 1.0 \times \frac{18 \times 1.25 + 8 \times 1.25}{2.5} \times (2.5 - 0.5) = 429m + 47$$

（2）$p_k = \dfrac{1255}{3.5^2} + 20 \times 1.25 + 10 \times 1.25 = 139.9\text{kPa}$

（3）$139.9 \leqslant 429m + 47$，解得：$m \geqslant 0.217$

（4）$\dfrac{n \times 3.14 \times 0.25^2}{3.5^2} = 0.217 \Rightarrow n = 13.5$ 根，取 14 根

【点评】

①根据《建筑地基处理技术规范》第 7.3.3 条；②有粘结强度的桩处理面积等于基础面积，不扩边，独立基础下的桩数不宜少于 4 根；③将真题改编为“根据土层性质计算的单桩承载力特征值为 145kN”，使得原真题更合理；④最后结果向大取整数，并不是“四舍五入”，例如 13.2 根，也是取 14 根，而不能取 13 根。

题 4-111　（16D14）某筏形基础采用双轴水泥土搅拌桩复合地基，已知上部结构荷载标准值$F = 140\text{kPa}$，基础埋深 1.5m，地下水位在基底以下，原持力层承载力特征值$f_{ak} = 60\text{kPa}$，双轴搅拌桩面积$A = 0.71\text{m}^2$，桩间不搭接，湿法施工，根据地基承载力计算单桩承载力特征值（双轴）$R_a = 240\text{kN}$，水泥土单桩抗压强度平均值$f_{cu} = 1.0\text{MPa}$，问下列搅拌桩平面图中（图中尺寸单位：mm），为满足承载力要求，最经济合理的是哪个选项？（桩间土承载力发挥系数$\beta = 1.0$，单桩承载力发挥系数$\lambda = 1.0$，基础及以上土的平均重度$\gamma = 20\text{kN/m}^3$，基底以上土体重度平均值$\gamma_m = 18\text{kN/m}^3$）

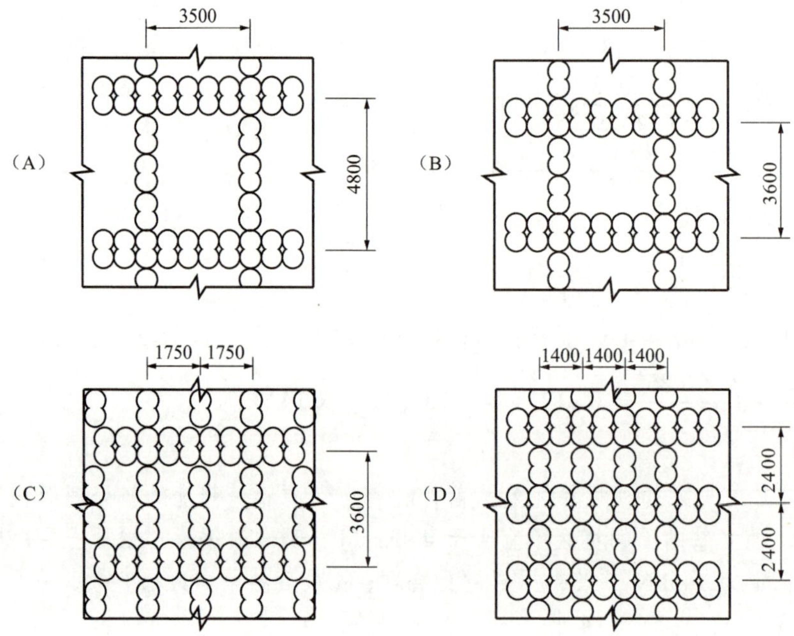

【解】

（1）$R_a = 0.25 \times 1000 \times 0.71 = 177.5\text{kN} < 240\text{kN}$，取$R_a = 177.5\text{kN}$

$f_{spa} = 1.0 \times m \times 250 + 1.0 \times (1 - m) \times 60 + 18 \times (1.5 - 0.5) = 78 + 190m$

$p_k = 140 + 1.5 \times 20 \leqslant 78 + 190m$，解得$m \geqslant 0.484$

（2）各选项中的m：

A：$m = \dfrac{8 \times 0.71}{3.5 \times 4.8} = 0.338$，B：$m = \dfrac{7 \times 0.71}{3.5 \times 3.6} = 0.394$，C：$m = \dfrac{4.5 \times 0.71}{3.6 \times 1.75} = 0.507$

D：$m = \dfrac{3 \times 0.71}{2.4 \times 1.4} = 0.634$

C 选项m更接近，最经济合理。

【点评】

①根据《建筑地基处理技术规范》第 3.0.4 条、第 7.1.5 条；②注意对处理后的地基进行修正，宽度修正系数均取零，除满足规范第 3.0.4 条的粉土、级配砂石，其他处理地基深度修正系数$\eta_d = 1$；③本题最关键的一步是确定图中的面积置换率，选取最合理的置换率，应选取最小的矩形重复单元，计算最简便；④置换率是必考点，要从原理上理解（面积比）。

题 4-112 （21D11）某建筑物采用矩形独立基础，作用在独立基础上荷载（包括基础及上覆土重）标准值为 1500kN。基础埋深、地层厚度和工程特性指标见图 4-17-32。拟采用湿法水泥土搅拌桩处理地基，正方形布桩，桩径 600mm，桩长 8m，面积置换率 0.2826。桩身水泥土立方体抗压强度取 2MPa，单桩承载力发挥系数 1.0，桩间土承载力发挥系数和桩端端阻力发挥系数均为 0.5，场地无地下水，按《建筑地基处理技术规范》JGJ 79—2012 初步设计时，矩形独立基础底面积最小值最接近下列哪个选项？

（A）$9m^2$ （B）$8m^2$

（C）$7m^2$ （D）$5m^2$

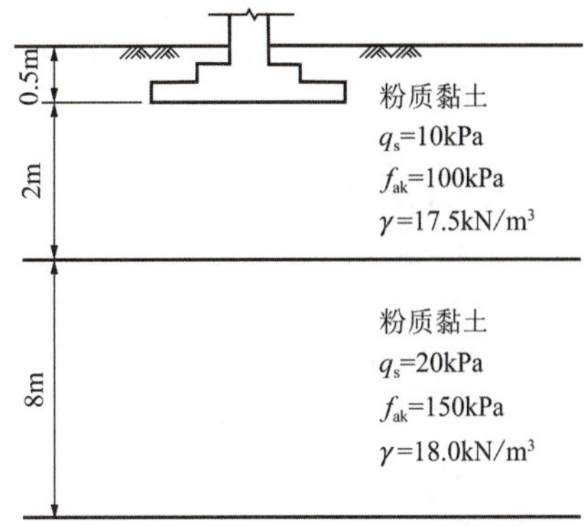

图 4-17-32 题 4-112 图

【解】

（1）按桩身强度计算 $R_{a1} = 0.25 \times 2000 \times \dfrac{3.14}{4} \times 0.6^2 = 141.3\text{kN}$

按土的承载力计算 $R_{a2} = 3.14 \times 0.6 \times (10 \times 2 + 20 \times 6) + 0.5 \times \dfrac{3.14}{4} \times 0.6^2 \times 150 = 285\text{kN}$

取小值 $R_a = 141.3\text{kN}$

（2）$d = 0.5\text{m}$，则：$f_{spa} = f_{spk} = 1 \times 0.2826 \times 0.25 \times 2000 + 0.5 \times (1 - 0.2826) \times 100 = 177.2\text{kPa}$

（3）$\dfrac{1500}{A} \leqslant 177.2$，得 $A \geqslant 8.47\text{m}^2$，桩数 $n = \dfrac{8.47 \times 0.2826}{3.14 \times 0.3^2} = 8.5 \Rightarrow$ 取 9 根

则底面积 $A = \dfrac{9 \times 3.14 \times 0.3^2}{0.2826} = 9\text{m}^2$

【点评】

①根据《建筑地基处理技术规范》第 7.1.5 条、第 7.3.3 条；②水泥土搅拌桩桩端阻力特征值，可取桩端土未修正的地基承载力特征值；③基础埋深 $d = 0.5\text{m}$ 时，不进行深度修正；④题目已知置换率，应通过置换率反算桩数并取整。

题 4-113 某淤泥质土地区建筑拟用湿法水泥土搅拌桩进行地基处理，等边三角形布置，桩间距 1.5m，桩径 $d = 0.5\text{m}$，单桩承载力发挥系数 $\lambda = 1.0$，桩间土承载力特征值 $f_{ak} = 80\text{kPa}$，桩间土承载力发挥系数 $\beta = 0.40$，单桩承载力由桩身强度控制，施工完成后检测复合地基承载力特征值为 130kPa，不满足设计要求的 200kPa，拟在所有等边三角形的中心补一根桩径不同其他参数相同的搅拌桩，根据《建筑地基处理技术规范》JGJ 79—2012，补桩的桩径为下列哪个选项时，才能满足设计要求？

（A）0.3m （B）0.4m （C）0.5m （D）0.6m

【解】

（1）$m_1 = \left(\dfrac{0.5}{1.05 \times 1.5}\right)^2 = 0.101$

$f_{spa} = 1.0 \times 0.101 \times \dfrac{R_a}{A_p} + 0.4 \times (1 - 0.101) \times 80 = 130 \Rightarrow \dfrac{R_a}{A_p} = 1002.3\text{kPa}$

（2）$f_{spk} = 1.0 \times m_2 \times 1002.3 + 0.4 \times (1 - m_2) \times 80 = 200 \Rightarrow m_2 = 0.173$

（3）$m_2 = 2\times\left(\dfrac{d}{1.05\times1.5}\right)^2 + 0.101 = 0.173$，解得$d = 0.299\text{m}$

或根据面积置换率原理$m_2 = \dfrac{0.5\times\dfrac{3.14}{4}\times0.5^2 + \dfrac{3.14}{4}\times d^2}{\dfrac{\sqrt{3}}{4}\times1.5^2} = 0.173$，解得$d = 0.299\text{m}$

【点评】

①根据《建筑地基处理技术规范》第7.1.5条、第7.3.3条；②本题属于常规必考题，熟练使用原理计算面积置换率，使用计算器解方程，快速做对。

题4-114 （19C14）某建筑场地长60m，宽60m，采用水泥土搅拌桩进行地基处理后覆土1m（含垫层）并承受地面均布荷载p，地层条件如图4-17-33所示，不考虑沉降问题时，按承载力控制确定可承受的最大地面荷载p最接近下列哪个选项？（$\beta = 0.25$，$\lambda = 1.0$，搅拌桩单桩承载力特征值$R_a = 150\text{kN}$，不考虑桩身范围应力扩散，处理前后土体重度保持不变）

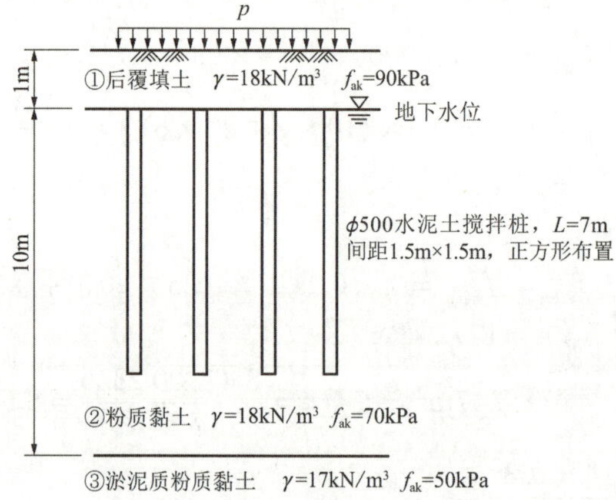

图4-17-33 题4-114图

（A）25kPa （B）45kPa （C）65kPa （D）90kPa

【解】

（1）$m = \left(\dfrac{0.5}{1.13\times1.5}\right)^2 = 0.087$

$f_{\text{spk}} = 1.0\times\dfrac{150}{3.14\times0.25^2}\times0.087 + 0.25\times(1-0.087)\times70 = 82.47\text{kPa}$

（2）$p_1 + 18 \leqslant 82.47 \Rightarrow p_1 \leqslant 64.5\text{kPa}$

（3）下卧层$f_{\text{az}} = 50 + 1\times8\times(10-0.5) = 126\text{kPa}$

$p_2 + 18 + 8\times10 \leqslant 126 \Rightarrow p_2 \leqslant 28\text{kPa}$

（4）取小值$p = 28\text{kPa}$

【点评】

①根据《建筑地基处理技术规范》第3.0.5条及条文说明、第7.1.5条；②本题不是基础埋深1m，计算复合地基承载力时采用桩顶土层的地基承载力；③注意不要漏算下卧层验算，对有粘结强度的增强体复合地基，可按深基础下卧层验算，由于$z/b = 3/60 = 0.05 < 0.25$，不考虑应力扩散，淤泥质粉质黏土层顶的附加应力$p_z = p + 18$；④本题存在争议，是否考虑后覆填土对地基承载力的作用，由于场地是有限范围，基于安全考虑，建议按后覆填土不提高地基土的承载力，如考虑，则答案为45kPa，选B。

3. **旋喷桩——《建筑地基处理技术规范》第 7.1 节、第 7.4 节**

结合表 4-17-40，认真阅读《建筑地基处理技术规范》第 7.1 节和第 7.4 节，限于篇幅，此处不摘抄。

题 4-115　（02D18）设计要求基底下复合地基承载力特征值达到 250kPa，现拟采用桩径为 0.5m 的旋喷桩，桩身试块的无侧限抗压强度为 5.5MPa，已知单桩承载力发挥系数 $\lambda=1.0$，桩间土地基承载力特征值为 120kPa，桩间土承载力发挥系数β取 0.25。若采用等边三角形布桩，根据《建筑地基处理技术规范》JGJ 79—2012 可算得旋喷桩的桩距最接近下列哪个选项？

（A）1.0m　　（B）1.2m　　（C）1.5m　　（D）1.8m

【解】

（1）$\lambda\dfrac{R_a}{A_p}\leqslant\dfrac{f_{cu}}{4}=\dfrac{5.5\times10^3}{4}=1375\text{kPa}$

（2）$250=m\times1375+0.25\times(1-m)\times120\Rightarrow m=0.1636$

（3）$0.1636=\dfrac{0.5^2}{(1.05s)^2}\Rightarrow s=1.18\text{m}$

【点评】

①根据《建筑地基处理技术规范》第 7.4.3 条；②本题有瑕疵，按桩身强度计算单桩承载力竖向承载力特征值，没有考虑土对桩的承载力。

题 4-116　（09C16）某工程采用旋喷桩复合地基，桩长 10m，桩径 600mm，桩身 28d 强度为 3MPa，单桩承载力发挥系数 0.85，基底以下相关地层埋深及桩侧阻力特征值、桩端阻力特征值如图 4-17-34 所示，单桩竖向承载力特征值最接近下列哪个选项？

（A）250kN　　（B）280kN

（C）378kN　　（D）520kN

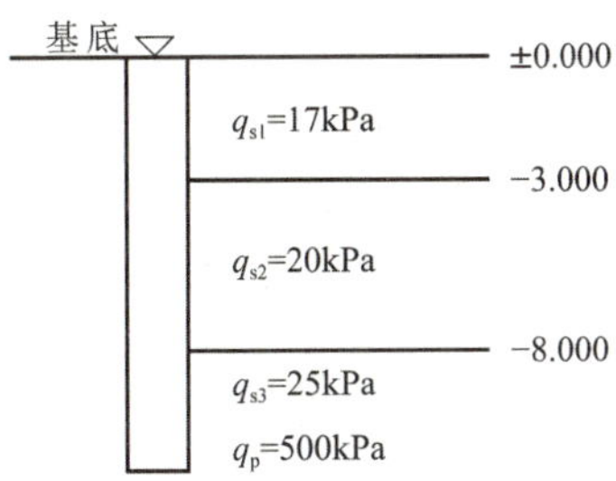

图 4-17-34　题 4-116 图

【解】

（1）$f_{cu}\geqslant4\dfrac{\lambda R_a}{A_p}\Rightarrow R_{a1}\leqslant\dfrac{3000\times3.14\times0.3^2}{4\times0.85}=249.4\text{kN}$

（2）$R_{a2}=3.14\times0.6\times(17\times3+20\times5+2\times25)+1.0\times3.14\times0.3^2\times500$
$=520\text{kN}$

（3）取小值，$R_a=249.4\text{kN}$

【点评】

①根据《建筑地基处理技术规范》第 7.4.3 条；②第 7.1.5 条条文说明指出：桩端端阻力发挥系数与增强体的荷载传递性质、增强体长度以及桩土相对刚度密切相关。桩长过长影响桩端承载力发挥时应取较低值；**水泥土搅拌桩其荷载传递受搅拌土的性质影响应取 0.4～0.6；其他情况可取 1.0**，老规范明确旋喷桩桩端端阻力发挥系数α_p取 1.0。

题 4-117 （22 补考 D12）某杂填土场地，先进行挤密处理再打设刚性桩。刚性桩是冲击成孔旋喷桩内插等长的钢管。其中旋喷桩直径 800mm，钢管直径 300mm，长 12m，布桩平面如图 4-17-35 所示。从桩顶标高处向下的层参数见表 4-17-42。静载试验确定的单桩承载力特征值为 400kN。按照《建筑地基处理技术规范》JGJ 79—2012 估算，该复合地基承载力特征值最接近下列哪个选项？（假定桩间土承载力发挥系数取 0.9，单桩承载力发挥系数取 0.8）

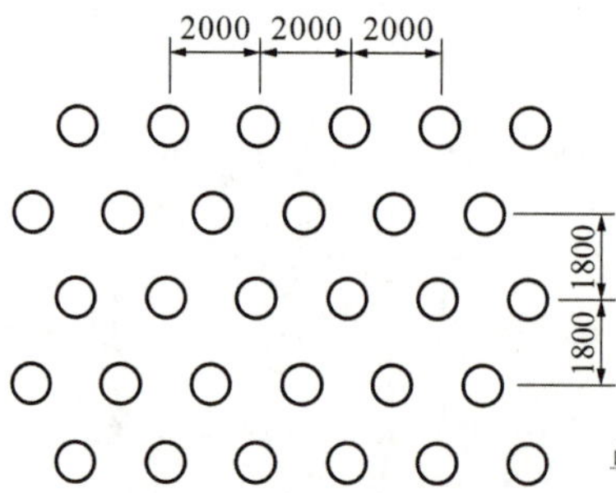

图 4-17-35 题 4-117 图

题 4-117 表 表 4-17-42

编号	土性	厚度（m）	地基承载力特征值f_{ak}（kPa）
①	杂填土	9	100（挤密后）
②	中砂	15	150

（A）155kPa （B）165kPa （C）175kPa （D）185kPa

【解】

（图 4-17-36）

（1）$m=\dfrac{2\times3.14\times0.4^2}{2\times2\times1.8}=0.1396$

（2）$f_{spk}=0.8\times0.1396\times\dfrac{400}{3.14\times0.4^2}+0.9\times(1-0.1396)\times100=166.4\text{kPa}$

【点评】

①根据《建筑地基处理技术规范》第 7.1.5 条、第 7.4.3 条；②关键是选好可重复单元计算置换率，常规考点计算旋喷桩复合地基承载力特征值，送分题。

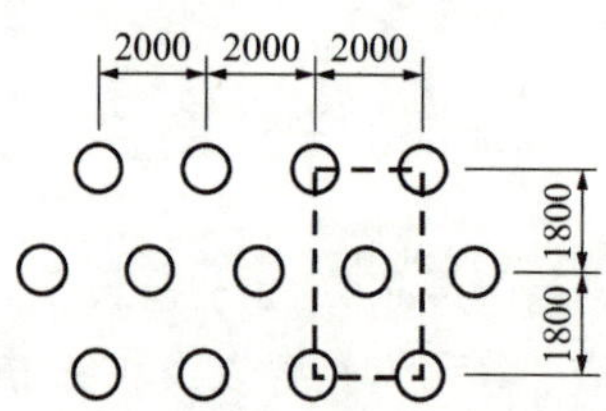

图 4-17-36 解 4-117 图

题 4-118 某建筑采用独立基础，基础尺寸 4m × 4m，基础埋深 2.0m，土层参数如图 4-17-37 所示，0～3.5m 为黏土，$q_{si} = 25\text{kPa}$，天然地基土承载力$f_{ak} = 100\text{kPa}$；3.5～16m 为淤泥质黏土，$q_{si} = 15\text{kPa}$，$q_p = 80\text{kPa}$，无地下水，地基采用旋喷桩复合地基，共布置 4 × 4 根桩，桩径 400mm，桩长 12m，混凝土强度等级为 C25，桩间土承载力发挥系数$\beta = 0.6$，单桩承载力发挥系数$\lambda = 1.0$，根据《建筑地基处理技术规范》JGJ 79—2012，计算作用于基础顶面的轴心竖向力标准值F_k最大值最接近下列哪个选项？

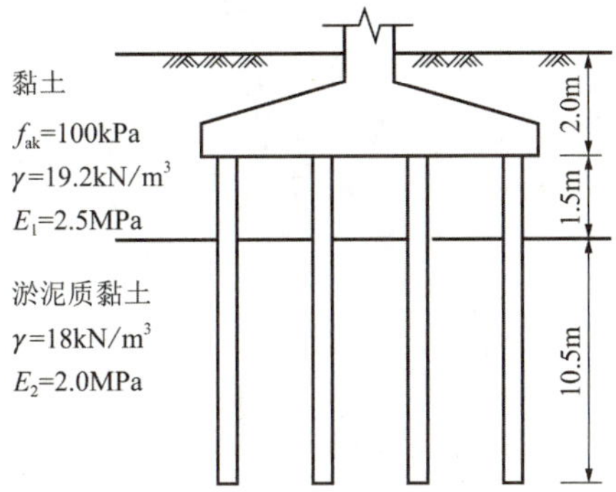

图 4-17-37 题 4-118 图

（A）4280kN （B）4920kN （C）4740kN （D）5375kN

【解】

（1）$A_p = 3.14 \times 0.2^2 = 0.1256\text{m}^2$，$m = \dfrac{4 \times 4 \times 0.1256}{4 \times 4} = 0.1256$

（2）$R_{a1} = 3.14 \times 0.4 \times (1.5 \times 25 + 10.5 \times 15) + 1.0 \times 80 \times 0.1256 = 254.968\text{kN}$

$$R_{a2} = \frac{25000 \times 0.1256}{4 \times 1.0} = 785\text{kN} > 254.968\text{kN} \Rightarrow \text{取}R_a = 254.968\text{kN}$$

（3）$f_{spk} = 1.0 \times 0.1256 \times \dfrac{254.968}{0.1256} + 0.6 \times (1 - 0.1256) \times 100 = 307.432\text{kPa}$

（4）$f_{spa} = 307.432 + 1.0 \times 19.2 \times (2 - 0.5) = 336.232\text{kPa}$

$$f_{cu} = 25\text{MPa} > 4 \times \frac{1 \times 254.968}{0.1256} \times \left[1 + \frac{19.2 \times (2 - 0.5)}{336.232}\right] = 8.816\text{MPa} \Rightarrow \text{满足要求}$$

（5）$p_k = \dfrac{F_k}{4 \times 4} + 20 \times 2 \leqslant 336.232\text{kPa} \Rightarrow F_k \leqslant 4739.7\text{kN}$

【点评】

①根据《建筑地基处理技术规范》第 7.1.5 条、第 7.1.6 条；②复合地基承载力验算基底压力时应进行修正，其中$\eta_b = 0$，$\eta_d = 1$；③对于 CFG 和素混凝土桩，f_{cu}即为混凝土强度等级，C25 混凝土的f_{cu}为 25MPa；④当复合地基承载力进行基础埋深的深度修正时，增强体桩身强度还应满足《建筑地基处理技术规范》式（7.1.6-2）的要求。

4. 夯实水泥土桩——《建筑地基处理技术规范》第 7.1 节、第 7.6 节

结合表 4-17-40，认真阅读规范《建筑地基处理技术规范》第 7.1 节和第 7.6 节，限于篇幅，此处不摘抄。

题 4-119 （18D11）某建筑采用夯实水泥土桩进行地基处理，条形基础及平面布置见图 4-17-38。根据试桩结果，复合地基承载力特征值为 180kPa，桩间土承载力特征值为 130kPa，桩间土承载力发挥系数取 0.9。现设计要求地基处理后复合承载力特征值达到 200kPa，假定其他参数均不变，若仅调整基础纵向桩间距 s 值，试算最经济的桩间距最接近下列哪个选项？

（A）1.1m　　（B）1.2m

（C）1.3m　　（D）1.4m

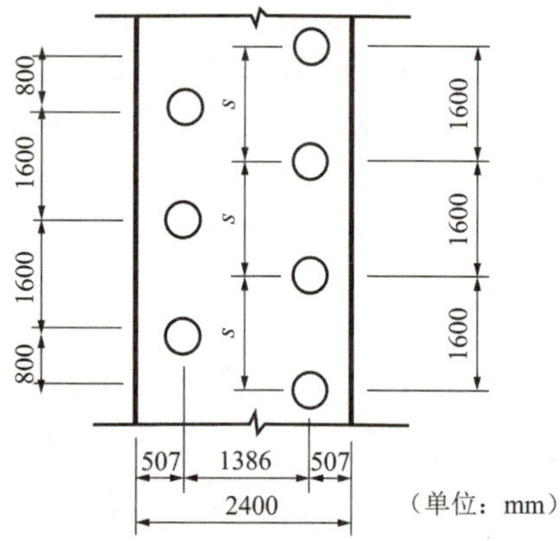

图 4-17-38　题 4-119 图

【解法一】

（1）$180=\lambda m_1\dfrac{R_a}{A_p}+0.9\times(1-m_1)\times130\Rightarrow m_1=\dfrac{180-0.9\times130}{\lambda\dfrac{R_a}{A_p}-0.9\times130}$

$200=\lambda m_2\dfrac{R_a}{A_p}+0.9\times(1-m_2)\times130\Rightarrow m_2=\dfrac{200-0.9\times130}{\lambda\dfrac{R_a}{A_p}-0.9\times130}$

$\dfrac{m_1}{m_2}=\dfrac{180-0.9\times130}{200-0.9\times130}=0.759$

（2）$m_1=\dfrac{2A_p}{2.4\times1.6}$，$m_2=\dfrac{2A_p}{2.4s}\Rightarrow\dfrac{m_1}{m_2}=\dfrac{2.4s}{2.4\times1.6}=\dfrac{s}{1.6}$

$m_1=\dfrac{2A_p}{2.4\times1.6}$，$m_2=\dfrac{2A_p}{2.4s}\Rightarrow\dfrac{m_1}{m_2}=\dfrac{2.4s}{2.4\times1.6}=\dfrac{s}{1.6}=0.759$

（3）$s=1.6\times0.759=1.21\text{m}$

【解法二】

$180\times2.4\times1.6=2\lambda R_a+0.9\times130\times\left(2.4\times1.6-2A_p\right)$……①

$200\times2.4s=2\lambda R_a+0.9\times130\times\left(2.4s-2A_p\right)$……②

联立式①②解得：$s=1.21\text{m}$

【点评】

①根据《建筑地基处理技术规范》第 7.3.3 条；②常规考点，必须熟练掌握复合地基承载力公式和条形基础的面积置换率计算，桩的面积、单桩承载力、发挥系数作为未知数最后均不影响计算，需要一定数学思维；③解法二采用复合地基承载力由桩和桩间土组成的原理来列方程组求解，更为便捷。

题 4-120　某建筑采用筏形基础，地基处理采用夯实水泥土桩复合地基，正三角形布桩，根据两种桩间距的试验结果，当桩间距 1.8m 时，复合地基承载力特征值为 150kPa；当桩间距 1.2m 时，复合地基承载力特征值为 210kPa，现设计要求地基处理后复合承载力特征值达到 180kPa，假定其他参数均不变，若仅调整桩间距s值，试算最经济的桩间距为下列哪个选项？

（A）1.3m　　（B）1.4m　　（C）1.5m　　（D）1.6m

【解】

（1）$\lambda m_1 \dfrac{R_a}{A_p} + \beta(1-m_1)f_{sk} = 150$，$\lambda m_2 \dfrac{R_a}{A_p} + \beta(1-m_2)f_{sk} = 210$

则$m_1\left(\lambda \dfrac{R_a}{A_p} - \beta f_{sk}\right) = 150 - \beta f_{sk}$，$m_2\left(\lambda \dfrac{R_a}{A_p} - \beta f_{sk}\right) = 210 - \beta f_{sk}$

得$\dfrac{m_1}{m_2} = \dfrac{150-\beta f_{sk}}{210-\beta f_{sk}} = \dfrac{1.2^2}{1.8^2} \Rightarrow \beta f_{sk} = 102$

（2）$\dfrac{150-102}{180-102} = \dfrac{s^2}{1.8^2} \Rightarrow s = 1.41\text{m}$

【点评】

①根据《建筑地基处理技术规范》第 7.3.3 条；②常规考点，必须熟练掌握复合地基承载力公式；③桩的面积、单桩承载力、发挥系数作为未知数最后均不影响计算。

5. **水泥粉煤灰碎石桩——《建筑地基处理技术规范》第 7.1 节、第 7.7 节**

结合表 4-17-40，认真阅读《建筑地基处理技术规范》第 7.1 节、第 7.7 节及条文说明，限于篇幅，此处不摘抄。

题 4-121　（09D15）某建筑场地剖面如图 4-17-39 所示，拟采用水泥粉煤灰碎石桩（CFG）进行加固，已知基础埋深 2.0m，CFG 桩长 14m，桩径 500mm，桩身强度$f_{cu}=20\text{MPa}$，单桩承载力发挥系数$\lambda=0.85$，桩间土承载力发挥系数$\beta=0.9$，按《建筑地基处理技术规范》JGJ 79—2012 计算，如复合地基承载力特征值要求达到 180kPa，试求 CFG 桩面积置换率m值应选用下列哪个选项的数值？（复合地基承载力不考虑深度修正）

（A）10%　　（B）12%

（C）15%　　（D）18%

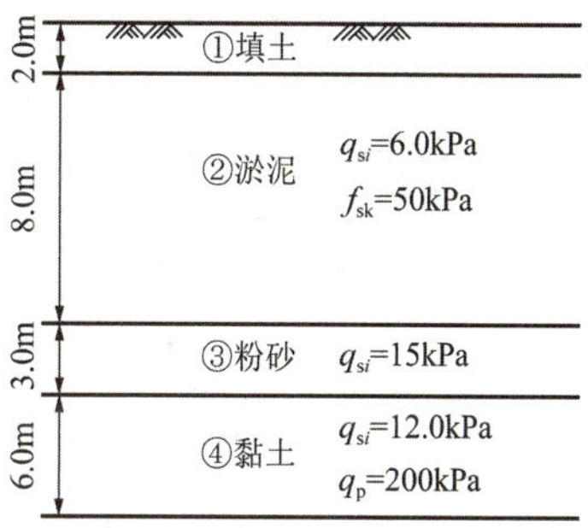

图 4-17-39　题 4-121 图

【解】

（1）$R_{a1} \leqslant \dfrac{20000 \times 3.14 \times 0.25^2}{4 \times 0.85} = 1154\text{kN}$

$R_{a2} = 3.14 \times 0.5 \times (6 \times 8 + 15 \times 3 + 12 \times 3) + 200 \times 3.14 \times 0.25^2 = 241.8\text{kN}$

取小值R_a =241.8kN

（2）$f_{spk} = 0.85 \times m \times \dfrac{241.7}{3.14 \times 0.25^2} + 0.9 \times (1-m) \times 50 \geqslant 180 \Rightarrow m \geqslant 13.5\%$

【点评】

①根据《建筑地基处理技术规范》第 7.1.5 条、第 7.7.2 条；②常规重点题型应做到闭卷，计算时采用计算器解方程，结果为最小置换率。

【同类型真题】 03C16、03C17

题 4-122 （09C14）某高层住宅筏形基础，基底埋深7m，基底以上土的天然重度$20kN/m^3$，采用水泥粉煤灰碎石桩（CFG）复合地基，现场测得单桩承载力特征值为600kN，正方形布桩，桩径400mm，桩间距为1.5m×1.5m，单桩承载力发挥系数$\lambda=1.0$，处理后桩间土承载力特征值$f_{sk}=180kPa$，桩间土承载力发挥系数β取0.95，则该建筑物基底压力不应超过下列哪个选项？

（A）428kPa （B）558kPa （C）623kPa （D）641kPa

【解】

（1）$m=\dfrac{0.4^2}{(1.13\times1.5)^2}=0.0557$

（2）$f_{spa}=1\times0.0557\times\dfrac{600}{3.14\times0.2^2}+0.95\times(1-0.0557)\times180+1\times20\times(7-0.5)$
$=558kPa$

（3）$p_k\leqslant f_{spa}=558kPa$

【点评】

①根据《建筑地基处理技术规范》第3.0.4条、第7.7.2条；②复合地基承载力验算基底压力时应进行修正，地基处理后地基承载力的修正系数$\eta_b=0$、$\eta_d=1$；③注意水泥粉煤灰碎石桩（CFG）无经验值时，λ取0.8～0.9，本题按原题给定的1.0，未进行改编。

题 4-123 （04C19）某工程场地为软土地基，采用CFG桩复合地基处理，桩径$d=0.5m$，按正三角形布桩，桩距$s=1.1m$，桩长$l=15m$，要求复合地基承载力特征值$f_{spk}=180kPa$，问单桩承载力特征值R_a及加固土试块立方体抗压强度平均值f_{cu}应达到下列哪一组数值方可满足设计要求？（取置换率$m=0.2$，处理后桩间土承载力特征值$f_{sk}=80kPa$，发挥系数$\lambda=0.8$、$\beta=0.8$）。

（A）$R_a=158kN$，$f_{cu}\geqslant2580kPa$ （B）$R_a=165kN$，$f_{cu}\geqslant2670kPa$

（C）$R_a=169kN$，$f_{cu}\geqslant2730kPa$ （D）$R_a=173kN$，$f_{cu}\geqslant2890kPa$

【解】

（1）$180=0.8\times0.2\times\dfrac{R_a}{3.14\times0.25^2}+0.8\times(1-0.2)\times80\Rightarrow R_a=158kN$

（2）$f_{cu}\geqslant4\times\dfrac{0.8\times158}{3.14\times0.25^2}=2576kPa$

【点评】

①根据《建筑地基处理技术规范》第7.1.5条、第7.7.2条；②熟练运用解方程求解，验算桩身强度的安全系数取4。

题 4-124 某建筑物地上24层，地下2层，基础形式为箱形基础，基底埋深6.6m，无地下水，基础底面处平均压力标准值$p_k=450kPa$，拟采用CFG桩复合地基处理，正方形布桩，设计桩径415mm，桩长18m，持力层为可塑粉质黏土，孔隙比0.69，地基承载力特征值$f_{ak}=120kPa$，持力层以上土层的平均重度为$19.2kN/m^3$，单桩承载力特征值$R_a=670kN$，单桩承载力发挥系数取0.8，桩间土承载力发挥系数取1.0，根据《建筑地基处理技术规范》JGJ 79—2012，计算合理的桩间距为下列哪个选项？

（A）1.3m （B）1.5m （C）1.6m （D）1.9m

【解】

（1）$p_k\leqslant f_{spa}\Rightarrow f_{spa}\geqslant450kPa$

$f_{spk} \geqslant 450 - 1 \times 19.2 \times (6.6 - 0.5) = 332.9\text{kPa}$

（2）$332.9 = 0.8 \times m \times \dfrac{670}{3.14 \times 0.415^2/4} + 1.0 \times (1-m) \times 120 \Rightarrow m = 0.0554$

（3）$\dfrac{0.415^2}{(1.13s)^2} = 0.0554 \Rightarrow s = 1.56\text{m}$

【点评】

①根据《建筑地基处理技术规范》第 7.1.5 条、第 7.7.2 条；②结果不能简单地四舍五入，而应该选择更合理的，桩间距只有小于计算值才满足要求。

题 4-125　（13D14）某建筑地基采用 CFG 桩进行地基处理，桩径 400mm，正方形布置，桩距 1.5m，CFG 桩施工完成后，进行了 CFG 桩单桩静载试验和桩间土静载试验，试验得到：CFG 桩单桩承载力特征值为 600kN，桩间土承载力特征值为 150kPa。该地区的工程经验为：单桩承载力的发挥系数取 0.9，桩间土承载力的发挥系数取 0.8。则该复合地基的荷载等于复合地基承载力特征值时，桩土应力比最接近下列哪个选项的数值？

（A）28　　（B）32　　（C）36　　（D）40

【解】

（1）桩的应力：$\dfrac{\lambda R_a}{A_p} = \dfrac{0.9 \times 600}{3.14 \times 0.2^2} = 4299.4\text{kPa}$

（2）土的应力：$0.8 \times 150 = 120\text{kPa}$

（3）$n = \dfrac{4299.4}{120} = 35.8$

【点评】

①根据《建筑地基处理技术规范》第 7.7.2 条，②重要考点：桩土应力比，直接根据桩土应力比的定义解答$n = \dfrac{\lambda f_{pk}}{\beta f_{sk}}$，本题熟练之后可合并为一步作答以节省时间。

题 4-126　（17D14）在某建筑地基上，对天然地基、复合地基进行静载荷试验，试验得出的天然地基承载力特征值为 150kPa，复合地基的承载力特征值为 400kPa。单桩复合地基试验承压板为边长 1.5m 的正方形，刚性桩直径 0.4m，试验加载至 400kPa 时测得刚性桩桩顶处轴力为 550kN。桩间土承载力发挥系数最接近下列哪个选项？

（A）0.8　　（B）0.95　　（C）1.1　　（D）1.25

【解】

（1）$m = \dfrac{A_p}{A} = \dfrac{3.14 \times 0.2^2}{1.5^2} = 0.056$

（2）$f_{spk} = \lambda m \dfrac{R_a}{A_p} + \beta(1-m) f_{sk}$

$\Rightarrow 400 = 0.056 \times \dfrac{550}{3.14 \times 0.2^2} + \beta \times (1 - 0.056) \times 150 \Rightarrow \beta = 1.093$

【点评】

①根据《建筑地基处理技术规范》第 7.1.5 条、附录 B；②关键要理解复合地基承载力是由桩的承载力和桩间土的承载力两部分组成，本题桩的承载力为试验测得，即 $\lambda R_a = 550\text{kN}$，根据规范公式反求桩间土承载力发挥系数$\beta$；③也可以根据原理进行计算：$400 \times 1.5^2 = 550 + \beta \times (1.5^2 - 3.14 \times 0.2^2) \times 150 \Rightarrow \beta = 1.098$。

6. **素混凝土桩**

素混凝土桩（低强度混凝土桩）也属于刚性桩，其承载力计算方法与刚性桩基本相同，《建筑地基处理技术规范》中没有介绍素混凝土桩。

题 4-127 （13D16）某框架柱采用独立基础、素混凝土桩复合地基，基础尺寸、布桩如图 4-17-40 所示。桩径为 500mm，桩长为 12m。现场静载试验得到单桩承载力特征值为 500kN，浅层平板荷载试验得到桩间土承载力特征值为 100kPa。充分发挥该复合地基的承载力时，依据《建筑地基处理技术规范》JGJ 79—2012、《建筑地基基础设计规范》GB 50007—2011 计算，该柱的柱底轴力（荷载效应标准组合）最接近下列哪个选项的数值？（根据地区经验桩间土承载力发挥系数β取 0.8，单桩承载力发挥系数$\lambda=1.0$，地基土的重度取 $18kN/m^3$，基础及其上土的平均重度取 $20kN/m^3$）

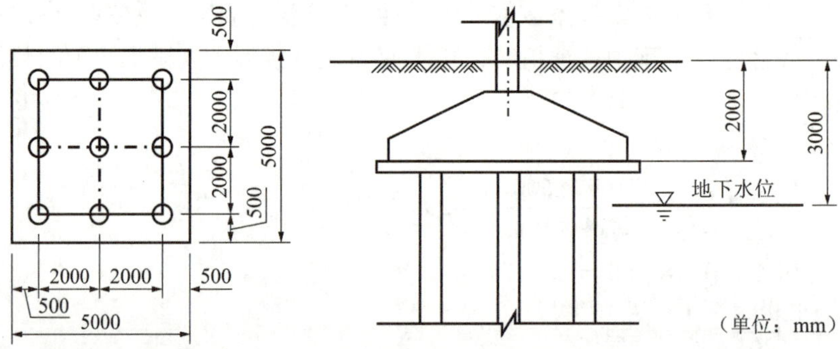

图 4-17-40 题 4-127 图

（A）7108kN （B）6358kN

（C）6025kN （D）5778kN

【解】

（1）$m=\dfrac{9\times3.14\times0.25^2}{5\times5}=0.071$，

$$f_{spk}=1\times0.071\times\frac{500}{3.14\times0.25^2}+0.8\times(1-0.071)\times100=255.2kPa$$

（2）$f_{spa}=255.2+1\times18\times(2-0.5)=282.2kPa$

（3）$\dfrac{F_k}{5\times5}+20\times2\leqslant282.2\Rightarrow F_k\leqslant6055kN$

【点评】

①根据《建筑地基处理技术规范》第 7.1.5 条及《建筑地基基础设计规范》第 5.2.2 条、第 5.2.4 条；②考点为复合地基承载力，包括置换率按独立承台计算、复合地基承载力需深度修正、地基承载力所对应的何种荷载效应组合；③题目问的是最接近，结果属于计算精度引起的误差。

题 4-128 （19C13）某建筑物基础埋深 6m，荷载标准组合的基底均布压力为 400kPa。地基处理采用预制混凝土方桩复合地基，方桩边长 400mm，正三角形布桩，有效桩长 10m。场地自地表向下的土层参数见表 4-17-43，地下水位很深。按照《建筑地基处理技术规范》JGJ 79—2012 估算，地基承载力满足要求时的最大桩距应取下列何值？（忽略褥垫层厚度，桩间土承载力发挥系数β取 1，单桩承载力发挥系数λ取 0.8，桩端阻力发挥系数α_p取 1）

题 4-128 表　　　　表 4-17-43

层号	名称	厚度（m）	重度（kN/m^3）	承载力特征值f_{ak}（kPa）	桩侧阻力特征值q_{sa}（kPa）	桩端阻力特征值q_{pa}（kPa）
1	粉土	4	18.5	130	30	800
2	粉质黏土	10	17	100	25	500
3	细砂	8	21	200	40	1600

（A）1.6m　　（B）1.7m　　（C）1.8m　　（D）1.9m

【解】

（1）$f_{spa} \geqslant 400 \Rightarrow f_{spk} + 1 \times \dfrac{18.5 \times 4 + 17 \times 2}{6} \times (6-0.5) \geqslant 400 \Rightarrow f_{spk} \geqslant 301\text{kPa}$

（2）$R_a = 4 \times 0.4 \times (25 \times 8 + 40 \times 2) + 1 \times 0.4^2 \times 1600 = 704\text{kN}$

（3）$f_{spk} = 0.8 \times m \times \dfrac{704}{0.4^2} + 1 \times (1-m) \times 100 \geqslant 301 \Rightarrow m \geqslant 0.0588$

（4）$m = \dfrac{0.5 \times 0.4^2}{\dfrac{\sqrt{3}}{4} \times s^2} \geqslant 0.0588 \Rightarrow s \leqslant 1.77\text{m}$，取最大桩距 1.7m

【点评】

①根据《建筑地基处理技术规范》第 7.1.5 条；②正方形桩采用原理计算置换率，0.5 根桩处理一个三角形的面积；③注意如果没有用不等号计算，桩间距的选项要取小于计算值。

题 4-129 （14C14）某承受轴心荷载的钢筋混凝土条形基础，采用素混凝土桩复合地基，基础宽度、布桩如图 4-17-41 所示，桩径 400mm，桩长 15m。现场静载试验得出的单桩承载力特征值 400kN，桩间土承载力特征值 150kPa。充分发挥该复合地基的承载力时，根据《建筑地基处理技术规范》JGJ 79—2012 计算，该条基顶面的竖向荷载（荷载效应标准组合）最接近下列何值？（土的重度取 $18kN/m^3$，基础和上覆土平均重度取 $20kN/m^3$，单桩承载力发挥系数取 0.9，桩间土承载力发挥系数取 1.0）

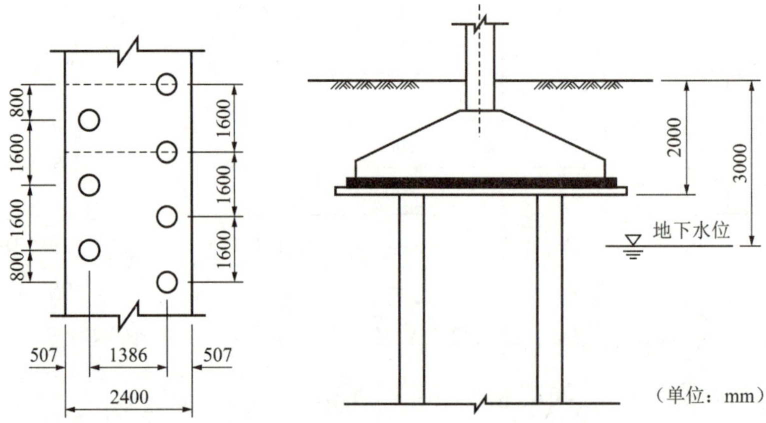

图 4-17-41 题 4-129 图

（A）700kN/m （B）755kN/m （C）790kN/m （D）850kN/m

【解】

（1）$m=\dfrac{2\times3.14\times0.2^2}{1.6\times2.4}=0.0654$

$$f_{spk}=0.9\times0.0654\times\frac{400}{3.14\times0.2^2}+1.0\times(1-0.0654)\times150=327.6kPa$$

（2）$f_{spa}=327.6+1.0\times18\times(2.0-0.5)=354.6kPa$

（3）$\dfrac{F_k}{2.4}+20\times2=354.6\Rightarrow F_k=755kN/m$

【点评】

①根据《建筑地基处理技术规范》第 3.0.4 条、第 7.1.5 条；②本题关键是条形基础的面积置换率，选取**最合适**计算的重复单元，本题为两虚线和条形基础边围成的矩形，其中包含 2 个桩，整个面积为 $1.6m\times2.4m$；③有基础埋深时，按规范第 3.0.4 条对地基承载力进行深度修正，宽度修正系数取 0，除满足要求的大面积压实粉土（压实系数 > 0.95 且黏粒含量 $\rho_c\geqslant10\%$）、级配砂石（$\rho_d>2.1t/m^3$），其他的深度修正系数均取 $\eta_d=1$。

7. **搅拌桩水泥浆配置**

水泥土搅拌桩由水泥、水、土三者组成，两个重要概念水泥掺量与水灰比：

$$水泥掺量\alpha_w=\frac{水泥质量}{土的质量}=\frac{m_{水泥}}{m_{土}}，水灰比\alpha_c=\frac{水的质量}{水泥质量}=\frac{m_{水}}{m_{水泥}}$$

搅拌加固前后桩体体积不变，即**土的体积＝桩的体积**，理解为水泥浆通过各种反应进入到土的孔隙中，成为水泥土。一般已知水泥密度（比重）和水的密度，根据水泥掺量α_w计算水泥质量和体积，根据水灰比α_c计算水泥浆质量和体积，可以求出其他任何参数。（水密度取 1，水泥颗粒密度$\rho_{水泥}=$水泥比重G_s）**例如**：

$$m_{水泥}=a_w\cdot m_{土}=a_w\cdot\rho_{土}\cdot V_{土},$$

$$V_{浆}=V_{水泥}+V_{水}=\frac{m_{水泥}}{G_s}+\frac{m_{水}}{\rho_{水}}=\frac{m_{水泥}}{G_s}+\frac{\alpha_c m_{水泥}}{1}\Rightarrow m_{水泥}$$

如果有**水化反应**，则：$m_{固体}=m_{水泥}(1+w_{水化})$，$w_{水化}$为水化反应的需水量。

题 4-130　（16D16）某直径 600mm 水泥土搅拌桩桩长 12m，水泥掺量（重量）为 15%，水灰比（重量比）0.55，假定土的重度$\gamma=18\text{kN/m}^3$，水泥比重 3.0，请问完成一根桩施工需要配制水泥浆体积最接近下列哪个选项？

（A）0.63m^3　　（B）0.81m^3　　（C）1.15m^3　　（D）1.50m^3

【解法一】

$m_{水泥}=0.15\times3.14\times0.3^2\times12\times1.8=0.916\text{t}$

$$V=V_{水泥}+V_{水}=\frac{m_{水泥}}{\rho_{水泥}}+\frac{m_{水}}{\rho_{水}}=\frac{0.916}{3}+\frac{0.916\times0.55}{1}=0.81\text{m}^3$$

【解法二】

$m_{水泥}=0.15\times3.14\times0.3^2\times12\times1.8=0.916\text{t}$

水泥浆：$e=\dfrac{G_s w}{S_r}=\dfrac{3\times0.55}{1}=1.65$，$\rho_d=\dfrac{3}{1+1.65}=1.132\text{g/cm}^3$

$$V=\frac{0.916}{1.132}=0.81\text{m}^3$$

【解法三】

1t 水泥制作成水泥浆的体积：$V_1=\dfrac{1}{3}+\dfrac{1\times0.55}{1}=0.883\text{m}^3$

一根桩需要水泥的质量：$m_{水泥}=0.15\times3.14\times0.3^2\times12\times1.8=0.916\text{t}$

一根桩需要水泥浆的体积：$V=\dfrac{0.883}{1}\times0.916=0.81\text{m}^3$

【点评】

①本题主要考查的是水泥土搅拌桩施工中水泥浆比重、水灰比、水泥掺量概念等以及土的三相换算，水泥相当于水泥浆中的土颗粒骨架，这需要一定的施工经验；②关键参数定义：水泥掺量=水泥质量/土的质量（原土），水灰比＝水的质量/水泥质量。

题 4-131 某工程用水泥土搅拌法加固，桩径 0.5m，水泥掺入率 15%，土的密度 $\rho = 1740\text{kg/m}^3$，水泥密度$\rho = 3.0\text{g/cm}^3$，试计算每米桩长水泥掺量（体积）。

【解】

水泥用量 = 掺入率 × 土的密度 × 单位长度桩体积

$m = 15\% \times 1740 \times 3.14 \times 0.25^2 \times 1 = 51.22\text{kg}$

水泥掺量体积$V = 51.22/3000 = 0.017\text{m}^3$

【点评】

掌握掺入率概念，为水泥与土质量的比例，土体积就是水泥土桩体积，水泥进入土后，总体积不变，相当于水泥进入了土的孔隙中。

题 4-132 某独立基础底面尺寸 3.5m×3.5m，埋深 2.5m，场地范围内土层的重度 $\gamma = 18.5\text{kN/m}^3$，地下水位在地面下 1m，作用于基础顶面的竖向力$F_k = 1500\text{kN}$，采用湿法水泥土搅拌桩复合地基，桩径 0.5m，设计桩长 10m，水泥掺量为 16%，水泥土试块$f_{cu} = 1.5\text{MPa}$，$\beta = 0.4$，$\lambda = 1.0$，根据土层性质计算的单桩承载力特征值为 150kN，桩间土$f_{ak} = 70\text{kPa}$，根据《建筑地基处理技术规范》JGJ 79—2012，该基础处理施工时一共需要多少立方米水泥浆？（水灰比采用 0.6，水泥比重 3.0，不考虑施工损耗）

（A）5.0m^3　　（B）10m^3　　（C）13m^3　　（D）14m^3

【解】

（1）$f_{spa} \geqslant p_k = \dfrac{1500}{3.5^2} + (20 \times 1 + 1.5 \times 10) = 157.45\text{kPa}$

$$f_{spk} + 1.0 \times \frac{18.5 \times 1 + 8.5 \times 1.5}{2.5} \times (2.5 - 0.5) = 157.45 \Rightarrow f_{spk} = 132.45\text{kPa}$$

（2）$A_p = 3.14 \times 0.25^2 = 0.196\text{m}^3$

$R_{a2} = 0.25 \times 1500 \times 0.196 = 73.5\text{kN} < 150\text{kN} \Rightarrow R_a$取 73.5kN

（3）$1.0 \times \dfrac{73.5}{0.196} \times m + (1 - m) \times 0.4 \times 70 = 132.45 \Rightarrow m = 0.301$

$m = 0.301 = \dfrac{n \times 0.196}{3.5^2} \Rightarrow n = 18.8$，取$n = 19$

（4）水灰比 0.6 ⇒ 水泥浆$e = 0.6 \times 3 = 1.8$，$\rho_{d1} = \dfrac{3}{1 + 1.8} = 1.071\text{t/m}^3$

水泥掺量 $16\% = \dfrac{m_s}{0.196 \times 10 \times 1.85 \times 19} \Rightarrow$ 水泥质量$m_s = 11.023\text{t}$

水泥浆体积$V = \dfrac{m_s}{\rho_{d1}} = \dfrac{11.023}{1.071} = 10.3\text{m}^3$

【点评】

①根据《建筑地基处理技术规范》第 7.1.5 条、第 7.3.3 条；②复合地基承载力验算基底压力时应进行修正，其中$\eta_b = 0$、$\eta_d = 1$；③掌握水泥浆三相换算关系：水泥重量 = 泥浆干重度 × 泥浆体积；水泥掺量 = 水泥重量/（被加固土体积 × 土重度）；水灰比 = 水的重量/水泥重量。

8. **搅拌桩喷浆搅拌次数N与提升速度V——《建筑地基处理技术规范》第 7.3.5 条条文说明**

搅拌桩喷浆搅拌次数N与提升速度V的计算见表 4-17-44。

搅拌桩喷浆搅拌次数N与提升速度V　　表 4-17-44

$N=\frac{h\cos\beta\sum Z}{V}n$	h——搅拌叶片的宽度（m）；β——搅拌叶片与搅拌轴的垂直夹角（°）； $\sum Z$——搅拌叶片的总枚数；n——搅拌头的回转数（r/min）； V——搅拌头喷浆提升速度（m/min），可按下式计算
$V=\frac{\gamma_d Q}{F\gamma\alpha_w(1+\alpha_c)}$	γ_d、γ——分别为水泥浆和土的重度（kN/m^3）；Q——灰浆泵的排量（m^3/min）； F——搅拌桩截面积（m^2）；α_w——水泥掺入比； α_c——水泥浆水灰比
注：规范公式适用于一次喷浆，如果是两次等量喷浆，一次喷浆水泥掺量需减半，相应的喷浆提升速率V会提高一倍	

注：喷浆提升速度V的推导过程如下：假设喷浆 1 次后水泥掺量为α_w，每分钟水泥喷出量为$\frac{Q\gamma_d}{1+\alpha_c}$（$\gamma_d$为水泥浆的重度），每分钟搅拌的原土重量为$VF\gamma$（$V$为提升速度，$F$为桩体的截面积），则水泥掺量的概念：

$$\alpha_w=\frac{\text{水泥用量}}{\text{原土重量}}=\frac{\gamma_d Q/(1+\alpha_c)}{VF\gamma}\Rightarrow V=\frac{\gamma_d Q}{F\gamma\alpha_w(1+\alpha_c)}$$

题 4-133　水泥土搅拌桩施工时，施工工艺为：定位→预搅下沉→提升喷浆→搅拌下沉→搅拌提升→完毕。已知搅拌叶片的宽度$h=0.10$m，搅拌叶片与搅拌轴的垂直夹角$\beta=10°$，搅拌头的回转数$n=30$r/min，搅拌叶片的总枚数$\sum Z=6$，需要满足加固范围内土体任一点水泥土经过 20 次的拌合，土体经过搅拌下沉和搅拌提升两次搅拌过程，根据《建筑地基处理技术规范》JGJ 79—2012，搅拌头的搅拌提升速度V最大值最接近下列哪个选项？（假设搅拌下沉和搅拌提升的速度一致）

（A）1.77m/min　（B）1.48m/min　（C）1.24m/min　（D）0.89m/min

【解】

$$\text{由}N=\frac{h\cos\beta\sum Z}{V}n\Rightarrow\frac{20}{2}=\frac{0.10\times\cos10°\times6\times30}{V}\Rightarrow V=1.77\text{m/min}$$

【点评】

根据《建筑地基处理技术规范》第 7.3.5 条及条文说明；②根据施工工艺，任一点土体的加固要经过下沉和提升两次搅拌过程，因此每遍搅拌次数N要除以 2。

题 4-134　（20C14）某场地采用ϕ500 单轴水泥土搅拌桩加固，设计水泥掺量 15%，水泥浆液水灰比 0.5，已知土体重度为 17kN/m³，施工灰浆泵排量为 10L/min，两次等量喷浆施工，则搅拌桩施工时应控制喷浆提升速率最大值最接近下列哪个选项？（水泥比重取 3.0，重力加速度取 10m/s²）

（A）2.0m/min　（B）1.0m/min　（C）0.5m/min　（D）0.25m/min

【解】

（1）水泥浆重度$\gamma_d=\frac{1+0.5}{\frac{0.5}{1}+\frac{1}{3}}\times10=18.0\text{kN/m}^3$

（2）两次等量喷浆，单次喷浆的水泥掺量需减半，取 7.5%

$$V=\frac{\gamma_d Q}{F\gamma\alpha_w(1+\alpha_c)}=\frac{18.0\times10\times10^{-3}}{3.14\times0.25^2\times17\times0.075\times(1+0.5)}=0.48\text{m/min}$$

【点评】

①《建筑地基处理技术规范》第 7.3.5 条及条文说明；②重要坑点：两次等量喷浆，一次喷浆水泥掺量需减半，相应的喷浆提升速率会提高一倍。

9. **搅拌桩施工工艺——《建筑地基处理技术规范》第 7.3.5 条**

搅拌桩施工工艺见表 4-17-45。

搅拌桩施工工艺　　　　表 4-17-45

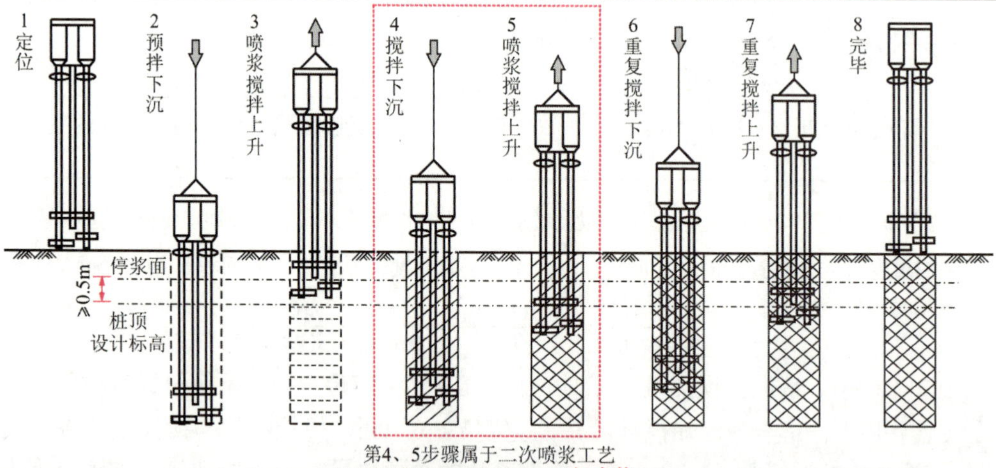

深层搅拌施工顺序（二次喷浆）

搅拌桩施工时，停浆（灰）面应高于桩顶设计标高 500mm。在开挖基坑时，应将桩顶以上土层及桩顶施工质量较差的桩段采用人工挖除。水泥土搅拌桩施工应包括下列主要步骤：

（1）搅拌机械就位、调平；（2）预搅下沉至设计加固深度；（3）边喷浆（或粉），边搅拌提升直至预定的停浆（或灰）面；（4）重复搅拌下沉至设计加固深度；（5）根据设计要求，喷浆（或粉）或仅搅拌提升直至预定的停浆（或灰）面；（6）关闭搅拌机械。

在预（复）搅下沉时，也可采用喷浆（粉）的施工工艺，确保全桩长上下至少再重复搅拌一次。

总结如下：

一次喷浆（六个步骤）：定位→预搅下沉→提升喷浆→复搅下沉→复搅提升→完毕

二次喷浆（八个步骤）：定位→预搅下沉→提升喷浆→搅拌下沉→提升喷浆→复搅下沉→复搅提升→完毕

题 4-135　（18D13）某双轴搅拌桩截面积为 $0.71m^2$，桩长 10m，桩顶标高在地面下 5m，桩机在地面施工，施工工艺为：预搅下沉→提升喷浆→搅拌下沉→提升喷浆→复搅下沉→复搅提升。喷浆时提钻速度 0.5m/min，其他情况速度均为 1m/min，不考虑其他因素所需时间，单日 24h 连续施工能完成水泥土搅拌桩最大方量最接近下列哪个选项？

（A）$95m^3$　　（B）$110m^3$　　（B）$120m^3$　　（D）$145m^3$

【解】

（1）提升至桩顶以上 0.5m，单桩施工时间

$$t = 15 + \frac{10.5}{0.5} + 10.5 + \frac{10.5}{0.5} + 10.5 + 15 = 93\text{min}$$

（2）单桩方量 $= 0.71 \times 10 = 7.1m^3$，总方量 $= 7.1 \times 24 \times \dfrac{60}{93} = 109.9m^3$

【点评】

①根据《建筑地基处理技术规范》第 7.3.5 条；②搅拌桩施工时，停浆面应高于桩顶设计标高 500mm；③施工桩顶以上 0.5m 是施工过程中必须要花的时间，所以 24h 能施工多少根桩需要考虑这个时间，但最终成桩桩长是 10m，计算成桩（10m）的方量不需要计算这 0.5m。

17.5.5 多桩型复合地基——《建筑地基处理技术规范》第 7.9 节

多桩型复合地基承载力特征值，应采用多桩复合地基静载荷试验确定，初步设计时，可采用表 4-17-46 中公式估算。

多桩型复合地基承载力特征值　　表 4-17-46

有粘结强度的两种桩	$f_{spk}=m_1\dfrac{\lambda_1 R_{a1}}{A_{p1}}+m_2\dfrac{\lambda_2 R_{a2}}{A_{p2}}+\beta(1-m_1-m_2)f_{sk}$ m_1、m_2——分别为桩 1、桩 2 的面积置换率（多桩型置换率见本节第一部分）； λ_1、λ_2——分别为桩 1、桩 2 的单桩承载力发挥系数； R_{a1}、R_{a2}——分别为桩 1、桩 2 的单桩承载力特征值（kN）； A_{p1}、A_{p2}——分别为桩 1、桩 2 的截面面积（m^2）； β——桩间土承载力发挥系数，无经验时可取 0.9～1.0； f_{sk}——处理后桩间土承载力特征值（kPa）
有粘结强度桩＋散体材料桩	$f_{spk}=m_1\dfrac{\lambda_1 R_{a1}}{A_{p1}}+\beta[1-m_1+m_2(n-1)]f_{sk}$ β——仅由散体材料桩加固处理形成的**复合地基承载力发挥系数**； n——仅由散体材料桩加固处理形成复合地基的桩土应力比； f_{sk}——仅由散体材料桩加固处理后桩间土承载力特征值（kPa）

题 4-136（20D13）某堆场地地层为深厚黏土，承载力特征值$f_{ak}=90$kPa，拟采用碎石桩和 CFG 桩多桩型复合地基进行处理，要求处理后地基承载力$f_{spk}\geqslant 300$kPa。其中碎石桩桩径 800mm，桩土应力比 2，CFG 桩桩径 450mm，单桩承载力特征值 850kN。若按正方形均匀布桩（图 4-17-42），则合适的s最接近下面哪个选项？（按《建筑地基处理技术规范》JGJ 79—2012 计算，单桩承载力发挥系数$\lambda_1=\lambda_2=1.0$，桩间土承载力发挥系数 0.9，复合地基承载力不考虑深度修正，处理后桩间土承载力提高 30%）

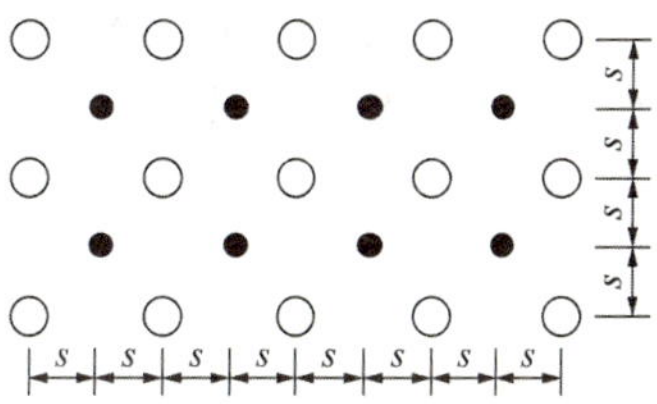

图 4-17-42　题 4-136 图

（A）1.0m　　（B）1.3m　　（C）1.5m　　（D）1.8m

【解】

（1）$f_{sk}=90\times1.3=117$kPa

（2）碎石桩：$m_1=\dfrac{3.14\times0.4^2}{4s^2}$，CFG 桩：$m_2=\dfrac{3.14\times0.225^2}{4s^2}$

$$f_{spk}=\frac{3.14\times0.225^2}{4s^2}\times\frac{1\times850}{3.14\times0.225^2}+0.9\times\left[1-\frac{3.14\times0.225^2}{4s^2}+\frac{3.14\times0.4^2}{4s^2}\times(2-1)\right]\times117\geqslant300$$

解得：$s\leqslant1.07$m

【点评】

①根据《建筑地基处理技术规范》第 7.9 节；②常规考点，多桩型复合地基承载力计算公式反算桩间距，会熟练使用计算器解方程即可。

题 4-137　（18D12）某工程采用直径 800mm 的碎石桩和直径 400mm 的 CFG 桩多桩型复合地基处理，碎石桩置换率 0.087，桩土应力比为 5.0，处理后桩间土承载力特征值为 120kPa，桩间土承载力发挥系数为 0.95，CFG 桩置换率 0.023，CFG 桩单桩承载力特征值R_a = 275kN，单桩承载力发挥系数 0.90，处理后复合地基承载力特征值最接近下面哪个选项?

（A）168kPa　　（B）196kPa　　（C）237kPa　　（D）286kPa

【解】

$$f_{spk} = 0.023 \times \frac{0.9 \times 275}{3.14 \times 0.2^2} + 0.95 \times [1 - 0.023 + 0.087 \times (5-1)] \times 120 = 196.4\text{kPa}$$

【点评】

①根据《建筑地基处理技术规范》第 7.9.6 条；②双桩型复合地基为近年来考试热点，务必熟练掌握。

题 4-138　（14C17）某住宅楼基底下以下土层，主要为：①中砂—砾砂，厚度为 8.0m，承载力特征值 200kPa，桩侧阻力特征值为 25kPa；②含砂粉质黏土，厚度 16.0m，承载力特征值 250kPa，桩侧阻力特征值为 30kPa，其下卧层为微风化大理岩。拟采用 CFG 桩 + 水泥土搅拌桩复合地基，承台尺寸 3.0m × 3.0m；CFG 桩桩径 450mm，桩长为 20m，单桩抗压承载力特征值为 850kN；水泥土搅拌桩桩径 600mm，桩长为 10m，桩身强度为 2.0MPa，桩身强度折减系数$\eta = 0.25$，桩端阻力发挥系数$\alpha_p = 0.5$。根据《建筑地基处理技术规范》JGJ 79—2012，该承台可承受的最大上部荷载（标准组合）最接近下列哪个选项（图 4-17-43）?（单桩承载力发挥系数取$\lambda_1 = \lambda_2 = 1.0$，桩间土承载力发挥系数$\beta$ = 0.90，复合地基承载力不考虑深度修正）

（A）4400kN　　（B）5200kN

（C）6080kN　　（D）7760kN

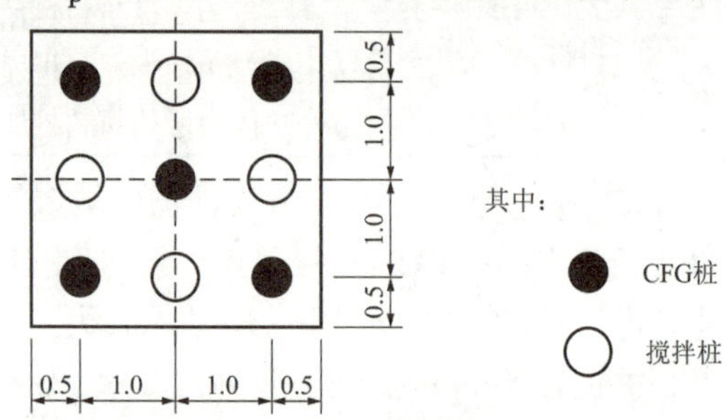

图 4-17-43　题 4-138 图

【解】

（1）$m_1 = \dfrac{4 \times 3.14 \times 0.3^2}{3^2} = 0.1256$，$m_2 = \dfrac{5 \times 3.14 \times 0.225^2}{3^2} = 0.0883$

（2）$R_{a1} = 0.25 \times 2000 \times 3.14 \times 0.3^2 = 141.3\text{kN}$

$R_{a2} = 3.14 \times 0.6 \times (25 \times 8 + 30 \times 2) + 0.5 \times 250 \times 3.14 \times 0.3^2 = 525.2\text{kN}$

水泥土搅拌桩取小值$R_a = 141.3\text{kN}$

（3）$f_{spk} = 0.1256 \times \dfrac{1.0 \times 141.3}{3.14 \times 0.3^2} + 0.0883 \times \dfrac{1.0 \times 850}{3.14 \times 0.225^2} + 0.9 \times (1 - 0.1256 - 0.0883) \times 200 = 676.45\text{kPa}$

（4）$p_k \leqslant f_{spk} = 676.45\text{kN}$

$F_k \leqslant 676.45 \times 3.0 \times 3.0 = 6088\text{kN}$

【点评】

①根据《建筑地基处理技术规范》第 7.3.2 条、第 7.9.6 条；②考点为多桩型复合地基承载力反算上部荷载，本题为减小计算量，没有考虑深度修正。

题 4-139 （22D13）某湿陷性黄土场地，湿陷性黄土层厚度 10m，干密度 1.31g/cm³，颗粒比重 2.72，液限 28%，采用灰土挤密桩和 PHC 桩进行满堂地基处理。等边三角形布桩，间距如图 4-17-44 所示。灰土桩直径 400mm，桩长 11m，静压成孔。PHC 桩外径 400mm，壁厚 95mm，桩长 15m，静压成桩（桩端闭口），单桩竖向承载力特征值为 950kN。已知桩间土承载力特征值与w_L/e（液限与孔隙比之比）的关系如表 4-17-47 所示。灰土桩复合地基桩土应力比为 2.5，PHC 桩单桩承载力发挥系数为 0.8，灰土桩复合地基承载力发挥系数为 1.0，假定地基处理前后地面标高不变。根据《建筑地基处理技术规范》JGJ 79—2012 计算复合地基承载力特征值最接近下列哪个选项？

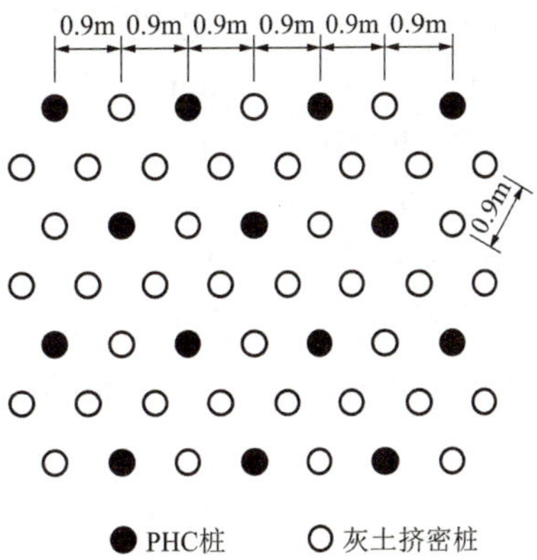

图 4-17-44 题 4-139 图

题 4-139 表 表 4-17-47

w_L/e（%）	25	30	35	40	45
f_{sk}（kPa）	145	160	175	190	210

（A）390kPa （B）440kPa （C）490kPa （D）540kPa

【解】

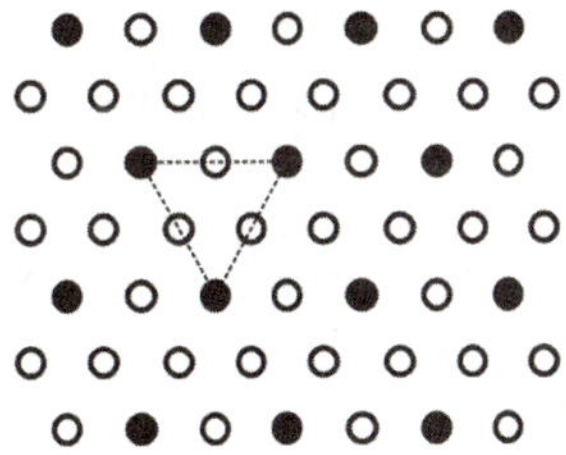
图 4-17-45 解 4-139 图

（1）PHC 桩 $m_1 = \dfrac{0.5\times3.14\times0.2^2}{\dfrac{\sqrt{3}}{4}\times1.8^2} = 0.04476$，

灰土桩 $m_2 = \dfrac{1.5\times3.14\times0.2^2}{\dfrac{\sqrt{3}}{4}\times1.8^2} = 0.1343$

（2）$e_0 = \dfrac{2.72}{1.31} - 1 = 1.076$

$$\frac{1}{1+1.076} = \frac{1-0.04476-0.1343}{1+e_1} \Rightarrow e_1=0.704$$

（3）$\dfrac{w_L}{e} = \dfrac{0.28}{0.704} = 39.8\%$，查表 $f_{sk} \approx 190\text{kPa}$

$$f_{spk} = 0.04476\times\frac{0.8\times950}{3.14\times0.2^2} + 1\times[1-0.04476+0.1343\times(2.5-1)]\times190 = 490.6\text{kPa}$$

【点评】

①根据《建筑地基处理技术规范》第 7.9.6 条；②注意不规则形状置换率的计算，选取最小的可重复单元；③由于静压成桩（桩端闭口）和灰土挤密桩为完全挤土桩，则根据处理前后场地内土颗粒的体积不变计算处理后的孔隙比。

题 4-140 某住宅楼采用墙下条形基础，基础宽度 3.20m，基础埋深 3.0m。拟采用 CFG 桩 + 水泥土搅拌桩进行复合地基处理，矩形布桩如图 4-17-46 所示（尺寸单位：mm），桩中心间距 1.2m × 1.0m，CFG 桩桩径 400mm，桩长 20.0m，试验测得单桩抗压承载力特征值为 650kN；水泥土搅拌桩直径 600mm，桩长 10.0m，桩身强度$f_{cu}=2.0\text{MPa}$，桩身强度折减系数$\eta=0.25$，桩端阻力发挥系数$\alpha_p=0.5$（单桩承载力发挥系数$\lambda_1=\lambda_2=0.9$，桩间土承载力发挥系数$\beta=0.8$，基础及其上覆土体平均重度取 20kN/m³，处理前后桩间土承载力特征值不变）。按《建筑地基处理技术规范》确定，满足承载力设计要求时，上部结构传至基础顶面的最大竖向荷载是多少？（标准组合作用下）

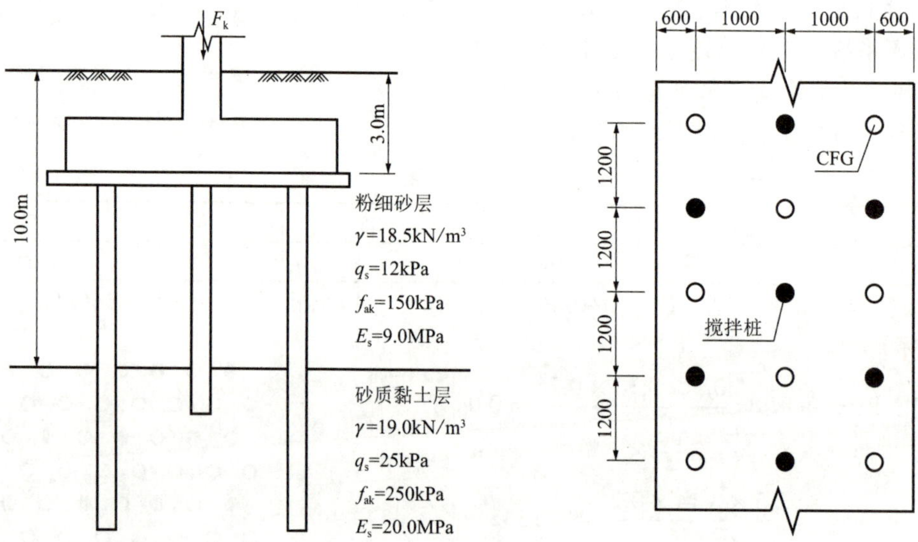

图 4-17-46 题 4-140 图

【解】

（1）$m_1=\dfrac{1.5\times3.14\times0.2^2}{1.2\times3.2}=0.0491$，$m_2=\dfrac{1.5\times3.14\times0.3^2}{1.2\times3.2}=0.1104$

$R_{a2}=1.885\times(12\times7+25\times3)+0.5\times250\times3.14\times0.3^2=334.9\text{kN}$

$R_{a2}=0.25\times2000\times3.14\times0.3^2=141.3\text{kN}$

二者取小值得$R_{a2}=141.3\text{kN}$

（2）$$f_{spk}=0.0491\times\frac{0.9\times650}{3.14\times0.2^2}+0.1104\times\frac{0.9\times141.3}{3.14\times0.3^2}+0.8\times(1-0.0491-0.1104)\times150=379.2\text{kPa}$$

$f_{spa}=379.2+18.5\times(3.0-0.5)=425.45\text{kPa}$

（3）$p_k=\dfrac{F_k}{3.2}+20\times3\leqslant425.45\Rightarrow F_k\leqslant1169\text{kN/m}$

【点评】

双桩型复合地基，均为常规计算，细心即可。

题 4-141 某建筑场地进行挤密碎石桩＋CFG 桩多桩型复合地基处理，地层分布及参数如图 4-17-47 所示，已知基础埋深 2.0m，填土重度 18kN/m^3，挤密碎石桩（○）桩长 4.0m，桩径$d = 500$mm，正方形布置，间距 1.2m。深层采用 CFG 桩（●），桩身强度$f_{cu} = 20$MPa，桩长 10.0m，桩径$d = 500$mm，矩形布置，间距$s_x = 1.2$m，$s_y = 2.4$m。已知碎石桩复合地基桩土应力比$n = 3$，复合地基承载力发挥系数$\beta = 1.0$；CFG 桩的单桩承载力发挥系数$\lambda_1 = 0.8$。素填土挤密处理后$f_{sk} = 80$kPa，根据《建筑地基处理技术规范》JGJ 79—2012，计算多桩型复合地基修正后的地基承载力。

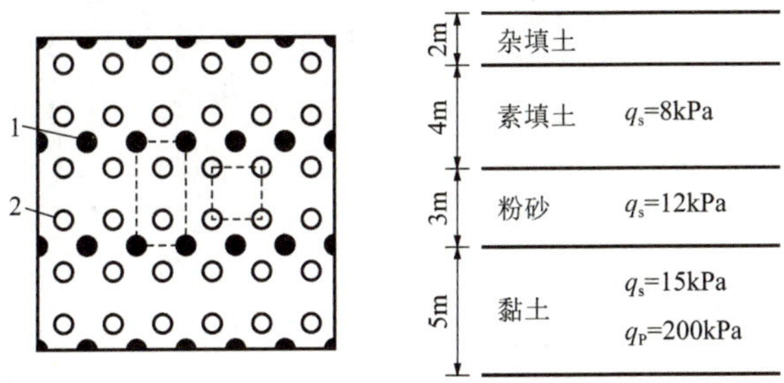

图 4-17-47 题 4-141 图

【解】

（1）$m_1 = \dfrac{3.14 \times 0.25^2}{1.2 \times 2.4} = 0.0681$，$m_2 = \dfrac{3.14 \times 0.25^2}{1.2 \times 1.2} = 0.1363$

$R_a = 3.14 \times 0.5 \times (8 \times 4 + 12 \times 3 + 15 \times 3) + 1.0 \times 3.14 \times 0.25^2 \times 200 = 216.7\text{kN}$

$$f_{spk} = 0.0681 \times \frac{0.8 \times 216.7}{3.14 \times 0.25^2} + 1.0 \times [1 - 0.0681 + 0.1363 \times (3 - 1)] \times 80 = 156.5\text{kPa}$$

（2）$f_{spa} = 156.5 + 1 \times 18 \times (2 - 0.5) = 183.5\text{kPa}$

（3）验算：$f_{cu} = 20\text{MPa} \geqslant 4 \times \dfrac{0.8 \times 216.7}{3.14 \times 0.25^2} \times \left[1 + \dfrac{18 \times (2 - 0.5)}{183.5}\right] \times 10^{-3} = 4.05\text{MPa}$，满足要求

【点评】

①根据《建筑地基处理技术规范》第 3.0.4 条、第 7.1.6 条、第 7.9.6 条；②复合地基深度修正系数取 1。

17.5.6 复合地基的变形计算——《建筑地基处理技术规范》第7.1.7条、第7.1.8条、第7.9.8条

复合地基变形计算应符合现行国家标准《建筑地基基础设计规范》的有关规定，地基变形计算深度应大于复合土层的深度。复合土层的分层与天然地基相同，总结如表4-17-48所示。

复合地基的变形计算 表4-17-48

<table>
<tr><td>简图</td><td>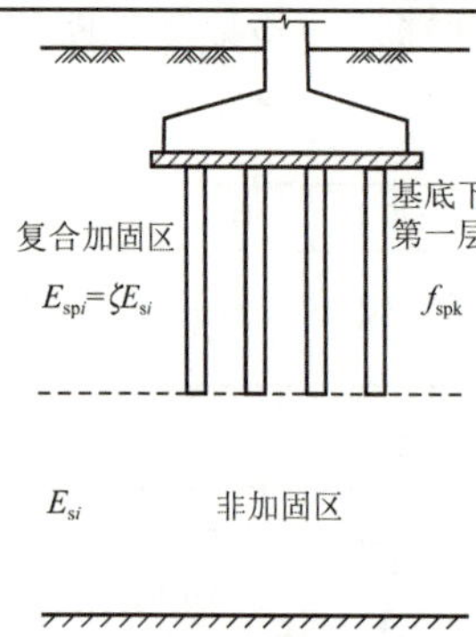

单桩型</td><td>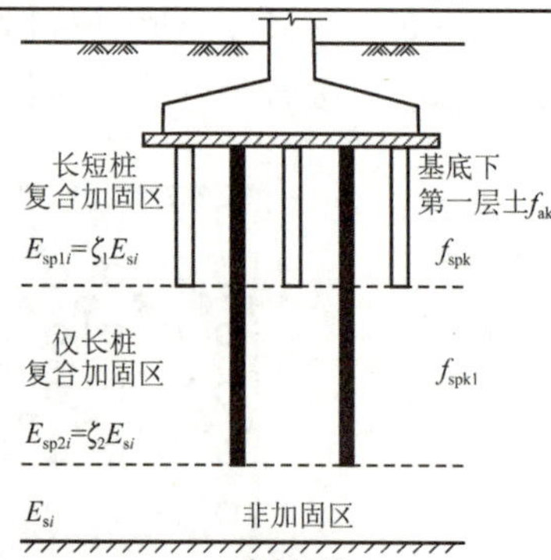

多桩型</td></tr>
<tr><td rowspan="2">（1）加固后各层土压缩模量E_{spi}（MPa）</td><td>$$E_{spi}=\zeta E_{si}\Leftarrow\zeta=\frac{f_{spk}}{f_{ak}}$$
f_{spk}——复合地基承载力特征值（kPa）；
f_{ak}——基底下第一层土的天然地基承载力特征值（kPa）</td><td>有粘结强度的两种桩：
$$\begin{cases}E_{sp1i}=\zeta_1 E_{si}\\E_{sp2i}=\zeta_2 E_{si}\end{cases}\Leftarrow\begin{cases}\zeta_1=\dfrac{f_{spk}}{f_{ak}}\\\zeta_2=\dfrac{f_{spk1}}{f_{ak}}\end{cases}$$
有粘结强度桩+散体材料桩：
$$\zeta_1=\frac{f_{spk}}{f_{ak}}\Leftarrow\zeta_1=\frac{f_{spk}}{f_{spk2}}[1+m_2(n-1)]\alpha\Leftarrow\alpha=\frac{f_{sk}}{f_{ak}}$$</td></tr>
<tr><td colspan="2">ζ_1——长短桩复合地基加固土层压缩模量提高系数；
ζ_2——仅长桩复合地基加固土层压缩模量提高系数；
f_{spk}——长短桩加固处理复合地基承载力特征值（kPa）；
刚+刚：$f_{spk}=m_1\frac{\lambda_1 R_{a1}}{A_{p1}}+m_2\frac{\lambda_2 R_{a2}}{A_{p2}}+\beta(1-m_1-m_2)f_{sk}$；
刚+散：$f_{spk}=m_1\frac{\lambda_1 R_{a1}}{A_{p1}}+\beta[1-m_1+m_2(n-1)]f_{sk}$；
f_{spk1}——仅长桩加固处理复合地基承载力特征值（kPa），$f_{spk1}=\lambda_1 m_1\frac{R_a}{A_p}+\beta(1-m_1)f_{ak}$；
m_1——长桩的面积置换率（多桩型置换率见本节第一部分）；
f_{spk2}——仅散体材料桩加固处理复合地基承载力特征值（kPa），$f_{spk2}=[1+m_2(n-1)]f_{sk}$；
f_{sk}——加固处理后的桩间土承载力特征值（kPa）；
α——处理后桩间土地基承载力的调整系数，$\alpha=f_{sk}/f_{ak}$；
m_2——散体材料桩的面积置换率；
f_{ak}——基底下第一层土的天然地基承载力特征值（kPa）</td></tr>
<tr><td>（2）沉降计算经验系数ψ_s</td><td colspan="2">沉降计算经验系数ψ_s
<table>
<tr><td>$\overline{E}_s$（MPa）</td><td>4</td><td>4～7</td><td>7</td><td>7～15</td><td>15</td><td>15～20</td><td>20</td><td>20～35</td><td>35</td></tr>
<tr><td>ψ_s</td><td>1.0</td><td>$\frac{14-\overline{E}_s}{10}$</td><td>0.7</td><td>$\frac{77-3\overline{E}_s}{80}$</td><td>0.4</td><td>$\frac{85-3\overline{E}_s}{100}$</td><td>0.25</td><td>$\frac{95-\overline{E}_s}{300}$</td><td>0.2</td></tr>
</table>
注：1. $\overline{E}_s$及以下计算均完全同《建筑地基基础设计规范》；
2. 特别注意：ψ_s查表与《建筑地基基础设计规范》不同</td></tr>
<tr><td>（3）地基最终变形量s（mm）</td><td colspan="2">$$s=\psi_s\sum_{i=1}^{n}\frac{p_0}{E_{si}}(z_i\overline{\alpha}_i-z_{i-1}\overline{\alpha}_{i-1})\leftarrow(\text{加固区用}E_{spi}\text{替换}E_{si})$$</td></tr>
</table>

题 4-142 （17C15）某高层建筑采用 CFG 桩复合地基加固，桩长 12m，复合地基承载力特征值$f_{spk}=500kPa$。已知基础尺寸为 48m × 12m，基底埋深 3m，基底附加应力$p_0=450kPa$，地质条件如表 4-17-49 所示，请问按《建筑地基处理技术规范》JGJ 79—2012 估算板底地基中点最终沉降量接近下列哪个选项？（算至①层底）

题 4-142 表 表 4-17-49

层序	土层名称	底层埋深（m）	压缩模量E_s（MPa）	地基承载力特征f_{ak}（kPa）
①	粉质黏土	27	12	200

（A）65mm （B）80mm （C）90mm （D）275mm

【解】

（1）$\zeta=\dfrac{500}{200}=2.5$，$E_s'=2.5\times 12=30MPa$

解 4-142 表 表 4-17-50

z_i	l/b	z/b	$\overline{\alpha}_i$	$4z_i\overline{\alpha}_i$	$4(z_i\overline{\alpha}_i-z_{i-1}\overline{\alpha}_{i-1})$	E_{si}'（MPa）
12	4.0	2.0	0.2012	9.6576	9.6576	30
24	4.0	4.0	0.1485	14.256	4.5984	12

（2）$\overline{E}_s=\dfrac{14.256}{\dfrac{9.6576}{30}+\dfrac{4.5984}{12}}=20.2MPa$，查表，$\psi_s=0.25$

（3）$s=0.25\times 450\times\dfrac{14.256}{20.2}=79.4mm$

【点评】

①根据《建筑地基处理技术规范》第 7.1.7 条、第 7.1.8 条；②12m 以内采用复合地基模量，12m 以下采用原状土层压缩模量，**注意沉降经验系数和《建筑地基基础设计规范》不同**；③常规考点复合地基沉降计算，难度小，计算量中等偏上，除了查参数，闭卷作答。

【同类型真题】05D18

题 4-143 （14D16）某住宅楼一独立承台，作用于基底的附加压力$p_0=600kPa$，基底以下土层主要为：①中砂—砾砂，厚度为 8.0m，承载力特征值为 200kPa，压缩模量为 10.0MPa；②含砂粉质黏土，厚度 16.0m，压缩模量 8.0MPa，下卧层为微风化大理岩。拟采用 CFG 桩＋水泥土搅拌桩复合地基，承台尺寸 3.0m × 3.0m，布桩如图 4-17-48 所示，CFG 桩桩径 450mm，桩长为 20m，设计单桩竖向抗压承载力特征值$R_a=700kN$；水泥土搅拌桩直径为 600mm，桩长为 10m，设计单桩竖向受压承载力特征值$R_a=300kN$，假定复合地基的沉降计算地区经验系数$\psi_s=0.4$。根据《建筑地基处理技术规范》JGJ 79—2012，问该独立承台复合地基在中砂—砾砂层中的沉降量最接近下列哪个选项？（单桩承载力发挥系数：CFG 桩$\lambda_1=0.8$，水泥搅拌桩$\lambda_2=1.0$，桩间土发挥系数$\beta=1.0$）

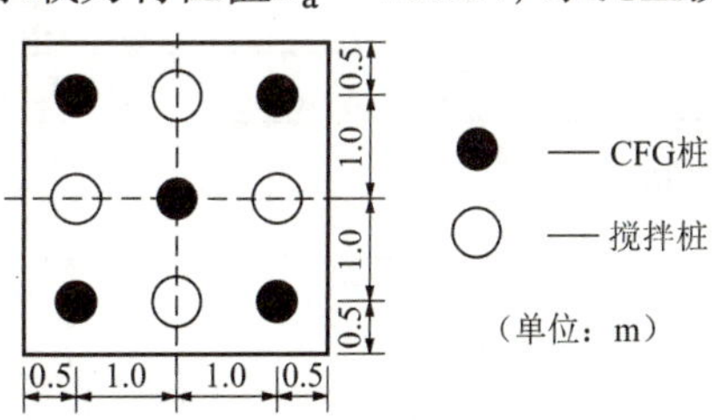

图 4-17-48 题 4-143 图

（A）68.0mm （B）45.0mm （C）34.0mm （D）23.0mm

【解】

（1）$m_1=\dfrac{4\times 3.14\times 0.3^2}{3^2}=0.1256$，$m_2=\dfrac{5\times 3.14\times 0.225^2}{3^2}=0.0883$

（2）$f_{spk}=0.1256\times\frac{1.0\times300}{3.14\times0.3^2}+0.0883\times\frac{0.8\times700}{3.14\times0.225^2}+$

$1.0\times(1-0.1256-0.0883)\times200$

$=601.6\text{kPa}$

（3）$E_s'=\frac{601.6}{200}\times10=30.08\text{MPa}$

（4）$z/b=8/1.5=5.33$，$l/b=1$，查表$\overline{\alpha}=0.0888$

$$s=0.4\times\frac{600}{30.08}\times4\times0.0888\times8.0=22.67\text{mm}$$

【点评】

①根据《建筑地基处理技术规范》第 7.9 节；②重要考点：多桩型复合地基及复合地基沉降量计算，题干长，计算量较大，应尽量做到闭卷节省时间；③关键是先求模量提高系数f_{spk}/f_{ak}，而不是f_{spk}/f_{sk}，地基承载力提高是相对于原场基底土层的地基承载力。

【同类型真题】16D15

题 4-144 （20D12）某建筑物采用水泥土搅拌桩处理地基，场地地面以下各土层的厚度、承载力和压缩模量见表 4-17-51。基础埋深为地面下 2m，桩长 6m。搅拌桩施工完成后进行了复合地基载荷试验，测得复合地基承载力$f_{spk}=220\text{kPa}$。基础底面以下压缩层范围内的地基附加应力系数如图 4-17-49 所示。计算压缩层的压缩模量当量值最接近下列哪个选项？（忽略褥垫层厚度）

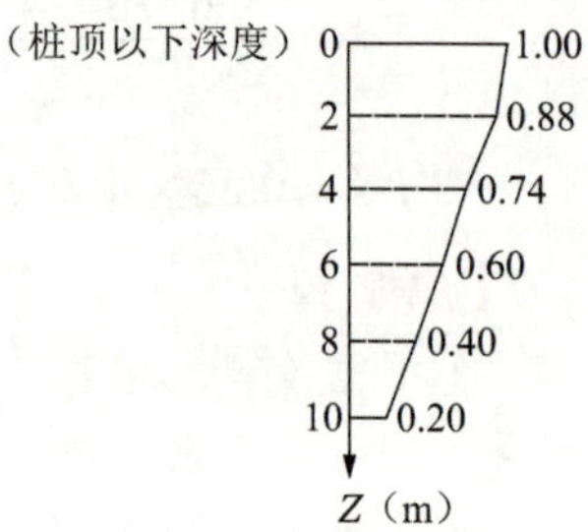

图 4-17-49 题 4-144 图

题 4-144 表 表 4-17-51

层序	层厚（m）	天然地基承载力特征值 f_{ak}（kPa）	天然地基压缩模量 E_s（MPa）
①	4	110	10
②	2	100	8
③	6	200	20

（A）17MPa （B）19MPa （C）21MPa （D）24MPa

【解】

（1）$\zeta=\frac{220}{110}=2$

解 4-144 表 表 4-17-52

z_i	$\overline{\alpha}_i$	$z_i\overline{\alpha}_i-z_{i-1}\overline{\alpha}_{i-1}$	E_{si}'（MPa）
2	0.94	1.88	20
4	0.81	1.62	16
6	0.67	1.34	40
8	0.50	1.0	20
10	0.30	0.6	20

（2）$\overline{E}_s=\frac{1.88+1.62+1.34+1.0+0.6}{\frac{1.88}{20}+\frac{1.62}{16}+\frac{1.34}{40}+\frac{1.0}{20}+\frac{0.6}{20}}=20.9\text{MPa}$

【点评】

①根据《建筑地基处理技术规范》第 7.1.7 条、第 7.1.8 条；②注意只有桩长范围内土的压缩模量提高，且提高系数一致，采用f_{spk}除以基础底面处土层的f_{ak}，都不进行深度修正。

题 4-145　（18C13）某油罐采用刚性桩复合地基，基础为直径 20m 的圆形基础，埋深 2m，准永久组合时基底附加应力为 200kPa，基础天然土层承载力特征值 100kPa，复合地基承载力特征值 300kPa，刚性桩长 18m。地面以下参数、沉降系数见表 4-17-53、表 4-17-54。不考虑褥垫层厚度及压缩量。按《建筑地基处理技术规范》JGJ 79—2012 及《建筑地基基础设计规范》GB 50007—2011 规定，该基础中心点的沉降计算值最接近下列何值？（变形计算深度取至②层底）

地面以下参数　　表 4-17-53

土层	层底埋深（m）	压缩模量（MPa）
①	17	4
②	26	8
③	32	30

沉降系数　　表 4-17-54

E_s	4.0	7.0	15.0	20.0	35.0
ψ_s	1.0	0.7	0.4	0.25	0.2

（A）100mm　（B）115mm　（C）125mm　（D）140mm

【解】

（1）$\zeta=\frac{300}{100}=3$，$E_{sp1}=4\times3=12\text{MPa}$，$E_{sp2}=8\times3=24\text{MPa}$

（2）沉降计算深度$z_n=26-2=24\text{m}$

解 4-145 表　　表 4-17-55

z_i（m）	z_i/r	$\overline{\alpha}_i$	$\overline{\alpha}_i z_i$	$\overline{\alpha}_i z_i-\overline{\alpha}_{i-1}z_{i-1}$	E_{si}
15	1.5	0.762	11.43	11.43	12
18	1.8	0.697	12.546	1.116	24
24	2.4	0.590	14.16	1.614	8

（3）$\overline{E}_s=\dfrac{14.16}{\dfrac{11.43}{12}+\dfrac{1.116}{24}+\dfrac{1.614}{8}}=11.79\text{MPa}$，内插得$\psi_s=0.52$

（4）$s=0.52\times200\times\dfrac{14.16}{11.79}=124.9\text{mm}$

【点评】

①根据《建筑地基处理技术规范》第 7.1.7 条、第 7.1.8 条及《建筑地基基础设计规范》附录 K；②注意平均附加应力查表用圆形面积下中点处；③规范不同，沉降经验系数不同，注意对加固区分界处进行分层，长短桩处进行分层。

题 4-146 （21D12）某场地地层条件见图 4-17-50，拟进行大面积地面堆载，荷载 $p=120\text{kPa}$。采用水泥粉煤灰碎石桩（CFG 桩）处理地基，等边三角形布桩，桩径 500mm，桩长 10m。单桩承载力发挥系数和桩间土承载力发挥系数均为 0.8，桩端端阻力发挥系数为 1.0，要求处理后堆载地面最大沉降量不大于 150mm，问按《建筑地基处理技术规范》JGJ 79—2012 计算，CFG 桩最大桩间距最接近下列哪个选项？（沉降计算经验系数 $\psi_s=1.0$，沉降计算至②层底）

（A）1.2m　　（B）1.5m

（C）1.8m　　（D）2.1m

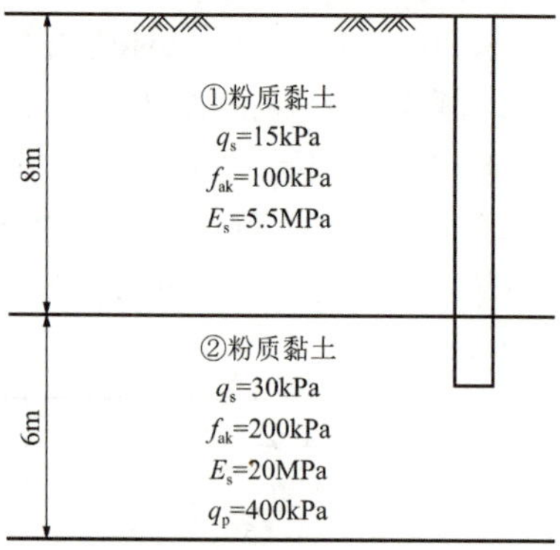

图 4-17-50　题 4-146 图

【解】

（1）$s=1\times\left(\dfrac{120}{\zeta\times5.5}\times8+\dfrac{120}{\zeta\times20}\times2+\dfrac{120}{20}\times4\right)\leqslant150\Rightarrow\zeta\geqslant1.48$

（2）$R_a=3.14\times0.5\times(15\times8+30\times2)+1\times\dfrac{3.14}{4}\times0.5^2\times400=361\text{kN}$

（3）$f_{spk}=148\text{kPa}=0.8\times m\times\dfrac{361}{3.14\times0.25^2}+0.8\times(1-m)\times100\geqslant1.48\times100$

$\Rightarrow m\geqslant0.0489$

（4）$\left(\dfrac{0.5}{1.05\times s}\right)^2\geqslant0.0489\Rightarrow s\leqslant2.15\text{m}$

【点评】

①根据《建筑地基处理技术规范》第 7.1.5 条、第 7.1.7 条；②压缩模量提高系数 $\zeta=f_{spk}/f_{ak}$，其中 f_{ak} 均采用基底下持力层的未经修正的地基承载力特征值，f_{spk} 为未经修正的复合地基承载力；③大面积堆载时，附加应力不扩散。

题 4-147 某新建体育中心项目，地基土层剖面如图 4-17-51 所示，其中淤泥层的天然承载力特征值 $f_{ak}=60\text{kPa}$，填土的重度为 18kN/m^3，整个建设场地需大面积填土 2m，填土区域的平面尺寸远远大于地基压缩层厚度。为减小大面积填土产生的地面沉降，填土前，采用 CFG 桩对地基进行处理，桩径 500mm，桩长 13m，单桩承载力特征值 $R_a=638\text{kN}$，单桩承载力发挥系数 $\lambda=1.0$，桩间土的承载力发挥系数 $\beta=0.3$，桩顶标高平齐自然地面，等边三角形布置。设计要求采取地基处理措施后，淤泥层在大面积填土作用下的最终压缩量能控制在 30mm。求桩中心距为多少？（沉降计算经验系数取 1.0）

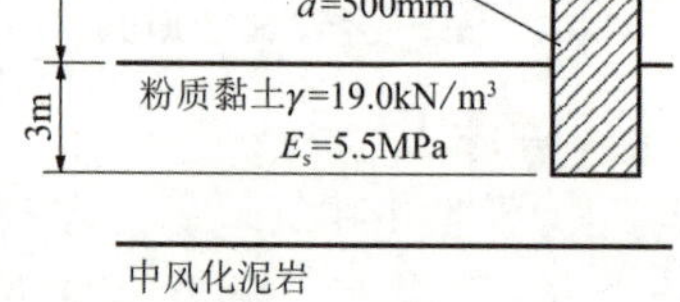

图 4-17-51　题 4-147 图

【解】

（1）$s=1.0\times\dfrac{\Delta p}{E_{sp}}h=1.0\times\dfrac{2\times18}{E_{sp}}\times10=30\text{mm}\Rightarrow E_{sp}=12\text{MPa}$

$E_{sp}=\dfrac{f_{spk}}{f_{sk}}\times E_s=\dfrac{f_{spk}}{60}\times2=12\text{MPa}\Rightarrow f_{spk}=360\text{kPa}$

（2）$A_p=3.14\times0.25^2=0.19625\text{m}^2$

（3）$60 = 1.0 \times m \times \dfrac{638}{3.14 \times 0.25^2} + 0.3 \times (1 - m) \times 60 \Rightarrow m = 0.1058$

（4）$m = 0.1058 = \dfrac{0.5^2}{(1.05s)^2} \Rightarrow s = 1.46\text{m}$

【点评】

①本题如果有选项 1.4m 和 1.5m，应该选 1.4m，桩中心距越小越满足要求，或者直接带不等式计算；②是需要达到闭卷程度的知识点，不要依赖翻书。

题 4-148 某高层建筑采用箱形基础，基底尺寸为 15m × 30m，基础埋深 7m，基底附加压力 $p_0 = 250\text{kPa}$，地层参数如表 4-17-56 所示，采用预应力管桩复合地基处理，管桩外径 400mm，桩长 12m，桩间距 1.6m，正方形布置，测得单桩竖向承载力特征值 $R_a = 600\text{kN}$，挤密处理后②粉砂层 $f_{sk} = 120\text{kPa}$，根据《建筑地基处理技术规范》JGJ 79—2012，计算筏形基础中心点的最终沉降量最接近下列哪个选项？（复合地基承载力发挥系数 $\beta = 1.0$，桩的单桩承载力发挥系数 $\lambda_1 = 0.9$，沉降计算深度取值③层底）

题 4-148 表　　表 4-17-56

土层名称	层底深度（m）	重度（kN/m^3）	地基承载力特征值 f_{ak}（kPa）	压缩模量（MPa）
①素填土	6	17.5	90	4.5
②粉砂	13	18.5	110	6.3
③中砂	25	19.0		12
④圆砾	未揭穿	19.5		55

（A）38.5mm　（B）45.5mm　（C）55.0mm　（D）62.5mm

【解】

（1）$m = \dfrac{0.4^2}{(1.13 \times 1.6)^2} = 0.049$

（2）$f_{spk} = 0.049 \times \dfrac{600}{3.14 \times 0.2^2} \times 0.9 + 1.0 \times (1 - 0.049) \times 120 = 324.8\text{kPa}$

$\xi = \dfrac{324.8}{110} = 2.95$，$E_{sp2} = 2.95 \times 6.3 = 18.585\text{MPa}$，$E_{sp3} = 2.95 \times 12 = 35.4\text{MPa}$

（3）

解 4-148 表　　表 4-17-57

z_i（m）	l/b	z_i/b	$4z_i\overline{\alpha}_i$	$4(z_i\overline{\alpha}_i - z_{i-1}\overline{\alpha}_{i-1})$	E_{si}（MPa）
6	2	6/7.5 = 0.8	5.7672	5.7672	18.585
12	2	12/7.5 = 1.6	10.1424	4.3752	35.4
18	2	18/7.5 = 2.4	13.0464	2.904	12

$\overline{E}_s = \dfrac{13.0464}{\dfrac{5.7672}{18.585} + \dfrac{4.3752}{35.4} + \dfrac{2.904}{12}} = 19.3\text{MPa}$，

$\psi_s = 0.4 - \dfrac{19.3 - 15}{20 - 15} \times (0.4 - 0.25) = 0.271$

（4）$s = 0.271 \times 250 \times \dfrac{13.0464}{19.3} = 45.8\text{mm}$

【点评】

①根据《建筑地基处理技术规范》第 7.1.5～7.1.8 条；②注意$\xi = f_{spk}/f_{ak}$，f_{ak}是基底持力层的天然地基承载力特征值；③《建筑地基处理技术规范》中复合地基的沉降经验系数ψ_s与《建筑地基基础设计规范》中的天然地基沉降经验系数ψ_s不同，注意按《建筑地基处理技术规范》表 7.1.8 进行作答；④$\overline{E}_s$为变形计算深度范围内的压缩模量当量值，包含计算深度范围内的加固土层和未加固土层。

题 4-149 某高层住宅采用筏形基础，筏板大小 16m × 48m，作用于基底的附加应力$p_0 = 400$kPa，基底以下土层主要为：①砂土，厚度 8m，天然地基承载力特征值 120kPa，压缩模量 6MPa；②含砂粉质黏土，厚度 16.0m，压缩模量为 8.0MPa，天然状态地基承载力特征值$f_{ak} = 300$kPa，下卧层为密实卵石层；地基拟采用长螺旋 CFG + 振冲碎石桩复合地基处理，布桩如图 4-17-52 所示，桩间距$s_1 = s_2 = 1.2$m，CFG 桩径 450mm，桩长 16m，设计单桩竖向抗压承载力特征值$R_a = 700$kN，振冲碎石桩，桩直径为 300mm，与砂土的桩土应力比取 2，桩长 8m，加固后砂土地基承载力为 150kPa，试按《建筑地基处理技术规范》JGJ 79—2012 计算筏形基础的沉降量。（CFG 桩单桩承载力发挥系数$\lambda = 0.9$，桩间土承载力发挥系数$\beta = 1.0$，沉降计算深度至卵石层顶面）

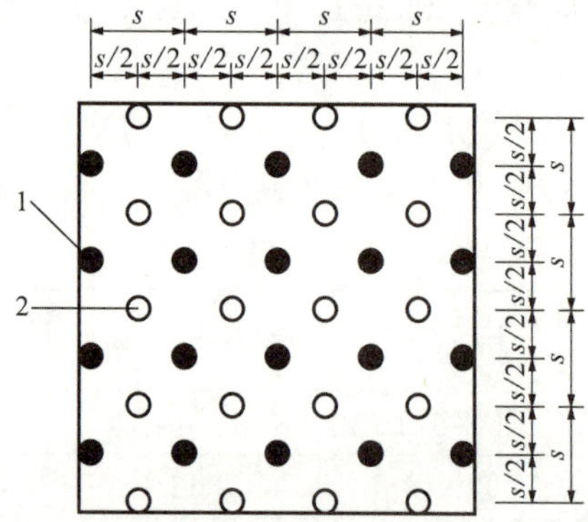

图 4-17-52 题 4-149 图

（A）45mm （B）90mm （C）135mm （D）180mm

【解】

（1）$m_1 = \dfrac{3.14 \times 0.225^2}{1.2 \times 1.2} = 0.1104$，$m_2 = \dfrac{3.14 \times 0.15^2}{1.2 \times 1.2} = 0.0491$

$$f_{spk} = 0.1104 \times \frac{0.9 \times 700}{3.14 \times 0.225^2} + 1.0 \times [1 - 0.1104 + 0.0491 \times (2 - 1)] \times 150 = 578.3\text{kPa}$$

$$f_{spk1} = 0.1104 \times \frac{0.9 \times 700}{3.14 \times 0.225^2} + 1.0 \times (1 - 0.1104) \times 120 = 544.3\text{kPa}$$

$E_{sp} = \dfrac{578.3}{120} \times 6 = 28.9$MPa，$E_{sp1} = \dfrac{544.3}{120} \times 8 = 36.3$MPa

（2）

解 4-149 表 表 4-17-58

z_i（m）	l/b	z_i/b	$\overline{\alpha}_i$	$4z_i\overline{\alpha}_i$	$4(z_i\overline{\alpha}_i - z_{i-1}\overline{\alpha}_{i-1})$	E_{si}（MPa）
0				0		
8	3	1	0.235	7.52	7.52	28.9
16	3	2	0.2	12.8	5.28	36.2
24	3	3	0.169	16.224	3.424	8

$$\overline{E}_s = \frac{16.224}{\dfrac{7.52}{28.9} + \dfrac{5.28}{36.3} + \dfrac{3.424}{8}} = 19.5\text{MPa} \Rightarrow \psi_s = 0.265$$

（3）$s = 0.265 \times 400 \times \dfrac{16.224}{19.5} = 88.2$mm

【点评】

①计算沉降时，对沉降计算公式的选择非常重要。本题为有限面积的矩形基础，应按应力面积法（规范法）公式计算，而不能采用大面积沉降计算公式。②千万不要漏乘沉降计算经验系数。③注意计算f_{spk}采用加固后砂土地基承载力 150kPa；而计算f_{spk1}采用加固前砂土地基承载力 120kPa，即不考虑短桩的有利影响。

题 4-150　某黏性土地区体型简单的高层建筑采用筏形基础，基础尺寸 12m × 36m，基础埋深 3.4m，拟采用 CFG 复合地基处理，土层的天然地基承载力$f_{ak}=100\text{kPa}$，重度$\gamma=18\text{kN/m}^3$，压缩模量$E_s=2.8\text{MPa}$，无地下水，设计长螺旋非挤土 CFG 桩长 24m，桩径 500mm，正三角形布置，设计单桩承载力特征值$R_a=600\text{kN}$，基底压力$p_k=205\text{kPa}$，不计桩底以下土的沉降变形，若要控制地基强度和变形均满足规范要求，试设计合适的桩间距为多少？（单桩承载力发挥系数λ取 0.9，桩间土承载力发挥系数β取 0.9，沉降经验系数ψ_s取 0.7）

【解】

（1）按强度控制$p_k \leqslant f_{spa}$，$205 \leqslant f_{spk}+18\times(3.4-0.5) \Rightarrow f_{spk} \geqslant 152.8\text{kPa}$

（2）按变形控制，$s \leqslant 200\text{mm}$

$$l/b=3,\ z/b=4,\ \bar{\alpha}=\frac{0.1438-0.1459}{2}=0.14485$$

$$0.7\times\frac{205-18\times3.4}{\bar{E}_{sp}}\times24\times4\times0.14485 \leqslant 200\text{mm} \Rightarrow \bar{E}_{sp} \geqslant 7.0\text{MPa}$$

$$\frac{f_{spk}}{100} \geqslant \frac{7.0}{2.8} \Rightarrow f_{spk} \geqslant 250\text{kPa}$$

（3）$250 \leqslant 0.9\times m\times\dfrac{600}{3.14\times0.25^2}+0.9\times(1-m)\times100 \Rightarrow m \geqslant 0.0601$

$$\frac{0.5^2}{(1.05s)^2} \geqslant 0.0601 \Rightarrow s \leqslant 1.94\text{m}$$

【点评】

本题综合性较强，对重要知识点融会贯通，按《建筑地基基础设计规范》表 5.3.4 查得变形控制$s \leqslant 200\text{mm}$，需要非常熟悉规范。

17.6 注浆加固

注浆加固适用于建筑地基的局部加固处理，适用于砂土、粉土、黏性土和人工填土等地基加固。加固材料可选用水泥浆液、硅化浆液和碱液等固化剂。注浆加固后的地基变形计算应按现行国家标准《建筑地基基础设计规范》的有关规定进行。

17.6.1 水泥注浆

水泥注浆相关计算总结如表 4-17-59 所示，结合下面例题理解。

水泥注浆 **表 4-17-59**

<table>
<tr><td colspan="2">水泥浆饱和，孔隙中充满水，骨架为水泥。水密度取 1，水泥颗粒密度ρ_s = 水泥比重G_s</td></tr>
<tr><td>根据题目数据求出土体的孔隙比$e_{土体}$
⇓</td><td>水灰比$\alpha_c = \dfrac{水的质量}{水泥质量} = \dfrac{m_{水}}{m_{水泥}} = \dfrac{水泥浆孔隙比e}{水泥比重G_s}$
⇓</td></tr>
<tr><td>⇑土体的平均孔隙率$\bar{n}$：$\bar{n} = \dfrac{e_{土体}}{1+e_{土体}}$
⇓</td><td>水泥浆的孔隙比e = 水灰比α_c × 水泥比重G_s
⇓</td></tr>
<tr><td>每立方米土体所需水泥浆体积V（m^3）：
$V = 1 \times$ 土体平均孔隙率$\bar{n}$ × 平均空隙充填率$\bar{\beta}$</td><td>水泥浆的干重度$\rho_d = \dfrac{G_s}{1+e}\rho_w$</td></tr>
<tr><td colspan="2">⇓⇓⇓
水泥浆配置：每立方米土体所需水泥用量$m_{水泥}$（t）：$m_{水泥} = \rho_d \times V$</td></tr>
<tr><td colspan="2">一般也可以直接由下式求出水泥用量$m_{水泥}$（t）：
$$V_{浆} = V_{水泥} + V_{水} = \frac{m_{水泥}}{G_s} + \frac{m_{水}}{\rho_{水}} = \frac{m_{水泥}}{G_s} + \frac{\alpha_c m_{水泥}}{1} \Rightarrow m_{水泥}$$
如果有固化反应，则：$m_{固体} = m_{水泥}(1 + w_{水化})$，$w_{水化}$为水化反应的需水量</td></tr>
</table>

题 4–151 （21C12）某填土地基，平均干密度为 $1.3t/m^3$。现采用注浆法加固，平均每立方米土体中注入水泥浆 $0.2m^3$，水泥浆水灰比 0.8（质量比），假定水泥在土体中发生水化反应需水量为水泥重量的 24%，加固后该地基土的平均干密度最接近下列哪个选项？（水泥比重取 3.0，水的重度取 $10kN/m^3$，加固前后地面标高无变化）

（A）$1.44t/m^3$ （B）$1.48t/m^3$ （C）$1.52t/m^3$ （D）$1.56t/m^3$

【解】

（1）$1m^3$ 土体中的水泥用量：

$$\frac{m_{水泥}}{3.0} + \frac{0.8m_{水泥}}{1} = 0.2 \Rightarrow m_{水泥} = 0.176t$$

（2）水化反应后：$m_{固} = 0.176 \times (1 + 0.24) = 0.218t$

（3）$\bar{\rho}_d = 1.3 \times 1 + 0.218 = 1.52t/m^3$

【点评】

①本题考查土力学三相原理；②题目求干密度，由于题目明确加固前后地面标高无变化，则 $1m^3$ 土体加固前后的体积不变，关键在于求增加了多少固体颗粒，固化后水泥和水发生化学反应变成了新的固体，固化后增加固体的质量 = 水泥颗粒质量 + 参与水化反应的水；③水泥浆为完全饱和，水泥比重 = 水泥土颗粒密度/水的密度，和土粒比重概念一致。

题 4-152　（19D11）某地基采用注浆加固，地基土的土粒比重为 2.7，天然含水率为 12%，天然重度为 15kN/m³。注浆采用水泥浆，水灰比（质量比）为 1.5，水泥比重为 2.8。若要求平均孔隙充填率（浆液体积与原土体孔隙体积之比）为 30%，求每立方米土地平均水泥用量最接近下列何值？（重力加速度g取 10m/s²）

（A）82kg　　　（B）95kg　　　（C）100kg　　　（D）110kg

【解法一】

（1）$e_{土}=\dfrac{2.7\times(1+0.12)\times 10}{15}-1=1.016$，$n=\dfrac{1.016}{1+1.016}=0.504$

（2）每立方米土地的泥浆用量$V_{水泥浆}=1\times 0.504\times 0.3=0.1512\text{m}^3$

（3）水泥浆的孔隙比$e_{水泥浆}=2.8\times 1.5=4.2$

水泥浆干重度$\rho_{\text{d}}=\dfrac{2.8}{1+4.2}\times 1\times 10^3=538.5\text{kg/m}^3$

（4）水泥用量$m_{\text{s}}=538.5\times 0.1512=81.4\text{kg}$

【解法二】

（1）$e_{土}=\dfrac{2.7\times(1+0.12)\times 10}{15}-1=1.016$，$n=\dfrac{1.016}{1+1.016}=0.504$

（2）每立方米土地的泥浆用量$V_{水泥浆}=1\times 0.504\times 0.3=0.1512\text{m}^3$

（3）$V_{水泥浆}=V_{水泥}+V_{水}=\dfrac{m_{水泥}}{2.8}+\dfrac{1.5m_{水泥}}{1}=0.1512$

$\Rightarrow m_{水泥}=0.0814\text{t}=81.4\text{kg}$

【点评】

①原理加实践型题目，需要熟悉运用土的三相原理，水灰比即水泥浆的含水率，水泥浆是饱和的，$e=G_{\text{s}}w$；②先求出每立方米水泥浆需要的水泥用量，根据土的孔隙率和填充率得到 1m³ 土地所需的水泥浆用量，与 16D16 原理类似。

17.6.2 单液硅化法——《建筑地基处理技术规范》第8.2.2条

采用单液硅化法加固湿陷性黄土地基，灌注孔的布置应符合下列规定：

（1）灌注孔间距：压力灌注宜为0.8～1.2m；溶液无压力自渗宜为0.4～0.6m；

（2）对新建建（构）筑物和设备基础的地基，应在基础底面下按等边三角形满堂布孔，超出基础底面外缘的宽度，每边不得小于1.0m；

（3）对既有建（构）筑物和设备基础的地基，应沿基础侧向布孔，每侧不宜少于2排；

（4）当基础底面宽度大于3m时，除应在基础下每侧布置2排灌注孔外，可在基础两侧布置斜向基础底面中心以下的灌注孔或在其台阶上布置穿透基础的灌注孔。

单液硅化法应采用浓度为10%～15%的硅酸钠，并掺入2.5%氯化钠溶液；当硅酸钠溶液浓度大于加固湿陷性黄土所要求的浓度时，应进行稀释。加固湿陷性黄土的溶液用量和稀释加水量可分别按表4-17-60估算。

单液硅化法 表4-17-60

项目	公式	符号说明
加固湿陷性黄土的硅酸钠溶液总用量Q（t）	$Q=V\overline{n}d_{N1}\alpha$ $Q=Q'+q$	V——拟加固湿陷性黄土的体积（m^3），$V=(B+2)(L+2)h$； B、L——基础宽度、长度（m）； h——基底起算的加固土厚度（m）； $\overline{n}$——地基加固前，土的平均孔隙率； d_{N1}——稀释后溶液的密度（t/m^3）； α——溶液填充孔隙的系数，可取0.6～0.8； Q——稀释后溶液质量（总用量）（t）； Q'——稀释加水量（t）； q——稀释前溶液质量（t）； d_N——稀释前溶液密度（t/m^3）
稀释加水量Q'（t）	$Q'=\dfrac{d_N-d_{N1}}{d_{N1}-1}\times\dfrac{q}{d_N}$	

注：1. 根据稀释前后体积关系推导：$V_{后}=V_{前}+V_w\Rightarrow\dfrac{q+Q'}{d_{N1}}=\dfrac{q}{d_N}+\dfrac{Q'}{d_w}\Rightarrow Q'=\dfrac{d_N-d_{N1}}{d_{N1}-1}\times\dfrac{q}{d_N}$；

2. 建议根据溶液、溶质关系：$Q=Q'+q$，$\dfrac{q+Q'}{d_{N1}}=\dfrac{q}{d_N}+\dfrac{Q'}{d_w}$，用计算器解方程求其中任何参数，非常方便。

题4-153 （08D14）采用单液硅化法加固拟建设备基础的地基，设备基础的平面尺寸为3m×4m，需加固的自重湿陷性黄土层厚6m，土体初始孔隙比为1.0，假设硅酸钠溶液的密度为1.00t/m³，溶液的填充系数为0.70，则所需硅酸钠溶液用量（t）最接近下列哪个选项？

（A）30 （B）50 （C）65 （D）100

【解】

（1）$V=(3+2)\times(4+2)\times6=180m^3$

（2）$\overline{n}=\dfrac{1}{1+1}=0.5$

$Q=V\overline{n}d_{N1}\alpha=180\times0.5\times1.00\times0.70=63t$

【点评】

①根据《建筑地基处理技术规范》第8.2.1条；②对新建建筑物和设备基础的地基，应在基础底面下按等边三角形满堂布孔，超出基础底面外缘的宽度，每边不得小于1m；③规范中Q的单位（m³）是错误的，应该是吨（t）；④体积×孔隙率=孔隙体积（180×0.5），体积×密度=质量（180×0.5×1.00），最后再乘以一个填充系数0.70等于溶液用量。

题 4-154 灌注时需要用到密度为 1.20t/m³ 的硅酸钠溶液 100t，采用密度为 1.60t/m³ 的硅酸钠溶液进行稀释，问所需加水量最接近下列哪个选项？

（A）33.5t （B）44.5t （C）55.5t （D）66.5t

【解法一】

（1）加水量$Q' = \frac{d_N - d_{N1}}{d_{N1} - 1} \times \frac{q}{d_N} = \frac{1.60 - 1.20}{1.20 - 1} \times \frac{q}{1.60} = 1.25q$

则总硅酸纳溶液质量：$1.25q + q = 100$，解得$q = 44.44$t

（2）加水量：$Q' = 1.25q = 1.25 \times 44.44 = 55.55$t

【解法二】

加水前后体积相等，$\frac{100 - Q'}{1.6} + \frac{Q'}{1} = \frac{100}{1.2} \Rightarrow Q' = 55.55$t

【点评】

①根据《建筑地基处理技术规范》第 8.2.2 条；②解法二利用基本的三相换算原理，一步得答案更快。②厘清加水后灌注量Q、加水前溶液量q、加水量Q'三者之间的关系，即$Q = q + Q'$；③规范公式（8.2.2-2）有误，利用稀释加水前后体积相等，勘误推导过程如下：

$$Q = q + Q' \Rightarrow \frac{Q}{d_{N1}} = \frac{q + Q'}{d_{N1}} = \frac{q}{d_N} + \frac{Q'}{d_w} \Rightarrow d_N(q + Q') = d_{N1}q + d_N d_{N1} Q'$$

$$\Rightarrow Q' = \frac{d_N - d_{N1}}{d_{N1} - 1} \times \frac{q}{d_N}。$$

题 4-155 某自重湿陷性黄土场地新建建筑物，筏形基础尺寸为 30m × 50m，埋深 4m，拟采用压力灌注单液硅化法进行地基处理，等边三角形满堂布孔，注浆孔间距 1.0m，需处理湿陷性黄土的厚度 9m，加固前土孔隙比$e = 0.86$，灌注时，硅酸钠溶液的密度为 1.15t/m³，溶液填充孔隙的系数α取 0.8，则加固此场地需要密度为 1.5t/m³ 的硅酸钠溶液用量与下列哪个选项最为接近？

（A）2490t （B）2150t （C）1380t （D）1200t

【解】

（1）加固区体积$V = (30 + 2 \times 1) \times (50 + 2 \times 1) \times 9 = 14976\text{m}^3$

（2）密度 1.15t/m³ 的硅酸钠溶液用量

$$Q = 14976 \times \frac{0.86}{1 + 0.86} \times 1.15 \times 0.8 \times 1 = 6370.44\text{t}$$

（3）$\frac{q}{1.5} + \frac{6370.44 - q}{1} = \frac{6370.44}{1.15} \Rightarrow q = 2492.8$t

【点评】

①根据《建筑地基处理技术规范》第 8.2.2 条；②对新建建（构）筑物的地基，加固区应超过基础底面外缘不小于 1m；③规范式（8.2.2-1）中Q单位应勘误为 t（吨）；④加水量Q' + 拟稀释溶液质量q = 溶液用量Q，可以不用规范公式直接根据稀释前后体积相等解方程一步得到q。

17.6.3 碱液法——《建筑地基处理技术规范》第 8.2.3 条、第 8.3.3 条

（1）**碱液加固地基的深度**应根据地基的湿陷类型、地基湿陷等级和湿陷性黄土层厚度，并结合建筑物类别与湿陷事故的严重程度等综合因素确定；加固深度宜为 2～5m。

①对非自重湿陷性黄土地基，加固深度可为基础宽度的 1.5～2.0 倍；

②对Ⅱ级自重湿陷性黄土地基，加固深度可为基础宽度的2.0～3.0倍。

（2）**碱液加固土层的厚度h**（m），可按下式估算：

$$h = l + r$$

式中：l——灌注孔长度，从注液管底部到灌注孔底部的距离（m）；

r——有效加固半径（m）。

（3）**碱液加固地基的半径r**（m），宜通过现场试验确定。当碱液浓度和温度符合《建筑地基处理技术规范》第8.3.3条规定时，有效加固半径与碱液灌注量之间，可按下式估算：

$$r = 0.6\sqrt{\frac{V}{nl \times 10^3}}$$

式中：V——每孔碱液灌注量（L），试验前可根据加固要求达到的有效加固半径估算；

n——拟加固土的天然孔隙率；

r——有效加固半径（m），当无试验条件或工程量较小时，可取0.4～0.5m。

（4）当采用碱液加固既有建（构）筑物的地基时，灌注孔的平面布置可沿条形基础两侧或单独基础周边各布置一排。当地基湿陷性较严重时，孔距宜为0.7～0.9m；当地基湿陷较轻时，孔距宜为1.2～2.5m。

（5）**每孔碱液灌注量V**（m^3）可按下式估算：

$$V = \alpha\beta\pi r^2(l + r)n$$

式中：α——碱液充填系数，可取0.6～0.8；

β——工作条件系数，考虑碱液流失影响，可取1.1。

（6）**碱液可用固体烧碱或液体烧碱配制**，每加固1m^3黄土宜用氢氧化钠溶液35～45kg。碱液浓度不应低于90g/L；双液加固时，氯化钙溶液的浓度为50～80g/L。

配溶液时，应先放水，而后徐徐放入碱块或浓碱液。**溶液加碱量**可按表4-17-61计算。

碱液法 表4-17-61

<table>
<tr><td rowspan="7">碱液配制</td><td rowspan="3">固体烧碱</td><td colspan="3">采用固体烧碱配制每1m³浓度为M的碱液时，每1m³水中的加碱量应按下式计算</td></tr>
<tr><td colspan="2">$G_s = \frac{1000M}{P}$</td><td>G_s——配置每1m³碱液中投入的固体烧碱量（g）；
M——需配置碱液的浓度（g/L），1m³=1000L；
P——固体烧碱中NaOH含量的百分数（%），以小数代入</td></tr>
<tr><td colspan="3">**公式理解：**根据碱液浓度定义（NaOH质量/溶液体积），$M(g/L) = \frac{G_s P}{V} = \frac{G_s P(g)}{1000(L)}$</td></tr>
<tr><td rowspan="4">液体烧碱</td><td colspan="3">采用液体烧碱配制每1m³浓度为M的碱液时，投入的液体烧碱体积V_1和加水量V_2应按下列公式计算</td></tr>
<tr><td>加液体烧碱</td><td>$V_1 = \frac{M}{d_N N}$</td><td rowspan="2">V_1——配置每1m³碱液中投入的液体烧碱体积（L）；
V_2——配置每1m³碱液加水的体积（L）；
M——需配置碱液的浓度（g/L），1m³=1000L；
d_N——液体烧碱密度（kg/L），kg/L = g/cm³ = t/m³；
N——液体烧碱的质量分数（%），以小数代入</td></tr>
<tr><td>加水量</td><td>$V_2 = 1000 - \frac{M}{d_N N}$</td></tr>
<tr><td colspan="3">**公式理解：**根据溶质（NaOH）质量守恒，$M \times 1m^3 = d_N V_1 N \Rightarrow 1000M = d_N(1000g/L) \times V(L) \times N$</td></tr>
</table>

注：原理主要是根据高中化学的溶液配制知识求解，关键在于单位统一。

题 4-156 （17D16）碱液法加固地基，拟加固土层的天然孔隙比为 0.82，灌注孔成孔深度 6.0m，注液管底部在孔口以下 4.0m，碱液充填系数取 0.64。试验测得加固地基半径为 0.5m，试按《建筑地基处理技术规范》JGJ 79—2012 估算单孔碱液灌注量最接近下列哪个选项？

（A）$0.32m^3$　　（B）$0.37m^3$　　（C）$0.62m^3$　　（D）$1.10m^3$

【解】

（1）$n=\dfrac{0.82}{1+0.82}=0.451$，加固厚度 $h=(l+r)=6-4+0.5=2.5m$，$\beta=1.1$

（2）$V=\alpha\beta\pi r^2(l+r)n=0.64\times1.1\times3.14\times0.5^2\times2.5\times0.451=0.623m^3$

【点评】

①根据《建筑地基处理技术规范》第 8.2.3 条；②灌注孔长度取注浆管底部到灌注桩孔底部的距离$6-4=2m$；③加固土层的厚度$h=l+r$，工作条件系数考虑流失影响β取 1.1。

题 4-157 （07C17）某湿陷性黄土地基采用碱液法加固，已知灌注孔长度 10m，有效加固半径 0.4m，黄土天然孔隙率为 50%，固体烧碱中 NaOH 含量为 85%，要求配置的碱液浓度为 100g/L，设充填系数$\alpha=0.68$，工作条件系数β取 1.1，则每孔应灌注固体烧碱量取下列哪个选项最合适？

（A）150kg　　（B）230kg　　（C）350kg　　（D）400kg

【解】

（1）$V=\alpha\beta\pi r^2(l+r)n=0.68\times1.1\times3.14\times0.4^2\times(10+0.4)\times0.5=1.95m^3$

（2）根据固体烧碱中 NaOH 和碱液中 NaOH 相等：

$$m=\frac{1.95\times100}{0.85}=229.4kg$$

【点评】

①根据《建筑地基处理技术规范》第 8.2.3 条；②根据溶质溶液的关系直接解答，注意算土体加固体积，根据规范的公式，加固长度应考虑增加加固半径。

题 4-158 （11D13）某黄土地基采用碱液法处理，其土体天然孔隙比为 1.1，灌注孔成孔深度 4.8m，注液管底部距地表 1.4m，若单孔碱液灌注量V为 960L 时，按《建筑地基处理技术规范》JGJ 79—2012，计算其加固土层的厚度最接近下列哪一选项？

（A）4.8m　　（B）3.8m　　（C）3.4m　　（D）2.9m

【解】

（1）$n=\dfrac{1.1}{1+1.1}=0.524$，$l=4.8-1.4=3.4m$

$$r=0.6\times\sqrt{\frac{960}{0.524\times3.4\times10^3}}=0.44m$$

（2）$h=3.4+0.44=3.84m$

【点评】

①根据《建筑地基处理技术规范》第 8.2.3 条；②由第 8.2.3 条第 4 款条文说明，灌注孔以下渗透部分，由于溶液温度和浓度已降低，强度较低，在加固厚度计算时，将下部渗出范围略去，故加固土层的厚度等于注液管底部到灌注孔底部＋有效加固半径，即$h=l+r$。

题 4-159 碱液法加固地基，拟加固土层的天然孔隙比为 0.95，灌注孔成孔深度 8.0m，注液管底部在孔口以下 2.0m，碱液充填系数取 0.72。试验测得加固地基半径为 0.5m，灌注时碱液的浓度为 100g/L，使用液体烧碱密度 1.42kg/L，质量分数为 39%，试按《建筑地基处理技术规范》JGJ 79—2012 估算单孔需要液体烧碱的体积最接近下列哪个选项？

（A）135L （B）180L （C）355L （D）465L

【解】

（1）每孔碱液灌注量$V = 0.72 \times 1.1 \times 3.14 \times 0.5^2 \times (8-2+0.5) \times \dfrac{0.95}{1+0.95}$

$= 1.969\text{m}^3$

（2）配置 1m^3碱液中投入的液体烧碱体积：$V_1 = \dfrac{100}{1.42 \times 0.39} = 180.57\text{L}$

（3）单孔需要液体烧碱的体积：$180.57 \times 1.969 = 355.54\text{L}$

【点评】

①根据《建筑地基处理技术规范》第 8.2.3 条、第 8.3.3 条；②灌注孔长度l为从注液管底部到灌注孔底部的距离；③碱液配置关键在于单位的统一。

题 4-160 某湿陷性黄土场地拟建建筑物采用筏形基础，基础底面尺寸为 12m × 48m，基础埋深 3.5m，拟采用碱液注浆加固地基，满堂等边三角形布孔，孔间距为 1.0m，已知灌注孔长度 4.0m，土层孔隙比 1.2，灌注时碱液的浓度为 100g/L，溶液充填孔隙的系数为 0.6，使用液体烧碱的密度为 1.40t/m³，质量分数为 40%，问需要液体烧碱的体积为多少？（有效加固半径取 0.5m）

【解】

（1）每孔需碱液量$V = \alpha\beta\pi r^2(l+r)n = 0.6 \times 1.1 \times 3.14 \times 0.5^2 \times (4+0.5) \times \dfrac{1.2}{1+1.2}$

$= 1.272\text{m}^3$

（2）扩边面积$A = (12+1.0\times 2) \times (48+1.0\times 2) = 700\text{m}^2$

（3）孔数$n = \dfrac{700}{3.14 \times \dfrac{(1.05\times 1.0)^2}{4}} = 808.8$ 孔，取$n = 809$ 孔

（4）液体烧碱体积$V_1 = \dfrac{809 \times 1.272 \times 100 \times 10^{-3}}{1.4 \times 40\%} = 183.8\text{m}^3$

【点评】

①碱液法扩边按单液硅化法的扩边要求，求出处理地基的面积；②抓住固态碱质量不变。

17.7　微型桩加固

微型桩加固适用于既有建筑地基加固或新建建筑的地基处理。微型桩按桩型和施工工艺，可分为树根桩、预制桩和注浆钢管桩等。

微型桩加固后的地基，当桩与承台整体连接时，可按桩基础设计；当桩与基础不整体连接时，可按复合地基设计。按桩基设计时，桩顶与基础的连接应符合现行行业标准《建筑桩基技术规范》的有关规定；按复合地基设计时，应符合《建筑地基处理技术规范》第7章的有关规定，褥垫层厚度宜为 100～150mm。

既有建筑地基基础采用微型桩加固补强，应符合现行行业标准《既有建筑地基基础加固技术规范》的有关规定。

微型桩应选择较好的土层作为桩端持力层，进入持力层深度不宜小于 5 倍的桩径或边长。

17.7.1　树根桩——《建筑地基处理技术规范》第 9.2 节

树根桩加固设计应符合下列规定：

（1）树根桩的直径宜为 150～300mm，桩长不宜超过 30m，对新建建筑宜采用直桩型或斜桩网状布置。

（2）树根桩的单桩竖向承载力应通过单桩静载荷试验确定。当无试验资料时，可按表 4-17-62 中公式估算。当采用水泥浆二次注浆工艺时，桩侧阻力可乘 1.2～1.4 的系数。

（3）桩身材料混凝土强度不应小于 C25，灌注材料可用水泥浆、水泥砂浆、细石混凝土或其他灌浆料，也可用碎石或细石充填再灌注水泥浆或水泥砂浆。

（4）树根桩主筋不应少于 3 根，钢筋直径不应小于 12mm，且宜通长配筋。

17.7.2　预制桩——《建筑地基处理技术规范》第 9.3 节

预制桩桩体可采用边长为 150～300mm 的预制混凝土方桩，直径 300mm 的预应力混凝土管桩，断面尺寸为 100～300mm 的钢管桩和型钢等。

预制桩的单桩竖向承载力应通过单桩静载荷试验确定；无试验资料时，初步设计可按表 4-17-62 中公式估算。

17.7.3　注浆钢管桩——《建筑地基处理技术规范》第 9.4 节

注浆钢管桩单桩承载力的设计计算，应符合现行行业标准《建筑桩基技术规范》的有关规定；当采用二次注浆工艺时，桩侧摩阻力特征值取值可乘以 1.3 的系数。

微型桩单桩承载力计算总结如表 4-17-62 所示。

微型桩单桩承载力计算　　表 4-17-62

桩型	工艺	计算公式	说明
树根桩	一般工艺	$R_a = u_p\sum_{i=1}^{n}q_{si}l_{pi} + \alpha_p q_p A_p$	q_{si}——侧阻特征值（kPa）；q_p——端阻特征值（kPa）
	二次注浆	$R_a = u_p\sum_{i=1}^{n}(1.2\sim1.4)q_{si}l_{pi} + \alpha_p q_p A_p$	
预制桩		$R_a = u_p\sum_{i=1}^{n}q_{si}l_{pi} + \alpha_p q_p A_p$	
注浆钢管桩	一般工艺	$R_a = \frac{Q_{uk}}{2}$，$Q_{uk} = u_p\sum_{i=1}^{n}q_{sik}l_{pi} + q_{pk}A_p$	q_{sik}——极限侧阻标准值（kPa）；q_{pk}——极限端阻标准值（kPa）
	二次注浆	$R_a = \frac{Q_{uk}}{2}$，$Q_{uk} = u_p\sum_{i=1}^{n}1.3q_{sik}l_{pi} + q_{pk}A_p$	

题 4-161　某建筑地基采用树根桩进行加固，采用水泥浆二次注浆工艺，树根桩的直径为 200mm，桩长 18m，桩周土层平均侧摩阻力特征值$q_s = 25\text{kPa}$，桩端天然地基土承载力$q_p = 1000\text{kPa}$，桩端端阻力发挥系数$\alpha_p = 1.0$，试根据《建筑地基处理技术规范》JGJ 79—2012 估算单桩承载力特征值最接近下列哪个选项？（桩侧阻力按 1.2 倍计算）

（A）155kN　　（B）185kN　　（C）315kN　　（D）370kN

【解】

$$R_a = 3.14 \times 0.2 \times 1.2 \times 25 \times 18 + 1.0 \times 1000 \times 3.14 \times 0.1^2 = 370.5\text{kN}$$

【点评】

树根桩直接求出来就是特征值。

题 4-162　某建筑地基采用微型注浆钢管桩进行加固，采用二次注浆工艺，钢管桩的直径为 200mm，桩长 12m，桩周土层平均极限侧摩阻力标准值$q_{sk} = 50\text{kPa}$，桩端土极限端阻力标准值$q_{spk} = 7000\text{kPa}$，试根据《建筑地基处理技术规范》JGJ 79—2012 估算单桩竖向承载力特征值最接近下列哪个选项？（桩侧阻力按 1.3 倍计算）

（A）300kN　　（B）355kN　　（C）595kN　　（D）710kN

【解】

（1）$Q_{sk} = 3.14 \times 0.2 \times 1.3 \times 50 \times 12 + 7000 \times 3.14 \times 0.1^2 = 709.6\text{kN}$

（2）$R_a = \dfrac{709.6}{2} = 354.8\text{kN}$

【点评】

微型注浆钢管桩和《建筑桩基技术规范》求单桩竖向承载力特征值的公式一样。

17.7.4 石灰桩——《既有建筑地基基础加固技术规范》第 11.8 条

石灰桩桩径应由成孔机具确定。桩距宜为 2.5～3.5 倍桩径，桩的布置可按三角形或正方形布置。石灰桩地基处理的范围应比基础的宽度加宽 1～2 排桩，且不小于加固深度的一半。

成桩时，石灰桩材料的干密度ρ_d不应小于 1.1t/m^3，石灰桩**每延米灌灰量**可按下式估算：

$$q = \eta_c \frac{\pi d^2}{4}$$

式中：q——石灰桩每延米灌灰量（m^3/m）；

d——设计桩径（m）；

η_c——充盈系数，可取 1.4～1.8；振动管外投料成桩取高值，螺旋钻成桩取低值。

第5篇

土工结构与边坡支护

考试大纲

6.1 土工结构

熟悉**路堤**和堤坝的设计原则及方法；熟悉土工结构的防护与加固措施；了解土工结构填料的选用及填筑方法；熟悉土工结构施工质量控制及监测、检测方法；**熟悉不同土质及不同条件下土工结构的设计要求及方法。**

6.2 边坡稳定性

了解影响**边坡稳定的因素与边坡破坏的类型；掌握边坡的稳定分析方法；熟悉边坡安全坡率的确定方法。**

6.3 边坡防护

了解边坡防护的常用技术；熟悉不同防护结构的设计方法和施工要点；**熟悉挡墙的结构形式、设计方法和施工要点；**掌握边坡排水工程的设计方法和施工要点。

考题特点

自 2018 年后，土工防护与边坡支护题量 6～7 题，上午和下午各 3～4 题，题号为 13～18，加上出题位置在不良地质里面的滑坡、崩塌等题目，题量达 8～9 题。涉及规范 8 本，案例考点主要涉及 6 本，主要考点出自《建筑边坡工程技术规范》,《土力学》出题也非常多,《铁路路基支挡结构设计规范》相对来说是其他规范里面出题较多的，本章是岩土考试中最难的章节，具有很好的区分度，是通过与不通过的关键章节，学好了本章通过岩土就不再是难事。出题主要集中在以下几个考点：土压力计算、直线滑动、折线滑动传递系数法、挡土墙稳定性分析，其他边坡支护设计有不少的出题。部分题目较偏，部分题目难度较大，但也有一半左右的题目为常规易拿分题目。

复习方法

土压力计算和边坡稳定分析为本章的核心重点，应通过深入学习土力学的相关原理，掌握其计算的理论和假设，再进行方法的扩展和总结。相关知识点比较繁多，有较多的力学分析和角度的分解，需要深入分析，平时通过大量做题练习力学的分析和公式的推导，总结规律，理解记忆常规的公式，做到闭卷答题。平时对规范偏门知识点进行系统的复习和总结。

应试技巧

建议边坡的题目放在考试的后半程做，常规题目尽量闭卷作答，偏僻但简单的题目找到规范的出处认真核对参数，计算量大而且思路不清的题目可以考虑放弃。

主要涉及规范

(1)《建筑边坡工程技术规范》GB 50330—2013（核心重点）

(2)《铁路路基支挡结构设计规范》TB 10025—2019（新更新）（重点）

(3)《碾压式土石坝设计规范》NB/T 10872—2021（次重点 1）

(4)《公路路基设计规范》JTG D30—2015（次重点 2）

(5)《铁路路基设计规范》TB 10001—2016（次重点 3）

(6)《土工合成材料应用技术规范》GB/T 50290—2014（次重点 4）

(7)《建筑边坡工程鉴定与加固技术规范》GB 50843—2013（次要规范 5）

(8)《工程地质手册》（第五版）

第18章

建筑边坡工程技术规范

18.1 基本规定

18.1.1 边坡工程安全等级——《建筑边坡工程技术规范》第3.2.1条

边坡工程应根据其损坏后可能造成的破坏后果（危及人的生命、造成经济损失、产生不良社会影响）的严重性、边坡类型和边坡高度等因素，按表5-18-1确定边坡工程安全等级。

边坡工程安全等级　　表5-18-1

边坡类型		边坡高度H（m）	破坏后果	安全等级
岩质边坡	岩体类型Ⅰ或Ⅱ类	$H \leqslant 30$	很严重	一级
			严重	二级
			不严重	三级
	岩体类型Ⅲ或Ⅳ类	$15 < H \leqslant 30$	很严重	一级
			严重	二级
		$H \leqslant 15$	很严重	一级
			严重	二级
			不严重	三级
土质边坡		$10 < H \leqslant 15$	很严重	一级
			严重	二级
		$H \leqslant 10$	很严重	一级
			严重	二级
			不严重	三级

注：1. 很严重：造成重大人员伤亡或财产损失；严重：可能造成人员伤亡或财产损失；不严重：可能造成财产损失。

2. 破坏后果**很严重、严重**的下列边坡工程，其安全等级应定为一级：

（1）由外倾软弱结构面控制；

（2）工程滑坡地段；

（3）滑塌区内有重要建（构）筑物

18.1.2 边坡塌滑区范围——《建筑边坡工程技术规范》第3.2.3条

边坡塌滑区范围可按表5-18-2估算。

边坡塌滑区范围　　表5-18-2

边坡坡顶塌滑区外缘至坡底边缘的水平投影距离L（m）：

$$L = \frac{H}{\tan\theta}$$

式中：H——边坡高度（m）；

θ——坡顶无荷载时边坡的破裂角（°）；对**直立土质边坡**可取$45° + \varphi/2$；对**斜面土质边坡**，可取$(\beta + \varphi)/2$，β为坡角；对**直立岩质边坡**按《建筑边坡工程技术规范》第6.3.3条确定；对**倾斜坡面岩质边坡**按《建筑边坡工程技术规范》第6.3.4条确定

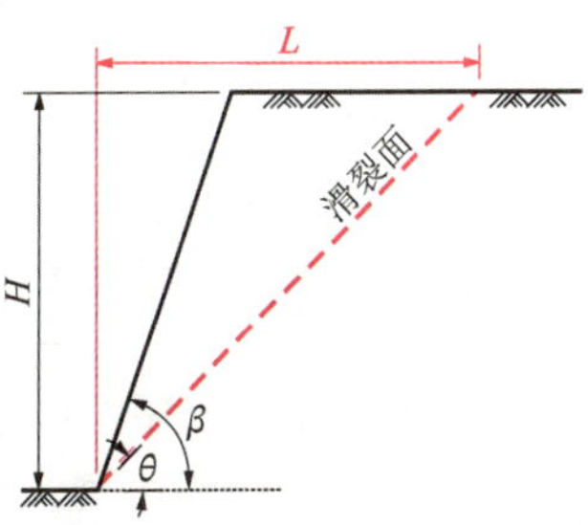

题 5-1 （06D25）某Ⅱ类岩石边坡坡高 22m，坡顶水平，坡面走向 N10°E，倾向 SE，坡角 65°，发育一组优势硬性结构面，走向为 N10°E，倾向 SE，倾角 58°，岩体的内摩擦角为$\varphi = 34°$，试按《建筑边坡工程技术规范》GB 50330—2013 估算，边坡坡顶塌滑边缘至坡顶边缘的距离L值最接近下列哪个选项？

（A）3.5m　　（B）8.3m　　（C）11.7m　　（D）13.7m

（1）破裂角 58°

（2）$L = \dfrac{22}{\tan 58°} - \dfrac{22}{\tan 65°} = 3.5\text{m}$

【点评】

①根据《建筑边坡工程技术规范》第 3.2.3 条、第 6.3.4 条；②岩质边坡的坡面倾斜、坡顶水平、无超越，且岩体存在外倾结构面时，破裂角取外倾结构面倾角 58°；③注意是边坡坡顶塌滑边缘至**坡顶**边缘的距离而不是至**坡底**的距离。

18.1.3 岩质边坡的岩体分类——《建筑边坡工程技术规范》第 4.1.4 条、第 4.1.5 条

（1）岩质边坡工程勘察应根据岩体主要结构面与坡向的关系、结构面的倾角大小、结合程度、岩体完整程度等因素对**边坡岩体类型进行划分**，并应符合表 5-18-3 的规定。

岩质边坡的岩体分类　　**表 5-18-3**

边坡岩体类型	判定条件			
	岩体完整程度	结构面结合程度	结构面产状	直立边坡自稳能力
Ⅰ	完整	结构面结合良好或一般	外倾结构面或外倾不同结构面的组合线倾角＞75°或＜27°	30m 高的边坡长期稳定、偶有掉块
Ⅱ	完整	结构面结合良好或一般	外倾结构面或外倾不同结构面的组合线倾角 27°～75°	15m 高的边坡稳定，15～30m 高的边坡欠稳定
	完整	结构面结合差	外倾结构面或外倾不同结构面的组合线倾角＞75°或＜27°	
	较完整	结构面结合良好或一般	外倾结构面或外倾不同结构面的组合线倾角＞75°或＜27°	边坡出现局部落块
Ⅲ	完整	结构面结合差	外倾结构面或外倾不同结构面的组合线倾角 27°～75°	8m 高的边坡稳定，15m 高的边坡欠稳定
	较完整	结构面结合良好或一般	外倾结构面或外倾不同结构面的组合线倾角 27°～75°	
	较完整	结构面结合差	外倾结构面或外倾不同结构面的组合线倾角＞75°或＜27°	
	较破碎	结构面结合良好或一般	外倾结构面或外倾不同结构面的组合线倾角＞75°或＜27°	
	较破碎（碎裂镶嵌）	结构面结合良好或一般	结构面无明显规律	
Ⅳ	较完整	结构面结合差或很差	外倾结构面以层面为主、倾角多为 27°～75°	8m 高的边坡不稳定
	较破碎	结构面结合一般或差	外倾结构面或外倾不同结构面的组合线倾角 27°～75°	
	破碎或极破碎	碎块间结合很差	结构面无明显规律	

注：1. 结构面指原生结构面和构造结构面，不包括风化裂隙；
2. 外倾结构面系指倾向与坡向的夹角小于 30°的结构面；
3. 不包括全风化基岩；全风化基岩可视为土体；
4. Ⅰ类岩体为软岩，应降为Ⅱ类岩体；Ⅰ类岩体为较软岩且边坡高度大于 15m 时，可降为Ⅱ类；
5. 当地下水发育时，Ⅱ、Ⅲ类岩体可根据具体情况降低一档；
6. 强风化岩应划为Ⅳ类，完整的极软岩可划为Ⅲ类或Ⅳ类；
7. 当边坡岩体较完整、结构面结合差或很差、外倾结构面或外倾不同结构面的组合线倾角 27°～75°，结构面贯通性差时，可划为Ⅲ类；
8. 当有贯通性较好的外倾结构面时，应验算沿该结构面破坏的稳定性。

（2）当无外倾结构面及外倾不同结构面组合时，**边坡岩体类型**可按表 5-18-4 进行划分。

边坡岩体类型　　**表 5-18-4**

当无外倾结构面及外倾不同结构面组合时	Ⅰ类	完整、较完整的坚硬岩、较硬岩
	Ⅱ类	较破碎的坚硬岩、较硬岩 完整、较完整的较软岩、软岩
	Ⅲ类	较破碎的较软岩、软岩

18.1.4　边坡力学参数取值——《建筑边坡工程技术规范》第 4.3 节、第 6.2.6 条

（1）岩体结构面抗剪强度指标的试验应符合现行国家标准《工程岩体试验方法标准》的有关规定。当无条件进行试验时，结构面的抗剪强度指标标准值在初步设计时可按表 5-18-5 并结合类似工程经验确定。

结构面抗剪强度指标标准值　　**表 5-18-5**

结构面类型		结构面结合程度	内摩擦角φ（°）	黏聚力c（MPa）
硬性结构面	1	结合好	＞35	＞0.13
	2	结合一般	35～27	0.13～0.09
	3	结合差	27～18	0.09～0.05
软弱结构面	4	结合很差	18～12	0.05～0.02
	5	结合极差（泥化层）	＜12	＜0.02

注：1. 除第 1 项和第 5 项外，结构面两壁岩性为极软岩、软岩时取较低值；
2. 取值时应考虑结构面的贯通程度；
3. 结构面浸水时取较低值；
4. 临时性边坡可取高值；
5. 已考虑结构面的时间效应；
6. 未考虑结构面参数在施工期和运行期受其他因素影响发生的变化，当判定为不利因素时，可进行适当折减。

（2）岩体结构面的结合程度可按表 5-18-6 确定。

结构面的结合程度　　表 5-18-6

结合程度	结合状况	起伏粗糙程度	结构面张开度（mm）	充填状况	岩体状况
结合良好	铁硅钙质胶结	起伏粗糙	⩽3	胶结	硬岩或较软岩
结合一般	铁硅钙质胶结	起伏粗糙	3～5	胶结	硬岩或较软岩
结合一般	铁硅钙质胶结	起伏粗糙	⩽3	胶结	软岩
	分离	起伏粗糙	⩽3（无充填时）	无充填或岩块、岩屑充填	硬岩或较软岩
结合差	分离	起伏粗糙	⩽3	干净无充填	软岩
	分离	平直光滑	⩽3（无充填时）	无充填或岩块、岩屑充填	各种岩层
	分离	平直光滑	—	岩块、岩屑夹泥或附泥膜	各种岩层
结合很差	分离	平直光滑、略有起伏	—	泥质或泥夹岩屑充填	各种岩层
	分离	平直很光滑	⩽3	无充填	各种岩层
结合极差	结合极差	—	—	泥化夹层	各种岩层

注：1. **起伏度：** 当 $R_A \leqslant 1\%$ 时，平直；当 $1\% < R_A \leqslant 2\%$ 时，略有起伏；当 $2\% < R_A$ 时，起伏；其中 $R_A = A/L$，A 为连续结构面起伏幅度（cm），L 为连续结构面取样长度（cm），测量范围 L 一般为 1.0～3.0m；

2. **粗糙度：** 很光滑，感觉非常细腻如镜面；光滑，感觉比较细腻，无颗粒感觉；较粗糙，可以感觉到一定的颗粒状；粗糙，明显感觉到颗粒状。

（3）当无试验资料和缺少当地经验时，天然状态或饱和状态岩体内摩擦角标准值可根据天然状态或饱和状态岩块的内摩擦角标准值结合边坡岩体完整程度按表 5-18-7 中系数折减确定。

边坡岩体内摩擦角的折减系数　　表 5-18-7

边坡岩体完整程度	完整	较完整	较破碎
内摩擦角的折减系数	0.95～0.90	0.90～0.85	0.85～0.80

注：全风化层可按成分相同的土层考虑；强风化基岩可根据地方经验适当折减。

（4）边坡岩体等效内摩擦角宜按当地经验确定。当缺乏当地经验时，可按表 5-18-8 取值。

边坡岩体等效内摩擦角标准值 φ_e　　表 5-18-8

边坡岩体类型	Ⅰ	Ⅱ	Ⅲ	Ⅳ
φ_e（°）	$\varphi_e > 72°$	$72° \geqslant \varphi_e > 62°$	$62° \geqslant \varphi_e > 52°$	$52° \geqslant \varphi_e > 42°$

注：1. 适用于高度不大于 30m 的边坡；当高度大于 30m 时，应作专门研究；

2. 边坡高度较大时宜取较小值；高度较小时宜取较大值；当边坡岩体变化较大时，应按同等高度段分别取值；

3. 已考虑时间效应；对于Ⅱ、Ⅲ、Ⅳ类岩质临时边坡可取上限值，Ⅰ类岩质临时边坡可根据岩体强度及完整程度取大于 72°的数值；

4. 适用于完整、较完整的岩体；破碎、较破碎的岩体可根据地方经验适当折减。

（5）边坡稳定性和土压力计算选取抗剪强度指标

边坡稳定性和土压力计算选取抗剪强度指标应符合表 5-18-9 的规定。

抗剪强度指标　　　　表 5-18-9

边坡稳定性	边坡稳定性计算应根据不同的工况选择相应的抗剪强度指标。 **土质边坡**按水土合算原则计算时，地下水位以下宜采用土的饱和自重固结不排水抗剪强度指标；按水土分算原则计算时，地下水位以下宜采用土的有效抗剪强度指标
土压力计算	边坡坡体中有地下水但未形成渗流时，作用于支护结构上的侧压力可按下列规定计算： 1. 对砂土和粉土应按水土分算原则计算； 2. 对黏性土宜根据工程经验按水土分算或水土合算原则计算； 3. 按水土分算原则计算时，作用在支护结构上的侧压力等于土压力和静止水压力之和，地下水位以下的土压力采用浮重度（γ'）和有效应力抗剪强度指标（c'、φ'）计算； 4. 按水土合算原则计算时，地下水位以下的土压力采用饱和重度（γ_{sat}）和总应力抗剪强度指标（c、φ）计算
试验方法	**土质边坡**抗剪强度试验方法的选择应符合下列规定： 1. 根据坡体内的含水状态选择天然或饱和状态的抗剪强度试验方法； 2. 用于土质边坡，在计算土压力和抗倾覆计算时，对黏土、粉质黏土宜选择直剪固结快剪或三轴固结不排水剪，对粉土、砂土和碎石土宜选择有效应力强度指标； 3. 用于土质边坡计算整体稳定、局部稳定和抗滑稳定性时，对一般的黏性土、砂土和碎石土，按第 2 项相同的试验方法，但对饱和软黏性土，宜选择直剪快剪、三轴不固结不排水试验或十字板剪切试验

18.1.5　边坡工程勘探点深度——《建筑边坡工程技术规范》第 4.2.9 条

边坡工程勘探点深度应符合表 5-18-10 的规定。

勘探点深度　　　　表 5-18-10

边坡工程勘探点深度	应进入最下层潜在滑面 2.0～5.0m，控制性钻孔取大值，一般性钻孔取小值
支挡位置的控制性勘探孔深度	对于重力式挡墙、扶壁式挡墙和锚杆挡墙可进入持力层不小于 2.0m
	对于悬臂桩进入嵌固段的深度土质时不宜小于悬臂长度的 1.0 倍，岩质时不小于 0.7 倍

18.2　岩土压力计算

在第一篇第六章中已经学习了土压力的计算方法和原理，此处对朗肯土压力、库仑土压力和楔体法土压力计算进行了系统的总结。需要注意三种计算方法的适用前提条件以及公式中各参数的相应含义，特别是要深刻理解适用前提条件和公式中内摩擦角需要取对应滑面上的内摩擦角，不能死套公式。在学好第一篇土力学上有关土压力原理的基础上理解公式的含义，通过大量做题达到闭卷或半闭卷的程度。

土压力计算，首先看题目是否已知破裂角θ：（1）若已知θ，用楔体法计算；（2）若未知θ，则判断是否满足朗肯条件：①若满足，用朗肯理论计算；②若不满足，用库仑理论计算。

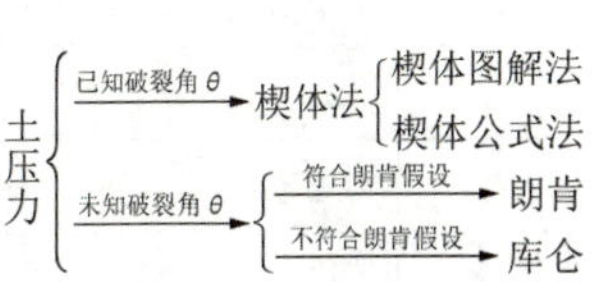

18.2.1 静止土压力

当挡土墙完全没有侧向位移、偏转和自身弯曲变形时，作用在其上的土压力即为静止土压力。静止土压力一般不会单独出题，但会在后面“加筋土挡墙”等考点中出现。静止土压力计算应该符合表 5-18-11 的规定。

静止土压力计算 表 5-18-11

静止土压力呈三角形分布，作用点在墙底往上 1/3H处： $e_{0i}=\left(\sum_{j=1}^{i}\gamma_j h_j+q\right)K_{0i}$，$E_0=\frac{1}{2}\gamma H^2K_0$ 无黏性土及正常固结黏性土： $K_0=1-\sin\varphi'$ 超固结黏性土：$(K_0)_{O\cdot C}=(K_0)_{N\cdot C}\cdot(OCR)^m$	K_0——静止土压力系数，宜同试验确定，无试验条件时，对砂土可取 0.34～0.45，对黏性土可取 0.5～0.7； φ'——有效内摩擦角（°）； OCR——超固结比； $(K_0)_{O\cdot C}$——超固结土的K_0值； $(K_0)_{N\cdot C}$——正常固结土的K_0值； m——经验系数，一般取 0.4～0.5，塑性指数小取大值

18.2.2 朗肯土压力

朗肯土压力理论基本条件和假定，**条件：**墙背光滑垂直、填土表面水平（$\alpha=90°$，$\delta=0$，$\beta=0$）；**假设：**墙后各点均处于极限平衡状态。朗肯土压力计算应该符合表 5-18-12 的规定。

静止土压力计算 表 5-18-12

主动土压力		被动土压力
无黏性土	黏性土	
$E_a=\frac{1}{2}\gamma H^2K_a+qHK_a$ $K_a=\tan^2\left(45°-\frac{\varphi}{2}\right)$	$E_a=\frac{1}{2}\gamma(H-z_0)^2K_a$（$z_0$为负不可用） $z_0=\left(\frac{2c}{\sqrt{K_a}}-q\right)/\gamma$	$E_p=\frac{1}{2}\gamma H^2K_p+2cH\sqrt{K_p}+qHK_p$ $K_p=\tan^2\left(45°+\frac{\varphi}{2}\right)$
$e_{ai}=\left(\sum_{j=1}^{i}\gamma_j h_j+q\right)K_{ai}$	$e_{ai}=\left(\sum_{j=1}^{i}\gamma_j h_j+q\right)K_{ai}-2c_i\sqrt{K_{ai}}$	$e_{pi}=\left(\sum_{j=1}^{i}\gamma_j h_j+q\right)K_{pi}+2c_i\sqrt{K_{pi}}$
$E_a=\sum\frac{e_{ai}+e_{a(i+1)}}{2}h_j$（$z_0$为负只可用此式）		$E_p=\sum\frac{e_{pi}+e_{p(i+1)}}{2}h_j$

K_a速查表

φ	10°	11°	12°	13°	14°	15°	16°	17°	18°	19°	20°
K_a	0.704	0.680	0.656	0.633	0.610	0.589	0.568	0.548	0.528	0.509	0.490
φ	21°	22°	23°	24°	25°	26°	27°	28°	29°	30°	31°
K_a	0.472	0.455	0.438	0.422	0.406	0.390	0.376	0.361	0.347	0.333	0.320
φ	32°	33°	34°	35°	36°	37°	38°	39°	40°	42°	45°
K_a	0.307	0.295	0.283	0.271	0.260	0.249	0.238	0.228	0.217	0.198	0.172

下面介绍几种比较常见的朗肯分层主动土压力计算，见表 5-18-13。

朗肯分层主动土压力计算　　　　表 5-18-13

<table>
<tr><td colspan="3">（1）上层黏土下层砂土（面积法与分块法均可用）</td></tr>
<tr><td rowspan="2">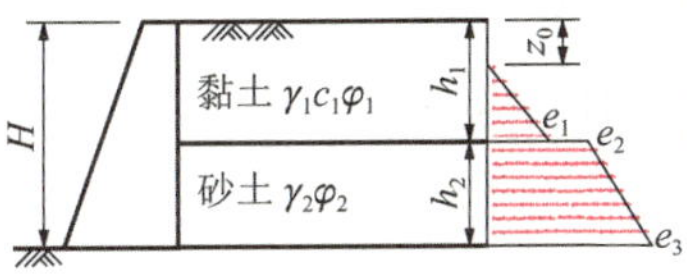
</td><td>面积法</td><td>$z_0=\dfrac{2c_1}{\gamma_1\sqrt{K_{a1}}}$；$e_1=\gamma_1 h_1 K_{a1}-2c_1\sqrt{K_{a1}}$；$e_2=\gamma_1 h_1 K_{a2}$；
$e_3=(\gamma_1 h_1+\gamma_2 h_2)K_{a2}$；$\Rightarrow E_a=\dfrac{e_1}{2}(h_1-z_0)+\dfrac{e_2+e_3}{2}h_2$</td></tr>
<tr><td>分块法</td><td>$z_0=\dfrac{2c_1}{\gamma_1\sqrt{K_{a1}}}$；$E_a=\dfrac{1}{2}\gamma_1(h_1-z_0)^2K_{a1}+\gamma_1 h_1 h_2 K_{a2}+\dfrac{1}{2}\gamma_2 h_2^2 K_{a2}$</td></tr>
<tr><td colspan="3">（2）上层砂土下层黏土（无z_0，用面积法）</td></tr>
<tr><td>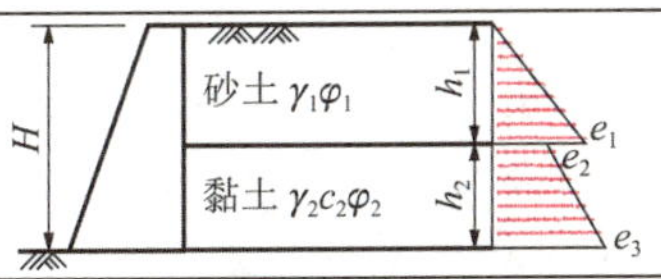
</td><td colspan="2">$e_1=\gamma_1 h_1 K_{a1}$；$e_2=\gamma_1 h_1 K_{a2}-2c_2\sqrt{K_{a2}}>0$；
$e_3=(\gamma_1 h_1+\gamma_2 h_2)K_{a2}-2c_2\sqrt{K_{a2}}$；$\Rightarrow E_a=\dfrac{e_1}{2}h_1+\dfrac{e_2+e_3}{2}h_2$</td></tr>
<tr><td colspan="3">（3）上层砂土下层黏土（有z_0，面积法与分块法均可用）</td></tr>
<tr><td rowspan="2">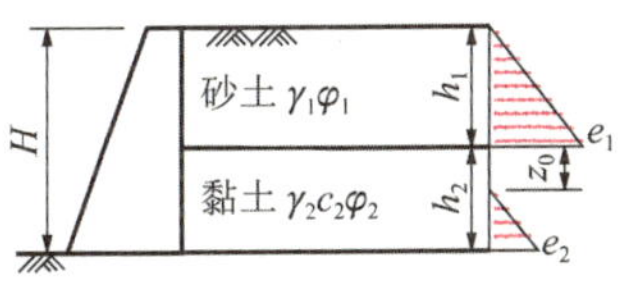
</td><td>面积法</td><td>$e_1=\gamma_1 h_1 K_{a1}$；$\gamma_1 h_1 K_{a2}-2c_2\sqrt{K_{a2}}<0$；
$(\gamma_1 h_1+\gamma_2 z_0)K_{a2}-2c_2\sqrt{K_{a2}}=0\Rightarrow z_0$；
$e_2=(\gamma_1 h_1+\gamma_2 h_2)K_{a2}-2c_2\sqrt{K_{a2}}$；$\Rightarrow E_a=\dfrac{e_1}{2}h_1+\dfrac{e_2}{2}(h_2-z_0)$</td></tr>
<tr><td>分块法</td><td>$(\gamma_1 h_1+\gamma_2 z_0)K_{a2}-2c_2\sqrt{K_{a2}}=0\Rightarrow z_0$；
$E_a=\dfrac{1}{2}\gamma_1 h_1^2 K_{a1}+\dfrac{1}{2}\gamma_2(h_2-z_0)^2K_{a2}$</td></tr>
<tr><td colspan="3">（4）无黏性土有均布荷载q（推荐分块法）</td></tr>
<tr><td rowspan="2">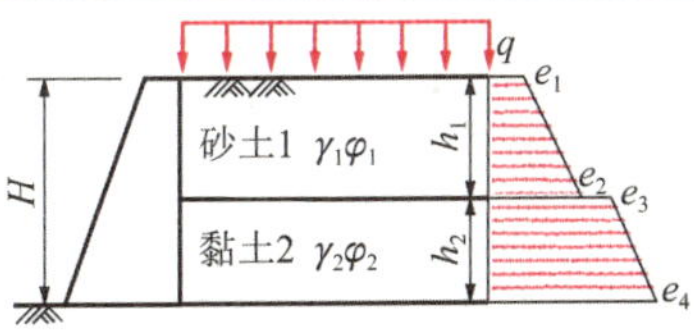
</td><td>面积法</td><td>$e_1=qK_{a1}$；$e_2=(\gamma_1 h_1+q)K_{a1}$；$e_3=(\gamma_1 h_1+q)K_{a2}$；
$e_4=(\gamma_1 h_1+\gamma_2 h_2+q)K_{a2}$；$\Rightarrow E_a=\dfrac{e_1+e_2}{2}h_1+\dfrac{e_3+e_4}{2}h_2$</td></tr>
<tr><td>分块法</td><td>$E_a=\dfrac{1}{2}\gamma_1 h_1^2 K_{a1}+qh_1K_{a1}+(\gamma_1 h_1+q)h_2K_{a2}+\dfrac{1}{2}\gamma_2 h_2^2 K_{a2}$</td></tr>
<tr><td colspan="3">（5）有均布荷载q和黏性土（无z_0，用面积法）</td></tr>
<tr><td>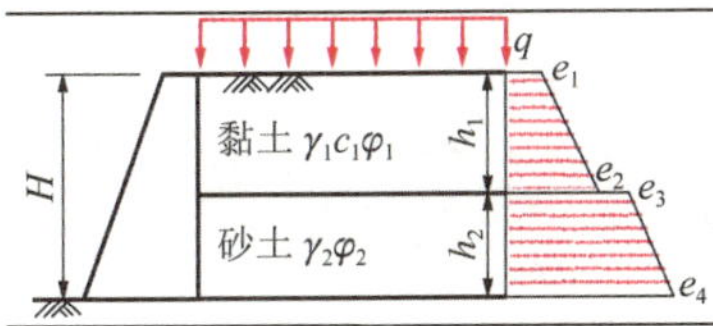
</td><td colspan="2">$e_1=qK_{a1}-2c_1\sqrt{K_{a1}}>0$；$e_2=(\gamma_1 h_1+q)K_{a1}-2c_1\sqrt{K_{a1}}$；
$e_3=(\gamma_1 h_1+q)K_{a2}$；
$e_4=(\gamma_1 h_1+\gamma_2 h_2+q)K_{a2}$；$\Rightarrow E_a=\dfrac{e_1+e_2}{2}h_1+\dfrac{e_3+e_4}{2}h_2$</td></tr>
<tr><td colspan="3">（6）有均布荷载q和黏性土（有z_0，面积法与分块法均可用）</td></tr>
<tr><td rowspan="2">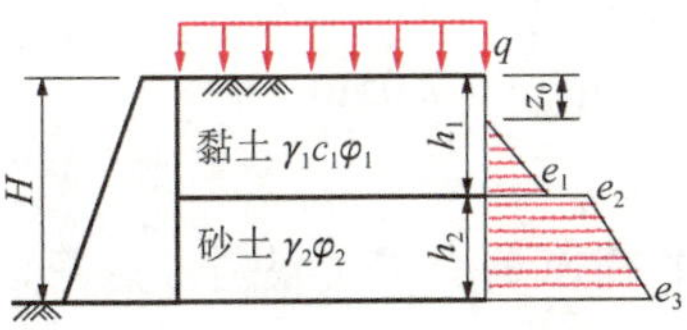
</td><td>面积法</td><td>$z_0=\left(\dfrac{2c_1}{\sqrt{K_{a1}}}-q\right)/\gamma_1>0$；$e_1=(\gamma_1 h_1+q)K_{a1}-2c_1\sqrt{K_{a1}}$；
$e_2=(\gamma_1 h_1+q)K_{a2}$；$e_3=(\gamma_1 h_1+\gamma_2 h_2+q)K_{a2}$；
$\Rightarrow E_a=\dfrac{e_1}{2}(h_1-z_0)+\dfrac{e_2+e_3}{2}h_2$</td></tr>
<tr><td>分块法</td><td>$z_0=\left(\dfrac{2c_1}{\sqrt{K_{a1}}}-q\right)/\gamma_1$；
$E_a=\dfrac{1}{2}\gamma_1(h_1-z_0)^2K_{a1}+(\gamma_1 h_1+q)h_2K_{a2}+\dfrac{1}{2}\gamma_2 h_2^2 K_{a2}$</td></tr>
</table>

《建筑边坡工程技术规范》第11.2.1条或《建筑地基基础设计规范》第6.7.3条均有规定：土质边坡采用重力式挡墙高度不小于5m时，主动土压力值乘以增大系数确定。挡墙高度5～8m时增大系数宜取1.1，挡墙高度大于8m时增大系数宜取1.2。

★重力式挡墙主动土压力增大系数要注意以下要点：

1. **重力式挡墙**；2. **主动土压力**；3. **土质边坡**；
4. **指定规范**（《建筑边坡工程技术规范》或《建筑地基基础设计规范》）；
5. 水土分算时，土增大，水不增大；
6. 增大系数对应墙高，与墙后填土高度无关。

同时满足前4款条件时才乘以增大系数，墙高$H=5$～8m，乘1.1；墙高$H>8$m，乘1.2。（闭卷口诀："58同乘1.1"）

注：土压力计算公式是在土体达到极限平衡状态的条件下推导出来的，当边坡支挡结构不能达到极限状态时，土压力设计值应取主动土压力与静止土压力的某一中间值。对于高大挡土墙，通常也不允许出现达到极限状态时的位移值，因此在土压力计算式中计入增大系数。

（1）**朗肯土压力**

题5-2 挡土墙高6m，墙背垂直光滑，墙后填土水平，土体的重度$\gamma=19\text{kN/m}^3$，$c=5\text{kPa}$，$\varphi=30°$，土体表面有连续均布荷载$q=20\text{kPa}$，如图5-18-1所示，计算土的主动土压力大小和作用点的位置？

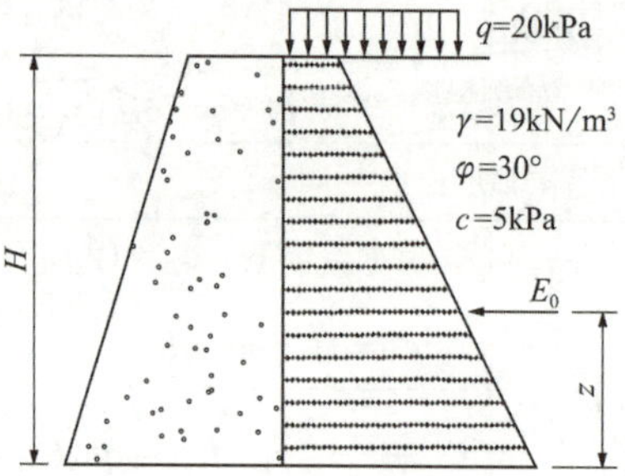

图5-18-1 题5-2图

【解】

（1）$K_a=\tan^2\left(45°-\dfrac{30°}{2}\right)=0.333$

墙顶：$e_{a1}=20\times0.333-2\times5\times\sqrt{0.333}=0.90\text{kPa}$

墙底：$e_{a2}=(19\times6+20)\times0.333-2\times5\times\sqrt{0.333}=38.9\text{kPa}$

（2）$E_a=\dfrac{1}{2}\times(0.9+38.9)\times6=119.4\text{kN/m}$

（3）作用点距墙踵高度$z=\dfrac{0.9\times6\times\dfrac{6}{2}+\dfrac{1}{2}\times(38.9-0.9)\times6\times\dfrac{6}{3}}{119.4}=2.05\text{m}$

【点评】

根据《建筑边坡工程技术规范》第6.2.4条，梯形土压力作用点的公式是根据力矩等效计算而来的，当z_0小于零时，土样的分布为大三角形-小三角形。

题 5-3　（06D21）有一重力式挡土墙墙背垂直光滑，无地下水，打算使用两种墙背填土，一种是黏土，$c = 20\text{kPa}$，$\varphi = 22°$；另一种是砂土，$c = 0$，$\varphi = 38°$，重度都是 20kN/m^3。则墙高 H 等于下列哪个选项时，采用黏土填料和砂土填料的墙背总主动土压力两者基本相等？

（A）3.0m　　（B）7.8m　　（C）10.7m　　（D）12.4

【解】

（1）砂土时：$K_{a1} = \tan^2\left(45° - \frac{38°}{2}\right) = 0.238$

$$E_{a1} = \frac{1}{2}\gamma H^2 K_{a1} = \frac{1}{2} \times 20 \times H^2 \times 0.238 = 2.38H^2$$

（2）黏土时：$K_{a2} = \tan^2\left(45° - \frac{22°}{2}\right) = 0.455$

$$z_0 = \frac{2c}{\gamma\sqrt{K_a}} = \frac{2 \times 20}{20 \times \sqrt{0.455}} = 2.965\text{m}$$

$$E_a = \frac{1}{2}\gamma(H - z_0)^2 K_a = \frac{1}{2} \times 20 \times (H - 2.965)^2 \times 0.455 = 4.55(H - 2.965)^2$$

（3）$E_{a1} = E_{a2} \Rightarrow 2.38H^2 = 4.55(H - 2.965)^2 \Rightarrow H = 10.7\text{m}$

【点评】

①土力学基本原理，朗肯土压力计算，应闭卷作答；②对于黏性土的总土压力计算，可先计算临界深度 $z_0 = \frac{2c}{\gamma\sqrt{K_a}}$ 后采用 $E_a = \frac{1}{2}\gamma(H - z_0)^2 K_a$ 计算，或者直接采用公式 $E_a = \frac{1}{2}\gamma H^2 K_a - 2cH\sqrt{K_a} + \frac{2c^2}{\gamma}$ 计算，不建议用后者的公式。

【同类型真题】08D19、12C19

题 5-4　（21C15）一边坡重力式挡墙，墙背竖直，高 5.8m，墙后为黏性土且地面水平，现为饱和状态（墙后水位在墙后地面），重度 $\gamma_{sat} = 20\text{kN/m}^3$，其不固结不排水强度 $c_u = c_0 + c_{inc}z$，其中 $c_0 = 15\text{kPa}$，$c_{inc} = 0.5\text{kPa/m}$，$z$ 为计算点至墙后地面的垂直距离（图 5-18-2）。设可忽略墙背摩擦，挡土墙因墙后土水压力作用而失稳破坏时每延米挡墙墙背所受土水压力合力最接近下列哪个选项？（按水土合算分析）

（A）90kN/m　　（B）170kN/m

（C）290kN/m　　（D）380kN/m

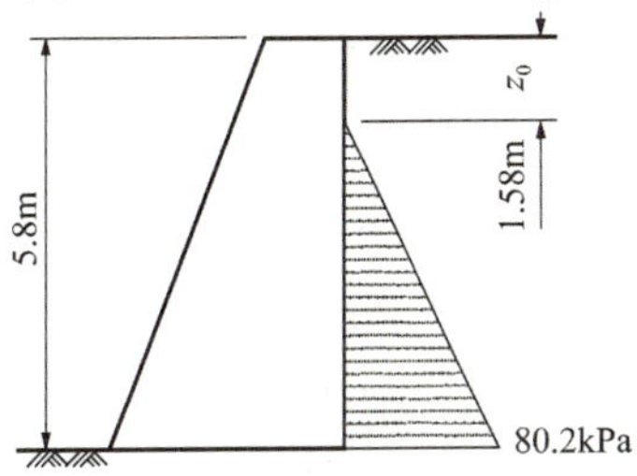

图 5-18-2　解 5-4 图

【解】

（1）依题意满足朗肯土压力理论，$\varphi = 0°$，$K_a = 1$

（2）$e_{ak} = 20z_0 \times 1 - 2 \times (15 + 0.5z_0) \times 1 = 19z_0 - 30 \Rightarrow z_0 = \frac{30}{19} = 1.58\text{m}$

（3）$e_{a底} = 19 \times 5.8 - 30 = 80.2\text{kPa}$，土压力为三角形分布

$$E_{ah} = \frac{80.2}{2} \times (5.8 - 1.58) = 169\text{kN/m}$$

【点评】

①根据《土力学》P237，朗肯土压力原理；②采用不固结不排水强度时，内摩擦角 $\varphi = 0$；③根据朗肯土压力理论计算后的土压力强度公式可知，土压力强度属于线性分布，形状为三角形，只需要求高度和底边长即可得土压力的面积 = 土压力合力。

题 5-5 （13D18）某砂土边坡，高 4.5m，如图 5-18-3 所示（单位：mm），原为钢筋混凝土扶壁式挡土结构，建成后其变形过大，再采取水平预应力锚索（锚索水平间距为 2m）进行加固，砂土的$\gamma = 21\text{kN/m}^3$，$c = 0$，$\varphi = 20°$，按朗肯土压力理论，锚索的预拉锁定值达到下列何值时，砂土将发生被动破坏？

（A）210kN （B）280kN （C）435kN （D）870kN

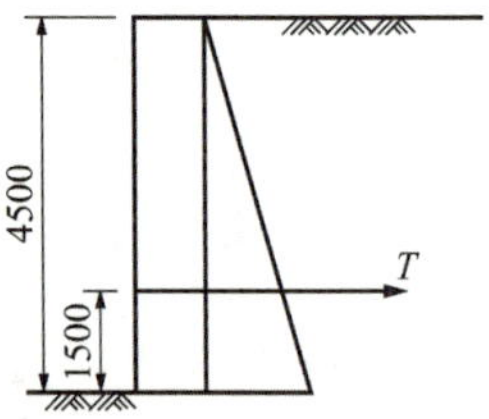

图 5-18-3 题 5-5 图 d

【解】

（1）$K_p = \tan^2\left(45° + \dfrac{20°}{2}\right) = 2.04$

$E_p = \dfrac{1}{2} \times 21 \times 4.5^2 \times 2.04 = 433.8\text{kN/m}$

（2）预拉锁定值：$P_t = 433.8 \times 2 = 867.6\text{kN}$

【点评】

①根据《建筑边坡工程技术规范》第 6.2.5 条；②采用预应力锚索挡土结构时，有时会因锚索的预拉锁定力过大，造成坡面隆起，发生被动破坏趋势；③易错点为忘记乘以锚索的水平间距 2m，另外要注意是乘 2 还是除以 2，如有些题目是锚索力转化为每延米土压力就要除以 2；④被动土压力历年很少出题，掌握基本的朗肯被动土压力公式即可。

（2）成层土压力

题 5-6 （10D20）如图 5-18-4 所示，重力式挡土墙墙背竖直光滑，墙后填土水平，上层填 3m 厚的中砂，重度为 18kN/m^3，内摩擦角$\varphi = 28°$；下层填 5m 厚的粗砂，重度为 19kN/m^3，内摩擦角$\varphi = 32°$。按《建筑边坡工程技术规范》GB 50330—2013 计算，则作用在 5m 粗砂层段挡土墙上的总主动土压力最接近下列哪个选项？

（A）172kN/m （B）168kN/m （C）162kN/m （D）156kN/m

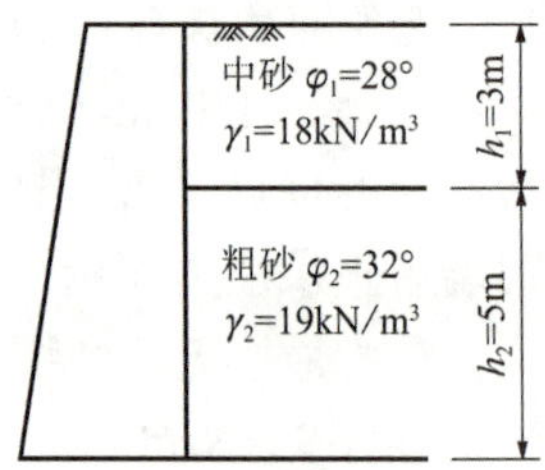

图 5-18-4 题 5-6 图

【解法一】

（1）粗砂：$K_{a2} = \tan^2\left(45° - \dfrac{32°}{2}\right) = 0.307$

粗砂层顶：$e_{2a} = 18 \times 3 \times 0.307 = 16.58\text{kPa}$

粗砂层底：$e_{2b} = (18 \times 3 + 19 \times 5) \times 0.307 = 45.74\text{kPa}$

（2）墙高 8m，增大系数取 1.1

$E_{a2} = 1.1 \times \dfrac{16.58 + 45.74}{2} \times 5 = 171.4\text{kN/m}$

【解法二】

（1）粗砂：$K_{a2} = \tan^2\left(45° - \dfrac{32°}{2}\right) = 0.307$

（2）墙高 8m，增大系数取 1.1

$E_a = 1.1 \times \left(18 \times 3 \times 0.307 \times 5 + \dfrac{1}{2} \times 19 \times 5^2 \times 0.307\right) = 171.4\text{kN/m}$

【点评】

①根据《建筑边坡工程技术规范》第 6.2.4 条、第 11.2.1 条；②对于“荷载作用在多层填土的墙背土压力”计算问题，原则就是分别计算各土层层顶和层底处的主动土压力强度，然后根据土压力分布面积求解主动土压力合力，对于黏性土推荐解法一，不易出错，考试求稳，对于无黏性土熟练以后可以采用解法二，提高做题速度。

【同类型真题】 04C24、08C17、08C22

题 5-7　（09D21）如图 5-18-5 所示，重力式挡土墙墙高为 6m，墙后砂土厚度$h = 1.6\text{m}$，已知砂土的重度为 17.5kN/m^3，内摩擦角为 30°，黏聚力为 0，墙后黏性土的重度为 18.15kN/m^3，内摩擦角 18°，黏聚力为 10kPa，按朗肯理论计算，则作用于每延米挡墙的总主动土压力E_a最接近下列哪个选项？

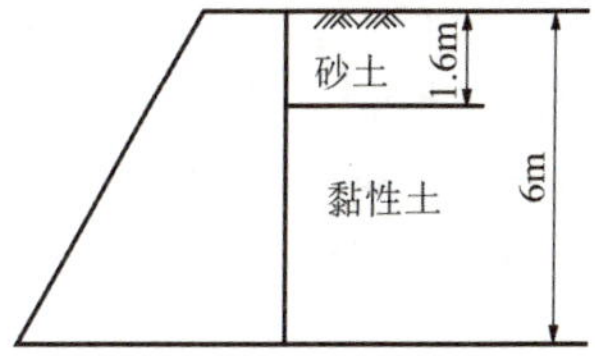

图 5-18-5　题 5-7 图

（A）82kN　　（B）92kN

（C）102kN　　（D）112kN

【解】

（1）$K_{a1} = \tan^2\left(45° - \frac{30°}{2}\right) = \frac{1}{3}$，

$K_{a2} = \tan^2\left(45° - \frac{18°}{2}\right) = 0.528$

（2）砂土层底：$e_{1下} = 17.5 \times 1.6 \times \frac{1}{3} = 9.33\text{kPa}$

黏土层顶：$e_{2上} = 17.5 \times 1.6 \times 0.528 - 2 \times 10 \times \sqrt{0.528} = 0.25\text{kPa}$

黏土层底面：$e_{2下} = (17.5 \times 1.6 + 18.15 \times 4.4) \times 0.528 - 2 \times 10 \times \sqrt{0.528} = 42.42\text{kPa}$

（3）$E_a = \frac{9.33}{2} \times 1.6 + \frac{0.25 + 42.42}{2} \times 4.4 = 101.3\text{kN}$

【点评】

①多层土用面积法，是最不易出错的方法；②黏土层顶如果计算$e_{2上}$为负值，则需要先求出z_0的位置，再确定土压力强度的分布图形。

题 5-8　（12D17）如图 5-18-6 所示，挡墙背直立、光滑，墙后的填料为中砂和粗砂，厚度分别为$h_1 = 3\text{m}$ 和$h_2 = 5\text{m}$，重度和内摩擦角见图 5-18-6。土体表面受到均匀满布荷载$q = 30\text{kPa}$ 的作用，试问荷载q在挡墙上产生的主动土压力接近下列哪个选项？

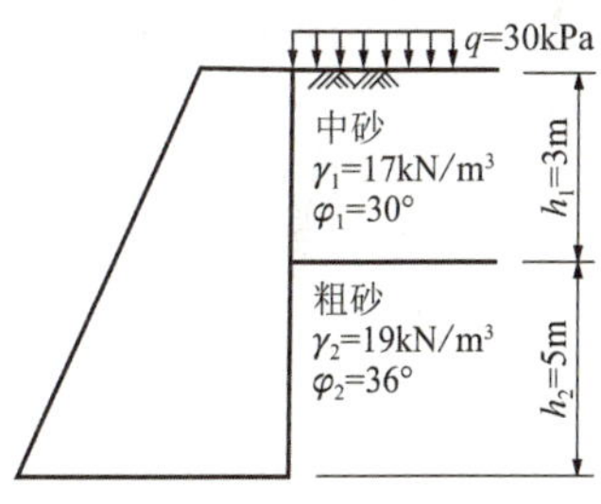

图 5-18-6　题 5-8 图

（A）49kN/m　　（B）59kN/m

（C）69kN/m　　（D）79kN/m

【解】

（1）$K_{a1} = \tan^2\left(45° - \frac{30°}{2}\right) = \frac{1}{3}$，

$K_{a2} = \tan^2\left(45° - \frac{36°}{2}\right) = 0.260$

（2）$\Delta E_a = qh_1K_{a1} + qh_2K_{a2} = 30 \times 3 \times \frac{1}{3} + 30 \times 5 \times 0.26 = 69.0\text{kN/m}$

【点评】

①根据《建筑边坡工程技术规范》第 6.2.4 条或《土力学》，考点为朗肯土压力条件，地面附加荷载对挡土墙产生的主动土压力；②上部荷载q对土产生的土压力，对土的土压力强度等效于γh，且呈矩形分布，故土压力合力为$\Delta E_a = qh_1K_{a1} + qh_2K_{a2}$。

题 5-9 某挡土墙背垂直光滑高 6m，墙后填土水平分两层土，厚度各 3m，第一层土$c_1 = 12\text{kPa}$，$\varphi_1 = 15°$，$\gamma_1 = 19.5\text{kN/m}^3$，第二层土$c_2 = 0$，$\varphi_2 = 31°$，$\gamma_2 = 17.3\text{kN/m}^3$。试计算主动土压力为多少？

【解】

（1）$K_{a1} = \tan^2\left(45° - \dfrac{15°}{2}\right) = 0.589$，$K_{a2} = \tan^2\left(45° - \dfrac{31°}{2}\right) = 0.320$

$$z_0 = \frac{2 \times 12}{19.5 \times \sqrt{0.589}} = 1.6\text{m}$$

（2）**【解法一】** 整体面积法

分层处上：$e_1 = 19.5 \times 3 \times 0.589 - 2 \times 12 \times \sqrt{0.589} = 16.04\text{kPa}$

分层处下：$e_2 = 19.5 \times 3 \times 0.32 = 18.72\text{kPa}$

第二层底：$e_3 = (19.5 \times 3 + 17.3 \times 3) \times 0.32 = 35.33\text{kPa}$

$$E_a = \frac{16.04}{2} \times (3 - 1.6) + \frac{18.72 + 35.33}{2} \times 3 = 92.3\text{kN/m}$$

【解法二】 分块面积法

$$E_a = \frac{1}{2} \times 19.5 \times (3 - 1.6)^2 \times 0.589 + 3 \times 19.5 \times 3 \times 0.320 + \frac{1}{2} \times 17.3 \times 3^2 \times 0.32$$
$$= 92.3\text{kN/m}$$

【点评】

多层土，直接用整体面积法，是最不容易错的，熟练之后可以采取分块面积法，提高解题速度。

题 5-10 如图 5-18-7 所示，挡土墙背直立、光滑，墙后的填料为中砂和粗砂，厚度分别为$h_1 = 3\text{m}$ 和$h_2 = 5\text{m}$，重度和内摩擦角见图 5-18-7。土体表面受到均匀满布荷载$q = 30\text{kPa}$ 的作用，试问作用在挡墙上的总主动土压力为多少？

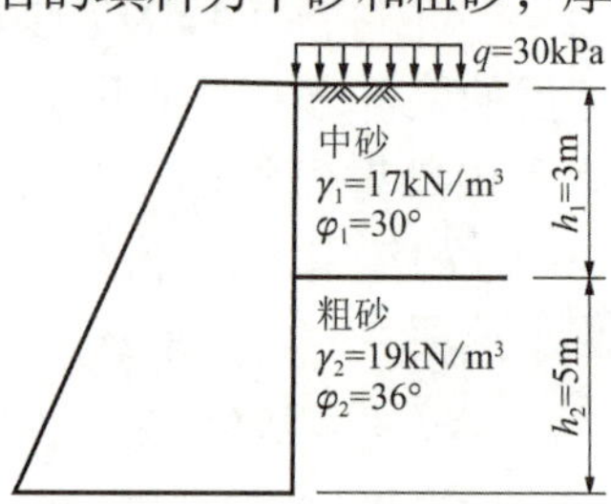

图 5-18-7 题 5-10 图

【解】

$$K_{a1} = \tan^2\left(45° - \frac{30°}{2}\right) = 0.333,$$

$$K_{a2} = \tan^2\left(45° - \frac{36°}{2}\right) = 0.26$$

【解法一】（分块面积法）

（1）第一层土产生的土压力：

$E_{a1} = 0.5 \times 17 \times 3^2 \times 0.333 + 17 \times 3 \times 0.26 \times 5 = 91.77\text{kN/m}$

第二层土产生的土压力：$E_{a2} = 0.5 \times 19 \times 5^2 \times 0.26 = 61.75\text{kN/m}$

超载q产生的土压力：$E_{aq} = 30 \times 3 \times 0.333 + 30 \times 5 \times 0.26 = 69\text{kN/m}$

（2）总主动土压力$E_a = 91.77 + 61.75 + 69 = 222.52\text{kN/m}$

【解法二】（土压力强度法）

（1）$e_{a1} = 30 \times 0.333 = 9.99\text{kPa}$，$e_{a2上} = (30 + 17 \times 3) \times 0.333 = 27\text{kPa}$

$e_{a2下} = (30 + 17 \times 3) \times 0.26 = 21.06\text{kPa}$，$e_{a3} = (30 + 3 \times 17 + 5 \times 19) \times 0.26 = 45.76\text{kPa}$

（2）总主动土压力$E_a = 0.5 \times (9.99 + 27) \times 3 + 0.5 \times (21.06 + 45.76) \times 5 = 222.53\text{kN/m}$

【点评】

①土压力计算首先根据题意判断是采用朗肯法还是库仑法求解；②在熟练掌握各种情况下的土压力分布形状后，多层砂性土或上黏下砂时推荐才用“分块面积法”计算，效率高，可一步快速得答案；多层黏性土主动土压力宜采用土压力强度法计算。

题 5-11　重力式挡墙，墙背垂直光滑，填土面水平，墙后填料为三层土，如图 5-18-8 所示，第一层土为砂土，$\varphi_1=30°$，$\gamma_1=19kN/m^3$，厚度 1m；第二层土为黏性土，$\gamma_2=18kN/m^3$，$c_2=30kPa$，$\varphi_2=10°$，厚度 2m；第三层土为黏性土，$\gamma_3=18kN/m^3$，$\varphi_3=18°$，$c_3=15kPa$，厚度 3m，计算作用在挡土墙上的总土压力及合力作用点位置？

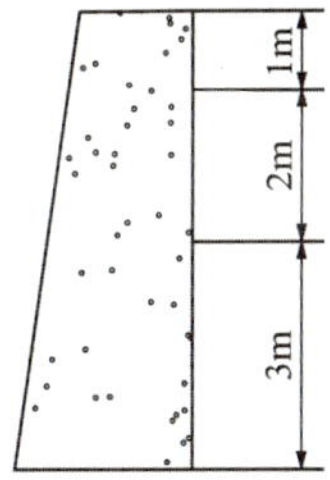

图 5-18-8　题 5-11 图

【解】

$K_{a1}=\tan^2\left(45°-\dfrac{30°}{2}\right)=1/3$，$K_{a2}=\tan^2\left(45°-\dfrac{10°}{2}\right)=0.704$

$K_{a3}=\tan^2\left(45°-\dfrac{18°}{2}\right)=0.528$

一层土：$e_{1下}=19\times1\times1/3=6.33kPa$

二层土：$e_{2上}=19\times1\times0.704-2\times30\times\sqrt{0.704}=-36.97kPa$

$e_{2下}=(19\times1+18\times2)\times0.704-2\times30\times\sqrt{0.704}=-11.62kPa$

三层土：$e_{3上}=(19\times1+18\times2)\times0.528-2\times15\times\sqrt{0.528}=7.24kPa$

$e_{3下}=(19\times1+18\times5)\times0.528-2\times15\times\sqrt{0.528}=35.75kPa$

$$E_a=\frac{6.33}{2}\times1+\frac{7.24+35.75}{2}\times3=67.65kN/m$$

$$h=\frac{\dfrac{6.33}{2}\times1\times\left(\dfrac{1}{3}+5\right)+7.24\times3\times\dfrac{3}{2}+\dfrac{35.75-7.24}{2}\times3\times\dfrac{3}{3}}{67.65}=1.36m$$

【点评】

①土压强梯形分布时，求力矩应该分解成矩形和三角形；②土压力计算出负值，当 0 处理。

（3）静水情况下土压力

题 5-12　（12D19）如图 5-18-9 所示，挡土墙墙背直立、光滑，填土表面水平。填土为中砂，重度$\gamma=18kN/m^3$，饱和重度$\gamma_{sat}=20kN/m^3$，内摩擦角$\varphi=32°$（假定地下水对其无影响），地下水位距离墙顶 3m。作用在墙上的总水土压力（主动）接近下列哪个选项？

（A）180kN/m　　（B）230kN/m

（C）270kN/m　　（D）310kN/m

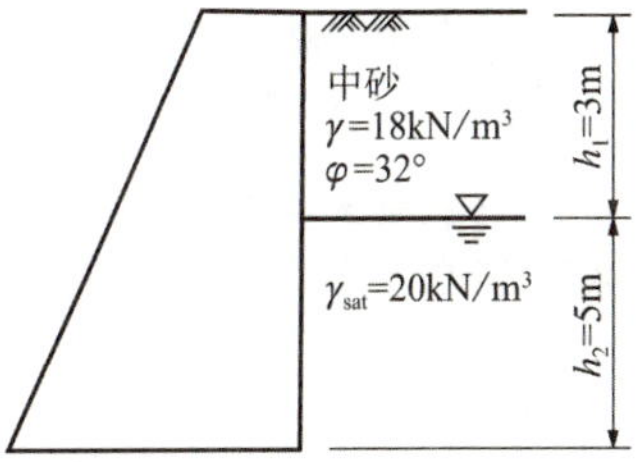

图 5-18-9　题 5-12 图

【解】

（1）主动土压力系数：$K_a=\tan^2\left(45°-\dfrac{32°}{2}\right)=0.307$

（2）砂土采用水土分算：

土压力，水上砂土层：$E_{a1}=\dfrac{1}{2}\times18\times3^2\times0.307=24.87kN/m$

水下砂土层：$E_{a2}=3\times18\times0.307\times5+\dfrac{1}{2}\times10\times5^2\times0.307=121.3kN/m$

水压力：$E_w=\dfrac{1}{2}\gamma_w h_2^2=\dfrac{1}{2}\times10\times5^2=125kN/m$

（3）水土总压力：$E=E_{a1}+E_{a2}+E_w=24.87+121.3+125=271.2kN/m$

【点评】

①根据《建筑边坡工程技术规范》第6.2.3条、第6.2.6条；②多层土的下层砂土土压力可用分块计算法快速作答，分块法只有在砂土和对土压力计算特别熟练的情况下才建议使用，一般情况下用面积法更不易出错；③没有指定规范，土压力不增大。

题5-13 （17C21）如图5-18-10所示，挡土墙墙背直立、光滑、填土面水平，墙高6m，墙后填土为中砂，天然重度18kN/m³，饱和重度20kN/m³，水上水下内摩擦角均为$\varphi=32°$，黏聚力$c=0$。挡土墙建成后如果地下水位上升到4.0m时，作用在挡土墙上的压力与无水位时相比，增加的压力最接近下列哪个选项？

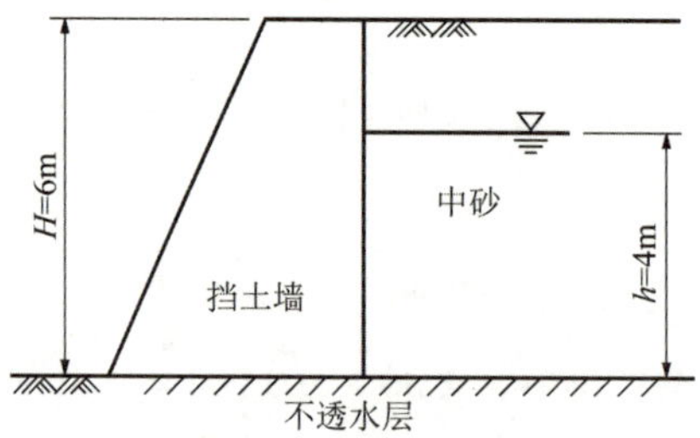

图5-18-10 题5-13图

（A）10kN/m （B）60kN/m （C）80kN/m （D）100kN/m

【解】

（1）$K_a=\tan^2\left(45°-\frac{32°}{2}\right)=0.307$

水位上升前：$E_{a1}=\frac{1}{2}\times18\times6^2\times0.307=99.5\text{kN/m}$

（2）水位上升后，砂土采用水土分算：

$$
\begin{aligned}
E_{a2}&=\frac{1}{2}\gamma h_1^2K_a+\gamma h_1K_ah_2+\frac{1}{2}\gamma' {h_2}^2K_a+\frac{1}{2}\gamma_w {h_2}^2\\
&=\frac{1}{2}\times18\times2^2\times0.307+18\times2\times0.307\times4+\frac{1}{2}\times10\times4^2\times0.307+\frac{1}{2}\times10\times4^2\\
&=159.82\text{kN/m}
\end{aligned}
$$

（3）增加的土压力：$\Delta E_a=159.82-99.5=60.32\text{kN/m}$

【点评】

①依据《土力学》或《建筑边坡工程技术规范》；②未指定规范，不用乘增大系数；③本解法水位上升后采用水土分算的分块面积法，迅速作答，也可用面积法不易错，但花时间会稍多一些；④本题也可以采用增加了水压力，减少了土压力的方法，用下式计算：

$$\Delta E_a=\frac{1}{2}\gamma_w {h_2}^2-\frac{1}{2}\Delta\gamma {h_2}^2K_a=\frac{1}{2}\times10\times4^2-\frac{1}{2}\times[18-(20-10)]\times4^2\times0.307=60.3\text{kN/m}$$

题 5-14 （17D18）某重力式挡土墙，墙高 6m，墙背竖直光滑，墙后填土为松砂，填土表面水平，地下水与填土表面齐平，已知松砂的孔隙比$e_1 = 0.9$，饱和重度$\gamma_{sat} = 18.5kN/m^3$，内摩擦角$\varphi_1 = 30°$。挡土墙背后饱和松砂采用不加填料振冲法加固，加固后松砂振冲变密实，孔隙比$e_2 = 0.6$，内摩擦角$\varphi_2 = 35°$，加固后墙后水位标高假设不变，按朗肯土压力理论，则加固前后墙后每延米上的主动土压力变化值最接近下列哪个选项?

（A）0kN/m　　（B）6kN/m

（C）16kN/m　　（D）26kN/m

【解】

（1）振冲前：$K_{a1} = \tan^2\left(45° - \frac{30°}{2}\right) = \frac{1}{3}$

$$E_{a1} = \frac{1}{2} \times (18.5 - 10) \times 6^2 \times \frac{1}{3} + \frac{1}{2} \times 10 \times 6^2 = 231kN/m$$

（2）振冲后：$\frac{h_1}{1+e_1} = \frac{h_2}{1+e_2} \Rightarrow \frac{6}{1+0.9} = \frac{h_2}{1+0.6} \Rightarrow h_2 = 5.05m$

$8.5 \times 6 = 5.05 \times \gamma'$，得$\gamma' = 10.1kN/m^3$

$$K_{a2} = \tan^2\left(45° - \frac{35°}{2}\right) = 0.271$$

$$E_{a2} = \frac{1}{2} \times 10.1 \times 5.05^2 \times 0.271 + \frac{1}{2} \times 10 \times 6^2 = 214.9kN/m$$

（3）$\Delta E_a = 231 - 214.9 = 16.1kN/m$

【点评】

①本题考查土压力的同时也考查土的三相换算，关键在于加固前后水土总质量守恒的应用；②本题由于振冲加固前后水压力不变，故也可计算土压力变化值，不计算水压力值，减少计算量；③本题题目中未指定规范，而是要求用“朗肯土压力理论”计算，故不考虑重力式挡土墙主动土压力增大系数，考试中也可灵活应对。

【同类型真题】 09C18

题 5-15　某重力式挡土墙高 8m，如图 5-18-11 所示，墙背垂直光滑，墙后填土水平，填土为砂性土，天然重度$\gamma = 19\text{kN/m}^3$，饱和重度$\gamma_{sat} = 20\text{kN/m}^3$，内摩擦角$\varphi = 32°$，由于暴雨作用，泄水孔排水不畅，原墙后无水，现水位上升至墙顶以下 4m，试按《建筑边坡工程技术规范》GB 50330—2013，计算挡土墙受到的总水平侧向压力增加值最接近下列哪个选项？

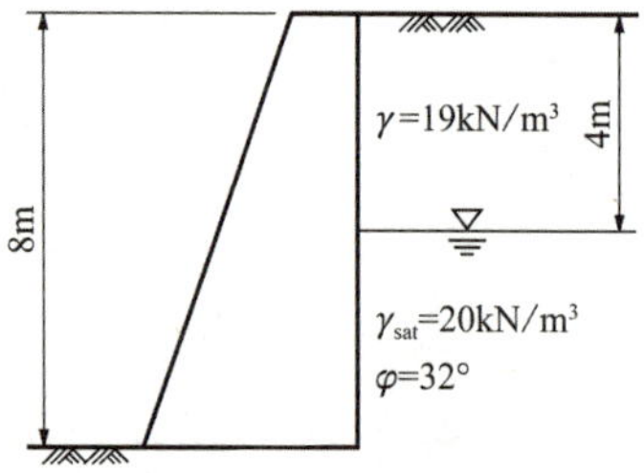

图 5-18-11　题 5-15 图

（A）50kN　　（B）55kN　　（C）60kN　　（D）65kN

【解法一】

（1）$K_a = \tan^2\left(45° - \dfrac{32°}{2}\right) = 0.307$

（2）水位上升前：$E_{a1} = \dfrac{1}{2} \times 19 \times 8^2 \times 0.307 \times 1.1 = 205.3\text{kN/m}$

（3）水位上升后：$E_{a2} = \dfrac{1}{2} \times 19 \times 4^2 \times 0.307 + 19 \times 4 \times 0.307 \times 4 + \dfrac{1}{2} \times 10 \times 4^2 \times 0.307 = 164.55\text{kN/m}$

$E_w = \dfrac{1}{2} \times 10 \times 4^2 = 80\text{kN/m}$，则总水平侧压力$E_h = 80 + 164.55 \times 1.1 = 261.0\text{kN/m}$

（4）总水平侧向压力增加了$\Delta E = 261.0 - 205.3 = 55.7\text{kN/m}$

【解法二】

（1）$K_a = \tan^2\left(45° - \dfrac{32°}{2}\right) = 0.307$

（2）$\Delta E_a = \dfrac{1}{2} \times 10 \times 4^2 - \dfrac{1}{2} \times [19 - (20 - 10)] \times 4^2 \times 0.307 \times 1.1 = 55.7\text{kN/m}$

【点评】

①土压力计算首先根据题意判断是采用朗肯还是库仑理论求解，无黏性土均采用分算；②主动土压力合力即为主动土压力分布图形的面积，无黏性土时可采用分块法一步快速得答案。③根据《建筑边坡工程技术规范》第 11.2.1 条和《建筑地基基础设计规范》第 6.7.3 条的要求，重力式挡土墙高度（注意不是挡墙后填土高度）超过 5m 时，需考虑主动土压力放大系数，5～8m 时乘以 1.1，超过 8m 时乘以 1.2，也包括超载产生的主动土压力；而水压力和被动土压力不考虑该放大系数；④本类型题目在熟练之后用解法二求增量，可节省大量时间。

题 5-16　某重力式挡土墙高$h = 8\text{m}$，如图 5-18-12 所示，墙背直立、光滑，墙后填土水平，填土上作用有均布荷载$q = 20\text{kPa}$，墙后填土分为两层，第一层中砂 3m 厚，重度$\gamma_1 = 18.5\text{kN/m}^3$，内摩擦角$\varphi_1 = 30°$，第二层土为黏土 5m 厚，饱和重度$\gamma_2 = 19.2\text{kN/m}^3$，内摩擦角$\varphi_2 = 20°$，$c = 15\text{kPa}$，地下水位于离墙顶 2.0m 处位置，水下砂土饱和重度$\gamma_{\text{sat}} = 19.5\text{kN/m}^3$，按《建筑边坡工程技术规范》GB 50330—2013 的规定，计算作用在此挡土墙上的总水平压力最接近下列哪个选项？（黏土采用水土合算）

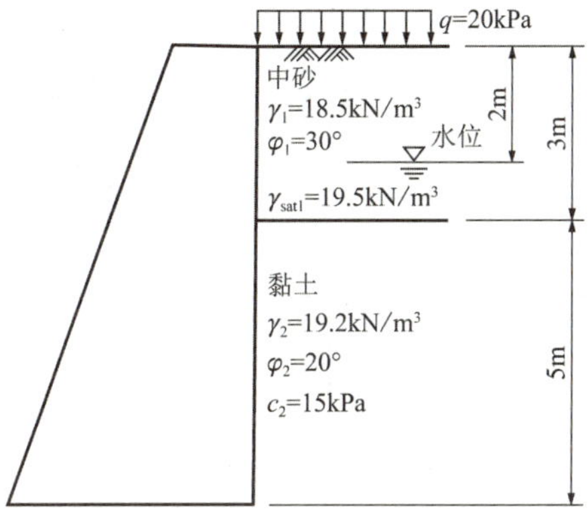

图 5-18-12　题 5-16 图

（A）250kN/m　　（B）275kN/m　　（C）300kN/m　　（D）320kN/m

【解】

（1）$K_{a1} = \tan^2\left(45° - \dfrac{30°}{2}\right) = \dfrac{1}{3}$，$K_{a2} = \tan^2\left(45° - \dfrac{20°}{2}\right) = 0.49$

（2）墙顶：$e_1 = 20 \times \dfrac{1}{3} = 6.67\text{kPa}$

水位处：$e_2 = (2 \times 18.5 + 20) \times \dfrac{1}{3} = 19\text{kPa}$

中砂层底：$e_3 = (2 \times 18.5 + 9.5 \times 1 + 20) \times \dfrac{1}{3} = 22.17\text{kPa}$

黏土层顶：$e_4 = (20 + 2 \times 18.5 + 19.5) \times 0.49 - 2 \times 15 \times \sqrt{0.49} = 16.49\text{kPa}$

黏土层底：$e_5 = (20 + 2 \times 18.5 + 19.5 + 19.2 \times 5) \times 0.49 - 2 \times 15 \times \sqrt{0.49} = 63.53\text{kPa}$

（3）重力式挡墙，墙高 8m，增大系数$\psi_s = 1.1$

$$E_a = 1.1 \times \left(\frac{6.67 + 19}{2} \times 2 + \frac{19 + 22.17}{2} \times 1 + \frac{16.49 + 63.53}{2} \times 5\right) + \frac{1}{2} \times 10 \times 1^2$$
$$= 275.94\text{kN/m}$$

【点评】

①根据《建筑边坡工程技术规范》第 6.2.4 条；②要特别注意土压力强度计算：砂土采用水土分算，黏性土采用水土合算或水土分算，根据题目条件确定；③重力式挡墙、墙高满足条件，土压力要考虑增大系数ψ_s，水压力不考虑。

题 5-17 （22 补考 C15）某挡墙后土层分布和性质如图 5-18-13 所示，潜水位于砂土层底面，卵石中有承压水，承压水水头位于地面以下 5m，黏土的内摩擦角为 15°，黏聚力为 20kPa，砂土层的主动土压力系数为 0.30，估算黏土层作用在挡墙上的侧向压力合力最接近下列哪个选项？（采用水土合算，不考虑主动土压力增大系数）

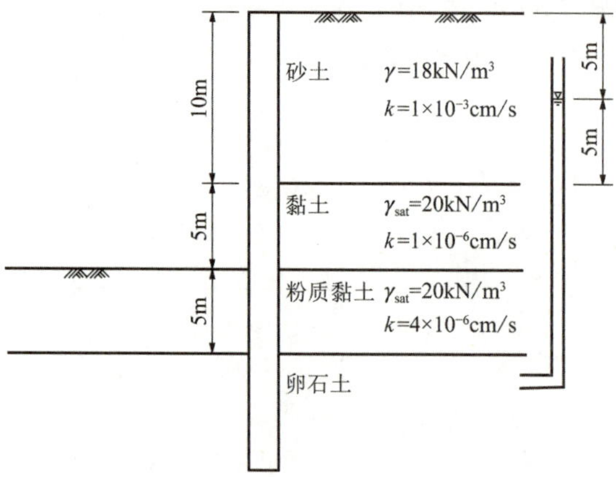

图 5-18-13　题 5-17 图

（A）451.0kN　　（B）466.0kN/m　　（C）525kN/m　　（D）576.0kN/m

【解】

（1）$K_a = \tan\left(45° - \dfrac{15°}{2}\right)^2 = 0.589$

（2）$e_{a1} = 18 \times 10 \times 0.589 - 2 \times 20 \times \sqrt{0.589} = 75.3\text{kPa}$

$e_{a2} = (18 \times 10 + 20 \times 5) \times 0.589 - 2 \times 20 \times \sqrt{0.589} = 134.2\text{kPa}$

（3）$E_a = \dfrac{75.3 + 134.2}{2} \times 5 = 524\text{kN/m}$

【点评】

根据土力学原理，主动土压力合算时不考虑渗流更合理。

18.2.3 库仑土压力

破裂角θ未知、土体不受限，且不满足朗肯条件时，按库仑土压力理论计算，可采用大库仑公式或者小库仑公式，二者计算结果基本一致。

1. 大库仑公式

大库仑公式适用黏性土和无黏性土，见表 5-18-14。

大库仑公式　　　　**表 5-18-14**

大库仑公式——《建筑边坡工程技术规范》第 6.2.3 条：

先计算$\alpha+\beta$、$\alpha-\delta$、$\varphi+\delta$、$\varphi-\beta$、$\alpha+\beta-\varphi-\delta$，再代入公式，可节省计算器输入，不易出错

$$K_q = 1+\frac{2q\sin\alpha\cos\beta}{\gamma H\sin(\alpha+\beta)},\quad \eta=\frac{2c}{\gamma H}$$

$$K_a=\frac{\sin(\alpha+\beta)}{\sin^2\alpha\sin^2(\alpha+\beta-\varphi-\delta)}\times\{K_q[\sin(\alpha+\beta)\sin(\alpha-\delta)+\sin(\varphi+\delta)\sin(\varphi-\beta)]+2\eta\sin\alpha\cos\varphi\cos(\alpha+\beta-\varphi-\delta)-2\sqrt{K_q\sin(\alpha+\beta)\sin(\varphi-\beta)+\eta\sin\alpha\cos\varphi}\times\sqrt{K_q\sin(\alpha-\delta)\sin(\varphi+\delta)+\eta\sin\alpha\cos\varphi}\}$$

设：$A=K_q[\sin(\alpha+\beta)\sin(\alpha-\delta)+\sin(\varphi+\delta)\sin(\varphi-\beta)]$；$B=2\eta\sin\alpha\cos\varphi\cos(\alpha+\beta-\varphi-\delta)$

$C=2\sqrt{K_q\sin(\alpha+\beta)\sin(\varphi-\beta)+\eta\sin\alpha\cos\varphi}$；$D=\sqrt{K_q\sin(\alpha-\delta)\sin(\varphi+\delta)+\eta\sin\alpha\cos\varphi}$

则：$K_a=\dfrac{\sin(\alpha+\beta)\cdot(A+B-C\cdot D)}{\sin^2\alpha\sin^2(\alpha+\beta-\varphi-\delta)}$

⇓

$$E_a=\frac{1}{2}\gamma H^2K_a$$

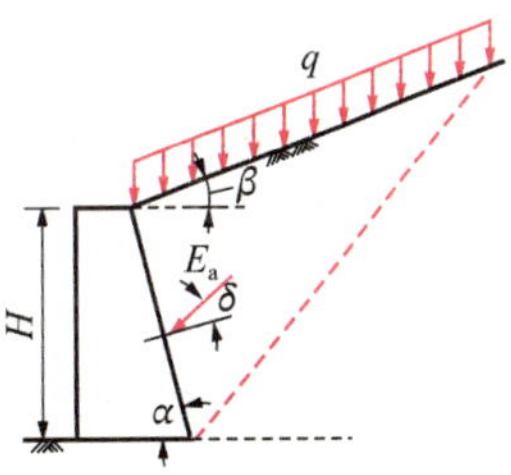

（1）大库仑公式化简（当$c=0$、$\alpha=90°$、$\beta=0$时）：

$$K_a=\frac{K_q\left[\sqrt{\cos\delta}-\sqrt{\sin(\varphi+\delta)\sin\varphi}\right]^2}{\cos^2(\varphi+\delta)}$$

（2）大库仑公式化简（当$c=0$时）：

$$K_a=\frac{K_q\sin(\alpha+\beta)\left[\sqrt{\sin(\alpha+\beta)\sin(\alpha-\delta)}-\sqrt{\sin(\varphi+\delta)\sin(\varphi-\beta)}\right]^2}{\sin^2\alpha\sin^2(\alpha+\beta-\varphi-\delta)}$$

（3）大库仑公式化简（当$\alpha=90°$、$\beta=0$时）：

$$K_a=\frac{K_q[\cos\delta+\sin(\varphi+\delta)\sin\varphi]+2\eta\cos\varphi\sin(\varphi+\delta)}{\cos^2(\varphi+\delta)}-\frac{2\sqrt{K_q\sin\varphi+\eta\cos\varphi}\times\sqrt{K_q\cos\delta\sin(\varphi+\delta)+\eta\cos\varphi}}{\cos^2(\varphi+\delta)}$$

式中：E_a——应用于荷载标准组合的主动土压力合力（kN/m）；

K_a——库仑主动土压力系数；

H——挡土墙高度（m）；

q——地表均布荷载标准值（kPa）；

γ——填土的重度（kN/m^3）；

c——填土的黏聚力（kPa）；

φ——填土的内摩擦角（°）；

α——墙背与水平面之间的倾角（°），小于 90°，称为俯斜墙背，大于 90°，称为仰斜墙背；

β——填土面与水平面之间的倾角（°），水平面以上为正，水平面以下为负；

δ——墙背与填土之间的摩擦角（°），其值可由试验确定，无试验资料时，可按下表取值

续表

土对挡土墙墙背的摩擦角δ			
挡土墙情况	摩擦角δ	挡土墙情况	摩擦角δ
墙背平滑，排水不良	$(0.00\sim0.33)\varphi$	墙背很粗糙，排水良好	$(0.50\sim0.67)\varphi$
墙背粗糙，排水良好	$(0.33\sim0.50)\varphi$	墙背与填土间不可能滑动	$(0.67\sim1.00)\varphi$

2. 小库仑公式

小库仑公式仅适用于$c=0$的无黏性土，见表 5-18-15。

小库仑公式　　表 5-18-15

1. 小库仑公式（适用于无黏性土$c=0$时）——土力学

$$K_a=\frac{\cos^2(\varphi-\alpha)}{\cos^2\alpha\cos(\alpha+\delta)\left[1+\sqrt{\dfrac{\sin(\varphi+\delta)\sin(\varphi-\beta)}{\cos(\alpha+\delta)\cos(\alpha-\beta)}}\right]^2}$$

$$\Downarrow$$

$$E_a=\frac{1}{2}\gamma H^2K_a+qHK_a\frac{\cos\alpha\cos\beta}{\cos(\alpha-\beta)}$$

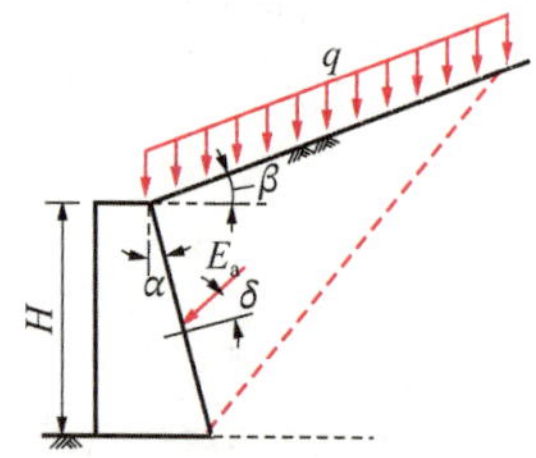

式中：α——墙背与竖直面的夹角（°）（俯斜如右图中取正号，仰斜取负号）。

注：1.《公路工程抗震规范》附录 A 的小库仑公式与《建筑边坡工程技术规范》大库仑公式在计算黏性土土压力时的误差比较大，**仅在**《公路工程抗震规范》求地震土压力时，可采用小库仑公式计算黏性土地震土压力；

2. 若α为墙背与水平面夹角时，公式化为下式：

$$K_a=\frac{\sin^2(\alpha+\varphi)}{\sin^2\alpha\sin(\alpha-\delta)\left[1+\sqrt{\dfrac{\sin(\varphi+\delta)\sin(\varphi-\beta)}{\sin(\alpha-\delta)\sin(\alpha+\beta)}}\right]^2}\Rightarrow E_a=\frac{1}{2}\gamma H^2K_a+qHK_a\frac{\sin\alpha\cos\beta}{\sin(\alpha+\beta)}$$

小库仑公式化简（当$c=0$、$\alpha=0°$、$\beta=0$时）：

$$K_a=\frac{\cos^2\varphi}{\cos\delta\left[1+\sqrt{\dfrac{\sin(\varphi+\delta)\cdot\sin\varphi}{\cos\delta}}\right]^2}\Rightarrow E_a=\frac{1}{2}\gamma H^2K_a+qHK_a$$

2. 库仑被动土压力（适用于无黏性土$c=0$时）——土力学

$$K_p=\frac{\cos^2(\varphi+\alpha)}{\cos^2\alpha\cos(\alpha-\delta)\left[1-\sqrt{\dfrac{\sin(\varphi+\delta)\sin(\varphi+\beta)}{\cos(\alpha-\delta)\cos(\alpha-\beta)}}\right]^2}\Rightarrow E_p=\frac{1}{2}\gamma H^2K_p+qHK_p\frac{\cos\alpha\cos\beta}{\cos(\alpha-\beta)}$$

式中：E_a——应于荷载标准组合的主动土压力合力（kN/m）；　K_a——库仑主动土压力系数；

E_p——应于荷载标准组合的被动土压力合力（kN/m）；　K_p——库仑被动土压力系数；

H——挡土墙高度（m）；　q——地表均布荷载标准值（kPa）；

γ——填土的重度（kN/m^3）；　c——填土的黏聚力（kPa）；　φ——填土的内摩擦角（°）；

α——墙背与水平面的夹角（°）（俯斜如上图中取正号，仰斜取负号）；

β——填土面与水平面之间的倾角（°），水平面以上为正，水平面以下为负；

δ——墙背与填土之间的摩擦角（°），其值可由试验确定，无试验资料时，可按《建筑边坡工程技术规范》表 6.2.3 取值

题 5-18　某重力式挡土墙如图 5-18-14 所示，挡土墙高 10m，墙后填土为砂土，$\gamma = 18\text{kN/m}^3$，$\varphi = 32°$，墙背与砂土间的摩擦角$\delta = 18°$，根据《建筑边坡工程技术规范》求主动水平土压力。

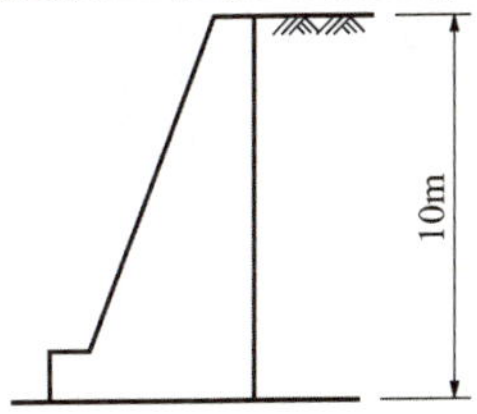

图 5-18-14　题 5-18 图

【解】

（1）$$K_a = \frac{\cos^2\varphi}{\cos\delta\left[1+\sqrt{\dfrac{\sin(\varphi+\delta)\sin\varphi}{\cos\delta}}\right]^2} = \frac{\cos^2 32°}{\cos 18° \times \left[1+\sqrt{\dfrac{\sin(32°+18°)\times\sin 32°}{\cos 18°}}\right]^2} = 0.277$$

$$或K_a = \frac{K_q\left[\sqrt{\cos\delta}-\sqrt{\sin(\varphi+\delta)\sin\varphi}\right]^2}{\cos^2(\varphi+\delta)} = \frac{\left[\sqrt{\cos 18°}-\sqrt{\sin(32°+18°)\sin 32°}\right]^2}{\cos^2(32°+18°)} = 0.277$$

（2）重力式挡土墙高 10m，$E_{ax} = 1.2\times\frac{1}{2}\times 18\times 10^2\times 0.277\times\cos 18° = 284.6\text{kN/m}$

【点评】

本题分别用了$c=0$，$q=0$，$\alpha=0$，$\beta=0$时的小库仑和大库仑简化公式，可见大库仑计算器输入更少，速度更快，重力式挡土墙，又指定了规范，肯定要乘以增大系数。

题 5-19　某重力式挡土墙高 4m，如图 5-18-15 所示，墙背倾斜角$\alpha = 70°$，填土面倾角$\beta = 10°$，填土重度$\gamma = 20\text{kN/m}^3$，$\varphi = 30°$，$c = 0\text{kPa}$，填土与墙背的摩擦角$\delta = 15°$，试按《建筑边坡工程技术规范》求主动土压力。

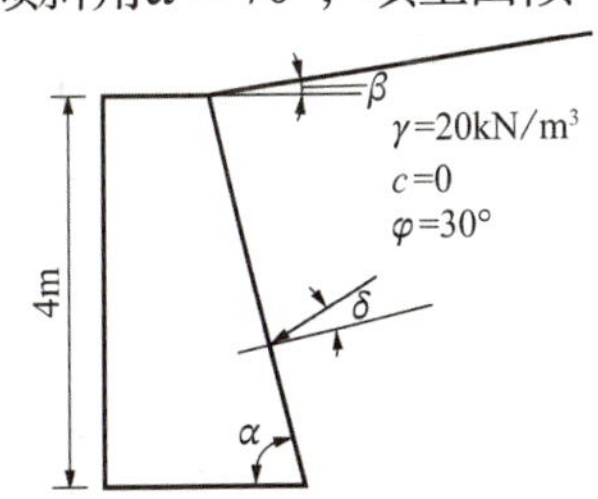

图 5-18-15　题 5-19 图

【解】

（1）$$K_a = \frac{\sin^2(\varphi+\alpha)}{\sin^2\alpha\cdot\sin(\alpha-\delta)\cdot\left[1+\sqrt{\dfrac{\sin(\varphi+\delta)\cdot\sin(\varphi-\beta)}{\sin(\alpha-\delta)\cdot\sin(\alpha+\beta)}}\right]^2}$$

$$= \frac{\sin^2(70°+30°)}{\sin^2 70°\times\sin(70°-15°)\times\left[1+\sqrt{\dfrac{\sin(30°+15°)\times\sin(30°-10°)}{\sin(70°-15°)\times\sin(70°+10°)}}\right]^2}$$

$$= 0.560$$

$$或K_a = \frac{K_q\sin(\alpha+\beta)\left[\sqrt{\sin(\alpha+\beta)\sin(\alpha-\delta)}-\sqrt{\sin(\varphi+\delta)\sin(\varphi-\beta)}\right]^2}{\sin^2\alpha\sin^2(\alpha+\beta-\varphi-\delta)}$$

$$= \frac{\sin(70°+10°)\left[\sqrt{\sin(70°+10°)\sin(70°-15°)}-\sqrt{\sin(30°+15°)\sin(30°-10°)}\right]^2}{\sin^2 70°\sin^2(70°+10°-30°-15°)}$$

$$= 0.560$$

（2）$E_a = \frac{1}{2}\gamma H^2 K_a = \frac{1}{2}\times 20\times 4^2\times 0.560 = 89.6\text{kN/m}$

【点评】

α为墙背和**水平**方向夹角，分别采用当$c=0$、$q=0$时小库仑和大库仑土压力的简化公式，计算量相当，但如果有q，则大库仑公式更好用。

题 5-20 仰斜式重力式挡土墙墙高 6.0m，如图 5-18-16 所示，墙背仰斜角α为 10°，墙背填土面倾角$\beta = 12°$，墙后填土重度$\gamma = 19\text{kN/m}^3$，内摩擦角$\varphi = 35°$，墙背与填料间摩擦角$\delta = 15°$，墙后填土连续均匀荷载$q = 20\text{kPa}$，按《建筑边坡工程技术规范》GB 50330—2013，计算其墙背水平方向主动土压力最接近下列哪个选项？

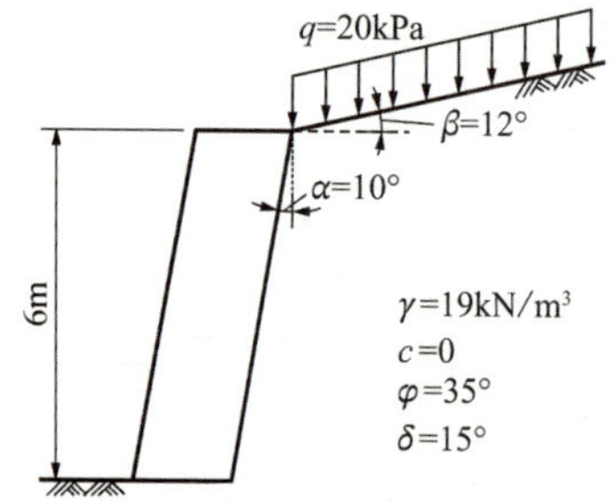

图 5-18-16 题 5-20 图

(A) 107kN/m (B) 125kN/m (C) 189kN/m (D) 202kN/m

【解法一】(根据《建筑边坡工程技术规范》第 6.2.3 条)

(1) $\alpha = 100°$，$\beta = 12°$，$\varphi = 35°$，$\delta = 15°$

$$K_q = 1 + \frac{2 \times 20 \times \sin 100° \cos 12°}{19 \times 6 \times \sin(100° + 12°)} = 1.365$$

(2) $$K_a = \frac{1.365 \times \sin(100° + 12°)}{\sin^2 100° \sin^2(100° + 12° - 35° - 15°)} \times \frac{\left[\sqrt{\sin(100° + 12°)\sin(100° - 15°)} - \sqrt{\sin(35° + 15°)\sin(35° - 12°)}\right]^2}{\sin^2 100° \sin^2(100° + 12° - 35° - 15°)}$$
$$= 0.287$$

(3) $$E_{ah} = 1.1 \times \frac{1}{2} \times 19 \times 6^2 \times 0.2869 \times \cos(15° - 10°) = 107.5\text{kN/m}$$

【解法二】(根据小库仑公式，再考虑均布荷载q的影响)

(1) $$K_a = \frac{\cos^2(35° + 10°)}{\cos^2(-10°) \times \cos(15° - 10°) \times \left[1 + \sqrt{\frac{\sin(35° + 15°) \times \sin(35° - 12°)}{\cos(15° - 10°) \times \cos(-10° - 12°)}}\right]^2}$$
$$= 0.21$$

(2) $$E'_a = 0.5 \times 19 \times 6^2 \times 0.21 + 20 \times 6 \times 0.21 \times \frac{\cos(-10°) \times \cos 12°}{\cos(-10° - 12°)} = 98.0\text{kN/m}$$

(3) $$E_{ah} = 1.1 \times 98.0 \times \cos(15° - 10°) = 107.4\text{kN/m}$$

【点评】

①未知破裂角时采用朗肯或库仑理论求解，本题符合库仑条件假设，根据《土力学》小库仑公式计算或者《建筑边坡工程技术规范》第 6.2.3 条大库仑公式计算，结果一致，库仑公式及本题解法一采用的简化变体总结公式见《华山论剑答题手册总结》；②仰斜墙背土压力计算时，α取负值；③注意题目问法是“水平向主动土压力”而不是“主动土压力”，需要乘以土压力与水平线夹角的余弦，土压力与水平方向的夹角为$\delta + \alpha$，这是土压力计算比较常见的坑点；④根据《建筑边坡工程技术规范》，当重力式挡墙墙高 ≥ 5m 时，要考虑增大系数。

题 5-21　（18D16 改编）如图 5-18-17 所示，某建筑旁有一稳定的岩质山坡，坡面 AE 的倾角$\theta = 50°$依山建的挡土墙，墙高$H = 5.5m$。岩质边坡和墙背面 AB 与填土间的摩擦角均为 10°，倾角$\alpha = 75°$。墙后砂土填料重度 $20kN/m^3$，内摩擦角$\varphi = 30°$，坡顶水平，均布荷载$q = 30kPa$，根据《建筑边坡工程技术规范》GB 50330—2013，计算作用在挡土墙墙背的水平土压力最接近下列哪个选项？

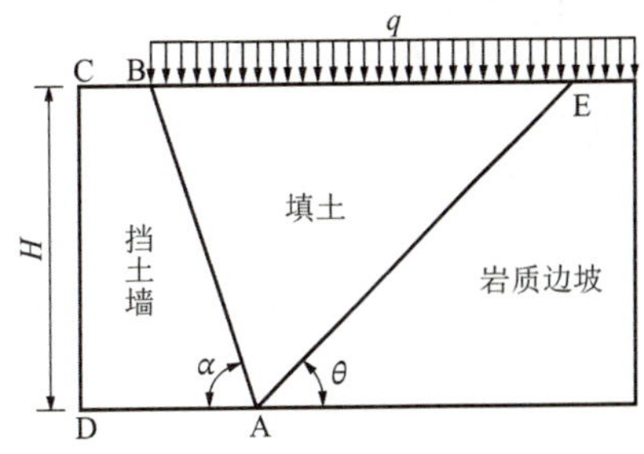

图 5-18-17　题 5-21 图

（A）160kN/m　　（B）200kN/m
（C）345kN/m　　（D）380kN/m

【解】

（1）$\theta = 50° < 45° + \dfrac{30°}{2} = 60° \Rightarrow$ 比较按理论滑裂面和接触面两种情况的土压力取大值

（2）按理论滑裂面：$\eta = 0$

$$k_q = 1 + \frac{2 \times 30 \times \sin 75° \times \cos 0°}{20 \times 5.5 \times \sin(75° + 0°)} = 1.545$$

$$K_a = \frac{K_q \sin(\alpha+\beta)\left(\sqrt{\sin(\alpha+\beta)\sin(\alpha-\delta)} - \sqrt{\sin(\varphi+\delta)\sin(\varphi-\beta)}\right)^2}{\sin^2\alpha \sin^2(\alpha+\beta-\varphi-\delta)}$$

$$= \frac{1.545 \times \sin 75° \times \left(\sqrt{\sin 75° \times \sin(75°-10°)} - \sqrt{\sin(30°+10°)\sin 30°}\right)^2}{\sin^2 75° \times \sin^2(75°-30°-10°)} = 0.661$$

墙高 5.5m > 5m，按《建筑边坡工程技术规范》增大系数取 1.1

$$E_a = \frac{1}{2} \times 1.1 \times 20 \times 5.5^2 \times 0.661 = 219.9kN/m$$

（3）按岩质坡面：竖向力$G = \left(20 \times \dfrac{1}{2} \times 5.5 + 30\right) \times \left(\dfrac{5.5}{\tan 75°} + \dfrac{5.5}{\tan 50°}\right) = 517.6kN/m$

$$E_a = 1.1 \times \frac{517.6 \times \sin(50° - 10°)}{\sin(75° + 50° - 10° - 10°)} = 378.9kN/m$$

（4）取大值，$E_a = 378.9kN/m$

$$E_{ax} = 378.9 \times \cos(90° - 75° + 10) = 343.4kN/m$$

【点评】

①注意摩擦角的一一对应关系，公式是死的，代号也是死的，角度是活的，看滑裂面在什么位置，采用相对应的摩擦角。②真题一般不会出这么大计算量，让两种都计算，如果要考会减少计算量，例如已知K_a。两种滑裂面都考虑的情况，需要引起重视。③受限时也可直接按楔体公式法，省去计算G的步骤，计算如下：

$$K_a = \frac{\sin(\alpha+\beta)\left[K_q \sin(\alpha+\theta)\sin(\theta-\varphi_s) - \eta \sin\alpha \cos\varphi_s\right]}{\sin^2\alpha \sin(\theta-\beta)\sin(\alpha+\theta-\varphi_s-\delta)}$$

$$= \frac{\sin 75° \times 1.545 \times \sin(75°+50°) \times \sin(50°-10°)}{\sin^2 75° \sin 50° \sin(75°+50°-10°-10°)} = 1.138$$

$$E_a = 1.1 \times \frac{1}{2} \times 20 \times 5.5^2 \times 1.138 = 378.7\ kN/m$$

题 5-22 某仰斜式重力式挡土墙，坡高6m，如图5-18-18所示，无地下水，墙后填土为黏性土，土的重度$\gamma=19\text{kN/m}^3$，内摩擦角$\varphi=20°$，黏聚力$c=10\text{kPa}$，填土表面与水平面的夹角$\beta=10°$，土对挡土墙墙背的摩擦角$\delta=15°$，地表均布荷载标准值$q=20\text{kPa}$，试按《建筑边坡工程技术规范》GB 50330—2013，计算作用在挡土墙背的主动土压力为多少？

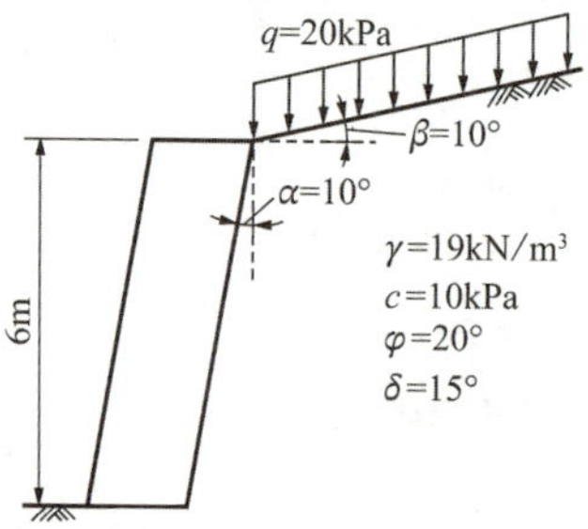

图5-18-18 题5-22图

【解】

（1）$K_q=1+\dfrac{2\times20\times\sin100°\times\cos10°}{19\times6\times\sin(100°+10°)}=1.362$，$\eta=\dfrac{2\times10}{19\times6}=0.175$

（2）$K_a=\dfrac{\sin(100°+10°)}{\sin^2100°\times\sin^2(100°+10°-20°-15°)}\times\{1.362\times[\sin(100°+10°)\times\sin(100°-15°)+\sin(20°+15°)\times\sin(20°-10°)]+2\times0.175\times\sin100°\times\cos20°\times\cos(100°+10°-20°-15°)-2\times\sqrt{1.362\times\sin(100°+10°)\times\sin(20°-10°)+0.175\times\sin100°\times\cos20°}\times\sqrt{1.362\times\sin(100°-15°)\times\sin(20°+15°)+0.175\times\sin100°\times\cos20°}\}=0.304$

（3）$E_a=\dfrac{1}{2}\times19\times6^2\times0.304\times1.1=114.36\text{kN/m}$

【点评】

①根据《建筑边坡工程技术规范》第6.2.3条，仰斜式当前库仑公式的$\alpha>90°$；②土压力计算首先根据题意判断是采用朗肯理论还是库仑理论求解，采用大库仑还是小库仑求解；③重力式挡墙，墙高≥5m要考虑增大系数。

18.2.4 楔体法土压力

已知破裂角θ（按指定θ角滑动）或土体受限($\theta\geqslant45°+\varphi/2$)时，采用楔体法计算土压力，可分为楔体受力分析法和楔体公式法，二者计算结果一致。

1. **楔体受力分析法**

楔体受力分析法见表5-18-16。

楔体受力分析法 表 5-18-16

朗肯万能公式（适用于$\alpha = 90°$，$\delta = 0$）：

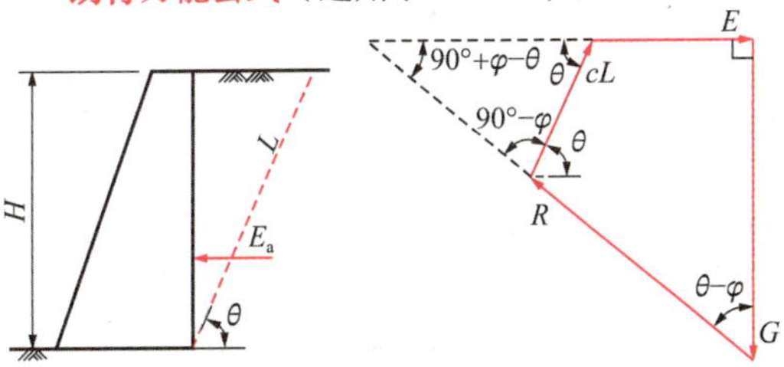

朗肯主动土压力图解

$$E_a = G\tan(\theta-\varphi) - \frac{cL\cos\varphi}{\cos(\theta-\varphi)}$$

$$E_p = G\tan(\theta+\varphi) + \frac{cL\cos\varphi}{\cos(\theta+\varphi)}$$

库仑万能公式：

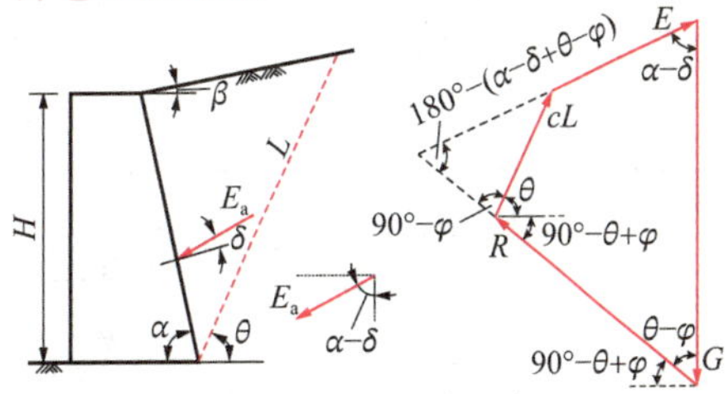

库仑主动土压力图解

$$E_a = \frac{G\sin(\theta-\varphi) - cL\cos\varphi}{\sin(\alpha-\delta+\theta-\varphi)}$$

$$E_p = \frac{G\sin(\theta+\varphi) + cL\cos\varphi}{\sin(\alpha+\delta+\theta+\varphi)}$$

滑体自重G的计算		**滑裂面长度L的计算**
通用公式（$q = 0$）：	**特例**：$\beta = 0$，$q = \gamma h_0$	$L = \dfrac{H\sin(\alpha+\beta)}{\sin(\theta-\beta)\sin\alpha}$
$G = \dfrac{1}{2}\gamma H^2 \dfrac{\sin(\alpha+\theta)\sin(\alpha+\beta)}{\sin(\theta-\beta)\sin^2\alpha}$	$G = \left(\dfrac{\gamma H^2}{2} + qH\right)\dfrac{\sin(\alpha+\theta)}{\sin\theta\sin\alpha}$	

特殊情况

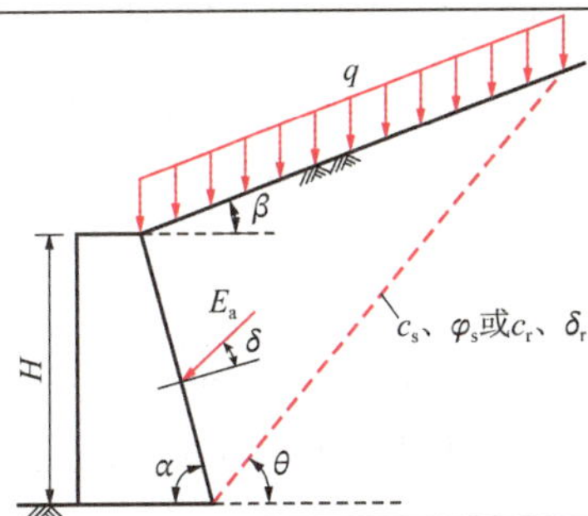

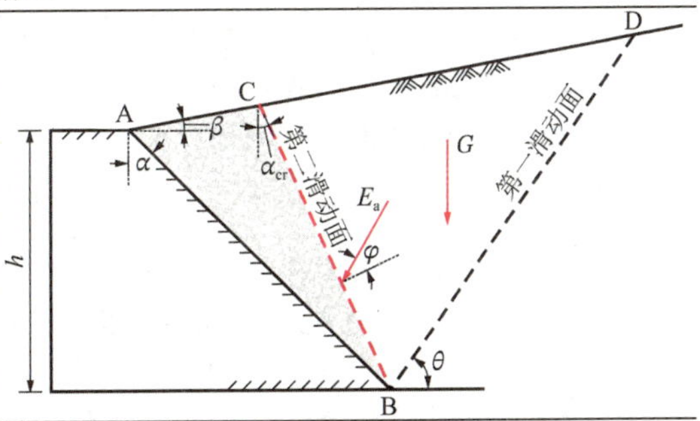

情况	公式	符号说明
（1）《建筑边坡工程技术规范》第 6.2.8 条，若滑裂面为岩石坡面与填土接触面，取$c = c_r$、$\varphi = \delta_r$	$E_a = \dfrac{G\sin(\theta-\delta_r) - c_r L\cos\delta_r}{\sin(\alpha-\delta+\theta-\delta_r)}$	c_r——岩石坡面与填土接触面的黏聚力； δ_r——岩石坡面与填土接触面的内摩擦角； δ——墙背与填土接触面的内摩擦角
（2）《建筑边坡工程技术规范》第 6.3.1 条，外倾结构面岩石压力，取$c = c_s$、$\varphi = \varphi_s$	$E_a = \dfrac{G\sin(\theta-\varphi_s) - c_s L\cos\varphi_s}{\sin(\alpha-\delta+\theta-\varphi_s)}$	c_s——边坡外倾结构面的黏聚力； φ_s——边坡外倾结构面的内摩擦角
（3）坦墙且第一滑裂面为岩石坡面与填土接触面，取$c = c_r$、$\varphi = \delta_r$ **（第二滑裂面在土体内部，取$\delta = \varphi$）** **（第一滑裂面在土体内部，取$\delta_r = \varphi$）**	$E_a = \dfrac{G\sin(\theta-\delta_r) - c_r L\cos\delta_r}{\sin(\alpha-\varphi+\theta-\delta_r)}$	G——Δ_{BCD}楔体范围内土体的自重； c_r——岩石坡面与填土接触面的黏聚力； δ_r——岩石坡面与填土接触面的内摩擦角； φ——填土的内摩擦角

注：1. 在理解的基础上记忆，黏聚力c、c_s、c_r和内摩擦角φ、φ_s、δ_r、δ一定要和滑裂面对应，再代入公式中！！！

2. α为墙背与水平方向夹角（$0° < \alpha < 180°$），仰斜时取钝角$\alpha > 90°$；

3. **朗肯**万能公式实质是**库仑**万能公式的特殊情况，二者也均适用于岩石侧压力计算。

2. 楔体公式法

楔体公式法原理同受力分析法，实际就是将G带入库仑万能公式，可以免去求G的步骤。楔体公式法见表 5-18-17。

楔体公式法 表 5-18-17

<table>
<tr><td colspan="2">$$E_a=\frac{1}{2}\gamma H^2K_a,\ K_q=1+\frac{2q\sin\alpha\cos\beta}{\gamma H\sin(\alpha+\beta)},\ \eta=\frac{2c}{\gamma H}$$</td><td rowspan="4">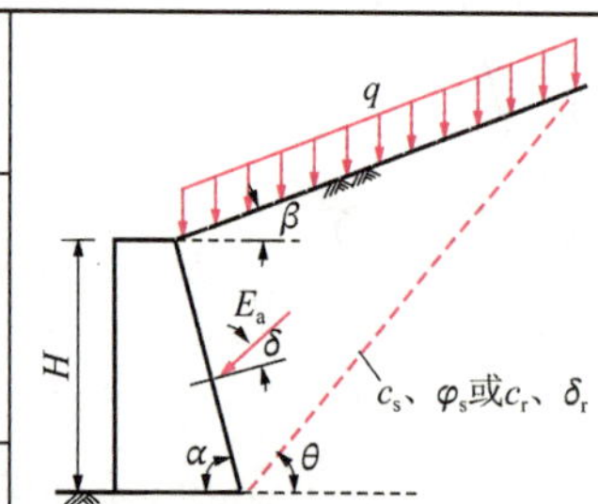
c——填土的黏聚力；
φ——填土的内摩擦角；
δ——墙背与填土之间的摩擦角；
θ——破裂角；
γ——填土的重度</td></tr>
<tr><td colspan="2">总公式 1——《建筑边坡工程技术规范》第 6.3.1 条，外倾结构面岩石压力：
$$K_a=\frac{\sin(\alpha+\beta)\left[K_q\sin(\alpha+\theta)\sin(\theta-\varphi_s)-\eta\sin\alpha\cos\varphi_s\right]}{\sin^2\alpha\sin(\theta-\beta)\sin(\alpha+\theta-\varphi_s-\delta)},\ \eta=\frac{2c_s}{\gamma H}$$</td></tr>
<tr><td colspan="2">公式 2（$q=0$）——《建筑边坡工程技术规范》第 6.2.8 条，受限土压力：
$$K_a=\frac{\sin(\alpha+\beta)\left[\sin(\alpha+\theta)\sin(\theta-\delta_r)-\eta\sin\alpha\cos\delta_r\right]}{\sin^2\alpha\sin(\theta-\beta)\sin(\alpha+\theta-\delta_r-\delta)},\ \eta=\frac{2c_r}{\gamma H}$$</td></tr>
<tr><td colspan="2">公式 3（$q=0$，$c=0$）——《建筑地基基础设计规范》第 6.7.3 条，受限土压力：
$$K_a=\frac{\sin(\alpha+\theta)\sin(\alpha+\beta)\sin(\theta-\delta_r)}{\sin^2\alpha\sin(\theta-\beta)\sin(\alpha+\theta-\delta_r-\delta)}$$</td></tr>
<tr><td>c_s——边坡外倾结构面的黏聚力；
φ_s——边坡外倾结构面的内摩擦角</td><td colspan="2">c_r——岩石坡面与填土接触面的黏聚力；
δ_r——岩石坡面与填土接触面的内摩擦角</td></tr>
<tr><td colspan="3">α—墙背与水平方向夹角（$0°<\alpha<180°$），仰斜时取钝角$\alpha>90°$</td></tr>
</table>

注：上述公式均可以用来计算土压力或岩石压力，只需黏聚力c、c_s、c_r和内摩擦角φ、φ_s、δ_r、δ一定要和滑裂面对应，对应原则同上，有的题目指定土体破裂角θ，此时不用验算是否受限，直接用楔体法公式，且采用填土的黏聚力c和内摩擦角φ代入上述公式。《建筑地基基础设计规范》式(6.7.3)和《建筑边坡工程技术规范》式(6.2.8)实为《建筑边坡工程技术规范》式(6.3.1)的特殊情形。

俯斜式墙背和仰斜式墙背受力分析图及各角度之间关系见表 5-18-18。

俯斜式墙背和仰斜式墙背受力分析图 表 5-18-18

主动土压力	
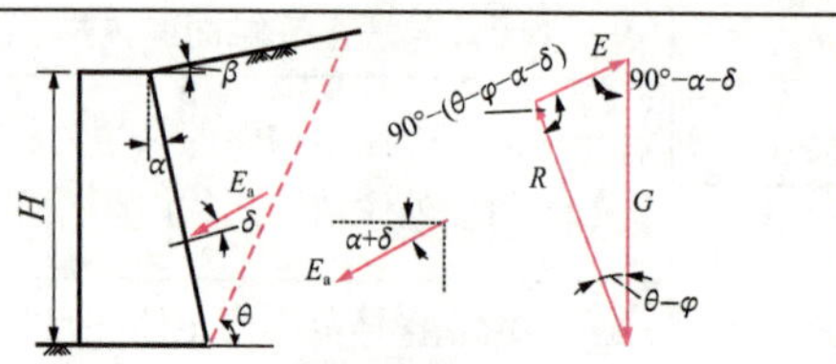俯斜式墙背	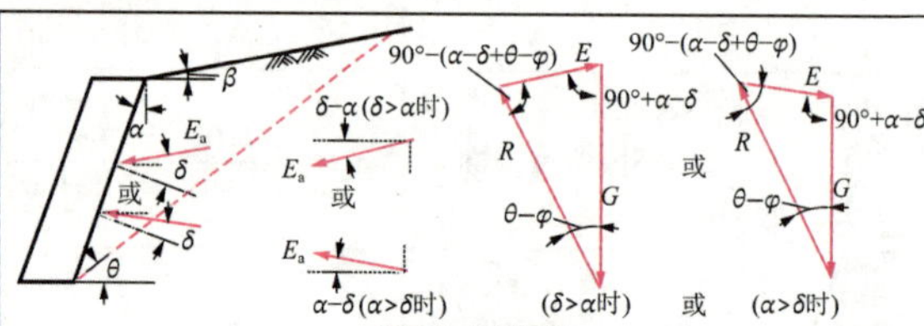仰斜式墙背
被动土压力	
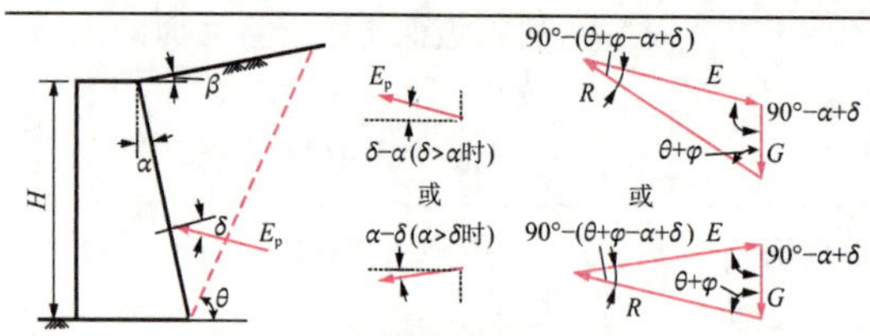俯斜式墙背	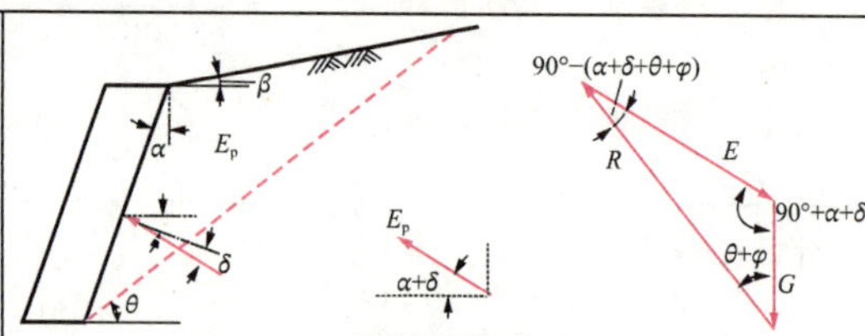仰斜式墙背

题 5-23 （03D27）一铁路路堤挡土墙（图 5-18-19）高 6.0m，墙背仰斜角α为 9°，墙后填土重度$\gamma = 18\text{kN/m}^3$，内摩擦角$\varphi = 40°$，墙背与填料间摩擦角$\delta = 20°$，填土破裂角$\theta = 31°08'$，当墙后填土表面水平且承受连续均匀荷载时（换算土柱高$h_0 = 3.0\text{m}$），按库仑理论计算其墙背水平方向主动土压力最接近下列哪个选项？

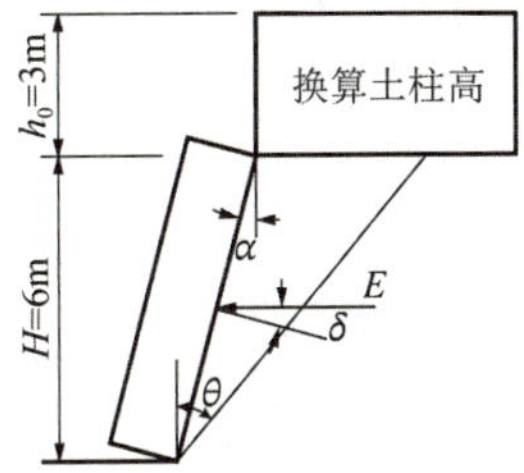

图 5-18-19　题 5-23 图

（A）18.0kN/m　　（B）92.6kN/m　　（C）94.3kN/m　　（D）141.9kN/m

【解法一】（楔体受力分析万能公式法）

（1）$31°08' = 31.13°$，化为标准角度$\alpha = 99°$，$\theta = 90° - 31.13° = 58.87°$

$$G = \gamma H\left(\frac{H}{2} + h_0\right)\frac{\sin(\alpha + \theta)}{\sin\theta\sin\alpha} = 18 \times 6 \times \left(\frac{6}{2} + 3\right) \times \frac{\sin(99° + 58.87°)}{\sin 58.87° \sin 99°} = 288.7\text{kN/m}$$

（2）$E_a = \dfrac{288.7 \times \sin(90° - 31.13° - 40°)}{\sin(99° + 90° - 31.13° - 40° - 20°)} = 94.3\text{kN/m}$

（3）$E_x = 94.3 \times \cos(20° - 9°) = 92.6\text{kN/m}$

【解法二】（规范楔体公式法）

（1）$\theta = 31°08' = 31.13°$，化为标准角度$\alpha = 99°$，$\theta = 90° - 31.13° = 58.87°$

$$K_a = \frac{\sin(99° + 58.87°) \times \sin 99° \times \sin(58.87° - 40°)}{\sin^2 99° \sin 58.87° \times \sin(99° + 58.87° - 40° - 20°)} = 0.1455$$

（2）$E_a = \dfrac{1}{2} \times 18 \times 62 \times 0.1455 + 54 \times 6 \times 0.1455 = 94.3\text{kN/m}$

（3）$E_x = 94.3 \times \cos(20° - 9°) = 92.6\text{kN/m}$

【点评】

①根据土压力原理，墙背荷载等效于竖向力的增加，解法一根据楔体法极限平衡正弦定理；②解法二为《建筑地基基础设计规范》第 6.7.3 条公式，原理也是正弦定理，可以先不考虑荷载的作用计算K_a，然后再考虑均布荷载的作用qhK_a（坡顶水平时）。

题 5-24　（12D18）某建筑旁有一稳定的岩石山坡（图 5-18-20），坡角 60°，依山拟建挡土墙，墙高 6m，墙背倾角 75°，墙后填料采用砂土，重度 20kN/m³，内摩擦角 28°，土与墙背间的摩擦角为 15°，土与山坡的摩擦角为 12°，墙后填土高度 5.5m。根据《建筑地基基础设计规范》GB 50007—2011 计算挡土墙墙背主动土压力最接近下列哪个选项？

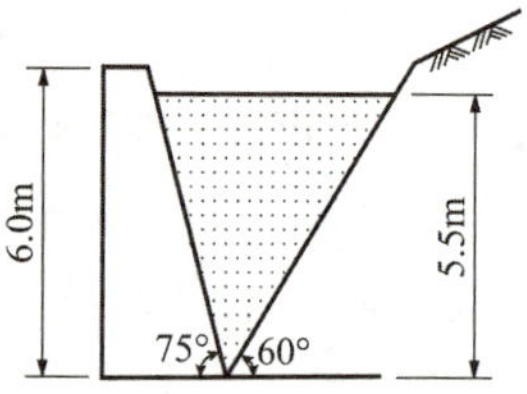

图 5-18-20　题 5-24 图

（A）160kN/m　（B）190kN/m　（C）220kN/m　（D）260kN/m

【解】

（1）$45°+\dfrac{28°}{2}=59°<\theta=60°$，受限

$\alpha=75°$，$\theta=60°$，$\beta=0$，$\delta_r=12°$，$\delta=15°$

$$K_a=\frac{\sin(\alpha+\theta)\sin(\alpha+\beta)\sin(\theta-\delta_r)}{\sin^2\alpha\cdot\sin(\theta-\beta)\sin(\alpha-\delta+\theta-\delta_r)}$$

$$=\frac{\sin(75°+60°)\sin75°\sin(60°-12°)}{\sin^2 75°\sin60°\sin(75°-15°+60°-12°)}=0.66$$

（2）墙高 6m，增大系数取 1.1

$$E_a=1.1\times\frac{1}{2}\times20\times5.5^2\times0.66=219.6\text{kN/m}$$

【点评】

①根据《建筑地基基础设计规范》第 6.7.3 条；②原理为砂土的重力计算和正弦定理，规范中的公式实质是把重力化简在土压力系数之中，可以不依靠规范公式直接用楔体法(力的矢量三角形)根据正弦定理求出答案，结果完全一致；③增大系数和挡墙高度有关，和填土高度无直接联系，本题原题没有指定规范，不应乘以增大系数，官方答案考虑了增大系数不合理，故增加了规范的条件。

【同类型真题】07D20、10C20、11C20

题 5-25　（08D20）在饱和软黏土地基中开槽建造地下连续墙，槽深 8.0m，槽中采用泥浆护壁，已知软黏土的饱和重度为 16.8kN/m³，$c_k=12$kPa，$\varphi_k=0°$。对于图 5-18-21 所示的滑裂面，则保证槽壁稳定的最小泥浆密度最接近下列哪个选项？

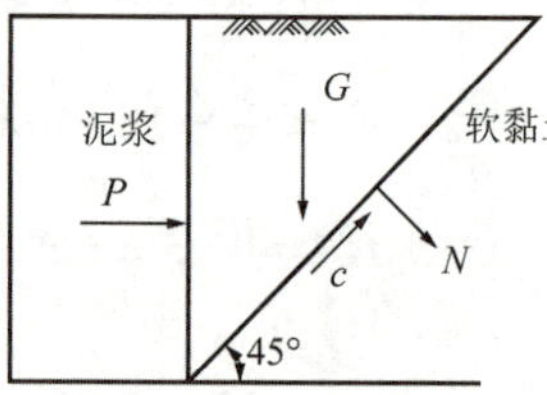

图 5-18-21　题 5-25 图

（A）1.00g/cm³　（B）1.08g/cm³

（C）1.12g/cm³　（D）1.22g/cm³

【解】

（1）滑块重力：$W=\dfrac{1}{2}\times8\times8\times16.8=537.6\text{kN/m}$

（2）楔体法万能公式$E_a=\dfrac{G\sin(\theta-\varphi)-cL\cos\varphi}{\sin(\alpha+\theta-\varphi-\delta)}$

$$=\frac{537.6\times\sin(45°-0°)-12\times8\div\sin45°\times\cos0°}{\sin(90°+45°-0°-0°)}=345.6\text{kN/m}$$

（3）保证槽壁稳定，$P=E_a\Rightarrow\dfrac{1}{2}\times\gamma_{泥}\times8^2=345.6\Rightarrow\gamma_{泥}=10.8\text{kN/m}^3$

$$\rho_{泥}=\frac{10.8}{10}=1.08\text{g/cm}^3$$

【点评】

根据滑块体的受力平衡，得出泥浆对滑块的侧压力 = 土对泥浆的土压力，本题已知滑裂面，不能采用朗肯土压力计算，可采用楔体法万能公式（见《华山论剑专业案例快答手册》）求解，泥浆和槽壁之间无摩擦，$\delta = 0$。

题 5-26　某重力式挡土墙如图 5-18-22 所示，墙面直立，墙背与水平面夹角$\alpha = 70°$，墙背与墙后填土摩擦角为$\delta = 15°$，填土重度$\gamma = 19\text{kN/m}^3$，墙后填土表面倾角$\beta = 15°$，内摩擦角$\varphi = 20°$，黏聚力$c = 5\text{kPa}$，填土与岩石间摩擦角为$\delta_r = 18°$，$c_r = 10\text{kPa}$，岩石坡面倾角$\theta = 75°$，墙高$H = 8\text{m}$，按《建筑边坡工程技术规范》GB 50330—2013 计算挡墙单位长度的主动土压力的水平分力最接近下列哪个选项？

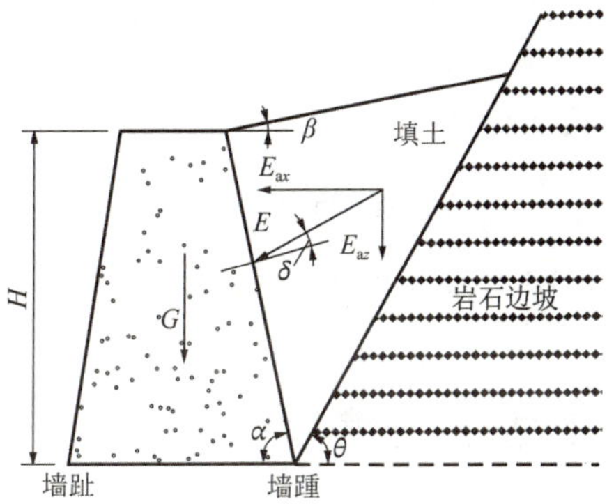

图 5-18-22　题 5-26 图

（A）256kN/m　　（B）281kN/m　　（C）312kN/m　　（D）343kN/m

【解】

（1）$\alpha = 70°$、$\theta = 75°$、$\delta = 15°$、$\delta_r = 18°$、$\beta = 15°$

$\theta = 75° > 45° + \dfrac{20°}{2} = 55°$，按有限范围填土的土压力计算

（2）$\eta = \dfrac{2c_r}{\gamma H} = \dfrac{2 \times 10}{19 \times 8} = 0.13$

$$K_a = \frac{\sin(\alpha+\beta)}{\sin(\alpha-\delta+\theta-\delta_r)\sin(\theta-\beta)} \times \left[\frac{\sin(\alpha+\theta)\sin(\theta-\delta_r)}{\sin^2\alpha} - \eta\frac{\cos\delta_r}{\sin\alpha}\right]$$

$$= \frac{\sin(70°+15°)}{\sin(70°-15°+75°-18°)\sin(75°-15°)} \times \left[\frac{\sin(70°+75°)\sin(75°-18°)}{\sin^2 70°} - 0.13 \times \frac{\cos 18°}{\sin 70°}\right] = 0.513$$

（3）墙高 8m，增大系数为 1.1

总土压力$E_a = \psi_a \dfrac{1}{2}\gamma H^2 K_a = 1.1 \times \dfrac{1}{2} \times 19 \times 8^2 \times 0.513 = 343.1\text{kN/m}$

（4）水平土压力$E_{ax} = E_a \sin(\alpha - \delta) = 343.1 \times \sin(70° - 15°) = 281.1\text{kN/m}$

【点评】

①根据《建筑边坡工程技术规范》第 6.2.8 条；②有限范围的土压力计算考虑了填土和岩石的摩擦，与《建筑地基基础设计规范》不同；③重力式挡土墙指定了规范，应乘以增大系数。

题 5-27 某重力式挡土墙如图 5-18-23 所示，坡高 6m，墙背与竖直线的夹角$\alpha=20°$，无地下水，墙后填土为粉质黏土，土的内摩擦角$\varphi=24°$，黏聚力$c=15\text{kPa}$，填土表面与水平面的夹角$\beta=10°$，土对挡土墙墙背的摩擦角$\delta=10°$，已知滑动面与水平面的夹角$\theta=65°$，滑体的重量$W=430\text{kN/m}$，按《建筑边坡工程技术规范》GB 50330—2013，计算作用在挡土墙背的水平主动土压力为多少？

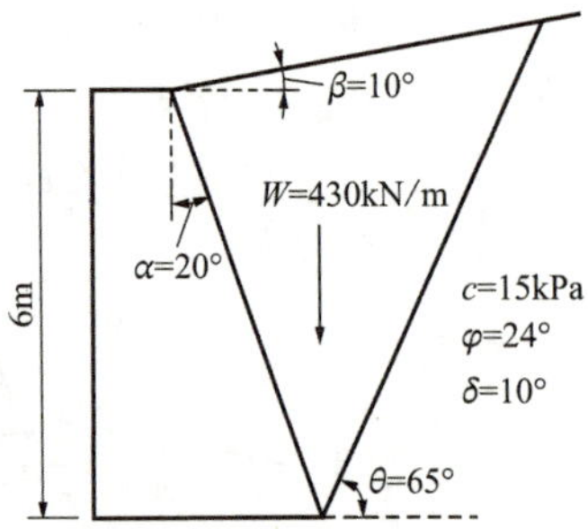

图 5-18-23　题 5-27 图

（A）172kN/m　　（B）156kN/m　　（C）195kN/m　　（D）198kN/m

【解】

（1）$\dfrac{6/\cos 20°}{\sin(65°-10°)}=\dfrac{l}{\sin(70°+10°)}\Rightarrow l=7.68\text{m}$

$$E_a'=\frac{430\times\sin(65°-24°)-15\times7.68\times\cos24°}{\sin(70°+65°-24°-10°)}=180.18\text{kN/m}$$

（2）$E_{ah}=1.1\times180.18\times\cos(20°+10°)=171.64\text{kN/m}$

【点评】

①已知破裂面，可根据《华山论剑案例答题手册》中的楔体法库仑万能公式；②注意题目问法是“水平向主动土压力”而不是“主动土压力”，需要乘以土压力与水平线夹角的余弦；③重力式挡墙，墙高$\geqslant$5m 要考虑增大系数。

题 5-28 如图 5-18-24 所示，由两个高 8m、相距 6m 的重力式挡土墙筑成道路，墙背垂直、光滑、填土水平。填土为砂土，$\gamma=18\text{kN/m}^3$，$\varphi=30°$，问作用于每个墙上的总主动土压力为多少？

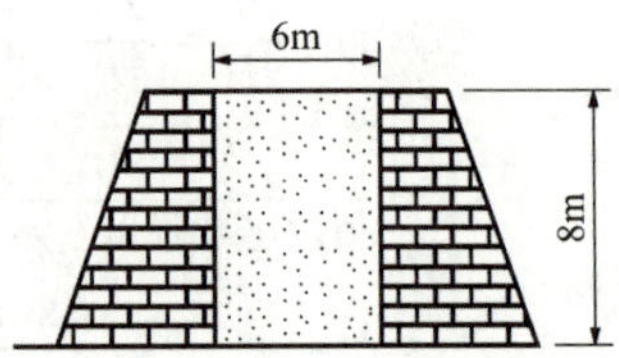

图 5-18-24　题 5-28 图

【解】

（1）$\theta=\arctan\left(\dfrac{3}{8}\right)=20.6°<45°-\dfrac{30°}{2}=30°\Rightarrow$ 受限

（2）$G=18\times\dfrac{1}{2}\times3\times8=216\text{kN/m}$

（3）$E_a=216\times\tan(90°-20.6°-30°)=177.4\text{kN/m}$

【点评】

土堤具有对称性，由于砂土黏聚力为 0，两侧不满足朗肯破坏条件时，则两边的破裂面从顶部中点开始，呈对称形状。

题 5-29　某仰斜式重力挡墙（图 5-18-25），高 5m，墙背仰角$\alpha = 9°$，墙后填土重度$\gamma = 19\text{kN/m}^3$、内摩擦角$\varphi = 30°$，墙背与填料间摩擦系数$\mu = 0.268$，填土破裂角$\theta = 31°24'$，墙后填土表面水平且承受均布荷载$q = 46\text{kPa}$。按《建筑边坡工程技术规范》GB 50330—2013 计算填土水平方向主动土压力。

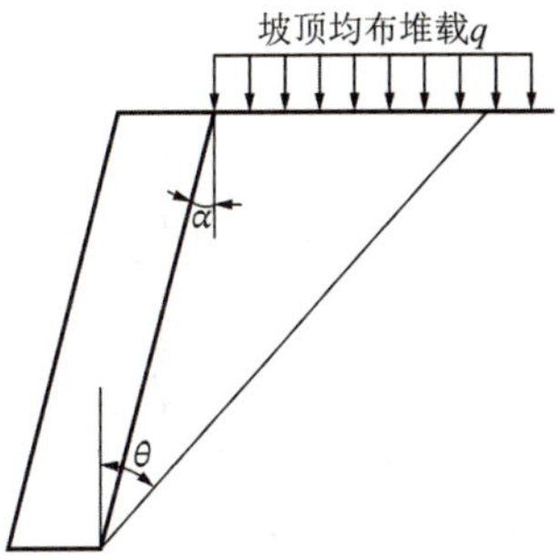

图 5-18-25　题 5-29 图

【解】

（1）转化成规范图示标准角度：

$\alpha = 99°$，$\theta = 58.6°$，$\delta = \arctan 0.268 = 15°$

（2）$G = \left(\frac{1}{2} \times 19 \times 5^2 + 46 \times 5\right) \times \frac{\sin(99° + 58.6°)}{\sin 99° \times \sin 58.6°} = 211.3\text{kN/m}$

$$E_a = \frac{211.3 \times \sin(58.6° - 30°)}{\sin(99° + 58.6° - 30° - 15°)} = 109.6\text{kN/m}$$

（3）重力式挡墙高 5m，取主动土压力增大系数 1.1

$$E_{ax} = 1.1 \times 109.6 \times \sin(99° - 15°) = 119.9\text{kN/m}$$

【点评】

楔体法，根据正弦定理求土压力，先确定土压力、滑裂面上的反力方向。

滑体重G的求解方法：①通用公式$G = \frac{1}{2}\gamma H^2 \frac{\sin(\alpha+\theta)\cdot\sin(\alpha+\beta)}{\sin(\theta-\beta)\cdot\sin^2\alpha}$；

②特例 1：$\beta = 0°$时，$G = \frac{1}{2}\gamma H^2 \frac{\sin(\alpha+\theta)}{\sin\theta\cdot\sin\alpha}$；

特例 2：$\beta = 0°$，$q = \gamma h_0$时，$G = \left(\frac{1}{2}\gamma H^2 + qH\right)\frac{\sin(\alpha+\theta)}{\sin\theta\cdot\sin\alpha}$。

3. 有限范围土压力

如图 5-18-26 所示，有限范围土压力分两种情况，**第一种是完全受限**，即题目指定了破裂角θ或给出边坡角度$\theta > 45° + \varphi/2$，此时用上述楔体法计算；**第二种是不完全受限**，即$\theta \leqslant 45° + \varphi/2$，此时则需要分别按“朗肯或库仑理论破裂角的理论公式”和“θ角滑动的楔体法”分别计算土压力，取大值。

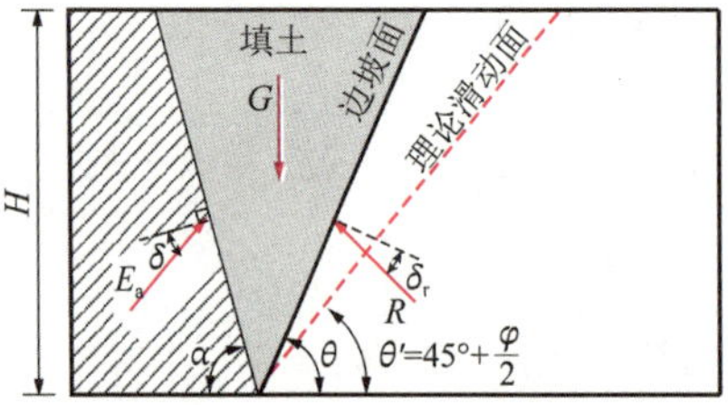

(a) 完全受限边坡坡角大于理论破裂面时

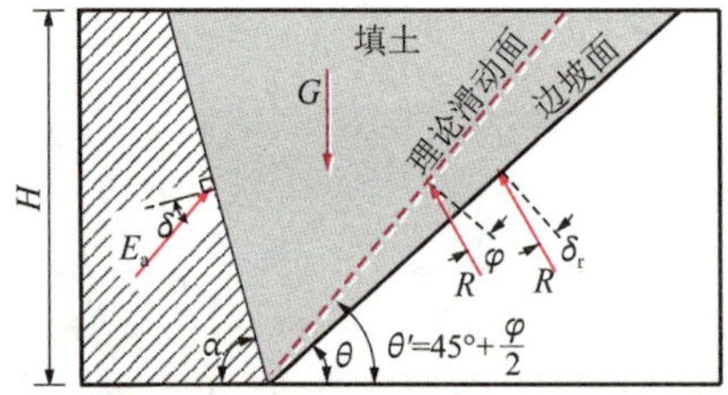

(b) 不完全受限（边坡坡角小于理论破裂面）

图 5-18-26 有限范围土压力示意图

题 5-30 某建筑旁有一稳定的岩石山坡（图 5-18-27），坡脚 50°，依山拟建重力式挡土墙，墙高 5m，墙背垂直光滑，墙后填土水平，采用砂土，填土高度 4.5m，重度 20kN/m³，内摩擦角 32°，土与山坡的摩擦角为 28°，平时墙后无水，暴雨时墙后雨水来不及排泄，水位上升至 5.0m，假设水上水下摩擦角不变，根据《建筑边坡工程技术规范》GB 50330—2013，计算暴雨作用后墙背总水土压力值最接近下列哪个选项？

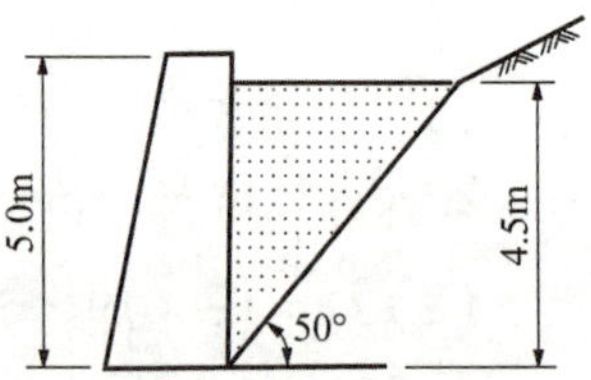

图 5-18-27 题 5-30 图

（A）145kN/m （B）148kN/m （C）159kN/m （D）163kN/m

【解】

（1）$\theta = 45° + \dfrac{32°}{2} = 61° > 50°$，可能会有两种滑动情况

（2）按土体内部滑动，$K_a = \tan^2\left(45° - \dfrac{32°}{2}\right) = 0.307$

暴雨后：$E_a = 1.1 \times \dfrac{1}{2} \times 10 \times 4.5^2 \times 0.307 + \dfrac{1}{2} \times 10 \times 5^2 = 159.2\text{kN/m}$

（3）按沿山坡面滑动$K_a = \dfrac{\sin(90° + 50°) \times \sin(50° - 28°)}{\sin 50° \times \sin(90° - 0° + 50° - 28°)} = 0.339$

$E_a = 1.1 \times \dfrac{1}{2} \times 10 \times 4.5^2 \times 0.339 + \dfrac{1}{2} \times 10 \times 5^2 = 162.8\text{kN/m}$

（4）取大值$E_a = 162.8\text{kN/m}$

【点评】

①根据《建筑边坡工程技术规范》第 6.2.3 条；②增大系数和挡墙高度有关，和填土高度无直接关系，土增大，水不增大；③土体内部可能形成理论滑动面，需同时计算两种情况取大值，由本题计算结果可知，虽然本题楔体未受限，但是仍按岩土界面滑裂；④楔体法可采用解法中K_a公式省去求G的过程，也可按楔体受力计算如下：

$G = 10 \times \dfrac{1}{2} \times \dfrac{4.5^2}{\tan 50°} = 84.96\text{kN/m}$，

$E_a = 1.1 \times 84.96 \times \tan(50° - 28°) + \dfrac{1}{2} \times 10 \times 5^2 = 162.8\text{kN/m}$

18.2.5 特殊土压力

1. **坡顶有特殊荷载土压力——《建筑边坡工程技术规范》第 6.2.9 条、附录 B**

（1）坡顶有线性荷载

距支护结构顶端作用有线性分布荷载时（表 5-18-19 中图示），附加侧向压力分布可简化为等腰三角形，最大附加侧向土压力及总土压力可按表 5-18-19 计算。

坡顶有线性荷载-土压力计算 **表 5-18-19**

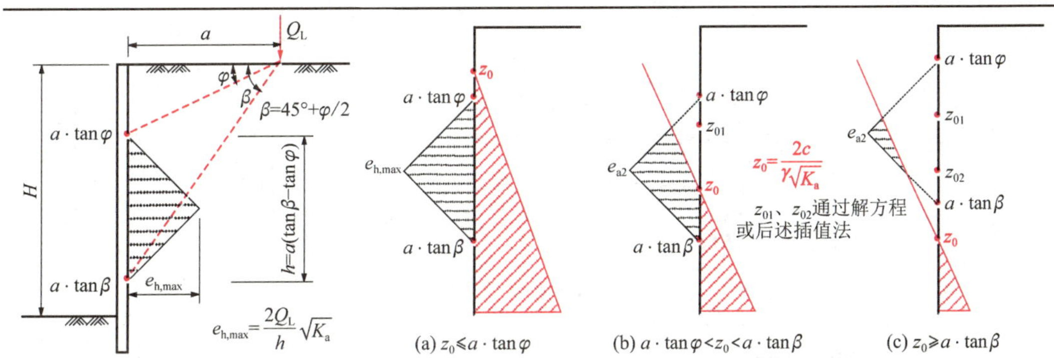

线性分布荷载引起的最大附加侧向压力$e_{h,max}$（kPa）： $e_{h,max}=\frac{2Q_L}{h}\sqrt{K_a}$	h——附加侧向压力分布范围（m），$h=a(\tan\beta-\tan\varphi)$，$\beta=45°+\varphi/2$； Q_L——线分布荷载标准值（kN/m）； K_a——主动土压力系数，$K_a=\tan^2(45°-\varphi/2)$
（1）$z_0\leqslant a\tan\varphi$时（或砂土）： 红三角形＋三角形	$E_a=\frac{1}{2}\gamma(H-z_0)^2K_a+Q_L\sqrt{K_a}$
（2）$a\tan\varphi<z_0<a\tan\beta$时： 红三角形＋大三角形-小三角形	$E_a=\frac{1}{2}\gamma(H-z_0)^2K_a+Q_L\sqrt{K_a}-\frac{\gamma(z_0-z_{01})K_a}{2}(z_0-a\tan\varphi)$
（3）$z_0\geqslant a\tan\beta$时： 红三角形＋三角形	$E_a=\frac{1}{2}\gamma(H-z_0)^2K_a+\frac{e_{a2}}{2}(z_{02}-z_{01})$

注：1. 采用分块法或面积法计算图中阴影面积之和即为总土压力。首先确定坡顶荷载的影响范围是否超出墙背高度范围，其次判断叠加前原土的z_0位置。表 5-18-19 中列举出一些荷载影响范围在墙背之内的计算简图；对于其他情形及荷载影响范围超出墙背高度范围的计算，原理一样；

2. 求荷载叠加后的z_{01}可通过叠加后土压力$e_a=0$，解方程得到z_{01}；也可以用内插法，即利用紧挨叠加后土压力零点两侧的突变点一正一负两个土压力，进行插值计算得到z_{01}。如图 5-18-28 所示，叠加后的e_{a1}、e_{a3}为负值，e_{a2}为正值，插值可得z_{01}、z_{02}。

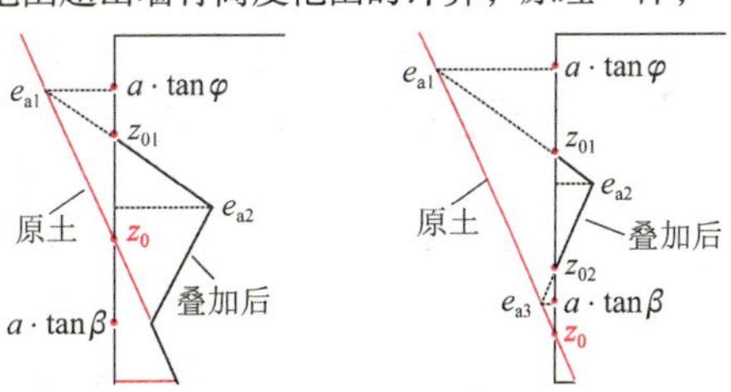

图 5-18-28 插值法求z_0

题 5-31 某边坡采用悬臂式支护（图5-18-29），边坡高$H = 6m$，坡后填土重度为$\gamma = 18kN/m^3$，内摩擦角$\varphi = 30°$，$c = 5kPa$，坡顶地面水平，距离坡顶后$a = 3m$处分布有一线性荷载，荷载标准值为$Q_L = 80kN/m$，不考虑填土与挡墙间的摩擦，按《建筑边坡工程技术规范》GB 50330—2013计算坡脚以上的主动侧压力最接近下列哪个选项？

（A）122kN/m　　（B）134kN/m

（C）145kN/m　　（D）156kN/m

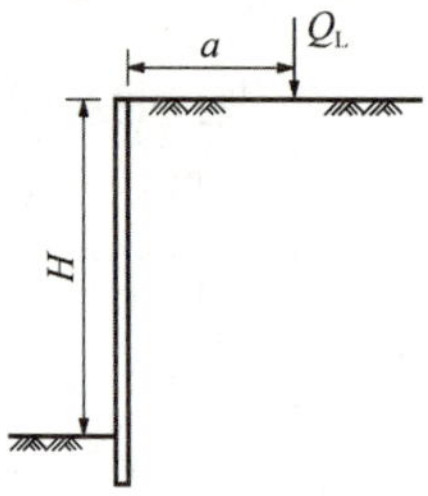

图5-18-29　题5-31图

【解】

（1）$K_a = \tan^2\left(45° - \dfrac{30°}{2}\right) = 0.333$

如右图所示，$a\tan\varphi = 3\tan 30° = 1.732m$

$a\tan\beta = 3\tan\left(45° + \dfrac{30°}{2}\right) = 5.196m$

$h = 5.196 - 1.732 = 3.464m$

（2）$z_0 = \dfrac{2c}{\gamma\sqrt{K_a}} = \dfrac{2\times 5}{18\times\sqrt{0.333}} = 0.963m < 1.732m$

$e_{h,max} = \dfrac{2\times 80}{3.464}\times\sqrt{0.333} = 26.65kPa$

（3）$E_a = \dfrac{1}{2}\times 18\times(6-0.963)^2\times\dfrac{1}{3} + \dfrac{26.65}{2}\times 3.464$

$= 122.3kN/m$

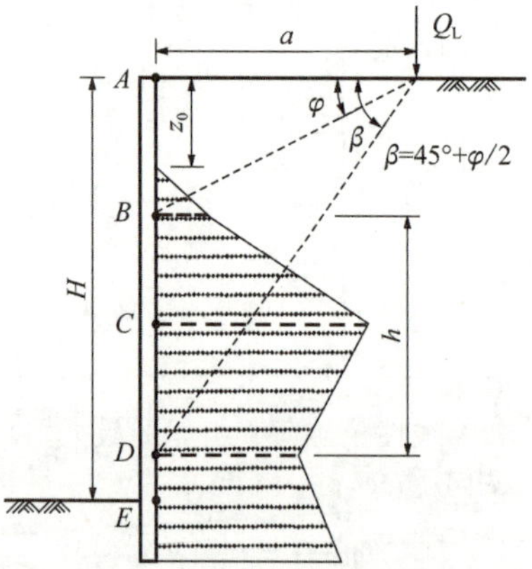

图5-18-30　解5-31图

【点评】

①根据《建筑边坡工程技术规范》附录B.0.1；②首先要确定线性荷载影响的范围，如果是黏性土要判断z_0位置与线性荷载影响范围的关系，进而确定土压力分布图形；③土自重产生的土压力加上线性荷载产生的土压力之和即为总土压力，如果z_0位于线性荷载影响范围之内，则不能简单进行叠加，要重新确定z_0'位置，并按面积法求解，难度较大。

题 5-32 某边坡采用重力式挡土墙支护（图5-18-31），边坡高$H = 9m$，墙背垂直光滑，墙后填土水平，坡后填土重度$\gamma = 18kN/m^3$，内摩擦角$\varphi = 20°$，$c = 25kPa$，距离坡顶后$a = 2m$处有一线性分布荷载，线荷载标准值为100kN/m，试按《建筑边坡工程技术规范》计算墙后的主动土压力。

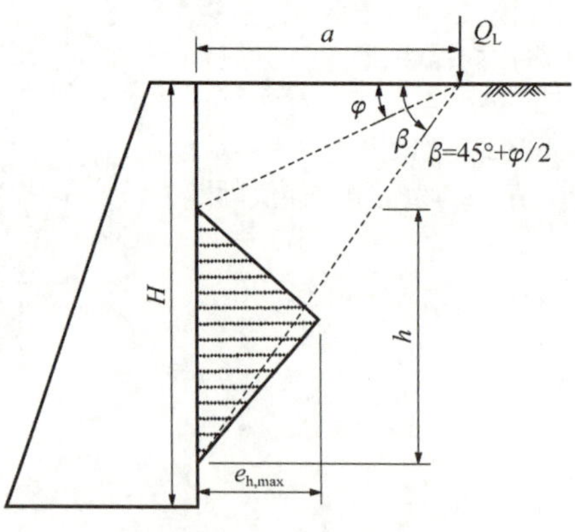

图5-18-31　题5-32图

【解法一】

（1）$K_a = \tan^2\left(45° - \dfrac{20°}{2}\right) = 0.49$，$z_0 = \dfrac{2 \times 25}{18 \times \sqrt{0.49}} = 3.97\text{m}$

线性荷载影响范围：$a\tan\varphi = 2 \times \tan 20° = 0.73\text{m}$，

$a\tan\beta = 2 \times \tan^2\left(45° + \dfrac{20°}{2}\right) = 2.86\text{m}$

$e_{h,max} = \left(\dfrac{2 \times 100}{2.86 - 0.73}\right) \times \sqrt{0.49} = 65.73\text{kPa}$，位置为 $\dfrac{2.86 + 0.73}{2} = 1.795\text{m}$

1.795m 处：$e_1 = 65.73 + 18 \times 1.795 \times 0.49 - 2 \times 25 \times \sqrt{0.49} = 46.56\text{kPa}$

（2）线性荷载对中点影响最大，上下均有可能出现总土压力（压强）为 0kPa

$e_2 = \dfrac{65.73 \times (h_1 - 0.73)}{1.795 - 0.73} + 18 \times h_1 \times 0.49 - 2 \times 25 \times \sqrt{0.49} = 0 \Rightarrow h_1 = 1.135\text{m}$

$e_3 = \dfrac{65.73 \times (2.86 - h_2)}{2.86 - 1.795} + 18 \times h_2 \times 0.49 - 2 \times 25 \times \sqrt{0.49} = 0 \Rightarrow h_2 = 2.675\text{m}$

（3）$E_a = 1.2 \times \left[\dfrac{1}{2} \times 18 \times (9 - 3.97)^2 \times 0.49 + \dfrac{46.56 \times (2.675 - 1.135)}{2}\right] = 176.9\text{kN/m}$

【解法二】

（1）$K_a = \tan^2\left(45° - \dfrac{20°}{2}\right) = 0.49$

$z_0 = \dfrac{2 \times 25}{18 \times \sqrt{0.49}} = 3.97\text{m}$

线性荷载影响范围：

$2 \times \tan 20° = 0.73\text{m} \sim 2 \times \tan^2\left(45° + \dfrac{20°}{2}\right) = 2.86\text{m}$

$h = 2.86 - 0.73 = 2.13\text{m}$

$e_{h,max} = \left(\dfrac{2 \times 100}{2.86 - 0.73}\right) \times \sqrt{0.49} = 65.73\text{kPa}$

位置为 $\dfrac{2.86 + 0.73}{2} = 1.795\text{m}$

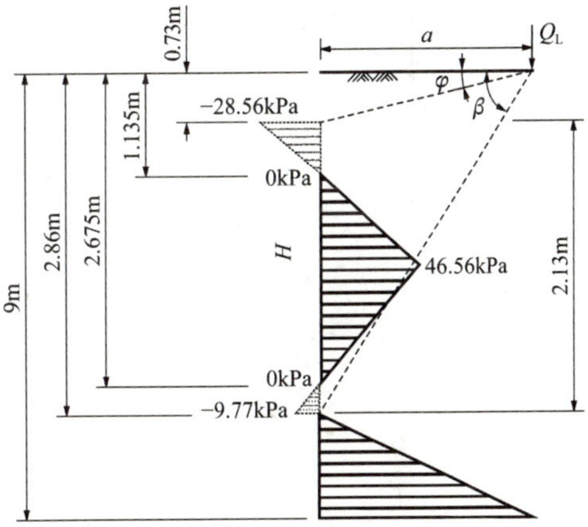

图 5-18-32　解 5-32 图

（2）$z = 1.795\text{m}$ 处：$e_1 = 65.73 + 18 \times 1.795 \times 0.49 - 2 \times 25 \times \sqrt{0.49} = 46.56\text{kPa}$

$z = 0.73\text{m}$ 处：$e_2 = 18 \times 0.73 \times 0.49 - 2 \times 25 \times \sqrt{0.49} = -28.56\text{kPa}$

内插 $z = 1.135\text{m}$ 处，$e = 0$

同理：$z = 2.86\text{m}$ 处：$e_3 = 18 \times 2.86 \times 0.49 - 2 \times 25 \times \sqrt{0.49} = -9.77\text{kPa}$

内插 $z = 2.675\text{m}$ 处，$e = 0$

（3）$E_a = 1.2 \times \left[\dfrac{1}{2} \times 18 \times (9 - 3.97)^2 \times 0.49 + \dfrac{46.56 \times (2.675 - 1.135)}{2}\right] = 176.9\text{kN/m}$

【点评】

①根据《建筑边坡工程技术规范》附录 B.0.2；②附加荷载与黏性土土压力叠加时，一定要注意叠加后土压力（压强）为 0kPa 的位置，不能直接叠加；③用解法二（土压强面积法）更不易出错。

（2）坡顶有局部均布荷载

若填土表面有局部荷载q作用时，则q_L对墙背产生的附加土压力强度值仍可用朗肯公式计算，即$e_h = q_L \cdot K_a$，但其分布范围缺乏在理论上的严格分析，目前有不同的经验算法。一种近似方法认为，地面局部荷载产生的土压力是沿平行于滑动面的方向传递至墙背上的。荷载q仅在墙背影响范围h内引起附加土压力e_h，影响范围之外不受q的影响。这也是《建筑边坡工程技术规范》上的计算方法，其他一些教材有不同的经验算法，考试以规范为主。

按《建筑边坡工程技术规范》附录 B.0.2，距支护结构顶端作用有宽度的均布荷载时，附加侧向压力分布可简化为有限范围内矩形，附加侧向土压力及总土压力可按表 5-18-20 计算。

坡顶有局部均布荷载-土压力计算　　表 5-18-20

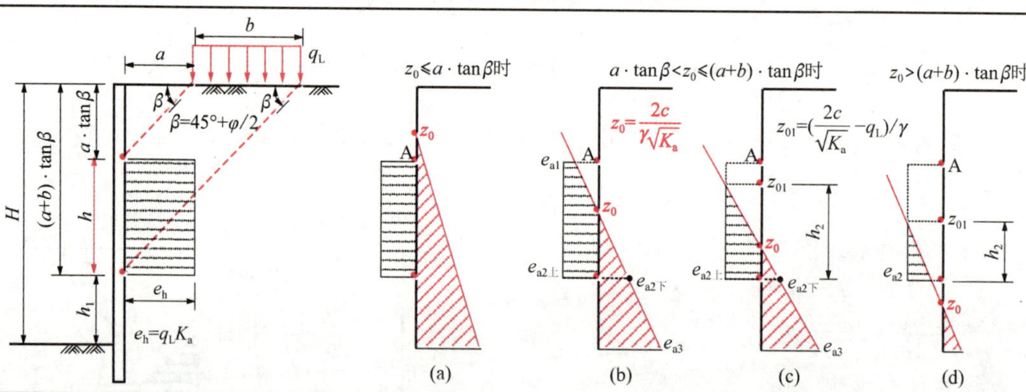

局部荷载引起的附加侧向压力$e_{h,max}$（kPa）： $e_h = q_L \cdot K_a$	q_L——线分布荷载标准值（kPa）； K_a——主动土压力系数，$K_a = \tan^2(45° - \varphi/2)$
（1）$z_0 \leqslant a\tan\beta$时（或砂土）：	分块法（红三角形 + 矩形）：$E_a = \frac{1}{2}\gamma(H - z_0)^2K_a + q_L hK_a$
（2）$a\tan\beta < z_0 \leqslant (a+b)\tan\beta$，且叠加后$e_A \geqslant 0$时：	分块法（红三角形 + 矩形 − 三角形）： $E_a = \frac{1}{2}\gamma(H - z_0)^2K_a + q_L hK_a - \frac{1}{2}\gamma(z_0 - a\tan\beta)^2K_a$ 面积法（梯形+梯形）：$E_a = \frac{e_{a1}+e_{a2上}}{2}h + \frac{e_{a2下}+e_{a3}}{2}h_1$
（3）$a\tan\beta < z_0 \leqslant (a+b)\tan\beta$，且叠加后$e_A < 0$时：	分块法（红三角形 + 小矩形 − 三角形）： $E_a = \frac{1}{2}\gamma(H - z_0)^2K_a + q_L h_2K_a - \frac{q_LK_a}{2}(z_0 - z_{01})$ 面积法（三角形 + 梯形）：$E_a = \frac{e_{a2上}}{2}h_2 + \frac{e_{a2下}+e_{a3}}{2}h_1$
（4）$z_0 \geqslant (a+b)\tan\beta$时：	分块法（红三角形 + 三角形）：$E_a = \frac{1}{2}\gamma(H - z_0)^2K_a + \frac{e_{a2}}{2}h_2$

题 5-33　某重力式挡土墙高 7m（图 5-18-33），墙背垂直光滑，填土顶面距离墙背 3m 作用宽度为 2m 的局部条形荷载$q = 15\text{kPa}$，试按《建筑边坡工程技术规范》GB 50330—2013 计算挡土墙主动土压力最接近下列哪个选项？

（A）311kN/m　　　（B）336kN/m

（C）342kN/m　　　（D）369kN/m

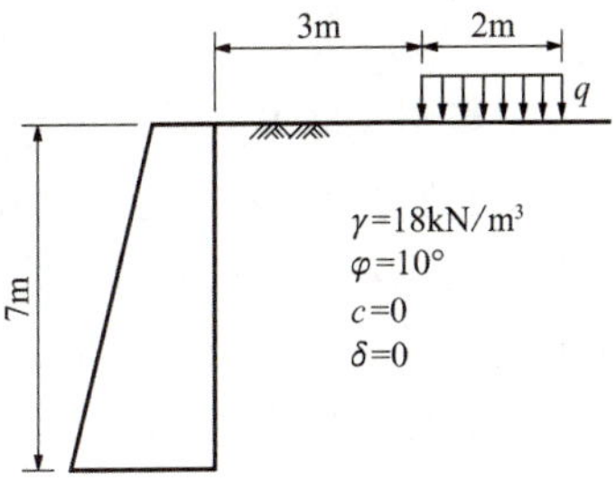

图 5-18-33　题 5-33 图

【解】

（1）$K_a = \tan^2\left(45° - \dfrac{10°}{2}\right) = 0.704$

$$h_{ac} = (3+2)\tan\theta = 5\tan\left(45° + \frac{10°}{2}\right) = 5.96\text{m} < H = 7\text{m}$$

$$h_{bc} = 2\tan\theta = 2\tan\left(45° + \frac{10°}{2}\right) = 2.38\text{m}$$

（2）土层：$E_{a1} = \dfrac{1}{2} \times 18 \times 7^2 \times 0.704 = 310.46\text{kN/m}$

（3）荷载：$E_{a2} = e_q \cdot h_{bc} = 15 \times 0.704 \times 2.38 = 25.13\text{kN/m}$

（4）$E_a = E_{a1} + E_{a2} = 310.46 + 25.13 = 335.6\text{kN/m}$

$E_a' = 1.1 \times 335.6 = 369.2\text{kN/m}$

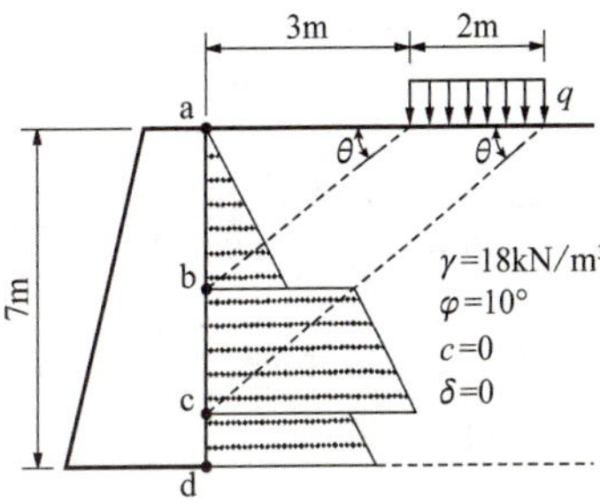

图 5-18-34　解 5-33 图

【点评】

①根据《建筑边坡工程技术规范》附录 B.0.2；②首先要确定线性荷载影响的范围，特别要注意影响范围的下限是否超挡墙底部，进而确定土压力分布图形。

题 5-34　某重力式挡土墙高 8m（图 5-18-35），填土顶面距离墙背 1m 作用宽度为 2m 的均布荷载$q = 10\text{kPa}$，$\varphi = 30°$，$\gamma = 20\text{kN/m}^3$，$\delta = 0$，$c = 10\text{kPa}$，试按《建筑边坡工程技术规范》计算挡土墙主动土压力？

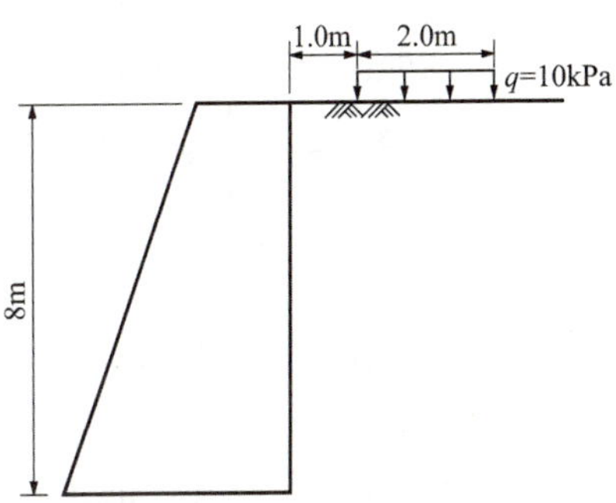

图 5-18-35　题 5-34 图

【解】

（1）$K_a = \tan^2\left(45° - \dfrac{30°}{2}\right) = \dfrac{1}{3}$

$$z_0 = \frac{2 \times 10}{20 \times \sqrt{1/3}} = 1.73\text{m} = 1 \times \tan\left(45° + \frac{30°}{2}\right) = 1.73\text{m}$$

（2）受均布荷载影响的土压力

$$(1+2)\tan\left(45° + \frac{30°}{2}\right) = 5.2\text{m} < 8\text{m}$$

故土压力强度曲线为三角形＋矩形

（3）$E_a = \dfrac{1}{2} \times 20 \times (8 - 1.73)^2 \times \dfrac{1}{3} + 10 \times 2 \times \tan\left(45° + \dfrac{30°}{2}\right) \times \dfrac{1}{3} = 142.6\text{kN/m}$

$E_a' = 1.1 \times E_a = 1.1 \times 142.6 = 156.9\text{kN/m}$

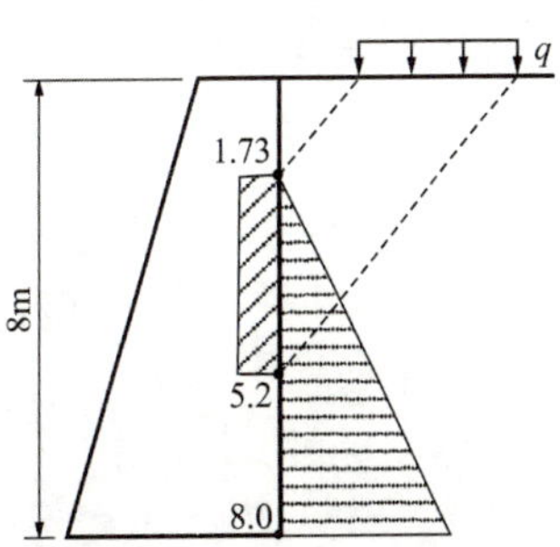

图 5-18-36　解 5-34 图

【点评】

①根据《建筑边坡工程技术规范》附录 B.0.2、第 11.2.1 条；②黏性土时均布荷载q的影响下z_0发生改变，并且只在q的影响范围有效，注意计算范围与各点位置关系。

题 5-35 某重力式挡土墙高 6m（图 5-18-37），墙背垂直光滑，墙后填土水平，无地下水，填土的内摩擦角$\varphi = 20°$，重度$\gamma = 19kN/m^3$，黏聚力$c = 15kPa$，填土顶面距离墙背 2～5m 处作用宽度 3m 的均布条形荷载$q = 20kPa$，按《建筑边坡工程技术规范》GB 50330—2013，计算作用于挡土墙墙背的主动土压力。

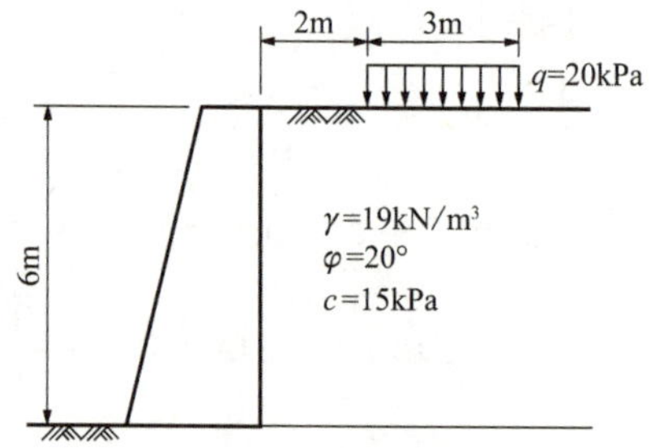

图 5-18-37 题 5-35 图

【解法一】

（1）$K_a = \tan^2\left(45° - \frac{20°}{2}\right) = 0.49$

$$z_0 = \frac{2 \times 15}{19 \times \sqrt{0.49}} = 2.26m < 2 \times \tan\left(45° + \frac{20°}{2}\right) = 2.86m$$

$$5 \times \tan\left(45° + \frac{20°}{2}\right) = 7.14m > 6m$$

（2）$E_a = 1.1 \times \left[\frac{1}{2} \times 19 \times (6 - 2.26)^2 \times 0.49 + 20 \times (6 - 2.86) \times 0.49\right] = 105.5kN/m$

【解法二】

（1）$K_a = \tan^2\left(45° - \frac{20°}{2}\right) = 0.49$，$z_0 = \frac{2 \times 15}{19 \times \sqrt{0.49}} = 2.26m$

荷载影响范围：$2 \times \tan\left(45° + \frac{20°}{2}\right) = 2.86m$～$5 \times \tan\left(45° + \frac{20°}{2}\right) = 7.14m$

（2）$z = 2.86m$ 上：$e_1 = 19 \times 2.86 \times 0.49 - 2 \times 15 \times \sqrt{0.49} = 5.63kPa$

$z = 2.86m$ 下：$e_1 = 20 \times 0.49 + 5.63 = 15.43kPa$

$z = 7m$ 处：$e_2 = (20 + 19 \times 6) \times 0.49 - 2 \times 15 \times \sqrt{0.49} = 44.66kPa$

（3）$E_a = 1.1 \times \left[\frac{5.63}{2} \times (2.86 - 2.26) + \frac{15.43 + 44.66}{2} \times (6 - 2.86)\right] = 105.6kN/m$

【点评】

①根据《建筑边坡工程技术规范》附录 B.0.2；②注意均布荷载q的影响下z_0是否会发生改变，并且只在q的影响范围有效，注意计算范围与各点位置关系；③重力式挡土墙，按《建筑边坡工程技术规范》$5m \leqslant h \leqslant 8m$，土压力增大系数为 1.1。

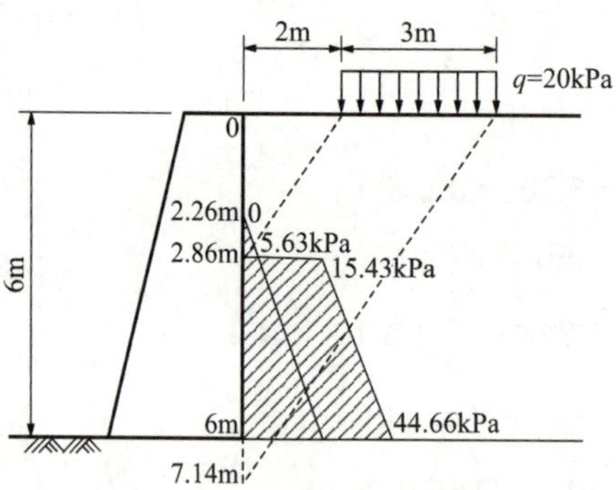

图 5-18-38 解 5-35 图

题 5-36 （22D15）某挡土墙高 5.5m，墙背垂直光滑，墙后填土水平，无地下水，距离墙背 1.5m 以外填土上作用有宽度为b的均布荷载 20kPa，填土重度 20kN/m^3，内摩擦角 24°，黏聚力 12kPa，按《建筑边坡工程技术规范》GB 50330—2013，计算b至少为多宽时挡土墙墙背的主动土压力达到最大，其最大主动土压力E_a最接近下列哪个选项？

（A）b =2.1m，E_a =83kN/m （B）b =2.1m，E_a =87kN/m

（C）b =3.6m，E_a =83kN/m （D）b =3.6m，E_a =87kN/m

【解】

（1）达到最大压力时：$(1.5+b)\times\tan\left(45°+\dfrac{24°}{2}\right)=5.5\Rightarrow b=2.07\text{m}$

（2）$K_a=\tan^2\left(45°-\dfrac{24°}{2}\right)=0.422$

$$z_0=\frac{2\times12}{20\times\sqrt{0.422}}=1.85\text{m}<1.5\times\tan\left(45°+\frac{24°}{2}\right)=2.31\text{m},$$

z_0不影响均布荷载产生的土压力

（3）$E_a=\dfrac{1}{2}\times20\times(5.5-1.85)^2\times0.422+20\times(5.5-2.31)\times0.422=83.1\text{kN/m}$

【点评】

①根据《建筑边坡工程技术规范》第 6.2.4 条、附录 B.0.2；②距支护结构顶端作用有宽度的均布荷载，附加侧向压力可简化为有限范围内矩形，扩散角按破裂角$45°+\varphi/2$取；③对应黏性土，应判别临界深度z_0和附加作用范围的关系。

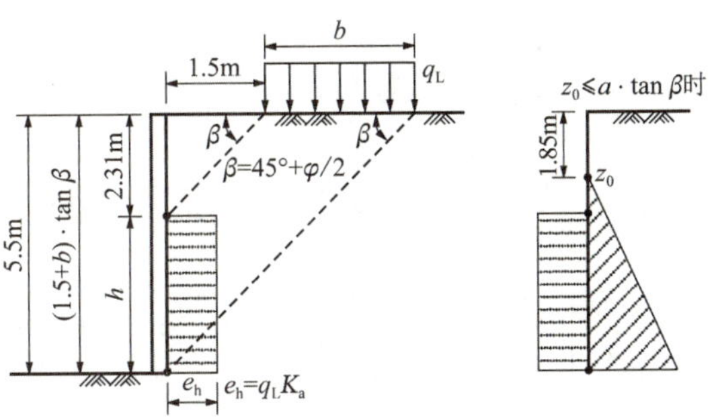

图 5-18-39 解 5-36 图

（3）坡顶地面非水平

当坡顶地面非水平时，主要分为坡顶地表局部为水平时、坡顶地表局部为斜面时、坡顶地表中部为斜面时三种情况（表 5-18-21），支护结构上的主动土压力可按表 5-18-21 计算。

坡顶非水平-土压力计算　　　**表 5-18-21**

<table>
<tr><th>局部水平</th><th>局部斜面</th><th>中部斜面</th></tr>
<tr><td>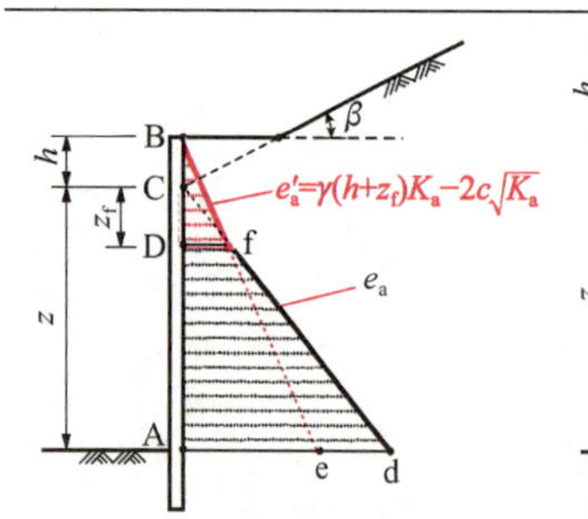</td><td>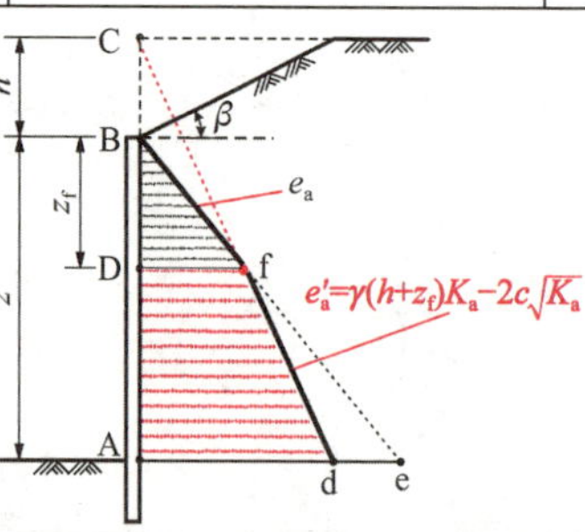</td><td>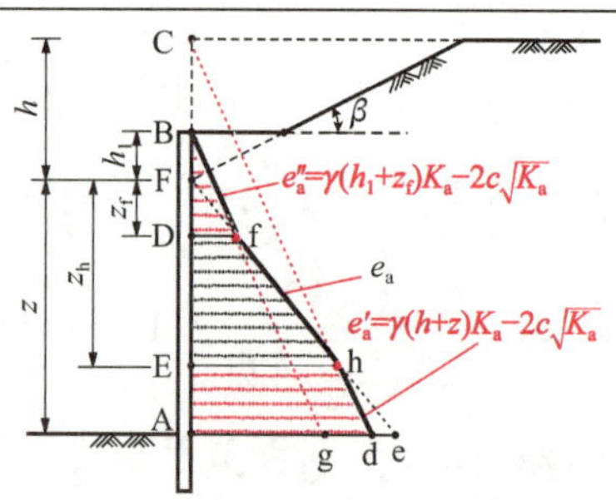</td></tr>
<tr><td colspan="3">$e_a=\gamma z\cos\beta\dfrac{\cos\beta-\sqrt{\cos^2\beta-\cos^2\varphi}}{\cos\beta+\sqrt{\cos^2\beta-\cos^2\varphi}}$</td></tr>
<tr><td>$e_a=e_a'$求出 f 点z_f、e_f
$E_a=\dfrac{e_f}{2}(z_f+h)+\dfrac{e_f+e_d}{2}(z-z_f)$</td><td>$e_a=e_a'$求出 f 点$z_f$、$e_f$
$E_a=\dfrac{e_f}{2}z_f+\dfrac{e_f+e_d}{2}(z-z_f)$</td><td>$e_a=e_a''$求出 f 点$z_f$、$e_f$
$e_a=e_a'$求出 h 点z_h、e_h
$E_a=\dfrac{e_f}{2}(z_f+h_1)+\dfrac{e_f+e_h}{2}(z_h-z_f)+\dfrac{e_h+e_d}{2}(z-z_h)$</td></tr>
</table>

注：图中红色面积为按**朗肯土压力公式**计算的土压力，黑色为上部**斜坡土压力公式**计算的土压力，二者面积之和即为总土压力。

题 5-37　某重力式挡土墙高 6m，墙背垂直光滑，坡顶有 3m 的局部水平，如图 5-18-40 所示，填土为中砂，内摩擦角$\varphi=30°$，重度$\gamma=19\text{kN/m}^3$，无地下水，试按《建筑边坡工程技术规范》GB 50330—2013，计算挡土墙受到的主动土压力最接近下列哪个选项？

（A）115kN/m　　（B）120kN/m

（C）125kN/m　　（D）130kN/m

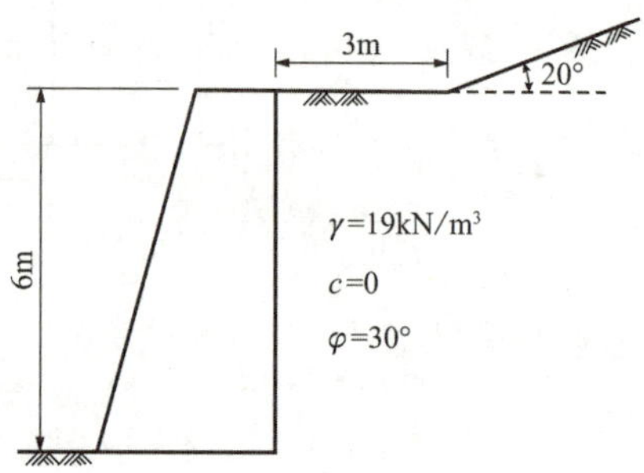

图 5-18-40　题 5-37 图

【解】

（1）$K_a=\tan^2\left(45°-\dfrac{30°}{2}\right)=\dfrac{1}{3}$，

$h=3\times\tan20°=1.09\text{m}$

（2）$e_a=19\times z\times\cos20°\times\dfrac{\cos20°-\sqrt{\cos^2 20°-\cos^2 30°}}{\cos20°+\sqrt{\cos^2 20°-\cos^2 30°}}$

$e_a'=\dfrac{1}{3}\times19\times(z+1.09)$，由$e_a'=e_a\Rightarrow z=4.49\text{m}$

（3）$1.09+4.49=5.58\text{m}\Rightarrow e_{a1}=19\times5.58\times\dfrac{1}{3}=35.34\text{kPa}$

6m 处：$e_{a2}=19\times(6-1.09)\times\cos20^\circ\times\dfrac{\cos20^\circ-\sqrt{\cos^2 20^\circ-\cos^2 30^\circ}}{\cos20^\circ+\sqrt{\cos^2 20^\circ-\cos^2 30^\circ}}=38.64\text{kPa}$

（4）$E_a=\dfrac{35.34}{2}\times5.58+\dfrac{35.34+38.64}{2}\times(6-5.58)=114.1\text{kN/m}$

（5）墙高 6m，$E'_a=1.1\times114.1=125.5\text{kN/m}$

【点评】

①根据《建筑边坡工程技术规范》附录 B.0.3；②先确定水平地面和倾斜地面的土压力强度相等的深度z；然后确定出各段土压力分布形状，并求土压力面积即得到合力；③重力式挡墙，5m ≤ 墙高 ≤ 8m 时要考虑 1.1 的主动土压力增大系数。

题 5-38　某边坡及支护结构如图 5-18-41 所示，边坡总高度$H=8\text{m}$，坡顶地面局部为斜面，已知斜面倾角$\beta=25^\circ$，高度$h=2\text{m}$，墙后填土为砂土，重度$\gamma=19.2\text{kN/m}^3$，内摩擦角$\varphi=32^\circ$，根据《建筑边坡工程技术规范》GB 50330—2013 计算坡脚以上作用于支护结构上的主动土压力合力最接近下列哪个选项？

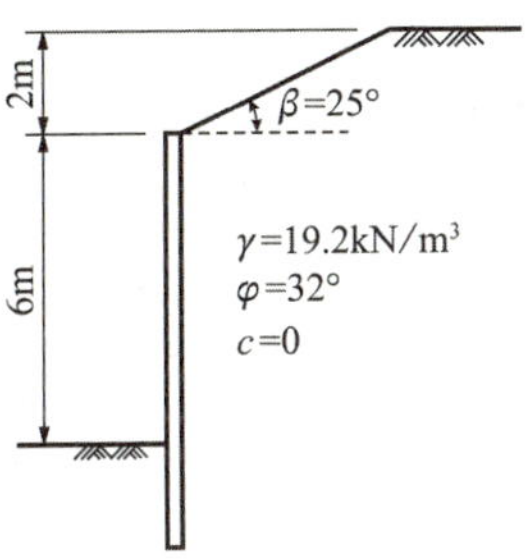

图 5-18-41　题 5-38 图

（A）148kN/m　　（B）158kN/m　　（C）163kN/m　　（D）174kN/m

【解】

（1）$K_a=\tan^2\left(45^\circ-\dfrac{32^\circ}{2}\right)=0.307$

$e_a=19.2\times z_1\times\cos25^\circ\times\dfrac{\cos25^\circ-\sqrt{\cos^2 25^\circ-\cos^2 32^\circ}}{\cos25^\circ+\sqrt{\cos^2 25^\circ-\cos^2 32^\circ}}=8.326z_1$

$e'_a=19.2\times(z_1+2)\times0.307$

（2）$e_a=e'_a\Rightarrow8.326z_1=19.2\times(z_1+2)\times0.307$

$\Rightarrow z_1=4.85\text{m}<6\text{m}$

（3）$z=4.85\text{m}$，$e_a=19.2\times(4.85+2)\times0.307=40.38\text{kPa}$

$z=6\text{m}$，$e_a=19.2\times(6+2)\times0.307=47.16\text{kPa}$

$E_a=\dfrac{40.38}{2}\times4.85+\dfrac{40.38+47.16}{2}\times(6-4.85)=148.3\text{kN/m}$

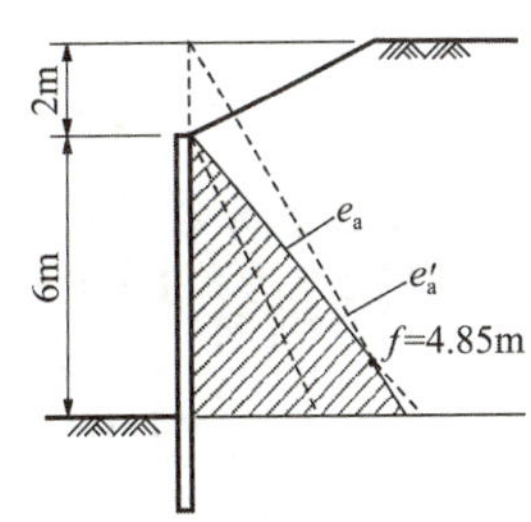

图 5-18-42　解 5-38 图

【点评】

①根据《建筑边坡工程技术规范》附录 B.0.3；②坡顶地表局部为斜面时，求出应力曲线交点，分段求解，注意计算范围与各点位置关系，关键是确定图中f点的位置。

题 5-39 某边坡及支护结构（图 5-18-43），已知$\beta = 15°$，$a = 2m$，$h = 2m$，$z = 10m$，墙后砂土重度为 $18kN/m^3$，$\varphi = 30°$，$c = 0$，请根据《建筑边坡工程技术规范》GB 50330—2013 计算坡脚以上的主动土压力合力。

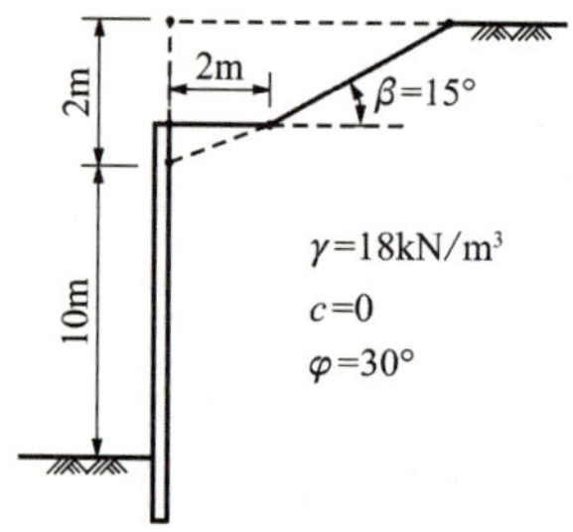

图 5-18-43 题 5-39 图

【解】

（1）$K_a = \tan^2\left(45° - \frac{30°}{2}\right) = 0.333$

$h_{BK} = a\tan\beta = 2\tan 15° = 0.54m$

（2）过渡段土压力曲线 Kf：$e_a = \gamma z\cos\beta\frac{\cos\beta - \sqrt{\cos^2\beta - \cos^2\varphi}}{\cos\beta + \sqrt{\cos^2\beta - \cos^2\varphi}}$

$= 18 \times z_1 \times \cos 15° \times \frac{\cos 15° - \sqrt{\cos^2 15° - \cos^2 30°}}{\cos 15° + \sqrt{\cos^2 15° - \cos^2 30°}} = 6.71z_1$

（3）土压力曲线 Bg：

$e'_a = 18 \times (0.54 + z_1) \times 0.333 = 3.24 + 6z_1$

曲线 Bg 与曲线 Kf 交于 d 点

由$e_a = e'_a \Rightarrow 6.71z_1 = 3.24 + 6z_1 \Rightarrow z_1 = 4.56m$

D 点土压力强度:$e_a = 6.71z_1 = 6.71 \times 4.56 = 30.60kPa$

（4）同理可得土压力曲线 Cc：$e''_a = 12 + 6z_2$

曲线 Cc 与曲线 Kf 交于 h 点

由$e_a = e''_a$，解得：$z_2 = 16.90m > 10m$

即图上 h 点实际位于坡脚 E 点之下（如图所示），则应取曲线 Kf 与坡脚水平线交点 f 点。

E 点土压力强度：$e_a = 6.71z = 6.71 \times 10 = 67.1kPa$

（5）$E_a = \frac{30.60}{2} \times (0.54 + 4.56) + \frac{30.60 + 67.1}{2} \times (10 - 4.56) = 343.8kN/m$

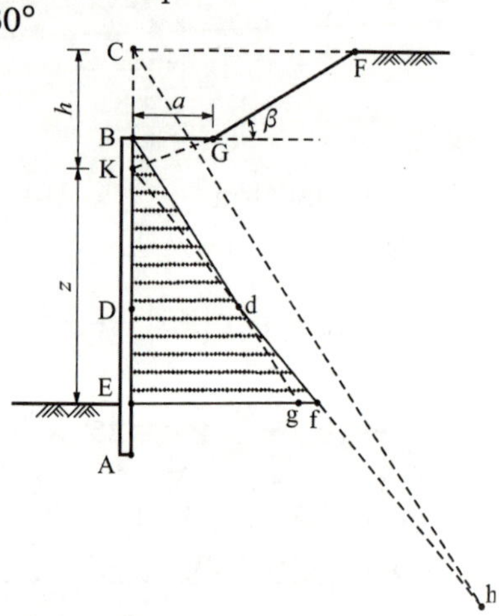

图 5-18-44 解 5-39 图

【点评】

①根据《建筑边坡工程技术规范》附录 B.0.3 第三种情况；②牢牢抓住过渡段土压力曲线 Kf，与曲线 Bg 相交之前，取曲线 Bg 土压力，曲线 Cc 相交之后，取曲线 Cc 土压力，中间取自身曲线 Kf 土压力，最后求外包线的面积，即为所求土压力；③注意题目求的是坡脚以上土压力，而不是支护结构上的土压力，取 E 点水平面以上，而非 A 点水平面以上；④第三种情况，规范图z的位置标错了，本题计算量较大，考试注意选题。

2. 垂直二阶边坡、斜坡水平土压力——《建筑边坡工程技术规范》第 6.2.9 条、第 6.2.10 条、第 6.3.4 条、附录 B

（1）**垂直二阶边坡**

当边坡为二阶且竖直、坡顶水平且无超载时，岩土压力的合力和边坡破坏时的平面破裂角按表 5-18-22 计算。

垂直二阶边坡-水平土压力计算 **表 5-18-22**

适用于：**岩土质**边坡（**坡顶水平**$\beta=0$、**无超载**$q=0$、**竖直二阶**），**且E_a为水平方向**	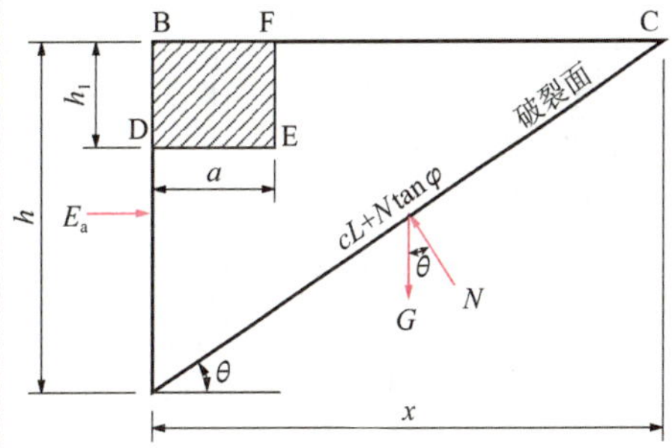
破裂角θ： $\theta=\arctan[\dfrac{\cos\varphi}{\sqrt{1+\dfrac{2a\xi}{h(\eta+\tan\varphi)}}-\sin\varphi}]\Leftarrow\eta=\dfrac{2c}{\gamma h},\ \xi=\dfrac{h_1}{h}$ 注：**岩质边坡有外倾结构面时，θ可取外倾结构面倾角**	
$K_a=\left(\cot\theta-\dfrac{2a\xi}{h}\right)\tan(\theta-\varphi)-\dfrac{\eta\cos\varphi}{\sin\theta\cos(\theta-\varphi)}$	
$E_a=\dfrac{1}{2}\gamma h^2K_a$	
式中：c、φ——岩土体或外倾结构面的黏聚力、内摩擦角（°）；K_a——**水平**岩土压力系数	

题 5-40 某建筑垂直边坡坡高 10.0m，坡顶水平无超载，为提高边坡稳定性，挖除 BDEF，形成台阶，台阶宽和高均为 3m（图 5-18-45，坡体黏性土重度 19kN/m³，内摩擦角 15°，黏聚力 10kPa，坡体无地下水，按照《建筑边坡工程技术规范》GB 50330—2013，求水平土压力合力最接近下列哪个选项？

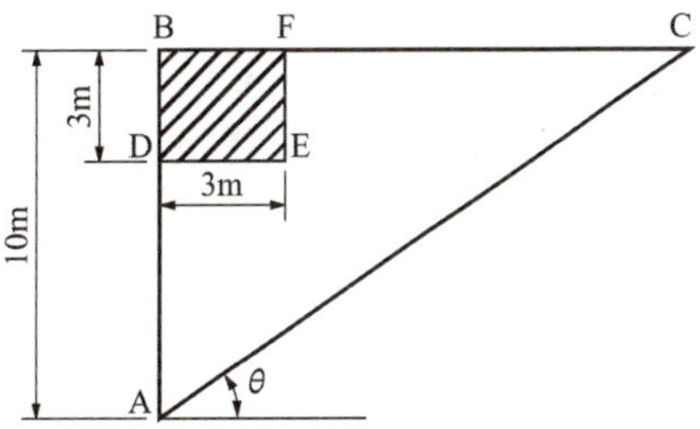

图 5-18-45 题 5-40 图

（A）210kN/m

（B）250kN/m

（C）290kN/m

（D）330kN/m

【解】

（1）$\eta=\dfrac{2\times10}{19\times10}=0.105$，$\xi=\dfrac{3}{10}=0.3$

$$\theta=\arctan(\frac{\cos15^\circ}{\sqrt{1+\dfrac{2\times3\times0.3}{10\times(0.105+\tan15^\circ)}}-\sin15^\circ})=45.21^\circ$$

（2）$K_a=\left(\cot45.21^\circ-\dfrac{2\times3\times0.3}{10}\right)\times\tan(45.21^\circ-15^\circ)-$

$$\frac{0.105\times\cos15^\circ}{\sin45.21^\circ\times\cos(45.21^\circ-15^\circ)}=0.3078$$

（3）$E_a=\dfrac{1}{2}\times19\times10^2\times0.3078=292.4\text{kN/m}$

【点评】

①依据《建筑边坡工程技术规范》附录 B.0.4；②和《建筑边坡工程技术规范》第 6.2.10 条相似，均假设土压力方向水平，通过极限的方法求得破裂角，然后根据破裂角求得水平岩土压力。

（2）**斜坡边坡**

当边坡的坡面为倾斜、坡顶水平、无超载时，岩土压力的合力和边坡破坏时的平面破裂角可按表 5-18-23 计算。

斜坡边坡-水平土压力计算　　**表 5-18-23**

适用于：**岩土质**边坡（**坡顶水平** $\beta=0$、**无超载** $q=0$、**坡面倾斜**），**且 E_a 为水平方向**	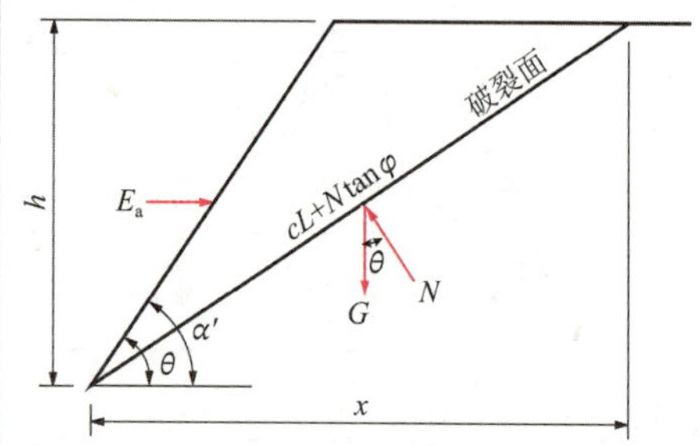
破裂角 θ： $\theta=\arctan\left[\dfrac{\cos\varphi}{\sqrt{1+\dfrac{\cot\alpha'}{\eta+\tan\varphi}}-\sin\varphi}\right]\Leftarrow\eta=\dfrac{2c}{\gamma h}$ 注：**岩质边坡有外倾结构面时，θ 可取外倾结构面倾角**	
$K_a=(\cot\theta-\cot\alpha')\tan(\theta-\varphi)-\dfrac{\eta\cos\varphi}{\sin\theta\cos(\theta-\varphi)}$	
$E_a=\dfrac{1}{2}\gamma H^2K_a$	
式中：c、φ——岩土体或外倾结构面的黏聚力、内摩擦角（°）；K_a——**水平**岩土压力系数	

题 5-41　（18C15）某建筑边坡坡高 10.0m，开挖设计坡面与水平面夹角 50°，坡顶水平，无超载（图 5-18-46），坡体黏性土重度 19kN/m³，内摩擦角 12°，黏聚力 20kPa，坡体无地下水，按照《建筑边坡工程技术规范》GB 50330—2013，求边坡破坏时的平面破裂角θ最接近下列哪个选项？

（A）30°　　（B）33°

（C）36°　　（D）39°

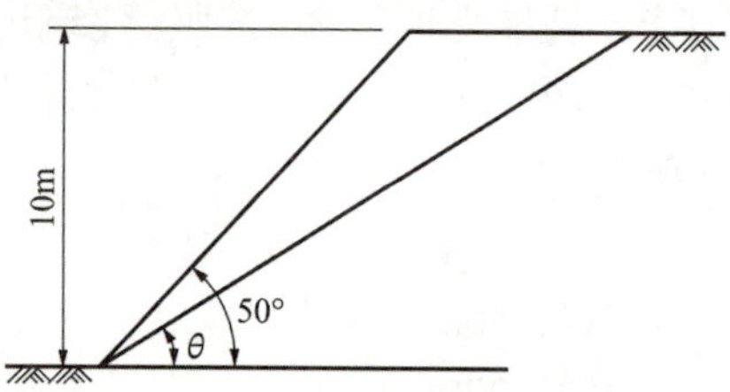

图 5-18-46　题 5-41 图

【解】

（1）$\eta=\dfrac{2\times20}{19\times10}=0.211$

（2）$\theta=\arctan\left(\dfrac{\cos12^\circ}{\sqrt{1+\dfrac{\cot50^\circ}{0.211+\tan12^\circ}}-\sin12^\circ}\right)=32.78^\circ$

【点评】

①依据《建筑边坡工程技术规范》第 6.2.10 条；②本题为争议题，解析中公式求得的破裂角实为土压力系数最小（负数）的破裂面对应的破裂角，实际上此时边坡处于稳定状态，并不会发生破坏。

题 5-42　某边坡坡高 6m（图 5-18-47），坡角 $\alpha = 50°$，坡面倾斜，坡顶水平、无超载，边坡所填砂土 $\gamma = 19\text{kN/m}^3$，$\varphi = 40°$，试按《建筑边坡工程技术规范》计算水平土压力合力。

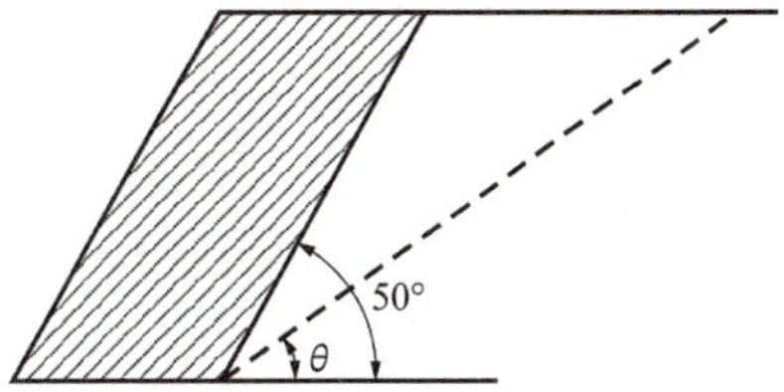

图 5-18-47　题 5-42 图

【解】

（1）$\eta = \dfrac{2c}{\gamma h} = 0$

$$\theta = \arctan\left[\frac{\cos 40°}{\sqrt{1 + \dfrac{\cot 50°}{0 + \tan 40°}} - \sin 40°}\right] = 44.8°$$

（2）$K_a = (\cot 44.8° - \cot 50°)\tan(44.8° - 40°) = 0.0141$

（3）$E_a = \dfrac{1}{2} \times 19 \times 6^2 \times 0.0141 = 4.82\text{kN/m}$

【点评】

①根据《建筑边坡工程技术规范》第 6.2.10 条；②计算土压力为水平方向，此处左侧为假想挡墙，且假设土压力方向为水平方向，基于平面直线滑动假设得到土压力最大时的破裂角。

3. 地下水（渗流）土压力——《建筑边坡工程技术规范》第 6.2.6 条、第 6.2.7 条

地下水以下：对**砂土和粉土**应按水土分算，对**黏性土**宜根据工程经验按水土分算或水土合算。另外，《建筑基抗支护技术规程》第 3.1.14 条规定，**砂质粉土、砂土和碎石土**应按水土分算，黏质粉土、黏性土可按水土合算。

边坡体中有地下水（存在水头差）形成渗流时，在水土合算时，无需考虑渗透，因为此时γ_{sat}保持不变（渗透力为内力）；在**水土分算**时，应计算渗透力对土压力的影响。

对水“**顺流减压，逆流加压**”；**对土**“**顺流增压，逆流减压**”，总结如表 5-18-24 所示。

考虑渗流时-水土压力计算　　表 5-18-24

顺流 1	顺流 2	逆流
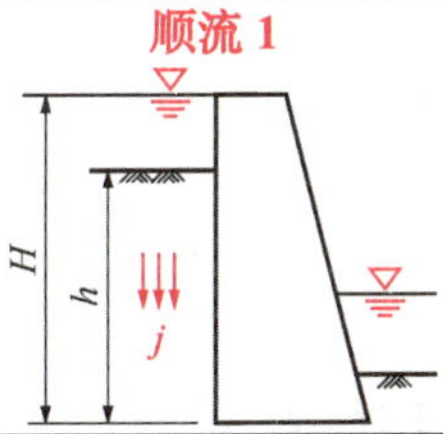	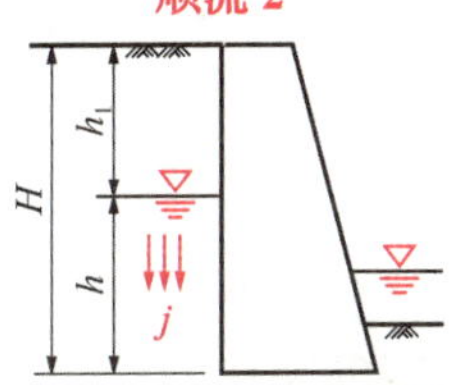	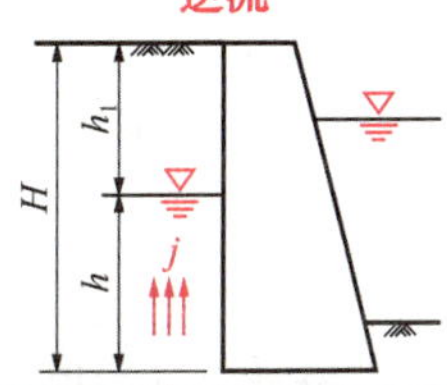
$E_a = \dfrac{1}{2}(\gamma' + j)h^2 K_a$ $E_w = \dfrac{1}{2}\gamma_w H^2 - \dfrac{1}{2} j h^2$	$E_a = \dfrac{1}{2}\gamma h_1^2 K_a + \gamma h_1 K_a h + \dfrac{1}{2}(\gamma' + j)h^2 K_a$ $E_w = \dfrac{1}{2}(\gamma_w - j)h^2$	$E_a = \dfrac{1}{2}\gamma h_1^2 K_a + \gamma h_1 K_a h + \dfrac{1}{2}(\gamma' - j)h^2 K_a$ $E_w = \dfrac{1}{2}(\gamma_w + j)h^2$
渗流段有效重度和水重度发生变化：**顺流**：$\gamma' \to \gamma' + j$；$\gamma_w \to \gamma_w - j$；**逆流**：$\gamma' \to \gamma' - j$；$\gamma_w \to \gamma_w + j$		
考虑渗流时，水平压力变化绝对值：$\Delta E_a = \dfrac{1}{2} j h^2 K_a$，$\Delta E_w = \dfrac{1}{2} j h^2$		
顺流：$\Delta E_h = \Delta E_a + \Delta E_w = \dfrac{1}{2} j h^2 K_a - \dfrac{1}{2} j h^2 < 0$；**逆流**：$\Delta E_h = \Delta E_a + \Delta E_w = -\dfrac{1}{2} j h^2 K_a + \dfrac{1}{2} j h^2 > 0$		

注：渗透力$j = \gamma_w \cdot i$，单位为 kN/m^3，与重度单位一致，可以用来与重度进行加减运算，也可以直接把j当成一种渗透重度来计算。

题 5-43 （16C21）如图 5-18-48 所示，某河流梯级挡水坝，上游水深 1m，AB 高度为 4.5m，坝后河床为砂土，其 $\gamma_{sat}=21kN/m^3$，$c'=0$，$\varphi'=30°$，砂土中有自上而下稳定渗流，A 到 B 的水力坡降为 0.1，按朗肯土压力理论，估算作用在该挡水坝背面 AB 段的总水平压力最接近下列哪个选项？

（A）70kN/m　　（B）75kN/m

（C）176kN/m　　（D）183kN/m

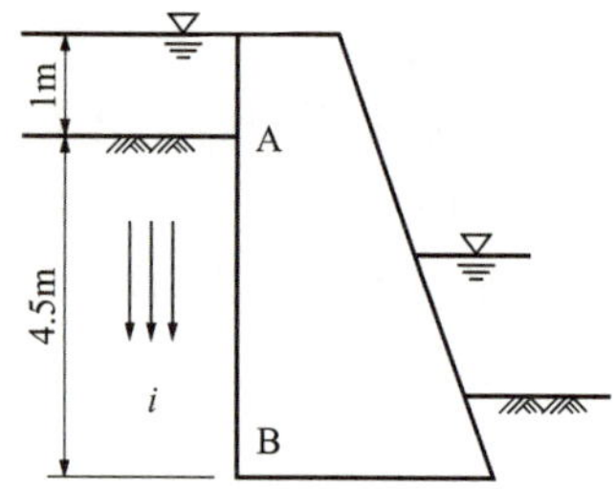

图 5-18-48　题 5-43 图

【解】

（1）$K_a=\tan^2\left(45°-\frac{30°}{2}\right)=\frac{1}{3}$

（2）AB 段水压力

$$E_w=10\times1\times4.5+\frac{1}{2}\times(10-10\times0.1)\times4.5^2=136.1kN/m$$

（3）AB 段的土压力 $E_a=\frac{1}{2}\times(11+10\times0.1)\times4.5^2\times\frac{1}{3}=40.5kN/m$

（4）总水平压力：$E_h=136.1+40.5=176.6kN/m$

【点评】

①本题考点是“有渗流的土压力计算”，关键在于各点的主动土压力强度必须采用有效应力进行求解，各点的总应力必须采用饱和重度进行求解；②渗流力是水土相互作用的力，渗流时各点的孔隙水压力和土的有效应力均发生变化，总应力保持不变；③渗流顺流作用导致孔隙水压力减小，土的有效重度增大。

题 5-44 （19C15）如图 5-18-49 所示，某河堤挡土墙，墙背光滑垂直，墙身不透水，墙后和墙底均为砾砂层。砾砂的天然与饱和重度分别为 $\gamma=19kN/m^3$ 和 $\gamma_{sat}=20kN/m^3$，内摩擦角为 30°。墙地宽 $B=3m$，墙高 $H=6m$，挡土墙基底埋深 $D=1m$。当河水位由 $h_1=5m$ 降至 $h_2=2m$ 后，墙后地下水位保持不变且在砾砂中产生稳定渗流时，则作用在墙背上的水平力变化值最接近下列哪个选项？（假定水头沿渗流路径均匀降落，不考虑主动土压力增大系数）

（A）减少 70kN/m　　（B）减少 28kN/m

（C）增加 42kN/m　　（D）增加 45kN/m

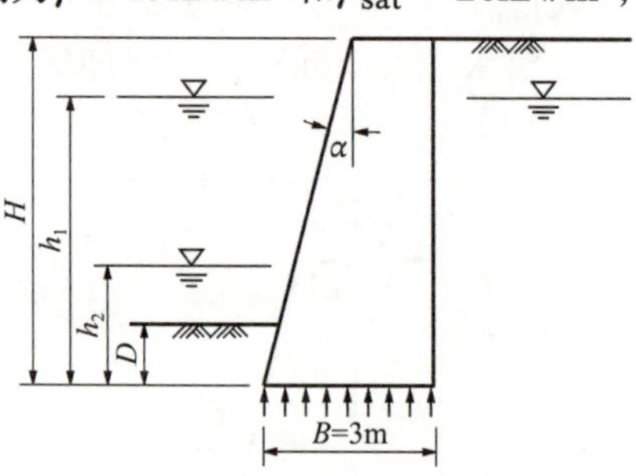

图 5-18-49　题 5-44 图

【解】

（1）$i=\frac{5-2}{5+1+3}=\frac{1}{3}$，$K_a=\frac{1}{3}$

（2）水平力变化值 $\Delta E_h=\Delta E_a+\Delta E_w$

$$=\frac{1}{2}\times5^2\times\frac{1}{3}\times10\times\frac{1}{3}+\frac{1}{2}\times5^2\times\left(-\frac{1}{3}\times10\right)=-27.8kN/m$$

【点评】

①根据渗流原理快速解题；②渗流的作用是：对于水压力，顺流减压，逆流加压；对于土压力，顺流增压，逆流减压。

题 5-45　透水地基上的重力式挡土墙，墙背垂直光滑，墙高 7m，如图 5-18-50 所示，墙后和墙底砂土的渗透系数相同，内摩擦角$\varphi = 30°$，天然重度$\gamma = 18\text{kN/m}^3$，饱和重度$\gamma_{sat} = 20\text{kN/m}^3$，当墙前水位标高为−3m，墙后水位标高为−5m 时，并形成稳定渗流，试计算作用在挡土墙背的总水土压力为下列哪个选项？

（A）140kN/m　　（B）155kN/m

（C）165kN/m　　（D）180kN/m

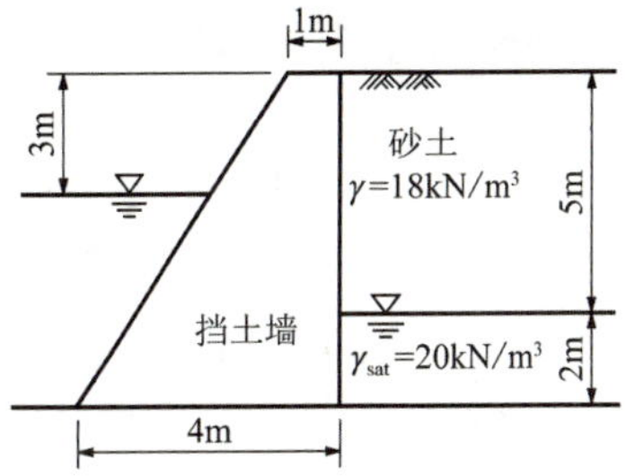

图 5-18-50　题 5-45 图

【解】

（1）$K_a = \tan^2\left(45° - \dfrac{30°}{2}\right) = \dfrac{1}{3}$

$i = \dfrac{5-3}{4+2} = \dfrac{1}{3}$，$j = 10 \times \dfrac{1}{3} = \dfrac{10}{3}\text{kN/m}^3$

（2）水压力$E_w = \dfrac{1}{2} \times \left(10 + \dfrac{10}{3}\right) \times 2^2 = 26.67\text{kN/m}$

$$土压力E_a = \frac{1}{2} \times 18 \times 5^2 \times \frac{1}{3} + \frac{18 \times 5 \times \frac{1}{3} + \left[18 \times 5 + \left(10 - \frac{10}{3}\right) \times 2\right] \times \frac{1}{3}}{2} \times 2$$
$$= 139.44\text{kN/m}$$

总水土压力$E_a = 26.67 + 139.44 = 166.11\text{kN/m}$

【点评】

①渗流的作用：对于水压力，顺流减压，逆流加压；对于土压力，顺流增压，逆流减压；②题目未指定规范，不乘以增大系数。

题 5-46　某透水地基上的重力挡土墙，挡墙墙身不透水，墙背垂直光滑，墙后填土水平，如图 5-18-51 所示，填土为中砂，$\varphi = 30°$，$k_1 = 3 \times 10^{-2}\text{cm/s}$，墙底土的渗透系数$k_2 = 4 \times 10^{-2}\text{cm/s}$，墙趾有水渗出，计算作用在挡土墙上的总水平侧压力为下列哪个选项？

（A）142kN/m　　（B）165kN/m

（C）180kN/m　　（D）198kN/m

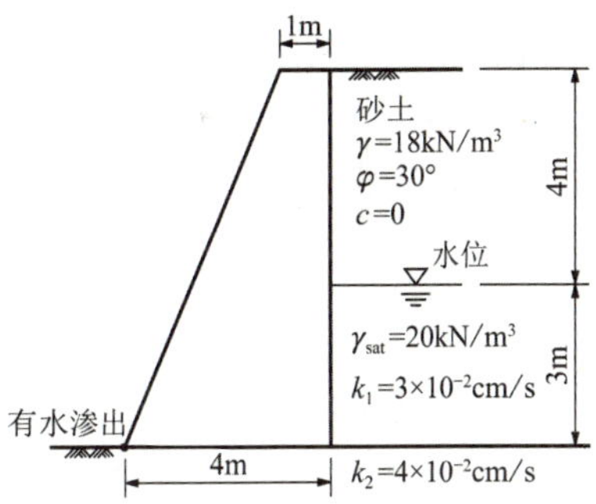

图 5-18-51　题 5-46 图

【解】

（1）$k_1 i_1 = k_2 i_2 \Rightarrow 3 \times 10^{-2} \times i_1 = 4 \times 10^{-2} \times i_2$

$\Delta h_1 + \Delta h_2 = 3 \Rightarrow 3 \times i_1 + 4 \times i_2 = 3$

解得：$i_1 = 0.5$

（2）$K_a = \tan^2\left(45° - \dfrac{30°}{2}\right) = \dfrac{1}{3}$

$$E_a = \frac{1}{2} \times 18 \times 4^2 \times \frac{1}{3} + 18 \times 4 \times \frac{1}{3} \times 3 + \frac{1}{2} \times (10 + 0.5 \times 10) \times 3^2 \times \frac{1}{3} = 142.5\text{kN/m}$$

（3）$E_w = \dfrac{1}{2} \times 3^2 \times (10 - 0.5 \times 10) = 22.5\text{kN/m}$

（4）$E_h = 142.5 + 22.5 = 165\text{kN/m}$

【点评】

①土压力计算首先根据题意判断是采用朗肯理论还是库仑理论求解；②发生稳定渗流时，土压力顺流增大逆流减小（相当于渗流区土的有效重度增加$i\gamma_w$），水压力顺流减小逆流增大（相当于渗流区水的重度减少$i\gamma_w$）；③本题虽然为重力式挡土墙，但是由于未指明规范，因此不考虑主动土压力增大系数。

4. 坦墙土压力——土力学

对于主动土压力计算，按照库仑假定，当墙移动直至墙后土楔体破坏时，有两个滑动面产生。一个是墙的背面，另一个是土中某一平面（图 5-18-52）。无疑，这种假定在$\delta \ll \varphi$时是比较合理的，但是当墙背粗糙度较大，$\delta \approx \varphi$时（**坦墙第一前提条件**），就可能出现两种情况：一种情况是若墙背较陡，倾角α较小（$\alpha \leqslant \alpha_{cr}$），则上述假定仍可成立；另一种情况是，如果墙背较平缓，倾角α较大（$\alpha > \alpha_{cr}$）（**坦墙第二前提条件**），则墙后土体破坏时滑动土楔可能不再沿墙背 AB 滑动，而是沿 BC 和 BD 面滑动，两个滑动面将均发生在土中。这时，称 BD 为**第一滑动面**，BC 为**第二滑动面**。工程中，常把出现第二滑动面的挡土墙定义为**坦墙**。在这种情况下，滑动土楔 BCD 仍处于极限平衡状态，而位于第二滑动面与墙体之间的棱体 ABC 则尚未达到极限平衡状态，它将贴附于墙背 AB 上与墙一起移动，**故可将其视为墙体的一部分**。

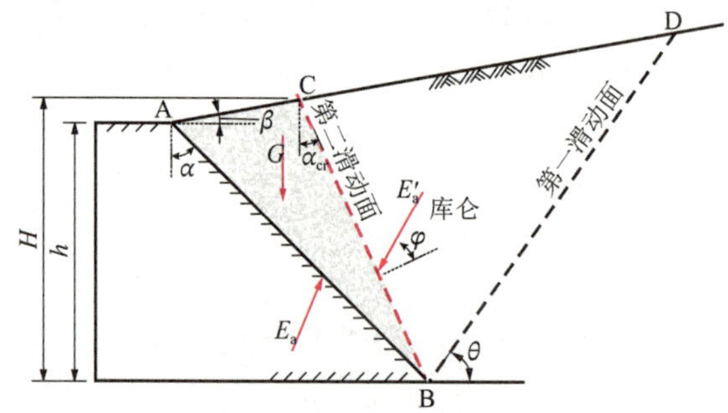

图 5-18-52　坦墙与第二滑动面

显然，对于坦墙，库仑公式不能用来直接求出作用在墙背 AB 面上的土压力，但却可用其求出作用于第二滑动面 BC 上的土压力E_a'。要注意的是，由于滑动面 BC 也存在于土中，是土与土之间的摩擦，E_a'与 BC 面法线的夹角不是δ而应是φ（前述楔体法**公式中滑裂面内摩擦角取值对应问题**）。这样，最终作用于墙背 AB 面上的主动土压力E_a就是E_a'与三角形土体 ABC 重力G的合力。

产生第二滑动面的条件应与墙背倾角α、墙背与土摩擦角δ、土的内摩擦角φ、以及填土坡角β等因素有关，一般可用临界倾斜角α_{cr}来判别：当墙背倾角$\alpha > \alpha_{cr}$时，认为能产生第二滑动面，应按坦墙进行土压力计算。研究表明，$\alpha_{cr} = f(\delta, \varphi, \beta)$。可以证明，当$\delta = \varphi$时，$\alpha_{cr}$可用下式表达：

$$\alpha_{cr} = 45° - \frac{\varphi}{2} + \frac{\beta}{2} - \frac{1}{2}\arcsin\frac{\sin\beta}{\sin\varphi}$$

若填土面水平，$\beta = 0$，则：$\alpha_{cr} = 45° - \frac{\varphi}{2}$

（1）未知破裂角θ时，如图 5-18-52 所示，此时只能用库仑理论计算坦墙土压力，先按库仑理论计算第二滑动面 BC 上的土压力E_a'，再与三角形土体 ABC 重力G求向量和得到墙背 AB 上的土压力E_a。

$$\text{库仑公式求}K_a \Rightarrow E_a' = \frac{1}{2}\gamma H^2 K_a \Rightarrow E_a'\text{与}G_{\Delta ABC}\text{求向量和得}E_a$$

$$G_{\Delta ABC} = \frac{1}{2}\gamma h^2 \frac{\cos(\alpha - \beta)\sin(\alpha - \alpha_{cr})}{\cos^2\alpha\cos(\beta - \alpha_{cr})}$$

（2）已知破裂角θ时，如图 5-18-52 所示，可用库仑楔体法计算第二滑动面 BC 上的土压力E_a'，再与三角形土体 ABC 重力G求向量和得到墙背 AB 上的土压力E_a。（**计算同上**）

（3）若填土面水平，即$\beta = 0$，且未知破裂角θ时，此时用库仑理论或朗肯理论均可，结果一致，分别介绍如下：

按库仑理论计算：如图 5-18-53 所示，墙后滑动土楔将以过墙踵 B 点的竖直面为对称面下滑，两个滑动面 BC 和 BD 与竖直面夹角都应是$45° - \varphi/2$，从而两个滑动面位置均为已知，根据库仑理论即可求出作用于第二滑动面 BC 上的库仑土压力E'_a的大小和方向（与 BC 面的法线夹角为φ，与水平方向夹角为$\alpha_{cr} + \varphi$），再与三角形土体 AB′C 重力G求向量和得到墙背 AB 上的土压力E_a。

$$\text{库仑公式求}K_a \Rightarrow E'_a = \frac{1}{2}\gamma h^2 K_a \Rightarrow E'_a\text{与}G_{\Delta ABC}\text{求向量和得}E_a$$

$$G_{\Delta ABC} = \frac{1}{2}\gamma h^2(\tan\alpha - \tan\alpha_{cr})$$

按朗肯理论计算：如图 5-18-54 所示，由于滑动楔体 CBD 以垂直面 BB′为对称面，故 BB′面可视为无剪应力的光滑面，符合朗肯理论的竖直光滑墙背条件。当填土面水平时，可按朗肯理论求出作用于 BB′面上的朗肯主动土压力E'_a（方向水平），再与三角形土体 AB′C 重力G求向量和得到墙背 AB 上的土压力E_a。

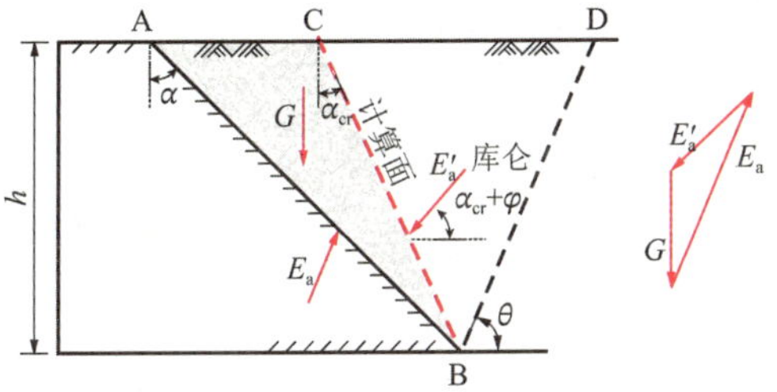

图 5-18-53 坦墙库仑土压力图

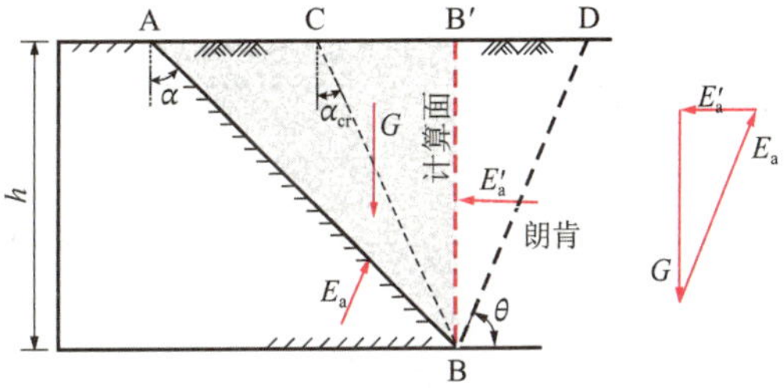

图 5-18-54 坦墙朗肯土压力

$$K_a = \tan^2\left(45° - \frac{\varphi}{2}\right) \Rightarrow E'_a = \frac{1}{2}\gamma(h - z_0)^2 K_a \Rightarrow E_a$$

$$= \sqrt{(E'_a)^2 + G^2_{\Delta ABB'}} \Leftarrow G_{\Delta ABB'} = \frac{1}{2}\gamma h^2 \tan\alpha$$

$$\textbf{抗滑移：}F_s = \frac{(G_{\text{墙}} + G_{\Delta ABB'})\mu}{E'_a}$$

式中：E_a——作用在墙背 AB 上的土压力（kN/m）；

E'_a——作用在 BB′上的土压力（kN/m）；

$G_{\Delta ABB'}$——ΔABB′范围的土重力（kN/m）；

μ——挡墙底与地基岩土体的摩擦系数。

（4）若填土面水平，即$\beta = 0$，且已知破裂角θ时，如图 5-18-55 所示，用库仑楔体法计算第二滑动面 BC 上的土压力E'_a，再与三角形土体 ABC 重力G求向量和得到墙背 AB 上的土压力E_a。

$$G_{\Delta BCD} = \frac{1}{2}\gamma h^2\left(\tan\alpha_{cr} + \frac{1}{\tan\theta}\right)$$

$$G_{\Delta ABC} = \frac{1}{2}\gamma h^2(\tan\alpha - \tan\alpha_{cr})$$

$$E'_a = \frac{G_{\Delta BCD}\sin(\theta - \delta_r) - cL\cos\delta_r}{\sin(90° - \alpha_{cr} + \theta - \delta_r - \varphi)} \Rightarrow E'_a\text{与}G_{\Delta ABC}\text{求向量和得}E_a$$

$$\textbf{抗滑移：}F_s = \frac{[G_{墙} + G_{\Delta ABC} + E_a' \sin(\alpha_{cr} + \varphi)]\mu}{E_a' \cos(\alpha_{cr} + \varphi)}$$

注：δ_r为第一滑动面的内摩擦角（岩石坡面与填土接触面的内摩擦角），φ为第二滑动面的内摩擦角；若第一滑动面为土体内部滑动面则$\delta_r = \varphi$。

同样理由，如图 5-18-56 所示，对于工程中经常采用的一种 L 形钢筋混凝土挡土墙，当墙底板足够宽，使得由墙顶 A 与墙踵 B 的连线形成的倾角$\alpha > \alpha_{cr}$时，作用在这种挡土墙上的土压力也可按坦墙方法进行计算。通常可用朗肯理论求出作用在经过墙踵 B 点的竖直面 BB′上的主动土压力E_a。在对这种挡土墙进行稳定分析时，底板以上 AFEB′范围内的土重G，可作为墙身重量的一部分来考虑。

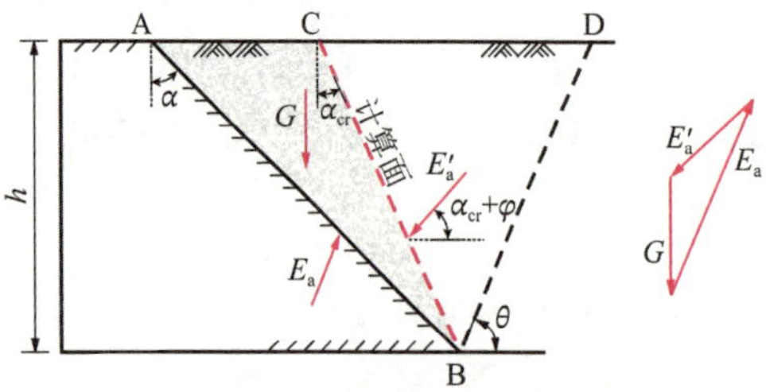

图 5-18-55　坦墙楔体法土压力

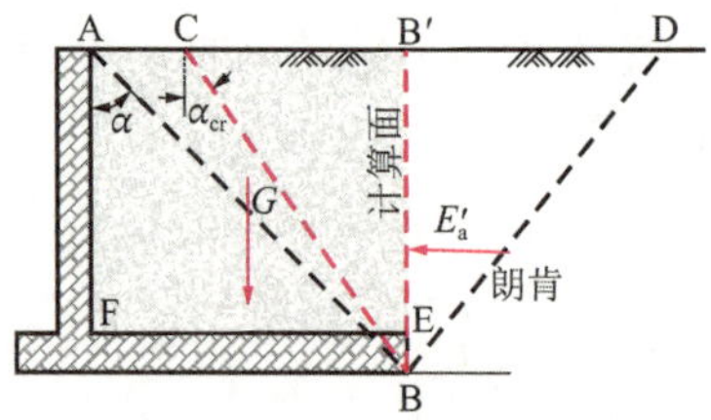

图 5-18-56　悬臂式挡墙、扶壁式挡墙

《建筑边坡工程技术规范》第 12.2.3 条规定，悬臂式挡墙、扶壁式挡墙宜按第二破裂面法进行计算，当不能形成第二破裂面时，可用墙踵下缘与墙顶内缘的连线或通过墙踵的竖向面作为假想墙背计算，取其中不利状态的侧向压力作为设计控制值（**计算方法同前，采用朗肯法计算更简单**）。

$$K_a = \tan^2\left(45° - \frac{\varphi}{2}\right)；\ E_a' = \frac{1}{2}\gamma(h - z_0)^2 K_a；\ G_{AEFB'} = \gamma H_{AF} L_{EF}$$

$$\textbf{抗滑移：}F_s = \frac{(G_{墙} + G_{AFEB'})\mu}{E_a'}$$

题 5-47　（16C18）某悬臂式挡土墙高 6.0m（图 5-18-57），墙后填砂土，并填成水平面。其$\gamma = 20\text{kN/m}^3$，$c = 0$，$\varphi = 30°$，墙踵下缘与墙顶内缘的连线与垂直线的夹角$\alpha = 40°$，墙与土的摩擦角$\delta = 10°$。假定第一滑动面与水平面夹角为$\beta = 45°$，第二滑动面与垂直面的夹角为$\alpha_{cr} = 30°$，问滑动土体 BCD 作用于第二滑动面的土压力合力最接近以下哪个选项？

（A）150kN/m　　（B）180kN/m

（C）210kN/m　　（D）260kN/m

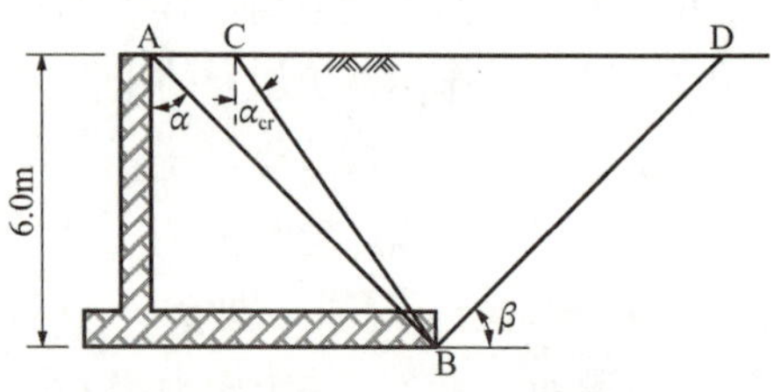

图 5-18-57　题 5-47 图

【解】

（1）$G = \frac{1}{2} \times 20 \times 6 \times (6 \times \tan 45° + 6 \times \tan 30°) = 567.85\text{kN/m}$

（2）$E_a' = \frac{G\sin(\theta - \varphi) - cL\cos\varphi}{\sin(\alpha' + \theta - \varphi - \varphi)} = \frac{567.85 \times \sin(45° - 30°)}{\sin(60° + 45° - 30° - 30°)} = 207.8\text{kN/m}$

【点评】

①本题指定了滑裂角（$\beta = 45°$），不要再计算理论滑裂角（$\beta = 60°$）；②只要指定滑裂

角，直接用楔体法；③公式中的各角度一定要与滑面的内摩擦角一一对应，本题滑面均在土中，故公式中δ采用土的内摩擦角 30°（这是最容易错的点），取第二滑动面与水平向夹角$\alpha' = 60°$；④本题滑裂面不符合理论滑裂面，此处有争议。

题 5-48 （19D14）一重力式毛石挡墙高 3m，其后填土顶面水平，无地下水，粗糙墙背与其后填土的摩擦角近似等于土的内摩擦角，其他参数见图 5-18-58。设挡墙与其下地基土的摩擦系数为 0.5，那么该挡墙的抗水平滑移稳定性系数最接近下列哪个选项？

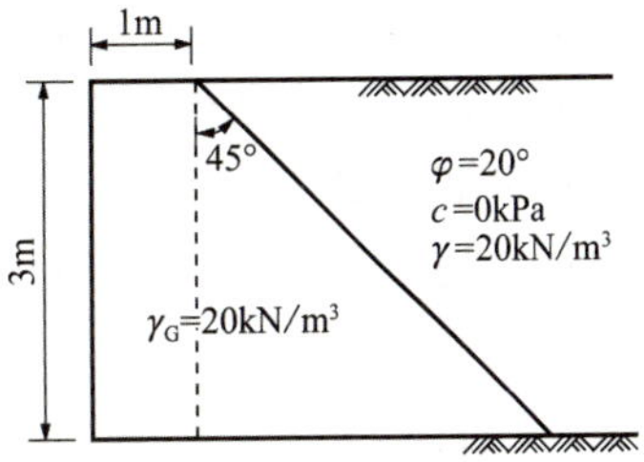

图 5-18-58 题 5-48 图

（A）2.5 （B）2.6

（C）2.7 （D）2.8

【解法一】（朗肯理论）

（1）$\varphi \approx \delta$，$\alpha_{cr} = 45° - \dfrac{20°}{2} = 35° < \alpha = 45°$，属坦墙

（2）$K_a = \tan^2\left(45° - \dfrac{20°}{2}\right) = 0.49$

$$F_s = \frac{20 \times 3 \times 4 \times 0.5}{\frac{1}{2} \times 20 \times 3^2 \times 0.49} = 2.72$$

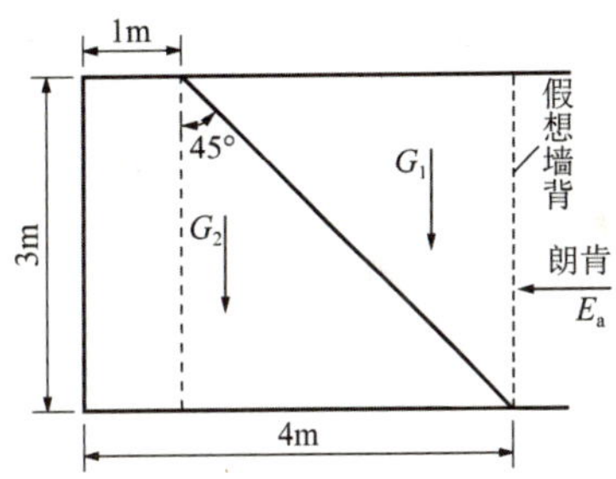

图 5-18-59 解 5-48 图

【解法二】（库仑理论）

（1）$\varphi \approx \delta$

$\alpha_{cr} = 45° - \dfrac{20°}{2} = 35° < \alpha = 45°$

属坦墙，第二滑动面$\alpha = 35°$

$$（2）K_a = \frac{\cos^2(20° - 35°)}{\cos^2 35° \times \cos(35° + 20°) \times \left[1 + \sqrt{\dfrac{\sin(20° + 20°)\sin(20° - 0°)}{\cos(35° + 20°)\cos(35° - 0°)}}\right]^2} = 0.8548$$

$$E_a = \frac{1}{2}\gamma H^2 K_a = \frac{1}{2} \times 20 \times 3^2 \times 0.8548 = 76.93\text{kN/m}$$

$$E_{ax} = E_a \cos(\alpha + \varphi) = 76.93 \times \cos(35° + 20°) = 44.13\text{kN/m}$$

$$E_{ay} = E_a \sin(\alpha + \varphi) = 76.93 \times \sin(35° + 20°) = 63.02\text{kN/m}$$

$$G = \frac{(4 - 3 \times \tan 35°) + 4}{2} \times 3 \times 20 = 176.98\text{kN/m}$$

$$（3）F_s = \frac{(G + E_{ay})\mu}{E_{ax}} = \frac{(176.98 + 63.02) \times 0.5}{44.13} = 2.72$$

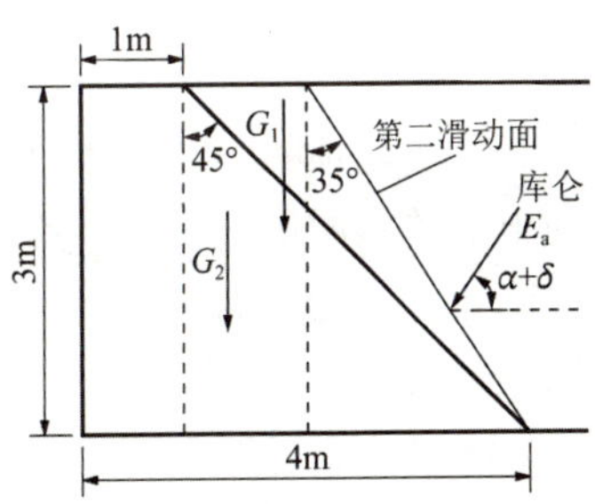

图 5-18-60 解 5-48 图

【点评】

①根据《土力学》P248，由题意“粗糙墙背与其后填土的摩擦角近似等于土的内摩擦角”暗示可能为坦墙，就要反应出来验算临界角，判断是否为坦墙；②坦墙由于过墙踵的竖直面为对称面，不存在剪应力，符合朗肯墙背光滑的理论，故可以采用朗肯土压力计算挡墙的滑移稳定性，也可以用库仑土压力作用于第二滑动面（达到极限平衡状态）上再计算抗滑移稳定性；③由于墙体重度与土重度一致，计算滑体自重时$G = G_1 + G_2$，可合并简化计算。

5. 折线墙背、卸荷台土压力——土力学

(1) 折线墙背

当挡土墙墙背不是一个平面而是折面时（图 5-18-61），可用墙背转折点为界，分成上墙与下墙，然后分别按库仑理论计算主动土压力E_a，最后再叠加。首先将上墙 AB 当作独立挡土墙，计算出主动土压力E_{a1}，这时不考虑下墙的存在；然后计算下墙的土压力。计算时，可将下墙背 BC 向上延长交地面线于 D 点，以 DBC 作为假想墙背，算出墙背土压力分布，再截取与 BC 段相应的部分，算出其合力，即为作用于下墙 BC 段的总主动土压力E_{a2}。

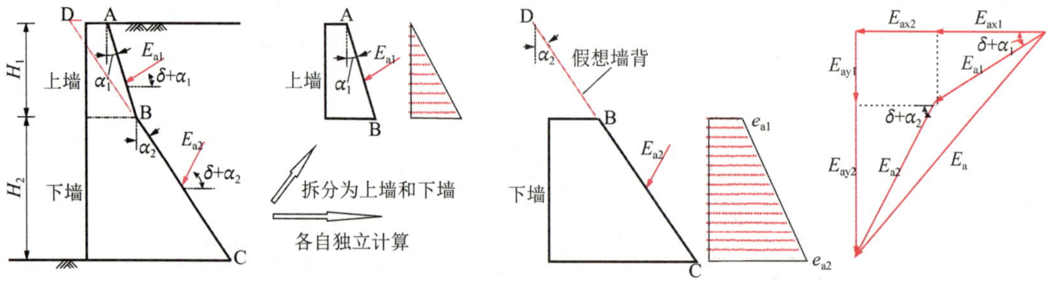

图 5-18-61　填土水平时折线墙背土压力计算示意图

①当墙顶填土水平时：

上墙按 AB 墙背（α_1）计算土压力E_{a1}：

$$E_{a1}=\frac{1}{2}\gamma H_1^2 K_{a1}$$

下墙按假想 DBC 墙背（α_2）计算 BC 段土压力E_{a2}：

$$E_{a2}=\frac{e_{a1}+e_{a2}}{2}H_2=\frac{\gamma H_1 K_{a2}+\gamma(H_1+H_2)K_{a2}}{2}H_2=\gamma\left(H_1+\frac{H_2}{2}\right)H_2 K_{a2}$$

总土压力E_a计算：先把上墙和下墙土压力均分解成水平和垂直方向土压力，再按勾股定理求总土压力。如果题目让求抗滑移或抗倾覆，则不用求总土压力，直接用分力计算即可。

$$E_{ax1}=E_{a1}\cos(\delta+\alpha_1)；\ E_{ay1}=E_{a1}\sin(\delta+\alpha_1)；\ E_{ax2}=E_{a2}\cos(\delta+\alpha_2)；$$

$$E_{ay2}=E_{a2}\sin(\delta+\alpha_2)$$

$$E_a=\sqrt{(E_{ax1}+E_{ax2})^2+(E_{ay1}+E_{ay2})^2}$$

②当墙顶填土非水平且下墙延长线交于斜面时（图 5-18-62），首先将 AB 段墙背视为挡土墙单斜向墙背，计算其主动土压力强度分布，如图中 abf 所示；延长 BC 段墙背与填土表面相交于 D，视 CD 为新的假想墙背，土压力强度分布如图中 Dde；最后取土压力分布图 abcdea 来表示折线形墙背的主动土压力分布图。

注意：下墙的假想墙背要计算至斜坡地表处；当$\delta>\alpha_2$时，E_{a2}位于水平线上方，与水平夹角为$\delta-\alpha_2$，当$\alpha_2>\delta$时，E_{a2}位于水平线下方，与水平夹角为$\alpha_2-\delta$。

上墙按 AB 墙背（α_1）计算土压力E_{a1}：

$$E_{a1}=\frac{1}{2}\gamma H_1^2 K_{a1}$$

下墙按假想 DBC 墙背（α_2）计算 BC 段土压力E_{a2}:

$$E_{a2}=\frac{e_{a1}+e_{a2}}{2}H_2=\frac{\gamma(H_1+h)K_{a2}+\gamma(H_1+h+H_2)K_{a2}}{2}H_2=\gamma\left(H_1+h+\frac{H_2}{2}\right)H_2K_{a2}$$

用正弦定理推导h公式如下：

$$\frac{AD}{\sin(\alpha_1+\alpha_2)}=\frac{AB}{\sin(90^\circ-\alpha_2-\beta)}=\frac{H_1}{\cos\alpha_1\cos(\alpha_2+\beta)}$$

$$\Rightarrow h=AD\cdot\sin\beta=\frac{H_1\sin(\alpha_1+\alpha_2)\sin\beta}{\cos\alpha_1\cos(\alpha_2+\beta)}$$

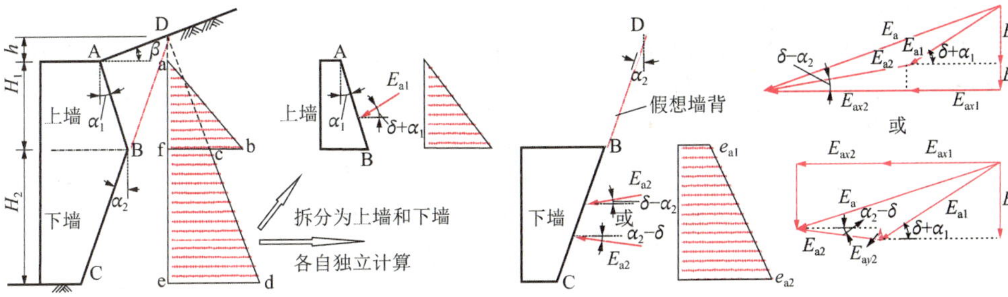

图 5-18-62　填土非水平且下墙延长线交于斜面时折线墙背土压力计算示意图

总土压力E_a计算：先把上墙和下墙土压力均分解成水平和垂直方向土压力，再按勾股定理求总土压力。如果题目让求抗滑移或抗倾覆，则不用求总土压力，直接用分力计算即可。

$$E_{ax1}=E_{a1}\cos(\delta+\alpha_1)\text{；}\ E_{ay1}=E_{a1}\sin(\delta+\alpha_1)$$

$$E_{ax2}=E_{a2}\cos(\delta-\alpha_2)\text{；}\ E_{ay2}=E_{a2}\sin(\delta-\alpha_2)$$

$$E_a=\sqrt{(E_{ax1}+E_{ax2})^2+(E_{ay1}+E_{ay2})^2}$$

注：$\delta<\alpha_2$时，下墙分解的垂直土压力E_{ay2}方向向上，E_{ay2}取负值代入公式。

题 5-49（20D14）如图 5-18-63 所示某重力式挡墙，墙背为折线形。墙后填土为无黏性土，地面倾角为 20°，填土内摩擦角 30°，重度可近似取 20kN/m³，墙背摩擦角为 0°，水位在墙底之下，每延米墙重 650kN，墙底与地基的摩擦系数为 0.45，墙背 AB 段主动土压力系数为 0.44，BC 段主动土压力系数为 0.313，用延长墙背法计算该挡墙每延米所受土压力时，该挡墙的抗滑移稳定系数最接近下列哪个选项？（不考虑主动土压力增大系数）

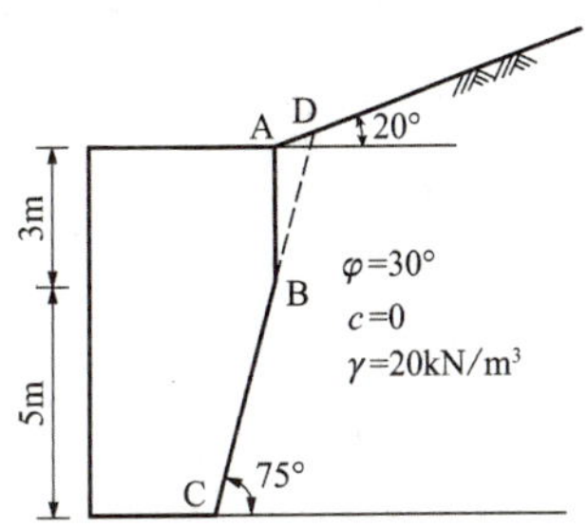

图 5-18-63　题 5-49 图

（A）1.04　　（B）1.26　　（C）1.32　　（D）1.52

【解】

（1）$E_{AB}=\frac{1}{2}\times20\times3^2\times0.44=39.6\text{kN/m}$

（2）$\frac{AD}{\sin15^\circ}=\frac{3}{\sin55^\circ}\Rightarrow DE=AD\cdot\sin20^\circ=\frac{3\sin15^\circ\sin20^\circ}{\sin55^\circ}=0.324\text{m}$

$$E_{BC}=\frac{20\times(3.324+8.324)\times0.313}{2}\times5=182.3\text{kN/m}$$

（3）$F_s=\frac{(650-182.3\times\cos75^\circ)\times0.45}{39.6+182.3\times\sin75^\circ}=1.26$

【点评】

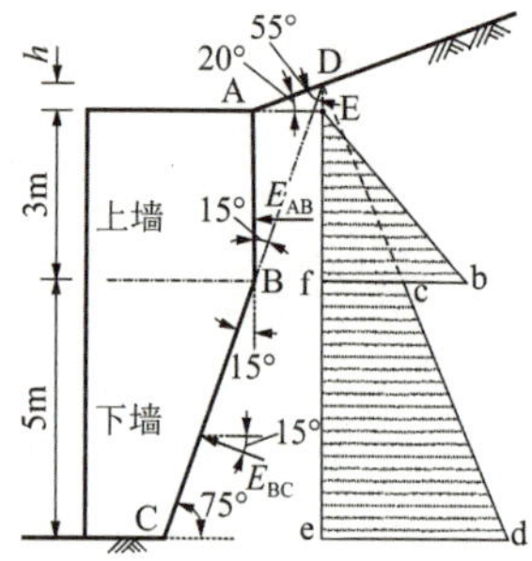

图 5-18-64　解 5-49 图

①根据《公路工程抗震规范》第 7.2.5 条文说明，折线形墙背土压力，延长墙背法，也可参考《土力学》P259 相关理论，可用墙背转折点为界，分上墙与下墙，上墙计算时不考虑下墙按库仑理论计算主动土压力E_{a1}，计算下墙墙背的土压力时，首先延长下墙墙背 CB 交填土表面于 D 点，以 DC 为假想墙背，用库仑土压力系数计算土压力E_{a2}，面积为 fcde。

（2）**卸荷台**

为减少作用在墙背上的主动土压力，有时采用在墙背中部加设卸荷平台的办法，如图 5-18-65 所示，它可以有效地提高重力式挡土墙的抗倾覆稳定安全系数，并使墙底压力更均匀。此时，平台以上H_1高度内，可按朗肯理论计算作用在 AB 面上的土压力分布。由于平台以上土重G已由卸荷台 DBC 承担，故平台下 B 点处土压力变为零，从而起到减少平台下H_2段内土压力的作用。减压范围，一般认为至滑动面与墙背交点 E 处为止。连接图中相应的 B′和 E′，则图中阴影部分即为减压后的土压力分布。

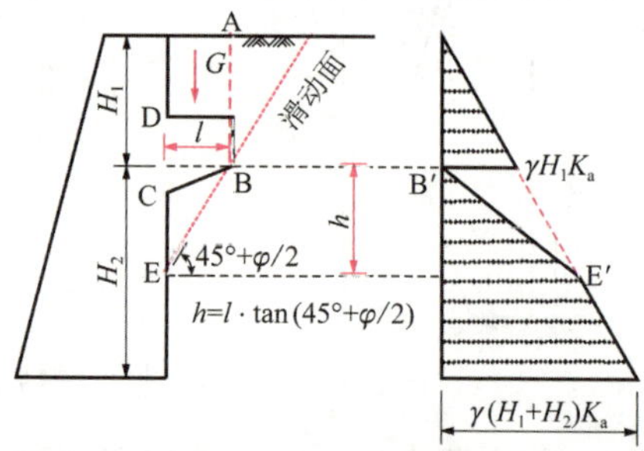

图 5-18-65　卸荷台土压力计算示意图

墙背总土压力（阴影面积）= 大三角形 − 空白三角形：

$$h = l\cdot\tan\left(45^\circ+\frac{\varphi}{2}\right)$$

$$\textbf{砂土：}E_a=\frac{1}{2}\gamma(H_1+H_2)^2K_a-\frac{\gamma H_1K_a}{2}h$$

题 5-50　（13C18）某带卸荷台的挡土墙，如图 5-18-66 所示$H_1=2.5\text{m}$，$H_2=3.0\text{m}$，$L=0.8\text{m}$，墙后填土的重度$\gamma=18\text{kN/m}^3$，$c=0$，$\varphi=20^\circ$。按朗肯土压力理论计算，挡土墙墙后 BC 段上作用的主动土压力合力最接近下列哪个选项？

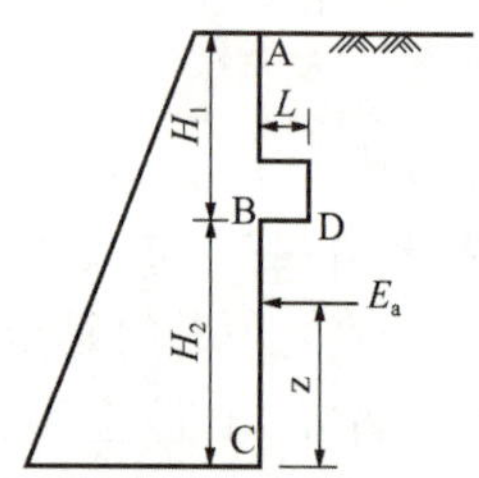

图 5-18-66　题 5-50 图

（A）93kN/m　　（B）106kN/m

（C）121kN/m　　（D）134kN/m

【解】

（1）$K_a=\tan^2\left(45^\circ-\frac{20^\circ}{2}\right)=0.49$

$L_{BE}=0.8\times\tan\left(45^\circ+\frac{20^\circ}{2}\right)=1.14\text{m}$

B 点：$e_{aB}=18\times2.5\times0.49=22.05\text{kPa}$

（2）$E_a=\frac{1}{2}\times18\times(5.5^2-2.5^2)\times0.49$

$-\frac{1}{2}\times1.14\times22.05=93.3\text{kN/m}$

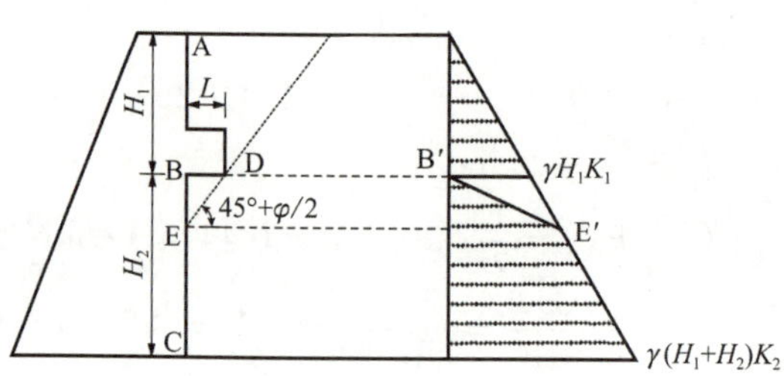

图 5-18-67　解 5-50 图

【点评】

①根据《土力学》P260。②由于卸荷台以上的土重已由卸荷台承担，故平台下 B 点处的土压力为零，减压范围至滑裂面与墙背交点 E 处，滑裂面为通过 D 点的直线，倾角同朗肯土压力破裂角$45° + \varphi/2$，如下图所示。③本题看似复杂，实则非常简单，记住$L_{BE} = L \times \tan(45° + \varphi/2)$，其他就是朗肯土压力计算了，采用面积法。

6. 液化土压力（液体和水压力）——《土力学》

液化土压力计算总结如表 5-18-25 所示。

液化土压力（液体和水压力）　　表 5-18-25

震动液化时：土的内摩擦角$\varphi = 0$，等同于液体（**不乘增大系数**），液体及水压力公式为（墙背垂直）

$$\text{液体：}E_a = \frac{1}{2}\gamma_{sat}h^2\text{；水：}E_w = \frac{1}{2}\gamma_w h^2$$

液化后：土被震密压实，土体饱和，采用水土分算（注意土的内摩擦角一般会变）。液化前后水土总质量相等。重力式挡土墙指定规范时，土压力乘增大系数，水压力不乘增大系数。因为震密作用，地震前后砂土饱和重度会发生变化，假设地震前后水位不变，可按如下公式计算

$$E_a = \frac{1}{2}\gamma_2' H_1^2 K_{a2} + \frac{1}{2}\gamma_w h^2 \Leftarrow \gamma_{sat1}h = \gamma_{sat2}H_1 + \gamma_w(h - H_1)$$

式中：γ_{sat1}、γ_{sat2}——地震前、后土的饱和重度（kN/m³）；

γ_2'——震后土的浮重度（kN/m³）；

K_{a2}——震后土压力系数；

h、H_1——地震前、后土层厚度（m）。

注：如果水位发生变化，原理一样，先总质量守恒求出震后土体饱和重度，再水土分算计算总土压力

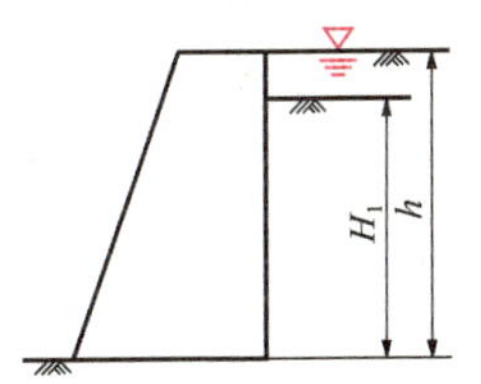

水（液体）压力作用方向垂直接触面，对于斜坡上的水（液体）压力可按水平和垂直方向进行分解。

$$\text{水平分力：}E_{wx} = \frac{1}{2}\gamma_w h^2\text{；垂直分力：}E_{wy} = \frac{1}{2}\gamma_w h \cdot x$$

$$\text{总水压力：}E_w = \sqrt{E_{wx}^2 + E_{wy}^2}$$

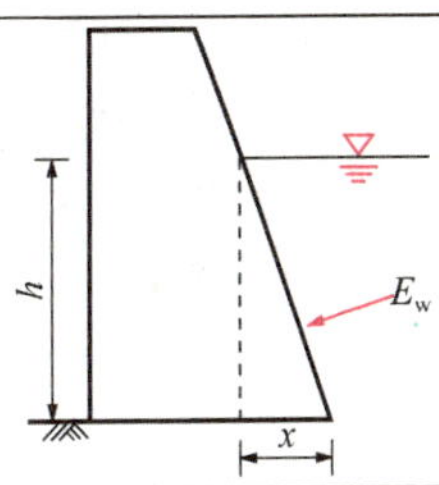

水土分算时，水位上涨对土压力的影响

无水时	$E_a = \frac{1}{2}\gamma H^2 K_a$
有水时	$E_a = \frac{1}{2}\gamma' H^2 K_a + \frac{1}{2}\gamma_w H^2$

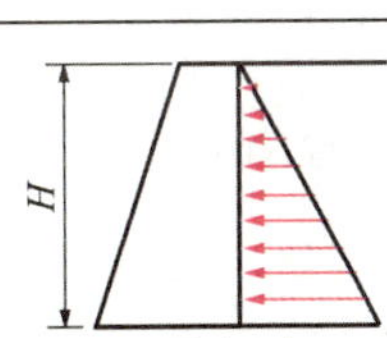

(a) 无水时

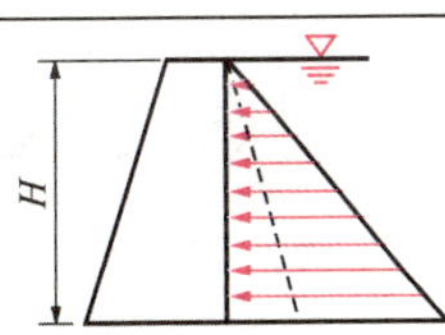

(b) 有水时

因$\gamma \approx \gamma' + \gamma_w$，但$K_a$一般远小于 1，可见有水时的土压力 > 无水时的土压力：

$$\Delta E_a = \frac{1}{2}\gamma_w H^2 - \frac{1}{2}(\gamma - \gamma')H^2 K_a$$

题 5-51　（16C19）海港码头高 5.0m 的挡土墙如图 5-18-68 所示。墙后填土为冲填的饱和砂土。其饱和重度为 $18kN/m^3$，$c = 0$，$\varphi = 30°$，墙土间摩擦角$\delta = 15°$。地震时冲填砂土发生了完全液化，不计地震惯性力，问在砂土完全液化时作用于墙后的水平总压力最接近下面哪个选项？

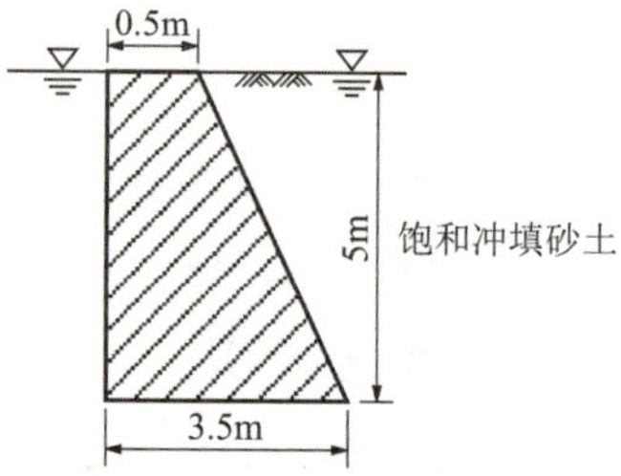

图 5-18-68　题 5-51 图

（A）33kN/m　　（B）75kN/m

（C）158kN/m　　（D）225kN/m

【解】

液化后，内摩擦角φ =0，等同于液体

$$E_a = \frac{1}{2} \times 18 \times 5^2 = 225kN/m$$

【点评】

①砂土完全液化时，抗剪强度为 0，故砂土内摩擦角为 0，可把砂土想象成液体，液体的水平压力只与液体的深度有关，液体的垂直压力只与液体与挡墙接触面的水平投影长度有关；②也可计算斜面上的压力然后分解得到水平方向的总压力，设斜面与竖向的夹角为α，$P = \frac{1}{2} \times 5 \times 18 \times \frac{5}{\cos\alpha}$，水平方向总应力$P_h = P\cos\alpha = 225kN/m$。

【同类型真题】09C17、09D18

题 5-52　（18D14）如图 5-18-69 所示，位于不透水地基上重力式挡墙，高 6m，墙背垂直光滑，墙后填土水平，墙后地下水位与墙顶面齐平，填土自上而下分别为 3m 厚细砂和 3m 厚卵石，细砂饱和重度$\gamma_{sat1} = 19kN/m^3$，黏聚力$c_1 = 0kPa$，内摩擦角$\varphi_1 = 25°$，卵石饱和重度$\gamma_{sat2} = 21kN/m^3$，黏聚力$c_2 = 0kPa$，内摩擦角$\varphi_2 = 30°$，地震时细砂完全液化，在不考虑地震惯性力和地震沉陷的情况下，根据《建筑边坡工程技术规范》GB 50330—2013 相关要求，计算地震液化时作用在墙背的总水平力最接近下列哪个选项？

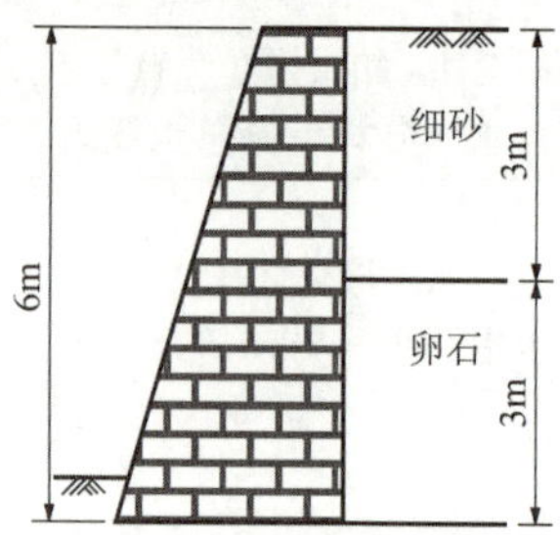

图 5-18-69　题 5-52 图

（A）290kN/m　　（B）320kN/m

（C）350kN/m　　（D）380kN/m

【解】

（1）细砂完成液化，则按液体压力计算：

$$E_{w1} = \frac{1}{2} \times 19 \times 3^2 = 85.5kN/m$$

（2）卵石层采用水土分算，$K_a = \tan^2\left(45° - \frac{30°}{2}\right) = 0.333$

土压力：$E_a = \frac{1}{2} \times 3^2 \times 11 \times 0.333 = 16.5kN/m$

水压力分为两部分，上部液体作用引起的压力和卵石层内水引起的压力：

卵石层液体压力$E_{w2} = 3 \times 19 \times 3 + \frac{1}{2} \times 3^2 \times 10 = 216kN/m$

（3）重力式挡土墙高 6m，主动土压力增大系数取 1.1，水压力不增大

总水平力$E_{ax} = 1.1 \times 16.5 + 85.5 + 216 = 319.65kN/m$

【点评】

①根据土力学朗肯主动土压力原理；②重力挡土墙为刚性挡土墙，墙体位移小，坡顶允许位移不满足主动土压力要求，应进行增大，液体对墙体的压力和挡土墙的位移无关，故液体压力不增大；③砂土液化后，计算下覆土层土压力时，可把细砂层看作液体计算，上部细砂层液化后颗粒呈悬浮状态，不传递力给卵石层土骨架。

题 5-53　（09C18）有一码头的挡土墙，墙高 5m，墙背垂直光滑，墙后为冲填的松砂，填土表面水平，地下水位与填土表面平齐，已知：砂的孔隙比$e=0.9$，饱和重度$\gamma=18.7\text{kN/m}^3$，内摩角$\varphi=30°$，强震使饱和松砂完全液化，震后松砂沉积变密实，孔隙比$e=0.65$，内摩角$\varphi=35°$，震后墙后水位不变，则墙后每延米上的主动土压力和水压力之和为下列哪个选项？

（A）68kN　　（B）120kN　　（C）150kN　　（D）160kN

【解】

（1）$\dfrac{5}{1+0.9}=\dfrac{h_2}{1+0.65}\Rightarrow h_2=4.34\text{m}$

（2）$5\times18.7=4.34\gamma_2+(5-4.34)\times10\Rightarrow\gamma_2=20.02\text{kN/m}^3$

（3）$K_{a2}=\tan^2\left(45°-\dfrac{35°}{2}\right)=0.271$

$E_a=\dfrac{1}{2}\times10.02\times4.34^2\times0.271+\dfrac{1}{2}\times10\times5^2=150.6\text{kN/m}^3$

【点评】

①根据《建筑边坡工程技术规范》第 6.2.3 条、第 6.2.4 条；②本题关键在于通过质量守恒，计算出震后的砂土饱和重度。

7. 地震作用土压力——《建筑边坡工程技术规范》第 6.2.11 条及条文说明

《建筑边坡工程技术规范》公式(6.2.11)（地震大库仑）和公式(6.3.5)（地震岩石压力楔体法）只列出了两种地震土压力计算公式。实质上，前述各种土压力公式均可用来计算对应情形下的地震土压力，仅进行下列换算即可：

$$\gamma\rightarrow\gamma_E=\gamma/\cos\rho;\ \varphi\rightarrow\varphi_E=\varphi-\rho;\ \delta\rightarrow\delta_E=\delta+\rho$$

用替换后的γ_E、φ_E、δ_E代入前述各种土压力公式，即为地震作用下的地震土压力。

地震角查表 5-18-26。

地震角ρ　　表 5-18-26

类别	7 度		8 度		9 度
	0.10g	0.15g	0.20g	0.30g	0.40g
水上	1.5°	2.3°	3.0°	4.5°	6.0°
水下	2.5°	3.8°	5.0°	7.5°	10.0°

《建筑边坡工程技术规范》上地震土压力计算见表 5-18-27。

《建筑边坡工程技术规范》地震土压力公式 **表 5-18-27**

地震大库仑公式——《建筑边坡工程技术规范》第 6.2.11 条：

$$E_a=\frac{1}{2}\gamma H^2K_a$$

$$K_a=\frac{\sin(\alpha+\beta)}{\cos\rho\sin^2\alpha\sin^2(\alpha+\beta-\varphi-\delta)}\times\{K_q[\sin(\alpha+\beta)\sin(\alpha-\delta-\rho)+\sin(\varphi+\delta)\sin(\varphi-\rho-\beta)]+2\eta\sin\alpha\cos(\varphi-\rho)\cos(\alpha+\beta-\varphi-\delta)-2[K_q\sin(\alpha+\beta)\sin(\varphi-\rho-\beta)+\eta\sin\alpha\cos(\varphi-\rho)]^{0.5}\times[K_q\sin(\alpha-\delta-\rho)\sin(\varphi+\delta)+\eta\sin\alpha\cos(\varphi-\rho)]^{0.5}\}$$

$$K_q=1+\frac{2q\sin\alpha\cos\beta}{\gamma H\sin(\alpha+\beta)};\ \eta=\frac{2c}{\gamma H}$$

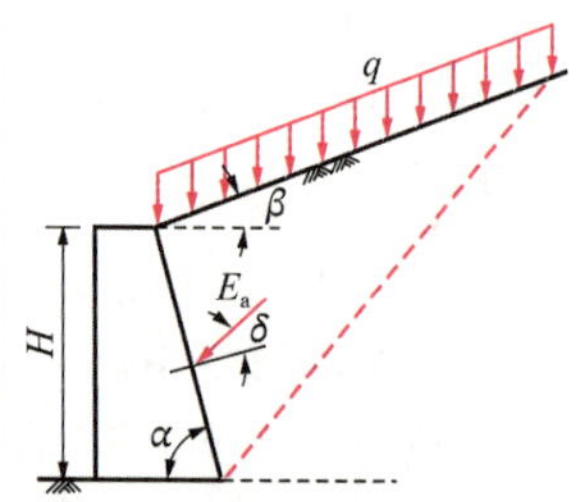

地震大库仑公式化简（$c=0$）：

$$K_a=\frac{K_q\sin(\alpha+\beta)\left[\sqrt{\sin(\alpha+\beta)\sin(\alpha-\delta-\rho)}-\sqrt{\sin(\varphi+\delta)\sin(\varphi-\rho-\beta)}\right]^2}{\cos\rho\sin^2\alpha\sin^2(\alpha+\beta-\varphi-\delta)}$$

注：α为墙背与水平方向夹角，仰斜时取钝角$\alpha>90°$

地震楔体法公式——《建筑边坡工程技术规范》第 6.3.5 条：

$$K_a=\frac{\sin(\alpha+\beta)[K_q\sin(\alpha+\theta)\sin(\theta-\varphi+\rho)-\eta\sin\alpha\cos(\varphi-\rho)]}{\cos\rho\sin^2\alpha\sin(\theta-\beta)\sin(\alpha+\theta-\varphi-\delta)}$$

适用于已知或指定角θ，注意公式中φ要与滑裂面对应

题 5-54 位于地震区的某挡土墙，墙高 5m，墙背垂直，墙后填料的内摩擦角$\varphi=36°$，墙背摩擦角$\delta=\varphi/2$，填料重度$\gamma=19\text{kN/m}^3$，抗震设防烈度为 9 度，无地下水。计算在该墙上的地震主动土压力E_{aE}最接近下列哪个选项？

（A）50kN/m （B）60kN/m （C）70kN/m （D）80kN/m

【解】

（1）抗震设防烈度为 9 度，无地下水$\Rightarrow\rho=6°$

$$\varphi_E=\varphi-\rho=36°-6°=30°,\ \delta_E=\delta+\rho=\frac{36°}{2}+6°=24°\text{c}$$

$$\gamma_E=\frac{\gamma}{\cos\rho}=\frac{19}{\cos 6°}=19.1\text{kN/m}^3$$

（2）$$K_{aE}=\frac{\cos^2 30°}{\cos 24°\times\left[1+\sqrt{\dfrac{\sin(30°+24°)\times\sin 30°}{\cos 24°}}\right]^2}=0.296$$

（3）$$E_{aE}=\frac{1}{2}\gamma_E H^2K_{aE}=\frac{1}{2}\times19.1\times5^2\times0.296=70.7\text{kN/m}$$

【点评】

①根据《建筑边坡工程技术规范》第 6.2.11 条及条文说明、《建筑抗震设计规范》(2016 年版）第 3.3.5 条条文说明；②地震作用时，土体的γ、φ、δ均采用修正后参数，土的重度除以地震角的余弦，填土的内摩擦角减去地震角，土对墙背的摩擦角增加地震角，其中地震角根据《建筑边坡工程技术规范》第 6.2.11 条查表。

题 5-55　某直立岩石边坡，坡高 6m，岩石的重度$\gamma = 23\text{kN/m}^3$，拟采用重力式挡土墙支护，墙背直立，墙体与岩石间的摩擦角$\delta = 15°$，坡顶水平，墙顶均布超载$q = 20\text{kPa}$岩体内有一组外倾结构面通过坡角，结构面的倾角$\theta = 48°$，结构面的内摩擦角$\varphi_s = 20°$，黏聚力$c_s = 15\text{kPa}$，设计基本地震动加速度为 0.30g，按《建筑边坡工程技术规范》GB 50330—2013，考虑地震作用，沿此外倾结构面滑动时作用于挡墙上的地震主动岩石压力合力为多少？

【解】

（1）$\eta = \dfrac{2 \times 15}{23 \times 6} = 0.217$，$K_q = 1 + \dfrac{2 \times 20 \times \sin 90° \times \cos 0°}{23 \times 6 \times \sin(90° + 0°)} = 1.29$

查表，$\rho = 4.5°$

$$K_{aE} = \frac{\sin 90°}{\cos 4.5° \times \sin^2 90° \times \sin 48° \times \sin(90° + 48° - 20° - 15°)} \times \frac{[1.29 \times \sin(90° + 48°) \times \sin(48° - 20° + 4.5°) - 0.217 \times \sin 90° \times \cos(20° - 4.5°)]}{\cos 4.5° \times \sin^2 90° \times \sin 48° \times \sin(90° + 48° - 20° - 15°)}$$

$$= 0.353$$

（2）$E_{aE} = \dfrac{1}{2} \times 23 \times 6^2 \times 0.353 = 146.1\text{kN/m}$

【点评】

①根据《建筑边坡工程技术规范》第 6.2.11 条、第 6.3.5 条；规范中的抗震公式(6.2.11)和式(6.3.5)有误，注意根据答题手册和课件进行勘误；②地震作用时，土体的γ、δ、φ均采用修正后参数，土的重度除以地震角的余弦，填土的内摩擦角减去地震角，土对墙背的摩擦角增加地震角；③岩质边坡重力式挡墙不考虑主动土压力增大系数。

18.2.6 侧向岩石压力——《建筑边坡工程技术规范》第 6.3 节

《建筑边坡工程技术规范》中公式(6.3.1)、公式(6.3.2)分别相当于前述“**库仑楔体公式法**”和“**朗肯楔体法万能公式**”。按《建筑边坡工程技术规范》中第 6.3.3 条规定，岩石侧向压力及破裂角计算如表 5-18-28 所示。

《建筑边坡工程技术规范》地震土压力公式　　　　表 5-18-28

<table>
<tr><th>计算类型</th><th colspan="2">岩石侧向压力计算方法</th><th>破裂角θ</th></tr>
<tr><td rowspan="5">（1）无外倾结构面时</td><td colspan="2">用等效内摩擦角φ_e按“侧向土压力方法”</td><td>按规范第 6.3.3 条第 1 款取值，如下所示</td></tr>
<tr><td colspan="3">无外倾结构面时破裂角θ取值</td></tr>
<tr><td colspan="3">
<table>
<tr><td colspan="3">边坡岩体类型</td><td>Ⅰ</td><td>Ⅱ</td><td>Ⅲ</td><td>Ⅳ</td></tr>
<tr><td rowspan="4">θ</td><td rowspan="2">坡顶无建筑荷载</td><td>临时边坡
基坑边坡</td><td>82°</td><td>72°</td><td>62°</td><td>45°+φ/2</td></tr>
<tr><td>永久边坡</td><td rowspan="3">75°左右</td><td colspan="3" rowspan="3">$45° + \varphi_e/2$</td></tr>
<tr><td rowspan="2">坡顶有建筑荷载</td><td>临时边坡
基坑边坡</td></tr>
</table>
</td></tr>
<tr><td colspan="3">等效内摩擦角标准值φ_e
<table>
<tr><td>边坡岩体类型</td><td>Ⅰ</td><td>Ⅱ</td><td>Ⅲ</td><td>Ⅳ</td></tr>
<tr><td>φ_e</td><td>$\varphi_e > 72°$</td><td>$72° \geqslant \varphi_e > 62°$</td><td>$62° \geqslant \varphi_e > 52°$</td><td>$52° \geqslant \varphi_e > 42°$</td></tr>
</table>
</td></tr>
<tr><td colspan="3">注：对Ⅱ、Ⅲ、Ⅳ类岩质临时边坡可取上限值</td></tr>
<tr><td>（2）有外倾结构面时</td><td>①用等效内摩擦角φ_e按“侧向土压力方法”；
②按结构面破坏的“库仑楔体法”</td><td>二者分别计算，取大值</td><td>破裂角θ取小值
（仅用于确定塌滑范围）</td></tr>
<tr><td>（3）有缓倾的外倾软弱结构面时</td><td>①用等效内摩擦角φ_e按“侧向土压力方法”；
②按结构面破坏的“库仑楔体法”或按软弱结构面破坏的“朗肯楔体法万能公式”</td><td>二者分别计算，取大值</td><td>破裂角θ取小值
（仅用于确定塌滑范围）</td></tr>
<tr><td colspan="4">岩石“库仑楔体公式法”与“朗肯楔体法万能公式”为（与土压力计算的区别仅在于内摩擦角取值不同）：</td></tr>
<tr><td colspan="3">库仑楔体公式法——《建筑边坡工程技术规范》第 6.3.1 条：
$$K_q = 1 + \frac{2q\sin\alpha\cos\beta}{\gamma H\sin(\alpha+\beta)},\quad \eta = \frac{2c_s}{\gamma H}$$
$$\Downarrow$$
$$K_a = \frac{\sin(\alpha+\beta)\left[K_q\sin(\alpha+\theta)\sin(\theta-\varphi_s) - \eta\sin\alpha\cos\varphi_s\right]}{\sin^2\alpha\sin(\theta-\beta)\sin(\alpha+\theta-\varphi_s-\delta)}$$
$$\Downarrow$$
$$E_a = \frac{1}{2}\gamma H^2 K_a$$
</td><td>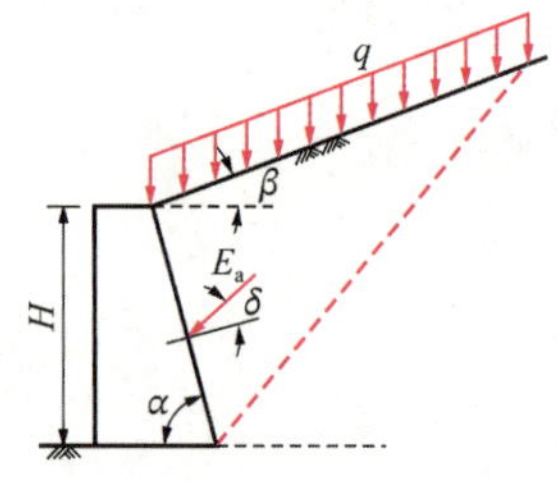
</td></tr>
<tr><td colspan="3">朗肯楔体法万能公式——《建筑边坡工程技术规范》第 6.3.2 条：
$$E_a = G\tan(\theta - \varphi_s) - \frac{c_s L\cos\varphi_s}{\cos(\theta-\varphi_s)}$$
</td><td>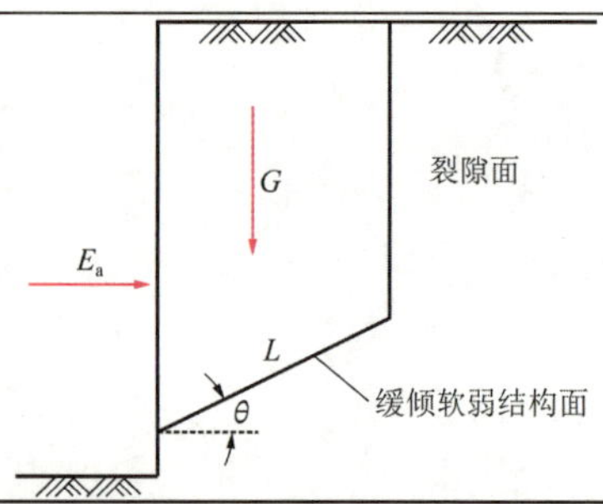
</td></tr>
</table>

注：1. 外倾结构面：结构面倾向与边坡倾向的夹角小于 30°，且结构面倾角小于坡角；

2. 总之，岩石侧向压力与土压力计算公式基本一样，仅计算原则不同。

注：《建筑边坡工程技术规范》第 6.3.4 条**斜坡岩石压力**与第 6.3.5 条**地震主动岩石压力**同前述特殊土压力计算部分。

题 5-56　（13D19）某建筑岩质边坡如图 5-18-70 所示，已知软弱结构面黏聚力$c_s = 20\text{kPa}$，内摩擦角$\varphi_s = 35°$，与水平面夹角$\theta = 45°$，滑裂体自重$G = 2000\text{kN/m}$，问作用于支护结构上每延米的主动岩石压力合力标准值最接近下列哪个选项？

（A）212kN/m　　（B）252kN/m

（C）275kN/m　　（D）326kN/m

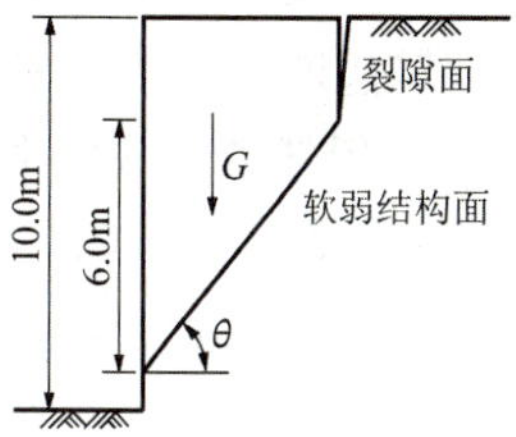

图 5-18-70　题 5-56 图

【解】

$$E_{ak} = 2000 \times \tan(45° - 35°) - \frac{20 \times 6\sqrt{2} \times \cos 35°}{\cos(45° - 35°)} = 211.5\text{kN/m}$$

【点评】

①根据《建筑边坡工程技术规范》第 6.3.2 条；②可根据平行于滑裂面上的受力平衡推导，岩石边坡的稳定性验算可按规范采用力多边形法，以外倾的软弱结构面为破坏面，按作用于支护结构上每延米的主动岩石压力方向为水平计算。

题 5-57　某直立开挖Ⅲ类、坡顶无建筑荷载的永久岩质边坡，坡脚处有倾角$\alpha = 65°$的外倾硬性结构面，岩体等效内摩擦角为 30°，以外倾硬性结构面计算的侧向压力为 450kN/m，以岩体等效内摩擦角计算的侧向压力为 550kN/m，求根据《建筑边坡工程技术规范》GB 50330—2013 进行支护设计时，挡土墙上的侧向岩石压力及破裂角取值为下列哪个选项？

（A）450kN/m；60°　　（B）450kN/m；65°

（C）550kN/m；60°　　（D）550kN/m；65°

【解】

（1）侧向岩石压力取大值为 550kN/m；

（2）无建筑荷载的永久岩质边坡，$\theta = 45° + \frac{\varphi}{2} = 45° + \frac{30°}{2} = 60° < 65°$，取小值，破裂角为 60°。

【点评】

①根据《建筑边坡工程技术规范》第 6.3.3 条；②按不利，侧向压力取大值，破裂角取小值，坡顶无重要建筑物，不用考虑增大。

18.2.7 侧向岩土压力修正

1.“坡顶有重要建（构）筑物”或“对支护结构变形要求严格”的侧向岩土压力修正——《建筑边坡工程技术规范》第7.2节

坡顶有重要建（构）筑物的有外倾结构面的岩土质边坡侧压力修正和对支护结构变形控制有较高要求时，应符合表5-18-29规定。

“坡顶有重要建（构）筑物”或“对支护结构变形要求严格”的侧向岩土压力修正

表5-18-29

<table>
<tr><td colspan="3">重要建（构）筑物位于岩土质边坡塌滑区、土质边坡1倍边坡高度和岩质边坡0.5倍边坡高度范围内的边坡工程（《建筑边坡工程技术规范》第7.1.1条），对支护结构变形控制有较高要求时（《建筑边坡工程技术规范》第7.2.7条），均按下列规定对侧向岩土压力进行修正（《建筑边坡工程技术规范》第7.2.3～7.2.5条）</td><td>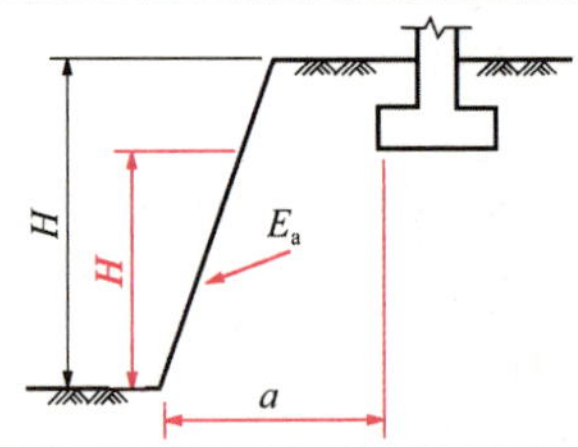
</td></tr>
<tr><td rowspan="2">无外倾结构面</td><td colspan="3">修正侧向岩土压力取值
<table>
<tr><td colspan="2">坡顶重要建（构）筑物基础位置</td><td>侧向岩土压力取值</td><td rowspan="6">E_0——静止土压力；
E_a'——修正后主动岩土压力；
E_a——修正前主动岩土压力；根据题目条件采用对应的各种岩土压力计算公式；
β_1——修正系数，见下表</td></tr>
<tr><td rowspan="3">土质边坡</td><td>$a<0.5H$</td><td>E_0</td></tr>
<tr><td>$0.5H \leqslant a \leqslant 1.0H$</td><td>$E_a'=\frac{1}{2}(E_0+E_a)$</td></tr>
<tr><td>$a>1.0H$</td><td>E_a</td></tr>
<tr><td rowspan="2">岩质边坡</td><td>$a<0.5H$</td><td>$E_a'=\beta_1 E_a$</td></tr>
<tr><td>$a \geqslant 0.5H$</td><td>E_a</td></tr>
</table>
注：a——坡脚线到坡顶重要建（构）筑物基础外边缘的水平距离（m）；
H——基础底设置桩基深入稳定岩层或者基础周边与岩土间设摩擦小的软性材料隔离层，则H可从基底算至坡底；否则H仍取边坡高度（m）；详见《建筑边坡工程技术规范》表7.2.3小注</td></tr>
<tr><td colspan="3">主动岩土压力修正系数β_1
<table>
<tr><td>边坡岩体类型</td><td>Ⅰ</td><td>Ⅱ</td><td>Ⅲ</td><td>Ⅳ</td></tr>
<tr><td>β_1</td><td colspan="2">1.30</td><td>1.30～1.45</td><td>1.45～1.55</td></tr>
</table>
注：1. 当裂隙发育时取大值，裂隙不发育时取小值；
2. 坡顶有重要既有建（构）筑物对边坡变形控制要求较高时取大值；
3. 对临时性边坡及基坑边坡取小值</td></tr>
<tr><td rowspan="2">有外倾结构面</td><td>土质边坡</td><td colspan="2">“E_a乘以1.30增大系数”与“按无外倾结构面修正”两种计算，取大值</td></tr>
<tr><td>岩质边坡</td><td colspan="2">“E_a乘以1.15增大系数”与“按无外倾结构面修正”两种计算，取大值</td></tr>
</table>

注：上述“**按坡顶有重要建（构）筑物（或对支护结构变形要求严格）**的岩土压力修正”和下节“**按支护结构类型（锚杆挡墙、重力式挡墙）**的岩土压力修正”两种情况下的修正是平行的，如果两种情况同时存在，**不用叠加**，二者分别修正后**取大值**即可。

2. 按挡土结构物的类型对侧向岩土压力修正——《建筑边坡工程技术规范》第 7.2.6 条、第 9.2.2 条、第 11.2.1 条

重力式挡墙和坡顶无建（构）筑物且不需对边坡变形进行控制的锚杆挡墙，其侧向岩土压力合力可按表 5-18-30 计算。

按挡土结构物的类型对侧向岩土压力修正　　　　表 5-18-30

<table>
<tr><td rowspan="5">锚杆挡墙
岩石锚喷</td><td rowspan="5">$E'_{ah} = \beta_2 E_{ah}$</td><td colspan="6">锚杆挡墙侧向岩土压力修正系数β_2</td></tr>
<tr><td rowspan="3">锚杆类型</td><td colspan="3">非预应力锚杆</td><td colspan="2">预应力锚杆</td></tr>
<tr><td rowspan="2">土层锚杆</td><td colspan="2">岩石锚杆</td><td rowspan="2">自由段为土层</td><td rowspan="2">自由段为岩层</td></tr>
<tr><td>自由段为土层</td><td>自由段为岩层</td></tr>
<tr><td>β_2</td><td>1.1～1.2</td><td>1.1～1.2</td><td>1.0</td><td>1.2～1.3</td><td>1.1</td></tr>
<tr><td></td><td></td><td colspan="6">注：当锚杆变形计算值较小时取大值，反之取小值</td></tr>
<tr><td>重力式挡墙</td><td colspan="7">★重力式挡墙主动土压力增大系数：1. 重力式挡墙；2. 主动土压力；3. 土质边坡；4. 指定规范（“《建筑边坡工程技术规范》第 11.2.1 条”或“《建筑地基基础设计规范》第 6.7.3 条”）；5. 水土分算时，土增大，水不增大；6. 增大系数对应墙高，与墙后填土高度无关。
同时满足前 4 项条件时才乘以增大系数，墙高$H = 5～8$m，乘 1.1，墙高$H > 8$m，乘 1.2</td></tr>
</table>

题 5-58　某土质边坡高 12.0m，仰斜式挡墙支护，坡面倾角$\alpha = 60°$，边坡有外倾结构面，坡顶有重要的浅基础多层建筑物，其基础外缘与坡顶的水平距离为 5.0m，已知按无外倾结构面计算得挡土墙上的主动土压力合力为 450kN/m，静止土压力合力为 550kN/m；按沿外倾结构面滑动计算得挡土墙上的主动土压力合力为 400kN/m，求根据《建筑边坡工程技术规范》GB 50330—2013 进行支护设计时挡土墙上的侧向土压力最接近下列哪个选项？

（A）450kN/m　　（B）475kN/m　　（C）500kN/m　　（D）520kN/m

【解】

（1）$a = 12\cot 60° + 5 = 11.93$m，$0.5H = 6\text{m} < a$小于 $1.0H = 12$m

（2）$E'_a = \frac{1}{2}(E_0 + E_a) = \frac{1}{2}(450 + 550) = 500\text{kN/m} < 400 \times 1.3 = 520\text{kN/m}$

取支护结构上的侧向土压力$E_a = 520$kN/m

【点评】

①根据《建筑边坡工程技术规范》第 7.2.3 条、第 7.2.5 条，a为坡脚线到坡顶重要结构物基础外缘的水平距离；②对于多层建筑物，当基础浅埋时H取边坡高度；③按坡顶有重要建筑物的无外倾结构面和外倾结构面计算增大 1.3 倍，两者取大值。

题 5-59 某重要建筑物的桩筏基础位于Ⅱ级岩质边坡的坡顶（图 5-18-71），边坡高度为 10m，倾角为 80°，坡顶水平。基础外边缘距离坡顶边缘水平距离 2m，基础埋深为 2m，侧壁设软性材料隔离层，筏板下桩基长度为 20m，支撑于未风化花岗岩层中。已知岩体重度$\gamma = 22\text{kN/m}^3$，等效内摩擦角$\varphi_e = 65°$。现决定采用非预应力锚杆挡墙支护，忽略挡墙与岩石间的摩擦，根据《建筑边坡工程技术规范》GB 50330—2013，计算作用于支护结构上的侧向岩土压力最接近下列哪个选项？

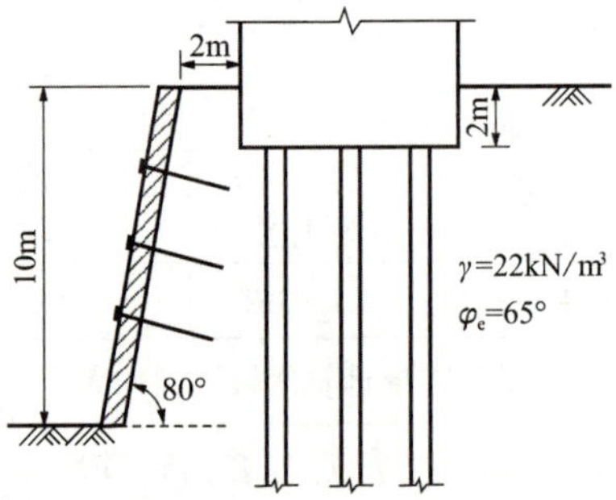

图 5-18-71 题 5-59 图

（A）21kN/m （B）27kN/m （C）35kN/m （D）42kN/m

【解】

（1）$$K_a = \frac{\cos^2(\varphi - \alpha)}{\cos^2\alpha\cos(\alpha+\delta)\left[1+\sqrt{\dfrac{\sin(\varphi+\delta)\sin(\varphi-\beta)}{\cos(\alpha+\delta)\cos(\alpha-\beta)}}\right]^2}$$

$$= \frac{\cos^2(65° + 10°)}{\cos^2(-10°)\cos(-10°+0)\left[1+\sqrt{\dfrac{\sin(65°+0)\sin(65°-0)}{\cos(-10°+0)\cos(-10°-0)}}\right]^2} = 0.019$$

（2）侧向土压力：$E_a = \dfrac{1}{2}\gamma h^2 K_a = \dfrac{1}{2}\times 22\times 10^2\times 0.019 = 20.9\text{kN/m}$

（3）H从基础底面算起：$H = 10 - 2 = 8\text{m}$，$a = 10\cot 80° + 2 = 3.76\text{m} < 0.5H$，则$E_a' = \beta_1 E_a$且$\beta_1 = 1.3$

（4）根据《建筑边坡工程技术规范》第 9.2.2 条，非预应力锚杆，自由段为岩层，则$\beta_2 = 1.0$

取大值侧向土压力$E_a' = \beta_1 E_a = 1.3\times 20.9 = 27.2\text{kN/m}$

【点评】

①根据《建筑边坡工程技术规范》第 6.2.10 条、第 7.2.3 条、第 9.2.2 条；②深基础的垂直荷载传至边坡破裂面以下足够深度的稳定基岩，可不考虑地面超载，H取隔离层下端算至坡底。

题 5-60　某岩质边坡高度 8m（图 5-18-72），岩体级别为Ⅳ类，等效内摩擦角为 48°，重度为 22kN/m³，采用直立挡墙支护，墙背岩体水平，无地面荷载，挡墙与岩体之间的摩擦角为 12°，有一组外倾结构面通过坡脚，结构面的倾角为 50°，内摩擦角 28°，黏聚力 11kPa，坡顶有一个重要建筑物（其荷载可忽略，对边坡变形控制要求较高）的基础外边缘到坡脚线的水平距离为 3m，按《建筑边坡工程技术规范》GB 50330—2013 计算修正后的侧向岩石压力最接近下列哪个选项？

（A）98kN/m　　（B）121kN/m

（C）140kN/m　　（D）152kN/m

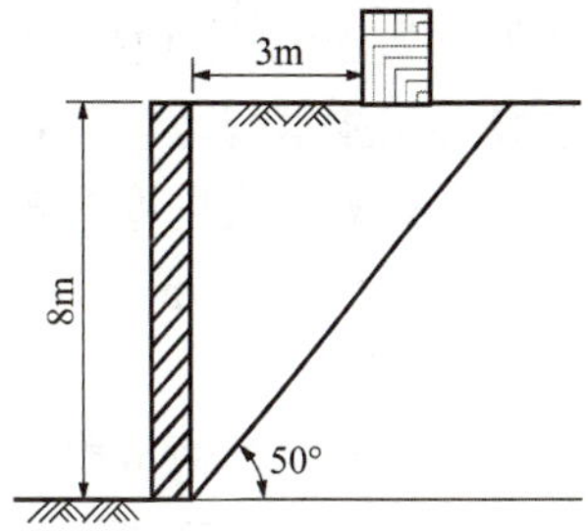

图 5-18-72　题 5-60 图

【解】

（1）θ取外倾结构面的倾角，$\eta = \dfrac{2\times11}{22\times8} = 0.125$，$K_q = 1$

$$K_a = \frac{\sin(\alpha+\beta)\left[K_q\sin(\alpha+\theta)\sin(\theta-\varphi_s) - \eta\sin\alpha\cos\varphi_s\right]}{\sin^2\alpha\sin(\theta-\beta)\sin(\alpha+\theta-\varphi_s-\delta)}$$

$$= \frac{\sin(90°+50°)\times\sin(50°-28°) - 0.125\times\cos28°}{\sin50°\times\sin(90°+50°-28°-12°)} = 0.173$$

$$E_a = \frac{1}{2}\times22\times8^2\times0.173 = 121.8\text{kN/m}$$

（2）按等效内摩擦角计算

$$K_a = \frac{\cos^2 48°}{\cos12°\times\left[1+\sqrt{\dfrac{\sin(48°+12°)\times\sin48°}{\cos12°}}\right]^2} = 0.1395$$

$$或K_a = \frac{K_q\left[\sqrt{\cos\delta} - \sqrt{\sin(\varphi+\delta)\sin\varphi}\right]^2}{\cos^2(\varphi+\delta)}$$

$$= \frac{\left[\sqrt{\cos12°} - \sqrt{\sin(48°+12°)\sin48°}\right]^2}{\cos^2(48°+12°)} = 0.1395$$

$$E_a = \frac{1}{2}\times22\times8^2\times0.1395 = 98.2\text{kN/m}$$

（3）$a < 0.5H = 0.5\times8 = 4\text{m}$，$E_a' = \beta_1E_a = 1.55\times98.2 = 152.2\text{kN/m}$

（4）$E_a' = 1.15E_a = 1.15\times121.8 = 140.1\text{kN/m}$

（5）取大值$E_a' = 152.2\text{kN/m}$

【点评】

①根据《建筑边坡工程技术规范》第 6.3.1 条、第 6.3.3 条、第 7.2.3～7.2.5 条；②侧向岩石压力分别按θ破裂角计算的侧向压力和按等效内摩擦角φ_e土压力方法计算土压力；③修正按规范第 7.2.5 条，即按第 6.3.1 条计算的E_a乘以 1.15 增大系数和按第 7.2.3 条修正值比较取大值。

题 5-61　某无外倾结构面的直立岩质边坡，高度 12m，坡顶水平且有重要多层建筑物，对边坡变形控制要求较高，基础浅埋，坡前设置挡墙，基础外边缘距离坡脚线的水平距离为 5m，假设挡墙墙背光滑，边坡岩体类型为Ⅲ类，重度为 $24kN/m^3$，按照《建筑边坡工程技术规范》GB 50330—2013 确定支护结构上的侧向岩土压力最接近下列哪个选项？（查表等效内摩擦角φ_e取小值）

（A）205kN/m　　（B）225kN/m　　（C）265kN/m　　（D）300kN/m

【解】

（1）对无外倾结构面的岩质边坡，应以岩体等效内摩擦角计算侧向岩石压力。对Ⅲ类岩质边坡查《建筑边坡工程技术规范》表 4.3.4 取小值，取$\varphi_e = 52°$。墙背直立光滑、土体表面水平，可按朗肯公式计算

$$K_a = \tan^2\left(45° - \frac{52°}{2}\right) = 0.119，E_a = 0.5 \times 24 \times 12^2 \times 0.119 = 205.6\text{kN/m}$$

（2）对多层建筑物，基础浅埋，H取边坡高度 12m，岩质边坡

$a = 5\text{m} < 0.5H = 0.5 \times 12 = 6\text{m}$，$E_a{}' = \beta_1 E_a$

边坡岩体类型为Ⅲ类，变形控制要求较高取大值$\beta_1 = 1.45$

（3）取主动土压力$E_a{}' = \beta_1 E_a = 1.45 \times 205.6 = 298.1\text{kN/m}$

【点评】

①根据《建筑边坡工程技术规范》第 4.3.4 条、第 6.3.3 条、第 7.2.3 条、第 7.2.4 条；②注意等效内摩擦角为考虑岩土黏聚力影响的综合内摩擦角，对于无外倾结构面的岩质边坡，应以岩体等效内摩擦角计算侧向岩石压力；③边坡变形控制要求高时，修正系数β_1取大值。

18.2.8 静力平衡法和等值梁法——《建筑边坡工程技术规范》附录 F

对板肋式及桩锚式挡墙，当立柱（肋柱和桩）嵌入深度较小或坡脚土体较软弱时，可视立柱下端为自由端，按**静力平衡法**计算。当立柱嵌入深度较大或为岩层或坡脚土体较坚硬时，可视立柱下端为固定端，按**等值梁法**计算。

计算主动土压力和被动土压力时，在坡脚地面以上部分计算宽度b_0应取立柱间的水平距离b_a，在坡脚地面以下部分计算宽度时对肋柱取$b_0 = 1.5b + 0.5$（其中b），对桩取$b_0 = 0.9(1.5d + 0.5)$（其中d为桩直径）。当b_0大于b_a时，取$b_0 = b_a$值。

（1）采用静力平衡法（图 5-18-73），计算时应符合下列规定：

①锚杆水平分力H_{tkj}，按立柱两侧**力平衡**，总锚杆力 + 总被动土压力 = 总主动土压力：

$$H_{tkj} = E_{ak} - E_{pk} - \sum_{i=1}^{j-1} H_{tki}$$

②最小嵌入深度h_{r1}，各分力对最下排支点（图 5-18-65 中O点）求矩，合力矩为零：

$$E_{pk}b - E_{ak}a_n - \sum_{i=1}^{n} H_{tki}a_i = 0$$

③立柱设计嵌入深度h_r可按下式计算：

$$h_r = \xi h_{r1}$$

式中：ξ——增大系数，对一、二、三级边坡分别为 1.5、1.4、1.3。

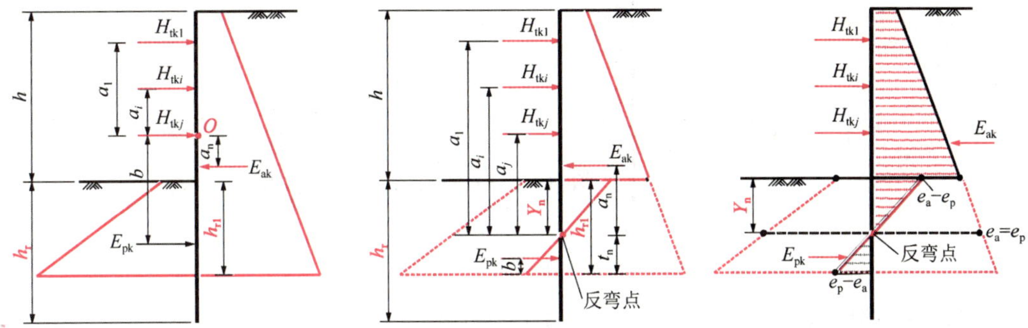

(a) 静力平衡法计算示意图　　(b) 等值梁法计算示意图　　(c) 等值梁法剩余土压力分布示意图（被动土压力与主动土压力抵消后）

图 5-18-73　静力平衡法和等值梁法计算示意图

（2）**采用等值梁法**（如图所示）计算时应符合下列规定：

①**坡脚地面以下立柱反弯点到坡脚地面的距离**Y_n。可按下式计算（解方程可得Y_n）：

$$e_a = e_p \Rightarrow Y_n$$

②**第j层锚杆的水平分力**可按下式计算：

$$H_{tkj}a_j = E_{ak}a_n - \sum_{i=1}^{j-1} H_{tki}a_i$$

反弯点以上各分力对**反弯点**求矩，合力矩为零；E_{ak}由两部分组成，分别求矩，再求和。其中被动土压力扣除后，坑底下方倒三角形部分的力矩：

$$E_{ak1}a_1 = \frac{e_a - e_p}{2}Y_n \cdot \frac{2Y_n}{3} \Leftarrow E_{ak1} = \frac{e_a - e_p}{2}Y_n$$

③**最小嵌入深度**h_{r1}可按下列公式计算确定：

$$h_{r1} = Y_n + t_n \Leftarrow t_n = \frac{E_{pk}b}{E_{ak} - \sum_{i=1}^{n} H_{tki}}$$（E_{ak}、E_{pk}见图 5-18-73 中阴影）

④**立柱设计嵌入深度**h_r可按下式计算：

$$h_r = \xi h_{r1}$$

式中：ξ——增大系数，对一、二、三级边坡分别为 1.5、1.4、1.3。

注：1. **反弯点**即弯矩零点，此时弯矩为零，剪力最大，反弯点处满足$e_a = e_p$。

2. **最大弯矩**发生在剪力零点处（图 5-18-74），满足$E_a = E_p$，剪力零点距离坡脚地面的深度t按下式计算：

$$E_a = E_p \Rightarrow t$$

满足取$b_0 = b_a$时，剪力零点处的最大弯矩M_{max}：

$$M_{max} = b_0(E_a a_a - E_p a_p)$$

满足取$b_0 = b_a$时，一层砂土剪力零点处最大弯矩M_{max}：

$$M_{max} = b_0\left[\frac{1}{2}\gamma(h+t)^2K_a\frac{h+t}{3} - \frac{1}{2}\gamma t^2K_p\frac{t}{3}\right]$$

不满足取$b_0 = b_a$时，按原理分开计算。

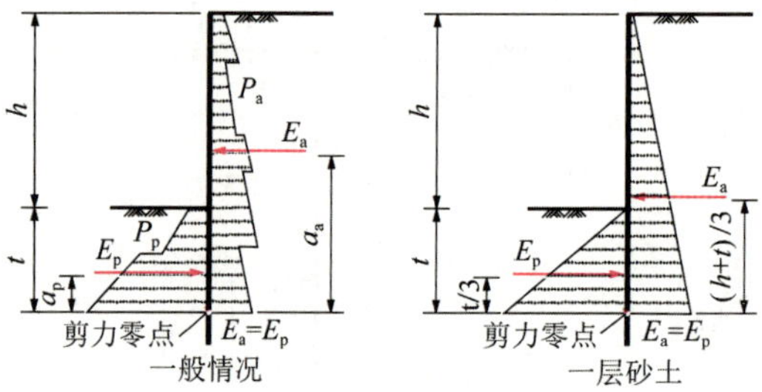

图 5-18-74　最大弯矩计算示意图

式中：b_0——挡墙后侧主动土压力的计算宽度（m）;

h——边坡高度（m）;

t——剪力零点距离坡脚地面的深度（m）;

E_a、E_p——剪力零点以上的挡墙后侧主动土压力合力和挡墙前侧被动土压力合力（kN）;

a_a、a_p——挡墙后侧主动土压力、挡墙前侧被动土压力合力作用点至剪力零点的距离（m）。

题 5-62　（07C22）有一均匀黏性土地基（图 5-18-75），要求开挖深度 15m 的基坑采用桩锚支护。已知该黏性土的重度$\gamma = 19\text{kN/m}^3$，黏聚力$c = 15\text{kPa}$，内摩擦角$\varphi = 26°$。坑外地面均布荷载为 48kPa，根据《建筑边坡工程技术规范》GB 50330—2013 计算等值梁的弯矩零点距坑底面的距离最接近下列哪个选项？

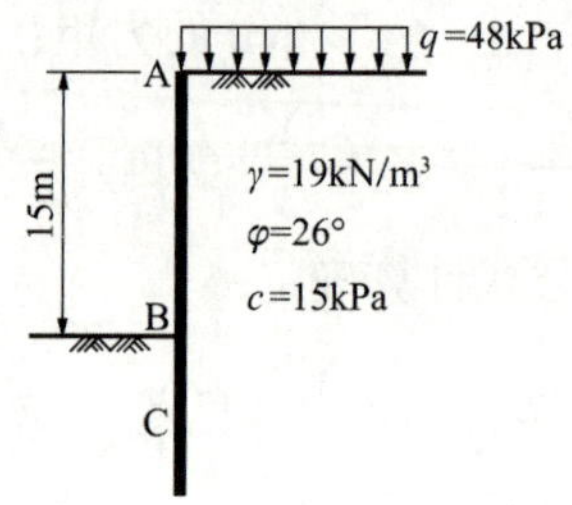

图 5-18-75　题 5-62 图

（A）2.3m　　（B）1.5m　　（C）1.3m　　（D）0.4m

【解】

（1）$K_a = \tan^2\left(45° - \frac{26°}{2}\right) = 0.39$，$K_p = \tan^2\left(45° + \frac{26°}{2}\right) = 2.56$

（2）$[19 \times (15 + Y_n) + 48] \times 0.39 - 2 \times 15 \times \sqrt{0.39} = 19 \times Y_n \times 2.56 + 2 \times 15 \times \sqrt{2.56} \Rightarrow Y_n = 1.53\text{m}$

【点评】

2012 版《建筑基坑支护技术规程》不再采用等值梁法，而是采用弹性支点法。但《建筑边坡工程技术规范》上仍有等值梁法，弯矩零点的计算属于原理性知识点，本题改编为按《建筑边坡工程技术规范》作答。

题 5-63　（14C19）某直立的黏性土边坡，采用排桩支护，坡高 6m，无地下水，土层参数为$c = 10\text{kPa}$，$\varphi = 20°$，重度为 18kN/m³，地面均布为$q = 20\text{kPa}$，在 3m 处设置一排锚杆，根据《建筑边坡工程技术规范》GB 50330—2013 相关要求，按等值梁法计算排桩反弯点到坡脚的距离最接近下列哪个选项？

（A）0.55m　　（B）0.65m　　（C）0.72m　　（D）0.92m

【解】

（1）设反弯点到基坑底面的距离为Y_n

$$K_a = \tan^2\left(45° - \frac{20°}{2}\right) = 0.49，\ K_p = \tan^2\left(45° + \frac{20°}{2}\right) = 2.04$$

（2）$e_{ak} = qK_a + \gamma HK_a - 2c\sqrt{K_a} = 20 \times 0.49 + 18 \times (6 + Y_n) \times 0.49 - 2 \times 10 \times \sqrt{0.49} = 8.82Y_n + 48.72$

$$e_{pk} = \gamma HK_p + 2c\sqrt{K_p} = 18 \times Y_n \times 2.04 + 2 \times 10 \times \sqrt{2.04} = 36.72Y_n + 28.57$$

（3）由$e_{ak} = e_{pk} \Rightarrow 8.82Y_n + 48.72 = 36.72Y_n + 28.57 \Rightarrow Y_n = 0.72\text{m}$

【点评】

①根据《建筑边坡工程技术规范》附录 F；②等值梁在 2012 版《建筑基坑支护技术规程》中已删除，《建筑边坡工程技术规范》保留了等值梁法，反弯点的定义为：主动土压力标准值等于被动土压力标准值，$e_{ak} = e_{pk}$弯矩为零，计算主动土压力时容易遗漏地面荷载q；③区分为静力平衡法的剪力零点，总主动土压力等于总被动土压力$E_{ak} = E_{pk}$。

【同类型真题】 07C22

题 5-64　（20D16）某均质无黏性土边坡高 6m（图 5-18-76），无地下水，采用悬臂式桩板支护，支护桩嵌固到土中 12m。已知土体重度$\gamma = 20\text{kN/m}^3$，黏聚力$c = 0$，内摩擦角$\varphi = 25°$。假定支护桩被动区嵌固反力、主动区主动土压力均采用朗肯土压力理论进行计算，且土反力、主动土压力计算宽度均取$b = 2.5\text{m}$。试计算该桩板墙桩身最大弯矩最接近下列哪个选项？

（A）1375kN·m　　（B）2075kN·m

（C）2250kN·m　　（D）2565kN·m

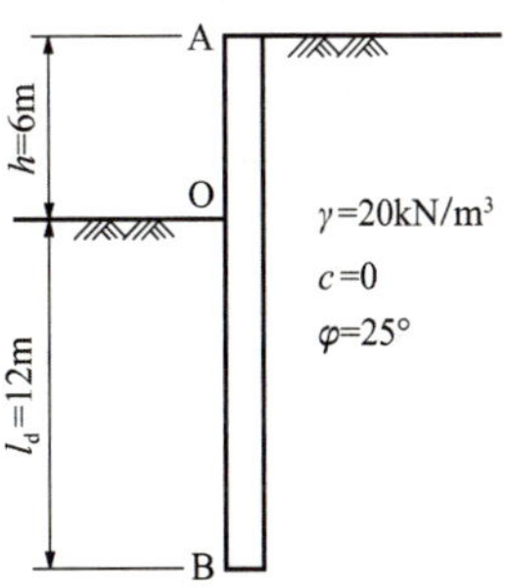

图 5-18-76　题 5-64 图

【解】

（1）最大弯矩处，剪力为零，设在基坑底深度t处

$$K_a = \tan^2\left(45° - \frac{25°}{2}\right) = 0.406，\ K_p = \tan^2\left(45° + \frac{25°}{2}\right) = 2.464$$

$$\frac{1}{2} \times 20 \times (6 + t)^2 \times 0.406 = \frac{1}{2} \times 20 \times t^2 \times 2.464 \Rightarrow t = 4.1\text{m}$$

（2）最大弯矩$M = 2.5 \times \left(\frac{1}{2} \times 20 \times 10.1^2 \times 0.406 \times \frac{10.1}{3} - \frac{1}{2} \times 20 \times 4.1^2 \times 2.464 \times \frac{4.1}{3}\right) = 2070.7\text{kN} \cdot \text{m}$

【点评】

①根据材料力学的知识，因为弯矩 = 剪力 × 距离，如果对弯矩微分的话，那么就等于剪力，换句话来说剪力 = 弯矩的斜率，在弯矩最大的地方取导数，即相当于在最高（低）点做切线，切线会平行于x轴，即斜率为零，剪力也为零；②根据朗肯土压力：弯矩 = 主动土压力的弯矩 − 被动土压力的弯矩。

18.3 边坡稳定性

18.3.1 基本规定——《建筑边坡工程技术规范》第5.2节、第5.3节

1. 边坡稳定性分析中的地震作用计算——《建筑边坡工程技术规范》第5.2.6条

对于边坡滑塌区内无重要建（构）筑物的边坡采用刚体极限平衡法和静力数值计算法计算边坡稳定性时，滑体、各条块或单元的地震作用可简化为一个作用于滑体、条块或单元**重心处**、**指向坡外（滑动方向）的水平静力**，其值应按下式计算：

$$Q_e = \alpha_w G$$

$$Q_{ei} = \alpha_w G_i$$

式中：Q_e、Q_{ei}——滑体、第i条块或单元体单位宽度地震作用（kN/m）；

G、G_i——滑体、第i条块或单元体单位宽度自重（含坡顶建筑物作用）（kN/m）；

α_w——边坡综合水平地震系数，按表5-18-31确定。

边坡综合水平地震系数α_w **表5-18-31**

地震基本烈度	7度		8度		9度
地震峰值加速度	0.10g	0.15g	0.20g	0.30g	0.40g
α_w	0.025	0.038	0.050	0.075	0.100

注：对于“倾倒式”崩塌，按《工程地质手册》规定，水平力等于崩塌体重力乘水平加速度系数α_1：$F = W \times \alpha_1$，见第七篇第四章第二节。

2. 边坡安全等级、稳定安全系数及稳定性状态划分——《建筑边坡工程技术规范》第3.2节、第5.3节

（1）边坡工程应根据其损坏后可能造成的破坏后果（危及人的生命、造成经济损失、产生不良社会影响）的严重性、边坡类型和边坡高度等因素，按表5-18-32确定边坡工程安全等级。

边坡工程安全等级 **表5-18-32**

边坡类型		边坡高度H（m）	破坏后果	安全等级
岩质边坡	岩体类型Ⅰ或Ⅱ类	$H \leqslant 30$	很严重	一级
			严重	二级
			不严重	三级
	岩体类型Ⅲ或Ⅳ类	$15 < H \leqslant 30$	很严重	一级
			严重	二级
		$H \leqslant 15$	很严重	一级
			严重	二级
			不严重	三级
土质边坡		$10 < H \leqslant 15$	很严重	一级
			严重	二级
		$H \leqslant 10$	很严重	一级
			严重	二级
			不严重	三级

注：1. 很严重：造成重大人员伤亡或财产损失；严重：可能造成人员伤亡或财产损失；不严重：可能造成财产损失。

2. 破坏后果**很严重**、**严重**的下列边坡工程，其安全等级应定为**一级**：

（1）由外倾软弱结构面控制；

（2）工程滑坡地段；

（3）滑塌区内有重要建（构）筑物

（2）除校核工况外，边坡稳定性状态分为稳定、基本稳定、欠稳定和不稳定四种状态，可根据边坡稳定性系数按表 5-18-33 确定。

边坡稳定性状态划分　　　　表 5-18-33

边坡稳定性系数F_s	$F_s < 1.00$	$1.00 \leqslant F_s < 1.05$	$1.05 \leqslant F_s < F_{st}$	$F_s \geqslant F_{st}$
边坡稳定性状态	不稳定	欠稳定	基本稳定	稳定

注：F_{st}——边坡稳定安全系数，见表 5-18-34。

（3）边坡稳定安全系数F_{st}应按表 5-18-34 确定，当边坡稳定性系数小于边坡稳定安全系数时应对边坡进行处理。

边坡稳定安全系数F_{st}　　　　表 5-18-34

<table>
<tr><td colspan="2" rowspan="2">边坡类型</td><td colspan="3">边坡工程安全等级</td><td rowspan="5">注：1. 地震工况时，安全系数仅适用于滑塌区内无重要建（构）筑物的边坡；
2. 对地质条件很复杂或破坏后果极严重的边坡工程，其稳定安全系数应适当提高</td></tr>
<tr><td>一级</td><td>二级</td><td>三级</td></tr>
<tr><td rowspan="2">永久边坡</td><td>一般工况</td><td>1.35</td><td>1.30</td><td>1.25</td></tr>
<tr><td>地震工况</td><td>1.15</td><td>1.10</td><td>1.05</td></tr>
<tr><td colspan="2">临时边坡</td><td>1.25</td><td>1.20</td><td>1.15</td></tr>
</table>

注：注意区别边坡**稳定**安全系数F_{st}和边坡**稳定性系数**F_s二者的区别和联系。前者是不同类型边坡达到安全稳定需要的安全系数；后者是实际计算出来的稳定性系数，用来划分边坡稳定性状态。注册考试中需要注意题目给出的**稳定性系数**并非边坡稳定安全系数F_{st}。

18.3.2 圆弧滑动——《建筑边坡工程技术规范》附录 A.0.1、《土力学》《工程地质手册》P669、P1098

本知识点在土力学中已经详细介绍，本处仅摘抄重要结论如下。

1. 整体圆弧滑动法

整体圆弧滑动法适用于均质的**饱和软黏土**（$\varphi = 0$）不排水条件下的土坡稳定性分析，计算见表 5-18-35。

整体圆弧滑动法　　　　表 5-18-35

<table>
<tr><td>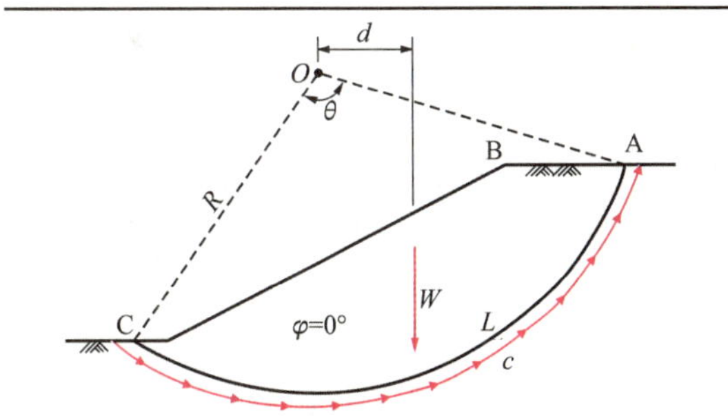
</td><td>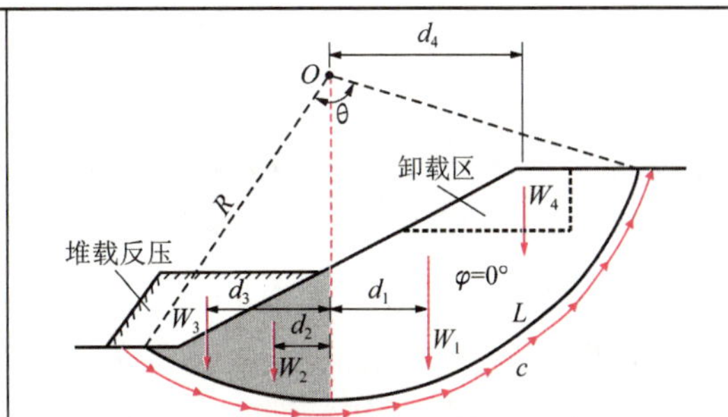
</td></tr>
<tr><td>无阻滑段</td><td>有阻滑段（综合黏聚力法）</td></tr>
<tr><td>$K_s = \dfrac{cLR}{Wd} \Leftarrow L = \dfrac{\theta}{180}\pi R$</td><td>$K_s = \dfrac{W_2 d_2 + W_3 d_3 + cLR}{W_1 d_1 - W_4 d_4}$</td></tr>
</table>

注：1. 如有锚杆加固，锚固力增加的力矩$N_{ak} \cdot d_5 / s_x$计入分子，s_x为锚杆间距；
2. 综合黏聚力c：即将土层实际黏聚力和内摩擦角换算为假设内摩擦角为 0、综合黏聚力c

题 5-65　（10C22）一个在饱和软黏土中的重力式水泥挡土墙如图 5-18-77 所示，土的不排水抗剪强度$c_u = 30$kPa，基坑深度 5m，墙的埋深 4m，滑动圆心在墙顶内侧O点，滑动圆弧半径$R = 10$m。沿着图示的圆弧滑动面滑动，则每米宽度上的整体稳定抗滑力矩最接近下列哪个选项？

（A）1570kN · m/m

（B）4710kN · m/m

（C）7850kN · m/m

（D）9420kN · m/m

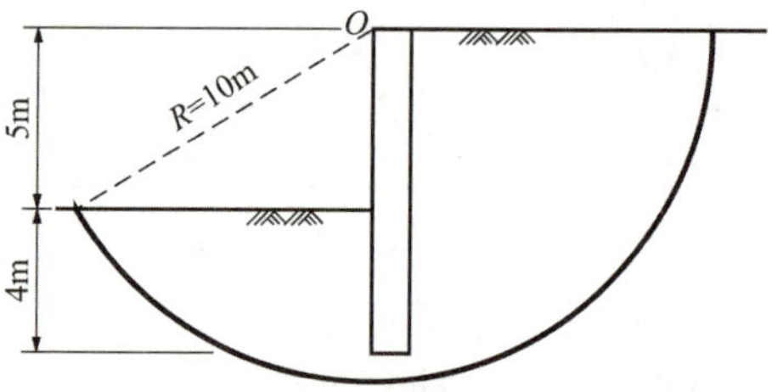

图 5-18-77　题 5-65 图

【解】

（1）O点与基坑内滑裂面出露点连线与竖直方向的夹角：$\cos\left(\frac{5}{10}\right)^{-1} = 60°$

$$L = \frac{60° + 90°}{180°} \times 3.14 \times 10 = 26.17\text{m}$$

（2）$M_R = 30 \times 26.17 \times 10 = 7851\text{kN} \cdot \text{m}$

【点评】

①根据《工程地质手册》P1098；②注意角度和弧长的转化，180°弧的长度等于πR，滑动面黏聚力的力臂长均为半径R。

题 5-66　有一深度为 8m 高的边坡，放坡开挖的坡角 35°，土的不排水抗剪强度指标$c_u = 35$kPa，重度$\gamma = 18.5\text{kN/m}^3$，根据整体稳定圆弧法，滑动面如图 5-18-78 所示，滑动半径$R = 12$m，滑坡体面积 65m²，试计算滑体的稳定安全系数最接近下列哪个选项？

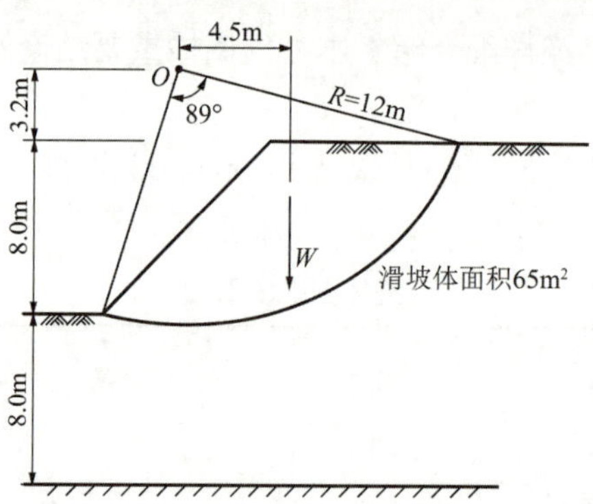

图 5-18-78　题 5-66 图

（A）0.12　　（B）0.46　　（C）1.15　　（D）1.45

【解】

$$F_s = \frac{cLR}{Wd} = \frac{35 \times \frac{89°}{180°} \times 3.14 \times 12^2}{65 \times 18.5 \times 4.5} = 1.45$$

【点评】

瑞典圆弧法属于整体圆弧法，不排水抗剪强度指标情况下，$\varphi = 0$。

题 5-67 （17D27）某均匀黏性土中开挖一路堑，存在如图 5-18-79 所示的圆弧滑动面，其半径为 14m，滑动面长度 28m。通过圆弧滑动面圆心O的垂线将滑体分为两部分，坡内部分的土重$W_1 = 1450\text{kN/m}$，土体重心至圆心垂线距$d_1 = 4.5\text{m}$；坡外部分的土重$W_2 = 350\text{kN/m}$，土体重心至圆心垂线距$d_2 = 2.5\text{m}$。问：在滑带土的内摩擦角$\varphi \approx 0°$情况下，该路堑极限平衡状态下的滑带土不排水抗剪强度c_u最接近下列哪个选项？

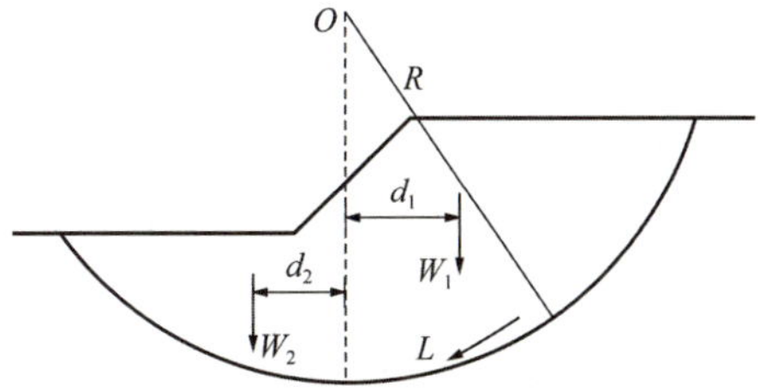

图 5-18-79 题 5-67 图

（A）12.5kPa （B）14.4kPa （C）15.8kPa （D）17.2kPa

【解】

$$F_s = \frac{W_2 d_2 + c_u L R}{W_1 d_1} = \frac{350 \times 2.5 + c_u \times 28 \times 14}{1450 \times 4.5} = 1.0 \Rightarrow c_u = 14.4\text{kPa}$$

【点评】

①根据《工程地质手册》P669；②重要考点，整体圆弧滑动法反求不排水抗剪强度c_u，利用计算器解方程即可，极限平衡时安全系数等于 1；③加强学习《工程地质手册》上有阻滑段和无阻滑段两种圆弧滑动法，很多考生都分不清楚。

【同类型真题】 04D31、17D06

题 5-68 （09D27）某饱和软黏土边坡已出现明显变形迹象（图 5-18-80），可认为在$\varphi_u = 0$整体圆弧法计算中，其稳定性系数$K_1 = 1.0$。假设有关参数如下：下滑部分W_1的截面积为 30.2m²，力臂$d_1 = 3.2\text{m}$，滑体平均重度为 17kN/m³。为确保边坡安全，在坡脚进行了反压，反压体W_3的截面积为 9m²，力臂$d_3 = 3.0\text{m}$，重度 20kN/m³。其他参数不变的情况下，反压后边坡稳定系数接近下列哪个选项？

（A）1.15 （B）1.26

（C）1.33 （D）1.59

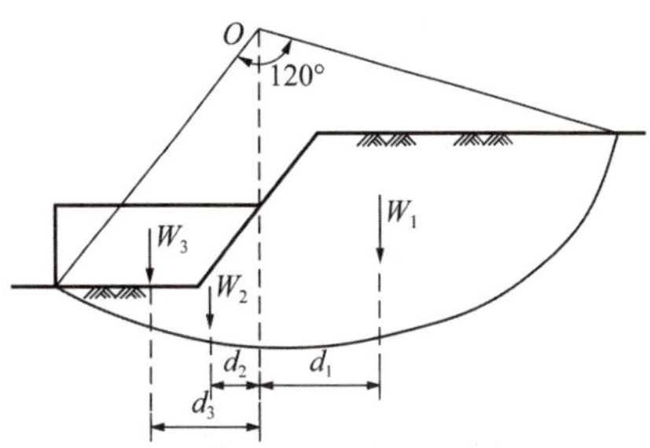

图 5-18-80 题 5-68 图

【解】

$$K_s = \frac{W_2 d_2 + W_3 d_3 + clR}{W_1 d_1} = 1 + \frac{W_3 d_3}{W_1 d_1} = 1 + \frac{20 \times 9 \times 3}{17 \times 30.2 \times 3.2} = 1.33$$

【点评】

①根据《工程地质手册》P669，整体圆弧之综合黏聚力法，安全系数为抗滑力矩与滑动力矩之比；②当题目分为滑动段和阻滑段时，阻滑段产生抗滑力矩；③有反压体时，反压体也产生抗滑力矩。

题 5-69 （12C25）有一 6m 高的均匀土层边坡（图 5-18-81），$\gamma = 17.5\text{kN/m}^3$，根据最危险滑动圆弧计算得到的抗滑力矩为 3580kN · m，滑动力矩为 3705kN · m，为提高边坡的稳定性提出图示两种卸荷方案。卸荷土方量相同而卸荷部位不同，试计算卸荷前、卸荷方案 1、卸荷方案 2 的边坡稳定系数（分别为K_0、K_1、K_2），判断三者关系为下列哪一选项？（假设卸荷后抗滑力不变）

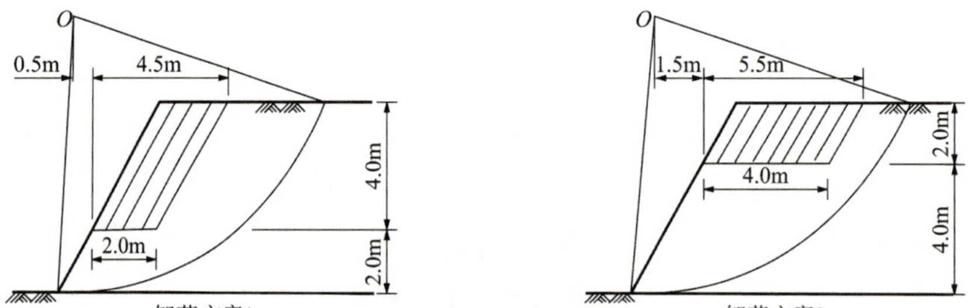

图 5-18-81 题 5-69 图

（A）$K_0 = K_1 = K_2$　　（B）$K_0 < K_1 = K_2$

（C）$K_0 < K_1 < K_2$　　（D）$K_0 < K_2 < K_1$

【解】

（1）卸荷前：$K_0 = \dfrac{3580}{3705} = 0.97$

（2）方案 1：$K_1 = \dfrac{3580}{3705 - 2 \times 4 \times 17.5 \times (0.5 + 4.5/2)} = 1.08$

（3）方案 2：$K_2 = \dfrac{3580}{3705 - 4 \times 2 \times 17.5 \times (1.5 + 5.5/2)} = 1.15$

（4）可知$K_0 < K_1 < K_2$

【点评】

①根据《工程地质手册》P1098；②计算力臂时，注意卸荷体的重力作用点为卸荷体的重心，画图计算不易出错，力臂大小等于**左侧到滑动圆心的水平距离** + 宽度/2；③本题也可用定性分析法得到正确答案，从图示可知，卸荷部位都处于滑动体上，故卸荷都可提高边坡的稳定系数K；方案 2 的力臂要长于方案 1，而卸荷量相同，故$K_0 < K_1 < K_2$。

2. 简单条分法（瑞典条分法）

为了将圆弧滑动法应用于$\varphi > 0$的黏性土，通常采用条分法。条分法一般是将滑动土体竖直分成若干土条。把各土条当成刚体，分别求作用于各土条上的力对圆心的滑动力矩和抗滑力矩，然后求土坡的稳定安全系数。简单条分法（瑞典条分法）忽略条块间的作用力。简单条分法的分析方法分为总应力法和有效应力法，总应力法采用总应力指标，有效应力法采用有效应力指标，有效应力法又分为土骨架分析和整体分析，总结如表 5-18-36 所示。

简单条分法（瑞典条分法）　　　　表 5-18-36

<table>
<tr>
<td>（1）一般表达式</td>
<td colspan="2">滑动力矩：$W_i \sin\theta_i R$
抗滑力矩：
$(c_i l_i + W_i \cos\theta_i \tan\varphi_i)R$
$F_s = \dfrac{\sum(c_i l_i + W_i \cos\theta_i \tan\varphi_i)}{\sum W_i \sin\theta_i}$</td>
<td>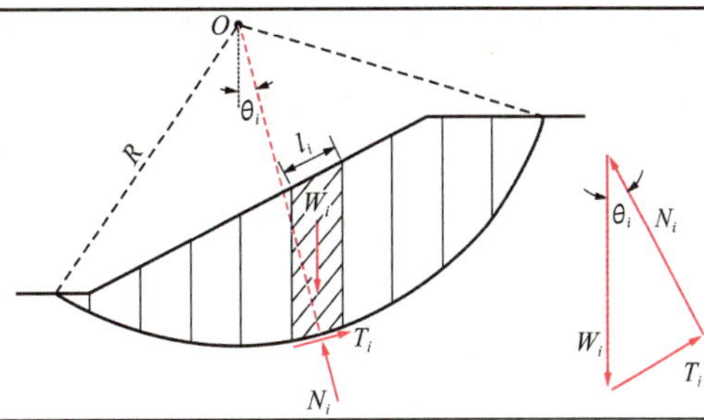</td>
</tr>
<tr>
<td rowspan="6">（2）有效应力法</td>
<td colspan="2">①土骨架分析法（有效应力强度指标c'、φ'）：
用浮重度，考虑渗透力，不考虑边界水压力：
$F_s = \dfrac{\sum(c_i' l_i + W_i \cos\theta_i \tan\varphi_i')}{\sum W_i \sin\theta_i + \sum \dfrac{J_i d_i}{R}}$
$W_i = (\gamma h_{1i} + \gamma' h_{wi}) b_i$，$J_i = jV = \gamma_w iV$
第i条块的滑动力矩：
$W_i \sin\theta_i R + J_i d_i$；$d_i = R - \dfrac{h_{wi}}{2}\cos\theta_i$</td>
<td rowspan="2">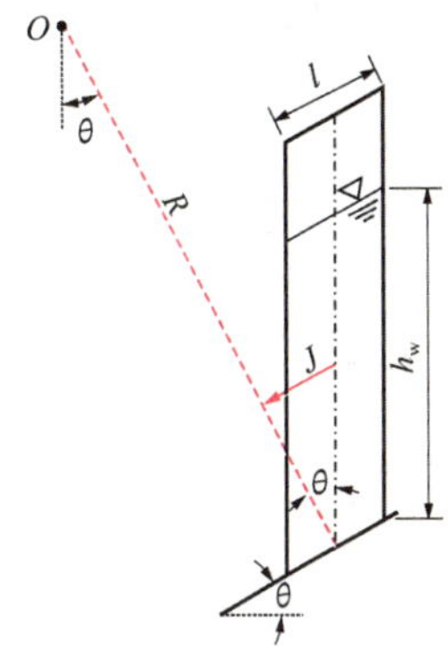
γ、γ'——水上重度、水下浮重度；
h_1、h_w——水上高度、水下高度；
l_i、b_i——土条斜长度、水平宽；
J_i、d_i——分别为渗透力及其力臂</td>
</tr>
<tr>
<td colspan="2">②整体分析法（有效应力强度指标c'、φ'）：
用饱和重度，不考虑渗透力，考虑边界水压力：
$F_s = \dfrac{\sum\limits_{i=1}^{n}[(W_i \cos\theta_i - \gamma_w h_{wi} \cos^2\theta_i\, l_i)\tan\varphi_i' + c_i' l_i]}{\sum\limits_{i=1}^{n} W_i \sin\theta_i}$
$W_i = (\gamma h_{1i} + \gamma_{sat} h_{wi}) b_i$</td>
</tr>
<tr>
<td colspan="2">③分解渗透力法—《工程地质手册》P666：
用浮重度，考虑渗透力，不考虑边界水压力：
$K_s = \dfrac{\sum R_i}{\sum T_i}$
$R_i = [(Q_i + Q_{bi})\cos\theta_i + P_{wi}\sin(\alpha_i - \theta_i)$
$-F_i \sin\theta_i]\tan\varphi_i + c_i l_i$
$T_i = (Q_i + Q_{bi})\sin\theta_i + P_{wi}\cos(\alpha_i - \theta_i) + F_i \cos\theta_i$</td>
<td rowspan="2">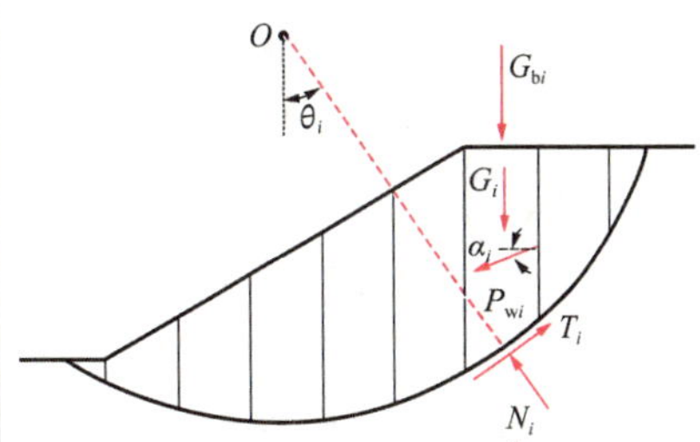
$P_{wi} = \gamma_w V_i \sin\dfrac{\alpha_i + \theta_i}{2}$</td>
</tr>
<tr>
<td>滑动面下端朝土体内侧倾斜时，应将T值分为$T_{滑}$和$T_{抗}$两部分</td>
<td>$K_s = \dfrac{\sum R_i}{\sum T_{滑} - \sum T_{抗}}$</td>
</tr>
<tr>
<td colspan="3">c_i——条块滑动面上岩土体的粘结强度标准值（kPa）；
θ_i、α_i——条块底面倾角和地下水位面倾角（°）；
φ_i——条块滑动面上岩土体的内摩擦角标准值（°）；
P_{wi}——第i计算条块单位宽度的总渗透力（kN/m）；
V_i——第i计算条块单位宽度岩土体的水下体积（m^3/m）；
G_i——第i计算条块单位宽度岩土体自重（kN/m）；
F_i——第i计算条块滑体的地震作用（kN/m）；
G_{bi}——第i计算条块滑体地表建筑物（外加荷载）的单位宽度自重（kN/m）</td>
</tr>
<tr>
<td>（3）总应力分析法</td>
<td colspan="2">（总应力强度指标c、φ）用饱和重度，不考虑水：
$F_s = \dfrac{\sum(c_i l_i + W_i \cos\theta_i \tan\varphi_i)}{\sum W_i \sin\theta_i}$
$W_i = (\gamma h_{1i} + \gamma_{sat} h_{2i}) b_i$</td>
<td>注：水的作用已经含在总应力强度指标中了，不再考虑水</td>
</tr>
</table>

题5-70 （17D17）在黏土的简单圆弧条分法计算边坡稳定中（图5-18-82），滑弧的半径为30m，第i土条的宽度为2.0m，过滑弧底中心的切线。渗流水面和土条顶部与水平方向所成夹角都是30°。土条水下高度为7.0m，水上高度为3.0m，黏土的天然重度和饱和重度$\gamma = 20\text{kN/m}^3$，问计算的第i土条滑动力矩最接近下列哪个选项？

（A）4800kN·m/m

（B）5800kN·m/m

（C）6800kN·m/m

（D）7800kN·m/m

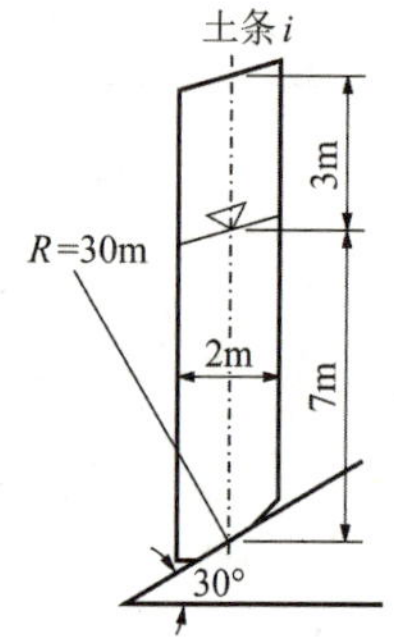

图5-18-82 题5-70图

【解法一】（有效应力土骨架分析法）

（1）$i = \sin 30°$，$J = 10 \times \sin 30° \times 7 \times 2 = 70\text{kN/m}$

（2）$M = (20 \times 3 \times 2 + 10 \times 7 \times 2) \times 30 \times \sin 30° + 70 \times (30 - 3.5 \times \cos 30°)$

$= 5787.8\text{kN} \cdot \text{m/m}$

【解法二】（总应力法）

$M = 20 \times 10 \times 2 \times 30 \times \sin 30° = 6000\text{kN} \cdot \text{m/m}$

【解法三】（有效应力整体分析法，忽略两侧水压力）

$M = 20 \times 10 \times 2 \times 30 \times \sin 30° = 6000\text{kN} \cdot \text{m/m}$

【解法四】（无限斜坡有效应力整体分析法，不忽略两侧水压力，不适用本题，供参考）

$M = 20 \times 10 \times 2 \times 30 \times \sin 30° - \dfrac{1}{2} \times 10 \times 7^2 \times \cos^2 30° \times 2 \times \tan 30°$

$= 5787.8\text{kN} \cdot \text{m/m}$

【点评】

①官方答案取土骨架作隔离体分析，分算土重和渗透力，分开取矩，渗透力为体积力，作用点在土条中点处；②工程上一般采用总应力法，但本题用总应力法没有答案，属于有争议的地方；③解法四有效应力整体分析法（如图所示），没有忽略条间的水压力，不符合本题简单圆弧条分法的假设条件。考虑渗流的水压力$P_w = \dfrac{1}{2} \times 10 \times 7^2 \times \cos^2 30°$，其力臂差值为$\Delta d = 2 \times \tan 30°$；如果按简单圆弧条分法忽略土条间作用力$M = 20 \times 10 \times 2 \times 30 \times \sin 30° = 6000\text{kN/m}$，会导致"有效应力整体分析法"与"有效应力土骨架分析法"二者的结果不一致。

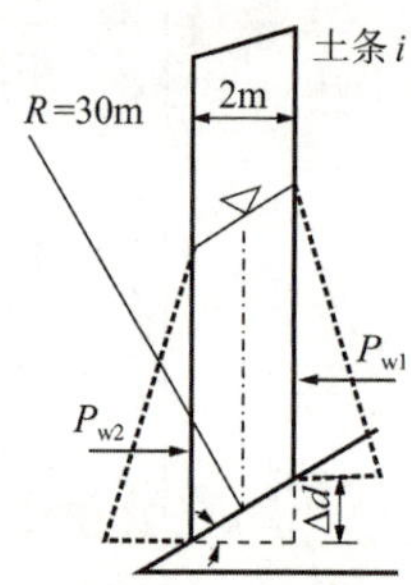

图5-18-83 解5-70图

题 5-71 （22D16）如图 5-18-84 所示一土质边坡，土的天然重度 19kN/m^3，饱和重度 20kN/m^3，水上水下黏聚力均为 15kPa，内摩擦角均为 25°，假定坡体内渗流方向与水平面夹角为 10°。4 号土条宽度为 2m，水上水下高度均为 5m，土条上均布竖向荷载 15kPa。按瑞典条分法估算如图所示滑弧条件下，4 号土条滑动面的稳定性系数最接近下列哪个选项？

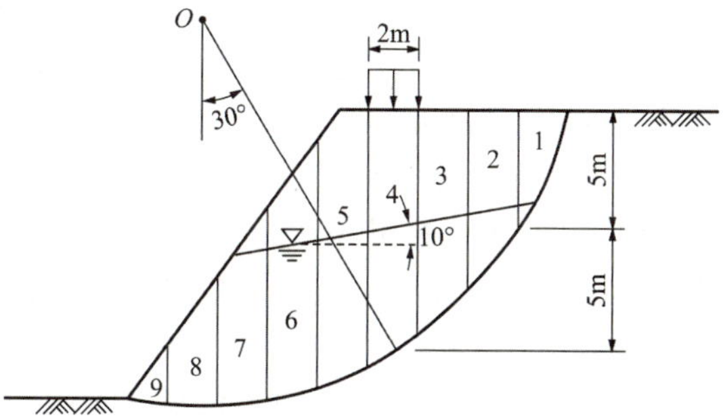

图 5-18-84 题 5-71 图

（A）0.86 （B）0.91 （C）0.97 （D）1.02

【解法一】（错误解法）

不考虑渗流有效应力法：（1）$W = 15\times2+(19\times5+10\times5)\times2 = 320\text{kN/m}$

$$F_s = \frac{15\times2/\cos30° + 320\times\cos30°\times\tan25°}{320\times\sin30°} = 1.02$$

【解法二】

不考虑渗流总应力法：（1）$W = 15\times2+(19\times5+20\times5)\times2 = 420\text{kN/m}$

$$F_s = \frac{15\times2/\cos30° + 420\times\cos30°\times\tan25°}{420\times\sin30°} = 0.97$$

【解法三】考虑渗流，按《土力学》公式(7-34)

土骨架和孔隙流体一起当成整体取隔离体

（1）$W = 15\times2+(19\times5+20\times5)\times2 = 420\text{kN/m}$

$$F_s = \frac{(420\times\cos30° - 10\times5\times\cos^2 10°\times2/\cos30°)\times\tan25° + 15\times2/\cos30°}{420\times\sin30°} = 0.72$$

【解法四】（阅卷解法）：考虑渗透力，并对渗透力进行分解

（1）$i=\sin10° = 0.174$，$P_w = 2\times5\times0.174\times10 = 17.4\text{kN/m}$

$W = 15\times2+(19\times5+10\times5)\times2 = 320\text{kN/m}$

（2）$$F_s = \frac{[320\times\cos30° + 17.4\times\sin(10°-30°)]\times\tan25° + 15\times2/\cos30°}{320\times\sin30° + 17.4\times\cos(10°-30°)} = 0.91$$

【解法五】根据《工程地质手册》

（1）$P_w = 10\times2\times5\times\sin\frac{1}{2}(10°+30°) = 34.2\text{kN/m}$

$W = 15\times2+(19\times5+10\times5)\times2 = 320\text{kN/m}$

（2）$$F_s = \frac{[320\times\cos30° + 34.2\times\sin(10°-30°)]\times\tan25° + 15\times2/\cos30°}{320\times\sin30° + 34.2\times\cos(10°-30°)} = 0.82$$

【点评】

①根据《土力学》瑞典条分法及稳定渗流期土坡稳定分析。②渗流期土坡稳定分析，有几种方法，第一种是将土骨架和孔隙流体一起当成整体取隔离体的方法，不考虑渗透力，为解法三；第二种是将土骨架作为稳定分析的隔离体，考虑渗透力的作用，本题由于无法求取滑动半径R，此方法行不通；解法四为《铁路路基设计规范》第3.3.2条，渗透力分解为抗滑力和下滑力，根据土的内摩擦角为25°，黏聚力15kPa，根据《工程地质手册》表3-1-24的经验值可判别土为粉土，地下水位以下采用浮重度。③不考虑渗流时，采用总应力法为解法二，用有效应力法为解法一，计算W时水下采用浮重度。④根据《工程地质手册》为解法五，无答案。⑤由于题目没有确定参数是有效强度参数还是总应力强度参数，没有写依据的规范，故解法不能确定，有比较大的争议。阅卷采用解法四。

题 5-72 在黏土的简单圆弧条分法计算边坡稳定中（图5-18-85），滑弧的半径为30m，第i土条的宽度为2.0m，过滑弧底中心的切线，渗流水面和土条顶部与水平方向所成夹角都是30°，土条水下高度为7.0m，水上高度为3.0m，黏土的天然重度和饱和重度$\gamma=20\text{kN/m}^3$，黏聚力$c=15\text{kPa}$，内摩擦角$\varphi=20°$，问计算的第i土条稳定系数？

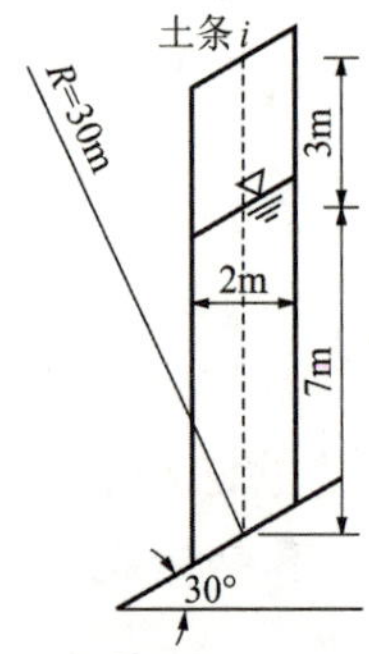

图5-18-85 题5-72图

【解】

（1）土条重力$G=2\times3\times20+2\times7\times10=260\text{kN/m}$

水力坡降$i=\sin\theta=\sin30°=0.5$

则渗透力$J=\gamma_w iV=10\times0.5\times2\times7=70\text{kN/m}$

重力G的力臂$a_G=30\times\sin30°=15\text{m}$

渗透力J的力臂$a_J=30-\dfrac{7}{2}\times\cos30°=26.96\text{m}$

则滑动力矩$M_s=260\times15+70\times26.96=5787.2\text{kN}\cdot\text{m/m}$

（2）抗滑力矩：

$$M_R=\left(260\times\cos30°\tan20°+15\times\frac{2}{\cos30°}\right)\times30=3497.8\text{kN}\cdot\text{m/m}$$

（3）安全稳定系数：$K=\dfrac{M_R}{M_s}=\dfrac{3497.8}{5787.2}=0.6$

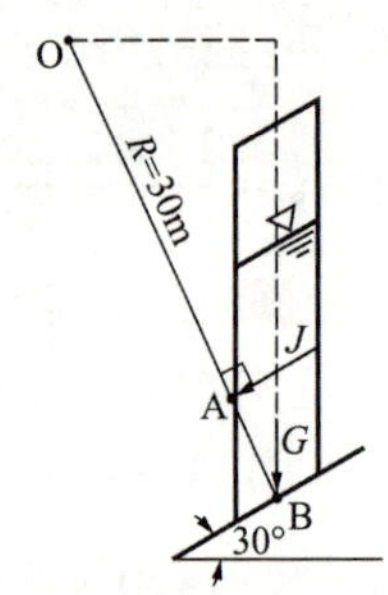

图5-18-86 解5-72图

【点评】

简单条分法不考虑条块间的相互作用力，按有效应力法分析土骨架的受力比较简单，水下部分土按有效重度并考虑土骨架受到的渗流力，产生滑动力矩的有重力和渗透力，产生抗滑力矩的有滑动面上的摩擦力和黏聚力。

3. 简化毕肖普（Bishop）法（规范法）——《建筑边坡工程技术规范》附录 A.0.1

简化 Bishop 法考虑条间作用力，计算的稳定性系数比瑞典条分法高，根据力矩平衡计算圆弧滑面的边坡稳定性系数。《建筑边坡工程技术规范》公式采用**静水压力整体分析法**，计算见表 5-18-37。

简化 Bishop 法（规范法）　　　　**表 5-18-37**

$$F_s=\frac{\sum_{i=1}^{n}\frac{1}{m_{\theta i}}[c_i l_i\cos\theta_i+(G_i+G_{bi}-U_i\cos\theta_i)\tan\varphi_i]}{\sum_{i=1}^{n}[(G_i+G_{bi})\sin\theta_i+Q_i\cos\theta_i]}$$

$$m_{\theta i}=\cos\theta_i+\frac{\tan\varphi_i\sin\theta_i}{F_s}，\quad U_i=\frac{1}{2}\gamma_w(h_{wi}+h_{w,i-1})l_i$$

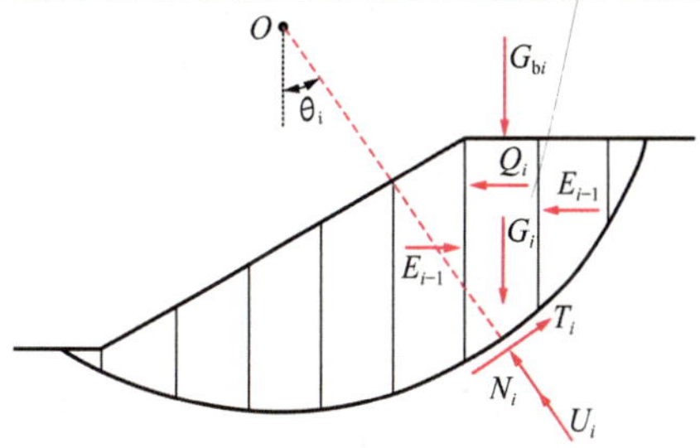

式中：θ_i——第i条块滑面倾角（°），滑面倾向与滑动方向相同时取正值，滑面倾向与滑动方向相反时取负值；

U_i——第i条块滑面单位宽度总水压力（kN/m）（不考虑渗流影响）；

G_i——第i条块单位宽度自重（kN/m）；

G_{bi}——第i条块单位宽度竖向附加荷载（kN/m），**方向指向下方时取正值，指向上方时取负值**；

Q_i——第i条块单位宽度水平荷载（kN/m），**方向指向坡外时取正值，指向坡内时取负值**；

h_{wi}、$h_{w,i-1}$——第i及第$i-1$条块滑面前端水头高度（m）

题 5-73　（09C19）用圆弧滑动法作黏土边坡稳定性分析（图 5-18-87），滑弧的半径$R=30$m，第i土条的宽度为 2m，过滑弧的中心点切线渗流水面和土条顶部与水平线的夹角均为 30°，土条的水下高度为 7m，水上高度为 3.0m，已知黏土在水位上、下的天然重度均为$\gamma=20\text{kN/m}^3$，黏聚力$c=22$kPa，内摩擦角$\varphi=25°$，试按《建筑边坡工程技术规范》GB 50330—2013，计算该土条的边坡稳定性系数F_s为下列哪个选项？

（A）0.60　　　　（B）0.70

（C）0.80　　　　（D）0.90

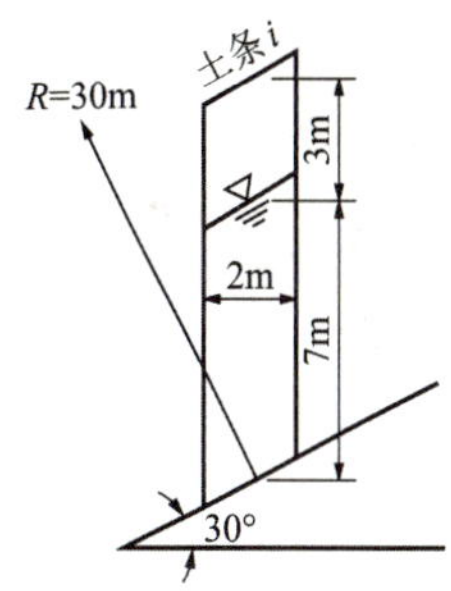

图 5-18-87　题 5-73 图

【解】

（1）$m_{\theta_i}=\cos 30°+\frac{\tan 25°\sin 30°}{F_s}=0.866+\frac{0.233}{F_s}$

（2）$$F_s=\frac{\frac{1}{0.866+0.233/F_s}}{10\times 20\times 2\times\sin 30°+0}\times\frac{\left[22\times\frac{2}{\cos 30°}\times\cos 30°+\left(20\times 10\times 2-10\times 7\times\frac{2}{\cos 30°}\times\cos 30°\right)\tan 25°\right]}{10\times 20\times 2\times\sin 30°+0}$$

解得：$F_s=0.685$

【点评】

①根据《建筑边坡工程技术规范》附录 A.0.1；②本方法为简化 Bishop 法，为**静水压力整体分析法**，不考虑渗流影响；③最后一步通过计算器解方程出结果。

18.3.3 直线滑动——《建筑边坡工程技术规范》附录 A.0.2、《土力学》

直线滑动的原理在第一篇土力学中已经详细讲解，下面介绍一些常见的直线滑动边坡稳定性计算。

1. 均质无限土坡（含渗流）

均质无限土坡稳定性分为不考虑渗流和考虑渗流两种情况，计算见表 5-18-38。

简化 Bishop 法（规范法）　　表 5-18-38

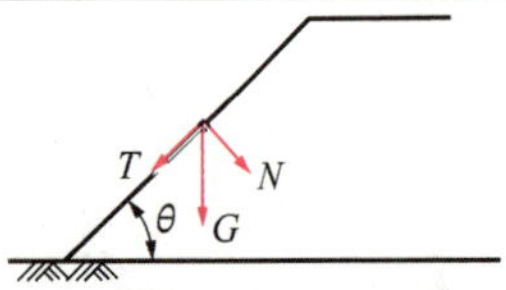

(a)无黏性土干土坡

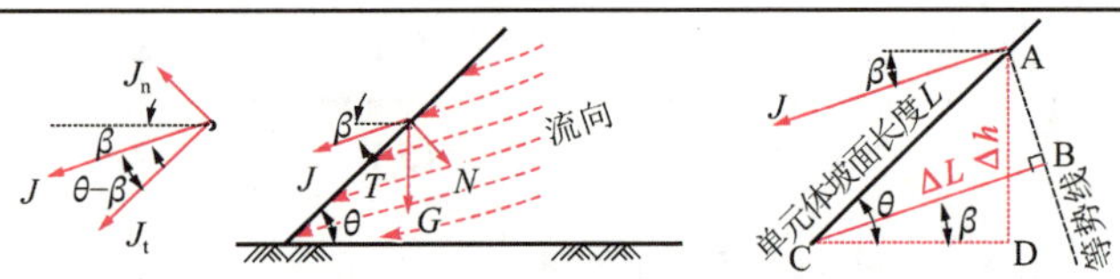

(b)无黏性土有渗流土坡

最简公式（无黏性土坡 $c=0$，**无渗流**）：

$$F_s=\frac{G\cos\theta\tan\varphi+cL}{G\sin\theta}\Rightarrow F_s=\frac{\tan\varphi}{\tan\theta}$$

渗流公式 1（无黏性土坡 $c=0$，**有渗流**）：

$$F_s=\frac{[\gamma' V\cos\theta-\gamma_w iV\sin(\theta-\beta)]\tan\varphi}{\gamma' V\sin\theta+\gamma_w iV\cos(\theta-\beta)}\Rightarrow F_s=\frac{[\gamma'\cos\theta-\gamma_w i\sin(\theta-\beta)]\tan\varphi}{\gamma'\sin\theta+\gamma_w i\cos(\theta-\beta)}$$

$$i=\frac{\sin\theta}{\cos(\theta-\beta)}$$

渗流公式 2（无黏性土坡 $c=0$，**顺坡渗流** $\beta=\theta$）：

$$i=\sin\theta\Rightarrow F_s=\frac{\gamma'}{\gamma_{sat}}\cdot\frac{\tan\varphi}{\tan\theta}$$

渗流公式 3（黏性土坡，**顺坡渗流** $\beta=\theta$）： $F_s=\frac{G\cos\theta\tan\varphi+cL}{G\sin\theta+J}$（取水平方向 1m 分析）	注：对比无黏性土坡，分子多一项 cL

题 5-74　（04C23）松砂填土土堤边坡高 $H=4.0$m，填料重度 $\gamma=20\text{kN/m}^3$，内摩擦角 $\varphi=35°$，黏聚力 $c\approx0$，边坡坡角接近下列哪个选项时，边坡稳定性系数最接近 1.25?

（A）25°45′　　（B）29°15′　　（C）32°30′　　（D）33°42′

【解】

$$K_s=\frac{\tan 35°}{\tan\beta}=1.25\Rightarrow\beta=29°15'$$

【点评】

根据《土力学》第 7 章土坡稳定分析，无黏性土的滑裂面为浅层直线滑动，抗滑力为 $G\cos\beta\tan\varphi$，下滑力为 $G\sin\beta$，故安全系数 $F_s=$ 抗滑力/下滑力 $=\tan\varphi/\tan\beta$。

【同类型真题】11D17、16C20

题 5-75　（14C25）如图 5-18-88 所示，某山区拟建一座尾矿堆积坝，堆积坝采用尾矿细砂分层压实而成，尾矿细砂的内摩擦角为 36°，设计坝体下游坡面坡度$\alpha = 25°$。随着库内水位逐渐上升，坝体下游坡面下部会有水顺坡渗出，尾矿细砂的饱和重度为 22kN/m³，水下内摩擦角为 33°。试问坝体下游坡面渗水前后的稳定系数最接近下列哪个选项？

（A）1.56，0.76

（B）1.56，1.39

（C）1.39，1.12

（D）1.12，0.76

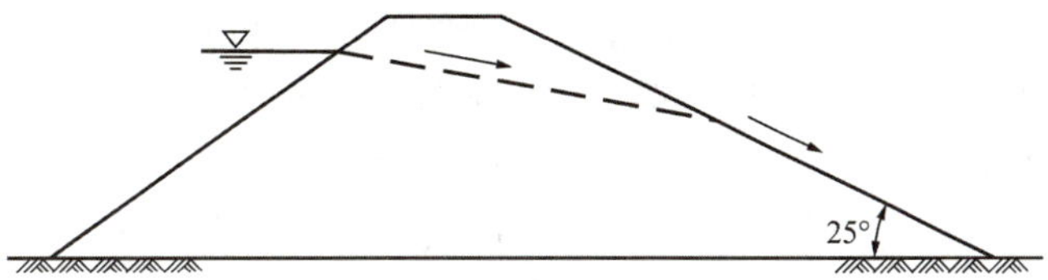

图 5-18-88　题 5-75 图

【解】

（1）渗水前：

$$K_s = \frac{\tan\varphi_1}{\tan\alpha} = \frac{\tan 36°}{\tan 25°} = 1.56$$

（2）渗水后：$K_s = \dfrac{\gamma'}{\gamma_{sat}} \cdot \dfrac{\tan\varphi_2}{\tan\alpha} = \dfrac{12}{22} \times \dfrac{\tan 33°}{\tan 25°} = 0.76$

【点评】

①根据《土力学》P273，无黏性土坡考虑渗流时安全系数：$K_s = \dfrac{[\gamma'\cos\alpha - i\cdot\gamma_w\sin(\alpha-\theta)]\tan\varphi}{\gamma'\sin\alpha + i\cdot\gamma_w\cos(\alpha-\theta)}$，其中$\theta$为渗流出水方向与水平方向的夹角，当渗流方向沿坡面向下时，$\theta = \alpha$，$i = \sin\alpha$，此时$K_s = \dfrac{\gamma'}{\gamma_{sat}} \times \dfrac{\tan\varphi}{\tan\alpha}$。

题 5-76　（11D18）纵向很长的土坡剖面上取一条块如图 5-18-89 所示，土坡坡角为 30°，砂土与黏土的重度都是 18kN/m³，砂土$c_1 = 0$，$\varphi_1 = 35°$；黏土$c_2 = 30$kPa，$\varphi_2 = 20°$；黏土与岩石界面的$c_3 = 25$kPa，$\varphi_3 = 15°$。如果假设滑动面都是平行于坡面，请计算论证最小安全系数滑动面位置是下列哪一选项？

（A）砂土层中部

（B）砂土与黏土界面，在砂土一侧

（C）砂土与黏土界面，在黏土一侧

（D）黏土与岩石界面上

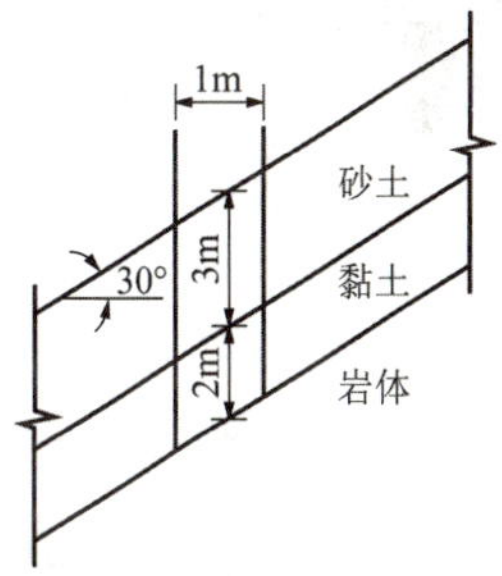

图 5-18-89　题 5-76 图

【解】

（1）假设滑动面在砂土中和在砂土一侧：

$$K_1 = K_2 = \frac{\tan 35°}{\tan 30°} = 1.21$$

（2）假设滑动面在砂土与黏土界面上，黏土一侧：

$$K_3 = \frac{18 \times 3 \times \cos 30° \times \tan 20° + 30 \times \dfrac{1}{\cos 30°}}{18 \times 3 \times \sin 30°} = 1.91$$

（3）假设滑动面在黏土与岩石界面上：

$$K_4 = \frac{18 \times 5 \times \cos 30° \times \tan 15° + 25 \times \dfrac{1}{\cos 30°}}{18 \times 5 \times \sin 30°} = 1.11$$

综上，滑动面在黏土与岩石界面上安全系数最小。

【点评】

根据《建筑边坡工程技术规范》附录A.0.2或土力学原理解答。

【同类型真题】 06D19

题5-77 （19D15）如图5-18-90所示，一倾斜角15°的岩基粗糙面上由等厚度黏质粉土构成的长坡，土岩界面的有效抗剪强度指标内摩擦角为20°，黏聚力为5kPa。土的饱和重度20kN/m³，该斜坡可看成无限长，图中$H = 1.5\text{m}$，土层内有坡面平行的渗流，则该长坡沿土岩界面的稳定性系数最接近下列哪一个选项？

（A）0.68　　（B）1.35

（C）2.10　　（D）2.50

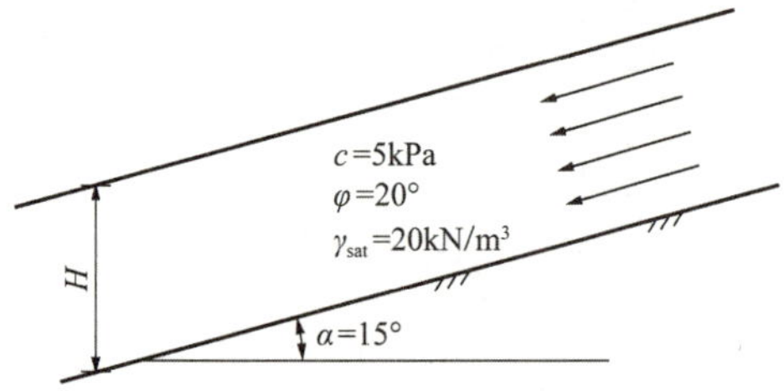

图5-18-90　题5-77图

【解】

（1）取斜坡水平方向1m分析，$i = \sin 15° = 0.259$，$j = 10 \times \sin 15° = 2.59\text{kN/m}^3$

（2）$F_s = \dfrac{G\cos\theta\tan\varphi + cL}{G\sin\theta + J} = \dfrac{10 \times 1.5 \times \cos 15° \times \tan 20° + 5 \times \dfrac{1}{\cos 15°}}{10 \times 1.5 \times \sin 15° + 2.59 \times 1.5} = 1.346$

【点评】

①依据《土力学》P273，有渗透水流的均质土坡；②采用有效应力法，考虑渗透力和浮重度，不需要计算水压力，$i = \sin 15°$，$j = 10 \times \sin 15°$；③考虑渗流的直线滑动，属于土力学原理题，可闭卷完成，突显土力学原理在考试中的重要性。

题5-78 某无限长粉质黏土坡与水平面夹角为$\alpha = 30°$（图5-18-91），土的饱和重度$\gamma_{sat} = 18.6\text{kN/m}^3$，$\varphi = 20°$，$c = 15\text{kPa}$，已知土层垂直方向高度$H = 4\text{m}$，地下水沿土坡表面渗流，试求土坡的抗滑移稳定系数$F_s$为多少？（土层与基岩的摩擦角$\varphi_s = 15°$，黏聚力$c_s = 10\text{kPa}$）

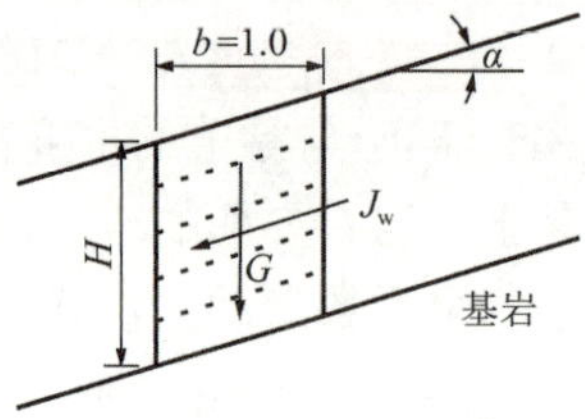

图5-18-91　题5-78图

【解】

（1）$G' = 1 \times 4 \times 8.6 = 34.4\text{kN/m}$，

$J = i\gamma_w V = \sin 30° \times 10 \times (1 \times 4) = 20\text{kN/m}$

（2）土坡底内部：

$$F_{s1} = \frac{G'\cos\alpha\tan\varphi + cL}{G'\sin\alpha + J} = \frac{34.4 \times \cos 30° \times \tan 20° + 15 \times \dfrac{1}{\cos 30°}}{34.4 \times \sin 30° + 20} = 0.757$$

（3）岩土交界面：

$$F_{s2} = \frac{G'\cos\alpha\tan\varphi_s + c_s L}{G'\sin\alpha + J} = \frac{34.4 \times \cos 30° \times \tan 15 + 10 \times \dfrac{1}{\cos 30°}}{34.4 \times \sin 30° + 20} = 0.525$$

（4）取上述安全系数最小值，则土坡抗滑稳定系数$F_s = 0.525$

【点评】

①验算位于基岩以上的土坡滑动稳定性时，需要同时验算坡体内部和岩土交界面滑动稳定性，并取小值作为土坡滑动安全系数；③本题由于土层和基岩的抗剪强度参数均小于土的抗剪强度参数，可以只计算交界面。

2.《建筑边坡工程技术规范》公式

（1）注册考试中最常见最基本的沿结构直线滑动情形（图 5-18-92）。对 ABC 滑体进行受力分析，ABC 滑体的重量为G，G沿坡面的**滑动力**$T=G\sin\theta$。垂直于坡面的正压力$N=G\cos\theta$，正压力产生摩擦阻力，由于黏聚力和摩阻力都阻抗土体下滑，称**抗滑力**，其值为$R=N\tan\varphi+cL=G\cos\theta\tan\varphi+cL$。定义土体的**稳定系数**$F_s$为：

$$F_s=\frac{N\tan\varphi+cL}{T}=\frac{G\cos\theta\tan\varphi+cL}{G\sin\theta}\Leftarrow G=\frac{1}{2}\gamma H^2\left(\frac{1}{\tan\theta}-\frac{1}{\tan\alpha}\right)$$

式中：φ——滑面内摩擦角（°）；

c——滑面黏聚力（kPa）；

L——滑面长度（m）；

θ——破裂角（°）；

H——边坡高度（m）。

（2）如图 5-18-92 所示规则滑体时，上式可转化为：

$$F_s=\frac{\tan\varphi}{\tan\theta}+\frac{2c}{\gamma h\sin\theta}，\ h=\frac{H\sin(\alpha-\theta)}{\sin\alpha}$$

式中：α——土坡的坡角（°）；

γ——土体重度（kN/m^3）。

由此可见，图 5-18-92 所示的规则滑体的稳定系数F_s与滑面长度无关。

（3）当考虑坡前水压力P_w、扬压力U、地震作用Q_e、锚索加固力P_t等因素时，公式会变得稍复杂，把各种力按一定规则放到抗滑力R或者下滑力T中，有需要时把力分解至滑面的法向或切向。但原理一样，总的原理公式为：

$$F_s=\frac{R}{T}=\frac{\sum N\tan\varphi+cL}{\sum T}$$

式中：N——为滑面法向力，压为正，反之为负；

T——为滑面切向力，下滑为正，反之为负。

（4）《建筑边坡工程技术规范》附录 A.0.2，适用于滑动面有水，坡面无水（图 5-18-93），且坡脚有水渗出的情况，平面滑动面的**边坡稳定性系数**公式如下：

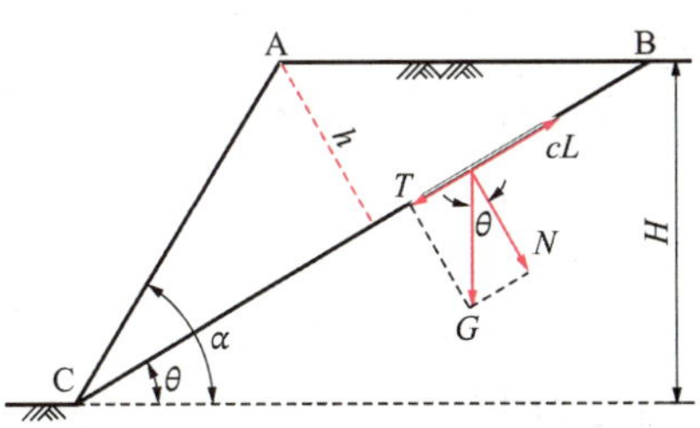

图 5-18-92　规则滑体直线滑动

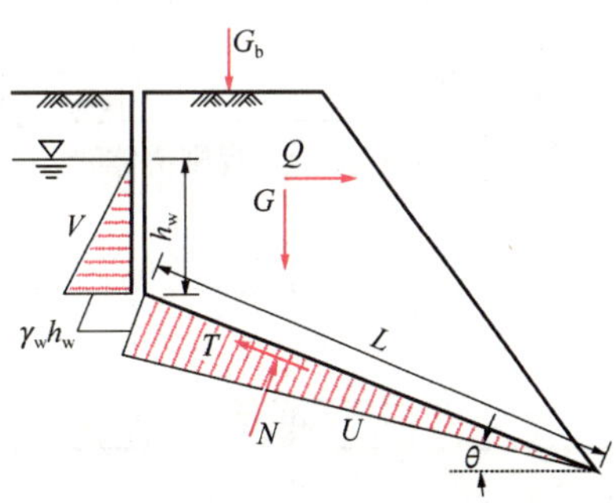

图 5-18-93　一般滑体直线滑动

$$F_s=\frac{[(G+G_b)\cos\theta-Q\sin\theta-V\sin\theta-U]\tan\varphi+cL}{(G+G_b)\sin\theta+Q\cos\theta+V\cos\theta}$$

$$V=\frac{1}{2}\gamma_w h_w^2,\ U=\frac{1}{2}\gamma_w h_w L$$

式中：V——后缘陡倾裂隙面上的单位宽度总水压力（kN/m）；

U——滑面单位宽度总水压力（kN/m）；

G——滑体单位宽度自重（kN/m）；

h_w——后缘陡倾裂隙充水高度（m），根据裂隙情况及汇水条件确定；

G_b——滑体单位宽度竖向附加荷载（kN/m），**方向指向下方时取正值，指向上方时取负值**；

Q——滑体单位宽度水平荷载（kN/m），**方向指向坡外时取正值，指向坡内时取负值**；

c——滑面的黏聚力（kPa）；

L——滑面长度（m）；

φ——滑面的内摩擦角（°）；

θ——滑面倾角（°）。

一般情况下直线滑动边坡稳定性计算见表 5-18-39。

一般情况下直线滑动 表 5-18-39

<table>
<tr><td>

原理公式：$F_s=\dfrac{\sum N\tan\varphi+cL}{\sum T}$

式中：N——为滑面**法向力**，压为正，反之为负；

T——为滑面**切向力**，下滑为正，反之为负。

</td><td rowspan="2">

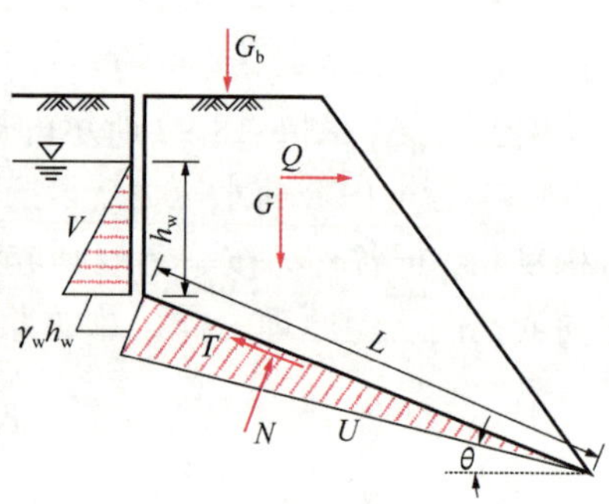

</td></tr>
<tr><td>

总公式 1——《建筑边坡工程技术规范》附录 A.0.2

适用于滑动面有水，坡面无水，且坡脚有水渗出：

$$F_s=\frac{[(G+G_b)\cos\theta-Q\sin\theta-V\sin\theta-U]\tan\varphi+cL}{(G+G_b)\sin\theta+Q\cos\theta+V\cos\theta}$$

$$V=\frac{1}{2}\gamma_w h_w^2,\ U=\frac{1}{2}\gamma_w h_w L$$

</td></tr>
<tr><td colspan="2">

式中：G_b——滑体单位宽度竖向附加荷载（kN/m），**方向指向下方时取正值，指向上方时取负值**；

Q——滑体单位宽度水平荷载（kN/m），**方向指向坡外时取正值，指向坡内时取负值**

</td></tr>
<tr><td>

常用公式 2（无水，且$G_b=0$、$Q=0$）：

$$F_s=\frac{G\cos\theta\tan\varphi+cL}{G\sin\theta}\Leftarrow G=\frac{1}{2}\gamma H^2\left(\frac{1}{\tan\theta}-\frac{1}{\tan\alpha}\right)$$

</td><td rowspan="2">

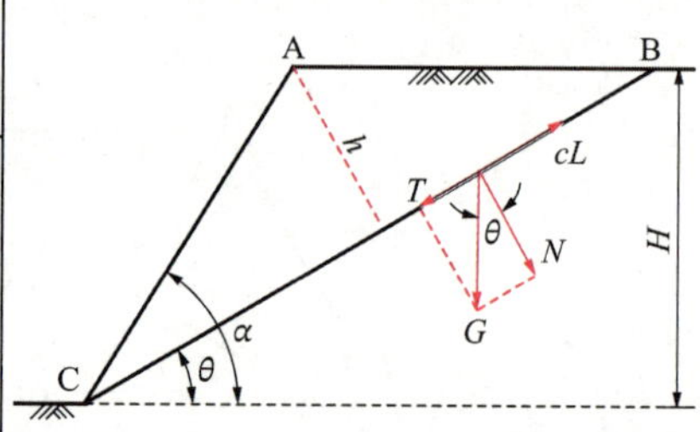

</td></tr>
<tr><td>

公式 2 化简形式（如右图所示**规则滑体**时，上式化简，**与 L 无关**）：

$$F_s=\frac{\tan\varphi}{\tan\theta}+\frac{2c}{\gamma h\sin\theta}\Leftarrow F_s=\frac{G\cos\theta\tan\varphi+cL}{G\sin\theta}$$

$$h=\frac{H\sin(\alpha-\theta)}{\sin\alpha}$$

</td></tr>
</table>

题 5-79　（12C18）图 5-18-94 所示的岩石边坡高 12m，坡面 AB 坡率为 1∶0.5，坡顶 BC 水平，岩体重度$\gamma = 23\text{kN/m}^3$。已查出坡体内软弱夹层形成的滑面 AC 的倾角为$\beta = 42°$，测得滑动面材料饱水时的内摩擦角$\varphi = 18°$。问边坡的滑动安全系数为 1.0 时，滑面的黏聚力c值最接近下列哪个选项的数值？

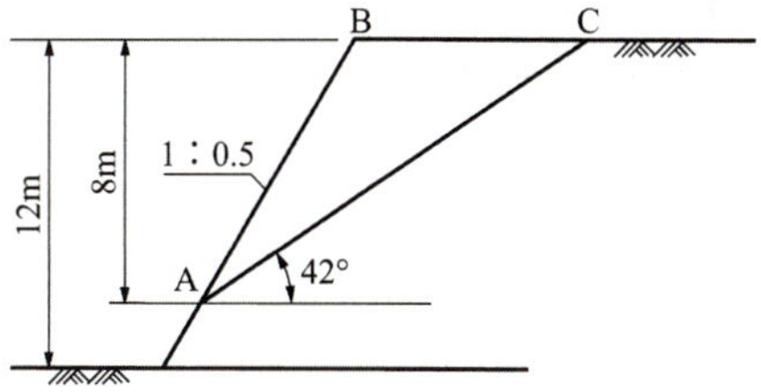

图 5-18-94　题 5-79 图

（A）21kPa　　（B）16kPa　　（C）25kPa　　（D）12kPa

【解】

（1）$G = 23 \times \frac{1}{2} \times 8 \times (8 \times \cot 42° - 4) = 449.41\text{kN}$

（2）$F_s = \frac{G\cos\beta\tan\varphi + cL}{G\sin\beta} = \frac{449.41 \times \cos 42° \times \tan 18 + c \times 8/\sin 42°}{449.41 \times \sin 42°}$

$= 1 \Rightarrow c = 16.1\text{kPa}$

【点评】

①根据《建筑边坡工程技术规范》附录 A.0.2；②利用三角函数关系求滑体的重量（官方解答此处较为繁琐），根据规范公式（原理为F_s = 抗滑力R/下滑力T）进行滑动方向上的力学分析计算解方程得黏聚力；③在边坡稳定性分析中，合理确定滑面材料的强度参数：内摩擦角φ和黏聚力c至关重要，确定φ较为容易，但合理确定c值较难，工程中可根据滑面以上岩体处于临界稳定状态时的c值，再结合试验值或工程经验来确定。

题 5-80 （22 补考 C22）某岩质边坡坡体被外倾结构面与垂直裂隙切割，裂隙为张开状态，如图 5-18-95 所示。已知裂隙切割的块体单位宽度自重 4400kN/m，垂直裂隙深度 9m。连续暴雨时，裂隙和结构面均充满水，坡脚有地下水涌出测得 A 点的水头压力为 30kPa。外倾结构面倾角 15°、长度 21m、内摩擦角 20°、黏聚力 35kPa。此状态下边坡的稳定系数F_s最接近下列哪个选项？（注：$\gamma_w = 10kN/m^3$，不考虑地震工况）

（A）0.88　（B）1.00

（C）1.17　（D）1.24

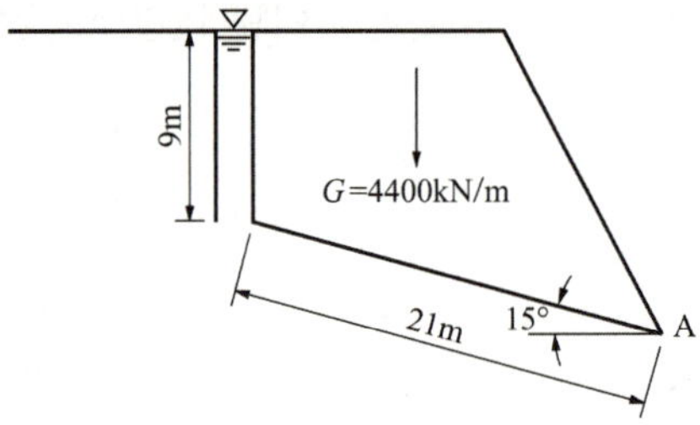

图 5-18-95　题 5-80 图

【解】

（1）$V = \dfrac{1}{2} \times 9^2 \times 10 = 405kN/m$

$$U = \frac{10 \times 9 + 30}{2} \times 21 = 1260kN/m$$

（2）$F_s = \dfrac{(4400 \times \cos 15° - 405 \times \sin 15° - 1260) \times \tan 20° + 21 \times 35}{4400 \times \sin 15° + 405 \times \cos 15°} = 1.17$

【点评】

①根据《建筑边坡工程计算规范》附录 A.0.2，直线滑动法计算边坡稳定系数；②注意规范中的孔隙水压力U的公式是默认滑体前缘渗水，滑动面内发生渗流，本题 A 点的水压力为 30kPa，则水压力为梯形分布，裂隙处水压力按静水计算。

题 5-81 （21C17）如图 5-18-96 所示某硬质岩临时性边坡坡高 30m，坡率 1∶0.25，坡顶水平，岩体边坡稳定性受结构面控制，结构面特征为分离、平直很光滑、结构面张开 2mm、无充填、未浸水，岩体重度为 22kN/m³，根据《建筑边坡工程技术规范》GB 50330—2013，估算该边坡沿结构面的抗滑稳定系数最接近下列哪个选项？

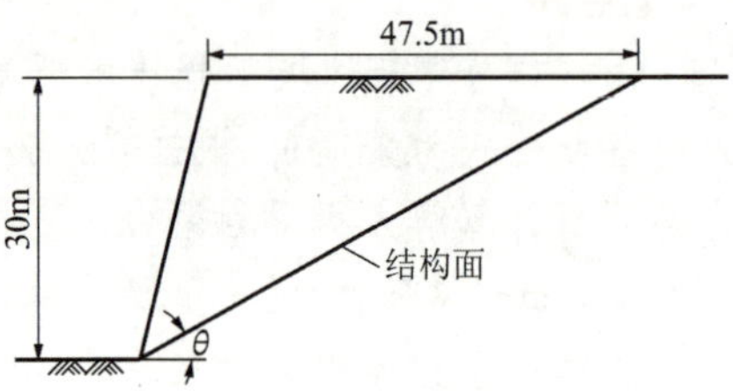

图 5-18-96　题 5-81 图

（A）0.90　（B）1.00　（C）1.50　（D）1.75

【解】

（1）查《建筑边坡工程技术规范》表 4.3.2，结合很差；临时性边坡，查《建筑边坡工程技术规范》表 4.3.1 取高值，φ =18°，c =50kPa

（2）$\theta = \text{anctan}\left(\dfrac{30}{47.5 + 30 \times 0.25}\right) = 28.6°$，$L = \sqrt{30^2 + 55^2} = 62.65m$

$$G = \frac{1}{2} \times 47.5 \times 30 \times 22 = 15675kN/m$$

（3）$F_s = \dfrac{15675 \times \cos 28.6° \tan 18° + 50 \times 62.65}{15675 \times \sin 28.6°} = 1.01$

【点评】

①根据《建筑边坡工程技术规范》第 4.3.1 条、第 4.3.2 条、附录 A.0.2，本题考查直线滑动边坡稳定系数；②本题的关键和坑点为查表确定结构面的抗剪强度，硬质岩石不表示结构面为**硬性结构面**，结构面特征为**平直很光滑**时为结合很差，属于软弱结构面。

【同类型真题】 04C27、04D28、11C18、03C24

题 5-82　(03C24)路堤剖面如图 5-18-97 所示，用直线滑动面法验算边坡的稳定性。已知条件：边坡高度$H = 10m$，边坡坡率 1：1，路堤填料重度$\gamma = 20kN/m^3$，黏聚力$c = 10kPa$，内摩擦角$\varphi = 25°$。则直线滑动面的倾角α为下列哪个选项时，稳定系数K值为最小？

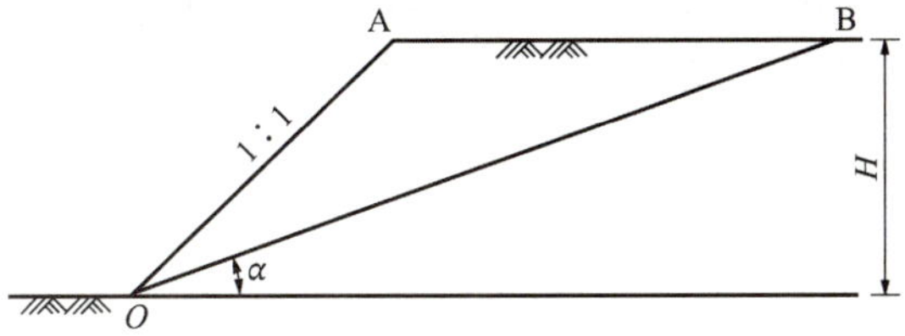

图 5-18-97　题 5-82 图

(A) 24°　　(B) 28°　　(C) 32°　　(D) 36°

【解】

(1) $\gamma V = 20 \times \frac{1}{2}H^2 \times \left(\frac{1}{\tan\alpha} - \frac{1}{\tan 45°}\right) = 1000 \times \left(\frac{1}{\tan\alpha} - 1\right)$

$$K = \frac{\gamma V\cos\alpha\tan\varphi + cA}{\gamma V\sin\alpha} = \frac{1000 \times \left(\frac{1}{\tan\alpha} - 1\right) \times \cos\alpha \times \tan 25° + 10 \times \frac{10}{\sin\alpha}}{1000 \times \left(\frac{1}{\tan\alpha} - 1\right) \times \sin\alpha}$$

(2) 采用代入法

$$\theta = 24°，K = \frac{1000 \times \left(\frac{1}{\tan 24°} - 1\right) \times \cos 24° \times \tan 25° + 10 \times \frac{10}{\sin 24°}}{1000 \times \left(\frac{1}{\tan 24°} - 1\right) \times \sin 24°} = 1.53$$

同理，$\theta = 28°$，$K = 1.39$；$\theta = 32°$，$K = 1.34$；$\theta = 36°$，$K = 1.41$

(3) 综上，32°时稳定系数K值最小。

【点评】

①根据《建筑边坡工程技术规范》附录 A.0.2 无法通过简单计算求极值，只能采用试算法，采用计算器 CALC 功能；②关键在于求滑体的体积和滑裂面的长度。

题 5-83　(05C21)由两部分组成的土坡断面如图 5-18-98 所示，假设破裂面为直线进行稳定性计算，已知坡高为 8m，边坡斜率为 1：1，两种土的重度均$\gamma = 20kN/m^3$。黏土的黏聚力$c = 12kPa$，内摩擦角$\varphi = 22°$，砂土黏聚力$c = 0$，$\varphi = 35°$，$\alpha = 30°$，则下列哪个选项中直线滑裂面对应的抗滑稳定安全系数最小？

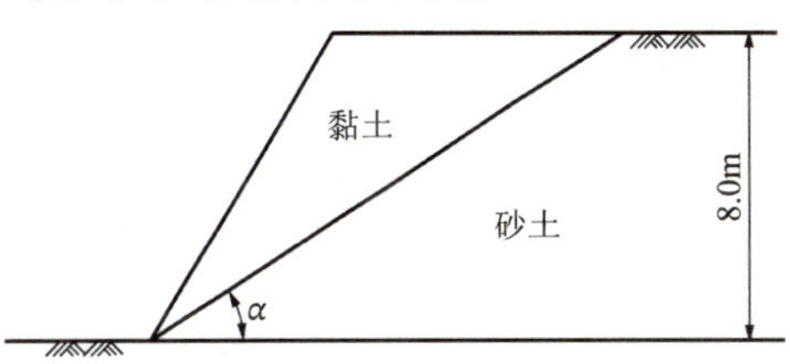

图 5-18-98　题 5-83 图

(A) 与水平地面夹角 25°的直线
(B) 与水平地面夹角为 30°的直线，在砂土侧破裂
(C) 与水平地面夹角为 30°的直线，在黏性土一侧破裂
(D) 与水平地面夹角为 35°的直线

【解】

(1) 与水平地面夹角 25°的直线时：$F_s = \frac{\tan 35°}{\tan 25°} = 1.50$

(2) 与水平地面夹角为 30°的直线，在砂土侧破裂：$F_s = \frac{\tan 35°}{\tan 30°} = 1.21$

（3）与水平地面夹角为30°的直线，在黏性土一侧破裂

$$W=\frac{1}{2}\times 20\times 8\times\left(\frac{8}{\tan 30^\circ}-8\right)=468.5\text{kN/m}$$

$$F_s=\frac{468.5\times\cos 30^\circ\times\tan 22^\circ+12\times\dfrac{8}{\sin 30^\circ}}{468.5\times\sin 30^\circ}=1.52$$

（4）与水平地面夹角为35°的直线，在黏土中破裂：

$$W=\frac{1}{2}\times 20\times 8\times\left(\frac{8}{\tan 35^\circ}-8\right)=274.0\text{kN/m}$$

$$F_s=\frac{274\times\cos 35^\circ\times\tan 22^\circ+12\times\dfrac{8}{\sin 35^\circ}}{274\times\sin 35^\circ}=1.64$$

（5）综上，F_s值最小选B

【点评】

①根据《建筑边坡工程技术规范》附录A.0.2，也属土力学基本原理；②需要熟练到闭卷程度，而不是翻规范，才能快速作答。

题5-84 （12D24）图5-18-99所示的顺层岩质边坡内有一软弱夹层AFHB，层面CD与软弱夹层平行，在沿CD顺层清方后，设计了两个开挖方案，方案1：开挖坡面AEFB，坡面AE的坡率为1∶0.5；方案2：开挖坡面AGHB，坡面AG的坡率为1∶0.75。比较两个方案中坡体AGH和AEF在软弱夹层上的滑移安全系数，下列哪个选项的说法是正确的？（要求解答过程）

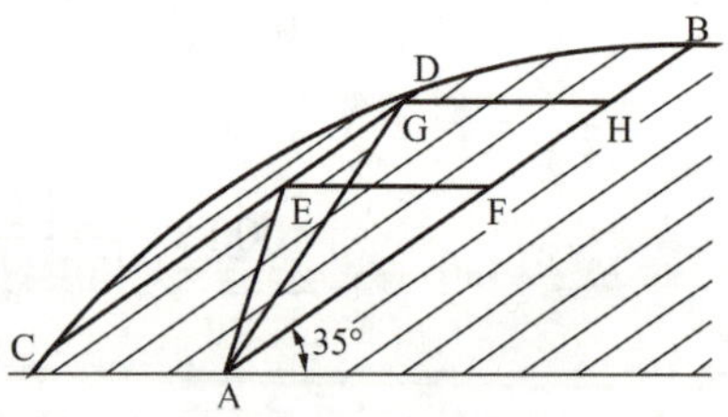

图5-18-99 题5-84图

（A）二者的安全系数相同

（B）方案2坡体的安全系数小于方案1

（C）方案1坡体的安全系数小于方案2

（D）难以判断

【解】

（1）设滑面高h，滑面长L，

$$F_s=\frac{\gamma V\cos\theta\tan\varphi+Ac}{\gamma V\sin\theta}=\frac{0.5\gamma hL\cos\theta\tan\varphi+cL}{0.5\gamma hL\sin\theta}=\frac{0.5\gamma h\cos\theta\tan\varphi+c}{0.5\gamma h\sin\theta}$$

（2）由此可见，F_s与L无关，只与高度h有关，因为CD//AB，所以两个滑面的h相等，因此安全系数也相等。

【点评】

①根据《建筑边坡工程技术规范》附录A.0.2；②位于同一滑动面上的顺坡滑动的三角形滑体，抗滑稳定系数和滑动面的接触长度无关，仅和滑体垂直于滑动面的高度有关，该高度越高滑体越不稳定；③纯理论推导，并不难，属于重要考点，应记住本结论。

题 5-85　（14C21）图 5-18-100 所示路堑岩石边坡坡顶 BC 水平，已测得滑面 AC 的倾角$\beta = 30°$，滑面内摩擦角$\varphi = 18°$，黏聚力$c = 10\text{kPa}$，滑体岩石重度$\gamma = 22\text{kN/m}^3$。原设计开挖坡面 BE 的坡率为 1∶1，滑面露出点 A 距坡顶$H = 10\text{m}$。为了增加公路路面宽度，将坡率改为 1∶0.5。试问坡率改变后边坡沿滑面 DC 的抗滑安全系数K_2与原设计沿滑面 AC 的抗滑安全系数K_1之间的关系正确的是下列哪个选项？

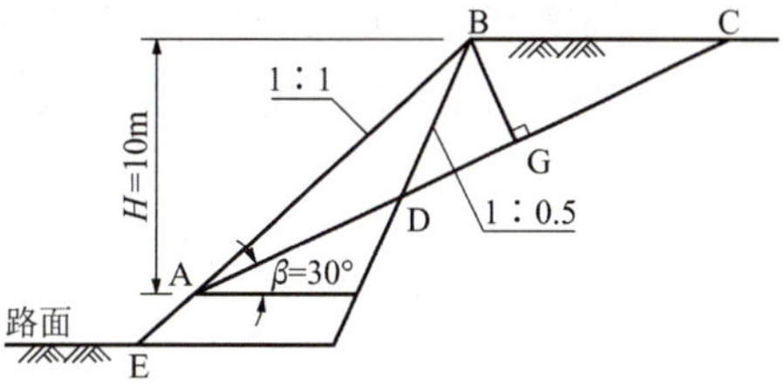

图 5-18-100　题 5-85 图

（A）$K_1 = 0.8K_2$　　（B）$K_1 = 1.0K_2$　　（C）$K_1 = 1.2K_2$　　（D）$K_1 = 1.5K_2$

【解】

$$F_s = \frac{\gamma V \cos\theta \tan\varphi + Ac}{\gamma V \sin\theta} = \frac{0.5\gamma h L \cos\theta \tan\varphi + cL}{0.5\gamma h L \sin\theta} = \frac{0.5\gamma h \cos\theta \tan\varphi + c}{0.5\gamma h \sin\theta}$$

由此可见，K与滑面长L无关，只与三角形滑体的高h相关，坡率由 1∶1 改为 1∶0.5，h不变，从而抗滑安全系数也不变，即$K_1 = K_2$。

【点评】

①根据《建筑边坡工程技术规范》附录 A.0.2；②化简后为以上公式，根据滑动面上的滑动力除以抗滑力求得安全系数，2002 版《建筑边坡工程技术规范》式(5.2.4)与计算公式完全相同，滑体的重量及摩擦力均和滑裂面长度成正比，故只改变滑裂面的长度不影响边坡稳定系数。

题 5-86　（18C16）图 5-18-101 所示岩质边坡的潜在滑面 AC 的内摩擦角$\varphi = 18°$，黏聚力$c = 20\text{kPa}$，倾角$\beta = 30°$，坡面出露点 A 距坡顶$H_2 = 13\text{m}$。潜在滑体 ABC 沿 AC 的抗滑安全系数$K_2 = 1.1$。坡体内的软弱结构面 DE 与 AC 平行，其出露点 D 距坡顶$H_1 = 8\text{m}$。试问对块体 DBE 进行挖降清方后，潜在体 ADEC 沿 AC 面的抗滑安全系数最接近下列哪个选项？

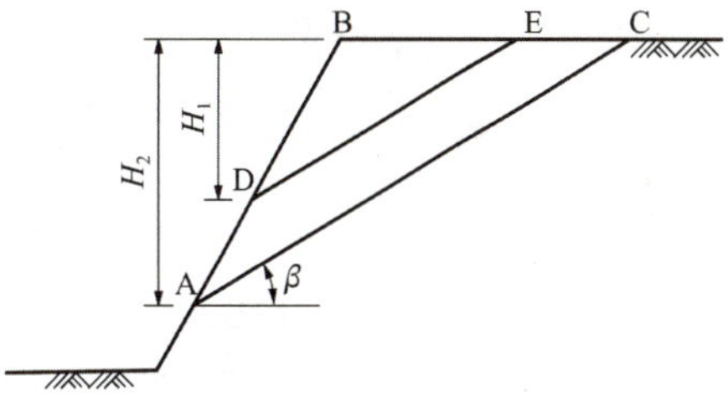

图 5-18-101　题 5-86 图

（A）1.1　　（B）1.2

（C）1.4　　（D）2.0

【解】

（1）$K_2 = \dfrac{G_{ABC}\cos\beta\tan\varphi + cL}{G_{ABC}\sin\beta} = \dfrac{\tan 18°}{\tan 30°} + \dfrac{cL}{G_{ABC}\sin 30°} = 1.1 \Rightarrow cL = 0.2686G_{ABC}$

（2）块体 DBE 进行挖降清方后，△BDE 和△BAC 为相似三角形，相似比

$$k = \frac{BD}{BA} = \frac{H_1}{H_2} = \frac{8}{13}$$

$$G_{ADEC} = G_{ABC} - G_{BDE} = G_{ABC} - \left(\frac{8}{13}\right)^2 G_{ABC} = 0.62G_{ABC}$$

（3）$K_2' = \dfrac{G_{ADEC}\cos\beta\tan\varphi + cL}{G_{ADEC}\sin\beta} = \dfrac{\tan 18°}{\tan 30°} + \dfrac{0.2686G_{ABC}}{0.62G_{ABC} \times \sin 30°} = 1.43$

【点评】

①依据《建筑边坡工程技术规范》附录 A.0.2；②进行受力分析，相似三角形各边长的之比相等，相似比为边长之比，面积之比为相似比的平方；③BEC 题目没有明确是水平方向，不宜用$l_{AC} = H_2/\tan\beta$。

题 5-87 （20C16）如图 5-18-102 所示，某边坡坡面倾角$\beta = 65°$，坡顶面倾角$\theta = 25°$，土的重度$\gamma = 19kN/m^3$，假设滑动面倾角$\alpha = 40°$，其参数$c = 15kPa$，$\varphi = 25°$，滑动面长度$L = 65m$，图中$h = 10m$，试计算边坡的稳定安全系数最接近下列哪个选项？

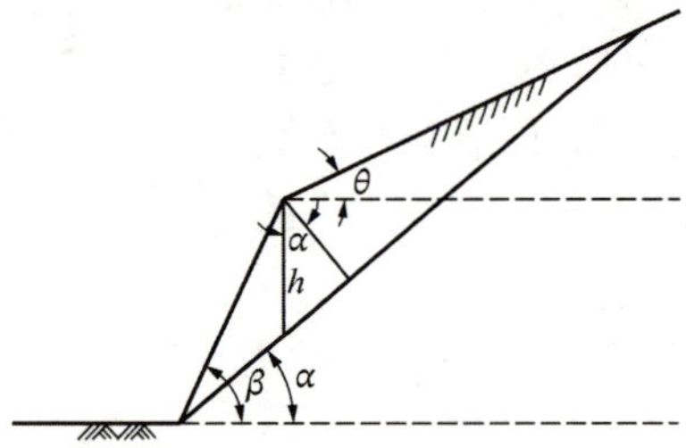

图 5-18-102 题 5-87 图

（A）0.72　　（B）0.88　　（C）0.98　　（D）1.08

【解】

（1）$G = 19 \times \frac{1}{2} \times 65 \times 10 \times \cos 40° = 4731kN/m$

（2）$F_s = \frac{4731 \times \cos 40° \times \tan 25° + 65 \times 15}{4731 \times \sin 40°} = 0.88$

【点评】

①土力学原理题，考查直线滑动边坡稳定系数$F_s = \frac{G\cos\theta\tan\varphi + cL}{G\sin\theta}$；②本题存在瑕疵，数据$h$和$L$对不上，按下面解法（也属于正确解法），会导致结果完全不一样，影响选项，个别考生因此在这道送分题上痛失2分。

解法一：如按滑体的底边$L = 65m$，假设底边高为H，则

（1）$\frac{H}{\tan 25°} + \frac{H}{\tan 15°} = 65 \Rightarrow H = 11.06m$

$G = \frac{1}{2} \times 65 \times 11.06 \times 19 = 6830kN/m$

（2）$F_s = \frac{6830 \times \cos 40° \times \tan 25° + 65 \times 15}{6830 \times \sin 40°} = 0.78$

解法二：如按$h = 10m$，如图所示，设两个三角形共底边h，高分别为h_1、h_2，则

（1）$10 = h_1 \tan 65° - h_1 \tan 40° \Rightarrow h_1 = 7.66m$

$10 = h_2 \tan 40° - h_2 \tan 25° \Rightarrow h_2 = 26.82m$

$G = 19 \times \left(\frac{1}{2} \times 10 \times 7.66 + \frac{1}{2} \times 10 \times 26.82\right) = 3276kN/m$

（2）$F_s = \frac{3276 \times \cos 40° \times \tan 25° + 65 \times 15}{3276 \times \sin 40°} = 1.02$

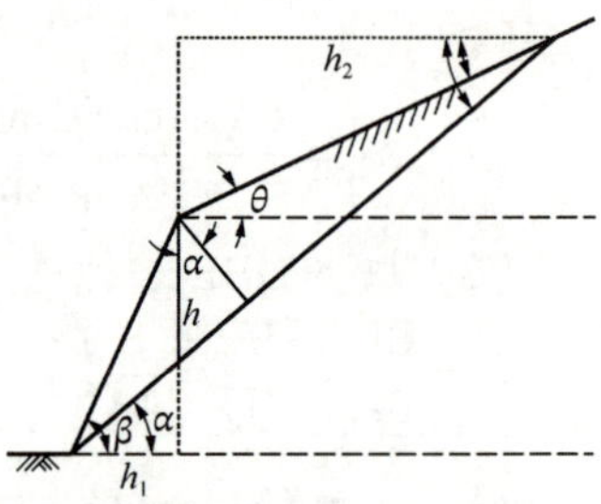

图 5-18-103 解 5-87 图

题 5-88 （06C19）有一滑坡体体积为 10000m³，滑体重度为 20kN/m³，滑面倾角为 20°，内摩擦角$\varphi = 30°$，黏聚力$c = 0$，地震峰值加速度$\alpha = 0.1g$，按《建筑边坡工程技术规范》GB 50330—2013 用拟静力法计算稳定系数F_s最接近下列哪个选项？

（A）1.5　　（B）1.3　　（C）1.2　　（D）1.1

【解】

（1）$G = 10000 \times 20 = 200000\text{kN}$

$\alpha = 0.1g$，查表$\alpha_w = 0.025$，$Q_e = 0.025 \times 200000 = 5000\text{kN}$

（2）$F_s = \dfrac{(G\cos\alpha - Q_e\sin\alpha)\tan\varphi + cA}{G\sin\alpha + Q_e\cos\alpha}$

$= \dfrac{(200000 \times \cos 20° - 5000 \times \sin 20°) \times \tan 30° + 0}{200000 \times \sin 20° + 5000 \times \cos 20°} = 1.47$

【点评】

①根据《建筑边坡工程技术规范》附录 A.0.2、第 5.2.6 条；②本题属于比较老的真题，没有指定规范，“地震加速度”和“地震峰值加速度”只是叫法不同，意义是一样的，原题目是“水平地震加速度$\alpha = 0.1g$”，官方答案是按《工程地质手册》P671 公式(6-3-15)计算，二者对地震作用的处理不一样：

$$F_s = \frac{\gamma_r h\cos\alpha\tan\varphi + c\sec\alpha}{\gamma_r h\sin\alpha + F} = \frac{200000 \times \cos 20° \times \tan 30° + 0}{200000 \times \sin 20° + 200000 \times 0.1} = 1.23$$

【同类型真题】17C20

题 5-89 （20D21）拟开挖形成 A-B-C 段岩质边坡（图 5-18-104），边坡直立，高度 BF = 5m。J_1为滑动面，产状 135°∠30°，滑面泥化，抗剪强度参数$c = 12\text{kPa}$，$\varphi = 10°$；J_1与 AB 边坡交于 D 点，DB = 12.25m，FD 与水平面交角 22.2°；J_1与 BC 边坡交于 E 点，BE = 12.25m，FE 与水平面交角 22.2°。拟在边坡顶部施加集中荷载N，$N = 200\text{kN}$，问 A-B-C 段边坡施加集中荷载N后的稳定系数最接近哪一项？（岩体重度 24kN/m³，不计水压力作用，三棱锥体积为$V = \frac{1}{3} \times$底面积$\times$高）

（A）0.75　　（B）0.87

（C）0.95　　（D）1.08

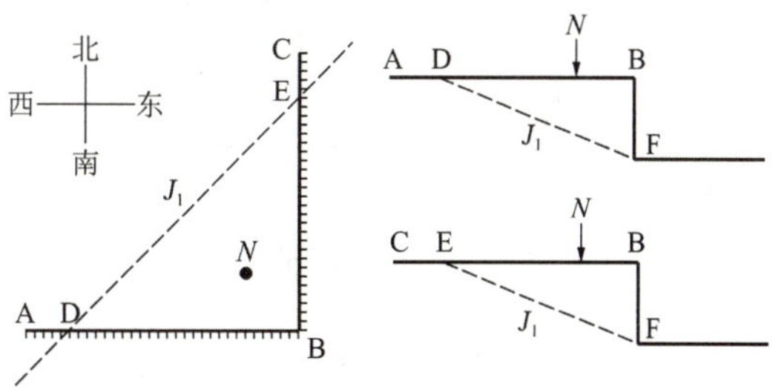

图 5-18-104　题 5-89 图

【解】

（1）三棱锥体积$V = \frac{1}{3} \times \frac{1}{2} \times 12.25^2 \times 5 = 125.05\text{m}^3$

重量$W = 125.05 \times 24 = 3001.25\text{kN}$

$\text{ED} = 12.25 \times \sqrt{2} = 17.32\text{m}$

$\text{GF} = \sqrt{5^2 + (12.25 \times \sin 45°)^2} = 10.0\text{m}$

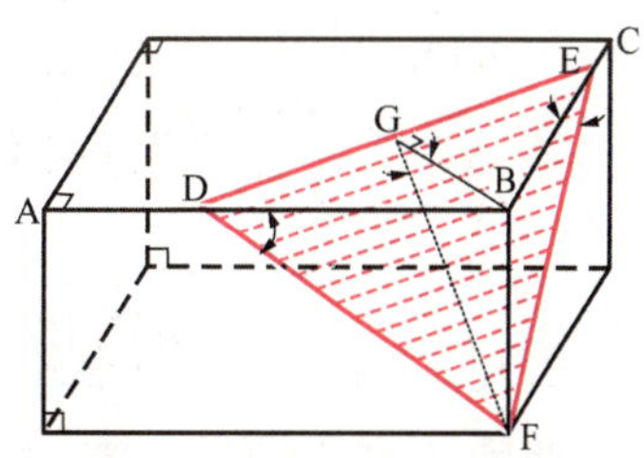

图 5-18-105　解 5-89 图

滑面面积 EDF 的面积$A = \frac{1}{2} \times 17.32 \times 10.0 = 86.6\text{m}^2$

或者根据滑动面的水平投影为△DBE，滑动面与水平面的夹角为 30°

则滑动面的面积$A = A_{(\triangle \text{DBE})}/\cos 30° = 0.5 \times 12.25^2/\cos 30° = 86.6\text{m}^2$

（2）$F_s = \dfrac{(3001.25 + 200)\cos 30°\tan 10° + 86.6 \times 12}{(3001.25 + 200)\sin 30°} = 0.955$

【点评】

①根据《建筑边坡工程技术规范》附录 A.0.2,《工程地质手册》P1098，楔体滑动分析，直线滑动边坡稳定性分析，滑动面为结构面，其与水平面的夹角就是倾角；②本题考察空间立体想象能力，关键在于三棱锥滑体 BEDF 的体积、滑面 EDF 的面积；③由于△DBE 是等腰直角三角形，△DFE 是等腰三角形，故 DB 为△DBE 的高，GF 为△DFE 的高，根据△GBF 为直角三角形求得 GF 的长度。

3. 有水和锚杆情况下

（1）**有水情况下直线滑动**稳定性计算见表 5-18-40。

有水情况下直线滑动稳定性　　表 5-18-40

<table>
<tr><td>

情况 1（滑动面和坡面均无水）：

$$F_s=\frac{G\cos\theta\tan\varphi+cL}{G\sin\theta}$$

$$G=\frac{1}{2}\gamma H^2\left(\frac{1}{\tan\theta}-\frac{1}{\tan\alpha}\right)$$

</td><td>

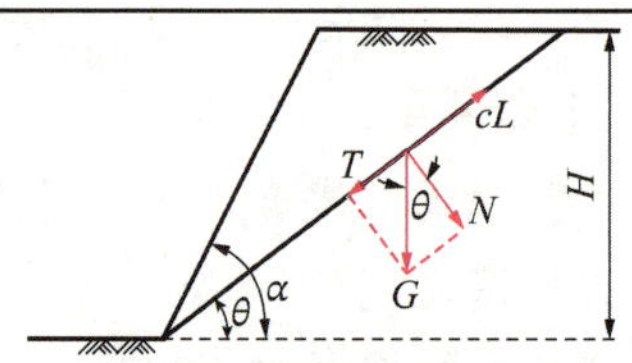

</td></tr>
<tr><td>

情况 2（滑动面无水、坡面有水）：

$$F_s=\frac{[G\cos\theta+P_w\cos(\alpha-\theta)]\tan\varphi+cL}{G\sin\theta-P_w\sin(\alpha-\theta)}$$

$$P_w=\frac{1}{2}\gamma_w h^2\frac{1}{\sin\alpha}$$

</td><td>

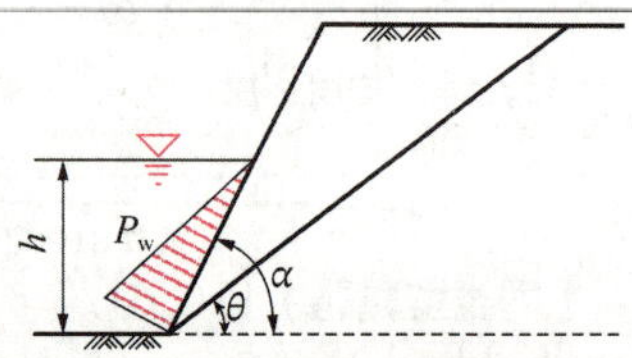

</td></tr>
<tr><td>

情况 3（滑动面有水、坡面无水，且坡脚无水渗出）：

$$F_s=\frac{(G\cos\theta-U)\tan\varphi+cL}{G\sin\theta}$$

$$U=\frac{1}{2}\gamma_w {h_2}^2\frac{1}{\sin\theta}$$

</td><td>

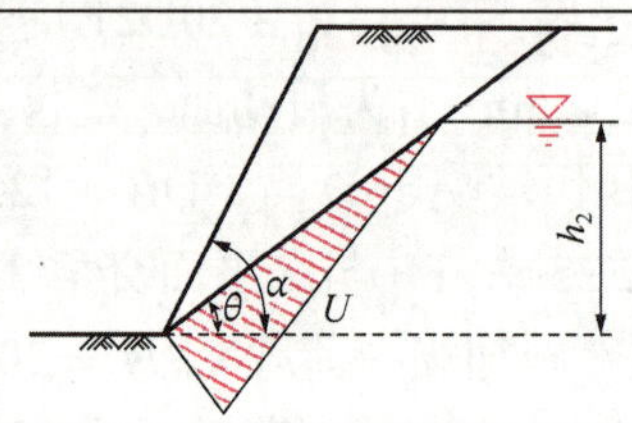

</td></tr>
<tr><td>

情况 4（滑动面和坡面均有水，且相互连通，形成稳定渗流）：

$$F_s=\frac{[G\cos\theta+P_w\cos(\alpha-\theta)-U]\tan\varphi+cL}{G\sin\theta-P_w\sin(\alpha-\theta)}$$

$$P_w=\frac{1}{2}\gamma_w h_1^2\frac{1}{\sin\alpha},\ U=\frac{1}{2}\gamma_w h_1\frac{h_2}{\sin\theta}$$

（坡脚内外水头相等）

</td><td>

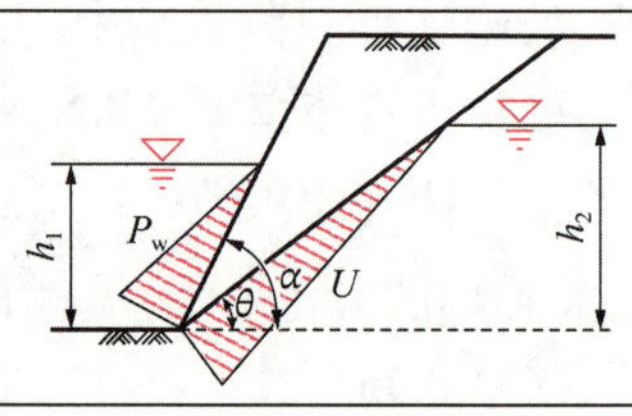

</td></tr>
<tr><td>

情况 5（滑动面和坡面均有水，且水位不连通或者骤降时无渗流）：

$$F_s=\frac{[G\cos\theta+P_w\cos(\alpha-\theta)-U]\tan\varphi+cL}{G\sin\theta-P_w\sin(\alpha-\theta)}$$

$$P_w=\frac{1}{2}\gamma_w h_1^2\frac{1}{\sin\alpha},\ U=\frac{1}{2}\gamma_w h_2^2\frac{1}{\sin\theta}$$

（坡脚内外水头不相等）

</td><td>

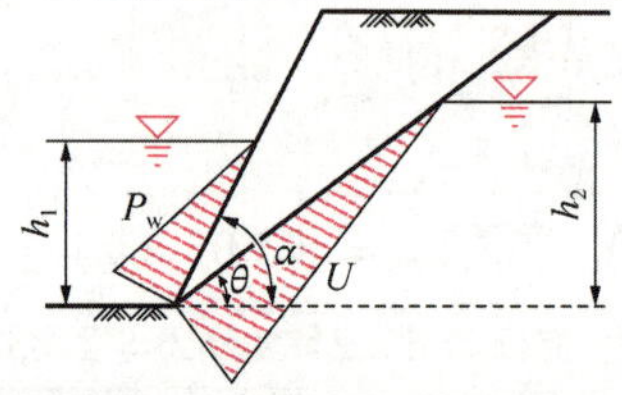

</td></tr>
<tr><td>

情况 6（滑动面有水、坡面无水，且坡脚有水渗出）：

$$F_s=\frac{(G\cos\theta-V\sin\theta-U)\tan\varphi+cL}{G\sin\theta+V\cos\theta}$$

$$V=\frac{1}{2}\gamma_w h_1^2,\ U=\frac{1}{2}\gamma_w h_1\frac{h_2}{\sin\theta}$$

</td><td>

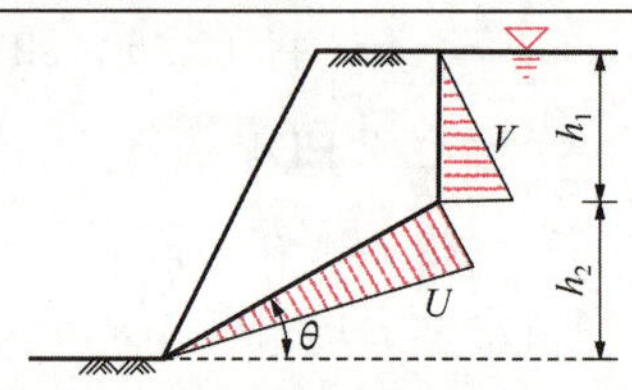

</td></tr>
</table>

重要原则：

边坡有水或有锚杆（索）加固时，关键在于水压力和锚固力的分解和“敌我”问题。

①坡面水压力P_W和后缘水压力V分解后分别放分子和分母，水为中性，不分“敌我”，沿滑面法向分解力放分子（我方），沿滑面切向分解力放分母（敌方）。

②扬压力U为法向，抵消重力或重力矩，放分子。

③锚固力P_t是我方，目的是增加抗滑力，分解后均放分子（我方）。

（2）**在边坡有水或锚杆**的情况下，角度的计算至关重要，考场上作受力分析需要一定时间，为节省时间，可直接按表 5-18-41 的角度进行力的分解。

锚杆和坡面静水压力分解 **表 5-18-41**

闭卷角度速查	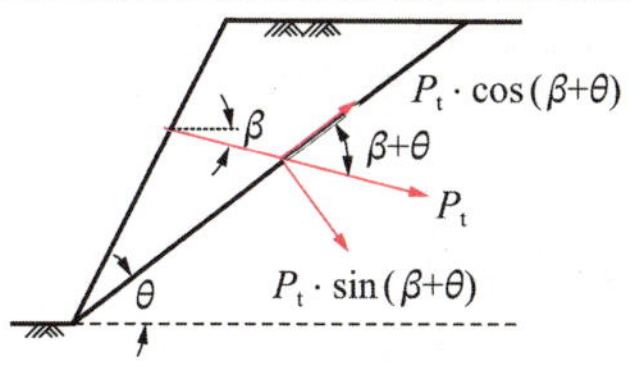 (a) 锚杆拉力分解到滑面法向和切向 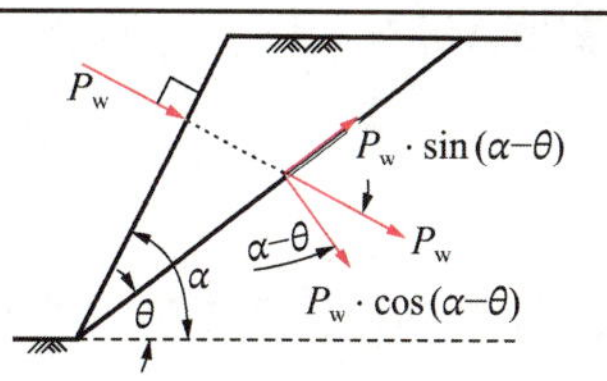 (b) 坡面水压力分解到滑面法向和切向

注：**锚杆**目的是抗力，在任何分析中分解后都**放分子**；水为中性，不分“敌我”，**坡面水压力P_W**分解后，**法向分力放分子**，**切向分力放分母**；**扬压力U**为法向，抵消重力或重力矩，**放分子**

锚杆加固（图（a））：

$$F_s=\frac{G\cos\theta\tan\varphi+cL+P_t[\sin(\beta+\theta)\tan\varphi+\cos(\beta+\theta)]}{G\sin\theta}$$

$$G=\frac{1}{2}\gamma H^2\left(\frac{1}{\tan\theta}-\frac{1}{\tan\alpha}\right)$$

坡面静水（图（b））：

$$F_s=\frac{[G\cos\theta+P_W\cos(\alpha-\theta)]\tan\varphi+cL}{G\sin\theta-P_W\sin(\alpha-\theta)}$$

$$P_W=\frac{1}{2}\gamma_W h^2\frac{1}{\sin\alpha},\quad G=\frac{1}{2}\gamma H^2\left(\frac{1}{\tan\theta}-\frac{1}{\tan\alpha}\right)$$

注：《建筑边坡工程鉴定与加固技术规范》例外，原有支护结构有效抗力（含锚杆）分别放分子和分母，属于偏僻规范，限于篇幅，不摘抄，自行对照规范学习。

题 5-90 （14C24）某岩石边坡代表性剖面如图 5-18-106 所示，边坡倾向 270°，一裂隙面刚好从坡脚出露，裂隙面产状为 270°∠30°，坡体后缘一垂直张裂缝正好贯通至裂隙面。由于暴雨，使垂直张裂缝和裂隙面瞬间充满水，边坡处于极限平衡状态（即滑坡稳定性系数 $K_s = 1.0$）。经测算，裂隙面长度 $L = 30\text{m}$，后缘张裂隙深度 $d = 10\text{m}$，每延米潜在滑体自重 $G = 6450\text{kN}$，裂隙面的黏聚力 $c = 65\text{kPa}$。试计算裂隙面的内摩擦角最接近下列哪个选项？（坡脚裂隙面有泉水渗出，不考虑动水压力，水的重度取 10kN/m^3）

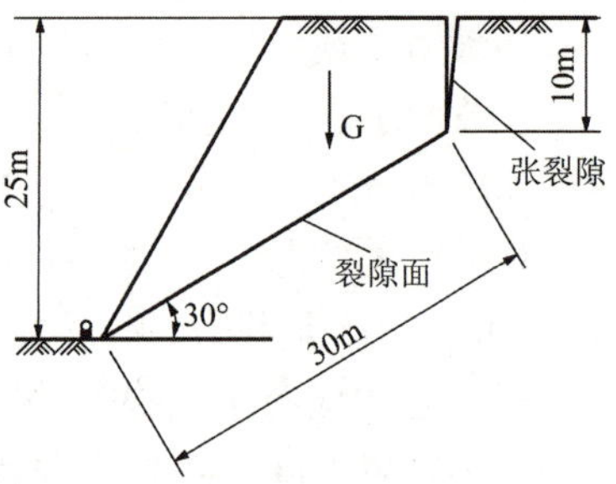

图 5-18-106 题 5-90 图

（A）13°　（B）17°　（C）18°　（D）24°

【解】

（1）$V = \frac{1}{2}\gamma_w d^2 = \frac{1}{2} \times 10 \times 10^2 = 500\text{kN/m}$

（2）$U = \frac{1}{2}\gamma_w dL = \frac{1}{2} \times 10 \times 10 \times 30 = 1500\text{kN/m}$

（3）$F_s = \dfrac{(G\cos\beta - U - V\sin\beta)\tan\varphi + cL}{G\sin\beta + V\cos\beta}$

$$\Rightarrow \frac{(6450 \times \cos 30° - 1500 - 500 \times \sin 30°)\tan\varphi + 30 \times 65}{6450 \times \sin 30° + 500 \times \cos 30°} = 1.0 \Rightarrow \varphi = 24°$$

【点评】

①根据《建筑边坡工程技术规范》附录 A.0.2；②重要考点：边坡直线滑动稳定系数反算内摩擦角，计算器直接解方程即可；③坡角裂隙有泉水渗出，孔隙水压力为零，张裂隙底部水头 10m，至坡脚发生稳定渗流，孔隙水压力呈三角形分布。

题 5-91 （06D26）某岩石滑坡代表性剖面如图 5-18-107 所示，由于暴雨使其后缘垂直张裂隙瞬间充满水，滑坡处于极限平衡状态（即滑坡稳定系数 $F_s = 1.0$），经测算滑面长度 $L = 52\text{m}$，张裂隙深度 $d = 12\text{m}$，每延米滑体自重为 $G = 15000\text{kN/m}$，滑面倾角 $\theta = 28°$，滑面岩体的内摩擦角 $\varphi = 25°$，则滑面岩体的黏聚力最接近下列哪个选项？（假定滑动面未充水，水的重度按 10kN/m^3 计算）

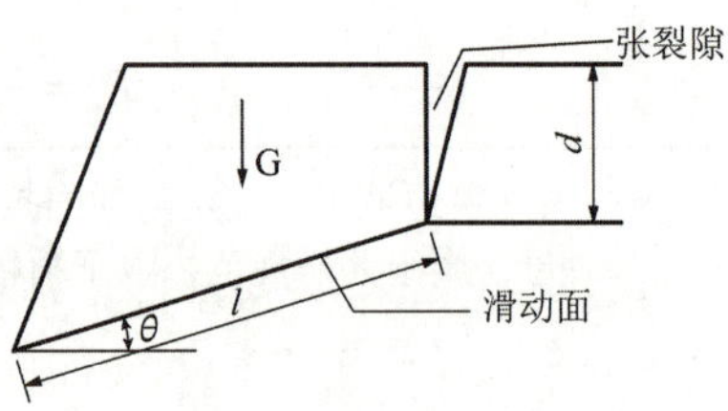

图 5-18-107 题 5-91 图

（A）24kPa　（B）28kPa　（C）32kPa　（D）36kPa

【解】

（1）$V = \frac{1}{2}\gamma_w {h_w}^2 = \frac{1}{2} \times 10 \times 12^2 = 720\text{kN/m}$

（2）$F_s = \dfrac{(G\cos\theta - V\sin\theta)\tan\varphi + cL}{G\sin\theta + V\cos\theta}$

$$\Rightarrow \frac{(15000 \times \cos 28° - 720 \times \sin 28°) \times \tan 25° + c \times 52}{15000 \times \sin 28° + 720 \times \cos 28°} = 1.0 \Rightarrow c = 31.9\text{kPa}$$

【点评】

①根据《建筑边坡工程技术规范》附录 A.0.2；②取边坡走向单元体进行受力分析，滑动面上的孔隙水压力为零，注意题目条件**滑动面未充水**；③这类型稳定性计算的题目都是要求直接闭卷作答的；④不要用化简或者代入法，太慢！直接用计算器解方程。

【同类型真题】08/C26、10C17

题 5-92 （08C26）在某裂隙岩体中，存在一直线滑动面，其倾斜角为 30°。如图 5-18-108 所示，已知岩体重力为 1500kN/m，当后缘垂直裂隙充水高度为 8m 时，试根据《铁路工程不良地质勘察规程》TB 10027—2012 计算下滑力，其值最接近下列哪个选项？

（A）1027kN/m （B）1238kN/m

（C）1330kN/m （D）1430kN/m

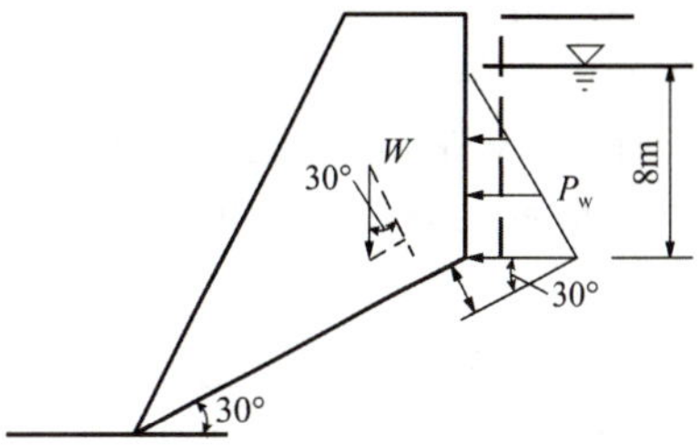

图 5-18-108 题 5-92 图

【解】

（1）裂隙静水压力：$V=\frac{1}{2}\gamma_w h_w{}^2=\frac{1}{2}\times 10\times 8^2=320\text{kN/m}$

（2）下滑力：$T=1500\times\sin 30°+320\times\cos 30°=1027\text{kN/m}$

【点评】

根据原理闭卷作答，下滑力平行于滑面向下，由重力和孔隙水压力的分量组成。

题 5-93 （22C15）某安全等级为一级的永久性岩质边坡（图 5-18-109），坡体稳定性受外倾裂隙及垂直裂隙控制，裂隙切割的块体单位宽度自重 4400kN/m，无其他附加荷载，假设外倾裂隙闭合且不透水，倾角 20°，长度 21m，内摩擦角 15°；垂直裂隙呈张开状，垂直深度 9m，雨季裂隙充满水时边坡块体稳定系数为 1.08，拟采用斜孔排水降低边坡水位，为使边坡块体稳定系数能满足《建筑边坡工程技术规范》GB 50330—2013 的要求，垂直裂隙水位最小的降低深度最接近下列哪个选项？（注：$\gamma_w=10\text{kN/m}^3$，不考虑地震工况）

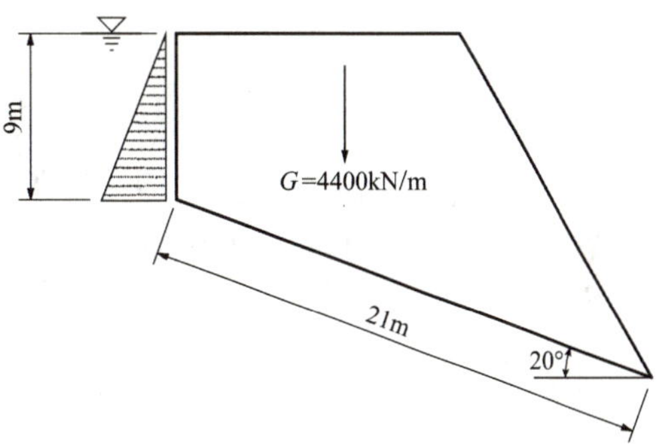

图 5-18-109 题 5-93 图

（A）2.4m （B）4.2m （C）6.6m （D）8.2m

【解】

（1）降水前：

$$V=\frac{1}{2}\times 10\times 9^2=405\text{kN/m}$$

$$\frac{(4400\cos 20°-405\sin 20°)\tan 15°+21c}{4400\sin 20°+405\cos 20°}=1.08\Rightarrow c=46.0\text{kPa}$$

（2）降水后，一级永久边坡，查表$F_{st}=1.35$

$$\frac{\left[4400\cos 20°-0.5\times 10(9-d)^2\sin 20°\right]\tan 15°+21\times 46}{4400\sin 20°+0.5\times 10(9-d)^2\cos 20°}=1.35\Rightarrow d=6.51\text{m}$$

【点评】

①根据《建筑边坡工程设计规范》附录 A.0.2；②关键理解外倾裂隙闭合且不透水，则滑动面无水压力$U=0$，其他部分套规范公式即可；③规范附录 A.0.2 默认裂隙发生稳定渗流，坡脚点有水渗出的情况，关于有水、无水、渗流问题下的岩质边坡直线滑动。

题 5-94　（17C19）图 5-18-110 所示的某硬质岩石边坡结构面 BFD 的倾角$\beta=30°$，内摩擦角 15°，黏聚力$c=16\text{kPa}$，原设计开挖坡面 ABC 的坡率为 1 : 1，块体 BCD 沿滑面 BFD 的抗滑安全系数$K_1=1.2$。为了增加公路路面宽度，将坡面改到 EC，坡率变为 1 : 0.5，块体 CFD 自重为$W=520\text{kN/m}$，如果要求沿结构面 FD 的抗滑安全系数$K=2.0$，需增加的锚索拉力P最接近下列哪个选项？（锚索下倾角$\lambda=20°$）

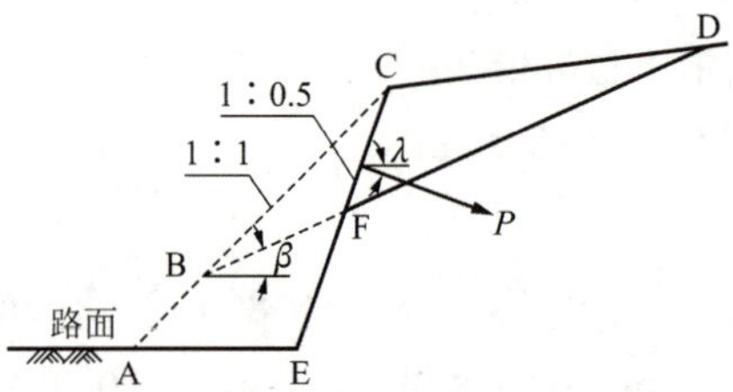

图 5-18-110　题 5-94 图

（A）145kN/m　（B）245kN/m　（C）345kN/m　（D）445kN/m

【解】

（1）$F_s=\dfrac{\gamma V\cos\theta\tan\varphi+Ac}{\gamma V\sin\theta}=\dfrac{0.5\gamma hL\cos\theta\tan\varphi+cL}{0.5\gamma hL\sin\theta}=\dfrac{0.5\gamma h\cos\theta\tan\varphi+c}{0.5\gamma h\sin\theta}$

削坡前后，滑块 BCD 与 CDF 高度相等，安全系数不变

（2）削坡前$\dfrac{R_1}{520\times\sin30°}=1.2\Rightarrow R_1=312\text{kN/m}$

（3）削坡后：$\dfrac{312+P[\sin(30°+20°)\times\tan15°+\cos(30°+20°)]}{260}$

$=2.0\Rightarrow P=245.3\text{kN/m}$

【点评】

①根据《建筑边坡工程技术规范》附录 A.0.2；②理论结合实践的重要考点，坡角变化的直线滑动结合锚杆加固联合考查；③削坡后，锚索拉力P产生的作用均计入抗滑力（分子）；④改变坡率后抗滑安全系数不变，可记住结论，方便直接采用。

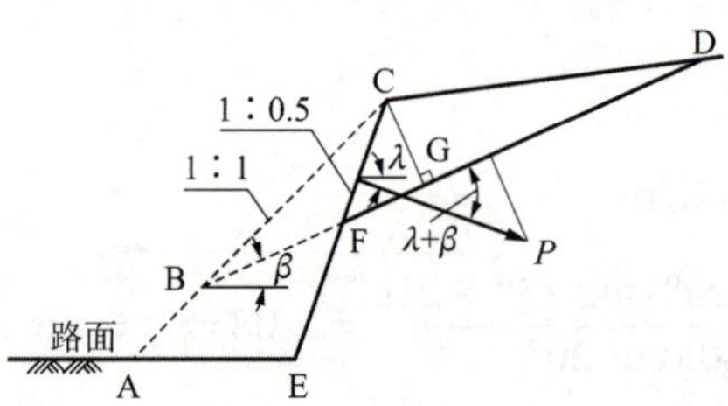

图 5-18-111　解 5-94 图

题 5-95　（17D20）图 5-18-112 所示临水库岩质边坡内有一控制节理面，其水位与水库的水位齐平，假设节理面水上和水下的内摩擦角$\varphi = 30°$，黏聚力$c = 130\text{kPa}$，岩体重度$\gamma = 20\text{kN/m}^3$。坡顶高程为 40.0m，坡脚高程为 0.0m，水库水位从 30.0m 降至 10.0m 时，节理面的水位保持原水位。按《建筑边坡工程技术规范》GB 50330—2013 相关要求，该边坡沿节理面的抗滑移稳定安全系数下降值最接近下列哪个选项？

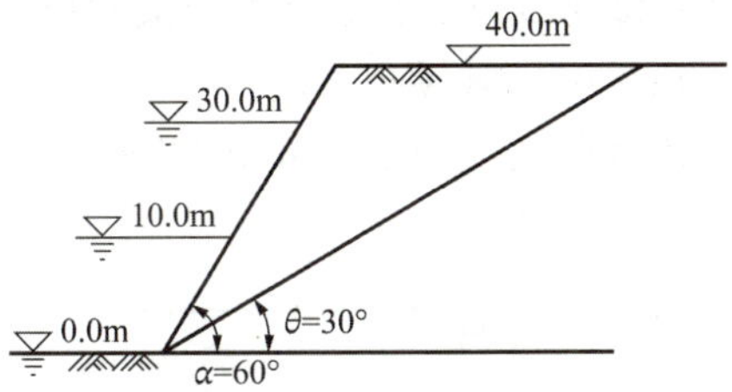

图 5-18-112　题 5-95 图

（A）0.45　　（B）0.60　　（C）0.75　　（D）0.90

【解】

（1）$G = \frac{1}{2} \times 20 \times 40^2 \times \left(\frac{1}{\tan 30°} - \frac{1}{\tan 60°}\right) = 18475.2\text{kN/m}$

降水前坡面水压力：$P_w = \frac{1}{2} \times 10 \times 30 \times \frac{30}{\sin 60°} = 5196\text{kN/m}$

法向分力：$N_w = 5196 \times \cos(60° - 30°) = 4500\text{kN/m}$

切向分力：$T_w = 5196 \times \sin(60° - 30°) = 2598\text{kN/m}$

节理面水压力：$U = \frac{1}{2} \times 10 \times 30 \times \frac{30}{\sin 30°} = 9000\text{kN/m}$

$$F_s = \frac{(18475.2 \times \cos 30° + 4500 - 9000) \times \tan 30° + 130 \times \dfrac{40}{\sin 30°}}{18475.2 \times \sin 30° - 2598} = 2.57$$

（2）降水后坡面水压力：$P_w' = \frac{1}{2} \times 10 \times 10 \times \frac{10}{\sin 60°} = 577.4\text{kN/m}$

法向分力：$N_w = 577.4 \times \cos(60° - 30°) = 500\text{kN/m}$

切向分力：$T_w = 577.4 \times \sin(60° - 30°) = 288.7\text{kN/m}$

$$F_s' = \frac{(18475.2 \times \cos 30° + 500 - 9000) \times \tan 30° + 130 \times \dfrac{40}{\sin 30°}}{18475.2 \times \sin 30° - 288.7} = 1.65$$

（3）$\Delta F_s = 2.57 - 1.65 = 0.92$

【点评】

①根据《建筑边坡工程技术规范》附录 A.0.2；②和锚杆的轴力分解不一样，水位变化引起的水压力的变化属于内力作用，对水压力应进行分解分别放入分子和分母，详细原理可阅读李广信教授《注册岩土十讲》里面第六讲的“分清敌我”；③本题难度较大，计算量大，答案的设置也比较坑，和计算值差 0.02，考试时注意选题，最后再做。

4. **楔体滑动分析法**

（1）**分块法——《建筑地基基础设计规范》第 6.8.3 条条文说明**

对于具有两组或多组结构面形成的下滑棱柱体，其下滑力通常采用棱形体分割法进行计算。

新开挖的岩石边坡的坡角为β_t。如图 5-18-113 所示，边坡上存在着两组结构面，结构面1 走向 AC，与边坡顶部边缘线 CD 的夹角∠ACD，其倾角为β_1；其结构面 2 走向 AD，与边坡顶部边缘线 DC 的夹角∠ADC，其倾角为β_2。两结构面走向线的夹角∠CAD 为α。AE 垂直于 CD，AE 长度为h。经试验两个结构面上的内摩擦角均为φ，其黏聚力近于 0。岩石的重度为γ。

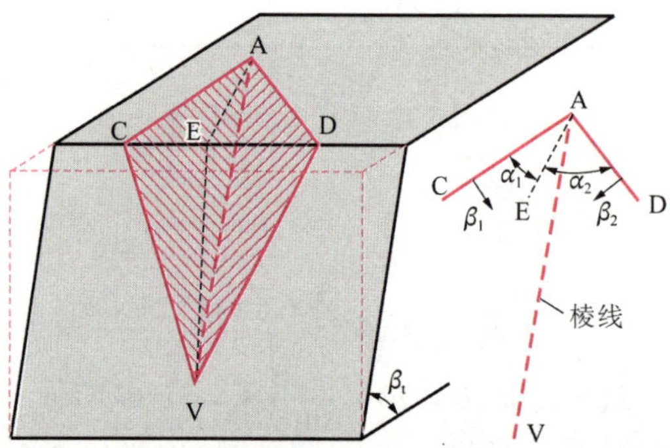

图 5-18-113　具有两组结构面的下滑棱柱体示意图

棱线 AV 与两结构面走向线间的平面夹角∠CAE 为α_1，∠DAE 为α_2。可采用下列计算式进行计算：

$$\cot\alpha_1 = \frac{\tan\beta_1}{\sin\alpha \times \tan\beta_2} + \cot\alpha\text{；}\quad \cot\alpha_2 = \frac{\tan\beta_2}{\sin\alpha \times \tan\beta_1} + \cot\alpha$$

进而计算出棱线 AV 的倾角，即沿着棱线方向上结构面的视倾角β'：

$$\tan\beta' = \tan\beta_1 \sin\alpha_1\text{；}\quad \tan\beta' = \tan\beta_2 \sin\alpha_2$$

用 AVE 平面将下滑棱柱体分割成两个块体。两个滑块的重力为W_1、W_2，则棱柱体总重为$W = W_1 + W_2$。[四面体体积$V = (1/3) \times S \times H$，$S$表示底面积，$H$表示法线高度]

将两个块体的重力分解成垂直与平行于结构面的分力：

$$N_1 = W_1\cos\beta_1\text{；}\ T_1 = W_1\sin\beta_1\text{；}\ N_2 = W_2\cos\beta_2\text{；}\ T_2 = W_2\sin\beta_2$$

再将平行于结构面的下滑力分解成垂直于平行棱线的分力：

$$\tan\theta_1 = \tan(90° - \alpha_1)\cos\beta_1 \Rightarrow \theta_1 \Rightarrow T_{s1} = T_1\cos\theta_1$$

$$\tan\theta_2 = \tan(90° - \alpha_2)\cos\beta_2 \Rightarrow \theta_2 \Rightarrow T_{s2} = T_2\cos\theta_2$$

棱柱体总的下滑力：

$$T_s = T_{s1} + T_{s1}$$

两结构面上的摩阻力：

$$F_t = (N_1 + N_2)\tan\varphi$$

滑动棱体的滑动稳定系数：

$$K = \frac{F_t}{T_s}$$

（2）**整体法——《工程地质手册》P1098**

楔体滑动也是岩石边坡常见的破坏形式。当两组不连续面产状组合达到一定条件时，它们与坡顶和坡面组成的楔体沿两组不连续面交线滑动。如图 5-18-114 所示，垂直边坡由两组节理面切割成一个四面体 ABCD。设四面体 ABCD 的重量为Q，滑面△ABD 及△CBD 相交的倾斜线 BD 的倾角为α。滑面△ABD 命名为F_1滑面，具有抗剪强度指标c_1及φ_1。滑面△CBD 命名为F_2滑面，具有抗剪强度指标c_2及φ_2。

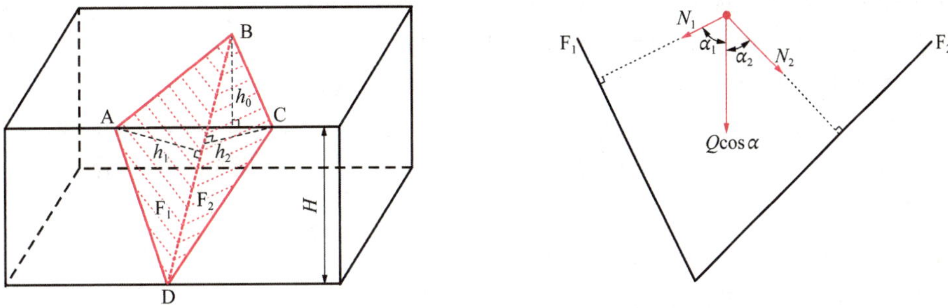

图 5-18-114　两组节理面相交切割的楔体的稳定计算

令$\overline{AC}=l_0$，△ABC 面积为A，四面体 ABCD 的体积V为：

$$V=\frac{1}{3}AH=\frac{1}{6}l_0h_0H \Leftarrow A=\frac{1}{2}l_0h_0$$

则四面体的重量Q为：

$$Q=\gamma\cdot V=\frac{\gamma H}{6}l_0h_0$$

令$\overline{BD}=l$，两个节理面△ABD 及△CBD 的面积A_1、A_2分别为：

$$A_1=\frac{1}{2}lh_1;\ A_2=\frac{1}{2}lh_2$$

四面体的稳定系数F_s为：

$$F_s=\frac{Q\cos\alpha(\sin\alpha_2\tan\varphi_1+\sin\alpha_1\tan\varphi_2)+(c_1A_1+c_2A_2)\sin(\alpha_1+\alpha_2)}{Q\sin\alpha\sin(\alpha_1+\alpha_2)}$$

$$F_s=\frac{\gamma Hl_0h_0\cos\alpha(\sin\alpha_2\tan\varphi_1+\sin\alpha_1\tan\varphi_2)+3l(c_1h_1+c_2h_2)\sin(\alpha_1+\alpha_2)}{\gamma Hl_0h_0\sin\alpha\sin(\alpha_1+\alpha_2)}$$

式中：α_1——两滑面交线的法线与F_1滑面法线之夹角；

α_2——两滑面交线的法线与F_2滑面法线之夹角。

题 5-96　某新开挖岩体边坡的坡角 70°，边坡上存在着两组结构面（图 5-18-115）：结构面 1 走向 AC 与边坡顶部边缘线 CD 的夹角为 60°，其倾角$\beta_1=52°$；其结构面 2 走向 AD，与边坡顶部边缘线 DC 的夹角为 50°，其倾角$\beta_2=32°$；从 AV 投影到水平面为 AE，AE 点之间的距离为 5.06m。经试验两个结构面上的内摩擦角均为$\varphi=30°$，其黏聚力近于 0，块体 AEVC 的重量$W_1=117.3\text{kN}$，块体 AEVD 的重量$W_2=271.3\text{kN}$；按《建筑地基基础设计规范》GB 50007—2011，按楔体滑动分析该滑动棱体的滑动稳定系数接近下列哪个选项？（滑动楔体重度取 23kN/m^3）

（A）0.86　　（B）1.03

（C）1.06　　（D）1.10

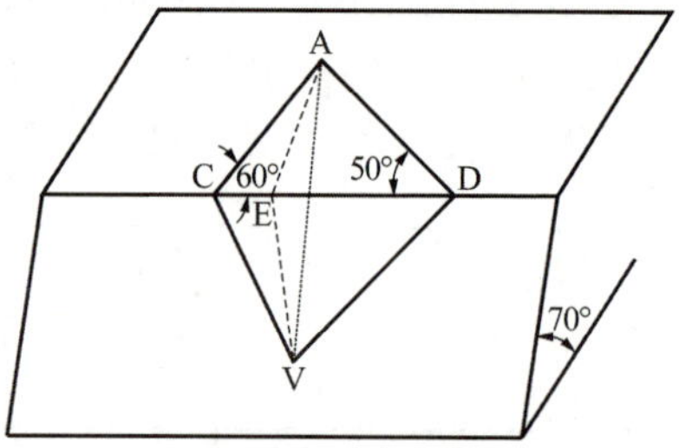

图 5-18-115　题 5-96 图

【解】

（1）两结构面走向线的夹角$\alpha=70°$

棱线 AV 与两结构面走向线间的平面夹角α_1和α_2

$$\cot\alpha_1=\frac{\tan 52°}{\sin 70°\times\tan 32°}+\cot 70°\Rightarrow\alpha_1=21.46°$$

$$\cot\alpha_2=\frac{\tan 32°}{\sin 70°\times\tan 52°}+\cot 70°\Rightarrow\alpha_2=48.54°$$

棱线 AV 的倾角$\beta'=\arctan(\tan 52°\times\sin 21.46°)=25.1°$

（2）垂直于结构面的分力：

$N_1=117.3\times\cos 52°=72.2\text{kN}$，$N_2=271.3\times\cos 32°=230.1\text{kN}$

平行于结构面的分力：

$T_1=117.3\times\sin 52°=92.4\text{kN}$，$T_2=271.3\times\sin 32°=143.8\text{kN}$

（3）将平行于结构面的下滑力分解为垂直于、平行于棱线的分力：

$\tan\theta_1=\tan(90°-21.46°)\times\cos 52°$，得$\theta_1=57.44°$

$T_{s1}=92.4\times\cos 57.44°=49.7\text{kN}$

$\tan\theta_2=\tan(90°-48.54°)\times\cos 32°$，得$\theta_2=36.84°$

$T_{s2}=143.8\times\cos 36.84°=115.1\text{kN}$

（4）$F_s=\dfrac{(72.2+230.1)\times\tan 30°}{49.7+115.1}=1.06$

【点评】

①根据《建筑地基基础设计规范》第 6.8.3 条条文说明；②先计算棱线 AV 与两结构面走向间的夹角；③AE 为 AV 在水平面的投影，CE 为 AV 在坡面上的投影，为简化计算量，本题直接给出了 2 个滑块的重量；④根据规范公式计算滑面倾向与棱线的夹角θ_1、θ_2；⑤下滑力需要进行两次分解，方向平行于棱线 AV，抗滑力为结构面上的摩擦力，按步骤带入规范公式即可得到安全系数$F_s=$抗滑力/滑动力。

5. 赤平极射投影法——《工程地质手册》P1100

（1）**赤平极射投影法原理**

一切通过球心的面和线，延伸后均会与球面相交，并在球面上形成大圆和点。以球的北极或南极为发射点，与球面上的大圆和点相连，将大圆和点投影到赤道平面上，这种投影称为赤平极射投影。赤平极射投影分为上半球投影和下半球投影，见表 5-18-42。

赤平极射投影法原理　　表 5-18-42

<table>
<tr><td>上半球投影</td><td>设一结构面产状 210°∠35°，若此结构面过球心，则其与上半球面相交为大圆弧abd，以球的南极下极射点P为发射点，结构面abd弧在赤平面上的投影为abc弧。cO指向圆心方向为倾向，即倾向SW，ce之长短代表结构面的倾角，ab方向为走向</td><td>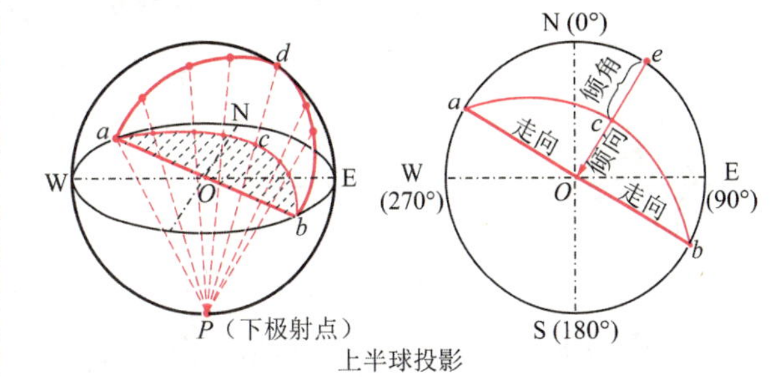

上半球投影</td></tr>
<tr><td>下半球投影</td><td>设一结构面产状 210°∠35°，若此结构面过球心，则其与下半球面相交为大圆弧abd，以球的北极上极射点P为发射点，结构面abd弧在赤平面上的投影为abc弧。Oc指向大圆方向为倾向，即倾向SW，ce之长短代表结构面的倾角，ab方向为走向</td><td>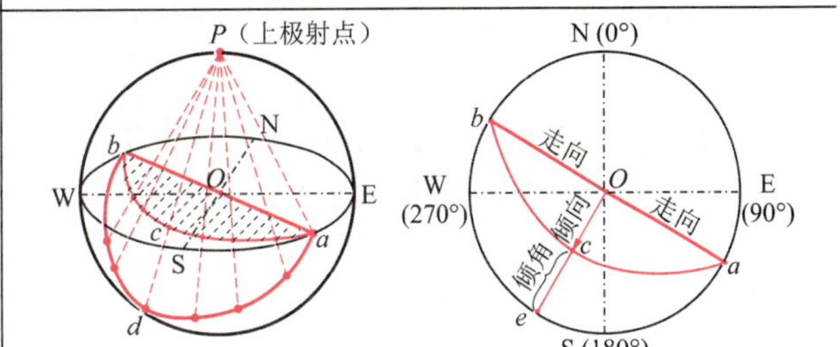

下半球投影</td></tr>
</table>

（2）**一组结构面稳定性分析**

分布有一组结构面的边坡稳定性分析比较简单，见表 5-18-43 中三种情况。

一组结构面的分析（上半球投影）　　表 5-18-43

<table>
<tr><td>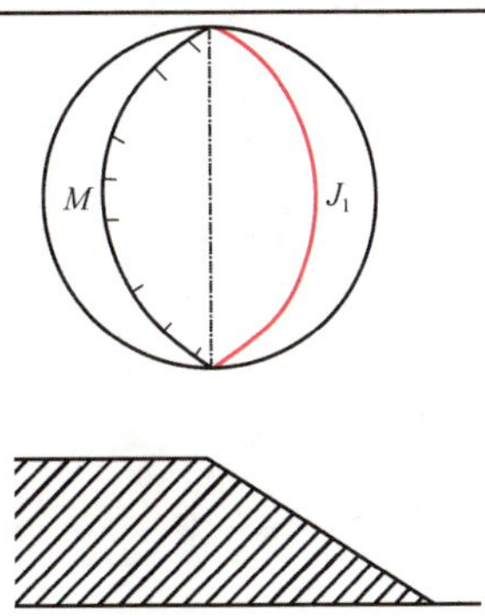

(a)</td><td>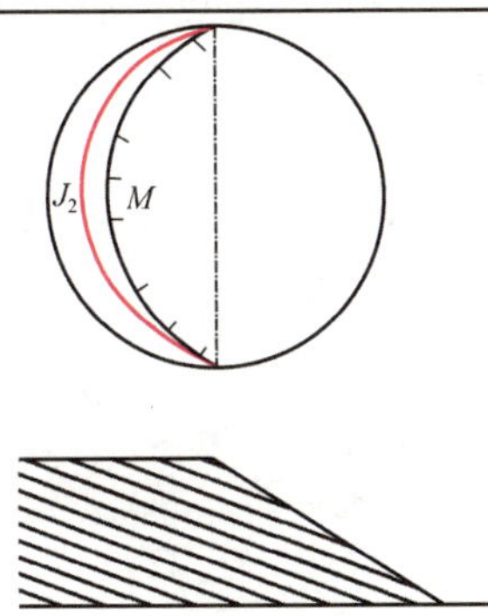

(b)</td><td>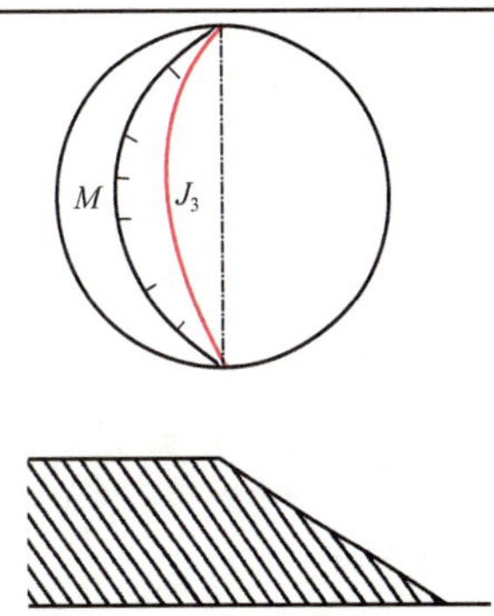

(c)</td></tr>
<tr><td>（a）当结构面走向与边坡的走向一致而倾向相反时，边坡M与结构面J_1投影弧相对，属于稳定结构</td><td>（b）当结构面与边坡的走向、倾向均相同，但其倾角小于坡角时，结构面J_2的投影弧位于边坡M的投影弧之外，属于不稳定结构</td><td>（c）当结构面与边坡的走向、倾向均相同，但其倾角大于坡角时，结构面J_3的投影弧位于边坡M的投影弧之内，属于稳定结构</td></tr>
</table>

注：投影弧两端连线表示走向，内弯方向指向倾向，弧度越大，倾角越小，靠近圆边为 0°，靠近直径为 90°。

（3）**两组结构面稳定性分析**

由两组结构面控制的边坡稳定性，对主要结构面组合交线与边坡的关系进行分析，一般有以下五种情况。

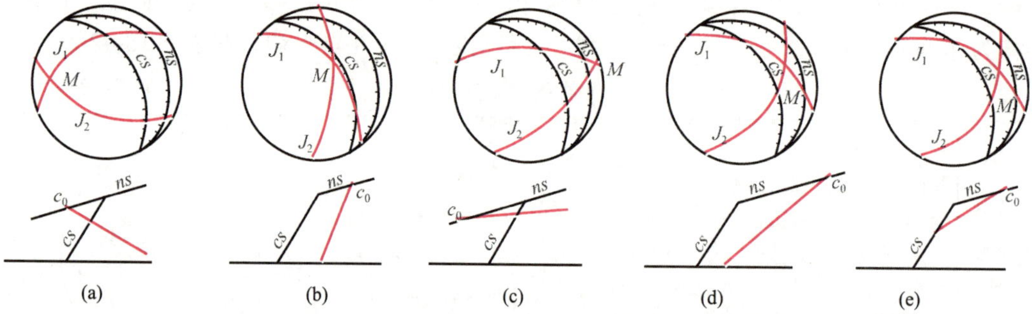

图 5-18-116 两组结构面赤平极射投影图（上半球投影）

①如图 5-18-116（a）所示，两结构面J_1、J_2的交点M位于边坡投影弧cs（人工边坡）及ns（天然边坡）的对侧，说明组合交线的倾向与边坡倾向相反，所以没有发生顺层滑动的可能性，属于最稳定结构。

②如图 5-18-116（b）所示，两结构面J_1、J_2的交点M与边坡投影弧在同一侧，但在cs（人工边坡）的内侧，说明结构面组合交线的倾向与坡面倾向一致，倾角大于坡角，属于稳定结构。

③如图 5-18-116（c）所示，两结构面J_1、J_2的交点M与边坡投影弧在同一侧，但在ns（天然边坡）的外侧，说明结构面组合交线的倾向与坡面倾向一致，但倾角小于天然坡角，在坡顶无出露点，属于较稳定结构。

④如图 5-18-116（d）所示，两结构面J_1、J_2的交点M与边坡投影弧在同一侧，但在ns（天然边坡）和cs（人工边坡）之间，说明结构面组合交线的倾向与坡面倾向一致，但倾角小于开挖坡角而大于天然坡角，在坡顶有出露点，但出露点c_0距离开挖坡面较远，结构面交线在开挖坡面上没有出露，而插于坡角以下，对结构体具有一定的支撑作用，属于较不稳定结构。

⑤如图 5-18-116（e）所示，与图 5-1-17（d）类似，结构面组合交线的倾向与坡面倾向一致，但倾角小于开挖坡角而大于天然坡角，结构面交线在两种坡面都有出露，属于不稳定结构。

题 5-97　（19C17）某 10m 高的永久性岩质边坡，安全等级为二级，坡顶水平，坡体岩石为砂质泥岩，岩体重度为 23.5kN/m³。坡体内存在两组结构面J_1和J_2。边坡赤平面投影如图 5-18-117 所示，坡面及结构面参数见表 5-18-44。按照《建筑边坡工程技术规范》GB 50330—2013 的相关要求，在一般工况下，通过边坡稳定性评价确定的该岩质边坡的稳定性状态为下列哪个选项？

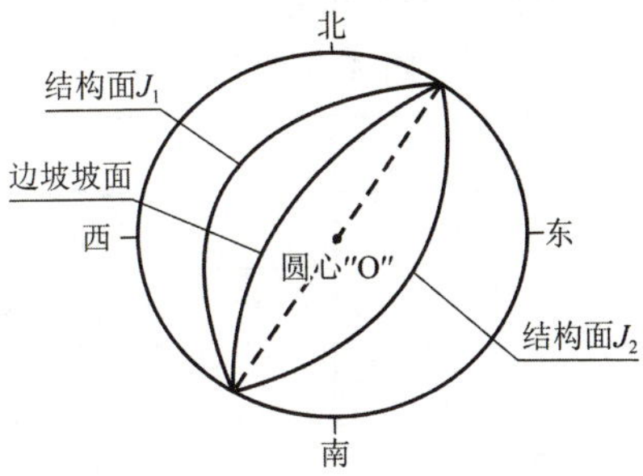

图 5-18-117　题 5-97 图

题 5-97 表　　　　表 5-18-44

名称	产状	内摩擦角φ	黏聚力c（kPa）
J_1	120°∠32°	20°	20.5
J_2	300°∠40°	18°	17.0
边坡坡面	120°∠67°		

（A）稳定　　（B）基本稳定　　（C）欠稳定　　（D）不稳定

【解】

（1）安全等级二级，永久边坡，一般工况，$F_{st}=1.30$

（2）边坡结构面J_2为内倾结构面，不影响边坡稳定性，结构面J_1为外倾结构面

（3）滑体$W=\frac{1}{2}\times10\times\left(\frac{10}{\tan32°}-\frac{10}{\tan67°}\right)\times23.5=1381.63\text{kN/m}$

（4）$F_s=\dfrac{1381.63\times\cos32°\times\tan20°+20.5\times\dfrac{10}{\sin32°}}{1381.63\times\sin32°}=1.11$

$1.05<F_s<F_{st}=1.3$，基本稳定

【点评】

①根据《建筑边坡工程技术规范》第 5.3.1 条、第 5.3.2 条、附录 A.0.2、《工程地质手册》P1100；②内倾和外倾结构面的原理，本题外倾结构面倾向和边坡倾向完全一致。

题 5-98　（22 补考 C17）某立交工程主线道路左侧岩质边坡高 15m，边坡坡面倾向为 187°，坡角 70°，坡顶水平，且为拟建立交区域的 H 匝道，匝道分布荷载按照 30kPa 考虑。根据现场地质调查，该边坡区域岩层产状为 105°∠61°，主要发育 3 条裂隙，见表 5-18-45。假定 3 条裂隙面界面抗剪强度参数均为：黏聚力$c = 35$kPa，内摩擦角$\varphi = 20°$；岩层层面抗剪强度参数：黏聚力$c = 22$kPa，内摩擦角$\varphi = 12°$；岩体重度 25kN/m³，试计算此边坡形成后由单组结构面控制时可能的最小稳定系数最接近下列哪个选项？

题 5-98 表　　表 5-18-45

裂隙编号	倾向、倾角
J_1	倾向 260°～280°，倾角 35°
J_2	倾向 180°～200°，倾角 45°
J_3	倾向 350°～20°，倾角 65°

（A）0.81　（B）0.87　（C）0.97　（D）1.08

【解】

（1）从表格数据可知J_2倾向与边坡倾向接近，倾角小于坡角，属于不稳定

（2）$G = \left(25 \times \frac{1}{2} \times 15 + 30\right) \times \left(\frac{15}{\tan 45°} - \frac{15}{\tan 70°}\right) = 2075\text{kN/m}$

（3）$F_s = \dfrac{2075 \times \cos 45° \times \tan 20° + 35 \times \dfrac{15}{\sin 45°}}{2075 \times \sin 45°} = 0.87$

【点评】

①根据《工程地质手册》P1100 赤平极射投影法，先要判断当结构面与边坡的走向、倾向均相同，但其倾角小于坡角时，属于不稳定结构，本题的不稳定结构面为J_2，其他 2 个裂隙为稳定结构；②再根据《建筑边坡工程技术规范》附录 A.0.2 条，采用直线滑动法计算稳定性，2019 年真题重现，属于送分题。

18.3.4 折线滑动

折线滑动稳定性计算分为**传递系数显式法**和**传递系数隐式法**两种方法，注册岩土考试涉及的规范中，两种方法均有使用。早年以考查显式解为主，2013 版《建筑边坡工程技术规范》中传递系数法从显式解改为隐式解，注册考试中也开始以考查隐式解为主，但显式解也常有考查，二者同等重要，考试时按题目指定规范作答。折线滑动基本上属于必考内容，需在理解公式原理的基础上，达到闭卷的程度。关于两种方法的异同，总结如表 5-18-46 所示。

传递系数隐式法与显式法对比表 表 5-18-46

计算参数	传递系数显式法	传递系数隐式法
计算简图	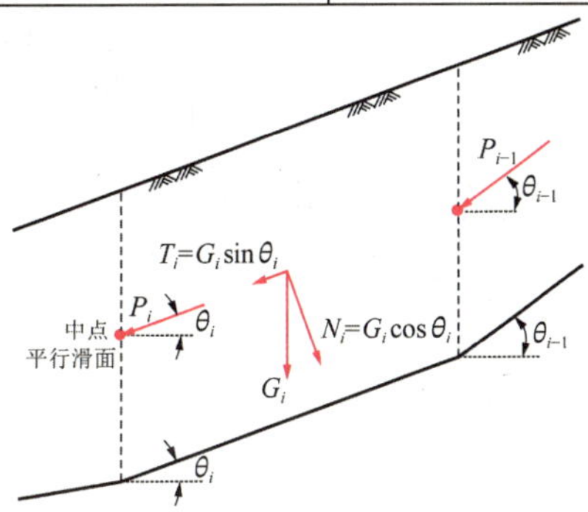	
涉及规范	《建筑地基基础设计规范》第 6.4.3 条 《岩土工程勘察规范》第 5.2.8 条条文说明 《铁路路基支挡结构设计规范》第 13.2.3 条 《公路路基设计规范》第 7.2.2 条滑坡地段	《建筑边坡工程技术规范》附录 A.0.3 《建筑边坡工程鉴定与加固技术规范》附录 A.0.3 《公路路基设计规范》第 3.6.10 条、第 3.7.5 条 路堤（路堑）边坡
传递系数 ψ_{i-1}	$\psi_{i-1}=\cos(\theta_{i-1}-\theta_i)-\sin(\theta_{i-1}-\theta_i)\tan\varphi_i$	$\psi_{i-1}=\cos(\theta_{i-1}-\theta_i)-\dfrac{\sin(\theta_{i-1}-\theta_i)\tan\varphi_i}{F_s}$
下滑力 T_i	$T_i=G_i\sin\theta_i$	$T_i=G_i\sin\theta_i$
抗滑力 R_i	$R_i=G_i\cos\theta_i\tan\varphi_i+c_il_i$	$R_i=G_i\cos\theta_i\tan\varphi_i+c_il_i$
剩余下滑力 P_i	$P_i=P_{i-1}\psi_{i-1}+\gamma_tT_i-R_i$	$P_i=P_{i-1}\psi_{i-1}+T_i-\dfrac{R_i}{F_s}$
计算步骤	（1）由坡体后缘开始，沿滑动方向逐块计算 T_i、R_i、ψ_{i-1}； （2）将 T_i、R_i、ψ_{i-1} 代入 P_i 公式，逐块计算剩余下滑力 P_i； （3）假设最后一块滑动体的 $P_i=0$，计算边坡稳定性系数 F_s 或反算土层参数 c 或 φ	
不同点	通过直接增大下滑力，以达到安全储备	通过直接核减抗滑力，以达到安全储备
相同点	当 $F_s=1$ 时，两种方法等同	

三本规范上的折线滑动显式解和隐式解对比总结如表 5-18-47 所示。

折线滑动总结表 表 5-18-47

闭卷原理技巧：

1. **显式解**通过**增大下滑力**达到安全储备；**隐式解**通过**折减抗滑力**达到安全储备；

2. 传递系数的本质（如下图所示），是将剩余下滑力P_{i-1}分解到下一滑块的下滑力（切向力）－阻滑力（法向力 × $\tan\varphi_i$）

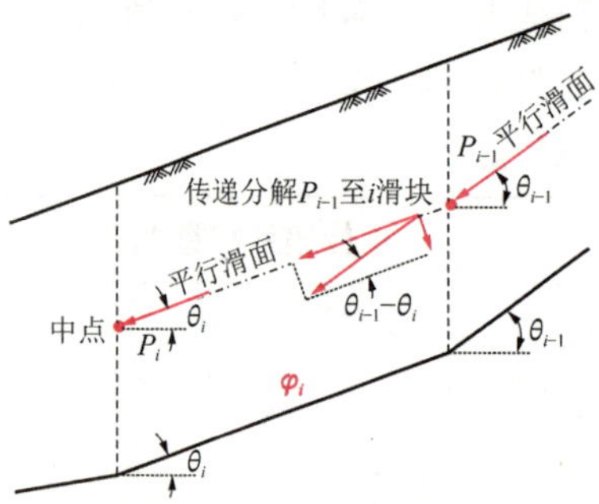

P_{i-1}沿i滑块切向分量系数　　i滑块摩擦角

$$\psi_{i-1}=\cos(\theta_{i-1}-\theta_i)-\sin(\theta_{i-1}-\theta_i)\tan\varphi_i$$

P_{i-1}沿i滑块法向分量系数

隐式解时，需对$\tan\varphi_i$进行折减

注：计算ψ_{i-1}大于 1 时，取实际值；三本主规范配图和代号比较混乱，下表中对公式统一修正，便于闭卷，只需牢记传递系数为上一滑块传至下一滑块，$\tan\varphi$用下一滑块数据

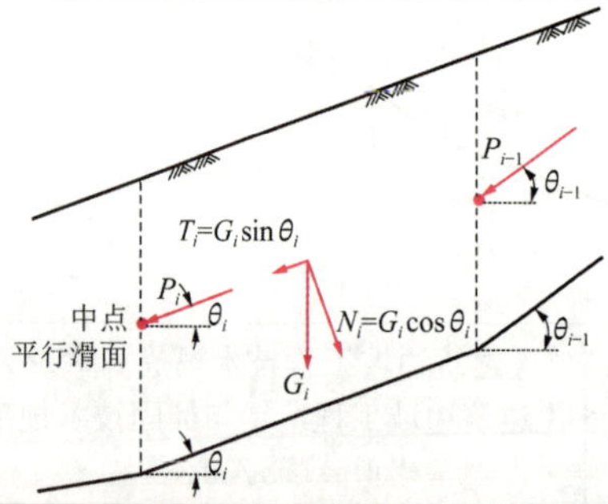

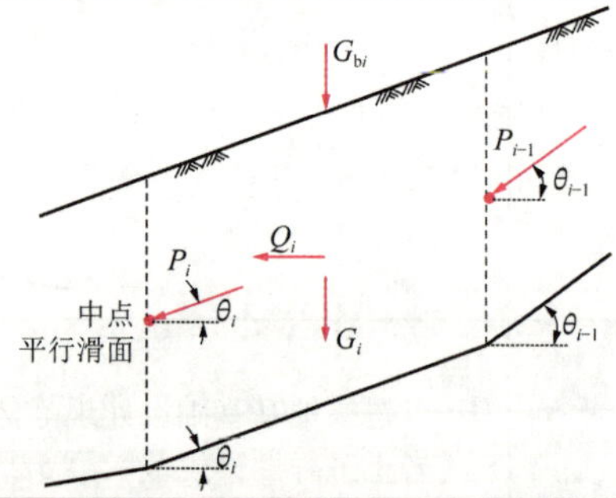

《建筑地基基础设计规范》显式解——第 6.4.3 条：

$$\psi_{i-1}=\cos(\theta_{i-1}-\theta_i)-\sin(\theta_{i-1}-\theta_i)\tan\varphi_i$$

$$T_i=G_i\sin\theta_i,\ R_i=G_i\cos\theta_i\tan\varphi_i+c_il_i$$

$$P_i=P_{i-1}\psi_{i-1}+\gamma_tT_i-R_i\ (P_i<0\text{ 时，取}P_i=0)$$

可合并计算（**提速**）：

$$P_i=P_{i-1}\psi_{i-1}+\gamma_tG_i\sin\theta_i-G_i\cos\theta_i\tan\varphi_i-c_il_i$$

式中：γ_t——安全系数，建筑物甲级取 1.3，乙级取 1.2，丙级取 1.1。

注：计算滑坡推力P_n，或令$P_n=0$反算c、φ值

《建筑边坡工程技术规范》隐式解——附录 A.0.3：

$$\psi_{i-1}=\cos(\theta_{i-1}-\theta_i)-\frac{\sin(\theta_{i-1}-\theta_i)\tan\varphi_i}{F_s}$$

$$T_i=(G_i+G_{bi})\sin\theta_i+Q_i\cos\theta_i$$

$$R_i=[(G_i+G_{bi})\cos\theta_i-Q_i\sin\theta_i-U_i]\tan\varphi_i+c_il_i$$

$$P_i=P_{i-1}\psi_{i-1}+T_i-\frac{R_i}{F_s}\ (P_i<0\text{ 时，取}P_i=0)$$

$$P_n=0\Rightarrow F_s\Rightarrow\text{稳定性划分}$$

注：★用F_{st}替换F_s计算滑坡推力P_n，或令$P_n=0$反算c、φ值

《岩土工程勘察规范》显式解——第 5.2.8 条条文说明：

$$F_s=\frac{\sum_{i=1}^{n-1}\left(R_i\prod_{j=i}^{n-1}\psi_j\right)+R_n}{\sum_{i=1}^{n-1}\left(T_i\prod_{j=i}^{n-1}\psi_j\right)+T_n}\ (T_i<0\text{ 时，取负值计算})$$

$$T_i=G_i\sin\theta_i,\ R_i=G_i\cos\theta_i\tan\varphi_i+c_il_i$$

三个滑块：$F_s=\dfrac{R_1\psi_1\psi_2+R_2\psi_2+R_3}{T_1\psi_1\psi_2+T_2\psi_2+T_3}$

两个滑块：$F_s=\dfrac{R_1\psi_1+R_2}{T_1\psi_1+T_2}$

注：计算安全系数F_s，或令$F_s=1$反算c、φ值

注：1. θ_i反向时，取负值代入；$\theta_{i-1}-\theta_i<0$时，取负值代入；

2. 滑坡推力平行滑面，作用点可取滑体厚度1/2处；

3. 《公路路基设计规范》第 3.6.10 条、第 3.7.5 条规定**路堤沿斜坡地基或软弱层带滑动**或**路堑边坡**稳定性分析用隐式解；第 7.2.2 条规定**滑坡地段**的滑坡剩余下滑力计算用显式解；《铁路路基支挡结构设计规范》第 13.2.3 条规定滑坡推力计算用显式解

注：《建筑地基基础设计规范》和《岩土工程勘察规范》两本规范的显式解计算结果基本一致，前者更适用求剩余下滑力，后者则更适合求安全系数。

1.《建筑边坡工程技术规范》隐式解——附录 A.0.3

如图 5-18-118 所示，折线形滑动面的边坡可采用传递系数法隐式解，边坡稳定性系数 F_s 可按下列公式计算：

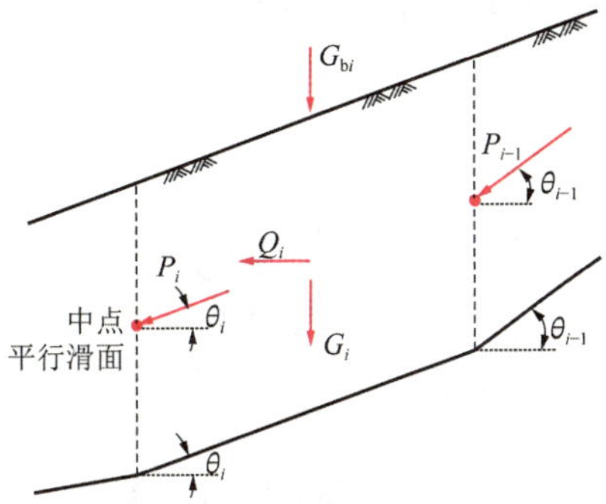

图 5-18-118　折线形滑动示意图

$$\psi_{i-1}=\cos(\theta_{i-1}-\theta_i)-\frac{\sin(\theta_{i-1}-\theta_i)\tan\varphi_i}{F_s}$$

（θ_i反向时，取负值代入；$\theta_{i-1}-\theta_i<0$时，取负值代入）

$$T_i=(G_i+G_{bi})\sin\theta_i+Q_i\cos\theta_i$$

$$R_i=[(G_i+G_{bi})\cos\theta_i-Q_i\sin\theta_i-U_i]\tan\varphi_i+c_il_i$$

$$P_i=P_{i-1}\psi_{i-1}+T_i-\frac{R_i}{F_s}\text{（}P_i<0\text{ 时，取}P_i=0\text{）}$$

$$P_n=0\Rightarrow F_s\Rightarrow\text{稳定性划分}$$

式中：P_n——第n条块单位宽度剩余下滑力（kN/m）；

P_i——第i计算条块与第$i+1$计算条块单位宽度剩余下滑力（kN/m），（$P_i<0$ 时，取 $P_i=0$）；

T_i——第i计算条块单位宽度重力及其他外力引起的下滑力（kN/m）；

R_i——第i计算条块单位宽度重力及其他外力引起的抗滑力（kN/m）；

ψ_{i-1}——第$i-1$计算条块对第i计算条块的传递系数（ψ_{i-1}大于 1 时，取实际值）；

其他符号同前。

注：1. ★用F_{st}替换F_s计算滑坡推力P_n，或令$P_n=0$反算c、φ值

2. 滑坡推力平行滑面，作用点可取滑体厚度1/2处；

3. 边坡稳定状态划分和边坡稳定安全系数F_{st}应按表 5-18-33 和表 5-18-34 确定。

题 5-99 （13C25 改编）根据勘察资料某滑坡体可分为 2 个块段，如图 5-18-119 所示，每个块段的重力、滑面长度、滑面倾角及滑面抗剪强度标准值分别为：$G_1 = 700\text{kN/m}$，$L_1 = 12\text{m}$，$\beta_1 = 30°$，$\varphi_1 = 12°$，$c_1 = 10\text{kPa}$；$G_2 = 820\text{kN/m}$，$L_2 = 10\text{m}$，$\beta_2 = 10°$，$\varphi_2 = 10°$，$c_2 = 12\text{kPa}$。根据《建筑边坡工程技术规范》GB 50330—2013 用传递系数法计算滑坡稳定安全系数F_s最接近下列哪个选项？

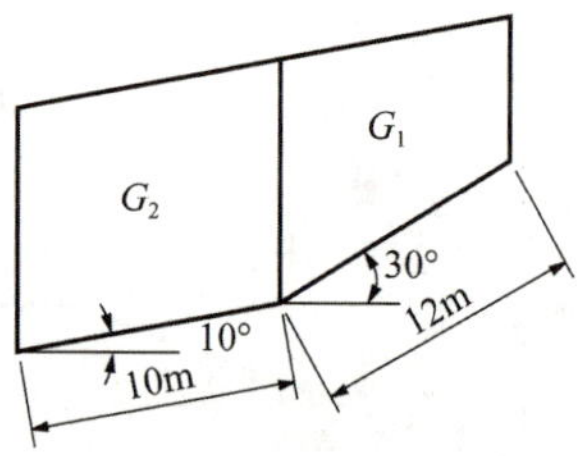

图 5-18-119　题 5-99 图

（A）1.02　　　（B）1.07　　　（C）1.12　　　（D）1.17

【解】

（1）$T_1 = 700 \times \sin 30° = 350\text{kN/m}$，$T_2 = 820 \times \sin 10° = 142.39\text{kN/m}$

$R_1 = 10 \times 12 + 700 \times \cos 30° \times \tan 12° = 248.86\text{kN/m}$

$R_2 = 12 \times 10 + 820 \times \cos 10° \times \tan 10° = 262.39\text{kN/m}$

（2）$\psi_1 = \cos(30° - 10°) - \dfrac{\sin(30° - 10°) \times \tan 10°}{F_s} = 0.94 - \dfrac{0.06}{F_s}$

（3）$P_1 = T_1 - \dfrac{R_1}{F_s} = 350 - \dfrac{248.86}{F_s}$，假设$P_1 \geqslant 0$

$$P_2 = P_1\psi_1 + T_2 - \frac{R_1}{F_s} = \left(350 - \frac{248.86}{F_s}\right) \times \left(0.94 - \frac{0.06}{F_s}\right) + 142.39 - \frac{262.39}{F_s}$$

（4）令$P_2 = 0$，解方程得：$F_s = 1.07$，满足$P_1 > 0$

【点评】

根据《建筑边坡工程技术规范》附录 A.0.3，采用传递系数法隐式解。

【同类型真题】 10C19

题 5-100　开挖一高度 10m 的永久性土质边坡（图 5-18-120），已知滑动面的黏聚力$c = 10\text{kPa}$，内摩擦角$\varphi = 12°$，土体沿滑动面下滑，可造成重大财产损失，拟采用抗滑桩进行支护，桩间距 2m，剩余下滑力在桩上的分布按矩形分布，试按《建筑边坡工程技术规范》GB 50330—2013 计算抗滑桩相对于嵌固段顶部 A 点要求的最小抗滑力矩。

题 5-100 表　　　　**表 5-18-48**

滑块编号	滑面倾角	滑面长度L（m）	滑块重G（kN/m）
1	35°	12	650
2	10°	16	1600

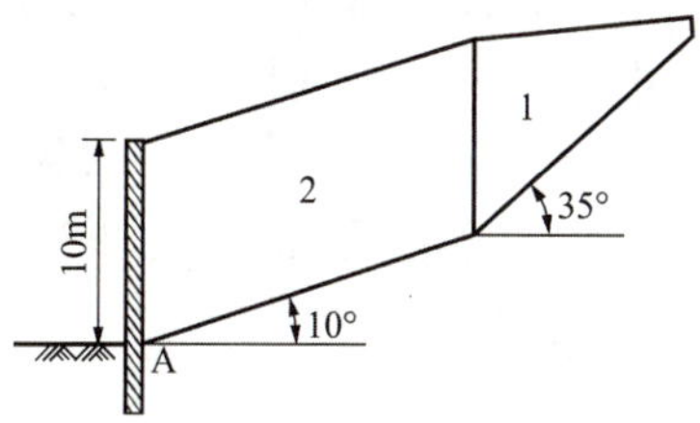

图 5-18-120　题 5-100 图

【解】

（1）依题意为一级边坡，$F_{st} = 1.35$

（2）$p_1 = 650 \times \sin 35° - \dfrac{650 \times \cos 35° \times \tan 12° + 12 \times 10}{1.35} = 200.1\text{kN/m}$

$$\psi_1 = \cos(35° - 10°) - \frac{\sin(35° - 10°) \times \tan 12°}{1.35} = 0.840$$

$$p_2 = 200.1 \times 0.840 + 1600 \times \sin 10° - \frac{1600 \times \cos 10° \times \tan 12° + 16 \times 10}{1.35}$$
$$= 79.3\text{kN/m}$$

（3）下滑力矩$M_{滑} = 79.3 \times 5 \times \cos 10° = 390.5\text{kN} \cdot \text{m/m}$

单桩抗滑力矩$M_{抗} = 390.5 \times 2 \times 1.35 = 1054.3\text{kN} \cdot \text{m}$

【点评】

①根据《建筑边坡工程技术规范》第 3.2.1 条、第 5.3.2 条及附录 A.0.3；②注意抗滑力矩与滑动力矩的关系要满足安全系F_{st}的要求，可以先计算抗滑力再计算抗滑力矩。

【同类型真题】 16D17

题 5-101　（19D20）拟开挖一个高度为 12m 的临时性土质边坡，边坡地层如图 5-18-121 所示。边坡开挖后土体易沿岩土界面滑动，破坏后果很严重。已知岩土界面抗剪强度指标$c = 20\text{kPa}$，$\varphi = 10°$，边坡稳定性计算结果见表 5-18-49。按《建筑边坡工程技术规范》GB 50330—2013 的规定，边坡剩余下滑力最接近下列哪一选项？

题 5-101 表　　　　**表 5-18-49**

条块编号	滑面倾角θ（°）	下滑力T（kN/m）	抗滑力R（kN/m）
1	30	398.39	396.47
2	20	887.03	729.73

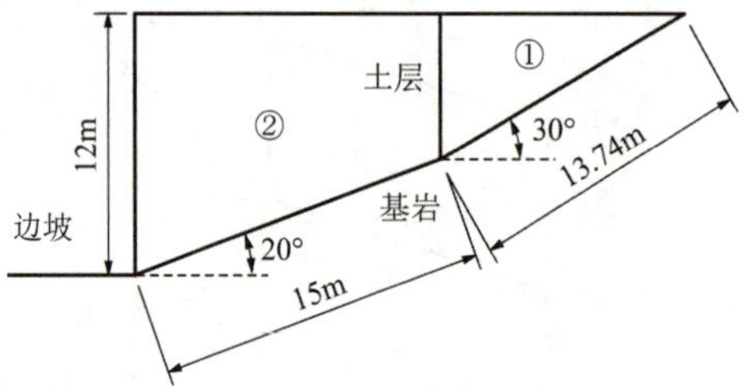

图 5-18-121　题 5-101 图

（A）344kN/m　（B）360kN/m　（C）382kN/m　（D）476kN/m

【解】

（1）破坏后果很严重，为一级边坡；临时性边坡，$F_{st} = 1.25$

（2）$P_1 = 398.39 - \dfrac{396.47}{1.25} = 81.214\text{kN/m}$

（3）$\psi_1 = \cos(30° - 20°) - \dfrac{\sin(30° - 20°) \times \tan 10°}{1.25} = 0.96$

（4）$P_2 = 81.214 \times 0.96 + 887.03 - \dfrac{729.73}{1.25} = 381.2\text{kN/m}$

【点评】

①根据《建筑边坡工程技术规范》第 3.2.1 条、第 5.3.2 条、附录 A.0.3；②折线滑动每年必考题，安全系数通过查表获得，计算剩余下滑力时稳定系数F_s采用安全系数F_{st}。

【同类型真题】 22 补考 D21

题 5-102 （21D16）某临时建筑边坡，破坏后果严重，拟采用放坡处理，放坡后该边坡的基本情况及潜在滑动面如图 5-18-122 所示，潜在滑面强度参数为$c = 20\text{kPa}, \varphi = 11°$，根据《建筑边坡工程技术规范》GB 50330—2013 判定该临时边坡放坡后的稳定状态为下列哪个选项？

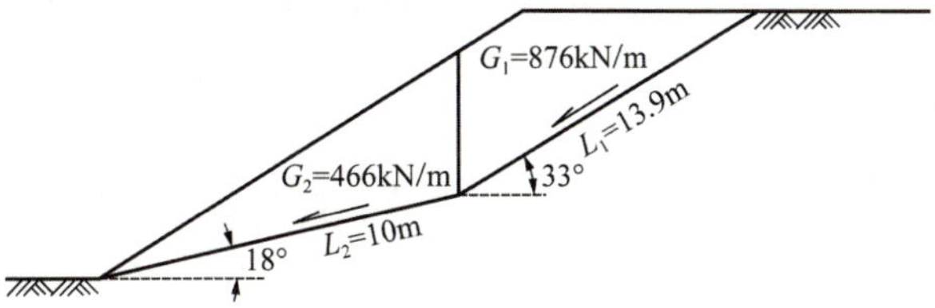

图 5-18-122 题 5-102 图

（A）不稳定 （B）欠稳定 （C）基本稳定 （D）稳定

【解】

（1）$\psi_1 = \cos(33° - 18°) - \dfrac{\sin(33° - 18°)\tan 11°}{F_s} = 0.966 - \dfrac{0.05}{F_s}$

（2）$P_1 = 876 \times \sin 33° - \dfrac{876 \times \cos 33° \times \tan 11° + 13.9 \times 20}{F_s} = 477.1 - \dfrac{420.8}{F_s}$

（3）令$P_2 = \left(0.966 - \dfrac{0.05}{F_s}\right) \times \left(477.1 - \dfrac{420.8}{F_s}\right) + 466 \times \sin 18° -$

$$\frac{466 \times \cos 18° \times \tan 11° + 10 \times 20}{F_s} = 0$$

得$F_s = 1.15$，验算$P_1 = 477.1 - \dfrac{420.8}{F_s} = 111.2 > 0$，满足要求

（4）二级临时边坡，$F_{st} = 1.20$，则$1.05 < F_s < F_{st}$，基本稳定

【点评】

①根据《建筑边坡工程技术规范》第 3.2.1 条、第 5.3.1 条、第 5.3.2 条，附录 A.0.3；②《建筑边坡工程技术规范》折线滑动属于隐式传递系数法，应熟练使用解方程；③边坡稳定性系数通过$P_n = 0$ 计算，其中$P_i < 0 (i < n)$时取$P_i = 0$，应进行验算。

题 5-103 （17C26）拟开挖一高度为 8m 的临时性土质边坡，如图 5-18-123 所示。由于基岩面较陡，边坡开挖后土体易沿基岩面滑动，破坏后果严重，根据《建筑边坡工程技术规范》GB 50330—2013 稳定性计算结果见表 5-18-50，当按该规范的要求治理时，边坡剩余下滑力最接近下列哪个选项？

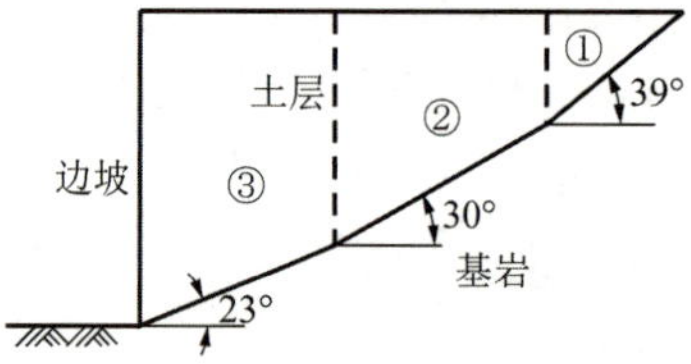

图 5-18-123 题 5-103 图

题 5-103 表 表 5-18-50

条块编号	滑面倾角（°）	下滑力（kN/m）	抗滑力（kN/m）	传递系数	稳定系数F_s
①	39.0	40.44	16.99	0.920	0.45
②	30.0	242.62	95.68	0.940	
③	23.0	277.45	138.35	—	

（A）336kN/m （B）338kN/m （C）346kN/m （D）362kN/m

【解】

（1）治理前，$F_s = 0.45$，反算内摩擦角：

$$\psi_1 = \cos(39° - 30°) - \frac{\sin(39° - 30°) \times \tan\varphi_2}{0.45} = 0.920 \Rightarrow \tan\varphi_2 = 0.195$$

$$\psi_2 = \cos(30° - 23°) - \frac{\sin(30° - 23°) \times \tan\varphi_3}{0.45} = 0.940 \Rightarrow \tan\varphi_3 = 0.194$$

（2）治理时，临时边坡，破坏后果严重，查表$F_{st} = 1.20$，计算推力：

$$\psi_1 = \cos(39° - 30°) - \frac{\sin(39° - 30°) \times 0.195}{1.20} = 0.962$$

$$\psi_2 = \cos(30° - 23°) - \frac{\sin(30° - 23°) \times 0.194}{1.20} = 0.973$$

（3）$P_1 = 40.44 - \dfrac{16.99}{1.20} = 26.28\text{kN/m}$

$$P_2 = 26.28 \times 0.962 + 242.62 - \frac{95.68}{1.20} = 188.17\text{kN/m}$$

$$P_3 = 188.17 \times 0.973 + 277.45 - \frac{138.35}{1.20} = 345.25\text{kN/m}$$

【点评】

①根据《建筑边坡工程技术规范》第 3.2.1 条、第 5.3.2 条、附录 A.0.3，根据表 3.2.1 查得边坡工程安全等级为二级，根据表 5.3.2 查得边坡稳定安全系数$F_{st} = 1.20$；②此题**坑点较深，安全稳定系数变化时传递系数也发生了变化**，通过反算内摩擦角得到稳定安全的传递系数。

题 5-104　（22C20）某岩质顺向坡的层面外倾，如图 5-18-124 所示，坡脚开挖后，坡体表面出现了裂缝，判定边坡处于欠稳定状态。已知滑面为层面，层面摩擦角 12°，黏聚力 25kPa。滑面长度$L = 15\text{m}$，倾角$\beta = 32°$，单位宽度滑块自重$G = 1000\text{kN}$。拟采用反压措施进行应急处置，要求反压后整体稳定安全系数不小于 1.20。按《建筑边坡工程技术规范》GB 50330—2013 的隐式解法计算，单位宽度坡脚的反压体最少土方量为下列哪个选项？（无地下水，坡脚地面水平，反压体与地面的摩擦系数μ取 0.30，反压体重度 21kN/m³，反压体几何尺寸满足工程措施要求）

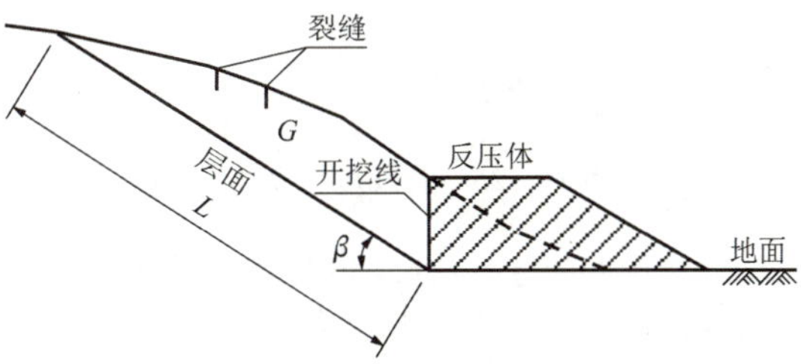

图 5-18-124　题 5-104 图

（A）8.0m³/m　（B）9.0m³/m　（C）9.5m³/m　（D）10.0m³/m

【解】

（1）$\psi_1 = \cos(32° - 0°) - \dfrac{\sin(32° - 0°) \times 0.3}{1.2} = 0.7156$

（2）$P_1 = 1000 \times \sin 32° - \dfrac{1000 \times \cos 32° \times \tan 12° + 15 \times 25}{1.2} = 67.2\text{kN/m}$

（3）$P_2 = 67.2 \times 0.7156 - \dfrac{V \times 21 \times 0.3}{1.2} \leqslant 0$，得$V \geqslant 9.16\text{m}^3$，取 9.5m^3

【点评】

①根据《建筑边坡工程设计规范》附录 A.0.3；②附录 A.0.3 为隐式传递系数法，求稳定安全系数时，对抗力进行折减，本题是求安全稳定系数，不是求剩余下滑力。错误解法：$V \times 21 \times 0.3 \geqslant 67.2 \times \cos 32°$，得$V \geqslant 9.05\text{m}^3$。

2.《建筑地基基础设计规范》显式解——第 6.4.3 条

如图 5-18-125 所示，当滑坡的滑动面为折线形时，滑坡推力P_i可按下列公式进行计算：

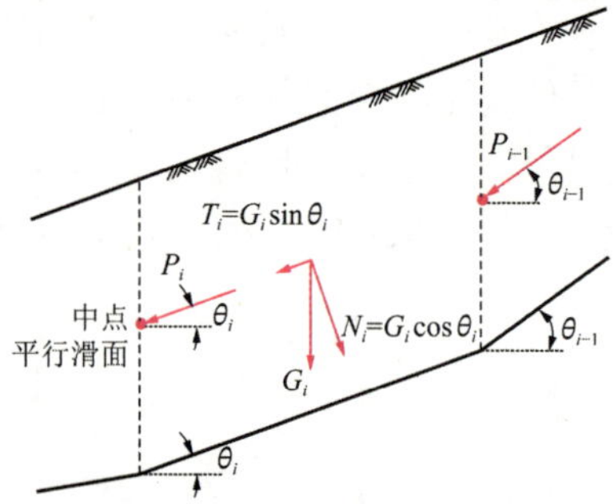

图 5-18-125 折线形滑动示意图

$$\psi_{i-1}=\cos(\theta_{i-1}-\theta_i)-\sin(\theta_{i-1}-\theta_i)\tan\varphi_i$$

（θ_i反向时，取负值代入；$\theta_{i-1}-\theta_i<0$时，取负值代入）

$$T_i=G_i\sin\theta_i\text{，}R_i=G_i\cos\theta_i\tan\varphi_i+c_il_i$$

$$P_i=P_{i-1}\psi_{i-1}+\gamma_tT_i-R_i\text{（}P_i<0\text{时，取}P_i=0\text{）}$$

可合并计算（**提速**）：

$$P_i=P_{i-1}\psi_{i-1}+\gamma_tG_i\sin\theta_i-G_i\cos\theta_i\tan\varphi_i-c_il_i$$

式中：γ_t——安全系数，建筑物甲级取 1.3，乙级取 1.2，丙级取 1.1。

注：1. 计算ψ_{i-1}大于 1 时，取实际值；

2. 计算滑坡推力P_n，或令$P_n=0$反算c、φ值；

3. 滑坡推力平行滑面，作用点可取滑体厚度1/2处；

4. 为了与《建筑边坡工程技术规范》对比，对配图和公式的代号进行了统一，考试可不写公式，直接列式代数即可。

题 5-105 （09C26）某一滑动面为折线的均质滑坡，其计算参数如表 5-18-51 所示：取滑坡推力安全系数为 1.05，根据《建筑地基基础设计规范》GB 50007—2011，计算滑坡③条块的剩余下滑力最接近下列哪个选项的数值？

题 5-105 表　　表 5-18-51

滑块编号	下滑力（kN/m）	抗滑力（kN/m）	传递系数
①	3600	1100	
②	8700	7000	0.76
③	1500	2600	0.90

（A）2140kN/m　（B）2730kN/m　（C）3220kN/m　（D）3790kN/m

【解】

（1）$F_n=F_{n-1}\psi+\gamma_tG_{nt}-G_{nn}\tan\varphi_n-c_nl_n$

（2）$F_1=\gamma_tG_{1t}-G_{1n}\tan\varphi_1-c_1l_1=1.05\times3600-1100=2680\text{kN/m}$

（3）$F_2=F_1\psi_2+\gamma_tG_{2t}-G_{2n}\tan\varphi_2-c_2l_2$

$=2680\times0.76+1.05\times8700-7000=4171.8\text{kN/m}$

（4）$F_3=F_2\psi_3+\gamma_tG_{3t}-G_{3n}\tan\varphi_3-c_3l_3$

$=4171.8\times0.9+1.05\times1500-2600=2729.62\text{kN/m}$

【点评】

①根据《建筑地基基础设计规范》第 6.4.3 条；②已知传递系数和安全系数，直接按规范公式带入即可，从上至下逐个计算滑体的剩余下滑力，小于零时取零；③老真题一般不指定规范，2013 版《建筑边坡工程技术规范》更新后一般都指定规范解答，故增加了题目条件；④显式解法求剩余下滑力用《建筑地基基础设计规范》第 6.4.3 条的公式最为方便，显式解法求安全系数用《岩土工程勘察规范》第 5.2.8 条条文说明的公式最为方便；⑤考试时可不写公式，直接列式代数。

【同类型真题】05D26、03D32/02C17

题 5-106　（04C32）某滑坡需做支挡设计，根据勘察资料滑坡体分为 3 个条块，如图 5-18-126 和表 5-18-52 所示，已知$c = 10\text{kPa}$，$\varphi = 10°$，滑坡推力安全系数取 1.15，按《建筑地基基础设计规范》GB 50007—2011 计算第三块滑体的下滑推力F_3最接近下列哪个选项？

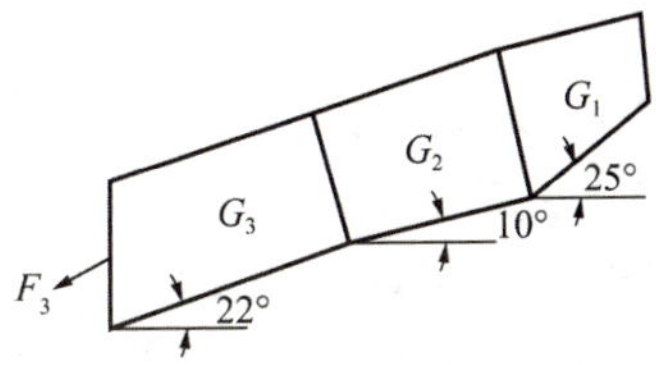

图 5-18-126　题 5-106 图

题 5-106 表　　表 5-18-52

条块编号	条块重力G（kN/m）	条块滑动面长度L（m）
1	500	11.03
2	900	10.15
3	700	10.79

（A）40kN/m　　（B）49kN/m　　（C）79kN/m　　（D）109kN/m

【解】

（1）$F_1 = \gamma_t G_{1t} - G_{1n}\tan\varphi_1 - c_1 l_1$

$F_1 = 1.15 \times 500 \times \sin 25° - 500 \times \cos 25° \times \tan 10° - 11.03 \times 10 = 52.8\text{kN/m}$

（2）$\psi_2 = \cos(\beta_1 - \beta_2) - \sin(\beta_1 - \beta_2)\tan\varphi_2$

$= \cos(25° - 10°) - \sin(25° - 10°) \times \tan 10° = 0.920$

$F_2 = F_1\psi_1 + \gamma_t G_{2t} - G_{2n}\tan\varphi_2 - c_2 l_2$

$F_2 = 52.8 \times 0.92 + 1.15 \times 900 \times \sin 10° - 900 \times \cos 10° \times \tan 10° - 10.15 \times 10$

$= -29.5\text{kN/m}$，取$F_2 = 0$

（3）$F_3 = F_2\psi_2 + \gamma_t G_{3t} - G_{3n}\tan\varphi_3 - c_3 l_3$

$F_3 = 0 + 1.15 \times 700 \times \sin 22° - 700 \times \cos 22° \times \tan 10° - 10 \times 10.79 = 79.2\text{kN/m}$

【点评】

①根据《建筑地基基础设计规范》第 6.4.3 条；②属于显示解，当计算$F_i < 0(i < n)$时取$F_i = 0$，属于重点考点，需要做到闭卷答题。

题5-107　(18D21)某滑坡体可分为两块，且处于极限平衡状态(图5-18-127)，每个滑块的重力、滑动面长度和倾角分别为：$G_1=600\text{kN/m}$，$L_1=12\text{m}$，$\beta_1=35°$；$G_2=800\text{kN/m}$，$L_2=10\text{m}$，$\beta_2=20°$。现假设各滑动面的强度参数一致，其中内摩擦角$\varphi=15°$，滑体稳定系数$K=1.0$，按《建筑地基基础设计规范》GB 50007—2011，采用传递系数法进行反分析求得滑动面的黏聚力c最接近下列哪一选项？

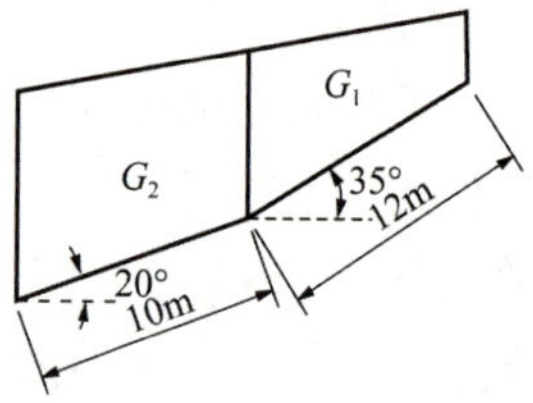

图5-18-127　题5-107图

(A) 7.2kPa　　(B) 10.0kPa

(C) 12.7kPa　　(D) 15.5kPa

【解】

(1) $T_1=600\times\sin35°=344.1\text{kN/m}$

$R_1=600\times\cos35°\times\tan15°+12c=131.7+12c$

$T_2=800\times\sin20°=273.6\text{kN/m}$

$R_2=800\times\cos20°\times\tan15°+10c=201.4+10c$

$\psi=\cos(35°-20°)-\sin(35°-20°)\times\tan15°=0.897$

(2) $F_1=1\times344.1-(131.7+12c)=212.4-12c$

(3) $F_2=0.897\times(212.4-12c)+1\times273.6-(201.4+10c)=0\Rightarrow c=12.65\text{kPa}$

【点评】

①按《建筑地基基础设计规范》第6.4.3条；②《建筑地基基础设计规范》和《岩土工程勘察规范》采用传递系数显式解，对下滑力放大，抗滑力不折减；③边坡滑坡采用的是隐式法，对抗滑力折减，更符合边坡安全系数的定义，现在的真题一般都会指定规范，按指定的规范解答；④如果用《岩土工程勘察规范》，计算如下，结果完全一致：

$$F_s=\frac{(131.7+12c)\times0.897+201.4+10c}{344.1\times0.897+273.6}=1\Rightarrow c=12.65\text{kPa}。$$

3.《岩土工程勘察规范》显式解——第 5.2.8 条条文说明

如图 5-18-128 所示，当滑坡的滑动面为折线形时，滑坡稳定性分析可采用传递系数法显式解，用如下方法计算稳定安全系数F_s：

$$F_s=\frac{\sum_{i=1}^{n-1}\left(R_i\prod_{j=i}^{n-1}\psi_j\right)+R_n}{\sum_{i=1}^{n-1}\left(T_i\prod_{j=i}^{n-1}\psi_j\right)+T_n}$$（$T_i<0$ 时，取负值）

$$\psi_{i-1}=\cos(\theta_{i-1}-\theta_i)-\sin(\theta_{i-1}-\theta_i)\tan\varphi_i$$

（θ_i反向时，取负值代入；$\theta_{i-1}-\theta_i<0$ 时，取负值代入）

$$T_i=G_i\sin\theta_i\ ,\ R_i=G_i\cos\theta_i\tan\varphi_i+c_il_i$$

三个滑块：$F_s=\dfrac{R_1\psi_1\psi_2+R_2\psi_2+R_3}{T_1\psi_1\psi_2+T_2\psi_2+T_3}$；两个滑块：$F_s=\dfrac{R_1\psi_1+R_2}{T_1\psi_1+T_2}$

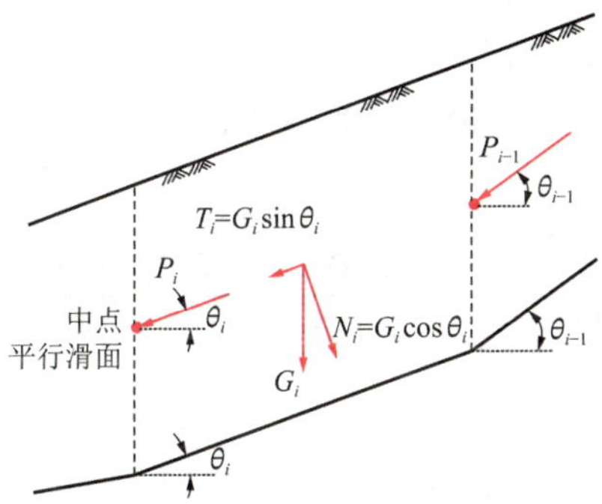

图 5-18-128　折线形滑动示意图

注：1. θ_i反向时，取负值代入；$\theta_{i-1}-\theta_i<0$时，取负值代入；计算ψ_{i-1}大于 1 时，取实际值；

2. 计算安全系数F_s，或令$F_s=1$反算c、φ值；

3. 滑坡推力平行滑面，作用点可取滑体厚度1/2处；

4. 考试一般最多考查三个滑块，直接按下面两个或三个滑块的公式计算，不用管总公式；

5. 为了与《建筑边坡工程技术规范》对比，对配图和公式的代号进行了统一，考试可不写公式，直接列式代数即可。

题 5-108 （04D32）根据勘察资料，某滑坡体正好处于极限平衡状态，且可分为 2 个条块，每个条块重力及滑面长度如表 5-18-53 所示，滑面倾角如图 5-18-129 所示，现设定各滑面内摩擦角$\varphi = 10°$，稳定系数$F_s = 1.0$，按《岩土工程勘察规范》（2009 年版）GB 50021—2001，用反分析法求滑动面黏聚力c值最接近下列哪个选项？

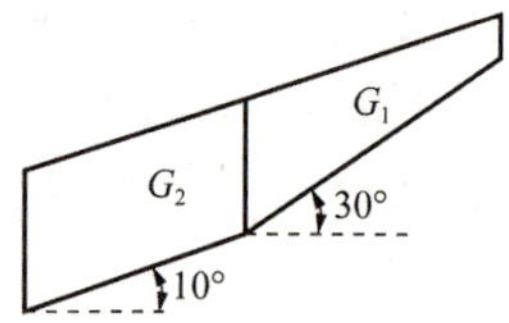

图 5-18-129 题 5-108 图

题 5-108 表 表 5-18-53

条块编号	重力G（kN/m）	滑动面长L（m）
1	600	11.55
2	1000	10.15

（A）9.0kPa （B）9.6kPa （C）12.3kPa （D）12.9kPa

【解】

（1）$\psi_1 = \cos(\beta_1 - \beta_2) - \sin(\beta_1 - \beta_2)\tan\varphi_2$

$= \cos(30° - 10°) - \sin(30° - 10°) \times \tan 10° = 0.879$

（2）$F_s = \dfrac{R_1\psi_1 + R_2}{T_1\psi_1 + T_2}$

$$\Rightarrow \frac{(600 \times \cos 30° \times \tan 10° + 11.55c) \times 0.879 + 1000 \times \cos 10° \times \tan 10° + 10.15c}{600 \times \sin 30° \times 0.879 + 1000 \times \sin 10°} = 1$$

$\Rightarrow c = 9.04\text{kPa}$

【点评】

①根据《岩土工程勘察规范》第 5.2.8 条条文说明；②不计算剩余下滑力，直接列方程求边坡稳定系数（如解析采用合并列式计算可节省时间）；③稳定系数为$F_s = 1$时，显式解和隐式解的结果相同；④最后通过计算器牛顿解方程法直接得出答案。

题 5-109 （13C25）根据勘察资料某滑坡体可分为 2 个块段，如图 5-18-130 所示，每个块段的重力、滑面长度、滑面倾角及滑面抗剪强度标准值分别为：$G_1 = 700\text{kN/m}, L_1 = 12\text{m}, \beta_1 = 30°, \varphi_1 = 12°, c_1 = 10\text{kPa}$；$G_2 = 820\text{kN/m}, L_2 = 10\text{m}, \beta_2 = 10°, \varphi_2 = 10°, c_2 = 12\text{kPa}$。根据《岩土工程勘察规范》（2009 年版）GB 50021—2001 采用传递系数法计算滑坡稳定安全系数F_s最接近下列哪一项？

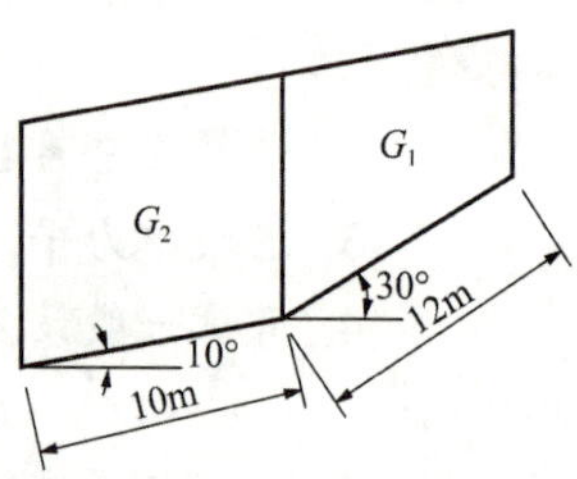

图 5-18-130 题 5-109 图

（A）0.94 （B）1.00 （C）1.07 （D）1.15

【解】

（1）$\psi_1 = \cos(30° - 10°) - \sin(30° - 10°) \times \tan 10° = 0.879$

（2）$F_s = \dfrac{(700\times\cos 30°\times\tan 12°+10\times12)\times0.879+820\times\cos 10°\times\tan 10°+12\times10}{700\times\sin 30°\times0.879+820\times\sin 10°} = 1.07$

【点评】

①根据《岩土工程勘察规范》第 5.2.8 条条文说明或者《工程地质手册》P668；②该考点安排在特殊地质部分考查滑坡；③求安全系数用《岩土工程勘察规范》要比用《建筑地基基础设计规范》更为方便。

【同类型真题】 05C27、10D25

题 5-110　（16C24）某水库有一土质岸坡，主剖面及各分块面积如图 5-18-131 所示，潜在滑动面为土岩交界面。土的重度和抗剪强度参数如下：$\gamma_{天然}=19\text{kN/m}^3$，$\gamma_{饱和}=19.5\text{kN/m}^3$，$c_{水上}=10\text{kPa}$，$\varphi_{水上}=19°$，$c_{水下}=7\text{kPa}$，$\varphi_{水下}=16°$。试按《岩土工程勘察规范》（2009 年版）GB 50021—2001 计算，该岸坡沿潜在滑动面计算的稳定系数最接近下列哪一个选项？（水的重度取 10kN/m^3）

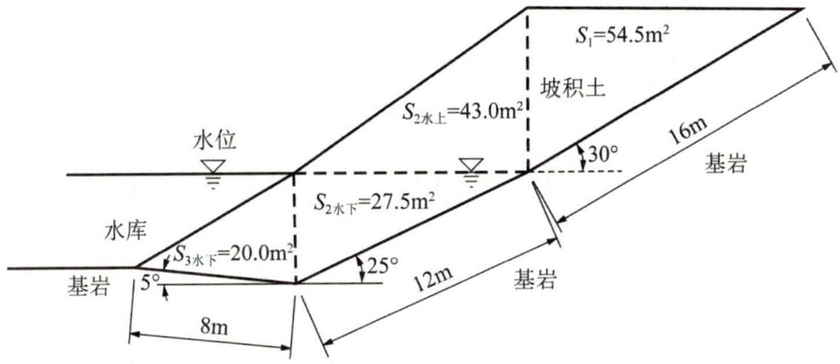

图 5-18-131　题 5-110 图

（A）1.09　　（B）1.04　　（C）0.98　　（D）0.95

【解】

（1）$\psi_1=\cos(30°-25°)-\sin(30°-25°)\times\tan16°=0.971$

$\psi_2=\cos(25°+5°)-\sin(25°+5°)\times\tan16°=0.723$

（2）$R_1=54.5\times19\times\cos30°\times\tan19°+16\times10=468.78\text{kN/m}$

$R_2=(43\times19+27.5\times9.5)\times\cos25°\times\tan16°+12\times7=364.22\text{kN/m}$

$R_3=20\times9.5\times\cos(-5°)\times\tan16°+8\times7=110.27\text{kN/m}$

（3）$T_1=54.5\times19\times\sin30°=517.75\text{kN/m}$

$T_2=(43\times19+27.5\times9.5)\times\sin25°=455.69\text{kN/m}$

$T_3=20\times9.5\times\sin(-5°)=-16.56\text{kN/m}$

（4）$F_s=\dfrac{468.78\times0.971\times0.723+364.22\times0.723+110.27}{517.75\times0.971\times0.723+455.69\times0.723-16.56}=1.04$

【点评】

①根据《岩土工程勘察规范》第 5.2.8 条条文说明，属于传递系数法显式解；②不计算剩余下滑力，直接列方程求边坡稳定安全系数；③注意水上和水下的抗剪强度指标不一致，传递系数内的 $\tan\varphi$ 采用下一个滑块土的内摩擦角；④注意最底部滑动面角度反翘，角度取负值，应代入负值计算；⑤本题计算量较大，平时加强计算练习，考试时才能快速做对。

题 5-111 （05D27）根据勘察资料，某滑坡体正好处于极限平衡状态，稳定系数F_s = 1.0，其两组具有代表性的断面数据如表 5-18-54 所示，用反分析法求滑动面的黏聚力c和内摩擦角φ最接近下列哪个选项的数值？（计算方法采用下滑力和抗滑力水平分力平衡法）

题 5-111 表　　表 5-18-54

断面号	滑块编号	滑面倾角	滑面长度L（m）	滑块重G（kN/m）
Ⅰ	1	30°	11.0	696
	2	10°	13.6	950
Ⅱ	1	35°	11.5	645
	2	10°	15.8	1095

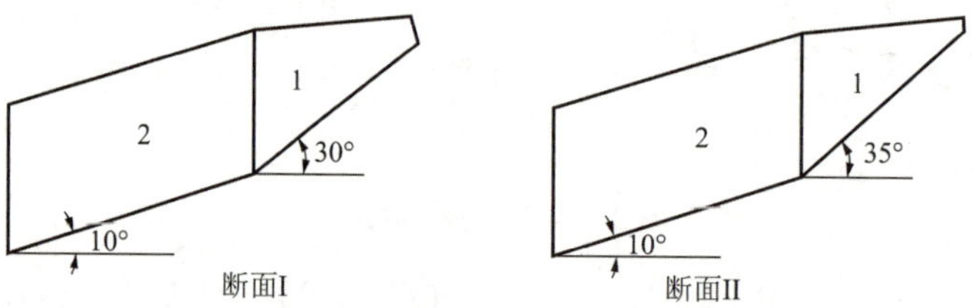

图 5-18-132　题 5-111 图

（A）$c = 8.0$kPa；$\varphi = 14°$　　（B）$c = 8.0$kPa；$\varphi = 11°$

（C）$c = 6.0$kPa；$\varphi = 11°$　　（D）$c = 6.0$kPa；$\varphi = 14°$

【解】

（1）下滑力的水平分力总和：$T_x = \sum G_i \sin\beta_i \cos\beta_i$

抗滑力的水平分力总和：$R_x = \sum(G_i \cos^2\beta_i \tan\varphi + cl_i \cos\beta_i)$

（2）断面Ⅰ：

$$T_x = 696 \times \sin 30° \times \cos 30° + 950 \times \sin 10° \times \cos 10° = 463.8\text{kN/m}$$

$$R_x = (696 \times \cos^2 30° + 950 \times \cos^2 10°) \times \tan\varphi + (11 \times \cos 30° + 13.6 \times \cos 10°)c$$
$$= 1443 \tan\varphi + 22.92c$$

（3）断面Ⅱ：

$$T_x = 645 \times \sin 35° \times \cos 35° + 1095 \times \sin 10° \times \cos 10° = 490.3\text{kN/m}$$

$$R_x = (645 \times \cos^2 35° + 1095 \times \cos^2 10°) \times \tan\varphi + (11.5 \times \cos 35° + 15.8 \times \cos 10°)c$$
$$= 1495 \tan\varphi + 24.98c$$

（4）联立方程：

$$\begin{cases} 1443 \tan\varphi + 22.92c = 463.8 \\ 1495 \tan\varphi + 24.98c = 490.3 \end{cases}$$

解得：$c = 8.0$kPa，$\varphi = 11°$

【点评】

根据《工程地质手册》P670 公式(6-3-10)，c、φ法，用两个不同断面联立方程反求c、φ值，采用下滑力和抗滑力水平分力平衡法，对下滑力和抗滑力进行分解，从水平方向的受力平衡计算，计算量非常大，应注意选题，解方程可以用计算器。

18.4　边坡防护结构

18.4.1　锚杆（索）——《建筑边坡工程技术规范》第 8 章

1. 锚杆（索）设计——《建筑边坡工程技术规范》第 8.2 节、第 8.4 节

锚杆（索）设计应符合表 5-18-55 的规定。

折线滑动总结表　　表 5-18-55

（1）锚固长度l_a（抗拔验算）：

锚杆（索）锚固体与岩土层间的锚固长度l_a：	锚杆（索）杆体与锚固砂浆间的锚固长度l_a：
$l_a \geqslant \dfrac{KN_{ak}}{\pi D f_{rbk}}$	$l_a \geqslant \dfrac{KN_{ak}}{n\pi d f_b}$

★二者取大值且满足构造要求★

土层锚杆	岩石锚杆	岩石预应力锚索
$4.0\text{m} \leqslant l_a \leqslant 10\text{m}$	$3.0\text{m} \leqslant l_a \leqslant 6.5\text{m}$ 和 $45D$	$3.0\text{m} \leqslant l_a \leqslant 8.0\text{m}$ 和 $55D$

岩土锚杆锚固体抗拔安全系数K

边坡工程安全等级	安全系数K	
	临时性锚杆	**永久性**锚杆
一级	2.0	2.6
二级	1.8	2.4
三级	1.6	2.2

注：对永久性锚杆抗震验算时，安全系数K乘以 0.8

N_{ak}——相应于作用的标准组合时锚杆所受轴向拉力（kN）；

D——锚杆锚固段钻孔直径（m）；

f_{rbk}——岩土层与锚固体极限粘结强度标准值（kPa），应通过试验确定；当无试验资料时可按表 5-18-56 和表 5-18-57 取值

d——锚筋直径（m）；

n——杆体（钢筋、钢绞线）根数（根）；

f_b——钢筋与锚固砂浆间的粘结强度设计值（kPa），应由试验确定，当缺乏试验资料时可按表 5-18-58 取值

（2）锚杆总长度为锚固段、自由段和外锚头的长度之和

锚杆自由段长度l_f应为外锚头到潜在滑裂面的长度；**预应力**锚杆自由段长度应 ≥ 5m，且应超过潜在滑裂面 1.5m

非预应力锚杆：

$$l_f = \frac{h\sin(\beta-\theta)}{\sin\beta\cdot\sin(\alpha+\theta)}$$

预应力锚杆：

$$l_f = \frac{h\sin(\beta-\theta)}{\sin\beta\cdot\sin(\alpha+\theta)} + 1.5$$

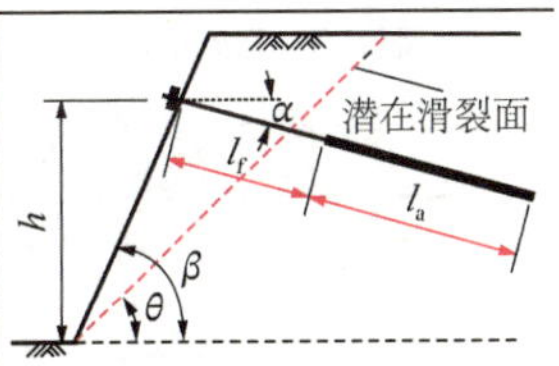

预应力锚杆(索)长度示意图

（3）钢筋截面面积A_s（抗拉验算）：

普通钢筋锚杆：$A_s \geqslant \dfrac{N_{ak}K_b}{f_y}$

预应力锚索锚杆：$A_s \geqslant \dfrac{N_{ak}K_b}{f_{py}}$

A_s——锚杆钢筋或预应力锚索截面面积（m²），不大于 20%钻孔面积；

f_y、f_{py}——普通钢筋或预应力钢绞线抗拉强度设计值（kPa）；

K_b——锚杆杆体抗拉安全系数，应按下表取值

续表

锚杆杆体抗拉安全系数K_b

边坡工程安全等级	安全系数K_b	
	临时性锚杆	**永久性**锚杆
一级	1.8	2.2
二级	1.6	2.0
三级	1.4	1.8

注：对永久性锚杆抗震验算时，安全系数K_b乘以 0.8

（4）**轴向拉力标准值**N_{ak}： $N_{ak}=\dfrac{H_{tk}}{\cos\alpha}$	H_{tk}——锚杆水平拉力标准值（kN），$H_{tk}=e'_h s_x s_y$，e'_h为侧压力，见小节“3. 锚杆（索）挡墙”部分； α——锚杆倾角（°），宜为10°～35°

岩石与锚固体极限粘结强度标准值f_{rbk}见表 5-18-56。

岩石与锚固体极限粘结强度标准值f_{rbk}（kPa）　　**表 5-18-56**

岩石类别	极软岩	软岩	较软岩	较硬岩	坚硬岩
f_{rbk}值	270～360	360～760	760～1200	1200～1800	1800～2600

注：1. 适用于注浆强度等级为 M30；仅适用于初步设计，施工时应通过试验检验；
2. 岩体结构面发育时，取表中下限值；
3. 岩石类别根据天然单轴抗压强度f_r划分：$f_r<5$MPa 为极软岩，5MPa$\leqslant f_r<15$MPa 为软岩，15MPa$\leqslant f_r<30$Mpa 为较软岩，30MPa$\leqslant f_r<60$MPa 为较硬岩，$f_r\geqslant 60$MPa 为坚硬岩。

土体与锚固体极限粘结强度标准值f_{rbk}见表 5-18-57。

土体与锚固体极限粘结强度标准值f_{rbk}（kPa）　　**表 5-18-57**

土层种类	黏性土				砂土			碎石土		
	坚硬	硬塑	可塑	软塑	稍密	中密	密实	稍密	中密	密实
f_{rbk}值	65～100	50～65	40～50	20～40	100～140	140～200	200～280	120～160	160～220	220～300

注：适用于注浆强度等级为 M30；仅适用于初步设计，施工时应通过试验检验。

钢筋、钢绞线与砂浆之间的粘结强度设计值f_b见表 5-18-58。

钢筋、钢绞线与砂浆之间的粘结强度设计值f_b（MPa）　　**表 5-18-58**

锚杆类型	水泥浆或水泥砂浆强度等级		
	M25	M30	M35
水泥砂浆与螺纹钢筋间的粘结强度设计值f_b	2.10	2.40	2.70
水泥砂浆与钢绞线、高强钢丝间的粘结强度设计值f_b	2.75	2.95	3.40

注：1. 当采用两根钢筋点焊成束的做法时，粘结强度应乘 0.85 折减系数；
2. 当采用三根钢筋点焊成束的做法时，粘结强度应乘 0.7 折减系数；
3. 成束钢筋的根数不应超过三根，钢筋截面总面积不应超过锚孔面积的 20%。当锚固段钢筋和注浆材料采用特殊设计并经试验验证锚固效果良好时，可适当增加锚筋用量。

题 5-112 （05D19）某一级边坡永久性岩层锚杆采用三根热处理钢筋，每根钢筋直径$d = 10\text{mm}$，抗拉强度设计值为$f_y = 1000\text{N/mm}^2$，锚固段钻孔直径$D = 100\text{mm}$，锚固段长度为 4.0m，锚固体与软岩的粘结强度标准值为$f_{rbk} = 0.3\text{MPa}$，钢筋与锚固砂浆间粘结强度设计值$f_b = 2.4\text{MPa}$，锚固段长度为 4.0m，已知夹具的设计拉拔力$T = 1000\text{kN}$。根据《建筑边坡工程技术规范》GB 50330—2013，当拉拔锚杆时，下列哪项环节最为薄弱？

（A）夹具抗拉 （B）钢筋抗拉强度

（C）钢筋与砂浆间粘结 （D）锚固体与软岩间界面粘结强度

【解】

（1）夹具：$T = 1000\text{kN}$，$N_{ak} \leqslant 1000/2.2 = 454.5\text{kN}$

（2）按钢筋强度：$N_{ak} \leqslant \dfrac{A_s f_y}{K_b} = \dfrac{3\times3.14\times5^2\times1000\times10^{-3}}{2.2} = 107\text{kN}$

（3）按钢筋与砂浆：$N_{ak} \leqslant \dfrac{n\pi d f_b l_a}{K} = \dfrac{4\times3\times3.14\times0.01\times2400}{2.6} = 348\text{kN}$

（4）按锚固体与地层：$N_{ak} \leqslant \dfrac{\pi D f_{rbk} l_a}{K} = \dfrac{3.14\times0.1\times300\times4}{2.6} = 145\text{kN}$

（5）综上可知：按钢筋抗拉强度验算环节最为薄弱

【点评】

①根据《建筑边坡工程技术规范》第 8.2.2～8.2.4 条；②锚杆的安全系数包括锚固强度和锚杆的材料强度、夹具的强度，计算取低值。

题 5-113 （13C17）某土质边坡，安全等级为二级，采用永久锚杆支护，锚杆倾角为 15°，锚固体直径为 150mm，土体与锚固体极限粘结强度标准值为 60kPa，锚杆水平间距为 2m，垂直间距为 2.2m，其主动土压力标准值的水平分量e_{ahk}为 18kPa。按照《建筑边坡工程技术规范》GB 50330—2013 计算，以锚固体与地层间锚固破坏为控制条件，其锚固段长度宜为下列哪个选项？

（A）1.0m （B）5.0m （C）7.0m （D）10.0m

【解】

（1）$N_{ak} = \dfrac{H_{tk}}{\cos\alpha} = \dfrac{18\times2\times2.2}{\cos15^\circ} = 82.0\text{kN}$

（2）安全等级二级，永久性锚杆边坡，查表$K = 2.4$

$$l_a \geqslant \frac{KN_{ak}}{\pi D f_{rbk}} = \frac{2.4\times82.0}{3.14\times0.15\times60} = 6.96\text{m}$$

（3）$4\text{m} \leqslant l_a \leqslant 10\text{m}$，满足要求

【点评】

①根据《建筑边坡工程技术规范》第 8.2.1 条、第 8.2.3 条、第 8.4.1 条；②重要考点：锚杆支护锚固段长度的确定，需要非常熟练掌握；③锚杆采用安全系数法，别遗忘最后一步，根据题目条件计算出的锚固段长度应满足构造要求；④老规范按工作条件系数，新规范按安全系数法，本题已按新规范稍微改动了题干。

【同类型真题】 04D26

题 5-114 (21D14)某岩质边坡安全等级为二级，岩石天然单轴抗压强度为 4.5MPa，岩体结构面发育。边坡采用永久性锚杆支护，单根锚杆受到的水平拉力标准值为 300kN；锚杆材料采用一根 PSB930 直径为 32mm 预应力螺纹钢筋，锚固体直径为 150mm，锚杆倾角为 12°；锚固砂浆强度等级为 M30。根据《建筑边坡工程技术规范》GB 50330—2013，初步设计时计算锚杆的最小锚固长度最接近下列哪个选项？

(A) 3m (B) 4m (C) 5m (D) 6m

【解】

(1) 二级，永久锚杆，查表$K=2.4$，$N_{ak}=\dfrac{300}{\cos 12°}=306.7\text{kN}$

(2) 4.5MPa，极软岩，结构面发育取小值，查表$f_{rbk}=270\text{kPa}$

则$l_a \geqslant \dfrac{2.4\times306.7}{3.14\times0.15\times270}=5.8\text{m}$

(3) M30，螺纹钢筋，查表$f_b=2.40\text{MPa}$

则$l_a \geqslant \dfrac{2.4\times306.7}{3.14\times32\times10^{-3}\times2.4\times10^3}=3.1\text{m}$

(4) 取$l_a=5.8\text{m}$，满足$l_a\geqslant3\text{m}$，不大于$45\times0.15=6.8\text{m}$和 6.5m 的要求

【点评】

①根据《建筑边坡工程技术规范》第 8.2.1～8.2.4 条、第 8.4.1 条；②根据题目参数查表，不要忘记水平拉力转换为轴向拉力；③锚杆、桩基础计算一定要记住构造验算，预应力螺纹钢筋不属于预应力锚索。

2. 锚杆（索）的水平刚度系数——《建筑边坡工程技术规范》第 8.2.6 条

锚杆（索）的水平刚度系数计算应符合表 5-18-59 的规定。

锚杆（索）的水平刚度系数 **表 5-18-59**

锚杆（索）的弹性变形和水平刚度系数应由锚杆抗拔试验确定。当无试验资料时，自由段无粘结的岩石锚杆水平刚度系数K_h及自由段无粘结的土层锚杆水平刚度系数K_t可按下列公式进行估算：

自由段无粘结**岩石锚杆**水平刚度系数K_h（kN/m）	$K_h=\dfrac{AE_s}{l_f}\cos^2\alpha$
自由段无粘结**土层锚杆**水平刚度系数K_t（kN/m）	$K_t=\dfrac{3AE_sE_cA_c}{3l_fE_cA_c+E_sAl_a}\cos^2\alpha \Leftarrow E_c=\dfrac{AE_s+(A_c-A)E_m}{A_c}$

式中：l_f——锚杆无粘结自由段长度（m）；

l_a——锚杆锚固段长度（m），特指锚杆杆体与锚固体粘结的长度；

E_s——锚杆杆体的弹性模量（kPa）；

E_m——注浆固结体的弹性模量（kPa）；

E_c——锚固体组合弹性模量（kPa）；

A——锚杆杆体的截面面积（m^2）；

A_c——锚固体截面面积（m^2）；

α——锚杆倾角（°）

题 5-115　某土质边坡锚杆支护采用三根 HRB400 螺纹钢筋点焊成束，每根钢筋直径$d = 25\text{mm}$，锚固段钻孔直径$D = 150\text{mm}$，锚杆倾角 15°，锚固段长度为 6.0m，无粘结自由段长度 5.0m，注浆体的弹性模量为 $2.5 \times 10^7\text{kN/m}^2$，按照《建筑边坡工程技术规范》GB 50330—2013，计算土层锚杆水平刚度系数最接近下列哪个选项？

（A）$4.70 \times 10^4\text{kN/m}$　　（B）$4.90 \times 10^4\text{kN/m}$

（C）$5.10 \times 10^4\text{kN/m}$　　（D）$5.30 \times 10^4\text{kN/m}$

【解】

（1）查表$E_s = 2.0 \times 10^5\text{N/mm}^2 = 2.0 \times 10^8\text{kN/m}^2$

（2）$E_c = \dfrac{3 \times 3.14 \times 12.5^2 \times 2.0 \times 10^8 + (3.14 \times 75^2 - 3 \times 3.14 \times 12.5^2) \times 2.5 \times 10^7}{3.14 \times 75^2}$

$= 3.96 \times 10^7\text{kN/m}^2$

（3）$K_t = \dfrac{3 \times 2.0 \times 10^8 \times 3.96 \times 10^7 \times 3.14 \times 0.075^2 \times 3 \times 3.14 \times 0.0125^2}{3 \times 5 \times 3.96 \times 10^7 \times 3.14 \times 0.075^2 + 2 \times 10^8 \times 6 \times 3 \times 3.14 \times 0.0125^2}$

$\times \cos^2 15° = 47016\text{kN/m}$

【点评】

①根据《建筑边坡工程技术规范》第 8.2.6 条及《混凝土结构设计规范》第 4.2.5 条；②本题属于偏门公式题，根据锚杆的参数计算自由段无粘结的土层锚杆水平刚度系数。

3. 锚杆（索）挡墙和岩石锚喷支护——《建筑边坡工程技术规范》第 9.2 节、第 10.2 节

根据挡墙的结构形式可分为板肋式锚杆挡墙、格构式锚杆挡墙和排桩式锚杆挡墙；根据锚杆的类型可分为非预应力锚杆挡墙和预应力锚杆（索）挡墙。

岩石锚喷支护与锚杆（索）挡墙的计算方法基本相同，锚杆间距和锚杆倾角等构造要求不一样，对照规范学习，学习不能脱离规范，主要计算方法总结如表 5-18-60 所示。

锚杆（索）挡墙和岩石锚喷支护 表 5-18-60

（1）对岩质边坡以及坚硬、硬塑黏性土和密实、中密砂土类边坡，当采用逆作法施工的、柔性结构的多层锚杆挡墙时，侧压力可近似按右图确定：

$$\text{岩质边坡：}e'_{ah}=\frac{E'_{ah}}{0.9H}$$

$$\text{土质边坡：}e'_{ah}=\frac{E'_{ah}}{0.875H}$$

式中：e'_{ah}——相应于作用的标准组合时侧向岩土压力水平分力修正值（kPa）；

H——挡墙高度（m）

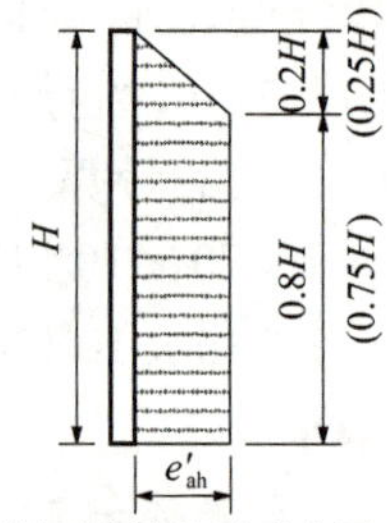

锚杆挡墙侧压力分布图
（括号内数值适用于土质边坡）

填方锚杆挡墙和单排锚杆的土层挡墙的侧压力，可近似按库仑理论取为三角形分布

（2）坡顶无重要建（构）筑物且不需对边坡进行变形控制时，主动岩土压力合力水平分力**修正值**：

$$E'_{ah}=\beta_2 E_{ah}$$

锚杆挡墙侧向岩土压力修正系数β_2

锚杆类型	非预应力锚杆			预应力锚杆	
	土层锚杆	岩石锚杆		自由段为土层	自由段为岩层
		自由段为土层	自由段为岩层		
β_2	1.1～1.2	1.1～1.2	1.0	1.2～1.3	1.1

注：当锚杆变形计算值较小时取大值，反之取小值

注：坡顶有重要建（构）筑物或需对边坡进行变形控制时，依据《建筑边坡工程技术规范》第 7.2.7 条和第 9.2.2 条对主动岩土压力合力水平分力E_{ah}进行修正，取大值

E'_{ah}——相应于作用的标准组合时，每延米侧向岩土压力合力水平分力修正值（kN）；
E_{ah}——相应于作用的标准组合时，每延米侧向主动岩土压力合力水平分力（kN）；
β_2——锚杆挡墙侧向岩土压力修正系数，应根据岩土类别和锚杆类型按上表确定

（3）单根锚杆所受轴向拉力标准值N_{ak}（kN）：

$$N_{ak}=\frac{H_{tk}}{\cos\alpha}=\frac{e'_{ahi}\cdot s_{xi}\cdot s_{yi}}{\cos\alpha}$$

N_{ak}——相应于作用的标准组合时锚杆所受轴向拉力（kN）；
H_{tk}——锚杆水平拉力标准值（kN）；
α——锚杆倾角（°）；
s_{xi}、s_{yi}——第i层锚杆的水平间距和竖直间距（m）

（4）《建筑边坡工程技术规范》第 9.2.7 条规定的“静力平衡法”和“等值梁法”，见本篇第 1 章第 2 节第 8 小节

题 5-116　（04C28）某 25m 高的均质岩石边坡，坡顶无建（构）筑物且不需对边坡变形进行控制，采用锚喷支护，非预应力锚杆，侧向岩石压力合力水平分力标准值（即单宽岩石侧压力）为 2000kN/m，若锚杆倾角为 20°，水平间距$s_{xj}=4.0\text{m}$，垂直间距$s_{yj}=2.5\text{m}$，则 1.25m 处和 6.25m 处单根锚杆所受轴向拉力标准值最接近下列哪个选项的数值？

（A）235kN；945kN　　　　（B）220kN；890kN

（C）235kN；890kN　　　　（D）220kN；945kN

【解】

（1）非预应力锚杆，自由段为岩层，$\beta_2=1.0$

$0.2H=0.2\times25=5.0\text{m}$，侧向岩石压力修正：$E'_{\text{ah}}=2000\times1.0=2000\text{kN/m}$

（2）1.25m＜5m，插值：$e'_{\text{ah1}}=\dfrac{1.25}{5}\times\dfrac{E'_{\text{ah}}}{0.9H}=\dfrac{1.25}{5}\times\dfrac{2000}{0.9\times25}=22.22\text{kN/m}^2$

6.25m＞5m：$e'_{\text{ah2}}=\dfrac{E'_{\text{ah}}}{0.9H}=\dfrac{2000}{0.9\times25}=88.89\text{kN/m}^2$

（3）1.25m 处：$N_{\text{ak1}}=\dfrac{e'_{\text{ah1}}\cdot s_{x1}\cdot s_{y1}}{\cos\alpha}=22.22\times4.0\times\dfrac{2.5}{\cos20°}=236\text{kN}$

6.25m 处：$N_{\text{ak2}}=\dfrac{e'_{\text{ah2}}\cdot s_{x2}\cdot s_{y2}}{\cos\alpha}=88.89\times4.0\times\dfrac{2.5}{\cos20°}=946\text{kN}$

【点评】

①根据《建筑边坡工程技术规范》第 9.2.2 条、第 9.2.5 条、第 10.2.1 条；②首先根据锚杆的类型对总的侧压力进行调整，锚杆挡墙侧压力进行调整，总的侧压力大小不变；③测压力分布注意岩质边坡和土质边坡的不同，均为三角形和矩形分布，转折点：岩石 $0.2H$，土 $0.25H$，1.25m 处锚杆竖向分担 0～2.5m 的侧压力，6.25m 处分担 5～7.5m 的侧压力。

题 5-117　某永久岩质边坡高度 8m（图 5-18-133），边坡安全等级为二级，边坡倾角 80°，采用预应力锚索挡墙支护，挡土墙厚度 20cm，岩体重度$\gamma = 23\text{kN/m}^3$，等效内摩擦角$\varphi_e = 40°$，岩石与挡墙背的摩擦角$\delta = 15°$，坡顶均布荷载$q = 20\text{kPa}$，无软弱结构面，无地下水，锚杆垂直间距 2m，水平间距 4m，下倾角 15°，锚杆钻孔直径 130mm，采用 M30 砂浆，锚杆材料采用 3 根直径 15.24mm 的钢绞线，采用逆作法施工，坡顶无建（构）筑物且不需对边坡变形进行控制，按《建筑边坡工程技术规范》GB 50330—2013 计算 5m 处锚杆的锚固段宜为下列哪个选项？（岩石与锚固体极限粘结强度标准值取 300kPa）

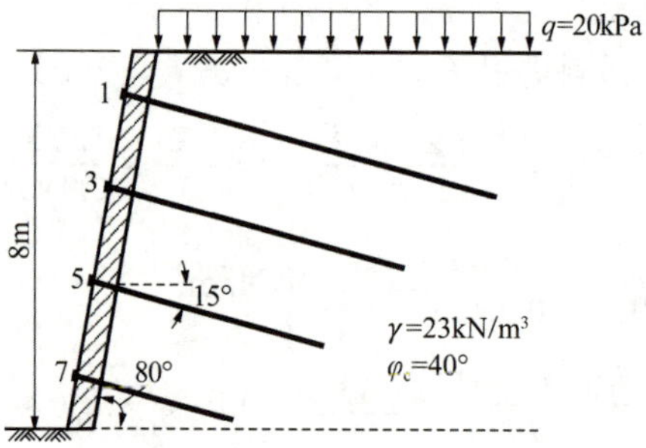

图 5-18-133　题 5-117 图

（A）3.0m　　（B）3.2m　　（C）3.5m　　（D）4.0m

【解】

（1）$K_a = \dfrac{\cos^2(40° + 10°)}{\cos^2(-10°) \times \cos(-10° + 15°) \times \left[1 + \sqrt{\dfrac{\sin(40° + 15°) \times \sin 40°}{\cos(-10° + 15°) \times \cos(-10°)}}\right]^2} = 0.142$

$E_a = \dfrac{1}{2} \times 23 \times 8^2 \times 0.142 + 20 \times 0.142 \times 8 = 127.23\text{kN/m}$

预应力，岩层⇒ $\beta_2 = 1.1$，$E'_{ah} = 1.1 \times [127.23 \times \cos(15° - 10°)] = 139.42\text{kN/m}$

（2）逆作法，多层柔性锚杆⇒ $0.2H = 0.2 \times 8 = 1.6\text{m} < 5\text{m}$，$e'_{ah} = \dfrac{139.42}{0.9\times8} = 19.36\text{kPa}$

$N_{ak} = 19.36 \times 2 \times 4 / \cos 15° = 160.34\text{kN}$

（3）安全等级为二级，永久边坡⇒ $K = 2.4$

锚固体与岩层：$l_{a1} \geqslant \dfrac{2.4\times160.34}{\pi\times0.13\times300} = 3.14\text{m}$

锚固体与钢绞线：$l_{a2} \geqslant \dfrac{2.4\times160.34}{3\times\pi\times15.24\times10^{-3}\times2.95\times10^3} = 0.91\text{m}$

根据构造规定：$l_{a3} \leqslant 55D = 55 \times 0.13 = 7.15\text{m}$，且$l_{a3} \leqslant 8\text{m}$

综上所述，$l_a > 3.14\text{m}$。

【点评】

①根据《建筑边坡工程技术规范》第 6.3.3 条第 1 款、第 8.2.3 条、第 8.2.4 条、第 9.2.2 条、第 9.2.3 条、第 10.2.1 条；②坡顶无重要结构物且不需要对边坡变形进行控制的锚杆挡墙，土压力应根据第 9.2.2 条进行修正；锚杆的轴力应根据第 9.2.5 条和第 10.2.1 条进行计算；③锚索的锚固段长度应按第 8.2.3 条、第 8.2.4 条、第 8.4.1 条的计算结果综合取值。

4. 锚杆（索）加固和局部危岩加固

锚索加固的考点原理性较强，为近年常考题型，要高度重视。锚索加固边坡工程涉及的案例计算知识点较多，现汇总如表 5-18-61 所示，需要在弄懂原理的基础上理解下述公式。

锚杆（索）加固　　表 5-18-61

锚固力增量均放分子：		图示
圆弧滑动和抗倾覆：	$\Delta M = N_{ak}d/s_x$	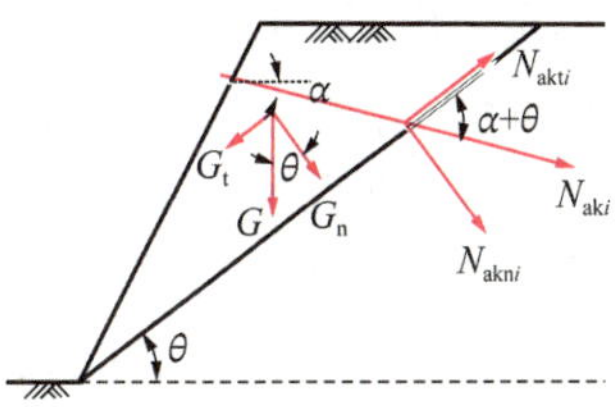
平面滑动：	每延米$\Delta P = \frac{P}{s_x}[\sin(\alpha+\theta)\tan\varphi + \cos(\alpha+\theta)]$	
局部危岩（岩块）加固：（《建筑边坡工程技术规范》第 10.2.4 条）	$K_b(G_t - fG_n - cA) \leqslant \sum N_{akti} + f\sum N_{akni}$ $G_t = G\sin\theta$，$G_n = G\cos\theta$ $N_{akti} = N_{aki}\cos(\alpha+\theta)$，$N_{akni} = N_{aki}\sin(\alpha+\theta)$	

锚杆杆体抗拉安全系数K_b

边坡工程安全等级	安全系数K_b	
	临时性锚杆	**永久性**锚杆
一级	1.8	2.2
二级	1.6	2.0
三级	1.4	1.8

注：对永久性锚杆抗震验算时，安全系数K_b乘以 0.8

锚索加固边坡计算公式汇总如表 5-18-62。

锚索加固边坡计算公式汇总表　　表 5-18-62

计算原理	计算公式	公式来源
圆弧滑动抗滑移	$K_s = \frac{W_2d_2 + W_3d_3 + cLR + N_{ak}d_5/s_x}{W_1d_1 - W_4d_4}$	《工程地质手册》P669 改编公式
平面滑动抗滑移	$F_s = \frac{G\cos\theta\tan\varphi + cL + P_t[\sin(\beta+\theta)\tan\varphi + \cos(\beta+\theta)]}{G\sin\theta}$	《建筑边坡工程技术规范》附录 A 改编公式
抗倾覆	$F_s = \frac{M_R + N_{ak}a_N/s_x}{M_S}$	《建筑边坡工程技术规范》第 11 章改编公式
危岩加固抗滑移	$K_b(G_t - fG_n - cA) \leqslant \sum N_{akti} + f\sum N_{akni}$	《建筑边坡工程技术规范》第 10.2.4 条
抗滑移	$P_t = \frac{F}{[\lambda\sin(\alpha+\beta)\tan\varphi + \cos(\alpha+\beta)]}$	《铁路路基支挡结构设计规范》第 12.2.4 条
抗滑移	$P_d = \frac{E}{[\sin(\alpha+\beta)\tan\varphi + \cos(\alpha+\beta)]}$	《公路路基设计规范》第 5.5.4 条
抗滑移、抗倾覆	$\zeta_L R_N + R_0 \geqslant KS$	《建筑边坡工程鉴定与加固技术规范》第 6.2.2 条

题 5-118 （18C17）如图 5-18-134 所示，某边坡坡高 8m，坡角 80°，其安全等级为一级。边坡局部存在一不稳定岩石块体，块体重 439kN，控制该不稳定岩石块体的外倾软弱结构面面积 $9.3m^2$，倾角$\theta_1 = 40°$，$c = 10kPa$，摩擦系数$f = 0.2$。拟采用永久性锚杆加固该不稳定岩石块体，锚杆倾角 15°，按照《建筑边坡工程技术规范》GB 50330—2013，所需锚杆总轴向拉力最少为下列何值？

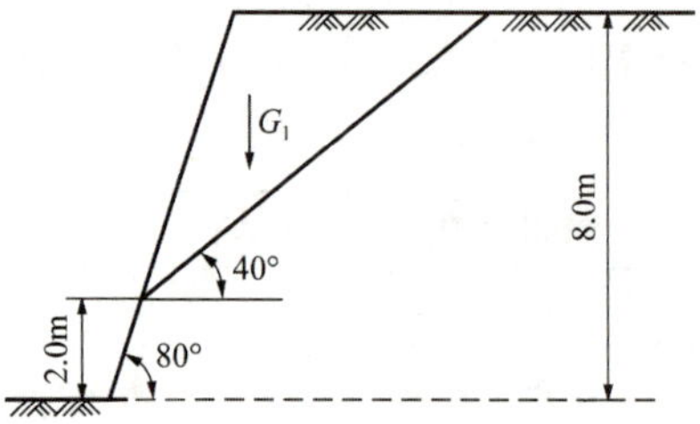

图 5-18-134 题 5-118 图

（A）300kN　　（B）330kN

（C）365kN　　（D）400kN

【解】

（1）一级边坡，永久性锚杆，$K_b = 2.2$

（2）$K_b(G_t - fG_n - cA) \leqslant \sum N_{akti} + f\sum N_{akni}$

$\Rightarrow 2.2 \times (439\sin 40° - 0.2 \times 439\cos 40° - 10 \times 9.3)$

$\leqslant N_{ak}\cos(40° + 15°) + 0.2 \times N_{ak}\sin(40° + 15°)$

解得：$N_{ak} \geqslant 363.74kN$

【点评】

①依据《建筑边坡工程技术规范》第 8.2.2 条；②查锚杆钢筋抗拉安全系数，根据式(10.2.4)计算，锚杆的作用力均计入抗滑力，下滑力为不稳定岩石块体的剩余下滑力；③抓住关键字“锚杆加固该**不稳定岩石块体**”，规范上有对应的公式。

题 5-119 （16D20）图 5-18-135 所示的岩石边坡，开挖后发现坡体内有软弱夹层形成的滑面 AC，倾角$\beta = 42°$，滑面的内摩擦角$\varphi = 18°$，滑体 ABC 处于临界稳定状态，其自重为 450kN/m。若要使边坡的稳定安全系数达到 1.5，每延米所加锚索的拉力P最接近下列哪个选项？（锚索下倾角为$\alpha = 15°$）

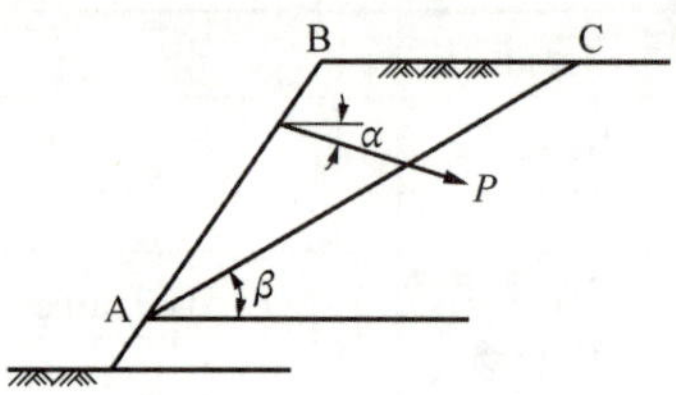

图 5-18-135 题 5-119 图

（A）155kN/m　　（B）185kN/m

（C）220kN/m　　（D）250kN/m

【解】

$$F_s = \frac{450 \times \cos 42° \tan\varphi + cL + P \times [\sin(15° + 42°) \times \tan 18° + \cos(15° + 42°)]}{450 \times \sin 42°}$$

$$\Rightarrow 1 + \frac{P\times[\sin(15°+42°)\times\tan 18°+\cos(15°+42°)]}{450\times\sin 42°} = 1.5 \Rightarrow P = 184.3kN/m$$

【点评】

①根据《建筑边坡工程技术规范》附录 A.0.2；②锚杆拉力作用在下滑岩体上的摩擦力和上拉力均计入抗滑力R；③因为滑动力$F = G\sin\beta$不变，增加的安全系数为增加的抗滑力比滑动力；④近年考试均是把锚杆的作用都当成抗力，放分子。

题 5-120 （14D18）某砂土边坡（图 5-18-136），高 6m，砂土的$\gamma = 20\text{kN/m}^3$，$c = 0$，$\varphi = 30°$。采用钢筋混凝土扶壁式挡土结构，此时该挡墙的抗倾覆安全系数为 1.70。工程建成后需在坡顶堆载$q = 40\text{kPa}$，拟采用预应力锚索进行加固，锚索水平间距 2.0m，下倾角 15°，土压力按朗肯理论计算，根据《建筑边坡工程技术规范》GB 50330—2013，如果要保证坡顶堆载后扶壁式挡土结构的抗倾覆安全系数不小于 1.60，问锚索的轴向拉力标准值最接近下列哪个选项？

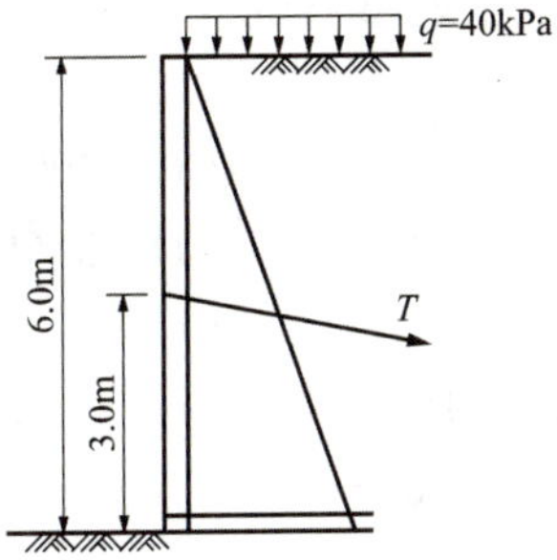

图 5-18-136　题 5-120 图

（A）248.5kN　　（B）325kN　　（C）345kN　　（D）365kN

【解】

（1）$K_a = \tan^2\left(45° - \dfrac{30°}{2}\right) = 0.333$

（2）堆载前：$\dfrac{M_G}{\dfrac{1}{2} \times 20 \times 6^2 \times 0.333 \times 2} = 1.70 \Rightarrow M_G = 408.0\text{kN} \cdot \text{m/m}$

（3）堆载后：$\dfrac{408.8 + \dfrac{N_{ak}}{2} \times 3 \times \cos 15°}{\dfrac{1}{2} \times 20 \times 6^2 \times 0.333 \times 2 + 40 \times 6 \times 0.333 \times 3} = 1.60 \Rightarrow N_{ak} = 248.5\text{kN}$

【点评】

①根据《建筑边坡工程技术规范》第 11.2.4 条；②注意锚杆轴力的抗倾覆力臂、锚杆的间距，边坡走向单位长度 1m 分担得到锚杆一半的拉力；③按 2013 版《建筑边坡工程技术规范》，对于锚杆的设计，已经由旧规范的概率极限状态计算法转换为安全系数法，本题按新规范对题目进行了更正，直接由标准值进行设计计算；④扶壁式挡土结构土压力是否增大，规范并未明确，只说扶壁式挡墙的稳定性计算参考重力式挡墙，建议先按不增大计算，没有选项再考虑增大；⑤题目不严谨，不考虑q作用在墙底产生的抗倾覆力矩。

题 5-121 （19D19）如图 5-18-137 所示，某岩坡坡顶有一高 7.5m 的倾倒式危岩体，其后缘裂缝直立，充满水且有充分补给，地震峰值加速度值为 0.20g，岩体重度为 $22kN/m^3$，若采用非预应力锚索加固，锚索横向间距 4m，作用在危岩体 1/2 高度处，倾角 30°，则按《建筑边坡工程技术规范》GB 50330—2013，为满足地震工况，抗倾覆安全系数为 1.6，单根锚索所需轴向拉力最接近下列哪个选项？（不考虑岩体两侧阻力及危岩体底部所受水压力，水的重度 $\gamma_w = 10kN/m^3$）

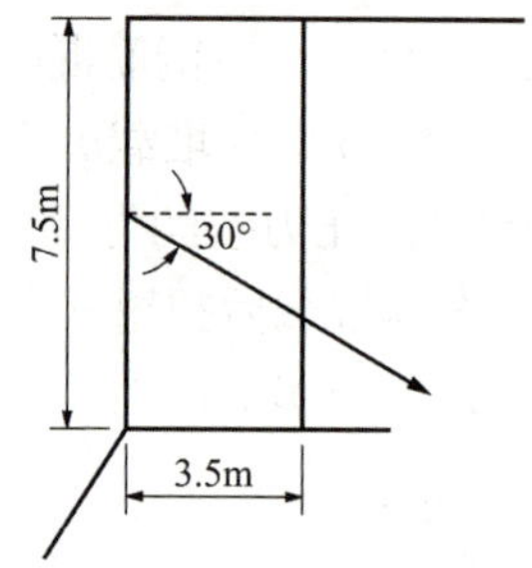

图 5-18-137　题 5-121 图

（A）50kN　　（B）300kN

（C）325kN　　（D）355kN

【解】

（1）$G = 22 \times 7.5 \times 3.5 = 577.5kN/m$

查表，$\alpha_w = 0.05$，$Q_e = 577.5 \times 0.05 = 28.875kN/m$

（2）$$1.6 = \frac{577.5 \times \frac{3.5}{2} + \frac{N_{ak}}{4} \times \cos 30^\circ \times \frac{7.5}{2}}{28.875 \times \frac{7.5}{2} + \frac{1}{2} \times 10 \times 7.5^2 \times \frac{7.5}{3}} \Rightarrow N_{ak} = 354.3kN/m$$

【点评】

①依据《建筑边坡工程技术规范》第 5.2.6 条，α_w边坡综合水平地震系数的大小为地震峰值加速度值除以 4g；②不要忘记锚索横向间距 4m；③重要考点，原理性题目，注意各个力的力臂，除了查系数，都需要闭卷作答。

18.4.2 重力式挡墙——《建筑边坡工程技术规范》第 11.2 节

根据墙背倾斜情况，重力式挡墙可分为俯斜式挡墙、仰斜式挡墙、直立式挡墙和衡重式挡墙等类型。采用重力式挡墙时，土质边坡高度不宜大于 10m，岩质边坡高度不宜大于 12m。

土质边坡采用重力式挡墙高度不小于 5m 时，主动土压力值乘以增大系数确定；挡墙高度 5～8m 时增大系数宜取 1.1；挡墙高度大于 8m 时增大系数宜取 1.2。重力式挡墙抗滑移和抗倾覆计算见表 5-18-63。

常用梯形挡墙力矩计算　　表 5-18-63

<table>
<tr><td colspan="2">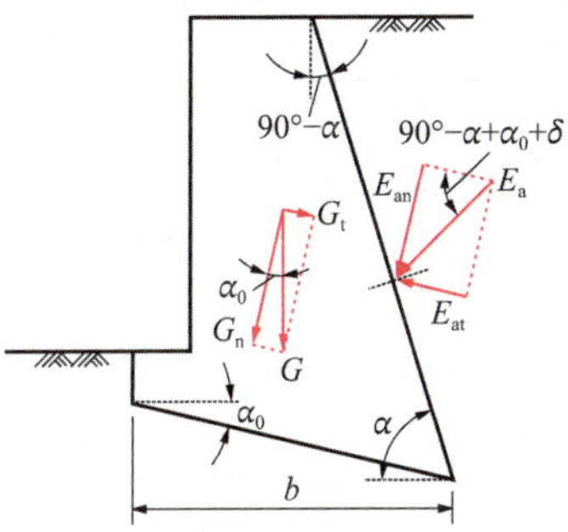
</td><td>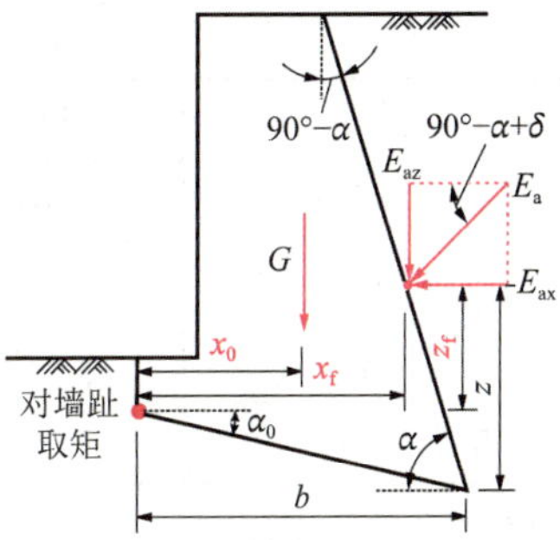
</td></tr>
<tr><td colspan="2">抗滑移</td><td>抗倾覆</td></tr>
<tr><td colspan="2">$$F_s=\frac{(G_n+E_{an})\mu}{E_{at}-G_t}\geqslant 1.3$$（地震工况时：$F_s\geqslant 1.1$）</td><td>$$F_t=\frac{Gx_0+E_{az}x_f}{E_{ax}z_f}\geqslant 1.6$$（地震工况时：$F_t\geqslant 1.3$）</td></tr>
<tr><td>$G_n=G\cos\alpha_0$</td><td>$E_{an}=E_a\sin(90°-\alpha+\alpha_0+\delta)$</td><td>$E_{az}=E_a\sin(90°-\alpha+\delta)\longleftrightarrow x_f=b-z\cot\alpha$</td></tr>
<tr><td>$G_t=G\sin\alpha_0$</td><td>$E_{at}=E_a\cos(90°-\alpha+\alpha_0+\delta)$</td><td>$E_{ax}=E_a\cos(90°-\alpha+\delta)\longleftrightarrow z_f=z-b\tan\alpha_0$</td></tr>
<tr><td colspan="2">提速：$F_s=\frac{[G\cos\alpha_0+E_a\sin(90°-\alpha+\alpha_0+\delta)]\mu}{E_a\cos(90°-\alpha+\alpha_0+\delta)-G\sin\alpha_0}$
注：$90°-\alpha$，α_0，δ均为小角度，起到减小滑动力、增大抗滑力的作用，故分母采用$E_a\cos(90°-\alpha+\alpha_0+\delta)$，分子采用$E_a\sin(90°-\alpha+\alpha_0+\delta)$</td><td>提速：$F_t=\frac{Gx_0+E_a\sin(90°-\alpha+\delta)(b-z\cot\alpha)}{E_a\cos(90°-\alpha+\delta)(z-b\tan\alpha_0)}$</td></tr>
<tr><td colspan="2">注：水为中性，不分“敌我”，墙前后水压力沿基底面分解后，法向分力放分子，切向分力放分母；扬压力为法向，抵消重力，放分子；锚杆目的是抗力，在任何分析中分解后都放分子</td><td>注：水为中性，不分“敌我”，墙后水压力矩放分母，墙前水压力矩放分子；扬压力矩抵消重力矩，放分子；锚杆目的是抗力，在任何分析中都放分子。力矩计算均对墙趾取矩</td></tr>
<tr><td colspan="3">F_s——挡墙抗滑移稳定系数；　F_t——挡墙抗倾覆稳定系数；
E_a——每延米主动岩土压力合力（kN/m）；　G——挡墙每延米自重（kN/m）；
α——墙背与墙底水平投影的夹角（°）；　α_0——挡墙底面倾角（°）；
x_0——挡墙中心到墙趾的水平距离（m）；　z——岩土压力作用点到墙踵的竖直距离（m）；
b——挡墙底面水平投影宽度（m）；　δ——墙背与岩土的摩擦角（°），可按表 5-18-64 选用；
μ——挡墙底与地基岩土体的摩擦系数，宜由试验确定，也可按表 5-18-65 选用</td></tr>
</table>

墙背与岩土的摩擦角δ可按表 5-18-64 选用。

土对挡土墙墙背的摩擦角δ　　表 5-18-64

挡土墙情况	摩擦角δ	挡土墙情况	摩擦角δ
墙背平滑，排水不良	$(0.00\sim0.33)\varphi$	墙背很粗糙，排水良好	$(0.50\sim0.67)\varphi$
墙背粗糙，排水良好	$(0.33\sim0.50)\varphi$	墙背与填土间不可能滑动	$(0.67\sim1.00)\varphi$

岩土与挡墙底面摩擦系数μ可按表 5-18-65 选用。

岩土与挡土墙底面摩擦系数μ　　　　表 5-18-65

岩土类别		摩擦系数μ	岩土类别	摩擦系数μ
黏性土	可塑	0.20～0.25	中砂、粗砂、砾砂	0.35～0.40
	硬塑	0.25～0.30	碎石土	0.40～0.50
	坚硬	0.30～0.40	极软岩、软岩、较软岩	0.40～0.60
粉土		0.25～0.35	表面粗糙的坚硬岩、较硬岩	0.65～0.75

常用梯形挡墙力矩计算见表 5-18-66。

常用梯形挡墙力矩计算　　　　表 5-18-66

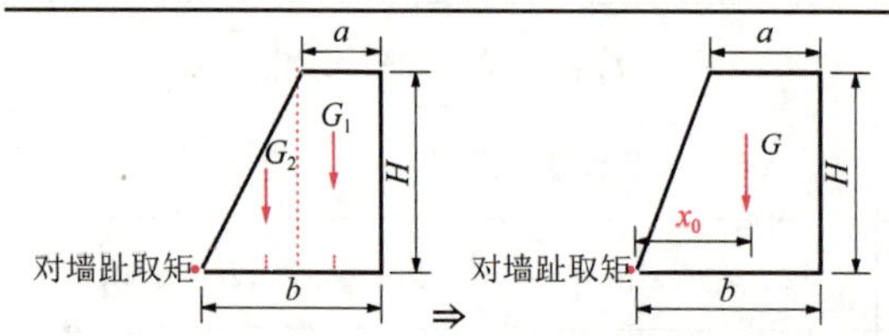	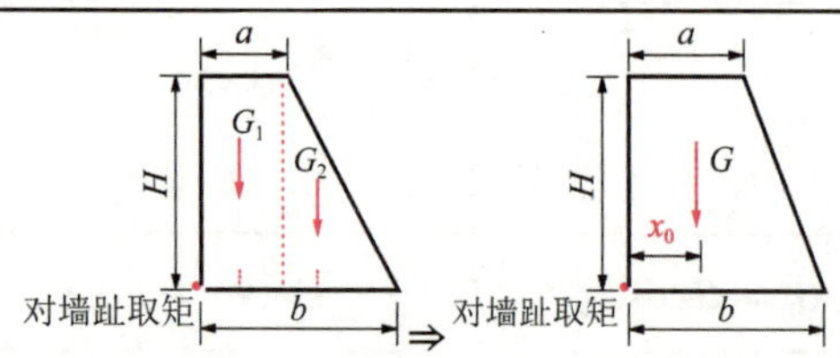
$Gx_0=\gamma Ha\cdot\left(b-\frac{a}{2}\right)+\frac{\gamma H(b-a)}{2}\cdot\frac{2}{3}(b-a)$	$Gx_0=\gamma Ha\cdot\frac{a}{2}+\frac{\gamma H(b-a)}{2}\cdot\left[b-\frac{2}{3}(b-a)\right]$

黏性土有z_0：	坡顶有q矩形分布：	黏性土被动土压力（基坑）：
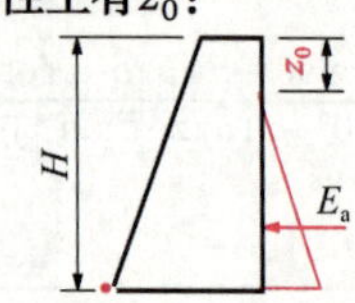	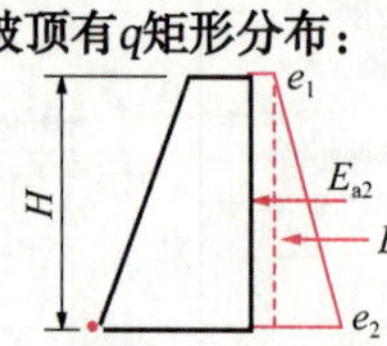	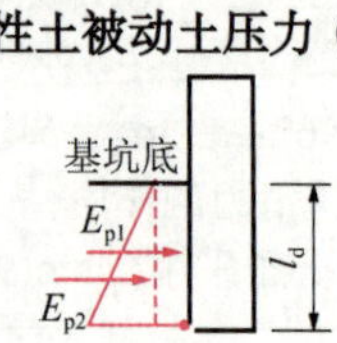
$M=\frac{1}{2}\gamma(H-z_0)^2K_a\cdot\frac{H-z_0}{3}$	$M=e_1H\cdot\frac{H}{2}+\frac{e_2-e_1}{2}H\cdot\frac{H}{3}$	$M=2cl_d\sqrt{K_p}\cdot\frac{l_d}{2}+\frac{1}{2}\gamma l_d^2K_p\cdot\frac{l_d}{3}$

注：1. 坡顶有q矩形分布（砂土）时：$M=qHK_a\cdot\frac{H}{2}+\frac{1}{2}\gamma H^2K_a\cdot\frac{H}{3}$；

2. 便于大家在理解的基础上闭卷，未对公式进行化简，基坑被动土压力在后面“基坑”章节会用到。

注：《建筑地基基础设计规范》第 6.7 节也有重力式挡墙的计算方法，其规定的“抗滑移”和“抗倾覆”计算和《建筑边坡工程技术规范》基本一致。此外，还规定了下面两条：

（1）整体滑动稳定性可采用圆弧滑动面法进行验算。

（2）地基承载力计算，除应符合《建筑边坡工程技术规范》第 5.2 节（浅基础承载力计算）的规定外，基底合力的偏心距不应大于 0.25 倍基础的宽度（$e\leqslant0.25b$）。当基底下有软弱下卧层时，尚应进行软弱下卧层的承载力验算。

（1）**抗滑移**

题 5-122　（10D18 改）某重力式挡土墙如图 5-18-138 所示，墙重为 767kN/m，墙后填砂土，$\gamma = 17\text{kN/m}^3$，$c = 0$，$\varphi = 32°$；墙底与地基间的摩擦系数$\mu = 0.5$；墙背与砂土间的摩擦角$\delta = 16°$，根据《建筑边坡工程技术规范》GB 50330—2013，计算此墙的抗滑稳定安全系数最接近下面哪一个选项？

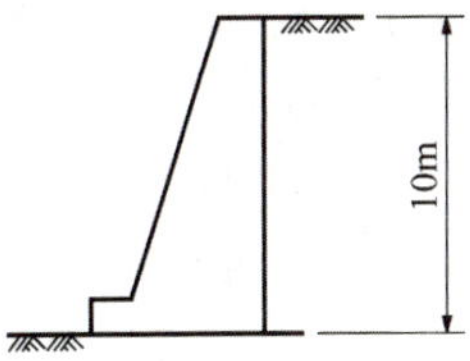

图 5-18-138　题 5-122 图

（A）1.23　　（B）1.55　　（C）1.68　　（D）1.83

【解】

（1）$K_a = \dfrac{\cos^2\varphi}{\cos\delta \times \left[1+\sqrt{\dfrac{\sin(\varphi+\delta)\sin\varphi}{\cos\delta}}\right]^2} = \dfrac{\cos^2 32°}{\cos 16° \times \left[1+\sqrt{\dfrac{\sin(32°+16°)\sin 32°}{\cos 16°}}\right]^2}$

$= 0.278$

（2）墙高大于 8m，增大系数 1.2

$E_a = 1.2 \times \dfrac{1}{2} \times 17 \times 10^2 \times 0.278 = 283.56\text{kN/m}$

（3）$F_s = \dfrac{(G_n+E_{an})\mu}{E_{at}-G_t} = \dfrac{(767+283.56\times\sin 16°)\times 0.5}{283.56\times\cos 16°} = 1.55$

【点评】

①根据《建筑边坡工程技术规范》第 11.2.3 条；②重力式挡土墙采用《建筑边坡工程技术规范》计算土压力时，挡墙高度 5～8m 时，增大系数取 1.1，高度大于 8m 时，增大系数取 1.2；③库仑土压力的 3 个简化公式要非常熟练，对于边坡抗滑稳定安全系数公式要了解原理，不能死记公式。

【同类型真题】08C18

题 5-123　（04C26）重力式挡墙如图 5-18-139 所示，挡墙底面与土的摩擦系数$\mu = 0.4$，墙背与填土间摩擦角$\delta = 15°$，则抗滑移稳定系数最接近下列哪个选项？

（A）1.20　　（B）1.25

（C）1.30　　（D）1.35

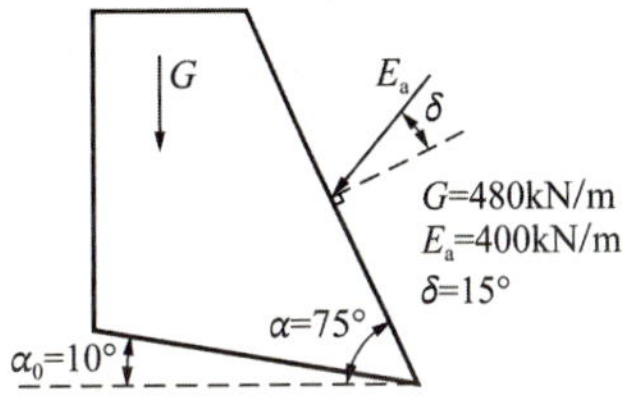

图 5-18-139　题 5-123 图

【解】

（1）$G_n = 480 \times \cos 10° = 472.7\text{kN/m}$

$G_t = 480 \times \sin 10° = 83.4\text{kN/m}$

（2）$E_{an} = 400 \times \cos(75° - 10° - 15°) = 257.1\text{kN/m}$

$E_{at} = 400 \times \sin(75° - 10° - 15°) = 306.4\text{kN/m}$

（3）$F_s = \dfrac{(G_n+E_{an})\mu}{E_{at}-G_t} = \dfrac{(472.7+257.1)\times 0.4}{306.4-83.4} = 1.31$

【点评】

①根据《建筑边坡工程技术规范》第 11.2.3 条或《建筑地基基础设计规范》第 6.7.5 条；②《建筑边坡工程技术规范》公式中α为挡土墙与水平方向的夹角；③挡墙与垂直方向的夹角$90° - \alpha$，挡墙与土的摩擦角δ，挡墙底面与水平面的夹角α_0，都起到减小滑动力，增加摩擦面上的法向力作用，故滑动力为$E_a\cos(90° - \alpha + \delta + \alpha_0)$，土压力在摩擦面上的法向力为$E_a\sin(90° - \alpha + \delta + \alpha_0)$；④此类型题目尽量能熟练到合并步骤计算，能极

大的提速，合并计算：$F_s=\frac{[480\times\cos10°+400\times\sin(15°+10°+15°)]\times0.4}{400\times\cos(15°+10°+15°)-480\times\sin10°}=1.31$

【同类型真题】20D14、11D19、09D20、08C18、07D18、06D22

题 5-124 （06D23）如图 5-18-140 所示，有一个水闸，宽度为 10m，闸室基础至上部结构的每延米不考虑浮力的总自重为 2000kN/m，上游水位 $H=10$m，下游水位 $h=2$m，地基土为均匀砂质粉土，闸底与地基土摩擦系数为 0.4，不计上下游土的水平土压力，验算得其抗滑稳定安全系数最接近下列哪个选项？

（A）1.67　　（B）1.57

（C）1.27　　（D）1.17

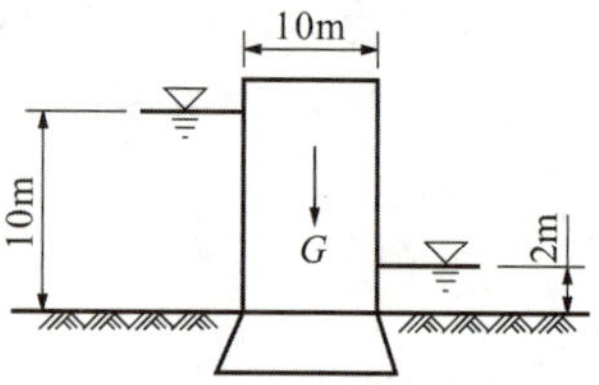

图 5-18-140　题 5-124 图

【解】

（1）闸前水压力：$E_{w1}=\frac{1}{2}\gamma_w H_1^2=\frac{1}{2}\times10\times10^2=500\text{kN/m}$

（2）闸后水压力：$E_{w2}=\frac{1}{2}\gamma_w H_2^2=\frac{1}{2}\times10\times2^2=20\text{kN/m}$

（3）基底扬压力：$u_m=\frac{e_{w1}+e_{w2}}{2}=\frac{10\times10+10\times2}{2}=60\text{kPa}$

（4）$F_s=\frac{(G-u_m B)\mu}{E_{w1}-E_{w2}}=\frac{(2000-60\times10)\times0.4}{500-20}=1.17$

【点评】

①根据《建筑边坡工程技术规范》第 11.2.3 条；②抗滑稳定安全系数为抗力比滑动力，挡土墙前后水压力抵消处理，墙底扬压力放分子；③本题闸室基底发生稳定渗流，水压力线性变化。

题 5-125 （17C18）如图 5-18-141 所示填土采用重力式挡墙防护，挡墙基础处于风化岩层中，墙高 6.0m，墙体自重 260kN/m，墙背倾角 15°。填料以建筑弃土为主，重度 17kN/m³，对墙背的摩擦角 7°，土压力 186kN/m，墙底倾角 10°，墙底摩擦系数 0.6，为了使墙体抗滑移安全系数K不小于 1.3，挡土墙后地面附加荷载q的最大值接近下列哪个选项？

（A）10kPa　　（B）20kPa

（C）30kPa　　（D）40kPa

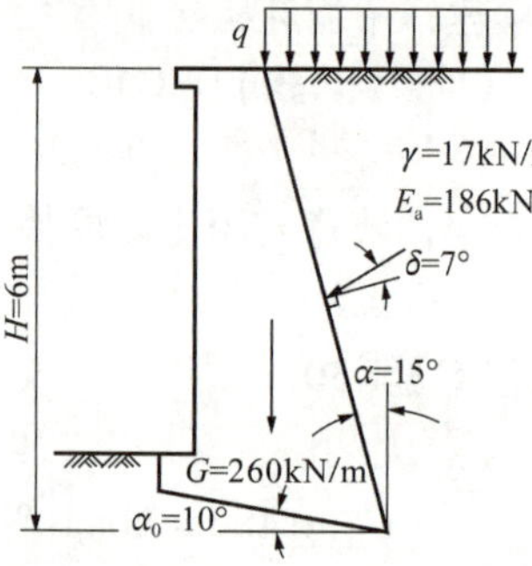

图 5-18-141　题 5-125 图

【解】

（1）$F_s=\frac{(260\times\cos10°+E_a\cos(75°-10°-7°)\times0.6}{E_a\sin(75°-10°-7°)-260\times\sin10°}\geqslant1.3\Rightarrow E_a\leqslant271\text{kN/m}$

（2）$\frac{1}{2}\times17\times6^2\times K_a=186\Rightarrow K_a=0.608$

（3）$186+q\times6\times0.608\leqslant271\Rightarrow q\leqslant23.3\text{kPa}$

【点评】

①根据《建筑边坡工程技术规范》第 11.2.3 条或《建筑地基基础设计规范》第 6.7.5 条；②本题题目中未指定计算规范，可视为按原理计算不考虑主动土压力增大系数；③近年出题都非常灵活，喜欢出各种反算的题目，需要引起重视；④建议带不等号计算，题目问选最接近哪个选项时可不考虑不等号，但题目问选合适的选项时就一定要带不等号计算。

题 5-126　（18D16）如图 5-18-142 所示，某建筑旁有一稳定的岩质山坡，坡面 AE 的倾角$\theta=50°$。依山建的挡土墙，墙高$H=5.5$m，墙背面 AB 与填土间的摩擦角 10°，倾角$\alpha=75°$。墙后砂土填料重度 20kN/m³，内摩擦角 30°，墙体自重 340kN/m。为确保挡墙抗滑安全系数不小于 1.3，根据《建筑边坡工程技术规范》GB 50330—2013，在水平填土面上施加的均布荷载q最大值接近下列哪个选项？（墙底 AD 与地基间的摩擦系数取 0.6，无地下水）提示：可请按下列公式计算：

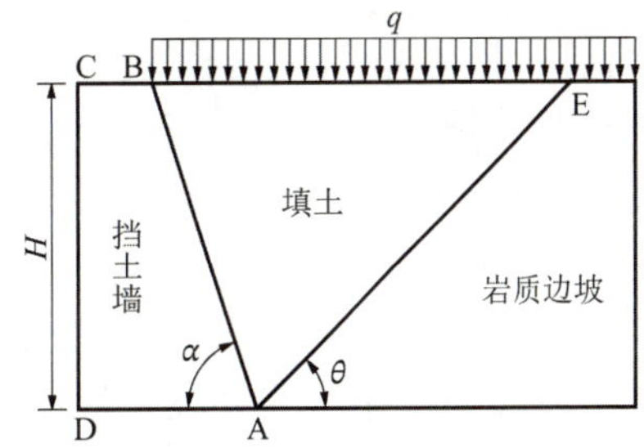

图 5-18-142　题 5-126 图

$$K_a=\frac{\sin(\alpha+\beta)}{\sin^2\alpha\sin^2(\alpha+\beta-\varphi-\delta)}\times$$

$$\begin{Bmatrix}K_q[\sin(\alpha+\beta)\sin(\alpha-\delta)+\sin(\varphi+\delta)\sin(\varphi-\beta)]+2\eta\sin\alpha\cos\varphi\cos(\alpha+\beta-\varphi-\delta)-\\2\sqrt{K_q\sin(\alpha+\beta)\sin(\varphi-\beta)+\eta\sin\alpha\cos\varphi}\times\sqrt{K_q\sin(\alpha-\delta)\sin(\varphi+\delta)+\eta\sin\alpha\cos\varphi}\end{Bmatrix}$$

（A）30kPa　（B）34kPa　（C）38kPa　（D）42kPa

【解】

（1）$\theta=50°<45°+\dfrac{30°}{2}=60°$，非有限范围内土压力

$$\frac{[340+E_a\sin(10°+15°)]\times0.6}{E_a\cos(10°+15°)}=1.3\Rightarrow E_a=\ 220.6\text{kN/m}$$

（2）$1.1\times\dfrac{1}{2}\times20\times5.5^2K_a=220.6\Rightarrow K_a=0.663$

（3）$\eta=0$，$\alpha=75°$，$\beta=0°$，$\varphi=30°$，$\delta=10°$

$$K_a=\frac{K_q\sin(\alpha+\beta)\left[\sqrt{\sin(\alpha+\beta)\sin(\alpha-\delta)}-\sqrt{\sin(\varphi+\delta)\sin(\varphi-\beta)}\right]^2}{\sin^2\alpha\sin^2(\alpha+\beta-\varphi-\delta)}$$

$$=\frac{K_q\times\sin75°\times\left[\sqrt{\sin75°\times\sin(75°-10°)}-\sqrt{\sin(30°+10°)\sin30°}\right]^2}{\sin^2 75°\times\sin^2(75°-10°-10°)}=0.663$$

$\Rightarrow K_q=1.55$

（4）$K_q=1+\dfrac{2q\sin75°\cos0°}{20{\times}5.5\sin(75°{+}0°)}=1.55\Rightarrow q=30.3\text{kPa}$

【点评】

①根据《建筑边坡工程技术规范》第 6.2.3 条、第 11.2.1 条；②结合了稳定性分析和土压力系数反算，依图为重力式挡墙，应乘以增大系数，本题没有提供土岩界面的参数，如给出土岩界面的参数还应计算沿界面破坏的土压力，与库仑土压力大小进行比较取大值；②对于$c=0$的情况，可将大库仑公式适当化简，如题中解析，减少按计算器的工作；③土压力的计算也可采用小库仑公式，再考虑q的影响，本题指定规范公式，采用《建筑边坡工程技术规范》公式更合适。

题 5-127 （20C17）某填方边坡高 8m（图 5-18-143），拟采用重力式挡土墙进行支挡，墙背垂直、光滑，基底水平。墙后填土水平，内摩擦角$\varphi_e = 30°$，黏聚力$c = 0$，重度为 20kN/m³；地基土为黏性土，与墙底间的摩擦系数为 0.4。已知墙顶宽 2.5m，墙体重度 24kN/m³，按《建筑边坡工程技术规范》GB 50330—2013 相关要求，计算满足抗滑稳定性所需要的挡墙面最陡坡率最接近下列哪个选项？（不考虑主动土压力增大系数）

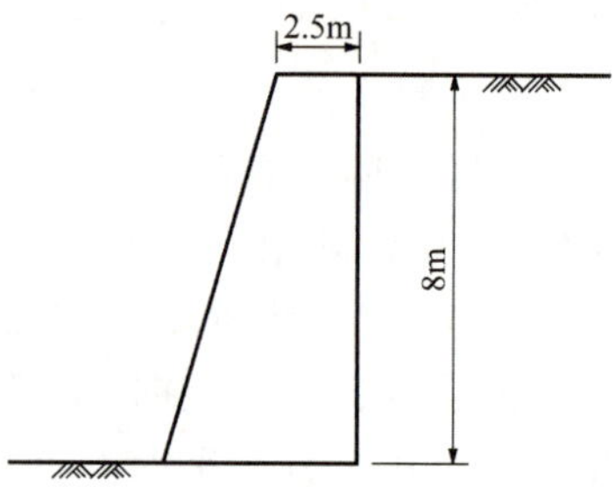

图 5-18-143 题 5-127 图

（A）1∶0.25　（B）1∶0.28　（C）1∶0.30　（D）1∶0.32

【解】

（1）设墙底宽度为B

$$G = \frac{1}{2} \times (2.5 + B) \times 8 \times 24 = 240 + 96B$$

（2）$K_a = \tan^2\left(45° - \frac{30°}{2}\right) = \frac{1}{3}$，$E_a = \frac{1}{2} \times 20 \times 8^2 \times \frac{1}{3} = 213.3\text{kN/m}$

（3）$F_s = \frac{(240+96B)\times 0.4}{213.3} \geqslant 1.3 \Rightarrow B \geqslant 4.72\text{m}$

（4）最陡坡率为 $8 : (4.72 - 2.5) = 1 : 0.28$

【点评】

①根据《建筑边坡工程技术规范》第 6.2.4 条、第 11.2.3 条，附录 A.0.2；②挡土墙的抗滑移稳定性为常规考点，本题土压力满足朗肯土压力计算条件，挡墙底与地基岩土体按摩擦角系数计算抗滑力，没有黏聚力。

（2）**抗倾覆**

题 5-128 （04D29）如图 5-18-144 所示为某一墙面直立，墙顶面与土堤顶面齐平的重力式挡墙高 3.0m、顶宽 1.0m、底宽 1.6m，已知墙背主动土压力水平分力$E_x = 175\text{kN}\cdot\text{m}$，竖向分力$E_y = 55\text{kN/m}$，墙身自重$W = 180\text{kN/m}$，试计算挡土墙抗倾覆稳定性系数最接近下列哪个选项？

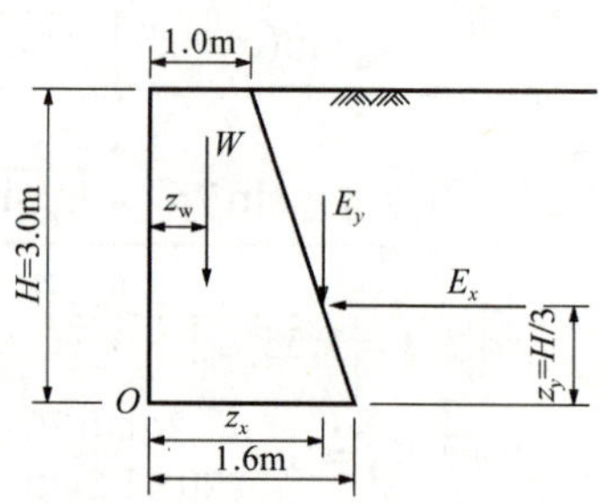

图 5-18-144 题 5-128 图

（A）1.05　（B）1.12

（C）1.20　（D）1.30

【解】

（1）挡土墙分为矩形和三角形计算：

$$矩形G_1 = \frac{1 \times 3}{1 \times 3 + \frac{1}{2} \times 3 \times 0.6} \times 180 = 138.46\text{kN/m}$$

三角形$G_2 = 180 - 138.46 = 41.54\text{kN/m}$

（2）$G \cdot x_0 = 138.46 \times \frac{1}{2} + 41.54 \times \left(1 + \frac{1}{3} \times 0.6\right) = 119.1\text{kN}\cdot\text{m/m}$

（3）$F_t = \dfrac{119.1 + 55 \times \left(1 + \frac{2}{3} \times 0.6\right)}{175 \times \frac{3}{3}} = 1.12$

【点评】

①根据《建筑边坡工程技术规范》第 11.2.4 条；②本题关键是求重力矩，先把重力分解成矩形和三角形，再求力矩。

【同类型真题】03C27

题 5-129　（05C22）如图 5-18-145 所示，一重力式挡墙底宽$b = 4.0$m，地基为砂土，如果单位长度墙的自重为$G = 212$kN，对墙趾力臂$x_0 = 1.8$m，作用于墙背主动土压力垂直分量$E_{az} = 40$kN，力臂$x_f = 2.2$m，水平分量$E_{ax} = 106$kN（在垂直、水平分量中均已包括水的侧压力），力臂$z_f = 2.4$m，墙前水位与基底平，墙后填土中水位距基底 3.0m，假定基底面以下水的扬压力为三角形分布，墙趾前被动土压力忽略不计，该墙绕墙趾倾覆的稳定安全系数最接近下列哪个选项？

（A）1.1　　（B）1.2

（C）1.5　　（D）1.8

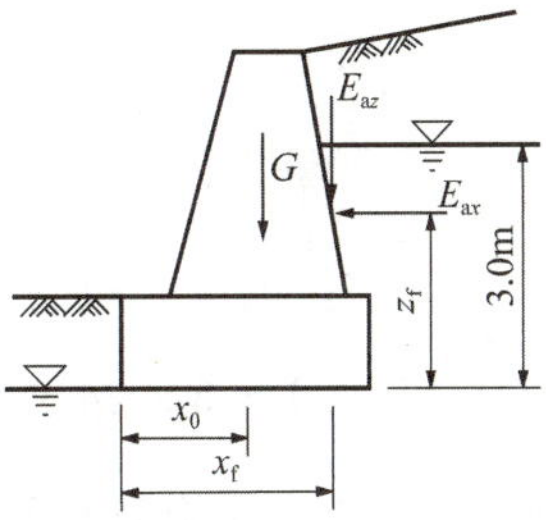

图 5-18-145　题 5-129 图

【解】

（1）$U = \frac{1}{2} \times 10 \times 3 \times 4 = 60$kN/m

（2）$F_t = \dfrac{212 \times 1.8 - 60 \times 4 \times \frac{2}{3} + 40 \times 2.2}{106 \times 2.4} = 1.22$

【点评】

①根据《建筑边坡工程技术规范》第 11.2.4 条；②扬压力力矩计入分子与重力矩抵消。

题 5-130　（06C24）一个矩形断面的重力式挡墙，设置在均匀透水性地基土上，墙高 10m，墙前埋深 4m，墙前地下水位在地面以下 2m，如图 5-18-146 所示，墙体混凝土重度$\gamma_{cs} = 22\text{kN/m}^3$，墙后地下水位在地面以下 4m，不考虑渗流，墙后水平方向的主动土压力与水压力的合力为 1550kN/m，作用点距墙底 3.6m，墙前水平方向的被动土压力与水压力的合力为 1237kN/m，作用点距离墙底 1.7m，在满足抗倾覆稳定安全系数$F_s = 1.2$的情况下，墙的宽度b最接近下列哪个选项？

（A）5.62m　　（B）6.16m

（C）6.94m　　（D）7.28m

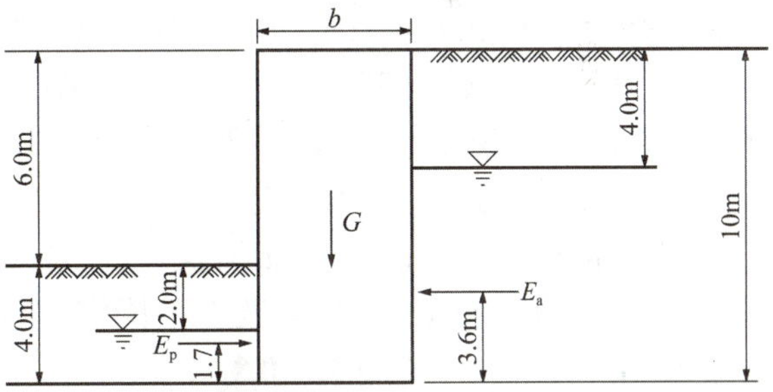

图 5-18-146　题 5-130 图

【解】

（1）$G \cdot a_G = 10 \times b \times 22 \times \frac{b}{2} = 110b^2$

$U_w a_w = 20b \times \frac{b}{2} + \frac{60 - 20}{2} b \times \frac{2}{3} b = 23.3b^2$

（2）$\dfrac{1237\times1.7+110b^2-23.3b^2}{1550\times3.6} = 1.2 \Rightarrow b = 7.28$m

【点评】

①根据《建筑基坑支护技术规程》第 6.1.2 条；②**被动土压力和重力的抗倾覆力矩**比主动土压力的倾覆力矩，扬压力矩与重力矩抵消。

题 5-131　（14D19）某浆砌块石挡墙墙高 6.0m，墙背直立，顶宽 1.0m，底宽 2.6m，墙体重度$\gamma = 24\text{kN/m}^3$。墙后主要采用砾砂回填，填土体平均重度$\gamma = 20\text{kN/m}^3$，假定填砂与挡墙的摩擦角$\delta = 0°$，地面均布荷载取 15kN/m²，根据《建筑边坡工程技术规范》GB 50330—2013，问墙后填砂层的综合内摩擦角φ至少应达到下列哪个选项，该挡墙才能满足规范要求的抗倾覆稳定性？

（A）23.5°　　（B）32.5°　　（C）35.5°　　（D）37.5°

【解】

（1）倾覆力矩$M_T = 1.1 \times \left(15 \times 6 \times K_a \times \frac{6}{2} + \frac{1}{2} \times 20 \times 6^2 \times K_a \times \frac{6}{3}\right) = 1089K_a$

（2）抗倾覆力矩

$$M_R = 1 \times 6 \times 24 \times \left(2.6 - 1 + \frac{1}{2}\right) + \frac{1}{2} \times (2.6 - 1) \times 6 \times 24 \times \frac{2}{3} \times (2.6 - 1)$$
$$= 425.3\text{kN} \cdot \text{m/m}$$

（3）$F_t = \frac{M_R}{M_T} = \frac{425.3}{1089K_a} \geqslant 1.6 \Rightarrow K_a \leqslant 0.244$

（4）$K_a = \tan^2\left(45° - \frac{\varphi}{2}\right) \leqslant 0.244 \Rightarrow \varphi \geqslant 37.4°$

【点评】

①根据《建筑边坡工程技术规范》第 11.2.4 条；②先根据描述画挡墙图，为了方便力臂的计算，计算土压力倾覆力矩时把均布荷载和土体自重引起的倾覆力矩分开算，计算挡土墙重力的力矩时注意三角分布力和矩形分布力分开算；③本题浆砌块石挡墙同重力式挡墙，且指定了《建筑边坡工程技术规范》，墙高 6m，主动土压力应增大 1.1 倍。

题 5-132　（16D18）图 5-18-147 所示既有挡土墙的原设计为墙背直立、光滑，墙后填料为中砂和粗砂，厚度分别为$h_1 = 3\text{m}$ 和$h_2 = 5\text{m}$，中砂的重度和内摩擦角分别为$\gamma_1 = 18\text{kN/m}^3$，$\varphi_1 = 30°$，粗砂为$\gamma_2 = 19\text{kN/m}^3$，$\varphi_2 = 36°$，墙体自重$G = 350\text{kN/m}$，重心距墙趾作用距离$b = 2.15\text{m}$，此时挡墙的抗倾覆稳定系数$K_0 = 1.71$，建成后又需要在地面增加均匀满布荷载$q = 20\text{kPa}$，试问增加$q$后挡墙的抗倾覆稳定系数的减少值最接近下列哪个选项？

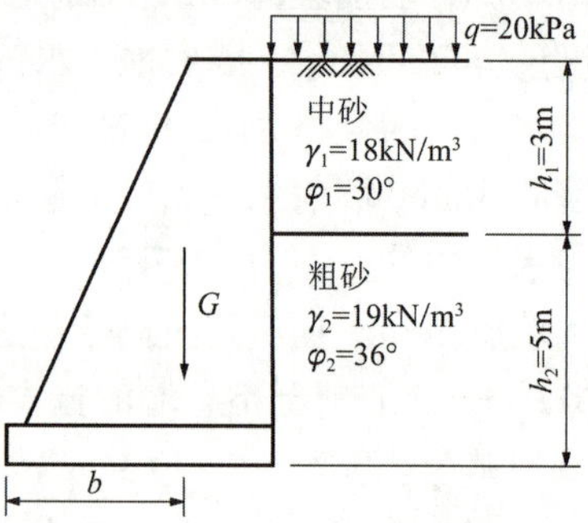

图 5-18-147　题 5-132 图

（A）1.0　　（B）0.8

（C）0.5　　（D）0.4

【解】

（1）$K_{a1} = \tan^2\left(45° - \frac{30°}{2}\right) = \frac{1}{3}$，$K_{a2} = \tan^2\left(45° - \frac{36°}{2}\right) = 0.260$

（2）荷载引起的倾覆力矩：$M = 20 \times 3 \times \frac{1}{3} \times \left(5 + \frac{3}{2}\right) + 20 \times 5 \times 0.260 \times \frac{5}{2} = 195\text{kN/m}$

（3）加载前：$K_0 = \frac{G \cdot b}{E_a z_a} \Rightarrow 1.71 = \frac{350 \times 2.15}{E_a z_a} \Rightarrow E_a z_a = 440.1\text{kN} \cdot \text{m/m}$

（4）加载后：$K_1 = \frac{350 \times 2.15}{440.1 + 195} = 1.185$

（5）$\Delta K = K_0 - K_1 = 1.71 - 1.185 = 0.525$

【点评】

①根据在荷载之前的安全稳定系数求得倾覆力矩，再加上倾覆力矩得加载后的安全稳定系数；②边坡章节大部分题目都需要闭卷作答，思路要清晰。

【同类型真题】12C21

题 5-133　（17D19）某浆砌片石挡墙，墙高 6.0m，顶宽 1.0m，底宽 2.6m，重度 $\gamma = 24\text{kN/m}^3$。假设墙背直立、光滑，墙后用砾砂回填，墙顶面以下土体平均重度 $\gamma = 19\text{kN/m}^3$，综合内摩擦角 $\varphi = 35°$，假定地面的附加荷载为 $q = 15\text{kPa}$，该挡墙的抗倾覆稳定系数最接近以下哪个选项？

（A）1.45　　（B）1.55　　（C）1.65　　（D）1.75

【解】

（1）$K_a = \tan^2\left(45° - \dfrac{35°}{2}\right) = 0.271$

（2）$M_R = 1 \times 6 \times 24 \times \left(1.6 + \dfrac{1}{2}\right) + \dfrac{1}{2} \times 1.6 \times 6 \times 24 \times \dfrac{2}{3} \times 1.6 = 425.3\text{kN} \cdot \text{m/m}$

（3）$M_T = 15 \times 0.271 \times 6 \times \dfrac{6}{2} + \dfrac{1}{2} \times 19 \times 6^2 \times 0.271 \times \dfrac{6}{3} = 258.5\text{kN} \cdot \text{m/m}$

（4）$F_t = \dfrac{425.3}{258.5} = 1.645$

【点评】

①根据《建筑边坡工程技术规范》第 11.2.3 条；②浆砌片石挡墙是重力式挡墙的一种，本题题目中未指定计算规范，不考虑重力式挡土墙主动土压力增大系数。

题 5-134　某仰斜式重力式挡墙如图 5-18-148 所示，墙高 8m，墙底水平，底面和顶面宽均为 2m，墙体重度 23kN/m^3，墙背与竖直线的夹角为 9°，墙背与墙后土体的摩擦角 $\delta = 15°$，墙后填土水平为无黏性土，内摩擦角 $\varphi = 32°$，重度 $\gamma = 19\text{kN/m}^3$，无地下水，墙背土压力作用于 1/3 墙高处，按《建筑边坡工程技术规范》GB 50330—2013，计算该挡墙的抗倾覆稳定系数 F_t 最接近下列哪个选项？

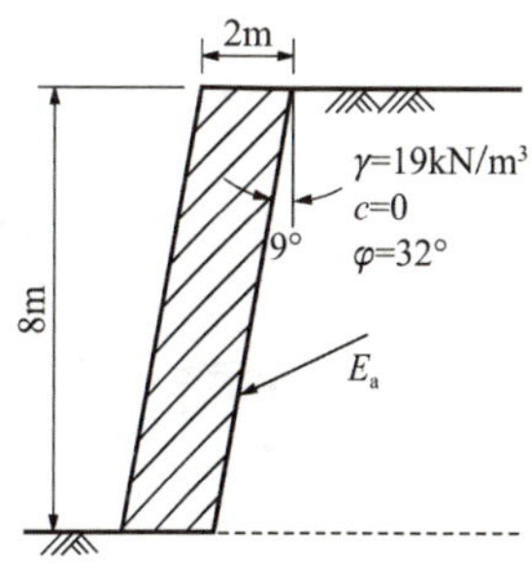

图 5-18-148　题 5-134 图

（A）1.04　　（B）1.32

（C）1.63　　（D）1.78

【解】

（1）$K_a = \dfrac{\sin^2(99° + 32°)}{\sin^2 99° \times \sin(99° - 15°) \times \left[1 + \sqrt{\dfrac{\sin(32° + 15°) \times \sin 32°}{\sin(99° - 15°) \times \sin 99°}}\right]^2} = 0.221$

（2）$E_a = 1.1 \times \dfrac{1}{2} \times 19 \times 8^2 \times 0.221 = 147.8\text{kN/m}$

$E_{ax} = 147.8 \times \cos(15° - 9°) = 146.99\text{kN/m}$

$E_{ay} = 147.8 \times \sin(15° - 9°) = 15.45\text{kN/m}$

（3）$G = 8 \times 2 \times 23 = 368\text{kN/m}$

（4）$F_t = \dfrac{368 \times (1 + 4 \times \tan 9°) + 15.45 \times \left(2 + \dfrac{8}{3} \times \cot 81°\right)}{146.99 \times \dfrac{8}{3}} = 1.629$

【点评】

①根据《建筑边坡工程技术规范》第 11.2.3 条；②墙背土压力分力和挡墙重力分别绕墙趾产生抗倾覆和倾覆力矩；力臂计算、稳定性计算要掌握原理，不能死记公式；③仰斜式挡墙，主动土压力与水平方向夹角为“墙背与土的摩擦角—墙背与竖向线的夹角”。

题 5-135 某重力式挡墙，如图 5-18-149 所示，墙背光滑垂直，墙身不透水，墙底为不透水黏土层，墙后填料为中砂，中砂天然重度和饱和重度分别为$\gamma = 19\text{kN/m}^3$ 和$\gamma_{sat} = 20\text{kN/m}^3$，内摩擦角$\varphi = 32°$。墙底宽$B = 3\text{m}$，墙高$H = 6\text{m}$，墙体重度 23kN/m^3，墙面倾角$\alpha = 15°$，泄水孔堵塞，由于降雨作用，墙后水位$h = 5\text{m}$ 时，根据《建筑边坡工程技术规范》GB 50330—2013，墙体抗倾覆安全系数为下列哪个选项？（不计墙前的被动土压力）

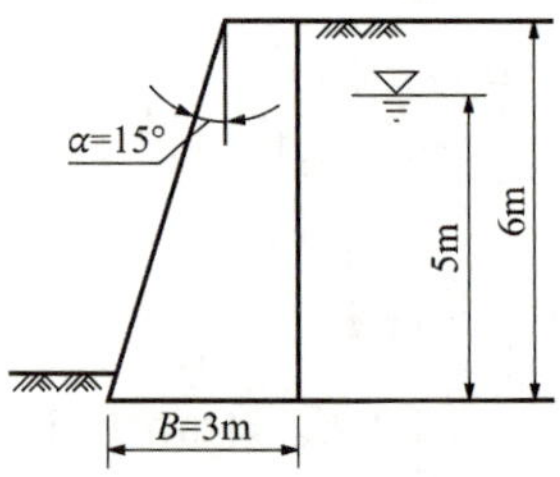

图 5-18-149 题 5-135 图

（A）1.1　　（B）1.3

（C）1.5　　（D）1.7

【解】

（1）$K_a = \tan^2\left(45° - \frac{32°}{2}\right) = 0.307$

（2）$E_{a1} = \frac{1}{2} \times 19 \times 1^2 \times 0.307 = 2.92\text{kN/m}$，

$a_{E1} = 5 + \frac{1}{3} = 5.33\text{m}$

$E_{a2} = \frac{1}{2} \times 10 \times 5^2 \times 0.307 = 38.38\text{kN/m}$，$a_{E2} = \frac{5}{3} = 1.67\text{m}$

$E_{a3} = 19 \times 1 \times 5 \times 0.307 = 29.2\text{kN/m}$，$a_{E3} = \frac{5}{2} = 2.5\text{m}$

（3）$E_w = \frac{1}{2} \times 10 \times 5^2 = 125\text{kN/m}$，$a_w = \frac{5}{3} = 1.67\text{m}$

（4）$G_1 = 6 \times (3 - 6 \times \tan 15°) \times 23 = 192.14\text{kN/m}$，

$$a_{G1} = 6 \times \tan 15° + \frac{3 - 6 \times \tan 15°}{2} = 2.3\text{m}$$

$G_2 = \frac{1}{2} \times 6 \times (6 \times \tan 15°) \times 23 = 111\text{kN/m}$，$a_{G2} = 6 \times \tan 15° \times \frac{2}{3} = 1.072\text{m}$

（5）$F_t = \dfrac{192.14 \times 2.3 + 111 \times 1.072}{125 \times 1.67 + 1.1 \times (2.92 \times 5.33 + 38.38 \times 1.67 + 29.2 \times 2.5)} = 1.49$

【点评】

①根据《建筑边坡工程技术规范》第 11.2.4 条；②土压力计算首先根据题意判断是采用朗肯理论还是库仑理论求解；③当土压力分布形状或挡墙形状较复杂时，需采用分块法分别计算各部分的合力和力矩；④重力式挡墙，墙高 ⩾ 5m 时，主动土压力要考虑增大系数，水压力不乘增大系数；⑤墙底不透水，没有孔隙水压力，不考虑扬压力。

题 5-136　（02C13）已知某重力式挡墙基础宽度$b=2m$（图 5-18-150），竖向力$N=200kN/m$，作用点与基础轴线的距离$e'=0.2m$，外侧水平向力$E=60kN/m$，作用点与基础底面的距离$h=2m$，忽略内侧的侧压力，则偏心距e满足下列哪个选项的条件？

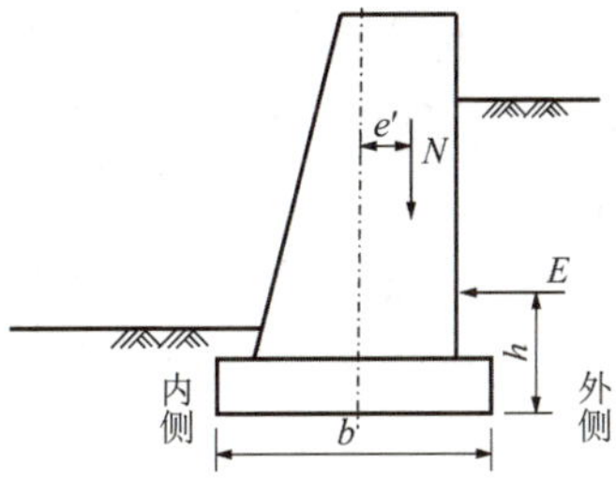

图 5-18-150　题 5-136 图

（A）$\frac{e}{b}>\frac{1}{6}$　　（B）$\frac{e}{b}<\frac{1}{6}$

（C）$\frac{e}{b}=\frac{1}{6}$　　（D）$\frac{e}{b}=0$

【解】

$e=\frac{60\times2.0-200\times0.2}{200}=0.4m>\frac{b}{6}=\frac{2}{6}=0.33m$，即$\frac{e}{b}>\frac{1}{6}$

【点评】

①根据《建筑地基基础设计规范》第 5.2 节；②基本的偏心距计算公式$e=M/N$，矩形基础$e>b/6$时为大偏心（b为力矩作用方向基础宽度），圆形基础$e>d/8$时为大偏心。

题 5-137　（07D19）如图 5-18-151 所示，某重力式挡墙墙高 5.5m，墙体单位长度自重$W=164.5kN/m$，作用点距墙前趾$x=1.29m$，底宽 2.0m，墙背垂直光滑，墙后填土表面水平，填土重度为 $18kN/m^3$，黏聚力$c=0$，内摩擦角$\varphi=35°$，设墙基为条形基础，不计墙前埋深段的被动抗力，按《建筑边坡工程技术规范》GB 50330—2013 计算，墙底面最大压力最接近下列哪个选项？

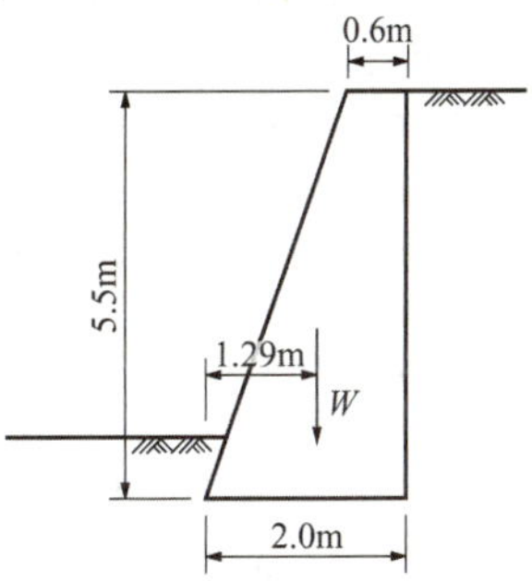

图 5-18-151　题 5-137 图

（A）82.25kPa　　（B）165kPa

（C）235kPa　　（D）285kPa

【解】

（1）$K_a=\tan^2\left(45°-\frac{35°}{2}\right)=0.271$

重力式挡墙墙高 5～8m，增大系数 1.1

$E_a=1.1\times\frac{1}{2}\times18\times5.5^2\times0.271=81.16kN/m$

$a_a=\frac{1}{3}\times5.5=1.83m$

（2）$c=\frac{164.5\times1.29-81.16\times5.5/3}{164.5}=0.3855m$

$e=\frac{2}{2}-0.3855=0.6145m>\frac{2}{6}=0.33m$，大偏心

$p_{max}=\frac{2\times164.5}{3\times0.3855}=284.5kPa$

【点评】

①《建筑边坡工程技术规范》第 11.2.1 条；②对本题进行了改编，指定了最新版的《建筑边坡工程技术规范》，重力式挡墙土压力要乘以增大系数；③其中偏心距也可根据下面的公式直接计算，两者是等价的，$e=\frac{81.16\times5.5/3-164.5\times0.29}{164.5}=0.6145m$。

18.4.3 桩板式挡墙——《建筑边坡工程技术规范》第 13.2.8 条

桩板式挡墙适用于开挖土石方可能危及相邻建筑物或环境安全的边坡、填方边坡支挡以及工程滑坡治理。桩板式挡墙按其结构形式分为悬臂式桩板挡墙、锚拉式桩板挡墙。挡板可以采用现浇板或预制板。悬臂式桩板挡墙高度不宜超过 12m，锚拉式桩板挡墙高度不宜大于 25m。桩间距不宜小于 2 倍桩径或桩截面短边尺寸。

桩嵌入岩土层的深度应根据地基的横向承载力特征值确定，并应符合表 5-18-67 的规定。

桩板式挡墙计算　　表 5-18-67

抗滑桩的桩位应设在滑坡体较薄、锚固段地基强度较高的地段，**锚固深度**（h_2）应根据地基的横向容许承载力确定

（1）嵌入岩层时，桩的最大横向压应力σ_{max}应小于等于地基的横向容许承载力f_H。桩为矩形截面时，地基的横向承载力特征值可按下式计算：$f_H = K_H \eta f_{rk}$

式中：f_H——地基的横向承载力特征值（kPa）；K_H——水平向换算系数，取 0.5～1.0；

η——折减系数，取 0.30～0.45；　f_{rk}——岩石天然单轴抗压极限强度（kPa）

（2）嵌入土层或风化层土、砂砾状岩层时，滑动面以下或桩嵌入稳定岩土层内深度为$h_2/3$和h_2(滑动面以下或嵌入稳定岩土层内桩长)处的横向压应力σ不应大于地基横向承载力特征值f_H。悬臂抗滑桩（如图所示）地基横向承载力特征值可按下列公式计算：

①当设桩处沿滑动方向地面坡度$i < 8°$时：

$$f_H = 4\gamma_2 y \frac{\tan\varphi_0}{\cos\varphi_0} - \gamma_1 h_1 \frac{1-\sin\varphi_0}{1+\sin\varphi_0}$$

式中：γ_1——滑动面以上土体的重度（kN/m³）；

γ_2——滑动面以下土体的重度（kN/m³）；

φ_0——滑动面以下土体的**等效**内摩擦角（°）；

h_1——设桩处滑动面至地面的距离（m）；

y——滑动面至计算点的距离（m）。

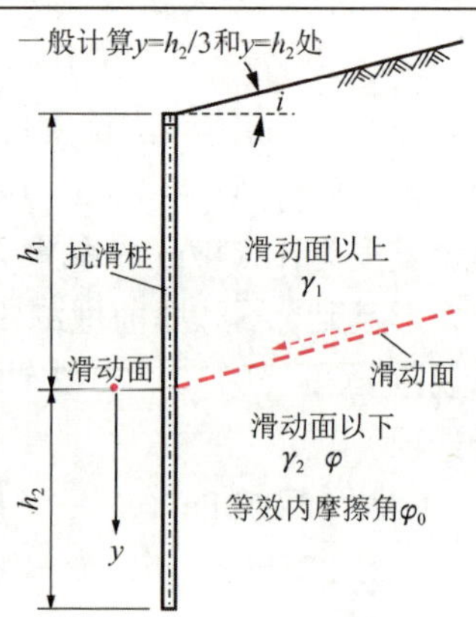

②当设桩处沿滑动方向地面坡度$i \geqslant 8°$且$i \leqslant \varphi_0$时：

$$f_H = 4\gamma_2 y \frac{\cos^2 i\sqrt{\cos^2 i - \cos^2\varphi}}{\cos^2\varphi} - \gamma_1 h_1 \cos i \frac{\cos i - \sqrt{\cos^2 i - \cos^2\varphi}}{\cos i + \sqrt{\cos^2 i - \cos^2\varphi}}$$

式中：φ——滑动面以下土体的内摩擦角（°）

（3）悬臂式桩板挡墙桩长在岩质地基中**嵌固深度**不宜小于桩总长的1/4，土质地基中不宜小于1/3

题 5-138　（19D16）某建筑边坡采用悬臂式桩板挡墙支护，滑动面至坡顶面距离$h_1 = 4$m，滑动面以下桩长$h_2 = 6$m，滑动面以上土体的重度为$\gamma_1 = 18$kN/m³，滑动面以下土体的重度为$\gamma_2 = 19$kN/m³，滑动面以下土体的内摩擦角$\varphi = 35°$，滑动方向地面坡度$i = 6°$，试计算滑动面以下 6m 深度处的地基横向承载力特征值f_H最接近下列哪个选项？

（A）300kPa　　（B）320kPa　　（C）340kPa　　（D）370kPa

【解】

$i = 6° < 8°$

$$f_H = 4\times 19\times 6\times\frac{\tan 35°}{\cos 35°} - 18\times 4\times\frac{1-\sin 35°}{1+\sin 35°} = 370.3\text{kPa}$$

【点评】

依据《建筑边坡工程技术规范》附录 A.0.2，纯代公式题。

题 5-139　某工程滑坡采用抗滑桩进行支护（图 5-18-152），滑动面倾角 15°，$c_s = 18\text{kPa}$，$\varphi_s = 12°$，滑动面以上为粉质黏土，$\gamma_1 = 19\text{kN/m}^3$，$\varphi_1 = 15°$，$c_1 = 25\text{kPa}$；滑动面以下为卵石层，$\gamma_2 = 21.5\text{kN/m}^3$，$\varphi_2 = 40°$，抗滑桩处的滑动面至地面的距离为 10.0m，嵌固段深度 8.0m。按《建筑边坡工程技术规范》GB 50330—2013，求距离地面 16m 处的地基土横向承载力特征值。

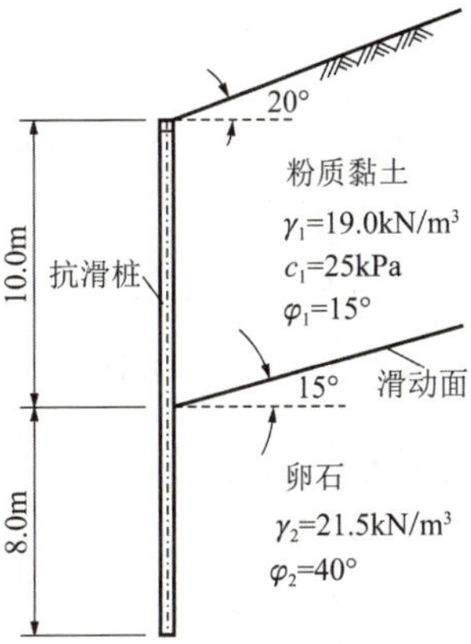

图 5-18-152　题 5-139 图

【解】

当桩处沿滑动方向地面坡度$i \geqslant 8°$且$i \leqslant \varphi_0$时，地基y点的横向承载力特征值

$$f_H = 4\gamma_2 y \frac{\cos^2 i\sqrt{\cos^2 i - \cos^2\varphi}}{\cos^2\varphi} - \gamma_1 h_1 \cos i \frac{\cos i - \sqrt{\cos^2 i - \cos^2\varphi}}{\cos i + \sqrt{\cos^2 i - \cos^2\varphi}}$$

$$= 4 \times 21.5 \times (16 - 10) \times \frac{\cos^2 20° \times \sqrt{\cos^2 20° - \cos^2 40°}}{\cos^2 40°} -$$

$$19.0 \times 10 \times \cos 20° \times \frac{\cos 20° - \sqrt{\cos^2 20° - \cos^2 40°}}{\cos 20° + \sqrt{\cos^2 20° - \cos^2 40°}} = 375\text{kPa}$$

【点评】

①《建筑边坡工程技术规范》第 13.2.8 条，桩板式挡墙为规范新增内容，可能出题，出题不会难，φ_0为滑动面以下土体的等效内摩擦角，熟练带入公式计算即可；②i为滑动方向地面坡度。

题 5-140　（22 补考 D16）某挖方建筑边坡，高 10m，滑动面过坡脚处，采用悬臂式桩板挡墙支护，抗滑桩桩长 20m，桩顶以上地面坡率为 1∶3，地层为全风化软质岩，其重度 22.0kN/m^3，等效内摩擦角为 46°，内摩擦角为 30°。已知坡脚以下 3.5m 处横向压应力为最大，$\sigma_{max} = 260\text{kPa}$，校核该处地基横向承载力，根据《建筑边坡工程技术规范》GB 50330—2013 相关规定，下列哪个选项的说法是正确的？并说明理由。

（A）该处地基横向承载力特征值大于σ_{max}

（B）该处地基横向承载力特征值小于σ_{max}

（C）该处地基横向承载力特征值约等于σ_{max}

（D）无法判断该处地基横向承载力特征值与σ_{max}的大小关系

【解】

（1）$i=\arctan\left(\frac{1}{3}\right)=18.4° \geqslant 8°$且$i \leqslant \varphi_0=46°$

（2）$f_H=4\times22\times3.5\times\frac{\cos^2 18.4°\times\sqrt{\cos^2 18.4°-\cos^2 30°}}{\cos^2 30°}-22\times10$

$$\times\cos 18.4°\times\frac{\cos 18.4°-\sqrt{\cos^2 18.4°-\cos^2 30°}}{\cos 18.4°+\sqrt{\cos^2 18.4°-\cos^2 30°}}=55.7\text{kPa}<\sigma_{max}=260\text{kPa}$$

【点评】

①《建筑边坡工程技术规范》第13.2.8条；②根据地面坡度的大小，选择不同的公式计算地基的横向承载力特征值＝该点的被动土压力－主动土压力，坡度$i<8°$时采用朗肯土压力系数，当$i \geqslant 8°$且$i \leqslant \varphi_0$时采用斜坡朗肯土压力系数。

18.4.4《建筑地基基础设计规范》岩石锚杆挡墙与岩石锚杆基础

1. 岩石锚杆挡墙——《建筑地基基础设计规范》第6.8节

（1）岩石锚杆的构造应符合下列规定：

①岩石锚杆由锚固段和非锚固段组成。锚固段应嵌入稳定的基岩中，嵌入基岩深度应大于40倍锚杆筋体直径，且不得小于3倍锚杆的孔径。非锚固段的主筋必须进行防护处理。

②作支护用的岩石锚杆，锚杆孔径不宜小于100mm；作防护用的锚杆，其孔径可小于100mm，但不应小于60mm。

③岩石锚杆的间距，不应小于锚杆孔径的6倍。

④岩石锚杆与水平面的夹角宜为15°～25°。

⑤锚杆筋体宜采用热轧带肋钢筋，水泥砂浆强度不宜低于25MPa，细石混凝土强度不宜低于C25。

（2）岩石锚杆锚固段的抗拔承载力，应按照本规范附录M的试验方法（岩石锚杆抗拔试验）经现场原位试验确定。对于永久性锚杆的初步设计或对于临时性锚杆的施工阶段设计，可按下式计算：

$$R_t=\xi f u_r h_r$$

式中：R_t——锚杆抗拔承载力特征值（kN）；

ξ——经验系数，对于永久性锚杆取0.8，对于临时性锚杆取1.0；

f——砂浆与岩石间的粘结强度特征值（kPa），由试验确定，当缺乏试验资料时，可按表5-18-68取用；

u_r——锚杆的周长（m）；

h_r——锚杆锚固段嵌入岩层中的长度（m），当长度超过13倍锚杆直径时，按13倍直径计算。

砂浆与岩石间的粘结强度特征值f（MPa） **表5-18-68**

岩石坚硬程度	软岩	较软岩	硬质岩
粘结强度	＜0.2	0.2～0.4	0.4～0.6

注：水泥砂浆强度为30MPa或细石混凝土强度等级为C30。

题 5-141　某边坡初步设计阶段拟采用永久性锚杆防护方案，岩石为硬质岩，水泥砂浆强度为 30MPa，锚杆周长 31.4cm，锚杆锚固段嵌入岩层中的长度为 3m，根据《建筑地基基础设计规范》GB 50007—2011，估算锚杆抗拔承载力特征值最接近下列哪个选项？（表中数据均取小值）

（A）131kN　　（B）163kN　　（C）301kN　　（D）377kN

【解】

（1）永久性锚杆$\xi = 0.8$

硬质岩，水泥砂浆强度为 30MPa，查表$f = 0.4\text{MPa}$

（2）$d = \dfrac{31.4}{3.14} = 10\text{cm} = 0.1\text{m}$

$h_r = 3\text{m} > 13d = 1.3\text{m}$，取$h_r = 1.3\text{m}$

（3）$R_t = \xi f u_r h_r = 0.8 \times 400 \times 31.4 \times 10^{-2} \times 1.3 = 130.6\text{kN}$

【点评】

①根据《建筑地基基础设计规范》第 6.8.6 条；②锚杆锚固段长度为易错点，有限值。

2. 岩石锚杆基础——《建筑地基基础设计规范》第 8.6 节

（1）岩石锚杆基础适用于直接建在基岩上的柱基，以及承受拉力或水平力较大的建筑物基础。锚杆基础应与基岩连成整体，并应符合下列要求：

①锚杆孔直径，宜取锚杆筋体直径的 3 倍，但不应小于 1 倍锚杆筋体直径加 50mm。锚杆基础的构造要求，可按图 5-18-153 采用。

②锚杆筋体插入上部结构的长度，应符合钢筋的锚固长度要求。

③锚杆筋体宜采用热轧带肋钢筋，水泥砂浆强度不宜低于 30MPa，细石混凝土强度不宜低于 C30。灌浆前，应将锚杆孔清理干净。

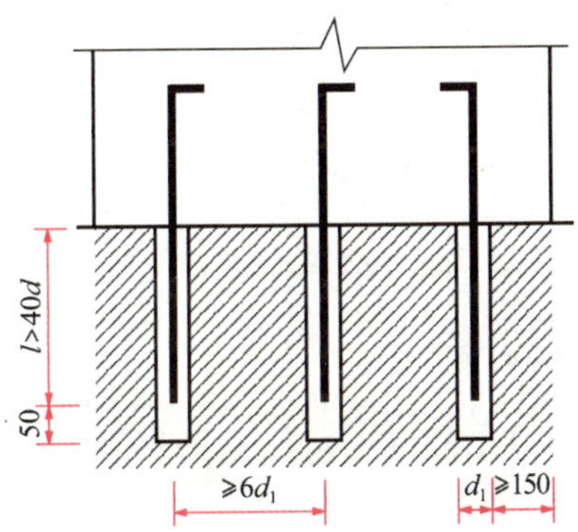

图 5-18-153　锚杆基础（尺寸单位：mm）

d_1—锚杆孔直径；l—锚杆的有效锚固长度；d—锚杆筋体直径

构造要求

锚孔直径：$d_1 = 3d$且$d_1 \geqslant d + 50\text{mm}$

有效锚固长度：$l > 40d$

锚杆孔深：$L > 40d + 50\text{mm}$

锚杆间距：$s \geqslant 6d_1$

（2）锚杆基础中单根锚杆所承受的拔力，应按下列公式验算：

$$N_{ti} = \frac{F_k + G_k}{n} - \frac{M_{xk} y_i}{\sum {y_i}^2} - \frac{M_{yk} x_i}{\sum {x_i}^2}$$

$$N_{t\max} \leqslant R_t$$

对设计等级为甲级的建筑物，单根锚杆抗拔承载力特征值R_t应通过现场试验确定；对于其他建筑物应符合下式规定：

$$R_t \leqslant 0.8\pi d_1 l f$$

式中：F_k——相应于作用的标准组合时，作用在基础顶面上的竖向力（kN）；

G_k——基础自重及其上的土自重（kN）；

M_{xk}、M_{yk}——按作用的标准组合计算作用在基础底面形心的力矩值（kN·m）；

x_i、y_i——第i根锚杆至基础底面形心的y、x轴线的距离（m）；

N_{ti}——相应于作用的标准组合时，第i根锚杆所承受的拔力值（kN）；

R_t——单根锚杆抗拔承载力特征值（kN）；

f——砂浆与岩石间的粘结强度特征值（kPa），可按下表选用。

砂浆与岩石间的粘结强度特征值f（MPa）　　　　表 5-18-69

岩石坚硬程度	软岩	较软岩	硬质岩
粘结强度	< 0.2	0.2～0.4	0.4～0.6

注：水泥砂浆强度为30MPa或细石混凝土强度等级为C30。

题 5-142　某单层地下车库建于岩石地基上，采用岩石锚杆基础。柱网尺寸8.4m × 8.4m，中间柱截面尺寸 600mm × 600mm，地下水位位于自然地面以下 1m。图5-18-154为中间柱的基础示意图。若在荷载效应标准组合下，单根锚杆承担的最大拔力值N_{tmax}为182kN，锚杆孔直径150mm，锚杆采用HRB400钢筋，直径32mm，锚杆孔灌浆采用M30水泥砂浆，砂浆与岩石间的粘结强度特征值为0.42MPa，根据《建筑地基基础设计规范》GB 50007—2011，估算锚杆孔深为下列哪个选项最合适？

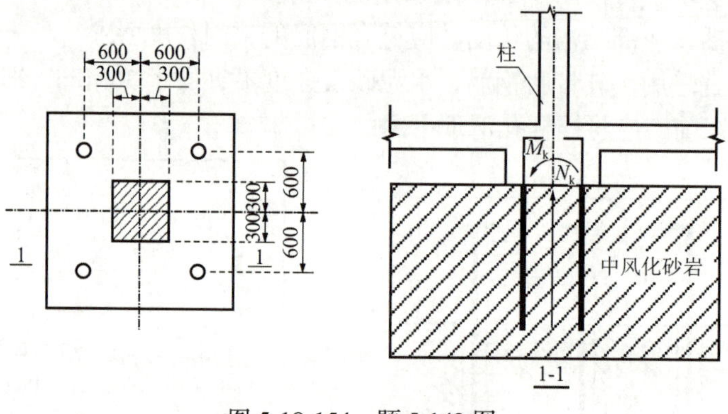

图 5-18-154　题 5-142 图

（A）1.15m　　（B）1.28m　　（C）1.33m　　（D）1.45m

【解】

（1）$N_{tmax} \leqslant R_t \leqslant 0.8\pi d_1 l f$，即：$182 \leqslant 0.8 \times 3.14 \times 0.15 \times 420 \times l$，解得：$l \geqslant 1.15m$

（2）构造要求$l > 40d = 40 \times 0.032 = 1.28m$，

（3）两者取大值，$l > 1.28m$

（4）锚杆孔深$L = 1.28 + 0.05 = 1.33m$

【点评】

根据《建筑地基基础设计规范》第8.6.2条、第8.6.3条，特别注意岩石锚杆基础的构造要求较多，近几年专家很喜欢考查重要规范上的一些构造要求考点。

题 5-143　某岩石锚杆基础如图 5-18-155 所示，上部结构传至基础顶面的相应于作用效应的标准组合时的竖向力$F_k = 325kN$，$M_k = 160kN \cdot m$，$V_k = 30kN$。锚杆孔用 M30 水泥浆灌孔，已测得未风化页岩层的饱和单轴抗压强度标准值$f_{rk} = 10MPa$，锚杆采用 HRB335 级钢筋（$f_y = 300N/mm^2$）。试根据《建筑地基基础设计规范》GB 50007—2011 计算：（1）单根锚杆所承受的最大拔力值N_{tmax}；（2）锚杆孔直径；（3）最小锚杆孔深。

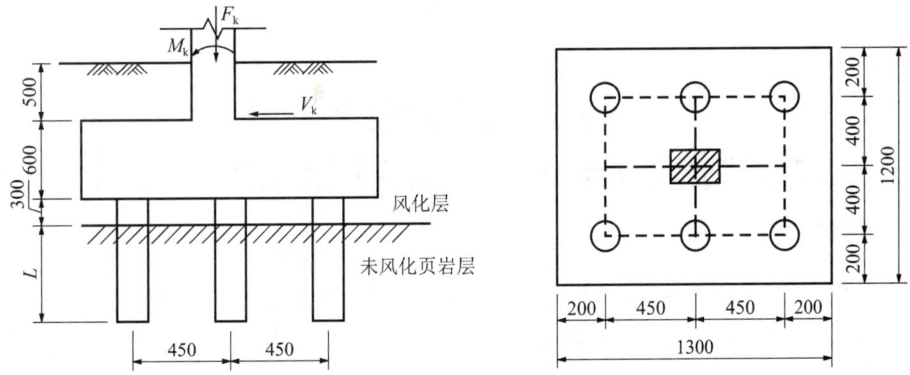

图 5-18-155　题 5-143 图

【解】

（1）$G_k = 20 \times 1.3 \times 1.2 \times (0.5 + 0.6) = 34.32kN$

$M_{yk} = 160 + 30 \times 0.6 = 178kN \cdot m$

$$N_{tmax} = \frac{F_k+G_k}{n} - \frac{M_{yk}x_i}{\sum x_i^2} = \frac{325+34.32}{6} - \frac{178\times0.45}{4\times0.45^2} = -39kN$$

故最大拔力为 39kN

（2）$A_s \geqslant \dfrac{1.35N_{tmax}}{f_y} = \dfrac{1.35\times39\times10^3}{300} = 175mm^2$

$\pi d^2/4 = 175$，解得：$d = 14.9mm$，取$d = 16mm$

$D = \max(3d, 50 + d) = \max(16 \times 3, 50 + 16) = 66mm$

（3）$f_{rk} = 10MPa$，为软岩，得$f = 0.2MPa$

$$l = \frac{N_{tmax}}{0.8\pi d_1 f} = \frac{39}{0.8\times\pi\times66\times10^{-3}\times0.2\times10^3} = 1.18m > 40d = 0.64m$$

$L = l + 50 = 1180 + 50 = 1230mm$

【点评】

①根据《建筑地基基础设计规范》第 8.6 节；②锚杆拔力为负值，钢筋直径一般为偶数；③岩石锚杆基础构造要求较多，注意算出结果与规范限值比较。

第 19 章

铁路路基支挡结构设计规范

19.1 重力式挡土墙——《铁路路基支挡结构设计规范》第 3.2 节、第 6.2 节

19.1.1 抗滑移与抗倾覆

重力式挡土墙的抗滑移与抗倾覆计算原理和《建筑边坡工程设计规范》一样，只是力的分解方向不同，沿水平和竖直方向分解。不考虑被动土压力与水平地震作用F_{hE}时，二者完全等效，只需分子分母同时乘以$\cos\alpha_0$，即可化为《建筑边坡工程设计规范》公式。抗滑移与抗倾覆计算应按表 5-19-1 的规定。

重力式挡土墙的抗滑移与抗倾覆计算 表 5-19-1

<table>
<tr><td colspan="4">《铁路路基支挡结构设计规范》第 4.2.1 条规定：明挖基础挡土墙前的被动土压力可不考虑；当基础埋置较深且地层稳定、不受水流冲刷和扰动破坏时，根据墙身的位移条件，可采用 1/3 被动土压力值。
《铁路路基支挡结构设计规范》第 4.2.4 条规定：浸水支挡结构常水位以下水和土的作用计算应符合下列规定：
1. 墙背土压力计算应区分水土合算与水土分算，墙背岩土透水性强时，宜采用水土分算；墙背为黏性土、黏质粉土时宜采用水土合算。
2. 墙背填料为砂性土时，水下填土可采用浮重度；当墙背填料为黏性土时，水下填土采用饱和重度。
3. 墙背填料为渗水土且墙身设有泄水孔时，可不计墙身两侧静水压力。
4. 重力式支挡结构墙身所受浮力按墙体排开水的体积计算，浮力采用值应根据地基情况确定</td></tr>
<tr><td colspan="2">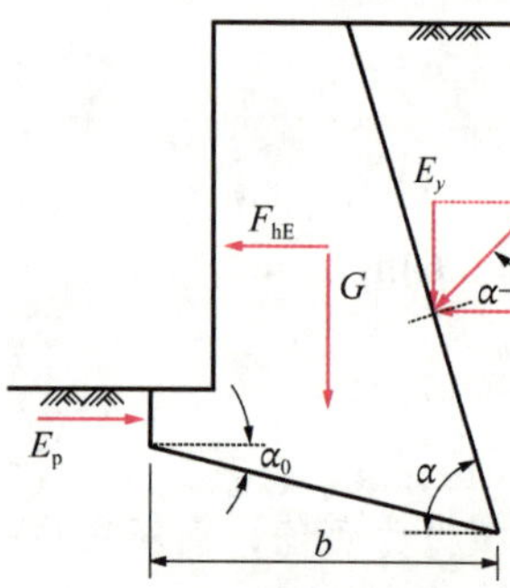
</td><td colspan="2">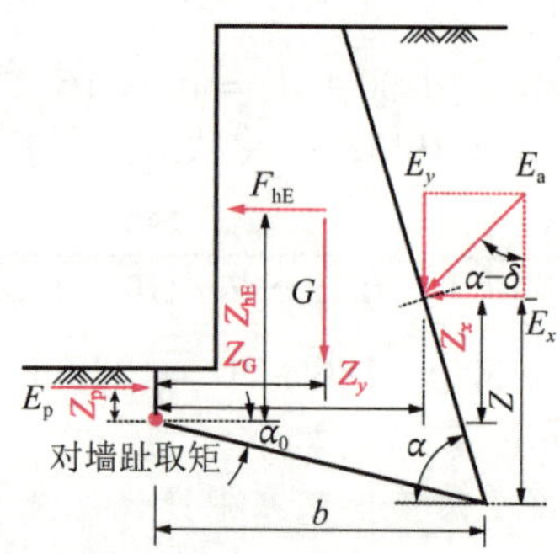
</td></tr>
<tr><td colspan="2">抗滑移</td><td colspan="2">抗倾覆</td></tr>
<tr><td colspan="2">$K_c=\dfrac{[G+E_y+(E_x+F_{hE}-E_p)\tan\alpha_0]f+E_p}{E_x+F_{hE}-(G+E_y)\tan\alpha_0}$</td><td colspan="2">$K_0=\dfrac{GZ_G+E_yZ_y+E_pZ_p}{E_xZ_x+F_{hE}Z_{hE}}$</td></tr>
<tr><td>$E_x=E_a\sin(\alpha-\delta)$</td><td>$E_y=E_a\cos(\alpha-\delta)$</td><td>$Z_x=Z-b\tan\alpha_0$</td><td>$Z_y=b-Z\cot\alpha$</td></tr>
</table>

续表

挡土墙稳定安全系数K_c、K_0				
项目名称	一般及常水位工况	洪水位工况	地震工况	临时工况
抗滑移安全系数K_c	1.3	1.2	1.1	1.1
抗倾覆安全系数K_0	1.6	1.4	1.3	1.2

注：临时荷载主要指架桥机等运架设备及其他施工临时荷载

作用在墙背上的主动土压力，可按库仑理论计算。墙背土体中破裂棱体上的力系及墙背土压应力如图所示，墙背主动土压力按下式计算。

$$E_x=\frac{W}{\tan(\theta+\varphi_0)+\tan(\delta-\alpha)}$$

$$E_y=E_x\tan(\delta-\alpha)$$

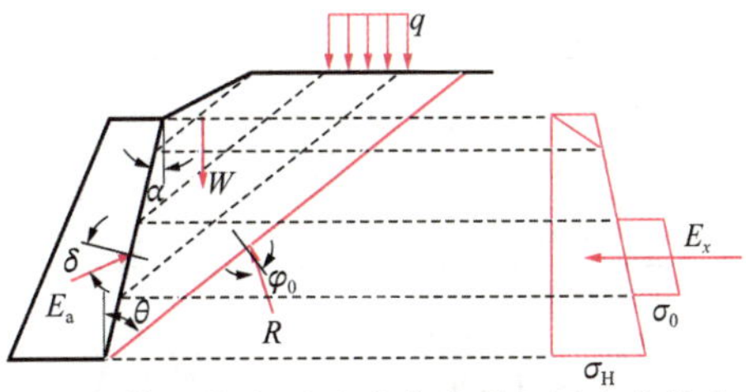

破裂棱体上的力系及墙背水平土压应力分布

E_a——墙背主动土压力（kN）;

E_p——被动土压力（kN），应符合《铁路路基支挡结构设计规范》第 4.2.1 条的规定;

E_x——墙背所承受的水平土压力（kN）;

E_y——墙背所承受的竖向土压力（kN）;

W——破裂棱体的重力及破裂面以内的路基面上荷载产生的重力（kN）;

F_{hE}——地震时，作用于墙体质心和墙背与第二破裂面间岩土质心处的水平地震作用之和（kN）;

G——作用于基底上的墙身重力，浸水时应扣除浸水部分墙身的浮力（kN）;

f——基底与地基间的摩擦系数，宜根据试验资料确定，在有经验时，按表 5-19-4 确定;

θ——墙背岩土内产生的破裂面与竖直面的夹角（°）;

φ_0——墙背岩土综合内摩擦角（°）;

δ——墙背摩擦角（°），可按表 5-19-3 计算;

α_0——基底倾斜角度（°）;

α——墙背倾角（°），与配图对应;

Z_x——墙后土压力的水平分力到墙趾的距离（m）;

Z_y——墙后土压力的总竖向分力到墙趾的距离（m）;

Z_p——墙前被动土压力到墙趾的距离（m）;

Z_{hE}——水平地震作用到墙趾的距离（m）;

Z_G——墙身自重及墙顶以上恒载自重合力重心到墙趾的距离（m）

注：1. 除被动土压力、地震作用和安全系数和《建筑边坡工程技术规范》不同外，可直接按原理用《建筑边坡工程技术规范》公式计算。

2. 注意**土与墙背间的摩擦角δ**可按**《铁路路基支挡结构设计规范》表 6.2.2** 计算，且计算墙背摩擦角$\delta>30°$时仍采用 30°；墙背光滑，排水条件差时，墙背摩擦角宜取 0°。墙背岩土的物理力学指标应符合**《铁路路基支挡结构设计规范》第 5.5.1 条**的规定。

填料的物理力学指标，可按表 5-19-2 确定。

填料的物理力学指标　　**表 5-19-2**

填料种类		综合内摩擦角φ_0（°）	内摩擦角φ（°）	重度（kN/m^3）
细粒土（有机土除外）	墙高$H\leqslant 6m$	35	—	18、19、20
	$6m<$墙高$H\leqslant 12m$	30～35		

续表

填料种类	综合内摩擦角φ_0（°）	内摩擦角φ（°）	重度（kN/m³）
砂类土	—	35	19、20
碎石类、砾石类	—	40	20、21
不易风化的块石类	—	45	21、22

土与墙背间的摩擦角δ，可按表 5-19-3 确定。

土与墙背间的摩擦角δ 　　**表 5-19-3**

项目	巨粒土及粗粒土	细粒土（有机土除外）
墙身混凝土或片石混凝土	$\varphi/2$	$\varphi_0/2$
浆砌片石	$2\varphi/3$	$2\varphi_0/3$
第二破裂面或假想墙背土体	φ	φ_0

注：计算墙背摩擦角$\delta>30°$时仍采用 30°；墙背光滑，排水条件差时，墙背摩擦角宜取 0°。

基底与地基间的摩擦系数经验值f，可按表 5-19-4 确定。

基底与地基间的摩擦系数经验值f 　　**表 5-19-4**

地基类别	经验值f
硬塑黏土	0.25～0.30
粉质黏土、粉土、半干硬的黏土	0.30～0.40
砂类土	0.30～0.40
碎石类土	0.40～0.50
软质岩	0.40～0.60
硬质岩	0.60～0.70

题 5-144 （09D20）山区重力式挡土墙自重 200kN/m（图 5-19-1），经计算墙背主动土压力水平分力$E_x=200\text{kN/m}$，竖向分力$E_y=80\text{kN/m}$，挡土墙基底倾角 15°，基底摩擦系数 0.65，则该挡土墙的抗滑动稳定系数最接近下列哪个选项？（不计墙前土压力）

（A）0.9　　（B）1.3

（C）1.7　　（D）2.2

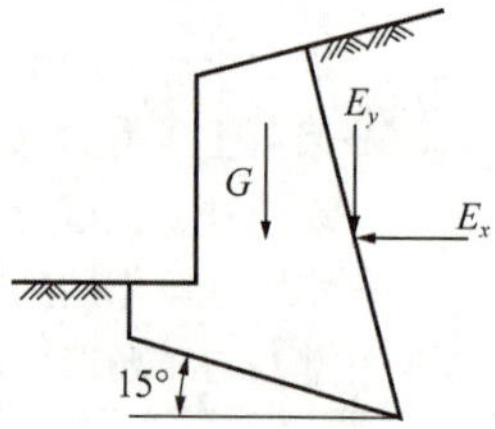

图 5-19-1　题 5-144 图

【解】

（1）$N=G+E_y=200+80=280\text{kN/m}$

（2）$K_c=\dfrac{[N+(E'_x-E_p)\tan\alpha_0]f+E_p}{E'_x-N\tan\alpha_0}=\dfrac{[280+200\times\tan15°]\times0.65+0}{200-280\times\tan15°}=1.735$

【点评】

①根据《铁路路基支挡结构设计规范》第 3.3.2 条、第 6.2.4 条；②本题也可以不查规范公式，直接按原理计算，虽然各规范规定的公式不一样，其实质只是对原理公式进行了不同的化简，结果都是一样，只是分子分母均除以了$\cos\alpha_0$。

【同类型真题】 02D21

题 5-145　（16D19）图 5-19-2 所示的铁路挡土墙高$H=6\text{m}$，墙体自重 450kN/m。墙后填土表面水平，作用有均布荷载$q=20\text{kPa}$，墙背与填料间的摩擦角$\delta=20°$，倾角$\alpha=10°$，填料中砂的重度$\gamma=18\text{kN/m}^3$，主动土压力系数$K_a=0.377$，墙体与地基间的摩擦系数$f=0.36$，试问该挡土墙沿墙底的抗滑安全系数最接近下列哪个选项？（不考虑水的影响）

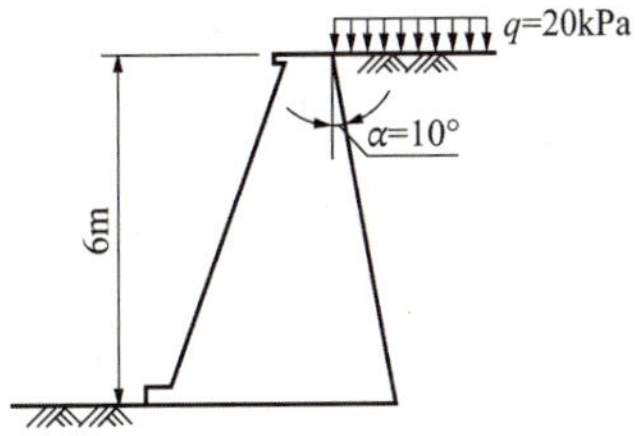

图 5-19-2　题 5-145 图

（A）0.91　　（B）1.12

（C）1.33　　（D）1.51

【解】

（1）$E_a=\dfrac{1}{2}\times18\times6^2\times0.377+20\times6\times0.377=167.4\text{kN/m}$

（2）$K_c=\dfrac{\sum N\cdot f}{\sum E_x}=\dfrac{[G+E_a\sin(\alpha+\delta)]\cdot f}{E_a\cos(\alpha+\delta)}=\dfrac{[450+167.4\times\sin(10°+20°)]\times0.36}{167.4\times\cos(10°+20°)}$

$=1.33$

【点评】

①根据《铁路路基支挡结构设计规范》第 3.2.2 条、第 6.2.4 条；②库仑主动土压力系数K_a，是否包含填土表面均布荷载q的影响是个不确定概念，根据规范公式来看是考虑了荷载的影响，但是根据大部分土力学教材是不包含荷载影响的，根据本题题意是不包含均布荷载的影响，但是题目中没有对此进行任何说明，出题考虑不周。

题 5-146　（18D15）如图 5-19-3 所示，某铁路河堤挡土墙，墙背光滑垂直，墙身透水，墙后填料为中砂，墙底为节理很发育的岩石地基。中砂天然重度和饱和重度分别为$\gamma=19\text{kN/m}^3$和$\gamma_{sat}=20\text{kN/m}^3$。墙底宽$B=3\text{m}$，与地基的摩擦系数为$f=0.5$，墙高$H=6\text{m}$，墙体重 330kN/m，墙面倾角$\alpha=15°$，土体主动土压力系数$K_a=0.32$。试问当河水位$h=4\text{m}$时，墙体抗滑安全系数最接近下列哪个选项？（不考虑主动土压力增大系数，不计墙前的被动土压力）

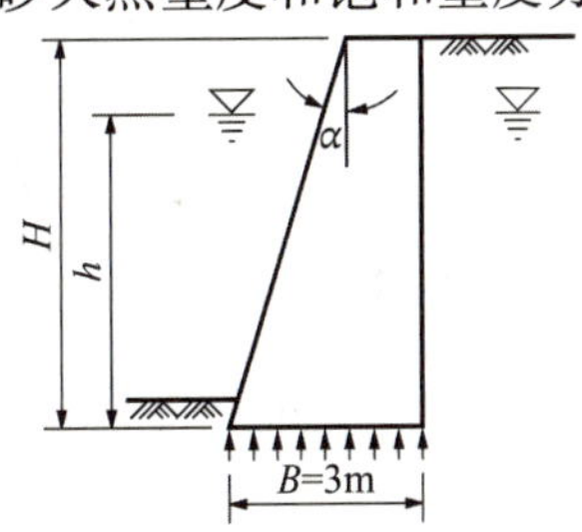

图 5-19-3　题 5-146 图

（A）1.21　　（B）1.34

（C）1.91　　（D）2.03

【解】

（1）水位以上：$E_{a1}=\dfrac{1}{2}\times19\times4^2\times0.32=12.16\text{kN/m}$

（2）水位以下：$e_1=19\times2\times0.32=12.16\text{kPa}$；$e_2=(19\times2+10\times4)\times0.32=24.96\text{kPa}$

$E_{a2}=\dfrac{12.16+24.96}{2}\times4=74.24\text{kN/m}$

$E_a=12.16+74.24=86.4\text{kN/m}$

（3）水下墙体采用浮重度，水位处墙宽$b=3-4\tan15°=1.93\text{m}$

墙体浮力 $=\dfrac{1.93+3}{2}\times4\times10=98.6\text{kN/m}$

（4）$F_s=\dfrac{(330-98.6)\times0.5}{86.4}=1.34$

【点评】

①根据《铁路路基支挡结构设计规范》第3.3.2条、第6.2.4条；②浸水挡土墙墙背填料为渗水土时，可不计墙身两侧静水压力和墙背动水压力；③计算基底上的有效总垂直力$N=$墙体重－浮力。

19.1.2 基底压应力验算

重力式挡土墙基底压应力验算应符合表5-19-5的规定。

基底压应力验算 表5-19-5

<table>
<tr><td colspan="2">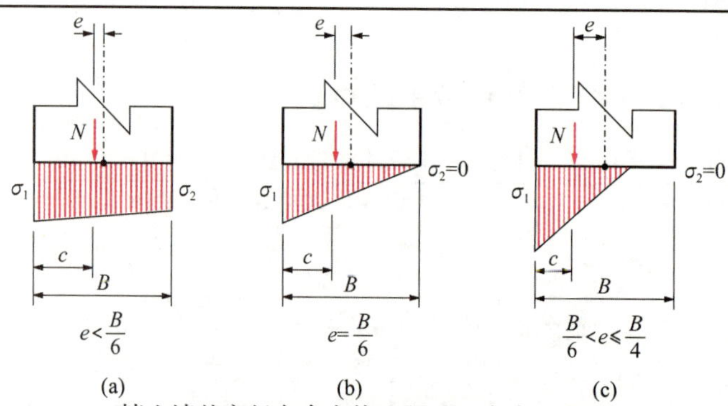
挡土墙基底竖向合力偏心距及压应力示意图</td><td>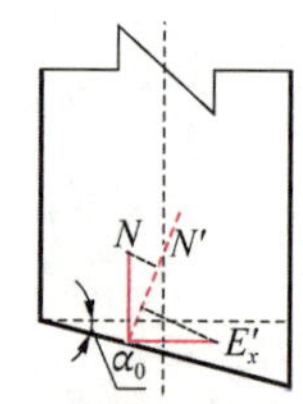
作用在倾斜地基上的力系
$N' = N\cos\alpha_0 + E_x'\sin\alpha_0$
$N = G + E_y$；$E_x' = E_x + F_{hE}$
当基底为平底时，图中$N' = N$</td></tr>
<tr><td rowspan="2">（1）基底竖向合力偏心距</td><td>$$e=\frac{B}{2}-c=\frac{B}{2}-\frac{M_y-M_0}{N'}$$
$$M_y = GZ_G + E_yZ_y + E_pZ_p$$
$$M_0 = E_xZ_x + F_{hE}Z_{hE}$$</td><td>N'——作用于基底上的总垂直力（kN）；
N——挡土墙上的总竖向作用（kN）；
E_x'——挡土墙上的总水平作用（kN）；
α_0——基底倾斜角度（°）；
F_{hE}——水平地震作用（kN）</td></tr>
<tr><td colspan="2">e——基底合力的偏心距（m）；c——作用于基底上的垂直分力对墙趾的力臂（m）；
B——基底宽度，基底无斜底时为水平宽度，倾斜时为斜宽（m）；
M_y——稳定力系对墙趾的总力矩（kN·m）；M_0——倾覆力系对墙趾的总力矩（kN·m）</td></tr>
<tr><td>（2）基底合力偏心距限定值</td><td colspan="2">基底合力偏心距e应满足下表的要求：
基底合力偏心距限定值
<table>
<tr><td rowspan="2">基底岩土状况</td><td colspan="3">基底合力偏心距限定值</td></tr>
<tr><td>一般地区和浸水地区常水位</td><td>施工临时荷载地区</td><td>地震地区和洪水位</td></tr>
<tr><td>未风化或弱风化的硬质岩</td><td>≤$B/4$</td><td>≤$B/4$</td><td>≤$B/3$</td></tr>
<tr><td>软质岩及全、强风化的硬质岩</td><td>≤$B/6$</td><td>≤$B/4$</td><td>≤$B/4$</td></tr>
<tr><td>基本承载力大于200kPa的土层</td><td>≤$B/6$</td><td>≤$B/5$</td><td>≤$B/5$</td></tr>
<tr><td>基本承载力小于200kPa的土层</td><td>≤$B/6$</td><td>≤$B/6$</td><td>≤$B/6$</td></tr>
</table></td></tr>
</table>

续表

<table>
<tr><td rowspan="5">（3）挡土墙的墙趾、墙踵及基底平均压应力</td><td colspan="2">当$|e| \leqslant \frac{B}{6}$时　$\sigma_{1,2} = \frac{N'}{B}\left(1 \pm \frac{6e}{B}\right)$</td><td rowspan="5">$\sigma_p = \frac{\sigma_1 + \sigma_2}{2}$
σ_p——挡土墙基底平均压应力（kPa）</td></tr>
<tr><td colspan="2">当$e > \frac{B}{6}$时　$\sigma_1 = \frac{2N'}{3c}$，$\sigma_2 = 0$</td></tr>
<tr><td colspan="2">当$e < -\frac{B}{6}$时　$\sigma_1 = 0$，$\sigma_2 = \frac{2N'}{3(B-c)}$</td></tr>
<tr><td colspan="2">σ_1——挡土墙趾部的压应力（kPa）；
σ_2——挡土墙踵部的压应力（kPa）</td></tr>
<tr></tr>
<tr><td rowspan="2">（4）基底压应力验算</td><td>$\sigma \leqslant [\sigma]$</td><td>$\sigma = \sigma_1$或$\sigma = \sigma_2$或$\sigma = \sigma_p$</td><td>$[\sigma] = \gamma_\sigma \sigma_0$</td></tr>
<tr><td colspan="3">σ_0——地基基本承载力（kPa），有经验时，可根据岩土的物理力学性质，按《铁路路基支挡结构设计规范》附录 D 确定；
γ_σ——地基容许承载力调整系数，见下表
地基容许承载力调整系数γ_σ
<table>
<tr><td>验算项目</td><td>主力</td><td>主力 + 附加力；主力 + 施工荷载</td></tr>
<tr><td>墙趾和基础平均承载力</td><td>1.0</td><td>1.2</td></tr>
<tr><td>墙踵地基承载力</td><td>1.3</td><td>1.5</td></tr>
</table></td></tr>
</table>

题 5-147　（03D23）一非浸水重力式挡土墙，墙体重力W为 180kN，墙后主动土压力水平分力E_x为 75kN，墙后主动土压力垂直分力E_y为 12kN，墙底宽度B为 1.45m，基底合力偏心矩e为 0.2m，地基容许承载力$[\sigma]$为 290kPa，则挡土墙墙趾部压应力σ与地基容许承载力$[\sigma]$的数值关系最接近下列哪个选项？

（A）$\sigma = 0.08[\sigma]$　　（B）$\sigma = 0.78[\sigma]$

（C）$\sigma = 0.83[\sigma]$　　（D）$\sigma = 1.11[\sigma]$

【解】

（1）$e = 0.2 < \frac{1.45}{6} = 0.24\text{m}$，小偏心

挡土墙趾部压应力：$\sigma = \frac{\sum N}{B}\left(1 + \frac{6e}{B}\right) = \frac{180 + 12}{1.45} \times \left(1 + \frac{6 \times 0.2}{1.45}\right) = 242\text{kPa}$

（2）$\frac{\sigma}{[\sigma]} = \frac{242}{290} = 0.834$

【点评】

①根据《铁路路基支挡结构设计规范》第 3.2.4 条、第 6.2.6 条；②挡土墙趾部压应力最大，验算时先判断偏心大小，分别采用不同的公式计算σ_{max}。

题 5-148 （22 补考 C06）某挡土墙简化受力模型如图 5-19-4 所示，受墙体自重G和主动土压力E_a两个力作用，挡土墙基础底面与水平面的夹角$\alpha = 11.3°$，计算的挡土墙基础底面边缘最大压力值p_{max}（垂直于基础底面）最接近下列哪个选项？

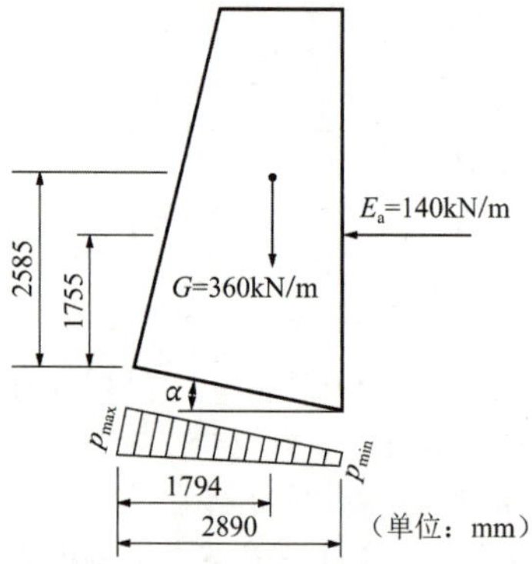

图 5-19-4 题 5-148 图

（A）130kPa （B）180kPa

（C）240kPa （D）300kPa

【解】

（1）$M = 360 \times 1.795 - 140 \times 1.755 = 400.14\text{kN} \cdot \text{m/m}$

$N = 360 \times \cos 11.3° + 140 \times \sin 11.3° = 380.45\text{kN/m}$

（2）$b = \dfrac{2.890}{\cos 11.3} = 2.947\text{m}$

$e = \dfrac{2.947}{2} - \dfrac{400.14}{380.45} = 0.422\text{m} < \dfrac{2.947}{6} = 0.491\text{m}$，小偏心

（3）$p_{max} = \dfrac{380.45}{2.947} \times \left(1 + \dfrac{6 \times 0.422}{2.947}\right) = 240\text{kPa}$

【点评】

①根据《铁路路基支挡结构设计规范》第 6.2.6 条，挡土墙基底压力验算；②按式（6.2.6-1）和式（6.2.6-2），$M = M_y - M_0$，挡土墙上的总竖向力$N' = N\cos\alpha_0 + E'_x \sin\alpha_0$；③当$e$小于$b/6$时，按小偏心计算，基底压力公式与《建筑地基基础设计规范》一致。

题 5-149　某铁路路基采用混凝土重力式挡土墙（图 5-19-5），墙高 6m，墙背竖直，墙底水平，墙底宽度 3m，墙顶宽度 1.5m，墙后填料采用砂土，内摩擦角$\varphi = 32°$，重度为 $19.5kN/m^3$，填料与墙背间的摩擦角为 12°，墙后填土内的破裂角为水平面破裂角为 62°，假设土压力在墙背的作用点在墙底往上 2/5 墙高处，已知破裂棱体的重力及破裂面以内的路基面上荷载产生的重力为 350kN/m，混凝土的重度为 $23kN/m^3$，根据《铁路路基支挡结构设计规范》TB 10025—2019，当验算主力＋附加力时，满足要求的地基基本承载力的最小值最接近下列哪个选项？

（A）134kN/m　　（B）240kN/m

（C）268kN/m　　（D）280kN/m

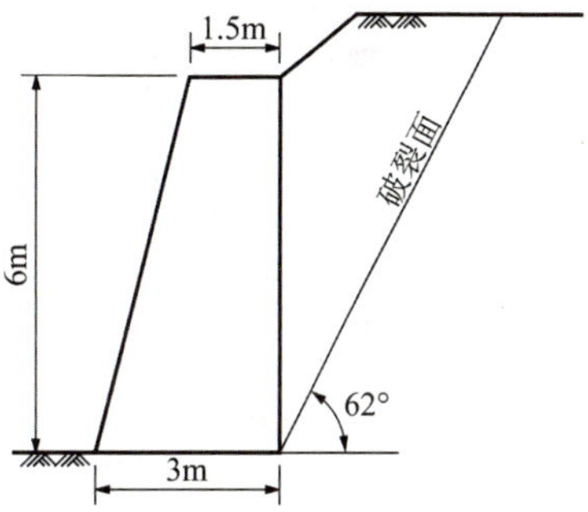

图 5-19-5　题 5-149 图

【解】

（1）$E_a = \dfrac{350}{\sin(90° + 62° - 32 - 12°)} \times \sin(62° - 32°) = 184kN/m$

$E_{ax} = 184 \times \cos 12° = 180kN/m$，$E_{ay} = 184 \times \sin 12° = 38.26kN/m$

（2）$M_0 = 1.5 \times 6 \times 23 \times \dfrac{1.5}{2} + 38.26 \times 1.5 = 212.64kN \cdot m$

$M_y = 180 \times 6 \times \dfrac{2}{5} + \dfrac{1}{2} \times 1.5 \times 6 \times 23 \times \dfrac{1}{3} \times 1.5 = 483.75kN \cdot m$

（3）$G = \dfrac{1}{2} \times (1.5 + 3) \times 6 \times 23 = 310.5kN/m$，$N = 310.5 + 38.26 = 348.76kN/m$

（4）$e = \dfrac{483.75 - 212.64}{348.76} = 0.777m > \dfrac{3}{6} = 0.5m$，大偏心

$\sigma_1 = \dfrac{2 \times 348.76}{3 \times (3/2 - 0.777)} = 321.59kPa$，$\sigma_2 = 0$，$\sigma_p = \dfrac{321.59 + 0}{2} = 160.79kPa$

（5）$[\sigma] = 1.2 \times \sigma_0 \geqslant 321.59kPa \Rightarrow \sigma_0 \geqslant 268.0kPa$

$[\sigma] = 1.2 \times \sigma_0 \geqslant 160.79kPa \Rightarrow \sigma_0 \geqslant 134.0kPa$

取大值$\sigma_0 = 268.0kPa$

【点评】

①根据《铁路路基支挡结构设计规范》第 6.2.6 条；②先根据挡墙基底大小偏心情况确定基底压力，再根据地基容许承载力确定地基基本承载力，注意容许承载力与基本承载力之间的关系；③本题中墙基为大偏心受压，验算位置为发生最大压应力的墙趾，因此承载力调整系数为 1.2。

19.2　加筋土挡土墙
——《铁路路基支挡结构设计规范》第 9.2 节、第 9.3 节

19.2.1　拉筋拉力及抗拔力

加筋土挡土墙拉筋拉力及抗拔力计算应符合表 5-19-6 的规定。

基底压应力验算　　表 5-19-6

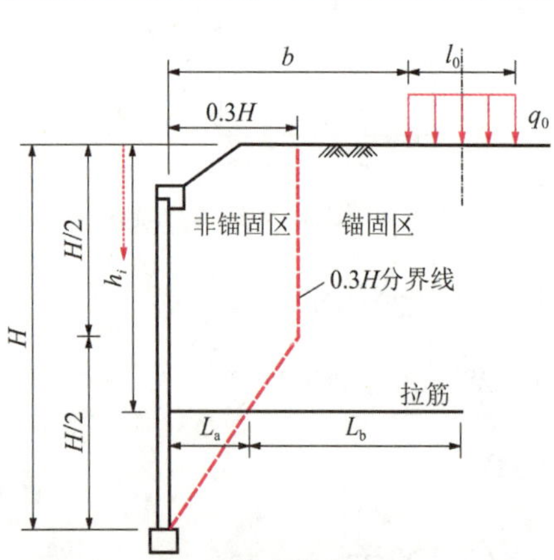

路肩墙

h_i 墙顶向下

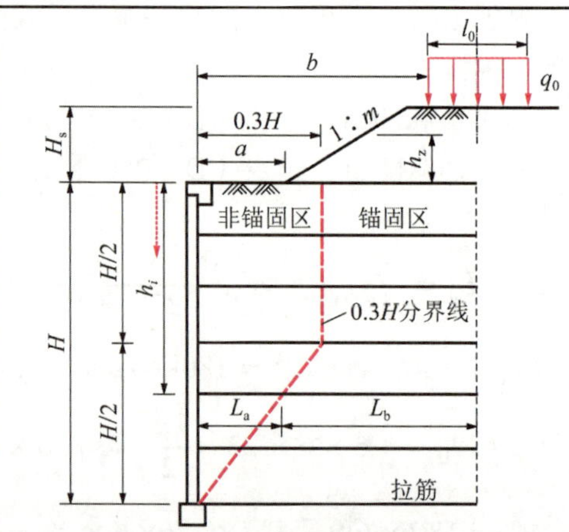

路堤墙

（1）**填料**产生的水平土压力σ_{h1i}：

$$\sigma_{h1i}=\lambda_i\gamma h_i \Leftarrow \begin{cases}\lambda_i=\lambda_0\left(1-\dfrac{h_i}{6}\right)+\lambda_a\dfrac{h_i}{6} & h_i<6\text{m}\\ \lambda_i=\lambda_a & h_i\geqslant 6\text{m}\end{cases}$$

$$\lambda_0=1-\sin\varphi_0;\ \lambda_a=\tan^2(45°-\varphi_0/2)$$

γ——加筋体的填料重度（kN/m^3）；

h_i——**墙顶（向下）**至计算点（第i加筋层处）的高度（m），**路肩墙含墙顶上方填土高度**；

λ_i——加筋土挡墙内深度h_i处的土压力系数；

λ_0——静止土压力系数；

λ_a——主动土压力系数；

φ_0——填料综合内摩擦角（°）

（2）**荷载**产生的水平土压应力σ_{h2i}（《铁路路基支挡结构设计规范》公式错误，一般不会考查）：

$$\sigma_{h2i}=\frac{q}{\pi}\left[\frac{b(h_i+H_s)}{b^2+(h_i+H_s)^2}-\frac{(h_i+H_s)(b+l_0)}{(h_i+H_s)^2+(b+l_0)^2}+\frac{\pi}{180}\left(\arctan\frac{b+l_0}{h_i+H_s}-\arctan\frac{b}{h_i+H_s}\right)\right]$$

式中：q——作用在路基面上的荷载，运营期应考虑轨道及列车荷载（kPa）；

b——荷载内边缘至面板的水平距离（m）；

l_0——路基面以上荷载宽度（m）。

注：1. 对**路肩**墙，$H_s=0$；对**路堤**墙的σ_{h2i}也可按应力扩散理论计算更有简单（《铁路路基支挡结构设计规范》第 9.2.3 条文说明）；

2.《铁路路基支挡结构设计规范》公式中反正切应角度化弧度，本公式已修正，可直接代数计算

（3）**路堤墙上填土**产生的水平土压力σ_{h3i}：

$$h_z=\frac{1}{m}\left(\frac{H}{2}-a\right)\ （h_z>H_s\text{时，取}h_z=H_s）$$

$$\sigma_{h3i}=\lambda_i\gamma_1 h_z$$

h_z——**路堤**墙上填土换算荷载土柱高（m）；

m——填土边坡坡率；

H——加筋土挡墙墙高（m）；

a——墙顶以上堤坡脚至加筋面板的水平距离（m）；

γ_1——**路堤**墙上填土重度（kN/m^3）

续表

（4）总水平土压应力σ_{hi}：路肩墙为$\sigma_{hi}=\sigma_{h1i}+\sigma_{h2i}$；路堤墙为$\sigma_{hi}=\sigma_{h1i}+\sigma_{h2i}+\sigma_{h3i}$	
（5）拉筋拉力T_i： $T_i=K\sigma_{hi}S_xS_y$	K——拉筋拉力峰值附加系数，取 1.5～2.0 S_x、S_y——拉筋之间水平与垂直间距（m）；采用土工格栅拉筋时只有垂直间距S_y，此时$S_x=1$
（6）拉筋上的垂直压力σ_{vi}（一般考查无荷载$q=0$的情况）： 路肩墙：$\sigma_{vi}=\gamma h_i$；路堤墙：$\sigma_{vi}=\gamma h_i+\gamma_1 h_z$	
（7）拉筋抗拔力S_{fi}： $S_{fi}=2\sigma_{vi}aL_bf$	a——拉筋宽度（m）； L_b——拉筋的有效锚固长度（m）； f——拉筋与填料间的摩擦系数，可采用 0.3～0.4

注：有荷载q时，σ_{vi}取线路中心线下、拉筋末端和墙背三点平均值，有可能简化考查。

$$\sigma_{vi}=\gamma h_i+\gamma_1 h_z+\frac{q}{\pi}\left[\frac{X_1}{1+{X_1}^2}-\frac{X_2}{1+{X_2}^2}+\frac{\pi}{180}(\arctan X_1-\arctan X_2)\right]$$

$$X_1=\frac{2x+l_0}{2(h_i+H_s)};\ X_2=\frac{2x-l_0}{2(h_i+H_s)}$$

x——计算点至荷载中线的距离（m）。

19.2.2 抗拔验算（拉筋长度）

加筋土挡土墙抗拔验算计算拉筋长度应符合表 5-19-7 的规定。

抗拔验算（拉筋长度） 表 5-19-7

（1）抗拔验算：

单筋抗拔	同时验算有荷载和无荷载两种情况，K_s取小值	⇐	$K_s=\dfrac{S_{fi}}{E_{xi}}\geqslant 2.0$ 条件困难时K_s可适当减小，但不得小于 1.5	⇐	$E_{xi}=\sigma_{hi}S_xS_y$ $S_{fi}=2\sigma_{vi}aL_bf$ $T_i=K\sigma_{hi}S_xS_y$ $S_{fi}\geqslant T_i$
全墙抗拔			$K_s=\dfrac{\sum S_{fi}}{\sum E_{xi}}\geqslant 2.0$		

（2）拉筋总长度L：

$$L=L_a+L_b$$

非锚固段长度L_a：	锚固段长度L_b：
$L_a=\begin{cases}0.3H & h_i\leqslant 0.5H\\0.6(H-h_i) & h_i>0.5H\end{cases}$ h_i——墙顶向下到计算点的高度	$L_b=\dfrac{S_{fi}}{2\sigma_{vi}af}\geqslant\dfrac{T_i}{2\sigma_{vi}af}=\dfrac{K\sigma_{hi}S_xS_y}{2\sigma_{vi}af}$

（3）构造要求：

①土工格栅的拉筋长度L不应小于 0.6 倍墙高，且不应小于 4.0m；

②包裹式加筋土挡土墙拉筋水平回折包裹长度不宜小于 2m；包裹式挡土墙墙面板宜采用在加筋体中预埋钢筋进行连接，钢筋埋入加筋体中的锚固长度不应小于 3.0m，钢筋直径宜为 16～22mm

注：新规范取消了回折包裹长度计算值的公式，但《公路路基设计规范》第 5.4.11 条仍有计算公式：

计算值$l_0=\dfrac{D\sigma_{hi}}{2(c+\gamma h_i\tan\delta)}$，设计值大于计算值且不宜小于 2.0m。

19.2.3 抗拉验算

加筋土挡墙抗拉验算见表 5-19-8。

抗拉验算　　表 5-19-8

$T_i \leqslant [T]$ $\Uparrow$ $T_i = K\sigma_{hi}S_xS_y$	$[T]$——拉筋容许抗拉强度（kN），当采用土工合成材料时，$[T]=T/F_K$； T——由加筋材料拉伸试验测得的拉筋极限抗拉强度（kN）； F_K——土工合成材料抗拉强度折减系数，无经验时可采用 2.5～5.0，当施工条件差，材料蠕变性大时，取大值；临时性工程可取小值

19.2.4 常考查墙顶无荷载时加筋土挡墙（路肩墙）

加筋土挡墙常考查墙顶无荷载时加筋土挡墙（路肩墙）抗拔验算见表 5-19-9。

抗拉验算　　表 5-19-9

非锚固段长度	锚固段长度
（1）拉筋拉力及抗拔力计算： $S_{fi} \geqslant T_i \Leftarrow \begin{cases} 拉力 T_i = K\sigma_{hi}S_xS_y \\ 抗拔力 S_{fi} = 2\sigma_{vi}aL_bf \end{cases} \Leftarrow \begin{cases} \sigma_{hi} = \lambda_i\gamma h_i \\ \sigma_{vi} = \gamma h_i \end{cases} \Leftarrow \begin{cases} \lambda_i = \lambda_0\left(1-\frac{h_i}{6}\right)+\lambda_a\frac{h_i}{6} & h_i < 6m \\ \lambda_i = \lambda_a & h_i \geqslant 6m \end{cases}$ $\Uparrow \lambda_0 = 1-\sin\varphi_0$；$\lambda_a = \tan^2(45°-\varphi_0/2)$	
（2）拉筋总长度L： $L = L_a + L_b$（构造要求：土工格栅$L \geqslant 0.6H$，且$L \geqslant 4m$）	
非锚固段长度L_a： $L_a = \begin{cases} 0.3H & h_i \leqslant H/2 \\ 0.6(H-h_i) & h_i > H/2 \end{cases}$ h_i——**墙顶向下到计算点的高度**	**锚固段长度L_b：** $L_b = \frac{S_{fi}}{2\sigma_{vi}af} \geqslant \frac{T_i}{2\sigma_{vi}af} = \frac{K\sigma_{hi}S_xS_y}{2\sigma_{vi}af}$

注：路堤墙时，计算σ_{hi}与σ_{vi}增加一项$\gamma_1 h_z$即可，墙顶有荷载时，按总表计算，难度较大，一般不会考。

19.2.5 构造要求

加筋土挡墙筋材的构造设计应符合下列规定：

（1）土工格栅等平面形加筋材**竖向间距**不宜大于 0.6m，且不应小于 0.2m。

（2）土工格栅的**拉筋长度**不应小于 0.6 倍墙高，且不应小于 4.0m。当采用不等长拉筋设计时，同长度拉筋的墙段高度不应小于 3.0m，且同长度拉筋的截面也应相同，相邻不等长拉筋的长度差不宜小于 1.0m。

（3）**包裹式加筋土**挡墙拉筋**水平回折包裹长度**不宜小于 2.0m，加筋土体最上部 1～2 层拉筋的回折长度应适当加长。包裹式挡土墙墙面板宜采用在加筋体中预埋钢筋进行连接，钢筋埋入加筋体中的锚固长度不应小于 3.0m，钢筋直径宜为 16～22mm。

题 5-150 （05D23）在加筋土挡墙中，水平布置的塑料土工格栅置于砂土中。已知单位宽度的拉拔力为$T = 130\text{kN/m}$，作用于格栅上的垂直应力为$\sigma_v = 155\text{kPa}$，土工格栅与砂土间摩擦系数为$f = 0.35$，问当抗拔安全系数为 1.0 时，按《铁路路基支挡结构设计规范》TB 10025—2019 该土工格栅的最小锚固长度最接近下列哪个选项？

（A）0.7m （B）1.2m （C）1.7m （D）2.4m

【解】

（1）$S_f = K_s \cdot E_x = 1 \times 130 = 130\text{kN/m}$

（2）$S_f = 2\sigma_{vi} a L_b f$

$$L_b = \frac{S_f}{2\sigma_{vi} a f} = \frac{130}{2 \times 155 \times 1.0 \times 0.35} = 1.2\text{m}$$

【点评】

根据《铁路路基支挡结构设计规范》第 9.2.3 条；②加筋土挡墙中土工格栅的最小锚固长度计算，熟练后应做到闭卷。

题 5-151 （08D21）如图 5-19-6 所示的加筋土挡墙，拉筋间水平及垂直间距$S_x = S_y = 0.4\text{m}$，填料重度$\gamma = 19\text{kN/m}^3$，综合内摩擦角$\varphi = 35°$，按《铁路路基支挡结构设计规范》TB 10025—2019，计算深度 4m 处的拉筋拉力最接近下列哪个选项？（拉筋拉力峰值附加系数取$K = 1.5$）

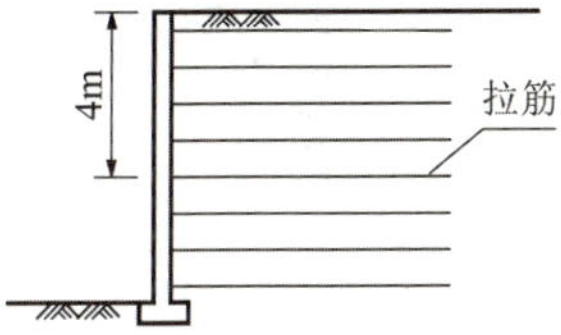

图 5-19-6 题 5-151 图

（A）3.9kN （B）4.9kN

（C）5.9kN （D）6.9kN

【解】

（1）$\lambda_0 = 1 - \sin 35° = 0.426$，$\lambda_a = \tan^2\left(45° - \frac{35°}{2}\right) = 0.271$

$h = 4\text{m} < 6\text{m}$，$\lambda_i = 0.426 \times \left(1 - \frac{4}{6}\right) + 0.271 \times \frac{4}{6} = 0.323$

（2）$\sigma_h = 0.323 \times 19 \times 4 = 24.55\text{kPa}$

（3）$T = 1.5 \times 24.55 \times 0.4 \times 0.4 = 5.89\text{kN}$

【点评】

①根据《铁路路基支挡结构设计规范》第 9.2.3 条；②深度小于 6m 时，土压力强度位于主动土压力和静止土压力之间。

题 5-152 （19C16）某加筋土挡墙墙高 10m，墙后加筋土的重度为 19.7kN/m^3，内摩擦角$\varphi = 30°$，筋材为土工格栅，其与填土的摩擦角δ为 18°，拉筋宽度$a = 10\text{cm}$，设计要求拉筋的抗拔力$S_m = 28.5\text{kN}$。假设加筋土挡墙墙顶无荷载，按照《铁路路基支挡结构设计规范》TB 10025—2019 的相关要求，距墙顶面下 7m 处土工格栅的拉筋长度最接近下列哪个选项？

（A）4.0m （B）5.0m （C）6.0m （D）7.0m

【解】

（1）7m 处，拉筋$L_a = \frac{10-7}{5} \times 0.3 \times 10 = 1.8\text{m}$

（2）$S_m = 28.5 = 2 \times 19.7 \times 7 \times 0.1 \times L_b \times \tan 18° \Rightarrow L_b = 3.2\text{m}$

（3）$L = L_a + L_b = 1.8 + 3.2 = 5.0\text{m} < 0.6H = 6\text{m}$，取拉筋长度$L = 6\text{m}$

【点评】

①根据《铁路路基支挡结构设计规范》第 9.2.3 条第 1 款和第 6 款、第 9.3.1 条；②填料与填料间的摩擦系数 = tan摩擦角，格栅上下均有摩擦力，注意计算长度要满足构造要求：土工格栅的拉筋长度不应小于 0.6 倍墙高。

题 5-153 （12D20）如图 5-19-7 所示，某场地填筑体的支挡结构采用加筋土挡墙。复合土工带拉筋间的水平间距与垂直间距分别为 0.8m 和 0.4m，土工带宽 10cm。填料重度 18kN/m^3，综合内摩擦角 32°。拉筋与填料间的摩擦系数为 0.26，拉筋拉力峰值附加系数为 2.0。根据《铁路路基支挡结构设计规范》TB 10025—2019，按照内部稳定性验算，问深度 6m 处的最短拉筋长度接近下列哪一选项？

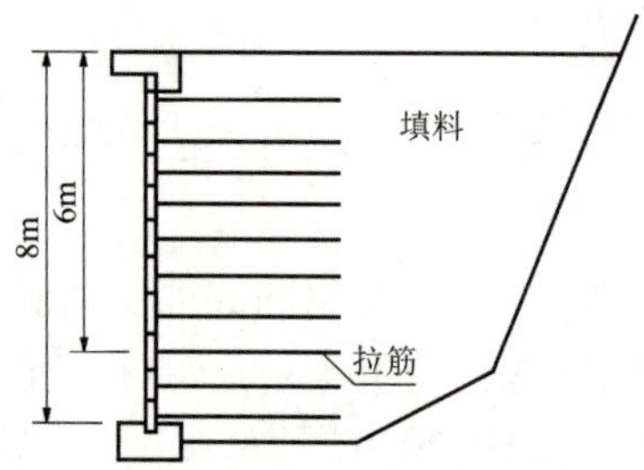

图 5-19-7 题 5-153 图

（A）3.5m （B）4.2m （C）5.0m （D）5.8m

【解】

（1）非锚固段长：$L_a = \dfrac{2}{4} \times 0.3H = 1.2\text{m}$

（2）$\lambda_i = \lambda_a = \tan^2\left(45° - \dfrac{32°}{2}\right) = 0.307$

6m 处$\sigma_{hi} = 0.307 \times 18 \times 6 = 33.16\text{kPa}$

（3）拉筋拉力：$T_i = 2 \times 33.16 \times 0.8 \times 0.4 = 21.22\text{kN}$

锚固段长：$L_b = \dfrac{21.22}{2 \times 18 \times 6 \times 0.1 \times 0.26} = 3.78\text{m}$

（4）最短拉筋长度：$L = L_a + L_b = 1.2 + 3.78 = 4.98\text{m}$

【点评】

①根据《铁路路基支挡结构设计规范》第 9.2.3 条；②首先标出锚固区和非锚固区的分界线，非锚固长度L_a由几何关系确定，有效锚固长度L_b由拉筋所受的拉力T_i与所在深度的水平拉力有关，$T_i = K\sigma_{hi}S_xS_y$；③拉筋上的摩阻力与所在深度的竖向压力有关，同时要考虑拉筋上下两面都会有摩阻力。

题 5-154　（22 补考 D14）某加筋土挡墙，墙顶背后填土水平，填土表面作用一均布条形荷载，如图 5-19-8 所示，拉筋间的竖向与水平间距均为 0.4m，拉筋宽 0.1m，拉筋长度 6m。填料重度 19kN/m³，综合内摩擦角 30°，拉筋与填料间的摩擦系数为 0.28。已知作用在墙顶下 2m 处拉筋上的垂直压力为 81kPa，根据《铁路路基支挡结构设计规范》TB 10025—2019，按照内部稳定性验算，墙顶下 2m 处拉筋的单筋抗拔稳定系数最接近下列哪个选项？

（A）2.0　　（B）3.5

（C）4.7　　（D）6.7

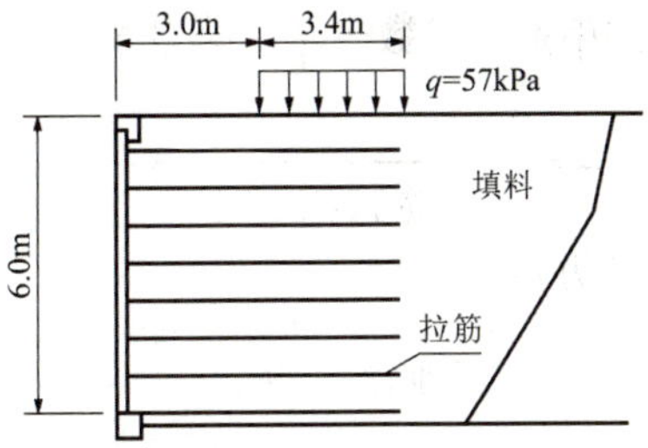

图 5-19-8　题 5-154 图

【解】

（1）$h_i = 2\text{m} < \frac{6}{2} = 3\text{m} \Rightarrow L_a = 0.3 \times 6 = 1.8\text{m}$，$L_b = 6 - 1.8 = 4.2\text{m}$

$$\lambda_i = (1 - \sin 30°) \times \left(1 - \frac{2}{6}\right) + \tan^2\left(45° - \frac{30°}{2}\right) \times \frac{2}{6} = 0.444$$

$$\sigma_{h1i} = 0.444 \times 19 \times 2 = 16.9\text{kPa}$$

$$\sigma_{h2i} = \frac{57}{3.14} \times \left[\frac{3 \times 2}{3^2 + 2^2} - \frac{2 \times (3 + 3.4)}{2^2 + (3 + 3.4)^2} + \frac{3.14}{180} \times \arctan\frac{3 + 3.4}{2} - \frac{3.14}{180} \times \arctan\frac{3}{2}\right]$$

$$= 8.38\text{kPa}$$

$$\sigma_{hi} = 16.9 + 8.38 = 25.3\text{kPa}$$

（2）$K = \dfrac{2 \times 81 \times 0.1 \times 4.2 \times 0.28}{0.4 \times 0.4 \times 25.3} = 4.71$

【点评】

①根据《铁路路基支挡结构设计规范》第 9.2.3 条；②抗拔稳定系数K = 拉筋抗拔力/水平拉力；③要特别注意：反三角函数所得的值为角度，需转化为弧度，乘以 3.14/180，b、l_0等参数要对照《铁路路基支挡结构设计规范》图 9.2.3 进行取值。

19.2.6 外部稳定性

加筋土挡墙外部稳定性验算应符合表 5-19-10 的规定。

加筋土挡墙外部稳定性　　表 5-19-10

<table>
<tr><td>外部稳定性检算时可将加筋范围视为实体墙，稳定性分析如图所示。作用于加筋土挡墙整体假想墙背上的荷载及土压力计算，应符合《铁路路基支挡结构设计规范》第 6 章的规定</td><td rowspan="3">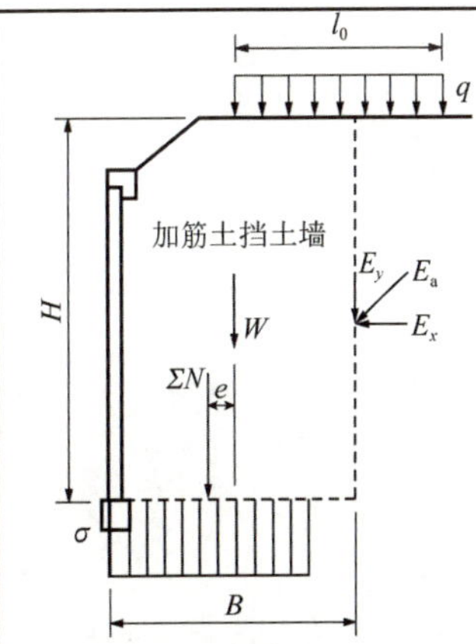加筋土挡墙外部稳定分析图</td></tr>
<tr><td>外部稳定设计时，抗滑动和抗倾覆稳定性检算应符合《铁路路基支挡结构设计规范》第 6 章的规定，基底压应力可按下式计算
$$\sigma = \frac{\sum N}{B - 2e} \leqslant \gamma'[\sigma]$$</td></tr>
<tr><td>$\sum N$——作用于基底上的总垂直力（kN）；
B——加筋体基底宽度（m）；
e——基底合力的偏心距（m），应按《铁路路基支挡结构设计规范》第 6.2.6 条的规定计算，不应大于$B/6$，当$e < 0$时取$e = 0$；
$[\sigma]$——修正后的地基承载力容许值（kPa）；
γ'——地基承载力容许值计算修正系数，可采用 1.0～1.5</td></tr>
</table>

19.2.7 路堤挡墙水平土压应力σ_{hi}和垂直压力σ_{vi}（压力扩散法）

路堤挡墙水平土压应力σ_{hi}和垂直压力σ_{vi}按压力扩散法计算应符合表 5-19-11 的规定，表中部分参数的计算结合表 5-19-12。

压力扩散法　　表 5-19-11

<table>
<tr>
<td>（1）加筋土路堤挡墙中，由荷载q产生的水平土压应力σ_{h2i}：
$$\sigma_{h2i}=\lambda_i qL_0/L'$$
路堤墙加筋体上填土产生的水平土压应力σ_{h3i}：
$$\sigma_{h3i}=\lambda_i\gamma h_z$$
作用于筋材上的水平土压应力σ_{hi}：
$$\sigma_{hi}=\sigma_{h1i}+\sigma_{h2i}+\sigma_{h3i}$$</td>
<td rowspan="3">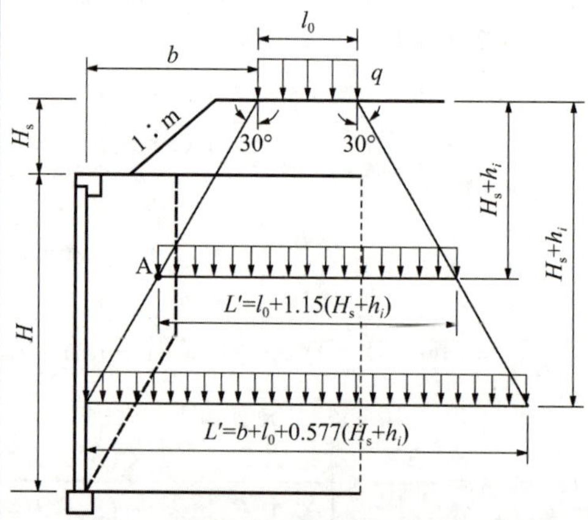

荷载产生的土压力分布
q——作用在路基面上的荷载，运营期应考虑轨道及列车荷载（kPa）；
l_0——路基面以上荷载宽度（m）；
L'——由荷载产生的土压力分布宽度（m），如图所示，当图中扩散线上的 A 点未进入非锚固区时取$\sigma_{h2i}=0$</td>
</tr>
<tr>
<td>σ_{h2i}——荷载产生的水平土压应力（kPa）；
σ_{h3i}——加筋体以上填土产生的水平土压应力（kPa）；
σ_{h1i}——填料产生的水平土压力（kPa），按表 5-19-6 计算；
λ_i——加筋土挡墙内深度h_i处的土压力系数，按表 5-19-6 计算；
h_z——路堤挡墙上填土换算荷载土柱高（m），按表 5-19-6 计算</td>
</tr>
<tr>
<td>（2）对于路肩墙无荷载作用时，计算拉筋所在位置的垂直压为γ_{hi}。有荷载作用时，计算拉筋所在位置的垂直压力按下式计算，垂直压力σ_{vi}沿拉筋长度的分布是不同的，在实用时，可取线路中心线下、拉筋未端和墙背三点的应力平均值作为计算值，也可按 30°扩散角（如右图所示）计算
$$\sigma_{vi}=\gamma h_i+qL_0/L'+\gamma h_z$$
当右图中锚固段上的点不在扩散区时：
$$\sigma_{vi}=\gamma h_i+\gamma h_z$$</td>
</tr>
</table>

题 5-155 某铁路加筋土路堤挡墙（图 5-19-9），高 10m，拉筋正方形排列，间距 0.8m，拉筋水平宽度 20cm，填料重度 19kN/m^3，综合内摩擦角$\varphi = 30°$，路堤挡墙上填土高度$H_s = 2.5$m，边坡坡率 1 : 1.5，填土坡脚至加筋面板的水平距离$\alpha = 1.5$m，墙顶有一宽度为 5m 的条形均布荷载$p = 20$kPa，荷载内边缘至面板的水平距离$b = 6$m，按《铁路路基支挡结构设计规范》，满足内部稳定性验算时，墙后地面以下 8.0m 深处筋带最小长度最接近下列哪个选项？（拉筋拉力峰值附加系数$K = 1.5$，荷载产生的应力采用应力扩散法）

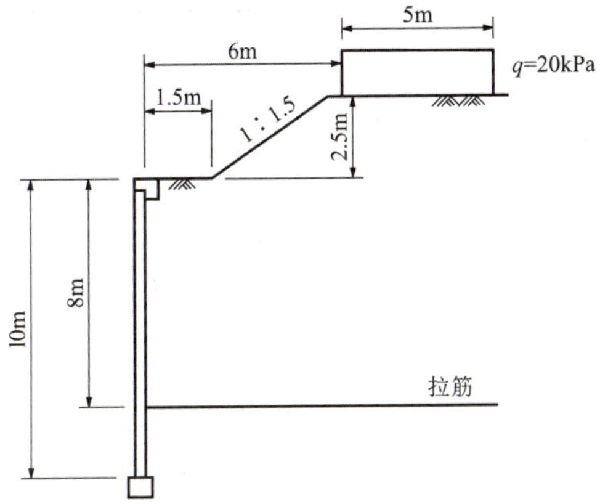

图 5-19-9　题 5-155 图

（A）3.0m　　（B）3.5m　　（C）4.0m　　（D）6.0m

【解】

（1）$h = 8\text{m} > 6\text{m}$，$\lambda_i = \lambda_a = \tan^2\left(45° - \frac{30°}{2}\right) = \frac{1}{3}$，$\sigma_{h1} = \frac{1}{3} \times 19 \times 8 = 50.67\text{kPa}$

（2）$h_z = \frac{1}{1.5} \times \left(\frac{10}{2} - 1.5\right) = 2.33\text{m} < 2.5\text{m}$，$\sigma_{h3} = \frac{1}{3} \times 19 \times 2.33 = 14.76\text{kPa}$

（3）$\frac{6}{\tan 30°} = 10.39\text{m} < 2.5 + 8 = 10.5\text{m}$，$L' = 6 + 5 + 0.577 \times (2.5 + 8) = 17.06\text{m}$

$\sigma_{h2} = \frac{1}{3} \times 20 \times 5/17.06 = 1.95\text{kPa}$

（4）$\sigma_h = 50.67 + 1.95 + 14.76 = 67.38\text{kPa}$，

$\sigma_v = 19 \times 8 + 20 \times 5/17.06 + 19 \times 2.33 = 202.1\text{kPa}$

（5）$L_b = \frac{1.5 \times 67.38 \times 0.8^2}{2 \times 202.1 \times 0.2 \times 0.4} = 2.0\text{m}$

$8\text{m} > 0.5 \times 10 = 5\text{m}$，$L_a = 0.6 \times (10 - 8) = 1.2\text{m}$，$L = 2.0 + 1.2 = 3.2\text{m}$

【点评】

①根据《铁路路基支挡结构设计规范》第 9.2.2 条、第 9.2.3 条及条文说明；②题目要求按应力扩散法计算，注意应力扩散的范围深度；③题目求最小值，摩擦系数取 0.4 计算，但题目不严谨存在争议，按不利取 0.3 也应该算对；④如果题目为土工格栅，则要注意两个坑点：一是水平间距取 1m，二是要验算构造要求。

19.3　土钉墙——《铁路路基支挡结构设计规范》第 10.2 节

土钉墙高度不宜大于 10m。土钉墙墙面胸坡宜为 1∶0.1～1∶0.4，土钉的长度宜为墙高的 0.5～1.0 倍，间距宜为 0.75～2m，与水平面夹角宜为 5°～20°。土钉墙相关计算见表 5-19-12。

土钉墙稳定性验算　　表 5-19-12

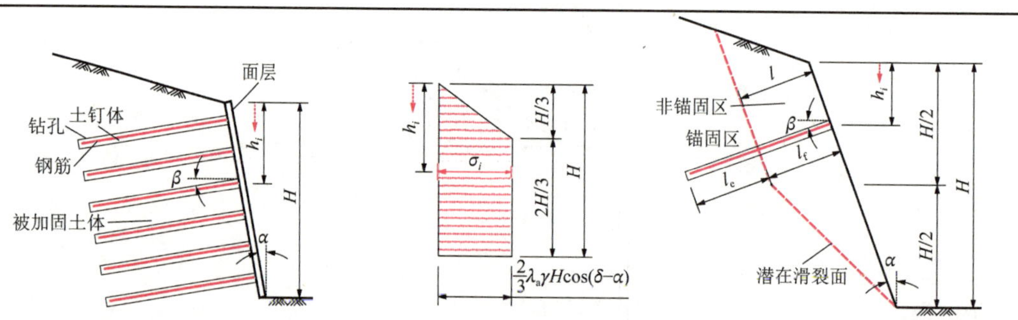

(a) 土钉墙示意图　(b) 土钉墙墙背土压应力分布图　(c) 土钉锚固区与非锚固区分界面

（1）非锚固段长度l_f：

土钉锚固区与非锚固区分界

$$l=\begin{cases}(0.3\sim0.35)\times H & h_i\leqslant H/2\\(0.6\sim0.7)\times(H-h_i) & h_i>H/2\end{cases}$$

l——潜在破裂面距墙面的距离（m），当坡体渗水较严重、岩体风化破碎严重或节理发育时，取大值；

h_i——墙顶距第i层土钉的高度（m）

⇓

一般$\alpha=\beta$时，**非锚固段长度**l_f = 潜在破裂面距墙面的距离l，否则按**三角关系**计算

（2）水平土压应力σ_i与土钉拉力E_i：

$$\sigma_i=\begin{cases}2\lambda_a\gamma h_i\cos(\delta-\alpha) & h_i\leqslant H/3\\\frac{2}{3}\lambda_a\gamma H\cos(\delta-\alpha) & h_i>H/3\end{cases}$$

⇓

$$E_i=\sigma_iS_xS_y/\cos\beta$$

σ_i——距墙顶第i层水平土压应力（kPa）；

E_i——距墙顶第i层土钉的拉力（kN）；

λ_a——**库仑**主动土压力系数；

α——墙背与**竖直面**间的夹角（°）；

δ——墙背摩擦角（°）；

S_x、S_y——土钉之间水平和垂直间距（m），注意最上和最下一排的垂直间距可能不同；

β——土钉与**水平面**的夹角（°）

（3）第i根土钉抗拔安全系数K_2及锚固段长度l_{ei}（mm）：

根据锚固体与孔壁的抗剪强度确定：	$l_{ei}\geqslant\frac{K_2E_i}{\pi Df_{rb}}\Leftarrow K_2=\frac{\pi Dl_{ei}f_{rb}}{E_i}\geqslant1.45$	l_{ei}取大值
根据水泥砂浆与锚固钢材粘结强度确定：	$l_{ei}\geqslant\frac{K_2E_i}{\pi df_b}\Leftarrow K_2=\frac{\pi dl_{ei}f_b}{E_i}\geqslant1.45$	

式中：D——钻孔直径（mm）；

d——钉材直径（mm）；

K_2——土钉抗拔安全系数，取 1.45；

f_{rb}——锚孔壁与注浆体之间粘结强度**设计值**（MPa），设计值 = 0.8 倍标准值（$f_{rb}=0.8\times f_{rbk}$）；**标准值**可按《铁路路基支挡结构设计规范》附录表 H.0.1 采用；

f_b——钉材与砂浆间的粘结强度**设计值**（MPa），可按《铁路路基支挡结构设计规范》附录表 H.0.2 采用

续表

(4) 土钉抗拉安全系数K_1及土钉钢筋截面面积A_s（mm^2）： $A_s \geqslant \frac{K_1 E_i}{f_y} \Leftarrow K_1 = \frac{f_y A_s}{E_i} \geqslant 1.8$	K_1——土钉抗拉安全系数，取 1.8； f_y——钢筋抗拉强度设计值（MPa），可按《铁路路基支挡结构设计规范》附录表 C.0.5-1 采用
(5) 土钉墙内部整体稳定性和外部稳定性按《铁路路基支挡结构设计规范》第 10.2.7 条、第 10.2.8条	

题 5-156 （05C19、11C21）采用土钉加固一破碎岩质边坡，土钉垂直墙面，其中某根土钉有效锚固长度$L = 4.0$m，该土钉计算承受拉力E为 188kN，锚孔直径$D = 108$mm，锚孔壁与注浆体之间的粘结强度$f_{rb} = 0.25$MPa，钉材与砂浆间粘结强度$f_b = 2.0$MPa，钉材直径$d = 32$mm，该土钉抗拔安全系数最接近下列哪个选项？

（A）$K = 0.55$　　（B）$K = 1.80$　　（C）$K = 2.37$　　（D）$K = 4.28$

【解】

（1）$F_{i1} = \pi D l_{ei} f_{rb} = 3.14 \times 0.108 \times 4 \times 250 = 339.1\text{kN}$

（2）$F_{i2} = \pi d l_{ei} f_b = 3.14 \times 0.032 \times 4 \times 2 \times 10^3 = 803.8\text{kN}$

（3）取小值$F_i = 339.1$kN，$K = \frac{F_i}{E} = \frac{339.1}{188} = 1.80$

【点评】

①根据《铁路路基支挡结构设计规范》第 10.2.6 条第 2 款；②分别按土钉与孔壁界面粘结强度f_{rb}和钉材与砂浆界面的粘结强度f_b计算抗力，然后取小值计算安全系数；③本考点属于非重点规范的较重要考点，应做到不查规范，按原理闭卷作答。

题 5-157 （05D20）某风化破碎严重的岩质边坡高$H = 12$m，采用土钉加固，水平与竖直方向均为每间隔 1m 打一排土钉，共 12 排，如图 5-19-10 所示，按《铁路路基支挡结构设计规范》TB 10025—2019 提出的潜在破裂面估算方法，则下列土钉非锚固段长度L哪个选项的计算有误？

（A）第 2 排$L_2 = 1.4$m

（B）第 4 排$L_4 = 3.5$m

（C）第 6 排$L_6 = 4.2$m

（D）第 8 排$L_8 = 4.2$m

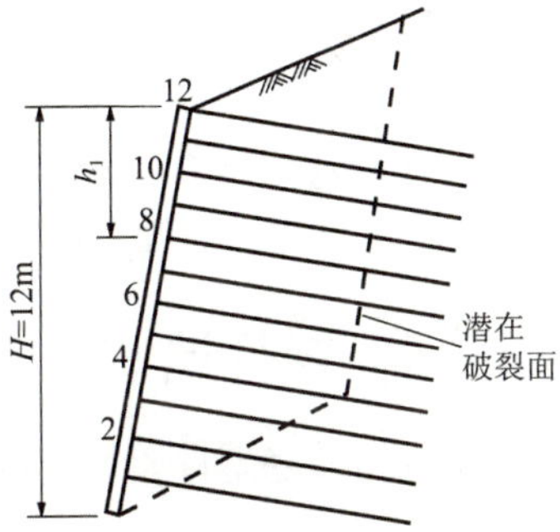

图 5-19-10　题 5-157 图

【解】

（1）岩体风化破碎严重，L取大值

（2）第 2 排：$h_2 = 10\text{m} > \frac{H}{2} = \frac{12}{2} = 6\text{m}$

$L_2 = 0.7 \times (H - h_2) = 0.7 \times (12 - 10) = 1.4\text{m}$

（3）第 4 排：$h_4 = 8\text{m} > 6\text{m}$，$L_4 = 0.7 \times (12 - 8) = 2.8\text{m}$

（4）第 6 排：$h_6 = 6\text{m} \leqslant 6\text{m}$，$L_6 = 0.35 \times 12 = 4.2\text{m}$

（5）第 8 排：$h_8 = 4\text{m} \leqslant 6\text{m}$，$L_8 = 0.35 \times 12 = 4.2\text{m}$

综上，B 选项计算错误

【点评】

①根据《铁路路基支挡结构设计规范》第 10.2.4 条；②土钉墙非锚固段长度计算，按规范代公式，h自坡顶起算，h小于$H/2$时为固定常数。

题 5-158 （14D17）图 5-19-11 所示某铁路边坡高 8m，岩体节理发育，重度 $22kN/m^3$，主动土压力系数为 0.36。采用土钉墙支护，墙面坡率 1∶0.4，墙背摩擦角 25°。土钉成孔直径 90mm，其方向垂直于墙面，水平和垂直间距为 1.5m。浆体与孔壁间粘结强度设计值为 200kPa，采用《铁路路基支挡结构设计规范》TB 10025—2019，计算距墙顶 4.5m 处 6m 长土钉 AB 的抗拔安全系数最接近下列哪个选项？

（A）1.1

（B）1.4

（C）1.7

（D）2.0

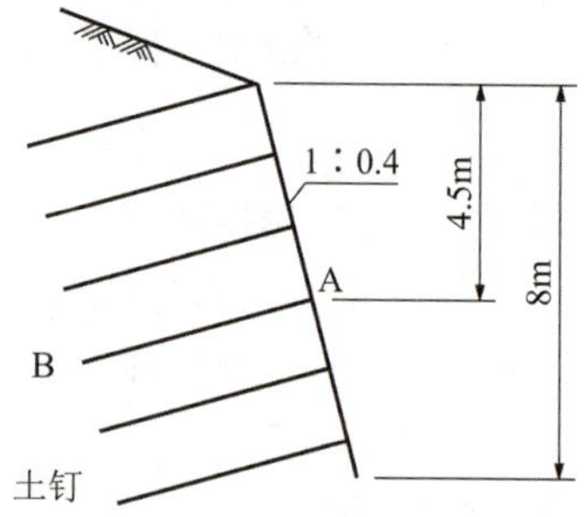

图 5-19-11　题 5-158 图

【解】

（1）$h_i = 4.5\text{m} > \dfrac{8}{2} = 4.0\text{m}$

节理发育，取大值：

$l = 0.7(H - h_i) = 0.7 \times (8 - 4.5) = 2.45\text{m}$

$l_{ei} = 6.0 - 2.45 = 3.55\text{m}$

$F_{i1} = \pi \cdot d_h \cdot l_{ei} \cdot \tau = 3.14 \times 0.09 \times 3.55 \times 200 = 200.6\text{kN}$

（2）$h_i = 4.5\text{m} > \dfrac{8}{3} = 2.7\text{m}$，墙背与竖直面间夹角：$\alpha = \arctan\left(\dfrac{0.4}{1}\right) = 21.8°$

$\sigma_i = \dfrac{2}{3}\lambda_a \gamma H \cos(\delta - \alpha) = \dfrac{2}{3} \times 0.36 \times 22 \times 8 \times \cos(25° - 21.8°) = 42.2\text{kPa}$

$E_i = \sigma_i S_x S_y / \cos\beta = 42.2 \times 1.5 \times 1.5 / \cos 21.8° = 102.3\text{kN}$

（3）抗拔安全系数$K_2 = \dfrac{F_{i1}}{E_i} = \dfrac{200.6}{102.3} = 1.96$

【点评】

①根据《铁路路基支挡结构设计规范》第 10.2.2～10.2.6 条，本题涉及知识点较多；②根据土钉墙土压力的分布图求水平土压应力σ_i；由于土钉垂直于墙背，土钉墙与水平面的夹角β = 墙背与竖直面间的夹角α；③节理发育，计算l应取最大值 0.7。

19.4　锚杆挡墙——《铁路路基支挡结构设计规范》第 11.2 节

锚杆挡墙稳定性验算应符合表 5-19-13 的规定。

锚杆挡墙稳定性验算　　　　表 5-19-13

<table>
<tr><td rowspan="5">（1）不需对边坡进行变形控制时，侧向岩土压力修正值E'_h：
$E'_h = \gamma_x E_h$
E_h——主动岩土压力的水平分力（kN）</td><td colspan="5">锚杆挡墙侧向岩土压力修正系数γ_x</td></tr>
<tr><td rowspan="2">锚杆类型</td><td colspan="2">非预应力锚杆</td><td colspan="2">预应力锚杆</td></tr>
<tr><td>自由段为土层</td><td>自由段为岩层</td><td>自由段为土层</td><td>自由段为岩层</td></tr>
<tr><td>γ_x</td><td>1.1～1.2</td><td>1.0</td><td>1.2～1.3</td><td>1.1</td></tr>
<tr><td colspan="5">注：当锚杆变形计算值较小时取大值，反之取小值</td></tr>
</table>

续表

（2）对岩质边坡以及坚硬、硬塑黏性土和密实、中密砂土类边坡，当采用逆作法施工时，**侧压力**可近似按右图确定：

$$\textbf{岩质边坡：}\sigma_h = \frac{E_h'}{0.9H}$$

$$\textbf{土质边坡：}\sigma_h = \frac{E_h'}{0.875H}$$

式中：σ_h——岩土压力水平应力（kPa）

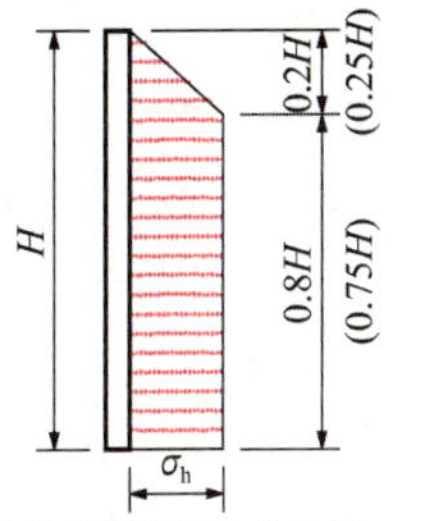

锚杆挡墙侧压力分布图
（括号内数值适用于土质边坡）

（3）**锚杆轴向拉力**N_t（N）：

$$N_t = \frac{R_n}{\cos(\beta - \alpha)}$$

式中：R_n——第n层锚杆支点反力（N）；

β——锚杆与水平面的夹角（°）；

α——竖肋或立柱的**竖向**倾角（°）

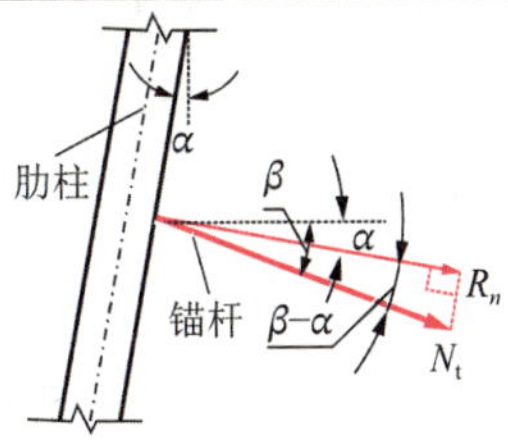

锚杆拉力与支点反力关系

（4）**锚杆抗拉稳定性**：

普通钢筋锚杆：$A_s \geqslant \frac{K_1 N_t}{f_y}$

预应力锚索锚杆：$A_s \geqslant \frac{K_1 N_t}{f_{py}}$

A_s——钢筋截面面积（mm^2），单根$A_s \leqslant 20\%$锚孔面积；

K_1——锚杆杆体抗拉安全系数，取 2.0～2.2；

f_y、f_{py}——普通钢筋、预应力螺纹钢筋抗拉强度**设计值**（MPa），可按《铁路路基支挡结构设计规范》附录表 C.0.5-1、表 C.0.5-2 采用

（5）**锚杆抗拔稳定性**：

根据锚孔壁与锚固体间的抗剪强度确定：	$l_a \geqslant \frac{K_2 N_t}{\pi D f_{rb}}$	**l_a取大值**
根据锚固体与钢筋间的粘结强度确定：	$l_a \geqslant \frac{K_2 N_t}{n \pi d f_b}$	

式中：l_a——锚固段长度（mm）；

K_2——锚固体抗拔安全系数，取 1.6～2.0；

D——锚杆锚固段钻孔直径（mm）；

d——单根钢筋直径（mm）；

n——钢筋根数；

f_{rb}——锚孔壁与锚固体间粘结强度**设计值**（MPa），设计值 = 0.8 倍标准值（$f_{rb} = 0.8 \times f_{rbk}$）；**标准值**可按《铁路路基支挡结构设计规范》附录表 H.0.1 采用；

f_b——锚固体与钢筋间的粘结强度**设计值**（MPa），可按《铁路路基支挡结构设计规范》附录表 H.0.2 采用

构造要求：预应力锚杆的**锚固段长度**岩层中宜为 3～8m，土层中宜为 4～10m；自由段不应小于 5m，且穿过潜在滑裂面的长度不应小于 1.5m

题 5-159 （05C20）如图 5-19-12 所示，一锚杆挡墙肋柱的某支点处垂直于挡墙面的反力R_n为 250kN，锚杆对水平方向的倾角$\beta = 25°$，肋柱的竖直倾角α为 15°，锚孔直径D为 108mm，砂浆与岩石孔壁间的粘结强度$f_{rb} = 0.4\text{MPa}$，计算安全系数$K = 2.5$，当该锚杆非锚固段长度为 2.0m 时，则锚杆设计长度最接近下列哪个选项？

（A）$L \geqslant 1.9\text{m}$

（B）$L \geqslant 3.9\text{m}$

（C）$L \geqslant 4.7\text{m}$

（D）$L \geqslant 6.7\text{m}$

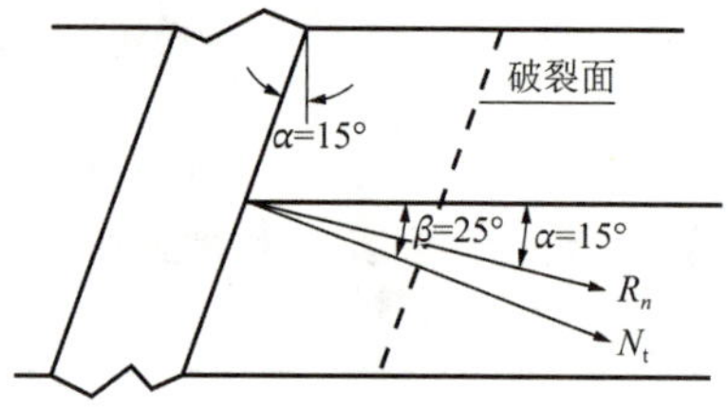

图 5-19-12　题 5-159 图

【解】

（1）$N_t = \dfrac{R_n}{\cos(\beta - \alpha)} = \dfrac{250}{\cos(25° - 15°)} = 253.9\text{kN}$

$$L_a \geqslant \frac{K_2 N_t}{\pi D f_{rb}} = \frac{2.5 \times 253.9}{3.14 \times 0.108 \times 0.4 \times 10^3} = 4.68\text{m}$$

（2）$L \geqslant L_a + L_b = 4.68 + 2.0 = 6.68\text{m}$

【点评】

①根据《铁路路基支挡结构设计规范》第 11.2.6 条、第 11.2.8 条；②重要考点：锚杆设计长度计算，由锚固段与非锚固段组成；③通过满足安全系数的极限抗拔力反算锚固段长度。

19.5 预应力锚索——《铁路路基支挡结构设计规范》第 12.2 节

预应力锚索相关计算应符合表 5-19-14 的规定。

预应力锚索相关计算　　　　表 5-19-14

（1）预应力锚索加固滑坡或边坡时，滑坡或边坡传递于每孔**锚索的轴向拉力**P_t（N），可按下式计算： $$P_t = \frac{F}{[\lambda \sin(\alpha+\beta)\tan\varphi + \cos(\alpha+\beta)]}$$ 式中：F——单孔锚索范围内下滑力（N）； φ——滑动面内摩擦角（°）； λ——土质边坡及松散破碎的岩质边坡折减系数，岩质边坡取 1； α——锚索与滑动面相交处滑动面倾角（°）； β——锚索与水平面的夹角（°），以下倾为宜，宜 10°～30°	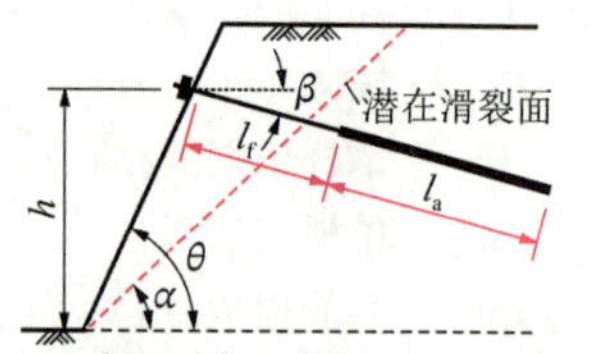 $$l_f = \frac{h\sin(\theta-\alpha)}{\sin\theta \cdot \sin(\alpha+\beta)} + 1.5 \geqslant 5\text{m}$$ θ——坡角（°）
（2）预应力锚索加固滑坡或边坡时，按单位长度锚索提供抗滑增量最大时的**锚索下倾角**β可按下式计算： $$\beta = \frac{45°}{A+1} + \frac{2A+1}{2(A+1)}\varphi - \alpha$$	A——锚固段长度与自由段长度之比； φ、α——对应锚索段滑动面的内摩擦角和滑动面倾角

续表

（3）锚索抗拉稳定性： $A_s \geqslant \dfrac{K_1 P_t}{n f_{py}}$	A_s——每束钢绞线截面面积（mm^2），钻孔内锚索体面积 $nA_s \leqslant 15\%$ 钻孔面积； K_1——锚索轴向抗拉安全系数，取 1.4～1.6，在腐蚀性地层中取大值； n——单孔锚索中钢绞线束数（束）； f_{py}——预应力钢绞线抗拉强度**设计值**（MPa），可按《铁路路基支挡结构设计规范》附录表 C.0.5-2 采用

（4）锚索抗拔稳定性：

<table>
<tr><td>根据锚索与孔壁间的抗剪强度确定：</td><td>$L_a \geqslant \dfrac{K_2 P_t}{\pi D f_{rb}}$</td><td rowspan="2">$l_a$取大值</td></tr>
<tr><td>根据水泥砂浆与锚索钢材间的粘结强度确定：</td><td>$L_a \geqslant \dfrac{K_2 P_t}{\pi d_s f_b}$ 或 $L_a \geqslant \dfrac{K_2 P_t}{n\pi d f_b}$（锚固段为枣核状）</td></tr>
</table>

式中：L_a——锚固段长度（mm）；

K_2——抗拔安全系数，取 2.0；

D——锚固体直径（mm）；

d_s——张拉钢绞线外表直径（mm），按《铁路路基支挡结构设计规范》附录表 K.0.2 选用；

d——张拉钢绞线直径（mm），按《铁路路基支挡结构设计规范》附录表 K.0.3 选用；

n——钢绞线根数；

f_{rb}——水泥砂浆与岩石孔壁间的粘结强度**设计值**（MPa），设计值 = 0.8 倍标准值（$f_{rb} = 0.8 \times f_{rbk}$）；**标准值**可按《铁路路基支挡结构设计规范》附录表 H.0.1 采用；

f_b——水泥砂浆与钢绞线间的粘结强度**设计值**（MPa），可按《铁路路基支挡结构设计规范》附录表 H.0.2 采用

构造要求：自由段不应小于 **5m**，且穿过滑动面或潜在滑裂面的长度不应小于 1.5m；**拉力型**锚索的锚固段长度**岩层**中宜为 4～10m；**压力分散型**锚索的单元锚固段长度在**岩层**中宜为 2～3m，**风化严重的岩层**中宜为 3～6m

题 5-160　（08D27）有一岩体边坡（图 5-19-13），要求垂直开挖。已知岩体有一个最不利的结构面为顺坡方向，与水平方向夹角为 55°，岩体有可能沿此向下滑动，现拟采用预应力锚索进行加固，锚索与水平方向的下倾夹角为 20°。根据《铁路路基支挡结构设计规范》TB 10025—2019，问在距坡底 10m 高处的锚索自由段设计长度应不小于多少米？

（A）5.5m　　（B）7.5m

（C）8.5m　　（D）9.5m

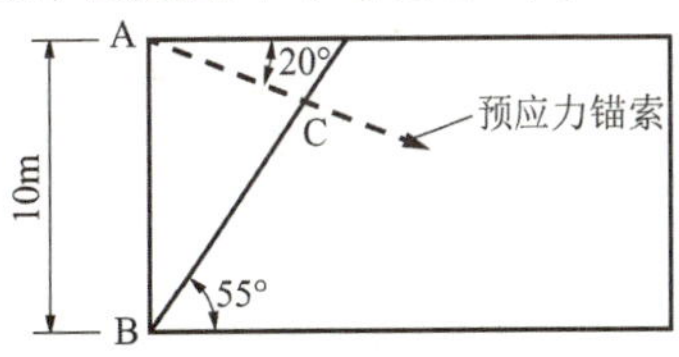

图 5-19-13　题 5-160 图

【解】

（1）$l_{AC} = \dfrac{10 \times \sin 35°}{\sin(180° - 35° - 70°)} = 5.94m$

（2）$l = 5.94 + 1.5 = 7.44m$

【点评】

①根据《铁路路基支挡结构设计规范》第 12.2.6 条第 1 款；②锚索自由段不应小于 5m，且应伸入滑动面以下不应小于 1.5m；l_{AC}按正弦定理求得。

题 5-161 （07D19）在图 5-19-14 所示的铁路工程非松散破碎岩石边坡中，上部岩体沿着滑动面下滑，剩余下滑力为$F = 1220\text{kN}$，为了加固此岩坡，采用预应力锚索，滑动面倾角及锚索的方向如图所示，滑动面处的摩擦角为 18°，则此锚索的最小锚固力最接近下列哪个选项？

（A）1200kN （B）1400kN

（C）1600kN （D）1700kN

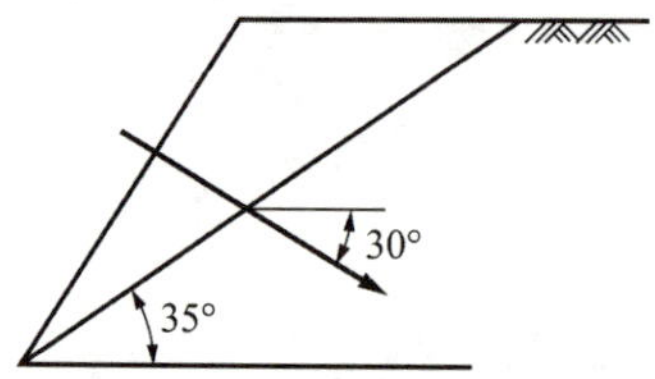

图 5-19-14 题 5-161 图

【解】

（1）非松散破碎岩石边坡，折减系数$\lambda = 1.0$

（2）$P_t = \dfrac{F}{[\lambda \sin(\alpha+\beta)\tan\varphi + \cos(\alpha+\beta)]}$

$$= \frac{1220}{1.0 \times \sin(30° + 35°) \times \tan 18° + \cos(30° + 35°)} = 1701.3\text{kN}$$

【点评】

①根据《铁路路基支挡结构设计规范》第 12.2.3 条；②锚杆拉力和摩擦力均作为抗力。

题 5-162 （07C26）已知预应力锚索的最佳下倾角，对锚固段为$\beta_1 = \varphi - \alpha$，对自由段为$\beta_2 = 45° + \varphi/2 - \alpha$。某滑坡采用预应力锚索治理，其滑动面内摩擦$\varphi = 18°$，滑动面倾角$\alpha = 27°$，方案设计中锚固段长度为自由段长度的 1/2，则依据现行《铁路路基支挡结构设计规范》全锚索的最佳下倾角β值为下列哪个选项？

（A）9° （B）12° （C）15° （D）18°

【解】

（1）$A = 0.5$，$\varphi = 18°$，$\alpha = 27°$

（2）$\beta = \dfrac{45°}{A+1} + \dfrac{2A+1}{2(A+1)}\varphi - \alpha = \dfrac{45°}{0.5+1} + \dfrac{2 \times 0.5 + 1}{2 \times (0.5+1)} \times 18° - 27° = 15°$

【点评】

①根据《铁路路基支挡结构设计规范》第 12.2.3 条条文说明；②对于陌生的非原理题，要快速定位查规范的位置，确定铁路规范→铁路支挡规范→锚索章节→正文没有，则查相应的条文说明。

题 5-163　（22 补考 C16）某滑坡采用单排预应力锚索加固治理，锚索水平间距 2.5m，已知作用在锚索范围内的下滑力为 200kN/m，锚索与滑动面相交处滑动面倾角 25°，锚索与水平面的夹角 18°，滑面综合摩擦角 13°。锚索钻孔直径 0.15m，单根钢绞线直径 15.2mm，每孔锚索采用 6 束钢绞线，锚索与水泥砂浆间的粘结强度设计值 2340kPa，锚孔壁与水泥砂浆间的粘结强度设计值 800kPa，锚固段为枣核状。按《铁路路基支挡结构设计规范》TB 10025—2019，折减系数λ取 0.5，轴向拔出力安全系数取 2.0 时，锚索锚固段最小长度宜为下列哪个选项？

（A）3m　　（B）4m　　（C）5m　　（D）6m

【解】

（1）$P_t = \dfrac{200 \times 2.5}{0.5 \times \sin(25° + 18°) \times \tan 13° + \cos(25° + 18°)} = 617.2\text{kN}$

（2）$l_a \geqslant \dfrac{2 \times 617.2}{3.14 \times 0.15 \times 800} = 3.3\text{m}$

$l_a \geqslant \dfrac{2 \times 617.2}{6 \times 3.14 \times 0.0152 \times 2340} = 1.8\text{m}$

岩层中锚固段长度宜为 4～10m，综合取 4m

【点评】

①根据《铁路路基支挡结构设计规范》第 12.2.3 条、第 12.2.4 条；②注意题目中“锚固段为枣核状”要采用对应公式；③根据锚孔壁与水泥砂浆间的粘结强度设计值 800kPa，可判定为岩层的锚索；锚索与水泥浆粘结，则为拉力型锚索，验算构造要求。

19.6 抗滑桩——《铁路路基支挡结构设计规范》第 13.2 节

抗滑桩的锚固段以上的外力应包括桩后滑坡推力、土压力、桩前滑体抗力及水平地震作用等。应采用滑坡推力和土压力中的最不利荷载作为计算荷载。地震设计状况下，地震水平作用的计算应符合《铁路路基支挡结构设计规范》第 4.4 节的规定。锚固段抗力应以地层水平抗力为主，设计时可不计桩身重力、桩侧摩阻力、黏聚力和桩底反力。抗滑桩设计见表 5-19-15。

抗滑桩设计 表 5-19-15

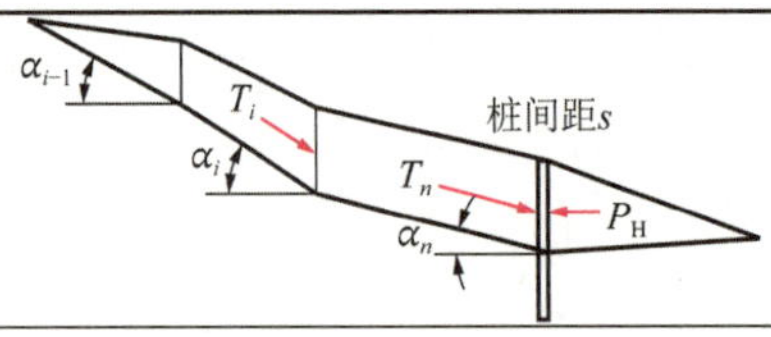 	**滑坡推力在桩上的分布**：当滑体为砾石类土或块石类土时，下滑力采用三角形分布；当滑体为黏性土时，采用矩形分布；介于两者之间时，采用梯形分布
（1）滑坡推力（抗滑桩支挡力） 一般地区**滑坡推力**可采用传递系数法（显式解）按下式计算。 $T_i = KW_i \sin\alpha_i + \psi T_{i-1} - W_i \cos\alpha_i \tan\varphi_i - c_i l_i$ $\psi = \cos(\alpha_{i-1} - \alpha_i) - \sin(\alpha_{i-1} - \alpha_i)\tan\varphi_i$ **抗滑桩支挡力F可按下式计算：** $F = s\cdot(T_n \cos\alpha_n - P_H)$ 注：1. 抗滑桩提供的支挡力F为水平向。 2. 传递系数法显式解可参考上一章节中《建筑地基基础设计规范》显式解，计算方法完全一致	F——单根抗滑桩应提供的支挡力（kN）； s——抗滑桩桩间距（m）； T_i——第i个条块末端的滑坡推力（kN/m）； T_n——最后一个条块末端的滑坡推力（kN/m），平行滑面； P_H——抗滑桩受桩前滑坡体水平抗力（kN）； K——安全系数，一般地区可采用 1.10～1.25；地震工况下计算滑坡推力的安全系数不应小于 1.05； W——第i个条块滑体的重力（kN/m）； α_i、α_{i-1}——第i个和第$i-1$个条块所在滑动面的倾角(°)； α_n——最后一个条块所在滑动面的倾角（°）； φ_i——第i个条块所在滑动面上的内摩擦角（°）； c_i——第i个条块所在滑动面上的单位黏聚力（kPa）； l_i——第i个条块所在滑动面上的长度（m）； ψ——第$i-1$个条块的传递系数
（2）桩的变形系数 ①当锚固段为较完整的岩层和硬黏土时，采用地基系数K（常数）计算，锚固段桩的换算长度为βH_2，H_2为锚固段长度，β为桩的变形系数： $\beta = \left(\frac{KB_P}{4EI}\right)^{\frac{1}{4}}$ ②当锚固段地层为硬塑—半干硬砂黏土、碎石类土、风化破碎岩时，可采用三角形分布的地基系数m为计算，锚固段桩的换算长度为αH_2，α为桩的变形系数： $\alpha = \left(\frac{mB_P}{EI}\right)^{\frac{1}{5}}$	**矩形桩**：$B_P = b + 1$；**圆形桩**：$B_P = 0.9(d + 1)$ B_P——桩身横截面计算宽度（m）； b——矩形桩的实际宽度（m）； d——圆形桩直径（m）； β——桩的变形系数（m^{-1}）； K——地基系数（kPa/m），按《铁路路基支挡结构设计规范》附录 L 采用； EI——桩的截面抗弯刚度（$kP\cdot m^4$），$EI = 0.8E_cI$，E_c为混凝土弹性模量（kPa）； I——桩的截面惯性矩（m^4）； α——桩的变形系数（m^{-1}）； m——地基系数随深度变化的比例系数（kN/m^4），按《铁路路基支挡结构设计规范》附录 L 采用

续表

<table>
<tr><td>（3）锚固深度（地基横向容许承载力）
①地层为岩层时，桩的最大横向压应力应小于或等于地基的横向容许承载力。地基的横向容许承载力与岩石单轴极限抗压强度的对应关系可按《铁路路基支挡结构设计规范》附录 L 采用。当桩为矩形截面时，地基的横向容许承载力[σ]：
$[\sigma]=K_H\eta R_c$</td><td>K_H——地基承载力在水平方向的换算系数，可采用 0.5～1.0；
η——折减系数，可采用 0.3～0.45；
R_c——岩石单轴抗压强度（kPa）</td></tr>
<tr><td>②地层为土层或风化成土、砂砾状岩层时，锚固点以下 $H_2/3$ 和 H_2 处的横向压应力值应小于或等于地基横向容许承载力[σ]，其计算应符合下式的规定：
$[\sigma]=P_p-P_a$</td><td>P_p——锚固段所受被动土压应力（kPa）；
P_a——锚固段所受主动土压应力（kPa）</td></tr>
</table>

题 5-164 （22C16）如图 5-19-15 所示某铁路地区滑坡体，为保证滑坡体稳定，在滑块 2 下设置抗滑桩，桩径 1.5m，桩距 3m，滑动面以上桩长 8m。已知滑动土体重度 18kN/m^3，黏聚力 12kPa，内摩擦角 18°，抗滑桩受桩前滑坡体水平抗力 1177kN/m，桩后主动压力 180kN/m，桩后土体下滑参数见表 5-19-16，安全系数取 1.20。按《铁路路基支挡结构设计规范》TB 10025—2019 估算单根抗滑桩应提供的支挡力最接近下列哪个选项？

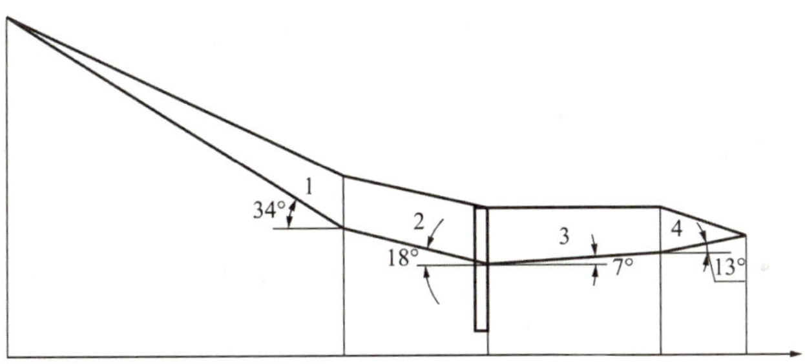

图 5-19-15 题 5-164 图

题 5-164 表 表 5-19-16

滑块编号	自重 G（kN/m）	滑面长度（m）	滑面摩擦角（°）	滑面黏聚力（kPa）
滑块 1	3500	50	10	6
滑块 2	1800	18	12	8

（A）555kN （B）885kN （C）1115kN （D）1355kN

【解】

（1）$T_1=1.2\times3500\times\sin34°-3500\times\cos34°\times\tan10°-50\times6=1537\text{kN/m}$

$\psi=\cos(34°-18°)-\sin(34°-18°)\times\tan12°=0.9027$

（2）$T_2=1.2\times1800\times\sin18°+1537\times0.9027-1800\times\cos18°\tan12°-18\times8$

$=1547.1\text{kN/m}$

$1547.1>180$，取滑坡推力为 1547.1kN/m

（3）$F=3\times(1547.1\times\cos18°-1177)=883.1\text{kN}$

【点评】

①根据《铁路路基支挡结构设计规范》第 13.2.1 条、第 13.2.2 条；②滑坡推力计算采

用显式传递系数法，最终滑坡推力选择剩余下滑力和土压力中的最不利荷载设计；③注意抗滑桩仅需提供水平支挡力，不要漏算桩间距。

19.7　锚定板挡土墙
——《铁路路基支挡结构设计规范》第 17.2.4 条及条文说明

锚定板挡土墙填料产生的土压应力见表 5-19-17。

锚定板挡土墙　　　　表 5-19-17

填料产生的土压应力：

$$\sigma_H = \frac{1.33E_x}{H} \cdot \gamma_{xz}$$

式中：σ_H——水平主动压应力（kPa）；

E_x——主动土压力的水平分力（kN）；

H——墙高（m）（当为分级墙时，为上、下级墙高之和）；

γ_{xz}——土压力修正系数，取 1.2～1.4，对结构位移要求较严时取大值

注：列车荷载产生的土压力，仍按重力式挡墙有关规定计算，不再乘增大系数

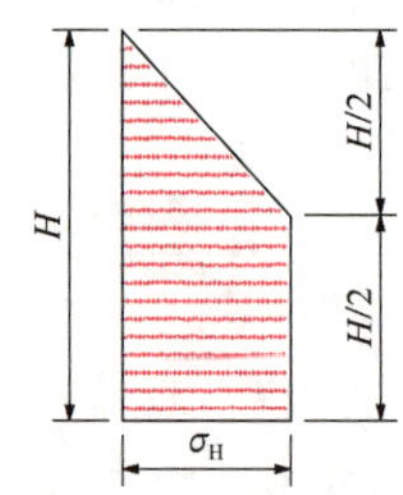

填料产生的土压应力分布图

注：本考点与《公路路基设计规范》基本一致，可对比学习。

题 5-165　某铁路锚定板挡土墙墙高 6m，对结构位移要求较严，墙面板垂直，墙后为砂土，内摩擦角为 30°，重度为 $18kN/m^3$，砂土与墙面板间的摩擦角为 16°，填土面倾角为 5°，拉杆水平，拉杆水平间距为 2m，垂直间距为 1m，根据《铁路路基支挡结构设计规范》TB 10025—2019，计算 2m 深度处拉杆的轴向拉力最接近下列哪个选项？

（A）41kN　　（B）50kN　　（C）62kN　　（D）70kN

【解】

（1）$K_a = \dfrac{\cos^2(30° - 0°)}{\cos^2 0° \cdot \cos(0° + 16°) \cdot \left[1 + \sqrt{\dfrac{\sin(30° + 16°) \cdot \sin(30° - 5°)}{\cos(0° + 16°) \cdot \cos(0° - 5°)}}\right]^2} = 0.3192$

（2）$E_a = \dfrac{1}{2} \times 18 \times 6^2 \times 0.3192 = 103.42kN/m$

$E_x = 103.42 \times \cos 16° = 99.41kN/m$

（3）对结构位移要求较严，土压力增大系数取大值，因此$\beta = 1.4$

$\sigma_H = \dfrac{1.33E_x}{H} \cdot \gamma_{xz} = \dfrac{1.33 \times 99.41}{6} \times 1.4 = 30.85kPa$

（4）2m 深度处的分布力：$\dfrac{2}{3} \times 30.85 = 20.56kPa$

2m 深度处拉杆的轴向拉力：20.56×2×1=41.12kN

【点评】

①根据《铁路路基支挡结构设计规范》第 17.2.4 条及其条文说明，E_x为水平向土压力，铁路、公路锚定板挡土墙计算类似；②根据第 17.2.4 条条文说明，按库仑理论计算主动土压力，乘以 1.2～1.4 的增大系数β，对结构位移要求较严时，土压力增大系数取大值。

19.8　其他铁路支挡结构

其他铁路支挡结构属于非重要内容，限于篇幅，此处不再摘抄，自行学习规范，主要包括表 5-19-18 中的 6 种。

锚定板挡土墙　　表 5-19-18

第 7 章悬臂式和扶壁式挡土墙	第 8 章槽型挡土墙	第 14 章桩墙结构
第 15 章桩基托梁重力式挡土墙	第 16 章组合桩结构	第 17.1 节短卸荷板式挡土墙

第 20 章

公路路基设计规范

20.1 一般路基

偏僻规范，自行学习，规范中的大部案例考点均与其他规范类似，了解即可，主要熟悉历年真题案例考过的知识点和一些其他规范没有的知识点。

20.1.1 基本概念和路基设计高程——《公路路基设计规范》第 2 章、第 3.1.3 条、第 3.3.2 条、第 7.17.2 条

（1）**公路路基常用的基本概念**见表 5-20-1。

基本概念 **表 5-20-1**

路基	按照路线位置和一定技术要求修筑的带状构造物，是路面的基础，承受由路面传来的行车荷载
路床	路面结构层以下 0.8m 或 1.20m 范围内的路基部分，分为上路床及下路床两层。上路床厚度 0.3m；下路床厚度在轻、中等及重交通公路为 0.5m，特重、极重交通公路为 0.9m
路堤	高于原地面的**填方路基**。路堤在结构上分为上路堤和下路堤，上路堤是指路床以下 0.7m 厚度范围的填方部分，下路堤是指上路堤以下的填方部分
路堑	低于原地面的**挖方路基**
路基工作区	汽车荷载通过路面传递到路基的应力与路基土自重应力之比大于 0.1 的应力分布深度范围
低路堤	填土高度小于路基工作区深度的路堤
高路堤	路基填土边坡高度大于 20m 的路堤
陡坡路堤	地面斜坡陡于 1∶2.5 的路堤
深路堑	土质挖方边坡高度大于 20m 或岩石挖方边坡高度大于 30m 的路堑
填石路堤	用粒径大于 40mm、含量超过 70%的石料填筑的路堤

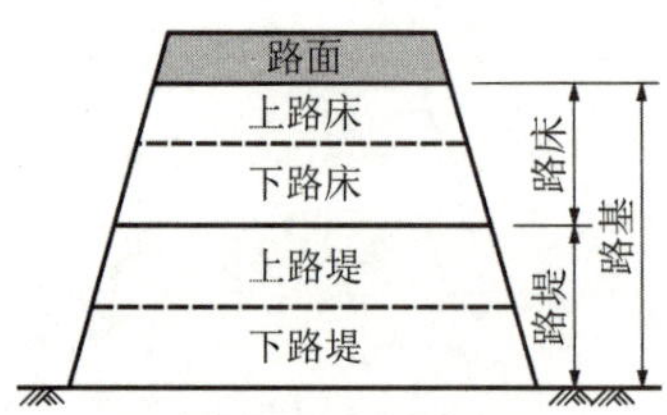

公路路基结构示意图

（2）**沿河及受水浸淹的路基边缘高程**，应高出表 5-20-2 规定设计洪水频率的水位＋壅水高度＋波浪侵袭高度＋0.5m 的安全高度之和。

路基设计洪水频率 **表 5-20-2**

公路等级	高速公路	一级公路	二级公路	三级公路	四级公路
路基设计洪水频率	1/100	1/100	1/50	1/25	按具体情况确定

注：区域内唯一通道的公路路基设计洪水频率可采用高一个等级公路的标准。

（3）**路堤高度计算**宜按表 5-20-3 确定。

路堤高度计算　　**表 5-20-3**

$$H_{op}=\mathrm{MAX}\{[h_{sw}-h_0+h_w+h_{bw}+\Delta h],[h_l+h_p],[h_{wd}+h_p],[h_f+h_p]\}$$

式中：H_{op}——路堤合理高度（m）；　h_{sw}——设计洪水位（m）；　h_0——地面高程（m）；
h_w——波浪侵袭高度（m）；　h_{bw}——壅水高度（m）；　Δh——安全高度（m）；
h_l——中湿状态路基临界高度（m）；　h_p——路面厚度（m）；　h_{wd}——路基工作区深度（m）；
h_f——季节冻土地区路基冻深（m）

（4）**滨海路基的设计高程**，应高出表 5-20-4 规定高潮水位频率的计算潮水位 + 波浪侵袭高度 + 0.5m 的安全高度之和。不能满足要求时，应设置防浪墙等。

路基设计高潮水位频率　　**表 5-20-4**

公路等级	高速公路	一级公路	二级公路	三级公路	四级公路
路基设计高潮水位频率	1/100	1/100	1/50	1/25	按具体情况确定

20.1.2 路床（最小承载比、压实度、回弹模量）——《公路路基设计规范》第 3.2 节

（1）**路床填料**应均匀，其**最小承载比**应符合表 5-20-5 的规定。

路床填料最小承载比要求　　**表 5-20-5**

路基部位		路面底面以下深度（m）	填料最小承载比（CBR）（%）		
			高速公路、一级公路	二级公路	三、四级公路
上路床		0～0.3	8	6	5
下路床	轻、中等及重交通	0.3～0.8	5	4	3
	特重、极重交通	0.3～1.2	5	4	—

注：承载比试验见《土工试验方法标准》第 14 章或本书第一篇第二章。

（2）**路床**应分层铺筑，碾压密实，并应符合表 5-20-6 要求。

路床压实度要求　　**表 5-20-6**

路基部位		路面底面以下深度（m）	路床压实度（%）			
			高速公路、一级公路	二级公路	三、四级公路	**压实度**：$\lambda_c=\frac{\rho_d}{\rho_{dmax}}$
上路床		0～0.3	≥96	≥95	≥94	
下路床	轻、中等及重交通	0.3～0.8	≥96	≥95	≥94	
	特重、极重交通	0.3～1.2	≥96	≥95	—	

注：1. 表列压实度系按现行《公路土工试验规程》**重型击实试验**所得最大干密度求得的压实度。
2. 当三、四级公路铺筑沥青混凝土和水泥混凝土路面时，其压实度应采用二级公路压实度标准。

（3）**新建公路路基回弹模量设计值E_0**应符合表 5-20-7 的规定。

新建公路路基回弹模量设计值E_0 **表 5-20-7**

①标准状态下路基动态回弹模量值M_R（MPa） ⇓	1. 路基填料的回弹模量M_R应按《公路路基设计规范》附录 A 通过试验获得； 2. 受试验条件限制时，可按《公路路基设计规范》附录 B 查取回弹模量M_R参考值； 3. 初步设计阶段，也可按下式由填料的CBR值估算标准状态下填料的回弹模量值M_R： $M_R = 17.6\text{CBR}^{0.64}$ （$2 < \text{CBR} \leqslant 12$） $M_R = 22.1\text{CBR}^{0.55}$ （$12 < \text{CBR} < 80$）	
②平衡湿度状态下路基回弹模量设计值E_0（MPa）	$E_0 = K_s K_\eta M_R$ $E_0 \geqslant [E_0]$	$[E_0]$——路面结构设计的路基回弹模量要求值（MPa）； K_s——路基回弹模量湿度调整系数，为平衡湿度（含水率）状态下的回弹模量与标准状态下的回弹模量之比，按《公路路基设计规范》附录 C、附录 D 确定； K_η——干湿循环或冻融循环条件下路基土模量折减系数，可取 0.7～0.95； **非冰冻区**：粉质土、黏质土，失水率大于 30%，取小值，反之取较大值；粗粒土取大值； **季节冻土地区**：粉质土、黏质土冻结温度低于−15℃，冻前含水率高，取小值，反之取较大值；粗粒土取大值

20.1.3 路堤（最小承载比、压实度）——《公路路基设计规范》第 3.3 节

（1）**路堤**填料**最小承载比**应符合表 5-20-8 的规定。

路堤填料最小承载比要求 **表 5-20-8**

路基部位		路面底面以下深度（m）	填料最小承载比（CBR）（%）		
			高速公路、一级公路	二级公路	三、四级公路
上路堤	轻、中等及重交通	0.8～1.5	4	3	3
	特重、极重交通	1.2～1.9	4	3	—
下路堤	轻、中等及重交通	1.5 以下	3	2	2
	特重、极重交通	1.9 以下			

注：当三、四级公路铺筑沥青混凝土和水泥混凝土路面时，应采用二级公路的规定。

（2）**路堤**应分层铺筑，碾压密实，并应符合表 5-20-9 要求。

路堤压实度要求 **表 5-20-9**

路基部位		路面底面以下深度（m）	路堤压实度（%）			
			高速公路、一级公路	二级公路	三、四级公路	
上路堤	轻、中等及重交通	0.8～1.5	≥94	≥94	≥93	**压实度**：$\lambda_c = \dfrac{\rho_d}{\rho_{dmax}}$
	特重、极重交通	1.2～1.9	≥94	≥94	—	
下路堤	轻、中等及重交通	1.5 以下	≥93	≥92	≥90	
	特重、极重交通	1.9 以下				

注：1. 表列压实度系按现行《公路土工试验规程》**重型击实试验**所得最大干密度求得的压实度。
2. 当三、四级公路铺筑沥青混凝土和水泥混凝土路面时，其压实度应采用二级公路压实度标准。
3. 路堤采用粉煤灰、工业废渣等特殊填料，或处于特殊干旱或特殊潮湿地区时，在保证路基强度和回弹模量要求的前提下，通过试验论证，压实度标准可降低 1～2 个百分点。

题 5-166　（21C04）对某二级公路路堤填土进行分层检测，测得上路堤填土密度 $1.95g/cm^3$，含水率 18.1%；下路堤填土密度 $1.87g/cm^3$，含水率 18.6%。路堤填料击实试验结果见图 5-20-1，对公路上、下路堤的填土压实度进行评价，下列哪个选项正确？

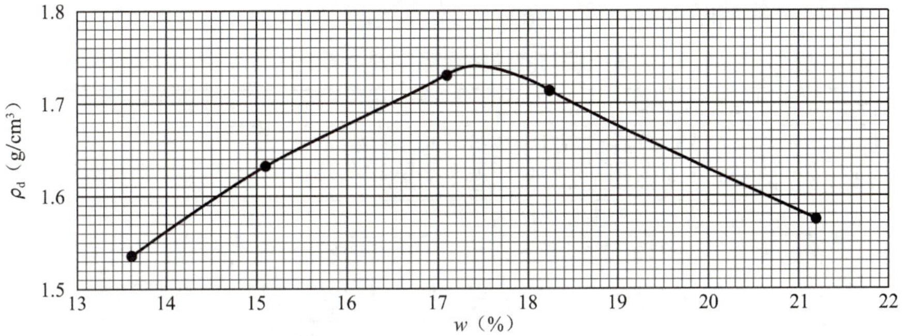

图 5-20-1　题 5-166 图

（A）上、下路堤压实度均不满足规范要求

（B）上、下路堤压实度均满足规范要求

（C）上路堤压实度满足规范要求、下路堤压实度不满足规范要求

（D）上路堤压实度不满足规范要求、下路堤压实度满足规范要求

【解】

（1）由图知：$\rho_{dmax} = 1.74g/cm^3$

（2）二级公路，上路堤：$\lambda_1 = \dfrac{1.95/(1+0.181)}{1.74} = 0.949 > 94\%$，满足

下路堤：$\lambda_2 = \dfrac{1.87/(1+0.186)}{1.74} = 0.906 < 92\%$，不满足

【点评】

①根据《公路路基设计规范》第 3.3.4 条，路堤应分层铺筑，均匀压实，压实度应符合表 3.3.4 的规定，查表对于二级公路，上路堤压实度 ≥ 94%，下路堤压实度 ≥ 92%；②根据《土力学》P42，压实度又称压实系数 = 填土干密度/击实试验的最大干密度。

20.1.4 路基稳定性分析——《公路路基设计规范》第 3.6.7～3.6.11 条、第 3.7.3～3.7.7 条、第 7.2.2 条

1. 高路堤与陡坡路堤稳定性分析——《公路路基设计规范》第 3.6.7～3.6.11 条

（1）高路堤与陡坡路堤稳定安全系数F_{st}按表 5-20-10 确定。

高路堤与陡坡路堤稳定安全系数F_{st}　　**表 5-20-10**

高路堤与陡坡路堤设计时，应进行路基稳定性计算分析，应考虑以下三种工况：

正常工况	路基投入运营后经常发生或持续时间长的工况
非正常工况 Ⅰ	路基处于暴雨或连续降雨状态下的工况
非正常工况 Ⅱ	路基遭遇地震等荷载作用的工况

各等级公路高路堤与陡坡路堤稳定系数不得小于下表所列稳定安全系数值。对非正常工况Ⅱ，路基稳定性分析方法及稳定安全系数应符合现行《公路工程抗震规范》的规定（见第 9 篇第 3 章）

高路堤与陡坡路堤稳定安全系数F_{st}

分析内容	地基强度指标	分析工况	稳定安全系数F_{st}	
			二级及二级以上公路	三、四级公路
路堤的堤身稳定性、路堤和地基的整体稳定性	采用直剪的固结快剪或三轴固结不排水剪指标	正常工况	1.45	1.35
		非正常工况 Ⅰ	1.35	1.25
	采用快剪指标	正常工况	1.35	1.30
		非正常工况 Ⅰ	1.25	1.15
路堤沿斜坡地基或软弱层滑动的稳定性	—	正常工况	1.30	1.25
		非正常工况 Ⅰ	1.20	1.15

注：区域内唯一通道的三、四级公路重要路段，高路堤与陡坡路堤稳定安全系数可采用二级公路的标准

（2）路堤堤身稳定性、路堤和地基的整体稳定性宜采用简化 Bishop 法，按表 5-20-11 确定。

路堤堤身稳定性、路堤和地基的整体稳定性　　**表 5-20-11**

$$F_s=\frac{\sum\frac{1}{m_{\alpha_i}}[c_ib_i+(W_i+Q_i)\tan\varphi_i]}{\sum\limits_{i=1}^{n}(W_i+Q_i)\sin\alpha_i}$$

$$m_{\alpha_i}=\cos\alpha_i+\frac{\tan\varphi_i\sin\alpha_i}{F_s}$$

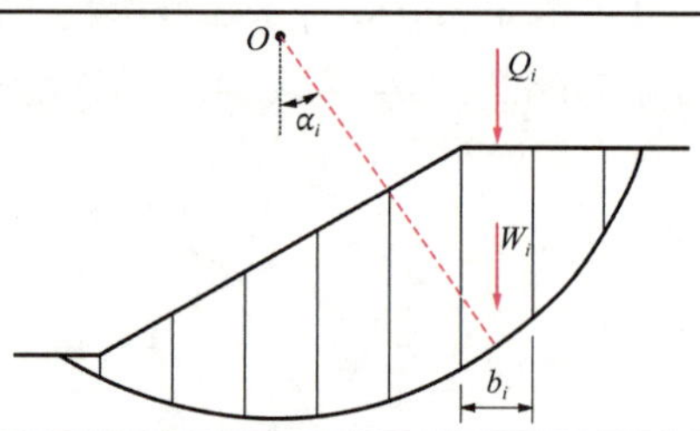

式中：F_s——路堤稳定系数；

b_i——第i个土条宽度（m）；

c_i、φ_i——第i个土条滑弧所在土层的黏聚力和内摩擦角，取滑弧所在位置对应土层的黏聚力（kPa）和内摩擦角（°）；

α_i——第i个土条底滑面的倾角（°），滑面倾向与滑动方向相同时取正值，滑面倾向与滑动方向相反时取负值；

W_i——第i个土条单位宽度自重（kN/m）；

Q_i——第i个土条单位宽度竖向方向外力（kN/m），**方向指向下方时取正值，指向上方时取负值**

（3）路堤沿斜坡地基或软弱层带滑动的稳定性分析可采用不平衡推力法（隐式解），按表 5-20-12 确定。

路堤沿斜坡地基或软弱层带滑动的稳定性 表 5-20-12

$$E_i = E_{i-1}\psi_{i-1} + W_{Qi}\sin\alpha_i - \frac{W_{Qi}\cos\alpha_i\tan\varphi_i + c_i l_i}{F_s}$$

$$\psi_{i-1} = \cos(\alpha_{i-1}-\alpha_i) - \frac{\sin(\alpha_{i-1}-\alpha_i)\tan\varphi_i}{F_s}$$

$$E_n = 0 \Rightarrow F_s$$

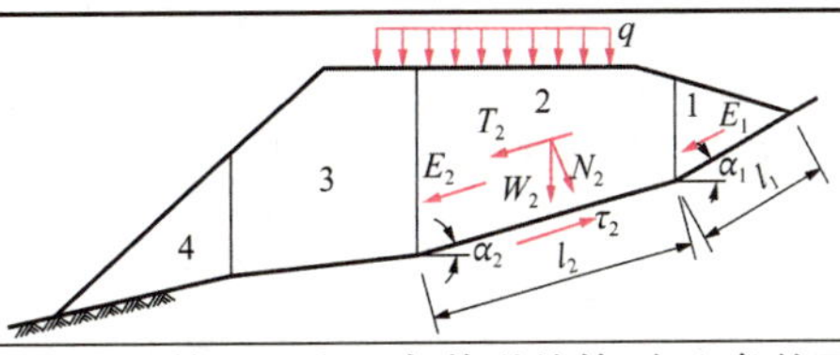

式中：E_i——第i个土条传递给第$i+1$个土条的下滑力（kN）；

E_{i-1}——第$i-1$个土条传递给第i个土条的下滑力（kN）；

W_{Qi}——第i个土条的重力与外加竖向荷载之和（kN）；

α_i、α_{i-1}——第i个和第$i-1$个土条底滑面的倾角（°）；

c_i、φ_i——第i个土条底的黏聚力（kPa）和内摩擦角（°）；

l_i——第i个土条底滑面的长度（m）

逐条计算，直到第n条的剩余推力E_n为零，由此确定稳定系数F_s

注：★可用F_{st}替换F_s计算滑坡推力E_n，或令$E_n=0$反算c、φ值

2. 深路堑挖方边坡稳定性分析——《公路路基设计规范》第 3.7.3～3.7.7 条

深路堑挖方边坡稳定性分析应符合表 5-20-13 的规定。

深路堑挖方边坡稳定性 表 5-20-13

深路堑挖方边坡稳定性计算方法，应根据边坡类型和可能的破坏形式，按下列原则确定；

1. 土质边坡和规模较大的碎裂结构岩质边坡宜采用简化 Bishop 法计算；
2. 对可能产生直线形破坏的边坡宜采用平面滑动面解析法进行计算；
3. 对可能产生折线形破坏的边坡宜采用不平衡推力法（隐式解）计算；
4. 对结构复杂的岩质边坡，可配合采用赤平投影法和实体比例投影法分析及楔形滑动面法进行计算；
5. 当边坡破坏机制复杂时，宜结合数值分析法进行分析。

注：具体计算方法参考本篇第 1 章“建筑边坡工程技术设计规范”稳定性分析

边坡稳定性计算应考虑以下三种工况：

正常工况	边坡处天然状态下的工况
非正常工况Ⅰ	边坡处于暴雨或连续降雨状态下的工况
非正常工况Ⅱ	边坡处于地震等荷载作用状态下的工况

各等级公路路堑边坡稳定系数不得小于下表所列稳定安全系数值。

对非正常工况Ⅱ，路堑边坡稳定性分析方法及稳定安全系数应符合现行《公路工程抗震规范》的规定（见第 20 章）。

路堑边坡稳定安全系数F_{st}

分析工况	路堑边坡稳定安全系数F_{st}	
	高速公路、一级公路	二级及二级以下公路
正常工况	1.20～1.30	1.15～1.25
非正常工况Ⅰ	1.10～1.20	1.05～1.15
施工临时边坡	1.05	

注：1. 路堑边坡地质条件**复杂或破坏后危害严重**时，稳定安全系数取大值；地质条件**简单或破坏后危害较轻**时，稳定安全系数可取小值。

2. 路堑边坡破坏后的影响区域内有重要建筑物（桥梁、隧道、高压输电塔、油气管道等）、村庄和学校时，稳定安全系数取大值

本小节路基稳定性主要涉及“**高路堤与陡坡路堤稳定性**”“**深路堑边坡稳定性**”和“**滑坡地段路基滑坡稳定性**”（见第 20 章），认真对比学习《公路路基设计规范》第 3.6.9～3.6.11 条、第 3.7.3～3.7.7 条、第 7.2.2 条，总结如表 5-20-14 所示。

公路路基折线滑动总结　　　　表 5-20-14

<table>
<tr><td rowspan="2">①高路堤与陡坡路堤稳定性
（第 3.6.9～3.6.11 条）</td><td>路堤堤身稳定性、路堤和地基的整体稳定性宜采用简化 Bishop 法</td></tr>
<tr><td>路堤沿斜坡地基或软弱层带滑动的稳定性分析可采用不平衡推力法（隐式解）
（高、陡坡路堤有可能发生折线滑动，滑面一般为路基软弱面或与原地面接触面）</td></tr>
<tr><td rowspan="3">②深路堑
边坡稳定性
（第 3.7.3～3.7.7 条）</td><td>规模较大的碎裂结构岩质边坡和土质边坡宜采用简化 Bishop 法</td></tr>
<tr><td>对可能产生直线形破坏的边坡宜采用平面滑动面解析法</td></tr>
<tr><td>对可能产生折线形破坏的边坡宜采用不平衡推力法（隐式解）
（深路堑开挖边坡有可能发生折线滑动，指开挖的深路堑边坡）</td></tr>
<tr><td>③滑坡地段路基
滑坡稳定性
（第 7.2.2 条）</td><td>不良地质滑坡地段：滑坡剩余下滑力可采用传递系数法（显式解）
当$T_i < 0$时，应取$T_i = 0$。当滑坡体最后一个条块的剩余下滑力小于或等于 0 时，滑坡稳定；当大于 0 时，滑坡不稳定
（关键字不在于路基是不是高、陡坡路堤或是深路堑，关键字在于不良地质滑坡地段，指路基附近的不良地质滑坡稳定性计算，不是路基稳定性计算）</td></tr>
<tr><td colspan="2">注：①②项隐式解用于高、陡坡路堤的路基或深路堑的开挖边坡（深、高、陡坡才容易发生折线滑动，低矮平路基一般不易发生折线滑动）；③项显式解用于任何路基附近的不良地质滑坡地段的滑坡稳定计算</td></tr>
</table>

注：滑坡地段路基滑坡稳定性见第 20 章。

题 5-167　某公路路堤边坡（图 5-20-2），用圆弧滑动法作整体稳定性分析，取某土条i进行分析，该土条的宽度为2m，土条底滑面的倾角为30°，土条全都位于路堤中，高度为 10m，已知路堤土层重度为$\gamma = 18\text{kN/m}^3$，黏聚力$c = 15\text{kPa}$，内摩擦角$\varphi = 15°$。试按《公路路基设计规范》JTG D30—2015，采用简化 Bishop 法计算该土条的边坡稳定性系数F_s。

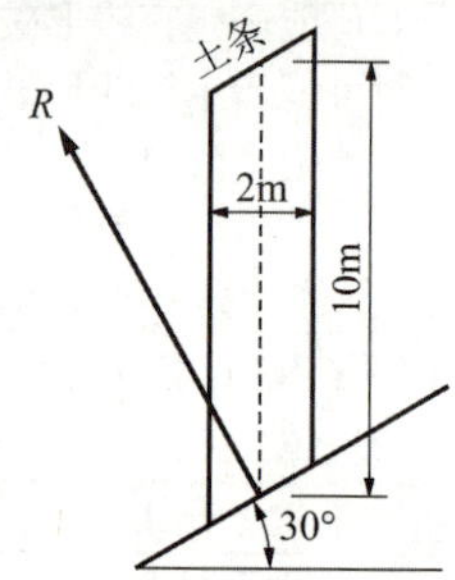

图 5-20-2　题 5-167 图

【解】

$$m_{\alpha i} = \cos 30° + \frac{\sin 30° \tan 15°}{F_s} = 0.866 + \frac{0.134}{F_s}$$

$$F_s = \frac{\frac{1}{0.866 + 0.134/F_s} \times [15 \times 2 + (10 \times 18 \times 2 + 0) \times \tan 15°]}{(10 \times 18 \times 2 + 0) \times \sin 30°}$$

解得：$F_s = 0.657$

【点评】

①根据《公路路基设计规范》第 3.6.9 条，和《建筑边坡工程设计规范》附录 A.0.1 一致，都属于简化的 Bishop 法；②根据力矩平衡和垂直方向的受力平衡推导得到的公式，按公式带入解方程得到安全系数即可，不能从字面上理解公式。

题 5-168　某二级公路，根据勘察资料，高路堤斜坡地基内某滑动体可分为 2 个块段（图 5-20-3），每个块段的重力、滑面长度、滑面倾角及滑面抗剪强度标准值分别为：$G_1 = 700\text{kN/m}$，$l_1 = 12\text{m}$，$\alpha_1 = 30°$，$\varphi_1 = 12°$，$c_1 = 10\text{kPa}$；$G_2 = 820\text{kN/m}^3$，$l_2 = 10\text{m}$，$\alpha_2 = 10°$，$\varphi_2 = 10°$，$c_2 = 12\text{kPa}$。试根据《公路路基设计规范》JTG D30—2015，按正常工况分析，计算满足边坡稳定安全要求的第 2 块滑体的最大下滑推力。

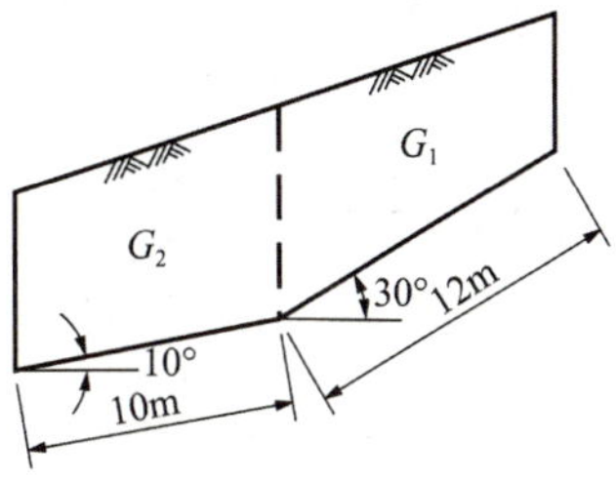

图 5-20-3　题 5-168 图

【解】

（1）查《公路路基设计规范》表 3.6.11，正常工况、二级公路，路堤沿斜坡地基或软弱层带滑动的稳定性采用不平衡推力法，稳定安全系数不得小于 1.30

（2）根据稳定安全系数 1.30，计算推力E_2

$$E_1 = 700 \times \sin 30° - \frac{700\cos 30 \tan 12 + 12 \times 10}{1.3} = 158.6\text{kN/m}$$

$$\psi_1 = \cos(30° - 10°) - \frac{\sin(30° - 10°) \times \tan 10°}{1.30} = 0.893$$

$$E_2 = 820 \times \sin 10° + 0.893 \times 158.6 - \frac{820 \times \cos 10° \times \tan 10° + 12 \times 10}{1.30} = 82.2\text{kN/m}$$

【点评】

①根据《公路路基设计规范》第 3.6.10 条，采用不平衡推力法，查表 3.6.11 判断路堤的稳定性；②公路**高路堤**稳定性分析方法属于隐式法，与《公路路基设计规范》第 7.2 节滑坡地段**路基**稳定性计算方法不同，与《建筑边坡工程技术规范》附录 A 的计算方法相同，隐式传递，最后根据$E_n = 0$解方程得到稳定系数F_s。

20.2 路基防护与支挡

20.2.1 挡土墙——《公路路基设计规范》第 5.4 节、附录 H

1. 挡土墙

（1）挡土墙的荷载应符合表 5-20-15 的规定。

荷载规定 **表 5-20-15**

<table>
<tr><td colspan="2">（1）浸水挡土墙墙背为岩块和粗粒土时，可不计墙身两侧静水压力和墙背动水压力</td></tr>
<tr><td colspan="2">（2）墙身所受浮力，应根据地基地层的浸水情况按下列原则确定：
①砂类土、碎石类土和节理很发育的岩石地基，按计算水位的 100%计算；
②岩石地基按计算水位的 50%计算</td></tr>
<tr><td colspan="2">（3）作用在墙背上的主动土压力，可按库仑理论计算</td></tr>
<tr><td colspan="2">（4）挡土墙前的被动土压力可不计算；当基础埋置较深且地层稳定、不受水流冲刷和扰动破坏时，可计入被动土压力，对挡土墙结构起有利作用时乘 0.3 系数，对挡土墙结构起不利作用时乘 0.5 系数</td></tr>
<tr><td>（5）车辆荷载作用在挡土墙墙背填土上所引起的附加土体侧压力，可按下式换算成等代均布土层厚度计算：
$$h_0=\frac{q}{\gamma}$$</td><td>h_0——换算土层厚度（m）；
γ——墙背填土的重度（kN/m^3）；
q——车辆荷载附加荷载强度，墙高小于 2m，取 20kPa；墙高大于 10m，取 10kPa；墙高在 2～10m 之内时，附加荷载强度用直线内插法计算。作用于墙顶或墙后填土上的人群荷载强度规定为 3kPa；作用于挡墙栏杆顶的水平推力采用 0.75kN/m，作用于栏杆扶手上的竖向力采用 1kN/m</td></tr>
</table>

（2）挡土墙地基承载力验算应符合表 5-20-16 的规定。

挡土墙地基承载力验算 **表 5-20-16**

<table>
<tr><td colspan="3">挡土墙地基计算时，被动土压力分项系数取 0.3，其余作用（或荷载）的分项系数规定均等于 1</td></tr>
<tr><td>基底合力的偏心距e_0可按下式计算：
$$e_0=\frac{M_d}{N_d}$$</td><td colspan="2">M_d——作用于基底形心的弯矩组合设计值（MPa）；
N_d——作用于基底上的垂直力组合设计值（kN/m）</td></tr>
<tr><td rowspan="2">基底压应力$\sigma \leqslant$基底容许承载力$[\sigma_0]$</td><td>土质地基</td><td>$e_0 \leqslant B/6$</td></tr>
<tr><td>岩石地基</td><td>$e_0 \leqslant B/4$</td></tr>
<tr><td colspan="3">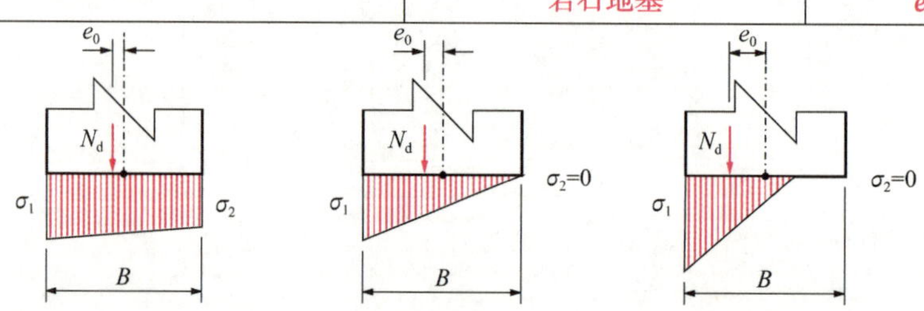
$|e_0|<\frac{B}{6}$　　$e_0=\frac{B}{6}$　　$\frac{B}{6}<e\leqslant\frac{B}{4}$</td></tr>
<tr><td>当$|e_0| \leqslant \frac{B}{6}$时，$\sigma_{1,2}=\frac{N_d}{A}\left(1 \pm \frac{6e_0}{B}\right)$
当$e_0>\frac{B}{6}$时，$\sigma_1=\frac{2N_d}{3\left(\frac{B}{2}-e_0\right)}$，$\sigma_2=0$</td><td colspan="2">$\sigma_1$——挡土墙趾部的压应力（kPa）；
σ_2——挡土墙踵部的压应力（kPa）；
B——基底宽度（m），倾斜基底为其斜宽；
A——基础底面每延米的面积，矩形基础为$B \times 1$（m^2）</td></tr>
</table>

（3）挡土墙抗滑稳定系数和抗倾覆稳定系数应符合表 5-20-17 的规定。

抗滑稳定系数和抗倾覆稳定系数　　　　表 5-20-17

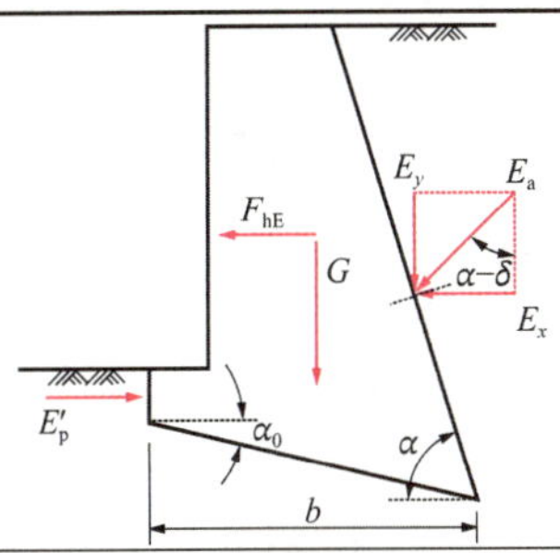

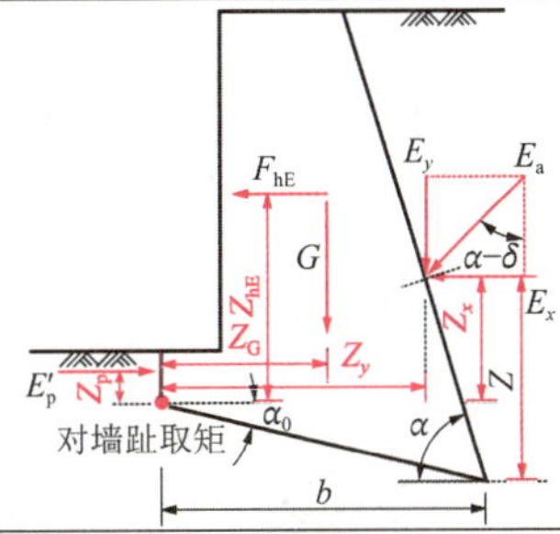

抗滑移		抗倾覆	
$K_c=\dfrac{[G+E_y+(E_x+F_{hE}-E'_p)\tan\alpha_0]\mu+E'_p}{E_x+F_{hE}-(G+E_y)\tan\alpha_0}$		$K_0=\dfrac{GZ_G+E_yZ_y+E'_pZ_p}{E_xZ_x+F_{hE}Z_{hE}}$	
$E_x=E_a\sin(\alpha-\delta)$	$E_y=E_a\cos(\alpha-\delta)$	$Z_x=Z-b\tan\alpha_0$	$Z_y=b-Z\cot\alpha$

滑动稳定方程应满足下式的要求：

$$[1.1G+\gamma_{Q1}(E_y+E_x\tan\alpha_0)-\gamma_{Q2}E_p\tan\alpha_0]\mu+(1.1G+\gamma_{Q1}E_y)\tan\alpha_0-\gamma_{Q1}E_x+\gamma_{Q2}E_p>0$$

倾覆稳定方程应满足下式的要求：$0.8GZ_G+\gamma_{Q1}(E_yZ_y+E_xZ_x)+\gamma_{Q2}E_pZ_p>0$

E_y——墙后主动土压力竖向分量（kN）；

E_x——墙后主动土压力水平分量（kN）；

α_0——基底倾斜角（°），基底为水平时$\alpha_0=0$；

G——作用于基底以上的重力（kN），浸水挡土墙的浸水部分应计入浮力；

E_p——墙前被动土压力水平分量（kN），当为浸水挡土墙时，$E_p=0$；

E'_p——墙前被动土压力水平分量E_p的 0.3 倍（kN），当为浸水挡土墙时，$E'_p=0$；

μ——基底与地基间的摩擦系数，可按下表的规定采用。

基底与基底土间的摩擦系数μ

地基土的分类	摩擦系数μ	地基土的分类	摩擦系数μ
软塑黏土	0.25	碎石类土	0.50
硬塑黏土	0.30	软质岩石	0.40～0.60
砂类土、黏砂土、半干硬的黏土	0.30～0.40	硬质岩石	0.60～0.70
砂类土	0.40		

Z_x——墙后主动土压力水平分量到墙趾的距离（m）；

Z_y——墙后主动土压力竖向分量到墙趾的距离（m）；

Z_p——墙前被动土压力水平分量到墙趾的距离（m）；

Z_G——墙身、基础、基础上填土的重力及作用于墙顶的其他荷载的竖向力合力重心到墙趾的距离（m）；

γ_{Q1}、γ_{Q2}——主动土压力分项系数、墙前被动土压力分项系数，可按下表的规定采用。

承载能力极限状态作用（或荷载）分项系数

情况	荷载增大对挡土墙结构起有利作用时		荷载增大对挡土墙结构起不利作用时	
组合	Ⅰ、Ⅱ	Ⅲ	Ⅰ、Ⅱ	Ⅲ
γ_{Q1}	1.0	0.95	1.4	1.3
γ_{Q2}	0.3	0.3	0.5	0.5

在规定的墙高范围内，验算挡土墙的抗滑动和抗倾覆稳定时，稳定系数不应小于下表的规定

抗滑动和抗倾覆的稳定系数

荷载情况	验算项目	稳定系数	荷载情况	验算项目	稳定系数	荷载情况	验算项目	稳定系数
荷载组合	抗滑动K_c	1.3	**荷载组合**	抗滑动K_c	1.3	**施工阶段**	抗滑动K_c	1.2
Ⅰ、Ⅱ	抗倾覆K_0	1.5	Ⅲ	抗倾覆K_0	1.3	**验算**	抗倾覆K_0	1.2

题 5-169 某公路路基挡土墙高8m，路面宽8m，墙背直立，填土面水平，填土重度$\gamma = 20\text{kN/m}^3$，$\varphi = 30°$，$c = 0$，计入车辆荷载，求车辆荷载等代均布土层厚度？

【解】

墙高8m，在2～10m之间

$$q = 10 + (20 - 10) \times \frac{10 - 8}{10 - 2} = 12.5\text{kN/m}^2$$

$$h_0 = \frac{q}{\gamma} = \frac{12.5}{20} = 0.625\text{m}$$

【点评】

根据《公路路基设计规范》附录H.0.1。

题 5-170 某公路挡土墙自重200kNm(图5-20-4)，经计算墙背主动土压力水平分力$E_x = 200\text{kN/m}$，竖向分力$E_y = 80\text{kN/m}$，被动土压力$E_p = 100\text{kN/m}$，挡土墙基底倾角15°，基底摩擦系数0.65。按《公路路基设计规范》，计算抗滑移稳定性安全系数？

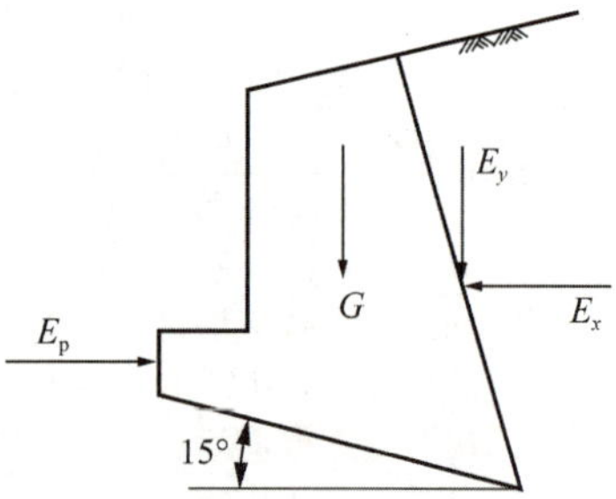

图 5-20-4 题 5-170 图

【解】

（1）$N = G + E_y = 200 + 80 = 280\text{kN/m}$

（2）$E_p' = 0.3E_p = 0.3 \times 100 = 30\text{kN/m}$

（3）$$K_c = \frac{[N + (E_x - E_p')\tan\alpha_0]\mu + E_p'}{E_x - N\tan\alpha_0} = \frac{[280 + (200 - 30)\tan 15°] \times 0.65 + 30}{200 - 280\tan 15°} = 1.93$$

【点评】

①根据《公路路基设计规范》附录H.0.2，分子和分母均除以$\cos\alpha_0$；②被动土压力分项系数为0.3，其余作用（或荷载）分项系数均为1；③与《铁路路基支挡结构设计规范》重力式挡墙部分对比学习，竖向力N包含重力G、土压力的竖向分力E_y等竖向力。

题 5-171 如图5-20-5所示为某公路挡土墙，墙面直立，墙顶面与土堤顶面齐平的重力式挡墙，高3.0m，顶宽1.0m，底宽1.6m，已知墙背主动土压力水平分力$E_x = 175\text{kN/m}$，竖直分力$E_y = 55\text{kN/m}$，墙身自重$G = 180\text{kN/m}$。若计墙前被动土压力$E_p = 100\text{kN/m}$，$Z_p = 0.3\text{m}$，按《公路路基设计规范》计算挡土墙抗倾覆稳定性系数？

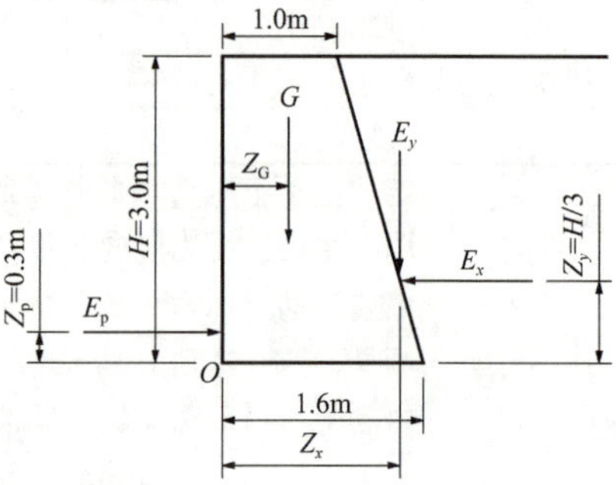

图 5-20-5 题 5-171 图

【解】

（1）挡墙重力对墙趾力矩为：

$$G \cdot Z_G = \frac{1 \times 3}{1 \times 3 + \frac{1}{2} \times 3 \times 0.6} \times 180 \times \frac{1}{2} + \frac{\frac{1}{2} \times 3 \times 0.6}{1 \times 3 + \frac{1}{2} \times 3 \times 0.6} \times 180 \times \left(1 + \frac{1}{3} \times 0.6\right) = 119.1\text{kN} \cdot \text{m/m}$$

（2）$$K_0 = \frac{GZ_G + E_yZ_x + E_p'Z_p}{E_xZ_y} = \frac{119.1 + 55 \times \left(1 + \frac{2}{3} \times 0.6\right) + 0.3 \times 100 \times 0.3}{175 \times \frac{3}{3}} = 1.17$$

【点评】

①根据《公路路基设计规范》附录 H.0.2；②被动土压力的分项系数 0.3。

2. 加筋挡土墙

加筋坡面与水平面夹角大于或等于 70°的加筋土挡土墙应按表 5-20-18～表 5-20-22 进行设计计算。

（1）加筋土挡土墙的水平土压应力计算应符合表 5-20-18 的规定。

水平土压应力计算　　表 5-20-18

（1）加筋体内部稳定验算时，土压力系数按下式计算：

$$K_i=\begin{cases}K_j\left(1-\dfrac{z_i}{6}\right)+K_a\dfrac{z_i}{6} & z_i<6\text{m}\\ K_a & z_i\geqslant 6\text{m}\end{cases}$$

$$K_j=1-\sin\varphi;\ K_a=\tan^2(45°-\varphi/2)$$

z_i——第i单元筋带结点至加筋体顶面的垂直距离（m）；
K_i——加筋体内深度z_i处的土压力系数；
K_j——静止土压力系数；
K_a——主动土压力系数；
φ——填料内摩擦角（°）

（2）加筋体活动区与稳定区的分界面可采用简化破裂面，简化破裂面的垂直部分与墙面板背面的距离b_H为 0.3H，倾斜部分与水平面的夹角β为 45°+φ/2，如图所示

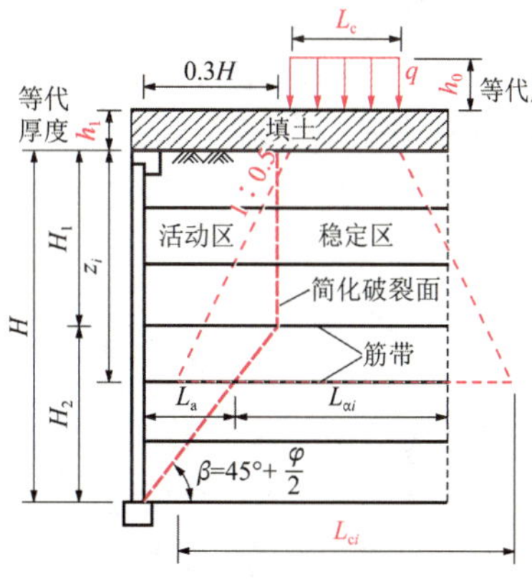

（3）作用于墙面板上的水平土压应力$\sum\sigma_{Ei}$按下式计算：

$$\sum\sigma_{Ei}=\sigma_{zi}+\sigma_{ai}+\sigma_{bi}$$

$$\sigma_{zi}=\gamma z_iK_i$$

σ_{zi}——加筋土填料作用于深度z_i处墙面板上的水平土压应力（kPa）；
γ——加筋体填料的重度（kN/m³），当为浸水挡土墙时，应按最不利水位上下的不同分别计入

$$\sigma_{bi}=\gamma h_1K_i;\ h_1=\gamma_t h_t/\gamma$$

σ_{bi}——加筋体顶面以上填土重力换算均布土厚所引起的深度z_i处墙面板上的水平土压应力（kPa）；
h_1——加筋体上坡面填土换算等代均布土厚度（m）；
h_t——加筋体上坡面填土厚度（m）；
γ_t——加筋体上坡面填土的重度（kN/m³）

附加荷载作用下，可按沿深度以 1 : 0.5 的扩散坡率计算扩散宽度。加筋体深度z_i处的附加水平压应力σ_{ai}，当扩散线的内边缘点未进入活动区时，$\sigma_{ai}=0$；当扩散线的内边缘点进入活动区时，按下式计算：

$$\sigma_{ai}=\gamma h_0\frac{L_c}{L_{ci}}K_i$$

σ_{ai}——车辆（或人群）附加荷载作用于深度z_i处墙面板上的水平土压应力（kPa）；
h_0——车辆或人群附加荷载换算等代均布土层厚度（m）；
L_c——加筋体计算时采用的荷载布置宽度（m），取路基全宽；
L_{ci}——加筋体深度z_i处的荷载扩散宽度（m）

（4）永久荷载重力作用下，拉筋所在位置的竖直压力按下式计算：

$$\sigma_i=\gamma z_i+\gamma h_1$$

σ_i——在z_i层深度处作用于筋带上的竖直压应力（kPa）

（2）加筋土挡土墙的抗拔验算（计算拉筋长度）应符合表 5-20-19 的规定。

抗拔验算（拉筋长度）　　表 5-20-19

<table>
<tr><td colspan="3">一个筋带结点的抗拔稳定性验算</td></tr>
<tr><td>单筋抗拔</td><td>$\gamma_0 T_{i0} \leqslant \frac{T_{pi}}{\gamma_{R1}}$
计算筋带抗拔力时，不计基本可变荷载的作用效应</td><td rowspan="2">$\Leftarrow$　$T_{i0} = \gamma_{Q1} T_i$
$T_i = (\sum \sigma_{Ei}) s_x s_y$
$T_{pi} = 2 f' \sigma_i b_i L_{\alpha i}$</td></tr>
<tr><td>全墙抗拔</td><td>$K_b = \frac{\sum T_{pi}}{\sum T_i} \geqslant 2.0$
分项系数均取 1.0</td></tr>
</table>

T_{i0}——z_i层深度处的筋带所承受的水平拉力设计值（kN）；
T_i——z_i层深度处的筋带所承受的水平拉力（kN）；
T_{pi}——永久荷载重力作用下，z_i层深度处，筋带有效长度所提供的抗拔力（kN）；
s_x——筋带结点水平间距（m）；
s_y——筋带结点垂直间距（m）；
b_i——结点上的筋带总宽度（m）；
$L_{\alpha i}$——筋带在稳定区的有效锚固长度（m）；
γ_0——结构重要性系数，按表 1 采用；
γ_{R1}——筋带抗拔力计算调节系数，按表 3 采用；
γ_{Q1}——加筋体及墙顶填土主动土压力或附加荷载土压力的分项系数，按表 4 采用；
f'——填料与筋带间的似摩擦系数，可参照表 2 采用。

结构重要性系数γ_0

墙高（m）	高速公路、一级公路	二级及二级以下公路
≤5.0	1.0	0.95
>5.0	1.05	1.0

填料与筋带之间的似摩擦系数f'

填料类型	黏性土	砂类土	砾碎石类土
f'	0.25～0.40	0.35～0.45	0.40～0.50

筋带抗拔力计算调节系数γ_{R1}

荷载组合	Ⅰ、Ⅱ	Ⅲ	施工荷载
γ_{R1}	1.4	1.3	1.2

注：1. 有肋钢带的似摩擦系数可提高 0.1；
2. 墙高大于 12m 的高挡土墙似摩擦系数取低值

承载能力极限状态作用（或荷载）分项系数γ_{Q1}

情况	荷载增大对挡土墙结构起有利作用时		荷载增大对挡土墙结构起不利作用时	
组合	Ⅰ、Ⅱ	Ⅲ	Ⅰ、Ⅱ	Ⅲ
γ_{Q1}	1.0	0.95	1.4	1.3

（3）加筋土挡土墙的抗拉验算（计算筋带截面积）应符合表 5-20-20 的规定。

抗拉验算（筋带截面积）　　　　表 5-20-20

筋带截面的抗拉强度验算应符合下式的规定：		
$\gamma_0 T_{i0} \leqslant \dfrac{Af_k}{1000\gamma_f\gamma_{R2}}$	⇐	$T_{i0}=\gamma_{Q1}T_i$ $T_i=(\sum\sigma_{Ei})s_x s_y$

A——筋带截面的有效净截面积（mm^2）；γ_f——筋带材料抗拉性能的分项系数，各类筋带均取 1.25；

f_k——筋带材料强度标准值（MPa）；　γ_{R2}——拉筋材料抗拉计算调节系数。

筋带材料强度标准值f_k及抗拉计算调节系数γ_{R2}

材料类型	Q235 扁钢带	Ⅰ级钢筋混凝土板带	钢塑复合带	土工格栅
f_k（MPa）	240	240	试验断裂拉力	试验断裂拉力
γ_{R2}	1.0	1.05	1.55～2.0	1.8～2.5

注：1. 土工合成材料筋带的γ_{R2}，在施工条件差、材料蠕变大时，取大值；材料蠕变小或施工荷载验算时，可取较小值；

2. 当为钢筋混凝土带时，受拉钢筋的含筋率应小于 2.0%

筋带截面的有效净截面面积A应按下列规定计算：

①**扁钢带**，设计厚度为扣除预留腐蚀厚度并扣除螺栓孔后的计算净截面积。

②**钢筋混凝土带**，不计混凝土的抗拉强度，钢筋有效净面积为扣除钢筋直径预留腐蚀量后的主钢筋截面积的总和

（4）加筋土挡土墙的拉筋长度计算和构造要求应符合表 5-20-21 的规定。

拉筋长度计算　　　　表 5-20-21

（1）拉筋总长度L：

$$L=L_a+L_{\alpha i}$$

（2）非锚固段长度L_a：

$$L_a=\begin{cases}0.3H & z_i\leqslant H_1\\ \dfrac{H-z_i}{\tan\left(45^\circ+\dfrac{\varphi}{2}\right)} & z_i>H_1\end{cases}$$

$$H_1=H-0.3H\tan\left(45^\circ+\frac{\varphi}{2}\right);\ H_2=0.3H\tan\left(45^\circ+\frac{\varphi}{2}\right)$$

（3）锚固段长度$L_{\alpha i}$：

$$L_{\alpha i}=\frac{T_{pi}}{2f'\sigma_i b_i}\geqslant\frac{\gamma_{R1}\gamma_0 T_{i0}}{2f'\sigma_i b_i}$$

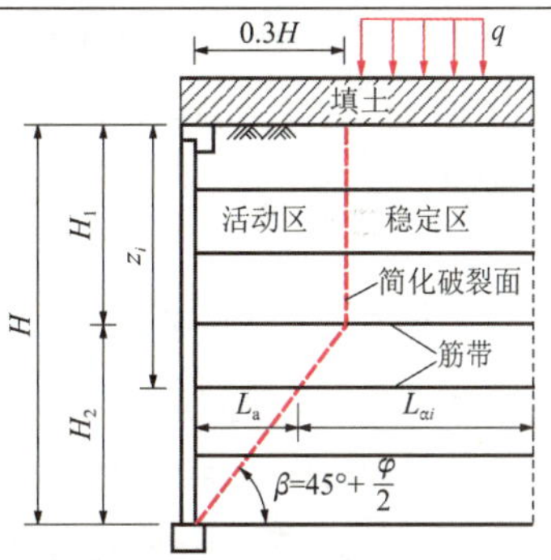

（4）《公路路基设计规范》第 5.4.10 条构造要求：有面板加筋土土墙在满足抗拔稳定条件下，拉筋长度L应符合下列规定：

①墙高大于 3.0m 时，拉筋长度不应小于 0.8 倍墙高，且不小于 5m。当采用不等长的拉筋时，同长度拉筋的墙段高度不应小于 3.0m。相邻不等长拉筋的长度差不宜小于 1.0m。

②墙高小于 3.0m 时，拉筋长度不应小于 3.0m，且应采用等长拉筋。

③采用预制钢筋混凝土带时，每节长度不宜大于 2.0m

（5）加筋土挡土墙的水平回折反包长度计算应符合表 5-20-22 的规定。

水平回折反包长度　　　　表 5-20-22

<table>
<tr><td>（1）无面板加筋土挡土墙反包式土工格栅筋材应采用统一的水平回折反包长度，其长度应大于下式计算值，且不宜小于 2m。坡面保护应采用抗老化的筋材
$L_0=\dfrac{D\sigma_{hi}}{2(c+\gamma h_i\tan\delta)}\geqslant 2$</td><td rowspan="2">$L_0$——计算拉筋层的水平回折包裹长度（m）；
D——拉筋的上、下层间距（m）；
σ_{hi}——水平土压应力（kPa）；
c——拉筋与填料之间的黏聚力（kPa）；
γ——加筋体的填料重度（kN/m^3）；
δ——拉筋与填料之间的内摩擦角（°），填料为砂类土时取（0.5～0.8）φ；
h_i——墙顶（路肩挡土墙包括墙顶以上填土高度）距第i层墙面板中心的高度（m）</td></tr>
<tr><td>（2）拉筋总长度
L：$L=L_0+L_a+L_{\alpha i}$</td></tr>
</table>

题 5-172　如图 5-20-6 所示，某高速公路工程支挡结构采用加筋土挡墙。复合土工带拉筋间的水平间距与垂直间距均为 0.6m，土工带宽 10cm。填料重度 $18kN/m^3$，综合内摩擦角 32°。拉筋与填料间的摩擦系数为 0.26，加筋体上坡面填土换算等代均布土厚度为 2.0m。荷载组合为Ⅲ类，根据现行《公路路基设计规范》，按照内部稳定性验算深度 6m 处的最短拉筋长度为多少？若采用Ⅰ级钢筋混凝土板带，则其截面积应为多少？

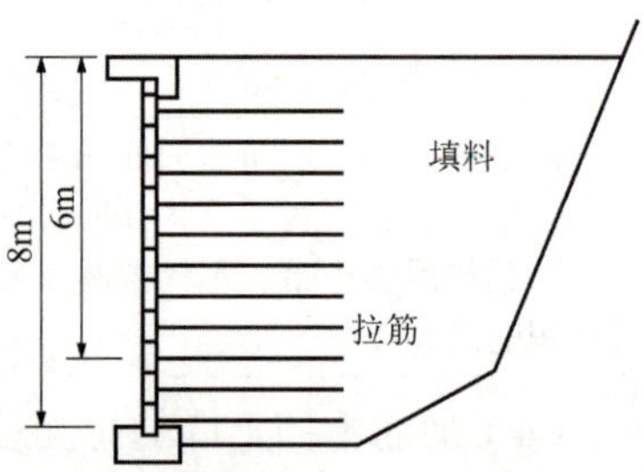

图 5-20-6　题 5-172 图

【解】

（1）$H_2=0.3\times8\times\tan\left(45°+\dfrac{32°}{2}\right)=4.33m$

$H_1=H-H_2=8-4.33=3.67m$

非锚固长度$L_0=2\times\tan\left(45°-\dfrac{32°}{2}\right)=1.1m$

（2）$K_i=K_a=\tan^2\left(45°-\dfrac{32°}{2}\right)=0.31$

$z_i=$ 6m 处：$\sum\sigma_{Ei}=\sigma_{zi}+\sigma_{ai}+\sigma_{bi}=(18\times6+18\times2)\times0.31=44.64kPa$

$T_i=(\sum\sigma_{Ei})s_xs_y=44.64\times0.6^2=16.0kN$

主动土压力分项系数，对结构稳定不利，土压力分项系数$\gamma_{Q1}=1.30$

$T_{i0}=\gamma_{Q1}T_i=1.3\times16=20.8kN$

（3）高速公路，墙高> 5m，结构重要性系数$\gamma_0=1.05$

荷载组合为Ⅲ类，筋带抗拔力计算调节系数$\gamma_{R1}=1.30$

有效锚固长度：$L_{ai}=\dfrac{\gamma_0\gamma_{Q1}\gamma_{R1}T_i}{2f'\sigma_ib_i}=\dfrac{1.05\times1.30\times1.30\times16}{2\times0.26\times(18\times6+18\times2)\times0.1}=3.8m$

拉筋总长度：$L=L_{ai}+L_0=3.8+1.1=4.9m$

根据构造要求，墙高大于 3.0m 时，拉筋最小长度宜大于 0.8 倍墙高，且不小于 5m，故本题拉筋长度应选取 $0.8H=6.4m$。

（4）对Ⅰ级钢筋混凝土板带，$f_k=240MPa=240N/mm^2$，$\gamma_{R2}=1.05$

$A\geqslant1000\gamma_f\gamma_{R2}\gamma_0T_{i0}/f_k=\dfrac{1000\times1.25\times1.05\times1.05\times20.8}{240}=119mm^2$

【点评】

①根据《公路路基设计规范》附录 H.0.7，注意结构重要性系数和分项系数，非重点，一般不会考，了解即可；②根据简化破裂面图，利用三角形相似关系计算非锚固长度，根据筋带承受的水平拉力、筋带和土体的摩擦力计算锚固段的长度。

题 5-173 如图 5-20-7 所示，某高速公路工程支持结构采用加筋土挡墙。复合土工带拉筋间的水平间距与垂直间距分别为 0.8m 和 0.4m，土工带宽 10cm。填料重度 18kN/m，综合内摩擦角 32°。拉筋与填料间的似摩擦系数为 0.26，加筋体上坡面填土换算等代均布土厚度为 2.0m。荷载组合为Ⅲ类，根据《公路路基设计规范》JTG D30—2015，按照内部稳定性验算深度 6m 处的最短拉筋长度为多少？

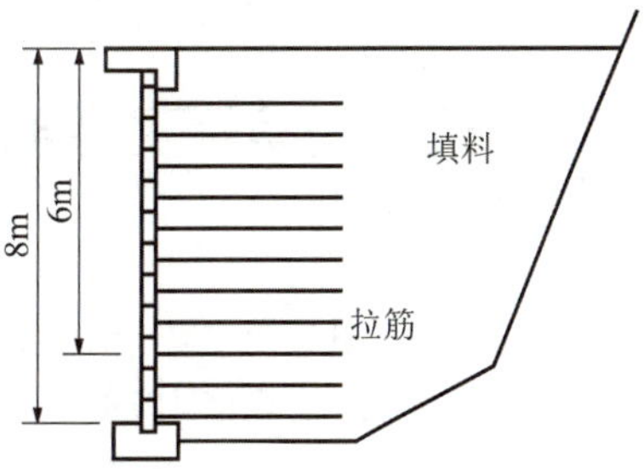

图 5-20-7 题 5-173 图

【解】

（1）计算非锚固长度：$b_{\mathrm{H}} = 0.3H = 0.3\times 8 = 2.4\mathrm{m}$

$$H_2 = 2.4\times\tan\left(45^\circ + \frac{30^\circ}{2}\right) = 4.33\mathrm{m},$$

$$H_1 = 8 - 4.33 = 3.67\mathrm{m}$$

$$L_0 = \frac{2b_H}{H_2} = \frac{2\times 2.4}{4.33} = 1.11\mathrm{m}$$

（2）计算有效锚固长度：

$z_i = 6\mathrm{m}$，取$K_i = K_{\mathrm{a}} = \tan^2\left(45^\circ - \frac{32^\circ}{2}\right) = 0.31$

6m 处：$\sum\sigma_{\mathrm{E}i} = \sigma_{\mathrm{z}1} + \sigma_{\mathrm{z}2} + \sigma_{\mathrm{z}3} = (18\times 6 + 18\times 2)\times 0.31 = 44.64\mathrm{kPa}$

$T_i = \left(\sum\sigma_{\mathrm{E}i}\right)s_x s_y = 44.64\times 0.8\times 0.4 = 14.28\mathrm{kN}$

高速公路，墙高> 5m，查表取$\gamma_0 = 1.05$

荷载组合为Ⅲ类，查表取$\gamma_{\mathrm{R}1} = 1.3$，主动土压力分项系数，查表取$\gamma_{\mathrm{Q}1} = 1.30$

锚固长度：$L_{\mathrm{a}i} = \dfrac{\gamma_0\gamma_{\mathrm{R}1}\gamma_{\mathrm{Q}1}T_i}{2f'\sigma_i\sigma_j} = \dfrac{1.05\times 1.30\times 1.30\times 14.28}{2\times 0.26\times(18\times 6 + 18\times 2)\times 0.1} = 3.38\mathrm{m}$

（3）拉筋总长度：$L = L_{\mathrm{a}i} + L_0 = 3.38 + 1.11 = 4.49\mathrm{m}$

（4）根据构造要求，墙高大于 3.0m 时，拉筋最小长度宜大于 0.8 倍墙高，且不小于 5m，故本题拉筋长度应选取 $0.8H = 6.4\mathrm{m}$。

【点评】

根据《公路路基设计规范》第 5.4.10 条、附录 H.0.7，注意计算土压力与《建筑边坡工程设计规范》的区别，非重点，一般不会考，有富余时间再研究。

题 5-174 （14D20）某公路路基，拟采用土工格栅加筋土挡墙的支挡结构，高 10m，土工格栅拉筋的上下层间距为 1.0m，拉筋与填料间的黏聚力为 5kPa，拉筋与填料之间的内摩擦角为 15°，重度为 21kN/m^3。经计算，6m 深度处的水平土压应力为 75kPa，根据《公路路基设计规范》JTG D30—2015，深度 6m 处的拉筋水平回折包裹长度的计算值最接近下列哪个选项？

（A）1.0m　　（B）1.5m　　（C）2.0m　　（D）2.5m

【解】

$$l_0 = \frac{D\sigma_{\mathrm{h}i}}{2(c + \gamma h_i\tan\delta)} = \frac{1\times 75}{2\times(5 + 21\times 6\times\tan 15^\circ)} = 0.97\mathrm{m}$$

【点评】

①根据《公路路基设计规范》第 5.4.11 条；②虽为偏僻规范，原理为水平抗拔力=黏聚力+摩擦力，上下接触面都有需要 ×2；③**题目要求的是计算值**，取 1.0m，若求最适宜的包裹长度（即设计值），则应选 2.0m，本题对这个计算值也有争议选 C，出题人在玩文字游戏；④原真题为 2006 版《铁路路基支挡结构设计规范》对应题目，2019 版规范删除了此条文，故题目改编成了依据《公路路基设计规范》。

3. 锚定板挡土墙

锚定板挡土墙相关计算应符合表 5-20-23 的规定。

锚定板挡土墙相关计算　　表 5-20-23

<table>
<tr><td colspan="2">（1）作用于锚定板挡土墙挡土板或墙面板上的恒载土压力按图分布，其水平土压应力按下式计算：
$$\sigma_H = \frac{1.33E_x}{H}\beta$$
式中：σ_H——恒载作用下墙底的水平土压应力（kPa）；
E_x——按库仑理论计算的单位墙长上墙后主动土压力的水平分力（kN/m）；
H——墙高（m）（当为分级墙时，为上、下级墙高之和）；
β——土压力增大系数，取 1.2～1.4；车辆荷载产生的土压力不计增大系数</td><td>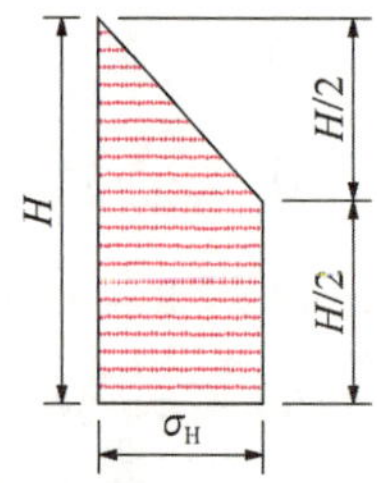</td></tr>
<tr><td>（2）未计锈蚀留量的单根钢拉杆计算直径按下式计算：
$$d \geqslant 20\sqrt{\frac{10\gamma_0\gamma_{Q1}N_p}{\pi f_{sd}}}$$</td><td colspan="2">d——单根钢拉杆的直径（mm）；
N_p——拉杆的轴向拉力（kN）；
f_{sd}——钢筋的强度设计值（MPa）；
γ_0——结构重要性系数，应符合表 1 的规定；
γ_{Q1}——主动土压力荷载分项系数，应符合表 2 的规定</td></tr>
</table>

结构重要性系数γ_0

墙高（m）	高速公路、一级公路	二级及二级以下公路
≤5.0	1.0	0.95
>5.0	1.05	1.0

承载能力极限状态作用（或荷载）分项系数γ_{Q1}

情况	荷载增大对挡土墙结构起有利作用时		荷载增大对挡土墙结构起不利作用时	
组合	Ⅰ、Ⅱ	Ⅲ	Ⅰ、Ⅱ	Ⅲ
γ_{Q1}	1.0	0.95	1.4	1.3

题 5-175　某公路采用锚定板挡土墙支护，墙高 9m，已知墙背主动土压力水平分力$E_x = 240$kN/m，土压力增大系数取$\beta = 1.3$，按《公路路基设计规范》JTG D30—2015，计算自墙顶算起 4m 处的水平土压应力σ_H。

【解】

（1）$\sigma_H = \frac{1.33E_x}{H}\beta = \frac{1.33 \times 240}{9} \times 1.3 = 46.1\text{kPa}$

（2）4m 处，位于线性变化段，利用三角形相似比相等得

$$\sigma_H = \frac{4}{4.5} \times 46.1 = 40.98\text{kPa}$$

【点评】

根据《公路路基设计规范》附录 H.0.6，锚定板挡土墙对总的土压力进行增大，然后根据规范图 H.0.6 的分布图求土压力强度。

题 5-176　某高速公路边坡采用锚定板挡土墙支护，墙高 6m，已知单根拉杆受到的轴向拉力为 100kN，荷载组合为Ⅲ类，对挡土结构不利，拉杆采用 HRB335 钢筋（$f_{sd}=300\text{N/mm}^2$），试根据《公路路基设计规范》JTG D30—2015 计算拉杆直径。

【解】

（1）高速公路，墙高大于 5m，$\gamma_0=1.05$，荷载组合为Ⅲ类，对挡土结构不利，$\gamma_{Q1}=1.3$

（2）$d \geqslant 20\sqrt{\dfrac{10\gamma_0\gamma_{Q1}N_p}{\pi f_{sd}}}=20\sqrt{\dfrac{10\times1.05\times1.3\times100}{3.14\times300}}=24\text{mm}$

【点评】

根据《公路路基设计规范》附录 H.0.6。

20.2.2 预应力锚杆——《公路路基设计规范》第 5.5 节

预应力锚杆应按表 5-20-24 进行设计计算。

预应力锚杆设计　　表 5-20-24

（1）锚固力：

$$P_d=\frac{E}{[\sin(\alpha+\beta)\tan\varphi+\cos(\alpha+\beta)]}$$

式中：P_d——锚杆设计锚固力（kN）；

E——边坡下滑力（kN）；

α——锚杆与滑动面相交处滑动面倾角（°）；

β——锚杆与水平面的夹角（°）；

φ——滑动面内摩擦角（°）

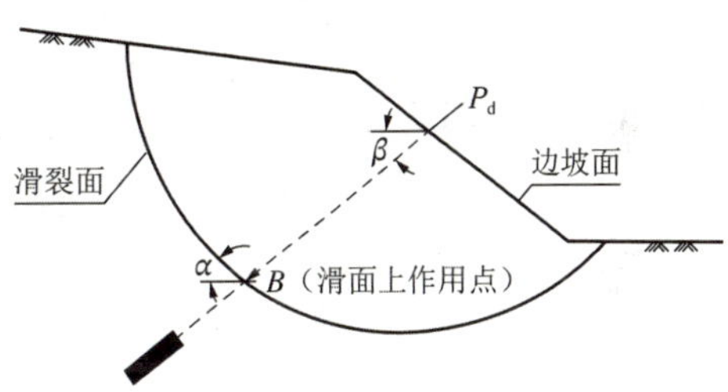

（2）抗拉验算（锚杆体截面积）：预应力锚杆体设计时，锚杆体截面积应按下式计算。锚杆预应力筋的张拉控制应力σ_{con}应符合表 1 的规定；

锚杆体截面积$A(\text{m}^2)$：$A=\dfrac{K_1P_d}{F_{ptk}}$

式中：F_{ptk}——锚杆体材料抗拉强度标准值（kPa）；

K_1——预应力筋截面设计安全系数，按表 2 选取

预应力筋的张拉控制应力σ_{con}　　表 1

锚杆类型	钢绞线	预应力螺纹钢筋
永久	$\leqslant 0.50F_{ptk}$	$\leqslant 0.70F_{ptk}$
临时	$\leqslant 0.65F_{ptk}$	$\leqslant 0.80F_{ptk}$

预应力锚杆锚固体设计安全系数　　表 2

安全系数	公路等级	安全系数	
		锚杆服务年限≤2 年（临时性锚杆）	锚杆服务年限＞2 年（永久性锚杆）
（抗拉）K_1	高速公路、一级公路	1.8	2.0
	二级及二级以下公路	1.6	1.8
（抗拔）K_2	高速公路、一级公路	1.8～2.0	2.0～2.2
	二级及二级以下公路	1.5～1.8	1.7～2.0

注：1. 当二级及二级以下公路在锚固工程附近有重点保护对象时，可按高速公路安全系数取值。

2. 土体或全风化岩中锚固体，K_2应取表中较高值

（3）抗拔验算（锚固段长度）

$$\text{锚固段长度}L_b=\max\begin{cases}L_r=\dfrac{K_2P_d}{\pi d f_{rb}}\\[2mm] L_g=\dfrac{K_2P_d}{n\pi d_g f_b}\end{cases}$$

式中：L_r——地层与注浆体间黏结长度（m）；

K_2——安全系数，按表 2 选取；

d——锚固段钻孔直径（m）；

f_{rb}——地层与注浆体间粘结强度设计值（kPa），可按表 5-20-25 和表 5-20-26 选用；

续表

锚固总长度$L=L_a+L_b+$外露段长度 **构造要求**：$3m \leqslant L_b \leqslant 10m$ 自由段长度$L_a \geqslant 5m$且**自由段伸入滑动面或潜在滑动面的长度**不小于 1.0m	L_g——注浆体与锚杆体间粘结长度（m）； d_g——锚杆体材料直径（m）； n——锚杆体根数（根）； f_b——注浆体与锚杆体间粘结强度设计值（kPa），可按表 3 选用
锚杆总长度L由锚固段长度L_b、自由段长度L_a及外露段长度组成，各部分长度确定应满足下列要求： ①在确定锚杆锚固段长度L_b时，应分别对锚杆粘结长度L_r和L_g进行计算，实际锚固段长度L_b应取L_r和L_g中的大值，且不应小于 3m，也不宜大于 10m； ②锚杆自由段长度L_a受稳定地层界面控制，在设计中应考虑**自由段伸入滑动面或潜在滑动面的长度**不小于 1.0m，且自由段长度L_a不得小于 5.0m	

钢筋、钢绞线与砂浆之间的粘结强度设计值f_b（MPa）

锚类型	水泥浆或水泥砂浆强度等级	
	M30	M35
水泥砂浆与螺纹钢筋间	2.40	2.70
水泥砂浆与钢绞线、高强钢丝间	2.95	3.40

注：1. 当采用 2 根钢筋点焊成束的做法时，粘结强度应乘以折减系数 0.85；

2. 当采用 3 根钢筋点焊成束的做法时，粘结强度应乘以折减系数 0.7

岩体与注浆体界面粘结强度设计值f_{rb}见表 5-20-25。

岩体与注浆体界面粘结强度设计值f_{rb}　　表 5-20-25

岩体类型	饱和单轴抗压强度R_c（MPa）	粘结强度f_{rb}（kPa）
极软岩	$R_c<5$	150～250
软岩	$5 \leqslant R_c<15$	250～550
较软岩	$15 \leqslant R_c<30$	550～800
较硬岩	$30 \leqslant R_c<60$	800～1200
坚硬岩	$R_c \geqslant 60$	1200～2400

注：1. 表中数据适用于注浆强度等级 M30；

2. 表中数据仅适用于初步设计，施工时应通过试验验证；

3. 岩体结构面发育时，取表中下限值。

土体与锚固体粘结强度设计值f_{rb}见表 5-20-26。

土体与锚固体粘结强度设计值f_{rb}　　表 5-20-26

土体类型	土的状态	粘结强度f_{rb}（kPa）
黏性土	坚硬	60～80
	硬塑	50～60
	软塑	30～50
砂土	松散	90～160
	稍密	160～220
	中密	220～270
	密实	270～350
碎石土	稍密	180～240
	中密	240～300
	密实	300～400

注：1. 表中数据适用于注浆强度等级 M30；

2. 表中数据仅适用于初步设计，施工时应通过试验验证。

题 5-177　某二级公路土质边坡，采用临时性预应力锚杆挡墙支护，锚杆设计锚固力为 260kN，锚固体直径为 150mm，锚杆采用 3 根热处理钢筋点焊成束，螺纹钢筋直径为 16mm，砂浆强度等级为 M35，锚固体与岩层间粘结强度为 100kPa，根据《公路路基设计规范》JTG D30—2015，计算锚杆锚固长度。

【解】

（1）二级公路、临时性锚杆，土质边坡查表取大值$K_2 = 1.8$

$$L_r = \frac{K_2 P_d}{\pi d f_{rb}} = \frac{1.8 \times 260}{3.14 \times 0.15 \times 100} = 9.94\text{m}$$

（2）砂浆强度等级为 M35，按水泥砂浆与螺纹钢筋查得：$f_b = 2.7\text{MPa}$

采用 3 根钢筋点焊成束，粘结强度应乘折减系数 0.7

$$L_g = \frac{K_2 P_d}{n\pi d_g f_b} = \frac{1.8 \times 260}{3 \times 3.14 \times 0.016 \times (0.7 \times 2700)} = 1.64\text{m}$$

（3）取大值$L = 9.94\text{m}$，满足构造要求，不应小于 3m，也不宜大于 10m

【点评】

①根据《公路路基设计规范》第 5.5.6 条；②长度最终取值既要进行计算值的对比，又要满足构造要求。

20.2.3 抗滑桩（板桩式挡墙）——《公路路基设计规范》第 5.7 节

抗滑桩（板桩式挡墙）设计应符合表 5-20-27 的规定。

抗滑桩（板桩式挡墙）设计　　　　**表 5-20-27**

<table>
<tr><td colspan="2">
1. 抗滑桩结构计算应符合下列要求：
（1）作用于抗滑桩的外力包括滑坡推力、地震作用、桩前滑体抗力和锚固段地层的抗力。桩侧摩阻力和黏聚力以及桩身重力和桩底反力可不计算。滑坡推力应按《公路路基设计规范》第 7.2 节的规定采用传递系数法（显式解）计算确定。
（2）桩前抗力可按桩前滑体处于极限平衡时的滑坡推力或桩前被动土压力确定，设计时选用其中小值。
（3）抗滑桩上滑坡推力图形应根据滑体的性质和厚度等因素确定，可采用矩形分布或梯形分布；当滑体为极松散的土体时，可采用三角形分布。
（4）桩底支承宜选用自由端，嵌入岩石较深时可选用自由端或铰支。
（5）抗滑桩锚固段长度应满足桩侧最大压应力不大于地基横向容许承载力的要求
</td></tr>
<tr><td>
2. 桩侧地基的横向容许承载力$[\sigma_H]$可根据不同的地质和地形条件按以下方法计算
（1）地层为岩层
$$[\sigma_H] = K_H \eta R_c$$
</td><td>
σ_H——地基的横向容许承载力（kPa）；
K_H——水平向换算系数，取 0.5～1.0；
η——折减系数，取 0.30～0.45；
R_c——岩石天然单轴抗压极限强度（kPa）
</td></tr>
<tr><td>
（2）地层为土层或风化成土、砂砾状岩层
①当地面无横坡或横坡较小时，地基y点的横向容许承载力：
$$\sigma_H = \frac{4}{\cos\varphi}[(\gamma_1 h_1 + \gamma_2 y)\tan\varphi + c]$$
②当地面横坡i较大且$i \leqslant \varphi_0$时，地基y点的横向容许承载力：
$$\sigma_H = 4(\gamma_1 h_1 + \gamma_2 y)\frac{\cos^2 i\sqrt{\cos^2 i - \cos^2 \varphi_0}}{\cos^2 \varphi_0}$$
</td><td>
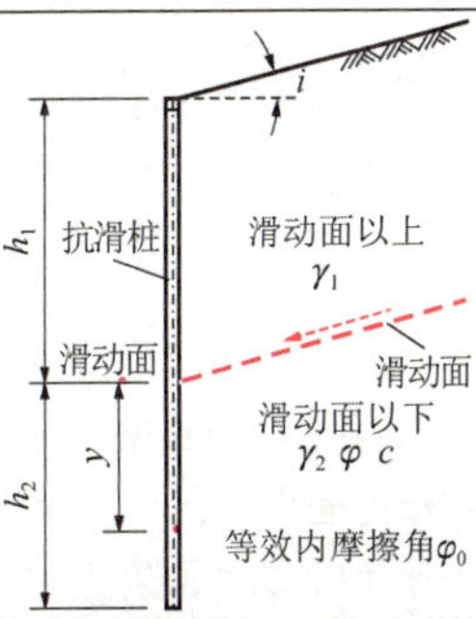

</td></tr>
<tr><td>
γ_1——滑动面以上土体的重度（kN/m³）；
φ——滑坡面下土体的内摩擦角（°）；
h_1——设桩处滑动面至地面的距离（m）；
φ_0——滑动面以下土体的等效内摩擦角（°）
</td><td>
γ_2——滑动面以下土体的重度（kN/m³）；
c——滑动面以下土体的黏聚力 kPa；
y——滑动面至计算点的距离（m）；
</td></tr>
</table>

20.3 特殊路基

本节主要涉及特殊土和特殊地质，可在第二轮复习时再学习本节内容。

20.3.1 滑坡地段路基滑坡稳定性分析——《公路路基设计规范》第 7.2 节

滑坡地段路基滑坡稳定性分析应符合表 5-20-28 的规定。

滑坡地段路基滑坡稳定性分析 表 5-20-28

边坡稳定性计算应考虑以下三种工况

正常工况	边坡处天然状态下的工况
非正常工况Ⅰ	边坡处于暴雨或连续降雨状态下的工况
非正常工况Ⅱ	边坡处于地震等荷载作用状态下的工况

滑坡稳定系数不得小于下表所列稳定安全系数值；

对非正常工况Ⅱ，路堑边坡稳定性分析方法及稳定安全系数应符合现行《公路工程抗震规范》的规定（见第 9 篇第 3 章）

滑坡稳定安全系数F_{st}

分析工况	滑坡稳定安全系数F_{st}		
	高速公路、一级公路	二级公路	三、四级公路
正常工况	1.20～1.30	1.15～1.20	1.10～1.15
非正常工况Ⅰ	1.10～1.20	1.10～1.15	1.05～1.10

注：1. 地质条件**简单或危害程度较轻**时，稳定安全系数可取小值；滑坡地质条件**复杂或危害程度严重**时，稳定安全系数可取大值；滑坡影响区域内有重要建筑物（桥梁、隧道、高压输电塔、油气管道等）、村庄和学校时，稳定安全系数可取大值；水库区域公路滑坡防治，周期性库水位升降变化频繁、高水位与低水位间落差大时，稳定安全系数可取大值；

2. **临时工程或抢险应急工程**，滑坡防治工程设计按照正常工况考虑，稳定安全系数可取 1.05

滑坡剩余下滑力可采用传递系数法（折线滑动显式解），按下式计算。条块作用力系如图所示，当$T_i < 0$时，应取$T_i = 0$。当滑坡体最后一个条块的剩余下滑力小于或等于 0 时，滑坡稳定；当大于 0 时，滑坡不稳定

$$T_i = F_s W_i \sin\alpha_i + \psi_i T_{i-1} - W_i \cos\alpha_i \tan\varphi_i - c_i L_i$$
$$\psi_i = \cos(\alpha_{i-1} - \alpha_i) - \sin(\alpha_{i-1} - \alpha_i)\tan\varphi_i$$

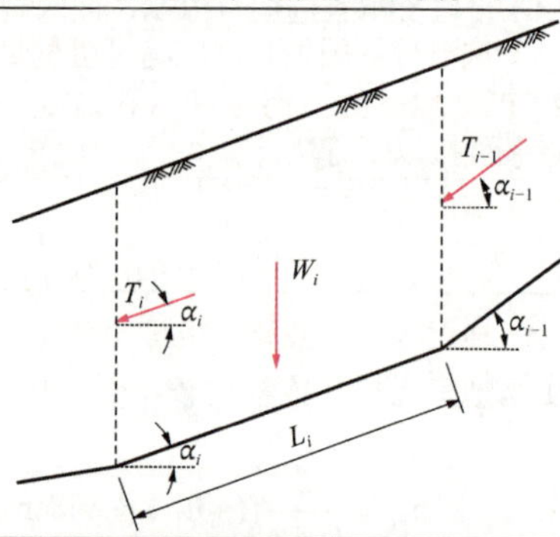

T_i、T_{i-1}——第i和第$i-1$滑块剩余下滑力（kN/m）；
W_i——第i滑块的自重力（kN/m）；
ψ_i——传递系数；
c_i——第i滑块滑面岩土黏聚力（kN/m）；
F_s——稳定安全系数；
α_i、α_{i-1}——第i和第$i-1$滑块对应滑面的倾角（°）；
φ_i——第i滑块滑面内摩擦角（°）；
L_i——第i滑块滑面长度

注：★可用F_{st}替换F_s计算滑坡推力T_n，或令$T_n = 0$反算c、φ值

注：**抗滑挡土墙**应根据**滑坡剩余下滑力和库仑土压力两者之中**的大值设计，其高度和基础埋深应防止滑体从墙顶滑出或从基底以下土层滑移的可能。

题 5-178　某二级公路经过某山区滑坡地段，根据勘察资料，滑坡体可分为 2 个块段（图 5-20-8），每个块段的重力、滑面长度、滑面倾角及滑面抗剪强度标准值分别为：$G_1 = 700$kN/m，$l_1 = 12$m，$\alpha_1 = 30°$，$\varphi_1 = 12°$，$c_1 = 10$kPa；$G_2 = 820$kN/m^3，$l_2 = 10$m，$\alpha_2 = 10°$，$\varphi_2 = 10°$，$c_2 = 12$kPa。试根据《公路路基设计规范》JTG D30—2015，按正常工况分析，计算滑坡稳定安全系数F_s，并判断该边坡的稳定性。

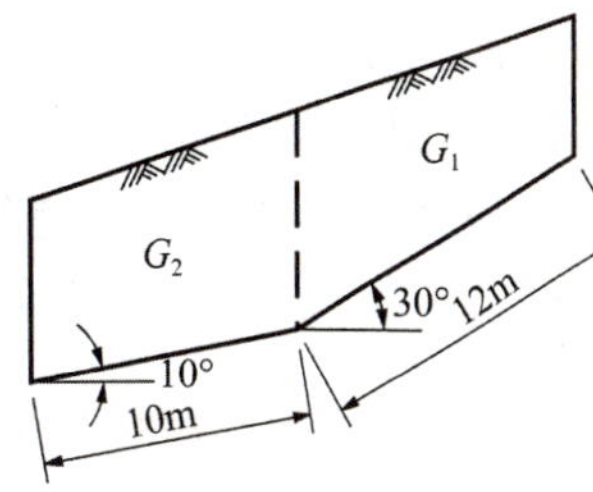

图 5-20-8　题 5-178 图

【解】

（1）$\psi_1 = \cos(30° - 10°) - \sin(30° - 10°) \times \tan 10° = 0.879$

（2）$T_1 = F_s \times 700 \times \sin 30° - 700 \times \cos 30° \times \tan 12° - 10 \times 12 = 350F_s - 248.9$

（3）$T_2 = F_s \times 820 \times \sin 10° + 0.879 \times (350F_s - 248.9) - 820 \times \cos 10° \times \tan 10° - 12 \times 10$

（4）令$T_2 = 0$，解方程得：$F_s = 1.07$

$T_1 = 350 \times 1.07 - 248.9 > 0$，满足条件

（5）查《**公路路基设计规范**》表 7.2.2，正常工况、二级公路，稳定安全系数 1.15～1.20，可知滑坡不稳定

【点评】

①根据《公路路基设计规范》第 7.2.2 条，滑坡用显式解；②令最后一个条块的剩余推力为零，解方程得到安全稳定系数F_s。

题 5-179　（14D26）某公路路堑，存在一折线形均质滑坡，计算参数如表 5-20-29 所示。若滑坡推力安全系数为 1.20，第一块滑体剩余下滑力传递到第二块滑体的传递系数为 0.85，在第三块滑体前设重力式挡墙，按《公路路基设计规范》JTG D30—2015 计算作用在该挡墙上每米的作用力最接近下列哪个选项？

题 5-179 表　　　　**表 5-20-29**

滑块编号	下滑力（kN/m）	抗滑力（kN/m）	滑面倾角（°）
①	5000	2100	35
②	6500	5100	26
③	2800	3500	26

（A）3900kN　（B）4970kN　（C）5870kN　（D）6010kN

【解法一】

（1）$\psi_i = \cos(\alpha_{i-1} - \alpha_i) - \sin(\alpha_{i-1} - \alpha_i) \tan \varphi_i$

$\psi_3 = \cos(26° - 26°) - \sin(26° - 26°) \times \tan \varphi_i = 1.00$

（2）$T_i = F_s W \sin \alpha_i + \psi_i T_{i-1} - W_i \cos \alpha_i \tan \varphi_i - c_i l_i$

$T_1 = 1.20 \times 5000 + 0 - 2100 = 3900$kN

$T_2 = 1.20 \times 6500 + 0.85 \times 3900 - 5100 = 6015$kN

$T_3 = 1.20 \times 2800 + 1.00 \times 6015 - 3500 = 5875.0$kN

【解法二】

（1）$T_1 = 1.2 \times 5000 - 2100 = 3900$kN

（2）第二和第三滑块的滑面倾角相同，故其传递系数也相同

$T_3 = 0.85 \times 3900 + 1.2 \times (6500 + 2800) - (5100 + 3500) = 5875$kN

【点评】

①根据《公路路基设计规范》第 7.2.2 条；②本题关键字是“**滑坡**”不是“**深路堑边坡**”，采用的是**显式传递系数法**，与本规范第 3.7.5 条**深路堑边坡的隐式传递系数**法不同；③第二和第三滑块的滑面倾角相同，可合并计算。

20.3.2 岩溶地区路基（溶洞距路基的安全距离）——《公路路基设计规范》第 7.6.3 条

见第八篇第四章第二节第一小节。

20.3.3 软土地区路基——《公路路基设计规范》第 7.7 节

1. 软土地区路基沉降计算

地基沉降计算应符合下列要求：

（1）对用于计算沉降的压缩层，其底面应在附加应力与有效自重应力之比不大于 0.15 处。

（2）行车荷载对沉降的影响，对于高路堤可忽略不计。

（3）主固结沉降S_c应采用分层总和法计算。

（4）总沉降S宜采用沉降系数m_s与主固结沉降按下式计算：

$$S = m_s S_c$$

式中：m_s——沉降系数，与地基条件、荷载强度、加荷速率等因素有关；其范围值为 1.1～1.7，应根据现场沉降监测资料确定，也可按下式估算：

$$m_s = 0.123\gamma^{0.7}(\theta H^{0.2} + \nu H) + Y$$

式中：θ——地基处理类型系数，地基用塑料排水板处理时取 0.95～1.1，用粉体搅拌桩处理时取 0.85，一般预压时取 0.90；

H——路堤中心高度（m）；

γ——填料重度（kN/m³）；

ν——加载速率修正系数，加载速率在 20～70mm/d 之间时，取 0.025；采用分期加载，速率小于 20mm/d 时取 0.005；采用快速加载，速率大于 70mm/d 时取 0.05；

Y——地质因素修正系数，满足软土层**不排水抗剪强度小于 25kPa、软土层的厚度大于 5m、硬壳层厚度小于 2.5m** 三个条件时，$Y = 0$，其他情况下可取$Y = -0.1$。

（5）**总沉降量**S也可由瞬时沉降S_d主固结沉降S_c及次固结沉降S_s之和计算，即：

$$S = S_d + S_c + S_s$$

（6）**任意时刻地基的沉降量**，考虑主固结随时间的变化过程，按下式计算：

$$S_t = (m_s - 1 + U_t)S_c$$

式中：U_t——地基平均固结度。

路基工后沉降应符合表 5-20-30 的要求。当不满足表 5-20-30 的要求时，应针对沉降进行处治设计。

容许工后沉降（m） 表 5-20-30

公路等级	工程位置		
	桥台与路堤相邻处	涵洞、箱涵、通道处	一般路段
高速公路、一级公路	⩽ 0.10	⩽ 0.20	⩽ 0.30
作为干线公路的二级公路	⩽ 0.20	⩽ 0.30	⩽ 0.50

注：瞬时沉降是在荷载施加后立即发生的那部分沉降量，它是由剪切变形引起的。相对于土层厚度，

建筑物的荷载面积一般都是有限的，当荷载加上后，地基中就会产生剪切变形。固结沉降指的是那部分主要由于主固结而引起的沉降量，在主固结过程中，沉降速率是由水从孔隙中排出的速率所控制的，而次固结沉降是土骨架在持续荷载下发生蠕变所引起的。次固结大小和土的性质有关。泥炭土、有机质土或高塑性黏土土层，次固结沉降占很可观的部例，而其他土则所占比例不大。

题 5-180 （19D05）某软土层厚度 4m，在其上用一般预压法修筑高度为 5m 的路堤，路堤填料重度 $18kN/m^3$，以 18mm/d 的平均速率分期加载填料，按照《公路路基设计规范》JTG D30—2015，采用分层总和法计算的软土层主固结沉降为 30cm，则采用沉降系数法估算软土层的总沉降最接近下列何值？

（A）30.7cm （B）32.4cm （C）34.2cm （D）41.6cm

【解】

（1）加载速率 < 20mm/d，$v = 0.005$；软土层厚 4m < 5m，取 $Y = -0.1$

一般预压 θ 取 0.90

（2）$m_s = 0.123\gamma^{0.7}(\theta H^{0.2} + vH) + Y = 0.123 \times 18^{0.7} \times (0.9 \times 5^{0.2} + 0.005 \times 5) - 0.1$
$= 1.078$

（3）$S = m_s S_c = 1.078 \times 30 = 32.34cm$

【点评】

①根据《公路路基设计规范》第 7.7.2 条；②沉降系数 $m_s = ($瞬时沉降 S_d + 固结沉降 S_c + 次固结沉降 $S_s)/S_c$，与地基条件、载荷强度、加荷速率等因素有关，依规范得到 5 个相关参数后计算 m_s。

题 5-181 （14D15）某公路路堤位于软土地区，路基中心高度为 3.5m，路基填料重度为 $20kN/m^3$，填土速率约为 0.04m/d。路线地表下 0～2.0m 为硬塑黏土，2.0～8.0m 为流塑状态软土，软土不排水抗剪强度为 18kPa，路基地基采用常规预压方法处理，用分层总和法计算的地基主固结沉降量为 20cm。如公路通车时软土固结度达到 70%，根据《公路路基设计规范》JTG D30—2015，则此时的地基沉降量最接近下列哪个选项？

（A）14cm （B）17cm （C）19cm （D）20cm

【解】

（1）$H = 3.5m$，$\gamma = 20kN/m^3$，常规预压，取 $\theta = 0.9$

加载速率为 0.04m/d = 40mm/d，在 20～70mm/d 之间时，取 $\nu = 0.025$

满足不排水抗剪强度 18kPa < 25kPa，软土层厚度 8 − 2 = 6m > 5m，硬壳层厚度 2m < 2.5m 3 个条件，$Y = 0$

（2）$m_s = 0.123\gamma^{0.7}(\theta H^{0.2} + vH) + Y = 0.123 \times 20^{0.7} \times (0.9 \times 3.5^{0.2} + 0.025 \times 3.5) + 0$
$= 1.246$

（3）$S_t = (m_s - 1 + U_t)S_c = (1.246 - 1 + 0.7) \times 20 = 18.92cm$

【点评】

①根据《公路路基设计规范》第 7.7.2 条；②沉降系数 $m_s = ($瞬时沉降 S_d + 固结沉降 S_c + 次固结沉降 $S_s)/S_c$，与地基条件、载荷强度、加荷速率等因素有关，范围值为 1.1～1.7，依规范得到 5 个相关参数后计算 m_s；③由于任意时刻的沉降 $S_t = S_d + U_t S_c + S_s$ 带入 $m_s S_c - S_c = S_d + S_s$，得 $S_t = m_s S_c - S_c + U_t S_c = (m_s - 1 + U_t)S_c$。

2. 地基稳定性

地基稳定性计算应符合下列要求：

（1）软土地基路堤的稳定验算可采用瑞典圆弧滑动法中的有效固结应力法或改进总强度法，有条件时也可采用简化 Bishop 法或 Janbu 法。

（2）验算时应按施工期和营运期的荷载分别计算稳定系数。施工期的荷载只考虑路堤自重，营运期的荷载应包括路堤自重、路面的增重及行车荷载。

稳定安全系数容许值按表 5-20-31 取值。

稳定安全系数容许值 **表 5-20-31**

<table>
<tr><th rowspan="2">指标</th><th colspan="2">固结应力法</th><th colspan="2">改进总强度法</th><th rowspan="2">简化 Bishop 法、Janbu 法</th></tr>
<tr><th>不考虑固结</th><th>考虑固结</th><th>不考虑固结</th><th>考虑固结</th></tr>
<tr><td>直接快剪指标</td><td>1.1</td><td>1.2</td><td>—</td><td>—</td><td>—</td></tr>
<tr><td>静力触探、十字板剪指标</td><td>—</td><td>—</td><td>1.2</td><td>1.3</td><td>—</td></tr>
<tr><td>三轴有效剪切指标</td><td>—</td><td>—</td><td>—</td><td>—</td><td>1.4</td></tr>
</table>

注：当需要考虑地震作用时，表列稳定安全系数减少 0.1。

3. 软土地区路基地基处理

软土地区路基地基处理的相关计算应该符合表 5-20-32 的规定。

软土地区路基地基处理 **表 5-20-32**

<table>
<tr><td>复合地基抗剪强度</td><td>粒料桩、加固土桩、CFG 桩、强夯置换法复合地基的路堤整体抗剪稳定系数计算时，复合地基内滑动面上的抗剪强度可采用复合地基抗剪强度τ_{ps}，并按下式计算：
$\tau_{ps}=\eta\tau_p+(1-\eta)\tau_s$</td><td rowspan="2">$\eta$——桩土面积置换率；
τ_p——桩体抗剪强度（kPa）；
τ_s——地基土抗剪强度（kPa）；
μ_s——桩间土应力折减系数；
n——桩土应力比，宜经试验工程确定；无资料时，n可取 2～5；当桩底土质好，桩间土质差时取高值，否则取低值；
S——桩长深度内原地基的沉降</td></tr>
<tr><td>桩长深度内地基沉降</td><td>粒料桩、CFG 桩桩长深度内复合地基的沉降S_z应按下式计算：
$S_z=\mu_s S\Leftarrow\mu_s=\dfrac{1}{1+\eta(n-1)}$</td></tr>
<tr><td rowspan="2">加固土桩复合地基的沉降量</td><td colspan="2">加固土桩复合地基的沉降量应按复合地基加固区的沉降量S_1和加固区下卧层的沉降量S_2两部分来计算。加固区的沉降量S_1宜采用复合压缩模量法计算；下卧层的沉降量S_2可按现行《建筑地基基础设计规范》的有关规定计算，复合压缩模量E_{ps}应按下式计算</td></tr>
<tr><td>$E_{ps}=\eta E_p+(1-\eta)E_s$</td><td>$E_p$——桩体压缩模量（MPa）；
E_s——土体压缩模量（MPa）</td></tr>
<tr><td>强夯法有效加固深度</td><td>$d=\alpha\sqrt{mh}$</td><td>m——夯锤质量（t）；
h——夯锤落距（m）；
α——修正系数，其值范围为 0.34～0.80</td></tr>
<tr><td>强夯置换法深度内地基沉降</td><td>$S_z=\mu_s S\Leftarrow\mu_s=\dfrac{1}{1+\eta(n-1)}$</td><td>$n$——桩土应力比，宜经试验工程确定；
无资料时，黏性土地基可取 2～4，粉土和砂土地基可取 1.5～3</td></tr>
</table>

题 5-182　某公路路基采用振冲粒料桩处理，桩料为砂砾，桩径为 0.6m，等边三角形布桩，桩距 1.5m，桩底土质好，桩间土质差。用分层总和法计算的桩长深度内原地基沉降量为 12cm，试根据《公路路基设计规范》计算处理后桩长深度内地基的沉降？

【解】

（1）等边三角形布桩：

$$\eta = 0.907\left(\frac{D}{B}\right)^2 = 0.907 \times \left(\frac{0.6}{1.5}\right)^2 = 0.145$$

（2）桩底土质好，桩间土质差，取高值$n = 5$

$$\mu_s = \frac{1}{1+(n-1)\eta} = \frac{1}{1+(5-1)\times 0.145} = 0.63$$

（3）$S_z = \mu_s S = 0.63 \times 12 = 7.56\text{cm}$

【点评】

根据《公路路基设计规范》第 7.7.7 条。

题 5-183　某公路路基采用搅拌桩处理，桩径为 0.5m，正方形布桩，桩距 1.0m，桩长 10m，已知地基土压缩模量$E_s = 3\text{MPa}$，搅拌桩的压缩模量$E_p = 200\text{MPa}$。试根据《公路路基设计规范》，求复合地基压缩模量。

【解】

（1）正方形布桩，$\eta = 0.785\left(\frac{D}{B}\right)^2 = 0.785 \times \left(\frac{0.5}{1.0}\right)^2 = 0.196$

（2）$E_{ps} = \eta E_p + (1-\eta)E_s = 0.196 \times 200 + (1-0.196) \times 3 = 41.6\text{MPa}$

【点评】

①根据《公路路基设计规范》第 7.7.8 条；②面积置换率与地基处理部分相同。

20.3.4 红黏土与高液限土地区路基——《公路路基设计规范》第 7.8 节

红黏土的复浸水特性分类见表 5-20-33。

红黏土的复浸水特性分类　　表 5-20-33

类别	I_r与I_r'的关系	复浸水特征
Ⅰ	$I_r \geqslant I_r'$	收缩后复浸水膨胀，能恢复到原位
Ⅱ	$I_r < I_r'$	收缩后复浸水膨胀，不能恢复到原位
$I_r = \frac{w_L}{w_P}$，$I_r' = 1.4 + 0.0066w_L$，w_L取百分数，如：45%，取 45 代入 注：完全同《岩土工程勘察规范》		I_r——液塑比； I_r'——界限液塑比； w_L——液限（%）； w_p——塑限（%）

20.3.5 膨胀土地区路基——《公路路基设计规范》第 7.9 节、《公路工程地质勘察规范》第 8.3 节

1. 公路膨胀土地基变形量计算和地基等级分类

公路膨胀土地基变形量计算和地基等级分类见表 5-20-34。

公路膨胀土地基变形量计算和地基等级分类　　表 5-20-34

<table>
<tr><td colspan="3">挡土墙等构造物基础、低路堤基底为膨胀土地基时，可按下式对膨胀土地基变形量进行计算</td></tr>
<tr><td>基于固结试验的膨胀土地基变形量</td><td>$\rho=\sum_{i=1}^{n}\frac{C_s z_i}{(1+e_0)_i}\lg\left(\frac{\sigma'_f}{\sigma'_{sc}}\right)_i$</td><td rowspan="2">$\rho$——地基变形量（mm）；
e_0——初始孔隙比；
C_s——膨胀指数；
σ'_{sc}——由恒体积试验中校正的膨胀压力（kPa）；
σ'_f——最后有效应力（kPa）；
z_i——第i层土的初始厚度（mm）；
C_w——非饱和膨胀土体积收缩指数；
Δe_i——第i层土的孔隙比的变化；
Δw_i——第i层土的含水率变化</td></tr>
<tr><td>基于收缩试验的膨胀土地基变形量</td><td>$\rho=\sum_{i=1}^{n}\Delta z_i=\sum_{i=1}^{n}\frac{C_w\Delta w_i}{(1+e_0)_i}z_i$
$C_w=\frac{\Delta e_i}{\Delta w_i}$</td></tr>
<tr><td colspan="3">膨胀土地基设计应以变形量作为分类指标，按规划表进行分类，确定膨胀土地基处理措施和处理深度</td></tr>
</table>

膨胀土地基分类

膨胀土地基分类等级	膨胀土地基变形量ρ（mm）	地基处理措施
Ⅰ	$\rho\geqslant 200$	小型构造物宜采用深基础。路堤高度小于 1.5m 时，地基置换非膨胀土或无机结合料处治土，其深度不宜小于 2.0m
Ⅱ	$100\leqslant\rho<200$	小型构造物可采用浅基础。基础埋深不宜小于 1.5m，并采取保湿措施。路堤高度小于 1.5m 时，地基置换非膨胀土或无机结合料处治土，其深度不宜小于 1.5m
Ⅲ	$40\leqslant\rho<100$	小型构造物可采用浅基础。基础埋深不宜小于 1.0m，并采取保湿措施。路堤高度小于 1.5m 时地基置换非膨胀土或无机结合料处治土，其深度不宜小于 1.0m
Ⅳ	$15\leqslant\rho<40$	小型构造物可采用浅基础。路堤高度小于 1.5m 时，地基置换非膨胀土或无机结合料处治土，其深度不宜小于 0.5m
Ⅴ	$\rho<15$	可不处理

题 5-184 （22 补考 C20）某膨胀土地区公路路堤高度 1.4m，路基基底为膨胀土，各土层厚度及参数见表 5-20-35。当地基按收缩变形考虑、收缩变形计算深度为 4.0m 时，根据《公路路基设计规范》JTG D30—2015 规定，下列哪个选项的膨胀土地基处理方案最合理？

题 5-184 表　　表 5-20-35

取样深度（m）	分层土的初始厚度z_i（m）	初始孔隙比 e	分层土的含水率变化均值 Δw_i	体积收缩指数 C_w
0.5	1.0	0.853	0.0542	0.54
1.5	1.0	0.846	0.0496	0.51
2.5	1.0	0.818	0.0528	0.49
3.5	1.0	0.825	0.0586	0.48

（A）可不处理　　（B）非膨胀土换填，换填深度 0.3m

（C）掺入石灰改性处理，换填深度 0.5m　　（D）掺入水泥改性处理，换填深度 1.0m

【解】

（1）$\rho=\left(\dfrac{0.54\times0.0542}{1+0.853}\times1+\dfrac{0.51\times0.0496}{1+0.846}\times1+\dfrac{0.49\times0.0528}{1+0.818}\times1+\dfrac{0.48\times0.0586}{1+0.825}\times1\right)\times1000=59.1\text{mm}$

（2）$40\text{mm}<\rho<100\text{mm}\Rightarrow$ Ⅲ级

（3）路堤高度小于 1.5m 时，地基置换非膨胀土或无机结合料处治土，其深度不宜小于 1.0m

【点评】

①根据《公路路基设计规范》第 7.9.3 条、第 7.9.4 条；②膨胀土地基变形量可按膨胀变形或收缩变形计算，以变形量作为分类指标，根据膨胀土地基分类等级查《公路路基设计规范》表 7.9.4 确定地基处理措施。

2. 公路膨胀土分级和查表应用

（1）膨胀土按表 5-20-36 进行分级。

膨胀土分级（《公路工程地质勘察规范》第 8.3.4 条）　　表 5-20-36

分级指标	非膨胀土	弱膨胀土	中等膨胀土	强膨胀土
自由膨胀率F_s（%）	$F_s<40$	$40\leqslant F_s<60$	$60\leqslant F_s<90$	$F_s\geqslant90$
塑性指数I_P	$I_P<15$	$15\leqslant I_P<28$	$28\leqslant I_P<40$	$I_P\geqslant40$
标准吸湿含水率w_f（%）	$w_f<2.5$	$2.5\leqslant w_f<4.8$	$4.8\leqslant w_f<6.8$	$w_f\geqslant6.8$

注：标准吸湿含水率指在标准温度下（通常为 25℃）和标准相对湿度下（通常为 60%），膨胀土试样恒重后的含水率。

（2）膨胀土用作路基填料时，应以击实膨胀土的胀缩总率作为分类指标，按表 5-20-37 进行膨胀土填料分类，确定各类膨胀土的使用范围及处治措施。

膨胀土填料分类 表 5-20-37

填料等级	有荷压力下胀缩总率 e_{ps}（%）	使用范围
非膨胀土	$e_{ps} < 0.7$	可直接利用
弱膨胀土	$0.7 \leqslant e_{ps} < 2.5$	采取包边、加筋、设置垫层等物理处理措施后可用于路堤范围的填料、采用无机结合料处治后可用于路床填料
中膨胀土	$2.5 \leqslant e_{ps} < 5.0$	采用无机结合料处治后可作路基填料
强膨胀土	$e_{ps} \geqslant 5.0$	不应用作路基填料

注：1. 路堤高度大于或等于 3.0m 时，应采用 50kPa 压力下膨胀率试验计算胀缩总率；
2. 路堤高度小于 3.0m 时，应采用 25kPa 压力下膨胀率试验计算胀缩总率。

（3）弱、中膨胀土**路堤边坡**坡率应根据路堤边坡的高度、填料重塑后的性质、区域气候特点，并参照既有路基的成熟经验综合确定。边坡高度不大于 10m 的路堤边坡坡率和边坡平台宽度的设置，可按表 5-20-38 确定。

膨胀土路堤边坡坡率及平台宽度 表 5-20-38

边坡高度（m）	边坡坡率		边坡平台宽度（m）	
	胀缩等级		胀缩等级	
	弱膨胀	中等膨胀	弱膨胀	中等膨胀
< 6	1 : 1.5	1 : 1.5～1 : 1.75	可不设	
6～10	1 : 1.75	1 : 1.75～1 : 2.0	2.0	≥ 2.0

（4）膨胀土**路堤边坡**的防护类型可按表 5-20-39 确定。

膨胀土路堤边坡防护类型 表 5-20-39

边坡高度（m）	弱膨胀土	中膨胀土
≤ 6	植物	骨架植物
> 6	植被防护、骨架植物	支撑渗沟加拱形骨架植物

（5）膨胀土挖方路基设计应遵循“放缓坡率、加宽平台、加固坡脚”的原则，按表 5-20-40 确定边坡坡率及平台宽度。高度大于 10m 的边坡应结合稳定性分析计算进行设计。

膨胀土路堑边坡坡率和平台宽度 表 5-20-40

膨胀土类别	边坡高度（m）	边坡坡率	边坡平台宽度（m）	碎落台宽度（m）
弱膨胀土	< 6	1 : 1.5	—	1.0
	6～10	1 : 1.5～1 : 2.0	2.0	1.5～2.0
中等膨胀土	< 6	1 : 1.5～1 : 1.75	—	1.0～2.0
	6～10	1 : 1.75～1 : 2.0	2.0	2.0
强膨胀土	< 6	1 : 1.75～1 : 2.0	—	2.0
	6～10	1 : 2.0～1 : 2.5	≥ 2.0	≥ 2.0

（6）路堑边坡的防护加固类型可根据膨胀土性质、环境条件和边坡高度按表 5-20-41 和表 5-20-42 确定，边坡开挖后应及时防护封闭。

膨胀土路堑边坡防护措施 **表 5-20-41**

边坡高度（m）	弱膨胀土	中膨胀土
≤6	植物	骨架植物
＞6	骨架植物、植物防护、浆砌片石护坡	拱形骨架植物、支撑渗沟＋拱形骨架植物

膨胀土路堑边坡支挡措施 **表 5-20-42**

边坡高度（m）	弱膨胀土	中膨胀土	强膨胀土
≤6	不设	坡脚墙	护墙、挡土墙
＞6	护墙、挡土墙	挡土墙、抗滑桩	桩基承台挡土墙、抗滑桩、边坡锚固

题 5-185 （16C26）某高速公路通过膨胀土地段，该路段膨胀土的自由膨胀率试验成果如表 5-20-43 所示（假设可仅按自由膨胀率对膨胀土进行分级）。按设计方案，开挖后将形成高度约 8m 的永久路堑膨胀土边坡，拟采用坡率法处理，问：按《公路路基设计规范》JTG D30—2015，下列哪个选项的坡率是合理的？

题 5-185 表 **表 5-20-43**

试样编号	干土质量（g）	量筒编号	不同时间（h）体积读数（mL）					
			2	4	6	8	10	12
SY1	9.83	1	18.2	18.6	19.0	19.2	19.3	19.3
	9.87	2	18.4	18.8	19.1	19.3	19.4	19.4

注：量筒容积为 50mL，量土杯容积为 10mL。

（A）1∶1.50　　（B）1∶1.75　　（C）1∶2.25　　（D）1∶2.75

【解】

（1）两次测定的自由膨胀率：$\delta_{ef1}=\dfrac{19.3-10}{10}\times 100=93\%$，

$\delta_{ef2}=\dfrac{19.4-10}{10}\times 100=94\%$

验算最大允许差值：$94\%-93\%=1\%<8\%$，满足要求

$\delta_{ef}=\dfrac{93+94}{2}=93.5\%$，查表为强膨胀土

（2）路堑土质边坡坡高 8m，查《公路路基设计规范》表 7.9.7-1，按 1∶2.25 放坡较为合理

【点评】

①根据《膨胀土地区建筑技术规范》第 4.3.4 条、附录 D、《土工试验方法标准》第 24.1.2 条、《公路工程地质勘察规范》第 8.3.4 条、《公路路基设计规范》第 7.9.7 条；②自由膨胀率试验进行两次测定，当$\delta_{ef}<60\%$时，最大允许差值应为±5%，当$\delta_{ef}\geqslant 60\%$时，最大允许差值应为±8%，取其算术平均值；③本题不插值，直接按《公路路基设计规范》表 7.9.7-1 的范围值（1∶2.0～1∶2.5）确定 C 选项较为合理；④官方答案未验算两次测定的最大允许差值。

题 5-186 （20D19）某高速公路永久路堑膨胀土边坡高度为 5.5m，该路段膨胀土的自由膨胀率试验结果如表 5-20-44 所示，拟采用坡率法设计，试按《膨胀土地区建筑技术规范》GB 50112—2013 和《公路路基设计规范》JTG D30—2015 确定合理的碎落台宽度为下列哪个选项？

自由膨胀率试验记录表 **表 5-20-44**

试样编号	干土质量（g）	量筒编号	不同时间体积读数（mL）					
			2h	4h	6h	8h	10h	12h
SY1	8.84	1	18.2	18.6	19.0	19.2	19.3	19.3
	8.96	2	18.0	18.3	18.7	19.0	19.1	19.1
SY2	8.82	3	18.1	18.5	18.9	19.1	19.2	19.2
	8.83	4	18.3	18.7	19.0	19.3	19.4	19.4

（A）1.0m （B）1.5m （C）2.0m （D）2.5m

【解】

（1）试样 SY1：两次干土质量差 $= 8.96 - 8.84 = 0.12\text{g} > 0.1\text{g}$，不符合规范要求，舍弃

试样 SY2：$\delta_{\text{ef1}} = \dfrac{19.2 - 10}{10} = 92\%$，$\delta_{\text{ef2}} = \dfrac{19.4 - 10}{10} = 94\%$

取两次测试的平均值 $\bar{\delta}_{\text{ef}} = \dfrac{92 + 94}{2} = 93\%$，为强膨胀土

（2）边坡高度 $5.5\text{m} < 6\text{m}$，查表碎落台宽度为 2.0m

【点评】

①根据《膨胀土地区建筑技术规范》第 4.3.4 条、附录 D、《公路路基设计规范》表 7.9.7-1；②《膨胀土地区建筑技术规范》附录 D 关于自由膨胀率试验的过程中，同一试样落入量土杯中，两次质量差值不得大于 0.1g，故应舍弃试样 SY1 的试验结果；本题差值为 0.12g，本题有瑕疵，不合格则后面的试验不应继续，此处《土工试验方法标准》试验过程错误，参考《公路土工试验规程》上的正确试验过程；③根据《膨胀土地区建筑技术规范》第 4.3.4 条确定膨胀土的膨胀潜势；④公路膨胀土边坡的坡率和平台宽度历年多次出题，应能快速定位做对。

20.3.6 黄土地区路基——《公路路基设计规范》第 7.10 节、《公路工程地质勘察规范》第 8.1.8 条

近年真题偏向考查公路、铁路上的一些常规考点的查表应用。公路规范黄土的湿陷量计算与旧版 2004 版《湿陷性黄土地区建筑规范》一样，主要是注意查表应用。湿陷性黄土地基相关计算见表 5-20-45。

湿陷性黄土地基相关计算　　表 5-20-45

（1）自重湿陷量Δ_{zs}计算值

$$\Delta_{zs}=\beta_0\sum_{i=1}^{n}\delta_{zsi}h_i$$

式中：δ_{zsi}——第i层土的自重湿陷系数；

h_i——第i层土的厚度；$\delta_{zsi}<0.015$ 的土层不计；

β_0——因地区土质而异的修正系数

修正系数β_0取值

湿陷性黄土工程地质分区	β_0
①区（陇西地区）	1.5
⑪区（陇东—陕北—晋西地区）	1.2
⑪⑪区（关中地区）	0.9
其他地区	0.5

Δ_{zs}的计算深度	上限	天然地面（挖、填方场地应自设计地面）算起	$\delta_{zsi}<0.015$ 的土层不参与计算
	下限	至非湿陷性黄土层的顶面止	

（2）湿陷量Δ_s计算值

$$\Delta_s=\sum_{i=1}^{n}\beta\delta_{si}h_i$$

式中：δ_{si}——第i层土的湿陷系数；

h_i——第i层土的厚度；$\delta_{si}<0.015$ 的土层不计，（10.0m 以下为δ_{zs}）；

β——考虑基底以下地基土受水浸湿可能性和侧向挤出等因素的修正系数，在缺乏实测资料时：基底以下 0～5.0m 深度范围内，可取 1.50；5.0～10.0m 深度范围内，可取 1.00；10m 以下至非湿陷性黄土层顶面，在自重湿陷性黄土场地，可取工程所在地区的β_0值

计算深度：在初勘阶段应自地面以下 1.5m 算起，详勘阶段应自基础底面算起；
在非自重湿陷性黄土场地，应累计计算至基底以下 10.0m（或地基压缩层）深度为止；
在自重湿陷性黄土场地，对大桥、特大桥、高墩桥等重要建筑物应累计计算至非湿陷性黄土层顶面为止；对其他构筑物，当基础底面下的湿陷性土层厚度大于 10m 时，其累计深度可根据所在地区确定，陇西、陇东和陕北地区不应小于 15m，其他地区不应小于 10m，其中湿陷系数δ_s（10.0m 以下为δ_{zs}）小于 0.015 的土层不应累计

（3）湿陷性黄土地基的湿陷等级划分

湿陷量Δ_s（mm）	自重湿陷量Δ_{zs}（mm）		
	非自重湿陷性场地	自重湿陷性场地	
	$\Delta_{zs}\leqslant 70$	$70<\Delta_{zs}\leqslant 350$	$\Delta_{zs}>350$
$\Delta_s\leqslant 300$	Ⅰ（轻微）	Ⅱ（中等）	—
$300<\Delta_s\leqslant 700$	Ⅱ（中等）	**Ⅱ（中等）或Ⅲ（严重）**	Ⅲ（严重）
$\Delta_s>700$	Ⅱ（中等）	Ⅲ（严重）	Ⅳ（很严重）

注：当 600mm < Δ_s 700mm 且 300mm < $\Delta_{zs}\leqslant$ 350mm 时，可判为Ⅲ级，其他情况可判为Ⅱ级

（4）湿陷性黄土地基最小处理深度

路堤高度	湿陷性等级与特征							
	经常流水（或浸湿可能性大）				季节性流水（或浸湿可能性小）			
	Ⅰ	Ⅱ	Ⅲ	Ⅳ	Ⅰ	Ⅱ	Ⅲ	Ⅳ
高路堤（> 4m）	2～3	3～5	4～6	6	0.8～1	1～2	2～3	5
零填、挖方路基、低路堤（≤ 4m）	0.8～1	1～1.5	1.5～2	3	0.5～1	0.8～1.2	1.2～2	2

注：1. 与桥台相邻路基、高挡土墙路基（墙高大于 6m），宜消除地基的全部湿陷量或穿透全部湿陷性土层；
2. 挖方路基湿陷性黄土地基最小处理深度，从路床顶面起计算。

题 5-187 （21D19）关中地区某高速公路路堤工程通过湿陷性黄土场地，路堤高度为 3.0m。场地地面下 8.5m 深度内为湿陷性黄土，8.5m 以下为非湿陷性黄土，探井不同深度处的湿陷系数和自重湿陷系数见表 5-20-46。场区浸湿可能性小。根据《公路工程地质勘察规范》JTG C20—2011 和《公路路基设计规范》JTG D30—2015，初勘阶段预估该路堤工程地基处理最小处理厚度为下列哪个选项？（注：自重湿陷系数和湿陷系数小于 0.015 的土层不累计计算）

题 5-187 表 表 5-20-46

取样深度（m）	1	2	3	4	5	6	7	8	9	10
δ_s	0.065	0.050	0.048	0.040	0.011	0.030	0.023	0.018	0.011	0.009
δ_{zs}	0.016	0.019	0.017	0.016	0.010	0.018	0.016	0.015	0.010	0.005

（A）1.2m （B）1.5m （C）2.0m （D）3.0m

【解】

（1）$\Delta_{zs} = 0.9 \times (16 \times 1.5 + 19 + 17 + 16 + 18 + 16 + 15) = 112.5\text{mm}$，自重湿陷场地

（2）$\Delta_s = 1.5 \times (50 + 48 + 40 + 30) + 1.0 \times (23 + 18) = 293\text{mm}$

查表地基湿陷等级为Ⅱ级

（3）路堤高度 3m＜4m，属于低路堤，浸湿可能性小，查《公路路基设计规范》表 7.10.5-1，地基最小处理厚度为 0.8～1.2m

【点评】

①根据《公路路基设计规范》第 7.10.4 条、第 7.10.5 条，《公路工程地质勘察规范》第 8.1.8 条；②和《湿陷性黄土地区建筑标准》不同，公路规范暂时不考虑浸水概率系数，总湿陷量计算时，在初勘阶段应自地面下 1.5m 算起，路堤基础在天然地面上，无基础埋深，与规范的要求有所差别，存在一定的争议。

20.3.7 盐渍土地区路基——《公路路基设计规范》第 7.11 节、《公路工程地质勘察规范》第 8.4 节

1. 盐渍土分类

盐渍土分类分别按表 5-20-47 和表 5-20-48 计算。

盐渍土按盐的化学成分分类
（《公路工程地质勘察规范》第 8.4 节，《公路路基设计规范》第 7.11 节）

表 5-20-47

盐渍土名称	$D_1 = \dfrac{c(\text{Cl}^-)}{2c(\text{SO}_4^{2-})}$	$D_2 = \dfrac{2c(\text{CO}_3^{2-}) + c(\text{HCO}_3^-)}{c(\text{Cl}^-) + 2c(\text{SO}_4^{2-})}$	D_1、D_2为厚度加权平均值：$D_1 = \dfrac{\sum c(\text{Cl}^-)_i h_i}{\sum 2c(\text{SO}_4^{2-})_i h_i}$ $D_2 = \dfrac{\sum[2c(\text{CO}_3^{2-})_i + c(\text{HCO}_3^-)_i]h_i}{\sum[c(\text{Cl}^-)_i + 2c(\text{SO}_4^{2-})_i]h_i}$ 地表土层 1m 深度范围厚度加权平均
氯盐渍土	＞2.0	—	
亚氯盐渍土	1.0～2.0	—	
亚硫酸盐渍土	0.3～1.0	—	
硫酸盐渍土	＜0.3	—	
碱性盐渍土	—	＞0.3	

注：离子含量以 1kg 土中所含离子的毫摩尔数计（mmol/1kg）。

盐渍土按平均含盐量$\overline{DT}$分类
（《公路工程地质勘察规范》第 8.4 节，《公路路基设计规范》第 7.11 节）

表 5-20-48

盐渍土名称	细粒土土层的$\overline{DT}$（%）		粗粒土通过 10mm 筛孔土的$\overline{DT}$（%）		$\overline{DT}=\frac{\sum_{i=1}^{n} DT_i \cdot h_i}{\sum_{i=1}^{n} h_i}$ 地表土层 1m 深度范围厚度加权平均
	氯盐渍土及亚氯盐渍土	硫酸盐渍土及亚硫酸盐渍土	氯盐渍土及亚氯盐渍土	硫酸盐渍土及亚硫酸盐渍土	
弱盐渍土	0.3～1.0	0.3～0.5	2.0～5.0	0.5～1.5	
中盐渍土	1.0～5.0	0.5～2.0	5.0～8.0	1.5～3.0	
强盐渍土	5.0～8.0	2.0～5.0	8.0～10.0	3.0～6.0	
过盐渍土	＞8.0	＞5.0	＞10.0	＞6.0	

注：离子含量以 100g 干土内的含盐总量计。

2. 公路路基盐渍土作填料的可用性

盐渍土作路基填料时，填料的盐渍化程度判断按取料场深度的全部数据，而不受 1m 深度和$DT \geqslant 0.3\%$的限制，并符合表 5-20-49 和表 5-20-50 的规定。

盐渍土作路基填料的可用性（《公路路基设计规范》第 7.11.7 条） 表 5-20-49

土类	盐类	盐渍化程度	高速公路、一级公路			二级公路			三、四级公路	
			路床	上路堤	下路堤	路床	上路堤	下路堤	路床	上路堤
细粒土	氯盐渍土	弱盐渍土	×	○	○	○	○	○	○	○
		中盐渍土	×	×	○	×	▲[2]	○	×	○
		强盐渍土	×	×	×	×	×	▲[3]	×	▲[3]
		过盐渍土	×	×	×	×	×	▲[3]	×	×
	硫酸盐渍土	弱盐渍土	×	×	○	×	○	○	▲[2]	○
		中盐渍土	×	×	×	×	×	○	×	▲[2]
		强盐渍土	×	×	×	×	×	×	×	×
		过盐渍土	×	×	×	×	×	×	×	×
粗粒土	氯盐渍土	弱盐渍土	▲[1]	○	○	○	○	○	○	○
		中盐渍土	×	▲[1]▲[2]	○	▲[1]	○	○	○	○
		强盐渍土	×	×	○	×	▲[3]	○	×	○
		过盐渍土	×	×	×	×	×	▲[3]	×	▲[3]
	硫酸盐渍土	弱盐渍土	▲[1]▲[2]	○	○	▲[1]	○	○	○	○
		中盐渍土	×	×	○	×	○	○	▲[1]	○
		强盐渍土	×	×	×	×	×	▲[1]	×	▲[3]
		过盐渍土	×	×	×	×	×	×	×	×

注：○—可用；×—不可用；▲[1]—除细粒土质砂（砾）以外的粗粒土可用；▲[2]—地表无长期积水、地下水位在 3m 以下的路段可用；▲[3]—过干旱地区经论证可用。

盐渍土作路基填料的可用性（《公路工程地质勘察规范》第 8.4.9 条） 表 5-20-50

填料的盐渍化程度		高速公路、一级公路			二级公路			三、四级公路	
		0~0.8m	0.80~1.50m	1.50m以下	0~0.8m	0.80~1.50m	1.50m以下	0~0.8m	0.80~1.50m
粗粒土	弱盐渍土	×	○	○	Δ^1	○	○	○	○
	中盐渍土	×	×	○	Δ^1	○	○	Δ^3	○
	强盐渍土	×	×	Δ^1	×	Δ^2	Δ^3	×	Δ^1
	过盐渍土	×	×	×	×	×	Δ^2	×	Δ^2
细粒土	弱盐渍土	×	Δ^1	○	Δ^1	○	○	Δ^1	○
	中盐渍土	×	×	Δ^1	×	Δ^1	○	×	Δ^4
	强盐渍土	×	×	×	×	×	Δ^2	×	Δ^2
	过盐渍土	×	×	×	×	×	Δ^2	×	×

注：○—可用；×—不可用；Δ^1—氯盐渍土及亚氯盐渍土可用；Δ^2—强烈干旱地区的氯盐渍土及亚氯盐渍土经过论证可用；Δ^3—粉土质（砂）、黏土质（砂）不可用；Δ^4—水文地质条件差时硫酸盐渍土及亚硫酸盐渍土不可用。

题 5-188 （12D25）某滨海盐渍土地区需修建一级公路，料场土料为细粒氯盐渍土或亚氯盐渍土，对料场深度 2.5m 以内采取土样进行含盐量测定，结果见表 5-20-51。根据《公路工程地质勘察规范》JTG C20—2011，判断料场盐渍土用作路基填料的可用性为下列哪项？

题 5-188 表 表 5-20-51

取样深度（m）	0~0.05	0.05~0.25	0.25~0.5	0.5~0.75	0.75~1.0	1.0~1.5	1.5~2.0	2.0~2.5
含盐量（%）	6.2	4.1	3.1	2.7	2.1	1.7	0.8	1.1

注：离子含量以 100g 干土内的含盐量计。

（A）0~0.80m 可用　　（B）0.80~1.50m 可用

（C）1.5m 以下可用　　（D）不可用

【解】

（1）$\overline{DT}=\dfrac{0.05\times6.2+0.2\times4.1+0.25\times3.1+0.25\times2.7+0.25\times2.1+0.5\times1.7+0.5\times0.8+0.5\times1.1}{2.5}$

$=1.96\%$，查表为中盐渍土

（2）按《公路工程地质勘察规范》表 8.4.9-2 判定可用性为 1.50m 以下可用

【点评】

①根据《公路工程地质勘察规范》第 8.4.1 条、第 8.4.4 条、第 8.4.9 条；②计算土料的可用性时采用全部土层加权平均；③作为地基时，按第 8.4.1 条条文说明或《铁路工程特殊岩土勘察规程》第 7.5.4 条计算$\overline{DT}$仅考虑 1m 深度内土层，1m 范围内是地下水毛细作用、蒸发作用盐分迁移最明显的部分，盐渍土地区，一般盐分表聚性强，多集中在 1.0m 范围内，《盐渍土地区建筑技术规范》在盐渍土方面的规定参考《铁路工程特殊岩土勘察规程》执行。本题为土料可用性，采用 2.5m 范围内的土料加权平均。

题 5-189 某滨海盐渍土地区需修建一级公路，料场上料为细粒硫酸盐渍土，对料场深度 2.5m 以内采取土样进行含盐量测定，结果如表 5-20-52 所示。根据《公路路基设计规范》JTG D30—2015，判断料场盐渍土作为本公路路基填料是否可用？

题 5-189 表 表 5-20-52

取样深度（m）	0～0.05	0.05～0.25	0.25～0.5	0.5～0.75	0.75～1.0	1.0～1.5	1.5～2.0	2.0～2.5
含盐量（%）	6.2	4.1	3.1	2.7	2.1	1.7	0.8	1.1

注：离子含量以 100g 干土内的含盐量计。

【解】

（1）平均含盐量：

$$DT=\frac{0.05\times6.2+0.2\times4.1+0.25\times3.1+0.25\times2.7+0.25\times2.1+0.5\times1.7+0.5\times0.8+0.5\times1.1}{2.5}$$

$$=1.96\%$$

（2）查《公路路基设计规范》表 7.11.2-2，判定为中盐渍土

（3）按《公路路基设计规范》表 7.11.7，判定该土料不可作为一级公路路基填料。

【点评】

①根据《公路路基设计规范》第 7.11.2 条、第 7.11.7 条；②判定填料可用性时，取填料范围内的土厚度加权平均计算平均含盐量。

3. 公路路基盐渍土溶陷量计算和相关查表应用

（1）盐胀性应以地表以下 1.0m 范围土体的盐胀率为评价指标。当盐胀率的监测时间周期不足时，评价指标可采用硫酸钠含量。各级公路路基盐胀率或硫酸钠含量应符合表 5-20-53 的规定。

盐渍土地基容许盐胀率 表 5-20-53

公路等级	路基高度h（m）	盐胀率η（%）	硫酸钠含量Z（%）
高速公路、一级公路	≤2	≤1	≤0.5
	>2	≤2	≤1.2
二级及二级以下公路	≤2	≤2	≤1.2
	>2	≤4	≤2.0

（2）地下水位埋深小于 3.0m 或存在经常性地表水浸湿的盐渍土路段，应按下式计算溶陷量，进行地基溶陷性评价。各级公路地基溶陷量应符合表 5-20-54 的规定。

公路地基溶陷量 表 5-20-54

$\Delta s=\sum_{i=1}^{n}\delta_i\cdot h_i$ （基底起算，$\delta_{rxi}<0.01$ 不计入）	ΔS——地基溶陷量（mm）； δ_i——地基中第i层土的溶陷系数； h_i——地基中第i层土的厚度（mm）；$\delta_i<0.01$ 不计入； n——溶陷影响深度的计算土层数，如果指定《公路工程地质勘察规范》，则取基础底面（初勘自地面下 1.5m 算起）以下至基底以下 10m 深度范围内全部溶陷性盐渍土层数

盐渍土地基溶陷性指标

公路等级	高速公路、一级公路	二级公路	三、四级公路
溶陷量ΔS（mm）	<70	<150	<400

（3）盐渍土路堤高度应根据盐渍土类型、毛细水上升高度、冻胀深度、盐胀深度及采用的隔断形式等综合确定。不设隔断层时，路堤最小高度不应低于表 5-20-55 的规定。

不设隔断层时盐渍土地区路堤最小高度　　表 5-20-55

土质类别	高出地面（m）		高出地下水位或地表长期积水位（m）	
	弱、中盐渍土	强、过盐渍土	弱、中盐渍土	强、过盐渍土
砾类土	0.4	0.6	1.0	1.1
砂类土	0.6	1.0	1.3	1.4
黏质土	1.0	1.3	1.8	2.0
粉质土	1.3	1.5	2.1	2.3

注：1. 高速公路、一级公路应按表列数值乘以系数 1.5～2.0，二级公路应乘以系数 1.0～1.5；
2. 氯盐渍土及亚氯盐渍土可取低值。

（4）盐渍土路堤边坡坡率应根据填筑材料的土质和盐渍化程度，按表 5-20-56 确定。

盐渍土地区路堤边坡坡率　　表 5-20-56

土质类别	填料盐渍化程度	
	弱、中盐渍土	强、过盐渍土
砾类土	1∶1.5	1∶1.5
砂类土	1∶1.5	1∶1.5～1∶1.75
粉质土	1∶1.5～1∶1.75	1∶1.75～1∶2.0
黏质土	1∶1.5～1∶1.75	1∶1.75～1∶2.0

题 5-190　（22D21）某一级公路通过盐渍土场地，拟采取附近料场 2m 深度内的细粒黏质氯盐渍作为路堤填料，料场 2m 深度内含盐量测定结果见表 5-20-57。根据《公路路基设计规范》JTG D30—2015 规定，不设隔断层时，路堤高出地面最小高度为下列哪个选项？

题 5-190 表　　表 5-20-57

取样深度（m）	0.00～0.05	0.05～0.25	0.25～0.5	0.5～0.75	0.75～1.0	1.0～1.5	1.5～2.0
含盐量（%）	1.6	1.3	1.0	0.8	0.6	0.4	0.3

（A）1.0m　　（B）1.3m　　（C）1.5m　　（D）2.0m

【解】

（1）取 1m 计算平均含盐量

$$\overline{DT}=\frac{0.05\times1.6+0.2\times1.3+0.25\times(1+0.8+0.6)}{1}=0.94\%$$

细粒土，氯盐盐渍土，属于 0.3%～1.0%，弱盐渍土

（2）查《公路路基设计规范》表 7.11.6，黏质土，弱盐渍土，高出地面，$h_{min}=1.0m$

一级工程，氯盐盐渍土，提高系数取 1.5，则 $h_{min}=1.5m$

【点评】

①根据《公路工程地质勘察规范》第 8.4.9 条，《公路路基设计规范》第 7.11.2 条、第

7.11.6 条；②本题非计算路基盐渍土填料可用性，不需要取填料范围内 2m 进行计算，对于公路盐渍土路基的分类，采用地面下 1m 进行计算；③对地表下 1.0m 的土层是一般路基的主要持力层，也是受地下水毛细作用、蒸发作用盐分迁移最明显的部位，对公路基础设施有直接影响，故对路基的盐渍土强弱判别，取地表下 1m；④本题由于没有明确公路路基地表下 1m 的含盐量参数，因为在附近，可认为路基场地和料场的盐渍土性质相同。

题 5-191　按照《公路工程地质勘察规范》JTG D30—2015 判断该盐渍土的地基溶陷等级（表 5-20-58）。

题 5-191 表　　表 5-20-58

取样深度（m）	溶陷系数	盐胀系数	取样深度（m）	溶陷系数	盐胀系数
0～0.05	0.070	0.070	5～5.5	0.036	0.036
0.05～0.25	0.068	0.068	5.5～6	0.034	0.034
0.25～0.5	0.066	0.066	6～6.5	0.028	0.028
0.5～0.75	0.064	0.064	6.5～7	0.020	0.022
0.75～1	0.060	0.060	7～7.5	0.015	0.010
1～1.5	0.058	0.058	7.5～8	0.015	0.010
1.5～2	0.056	0.056	8～8.5	0.012	0.010
2～2.5	0.054	0.054	8.5～9	0.010	0.010
2.5～3	0.050	0.050	9～9.5	0.008	0.008
3～3.5	0.047	0.047	9.5～10	0.007	0.007
3.5～4	0.045	0.045	10～10.5	0.008	0.008
4～4.5	0.042	0.042	10.5～11	0.004	0.004
4.5～5	0.040	0.040			

【解】

计算深度为基底至基底下 10m

$\Delta = \sum \delta_i h_i = (56 + 54 + 50 + 47 + 45 + 42 + 40 + 36 + 34 + 28 + 20 + 15 + 15 + 12 + 10) \times 0.5 = 252\text{mm}$

查表为Ⅱ级溶陷。

【点评】

①根据《公路工程地质勘察规范》第 8.4.9 条；②初勘计算深度为地面下 1.5～11.5m；③溶陷系数 < 0.01 不计入统计。

20.3.8 多年冻土地区路基——《公路路基设计规范》第 7.12 条、附录 K

1. 多年冻土融沉性分类

多年冻土融沉性分类按表 5-20-59 确定。

盐渍土地区路堤边坡坡率　　表 5-20-59

融沉系数δ_0（%）: $\delta_0=\frac{h_1-h_2}{h_1}=\frac{e_1-e_2}{1+e_1}\times 100\%$	h_1、e_1——冻土试样融化前的高度（mm）和孔隙比； h_2、e_2——冻土试样融化后的高度（mm）和孔隙比

多年冻土分类及融沉性分级

多年冻土类型	土的类别		总含水率w_n（%）	体积含冰率i	平均融沉系数δ_0（%）	融沉等级	融沉类别
少冰冻土	粗颗粒土	粉黏粒含量≤15%	<10	<0.1	≤1	Ⅰ	不融沉
		粉黏粒含量>15%	<12				
	细砂、粉砂		<14				
	粉土		<17				
	黏性土		$<w_p$				
多冰冻土	粗颗粒土	粉黏粒含量≤15%	10～15	0.1～0.2	$1<\delta_0\leqslant 3$	Ⅱ	弱融沉
		粉黏粒含量>15%	12～15				
	细砂、粉砂		14～18				
	粉土		17～21				
	黏性土		$w_p<w_n<w_p+4$				
富冰冻土	粗颗粒土	粉黏粒含量≤15%	15～25	0.2～0.3	$3<\delta_0\leqslant 10$	Ⅲ	融沉
		粉黏粒含量>15%	15～25				
	细砂、粉砂		18～28				
	粉土		21～32				
	黏性土		$w_p+4\leqslant w_0<w_p+15$				
饱冰冻土	粗颗粒土	粉黏粒含量≤15%	25～44	0.3～0.5	$10<\delta_0\leqslant 25$	Ⅳ	强融沉
		粉黏粒含量>15%	25～44				
	细砂、粉砂		28～44				
	粉土		32～44				
	黏性土		$w_p+15<w_0<w_p+35$				
含土冰层	粗颗粒土	粉黏粒含量≤15%	>44	>0.5	>25	Ⅴ	融陷
		粉黏粒含量>15%					
	细砂、粉砂						
	粉土						
	黏性土		$>w_p+35$				

注：1. 粗颗粒土包括碎（砾）石土、砾砂、粗砂、中砂；
2. 总含水率包括冰和未冻水；
3. w_p为塑限含水率；
4. 盐渍化冻土、泥炭化冻土、腐殖土、高塑性黏土不在此列。

2. 多年冻土区稳定类型分类

根据多年冻土年平均地温，多年冻土可分为低温冻土（年平均地温≤−1.5℃）和高温冻土（年平均地温>−1.5℃）。冻土区稳定类型可按表 5-20-60 和表 5-20-61 分类。

冻土区稳定类型分类　　表 5-20-60

年平均地温（℃）	⩾ −0.5	−0.5～⩽ −1.0	−1.0～⩽ −2.0	< −2.0
冻土区稳定类型	高温极不稳定冻土区	高温不稳定冻土区	低温基本稳定冻土区	低温稳定冻土区

各类冻土区稳定类型分类　　表 5-20-61

多年冻土类型	少冰冻土	多冰冻土		富冰冻土		饱冰冻土			含土冰层		
年平均地温（℃）	不考虑	0～−1.0	< −1.0	0～−1.5	< −1.5	0～−1.0	−1.0～−2.0	< −2.0	0～−1.0	−1.0～−2.0	< −2.0
稳定类型	稳定型	基本稳定型	稳定型	基本稳定型	稳定型	不稳定型	基本稳定型	稳定型	不稳定型	基本稳定型	稳定型

3. 路基设置的隔热材料厚度

路基中设置隔热材料厚度应根据热阻等效按下式确定，但不宜小于 60mm，宽度宜与路面面层相同。其埋设深度应由其强度与公路等级决定，宜埋设在路基顶面下 0.30～0.35m 深处。

$$d_x = K\frac{d_s\lambda_e}{\lambda_s} \geqslant 60$$

式中：d_x、d_s——隔热材料板与等效土体的厚度（mm）；

λ_e、λ_s——隔热材料板与等效土体的导热系数；

K——安全系数；隔热材料用于路基时，K取 1.5～2.0；隔热材料用于路基边坡时，K取 1.2～1.5。

20.3.9 雪崩的最大锋面高度——《公路路基设计规范》第 7.14.10 条条文说明

雪崩的最大锋面高度，可按下式计算：

$$h = \frac{FH}{bL}$$

式中：h——雪崩最大锋面高度（m）；

F——集雪区面积（m^2）；

H——集雪区最大积雪深度（m）；

b——沟槽宽度（m）；

L——集雪区长度（m）。

20.3.10 采空区路基——《公路路基设计规范》第 7.16 节

见第 8 篇第 4 章第 2 节、第 4 小节。

20.3.11 季节性冻土路基——《公路路基设计规范》第 7.19 节

1. 地基土冻胀性分类

（1）季节性冻土路基的平均冻胀率按表 5-20-62 计算。

各类冻土区稳定类型分类　　表 5-20-62

平均冻胀率η（%）：

$$\eta = \frac{\Delta z}{z_d} \times 100\%$$

式中：　Δz——土的冻胀量（mm）；

z_d——土的冻结深度（mm），不包括冻胀量，$z_d = h - \Delta z$；

h——冻后冻土层厚度（mm）

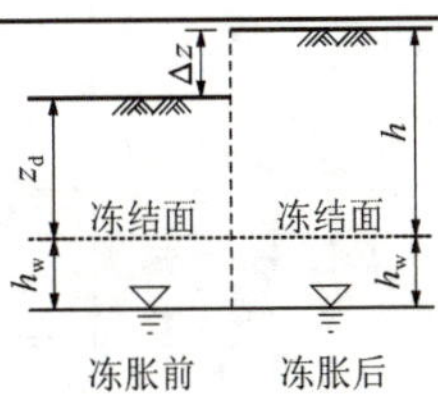

$z_d = h - \Delta z$

（2）冻胀等级应根据平均冻胀率的大小按表 5-20-63 确定。

季节冻土的冻胀等级 表 5-20-63

平均冻胀率η（%）	$\eta\leqslant1$	$1<\eta\leqslant3.5$	$3.5<\eta\leqslant6$	$6<\eta\leqslant12$	$\eta>12$
冻胀等级	Ⅰ	Ⅱ	Ⅲ	Ⅳ	Ⅴ
冻胀类别	不冻胀	弱冻胀	冻胀	强冻胀	特强冻胀

（3）季节冻土与季节融化层土的冻胀性分类按表 5-20-64 确定。

季节冻土与季节融化层土的冻胀性分类 表 5-20-64

土的名称	冻前天然含水率w（%）	冻前地下水位距设计冻深的最小距离h_w（m）	平均冻胀率η（%）	冻胀等级	冻胀类别
碎（卵）石，砾、粗、中砂（粒径小于 0.075mm 颗粒含量≤15%）、细砂（粒径小于 0.075mm 颗粒含量≤10%）	不饱和	不考虑	$\eta\leqslant1$	Ⅰ	不冻胀
	饱和含水	无隔水层	$1<\eta\leqslant3.5$	Ⅱ	弱冻胀
	饱和含水	有隔水层	$\eta>3.5$	Ⅲ	冻胀
碎（卵）石，砾、粗、中砂（粒径小于 0.075mm 颗粒含量>15%）、细砂（粒径小于 0.075mm 颗粒含量>10%）	$w\leqslant12$	>1.0	$\eta\leqslant1$	Ⅰ	不冻胀
		≤1.0	$1<\eta\leqslant3.5$	Ⅱ	弱冻胀
	$12<w\leqslant18$	>1.0			
		≤1.0	$3.5<\eta\leqslant6$	Ⅲ	冻胀
	$w>18$	>0.5			
		≤0.5	$6<\eta\leqslant12$	Ⅳ	强冻胀
粉砂	$w\leqslant14$	>1.0	$\eta\leqslant1$	Ⅰ	不冻胀
		≤1.0	$1<\eta\leqslant3.5$	Ⅱ	弱冻胀
	$14<w\leqslant19$	>1.0			
		≤1.0	$3.5<\eta\leqslant6$	Ⅲ	冻胀
	$19<w\leqslant23$	>1.0			
		≤1.0	$6<\eta\leqslant12$	Ⅳ	强冻胀
	$w>23$	不考虑	$\eta>12$	Ⅴ	特强冻胀
粉土	$w\leqslant19$	>1.5	$\eta\leqslant1$	Ⅰ	不冻胀
		≤1.5	$1<\eta\leqslant3.5$	Ⅱ	弱冻胀
	$19<w\leqslant22$	>1.5			
		≤1.5	$3.5<\eta\leqslant6$	Ⅲ	冻胀
	$22<w\leqslant26$	>1.5			
		≤1.5	$6<\eta\leqslant12$	Ⅳ	强冻胀
	$26<w\leqslant30$	>1.5			
		≤1.5	$\eta>12$	Ⅴ	特强冻胀
	$w>30$	不考虑			
黏性土	$w\leqslant w_p+2$	>2.0	$\eta\leqslant1$	Ⅰ	不冻胀
		≤2.0	$1<\eta\leqslant3.5$	Ⅱ	弱冻胀
	$w_p+2<w\leqslant w_p+5$	>2.0			
		≤2.0	$3.5<\eta\leqslant6$	Ⅲ	冻胀
	$w_p+5<w\leqslant w_p+9$	>2.0			

续表

土的名称	冻前天然含水率w（%）	冻前地下水位距设计冻深的最小距离h_w（m）	平均冻胀率η（%）	冻胀等级	冻胀类别
黏性土	$w_p+5<w \leqslant w_p+9$	$\leqslant 2.0$	$6<\eta \leqslant 12$	Ⅳ	强冻胀
	$w_p+9<w \leqslant w_p+15$	>2.0			
		$\leqslant 2.0$	$\eta>12$	Ⅴ	特强冻胀

注：1. w_p为土的塑限含水率（%）；w为冻前天然含水率在冻层内的平均值；
2. 盐渍化冻土不在表列；
3. 塑性指数$I_p>22$时，冻胀性降低一级；
4. 粒径小于 0.005mm 的颗粒含量大于 60%时，为不冻胀土；
5. 碎石类土当充填物大于全部质量的 40%时，其冻胀性按充填物土的类别判断；
6. 隔水层指季节冻结层底部及以上的隔水层。

题 5-192 （22 补考 C21）拟建高速公路通过季节性冻土区，土层为粉细砂，层厚 5m。多年监测数据显示，多年平均冻结深度 3.4m，地表多年平均冻胀量 200mm，冻结期间地下水位距地表 1.1m。测得粉细砂冻结前含水率 22%，冻结后含水率 18%。依照《公路工程地质勘察规范》JTG C20—2011，判断冻土路基冻胀等级为下列哪个选项？

（A）Ⅱ级　　（B）Ⅲ级　　（C）Ⅳ级　　（D）Ⅴ级

【解】

（1）$w=22\% \in (19,23]$，$h_w=1.1-0.2=0.9$m，查表强冻胀

（2）$\eta=\dfrac{0.2}{3.4}=5.89\%$，查表为冻胀 ⇒ 综上，取不利为强冻胀，Ⅳ级

【点评】

①根据《公路工程地质勘察规范》表 8.2.7 季节性冻土冻胀性划分，《公路路基设计规范》第 7.19 节；②粉细砂，根据冻前天然含水率和冻前地下水位至地表的距离，平均冻胀率，按不利确定冻胀等级。

2. 路基冻胀量控制标准

路基冻胀量控制标准按表 5-20-65 确定。

路基冻胀量控制标准　　表 5-20-65

（1）路基总冻胀量应按下式计算，用于计算路基冻胀量的土层范围应为路基冻结深度	
$$z_j=\sum_{i=1}^{n}h_i\eta_i$$	z_j——路基冻胀量（mm）； h_j——路基冻深内不同土层厚度（mm）； η_j——路基不同层土的冻胀率（%）； n——不同土层数

（2）路基总冻胀量应符合下表的规定

季节冻土地区路基容许总冻胀量

公路等级	路基容许总冻胀量（mm）	
	水泥混凝土路面	沥青混凝土路面
高速公路、一级公路	$\leqslant 20$	$\leqslant 40$
二级公路	$\leqslant 30$	$\leqslant 50$

注：三、四级公路以二级公路的容许总冻胀量为基础，根据具体情况确定

3. 路基填料设计

路基填料设计应符合表5-20-66的规定。

路基填料设计 表5-20-66

（1）路基填料设计应根据路基高度、地表水位、地下水位、容许总冻胀量及路面结构类型等，按下表确定路基填料。路床宜采用中粗砂、砂砾、碎石、高炉矿渣、钢渣等抗冻性好的材料，强风化软质岩、遇水崩解软质岩石不得用作上路床填料

季节冻土路基填料选择表

路基形式	冰冻分区	地下水位或地表常水位距路面距离h_w（m）	土的冻胀等级			
			上路床	下路床	上路堤	下路堤
填方路基	重冻区	$h_w>3$	Ⅰ	Ⅰ、Ⅱ、Ⅲ	—	—
		$h_w\leqslant 3$	Ⅰ	Ⅰ、Ⅱ	Ⅰ、Ⅱ、Ⅲ	—
	中冻区	$h_w>3$	Ⅰ、Ⅱ	Ⅰ、Ⅱ、Ⅲ	—	—
		$h_w\leqslant 3$	Ⅰ	Ⅰ、Ⅱ	—	—
零填方或挖方路基	重冻区	$h_w>3$	Ⅰ	Ⅰ	—	—
		$h_w\leqslant 3$	Ⅰ	Ⅰ	—	—
	中冻区	$h_w>3$	Ⅰ	Ⅰ、Ⅱ	—	—
		$h_w\leqslant 3$	Ⅰ	Ⅰ	—	—

注：1. 土的冻胀等级见表5-20-64。
2. 重冻区、中冻区，高速公路、一级公路上路床采用Ⅰ类土时，其细粒土（粒径小于0.075mm含量）含量宜小于5%。
3. 缺少砂石料地区，采用无机结合料、矿渣、固化剂等进行处治时，填料可不受此表限制

（2）《公路路基设计规范》所指的季节冻土地区主要为冻结指数在800以上的中、重冻区

冰冻区划分表

冰冻区划分	重冻区	中冻区	轻冻区	非冰冻区
冻结指数（℃）	≥2000	2000～800	800～50	≤50

第 21 章

铁路路基设计规范

21.1 路基稳定性控制标准——《铁路路基设计规范》第 3.3.1～3.3.5 条

边坡稳定性应根据边坡类型和可能的破坏形式，采用圆弧滑动法、平面滑动法或折线滑动法等适宜的计算方法分析。当边坡破坏机制复杂时，宜结合数值分析法进行分析。

路基边坡稳定分析计算时，最小稳定安全系数K_s应符合表 5-21-1 的规定。

最小稳定安全系数K_s　　表 5-21-1

边坡类型	工况	K_s
永久边坡	一般工况	$K_s \geqslant 1.15 \sim 1.25$
	地震工况	$K_s \geqslant 1.10 \sim 1.15$
临时边坡	$K_s \geqslant 1.05 \sim 1.10$	

1. 圆弧滑动法

黏性土边坡和较大规模的破碎结构岩质边坡宜采用圆弧滑动条分法（渗透力P_{wi}分解为抗滑力和下滑力）。圆弧滑动法计算应符合表 5-21-2 的规定。

圆弧滑动法　　表 5-21-2

$$K_s = \frac{\sum_{i=1}^{n} R_i}{\sum_{i=1}^{n} T_i} \quad \Leftarrow \quad \begin{aligned} R_i &= N_i \tan\varphi_i + c_i l_i \\ T_i &= (G_i + G_{bi})\sin\theta_i + P_{wi}\cos(\alpha_i - \theta_i) \\ N_i &= (G_i + G_{bi})\cos\theta_i + P_{wi}\sin(\alpha_i - \theta_i) \end{aligned}$$

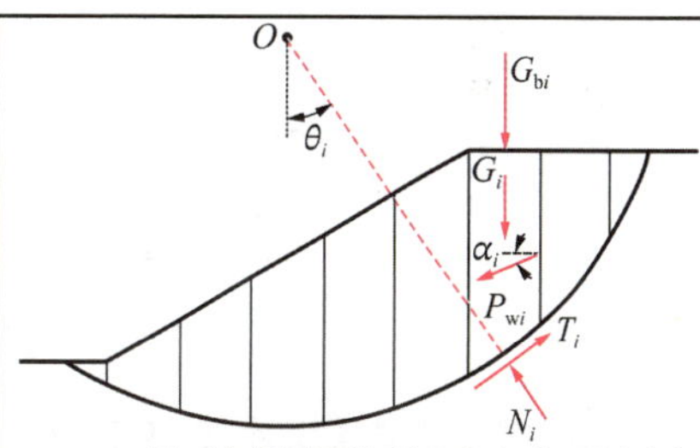

G——第i计算条块单位宽度自重（kN/m），地下水位以下砂土和粉土采用浮重度，黏性土采用饱和重度计算自重；

G_{bi}——第i计算条块单位宽度竖向附加荷载（kN/m）；

P_{wi}——第i计算条块单位宽度的渗透力（kN/m），$P_{wi} = \gamma_w V_i \sin\alpha_i$；

V_i——第i计算条块单位宽度岩土体的水下体积（m^3/m）；

θ_i——第i计算条块滑面倾角（°），滑面倾向与滑动方向相同时取正值，滑面倾向与滑动方向相反时取负值

α_i——第i计算条块地下水位面倾角（°）；

φ_i——第i计算条块滑面内摩擦角（°）；

c_i——第i计算条块滑面黏聚力（kPa）；

l_i——第i计算条块滑动面长度（m）

合并公式如下（**计算更快速**）：

$$K_s = \frac{\sum\{[(G_i + G_{bi})\cos\theta_i + P_{wi}\sin(\alpha_i - \theta_i)]\tan\varphi_i + c_i l_i\}}{\sum[(G_i + G_{bi})\sin\theta_i + P_{wi}\cos(\alpha_i - \theta_i)]}$$

2. 平面滑动法

对可能产生平面滑动的边坡宜采用平面滑动法（完全同《建筑边坡工程技术规范》平面滑动法）。平面滑动法计算应符合表 5-21-3 的规定。

平面滑动法　　　　表 5-21-3

$$K_s=\frac{[(G+G_b)\cos\theta-Q\sin\theta-V\sin\theta-U)]\tan\varphi+cL}{(G+G_b)\sin\theta+Q\cos\theta+V\cos\theta}$$

$$V=\frac{1}{2}\gamma_w h_w^2,\ U=\frac{1}{2}\gamma_w h_w L$$

式中：G——滑体单位宽度自重（kN/m），地下水位以下砂土和粉土采用浮重度，黏性土采用饱和重度计算自重；

其他参数同《建筑边坡工程技术规范》平给面滑动法

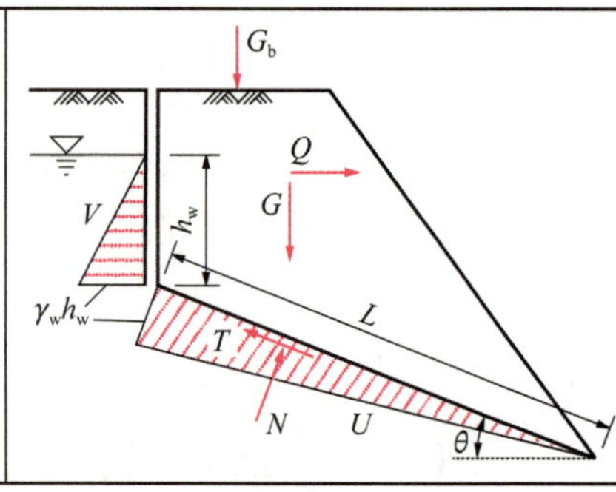

3. **折线滑动法**

直接按《岩土工程勘察规范》折线滑动法显式解计算，见本篇第 1 章第 3 节。

题 5-193　（22D14）图 5-21-1 所示滑弧为某土质边坡最危险滑弧，各土条的有关数据如图所示，图中各条斜线上、下的数字分别为作用在该滑面上的法向分力N和切向分力T的数值（单位：kN/m），l_i为每段滑弧的长度。根据《铁路路基设计规范》TB 10001—2016，该边坡稳定系数最接近下列哪个选项？

（A）1.15　　（B）1.19

（C）1.22　　（D）1.25

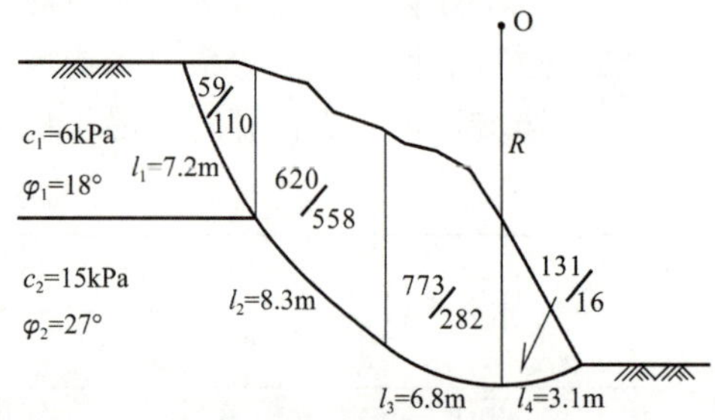

图 5-21-1　题 5-193 图

【解】

（1）$R_1=59\times\tan18°+6\times7.2=62.4\text{kN}$，$T_1=110\text{kN}$

$R_2=620\times\tan27°+15\times8.3=440.4\text{kN}$，$T_2=558\text{kN}$

$R_3=773\times\tan27°+15\times6.=495.9\text{kN}$，$T_3=282\text{kN}$

$R_4=131\times\tan27°+15\times3.1=113.2\text{kN}$，$T_4=-16\text{kN}$

（2）$K_s=\dfrac{62.4+440.4+495.9+113.2}{110+558+282-16}=1.19$

【点评】

①根据《铁路路基设计规范》第 3.3.2 条；②对于黏性土和较大规模的破碎结构岩质边坡宜采用圆弧滑动法计算，$K_s=\Sigma$抗滑力R/Σ下滑力T；③对于滑动面倾向与滑动方向相反时滑面倾角θ取负值，故此时切向力的方向与滑动方向相反，为负值。

题 5-194　（22D16 改编）某铁路路基旁一黏性土质边坡（图 5-21-2），土的天然重度 19kN/m³，饱和重度 20kN/m³，水上水下黏聚力均为 15kPa，内摩擦角均为 25°，假定坡体内渗流方向与水平面夹角为 10°。4 号土条宽度为 2m，水上水下高度均为 5m，土条上均布竖向荷载 15kPa。试按《铁路路基设计规范》TB 10001—2016，估算如图滑弧条件下 4 号土条滑动面的稳定性系数？

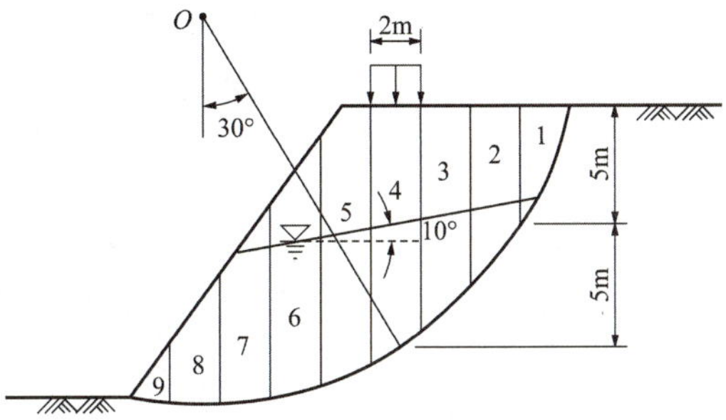

图 5-21-2　题 5-194 图

【解】

（1）$i=\sin 10°=0.174$，$P_w=2\times5\times0.174\times10=17.4\text{kN/m}$

$W=15\times2+(19\times5+20\times5)\times2=420\text{kN/m}$

（2）$F_s=\dfrac{[420\times\cos 30°+17.4\times\sin(10°-30°)]\times\tan 25°+15\times2/\cos 30°}{420\times\sin 30°+17.4\times\cos(10°-30°)}=0.89$

【点评】

①根据《铁路路基设计规范》第 3.3.2 条；②黏性土边坡和较大规模的破碎结构岩质边坡宜采用圆弧滑动法，渗透力分解为抗滑力和下滑力；③黏性土采用饱和重度计算。

21.2　路基沉降计算及控制标准——《铁路路基设计规范》第 3.3.6～3.3.9 条

路基沉降计算及控制标准应符合表 5-21-4 的规定。

路基沉降计算及控制标准　　表 5-21-4

路基工后沉降应满足： $S_r\leqslant C_d$ $S_r=S_{有荷}+S_D-S_T$ $S_D=CH$；$S_T=\eta S_{无荷}$ S_r——工后沉降（m）； C_d——工后沉降控制限值（m），按《铁路路基设计规范》表 3.3.6 取值	$S_{有荷}$——有荷状态下地基总沉降量（m），按下面三个公式计算； S_D——铺轨工程完成后路堤填料的剩余沉降量（m）； S_T——施工期沉降量（m）（一般按无荷状态计算，当采用堆载预压或超载预压措施处理时宜按相应荷载状态计算）； C——路堤填料的沉降比； H——路堤边坡高度（m）； η——施工期沉降量完成比例系数； $S_{无荷}$——无荷状态下地基总沉降量(m)，按下面三个公式计算

续表

总沉降量 S	天然地基	$S=m_sS_j$	m_s——沉降经验修正系数； S_j——沉降计算值（m），一般采用分层总和法计算
	排水固结处理后地基	$S=S_C+S_I+S_S$	S_C——主固结沉降量（m），一般采用分层总和法计算； S_I——瞬时沉降量（m），可按弹性理论计算； S_S——次固结沉降量（m），可采用次固结系数计算
	复合地基	$S=m_{Js}S_1+m_{Xs}S_2$	S_1——加固区沉降计算值（m）； S_2——下卧层沉降计算值（m）； m_{Js}——加固区沉降经验修正系数； m_{Xs}——下卧层沉降经验修正系数
计算深度	1. 高速铁路、无砟轨道铁路地基压缩层的计算深度按附加应力等于0.1倍的自重应力确定，其他铁路地基压缩层的计算深度按附加应力等于0.2倍的自重应力确定； 2. 计算深度以下仍有软土层时，应继续增加计算深度； 3. 双线路基沉降计算时，轨道荷载可按双线设计，列车荷载宜按单线设计		

21.3　铁路普通填料组别分类——《铁路路基设计规范》第5.2节、附录A

本考点主要查阅规范上大量表格。

填料颗粒级配特征应根据土的不均匀系数C_u和曲率系数C_c按表5-21-5确定。

不均匀系数C_u和曲率系数C_c　　表5-21-5

不均匀系数	$C_u=\dfrac{d_{60}}{d_{10}}$	d_{60}——限制粒径，颗粒大小分布曲线上的某粒径，小于该粒径的土含量占总质量的60%； d_{10}——有效粒径，颗粒大小分布曲线上的某粒径，小于该粒径的土含量占总质量的10%； d_{30}——颗粒大小分布曲线上的某粒径，小于该粒径的土含量占总质量的30%
曲率系数	$C_c=\dfrac{d_{30}^2}{d_{10}\cdot d_{60}}$	
均匀级配		$C_u<10$
良好级配		$C_u\geqslant 10$ 且 $1\leqslant C_c\leqslant 3$
间断级配		$C_u\geqslant 10$ 且［$C_c<1$ 或 $C_c>3$］

注：填料组别分类查《铁路路基设计规范》附录表A.0.3～表A.0.5；填料粒组、细分类查第5.2节。

题 5-195　（13D20）一种粗砂粒径大于 0.5mm 颗粒的质量超过总质量的 50%，细粒含量小于 5%，级配曲线如图 5-21-3 所示。这种粗粒土按照铁路路基填料分组应属于哪一组填料？

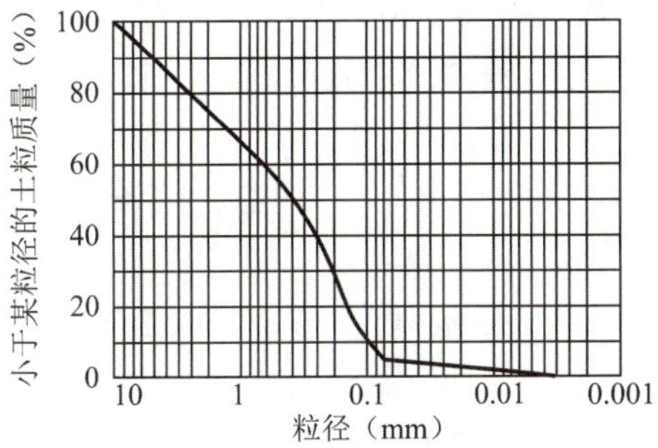

图 5-21-3　题 5-195 图

（A）B1 组填料　　（B）B2 组填料

（C）B3 组填料　　（D）C1 组填料

【解】

（1）查表$d_{10}=0.1\text{mm}$，$d_{30}=0.2\text{mm}$，$d_{60}=0.7\text{mm}$

（2）$C_u=\dfrac{d_{60}}{d_{10}}=\dfrac{0.7}{0.1}=7<10$，级配均匀

查表属于 B3 组填料

【点评】

①根据《铁路路基设计规范》附录 A.0.2、表 A.0.5；②偏僻规范的偏僻考点，但是很容易找到，计算属于最基本的土力学知识。

21.4　基床表层承载力——《铁路路基设计规范》第 6.2.1 条条文说明

基床表层承载力按下式（汉森公式）进行计算：

$$R=0.3\gamma BN_\gamma+c(N_c+N_q)$$

$$N_q=e^{\pi\tan\varphi}\tan^2\left(45°+\frac{\varphi}{2}\right)；\ N_c=\frac{N_q-1}{\tan\varphi}；\ N_\gamma=1.8(N_q-1)\tan\varphi$$

式中：γ——基床表层填料重度（kN/m^3）；

B——道砟平均粒径（m）；

c——基床表层填料黏聚力（kPa）；

φ——基床表层填料内摩擦角（°）。

21.5　铁路路基面加宽值——《铁路路基设计规范》第 7.3.4 条

路堤边坡高度大于 15m 时，应根据填料、边坡高度等加宽路基面，其每侧加宽值应按下式计算确定：

$$\Delta b=C\cdot H\cdot m$$

式中：C——路堤填料的沉降比；

H——路堤边坡高度（m）；

m——道床边坡坡率，$m=1.75$。

题 5-196　（02D25）某铁路路堤边坡高度H为 22m，填料为细粒土，道床边坡坡率$m=1.75$，沉降比C取 0.015，按《铁路路基设计规范》TB 10001—2016，路堤每侧加宽量最接近下列哪个选项？

（A）0.19m　　（B）0.39m　　（C）0.50m　　（D）0.58m

【解】

$H=22\text{m}>15\text{m}$，则$\Delta b=C\cdot H\cdot m=0.015\times22\times1.75=0.58\text{m}$

【点评】

①根据《铁路路基设计规范》第 7.3.3 条；②本题坡率m指边坡高度与坡面水平方向上的投影长度的比值，一般坡率都用 1∶m表示高宽比（m为坡度系数），本题m为高宽比，即高度 1.75m，水平投影 1m，不同于常用的 1∶m，故本题中的m越大，坡越陡。每侧加宽量越大，边坡高度越大。C越大，加宽量越大，C为沉降比是指填料沉降与填料厚度的比值，细粒土为 0.01～0.02，漂石土、卵石土、碎石土、粗粒土为 0.005～0.015，硬块石为 0.005～0.01，软块石土为 0.015～0.025。

21.6　实体护坡墙埋深及冲刷深度计算冲刷深度——《铁路路基设计规范》第 12.4.5 条条文说明

实体护坡墙埋深及冲刷深度计算冲刷深度按表 5-21-6 确定。

实体护坡墙埋深及冲刷深度计算冲刷深度　　表 5-21-6

<table>
<tr><td colspan="3">实体护坡（墙）基础埋置深度，应符合下列规定：
1. 用于河流冲刷或岸坡的护坡，应埋设在冲刷深度以下不小于 1.0m 或嵌入基岩内不小于 0.2m；
2. 用于路堑边坡的护墙基础埋深不应小于 1m。
目前在设计中使用的冲刷深度公式分为一般冲刷和局部冲刷两类：当防护地段河床纵坡变大或防护建筑物较多地压缩了水流断面，致使水流流速增大，而水流流向并不直冲建筑物时，可以按一般冲刷考虑；当防护建筑物没有或很少压缩水流断面，但水流方向与建筑物迎面切线交角较大时，可以按局部冲刷考虑</td></tr>
<tr><td>一般冲刷深度</td><td>一般冲刷深度采用包尔达柯夫公式计算：
$h_p=\dfrac{A_1}{A_2}h$</td><td>h_p——压缩断面上冲刷停止时的垂线水深（m）；
h——压缩断面上冲刷前的垂线水深（m）；
A_1——以主槽天然平均流速通过设计流量时需要的断面积（m^2）；
A_2——压缩断面在冲刷前能供给的断面积（m^2）</td></tr>
<tr><td>局部冲刷深度</td><td>局部冲刷深度采用雅罗斯拉夫采夫公式计算：
$h_{pj}=\dfrac{23v^2\tan\dfrac{\alpha}{2}}{g\sqrt{1+m^2}}-30d$</td><td>$h_{pj}$——建筑物前局部冲刷坑深度（m）；
v——建筑物附近水流的局部流速（m/s）；
g——自由落体加速度，9.81m/s²；
α——水流方向与建筑物迎面切线的交角；
m——建筑物的边坡坡率，等于建筑物边坡角的余切；
d——冲刷过程中裸露出来的铺在冲刷坑底的土颗粒粒径，用土中占有 15%以上重量的最大粒径的直径（m）</td></tr>
</table>

题 5-197 （22 补考 D15）某铁路直线段路基邻近一河湾的冲刷岸（图 5-21-4），拟设置路堤墙护坡，路堤墙外侧面与竖直线的夹角θ为 10°，路堤墙露出河底以上 4m 高。已知该河岸处水深为 1.5m，河水流速为 2m/s，水流方向与挡墙走向夹角为 45°，墙趾处地层 0～5.5m 为粉砂，其中质量占 15%以上部分的最大粒径为 2mm，以下为强风化粉砂岩。根据《铁路路基设计规范》TB 10001—2016 的相关规定，该路堤墙的基底与水平线夹角β为 10°，则其基底最小埋深h_1最接近下列哪个选项？

（A）2.8m （B）3.8m （C）4.8m （D）5.8m

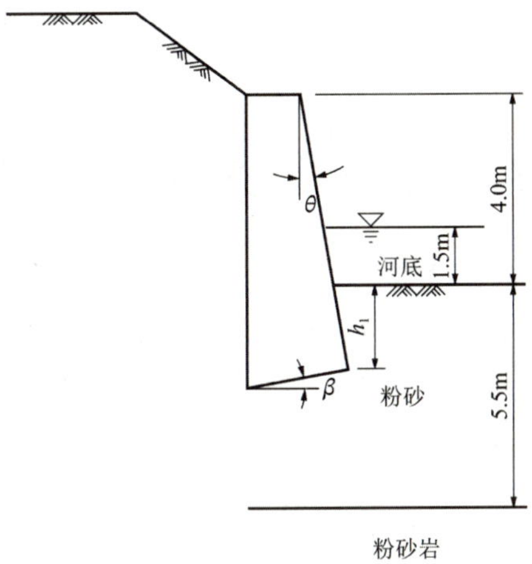

图 5-21-4 题 5-197 图

【解】

（1）坡率$m = \cot 80° = 0.176$，$d = 2\text{mm} = 0.002\text{m}$

$$h_{pj} = \frac{23 \times 2^2 \times \tan\frac{45°}{2}}{9.81 \times \sqrt{1+0.176^2}} - 30 \times 0.002 = 3.77\text{m}$$

（2）$h = 3.77 + 1 = 4.77\text{m}$

【点评】

①根据《铁路路基设计规范》第 12.4.5 条及条文说明；②实体护坡墙地基埋置深 ≥ 冲刷深度 + 1m 或嵌入基岩内；③水流方向与建筑物迎面切线交角较大时，可以按**局部冲刷**考虑，本题交角为 45°，按局部冲刷考虑；④本题考点非常偏僻，需要花一定的时间查规范。

第 22 章

边坡相关偏僻规范

本章《土工合成材料应用技术规范》上“加筋土挡墙”和“加筋土坡”为重要考点，需要要熟练掌握；其他均为非重要考点内容，第一轮快速复习时可先跳过，第二轮复习时拓展。

22.1 土工合成材料应用技术规范

22.1.1 反滤和排水——《土工合成材料应用技术规范》第 4 章

本小节属非重点内容，不过多详述，自行对比规范学习下列总结的考点。

1. 反滤材料性能要求——《土工合成材料应用技术规范》第 4.1.5 条、第 4.2.2～4.2.4 条

反滤材料性能要求应符合表 5-22-1 的规定。

反滤材料性能要求 **表 5-22-1**

<table>
<tr><td>强度要求</td><td colspan="2">用作反滤的无纺土工织物单位面积质量不应小于 300g/m²，拉伸强度应能承受施工应力，其最低强度应符合下表的要求：
用作反滤排水的无纺土工织物的最低强度要求（卷材弱方向平均值）
<table>
<tr><th>强度</th><th>ε < 50%</th><th>ε ⩾ 50%</th></tr>
<tr><td>握持强度（N）</td><td>1100</td><td>700</td></tr>
<tr><td>接缝强度（N）</td><td>990</td><td>630</td></tr>
<tr><td>撕裂强度（N）</td><td>400*</td><td>250</td></tr>
<tr><td>穿刺强度（N）</td><td>2200</td><td>1375</td></tr>
</table>
注：*表示有纺单丝土工织物时要求为 250N；ε代表应变</td></tr>
<tr><td>保土性</td><td>$O_{95} \leqslant Bd_{85}$</td><td>O_{95}——土工织物的等效孔径（mm）；
d_{85}——被保护土中小于该粒径的土粒质量占土粒总质量的 85%（mm）；
B——系数，按下表采用：
系数B的取值
<table>
<tr><th>被保护土的细粒（$d \leqslant 0.075$mm）含量（%）</th><th colspan="2">土的不均匀系数或土工织物品种</th><th>B值</th></tr>
<tr><td rowspan="3">⩽ 50</td><td colspan="2">$C_u \leqslant 2$ 或 $C_u \geqslant 8$</td><td>1</td></tr>
<tr><td colspan="2">$2 < C_u \leqslant 4$</td><td>$0.5C_u$</td></tr>
<tr><td colspan="2">$4 < C_u < 8$</td><td>$8/C_u$</td></tr>
<tr><td rowspan="2">> 50</td><td>有纺织物</td><td rowspan="2">$O_{95} \leqslant 0.3$mm</td><td>1</td></tr>
<tr><td>无纺织物</td><td>1.8</td></tr>
</table>
注：C_u为不均匀系数，$C_u = d_{60}/d_{10}$，d_{60}、d_{10}为土中小于该粒径的土粒质量占土粒总质量的 60%和 10%（mm）</td></tr>
</table>

续表

透水性	$k_g \geqslant Ak_s$	k_g——土工织物的垂直渗透系数（cm/s）； k_s——被保护土的渗透系数（cm/s）； A——系数，按工程经验确定，不宜小于 10；来水量大、水力梯度高时，应增大A值
防堵性	被保护土级配良好、水力梯度低、流态稳定时，**等效孔径应满足：** $O_{95} \geqslant 3d_{15}$ 式中：d_{15}——土中小于该粒径的土质量占土粒总质量的 15%（mm）	
	被保护土易管涌，具分散性，水力梯度高，流态复杂，$k_s \geqslant 1.0 \times 10^{-5}$cm/s 时，应以现场土料作试样和拟选土工织物进行淤堵试验，得到的**梯度比GR应满足：** GR ≤ 3	

题 5-198（19D13）某换填垫层采用无纺土工织物作为反滤材料，已知其下土层渗透系数$k = 1 \times 10^{-4}$cm/s，颗分曲线如下图所示，水位长期保持在地面附近，则根据《土工合成材料应用技术规范》GB/T 50290—2014 及土工织物材料参数表（表 5-22-2）确定合理的产品是下列哪个选项？

题 5-198 表　　　　**表 5-22-2**

产品	规格（g/m²）	厚度（mm）	握持强度（kN）	断裂伸长率 ε（%）	刺穿强度（kN）	撕裂强度（kN）	等效孔径 O_{95}（mm）	垂直渗透系数（cm/s）
产品一	300	1.6	10.0	60	1.8	0.28	0.07	1.0
产品二	250	2.2	12.5	60	2.6	0.35	0.2	2.0
产品三	300	2.2	15.0	40	1.2	0.42	0.2	1.0
产品四	300	2.2	17.5	40	3.0	0.49	0.2	2.0

（A）产品一　　（B）产品二　　（C）产品三　　（D）产品四

【解】

（1）质量和强度验算：质量不应小于 300g/cm³，产品二不满足要求

产品一，$\varepsilon = 60\% > 50\%$，握持强度 = 10000 > 700，穿刺强度 = 1800 > 1375，

撕裂强度 280 > 250，满足要求

产品三，$\varepsilon = 40\% < 50\%$，穿刺强度 = 1200 < 2200，不满足要求

产品四，$\varepsilon = 40\% < 50\%$，握持强度 = 17500 > 1100，穿刺强度 = 3000 > 2200，

撕裂强度 490 > 400，满足要求

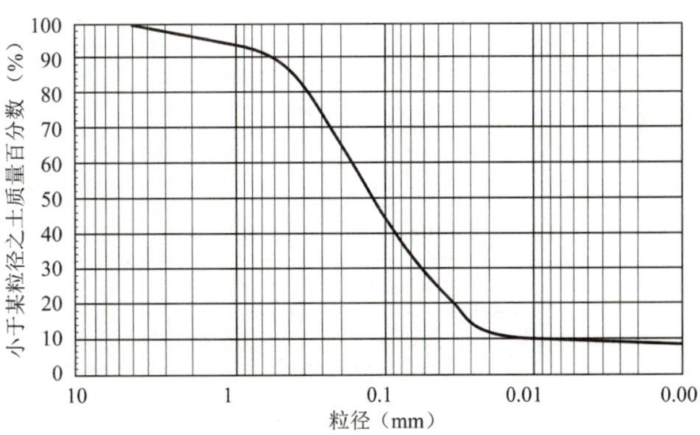

图 5-22-1　题 5-198 图

（2）保土性验算：被保护土的细粒含量 < 50%，$C_u = \dfrac{0.16}{0.01} = 16 > 8$，取$B = 1$

$O_{95} \leqslant 1 \times 0.5 = 0.5$mm，四个产品均满足要求

（3）防堵性验算：$O_{95} \geqslant 3d_{15} = 3 \times 0.03 = 0.09$mm，产品一不满足

（4）透水性验算：垂直渗透系数$k_g = 1.0\text{cm/s} > 10 \times 1.0 \times 10^{-4}\text{cm/s}$，产品四满足要求

【点评】

①根据《土工合成材料应用技术规范》第4.1.5条、第4.2.2条、第4.2.4条；②按质量和强度、保土性、防堵性、透水性四个方面进行验算，采用逐步排除法；③本题属于偏题，验算步骤很多，考场较难做对，最后时间多才考虑做。

2. 排水材料导水率——《土工合成材料应用技术规范》第4.2.7条、第4.2.8条

排水材料导水率验算应符合表5-22-3的规定。

排水材料导水率 表5-22-3

项目	公式	说明
（1）土工织物的导水率θ_a：	$\theta_a = k_h\delta$	k_h——土工织物的平面渗透系数（cm/s）； δ——土工织物在预计现场法向压力作用下的厚度（cm）； q——预估单宽来水量（cm^3/s）； i——土工织物首末端间的水力梯度； β——排水体的倾角（°）； F_s——排水安全系数，可取3～5，重要工程取大值
（2）工程要求的导水率θ_r：	$\theta_r = \frac{q}{i} \Leftarrow$ 倾斜式$i = \sin\beta$	
（3）导水率验算：	$\frac{\theta_a}{\theta_r} \geqslant F_s$	
（4）土工织物的允许（有效）透水率φ'和导水率θ'：	$\varphi' = \frac{\varphi}{RF}$；$\theta' = \frac{\theta}{RF}$ ⇑ $RF = RF_{SCB}RF_{CR}RF_{IN}RF_{CC}RF_{BC}$ （可按下表取值）	φ——土工织物透水率实测值（Lu）； θ——土工织物导水率实测值（cm^2/s）； RF——土工织物渗透性指标总折减系数； RF_{SCB}——织物被淤堵的折减系数； RF_{CR}——蠕变导致织物孔隙减小的折减系数； RF_{IN}——相邻土料挤入织物孔隙引起的折减系数； RF_{CC}——化学淤堵折减系数； RF_{BC}——生物淤堵折减系数

土工织物渗透性指标折减系数

应用情况	折减系数范围				
	RF_{SCB}	RF_{CR}	RF_{IN}	RF_{CC}	RF_{BC}
挡土墙滤层	2.0～4.0	1.5～2.0	1.0～1.2	1.0～1.2	1.0～1.3
地下排水滤层	5.0～10.0	1.0～1.5	1.0～1.2	1.2～1.5	2.0～4.0
防冲滤层	2.0～10.0	1.0～1.5	1.0～1.2	1.0～1.2	2.0～4.0
填土排水滤层	5.0～10.0	1.5～2.0	1.0～1.2	1.2～1.5	5.0～10.0
重力排水	2.0～4.0	2.0～3.0	1.0～1.2	1.2～1.5	1.2～1.5
压力排水	2.0～3.0	2.0～3.0	1.0～1.2	1.1～1.3	1.1～1.3

注：1. 织物表面盖有乱石或混凝土块时，RF_{SCB}取上限值；
2. 含高碱的地下水数值可取高些；
3. 混浊水和（或）微生物含量超过500mg/L的水采用更高数值

3. 排水沟（管）排水能力——《土工合成材料应用技术规范》第 4.2.10 条

排水沟（管）排水能力验算应符合表 5-22-4 的规定。

排水沟（管）排水能力　　表 5-22-4

（1）无纺土工织物包裹透水粒料建成的**排水沟的排水能力** q_c：	$q_c=kiA$	k——被包裹透水粒料的渗透系数（m/s），可按表 5-22-5 取值； i——排水沟的纵向坡度； A——排水沟断面积（m^2）
（2）外包无纺土工织物**带孔管排水能力** q_c：	$q_c=\min\{q_e,q_t\}$ ⇑ ①**渗入管内的水量** $q_e=k_s i_1 \pi d_{ef} L$ $d_{ef}=d\cdot e^{-2\alpha\pi}$； ②**带孔管的排水能力** $q_t=vA$ 开孔光滑塑料管：$v=198.2R^{0.714}i_2^{0.572}$ 波纹塑料管：$v=71R^{2/3}i_2^{1/2}$	k_s——管周土的渗透系数（m/s）； i_1——沿管周围土的渗透坡降； L——管长度（m），即沿管纵向的排水出口距离； d_{ef}——虚拟为管壁完全透水的排水管等效管径（m）； d——管直径（m）； α——水流流入管内的无因次阻力系数，$\alpha=0.1\sim0.3$，外包土工织物渗透系数大时取小值； A——带孔管排水断面积（m^2）； R——水力半径（m），$R=d/4$； i_2——管中水力梯度
（3）**排水能力验算**：	$F_s=\dfrac{q_c}{q_r}$	q_r——来水量（m^3/s），即要求排除的流量； F_s——排水安全系数，应取 2～5，设计时，有清淤能力的**排水管**可取低值

被包裹透水粒料的渗透系数（m/s），可按表 5-22-5 取值。

透水粒料渗透系数 k 参考值　　表 5-22-5

粒料粒径（mm）	k（m/s）	粒料粒径（mm）	k（m/s）	粒料粒径（mm）	k（m/s）
>50	0.80	19 单粒	0.37	6～9 级配	0.06
50 单粒	0.78	12～19 级配	0.20	6 单粒	0.05
35～50 级配	0.68	12 单粒	0.16	3～6 级配	0.02
25 单粒	0.60	9～12 级配	0.12	3 单粒	0.015

题 5-199　某高边坡工程采用外包无纺土工织物开孔光滑塑料管排水，带孔管管径 200mm，管长 15m，来水量$q_r = 0.01m^3/h$。土层的渗透系数$k_s = 3 \times 10^{-4}cm/s$，水流的渗透坡降$i = 1$，光滑塑料管中水力梯度为 1，水流流入管内的无因次阻力系数$\alpha = 0.2$，试根据《土工合成材料应用技术规范》GB/T 50290—2014 计算排水安全系数最接近下列哪个选项？

（A）2.3　　（B）2.5　　（C）2.7　　（D）2.9

【解】

（1）等效管径$d_{ef} = d \cdot \exp(-2\alpha\pi) = 0.2 \times e^{-2\times0.2\times3.14} = 0.057m$

渗入管内的水量

$q_e = k_s i\pi d_{ef}L = 3 \times 10^{-4} \times 10^{-2} \times 1 \times 3.14 \times 0.057 \times 15 \times 3600 = 0.029m^3/h$

（2）管的断面积$A = \dfrac{\pi}{4}d_e^2 = \dfrac{3.14}{4} \times 0.2^2 = 0.0314m^2$

管中水的流速$v = 198.2R^{0.714}i^{0.572} = 198.2 \times (0.2/4)^{0.714} \times 1^{0.572} = 23.34m/s$

带孔管的排水能力$q_t = vA = 23.34 \times 0.0314 \times 3600 = 2638.76m^3/h$

（3）排水能力取q_e和q_t的小值，$q_c = 0.029m^3/h$

（4）排水的安全系数$F_s = \dfrac{q_c}{q_r} = \dfrac{0.029}{0.01} = 2.9$

【点评】

根据《土工合成材料应用技术规范》第 4.2.10 条，偏门知识点，了解即可，注意各计算参数的单位。

4. 土石坝坝体排水——《土工合成材料应用技术规范》第 4.4 节及条文说明

土石坝坝体排水验算应符合表 5-22-6 的规定。

土石坝坝体排水　　表 5-22-6

<table>
<tr><td>（1）土工织物排水体排水量可用流网法估算，倾斜式排水体上游流量：
$q_1 = k_s \dfrac{n_f}{n_d}\Delta H$
（2）水平排水体总来水量：
$q = q_1 + q_2$</td><td>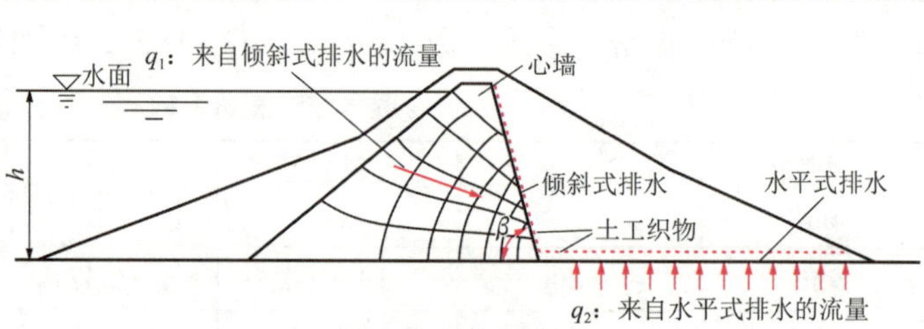
坝内排水体示意图</td></tr>
<tr><td colspan="2">k_s——坝体土的渗透系数（m/s）；
ΔH——上下游水头差（m），当下游水位为地面时，$\Delta H = h$；
n_f、n_d——流网中的流槽数和水头降落数，如图中的n_f取 5，n_d取 7</td></tr>
<tr><td>（3）导水能力验算：
$\dfrac{\theta_a}{\theta_r} \geqslant F_s \Leftarrow \begin{cases}\theta_a = k_h\delta \\ \theta_r = \dfrac{q}{i} \Leftarrow 倾斜式 i = \sin\beta\end{cases}$</td><td>$\theta_a$——土工织物的导水率（$cm^2/s$）；
θ_r——工程要求的导水率（cm^2/s）；
k_h——土工织物的平面渗透系数（cm/s）；
δ——土工织物在预计现场法向压力作用下的厚度（cm）；
q——预估单宽来水量（cm^3/s）；
i——土工织物首末端间的水力梯度；
β——排水体的倾角（°）；
F_s——排水安全系数，可取 3～5，重要工程取大值</td></tr>
</table>

题 5-200　某中型土石坝工程采用土工织物作排水材料（图 5-22-2），上游水深 10m，下游水深平地面。已知土层的渗透系数$k_s = 1.5 \times 10^{-4}$cm/s，土工织物的平面渗透系数$k_h = 1$cm/s，土工织物在现场法向压力作用下的厚度为 2cm，倾斜排水体倾角$\beta = 80°$，水平排水体首末端间的水力梯度$i = 0.8$，从地基进入水平排水体内的单宽流量为$q_2 = 0.06$cm²/s，请根据《土工合成材料应用技术规范》分别验算倾斜排水体和水平排水体土工织物的排水能力（土工织物总渗透指标折减系数RF = 4，排水重要性系数取 3）。

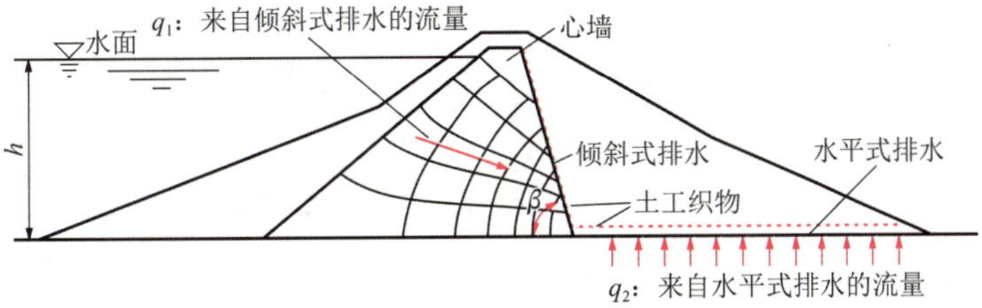

图 5-22-2　题 5-200 图

【解】

（1）倾斜排水体的排水能力：

$$q_1 = k_s \frac{n_f}{n_d} \Delta H = 1.5 \times 10^{-4} \times \frac{5}{7} \times 10 \times 10^2 = 0.107\text{cm}^2/\text{s}$$

工程要求的导水率$\theta_r = \dfrac{q}{\sin\beta} = \dfrac{0.107}{\sin 80°} = 0.109$

土工织物具有的导水率$\theta_a = \dfrac{k_h \delta}{\text{RF}} = \dfrac{1 \times 2}{4} = 0.5\text{cm}^2/\text{s}$

$\theta_a = 0.5\text{cm}^2/\text{s} > F_r\theta_r = 3 \times 0.109 = 0.327\text{cm}^2/\text{s}$，满足要求

（2）验算水平排水体的排水能力

$$q = q_1 + q_2 = 0.107 + 0.06 = 0.167\text{cm}^2/\text{s}$$

工程要求的导水率$\theta_r = \dfrac{q}{i} = \dfrac{0.167}{0.8} = 0.209\text{cm}^2/\text{s}$

$\theta_a = 0.5\text{cm}^2/\text{s} < F_s\theta_r = 3 \times 0.209 = 0.626\text{cm}^2/\text{s}$，不满足要求

【点评】

①根据《土工合成材料应用技术规范》第 4.4.4 条及条文说明、第 4.4.5 条、第 4.4.6 条、第 4.2.7 条、第 4.2.8 条；②倾斜排水体的水力梯度等于排水体倾斜角度的正弦值；③根据条文说明第 4.4.4 条的公式计算流网的单宽流量，和土力学中流网的单位渗流量公式$q = Mk\Delta h$等价，公式中$n_f = M$为流槽数目，$\Delta h = \Delta H / n_d$为相邻等势线的水头差。

5. 地下埋管降水（排水能力）——《土工合成材料应用技术规范》第 4.6 节

地下埋管降水（排水能力）验算应符合表 5-22-7 的规定。

地下埋管降水（排水能力）　　表 5-22-7

（1）每根排水管分配到的降水量 q_r： $$q_r = \beta rsL$$ 式中：L——排水管长度（m）	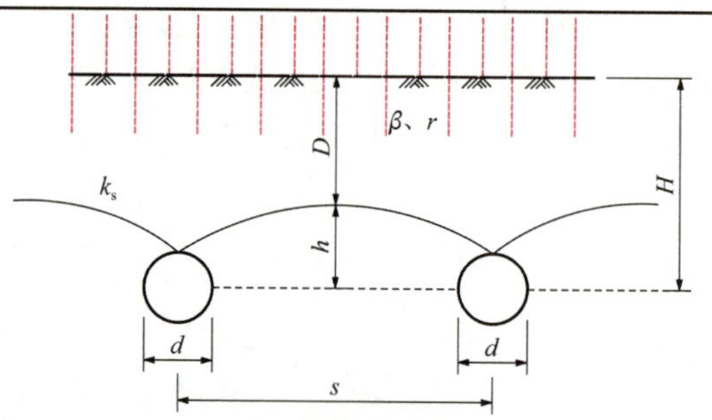**地下埋管的布置** 图中参数： β——地基土的入渗系数，建议取 0.5； r——降水强度（m/s），按日最大降水强度计； s——排水管间距（m）； d——管直径（m）； h——规定最高地下水位与排水管中心线的高差（m）
（2）每根管的进水量（排水能力）q_c： $$q_c = \frac{2k_s h^2 L}{s}$$ 式中：k_s——地基土的渗透系数（m/s）	
（3）排水能力验算： $$F_s = \frac{q_c}{q_r}$$ 式中：F_s——排水安全系数，应取 2～5，设计时，有清淤能力的**排水管**可取低值	
（4）估算埋管间距 s： $$s = \sqrt{\frac{2k_s}{\beta r}} \cdot h \Leftarrow \frac{2k_s h^2 L}{s} = \beta rsL \Leftarrow q_c = q_r$$	
（5）管中流速 v： $$v = \frac{q_c}{A}$$ 式中：A——埋管横截面积（m²），$A = \pi d^2/4$	**开孔光滑塑料管：**$v = 198.2R^{0.714}i^{0.572}$ **波纹塑料管：**$v = 71R^{2/3}i^{1/2}$ 式中：R——水力半径（m），$R = d/4$； i——水力梯度

题 5-201　某工程采用地下埋管降水（图 5-22-3），管径 $d = 100$mm，单根排水管的长度 $L = 10$m，排水管中心线距离地面深 5m，规定最高地下水位 3m，日最大降水强度达到 250mm/d，地基土层的渗透系数 $k = 3.3 \times 10^{-3}$cm/s，当进水量不小于降水分配量时，按《土工合成材料应用技术规范》GB/T 50290—2014，计算排水间距 s 的最大值最接近下列哪个选项？

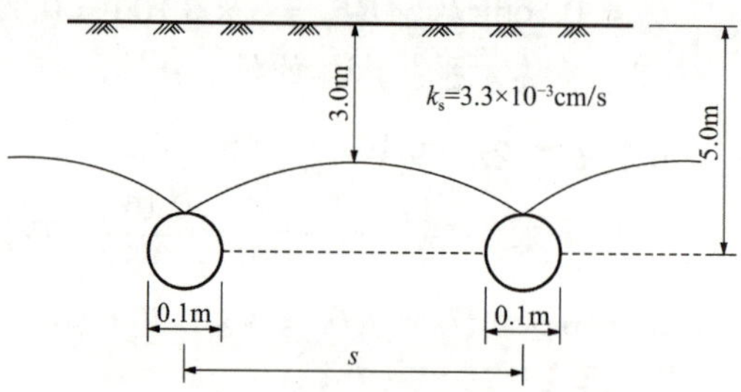

图 5-22-3　题 5-201 图

（A）5.5m　　（B）6.5m　　（C）13.5m　　（D）16m

【解】

（1）$q_r = \beta rsL = 0.5 \times \dfrac{250 \times 10^{-3}}{24 \times 60 \times 60} \times s \times 10 = 1.45 \times 10^{-5}s$

（2）$q_c = \dfrac{2k_s h^2 L}{s} = \dfrac{2 \times 3.3 \times 10^{-3} \times 10^{-2} \times (5-3)^2 \times 10}{s} = \dfrac{2.64 \times 10^{-3}}{s}$

（3）由 $q_c = q_r \Rightarrow 1.45 \times 10^{-5}s = \dfrac{2.64 \times 10^{-3}}{s} \Rightarrow s = 13.5$m

【点评】

①根据《土工合成材料应用技术规范》第 4.6.3 条；②要特别注意量纲换算。

题 5-202 某工程采用地下埋管降水，管径 100mm，管长 10m，排水管中心线距离地面深 6m，间距 5m，最高地下水位 3m，日最大降水强度 200mm/d，土层的渗透系数 $k=2.5\times10^{-4}$cm/s，试按《土工合成材料应用技术规范》GB/T 50290—2014 计算排水安全系数和管中流速最接近下列哪个选项？

（A）$F_s=0.65$，$v=1.15\times10^{-2}$m/s（B）$F_s=0.65$，$v=0.75\times10^{-2}$m/s

（C）$F_s=1.55$，$v=1.15\times10^{-2}$m/s（D）$F_s=1.55$，$v=0.75\times10^{-2}$m/s

【解】

（1）$q_r=\beta rsL=0.5\times\dfrac{200\times10^{-3}}{24\times60\times60}\times5\times10=5.787\times10^{-5}\text{m}^3/\text{s}$

（2）$q_c=\dfrac{2k_sh^2L}{s}=\dfrac{2\times2.5\times10^{-4}\times10^{-2}\times(6-3)^2\times10}{5}=9\times10^{-5}\text{m}^3/\text{s}$

（3）$F_s=\dfrac{q_c}{q_r}=\dfrac{9\times10^{-5}}{5.787\times10^{-5}}=1.56$

（4）$v=\dfrac{q_c}{A}=\dfrac{9\times10^{-5}}{3.14\times0.05^2}=1.15\times10^{-2}\text{m/s}$

【点评】

根据《土工合成材料应用技术规范》第 4.6.3 条。

6. 软基塑料排水带固结所需时间——《土工合成材料应用技术规范》第 4.7.1 条

软基塑料排水带固结所需时间计算见表 5-22-8。

软基塑料排水带固结所需时间 表 5-22-8

公式	符号说明
$d_w=\dfrac{2(b+\delta)}{\pi}$ ⇓ $t_r=\dfrac{d_e^2}{8C_h}\left(\ln\dfrac{d_e}{d_w}-0.75\right)\ln\dfrac{1}{1-U_r}$	b——排水带的宽度（cm）； δ——排水带的厚度（cm）； d_e——等效直径（cm），三角形$d_e=1.05L$，正方形$d_e=1.13L$； L——排水带的平面间距（cm）； C_h——地基土的水平固结系数（cm²/s）

注：本公式计算完全同《建筑地基处理技术规范》，固结度公式反算固结时间。

题 5-203 某地基软黏土层厚 10m，其下为砂层，土的固结系数为$c_h=1.8\times10^{-3}\text{cm}^2/\text{s}$。采用塑料排水板固结排水。排水板宽$b=100$mm，厚度$\delta=4$mm，塑料排水板正方形排列，间距$l=1.2$m，深度打至砂层项，在大面积瞬时预压荷载 120kPa 作用下，按《土工合成材料应用技术规范》计算，使固结度达到 83.3%所需要的预压固结时间。（为简化计算，不计竖向固结度，不考虑涂抹和井阻影响）

【解】

（1）$d_w=\dfrac{2(b+\delta)}{\pi}=\dfrac{2\times(100+4)}{3.14}=66.2\text{mm}=0.0662\text{m}$

（2）$t_r=\dfrac{d_e^2}{8C_h}\left(\ln\dfrac{d_e}{d_w}-0.75\right)\ln\dfrac{1}{1-U_r}$

$$=\frac{(1.13\times1.2)^2}{8\times1.8\times10^{-3}\times8.64}\left(\ln\frac{1.13\times1.2}{0.0662}-0.75\right)\ln\frac{1}{1-0.833}=60\text{d}$$

【点评】

①根据《土工合成材料应用技术规范》第 4.7.1 条；②固结时间公式根据《建筑地基处理技术规范》式（5.2.8-1）、式（5.2.8-3）只考虑水平固结度推导而来；③塑料排水板按等周长转换成圆形；④固结系数换算 $1cm^2/s = 8.64m^2/d$，常用换算系数记住为好。

22.1.2 防护与加筋——《土工合成材料应用技术规范》第 6 章、第 7 章

1. 土工模袋抗滑稳定性——《土工合成材料应用技术规范》第 6.3.4 条

土工模袋抗滑稳定性计算见表 5-22-9。

土工模袋抗滑稳定性　　表 5-22-9

$$F_s = \frac{L_3 + L_2\cos\alpha}{L_2\sin\alpha} f_{cs} > 1.5$$

式中：L_3、L_2——模袋长度（m），如图所示；

α——坡角（°）；

f_{cs}——模袋与坡面间界面摩擦系数，可采用 0.5；

F_s——安全系数，应大于 1.5

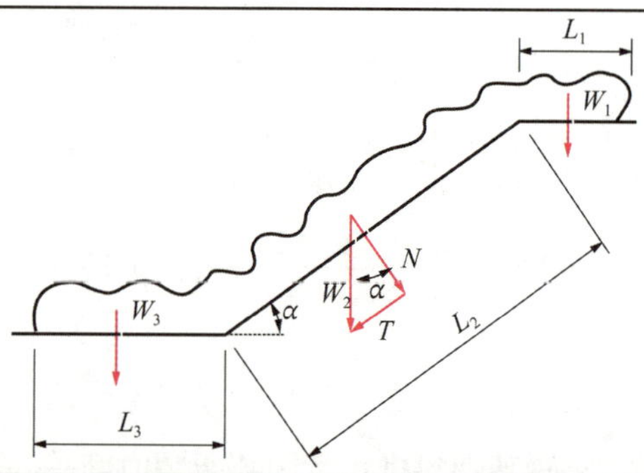

题 5-204　某土工模袋用于水利工程的围堰，已知围堰高度为 5m，模袋总长度为 18m，$L_1 = 2m$，按《土工合成材料应用技术规范》GB/T 50290—2014 的规定，若要求该模袋不从围堰上滑落的安全系数满足规范要求，则该围堰坡度最接近下列哪个选项？

（A）20.5°　　（B）22.5°　　（C）24.0°　　（D）26.0°

【解】

（1）f_{cs}取 0.5，安全系数不得小于 1.5

（2）$F_s = \dfrac{L_3 + L_2\cos\alpha}{L_2\sin\alpha} f_{cs} = \dfrac{\left(18 - 2 - \dfrac{5}{\sin\alpha}\right) + \dfrac{5}{\tan\alpha}}{5} \times 0.5 = 1.5 \Rightarrow \alpha = 22.62°$

【点评】

①根据《土工合成材料应用技术规范》第 6.3.4 条；②用有解方程功能的计算器求解，也可以选择代入法求解（不推荐）。

2. 加筋土挡墙——《土工合成材料应用技术规范》第 7.3 节、第 3.1 节

加筋土挡墙属于较重要考点，结合规范与《铁路路基支挡结构设计规范》对比学习。

内部稳定性验算应包括筋材强度验算和抗拔稳定性验算，并应按表 5-22-10 进行。

加筋土挡墙相关计算　　　　表 5-22-10

<table>
<tr>
<td>（1）筋材承受水平拉力T_i：
$T_i=[(\sigma_{vi}+\Sigma\Delta\sigma_{vi})K_i+\Delta\sigma_{hi}]s_{vi}s_{hi}$
式中：σ_{vi}——验算层筋材所受土的垂直自重压力（kPa）；
$\Sigma\Delta\sigma_{vi}$——超载引起的垂直附加压力（kPa）；
$\Delta\sigma_{hi}$——水平附加荷载（kPa）；
s_{vi}——筋材垂直间距（m）；
s_{hi}——筋材水平间距（m），筋材满铺时取 1
⇓</td>
<td>柔性筋材：　$K_i=K_a$
刚性筋材：
$$K_i=\begin{cases}K_0\left(1-\dfrac{z_i}{6}\right)+K_a\dfrac{z_i}{6} & z_i<6\text{m}\\ K_a & z_i\geqslant 6\text{m}\end{cases}$$
K_i——土压力系数；
K_a——主动土压力系数；
K_0——静止土压力系数；
z_i——墙顶距第i层墙面板中心的高度（m）</td>
</tr>
<tr>
<td>（2）抗拉验算：
$\dfrac{T_a}{T_i}\geqslant 1$
⇑
$T_a=\dfrac{T}{RF}\Leftarrow RF=RF_{CR}RF_{iD}RF_D$</td>
<td>T_a——筋材的允许抗拉强度（kN）；
T——筋材实测极限抗拉强度（kN）；
RF——综合强度折减系数，详见规范；
RF_{CR}——材料因蠕变影响的强度折减系数；
RF_{iD}——材料在施工过程中受损伤的强度折减系数；
RF_D——材料长期老化影响的强度折减系数</td>
</tr>
<tr>
<td>（3）筋材抗拔力T_{pi}：
$T_{pi}=2\sigma_{vi}BL_{ei}f$
⇓</td>
<td>σ_{vi}——验算层筋材所受土的垂直自重压力（kPa）；
f——筋材与土的摩擦系数，应由试验测定；
L_{ei}——筋材有效长度（m），即破裂面以外的筋材长度，$L_{ei}\geqslant 1$m；
B——筋材宽度（m）；筋材满堂铺时，$B=1$</td>
</tr>
<tr>
<td>（4）抗拔验算：
$\dfrac{T_{pi}}{T_i}\geqslant 1.5$</td>
<td rowspan="2">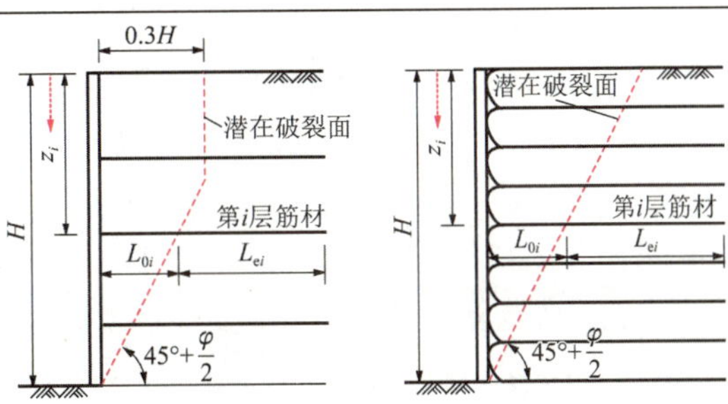
(a) 刚性筋墙　　(b)柔性筋墙
注：土工格栅、有纺土工织物为柔性筋材；抗拉模量高、延伸率低的土工带为刚性筋材</td>
</tr>
<tr>
<td>（5）筋材总长度L_i：
$L_i=L_{0i}+L_{ei}+L_{wi}$
$L_{ei}=\dfrac{T_{pi}}{2\sigma_{vi}Bf}\geqslant\dfrac{1.5T_i}{2\sigma_{vi}Bf}$
式中：L_{0i}——第i层筋材破裂面以内长度（m）；
L_{wi}——第 i 层筋外端部包裹体长度，$L_{wi}\geqslant 1.2$m，或筋材与墙面连接所需长度（m）</td>
</tr>
</table>

注：外部稳定性验算应将整个加筋土体视为刚体，采用一般重力式挡墙的方法验算墙体的抗水平滑动稳定性、抗深层滑动稳定性和地基承载力。加筋土体可不做抗倾覆校核，但墙底面上作用合力的着力点应在底面中三分段之内。墙背土压力应按朗肯土压力理论确定。

题 5-205　（12C20）某加筋土挡墙高 7m，加筋土的重度$\gamma = 19.5\text{kN/m}^3$、内摩擦角$\varphi = 30°$，筋材与填土的摩擦系数$f = 0.35$，筋材宽度$B = 10\text{cm}$，设计要求筋材的抗拔力$T = 35\text{kN}$。按《土工合成材料应用技术规范》GB/T 50290—2014 的相关要求，距墙顶面下 3.5m 处加筋筋材的有效长度最接近下列哪个选项？

（A）5.5m　　（B）7.5m　　（C）9.5m　　（D）11.5m

【解】

（1）$\sigma_v = 19.5 \times 3.5 = 68.25\text{kPa}$

（2）$L_e = \dfrac{T}{2\sigma_v Bf} = \dfrac{35}{2 \times 68.25 \times 0.1 \times 0.35} = 7.3\text{m}$

【点评】

①根据《土工合成材料应用技术规范》第 7.3.5 条；②破裂面以外的筋材长度为有效长度；③筋材满堂铺时，$B = 1$。

题 5-206　（17C14）某高填土路基，填土高度 5m，上部等效附加荷载按 30kPa 考虑，无水平附加荷载，采用满铺水平复合土工织物按 1m 厚度等间距分层加固，已知填土重度$\gamma = 18\text{kN/m}^3$，侧压力系数$K_a = 0.6$，不考虑土工布自重，地下水位在填土以下，综合强度折减系数 3.0。按《土工合成材料应用技术规范》GB/T 50290—2014 选用的土工织物极限抗拉强度及铺设合理组合方式最接近下列哪个选项？

（A）上面 2m 单层 80kN/m，下面 3m 双层 80kN/m

（B）上面 3m 单层 100kN/m，下面 2m 双层 100kN/m

（C）上面 2m 单层 120kN/m，下面 3m 双层 120kN/m

（D）上面 3m 单层 120kN/m，下面 2m 双层 120kN/m

【解】

（1）按 1m 厚度等间距分层布置五层，应分别布置在 1m、2m、3m、4m、5m 处；

（2）上面 2m，验算最危险的 2m 处：

$T_i = [(18 \times 1.5 + 30) \times 0.6 + 0] \times 1 \times 1 = 34.2\text{kN/m}$

$3T_i = 3 \times 34.2 = 102.6\text{kN/m}$，排除 A

（3）上面 3m，验算最危险的 3m 处：

$T_i = [(18 \times 2.5 + 30) \times 0.6 + 0] \times 1 \times 1 = 45\text{kN/m}$

$3T_i = 3 \times 45 = 135\text{kN}$，排除 B、D

（4）下面验算最危险的 5m 处：

$T_i = [(18 \times 4.5 + 30) \times 0.6 + 0] \times 1 \times 1 = 66.6\text{kN/m}$

$3T_i = 3 \times 66.6 = 199.8\text{kN/m}$，双层 120kN/m 满足要求

（5）综上可知，只有 C 选项满足。

【点评】

①根据《土工合成材料应用技术规范》第 3.1.3 条、第 7.3.5 条；②按理本题应分别验算各层筋材拉力是否满足要求，但是根据答案设置，仅验算第二层（平均水平压力为 1.5m）、第三层（平均水平压力为 2.5m）、第五层（平均水平压力为 4.5m）筋材拉力即可；③考点较偏、有一定的难度，关键在于确定土土织物的布置。

题 5-207 （20C15）某柔性加筋土挡墙（图 5-22-4），高度 8m，筋材采用土工格栅满铺，筋材竖向间距 0.8m，材料的实测极限抗拉强度$T = 145\text{kN/m}$，每层筋材总长度均为 7.5m，包裹长度为 1.5m，墙面采用挂网喷射混凝土防护，填料采用砂土，$\gamma = 20\text{kN/m}^3$，$c = 0$，$\varphi = 30°$，筋材的综合强度折减系数取 3.0，筋材与填料间的摩擦系数取 0.25。因场地条件限制，需在挡墙顶进行堆载，根据《土工合成材料应用技术规范》GB/T 50290—2014，为满足加筋挡墙内部稳定性要求，则堆载最大值最接近下列哪个选项？

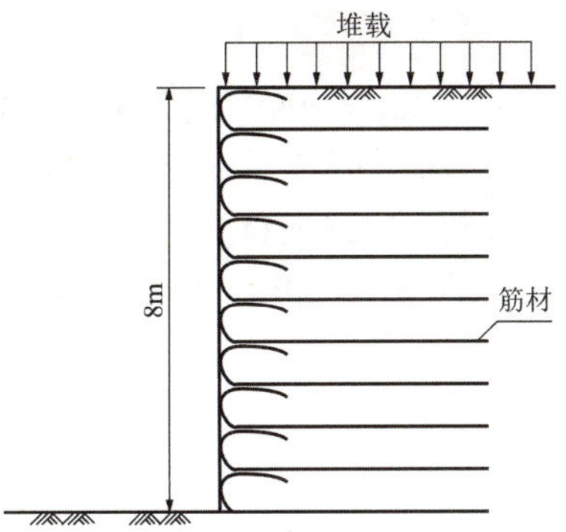

图 5-22-4 题 5-207 图

（A）10kPa （B）15kPa

（C）20kPa （D）25kPa

【解】

（1）$K_i = \tan^2\left(45° - \dfrac{30°}{2}\right) = \dfrac{1}{3}$

（2）抗拉最不利位置在最底层，仅验算最底层即可：

$$T_i = (20 \times 8 + q) \times \frac{1}{3} \times 0.8 \times 1$$

$$\frac{T_a}{T_i} = \frac{145/3}{(20 \times 8 + q) \times \frac{1}{3} \times 0.8 \times 1} \geqslant 1 \Rightarrow q \leqslant 21.25\text{kPa}$$

（3）验算第一层抗拔：$L_{ei} = 7.5 - 1.5 - \dfrac{7.2}{\tan(45° + 30°/2)} = 1.84\text{m}$

$$\frac{T_{pi}}{T_i} = \frac{2 \times 20 \times 0.8 \times 1 \times 1.84 \times 0.25}{(20 \times 0.8 + q) \times \frac{1}{3} \times 0.8/1} \geqslant 1.5 \Rightarrow q \leqslant 20.8\text{kPa}$$

（4）第二层有效筋材长度增加量：$\Delta L_{ei} = \dfrac{0.8}{\tan(45° + 30°/2)} = 0.462\text{m}$

$$\Delta T_{pi} = 2 \times 20 \times 0.8 \times 1 \times 1.84 \times 0.25 + 2 \times 20 \times 1.6 \times 1 \times 0.462 \times 0.25 = 22.11\text{kN}$$

$$\Delta T_i = 20 \times 0.8 \times \frac{1}{3} \times 0.8/1 = 4.26\text{kN}$$

$$\frac{\Delta T_{pi}}{\Delta T_i} = \frac{22.11}{4.26} = 5.2 > 1.5$$

同理，越往下，增量ΔT_{pi}越大，增量ΔT_i不变，安全系数越大。

故第一层抗拔最不利，综合取堆载q最大值为 20.8kPa。

【点评】

①根据《土工合成材料应用技术规范》第 7.3.2 条、第 7.3.5 条、第 7.3.6 条；②土工格栅**柔性**筋式加筋土挡墙，土压力系数均取朗肯主动土压力系数，内部稳定性需要同时验算**抗拉和抗拔**；③根据第 7.3.2 条第 2 款，柔性筋墙的潜在破裂面按朗肯理论破裂面；④严格按规范公式，**水平拉力计入附加压力，抗拔力不计入附加压力。**

题 5-208 某工程拟采用加筋土挡墙进行支护（图 5-22-5），高度 8m，坡顶附加均布荷载$q = 20\text{kPa}$，筋材采用土工格栅满铺，筋材竖向间距为 1m，墙面采用挂网喷射混凝土防护，填料采用砂土，其重度$\gamma = 19.5\text{kN/m}^3$、$c = 0$、$\varphi = 32°$，筋材与填料间的摩擦系数取 0.20，筋材的抗拔稳定安全系数取 2.0。按《土工合成材料应用技术规范》GB/T 50290—2014 计算，距离墙顶 3.5m 处的筋材最小总长度L_i最接近下列哪个选项？

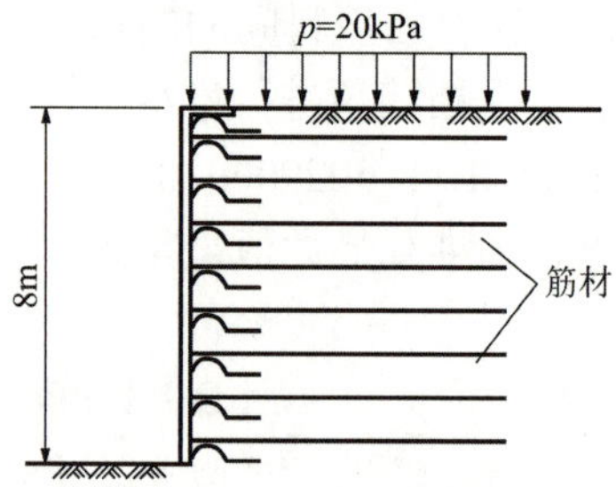

图 5-22-5 题 5-208 图

（A）5.2m （B）5.7m

（C）6.3m （D）8.7m

【解】

（1）$L_{oi} = (8 - 3.5) \times \tan\left(45° - \dfrac{32°}{2}\right) = 2.5\text{m}$

（2）土工格栅为柔性筋材：$K_a = \tan^2\left(45° - \dfrac{32°}{2}\right) = 0.307$

$T_i = (3.5 \times 19.5 + 20) \times 0.307 \times 1 \times 1 = 27.1\text{kN}$

（3）$L_{ei} = \dfrac{2 \times 27.1}{2 \times 3.5 \times 19.5 \times 1 \times 0.2} = 2.0\text{m} \geqslant 1\text{m}$，满足构造要求。

（4）筋材总长度：$L_i \geqslant 2.5 + 2.0 + 1.2 = 5.7\text{m}$

【点评】

①根据《土工合成材料应用技术规范》第 7.3.5 条、第 7.3.6 条；②土工格栅、有纺土工织物为柔性筋材，注意选择正确的破裂面和土压力计算公式；③当筋材满堂铺时，计算水平拉力时水平间距取 1m；计算抗拔力时，取$B = 1$；④破裂面以外的有效长度按构造要求应大于 1m；⑤L_{wi}为第i层筋外端部包裹土体所需长度，该长度不得小于 1.2m；⑥计算抗拔力不考虑附加荷载，计算筋材受到的拉力时考虑附加荷载。

3. 软基筑堤加筋——《土工合成材料应用技术规范》第 7.4 节

软基筑堤加筋稳定性验算见表 5-22-11。

软基筑堤加筋稳定性验算　　　　表 5-22-11

（1）地基承载力验算：

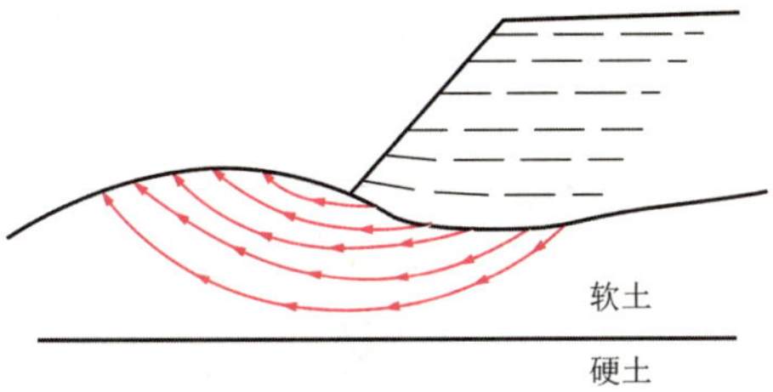

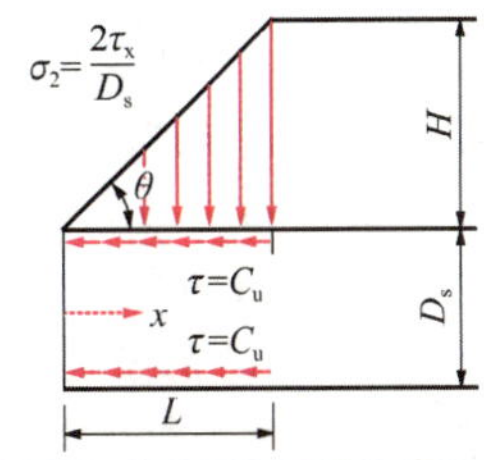

①当地基软土层厚度D_s远大于堤底宽度L时	②当地基软土层厚度D_s小于堤底宽度L时
地基极限承载力q_{ult}： $q_{ult}=C_uN_c$	坡趾处的抗挤安全系数F_s： $F_s=\frac{2C_u}{\gamma D_s\tan\theta}+\frac{4.14C_u}{\gamma H}$

式中：C_u——地基土的不排水抗剪强度（kPa）；

γ——坡土重度（kN/m³）；

H——路堤高度（m）；

θ——坡角（°）；

N_c——软基上条形基础下地基承载力因数，N_c取 5.14

（2）地基深层抗滑稳定性验算：

针对未加底筋的深层软土地基及其上土堤进行深层圆弧滑动稳定分析。如果算得的安全系数$F_s \geqslant F_{sr}$，则无需铺设底筋；如果安全系数$F_s < F_{sr}$，则要求**底筋的抗拉强度T_g**按下式计算：

$$T_g=\frac{F_{sr}M_D-M_R}{R\cos(\theta-\beta)} \Leftarrow F_{sr}=\frac{T_gR\cos(\theta-\beta)+M_R}{M_D}$$

式中：F_{sr}——设计要求达到的安全系数；

M_D、M_R——未加筋时的滑动力矩和抗滑力矩（kN·m）；

β——原来水平铺放的筋材在圆弧滑动时，其方位的改变角度（°），地基软土或泥炭等可采用$\beta=0$；$\beta=0$ 为最保守情况

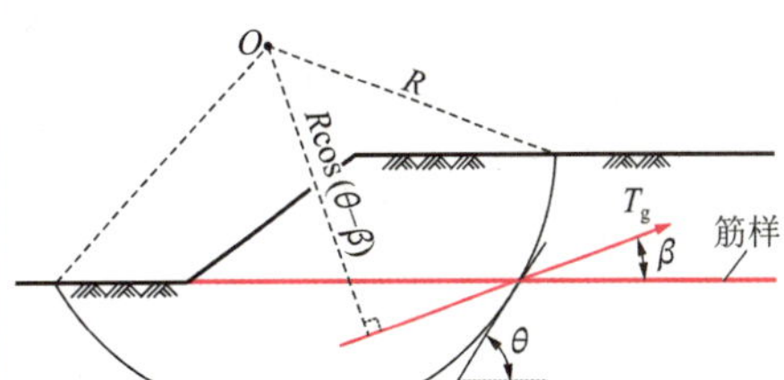

R——滑动圆半径（m）；

θ——筋材与滑弧相交点处切线的仰角（°）

续表

（3）浅层平面抗滑稳定性验算（分析图中堤身右侧三角形部分）：

①**加筋前**：

$$F_s = \frac{L\tan\varphi_f}{K_aH} \Leftarrow F_s = \frac{G\tan\varphi_f}{E_a}$$

式中：φ_f——堤底与地基土间的摩擦角（°）；

K_a——堤身土主动土压力系数，

$K_a = \tan^2(45° - \varphi/2)$；

φ——堤身土的内摩擦角（°）。

安全系数$F_s \geqslant F_{sr}$时，无需铺设底筋

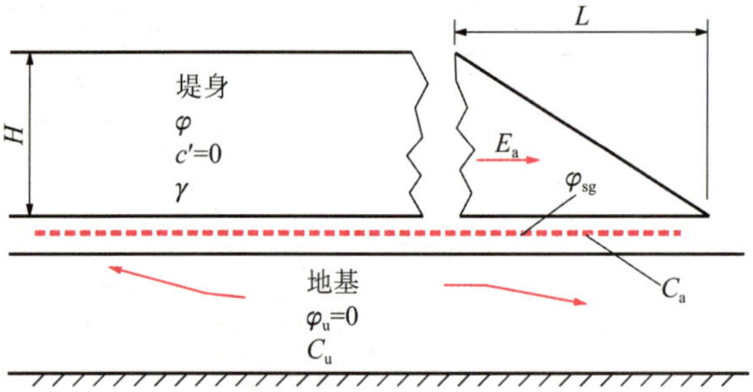

②如果算得的安全系数$F_s < F_{sr}$，则需铺设底筋。**加筋后**，要求的**底筋抗拉强度**T_{1s}按下式计算：

$$F_{sr} = \frac{2(LC_a + T_{1s})}{K_a\gamma H^2} \Leftarrow F_{sr} = \frac{C_aL + T_{1s}}{E_a}$$

式中：C_a——地基土与底筋间的黏着力（kPa），由不排水试验测定；对极软地基土和低堤，可设$C_a = 0$

③**加筋后**，土堤沿**底筋顶面**的抗滑稳定分析：

$$F_s = \frac{L\tan\varphi_{sg}}{K_aH} \Leftarrow F_s = \frac{G\tan\varphi_{sg}}{E_a}$$

φ_{sg}——堤底与底筋面间的摩擦角（°）

（4）设计要求的底筋抗拉强度T：

$$T = T_a \cdot \mathrm{RF} \leftarrow T_a = \max\{T_g, T_{1s}\} \leftarrow 深层滑动T_g，浅层滑动T_{1s}$$

题 5-209 某公路路堤建于极软土地基上，软土层厚 1.5m，无侧限抗压强度 20kPa，路堤填土高度 4m，土料重度为 19.5kN/m³，内摩擦角为 30°，填土底面与软土间摩擦角为 10°。试按《土工合成材料应用技术规范》计算不发生软土挤出问题时，路堤放坡的坡度不应大于多少？若放坡坡度为 50°，则保证填土不发生浅层滑动需要铺设的底筋最小抗拉强度应不小于多少？

【解】

（1）抗挤出安全系数$F_s = \dfrac{2C_u}{\gamma D_s\tan\theta} + \dfrac{4.14C_u}{\gamma H} = \dfrac{2\times 20/2}{19.5\times 1.5\times\tan\theta} + \dfrac{4.14\times 20/2}{19.5\times 4} \geqslant 1$

解得$\theta \leqslant 55.54°$

验算$D_s = 1.5\text{m} < L = \dfrac{4}{\tan 55.54°} = 2.75\text{m}$，满足要求

（2）软土表层抗滑移安全系数$F_s = \dfrac{L\tan\varphi_j}{K_aH} = \dfrac{\dfrac{4}{\tan 50°}\times\tan 10°}{4\tan^2\left(45° - \dfrac{30°}{2}\right)} = 0.44 < 1$，

需要铺设底筋$T_{1s} = \dfrac{F_{sr}K_a\gamma H^2}{2} - LC_a = \dfrac{\tan^2\left(45° - \dfrac{30°}{2}\right)\times 19.5\times 4^2}{2} = 52.0\text{kN/m}$

【点评】

①根据《土工合成材料应用技术规范》第 7.4.4 条，第 7.4.6 条；②对极软地基土，$C_u = 0$；无侧限抗压强度$q_u = 2C_u$，极软土地基，地基土与底筋间的摩擦力$C_a = 0$。

题 5-210　如图 5-22-6 所示，某填土边坡建于深层软土地基上，设计验算时采用圆弧条分法分析地基深层抗滑稳定性。对应每延米的抗滑力矩为 1500kN · m，滑动力矩为 1850kN · m，设计要求安全系数为$F_{sr} = 1.3$，土层重度$\gamma = 18kN/m^3$，按照《土工合成材料应用技术规范》：（1）验算其是否需要铺设底筋；（2）若采用设计容许抗拉强度为 25kN/m 的底筋以等间距布置，底筋的最少层数为多少；（3）加底筋后，由筋材提供的抗滑力矩为多少？

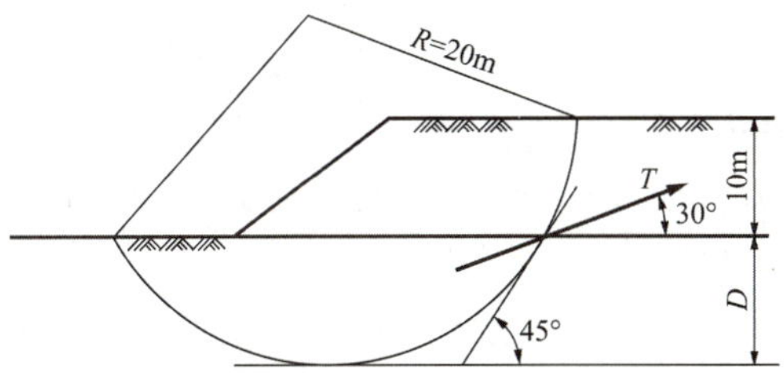

图 5-22-6　题 5-210 图

【解】

（1）$F_s = \dfrac{1500}{1850} = 0.81 < F_{sr} = 1.3$，需加底筋

（2）$T_g = \dfrac{F_{sr}M_D - M_R}{R\cos(\theta - \beta)} = \dfrac{1.3 \times 1850 - 1500}{20 \times \cos(45° - 30°)} = 46.8kN/m$

$n = \dfrac{46.8}{25} = 1.87$，取$n = 2$ 层

（3）由筋材提供的抗滑力矩：

$M_R = T_s R\cos(\theta - \beta) = 2 \times 25 \times 20 \times \cos(45° - 30°) = 965.9kN \cdot m/m$

【点评】

根据《土工合成材料应用技术规范》第 7.4.5 条。

4. 加筋土坡——《土工合成材料应用技术规范》第 7.5 章、第 7.3.2 条及条文说明

加筋土坡属于较重要考点，对比“边坡稳定性圆弧滑动”学习，原理一致。

加筋土坡设计时，应先对未加筋土坡进行稳定分析，得出最小安全系数F_u，并与设计要求的安全系数F_{sr}比较。当$F_u < F_{sr}$时，应采取加筋处理措施；针对每一假设潜在滑弧，所需筋材总拉力T_s（单宽）应按表 5-22-12 计算。

加筋土坡稳定性　　　　表 5-22-12

所需单宽筋材总拉力T_s：

$$T_s = \frac{(F_{sr} - F_{su})M_D}{D} \Leftarrow \Delta F_s = F_{sr} - F_{su} = \frac{T_s D}{M_D}$$

式中：F_{sr}——设计要求达到的安全系数（加筋后）；

F_{su}——加筋前的安全系数；

M_D——加筋前的土坡滑动力矩（kN · m）；

D——某一滑弧的T_s对于滑动圆心的力臂（m）。

当筋材为**独立条带**时，拉力为水平方向，取$D = Y$，T_s的作用点可设定在$H/3$坡高处；当筋材为**延伸性筋材满铺**时，拉力为圆弧切向方向，取$D = R$。

注：Y为圆心至坡高$H/3$处的**垂高**，一般$Y \neq R - H/3$

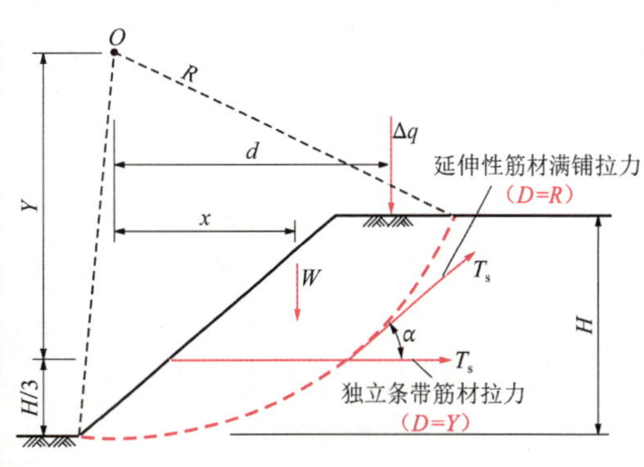

续表

刚性筋式	抗拉模量高、延伸率低的土工带、刚性土工格栅
柔性筋式	塑料土工格栅或有纺土工织物等拉伸模量相对较低的材料

注：筋材按其在受时的延伸率大小可分为柔性材料和刚性材料。在设计中，习惯上将破坏延伸率可能达到10%以上的如土工格栅、土工织物等视为柔性材料，而延伸率仅是3%～4%的如强化加筋带等视为刚性材料。

即并非所有的土工格栅均为柔性材料，土工格栅一般分为塑料土工格栅、钢塑土工格栅、玻璃纤维土工格栅和聚酯经编涤纶土工格栅四大类，规范只确认塑料土工格栅为柔性

注：各滑弧中T_s的最大值T_{smax}应为设计所需的筋材总加筋力。当坡高小于6m时，沿坡高可取单一等间距布筋；当坡高大于6m时，沿坡高可分为二区或三区，各区取各自的单一间距布筋。

题5-211　（10D19）设计一个坡高15m的填土坡（图5-22-7），用圆弧条分法计算得到的最小安全系数为0.89，对应的滑动力矩为36000kN·m/m，圆弧半径为37.5m，为此需要对土坡进行加筋处理，筋材为独立条带，如果要求的安全系数为1.3，按照《土工合成材料应用技术规范》GB/T 50290—2014计算，每延米填方需要的筋材总加筋力最接近下列哪个选项？

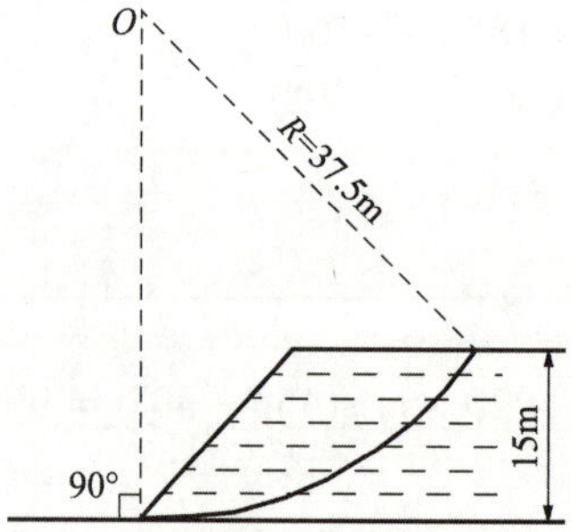

图5-22-7　题5-211图

（A）1400kN/m　　　　（B）1000kN/m

（C）454kN/m　　　　（D）400kN/m

【解】

$$T_s=\frac{(F_{sr}-F_{su})M_D}{D}=\frac{(1.3-0.89)\times 36000}{37.5-15/3}=454.2\text{kN/m}$$

【点评】

①根据《土工合成材料应用技术规范》第7.5.3条；②按新规范，当筋材为独立条带时，T_s的作用点定在坡高的1/3处，$D=R-H/3$；当为延性筋材满铺时，$D=R$；③原真题对应的老规范不区分独立条带和延性筋材满铺，故题目增加了条件。

题 5-212 （08C19）一填方土坡圆弧滑裂面如图 5-22-8 所示，每延米滑动土体的总重量$W=250\text{kN/m}$，重心距滑弧圆心水平距离为 6.5m，计算的安全系数为$F_{su}=0.8$，不能满足抗滑稳定而要采取加筋处理，要求安全系数达到$F_{sr}=1.3$。按照《土工合成材料应用技术规范》GB/T 50290—2014，采用设计容许抗拉强度为 19kN/m 的独立筋材土工带以等间距布置时，土工带的最少层数为下列哪个选项？

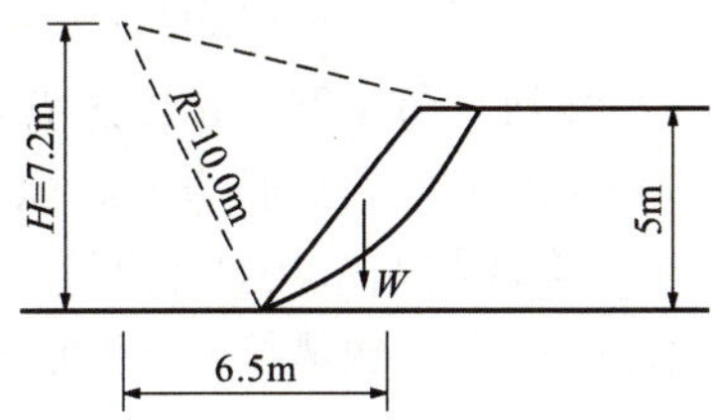

图 5-22-8 题 5-212 图

（A）5 （B）6 （C）7 （D）8

【解】

（1）$M_D=250\times6.5=1625\text{kN}\cdot\text{m/m}$

（2）$T_s=\dfrac{(1.3-0.8)\times1625}{7.2-5/3}=146.8\text{kN/m}$

（3）$n=146.8/19=7.7$，取$n=8$层

【点评】

①根据《土工合成材料应用技术规范》第 7.5.3 条；②原题为土工格栅，新规范中土工格栅多属于延伸性筋材，故本题改编为独立筋材土工带，此时筋材提供的抗滑力力臂大小等于滑动圆弧半径，即$D-H/3$。

题 5-213 （14C20 改编）如图 5-22-9 所示，某填土边坡，高 12m，设计验算时采用圆弧条分法分析，其最小安全系数为 0.88，对应每延米的抗滑力矩为 22000kN·m，圆弧半径 25.0m，不能满足该边坡稳定要求，拟采用加筋处理，等间距布置 10 层塑料土工格栅，每层土工格栅的拉力均按 45kN/m 考虑，按照《土工合成材料应用技术规范》GB/T 50290—2014，该边坡加筋处理后的稳定安全系数最接近下列哪个选项？

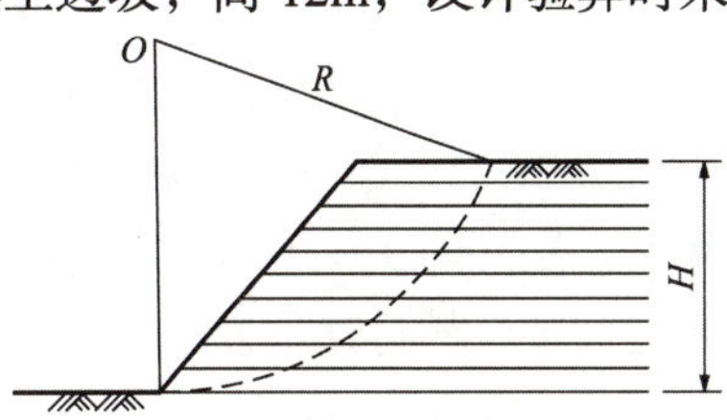

图 5-22-9 题 5-213 图

（A）1.1 （B）1.2 （C）1.3 （D）1.4

【解】

（1）$M_D=\dfrac{22000}{0.88}=25000\text{kN}\cdot\text{m}$

$T_s=45\times10=450\text{kN/m}$

（2）$T_s=\dfrac{(F_{sr}-F_{su})M_D}{D}\Rightarrow450=\dfrac{(F_{sr}-0.88)\times25000}{25}\Rightarrow F_{sr}=1.33$

【点评】

①根据《土木合成材料应用技术规范》第 7.5.3 条；②新规范规定塑料土工格栅为延伸性筋材，满铺取$D=R$，注意与独立条带筋材（$D=Y=R-H/3$）区别；③老规范不区分刚性和柔性，一律按T_s的作用点可设定在坡高的 1/3 处。

题 5-214　（22C17）某填土边坡（图 5-22-10），坡高 5.4m，设计时采用瑞典圆弧法计算得到其最小安全系数为 0.8，圆弧半径为 15m，单位宽度土体的抗滑力矩为 8000kN · m。拟采用土工格栅加筋增强其稳定性，若土工格栅提供的总单宽水平拉力为 380kN/m。根据《土工合成材料应用技术规范》GB/T 50290—2014，假定加筋后稳定验算滑弧不变，加筋后最小安全系数最接近下列哪个选项？

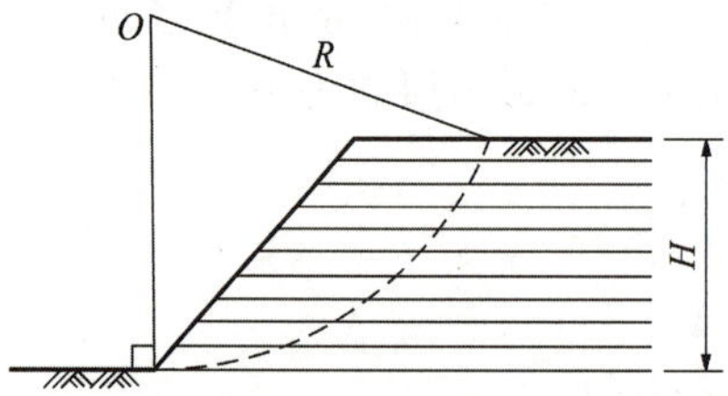

图 5-22-10　题 5-214 图

（A）1.10　　（B）1.15　　（C）1.30　　（D）1.35

【解】

（1）$M_d = \dfrac{8000}{0.8} = 10000\text{kN} \cdot \text{m/m}$

（2）$F_s = \dfrac{8000 + 380 \times (15 - 5.4/3)}{10000} = 1.30$

【点评】

①根据《土工合成材料应用技术规范》第 7.3.2 条、第 7.5.3 条；②本题给的土工格栅提供的拉力为水平力，隐含条件：土工格栅为刚性，故力臂取$D = R - H/3$，坑点非常深；③根据第 7.3.2 条条文说明，延伸率达到 10%的视为柔性材料，如塑料土工格栅按柔性，筋材拉力的力臂$D = R$；延伸率仅为 3%～4%的土工带等（如：钢塑土工格栅是由钢丝外面包裹聚乙烯塑料通过超声波焊接而成的一种土工格栅）为刚性材料，力臂取$D = R - H/3$。

5. 软基加筋桩网结构——《土工合成材料应用技术规范》第 7.6 节

软基加筋桩网结构设计应符合表 5-22-13 的规定。

软基加筋桩网结构设计　　　　表 5-22-13

软基加筋桩网结构	桩的分布范围计算
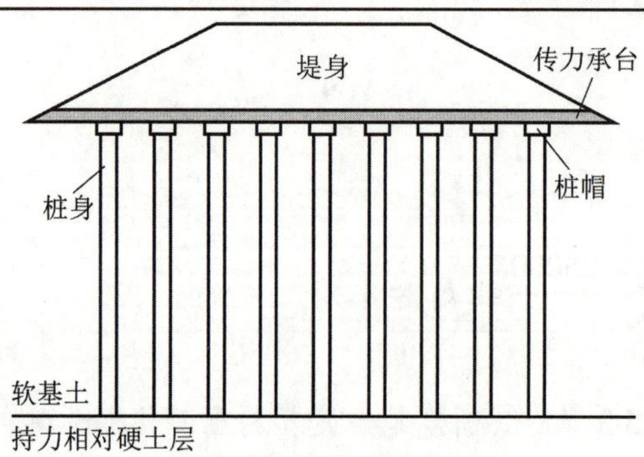 软基加筋桩网结构	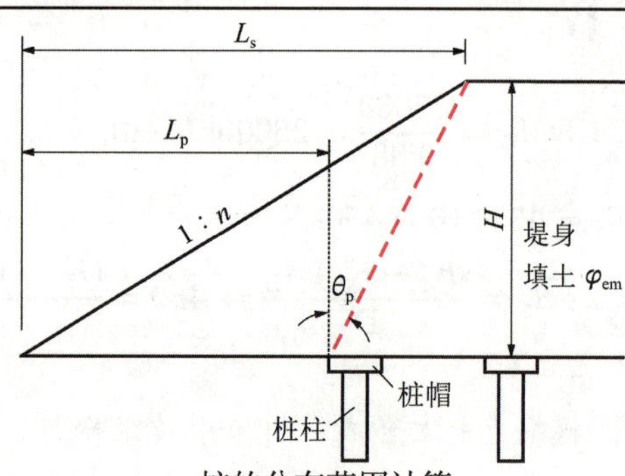 桩的分布范围计算

续表

（1）沿堤横断面要求桩分布的范围（最外侧桩到坡脚的距离）：

$$L_p = H(n - \tan\theta_p) \Leftarrow \theta_p = 45° - \frac{\varphi_{em}}{2}$$

式中：H——堤身高度（m）；

n——堤坡坡率；

θ_p——与垂线的夹角（°）；

φ_{em}——堤身土的有效内摩擦角（°）

（2）抵抗坡肩处主动土压力P_a将坡土推动，筋材抗拉力T_{1s}（kN/m）：

$$T_{1s} \geqslant P_a = f_f\left(\frac{1}{2}\gamma H^2 K_a + qHK_a\right)$$

$$K_a = \tan^2\left(45° - \frac{\varphi_{em}}{2}\right)$$

式中：f_f——荷载因数，f_f取 1.3

（3）提供抗拉力T_{1s}的锚固长度L_e：

$$L_e = \frac{T_{1s} + T_{rp}}{0.5\gamma HC_i \tan\varphi_{em}}$$

式中：T_{rp}——堤轴向筋材拉力（kN/m）；

C_i——筋材与堤土之间抗滑相互作用系数，$C_i < 1$，C_i宜取 0.8

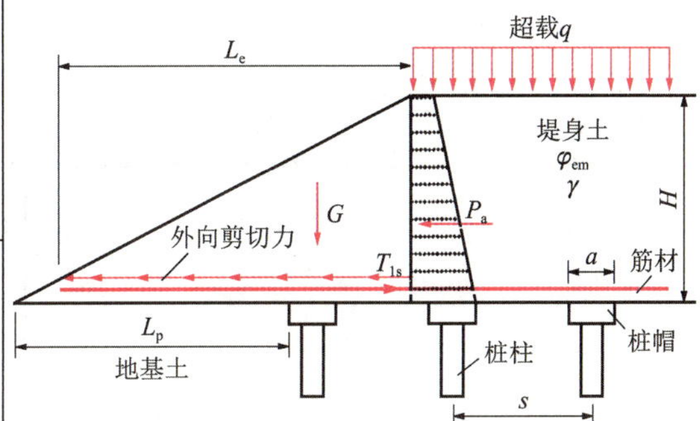

堤坡抗挤滑验算

（4）堤轴向筋材单宽拉力T_{rp}（kN/m）：

$$T_{rp} = \frac{W_T(s-a)}{2a}\sqrt{1 + \frac{1}{6\varepsilon}}$$

式中：W_T——筋材承受的竖向荷载（kN/m）；

s——桩间距（m）；

a——桩帽直径（m）；

ε——筋材的应变，堤重全部传递给桩时的最大应变为 6%

⇐

当$H > 1.4(s-a)$时：

$$W_T = \frac{1.4sf_{fs}\gamma(s-a)}{s^2 - a^2}\left(s^2 - a^2\frac{p_c'}{\sigma_v'}\right)$$

当$0.7(s-a) \leqslant H \leqslant 1.4(s-a)$时：

$$W_T = \frac{s(f_{fs}\gamma H + f_q q)}{s^2 - a^2}\left(s^2 - a^2\frac{p_c'}{\sigma_v'}\right)$$

土拱作用使**桩顶**平均垂直应力p_c'与**堤底**平均垂直应力σ_c'**之比**：　⇑

$$\frac{p_c'}{\sigma_v'} = \left(\frac{C_c a}{H}\right)^2 \Leftarrow C_c = \begin{cases} 1.95\dfrac{H}{a} - 0.18 \leftarrow \text{端承桩} \\ 1.50\dfrac{H}{a} - 0.07 \leftarrow \text{摩擦桩} \end{cases}$$

$$\sigma_v' = f_{fs}\gamma H + f_q q$$

式中：f_{fs}——土单位质量分项荷载因数，取 1.3；

f_q——超载分项荷载因数，取 1.3；

C_c——成拱系数

（5）传力承台筋材的总设计强度T_t（kN/m）：

堤轴线方向：$T_t = T_{rp}$　　　**横贯堤轴线**方向：$T_t = T_{1s} + T_{rp}$

题 5-215　（21D15）某软基筑堤工程采用加筋桩网基础，如图 5-22-11 所示，堤高 4.5m，坡角 25°，堤身填料重度$\gamma = 20\text{kN/m}^3$，$\varphi_{em} = 30°$；软基厚度 15m，$\gamma = 16\text{kN/m}^3$，$c = 12\text{kPa}$。桩基采用预制管桩，为摩擦桩，桩径 0.6m，桩间距 1.8m，桩帽宽度 0.9m。筋材锚固长度 9.0m，筋材与堤土之间抗滑相互作用系数$C_i = 0.8$，筋材应变$\varepsilon = 6\%$。根据《土工合成材料应用技术规范》GB/T 50290—2014 计算，在满足堤坡抗挤滑验算的前提下，堤顶面超载q最大值最接近下列哪个选项？

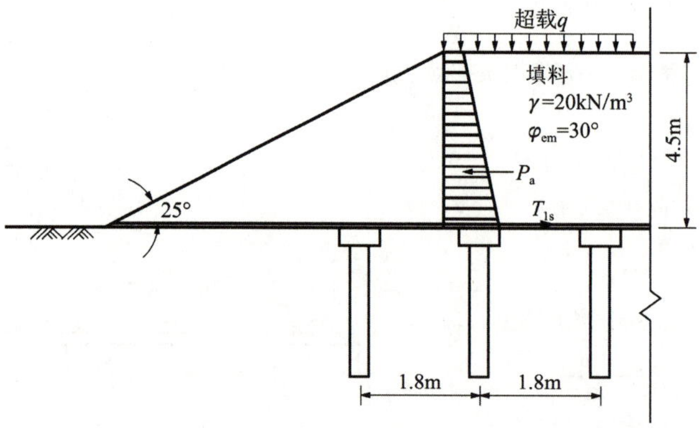

图 5-22-11　题 5-215 图

（A）20kPa　　（B）25kPa　　（C）30kPa　　（D）35kPa

【解】

（1）摩擦桩：$C_c = 1.5 \times \dfrac{4.5}{0.9} - 0.07 = 7.43$，$\dfrac{p'_c}{\sigma'_v} = \left(\dfrac{7.43 \times 0.9}{4.5}\right)^2 = 2.21$

（2）$H = 4.5\text{m} > 1.4 \times (1.8 - 0.9) = 1.26\text{m}$

$$W_T = \frac{1.4 \times 1.8 \times 1.3 \times 20 \times (1.8 - 0.9)}{1.8^2 - 0.9^2} \times (1.8^2 - 0.9^2 \times 2.21) = 35.2\text{kN/m}$$

（3）$T_{rp} = \dfrac{35.2 \times (1.8 - 0.9)}{2 \times 0.9} \times \sqrt{1 + \dfrac{1}{6 \times 0.06}} = 34.2\text{kN/m}$

（4）$K_a = \tan^2\left(45° - \dfrac{30°}{2}\right) = \dfrac{1}{3}$

$$1.3 \times \left(0.5 \times 20 \times 4.5^2 \times \frac{1}{3} + q \times 4.5 \times \frac{1}{3}\right) + 34.2 \leqslant 0.5 \times 4.5 \times 9 \times 20 \times 0.8 \times \tan 30°$$

得$q \leqslant 33.4\text{kPa}$，满足要求，且最接近值为 30kPa

【点评】

①根据《土工合成材料应用技术规范》第 7.6.3 条；②本题计算量很大，宜放在后半程做，选项为最大值最接近的，且要满足抗滑移前提，选 C 合适；但 D 选项更接近计算值，选项设置有争议。

22.2 碾压式土石坝设计规范

偏僻规范，自行学习，了解即可，主要熟悉历年真题案例考过的知识点。

22.2.1 渗透稳定计算——《碾压式土石坝设计规范》第 10.2 节、附录 C.2

1. 土的渗透变形判别——《碾压式土石坝设计规范》附录 C.2

本条与前述《水利水电工程地质勘察规范》判别方法基本上一致，规定上稍有区别；此外，流土和管涌应根据土的细粒含量，也可以采用以下方法判别：

$$\begin{cases} P_c \geqslant \dfrac{1}{4(1-n)} \times 100\% \Rightarrow \text{流土} \\ P_c < \dfrac{1}{4(1-n)} \times 100\% \Rightarrow \text{管涌} \end{cases}$$

式中：P_c——土的细粒颗粒含量（%），以质量百分率计；

n——土的孔隙率，以小数计。

2. 排水盖重层厚度计算——《碾压式土石坝设计规范》第 9.1.12 条

排水盖重层厚度计算应符合表 5-22-14 的规定。

排水盖重层厚度计算 **表 5-22-14**

<table>
<tr>
<td>对双层结构的地基，坝基表层土的渗透系数小于下层土的渗透系数，而下游渗透坡降又符合下式时，应设置排水盖重层或排水减压井：
$J_{a-x} > (G_{s1}-1)(1-n_1)/K$</td>
<td colspan="2">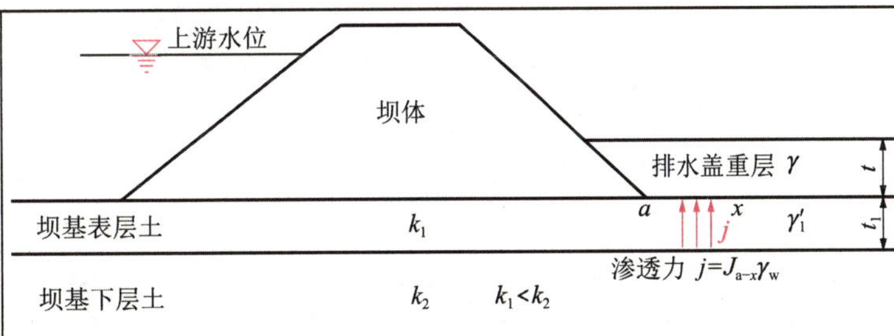

坝基结构示意图</td>
</tr>
<tr>
<td>排水盖重层的厚度t：
$t=[KJ_{a-x}t_1\gamma_w-(G_{s1}-1)(1-n_1)t_1\gamma_w]/\gamma$
或$t=(KJ_{a-x}t_1\gamma_w-\gamma_1' t_1)/\gamma$
或按压重原理解方程求t：
$K=\dfrac{\gamma t+\gamma_1' t_1}{\Delta h\gamma_w}$（$\Delta h$——表层土顶、底面水头差）</td>
<td>⇐</td>
<td>$K=\dfrac{\gamma t+\gamma_1' t_1}{jt_1}$
$\gamma_1'=(G_{s1}-1)(1-n_1)\gamma_w$，$j=J_{a-x}\gamma_w$
$J_{a-x}=\dfrac{\Delta h}{t_1}$</td>
</tr>
<tr>
<td colspan="3">J_{a-x}——表层土在坝下游坡脚点a至a以下范围x点的渗透坡降，可按表层土上下表面的水头差Δh除以表层土层厚度t_1得出；
G_{s1}——表层土的土粒比重；
n_1——表层土的孔隙率；
t_1——表层土的厚度；
K——安全系数，取 1.5～2.0；
γ——排水盖重层的重度，水上用湿重度，水下用浮重度；
γ_w——水的重度</td>
</tr>
</table>

题 5-216 （05D05）现有四个坝基土样的孔隙率n和细颗粒含量P_c（以质量百分率计）分别如下所示，则下列哪个选项的土的渗透变形破坏形式属于管涌？

（A）$n_1 = 20.3\%$，$P_{c1} = 38.1\%$　　（B）$n_2 = 25.8\%$；$P_{c2} = 37.5\%$

（C）$n_3 = 31.2\%$；$P_{c3} = 38.5\%$　　（D）$n_4 = 35.5\%$；$P_{c4} = 38.0\%$

【解】

（1）管涌：$P_c < \dfrac{1}{4(1-n)} \times 100\%$

（2）A：$\dfrac{1}{4\times(1-0.203)} \times 100\% = 31.4\% < P_{c1} = 38.1\%$，流土破坏

（3）B：$\dfrac{1}{4\times(1-0.258)} \times 100\% = 33.7\% < P_{c2} = 37.5\%$，流土破坏

（4）C：$\dfrac{1}{4\times(1-0.312)} \times 100\% = 36.3\% < P_{c3} = 38.5\%$，流土破坏

（5）D：$\dfrac{1}{4\times(1-0.355)} \times 100\% = 38.8\% > P_{c4} = 38\%$，管涌破坏

【点评】

①根据《碾压式土石坝设计规范》附录C.2.2；②此处可与《水利水电工程地质勘察规范》附录G对比学习。

题 5-217 （07D17）某土坝坝基由两层土组成（图5-22-12），上层土为粉土，孔隙比0.667，比重2.67，层厚3.0m，第二层土为中砂，土石坝上下游水头差为3.0m，为保证坝基的渗透稳定，下游拟采用排水盖重层措施，如安全系数取2.0，根据《碾压式土石坝设计规范》NB/T 10872—2021，计算排水盖重层（重度$\gamma = 18.5\text{kN/m}^3$）的厚度最接近下列哪个选项？

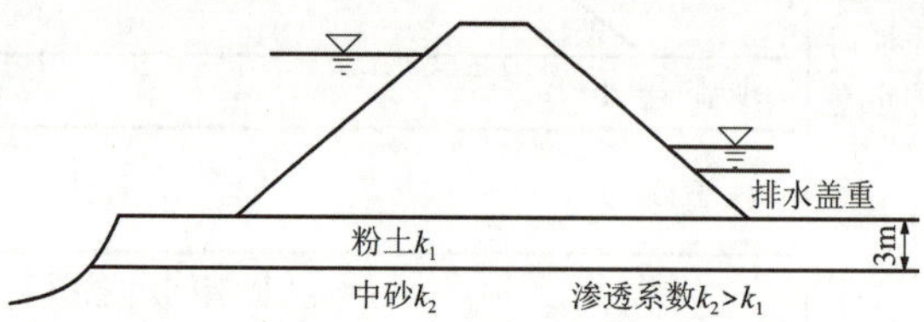

图5-22-12　题5-217图

（A）1.62m　　（B）2.30m　　（C）3.50m　　（D）3.80m

【解】

（1）$J_{a-x} = \dfrac{3}{3} = 1$，$(G_{s1}-1)(1-n_1)\gamma_w = \gamma' = \dfrac{2.67-1}{1+0.667} \times 10 = 10.02\text{kN/m}^3$

（2）$t = [KJ_{a-x}t_1\gamma_w - (G_{s1}-1)(1-n_1)t_1\gamma_w]/\gamma$

$= [2\times1\times3\times10 - 10.02\times3]/(18.5-10) = 3.52\text{m}$

【点评】

①根据《碾压式土石坝设计规范》第9.1.12条；②本题实质为渗流流土破坏原理，安全系数等于土重除以水压力$K = \dfrac{\gamma t + \gamma_1' t_1}{\Delta h \gamma_w}$，可直接使用原理解题。水头损失均在粉土层内，在向上的渗透力作用下，抗力为粉土和盖重的有效自重应力，考虑安全系数

$K = 2$，$K = \dfrac{\gamma' \times 3 + 8.5 \times h}{\gamma_w \times 10 \times 3} = 2 \Rightarrow h = 3.52\text{m}$。

【同类型真题】 13C19

22.2.2 坝体和坝基内孔隙压力估算——《碾压式土石坝设计规范》附录 C.3

排坝体和坝基内孔隙压力估算应符合表 5-22-15 的规定。

坝体和坝基内孔隙压力估算　　　　**表 5-22-15**

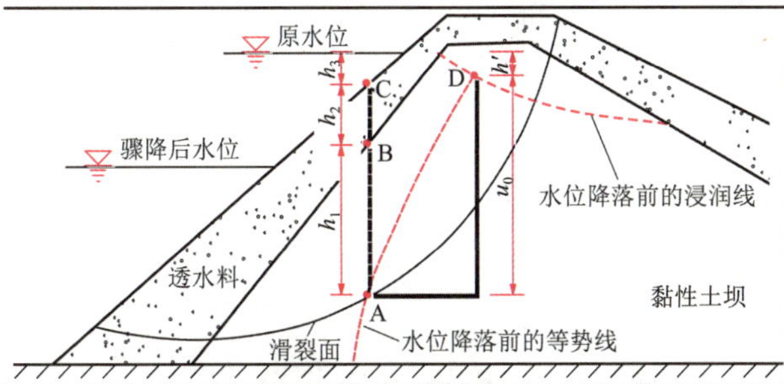

u_0——水库水位降落前的孔隙压力（kPa）；
h_1——A 点上部黏性填土的土柱高度（m）；
h_2——A 点上部无黏性土（砂壳）的土柱高度（m）；
h_3——A 点上部坝面至原水位的高度（m）；
h'——稳定渗流期，水流达 A 点时的水头损失值（m）

黏性土可假定孔隙压力系数$\bar{B}$为 1，近似采用以下公式计算：

（1）当水库水位降落在不同位置时，其**孔隙压力u**可用以下通用公式计算：

$$u = u_0 - \gamma_w(\Delta h_w + \Delta h_s n_e) \Leftarrow u_0 = \gamma_w(h_1 + h_2 + h_3 - h')$$

（2）坝内某点 A 的孔隙压力u可按下式计算：

情况 1，当水库水位降落到 B 点及以下时：$u_A = \gamma_w[h_1 + h_2(1 - n_e) - h'] \Leftarrow \Delta h_w = h_3$，$\Delta h_s = h_2$

情况 2，当水库水位降落到 C 点及以上时：$u_A = \gamma_w(h_1 + h_2 + h_3 - h' - \Delta h_w) \Leftarrow \Delta h_s = 0$

情况 3，当水库水位降落到 B、C 之间时：$u_A = \gamma_w(h_1 + h_2 - \Delta h_s n_e - h') \Leftarrow \Delta h_w = h_3$

式中：Δh_w——A 点土柱的坝面以上库水位降落高度（m）；

Δh_s——A 点土柱中砂壳无黏性土区内库水位降落高度（m）；

n_e——大坝无黏性填土（砂壳）的有效孔隙

题 5-218（14C18）某土石坝的坝体为黏性土，坝壳为砂土，其有效孔隙率$n = 40\%$，原水位（∇1）时流网如图 5-22-13 所示，根据《碾压式土石坝设计规范》NB/T 10872—2021，当库水位骤降至 B 点以下时，坝内 A 点的孔隙水压力最接近以下哪个选项？（D 点到原水位线的垂直距离为 3.0m）

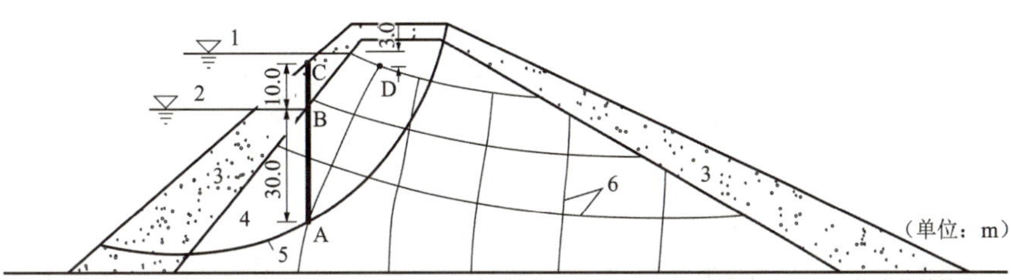

1—原水位；2—剧降后水位；3—坝壳（砂土）；4—坝体（黏性土）；5—滑裂面；6—水位降落前的流网

图 5-22-13　题 5-218 图

（A）300kPa　　（B）330kPa　　（C）370kPa　　（D）400kPa

【解】

$$u = \gamma_w[h_1 + h_2(1 - n_e) - h'] = 10 \times [30.0 + 10.0 \times (1 - 0.4) - 3.0] = 330\text{kPa}$$

【点评】

①根据《碾压式土石坝设计规范》附录 C.3.4；②水位骤降时，黏土内孔隙水压力不消散，砂土内孔隙水压力消散率为孔隙率n；③由于渗流作用，A 点的初始总水头小于 B 点总水头 3m，A 点压力水头 = B 点的压力水头 + B 点位置水头 − 3m，即 $h_{wA} = 10 \times (1 - 0.4) + 30 - 3 = 33\text{m}$。

全国勘察设计注册土木工程师
执 业 资 格 考 试 用 书

注册岩土工程师执业资格考试
专业案例辅导手册

下册

匡三峁　周立冰　主编

中国建筑工业出版社

目　录

第 6 篇　基坑工程与地下工程

第 7 篇　特殊条件下的岩土工程

第 8 篇 地震工程

第 9 篇 岩土工程检测与监测

第6篇

基坑工程与地下工程

考试大纲

7.1 基坑工程

了解基坑工程的特点及支护方案的选用原则；**掌握常用支护结构的设计和计算方法**；了解基坑施工对环境的影响及应采取的技术措施。

7.2 地下工程

了解影响洞室围岩稳定的主要因素；**熟悉围岩分类及支护、加固的设计方法**；熟悉新奥法的施工理念和技术要点；了解矿山法、掘进机法、盾构法的特点及适用条件；了解开挖前后岩土体应力应变测试方法及检测与监测手段；了解地下工程施工中常见的失稳类型及预报防护方法。

7.3 地下水控制

熟悉地下水控制的各种措施的适用条件，掌握其设计方法；了解地下水控制的施工方法；了解地下水控制对环境的影响及其防治措施。

考题特点

自2018年后，基坑工程与地下工程题量为4题，上午下午均3题，题号为17～19。案例考点主要涉及3本，主要考点出自《建筑基坑支护技术规程》，本章是岩土考试中较难的章节，与边坡工程联系紧密，边坡章节学好后学本章不难。出题主要集中在以下几个考点：支护结构上的压力计算、支护稳定性计算、锚杆、水泥土墙、基坑降水设计、隧道围岩分类、隧道围压压力计算，本章知识点较少，但是题目出题综合性强，计算量较大，题目有一定的难度。

复习方法

平时复习需要熟读规范，理解公式的来龙去脉，对答题步骤进行总结，平时加强练习计算能力。

应试技巧

基坑的题目可以留到考试后半程再做，对于计算量较大的题目要细心计算确保答对，计算量大且不熟悉、没有清晰答题思路的题目可以留到最后做或者放弃。

主要涉及规范

（1）《建筑基坑支护技术规程》JGJ 120—2012（核心重点）

（2）《铁路隧道设计规范》TB 10003—2016（次重点1）

（3）《公路隧道设计规范 第一册 土建工程》JTG 3370.1—2018（次重点2）

第 23 章

建筑基坑支护技术规程

23.1 水平荷载计算

23.1.1 支护结构上的土压力——《建筑基坑支护技术规程》第 3.1.14 条、第 3.4 节

对地下水位以下的黏性土、黏质粉土，可采用土压力、水压力合算方法；对地下水位以下的砂质粉土、砂土和碎石土，应采用土压力、水压力分算方法，计算公式见表 6-23-1。

支护结构上的土压力　　表 6-23-1

（1）对地下水位以上或水土合算的土层：

$$p_{ak} = \sigma_{ak}K_{a,i} - 2c_i\sqrt{K_{a,i}} \Leftarrow K_{a,i} = \tan^2\left(45° - \frac{\varphi_i}{2}\right)$$

$$p_{pk} = \sigma_{pk}K_{p,i} + 2c_i\sqrt{K_{p,i}} \Leftarrow K_{p,i} = \tan^2\left(45° + \frac{\varphi_i}{2}\right)$$

（2）对地下水位以下或水土分算的土层：

$$p_{ak} = (\sigma_{ak} - u_a)K_{a,i} - 2c_i\sqrt{K_{a,i}} + u_a；\ p_{pk} = (\sigma_{pk} - u_p)K_{p,i} + 2c_i\sqrt{K_{p,i}} + u_p$$

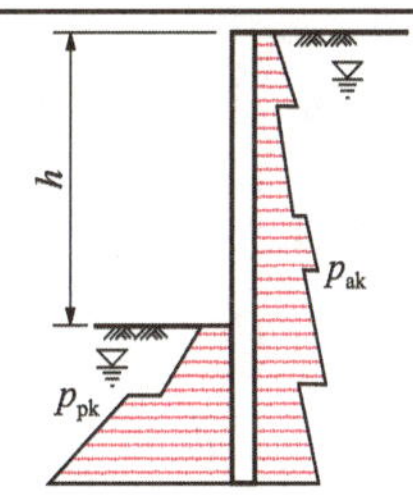

式中：p_{ak}——支护结构外侧，第i层土中计算点的主动土压力强度标准值（kPa）；当$p_{ak} < 0$时，应取$p_{ak} = 0$；

p_{pk}——支护结构内侧，第i层土中计算点的被动土压力强度标准值（kPa）；

σ_{ak}、σ_{pk}——分别为支护结构外侧、内侧计算点的土中竖向应力标准值（kPa）；

$K_{a,i}$、$K_{p,i}$——分别为第i层土的主动土压力系数、被动土压力系数；

c_i、φ_i——分别为第i层土的黏聚力（kPa）、内摩擦角（°）；

u_a、u_p——分别为支护结构外侧、内侧计算点的水压力（kPa）；当采用悬挂式截水帷幕时，应考虑地下水从帷幕底向基坑内的渗流对水压力的影响

注：基坑规范中所述土压力为广义的土压力概念，一般默认含水压力

注：闭卷考点，同前述朗肯土压力计算，仅地面附加荷载$\Delta\sigma_k$的计算方法不同于《建筑边坡工程技术规范》，见下一节。

题 6-1 （03C22）一基坑深 6.0m，安全等级二级，重要性系数$\gamma_0 = 1.0$，无地下水，采用悬臂排桩。从上至下土层为：①填土$\gamma = 18kN/m^3$，$c = 10kPa$，$\varphi = 12°$，厚度 2.0m；②砂土$\gamma = 18kN/m^3$，$c = 0kPa$，$\varphi = 20°$，厚度 5.0m；③黏土$\gamma = 20kN/m^3$，$c = 20kPa$，$\varphi = 30°$，厚度 7.0m。则③层黏土顶面以上范围内基坑支护结构外侧主动土压力强度标准值的最大值最接近下列哪个选项？

（A）19kPa　　（B）53kPa　　（C）62kPa　　（D）65kPa

【解】

（1）$K_a = \tan^2\left(45° - \frac{20°}{2}\right) = 0.49$

（2）$p_{ak} = \sigma_{ak}K_{a,i} - 2c_i\sqrt{K_{a,i}} = (18 \times 2 + 18 \times 5) \times 0.49 - 0 = 61.74kPa$

【点评】

①根据《建筑基坑支护技术规范》第3.4.2条；②简单考点：对于地下水位以上土压力的计算；③基坑侧压力用朗肯土压力公式，不考虑支护结构与土之间的摩擦，最大土压力强度点为③层顶。

题6-2 （03C25）已知基坑开挖深度10m，未见地下水，坑侧无地面超载，坑壁黏性土物理力学性质参数为：重度$\gamma = 18\text{kN/m}^3$，黏聚力$c = 10\text{kPa}$，内摩擦角$\varphi = 25°$。计算作用于每延长米支护结构上的主动土压力（算至基坑底面）最接近下列哪个选项？

（A）250kN （B）300kN （C）330kN （D）365kN

【解】

（1）$K_a = \tan^2\left(45° - \frac{25°}{2}\right) = 0.406$

（2）$E_a = \frac{1}{2}\gamma H^2 K_a - 2cH\sqrt{K_a} + \frac{2c^2}{\gamma}$

$$= \frac{1}{2} \times 18 \times 10^2 \times 0.406 - 2 \times 10 \times 10 \times \sqrt{0.406} + \frac{2 \times 10^2}{18} = 249.1\text{kN}$$

【点评】

①根据《建筑基坑支护技术规程》第3.4节；②本公式为土力学书上黏性土朗肯土压力公式，一般慎用，可先计算临界深度$z_0 = \frac{2c}{\gamma\sqrt{K_a}}$，根据$E_a = \frac{1}{2}\gamma(h - z_0)^2 K_a$计算土压力。

题6-3 （08C22）在基坑的地下连续墙后有一层5m厚的含承压水的砂层，承压水头高于砂层顶面3m。在该砂层厚度范围内作用在地下连续墙上单位长度的水压力合力最接近下列哪个选项？

（A）125kN/m （B）150kN/m （C）275kN/m （D）400kN/m

【解】

（1）顶：$e_{w1} = 3 \times 10 = 30\text{kPa}$，底：$e_{w2} = 30 + 5 \times 10 = 80\text{kPa}$

（2）$P_w = \frac{30+80}{2} \times 5 = 275\text{kN/m}$

【点评】

①根据《建筑基坑支护技术规程》第3.4.4条；②$u_a = \gamma_w h_{wa}$，对于承压水，地下水位h_{wa}取测压管水位，水压力成梯形分布。

题6-4 （04C24）某基坑剖面如图6-23-1所示，按水土分算原则并假定地下水为稳定渗流，E点处内外两侧水压力相等，问墙身内外水压力抵消后作用于每米支护结构的总水压力（按图6-23-1中三角形分布计算）净值为下列哪个选项的数值？（$\gamma_w = 10\text{kN/m}^3$）

（A）1620kN/m （B）1215kN/m （C）810kN/m （D）540kN/m

【解】

（1）$i = \frac{\Delta h}{L} = \frac{11-2}{(20-2)+(20-11)} = \frac{1}{3}$

D点净水压力：

$$u_D = 10 \times (11-2) - 10 \times \frac{1}{3} \times (11-2) = 60\text{kPa}$$

（2）总水压力：$P_w = \frac{1}{2} \times 60 \times 18 = 540\text{kN/m}$

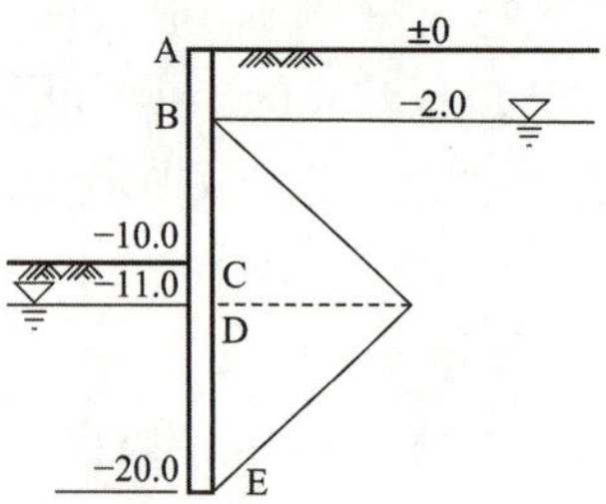

图6-23-1 题6-4图

【点评】

①本图为水压力抵消后的压力差分布图，关键是根据顺流减压计算 D 点的孔隙水压力，稳定渗流，D 点处水压力差最大，直接计算三角形面积即可；②也可用有效应力法：渗流力 $j=\gamma_w i=10\times\frac{1}{3}=\frac{10}{3}$，$u_D=\left(10-\frac{10}{3}\right)\times(11-2)=60\text{kPa}$。

题 6-5 （04D25）基坑剖面如图 6-23-2 所示，已知土层天然重度为 20kN/m^3，有效内摩擦角 $\varphi'=30°$，有效黏聚力 $c'=0$，采用悬挂式止水帷幕，若不计墙两侧水压力，不考虑渗流影响，按朗肯土压力理论分别计算支护结构底部 E 点内外两侧的被动土压力强度 e_p 及主动土压力强度 e_a 最接近下列哪个选项？（水的重度为 $\gamma_w=10\text{kN/m}^3$）

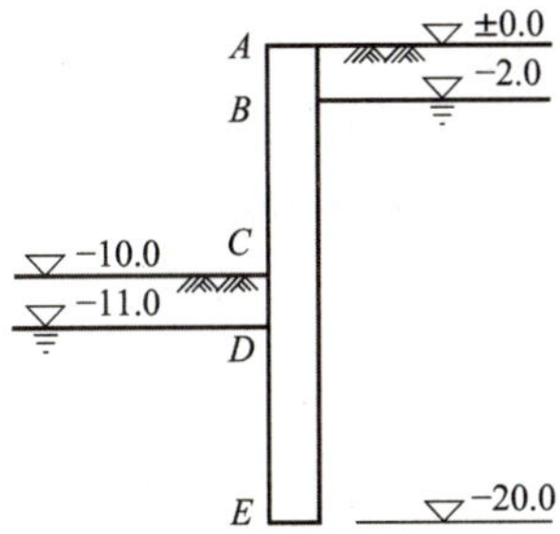

图 6-23-2　题 6-5 图

（A）$e_p=330\text{kPa}$，$e_a=73\text{kPa}$

（B）$e_p=191\text{kPa}$，$e_a=127\text{kPa}$

（C）$e_p=600\text{kPa}$，$e_a=133\text{kPa}$

（D）$e_p=346\text{kPa}$，$e_a=231\text{kPa}$

【解】

（1）$K_p=\tan^2\left(45°-\frac{30°}{2}\right)=3$，$e_p=(20\times1+10\times9)\times3=330\text{kPa}$

（2）$K_a=\tan^2\left(45°-\frac{30°}{2}\right)=\frac{1}{3}$，$e_a=(20\times2+10\times18)\times\frac{1}{3}=73.3\text{kPa}$

【点评】

①根据《建筑基坑支护技术规程》第 3.4.2～3.4.5 条；②对地下水位以下的砂质粉土、砂土、碎石土，应采用水土分算；③如考虑渗流，基坑外的土由于渗透力的作用，主动土压力增大，基坑内被动土压力减小，为了严谨，题目改编增加“不考虑渗流影响”。

题 6-6 （09C23）如图 6-23-3 所示，基坑深度 5m，插入深度 5m，地层为砂土，地层参数为：$\gamma=20\text{kN/m}^3$，$c=0$，$\varphi=30°$。地下水位埋深 6m，采用排桩支护形式，桩长 10m，根据《建筑基坑支护技术规程》JGJ 120—2012 计算，作用在每延米支护体系上的总水平荷载标准值的合力是下列哪个选项？

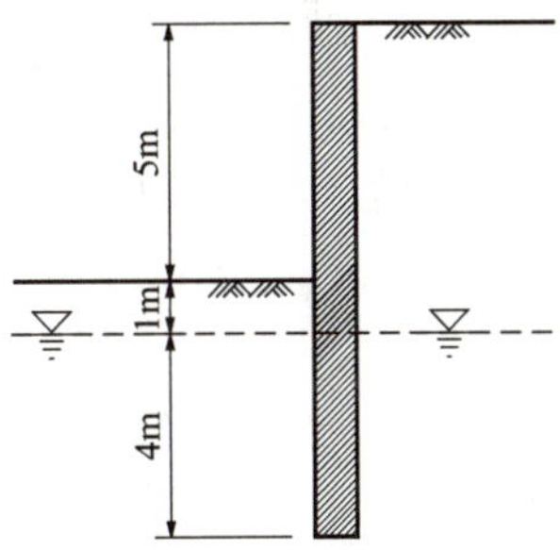

图 6-23-3　题 6-6 图

（A）210kN　　（B）280kN

（C）307kN　　（D）387kN

【解】

（1）$K_a=\tan^2\left(45°-\frac{30°}{2}\right)=\frac{1}{3}$

水位以上：$p_{a1}=\gamma H_1K_a=20\times6\times\frac{1}{3}=40\text{kPa}$

水位以下：$p_{a2}=(\gamma H_1+\gamma' H_2)K_a+\gamma_w H_2=(20\times6+10\times4)\times\frac{1}{3}+10\times4=93.33\text{kPa}$

（2）$E_{ak}=\frac{40}{2}\times6+\frac{93.33+40}{2}\times4=386.7\text{kN/m}$

【点评】

①根据《建筑基坑支护技术规程》第 3.4.2 条；②对于水土分算，支护结构外侧的主动土压力强度标准值为土压力＋水压力；③本题求**荷载**即为基坑外侧总主动水土压力。

题 6-7 （13D23）某基坑的土层分布情况如图 6-23-4 所示，黏土层厚 2m，砂土层厚 15m，地下水埋深为地下 20m，砂土与黏土天然重度均按 20kN/m^3 计算，基坑深度为 6m，拟采用悬臂桩支护形式，支护桩桩径 800mm，桩长 11m，间距 1400mm，根据《建筑基坑支护技术规程》JGJ 120—2012，支护桩外侧主动压力合力最接近下列哪个选项的数值？

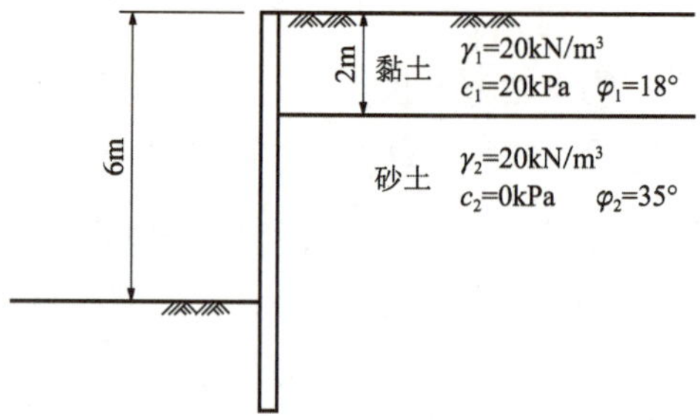

图 6-23-4 题 6-7 图

（A）248kN/m （B）267kN/m （C）316kN/m （D）375kN/m

【解】

（1）黏土层：$K_{a1}=\tan^2\left(45°-\dfrac{18°}{2}\right)=0.528$

$$z_0=\frac{2c}{\gamma\sqrt{K_a}}=\frac{2\times20}{20\times\sqrt{0.528}}=2.75\text{m}>2.0\text{m}\Rightarrow \text{黏土层内主动土压力}E_{a1}=0$$

（2）砂土层：$K_{a2}=\tan^2\left(45°-\dfrac{35°}{2}\right)=0.271$

砂层顶：$p_{a1}=\gamma_1 h_1 K_{a2}=20\times2\times0.271=10.84\text{kPa}$

桩底：$p_{a2}=(20\times2+20\times9)\times0.271=59.62\text{kPa}$

（3）$E_{ak}=\dfrac{10.84+59.62}{2}\times9=317.1\text{kN/m}$

【点评】

①根据《建筑基坑支护技术规程》第 3.4.2 条；②计算目标为每延米支护桩墙所受的土压力，考试如给出选项为每根支护桩所受承受的主动土压力，则需要乘以桩的间距，为 442.3kN，题目问法稍有歧义，看单位就知道应该是选 C，当年选 D 也是给分的。

题 6-8 某开挖深度为 6m 的深基坑，坡顶均布荷载$q_0=15\text{kPa}$，拟采用钻孔灌注排桩＋内支撑支护结构，桩径 800mm，间距 1.2m，嵌固深度 4m，场地地面下的土层如下：0～6m 为粉质黏土，$c_1=10\text{kPa}$，$\varphi_1=12°$，天然重度 19kN/m^3；6～12m 为黏性土，$c=20\text{kPa}$，$\varphi=15°$，天然重度为 18.5kN/m^3，基坑外侧水位地面下 3m，内侧水位基坑底下 0.5m，按照《建筑基坑支护技术规范》JGJ 120—2012 计算作用在单根支护桩上的侧向荷载为多少（图 6-23-5）？

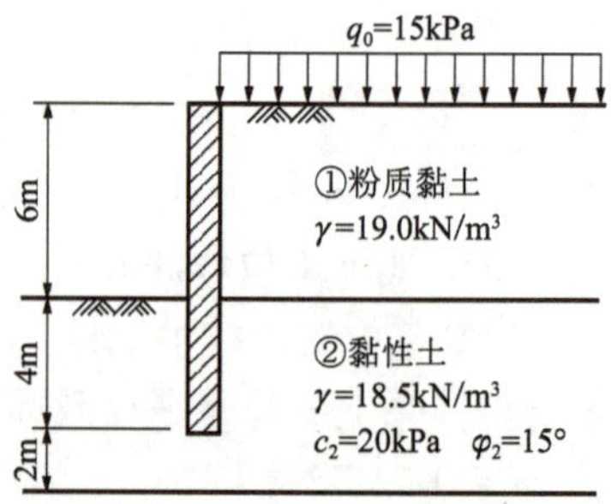

图 6-23-5 题 6-8 图

【解】

（1）$K_{a1}=\tan^2\left(45°-\dfrac{12°}{2}\right)=0.656$，$K_{a2}=\tan^2\left(45°-\dfrac{15°}{2}\right)=0.589$

$$z_{01}=\frac{2\times10}{19\times\sqrt{0.656}}-\frac{15}{19}=0.51\text{m},\quad E_{a1}=\frac{1}{2}\times19\times(6-0.51)^2\times0.656=187.8\text{kN/m}$$

（2）$e_{6\text{m下}}=(19\times6+15)\times0.589-2\times20\times\sqrt{0.589}=45.28\text{kPa}$

$$e_{10\text{m}}=(19\times6+15+4\times18.5)\times0.589-2\times20\times\sqrt{0.589}=88.87\text{kPa}$$

$$E_{a2}=\frac{1}{2}\times(45.28+88.87)\times4=268.3\text{kN/m}$$

（3）作用在单根桩上的荷载：$1.2\times(187.8+268.3)=547.3\text{kN}$

【点评】

①根据《建筑基坑支护技术规范》第 3.4 节；②黏性土土压力按水土合算考虑；当题目未明确坑内、外发生稳定渗流时，水土压力不考虑渗流作用；③基坑外侧的主动土压力和水压力属于荷载，基坑内侧的被动土压力和水压力属于抗力；④注意题目问法，当求单根桩上的荷载时，应在主动土压力E_a的基础上乘以桩间距。

题 6-9　（22 补考 D17）某建筑基坑深 5m，拟采用水泥土墙支护形式，拟建场地地质条件及水泥土墙尺寸如图 6-23-6 所示，潜水水位于地面下 1m。地下水位以上粉砂的重度$\gamma = 18\text{kN/m}^3$，饱和重度$\gamma_{sat} = 19\text{kN/m}^3$，$c = 0\text{kPa}$，内摩擦角$\varphi = 25°$。淤泥质黏土的重度$\gamma = 17\text{kN/m}^3$，$c = 18\text{kPa}$，内摩擦角$\varphi = 10°$，若粉砂层采用水土分算，淤泥质土层采用水土合算，不考虑地面超载，按照《建筑基坑支护技术规程》JGJ 120—2012 的规定，作用于水泥土墙的主动土压力最接近下列哪个选项？（粉砂层水上、水下的c、φ值不变）

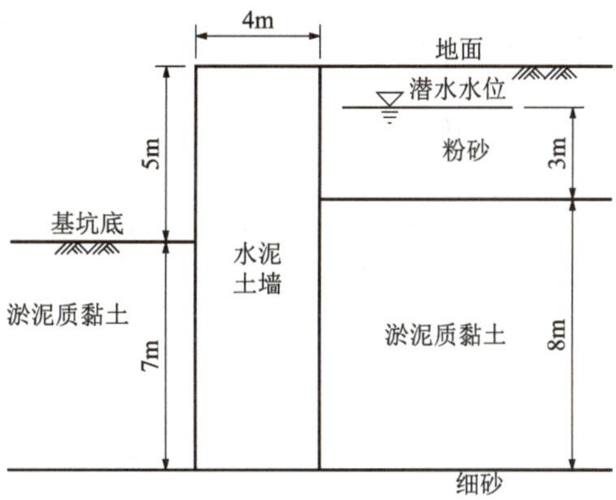

图 6-23-6　题 6-9 图

（A）435kN/m　　（B）480kN/m　　（C）605kN/m　　（D）650kN/m

【解】

（1）$K_{a1} = \tan^2\left(45° - \frac{25°}{2}\right) = 0.406$，$K_{a2} = \tan^2\left(45° - \frac{10°}{2}\right) = 0.704$

（2）1m 处：$p_{ak1} = 18 \times 1 \times 0.406 = 7.31\text{kPa}$

4m 上：$p_{ak2} = (18 + 9 \times 3) \times 0.406 + 3 \times 10 = 48.3\text{kPa}$

4m 下：$p_{ak3} = (18 + 19 \times 3) \times 0.704 - 2 \times 18 \times \sqrt{0.704} = 22.6\text{kPa}$

12m 处：$p_{ak4} = (18 + 19 \times 3 + 17 \times 8) \times 0.704 - 2 \times 18 \times \sqrt{0.704} = 118.3\text{kPa}$

（3）$E_h = \frac{7.31}{2} \times 1 + \frac{7.31+48.3}{2} \times 3 + \frac{22.6+118.3}{2} \times 8 = 650.7\text{kN/m}$

【点评】

①根据《建筑基坑支护技术规程》第 3.1.14 条、第 3.4.2 条、第 3.4.4 条，淤泥质黏土采用水土合算不考虑渗流；②在各层交接处及地下水位处进行分层，计算分界处各点的土压力强度，然后画图按面积法计算总主动土压力，水压力按第 3.4.4 条静水压力计算。

题 6-10 某基坑开挖深度为 5m，截水帷幕深度为 10m，帷幕厚度为 1m，基坑外地下水位为地面下 2m，基坑内地下水位为坑底下 1m，基坑底面以上土层的渗透系数为 5×10^{-4}cm/s，底面以下土层的渗透系数为 1×10^{-4}cm/s，重度为 19kN/m³，$\varphi=25°$，$c=0$；坑外坑内形成稳定渗流，试计算截水帷幕被动侧单位宽度的水压力与被动土压力计算值之和（图 6-23-7）。

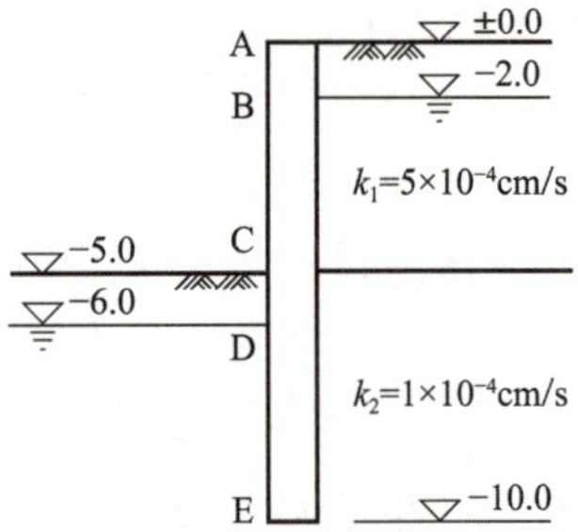

图 6-23-7 题 6-10 图

【解】

（1）$5\times10^{-4}\times\frac{\Delta h_1}{3}=1\times10^{-4}\times\frac{\Delta h_2}{5+1+4}$，$\Delta h_1+\Delta h_2=6-2=4\text{m}$

$\Rightarrow\Delta h_1=0.226\text{m}$，$\Delta h_2=3.774\text{m}\Rightarrow j_2=\frac{3.774}{10}\times10=3.774\text{kN/m}^3$

（2）$K_{\text{p}}=\tan^2\left(45°+\frac{25°}{2}\right)=2.464$

$$E_{\text{w}}=\frac{1}{2}\times(10+3.774)\times4^2=110.2\text{kN/m}$$

$$E_{\text{p}}=\frac{1}{2}\times19\times1^2\times2.464+19\times1\times4\times2.464+\frac{1}{2}\times(9-3.774)\times4^2\times2.464=313.7\text{kN/m}$$

（3）$E=110.2+313.7=423.9\text{kN/m}$

【点评】

①发生稳定渗流时，土压力顺流增大，逆流减小（相当于渗流区土体的有效重度增加 $i\gamma_{\text{w}}$），水压力顺流减小逆流增大（相当于渗流区水的重度减小$i\gamma_{\text{w}}$）；②砂性土土压力合力可以采用分块面积法，简单且速度较快。

题 6-11 某基坑开挖深度为 5m，截水帷幕深度为 10m，基坑外地下水位为地面下 2m，基坑内地下水位为坑底下 1m，基坑底面以上土层的渗透系数为 5×10^{-4}cm/s，底面以下土层的渗透系数为 1×10^{-4}cm/s，坑外坑内形成稳定渗流，试计算截水帷幕主动侧的水压力合力（图 6-23-8）。

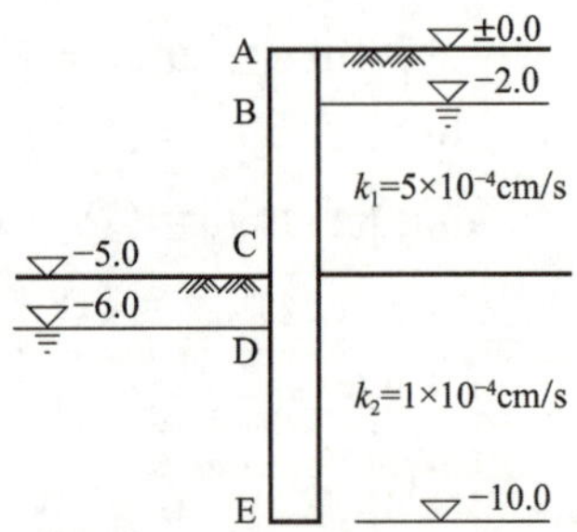

图 6-23-8 题 6-11 图

【解】

（1）根据水流连续：$k_1i_1=k_2i_2$

即$5\times10^{-4}i_1=1\times10^{-4}\times i_2$，得$i_2=5i_1$

且$\Delta h=i_1l_1+i_2l_2=3i_1+9i_2=4$

解得$i_1=0.083$，$i_2=0.417$

（2）主动侧土层交界面 1 的孔隙水压力：

$p_{1\text{w}}=10\times3-0.083\times10\times3=27.51\text{kPa}$

截水帷幕底端的孔隙水压力：$p_{2\text{w}}=27.51+10\times5-0.417\times10\times5=56.66\text{kPa}$

（3）主动侧的水压力合力：$p_{\text{w}}=\frac{27.51}{2}\times3+\frac{27.51+56.66}{2}\times5=251.7\text{kN/m}$

【点评】

①根据顺流减压，渗流沿着截水帷幕绕过低端，渗径长 12m，总水头差 4m；②稳定渗流，同一层土内孔隙水压力线性分布。

题 6-12 （20C19）某基坑深 6m，拟采用桩撑支护，桩径 600mm，桩长 9m，间距 1.2m，桩间摆喷与支护桩共同形成厚 600mm 的悬挂止水帷幕，场地地表以下 6m 为粉砂层，再下为细砂层，两砂层的渗透系数以及细砂层的强度指标与重度见图 6-23-9。坑内外地下水位如图 6-23-9 所示，考虑渗流作用时，单根支护桩被动侧的水压力与被动土压力计算值之和最接近下列哪个选项？（水的重度取 10kN/m³）

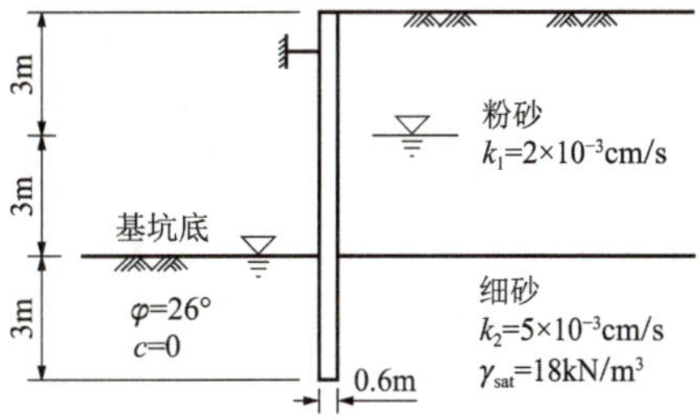

图 6-23-9 题 6-12 图

（A）147kN （B）165kN （C）176kN （D）206kN

【解】

（1）$\begin{cases}2\times10^{-3}i_1=5\times10^{-3}i_2\\3i_1+6.6i_2=3\end{cases}\Rightarrow i_2=0.213$

（2）$K_p=\tan^2\left(45°+\dfrac{26°}{2}\right)=2.561$

$E_{pk}=\dfrac{1}{2}\times(8-0.213\times10)\times3^2\times2.561+\dfrac{1}{2}\times(10+0.213\times10)\times3^2=122.2\text{kN/m}$

（3）$E_{总}=1.2\times122.2=146.64\text{kN}$

【点评】

①根据《建筑基坑支护技术规程》第 3.1.14 条、第 3.4.2 条及土力学渗流理论、水流连续原理，桩内外侧的流速V相同；根据达西定律$V=ki$，$k_1i_1=k_2i_2$；②总水头损失＝粉砂层水头损失＋细砂层水头损失，注意细砂层内的渗径长度不要漏算桩径 0.6m；③地下水位以下的砂土应采用土压力、水压力分算方法；对于被动侧属于逆流，水压力增大，土压力减小，计算水压力时水的重度采用$\gamma_w+i\gamma_w$，计算土压力时土的重度采用$\gamma'-i\gamma_w$，考点详细总结见华山论剑答题手册；④近年来，土力学渗流原理出题非常多，务必重视土力学原理。

题 6-13 （16D22）如图 6-23-10 所示，某安全等级为一级的深基坑工程采用桩撑支护结构，侧壁落底式止水帷幕和坑内深井降水，支护桩为直径 800mm 钻孔灌注桩，其长度为 15m，支撑为一道$\phi609\times16$的钢管，支撑平面水平间距为 6m，采用坑内降水后，坑外地下水位位于地表下 7m，坑内地下水位位于基坑底面处，假定地下水位上、下粗砂层的c、φ值不变。计算得到作用于支护桩上主动侧的总压力值为 900kN/m。根据《建筑基坑支护技术规程》JGJ 120—2012，若采用静力平衡法计算单根支撑轴力设计值，该值最接近下列哪个数值？

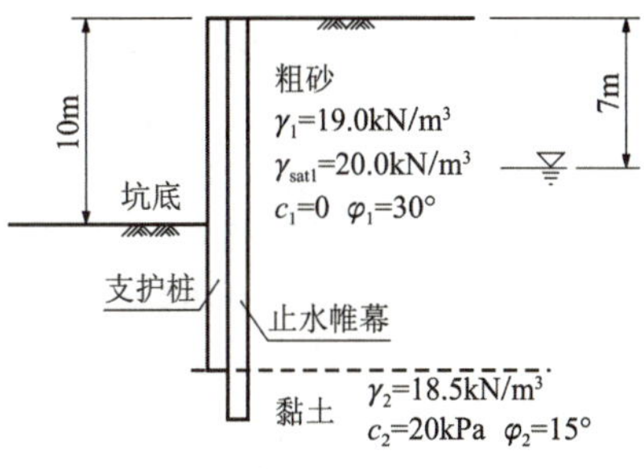

图 6-23-10 题 6-13 图

（A）1800kN （B）2400kN （C）3000kN （D）3300kN

【解】

（1）$K_p=\tan^2\left(45°+\dfrac{30°}{2}\right)=3$

桩端侧压力强度：$p_{pk}=(\gamma h-u_p)K_p+u_p=10\times5\times3+5\times10=200\text{kPa}$

$E_{pk}=\dfrac{200}{2}\times5=500\text{kN/m}$

（2）根据静力平衡：$N_k+E_{pk}=E_{ak}$，得$N_k=6\times(900-500)=2400\text{kN}$

（3）轴力设计值：$N=\gamma_0\gamma_F N_k=1.1\times1.25\times2400=3300\text{kN}$

【点评】

①根据《建筑基坑支护技术规程》第 3.1.7 条、第 3.4.2 条；②轴向力/弯矩/剪力设计值 = 标准值 × 作用基本组合的综合分项系数γ_F（不应小于 1.25）× 结构重要性系数γ_0（对安全等级为一级、二级、三级的支护结构，分别不应小于 1.1、1.0、0.9）；③侧压力计算根据为第 3.4.2 条，注意算的是每一米的侧压力，换算到支撑力应乘以支撑结构的间距s；④被动土压力合并计算更快，$E_{pk} = \frac{1}{2} \times 10 \times 5^2 \times 3 + \frac{1}{2} \times 10 \times 5^2 = 500\text{kN/m}$。

23.1.2 基坑顶附加荷载作用下的土中附加应力$\Delta\sigma_k$——《建筑基坑支护技术规程》第 3.4.6 条～第 3.4.8 条

基坑顶附加荷载作用下的土中附加应力$\Delta\sigma_k$计算公式见表 6-23-2。

基坑顶附加荷载作用下的土中附加应力$\Delta\sigma_k$　　　**表 6-23-2**

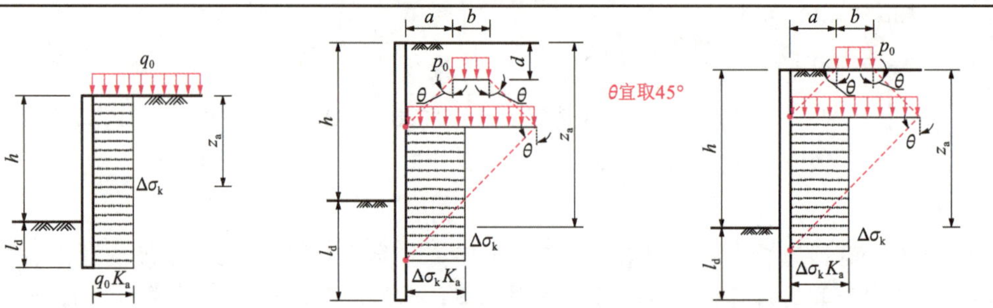

(a) 均布荷载　　(b) 条形或矩形基础　　(c) 条形或矩形附加荷载作用在地面

最关键的第一步是确定荷载影响范围，范围之外$\Delta\sigma_k = 0$，范围之内按下列公式计算：

情况		范围	公式
（a）均布荷载			$\Delta\sigma_k = q_0$
（b）条形或矩形基础	条形	$d + \frac{a}{\tan\theta} \leqslant z_a \leqslant d + \frac{3a+b}{\tan\theta}$	$\Delta\sigma_k = \frac{p_0 b}{b+2a}$
	矩形		$\Delta\sigma_k = \frac{p_0 bl}{(b+2a)(l+2a)}$
（c）条形或矩形附加荷载作用在地面：$d = 0$，其他计算同上			

式中：q_0——均布附加荷载标准值（kPa）；

p_0——基础底面附加压力标准值（kPa）；

d——基础埋置深度（m）；

a——支护结构外边缘至基础的水平距离（m）；

b——与基坑边垂直方向上的基础尺寸（m）；

l——与基坑边平行方向上的基础尺寸（m）；

θ——附加荷载的扩散角（°），宜取$\theta = 45°$；

z_a——支护结构顶面至土中附加竖向应力计算点的竖向距离

（d）支护结构顶部低于地面，其上方采用放坡或土钉墙时

$z_a < \frac{a}{\tan\theta}$	$\Delta\sigma_k = 0$
$\frac{a}{\tan\theta} \leqslant z_a < \frac{a+b_1}{\tan\theta}$	$\Delta\sigma_k = \frac{\gamma h_1}{b_1}(z_a - a) + \frac{E_{ak1}(a + b_1 - z_a)}{K_a b_1^2}$ ↑ $E_{ak1} = \frac{1}{2}\gamma(h_1 - z_0)^2 K_a$，$z_0 = \frac{2c}{\gamma\sqrt{K_a}}$
$z_a \geqslant \frac{a+b_1}{\tan\theta}$	$\Delta\sigma_k = \gamma h_1$

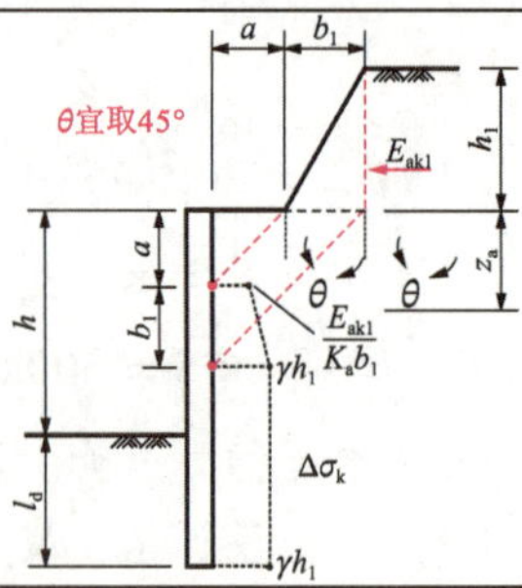

续表

式中：z_a——支护结构顶面至土中附加竖向应力计算点的竖向距离（m）； a——支护结构外边缘至放坡坡脚的水平距离（m）； b_1——放坡坡面的水平尺寸（m）； h_1——地面至支护结构顶面的竖向距离（m）； θ——扩散角（°），宜取$\theta = 45°$； c——支护结构顶面以上土的黏聚力（kPa）； γ——支护结构顶面以上土的天然重度（kN/m³），对多层土取各层土按厚度加权的平均值； K_a——支护结构顶面以上土的主动土压力系数，对多层土取各层土按厚度加权的平均值； E_{ak1}——支护结构顶面以上土体的自重所产生的单位宽度主动土压力标准值（kN/m）

注：求由附加应力$\Delta\sigma_k$产生的土压力p_{ak}时，别忘记乘以土压力系数K_a，$p_{ak} = \Delta\sigma_k K_a$。

题 6-14　（16C23）某基坑开挖深度为 10m，坡顶均布荷载$q_0 = 20$kPa，坑外地下水位位于地表下 6m，用桩撑支护结构、侧壁落底式止水帷幕和坑内深井降水。支护桩采用长度 15m 直径 800mm 的钻孔灌注桩。场地地层结构和土性指标如图 6-23-11 所示。假设坑内降水前后，坑外地下水位和土层的c、φ值均没有变化。根据《建筑基坑支护技术规程》JGJ 120—2012，计算降水后作用在支护桩上的主动侧总侧压力，该值最接近下列哪个选项？

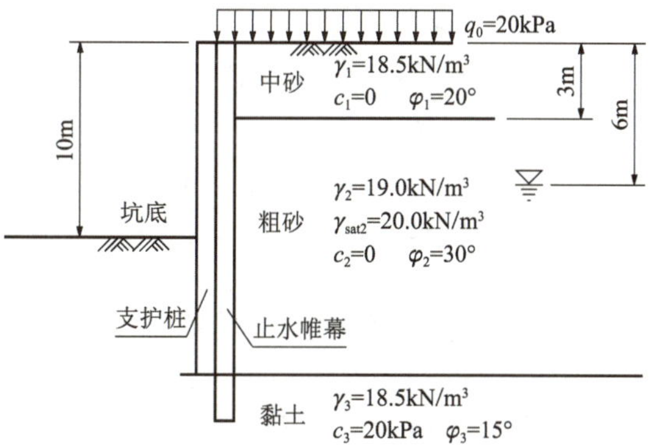

图 6-23-11　题 6-14 图

（A）1105kN/m　　（B）821kN/m　　（C）700kN/m　　（D）405kN/m

【解】

（1）$K_{a1} = \tan^2\left(45° - \frac{20°}{2}\right) = 0.49$，$K_{a2} = \tan^2\left(45° - \frac{30°}{2}\right) = \frac{1}{3}$

（2）中砂顶：$p_{ak1} = 20 \times 0.49 = 9.8\text{kPa}$

中砂底：$p_{ak2} = (20 + 18.5 \times 3) \times 0.49 = 37.0\text{kPa}$

粗砂顶：$p_{ak3} = (20 + 18.5 \times 3) \times \frac{1}{3} = 25.17\text{kPa}$

水位处：$p_{ak4} = (20 + 18.5 \times 3 + 19 \times 3) \times \frac{1}{3} = 44.17\text{kPa}$

粗砂底面：$p_{ak5} = (20 + 18.5 \times 3 + 19 \times 3 + 10 \times 9) \times \frac{1}{3} = 74.17\text{kPa}$

（3）土压力$E_{ak} = \frac{9.8+37.0}{2} \times 3 + \frac{25.14+44.12}{2} \times 3 + \frac{44.12+74.09}{2} \times 9 = 706.0\text{kN/m}$

水压力：$P_w = \frac{1}{2} \times 10 \times 9^2 = 405\text{kN/m}$

（4）总侧压力：$E = 706.0 + 405 = 1111.0\text{kN/m}$

【点评】

①根据《建筑基坑支护技术规程》第3.1.14条、第3.4.2条；②对于地下水位以下的砂土，应采用土压力、水压力分算；③在各层交接处及地下水位处进行分层，计算分界处各点的土压力强度，然后画图按面积法计算总主动土压力，静水压力按《建筑基坑支护技术规程》第3.4.4条计算。

题6-15 （05C25）基坑剖面如图6-23-12所示，已知砂土的重度$\gamma=20\text{kN/m}^3$，$\varphi=30°$，$c=0$，计算土压力时，如果C点主动土压力值达到被动土压力值的1/3，则基坑外侧所受条形附加荷载q最接近下列哪个选项？

（A）80kPa　　（B）120kPa

（C）180kPa　　（D）240kPa

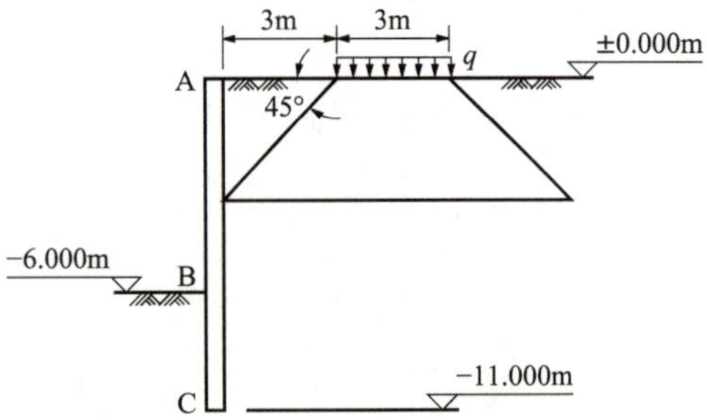

图6-23-12　题6-15图

【解】

（1）$K_a=\tan^2\left(45°-\frac{30°}{2}\right)=\frac{1}{3}$，$K_p=\tan^2\left(45°+\frac{30°}{2}\right)=3$

（2）$a=3\text{m}$，$3a+b=12\text{m}$

$3\text{m}<z_a=11\text{m}<12\text{m}$，$\Delta\sigma=\frac{3}{3+2\times3}q=\frac{1}{3}q$

（3）$p_{ak}=\frac{1}{3}p_{pk}\Rightarrow\left(20\times11+\frac{1}{3}q\right)\times\frac{1}{3}=\frac{1}{3}\times20\times5\times3\Rightarrow q=240\text{kPa}$

【点评】

①根据《建筑基坑支护技术规程》第3.4.2条、第3.4.5条、第3.4.7条；②附加荷载的扩散角为45°，先计算，$d=0$时：当$z_a<a$或$>a+3b$时，$\Delta\sigma_k=0$；$a\leqslant z_a\leqslant a+3b$，$\Delta\sigma_k=p_0b/(b+2a)$。

题6-16 （13C22）某基坑开挖深度为6m，地层为均质一般黏性土，其重度$\gamma=18\text{kN/m}^3$，黏聚力$c=20\text{kPa}$，内摩擦角$\varphi=10°$，距基坑边缘3m至5m处，坐落一条形构筑物，其基底宽度为2m，埋深为2m，基底压力为140kPa，如图6-23-13所示（尺寸单位：mm）。假设附加荷载按45°应力双向扩散，基底以上土与基础平均重度为$\gamma=18\text{kN/m}^3$。试问自然地面下10m处支护结构外侧的主动土压力强度标准值最接近下列哪个选项？

（A）93kPa　　（B）112kPa

（C）118kPa　　（D）192kPa

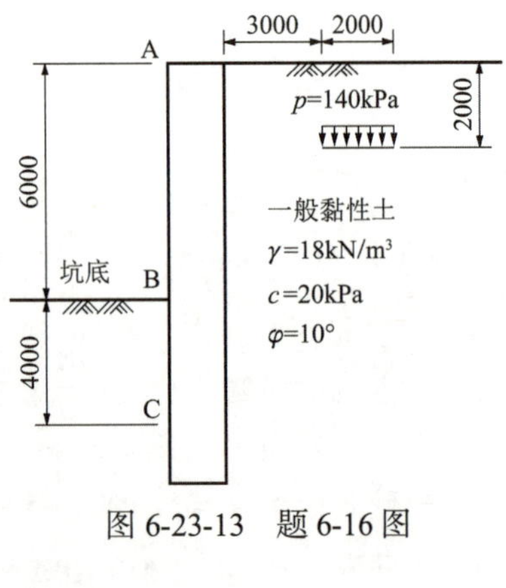

图6-23-13　题6-16图

【解】

（1）$d+\frac{a}{\tan\theta}=2+\frac{3}{\tan45°}=5.0\text{m}$，$d+\frac{3a+b}{\tan\theta}=2+\frac{3\times3+2}{\tan45°}=13.0\text{m}$

$5\text{m}<z_a=10\text{m}<13\text{m}$

（2）$\Delta\sigma_k=\frac{p_0b}{b+2a}=\frac{(140-18\times2)\times2}{2+2\times3}=26\text{kPa}$

（3）$K_a=\tan^2\left(45°-\frac{10°}{2}\right)=0.704$

$p_{ak}=(\gamma h+\Delta\sigma_k)K_a-2c\sqrt{K_a}=(18\times10+26)\times0.704-2\times20\times\sqrt{0.704}=111.5\text{kPa}$

【点评】

①根据《建筑基坑支护技术规程》第 3.4.7 条；②计算基坑水平荷载时，条形基础下的附加局部荷载引起的土中附加竖向应力标准值的计算，首先判断地表下 10m 是否处在坡顶超载范围内，若该处在坡顶超载影响范围之内，则计入超载产生的土压力；③注意式中的p_0为附加应力，不是基底压力p_k，应减去基底以上土重，换算$p_0 = p_k - \gamma d$。

题 6-17　某基坑深度 6m，采用桩撑支护结构，支护桩采用长度 9m 直径 800mm 的钻孔灌注桩，结构剖面如图 6-23-14 所示，已知场地的土层为均质粉质黏土，重度$\gamma = 19\text{kN/m}^3$，$\varphi = 15°$，$c = 20\text{kPa}$，无地下水。根据《建筑基坑支护技术规程》JGJ 120—2012，计算在支护桩上的主动侧总侧压力最接近下列哪个选项？

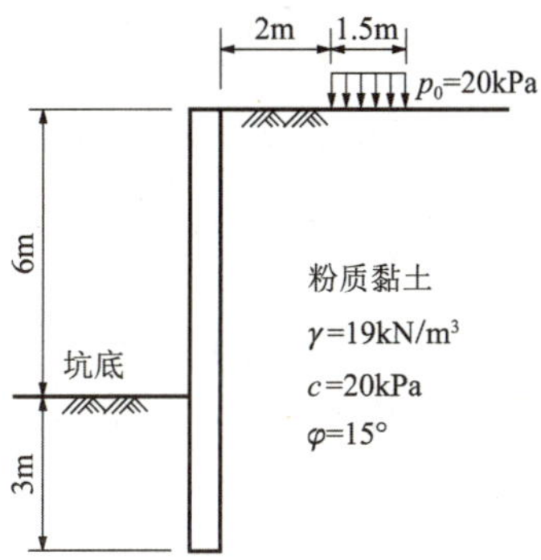

图 6-23-14　题 6-17 图

（A）225kN/m　　（B）230kN/m　　（C）235kN/m　　（D）245kN/m

【解】

（1）$K_a = \tan^2\left(45° - \dfrac{15°}{2}\right) = 0.589$

$$z_0 = \frac{2\times 20}{19\times\sqrt{0.589}} = 2.743\text{m} > 2\text{m}，3\times 2 + 1.5 = 7.5\text{m} < 9\text{m}$$

（2）$\Delta\sigma_k = \dfrac{20\times1.5}{1.5+2\times2} = 5.45\text{kPa}$

2m 处：$e_1 = 19\times 2\times 0.589 - 2\times 20\times\sqrt{0.589} + 5.45\times 0.589 = -5.11\text{kPa}$

7.5m 处上：$e_2 = 19\times 7.5\times 0.589 - 2\times 20\times\sqrt{0.589} + 5.45\times 0.589 = 56.44\text{kPa}$

7.5m 处下：$e_3 = 19\times 7.5\times 0.589 - 2\times 20\times\sqrt{0.589} = 53.23\text{kPa}$

9m 处：$e_4 = 19\times 9\times 0.589 - 2\times 20\times\sqrt{0.589} = 70.02\text{kPa}$

（3）考虑地面荷载时，土压力零点：$z_0' = \left(\dfrac{2\times20}{\sqrt{0.589}} - 5.45\right)/19 = 2.456\text{m}$

$$E_a = \frac{56.44}{2}\times(7.5 - 2.456) + \frac{53.23 + 70.02}{2}\times(9 - 7.5) = 234.9\text{kN/m}$$

【点评】

①根据《建筑基坑支护技术规程》第 3.4.7 条；②先判别z_0与a的关系，然后根据土压力强度分布形状计算合力；③《建筑基坑支护技术规程》中附加荷载扩散角为 45°，注意与《建筑边坡工程技术规范》的区别。

题 6-18 某基坑剖面如图 6-23-15 所示，已知砂土的重度$\gamma = 19\text{kN/m}^3$，$\varphi = 30°$，$a = 1\text{m}$，$b_1 = 2\text{m}$，$h = 6\text{m}$，$h_1 = 2.5\text{m}$，$l_d = 3\text{m}$，扩散角θ取 45°；根据《建筑基坑支护技术规程》JGJ 120—2012 计算支护结构上的总主动土压力。

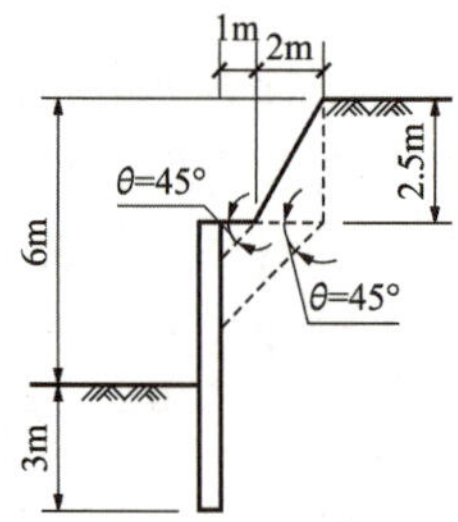

图 6-23-15 题 6-18 图

【解】

（1）$K_a = \tan^2\left(45° - \dfrac{30°}{2}\right) = \dfrac{1}{3}$，

$E_{ak} = 0.5 \times 19 \times 2.5^2 \times \dfrac{1}{3} = 19.8\text{kN/m}$

（2）桩顶向下转折点$z_a = 1\text{m}$ 时

$$\Delta\sigma_{k1} = \frac{\gamma h_1}{b_1}(z_0 - a) + \frac{E_{ak1}(a + b_1 - z_a)}{K_a b_1^2} = \frac{E_{ak1}}{K_a b_1} = \frac{19.8}{\frac{1}{3} \times 2} = 29.7\text{kPa}$$

$3\text{m} \leqslant z_a \leqslant 6.5\text{m}$时，$\Delta\sigma_{k2} = \gamma h_1 = 19 \times 2.5 = 47.5\text{kPa}$

（3）$E_{ak} = \dfrac{1}{2} \times 19 \times 6.5^2 \times \dfrac{1}{3} + \dfrac{29.7+47.5}{2} \times 2 \times \dfrac{1}{3} + 47.5 \times (6.5 - 3) \times \dfrac{1}{3} = 214.9\text{kN/m}$

【点评】

①根据《建筑基坑支护技术规程》第 3.4.8 条；②注意$\Delta\sigma_k$为竖向附加应力（图 6-23-16），求水平力时，仍需乘以土压力系数K_a；③最后一步计算采用桩顶以下和桩顶以上两处土压力分别计算，再相加；④也可以采用土压力面积法合并计算，更不容易出错，如下题。

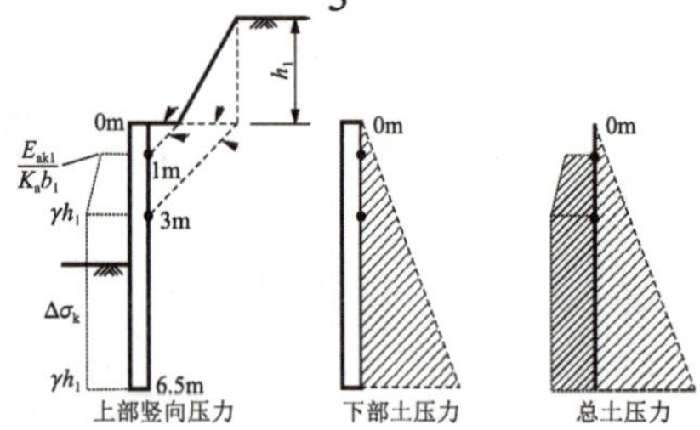

图 6-23-16 解 6-18 图

题 6-19 某黏性土地区基坑开挖深度 7m，上部采用土钉墙支护，下部采用悬臂桩支护，其代表剖面如图 6-23-17 所示，已知软土的重度$\gamma = 18\text{kN/m}^3$，黏聚力$c = 10\text{kPa}$，内摩擦角$\varphi = 12°$，$a = 1\text{m}$，$b_1 = 2\text{m}$，$h_1 = 3\text{m}$，桩的嵌固深度$l_d = 4\text{m}$，扩散角θ取 45°，根据《建筑基坑支护技术规程》JGJ 120—2012 计算支护结构上的总主动土压力最接近下列哪个选项？

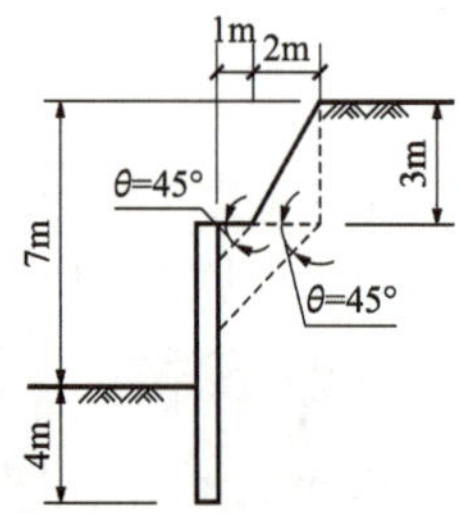

图 6-23-17 题 6-19 图

（A）295kN （B）390kN

（C）475kN （D）480kN

【解】

（1）$K_a = \tan^2\left(45° - \dfrac{12°}{2}\right) = 0.656$

$z_0 = \dfrac{2 \times 10}{18 \times \sqrt{0.656}} = 1.372\text{m}$，$E_{ak1} = \dfrac{1}{2} \times 18 \times (3 - 1.372)^2 \times 0.656 = 15.65\text{kPa}$

（2）转折点$z_a = 1\text{m}$处，$\Delta\sigma_{k1} = \dfrac{E_{ak1}}{K_a b_1} = \dfrac{15.65}{0.656 \times 2} = 11.93\text{kPa}$

$3\text{m} \leqslant z_a \leqslant 8\text{m}$段，$\Delta\sigma_k = \gamma h_1 = 18 \times 3 = 54\text{kPa}$

（3）1m 处，$e_{a1} = (18 \times 1 + 11.93) \times 0.656 - 2 \times 10 \times \sqrt{0.656} = 3.44\text{kPa}$

3m 处，$e_{a1} = (18 \times 3 + 54) \times 0.656 - 2 \times 10 \times \sqrt{0.656} = 54.65\text{kPa}$

8m 处，$e_{a3} = (18 \times 8 + 54) \times 0.656 - 2 \times 10 \times \sqrt{0.656} = 113.7\text{kPa}$

（4）$E_{ak} = \dfrac{3.44+54.65}{2} \times 2 + \dfrac{54.65+113.7}{2} \times 5 = 479.0\text{kN/m}$

【点评】

①根据《建筑基坑支护技术规程》第 3.4.8 条；②注意$\Delta\sigma_k$为竖向附加应力，求水平力时，仍需乘以土压力系数K_a；③如图 6-23-18 所示，采用土压力面积法求出每一个可能突变点的应力，再求总面积。

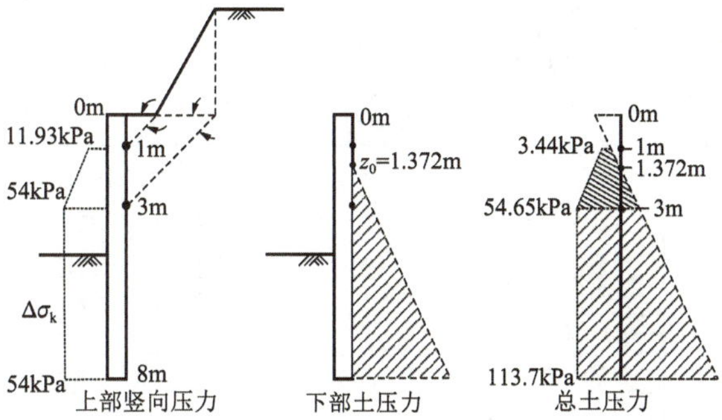

图 6-23-18　解 6-19 图

题 6-20　（20C18）某建筑基坑深 10.5m，安全等级为二级，地层条件如图 6-23-19 所示，地下水埋深超过 20m，上部 2.5m 填土采用退台放坡，放坡坡度 45°，下部采用桩撑支护，详见图 6-23-19。则按《建筑基坑支护技术规程》JGJ 120—2012，计算填土在桩顶下 4m 位置的支护结构上产生的主动土压力强度标准值最接近下列哪个选项？

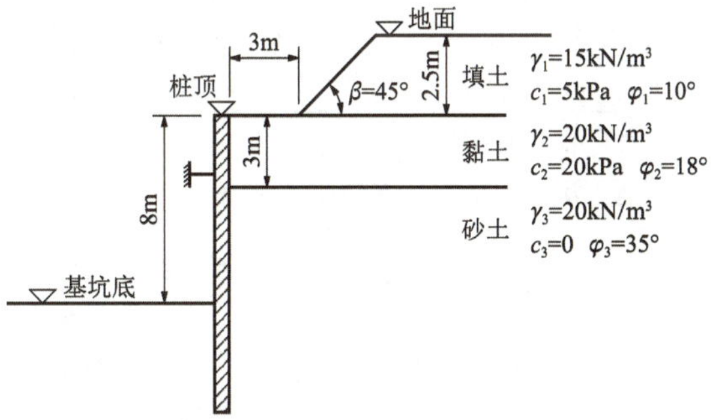

图 6-23-19　题 6-20 图

（A）0　　（B）5.5kPa　　（C）8.0kPa　　（D）10.2kPa

【解】

（1）$K_{a1}=\tan^2\left(45°-\dfrac{10°}{2}\right)=0.704$，$K_{a2}=\tan^2\left(45°-\dfrac{35°}{2}\right)=0.271$

（2）$3\text{m}<z_i<5.5\text{m}$，

$$E_{ak1}=\frac{1}{2}\times15\times2.5^2\times0.704-2\times5\times2.5\times\sqrt{0.704}+\frac{2\times5^2}{15}=15.4\text{kN/m}$$

（3）$\Delta\sigma_k=\dfrac{\gamma h_1}{b_1}(z_a-a)+\dfrac{E_{ak1}(a+b-z_a)}{K_a b_1^2}=\dfrac{15\times2.5}{2.5}\times(4-3)+\dfrac{15.4\times(3+2.5-4)}{0.704\times2.5^2}$

$=20.25\text{kPa}$

（4）$e_a=20.25\times0.271=5.5\text{kPa}$

【点评】

①根据《建筑基坑支护技术规程》第 3.4.8 条；②当支护结构顶部低于地面时，可将支护结构顶面以上土体视作附加荷载计；③其中第 3.4.8 条第 1 款、第 2 款中的K_a为支护结构顶面以上土的主动土压力系数，多层土时取各层土按厚度加权的平均值。本题为纯带公式题目。

23.2 支挡式结构

23.2.1 支挡式结构内力计算——《建筑基坑支护技术规程》第 4.1 节

1. 土反力计算（弹性支点法）——《建筑基坑支护技术规程》第 4.1.3 条～第 4.1.7 条

采用平面杆系结构弹性支点法时，土反力计算（弹性支点法）应符合表 6-23-3 的规定。

土反力计算（弹性支点法） 表 6-23-3

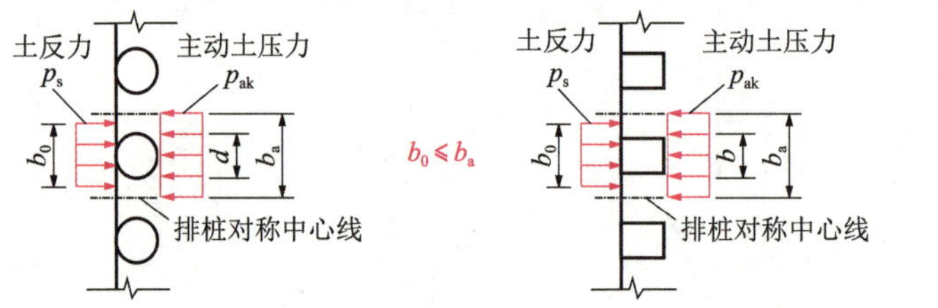

(a) 圆形截面排桩计算宽度　　(b) 矩形或工字形截面排桩计算宽度

（1）支挡结构外侧主动土压力E_{ak}： $E_{ak}=p_{ak}b_a$	b_a——桩间距或含接头单幅连续墙宽度（m）

（2）排桩土反力计算宽度b_0：

圆形桩（d）	矩形或工字形桩（b）
$\begin{cases} d \leqslant 1\text{m} \rightarrow b_0=0.9(1.5d+0.5) \\ d>1\text{m} \rightarrow b_0=0.9(d+1) \end{cases} \leqslant b_a$	$\begin{cases} b \leqslant 1\text{m} \rightarrow b_0=1.5b+0.5 \\ b>1\text{m} \rightarrow b_0=b+1 \end{cases} \leqslant b_a$

注：1. 计算的b_0大于桩间距b_a时，取$b_0=b_a$；
2. 地下连续墙的计算宽度b_0：包括接头的单幅墙宽度

计算内容	符号说明
（3）土反力计算： 挡土构件嵌固段上的基坑内侧土反力应符合下列条件，当不符合时，应增加挡土构件的嵌固长度或取$P_{sk}=E_{pk}$时的分布土反力： $P_{sk} \leqslant E_{pk}$	P_{sk}——**嵌固段**基坑内侧土反力标准值（kN），通过分布土反力p_s得出（**曲线分布**）； E_{pk}——嵌固段上的**被动土压力标准值**（kN）； p_{s0}——基坑**内侧**$(z-h)$**深度计算点上**的初始分布土反力（kPa），**按不计黏聚力**$2c\sqrt{K_a}$**的主动土压力计算**，$p_{s0}=\gamma(z-h)K_a+u_p$； v——计算点上挡土构件的水平位移值（m）； z——计算点距地面的深度（m）； h——计算工况下的基坑开挖深度（m）； c、φ——分别为计算点土的黏聚力（kPa）、内摩擦角（°）； v_b——坑底处挡土构件的水平位移量（mm）； $v_b \leqslant 10\text{mm}$ 时取$v_b=10\text{mm}$。 **注意各参数的单位**
分布土反力p_s（kPa）：⇑ $p_s=k_s v+p_{s0}$	
土的水平反力系数k_s（kPa/m）：⇑ $k_s=m(z-h)$	
土的水平反力系数的比例系数m（MN/m^4）：⇑ $m=\dfrac{0.2\varphi^2-\varphi+c}{v_b}$	

注：1. 分布土反力为基坑内侧土对挡土结构上计算点处的反力，初始土反力为该点基坑内侧的主动土压力强度标准值p_{s0}（不考虑黏聚力的影响）；
2. 土的水平反力系数与计算点距离开挖点的距离$(z-h)$成正比，$k_s=m(z-h)$；
3. 计算点的分布土反力与该点土体压缩的水平位移值成比例关系，$p_s=k_s v+p_{s0}$，系数为k_s，初始值为p_{s0}；计算嵌固段总的基坑内侧分布土反力标准值P_{sk}为曲线变化，不可直接按线性关系计算总的土反力。

题 6-21 某基坑开挖深度为 5m，采用直径 1100mm、间距 2m 的搅拌桩支护，嵌固深度为 4m，均一土层参数如下：$\gamma = 19\text{kN/m}^3$，$\varphi = 30°$，$c = 10\text{kPa}$。无地下水，桩在基坑底处的水平位移为 8mm，搅拌桩底部土体压缩的水平位移值为 3mm。试根据《建筑基坑支护技术规程》JGJ 120—2012，计算搅拌桩被动侧桩底所受的分布土反力最接近下列哪个选项？

（A）0　　（B）25kPa　　（C）192kPa　　（D）217kPa

【解】

（1）$v_b = 8\text{mm} \leqslant 10\text{mm}$，可取$v_b = 10\text{mm}$

$$m = \frac{0.2\varphi^2 - \varphi + c}{v_b} = \frac{0.2 \times 30^2 - 30 + 10}{10} = 16\text{MN/m}^4$$

（2）$K_a = \tan^2\left(45° - \frac{30°}{2}\right) = \frac{1}{3}$

桩底$p_{s0} = 19 \times 4 \times \frac{1}{3} = 25.31\text{kPa}$

桩底$k_s = m(z-h) = 16 \times 10^3(9-5) = 6.4 \times 10^4\text{kN/m}^3$

（3）桩底$p_s = k_s v + p_{s0} = 6.4 \times 10^4 \times 3 \times 10^{-3} + 25.31 = 217.31\text{kPa}$

【点评】

①根据《建筑基坑支护技术规程》第 3.4.2 条、第 4.1.4 条～第 4.1.6 条；②土反力为基坑内侧土对挡土结构的反力，初始土反力为该点基坑内侧的主动土压力强度标准值（不考虑黏聚力的影响）；③土的水平反力系数与计算点距离开挖点的距离成正比；④计算点的分布土反力与该点土体压缩的水平位移值成比例关系，系数为k_s，初始值为p_{s0}，计算嵌固段总的基坑内侧分布土反力为曲线变化，不可直接按线性关系计算总的土反力。

题 6-22 （22 补考 C19）某建筑基坑开挖深度 5m，采用悬臂桩支护，桩径 700mm，桩间距 1.5m，嵌固深度 6m，拟建场地地层为砂土，砂土的重度$\gamma = 20\text{kN/m}^3$，黏聚力$c = 0$，内摩擦角$\varphi = 30°$，地下水位位于地面下 7m。开挖到底后，支护桩基坑底部处的水平位移为 9mm，地面下 8m 处土体的受压水平位移为 2.5mm，已知基坑内侧土的水平反力系数的比例系数$m = 15\text{MN/m}^4$，根据《建筑基坑支护技术规程》JGJ 120—2012，计算地面下 8m 处的分布土反力最接近下列哪个选项？

（A）110kPa　　（B）117kPa　　（C）126kPa　　（D）139kPa

【解】

（1）$K_a = \tan^2\left(45° - \frac{30°}{2}\right) = \frac{1}{3}$

$p_{s0} = (20 \times 2 + 10 \times 1) \times \frac{1}{3} + 10 = 26.7\text{kPa}$

（2）$k_s = m(z-h) = 15 \times 10^3(8-5) = 4.5 \times 10^4\text{kN/m}^3$

$p_s = k_s v + p_{s0} = 4.5 \times 10^4 \times 2.5 \times 10^{-3} + 26.7 = 139.2\text{kPa}$

【点评】

①根据《建筑基坑支护技术规程》第 3.4.2 条、第 4.1.4 条～第 4.1.6 条；②土反力为基坑内侧土对挡土结构的反力，初始土反力为该点基坑内侧的主动土压力强度标准值（不考虑黏聚力的影响）；③土的水平反力系数与计算点距离开挖点的距离成正比；④计算点的分布土反力与该点土体压缩的水平位移值成比例关系，系数为k_s，初始值为p_{s0}，计算嵌固段总的基坑内侧分布土反力为曲线变化，不可直接按线性关系计算总的土反力。

题 6-23 （18C18）已知某建筑基坑开挖深度 8m，采用板式结构结合一道内支撑围护，均一土层参数按$\gamma = 18\text{kN/m}^3$，$c = 30\text{kPa}$，$\varphi = 15°$，$m = 5\text{MN/m}^4$考虑，不考虑地下水及地面超载作用，实测支撑架设前（开挖 1m）及开挖到底后围护结构侧向变形如图 6-23-20 所示。按弹性支点法计算围护结构在两工况（开挖至 1m 及开挖到底）间地面下 10m 处围护结构分布土反力增量绝对值最接近下列哪个选项（假定按位移计算的嵌固段土反力标准值小于其被动土压力标准值）？

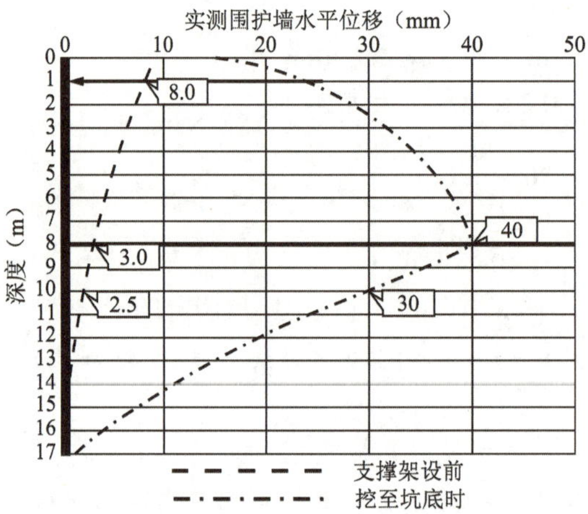

图 6-23-20 题 6-23 图

（A）69kPa （B）113kPa （C）201kPa （D）1163kPa

【解】

（1）$K_a = \tan^2\left(45° - \dfrac{15°}{2}\right) = 0.589$

开挖 1m 工况下：

查图 1m 处$v_1 = 8\text{mm}$，$k_s = m(z-h) = 5000 \times (10-1) = 4.5 \times 10^4 \text{kN/m}^4$

10m 处$v_2 = 2.5\text{mm}$

$p_{s0} = 18 \times (10-1) \times 0.589 = 95.42\text{kPa}$；

$p_{s1} = 4.5 \times 10^4 \times 2.5 \times 10^{-3} + 95.42 = 207.92\text{kPa}$

（2）开挖 8m 工况下：

查图 8m 处$v_1' = 40\text{mm}$，$k_s = m(z-h) = 5000 \times (10-8) = 1 \times 10^4 \text{kN/m}^4$

10m 处$v_2' = 30\text{mm}$

$p_{s0}' = 18 \times (10-8) \times 0.589 = 21.2\text{kPa}$；$p_{s1}' = 1 \times 10^4 \times 30 \times 10^{-3} + 21.2 = 321.2\text{kPa}$

（3）土反力增量绝对值 $321.2 - 207.92 = 113.28\text{kPa}$

【点评】

①依据《建筑基坑支护技术规范》第 3.4.2 条、第 4.1.4～4.1.6 条；②**土反力为基坑内侧土对挡土结构的反力，初始土反力为该点基坑内侧的主动土压力强度标准值p_{s0}**（不考虑黏聚力的影响）；③土的水平反力系数与**计算点距离开挖点的距离**成正比$k_s = m(z-h)$；④**计算点的分布土反力与该点土体压缩的水平位移值成比例关系$p_s = k_s v + p_{s0}$，系数为k_s，初始值为p_{s0}**，计算嵌固段总的基坑内侧分布土反力为曲线变化，不可直接按线性关系计算总的土反力。

2. 弹性支点刚度系数k_R与水平反力F_h——《建筑基坑支护技术规程》第 4.1.8 条～第 4.1.10条

支挡结构的弹性支点刚度系数k_R与水平反力F_h计算应符合表 6-23-4 的规定。

弹性支点刚度系数k_R与水平反力F_h　　表 6-23-4

<table>
<tr>
<td rowspan="3">弹性支点刚度系数k_R（kN/m）</td>
<td rowspan="2">锚拉式</td>
<td>锚杆抗拉试验</td>
<td>$k_R=\frac{(Q_2-Q_1)b_a}{(s_2-s_1)s}$</td>
<td>k_R——支挡结构计算宽度内的弹性支点刚度系数（kN/m）；
Q_1、Q_2——Q-s曲线上对应锚杆锁定值与轴向拉力标准值的荷载值（kN）；
s_1、s_2——对应于荷载Q_1、Q_2的锚头位移值（m）；
s——锚杆水平间距（m）</td>
</tr>
<tr>
<td>经验法</td>
<td>$k_R=\frac{3E_cAE_sA_pb_a}{[3E_cAl_f+E_sA_p(l-l_f)]s}$
$E_c=\frac{E_sA_p+E_m(A-A_p)}{A}$</td>
<td>E_s——锚杆杆体的弹性模量（kPa）；
E_c——锚杆的复合弹性模量（kPa）；
A_p——锚杆杆体的截面面积（m^2）；
A——注浆固结体的截面面积（m^2）；
l_f——锚杆的自由段长度（m）；
l——锚杆长度（m）；
E_m——注浆固结体的弹性模量（kPa）</td>
</tr>
<tr>
<td colspan="2">支撑式</td>
<td>$k_R=\frac{\alpha_R EAb_a}{\lambda l_0 s}$</td>
<td>α_R——支撑松弛系数，对混凝土支撑和预加轴向压力的钢支撑，取$\alpha_R=1.0$，对不预加轴向压力的钢支撑，取$\alpha_R=0.8$～1.0；
E——支撑材料的弹性模量（kPa）；
A——支撑截面面积（m^2）；
l_0——受压支撑构件的长度（m）；
s——支撑水平间距（m）；
λ——支撑不动点调整系数：
（1）支撑两对边基坑的土性、深度、周边荷载等条件相近，且分层对称开挖时，取$\lambda=0.5$；
（2）支撑两对边基坑的土性、深度、周边荷载等条件或开挖时间有差异时，对土压力较大或先开挖的一侧，取$\lambda=0.5$～1.0，且差异大时取大值，反之取小值；对土压力较小或后开挖的一侧，取（$1-\lambda$）；
（3）当基坑一侧取$\lambda=1$时，基坑另一侧应按固定支座考虑；
（4）对竖向斜撑构件，取$\lambda=1$</td>
</tr>
</table>

续表

<table>
<tr>
<td>计算宽度内的水平反力F_h（kN）</td>
<td>

$$\Downarrow$$

$$F_h = k_R(v_R - v_{R0}) + P_h$$

式中：v_R——挡土构件在支点处的水平位移值（m）；
v_{R0}——设置锚杆或支撑时，支点的初始水平位移值（m）；
P_h——挡土结构计算宽度内的法向预加力（kN）

<table>
<tr><td>锚杆或竖向斜撑</td><td>$P_h = \dfrac{Pb_a \cos\alpha}{s}$</td><td rowspan="3">$\Leftarrow \begin{cases} 锚杆 \rightarrow P=0.75N_k \sim 0.9N_k \\ 支撑 \rightarrow P=0.5N_k \sim 0.8N_k \end{cases}$</td></tr>
<tr><td>水平对撑</td><td>$P_h = \dfrac{Pb_a}{s}$</td></tr>
<tr><td>不预加轴向压力的支撑</td><td>$P_h = 0$</td></tr>
</table>

P——锚杆的预加轴向拉力值或支撑的预加轴向压力值（kN）；
α——锚杆倾角或支撑仰角（°）；
b_a——挡土结构计算宽度（m），取排桩间距或取包括接头的单幅地下连续墙宽度；
s——锚杆或支撑的水平间距（m）；
N_k——锚杆轴向拉力标准值或支撑轴向压力标准值（kN）
</td>
</tr>
</table>

题 6-24 （14D23）紧靠某长 200m 大型地下结构中部的位置新开挖一个深 9m 的基坑，基坑长 20m，宽 10m。新开挖基坑采用地下连续墙支护，在长边的中部设支撑一层，支撑一端支于已有地下结构中板位置，支撑截面高 0.8m，宽 0.6m，平面位置如图 6-23-21 中虚线所示。采用 C30 钢筋混凝土，设其弹性模量为$E = 30\text{GPa}$，采用弹性支点法计算连续墙的受力，取单位米宽度作计算单元，支撑的支点刚度系数最接近于下列哪个选项？

（A）72MN/m　　（B）144MN/m　　（C）288MN/m　　（D）360MN/m

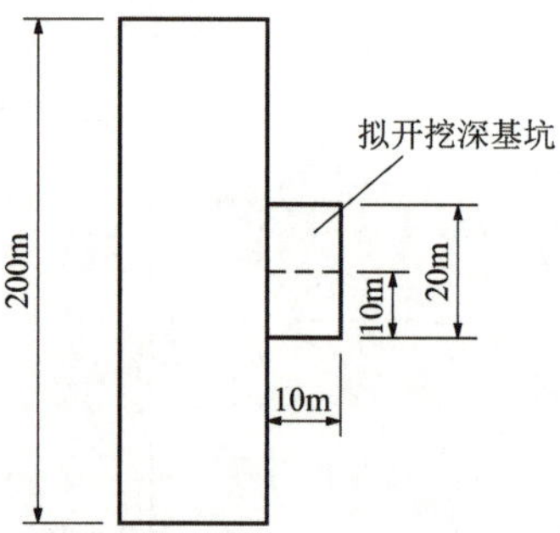

图 6-23-21　题 6-24 图

【解】

$$k_R = \frac{\alpha_R E A b_a}{\lambda l_0 s} = \frac{1.0 \times 30 \times 10^3 \times 0.8 \times 0.6 \times 1.0}{1.0 \times 10 \times 10} = 144\text{MN/m}$$

【点评】

①根据《建筑基坑支护技术规程》第 4.1.10 条；②支撑两侧差异大，基坑一侧（已有大型地下结构）可视为固定支座，基坑的另一侧$\lambda = 1$；③取单位宽度作为计算单位则$b_a = 1\text{m}$；④混凝土支撑取$\alpha_R = 1.0$，两边为地下连续墙支撑，故支撑间距$s = 10\text{m}$。

题 6-25 某 15m 深基坑采用桩锚支护，桩间距为 1.5m，二桩一锚，锚杆的倾角为 15°，挡土结构计算宽度内的弹性支点水平反力$F_h = 100kN$，已知锚杆的锁定值为 150kN，对其中一根锚杆进行抗拔试验，试验成果如表 6-23-5 所示，试按照《建筑基坑支护技术规范》JGJ 120—2012 的规定，计算该锚杆弹性支点刚度系数最接近下列哪个选项。

题 6-25 表 表 6-23-5

荷载值Q（kN）	0	50	100	150	200	250	300	350	400	450
锚头位移值s（mm）	0	1.2	2.4	3.6	4.8	6.0	7.2	8.4	9.8	16.5

（A）21×10^3kN/m （B）32×10^3kN/m （C）42×10^3kN/m （D）63×10^3kN/m

【解】

（1）$Q_2 = N_k = \dfrac{100\times3}{1.5\times\cos15°} = 207.1\text{kN}$

$$s_2 = 4.8 + \frac{207.1-200}{250-200}\times(6-4.8) = 4.97\text{mm}$$

（2）$Q_1 = 150\text{kN}$，$s_1 = 3.6\text{mm}$

$$K_h = \frac{(207.1-150)\times1.5}{(4.97-3.6)\times3} = 20.8\times10^3\text{kN/m}$$

【点评】

①根据《建筑基坑支护技术规范》第 4.1.9 条、第 4.7.3 条；②对于单根支护桩，挡土结构的弹性支点反力的计算宽度b_a为排桩间距，当计算单根锚索轴向拉力时，需按第 4.7.3 条进行转换。

题 6-26 （23D25）某建筑基坑深 6m，支护结构安全等级为二级，采用桩锚支护体系，排桩间距 1.5m。在桩顶下 3m 处桩间设一层锚杆，锚杆水平间距 3m，设计锚杆锁定值为 100kN。对锚杆进行了基本试验，试验数据见表 6-23-6。根据试验结果，当锚杆承载力充分发挥时，该工程中单根锚杆的弹性刚度系数最接近下列哪个选项？

题 6-26 表 表 6-23-6

荷载值Q（kN）	20	40	60	80	100	120	140	160	180	200	220
锚头位移s（mm）	2.24	4.46	6.52	8.82	10.85	13.62	16.26	19.52	22.46	26.86	杆体破坏

（A）1825kN/m （B）3650kN/m （C）5475kN/m （D）7300kN/m

【解】

（1）根据数据表$R_t = 200\text{kN}$，二级$N_k = \dfrac{200}{1.6} = 125\text{kN}$

$Q_1 = 100\text{kN}$，$s_1 = 10.85\text{mm}$

$Q_2 = N_k = 125\text{kN}$，插值$s_2 = 13.62 + \dfrac{125-120}{140-120}\times(16.26-13.62) = 14.28\text{mm}$

（2）$k_R = \dfrac{125-100}{(14.28-10.85)\times10^{-3}} = 7289\text{kN/m}$

【点评】

①根据《建筑基坑支护技术规程》第 4.1.9 条、附录 A；②不是求挡土结构的刚度系数，单根锚杆的弹性刚度系数和桩间距、锚杆间距无关。

题 6-27　（22D17）某基坑开挖深度 8.0m，地面下 18.0m 深度内土层均为粉砂，水位位于地表下 9.0m。地面均布附加荷载 20kPa，采用桩锚支护结构（图 6-23-22）：支护桩直径 700mm，间距 0.9m，桩长 15m；锚杆角度 15°，水平间距 1.8m，锚头位于地表下 2m，锚杆预加轴向拉力值为 300kN，锚杆单锚轴向刚度系数为 15MN/m。基坑开挖到底时，锚头处锚杆轴向位移比锁定时增加 6mm。地表处 A 点土压力强度为 6.66kPa，坑底处 B 点土压力强度为 57.33kPa，根据《建筑基坑支护技术规程》JGJ 120—2012，开挖到底时，坑底开挖面处灌注桩弯矩标准值最接近下列哪个选项？

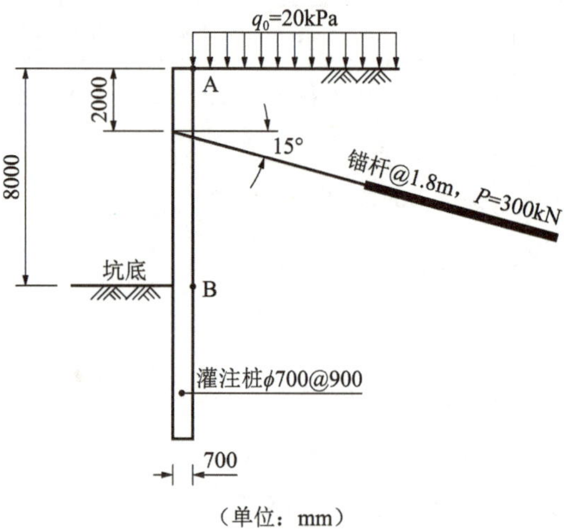

图 6-23-22　题 6-27 图

（A）376kN · m　　（B）452kN · m

（C）492kN · m　　（D）1582kN · m

【解】

（1）开挖到坑底后，走向 1m 锚杆轴力$F = (15 \times 6 + 300)/1.8 = 216.7\text{kN/m}$

（2）$M = 216.7 \times \cos 15° \times 6 - \left(6.66 \times 8 \times \frac{8}{2} + \frac{57.33-6.66}{2} \times 8 \times \frac{8}{3}\right) = 502.3\text{kN} \cdot \text{m}$

（3）$M_{桩} = 502.3 \times 0.9 = 452.1\text{kN} \cdot \text{m}$

【点评】

①根据《建筑基坑支护技术规程》第 4.1.8 条；②锚杆轴力 = 预压力 + 变形 × 刚度系数，注意锚杆的间距为 1.8m，可先计算 1m 分担的锚杆力，然后计算 1m 的弯矩，再计算单个桩的弯矩；③土压力的弯矩计算，对于梯形，应分为矩形 + 三角形计算。

23.2.2 双排桩——《建筑基坑支护技术规程》第 4.12 节

作用在后排桩上的主动土压力应按《建筑基坑支护技术规程》第 3.4 节的规定计算，前排桩嵌固段上的土反力应按《建筑基坑支护技术规程》第 4.1.4 条确定，作用在单根后排支护桩上的主动土压力计算宽度应取排桩间距，土反力计算宽度应按《建筑基坑支护技术规程》第 4.1.7 条的规定取值。前、后排桩间土对桩侧的压力可按表 6-23-7 计算。

双排桩设计　　**表 6-23-7**

（1）前、后排桩间土对桩侧的压力p_c（kPa）：

$$p_c = k_c \Delta v + p_{c0}$$

式中：Δv——前、后排桩水平位移的差值（m）：当其相对位移减小时为正值；当其相对位移增加时，取$\Delta v = 0$

⇑⇑⇑

水平刚度系数k_c：	$p_{c0} = (2\alpha - \alpha^2) p_{ak}$
$k_c = \dfrac{E_s}{s_y - d}$	$\alpha = \dfrac{s_y - d}{h \tan(45° - \varphi_m/2)} \leqslant 1$（$\alpha$大于 1 时，取$\alpha = 1$）

k_c——桩间土的水平刚度系数（kPa/m）；

E_s——计算深度处，前、后排桩间土的压缩模量（kPa）；当为成层土时，应按计算点的深度分别取相应土层的压缩模量；

s_y——双排桩的排距（m）；

d——桩的直径（m）；

p_{c0}——前、后排桩间土对桩侧的初始压力（kPa）；

α——计算系数，当计算的α大于 1 时，取$\alpha = 1$；

p_{ak}——支护结构外侧第i层土中计算点的主动土压力强度标准值（kPa）；

h——基坑深度（m）；

φ_m——基坑底面以上各土层按厚度加权的等效内摩擦角平均值（°）

注：作用在后排桩上的主动土压力按《建筑基坑支护技术规程》第 3.4 节（朗肯或库仑）计算，前排桩嵌固段上的土反力按《建筑基坑支护技术规程》第 4.1.4 条（弹性支点法）确定

（2）抗倾覆（嵌固稳定性、嵌固深度l_d）验算：

$$\frac{E_{pk} a_p + G a_G}{E_{ak} a_a} \geqslant K_e$$

K_e——嵌固稳定安全系数，安全等级一、二、三级分别不应小于 **1.25、1.20、1.15**；

G——双排桩、刚架梁和桩间土的自重之和（kN/m）；

E_{ak}、E_{pk}——基坑外侧主动土压力、基坑内侧被动土压力标准值（kN/m）；

a_a、a_p——基坑外侧主动土压力、基坑内侧被动土压力合力作用点至双排桩底端的距离（m）；

a_G——双排桩、刚架梁和桩间土的重心至前排桩边缘的水平距离（m）

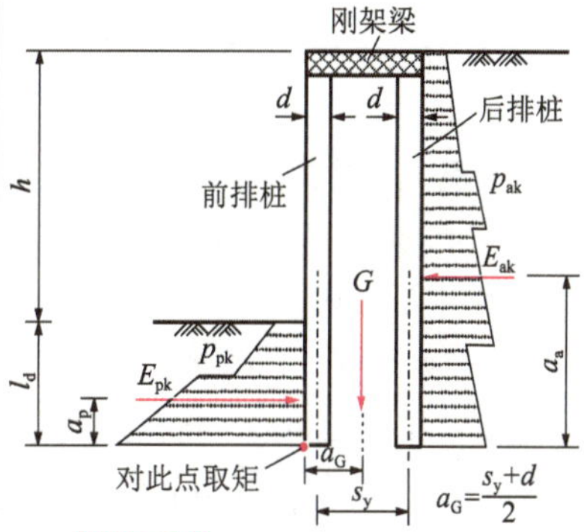

构造要求：

$$l_d \geqslant \begin{cases} 1.2h\text{—淤泥} \\ 1.0h\text{—淤泥质土} \\ 0.6h\text{—一般黏性土、砂土} \end{cases}$$

题 6-28 某基坑深度 12m，场地土的重度为 19kN/m³，内摩擦角为 18°，黏聚力为 20kPa，地下水位埋藏很深，开挖深度 12m，采用排桩支护结构，桩长 18m，开挖至坑底时，桩在坑底处的水平位移量为 12mm。距地面 15m 深度处土体压缩的水平位移值为 8mm，按照《建筑基坑支护技术规程》JGJ 120—2012 计算，15m 深度处作用在桩上的分布土反力最接近下列哪个选项？

（A）30kPa （B）85kPa

（C）135kPa （D）165kPa

【解】

（1）$m=\dfrac{0.2\times18^2-18+20}{12}=5.57\text{MN/m}^4$

$k_s=5.57\times10^3\times(15-12)=16710\text{kN/m}^3$

（2）$K_a=\tan^2\left(45°-\dfrac{18°}{2}\right)=0.528$，$p_{s0}=19\times(15-12)\times0.528=30.10\text{kPa}$

（3）$p_s=16710\times8\times10^{-3}+30.1=163.8\text{kPa}$

【点评】

①根据《建筑基坑支护技术规程》第 4.1.4～4.1.6 条；②计算出水平反力系数的比例系数m后，计算水平反力系数k_s的时候，千万要注意m单位换算；③要注意，初始分布土反力p_{s0}算式中h_i应当从坑底计算，对于黏性土不计c对土压力强度的影响。

题 6-29 （19 模三 19）某一级基坑拟采用双排桩支挡结构，双排桩深 14m，桩径 800mm，排距 2.4m。土层为黏性土，$\gamma=18.5\text{kN/m}^3$，$\varphi=20°$，$c=15\text{kPa}$。深度 A 处前后排桩水平位移差值为 6mm。根据《建筑基坑支护技术规程》JGJ 120—2012，试求 A 点处桩间土对前排桩的侧压力最接近下列哪个选项（图 6-23-23）？

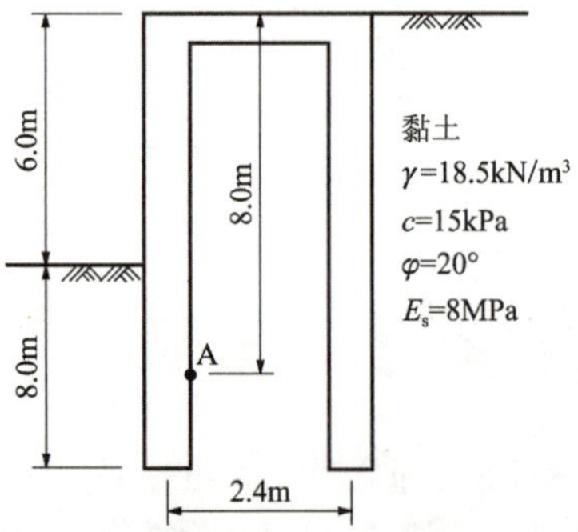

图 6-23-23 题 6-29 图

（A）25kPa （B）32kPa

（C）52kPa （D）62kPa

【解】

（1）$k_c=\dfrac{8000}{2.4-0.8}=5000\text{kPa/m}$，$\alpha=\dfrac{2.4-0.8}{6\times\tan(45°-20°/2)}=0.38\leqslant1.0$

（2）$K_a=\tan^2\left(45°-\dfrac{20°}{2}\right)=0.49$，$p_{ak}=18.5\times8\times0.49-2\times15\times\sqrt{0.49}=51.52\text{kPa}$

$p_{c0}=(2\times0.38-0.38^2)\times51.52=31.72\text{kPa}$

（3）$p_c=5000\times6\times10^{-3}+31.72=61.72\text{kPa}$

【点评】

①根据《建筑基坑支护技术规程》第 3.4.2 条、第 4.12.1～4.12.3 条；②双排桩设计，桩间土对桩侧的压力为土反力，水平刚度系数计算和初始压力的计算和悬臂式、锚拉式支挡结构有区别，计算顺序为k_c，α，p_{ak}，p_{c0}，p_c；③本考点还未出过真题，应特别重视。

题 6-30　（08D22）某二级基坑深度为 6m，地面作用 10kPa 的均布荷载，采用双排桩支护，土为中砂，黏聚力$c=0$，重度$\gamma=18\text{kN/m}^3$，内摩擦角$\varphi=30°$，无地下水。支护桩直径为 600mm，桩间距为 1.2m，排距为 2.4m，嵌固深度 4m，双排桩结构和桩间土的平均重度为 20kN/m³，试计算双排桩的嵌固稳定安全系数最接近下列哪个选项？

（A）1.10　　（B）1.27

（C）1.37　　（D）1.55

【解】

$$K_a=\tan^2\left(45°-\frac{30°}{2}\right)=\frac{1}{3}，K_p=\tan^2\left(45°+\frac{30°}{2}\right)=3$$

$$K=\frac{\frac{1}{2}\times18\times4^2\times3\times\frac{4}{3}+20\times10\times(2.4+0.6)\times\frac{2.4+0.6}{2}}{\frac{1}{2}\times18\times10^2\times\frac{1}{3}\times\frac{10}{3}+10\times10\times\frac{1}{3}\times\frac{10}{2}}=1.265$$

【点评】

①根据《建筑基坑支护技术规程》第 4.12.5 条；②双排桩的嵌固稳定安全系数计算看似复杂和计算量大，实际熟练之后可一步到位，闭卷快速作答；③本真题用新题代替，原题为基坑等值梁法，新规范已经删除等值梁法，改用弹性支点法。

题 6-31　（21C19）某厚砂土场地中基坑开挖深度$h=6\text{m}$，砂土的重度$\gamma=20\text{kN/m}^3$，黏聚力$c=0$，内摩擦角$\varphi=30°$，采用双排桩支护，桩径 0.6m，桩间距 0.8m，排间中心间距 2m，桩长 12m，支护结构顶与地表齐平，则按《建筑基坑支护技术规程》JGJ 120—2012 确定该支护结构抗倾覆稳定系数最接近下列哪个选项（桩、联系梁及桩间土平均重度$\gamma=21\text{kN/m}^3$，不考虑地下水作用及地面超载）？

（A）1.12　　（B）1.38

（C）1.47　　（D）1.57

【解】

（1）$K_a=\tan^2\left(45°-\frac{30°}{2}\right)=\frac{1}{3}$，$K_p=\tan^2\left(45°+\frac{30°}{2}\right)=3$

（2）$$K=\frac{\frac{1}{2}\times20\times6^2\times3\times\frac{6}{3}+21\times12\times(2+0.6)\times\frac{(2+0.6)}{2}}{\frac{1}{2}\times20\times12^2\times\frac{1}{3}\times\frac{12}{3}}=1.57$$

【点评】

①根据《建筑基坑支护技术规程》第 3.4.2 条、第 4.12.5 条；②考点为"双排桩的嵌固稳定安全系数"，抗倾覆力矩为被动土压力，双排桩、钢架梁和桩间土的自重产生力矩；③倾覆力矩为主动土压力产生的力矩。

题6-32　某一级基坑拟采用双排桩支挡结构，桩长15m，宽2.5m，重度为20kN/m³。土层为一般黏性土，$\gamma = 19.5\text{kN/m}^3$，$c = 15\text{kPa}$，$\varphi = 20°$，为保证该支护结构符合《建筑基坑支护技术规程》JGJ 120—2012对嵌固深度的要求，试计算该基坑适宜开挖的最大深度最接近下列哪个选项（图6-23-24）？

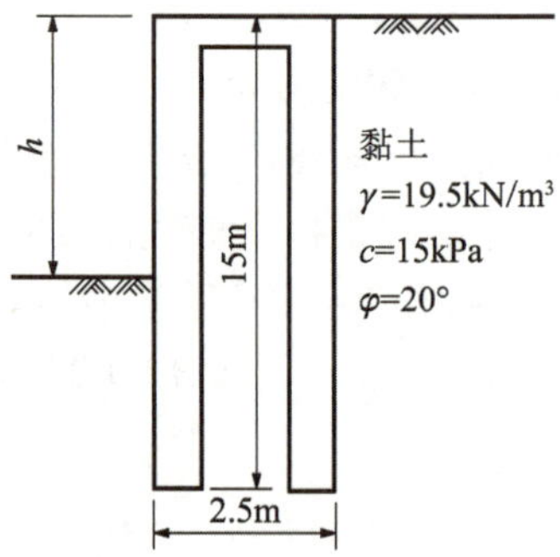

图6-23-24　题6-32图

（A）5.5m　　（B）6.5m　　（C）8.0m　　（D）9.0m

【解】

（1）$K_a = \tan^2\left(45° - \dfrac{20°}{2}\right) = 0.49$，$K_p = \tan^2\left(45° + \dfrac{20°}{2}\right) = 2.04$

$$z_0 = \frac{2 \times 15}{19.5 \times \sqrt{0.49}} = 2.20\text{m}$$

（2）$E_{ak}a_a = \dfrac{1}{2} \times 19.5 \times (15 - 2.20)^2 \times 0.49 \times \dfrac{15 - 2.20}{3} = 3339.7\text{kN} \cdot \text{m/m}$

$$E_{pk}a_p = 2 \times 15 \times \sqrt{2.04} \times l_d \times \frac{l_d}{2} + \frac{1}{2} \times 19.5 \times l_d^2 \times 2.04 \times \frac{l_d}{3} = 21.42l_d^2 + 6.63l_d^3$$

（3）$\dfrac{E_{pk}a_p + Ga_G}{E_{ak}a_a} = \dfrac{21.42l_d^2 + 6.63l_d^3 + 20 \times 15 \times 2.5 \times 2.5/2}{3339.7} \geqslant 1.25 \Rightarrow l_d \geqslant 6.93\text{m}$

（4）黏土$l_d \geqslant 0.6h$，即$l_d \geqslant 0.6 \times (15 - l_d)$，解得：$l_d \geqslant 5.625\text{m}$

取大值$l_d = 6.93\text{m}$，则$h \leqslant 15 - 6.93 = 8.07\text{m}$

【点评】

①根据《建筑基坑支护技术规程》第4.12.5条、第4.12.7条；②双排桩结构的嵌固深度，对于淤泥质土，不宜小于1.0h，对淤泥，不宜小于1.2h，对一般黏性土、砂土，不宜小于0.6h；③对于黏性土的主动和被动土压力力矩计算需要特别熟练，才能快速解答本类型题目。

23.2.3 支挡式结构稳定性验算——《建筑基坑支护技术规程》第4.2节

1. 抗滑移整体稳定性——《建筑基坑支护技术规程》第4.2.3条

与“土力学”及“边坡”章节的“圆弧滑动”原理一致，对照《建筑基坑支护技术规程》第4.2.3条、第4.2.5条自行学习，不再重复详述。

题 6-33　（09D22）在饱和软土中基坑开挖采用地下连续墙支护，已知软土的十字板剪切试验的抗剪强度$\tau = 34$kPa，基坑开挖深度16.3m，墙底插入坑底以下深17.3m，设有两道水平支撑，第一道支持位于地面标高，第二道水平支撑距坑底3.5m，每延长米支撑的轴向力均为 2970kN，沿着如图 6-23-25 所示的以墙顶为圆心，以墙长为半径的圆弧整体滑动，若每米的滑动力矩为 154230kN · m，其安全系数最接近下列哪个选项？

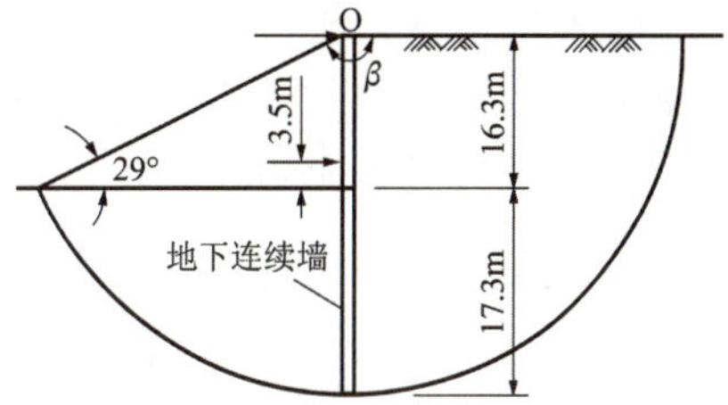

图 6-23-25　题 6-33 图

（A）1.3　　（B）1.0　　（C）0.9　　（D）0.6

【解】

（1）滑动半径：$R = 16.3 + 17.3 = 33.6$m，弧的夹角：$\beta = 180° - 29° = 151°$

弧的长度：$l = 2 \times 33.6 \times 3.14 \times \dfrac{151°}{360°} = 88.5$m

土的抗滑力矩：$M_{R1} = 88.5 \times 34 \times 33.6 = 101102.4$kN · m

（2）第二道水平支撑的抗滑力矩：$M_{R2} = 2970 \times (16.3 - 3.5) = 38016$kN · m

（3）$K_s = \dfrac{101102.4 + 38016}{154230} = 0.902$

【点评】

①根据《建筑基坑支护技术规程》第 4.2.3 条；②由土力学原理，抗滑力矩由土的抗滑力矩和第二道水平支撑对 O 点的抗滑力矩两部分组成，注意圆弧角度和弧长的转换；③考试答题时文字部分可不写，习题中的大多数文字是为了读者能更快得读懂答题步骤，大多数考试时是可不写的，且可以合并步骤计算，节省答题时间，详见华山论剑案例真题解析，所有题均按考场最优化简化作答。

题 6-34　安全等级为二级的基坑，开挖深度为 10m，采用单排锚索桩锚支护，桩间距 1.5m，两桩一锚，地基土为均质粉质黏土，重度 19kN/m^3，$\varphi = 20°$，$c = 12$kPa，锚固体与土层的极限粘结强度标准值取 65kPa，假设沿着如图 6-23-26 所示整体圆弧滑动破坏，滑动半径 18m，滑动面以外的锚固段长度 10m，已知锚固体直径 100mm，倾角 15°，锚索的截面积 180mm^2，锚索钢绞线的极限强度标准值 1860N/mm^2，二次压力注浆；根据《建筑基坑支护技术》JGJ 120—2012，计算单位宽度内锚杆提供的抗滑力矩最接近下列哪个选项？

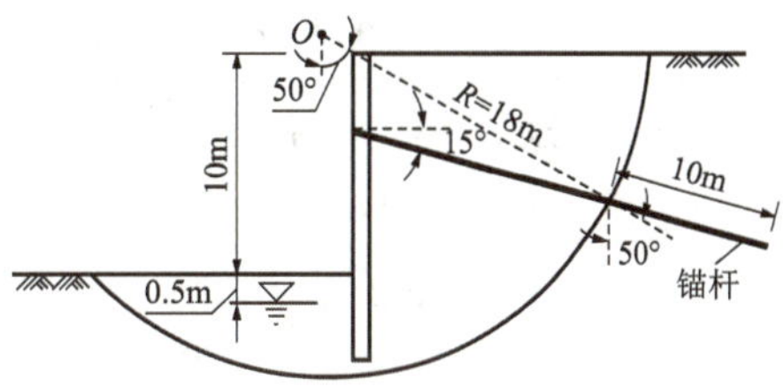

图 6-23-26　题 6-34 图

（A）720kN · m　　（B）920kN · m　　（C）1180kN · m　　（D）1440kN · m

【解】

（1）$R_{k1} = 1860 \times 180 = 334.8$kN，$R_{k2} = uq_{sk}l_{ei} = 3.14 \times 0.1 \times 10 \times 65 = 204.1$kN

综上所述，$R'_k = \min\{204.1, 334.8\} = 204.1$kN

（2）每根锚索提供的切向抗力：$204.1 \times \cos(15° + 50°) = 86.26$kN

每根锚索提供的摩阻力：$0.5 \times 204.1 \times \sin(15° + 50°) \times \tan 20° = 33.66$kN

锚索提供的每延米的抗力：$\dfrac{86.26+33.66}{2\times1.5} = 39.97$kN/m

（3）锚索提供的每延米的抗滑力矩：$18 \times 39.97 = 719.46$kN · m

【点评】

①根据《建筑基坑支护技术规程》第4.2.3条、第4.7.4条；② R_k' 取锚杆在滑动面以外的锚固段的极限抗拔承载力标准值与锚杆杆体受拉承载力标准值的较小值；③锚杆切向分力与轴向的夹角为 $\cos(\alpha+\theta)$，锚杆法向分力与轴向的夹角为 $\sin(\alpha+\theta)$。

2. 抗倾覆——《建筑基坑支护技术规程》第4.2.1条、第4.2.2条

悬臂式支挡结构、单层锚杆和单层支撑的支挡式结构的嵌固深度（l_a）应符合表6-23-8中嵌固稳定性的要求。

支挡式结构嵌固稳定性 表6-23-8

<table>
<tr><th>悬臂式支挡结构</th><th>单层锚杆和单层支撑的支挡式结构</th></tr>
<tr><td>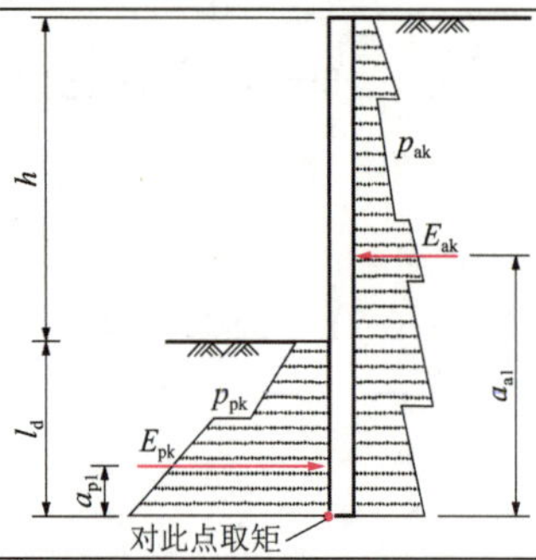
</td><td>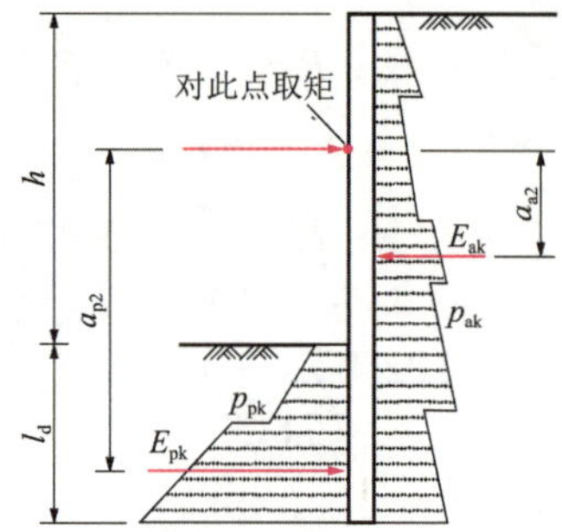
</td></tr>
<tr><td>$\dfrac{E_{pk}a_{p1}}{E_{ak}a_{a1}} \geqslant K_e$ （$l_d \geqslant 0.8h$）</td><td>$\dfrac{E_{pk}a_{p2}}{E_{ak}a_{a2}} \geqslant K_e$ （$l_d \geqslant 0.3h$）</td></tr>
<tr><td colspan="2">K_e——嵌固稳定安全系数，安全等级一、二、三级分别不应小于1.25、1.2、1.15</td></tr>
<tr><td colspan="2">E_{ak}、E_{pk}——分别为基坑外侧主动土压力、基坑内侧被动土压力标准值（kN）；
a_{a1}、a_{p1}——分别为基坑外侧主动土压力、基坑内侧被动土压力合力作用点至挡土构件底端的距离（m）；
a_{a2}、a_{p2}——分别为基坑外侧主动土压力、基坑内侧被动土压力合力作用点至支点的距离（m）</td></tr>
</table>

注：关键是注意取矩的位置不一样，特别要注意构造要求 $l_d \geqslant 0.8h$ 或 $l_d \geqslant 0.3h$。

题6-35 （03C26）某悬臂支护结构如图6-23-27所示，砂土的 $\gamma = 18\text{kN/m}^3$，$c = 0$，$\varphi = 30°$，试验算支护结构嵌固稳定安全系数最接近下列哪个选项？

（A）1.1　　（B）1.2　　（C）1.3　　（D）1.4

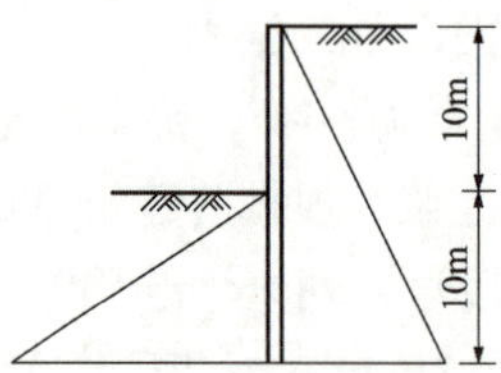

图6-23-27 题6-35图

【解】

（1）$K_a = \tan^2\left(45° - \dfrac{30°}{2}\right) = \dfrac{1}{3}$，$K_p = \tan^2\left(45° + \dfrac{30°}{2}\right) = 3$

$$E_{ak} = \frac{1}{2}\gamma h^2 K_a = \frac{1}{2} \times 18 \times 20^2 \times \frac{1}{3} = 1200\text{kN/m}$$

$$E_{pk} = \frac{1}{2}\gamma h^2 K_p = \frac{1}{2} \times 18 \times 10^2 \times 3 = 2700\text{kN/m}$$

（2）$K_e = \dfrac{E_{pk}a_{p1}}{E_{ak}a_{a1}} = \dfrac{2700 \times 10/3}{1200 \times 20/3} = 1.125$

【点评】

①根据《建筑基坑支护技术规程》第 4.2.1 条；②主动和被动土压力的力臂均为作用点到挡土构件底端的距离，安全等级为一级、二级、三级的悬臂式支挡结构，K_e分别不应小于 1.25、1.2、1.15；③本题在考场上可以选择合并计算，会节省很多时间。

$$K_e = \frac{\frac{1}{2}\times 18\times 10^2\times 3\times\frac{10}{3}}{\frac{1}{2}\times 18\times 20^2\times\frac{1}{3}\times\frac{20}{3}} = \frac{10^3\times 3}{20^3\times\frac{1}{3}} = 1.125$$

【同类型真题】10D23

题 6-36　（05D24）基坑剖面如图 6-23-28 所示，板桩两侧均为砂土，$\gamma = 19\text{kN/m}^3$，$\varphi = 30°$，$c = 0$，基坑开挖深度$H = 1.8\text{m}$，如果抗倾覆稳定安全系数$K = 1.3$，按抗倾覆计算悬臂式板桩的最小入土深度最接近下列哪个选项？

（A）1.8m　　（B）2.0m

（C）2.5m　　（D）2.8m

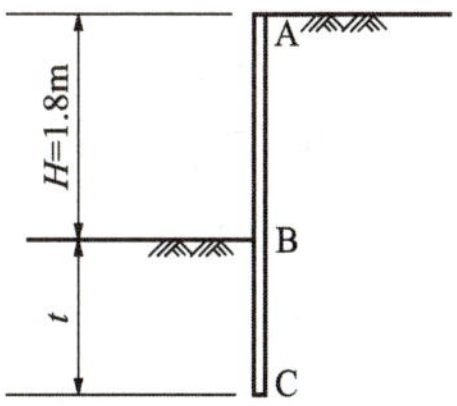

图 6-23-28　题 6-36 图

【解】

（1）$K_a = \tan^2\left(45° - \frac{30°}{2}\right) = \frac{1}{3}$，$K_p = \tan^2\left(45° + \frac{30°}{2}\right) = 3$

（2）设桩板最小入土深度为t

$$E_{ak} = \frac{1}{2}\gamma h^2 K_a = \frac{1}{2}\times 19\times(1.8+t)^2\times 0.333 = 3.16\times(1.8+t)^2,\quad a_{a1} = \frac{1.8+t}{3}$$

$$E_{pk} = \frac{1}{2}\gamma t^2 K_p = \frac{1}{2}\times 19\times t^2\times 3 = 28.5t^2,\quad a_{p1} = \frac{t}{3}$$

（3）$$K_e = \frac{E_{pk}a_{p1}}{E_{ak}a_{a1}} \Rightarrow \frac{28.5t^2\times\frac{t}{3}}{3.16\times(1.8+t)^2\times\frac{1.8+t}{3}} = 1.3 \Rightarrow t = 1.98\text{m} > 0.8\times 1.8$$

$= 1.44\text{m}$，满足构造要求

考场实战作答如下：

（1）$K_a = \tan^2\left(45° - \frac{30°}{2}\right) = \frac{1}{3}$，$K_p = \tan^2\left(45° + \frac{30°}{2}\right) = 3$

（2）$$\frac{\frac{1}{2}\times 19\times t^2\times 3\times\frac{t}{3}}{\frac{1}{2}\times 19\times(1.8+t)^2\times\frac{1}{3}\times\frac{1.8+t}{3}} = 1.3$$

$\Rightarrow t = 2.0\text{m} > 0.8\times 1.8 = 1.44\text{m}$，满足构造要求

【点评】

①根据《建筑基坑支护技术规程》第 4.2.1 条；②一元三次方程经常运用在嵌固深度的计算题目中，建议购买具有相应功能的计算器用解方程求解，应合理输入初始值；③熟练之后，按考场实战作答，加上计算器解方程，可以非常快速完成本题，在中后期学习中，需要养成这样的好习惯，华山论剑真题解析全部按考场实战作答。

题 6-37 某二级基坑开挖深度为 10m，采用悬臂式支护结构，土层为黏性土，$c=20\text{kPa}$，$\varphi=30°$，$\gamma=18\text{kN/m}^3$，试确定最适宜的支护结构嵌固深度。

【解】

（1）二级基坑，$K_e \geqslant 1.2$，$K_a=\tan^2\left(45°-\frac{30°}{2}\right)=1/3$，$K_p=\tan^2\left(45°+\frac{30°}{2}\right)=3$

$$z_0=\left(\frac{2c}{\sqrt{K_a}}-q\right)/\gamma=\left(\frac{2\times 20}{\sqrt{1/3}}\right)/18=3.85\text{m}$$

$$E_a=\frac{1}{2}\gamma(h-z_0)^2K_a=\frac{1}{2}\times 18\times(10+l_d-3.85)^2\times\frac{1}{3}=3(l_d+6.15)^2,\ a_a=\frac{6.15+l_d}{3}$$

$$E_{p1}=2cl_d\sqrt{K_p}=2\times 20\times l_d\times\sqrt{3}=69.28l_d,\ E_{p2}=\frac{1}{2}\times 18\times l_d^2\times 3=27l_d^2$$

（2）$K_e=\dfrac{69.28l_d\times\frac{l_d}{2}+27l_d^2\times\frac{l_d}{3}}{3(l_d+6.15)^2\times\left(\frac{6.15+l_d}{3}\right)}=1.2\Rightarrow l_d=4.33\text{m}$

（3）$4.33\text{m}<0.8h=8\text{m}$，故嵌固深度宜取 8m

【点评】

①根据《建筑基坑支护技术规程》第 4.2.1 条、第 4.2.6 条，悬臂式结构挡土构件的嵌固深度不宜小于 $0.8h$；②计算桩长勿漏加基坑深度。

题 6-38 某基坑剖面如图 6-23-29 所示，安全等级二级，板桩两侧均为砂土，$\gamma=19\text{kN/m}^3$，$c=0$，$\varphi=30°$，基坑开挖深度为 5m，单层支撑结构位于地面下 2m，按照《建筑基坑支护技术规范》JGJ 120—2012，计算该单层支撑结构的最小嵌固深度l_d最接近下列哪个选项？

（A）1.0m　　（B）1.5m

（C）2.0m　　（D）2.5m

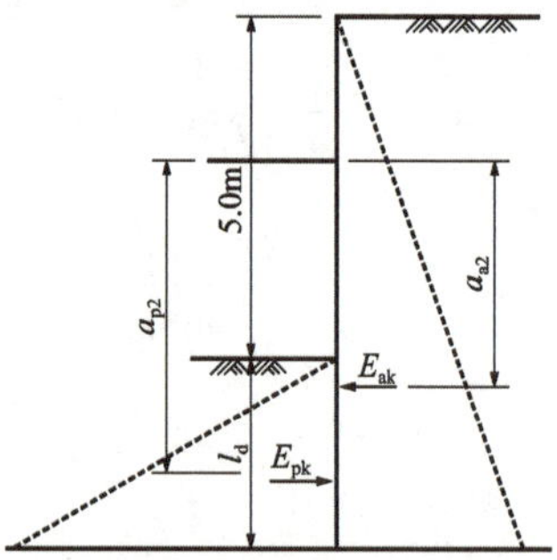

图 6-23-29　题 6-38 图

【解】

（1）$K_a=\tan^2\left(45°-\frac{30°}{2}\right)=\frac{1}{3}$，$K_p=\tan^2\left(45°+\frac{30°}{2}\right)=3$

$$E_a=\frac{1}{2}\gamma h^2K_a=\frac{1}{2}\times 19\times(l_d+5)^2\times 0.333=3.17(l_d+5)^2$$

$$E_p=\frac{1}{2}\gamma h^2K_p=\frac{1}{2}\times 19\times l_d^2\times 3=28.5l_d^2$$

（2）$\dfrac{E_{pk}a_{p2}}{E_{ak}a_{a2}}=\dfrac{28.5l_d^2\times\left(3+\frac{2l_d}{3}\right)}{3.17(l_d+5)^2\left[\frac{2\times(5+l_d)}{3}-2\right]}=1.2\Rightarrow l_d=2.0\text{m}$

（3）$2.0\text{m}>0.3h=0.3\times 5=1.5\text{m}$，取$l_d=2.0\text{m}$

【点评】

①根据《建筑基坑支护技术规程》第 4.2.2 条、第 4.2.7 条；②本题采用计算器解一元三次方程，应熟练掌握，初始值输入正值；③挡土构件的锚固深度，对于悬臂式结构，不宜小于 $0.8h$，对于单支点支挡式结构，不宜小于 $0.3h$，对于多点式结构，不宜小于 $0.2h$。

3. 抗隆起——《建筑基坑支护技术规程》第 4.2.4 条

支挡式结构的嵌固深度应符合表 6-23-9 中坑底隆起稳定性要求。

支挡式结构坑底隆起稳定性　　　　表 6-23-9

<table>
<tr><td colspan="2">持力层（挡土结构底端平面）</td><td colspan="2">软卧下卧层顶面</td></tr>
<tr><td colspan="2">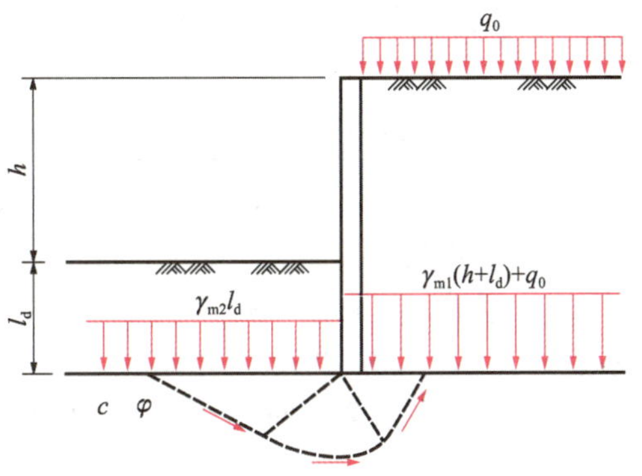

(a) 挡土构件底端平面下土的隆起稳定性验算</td><td colspan="2">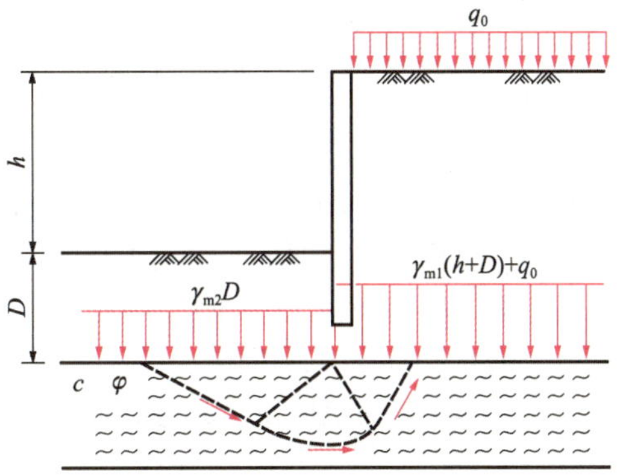

(b) 软弱下卧层的隆起稳定性验算</td></tr>
<tr><td>$\dfrac{\gamma_{m2}l_dN_q+cN_c}{\gamma_{m1}(h+l_d)+q_0}\geqslant K_b$</td><td colspan="2">单支点：$l_d\geqslant0.3h$
多支点：$l_d\geqslant0.2h$</td><td>$\dfrac{\gamma_{m2}DN_q+cN_c}{\gamma_{m1}(h+D)+q_0}\geqslant K_b$</td></tr>
<tr><td colspan="4">$N_q=\tan^2\left(45^\circ+\dfrac{\varphi}{2}\right)e^{\pi\tan\varphi}$，$N_c=\dfrac{(N_q-1)}{\tan\varphi}$</td></tr>
<tr><td colspan="4">K_b——抗隆起安全系数，安全等级一、二、三级分别不应小于 1.8、1.6、1.4；
γ_{m1}、γ_{m2}——分别为基坑外、基坑内挡土构件底面（或软弱下卧层顶面）以上土的天然重度（kN/m^3）；对多层土，取各层土按厚度加权的平均重度；
c、φ——分别为挡土构件底面（或软弱下卧层顶面）以下土的黏聚力（kPa）、内摩擦角（°）；
l_d——挡土构件的嵌固深度（m）；
h——基坑深度（m）；
q_0——地面均布荷载（kPa）；
D——基坑底面至软弱下卧层顶面的土层厚度（m）；
N_c、N_q——承载力系数，按上式计算，也可查表 6-23-10</td></tr>
<tr><td colspan="2">特殊情况（$\varphi=0$ 时，《建筑地基基础设计规范》附录 V）：
$K_D=\dfrac{N_c\tau_0+\gamma t}{\gamma(h+t)+q}\geqslant1.6\Leftarrow N_q=1$，$N_c=5.14$</td><td colspan="2">$K_D$——入土深度底部土抗隆起安全系数，取$K_D\geqslant1.6$；
τ_0——由十字板确定的总强度（kPa）；
t——支护结构入土深度（m），相当于图中l_d</td></tr>
</table>

注：1. 针对锚拉式和支撑式支挡结构验算，悬臂式支挡结构无需要验算；

2. 有软卧下卧层时，如果题目没有指定只按验算下卧层抗隆起，则要同时验算底端平面抗隆起。

N_q、N_c速查表　　　　表 6-23-10

φ	0°	5°	6°	7°	8°	9°	10°	11°	12°	13°
N_q	1	1.57	1.72	1.88	2.06	2.25	2.47	2.71	2.97	3.26
N_c	5.14	6.52	6.85	7.17	7.54	7.89	8.34	8.8	9.27	9.79
φ	14°	15°	16°	17°	18°	19°	20°	21°	22°	23°
N_q	3.58	3.94	4.33	4.77	5.25	5.79	6.4	7.07	7.82	8.66
N_c	10.35	10.97	11.61	12.33	13.08	13.91	14.84	15.81	16.88	18.05

续表

φ	24°	25°	26°	27°	28°	29°	30°	31°	32°	33°
N_q	9.60	10.65	11.84	13.19	14.71	16.43	18.38	20.61	23.15	26.07
N_c	19.32	20.69	22.23	23.92	25.78	27.84	30.1	32.64	35.45	38.60
φ	34°	35°	36°	37°	38°	39°	40°	41°	42°	43°
N_q	29.41	33.26	37.71	42.87	48.87	55.89	64.11	73.79	85.25	98.87
N_c	42.12	46.07	50.53	55.56	61.27	67.78	75.21	83.74	93.57	104.95

题6-39　（16D21）某开挖深度为6m的深基坑，坡顶均布荷载$q_0 = 20\text{kPa}$，考虑到其边坡土体一旦产生过大变形，对周边环境产生的影响将是严重的，故拟采用直径800mm钻孔灌注排桩加预应力锚索支护结构。场地地层主要由两层土组成，未见地下水，主要物理力学性质指标见图6-23-30。试问根据《建筑基坑支护技术规程》JGJ 120—2012和Prandtl极限平衡理论公式计算，满足坑底抗隆起稳定性验算的支护桩嵌固深度至少为下列哪个选项的数值？

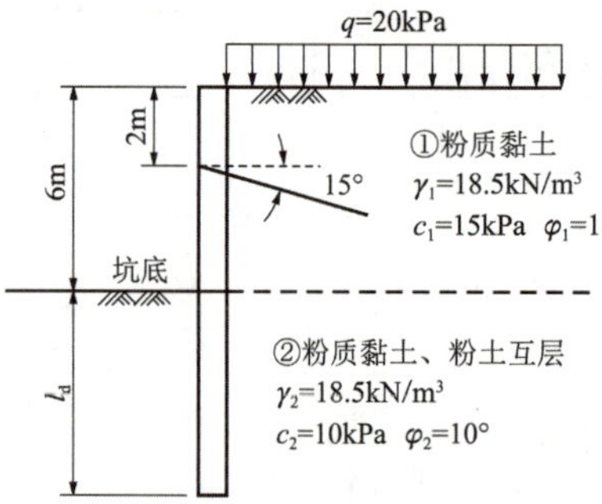

图6-23-30　题6-39图

（A）6.8m　　（B）7.2m　　（C）7.9m　　（D）8.7m

【解】

（1）影响严重，为二级基坑，$K_b = 1.6$

（2）$N_q = \tan^2\left(45° + \frac{\varphi}{2}\right)e^{\pi\tan\varphi} = \tan^2\left(45° + \frac{10°}{2}\right)e^{3.14\times\tan 10°} = 2.47$

$N_c = (N_q - 1)/\tan\varphi = (2.47 - 1)/\tan 10° = 8.34$

$\gamma_{m2} = 18.5\text{kN/m}^3$

（3）$\dfrac{\gamma_{m2}l_dN_q + cN_c}{\gamma_{m1}(h + l_d) + q_0} \geqslant K_b \Rightarrow \dfrac{18.5 \times l_d \times 2.47 + 10 \times 8.34}{(18.5 \times 6 + 18.5 \times l_d) + 20} \geqslant 1.6 \Rightarrow l_d \geqslant 7.84\text{m}$

（4）验算：$l_d \geqslant 0.3h = 1.8\text{m}$，符合要求。

【点评】

①根据《建筑基坑支护技术规程》第4.2.4条；②已知满足安全系数反算嵌固深度，这种反算的逆向思维题目经常出现，问至少满足的题目最好带着不等号计算，选用最后选项；③关于基坑坑底隆起的验算，各种规范基本都是验算坑底土的承载力，公式中分子属于普朗德尔-瑞斯纳（Prandtl-Reissner）的极限承载力公式$p_u = qN_q + cN_c$，其中$N_q = \tan^2(45° + \varphi/2)e^{\pi\tan\varphi}$，$N_c = (N_q - 1)/\tan\varphi$（详细推导过程见《土力学》P312）；④分子为坑内嵌固段范围内土的极限承载力，分母为坑外桩体范围内土的总自重应力加外部荷载，隆起安全系数，安全等级为一级、二级、三级的支护结构，K_b分别不应小于1.8、1.6、1.4。

题 6-40 某基坑的土层分布如图6-23-31所示，由两层土组成：①层为粉质黏土，厚度4m，重度$18kN/m^3$，内摩擦角18°，黏聚力10kPa；②层为淤泥质黏土，重度$17.5kN/m^3$，不排水抗剪强度$c_u = 50kPa$，无地下水。基坑深度6m，拟采用重力式水泥土墙支护形式，嵌固深度7m，支护结构失效、土体过大变形对基坑周边环境或主体结构施工安全的影响严重。按照《建筑基坑支护技术规程》JGJ 120—2012的要求，满足抗隆起稳定要求时，地面均布荷载q_0最大允许值最接近下列哪个选项？

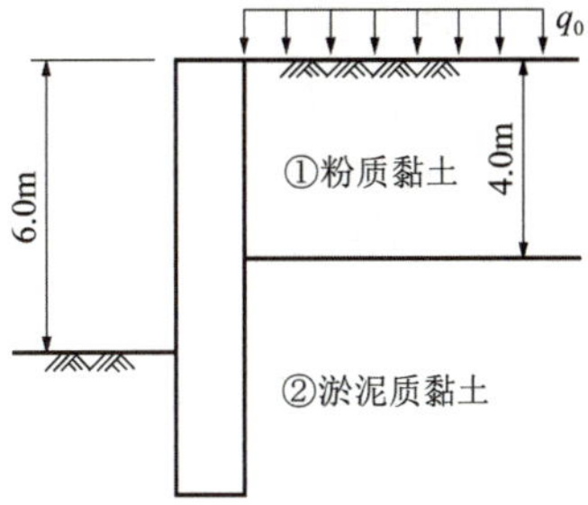

图 6-23-31 题 6-40 图

（A）7kPa （B）12kPa （C）17kPa （D）25kPa

【解】

（1）依题意，安全等级为二级，$K_b = 1.6$

$\varphi = 0° \Rightarrow N_q = 1$，$N_c = 5.14$

（2）$\frac{17.5\times7\times1+50\times5.14}{4\times18+(2+7)\times17.5+q_0} \geqslant 1.6 \Rightarrow q_0 \leqslant 7.7kPa$

【点评】

①根据《建筑基坑支护技术规程》第4.2.4条、第6.1.4条；②$\varphi = 0$时，$N_q = 1$，$N_c = 5.14$，N_c、N_q可根据案例答题手册直接查表；③c、φ取水泥土墙底面以下土的黏聚力、内摩擦角，不排水强度时，$\varphi = 0$。

题 6-41 （17C22）在饱和软黏土中开挖条形基坑，采用11m长的悬臂钢板桩支护，桩顶与地面齐平。已知软土的饱和重度$17.8kN/m^3$，土的十字板剪切试验的抗剪强度40kPa，地面超载为10kPa。按照《建筑地基基础设计规范》GB 50007—2011，为满足钢板桩入土深度底部土体抗隆起稳定性要求，此基坑最大开挖深度最接近下列哪一个选项？

（A）3.0m （B）4.0m （C）4.5m （D）5.5m

【解】

$$K_D = \frac{N_c\tau_0 + \gamma t}{\gamma(h+t)+q} \geqslant 1.6 \Rightarrow K_D = \frac{5.14\times40+17.8\times(11-h)}{17.8\times11+10} \geqslant 1.6 \Rightarrow h \leqslant 4.1m$$

【点评】

①根据《建筑地基基础设计规范》附录V；②按规范的规定，基坑坑底隆起的安全系数为坑内土的极限承载力/坑外的压力，规定最小$K_D = 1.6$。

题 6-42 （11C22）如图6-23-32所示，在饱和软黏土地基中开挖条形基坑，采用8m长的板桩支护，地下水位已降至板桩底部，坑边地面无荷载，地基土重度为$\gamma = 19kN/m^3$，通过十字板现场测试得地基土的抗剪强度30kPa，按《建筑地基基础设计规范》GB 50007—2011规定，为满足基坑抗隆起稳定性要求，则此基坑最大开挖深度不能超过下列哪个选项的数值？

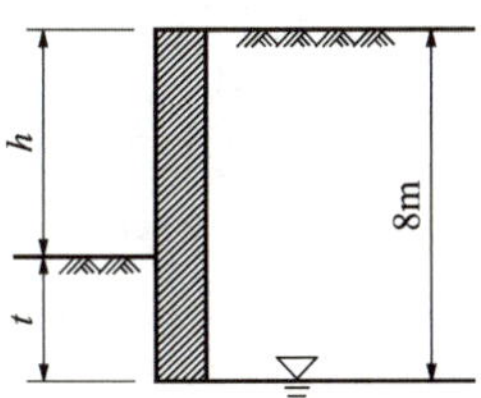

图 6-23-32 题 6-42 图

（A）1.2m （B）3.3m （C）6.1m （D）8.5m

【解】

$$\frac{N_c\tau_0 + \gamma t}{\gamma(h+t)+q} \geqslant 1.60 \Rightarrow \frac{5.14\times30+19\times(8-h)}{19\times8+0} \geqslant 1.60 \Rightarrow h \leqslant 3.3m$$

【点评】

①根据《建筑地基基础设计规范》附录 V；②公式属于普朗德尔-瑞斯纳公式，即对于 $\varphi_u = 0°$ 的饱和软黏土，$N_c = 2 + \pi = 5.14$，$N_q = 1.0$，软土的极限承载力 $p_u = qN_q + cN_c = q + 5.14c$，按规范的规定基坑坑底隆起的安全系数最小 $K_h = 1.6$；③软土这里是合算，γ 都采用天然重度，不用浮重度。

【同类型真题】06D24、03D22

4. 内支撑立柱的受压计算长度——《建筑基坑支护技术规程》第 4.9.10 条

立柱的受压计算长度应按下列规定确定：

1）单层支撑的立柱、多层支撑底层立柱的受压计算长度应取底层支撑至基坑底面的净高度与立柱直径或边长的 5 倍之和；

2）相邻两层水平支撑间的立柱受压计算长度应取此两层水平支撑的中心间距。

注：此类单独的构造类型考点，以复习规范为主，不一一列举。

题 6-43　（20D17）某地下三级基坑采用地下连续墙结合三道支撑明挖法施工，立柱挖孔施工后以碎石回填。基坑围护剖面见图 6-23-33，支撑在下层楼板（或底板）换撑后逐道拆除。按照《建筑基坑支护技术规程》JGJ 120—2012，根据各工况条件复核各道支撑立柱的最大受压计算长度最接近下列哪个选项？

（A）第一道 6.1m，第二道 6.5m，第三道 2.45m

（B）第一道 11.3m，第二道 9.8m，第三道 3.3m

（C）第一道 8.6m，第二道 9.0m，第三道 5.95m

（D）第一道 11.3m，第二道 9.8m，第三道 5.95m

【解】

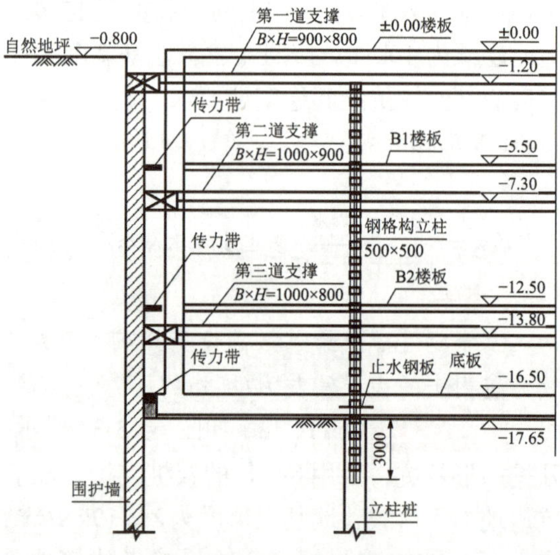

图 6-23-33　题 6-43 图

（1）拆第三道前，未换撑底板时受压计算长度最大

受压区长度为

$$17.65 - 13.8 - \frac{0.8}{2} + 5 \times 0.5 = 5.95\text{m}$$

（2）拆第二道前，未换撑 B2 楼板时受压长度最大，底板相当于水平支撑

受压区长度为

$$\frac{17.65 + 16.5}{2} - 7.3 = 9.8\text{m}$$

（3）拆第一道前，未换撑 B1 楼板时受压长度最大，B2 板相当于水平支撑

受压区长度为 $12.5 - 1.2 = 11.3\text{m}$

【点评】

①根据《建筑基坑支护技术规程》第 4.9.10 条；②单层支撑的立柱、多层支撑**底层立柱**的受压计算长度应取**底层支撑至基坑底面的净高度与立柱直径或边长的 5 倍之和**；③相邻两层水平支撑间的立柱受压长度应取此**两层水平支撑的中心间距**；④本题考点非常偏，而且结合实际工程经验才能做对，属于考场放弃型题目。

23.2.4 锚杆——《建筑基坑支护技术规程》第 4.7 节

锚杆设计应符合表 6-23-11 的规定。

锚杆设计 **表 6-23-11**

（1）锚杆的自由段长度l_f（m）：

$$l_f=\frac{(a_1+a_2-d\tan\alpha)\sin\left(45°-\frac{\varphi_m}{2}\right)}{\sin\left(45°+\frac{\varphi_m}{2}+\alpha\right)}+\frac{d}{\cos\alpha}+1.5$$

关键求a_2：由$e_{ak}=e_{pk}\Rightarrow$等值点$O\Rightarrow a_2\Uparrow$

式中：a_2——基坑底面至基坑外侧主动土压力强度与基坑内侧被动土压力强度等值点O的距离（m）；对成层土，当存在多个等值点时应按其中最深的等值点计算；

d——挡土构件的水平尺寸（m）；

α——锚杆倾角（°）；

φ_m——等值O点以上各土层按**厚度加权的等效内摩擦角**（°）

注：**构造要求**，锚杆自由段的长度不应小于 5m，且应穿过潜在滑动面并进入稳定土层不小于 1.5m

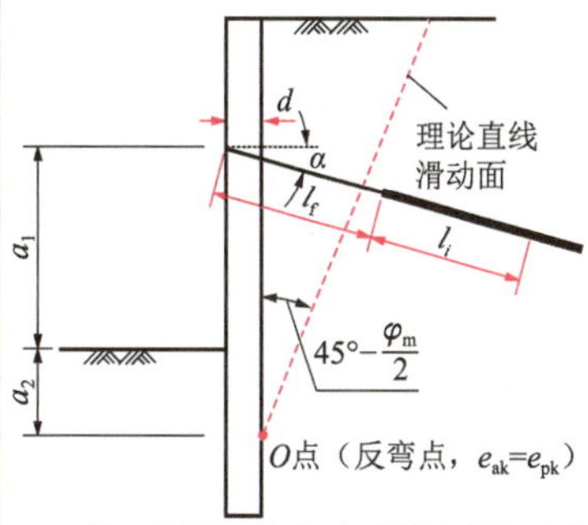

注：规范l_f定义为非锚固段不准确，应该为自由段

（2）锚杆的轴向拉力标准值N_k（kN）：

$$N_k=\frac{F_h s}{b_a\cos\alpha}$$

式中：F_h——计算宽度b_a内的弹性支点水平反力（kN）；

s——锚杆水平间距（m）；

b_a——挡土结构计算宽度（m），取排桩间距或含接头单幅连续墙宽度；

α——锚杆倾角（°）；锚杆倾角宜取 15°～25°，不应大于 45°，不应小于 10°

（3）锚杆极限抗拔承载力标准值R_k（kN）：

$$R_k=\pi d\sum q_{sk,i}l_i$$

式中：d——锚杆的锚固体直径（m）；

l_i——锚杆的锚固段在第i土层中的长度（m）；

$q_{sk,i}$——锚固体与第i土层的极限粘结强度标准值（kPa），可按表 6-23-12 取值；

注：**群锚效应**，对于土层锚杆：

锚杆水平间距$s=1.0\text{m}\rightarrow 0.8R_k$

锚杆水平间距$s=1.0\sim1.5\text{m}\rightarrow(0.4+0.4s)R_k$

⇓⇓⇓

（4）锚杆极限抗拔承载力验算-确定锚固段长度l_i（m）：

$$\frac{R_k}{N_k}\geqslant K_t\Rightarrow l_i\geqslant\frac{K_t N_k}{\pi d\Sigma q_{sk,i}}$$

式中：K_t——锚杆抗拔安全系数，安全等级一、二、三级分别不应小于 **1.8、1.6、1.4**

注：**构造要求，土层中**的锚杆锚固段长度不宜小于 6m

（5）锚杆杆体受拉承载力验算-确定钢筋截面面积A_p（m^2）：

$$N\leqslant f_{py}A_p$$

$N=\gamma_0\gamma_F N_k$

$\gamma_0\rightarrow$**1.1**（一级）**1.0**（二级）**0.9**（三级）

$\gamma_F\rightarrow$**1.25**

式中：N——锚杆轴向拉力设计值（kN）；

γ_F——基本组合的综合分项系数，取不应小于 **1.25**；

γ_0——结构重要性系数，安全等级一、二、三级分别取不应小于 **1.1、1.0、0.9**；

f_{py}——预应力筋抗拉强度设计值（kPa）；当锚杆杆体采用普通钢筋时，取普通钢筋的抗拉强度设计值；

A_p——预应力筋的截面面积（m^2）

注：《建筑基坑支护技术规程》第 4.7.8 条及条文说明，锚杆的水平间距不宜小于 1.5m；对多层锚杆，其竖向间距不宜小于 2.0m；当锚杆的间距小于 1.5m 时，应根据群锚效应对锚杆抗拔承载力进行折减或改变相邻锚杆的倾角。

锚杆的极限粘结强度标准值可按表 6-23-12 取值。

锚杆的极限粘结强度标准值q_{sk} **表 6-23-12**

土的名称	土的状态或密实度	q_{sk}（kPa）	
		一次常压注浆	二次压力注浆
填土		16～30	30～45
淤泥质土		16～20	20～30
黏性土	$I_L > 1$	18～30	25～45
	$0.75 < I_L \leqslant 1$	30～40	45～60
	$0.50 < I_L \leqslant 0.75$	40～53	60～70
	$0.25 < I_L \leqslant 0.50$	53～65	70～85
	$0 < I_L \leqslant 0.25$	65～73	85～100
	$I_L \leqslant 0$	73～90	100～130
粉土	$e > 0.90$	22～44	40～60
	$0.75 \leqslant e \leqslant 0.90$	44～64	60～90
	$e < 0.75$	64～100	80～130
粉细砂	稍密	22～42	40～70
	中密	42～63	75～110
	密实	63～85	90～130
中砂	稍密	54～74	70～100
	中密	74～90	100～130
	密实	90～120	130～170
粗砂	稍密	80～130	100～140
	中密	130～170	170～220
	密实	170～220	220～250
砾砂	中密、密实	190～260	240～290
风化岩	全风化	80～100	120～150
	强风化	150～200	200～260

注：1. 采用泥浆护壁成孔工艺时，应按表取低值后再根据具体情况适当折减；
2. 采用套管护壁成孔工艺时，可取表中的高值；
3. 采用扩孔工艺时，可在表中数值基础上适当提高；
4. 采用二次压力分段劈裂注浆工艺时，可在表中二次压力注浆数值基础上适当提高；
5. 当砂土中的细粒含量超过总质量的30%时，表中数值应乘以0.75；
6. 对有机质含量为5%～10%的有机质土，应按表取值后适当折减；
7. 当锚杆锚固段长度大于16m时，应对表中数值适当折减。

题 6-44 （14D21）某支护结构安全等级为一级的建筑基坑，采用桩锚支护形式，支护桩桩径800mm，间距1400mm，锚杆间距1400mm，倾角15°，采用平面杆系结构弹性支点法进行分析计算，得到支护桩计算宽度内的弹性支点水平反力为420kN。若锚杆施工时采用抗拉设计值为180kN的钢绞线，则每根锚杆需至少配置多少根这样的钢绞线？

（A）2根　　（B）3根　　（C）4根　　（D）5根

【解】

（1）$N_k = \dfrac{F_h s}{b_a \cos\alpha} = \dfrac{420 \times 1.4}{1.4 \times \cos 15°} = 434.8\text{kN}$

$N = \gamma_0 \gamma_F N_k = 1.1 \times 1.25 \times 434.8 = 597.85\text{kN}$

（2）$n = \dfrac{N}{T} = \dfrac{597.85}{180} = 3.3$，取4根

【点评】

①根据《建筑基坑支护技术规程》第 3.1.5～3.1.7 条、第 4.1.8 条、第 4.7.3 条、第 4.7.6 条；②锚杆的轴向抗拉强度标准值为锚杆水平间距内的弹性支点水平反力，一桩一锚时，锚杆水平间距$s =$挡土结构计算宽度b_a；③**材料强度验算采用设计值**，锚杆杆体的抗力设计值$T = nf_{py}A_p$，A_p为预应力筋的截面面积。

题 6-45　（11C23）基坑锚杆拉拔试验时，已知锚杆水平拉力$T = 400\text{kN}$，锚杆倾角$\alpha = 15°$，锚固体直径$D = 150\text{mm}$，锚杆总长度为 18m，自由段长度为 6m。在其他因素都已考虑的情况下，锚杆锚固体与土层的平均摩阻力最接近下列哪个数值？

（A）49kPa　　（B）73kPa　　（C）82kPa　　（D）90kPa

【解】

（1）锚固段长度：$l = 18 - 6 = 12\text{m}$

（2）$N = \dfrac{T}{\cos\alpha} = \dfrac{400}{\cos 15°} = 414\text{kN}$

（3）$\bar{q}_s = \dfrac{N}{\pi Dl} = \dfrac{414}{3.14 \times 0.15 \times 12} = 73\text{kPa}$

【点评】

①根据《建筑基坑支护技术规程》第 4.7.3 条、第 4.7.4 条；②这是一道反算的题目，已知锚杆水平拉力反算锚固体与地基土间的平均摩阻力，注意角度转换成锚杆的轴力，试验时所施加的荷载是标准值，极限状态时起控制作用的一般是锚固体与岩土间的极限摩阻力；以前的规范中，对于锚杆的设计，有采用分项系数方法的，锚杆的拉力和锚固体的抗拔力都采用设计值；新规范采用定值设计的安全系数法，荷载组合采用标准值，即锚杆的拉力采用标准值，锚固体的抗拔力也采用标准值，即极限值除以安全系数，其值为：$N_k = N_{uk}/K_t$，K_t为锚固体拉拔安全系数。

题 6-46　（18D17）某安全等级为二级的深基坑，开挖深度为 8.0m，均质砂土地层，重度$\gamma = 19\text{kN/m}^3$，黏聚力$c = 0$，内摩擦角$\varphi = 30°$，无地下水影响（图 6-23-34）。拟采用桩-锚杆支护结构，支护桩直径为 800mm，锚杆设置深度为地表下 2.0m，水平倾斜角为 15°，锚固体直径$D = 150\text{mm}$，锚杆总长度为 18m，已知按《建筑基坑支护技术规程》JGJ 120—2012，规定所做的锚杆承载力抗拔试验得到的锚杆极限抗拔承载力标准值为 300kN，不考虑其他因素影响，计算该基坑锚杆锚固体与土层的平均极限粘结强度标准值，最接近下列哪个选项？

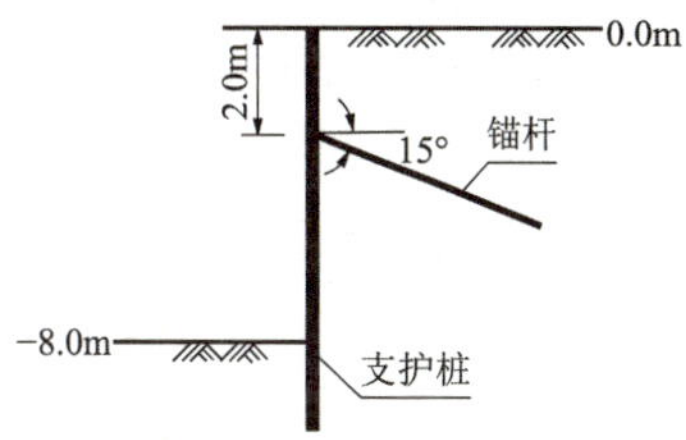

图 6-23-34　题 6-46 图

（A）52.2kPa　　（B）46.2kPa　　（C）39.6kPa　　（D）35.4kPa

【解】

（1）$K_a = \tan^2\left(45° - \dfrac{30°}{2}\right) = \dfrac{1}{3}$，$K_p = \tan^2\left(45° + \dfrac{30°}{2}\right) = 3$

令$e_a = e_p$，即$19 \times (8 + a_2) \times \dfrac{1}{3} = 19 \times a_2 \times 3$，解得$a_2 = 1\text{m}$

（2）$l_f \geqslant \dfrac{(6 + 1 - 0.8 \times \tan 15°)\sin(45° - 30°/2)}{\sin(45° + 30°/2 + 15°)} + \dfrac{0.8}{\cos 15°} + 1.5 = 5.8\text{m} \geqslant 5\text{m}$

则锚固段$l = 18 - 5.8 = 12.2\text{m}$

（3）$q_{sk} = \dfrac{300}{3.14 \times 0.15 \times 12.2} = 52.2\text{kPa}$

【点评】

①依据《建筑基坑支护技术规程》第 4.7.4 条、第 4.7.5 条；②根据锚杆极限抗拔承载力标准值反算土层的极限粘结强度标准值，反算是现在的主流命题趋势。

题 6-47 （10C21）某基坑侧壁安全等级为二级，垂直开挖，采用复合土钉墙支护，设一排预应力锚索，自由段长度为 5.0m，已知锚索水平拉力设计值为 250kN，水平倾角 20°，锚孔直径为 150mm，土层与砂浆锚固体的极限摩阻力标准值$q_{sik}=46\text{kPa}$，作用基本组合的综合分项系数取 1.25。则锚索的设计长度至少应取下列何值时方能满足要求？

（A）16.0m （B）18.0m （C）21.0m （D）24.0m

【解】

（1）$N_k=\dfrac{N}{\gamma_0\cdot\gamma_F\cos\alpha}=\dfrac{250}{1.0\times1.25\times\cos20^\circ}=212.8\text{kN}$

（2）$l_a\geqslant\dfrac{K_t\cdot N_k}{\pi d\sum q_{sk,i}}=\dfrac{1.6\times212.8}{3.14\times0.15\times46}=15.7\text{m}$

（3）设计总长度：$l=l_f+l_a\geqslant5+15.7=20.7\text{m}$

【点评】

①根据《建筑基坑支护技术规程》第 3.1.7 条、第 4.7.2 条、第 4.7.4 条；②设计值N与标准值N_k之间采用分项系数法，轴向拉力标准值N_k和极限抗拔承载力标准值R_k之间采用单一安全系数法；③锚杆的自由段的长度不应小于 5m，且应穿过潜在的滑动面进入稳定土层不小于 1.5m。

题 6-48 （21D17）某建筑基坑工程位于深厚黏性土层中，土的重度 19kN/m^3，$c=25\text{kPa}$，$\varphi=15^\circ$，基坑深度 15m，无地下水和地面荷载影响，拟采用桩锚支护，支护桩直径 800mm，支护结构安全等级为一级。现场进行了锚杆基本试验，试验锚杆长度 20m，全长未采取注浆体与周围土体的隔离措施，其极限抗拔承载力为 600kN，假定锚杆注浆体与土的侧摩阻力沿杆长均匀分布，若在地面下 5m 处设置一道倾角为 15°的锚杆，锚杆轴向拉力标准值为 250kN，则该道锚杆的最小设计长度最接近下列哪个选项（基坑内外土压力等值点深度位于基底下 3.06m）？

（A）19.5m （B）24.5m （C）26.0m （D）27.5m

【解】

（1）安全等级一级，$K_t=1.8$

$l_a\geqslant\dfrac{250\times1.8}{600/20}=15\text{m}>6\text{m}$

（2）$l_f\geqslant\dfrac{(10+3.06-0.8\times\tan15^\circ)\times\sin\left(45^\circ-\frac{15^\circ}{2}\right)}{\sin\left(45^\circ+\frac{15^\circ}{2}+15^\circ\right)}+\dfrac{0.8}{\cos15^\circ}+1.5=10.8\text{m}>5\text{m}$

（3）总长度$l\geqslant10.8+15=25.8\text{m}$，取26m

【点评】

①根据《建筑基坑支护技术规程》第 4.7.2 条、第 4.7.4 条、第 4.7.6 条、第 4.7.9 条；②根据锚杆基本试验，得到每米锚杆极限抗拔承载力标准值；③锚杆构造应符合第 4.7.9 条的规定。

题 6-49　（12C23）在一均质土层中开挖基坑，深度 15m，支护结构安全等级为一级，采用桩锚支护形式，两桩一锚，桩径 800mm，间距 1m。土层的黏聚力$c=15\text{kPa}$，内摩擦角$\varphi=20°$，重度$\gamma=20\text{kN/m}^3$，第一道锚杆位于地面下 4.0m，锚固体直径为 150mm，倾角 15°，通过平面结构弹性支点法计算得到 1m 计算宽度内弹性支点水平反力$F_h=90\text{kN}$，土与锚杆杆体之间极限摩阻力标准值为 50kPa。根据《建筑基坑支护技术规程》JGJ 120—2012，该层锚杆设计长度最接近于下列哪个选项的数值?

（A）18.0m　（B）21.0m　（C）22.5m　（D）25.0m

【解】

（1）$N_k=\dfrac{90\times2}{1\times\cos15°}=186.3\text{kN}$，$l_a=\dfrac{1.8\times186.3}{3.14\times0.15\times50}=14.2\text{m}$

（2）$K_a=\tan^2\left(45°-\dfrac{20°}{2}\right)=0.49$，$K_p=\tan^2\left(45°+\dfrac{20°}{2}\right)=2.04$

$20\times(15+a_2)\times0.49-2\times15\times\sqrt{0.49}=20\times a_2\times2.04+2\times15\times\sqrt{2.04}\Rightarrow a_2=2.7\text{m}$

$$l_f\geqslant\frac{(11+2.7-0.8\times\tan15°)\sin\left(45°-\dfrac{20°}{2}\right)}{\sin\left(45°+\dfrac{20°}{2}+15°\right)}+\frac{0.8}{\cos15°}+1.5=10.6\text{m}>5\text{m}$$

（3）$l=14.2+10.6=24.8\text{m}$

【点评】

①根据《建筑基坑支护技术规程》第 4.7.2 条～第 4.7.5 条，原题根据 99 版规范编制，已经过时，进行了改编；②锚杆长度计算包括锚固段长度和自由段长度；③本题给出的是锚杆水平拉力，先将其转化为锚杆轴向拉力，再确定锚杆锚固段长度；④规范锚杆自由段长度计算公式实际上是一个三角关系式，原真题为了减少计算量，假定了滑动面，本题改编按规范计算自由段长度，可考性很强。

题 6-50　（09C21）某基坑深 15m，支护结构安全等级为二级，采用桩锚支护形式，两桩一锚，桩径 800mm，间距 1m。土层$c=15\text{kPa}$，$\varphi=20°$，重度$\gamma=19\text{kN/m}^3$，第一道锚位于地面下 4.0m，锚固体直径 150mm，倾角 15°，该点锚杆水平拉力设计值为 250kN，土与锚杆杆体之间极限摩阻力标准值为 50kPa。根据《建筑基坑支护技术规程》JGJ 120—2012，该层锚杆设计长度最接近下列哪个选项?

（A）18.0m　（B）21.0m　（C）22.5m　（D）24.5m

【解】

（1）二级基坑，$\gamma_0=1.0$，$\gamma_F=1.25$，$K_t=1.6$

$$N_k=\frac{T}{\gamma_0\gamma_F\cos\alpha}=\frac{250}{1.0\times1.25\times\cos15°}=207.1\text{kN}$$

$R_k=K_t\cdot N_k=207.1\times1.6=331.4\text{kN}$

（2）$l_a=\dfrac{R_k}{\pi dq_{sik}}=\dfrac{331.4}{3.14\times0.15\times50}=14.1\text{m}$

（3）$K_a=\tan^2\left(45°-\dfrac{20°}{2}\right)=0.49$，$K_p=\tan^2\left(45°+\dfrac{20°}{2}\right)=2.04$

令$e_a=e_p$，即：$\gamma(15+a_2)K_a-2c\sqrt{K_a}=\gamma a_2k_p+2c\sqrt{K_p}$

$19(15+a_2)\times0.49-2\times15\times\sqrt{0.49}=19\times a_2\times2.04+2\times15\times\sqrt{2.04}\Rightarrow a_2=2.57\text{m}$

（4）$l_f\geqslant\dfrac{(11+2.57-0.8\times\tan15°)\sin(45°-20°/2)}{\sin(45°+20°/2+15°)}+\dfrac{0.8}{\cos15°}+1.5=10.5\text{m}>5\text{m}$

（5）$L=14.1+10.5=24.6\text{m}$

【点评】

①根据《建筑基坑支护技术规程》第3.1.7条、第4.7.2条～第4.7.5条；②锚杆的长度计算主要包括两部分，即锚固段长度和自由段长度；③锚杆水平拉力设计值，首先要转成为锚杆轴向拉力标准值，再根据轴向拉力标准值计算锚杆极限抗拔承载力标准值，确定锚杆锚固段长度；④锚杆自由段长度计算公式实际是一个三角关系式，$e_a = e_p$处为滑裂面的底点，第一部分根据正弦定理得到的挡土构件到滑裂面的长度，第二部分$d/\cos\alpha$为挡土构件内锚杆的长度，第三部分为锚杆穿过滑裂面的长度1.5m。

题6-51 某基坑深15m，支护结构安全等级为一级，采用桩锚支护形式，一桩一锚，桩径800mm，间距1.3m，土层为黏性土$c = 15\text{kPa}$，$\varphi = 20°$，重度$\gamma = 19\text{kN/m}^3$，液限$I_L = 0.53$，第一道锚位于地面下4.0m，锚固体直径150mm，倾角15°，采用平面杆系结构弹性支点法进行分析计算，得到支护桩计算宽度内的弹性支点水平反力为150kN，注浆采用二次压力注浆（图6-23-35）。根据《建筑基坑支护技术规程》JGJ 120—2012确定该锚杆的锚固段长度。（考虑群锚效应）

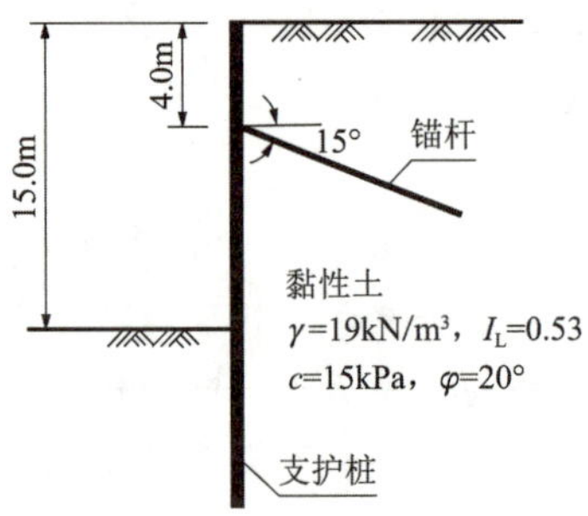

图6-23-35 题6-51图

【解】

（1）$N_k = \dfrac{150\times1.3}{1.3\times\cos15°} = 155.3\text{kN}$

（2）考虑群锚效应折减系数$\xi = 0.8 + \dfrac{1.3-1}{1.5-1}\times0.2 = 0.92$

（3）I_L=0.53，二次压力注浆，查表$q_{sk} = 70 - \dfrac{0.53-0.50}{0.75-0.50}\times10 = 68.8\text{kPa}$

（4）$\dfrac{0.92\times3.14\times0.15\times68.8\times l_i}{155.3} \geqslant 1.8 \Rightarrow l_i \geqslant 9.38\text{m}$

【点评】

①根据《建筑基坑支护技术规程》第4.7.2条～第4.7.4条及第4.7.8条条文说明；②锚杆间距＜1.5m时考虑群锚效应的锚杆抗拔力折减系数；③注意《建筑基坑支护技术规程》表4.7.4中，黏性土液性指数越低，q_{sk}越大。

题 6-52 （22C08）某平面为圆形的钢筋混凝土地下储气罐结构，直径 100m，筏形基础，板厚 0.5m，地基为深厚砂层，场地地下水位接近地表，基底以下的土层参数见表 6-23-13。该工程基础抗浮拟采用锚杆，锚杆满堂均匀布置，荷载标准组合下所需的锚杆的抗浮力为 100kN/m²。锚杆的综合单价：ϕ150 为 200 元/m，ϕ200 为 270 元/m。下列方案中，承载力满足要求，且单位基础面积锚杆工程综合造价最低的是哪个选项？（锚杆极限抗拔承载力标准值计算参照《建筑基坑支护技术规程》JGJ 120—2012，锚杆抗拔安全系数 K_t 取 2.0）

题 6-52 表　　　　表 6-23-13

土层编号	名称	厚度（m）	重度（kN/m³）	锚固体与土体的极限粘结强度标准值（kPa）
②	中砂	8	21	90
③	粉砂	10	21	60

（A）ϕ150，入土长度 7m，正三角形布置，间距 1.3m
（B）ϕ200，入土长度 8m，正方形布置，间距 1.5m
（C）ϕ200，入土长度 10.5m，正方形布置，间距 1.6m
（D）ϕ150，入土长度 12.0m，正三角形布置，间距 1.6m

【解】

（1）锚杆范围内的有效土重应大于抗浮力，

则锚杆长度 $l \geqslant \dfrac{100}{21-10} = 9.1\text{m}$，选项 A、B 不满足要求

（2）C：抗浮力：$\dfrac{3.14\times0.2\times(90\times8+60\times2.5)\div2}{1.6^2} = 106.7\text{kN/m}^2$，承载力满足要求

造价：$\dfrac{270\times10.5}{1.6^2} = 1107.4$ 元/m²

（3）D：抗浮力：$\dfrac{3.14\times0.15\times(90\times8+60\times4)\div2}{\dfrac{\sqrt{3}}{2}\times1.6^2} = 102.0\text{kN/m}^2$，承载力满足要求

造价：$\dfrac{200\times12}{\dfrac{\sqrt{3}}{2}\times1.6^2} = 1082.5$ 元/m²

（4）综上，承载力满足要求且造价最低的为 D 选项。

【点评】

①根据《建筑基坑支护技术规范》第 4.7.2 条，抗浮锚杆的抗浮力不得大于提供抗拔力的有效重量，否则会整体拔起，此处坑点比较深；②计算抗浮力和造价以重复单元计算每平方米的承载力和造价，速度快而且易理解，为实战答题方法，培训班经常讲解此类原理解法。

23.3 重力式水泥土墙

23.3.1 抗滑移和抗倾覆——《建筑基坑支护技术规程》第 6.1.1 条、第 6.1.2 条

重力式水泥土墙的滑移稳定性和倾覆稳定性应符合表 6-23-14 的规定。

重力式水泥土墙的滑移稳定性和倾覆稳定性 表 6-23-14

<table>
<tr>
<td>滑移稳定性验算：
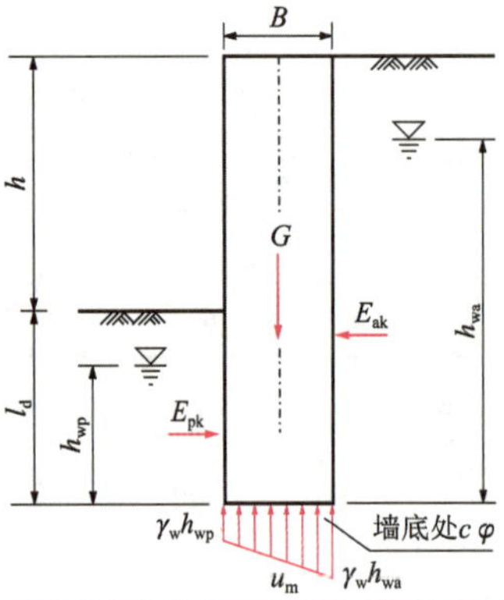
</td>
<td>倾覆稳定性验算：
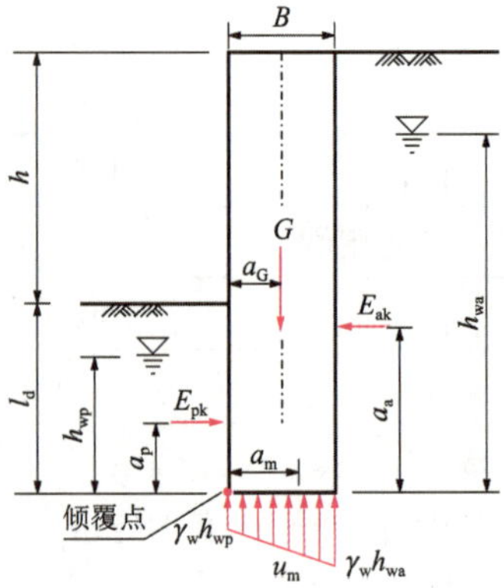
</td>
</tr>
<tr>
<td>$$\frac{E_{pk}+(G-u_m B)\tan\varphi+cB}{E_{ak}} \geqslant K_{sl}=1.2$$</td>
<td>$$\frac{E_{pk}a_p+Ga_G-u_m Ba_m}{E_{ak}a_a} \geqslant K_{ov}=1.3$$</td>
</tr>
<tr>
<td colspan="2">构造要求：嵌固深度$\begin{cases} l_d \geqslant 1.2h \leftarrow \text{淤泥质土} \\ l_d \geqslant 1.3h \leftarrow \text{淤泥} \end{cases}$；墙体宽度$\begin{cases} B \geqslant 0.7h \leftarrow \text{淤泥质土} \\ B \geqslant 0.8h \leftarrow \text{淤泥} \end{cases}$</td>
</tr>
<tr>
<td colspan="2">K_{sl}——抗滑移安全系数，其值不应小于 1.2；
K_{ov}——抗倾覆安全系数，其值不应小于 1.3；
E_{ak}、E_{pk}——分别为水泥土墙上的主动土压力、被动土压力标准值（kN/m）；
G——水泥土墙的自重（kN/m）；
u_m——水泥土墙底面上的水压力（kPa）；水泥土墙底位于含水层时，可取$u_m=\gamma_w(h_{wa}+h_{wp})/2$，在地下水位以上时，取$u_m=0$；
c、φ——分别为水泥土墙底面下土层的黏聚力（kPa）、内摩擦角（°）；
B——水泥土墙的底面宽度（m）；
h_{wa}——基坑外侧水泥土墙底处的压力水头（m）；
h_{wp}——基坑内侧水泥土墙底处的压力水头（m）；
a_a——水泥土墙外侧主动土压力合力作用点至墙趾的竖向距离（m）；
a_p——水泥土墙内侧被动土压力合力作用点至墙趾的竖向距离（m）；
a_G——水泥土墙自重作用点至墙趾的水平距离（m）；
a_m——水泥土墙底面上的水压力作用点至墙趾的水平距离（m）</td>
</tr>
</table>

注：1. 两侧水压力分别计入主动、被动土压力，不再单独考虑（不同于《建筑边坡工程技术规范》）；扬压力（矩）抵消重力（矩）；

2.《建筑基坑支护技术规程》抗倾覆公式表述不清，应该是扬压力矩抵消重力矩，表中公式已经修正。

题 6-53　（14C23）某软土基坑，开挖深度$H = 5.5\text{m}$，地面超载$q_0 = 20\text{kPa}$，地层为均质含砂淤泥质粉质黏土，土的重度$\gamma = 18\text{kN/m}^3$，黏聚力$c = 8\text{kPa}$，内摩擦角$\varphi = 15°$，不考虑地下水的作用，拟采用水泥土墙支护结构，其嵌固深度$l_d = 6.5\text{m}$，挡墙宽度$B = 4.5\text{m}$，水泥土墙体的重度为 19kN/m³，如图 6-23-36 所示（尺寸单位：mm）。按照《建筑基坑支护技术规程》JGJ 120—2012 计算该重力式水泥土墙抗滑移安全系数的值最接近于下列哪个选项。

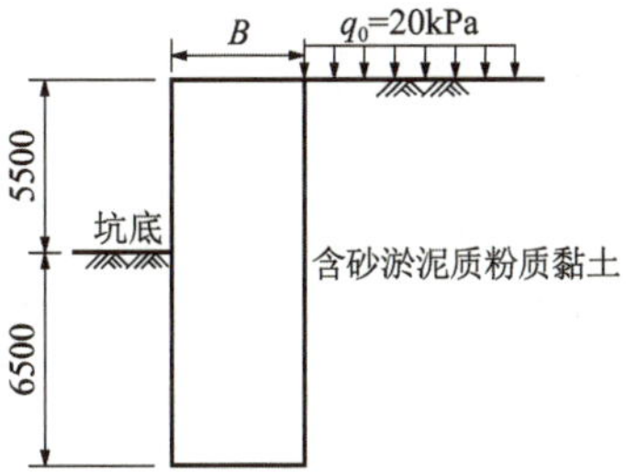

图 6-23-36　题 6-53 图

（A）1.0　　（B）1.2　　（C）1.4　　（D）1.6

【解】

（1）$K_a = \tan^2\left(45° - \dfrac{15°}{2}\right) = 0.589$，$K_p = \tan^2\left(45° + \dfrac{15°}{2}\right) = 1.698$

$$z_0 = \left(\frac{2c}{\sqrt{K_a}} - q\right)/\gamma = \left(\frac{2 \times 8}{\sqrt{0.589}} - 20\right)/18 = 0.047\text{m}$$

$$E_{ak} = \frac{1}{2}\gamma(h - z_0)^2 K_a = \frac{1}{2} \times 18 \times (6.5 + 5.5 - 0.047)^2 \times 0.589 = 757.4\text{kN/m}$$

（2）$G = 19 \times (6.5 + 5.5) \times 4.5 = 1026\text{kN/m}$

（3）$E_{pk} = \dfrac{1}{2}\gamma h^2 K_p + 2ch\sqrt{K_p} = \dfrac{1}{2} \times 18 \times 6.5^2 \times 1.698 + 2 \times 8 \times 6.5 \times \sqrt{1.698}$
$= 781.2\text{kN/m}$

（4）$K_{sl} = \dfrac{E_{pk} + (G - u_m B)\tan\varphi + cB}{E_{ak}} = \dfrac{781.2 + 1026 \times \tan 15° + 8 \times 4.5}{757.4} = 1.44$

【点评】

①根据《建筑基坑支护技术规程》第 3.4.2 条、第 6.1.1 条；②重要考点：重力式水泥土墙抗滑移计算，本题抗滑力由**被动土压力、墙底摩擦力、黏聚力**三部分组成，滑动力为**主动土压力**；③重力式水泥土墙位于含水层时，重力应扣除基底扬压力，在地下水位以上时，取$u_m = 0$，基坑内外主动和被动土压力用朗肯土压力公式，主动土压力计算易遗漏地面超载q的影响，被动土压力不要遗漏黏聚力含c的那一项；④本题应做到闭卷快速作答。

【同类型真题】 06C24

题 6-54　（19D18）某地下泵房长 33m，宽 8m，筏形基础，基底埋深 9m，基底压力 65kPa，结构顶部与地面齐平，基底与地基土的摩擦系数为 0.25。欲在其一侧加建同长度，宽 4m，基底埋深 9m 的地下泵房，拟建场地地层为均质粉土，$\gamma = 18\text{kN/m}^3$，$c = 15\text{kPa}$，$\varphi = 20°$，加建部位基坑拟采用放坡开挖（图 6-23-37）。假定地下泵房周边侧壁光滑，无地下水影响，为保证基坑开挖后现有地下泵房的抗滑移稳定系数不小于 1.2，其另一侧影响范围内应至少卸去土的深度最接近下列哪个选项？

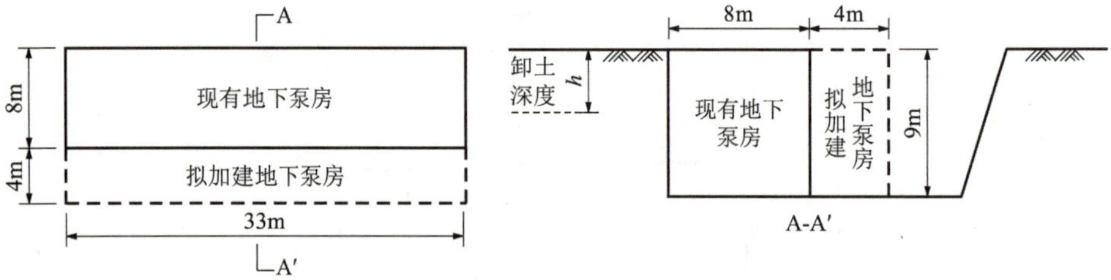

图 6-23-37　题 6-54 图

（A）7.3m　　（B）5m　　（C）4m　　（D）1.7m

【解】

（1）取单位长度计算，假设开挖深度为h

$$K_a = \tan^2\left(45° - \frac{20°}{2}\right) = 0.49，\ z_0 = \frac{2c}{\gamma\sqrt{K_a}} = \frac{2 \times 15}{18 \times \sqrt{0.49}} = 2.38\text{m}$$

$$E_a = \frac{1}{2}\gamma(h - z_0)^2 K_a = \frac{1}{2} \times 18 \times (9 - h - 2.38)^2 \times 0.49 = 4.41 \times (6.62 - h)^2$$

（2）$K_{sl} = \dfrac{65\times8\times1\times0.25}{4.41\times(6.62-h)^2} \geqslant 1.2 \Rightarrow h \geqslant 1.66\text{m}$

【点评】

①原理性题目，原理应用于工程实践，需要细心分析题意，可知本考点类似于重力式挡墙抗滑移，滑移时土体会有变形，应采用主动土压力计算；②注意区分本题抗滑移公式与重力式水泥土墙抗滑移公式，分子不考虑黏聚力c的作用，主要原因是构筑物与土不是一体的，而水泥土墙和土是一体的。

题 6-55　（10C23）如图 6-23-38 所示，拟在砂卵石地基中开挖 10m 深基坑，地下水与地面齐平，坑底为基岩，拟用旋喷法形成厚度 2m 的截水墙，在墙内放坡开挖基坑，坡度为 1∶1.5。截水墙外侧砂卵石的饱和重度为 $19kN/m^3$，截水墙内侧砂卵石重度为 $17kN/m^3$，内摩擦角$\varphi = 35°$（水上下相同），截水墙水泥土重度$\gamma = 20kN/m^3$，墙底及砂卵石土抗滑体与基岩的摩擦系数$\mu = 0.4$。试问该挡土墙体的抗滑稳定安全系数最接近下列哪个选项？

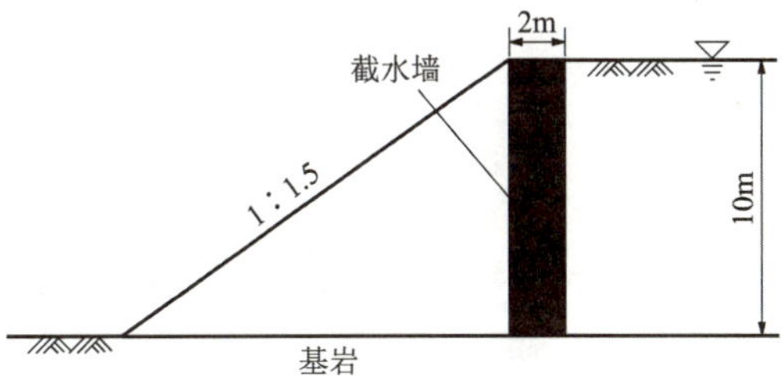

图 6-23-38　题 6-55 图

（A）1.00　　（B）1.08　　（C）1.32　　（D）1.55

【解】

（1）水土分算，$K_a = \tan^2\left(45° - \frac{35°}{2}\right) = 0.27$

砂卵石的土压力：$E_a = \frac{1}{2} \times 9 \times 10^2 \times 0.27 = 121.5kN/m$

水压力：$P_w = \frac{1}{2} \times 10^2 \times 10 = 500kN/m$

（2）截水墙自重：$G_1 = 2 \times 10 \times 20 = 400kN/m$

墙内砂卵石自重：$G_2 = \frac{1}{2} \times 10 \times 15 \times 17 = 1275kN/m$

（3）$K_{sl} = \frac{(G_1 + G_2)\mu}{E_a + P_w} = \frac{(400 + 1275) \times 0.4}{121.5 + 500} = 1.08$

【点评】

①根据《建筑基坑支护技术规程》第 6.1.1 条，也可用土力学原理闭卷作答；②滑动力为水压力产生的水平推力＋砂卵石产生的水平推力，注意内侧的砂卵石并满足半无限土体条件，不能计算被动土压力，只能计算其自重量产生的摩阻力；③墙前墙后的水压力不抵消；④斜坡的坡率表示为高宽比 1∶1.5，高为 1，宽为 1.5，参考《建筑边坡工程技术规范》第 14 章坡率法。

题 6-56 （19C19）某饱和砂层开挖 5m 深基坑，采用水泥土重力式挡墙支护，土层条件及挡墙尺寸见图 6-23-39，挡墙重度按 20kN/m^3，设计时需考虑周边地面活荷载 $q = 30\text{kPa}$，按照《建筑基坑支护技术规程》JGJ 120—2012，当进行挡墙抗挡滑稳定性验算时，请在下列选项中选择最不利状况计算条件，并计算挡墙抗滑移安全系数 K_{s1} 值（不考虑渗流的影响）。

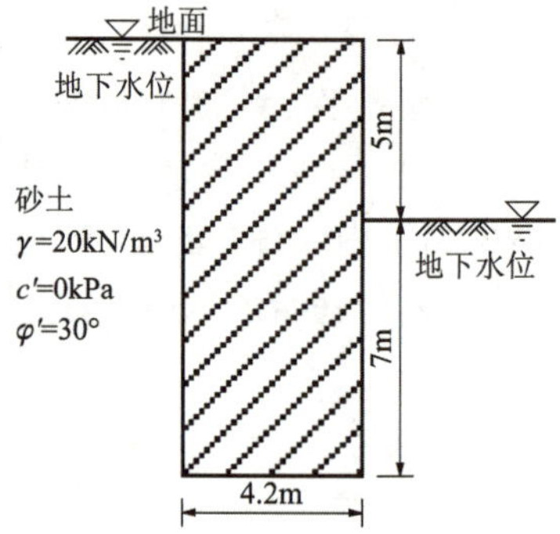

图 6-23-39 土层条件及挡墙尺寸

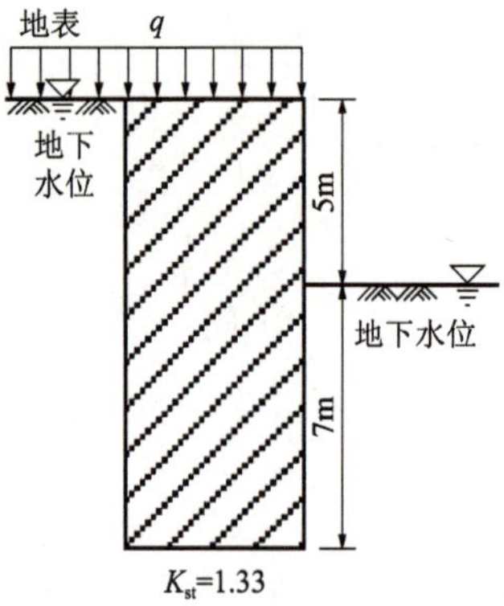

（A）

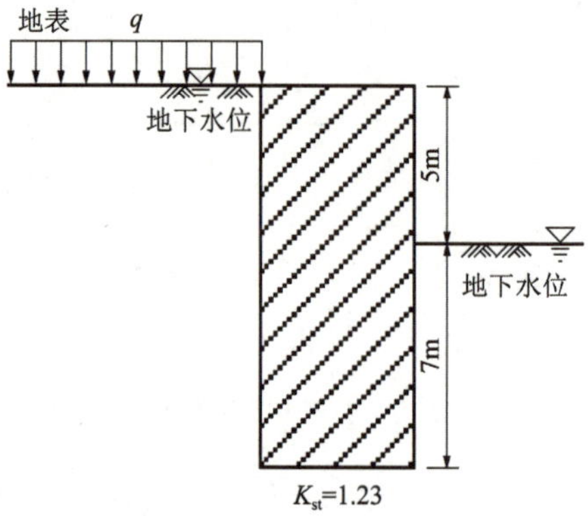

（B）

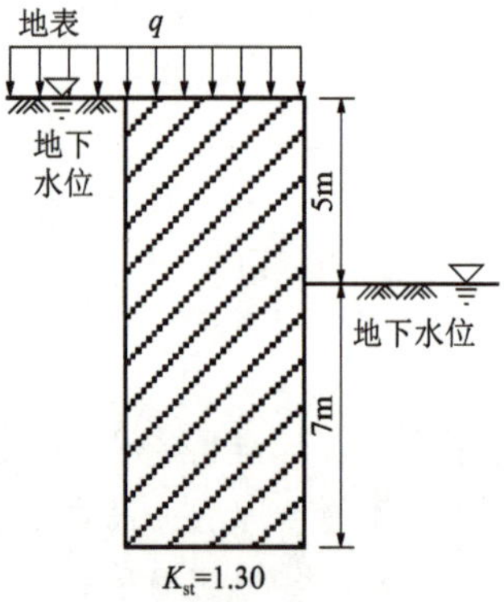

（C）

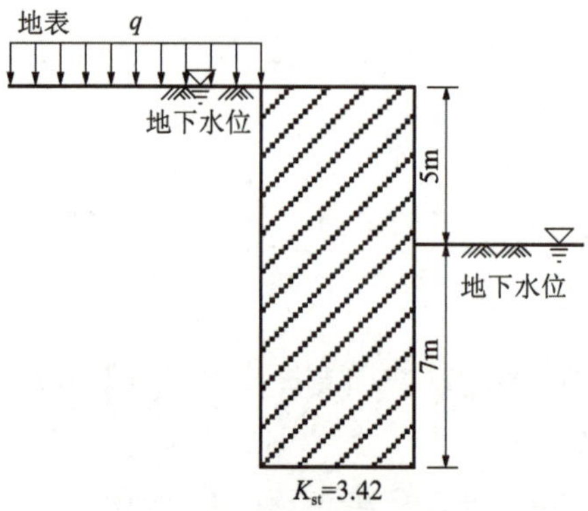

（D）

【解】

（1）挡墙顶部无荷载，挡墙外侧有地面荷载时安全系数最小

（2）砂土水土分算，$K_a = \tan^2\left(45° - \frac{30°}{2}\right) = \frac{1}{3}$，$K_p = \tan^2\left(45° + \frac{30°}{2}\right) = 3$

（3）$K_{s1} = \frac{E_{pk} + (G - u_m B)\tan\varphi + cB}{E_{ak}}$

$$= \frac{\frac{1}{2}\times 10\times 7^2\times 3 + \frac{1}{2}\times 10\times 7^2 + \left(12\times 20\times 4.2 - \frac{70+120}{2}\times 4.2\right)\times\tan 30°}{\frac{1}{2}\times 10\times 12^2\times\frac{1}{3} + 30\times 12\times\frac{1}{3} + \frac{1}{2}\times 10\times 12^2}$$

$= 1.23$

【点评】

①根据《建筑基坑支护技术规程》第 6.1.1 条；②荷载q作用在水泥土墙上，相当于增加了水泥土墙的自重，提高了抗滑移安全系数；③计算土压力时不可漏算的q的影响。

题 6-57　（07D22）某 10m 厚的黏土层下为含承压水的砂土层，承压水头高 4m，拟开挖 5m 深基坑，重要性系数$\gamma_0 = 1.0$。使用水泥土墙支护，水泥土重度为 20kN/m³，墙总高 10m，已知每延米墙后的主动土压力为 800kN/m，作用点距墙底 4m；墙前总被动土压力为 1200kN/m，作用点距墙底 2m（图 6-23-40）。如果将水泥土墙受到的扬压力自重中扣除，计算满足抗倾覆安全系数为 1.2 条件下的水泥土墙最小墙厚最接近下列哪个选项？

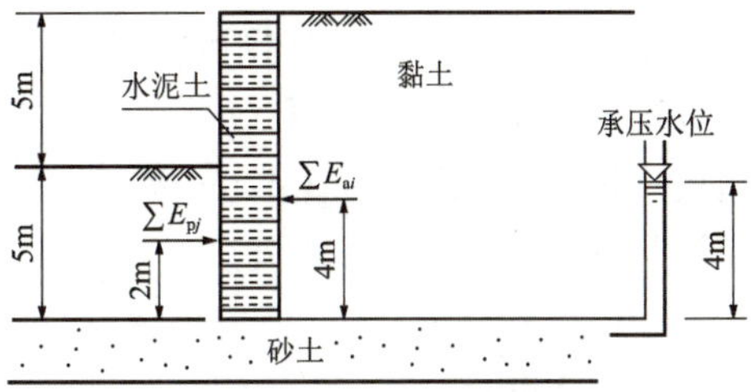

图 6-23-40　题 6-57 图

（A）3.5m　　（B）3.8m　　（C）4.0m　　（D）4.2m

【解】

$$K_{ov} = \frac{E_{pk}a_p + (G - u_m B)a_G}{E_{ak}a_a}$$

$$\Rightarrow \frac{1200 \times 2 + (10B \times 20 - 40B) \times \dfrac{B}{2}}{800 \times 4} \geqslant 1.2 \Rightarrow B \geqslant 4.2\text{m}$$

【点评】

①根据《建筑基坑支护技术规程》第 6.1.2 条；②水泥土墙的重力的抵抗力矩应扣除基底扬压力的力矩，墙底的水压力分布不均时宜分开算重力和扬压力的力矩；③墙前墙后的土层为黏性土，土压力采用水土合算；④有承压水时，黏土层作为隔水层，没有渗流，水泥土底的孔隙水压力相等。

题 6-58　（08D23）如图 6-23-41 所示，某基坑位于均匀软弱黏性土场地。土层主要参数：$\gamma = 18.5\text{kN/m}^3$，固结不排水强度指标$c_k = 14\text{kPa}$，$\varphi_k = 10°$。基坑开挖深度为 5.0m。拟采用水泥土墙支护，水泥土重度为 20kN/m³，挡墙宽度为 3.0m。根据《建筑基坑支护技术规程》JGJ 120—2012 计算，若水泥土墙抗倾覆稳定系数为 1.5，则其最小嵌固深度最接近下列哪个选项？

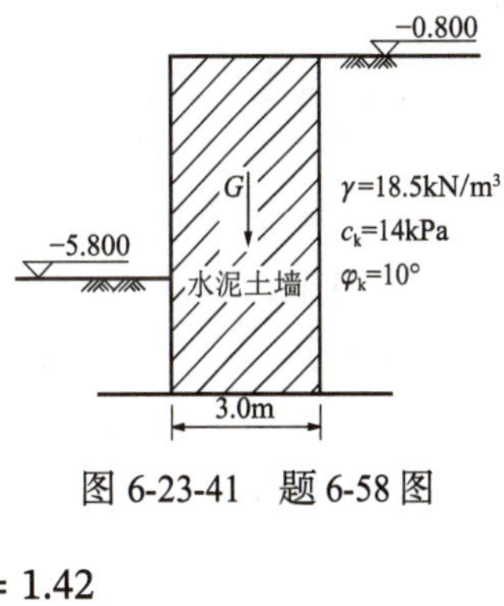

图 6-23-41　题 6-58 图

（A）3.0m　　（B）4.0m

（C）5.0m　　（D）6.0m

【解】

（1）$K_a = \tan^2\left(45° - \dfrac{10°}{2}\right) = 0.704$，$K_p = \tan^2\left(45° + \dfrac{10°}{2}\right) = 1.42$

（2）$z_0 = \dfrac{2 \times 14}{18.5 \times \sqrt{0.704}} = 1.8\text{m}$

$$K = \frac{\dfrac{1}{2} \times 18.5 \times 1.42 \times \dfrac{l_d^3}{3} + 2 \times 14 \times \sqrt{1.42} \times \dfrac{l_d^2}{2} + 20 \times (5 + l_d) \times \dfrac{3^2}{2}}{\dfrac{1}{2} \times 18.5 \times 0.704 \times \dfrac{(5 + l_d - 1.8)^3}{3}} = 1.5 \Rightarrow l_d = 6.0\text{m}$$

【点评】

①根据《建筑基坑支护技术规程》第6.1.2条；②抗倾覆反求最小嵌固深度的题目，注意被动土压力分为矩形和三角形分开计算力矩，采用牛顿法解方程。

题6-59 （13C23）某二级基坑，开挖深度$H = 5.5m$。拟采用水泥土墙支护结构，其嵌固深度$l_d = 6.5m$，水泥土墙体的重度为$19kN/m^3$，墙体两侧主动土压力与被动土压力强度标准值分布如图6-23-42所示（单位：kPa）。按照《建筑基坑支护技术规程》JGJ 120—2012，计算该重力式水泥土墙满足倾覆稳定性要求的宽度，其值最接近下列哪一项？

（A）4.2m　　（B）4.5m

（C）5.0m　　（D）5.5m

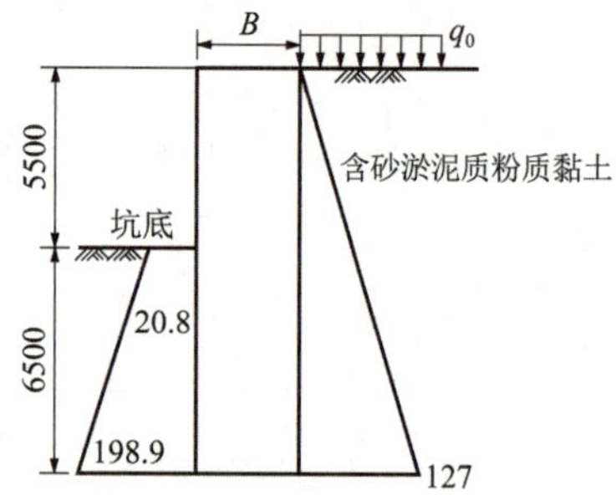

图6-23-42 题6-59图

【解】

（1）$E_{pk}a_p = 20.8 \times 6.5 \times \frac{6.5}{2} + \frac{1}{2} \times (198.9 - 20.8) \times 6.5 \times \frac{6.5}{3} = 1693.5kN \cdot m/m$

（2）$E_{pk}a_a = \frac{1}{2} \times 127 \times (6.5 + 5.5) \times \frac{6.5+5.5}{3} = 3048kN \cdot m/m$

（3）$\frac{1693.5+19\times12\times B\times B/2}{3048} \geqslant 1.3 \Rightarrow B \geqslant 4.46m > 0.7 \times 5.5 = 3.85m$，满足构造要求

【点评】

①根据《建筑基坑支护技术规程》第6.1.2条；②重力式水泥土墙的抗倾覆安全系数不应小于1.3；③重力式水泥土墙的抗倾覆计算看似计算量很大，熟练之后完全可以闭卷快速作答，关键在于记住各作用力的作用点来确定力臂，如果力的分布是梯形，要分解成矩形和三角形求力矩；④养成验算构造要求的习惯。

题6-60 （22D18）某基坑开挖深度5.0m，地面下16m深度内土层均为淤泥质黏土。采用重力式水泥土墙支护结构，坑底以上水泥土墙体宽度B_1为3.2m，坑底以下水泥土墙体宽度B_2为4.2m，水泥土墙体嵌固深度6.0m，水泥土墙体的重度为$19kN/m^3$（地下水位位于水泥土墙墙底以下）。墙体两侧主动土压力与被动土压力强度标准值分布如图6-23-43所示。根据《建筑基坑支护技术规程》JGJ 120—2012，该重力式水泥土墙抗倾覆稳定系数最接近下列哪个选项？

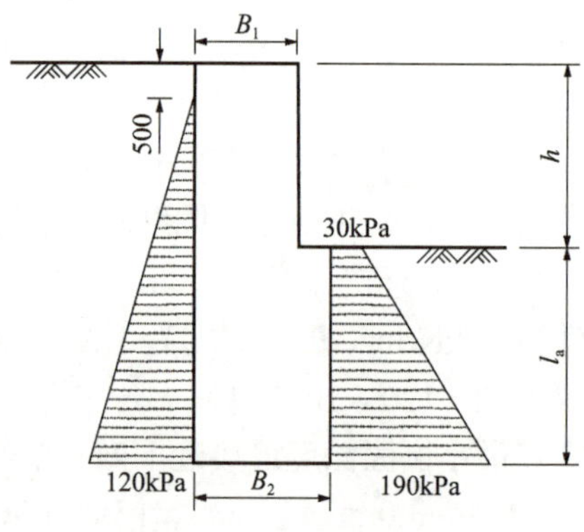

图6-23-43 题6-60图

（A）1.32　　（B）1.42　　（C）1.49　　（D）1.54

【解】

（1）$E_{ak}a_a = \frac{1}{2} \times 120 \times 10.5 \times \frac{10.5}{3} = 2205kN \cdot m/m$

$E_pa_p = 30 \times 6 \times \frac{6}{2} + \frac{1}{2} \times (190 - 30) \times 6 \times \frac{6}{3} = 1500kN \cdot m/m$

（2）$Ga_G = 3.2 \times 11 \times 19 \times \left(\frac{3.2}{2} + 1\right) + 1 \times 6 \times 19 \times \frac{1}{2} = 1795.9kN \cdot m/m$

（3）$K = \frac{1500+1795.9}{2205} = 1.495$

【点评】

①根据《建筑基坑支护技术规程》第 6.1.2 条；②当水泥土墙为不规则形状时可分开计算各段重力的力矩，对于梯形土压力，可分为矩形＋三角形分别计算力矩，再相加。

23.3.2 抗滑移整体稳定性——《建筑基坑支护技术规程》第 6.1.3 条

与“边坡”章节的圆弧滑动简单条分法原理一致，参阅《建筑基坑支护技术规程》第 6.1.3 条，自行学习。

23.3.3 抗隆起——《建筑基坑支护技术规程》第 6.1.4 条

同本章支挡结构抗隆起验算。

题 6-61 某基坑的土层分布如图 6-23-44 所示，由两层土组成：①层为粉质黏土，厚度 4m，重度 18kN/m^3，内摩擦角 20°，黏聚力 15kPa；②层为淤泥质黏土，重度 18kN/m^3，内摩擦角 10°，黏聚力 10kPa，无地下水。基坑深度 6m，地面均布荷载$q_0 = 10$kPa。拟采用重力式水泥土墙支护形式，墙失效、土体过大变形对基坑周边环境或主体结构施工安全的影响很严重。按照《建筑基坑支护技术规程》JGJ 120—2012 确定支护桩满足坑底隆起稳定性的嵌固深度？

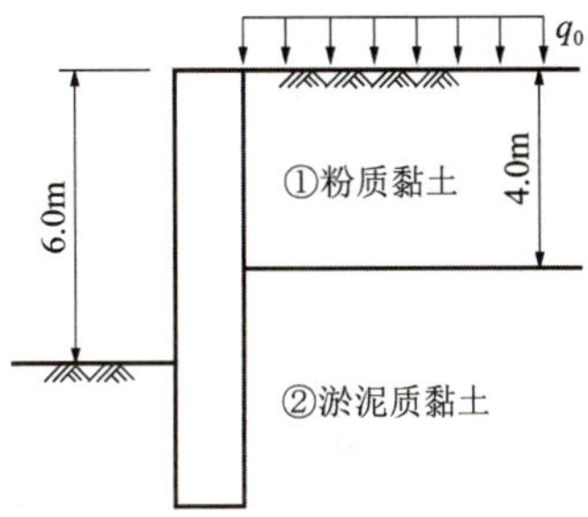

图 6-23-44 题 6-61 图

【解】

（1）墙失效、土体过大变形对基坑周边环境或主体结构施工安全的影响很严重，安全等级为一级，抗隆起安全系数K_b不应小于 1.8

（2）$N_q = \tan^2\left(45° + \frac{\varphi}{2}\right) e^{\pi \tan\varphi} = \tan^2\left(45° + \frac{10°}{2}\right) e^{3.14\times\tan 10°} = 2.47$

$N_c = (N_q - 1)/\tan\varphi = (2.47 - 1)/\tan 10° = 8.34$

（3）$\frac{\gamma_{m2} l_d N_q + cN_c}{\gamma_{m1}(h + l_d) + q_0} \geqslant K_b \Rightarrow \frac{18 \times l_d \times 2.47 + 10 \times 8.34}{18(6 + l_d) + 10} \geqslant 1.8 \Rightarrow l_d \geqslant 10.7\text{m}$

（4）重力式水泥土墙的嵌固深度对于淤泥质土不小于$1.2h = 1.2 \times 6 = 7.2\text{m}$

嵌固深度取 10.7m。

【点评】

①根据《建筑基坑支护技术规程》第 3.1.3 条、第 4.2.4 条、第 6.1.4 条、第 6.2.2 条；②基坑支护设计时，应综合考虑基坑周边环境和地质条件的复杂程度、基坑深度等因素，考虑对基坑周边环境或主体结构施工安全的影响判断基坑的安全等级，一级为影响很严重，二级为影响严重，三级为影响不严重。

23.3.4 墙体正截面正应力——《建筑基坑支护技术规程》第6.1.5条

重力式水泥土墙墙体的正截面应力应符合表6-23-15的规定。

重力式水泥土墙墙体的正截面应力 **表6-23-15**

类型	公式	说明
拉应力	$\frac{6M_i}{B^2}-\gamma_{cs}z\leqslant 0.15f_{cs}$	M_i——水泥土墙**验算截面**的弯矩设计值（kN·m/m）； B——验算**截面处**水泥土墙的宽度（m）； γ_{cs}——水泥土墙的重度（kN/m³）； z——验算**截面至水泥土墙顶**的垂直距离（m）； f_{cs}——水泥土开挖龄期时的轴心抗压强度设计值（kPa）； E_{aki}、E_{pki}——分别为**验算截面以上**的主动、被动土压力标准值（kN/m）；验算截面在坑底以上时，取$E_{pki}=0$； G_i——**验算截面以上**的墙体自重（kN/m）； μ——墙体材料的抗剪断系数，取0.4～0.5
压应力	$\gamma_0\gamma_F\gamma_{cs}z+\frac{6M_i}{B^2}\leqslant f_{cs}$	
剪应力	$\frac{E_{aki}-\mu G_i-E_{pki}}{B}\leqslant\frac{1}{6}f_{cs}$	
弯矩	$M_i=\gamma_0\gamma_F M_{ki}$，$M_{ki}=E_{aki}a_{ai}-E_{pki}a_{pi}$ $\gamma_0\to 1.1$（一级） 1.0（二级） 0.9（三级）；$\gamma_F\to 1.25$	

注：1. 水重力式水泥土墙的正截面应力验算应包括下列部位：（1）基坑面以下主动、被动土压力强度相等处；（2）基坑底面处；（3）水泥土墙的截面突变处；

2. **特别注意**：表中计算均取至**验算截面**，验算截面之下都不考虑。

题6-62 （19模三18）某三级基坑采用重力式水泥土墙，墙体尺寸和水位如图6-23-45所示，基坑深度5m，场地土为均质淤泥质土，天然重度$\gamma=18.5\text{kN/m}^3$，饱和重度$\gamma_{sat}=19.5\text{kN/m}^3$，$c=10\text{kPa}$，$\varphi=12°$，水泥土墙体的重度为20kN/m³，地面均布荷载$q=24.7\text{kPa}$，按照《建筑基坑支护技术规范》JGJ 120—2012，水泥土开挖龄期时的轴心抗压强度设计值最小值接近下列哪个选项时，可满足基坑底面处墙体的正截面应力验算要求（墙体材料的抗剪断系数μ取0.4）？

（A）0.23MPa （B）0.55MPa

（C）2.21MPa （D）5.08MPa

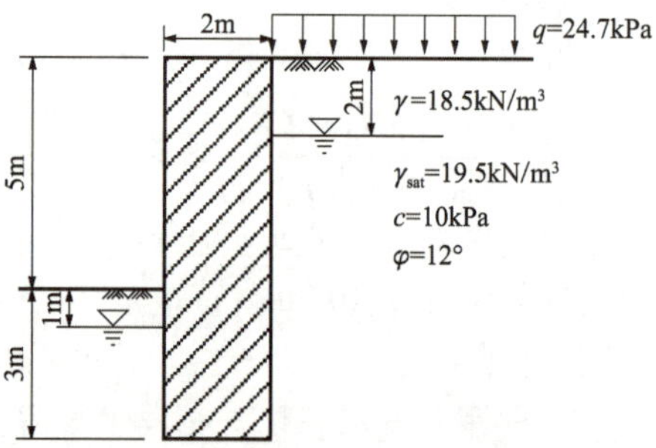

图6-23-45 题6-62图

【解】

（1）$K_a=\tan^2\left(45°-\frac{12°}{2}\right)=0.656$

$z_0=\left(\frac{2\times10}{\sqrt{0.656}}-24.7\right)/18.5=0.0\text{m}$

水位处：$e_{a1}=(18.5\times2+24.7)\times0.656-2\times10\times\sqrt{0.656}=24.28\text{kPa}$

坑底处：$e_{a2}=(18.5\times2+19.5\times3+24.7)\times0.656-2\times10\times\sqrt{0.656}=62.65\text{kPa}$

（2）$E_{aki}=\frac{24.28}{2}\times2+\frac{24.28+62.65}{2}\times3=154.7\text{kN/m}$

$$M_i=0.9\times1.25\times\left[\frac{24.28}{2}\times2\times\left(3+\frac{2}{3}\right)+24.28\times3\times\frac{3}{2}+\frac{62.65-24.28}{2}\times3\times\frac{3}{3}\right]$$
$$=287.8\text{kN}\cdot\text{m/m}$$

（3）拉应力：$\frac{6\times287.2}{2^2}-20\times5\leqslant0.15f_{cs}\Rightarrow f_{cs}\geqslant2211.3\text{kPa}$

（4）压应力：$0.9\times1.25\times20\times5+\frac{6\times287.2}{2^2}\leqslant f_{cs}\Rightarrow f_{cs}\geqslant544.2\text{kPa}$

（5）$\frac{154.7-0.4\times20\times5\times2-0}{2}\leqslant\frac{f_{cs}}{6}\Rightarrow f_{cs}\geqslant224.1\text{kPa}$

（6）取大值$f_{cs}\geqslant2211.3\text{kPa}=2.313\text{MPa}$

【点评】

①根据《建筑基坑支护技术规范》第 6.1.5 条；②注意淤泥质土的土压力采用水土合算，注意不要漏掉地面荷载q的影响；③本题指定验算坑底处，一般需要验算的截面主要有：坑底处，反弯点处，墙截面突变处。

23.3.5 格栅式水泥土墙——《建筑基坑支护技术规范》第 6.2.3 条

（1）重力式水泥土墙宜采用水泥土搅拌桩相互搭接成格栅状的结构形式，也可采用水泥土搅拌桩相互搭接成实体的结构形式。搅拌桩的施工工艺宜采用喷浆搅拌法。

（2）重力式水泥土墙的嵌固深度l_d，对淤泥质土，不宜小于 1.2h（h为基坑深度），对淤泥，不宜小于 1.3h；重力式水泥土墙的宽度B，对淤泥质土，不宜小于 0.7h，对淤泥，不宜小于 0.8h。

（3）重力式水泥土墙采用格栅形式时，格栅的面积置换率，对淤泥质土，不宜小于 0.7；对淤泥，不宜小于 0.8；对一般黏性土、砂土，不宜小于 0.6。格栅内侧的长宽比不宜大于 2。每个格栅内的土体面积应符合表 6-23-16 要求。

格栅式水泥土墙设计　　表 6-23-16

同时验算下列三个条件：	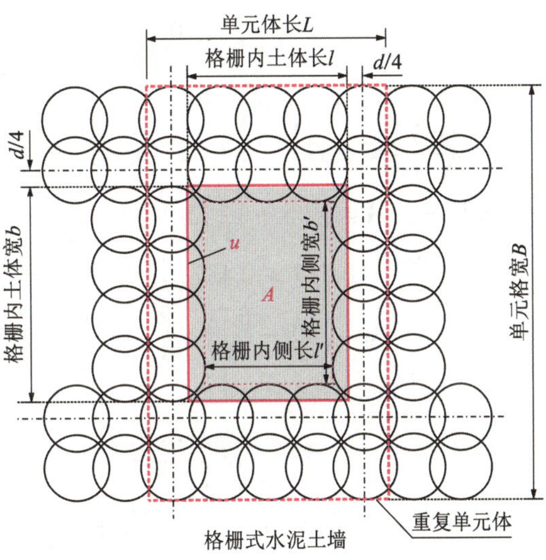
（1）面积置换率$m\geqslant\begin{cases}\text{淤泥质土}\rightarrow0.7\\\text{淤泥}\rightarrow0.8\\\text{黏性土、砂土}\rightarrow0.6\end{cases}$ $m=\frac{BL-A}{BL}\Leftarrow A=bl$	
（2）格栅内侧长宽比$\frac{l'}{b'}\leqslant2$	
（3）格栅内土体面积$A\leqslant\delta\frac{cu}{\gamma_m}$	
A——格栅内的土体面积（m²），$A=bl$； δ——计算系数；黏性土取$\delta=0.5$，砂土、粉土取$\delta=0.7$； c——格栅内土的黏聚力（kPa）； u——计算周长（m），$u=2(b+l)$； γ_m——水泥土墙深度范围内，格栅内土的加权平均天然重度（kN/m³）	

格栅式水泥土墙

注：1. 格栅内长度l为**平行基坑**方向，越长性质越差；
2. 格栅内侧长度和格栅内土体的长度不一致，$l'=l-d/2$，$b'=b-d/2$。

题 6-63 （17D22）已知某建筑基坑工程采用ϕ700mm 双轴水泥土搅拌桩（桩间搭接 200mm）重力挡土墙支护，其结构尺寸及土层条件如图 6-23-46 所示（尺寸单位为 m），请问下列哪个断面格栅形式最经济、合理？

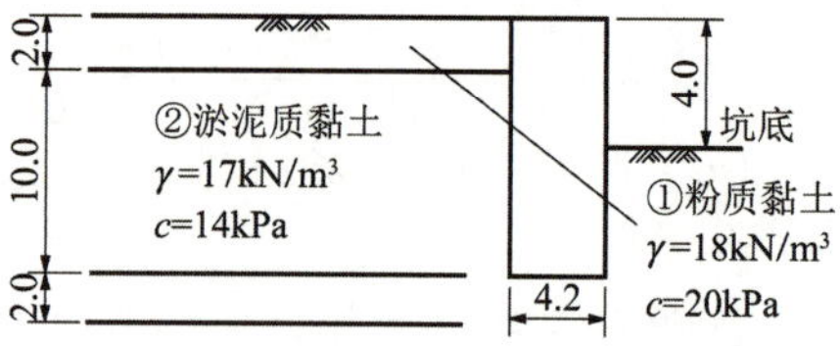

图 6-23-46 题 6-63 图

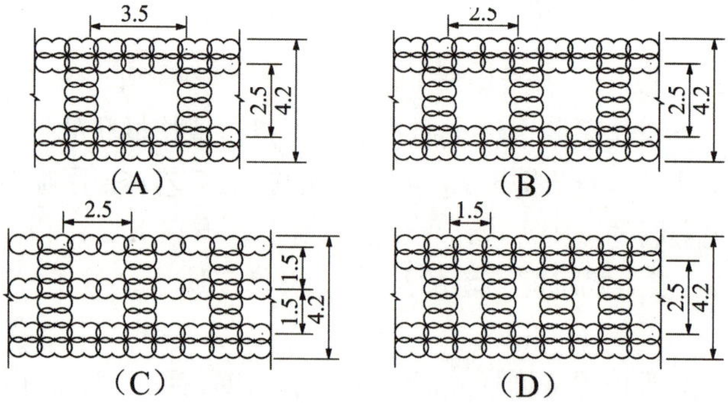

【解】

（1）根据题意，淤泥质黏土计算系数$\delta=0.5$，根据格栅内的土体面积$A\leqslant\delta\dfrac{cu}{\gamma_m}$及格栅内侧的长宽比不宜大于 2，淤泥质土格栅的面积置换率不宜小于 0.7 三个方面逐项判断：

（2）$c_m=\dfrac{20\times2+14\times10}{2+10}=15\text{kPa}$，$\gamma_m=\dfrac{18\times2+17\times10}{2+10}=17.17\text{kN/m}^3$

$\dfrac{A}{u}\leqslant\dfrac{\delta c}{\gamma_m}=\dfrac{0.5\times15}{17.17}=0.437\text{m}$

（3）A 选项：$A=\left(3.5-\dfrac{0.7}{2}\right)\times\left(2.5-\dfrac{0.7}{2}\right)=6.77\text{m}^2$，$u=\left(3.5-\dfrac{0.7}{2}+2.5-\dfrac{0.7}{2}\right)\times2=10.6\text{m}$

$\dfrac{A}{u}=\dfrac{6.77}{10.6}=0.639>0.437$，不满足规范要求

B 选项：$A=\left(2.5-\dfrac{0.7}{2}\right)\times\left(2.5-\dfrac{0.7}{2}\right)=4.62\text{m}^2$，$u=4\times\left(2.5-\dfrac{0.7}{2}\right)=8.6\text{m}$

$\dfrac{A}{u}=\dfrac{4.62}{8.6}=0.537>0.437$，不满足规范要求

C 选项：$A=\left(2.5-\dfrac{0.7}{2}\right)\times\left(1.5-\dfrac{0.7}{2}\right)=2.47\text{m}^2$，$u=2\times\left(2.5-\dfrac{0.7}{2}+1.5-\dfrac{0.7}{2}\right)=6.6\text{m}$

$\dfrac{A}{u}=\dfrac{2.47}{6.6}=0.374<0.437$，满足规范要求

栅格内侧的长宽比$\dfrac{l}{b}=\dfrac{2.5-0.7}{1.5-0.7}=2.25>2$，不满足规范要求

栅格的面积置换率$m=\dfrac{(2.5+0.5)\times4.2-2\times2.47}{(2.5+0.5)\times4.2}=0.61<0.7$，不满足规范要求

D 选项：$A=\left(2.5-\dfrac{0.7}{2}\right)\times\left(1.5-\dfrac{0.7}{2}\right)=2.47\text{m}^2$，$u=2\times\left(2.5-\dfrac{0.7}{2}+1.5-\dfrac{0.7}{2}\right)=6.6\text{m}$

$\dfrac{A}{u}=\dfrac{2.47}{8.6}=0.374<0.437$，满足规范要求

栅格内侧的长宽比$\dfrac{l}{b}=\dfrac{1.5-0.7}{2.5-0.7}=0.44<2$，满足规范要求

栅格的面积置换率$m=\dfrac{(1.5+0.5)\times4.2-2.47}{(1.5+0.5)\times4.2}=0.71>0.7$，满足要求

（4）综上，答案选 D

【点评】

①根据《建筑基坑支护技术规程》第 6.2.3 条及条文说明；②根据格栅的**面积置换率、格栅内侧的长宽比、格栅内的土体面积与周长之比**三个参数确定格栅的设计是否满足要求，栅格内的长度l为平行基坑方向，越长性质越差；③如果第一个条件已经判断不满足了，可以不用继续判断，本题计算量很大，考场上应注意选题。

23.4　土钉墙

23.4.1　土钉墙抗隆起——《建筑基坑支护技术规程》第 5.1.2 条

基坑底面下有软土层的土钉墙结构应按表 6-23-17 进行坑底隆起稳定性验算。

土钉墙抗隆起稳定性　　表 6-23-17

<table>
<tr><td colspan="2">$$\frac{\gamma_{m2}DN_q+cN_c}{(q_1b_1+q_2b_2)/(b_1+b_2)}\geqslant K_b$$
K_b——抗隆起安全系数，安全等级二、三级分别取 1.6、1.4</td><td rowspan="3">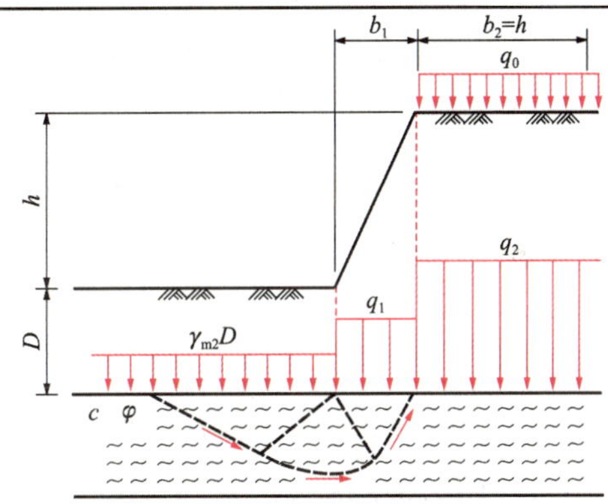

基坑底面下有软土层的土钉墙隆起稳定性验算</td></tr>
<tr><td colspan="2">⇑⇑⇑</td></tr>
<tr><td>$$N_q=\tan^2\left(45^\circ+\frac{\varphi}{2}\right)e^{\pi\tan\varphi}$$
$$N_c=\frac{(N_q-1)}{\tan\varphi}$$</td><td>$$q_1=0.5\gamma_{m1}h+\gamma_{m2}D$$
$$q_2=\gamma_{m1}h+\gamma_{m2}D+q_0$$</td></tr>
</table>

γ_{m1}——基坑底面以上土的加权平均天然重度（kN/m³）；

γ_{m2}——基坑底面至抗隆起计算平面之间土层的加权平均天然重度（kN/m³）；

D——基坑底面至抗隆起计算平面之间土层的厚度（m）；当抗隆起计算平面为基坑底平面时，取$D=0$；

c、φ——分别为抗隆起计算平面以下土的黏聚力（kPa）、内摩擦角（°）；

b_1——土钉墙坡面的宽度（m）；当土钉墙**坡面垂直**时取$b_1=0$；

b_2——地面均布荷载的计算宽度（m），可取$b_2=h$

题 6-64　某三级基坑深度 4m，采用土钉墙支护，其结构如图 6-23-47 所示，根据《建筑基坑支护技术规程》JGJ 120—2012，要求基坑底抗隆起安全系数满足规范要求，则地面均布荷载q_0最大不得超过下列哪个选项？

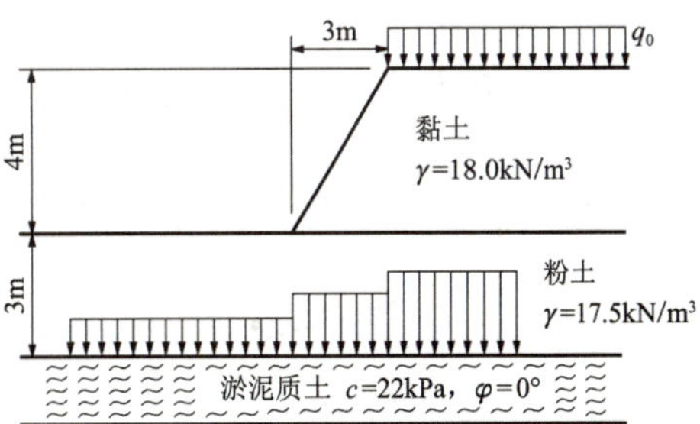

图 6-23-47　题 6-64 图

（A）11kPa　　（B）16kPa

（C）22kPa　　（D）28kPa

【解】

（1）$q_1=0.5\times18\times4+17.5\times3=88.5\text{kPa}$

$q_2=18\times4+17.5\times3+q_0=124.5+q_0$

（2）$\varphi=0^\circ\Rightarrow N_q=1$，$N_c=5.14$

（3）$\dfrac{17.5\times3\times1+22\times5.14}{[88.5\times3+(124.5+q_0)\times4]/(3+4)}\geqslant1.40\Rightarrow q_0\leqslant16.1\text{kPa}$

【点评】

①根据《建筑基坑支护技术规程》第5.1.2条；②普朗德尔-瑞斯纳极限承载力，分母$(q_1b_1+q_2b_2)/(b_1+b_2)$为坑外等效平均自重，其中$b_1$位土钉墙坡面的宽度，当土钉墙垂直时取$b_1=0$；$b_2$为均布荷载的计算宽度，可取$b_2=h$。

题6-65 某基坑开挖深度6m，采用土钉墙支护，土层情况及参数如图6-23-48所示，基坑外侧地面均布荷载为10kPa，根据《建筑基坑支护技术规程》JGJ 120—2012，基坑底面以下软土层的抗隆起安全系数最接近下列哪个选项？

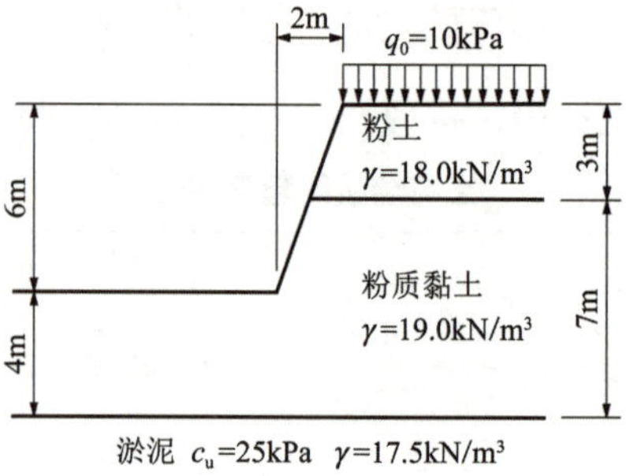

图6-23-48 题6-65图

（A）1.13　　（B）1.18　　（C）1.25　　（D）1.68

【解】

（1）$q_1=0.5\times(3\times18+3\times19)+19\times4=131.5\text{kPa}$

$q_2=(18\times3+19\times3)+19\times4+10=197\text{kPa}$

$\varphi=0\Rightarrow N_q=1,\ N_c=5.14$

（2）$K_b=\dfrac{19\times4\times1+25\times5.14}{(131.5\times2+197\times6)/(2+6)}=1.13$

【点评】

①根据《建筑基坑支护技术规范》第5.12节；②黏聚力和内摩擦角取淤泥层的参数；③抗隆起稳定系数实际就是极限承载力/极限荷载。

23.4.2 土钉承载力计算——《建筑基坑支护技术规程》第5.2节

土钉承载力计算表6-23-18的规定。

土钉承载力计算　　表6-23-18

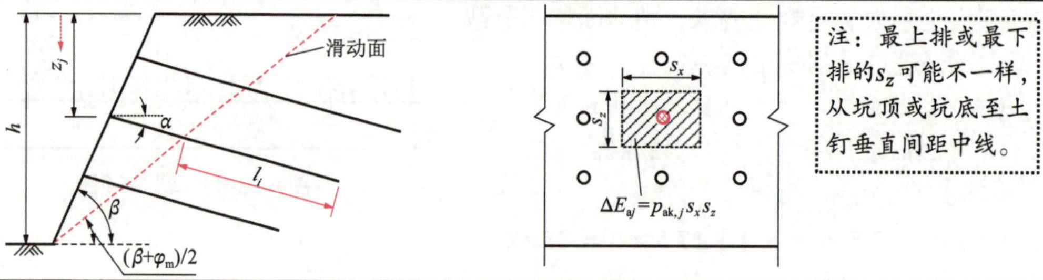

(a) 土钉抗拔承载力计算　　(b) 坡面第j根土钉土压力计算范围示意图

续表

（1）单根（第j根）土钉轴向拉力标准值N_k（kN）： $$N_k=\frac{1}{\cos\alpha}\zeta\eta p_{ak,j}s_x s_z$$ 注：去掉了规范公式中下标j，方便书写和理解记忆	α——第j层土钉的倾角（°），宜为 5°～20°； ζ——墙面倾斜时的主动土压力折减系数； η——第j层土钉轴向拉力调整系数； $p_{ak,j}$——第j层土钉处的主动土压力强度标准值（kPa）； s_x、s_z——土钉的水平、垂直间距（m）
⇑ $$\zeta=\tan\frac{\beta-\varphi_m}{2}\left(\frac{1}{\tan\frac{\beta+\varphi_m}{2}}-\frac{1}{\tan\beta}\right)/\tan^2\left(45°-\frac{\varphi_m}{2}\right)$$	β——土钉墙坡面与水平面的夹角（°）； φ_m——基坑底面以上各土层按厚度加权的等效内摩擦角平均值（°）
⇑ $$\eta=\eta_a-(\eta_a-\eta_b)\frac{z_j}{h}\Leftarrow\eta_a=\frac{\sum(h-\eta_b z_j)\Delta E_{aj}}{\sum(h-z_j)\Delta E_{aj}}$$	z_j——第j层土钉至基坑顶面的垂直距离（m）； h——基坑深度（m）； ΔE_{aj}——作用在s_x、s_z面积内的主动土压力标准值（kN）； η_b——经验系数，可取 0.6～1.0
（2）单根土钉极限承载力抗拔验算： $$\frac{R_k}{N_k}\geqslant K_t\Leftarrow R_k=\pi d\sum q_{sik}l_i\quad(R_k\leqslant f_{yk}A_s)$$ 式中：K_t——土钉抗拔安全系数；安全等级为二级、三级时K_t分别不应小于 1.6、1.4； d——土钉的锚固体直径（m）；对成孔注浆土钉，按成孔直径计算，对打入钢管土钉，按钢管直径计算； q_{sik}——土钉与土层的极限粘结强度标准值（kPa）；应根据工程经验并结规范合表 6-23-19 取值； l_i——滑动面以外的部分土钉长度（m）； f_{yk}——土钉杆体的抗拉强度标准值（kPa）； A_s——土钉杆体的截面面积（m^2）	注：第j根土钉滑动面以内长度l_f计算公式： $$l_f=\frac{(h-z_j)\sin\left(\frac{\beta-\varphi_m}{2}\right)}{\sin\beta\sin\left(\frac{\alpha+\beta+\varphi_m}{2}\right)}$$
（3）土钉杆体受拉承载力验算： $$N\leqslant f_y A_s$$ 式中：N——锚杆轴向拉力设计值（kN），$N=\gamma_0\gamma_F N_k$； γ_F——基本组合的综合分项系数，取不应小于 **1.25**； γ_0——结构重要性系数，安全等级**一、二、三级**分别取不应小于 **1.1、1.0、0.9**； f_y——土钉杆体的抗拉强度设计值（kPa）； A_s——土钉杆体的截面面积（m^2）	$N=\gamma_0\gamma_F N_k$ γ_0→**1.1**（一级） **1.0**（二级） **0.9**（三级） γ_F→**1.25**
（4）抗拔承载力检测值： 安全等级为二级、三级的土钉墙，**抗拔承载力检测值**分别不应小于土钉轴向拉力标准值的 **1.3** 倍、**1.2** 倍	

土钉与土层的极限粘结强度标准值q_{sik}，应根据工程经验并结规范合表6-23-19取值。

土钉的极限粘结强度标准值q_{sik}　　　　表6-23-19

土的名称	土的状态	q_{sik}（kPa）	
		成孔注浆土钉	打入钢管土钉
素填土		15～30	20～35
淤泥质土		10～20	15～25
黏性土	$0.75<I_L\leqslant1$	20～30	20～40
	$0.25<I_L\leqslant0.75$	30～45	40～55
	$0<I_L\leqslant0.25$	45～60	55～70
	$I_L\leqslant0$	60～70	70～80
粉土		40～80	50～90
砂土	松散	35～50	50～65
	稍密	50～65	65～80
	中密	65～80	80～100
	密实	80～100	100～120

题6-66（08C21）墙面垂直的土钉墙边坡，土钉与水平面夹角为15°，土钉的水平与竖直间距都是1.2m。墙后地基土的$c=15\text{kPa}$，$\varphi=20°$，$\gamma=19\text{kN/m}^3$，无地面超载。在9.6m深度处的每根土钉的轴向受拉荷载最接近下列哪个选项（取该层土钉轴向拉力调整系数$\eta=1.0$）？

（A）81kN　（B）102kN　（C）139kN　（D）208kN

【解】

（1）$K_a=\tan^2\left(45°-\dfrac{20°}{2}\right)=0.49$

$p_{ak}=\gamma hK_a-2c\sqrt{K_a}=19\times9.6\times0.49-2\times15\times\sqrt{0.49}=68.4\text{kPa}$

（2）$N_k=\dfrac{1}{\cos\alpha}\zeta\eta p_{ak}s_xs_z=\dfrac{1}{\cos15°}\times1.0\times1.0\times68.4\times1.2\times1.2=102\text{kN}$

【点评】

①根据《建筑基坑支护技术规程》第5.2.2条、第5.2.3条；②对于垂直边坡，主动土压力折减系数$\zeta=1$；③土钉墙近年来考查很少，很可能再考。

题6-67　某基坑埋深5.0m，二级基坑，采用土钉墙支护，1∶1放坡，土质为黏性土，$\gamma=18\text{kN/m}^3$，$c=25\text{kPa}$，$\varphi=18°$。土钉水平和竖向间距均为1.5m，下倾15°，共设三排土钉，其中第二排土钉位置的主动土压力强度标准值为25kPa，土钉轴向拉力调整系数$\eta=0.65$，求第二排土钉的轴向拉力设计值？

【解】

（1）土坡高宽比1∶1，则$\beta=45°$

$$\zeta=\tan\frac{\beta-\varphi_m}{2}\left(\frac{1}{\tan\dfrac{\beta+\varphi_m}{2}}-\frac{1}{\tan\beta}\right)\Big/\tan^2\left(45°-\frac{\varphi_m}{2}\right)$$

$$=\tan\frac{45°-18°}{2}\left(\frac{1}{\tan\dfrac{45°+18°}{2}}-\frac{1}{\tan45°}\right)\Big/\tan^2\left(45°-\frac{18°}{2}\right)=0.287$$

（2）$N_k=\dfrac{1}{\cos\alpha}\zeta\eta p_{ak}s_xs_z=\dfrac{1}{\cos15°}\times0.287\times0.65\times25\times1.5^2=10.9\text{kN}$

（3）$N=\gamma_0\gamma_FN_k=1.0\times1.25\times10.9=13.63\text{kN}$

【点评】

①根据《建筑基坑支护技术规程》第 3.1.6 条、第 5.2.3 条；②关键是计算坡面倾斜时的主动土压力折减系数，注意设计值和标准值之间的转换。

题 6-68　有一基坑开挖深度 6m，采用竖直的土钉墙支护（图 6-23-49）。地基为均匀的黏性土，极限粘结强度标准值$q_{sk}=50\text{kPa}$，$\gamma=19\text{kN/m}^3$，$c=20\text{kPa}$，$\varphi=25°$，地面超载$q_0=30\text{kPa}$。土钉长度为 8m，倾角为 15°，水平和竖直间距都是 2.0m，锚固体直径为 100mm。计算地面下 4m 处土钉的抗拔安全系数（4m 处土钉轴向拉力调整系数$\eta=1$）？

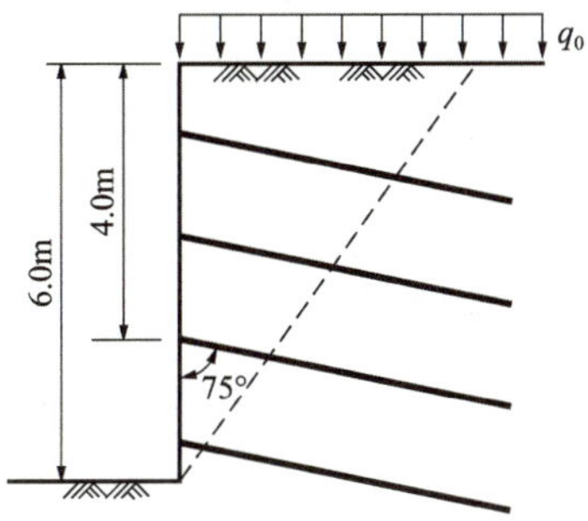

图 6-23-49　题 6-68 图

【解】

（1）滑动面与水平面的夹角$\theta=\dfrac{90°+25°}{2}=57.5°$

根据正弦定理，土钉在滑动面内的长度$l_n=\dfrac{2\times\sin(90°-57.5°)}{\sin(180°-75°-32.5°)}=1.13\text{m}$

土钉在滑动面以外的长度：$8-1.13=6.87\text{m}$

（2）地面下 4m 处的主动土压力：$K_a=\tan^2\left(45°-\dfrac{25°}{2}\right)=0.406$

$e_a=0.406\times(19\times4+30)-2\times20\times\sqrt{0.406}=17.5\text{kPa}$

则 4m 处土钉轴向拉力标准值：$N_k=\dfrac{1}{\cos15°}\times1.0\times1.0\times17.5\times2\times2=72.5\text{kN}$

（3）土钉极限承载力：$R_k=50\times3.14\times0.1\times6.87=107.86\text{kN}$

（4）抗拔安全系数：$K_t=\dfrac{R_k}{N_k}=\dfrac{107.86}{72.5}=1.49$

【点评】

①依据《建筑基坑支护技术规程》第 5.2.1～5.2.5 条；②墙面垂直时，主动土压力折减系数$\zeta=1$，根据正弦定理求土钉自由段的长度，土钉抗拔安全系数，对于安全等级为二级、三级的土钉墙，K_t分别不应小于 1.6、1.4。

题 6-69　某基坑采用土钉墙放坡支护，开挖深度 12m，土钉墙失效、土体过大变形对基坑周边环境或主体结构施工安全的影响严重。土层分布如图 6-23-50 所示，地面下 8m 范围内为黏土层，重度为 $20kN/m^3$，内摩擦角为 20°，黏聚力为 30kPa，8～16m 为砂土层，重度为 $18kN/m^3$，内摩擦角为 28°，场地未见地下水。土钉水平间距和竖向间距均为 1.5m，土钉倾角为 15°，在注浆固结体强度满足要求后进行土钉抗拔试验，计算 6m 处的土钉抗拔承载力检测值最低为多少才能满足《建筑基坑支护技术规程》JGJ 120—2012 要求（取该层土钉轴向拉力调整系数$\eta = 0.8$）。

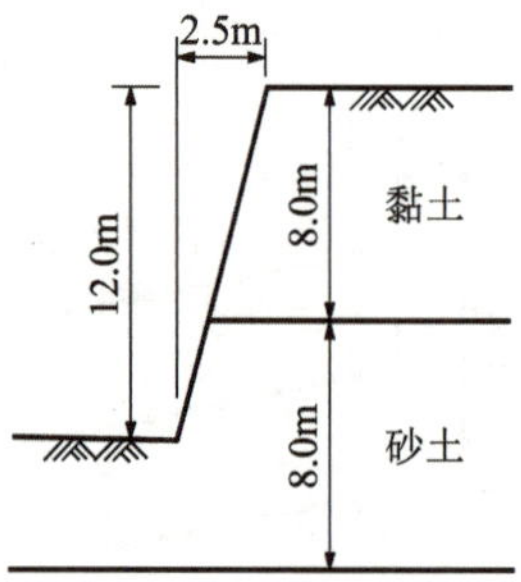

图 6-23-50　题 6-69 图

【解】

（1）$\beta = \arctan\left(\frac{12}{2.5}\right) = 78.23°$，$\varphi_m = \frac{8\times20°+4\times28°}{12} = 22.67°$

$$\zeta = \tan\frac{78.23° - 22.67°}{2}\left(\frac{1}{\tan\frac{78.23° + 22.67°}{2}} - \frac{1}{\tan 78.23°}\right) / \tan^2\left(45° - \frac{22.67°}{2}\right) = 0.73$$

（2）$K_a = \tan^2\left(45° - \frac{20°}{2}\right) = 0.49$，$e_{ak} = 6 \times 20 \times 0.49 - 2 \times 30 \times 0.7 = 16.8kPa$

$$N_k = \frac{1}{\cos\alpha}\zeta\eta p_{ak}s_x s_z = \frac{1}{\cos 15°} \times 0.73 \times 0.8 \times 16.8 \times 1.5^2 = 22.85kN$$

（3）依题意支护结构安全等级为二级，抗拔承载力检测值不小于 $1.3 \times 22.85 = 29.4kN$

【点评】

①根据《建筑基坑支护技术规程》第 3.1.3 条确定支护结构的安全等级；②根据第 5.2.2 条～第 5.2.3 条计算单根土钉的轴向拉力标准值，φ_m为**基坑底面以上**各土层按厚度加权的等效内摩擦角；③《建筑基坑支护技术规程》第 5.4.10 条：对于安全等级为二级、三级的土钉墙，**抗拔承载力检测值**分别不应小于土钉轴向拉力标准值的 **1.3** 倍、**1.2** 倍。

题 6-70　某基坑采用土钉墙＋放坡支护，开挖深度 12m，土钉墙失效、土体过大变形对基坑周边环境或主体结构施工安全的影响严重。土层分布：地面下 12m 范围内为黏土层①，重度为 $20kN/m^3$，内摩擦角为 20°，黏聚力为 30kPa；12～17m 为黏土层②，重度为 $18kN/m^3$，内摩擦角为 18°，黏聚力为 20kPa，场地未见地下水（图 6-23-51）。土钉采用 HRB400 级钢筋，抗拉强度设计值为 $360N/mm^2$，抗拉强度标准值为 $400N/mm^2$，钢筋直径为 16mm，土钉水平间距为 1.5m，竖向间距为 2.0m，土钉倾角为 20°，按照《建筑基坑支护技术规程》JGJ 120—2012，距地面 8m 处的土钉至少需要几根钢筋组成（取该层土钉轴向拉力调整系数取 0.8）？

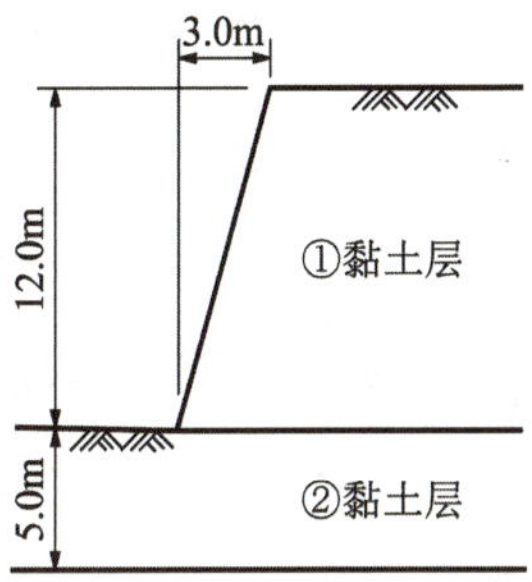

图 6-23-51　题 6-70 图

【解】

（1）$K_a=\tan^2\left(45°-\dfrac{20°}{2}\right)=0.49$，$\beta=\arctan\left(\dfrac{12}{3}\right)=75.96°$

$$\zeta=\tan\frac{75.96°-20°}{2}\left(\frac{1}{\tan\dfrac{75.96°+20°}{2}}-\frac{1}{\tan 75.96°}\right)/\tan^2\left(45°-\frac{20°}{2}\right)=0.705$$

（2）$p_{ak}=8\times20\times0.49-2\times30\times\sqrt{0.49}=36.4kPa$

$$N_k=\frac{1}{\cos\alpha}\zeta\eta p_{ak}s_xs_z=\frac{1}{\cos 20°}\times0.705\times0.8\times36.4\times1.5\times2=65.54kN$$

（3）依题意支护结构的安全等级为二级，γ_F取 1.25，γ_0取 1.0

$N=1.0\times1.25\times65.54=81.93kN$

$N\leqslant f_yA_s$，即$81.93\times10^3\leqslant360\times3.14\times8^2\times n$

解得$n\geqslant1.13$，取$n=2$，至少需要 2 根钢筋。

【点评】

根据《建筑基坑支护技术规程》第 5.2.2 条、第 5.2.3 条、第 3.1.3 条、第 5.2.6 条，计算土钉杆体的截面面积需要采用土钉的轴向抗拉强度**设计值**。

题 6-71 某深度 6m 基坑采用土钉墙支护（图 6-23-52），场地土为均质砂性土场地，无地下水，土钉墙坡角为 75°，地面均布荷载$q_0 = 20\text{kPa}$，土的内摩擦角$\varphi = 30°$，$\gamma = 19\text{kN/m}^3$，土钉倾角为 15°，水平和竖直间距均为 2m，在垂直方向 1m、3m 和 5m 处各设置一排土钉，假设 3m 处土钉的锚固段长度为 4m，锚固体的直径为 150mm，锚固体与土层的极限粘结强度标准值$q_{sk} = 50\text{kPa}$，根据《建筑基坑支护技术规范》JGJ 120—2012，计算 3m 处土钉的抗拔安全系数最接近下列哪个选项（假定经验系数$\eta_b = 0.8$）？

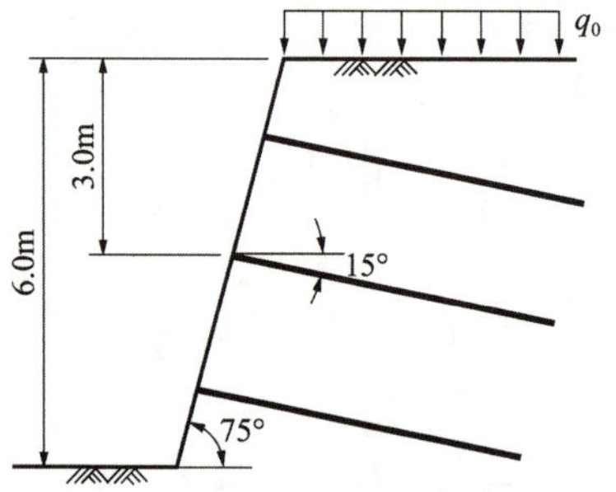

图 6-23-52　题 6-71 图

（A）1.05　　（B）1.15　　（C）1.25　　（D）1.35

【解】

（1）$K_a = \tan^2\left(45° - \dfrac{30°}{2}\right) = \dfrac{1}{3}$

1m 处：$p_{ak1} = (20 + 19) \times \dfrac{1}{3} = 13\text{kPa}$

3m 处：$p_{ak2} = (20 + 19 \times 3) \times \dfrac{1}{3} = 25.67\text{kPa}$

5m 处：$p_{ak3} = (20 + 19 \times 5) \times \dfrac{1}{3} = 38.33\text{kPa}$

0～2m 段：$\Delta E_{ak2} = 13 \times 2 \times 2 = 52\text{kN}$

2～4m 段：$\Delta E_{ak2} = 25.67 \times 2 \times 2 = 102.7\text{kN}$

4～6m 段：$\Delta E_{ak3} = 38.33 \times 2 \times 2 = 153.32\text{kN}$

（2）$\eta_a = \dfrac{(6 - 0.8 \times 1) \times 52 + (6 - 0.8 \times 3) \times 102.7 + (6 - 0.8 \times 5) \times 153.32}{(6 - 1) \times 52 + (6 - 3) \times 102.7 + (6 - 5) \times 153.32} = 1.31$

$\eta_2 = 1.31 - (1.31 - 0.8) \times \dfrac{3}{6} = 1.055$

（3）$\zeta = \tan\left(\dfrac{75° - 30°}{2}\right) \times \left(\dfrac{1}{\tan\dfrac{75° + 30°}{2}} - \dfrac{1}{\tan 75°}\right) / \tan^2\left(45° - \dfrac{30°}{2}\right) = 0.621$

（4）$N_{k3} = \dfrac{1}{\cos 15°} \times 0.621 \times 1.055 \times 102.7 = 69.66\text{kN}$

$R_k = 3.14 \times 0.15 \times 50 \times 4 = 94.2\text{kN}$

（5）$K_s = \dfrac{94.2}{69.66} = 1.35$

【点评】

①根据《建筑基坑支护技术规范》第 5.2 节；②要理解土钉墙折减系数、调整系数；③土钉墙轴向拉力调整系数还没有考过，应引起重视，可考性强。

题 6-72 某安全等级为二级的基坑工程，开挖深度$H = 6\text{m}$，地面超载$q_0 = 20\text{kPa}$，地层为均质黏性土，土的天然重度$\gamma = 18.5\text{kN/m}^3$，内摩擦角$\varphi = 20°$，黏聚力$c = 15\text{kPa}$，无地下水，采用土钉墙进行支护，1：0.2 放坡，土钉的倾角为 15°，共布置三排土钉，土钉的水平间距为 1.5m，如图 6-23-53 所示（尺寸单位：m），土钉锚固体的直径为 100mm，土钉与孔壁的极限粘结强度标准值$q_{sk} = 40\text{kPa}$，经验系数$\eta_b = 0.8$，$\eta_a = 1.4$。按照《建筑基坑支护技术规程》JGJ 120—2012，计算第二排土钉的总长度宜为下列哪个选项？

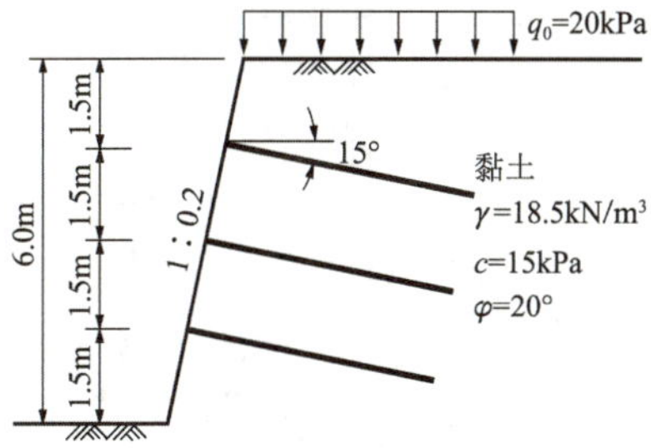

图 6-23-53 题 6-72 图

（A）1.7m （B）4.0m （C）4.9m （D）5.6m

【解】

（1）$\beta = \arctan\dfrac{1}{0.2} = 78.69°$

$$\zeta = \tan\frac{78.69° - 20°}{2} \times \left(\frac{1}{\tan\dfrac{78.69° + 20°}{2}} - \frac{1}{\tan 78.69°}\right) / \tan^2\left(45° - \frac{20°}{2}\right) = 0.756$$

（2）$K_a = \tan^2\left(45° - \dfrac{20°}{2}\right) = 0.49$，$z_0 = \left(\dfrac{2 \times 15}{\sqrt{0.49}} - 20\right)/18.5 = 1.24\text{m}$

$$\Delta E_{a2} = \frac{1}{2} \times 18.5 \times \left[(3.75 - 1.24)^2 - (2.25 - 1.24)^2\right] \times 0.49 \times 1.5 = 35.9\text{kN}$$

$$\eta_2 = 1.4 - (1.4 - 0.8) \times \frac{3}{6} = 1.1$$

（3）$N_{kj} = \dfrac{1}{\cos 15°} \times 1.1 \times 0.755 \times 35.9 = 30.9\text{kN}$

$$\frac{3.14 \times 0.1 \times 40 \times l_a}{30.9} \geqslant 1.6 \Leftarrow l_a \geqslant 3.94\text{m}$$

（4）破裂面与水平面夹角为$\dfrac{20°+78.69°}{2} = 49.345°$

根据正弦定理：$\dfrac{l_f}{\sin(78.69° - 49.345°)} = \dfrac{3/\cos(90° - 78.69°)}{\sin(49.345° + 15°)} \Rightarrow l_f = 1.66\text{m}$

（5）土钉的最小长度$l = 1.66 + 3.94 = 5.60\text{m}$

【点评】

①根据《建筑基坑支护技术规程》第 5.2.1～5.2.5 条；②破裂面以内的土钉长度根据余弦定理按《建筑基坑支护技术规程》图 5.2.5 计算，破裂面以外的长度根据抗拔承载力计算；③计算第一道和最下面一道土钉的ΔE_{aj}时，s_{xj}应分别取至地面和坑底，根据经验系数计算每根土钉的拉力调整系数。

23.5　渗透稳定性——《建筑基坑支护技术规程》第4.2.6条、附录C

采用悬挂式截水帷幕或坑底以下存在水头高于坑底的承压水含水层时，应按表6-23-20进行地下水渗透稳定性验算。

渗透稳定性　　　　表6-23-20

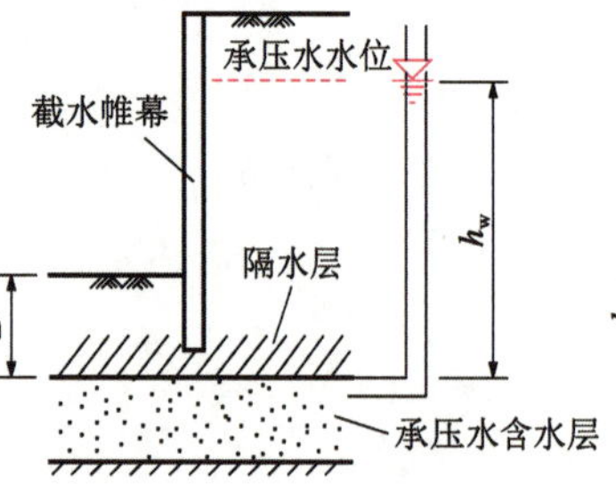

（1）突涌稳定性验算

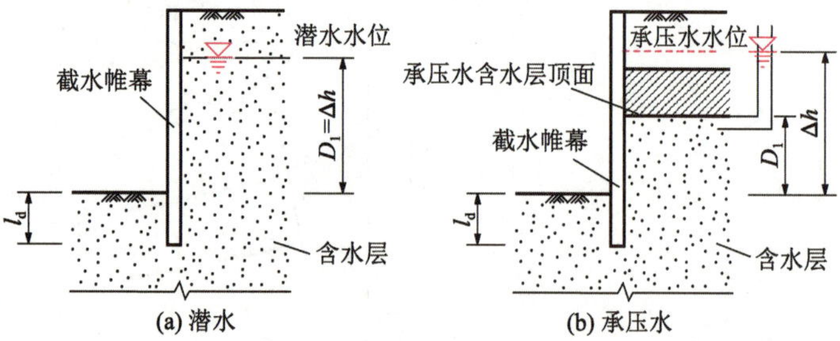

（2）流土稳定性验算

（1）突涌	（2）流土
坑底以下有水头高于坑底的承压水含水层，且未用截水帷幕隔断其基坑内外的水力联系时，承压水作用下的坑底突涌稳定性应符合下式规定	悬挂式截水帷幕底端位于碎石土、砂土或粉土含水层时，对均质含水层，地下水渗流的流土稳定性应符合下式规定
$\dfrac{D\gamma}{h_w\gamma_w} \geqslant K_h$	$\dfrac{(2l_d+0.8D_1)\gamma'}{\Delta h\gamma_w} \geqslant K_f$
式中：K_h——突涌稳定安全系数，**不应小于1.1**； D——承压水含水层顶面至坑底的土层厚度（m）； γ——承压水含水层顶面至坑底土层的加权平均天然重度（kN/m³）； h_w——承压水含水层顶面的压力水头高度（m）； γ_w——水的重度（kN/m³）	式中：K_f——流土稳定安全系数，安全等级**一、二、三级分别不应小于1.6、1.5、1.4**； l_d——截水帷幕在坑底以下的插入深度（m）； D_1——潜水面或承压水含水层顶面至基坑底面的土层厚度（m）； γ'——土的浮重度（kN/m³）； Δh——基坑内外的水头差（m）

注：《建筑地基基础设计规范》附录W渗流稳定性验算完全同本规程突涌稳定性验算。

题6-73　（11D20）某采用地下连续墙支护的基坑的土层分布情况如图6-23-54所示：砂土与黏土的天然重度都是20kN/m³。砂层厚10m，黏土隔水层厚1m，在黏土隔水层以下砾石层中有承压水，承压水头8m。没有采用降水措施，为了保证抗突涌的渗透稳定安全系数不小于1.1，该基坑的最大开挖深度H为多少？

（A）2.2m　　（B）5.6m

（C）6.6m　　（D）7.0m

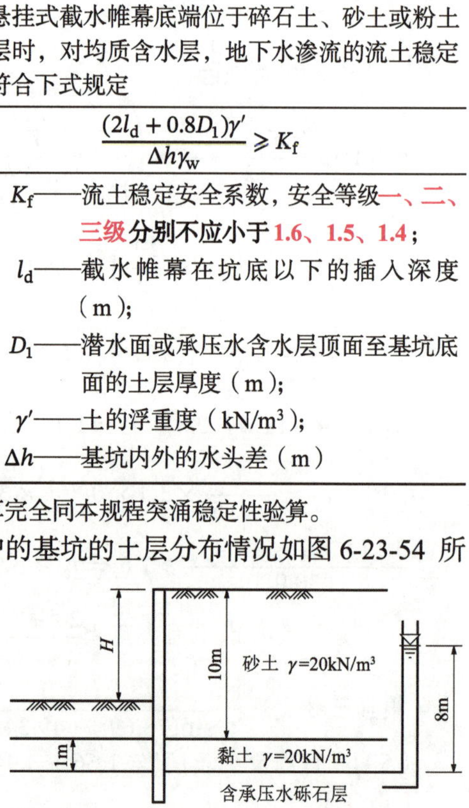

图6-23-54　题6-73图

【解】

$$\frac{D\gamma}{h_w\gamma_w} \geqslant K_h \Rightarrow \frac{(10+1-H)\times 20}{8\times 10} \geqslant 1.1 \Rightarrow H \leqslant 6.6\text{m}$$

【点评】

①根据《建筑基坑支护技术规程》附录 C.0.1；②坑底承压水由于有水压力，会顶起坑底土层，坑底土层为相对隔水层，采用天然重度，突涌安全系数K_h等于坑底土的压重比承压水的水压力，不应小于 1.1；③以坑底土和承压水的交界面为研究对象，进行受力分析，交界面以上的总自重应力除以承压水水压力即为突涌稳定安全系数。

题 6-74（08C23）基坑开挖深度为 6m，土层依次为人工填土，黏土和砾砂，如图 6-23-55 所示。黏土层，$\gamma = 19\text{kN/m}^3$，$c = 20\text{kPa}$，$\varphi = 12°$。砂层中承压水水头高度为 9m。基坑底至含砾粗砂层顶面的距离为 4m。抗突涌安全系数取 1.20，为满足抗承压水突涌稳定性的要求，场地承压水最小降深最接近下列何值？

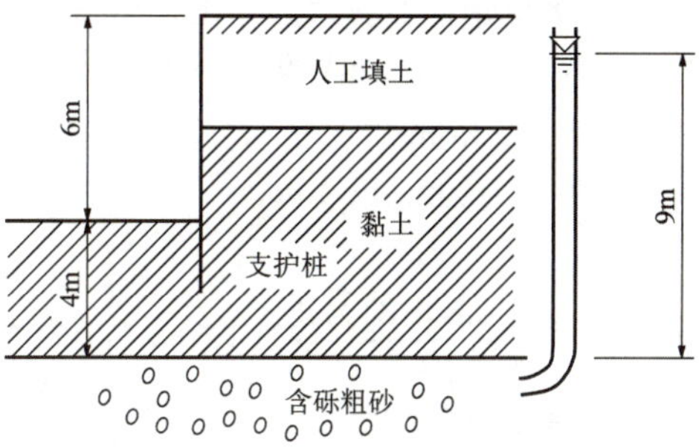

图 6-23-55　题 6-74 图

（A）1.4m　　（B）2.1m　　（C）2.7m　　（D）4.0m

【解】

$$K_h = \frac{D\gamma}{h_w\gamma_w} = 1.2 \Rightarrow \frac{4 \times 19}{10 \times (9-h)} = 1.2 \Rightarrow h = 2.67\text{m}$$

【点评】

①根据《建筑基坑支护技术规程》附录 C.0.1；②突涌原理为静力平衡，黏土层内无渗流；③当基坑下有承压水存在，开挖基坑减小了含水层上覆不透水层的厚度，在厚度减小到一定程度时，承压水的水头压力能顶裂或冲毁基坑底板，造成基坑突涌现象。

题 6-75（16D23）某基坑开挖深度为 6m，土层依次为人工填土、黏土和含砂粗粒，如图 6-23-56 所示，人工填土层，$\gamma_1 = 17\text{kN/m}^3$，$c_1 = 15\text{kPa}$，$\varphi_1 = 10°$；黏土层$\gamma_2 = 18\text{kN/m}^3$，$c_2 = 20\text{kPa}$，$\varphi_2 = 12°$。含砾粗砂层顶面距基坑底的距离为 4m，砂层中承压水水头高度为 9m，设计采用排桩支护结构和坑内深井降水。在开挖至基坑底部时，由于土方开挖运输作业不当，造成坑内降水井被破坏后失效，为保证基坑抗突涌稳定性，防止基坑底发生流土，拟紧急向基坑内注水，请问根据《建筑基坑支护技术规程》JGJ 120—2012，基坑内注水深度至少应最接近于下列哪个选项的数值？

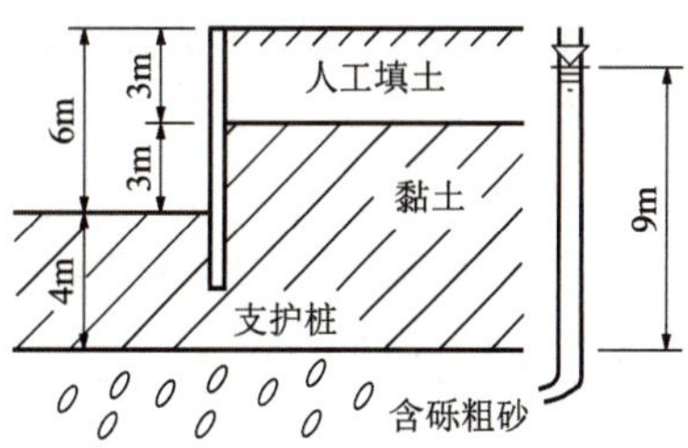

图 6-23-56　题 6-75 图

（A）1.8m　　（B）2.0m　　（C）2.3m　　（D）2.7m

【解】

$$\frac{D\gamma}{h_w\gamma_w} \geqslant K_h \Rightarrow \frac{4 \times 18 + \Delta h \times 10}{9 \times 10} \geqslant 1.1 \Rightarrow \Delta h \geqslant 2.7\text{m}$$

【点评】

①根据《建筑基坑支护技术规程》附录 C.0.1；②《建筑基坑支护技术规程》对于落底式帷幕只要求验算坑底突涌稳定性，对于悬挂式截水帷幕且帷幕底端位于碎石土、砂土或粉土含水层时，则验算流土稳定性；据此可知，本题只需要验算坑底突涌稳定性，不需要验算流土稳定性；③基坑突涌判别原理为坑内承压水层顶处受力平衡分析，并取安全系数 $K_h \geqslant 1.1$，原理为流土整体破坏理论；④重要考点，反复考查，送分题型，和 2008 年的题目高度相似，应重视真题，考试时迅速解决真题重现类题目。

【同类型真题】05C24、07D21

题 6-76 （03D20 改）止水帷幕如图 6-23-57 所示，上游土中最高水位为 0.00m，下游地面为−8.00m，土的天然重度$\gamma = 18\text{kN/m}^3$，安全等级一级基坑，则止水帷幕应设置的合理深度为下列哪个选项？

（A）$h = 10.0\text{m}$　（B）$h = 13.0\text{m}$

（C）$h = 14.0\text{m}$　（D）$h = 16.0\text{m}$

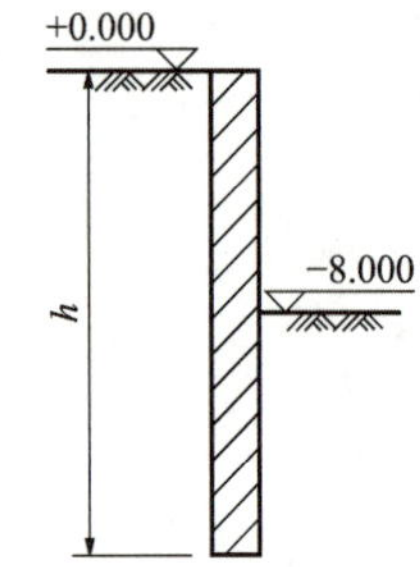

图 6-23-57　题 6-76 图

【解】

$$\frac{(2l_d + 0.8D_1)\gamma'}{\Delta h \gamma_w} \geqslant 1.6 \Rightarrow \frac{(2 \times l_d + 0.8 \times 8) \times 8}{8 \times 10} \geqslant 1.6 \Rightarrow l_d \geqslant 4.8\text{m}$$

止水帷幕的合理深度$h \geqslant 4.8 + 8 = 12.8\text{m}$

【点评】

①根据《建筑基坑支护技术规程》附录 C.0.2；②安全等级一级的基坑K_f取 1.6，原真题对应《建筑基坑支护技术规程》JGJ 120—1999，按最新规范进行了修改；③落底式截水帷幕进入下卧透水层，是为了满足地下水绕过帷幕底部的渗透稳定性的要求，坑内透水可能产生流土。

题 6-77 某基坑开挖深度为 10m，采用悬臂桩支护和悬挂式止水帷幕，支护结构失效、土体过大变形对基坑周边环境或主体结构施工安全的影响很严重，场地地面下 1m 为人工填土，再往下 3m 是黏土，从深度 4m 开始往下为均质砂土，天然重度为 18kN/m^3，饱和重度为 20kN/m^3，基坑内外水位如图 6-23-58 所示，按照《建筑基坑支护技术规程》JGJ 120—2012 计算截水帷幕在坑底以下的插入深度至少为多少才能满足渗流稳定性？

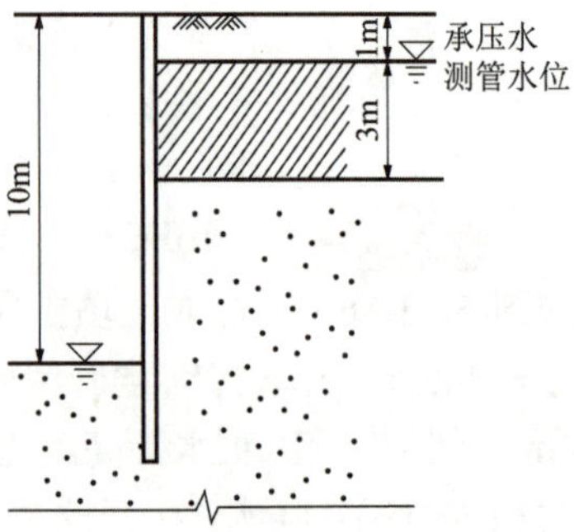

图 6-23-58　题 6-77 图

【解】

依题意基坑支护结构安全等级为一级，K_f不应小于 1.6

$$\frac{(2l_d + 0.8D_1)\gamma'}{\Delta h \gamma_w} \geqslant K_f \Rightarrow \frac{(2l_d + 0.8 \times 6) \times 10}{9 \times 10} \geqslant 1.6 \Rightarrow l_d \geqslant 4.8\text{m}$$

【点评】

①根据《建筑基坑支护技术规程》第 3.1.3 条、附录 C.0.2；②坑外水层顶面至基坑底面土层的渗径进行 0.8 的折减。

题 6-78 某基坑开挖深度 10m，安全等级为一级，采用灌注桩 + 内支撑支护结构，桩长 16m，悬挂式止水帷幕配合坑内排水，止水帷幕嵌固深度 2.0m，坑内水位与基坑底齐平，坑外地下水位于地面下 2m，场地地层情况如图 6-23-59 所示：0～16m 为中砂，$\gamma = 19kN/m^3$，$\gamma_{sat} = 20kN/m^3$，$\varphi = 28°$，其下为卵石层，假设坑内外形成稳定渗流，根据《建筑基坑支护技术规程》JGJ 120—2012，试计算基坑外侧水位至少降低多少米才能满足抗渗流稳定性要求，正确的为下列哪个选项？

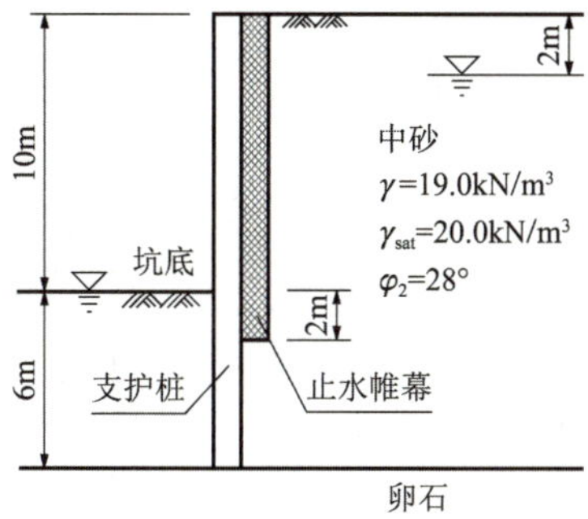

图 6-23-59 题 6-78 图

（A）1m （B）2m （C）3m （D）4m

【解】

$$\frac{[2\times 2+0.8\times(8-h)]\times 10}{(8-h)\times 10}\geqslant 1.6 \Rightarrow h\geqslant 3m$$

【点评】

①根据《建筑基坑支护技术规程》附录 C.0.2；②掌握参数意义，按部就班套公式即可，仔细读题，题目求的是降低多少米。

题 6-79 某场地下伏地质条件如图 6-23-60 所示，坚硬黏性土为不透水层，其下卵石层为承压水含水层。按现行国家标准《建筑地基基础设计规范》GB 50007，满足基坑抗渗流稳定性的要求，确定场地基坑开挖最大深度。

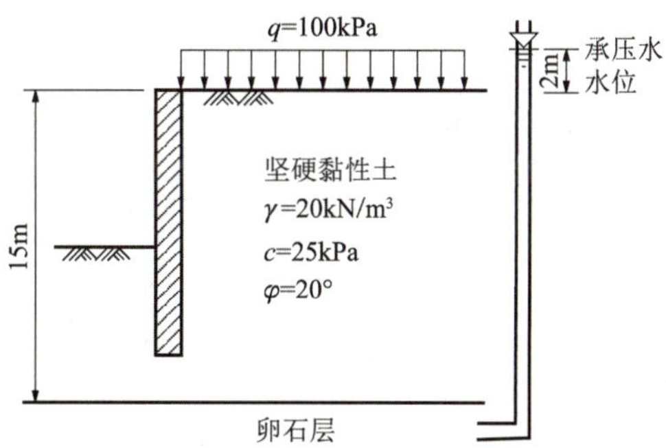

图 6-23-60 题 6-79 图

【解】

$$\frac{\gamma(t+\Delta t)}{p_w}\geqslant 1.1 \Rightarrow \frac{20\times(15-h)}{10\times 17}\geqslant 1.1 \Rightarrow h\leqslant 5.65m$$

【点评】

①根据《建筑地基基础设计规范》附录 W；②压重比水浮力，安全系数取 1.1。

题 6-80　(22 补考 D18)某深大基坑工程，开挖深度、支护结构形式及土层分布如图 6-23-61 所示(图中尺寸和标高均以 m 为单位)。基坑底以下的承压水水头标高−8.500m，为确保基坑施工的顺利进行，对承压水的处理措施下列哪个选项最合理？并给出理由。

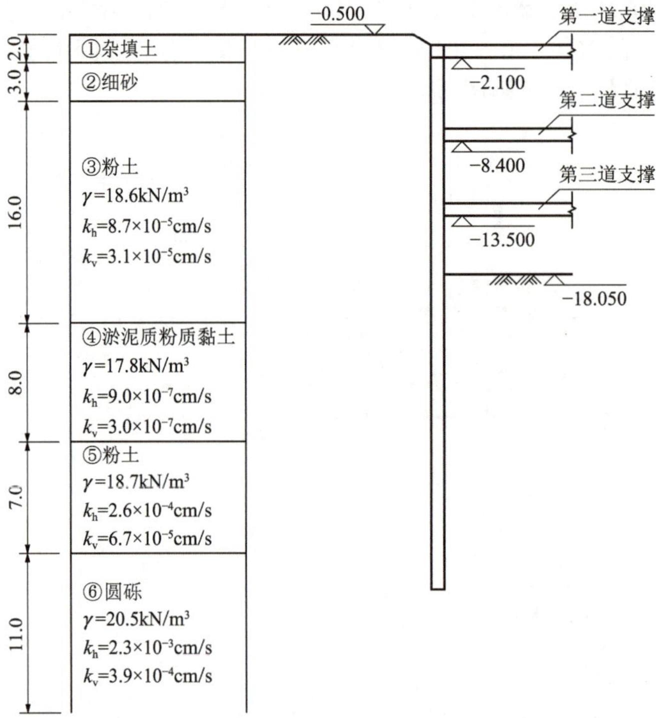

图 6-23-61　题 6-80 图

(A)需设置减压降水井，并在第一道支撑施工完成后开启

(B)需设置减压降水井，并在第二道支撑施工完成后开启

(C)需设置减压降水井，并在第三道支撑施工完成后开启

(D)无需设置减压降水井

【解】

(1)作用在第④层底的压力水头高度$h_w = 8 + 16 + 3 + 2 + 0.5 - 8.5 = 21\text{m}$

(2)开挖至第三道支撑时：$\dfrac{[21-(13.5-0.5)]\times 18.6+17.8\times 8}{21\times 10} = 1.39 > 1.1$，满足突涌验算

(3)开挖到坑底时：$\dfrac{[21-(18.05-0.5)]\times 18.6+17.8\times 8}{21\times 10} = 0.984 < 1.1$，不满足突涌验算

(4)故应设置减压井，并在第三道支撑施工完成后开启

【点评】

①根据《建筑基坑支护技术规程》附录 C，淤泥质粉质黏土为相对隔水层；②本题杂填土和细砂没有给重度，故需要验算第二道支撑、第三道支撑、坑底，共三个地方，可从中间第三道支撑开始验算，节约时间。

23.6　地下水控制

23.6.1 基坑涌水量——《建筑基坑支护技术规程》附录E、第7.3.11条

群井按大井简化时，均质含水层的基坑降水总涌水量可按表6-23-21计算。

基坑涌水量计算　　　　表6-23-21

（1）含水层影响半径R（m）： $R=\begin{cases}2s_w\sqrt{kH}\leftarrow 潜水\\10s_w\sqrt{k}\leftarrow 承压水\end{cases}$（$s_w<10$m时，取$s_w=10$） 注：考虑水力坡度时，$s_w=s_d+i\cdot r$（$r_0$按图示长度）	k——含水层的渗透系数（m/d）； H——潜水含水层厚度（m）； i——基坑内地下水力坡度； r——基坑中心至降水井的距离（m）
（2）潜水完整井基坑降水总涌水量Q（m^3/d）： $Q=\pi k\dfrac{(2H-s_d)s_d}{\ln\left(1+\dfrac{R}{r_0}\right)}$ s_d——基坑地下水位的设计降深（m），低于基坑底面0.5m； R——降水影响半径(m)；$R=2s_w\sqrt{kH}$，$s_w<10$m时，取$s_w=10$； r_0——基坑等效半径(m)；$r_0=\sqrt{\dfrac{A}{\pi}}$，$A$为基坑面积（$r_0$与图不一致）	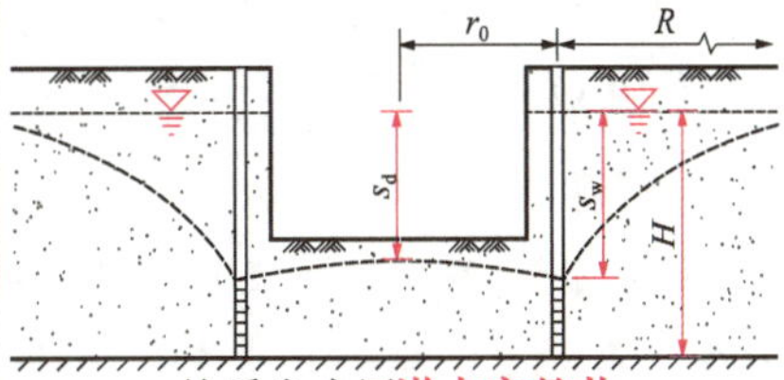 均质含水层潜水完整井
（3）潜水非完整井基坑降水总涌水量Q（m^3/d）： $h_m=\dfrac{H+h}{2}\Rightarrow Q=\pi k\dfrac{H^2-h^2}{\ln\left(1+\dfrac{R}{r_0}\right)+\dfrac{h_m-l}{l}\ln\left(1+0.2\times\dfrac{h_m}{r_0}\right)}$ h——降水后基坑内的水位高度（m）； l——过滤器进水部分的长度（m）	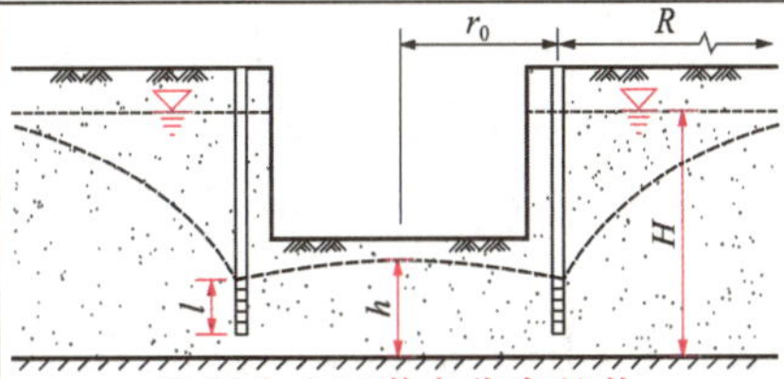 均质含水层潜水非完整井
（4）承压水完整井基坑降水总涌水量Q（m^3/d）： $Q=2\pi k\dfrac{Ms_d}{\ln\left(1+\dfrac{R}{r_0}\right)}$ M——承压水含水层厚度（m）； R——降水影响半径(m)；$R=10s_w\sqrt{k}$，$s_w<10$m时，取$s_w=10$	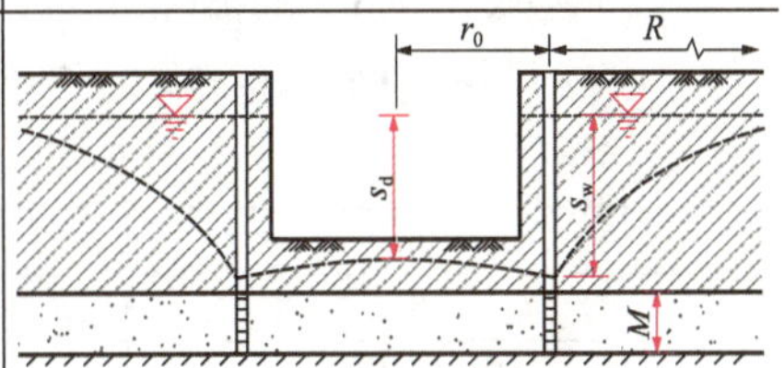 均质含水层承压水完整井
（5）承压水非完整井基坑降水总涌水量Q（m^3/d）： $Q=2\pi k\dfrac{Ms_d}{\ln\left(1+\dfrac{R}{r_0}\right)+\dfrac{M-l}{l}\ln\left(1+0.2\dfrac{M}{r_0}\right)}$ s_d——基坑地下水位的设计降深（m）； l——过滤器进水部分的长度（m）	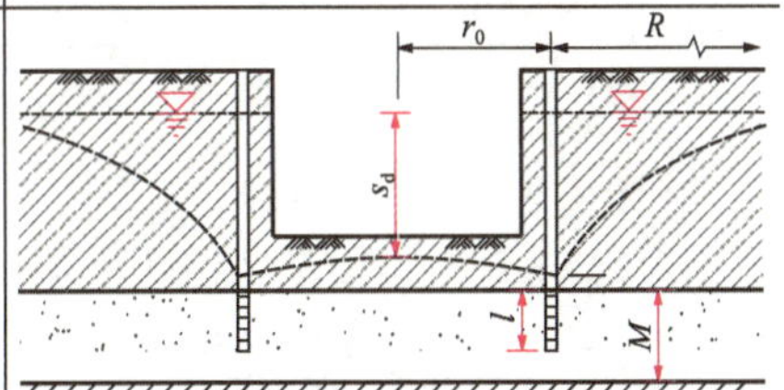 均质含水层承压水非完整井
（6）承压水—潜水完整井基坑降水总涌水量Q（m^3/d）： $Q=\pi k\dfrac{(2H_0-M)M-h^2}{\ln\left(1+\dfrac{R}{r_0}\right)}$ H_0——承压含水层的初始水头（m）； h——降水后基坑内的水位高度（m）	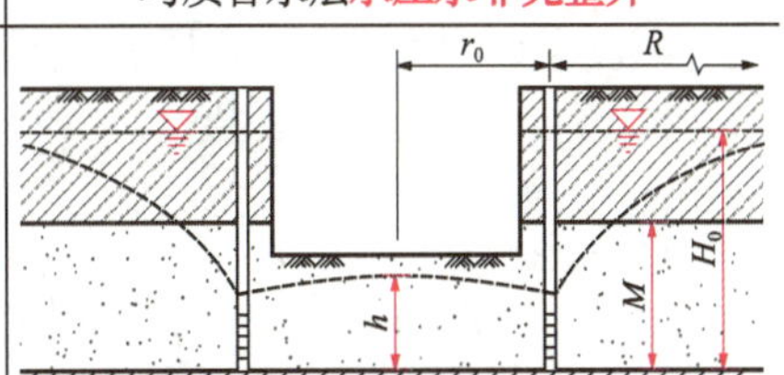 均质含水层承压水—潜水完整井

注：计算等效半径r_0存在争议，《建筑基坑支护技术规程》采用"基坑等效半径"，用基坑面积A计算；

清华版《基础工程》和个别行业规范规定降水井沿基坑周边**均匀布置**时，采用“降水井群连线**所围面积等效半径**”，用井连线围成面积计算。建议在**未知降水井平面布置**时，A采用基坑面积，如果题目**已知降水井较均匀布置**时，A采用表 6-23-21 配图所示基坑面积外扩至降水井围成的面积。

题 6-81 （03D21）某矩形基坑采用在基坑外围均匀等距布置多井点同时抽水方法进行降水。井点围成的矩形面积为 50m × 80m。按无压潜水完整井进行降水设计。已知含水层厚度$H = 20\text{m}$，单井影响半径$R = 100\text{m}$，渗透系数$k = 8\text{m/d}$。如果要求水位降深$s = 4\text{m}$，则井点系统计算涌水量Q最接近下列哪个选项？

（A）2000m³/d　（B）2300m³/d　（C）2700m³/d　（D）3000m³/d

【解】

（1）潜水完整井，$r_0 = \sqrt{A/\pi} = \sqrt{50 \times 80/3.14} = 35.7\text{m}$

（2）$Q = \pi k \dfrac{(2H - s_d)s_d}{\ln(1 + R/r)} = 3.14 \times 8 \times \dfrac{(2 \times 20 - 4) \times 4}{\ln(1 + 100/35.7)} = 2709\text{m}^3/\text{d}$

【点评】

①根据《建筑基坑支护技术规程》附录 E.0.1；②群井按大井稳定流简化，均质含水层潜水完整井降水涌水量跟水位降深s_d、潜水层含水层厚度H、降水影响半径R、土的渗透系数k这 4 个参数正相关，与基坑等效半径$r_0 = \sqrt{A/\pi}$负相关；③潜水含水层影响半径$R = 2s_w\sqrt{kH}$的中的水位降深小于 10m 时，取$s_w = 10\text{m}$，涌水量中的s_d按实际的降深取值。

【同类型真题】 05D22、11D23

题 6-82 （13D22）某拟建场地远离地表水体，地层情况如表 6-23-22 所示，地下水埋深 6m，拟开挖一长 100m、宽 80m 的基坑，开挖深度 12m。施工中在基坑周边布置井深 22m 的管井进行降水，降水维持期间基坑内地下水水力坡度为 1/15，在维持基坑中心地下水位位于基底下 0.5m 的情况下，按照《建筑基坑支护技术规程》JGJ 120—2012 的有关规定，计算的基坑涌水量最接近下列何值？

题 6-82 表　　　　**表 6-23-22**

深度（m）	地层	渗透系数（m/d）
0～5	黏质粉土	0.2
5～30	细砂	5
30～35	黏土	—

（A）2277m³/d　（B）2528m³/d　（C）2786m³/d　（D）3527m³/d

【解】

本题属潜水非完整井：$H = 24\text{m}$，$h = 30 - 12 - 0.5 = 17.5\text{m}$

$$h_m = \frac{H + h}{2} = \frac{24 + (30 - 12.5)}{2} = 20.75\text{m}，r_0 = \sqrt{\frac{A}{\pi}} = \sqrt{\frac{100 \times 80}{3.14}} = 50.5\text{m}$$

$$s_w = 24 - 17.5 + 50.5/15 = 9.87\text{m} < 10\text{m}, R = 2s_w\sqrt{kH} = 2 \times 10 \times \sqrt{5 \times 24} = 219.1\text{m}$$

$$l = 22 - 12 - 0.5 - \frac{50.5}{15} = 6.13\text{m}$$

$$Q = \pi k \frac{H^2 - h^2}{\ln\left(1 + \dfrac{R}{r_0}\right) + \dfrac{h_m - l}{l}\ln\left(1 + 0.2 \times \dfrac{h_m}{r_0}\right)}$$

$$= 3.14 \times 5 \times \frac{24^2 - 17.5^2}{\ln\left(1 + \dfrac{219.1}{50.5}\right) + \dfrac{20.75 - 6.13}{6.13} \times \ln\left(1 + 0.2 \times \dfrac{20.75}{50.5}\right)} = 2273\text{m}^3/\text{d}$$

【点评】

①根据《建筑基坑支护技术规程》附录 E.0.2；②均质含水层潜水非完整井的基坑降水总用水量的公式计算；③首先判断本题为基坑远离边界条件下，均质含水层潜水非完整井的基坑涌水量计算问题，按大井法；④过滤器进水部分的长度应考虑水力坡度的影响，到基坑中心的距离按基坑等效半径计算。

题 6-83　（22C18）某建筑场地地面下 8m 深度范围内为黏性土层，地面下 8m 至 18m 为砂层，以下为黏性土层，勘察时钻孔中测得地下水稳定水位埋深 4m，基坑平面尺寸为 50m × 30m，开挖深度 10m，采用管井降水将基坑内地下水位控制在基坑底以下 0.5m，降水井深度 19m，沿基坑四周布置在基坑开挖线外 1m 的位置，已知两层黏性土的渗透系数均为 0.02m/d，砂层的渗透系数为 15m/d，降水影响半径为 300m，估算的基坑涌水量最接近下列哪个选项？

（A）$1780m^3/d$　　　　（B）$2210m^3/d$

（C）$2320m^3/d$　　　　（D）$2450m^3/d$

【解】

（1）依题意为承压水－潜水完整井

$M = 10\text{m}$，$h = 18 - 10 - 0.5 = 7.5\text{m}$，$H_0 = 18 - 4 = 14\text{m}$

$$r_0 = \sqrt{\frac{(5+2)\times(30+2)}{3.14}} = 23\text{m}$$

（2）$Q = 3.14 \times 15 \times \dfrac{(2\times 14 - 10)\times 10 - 7.5^2}{\ln(1 + 300/23)} = 2206\text{m}^3$

【点评】

①根据《建筑基坑支护技术规程》附录 E；②计算基坑涌水量时一般把黏性土当成相对隔水层，画图（图 6-23-62）判定降水井类别；③对于基坑开挖线外均匀布置的降水井，计算基坑等效半径时采取井位连线的面积。

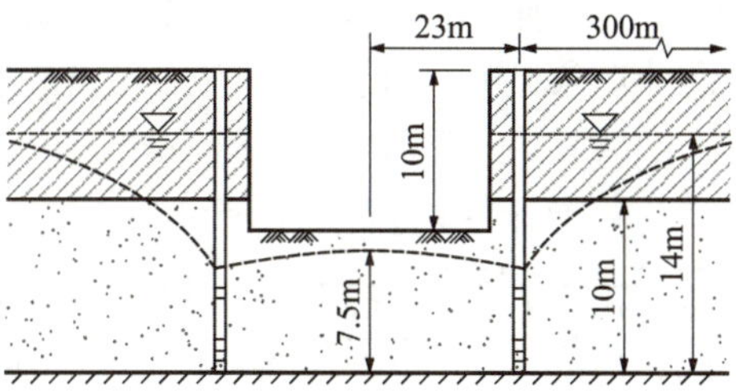

图 6-23-62　解 6-83 图

23.6.2 降水井设计——《建筑基坑支护技术规程》第7.3节

（1）在基坑降水计算中，①首先**计算基坑涌水量**；②再**确定单井出水能力**；③然后**计算井点数**；④最后**进行井点布置的设计（降深验算）**。

（2）确定了基坑的总涌水量后，若已确定好布置降水井数量n，可按下式计算单井设计流量q（m^3/d），以选择合适的井点类型：

$$q = 1.1\frac{Q}{n}$$

式中：Q——基坑降水总涌水量（m^3/d），按前述相应公式计算；

n——降水井数量。

（3）按《建筑基坑支护技术规程》第7.3.16条选择合适井点（真空井、喷射井、管井），**单井出水能力**q_0应大于计算的**单井设计流量**q。若选择管井时，**管井的单井出水能力**q_0（m^3/d）按下式计算：

$$q_0 = 120\pi r_s l \cdot \sqrt[3]{k}$$

式中：r_s——过滤器半径（m）；

l——过滤器进水部分的长度（m）；

k——含水层的渗透系数（m/d）。

采用**深井泵或深井潜水泵**抽水时，水泵的出水量应根据**单井出水能力**q_0确定，水泵的出水量应大于单井出水能力的**1.2倍**。

（4）若确定好**单井出水能力**q_0，可按下式计算井点数n：

$$n > 1.1\frac{Q}{q_0} \Leftarrow q_0 > q$$

（5）基坑内的设计降水水位应该低于坑底0.5m。

基坑地下水位**降深**s_i应符合下式规定：

$$s_i \geqslant s_d$$

式中：s_i——基坑内任一点的地下水位降深（m），取地下水位降深的最小值；

s_d——基坑地下水位的设计降深（m），低于基坑底面0.5m。

（6）基坑内任一点i的地下水位降深s_i（m）计算见表6-23-23。

地下水位降深计算　　　　表6-23-23

潜水完整井	$s_i = H - \sqrt{H^2 - \left(\frac{q_1}{\pi k}\ln\frac{R}{r_{i1}} + \frac{q_2}{\pi k}\ln\frac{R}{r_{i2}} + \cdots + \frac{q_j}{\pi k}\ln\frac{R}{r_{ij}}\right)}$	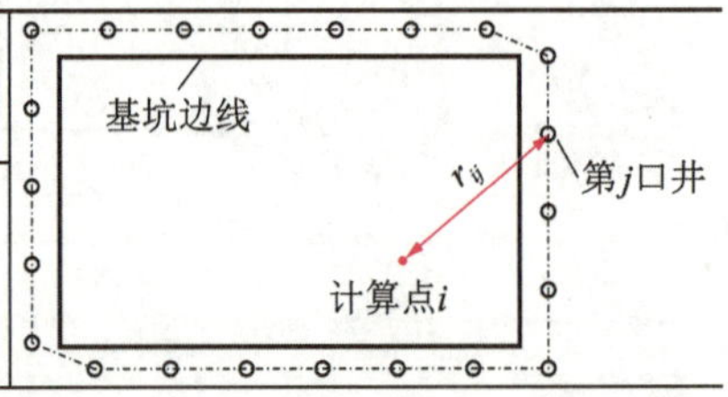
承压水完整井	$s_i = \frac{q_1}{2\pi Mk}\ln\frac{R}{r_{i1}} + \frac{q_2}{2\pi Mk}\ln\frac{R}{r_{i2}} + \cdots + \frac{q_j}{2\pi Mk}\ln\frac{R}{r_{ij}}$	

H——潜水含水层厚度（m）；

M——承压水含水层厚度（m）；

k——含水层的渗透系数（m/d）；

R——影响半径（m）；**潜水**：$R = 2s_w\sqrt{kH}$；**承压水**：$R = 10s_w\sqrt{k}$；$s_w < 10m$时，取$s_w = 10$；

q_j——按干扰井群计算的第j口降水井的单井流量（m^3/d）；

r_{ij}——第j口井中心至地下水位降深计算点的距离（m）；当$r_{ij} > R$时，取$r_{ij} = R$

题 6-84 某基坑长 80m，宽 40m，开挖深度 8m，场地 15m 深度内为均质黏土，15～30m 深度内为砂土，在水位观测孔中测得砂层中承压水的水头位于地面下 4m，其下为不透水基岩，各地层的渗透系数如表 6-23-24 所示。降水时拟在基坑外距坑边 2m 布置井深 30m 的全滤管降水管井，降水管井过滤器直径为 350mm，降水维持期间基坑内地下水水力坡度为 1/18，在维持基坑中心地下水位位于基底下 0.5m 的情况下，按照《建筑基坑支护技术规程》JGJ 120—2012，基坑远离边界，不考虑周边水体影响，估算基坑降水至少需要布置多少口降水井？

题 6-84 表 **表 6-23-24**

地层	深度（m）	渗透系数（cm/s）
黏土	0～15	3.5×10^{-7}
砂土	15～30	4.2×10^{-2}
不透水基岩	30 以下	—

（A）1 口　　（B）2 口

（C）3 口　　（D）4 口

【解】

（1）承压水完整井，$k=4.2\times10^{-2}\times864=36.3\text{m/d}$，$r_0=\sqrt{\dfrac{80\times40}{3.14}}=31.9\text{m}$

$s_w=\dfrac{1}{18}\times(31.9+2)+4.5=6.4\text{m}<10\text{m}$，则$R=10\times10\times\sqrt{36.3}=602.5\text{m}$

（2）$Q=2\times3.14\times36.3\times\dfrac{15\times4.5}{\ln\left(1+\dfrac{602.5}{31.9}\right)}=5146.2\text{m}^3/\text{d}$

（3）$q_0=120\times3.14\times\dfrac{0.35}{2}\times15\times\sqrt[3]{36.3}=3275\text{m}^3/\text{d}$

（4）$n=\dfrac{1.1\times5146.2}{3275}=1.73$，取 2 口降水井

【点评】

①根据《建筑基坑支护技术规程》第 7.3.15 条、第 7.3.16 条、附录 E.0.4；②计算影响半径R时，$s_w<10\text{m}$ 按 10m 取值；③基坑等效半径r_0是基坑中心到基坑边的距离，按水力坡度计算s_w时应考虑降水井至坑边的距离；④过滤器进水部分位于承压水内时，l应取降水期间的实际进水长度。

题 6-85 （18D18）某基坑长 96m，宽 96m，开挖深度为 12m，地面以下 2m 为人工填土，填土以下为 22m 厚的中细砂，含水层的平均渗透系数为 10m/d，砂层以下为黏土层。地下水位在地表以下 6.0m，施工时拟在基坑外周边距基坑边 2.0m 处布置井深 18m 的管井降水（全滤管不考虑沉砂管的影响），降水维持期间基坑内地下水力坡度为 1/30，管井过滤半径为 0.15m，要求将地下水位降至基坑开挖面以下 0.5m。根据《建筑基坑支护技术规程》JGJ 120—2012，估算基坑降水至少需要布置多少口降水井？

（A）6　　（B）8　　（C）9　　（D）10

【解】

（1）依题意为潜水非完整井：$H = 18\text{m}$，$h = 24 - 12 - 0.5 = 11.5\text{m}$

$$r_0 = \sqrt{\frac{(96+4)^2}{3.14}} = 56.4\text{m}，s_\text{d} = 6.5\text{m}$$

$$s_\text{w} = 6.5 + \frac{56.4}{30} = 8.38\text{m}；l = 18 - 6 - 8.38 = 3.62\text{m}$$

$$R = 2 \times 10 \times \sqrt{10 \times 18} = 268.3\text{m}，h_\text{m} = \frac{18+11.5}{2} = 14.75\text{m}$$

（2）$$Q = 3.14 \times 10 \times \frac{18^2 - 11.5^2}{\ln\left(1 + \frac{268.3}{56.4}\right) + \frac{14.75 - 3.62}{3.62} \times \ln\left(1 + 0.2 \times \frac{14.75}{56.4}\right)} = 3157\text{m}^3/\text{d}$$

$$q_0 = 120 \times 3.14 \times 0.15 \times 3.62 \times \sqrt[3]{10} = 441\text{m}^3/\text{d}$$

（3）$n = 1.1 \times \frac{3157}{441} = 7.9$，取整$n = 8$

【点评】

①依据《建筑基坑支护技术规程》第 7.3.11 条、第 7.3.15 条、第 7.3.16 条、附录 E.0.2；②计算过滤器进水部分的长度l的时候，要求降水井处的水位；③非完整井定义：未揭穿整个含水层、只有井底和含水层的部分厚度能进水或进水部分仅揭穿部分含水层的井；④降水井处的水位比基坑中心水位低 56.4/30；⑤本题有争议的点为计算r_0时，是直接用基坑面积计算，还是按基坑外 2m 围成的范围计算；一般题目未明确井的位置时，按规范条文的基坑面积计算；如果题目已知井的布置且为封闭式，按井连线围成的面积计算更精确；这属于行业内的不同意见，一般都是判对。

题 6-86 （12D21）某基坑开挖深度为 8.0m，其基坑形状及场地土层如图 6-23-63 所示，基坑周边无重要构筑物及管线。粉细砂层渗透系数为 1.5×10^{-2}cm/s，在水位观测孔中测得该层地下水位埋深为 0.5m。为确保基坑开挖过程中不致发生突涌，拟采用完整井降水措施（降水井管井过滤器半径设计为 0.15m，过滤器长度与含水层厚度一致），将地下水位降至基坑开挖地面以下 0.5m，试问，根据《建筑基坑支护技术规程》JGJ 120—2012 估算本基坑降水时至少需要布置的降水井（口）为下列何项？

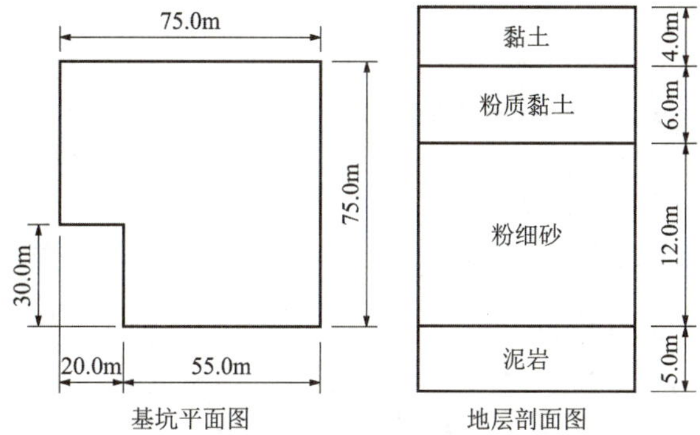

图 6-23-63 题 6-86 图

（A）2 （B）3 （C）4 （D）5

【解】

（1）承压水完整井降水：

$s_d=8+0.5-0.5=8$m，$k=1.5\times10^{-2}\times864=12.96$m/d

$$r_0=\sqrt{\frac{A}{\pi}}=\sqrt{\frac{75^2-30\times20}{3.14}}=40.0\text{m}$$

$s_w<10$m，$R=10s_w\sqrt{k}=10\times10\times\sqrt{12.96}=360$m

（2）$Q=2\pi k\dfrac{Ms_d}{\ln(1+R/r_0)}=2\times3.14\times12.96\times\dfrac{12\times8}{\ln(1+360/40)}=3393.3\text{m}^3/\text{d}$

（3）$q=120\pi r_s l\cdot\sqrt[3]{k}=120\times3.14\times0.15\times12\times\sqrt[3]{12.96}=1593.1\text{m}^3/\text{d}$

（4）$n=\dfrac{1.1Q}{q}=1.1\times\dfrac{3393.1}{1593.1}=2.34$，取$n=3$

【点评】

①根据《建筑基坑支护技术规程》第 7.3.11 条、第 7.3.15 条、第 7.3.16 条、附录 E.0.3；②根据在水位观测孔中测得粉细砂层地下水位埋深为 0.5m，可知该层地下水为承压水；③承压水含水层影响半径经验公式$R=10s_w\sqrt{k}$中的水位降深小于 10m 时，取$s_w=10$m，涌水量中的s_d按实际的降深取值。

题6-87 （21C18）某建筑基坑平面为34m×34m的正方形，坑底以下为4m厚黏土，其天然重度为$19kN/m^3$，再下为厚20m承压含水层，其渗透系数为20m/d，承压水水头高出坑底6.5m，拟在基坑周围距坑边2m处布设12口非完整降水井抽水减压，井管过滤器进水部分长度为6m（图6-23-64）。为满足基坑坑底抗突涌稳定要求，按《建筑基坑支护技术规程》JGJ 120—2012的规定，平均每口井的最小单井设计流量最接近下列哪个选项？

（A）$180m^3/d$　　（B）$240m^3/d$

（C）$330m^3/d$　　（D）$430m^3/d$

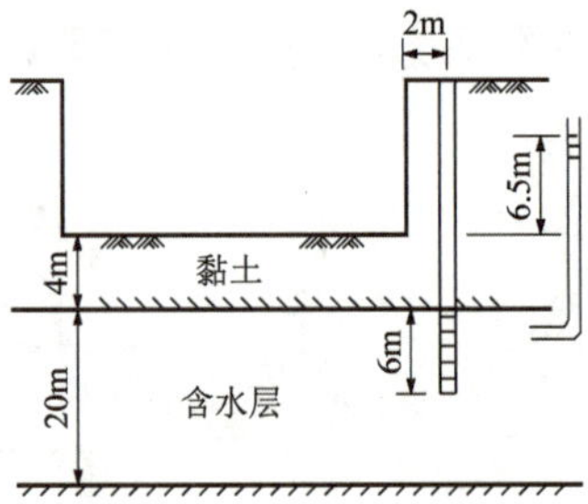

图6-23-64　题6-87图

【解】

（1）$\dfrac{19\times 4}{(h_w+4)\times 10}\geqslant 1.1\Rightarrow h_w=2.9m$

（2）$s_d=6.5-2.9=3.6m$，

$$r_0=\sqrt{\frac{(34+4)\times(34+4)}{3.14}}=21.4m$$

$$R=10\times 10\times\sqrt{20}=447.2m$$

$$Q=2\times 3.14\times 20\times\frac{20\times 3.6}{\ln\left(1+\frac{447.2}{21.4}\right)+\frac{20-6}{6}\ln\left(1+0.2\times\frac{20}{21.4}\right)}=2594m^3/d$$

（3）$q=1.1\times\dfrac{2594}{12}=237.8m^3/d$

【点评】

①根据《建筑基坑支护技术规程》第7.3.11条、第7.3.15条、附录C.0.1、附录E.0.4；②计算基坑等效半径时，规范采用基坑面积A，由于本题给出了准确的井数及井距离坑边的距离，且井数较多，这种情况按井连线计算涌水量更准确，阅卷时不加2m也给了分；③本题联合考虑突涌和基坑降水，计算量较大。

题6-88 某大型基坑长200m，宽度150m，开挖深度5.5m，地面15m以下为均质黏土层，黏土层以下为承压含水细砂层，含水层厚度30m，平均渗透系数$k=10m/d$，水头高度位于地表以下3m，其下为不透水基岩，施工时拟在基坑外距坑边2m布置井深35m的全滤管管井降水，降水期间维持基坑内地下水力坡度为0.03，要求水位降至基坑开挖面以下1.0m，单井降水量q_0取$300m^3/d$，根据《建筑基坑支护技术规程》JGJ 120—2012，估算基坑降水至少需要布置降水井数量为下列何项？

（A）15　　（B）16　　（C）17　　（D）18

【解】

（1）本题为承压水非完整井：

$$M=30m,\ l=35-15=20m,\ r_0=\sqrt{\frac{200\times 150}{3.14}}=97.75m,\ s_d=5.5-3+1=3.5m$$

$$s_w=3.5+0.03\times(97.75+2)=6.49m<10m,\ R=10\times 10\times\sqrt{10}=316.2m$$

（2）$$Q=2\pi k\frac{s_dM}{\ln\left(1+\frac{R}{r_0}\right)+\frac{M-l}{l}\ln\left(1+0.2\frac{M}{r_0}\right)}$$

$$=2\times 3.14\times 10\times\frac{30\times 3.5}{\ln\left(1+\frac{316.2}{97.75}\right)+\frac{30-20}{20}\times\ln\left(1+0.2\times\frac{30}{97.75}\right)}=4476.2m^3/d$$

（3）$n=1.1\times\dfrac{4476.2}{300}=16.4$，取$n=17$

【点评】

①依据《建筑基坑支护技术规程》第 7.3.11 条、第 7.3.15 条、第 7.3.16 条、附录 E.0.2；②草稿纸上画图确定各个参数的尺寸；③降水井处的水位要比基坑中心水位低，不可漏算降水井离基坑边的 2m 距离。

题 6-89 （09D23）某场地情况如图 6-23-65 所示，场地第②层中承压水头在地面下 6m，现需在该场地进行沉井施工，沉井直径 20m，深 13.0m，自地面算，拟采用设计单井出水量 $50m^3/h$ 的完整井沿沉井外侧布置，降水影响半径为 160m，将承压水水位降低至井底面下 1.0m，则合理的降水井数量最接近下列哪个选项？

（A）4　　（B）6

（C）8　　（D）12

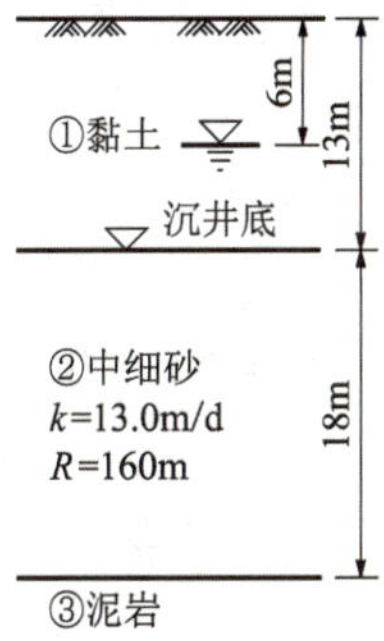

图 6-23-65 题 6-89 图

【解】

（1）由题意，为承压水-潜水完整井

$s_d = 13 - 6 + 1 = 8m$，$M = 18m$，$h = 18 - 1 = 17m$

$H_0 = 18 + 13 - 6 = 25m$

（2）$Q = \pi k \dfrac{(2H_0 - M)M - h^2}{\ln(1 + R/r_0)} = 3.14 \times 13.0 \times \dfrac{(2 \times 25 - 18) \times 18 - 17^2}{\ln(1 + 160/10)} = 4135m^3/d$

（3）$n = \dfrac{1.1Q}{q} = \dfrac{1.1 \times 4135.0}{50 \times 24} = 3.8$，取整$n=4$

【点评】

①根据《建筑基坑支护技术规程》附录 E.0.5；②题目说明采用完整井，沉井位于中细砂层顶部，承压水水头降低至中细砂层顶以下，故应采用承压水-潜水完整井计算降水总用水量，沉井为圆形，直径相当于基坑的直径。

题 6-90 （06C22）某基坑潜水含水层厚度为 20m，含水层渗透系数$k = 4m/d$，潜水完整井，平均单井出水量$q = 500m^3/d$，井群的影响半径$R = 130m$，井群布置如图 6-23-66 所示。试按《建筑基坑支护技术规程》JGJ 120—2012 计算该基坑中心点水位降深s最接近下列哪个选项？

（A）1.5m　　（B）4.4m

（C）5.3m　　（D）9.0m

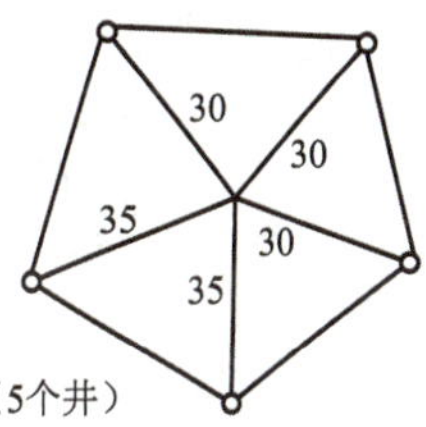

图 6-23-66 题 6-90 图

【解】

$$s = H - \sqrt{H^2 - \sum_{i=1}^{n} \frac{q_j}{\pi k} \ln \frac{R}{r_{ij}}} = 20 - \sqrt{20^2 - \frac{500}{3.14 \times 4} \times \ln \frac{130^5}{30^3 \times 35^2}} = 9.03m$$

【点评】

①根据《建筑基坑支护技术规程》第 7.3.5 条；②当r_{ij}为第j口井中心至地下水位降深点的距离，当$r_{ij} >$影响R时，应取$r_{ij} = R$；③计算时间降水时对于多井影响半径相同的，可简化计算$\sum_{i=1}^{n} \ln \dfrac{R}{r_{ij}} = \ln \dfrac{R}{r_1} + \ln \dfrac{R}{r_2} + \ln \dfrac{R}{r_3} = 3\ln R - (\ln r_1 + \ln r_2 + \ln r_3) = \ln \dfrac{R^3}{r_1 r_2 r_3}$。

题 6-91 （17D23）某长 32m、宽 16m 的矩形基坑，开挖深度 6.0m，地表下为粉土层，总厚度 9.5m，下卧隔水层，地下水为潜水，埋深 0.5m，拟采用开放式深井降水，潜水含水层渗透系数 0.2m/d，影响半径 30m，潜水完整井单井设计流量 40m³/d。试问满足坑内地下水位在坑底不少于 0.5m，下列完整降水井数量哪个选项最为经济、合理？并画出井位平面布置示意图。

（A）一口　　（B）两口　　（C）三口　　（D）四口

【解】

（1）潜水完整井降水：

$s_d = 6.0 + 0.5 - 0.5 = 6.0\text{m}$，$H = 9.5 - 0.5 = 9.0\text{m}$，

$$r_0 = \sqrt{\frac{A}{\pi}} = \sqrt{\frac{32 \times 16}{3.14}} = 12.77\text{m}$$

（2）$Q = \pi k \dfrac{(2H - s_d)s_d}{\ln(1 + R/r_0)} = 3.14 \times 0.2 \times \dfrac{(2 \times 9.0 - 6.0) \times 6.0}{\ln(1 + 30/12.77)} = 37.41\text{m}^3/\text{d}$

（3）$n = 1.1 \times \dfrac{Q}{q} = 1.1 \times \dfrac{37.41}{40} = 1.03$，取 $n = 2$

（4）采用开放式深井降水，宜布置 2 口降水井于基坑内，见平面布置示意图如图 6-23-67 所示。

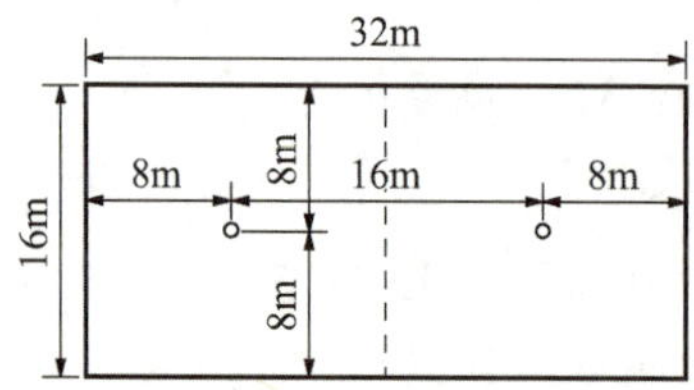

图 6-23-67　解 6-91 图

（5）验算水位降深：矩形基坑的角上离降水井最远最不利，水位降深：

$$s = H - \sqrt{H^2 - \sum_{i=1}^{n} \frac{q_j}{\pi k} \ln \frac{R}{r_{ij}}} = 9 - \sqrt{9^2 - \frac{40}{3.14 \times 0.2} \times \ln \frac{30^2}{\sqrt{8^2 + 8^2} \times \sqrt{8^2 + 24^2}}}$$

$= 6.17\text{m} > s_d = 6.0\text{m}$

满足《建筑基坑支护技术规程》第 7.3.4 条要求

【点评】

①根据《建筑基坑支护技术规程》第 7.3.4 条、第 7.3.5 条、附录 E.0.1；②经济、合理的降水井布置方式是布置在基坑中间位置，采用开放式降水，降水效果最好；③基坑内任意一点的地下水位降深应不小于设计降深，基坑四个角点最不利；④验算降深，坑点较深。

23.6.3 截水——《建筑基坑支护技术规程》第 7.2.2 条

当坑底以下存在连续分布、埋深较浅的隔水层时，应采用落底式帷幕。落底式帷幕进入下卧隔水层的深度应满足表 6-23-25 的要求，且不宜小于 1.5m。

地下水位降深计算　　表 6-23-25

<table>
<tr><td>落底式帷幕进入下卧隔水层的深度：
$l \geqslant 0.2\Delta h - 0.5b$ 且 $l \geqslant 1.5\text{m}$
式中：l——帷幕进入隔水层的深度（m）；
Δh——基坑内外的水头差值（m）；
b——帷幕的厚度（m）</td><td>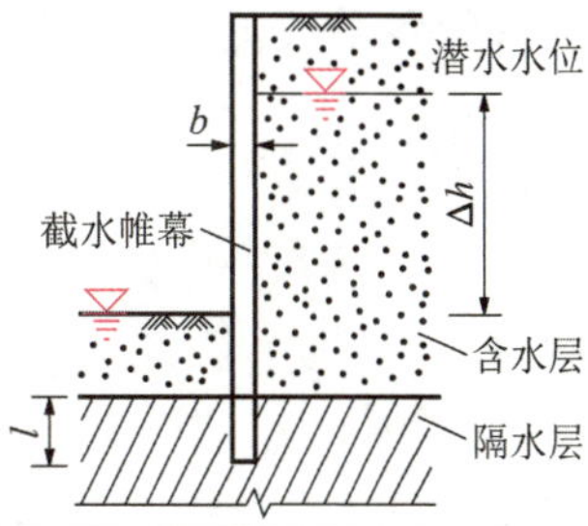
</td></tr>
</table>

23.6.4 降水引起的地层变形计算——《建筑基坑支护技术规程》第 7.5 节

降水引起的地层压缩变形量可按表 6-23-26 计算，原理类似于降水致大面积沉降计算。

降水引起的地层变形计算　　表 6-23-26

<table>
<tr><td>第①步</td><td>计算剖面位置处的地下水位降深s_i
可根据前述基坑内任一点的地下水位降深公式和降水后地下水力坡降计算</td><td rowspan="3">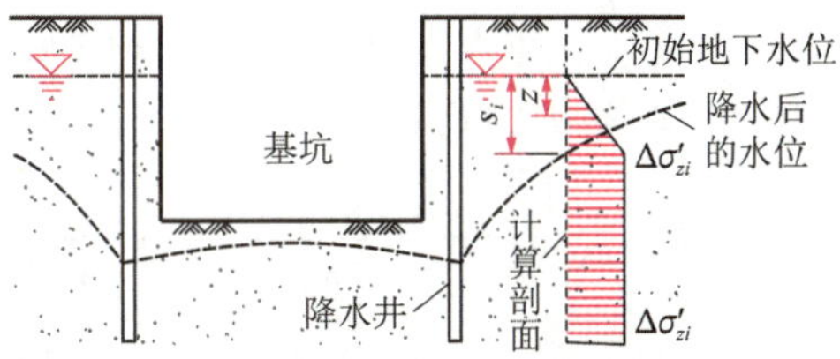

z——第i层土中点至初始地下水位的垂直距离（m）；
λ_i——计算系数；
s_i——计算剖面对应的地下水位降深（m）；
ψ_w——沉降计算经验系数，无经验时，宜取 = 1；
$\Delta\sigma'_{zi}$——降水引起的地面下第i土层的平均附加有效应力（kPa）；
Δh_i——第i层土的厚度（m）；
E_{si}——第i层土的压缩模量（kPa）；应取土的自重应力至自重应力与附加有效应力之和的压力段的压缩模量</td></tr>
<tr><td>第②步</td><td>计算剖面位置处的有效应力增量$\Delta\sigma'_{zi}$
第i土层位于初始地下水位以上时
$\Delta\sigma'_{zi} = 0$
第i土层位于降水后水位与初始地下水位之间时
$\Delta\sigma'_{zi} = \gamma_w z$
第i土层位于降水后水位以下时
$\Delta\sigma'_{zi} = \lambda_i \gamma_w s_i$</td></tr>
<tr><td>第③步</td><td>计算剖面的地层压缩变形量s
$s = \psi_w \sum_{i=1}^{n} \frac{\Delta\sigma'_{zi}\Delta h_i}{E_{si}}$</td></tr>
</table>

题 6-92 某场地 26m 深度内为均质砂土，渗透系数 6m/d，压缩模量 12MPa，其下为不透水岩石，地下水埋深 3m，开挖深度 8m 的基坑，基坑等效半径 42m，基坑周边布置 6 口降水井，各井中心至基坑中心点的距离均为 46m，各井流量均为 600m³/d，井群的影响半径 260m，降水井长 26m，降水维持期间基坑地下水力坡降为 1/20（图 6-23-68）。按照《建筑基坑支护技术规程》JGJ 120—2012 计算降水井底地面处土的压缩变形量是多少（沉降计算经验系数ψ_w =1，计算系数λ =0.9）？

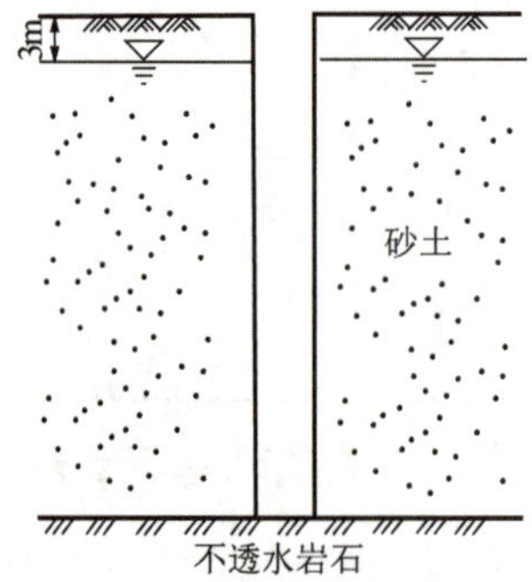

图 6-23-68 题 6-92 图

【解】

（1）潜水完整井，$H = 26 - 3 = 23\text{m}$

（2）基坑中心降深：

$$s_i = H - \sqrt{H^2 - \sum \frac{q_j}{\pi k} \ln \frac{R}{r_{ij}}} = 23 - \sqrt{23^2 - \frac{600}{6 \times 3.14} \times \ln \frac{260^6}{46^6}} = 8.93\text{m}$$

降水井降深：$8.93 + 46 \times \dfrac{1}{20} = 11.23\text{m}$

（3）
$$\begin{aligned} s &= \psi_w \sum \frac{\Delta\sigma_{zi} \Delta h_i}{E_{si}} \\ &= 1 \times \left[\frac{0.5 \times 10 \times 11.23}{12} \times 11.23 + \frac{0.9 \times 10 \times 11.23}{12} \times (26 - 3 - 11.23) \right] \\ &= 151.7\text{mm} \end{aligned}$$

【点评】

①根据《建筑基坑支护技术规程》第 7.3.5 条、第 7.5.1 条、第 7.5.2 条，先计算降水井处的水位下降值，再根据降水引起的土层有效应力增大计算沉降量；②初始地下水位以上的附加有效应力为零；降水后水位与初始地下水之间附加有效应力为$\gamma_w z$，z为第i层土中点至初始地下水位的垂直距离；土层位于降水后水位以下时附加有效应力为$\lambda \gamma_w s_i$，s_i为计算剖面对应的地下水位降深，λ为计算系数。

第 24 章

铁路隧道设计规范

《铁路隧道设计规范》TB 10003—2016 和《公路隧道设计规范 第一册 土建工程》JTG 3307.1—2018 有很多相似之处，如"隧道荷载计算""明洞荷载计算""门洞墙土压力计算"等，可以对比学习。

自 2013 年以来，每年都会从两本隧道规范上出题：2022 年、2021 年、2020 年、2019 年和 2017 年考查"铁路或公路隧道荷载计算"；2018 年考查"铁路明洞荷载计算"；2014 年考查"铁路门洞墙土压力计算"；2019 年、2016 年和 2013 年还考查了"公路围岩分级及应用查表"。

铁路隧道跨度分级划分见表 6-24-1。

铁路隧道跨度分级　　表 6-24-1

跨度分级	小跨度	中等跨度	大跨度	特大跨度
开挖跨度（m）	＞5～8.5	＞8.5～12	＞12～14	＞14
对应的开挖断面积（m^2）	＞30～70	＞70～110	＞110～140	＞140
适用范围	无轨运输辅助坑道；120～160km/h 单线隧道	120km/h 双线隧道；200～350km/h 单线隧道	160 ～ 200km/h 双线隧道	250 ～ 350km/h 双线隧道；三线及以上隧道

24.1 隧道围岩分级——《铁路隧道设计规范》第 4.3.1 条、附录 B、附录 C

围岩级别的确定应符合《铁路隧道设计规范》表 4.3.1 及附录 B 的规定。隧道施工过程中，可根据揭示的地质情况按《铁路隧道设计规范》附录 C 进行围岩亚分级。岩体基本质量指标及修正见表 6-24-2。

注：分类及修正方法基本同《工程岩体分级标准》GB/T 50218—2014 和《公路隧道设计规范》，增加了"定性修正"以及"亚分级"，较为简单，完全按《铁路隧道设计规范》4.3.1、附录 B 和附录 C 执行即可。规范中表格内容非常多，限于篇幅，此处不再摘抄。

岩体基本质量指标 BQ 及修正值[BQ]　　表 6-24-2

（1）岩体基本质量指标 BQ：		
$BQ = 100 + 3R_c + 250K_v$	$\Leftarrow \begin{cases} R_c = \min(90K_v + 30, R_c) \\ K_v = \min(0.04R_c + 0.4, K_v) \end{cases}$	$\Leftarrow \begin{cases} R_c = 22.82 I_{s(50)}^{0.75} \\ K_v = \left(\dfrac{V_{pm}}{V_{pr}}\right)^2 \end{cases}$
（2）岩体修正基本质量指标[BQ]：		
$[BQ] = BQ - 100(K_1 + K_2 + K_3)$	K_1、K_2、K_3——地下水、主要结构面、初始应力状态影响修正系数 注：按规范表取范围值或不利值计算	

题 6-93 （11D04 改编）某新建铁路隧道埋深较大，其围岩的勘察资料如下：①岩石饱和单轴抗压强度$R_c = 55\text{MPa}$，岩体纵波波速 3800m/s，岩石纵波波速 4200m/s；②围岩中地下水涌流状出水；③主要结构面走向与洞轴线夹角 25°，结构面倾角 35°；④围岩的应力状态为极高应力。试问根据《铁路隧道设计规范》TB 10003—2016 确定其围岩级别为下列哪个选项？

（A）Ⅰ级　　（B）Ⅱ级　　（C）Ⅲ级　　（D）Ⅳ级

【解】

（1）基本分级：

$$K_v = \left(\frac{3800}{4200}\right)^2 = 0.82$$

$R_c = 55 \leqslant 90K_v + 30 = 90 \times 0.82 + 30 = 103.8$，取$R_c = 55\text{MPa}$

$K_v = 0.82 \leqslant 0.04R_c + 0.4 = 0.04 \times 55 + 0.4 = 2.6$，取$K_v = 0.82$

$\text{BQ} = 100 + 3R_c + 250K_v = 100 + 3 \times 55 + 250 \times 0.82 = 470$

（2）岩体分级修正：

地下水水量较大，视为涌流状出水，$K_1 = 0.3$

主要结构面走向与洞轴线夹角 25°，结构面倾角 35°，$K_2 = 0.6$

应力状态为极高应力，$K_3 = 1.0$

$[\text{BQ}] = \text{BQ} - 100 \times (K_1 + K_2 + K_3) = 470 - 100 \times (0.3 + 0.6 + 1.0) = 280$

岩体质量等级修正后为Ⅳ级。

【点评】

①根据《铁路隧道设计规范》附录 B；②根据新规范解答，由题目参数只能进行定性修正，对基本质量等级修正时，按地下水和围岩应力进行分开修正，最后取不利，不进行叠加修正。

24.2 隧道围岩分级的查表应用

24.2.1 两相邻单线隧道间的最小净距——《铁路隧道设计规范》第 3.2.11 条

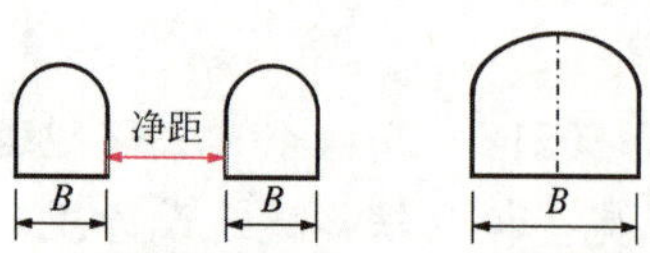

图 6-24-1 单线隧道与双线隧道示意图

两相邻单线隧道间的最小净距（图 6-24-1），应综合考虑围岩级别、隧道断面尺寸及施工方法等因素确定。一般情况下，可采用表 6-24-3 的中值；困难情况下，通过采取控制爆破、加强支护等措施可采用表 6-24-3 的下限值。

两相邻单线隧道间的最小净距（m） 表 6-24-3

围岩级别	Ⅰ	Ⅱ～Ⅲ	Ⅳ	Ⅴ	Ⅵ
净距	（0.5～1.0）B	（1.0～1.5）B	（1.5～2.0）B	（2.0～4.0）B	＞4.0B

注：1. B为隧道开挖跨度（m）；

2. 单线隧道最小净距，新版《公路隧道设计规范》已取消该规定。

24.2.2 复合式衬砌的预留变形量——《铁路隧道设计规范》第 8.2.3 条

复合式衬砌各级围岩隧道预留变形量值可根据围岩级别、开挖跨度、埋置深度、施工方法和支护条件，采用工程类比法确定；当无类比资料时，可按表 6-24-4 采用。

预留变形量（mm）　　表 6-24-4

围岩级别	小跨	中跨	大跨
Ⅱ	—	0～30	30～50
Ⅲ	10～30	30～50	50～80
Ⅳ	30～50	50～80	80～120
Ⅴ	50～80	80～120	120～170

注：浅埋、软岩、跨度较大隧道取大值；深埋、硬岩、跨度较小隧道取小值。

题 6-94　某铁路隧道埋深 25m，钻爆法施工，跨度 7m，走向为 NE30°，围岩主要结构面的产状为 75°∠55°，岩石饱和单桩抗压强度$R_c = 70\text{MPa}$，测得围岩岩体压缩波波速为 3500m/s，岩块压缩波波速 5100m/s，垂直洞轴线方向的最大初始应力值为 120MPa，隧道内地下水的平均涌水量为 25L/(min · 10m)，按照《铁路隧道设计规范》TB 10003—2016，复合式衬砌设计时，围岩隧道预留变形量适宜取下列哪个选项？

（A）10mm　　（B）30mm　　（C）50mm　　（D）80mm

【解】

（1）$K_v = \left(\frac{3500}{5100}\right)^2 = 0.471$

$90 \times 0.471 + 30 = 72.39\text{MPa} > R_c = 70\text{MPa}$，取$R_c = 70\text{MPa}$

$70 \times 0.04 + 0.4 = 3.2 > K_v = 0.471$，取$K_v = 0.471$

$BQ = 100 + 3 \times 70 + 250 \times 0.471 = 427.75$

（2）根据《铁路隧道设计规范》表 B.2.2-1，渗水量$Q = 25\text{L/(min} \cdot 10\text{m)}$

⇒潮湿或点滴状出水⇒ $K_1 = 0.1$

（3）结构面走向与洞轴线夹角：$30° + 15° = 45° \in (30°, 60°)$，结构面倾角 55°

⇒其他组合，$K_2 = 0.4$

（4）根据《铁路隧道设计规范》表 B.2.2-3：$\frac{R_c}{\sigma_{max}} = \frac{70}{120} = 0.583 < 4$，极高地应力区

$\Rightarrow K_3 = 1.5$

（5）$[BQ] = 427.75 - 100 \times (0.1 + 0.4 + 1.5) = 227.75 < 250 \Rightarrow$Ⅴ 类

（6）$\omega = 1 + 0.1 \times (7 - 5) = 1.2$，$h_a = 0.45 \times 2^{5-1} \times 1.2 = 8.64\text{m}$

$H = 25\text{m} > 2.5 \times 8.64 = 21.6\text{m} \Rightarrow$深埋隧道

$R_c = 70\text{MPa} > 60\text{MPa} \Rightarrow$硬岩

根据《铁路隧道设计规范》第 1.0.6 条，洞跨 7m 为小跨隧道

（7）根据《铁路隧道设计规范》第 8.2.3 条，可取 Ⅴ 级围岩预留沉降量小值：50mm

【点评】

①根据《铁路隧道设计规范》第 1.0.6 条，第 8.2.3 条，附录 B.1 节、B.2 节；②围岩产状中的 75°为倾向，55°为倾角。

24.2.3 复合式衬砌的设计参数——《铁路隧道设计规范》第 8.2.2 条条文说明

初期支护及二次衬砌的设计参数，应根据隧道围岩分级、围岩构造特征、地应力条件等采用工程类比、理论分析确定。复合式衬砌常用的设计参数见表 6-24-5。

复合式衬砌的设计参数 **表 6-24-5**

<table>
<tr><th rowspan="3">围岩级别</th><th rowspan="3">隧道开挖跨度</th><th colspan="8">初期支护</th><th colspan="2">二次衬砌厚度（cm）</th></tr>
<tr><th colspan="2">喷射混凝土厚度（cm）</th><th colspan="3">锚　杆</th><th rowspan="2">钢筋网间距（cm）</th><th rowspan="2">钢架</th><th rowspan="2">拱墙</th><th rowspan="2">仰拱</th></tr>
<tr><th>拱墙</th><th>仰拱</th><th>位置</th><th>长度（m）</th><th>间距（m）</th></tr>
<tr><td rowspan="3">Ⅱ</td><td>小跨</td><td>5</td><td rowspan="3">—</td><td rowspan="3">局部</td><td>2.0</td><td rowspan="3">—</td><td rowspan="3">—</td><td rowspan="3">—</td><td>30</td><td rowspan="3">—</td></tr>
<tr><td>中跨</td><td>5</td><td>2.0</td><td>30</td></tr>
<tr><td>大跨</td><td>5～8</td><td>2.5</td><td>30～35</td></tr>
<tr><td rowspan="3">Ⅲ硬质岩</td><td>小跨</td><td>5～8</td><td rowspan="3">—</td><td rowspan="3">拱墙</td><td>2.0</td><td rowspan="3">1.2～1.5</td><td rowspan="3">拱部@25×25</td><td rowspan="3">—</td><td>30～35</td><td rowspan="2">—</td></tr>
<tr><td>中跨</td><td>8～10</td><td>2.0～2.5</td><td>30～35</td></tr>
<tr><td>大跨</td><td>10～12</td><td>2.5～3.0</td><td>35～40</td><td>35～40</td></tr>
<tr><td rowspan="3">Ⅲ软质岩</td><td>小跨</td><td>8</td><td rowspan="3">—</td><td rowspan="3">拱墙</td><td>2.0～2.5</td><td rowspan="3">1.2～1.5</td><td rowspan="3">拱部@25×25</td><td rowspan="3">—</td><td>30～35</td><td>30～35</td></tr>
<tr><td>中跨</td><td>8～10</td><td>2.0～2.5</td><td>30～35</td><td>30～35</td></tr>
<tr><td>大跨</td><td>10～12</td><td>2.5～3.0</td><td>35～40</td><td>35～40</td></tr>
<tr><td rowspan="3">Ⅳ深埋</td><td>小跨</td><td>10～12</td><td rowspan="2">—</td><td rowspan="3">拱墙</td><td>2.5～3.0</td><td rowspan="3">1.0～1.2</td><td rowspan="2">拱墙@25×25</td><td rowspan="2">—</td><td>35～40</td><td>40～45</td></tr>
<tr><td>中跨</td><td>12～15</td><td>2.5～3.0</td><td>40～45</td><td>45～50</td></tr>
<tr><td>大跨</td><td>20～23</td><td>10～15</td><td>3.0～3.5</td><td>拱墙@20×20</td><td>拱墙</td><td>40～45*</td><td>45～50*</td></tr>
<tr><td rowspan="3">Ⅳ浅埋</td><td>小跨</td><td>20～23</td><td rowspan="2">—</td><td rowspan="3">拱墙</td><td>2.5～3.0</td><td rowspan="3">1.0～1.2</td><td>拱墙@25×25</td><td rowspan="3">拱墙</td><td>35～40</td><td>40～45</td></tr>
<tr><td>中跨</td><td>20～23</td><td>2.5～3.0</td><td rowspan="2">拱墙@20×20</td><td>40～45</td><td>45～50</td></tr>
<tr><td>大跨</td><td>20～23</td><td>10～15</td><td>3.0～3.5</td><td>40～45*</td><td>45～50*</td></tr>
<tr><td rowspan="3">Ⅴ深埋</td><td>小跨</td><td>20～23</td><td>—</td><td rowspan="3">拱墙</td><td>3.0～3.5</td><td rowspan="3">0.8～1.0</td><td rowspan="3">拱墙@20×20</td><td>拱墙</td><td>40～45</td><td>45～50</td></tr>
<tr><td>中跨</td><td>20～23</td><td>20～23</td><td>3.0～3.5</td><td rowspan="2">全环</td><td>40～45*</td><td>45～50*</td></tr>
<tr><td>大跨</td><td>23～25</td><td>23～25</td><td>3.5～4.0</td><td>50～55*</td><td>55～60*</td></tr>
<tr><td rowspan="3">Ⅴ浅埋</td><td>小跨</td><td>23～25</td><td>23～25</td><td rowspan="3">拱墙</td><td>3.0～3.5</td><td rowspan="3">0.8～1.0</td><td rowspan="3">拱墙@20×20</td><td rowspan="3">全环</td><td>40～45*</td><td>45～50*</td></tr>
<tr><td>中跨</td><td>23～25</td><td>23～25</td><td>3.0～3.5</td><td>40～45*</td><td>45～50*</td></tr>
<tr><td>大跨</td><td>25～27</td><td>25～27</td><td>3.5～4.0</td><td>50～55*</td><td>55～60*</td></tr>
</table>

注：1. 表中喷射混凝土厚度为平均值；带*号者为钢筋混凝土；

2. Ⅵ级围岩和特殊围岩应进行单独设计；

3. Ⅲ级缓倾软质岩地段，隧道拱部 180°范围初期支护可架设格栅钢架，并相应调整拱部喷射混凝土厚度。

24.3　隧道围岩压力（荷载）计算——《铁路隧道设计规范》第 5.1.6 条、附录 D、附录 E、附录 F

1. 浅埋隧道与深埋隧道分界——《铁路隧道设计规范》第 5.1.6 条、附录 D、附录 E

当地表水平或接近水平时，根据隧道覆盖厚度可把隧道分为超浅埋隧道、浅埋隧道和深埋隧道。隧道围岩压力计算应符合表 6-24-6 的规定。

隧道围岩压力计算　　表 6-24-6

浅埋和深埋隧道分界判别：

$$\begin{cases} H < h_q \rightarrow \text{超浅埋} \\ h_q \leqslant H < H_p = (2\sim2.5)h_q \rightarrow \text{浅埋} \\ H \geqslant H_p = (2\sim2.5)h_q \rightarrow \text{深埋} \end{cases}$$

式中：H——隧道埋深（m），隧道顶至地面的距离；

H_p——埋隧道分界深度（m）；

h_q——荷载等效高度（m）

浅埋隧道分界深度H_p（m）计算：

$$\omega = 1 + i(B-5) \Rightarrow h_q = 0.45 \times 2^{s-1}\omega \Rightarrow H_p = 2.5h_q$$

式中：ω——宽度影响系数；

B——隧道宽度（m）；

s——围岩级别；

i——围岩压力增减率：当$B < 5$m 时，取$i = 0.2$；当$B \geqslant 5$m 时，取$i = 0.1$

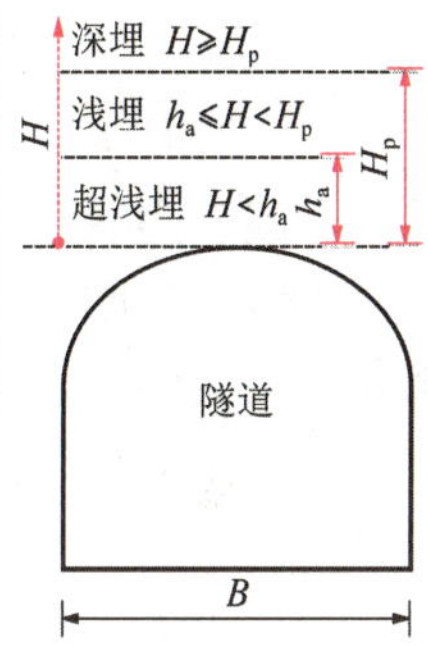

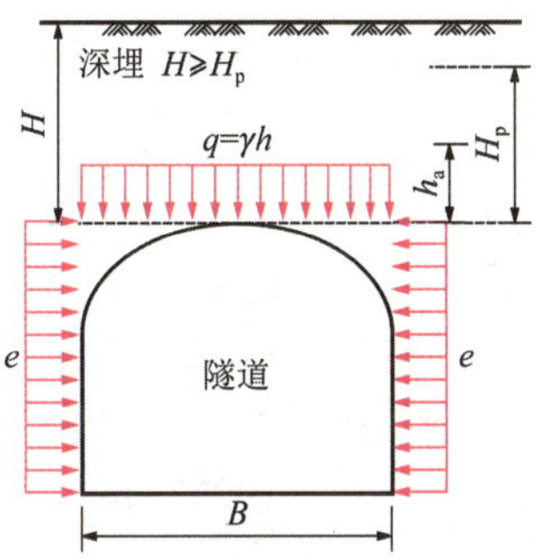

深埋

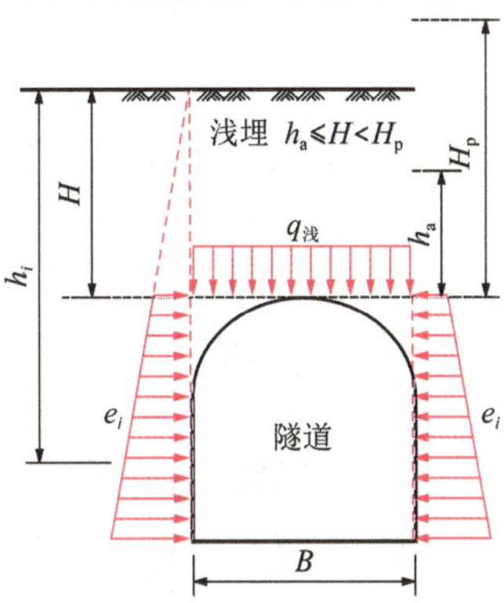

浅埋

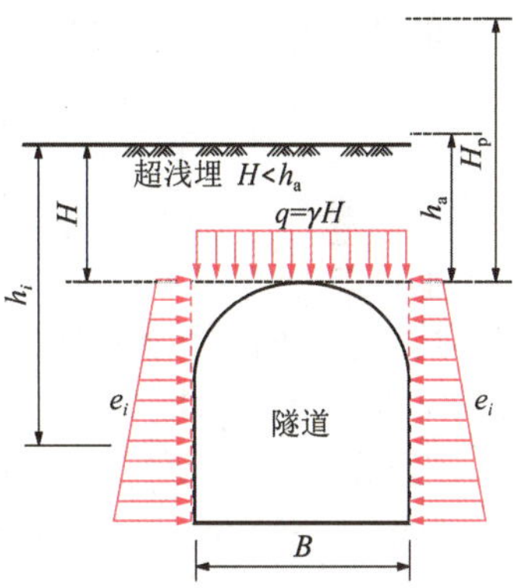

超浅埋

（1）深埋隧道垂直均布压力q（kPa）

$$\omega = 1 + i(B-5) \Rightarrow h_q = 0.45 \times 2^{s-1}\omega \Rightarrow q = \gamma h_q$$

式中：ω——宽度影响系数；

i——围岩压力增减率：当$B < 5$m 时，取$i = 0.2$；当$B \geqslant 5$m 时，取$i = 0.1$；

B——隧道宽度（m）；

s——围岩级别；

h_q——围岩压力计算高度（m）；

γ——围岩重度（kN/m³）

（2）深埋隧道水平均布压力e（kPa）

围岩水平均布压力e（kPa）

围岩级别	Ⅰ、Ⅱ	Ⅲ	Ⅳ	Ⅴ	Ⅵ
水平均布压力e	0	$< 0.15q$	（0.15～0.3）q	（0.3～0.5）q	（0.5～1.0）q

续表

(3)浅埋隧道 垂直压力 q(kPa)	作用在支护结构上的均布荷载q(kPa): $q=\gamma H\left(1-\dfrac{H}{B}\lambda\tan\theta\right)$ $\lambda=\dfrac{\tan\beta-\tan\varphi_c}{\tan\beta[1+\tan\beta(\tan\varphi_c-\tan\theta)+\tan\varphi_c\tan\theta]}$ ⇑ $\tan\beta=\tan\varphi_c+\sqrt{\dfrac{(\tan^2\varphi_c+1)\tan\varphi_c}{\tan\varphi_c-\tan\theta}}$ ⇑	H——隧道埋深(m),隧道顶至地面的距离; B——隧道宽度(m); λ——侧压力系数; θ——顶板土柱两侧摩擦角(°); β——破裂面与水平面的夹角(°)
(4)浅埋隧道 水平压力 e(kPa)	$e_i=\gamma h_i\lambda$ 式中:h_i——内外侧任意点至地面的距离(m)	(5)超浅埋隧道,取$\theta=0$计算: 垂直压力:$q=\gamma H$ 水平压力: $e_i=\gamma h_i\tan^2\left(45°-\dfrac{\varphi_c}{2}\right)$

题6-95 (22C19)某铁道隧道,跨度为10m,拱顶埋深为8m,位于地形较平缓的地区,围岩为较破碎的极硬岩,围岩级别质量指标BQ = 400,岩体重度为23kN/m³,拱顶以上岩体的内摩角为35°,围岩计算摩擦角为50°,不考虑地下水出水状态、初始地应力状态和主结构面产状状态等因素,则该隧道拱顶所受的垂直压力最接近下列哪个选项?

(A)62kPa (B)95kPa (C)145kPa (D)160kPa

【解】

(1)定量:BQ = 400,Ⅲ级;定性:较破碎极硬岩,Ⅲ级

综合定为Ⅲ级,$\omega=1+0.1\times(10-5)=1.5$;$h_a=0.45\times2^{3-1}\times1.5=2.7\text{m}$

(2)$H=8>2.5\times2.7=6.75\text{m}$,深埋

$q=23\times2.7=62.1\text{kPa}$

【点评】

①根据《铁路隧道设计规范》附录B.0.2、附录D;②地形平缓场地先判定围岩浅埋还是深埋,然后采用不同的公式。

题6-96 (19C18)某铁路Ⅴ级围岩中的单洞隧道,地表水平,拟采用矿山法开挖施工,其标准断面衬砌顶距地面距离为8.0m,考虑超挖影响时的隧道最大开挖宽度为7.5m,高度为6.0m,围岩重度为24kN/m³,计算摩擦角为40°。假设垂直和侧向压力按均布考虑,根据《铁路隧道设计规范》TB 10003—2016,计算该隧道围岩水平压力值最接近下列哪项数值?

(A)648kN/m (B)344kN/m (C)253kN/m (D)192kN/m

【解】

(1)$h_a=0.45\times2^{5-1}\times[1+0.1\times(7.5-5)]=9\text{m}>h=8\text{m}$,超浅埋隧道,取$\theta=0$

(2)$\tan\beta=\tan40°+\sqrt{\dfrac{(\tan^2 40°+1)\times\tan40°}{\tan40°-0}}=2.14$

(3)$\lambda=\dfrac{2.14-\tan40°}{2.14\times[1+2.14\times(\tan40°-0)+\tan40°\times0]}=0.217$

(4)$E_h=\dfrac{24\times8\times0.217+24\times14\times0.217}{2}\times6=343.7\text{kN/m}$

【点评】

①根据《铁路隧道设计规范》附录D、附录E;②先计算h_a判断围岩压力计算类型,超浅埋隧道,顶板土柱两侧摩擦角θ取0,满足朗肯条件,计算的土压力系数即为朗肯土压力系数$\lambda=\tan^2(45°-40°/2)=0.217$,和规范公式计算结果完全相同。

题 6-97　（17C23）如图 6-24-2 所示的傍山铁路单线隧道，岩体属Ⅴ级围岩，地面坡率 1∶2.5，埋深 16m，隧道跨度$B=7\text{m}$，隧道围岩计算摩擦角$\varphi_c=45°$，重度 20kN/m^3。隧道顶板土柱两侧内摩擦角$\theta=30°$，试问作用在隧道上方的垂直压力q宜选用下列哪个选项？

（A）150kPa

（B）170kPa

（C）190kPa

（D）220kPa

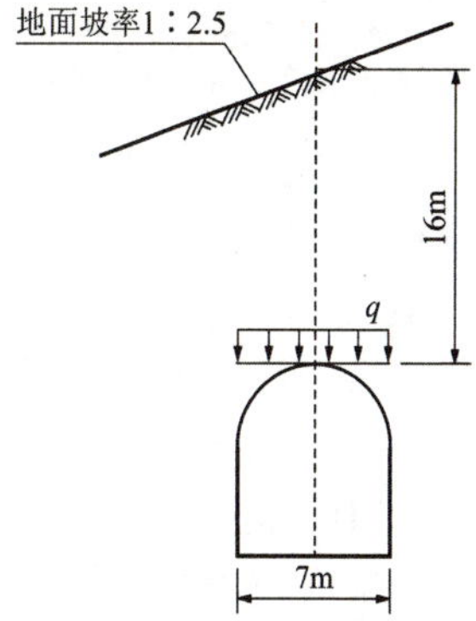

图 6-24-2　题 6-97 图

【解】

（1）坡角$\alpha=\arctan\left(\frac{1}{2.5}\right)=21.8°$

隧道跨度$B=7\text{m}$，为单线隧道

$t=(16+3.5)\times\cos21.8°-3.5=14.6\text{m}>10\text{m}$，不属于偏压隧道

（2）$\omega=1+0.1\times(7-5)=1.2$，$h_a=0.45\times2^{5-1}\times1.2=8.64\text{m}$

$H=16\text{m}<2.5h_a=2.5\times8.64=21.6\text{m}$，按浅埋隧道

（3）$\tan\beta=\tan45°+\sqrt{\frac{(\tan^2 45°+1)\times\tan45°}{\tan45°-\tan30°}}=3.175$

$$\lambda=\frac{3.175-\tan45°}{3.175\times[1+3.175\times(\tan45°-\tan30°)+\tan45°\times\tan30°]}=0.235$$

（4）垂直均布压力：

$$q=\gamma h\left(1-\frac{\lambda h\tan\theta}{B}\right)=20\times16\times\left(1-\frac{0.235\times16\times\tan30°}{7}\right)=220.8\text{kPa}$$

【点评】

①根据《铁路隧道设计规范》第 5.1.7 条条文说明和附录 E，2005 年版规范第 4.1.5 条在正文，2016 版规范表格已经放到条文说明；②一般情况下只在Ⅲ～Ⅴ级围岩中，当隧道外侧拱肩最大覆盖厚度t小于或等于说明表 5.1.7-1 所列数值时，才考虑地形偏压，本题没有明确隧道顶的形状（半圆形等），只能求得的覆盖层厚度t的近似值进行比较；③地面坡 1∶2.5、单线、围岩Ⅴ级，查《铁路隧道设计规范》条文说明表 5.1.7-1，$t=10\text{m}$；注意判别不满足偏压隧道条件，只能按普通隧道计算；④附录 E.0.1 条中，当地面水平或接近水平，且隧道覆盖厚度值小于《铁路隧道设计规范》式(5.1.6)所列数值时，应按浅埋隧道设计，按附录 E.0.2 条计算垂直压力；⑤本题难度大，计算量大，需要平时加强练习。

题 6-98 （20D18）某铁路单线浅埋隧道（图 6-24-3），围岩等级Ⅳ级，地面坡度 1∶2，坑道跨度 5.5m，坑道结构高度 9.25m，隧道外侧拱肩至地面的垂直距离 7.0m，围岩重度 22.5kN/m³，计算摩擦角 48°，顶板土柱两侧摩擦角为 0.8 倍计算摩擦角，根据《铁路隧道设计规范》TB 10003—2016，隧道内侧在荷载作用下的水平侧压力合力最接近下列哪个选项？

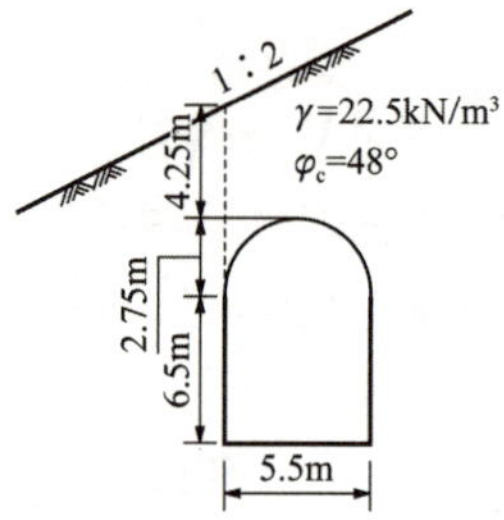

图 6-24-3 题 6-98 图

（A）320kN/m

（B）448kN/m

（C）557kN/m

（D）646kN/m

【解】

（1）单线，岩石，坡度 1∶2（图 6-24-4），查表 $t=4\text{m}$

$t>4.25\text{m}>4\text{m}$，不考虑偏压

（2）$h_a=0.45\times2^{4-1}\times[1+0.1\times(5.5-5)]=3.78\text{m}$

$h_a<H=4.25+\dfrac{2.75}{2}=5.625\text{m}<2.5h_a$，按浅埋隧道

（3）$0.8\times48°=38.4°$

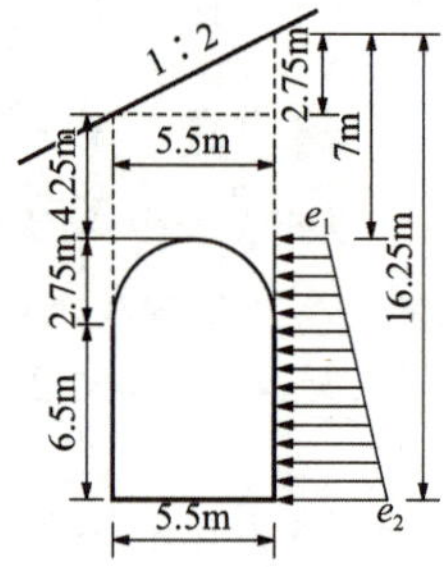

图 6-24-4 解 6-98 图

$$\tan\beta=\tan48°+\sqrt{\frac{(\tan^2 48°+1)\times\tan48°}{\tan48°-\tan38.4°}}=3.90$$

$$\lambda=\frac{3.90-\tan48°}{3.90\times[1+3.90\times(\tan48°-\tan38.4°)+\tan48°\times\tan38.4°]}=0.23$$

（4）$E_a=\dfrac{(7+16.25)\times22.5\times0.23}{2}\times(6.5+2.75)=556.5\text{kN/m}$

【点评】

①根据《铁路隧道设计规范》第 5.1.7 条条文说明和附录 E；②地面坡度 1∶2、单线、围岩Ⅳ级，查说明表 5.1.7-1，$t=4\text{m}$；注意判别不满足偏压隧道条件，只能按普通隧道计算；③附录 E.0.1 条中，当地面水平或接近水平，且隧道覆盖厚度值小于《铁路隧道设计规范》式(5.1.6)所列数值时，应按浅埋隧道设计，按附录 E.0.2 条计算垂直压力；④考前预测隧道土压力每年必考一题，属于重点掌握的考点，计算量稍大，细心可以做对，外侧覆盖层厚度t，只用于判断是否偏压，本题没必要准确计算，如计算则$t=\left(2.75+4.25+\dfrac{2.75}{2}\right)\times\dfrac{2}{\sqrt{1^2+2^2}}-2.75=4.74\text{m}$。

2. 偏压隧道围岩压力——《铁路隧道设计规范》第 5.1.7 条条文说明、附录 F

偏压隧道围岩压力计算应符合表 6-24-7 的规定。

偏压隧道围岩压力计算　　　　表 6-24-7

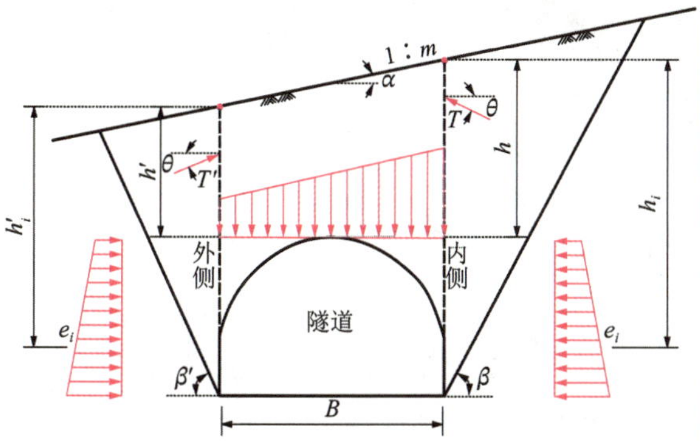

h、h'——内、外侧由拱顶水平至地面的高度（m）；

B——隧道跨度（m）；

θ——顶板岩土柱两侧内摩擦角（°），可按下表取值；

α——地面坡坡角（°）；

φ_c——围岩计算内摩擦角（°）；

β——破裂面与水平面的夹角（°）；

h_i、h_i'——内、外侧任意一点至地面的距离（m）

各级围岩的θ值

围岩级别	Ⅰ、Ⅱ、Ⅲ	Ⅳ	Ⅴ	Ⅵ
θ值	$0.9\varphi_c$	$(0.7\sim0.9)\varphi_c$	$(0.5\sim0.7)\varphi_c$	$(0.3\sim0.5)\varphi_c$

（1）总垂直压力Q（kN/m）	$Q=\frac{\gamma}{2}[(h+h')B-(\lambda h^2+\lambda' h'^2)\tan\theta]$ $\Uparrow$ $\begin{cases}\lambda=\dfrac{1}{\tan\beta-\tan\alpha}\times\dfrac{\tan\beta-\tan\varphi_c}{1+\tan\beta(\tan\varphi_c-\tan\theta)+\tan\varphi_c\tan\theta}\\ \lambda'=\dfrac{1}{\tan\beta'+\tan\alpha}\times\dfrac{\tan\beta'-\tan\varphi_c}{1+\tan\beta'(\tan\varphi_c-\tan\theta)+\tan\varphi_c\tan\theta}\end{cases}$ $\Uparrow$ $\begin{cases}\tan\beta=\tan\varphi_c+\sqrt{\dfrac{(\tan^2\varphi_c+1)(\tan\varphi_c-\tan\alpha)}{\tan\varphi_c-\tan\theta}}\\ \tan\beta'=\tan\varphi_c+\sqrt{\dfrac{(\tan^2\varphi_c+1)(\tan\varphi_c+\tan\alpha)}{\tan\varphi_c-\tan\theta}}\end{cases}$
（2）水平侧压力e_i（kPa）	$\begin{cases}内侧\rightarrow e_i=\gamma h_i\lambda\\ 外侧\rightarrow e_i'=\gamma h_i'\lambda'\end{cases}$

一般情况下，只在Ⅲ～Ⅴ级围岩中，当外侧覆盖厚度t小于等于下表所列数值t_{max}时，才考虑偏压：

偏压隧道外侧拱肩山体最大覆盖厚度t_{max}（m）

地面坡率 1 : m	开挖跨度	围岩级别				示意图
		Ⅲ	Ⅳ石	Ⅳ土	Ⅴ	
1 : 0.75	双线	7	*	*	*	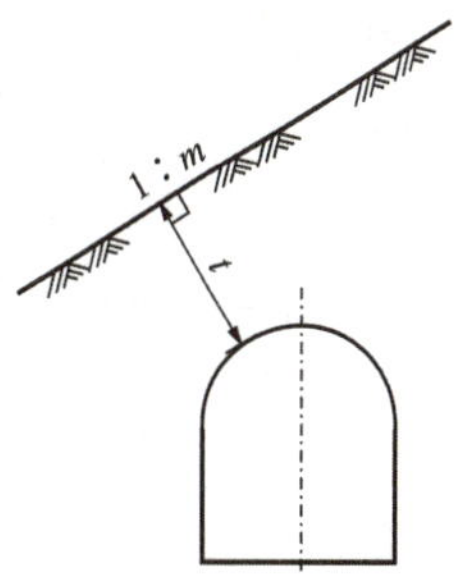
1 : 1	单线	*	5	10	18	
	双线	7	*	*	*	
1 : 1.25	双线	*	*	18	*	
1 : 1.5	单线	*	4	8	16	
	双线	7	11	16	30	
1 : 2	单线	*	4	8	16	
	双线	7	11	16	30	
1 : 2.5	单线	*	*	5.5	10	
	双线	*	*	13	20	

注：1. Ⅵ级围岩的t_{max}值通过计算确定；“*”表示缺少统计资料；

2. Ⅲ、Ⅳ级石质围岩的外侧覆盖厚度t值需扣除表面风化破碎层和坡积层厚度；

3. 直接先判断是否满足偏压，如果满足偏压则直接按偏压计算，不需要再判断浅埋还是深埋。

题 6-99　如图 6-24-5 所示的傍山铁路大跨度隧道，岩体属Ⅲ级围岩，地面坡率 1∶1.5，埋深 8m，隧道跨度$B = 14$m，隧道围岩计算摩擦角$\varphi_c = 57°$，重度 22kN/m^3，地表面风化破碎层和坡积层厚度总 1m 厚，内墙高 7.0m，试问作用在隧道内墙的总水平侧压力大小最接近下列哪个选项？

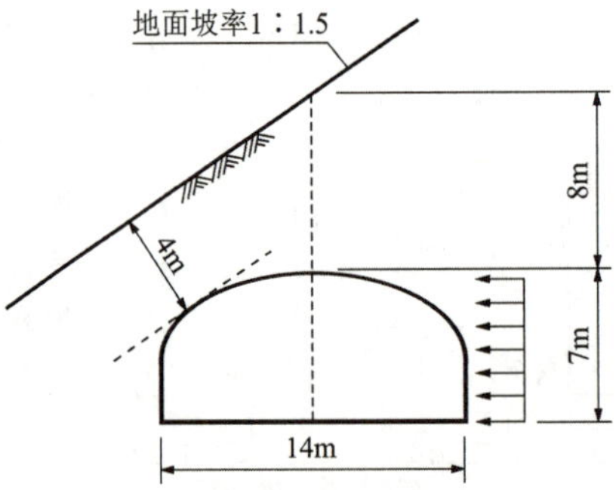

图 6-24-5　题 6-99 图

（A）215kN/m　　（B）285kN/m　　（C）325kN/m　　（D）455kN/m

【解】

（1）$H = 8\text{m} < 2.5 \times 0.45 \times 2^{3-1} \times [1 + 0.1 \times (14 - 5)] = 8.55\text{m}$，浅埋

$t = 4 - 1 = 3\text{m} < 7\text{m}$，偏压

（2）$\theta = 0.9 \times 57° = 51.3°$，$\tan\alpha = \dfrac{1}{1.5}$

$$\tan\beta = \tan 57° + \sqrt{\frac{(\tan^2 57° + 1) \times (\tan 57° - 1/1.5)}{\tan 57° - \tan 51.3°}} = 4.717$$

$$\lambda = \frac{1}{4.717 - 1/1.5} \times \frac{4.717 - \tan 57°}{1 + 4.717 \times (\tan 57° - \tan 51.3°) + \tan 57° \times \tan 51.3°} = 0.1825$$

（3）顶：$e_1 = 22 \times \left(8 + \dfrac{7}{1.5}\right) \times 0.1825 = 50.86\text{kPa}$

底：$e_1 = 22 \times \left(8 + 7 + \dfrac{7}{1.5}\right) \times 0.1825 = 78.96\text{kPa}$

$$E = \frac{50.86 + 78.96}{2} \times 7 = 454.4\text{kN/m}$$

【点评】

①根据《铁路隧道设计规范》第 1.0.6 条条文说明，第 5.1.6 条、第 5.1.7 条条文说明、附录 F；②根据《铁路隧道设计规范》条文说明表 1.0.6 可知本题为双线隧道；③特别注意最后一步，h是从**隧道边侧**（非隧道中心）至地面的高度；④隧道规范基本上每年考一道题，考点少。

3. 明洞荷载——《铁路隧道设计规范》附录 G

明洞荷载计算应符合表 6-24-8 的规定。

明洞荷载计算　　　　表 6-24-8

<table>
<tr><td>（1）拱圈垂直压力q_i（kPa）</td><td>$q_i = \gamma_1 h_i$</td><td colspan="2">q_i——明洞结构上任意点i的回填土石垂直压力值（kPa）；
γ_1——拱背回填土石重度（kN/m^3）；
h_i——明洞结构上任意点i的土柱体高度（m）</td></tr>
<tr><td rowspan="5">（2）拱圈侧压力e_i（kPa）</td><td>$e_i = \gamma_1 h_i \lambda$</td><td colspan="2">$e_i$——任意点$i$的侧压力值（kPa）；
λ——侧压力系数；计算如下</td></tr>
<tr><td colspan="2">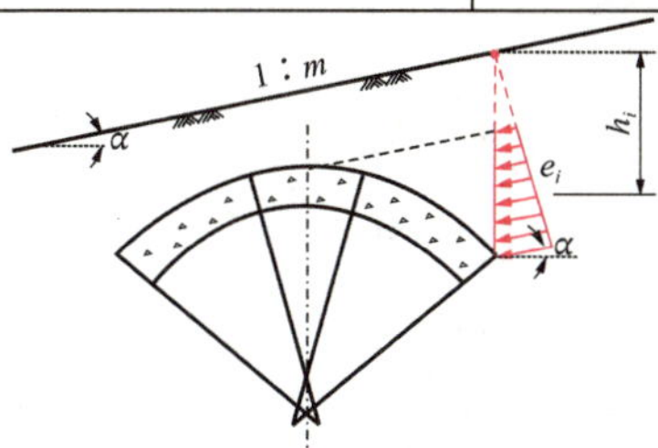

(a) 填土坡面向上倾斜，按无限填土考虑</td><td>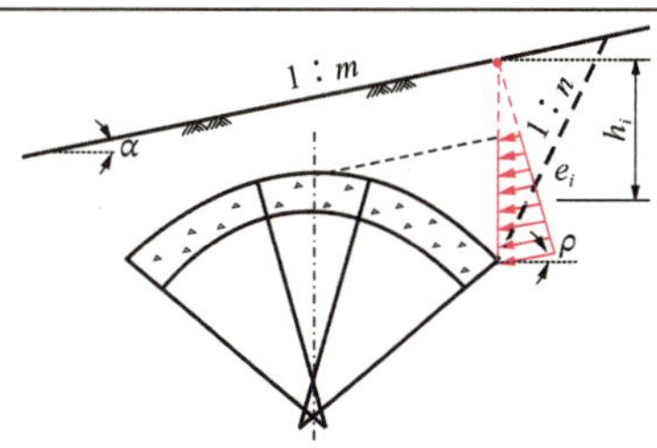

(b) 填土坡面向上倾斜，按有限填土考虑</td></tr>
<tr><td colspan="2">（a）填土坡面向上倾斜，按无限土体计算：
$$\lambda = \cos\alpha \frac{\cos\alpha - \sqrt{\cos^2\alpha - \cos^2\varphi_1}}{\cos\alpha + \sqrt{\cos^2\alpha - \cos^2\varphi_1}}$$</td><td>（b）填土坡面向上倾斜，按有限土体计算：
$$\lambda = \frac{1-\mu n}{(\mu+n)\cos\rho + (1-\mu n)\sin\rho} \cdot \frac{mn}{(m-n)}$$</td></tr>
<tr><td colspan="2">α——设计填土面坡度角（°）；
φ_1——拱背回填土石计算内摩擦角（°）</td><td>ρ——侧压力作用方向与水平线夹角（°）；
n——开挖边坡坡率；
m——回填土石面坡率；
μ——回填土石与开挖边坡面间的摩擦系数</td></tr>
<tr><td colspan="3">（c）坡面水平时：$\lambda = \tan^2\left(45° - \frac{\varphi_1}{2}\right)$</td></tr>
<tr><td rowspan="5">（3）边墙侧压力e_i（kPa）</td><td colspan="2">$e_i = \gamma_2 h_i' \lambda \Leftarrow h_i' = h_i'' + \frac{\gamma_1}{\gamma_2} h_1$</td><td>$\gamma_2$——墙背回填土石重度（$kN/m^3$）；
h_i'——边墙计算点换算高度（m）；
h_i''——墙顶至计算位置的高度（m）；
h_1——填土坡面至墙顶的垂直高度（m）；
λ——侧压力系数；计算如下</td></tr>
<tr><td colspan="2">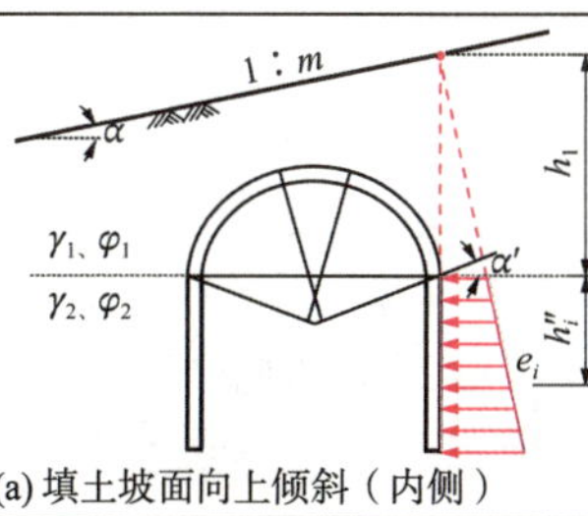

(a) 填土坡面向上倾斜（内侧）</td><td>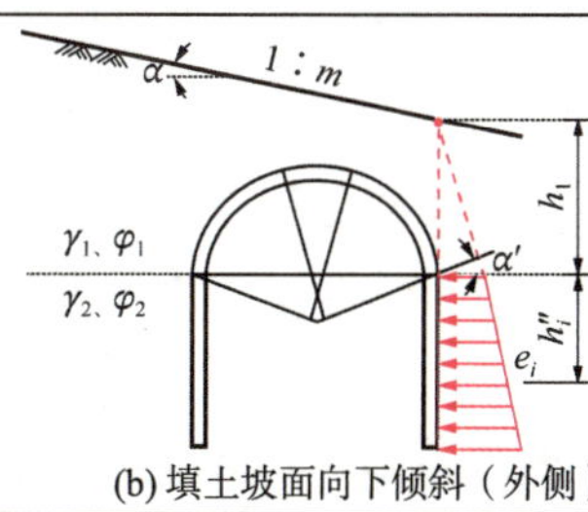

(b) 填土坡面向下倾斜（外侧）</td></tr>
<tr><td>（a）填土坡面向上倾斜：
$$\lambda = \frac{\cos^2\varphi_2}{\left[1+\sqrt{\frac{\sin\varphi_2 \sin(\varphi_2-\alpha')}{\cos\alpha'}}\right]^2}$$</td><td>（b）填土坡面向下倾斜：
$$\lambda = \frac{\tan\theta_0}{\tan(\theta_0+\varphi_2)(1+\tan\alpha'\tan\theta_0)}$$</td><td>（c）坡面水平时：
$$\lambda = \tan^2\left(45° - \frac{\varphi_2}{2}\right)$$</td></tr>
<tr><td colspan="3">$$\alpha' = \arctan\left(\frac{\gamma_1}{\gamma_2}\tan\alpha\right);\quad \tan\theta_0 = \frac{-\tan\varphi_2 + \sqrt{(1+\tan^2\varphi_2)\left(1+\frac{\tan\alpha'}{\tan\varphi_2}\right)}}{1+(1+\tan^2\varphi_2)\frac{\tan\alpha'}{\tan\varphi_2}}$$</td></tr>
<tr><td colspan="3">φ_2——墙背回填土石计算摩擦角（°）</td></tr>
</table>

题 6-100 （18C19）如图 6-24-6 所示的单线铁路明洞，外墙高$H = 9.5$m，墙背直立。拱部填土坡率 1∶5，重度$\gamma_1 = 18$kN/m^3，内墙高$h = 6.2$m，墙背光滑，墙后填土重度$\gamma_2 = 20$kN/m^3，内摩擦角 40°。试问填土作用在内墙背上的总土压力E_a，最接近下列哪个选项？

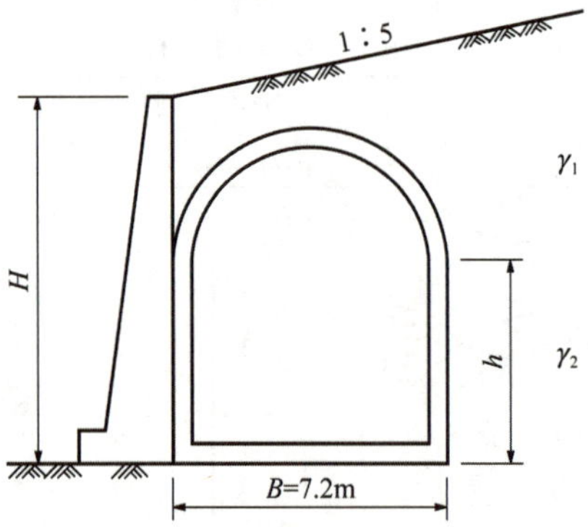

图 6-24-6 题 6-100 图

（A）175kN/m （B）220kN/m （C）265kN/m （D）310kN/m

【解】

（1）$\tan\alpha = \frac{1}{5} = 0.2$，$\alpha' = \arctan\left[\left(\frac{18}{20}\right) \times 0.2\right] = 10.2°$

$$\lambda = \frac{\cos^2 40°}{\left[1 + \sqrt{\frac{\sin 40° \times \sin(40° - 10.2°)}{\cos 10.2°}}\right]^2} = 0.238$$

$h_1 = H - h + B \times \tan\alpha = 9.5 - 6.2 + 0.2 \times 7.2 = 4.74$m

（2）内墙顶土压力强度：$e_1 = 18 \times 4.74 \times 0.238 = 20.31$kPa

内墙底土压力强度：$e_2 = (20 \times 6.2 + 18 \times 4.74) \times 0.238 = 49.82$kPa

$$E_a = \frac{20.31 + 49.82}{2} \times 6.2 = 217.4\text{kN/m}$$

【点评】

①依据《铁路隧道设计规范》附录 G.0.3；②重点理解内墙背上的总土压力为内侧边墙的总土压力，不包括拱圈的土压力；③内墙采用填土坡面向上倾斜时的侧压力系数λ的计算公式；④《公路隧道设计规范 第一册 土建工程》或《铁路隧道设计规范》基本上每年都会考一道题，虽然考点难度偏上，但考点很少，需要平时加强练习。

4. 门洞墙土压力——《铁路隧道设计规范》附录 H

门洞墙土压力计算应符合表 6-24-9 的规定。

门洞墙土压力计算　　　　表 6-24-9

<table>
<tr><td colspan="2">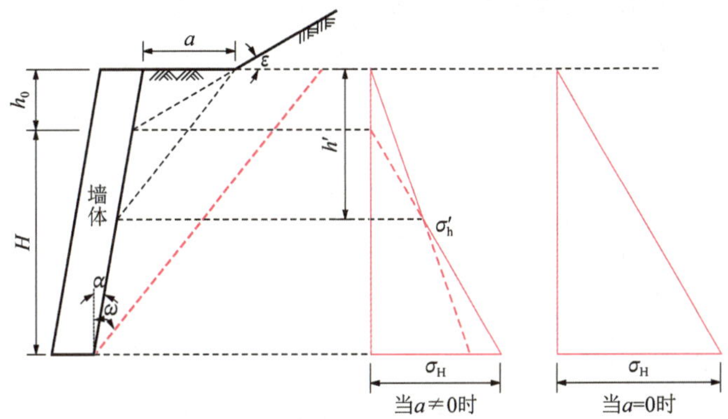
地面坡角与墙面倾角示意图</td><td>ε——地面坡角（°）;
α——墙面倾角（°）;
ω——墙背土体破裂角（°）;
φ——地层计算内摩擦角（°）;
γ——地层重度（kN/m³）;
E——土压力（kN）;
λ——侧压力系数;
b——洞门墙计算条带宽度（m）</td></tr>
<tr><td>（1）当$a=0$时：
$\sigma_H=\gamma H\lambda$
$E=\frac{1}{2}\gamma H^2\lambda b$</td><td>（2）当$a$较小时：
$\begin{cases}\sigma_h'=\gamma(h'-h_0)\lambda\\ \sigma_H=\gamma H\lambda\end{cases}$
$E=\frac{1}{2}\gamma\lambda[H^2+h_0(h'-h_0)]b$</td><td>（3）当$a$较大且破裂面交于斜坡面时：
$\begin{cases}\sigma_h'=\gamma h'\lambda'\\ \sigma_H=\gamma H\lambda\end{cases}$
$E=\frac{1}{2}\gamma(H-h_0)^2\lambda''b$</td></tr>
</table>

⇑

$$\lambda=\frac{(\tan\omega-\tan\alpha)(1-\tan\alpha\tan\varepsilon)}{\tan(\omega+\varphi)(1-\tan\omega\tan\varepsilon)};\quad h'=\frac{a}{\tan\omega-\tan\alpha}$$

⇑

当$a=0$时（$A=0$）:

$$\tan\omega=\frac{\tan^2\varphi+\tan\varepsilon\tan\alpha-\sqrt{(1+\tan^2\varphi)(\tan\varphi-\tan\varepsilon)(\tan\varphi+\tan\alpha)(1-\tan\varepsilon\tan\alpha)}}{\tan\varepsilon(1+\tan^2\varphi)-\tan\varphi(1-\tan\varepsilon\tan\alpha)}$$

当$a\neq0$时（$A\neq0$）:

$$\tan\omega=\frac{\tan^2\varphi+\tan\varepsilon\tan\alpha-A\dfrac{\tan\varepsilon}{1-\tan\varepsilon\tan\alpha}(1+\tan^2\varphi)}{\tan\varepsilon\left(1-A\dfrac{\tan\varepsilon}{1-\tan\varepsilon\tan\alpha}\right)(1+\tan^2\varphi)-\tan\varphi(1-\tan\varepsilon\tan\alpha)}-\frac{\sqrt{(1+\tan^2\varphi)(\tan\varphi-\tan\varepsilon)[(1-\tan\varepsilon\tan\alpha)(\tan\varphi+\tan\alpha)-A(1+\tan\varphi\tan\varepsilon)]}}{\tan\varepsilon\left(1-A\dfrac{\tan\varepsilon}{1-\tan\varepsilon\tan\alpha}\right)(1+\tan^2\varphi)-\tan\varphi(1-\tan\varepsilon\tan\alpha)}$$

⇑

$$A=\frac{h_0a}{H^2};\quad h_0=\frac{a\tan\varepsilon}{1-\tan\alpha\tan\varepsilon}$$

当a较大且破裂面交于斜坡面时（一般不会考查）:

$$\lambda'=\frac{\tan\omega-\tan\alpha}{\tan(\omega+\varphi)};\quad \lambda''=\left[\frac{(\tan\omega-\tan\alpha)(1+\tan\alpha\tan\varepsilon)}{(1-\tan\omega\tan\varepsilon)}+A\right]\frac{1}{\tan(\omega+\varphi)}$$

注：《铁路隧道设计规范》对a较小或较大没有说明，不用过多纠结此点，考试一般会明确计算条件，如果题目未明确条件，则按a较小计算。

题 6-101　（14D22）如图 6-24-7 所示，某铁路隧道的端墙洞门墙高 8.5m，最危险破裂面与竖直面的夹角$\omega = 38°$，墙面倾角$\alpha = 10°$，仰坡倾角$\varepsilon = 34°$，墙背距仰坡坡脚距离$a = 2.0\text{m}$。墙后土体重度$\gamma = 22\text{kN/m}^3$，内摩擦角$\varphi = 40°$，取洞门墙体计算条带宽度为 1m。则作用在墙体上的土压力最接近下列哪个选项（墙背距仰坡坡脚距离a较小）？

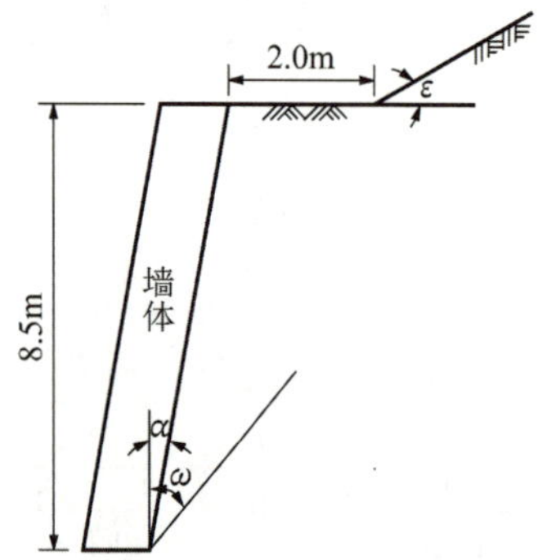

图 6-24-7　题 6-101 图

（A）81kN　　（B）119kN　　（C）135kN　　（D）175kN

【解】

（1）$h_0 = \dfrac{a\tan\varepsilon}{1-\tan\varepsilon\tan\alpha} = \dfrac{2\times\tan 34°}{1-\tan 34°\tan 10°} = 1.53\text{m}$，$H = 8.5 - 1.53 = 6.97\text{m}$

（2）$\lambda = \dfrac{(\tan\omega - \tan\alpha)(1-\tan\alpha\tan\varepsilon)}{\tan(\omega+\varphi)(1-\tan\omega\tan\varepsilon)} = \dfrac{(\tan 38° - \tan 10°)\times(1-\tan 10°\tan 34°)}{\tan(38°+40°)\times(1-\tan 38°\tan 34°)}$
$= 0.24$

（3）α较小：$h' = \dfrac{\alpha}{\tan\omega - \tan\alpha} = \dfrac{2.0}{\tan 38° - \tan 10°} = 3.31\text{m}$

$$E = \frac{1}{2}b\gamma\lambda H^2 + \frac{1}{2}b\gamma\lambda h_0(h'-h_0)$$
$$= \frac{1}{2}\times 1\times 22\times 0.24\times 6.97^2 + \frac{1}{2}\times 1\times 22\times 0.24\times 1.53\times(3.31-1.53)$$
$$= 135.4\text{kN}$$

【点评】

①依据《铁路隧道设计规范》附录 H；②2016 版规范对应当a较小和当a较大，且破裂面交于斜坡面时分两种情况计算，但a的大小没有判别公式，故对真题进行了改编，不用过多纠结怎么判断a较小或a较大，题目一般会明确，当a较大时计算量过大，建议放弃或最后做；③《公路隧道设计规范　第一册　土建工程》附录 J 中的H标注错误，应进行勘误。

24.4 太沙基围岩压力计算——《工程地质手册》P810

2006 年及以前的考试大纲地下工程部分有要求:“了解硐室围岩稳定的影响因素及基本理论，了解太沙基理论的分析方法。” 2007 年后的大纲改为“了解硐室围岩稳定的影响因素”，并没有太沙基理论的相关要求。此处摘抄《工程地质手册》上的计算方法，《工程地质手册》上公式有误，本书已经修正。土体硐室松动土体压力计算应符合表 6-24-10 的规定。

土体洞室松动土体压力（《工程地质手册》P810）　　表 6-24-10

<table>
<tr><td>（1）对粉细砂、淤泥或新回填土中的浅埋洞室：
洞顶垂直均布压力：$q_v = \gamma H$
洞侧水平均布压力：$q_h = \gamma\left(H + \frac{h}{2}\right)\tan^2\left(45° - \frac{\varphi}{2}\right)$</td><td rowspan="2">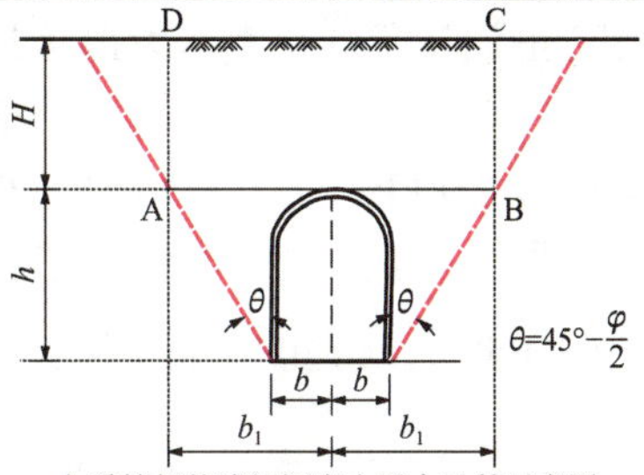

土质较好的浅埋洞室土压力计算示意图</td></tr>
<tr><td>（2）对上覆土层性质较好的浅埋洞室：
洞顶垂直均布压力：$q_v = \gamma H\left[1 - \frac{H}{2b_1}K_1 - \frac{c}{b_1\gamma}(1 - 2K_2)\right]$
洞侧水平均布压力：$q_h = \gamma\left(H + \frac{h}{2}\right)\tan^2\left(45° - \frac{\varphi}{2}\right)$</td></tr>
<tr><td colspan="2">$b_1 = b + h\tan\left(45° - \frac{\varphi}{2}\right)$；$K_1 = \tan\varphi\tan^2\left(45° - \frac{\varphi}{2}\right)$；$K_2 = \tan\varphi\tan\left(45° - \frac{\varphi}{2}\right)$</td></tr>
<tr><td colspan="2">q_v——垂直均布土压力（kPa）;
q_h——水平均布土压力（kPa）;
H——洞室埋深（m）;
h——洞室高度（m）;
φ——土的内摩擦角（°）;
γ——土的重度（kN/m³）;
c——土的黏聚力（kPa）;
b_1——土柱宽度之半（m）;
b——洞室跨度之半（m）;
K_1、K_2——与土的内摩擦角有关的系数</td></tr>
</table>

题 6-102　（06C20）浅埋硐室半跨$b = 3.0$m，高$h = 8$m，上覆松散体厚度$H = 20$m，重度$\gamma = 18$kN/m³，黏聚力$c = 0$，内摩擦角$\varphi = 20°$，用太沙基理论求 AB 面上的均布压力最接近下列哪个选项（图 6-24-8）？

（A）421kN/m²

（B）382kN/m²

（C）315kN/m²

（D）285kN/m²

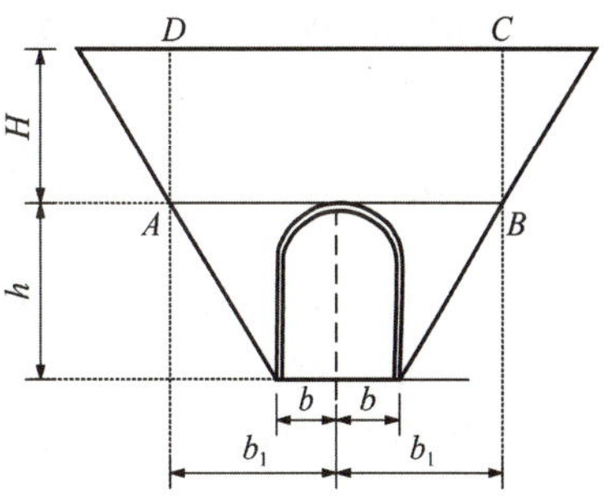

图 6-24-8　题 6-102 图

【解】

（1）$K_1 = \tan\varphi\tan^2(45° - \frac{\varphi}{2}) = \tan 20° \times \tan^2\left(45° - \frac{20°}{2}\right) = 0.178$

（2）$b_1 = b + h\tan\left(45° - \frac{20°}{2}\right) = 3 + 8 \times \tan 35° = 8.6\text{m}$

（3）$q_v = \gamma H\left(1 - \frac{H}{2b_1}K_1\right) = 18 \times 20 \times \left(1 - \frac{20}{2 \times 8.6} \times 0.178\right) = 285.5\text{kPa}$

【点评】

①根据《工程地质手册》P810；②本题采用《工程地质手册》上的解法，仅供参考；③原理是AB面上的自重应力扣除朗肯土压力强度引起的摩擦力。

题 6-103 （07C23）如图6-24-9所示，有一个宽10m、高15m的地下隧道，位于碎散的堆积土中，洞顶距底面深12m，堆积土的强度指标$c=0$，$\varphi=30°$，天然重度$\gamma=19\text{kN/m}^3$，地面无荷载，无地下水，用太沙基理论计算作用于隧洞顶部的垂直压力最接近下列哪个选项？

（A）210kPa （B）230kPa

（C）250kPa （D）270kPa

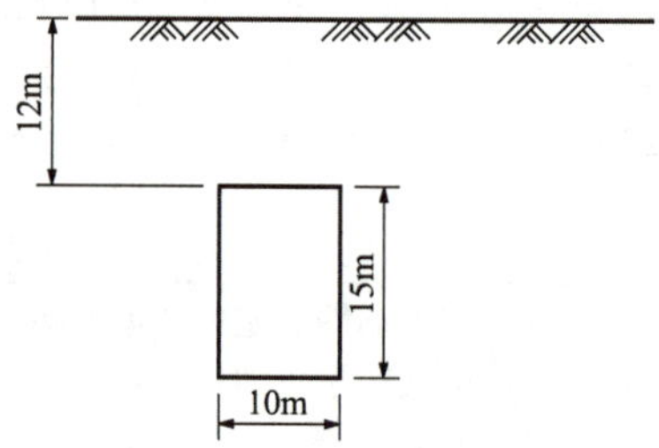

图6-24-9 题6-103图

【解】

（1）$K_1=\tan 30°\times\tan^2\left(45°-\dfrac{30°}{2}\right)=0.192$

（2）$b_1=5+15\times\tan\left(45°-\dfrac{30°}{2}\right)=13.66\text{m}$

（3）$q_v=\gamma H\left(1-\dfrac{H}{2b_1}K_1\right)=19\times12\times\left(1-\dfrac{12}{2\times13.66}\times0.192\right)=208.8\text{kPa}$

【点评】

根据《工程地质手册》P810。

题 6-104 （12D23）一地下结构置于无地下水的均质砂土中，砂土的$\gamma=20\text{kN/m}^3$、$c=0$，$\varphi=30°$，上覆砂土厚度$H=20\text{m}$，地下结构宽$2a=8\text{m}$、高$h=5\text{m}$。假定从洞室的底角形成一与结构侧壁成（$45°-\varphi/2$）的滑移面，并延伸到地面（图6-24-10），取ABCD为下滑体。作用在地下结构顶板上的竖向压力最接近下列哪个选项？

（A）65kPa （B）200kPa

（C）290kPa （D）400kPa

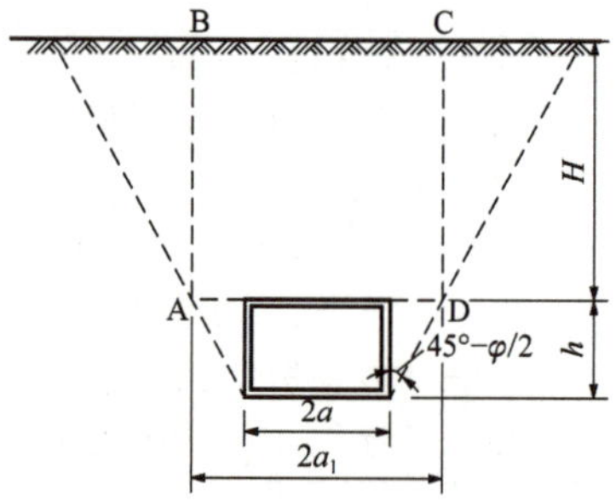

图6-24-10 题6-104图

【解】

（1）$K_1=\tan\varphi\tan^2\left(45°-\dfrac{\varphi}{2}\right)=\tan30°\times\tan^2\left(45°-\dfrac{30°}{2}\right)=0.192$

（2）$a_1=a+h\tan\left(45°-\dfrac{\varphi}{2}\right)=4+5\times\tan\left(45°-\dfrac{30°}{2}\right)=6.89\text{m}$

（3）$q_v=\gamma H\left(1-\dfrac{H}{2a_1}K_1\right)=20\times20\times\left(1-\dfrac{20}{2\times6.89}\times0.192\right)=288.5\text{kPa}$

【点评】

根据《工程地质手册》P810。

第 25 章

公路隧道设计规范

25.1 隧道围岩分级——《公路隧道设计规范 第一册 土建工程》第 3.6 节、附录 A

25.1.1 岩石坚硬程度分类

岩石坚硬程度分类应符合表 6-25-1 的规定。

$R_c = 22.82 I_{s(50)}^{0.75}$

岩石坚硬程度分类 **表 6-25-1**

坚硬程度	坚硬岩	较硬岩	较软岩	软岩	极软岩
饱和单轴抗压强度R_c（MPa）	>60	60～30	30～15	15～5	$R_c<5$

25.1.2 岩石完整程度分类

岩石完整程度分类应符合表 6-25-2 的规定。

岩石完整程度分类 **表 6-25-2**

完整程度	完整	较完整	较破碎	破碎	极破碎
完整性指数K_v	>0.75	0.75～0.55	0.55～0.35	0.35～0.15	<0.15
体积节理数J_v	<3	3～10	10～20	20～35	>35
$K_v=\left(\frac{V_{pm}}{V_{pr}}\right)^2=\left(\frac{V_{p岩体}}{V_{p岩石}}\right)^2=\left(\frac{数据小}{数据大}\right)^2$	V_{pm}——岩体弹性纵波（压缩波）速度（km/s）; V_{pr}——岩石（**岩块**）弹性纵波（压缩波）速度（km/s）				

注：对岩石坚硬程度、岩体完整程度定性划分，参阅《公路隧道设计规范 第一册 土建工程》附录 A.0.5、A.0.6。

25.1.3 岩体基本质量指标 BQ

岩体基本质量指标 BQ 计算应符合表 6-25-3 的规定。

岩体基本质量指标 BQ **表 6-25-3**

$BQ=100+3R_c+250K_v$	$\Leftarrow\begin{cases}R_c=\min(90K_v+30,R_c)\\K_v=\min(0.04R_c+0.4,K_v)\end{cases}$	$\Leftarrow\begin{cases}R_c=22.82I_{s(50)}^{0.75}\\K_v=\left(\frac{V_{pm}}{V_{pr}}\right)^2\end{cases}$

25.1.4 岩体修正基本质量指标[BQ]

岩体修正基本质量指标[BQ]计算应符合表 6-25-4 的规定。

岩体修正基本质量指标[BQ] 表 6-25-4

$[BQ] = BQ - 100(K_1 + K_2 + K_3)$	K_1、K_2、K_3——地下水、主要结构面、初始应力状态影响修正系数

修正系数K_1、K_2、K_3值，可分别按表 6-25-5、表 6-25-6、表 6-25-7 取范围值或不利值确定。

地下水影响修正系数K_1 表 6-25-5

地下水出水状态	BQ				
	>550	550～451	450～351	350～251	$\leqslant 250$
潮湿或点滴状出水，$p \leqslant 0.1$ 或$Q \leqslant 25$	0	0	0～0.1	0.2～0.3	0.4～0.6
淋雨状或线流状出水，$0.1 < p \leqslant 0.5$ 或 $25 < Q \leqslant 125$	0～0.1	0.1～0.2	0.2～0.3	0.4～0.6	0.7～0.9
涌流状出水，$p > 0.5$ 或$Q > 125$	0.1～0.2	0.2～0.3	0.4～0.6	0.7～0.9	1.0

注：1. p为地下工程围岩裂隙水压（MPa），Q为每 10m 洞长出水量[L/(min · 10m)]；
2. 在同一地下水状态下，岩体基本质量指标 BQ 越小，修正系数K_1取值越大；同一岩体，地下水量、水压越大，修正系数K_1取值越大。

主要结构面产状影响修正系数K_2 表 6-25-6

结构面产状及其与洞轴线的组合关系	结构面走向与洞轴线夹角 < 30°且结构面倾角 30°～75°	结构面走向与洞轴线夹角 > 60°且结构面倾角 > 75°	其他组合
K_2	0.4～0.6	0～0.2	0.2～0.4

注：一般情况下，结构面走向与洞轴线夹角越大，结构面倾角越大，修正系数K_2取值越小；结构面走向与洞轴线夹角越小，结构面倾角越小，修正系数K_2取值越大。

初始应力状态影响修正系数K_3 表 6-25-7

围岩强度应力比（$\frac{R_c}{\sigma_{max}}$）	BQ				
	>550	550～451	450～351	350～251	$\leqslant 250$
极高应力区 < 4	1.0	1.0	1.0～1.5	1.0～1.5	1.0
高应力区 4～7	0.5	0.5	0.5	0.5～1.0	0.5～1.0

注：BQ 值越小，修正系数K_3取值越大。

高初始应力地区围岩在开挖过程中出现的主要现象见表 6-25-8。

高初始应力地区围岩在开挖过程中出现的主要现象 表 6-25-8

应力情况	主要现象	$\frac{R_c}{\sigma_{max}}$
极高应力	1. 硬质岩：开挖过程中有岩爆发生，有岩块弹出，洞壁岩体发生剥离，新生裂缝多，成洞性差； 2. 软质岩：岩芯常有饼化现象，开挖过程中洞壁岩体有剥离，位移极为显著，甚至发生大位移，持续时间长，不易成洞	< 4
高应力	1. 硬质岩：开挖过程中可能出现岩爆，洞壁岩体有剥离和掉块现象，新生裂缝较多，成洞性差； 2. 软质岩：岩芯时有饼化现象，开挖过程中洞壁岩体位移显著，持续时间较长，成洞性差	4～7

注：σ_{max}为垂直洞轴线方向的最大初始应力。

公路隧道围岩级别划分见表 6-25-9。

公路隧道围岩级别划分　　　　表 6-25-9

围岩级别	围岩岩体或土体主要定性特征	岩体基本质量指标 BQ 或岩体修正基本质量指标 [BQ]
Ⅰ	坚硬岩，岩体完整	> 550
Ⅱ	坚硬岩，岩体较完整；较坚硬岩，岩体完整	550～451
Ⅲ	坚硬岩，岩体较破碎；较坚硬岩，岩体较完整；较软岩，岩体完整，整体状或巨厚状结构	450～351
Ⅳ	坚硬岩，岩体破碎；较坚硬岩，岩体较破碎—破碎；较软岩，岩体较完整—较破碎；软岩，岩体完整—较完整	350～251
	土体：1. 压密或成岩作用的黏性土及砂性土；2. 黄土（Q_1、Q_2）；3. 一般钙质、铁质胶结的碎石土、卵石土、大块石土	
Ⅴ	较软岩，岩体破碎；软岩，岩体较破碎—破碎；全部极软岩及全部极破碎岩	≤ 250
	一般第四系的半干硬至硬塑的黏性土及稍湿至潮湿的碎石土，卵石土、圆砾、角砾土及黄土（Q_3、Q_4）。非黏性土呈松散结构，黏性土及黄土呈松软结构	
Ⅵ	软塑状黏性土及潮湿、饱和粉细砂层、软土等	

地下工程岩体自稳能力见表 6-25-10。

地下工程岩体自稳能力　　　　表 6-25-10

岩体级别	自稳能力
Ⅰ	跨度 ≤ 20m，可长期稳定，偶有掉块，无塌方
Ⅱ	跨度 < 10m，可长期稳定，偶有掉块；跨度 10～20m，可基本稳定，局部可发生掉块或小塌方
Ⅲ	跨度 < 5m，可基本稳定；跨度 5～10m，可稳定数月，可发生局部块体位移及小、中塌方；跨度 10～20m，可稳定数日至 1 个月，可发生小、中塌方
Ⅳ	跨度 ≤ 5m，可稳定数日至 1 个月；跨度 > 5m，一般无自稳能力，数日至数月内可发生松动变形、小塌方，进而发展为中、大塌方；埋深小时，以拱部松动破坏为主，埋深大时，有明显塑性流动变形和挤压破坏
Ⅴ	无自稳能力，跨度 5m 或更小时，可稳定数日
Ⅵ	无自稳能力

注：1. 小塌方：塌方高度小于 3m，或塌方体积小于 $30m^3$；
2. 中塌方：塌方高度 3～6m，或塌方体积 30～$100m^3$；
3. 大塌方：塌方高度大于 6m，或塌方体积大于 $100m^3$。

题6-105 （19D17）两车道公路隧道埋深15m，开挖高度和宽度分别为10m和12m。围岩重度为22kN/m³，岩石单轴饱和抗压强度为30MPa，岩体和岩石的弹性纵波速度分别为2400m/s和3500m/s。根据《公路隧道设计规范 第一册 土建工程》JTG 3370.1—2018相关要求，其围岩等级为多少？**（规范更新，原题过时，已修改）**

（A）Ⅰ级　（B）Ⅱ级　（C）Ⅲ级　（D）Ⅳ级

【解】

（1）$K_v = \left(\frac{2400}{3500}\right)^2 = 0.47$

$30 \times 0.04 + 0.4 = 1.6 > 0.47$，取$K_v = 0.47$

$90 \times 0.47 + 30 = 72.3 > 30$，取$R_c = 30MPa$

（2）$BQ = 100 + 30 \times 3 + 250 \times 0.47 = 307.5$，查表为Ⅳ级

【点评】

①依据《公路隧道设计规范 第一册 土建工程》第3.6.1条、第3.6.2条、第3.6.4条，附录A；②基本的围岩等级划分，新的公路隧道设计规范和《工程岩体分级标准》计算方法完全一致；③本题为2004版规范相关考点，新规范《公路隧道设计规范 第一册 土建工程》已删除相关内容，故进行了改编；原题的问题为“洞口处的仰坡设计开挖高度为15m，根据《公路隧道设计规范》JTG D70—2004相关要求，仰坡坡角不宜大于下列哪个选项的数值？”解答最后根据围岩等级查表即可得到答案。

25.2 复合式衬砌（围岩分级查表应用）——《公路隧道设计规范 第一册 土建工程》第8.4节、附录P

25.2.1 复合式衬砌的预留变形量——《公路隧道设计规范 第一册 土建工程》第8.4.1条

复合式衬砌的预留变形量应符合表6-25-11的规定。

预留变形量（mm）　　**表6-25-11**

围岩级别	两车道隧道	三车道隧道	围岩级别	两车道隧道	三车道隧道
Ⅰ	—	—	Ⅳ	50～80	60～120
Ⅱ	—	10～30	Ⅴ	80～120	100～150
Ⅲ	20～50	30～80	Ⅵ	现场量测确定	

注：1. 围岩软弱、破碎取大值；围岩完整取小值；
2. 四车道隧道应通过工程类比和计算分析确定。

题6-106 某公路隧道为单洞两车道，围岩的勘察资料如下：①岩石饱和单轴抗压强度$R_c = 12MPa$，岩体纵波波速2300m/s，岩石纵波波速4200m/s；②围岩中地下水涌流状出水；③主要结构面走向与洞轴线夹角25°，结构面倾角35°；④围岩的应力状态为极高应力。拟采用复合式衬砌结构，边墙衬砌厚度（含二次衬砌、防水层及初期支护）为60cm，隧道内轮廓净宽为10.00m，那么隧道开挖断面的合理宽度是多少？

（A）10.68m　（B）11.2m　（C）11.36m　（D）11.44m

【解】

（1）$K_v = \left(\frac{2300}{4200}\right)^2 = 0.3 \in (0.15,0.35) \Rightarrow$ 破碎，$R_c = 12MPa \Rightarrow$ 软岩

$K_v = 0.3 < 0.04 \times 12 + 0.4 = 0.88$，取$K_v = 0.3$

$R_c = 12\text{MPa} < 90 \times 0.3 + 30 = 57\text{MPa}$，取$R_c = 12\text{MPa}$

$\text{BQ} = 100 + 3 \times 12 + 250 \times 0.3 = 211$

（2）涌流状出水，$\text{BQ} = 211 < 250 \Rightarrow K_1 = 1.0$

夹角$25° < 30°$，且倾角 35°介于 30°～75°之间$\Rightarrow K_2 = 0.6$

极高应力$\Rightarrow K_3 = 1.0$

$[\text{BQ}] = 211 - 100 \times (1.0 + 0.6 + 1.0) = -49 \Rightarrow$ V 级

（3）两车道，围岩软弱、破碎⇒预留变形量 120mm

$B = 10 + 2 \times 0.6 + 2 \times 0.12 = 11.44\text{m}$

【点评】

①按《公路隧道设计规范 第一册 土建工程》第 3.6.2 条～第 3.6.4 条、第 8.4.1 条、附录 A.0.3 条、附录 A.0.4 条；②《公路隧道设计规范 第一册 土建工程》表 A.0.3-1 中数据错误，按照答题手册进行勘误，本题涉及规范内容多且分散，用答题手册作答会更快。

25.2.2 复合式衬砌的设计参数——《公路隧道设计规范 第一册 土建工程》附录 P.0.1 条～附录 P.0.8 条

P.0.1 两车道隧道复合式衬砌设计参数可按表 P.0.1 取值。

P.0.2 三车道隧道复合式衬砌设计参数可按表 P.0.2 取值。

P.0.3 采用喷锚支护作久支护时设计参数可按表 P.0.3 取值。

P.0.4 双洞四车道小净距隧道复合式衬砌设计参数可按表 P.0.4 取值。

P.0.5 两车道复合式中墙连拱隧道复合式衬砌设计参数可按表 P.0.5 取值。

P.0.6 三车道复合式中墙连拱隧道复合式衬砌设计参数可按表 P.0.6 取值。

P.0.7 竖井衬砌支护设计参数可按表 P.0.7 取值。

P.0.8 斜井、平行导坑、横洞及风道衬砌设计参数可按表 P.0.8 取值。

注：《公路隧道设计规范 第一册 土建工程》隧道围岩分级常考查分级后的查表应用，上述表 P.0.1～表 P.0.8 均有可能考查，知道位置就行，考试直接翻规范查对应表格。本手册仅列入规范表 P.0.1，示例如表 6-25-12 所示。

两车道隧道复合式衬砌设计参数　　表 6-25-12

围岩级别	初期支护								二次衬砌厚度（cm）	
	喷射混凝土厚度（cm）		锚杆（m）			钢筋网间距（cm）	钢架		拱、墙混凝土	仰拱混凝土
	拱、墙	仰拱	位置	长度	间距		间距（m）	截面高（cm）		
Ⅰ	5	—	局部	2.0～3.0	—	—	—	—	30～35	—
Ⅱ	5～8	—	局部	2.0～3.0	—	—	—	—	30～35	—
Ⅲ	8～12	—	拱、墙	2.0～3.0	1.0～1.2	局部 @25×25	—	—	30～35	—
Ⅳ	12～20	—	拱、墙	2.5～3.0	0.8～1.2	拱、墙 @25×25	拱、墙 0.8～1.2	0 或 14～16	35～40	0 或 35～40
Ⅴ	18～28	—	拱、墙	3.0～3.5	0.6～1.0	拱、墙 @20×20	拱、墙、仰拱 0.6～1.0	14～22	35～50 钢筋混凝土	0 或 35～50 钢筋混凝土
Ⅵ	通过试验或计算确定									

注：1. 有地下水时可取大值，无地下水时可取小值；2. 采用钢架时，宜选用格栅钢架；3. 喷射混凝土厚度小于 18cm 时，可不设钢架；4. “0 或……”表示可以不设；要设时，应满足最小厚度要求。

题 6-107 （13C21）两车道公路隧道采用复合式衬砌，埋深 12m，开挖高度和宽度分别为 6m 和 5m。围岩重度为 22kN/m³，岩石单轴饱和抗压强度为 35MPa，岩体和岩石的弹性纵波速度分别为 2.8km/s 和 4.2km/s。问施筑初期支护时拱部和边墙喷射混凝土厚度范围宜选用下列哪个选项？

（A）5～8cm　（B）8～12cm　（C）12～20cm　（D）18～28cm

【解】

（1）$K_v = \left(\frac{2.8}{4.2}\right)^2 = 0.44$

$R_c = 35\text{MPa} \leqslant 90 \times 0.44 + 30 = 69.6\text{MPa}$，取$R_c = 35\text{MPa}$

$K_v = 0.44 \leqslant 0.04 \times 35 + 0.4 = 1.8$，取$K_v = 0.44$

（2）$\text{BQ} = 100 + 3 \times 35 + 250 \times 0.44 = 315$

查表：围岩级别为Ⅳ级

（3）查表：厚度为 12～20cm

【点评】

①根据《公路隧道设计规范 第一册 土建工程》第 3.6.2～3.6.4 条、第 8.4.2 条、附录 P.0.1；②复合衬砌是由初期支护和二次衬砌及中间夹防水层组合而成的衬砌形式，复合式衬砌可采用工程类比法进行设计，根据围岩级别查表即可；③已按新规范改编选项。

【同类型真题】16C22、19D17

题 6-108 公路三车道复合式中墙连拱隧道采用复合式衬砌结构面走向与洞轴线夹角为 70°，主要软弱结构面倾角为 75°，涌流状出水，岩体地应力场中最大主应力σ_{max} = =20MPa，采取岩样进行点荷载试验测得岩石点载荷强度$I_{s(50)} = 2.5\text{MPa}$，岩石压缩波波速和岩体压缩波波速分别为 4500m/s 和 3500m/s，根据《公路隧道设计规范 第一册 土建工程》JTG D70—2018，问二次衬砌拱、墙采用的钢筋混凝土厚度范围宜选用下列哪个选项？

（A）40cm　（B）40～45cm　（C）45～60cm　（D）50～70cm

【解】

（1）$R_c = 22.82 \times 2.5^{0.75} = 45.37\text{MPa}$，$K_v = \left(\frac{3500}{4500}\right)^2 = 0.605$

$K_v = 0.605 < 0.04 \times 45.37 + 0.4 = 2.2$，取$K_v = 0.605$

$R_c = 45.37\text{MPa} < 90 \times 0.605 + 30 = 84.45$，取$R_c = 45.37\text{MPa}$

$\text{BQ} = 100 + 3 \times 45.37 + 250 \times 0.605 = 387.36$

（2）BQ 的修正：

涌流状出水，BQ = 387.36，介于 351、450 之间 ⇒ $K_1 = 0.6$

结构面走向与洞轴线的夹角为 70°，主要结构面倾角为 75°，为其他组合 ⇒ $K_2 = 0.4$

$\frac{R_c}{\sigma_{max}} = \frac{45.37}{20} = 2.3 < 4$，为极高应力区⇒ $K_3 = 1.5$

（3）$[\text{BQ}] = 387.36 - 100 \times (0.6 + 0.4 + 1.5) = 137.36 < 250$，为Ⅴ级围岩

根据《公路隧道设计规范 第一册 土建工程》表 P.0.6，三车道复合式中墙连拱隧道复合式衬砌，范围为 50～70cm

【点评】

①按《公路隧道设计规范 第一册 土建工程》第 3.6.2～3.6.4 条、附录 A.0.3 条、附录 A.0.4 条、附录 P.0.6 条；②规范附录表 A.0.3-1 中数据有误，按照答题手册进行勘误。

1. **岩爆及大变形分级——《公路隧道设计规范 第一册 土建工程》第 14.8.2 条**

高地应力区隧道应结合地应力大小、水文地质及围岩条件，按照硬质岩段可能发生岩爆、软质岩段可能发生大变形进行分级，针对不同的等级选择相应的开挖方式与防治措施。岩爆及大变形分级可按表 6-25-13、表 6-25-14 确定。

岩爆分级表 **表 6-25-13**

岩爆分级	名称	判据
Ⅰ	轻微岩爆	$0.3 \leqslant \sigma_{\theta max}/R_b < 0.5$
Ⅱ	中等岩爆	$0.5 \leqslant \sigma_{\theta max}/R_b < 0.7$
Ⅲ	强烈岩爆	$0.7 \leqslant \sigma_{\theta max}/R_b < 0.9$
Ⅳ	剧烈岩爆	$0.9 \leqslant \sigma_{\theta max}/R_b$

注：$\sigma_{\theta max}$为洞壁最大切向应力；R_b为岩石单轴抗压强度。

大变形分级表 **表 6-25-14**

大变形分级	名称	判据
Ⅰ级	轻微大变形	$2 \leqslant U_a/a < 3$
Ⅱ级	中等大变形	$3 \leqslant U_a/a < 5$
Ⅲ级	强烈大变形	$5 \leqslant U_a/a$

注：U_a为变形量；a为隧道宽度。

题 6-109 （23C22）某公路隧道穿越硬质岩地段可能发生岩爆，在隧道掌子面处取直径 50mm，长度 130mm 的圆柱体试件进行单轴抗压强度试验，测得破坏荷载为 135kN，已知洞壁最大切应力$\sigma_{\theta max} = 62.5\text{MPa}$，根据《公路隧道设计规范 第一册 土建工程》JTG 3370.1—2018 和《工程岩体试验方法标准》GB/T 50266—2013 判定隧道岩爆等级为下列哪个选项？

（A）Ⅰ级 （B）Ⅱ级 （C）Ⅲ级 （D）Ⅳ级

【解】

（1）$\dfrac{H}{D} = \dfrac{130}{50} = 2.6 > 2.5$，非标准件

$$R' = \frac{P}{A} = \frac{135}{3.14 \times 25^2} \times 10^3 = 68.79\text{MPa}，R = \frac{8 \times 68.79}{7 + \dfrac{2 \times 50}{130}} = 70.83\text{MPa}$$

（2）$\dfrac{\sigma_{\theta max}}{R} = \dfrac{62.5}{70.83} = 0.88 \in (0.7 \sim 0.9) \Rightarrow$ Ⅲ级

【点评】

①根据《工程岩体试验方法标准》第 2.7.10 条及条文说明，确定单轴饱和抗压强度，易错点是要先判断试件高度与直径之比不为 2.0～2.5 时为非标准件，需要根据条文说明换算为标准件下的单轴抗压强度；②根据《公路隧道设计规范 第一册 土建工程》第 14.8.2 条，查表确定岩爆等级。

25.3　隧道围岩压力（荷载）计算——《公路隧道设计规范 第一册 土建工程》第 6.2 节、附录 D～附录 J

与《铁路隧道设计规范》内容非常相近，历年真题多以考查《铁路隧道设计规范》为主，建议对两本规范进行对比学习。

25.3.1 浅埋隧道与深埋隧道分界——《公路隧道设计规范 第一册 土建工程》第 6.2.2 条、附录 D.0.1 条

浅埋隧道与深埋隧道分界应符合表 6-25-15 的规定。

浅埋隧道与深埋隧道分界　　表 6-25-15

（1）浅埋和深埋隧道分界判别：

$$\begin{cases} H \leqslant h_q \rightarrow \text{超浅埋} \\ h_q < H \leqslant H_p = (2\sim2.5h_q) \rightarrow \text{浅埋} \\ H > H_p = (2\sim2.5h_q) \rightarrow \text{深埋} \end{cases}$$

式中：H——隧道埋深（m），隧道顶至地面的距离；

H_p——埋隧道分界深度（m）；

h_q——荷载等效高度（m）。

（2）浅埋隧道分界深度H_p（m）计算：

$$\omega = 1 + i(B-5) \Rightarrow h_q = 0.45 \times 2^{S-1}\omega \Rightarrow H_p = (2\sim2.5)h_q$$

（钻爆法或浅埋暗挖法施工，Ⅰ～Ⅲ级围岩取$H_p = 2h_q$，Ⅳ～Ⅵ级围岩取$H_p = 2.5h_q$）

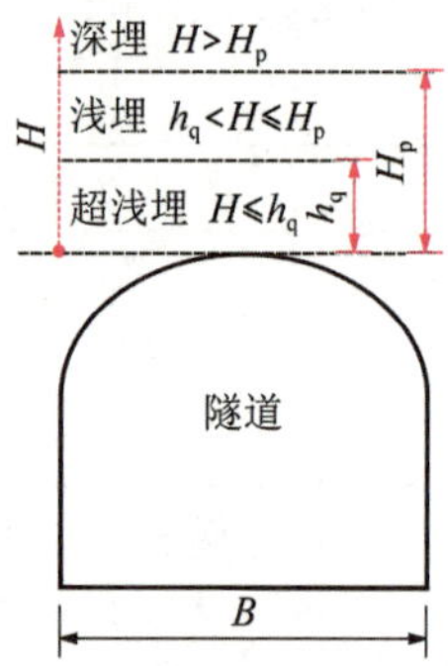

式中：ω——宽度影响系数；

B——隧道宽度（m）；

i——围岩压力增减率，按下表取值。

围岩压力增减率i取值表

隧道宽度B（m）	$B<5$	$5\leqslant B<14$	$14\leqslant B<25$	
围岩压力增减率i	0.2	0.1	考虑施工过程分导洞开挖	0.07
			上下台阶法或一次性开挖	0.12

S——围岩级别，按 1、2、3、4、5、6 整数取值；若有围岩 BQ 或[BQ]时，用修正值$[S]$代替S，$[S]$保留一位小数，计算如下：

$$[S] = S + \frac{\frac{[BQ]_上 + [BQ]_下}{2} - [BQ]}{[BQ]_上 - [BQ]_下} \quad 或 \quad [S] = S + \frac{\frac{BQ_上 + BQ_下}{2} - BQ}{BQ_上 - BQ_下}$$

岩体基本质量指标 BQ 和岩体修正质量指标[BQ]的上、下限值

围岩级别	Ⅰ	Ⅱ	Ⅲ	Ⅳ	Ⅴ
$BQ_上$、$[BQ]_上$	800	550	450	350	250
$BQ_下$、$[BQ]_下$	550	450	350	250	0

25.3.2 深埋隧道围岩压力——《公路隧道设计规范 第一册 土建工程》第 6.2.2 条

深埋隧道松散荷载垂直均布压力及水平均布压力，在不产生显著偏压及膨胀力的围岩条件下，应符合表 6-25-16 的规定。

深埋隧道围岩压力计算 表 6-25-16

<table>
<tr><td>（1）垂直均布压力q（kPa）</td><td>$\omega = 1 + i(B-5) \Rightarrow h_q = 0.45\times 2^{S-1}\omega \Rightarrow q = \gamma h_q$
式中：ω——宽度影响系数；
i——围岩压力增减率，按上表取值；
B——隧道宽度（m）；
S——围岩级别，按 1、2、3、4、5、6 整数取值；若有围岩 BQ 或[BQ]时，用修正值[S]代替S，计算同上；
h_q——围岩压力计算高度（m）；
γ——围岩重度（kN/m³）</td><td>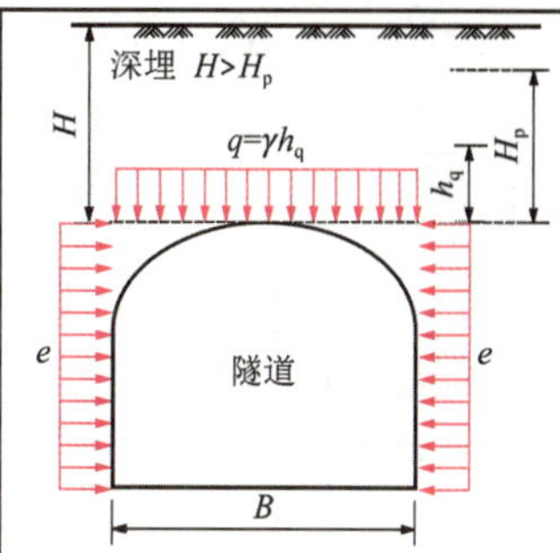
深埋</td></tr>
<tr><td>（2）水平均布压力e（kPa）</td><td colspan="2">围岩水平均布压力e（kPa）
<table><tr><td>围岩级别</td><td>Ⅰ、Ⅱ</td><td>Ⅲ</td><td>Ⅳ</td><td>Ⅴ</td><td>Ⅵ</td></tr><tr><td>水平均布压力e</td><td>0</td><td>$< 0.15q$</td><td>$(0.15\sim0.3)q$</td><td>$(0.3\sim0.5)q$</td><td>$(0.5\sim1.0)q$</td></tr></table></td></tr>
</table>

题 6-110 （12C22）某公路Ⅳ级围岩中的单线隧道，拟采用矿山法开挖施工。其标准断面衬砌顶距地面距离为 13m，隧道开挖宽度为 6.4m，初砌结构高度为 6.5m，围岩重度为 24kN/m³，计算摩擦角为 50°。试问根据《公路隧道设计规范 第一册 土建工程》JTG 3370.1—2018 计算，该隧道水平围岩压力最小值最接近下列哪项数值（单位：kPa）？

（A）14.8 （B）41.4 （C）46.8 （D）98.5

【解】

（1）$s = 4$，$\omega = 1 + 0.1\times(6.4-5) = 1.14$

$h_q = 0.45\times 2^{s-1}\omega = 0.45\times 2^{4-1}\times 1.14 = 4.104\text{m}$

$H_p = 2.5h_q = 2.5\times 4.104 = 10.26\text{m} < 13\text{m}$，按深埋隧道计算

（2）垂直均布围岩压力：$q = \gamma h = \gamma h_q = 24\times 4.104 = 98.50\text{kPa}$

（3）水平围岩压力：$e_1 = K_{0q} = 0.15\times 98.50 = 14.78\text{kPa}$

【点评】

①根据《公路隧道设计规范 第一册 土建工程》第 6.2.2 条；②先确定计算断面的深浅埋类型，矿山法施工条件下，Ⅳ级围岩浅、深埋临界高度取$H_p = 2.5h_q$，$h_q = 0.45\times 2^{s-1}\omega$；③依题意查《公路隧道设计规范 第一册 土建工程》表 6.2.3 围岩测压系数取小值。

25.3.3 浅埋隧道围岩压力——《公路隧道设计规范 第一册 土建工程》附录 D.0.2

浅埋隧道围岩压力分为浅埋和超浅埋两种情况分别计算，并应符合表 6-25-17 的规定。

浅埋隧道围岩压力计算 **表 6-25-17**

<table>
<tr><td rowspan="2">超浅埋</td><td>（1）垂直均布压力q（kPa）</td><td>$q=\gamma H$
式中：H——隧道埋深（m），隧道顶至地面的距离；
γ——隧道上覆围岩重度（kN/m^3）</td><td rowspan="4">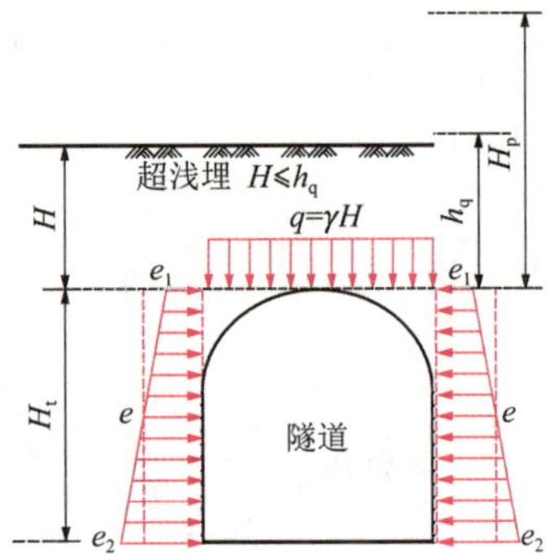
超浅埋
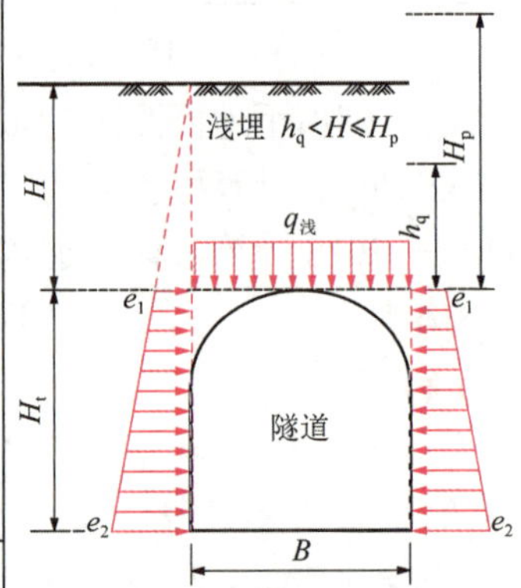
浅埋</td></tr>
<tr><td>（2）侧向均布压力e（kPa）</td><td>侧向压力e按均布考虑时，其值为：
$$e=\gamma\left(H+\frac{1}{2}H_t\right)\tan^2\left(45°-\frac{\varphi_c}{2}\right)$$
式中：H_t——隧道高度（m）；
φ_c——围岩计算内摩擦角（°），可查《公路隧道设计规范 第一册 土建工程》表 A.0.7-1 和表 A.0.7-2</td></tr>
<tr><td rowspan="2">浅埋</td><td>（1）均布荷载</td><td>作用在支护结构上的均布荷载$q_{浅}$（kPa）：
$$q_{浅}=\gamma H\left(1-\frac{H}{B}\lambda\tan\theta\right)$$
⇑
$$\lambda=\frac{\tan\beta-\tan\varphi_c}{\tan\beta[1+\tan\beta(\tan\varphi_c-\tan\theta)+\tan\varphi_c\tan\theta]}$$
⇑
$$\tan\beta=\tan\varphi_c+\sqrt{\frac{(\tan^2\varphi_c+1)\tan\varphi_c}{\tan\varphi_c-\tan\theta}}$$
式中：B——隧道宽度（m）；
λ——侧压力系数；
θ——滑动面的内摩擦角（°），可按下表取值；
β——破裂面与水平面的夹角（°）</td></tr>
<tr><td>（2）水平侧压力</td><td>侧压力梯形分布e_1、e_2（kPa）：
$$\begin{cases}e_1=\gamma H\lambda\\e_2=\gamma(H+H_t)\lambda\end{cases}$$
侧压力e（kPa）视为均布压力时：
$$e=\frac{e_1+e_2}{2}=\gamma\left(H+\frac{1}{2}H_t\right)\lambda$$</td></tr>
</table>

各级围岩的θ值

围岩级别	Ⅰ、Ⅱ、Ⅲ	Ⅳ	Ⅴ	Ⅵ
θ值	$0.9\varphi_c$	（0.7～0.9）φ_c	（0.5～0.7）φ_c	（0.3～0.5）φ_c

注：计算总荷载Q（kN/m）时，取作用在隧道宽度B（m）上；计算总水平侧压力E（kN/m）时，取作用在隧道高度H_t（m）上；以浅埋为例：$Q_{浅}=q_{浅}B$，$E=eH_t$。

题 6-111　某新建公路隧道，地表水平，围岩等级为Ⅴ级，拟采用浅埋暗挖法施工，其标准断面衬砌隧道顶至地面的距离$H = 4.0\text{m}$，隧道开挖宽度为 7m（图 6-25-1），隧道底到地面的距离$h = 11\text{m}$，其围岩重度为$\gamma = 21\text{kN/m}^3$，围岩计算内摩擦角$\varphi = 48°$，顶板土柱两侧内摩擦角$\theta = 30°$，根据《公路隧道设计规范 第一册 土建工程》JTG 3370.1—2018，计算该隧道围岩作用在支护结构上的水平总压力最接近下列哪个选项？

（A）75kN/m　　（B）85kN/m

（C）125kN/m　　（D）160kN/m

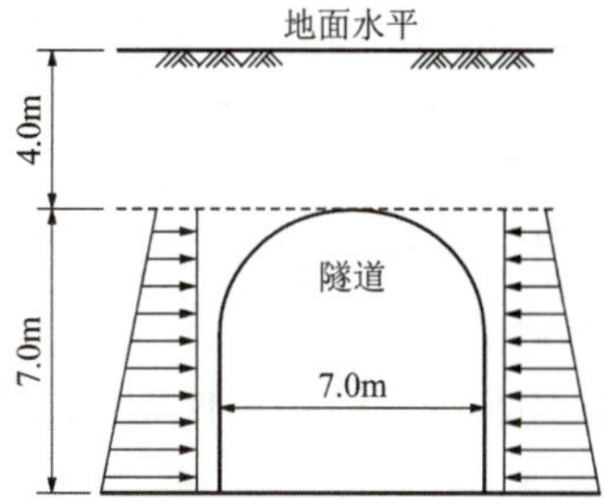

图 6-25-1　题 6-111 图

【解】

（1）$B = 7\text{m} > 5\text{m}$，$t = 0.1$，$\omega = 1 + 0.1 \times (7 - 5) = 1.2$

$h_s = 0.45 \times 2^{5-1} \times 1.2 = 8.64\text{m} > 4\text{m} \Rightarrow$超浅埋隧道$\Rightarrow \theta = 0$

（2）$\lambda = \tan^2\left(45° - \dfrac{48°}{2}\right) = 0.1474$

（3）$E_a = 21 \times \left(4 + \dfrac{7}{2}\right) \times 0.1474 \times 7 = 162.5\text{kN/m}$

【点评】

①根据《公路隧道设计规范 第一册 土建工程》附录 D；②先进行隧道深、浅埋分类，再选取相应的公式进行计算：超浅埋隧道按附录 D.0.2 条第 1 款计算，浅埋隧道按附录 D.0.2 条第 2 款计算，深埋隧道按第 6.2.2 条计算；③超浅埋隧道，顶板土柱两侧摩擦角取 0，满足朗肯条件，可直接采用朗肯公式计算土压力系数$\lambda = \tan^2(45° - 48°/2) = 0.1474$，更不易出错，和规范公式计算结果相同，规范公式计算结果如下：

$$\lambda = \frac{2.605 - \tan 48°}{2.605 \times [1 + 2.605 \times (\tan 48° - 0)]} = 0.1474$$

题 6-112　（21D18）某公路Ⅳ级围岩中的单线隧道，拟采用矿山法开挖施工，其标准断面衬砌顶距地面距离为 8m，隧道开挖宽度为 6.4m，衬砌结构高度为 6.5m，围岩重度为 24kN/m³，计算摩擦角为 50°，取顶板土柱两侧摩擦角$\theta = 0.7\varphi_c$（图 6-25-2）。根据《公路隧道设计规范》JTG 3370.1—2018 计算该隧道水平围岩压力最大值最接近下列哪一选项？

（A）640kN/m　　（B）360kN/m

（C）330kN/m　　（D）175kN/m

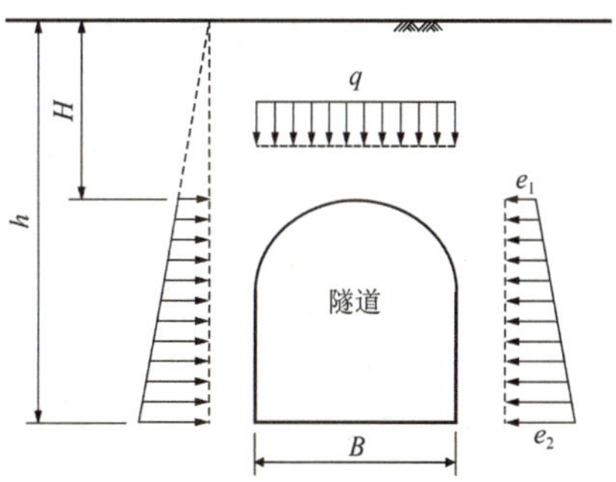

图 6-25-2　题 6-112 图

【解】

（1）$\omega = 1 + 0.1 \times 0.1 \times (6.4 - 5) = 1.14$

（2）$h_q = 0.45 \times 2^{4-1} \times 1.14 = 4.1\text{m}$，矿山法，Ⅳ级围岩，$H_q$=2.5 × 4.1=10.3

$4.1\text{m} < H = 8\text{m} < 10.3\text{m}$，按浅埋隧道

（3）$\tan\beta = \tan 50° + \sqrt{\dfrac{(\tan^2 50° + 1) \times \tan 50°}{\tan 50° - \tan 35°}} = 3.61$

$$\lambda = \frac{3.61 - \tan 50°}{3.61 \times [1 + 3.61 \times (\tan 50° - \tan 35°) + \tan 50° \times \tan 35°]} = 0.1856$$

（4）$E = \dfrac{1}{2} \times [8 \times 24 \times 0.1856 + (8 + 6.5) \times 24 \times 0.1856] \times 6.5 = 325.7\text{kN/m}$

【点评】

①根据《公路隧道设计规范 第一册 土建工程》第6.2.2条、附录D；②水平围岩压力梯形分布，矿山法属于钻爆法一种，Ⅳ级围岩时，区分浅埋深埋的界限为$2.5h_q$。

题6-113 两车道公路隧道采用钻爆法，标准断面衬砌顶距地面距离为13m，地表水平，隧道开挖宽度12m，初砌结构高度为10m。围岩重度为$23kN/m^3$，岩石单轴饱和抗压强度为30MPa，围岩的计算摩擦角$\varphi_c = 25°$，岩体和岩石的弹性纵波速度分别为2400m/s和3500m/s，根据《公路隧道设计规范 第一册 土建工程》JTG 3370.1—2018相关要求，该隧道作用在支护结构上均布荷载和侧向均布压力最接近下列哪个选项（滑动面的摩擦角θ查表取小值）？

（A）225kPa、145kPa （B）225kPa、220kPa

（C）245kPa、145kPa （D）245kPa、220kPa

【解】

（1）$K_v = \left(\frac{2400}{3500}\right)^2 = 0.47$

$R_c = 30 < 90 \times 0.47 + 30 = 72.3$，$K_v = 0.47 < 0.04 \times 30 + 0.4 = 1.6$

$BQ = 100 + 3 \times 30 + 250 \times 0.47 = 307.5 \Rightarrow$ Ⅳ级

插值$[S] = 4 + \frac{0.5 \times (350 + 250) - 307.5}{350 - 250} = 3.9$

（2）$h_q = 0.45 \times 2^{3.9-1} \times [1 + 0.1 \times (12 - 5)] = 5.71m$

$H_p = 2.5 \times 5.71 = 14.3m \Rightarrow h_q = 5.71m < H = 13m < H_p = 14.3m \Rightarrow$浅埋

（3）$\varphi_c = 25°$，$\theta = 25° \times 0.7 = 17.5°$

$$\tan\beta = \tan 25° + \sqrt{\frac{(\tan^2 25° + 1) \times \tan 25°}{\tan 25° - \tan 17.5°}} = 2.405$$

$$\lambda = \frac{2.405 - \tan 25°}{2.405 \times [1 + 2.405 \times (\tan 25° - \tan 17.5°) + \tan 25° \times \tan 17.5°]} = 0.534$$

（4）$q = 23 \times 13 \times \left(1 - \frac{13}{12} \times 0.534 \times \tan 17.5°\right) = 244.5kPa$

$e = \frac{1}{2} \times (13 + 10 + 13) \times 23 \times 0.534 = 221.1kPa$

【点评】

①根据《公路隧道设计规范 第一册 土建工程》第3.6.2条、第6.2.2条、附录D；②根据第6.2.2条文解释：当采用《公路隧道设计规范 第一册 土建工程》式(6.2.2-2)计算围岩压力时，在缺乏BQ或[BQ]值的情况下，选用围岩级别S；在有围岩BQ或[BQ]值时，可根据岩体基本质量指标BQ或[BQ]采用插值的方法得到连续取值的围岩级别修正值$[S]$，用$[S]$代替S，$[S]$保留一位小数；③根据隧道埋深和荷载等效高度的关系，确定深浅埋隧道和围岩压力。

25.3.4 浅埋偏压隧道围岩压力——《公路隧道设计规范 第一册 土建工程》附录 E

浅埋偏压隧道围岩压力计算，应符合表 6-25-18 的规定。

浅埋偏压隧道围岩压力计算 **表 6-25-18**

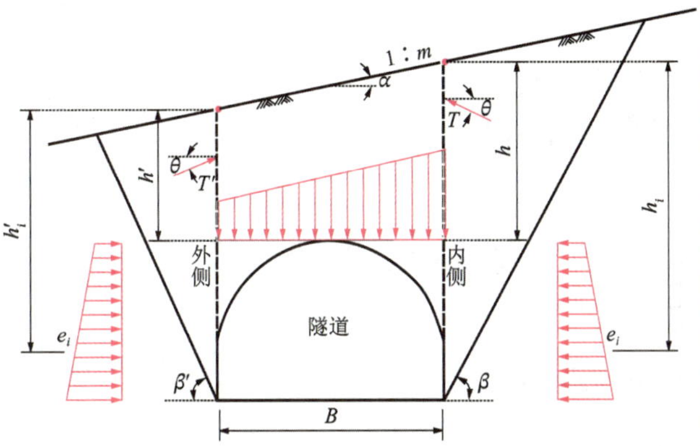

h、h'——内、外侧由拱顶水平至地面的高度（m）；

B——隧道跨度（m）；

γ——围岩重度（kN/m^3）；

θ——顶板岩土柱两侧内摩擦角（°），可按下表取值；

α——地面坡坡角（°）；

φ_c——围岩计算内摩擦角（°）；

β——破裂面与水平面的夹角（°）；

λ、λ'——内、外侧的侧压力系数；

h_i、h'_i——内、外侧任意一点至地面的距离（m）

各级围岩的θ值

围岩级别	Ⅰ、Ⅱ、Ⅲ	Ⅳ	Ⅴ	Ⅵ
θ值	$0.9\varphi_c$	$(0.7\sim0.9)\varphi_c$	$(0.5\sim0.7)\varphi_c$	$(0.3\sim0.5)\varphi_c$

（1）总垂直压力Q（kN/m）

$$Q=\frac{\gamma}{2}[(h+h')B-(\lambda h^2+\lambda' h'^2)\tan\theta]$$

⇑

$$\begin{cases}\lambda=\dfrac{1}{\tan\beta-\tan\alpha}\times\dfrac{\tan\beta-\tan\varphi_c}{1+\tan\beta(\tan\varphi_c-\tan\theta)+\tan\varphi_c\tan\theta}\\ \lambda'=\dfrac{1}{\tan\beta'+\tan\alpha}\times\dfrac{\tan\beta'-\tan\varphi_c}{1+\tan\beta'(\tan\varphi_c-\tan\theta)+\tan\varphi_c\tan\theta}\end{cases}$$

⇑

$$\begin{cases}\tan\beta=\tan\varphi_c+\sqrt{\dfrac{(\tan^2\varphi_c+1)(\tan\varphi_c-\tan\alpha)}{\tan\varphi_c-\tan\theta}}\\ \tan\beta'=\tan\varphi_c+\sqrt{\dfrac{(\tan^2\varphi_c+1)(\tan\varphi_c+\tan\alpha)}{\tan\varphi_c-\tan\theta}}\end{cases}$$

（2）水平侧压力e_i（kPa）

$$\begin{cases}\text{内侧}\rightarrow e_i=\gamma h_i\lambda\\ \text{外侧}\rightarrow e_i=\gamma h'_i\lambda'\end{cases}$$

注：《公路隧道设计规范 第一册 土建工程》没有判断偏压的规定，一般题目会说明。

近年来考试越来越注重“地下工程”的考查，公路、铁路隧道基本上每年必考一题，需要引起重视。各种隧道围岩压力的计算，看似复杂，实质上是各种土压力的推导，应试不用过多研究其推导过程，大致了解其原理，按照手册配图直接代公式即可。

题 6-114 某新建公路单线偏压隧道如图 6-25-3 所示，地表坡度 1∶3，$h = 8\text{m}$，围岩等级为Ⅳ级，拟采用钻爆法开挖施工，隧道开挖宽度为 7m，隧道高度为 6m，其围岩重度为$\gamma = 23\text{kN/m}^3$，围岩计算内摩擦角$\varphi = 40°$，顶板土柱两侧内摩擦角为 30°，根据《公路隧道设计规范 第一册 土建工程》JTG 3370.1—2018，计算作用在隧道内侧的总水平侧压力为多少。

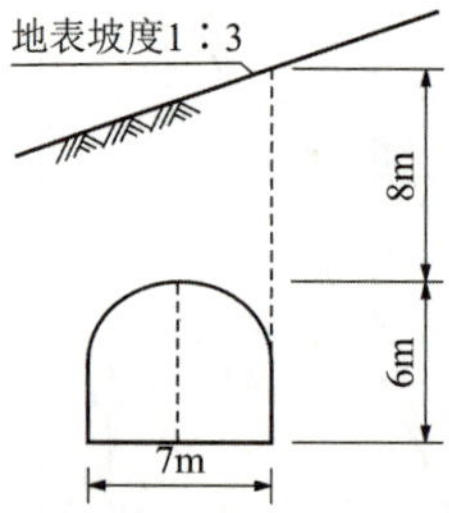

图 6-25-3 题 6-114 图

【解】

（1）$\tan\beta = \tan 40° + \sqrt{\dfrac{(\tan^2 40° + 1) \times \left(\tan 40° - \dfrac{1}{3}\right)}{\tan 40° - \tan 30°}} = 2.654$

$$\lambda = \frac{1}{2.654 - \dfrac{1}{3}} \times \frac{2.654 - \tan 40°}{1 + 2.654 \times (\tan 40° - \tan 30°) + \tan 40° \times \tan 30°} = 0.359$$

（2）$e_1 = 23 \times 8 \times 0.359 = 66.06\text{kPa}$，$e_2 = 23 \times (8 + 6) \times 0.359 = 115.6\text{kPa}$

$$E = \frac{1}{2} \times (66.06 + 115.6) \times 6 = 544.98\text{kN/m}$$

【点评】

①根据《公路隧道设计规范 第一册 土建工程》附录 E；②偏压隧道内侧为山体埋深较大一侧，外侧为埋深较小一侧，规范中没有判别是否为偏压的公式，按题意；③规范外侧的土压力系数错误，需要按答题手册勘误。

25.3.5 明洞回填荷载——《公路隧道设计规范 第一册 土建工程》附录 H

明洞回填荷载计算，应符合表 6-25-19 的规定。

明洞回填荷载计算　　　　表 6-25-19

<table>
<tr><td>（1）拱圈垂直压力 q_i（kPa）</td><td colspan="2">$q_i=\gamma_1 h_i$</td><td colspan="2">q_i——明洞结构上任意点 i 的回填土石垂直压力值（kPa）；
γ_1——拱背回填土石重度（kN/m³）；
h_i——明洞结构上任意点 i 的土柱体高度（m）；</td></tr>
<tr><td rowspan="6">（2）拱圈侧压力 e_i（kPa）</td><td colspan="2">$e_i=\gamma_1 h_i \lambda$</td><td colspan="2">e_i——任意点 i 的侧压力值（kPa）；
λ——侧压力系数；计算如下：</td></tr>
<tr><td colspan="2">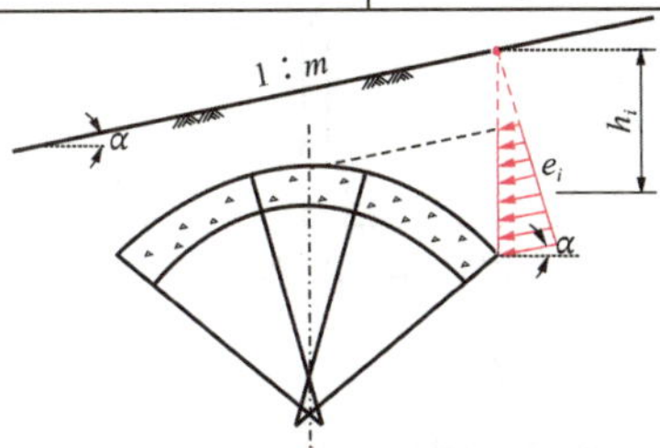(a) 填土坡面向上倾斜，按无限填土考虑</td><td colspan="2">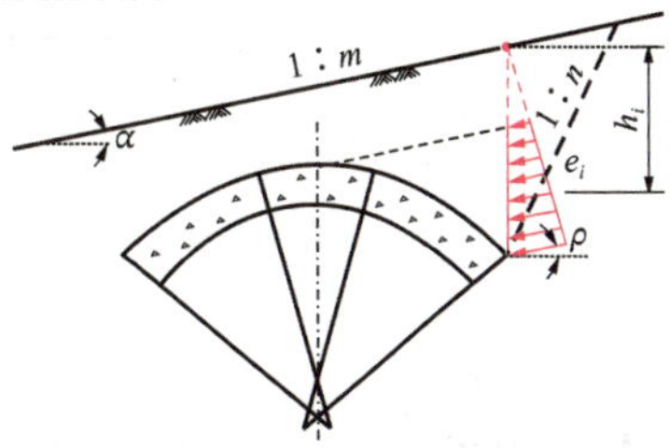(b) 填土坡面向上倾斜，按有限填土考虑</td></tr>
<tr><td colspan="2">（a）填土坡面向上倾斜，按无限土体计算：
$$\lambda=\cos\alpha\frac{\cos\alpha-\sqrt{\cos^2\alpha-\cos^2\varphi_1}}{\cos\alpha+\sqrt{\cos^2\alpha-\cos^2\varphi_1}}$$</td><td colspan="2">（b）填土坡面向上倾斜，按有限土体计算：
$$\lambda=\frac{1-\mu n}{(\mu+n)\cos\rho+(1-\mu n)\sin\rho}\cdot\frac{mn}{(m-n)}$$</td></tr>
<tr><td colspan="2">α——设计填土面坡度角（°）；
φ_1——拱背回填土石计算内摩擦角（°）</td><td colspan="2">ρ——侧压力作用方向与水平线夹角（°）；
n——开挖边坡坡率；m——回填土石面坡率；
μ——回填土石与开挖边坡面间的摩擦系数</td></tr>
<tr><td colspan="4">（c）坡面水平时：$\lambda=\tan^2\left(45°-\frac{\varphi_1}{2}\right)$</td></tr>
<tr><td colspan="4"></td></tr>
<tr><td rowspan="6">（3）边墙侧压力 e_i（kPa）</td><td colspan="2">$e_i=\gamma_2 h_i'\lambda \Leftarrow h_i'=h_i''+\frac{\gamma_1}{\gamma_2}h_1$</td><td colspan="2">$\gamma_2$——墙背回填土石重度（kN/m³）；
h_i'——边墙计算点换算高度（m）；
h_i''——墙顶至计算位置的高度（m）；
h_1——填土坡面至墙顶的垂直高度（m）；
λ——侧压力系数；其他计算如下：</td></tr>
<tr><td colspan="2">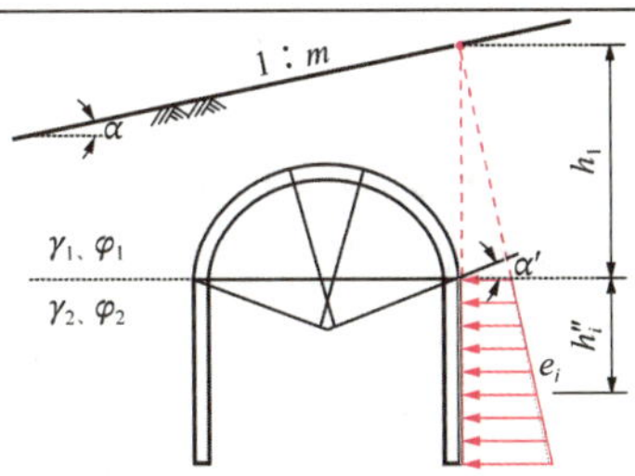(a) 填土坡面向上倾斜（内侧）</td><td colspan="2">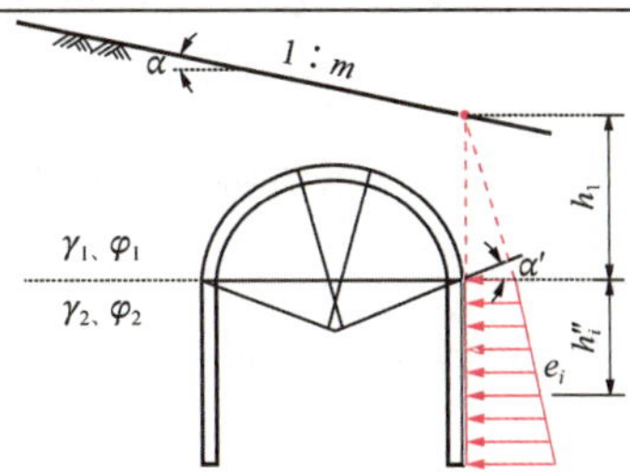(b) 填土坡面向下倾斜（外侧）</td></tr>
<tr><td>（a）填土坡面向上倾斜：
$$\lambda=\frac{\cos^2\varphi_2}{\left[1+\sqrt{\frac{\sin\varphi_2\sin(\varphi_2-\alpha')}{\cos\alpha'}}\right]^2}$$</td><td colspan="2">（b）填土坡面向下倾斜：
$$\lambda=\frac{\tan\theta_0}{\tan(\theta_0+\varphi_2)(1+\tan\alpha'\tan\theta_0)}$$</td><td>（c）坡面水平时：
$$\lambda=\tan^2\left(45°-\frac{\varphi_2}{2}\right)$$</td></tr>
<tr><td colspan="4">$$\alpha'=\arctan\left(\frac{\gamma_1}{\gamma_2}\tan\alpha\right);\quad \tan\theta_0=\frac{-\tan\varphi_2+\sqrt{(1+\tan^2\varphi_2)\left(1+\frac{\tan\alpha'}{\tan\varphi_2}\right)}}{1+(1+\tan^2\varphi_2)\frac{\tan\alpha'}{\tan\varphi_2}}$$</td></tr>
<tr><td colspan="4">φ_2——墙背回填土石计算摩擦角（°）</td></tr>
</table>

题 6-115 高速公路两车道隧道明洞，尺寸如图 6-25-4 所示，墙背直立。拱部填土坡度 1∶5，重度$\gamma_1 = 19\text{kN/m}^3$，隧道宽度 11.1m，墙背光滑，墙后填土重度$\gamma_2 = 19.5\text{kN/m}^3$，内摩擦角 35°。填土坡面向下倾斜，试问填土作用在下坡侧墙背上的总土压力E_a最接近下列哪个选项？

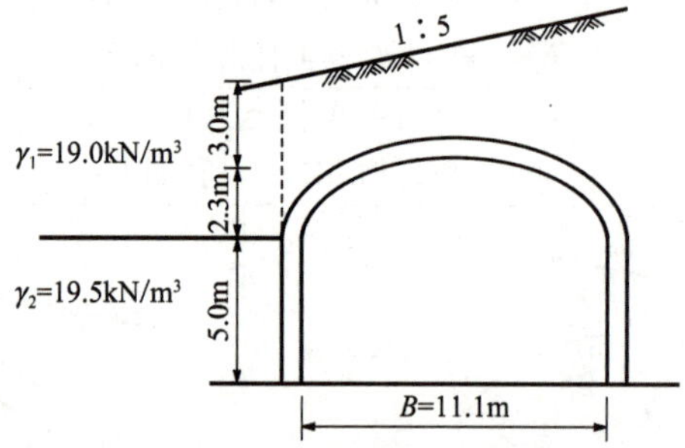

图 6-25-4　题 6-115 图

（A）145kN　（B）160kN　（C）185kN　（D）220kN

【解】

（1）$\alpha = \arctan\left(\frac{1}{5}\right) = 11.31°$，$\alpha' = \arctan\left(\frac{19}{19.5} \times \tan 11.31°\right) = 11.03°$

$$\tan\theta_0 = \frac{-\tan 35° + \sqrt{(1+\tan^2 35°) \times (1 + \tan 11.03°/\tan 35°)}}{1 + (1+\tan^2 35°) \times \tan 11.03°/\tan 35°} = 0.481$$

$\Rightarrow \theta_0 = 25.69°$

（2）$\lambda = \dfrac{0.481}{\tan(25.69° + 35°) \times (1 + 0.481 \times \tan 11.03°)} = 0.247$

（3）侧墙顶$e_1 = 19 \times (2.3 + 3) \times 0.247 = 24.873\text{kPa}$

侧墙底$e_2 = [19 \times (2.3+3) + 19.5 \times 5] \times 0.247 = 48.96\text{kPa}$

（4）墙背总土压力$E_a = \dfrac{24.873 + 48.955}{2} \times 5 = 184.6\text{kN}$

【点评】

①根据《公路隧道设计规范 第一册 土建工程》附录 H.0.3 条；②边墙回填侧压力系数λ分为三种情况：地面水平，地面向下倾斜（填土较低一侧边墙侧土压力系数），地面向上倾斜（填土较高一侧边墙侧土压力系数）。

25.3.6 门洞墙土压力——《公路隧道设计规范 第一册 土建工程》附录 J

门洞墙土压力计算，应符合表 6-25-20 的规定。

门洞墙土压力计算　　表 6-25-20

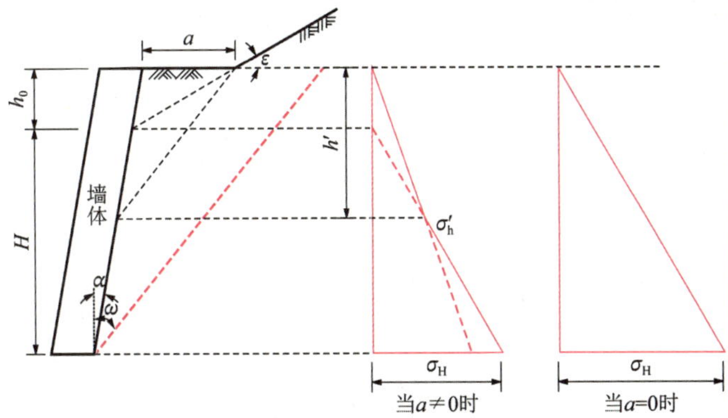

地面坡角与墙面倾角示意图

ε——地面坡角（°）；

α——墙面倾角（°）；

ω——墙背土体破裂角（°）；

φ_c——围岩计算内摩擦角（°）；

γ——地层重度（kN/m³）；

E——土压力（kN）；

λ——侧压力系数；

b——洞门墙计算条带宽度（m）；

ξ——土压力计算模式不确定性系数，可取$\xi = 0.6$

$$E = \frac{1}{2}\gamma\lambda[H^2 + h_0(h' - h_0)]b\xi$$

$$\Uparrow$$

$$\lambda = \frac{(\tan\omega - \tan\alpha)(1 - \tan\alpha\tan\varepsilon)}{\tan(\omega + \varphi_c)(1 - \tan\omega\tan\varepsilon)};\ h' = \frac{a}{\tan\omega - \tan\alpha};\ h_0 = \frac{a\tan\varepsilon}{1 - \tan\alpha\tan\varepsilon}$$

$$\Uparrow$$

$$\tan\omega = \frac{\tan^2\varphi_c + \tan\alpha\tan\varepsilon - \sqrt{(1 + \tan^2\varphi_c)(\tan\varphi_c - \tan\varepsilon)(\tan\varphi_c + \tan\alpha)(1 - \tan\alpha\tan\varepsilon)}}{\tan\varepsilon(1 + \tan^2\varphi_c) - \tan\varphi_c(1 - \tan\alpha\tan\varepsilon)}$$

注：规范配图有误，$\tan\omega$的公式有误，已按《铁路隧道设计规范》修正。

25.3.7 小净距隧道与边拱隧道围岩压力——《公路隧道设计规范 第一册 土建工程》附录 F、附录 G

计算原则与普通隧道围岩压力(《公路隧道设计规范 第一册 土建工程》附录 D)类似，考虑因素更多，计算更为复杂，请读者自行学习。

注：“隧道围岩压力”以考查《铁路隧道设计规范》为主，参考《铁路隧道设计规范》上的例题。

第7篇

特殊条件下的岩土工程

考试大纲

8.1 特殊性岩土

熟悉软土、湿陷性土、膨胀性岩土、盐渍岩土、多年冻土、风化岩和残积土等特殊性岩土的基本特征、勘察要求、试验方法和分析评价；掌握特殊性岩土的工程设计计算及工程处理方法。

8.2 岩溶与土洞

了解岩溶与土洞的发育条件和规律；了解岩溶的分类；了解岩溶与土洞的塌陷机理；掌握岩溶场地的勘察要求和评价方法；了解岩溶与土洞的处理方法。

8.3 滑坡、危岩与崩塌

了解滑坡、危岩与崩塌的类型和形成条件；**掌握治理滑坡、危岩与崩塌的勘察及稳定性验算方法**；掌握治理滑坡、危岩与崩塌的设计、施工及动态监测方法。

8.4 泥石流

了解泥石流的形成条件和分类；了解泥石流的计算方法；掌握泥石流的勘察和防治工程设计。

8.5 采空区

了解采空区地表移动规律、特征及危害；了解采空区地表移动和变形的预测；**掌握采空区的勘察评价原则和处理措施。**

8.6 地面沉降

了解地面沉降的危害及形成原因；了解地面沉降量的估算和预测方法；掌握地面沉降的评价方法；了解防止地面沉降的主要措施。

8.7 废弃物处理场地

了解废弃物处理工程的特点；了解尾矿处理和垃圾填埋场地的岩土工程勘察设计要点和评价方法。

8.8 地质灾害危险性评估

了解地质灾害危险性评估范围、内容和分级标准；掌握地质环境条件复杂程度分类、建设项目重要性分类及其内容；了解地质灾害调查的重点、内容和要求；熟悉地质灾害危险性评估方法及评估报告编制要求。

考题特点

自2018年后，特殊条件下的岩土工程章节题量为6题，上午下午3～4题，题号为19～22，勘察、浅基础、地基处理也有特殊土出题，21年总计多达10题，题量非常之多。涉及规范9本，案例考点主要涉及5本，还有较多的题目出自《工程地质手册》，本章是岩土考试中出题虽多，但却是较为简单的章节，为考试的必拿分章节。本章涉及较多的规范及《工程地质手册》不良地质和特殊土的章节，内容多、范围广，但是相应的案例考点不太多，且大部分都是代公式的题目。滑坡的稳定系数计算为必出题目，其他如黄土、膨胀土、盐渍土、冻土也属于常出题考点。其他不良地质作用大部分间隔1年出题。历年真题重现率较高。

复习方法

通过做题掌握规范或《工程地质手册》中的案例考点，对规范中的公式和答题思路进行总结。平时勤翻、熟悉规范，注重细节和坑点，认真过一遍《工程地质手册》第五篇特殊性土勘察与评价和第六篇特殊地质条件勘察和评价，浏览其他行业标准中特殊土相关的内容。

应试技巧

首选题型，尽快拿下树立自信，常规题目闭卷或者通过总结快速答题，极少数特别偏和难的题目留到后面做。

主要涉及规范

（1）《湿陷性黄土地区建筑标准》GB 50025—2018（重点1）

（2）《膨胀土地区建筑技术规范》GB 50112—2013（重点2）

（3）《盐渍土地区建筑技术规范》GB/T 50942—2014（重点3）

（4）《建筑地基基础设计规范》GB 50007—2011（核心重点）

（5）《岩土工程勘察规范》GB 50021—2001（2009年版）（核心重点）

（6）《铁路工程不良地质勘察规程》TB 10027—2022（次重规范1）

（7）《铁路工程特殊岩土勘察规程》TB 10038—2022（次要规范2）

（8）《生活垃圾卫生填埋处理技术规范》GB 50869—2013（次要规范3）

（9）《地质灾害危险性评估规范》DZ/T 0286—2015（次要规范4）

（10）《工程地质手册》第五版

第 26 章 湿陷性黄土地区建筑标准

26.1 基本规定

26.1.1 重要概念（术语）——《湿陷性黄土地区建筑标准》第 2.1 节

《湿陷性黄土地区建筑标准》上的重要概念见表 7-26-1。

重要概念（术语）　　表 7-26-1

术语	定义
湿陷性黄土	在一定压力下受水浸湿，土的结构迅速破坏，并产生显著附加下沉的黄土
自重湿陷性黄土	在**上覆土的饱和自重压力作用下**受水浸湿，产生显著附加下沉的湿陷性黄土
湿陷变形	湿陷性黄土或具有湿陷性的其他土在一定压力作用下，下沉稳定后，受水浸湿产生的附加下沉
湿陷起始压力p_{sh}	湿陷性黄土浸水饱和，开始出现湿陷时的压力。是反映**非自重湿陷性**黄土特征的重要指标
湿陷系数δ_s	单位厚度的环刀试样，在**一定压力下**，下沉稳定后，浸水饱和产生的附加下沉
自重湿陷系数δ_{zs}	单位厚度的环刀试样，在**上覆土的饱和自重压力作用下**，下沉稳定后，浸水饱和产生的附加下沉
自重湿陷量实测值Δ'_{zs}	在湿陷性黄土场地，采用试坑浸水试验，全部湿陷性黄土层浸水饱和所产生的自重湿陷量
自重湿陷量计算值Δ_{zs}	采用室内压缩试验，根据不同深度的湿陷性黄土试样的自重湿陷系数，考虑现场条件计算而得的自重湿陷量的累计值
湿陷量计算值Δ_s	采用室内压缩试验，根据不同深度的湿陷性黄土试样的湿陷系数，考虑现场条件计算而得的湿陷量的累计值
剩余湿陷量	拟处理土层底面下未处理湿陷性黄土的湿陷量
新近堆积黄土	沉积年代短，具高压缩性，承载力低，均匀性差，在 50～100kPa 压力下变形较大的全新世（Q_4^2）黄土
湿陷性黄土场地	天然地面或挖、填方场地的设计地面以下以湿陷性黄土为主要地层的场地。分为自重湿陷性黄土场地和非自重湿陷性黄土场地
湿陷性黄土地基	含有湿陷性黄土的建筑物地基。基底下湿陷性黄土层下限深度小于 20m 定为一般湿陷性黄土地基，大于等于 20m 定为**大厚度湿陷性黄土地基**
大厚度湿陷性黄土地基	基底下湿陷性黄土层下限深度大于等于 20m 的湿陷性黄土地基

26.1.2 黄土地层划分和新近堆积黄土判别——《湿陷性黄土地区建筑标准》附录 C、附录 D

黄土地层的划分见表 7-26-2。

黄土地层的划分　　　　**表 7-26-2**

<table>
<tr><th colspan="3">时代</th><th>地层划分</th><th>说明</th></tr>
<tr><td rowspan="2">全新世（Q_4）黄土</td><td>晚期（Q_4^2）</td><td rowspan="3">新黄土</td><td rowspan="2">黄土状土</td><td rowspan="3">一般具湿陷性</td></tr>
<tr><td>早期（Q_4^1）</td></tr>
<tr><td colspan="2">晚更新世（Q_3）黄土</td><td>马兰黄土</td></tr>
<tr><td colspan="2">中更新世（Q_2）黄土</td><td rowspan="2">老黄土</td><td>离石黄土</td><td>上部部分土层具湿陷性</td></tr>
<tr><td colspan="2">早更新世（Q_1）黄土</td><td>午城黄土</td><td>不具湿陷性</td></tr>
</table>

新近堆积黄土的判别方法见表 7-26-3。

新近堆积黄土判别　　　　**表 7-26-3**

$R = -68.45e + 10.98a - 7.16\gamma + 1.18w$ $R_0 = -154.80$ 当时$R > R_0$，可将该土判定为新近堆积黄土 注：一定要注意比较的是负值，如：$-152.50 > -154.80$	e——土的孔隙比； a——压缩系数（MPa^{-1}），宜取（50～150）kPa 或（0～100）kPa 压力下的大值； γ——土的重度（kN/m^3）； w——土的天然含水率（%）；去掉百分号的数值代入，如：45.3%取 45.3 代入公式计算

题 7-1　（13C27）有四个黄土场地，经试验，其上部土层的工程特性指标代表值分别见表 7-26-4。

题 7-1 表　　　　**表 7-26-4**

土性指标	e	$a_{50\sim150}$（MPa^{-1}）	γ（kN/m^3）	w（%）
场地一	1.120	0.62	14.3	17.6
场地二	1.090	0.62	14.3	12.0
场地三	1.051	0.51	15.2	15.5
场地四	1.120	0.51	15.2	17.6

根据《湿陷性黄土地区建筑标准》GB 50025—2018 判定，下列哪一个黄土场地分布有新近堆积黄土？

（A）场地一　　（B）场地二　　（C）场地三　　（D）场地四

【解】

（1）$R = -68.45e + 10.98\alpha - 7.16\gamma + 1.18w$

$R_0 = -154.80$

场地一：$R_1 = -68.45 \times 1.120 + 10.98 \times 0.62 - 7.16 \times 14.3 + 1.18 \times 17.6$

$= -151.48 > R_0$

（2）同理，场地二：$R_2 = -156.03 < R_0$

场地三：$R_3 = -156.88 < R_0$

场地四：$R_4 = -159.13 < R_0$

（3）综上，场地一$R > R_0$，为新近堆积黄土

【点评】

①根据《湿陷性黄土地区建筑标准》附录 D.0.2；②注意有负号时比较大小别反了，后三个场地的计算过程完全一样，可写“同理”节省时间；③纯代公式简单题型，可采用计算器的 CALC 功能，设置 4 个变量，快速计算。

26.1.3 建筑物分类和举例——《湿陷性黄土地区建筑标准》第 3.0.1 条、附录 A

（1）拟建建筑物应根据重要性、高度、体形、地基受水浸湿可能性大小和对不均匀沉降限制的严格程度等分为四类，并应符合表 7-26-5 的规定。

建筑物分类　　**表 7-26-5**

建筑物类别	划分标准
甲类	高度大于 60m 和 14 层及 14 层以上体形复杂的建筑 高度大于 50m 且地基受水浸湿可能性大或较大的构筑物 高度大于 100m 的高耸结构 特别重要的建筑 地基受水浸湿可能性大的重要建筑 对不均匀沉降有严格限制的建筑
乙类	高度为 24～60m 建筑 高度为 30～50m，且地基受水浸湿可能性大或较大的构筑物 高度为 50～100m 的高耸结构 地基受水浸湿可能性较大的重要建筑 地基受水浸湿可能性大的一般建筑
丙类	除甲类、乙类、丁类以外的一般建筑物和构筑物
丁类	长高比不大于 2.5 且总高度不大于 5m，地基受水浸湿可能性小的单层辅助建筑，次要建筑

（2）根据基础结构形式、变形刚度、连接方式及重要性等，建筑物各单元可划分为不同类别，也可划分为同一类别。建筑物类别的划分可结合表 7-26-6 确定。

各类建筑举例　　**表 7-26-6**

建筑物类别	举例
甲类	高度大于 60m 的建筑；14 层及 14 层以上的体形复杂的建筑；高度大于 50m 的筒仓；高度大于 100m 的电视塔；大型展览馆、博物馆；一级火车站主楼；6000 人以上的体育馆；标准游泳馆；跨度不小于 36m 或吊车额定起重量不小于 100t 的机加工车间；不小于 10000t 的水压机车间；大型热处理车间；大型电镀车间；大型炼钢车间；大型轧钢压延车间；大型电解车间；大型煤气发生站；大、中型火力发电站主体建筑；大型选矿、选煤车间；煤矿主井多绳提升井塔；大型水厂；大型污水处理厂；大型游泳池；大型漂、染车间；大型屠宰车间；10000t 以上的冷库；净化工房：有剧毒、强传染性病毒或有放射污染的建筑
乙类	高度为 24～60m 的建筑，高度为 30～50m 的筒仓；高度为 50～100m 的烟囱；**省（市）级影剧院、图书馆、文化馆、展览馆、档案馆**；省级会展中心；大型多层商业建筑；民航机场指挥及候机楼；铁路信号、通信楼、铁路机务洗修库；省级电子信息中心；多层试验楼；跨度大于等于 24m、小于 36m 或起重机额定起重量大于等于 30t、小于 100t 的机加工车间；小于 10000t 的水压机车间；中型轧钢车间；中型选矿车间、小型火力发电厂主体建筑；中型水厂；中型污水处理厂；中型漂、染车间；大中型浴室；中型屠宰车间；特高压输电铁塔
丙类	7 层及 7 层以下的多层建筑；高度不超过 30m 的筒仓、高度不超过 50m 的烟囱；浸水可能性小的风电机组基础；跨度小于 24m 且起重机额定起重量小于 30t 的机加工车间；单台小于 10t 的锅炉房；一般浴室、食堂、**县（区）影剧院**、理化实验室；一般的工具、机修、木工车间、成品库；浸水可能性小的超高压、高压输电杆塔
丁类	1～2 层的简易房屋、小型车间、小型库房；无给水排水设施的单层且长高比小于 2.5、总高度小于 5 的门房；浸水可能性小的光伏电站光伏阵列区

26.2　黄土湿陷性试验

室内压缩试验→湿陷系数δ_s、自重湿陷系数δ_{zs}、湿陷起始压力p_{sh}、压力-湿陷系数（p-δ_s）曲线

现场静载荷试验→湿陷起始压力p_{sh}

现场试坑浸水试验→自重湿陷量实测值Δ'_{zs}

26.2.1 湿陷系数δ_s——《湿陷性黄土地区建筑标准》第 4.3.2 条

测定湿陷系数δ_s的室内压缩试验：分级加荷至试样的规定压力，下沉稳定后，试样浸水饱和至附加下沉稳定，试验终止。压力在（0～200）kPa 范围内，每级增量宜为 50kPa；压力大于 200kPa 时，每级增量宜为 100kPa。湿陷系数δ_s计算应符合表 7-26-7 的规定。

湿陷系数δ_s　　　　**表 7-26-7**

（1）试验压力：测定湿陷系数δ_s的试验压力，应按土样深度和基底压力确定。土样深度自基础底面算起，基底标高不确定时，自地面下 1.5m 算起；试验压力应按下列条件取值：

条件	试验压力
基底压力小于 300kPa 时	基底下 10m 以内的土层应用 200kPa； 10m 以下至非湿陷性黄土层顶面，应用其上覆土的饱和自重压力
基底压力不小于 300kPa 时	宜用实际基底压力，当上覆土的饱和自重压力大于实际基底压力时，应用其上覆土的饱和自重压力
对压缩性较高的新近堆积黄土	基底下 5m 以内的土层宜用 100～150kPa 压力； 基底下 5～10m 用 200kPa； 基底下 10m 以下至非湿陷性黄土层顶面，用上覆土的饱和自重压力

注：测定压力-湿陷系数（p-δ_s）曲线时，试验最大压力应大于土样所处位置处附加压力与上覆土的饱和自重压力之和

（2）湿陷系数δ_s计算： $\delta_s=\dfrac{h_p-h'_p}{h_0}$	h_p——保持天然湿度和结构的试样，加至一定压力时，下沉稳定后的高度（mm）； h'_p——加压下沉稳定后的试样，在浸水饱和条件下，附加下沉稳定后的高度（mm）； h_0——试样的原始高度（mm），取环刀高度 20mm

题 7-2　某湿陷性黄土场地，建筑采用独立基础，基底压力$p_k=320$kPa，黄土天然含水率 19.6%，天然密度为 1.62g/cm³，土粒相对密度（比重）为 2.71，地面下 12m 处取得原状土样进行单线法压缩试验，试确定在测定土样的湿陷系数时施加的试验压力（其中水的密度ρ_w取 1.0g/cm³，重力加速度g取 10m/s²）。

【解】

（1）$e=\dfrac{d_s(1+w)\rho_w}{\rho}-1=\dfrac{2.71\times(1+0.196)\times1}{1.62}-1=1.00$

$\rho_{sat}=\dfrac{d_s+S_re}{1+e}=\dfrac{2.71+0.85\times1.00}{1+1.00}=1.78\text{g/cm}^3$

（2）$p=1.78\times10\times12=213.6\text{kPa}<p_k$，取$p=320$kPa

【点评】

①根据《湿陷性黄土地区建筑标准》第 4.3.2 条；②当基底压力不小于 300kPa 时，宜用实际基底压力，当上覆土的饱和自重压力大于实际基底压力时，应用其上覆土的饱和自重压力；③特别注意：本条新规范与老规范规定有所不同，规范正文和条文说明矛盾，对于独立基础，附加压力计算很烦琐，故试验采用的试验压力简化计算，按规范正文。

题 7-3 某湿陷性黄土场地，建筑采用独立基础，基础尺寸 2m × 2m，基础埋深 2m，基底压力$p_k = 280$kPa，黄土饱和重度$\gamma_{sat} = 19$kN/m³，地面下 11m 处取得原状土样进行双线法压缩试验，测试结果见表 7-26-8，试求此处黄土的湿陷系数δ_s？

题 7-3 表　　　　表 7-26-8

压力p（kPa）	0	50	100	150	200	300	300
天然湿度下试样高度h_p（mm）	20.00	19.79	19.60	19.43	19.28	19.15	18.27（浸水）
浸水饱和状态下试样高度h'_p（mm）	20.00	19.58	19.26	18.92	18.60	18.27	

【解】

（1）基底下 11 − 2 = 9m < 10m，取试验压力 200kPa

（2）$\delta_s = \dfrac{19.28-18.60}{20} = 0.034$

【点评】

①根据《湿陷性黄土地区建筑标准》第 4.3.2 条；②基底压力小于 300kPa 时，基底下 10m 以内的土层应用 200kPa，10m 以下至非湿陷性黄土顶面，应用其上覆土的饱和自重压力；③基底起算，别忘记减去基础埋深。

26.2.2 湿陷性判定和湿陷程度——《湿陷性黄土地区建筑标准》第 4.4.1 条

黄土的湿陷性和湿陷程度，应按室内浸水（饱和）压缩试验，在一定压力下测定的湿陷系数δ_s判定，并应符合表 7-26-9 的规定。

湿陷性判定和湿陷程度划分　　　　表 7-26-9

（1）湿陷性判定：	（2）湿陷程度划分：
$\begin{cases}\delta_s < 0.015 \rightarrow \text{非湿陷性黄土} \\ \delta_s \geqslant 0.015 \rightarrow \text{湿陷性黄土}\end{cases}$	$\begin{cases}0.015 \leqslant \delta_s \leqslant 0.03 \rightarrow \text{湿陷性轻微} \\ 0.03 < \delta_s \leqslant 0.07 \rightarrow \text{湿陷性中等} \\ \delta_s > 0.07 \rightarrow \text{湿陷性强烈}\end{cases}$

26.2.3 自重湿陷系数δ_{zs}——《湿陷性黄土地区建筑标准》第 4.3.3 条

测定自重湿陷系数的室内压缩试验：分级加荷，加至试样上覆土的饱和自重压力，下沉稳定后，试样浸水饱和，附加下沉稳定，试验终止。上覆土的饱和自重压力应自天然地面算起，挖、填方场地应自设计地面算起。自重湿陷系数δ_{zs}计算应符合表 7-26-10 的规定。

自重量湿陷系数δ_{zs}　　　　表 7-26-10

（1）试验压力：测定自重湿陷系数δ_{zs}的试验压力，采用上覆土的饱和自重压力p_{cz}（kPa）：

$$\left.\begin{aligned} e &= \frac{d_s(1+w)\rho_w}{\rho} - 1 \\ \rho_d &= \frac{\rho}{1+w} \end{aligned}\right\} \Rightarrow \left\{\begin{aligned} \rho_{sat} &= \rho_d\left(1+\frac{S_r e}{d_s}\right) \\ \rho_{sat} &= \frac{d_s + S_r e}{1+e} \end{aligned}\right\} \Rightarrow \gamma_{sat} = \rho_{sat}\gamma_w \Rightarrow p_{cz} = \sum \gamma_{sati} h_i$$

式中：S_r——土的饱和度，可取S_r =85%

（2）自重湿陷系数δ_{zs}计算：$\delta_{zs} = \dfrac{h_z - h'_z}{h_0}$	h_z——保持天然湿度和结构的试样，加压至该试样上覆土的饱和自重压力时，下沉稳定后的高度（mm）； h'_z——加压稳定后的试样，在浸水饱和条件下，附加下沉稳定后的高度（mm）； h_0——试样的原始高度（mm），取环刀高度 20mm

注：黄土浸水，不同于黄土在地下水位以下（黄土地区一般地下水位很深，一般不采用浮重度），故采用饱和自重，黄土浸水饱和度一般取S_r = 85%。

题 7-4 （09D04）某湿陷性黄土试样取样深度 8.0m，此深度以上的天然含水率 19.8%，天然密度为 1.57g/cm³，土粒相对密度（比重）为 2.70，在测定土样的自重湿陷系数时施加的最大压力最接近下列哪个选项（其中水的密度ρ_w取 1.0g/cm³，重力加速度g取 10m/s²）？

（A）105kPa　　（B）126kPa　　（C）140kPa　　（D）216kPa

【解】

（1）$e = \frac{d_s(1+w)\rho_w}{\rho} - 1 = \frac{2.7\times(1+0.198)\times1}{1.57} - 1 = 1.06$

$\rho_{sat} = \frac{d_s+S_r e}{1+e} = \frac{2.70+0.85\times1.06}{1+1.06} = 1.75\text{g/cm}^3$

（2）$p = 1.75\times10\times8 = 140\text{kPa}$

【点评】

①根据《湿陷性黄土地区建筑标准》第 4.3.3 条及三相换算公式；②测定自重湿陷性系数时，施加最大压力为上覆土的饱和自重压力，此时的饱和度$S_r = 85\%$，由于是黄土浸水，不是稳定的地下水，湿陷性黄土达不到 100%的饱和度。

【同类型真题】06D03

题 7-5 （08C01）某黄土试样进行室内双线法压缩试验，一个试样在天然湿度下压缩至 200kPa，压力稳定后浸水饱和，另一个试样在浸水饱和状态下加荷至 200kPa，试验数据如表 7-26-11 所示。若该土样上覆土的饱和自重压力为 150kPa，计算其湿陷系数和自重湿陷系数最接近下列哪个选项？

题 7-5 表　　**表 7-26-11**

压力p（kPa）	0	50	100	150	200	200 浸水饱和
天然湿度下试样高度h_p（mm）	20.00	19.79	19.50	19.21	18.92	18.50
浸水饱和状态下试样高度h'_p（mm）	20.00	19.55	19.19	18.83	18.50	

（A）0.015；0.015　　（B）0.019；0.017

（C）0.021；0.019　　（D）0.075；0.058

【解】

（1）$\delta_s = \frac{h_p - h'_p}{h_0} = \frac{18.92-18.50}{20.00} = 0.021$

（2）$\delta_{zs} = \frac{h_z - h'_z}{h_0} = \frac{19.21-18.83}{20.00} = 0.019$

【点评】

①根据《湿陷性黄土地区建筑标准》第 4.3.2 条、第 4.3.3 条；②基本概念题，注意计算湿陷系数是相应压力下的（具体压力详见规范），自重湿陷系数是对应上覆土饱和自重压力，其中饱和度取 85%；③本题有瑕疵，试验压力默认条件基底 10m 以内的土层，用了 200kPa 的试验压力。

26.2.4 湿陷起始压力p_{sh}——《湿陷性黄土地区建筑标准》第 4.4.5 条

湿陷性黄土的湿陷起始压力p_{sh}值可按表 7-26-12 确定。

湿陷起始压力p_{sh}　　　　　　**表 7-26-12**

（1）室内压缩试验确定： 宜在p-δ_s曲线上取$\delta_s = 0.015$ 所对应的压力p作为湿陷起始压力值p_{sh}。	（2）现场静载荷试验确定： ①应在压力与浸水下沉量p-S_s曲线上，取转折点所对应的压力p作为湿陷起始压力值p_{sh}。 ②曲线上的转折点不明显时，可取浸水下沉量（S_s）与承压板直径（d）或宽度（b）之比等于 0.017 所对应的压力作为湿陷起始压力值p_{sh}。$S_s = 0.017d$（或b）
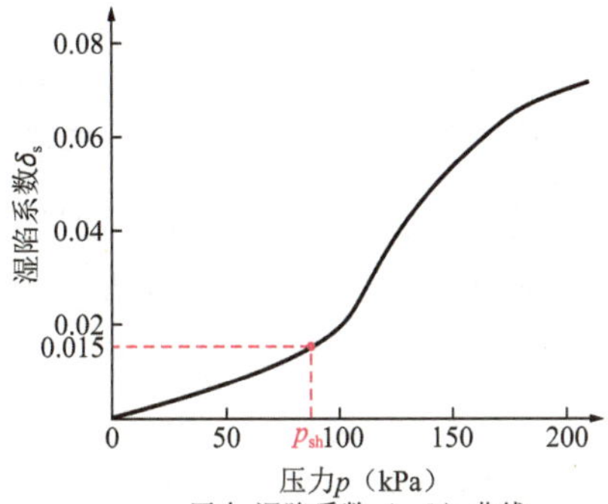 压力-湿陷系数（p-δ_s）曲线	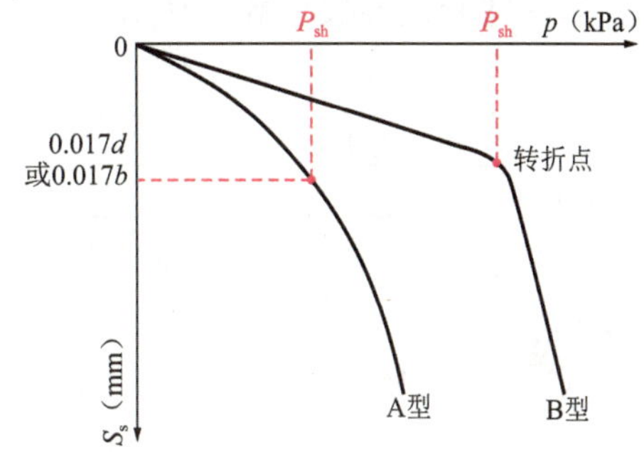 压力-浸水下沉量（p-S_s）曲线

题 7-6　（11C27）某黄土试样室内双线法压缩试验的成果数据如表 7-26-13 所示，试用插入法计算此黄土的湿陷起始压力p_{sh}最接近下列哪个选项？

题 7-6 表　　　　　　**表 7-26-13**

压力p（kPa）	0	50	100	150	200	300	300（浸水）
天然湿度下试样高度h_p（mm）	20.00	19.81	19.55	19.28	19.01	18.75	18.38
浸水状态下试样高度h'_p（mm）	20.00	19.61	19.28	18.95	18.64	18.38	

（A）37.5kPa　　（B）85.7kPa　　（C）125kPa　　（D）200kPa

【解法一】

（1）p_{sh}取$\delta_s = 0.015$ 对应压力：

（2）当$p = 100$kPa 时，$\delta_s = \dfrac{h_p - h'_p}{h_0} = \dfrac{19.55-19.28}{20} = 0.0135$

当$p = 150$kPa 时，$\delta_s = \dfrac{19.28-18.95}{20} = 0.0165$

（3）插值：$p_{sh} = 125$kPa

【解法二】

（1）p_{sh}取$\delta_s = 0.015$ 对应压力：$\Delta h = 0.015 \times 20 = 0.3$mm

（2）当$p = 100$kPa 时，$\Delta h_1 = 19.55 - 19.28 = 0.27$mm

当$p = 150$kPa 时，$\Delta h_2 = 19.28 - 18.95 = 0.33$mm

（3）插值：$p_{sh} = 125$kPa

【点评】

①根据《湿陷性黄土地区建筑标准》第2.1.7条、第4.3.4条、第4.4.5条第2款，推荐解法2计算量更小；②原题数据不完整，缺少天然试样最后浸水后的高度，现已补充；③湿陷起始压力的计算$\Delta h = 0.015 \times 20 = 0.3\text{mm}$是一个定值，记住这一点可以直接从表格中看出只需要计算哪两级压力即可得出答案；④解题的技巧性，无论从解法1还是解法2都可以看出插值正好是100和150的中点值，可直接写插值$p_{sh} = 125\text{kPa}$。

【同类型真题】03D03、05D02

题7-7 （05C26）对取自同一土样的五个环刀试样按单线法分别加压，待压缩稳定后浸水，由此测得相应的湿陷系数δ_s见表7-26-14，则按《湿陷性黄土地区建筑标准》GB 50025—2018求得的湿陷起始压力p_{sh}最接近下列哪个数值？

题7-7表 表7-26-14

试验压力p（kPa）	50	100	150	200	250
湿陷系数δ_s	0.003	0.009	0.019	0.035	0.060

（A）120kPa （B）130kPa （C）140kPa （D）155kPa

【解】

（1）取$\delta_s = 0.015$对应压力为湿陷起始压力p_{sh}

（2）$p_{sh} = 100 + (150 - 100) \times \dfrac{0.015 - 0.009}{0.019 - 0.009} = 130\text{kPa}$

【点评】

①根据《湿陷性黄土地区建筑标准》第2.1.7条、第4.3.4条、第4.4.5条第2款；②重要考点：黄土压缩试验单线法求湿陷起始压力p_{sh}；③真题03D03双线法求湿陷起始压力考点改单线法。

题7-8 某湿陷性黄土地区进行双线法静载载荷试验，测试湿陷性黄土的湿陷起始压力，采用圆形承压板，承压板的面积为0.5m^2，测试结果如表7-26-15所示。

题7-8表 表7-26-15

p（kPa）	25	50	75	100	125	150	175	200
天然湿度载荷试验下沉量s（mm）	2.7	5.4	8.13	10.65	13.38	16.26	18.39	21.75
浸水饱和载荷试验下沉量s_w（mm）	4.8	10.6	17.43	25.05	34.68	44.86	55.59	69.25

根据《湿陷性黄土地区建筑标准》GB 50025—2018，计算该场地中黄土的湿陷起始压力。

【解】

（1）

解7-8表 表7-26-16

p（kPa）	25	50	75	100	125	150	175	200
浸水下沉量s_s（mm）	2.1	5.2	9.3	14.4	21.3	28.6	37.2	47.5

采用浸水下沉量s_s的曲线，由表可知，曲线无明显拐点

$3.14 \times \dfrac{d^2}{4} = 0.5 \Rightarrow d = 0.798\text{m}$

（2）$s = 798 \times 0.017 = 13.6\text{mm}$

插值得：$p_{sh} = 75 + \dfrac{100 - 75}{14.4 - 9.3} \times (13.6 - 9.3) = 96.1\text{kPa}$

【点评】

①根据《湿陷性黄土地区建筑标准》第 4.3.5 条、第 4.3.6 条、第 4.4.5 条；②压力与浸水饱和下沉量曲线上，取其拐点所对应的压力作为湿陷起始压力，当曲线上的转折点不明显时，可取浸水下沉量s_s与承压板直径d或宽度b之比值等于 0.017 所对应的压力作为湿陷起始压力。

26.2.5 双线法测定湿陷起始压力结果修正——《湿陷性黄土地区建筑标准》第 4.3.4 条条文说明

双线法测定湿陷起始压力结果修正应该符合表 7-26-17 的规定。

双线法测定湿陷起始压力结果修正　　表 7-26-17

在双线法试验中，天然湿度试样在最后一级压力下浸水饱和附加下沉稳定高度与浸水饱和试样在最后一级压力下的下沉稳定高度通常不一致（如图所示），h_0ABCC_1 曲线$h_0AA_1B_2C_2$ 曲线不闭合，因此在计算各级压力下的湿陷系数时，需要对试验结果进行修正。研究表明，单线法试验的物理意义更为明确，其结果更符合实际，对试验结果进行修正时以单线法（h_0ABCC_1）为准来修正浸水饱和试样各级压力下的稳定高度，即将 $A_1B_2C_2$ 曲线修正至 $A_1B_1C_1$ 曲线，使饱和试样的终点 C_2 与单线法试验的终点 C_1 重合，以此来计算各级压力下的湿陷系数。总结为一句话，用总体误差比例对每一压力段误差按同比例进行修正

修正过程：

$$k=\frac{h_{w1}-h_2}{h_{w1}-h_{w2}}$$

⇓

$$h'_p=h_{w1}-k(h_{w1}-h_{wp})$$

⇓

$$\delta_s=\frac{h_p-h'_p}{h_0}$$

⇓

取$\delta_s=0.015$ 计算湿陷起始压力值p_{sh}。

注：k满足 0.8～1.2，否则重新试验或舍弃试验结果

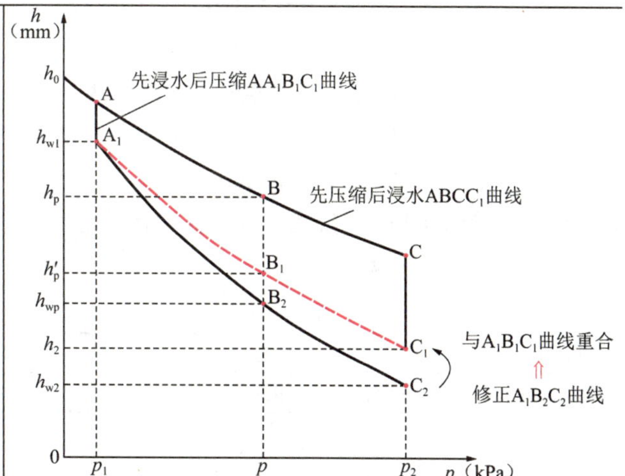

双线法压缩试验结果修正示意图

计算表格

p（kPa）	25	50	75	100	150	200	200 浸水
h_p（mm）	h_{p1}	h_{p2}	h_{p3}	h_{p4}	h_{p5}	h_{p6}	h_2
h_{wp}（mm）	h_{w1}	h_{wp2}	h_{wp3}	h_{wp4}	h_{wp5}	h_{w2}	
计算h'_p（mm）	h_{w1}	$h'_p=h_{w1}-k(h_{w1}-h_{wp})$				h_2	

注：考试时不需要对全部数据修正，起始压力p_{sh}对应的（h_p-h_{wp}）只会比（$h_p-h'_p=0.015\times20=0.3$mm）稍大，从而可以预判出要修正的两级压力（预判$\delta_s=0.015$ 两侧的压力，修正两个数据即可，详见 18D22）

题 7-9　某黄土试样进行室内双线法压缩试验，两个试样首先均以天然湿度在25kPa 的试验压力下压缩稳定后，而后一个试样仍在天然湿度下分级加载压缩至 200kPa，压力稳定后，浸水饱和；另一个试样在浸水饱和状态下分级加载至 200kPa，试验结果如表 7-26-18 所示。试根据《湿陷性黄土地区建筑标准》GB 50025—2018，确定 100kPa 试验压力下的该土样的湿陷性程度。

题 7-9 表　　表 7-26-18

压力p（kPa）	0	25	50	100	200	200 浸水饱和
天然湿度下试样高度h_p（mm）	20.00	19.940	19.870	19.545	19.160	17.280
浸水饱和试样高度h_{wp}（mm）	20.00	19.855	19.260	18.240	17.075	

【解】

（1）$k=\dfrac{h_{w1}-h_2}{h_{w1}-h_{w2}}=\dfrac{19.855-17.280}{19.855-17.075}=0.926$

100kPa 压力下：$h'_p=h_{w1}-k\cdot(h_{w1}-h_{wp})=19.855-0.926\times(19.855-18.240)$
$=18.360\text{mm}$

（2）$\delta_s=\dfrac{19.545-18.360}{20}=0.059\in(0.03,0.07)\Rightarrow$ 湿陷性中等

【点评】

依据《湿陷性黄土地区建筑标准》第 4.3.2 条、第 4.3.4 条及条文说明。

题 7-10　某黄土试样的室内双线法压缩试验数据如表 7-26-19 所示，其中一个试样保持在天然湿度下分级加荷至 200kPa，下沉稳定后浸水饱和；另一个试样在浸水饱和状态下分级加荷至 200kPa，按此表计算黄土湿陷起始压力最接近下列哪个选项？

题 7-10 表　　表 7-26-19

p（kPa）	25	50	75	100	150	200	200 浸水
h_p（mm）	19.940	19.870	19.778	19.685	19.494	19.160	17.280
h_{wp}（mm）	19.855	19.547	19.006	18.440	17.605	17.075	

（A）40kPa　（B）50kPa　（C）60kPa　（D）70kPa

【解法一】（规范第 4.3.4 条条文说明解法）

（1）对试验结果进行分析：加荷再浸水$h_p=17.280$，浸水再加荷$h_{wp}=17.075$，两者不相等，应对试验结果进行修$k=\dfrac{h_{w1}-h_2}{h_{w1}-h_{w2}}=\dfrac{19.855-17.280}{19.855-17.075}=0.926$，满足 1 ± 0.2 的范围要求，试验结果可以采用。对试验结果进行修正并计算湿陷系数：

$h'_p=h_{w1}-k\cdot(h_{w1}-h_{wp})$，$\delta_s=\dfrac{h_p-h'_p}{h_0}$

各压力点的h'_p、δ_s计算如表 7-26-20 所示。

解 7-10 表　　表 7-26-20

p（kPa）	25	50	75	100	150	200	200 浸水
h'_p	19.855	19.570	19.069	18.545	17.772	17.280	
δ_s	0.004	0.015	0.035	0.057	0.086	0.094	

（2）取$\delta_s=0.015$ 对应的压力为湿陷性起始压力，即$p_{sh}=50\text{kPa}$

【解法二】

（1）$k=\dfrac{h_{w1}-h_2}{h_{w1}-h_{w2}}=\dfrac{19.855-17.280}{19.855-17.075}=0.926$

（2）50kPa 下：$h_p'=19.855-0.926\times(19.855-19.547)=19.570\text{mm}$

$\delta_s=\dfrac{19.870-19.570}{20}=0.015\Rightarrow p_{sh}=50\text{kPa}$

【点评】

①依据《湿陷性黄土地区建筑标准》第 2.1.7 条、第 4.3.4 条及条文说明、第 4.4.1 条、第 4.4.5 条第 2 款；②加荷压缩后浸水饱和与浸水饱和后再加荷压缩试样高度不一样，应进行修正；③解法二只是对解法一进行了简化，需要预判起始压力对应的未修正湿陷量Δ_h'只会比 0.3mm 稍大，从而可以确定起始压力位于 50kPa 附近，先修正 50kPa 下的h_p'；④本题取自规范 P118，规范中计算存在错误，此处已经改正，注意核对。

题 7-11　（18D22)某黄土试样进行室内双线法压缩实验，一个试样在天然湿度下压缩至 200kPa，压力稳定后浸水饱和，另一个试样在浸水饱和状态下加荷至 200kPa，试验数据如表 7-26-21 所示，黄土的湿陷起始压力及湿陷程度最接近下列哪个选项？

题 7-11 表　　　　表 7-26-21

p（kPa）	25	50	75	100	150	200	200 浸水
h_p（mm）	19.950	19.890	19.745	19.650	19.421	19.220	17.50
h_{wp}（mm）	19.805	19.457	18.956	18.390	17.555	17.025	

（A）$p_{sh}=42\text{kPa}$；湿陷性强烈　　（B）$p_{sh}=108\text{kPa}$；湿陷性强烈

（C）$p_{sh}=132\text{kPa}$；湿陷性中等　　（D）$p_{sh}=156\text{kPa}$；湿陷性轻微

【解】

（1）$k=\dfrac{19.805-17.5}{19.805-17.025}=0.829$，满足 1 ± 0.2

25kPa 时：$\delta_{s1}=\dfrac{19.95-19.805}{20}=0.00725<0.015$

50kPa 时：$h_p'=19.805-0.829\times(19.805-19.457)=19.517\text{mm}$

$\delta_{s2}=\dfrac{19.89-19.517}{20}=0.01865>0.015$

（2）$p_{sh}=25+(50-25)\times\dfrac{0.015-0.00725}{0.01865-0.00725}=42.0\text{kPa}$

（3）$\delta_s=\dfrac{19.22-17.5}{20}=0.086>0.07\Rightarrow$ 湿陷性强烈

【点评】

①依据《湿陷性黄土地区建筑标准》第 2.1.7 条、第 4.3.4 条及条文说明、第 4.4.1 条、第 4.4.5 条第 2 款；②黄土双线修正是近年呼声很高的一个考点，不算偏和难，条文说明里有例题，例题数据有错误。原理就是用总体误差比例对每一压力段误差按同比例进行修正；③解答技巧性很强，先观察数据，预判起始压力对应的未修正湿陷量$\Delta h'$只会比 0.3mm 稍大，从而可以确定起始压力位于 50kPa 以内，先修正 50kPa 下的h_p'；④难度偏大，熟练之后可快速作答。

26.3　黄土湿陷性评价

26.3.1 自重湿陷量Δ_{zs}——《湿陷性黄土地区建筑标准》第 4.4.3 条

湿陷性黄土场地自重湿陷量计算值应符合表 7-26-22 的规定。

自重湿陷量Δ_{zs}计算　　表 7-26-22

$$\Delta_{zs}=\beta_0\sum_{i=1}^{n}\delta_{zsi}h_i$$

式中：δ_{zsi}——第i层土的自重湿陷系数；

h_i——第i层土的厚度；$\delta_{zsi}<0.015$的土层不计；

β_0——因地区土质而异的修正系数

修正系数β_0取值

湿陷性黄土工程地质分区	β_0
①区（陇西地区）	1.5
②区（陇东—陕北—晋西地区）	1.2
③区（关中地区）	0.9
其他地区	0.5

Δ_{zs}的计算深度

上限	天然地面（挖、填方场地应自设计地面）算起	$\delta_{zsi}<0.015$的土层不参与计算
下限	至非湿陷性黄土层的顶面止；勘探点未穿透湿陷性黄土层时，应计算至控制性勘探点深度止	

26.3.2 湿陷量Δ_s——《湿陷性黄土地区建筑标准》第 4.4.4 条

湿陷性黄土地基受水浸湿饱和，其湿陷量计算值应符合表 7-26-23 的规定。

湿陷量Δ_{zs}计算　　表 7-26-23

$$\Delta_s=\sum_{i=1}^{n}\alpha\beta\delta_{si}h_i$$

δ_{si}——第i层土的湿陷系数；按《湿陷性黄土地区建筑标准》第 4.3 节的规定取值；基础尺寸和基底压力已知时，可采用p-δ_s曲线上按基础附加压力和上覆土饱和自重压力之和对应的δ_s值；$\delta_{si}<0.015$的土层不计

β——考虑基底下地基土的受力状态及地区等因素的修正系数；

α——浸水机率系数；对地下水有可能上升至湿陷性土层内，或侧向浸水影响不可避免的区段，取$\alpha=1.0$

修正系数β和浸水概率系数α

自重湿陷场地								
基底以下深度	①陇西地区		②陇东-陕北-晋西		③关中地区		其他地区	
	α	β	α	β	α	β	α	β
$0\leqslant z\leqslant5$	1	1.5	1	1.5	1	1.5	1	1.5
$5<z\leqslant10$	1	1.5	1	1.2	1	1	1	1
$10<z\leqslant20$	0.9	1.5	0.9	1.2	0.9	0.9	0.9	0.5
$20<z\leqslant25$	0.6	1.5	0.6	1.2	0.6	0.9	0.6	0.5
$z>25$	0.5	1.5	0.5	1.2	0.5	0.9	0.5	0.5
非自重湿陷场地（一般 10m，或至压缩层深度）								
基底以下深度	①陇西地区		②陇东-陕北-晋西		③关中地区		其他地区	
	α	β	α	β	α	β	α	β
$0\leqslant z\leqslant5$	1	1.5	1	1.5	1	1.5	1	1.5
$5<z\leqslant10$	1	1	1	1	1	1	1	1
$10<z\leqslant20$	0.9	1	0.9	1	0.9	0.9	0.9	0.5
$20<z\leqslant25$	0.6	1	0.6	1	0.6	0.9	0.6	0.5
$z>25$	0.5	1	0.5	1	0.5	0.9	0.5	0.5

续表

<table>
<tr><th colspan="4">Δ_s的计算深度</th></tr>
<tr><td>上限</td><td colspan="2">基础底面（基底标高不确定时，自地面下 1.5m）算起</td><td rowspan="3">$\delta_{si}<0.015$ 的土层不参与计算</td></tr>
<tr><td rowspan="2">下限</td><td>非自重湿陷性场地</td><td>至基底下 10m 深度止，当地基压缩层深度大于 10m 时，至压缩层深度</td></tr>
<tr><td>自重湿陷性场地</td><td>至非湿陷性黄土层的顶面止，控制性勘探点未穿透湿陷性黄土层时，累计至控制性勘探点深度止</td></tr>
</table>

注：压缩层深度计算方法见本章。

26.3.3 场地湿陷类型和黄土地基湿陷等级——《湿陷性黄土地区建筑标准》第 4.4.2 条、第 4.4.6 条

湿陷性黄土场地的湿陷类型，应根据自重湿陷量实测值Δ'_{zs}或自重湿陷量计算值Δ_{zs}，按表 7-26-24 判定。

场地湿陷类型判定 **表 7-26-24**

判定	注
$\begin{cases}\Delta_{zs}(或\Delta'_{zs})\leqslant 70\text{mm}\rightarrow 非自重湿陷性黄土场地\\ \Delta_{zs}(或\Delta'_{zs})>70\text{mm}\rightarrow 自重湿陷性黄土场地\end{cases}$	注：按自重湿陷量实测值Δ'_{zs}和自重湿陷量计算值Δ_{zs}判定出现矛盾时，应按自重湿陷量实测值判定

湿陷性黄土地基的湿陷等级，应根据自重湿陷量计算值Δ_{zs}或实测值Δ'_{zs}和湿陷量计算值Δ_s，按表 7-26-25 判定。

湿陷性黄土地基的湿陷等级划分 **表 7-26-25**

<table>
<tr><th rowspan="3">湿陷量Δ_s（mm）</th><th colspan="3">自重湿陷量Δ_{zs}（mm）</th></tr>
<tr><th>非自重湿陷性场地</th><th colspan="2">自重湿陷性场地</th></tr>
<tr><th>$\Delta_{zs}\leqslant 70$</th><th>$70<\Delta_{zs}\leqslant 350$</th><th>$\Delta_{zs}>350$</th></tr>
<tr><td>$50<\Delta_s\leqslant 100$</td><td rowspan="2">Ⅰ（轻微）</td><td>Ⅰ（轻微）</td><td rowspan="2">Ⅱ（中等）</td></tr>
<tr><td>$100<\Delta_s\leqslant 300$</td><td>Ⅱ（中等）</td></tr>
<tr><td>$300<\Delta_s\leqslant 700$</td><td>Ⅱ（中等）</td><td>**Ⅱ（中等）或Ⅲ（严重）**</td><td>Ⅲ（严重）</td></tr>
<tr><td>$\Delta_s>700$</td><td>Ⅱ（中等）</td><td>Ⅲ（严重）</td><td>Ⅳ（很严重）</td></tr>
</table>

注：对 $70<\Delta_{zs}\leqslant 350$，$300<\Delta_s\leqslant 700$ 一档的划分，当湿陷量的计算值 $600\text{mm}<\Delta_s\leqslant 700\text{mm}$ 且自重湿陷量的计算值 $300\text{mm}<\Delta_{zs}\leqslant 350\text{mm}$ 时，可判为Ⅲ级，其他情况可判为Ⅱ级。

题7-12 （02C04）某一黄土塬（因土质地区而异的修正系数β_0取0.5）上进行场地初步勘察，在一探井中取样进行黄土湿陷性试验，成果如表7-26-26所示。计算该探井处的总湿陷量Δ_s最接近下列哪个选项（不考虑地质分层）。

题7-12表 **表7-26-26**

取样深度（m）	自重湿陷系数δ_s	湿陷系数δ_{zs}	取样深度（m）	自重湿陷系数δ_{zs}	湿陷系数δ_s
1.00	0.032	0.044	5.00	0.001	0.012
2.00	0.027	0.036	6.00	0.005	0.022
3.00	0.022	0.038	7.00	0.004	0.020
4.00	0.020	0.030	8.00	0.001	0.006

（A）$\Delta_s = 31.8\text{cm}$ （B）$\Delta_s = 21.9\text{cm}$ （C）$\Delta_s = 20.9\text{cm}$ （D）$\Delta_s = 18.9\text{cm}$

【解】

（1）$\Delta_{zs} = \beta_0\sum_{i=1}^{n}\delta_{zsi}h_i = 0.5\times(32\times1.5+27+22+20) = 58.5\text{mm} < 70\text{mm}$，非自重湿陷场地

（2）$\Delta_s = \sum_{i=1}^{n}\alpha\beta\delta_{si}h_i = 1.0\times1.5\times(36+38+30+22)+1.0\times1.0\times20 = 209\text{mm}$
$= 20.9\text{cm}$

【点评】

①根据《湿陷性黄土地区建筑标准》第4.4.3条～第4.4.4条；②自重湿陷量从地面起计算，总湿陷量从基底（基底标高不确定时从地面下1.5m）起计算，取样深度1m处代表的厚度是1.5m，其余均为1m；③δ_{zs}和δ_s小于0.015的都不计入；④非自重湿陷场地计算深度为基底下10m，本题基底下0～5m采用系数$\alpha=1.0$、$\beta=1.5$，5～10m采用系数$\alpha=1.0$、$\beta=1.0$。

题7-13 （09C24）陇西地区某湿陷性黄土场地的地层情况为：0～12.5m为湿陷性黄土，12.5m以下为非湿陷性土。探井资料如表7-26-27所示，假设场地地层水平、均匀，地面标高为±0.000，根据《湿陷性黄土地区建筑标准》GB 50025—2018的规定，湿陷性黄土地基的湿陷等级为下列哪个选项？

题7-13表 **表7-26-27**

取样深度（m）	湿陷系数δ_s	自重湿陷系数δ_{zs}	取样深度（m）	湿陷系数δ_s	自重湿陷系数δ_{zs}
1	0.076	0.011	8	0.037	0.022
2	0.070	0.013	9	0.011	0.010
3	0.065	0.016	10	0.036	0.025
4	0.055	0.017	11	0.018	0.027
5	0.050	0.018	12	0.014	0.016
6	0.045	0.019	13	0.006	0.010
7	0.043	0.020	14	0.002	0.005

（A）Ⅰ类 （B）Ⅱ类 （C）Ⅲ类 （D）Ⅳ类

【解】

（1）$\Delta_{zs} = 1.5\times(16+17+18+19+20+22+25+27+16) = 270\text{mm} > 70\text{mm}$，为自重湿陷性场地

（2）$\Delta_s = 1.0\times1.5\times(70+65+55+50+45)+1.0\times1.5\times(43+37+36+18)$
$= 628.5\text{mm}$

（3）由$70 < \Delta_{zs} \leqslant 350$，$300 < \Delta_s \leqslant 700$，且$\Delta_{zs} < 300\text{mm}$，查表为Ⅱ级

【点评】

①根据《湿陷性黄土地区建筑标准》第 4.4.3～4.4.6 条；②第一步计算自重湿陷量，第二步计算湿陷量，第三步查表确定地基的湿陷等级；③最后一步查表一定要注意表格的小注，当同时满足$\Delta_{zs}>300$mm 和$\Delta_s>600$mm，可判别为Ⅲ级严重湿陷。

【同类型真题】05D25

题 7-14 陇西某场地详勘资料如表 7-26-28 所示，计算该场地的自重湿陷量、总湿陷量及判别黄土地基的湿陷等级。

题 7-14 表　　表 7-26-28

层号	层厚（m）	自重湿陷系数δ_{zs}	湿陷系数δ_s
1	6.5	0.019	0.028
2	8	0.015	0.018
3	3	0.012	0.016
4	6	0.004	0.015
5	11	0.002	0.009

【解】

（1）$\Delta_{zs}=\beta_0\sum_{i=1}^{n}\delta_{zsi}\cdot h_i=1.5\times(19\times6.5+15\times8)=365.25\text{mm}>70\text{mm}$，为自重湿陷性场地

（2）$\Delta_s=\sum_{i=1}^{n}\alpha\beta\delta_{si}h_i=1.0\times1.5\times28\times5+1.0\times1.5\times18\times5+0.9\times1.5\times(18\times3+16\times3+15\times4)+0.6\times1.5\times15\times2=590.7\text{mm}$

（3）由$\Delta_{zs}>350$，$300<\Delta_s\leqslant700$，查表判定为Ⅲ级

【点评】

根据《湿陷性黄土地区建筑标准》第 4.4.3～4.4.6 条。

26.4 地基设计与计算

26.4.1 防护距离设计——《湿陷性黄土地区建筑标准》第 5.2.4 条

埋地管道、排水沟、雨水明沟和水池等与建筑物之间的防护距离，不宜小于表 7-26-29 的规定。当不能满足要求时，应采取与建筑物类别相应的防水措施。

埋地管道、排水沟、雨水明沟和水池等与建筑物之间的防护距离（m） 表 7-26-29

建筑类别	地基湿陷等级			
	Ⅰ	Ⅱ	Ⅲ	Ⅳ
甲	—	—	8～9	11～12
乙	5	6～7	8～9	10～12
丙	4	5	6～7	8～9
丁	—	5	6	7

注：1. 陇西地区（①区）、陇东—陕北—晋西地区（②区），当湿陷性黄土层的厚度大于 12m 时，压力管道与各类建筑的防护距离不宜小于湿陷性黄土层的厚度；
2. 当湿陷性黄土层内有碎石土、砂土夹层时，防护距离宜大于表中数值；
3. 采用基本防水措施的建筑，防护距离不得小于一般地区的规定。

注：近年来真题注重规范结合实践，偏好考查规范的查表应用。

题 7-15　（19C22）陕北某县拟新建一座影剧院，基础埋深为 2.0m。经计算，湿陷性黄土场地自重湿陷量为 320.5mm，不同深度土样的湿陷系数δ_{si}如表 7-26-30 所示（勘探试验深度已穿透湿陷性土层），试问该建筑与已有水池的最小防护距离为下列哪个选项？

题 7-15 表　　表 7-26-30

试验深度（m）	δ_{si}	试验深度（m）	δ_{si}
1	0.109	8	0.042
2	0.112	9	0.025
3	0.093	10	0.014
4	0.087	11	0.039
5	0.051	12	0.03
6	0.012	13	0.014
7	0.055	14	0.011

（A）4m　　（B）5m　　（C）6m　　（D）8m

【解】

（1）$\Delta_{zs} > 70\text{mm}$，为自重湿陷性场地

$$\Delta_s = 1.0 \times 1.5 \times (112 \times 0.5 + 93 + 87 + 51 + 55 \times 0.5) + 1.0 \times 1.2 \times (55 \times 0.5 + 42 + 25 + 39 + 30 \times 0.5) + 0.9 \times 1.2 \times 30 \times 0.5 = 666.15\text{mm}$$

（2）$\Delta_{zs} > 300\text{mm}$，$\Delta_s > 600\text{mm}$，查表，地基的湿陷等级为Ⅲ级（严重）

（3）县级影院，为丙类建筑，Ⅲ类湿陷等级，查表防护距离取 6～7m，最小取 6m

【点评】

①根据《湿陷性黄土地区建筑标准》第 4.4.4～4.4.6 条、第 5.2.4 条、附录 A；②根据附录 A 查询建筑物分类，注意试验深度代表土层中点的湿陷系数，历年多次出题，新版规范增加不同深度地基土浸水概率系数α，深度修正系数β也较旧版变化较大；③本题计算简单，题目较偏，熟悉规范可以快速做对，要平时养成做题翻规范的习惯，而不能太依赖辅导书。

26.4.2 变形计算——《湿陷性黄土地区建筑标准》第 5.6.2 条

湿陷性黄土地基需要变形验算时，其变形计算和变形允许值，应符合现行国家标准《建筑地基基础设计规范》GB 50007 的有关规定。但其中沉降计算经验系数ψ_s按表 7-26-31 取值。

沉降计算经验系数ψ_s　　表 7-26-31

$\overline{E}_s$（MPa）	3.3	5.0	7.5	10.0	12.5	15.0	17.5	20.0
ψ_s	1.80	1.22	0.82	0.62	0.50	0.40	0.35	0.30

题 7-16　某湿陷性黄土场地上建筑基础为柱下独立基础，基础平面尺寸为 5m×5m，基础埋深 2m，基底附加应力为 100kPa，室外地面以下土层参数如表 7-26-32 所示，假定变形计算深度为卵石层顶面，根据《湿陷性黄土地区建筑标准》GB 50025—2018 的规定，试计算基础中点沉降最接近下列哪个选项？

题 7-16 表　　表 7-26-32

土层名称	土层层底埋深（m）	重度（kN/m³）	压缩模量 E_s（MPa）
填土	2.0	19	10
黄土	5.0	18	12
黄土	8.0	19.5	18
密实卵石	15.0	20	90

（A）13mm　（B）19mm　（C）24mm　（D）28mm

【解】

（1）

解 7-16 表　　表 7-26-33

z_i	l/b	z_i/b	$\overline{\alpha}_i$	$4\overline{\alpha}_i$	$4z_i\overline{\alpha}_i$	$4(z_i\overline{\alpha}_i - z_{i-1}\overline{\alpha}_{i-1})$	E_{si}
0					0		
3	1	1.2	0.2149	0.8596	2.5788	2.5788	12
6	1	2.4	0.1578	0.6312	3.7872	1.2084	18

（2）$\overline{E}_s = \dfrac{\sum A_i}{\sum \dfrac{A_i}{\overline{E}_{si}}} = \dfrac{3.7872}{\dfrac{2.5788}{12} + \dfrac{1.2084}{18}} = 13.4\text{MPa} \Rightarrow \psi_s = 0.464$

（3）$s = 0.464 \times 100 \times \left(\dfrac{2.5788}{12} + \dfrac{1.2084}{18}\right) = 13.1\text{mm}$

【点评】

①根据《湿陷性黄土地区建筑标准》第 5.6.2 条；②沉降计算同《建筑地基基础设计规范》，唯一区别是沉降经验系数不一样，请一定记住。

26.4.3 天然地基承载力修正——《湿陷性黄土地区建筑标准》第 5.6.5 条

当基础宽度大于 3m 或埋置深度大于 1.5m 时，地基承载力特征值应按下式修正：

$$f_a = f_{ak} + \eta_b\gamma(b-3) + \eta_d\gamma_m(d-1.5)$$

式中：γ——基础底面以下土的重度（kN/m³），地下水位以下取浮重度；

γ_m——基础底面以上土的加权平均重度（kN/m³），地下水位以下取浮重度；

b——基础底面宽度（m），当基础宽度小于 3m 或大于 6m 时，分别按 3m 或 6m 取值（$3\text{m} \leqslant b \leqslant 6\text{m}$）；

d——基础埋置深度（m），宜自室外地面标高算起；当为填方时，可自填土地面标高算起，但填方在上部结构施工后完成时，应自天然地面标高算起；对于地下室，采用箱形基础或筏形基础时，基础埋置深度可自室外地面标高算起；在其他情况下，应自室内地面标高算起；

η_b、η_d——分别为基础宽度和基础埋深的承载力修正系数，可根据基底下土的类别按表 7-26-34 采用。

基础宽度和基础埋深的承载力修正系数η_b、η_d 表 7-26-34

土的类别	有关物理指标	承载力修正系数	
		η_b	η_d
晚更新世（Q_3）、全新世（Q_4^1）湿陷性黄土	$w \leqslant 24\%$	0.20	1.25
	$w > 24\%$	0	1.10
新近堆积（Q_4^2）黄土	—	0	1.00
饱和黄土	e及I_L都< 0.85	0.20	1.25
	e或$I_L \geqslant 0.85$	0	1.10
	e及I_L都$\geqslant 1.00$	0	1.00

注：饱和黄土是指$I_P > 10$、饱和度$S_r \geqslant 80\%$的晚更新世（Q_3）、全新世（Q_4^1）黄土。

注：与《建筑地基基础设计规范》的区别主要在深度修正项（$d-1.5$）和η_b、η_d取值不一样。

题 7-17 （22D19）某湿陷性黄土场地，拟建建筑基础宽度 4m，基础埋深 5.5m，该场地黄土的工程特性指标如下：颗粒比重 2.70，含水率 18%，天然密度 1.65g/cm³，压缩系数$\alpha_{50-150} = 0.82\text{MPa}^{-1}$。地基承载力特征值$f_{ak} = 110\text{kPa}$。深宽修正后的黄土地基承载力特征值最接近下列哪个选项？

（A）176kPa （B）183kPa （C）193kPa （D）196kPa

【解】

（1）$e = \dfrac{2.7 \times (1+0.18)}{1.65} - 1 = 0.931$

$R = -68.45 \times 0.931 + 10.98 \times 0.82 - 7.16 \times 16.5 + 1.18 \times 18 = -151.62 > R_0$

$= -154.80$

$\Rightarrow$新近堆积黄土$\Rightarrow \eta_b = 0$，$\eta_d = 1.0$

（2）$f_a = 110 + 1.0 \times 16.5 \times (5.5 - 1.5) = 176\text{kPa}$

【点评】

①根据《湿陷性黄土地区建筑标准》附录 D、第 5.6.5 条；②黄土地基承载力深宽修正首先应确定土的类别，本题给了压缩系数α_{50-150}这一提示性指标，2013 年真题考过的判别新近堆积黄土，应能快速反应出本考点。

26.4.4 桩基础——《湿陷性黄土地区建筑标准》第 5.7 节

1. 单桩竖向承载力——《湿陷性黄土地区建筑标准》第 5.7.4～5.7.6 条条文说明

单桩竖向承载力计算应符合表 7-26-35 的规定。

单桩竖向承载力　　**表 7-26-35**

（1）在**非自重**湿陷性黄土场地，计算单桩竖向承载力时，湿陷性黄土层内的桩长部分可取桩周土在饱和状态下的正侧阻力；

（2）在**自重**湿陷性黄土场地，单桩竖向承载力的计算除**不计中性点深度以上黄土层的正侧阻力**外，**尚应扣除桩侧的负摩阻力**，并应符合下列规定：

$$R_a = q_{pa}A_p + uq_{sa}(l - z) - u\overline{q}_{sa}z$$

$$N_k \leqslant R_a$$

式中：q_{pa}——桩端阻力特征值（kPa）；

A——桩端横截面的面积（m）；

u——桩身周长（m）；

l——桩身长度（m）；

q_{sa}——中性点深度以下土层（加权平均）桩侧摩阻力特征值（kPa）；

$\overline{q}_{sa}$——中性点深度以上黄土层平均负摩阻力特征值（kPa）；

z——中性点深度（m），未知时可取自重湿陷性黄土层底面深度

桩侧平均负摩阻力特征值（kPa）

自重湿陷量的计算值Δ_{zs}或实测值Δ'_{zs}（mm）	钻、挖孔灌注桩	打（压）入式预制桩
70～200（条文说明 70～<200）	10	15
⩾200	15	20

上式中的q_{pa}和q_{sa}值，一般应按饱和状态下的土性指标确定，饱和状态下的液性指数，可按下式计算：

$w = \frac{S_r e}{d_s} \Rightarrow I_L = \frac{(S_r e)/d_s - w_p}{w_L - w_p}$	S_r——土的饱和度，可取 85%； d_s——土粒相对密度（比重）； e——土的孔隙比； w_L、w_p——分别为土的液限和塑限含水率，以小数计

注：《湿陷性黄土地区建筑标准》把负摩阻力经验值放在抗力中扣除，叫“特征值”；《建筑桩基技术规范》JGJ 94—2008 把负摩阻力经验值加在荷载效应一方，叫“标准值”；但数据都是同一个东西“负摩阻力经验值”。如果在《湿陷性黄土地区建筑标准》中把负摩阻力当荷载计算（如下述在验算沉降时的下拉荷载），则应在把“特征值”乘以 2 倍安全系数。但在《建筑桩基技术规范》中计算下拉荷载时，直接把负摩阻力经验值当标准值，不需要乘以 2 倍安全系数。

题 7-18 （10D24）某单层湿陷黄土场地，黄土的厚度为 10m，该层黄土的自重湿陷量计算值$\Delta_{zs} = 300\text{mm}$。在该场地上拟建建筑物，拟采用钻孔灌注桩基础，桩长 45m，桩径 1000mm，桩端土的承载力特征值为 1200kPa，黄土以下的桩周土的摩擦力特征值为 25kPa。根据《湿陷性黄土地区建筑标准》GB 50025—2018，估算该单桩竖向承载力特征值最接近下列哪个选项？

（A）4474.5kN （B）3689.5kN （C）3061.5kN （D）3218.5kN

【解】

（1）$\Delta_{zs} > 200\text{mm}$，查表$\bar{q}_{sa} = 15\text{kPa}$

（2）$R_a = q_{pa}A_p + uq_{sa}(l - z) - u\bar{q}_{sa}z$

$$= 1200 \times 3.14 \times 0.5^2 + 3.14 \times 1 \times 25 \times (45 - 10) - 3.14 \times 1 \times 15 \times 10$$
$$= 3218.5\text{kN}$$

【点评】

①根据《湿陷性黄土地区建筑标准》第 5.7.6 条、第 5.7.3 条条文说明；②《湿陷性黄土地区建筑标准》求单桩竖向承载力特征值R_a时对负摩阻力的处理不同于《建筑桩基技术规范》，《湿陷性黄土地区建筑标准》把负摩阻力当特征值直接计入单桩竖向承载力特征值R_a，而《建筑桩基技术规范》把负摩阻力当标准值计入下拉荷载不计入单桩竖向承载力特征值R_a；③湿陷性黄土的负摩阻力通过查黄土规范表 5.7.6 得到平均负摩阻力特征值，非极限值，为经验值，直接采用即可。

题 7-19 （10D27）某非自重湿陷性黄土试样含水率$w = 15.6\%$，土粒相对密度（比重）$G_s = 2.70$，质量密度$\rho = 1.60\text{g/cm}^3$，液限$w_L = 30.0\%$，塑限$w_p = 17.9\%$，桩基设计时需要根据饱和状态下的液性指数查取设计参数，该试样饱和度达 85%时的液性指数最接近下列哪个选项？

（A）0.85 （B）0.92 （C）0.99 （D）1.06

【解】

（1）$e = \dfrac{2.7 \times (1 + 0.156) \times 1}{1.6} - 1 = 0.9508$

（2）$I_L = \dfrac{S_r \cdot e/d_s - w_p}{w_L - w_p} = \dfrac{\dfrac{0.85 \times 0.9508}{2.70} - 0.179}{0.3 - 0.179} = 0.994$

【点评】

①根据《湿陷性黄土地区建筑标准》第 5.7.4 条条文说明；②也可以闭卷直接根据三相图计算，先求出饱和状态下的含水率$w = \dfrac{S_r \cdot e}{d_s}$；③饱和黄土的重度按饱和度 85%计算，如果题目不给饱和度 85%，也应该按 85%计算，而不是 100%，由于黄土内的孔隙含较多封闭的气体孔隙且浸水一般水量有限，浸水时饱和度达不到 100%。

2. 下拉荷载（验算沉降时）——《湿陷性黄土地区建筑标准》第 5.7.7 条

下拉荷载（验算沉降时）计算应符合表 7-26-36 的规定。

单桩竖向承载力 表 7-26-36

将负摩阻力引起的下拉荷载计入附加荷载验算桩基沉降时，考虑群桩效应的单桩下拉荷载可按下式计算：

$$Q_{\mathrm{g}}^{\mathrm{n}} = 2\eta_{\mathrm{n}} \cdot u\overline{q}_{\mathrm{sa}}z \Leftarrow \eta_{\mathrm{n}} = \frac{s_{\mathrm{ax}} \cdot s_{\mathrm{ay}}}{\pi d\left(\dfrac{2\overline{q}_{\mathrm{sa}}}{\gamma_{\mathrm{s}}} + \dfrac{d}{4}\right)}$$

式中：$Q_{\mathrm{g}}^{\mathrm{n}}$——考虑群桩效应的单桩下拉荷载（kN）；

η_{n}——负摩阻力群桩效应系数，对于单桩基础或计算得群桩效应系数$\eta_{\mathrm{n}} > 1$ 时，取$\eta_{\mathrm{n}} = 1$；

$\overline{q}_{\mathrm{sa}}$——中性点深度以上黄土层平均负摩阻力特征值（kPa）；

u——桩身周长（m）；

d——桩身直径（m）；

z——中性点深度（m），未知时可取自重湿陷性黄土层底面深度；

s_{ax}、s_{ay}——分别为纵、横向桩的中心距（m）；

γ_{s}——中性点深度以上按土层厚度加权的平均饱和重度（kN/m³）

注：《湿陷性黄土地区建筑标准》计算下拉荷载（验算沉降时），把经验值（特征值）乘以 2 倍安全系数，更安全。

题 7-20 某黄土地区高层建筑采用桩筏基础，基础埋深 6m，采用旋挖钻孔灌注成桩，桩径 800mm，桩长 30m，正方形布置，桩间距 1.6m，场地自地表以下 10m 为自重湿陷性黄土，土的比重$d_{\mathrm{s}} = 2.70$，平均孔隙比$e = 1.10$，该层黄土的自重湿陷量计算值$\Delta_{\mathrm{zs}} = 300\mathrm{mm}$，中性点深度取自重湿陷黄土层底面。将负摩阻力引起的下拉载荷计入附加荷载验算桩基沉降时，根据《湿陷性黄土地区建筑标准》GB 50025—2018，考虑群桩效应的单桩下拉载荷最接近下列何值？

（A）160kN （B）300kN （C）320kN （D）400kN

【解】

（1）$\gamma_{\mathrm{sat}} = \dfrac{2.7 + 0.85 \times 1.1}{1 + 1.1} \times 10 = 17.31\mathrm{kN/m^3}$

（2）$\Delta_{\mathrm{zs}} = 300\mathrm{mm}$，灌注桩$\overline{q}_{\mathrm{sa}} = 15\mathrm{kPa}$

$$\eta_{\mathrm{n}} = \frac{1.6^2}{3.14 \times 0.8 \times \left(\dfrac{2 \times 15}{17.31} + \dfrac{0.8}{4}\right)} = 0.527 < 1，取\eta_{\mathrm{n}} = 0.527$$

（3）$Q_{\mathrm{g}}^{\mathrm{n}} = 2 \times 0.527 \times 3.14 \times 0.8 \times 15 \times (10 - 6) = 158.9\mathrm{kN}$

【点评】

①根据《湿陷性黄土地区建筑标准》第 5.7.6 条～第 5.7.7 条；②注意坑点，当负摩阻力群桩效应系数$\eta_{\mathrm{n}} > 1$ 时，取$\eta_{\mathrm{n}} = 1$；③自重湿陷性黄土计算饱和自重时，饱和度取 0.85；④负摩阻力引起的下拉载荷用于计算桩基沉降时采用极限值，是验算桩基承载力时负摩阻力标准值（特征值）的两倍，两者都不能大于单桩分担的桩间土重力。

题 7-21　（12C10）某甲类建筑物拟采用干作业钻孔灌注桩基础，桩径 0.80m，桩长 50.0m，拟建场地土层如图 7-26-1 所示，其中土层②、③层为湿陷性黄土状粉土，该两层土自重湿陷量 $\Delta_{zs}=440\text{mm}$，④层粉质黏土无湿陷性。桩基设计参数如表 7-26-37 所示，请问根据《建筑桩基技术规范》JGJ 94—2008 和《湿陷性黄土地区建筑标准》GB 50025—2018 规定，单桩所能承受的竖向力 N_k 最大值最接近下列哪项数值（黄土状粉土的中性点深度比取 $l_n/l_0=0.5$）？

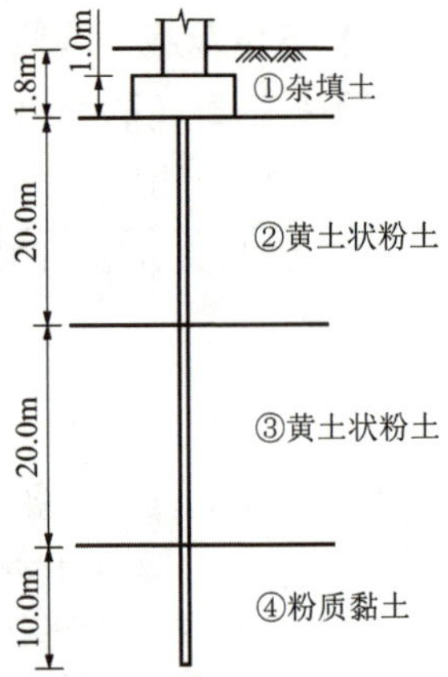

图 7-26-1　题 7-21 图

题 7-21 表　　　　表 7-26-37

地层编号	地层名称	天然重度（kN/m^3）	干作业钻孔灌注桩	
			q_{sik}（kPa）	q_{pk}（kPa）
②	黄土状粉土	18.7	31	
③	黄土状粉土	19.2	42	
④	粉质黏土	19.3	100	2200

（A）2110kN　　（B）2486kN　　（C）2864kN　　（D）3642kN

【解】

（1）$l_n/l_0=0.5$，$l_n=0.5\times40=20\text{m}$

$\Delta_{zs}=440\text{mm}>200\text{mm}$，查表 $q_{sik}=15\text{kPa}$

（2）$N_k=R_a-Q_g^n=\frac{1}{2}Q_{uk}-Q_g^n=\frac{1}{2}\left(u\sum_{i=1}^{n}q_{sik}l_i+q_{pk}A_p\right)-Q_g^n$

$=\frac{1}{2}\times[3.14\times0.8\times(42\times20+100\times10)+2200\times3.14\times0.4^2]-15\times20\times3.14\times0.8=2110.1\text{kN}$

【点评】

①根据《建筑桩基技术规范》第 5.3.5 条、第 5.4.4 条、《湿陷性黄土地区建筑标准》表 5.7.6；②《湿陷性黄土地区建筑标准》中规定“桩穿过自重湿陷性黄土层时，l_n 可按表列值增大 10%（持力层为基岩除外）”，但题目中给出黄土状粉土的中性点深度比取 $l_n/l_0=0.5$，为定值数据，可以认为已经包含增大 10%的部分；③《湿陷性黄土地区建筑标准》表 5.7.6 给的桩侧负摩阻力特征值，但数值上是等于《建筑桩基技术规范》上的桩侧负摩阻力标准值，两本规范公式在负摩阻力的处理上不一样；《建筑桩基技术规范》上负摩阻力直接与竖向力标准值相加，作为荷载所以叫标准值；《湿陷性黄土地区建筑标准》上负摩阻力直接计入单桩承载力特征值里面，作为（负）抗力，所以叫特征值，导致名称不一样，含义一样，属于两本规范表述不一致（图 7-26-1）。

26.5　地基处理

26.5.1　一般规定——《湿陷性黄土地区建筑标准》第 6.1.1 条～第 6.1.11 条

1. 处理厚度——《湿陷性黄土地区建筑标准》第 6.1.1 条～第 6.1.5 条、第 6.1.7 条

采用地基处理措施时，处理厚度应符合表 7-26-38 的规定。

地基处理厚度　　　　表 7-26-38

<table>
<tr><td rowspan="2">甲类建筑</td><td colspan="4">甲类建筑地基的湿陷变形和压缩变形不能满足设计要求时，应采取地基处理措施或将基础设置在非湿陷性土层或岩层上，或采用桩基础穿透全部湿陷性黄土层。采取地基处理措施时应符合下列规定：
（1）非自重湿陷性黄土场地，应将基础底面以下附加压力与上覆土的饱和自重压力之和大于湿陷起始压力（$p_z + p_{cz} > p_{sh}$）的所有土层进行处理，或处理至地基压缩层的深度；
（2）自重湿陷性黄土场地，对一般湿陷性黄土地基，应将基础底面以下湿陷性黄土层全部处理</td></tr>
<tr><td colspan="4">大厚度湿陷性黄土地基上的甲类建筑，采取地基处理措施时应符合下列规定：
（1）基础底面以下具自重湿陷性的黄土层应全部处理，且应将附加压力与上覆土饱和自重压力之和大于湿陷起始压力（$p_z + p_{cz} > p_{sh}$）的非自重湿陷性黄土层一并处理；
（2）地下水位无上升可能，或上升对建筑物不产生有害影响，且按本条第（1）款计算的地基处理厚度大于 25m 时，处理厚度可适当减小，但不得小于 25m，且应在原防水措施基础上提高等级或采取加强措施</td></tr>
<tr><td rowspan="3">乙类建筑</td><td colspan="3">非自重湿陷性黄土场地</td><td>处理深度 ≥ 地基压缩层深度的 2/3，且下部未处理湿陷性黄土层的湿陷起始压力值 p_{sh} ≥ 100kPa</td></tr>
<tr><td colspan="3">自重湿陷性黄土场地</td><td>处理深度 ≥ 基底下湿陷性土层的 2/3，且下部未处理湿陷性黄土层的剩余湿陷量 s ≤ 150mm</td></tr>
<tr><td colspan="3">大厚度湿陷性黄土地基</td><td>基础底面以下具自重湿陷性的黄土层应全部处理，且应将附加压力与上覆土饱和自重压力之和大于湿陷起始压力（$p_z + p_{cz} > p_{sh}$）的非自重湿陷性黄土层的 2/3 一并处理；处理厚度大于 20m 时，可适当减小，但不得小于 20m，并应在原防水措施基础上提高等级或采取加强措施</td></tr>
<tr><td rowspan="8">丙类建筑</td><td rowspan="2">湿陷等级</td><td colspan="3">建筑层数</td></tr>
<tr><td colspan="2">总高度小于 6.0m 且长高比小于 2.5 的单层建筑</td><td>其他单层建筑、多层建筑</td></tr>
<tr><td>Ⅰ级</td><td colspan="2">可不处理</td><td>处理厚度 ≥ 1.0m，且下部未处理湿陷性黄土层的 p_{sh} ≥ 100kPa</td></tr>
<tr><td rowspan="2">Ⅱ级</td><td>非自重湿陷性场地</td><td>处理厚度 ≥ 1.0m</td><td>处理厚度 ≥ 2.0m，且下部未处理湿陷性黄土层的 p_{sh} ≥ 100kPa</td></tr>
<tr><td>自重湿陷性场地</td><td>处理厚度 ≥ 2.0m</td><td>处理厚度 ≥ 2.5m，且下部未处理湿陷性黄土层的剩余湿陷量 s ≤ 200mm；按剩余湿陷量计算的处理厚度大于 6m 时，处理厚度可适当减小，但不应小于 6m</td></tr>
<tr><td rowspan="2">Ⅲ级</td><td colspan="2" rowspan="2">处理厚度 ≥ 2.5m，对地基浸水可能性小的建筑 ≥ 2.0m</td><td>处理厚度 ≥ 3.0m，且下部未处理湿陷性黄土层的剩余湿陷量 s ≤ 200mm；按剩余湿陷量计算的处理厚度大于 7m 时，处理厚度可适当减小，但不应小于 7m</td></tr>
<tr><td>大厚度湿陷性黄土地基：处理厚度 ≥ 4.0m，且下部未处理湿陷性黄土层的剩余湿陷量 s ≤ 300mm；按剩余湿陷量计算的处理厚度大于 10m 时，处理厚度可适当减小，但不应小于 10m</td></tr>
</table>

续表

丙类建筑	Ⅳ级	处理厚度 ≥3.5m，对地基浸水可能性小的建筑 ≥3.0m	处理厚度 ≥4.0m，且下部未处理湿陷性黄土层的**剩余湿陷量** s ≤200mm；按剩余湿陷量计算的**处理厚度大于 8m** 时，处理厚度可适当减小，但不应小于 **8m**
			大厚度湿陷性黄土地基：处理厚度 ≥5.0m，且下部未处理湿陷性黄土层的**剩余湿陷量** s ≤300mm；按剩余湿陷量计算的**处理厚度大于 12m 时**，处理厚度可适当减小，但不应小于 **12m**

注：基底下湿陷性黄土厚度不小于 20m 时定义为大厚度湿陷性黄土地基。

2. 平面处理范围——《湿陷性黄土地区建筑标准》第 6.1.6 条、第 6.3.5 条

采用地基处理措施时，平面处理范围应符合表 7-26-39 的规定。

平面处理范围 表 7-26-39

非自重湿陷性黄土场地可采用整片或局部处理地基，自重湿陷性黄土场地应采用整片处理	
局部处理	每边应超出**基础底面宽度**的 1/4 且 ≥0.5m
整片处理	每边超出建筑物**外墙基础外缘**的宽度，不宜小于**处理土层厚度**的 1/2 且 ≥2.0m。 **确有困难**时，按处理土层厚度的 1/2 计算外放宽度，**非自重**湿陷性黄土场地大于 4m 时，可采用 4m；**自重**湿陷性黄土场地，大于 5m 时可采用 5m，**大厚度**湿陷性黄土地基大于 6m 时可采用 6m，但应在原防水措施基础上提高等级或采取加强措施

注：第 6.3.5 条，强夯法处理湿陷性黄土地基宜采用整片处理，其平面处理范围超出建筑物基础外缘的宽度，不应小于**设计夯实厚度**的 1/2，且不应小于 3.0m。

3. 处理方法选择——《湿陷性黄土地区建筑标准》第 6.1.11 条

地基处理方法应根据建筑类别和场地工程地质条件，结合施工设备、进度要求、材料来源和施工环境等因素，经技术经济比较后综合确定。可选用表 7-26-40 中的一种或多种方法组合。

湿陷性黄土地基处理方法 表 7-26-40

方法名称	适用范围	可处理的湿陷性黄土层厚度（m）
垫层法	地下水位以上	1～3
强夯法	S_r ≤60%的湿陷性黄土	3～12
挤密法	S_r ≤65%，w ≤22%的湿陷性黄土	5～25
预浸水法	湿陷程度中等～强烈的自重湿陷性黄土场地	地表下 6m 以下的湿陷性土层
注浆法	可灌性较好的湿陷性黄土（需经试验验证注浆效果）	现场试验确定
其他方法	经试验研究或工程实践证明行之有效	现场试验确定

4. 地基压缩层厚度——《湿陷性黄土地区建筑标准》第 6.1.7 条

地基压缩层厚度宜按表 7-26-41 的方法确定，取其中较大值，且不宜小于 5m。

地基压缩层厚度 表 7-26-41

（1）对**条形基础**，取其宽度的 3.0 倍；对**独立基础**，取其宽度的 2.0 倍；对**筏形基础和宽度大于 10m 的基础**，取其宽度的 0.8～1.2 倍，基础宽度大者取小值，反之取大值	二者取大值，且不宜小于 5m
（2）按下式计算： $p_z = \lambda \cdot p_{cz}$ 式中：p_z——相应于荷载效应标准组合下在基础底面下 z 深度处土的附加压力值（kPa）； p_{cz}——在基础底面下 z 深度处土的自重压力值（kPa）； λ——系数；z 深度下，**无**高压缩性土时取 0.2，**有**高压缩性土时取 0.1	

题 7-22 （06D27）关中地区某自重湿陷性黄土场地的探井资料如图 7-26-2 所示，从地面下 1.0m 开始取样，取样间距均为 1.0m，假设地面标高与建筑物+0.000 标高相同，基础埋深为 2.5m，当基底下地基处理厚度为 4.0m 时，下部未处理湿陷性黄土层的剩余湿陷量最接近下列何值？

（A）103mm （B）116mm

（C）122mm （D）132mm

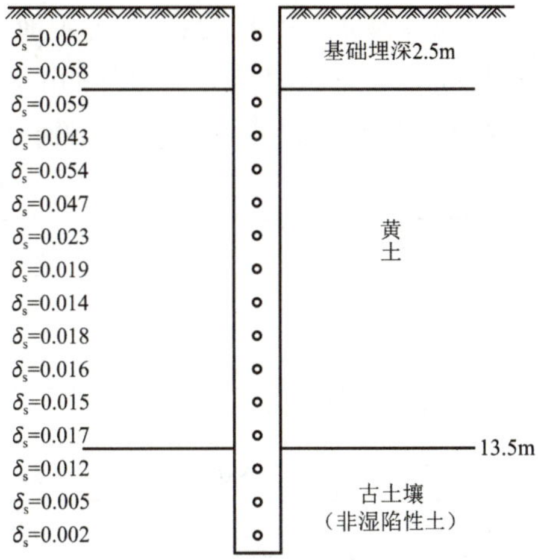

图 7-26-2 题 7-22 图

【解】

处理到 6.5m

$\Delta_s = 1.0 \times 1.5 \times 23 +$
$1.0 \times 1.0 \times (19 + 18 + 16 + 15) +$
$0.9 \times 0.9 \times 17 = 116.27\text{mm}$

【点评】

①根据《湿陷性黄土地区建筑标准》第 4.4.4 条；②题目已知为自重湿陷场地，基底下 0～5m 采用$\alpha = 1.0$ 和$\beta = 1.5$，基底下 5～10m 采用$\alpha = 1.0$ 和$\beta = 1.0$，基底 10m 以下采用$\alpha = 0.9$ 和$\beta_0 = 0.9$；③一定要注意计算深度是从**基底起算**。

题 7-23 （03C29）陇东陕北地区的一自重湿陷性黄土场地上一口代表性探井土样的湿陷性试验数据如图 7-26-3 所示，对拟建于此的乙类建筑来说，应消除土层的部分湿陷量，并应控制剩余湿陷量不大于 200mm。则从基底算起的下列地基处理厚度中哪个选项能满足上述要求？

（A）6m （B）7m

（C）8m （D）9m

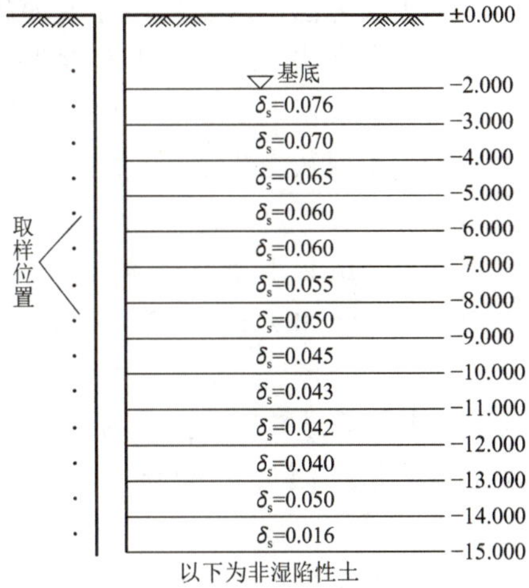

图 7-26-3 题 7-23 图

【解】

（1）自重湿陷场地，10m 以下剩余湿陷量：

$\Delta_s = 1.0 \times 1.2 \times (43 + 42) +$
$0.9 \times 1.2 \times (40 + 50 + 16)$
$= 216.48\text{mm} > 200\text{mm}$

（2）11m 以下剩余湿陷量：

$\Delta_s = 1.0 \times 1.2 \times 42 + 0.9 \times 1.2 \times (40 + 50 + 16) = 164.88\text{mm} < 200\text{mm}$

（3）处理厚度：$11 - 2 = 9.0\text{m}$

【点评】

①根据《湿陷性黄土地区建筑标准》第 4.4.4 条；②剩余湿陷量是将湿陷性黄土地基湿陷量的计算值减去**基底下**拟处理土层的湿陷量，也就是基底下未处理的土层的湿陷量，基底以上土挖除，不用处理；③已按新版本规范改编了配图。

题 7-24 （07C24）在关中地区某空旷地带，拟建一多层住宅楼，基础埋深为现地面 1.50m。勘察后某代表性探井的试验数据如表 7-26-42 所示。经计算，黄土地基的湿陷量 Δ_s为 369.5mm，为消除地基湿陷性，下列哪个选项的地基处理方案最合理？

题 7-24 表 **表 7-26-42**

土样编号	取样深度（m）	饱和度（%）	自重湿陷系数	湿陷系数	湿陷起始压力（kPa）
3-1	1.0	42	0.007	0.068	54
3-2	2.0	64	0.011	0.064	62
3-3	3.0	62	0.012	0.049	70
3-4	4.0	63	0.014	0.037	77
3-5	5.0	69	0.013	0.048	101
3-6	6.0	67	0.015	0.025	104
3-7	7.0	74	0.017	0.018	112
3-8	8.0	80	0.013	0.014	—
3-9	9.0	81	0.010	0.017	183
3-10	10.0	95	0.002	0.005	—

（A）强夯法，地基处理厚度为 2.0m
（B）强夯法，地基处理厚度为 3.0m
（C）土或灰土垫层法，地基处理厚度为 2.0m
（D）土或灰土垫层法，地基处理厚度为 3.0m

【解】

（1）1.0m 以下土的饱和度大于 60%，不适用强夯法，排除 A 和 B；

（2）$\Delta_{zs} = 0.9 \times (0.015 \times 1000 + 0.017 \times 1000) = 28.8\text{mm} < 70\text{mm}$，为非自重湿陷性；

（3）查表判别为湿陷等级为Ⅱ级（中等），对丙类多层建筑地基处理厚度不宜小于 2.0m，且下部未处理湿陷性黄土层的湿陷起始压力不宜小于 100kPa，5.0m 处样品代表 4.5～5.5m，故处理深度为 1.5m 到 4.5m，处理厚度为 3.0m。

【点评】

①根据《湿陷性黄土地区建筑标准》第 4.4.2 条～第 4.4.3 条、第 6.1.5 条、第 6.1.11 条；②强夯法不宜处理$S_r > 60\%$的湿陷性黄土，本题真题有瑕疵，按规范挤密法不适用$S_r > 65\%$的湿陷性黄土，故修改了 1.5～4.5m 土层的饱和度。

题 7-25 （20C20）关中地区湿陷性黄土场地上某拟建多层建筑，基础埋深为天然地面下 1.5m，控制性勘探点深度 23m，自地面下 1m 起每米采取土样进行湿陷性试验，经计算自重湿陷量Δ_{zs} = 355mm，不同深度处的湿陷系数见图 7-26-4。根据《湿陷性黄土地区建筑标准》GB 50025—2018 规定计算的基础底面下 0～5m 湿陷量（Δ_s）为 301.5mm、5～10m 湿陷量（Δ_s）为 111.4mm、10～20m 湿陷量（Δ_s）为 260.82mm、20～21m 湿陷量（Δ_s）为 9.18mm。根据规范要求，采取消除该建筑地基部分湿陷量措施，则基底下最小处理厚度为下列哪个选项？

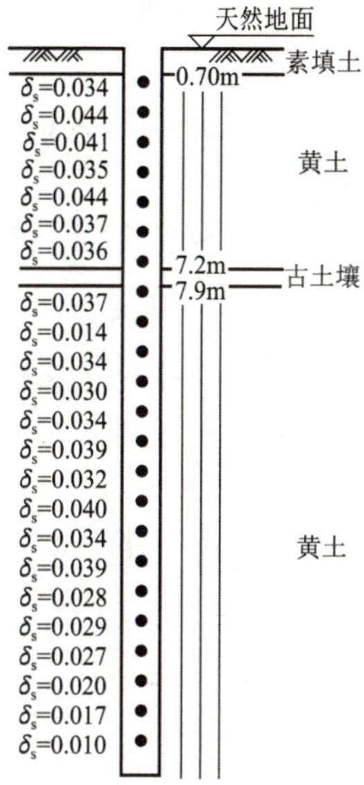

图 7-26-4　题 7-25 图

（A）7m　　（B）9m

（C）10m　　（D）12.5m

（1）Δ_{zs} = 355mm，$\Delta_s = 301.5 + 111.4 + 260.82 + 9.18 = 682.90$mm

自重湿陷性黄土场地，湿陷等级为Ⅲ级

（2）多层丙类，基底下厚度 21m > 20m，大厚度湿陷性黄土要求$\Delta_s \leqslant 300$mm

基底 10m 以下：$\Delta_s = 9.18 + 260.82 = 270$mm

基底 9m 以下：

$\Delta_s = 1.0 \times 1.0 \times 0.030 \times 1000 + 9.18 + 260.82 = 300$mm，

满足要求。

故基底下最小处理厚度 9m。

【点评】

①根据《湿陷性黄土地区建筑标准》第 2.1.12 条、第 3.0.1 条、第 4.4.4 条、第 4.4.6 条、第 6.1.5 条；②根据第 2.1.12 条，基底下湿陷性黄土下限深度大于等于 20m 为大厚度湿陷性黄土地基；③2018 版规范对于湿陷量的计算增加了浸水概率系数α，修正系数β也有调整，自重湿陷性黄土场地基底下 5～10m 的β取β_0且不小于 1.0；④根据第 6.1.5 条，丙类多层建筑，Ⅲ级场地，对于大厚度黄土地基，处理厚度 ≥ 4.0m 且剩余湿陷量应 ≤ 300mm；⑤本题 1m 处的取样点代表土层为 0～1.5m 土层，第 11 个点的湿陷系数 0.030 代表地表下 10.5～11.5m（即基底下 9～10m）土层。

题 7-26 （22 补考 C14）关中地区某湿陷性黄土场地上拟建跨度 24m 的机加工车间，基础埋深 1.0m。地面下不同深度黄土的湿陷性试验结果见表 7-26-43，13m 以下地层无湿陷性。拟采用沉管挤密桩法处理地基，按《湿陷性黄土地区建筑标准》GB 50025—2018 要求，在无地下水上升和侧向浸水的条件下，基底下挤密桩处理地基最小深度为下列哪个选项？

题 7-26 表　　**表 7-26-43**

取样深度（m）	1.5	2.5	3.5	4.5	5.5	6.5
自重湿陷系数δ_{zs}	0.004	0.006	0.010	0.019	0.022	0.025
湿陷系数δ_s	0.045	0.054	0.043	0.048	0.045	0.043
取样深度（m）	7.5	8.5	9.5	10.5	11.5	12.5
自重湿陷系数δ_{zs}	0.036	0.048	0.053	0.060	0.055	0.044
湿陷系数δ_s	0.052	0.058	0.062	0.069	0.055	0.044

（A）6.0m　　（B）7.0m　　（C）8.0m　　（D）9.0m

【解】

（1）$\Delta_s = 0.9 \times (19 + 22 + 25 + 36 + 48 + 53 + 60 + 55 + 44) = 325.8\text{mm} > 70\text{mm}$，自重湿陷场地

（2）跨度24m的机加工车间，查表属于乙级

要求处理深度 $\geqslant 12 \times \frac{2}{3} = 8\text{m}$，且下部剩余湿陷量 $< 150\text{mm}$

（3）当处理至基底下9m时，剩余湿陷量 $= 1 \times 69 + 0.9 \times 0.9 \times (55 + 44) = 149.19\text{mm}$

故处理地基最小深度9m

【点评】

①《湿陷性黄土地区建筑标准》附录A、第4.4.3条～第4.4.6条、第6.1.4条；②根据附表A各类建筑举例查表确定建筑等级，本题属于常规考点，根据华山论剑案例答题手册可以快速答题。

题7-27　（16D26）关中地区黄土场地内6层砖混住宅楼室内地坪标高为0.00m，基础埋深为−2.0m，勘察时某探井土样室内试验结果如表7-26-44所示，探井井口标高为−0.5m，按照《湿陷性黄土地区建筑标准》GB 50025—2018，对该建筑物进行地基处理时最小处理厚度为下列哪一选项？

题7-27表　　表7-26-44

编号	取样深度（m）	e	γ（kN/m^3）	δ_s	δ_{zs}	p_{sh}（kPa）
1	1.0	0.941	16.2	0.018	0.002	65
2	2.0	1.032	15.4	0.068	0.003	47
3	3.0	1.006	15.2	0.042	0.002	73
4	4.0	0.952	15.9	0.014	0.005	85
5	5.0	0.969	15.7	0.062	0.020	90
6	6.0	0.954	16.1	0.026	0.013	110
7	7.0	0.864	17.1	0.017	0.014	138
8	8.0	0.914	16.9	0.012	0.007	150
9	9.0	0.939	16.8	0.019	0.018	165
10	10.0	0.853	17.1	0.029	0.015	182
11	11.0	0.860	17.1	0.016	0.005	198
12	12.0	0.817	17.7	0.014	0.014	—
12m以下为非湿陷性土层						

（A）2.0m　　（B）3.0mm　　（C）4.0m　　（D）5.0m

【解】

（1）关中地区 $\beta_0 = 0.9$

$\Delta_{zs} = 0.9 \times (20 + 18 + 15) = 47.7\text{mm} < 70\text{mm}$，为非自重湿陷场地

（2）$\Delta_s = 1.0 \times 1.5 \times (68 + 42 + 62 + 26) + 1.0 \times 1.0 \times (17 + 19 + 29 + 16) = 378\text{mm}$

$300 < \Delta_s < 700$，查表湿陷等级为Ⅱ级

（3）丙类建筑，多层建筑，地基处理厚度 $\geqslant 2\text{m}$，且下部处理湿陷性黄土层的湿陷起始压力不宜小于100kPa，可知应处理至地面下6m处，最小处理厚度为 $6 - 2 = 4.0\text{m}$。

【点评】

①根据《湿陷性黄土地区建筑标准》第 3.0.1 条、第 4.4.3 条～第 4.4.6 条、第 6.1.5 条；②此题关键在于有一个井口标高−0.5m，题目表格中的取样位置是井口标高起算，而湿陷量和处理厚度都是从基础底面算起的，相差一个 0.5m 需要转换，即表格中取样深度 2m 为地面下 2.5m，代表地面下 2～3m 范围的试验结果，以此类推。

题 7-28　在晋西地区建设一处高度为 25m 的公共建筑，基础埋深为现地面 2.5m，详细勘察，在代表性探井取土做试验，测试的数据如表 7-26-45 所示，为消除地基湿陷性，根据《湿陷性黄土地区建筑标准》GB 50025—2018，采用灰土挤密法，需要处理的最小厚度最接近下列哪个选项？

题 7-28 表　　　　表 7-26-45

土样编号	取样深度（m）	饱和度（%）	自重湿陷系数	湿陷系数	湿陷起始压力（kPa）
1	1.0	28	0.002	0.068	54
2	2.0	32	0.003	0.064	62
3	3.0	33	0.002	0.049	70
4	4.0	34	0.005	0.037	77
5	5.0	35	0.020	0.048	88
6	6.0	38	0.013	0.025	91
7	7.0	39	0.014	0.018	93
8	8.0	41	0.007	0.025	96
9	9.0	43	0.018	0.017	106
10	10.0	46	0.015	0.012	115
11	11.0	48	0.005	0.019	131
12	12.0	52	0.018	0.029	145
13	13.0	54	0.014	0.018	156
14	14.0	66	0.014	0.017	178
14.5m 以下为非湿陷土层					

（A）6m　　（B）7m　　（C）8m　　（D）9m

【解】

（1）25m 建筑，为乙类建筑

$\Delta_{zs}=1.2\times(20+18+15+18)=85.2\text{mm}>70\text{mm}$，为自重湿陷性

（2）湿陷性土层为 14.5m，处理：$(14.5-2.5)\times\dfrac{2}{3}=8.0\text{m}$

试算，基底 8m 之下剩余湿陷量：

$\Delta_s=1.0\times1.2\times(19+29)+0.9\times1.2\times(18+17)=95.4\text{mm}<150\text{mm}$，满足要求

【点评】

①根据《湿陷性黄土地区建筑标准》第 3.0.1 条、第 6.1.4 条；②乙类建筑，自重湿陷场地，最小处理厚度不应小于湿陷性土层**深度**的 2/3，且下部未处理湿陷性黄土层的剩余湿陷量不应大于 150mm。

题 7-29 （21C14）陕西关中地区某场地拟建一丙类建筑，建筑长 20m，宽 16m，高度 8m。采用独立基础，基础尺寸 2.5m × 2.5m，基础埋深 1.5m，柱网间距 10m × 8m，详见图 7-26-5。勘察自地面向下每 1m 采取土样进行室内试验，场地地层和湿陷系数分布见图 7-26-6。黄土场地具自重湿陷性，地基湿陷量$\Delta_s = 425.8$mm，地基湿陷等级为Ⅱ级（中等）。问按《湿陷性黄土地区建筑标准》GB 50025—2018，采用换填灰土垫层法处理地基时，灰土垫层最小方量最接近下列哪个选项？（假定基坑直立开挖）

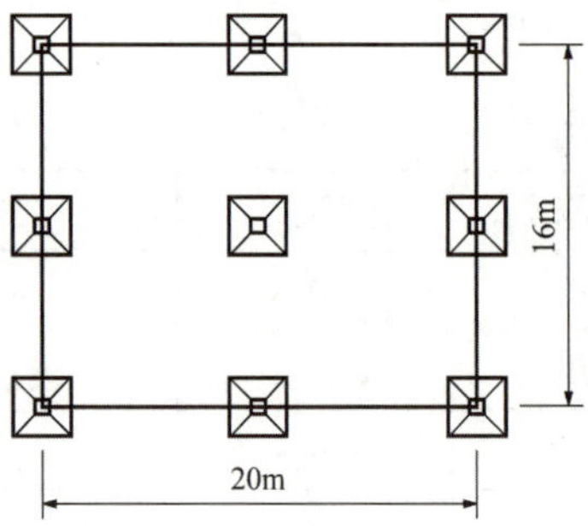

图 7-26-5 题 7-29 图

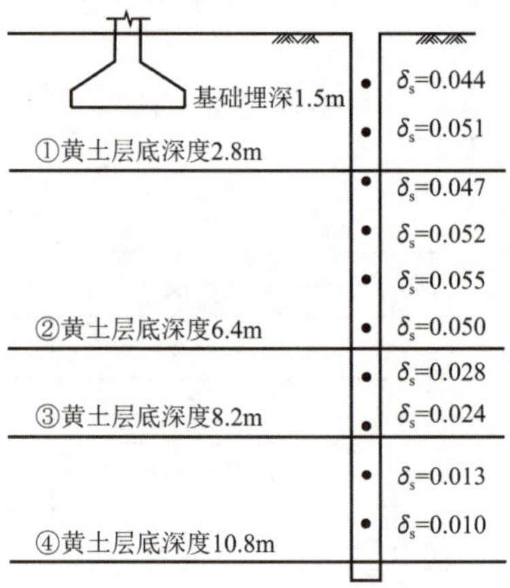

图 7-26-6 题 7-29 图

（A）1141m³ （B）1490m³ （C）1644m³ （D）1789m³

【解】

（1）Ⅱ级，自重湿陷，丙级，高度 8m > 6m

（2）处理厚度 ⩾ 2.5m，且剩余湿陷量 ⩽ 200mm

消除湿陷量不得小于：425.8 − 200 = 225.8mm

（3）基底下 0～1.3m：$\Delta_{s1} = 1.0 \times 1.5 \times 51 \times (2.8 - 1.5) = 99.45$mm

1.3～2m：$\Delta_{s2} = 1.0 \times 1.5 \times 47 \times (3.5 - 2.8) = 49.35$mm

2～3m：$\Delta_{s3} = 1.0 \times 1.5 \times 52 \times 1 = 78.0$mm

$\Delta_{s1\sim3} = 99.45 + 49.35 + 78 = 226.8$mm > 225.8mm，处理至基底下 3m 时，满足要求

（4）整片处理

$V = 3 \times (20 + 2.5 + 2 \times 2) \times (16 + 2.5 + 2 \times 2) = 1789\text{m}^3$

【点评】

①根据《湿陷性黄土地区建筑标准》第 4.4.4 条、第 6.1.5 条、第 6.1.6 条；②高度大于 6m 的丙类建筑属于“其他单层建筑、多层建筑”；③自重湿陷黄土场地应采用整片处理，平面处理范围应大于建筑物外墙基础底面超出建筑物**外墙基础外缘**的宽度，不宜小于处理土层厚度的 1/2 并不应小于 2.0m；本题注意外墙基础外缘，$h \geqslant 3/2 = 1.5$m 且 ⩾ 2m。

5. 下卧层验算——《湿陷性黄土地区建筑标准》第 6.1.8～6.1.10 条

地基处理后的承载力，应根据静载荷试验结果结合当地经验综合确定。其下卧层顶面的承载力特征值，应满足表 7-26-46 的要求。

下卧层验算　　表 7-26-46

<table>
<tr><td colspan="2">$p_z + p_{cz} \leqslant f_{az}$</td><td rowspan="3">$\theta$——处理层地基压力扩散线与垂直线的夹角（°）
灰土、水泥土垫层：可取 28°～30°；
素土垫层：$z/b < 0.25$ 取 0°；
$z/b = 0.25$ 取 6°；
$z/b \geqslant 0.5$ 取 23°；
$0.25 < z/b < 0.5$ 时可内插确定</td></tr>
<tr><td>条形基础</td><td>$p_z = \dfrac{b(p_k - p_c)}{b + 2z\tan\theta}$</td></tr>
<tr><td>矩形基础</td><td>$p_z = \dfrac{bl(p_k - p_c)}{(b + 2z\tan\theta)(l + 2z\tan\theta)}$</td></tr>
<tr><td colspan="3">注：当按处理后的地基承载力确定基础底面积及埋深时，宜对现场原位测试确定的地基承载力特征值f_{ak}进行修正，基础宽度的地基承载力修正系数η_b宜取 0，基础埋深的地基承载力修正系数η_d宜取 1。下卧层深度修正系数按原土的η_d取值。
$f_a = f_{ak} + \gamma_m(d - 1.5)$；$f_{az} = f_{ak} + \eta_d\gamma_m(d + z - 1.5)$</td></tr>
</table>

题 7-30　某湿陷性黄土地区多层建筑，采用独立基础，基础尺寸 2m × 2m，基础埋深 2m，传至基础顶部的竖向力$F_k = 840\text{kN}$，场地土为均质晚更新世（Q_3）黄土，含水率$w = 16.5\%$，重度$\gamma = 18.5\text{kN/m}^3$，地基承载力特征值$f_{ak} = 80\text{kPa}$；拟采用素垫层进行处理，素土的重度$\gamma = 20\text{kN/m}^3$，根据《湿陷性黄土地区建筑标准》GB 50025—2018，试计算满足下卧层承载力要求的最小换填厚度最接近下列哪个选项（地基压力扩散角θ取 23°）？

（A）1.8　　（B）2.1　　（C）2.6　　（D）3.2

【解】

（1）$p_k - p_c = \dfrac{840}{2\times 2} + 20\times 2 - 18.5\times 2 = 213\text{kPa}$

$$p_z = \frac{2\times 2\times 213}{(2 + 2\times z\times \tan 23°)^2},\quad p_{cz} = 2\times 18.5 + 20\times z = 37 + 20z$$

（2）$f_{az} = 80 + 1.25\times 18.5\times(2 + z - 1.5) = 91.6 + 23.1z$

（3）$91.6 + 23.1z \geqslant \dfrac{2\times 2\times 213}{(2 + 2\times z\times\tan 23°)^2} + 37 + 20z$

解得垫层厚度$z \geqslant 2.05\text{m}$

【点评】

①根据《湿陷性黄土地区建筑标准》第 5.6.5 条、第 6.1.9 条；②下卧层深度修正系数取原土的修正系数；③换填垫层中软弱下卧层的自重压力计算时垫层部分要采用垫层的重度。

题 7-31　某马兰黄土地区建筑采用独立方形基础，基础尺寸为 2m × 2m，基础埋深为 2.5m，采用强夯法处理地基，土的重度$\gamma = 19\text{kN/m}^3$，含水率$w = 13\%$，处理后进行平板载荷试验，正方形压板边长为$b = 1.5\text{m}$，按《湿陷性黄土地区建筑标准》GB 50025—2018 的要求进行修正的地基承载力特征值最接近下列哪个选项（表 7-26-47）？

题 7-31 表　　表 7-26-47

p（kPa）	25	50	75	100	125	150	175	200	250	300
s（mm）	3.26	6.30	9.66	12.92	15.86	21.11	26.25	31.61	47.46	74.87

（A）110kPa　　（B）135kPa　　（C）150kPa　　（D）155kPa

【解】

（1）$s = 0.010 \times 1500 = 15\text{mm}$

（2）插值：$p = 100 + \dfrac{125-100}{15.86-12.92} \times (15-12.92) = 117.7\text{kPa} < \dfrac{300}{2} = 150\text{kPa}$

取$f_{ak} = 117.7\text{kPa}$

（3）$f_a = 117.7 + 0 + 1.0 \times 19 \times (2.5-1.5) = 136.7\text{kPa}$

【点评】

①根据《湿陷性黄土地区建筑标准》第5.6.5条、第6.1.10条、附录C、附录J；②两个重要考点，平板载荷试验和地基承载力修正联合考查；③取$s/d = 0.010$所对应的荷载为承载力特征值，但其值不应大于最大加载量的一半；④根据第6.1.10条，处理地基深度修正系数取1。

26.5.2 挤密法（预钻孔）——《湿陷性黄土地区建筑标准》第6.4.3~6.4.5条

挤密法处理湿陷性黄土地基，挤密孔直径宜为0.35～0.45m；当挤密处理深度较深，采用挤土成孔挤密法有困难，或需要较大面积置换率时，可采用预钻孔挤密法，预钻孔直径宜为0.30～0.60m，挤密后成桩直径宜为0.40～0.80m。挤密孔的孔位，宜按正三角形布置。孔心距可按表7-26-48计算。

下卧层验算　　表7-26-48

（1）挤密孔的孔位，宜按正三角形布置。孔心距s： $s = 0.95\sqrt{\dfrac{\overline{\eta}_c \rho_{dmax} D^2 - \rho_{d0} d^2}{\overline{\eta}_c \rho_{dmax} - \rho_{d0}}}$	s——孔心距（m）； D——成桩直径（m）； d——预钻孔直径（m），无预钻孔时取0； ρ_{d0}——挤密前孔深范围内各土层的平均干密度（g/cm³）； ρ_{dmax}——击实试验确定的桩间土最大干密度（g/cm³）； $\overline{\eta}_c$——挤密填孔（达到D）后，3个孔之间土的平均挤密系数，不宜小于0.93
（2）挤密填孔后，3个孔之间土的最小挤密系数η_{dmin}： $\eta_{dmin} = \dfrac{\rho_{dc}}{\rho_{dmax}}$	η_{dmin}——土的最小挤密系数：甲类、乙类建筑不宜小于0.88；丙类建筑不宜小于0.84； ρ_{dc}——挤密填孔后，相邻3个孔之间形心点部位土的干密度（g/cm³）

注：对比《建筑地基处理技术规范》JGJ 79—2012学习。

题7-32　（13D15）某场地湿陷性黄土厚度为10～13m，平均干密度为1.24g/cm³，设计拟采用灰土挤密桩法进行处理，处理后桩间土击实试验确定的最大干密度为1.60g/cm³。挤密桩正三角形布置，桩长为13m，预钻孔直径为300mm，挤密填料孔直径为600mm，求满足设计要求的灰土桩的最大间距应取下列哪个值（桩间土平均挤密系数取0.93）。

（A）1.2m　　（B）1.3m　　（C）1.4m　　（D）1.5m

【解】

$$s = 0.95\sqrt{\frac{\overline{\eta}_c \rho_{dmax} D^2 - \rho_{d0} d^2}{\overline{\eta}_c \rho_{dmax} - \rho_{d0}}} = 0.95 \times \sqrt{\frac{0.93 \times 1.60 \times 0.6^2 - 1.24 \times 0.3^2}{0.93 \times 1.60 - 1.24}} = 1.24\text{m}$$

【点评】

①根据《湿陷性黄土地区建筑标准》第 6.4.3 条；②对比《建筑地基处理技术规范》挤密桩学习，注意有预钻孔的公式只能用《湿陷性黄土地区建筑标准》对应的公式，原真题最大干密度表述错误；③满足设计要求的桩间距要选择比计算结果小的选项；④本公式可通过土的三相换算推导，过程如下：

$$\left(\frac{\sqrt{3}}{4}s^2-\frac{\pi}{8}D^2\right)\overline{\eta}_c\rho_{\text{dmax}}=\left(\frac{\sqrt{3}}{4}s^2-\frac{\pi}{8}d^2\right)\rho_{\text{d0}}\Rightarrow s=0.95\sqrt{\frac{\overline{\eta}_c\rho_{\text{dmax}}D^2-\rho_{\text{d0}}d^2}{\eta_c\rho_{\text{dmax}}-\rho_{\text{d0}}}}。$$

题 7-33　某场地需要处理的湿陷性黄土厚度为 10m，平均干密度为 1.24g/cm³，设计拟采用灰土挤密桩法进行处理，处理后桩间土击实试验确定的最大干密度为 1.60g/cm³。挤密桩正三角形布置，预钻孔直径为 400mm，挤密填料孔直径为 800mm，桩长为 10m，施工完成后，场地地面平均上升 0.3m，根据《湿陷性黄土地区建筑标准》GB 50025—2018，求满足设计要求的灰土桩的最适宜间距应取下列哪个值（桩间土平均挤密系数取 0.94）？

（A）1.2m　　（B）1.3m　　（C）1.5m　　（D）1.6m

【解】

（1）$\overline{\rho}_{\text{d1}}=1.6\times0.94=1.50\text{g/cm}^3$

（2）$\left[\frac{3.14}{4}\times(1.05s)^2-3.14\times0.2^2\right]\times10\times1.24$

$=\left[\frac{3.14}{4}\times(1.05s)^2-3.14\times0.4^2\right]\times(10+0.3)\times1.50\Rightarrow s=1.52\text{m}$

【点评】

根据土力学三相换算和地基处理置换率的原理，加固桩体内挤密前后土颗粒质量不变。

26.5.3 组合处理复合土层的密度——《湿陷性黄土地区建筑标准》第 6.6.2 条

组合处理复合土层的密度计算应符合表 7-26-49 的规定。

组合处理复合土层的密度　　表 7-26-49

组合处理土层以下的下卧层强度验算应按《湿陷性黄土地区建筑标准》第 6.1.8 条规定执行（$p_z+p_{cz}\leqslant f_{az}$）。其中下卧层顶面上覆土的自重压力$p_{cz}$应采用处理后复合土层或垫层的指标计算。复合土层的密度ρ（g/cm³）应按下列公式计算： $\rho=(1-m)(1+\overline{w}_s)\overline{\eta}_c\rho_{\text{dmax-s}}+\sum_{i=1}^{n}m_i\overline{\rho}_{\text{pi}}$	m——所有桩型面积置换率之和； m_i——第i种桩型的面积置换率； n——桩型数量； $\overline{\eta}_c$——桩间土平均挤密系数； $\rho_{\text{dmax-s}}$——桩间土的最大干密度（g/cm³）； $\overline{w}_s$——桩间土平均含水率（%），小数代入
桩体填料密度$\overline{\rho}_{\text{pi}}$（g/cm³），填料为土、灰土及水泥土时按下式计算： $\overline{\rho}_{\text{pi}}=\overline{\lambda}_{ci}\rho_{\text{dmax-pi}}(1+\overline{w}_{\text{pi}})$	$\overline{\lambda}_{ci}$——桩体平均压实系数； $\rho_{\text{dmax-pi}}$——桩体填料的最大干密度（g/cm³）； $\overline{w}_{\text{pi}}$——桩体填料含水率（%），小数代入

注：《湿陷性黄土地区建筑标准》把密度、重度概念混淆了；公式中$(1+\overline{w}_s)\overline{\eta}_c\rho_{\text{dmax-s}}$为桩间土的平均密度。

26.5.4 土体增湿加水量——《湿陷性黄土地区建筑标准》第7.2.7条、第7.2.13条

拟夯实的土层内。土的天然含水率大于塑限含水率3%以上时，宜采用晾干、换土或其他措施降低含水率。土的天然含水率低于10%时，宜对其增湿至接近最优含水率。增湿注水量可按表7-26-50计算。

挤密施工前，宜对处理范围内的地基土含水率进行普查，并应取样进行击实试验。当地基土含水率偏低时，宜提前7～14d将拟处理范围内的土层增湿至接近最优含水率或塑限。增湿注水量可按表7-26-50估算。

土体增湿加水量 **表7-26-50**

采用强夯法或挤密法处理黄土地基，土的天然含水率低于10%时，宜对其增湿至接近最优含水率。增湿注水量可按下式计算：

$$Q = k(w_{op} - \overline{w})\overline{\rho}_d Ah$$

式中：Q——估算注水量（t）；

w_{op}——土的最优含水率（%），小数代入；

$\overline{w}$——拟增湿土层内土按厚度的加权的天然含水率（%），小数代入；

$\overline{\rho}_d$——拟增湿土层地基处理前土的平均干密度（t/m^3）；

A——拟增湿土面积（m^2），注意按《湿陷性黄土地区建筑标准》第6.1.6条或第6.3.5条外扩；

h——拟增湿土层厚度（m）；

k——系数；对强夯法可取0.95～1.00，对挤密法可取0.90～1.05

注：对比《建筑地基处理技术规范》学习。

题7-34 某非自重湿陷性黄土场地拟建一方形基础，对不均匀沉降有严格限制，基础边长3.2m，埋深2m，需要对地基采用强夯法处理（局部处理），起夯面为天然地面，处理至地基压缩层底，天然土的平均密度为$1.85g/cm^3$，平均含水率为7.8%，液限含水率为24.2%。为达到更好的施工效果，拟对土层进行增湿，达到最优含水率15.0%。试估算加水量（损耗系数k取1.05）。

【解】

（1）对不均匀沉降有严格限制为甲类建筑

（2）处理面积，扩边：$3.2/4 = 0.8m > 0.5m$，取0.8m，$A = (3.2 + 2 \times 0.8)^2 = 23.04m^2$

（3）处理深度至地基压缩层深度：$d = 2 \times 3.2 = 6.4m > 5m$，处理厚度取$6.4 + 2 = 8.4m$

（4）$Q = 1.05 \times (0.15 - 0.078) \times \dfrac{1.85}{1 + 0.078} \times 8.4 \times 23.04 = 25.1m^3$

【点评】

①根据《湿陷性黄土地区建筑标准》第3.0.1条、第6.1.1条、第6.1.6条、第6.1.7条、《建筑地基处理技术规范》第7.5.3条；②根据第3.0.1条，建筑物为甲类，处理深度按《湿陷性黄土地区建筑标准》第6.1.1条，可处理至地基压缩层深度（按《湿陷性黄土地区建筑标准》第6.1.7条）；③本题指定局部处理，按《湿陷性黄土地区建筑标准》第6.1.6条扩边；④注意处理厚度是从基底起算，地基压缩层深度也是基底起算，是一致的，强夯处理厚度从起夯面算。

26.5.5 既有建筑地基加固和纠倾——《湿陷性黄土地区建筑标准》第 9 章

本小节与第五篇《建筑地基处理技术规范》相关知识点的计算基本相同，注意对比学习。

1. 单液硅化法——《湿陷性黄土地区建筑标准》第 9.2.8 条

初步设计时，加固湿陷性黄土的单孔溶液用量Q，可按下式计算：

$$Q=\pi r^2 h\overline{n}d_{\mathrm{n}}\alpha$$

式中：Q——单孔硅酸钠溶液的设计注入量（t）；

r——溶液的设计扩散半径（m）；

h——自基础底面起算的加固深度（m）；

$\overline{n}$——拟加固地基土的平均孔隙率；

d_{n}——硅酸钠溶液的密度（t/m^3）；

α——溶液灌注系数，可取 0.6～0.8。

题 7-35　某湿陷性黄土地区，拟采用单液硅化法处理，其土体天然孔隙比为 1.00，扩散半径为 10m，拟加固的湿陷性土层厚度为 5.0m，假设硅酸钠溶液的相对密度为 1.0，溶液的填充系数为 0.8，计算所需硅酸钠溶液的用量。

（A）628t　　（B）785t　　（C）1256t　　（D）1570t

【解】

（1）$\overline{n}=\dfrac{e}{1+e}=\dfrac{1.00}{1+1.00}=0.5$

（2）$Q=\pi r^2 h\overline{n}d_{\mathrm{N}}\alpha=3.14\times10^2\times5.0\times0.5\times1.0\times0.8=628\mathrm{t}$

【点评】

①根据《湿陷性黄土地区建筑标准》第 9.2.8 条；②对比《建筑地基处理技术规范》单液硅化法学习。

2. 碱液加固法——《湿陷性黄土地区建筑标准》第 9.2.14 条～第 9.2.16 条

（1）**碱液法加固地基的深度**，不宜大于既有建筑物或设备基础底面下 5m。初步设计时，**加固地基的厚度**h可按下式估算：

$$h=l+r-\Delta$$

式中：h——碱液法加固地基的厚度（m）；

l——灌注孔的长度（m）；

r——溶液的设计扩散半径（m），可取 0.4～0.5m；

Δ——灌浆孔顶部不能形成满足设计扩散半径部分的长度，可取 0.4～0.6m。

（2）**加固需要的氢氧化钠量**，宜通过试验确定。无试验资料时，可取干土重量的 3%；初步设计时，单孔碱溶液用量Q可按下式计算：

$$Q=\pi r^2(l+r)\overline{n}\alpha$$

式中：Q——单孔氢氧化钠溶液的设计注入量（m^3）；

r——溶液的设计扩散半径（m）；

l——灌注孔的长度（m）；

$\overline{n}$——拟加固地基土的平均孔隙率；

α——溶液灌注系数，由单孔或多孔灌注试验确定。进行试验孔计算时，可取 0.7～0.9。

3. 旋喷桩复合地基承载力特征值——《湿陷性黄土地区建筑标准》第9.3.3条

旋喷桩复合地基承载力特征值应通过现场复合地基浸水载荷试验确定，初步设计时可按表7-26-51估算。

旋喷桩复合地基承载力特征值　　表7-26-51

$f_{spk}=\lambda m\dfrac{R_a}{A_p}+\beta(1-m)f_{ak}$	β——桩间土承载力折减系数，可取0.75～0.95，天然地基湿陷起始压力较大、承载力较高时取大值； f_{ak}——桩间土承载力特征值（kPa），无经验时可取饱和状态下地基承载力特征值
$\Uparrow$ $\min\begin{cases}R_a=u_p\sum_{i=1}^{n}q_{si}l_{pi}+\alpha_p q_p A_p\\R_a=\eta f_{cu}A_p\end{cases}$	η——桩身强度折减系数，可取0.20～0.25； α_p——桩端端阻力发挥系数，可取0.4～0.6，桩侧土自重湿陷量大时取大值； f_{cu}——桩体试块（边长为150mm的立方体）标准养护28d的立方体抗压强度平均值（kPa）； q_{si}——桩周第i层土的侧阻力特征值（kPa）；非自重湿陷土层中宜按饱和状态下取值，自重湿陷性黄土层内宜按本标准第5.7.6条取值

26.6 其他湿陷土

26.6.1 其他湿陷性土——《岩土工程勘察规范》第6.1节

本节适用于干旱和半干旱地区除黄土以外的湿陷性碎石土、湿陷性砂土和其他湿陷性土的岩土工程勘察。对湿陷性黄土的勘察应按现行国家标准《湿陷性黄土地区建筑标准》GB 50025执行。

当不能取试样做室内湿陷性试验时，应采用现场载荷试验确定湿陷性。在200kPa压力下浸水载荷试验的附加湿陷量ΔF_s与承压板宽度b之比等于或大于0.023的土，应判定为湿陷性土。

湿陷性土的总湿陷量计算及湿陷等级划分应符合表7-26-52的规定。

湿陷性土的总湿陷量计算及湿陷等级划分　　表7-26-52

计算步骤	计算方法
①湿陷性判定 ⇓	在200kPa压力下现场浸水载荷试验的附加湿陷量ΔF_s（cm）与承压板宽度b（cm）之比大于等于0.023的土，判定为湿陷性土 $\Delta F_s\geqslant 0.023b\Rightarrow$**湿陷性土范围**
②总湿陷量 ⇓	湿陷性土地基受水浸湿至下沉稳定为止的总湿陷量$\varDelta_s$（cm）： $\varDelta_s=\sum_{i=1}^{n}\beta\Delta F_{si}h_i$ 式中：ΔF_{si}——第i层土浸水载荷试验的附加湿陷量（cm）； h_i——第i层土的厚度（cm），从基础底面（初步勘察时自地面下1.5m）算起，其中$\Delta F_{si}<0.023b$的土层不计入，b为承压板宽度（cm）； β——修正系数（cm^{-1}），承压板面积为$0.50m^2$时，$\beta=0.014$；承压板面积为$0.25m^2$时，$\beta=0.020$

续表

<table>
<tr><th>计算步骤</th><th colspan="3">计算方法</th></tr>
<tr><td rowspan="8">③湿陷等级</td><td colspan="3">湿陷性土地基的湿陷等级划分</td></tr>
<tr><td>总湿陷量Δ_s（cm）</td><td>湿陷性土层的总厚度（m）</td><td>湿陷等级</td></tr>
<tr><td rowspan="2">$5 < \Delta_s \leqslant 30$</td><td>$> 3$</td><td>Ⅰ</td></tr>
<tr><td>$\leqslant 3$</td><td rowspan="2">Ⅱ</td></tr>
<tr><td rowspan="2">$30 < \Delta_s \leqslant 60$</td><td>$> 3$</td></tr>
<tr><td>$\leqslant 3$</td><td rowspan="2">Ⅲ</td></tr>
<tr><td rowspan="2">$\Delta_s > 60$</td><td>> 3</td></tr>
<tr><td>$\leqslant 3$</td><td>Ⅳ</td></tr>
</table>

湿陷性程度分类

湿陷程度	附加湿陷量ΔF_s（cm）	
	承压板面积 $0.50m^2$	承压板面积 $0.25m^2$
轻微	$1.6cm < \Delta F_s \leqslant 3.2cm$	$1.1cm < \Delta F_s \leqslant 2.3cm$
中等	$3.2cm < \Delta F_s \leqslant 7.4cm$	$2.3cm < \Delta F_s \leqslant 5.3cm$
强烈	$\Delta F_s > 7.4cm$	$\Delta F_s > 5.3cm$

题 7-36　（08C25）某场地基础底面以下分布的湿陷性砂厚度为 7.5m，按厚度平均分 3 层采用 $0.50m^2$ 的承压板进行了浸水载荷试验，其附加湿陷量分别为 6.4cm，8.8cm 和 5.4cm。试确定则该地基的湿陷等级为下列哪个选项。

（A）Ⅰ（较微）　　（B）Ⅱ（中等）

（C）Ⅲ（严重）　　（D）Ⅳ（很严重）

【解】

（1）$\Delta F_s = 0.023 \times \sqrt{0.5} = 0.016m = 1.6cm < 5.4cm \Rightarrow$ 3层全部湿陷

（2）$\Delta_s = \sum_{i=1}^{n} \beta \Delta F_{si} h_i = 0.014 \times (6.4 + 8.8 + 5.4) \times 250 = 72.1cm$

（3）$\Delta_s > 60$，厚度 $> 3m$，判定场地湿陷等级为Ⅲ级

【点评】

①根据《岩土工程勘察规范》第 6.1.5 条～第 6.1.6 条，或《工程地质手册（第五版）》P522；②先判断湿陷量是否满足计入条件，$\Delta F_s/b < 0.023$ 的不计入；③根据第 6.1.5 条条文说明，承压板为方形板，边长$b = \sqrt{A}$。

题 7-37 （17C24）某湿陷性砂土上的厂房采用独立基础，基础尺寸为 2m × 1.5m，埋深 2.0m，在地上采用面积为 $0.25m^2$ 的方形承压板进行浸水载荷试验，试验结果如表 7-26-53。该地基的湿陷等级为下列哪个选项？

题 7-37 表 **表 7-26-53**

试验深度（m）	岩土类型	附加湿陷量（cm）
0～2	砂土	8.5
2～4	砂土	7.8
4～6	砂土	5.2
6～8	砂土	1.2
8～10	砂土	0.9
> 10	基岩	—

（A）Ⅰ级 （B）Ⅱ级 （C）Ⅲ级 （D）Ⅳ级

【解】

（1）$\Delta F_s = 0.023 \times \sqrt{0.25} = 0.0115m = 1.15cm$

则 0～8m 为湿陷性土，厚度为：$8 - 2 = 6m$

（2）$\Delta_s = \sum_{i=1}^{n} \beta \Delta F_{si} h_i = 0.020 \times (7.8 + 5.2 + 1.2) \times 200 = 56.8cm$

（3）$30 < \Delta_s = 56.8 < 60$，厚度 $6m > 3m$，判定场地湿陷等级为Ⅱ级

【点评】

①根据《岩土工程勘察规范》第 6.1.5 条、第 6.1.6 条或《工程地质手册》P522；②$\Delta F_s <$ 0.023 的土层不计入总湿陷量，特别要注意**计算地基的湿陷从基底起算（初勘时自地面下 1.5m）**；③难度小，重要考点为湿陷土地基湿陷等级计算。

第 27 章

膨胀土地区建筑技术规范

27.1 工程特性指标——《膨胀土地区建筑技术规范》第 4.2 节、第 4.3 节

27.1.1 定义——《膨胀土地区建筑技术规范》第 2.1.1 条、第 4.3.3 条

膨胀土：地中黏粒成分主要由亲水性矿物组成，同时具有显著的吸水膨胀和失水收缩两种变形特性的黏性土。场地具有下列工程地质特征及建筑物破坏形态，且土的自由膨胀率$\delta_{ef}\geqslant 40\%$的黏性土，应判定为膨胀土。

（1）土的裂隙发育，常有光滑面和擦痕，有的裂隙中充填有灰白、灰绿等杂色黏土。自然条件下呈坚硬或硬塑状态。

（2）多出露于二级或二级以上的阶地、山前和盆地边缘的丘陵地带。地形较平缓，无明显自然陡坎。

（3）常见有浅层滑坡、地裂。新开挖坑（槽）壁易发生坍塌等现象。

（4）建筑物多呈“倒八字”“X”或水平裂缝，裂缝随气候变化而张开和闭合。

27.1.2 自由膨胀率——《膨胀土地区建筑技术规范》第 4.2.1 条、第 4.3.3 条、第 4.3.4 条、附录 D

自由膨胀率试验及计算应符合表 7-27-1 的规定。

自由膨胀率 表 7-27-1

<table>
<tr><td colspan="3">自由膨胀率试验可用于判定黏性土在无结构力影响下的膨胀潜势</td></tr>
<tr><td rowspan="5">试验步骤</td><td colspan="2">1. 应用四分对角法取代表性风干土 100g，应碾细并全部过 0.5mm 筛，石子、姜石、结核等应去除</td></tr>
<tr><td colspan="2">2. 应将过筛的试样拌匀，并应在 105～110℃下烘至恒重，同时应在干燥器内冷却至室温</td></tr>
<tr><td colspan="2">3. 应将无颈漏斗放在支架上，漏斗下口应对准量土杯中心并保持 10mm 距离</td></tr>
<tr><td>4. 应用取土匙取适量试样倒入漏斗中，倒土时匙应与漏斗壁接触，且应靠近漏斗底部，应边倒边用细铁丝轻轻搅动，并应避免漏斗堵塞。当试样装满量土杯并开始溢出时，应停止向漏斗倒土，应移开漏斗刮去杯口多余的土。应将量土杯中试样倒入匙中，再次将量土杯（如图）置于漏斗下方，应将匙中土按上述方法倒入漏斗，使其全部落入量土杯中，刮去多余土后称量量土杯中试样质量。本步骤应进行两次重复测定，两次测定的差值不得大于 0.1g</td><td rowspan="2">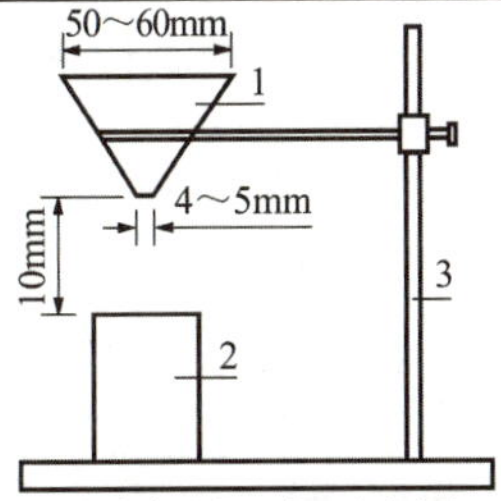

漏斗与量土杯示意图
1—无颈漏斗；2—量土杯；3—支架</td></tr>
<tr><td>5. 应在量筒内注入 30mL 纯水，并加入 5mL 浓度为 5%的分析纯氯化钠溶液。应将量土杯中试样倒入量筒内，用搅拌器搅拌悬液，上近液面，下至筒底，上下搅拌各 10 次，用纯水清洗搅拌器及量筒壁，使悬液达 50mL</td></tr>
</table>

续表

试验步骤	6. 待悬液澄清后，应每隔 2h 测读一次土面高度（估读 0.1mL）。直至两次读数差值不大于 0.2mL，可认为膨胀稳定，土面倾斜时，读数可取其中值
	7. 应按下式计算自由膨胀率

（1）自由膨胀率：指人工制备的烘干松散土样在水中自由膨胀稳定后，其体积增加值与原体积之比 $\delta_{ef}=\dfrac{v_w-v_0}{v_0}\times100$	δ_{ef}——膨胀土的自由膨胀率（%）； v_w——土样在水中膨胀稳定后的体积（mL）； v_0——土样原始体积（mL）

（2）膨胀潜势：膨胀土在环境条件变化时可能产生胀缩变形或膨胀力的量度

膨胀土的膨胀潜势分类

自由膨胀率δ_{ef}（%）	$40\leqslant\delta_{ef}<65$	$65\leqslant\delta_{ef}<90$	$\delta_{ef}\geqslant90$
膨胀潜势	弱	中	强

注：《土工试验方法标准》GB/T 50123—2019 第 24～27 章有自由膨胀率试验、膨胀率试验、收缩试验和膨胀力试验，对比学习。

题 7-38 （20D19）某高速公路永久路堑膨胀土边坡高度为 5.5m，该路段膨胀土的自由膨胀率试验结果如表 7-27-2 所示，拟采用坡率法设计，试按《膨胀土地区建筑技术规范》GB 50112—2013 和《公路路基设计规范》JTG D30—2015 确定合理的碎落台宽度为下列哪个选项？

自由膨胀率试验记录表 表 7-27-2

试样编号	干土质量（g）	量筒编号	不同时间体积读数（mL）					
			2h	4h	6h	8h	10h	12h
SY1	8.84	1	18.2	18.6	19.0	19.2	19.3	19.3
	8.96	2	18.0	18.3	18.7	19.0	19.1	19.1
SY2	8.82	3	18.1	18.5	18.9	19.1	19.2	19.2
	8.83	4	18.3	18.7	19.0	19.3	19.4	19.4

（A）1.0m （B）1.5m （C）2.0m （D）2.5m

【解】

（1）试样 SY1：两次干土质量差 = 8.96−8.84 = 0.12g > 0.1g，不符合规范要求，舍弃

试样 SY2：$\delta_{ef1}=\dfrac{19.2-10}{10}=92\%$，$\delta_{ef2}=\dfrac{19.4-10}{10}=94\%$

取两次测试的平均值$\bar{\delta}_{ef}=\dfrac{92+94}{2}=93\%$，为强膨胀土

（2）边坡高度 5.5m < 6m，查表碎落台宽度为 2.0m

【点评】

①根据《膨胀土地区建筑技术规范》第 4.3.4 条及附录 D、《公路路基设计规范》表 7.9.7-1；②《膨胀土地区建筑技术规范》附录 D 关于自由膨胀率试验的过程中，同一试样落入量土杯中，两次质量差值不得大于 0.1g，故应舍弃试样 SY1 的试验结果；本题差值为 0.12g，有瑕疵，不合格则后面的试验不应继续，此处《土工试验方法标准》试验过程错误；③根据《膨胀土地区建筑技术规范》第 4.3.4 条确定膨胀土的膨胀潜势。

27.1.3　膨胀率和膨胀力——《膨胀土地区建筑技术规范》第 4.2.2 条、第 4.2.3 条、附录 E、附录 F

膨胀率和膨胀力的确定应符合表 7-27-3 的规定。

膨胀率和膨胀力　　　　**表 7-27-3**

（1）**膨胀率**：指固结仪中的环刀土样，在一定压力下浸水膨胀稳定后，其高度增加值与原高度之比。 $$\delta_{ep}=\frac{h_w-h_0}{h_0}\times 100$$ 式中：δ_{ep}——某级荷载下膨胀土的膨胀率（%）； h_w——某级荷载下土样在水中膨胀稳定后的高度（mm）； h_0——土样原始高度（mm） （2）**膨胀力**：环刀土样在体积不变时浸水膨胀产生的最大压力，p-δ_{ep}曲线图中$\delta_{ep}=0$ **对应的压力即膨胀力**p_e	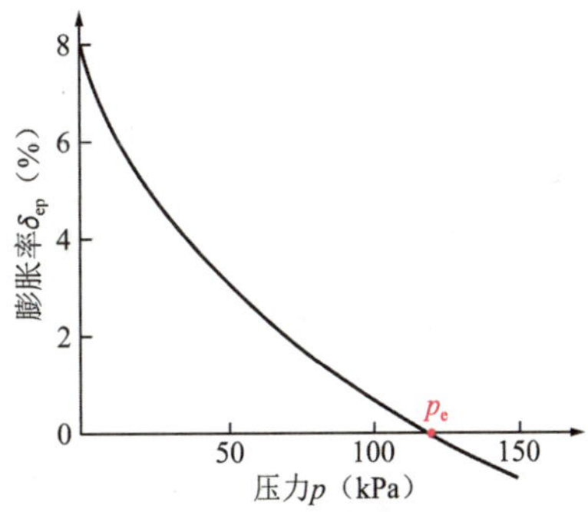
（3）50kPa 压力下的膨胀率（附录 E）： $$\delta_{e50}=\frac{z_{50}+z_{c50}-z_0}{h_0}\times 100$$	δ_{50}——在 50kPa 压力下的膨胀率（%）； z_{50}——压力为 50kPa 时试样膨胀稳定后百分表的读数（mm）； z_{c50}——压力为 50kPa 时仪器的变形值（mm）； z_0——压力为零时百分表的初读数（mm）； h_0——试样加荷前的原始高度（mm）
（4）各级压力下的膨胀率（附录 F）： $$\delta_{epi}=\frac{z_p+z_{cp}-z_0}{h_0}\times 100$$	δ_{epi}——某级荷载下膨胀土的膨胀率（%）； z_p——在一定压力作用下试样浸水膨胀稳定后百分表的读数（mm）； z_{cp}——在一定压力作用下，压缩仪卸荷回弹的校准值（mm）； z_0——试样压力为零时百分表的初读数（mm）； h_0——试样加荷前的原始高度（mm）
孔隙比： $$e=\frac{\Delta h_0}{h_0}(1+e_0)+e_0 \Leftarrow \Delta h_0=z_{p0}+z_{c0}-z_0$$ 式中：e——试样的试后孔隙比； Δh_0——卸荷至零时试样浸水膨胀稳定后的变形量（mm）； z_{p0}——试样卸荷至零时浸水膨胀稳定后百分表读数（mm）； z_{c0}——为压缩仪卸荷至零时的回弹校准值（mm）（如右图）； e_0——试样的初始孔隙比	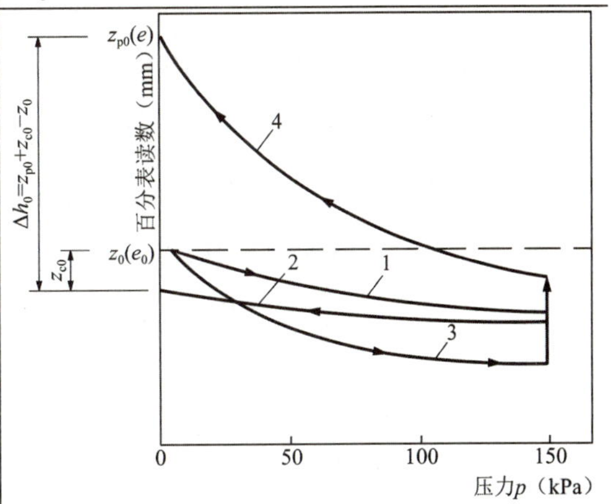**Δh_0计算示意图** 1—仪器压缩校准曲线；2—仪器回弹校准曲线 3—土样加荷压缩曲线；4—土样浸水卸荷膨胀曲线

续表

（5）按《土工试验方法标准》第 27 章，采用加荷平衡法计算膨胀力：
$$p_e = k\frac{W}{A}\times 10$$ 式中：p_e——膨胀力（kPa）； k——固结仪杠杆比； W——平衡荷载（N）； A——面积（cm^2），环刀直径 6.18cm 和 7.98cm，分别对应 $30cm^2$ 和 $50cm^2$

题 7-39　（13D26）膨胀土地基上独立基础尺寸 2m × 2m，埋深为 2m，柱上荷载 300kN，在地面以下 4m 内为膨胀土，4m 以下为非膨胀土，膨胀土的重度$\gamma = 18kN/m^3$，室内试验求得的膨胀率δ_{ep}与压力p的关系见表 7-27-4，建筑物建成后其基底中心点下，土在平均自重压力与平均附加压力之和作用下的膨胀率δ_{ep}最接近下列哪个选项（基础的重度按 $20kN/m^3$ 考虑）？

题 7-39 表　　表 7-27-4

膨胀率δ_{ep}（%）	垂直压力p（kPa）
10	5
6.0	60
4.0	90
2.0	120

（A）5.3%　（B）5.2%　（C）3.4%　（D）2.9%

【解法一】

（1）$p_0 = \frac{300}{2\times 2} + 20\times 2 - 18\times 2 = 79kPa$

（2）$l/b = 1$，$z/b = 2$，$\bar{\alpha} = 0.1746$，$p_z = 79\times 4\times 0.1746 = 55.2kPa$

$p_{cz} = 18\times 3 = 54kPa$，$p_z + p_{cz} = 55.2 + 54 = 109.2kPa$

（3）$\delta_{ep} = 4.0 - \frac{4.0-2.0}{120-90}\times(109.2-90) = 2.72\%$

【解法二】

（1）$p_0 = \frac{300}{2\times 2} + 20\times 2 - 18\times 2 = 79kPa$

（2）$l/b = 1$，$z/b = 2$，$\alpha = 0.084$，2m 处附加压力：$79\times 0.084\times 4 = 26.5kPa$

$p_z = \frac{26.5+79}{2} = 52.75kPa$，$p_{cz} = 18\times 3 = 54kPa$

$p_z + p_{cz} = 52.75 + 54 = 106.75kPa$

（3）$\delta_{ep} = 4.0 - \frac{4.0-2.0}{120-90}\times(106.75-90) = 2.88\%$

【点评】

①根据《膨胀土地区建筑技术规范》附录 F、《建筑地基基础设计规范》附录 K；②此题看起来是求一定压力下的膨胀率，而实质是计算基础底面下某一深度的自重压力与附加压力，计算自重压力与附加压力可能有几种方法，计算结果即使有一定误差，也不会影响正确答案选项；③官方答案为解法二采用附加应力系数，误差较大，推荐解法一采用平均附加应力系数更精确；④本题是特别重要的考点，建议闭卷作答。

题 7-40　（04C31）某组原状土样室内压力p与膨胀率δ_{ep}的关系见表 7-27-5，按《膨胀土地区建筑技术规范》GB 50112—2013 计算，膨胀力p_c最接近下列哪个选项？

题 7-40 表　　　　**表 7-27-5**

实验次序	膨胀率δ_{ep}（%）	垂直压力p（kPa）
1	8	0
2	4.7	25
3	1.4	75
4	−0.6	125

（A）90kPa　　（B）98kPa　　（C）110kPa　　（D）120kPa

【解】

根据δ_{ep}和p关系，内插$\delta_{ep}=0$时

$$p_c = 125 - \frac{0+0.6}{1.4+0.6}\times(125-75) = 110\text{kPa}$$

【点评】

①按《膨胀土地区建筑技术规范》附录 F；②取$\delta_{ep}=0$时的压力为膨胀力p_c。

27.1.4　收缩系数——《膨胀土地区建筑技术规范》第 4.2.4 条、附录 G

收缩系数试验应按规范附录 G 的规定执行，膨胀土的收缩系数应按表 7-27-6 计算。

收缩系数　　　　**表 7-27-6**

<table>
<tr><td>（1）竖向线缩率：天然湿度下的环刀土样烘干或风干后，其高度减小值与原高度之比的百分率
$$\delta_{si}=\frac{z_i-z_0}{h_0}\times 100$$</td><td>δ_i——与z_i对应的竖向线缩率（%）；
z_i——某次百分表读数（mm）；
z_0——百分表初始读数（mm）；
h_0——土样原始高度（mm）</td></tr>
<tr><td>（2）收缩系数：环刀土样在直线收缩阶段含水率每减少1%时的竖向线缩率
$$\lambda_i=\frac{\Delta\delta_s}{\Delta w}$$
λ_i——膨胀土的收缩系数；
$\Delta\delta_i$——收缩过程中直线变化阶段与两点含水率之差对应的竖向线缩率之差（%）；
Δw——收缩过程中直线变化阶段两点含水率之差（%）</td><td>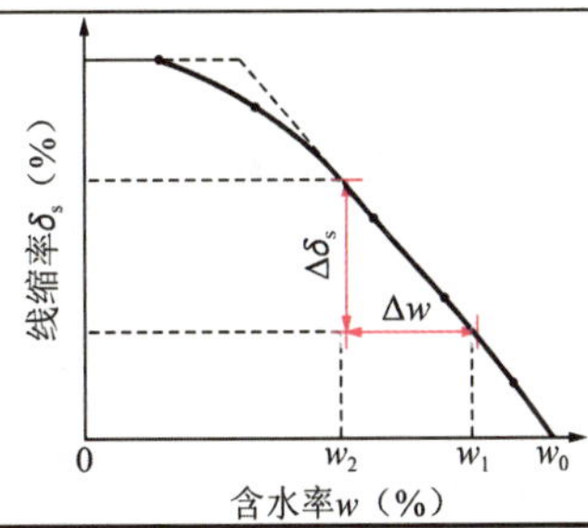</td></tr>
</table>

27.1.5　地基的胀缩等级——《膨胀土地区建筑技术规范》第 4.1.4 条第 1 款、第 4.3.5 条

采取原状土样进行室内 50kPa 压力下的膨胀率试验、收缩试验及其资料的统计分析，按表 7-27-7 确定建筑物地基的胀缩等级。

膨胀土地基的胀缩等级　　　　**表 7-27-7**

等级	Ⅰ	Ⅱ	Ⅲ
地基分级变形量s_c（mm）	$15\leqslant s_c<35$	$35\leqslant s_c<70$	$s_c\geqslant 70$

注：地基分级变形量应根据膨胀土地基的变形特征确定，可分别按本章第三小节变形量计算，其中土的膨胀率应按《膨胀土地区建筑技术规范》附录 E（50kPa 压力下的膨胀率试验）试验确定，采用 50kPa 下的膨胀率计算变形量。

题7-41 （08D25）某不扰动膨胀土试样在室内试验后得到含水率w与竖向线缩率δ_s的一组数据如表7-27-8所示，按《膨胀土地区建筑技术规范》GB 50112—2013，该试样的收缩系数λ_s最接近下列哪个选项的数值？

题7-41表　　表7-27-8

试验次序	含水率w（%）	竖向线缩率δ_s（%）
1	7.2	6.4
2	12.0	5.8
3	16.1	5.0
4	18.6	4.0
5	22.1	2.6
6	25.1	1.4

（A）0.05　　（B）0.13　　（C）0.20　　（D）0.40

【解】

由表中知点3～6处为直线段

$$\lambda_s=\frac{\Delta\delta_s}{\Delta w}=\frac{2.6-1.4}{25.1-22.1}=0.4$$

【点评】

①根据《膨胀土地区建筑技术规范》第4.2.4条、附录G；②膨胀土的收缩系数即为土样在直线收缩阶段含水率每减少1%时的竖向线缩率；③技巧：最后两次都是直线段，可直接用来计算。

27.2 地基基础设计——《膨胀土地区建筑技术规范》第5.2节

27.2.1 土的湿度系数与大气影响深度——《膨胀土地区建筑技术规范》第5.2.11～5.2.13条

土的湿度系数与大气影响深度应符合表7-27-9的规定。大气影响急剧层深度，可按大气影响深度值乘以0.45采用。

土的湿度系数与大气影响深度　　表7-27-9

（1）土的湿度系数ψ_w，应根据当地10年以上土的含水率变化确定，无资料时，可根据当地有关气象资料按下式计算：

$$\psi_w=1.152-0.726\alpha-0.00107c$$

式中：α——当地9月至次年2月的月份**蒸发力之和**与**全年蒸发力**之比值（月平均气温小于0℃的月份不统计在内）；我国部分地区蒸发力及降水量的参考值可按《膨胀土地区建筑技术规范》附录H取值；

c——全年中干燥度大于1.0且月平均气温大于0℃的月份的**蒸发力**与**降水量差值之总和**（mm），干燥度为蒸发力与降水量之比值

续表

（2）**大气影响深度**d_a，应由各气候区土的深层变形观测或含水率观测及地温观测资料确定；无资料时，可按下表采用：

大气影响深度d_a（m）（地面起算，可插值）

土的湿度系数ψ_w	大气影响深度d_a	
0.6	5.0	表中数值可互查：$\psi_w \Leftrightarrow d_a$
0.7	4.0	
0.8	3.5	
0.9	3.0	

注：大气影响急剧层深度可取表中大气影响深度值的 **0.45 倍**

题 7-42　（18C22）某膨胀土地区，统计近 10 年平均蒸发力和降水量如表 7-27-10 所示，根据《膨胀土地区建筑技术规范》GB 50112—2013，求该地区大气影响急剧层深度最接近下列哪个选项？

题 7-42 表　　　**表 7-27-10**

项目	月份											
	3 月	4 月	5 月	6 月	7 月	8 月	9 月	10 月	11 月	12 月	次年 1 月	次年 2 月
月平均气温（℃）	10	12	15	20	31	30	28	15	5	1	−1	5
蒸发力（mm）	45.6	65.2	101.5	115.3	123.5	120.2	68.6	47.5	25.2	18.9	20.8	30.9
降水量（mm）	34.5	55.3	89.4	120.6	145.8	132.1	130.5	115.2	33.5	7.2	8.4	10.8

（A）2.25m　　（B）1.80m　　（C）1.55m　　（D）1.35m

【解】

（1）

$$\alpha=\frac{68.6+47.5+25.2+18.9+30.9}{45.6+65.2+101.5+115.3+123.5+120.2+68.6+47.5+25.2+18.9+30.9}$$
$$=0.251$$

$$c=(45.6-34.5)+(65.2-55.3)+(101.5-89.4)+(18.9-7.2)+(30.9-10.8)$$
$$=64.9$$

$$\psi_w=1.152-0.726\times0.251-0.00107\times64.9=0.9$$

查表$d_a=3.0\text{m}$

（2）大气影响急剧层深度：$0.45\times3=1.35\text{m}$

【点评】

①依据《膨胀土地区建筑技术规范》第 5.2.11 条～第 5.2.13 条；②α为当地 9 月至次年 2 月的蒸发力与全年蒸发力之比值，c为干燥度大于 1 的蒸发力与降水量差值之总和，α和c的计算均不统计平均气温小于 0℃月份，**α和c越大，大气影响深度越深**。

【同类型真题】10D26

27.2.2 基础埋置深度——《膨胀土地区建筑技术规范》第 5.2.1～5.2.4 条

膨胀土地基上建筑物的基础埋置深度，应符合表 7-27-11 的规定。

基础埋置深度　　表 7-27-11

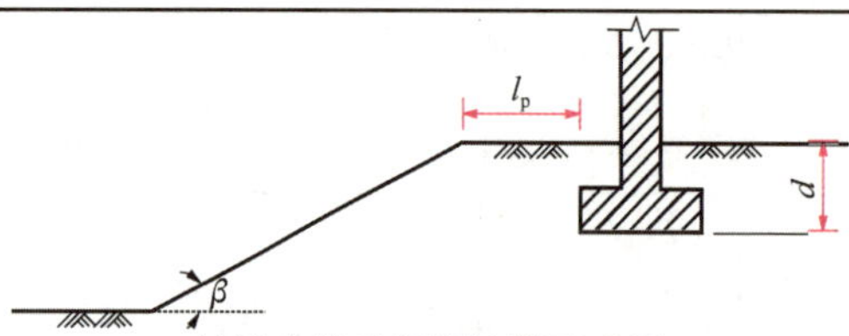 坡地上基础埋深计算示意图	d——基础埋置深度（m）； l_p——基础外边缘至坡肩的水平距离（m）； β——设计斜坡坡角（°）
强条：膨胀土地基上建筑物的基础埋置深度不应小于 1m	
（1）**平坦场地**上的多层建筑物，以基础埋深为主要防治措施时（当场地的坡度β为 5°～14°，基础外边缘至坡肩的水平距离l_p大于 10m 时，按平坦场地考虑）： 基础最小埋深不应小于大气影响急剧层深度 $0.45d_a$ $d \geqslant 0.45d_a$且$d \geqslant 1m$	
（2）**对于坡地**，当坡地坡角β为 5°～14°，基础外边缘至坡肩的水平距离l_p为 5～10m 时： $d = 0.45d_a + (10 - l_p)\tan\beta + 0.30$ 且$d \geqslant 1m$	

题 7-43　某拟建多层建筑物，建于平坦场地上，为膨胀土地基，根据该地区气象观测资料算得：当地膨胀土湿度系数$\psi_w = 0.8$。按《膨胀土地区建筑技术规范》GB 50112—2013，当以基础埋深为主要防治措施时，一般基础埋深至少应达到下列哪个选项的数值？

（A）1.0m　　（B）1.6m　　（C）1.8m　　（D）3.5m

【解】

（1）$\psi_w = 0.8$，查表$d_a = 3.5m$

大气影响急剧层深度：$d = 0.45 \times 3.5 = 1.575m > 1.0m$

（2）基础埋深取$d = 1.575m$

【点评】

①依据《膨胀土地区建筑技术规范》第 5.2.2 条、第 5.2.3 条；②主要注意场地坡度前提和基础埋深不小于 1m 的规定。

题 7-44　（19C21）在某膨胀土场地修建多层厂房，地形坡度$\beta = 10°$，独立基础外边缘至坡肩的水平距离$l_p = 6m$，见图 7-27-1。该地区 30 年蒸发力和降水量月平均值见表 7-27-12。按《膨胀土地区建筑技术规范》GB 50112—2013，以基础埋深为主要防治措施时，该独立基础埋置深度应不小于下列哪个选项？

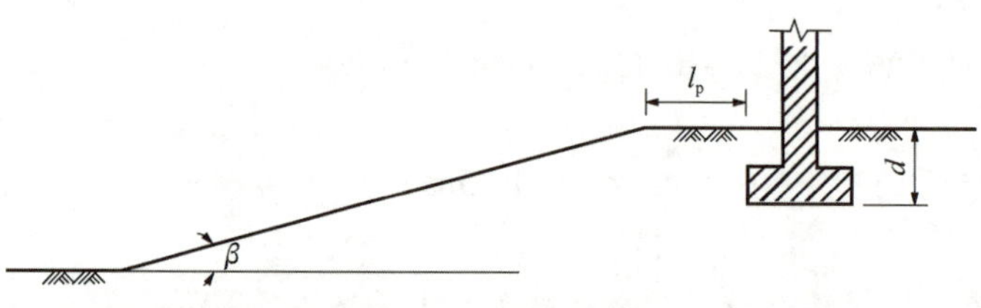

图 7-27-1　题 7-44 图

某地区 30 年蒸发力和降雨量月平均值统计表（月平均气温大于 0℃）　表 7-27-12

月份	1	2	3	4	5	6	7	8	9	10	11	12
蒸发力（mm）	32.5	31.2	47.7	61.6	91.5	106.7	138.4	133.5	106.9	78.5	42.9	33.5
降雨量（mm）	55.6	76.1	134.0	279.7	318.4	315.8	224.2	166.9	65.2	97.3	83.2	56.6

（A）3.3m　　（B）2.5m　　（C）1.5m　　（D）1.0m

【解】

（1）

$$\alpha=\frac{106.9+78.5+42.9+33.5+32.5+31.2}{32.5+31.2+47.7+61.6+91.5+106.7+138.4+133.5+106.9+78.5+42.9+33.5}=0.36$$

（2）$c=106.9-65.2=41.7$

（3）$\psi_w=1.152-0.726\times0.36-0.00107\times41.7=0.846$

（4）查表插值$d_a=3.5-\frac{3.5-3.0}{0.8-0.9}\times(0.8-0.846)=3.27\text{m}$

（5）$5°<\beta=10°<14°$，$d=0.45\times3.27+(10-6)\times\tan10°+0.3=2.48\text{m}>1\text{m}$

取$d=2.5\text{m}$

【点评】

①根据《膨胀土地区建筑技术规范》第 5.2.4 条、第 5.2.11 条～第 5.2.12 条；②注意根据湿度系数查大气影响深度查表需要插值。

【同类型真题】07D25

27.2.3 地基承载力特征值修正与验算——《膨胀土地区建筑技术规范》第 5.2.5 条、第 5.2.6 条

基础底面压力和修正后的地基承载力特征值应符合表 7-27-13 的规定。

地基承载力特征值修正与验算　　表 7-27-13

修正后的地基承载力特征值f_a		$f_a=f_{ak}+\gamma_m(d-1.0)$
地基承载力验算	轴心荷载	$p_k\leqslant f_a$
	偏心荷载	$p_k\leqslant f_a$且$p_{kmax}\leqslant1.2f_a$

注：参数同前，与《建筑地基基础设计规范》及《湿陷性黄土地区建筑标准》地基承载力特征值修正公式的主要区别不考虑宽度修正，深度修正系数取 1。

题 7-45 某二层民宅建于膨胀土地基上，勘察试验测得天然含水率为 25.5%，液限为 46.4%，孔隙比为 0.75，初步设计采用墙下条形基础，埋深$d=1.5\text{m}$，未见地下水，开挖时天然含水率 22.0%，基础底面以上土的加权平均重度$\gamma_m=18\text{kN/m}^3$，基础底面以下土的加权平均重度为$\gamma=18.5\text{kN/m}^3$，基底荷载标准值为$F=300\text{kN/m}$，按《膨胀土地区建筑技术规范》GB 50112—2013，估算修正后的地基承载力最接近下列哪个选项？

（A）250kPa　　（B）260kPa　　（C）270kPa　　（D）280kPa

【解】

（1）含水比$\frac{25.5}{46.4}=0.55$，孔隙比 0.75，查表$f_{ak}=260\text{kPa}$

（2）$f_a=f_{ak}+\gamma_m(d-1.0)=260+18\times(1.5-1.0)=269\text{kPa}$

【点评】

①依据《膨胀土地区建筑技术规范》第 4.3.7 条条文说明、第 5.2.6 条；②地基承载力的特征值修正方法与《建筑地基基础设计规范》及《湿陷性黄土地区建筑标准》有区别，膨胀土中发育着不同方向的众多裂隙，有时还存在薄的软弱夹层，特别是吸水膨胀后土的抗剪强度指标c、φ值呈较大幅度降低的特征，所以不进行宽度修正，深度修正系数取 1.0，对比记忆。

27.3 变形计算——《膨胀土地区建筑技术规范》第 5.2.7～5.2.16 条

膨胀土地基变形量，可根据变形特征按表 7-27-14 计算。

变形计算 **表 7-27-14**

<table>
<tr><td colspan="2">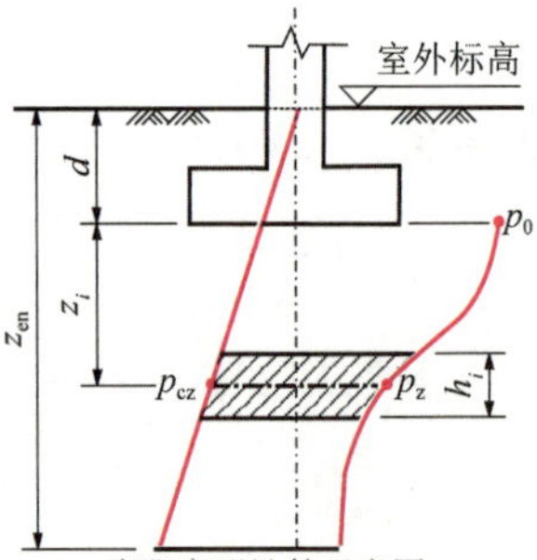
膨胀变形计算示意图</td><td colspan="2">解题步骤：
①确定计算s_e、s_s还是s_{es}；
②确定计算深度z_n（地面起算）；
③在变形计算厚度范围内（基底起算）划分土层；
④（有必要时计算Δw_i）；
⑤确定经验系数（三层及三层以下建筑物）；
⑥计算变形量</td></tr>
<tr><td>变形类别</td><td>膨胀变形量s_e</td><td>收缩变形量s_s</td><td>胀缩变形量s_{es}</td></tr>
<tr><td>适用条件⇓</td><td>（1）场地天然地表下1m处土的含水率w_1等于或接近最小值；
（2）或地面有覆盖且无蒸发可能；
（3）或建筑物在使用期间，经常有水浸湿的地基</td><td>（1）场地天然地表下 1m 处土的含水率w_1大于 1.2 倍塑限含水率w_p；
（2）或直接受高温作用的地基</td><td>其他情况下</td></tr>
<tr><td>计算深度⇓</td><td>z_{en}：按大气影响深度d_a确定；当有浸水可能时，二者取大值</td><td>z_{sn}：先求 Max{大气影响深度d_a，热源影响深度}，然后和稳定地下水位以上 3m 比较取深度小值</td><td>z_{esn}：Min{大气影响深度d_a，稳定地下水位以上 3m}</td></tr>
<tr><td rowspan="4">变形计算</td><td colspan="3">**★从地面确定计算深度后，均从基础底面开始计算变形量★**</td></tr>
<tr><td>$s_e = \psi_e \sum_{i=1}^{n} \delta_{epi} \cdot h_i$</td><td>$s_s = \psi_s \sum_{i=1}^{n} \lambda_{si} \cdot \Delta w_i \cdot h_i$</td><td>$s_{es} = \psi_{es} \sum_{i=1}^{n} (\delta_{epi} + \lambda_{si} \cdot \Delta w_i) h_i$</td></tr>
<tr><td>$\psi_e = 0.6$</td><td>$\psi_s = 0.8$</td><td>$\psi_{es} = 0.7$</td></tr>
<tr><td colspan="3">δ_{epi}——基础底面下第i层土在平均自重压力与对应于荷载效应准永久组合时的平均附加压力之和作用下的膨胀率（以小数计）；
λ_{si}——基础底面下第i层土的收缩系数；
Δw_i——地基土收缩过程中，第i层土可能发生的含水率变化平均值（以小数计）；
h_i——基础底面至计算深度内第i层土的计算厚度（m）；
n——基础底面至计算深度内所划分的土层数</td></tr>
</table>

续表

<table>
<tr><td rowspan="3">⇑
Δw_i
计算</td><td colspan="3">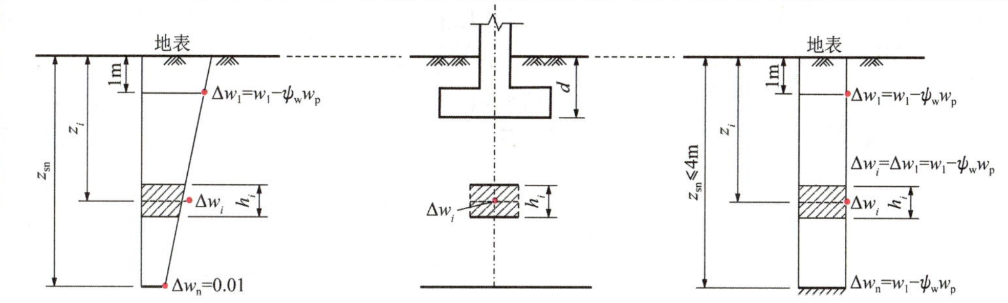

(a) 一般情况　　(b) 地表下 4m 深度内存在不透水基岩</td></tr>
<tr><td>$\Delta w_i = \Delta w_1 - (\Delta w_1 - 0.01)\dfrac{z_i - 1}{z_{sn} - 1}$</td><td>$\Delta w_1 = w_1 - \psi_w w_p$</td><td>$\Delta w_i = \Delta w_1 = w_1 - \psi_w w_p$</td></tr>
<tr><td colspan="3">Δw_i——第i层土的含水率变化值（以小数计）；
Δw_1——地表下 1m 处土的含水率变化值（以小数计）；
w_1、w_p——地表下 1m 处土的天然含水率和塑限（以小数计）；
z_i——地面至第i层土中点的深度（m）；
ψ_w——土的湿度系数，在自然气候影响下，地表下 1m 处土层含水率可能达到的最小值与其塑限之比</td></tr>
</table>

注：地基的分级变形量与地基变形量均采用上表内容计算，地基的分级变形量主要用于评价地基土的胀缩等级划分，故用统一的标准采用 50kPa 下的膨胀率计算。而地基变形量主要用于评价地基土的变形大小，故采用地基土内实际压力下的膨胀率计算。

题 7-46　某双层建筑物位于膨胀土场地，基础埋深$d = 1.3$m，基础的尺寸为 2m × 2m，湿度系数$\psi_w = 0.8$。地表下 1m 处土的含水率接近最小值，该建筑物在使用期间，经常有水浸湿，浸湿深度为 4.0m，各深度处膨胀土的工程特性指标如表 7-27-15 所示，试按《膨胀土地区建筑技术规范》GB 50112—2013，计算膨胀土地基的变形量最接近下列哪个选项？

题 7-46 表　　　　**表 7-27-15**

土层深度	土性	重度γ（kN/m³）	膨胀率δ_{epi}（%）	收缩系数λ_{si}
0～1.0m	膨胀土	18.0	1.5	0.12
1.0～2.5m	膨胀土	17.8	1.3	0.11
2.5～4.5m	膨胀土	18.0	1.1	0.10

（A）16mm　　（B）19mm　　（C）22mm　　（D）32mm

【解】

（1）地表下 1m 处含水率接近最小值，使用期间经常有水浸湿，按膨胀变形

$\psi_w = 0.8$，查表$d_a = 3.5\text{m} < 4.0\text{m}$，取大值 4.0m

（2）计算深度为 $4.0 - 1.3 = 2.7$m

$$\delta_e = \psi_e \cdot \sum_{i=1}^{n} \delta_{epi} \cdot h_i = 0.6 \times (13 \times 1.2 + 11 \times 1.5) = 19.26\text{mm}$$

【点评】

根据《膨胀土地区建筑技术规范》第 5.2.7 条、第 5.2.8 条。

题 7-47 某膨胀土场地土湿度系数为 0.8，拟修建单层库房，基础埋深为 1.0m，场地地下 1.0m 处土层含水率为最小值，试验资料如表 7-27-16 所示，按《膨胀土地区建筑技术规范》GB 50112—2013 规定，试确定地基的胀缩等级为下列哪个选项？

题 7-47 表　　表 7-27-16

取样深度（m）	1.5	2.5	3.5
膨胀率（$p = 50$kPa）	1.4%	1.2%	1.0%

（A）Ⅰ级　（B）Ⅱ级　（C）Ⅲ级　（D）无法确定

【解】

（1）1.0m 处土层含水率为最小值，按膨胀变形

$\psi_w = 0.8$，查表$d_a = 3.5$m

$s_e = 0.6 \times (0.014 \times 1.0 + 0.012 \times 1 + 0.01 \times 0.5) \times 1000 = 18.6$mm

（2）$15 \leqslant s_e \leqslant 35$，查表Ⅰ级

【点评】

①根据《膨胀土地区建筑技术规范》第 4.1.4 条、第 4.3.5 条、第 4.3.6 条、第 5.2.8 条、附录 E；②应取 50kPa 压力下的膨胀率进行膨胀量分级计算。

题 7-48 （20C21）某三层楼位于膨胀土地基上，大气影响深度和浸水影响深度均为 4.6m，基础埋深为 1.6m，土的重度均为 17kN/m³，经试验测得土的膨胀率与垂直压力的关系如表 7-27-17 所示，荷载准永久组合时基底中心点下的附加应力分布如图 7-27-2 所示，试按《膨胀土地区建筑技术规范》GB 50112—2013，计算该基础中心点下地基土的膨胀变形量最接近下列哪个选项？

（A）87mm

（B）93mm

（C）145mm

（D）155mm

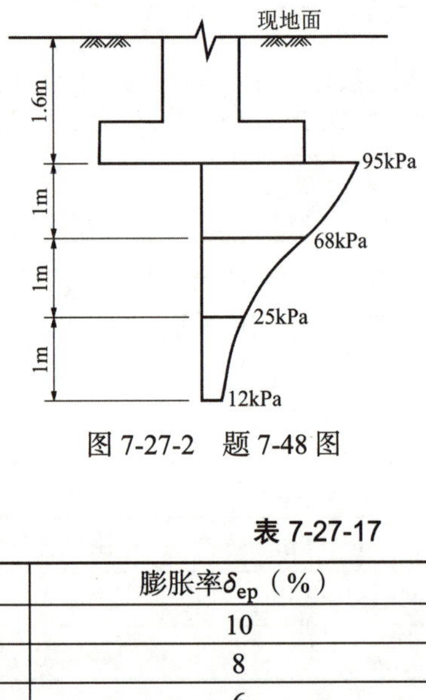

图 7-27-2　题 7-48 图

膨胀率与垂直压力关系表　　表 7-27-17

试验点	垂直压力p（kPa）	膨胀率δ_{ep}（%）
1	8	10
2	60	8
3	90	6
4	110	4
5	130	2

【解】

（1）第一层：$\dfrac{68+95}{2} + 2.1 \times 17 = 117.2$kPa，插值$\delta_{ep1} = 3.28\%$

（2）第二层：$\dfrac{25+68}{2} + 3.1 \times 17 = 99.2$kPa，插值$\delta_{ep1} = 5.08\%$

（3）第三层：$\dfrac{12+25}{2} + 4.1 \times 17 = 88.2$kPa，插值$\delta_{ep1} = 6.12\%$

（4）$s_e = 0.6 \times (3.28\% \times 1000 + 5.08\% \times 1000 + 6.12\% \times 1000) = 86.9$mm

【点评】

①根据《膨胀土地区建筑技术规范》第 5.2.8 条；②《膨胀土地区建筑技术规范》式(15.2.8)采用第i层土在平均自重应力与对应荷载效应准永久组合时的平均附加应力之和作用下的膨胀率；③取沉降计算土层中点的自重应力为该层土的平均自重应力，平均附加应力近似按梯形分布取上下和的一半。

题 7-49 （06D28）某膨胀土场地有关资料如表 7-27-18 所示，若大气影响深度为 4.0m，拟建建筑物为两层，基础埋深为 1.2m，试按《膨胀土地区建筑技术规范》GB 50112—2013 的规定，计算膨胀土地基变形量最接近下列哪个选项？

题 7-49 表 表 7-27-18

分层号	层底深度z_i（m）	天然含水率w（%）	塑限含水率w_P（%）	含水率变化值Δw_i	膨胀率δ_{epi}	收缩系数λ_{si}
1	1.8	23	18	0.0298	0.0006	0.50
2	2.5			0.0250	0.0265	0.46
3	3.2			0.0185	0.0200	0.40
4	4.0			0.0125	0.0180	0.30

（A）17mm （B）20mm （C）28mm （D）51mm

【解】

（1）地表下 1m 处，$w > 1.2w_P = 1.2 \times 18 = 21.6\%$，按收缩变形

（2）$s_s = \psi_s \cdot \sum_{i=1}^{n} \lambda_{si} \cdot \Delta w_i \cdot h_i = 0.8 \times (0.6 \times 0.5 \times 29.8 + 0.7 \times 0.46 \times 25 + 0.7 \times 0.4 \times 18.5 + 0.3 \times 0.8 \times 12.5) = 20.1\text{mm}$

【点评】

①根据《膨胀土地区建筑技术规范》第 5.2.7 条、第 5.2.9 条；②变形计算常规步骤：a. 确定是计算收缩量、膨胀量还是胀缩量，b. 确定计算深度的范围，c. 划分土层，如果是根据测试点位置，应尽可能让测试点位于土层的中间位置，d. 确定经验系数，三层及三层以下的建筑计算收缩变形量的经验系数为 0.8，膨胀 0.6，胀缩 0.7；e. 计算变形量；③本题不严谨，应该是地表下 1m 处的$w > 1.2w_P$。

【同类型真题】11D26

题 7-50 （14D27）某三层建筑物位于膨胀土场地，基础为浅基础，埋深为 1.2m，基础的尺寸为 2.0m × 2.0m，湿度系数$\psi_w = 0.6$，地表下 1m 处的天然含水率$w = 26.4\%$，塑限含水率$w_p = 20.5\%$，各深度处膨胀土的工程特性指标如表 7-27-19 所示，该地基的分级变形量最接近于下列哪个选项？

题 7-50 表 **表 7-27-19**

土层深度	土性	重度γ（kN/m^3）	膨胀率δ_{ep}（%）	收缩系数λ_s
0～2.5m	膨胀土	18.0	1.5	0.12
2.5～3.5m	膨胀土	17.8	1.3	0.11
3.5m 以下	泥灰岩	—	—	—

（A）30mm （B）34mm （C）38mm （D）80mm

【解】

（1）地表下 1m 处，$w > 1.2w_P = 1.2 \times 20.5 = 24.6\%$，按收缩变形

（2）地表下 4m 内为基岩，$\Delta w_i = \Delta w_1 = 0.264 - 0.6 \times 0.205 = 0.141$

（3）$s = 0.8 \times [0.12 \times 0.141 \times (2.5 - 1.2) + 0.11 \times 0.141 \times (3.5 - 2.5)] = 0.03\text{m}$
$= 30\text{mm}$

【点评】

①根据《膨胀土地区建筑技术规范》第 5.2.7 条、第 5.2.9 条、第 5.2.10 条；②地表下 **4m 深度范围内**存在不透水基岩，则含水率变化值为**常数**Δw_1。

题 7-51 （22C21）某膨胀土地基上拟建三层建筑物，采用独立基础，建筑功能要求东西两侧独立基础埋深分别为 1.5m 和 3.5m，地基土的收缩系数为 0.22，土的湿度系数 0.6，无地下水，地表以下 1.0m 处土天然含水率为 26.7%，塑限含水率 18.5%，根据《膨胀土地区建筑技术规范》GB 50112—2013，建筑物东西两侧基础最大变形量差值最接近下列哪个选项（不考虑建筑荷载引起的沉降变形）？

（A）17mm （B）23mm （C）28mm （D）36mm

【解】

（1）$\dfrac{26.7}{18.5} = 1.44 > 1.2$，属于收缩变形

$\psi_w = 0.6$，$d_a = 5\text{m}$，变形差为 1.5～3.5m 部分

（2）$\Delta w_1 = 0.267 - 0.6 \times 0.185 = 0.156$

$\Delta w_i = 0.156 - (0.156 - 0.01) \times \dfrac{2.5 - 1}{5 - 1} = 0.1012$

$\Delta s_s = 0.8 \times 0.22 \times 0.1012 \times 2000 = 35.6\text{mm}$

【点评】

①根据《膨胀土地区建筑技术规范》第 5.2.7～5.2.12 条；②膨胀土变形量首先要判定变形类型，然后确定变形计算深度，本题求沉降差，可以分开计算再相减，也可以取差值部分计算，结果是一样的。

题 7-52 （16D25）某膨胀土场地拟建 3 层住宅，基础埋深为 1.8m，地表下 1.0m 处地基土的天然含水率为 28.9%，塑限含水率为 22.4%，土层的收缩系数为 0.2，土的湿度系数为 0.7，地表下 15m 深处为基岩层，无热源影响。计算地基变形量最接近下列哪个选项？

（A）10mm　　（B）15mm　　（C）20mm　　（D）25mm

【解】

（1）地表下 1m 处，$w = 28.9\% > 1.2w_p = 1.2 \times 22.4 = 26.88\%$，按收缩变形

（2）$\psi_w = 0.7$，查表$d_a = 4.0m$

变形计算深度：$h = 4.0 - 1.8 = 2.2m$，$z_i = 1.8 + 2.2/2 = 2.9m$

（3）$\Delta w_1 = w_1 - \psi_w w_P = 0.289 - 0.7 \times 0.224 = 0.1322$

$$\Delta w_i = 0.1322 - (0.1322 - 0.01) \times \frac{2.9 - 1}{4 - 1} = 0.0548$$

（4）$s_s = 0.8 \times 0.2 \times 0.0548 \times 2.2 \times 1000 = 19.3mm$

【点评】

①根据《膨胀土地区建筑技术规范》第 5.2.7 条、第 5.2.9 条、第 5.2.10 条；②此考点共考过 6 次，为重要考点，必须达到非常熟练程度；③收缩变形计算深度的确定：先求 Max{大气影响深度，热源影响深度}，然后和稳定地下水位以上 3m 比较取深度小值。

题 7-53 （21D20）某膨胀土场地拟建单层建筑物，填方前场地勘察数据见表 7-27-20，地区大气影响深度为 5.0m，勘察结束后场地采用第 1 层土(天然含水率 36%，塑限含水率 35%）整体填方 1.0m 厚，场地有蒸发可能，建筑基础埋深为填方地面下 1.0m，根据《膨胀土地区建筑技术规范》GB 50112—2013，填方后该建筑地基胀缩变形量最接近下列哪个选项？

膨胀土勘察数据　　表 7-27-20

层号	层底深度（自填方前地面起算）z_i（m）	含水率变化值Δw_i	膨胀率δ_{epi}	收缩系数λ_{si}
1	1.7	0.119	−0.01	0.46
2	2.4	0.084	0.0035	0.51
3	3.2	0.056	0.010	0.57
4	4.1	0.021	0.008	0.48
5	5.0	0.050	−0.003	0.49

（A）100mm　　（B）121mm　　（C）135mm　　（D）150mm

【解】

（1）地表 1m 下，$w/w_p = 36/35 = 1.03 < 1.2$，不能按收缩变形量计算

场地有蒸发可能，不能按膨胀变形量计算，故按胀缩变形量计算

（2）$s_{es} = 0.7 \times [0.46 \times 0.119 \times 1700 + (0.0035 + 0.51 \times 0.084) \times 700 + (0.010 + 0.57 \times 0.056) \times 800 + (0.008 + 0.48 \times 0.21) \times 800] = 121.4mm$

【点评】

①根据《膨胀土地区建筑技术规范》第 5.2.7 条、第 5.2.13 条；②计算膨胀变形时不考虑负膨胀系数，注意场地填方 1m，则大气影响深度为基础下 4m；③根据规范第 5.2.8 条条文说明，如某压力下的膨胀率为负值时，即不发生膨胀变形，该层土的膨胀量为 0，故本题不考虑 0～1.7m 的膨胀变形。

【同类型真题】05C28、03D28

题 7-54 （22 补考 D19）成都地区某膨胀土场地拟建二层住宅楼，基础埋深为 1.0m，大气影响深度范围内地基土的平均收缩系数为 0.3，地表下 1m 处土的含水率为 30%，塑限为 25%，根据《膨胀土地区建筑技术规范》GB 50112—2013，计算地基收缩变形量最接近下列哪个选项（注：成都地区全年月平均气温均在零度以上）？

（A）21mm （B）25mm （C）30mm （D）35mm

【解】

（1）$\alpha = \dfrac{17.5+21.4+56+37.5+21.7+15.7}{17.5+21.4+43.6+59.7+91+94.3+107.7+102.1+56+37.5+21.7+15.7} = 0.254$

$c = 17.5-5.1+21.4-11.3+43.6-21.8+59.7-51.3+91-88.3+21.7-16.5+15.7-6.4 = 69.9$

（2）$\psi_w = 1.152-0.726\times0.254-0.00107\times69.9 = 0.89$

查表近似取$d_a = 3.0m$

变形计算深度：$z = 3.0-1.0 = 2.0m$

（3）$\Delta w_1 = 0.30-0.9\times0.25 = 0.075$

$\Delta w_i = 0.075-(0.075-0.01)\times\dfrac{2-1}{3-1} = 0.0425$

（4）$s_s = 0.8\times0.3\times0.0425\times2000 = 20.4mm$

【点评】

①根据《膨胀土地区建筑技术规范》第 5.2 节，附录 H；②α为当地 9 月至次年 2 月的蒸发力与全年蒸发力之比值，c为干燥度大于 1 的蒸发力与降水量差值之总和，α和c的计算均不统计平均气温小于 0℃月份，**α和c越大，湿度系数越小，大气影响深度越深**；③本题关键是计算成都地区土的湿度系数，计算量较大，注意细心不要出错。

27.4 建筑措施（散水与宽散水）——《膨胀土地区建筑技术规范》第 5.5 节

（1）建筑物四周**辅助防治措施**应设散水，**散水最小宽度**和构造尺寸应按表 7-27-21 确定。

散水构造尺寸 **表 7-27-21**

地基胀缩等级	散水最小宽度L（m）	面层厚度（mm）	垫层厚度（mm）
Ⅰ	1.2	⩾ 100	⩾ 100
Ⅱ	1.5	⩾ 100	⩾ 150
Ⅲ	2.0	⩾ 120	⩾ 200

（2）平坦场地胀缩等级为Ⅰ级、Ⅱ级的膨胀土地基，当采用**宽散水**作为**主要防治措施**时：胀缩等级为Ⅰ级的膨胀土地基散水宽度不应小于 2m；胀缩等级为Ⅱ级的膨胀土地基散水宽度不应小于 3m。

题 7-55 （22 模二 19）某三层楼位于膨胀土地基上，采用独立基础，基础尺寸为 2m × 2m，土的湿度系数为 0.8，经常有水浸水，浸水影响深度为 3.5m，基础埋深为 1.5m，土的重度均为 18.5kN/m³，经试验测得土的膨胀率与垂直压力的关系如表 7-27-22 所示，4.5m 以下为非膨胀土，荷载准永久组合时，上部结构作用于基础顶面的力$N = 150$kN，试按《膨胀土地区建筑技术规范》GB 50112—2013 计算，该基础四周应设散水最小宽度为下列哪个选项（基础及回填土的混合重度取 20kN/m³）。

题 7-55 表 **表 7-27-22**

编号	取样深度（m）	不同压力下的膨胀率δ_{epi}				
		0kPa	25kPa	50kPa	100kPa	150kPa
①	1.0	0.053	0.032	0.021	0.012	0.007
②	2.0	0.068	0.040	0.029	0.018	0.011
③	3.0	0.043	0.028	0.016	0.010	0.005
④	4.0	0.035	0.020	0.012	0.008	0.002

（A）1.0m （B）1.2m （C）1.5m （D）2.0m

【解】

（1）经常浸水⇒膨胀；$\psi_w = 0.8 \Rightarrow d_a = 3.5\text{m} =$ 浸水深度 3.5m，则$z_n = 3.5 - 1.5 = 2\text{m}$

（2）$s_e = 0.6 \times (0.029 \times 1 + 0.016 \times 1) \times 1000 = 27\text{mm} \in (15,35)$，胀缩等级为 Ⅰ 级

（3）最小散水宽度为 1.2m

【点评】

①根据《膨胀土地区建筑技术规范》第 4.3.5 条、第 5.2.8 条、第 5.5.4 条；②当确定膨胀土地基的胀缩等级时，应采用 50kPa 作用下的膨胀率；③散水宽度属于建筑措施，根据《膨胀土地区建筑技术规范》表 5.5.4 确定。

题 7-56 （20 模二 19）某膨胀土地区的平坦场地上的拟建二层住宅楼，基础形式为柱下独立基础，基础底面尺寸为 1m × 1m，基础埋深为 1.5m，基底应力$p = 60$kPa。地表下 1.0m 处膨胀土的湿度系数$\psi_w = 0.7$，场地下 3.50m 范围内为膨胀土，其下为非膨胀土，对膨胀土层取样进行室内试验结果见表 7-27-23，建筑物在使用期间，经常有水浸湿，按《膨胀土地区建筑技术规范》GB 50112—2013，建筑物四周散水采用宽散水作为主要防治措施时，散水最小宽度为下列哪个选项（地基土的天然重度按 19kN/m³ 考虑，基础及其上土的混合重度取 20kN/m³）？

题 7-56 表 **表 7-27-23**

编号	取样深度（m）	不同压力下的膨胀率δ_{epi}			
		0kPa	25kPa	50kPa	100kPa
①	1.0	0.073	0.046	0.031	0.022
②	2.0	0.068	0.040	0.026	0.018
③	3.0	0.043	0.028	0.018	0.016

（A）1.2m （B）1.5m （C）2.0m （D）3.0m

【解】

（1）$\psi_w = 0.7$，$d_a = 4\text{m} > 3.5\text{m}$，则$z_n = 3.5 - 1.5 = 2\text{m}$

（2）$s_e = 0.6 \times (0.026 \times 1 + 0.018 \times 1) \times 1000 = 26.4\text{mm} \in (15,35) \Rightarrow$胀缩等级为 Ⅰ 级

散水宽度最小不应小于 2m

【点评】

①根据《膨胀土地区建筑技术规范》第4.3.5条、第5.2.8条、第5.5.4条～第5.5.5条；②当确定膨胀土地基的胀缩等级时，应采用50kPa作用下的膨胀率；③散水作为主要防治措施，根据《膨胀土地区建筑技术规范》第5.5.5条第4款确定宽度。

题7-57　（22D20）某膨胀土平坦场地上拟建二层建筑，采用独立基础，基础底面尺寸2m×2m，基础埋深1.5m，基础下设置0.3m厚碎石垫层。地表下1m深度处土的天然含水率14.7%，塑限含水率22.0%，该深度土在自然条件下可能达到的最小含水率为13.2%，地面有覆盖且无蒸发可能，建筑使用期间经常有水浸湿地基。膨胀土的湿度系数0.6，地层工程性质指标见表7-27-24。按《膨胀土地区建筑技术规范》GB 50112—2013规定，该建筑物周边设散水作为辅助防治措施，散水最小宽度为下列哪个选项？

题7-57表　　　　表7-27-24

层号	层底深度（m）	重度γ（kN/m³）	膨胀率δ_{ep}	收缩系数λ_s
①	3.5	18.0	0.035	0.30
②	6.0	18.5	0.025	0.25

（A）1.0m　　（B）1.2m　　（C）1.5m　　（D）2.0m

【解】

（1）由题意，按膨胀变形考虑；$z_n = d_a = 5\text{m}$

（2）$s = 0.6 \times (0.035 \times 1700 + 0.025 \times 1500) = 58.2\text{mm} \in (35,70) \Rightarrow$ Ⅱ级

（3）查《膨胀土地区建筑技术规范》表5.5.4，散水最小宽度为1.5m

【点评】

①根据《膨胀土地区建筑技术规范》第4.3.5条～第4.3.6条、第5.2.7条～第5.2.8条、第5.2.12条、第5.5.4条；②散水作为辅助防治措施查《膨胀土地区建筑技术规范》表5.5.4（华山论剑22年模拟题第二套19题）；宽散水作为主要防治措施根据《膨胀土地区建筑技术规范》第5.5.5条（华山论剑2020年模拟题第二套19题）；③确定膨胀土地基的胀缩等级时采用压力50kPa时的膨胀率，本题只有一个膨胀力，故只能直接采用。

27.5　桩基础——《膨胀土地区建筑技术规范》第 5.7.7 条

桩顶标高位于大气影响急剧层深度内的三层及三层以下的轻型建筑物，桩基础设计应符合表 7-27-25 的要求。

桩基础　　表 7-27-25

（1）桩端应进入大气影响急剧层深度 $0.45d_a$ 以下或非膨胀土层中的长度 l_a：

①按膨胀变形计算时	$l_a \geqslant \dfrac{v_e - Q_k}{u_p \cdot \lambda \cdot q_{sa}}$	⇒	需同时满足（构造要求）：$l_a = \max\begin{cases} l_a \geqslant 4d & \text{(桩径)} \\ l_a \geqslant D & \text{(扩大端桩直径)} \\ l_a \geqslant 1.5\text{m} \end{cases}$
②按收缩变形计算时	$l_a \geqslant \dfrac{Q_k - A_p \cdot q_{pa}}{u_p \cdot q_{sa}}$	⇒	
③按胀缩变形计算时	$l_a = \max\begin{cases} l_a \geqslant \dfrac{v_e - Q_k}{u_p \cdot \lambda \cdot q_{sa}} \\ l_a \geqslant \dfrac{Q_k - A_p \cdot q_{pa}}{u_p \cdot q_{sa}} \end{cases}$	⇒	

l_a——桩端进入**大气影响急剧层** $0.45d_a$ 以下或非膨胀土层中的长度（m）；l_a = **总桩长 – 急剧层内桩长**；

v_e——在大气影响急剧层内桩侧土的最大胀拔力标准值（kN）；

Q_k——对应于荷载效应标准组合，最不利工况下作用于桩顶的竖向力（kN），**包括承台和承台上土的自重**；

λ——桩侧土的抗拔系数；当无资料时，可按《建筑桩基技术规范》的相关规定取值；

q_{pa}——桩的端阻力特征值（kPa）；

q_{sa}——桩的侧阻力特征值（kPa）；

u_p——桩身周长（m）；

A_p——桩端截面积（m^2）

（2）最大胀切力和桩侧阻力特征值

项目	公式	说明
①桩侧土的最大胀切力平均值	$\overline{q}_{esk} = \dfrac{v_{emax}}{\pi dl}$	详见《膨胀土地区建筑技术规范》第 5.7.5～5.7.9 条条文说明
②桩侧阻力特征值平均值	$\overline{q}_{sa} = \dfrac{Q_u}{2\pi dl}$	

注："构造要求"应该是三种变形计算都要满足（《膨胀土地区建筑技术规范》表述不清），可参考《建筑桩基技术规范》第 3.4.3 条。

题 7-58 （17D26）某膨胀土地基上建一栋三层房屋，采用桩基础，桩顶位于大气影响急剧层内，桩径 500mm，桩端阻力特征值为 500kPa，桩侧阻力特征值为 35kPa，抗拔系数为 0.70，桩顶竖向力为 150kN，经试验测得大气影响急剧层内桩侧土的最大胀拔力标准值为 195kN。按胀缩变形计算时，桩端进入大气影响急剧层深度以下的长度应不小于下列哪个选项？

（A）0.94m　　（B）1.17m　　（C）1.50m　　（D）2.00m

【解】

（1）$l_a \geqslant \dfrac{v_e - Q_k}{u_p \cdot \lambda \cdot q_{sa}} = \dfrac{195-150}{3.14 \times 0.5 \times 0.7 \times 35} = 1.17\text{m}$

$$l_a \geqslant \frac{Q_k - A_p \cdot q_{pa}}{u_p \cdot q_{sa}} = \frac{150 - 3.14 \times 0.25^2 \times 500}{3.14 \times 0.5 \times 35} = 0.94\text{m}$$

（2）按胀缩变形，取大值$l_a = 1.17\text{m}$

（3）验算：$l_a \geqslant 4d = 4 \times 0.5 = 2.0\text{m} > 1.5\text{m}$

综上：$l_a = 2.0\text{m}$

【点评】

①根据《膨胀土地区建筑技术规范》第 5.7.7 条；②比较两个公式计算值取大值后，还要进行构造验算，且不得小于 4 倍桩径及 1 倍扩大端的直径，最小长度应该大于 1.5m。

题 7-59 某膨胀土地基上拟建建筑物采用直径 400mm 桩基础，桩顶竖向力（包括承台和承台上的土）为 150kN，桩侧阻力特征值为$q_{sa} = 45\text{kPa}$、端阻力特征值$q_{pa} = 450\text{kPa}$，抗拔系数为 0.7，膨胀土地基地表下 1m 处天然含水率为 24.3%，塑限含水率为 17.5%，湿度系数为 0.7，桩侧土的极限胀切力标准值为 50kPa，试计算满足要求的桩端入土深度为下列哪个选项？

（A）1.65m　　（B）1.8m　　（C）3.45m　　（D）5.65m

【解】

（1）地表下 1m 处，$w > 1.2w_P = 1.2 \times 17.5 = 21\%$，按收缩变形

（2）$\psi_w = 0.7$，查表$d_a = 4.0\text{m}$，大气影响急剧层深度：$0.45 \times 4 = 1.8\text{m}$

（3）$l_a \geqslant \dfrac{Q_k - A_p \cdot q_{pa}}{u_p \cdot q_{sa}} = \dfrac{150 - 3.14 \times 0.2^2 \times 450}{3.14 \times 0.4 \times 45} = 1.65\text{m} > 1.5\text{m}$

（4）验算：$l_a \geqslant 4d = 4 \times 0.4 = 1.6\text{m} < 1.65\text{m}$，综上，取$l_a = 1.65\text{m}$

（5）桩端入土深度$l = 1.65 + 1.8 = 3.45\text{m}$

【点评】

①根据《膨胀土地区建筑技术规范》第 5.2.7 条、第 5.7.7 条；②膨胀土规范上对于构造验算表述不清，参考《建筑桩基技术规范》第 3.4.3 条，均需要满足构造要求。

第 28 章

盐渍土地区建筑技术规范

28.1 基本规定

28.1.1 盐渍土分类和场地类型——《盐渍土地区建筑技术规范》第 3.0.3 条、第 3.0.4 条

盐渍土：易溶盐含量大于或等于 0.3%且小于 20%，并具有溶陷或盐胀等工程特性的土。对含有较多的石膏、芒硝、岩盐等硫酸盐或氯化物的岩层，则称为盐渍岩。

（1）盐渍土按盐的化学成分分类时，应符合表 7-28-1 的规定。

盐渍土按盐的化学成分分类 **表 7-28-1**

盐渍土名称	$D_1=\dfrac{c(\mathrm{Cl}^-)}{2c(\mathrm{SO_4}^{2-})}$	$D_2=\dfrac{2c(\mathrm{CO_3}^{2-})+c(\mathrm{HCO_3}^-)}{c(\mathrm{Cl}^-)+2c(\mathrm{SO_4}^{2-})}$	
氯盐渍土	$D_1>2.0$	—	D_1、D_2为厚度加权平均值：$D_1=\dfrac{\sum c(\mathrm{Cl}^-)_i h_i}{\sum 2c(\mathrm{SO_4}^{2-})_i h_i}$　$D_2=\dfrac{\sum\left[2c(\mathrm{CO_3}^{2-})_i+c(\mathrm{HCO_3}^-)_i\right]h_i}{\sum\left[c(\mathrm{Cl}^-)_i+2c(\mathrm{SO_4}^{2-})_i\right]h_i}$
亚氯盐渍土	$1.0<D_1\leqslant 2.0$	—	
亚硫酸盐渍土	$0.3<D_1\leqslant 1.0$	—	
硫酸盐渍土	$D_1\leqslant 0.3$	—	
碱性盐渍土	—	>0.3	

注：$c(\mathrm{Cl}^-)$、$c(\mathrm{SO_4}^{2-})$、$c(\mathrm{CO_3}^{2-})$、$c(\mathrm{HCO_3}^-)$ 分别表示氯离子、硫酸根离子、碳酸根离子、碳酸氢根离子在 0.1kg 土中所含毫摩尔数，单位为 mmol/0.1kg。

（2）盐渍土按含盐量分类时，应符合表 7-28-2 的规定。

盐渍土按平均含盐量$\overline{\mathrm{DT}}$分类 **表 7-28-2**

盐渍土名称	盐渍土层的平均含盐量$\overline{\mathrm{DT}}$（%）			
	氯盐渍土及亚氯盐渍土	硫酸盐渍土及亚硫酸盐渍土	碱性盐渍土	$\overline{\mathrm{DT}}$为厚度加权平均值：$\overline{\mathrm{DT}}=\dfrac{\sum_{i=1}^{n}\mathrm{DT}_i\cdot h_i}{\sum_{i=1}^{n}h_i}$
弱盐渍土	$0.3\%\leqslant\overline{\mathrm{DT}}<1.0\%$	—	—	
中盐渍土	$1.0\%\leqslant\overline{\mathrm{DT}}<5.0\%$	$0.3\%\leqslant\overline{\mathrm{DT}}<2.0\%$	$0.3\%\leqslant\overline{\mathrm{DT}}<1.0\%$	
强盐渍土	$5.0\%\leqslant\overline{\mathrm{DT}}<8.0\%$	$2.0\%\leqslant\overline{\mathrm{DT}}<5.0\%$	$1.0\%\leqslant\overline{\mathrm{DT}}<2.0\%$	
超盐渍土	$\overline{\mathrm{DT}}\geqslant 8.0\%$	$\overline{\mathrm{DT}}\geqslant 5.0\%$	$\overline{\mathrm{DT}}\geqslant 2.0\%$	

（3）盐渍土场地应根据地基土含盐量、含盐类型、水文与水文地质条件、地形、气候、环境等因素按表7-28-3划分为简单、中等复杂和复杂三类场地。

盐渍土场地类型分类 **表7-28-3**

场地类型	条件
复杂场地	①平均含盐量为**强或超盐渍土**；②水文和水文地质条件复杂； ③气候条件多变，正处于积盐或褪盐期
中等复杂场地	①平均含盐量为**中盐渍土**；②水文和水文地质条件可预测； ③气候条件、环境条件单向变化
简单场地	①平均含盐量为**弱盐渍土**；②水位和水文地质条件简单； ③气候环境条件稳定

注：场地划分应从复杂向简单推定，以最先满足的为准；每类场地满足相应的单个或多个条件均可。

题7-60 （05C05）在一盐渍土地段，地表1.0m深度内分层取样，化验含盐成分如表7-28-4所示：按《岩土工程勘察规范》GB 50021—2001（2009年版）计算该深度范围内取样厚度加权平均盐分比值$D_1=\{c(Cl^-)/[2c(SO_4{}^{2-})]\}$，并判定该盐渍土类型为下列哪个选项？

题7-60表 **表7-28-4**

取样深度（m）	盐分摩尔浓度（mmol/100g）	
	$c(Cl^-)$	$c(SO_4{}^{2-})$
0～0.05	78.43	111.32
0.05～0.25	35.81	81.15
0.25～0.5	6.58	13.92
0.5～0.75	5.97	13.80
0.75～1.0	5.31	11.89

（A）氯盐渍土　（B）亚氯盐渍土

（C）亚硫酸盐渍土　（D）硫酸盐渍土

【解】

$$D_1=\frac{78.43\times0.05+35.81\times0.20+6.58\times0.25+5.97\times0.25+5.31\times0.25}{2\times(111.32\times0.05+81.15\times0.20+13.92\times0.25+13.80\times0.25+11.89\times0.25)}$$
$$=0.245<0.3$$

属硫酸盐渍土

【点评】

①根据《岩土工程勘察规范》第6.8.2条；②分子、分母分别厚度加权平均，1m的总厚度约掉了；③可以参考《铁路工程特殊岩土勘察规范》TB 10038—2022第7.5.4条条文说明例题。

题 7-61 在一盐渍土地段，地表 1.0m 深度内分层取样，化验含盐成分如表 7-28-5 所示，试计算该深度范围内取样厚度加权平均盐分比值$D_1 = \{c(Cl^-)/[2c(SO_4{}^{2-})]\}$，并按化学成分及含盐量确定该盐渍土名称。

题 7-61 表　　表 7-28-5

取样深度（m）	盐分摩尔浓度（mmol/100g）		含盐量（%）
	c（Cl^-）	c（$SO_4{}^{2-}$）	
0～0.05	78.43	111.32	16.89
0.05～0.25	35.81	81.15	13.12
0.25～0.5	6.58	13.92	9.20
0.5～0.75	5.97	13.80	4.35
0.75～1.0	5.31	11.89	1.25

【解】

（1）$D_1 = \dfrac{78.43 \times 0.05 + 35.81 \times 0.20 + 6.58 \times 0.25 + 5.97 \times 0.25 + 5.31 \times 0.25}{2 \times (111.32 \times 0.05 + 81.15 \times 0.20 + 13.92 \times 0.25 + 13.8 \times 0.25 + 11.89 \times 0.25)}$

$= 0.245 < 0.3$

⇒属硫酸盐渍土

（2）$\overline{DT} = \dfrac{16.89 \times 0.05 + 13.12 \times 0.20 + 9.20 \times 0.25 + 4.35 \times 0.25 + 1.25 \times 0.25}{1}$

$= 7.17\% > 5.0\%$

⇒属超盐渍土

（3）综合定名为超硫酸盐渍土

【点评】

①根据《盐渍土地区建筑技术规范》第 3.0.3 条、第 3.0.4 条；②计算D_1和$\overline{DT}$均从天然地面起算，含量均为厚度加权平均计算。

28.1.2 盐渍土地基基础设计等级和地基环境分类——《盐渍土地区建筑技术规范》第 3.0.7 条、第 3.0.9 条

（1）盐渍土地区的建筑工程应根据其规模、性质、重要性、破坏后果以及对盐渍土的溶陷、盐胀、腐蚀特性的敏感程度、场地复杂程度等划分地基基础设计等级，并应符合表 7-28-6 的规定。

盐渍土地区地基基础设计等级　　**表 7-28-6**

设计等级	建筑和地基类型
甲级	重要的工业与民用建筑物；30 层以上的高层建筑；体型复杂、层数相差超过 10 层的高低层连成一体建筑物；大面积的多层地下建筑物（如地下车库、商场、运动场等）；对于地基变形有特殊要求的建筑物；复杂地质条件下的坡上建筑物（包括高边坡）；对原有工程影响较大的新建建筑物；场地和地基条件复杂的一般建筑物；位于复杂地质条件下及软土地区的 2 层及 2 层以上地下室的基坑工程；开挖深度大于 15m 的基坑工程；周边环境条件复杂、环境保护要求高的基坑工程
乙级	除甲级、丙级以外的工业与民用建筑物；除甲级、丙级以外的基坑工程
丙级	场地和地基条件简单、荷载分布均匀的 7 层及 7 层以下民用建筑及一般工业建筑；次要的轻型建筑物；非软土地区且场地地质条件简单、基坑周边环境条件简单、环境保护要求不高且开挖深度小于 5.0m 的基坑工程

（2）根据工程实施前后环境条件的变化和工程使用过程中的环境条件，盐渍土地基可分为 **A 类使用环境和 B 类使用环境**。

A 类使用环境：工程实施前后和工程使用过程中不会发生大的环境变化，能保持盐渍土地基的天然结构状态，地基受淡水侵蚀的可能性小或能够有效防止淡水侵蚀。

B 类使用环境：工程实施前后和工程使用过程中会发生较大的环境变化，盐渍土地基受淡水侵蚀的可能性大，且难以防范。

28.1.3 含液量——《盐渍土地区建筑技术规范》附录 A.0.4

盐渍土三相体中的液体不是纯水，要采用**含液量**w_B（%）代替含水率w来计算孔隙比、干密度、饱和度等物理性质指标，才更真实准确。

$$w_B = \frac{w(1+B)}{1-Bw}$$

式中：B——土中水的含盐量（用小数代入），即每 100g 水中溶解的盐的含量；当B值大于在某温度下盐的溶解度时，取等于该盐的溶解度（《盐渍土地区建筑技术规范》表 A.0.4-1、A.0.4-2）；

w——含水率（%），用常规烘干法测出。

题 7-62　某盐渍土试样测得含水率$w = 21.3\%$，温度$t = 20°C$土中水的 NaCl 含盐量$B = 40\%$，试求含液量。

（A）21.3%　（B）31.6%　（C）32.6%　（D）36.8%

【解】

B值大于溶解度，取$B = 36.8\%$

$$w_B = \frac{w(1+B)}{1-B_w} = \frac{0.213\times(1+0.368)}{1-0.368\times0.213} = 31.62\%$$

【点评】

①根据《盐渍土地区建筑技术规范》附录 A；②直接套公式，每年真题都会有这样简单未考过的新题，熟悉规范，就能快速定位。

题 7-63　取某盐渍土试样，烘干法测得土含水率 18.5%，已知试验测得土中水里仅含有 Na^+、Cl^-和 SO_4^{2-}离子，测试温度为 10°C时测得 100g 土中液体内 NaCl 的质量为 9.4g，Na_2SO_4的质量为 3.5g，根据《盐渍土地区建筑技术规范》GB/T 50942—2014，计算盐渍土的含液量最接近下列哪个选项？

（A）17.4%　（B）19.3%　（C）21.4%　（D）21.8%

【解】

（1）$B = \left(\frac{9.4+3.5}{100-9.4-3.5}\right)\times100\% = 14.8\%$，小于溶解度

（2）$w_B = \frac{0.185\times(1+0.148)}{1-0.148\times0.185} = 0.218$

【点评】

①根据《盐渍土地区建筑技术规范》附录 A；②含液量 = 土中的液体质量/（土的总质量 − 液体的质量），液体中含有盐分，烘干时，蒸发的水分不含盐分，求解时，规范表示有误，B的值直接代入小数值；③规范中的B = 液体中的盐/液体中的水，本题应进行转换。也可根据原理计算，100g 液体，则水的质量 = 100 − 9.4 − 3.5 = 87.1g，则土颗粒 + 盐分 = 87.1/0.185 = 470.8g，则含液量 = 100/(470.8 − 9.4 − 3.5) = 21.8%。

28.1.4　毛细水强烈上升高度——《盐渍土地区建筑技术规范》第 4.1.8 条及条文说明

盐渍土场地勘察时，应确定毛细水强烈上升高度。设计等级为甲级的建（构）筑物宜实测毛细水强烈上升高度，设计等级为乙级、丙级的建（构）筑物可按表 7-28-7 的规定取值。

各类土毛细水强烈上升高度经验值　　表 7-28-7

土的名称	毛细水强烈上升高度（m）
含砂黏土	3.00～4.00
含黏砂土	1.90～2.50
粉砂	1.40～1.90
细砂	0.90～1.20
中砂	0.50～0.80
粗砂	0.20～0.40

毛细水强烈上升高度测定方法：

（1）**直接观测法**：

在开挖试坑1～2d后，直接观测坑壁干湿变化情况，变化明显处至地下水位的距离，为毛细水强烈上升高度。

（2）**暴晒法**：

①当测点地下水位深度大于毛细水强烈上升高度与蒸发强烈影响深度之和时，分别在开挖试坑的时刻和暴晒1～2d后，沿坑壁分层（间距15～20cm）取样，测定其含水率并按图7-28-1的格式绘制含水率曲线，**两曲线最上面的交点至地下水位的距离为毛细水强烈上升高度，两曲线最上面的交点至地面的距离为蒸发强烈影响深度**。

②当测点地下水位较浅，毛细水强烈上升高度超出地面，不能在天然土层中直接测出时，可利用测点附近的高地、土包或土工建（构）筑物进行观测，不得已时，尚可人工夯填土堆，待土堆中含水率稳定后再进行观测，方法同上。

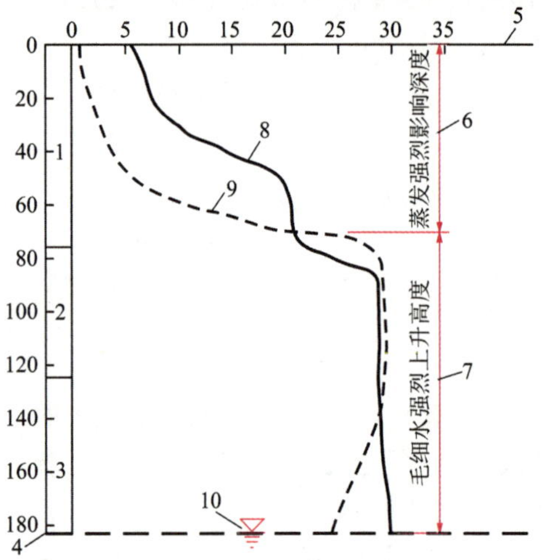

1—粉质黏土；2—粉土；3—粉砂；4—深度（m）；5—含水率（%）；6—蒸发强烈影响深度；7—毛细水强烈上升高度；8—天然含水率曲线；9—暴晒后含水率曲线；10—地下水位线

图7-28-1　暴晒法测定毛细水最大上升高度

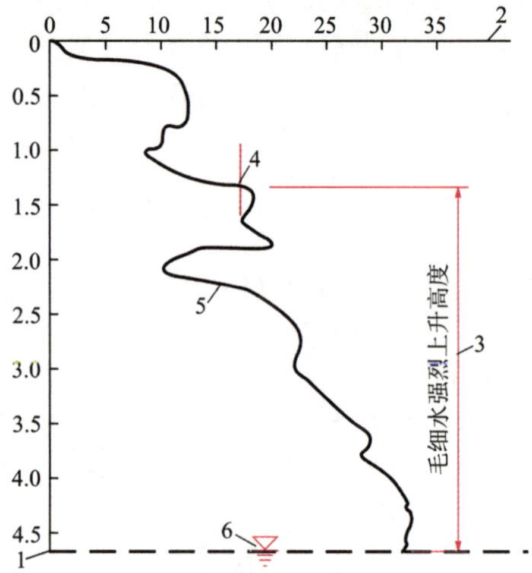

1—深度（m）；2—含水率（%）；3—毛细水强烈上升高度；4—对应的土层塑限；5—开挖试坑时含水率曲线；6—地下水位线

图7-28-2　塑限法测定毛细水上升高度

（3）**塑限含水率曲线交汇法**：

于试坑壁每隔15～20cm，取样做天然含水率测定，并根据土质成分，黏性土做塑限含水率、砂类土做筛分试验，并绘制天然含水率分布曲线，如图7-28-2所示，用竖直线段在图上标出相应土层的塑限，竖直线段与含水率曲线最上面的交点即为毛细水强烈上升高度的顶点，此点到地下水位的距离为毛细水强烈上升高度。

题 7-64 （19A12）某地段地下水位埋深 1.6m，在一次开挖深 1.8m 基槽的当时和暴晒 1～2d 后，分别沿槽壁分层取样，测定其含水率随深度变化如表 7-28-8 所示。该地段毛细水强烈上升高度最接近下列哪个数值？

题 7-64 表 **表 7-28-8**

深度（m）	天然含水率（%）	暴晒后含水率（%）
0.0	0.5	6.1
0.2	1.2	7.6
0.4	3.2	14.7
0.6	12.4	21.2
0.8	22.0	22.0
1.0	28.2	28.5
1.2	28.3	28.4
1.4	28.4	28.4
1.6	30.0	24.0

（A）1.4m （B）1.1m （C）0.8m （D）0.5m

【解】

根据《盐渍土地区建筑技术规范》第 2.1.21 条、第 4.1.8 条条文说明 P90；暴晒法，开挖试坑的时刻和暴晒 1～2d 后，沿坑壁分层取样，测定其含水率并按格式绘制含水率曲线，**两曲线最上面的交点至地下水位的距离**为毛细水强烈上升高度，交点为 0.8m，上升高度为 1.6 − 0.8 = 0.8m。

28.2 溶陷性评价——《盐渍土地区建筑技术规范》第 4.2 节、附录 C、附录 D、第 5.1.5 条、第 5.1.6 条条文说明

盐渍土地基溶陷性评价应符合表 7-28-9 的规定。

溶陷性评价 **表 7-28-9**

（1）溶陷系数δ_{rx}	①浸水载荷试验：$\bar{\delta}_{rx}=\dfrac{s_{rx}}{h_{jr}}$	$\bar{\delta}_{rx}$——平均溶陷系数； s_{rx}——承压板压力为p时，盐渍土层浸水后的总溶陷量； h_{jr}——承压板下盐渍土的浸润深度
	②压缩试验法：$\delta_{rx}=\dfrac{\Delta h_p}{h_0}=\dfrac{h_p-h_p'}{h_0}$	h_0——盐渍土不扰动土样的原始高度； Δh_p——压力p作用下浸水变形稳定前后土样高度差； h_p——压力p作用下变形稳定后土样高度； h_p'——压力p作用下浸水溶滤变形稳定后土样高度
	③液体排开法：$\delta_{rx}=K_G\dfrac{\rho_{dmax}-\rho_d(1-C)}{\rho_{dmax}}$	K_G——与土性有关的经验系数，取值为 0.85～1.00； C——试样的含盐量（%），以**小数代入**； ρ_d、ρ_{dmax}——试样的干密度、最大干密度（g/cm³）
	⇑ $\rho_d=\dfrac{\rho_0}{1+w}$，$\rho_{dmax}=\dfrac{m_d}{V_d}$	ρ_d——试样的湿密度（g/cm³）； w——试样的含水率（%）； m_d——试样质量（g）； V_d——试样体积（cm³）；

续表

<table>
<tr>
<td>(1)溶陷系数δ_{rx}</td>
<td>⇑
$$\rho_0 = \frac{m_0}{\frac{m_w - m'}{\rho_{w1}} - \frac{m_w - m_0}{\rho_w}}$$</td>
<td>ρ_{w1}——纯水在温度t时的密度(g/cm^3);
ρ_w——蜡的密度(g/cm^3);
m_0——试样质量(g);
m_w——蜡封试样质量(g);
m'——蜡封试样在纯水中的质量(g)</td>
</tr>
<tr>
<td>(2)溶陷程度与溶陷等级</td>
<td>盐渍土的溶陷程度
<table>
<tr><th>溶陷程度</th><th>溶陷系数δ_{rx}</th></tr>
<tr><td>溶陷性轻微</td><td>$0.01 \leqslant \delta_{rx} \leqslant 0.03$</td></tr>
<tr><td>溶陷性中等</td><td>$0.03 < \delta_{rx} \leqslant 0.05$</td></tr>
<tr><td>溶陷性强</td><td>$\delta_{rx} > 0.05$</td></tr>
</table>
注:$\delta_{rx} < 0.01$ 为非溶陷性盐渍土</td>
<td>盐渍土地基的溶陷等级
<table>
<tr><th>溶陷等级</th><th>总溶陷量s_{rx}(mm)</th></tr>
<tr><td>Ⅰ级 弱溶陷</td><td>$70 < s_{rx} \leqslant 150$</td></tr>
<tr><td>Ⅱ级 中溶陷</td><td>$150 < s_{rx} \leqslant 400$</td></tr>
<tr><td>Ⅲ级 强溶陷</td><td>$s_{rx} > 400$</td></tr>
</table></td>
</tr>
<tr>
<td>(3)总溶陷量s_{rx}</td>
<td>盐渍土地基的总溶陷量s_{rx}除可按《盐渍土地区建筑技术规范》附录 C 的方法直接测定外,也可按下式计算:
$$s_{rx} = \sum_{i=1}^{n} \delta_{rxi} \cdot h_i$$
(基底起算,$\delta_{rxi} < 0.01$ 不计入)</td>
<td>⇑⇑⇑
s_{rx}——盐渍土地基的总溶陷量计算值(mm);
δ_{rxi}——室内试验测定的第i层土的溶陷系数;
h_i——第i层土的厚度(mm);$\delta_{rxi} < 0.01$ 不计入;
n——基础底面以下可能产生的溶陷的土层层数</td>
</tr>
<tr>
<td rowspan="2">(4)地基变形计算</td>
<td colspan="2">在溶陷性盐渍土地基上的建(构)筑物,地基变形计算应符合下式规定:
$$s_0 + s_{rx} \leqslant [s]$$
s_0——天然状态下地基变形值(mm),计算应符合《建筑地基基础设计规范》的规定;
s_{rx}——地基总溶陷量(mm);A 类使用环境或无浸水可能性时取 0;采用地基处理的,可按处理后的地基变形量确定;
$[s]$——建(构)筑物地基变形允许值</td>
</tr>
<tr>
<td colspan="2">当地基变形量大,不能满足设计要求时,可按下表选择不同措施
<table>
<tr><th rowspan="2">建(构)筑物类别</th><th colspan="3">地基变形等级</th></tr>
<tr><th>Ⅰ
70～150mm</th><th>Ⅱ
150～400mm</th><th>Ⅲ
⩾400mm</th></tr>
<tr><td>甲级</td><td>[1]+[2]或[1]+[3]</td><td>[1]+[2]+[3]</td><td>[1]+[2]+[3]+[4]或[1]+[3]+[4]</td></tr>
<tr><td>乙级</td><td>[1]或[2]或[3]</td><td>[1]+[2]或[1]+[3]</td><td>[1]+[2]或[1]+[3]或[1]+[4]</td></tr>
<tr><td>丙级</td><td>[0]</td><td>[1]</td><td>[1]</td></tr>
</table>
注:表中[0]表示不需要采取措施;[1]表示防水措施;[2]表示地基处理措施;[3]表示基础措施;[4]表示结构措施</td>
</tr>
</table>

题7-65（18D19）某土样质量为134.0g，对土样进行蜡封，蜡封后试样的质量为140.0g，蜡封试样沉入水中后的质量为60.0g，已知土样烘干后质量为100g，试样含盐量为3.5%，该土样的最大干密度为1.5g/cm³，根据《盐渍土地区建筑技术规范》GB/T 50942—2014，其溶陷系数最接近下列哪个选项（注：水的密度取1.0g/cm³，蜡的密度取0.82g/cm³，K_G取0.85）？

（A）0.08　　（B）0.10　　（C）0.14　　（D）0.17

【解】

（1）$\rho_d = \dfrac{100}{\dfrac{140-60}{1} - \dfrac{140-134}{0.82}} = 1.38\text{g/cm}^3$

（2）$\delta_{rx} = 0.85 \times \dfrac{1.50 - 1.38 \times (1-3.5\%)}{1.5} = 0.10$

【点评】

①根据《盐渍土地区建筑技术规范》附录 D.2；②答题步骤：a. 蜡封法求原土的湿密度和干密度；b. 求洗盐后扰动样的最大干密度；c. 引入经验系数K_G求溶陷系数；③由于试验无法实现在压力p下测定洗盐后的土体体积，故采用击实的方法确定洗盐后体积的变化，所测得的溶陷系数较大要引入小于 1 的经验系数K_G；④各特殊土规范后的试验方法应熟练掌握，为现在案例考试出题的重点。

题 7-66（19D21）在盐渍土地基上拟建一多层建筑，基础埋深为 1.5m，拟建场地代表性勘探孔揭露深度内地层共分为 5 个单元层，各层土的土样室内溶陷系数试验结果如表 7-28-10 所示（试样原始高度 20mm），该建筑溶陷性盐渍土地基总溶陷量最接近下列哪个选项（勘探孔 9.8m 以下为非盐渍土层）？

题 7-66 表　　　　表 7-28-10

单元层	层底深度（m）	压力P作用下变形稳定后的土样高度（mm）	压力P作用下浸水溶滤变形稳定后土样高度（mm）
1	2.3	18.8	18.5
2	3.9	18.2	17.8
3	5.1	18.4	18.2
4	7.6	18.7	18.6
5	9.8	18.9	17.7

（A）176mm　　（B）188mm　　（C）210mm　　（D）249mm

【解】

（1）0～2.3m：$\delta_{rx1} = \dfrac{18.8-18.5}{20} = 0.015$

同理，2.3～3.9m：$\delta_{rx2} = 0.020$

3.9～5.1m：$\delta_{rx3} = 0.010$

5.1～7.6m：$\delta_{rx4} = 0.005$

7.6～9.8m：$\delta_{rx5} = 0.06$

（2）$s_{rx} = 0.015 \times 800 + 0.02 \times 1600 + 0.01 \times 1200 + 0.06 \times 2200 = 188\text{mm}$

【点评】

①依据《盐渍土地区建筑技术规范》第 4.2.4 条、第 4.2.5 条、附录 D.1.5；②注意$\delta_{rx} < 0.01$的土层不计算。

题 7-67　（22 补考 D22）某盐渍土建筑场地上拟建建筑物基础尺寸 2m × 3.2m，基础埋深 1.0m，基底平均压力 $p_k = 270kPa$。地面下盐渍土分布深度 3m，盐渍土重度 $\gamma = 17.5kN/m^3$。采取基础下盐渍土土样进行单线法压缩试验，测得不同压力下的溶陷系数见表 7-28-11。在实际压力作用下建筑物基础中心点下盐渍土地基浸水后总溶陷量最接近下列哪个选项（假定盐渍土各向同性）？

题 7-67 表　　表 7-28-11

试验压力（kPa）	50	100	150	200	250
溶陷系数（δ_{rx}）	0.019	0.028	0.037	0.046	0.054

（A）70mm　（B）90mm　（C）100mm　（D）110mm

【解】

（1）溶陷土层为地面下 1～3m，平均自重 $\overline{p}_{cz} = 17.5 \times 2 = 35kPa$

（2）$z = 2m$，$l/b = 1.6/1 = 1.6$，$z/b = 2/1 = 2$，查表 $\overline{\alpha} = 0.1912$

$\overline{p}_z = 4 \times 0.1912 \times 252.5 = 193.1kPa$

（3）实际平均总压力 $p = 35 + 193.1 = 228.1kPa$，采用 228.1kPa 计算溶陷系数

$$\delta_{rx} = 0.046 + \frac{0.054 - 0.046}{250 - 200} \times (228.1 - 200) = 0.0505$$

（4）$s = 0.0505 \times 2000 = 101mm$

【点评】

①根据《盐渍土地区建筑技术规范》第 4.2.5 条、附录 D.1.3 条文说明；②土的溶陷系数随压力变化，在计算盐渍土地基的溶陷时，应根据该土层在地基中所受总压力的大小，确定其溶陷系数，总压力 = 自重压力 + 附加压力，一层取平均；③对建筑物地基的溶陷性评价或对建筑物基础的溶陷量进行估算时，为简便起见，也可以采用单线法进行试验，在没有明确规定压力时，该压力可取 200kPa。

题 7-68　（17D24）某厂房场地初勘揭露覆盖土层为厚度 13m 的黏性土，测试得出所含易溶盐为食盐（NaCl）和无水芒硝（Na_2SO_4），测试结果见表 7-28-12，当厂房基础埋深按 1.5m 考虑时，试判断盐渍土类型和溶陷等级为下列哪个选项？

题 7-68 表　　表 7-28-12

取样深度（m）	盐分摩尔浓度（mol/100g）		溶陷系数 δ_{rx}（%）	含盐量（%）
	c（Cl^-）	c（SO_4^{2-}）		
0～1	35	80	0.040	13.408
1～2	30	65	0.035	10.985
2～3	15	45	0.030	7.268
3～4	5	20	0.025	3.133
4～5	3	5	0.020	0.886
5～7	1	2	0.015	0.343
7～9	0.5	1.5	0.008	0.242
9～11	0.5	1	0.006	0.171
11～13	0.5	1	0.005	0.171

（A）强盐渍土，Ⅰ级弱溶陷　（B）强盐渍土，Ⅱ级中溶陷

（C）超盐渍土，Ⅰ级弱溶陷　（D）超盐渍土，Ⅱ级中溶陷

【解】

（1）含盐量 $\geqslant 0.3\%$，取 0～7m 计算：

$$\frac{c(\mathrm{Cl}^-)}{2c(\mathrm{SO_4}^{2-})}=\frac{35\times1+30\times1+15\times1+5\times1+3\times1+1\times2}{2\times(80\times1+65\times1+45\times1+20\times1+5\times1+2\times2)}$$

$$=0.21<0.3\Rightarrow \text{硫酸盐渍土}$$

（2）$\overline{\mathrm{DT}}=\dfrac{(13.408+10.985+7.268+3.133+0.886)\times1+0.343\times2}{7}$

$$=5.2\%>5.0\%\Rightarrow \text{超盐渍土}$$

（3）$s_{\mathrm{rx}}=35\times0.5+(30+25+20)\times1+15\times2=122.5\mathrm{mm}$

$70<s_{\mathrm{rx}}\leqslant150$，判定为 I 级弱溶陷

【点评】

①根据《盐渍土地区建筑技术规范》第 3.0.3 条～第 3.0.4 条；②本题未指定规范，对 $\overline{\mathrm{DT}}$ 计算深度的确定存在较大争议，按官方答案取 7m 计算；题意给了 7m 的数据，应该也是让按 7m 计算；但需要了解的是：《盐渍土地区建筑技术规范》未对 $\overline{\mathrm{DT}}$ 计算深度进行规定，但条文说明里说参考《铁路工程特殊岩土勘察规程》，其第 7.1.2 条计算 $\overline{\mathrm{DT}}$ 仅考虑 1m 深度内土层；按公路等其他计算规范也有 1m 的规定。1m 范围内是地下水毛细作用、蒸发作用盐分迁移最明显的部分，盐渍土地区，一般盐分表聚性强，多集中在 1.0m 范围内；③计算 $\overline{\mathrm{DT}}$ 只考虑 $\mathrm{DT}\geqslant0.3\%$ 的土层，计算 s_{rx} 只考虑 $\delta_{\mathrm{rx}}\geqslant0.01$ 的土层，且扣除基础埋深。

题 7-69　某盐渍土场地上拟建建筑物采用方形基础，宽度 2m，埋深 1.0m，基础顶面荷载为 614kN。地面以下 3m 为盐渍土，重度 $17.0\mathrm{kN/m^3}$，在 2m 处取得的原状土试样进行室内双线法压缩试验的成果数据如表 7-28-13 所示，试估算该试样的溶陷系数。

题 7-69 表　　表 7-28-13

压力 p（kPa）	0	50	100	150	200	250	250 浸水
天然湿度下 h_{p}（mm）	20.00	19.81	19.55	19.29	19.01	18.85	17.78
浸水状态下 h'_{p}（mm）	20.00	19.61	19.08	18.55	18.05	17.78	

【解】

$p_0=\dfrac{614}{4}+20\times1-17\times1=156.5\mathrm{kPa}$

地面下 2m 处：$p_{\mathrm{cz}}=17\times2=34\mathrm{kPa}$

2m 处，$l/b=1$，$z/b=1$，$\alpha=0.175$

$p_{\mathrm{cz}}=156.5\times4\times0.175=109.55\mathrm{kPa}$

$p=34+109.55=143.55$，采用 143.55kPa 下压力计算该试样的溶陷系数

查表 100kPa 时，$\delta_{\mathrm{rx}}=\dfrac{19.55-19.08}{20}=0.0235$

150kPa 时，$\delta_{\mathrm{rx}}=\dfrac{19.29-18.55}{20}=0.037$

插值，143.55kPa 时，$\delta_{\mathrm{rx}}=0.035$

【点评】

①根据《盐渍土地区建筑技术规范》附录 D.1 及条文说明；②选取对应压力是最关键的一步，对于某一点采用附加应力计算，不用采用平均附加应力计算；③如果是单线法，在未知规定压力的条件下默认取 200kPa。

题 7-70 某拟建乙级建筑物位于盐渍土场地，基础埋深 3.0m，工程实施前后和工程使用过程中会发生大的环境变化，地基受淡水侵蚀的可能性较大，同时经计算天然状态下地基变形值 15mm。勘察期间取样进行溶陷系数测试数据如表 7-28-14 所示，根据《盐渍土地区建筑技术规范》计算可知该地基变形量大，不能满足设计要求，采用下列（ ）选项的设计措施进行处理最经济合理。

题 7-70 表　　　　表 7-28-14

取样深度/m	δ_{rxi}	取样深度/m	δ_{rxi}
0～0.05	0.076	5.5～6.0	0.018
0.05～0.25	0.074	6.0～6.5	0.015
0.25～0.5	0.072	6.5～7.0	0.017
0.5～0.75	0.070	7.0～7.5	0.006
0.75～1.0	0.067	7.5～8.0	0.012
1.0～1.5	0.062	8.0～8.5	0.015
1.5～2.0	0.055	8.5～9.0	0.008
2.0～2.5	0.052	9.0～9.5	0.006
2.5～3.0	0.050	9.5～10.0	0.003
3.0～3.5	0.048	10.0～10.5	0.002
3.5～4.0	0.045	10.5～11.0	0.002
4.0～4.5	0.037	11.0～11.5	0.001
4.5～5.0	0.025	以下为非盐渍土	
5.0～5.5	0.023		

（A）不需要采取任何设计措施　　（B）基础措施

（C）防水措施 + 基础措施　　（D）防水措施 + 地基处理措施

【解】

（1）工程实施前后和工程使用过程中会发生大的环境变化，地基受淡水侵蚀的可能性较大，B 类使用环境

$$s_{rx} = (0.048 + 0.045 + 0.037 + 0.025 + 0.023 + 0.018 + 0.015 + 0.017 + 0.012 + 0.015) \times 500 = 127.5\text{mm}$$

（2）$s = s_0 + s_{rx} = 15 + 127.5 = 142.5\text{mm}$，$70\text{mm} < s < 150\text{mm}$

乙级建筑采取防水措施或地基处理措施或基础措施均可

【点评】

①根据《盐渍土地区建筑技术规范》第 3.0.7 条、第 3.0.9 条、第 4.2 节、第 5.1.5 条、第 5.1.6 条及条文说明；②如果是 A 类使用环境，结果大不一样，可考性不强，了解即可；③判断建筑物等级查规范表 3.0.7，盐渍土地基的使用环境分 A 类和 B 类，根据规范第 3.0.9 条确定，根据第 5.1.6 条条文说明选取不同的措施；④本题为未考过的考点，接近工程实践，符合近年来考试风格，需要引起重视。

28.3　盐胀性评价——《盐渍土地区建筑技术规范》第 4.3 节、附录 E、附录 F

盐渍土地基盐胀性评价应符合表 7-28-15 的规定。

盐胀性评价　　表 7-28-15

<table>
<tr><td rowspan="3">（1）盐胀系数δ_{yz}</td><td>①现场试验单点法（附录 E）：
$$\bar{\delta}_{yz}=\frac{s_{yz}}{h_{yz}}$$</td><td>$\bar{\delta}_{yz}$——平均盐胀系数；
s_{yz}——总盐胀量（mm）；
h_{yz}——有效盐胀区厚度（mm）</td></tr>
<tr><td>②现场试验多点法（附录 E）：
$$\bar{\delta}_{yz}=\frac{\Delta h}{h_{yz}}$$
$$s_{yz}=S_{max}-S_0$$</td><td>Δh——年度盐胀量（mm）；
h_{yz}——盐胀深度（mm），可取 1600～2000mm；
s_{yz}——冬季总盐胀量（mm）；
S_{max}——平均最大盐胀量高程（mm）；
S_0——盐胀前平均路面高程（mm）</td></tr>
<tr><td colspan="2">③室内试验法（附录 F）：
从“盐胀系数与温度关系图”上读取相应的盐胀系数δ_{yz}</td></tr>
<tr><td>（2）盐渍土的盐胀性分类（盐胀程度）</td><td colspan="2">盐渍土的盐胀性分类
<table><tr><th>盐胀性</th><th>盐胀系数δ_{yz}</th><th>硫酸钠含量C_{ssn}（%）</th></tr><tr><td>非盐胀性</td><td>$\delta_{yz}\leqslant 0.01$</td><td>$C_{ssn}\leqslant 0.5\%$</td></tr><tr><td>弱盐胀性</td><td>$0.01<\delta_{yz}\leqslant 0.02$</td><td>$0.5\%<C_{ssn}\leqslant 1.2\%$</td></tr><tr><td>中盐胀性</td><td>$0.02<\delta_{yz}\leqslant 0.04$</td><td>$1.2\%<C_{ssn}\leqslant 2.0\%$</td></tr><tr><td>强盐胀性</td><td>$\delta_{yz}>0.04$</td><td>$C_{ssn}>2.0\%$</td></tr></table>注：当盐胀系数和硫酸钠含量两个指标判断的盐胀性不一致时，应以硫酸钠含量为主</td></tr>
<tr><td>（3）总盐胀量
s_{yz}</td><td>盐渍土地基的总盐胀量s_{yz}除可按本规范附录 E 的方法直接测定外，也可按下式计算：
$$s_{yz}=\sum_{i=1}^{n}\delta_{yzi}\cdot h_i$$
（基底起算，$\delta_{yzi}\leqslant 0.01$ 不计入）</td><td>s_{yz}——盐渍土地基的总盐胀量计算值（mm）；
δ_{yzi}——室内试验测定的第i层土的盐胀系数；
h_i——第i层土的厚度（mm）；$\delta_{yzi}\leqslant 0.01$ 不计入；
n——基础底面以下可能产生的溶陷的土层层数</td></tr>
<tr><td>（4）盐渍土地基的盐胀等级</td><td colspan="2">盐渍土地基的盐胀等级
<table><tr><th>盐胀等级</th><th>总盐胀量s_{yz}（mm）</th></tr><tr><td>Ⅰ级　弱盐胀</td><td>$30<s_{yz}\leqslant 70$</td></tr><tr><td>Ⅱ级　中盐胀</td><td>$70<s_{yz}\leqslant 150$</td></tr><tr><td>Ⅲ级　强盐胀</td><td>$s_{yz}>150$</td></tr></table></td></tr>
</table>

题 7-71 某盐渍土天然地基上的建筑物，基础埋深 2.0m，取样进行盐胀系数测试数据如表 7-28-16 所示，试确定其盐胀等级为下列哪个选项？

题 7-71 表　　　　表 7-28-16

试验点深度（m）	0.5	1.5	2.5	3.5	4.5	5.5	6.5	7.5	8.5
δ_i	0.052	0.048	0.036	0.033	0.026	0.022	0.016	0.010	0.008

（A）Ⅰ级中盐胀　　（B）Ⅱ级中盐胀

（C）Ⅲ级中盐胀　　（D）无法确定

【解】

（1）$s_{yz}=\sum_{i=1}^{n}\delta_{yzi}\cdot h_i=36+33+26+22+16=133\text{mm}$

（2）$70\text{mm}<s_{yz}<150\text{mm}$，查表为Ⅱ级中盐胀

【点评】

①根据《盐渍土地区建筑技术规范》第 4.3 节；②从基底面起算，以下全部盐胀性盐渍土层均要算；③$\delta_{yz}\leqslant 0.01$ 的土层不计入。

题 7-72 某盐渍土天然地基上的丙级建筑物，基础埋深 2.0m，场地内取土样进行盐胀性试验，测得各土样的盐胀系数如表 7-28-17 所示，根据《盐渍土地区建筑技术规范》GB/T 50942—2014，确定地基的盐胀等级为下列哪个选项？

题 7-72 表　　　　表 7-28-17

试验点深度（m）	0.5	1.5	2.5	3.5	4.5	5.5	6.5	7.5	8.5
δ_i	0.054	0.048	0.042	0.036	0.026	0.022	0.016	0.010	0.008

（A）微盐胀　　（B）弱盐胀

（C）中盐胀　　（D）强盐胀

【解】

（1）$s_{yz}=42+36+26+22+16=142\text{mm}$

（2）$70\text{mm}<s_{yz}<150\text{mm}$，查表为级Ⅱ中盐胀

【点评】

①根据《盐渍土地区建筑技术规范》第 4.3 节；②从基底面起算，以下全部盐胀性盐渍土层均要算；③$\delta_{yz}\leqslant 0.01$ 的土层不计入。

题 7-73（21C22）在某硫酸盐渍土建筑场地进行现场试验，该场地盐胀深度为 2.0m，试验前（10 月底）测得场地地面试验点的平均高程为 587.139m，经过 5 个月（11 月至次年 3 月）测得试验点平均高程为 587.193m，根据现场试验结果确定盐渍土的盐胀性分类和地基的盐胀等级为下列哪个选项（该场地盐胀现象发生在冬季，其他季节忽略）。

（A）弱盐胀性、Ⅰ级　　（B）中盐胀性、Ⅰ级

（C）中盐胀性、Ⅱ级　　（D）强盐胀性、Ⅲ级

【解】

（1）$s_{yz}=587.193-587.139=0.054\text{m}=54\text{mm}\Rightarrow$ Ⅰ级

（2）$\delta_{yz}=\dfrac{0.054}{2}=0.027\Rightarrow$ 中盐胀性

【点评】

①根据《盐渍土地区建筑技术规范》表 4.3.4，附录 E.2.3、附录 E.2.4；②盐胀性现场试验多点法，平均盐胀系数 = 年度盐胀量Δh/盐胀深度h_{yz}，其中$\Delta h = S_{max} - S_0$，S_{max}为平均最大盐胀量高程，S_0为盐胀前平均路面高程。

28.4　腐蚀性评价——《盐渍土地区建筑技术规范》第 4.4 节

土对钢结构、水和土对钢筋混凝土结构中钢筋、水和土对混凝土结构的腐蚀性评价应符合现行国家标准《岩土工程勘察规范》的规定。

水和土对砌体结构、水泥和石灰的腐蚀性评价按表 7-28-18 和表 7-28-19 的规定。

地下水中盐离子含量及其腐蚀性　　　　表 7-28-18

离子种类	埋置条件	指标范围	对砖、水泥、石灰的腐蚀
SO_4^{2-}（mg/L）	全浸	＞4000	强
		(1000,4000]	中
		(250,1000]	弱
		≤250	微
Cl^-（mg/L）	干湿交替	＞5000	中
		(500,5000]	弱
		≤500	微
	全浸	＞20000	弱
		(5000,20000]	弱
		(500,5000]	微
		≤500	微
NH_4^+（mg/L）	全浸	＞1000	中
		(500,1000]	弱
		(100,500]	微
		≤100	微
Mg^{2-}（mg/L）	全浸	＞4000	强
		(2000,4000]	中
		(1000,2000]	弱
		≤1000	微
总矿化度（mg/L）	全浸	＞50000	强
		(20000,50000]	中
		(10000,20000]	弱
pH 值	全浸	≤4.0	强
		(4.0,5.0]	中
		(5.0,6.5]	弱
		＞6.5	微
侵蚀性 CO_2（mg/L）	全浸	＞60	强
		(30,60]	中
		≤30	弱

土中盐离子含量及其腐蚀性　　表 7-28-19

离子种类	埋置条件	指标范围	对砖、水泥、石灰的腐蚀
SO_4^{2-}（mg/kg）	干燥	>6000	强
		(4000,6000]	中
		(2000,4000]	弱
		≤2000	微
	潮湿	>4000	强
		(2000,4000]	中
		(400,2000]	弱
		≤400	微
Cl^-（mg/kg）	干燥	>20000	中
		(5000,20000]	弱
		(2000,5000]	微
		≤2000	微
	潮湿	>7500	中
		(1000,7500]	弱
		(500,1000]	微
		≤500	微
土中总盐量（mg/kg）（正负离子总和）	有蒸发面	>10000	强
		(5000,10000]	中
		(3000,5000]	弱
		≤3000	微
	无蒸发面	>50000	强
		(20000,50000]	中
		(5000,20000]	弱
		≤5000	微
pH 值		≤4.0	强
		(4.0,5.0]	中
		(5.0,6.5]	弱
		>6.5	微

注：1. 当氯盐和硫酸盐同时存在并作用于钢筋混凝土构件时，应以各项指标中腐蚀性最高的确定腐蚀等级；
2. 在强透水性地层中，腐蚀性可提高半级至一级；在弱透水性地层中，腐蚀性可降低半级至一级；
3. 基础或结构的干湿交替部位应提高防腐蚀等级；
4. 对天然含水率小于3%的土，可视为干燥土；
5. 腐蚀性评价中，以最高的腐蚀性等级确定防腐蚀措施。

注：对**丙类**建（构）筑物，当**同时具备弱透水性土、无干湿交替、不冻区段**三个条件时，盐渍土的腐蚀性可**降低一级**。

题 7-74　某盐渍土天然地基上的丙级建筑物，采用砖基础，基础埋深 2.5m，地基持力层为黏性土，含水率为 25%，地下水位埋深 1.0m，场地处于不冻区段，无干湿交替。取地下水样进行化学分析，结果如表 7-28-20 所示，试判别地下水对砖基础的腐蚀性为下列哪个选项？

题 7-74 表　　　　表 7-28-20

离子	SO_4^{2-}	Cl^-	Mg^{2+}	NH_4^+	OH^-	总矿化度	侵蚀性 CO_2	pH
含量（mg/L）	2600	285	530	510	3000	15000	18	5.2

（A）强腐蚀性　（B）中腐蚀性　（C）弱腐蚀性　（D）微腐蚀性

【解】

（1）基础位于地下水位以下，属于全浸

（2）SO_4^{2-}为 2600mg/L，$1000\text{mg/L} < c(SO_4^{2-}) \leqslant 4000\text{mg/L}$，属中等腐蚀性

同理，$c(Cl^-) < 500\text{mg/L}$，属微腐蚀性；$500\text{mg/L} < c(NH_4^+) < 1000\text{mg/L}$，属弱腐蚀性

$c(Mg^{2+}) < 1000\text{mg/L}$，属微腐蚀性；$5 < pH < 6.5$，属弱腐蚀性

10000mg/L < 总矿化度 < 20000mg/L，弱腐蚀性

侵蚀性 CO_2 含量 < 30mg/L，弱腐蚀性

综上，判别为中等腐蚀性

（3）黏性土为弱透水层，丙级建筑物，同时具备弱透水性土、无干湿交替、不冻区段三个条件则降低一级，为弱腐蚀性

【点评】

①根据《盐渍土地区建筑技术规范》第 4.4.6 条、第 4.4.7 条；②腐蚀性评价以考查《岩土工程勘察规范》为主，解题方法一样，认真查表，注意小注。

题 7-75　某盐渍土地区拟建双层砌体住宅楼，采用砖基础，基础埋深 1.5m，地基持力层为细砂，含水率为 17%，基地下水位于场地下 5.5m，变幅 1.0m，取基础范围内的土样进行易溶盐试验，结果如表 7-28-21 所示，土的基础埋置范围内蒸发强烈，根据《盐渍土地区建筑技术规范》GB/T 50942—2014，判断土对砖基础的腐蚀性最高可取下列哪个选项？

题 7-75 表　　　　表 7-28-21

离子种类	SO_4^{2-}	Cl^-	土中总盐量	水土酸碱度（pH 值）
含量（mg/kg）	1800	850	5500	5.8

（A）微腐蚀　（B）弱腐蚀　（C）中腐蚀　（D）强腐蚀

【解】

（1）2 层住宅，砖基础，丙级；细砂土毛细上升高度 0.9～1.2m

最高水位 $5.5 - 1.0 - 1.2 = 3.3\text{m}$，未到基础底面，故无干湿交替

$w = 17\%$，为潮湿，蒸发强烈

（2）SO_4^{2-}含量：$1800\text{mg/kg} \in (400,2000]$，弱腐蚀

Cl^-含量：$850\text{mg/kg} \in (500,1000]$，微腐蚀

土中总含盐量：$5500\text{mg/kg} \in (5000,10000]$，中等腐蚀

pH：$5.8 \in (5,6.5]$，弱腐蚀

综上，腐蚀等级为中等

（3）细砂层为强透水层，腐蚀性可提高半级至一级，最高可为强腐蚀

【点评】

①根据《盐渍土地区建筑技术规范》第 4.4.6 条～第 4.4.8 条；②细砂土毛细上升高度 0.9～1.2m，要判别是否干湿交替；③注意表 4.4.6-3 注，在强透水层中，腐蚀性可提高半级至一级。

28.5　其他规范盐渍土

28.5.1 其他规范盐渍土分类

表 7-28-22 中各规范关于盐渍土分类的规定和计算方法大同小异，限于篇幅，不一一摘抄，自行对比学习。

其他规范盐渍土分类　　　　**表 7-28-22**

《岩土工程勘察规范》第 6.8 节； 《铁路工程地质勘察规范》第 6.4 节；《铁路工程特殊岩土勘察规程》第 7 章； 《公路工程地质勘察规范》第 8.4 节；《公路路基设计规范》第 7.11 节
注：1. 两本"公路规范"按化学成分分类公式应该是 $D_1=\dfrac{c(\mathrm{Cl^-})}{2c(\mathrm{SO_4}^{2-})}$，$D_2=\dfrac{2c(\mathrm{CO_3}^{2-})+c(\mathrm{HCO_3}^-)}{c(\mathrm{Cl^-})+2c(\mathrm{SO_4}^{2-})}$。 2. 关于按平均含盐量$\overline{\mathrm{DT}}$分类的计算深度按 1m 还是含盐量DT ⩾ 0.3%的深度，存在较大争议；指定《盐渍土地区建筑技术规范》或不指定规范时，一般按题目数据DT ⩾ 0.3%的深度计算；但"公路"和"铁路"类规范明确规定判定"**盐渍土场地**"用地表土层 1m 深度内全部数据。 3.《公路工程地质勘察规范》上**溶陷量计算**的厚度有规定：基础底面（初勘自地面下 1.5m 算起）以下至 10m 深度范围内全部溶陷性盐渍土层数。其他规范没有相应规定。 4. 填料可用性采用取样深度内全部数据

注：公路盐渍土见第 5 篇第 20 章。

28.5.2 铁路路基工程对土层（填料）容许含盐量的要求

（1）盐渍土按盐的化学成分分类时，应符合表 7-28-23 的规定。

盐渍土按盐的化学成分分类——《铁路工程特殊岩土勘察规程》第 7.1.3 条、第 7.5.5 条　表 7-28-23

盐渍土名称	$D_1=\dfrac{c(\mathrm{Cl^-})}{2c(\mathrm{SO_4}^{2-})}$	$D_2=\dfrac{2c(\mathrm{CO_3}^{2-})+c(\mathrm{HCO_3}^-)}{c(\mathrm{Cl^-})+2c(\mathrm{SO_4}^{2-})}$	D_1、D_2为厚度加权平均值： $D_1=\dfrac{\sum c(\mathrm{Cl^-})_ih_i}{\sum 2c(\mathrm{SO_4}^{2-})_ih_i}$ $D_2=\dfrac{\sum[2c(\mathrm{CO_3}^{2-})_i+c(\mathrm{HCO_3}^-)_i]h_i}{\sum[c(\mathrm{Cl^-})_i+2c(\mathrm{SO_4}^{2-})_i]h_i}$
氯盐渍土	> 2.0	—	
亚氯盐渍土	(1.0,2.0]	—	
亚硫酸盐渍土	[0.3,1.0]	—	
硫酸盐渍土	< 0.3	—	
碱性盐渍土	—	> 0.3	

注：离子含量以 1kg 土中所含离子的毫摩尔数计（mmol/kg）。

（2）盐渍土按含盐量分类时，应符合表 7-28-24 的规定。

盐渍土按平均含盐量$\overline{DT}$分类——《铁路工程特殊岩土勘察规程》第 7.1.3 条、第 7.5.4 条

表 7-28-24

盐渍土名称	盐渍土层的平均含盐量$\overline{DT}$（%）			$\overline{DT}$为地表土层 1m 深度范围内厚度加权平均值：$\overline{DT}=\frac{\sum_{i=1}^{n}DT_i\cdot h_i}{\sum_{i=1}^{n}h_i}$
	氯盐渍土及亚氯盐渍土	硫酸盐渍土及亚硫酸盐渍土	碱性盐渍土	
弱盐渍土	(0.3,1.0]	—	—	
中盐渍土	(1.0,5.0]	(0.3,2.0]	(0.3,1.0]	
强盐渍土	(5.0,8.0]	(2.0,5.0]	(1.0,2.0]	
超盐渍土	> 8.0	> 5.0	> 2.0	

（3）路基工程对土层容许含盐量的要求，应符合表 7-28-25 的规定。

路基工程对土层容许含盐量的要求——《铁路工程特殊岩土勘察规程》第 7.5.5 条条文说明

表 7-28-25

盐渍土类型	路基基底和填料容许含盐量$\overline{DT}$
氯盐渍土	5% ≤ $\overline{DT}$ < 8%（一般为 5%，如加大夯实密度，可提高其含盐量，但不得大于 8%，其中硫酸钠的含量不得大于 2%）
亚氯盐渍土	$\overline{DT}$ ≤ 5%（其中硫酸钠的含量不得大于 2%）
亚硫酸盐渍土	$\overline{DT}$ ≤ 5%（其中硫酸钠的含量不得大于 2%）
硫酸盐渍土	$\overline{DT}$ ≤ 2.5%（其中硫酸钠的含量不得大于 2%）
碱性盐渍土	$\overline{DT}$ ≤ 2%（其中易溶的碳酸盐含量不得大于 0.5%）

注：路堤基床不得采用盐渍土作填料，基床以下不可采用石膏土作填料；干燥度大于 50、年降水量少于 60mm、年平均相对湿度小于 40%的内陆盆地，路基填料和基底土在不受地表水浸泡时可不受氯盐含量的限制。

题 7-76　（20C22）某铁路工程通过盐渍土场地，地下水位埋深 2m。地面下 2m 深度内采取土样进行易溶盐含量测定，结果见表 7-28-26。0～1m 深度中离子含量：CO_3^{2-}含量 6.88mmol/kg、HCO_3^-含量 0.18mmol/kg、Cl^-含量 25.77mmol/kg、SO_4^{2-}含量 20.74mmol/kg；1～2m 深度中离子含量：CO_3^{2-}含量 0、HCO_3^-含量 0.30mmol/kg、Cl^-含量 5.10mmol/kg、SO_4^{2-}含量 12.34mmol/kg。按照《铁路工程特殊岩土勘察规程》TB 10038—2022 判定，该工程盐渍土的盐渍化程度分级为下列哪个选项？

题 7-76 表　　　　表 7-28-26

取样深度（m）	0～0.05	0.05～0.25	0.25～0.5	0.5～0.75	0.75～1.0	1.0～1.5	1.5～2.0
易溶盐含量（%）	10.21	4.02	2.11	2.03	2.02	0.29	0.25

（A）弱盐渍土　（B）中盐渍土　（C）强盐渍土　（D）超盐渍土

【解】

（1）$D_1=\dfrac{c(Cl^-)}{2c(SO_4{}^{2-})}=\dfrac{25.77}{2\times 20.74}=0.62$

$$D_2=\frac{2c(CO_3{}^{2-})+c(HCO_3{}^-)}{c(Cl^-)+2c(SO_4{}^{2-})}=\frac{2\times 6.88+0.18}{25.77+2\times 20.74}=0.21<0.3\text{，亚硫酸盐渍土}$$

（2）$\overline{DT}=\dfrac{0.05\times 10.21+0.2\times 4.02+0.25\times (2.11+2.03+2.02)}{1}\times 100\%$

$=2.85\%$，强盐渍土

【点评】

①根据《铁路工程特殊岩土勘察规程》第 7.1.4 条、第 7.5.4 条～第 7.5.5 条；②《铁路工程特殊岩土勘察规程》计算易溶盐的平均含盐量采用 1.0m 深度内的含盐成分计算，表层 1.0m 的土层是一般路基的主要持力层，也是受地下水毛细作用、蒸发作用盐分迁移最明显的部位，对公路、铁路基础设施有直接影响；盐渍土地区，一般盐分表聚性强，多集中在 1.0m 深度范围内，1.0m 以下含盐量急剧减少；以地表以下 1.0m 深度范围内土层中的平均含盐量作为评价盐渍土的定量标准符合盐渍土地区的工程实际；③近几年盐渍土相关考题一般一年出一题，需要重视。

第 29 章

工程地质手册（特殊土和不良地质）

29.1　特殊性土勘察和评价

29.1.1　冻土

冻土的基本概念见表 7-29-1。

基本概念　　　　表 7-29-1

概念	定义
冻土	指具有负温或零温度并含有冰的土（岩）。 按冻结状态持续时间，分为多年冻土、季节性冻土、隔年冻土等
多年冻土	指持续冻结时间在 2 年或 2 年以上的土（岩）
季节性冻土	指地壳表层冬季冻结而在夏季又全部融化的土（岩）
隔年冻土	冬季冻结，而翌年夏季并不融化的那部分冻土
冻胀率η	指单位冻结深度的冻胀量；土的冻胀是土冻结过程中土体积增大的现象
融沉系数δ_0	冻土融化过程中，在自重作用下产生的相对融化下沉量

1. 多年冻土融沉性分类——《岩土工程勘察规范》第 6.6.2 条

多年冻土融沉性分类见表 7-29-2。

多年冻土的融沉性分类　　　　表 7-29-2

融沉系数δ_0（%）：$\delta_0=\frac{h_1-h_2}{h_1}=\frac{e_1-e_2}{1+e_1}\times 100\%$		h_1、e_1——冻土试样融化前的高度（mm）和孔隙比； h_2、e_2——冻土试样融化后的高度（mm）和孔隙比			
土的名称	**总含水率w_0（%）**	**平均融沉系数δ_0（%）**	**融沉等级**	**融沉类别**	**冻土类型**
碎(卵)石土,砾、粗、中砂（粒径小于 0.075mm 颗粒含量不大于 15%）	$w_0<10$	$\delta_0\leqslant 1$	Ⅰ	不融沉	少冰冻土
	$w_0\geqslant 10$	$1<\delta_0\leqslant 3$	Ⅱ	弱融沉	多冰冻土
碎（卵）石，砾、粗、中砂（粒径小于 0.075mm 颗粒含量大于 15%）	$w_0<12$	$\delta_0\leqslant 1$	Ⅰ	不融沉	少冰冻土
	$12\leqslant w_0<15$	$1<\delta_0\leqslant 3$	Ⅱ	弱融沉	多冰冻土
	$15\leqslant w_0<25$	$3<\delta_0\leqslant 10$	Ⅲ	融沉	富冰冻土
	$w_0\geqslant 25$	$10<\delta_0\leqslant 25$	Ⅳ	强融沉	饱冰冻土
粉砂、细砂	$w_0<14$	$\delta_0\leqslant 1$	Ⅰ	不融沉	少冰冻土
	$14\leqslant w_0<18$	$1<\delta_0\leqslant 3$	Ⅱ	弱融沉	多冰冻土
	$18\leqslant w_0<28$	$3<\delta_0\leqslant 10$	Ⅲ	融沉	富冰冻土
	$w_0\geqslant 28$	$10<\delta_0\leqslant 25$	Ⅳ	强融沉	饱冰冻土
粉土	$w_0<17$	$\delta_0\leqslant 1$	Ⅰ	不融沉	少冰冻土
	$17\leqslant w_0<21$	$1<\delta_0\leqslant 3$	Ⅱ	弱融沉	多冰冻土
	$21\leqslant w_0<32$	$3<\delta_0\leqslant 10$	Ⅲ	融沉	富冰冻土
	$w_0\geqslant 32$	$10<\delta_0\leqslant 25$	Ⅳ	强融沉	饱冰冻土

续表

黏性土	$w_0 < w_P$	$\delta_0 \leqslant 1$	Ⅰ	不融沉	少冰冻土
	$w_P \leqslant w_0 < w_P + 4$	$1 < \delta_0 \leqslant 3$	Ⅱ	弱融沉	多冰冻土
	$w_P + 4 \leqslant w_0 < w_P + 15$	$3 < \delta_0 \leqslant 10$	Ⅲ	融沉	富冰冻土
	$w_P + 15 \leqslant w_0 < w_P + 35$	$10 < \delta_0 \leqslant 25$	Ⅳ	强融沉	饱冰冻土
含土冰层	$w_0 \geqslant w_P + 35$	$\delta_0 \geqslant 25$	Ⅴ	融陷	含土冰层

注：1. 总含水率w_0包括冰和未冻水；

2. 本表不包括盐渍化冻土、冻结泥炭化土、腐殖土、高塑性黏土。

题 7-77 （17D25）东北某地区多年冻土地基为粉土层，取冻土试样后测得土粒比重为 2.70，天然密度为 1.9g/cm^3，冻土总含水率为 43.8%；土样融化后测得密度为 2.0g/cm^3，含水率为 25.0%。根据《岩土工程勘察规范》GB 50021—2001（2009 年版），该多年冻土的类型为下列哪个选项？

（A）少冰冻土　（B）多冰冻土　（C）富冰冻土　（D）饱冰冻土

【解】

（1）粉土，$w_0 = 43.8\% > 32\%$，饱冰冻土

$$e_1 = \frac{2.7\times(1+0.438)}{1.9} - 1 = 1.043,\quad e_2 = \frac{2.7\times(1+0.25)}{2.0} - 1 = 0.688$$

（2）$\delta_0 = \dfrac{1.043-0.688}{1+1.043}\times 100\% = 17.4\%$

（3）粉土，$10 < \delta_0 < 25$，查表为饱冰冻土

【点评】

①根据《岩土工程勘察规范》第 6.6.2 条；②孔隙比的公式应熟练掌握，融化下沉系数根据土的三相性为融沉率，即体积的变化率；③注意区分多年冻土和季节性冻土的不同考点，近年开始在冻土上出现新的案例考点，需要引起重视。

题 7-78 某多年冻土区，原场地冻土层的厚度为 3.2m，地基土为粉质黏土，取冻土试样后测得土粒比重为 2.72，天然密度为 1.85g/cm^3，冻土总含水率为 33.8%，塑限含水率 16.5%；冻土融化后测得含水率为 17.5%，密度 1.90g/cm^3，根据《岩土工程勘察规范》GB 50021—2001（2009 年版），该多年冻土的融沉类别为下列哪个选项？

（A）不融沉　（B）弱融沉　（C）融沉　（D）强融沉

【解】

（1）$e_1 = \dfrac{2.72\times(1+0.338)}{1.85}\times 1 - 1 = 0.967$

$$e_2 = \frac{2.72\times(1+0.175)}{1.9}\times 1 - 1 = 0.682$$

（2）$\delta_0 = \dfrac{0.967-0.682}{1+0.967}\times 100\% = 14.49\% \in (10\%, 25\%)$，为强融沉

（3）$16.5 + 15 = 31.5 < \omega_0 = 33.8 < 16.5 + 35 = 51.5$，为强融沉

综上，为强融沉

【点评】

①根据《岩土工程勘察规范》第 6.6.2 条；②总含量ω_0包括冰和未冻水；③本题属于简单常规送分题，平均融化下沉系数可分别根据融化前后孔隙比求得。

2. 地基土冻胀性分类——《建筑地基基础设计规范》附录 G、《工程地质手册》P580

地基土的冻胀性分类，可按表 7-29-3 分为不冻胀、弱冻胀、冻胀、强冻胀和特强冻胀。

地基土冻胀性分类（季节冻土和多年冻土的季节融化层土）　　表 7-29-3

平均冻胀率η（%）：

$$\eta = \frac{\Delta z}{z_d} \times 100\%$$

式中：Δz——地表冻胀量（mm）；

z_d——设计冻深（mm），$z_d = h - \Delta z$；

h——冻土层厚度（mm）（要注意题目给的是z_d还是h）

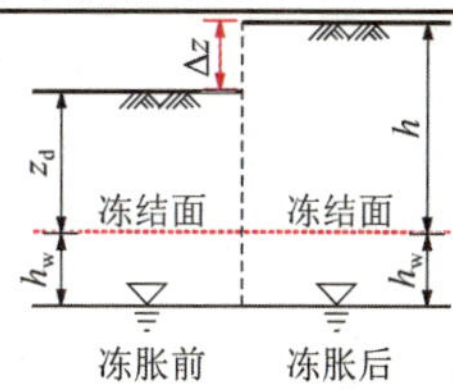

$z_d = h - \Delta z$

土的名称	冻前天然含水率 w（%）	冻结期间地下水位距冻结面的最小距离h_w（m）	平均冻胀率η（%）	冻胀等级	冻胀类别
碎（卵）石，砾、粗、中砂（粒径小于 0.075mm 颗粒含量大于 15%）、细砂（粒径小于 0.075mm 颗粒含量大于 10%）	$w \leqslant 12$	> 1.0	$\eta \leqslant 1$	Ⅰ	不冻胀
		$\leqslant 1.0$	$1 < \eta \leqslant 3.5$	Ⅱ	弱冻胀
	$12 < w \leqslant 18$	> 1.0			
		$\leqslant 1.0$	$3.5 < \eta \leqslant 6$	Ⅲ	冻胀
	$w > 18$	> 0.5			
		$\leqslant 0.5$	$6 < \eta \leqslant 12$	Ⅳ	强冻胀
粉砂	$w \leqslant 14$	> 1.0	$\eta \leqslant 1$	Ⅰ	不冻胀
		$\leqslant 1.0$	$1 < \eta \leqslant 3.5$	Ⅱ	弱冻胀
	$14 < w \leqslant 19$	> 1.0			
		$\leqslant 1.0$	$3.5 < \eta \leqslant 6$	Ⅲ	冻胀
	$19 < w \leqslant 23$	> 1.0			
		$\leqslant 1.0$	$6 < \eta \leqslant 12$	Ⅳ	强冻胀
	$w > 23$	不考虑	$\eta > 12$	Ⅴ	特强冻胀
粉土	$w \leqslant 19$	> 1.5	$\eta \leqslant 1$	Ⅰ	不冻胀
		$\leqslant 1.5$	$1 < \eta \leqslant 3.5$	Ⅱ	弱冻胀
	$19 < w \leqslant 22$	> 1.5	$1 < \eta \leqslant 3.5$	Ⅱ	弱冻胀
		$\leqslant 1.5$	$3.5 < \eta \leqslant 6$	Ⅲ	冻胀
	$22 < w \leqslant 26$	> 1.5			
		$\leqslant 1.5$	$6 < \eta \leqslant 12$	Ⅳ	强冻胀
	$26 < w \leqslant 30$	> 1.5			
		$\leqslant 1.5$	$\eta > 12$	Ⅴ	特强冻胀
	$w > 30$	不考虑			
黏性土	$w \leqslant w_P + 2$	> 2.0	$\eta \leqslant 1$	Ⅰ	不冻胀
		$\leqslant 2.0$	$1 < \eta \leqslant 3.5$	Ⅱ	弱冻胀
	$w_P + 2 < w \leqslant w_P + 5$	> 2.0			
		$\leqslant 2.0$	$3.5 < \eta \leqslant 6$	Ⅲ	冻胀
	$w_P + 5 < w \leqslant w_P + 9$	> 2.0			
		$\leqslant 2.0$	$6 < \eta \leqslant 12$	Ⅳ	强冻胀
	$w_P + 9 < w \leqslant w_P + 15$	> 2.0			
		$\leqslant 2.0$	$\eta > 12$	Ⅴ	特强冻胀
	$w > w_P + 15$	不考虑			

注：1. 盐渍化冻土不在表列；

2. 塑性指数$I_P > 22$时，冻胀性降低一级，如：Ⅲ→Ⅱ；《铁路工程特殊岩土勘察规程》降级时，用的塑性指数代号w_P错误，应该是I_P，设计冻深z_d公式错误；

3. 粒径小于 0.005mm 的颗粒含量大于 60%时，为不冻胀土；

4. 碎石类土当充填物大于全部质量的 40%时，其冻胀性按充填物土的类别判断；

5. 碎石土、砾砂、粗砂、中砂（粒径小于 0.075mm 颗粒含量不大于 15%）、细砂（粒径小于 0.075mm 颗粒含量不大于 10%）均按不冻胀考虑。

题 7-79 （11D25）某多年冻土地基冻土层冻后的实测厚度为 2.0m，冻前原地面标高为 195.426m，冻后实测地面标高为 195.586m，按《铁路工程特殊岩土勘察规程》TB 10038—2022 确定该土层平均冻胀率最接近下列哪个选项。

（A）7.1%　　（B）8.0%　　（C）8.7%　　（D）9.2%

【解】

$$\Delta z = 195.586 - 195.426 = 0.16\text{m}$$

$$\eta = \frac{0.16}{2.0 - 0.16} \times 100\% = 8.7\%$$

【点评】

①根据《铁路工程特殊岩土勘察规程》第 8.5.5 条第 2 款；②规范中公式错误，应进行勘误 $\eta = \frac{\Delta z}{h - \Delta z} \times 100\%$；③平均冻胀率为地表冻胀量比设计冻深（即冻结后土层厚度−地表冻胀量）。

【同类型真题】09C25

题 7-80 （13D24）某季节性冻土层为黏土层，测得地表冻胀前标高为 160.67m，土层冻前天然含水率为 30%，塑限为 22%，液限为 45%，其粒径小于 0.005mm 的颗粒含量小于 60%，当最大冻深出现时，场地最大冻土层厚度为 2.8m，地下水位埋深为 3.5m，地面标高为 160.85m，按《建筑地基基础设计规范》GB 50007—2011，该土层的冻胀类别为下列哪个选项？

（A）弱冻胀　　（B）冻胀　　（C）强冻胀　　（D）特强冻胀

【解】

（1）$\Delta z = 160.85 - 160.67 = 0.18\text{m}$

（2）$\eta = \frac{0.18}{2.8 - 0.18} \times 100\% = 6.9\%$，查表为强冻胀

（3）$I_\text{P} = 45 - 22 = 23 > 22$，降一级，为冻胀。

【点评】

①根据《建筑地基基础设计规范》第 5.1.7 条、附录 G；②根据附录 G.0.1 判别为强冻胀后，根据注 2 “塑性指数大于 22 时，冻胀性降低一级”。

题 7-81 （16D24）某多年冻土层为黏性土，冻结土层厚度为 2.5m，地下水埋深 3.2m，地表标高为 194.75m，已测得地表冻胀前标高为 194.62m，土层冻前天然含水率 $w = 27\%$，塑限 $w_\text{P} = 23\%$，液限 $w_\text{L} = 46\%$，根据《铁路工程特殊岩土勘察规程》TB 10038—2022，该土层的冻胀类别为下列哪个选项？

（A）不冻胀　　（B）弱冻胀　　（C）冻胀　　（D）强冻胀

【解】

（1）$\Delta z = 194.75 - 194.62 = 0.13\text{m}$

$\eta = \frac{0.13}{2.5 - 0.13} \times 100\% = 5.5\%$，$h_\text{w} = 3.2 - 2.5 = 0.7\text{m} < 2\text{m}$，

$w_\text{P} + 2 < w < w_\text{P} + 5 \Rightarrow$ 查表为冻胀

（2）$I_\text{P} = 46 - 23 = 23 > 22$，降一级，为弱冻胀

【点评】

①根据《铁路工程特殊岩土勘察规程》第 8.5.5 条、附录 D；②《铁路工程特殊岩土勘察规程》与《建筑地基基础设计规范》规定基本一致；③《铁路工程特殊岩土勘察规程》上式(8.5.5-2)中计算设计冻深 z_d 的计算公式也是错的，正确应该为 $z_\text{d} = h - \Delta z$；④如出现 η，h_w，w 与 w_P 关系，三个条件确定冻胀类别不一致的情况，建议按不利考虑。

题 7-82　（17C25）某季节性冻土层为黏性土，冻前地面标高为 250.235m，$w_P=21\%$，$w_L=45\%$；冬季冻结后地面标高为 250.396m，冻土层底面处标高为 248.181m。试确定该季节性冻土层的冻胀等级和类别。

【解】

（1）$\Delta z=250.396-250.235=0.161\text{m}$

$h=250.396-248.181=2.215\text{m}$

（2）$\eta=\dfrac{0.161}{2.215-0.161}\times100\%=7.84\%$，查表为Ⅳ级，强冻胀

（3）塑性指数为$I_P=45-21=24>22$，降一级，Ⅲ级，冻胀

【点评】

①根据《建筑地基基础设计规范》附录 G；②平均冻胀率的公式见《工程地质手册》，冻胀率η＝地表冻胀量Δz/冻结前土层厚度h（即设计冻深z_d）；③坑点：塑性指数$I_P>22$时，冻胀性降一级，《铁路工程特殊岩土勘察规程》附录 D 错写为w_P，应勘误。

题 7-83　（22 补考 D07）季节性冻土地区的方形基础，基础边长 3m，埋深 2m，永久作用标准组合时上部结构传至基础顶面的竖向力为 1140kN，基础及其上土体的天然重度为 20kN/m^3。基础位于黏土地基上，土体液限含水率 52%，塑限含水率 28%。冻前土体孔隙比 1.024，饱和度 85%，土粒比重 2.72，冻结期间地下水位距冻结面最小距离 2.5m，平均冻胀率 2%。根据《建筑地基基础设计规范》GB 50007—2011，在不采暖情况下，基础底面下允许冻土层最大厚度最接近下列哪个选项？

（A）0.65m　　（B）0.95m　　（C）2.0m　　（D）不做限制

【解】

（1）$w=\dfrac{0.85\times1.024}{2.72}=0.32$，$w_P+2=30<w<w_P+5=33$

$h_w=2.5>2\text{m}$，$\eta=2\%\in(1,3.5]$，查表弱冻胀

（2）$I_P=52-28=24>22$，降一级，属于不冻胀，故不做限制

【点评】

根据《建筑地基基础设计规范》附录 G，注意塑性指数大于 22 时，冻胀性降一级。

题 7-84　某季节性冻土层为碎石土层，测得地表冻胀前标高为 52.46m，其中充填物占全部质量的 43%，测得其充填物的塑限为 15%，液限为 24%，冻前天然含水率为 20%，当最大冻深出现时，场地最大冻土层厚度为 3.3m，此时地下水位埋深为 4.5m，地面标高为 52.64m，按《建筑地基基础设计规范》GB 50007—2011，确定该土层的冻胀类别为下列哪个选项？

（A）弱冻胀　　（B）冻胀　　（C）强冻胀　　（D）特强冻胀

【解】

（1）充填物质量大于 40%，按充填物判别，$I_P=24-15=9<10$，充填物为粉土

$\Delta z=52.64-52.46=0.18\text{m}$

（2）$\eta=\dfrac{0.18}{3.3-0.18}\times100\%=5.8\%$，$19\%<w=20\%<22\%$

$h_w=4.5-3.3=1.2\text{m}<1.5\text{m}$，查表土为冻胀

【点评】

①按《建筑地基基础设计规范》附录 G；②对于易碎石类土，当填充物大于全部质量的 40%时，其冻胀性按充填物土的类别判断。

3. 季节性冻土地基基础埋置深度——《建筑地基基础设计规范》第 5.1.7 条、附录 G

季节性冻土地基的场地冻结深度z_d和建筑基础底面下允许冻土层最大厚度h_{max}应符合表 7-29-4 的规定。

季节性冻土地基基础埋置深度 表 7-29-4

（1）**冻结深度**z_d： $z_d = z_0 \cdot \psi_{zs} \cdot \psi_{zw} \cdot \psi_{ze}$	z_d——场地冻结深度（m），有实测资料时按$z_d = h - \Delta z$； h——最大冻深出现时场地最大冻土层厚度（m）； Δz——最大冻深出现时场地地表冻胀量（m）； z_0——标准冻结深度（m）；无实测资料时，按《建筑地基基础设计规范》附录 F 采用； ψ_{zs}——土的类别对冻结深度的影响系数，按下表采用； ψ_{zw}——土的冻胀性对冻结深度的影响系数，按下表采用； ψ_{ze}——环境对冻结深度的影响系数，按下表采用

影响系数ψ_{zs}、ψ_{zw}、ψ_{ze}

土的类别	ψ_{zs}	冻胀性	ψ_{zw}	环境	ψ_{ze}
黏性土	1.00	不冻胀	1.00	村、镇、旷野	1.00
细砂、粉砂、粉土	1.20	弱冻胀	0.95	城市近郊	0.95
中、粗、砾砂	1.30	冻胀	0.90	城市市区	0.90
大块碎石土	1.40	强冻胀	0.85		
		特强冻胀	0.80		

注：对环境影响系数ψ_{ze}一项，按规范理解（规范表述较难理解）：人口 20 万～50 万（两档：市区 0.95 和其他 1.0）；人口 50 万～100 万（两档：市区 0.9 和其他 1.0）；人口超过 100 万（三档：市区 0.9，近郊 0.95，其他 1.0）。原则：人口多，热岛效应大，冻深会变小，则系数小（**近郊为城市 5km 以内的郊区**）

（2）**冻土地基的最小埋深**d_{min}：

弱冻胀、冻胀土：$d_{min} = z_d - h_{max}$；（且$d_{min} \geqslant 0.5\text{m}$）

强冻胀、特强胀土：$d_{min} = z_d$；（且$d_{min} \geqslant 0.5\text{m}$）

（强冻胀、特强胀土取$h_{max} = 0$）

式中：h_{max}——建筑基础底面下允许残留冻土层厚度（m），按下表取值

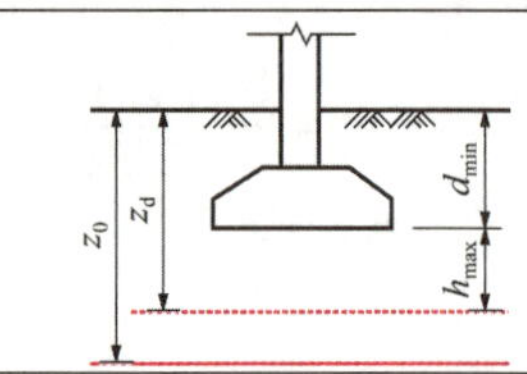

建筑基础底面下允许冻土层最大厚度h_{max}（m）

冻胀性	基础形式	采暖情况	基底平均压力（kPa）110	130	150	170	190	210
弱冻胀土	方形基础	采暖	0.90	0.95	1.00	1.10	1.15	1.20
		不采暖	0.70	0.80	0.95	1.00	1.05	1.10
	条形基础	采暖	>2.50	>2.50	>2.50	>2.50	>2.50	>2.50
		不采暖	2.20	2.50	>2.50	>2.50	>2.50	>2.50
冻胀土	方形基础	采暖	0.65	0.70	0.75	0.80	0.85	—
		不采暖	0.55	0.60	0.65	0.70	0.75	—
	条形基础	采暖	1.55	1.80	2.00	2.20	2.50	—
		不采暖	1.15	1.35	1.55	1.75	1.95	—
强冻胀、特强胀土	—	—	$h_{max} = 0\text{m}$					

注：1. 本表只计算法向冻胀力，如果基侧存在切向冻胀力，应采取防切向力措施；
2. 基础宽度小于 0.6m 时不适用，矩形基础取短边尺寸按方形基础计算；
3. 表中数据不适用于淤泥、淤泥质土和欠固结土；
4. 计算基底平均压力时取**永久作用的标准组合乘以 0.9**，可以内插

题 7-85　（07D09）位于季节性冻土地区的某城市内建设住宅楼，地基土为黏性土，标准冻深为 1.6m，冻前地基土的天然含水率$w = 21\%$，塑限含水率为$w_P = 17\%$，冻结期间地下水位埋深 3.0m，该场区的设计冻深应取下列哪个选项？

（A）1.22m　　（B）1.30m　　（C）1.40m　　（D）1.80m

【解】

黏性土$w = 21\%$，$w_P = 17\%$，$h_w = 3.0 - 1.6 = 1.4m$，查表为冻胀

$$z_d = z_0\psi_{zs}\psi_{zw}\psi_{ze} = 1.6 \times 1.00 \times 0.90 \times 0.90 = 1.296m$$

【点评】

①根据《建筑地基基础设计规范》第 5.1.7 条、附录 G；②本题有瑕疵，h_w应采用（3.0 − 设计冻深），由于z_d未知，无法直接计算，只能采用标准冻深简化计算。

题 7-86　（06C07）在城市近郊季节性冻土地区拟建一开发区，地基土主要为黏性土，冻胀性分类为强冻胀，采用方形基础，基底压力为 130kPa，不采暖。若标准冻深为 2.0m，基础的最小埋深最接近下列哪个选项？

（A）0.4m　　（B）0.6m　　（C）0.97m　　（D）1.62m

【解】

（1）$z_d = z_0 \cdot \psi_{zs} \cdot \psi_{zw} \cdot \psi_{ze} = 2.0 \times 1.0 \times 0.85 \times 0.95 = 1.615m$

（2）强冻胀土，$h_{max} = 0$

（3）$d_{min} = z_d - h_{max} = 1.615 - 0 = 1.615m$

【点评】

①根据《建筑地基基础设计规范》第 5.1.7 条、第 5.1.8 条、附录 G；②根据**土的类别、土的冻胀性、环境影响**修正标准冻深得到设计冻深；③注意**强冻胀、特强冻胀土**，基础底面下允许冻土层最大厚度$h_{max} = 0$。

题 7-87　（09D09）某 25 万人口的城市，市区内某 4 层框架结构建筑物，有采暖，采用方形基础，基底平均压力 130kPa，地面下 5m 范围内的黏性土为弱冻胀土，该地区的标准冻结深度为 2.2m，问在考虑冻胀的情况下，据《建筑地基基础设计规范》GB 50007—2011，该建筑基础最小埋深最接近下列哪个选项？

（A）0.8m　　（B）1.0m　　（C）1.2m　　（D）1.4m

【解】

（1）$z_d = 2.2 \times 1.00 \times 0.95 \times 0.95 = 1.99m$

（2）查表：$h_{max} = 0.95m$

（3）$d_{min} = 1.99 - 0.95 = 1.04m$

【点评】

①根据《建筑地基基础设计规范》第 5.1.7 条、第 5.1.8 条；②黏性土$\psi_{zs} = 1.00$，弱冻胀$\psi_{zw} = 0.95$，25 万人口按城市近郊取值环境影响系数$\psi_{ze} = 0.95$；③重要考点：冻土地区设计冻深计算及基础最小埋深计算。

题 7-88 （18D20）某季节性弱冻胀土地区建筑采用条形基础，无采暖要求，该地区多年实测资料表明，最大冻深出现时冻土层厚度和地表冻胀量分别为 3.2m 和 120mm，而基底所受永久作用的荷载标准组合值为 130kPa，若基底允许有一定厚度的冻土层，按《建筑地基基础设计规范》GB 50007—2011 相关要求确定的基础最小埋深最接近于下列哪个选项？

（A）0.6m （B）0.8m （C）1.0m （D）1.2m

【解】

（1）永久作用，$p = 130 \times 0.9 = 117\text{kPa} \Rightarrow h_{\max} = 2.2 + \frac{117-110}{130-110} \times (2.5-2.2) = 2.31\text{m}$

（2）$z_d = 3.2 - 0.12 = 3.08\text{m}$

（3）$d_{\min} = 3.08 - 2.31 = 0.77\text{m}$

【点评】

①依据《建筑地基基础设计规范》第 5.1.7 条、附录 G；②计算**基底平均压力时取永久作用的标准组合值乘以 0.9，可以内插**；③2018 年新风格，注重细节和坑点，平时练习一定要全面，真题反复考查，增加了一个坑点“永久作用”，不要定向思维。

题 7-89 某 75 万人口城市郊区 3km 处建设框架结构建筑物，该地区的标准冻结深度为 2.2m，有采暖，采用独立方形基础，场地地基土为黏性土，黏性土的平均冻胀率 9.2%，土的塑性指数为 24，已知基底所受永久作用的荷载标准值组合值为 150kPa，按《建筑地基基础设计规范》GB 50007—2011，基础的最小埋置深度最接近下列哪个选项？

（A）1.07m （B）1.23m （C）1.27m （D）1.98m

【解】

（1）$6\% < \eta = 9.2\% < 12\%$，$I_P = 24 > 22$，降一级，查表Ⅲ级，冻胀，$\psi_{zw} = 0.90$

黏性土，$\psi_{zs} = 1.00$

市区人口 75 万，只计市区影响，郊区$\psi_{ze} = 1.00$

$z_d = z_0\psi_{zs}\psi_{zw}\psi_{ze} = 2.2 \times 1.00 \times 0.90 \times 1.00 = 1.98\text{m}$

（2）永久作用，$p_k = 0.9 \times 150 = 135\text{kPa}$，采暖，独立方形基础，冻胀，$h_{\max} = 0.71\text{m}$

$d_{\min} = 1.98 - 0.71 = 1.27\text{m}$

【点评】

①根据《建筑地基基础设计规范》第 5.1.7 条、附录 G；②注意城市人口 50 万～100 万时，只计入城市影响，郊区的环境影响系数按 1.0 计算；③塑性指数大于 22 时，土的冻胀性降一级为常规坑点，另一小坑点为“永久作用的”，p_k要折减。

题 7-90 某建筑物位于城市近郊 4km 处，城市人口 75 万，该地区季节性冻土标准深度为 2.5m，地基土为粉土，冻结前土的天然含水率为 20%，冻结期间地下水位距冻结面的最小距离$h_w = 1.3\text{m}$，建筑物采用方形基础，有采暖，基底永久作用的标准组合值为 170kPa，根据《建筑地基基础设计规范》GB 50007—2011 的规定，该建筑物的最小埋深最接近下列哪个选项？

（A）1.58m （B）1.94m （C）2.15m （D）2.70m

【解】

（1）粉土，$\psi_{zs} = 1.2$

$w = 20 \in (19,23]$，$h_w = 1.3\text{m} \leqslant 1.5\text{m}$，冻胀土，$\psi_{zw} = 0.9$

城市近郊 4km（城市人口 75 万），$\psi_{ze} = 1.0$

$z_d = 1.2 \times 0.9 \times 1.0 \times 2.5 = 2.7\text{m}$

（2）方形基础，有采暖，冻胀土，$p = 0.9 \times 170 = 153\text{kPa} \Rightarrow h_{max} = 0.76\text{m}$

$d_{min} = 2.7 - 0.76 = 1.94\text{m}$

【点评】

①根据《建筑地基基础设计规范》第 5.1.7 条、第 5.1.8 条、第 5.5.4 条、附录 G；②城市近郊，当人口数量大于 50 万小于 100 万时，影响系数应取 1.0；③根据附录 G 表 G.0.2 表注：计算基底平均压力时取永久作用的标准组合值乘以 0.9，可以内插。

4. 公路季节性冻土地基基础埋置深度——《公路桥涵地基与基础设计规范》第 5.1.2 条

地基为冻胀土层时，桥涵墩台基础基底埋置深度应符合表 7-29-5 的规定。

公路季节性冻土地基基础埋置深度　　表 7-29-5

（1）上部结构为超静定结构时，基底应埋入冻结线以下不小于 0.25m。

（2）当墩台基础容许设置在季节性冻胀土层中时，基底的最小埋置深度可按下式计算：

$$d_{min} = z_d - h_{max}$$

$$z_d = z_0 \cdot \psi_{zs} \cdot \psi_{zw} \cdot \psi_{ze} \cdot \psi_{zg} \cdot \psi_{zf}$$

z_d——场地冻结深度（m），有实测资料时按 $z_d = h - \Delta z$；

h——最大冻深出现时场地最大冻土层厚度（m）；

Δz——最大冻深出现时场地地表冻胀量（m）；

z_0——标准冻结深度（m）；无实测资料时，按《公路桥涵地基与基础设计规范》附录 E 采用；

ψ_{zs}——土的类别对冻结深度的影响系数，按下表采用；

ψ_{zw}——土的冻胀性对冻结深度的影响系数，按下表采用；

ψ_{ze}——环境对冻结深度的影响系数，按下表采用；

ψ_{zg}——地形坡向对冻结深度的影响系数，按下表采用；

ψ_{zf}——基础对冻结深度的影响系数，$\psi_{zf} = 1.1$；

h_{max}——基础底面下容许最大冻层厚度（m），按下表取值

影响系数 ψ_{zs}、ψ_{zw}、ψ_{ze}、ψ_{zg}、ψ_{zf}

①土的类别	ψ_{zs}	②冻胀性	ψ_{zw}	③环境	ψ_{ze}	④地形坡向	ψ_{zg}
黏性土	1.00	不冻胀	1.00	村、镇、旷野	1.00	平坦	1.0
细砂、粉砂、粉土	1.20	弱冻胀	0.95	城市近郊	0.95	阳坡	0.9
中、粗、砾砂	1.30	冻胀	0.90	城市市区	0.90	阴坡	1.1
大块碎石土	1.40	强冻胀	0.85	⑤基础：$\psi_{zf} = 1.1$			
		特强冻胀	0.80				

注：对环境影响系数 ψ_{ze} 一项按规范理解（规范表述较难理解）：人口 20 万～50 万（两档：市区 0.95 和其他 1.0）；人口>50 万～100 万（两档：市区 0.9 和其他 1.0）；人口超过 100 万（三档：市区 0.9，近郊 0.95，其他 1.0）。原则：人口多，热岛效应大，冻深会变小，则系数小（**近郊为城市 5km 以内的郊区**）

基础底面下容许最大冻层厚度 h_{max}（m）

土的冻胀性类别	弱冻胀	冻胀	强冻胀	特强冻胀
h_{max}	$0.38z_0$	$0.28z_0$	$0.15z_0$	$0.08z_0$

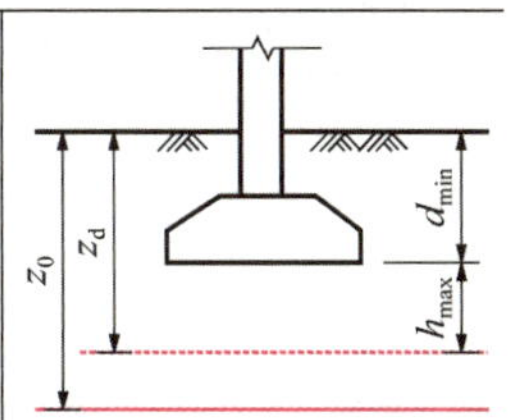

题 7-91 某公路桥涵基础建于城市中的阳坡地段，城市市区人口为 80 万，场地土为季节性冻土层，类别为黏性土，冻前地面标高为 1250.235m，$w_P = 21\%$，$w_L = 45\%$；冬季冻结后地面标高为 1250.354m，冻土层底面处标高为 1248.181m，已知标准冻深$z_0 = 2.2m$，地下水很深。根据《公路桥涵地基与基础设计规范》JGJ 3363—2019，该基础的基底最小埋置深度最接近下列哪个选项？

（A）0.85m　　（B）0.95m　　（C）1.05m　　（D）1.22m

【解】

（1）$\Delta z = 1250.354 - 1250.235 = 0.119m$

$h = 1250.354 - 1248.181 = 2.173m$

$\eta = \dfrac{0.119}{2.173 - 0.119} = 5.79\% \in (3.5\%, 6\%)$，冻胀

（2）$I_P = 45 - 21 = 24 > 22$，降低一级，弱冻胀

（3）$z_d = 2.173 - 0.119 = 2.054m$

（4）弱冻胀，$h_{max} = 0.38 \times 2.2 = 0.836m$

$d_{min} = 2.054 - 0.836 = 1.22m$

【点评】

①按《公路桥涵地基与基础设计规范》第 5.1.2 条、附录 E、《建筑地基基础设计规范》第 5.1.7 条；②平均冻胀率为地表冻胀量与设计冻深之比（即冻结后土层厚度 – 地表冻胀量），设计冻深有实测值时以实测值为准；③根据《公路桥涵地基与基础设计规范》附录 E.0.2 判别为冻胀后，根据注 2“塑性指数大于 22 时，冻胀性降低一级”的要求，冻胀性需要降低一级，为弱冻胀，该坑点多次考查。

5. 公路冻土地基抗冻拔稳定性验算——《公路桥涵地基与基础设计规范》附录 H

公路冻土地基抗冻拔稳定性验算，应符合表 7-29-6 的规定。

公路冻土地基抗冻拔稳定性验算　　　　表 7-29-6

<table>
<tr><td rowspan="3">墩、台和基础（含条形基础）</td><td>季节性冻土地基</td><td>$F_k + G_k + Q_{sk} \geqslant kT_k$</td><td rowspan="5">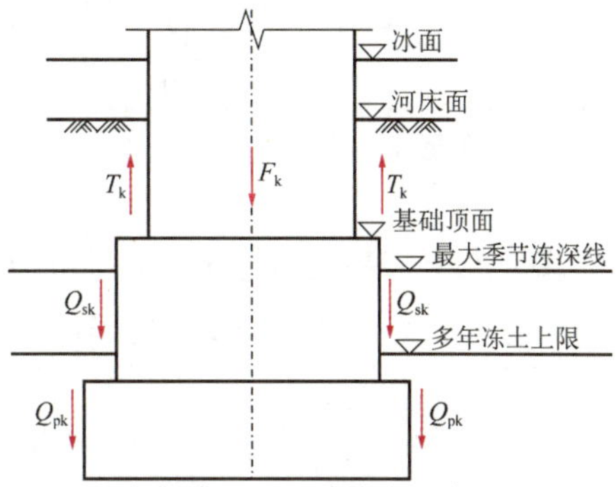

多年冻土地基冻胀力示意图</td></tr>
<tr><td>多年冻土地基</td><td>$F_k + G_k + Q_{sk} + Q_{pk} \geqslant kT_k$</td></tr>
<tr><td colspan="2">F_k——作用在基础上的结构自重（kN）；
G_k——基础自重及襟边上的土自重（kN）</td></tr>
<tr><td rowspan="2">桩（柱）基础</td><td colspan="2">$F_k + G_k + Q_{fk} \geqslant kT_k$</td></tr>
<tr><td colspan="2">F_k——作用在桩（柱）顶上的竖向结构自重（kN）；
G_k——桩（柱）自重（kN），对水位以下且桩（柱）底为透水土时取浮重度</td></tr>
<tr><td colspan="4">k——冻胀力修正系数，砌筑或架设上部结构之前，k取 1.1；砌筑或架设上部结构之后，对外静定结构k取 1.2，对外超静定结构k取 1.3</td></tr>
<tr><td colspan="2">$Q_{sk} = q_{sk} \cdot A_s$</td><td colspan="2">$Q_{sk}$——基础周边融化层的摩阻力标准值（kN），当季节冻土层与多年冻土层衔接时，$Q_{sk} = 0$；当季节冻土与多年冻土层不衔接时，$Q_{sk} = q_{sk} \cdot A_s$；
A_s——融化层中基础的侧面面积（m^2）；
q_{sk}——基础侧面与融化层的摩阻力标准值（kPa），无实测资料时，对黏性土可采用（20～30）kPa，对砂土及碎石土可采用（30～40）kPa</td></tr>
<tr><td colspan="4">注：如图，当季节性冻土层下面为多年冻土层顶面时为季节性冻土层与多年冻土层衔接（$Q_{sk} = 0$）；当季节性冻土层下面有融化层或融化层与多年冻土层交错相间时为季节性冻土层与多年冻土层不衔接</td></tr>
<tr><td colspan="2">$T_k = z_d \cdot \tau_{sk} \cdot u$</td><td colspan="2">$T_k$——对基础的切向冻胀力标准值（kN）；
z_d——设计冻深（m），见上节$z_d = z_0 \cdot \psi_{zs} \cdot \psi_{zw} \cdot \psi_{ze} \cdot \psi_{zg} \cdot \psi_{zf}$，当基础埋置深度$h < z_d$时，$z_d = h$；
τ_{sk}——季节性冻土切向冻胀力标准值（kPa），按表 7-29-7 选用；
u——在季节性冻土层中基础和墩身的平均周长（m）</td></tr>
<tr><td colspan="2">$Q_{pk} = q_{pk} \cdot A_p$</td><td colspan="2">$Q_{pk}$——基础周边与多年冻土的冻结力标准值（kN）；
A_p——在多年冻土内的基础侧面面积（m^2）；
q_{pk}——多年冻土与基础侧面的冻结力标准值（kPa），可按表 7-29-8 选用</td></tr>
<tr><td colspan="2">$Q_{fk} = 0.4u \sum q_{ik} l_i$</td><td colspan="2">$Q_{fk}$——桩（柱）在冻结线以下各土层的摩阻力标准值之和；
u——桩的周长（m）；
l_i——冻结线以下各层土的厚度（m）；
q_{ik}——冻结线以下各层土的摩阻力标准值（kPa），见本书附录表Ⅶ.0.1 或表Ⅶ.0.3</td></tr>
</table>

季节性冻土切向冻胀力标准值τ_{sk}，按表 7-29-7 选用。

季节性冻土切向冻胀力标准值τ_{sk}（kPa） **表 7-29-7**

基础形式	冻胀类别				
	不冻胀	弱冻胀	冻胀	强冻胀	特强冻胀
墩、台、柱、桩基础	0～15	15～80	80～120	120～160	160～200
条形基础	0～10	10～40	40～60	60～80	80～100

注：1. 条形基础系指基础长宽比等于或大于 10 的基础；
2. 对表面光滑的预制桩，τ_{sk}乘以 0.8。

多年冻土与基础间的冻结力标准值q_{pk}，按表 7-29-8 选用。

多年冻土与基础间的冻结力标准值q_{pk}（kPa） **表 7-29-8**

土类及融沉等级		温度						
		−0.2℃	−0.5℃	−1.0℃	−1.5℃	−2.0℃	−2.5℃	−3.0℃
粉土、黏性土	Ⅲ	35	50	85	115	145	170	200
	Ⅱ	30	40	60	80	100	120	140
	Ⅰ、Ⅳ	20	30	40	60	70	85	100
	Ⅴ	15	20	30	40	50	55	65
砂土	Ⅲ	40	60	100	130	165	200	230
	Ⅱ	30	50	80	100	130	155	180
	Ⅰ、Ⅳ	25	35	50	70	85	100	115
	Ⅴ	10	20	30	35	40	50	60
砾石土（粒径小于0.075mm的颗粒含量小于或等于 10%）	Ⅲ	40	55	80	100	130	155	180
	Ⅱ	30	40	60	80	100	120	135
	Ⅰ、Ⅳ	25	35	50	60	70	85	95
	Ⅴ	15	20	30	40	45	55	65
砾石土（粒径小于0.075mm的颗粒含量大于 10%）	Ⅲ	35	55	85	115	150	170	200
	Ⅱ	30	40	70	90	115	140	160
	Ⅰ、Ⅳ	25	35	50	70	85	95	115
	Ⅴ	15	20	30	35	45	55	60

注：1. 多年冻土融沉等级见本小节第一部分“多年冻土融沉性分类”（可直接查该表格）；
2. 对预制混凝土、木材、金属的冻结力标准值，表列数值分别乘以 1.0、0.9 和 0.66 的系数；
3. 多年冻土与沉桩的冻结力标准值按融沉等级Ⅳ类取值。

题 7-92 某公路桥梁桩基建在季节性冻土地基上，桩长 10m，桩径 800mm，桩位于地下水位以下，场地设计冻深 2.0m，桩端以上均为粉土，持力层为中砂，冻深线以上冻胀力标准值为 135kPa，冻深线以下侧摩阻力为 50kPa，桩顶作用力$F_k = 500$kN，试计算基础抗冻拔稳定系数最接近下列哪个选项？（桩身饱和重度取 25kN/m^3）

（A）1.1 （B）1.3 （C）1.5 （D）1.7

【解】

（1）桩的侧摩阻力$Q_{fk} = 0.4u\Sigma q_{ik}l_i = 0.4 \times 3.14 \times 0.8 \times 50 \times (10 - 2) = 401.9\text{kN}$

（2）基础自重$G_k = \gamma_G V = (25 \times 2 + 15 \times 8) \times 3.14 \times 0.4^2 = 85.4\text{kN}$

（3）冻胀力$T_k = z_d \cdot \tau_{sk} \cdot u = 2 \times 135 \times 3.14 \times 0.8 = 678.2\text{kN}$

（4）抗冻拔稳定系数$k = \dfrac{F_k+G_k+Q_{fk}}{T_k} = \dfrac{500+85.4+401.9}{678.2} = 1.456$

【点评】

①根据《公路桥涵地基与基础设计规范》附录 H.0.3；②计算G_k时，地下水位以下且桩底为透水土时，取浮重度。

题 7-93　如图 7-29-1 所示，某公路桥墩建在多年冻土地基上，基础埋深 3.2m，设计冻深 1.5m，多年冻土上限埋深 2.0m，季节性冻土层下面有融化层，基础侧面与融化层摩阻力$q_{sk} = 38$kPa，地基土为砂土，温度−1°C，融沉等级为Ⅱ级，最大季节冻深线以下基础侧面面积为 30m^2，多年冻土上限以下基础侧面面积为 24m^2，季节性冻土切向冻胀力$\tau_{sk} = 110$kPa，季节性冻土层中基础的平均周长为 16m，上部结构作用于基础底面作用力$N_k = 1200$kN，试计算基础抗冻拔稳定系数最接近下列哪个选项？

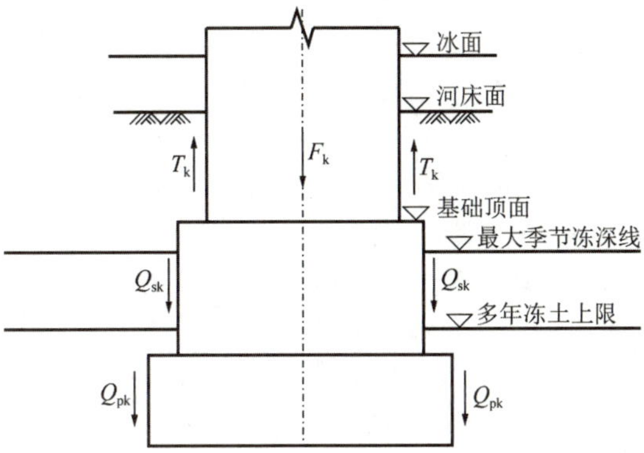

图 7-29-1　题 7-93 图

（A）1.1　　（B）1.3　　（C）1.5　　（D）1.7

【解】

（1）摩阻力$Q_{sk} = q_{sk} \cdot A_s = 38 \times (30 - 24) = 228\text{kN}$

（2）地基土为砂土，温度−1°C，融沉等级为Ⅱ级，查表得$q_{pk} = 80\text{kPa}$

冻结力$Q_{pk} = q_{pk} \cdot A_p = 80 \times 24 = 1920\text{kN}$

（3）冻胀力$T_k = z_d \cdot \tau_{sk} \cdot u = 1.5 \times 110 \times 16 = 2640\text{kN}$

（4）抗冻拔稳定系数$k = \dfrac{F_k + G_k + Q_{sk} + Q_{pk}}{T_k} = \dfrac{1200+228+1920}{2640} = 1.27$

【点评】

①根据《公路桥涵地基与基础设计规范》附录 H.0.2；②稳定系数k = 总竖向力/冻拔力，冻拔力T_k = 设计冻深内的土层冻胀力，总竖向力 = 结构自重F_k + 基础自重G_k + 侧摩擦力Q_{sk} + 多年冻土冻结力Q_{pk}。

6. 铁路冻土地区桥涵基础切向冻胀计算——《铁路桥涵地基和基础设计规范》附录 G

铁路冻土地区桥涵基础切向冻胀计算，应符合表 7-29-9 的规定。

铁路冻土地区桥涵基础切向冻胀计算　　表 7-29-9

<table>
<tr><td>基底位于多年冻土以内时</td><td>$N + C + Q_t + Q_m \geqslant m'''T$</td><td rowspan="3">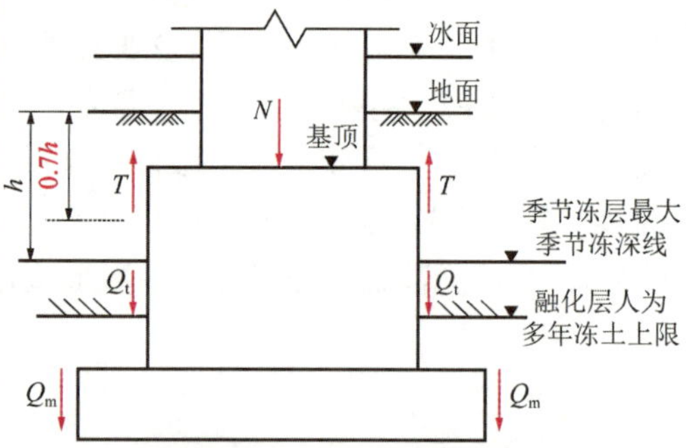

桥涵基础切向冻胀计算示意图</td></tr>
<tr><td>基底位于多年冻土人为上限以上，或最大季节冻深以下时</td><td>$N + C + Q_t \geqslant m'''T$</td></tr>
<tr><td colspan="2">N——基顶上的荷重（kN）；
C——基础重及襟边上土重（kN）；
m'''——安全系数，未架梁时用 1.1，架梁后对静定结构用 1.2，对超静定结构用 1.3</td></tr>
<tr><td>$Q_m = S_m \cdot A_m$</td><td colspan="2">Q_m——基础和多年冻土的冻结力（kN）；
A_m——埋在多年冻土内的基础侧面积（m^2）；
S_m——多年冻土与混凝土基础表面的冻结强度（kPa），可按表 7-29-10 选用</td></tr>
<tr><td>$Q_t = S_t \cdot A_t$</td><td colspan="2">Q_t——基础位于融化土层的摩擦力（kN）；
A_t——在融化土层中基础侧面积（m^2）；
S_t——基础侧面与融化土的单位摩擦力（kPa），在无实测资料时，对黏性土可用 20kPa；对砂土及碎石土可用 30kPa</td></tr>
<tr><td>$T = A_u\tau + A'_u\tau'$</td><td colspan="2">T——基础的切向冻胀力（kN）；
A_u——70%季节冻深范围内基础和墩身侧面积（m^2），见图 0.7h范围内；
A'_u——河底以上冰层中墩身侧面积（m^2），当冬龄期间无结冰时$A'_u = 0$；
τ——对混凝土基础的切向冻胀强度（kPa），可按表 7-29-11 选用；
τ'——水结冰后对墩身侧面的单位切向冻胀力（kPa），可用 190kPa</td></tr>
</table>

多年冻土与混凝土基础表面的冻结强度S_m，按表 7-29-10 选用。

多年冻土与混凝土基础表面的冻结强度S_m（kPa）　　表 7-29-10

土的名称	土层月最高平均温度						
	−0.5℃	−1.0℃	−1.5℃	−2.0℃	−2.5℃	−3.0℃	−4.0℃
黏性土	60	90	120	150	180	220	280
砂土	80	130	170	210	250	290	380
碎石土	70	110	150	190	230	270	350

注：1. 不融沉冻土按表列数值降低 10%～20%，与基础无明显胶结力的干土，不考虑其冻结力（即按融土摩擦力计算）；强融沉土（饱冰冻土）降低 20%；含土冰层降低 50%；当基础周围回填 0.05～0.1m 砂层时可按强融沉土（饱冰冻土）取值；

2. 未作处理的钢结构按表列数值降低 30%；

3. 表列数值不适用于含盐量大于 0.3%的冻土。

对混凝土基础的切向冻胀强度τ，按表 7-29-11 选用。

对混凝土基础的切向冻胀强度τ（kPa）　　表 7-29-11

	液限I_L		$I_L \leqslant 0$	$0 < I_L \leqslant 1$	$1 < I_L \leqslant 3$
黏性土	τ	非过水建筑物	0～30	30～80	80～150
		过水建筑物	0～50	50～150	150～250
砂土	饱和度S_r或含水率w（%）		$S_r \leqslant 0.5$或$w \leqslant 12$	$0.5 < S_r \leqslant 0.8$或$12 < w \leqslant 18$	$S_r > 0.8$或$w > 18$
	τ	非过水建筑物	0～20	20～50	50～100
		过水建筑物	0～40	40～80	80～160

注：1. 粉黏粒含量大于 15%的碎石土根据其含水率按表中砂土采用；粉黏粒含量小于 15%时根据其含水率按表中$S_r \leqslant 0.5$或$0.5 < S_r \leqslant 0.8$两栏采用；
2. 粉质黏性土和粉黏粒含量大于 15%的砂土采用表中的较大值；
3. 未作处理的钢结构基础按表列数值降低 20%～30%。

题 7-94　（21C05）如图 7-29-2 所示某多年冻土区铁路桥墩建于河中，冬季时冰面高 1.0m，地基土为密实中砂土，最大季节冻深线埋深 1.5m，地基土冻胀时对混凝土基础的单位切向冻胀力τ为 120kPa，多年冻土上限埋深 2.5m。基础顶面埋深 0.5m，底面埋深 3.0m。按《铁路桥涵地基和基础设计规范》TB 10093—2017，计算作用于基础和墩身的切向冻胀力最接近下列哪个选项（桥墩及基础均为钢筋混凝土材质）？

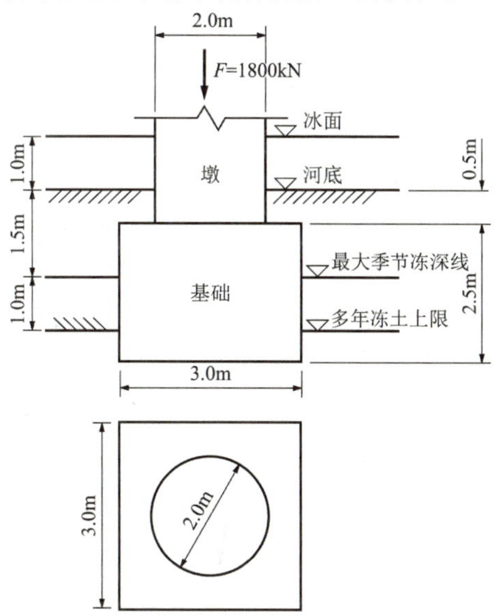

图 7-29-2　题 7-94 图

（A）1820kN　　（B）2365kN　　（C）2685kN　　（D）3010kN

【解】

$$T = [4 \times 3 \times (0.7 \times 1.5 - 0.5) + 3.14 \times 2 \times 0.5] \times 120 + 3.14 \times 2 \times 1 \times 190 = 2362\text{kN}$$

【点评】

①根据《铁路桥涵地基和基础设计规范》附录 G.0.1；②注意不要漏算冰层的冻胀力，冰和墩身的冻切力按规范取 190kPa；③铁路规范认为：地基冻胀变形主要发生在冻深 70%范围内，从河底起算的计算深度$0.7 \times 1.5 = 1.05$m；④本题难点：季节性冻土单位切向冻胀力范围的表面积计算，河底下 0.5m 为圆形，其下为方形，侧面积计算公式不同。

题 7-95 某铁路桥墩建于河中，地基土为砂土，月最高平均温度−0.5℃。已知冰面高 1.0m，基础顶面埋深 0.5m、底面埋深 3m，最大季节冻深线埋深 1.2m，多年冻土上限埋深 1.6m，最大季节冻深线以下基础侧面面积为 24m²，多年冻土上限以下基础侧面面积为 18m²，季节性冻土单位切向冻胀力 100kPa，冰层中墩身周长为 6m，季节性冻土层范围内基础周长为 9m，上部结构作用于基础顶面作用力 800kN，基础自重 150kN，试计算基础抗冻拔稳定系数最接近下列哪个选项（图 7-29-3）？

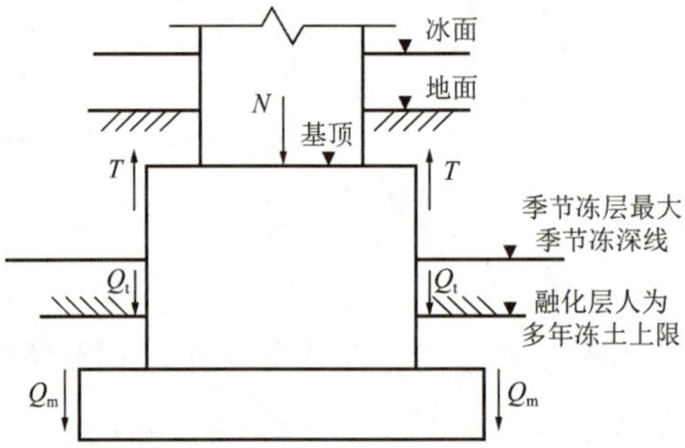

图 7-29-3 题 7-95 图

（A）1.1 （B）1.3 （C）1.5 （D）1.7

【解】

（1）砂土，取$S_t = 30\text{kPa}$

砂土层月最高平均温度−0.5℃，查《铁路桥涵地基和基础设计规范》表 G.0.1-1，取 $S_m = 80\text{kPa}$

冻结力$Q_m = S_m A_m = 80 \times 18 = 1440\text{kN}$

摩擦力$Q_t = S_t A_t = 30 \times (24 - 18) = 180\text{kN}$

（2）切向冻胀力

$$T = A_u \tau + A'_u t' = [9 \times (0.7 \times 1.2 - 0.5) + 6 \times 0.5] \times 100 + 6 \times 1.0 \times 190 = 1746\text{kN}$$

（3）基础位于多年冻土以内，采用下式计算：

$$\text{安全系数}m''' = \frac{N + C + Q_t + Q_m}{T} = \frac{800 + 150 + 180 + 1440}{1746} = 1.47$$

【点评】

①根据《铁路桥涵地基和基础设计规范》附录 G；②注意不要漏算冰层的冻胀力；③铁路规范认为：地基冻胀变形主要发生在冻深 70%范围内，因此采用 70%季节冻深范围内的冻胀力和基础侧面积；④本题难点：季节性冻土单位切向冻胀力范围的表面积计算，如图 7-29-4 所示，$A = 9 \times (0.7 \times 1.2 - 0.5) + 6 \times 0.5 = 6.06\text{m}^2$。

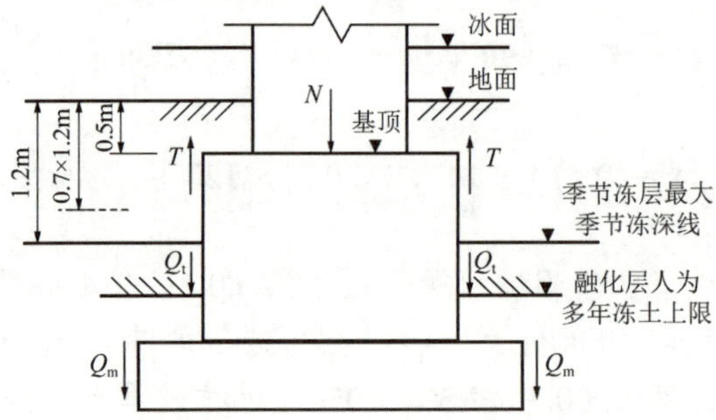

图 7-29-4 解 7-95 图

7. 铁路多年冻土地基最终沉降量计算——《铁路桥涵地基和基础设计规范》第 9.3.10 条、第 9.3.11 条

采用预先融化时，人工融化或挖除冻土的深度可根据冻土人为上限深度和基础容许沉降量计算确定。采用自然融化原则进行设计时，应进行沉降检算。弱融沉、融沉、强融沉土地基的最终沉降量可按表 7-29-12 计算。

铁路多年冻土地基最终沉降量计算　　表 7-29-12

<table>
<tr><td>（1）弱融沉、融沉、强融沉土地基的最终沉降量 S（m）可按下式计算：
$S=\sum A_i\cdot h_i+\sum\alpha_i\cdot h_i\cdot\sigma_i+\sum\alpha_i\cdot W_i\cdot h_i$
注：公式第一项为融化过程中颗粒重新排列所产生的融沉量；公式第二、三项为融化下沉完成后，由于受外部荷载和土自重作用而产生的压缩量</td><td>h_i——第i层冻土厚度（m）；
A_i——第i层冻土融化系数；
α_i——第i层冻土压缩系数（MPa^{-1}）；
W_i——第i层冻土中点处的土自重压应力设计值（MPa）；
σ_i——第i层冻土中点处的附加压应力设计值（MPa），恒载作用下，基底中点的压应力σ_c和稳定融化深度界面与基础轴线交点处的压应力σ_N成比例，即$\sigma_N=K\sigma_c$，K值按表 7-29-13 取值</td></tr>
<tr><td colspan="2">（2）计算沉降量时，基底压缩层的厚度，可按下列原则确定：
①当基底以下融化层厚度小于或等于基底压缩层厚度时，则压缩层的厚度等于融化层的厚度；
②当基底以下融化层厚度大于压缩层的厚度时，对于土自重压力的下沉和融化的下沉，算至融化层的下限；对于附加压力的下沉，等于压缩层的厚度</td></tr>
</table>

稳定融化界面与基础轴线交点N处的竖向应力系数K值，按表 7-29-13 选取。

稳定融化界面与基础轴线交点N处的竖向应力系数K值　　表 7-29-13

h/b	圆形（半径$=b$）	矩形（边长$2a$、边宽$2b$）				条形	附图
		$a/b=1$	$a/b=2$	$a/b=3$	$a/b=10$	$a/b=\infty$	
0	1.000	1.000	1.000	1.000	1.000	1.000	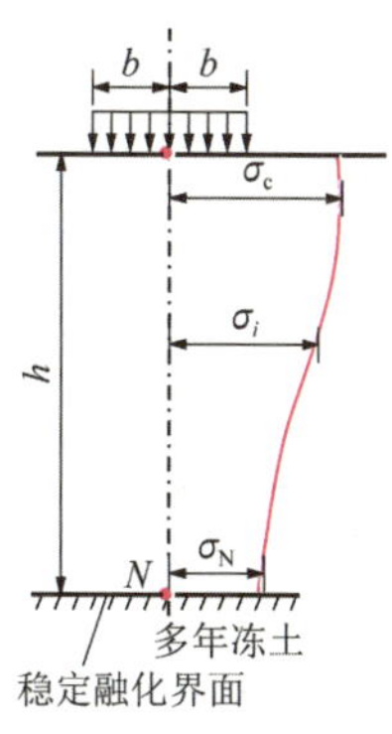
0.25	1.009	1.009	1.009	1.009	1.009	1.009	
0.50	1.064	1.053	1.033	1.033	1.033	1.033	
0.75	1.072	1.082	1.059	1.059	1.059	1.059	
1.00	0.965	1.027	1.039	1.026	1.025	1.025	
1.50	0.684	0.762	0.912	0.911	0.902	0.902	
2.00	0.473	0.541	0.717	0.769	0.761	0.761	
2.50	0.335	0.395	0.593	0.651	0.636	0.636	
3.00	0.249	0.298	0.474	0.549	0.560	0.560	
4.00	0.148	0.186	0.314	0.392	0.439	0.439	
5.00	0.098	0.125	0.222	0.287	0.359	0.359	
7.00	0.051	0.065	0.113	0.170	0.262	0.262	
10.00	0.025	0.032	0.064	0.093	0.181	0.185	
20.00	0.006	0.008	0.016	0.024	0.068	0.086	
50.00	0.001	0.001	0.003	0.005	0.014	0.037	
∞	0	0	0	0	0	0	

题 7-96 某铁路建筑位于多年冻土场地中，地基土为粉质黏土，压缩系数为 0.5MPa^{-1}，融沉系数 10%，$\gamma = 19.2\text{kN/m}^3$，冻土层厚度 6m，独立基础埋深 2m，底面积 $6\text{m} \times 2\text{m}$，传至基础底面作用荷载为 1500kN。根据《铁路桥涵地基和基础设计规范》TB 10093—2017 计算该冻土融化地基沉降量最接近下列哪个选项？

（A）0.5m （B）0.6m （C）0.7m （D）0.8m

【解】

（1）沉降压缩层厚度

由于$\alpha_\text{i} = 0.5 > 0.49$，属于高压缩土

基底下 4m 处，$z/b = 4/2 = 2$，$l/b = 6/2 = 3$，查表$\alpha = 0.237$

$$p_0 = \frac{1500}{6 \times 2} - 19.2 \times 2 = 86.6\text{kPa}$$

自重应力：$19.2 \times 6 = 115.2\text{kPa}$

附加应力：$0.237 \times 86.6 = 20.52 > 115.2 \times 0.1 = 11.52$

故压缩层的厚度 > 4m = 融化下沉厚度

（2）冻土融化下沉厚度和沉降计算深度均取 4m

$h/b = 4/1 = 1$，$a/b = 3/1 = 3$，查表$K = 0.392$

（3）中点自重应力$W_i = 19.2 \times 4 = 76.8\text{kPa}$

压缩层中点附加应力$\sigma_i = \dfrac{86.6+86.6\times0.392}{2} = 60.3\text{kPa}$

（4）$S = 0.10 \times 4 + (60.3 + 76.8) \times 0.5 \times 4 \times 10^{-3} = 0.67\text{m}$

【点评】

①根据《铁路桥涵地基和基础设计规范》第 9.3.10 条、第 9.3.11 条、附录 C、第 9.3.11 条条文说明；②注意当基底以下融化层厚度 ⩽ 基底压缩层厚度时，基底压缩层的厚度取融化层的厚度；③根据第 9.3.11 条文说明及附录 C 判断基底压缩层厚度，注意规范条文说明的压缩系数单位。

8. 铁路多年冻土基本承载力和极限承载力——《铁路工程地质勘察规范》第 6.6 节、附录 D

《铁路桥涵地基和基础设计规范》仅有基本承载力σ_0表格（本书附录Ⅷ），没有极限承载力p_u表格，极限承载力p_u表格（本书附录Ⅷ）非常适合结合土的物理性质来考查，近年真题非常喜欢考查常规考点结合公路、铁路规范查表。

（1）多年冻土地基的极限承载力应根据现场载荷试验及静力触探计算公式获取，也可按表 7-29-14 确定。

多年冻土地基的极限承载力p_u（kPa）　　表 7-29-14

序号	土名	基础底面的月平均最高土温					
		−0.5℃	−1.0℃	−1.5℃	−2.0℃	−2.5℃	−3.5℃
1	块石土、卵石土、碎石土、粗圆砾土、粗角砾土	1600	1900	2200	2500	2760	3300
2	细圆砾土、细角砾土、砾砂、粗砂、中砂	1200	1500	1800	2100	2360	2900
3	细砂、粉砂	900	1100	1300	1500	1660	2000
4	粉土	800	900	1000	1120	1420	1700
5	粉质黏土、黏土	700	800	900	1000	1120	1400
6	饱冰冻土	500	600	750	800	900	1100

注：本表序号 1～5 类适用于少冰冻土、多冰冻土，当序号 1～5 类为富冰冻土时，表列数值应降低20%。

（2）多年冻土区应根据多年冻土有平面、剖面上的分布特征，土的含冰量及土的类别，进行工程地质分区，还应根据年平均地温（T_{CP}）按表 7-29-15 的规定划分地温带。

多年冻土地温带划分　　表 7-29-15

多年冻土地温分带	多年冻土年平均地温值T_{CP}（℃）
稳定带	$T_{CP} < -2.0$
基本稳定带	$-2.0 \leqslant T_{CP} < -1.0$
不稳定带	$-1.0 \leqslant T_{CP} < -0.5$
极不稳定带	$T_{CP} \geqslant -0.5$

题 7-97　（21D21）某铁路工程通过冻土地区，勘察采取冻土试样进行室内试验，测得液限$w_L = 35\%$，塑限$w_P = 11\%$，总含水率$w_A = 20\%$。该地区属于多年冻土地温基本稳定带，问多年冻土地基的极限承载力最接近下列哪个选项（注：基础底面的月平均最高土温取多年冻土年平均地温值的上限）？

（A）640kPa　　（B）800kPa　　（C）900kPa　　（D）1000kPa

【解】

（1）基本稳定多年冻土区，查表 6.6.6，多年冻土年平均地温值的上限−1℃

（2）$I_P = 35 - 11 = 24 > 17$，土的名称为黏土

（3）黏土，基底地面的月平均最高土温−1℃

查《铁路工程地质勘察规范》，表 C.0.2-11，$P_u = 800$kPa

（4）黏土，查表 6.6.7，$w_P + 4\% = 15\% < w = 20\% < w_P + 15\% = 26\%$

富冰冻土，承载力降低20% $\Rightarrow P_u = 800 \times (1 - 20\%) = 640$kPa

【点评】

①根据《铁路工程地质勘察规范》第 6.6.6 条、第 6.6.7 条，及附录 C.0.2-11；②本题为规范查表题，查表一定要注意表下的注，细心非常重要；③2019 年下午第一题出过类似《铁路工程地质勘察规范》查极限承载力的题目。

29.1.2 红黏土——《岩土工程勘察规范》第 6.2 节

红黏土，颜色为棕红或褐黄，覆盖于碳酸盐岩系之上，由碳酸盐岩系的岩石经红土化作用形成的高塑性黏土，液限大于或等于 50%判为**原生红黏土**；原生红黏土经搬运、沉积后仍保留其基本特征，**且**其液限大于 45%的黏土，可判定为**次生红黏土**。红黏土具有**吸水膨胀，失水收缩**的特性。

红黏土有别于其他土类的主要特征是：**上硬下软、表面收缩、裂隙发育**。

红黏土可按表 7-29-16 几种情况进行判定分类。

红黏土分类　　表 7-29-16

红黏土的状态分类

状态	坚硬	硬塑	可塑	软塑	流塑
含水比a_w	$a_w \leqslant 0.55$	$0.55 < a_w \leqslant 0.70$	$0.70 < a_w \leqslant 0.85$	$0.85 < a_w \leqslant 1.00$	$a_w > 1.00$
液性指数I_L	$I_L \leqslant 0$	$0 < I_L \leqslant 0.25$	$0.25 < I_L \leqslant 0.75$	$0.75 < I_L \leqslant 1$	$I_L > 1$

注：含水比$\alpha_w = \frac{w}{w_L}$；液性指数$I_L = \frac{w-w_P}{w_L-w_P}$；二者不一致时，取不利

红黏土的结构分类

土体结构	致密状	巨块状	碎块
裂隙发育特征	偶见裂隙（<1 条/m）	较多裂隙（1～5 条/m）	富裂隙（>5 条/m）

红黏土的复浸水特性分类

类别	I_r与I'_r的关系	复浸水特征
Ⅰ	$I_r \geqslant I'_r$	收缩后复浸水膨胀，能恢复到原位
Ⅱ	$I_r < I'_r$	收缩后复浸水膨胀，不能恢复到原位

注：$I_r = \frac{w_L}{w_P}$，$I'_r = 1.4 + 0.0066w_L$，w_L取百分数，如：45%，取 45 代入

红黏土的地基均匀性分类

地基均匀性	地基压缩层范围内岩土组成
均匀地基	全部由红黏土组成
不均匀地基	由红黏土和岩石组成

题 7-98　某红黏土试样，体积$V = 120\text{cm}^3$，湿土重量$m = 202\text{g}$，烘干后质量$m_s = 149\text{g}$，$G_s = 2.70$，$w_L = 42\%$，$w_P = 20\%$，判断该红黏土状态。

【解】

（1）按液性指数：$w = \frac{202-149}{149} = 35.6\%$

$I_L = \frac{w-w_P}{w_L-w_P} = \frac{35.6-20}{42-20} = 0.71$，介于 0.25～0.75，为可塑

（2）按含水比：$\alpha_w = \frac{w}{w_L} = \frac{35.6}{42} = 0.848$，介于 0.7～0.85，为可塑

综上，为可塑

【点评】

根据《岩土工程勘察规范》第 6.2.2 条。

题 7-99 （13D25）某红黏土的天然含水率为 51%，塑限为 35%，液限 55%，试确定该红黏土状态及复浸水特性类别问该红黏土状态及复浸水特性类别为下列哪个选项？

（A）软塑，Ⅰ类　　（B）可塑，Ⅰ类

（C）软塑，Ⅱ类　　（D）可塑，Ⅱ类

【解】

（1）$I_L = \dfrac{51-35}{55-35} = 0.80 \Rightarrow$ 软塑，$a_w = \dfrac{51}{55} = 0.93 \Rightarrow$ 软塑

综上为软塑

（2）$I_r = \dfrac{55}{35} = 1.57$，$I_r' = 1.4 + 0.0066w_L = 1.4 + 0.0066 \times 55 = 1.76$

$I_r < I_r' \Rightarrow$ Ⅱ类

【点评】

①根据《岩土工程勘察规范》第 6.2.2 条；②按液性指数和按含水率计算结果应该一致，如果出现不一致，按不利原则；③本题设置时考虑为了不引起歧义，用含水率和液性指数均判别为软塑。

题 7-100 某红黏土地区建筑采用独立基础，基础尺寸为 3m × 3m，埋深 2m，场地自地面下 8m 内为坚硬红黏土，土的重度为 19kN/m^3，地基承载力特征值$f_{ak} = 160$kPa，裂隙密度为 6 条/m，8m 以下为基岩，当轴向荷载作用下，地基承载力正好满足基底压力时，红黏土地基分类和评价为下列哪个选项？

（A）巨块状的红黏土均匀地基

（B）碎块状的红黏土均匀地基

（C）巨块状的红黏土不均匀地基

（D）碎块状的红黏土不均匀地基

【解】

（1）坚硬红黏土，$a_w \leqslant 0.55 < 0.8$，$\eta_b = 0.15$，$\eta_d = 1.4$

$f_a = 160 + 0.15 \times 19 \times (3-3) + 1.4 \times 19 \times (2-0.5) = 199.9$kPa

独立基础总荷载$P_1 = 199.9 \times 3 \times 3 = 1799.1$kN $\in$（500,3000）

（2）$z_1 = 0.003 \times 1799.1 + 1.5 = 6.9$m $> 8 - 2 = 6$m，为不均匀地基

（3）裂隙密度 6 条/m > 5条/m，为碎块状结构

（4）综上，为碎块状的红黏土不均匀地基。

【点评】

①根据《工程地质手册》P527～P529；②根据裂隙发育特征判断为碎块状结构；③根据公式计算出地基压缩层厚度，再判断压缩层范围内土的岩土组成判别是否均匀地基，当地基压缩层范围内均为红黏土时，为均匀地基，否则为不均匀地基。

29.1.3 软土——《铁路工程特殊岩土勘察规程》第 6.2.4 条条文说明

软土的定义与分类见第二篇第一章第二节，软土路基临界高度H_c按表 7-29-17 计算。

软土路基临界高度H_c 表 7-29-17

公式	参数	备注
临界高度H_c计算（$\varphi = 0°$）： $H_c = \frac{5.52c_u}{\gamma}$ 当有上覆填土h时： $H_c = \frac{5.52c_u}{\gamma} + \alpha h$	H_c——路基临界（极限）高度（m）； c_u——软土的不排水抗剪强度（kPa）； γ——路基填土的重度（kN/m^3），水下用饱和重度； α——填土等效作用系数； h——上覆填土高度（m）	2012 年版《铁路工程特殊岩土勘察规程》第 6.2.4 条条文说明
$H_c = K \cdot c_u$	H_c——临界高度（m）； K——系数（m^3/kN），一般取 0.3	《工程地质手册》P282

注：c_u为总应力指标，水下采用土的饱和重度；2022 版《铁路工程特殊岩土勘察规程》已取消该考点。

题 7-101 （14D25）某铁路需通过饱和软黏土地段，软黏土厚度为 14.5m，重度$\gamma = 17.5kN/m^3$，不固结不排水抗剪强度为$\varphi = 0°$，$c_u = 13.6kPa$。若土堤和地基土为同一均质软黏土，选线时采用泰勒（Taylor）稳定数图解法估算的土堤临界高度最接近于下列哪个选项？

（A）3.6m （B）4.3m （C）4.6m （D）5.5m

【解】

$$H_c = \frac{5.52c_u}{\gamma} = \frac{5.52 \times 13.6}{17.5} = 4.3m$$

【点评】

①根据《铁路工程特殊岩土勘察规程》TB 10027—2012 第 6.2.4 条条文说明；②泰勒稳定数图解法估算软土的临界高度在边坡稳定性里面有详细解释和点评，见同济大学《土质学与土力学》袁聚云版；③真题多次出现，基本为送分题。

【同类型真题】04C30、06D04

题 7-102 （03C21）某处厚达 25m 的淤泥质黏土地基之上覆盖有厚度$h = 2m$的强度较高的粉质黏土层，现拟在该地基之上填筑路堤。已知路堤填料压实后的重度$\gamma = 18.6kN/m^3$，淤泥质黏土的不排水剪强度$c_u = 8.5kPa$，则用一般常规方法估算的该路堤极限高度最接近下列哪个选项（注：设上覆 2m 厚的粉质黏土层的作用等效于可将路堤高度增加 0.5h）？

（A）1.5m （B）2.5m （C）3.5m （D）4.5m

【解】

（1）$H_c = \frac{5.52c_u}{\gamma} = \frac{5.52 \times 8.5}{18.6} = 2.52m$

（2）$H_c' = 2.52 + 0.5 \times 2 = 3.52m$

【点评】

根据《铁路工程特殊岩土勘察规程》TB 10027—2012 第 6.2.4 条条文说明。

29.1.4 混合土——《岩土工程勘察规范》第 6.4 节、《水运工程岩土勘察规范》第 4.2.6 条

1. 按《岩土工程勘察规范》定名：

由细粒土和粗粒土混杂且缺乏中间粒径的土应定名为混合土。

当碎石土中粒径小于 0.075mm 的细粒土质量超过总质量的 25%，应定名为粗粒混合土；当粉土或黏性土中粒径大于 2mm 的粗粒土质量超过总质量的 25%时，应定名为细粒混合土。对混合土，应冠以主要含有的土类名称（如：**含碎石黏土，含黏土角砾**）。

2. 按《水运工程岩土勘察规范》定名：

由粗细两类土呈混合状态存在，具有颗粒级配不连续，中间粒组颗粒含量极少，级配曲线中间段极为平缓等特征的土定名为混合土。定名时将主要土类列在名称前部，次要土类列在名称后部，中间以“混”字联结。

混合土按不同土类含量可分为**淤泥和砂的混合土**、**黏性土和砂或碎石的混合土**，其分类方法符合下列规定：

1）淤泥和砂的混合土可分为淤泥混砂或砂混淤泥，并应满足下列要求：

（1）淤泥质量超过总质量的 30%时为淤泥混砂；

（2）淤泥质量超过总质量 10%且小于或等于总质量的 30%时为砂混淤泥。

2）黏性土和砂或碎石的混合土可分为黏性土混砂或碎石、砂或碎石混黏性土，并应满足下列要求：

（1）黏性土质量超过总质量 40%时定名为黏性土混砂或碎石；

（2）黏性土质量大于 10%且小于或等于总质量的 40%时定名为砂或碎石混黏性土。

题 7-103 （11C03）取某土试样 2000g，进行颗粒分析试验，测得各级筛上质量如表 7-29-18 所示。筛底质量为 560g，已知土样中的粗颗粒以棱角形为主，细颗粒为黏土。则（　）项对该土样的定名最准确。

题 7-103 表　　表 7-29-18

孔径/mm	20	10	5	2.0	1.0	0.5	0.25	0.075
筛上质量/g	0	100	600	400	100	50	40	150

（A）角砾　（B）砾砂　（C）含黏土角砾　（D）角砾混黏土

【解】

（1）$大于 2mm 颗粒含量 = \frac{400+600+100}{2000} \times 100\% = 55\% > 50\%$

颗粒以棱角形为主，属角砾

（2）$小于 0.075mm 颗粒含量 = \frac{2000-(400+600+100+100+50+40+150)}{2000} \times 100\% = 28\% > 25\%$

（3）属混合土，细颗粒为黏土，定名为含黏土角砾

【点评】

①根据《岩土工程勘察规范》第 3.3.2 条、第 6.4.2 条；②《水运工程岩土勘察规范》定名方式不一样，对比学习。

题 7-104　（21D02）某土样进行颗粒分析，试样风干质量共 2000g，分析结果见表 7-29-19，已知试样粗颗粒以亚圆形为主，细颗粒成分为黏土，根据《岩土工程勘察规范》GB 50021—2001（2009 年版），该土样确切定名为下列哪个选项?并说明理由。

题 7-104 表　　表 7-29-19

孔径（mm）	20	10	5	2	1	0.5	0.25	0.1	0.075
筛上质量（g）	0	160	580	480	20	5	30	60	120

（A）圆砾　　（B）角砾　　（C）含黏土圆砾　　（D）含黏土角砾

【解】

（1）大于 2mm 含量：$\dfrac{160+580+480}{2000}=0.61>50\%$，大于 20mm 含量为 0

（2）小于 0.075mm 含量：$1-\dfrac{160+580+480+20+5+30+60+120}{2000}=0.2725>25\%$

亚圆形为主，命名为含黏土圆砾

【点评】

①根据《岩土工程勘察规范》第 3.3.2 条、第 6.4.1 条；②先判断土的类型，当碎石土中粒径小于 0.075mm 的细粒土质量超过总质量的 25%时，应定名为粗粒混合土，命名规则见《岩土工程勘察规范》P162，如含碎石黏土，含黏土角砾等。

题 7-105　（20D04）某场地拟采用弃土和花岗岩残积土按体积比 3∶1 均匀混合后作为填料。已知弃土天然重度为 20.0kN/m^3，大于 5mm 土粒质量占比为 35%，2～5mm 为 30%，小于 0.075mm 为 20%，颗粒多呈亚圆形；残积土天然重度为 18.0kN/m^3，大于 2mm 土粒质量占比为 20%，小于 0.075mm 为 65%。混合后土的细粒部分用液塑联合测定仪测得圆锥入土深度与含水率关系曲线见图 7-29-5，按《岩土工程勘察规范》GB 50021—2001（2009 年版）的定名原则，混合后土的定名应为以下哪种土（请给出计算过程）?

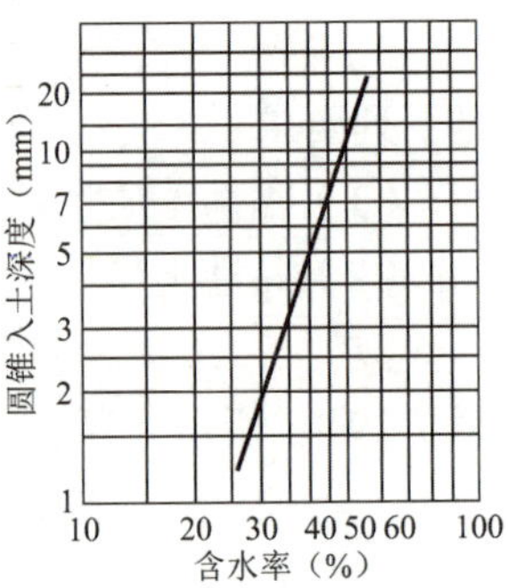

图 7-29-5　题 7-105 图

（A）含黏土圆砾　　（B）含圆砾粉质黏土

（C）含粉质黏土圆砾　　（D）含圆砾黏土

【解】

（1）查图 $w_P=30\%$，$w_L=49\%$，$I_P=49-30=19>17$，细粒土为黏土

（2）大于 2mm 土粒含量 $=\dfrac{20\times3\times65\%+18\times20\%}{20\times3+18}=54.6\%>50\%$，亚圆形，则土为圆砾

小于 0.075mm 土粒含量 $=\dfrac{20\times3\times20\%+18\times65\%}{20\times3+18}=30.4\%>25\%$，土为粗粒混合土

定名为含黏土圆砾

【点评】

①根据《土工试验方法标准》第 9.2.3～9.2.5 条、《岩土工程勘察规范》第 3.3.2 条、第 3.3.5 条、第 3.3.6 条及条文说明、第 6.4.1 条；②液塑限联合测定时圆锥下沉深度 2mm 所对应的含水率为塑限，《岩土工程勘察规范》第 3.3.5 条小注，黏性土定名时采用圆锥仪入土深度为 10mm 时测定的液限计算；③对混合土，应冠以主要含有的土类定名，主要成分放后面，如含碎石黏土，含黏土角砾等，2020 年华山论剑模拟题四第 22 题押中此题。

29.1.5 污染土——《岩土工程勘察规范》第 6.10.12 条、第 6.10.13 条条文说明

由于致污物质的侵入，使土的成分、结构和性质发生了显著变异的土，应判定为污染土。污染土的定名可在原分类名称前冠以“污染”二字即可。

污染土指标计算应符合表 7-29-20 的规定。

污染土指标计算　　表 7-29-20

（1）污染土的工程特性指标变化率

根据工程具体情况，可采用强度、变形、渗透等工程特性指标变化率，综合评价污染对土的工程特性的影响程度：

$$\text{工程特性指标变化率（\%）}=\frac{\text{污染前后工程特性指标的差值}}{\text{污染前工程特性指标}}$$

污染对土的工程特性的影响程度

影响程度	轻微	中等	大
工程特性指标变化率	< 10%	10%～30%	> 30%

（2）土壤内梅罗污染指数

$$\text{单项内梅罗污染指数Pl}=\frac{\text{土壤污染实测值}}{\text{土壤污染物质标准值}}$$

$$\text{内梅罗污染指数}P_N=\sqrt{\frac{(\text{平均单项污染指数 Pl}_{\text{均}})^2+(\text{最大单项污染指数 Pl}_{max})^2}{2}}$$

土壤内梅罗污染指数标准

等级	内梅罗污染指数P_N	污染等级
Ⅰ	$P_N \leqslant 0.7$	清洁（安全）
Ⅱ	$0.7 < P_N \leqslant 1.0$	尚清洁（警戒线）
Ⅲ	$1.0 < P_N \leqslant 2.0$	轻度污染
Ⅳ	$2.0 < P_N \leqslant 3.0$	中度污染
Ⅴ	$P_N > 3.0$	重污染

题 7-106　（20C22）某场地多年前测得的土体十字板不排水抗剪强度标准值为 18.4kPa，之后在其附近修建一化工厂，近期对场地进行 8 组十字板剪切试验，测得土体不排水抗剪强度分别为 14.3kPa、16.7kPa、18.9kPa、16.3kPa、21.5kPa、18.6kPa、12.4kPa、13.2kPa。根据《岩土工程勘察规范》GB 50021—2001（2009 年版）和《土工试验方法标准》GB/T 50123—2019，判断化工厂污染对该场地土工程特性的影响程度属于下列哪个选项？

（A）无影响　　（B）轻微　　（C）中等　　（D）大

【解】

（1）$\bar{c}_u=\frac{14.3+16.7+18.9+16.3+21.5+18.6+12.4+13.2}{8}=16.4875\text{kPa}$

$$\sigma_f=\sqrt{\frac{14.3^2+16.7^2+18.9^2+16.3^2+21.5^2+18.6^2+12.4^2+13.2^2-8\times16.49^2}{8-1}}$$
$=3.112$

（2）$\bar{c}_u-3\sigma_f=16.49-3\times3.111=7.16\text{kPa}$，$\bar{c}_u+3\sigma_f=16.49+3\times3.111=25.8\text{kPa}$

无舍弃数据

$\delta=\frac{3.111}{16.49}$=0.1887

（3）$\gamma_s = 1 - \left(\frac{1.704}{\sqrt{8}} + \frac{4.678}{8^2}\right) \times 0.1887 = 0.873$

$c_{uk} = 16.49 \times 0.873 = 14.4\text{kPa}$

（4）变化率 $= \frac{18.4-14.4}{18.4} = 21.7\% \in [10\%, 30\%]$，影响程度中等

【点评】

①根据《岩土工程勘察规范》第 6.10.12 条、第 14.2.2 条～第 14.2.4 条，《土工试验方法标准》附录 A.0.2；②舍弃试验数据时，应根据误差分析或概率的概念，按三倍标准差（即 $\pm 3s$）作为舍弃标准，在资料分析中应该舍弃那些在$\overline{x} \pm 3s$范围以外的测定值，然后重新计算整理。

题 7-107 （16C04）某污染土场地，土层中检测出的重金属及含量如表 7-29-21 所示。

题 7-107 表　　表 7-29-21

重金属名称	Pb	Cd	Cu	Zn	As	Hg
含量（mg/kg）	47.56	0.54	20.51	93.56	21.95	0.23

土中重金属含量的标准值按表 7-29-22 取值。

题 7-107 表　　表 7-29-22

重金属名称	Pb	Cd	Cu	Zn	As	Hg
含量（mg/kg）	250	0.3	50	200	30	0.3

根据《岩土工程勘察规范》GB 50021—2001（2009 年版），按内梅罗污染指数评价，该场地的污染等级符合下列哪个选项？

（A）Ⅱ级，尚污染　　（B）Ⅲ级，轻度污染

（C）Ⅳ级，重度污染　　（D）Ⅴ级，重度污染

【解】

（1）单项污染指数：$\text{Pl}_{Pb} = \frac{47.56}{250} = 0.19$、$\text{Pl}_{Cd} = \frac{0.54}{0.3} = 1.8$、

$\text{Pl}_{Cu} = \frac{20.51}{50} = 0.41$、$\text{Pl}_{Zn} = \frac{93.56}{200} = 0.47$、

$\text{Pl}_{As} = \frac{21.95}{30} = 0.73$、$\text{Pl}_{Hg} = \frac{0.23}{0.3} = 0.77$

（2）$\text{Pl}_{均} = \frac{0.19 + 1.8 + 0.41 + 0.47 + 0.73 + 0.77}{6} = 0.73$

（3）内梅罗污染指数：$P_N = \left[\frac{(\text{Pl}_{均})^2 + (\text{Pl}_{max})^2}{2}\right]^{1/2} = \left(\frac{0.73^2+1.8^2}{2}\right)^{1/2}$

$= 1.37 \in (1.0,\ 2.0]$

查得为Ⅲ级，轻度污染。

【点评】

①根据《岩土工程勘察规范》第 6.10.13 条条文说明；②土壤单项污染指数 $\text{Pl} = \frac{\text{土壤污染实测值}}{\text{土壤污染物质标准值}}$，先求平均单项污染指数和最大单项污染指数；③本题为 2016 年偏题，但熟悉规范后也不难做对。

29.1.6 风化岩和残积土——《岩土工程勘察规范》第 6.9.4 条条文说明、附录 A.0.3

1. 定义

风化岩和残积土都是新鲜岩层在物理风化作用和化学风化作用下形成的物质，可统称为风化残留物。风化岩和残积土的主要区别，是因为岩石受到的风化程度不同，使其性状不同。风化岩是原岩受风化程度较轻，保存的原岩性质较多，而残积土则是原岩受到风化的程度极重，极少保持原岩的性质。风化岩基本上可以作为岩石看待，而残积土则完全成为土状物。两者的共同特点是均保持在其原岩所在的位置，没有受到搬运营力的水平搬运。

2. 风化程度和工程定名

风化程度：岩石风化时常呈分带性，从地表到深处常可分为残积土、全风化、强风化、中等风化、微风化和未风化等风化程度不同的风化带。岩石按风化程度划分见表 7-29-23。

工程定名：相应于上列风化程度不同的带的物质，常相应地定名为残积土、全风化岩石、强风化岩石、中等风化岩石、微风化岩石和新鲜岩石。

岩石按风化程度划分（《岩土工程勘察规范》附录 A.0.3）　　表 7-29-23

风化程度	波速比 K_v	风化系数 K_f	野外特征
未风化	0.9～1.0	0.9～1.0	岩质新鲜，偶见风化痕迹
微风化	0.8～0.9	0.8～0.9	结构基本未变，仅节理面有渲染或略有变色，有少量风化裂隙
中等风化	0.6～0.8	0.4～0.8	结构部分破坏，沿节理面有次生矿物，风化裂隙发育，岩体被切割成岩块。用镐难挖，岩芯钻方可钻进
强风化	0.4～0.6	＜0.4	结构大部分破坏，矿物成分显著变化，风化裂隙很发育，岩体破碎，用镐可挖，干钻不易钻进
全风化	0.2～0.4		结构基本破坏，但尚可辨认，有残余结构强度，可用镐挖，干钻可钻进
残积土	＜0.2		结构组织全部破坏，已风化成土状，锹镐易挖掘，干钻易钻进，具可塑性

注：1. 波速比 K_v 为**风化**岩石与**新鲜**岩石压缩波（纵波）速度之比；
2. 风化系数 K_f 为**风化**岩石与**新鲜**岩石饱和单轴抗压强度之比；
3. 岩石风化程度，除按表列野外特征和定量指标划分外，也可根据当地经验划分；
4. 花岗岩类岩石，可采用标准贯入试验划分：$N \geqslant 50$ 为强风化，$50 > N \geqslant 30$ 为全风化，$N < 30$ 为残积土；
5. 泥岩和半成岩、可不进行风化程度划分。

3. 花岗岩地区风化球（孤石）的判别

在花岗岩地区，花岗岩常见球状风化，风化球的存在使得土石分布不均匀，若将球体误判为基岩，易产生不均匀沉降，因此风化球的判别无论对于勘察还是施工验槽、试桩均是极为重要的。深圳地区积累了一定的经验，值得借鉴。在该地区，风化球直径一般 1～3m，最大可达 5m，勘察时为控制风化球，控制孔需进入微风化带 5m，一般孔进入微风化带 3m，重要工程进入微风化带的深度尚需增加。深圳地区风化球常见于强风化带上段和残积土层中，可以从以下几点判别：

（1）风化球仅有几厘米厚的风化层薄壳，无论是勘察还是施工掘进中，风化程度不同的风化岩层常有缺失，不符合由残积土—全风化—强风化带—中等风化带—微风化带—未风化的风化规律；

（2）风化球内部一般无裂隙，桩孔底部也无裂隙面上常见的铁质浸染；

（3）风化球的岩质一般为斜长花岗岩；

（4）桩孔中验桩时一般总能见到弧面。

题 7-108 （20D02）某场地内花岗岩球状风化体发育，分布无规律。某钻孔揭露的地层信息如表 7-29-24 所示。试计算该钻孔花岗岩球状风化体的总厚度为下列哪个选项？

题 7-108 表 表 7-29-24

地层深度（m）	岩性	地层深度（m）	岩性	地层深度（m）	岩性
0～4	淤泥	25～28	全风化花岗岩	41～45	微风化花岗岩
4～7	微风化花岗岩	28～30	中风化花岗岩	45～47	强风化花岗岩（块状）
7～10	淤泥质土	30～32	全风化花岗岩	47～48	中风化花岗岩
10～20	粉质黏土	32～36	强风化花岗岩	48～53	微风化花岗岩
20～23	全风化粉砂岩	36～39	微风化花岗岩		
23～25	中风化粉砂岩	39～41	强风化花岗岩		

（A）7m （B）9m （C）11m （D）14m

【解】

风化球常见于强风化带上段和残积土层中，风化程度不同的风化岩层常有缺失，不符合由残积土—全风化—强风化带—中等风化带—微风化带—未风化的风化规律

表中：28～30m，2m；36～39m，3m；41～45m，4m

共计：$2+3+4=9$m

【点评】

①根据《工程地质手册》P617；②风化球也叫孤石，直径一般 1～3m，最大可达 5m，勘察时为控制风化球，控制孔需进入微风化带 5m；③对于 20～25m 为砂岩，不是花岗岩，不能计入；4～7m 层不在风化带内，不计入球状风化体；④《工程地质手册》第五篇 特殊性土勘察和评价，属于较重要的内容，应加强学习。

4. 花岗岩风化程度的划分

区别花岗岩风化岩和残积土一般可以采用标准贯入试验：

$N\geqslant 50$为**强风化**；$50>N\geqslant 30$为**全风化**；$N<30$为**残积土**

5. 花岗岩残积土的液性指数I_L

对花岗岩残积土，为求得合理的液性指数，应确定其中细粒土（粒径小于 0.5mm）的天然含水率w_f、塑性指数I_P、液性指数I_L，试验应筛去粒径大于 0.5mm 的粗颗粒后再作。而常规试验方法所作出的天然含水率失真，计算出的液性指数都小于零，与实际情况不符。细粒土的天然含水率可以实测，也可用下式计算：

$$I_L=\frac{w_f-w_P}{w_L-w_P}\Leftarrow w_f=\frac{w-w_A\cdot P_{0.5}}{1-P_{0.5}}$$

式中：w——为花岗岩残积土（包括粗、细粒土）的天然含水率（%）；

w_A——为粒径大于 0.5mm 颗粒吸着水含水率（%），可取 5%；

$P_{0.5}$——为粒径大于 0.5mm 的颗粒质量占总质量的百分比（%）；

w_L——为粒径小于 0.5mm 颗粒的液限含水率（%）；

w_P——为粒径小于 0.5mm 颗粒的塑限含水率（%）；

以上参数均用小数代入（如：$P_{0.5}=30\%$，取 0.3 代入，w_A取 0.05 代入）。

题 7-109 （14C26）某民用建筑场地为花岗岩残积土场地，根据场地勘察资料表明，土的天然含水率为 18%，其中细粒土（粒径小于 0.5mm）的质量百分含量为 70%，细粒土的液限为 30%，塑限为 18%，该花岗岩残积土的液性指数最接近于下列哪个选项？

（A）0　　（B）0.23　　（C）0.47　　（D）0.64

【解】

（1）$w_{\rm f}=\dfrac{w-w_{\rm A}\cdot P_{0.5}}{1-P_{0.5}}=\dfrac{18\%-5\%\times(1-70\%)}{70\%}=23.6\%$

（2）$I_{\rm L}=\dfrac{w_{\rm f}-w_{\rm P}}{w_{\rm L}-w_{\rm P}}=\dfrac{23.6-18}{30-18}=0.47$

【点评】

①根据《岩土工程勘察规范》第 6.9.4 条条文说明，或《工程地质手册》P617、P618；②与上一题的区别主要是本题给出的是细粒土的百分含量，千万不要定向思维。

【同类型真题】06D02

题 7-110 （22D22）某花岗岩风化残积土的基本物理性质和颗粒组成列于表 7-29-25。表中$w_{\rm P}$、$w_{\rm L}$采用粒径小于 0.5mm 的土体测试，粒径大于 0.5mm 的颗粒吸着水含水率为 5%。该残积土的状态为下列哪个选项？

题 7-110 表　　表 7-29-25

天然重度（kN/m³）	颗粒比重$d_{\rm s}$	天然含水率 w（%）	塑限$w_{\rm P}$（%）	液限$w_{\rm L}$（%）	孔隙比e	颗粒组成（mm，%）					
						＞2	2～0.5	0.5～0.05	0.05～0.075	0.075～0.005	＜0.005
20.5	2.75	25	30	45	0.645	15	20	10	10	25	20

（A）坚硬　　（B）硬塑　　（C）可塑　　（D）软塑

【解】

（1）$P_{0.5}=\dfrac{15+20}{100}\%=35\%$，$w_{\rm f}=\dfrac{0.25-0.05\times0.35}{1-0.35}=0.358$

（2）$I_{\rm L}=\dfrac{35.8-30}{45-30}=0.387\in(0.25,0.75]\Rightarrow$ 可塑

【点评】

①根据《岩土工程勘察规范》第 3.3.11 条、第 6.9.4 条条文说明；②对花岗岩残积土，为求得合理的液性指数，应确定其中细粒土（粒径小于 0.5mm）的天然含水率、塑性指数、液性指数，试验应筛去粒径大于 0.5mm 的粗颗粒后再作。而常规试验方法所作出的天然含水率失真，计算出的液性指数都小于零，与实际情况不符。细粒土的天然含水率可以实测，也公式计算。

29.2 不良地质条件勘察和评价

本节学习以《工程地质手册》为主,《建筑地基基础设计规范》和《岩土工程勘察规范》等规范上也有少量相应内容。主要包括“岩溶和土洞”“危岩和崩塌”“泥石流”“采空区”“地面沉降”五部分。另外，滑坡见第 6 篇“边坡”中“折线滑动”部分。

29.2.1 岩溶和土洞

岩溶（又称喀斯特）是可溶性岩石在水的溶蚀作用下，产生的各种地质作用、形态和现象的总称。在我国各类可溶性岩石中，碳酸盐类岩石的分布范围占有绝对优势，本节主要指碳酸盐类岩石的岩溶问题。**土洞**是指埋藏在岩溶地区可溶性岩层的上覆土层内的空洞。土洞继续发展，易形成地表塌陷。

1. **岩溶发育程度——《建筑地基基础设计规范》第 6.6.2 条及条文说明**

岩溶发育具有严重的不均匀性,为区别对待不同岩溶发育程度场地上的地基基础设计，将岩溶场地划分为三个等级，详见表 7-29-26 和表 7-29-27。

岩溶发育程度 表 7-29-26

等级	岩溶场地条件
岩溶强发育	地表有较多岩溶塌陷、漏斗、洼地、泉眼 溶沟、溶槽、石芽密布，相邻钻孔间存在临空面且基岩面高差大于 5m 地下有暗河、伏流 钻孔**见洞隙率大于 30%**或**线岩溶率大于 20%** 溶槽或串珠状竖向溶洞发育深度达 20m 以上
岩溶中等发育	介于强发育和微发育之间
岩溶微发育	地表无岩溶塌陷、漏斗 溶沟、溶槽较发育 相邻钻孔间存在临空面且基岩面相对高差小于 2m 钻孔**见洞隙率小于 10%**或**线岩溶率小于 5%**

注：1. 基岩面相对高差以相邻钻孔的高差确定；
2. 钻孔见洞隙率 =（见洞隙钻孔数量/钻孔总数）× 100%;
3. 线岩溶率 =（见洞隙的钻探进尺之和/钻探总进尺）× 100%。

场地岩溶发育等级 表 7-29-27

岩溶发育等级	地表岩溶发育密度	线岩溶率	遇洞隙率	单位涌水量	岩溶发育特征
岩溶强烈发育	> 5	> 10	> 60	> 1	岩性纯，分布广，地表有较多的洼地、漏斗、落水洞，泉眼、暗河、溶洞发育
岩溶中等发育	5～1	10～3	60～30	1～0.1	以次纯碳酸盐岩为主，地表发育有洼地、漏斗、落水洞，泉眼、暗河稀疏、溶洞少见
岩溶弱发育	< 1	< 3	< 30	< 0.1	以不纯碳酸盐岩为主，地表岩溶形态稀疏，泉眼、暗河及洞穴少见

注：1. 同一档次的四个划分指标中，根据最不利组合的原则，从高到低，有 1 个达标即可定为该等级；
2. 地表岩溶发育密度是指单位面积内岩溶空间形态（塌陷、落水洞等）的个数；
3. 线岩溶率 =（钻孔所遇岩溶洞隙长度）/(钻孔穿过可溶岩的长度）× 100%;
4. 遇洞隙率是指钻探中遇岩溶洞隙的钻孔与钻孔总数的百分比。

注:《建筑地基基础设计规范》采用表 7-29-26 判别计算，线岩溶率 =（见洞隙的钻探进尺之和/钻探总进尺）× 100%;《广西壮族自治区岩土工程勘察规范》DBJ/T 45-066—

2018 采用表 7-29-27 判别计算，线岩溶率 =（钻孔所遇岩溶洞隙长度）/（钻孔穿过可溶岩的长度）× 100%；《岩溶地区建筑地基基础技术标准》GB/T 51238—2018 第 3.0.3 条条文说明，表 7-4-21 用于**定量分析**。

题 7-111　（19C03）某建筑场地位于岩溶区域，共布置钻孔 8 个，钻孔间距均为 15m，场地平整，钻孔回次深度和揭示岩芯（基岩岩性均为灰岩）完整性、溶洞、溶隙、裂隙等如表 7-29-28 所示，请根据《建筑地基基础设计规范》GB 50007—2011 的要求按线岩溶率判断场地岩溶发育等级为哪一选项。

题 7-111 表　　　　表 7-29-28

深度（m）	ZK1	ZK2	ZK3	ZK4	ZK5	ZK6	ZK7	ZK8
0.0～2.0	素填土	素填土	素填土	素填土	素填土	素填土	素填土	素填土
2.0～4.0	红黏土	素填土	长柱状基岩	风化裂隙发育	长柱状基岩	长柱状基岩	素填土	素填土
4.0～6.0	长柱状基岩	风化裂隙	长柱状基岩	长柱状基岩	掉钻	长柱状基岩	长柱状基岩	风化裂隙发育
6.0～8.0	长柱状基岩	长柱状基岩	掉钻	长柱状基岩	黏性土	长柱状基岩	溶蚀裂隙发育	长柱状基岩
8.0～10.0	掉钻	长柱状基岩	溶蚀裂隙发育	长柱状基岩	黏性土	长柱状基岩	长柱状基岩	长柱状基岩
10.0～12.0	长柱状基岩	长柱状基岩	长柱状基岩		长柱状基岩	长柱状基岩	长柱状基岩	长柱状基岩
12.0～14.0	长柱状基岩		长柱状基岩		长柱状基岩			
14.0～16.0	长柱状基岩		长柱状基岩		长柱状基岩			

（A）强发育　　（B）中等发育　　（C）微发育　　（D）不发育

【解法一】

按《建筑地基基础设计规范》

（1）线岩溶率 $=\dfrac{2+0+4+0+6+0+2+0}{16+12+16+10+16+12\times3}=13.2\%\in(5\%,20\%)$

（2）查《建筑地基基础设计规范》表 6.6.2，判断场地岩溶发育等级为中等发育

【解法二】

按《工程地质手册》

（1）线岩溶率 $=\dfrac{2+0+4+0+6+0+2+0}{12+8+14+8+14+10+8\times2}=17.1\%>10\%$

（2）查表《工程地质手册》表 6-2-2，判断场地岩溶发育等级为强发育

【点评】

①解法一根据《建筑地基基础设计规范》第 6.6.2 条及条文说明，线岩溶率=（见洞隙的钻探进尺之和/钻探总进尺）× 100%，掉钻指有溶洞或土洞；②解法二根据《工程地质手册》P638 的公式为：线岩溶率 =（钻孔所遇岩溶裂隙长度/钻孔穿过可溶岩的长度）× 100%；③本题指定了规范，本应按规范作答即可，但是规范为初步的定性计算，阅卷统一按解法二评分，解法二为定量计算；④《广西壮族自治区岩土工程勘察规范》采用《工程地质手册》表 6-2-2 判别计算，依据《岩溶地区建筑地基基础技术标准》第 3.0.3 条条文说明，《工程地质手册》表 6-2-2 是用于定量分析；⑤溶洞地基指岩体中存在**溶洞**、**溶蚀裂隙**，或岩体表面在石芽、溶沟（槽）、溶蚀漏斗，或覆盖层中存在可溶岩类残积土（包括经搬运沉积次生的沉积土、冲积土）、**伴生土洞**等不良地质现象的地基；故洞隙部分不考虑风化裂隙。

2. 岩溶地基稳定性评价——《工程地质手册》P643～P645、《公路路基设计规范》第 7.6.3 条

地基稳定性的定量评价目前主要是按经验公式对溶洞顶板的稳定性进行验算。一般有以下四种验算方法："**溶洞顶板坍塌自行填塞法**""**抗弯、抗剪验算法**""**顶板能抵抗受荷载剪切法**"以及《公路路基设计规范》上的"**荷载传递线交会法**"。

（1）**溶洞顶板坍塌自行填塞法**适用于顶板为中厚层、薄层，裂隙发育，易风化的岩层，顶板有坍塌可能的溶洞或仅知洞体高度时。填塞洞体所需厚度的计算，应符合表表 7-29-29 的规定。

溶洞顶板坍塌自行填塞洞体所需厚度的计算　　　**表 7-29-29**

顶板坍塌后，塌落体积增大，当塌落至一定高度H时，溶洞空间自行填满，无须考虑对地基的影响。所需塌落高度H按下式计算： $$H=\frac{H_0}{K-1}$$ 式中：H_0——塌落前洞体最大高度（m）； K——岩石松散（胀余）系数，石灰岩K取 1.2，黏土K取 1.05 注：**地面下**不受溶洞坍塌影响的**岩层安全厚度**为h（**坑点**：地表至洞顶的厚度不要忘记加上h）	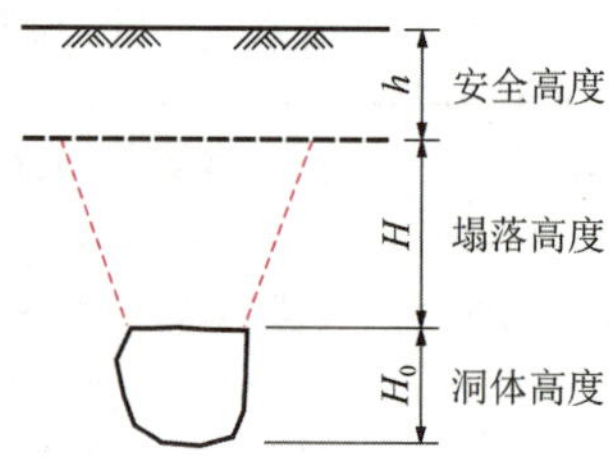

题 7-112　（09D26）某一薄层且裂隙发育的石灰岩出露的场地，在距地面 17m 深处有一溶洞，洞室$H_0=2.0$m，按溶洞顶板坍塌自行填塞法对此溶洞进行估算，试计算地面下不受溶洞坍塌影响的岩层安全厚度。（注：石灰岩松散系数取 1.2）

（A）5m　　（B）7m　　（C）10m　　（D）12m

【解】

（1）塌落高度$H=\frac{H_0}{K-1}=\frac{2}{1.2-1}=10\text{m}$

（2）安全厚度：$h=17-10=7\text{m}$

【点评】

①根据《工程地质手册》P644；②这里特别容易忘记最后一步求安全厚度，会求出塌落高度就直接选，肯定会有选项等着大家，很多题目都容易错在只差最后一步（例如特征值和标准值，土压力和水平向土压力，都是最后看题不清）。

（2）**抗弯、抗剪验算法**适用于顶板岩层比较完整，强度较高，层厚，而且已知顶板厚度和裂隙切割情况。根据抗弯、抗剪验算结果评价洞室顶板稳定性，应符合表 7-29-30 的规定。

根据抗弯、抗剪验算结果评价洞室顶板稳定性　　表 7-29-30

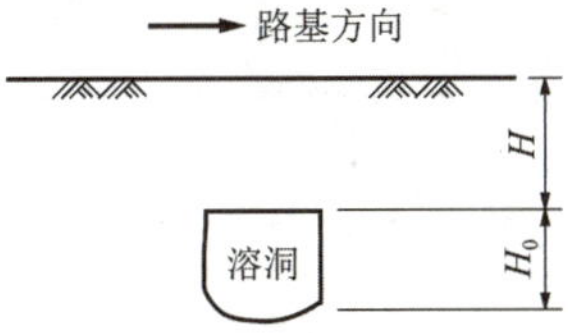

剖面图

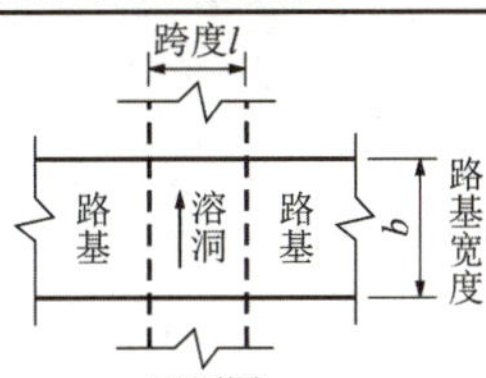

平面图

当顶板具有一定厚度，岩体抗弯强度大于弯矩、抗剪强度大于其所受的剪力时，洞室顶板稳定。满足这些条件的岩层最小厚度H计算如下：

裂隙情况	弯矩	剪力	参数
当顶板跨中有裂缝，顶板两端支座处岩石坚固完整时，按悬臂梁计算：	$M=\frac{1}{2}pl^2$	$f_s=pl$	M——弯矩（kN·m）； f_s——支座处的剪力（kN）； p——顶板所受总荷载（kN/m），为顶板厚H的岩体自重、顶板上覆土体自重和顶板上附加荷载之和； l——溶洞跨度（m）
若裂隙位于支座处，而顶板较完整时，按简支梁计算：	$M=\frac{1}{8}pl^2$	$f_s=\frac{1}{2}pl$	
若支座和顶板岩层均较完整时，按两端固定梁计算：	$M=\frac{1}{12}pl^2$	$f_s=\frac{1}{2}pl$	

	公式	参数
抗弯验算	$\frac{6M}{bH^2}\leqslant\sigma\Rightarrow H\geqslant\sqrt{\frac{6M}{b\sigma}}$ 如考虑安全系数K，则$H\geqslant\sqrt{\frac{6MK}{b\sigma}}$	H——顶板岩层厚度（m）； b——梁板（溶洞）的宽度（m）； σ——岩体计算抗弯强度（kPa）；石灰岩一般为允许抗压强度的 1/8
抗剪验算	$\frac{4f_s}{H^2}\leqslant S\Rightarrow H\geqslant\sqrt{\frac{4f_s}{S}}$ 如考虑安全系数K，则$H\geqslant\sqrt{\frac{4f_sK}{S}}$	f_s——支座处的剪力（kN）； S——岩体计算抗剪强度（kPa）；石灰岩一般为允许抗压强度的 1/12

题 7-113　（06C25）如图 7-29-6 所示，某山区公路路基宽度$b=20$m，下伏一溶洞，溶洞跨度$b=8$m. 顶板为近似水平厚层状裂隙不发育坚硬完整的岩层，现设顶板岩体的抗弯强度为 4.2MPa，顶板总荷重$Q=19000$kN/m，试问在安全系数为 2.0 时，按梁板受力抗弯情况（设最大弯矩为$M=1/12Qb^2$）估算的溶洞顶板的最小安全厚度最接近下列哪个选项？

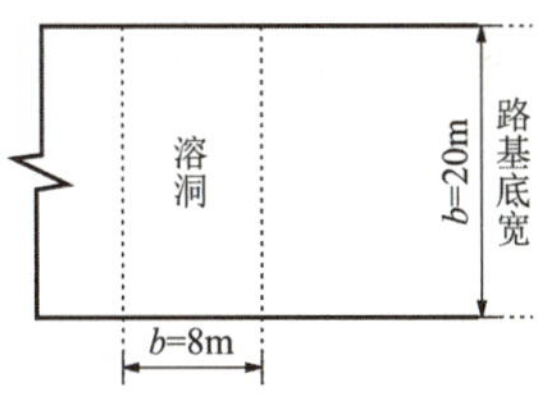

图 7-29-6　题 7-113 图

（A）5.4m　　（B）4.5m　　（C）3.8m　　（D）2.7m

【解】

（1）$M=\frac{1}{12}Qb^2=\frac{1}{12}\times19000\times8^2=101333.3\text{kN}\cdot\text{m}$

（2）$H\geqslant\sqrt{\frac{6M}{B[\sigma]}\cdot K}=\sqrt{\frac{6\times101333.3}{20\times4200}\times2}=3.80\text{m}$

【点评】

①根据《工程地质手册》P644；②本题按旧版《公路路基设计规范》出题，新版规范已经删除该内容，但《工程地质手册》上仍有该知识点，多考虑一个安全系数，安全系数为弯曲应力除以抗弯强度，故系数K应放在根号里面。

题 7-114 某公路路基下基岩为石灰岩，发育一溶洞，溶洞的跨度 10m，顶板岩层厚度 10m，重度$\gamma = 23\text{kN/m}^3$，岩体完整，跨之间有裂隙，作用于顶板上的均布荷载$q = 300\text{kPa}$，岩体的允许抗压强度为 4.5MPa，根据顶板的受力情况计算，顶板的安全稳定系数最接近下列哪个选项（图 7-29-7）？

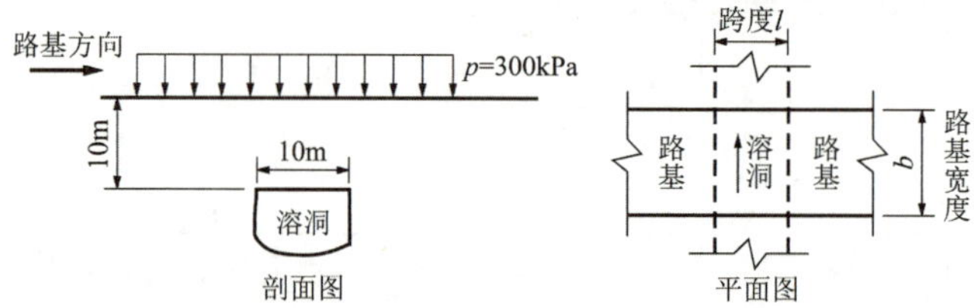

图 7-29-7 题 7-114 图

（A）0.35 （B）1.77 （C）3.5 （D）4.1

【解】

（1）抗弯：$K_1 = \dfrac{4500/8}{\dfrac{6 \times 1/2 \times (23 \times 10 + 300) \times 10^2}{1 \times 10^2}} = 0.35$

（2）抗剪：$K_2 = \dfrac{4500/12}{\dfrac{4 \times (23 \times 10 + 300) \times 10}{10^2}} = 1.77$

（3）取小值$K = 0.35$

【点评】

①根据《工程地质手册》P644；②取路基宽度每延米分析；③注意允许抗压强度要换算成抗弯强度和抗剪强度；④由于跨中的裂隙不一定在正中央，所以弯矩计算不能取$l/2$，而应该按不利原则，考虑裂隙在一侧边上，取全长l计算弯矩。

题 7-115 某公路路基下基岩为石灰岩，发育一溶洞，溶洞的跨度 11m，顶板岩层厚度 10m，重度$\gamma = 23\text{kN/m}^3$，支座和顶板岩层均较完整，岩体的允许抗压强度为 2.8MPa，试根据顶板的受力情况计算顶板的抗弯抗剪安全系数K均不小于 2 时，作用于顶板上的均布荷载q最大值接近下列哪个选项（图 7-29-8）？

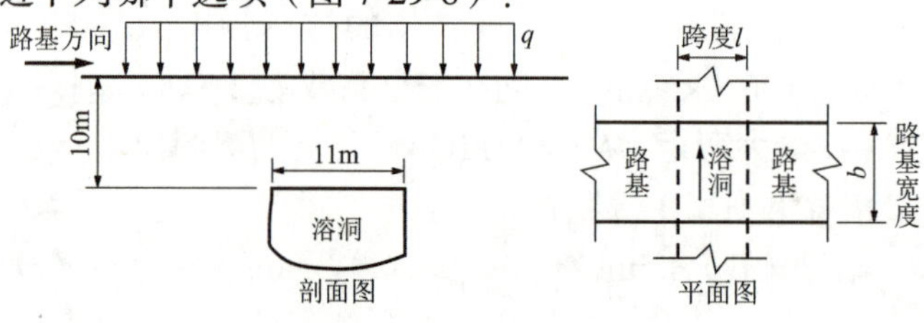

图 7-29-8 题 7-115 图

（A）13kPa （B）35kPa （C）59kPa （D）349kPa

【解】

（1）抗弯：$\dfrac{6 \times \dfrac{1}{12} \times (q + 23 \times 10) \times 11^2}{1 \times 10^2} \leqslant \dfrac{2800/8}{2} \Rightarrow q \leqslant 59.3\text{kPa}$

（2）抗剪：$\dfrac{4 \times \dfrac{1}{2} \times (q + 23 \times 10) \times 11}{10^2} \leqslant \dfrac{2800/12}{2} \Rightarrow q \leqslant 300.3\text{kPa}$

（3）取小值$q \leqslant 59.3\text{kPa}$

【点评】

①根据《工程地质手册》P644；②取溶洞走向单位宽度 1m 进行分析，固定梁计算时弯矩$M = pl^2/12$，剪力$V = pl/2$；③注意允许抗压强度要换算成抗弯强度和抗剪强度；④考虑安全系数K时，采用安全系数K对强度进行折减。

（3）**顶板能抵抗剪切荷载的厚度计算**，按表 7-29-31 中的极限平衡条件的公式计算。

顶板能抵抗受荷载剪切的厚度计算　　　表 7-29-31

公式	符号说明
$T = HSL$；$P = F + G$ $T \geqslant P$ $H = \dfrac{T}{SL} \geqslant \dfrac{P}{SL}$	P——溶洞顶板所受总荷载（kN），P = 地面荷载F + 顶板上覆岩土自重G； T——溶洞顶板的总抗剪力（kN）； H——顶板岩层厚度（m）； L——溶洞平面的周长（m）； S——岩体计算抗剪强度（kPa）；石灰岩一般为允许抗压强度的 1/12

题 7-116　某建筑采用筏形基础，场地内探底探明隐伏半径为 6m 的溶洞，顶板岩石厚 21m，重度$\gamma = 22\text{kN/m}^3$，顶板岩石上覆土层厚度 6m，重度 19kN/m³，顶板石灰岩岩体允许抗压强度为 4.2MPa，则溶洞顶板满足受荷载剪切极限平衡时，基础的最大允许附加荷载为多少？

【解】

$$S = 4200/12 = 350\text{kPa}$$

$$T = 21 \times 350 \times 2 \times 3.14 \times 6 = 276948\text{kN}$$

$$T \geqslant P \Rightarrow p \leqslant \frac{276948}{3.14 \times 6^2} = 2450\text{kPa}$$

$$p_0 \leqslant 2450 - 22 \times 21 - 19 \times 6 = 1874\text{kPa}$$

【点评】

①《工程地质手册》P644、P645；②抓住题干“受荷载剪切”，选择正确的公式。

（4）**荷载传递线交会法**。对位于路基两侧的溶洞，应判定其对路基的影响。对开口的溶洞，可参照自然边坡来判别其稳定性及其对路基的影响；对地下溶洞，可根据坍塌时的扩散角按表 7-29-32 算确定溶洞距路基的安全距离。

荷载传递线交会法——《公路路基设计规范》第 7.6.3 条　　　表 7-29-32

溶洞距路基的安全距离 L（m）

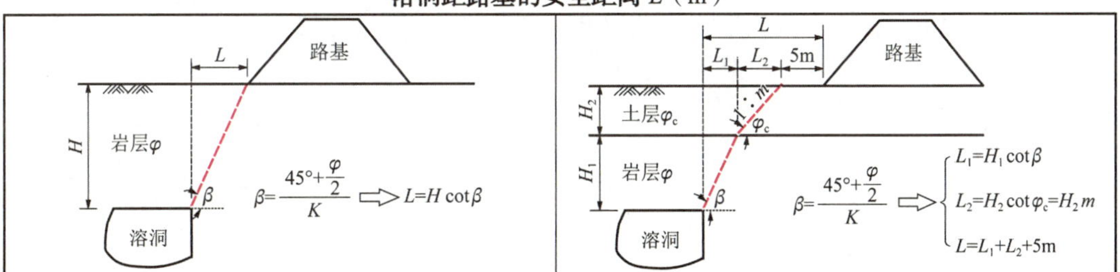

(a) 无覆盖土层　　　(b) 有覆盖土层

H——溶洞顶板厚度（m）；

β——坍塌扩散角（°）；

φ——岩石内摩擦角（°）；

φ_c——土体综合内摩擦角（°）；

K——安全系数，取 1.10～1.25，高速公路、一级公路应取大值

注：溶洞顶板岩层有覆盖土层时，岩土界面处用土体稳定坡率（综合内摩擦角 φ_c）向上延长坍塌扩散线与地面相交，路基边坡坡脚应处于距交点不小于 5m 以外范围

题 7-117 （19C20）某溶洞在平面上的形状近似为矩形，长 5m、宽 4m，顶板岩体厚 5m，重度 $23kN/m^3$，岩体计算抗剪强度为 0.2MPa，顶板岩体上覆土层厚度为 5.0m，重度为 $18kN/m^3$，为防止在地面荷载作用下该溶洞可能沿洞壁发生剪切破坏，溶洞平面范围内允许的最大地面荷载最接近于下列哪个选项？（地下水位埋深 12.0m，不计上覆土层的抗剪力）

（A）13900kN　（B）15700kN　（C）16200kN　（D）18000kN

【解】

（1）总荷载$P = F + 5 \times 4 \times (5 \times 23 + 5 \times 18) = F + 4100$

（2）总抗剪力$T = 5 \times 0.2 \times 1000 \times 2 \times (4 + 5) = 18000kN$

（3）$F + 4100 \leqslant 18000 \Rightarrow F$=13900kN

【点评】

①根据《工程地质手册》P645，总荷载小于总抗剪力，属于材料力学基本原理；②考完专业知识当晚预测第二天案例溶洞要出题。

题 7-118 （16D27）某场地中有一土洞，洞穴顶埋深 12m，洞穴高度 3m，土体应力扩散角为 25°，当拟建建筑物基础埋深为 2.0m 时，若不让建筑物荷载扩散到洞体上，基础外边缘距该洞边的水平距离最小值接近下列哪个选项（图 7-29-9）？

（A）4.7m　（B）5.6m

（C）6.1m　（D）7.0m

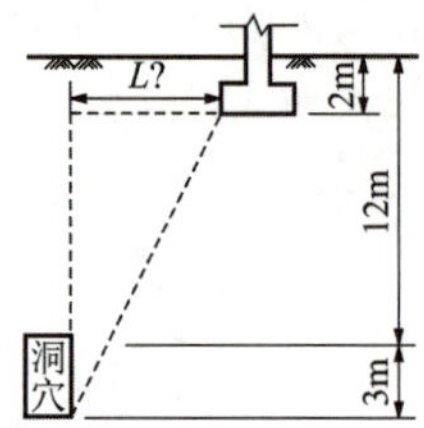

图 7-29-9　题 7-118 图

【解】

$L = (12 - 2 + 3) \times \tan 25° = 6.06m$

【点评】

①根据《公路路基设计规范》第 7.6.3 条；②本题可直接按原理解答，若不让建筑物荷载扩散到洞体上，只取洞底计算即可；③不要什么题目都想着翻规范，能从原理解答的都可以闭卷作答，规范另有规定的除外。

题 7-119 （13C20）某高填方路堤高速公路选线时发现某段路堤附近有一溶洞（图 7-29-10），溶洞顶板岩层厚度为 2.5m，岩层上覆土层厚度为 3.0m，顶板岩体内摩擦角为 40°，根据《公路路基设计规范》JTG D30—2015，该路堤坡脚与溶洞间的最小安全距离L不小于下列哪个选项（覆盖土层稳定坡率 1：0.7）？

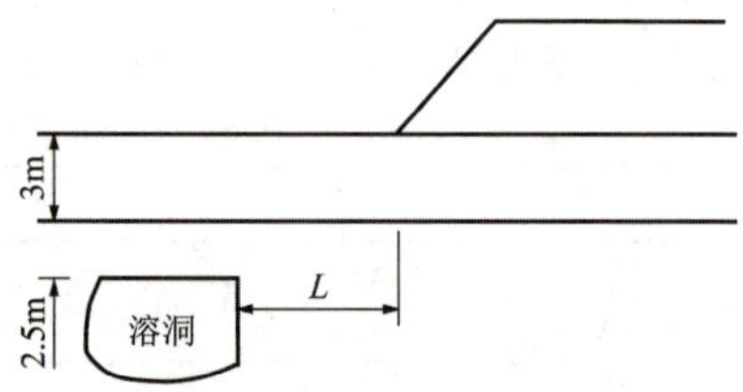

图 7-29-10　题 7-119 图

（A）4.1m　（B）5.1m　（C）6.1m　（D）9.1m

【解】

（1）$\beta_1 = \dfrac{45° + 40°/2}{1.25} = 52°$

（2）$L = 2.5 \times \cot 52° + 3 \times 0.7 + 5 = 9.1m$

【点评】

①根据《公路路基设计规范》第 7.6.3 条；②溶洞距路基的安全距离为三部分：土层水平扩散距离（土体稳定坡率或等效内摩擦角扩散）、岩层水平扩散距离（朗肯破裂角除以安全系数扩散）、5m 安全距离；③高速公路、一级公路安全系数K取 1.25。

【同类型真题】07C25、03C30

3. 岩溶冲填灌浆——《铁路工程设计技术手册》P235

岩溶洞隙充填灌浆量Q应按下式计算：

$$Q = K\pi R^2 L\mu\beta\alpha(1-\gamma)$$

式中：$\pi R^2 L\mu$——为裂隙体积；

R——灌浆的扩散半径（m）；

L——注浆段长度（m）；

μ——岩溶裂隙率（%）；

β——有效填充系数；

α——超灌系数；

γ——扣除稀疏填充物的孔隙率后的岩溶裂隙充填率（%）；

K——土石界面下基岩的实际充填系数。

题 7-120　（06C27）对某路基下岩溶层采用灌浆处理，其灌浆的扩散半径为$R = 1.5$m，灌浆段厚度为$h = 5.4$m，岩溶裂隙率$\mu = 0.24$，有效充填系数$\beta = 0.85$，超灌系数$\alpha = 1.2$，岩溶裂隙充填率$\gamma = 0.1$，试问估算的单孔灌浆量最接近下列哪个选项？

（A）9.3m^3　（B）8.4m^3　（C）7.8m^3　（D）5.4m^3

【解】

$$Q = \pi R^2 L\mu\beta\alpha(1-\gamma) = 3.14 \times 1.5^2 \times 5.4 \times 0.24 \times 0.85 \times 1.2 \times (1-0.1) = 8.4\text{m}^3$$

【点评】

①根据《铁路工程设计技术手册》P235，已不在考试大纲，但原理仍很重要；②本考点可以直接通过原理，对公式中每个代号的定义进行理解，$\pi R^2 L\mu$为裂隙体积；β为有效充填系数，一般 0.8～0.9；α为施工超灌系数，γ指扣除稀疏充填物的孔隙率后的岩溶裂隙充填物，灌浆前的裂隙充填物。

29.2.2 危岩和崩塌——《工程地质手册》P678～P680

崩塌主要分为倾倒式、滑移式、鼓胀式、拉裂式和错断式等五种类型。评价方法主要有工程地质类比法和力学分析法。**力学分析法**：在分析可能崩塌体及落石受力条件的基础上，用“块体平衡理论”计算其稳定性。计算时应考虑当地地震作用、风作用、爆破力，地面水和地下水冲刷力以及冰冻力等的影响。力学分析法基本假定：

（1）在崩塌发展过程中，特别是在突然崩塌运动以前，把崩塌体视为整体；

（2）把崩塌体复杂的空间运动问题，简化成平面问题，即取单位宽度的崩塌体进行检算；

（3）崩塌体两侧与稳定岩体之间，以及各部分崩塌体之间均无摩擦作用。

1. 危岩稳定程度等级划分

危岩稳定性评价等级按表 7-29-33 划分。

危岩稳定程度等级划分　　表 7-29-33

崩塌类型	不稳定	欠稳定	基本稳定	稳定
坠落式	$K < 1.0$	$1.0 \leqslant K < 1.5$	$1.5 \leqslant K < 1.8$	$K \geqslant 1.8$
倾倒式	$K < 1.0$	$1.0 \leqslant K < 1.3$	$1.3 \leqslant K < 1.5$	$K \geqslant 1.5$
滑塌式	$K < 1.0$	$1.0 \leqslant K < 1.2$	$1.2 \leqslant K < 1.3$	$K \geqslant 1.3$

2. 倾倒式

倾倒式崩塌体的抗倾覆稳定性计算应符合表 7-29-34 的规定。

倾倒式崩塌体的抗倾覆稳定性　　表 7-29-34

倾倒式崩塌如图所示，不稳定岩体的上下各部分和稳定岩体之间均有裂隙分开，一旦发生倾倒，将**以 A 点为转点发生转动**。在雨季张开的裂隙可能为暴雨充满，应考虑静水压力；7 度以上地震区，应考虑水平地震力作用。则崩塌体的抗倾覆稳定性系数K可按下式计算：

$$K=\frac{W\cdot a}{f\cdot\frac{h_0}{3}+F\cdot\frac{h}{2}}=\frac{W\cdot a}{\frac{\gamma_w h_0^2}{2}\cdot\frac{h_0}{3}+F\cdot\frac{h}{2}}=\frac{6aW}{10h_0^3+3Fh}$$

式中：f——静水压力（kN）；

h_0——水位高（m），暴雨时等于岩体高；

h——岩体高（m）；

γ_w——水的重度，可取 10kN/m³；

W——崩塌体重力（kN）；

$2a$——崩塌体宽度（m）；

F——水平地震力（kN）；$F=W\alpha_1$（α_1为水平地震加速度系数）（不同于《建筑边坡工程技术规范》）

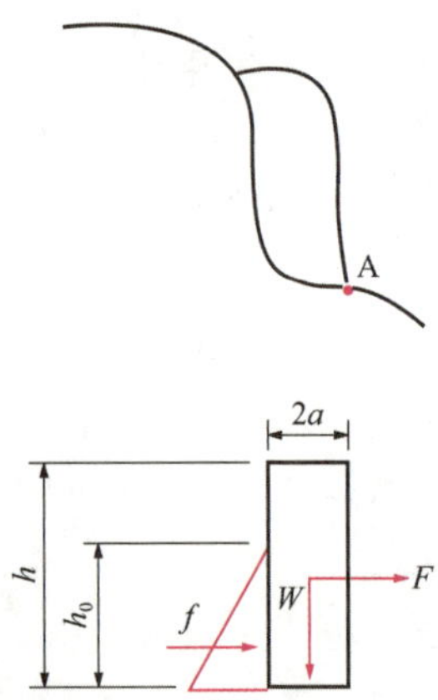

注：滑移式崩塌有平面、弧形面、楔形双滑面滑动三种。这类崩塌的关键在于起始的滑移是否形成。因此，可按抗滑稳定性检算。

题 7-121　（14D24）如图 7-29-11 所示，有一倾倒式危岩体，高 6.5m，宽 3.2m（可视为均质刚性长方体）。危岩体的密度为 $2.6g/cm^3$。在考虑暴雨使后缘张裂隙充满水和水平地震加速度值为 0.20g 的条件下，危岩体的抗倾覆稳定系数为下列哪个选项（重力加速度取 $10m/s^2$）？

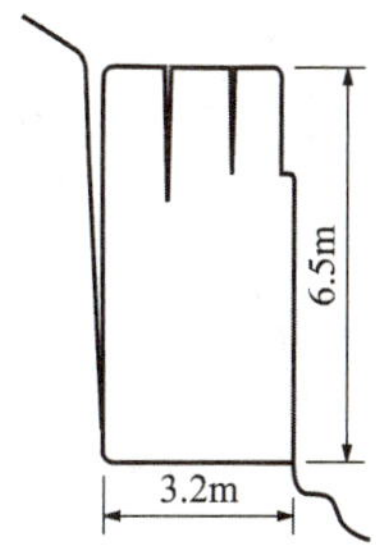

图 7-29-11　题 7-121 图

（A）1.90　　（B）1.76

（C）1.07　　（D）0.18

【解】

（1）$a = \dfrac{3.2}{2} = 1.6\text{m}$

$W = 3.2 \times 6.5 \times 2.6 \times 10 = 540.8\text{kN/m}$

（2）水平地震力：$F = 540.8 \times 0.20 = 108.16\text{kN/m}$

（3）$K = \dfrac{6aW}{10h^3 + 3Fh} = \dfrac{6 \times 1.6 \times 540.8}{10 \times 6.5^3 + 3 \times 108.16 \times 6.5} = 1.07$

【点评】

①根据《工程地质手册》P678；②本题给的是水平地震加速度，非峰值地震加速度，按《工程地质手册》，水平地震力$F = W\alpha$，不需要按《建筑边坡工程技术规范》乘以系数；③本题可不采用《工程地质手册》的公式，直接采用抗倾覆力矩除以倾覆力矩闭卷作答。

题 7-122　（07D27）陡坡上岩体一组平行坡面、垂直层面的张裂缝切割方形岩块（图 7-29-12）。岩块的重度$\gamma = 25\text{kN/m}^3$，则在暴雨水允满裂缝时，靠近坡面的岩块最小稳定系数（包括抗滑动和抗倾覆两种情况的稳定系数取最小值）最接近下列哪个选项（不考虑岩块两侧阻力和层间水压力）？

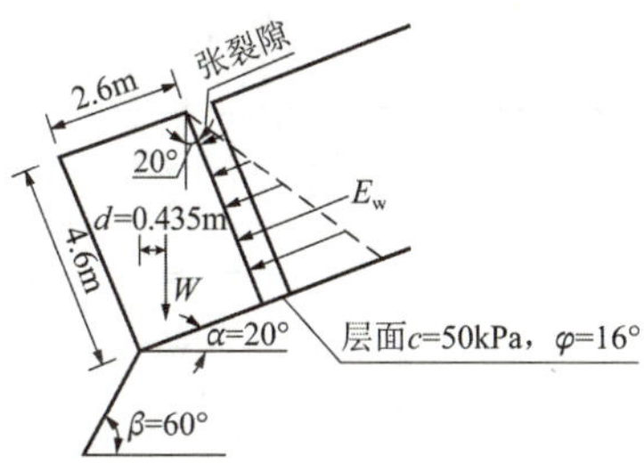

图 7-29-12　题 7-122 图

（A）0.75　　（B）0.85　　（C）0.95　　（D）1.05

【解】

（1）$W = 25 \times 2.6 \times 4.6 = 299\text{kN/m}$

（2）$V = \dfrac{1}{2} \times 10 \times 4.6^2 \times \cos 20° = 99.4\text{kN/m}$

（3）抗滑移：$K_1 = \dfrac{299 \times \cos 20° \tan 16° + 50 \times 2.6}{299 \times \sin 20° + 99.4} = 1.04$

（4）抗倾覆：$K_2 = \dfrac{299 \times 0.435}{99.4 \times 4.6/3} = 0.85$

（5）取小值$K = 0.85$

【点评】

①根据《工程地质手册》P678；②注意孔隙水压力的大小计算，可用面积法，作用方向垂直于作用面。

【同类型真题】11C25

题 7-123　（13C26）岩坡顶部有一高 5m 倒梯形危岩，下底宽 2m，如图 7-29-13 所示。其后裂缝与水平向夹角 60°，由于降雨使裂缝中充满了水。如果岩石重度为 $23kN/m^3$，在不考虑两侧阻力及底面所受水压力的情况下，该危岩的抗倾覆安全系数最接近下列哪个选项？

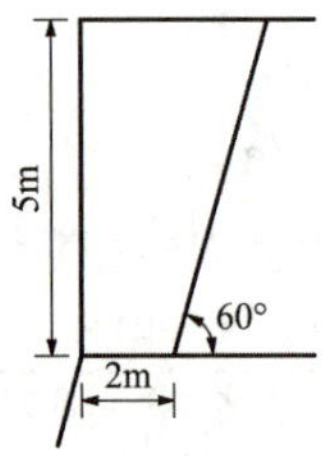

图 7-29-13　题 7-123 图

（A）1.5　　（B）1.7　　（C）3.0　　（D）3.5

【解】

（1）$G_1 = 5 \times 2 \times 23 = 230kN/m$

$$G_2 = \frac{1}{2} \times 5 \times 5 \times \tan 30° \times 23 = 166kN/m$$

（2）$P_w = \frac{1}{2} \times 10 \times 5 \times \frac{5}{\sin 60°} = 144.3kN/m$

（3）$$F_s = \frac{230 \times 1 + 166 \times \left(2 + \frac{5 \times \tan 30°}{3}\right)}{144.3 \times \left(2 \times \sin 30° + \frac{1}{3} \times \frac{5}{\sin 60°}\right)} = 1.71$$

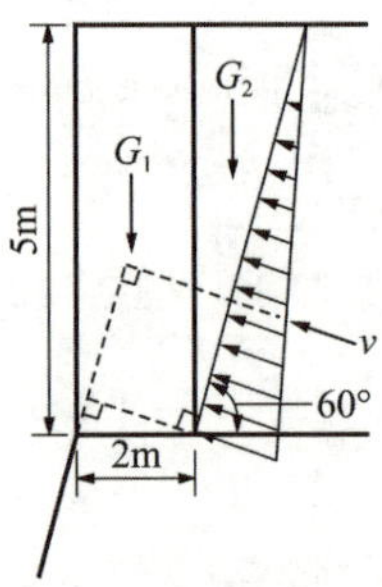

图 7-29-14　解 7-123 图

【点评】

①此题是一个力学分析题，需要计算倾覆力矩和抗倾覆力矩，关键是通过在稿纸上画图确定裂隙水压力的大小和力臂（图 7-29-14 中虚线），重力梯形的力矩一般都分为矩形和三角形两部分计算；②闭卷型题目，熟练之后可合并为一步计算节省时间。

3. 拉裂式

拉裂式崩塌体的稳定性计算应符合表 7-29-35 的规定。

拉裂式崩塌体的稳定性　　　　**表 7-29-35**

<table>
<tr>
<td>拉裂式崩塌如图所示，以悬臂梁形式突出的岩体，在 AC 面上承受最大的弯矩和剪力，若层顶部受拉，底部受压，A 点附近拉应力最大。在长期重力和风化营力作用下，A 点附近的裂隙逐渐扩大，并向深处发展。拉应力将越来越集中在尚未裂开的部位 B 点，一旦拉应力超过岩石的抗拉强度时，上部悬出的岩体就会发生崩塌。这类崩塌的关键是最大弯矩截面 BC 上的拉应力能否超过岩石的抗拉强度。故可以用岩石的抗拉强度$[\sigma_{\text{拉}}]$<b>与</b>拉应力$[\sigma_{B_{\text{拉}}}]$<b>的比值</b>进行稳定性检算。
取每延米计算如下：
$$[\sigma_{B\text{拉}}]=\frac{M}{W}=\frac{\gamma hl\cdot\frac{l}{2}}{\frac{1}{6}(h-a)^2}=\frac{3l^2\gamma h}{(h-a)^2}\Rightarrow K=\frac{[\sigma_{\text{拉}}]}{[\sigma_{B\text{拉}}]}=\frac{(h-a)^2[\sigma_{\text{拉}}]}{3l^2\gamma h}$$</td>
<td>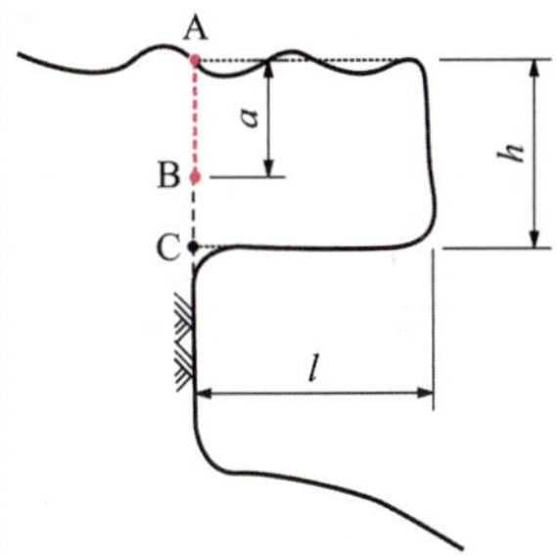
</td>
</tr>
<tr>
<td>按有限面积，如图所示，计算如下：</td>
<td rowspan="3">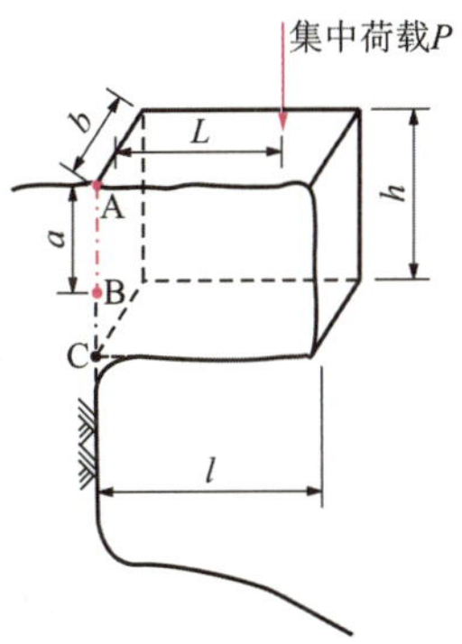

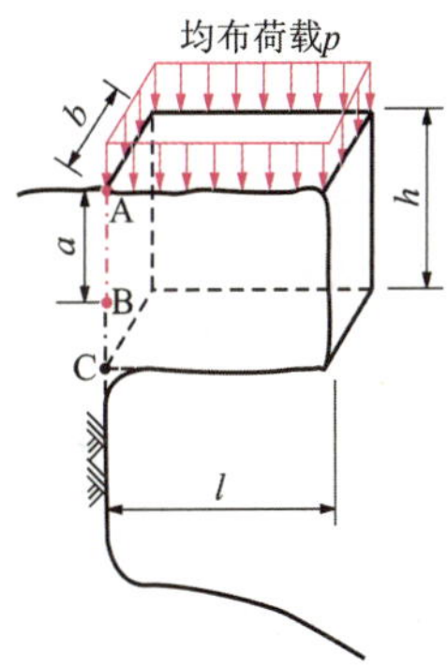
</td>
</tr>
<tr>
<td>集中荷载P（kN）时：
$$[\sigma_{B\text{拉}}]=\frac{M}{W}=\frac{\gamma hlb\cdot\frac{l}{2}+PL}{\frac{1}{6}b(h-a)^2}\Rightarrow K=\frac{[\sigma_{\text{拉}}]}{[\sigma_{B\text{拉}}]}$$</td>
</tr>
<tr>
<td>均布荷载p（kPa）时：
$$[\sigma_{B\text{拉}}]=\frac{M}{W}=\frac{(\gamma h+p)\cdot lb\cdot\frac{l}{2}}{\frac{1}{6}b(h-a)^2}\Rightarrow K=\frac{[\sigma_{\text{拉}}]}{[\sigma_{B\text{拉}}]}$$</td>
</tr>
</table>

题 7-124　（12D26）陡崖上悬出截面为矩形的危岩体（图 7-29-15），长$L=7\text{m}$，高$h=5\text{m}$，重度$\gamma=24\text{kN/m}^3$，抗拉强度$[\sigma_t]=0.9\text{MPa}$，A 点处有一竖向裂隙，问：危岩处于沿 ABC 截面的拉裂式破坏极限状态时，A 点处的张拉裂隙深度a最接近下列哪一个数值？

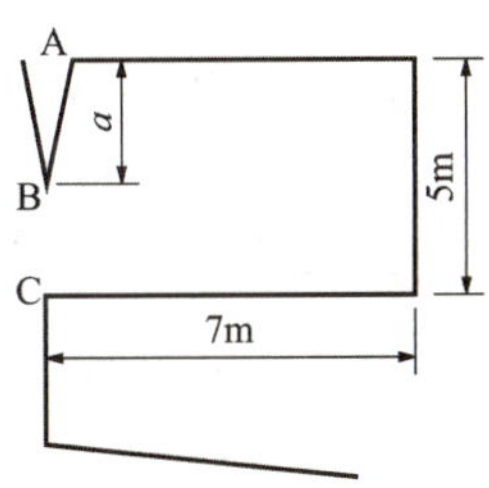

图 7-29-15　题 7-124 图

（A）0.3m　　　（B）0.6m　　　（C）1.0m　　　（D）1.5m

【解】

$$K=\frac{[\sigma_t]}{[\sigma_{Bt}]}=\frac{(h-a)^2[\sigma_t]}{3\gamma hL^2}=\frac{(5-a)^2\times0.9\times10^3}{3\times24\times5\times7^2}=1\Rightarrow a=0.57\text{m}$$

【点评】

①根据《工程地质手册》P680，第四版公式有误，第五版已经更正；②危岩体以悬臂

梁形式突出，在重力作用下，A点的拉应力最大，也最易产生张拉裂缝，随着裂缝向深部延伸，拉应力也更加集中，当裂缝发展至B点时，拉应力和岩体的抗拉强度相等时，岩体处于拉裂式崩塌的极限平衡，$K=1$。

【同类型真题】10C25

题7-125（20D22）某景区自然形成悬挑岩石景观平台，由巨厚层状水平岩层组成（图7-29-16），岩质坚硬且未见裂隙发育，岩石抗压强度60MPa，抗拉强度1.22MPa，重度25kN/m^3，悬挑部分宽度$B=4$m，长度$L=4$m，厚度$h=3$m。为了确保安全，需控制游客数量，问当安全系数为3.0时，该悬挑景观平台上最多可以容纳多少人（游客自重按800N/人计，人员集中靠近于栏杆观景）？

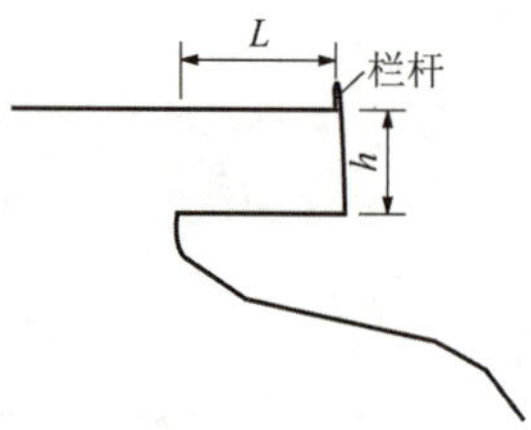

图7-29-16　题7-125图

（A）4　　（B）8　　（C）12　　（D）16

【解】

（1）$M=\frac{800n}{1000}\times4+4\times3\times4\times25\times\frac{4}{2}=3.2n+2400$

（2）$[\sigma]=\frac{M}{W}=\frac{3.2n+2400}{\frac{1}{6}\times3^2\times4}=\frac{1}{6}(3.2n+2400)$

（3）$K=\frac{1.22\times10^3}{\frac{1}{6}(3.2n+2400)}\geqslant3\Rightarrow n\leqslant12.5$

【点评】

①根据《工程地质手册》P679、P680，考点为拉裂式崩塌；②关键在于计算弯矩M和抵矩$W=\frac{1}{6}bh^2$，弯矩产生拉应力的公式$\sigma=\frac{M}{W}$，属于材料力学的基本知识；③人员集中靠近栏杆时游客自重的力臂为4m，安全系数K为岩石的允许抗拉强度和岩石所受的拉应力的比值。

4. 鼓胀式

鼓胀式崩塌体的稳定性计算应符合表 7-29-36 的规定。

鼓胀式崩塌体的稳定性　　**表 7-29-36**

鼓胀式崩塌如图所示，崩塌体下有较厚的软弱岩层，常为断层破碎带、风化破碎岩体及黄土等。在水的作用下，这些软弱岩层先行软化。当上部岩体传来的压应力大于软弱岩层的无侧限抗压强度时，则软弱岩层被挤出，即发生鼓胀。上部岩体可能产生下沉、滑移或倾倒，直至发生突然崩塌。因此，鼓胀是这类崩塌的关键。所以**稳定系数**可以**用下部软弱岩层的无侧限抗压强度（雨季用饱水抗压强度）与上部岩体在软岩顶面产生的压应力的比值**来计算：

$$k=\frac{R_{无}}{W/A}=\frac{A\cdot R_{无}}{W}$$

式中：W——上部岩体重量（kN）；

A——上部岩体的底面积（m^2）；

$R_{无}$——下部软岩在天然状态下的（雨季为饱水的）无侧限抗压强度（kPa）

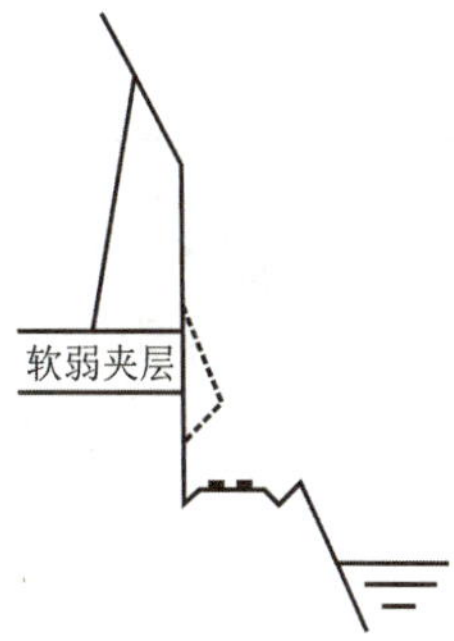

题 7-126　南方地区某沿河流的乡村公路一侧岩层分布如图 7-29-17 所示，有一垂直节理面贯穿砂岩层，砂岩重度为 24kN/m³，节理面至临空面的平均距离为 3.2m，节理面外侧不稳定砂岩层的平均高度为 6.0m，泥岩天然状态下无侧限抗压强度为 240kPa，饱水无侧限抗压强度为 140kPa。梅雨季节因泥岩软化可能发生崩塌。忽略节理面内外侧的相互作用力，试估算该陡坡的崩塌安全系数最接近下列哪个选项？

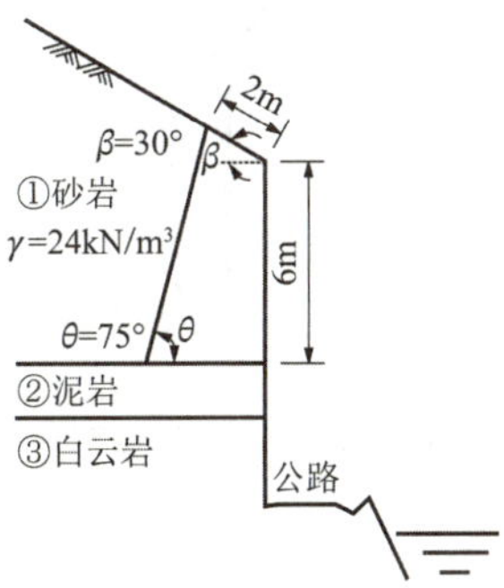

图 7-29-17　题 7-126 图

（A）2.05　　（B）1.20　　（C）0.85　　（D）0.70

【解】

（1）取每延米分析，如图 7-29-18 所示，三角形 ADE 和梯形 ABCE 计算不稳定岩体重力 W：

$$AE=6+2\times\sin30°=7m$$

$$W=24\times\left(\frac{1}{2}\times7\times\frac{7}{\tan75°}+\frac{6+7}{2}\times2\times\cos30°\right)\times1=427.8kN$$

（2）底面积 $A=\left(\frac{7}{\tan75°}+2\times\cos30°\right)\times1=3.61m^2$

（3）$k=\frac{R_{无}}{W/A}=\frac{A\cdot R_{无}}{W}=\frac{3.61\times140}{427.8}=1.18$

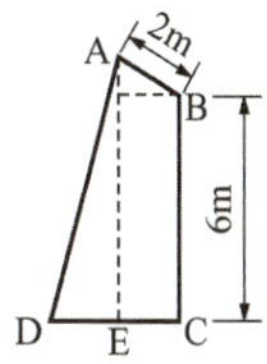

图 7-29-18　解 7-126 图

【点评】

①根据《工程地质手册》P679、P680，考点为鼓胀式崩塌；②注意题目是雨季，采用饱水抗压强度；③要有一定的数学功底，能快速计算出不稳定岩体的重力W。

5. 错断式

错断式崩塌体的稳定性计算应符合表 7-29-37 的规定。

错断式崩塌体的稳定性　　表 7-29-37

错断式崩塌如图所示，取可能崩塌的岩体 ABCD 来分析。如不考虑水压力、地震力等附加力，在岩体自重$W=a(h-\frac{a}{2})\gamma$作用下，与铅直方向成45°角的 EC 方向上将产生最大剪应力$\tau_{max}=\frac{1}{2}(h-\frac{a}{2})\gamma$。故岩体的稳定系数$K$值可用岩石的允许抗剪强度$[\tau]$与$\tau_{max}$的比值来计算： $$K=\frac{[\tau]}{\tau_{max}}=\frac{4[\tau]}{\gamma(2h-a)}$$	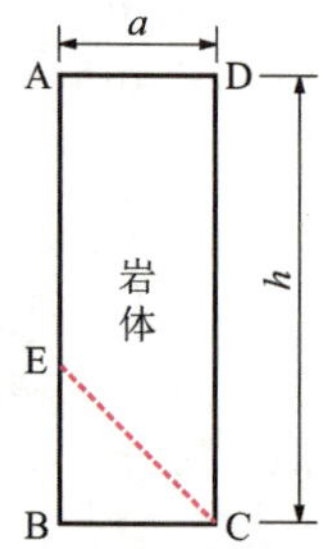

题 7-127 如图 7-29-19 所示，山体外侧有可能产生错断式崩塌，剖面为矩形的岩体 ABCD，已知 CD 高 24m，宽度AD =4m，岩体的重度$\gamma=21\text{kN/m}^3$，已知岩体的允许抗剪强度$[\tau]=300\text{kPa}$，不考虑水压力、地震力等附加力，试计算危岩的安全系数最接近下列哪个选项。

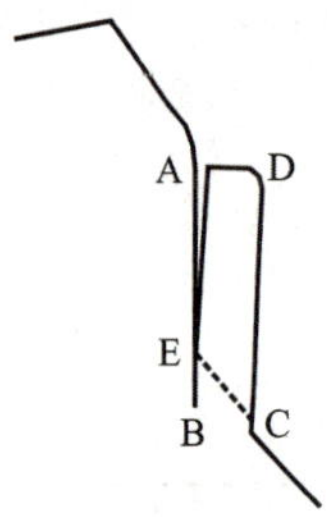

图 7-29-19　题 7-127 图

（A）2.3　　（B）1.8　　（C）1.3　　（D）0.8

【解】

$$K=\frac{[\tau]}{\tau_{max}}=\frac{4[\tau]}{\gamma(2h-a)}=\frac{4\times300}{21\times(2\times24-4)}=1.30$$

【点评】

①《工程地质手册》P680；②错断式属于滑塌式的一种，公式的原理为抗剪强度除以剪切力，不良地质部分应特别注意《工程地质手册》出题。

题 7-128　（21C20）某山区道路上方存在危岩落石，拟在斜坡上设置拦石网拦截落石（图 7-29-20）。落石 W 撞击 a 点后的水平速度$V_x = 12m/s$，竖向速度$V_y = 2m/s$。下列哪个选项拦石网可首先将落石拦截？（不考虑落石弹跳和空气阻力，重力加速度 g 取 $10m/s^2$）

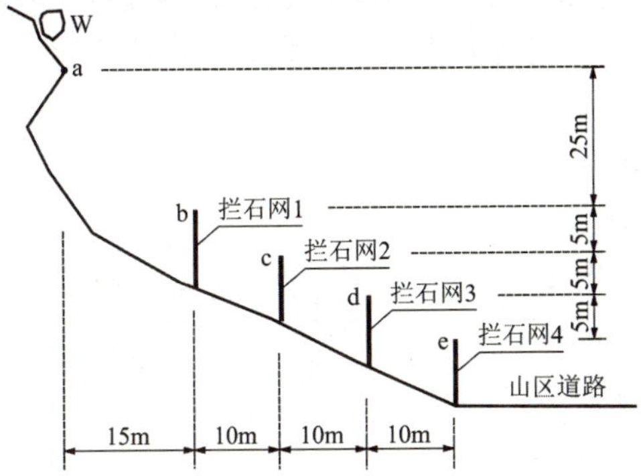

图 7-29-20　题 7-128 图

（A）拦石网 1　　（B）拦石网 2　　（C）拦石网 3　　（D）拦石网 4

【解】

（1）不考虑空气阻力，则落石的运动轨迹为初始速度：$v_x = 12m/s$

竖向速度$v_y = 2m/s$ 的抛物线，运动方程为：$S_x = 12t$，$S_y = 2t + \frac{1}{2} \times 10t^2$

（2）拦石网 1：下落 25m 时，$S_{y1} = 2t_1 + 5t_1^2 = 25$，解得$t_1 = 2.04s$

此时，水平位移$S_{x1} = 12 \times 2.04 = 24.5m > 15m$，已经超出拦网 1 范围，无法拦截

（3）拦石网 2：下落 30m 时，$S_{y2} = 2t_2 + 5t_2^2 = 30$，解得$t_2 = 2.26s$

此时，水平位移$S_{x2} = 12 \times 2.26 = 27.1m > 25m$，已经超出拦网 2 范围，无法拦截

（4）拦石网 3：下落 35m 时，$S_{y3} = 2t_3 + 5t_3^2 = 35$，解得$t_3 = 2.45s$

此时，水平位移$S_{x3} = 12 \times 2.45 = 29.4m \in (25，35)$

在拦网 3 范围内，不考虑弹跳可拦截

【点评】

①本题比较灵活，考查自由落体运动抛物线的初中物理知识，需要考查快速反应，查规范则无相应的公式，根据计算，运动轨迹如图 7-29-21 所示；②需要理解题目的关键字眼，不考虑弹跳和空气阻力，则掉落在哪里就在哪里。

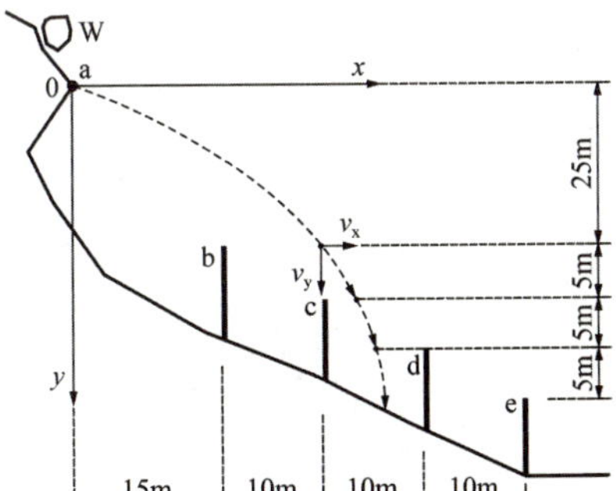

图 7-29-21　解 7-128 图

29.2.3 泥石流——《工程地质手册》P686～P691

泥石流是由于降水而形成的一种夹带大量泥砂、石块等固体物质的特殊洪流。典型的泥石流流域，从上游到下游可分成三个区：**形成区**、**流通区**和**堆积区**。泥石流形成条件：**陡峻的便于集水的地形，有丰富的松散物质，短时间内有大量水的来源**。

1. 泥石流的工程分类和特征

（1）按《岩土工程勘察规范》分类

泥石流的工程分类应按表 7-29-38 执行。

泥石流的工程分类和特征（《岩土工程勘察规范》附录 C）　　表 7-29-38

<table>
<tr><th>类别</th><th>泥石流特征</th><th>流域特征</th><th>亚类</th><th>严重程度</th><th>流域面积（km²）</th><th>固体一次冲出量（×10⁴m³）</th><th>流量（m³/s）</th><th>堆积区面积（km²）</th></tr>
<tr><td rowspan="3">Ⅰ
高频率泥石流沟谷</td><td rowspan="3">基本上每年均有泥石流发生。固体物质主要来源于沟谷的滑坡、崩塌。暴发雨强小于 2～4mm/10min。除岩性因素外，滑坡、崩塌严重的沟谷多发生黏性泥石流，规模大，反之多发生稀性泥石流，规模小</td><td rowspan="3">多位于强烈抬升区，岩层破碎、风化强烈，山体稳定性差。泥石流堆积新鲜，无植被或仅有稀疏草丛。黏性泥石流沟中下游沟床坡度大于 4%</td><td>Ⅰ₁</td><td>严重</td><td>> 5</td><td>> 5</td><td>> 100</td><td>> 1</td></tr>
<tr><td>Ⅰ₂</td><td>中等</td><td>1～5</td><td>1～5</td><td>30～100</td><td>< 1</td></tr>
<tr><td>Ⅰ₃</td><td>轻微</td><td>< 1</td><td>< 1</td><td>< 30</td><td>—</td></tr>
<tr><td rowspan="3">Ⅱ
低频率泥石流沟谷</td><td rowspan="3">暴发周期一般在 10 年以上。固体物质主要来源于沟床，泥石流发生时“揭床”现象明显。暴雨时坡面产生的浅层滑坡往往是激发泥石流形成的重要因素。暴发雨强、一般大于 4mm/10min。规模一般较大，性质有黏有稀</td><td rowspan="3">山体稳定性相对较好，无大型活动性滑坡、崩塌。沟床和扇形地上巨砾遍布。植被较好、沟床内灌木丛密布。扇形地多已辟为农田。黏性泥石流沟中下游沟床坡度小于 4%</td><td>Ⅱ₁</td><td>严重</td><td>> 10</td><td>> 5</td><td>> 100</td><td>> 1</td></tr>
<tr><td>Ⅱ₂</td><td>中等</td><td>1～10</td><td>1～5</td><td>30～100</td><td>< 1</td></tr>
<tr><td>Ⅱ₃</td><td>轻微</td><td>< 1</td><td>< 1</td><td>< 30</td><td>—</td></tr>
</table>

注：1. 表中流量对高频率泥石流沟指百年一遇流量；对低频率泥石流沟指历史最大流量；
　　2. 泥石流的工程分类宜采用野外特征与定量指标相结合的原则，定量指标满足其中一项即可。

（2）按《铁路工程不良地质勘察规程》分类

按《铁路工程不良地质勘察规程》的规定，主要有几下几种分类方法：表 C.0.1-1“按水源成因分类”、表 C.0.1-2“按固体物质成分分类”、表 C.0.1-3“按规模分类”、表 C.0.1-4“按频率分类”、表 C.0.1-5“按流域形态特征分类”、表 C.0.1-6“泥石流按流体性质分类”、表 C.0.2“泥石流的发育阶段分期”。限于篇幅，此处仅摘抄相对重要的表 C.0.1-1“**泥石流按固体物质成分分类**”（表 7-29-39）和表 C.0.1-5“**泥石流按流体性质分类**”（表 7-29-40）。

泥石流按固体物质成分分类　　表 7-29-39

名　称	分类标准
泥流	固体物质为黏粒、粉粒、少量砂砾、碎石
泥石流	固体物质为黏粒、粉粒、砂砾，砾石、碎石、块石、漂石
水石流	固体物质为块石、碎石、砾石、少量砂粒、粉粒

泥石流按流体性质分类　　表 7-29-40

性质	黏性		稀性		
类别	泥流	泥石流	泥流	泥石流	水石流
流体密度ρ_c（kg/m^3）	$>1.5\times10^3$	1.6×10^3～2.3×10^3	1.3×10^3～1.5×10^3	1.2×10^3～1.6×10^3	$<1.2\times10^3$
黏度η（$Pa\cdot s$）	$\eta>0.3$	$\eta>0.3$	$\eta\leqslant0.3$	$\eta\leqslant0.3$	—
流态特征	呈层流状态。固、液两相物质呈整体等速运动。黏滞性强，浮托力大，能将巨大干土块浮托出沟。无垂直交换。阵性流明显，遇卡口常发生堵沟、断流	呈层流状态。固、液两相物质呈整体等速运动。黏滞性强，浮托力大，能将巨大的漂石悬移或滚动。无垂直交换。阵性流明显，有堵沟、断流和浪头出现，弯道处常发生爬高	呈紊流状态。有时具波状流。有泥浪、砾石、碎石、块石呈滚动或跃移前进。具有垂直交换。阵性流不明显。弯道处常见泥浆	呈紊流状态。漂块石流速慢于浆体流速，呈滚动或跃移前进。具有垂直交换。阵性流不明显，偶有股流或散流	呈紊流状态。固体物质流速慢于浆体流速，砾石、块石呈推移式前进。垂直交换明显。无阵性流现象
堆积特征	多呈舌状或坎坷不平土堆，表层常有“泥球”。堆积物一般保持流动时结构特征。堆积剖面中粗颗粒具有悬浮状特点	呈扇状或舌状，表面坎坷不平，间有“泥球”。堆积物一般保持流动时结构特征，无分选，砾石、块石呈悬浮或支撑状。堆积剖面中，一次堆积无层次，各次堆积分层明显	呈扇状或垄岗状。间有“泥球”出现。堆积剖面中粗粒物质一般呈底积状态	呈扇状或垄岗状。泥石流过后水与固体物较快分离。堆积分选差、空隙大、结构较松散，表面细颗粒物质较少。剖面中可见固体物质呈叠置状	一般呈扇状。堆积物有分选性，结构松散，表面粗颗粒物较多
危害作用	大量泥土冲出沟口或沟外，堵塞桥涵，淤塞道路或农田村庄	来势迅猛，冲击破坏力大，直进性强，能使大型桥梁、房屋、护岸建筑等在短时间内破坏	冲击破坏力较小，对建筑物产生慢性冲刷破坏。淹没农田、道路	冲击破坏力较大，磨蚀力较强，有淤有冲，以冲为主，对建筑物慢性冲刷破坏	较洪水破坏力大。以冲刷为主，对护岸及桥涵建筑物慢性冲刷破坏

2. 泥石流流体密度

泥石流流体密度计算应符合表 7-29-41 的规定。

泥石流流体密度 表 7-29-41

(1) 体积比法	
（1）体积比法——《工程地质手册》P686 通过调查访问，估算当时泥石流体中固体物质和水的体积比f，按下式计算泥石流体密度ρ_m（t/m³）： $$\rho_m=\frac{(d_s f+1)\rho_w}{f+1}$$	ρ_m——泥石流体的密度（t/m³）； ρ_w——水的密度（t/m³）； d_s——固体颗粒相对密度，一般取 2.4～2.7； f——固体物质和水的体积比，以小数计

泥石流体密度经验值

泥石流稠度	泥沙饱和的液体	流动果汁状	黏性粥状	夹石块黏性大的浆糊状
泥石流体密度（t/m³）	1.1～1.2	1.3～1.4	1.5～1.6	1.7～1.8

(2) 经验公式法	
（2）经验公式法——《公路工程地质勘察规范》第 7.4.10 条条文说明 $$\rho_m=\frac{1}{1-0.0334A\cdot I_c^{0.39}}$$	A——塌方程度系数，按规范表 7-2 确定； I_c——塌方区平均坡度（‰），**以去掉千分号的数值代入**，按《公路工程地质勘察规范》确定

题 7-129 （04C29）调查确定泥石流中固体占总体积的 60%，固体密度为$\rho=2.7\times10^3\text{kg/m}^3$，该泥石流的流体密度（固液混合体的密度）最接近下列哪个选项？

（A）$2.0\times10^3\text{kg/m}^3$ （B）$1.6\times10^3\text{kg/m}^3$

（C）$1.5\times10^3\text{kg/m}^3$ （D）$1.1\times10^3\text{kg/m}^3$

【解】

$$\rho_m=\frac{2.7\times0.6+1\times0.4}{1}\times10^3=2.02\times10^3\text{kg/m}^3$$

【点评】

①根据《工程地质手册》P686；②对固体体积比的理解，体积比f在《工程地质手册》上的定义是固体物质和水的体积化（用小数表示），本题用的百分数表示，是占总体积的比例。

3. 泥石流流速

泥石流流速计算应符合表 7-29-42 的规定。

泥石流流速　　　　　　　　**表 7-29-42**

<table>
<tr><td rowspan="3">（1）稀性泥石流</td><td>西北地区</td><td>$v_m = \frac{15.3}{\alpha} R_m^{2/3} I^{3/8}$</td><td rowspan="3">$R_m = \frac{A}{x}$
$\alpha = \sqrt{\phi d_s + 1}$
⇑
$\phi = \frac{\rho_m - \rho_w}{\rho_s - \rho_m}$
⇑
$\rho_s = d_s \rho_w$</td><td rowspan="3">v_m——泥石流断面平均流速（m/s）；
I——泥石流流面纵坡比降（小数形式）；
α——阻力系数，按左式计算或查下表；
R_m——泥石流流体水力半径（m），可近似取其泥位深度；$R_m = A/x$；
A——过水断面面积（m^2）；
x——过水断面面积宽或湿周（m）；
$\frac{1}{n} = m_m$——粗糙系数，查《工程地质手册》P687 表 6-4-10；
n——清水河槽糙率；
m_w——河床外阻力系数，查《工程地质手册》P688 表 6-4-11；
ρ_m、ρ_w、ρ_s——泥石流体密度、清水密度、泥石流中固体物质密度（t/m^3）</td></tr>
<tr><td>西南地区</td><td>$v_m = \frac{1}{\alpha} \cdot \frac{1}{n} R_m^{2/3} I^{1/2}$</td></tr>
<tr><td>北京地区</td><td>$v_m = \frac{m_w}{\alpha} R_m^{2/3} I^{1/2}$</td></tr>
</table>

α值与ρ_m、d_s值的关系

d_s	ρ_m（t/m^3）													
	1.0	1.1	1.2	1.3	1.4	1.5	1.6	1.7	1.8	1.9	2.0	2.1	2.2	2.3
2.4	1.00	1.09	1.18	1.29	1.40	1.53	1.67	1.84	2.05	2.31	2.64	3.13	3.92	5.68
2.5	1.00	1.08	1.18	1.28	1.38	1.50	1.63	1.79	1.96	2.18	2.45	2.81	3.32	4.15
2.6	1.00	1.08	1.17	1.26	1.37	1.48	1.60	1.74	1.90	2.08	2.31	2.55	2.96	3.50
2.7	1.00	1.08	1.17	1.26	1.35	1.46	1.57	1.70	1.84	2.01	2.21	2.44	2.74	3.13

<table>
<tr><td rowspan="3">（2）黏性泥石流</td><td>东川泥石流改进经验公式：
$v_m = K H_m^{2/3} I_m^{1/5}$</td><td rowspan="3">$v_m$——泥石流断面平均流速（m/s）；
K——黏性泥石流流速系数，用内插法按下表查取；
<table><tr><td>H_m（m）</td><td><2.5</td><td>3</td><td>4</td><td>5</td></tr><tr><td>K</td><td>10</td><td>9</td><td>7</td><td>5</td></tr></table>H_m——计算断面的平均泥深（m）；
I_m——泥石流水力坡度（小数形式），一般可采用沟床纵坡比降；
n_m——沟床糙率，查《工程地质手册》P688 表 6-4-13（内插法）；
M_c——泥石流沟床糙率系数，查《工程地质手册》P689 表 6-4-14（内插法）；</td></tr>
<tr><td>综合西藏古乡沟、东川蒋家沟、武都火烧沟经验公式：
$v_m = \frac{1}{n_m} H_m^{2/3} I_m^{1/2}$</td></tr>
<tr><td>甘肃武都地区经验公式：
$v_m = M_c H_m^{2/3} I_m^{1/2}$</td></tr>
<tr><td colspan="2">（3）泥石流中石块运动速度：
$v_s = \alpha \sqrt{d_{max}}$</td><td>$v_s$——泥石流中大石块的移动速度（m/s）；
d_{max}——泥石流堆积物中最大石块的粒径（m）；
α——参数，其值介于 3.5～4.5 之间，平均 4.0</td></tr>
</table>

题 7-130 （13C24）西南地区某沟谷中曾遭受过稀性泥石流灾害，铁路勘察时通过调查得知，该泥石流中固体物质比重为2.6，泥石流流体重度为13.8kN/m^3，泥石流发生时沟谷过水断面宽为140m、面积为560m^2，泥石流流面纵坡为4.0%，粗糙系数为4.9，试计算该泥石流的流速最接近下列哪一项（可按公式$V_m=\frac{m_m}{\alpha}R_m^{2/3}I^{1/2}$进行计算）。

（A）1.20m/s （B）1.52m/s （C）1.83m/s （D）2.45m/s

【解】

（1）$R_m=\frac{560}{140}=4.0\text{m}$，$\phi=\frac{1.38-1}{2.6-1.38}=0.31$，$\alpha=\sqrt{0.31\times2.6+1}=1.34$

（2）$v_m=\frac{4.9}{1.34}\times4^{\frac{2}{3}}\times0.04^{\frac{1}{2}}=1.84\text{m/s}$

【点评】

①根据《工程地质手册》P687；②西北地区和西南地区是我国泥石流的多发地区，铁路勘察设计单位总结了相应地区的泥石流流速计算公式，应注意题干是西南还是西北，流速公式有差别；③本题直接告诉相应的公式，首先根据泥石流沟谷过水断面的宽度和面积求出泥石流水力半径，再求出阻力系数，带入泥石流流速公式即可得到答案。

题 7-131 西北地区铁路选线中发现某沟谷中有泥石流痕迹，调查估算泥石流中固体物质和水的体积比为0.20，过水断面面积为1100m^2，湿周长为320m，泥石流流面纵坡坡率为6.0%，固体颗粒相对密度$d_s=2.65$，则该泥石流的流速为多少？

【解】

（1）$\rho_m=\frac{(2.65\times0.2+1)\times1}{0.2+1}=1.275\text{t/m}^3$

（2）$\phi=\frac{1.275-1}{2.65-1.275}=0.2$，$\alpha=\sqrt{0.2\times2.65+1}=1.24$

（3）$R_m=\frac{1100}{320}=3.44\text{m}$

（4）$v_m=\frac{15.3}{1.24}\times3.44^{\frac{2}{3}}\times0.06^{\frac{3}{8}}=9.79\text{m/s}$

【点评】

①根据《工程地质手册》P686～P691，西北地区泥石流流速和西南地区泥石流流速公式相类似但有差别；②《工程地质手册》（第四版）上公式有误，第五版已经修正。18年真题考了两道规范错误公式，需要引起重视，真正有工程经验的人应当知道公式是错的。

题 7-132 云南东川铁路选线中发现某沟谷中有泥石流痕迹，调查估算泥石流中固体物质和水的体积比为0.62，计算断面的平均泥深4.4m，泥石流流面纵坡坡率为5.0%，固体颗粒相对密度$d_s=2.70$，试分别计算泥石流流体密度和流速最接近下列哪个选项？

（A）$\rho_m=1.65\text{t/m}^3$；$v=3.72\text{m/s}$ （B）$\rho_m=1.65\text{t/m}^3$；$v=9.14\text{m/s}$

（C）$\rho_m=1.80\text{t/m}^3$；$v=3.72\text{m/s}$ （D）$\rho_m=1.80\text{t/m}^3$；$v=9.14\text{m/s}$

【解】

（1）$\rho_m=\frac{(2.70\times0.62+1)\times1}{0.62+1}=1.65\text{t/m}^3$

（2）$H_m=4.4\text{m}$，插值，$K=6.2$

$v_m=6.2\times4.4^{\frac{2}{3}}\times0.05^{\frac{1}{5}}=9.14\text{m/s}$

【点评】

根据《工程地质手册》P688 和《铁路工程不良地质勘察规程》表 C.0.1-5 求解。

题 7-133　北京地区有一较为顺直的河段，河槽不平整，由巨石、漂石组成的单式河床，调查得稀性泥石流固体物质体积和水的体积之比为 0.3，泥位深度为 4m，泥石流流面纵坡比降为 2.8%，固体颗粒相对密度d_s取 2.65，试估算泥石流的流速。

【解】

（1）$\rho_m=\dfrac{(2.65\times0.3+1)\times1}{0.3+1}=1.38\text{g/cm}^3$

（2）$\alpha=\sqrt{\dfrac{1.38-1}{2.65-1.38}\times2.65+1}=1.34$

（3）$I=0.028>0.015$，查表$m_w=3.8$

（4）$v_m=\dfrac{3.8}{1.34}\times4^{\frac{2}{3}}\times0.028^{\frac{1}{2}}=1.20\text{m/s}$

【点评】

①《工程地质手册》P686～P688；②根据第三版、第四版地质手册及水力学上的曼宁公式，确定第五版上公式有误，注意勘误。

4. **泥石流峰值流量**

泥石流峰值流量计算应符合表 7-29-43 的规定。

泥石流峰值流量　　表 7-29-43

<table>
<tr><td>（1）形态调查法</td><td>$Q_m=F_mv_m$</td><td>Q_m——泥石流断面峰值流量（m^3/s）；
F_m——泥石流过流断面面积（m^2）；
v_m——泥石流断面平均流速（m/s）</td></tr>
<tr><td rowspan="3">（2）配方法</td><td>不考虑土壤含水率：
按泥石流体中水和固体物质的比例，用在一定设计标准下可能出现的洪水流量加上按比例所需的固体物质体积配合而成的泥石流流量，按下列公式计算：
$Q_m=Q_w(1+C)$
⇑
$C=\dfrac{1-\alpha}{\alpha-w_m(1-\alpha)}\Leftarrow\alpha=\dfrac{d_s-\rho_m}{d_s-1}$</td><td>$Q_m$——设计泥石流流量（$m^3/s$）；
Q_w——设计清水流量（m^3/s）；
C——泥石流修正系数；
α——泥石流体中水的体积含量；
w_m——泥石流补给区中固体物质的含水率（题目数据默认为体积比），**以小数计**；如果题目中含水率提示是质量比w，则：$w_m=w\cdot d_s$；
ρ_m——泥石流体密度（t/m^3）；
d_s——固体颗粒相对密度</td></tr>
<tr><td>考虑土壤含水率：
$Q_m=Q_w(1+P)$
（西北地区）</td><td>w——土的天然含水率（%），**以小数计；**
P——考虑到土壤含水率而引进的泥石流修正系数
$P=\dfrac{\rho_m-1}{\dfrac{d_s(1+w)}{d_sw+1}-\rho_m}$</td></tr>
<tr><td>$Q_m=Q_w(1+\phi)$</td><td rowspan="2">ϕ——泥石流修正系数，$\phi=\dfrac{\rho_m-1}{d_s-\rho_m}$；
D_m——泥石流堵塞系数，取值 1～3，见下表</td></tr>
<tr><td rowspan="2">（3）雨洪修正法</td><td>$Q_m=Q_w(1+\phi)D_m$
（云南东川地区，考虑堵塞）</td></tr>
<tr><td colspan="2">**泥石流堵塞系数D_m值**<table><tr><td>堵塞程度</td><td>最严重堵塞</td><td>较严重堵塞</td><td>一般堵塞</td><td>轻微堵塞</td></tr><tr><td>D_m</td><td>2.6～3.0</td><td>2.0～2.5</td><td>1.5～1.9</td><td>1.0～1.4</td></tr></table></td></tr>
</table>

注：**关于泥石流峰值流量的推导：**

（1）泥石流总体积为$V_w+V_s=1$，其中洪水体积$V_w=\alpha$，则固体颗粒体积$V_s=1-\alpha$

则由质量相等，泥石流质量＝洪水质量＋固体物质质量，即$\rho_m\times1=\rho_w\alpha+d_s\rho_w(1-\alpha)$

$\Rightarrow\rho_m=\rho_w\alpha+d_s\rho_w-d_s\rho_w\alpha\Rightarrow(d_s\rho_w-\rho_w)\alpha=d_s\rho_w-\rho_m\Rightarrow\alpha=\frac{d_s\rho_w-\rho_m}{d_s\rho_w-\rho_w}$，取$\rho_w=1$，则：

洪水体积：$\alpha=\frac{d_s-\rho_m}{d_s-1}$；固体颗粒体积：$1-\alpha=1-\frac{d_s-\rho_m}{d_s-1}\Rightarrow V_s=\frac{\rho_m-1}{d_s-1}$

（2）雨洪修正法公式$Q_m=Q_w(1+\phi)D_m$中的泥石流修正系数：

$$\phi=\frac{固体颗粒体积}{洪水体积}=\frac{\rho_m-1}{d_s-\rho_m}$$

（3）配方法设计流量公式$Q_m=Q_w(1+C)$中不考虑土壤含水率，所以实际泥石流中水的总体积中要扣除土壤含水率（也即固体中的水体积），设实际泥石流体积为Q_m'，则泥石流修正系数：

$$C=\frac{固体颗粒体积}{洪水体积}=\frac{固体颗粒体积}{实际泥石流中水总体积-固体中水体积}$$

$$C=\frac{Q_m'(1-\alpha)}{Q_m'\alpha-w_mQ_m'(1-\alpha)}=\frac{(1-\alpha)}{\alpha-w_m(1-\alpha)}$$

可见，实际泥石流补给区中固体物质的含水率w_m是体积比。

（4）考虑土壤含水率公式$Q_m=Q_w(1+P)$而引进的泥石流修正系数P

泥石流总体积为$V_w+V=1$，其中洪水体积$V_w=\alpha$，则固体体积（含水）$V=1-\alpha$，取$\rho_w=1$，

则固体中颗粒体积$V_s=\frac{1}{1+d_sw}(1-\alpha)$，固体中水体积$V_w'=\frac{d_sw}{1+d_sw}(1-\alpha)$

由质量相等，泥石流质量＝洪水质量＋固体中颗粒质量＋固体中水质量

$\rho_m=\alpha+\frac{d_s(1+w)}{1/d_s+w}(1-\alpha)$，化简得：

$$洪水体积：\alpha=\frac{\frac{d_s(1+w)}{d_sw+1}-\rho_m}{\frac{d_s(1+w)}{d_sw+1}-1};$$

$$固体体积（含水）：1-\alpha=1-\frac{\frac{d_s(1+w)}{d_sw+1}-\rho_m}{\frac{d_s(1+w)}{d_sw+1}-1}=\frac{\rho_m-1}{\frac{d_s(1+w)}{d_sw+1}-1}$$

$$P=\frac{固体体积(含水)}{洪水体积}=\frac{\rho_m-1}{\frac{d_s(1+w)}{d_sw+1}-\rho_m}$$

题 7-134　（03C32）一小流域山区泥石流沟，泥石流中固体物质体积占 80%，固体物质的密度为 $2.7 \times 10^3 kg/m^3$，洪水设计量为 $100m^3/s$，泥石流沟堵塞系数为 2.0，根据《工程地质手册》，用雨洪修正法估算泥石流流量Q_m最接近下列哪个选项？

（A）$360m^3/s$　　（B）$500m^3/s$　　（C）$630m^3/s$　　（D）$1000m^3/s$

【解】

（1）$\rho_m = \dfrac{(2.7 \times 4 + 1) \times 1}{4+1} = 2.36t/m^3$

$$\phi = \frac{2.36-1}{2.7-2.36} = 4$$

（2）$Q_m = 100 \times (1+4) \times 2 = 1000m^3/s$

【点评】

①根据《工程地质手册》P686～P691；②关键理解固体物质占总体积的 80%，则固体与液体体积比为 4∶1，泥石流属于完成包含，按密度概念计算。

题 7-135　云南东川地区某沟谷泥石流较严重堵塞，泥石流中固体颗粒$d_s = 2.62$，泥石流的密度$\rho_m = 1.35g/cm^3$，设计清水流量为 $1200m^3/s$，试计算泥石流的最大设计流量？

【解】

（1）较严重堵塞，$D_m = 2.5$

$$\phi = \frac{1.35-1}{2.62-1.35} = 0.2756$$

（2）$Q_m = 1200 \times (1+0.2756) \times 2.5 = 3827m^3/s$

【点评】

《工程地质手册》P691。

题 7-136　（20D20）云南某黏性土泥石流沟，流域面积 $10km^2$，其中形成区面积 $7.0km^2$、堆积区面积 > $2.6km^2$，形成区内固体物质平均天然（重量）含水率 15%，流域内沟道顺直、无堵塞（堵塞系数取 1.0）。泥石流重度 $19kN/m^3$，固体物质重度 $25kN/m^3$，所在地区 50 年一遇小时降雨量 100mm，在全流域汇流条件下，采用雨洪修正法估算泥石流峰值流量，所得结果最接近下列哪一项（注：水的重度取 $10kN/m^3$，假定小时暴雨强度不衰减，最大洪峰流量计算公式：$Q_w = 0.278 \times$ 降雨量 $\times$ 集水面积 $\times$ 径流系数K，K取 0.25）？

（A）$35m^3/s$　　（B）$48m^3/s$　　（C）$121m^3/s$　　（D）$173m^3/s$

【解】

（1）$Q_w = 0.278 \times 100 \times 10 \times 0.25 = 69.5m^3/s$

（2）$\phi = \dfrac{1.9-1}{2.5-1.9} = 1.5$

$$Q_m = 69.5 \times (1+1.5) \times 1 = 173.75m^3/s$$

【点评】

①根据《工程地质手册》P691；②题目明确了采用全流域汇流条件，故集水面积采用 $10km^2$；③本题关键在于Q_w的计算，题目给出的最大洪峰流量计算公式，其中降雨量单位为 mm/h，集水面积单位为 km^2，Q_w的单位为 m^3/s，此处坑点非常深，其中的 0.278 为单位换算而来$\dfrac{10^{-3}}{60 \times 60} \times 10^6 = 0.278$，也可直接计算$Q_w = \dfrac{100 \times 10^{-3}}{60 \times 60} \times 10 \times 10^6 \times 0.25 = 69.4m^3/s$。

题 7-137 西北地区某沟谷曾遭受过稀性泥石流灾害，对其中一断面进行形态调查，泥石流中固体物质和水的体积之比为 0.4，固体物质的比重$d_s = 2.7$，泥石流过水断面面积 $1200m^2$，平均泥面宽度为 400m，泥石流的纵坡为 5%，试估算该断面的峰值流量为多少 m^3/s？

【解】

（1）$\rho_m = \dfrac{(2.7 \times 0.4 + 1) \times 1}{0.4 + 1} = 1.486t/m^3$

（2）$R_m = \dfrac{1200}{400} = 3$，$\phi = \dfrac{1.486 - 1}{2.7 - 1.486} = 0.4$，$\alpha = \sqrt{0.4 \times 2.7 + 1} = 1.442$

$v_m = \dfrac{15.3}{1.442} \times 3^{2/3} \times 0.05^{3/8} = 7.177m/s$

（3）$Q_m = 1200 \times 7.177 = 8612.4m^3/s$

【点评】

①根据《工程地质手册》P686、P690，使用形态调查法作答；②根据题目中的关键词（西北、稀性泥石流等）快速定位作答公式是关键；③解答时要特别注意单位换算，泥石流六面纵坡比降采用小数形式；水力半径 = 过水面积/过水断面宽度。

5. 一次泥石流过程总量

一次泥石流过程总量计算应符合表 7-29-44 的规定。

一次泥石流过程总量 表 7-29-44

（1）一次泥石流总量W_m	$W_m = 0.26TQ_m$	W_m——通过断面的一次泥石流总量（m^3）； Q_m——泥石流最大流量（m^3/s）； T——泥石流历时（s）； W_s——通过断面的固体物质总量（m^3）； ρ_m、ρ_w、ρ_s——泥石流体密度、清水密度、泥石流中固体物质密度（t/m^3）
（2）一次泥石流冲出的固体物质总量W_s	$W_s = C_m W_m = \dfrac{\rho_m - \rho_w}{\rho_s - \rho_w} W_m$	

题 7-138 已知某地区泥石流，某断面可能出现的设计清水流量为 $100m^3/s$，泥石流历时 2h，泥石流补给区中固体物质的含水率为 15%，泥石流中固体物质和水的体积比为 1：5，固体颗粒相对密度为 2.65，根据《工程地质手册》，按配方法计算一次泥石流过程总量为最接近下列哪个选项？

（A）$2.26 \times 10^5 m^3$　　（B）$2.72 \times 10^5 m^3$

（C）$3.24 \times 10^5 m^3$　　（D）$3.85 \times 10^5 m^3$

【解】

（1）$\rho_m = \dfrac{(2.65 \times 0.2 + 1) \times 1}{0.2 + 1} = 1.275t/m^3$

（2）$\alpha = \dfrac{2.65 - 1.275}{2.65 - 1} = 0.833$，$C = \dfrac{1 - 0.833}{0.833 - 0.15 \times (1 - 0.833)} = 0.207$

$Q_m = 100 \times (1 + 0.207) = 120.7m^3/s$

（3）$W_m = 0.26 \times 2 \times 60 \times 60 \times 120.7 = 225950m^3$

【点评】

①根据《工程地质手册》P686、P690、P691；②根据题意，计算设计泥石流流量应当按照配方法公式；③解答时要特别注意单位换算。

题 7-139　已知某地区泥石流，某过流断面的面积为 $100m^2$，过流断面的平均流速 $v_m = 1.55m/s$，泥石流历时 2h，泥石流中固体物质和水的体积比为 1∶5，固体颗粒相对密度为 2.65，根据《工程地质手册》，计算一次泥石流过程冲出的固体物质总量为立方米？

【解】

（1）泥石流断面峰值流量 $Q_m = F_m v_m = 100 \times 1.55 = 155m^3/s$

（2）$\rho_m = \dfrac{\left(2.65 \times \frac{1}{5} + 1\right) \times 1}{\frac{1}{5} + 1} = 1.275t/m^3$，$\rho_s = d_s \rho_w = 2.65 \times 1 = 2.65t/m^3$

（3）通过断面的一次泥石流量 $W_m = 0.26TQ_m = 0.26 \times (2 \times 60 \times 60) \times 155 = 290160m^3$

（4）一次泥石流冲出固体物质量 $W_s = \dfrac{\rho_m - \rho_w}{\rho_s - \rho_w} W_m = \dfrac{1.275 - 1}{2.65 - 1} \times 290160 = 48360m^3$

【点评】

①根据《工程地质手册》式(6-4-1)、式(6-4-12)、式(6-4-17)和式(6-4-18)；②根据题意和已知条件选择合适的公式按部就班计算即可，注意统一量纲；③d_s为固体颗粒相对密度，ρ_s为泥石流中固体物质密度，注意区分。

题 7-140　（21D22）某沟谷发生一次黏性泥石流，勘察测得泥石流沟出口断面呈 U 形，两岸泥痕过水断面面积 $500m^2$、宽度 100m，泥石流历时 15min，沟床纵坡坡降 $I_m = 4.0\%$，该泥石流中固体物质密度为 $2.6g/cm^3$，泥石流流体密度为 $1.7g/cm^3$，按《工程地质手册》推荐公式估算该次泥石流冲出的固体物质总量最接近下列哪个选项［泥石流断面平均流速 $v_m = KH_m^{2/3} I_m^{1/5}$(m/s)，$H_m$为泥石流断面平均泥深（m），$K$取 5］。

（A）40 万 m^3　　（B）90 万 m^3　　（C）115 万 m^3　　（D）345 万 m^3

【解】

（1）$H_m = \dfrac{500}{100} = 5m$，$v_m = 5 \times 5^{2/3} \times 0.04^{1/5} = 7.68m/s$

（2）泥痕为泥石流最大流量时痕迹，则：$Q_m = 7.68 \times 500 = 3840m^3/s$

$W_m = 0.26 \times 15 \times 60 \times 3840 = 898560m^3$

（3）$W_s = \dfrac{1.7 - 1}{2.6 - 1} \times 898560 = 393120m^3 = 39.3$ 万 m^3

或者 $\dfrac{2.6 + e}{1 + e} = 1.7$，得 $e = 1.286$，$W_s = \dfrac{1}{1 + 1.286} \times 898560 \times 10^{-4} = 39.3$万 m^3

【点评】

①根据《工程地质手册》P688～P691；②泥石流近年来反复出题，注意本题问的是固体物质的总量是土颗粒的体积。

题 7-141 （23D21）某山区沟谷每年均发生泥石流灾害。依据视频及泥位监测信息，最近一次泥石流历时$T = 1\text{h}$，通过典型断面的最大流量$Q_\text{m} = 200\text{m}^3/\text{s}$。依据灾后调查访问，泥石流中固体物质与水的体积比为 1∶2，固体物质相对密度为 2.60。估算该次泥石流固体冲出量，并据此依照《岩土工程勘察规范》GB 50021—2001（2009 年版）判定，该次泥石流的工程分类属下列哪个选项？（注：一次泥石流过程总量 = $0.26 \times T \times Q_\text{m}$；水的重度取 10kN/m^3）

（A）I_1（严重）　　（B）I_2（中等）

（C）I_3（轻微）　　（D）II_1（严重）

【解】

（1）$\omega_\text{m} = 0.26 \times (1 \times 60 \times 60) \times 200 = 187200\text{m}^3$

（2）$\rho_\text{m} = \dfrac{(2.6 \times 0.5 + 1) \times 1}{0.5 + 1} = 1.533$，$\rho_\text{s} = 2.6$

$\omega_\text{s} = \dfrac{1.533 - 1}{2.6 - 1} \times 187200 = 6.2 \times 10^4\text{m}^3$

（3）每年发生，$\omega_\text{s} = 6.2 \times 10^4\text{m}^3 > 5.0 \times 10^4\text{m}^3 \Rightarrow \text{I}_1$（严重），选 A

【点评】

根据《工程地质手册》P691 和《岩土工程勘察规范》附录 C。

6. 弯道处泥石流流速和淤积厚度——《铁路工程不良地质勘察规程》第 7.3.3 条、第 7.5.3 条条文说明

（1）**泥石流重要特征值流速的计算**，其中一个参数即是泥痕坡度。根据弯道处泥位的高差，可以求得弯道处近似泥石流流速。在沟道宽度较小的情况下，一般假设处于凹岸和凸岸的泥石流的角速度相等，这样推导的流速公式就相对简单，其计算公式见表 7-29-45。

弯道处泥石流流速　　表 7-29-45

弯道处近似泥石流流速（新规范）：

$$v_\text{c} = \left(\frac{1}{2}\sigma g \frac{a_2 + a_1}{a_2 - a_1}\right)^{\frac{1}{2}}$$

式中：v_c——泥石流流速（m/s）；

a_1——凸岸曲率半径（m）；

a_2——凹岸曲率半径（m）；

σ——两岸泥位高差（m）；

g——重力加速度（m/s^2）。

注：新规范公式错误，已勘误

弯道处近似泥石流流速（旧规范）：

$$v_\text{c} = \sqrt{\frac{R \cdot \sigma \cdot g}{B}}$$

式中：v_c——沟床弯道处近似泥石流流速（m/s）；

R——弯道中心线曲率半径（m）；

σ——沟床两岸泥位高差（m）；

B——泥面宽度（m）；

g——重力加速度（m/s^2）。

注：新老规范公式计算结果完全一致

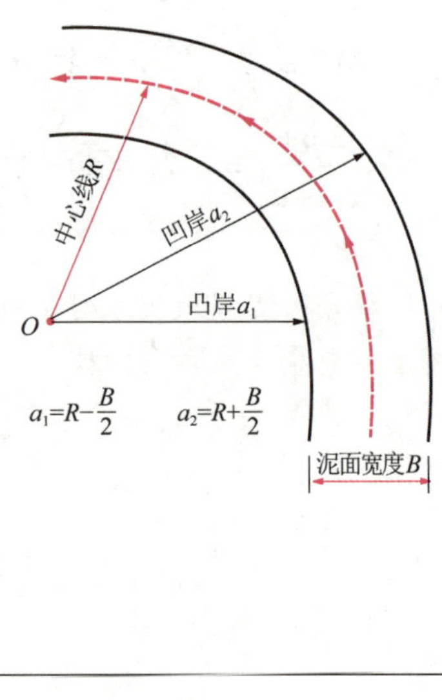

题 7-142　（19D22）某拟建铁路选线需跨一条高频黏性泥石流沟。调查发现，在流通区弯道的沟坡上存在泥痕，其中断面③北岸的曲率半径为 10m，泥面宽度为 6m，沟壁泥位高度南北侧分别为 6m、4m（图 7-29-22）。依据《铁路不良工程地质勘察规程》TB 10027—2012，断面③处近似泥石流流速最接近下列哪个选项（泥位高度指泥痕距沟底的垂直高度，重力加速度$g = 10\text{m/s}^2$，假定泥石流固体物质颗粒比重 2.7，水的重度 10kN/m^3）？

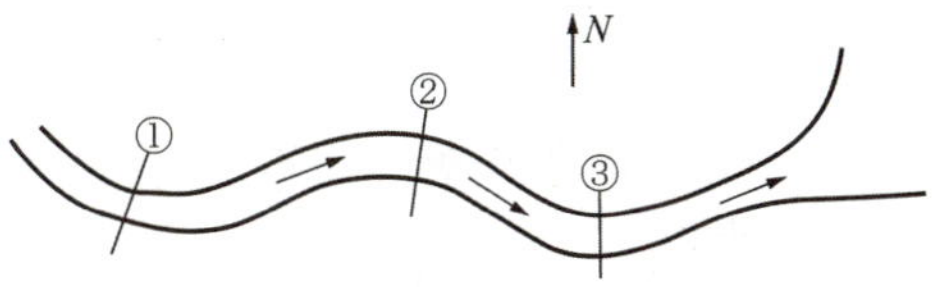

图 7-29-22　题 7-142 图

（A）4.8m/s　　（B）5.8m/s　　（C）6.6m/s　　（D）7.3m/s

【解】

（1）$a_1 = 10\text{m}$，$a_2 = 10 + 6 = 16\text{m}$，两岸泥位高差$\sigma = 6 - 4 = 2\text{m}$

（2）$v_c = \left(\frac{1}{2}\sigma g\frac{a_2 + a_1}{a_2 - a_1}\right)^{\frac{1}{2}} = \left(\frac{1}{2}\times 2\times 10\times\frac{16+10}{16-10}\right)^{\frac{1}{2}} = 6.58\text{m/s}$

【点评】

①依据《铁路不良工程地质勘察规程》第 7.3.3 条条文说明；②弯道内侧（北侧）曲率半径即$a_1 = 10\text{m}$。按老规范解法：

（1）$R_0 = 10 + \frac{6}{2} = 13\text{m}$，两岸泥位高差$\sigma = 6 - 4 = 2\text{m}$

（2）$v_c = \sqrt{\frac{R_0\sigma g}{B}} = \sqrt{\frac{13\times 2\times 10}{6}} = 6.58\text{m/s}$

题 7-143　（16C25）某泥石流沟调查时，制成代表性泥石流流体，测得样品总体积 0.5m^3，总质量 730kg，痕迹调查测绘见堆积有泥球，在一弯道处两岸泥位高差为 2m，弯道外侧曲率半径为 35m，泥面宽度为 15m。按《铁路工程不良地质勘察规程》TB 10027—2012，泥石流流体性质及弯道处泥石流流速为下列哪个选项？（重力加速度g取 10m/s^2）

（A）稀性泥流，6.8m/s　　（B）稀性泥流，6.1m/s

（C）黏性泥石流，6.8m/s　　（D）黏性泥石流，6.1m/s

【解】

（1）$\rho_m = \frac{730}{0.5} = 1460\text{kg/m}^3 = 1.46\text{t/m}^3$

且堆积有泥球，查表为稀性泥流

（2）$= \left(\frac{1}{2}\sigma g\frac{a_2 + a_1}{a_2 - a_1}\right)^{\frac{1}{2}} = \left(\frac{1}{2}\times 2\times 10\times\frac{35+35-15}{15}\right)^{\frac{1}{2}} = 6.06\text{m/s}$

【点评】

①根据《铁路工程不良地质勘察规程》第 7.3.3 条条文说明、附录 C.0.1 及《工程地质手册》P686～P691；②弯道外侧曲率半径即$a_2 = 35\text{m}$。

【同类型真题】 08D26

（2）**一次泥石流最大淤积厚度按下式计算：**

$$H_1 = 0.017\left[\frac{V_H \gamma_c}{10I^2 \times \ln(\gamma_c/10)}\right]^{1/3}$$

式中：H_1——一次泥石流最大堆积厚度（m）；

V_H——一次泥石流冲出的固体物质体积总量（m^3）；

γ_c——泥石流容重（kN/m^3）；

I——堆积区比降（%）。

注：按 2022 版《铁路工程不良地质勘察规程》第 7.5.3 条条文说明，泥石流在设计保证年限内累计淤积厚度可按下式计算：

$$H_n = K \cdot n \cdot \overline{h}$$

式中：H_n——设计保证年限内累计淤积厚度（m）；

K——淤积趋势系数，间歇期可取 0.5～1.0，旺盛期可取 1.0～1.5；

n——计算年限（a）；

$\overline{h}$——多年平均年淤积厚度（m/a），可根据调查多年泥石流淤积厚度平均求得。

题 7-144 （22 补考 D20）某铁路工程线路拟以旱桥方式跨越一条高频泥石流堆积扇。泥石流沟代表性弯道处泥位差 2.0m，泥面宽度 10.6m，泥面最高处曲率半径 19.8m，泥石流堆积扇近 30 年堆积厚度增加了 9.0m。泥石流发育处于旺盛期，淤积趋势系数取 1.5，按《铁路工程不良地质勘察规程》TB 10027—2022，该泥石流的流速及设计周期按 100 年考虑堆积扇的淤积厚度最接近下列哪个选项（重力加速度$g = 10m/s^2$）？

（A）6.1m/s，45m （B）5.2m/s，45m （C）5.2m/s，30m （D）4.2m/s，45m

【解】

（1）$R_0 = 19.8 - \frac{10.6}{2} = 14.5m$，$v_c = \sqrt{\frac{14.5 \times 2 \times 10}{10.6}} = 5.23m/s$

（2）$H_n = 1.5 \times 100 \times \frac{9}{30} = 45m$

【点评】

①根据《铁路工程不良地质勘察规程》第 7.3.3 条条文说明、第 7.5.3 条条文说明；②题目已知的是泥面最高处曲率半径 19.8m，泥面最高处是弯道外侧，弯道中心曲率半径=弯道外侧曲率半径-泥面宽度的一半；③淤积厚度根据经验公式计算，带入数字即可；④本题属于简单的偏题，查到难度不大。

题 7-145 某铁路线路通过泥石流区域，已知设计清水流量为 $200m^3/s$，泥石流历时 2h，泥石流补给区中固体物质的含水率为 15.6%，泥石流中固体物质和水的体积比为 1∶4，固体颗粒相对密度为 2.65，堆积区的比降 3.5%，根据《铁路工程不良地质勘察规程》TB 10027—2022，估算一次泥石流最大淤积厚度最接近下列哪个选项？

（A）0.45m （B）0.56m （C）0.65m （D）0.96m

【解】

（1）$\alpha = \frac{4}{4+1} = 0.8$，$C = \frac{1-0.8}{0.8 - 0.156 \times (1-0.8)} = 0.26$

$Q_m = 200 \times (1 + 0.26) = 252m^3/s$

$W_m = 0.26 \times 2 \times 60 \times 60 \times 252 = 471744m^3$

$$V_H = \frac{1}{1+4} \times 471744 = 94348.8\text{m}^3$$

（2）$\gamma_m = \dfrac{2.65 + 4 \times 1}{1+4} \times 10 = 13.3\text{kN/m}^3$

$$H_1 = 0.017 \times \left[\frac{94348.8 \times 13.3}{10 \times 3.5^2 \times \ln(13.3/10)}\right]^{\frac{1}{3}} = 0.56\text{m}$$

【点评】

①根据《铁路工程不良地质勘察规程》第 7.5.2 条条文说明和《工程地质手册》P690、P691；②其中《工程地质手册》式(6-4-13)中的含水率w_m为体积比V_w/V_s；③类似采空区变形稳定性，用规范结合《工程地质手册》作答。

29.2.4 采空区

地下矿层被开采后形成的空间称为采空区。地下矿层被开采后，其上部岩层失去支撑，平衡条件被破坏，随之产生弯曲、塌落，以致发展到地表下沉变形，造成地表塌陷，形成凹地。随着采空区的不断扩大，凹地不断发展而成凹陷盆地，即**地表移动盆地**。

地表移动盆地的范围要比采空区面积大得多，其位置和形状与矿层的倾角大小有关。**矿层倾角平缓时**，地表移动盆地位于采空区的正上方，形状对称于采空区；**矿层倾角较大时**，盆地在沿矿层**走向方向**仍对称于采空区，而沿**倾向方向**，移动盆地与采空区的关系是**非对称的，并随着倾角的增大，盆地中心越向倾向方向偏移**。

采空区案例考点主要为《工程地质手册》结合《岩土工程勘察规范》或《公路路基设计规范》等规范联合考查。

1. **地表变形计算——《工程地质手册》P698**

采空区地表变形计算应符合表 7-29-46 的规定。

采空区地表变形计算 表 7-29-46

地表变形分为**两种移动**和**三种变形**。两种移动是**垂直移动（下沉）**和**水平移动**；三种变形是倾斜、曲率（弯曲）和水平变形（压缩变形和拉伸变形）。如图所示，设 A、B、C 为主断面上移动前的三点，A′、B′、C′为移动终止后的相应位置		
两种移动	垂直移动	$\Delta\eta = \eta_B - \eta_A$
	水平移动	$\Delta\xi = \xi_A - \xi_B$ ⇓
三种变形	水平变形	$\varepsilon = \dfrac{\Delta\xi}{l}$
	倾斜	$i = \dfrac{\Delta\eta}{l}$，$i_{AB} = \dfrac{\Delta\eta_{AB}}{l_{AB}}$，$i_{BC} = \dfrac{\Delta\eta_{BC}}{l_{BC}}$ ⇓
	曲率	$K_B = \dfrac{i_{BC} - i_{AB}}{l_{1-2}}$ ⇓
曲率半径		$R_B = \dfrac{1000}{K_B}$

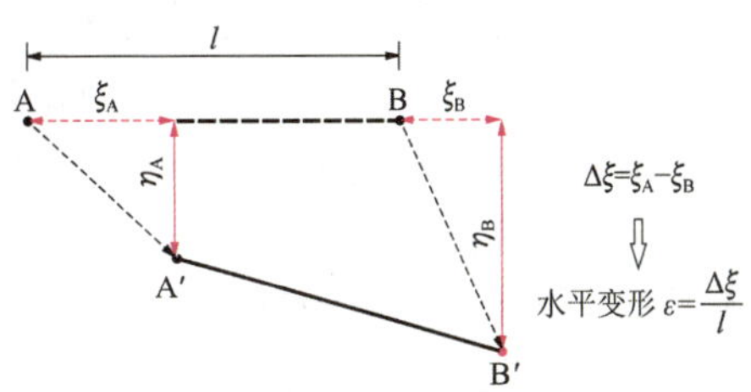

(a) 移动盆地变形分析

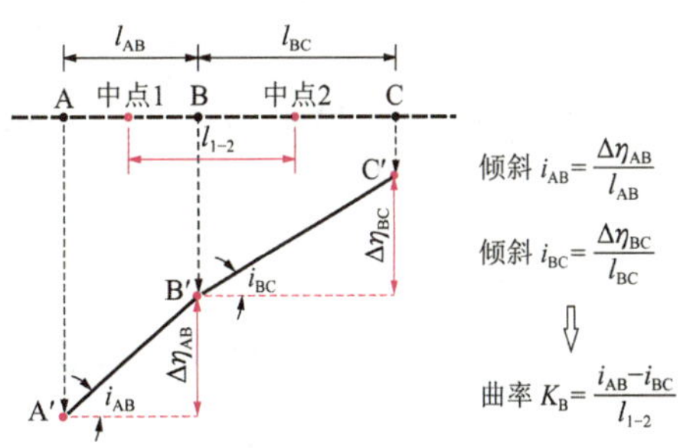

(b) 倾斜变形分析

2. 场地稳定性评价——《岩土工程勘察规范》第 5.5.5 条、《公路路基设计规范》第 7.16.3条

（1）按《岩土工程勘察规范》，采空区宜根据开采情况、地表移动盆地特征和变形大小，划分为不宜建筑的场地和相对稳定的场地。采空区建筑场地稳定性评价按表 7-29-47 确定。

采空区建筑场地稳定性——《岩土工程勘察规范》　表 7-29-47

不宜作为建筑场地	（1）地表移动活跃的地段； （2）特厚矿层和倾角大于 55°的厚矿层露头地段； （3）由于地表移动和变形引起边坡失稳和山崖崩塌的地段； （4）地表倾斜$i>10$mm/m，地表曲率$K_B>0.6$mm/m^2，或地表水平变形$\varepsilon>6$mm/m的地段
评价其适宜性	（1）采空区采深采厚比小于 30 的地段； （2）采深小，上覆岩层极坚硬，并采用非正规开采方法的地段； （3）地表倾斜$i=3\sim10$mm/m，地表曲率$K_B=0.2$~0.6mm/m^2，或地表水平变形$\varepsilon=2\sim6$mm/m的地段
相对稳定	不属于上述情况 地表倾斜$i<3$mm/m，且地表曲率$K_B<0.2$mm/m^{2}且地表水平变形$\varepsilon<2$mm/m的地段

（2）按《公路路基设计规范》，公路采空区根据地表变形大小，判断是否满足公路路基建设场地的要求，并应符合表 7-29-48 的规定。

采空区公路路基场地稳定性——《公路路基设计规范》　表 7-29-48

满足	地表变形满足表格全部要求： 公路采空区地表变形容许值 公路等级 / 地表倾斜 i（mm/m）/ 地表水平变形 ε（mm/m）/ 地表曲率K_B（mm/m^2） 高速公路、一级公路 / $i\leqslant3.0$ / $\varepsilon\leqslant2.0$ / $K_B\leqslant0.2$ 二级及二级以下公路 / $i\leqslant6.0$ / $\varepsilon\leqslant4.0$ / $K_B\leqslant0.3$
进行处治	**不满足表格要求，但满足：** 地表倾斜$i\leqslant10$mm/m，且地表水平变形$\varepsilon\leqslant6$mm/m 且地表曲率$K_B\leqslant0.6$mm/m^2 的地段
不宜	地表倾斜$i>10$mm/m，或地表水平变形$\varepsilon>6$mm/m 或地表曲率$K_B>0.6$mm/m^2 的地段

公路采空区地表变形容许值

公路等级	地表倾斜 i（mm/m）	地表水平变形 ε（mm/m）	地表曲率K_B（mm/m^2）
高速公路、一级公路	$i\leqslant3.0$	$\varepsilon\leqslant2.0$	$K_B\leqslant0.2$
二级及二级以下公路	$i\leqslant6.0$	$\varepsilon\leqslant4.0$	$K_B\leqslant0.3$

题 7-146　（09D24）某采空区场地倾向主断面上每隔 20m 间距顺序排列 A、B、C 三点，地表移动前测量的高程相同，地表移动后测量的垂直移动分量为：B 点较 A 点多 42mm，较 C 点少 30mm，水平移动分量，B 点较 A 点少 30mm，较 C 点多 20mm，按《岩土工程勘察规范》GB 50021—2001（2009 年版）判定该场地的适宜性为下列哪个选项？

（A）不宜建筑的场地　　（B）相对稳定的场地

（C）作为建筑场地，应评价其适宜性　　（D）无法判定

【解】

（1）$i_{AB}=\dfrac{\eta_B-\eta_A}{l_{AB}}=\dfrac{42}{20}=2.1\text{mm/m}<3\text{mm/m}$

$i_{BC}=\dfrac{\eta_C-\eta_B}{l_{BC}}=\dfrac{30}{20}=1.5\text{mm/m}<3\text{mm/m}$

（2）$K_B=\dfrac{i_{BC}-i_{AB}}{l_{1-2}}=\dfrac{2.1-1.5}{20}=0.03\text{mm/m}^2<0.2\text{mm/m}^2$

（3）$\varepsilon_{AB}=\dfrac{\varepsilon_A-\varepsilon_B}{l_{AB}}=\dfrac{30}{20}=1.5\text{mm/m}<2\text{mm/m}$

$$\varepsilon_{BC}=\frac{\varepsilon_B-\varepsilon_C}{l_{BC}}=\frac{20}{20}=1.0\text{mm/m}<2\text{mm/m}$$

综上，判定为相对稳定的场地。

【点评】

①根据《岩土工程勘察规范》第 5.5.5 条；②计算公式出自《工程地质手册》P698，可采用《华山论剑案例快答手册》快速做题。

【同类型真题】07D26

题 7-147　（18C20）某拟建二级公路下方存在一煤矿采空区，A、B、C 依次为采空区主轴断面上的三个点（图 7-29-23），其中AB = 15m，BC = 20m，采空区移动前三点在同一高程上，地表移动后 A、B、C 的垂直移动量分别为 23mm、75.5mm 和 131.5mm，水平移动量分别为 162mm、97mm、15mm，根据《公路路基设计规范》JTG D30—2015，试判断该场地作为公路路基建设场地的适宜性为下列哪个选项？并说明判断过程。

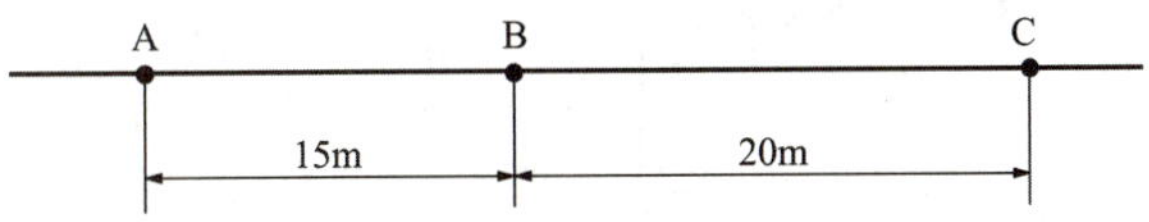

图 7-29-23　题 7-147 图

（A）不宜作为公路路基建设场地

（B）满足公路路基建设场地要求

（C）采取处治措施后可作为公路路基建设场地

（D）无法判断

【解】

（1）二级公路，倾斜

$$i_{AB}=\frac{75.5-23}{15}=3.5\text{mm/m}\leqslant 6\text{mm/m}$$

$$i_{BC}=\frac{131.5-75.5}{20}=2.8\text{mm/m}\leqslant 6\text{mm/m}$$

（2）水平变形

$$\varepsilon_{AB}=\frac{162-97}{15}=4.33\text{mm/m}\geqslant 4\text{mm/m}$$

$$\varepsilon_{BC}=\frac{97-15}{20}=4.10\text{mm/m}\geqslant 4\text{mm/m}$$

（3）B 点地表曲率

$$K_B=\frac{3.5-2.8}{(15+20)/2}=0.04\text{mm/m}^2\leqslant 0.3\text{mm/m}^2$$

（4）水平变形不满足《公路路基设计规范》表 7.16.3 的规定且不大于 6mm/m，倾斜和 B 点地表曲率均满足，故采取处治措施后可作为公路路基建设场地。

【点评】

①根据《公路路基设计规范》第 7.16.3 条、《工程地质手册》P698；②本题目属于采空区内的基本计算题，虽然取消了煤矿采空区规范，但是《工程地质手册》上仍然能找到，结合《公路路基设计规范》解题。

3. 地表移动变形最大值——《工程地质手册》P703、《铁路工程不良地质勘察规程》第 10.5.5 条条文说明

地表移动变形预测法是采用“概率积分法”对采空区地表移动变形进行预测。也可参考《煤矿采空区岩土工程勘察规范》附录 H（考试大纲已经取消）和《铁路工程不良地质勘察规程》第 10.5.5 条的条文说明。采空区地表移动变形按表 7-29-49 计算。

采空区地表移动变形　　　　表 7-29-49

<table>
<tr><td colspan="2">（1）地面影响区半径</td><td>$r = \dfrac{H}{\tan\beta}$</td><td>r——地面影响区半径（m）；
H——开采深度，即矿层开采顶面的埋深（m）；
β——移动角（°），$\tan\beta$一般介于 1.5～2.5 之间</td></tr>
<tr><td rowspan="3">（2）地表最大下沉值</td><td>充分采动</td><td>$W_{cm} = Mq\cos\alpha$</td><td rowspan="2">W_{cm}、W_{fm}——充分和非充分采动条件下地表最大下沉值（mm）；
M——采出煤层法向厚度（真厚度）（m）；
α——煤层倾角（°）；
q——下沉系数（mm/m），对于急倾斜煤层为下沉盆地体积与开采煤层体积的比值</td></tr>
<tr><td>非充分采动</td><td>$W_{fm} = Mqn\cos\alpha$</td></tr>
<tr><td colspan="3">N为地表充分采动系数，$n = \sqrt{n_1 n_3}$，$n_1 = k_1\dfrac{D_1}{H_0}$，$n_3 = k_3\dfrac{D_3}{H_0}$，$n_1$和$n_3$大于 1 时取 1；
K_1、k_3——与覆岩岩性有关的系数，坚硬岩层取 0.7，较硬岩层取 0.8，软弱岩层取 0.9；
D_1、D_3——倾向及走向工作面长度（m）</td></tr>
<tr><td rowspan="2">（3）地表最大水平移动值</td><td>沿煤层走向方向</td><td>$U_{cm} = bW_{cm}$</td><td rowspan="2">U_{cm}——充分开采的最大水平移动值（mm）；
b——水平移动系数；
b_α——水平移动系数，随倾角α变化；
P_0——计算系数，$P_0 = \tan\alpha - h/(H_0 - h)$，其中$h$为表土层厚度（m），$H_0$为采空区的平均采深（m），当$P_0 < 0$时，取$P_0 = 0$</td></tr>
<tr><td>沿煤层倾斜方向</td><td>$U_{cm} = b_\alpha W_{cm}$或
$U_{cm} = (b + 0.7P_0)W_{cm}$</td></tr>
<tr><td colspan="2">（4）最大倾斜变形值：</td><td>$i_{cm} = \dfrac{W_{cm}}{r}$</td><td>$i_{cm}$——充分开采的最大倾斜变形（mm/m）；
r——地面影响区半径（m）</td></tr>
<tr><td colspan="2">（5）最大曲率变形值</td><td>$k_{cm} = 1.52\dfrac{W_{cm}}{r^2}$</td><td>$k_{cm}$——充分开采的最大曲率变形（$10^{-3}$/m）</td></tr>
<tr><td colspan="2">（6）最大水平变形值</td><td>$\varepsilon_{cm} = 1.52b\dfrac{W_{cm}}{r}$</td><td>$\varepsilon_{cm}$——充分开采的最大水平变形（mm/m）</td></tr>
<tr><td colspan="2">（7）地表最大下沉速度</td><td>$v_0 = \dfrac{2CW_{cm}}{H}$</td><td>$v_0$——地表最大下沉速度（mm/d）；
C——工作面推进速度（m/d）</td></tr>
</table>

注：地面影响区半径r和最大下沉速度v_0的计算公式见《铁路工程不良地质勘察规程》第 10.5.5 条条文说明。

题 7-148　某矿床埋深 85m，可采厚度 12m，矿层产状近于水平，下沉系数为 0.92mm/m，主要影响角$\beta = 65°$，水平移动系数$b = 0.4$，试预测充分采动后地表最大下沉值、最大倾斜变形值、最大曲率值、最大水平位移值和最大水平变形值。

【解】

（1）$r = 85/\tan 65° = 39.64\text{m}$

（2）地表最大下沉值$W_{cm} = 12 \times 0.92 \times \cos 0° = 11.04\text{mm}$

（3）最大倾斜变形值$i_{cm} = 11.04/39.64 = 0.279\text{mm/m}$

（4）最大曲率值$K_{cm} = 1.52 \times 11.04/39.64^2 = 0.011\text{mm/m}^2$

（5）最大水平位移值$U_{cm} = 0.4 \times 11.04 = 4.42\text{mm}$

（6）最大水平变形值$\varepsilon_{cm} = 1.52 \times 0.4 \times 11.04/39.64 = 0.169\text{mm/m}$

【点评】

《工程地质手册》P703、P704。

【同类型真题】07D26

4. 公路采空区处治范围——《公路路基设计规范》第 7.16.5 条

当开挖回填处理的浅采空区处理长度应为沿公路轴向的采空区实际分布长度，处理宽度应为路基底面宽度或构造物的宽度，处理深度宜为底板风化岩位置。

其他类型采空区处理范围应符合表 7-29-50 的规定。

公路采空区处理范围　　　　表 7-29-50

<table>
<tr><td>（1）采空区的厚度较大时，处理长度应增加覆岩移动角的影响宽度，沿公路轴向的采空区处理长度可按下式计算确定。
$L = L_0 + 2h\cot\alpha + H_{上}\cot\beta + H_{下}\cot\gamma$
L——沿公路轴向的采空区处理长度（m）；
L_0——沿公路中线方向采空区长度（m）；
α——松散层移动角（°）；
$H_{上}$、$H_{上}$——上山和下山方向采空区上覆岩层厚度（m）；
β、γ——上山和下山方向采空区上覆岩层移动角（°）</td><td>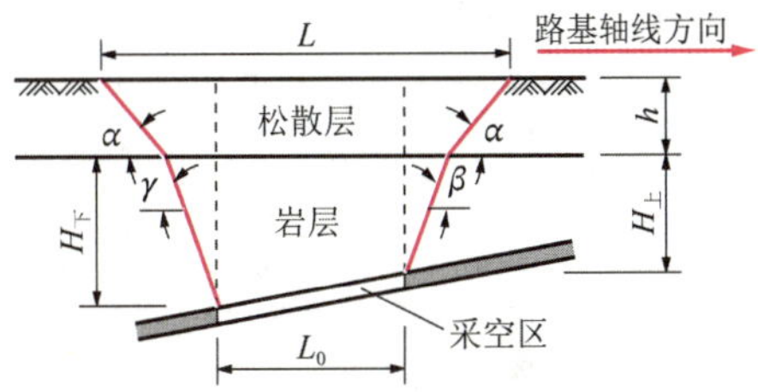
</td></tr>
<tr><td>（2）处理宽度由路基底面宽度、围护带宽度、采空区覆岩影响宽度三部分组成。
①水平岩层可按下式计算：
$B = D + 2d + 2h\cot\alpha + 2H\cot\delta$</td><td>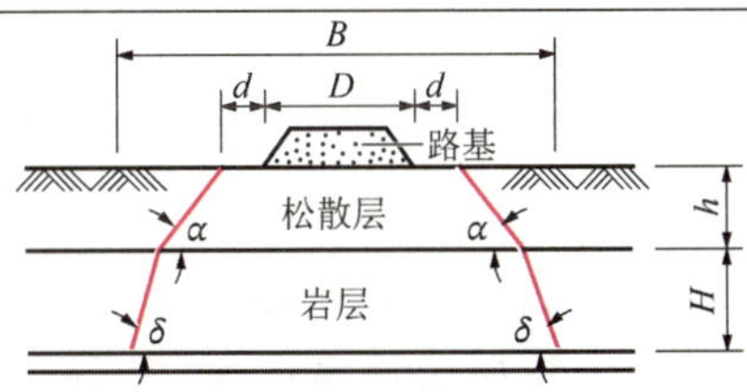

①水平岩层采空区处理宽度示意图</td></tr>
<tr><td>②倾斜岩层且路线与岩层走向垂直，路线上每点的宽度可按水平岩层计算；倾斜岩层且路线与岩层走向平行时，可按下式计算：
$B = D + 2d + 2h\cot\alpha + H_{上}\cot\beta + H_{下}\cot\gamma$</td><td rowspan="2">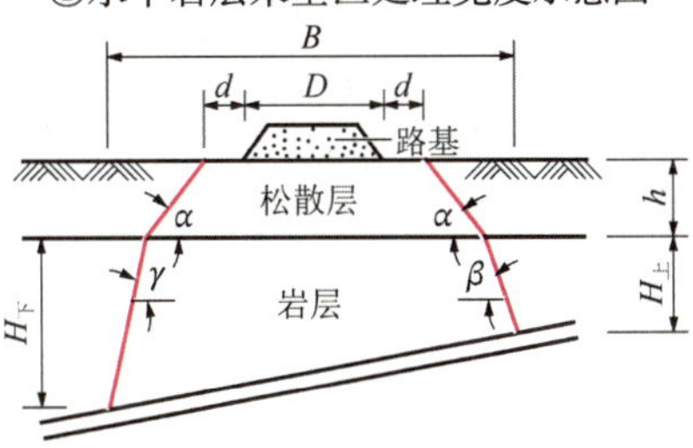

②倾斜岩层采空区且路线与岩层走向平行时处理宽度示意图</td></tr>
<tr><td>③倾斜岩层且路线与岩层走向斜交时，可按下式计算：
$B = D + 2d + 2h\cot\alpha + H_{上}\cot\beta' + H_{下}\cot\gamma'$
$\cot\beta' = \sqrt{\cot^2\beta\cos^2\theta + \cot^2\delta\sin^2\theta}$
$\cot\gamma' = \sqrt{\cot^2\gamma\cos^2\theta + \cot^2\delta\sin^2\theta}$</td></tr>
<tr><td>B——垂直于公路轴线的水平方向宽度（m）；
D——公路路基底面宽度（m）；
d——路基围护带一侧的宽度（m），一般取 10m；
H——采空区上覆岩层厚度（m）；
h——松散层厚度（m）；
δ——走向方向采空区上覆岩层移动角（°）；
β'、γ'——上山和下山方向采空区上覆岩层斜交移动角（°）；
θ——围护带边界与矿层倾向线之间所夹的锐角（°）</td><td>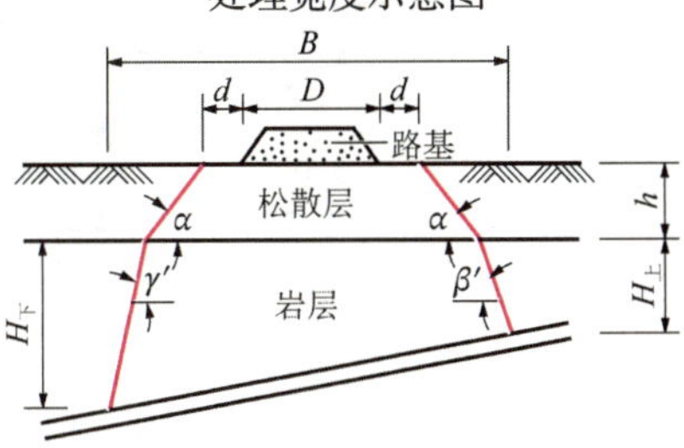

③倾斜岩层采空区且路线与岩层走向斜交时处理宽度示意图</td></tr>
</table>

续表

（3）处理范围位于采空区边界以内时，其处理深度应为地面至采空区底板以下不小于 3m；处理范围位于采空区边界外侧至岩层移动影响范围以内时，其处理深度应按下式计算： $h_t = H - l\tan\delta_{外} + h'$	h_t——采空区边界外侧岩层移动影响范围的处理深度（m）； H——采空区埋深，即上覆岩层厚度（m）； l——注浆孔距采空区边界的距离（m）； h'——影响裂隙带以下的处理深度，宜取 20m； $\delta_{外}$——采空区边界外侧上覆岩层移动影响角（°）

5. 小窑采空区顶板压力和临界深度计算——《工程地质手册》P713

小窑采空区顶板（荷载影响）临界深度法主要适用于穿巷、条带、房柱式和小窑采空区的地基稳定性定量分析，通过计算在建筑物基底附加应力作用下，采空区顶板岩层恰好保持自然平衡状态时的顶板临界埋深H_0，进而分析工程建设对采空区稳定性影响程度。小窑采空区采空段顶板上的压力Q和小窑采空区顶板临界深度H_0计算应符合表 7-29-51 的规定。

小窑采空区顶板压力和临界深度计算　　表 7-29-51

（1）当建筑物已建在影响范围以内时，可按下式验算地基的稳定性。设建筑物基底压力为p_0，则作用在采空段顶板上的压力Q为：

$$Q = G + Bp_0 - 2f = \gamma HB + Bp_0 - 2E_a\tan\varphi = \gamma HB + Bp_0 - 2\times\frac{1}{2}\gamma H^2\tan^2\left(45° - \frac{\varphi}{2}\right)\tan\varphi$$

$$\Downarrow$$

$$Q = \gamma H\left[B - H\tan\varphi\tan^2\left(45° - \frac{\varphi}{2}\right)\right] + Bp_0$$

式中：G——巷道单位长度顶板上岩层所受的总重力（kN/m），$G = BH\gamma$

B——巷道宽度（m）；

H——巷道顶板的埋藏深度（m），基底起算；

p_0——基底应力（kPa）；

f——巷道单位长度侧壁的摩阻力（kN/m）；

γ——岩层的重度（kN/m^3）；

φ——岩层等效内摩擦角（°）

（2）当H增大到某一深度，使顶板岩层恰好保持自然平衡（即$Q = 0$），此时的H称为临界深度H_0，则：

$$H_0 = \frac{B\gamma + \sqrt{B^2\gamma^2 + 4B\gamma p_0\tan\varphi\tan^2\left(45° - \frac{\varphi}{2}\right)}}{2\gamma\tan\varphi\tan^2\left(45° - \frac{\varphi}{2}\right)}$$

场地（地基）稳定性评价

地基稳定性	不稳定	稳定性差	稳定
巷道顶板到基础底面的距离H（m）	$H < H_0$	$H_0 \leqslant H \leqslant 1.5H_0$	$H > 1.5H_0$

注：按 21 年真题官方答案，p_0为基底应力，与 12 年真题采用p_0为基底附加应力不同，建议按p_0为基底应力。

题 7-149　（12D27）建筑物位于小窑采空区，小窑巷道采煤，煤巷宽 2m，顶板至地面 27m，顶板岩体重度 22kN/m^3，内摩擦角 34°，建筑物横跨煤巷，基础埋深 2m，基底附加应力 250kPa，问：按顶板临界深度法近似评价地基稳定性为下列哪一选项？

（A）地基稳定　　（B）地基稳定性差

（C）地基不稳定　　（D）地基极限平衡

【解】

（1）$H_0 = \dfrac{B\gamma + \sqrt{B^2\gamma^2 + 4B\gamma p_0 \tan\varphi \tan^2(45° - \varphi/2)}}{2\gamma \tan\varphi \tan^2(45° - \varphi/2)}$

$= \dfrac{2 \times 22 + \sqrt{2^2 \times 22^2 + 4 \times 2 \times 22 \times 250 \times \tan 34° \times \tan^2(45° - 34°/2)}}{2 \times 22 \times \tan 34° \times \tan^2(45° - 34°/2)}$

$= 17.36\text{m}$

（2）$H = 27 - 2 = 25\text{m}$，$1.5H_0 = 1.5 \times 17.35 = 26\text{m}$

$H_0 < H < 1.5H_0$，地基稳定性差

【点评】

①根据《工程地质手册》P713；②地质手册中的H_0公式是基于地基压力作用于地表（此时附加应力 = 地基压力），H_0也是相对于地表到巷道顶板的深度，实际基础的埋深不为 0，因此应用时的H应减去基础埋深 2m；③本公式由上覆土重量、朗肯土压力产生的摩擦力平衡方程求解得到；④实际情况和理论不完全相符，存在争议，本题答案按 2012 官方解答，2021 年真题出了同样考点题目，官方解法p_0为基底压力，H从基底起算。

题 7-150　（21C21）某既有建筑物基础正下方发现一处小窑采空区，采空区断面呈矩形，断面尺寸见图 7-29-24，洞顶距地表 27m，已知：采空区上覆岩体破碎，重度 25kN/m^3，等效内摩擦角为 46°，无地下水；建筑物宽度 12m，基础埋深 4m，基底单位压力 200kPa。按照《工程地质手册》推荐方法，评估该建筑物地基稳定性为下列哪个选项。

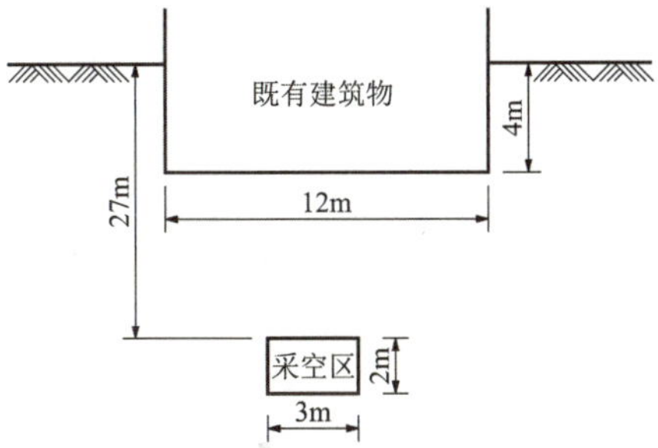

图 7-29-24　题 7-150 图

（A）不稳定　　（B）稳定性差，顶板临界埋深 > 20m

（C）稳定性差、顶板临界埋深 < 20m　　（D）稳定

【解法一】

（1）$p_0 = 200\text{kPa}$

（2）$H_0 = \dfrac{3 \times 25 + \sqrt{3^2 \times 25^2 + 4 \times 3 \times 25 \times 200 \times \tan 46° \times \tan^2(45° - 46°/2)}}{2 \times 25 \times \tan 46° \times \tan^2(45° - 46°/2)}$

$= 23.73\text{m}$

（3）$H = 27 - 4 = 23\text{m} < H_0$，不稳定

【解法二】

（1）$p_0 = 200 - 25 \times 4 = 100\text{kPa}$

（2）$H_0 = \dfrac{3 \times 25 + \sqrt{3^2 \times 25^2 + 4 \times 3 \times 25 \times 100 \times \tan 46° \times \tan^2(45° - 46°/2)}}{2 \times 25 \times \tan 46° \times \tan^2(45° - 46°/2)}$

$= 21.11\text{m}$

（3）$H_0 \leqslant H = 27 - 4 = 23\text{m} \leqslant 1.5H_0$，稳定性差

【点评】

①根据《工程地质手册》P713；②本题存在争议，题目指定《工程地质手册》公式中，p_0为基底压力，为解法一；③解法二按《煤矿采空区岩土工程勘察规范》p_0取附加压力，2012年真题，p_0也是取基底附加压力；④本理论为不严密理论，对于有基础埋深时，基础的大小、土压力非三角形分布，影响了公式的结论，严格来说，不能确定解法一和解法二哪个更准确，建议以后按官方解法一答题。

29.2.5 地面沉降——《岩土工程勘察规范》第5.6.1条、《工程地质手册》P719

发生地面沉降的原因主要由于抽吸地下水引起土层中水位或水压下降、土层颗粒间有效应力增大而导致地层压密的结果。大面积堆土也能使深部土层产生类似机理而导致地面沉降。本节内容未包括由于新构造运动或海平面上升等原因造成的地面绝对或相对下沉。

地面沉降的方法在“土力学”和“浅基础”中有详细介绍，此处不再重复讲解，详见《土力学一本通》或本书第2篇第10章。

第 8 篇

地震工程

考试大纲

8.1 抗震设防的基本知识

了解国家标准《中国地震动参数区划图》GB 18306—2015 的基本内容；了解建筑抗震设防的三个水准要求；**熟悉抗震设计的基本参数**；了解土动力参数的试验方法；了解影响地震地面运动的因素。

8.2 地震作用与地震反应谱

了解设计地震反应谱；**掌握地震设计加速度反应谱的主要参数的确定方法及其对勘察的要求。**

8.3 建筑场地的地段与类别划分

熟悉各类建筑场地地段的划分标准；**掌握建筑场地类别划分的方法**；了解建筑场地类别划分对抗震设计的影响。

8.4 土的液化

了解土的液化机理及其对工程的危害；掌握液化判别方法；**掌握液化指数的计算和液化等级的评价方法**；熟悉抗液化措施的选用。

8.5 地基基础的抗震验算

熟悉地基基础需要进行抗震验算的条件和方法。

8.6 土石坝抗震设计

熟悉土石坝的抗震措施；掌握土石坝抗震稳定性计算的方法。

考题特点

自 2018 年后，地震工程题量为 4 题，上午、下午均 2 题，题号为 23、24。案例考点主要涉及 5 本，题型比较固定，属于较简单的题目，为考试的必拿分章节。常规出题点为：场地类别划分、液化计算、反应谱、地基基础的抗震验算，本篇规范内容少，最新出题有部分新颖题目，要注重地震土压力和地基动力特性测试的相关内容。地基液化等级计算属于计算量较大的简单题。

复习方法

虽然本篇难度不大，但其中考点的细节还是比较多，应通过多做题，多总结，对比不同规范的差异，总结规范和规律，熟悉规范的大部分表格和参数，能做到闭卷或者快速查表。对于新规范的内容应加强学习。平时做题要规范书写，做到思路流畅，行云流水。

应试技巧

抗震题目属于首先要做的题目，常规题目应利用总结的表格快速做对，熟练掌握计算技巧，快速计算液化指数，遇到完全陌生的偏题可以先不做。

主要涉及规范

（1）《建筑抗震设计规范》GB 50011—2010（2016年版）（核心重点）

（2）《中国地震动参数区划图》GB 18306—2015（重点1）

（3）《水电工程水工建筑物抗震设计规范》NB 35047—2015（重点2）

（4）《公路工程抗震规范》JTG B02—2013（重点3）

（5）《地基动力特性测试规范》GB/T 50269—2015（次重点1）

第 30 章

建筑抗震设计规范

抗震设计涉及的重要术语见表 8-30-1。

重要术语　　表 8-30-1

抗震设防烈度	按国家规定的权限批准作为一个地区抗震设防依据的地震烈度。一般情况，取 50 年内超越概率 10%的地震烈度（不能随意提高或降低）
抗震设防标准	衡量抗震设防要求高低的尺度，由抗震设防烈度或设计地震动参数及建筑抗震设防类别确定（是最低的要求，具体工程的设防标准可按业主要求提高）
设计基本地震加速度	50 年设计基准期超越概率 10%的地震加速度的设计取值
设计特征周期	抗震设计用的地震影响系数曲线中，反映地震震级、震中距和场地类别等因素的下降段起始点对应的周期值，简称特征周期
抗震设防分类	建筑应根据其使用功能的重要性分为甲类、乙类、丙类、丁类，是分别作为特殊设防类、重点设防类、标准设防类、适度设防类的简称
设计地震分组	按震源机制、震级大小和震中距远近分为三组，分别为第一组、第二组、第三组
地震影响系数	综合考虑了地震烈度、结构物自振周期以及场地土条件的影响，用于计算作用在结构物上的地震力的系数，包括水平地震影响系数和竖向地震影响系数
地震作用	由地震动引起的结构动态作用，包括水平地震作用和竖向地震作用。 抗震设计时，结构所承受的“地震力”实际上是由于地震地面运动引起的动态作用，包括地震加速度、速度和动位移的作用，按照国家标准《工程结构设计基本术语标准》GB/T 50083—2014 的规定，属于间接作用，不可称为“荷载”，应称“地震作用”
抗震设防目标	本规范对于建筑抗震设防的基本思想和原则以“三个水准”为抗震设防目标。即“小震不坏、中震可修、大震不倒”的某种具体化。50 年内超越概率约为 63%的地震烈度为对应于统计“众值”的烈度，比基本烈度约低一度半，本规范取为第一水准烈度，称为“**多遇地震**”；50 年超越概率约 10%的地震烈度，即《中国地震烈度区划图（1990）》规定的“地震基本烈度”或《中国地震动参数区划图》GB 18306—2015 规定的峰值加速度所对应的烈度，规范取为第二水准烈度，称为“**设防地震**”；50 年超越概率 2%～3%的地震烈度，规范取为第三水准烈度，称为“**罕遇地震**”，当基本烈度 6 度时为 7 度强，7 度时为 8 度强，8 度时为 9 度弱，9 度时为 9 度强。 与三个地震烈度水准相应的抗震设防目标是：一般情况下（不是所有情况下），遭遇第一水准烈度——众值烈度（**多遇地震**）影响时，建筑处于正常使用状态，从结构抗震分析角度，可以视为弹性体系，采用弹性反应谱进行弹性分析；遭遇第二水准烈度——基本烈度（**设防地震**）影响时，结构进入非弹性工作阶段，但非弹性变形或结构体系的损坏控制在可修复的范围；遭遇第三水准烈度——最大预估烈度（**罕遇地震**）影响时，结构有较大的非弹性变形，但应控制在规定的范围内，以免倒塌。

续表

抗震设防目标	采用两个阶段的设计实现上述三个水准的设防目标： **第一阶段设计是承载力验算**，取第一水准的地震动参数计算结构的弹性地震作用标准值和相应的地震作用效应，继续采用《建筑结构可靠性设计统一标准》GB 50068—2018 规定的分项系数设计表达式进行结构构件的截面承载力抗震验算，既满足在第一水准下具有必要的承载力可靠度，又满足第二水准的损坏可修的目标。对大多数的结构，可只进行第一阶段设计，而通过概念设计和抗震构造措施来满足第三水准的设计要求。 **第二阶段设计是弹塑性变形验算**，对地震时易倒塌的结构、有明显薄弱层的不规则结构以及有专门要求的建筑，除进行第一阶段设计外，还要进行结构薄弱部位的弹塑性层间变形验算并采取相应的抗震构造措施，实现第三水准的设防要求

30.1 等效剪切波速和场地类别——《建筑抗震设计规范》第 4.1 节

场地等效剪切波速计算和场地类别判别应符合表 8-30-2 的规定。

等效剪切波速和场地类别　　表 8-30-2

1）场地覆盖层厚度 d_{ov} ⇓	（1）一般情况下，应按地面至剪切波速 > 500m/s 且其下卧各层岩土的剪切波速均 ≥ 500m/s 的土层顶面的距离确定。 （2）当地面 5m 以下存在剪切波速 > **2.5 倍**其上部各土层剪切波速的土层，且该层及其下卧各层岩土的剪切波速均 ≥ 400m/s 时，可按地面至该土层顶面的距离确定。 （3）剪切波速 > 500m/s 的**孤石、透镜体**，应视同周围土层。 （4）土层中的火山岩**硬夹层**，应视为刚体，其厚度应从覆盖土层中扣除。扣除后的计算深度 d_0 不需要向下补齐 20m。 注：火山岩硬夹层一般指玄武岩、流纹岩等火山喷出岩夹层；视为孤石、透镜体时，一般为侵入岩如花岗岩、辉绿岩等，一般题目也会有“孤石、透镜体”等关键字	
2）等效剪切波速 v_{se} ⇓	$$v_{se}=\frac{d_0}{\sum_{i=1}^{n}(d_i/v_{si})}$$	式中：d_0——计算深度（m），取覆盖层厚度和 20m 两者中的较小值； d_i——计算深度范围内第 i 土层的厚度（m）； v_{si}——计算深度范围内第 i 土层的剪切波速（m/s）
3）场地类别	见下表	

各类建筑场地的覆盖层厚度 d_{ov}（m）

岩石的剪切波速或土的等效剪切波速（m/s）	场地类别				
	Ⅰ$_0$	Ⅰ$_1$	Ⅱ	Ⅲ	Ⅳ
$v_s > 800$	0	—	—	—	—
$800 \geqslant v_s > 500$	—	0	—	—	—
$500 \geqslant v_{se} > 250$	—	< 5	≥ 5	—	—
$250 \geqslant v_{se} > 150$	—	< 3	3～50	> 50	—
$v_{se} \leqslant 150$	—	< 3	3～15	15～80	> 80

注：表中 v_s 系岩石的剪切波速

对丁类建筑及丙类建筑中层数不超过 10 层、高度不超过 24m 的多层建筑，当无实测剪切波速时，可根据岩土名称和性状，按下表划分土的类型，再利用当地经验在下表的剪切波速范围内估算各土层的剪切波速。

续表

土的类型划分和剪切波速范围

土的类型	岩土名称和性状	土层剪切波速范围（m/s）
岩石	坚硬、较硬且完整的岩石	$v_s > 800$
坚硬土或软质岩石	破碎和较破碎的岩石或软和较软的岩石；密实的碎石土	$800 \geqslant v_s > 500$
中硬土	中密、稍密的碎石土；密实、中密的砾、粗、中砂；$f_{ak} > 150$ 的黏性土和粉土；坚硬黄土	$500 \geqslant v_s > 250$
中软土	稍密的砾、粗、中砂；除松散外的细、粉砂；$f_{ak} \leqslant 150$ 的黏性土和粉土；$f_{ak} > 130$ 的填土；可塑新黄土	$250 \geqslant v_s > 150$
软弱土	淤泥和淤泥质土；松散的砂；新近沉积的黏性土和粉土；$f_{ak} \leqslant 130$ 的填土；流塑黄土	$v_s \leqslant 150$

注：f_{ak}为由载荷试验等方法得到的地基承载力特征值（kPa）。

有利、一般、不利和危险地段的划分

地段类别	地质、地形、地貌
有利地段	稳定基岩，坚硬土，开阔、平坦、密实、均匀的中硬土等
一般地段	不属于有利、不利和危险的地段
不利地段	软弱土，液化土，条状突出的山嘴，高耸孤立的山丘，陡坡，陡坎，河岸和边坡的边缘，平面分布上成因、岩性、状态明显不均匀的土层（含故河道、疏松的断层破碎带、暗埋的塘浜沟谷和半填半挖地基），高含水率的可塑黄土，地表存在结构性裂缝等
危险地段	地震时可能发生滑坡、崩塌、地陷、地裂、泥石流等及发震断裂带上可能发生地表位错的部位

题 8-1 （06C29）已知某建筑场地土层分布如表 8-30-3 所示，为了按《建筑抗震设计规范》GB 50011—2010（2016 年版）划分抗震类别，则测量土层剪切波速的钻孔深度应达到下列哪个选项的数值？并说明理由。

题 8-1 表 **表 8-30-3**

层序	岩土名称和性状	层厚（m）	层底深度（m）
①	填土$f_{ak} = 150$kPa	5	5
②	粉质黏土$f_{ak} = 200$kPa	10	15
③	稍密粉细砂	15	30
④	稍密至中密圆砾	30	60
⑤	坚硬稳定基岩		

（A）15m （B）20m （C）30m （D）60m

【解】

场地覆盖层厚度为 60m，大于 20m，划分场地类别时，等效剪切波速计算深度取覆盖层厚度和 20m 两者中的较小值，因此，测试钻孔深度应达到 20m。

【点评】

①根据《建筑抗震设计规范》第 4.1.3 条、第 4.1.5 条；②根据《建筑抗震设计规范》表 4.1.3 可知稍密至中密的圆砾波速 $150\text{m/s} \leqslant v_s < 500\text{m/s}$，稍密粉细砂 $150\text{m/s} \leqslant v_s \leqslant 250\text{m/s}$，坚硬稳定基岩$v_s > 800\text{m/s}$，即可判断覆盖层厚度为 60m。

题 8-2 （03D35）某场地抗震设防烈度为 7 度，场地地层条件如表 8-30-4 所示，地下水位深度为 1m，按照《建筑抗震设计规范》GB 50011—2010（2016 年版）确定场地类别属于下列哪个选项？

题 8-2 表 **表 8-30-4**

成因年代	土层编号	土名	层底深度（m）	剪切波速（m/s）
Q_4	①	粉质黏土	1.5	90
	②	粉质黏土	3	140
	③	粉砂	6	160
Q_3	④	细砂	11	350
		岩层		750

（A）Ⅰ类 （B）Ⅱ类 （C）Ⅲ类 （D）Ⅳ类

【解】

1）依题意，场地覆盖层厚度为 11m。

2）$v_{se}=\dfrac{d_0}{\sum\limits_{i=1}^{n}(d_i/v_{si})}=\dfrac{11}{\dfrac{1.5}{90}+\dfrac{1.5}{140}+\dfrac{3}{160}+\dfrac{5}{350}}=182.1\text{m/s}$

3）查表判别场地类别为Ⅱ类。

【点评】

（1）根据《建筑抗震设计规范》第 4.1.4～4.1.6 条。（2）场地类别划分的一般步骤：①确定覆盖层厚度；②计算土层等效剪切波速；③查表划分场地类别。（3）覆盖层厚度在 5～15m 之间时，可不用计算等效剪切波速而直接判断出是场地类别为Ⅱ类，可以用来预判选项，在 14C28 题中只给了覆盖层厚度 13m，没有给剪切波速，要求考生先判断出场地类别。

【同类型真题】13D29

题 8-3 （09D29）图 8-30-1 所示为某工程场地剪切波速测试结果，据此计算确定场地土层的等效剪切波速和场地的类别，下列哪个选项的组合是合理的？

（A）173m/s；Ⅱ类 （B）261m/s；Ⅱ类 （C）193m/s；Ⅲ类 （D）290m/s；Ⅳ类

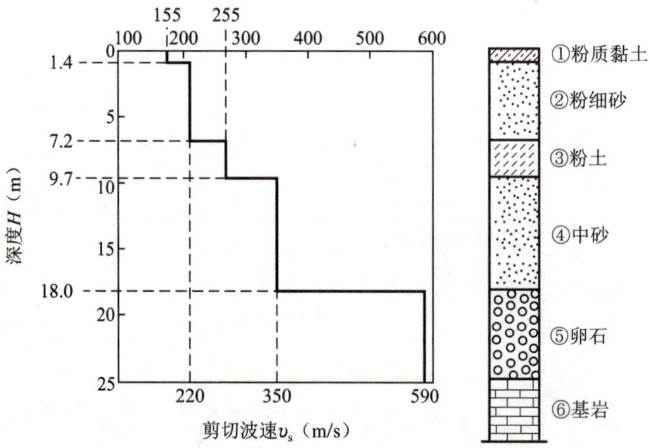

图 8-30-1 题 8-3 图

【解】

覆盖层厚度 18m

$v_{se}=\dfrac{18}{\dfrac{1.4}{155}+\dfrac{5.8}{220}+\dfrac{2.5}{255}+\dfrac{8.3}{350}}=261.2\text{m/s}$，为Ⅱ类

【点评】

根据《建筑抗震设计规范》第 4.1.4～4.1.6 条，根据剪切波速计算等效剪切波速并划分场地的类别，折线的横坐标代表波速大小，纵坐标代表深度。

题 8-4　（04C34）某建筑场地土层条件及测试数据如表 8-30-5 所示，确定该场地类别为下列哪个选项？

题 8-4 表　　表 8-30-5

土层名称	层底深度（m）	剪切波速（m/s）
填土	1	90
粉质黏土	3	160
淤泥质黏土	11	110
细砂	16	420
黏质粉土	20	400
基岩	＞25	＞500

（A）Ⅰ类　（B）Ⅱ类　（C）Ⅲ类　（D）Ⅳ类

【解】

（1）$420\text{m/s} > 160 \times 2.5 = 400\text{m/s}$，且其下$v_s$均$\geqslant 400\text{m/s}$，覆盖层厚度 11m。

（2）$v_{se} = \dfrac{d_0}{\sum\limits_{i=1}^{n}(d_i/v_{si})} = \dfrac{11}{\dfrac{1}{90}+\dfrac{2}{160}+\dfrac{8}{110}} = 114.2\text{m/s}$

（3）综上，场地类型为Ⅱ类。

【点评】

①根据《建筑抗震设计规范》第 4.1.4～4.1.6 条；②**地面 5m 以下深度**，其剪切波速大于其上**各土层**剪切波速的 2.5 倍，且**该层及其下卧各层**岩土的剪切波速**≥400m/s**，覆盖层厚度按地面至该土层顶面的距离确定；③真题反复考查，属于必考题，要熟练到闭卷程度。

题 8-5　（18C23）某场地钻探及波速测试得到的结果见表 8-30-6，试按照《建筑抗震设计规范》GB 50011—2010（2016 年版）计算确定场地类别为下列哪个选项？

题 8-5 表　　表 8-30-6

层号	岩性	层顶埋深（m）	平均剪切波速v_s（m/s）
①	淤泥质粉质黏土	0	110
②	砾砂	9	180
③	粉质黏土	10.5	120
④	含黏性土碎石	14.5	415
⑤	强风化流纹岩	22	800

（A）Ⅰ_1　（B）Ⅱ　（C）Ⅲ　（D）Ⅳ

【解】

（1）4 层埋深＞5m，但 $415/180 = 2.31 < 2.5$

覆盖层厚度d_{ov} =22m，$d_0 = \min(22\text{m}, 20\text{m}) = 20\text{m}$

（2）$v_{se} = \dfrac{20}{\dfrac{9}{110}+\dfrac{1.5}{180}+\dfrac{4}{120}+\dfrac{5.5}{415}} = 146.27\text{m/s}$，查表属于Ⅲ类场地。

【点评】

①依据《建筑抗震设计规范》第 4.1.4～4.1.5 条。②地面 5m 以下存在剪切波速大于其**上部各土层**剪切波速的 2.5 倍，且该层及**下卧各层岩土**的剪切波速均不小于 400m/s 时，覆盖层厚度可按地面至该土层顶面的距离确定。注意：剪切波速应大于其上各土层的 2.5 倍，而非仅大于相邻上层的 2.5 倍，本题容易忽略用第二层的剪切波速验算，而错用第三层的剪切波速，选用上部剪切波速最大的土层验算是否满足大于 2.5 倍即可。③小坑点层顶埋深，容易定向思维看成层底埋深，2018 年很多题目都在从细节和坑点打破定向思维。④本知识点基本上每年必考，有的年份是结合设计反应谱考查特征周期值。

题 8-6 （05C29）某建筑场地土层柱状分布及实测剪切波速如表 8-30-7 所示，试确定在计算深度范围内土层的等效剪切波速最接近下列哪个选项？

题 8-6 表　　表 8-30-7

层序	岩土名称	层厚d_i（m）	层底深度（m）	试验剪切波速（m/s）
①	填土	2	2	150
②	粉质黏土	3	5	200
③	淤泥质粉质黏土	5	10	100
④	残积粉质黏土	5	15	300
⑤	花岗岩孤石	2	17	600
⑥	残积粉质黏土	8	25	300
⑦	风化花岗岩			> 500

（A）128m/s　　（B）158m/s

（C）179m/s　　（D）185m/s

【解】

（1）覆盖土层厚 25m，计算深度取 20m，花岗岩孤石视同周围土层。

（2）$v_{se}=\dfrac{d_0}{\sum\limits_{i=1}^{n}(d_i/v_{si})}=\dfrac{20}{\dfrac{2}{150}+\dfrac{3}{200}+\dfrac{5}{100}+\dfrac{10}{300}}=179.1\text{m/s}$

【点评】

①根据《建筑抗震设计规范》第 4.1.4 条、第 4.1.5 条；②计算深度取覆盖层厚度和地面下 20m 深度中的小值；③剪切波速大于 500m/s 的孤石、透镜体，应视同周围土层。

【同类型真题】07D28

题 8-7　（11C28）某场地的钻孔资料和剪切波速测试结果如表 8-30-8 所示，按《建筑抗震设计规范》（GB 50011—2010）（2016 年版）确定的场地覆盖层厚度和土层等效剪切波速v_{se}与下列哪个选项最为接近？

题 8-7 表　　　　**表 8-30-8**

土层序号	土层名称	层底深度（m）	剪切波速（m/s）
①	粉质黏土	2.5	160
②	粉细砂	7	200
$③_1$	残积土	10.5	260
$③_2$	孤石	12	700
$③_3$	残积土	15	420
④	强风化基岩	20	550
⑤	中风化基岩	—	—

（A）10.5m；200m/s　　（B）13.5m；225m/s

（C）15m；235m/s　　（D）15m；250m/s

【解】

（1）覆盖土层计算至第$③_3$层残积土层底，厚度为 15m。

（2）按不利情况将孤石$③_2$视同残积土$③_1$计算等效剪切波速：

$$v_{se}=\frac{15}{\frac{2.5}{160}+\frac{4.5}{200}+\frac{5}{260}+\frac{3}{420}}=232.6\text{m/s}$$

【点评】

①根据《建筑抗震设计规范》第 4.1.4～4.1.5 条；②注意孤石的处理，对于剪切波速大于 500m/s 的孤石，应将其视为周围土层考虑；③按不利情况，按上、下层土中的较小波速计算。

题 8-8　某建筑场地土层条件及测试数据如表 8-30-9 所示，确定该场地类别为下列哪个选项？

题 8-8 表　　　　**表 8-30-9**

土层名称	层底深度（m）	剪切波速（m/s）
粉质黏土	9	120
花岗岩孤石	11	550
粉质黏土	16	160
残积土	19	420
强风化花岗岩	24	600
中风化花岗岩	30（未穿透）	800

（A）Ⅰ类　　（B）Ⅱ类　　（C）Ⅲ类　　（D）Ⅳ类

【解】

（1）$420\text{m/s}>2.5\times160=400\text{m/s}$，且其下岩土层$v_s$均$\geqslant400\text{m/s}$。

覆盖土层计算至残积土层顶，厚度为 16m。

（2）将孤石按不利情况视为其上层粉质黏土：

$$v_{se1}=\frac{16}{\frac{11}{120}+\frac{5}{160}}=130.2\text{m/s}$$，综上，场地类别为Ⅲ类。

【点评】

①根据《建筑抗震设计规范》第 4.1.4～4.1.6 条；②注意孤石的处理，对于剪切波速大于 500m/s 的孤石，应将其视为周围土层考虑，可直接按不利情况计算，节省时间；③当地面 5m 以下存在剪切波速大于 2.5 倍其上部各土层剪切波速的土层，且该层及其下卧各层岩土的剪切波速均大于等于 400m/s 时，覆盖土层厚度取地面至该土层顶面的距离。

题 8-9 （21C24）某建筑工程场地进行了波速测试，场地地层分布特征及波速测试结果见表 8-30-10，试按《建筑抗震设计规范》GB 50011—2010（2016 年版）计算场地等效剪切波速并判断场地类别最接近下列哪个选项？

题 8-9 表 **表 8-30-10**

层号	地层名称	层顶深度（m）	剪切波速（m/s）
①	填土	0	110
②	淤泥质粉质黏土	3.5	130
③	粉土	5	150
④	含卵石粉质黏土	10.5	160
⑤	残积土	13	220
⑥	流纹岩	14.5	1200
⑦	残积土	16	220
⑧	强风化基岩	18	530
⑨	中风化基岩	22	—

（A）152m/s，Ⅱ类　　（B）148m/s，Ⅱ类

（C）152m/s，Ⅲ类　　（D）148m/s，Ⅲ类

【解】

（1）扣除流纹岩硬夹层，$d_0 = 18 - 1.5 = 16.5\text{m}$

$$v_{se} = \frac{16.5}{\frac{3.5}{110}+\frac{1.5}{130}+\frac{5.5}{150}+\frac{2.5}{160}+\frac{1.5+2}{220}} = 147.9\text{m/s}$$

（2）判断场地类别为Ⅲ类。

【点评】

①根据《建筑抗震设计规范》第 4.1.4～4.1.6 条；②流纹岩属于火山喷出岩，和玄武岩类似，见华山论剑《知识总结手册》，应在d_0中扣除且不计入等效剪切波速，视为孤石、透镜体时，一般为侵入岩如花岗岩、辉绿岩等，一般题目也会有“孤石、透镜体”等关键字，本题无关键字。

题 8-10　（16C27）某建筑场地勘察资料见表 8-30-11，按照《建筑抗震设计规范》GB 50011—2010（2016 年版）的规定，土层的等效剪切波速最接近下列哪个选项?

题 8-10 表　　　　**表 8-30-11**

土层名称	层底埋深（m）	剪切波速（m/s）
粉质黏土	2.5	180
粉土	4.5	220
玄武岩	5.5	2500
细中砂	20	290
基岩	—	＞500

（A）250m/s　　（B）260m/s　　（C）270m/s　　（D）280m/s

【解】

玄武岩属于火山岩硬夹层，应扣除

$$v_{se}=\frac{19}{\frac{2.5}{180}+\frac{2}{220}+\frac{14.5}{290}}=260\text{m/s}$$

【点评】

①依据规范《建筑抗震设计规范》第 4.1.4～4.1.5 条；②土层中的火山岩硬夹层，应视为刚体，其厚度从覆盖土层中扣除；③如果本题细中砂层底埋深大于 20m，计算v_{se}时，d_0无须向下补齐 20m。

题 8-11　某场地地质勘察资料见表 8-30-12，试确定土层的等效剪切波速。

题 8-11 表　　　　**表 8-30-12**

土层序号	土层名称	层底深度（m）	剪切波速（m/s）
①	粉土	6	140
②	粗砂	16	390
③	玄武岩	17	780
④	密实中砂	28	480
⑤	岩石	—	—

【解】

$d_{ov}=28-1=27\text{m}>20\text{m}$，取$d_0=20-1=19\text{m}$

$$v_{se}=\frac{19}{6/140+10/390+3/480}=254.2\text{m/s}$$

【点评】

①根据《建筑抗震设计规范》第 4.1.4～4.1.5 条；②等效剪切波速计算深度取覆盖层厚度和 20m 两者的较小值，并扣除火山岩硬夹层（玄武岩），扣除后，不需要向下补足 20m。

题 8-12 （14C29）某场地地层结构如图 8-30-2 所示，采用单孔法进行剪切波速测试，激振板长 2m，宽 0.3m，其内侧边缘距孔口 2m，触发传感器位于激振板中心，将三分量检波器放入钻孔内地面下 2m 深度时，实测波形图上显示剪切波初至时间为 29.4ms。已知土层②～④和基岩的剪切波速如图所示。根据《建筑抗震设计规范》GB 50011—2010（2016 年版）计算土层的等效剪切波速，其值最接近下列哪项数值？

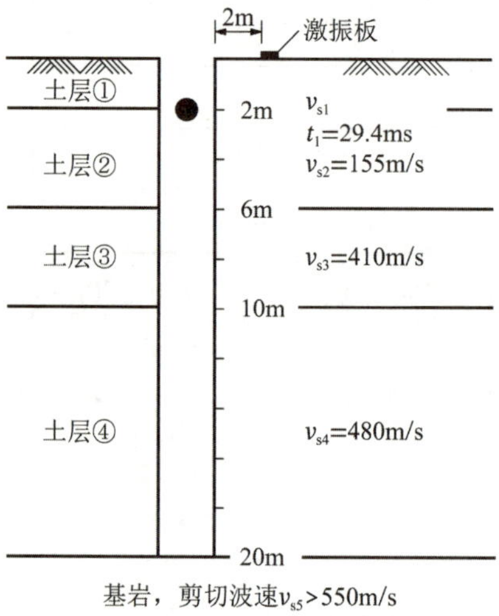

图 8-30-2 题 8-12 图

（A）109m/s （B）131m/s （C）142m/s （D）154m/s

【解】

（1）土层①剪切波速：$v_{s1}=\dfrac{\sqrt{(2+0.3/2)^2+2^2}}{0.0294}=99.9\text{m/s}$

土层③剪切波速大于土层①、②的 2.5 倍，下卧各层不小于 400m/s，覆盖层厚度为 6m。

（2）$v_{se}=\dfrac{6}{\dfrac{2}{99.9}+\dfrac{4}{155}}=130.9\text{m/s}$

【点评】

①根据《建筑抗震设计规范》第 4.1.4～4.1.5 条、《工程地质手册》第 306 页；②本题激发点距离孔口距离较小，故直接采用斜距计算土层①的剪切波速。当激发点距孔口距离较大，测试深度又较浅时，应按照《工程地质手册》第 306 页，进行斜距修正。

题 8-13 （08C28）某 8 层丙类建筑高 24m。已知场地地基土层的埋深及性状如表 8-30-13 所示，则该建筑的场地类别可划分为下列哪个选项的结果？并说明理由。

题 8-13 表　　表 8-30-13

层序	岩土名称	层底深度（m）	性状	f_{ak}（kPa）
①	填土	1	—	120
②	黄土	7	可塑	160
③	黄土	8	流塑	100
④	粉土	12	中密	150
⑤	细砂	18	中密～密实	200
⑥	中砂	30	密实	250
⑦	卵石	40	密实	500
⑧	基岩	—	—	—

（A）Ⅱ类　（B）Ⅲ类　（C）Ⅳ类　（D）无法确定

【解】

（1）第①层$v_s = 150\text{m/s}$；第②层$v_s = 180\text{m/s}$；

第③层$v_s = 100\text{m/s}$；第④层$v_s = 200\text{m/s}$；

第⑤层$v_s = 250\text{m/s}$；第⑥层$v_s = 300\text{m/s}$

（2）场地覆盖层厚度为 30m > 20m，取计算厚度为 20m。

（3）$v_{se} = \dfrac{20}{\dfrac{1}{150}+\dfrac{6}{180}+\dfrac{1}{100}+\dfrac{4}{200}+\dfrac{6}{250}+\dfrac{2}{300}} = 198.7\text{m/s}$，场地类别为Ⅱ类。

【点评】

①根据《建筑抗震设计规范》第 4.1.3～4.1.6 条；②规范规定对于丁类建筑及丙类建筑中层数不超过 10 层、高度不超过 24m 的多层建筑，当无实测剪切波速时，可根据岩土名称和性状，划分土的类型，再利用当地经验查表估算各土层的剪切波速；③本题出题不严谨，做题无当地经验依据，导致没有固定解法，只能粗略估算，工程勘察中，一般估算f_{ak}的方法：一般v_s的数值要比f_{ak}的数值大 0～50，f_{ak}越小（土质越差），差值越小，当$f_{ak} \geqslant 150\text{kPa}$ 时，可取$v_s = f_{ak} + 50$，同时v_s的估算值也要满足列表范围。

【同类型真题】07C28

30.2　天然地基承载力验算——《建筑抗震设计规范》第 4.2 节

天然地基基础抗震验算时，应采用地震作用效应标准组合，且地基抗震承载力应取地基承载力特征值乘以地基抗震承载力调整系数计算。

高宽比大于 4 的高层建筑：在地震作用下**基础底面不宜出现脱离区**（零应力区）。

其他建筑：基础底面与地基土之间**脱离区（零应力区）面积不应超过基础底面面积的 15%**。

验算天然地基地震作用下的竖向承载力时，按地震作用效应标准组合的基础底面平均压力和边缘最大压力应符合表 8-30-14 的要求。

天然地基承载力验算　　　表 8-30-14

轴心 → $p \leqslant f_{aE}$ 偏心 → $\begin{cases} p \leqslant f_{aE} \\ p_{max} \leqslant 1.2 f_{aE} \end{cases}$	$\Leftarrow f_{aE} = \zeta_a f_a$ a）不宜出现零应力区←**高宽比大于 4 的高层建筑** b）零应力区面积 $\leqslant 0.15 \times$ 基底面积 A←**其他建筑**	有零应力区时： $p_{max} = \dfrac{2(F_k + G_k)}{3la}$ $3la = A -$ 零应力区面积 零应力区面积 $= 0.15A$ 时： $p_{max} = \dfrac{2(F_k + G_k)}{3la} = \dfrac{2(F_k + G_k)}{0.85A}$

地基抗震承载力调整系数 ζ_a

岩土名称和性状	ζ_a
岩石；　密实的**碎石土**；　密实的**砾、粗、中砂**；　$f_{ak} \geqslant 300$kPa 的**黏性土和粉土**	1.5
中密、稍密的**碎石土**；　中密和稍密的**砾、粗、中砂**；　密实和中密的**细、粉砂**；　$150\text{kPa} \leqslant f_{ak} < 300$kPa 的**黏性土和粉土**；　坚硬**黄土**	1.3
稍密的**细、粉砂**；　$100\text{kPa} \leqslant f_{ak} < 150$kPa 的**黏性土和粉土**；　可塑**黄土**	1.1
淤泥、淤泥质土；　松散的**砂**，**杂填土**；　新近堆积黄土及流塑**黄土**	1

规范第 4.2.1 条：下列建筑可不进行天然地基及基础的抗震承载力验算（**液化判别深度取 15m**）：

1）规范规定可不进行上部结构抗震验算的建筑。

2）地基主要受力层范围内不存在软弱黏性土层的下列建筑：

（1）一般的**单层**厂房和单层空旷房屋；

（2）**砌体**房屋；

（3）不超过 **8 层且**高度在 **24m 以下**的一般民用框架和框架-抗震墙房屋；

（4）基础荷载与第（3）项相当的多层框架厂房和多层混凝土抗震房屋。

注：软弱黏性土层指抗震设防烈度 7 度、8 度和 9 度时，地基承载力特征值 f_{ak} 分别小于 80、100 和 120kPa 的土层。

式中：p——地震作用效应标准组合的基础底面平均压力（kPa）；

p_{max}——地震作用效应标准组合的基础边缘的最大压力（kPa）；

f_{aE}——调整后的地基抗震承载力（kPa）；

ζ_a——地基抗震承载力调整系数，应按上表采用；

f_a——深宽修正后的地基承载力特征值（kPa），应按《建筑地基基础设计规范》GB 50007—2011 采用

题 8-14　（17D28）某建筑场地，地面下为中密中砂，其天然重度为 $18kN/m^3$，地基承载力特征值为 200kPa，地下水位埋深为 1m，若基础尺寸为 3m × 2m，埋深为 2m，需进行天然地基基础抗震验算，验算天然地基抗震承载力特征值最接近下列哪个选项？

（A）260kPa　　（B）286kPa　　（C）372kPa　　（D）414kPa

【解】

（1）$\gamma_m = \dfrac{18 \times 1 + 8 \times 1}{2} = 13kN/m^3$

$f_a = 200 + 0 + 4.4 \times 13 \times (2 - 0.5) = 285.8kPa$

（2）中密中砂，取$\zeta_a = 1.3$，$f_{aE} = \zeta_a f_a = 1.3 \times 285.8 = 371.5kPa$

【点评】

①根据《建筑抗震设计规范》第 4.2.3 条、《建筑地基基础设计规范》第 5.2.4 条；②本题要注意水位 1m，如果不考虑水位则计算结果为 414kPa，也有选项；③一定要注意求的是地基承载力特征值还是**抗震验算时**的地基**抗震承载力**特征值。

【同类型真题】03C34

题 8-15　（05D30）某建筑物按地震作用效应标准组合的基础底面边缘最大压力$p_{max} = 380kPa$，地基土为中密状态的中砂，问该建筑物基础深宽修正后的地基承载力特征值f_a至少应达到下列哪个选项时，才能满足验算天然地基地震作用下的竖向承载力要求？

（A）200kPa　　（B）245kPa　　（C）290kPa　　（D）325kPa

【解】

（1）中密中砂，$f_{aE} = \zeta_a f_a = 1.3 f_a$

（2）$p_{max} \leqslant 1.2 f_{aE} = 1.2 \times 1.3 f_a$

$f_a \geqslant \dfrac{p_{kmax}}{1.2 \times 1.3} = \dfrac{380}{1.2 \times 1.3} = 243.6kPa$

【点评】

①根据《建筑抗震设计规范》第 4.2.3～4.2.4 条；②验算天然地基地震作用下的竖向承载力时，承载力需要进行抗震提高；③本题仅验算偏心作用，一般题目需要同时验算轴心作用。

题 8-16　（22D23）某高层建筑采用箱形基础，并作为地下室使用。基础底面尺寸为30m × 40m，埋深 6m。地基土全部为中密～密实的细砂，重度为 $19kN/m^3$，地下水位很深，地基承载力特征值$f_{ak} = 280kPa$。在进行天然地基基础抗震验算时，地基抗震承载力最接近下列哪个选项？

（A）360kPa　　（B）500kPa　　（C）710kPa　　（D）920kPa

【解】

（1）查表$\eta_b = 2$，$\eta_d = 3$

$f_a = 280 + 2 \times 19 \times (6 - 3) + 3 \times 19 \times (6 - 0.5) = 707.5kPa$

（2）查表$\zeta = 1.3$

$f_{aE} = 1.3 \times 707.5 = 919.8kPa$

【点评】

①根据《建筑地基基础设计规范》第 5.2.4 条、《建筑抗震设计规范》第 4.2.3 条；②地基抗震验算时，先将地基承载力特征值深宽修正为f_a，然后进行抗震调整，乘以地基抗震承载力调整系数ζ得到f_{aE}。

题8-17 （06D29）高层建筑高42m，基础宽10m，深宽修正后的地基承载力特征值$f_a = 300\text{kPa}$，地基抗震承载力调整系数$\zeta_a = 1.3$，按地震作用效应标准组合进行天然地基基础抗震验算，则下列哪个选项不符合抗震承载力验算的要求？并说明理由。

（A）基础底面平均压力不大于390kPa

（B）基础边缘最大压力不大于468kPa

（C）基础底面不宜出现拉应力

（D）基础底面与地基土之间零应力区面积不应超过基础底面面积的15%

【解】

（1）$p \leqslant f_{aE} = \zeta f_a = 1.3 \times 300 = 390\text{kPa}$

（2）$p_{max} \leqslant 1.2 f_{aE} = 1.2 \times 390 = 468\text{kPa}$

（3）高宽比：$\dfrac{H}{B} = \dfrac{42}{10} = 4.2 > 4$，基底不宜出现拉应力区，故D项不符合要求。

【点评】

①根据《建筑抗震设计规范》第4.2.3～4.2.4条；②验算天然地基地震作用下的竖向承载力时，应**分别验算平均和边缘最大压力**；③$H/B > 4$的高层建筑，在地震作用下基础底面不宜出现脱离区（零应力区），其他建筑，零应力区面积$\leqslant 0.15A$（基底面积），常规简单考点。

题8-18 （11C29）某8层建筑物高25m，筏形基础宽12m，长50m，地基土为中密细砂层。已知按地震作用效应标准组合传至基础底面的总竖向力（包括基础自重和基础上的土重）为100MN。基底零压力区达到规范规定的最大限度时，该地基土经深宽修正后的地基土承载力特征值f_a至少不能小于下列哪个选项的数值，才能满足《建筑抗震设计规范》GB 50011—2010（2016年版）关于天然地基基础抗震验算的要求？

（A）128kPa　　（B）167kPa　　（C）251kPa　　（D）392kPa

【解】

（1）$p = \dfrac{100 \times 10^3}{12 \times 50} = 166.7\text{kPa}$

中密细砂层，$\zeta_a = 1.3$，$p < f_{aE} \Rightarrow f_a \geqslant \dfrac{166.7}{1.3} = 128.2\text{kPa}$

（2）建筑物高度比为$\dfrac{25}{12} = 2.1 < 4$，零应力区面积取基底面积的15%。

$$p_{max} = \frac{2 \times 100 \times 10^3}{0.85 \times 12 \times 50} = 392.2\text{kPa}$$

$$p_{max} \leqslant 1.2 f_{aE} = 1.2 \times 1.3 f_a \Rightarrow f_a \geqslant \frac{392.2}{1.2 \times 1.3} = 251.4\text{kPa}$$

取大值，$f_a \geqslant 251.4\text{kPa}$

【点评】

①根据《建筑抗震设计规范》第4.2.3条、第4.2.4条；②验算天然地震作用下的竖向承载力时，由于荷载中考虑了地震作用，对地基承载力应乘以地基承载力调整系数，按《建筑抗震设计规范》表4.2.3根据岩土名称和性状取用，本题取1.3；③与静力设计相似，按地震作用效应标准组合的基底平均压力和边缘最大压力，两者都必须满足地基承载力的验算条件，验算边缘最大压力时，地基承载力也还需要同时乘以1.2的系数，即乘以1.2、1.3两个系数。

题 8-19 （08D28）某 8 层建筑物高 24m，筏形基础宽 12m，长 50m，地基土为中密～密实细砂，深宽修正后的地基承载力特征值$f_a = 250\text{kPa}$。按《建筑抗震设计规范》GB 50011—2010（2016 年版）验算天然地基抗震竖向承载力。则在容许最大偏心距（短边方向）的情况下，按地震作用效应标准组合的建筑物总竖向作用力应不大于多少？

（A）76500kN　　（B）99450kN　　（C）117000kN　　（D）195000kN

【解】

（1）$\dfrac{H}{B} = \dfrac{24}{12} = 2 < 4$，基底零应力区面积不超过 15%。

（2）$f_a = 250\text{kPa}$，$f_{aE} = \zeta f_a = 1.3 \times 250 = 325\text{kPa}$

（3）$\dfrac{N}{12 \times 50} \leqslant 325\text{kPa} \Rightarrow N \leqslant 195000\text{kN}$

$$\frac{2N}{0.85 \times 12 \times 50} \leqslant 1.2 \times 325 \Rightarrow N = 99450\text{kN}$$

取小值$N = 99450\text{kN}$

【点评】

①根据《建筑抗震设计规范》第 4.2.3～4.2.4 条；②先判定H/B是否大于 4，其中B为建筑物的宽度，不是基础的宽度，本题筏形基础，基础宽度 = 建筑宽度。

题 8-20 （17C28）某 8 层民用建筑，高度 30m，宽度 10m，场地抗震设计烈度为 7 度，拟采用天然地基，基础底面上下均为硬塑黏性土，重度为 19kN/m³，孔隙比为$e = 0.8$，地基承载力特征值$f_{ak} = 150\text{kPa}$。条形基础底面宽度$b = 2.5\text{m}$，基础埋置深度$d = 5.5\text{m}$。按地震作用效应标准组合进行抗震验算时，在容许最大偏心情况下，基底处所承受的最大竖向荷载最接近下列哪个选项？

（A）250kN/m　　（B）390kN/m　　（C）470kN/m　　（D）500kN/m

【解】

（1）$f_a = 150 + 0 + 1.6 \times 19 \times (5.5 - 0.5) = 302\text{kPa}$

硬塑黏性土，$\zeta_a = 1.3$

$$\frac{N}{2.5} \leqslant 1.3 \times 302 \Rightarrow N \leqslant 981.5\text{kN/m}$$

（2）$\dfrac{H}{B} = \dfrac{30}{10} = 3 < 4$

$$p_{max} = \frac{2N}{3la} = \frac{2N}{0.85 \times 2.5 \times 1} \leqslant 1.2 \times 1.3 \times 302 \Rightarrow N \leqslant 500.6\text{kN/m}$$

（3）取小值，$N \leqslant 500.6\text{kN/m}$

【点评】

①根据《建筑抗震设计规范》第 4.2.3～4.2.4 条；②高宽比大于 4 的高层建筑，在地震作用下基础底面不宜出现零应力区，其他建筑，基础底面与地基土之间零应力区面积不应超过基础底面面积的 15%；③抗震地基承载力验算为常规考点，除查系数外，还应达到闭卷程度。

题 8-21 某高宽比小于4的高层建筑，独立基础底面尺寸为3m × 4m，埋深2m，无地下水，基础及其上土的平均重度为20kN/m³，持力层为中密细砂，经深宽修正后的地基承载力特征值$f_a = 160kPa$。已知地震作用效应标准组合传至基础顶面的竖向力$F = 1200kN$，根据《建筑抗震设计规范》GB 50011—2010（2016年版），地震作用效应标准组合下地基能承受的最大弯矩最接近下列哪个选项？（弯矩作用方向为短边方向）

（A）640kN · m　　（B）655kN · m　　（C）850kN · m　　（D）1090kN · m

【解】

（1）中密细砂，$\zeta_a = 1.3 \Rightarrow f_{aE} = 1.3 \times 160 = 208kPa$

$p = \dfrac{1200}{3 \times 4} + 20 \times 2 = 140kPa < f_{aE} = 208kPa$，满足要求。

（2）假设大偏心：受力面积与基底面积之比为n，需满足$0.85 \leqslant n \leqslant 1$

$p_{max} = \dfrac{2 \times (1200 + 2 \times 20 \times 3 \times 4)}{n \times 3 \times 4} \leqslant 1.2 \times 208 \Rightarrow n \geqslant 1.12$，不满足假设。

（3）假设小偏心：$p_{max} = 140 + \dfrac{M}{\dfrac{3^2 \times 4}{6}} \leqslant 1.2 \times 208 \Rightarrow M \leqslant 657.6kN \cdot m$

验算：$e \leqslant \dfrac{657.6}{1200 + 2 \times 20 \times 3 \times 4} = 0.39m < \dfrac{b}{6} = \dfrac{3}{6} = 0.5m$，满足要求。

【点评】

①根据《建筑抗震设计规范》第4.2.3条、第4.2.4条；②注意：本题应查表先确定地基抗震承载力调整系数，求出地基抗震承载力f_{aE}；③根据规范要求，本题为高宽比小于4的高层建筑，基础底面与地基土之间的脱离区（零应力区）面积不应超过基础底面面积的15%。

题 8-22 某建筑位于抗震设防8度区，高度40m，宽度12m，采用条形基础，埋深3m，地基持力层为黏性土，地基承载力特征值$f_{ak} = 120kPa$，$\gamma = 19kN/m^3$，$e = 0.83$，$I_L = 0.86$，无地下水。已知地震作用效应标准组合传至基础顶面的竖向力$F = 400kN/m$，弯矩$M = 150kN \cdot m/m$。根据《建筑抗震设计规范》GB 50011—2010（2016年版），按地基抗震要求确定的基础底面最小宽度b最接近下列哪个选项？（基础及其上覆土的平均重度取20kN/m³）

（A）2.3m　　（B）3.25m　　（C）3.95m　　（D）11.8m

【解】

（1）孔隙比$e = 0.86 > 0.85 \Rightarrow \eta_b = 0$，$\eta_d = 1$

$f_a = 120 + 0 + 1 \times 19 \times (3 - 0.5) = 167.5kPa$

（2）黏性土$f_{ak} = 120 \in (100,150) \Rightarrow \zeta_a = 1.1$，则$f_{aE} = 1.1 \times 167.5 = 184.25kPa$

（3）基底平均压力$p = \dfrac{400}{B} + 3 \times 20 \leqslant f_{aE} = 184.25kPa \Rightarrow B \geqslant 3.22m$

（4）假设为小偏心：$p_{max} = \dfrac{400}{B} + 3 \times 20 + \dfrac{150}{B^2/6} \leqslant 1.2 \times 184.25 \Rightarrow B \geqslant 3.91m$

$e = \dfrac{150}{400 + 3.91 \times 3 \times 20} = 0.236 < \dfrac{3.91}{6} = 0.652\,m \Rightarrow$ 假设成立。

（5）综上，取大值$b = 3.91m$

【点评】

①根据《建筑抗震设计规范》第4.2.3条、第4.2.4条。②基底平均压力和基础边缘最大压力均应满足地基抗震承载力要求。③先假设大或小偏心，然后根据基底压力和承载力关系确定出基础宽度，然后再验算偏心距是否满足大或小偏心要求；如果先假设小偏心，其计算结果满足假设时，可以不验算大偏心。

30.3　液化判别——《建筑抗震设计规范》第 4.3 节

30.3.1 初判——《建筑抗震设计规范》第 4.3.1～4.3.3 条

地面下存在饱和砂土和饱和粉土（不含黄土、粉质黏土）时，除抗震设防烈度 6 度外，应进行液化判别；存在液化土层的地基，应根据建筑的抗震设防类别、地基的液化等级，结合具体情况采取相应的措施。（注：本条饱和土液化判别要求不含黄土、粉质黏土）

饱和的砂土或粉土（不含黄土），当符合表 8-30-15 的条件之一时，可初步判别为不液化或可不考虑液化影响。

液化初判　　　　**表 8-30-15**

饱和砂土或粉土： （1）地质年代Q_3及以前→7、8 度时**不液化** （2）粉土黏粒含量$\rho_c \geqslant$ {10（7 度）、13（8 度），16（9 度）}→**不液化** （3）天然地基，满足其一$\begin{cases} d_u > d_0 + d_b - 2 \\ d_w > d_0 + d_b - 3 \\ d_u + d_w > 1.5d_0 + 2d_b - 4.5 \end{cases}$ （→**不考虑液化**）	d_w——地下水位深度（m）；设计基准期内年平均**最高水位**或近期年内**最高水位**； d_u——上覆非液化土层厚度（m）；**扣除淤泥（质）土**； d_b——基础埋置深度（m）；$d_b \geqslant 2$m（**重要坑点**）； d_0——液化土特征深度（m）： $d_0 = \begin{cases} \text{粉土} \rightarrow 6(7\text{度})、7(8\text{度})、8(9\text{度}) \\ \text{砂土} \rightarrow 7(7\text{度})、8(8\text{度})、9(9\text{度}) \end{cases}$

注：1. 当区域的地下水位处于变动状态时，应按不利的情况考虑。

2. 初判不液化时，不可当为下层的上覆非液化土层。

3. d_u取值方法（图 8-30-3）：如果**地下水位于**砂土、粉土层，d_u可取至**该砂土、粉土层顶面**；如果**地下水不位于**砂土、粉土层，d_u可取至地下水以下的**首个砂土、粉土层顶面**。

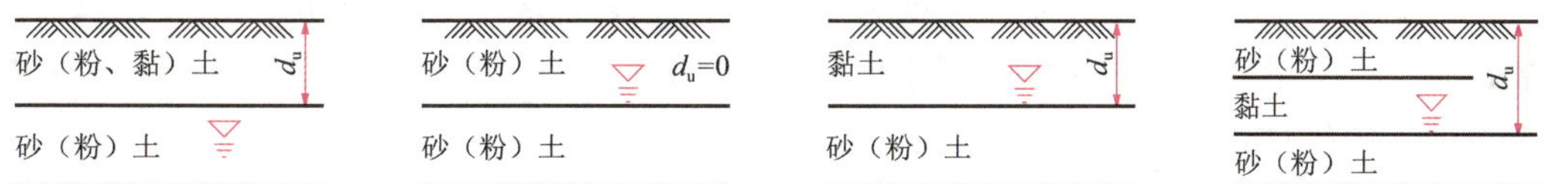

地下水位于砂（粉）土层　地下水位于砂（粉）土层　地下水不位于砂（粉）土层　地下水不位于砂（粉）土层

图 8-30-3　d_u取值示意图

注：重要坑点，①上述三个公式只要满足条件之一即可判为不液化；②d_b小于 2m 应取 2m；③d_u宜扣除淤泥、淤泥质土层；④d取用近期年最高水位，而非勘察期间水位；⑤粉土初判才需要考虑黏粒含量，砂土不考虑；⑥只有水位以下的饱和砂土、粉土会发生液化，黏性土不会发生液化。

题 8-23 （05D28）某建筑场地抗震设防烈度为 7 度，地下水位埋深为$d_w = 5m$，土层柱状分布如表 8-30-16 所示，拟采用天然地基，按照液化初判条件，建筑物基础埋置深度d_b最深不能超过下列哪个选项临界深度时方可不考虑饱和粉砂的液化影响？

题 8-23 表 **表 8-30-16**

层序	土层名称	层底深度（m）
①	Q_4^{al+pl}粉质黏土	6
②	Q_4^{al}淤泥	9
③	Q_4^{al}粉质黏土	10
④	Q_4^{al}粉砂	—

（A）1m （B）2m （C）3m （D）4m

【解】

（1）取$d_u = 10 - 3 = 7m$，$d_w = 5m$，$d_0 = 7m$

（2）$d_u = 7 > d_0 + d_b - 2$，$7 > 7 + d_b - 2$，得$d_b < 2m$

$d_w > d_0 + d_b - 3$，$5 > 7 + d_b - 3$，得$d_b < 1m$

$d_u + d_w > 1.5d_0 + 2d_b - 4.5$，$7 + 5 = 1.5 \times 7 + 2d_b - 4.5$，得$d_b < 3m$

（3）综上，d_b最深不能超过 3m。

【点评】

①根据《建筑抗震设计规范》第 4.3.3 条。②重要坑点，d_u要**扣除淤泥层厚度**。③液化初判，因为三个公式只满足其一即可，所以是取大值，而不同于别的计算，千万要注意。④**d_u取值方法**：如果**地下水位**于砂土、粉土层，d_u可取至**该砂土、粉土层顶面**；如果**地下水不位于**砂土、粉土层，d_u可取至地下水以下的**首个砂土、粉土层顶面**。

题 8-24 （09C28）在地震烈度为 8 度的场地修建采用天然地基的住宅楼，设计时需要对埋藏于非液化土层之下的厚层砂土进行液化判别，下列哪个选项的组合条件可以初步判别为不考虑液化影响？

（A）上覆非液化土层厚度 5m，地下水深 3m，基础埋深 2m

（B）上覆非液化土层厚度 5m，地下水深 5m，基础埋深 1m

（C）上覆非液化土层厚度 7m，地下水深 3m，基础埋深 1.5m

（D）上覆非液化土层厚度 7m，地下水深 5m，基础埋深 1.5m

【解】

（1）基础埋深小于 2m，取$d_b = 2m$，覆盖层越厚，水位越深，越不易液化，初步分析 D 选项液化可能性最小。

（2）$d_u = 7m < d_0 + d_b - 2 = 8 + 2 - 2 = 8m$

$d_w = 5m < d_0 + d_b - 3 = 8 + 2 - 3 = 7m$

$d_u + d_w = 12m > 1.5d_0 + 2d_b - 4.5 = 1.5 \times 8 + 2 \times 2 - 4.5 = 11.5m$

据此判别 D 为可不考虑液化影响。

【点评】

①根据《建筑抗震设计规范》第 4.3.3 条；②根据覆盖层越厚，水位越深，越不易液化可直接只计算 D 选项。

题 8-25 （08C29）某建筑拟采用天然地基，场地地基土由上覆的非液化土层和下伏的饱和粉土组成（表 8-30-17），地震烈度为 8 度。按《建筑抗震设计规范》GB 50011—2010（2016 年版）进行液化初步判别时，下列哪个选项需要考虑液化影响？

题 8-25 表 表 8-30-17

选项	上覆非液化土层厚度d_u（m）	地下水位深度d_w（m）	基础埋置深度d_b（m）
（A）	6	5	1
（B）	5	5.5	2
（C）	4	5.5	1.5
（D）	6.5	6	3

【解】

（1）$d_b < 2m$ 时，取 2m

$d_0 + d_b - 2 = 7 + 2 - 2 = 7m$

$d_0 + d_b - 3 = 7 + 2 - 3 = 6m$

$1.5d_0 + 2d_b - 4.5 = 1.5 \times 7 + 2 \times 2 - 4.5 = 10m$

（2）可知四个选项的d_u均小于 7m，d_w均小于 6m。

仅 C 选项，$d_u + d_w = 9.5 < 10$，需要考虑液化影响

【点评】

①根据《建筑抗震设计规范》第 4.3.3 条；②注意**基础埋深$d < 2m$时取 2m**，三个条件**满足一个即可**判别为不考虑液化影响，不建议解法一，太费时；③简单且重要的考点：液化初判计算。

题 8-26 某民用建筑场地地层资料如下：①层 0～6m 黏土，$I_L = 0.5$，$f_{ak} = 180kPa$；②层 6～8m 粉土，黏粒含量为 11%，$f_{ak} = 160kPa$；③层 8～12m 细砂，黏粒含量 15%，中密，$f_{ak} = 200kPa$，地质年代为Q_4；④层 12～18m 密实砂土，$f_{ak} = 380kPa$，地质年代为Q_3；⑤层 18m 以下为基岩。场地地下水位为 5m，基础埋深为 2m，位于 8 度烈度区，按《建筑抗震设计规范》进行初步判定，不能排除液化的土层有几层？

【解】

（1）第①层黏土不液化，Q_3及其以前的土层 7 度、8 度不液化，故④层不液化。

（2）第②层粉土：$d_u = 6m$，$d_w = 5m$，$d_b = 2m$，$d_0 = 7m$

$d_u = 6m < d_0 + d_b - 2 = 7 + 2 - 2 = 7m$

$d_w = 5m < d_0 + d_b - 3 = 7 + 2 - 3 = 6m$

$d_u + d_w = 11m > 1.5d_0 + 2d_b - 4.5 = 1.5 \times 7 + 2 \times 2 - 4.5 = 10m$，初判可不考虑液化影响。

（3）第③层砂土：$d_u = 6m$，$d_w = 5m$，$d_b = 2m$，$d_0 = 8m$

$d_u = 6m < d_0 + d_b - 2 = 8 + 2 - 2 = 8m$

$d_w = 5m < d_0 + d_b - 3 = 8 + 2 - 3 = 7m$

$d_u + d_w = 11m < 1.5d_0 + 2d_b - 4.5 = 1.5 \times 8 + 2 \times 2 - 4.5 = 11.5m$

初判不能排除该土层液化，需进一步判别，综上，不能排除液化的土层有 1 层。

【点评】

8 度烈度区，粉土黏粒含量 11%，不满足不液化土条件。

30.3.2 复判及液化指数计算——《建筑抗震设计规范》第 4.3.4~4.3.7 条

液化判别过程如图 8-30-4 所示。当饱和砂土、粉土的初步判别认为需进一步进行液化判别时，应采用标准贯入试验判别法判别地面下 20m 范围内土的液化；但对本规范第 4.2.1 条规定可不进行天然地基及基础的抗震承载力验算的各类建筑，可只判别地面下 15m 范围内土的液化。

当饱和土标准贯入锤击数（未经杆长修正）小于或等于液化判别标准贯入锤击数临界值时，应判为液化土。

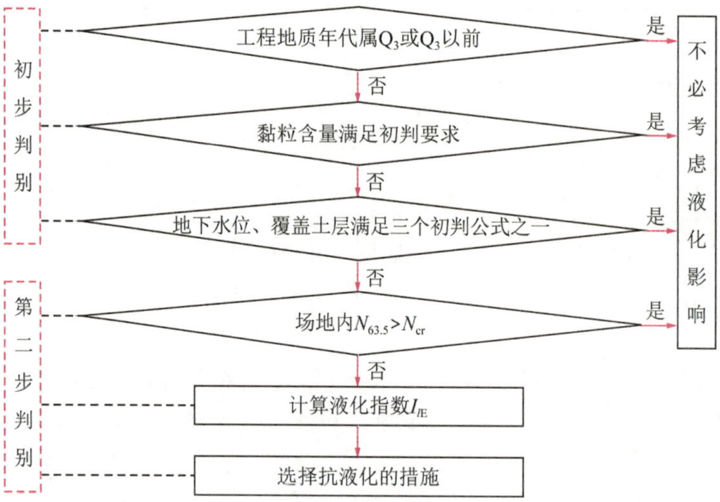

图 8-30-4　液化判别的总框图

第 4.2.1 条：下列建筑可不进行天然地基及基础的抗震承载力验算（**液化判别深度取 15m**）：

1）**规范规定可不进行上部结构抗震验算的建筑。**

2）**地基主要受力层范围内不存在软弱黏性土层的下列建筑：**

（1）一般的单层厂房和单层空旷房屋；

（2）砌体房屋；

（3）不超过 **8 层且**高度在 **24m 以下**的一般民用框架和框架-抗震墙房屋；

（4）基础荷载与第（3）项相当的多层框架厂房和多层混凝土抗震房屋。

注：软弱黏性土层指 7 度、8 度和 9 度时，地基承载力特征值f_{ak}分别小于 80、100 和 120kPa 的土层。

复判及液化指数计算步骤应符合表 8-30-18 的要求。影响权函数值W_i计算表见表 8-30-19。

复判及液化指数计算步骤及要点 表 8-30-18

<table>
<tr><td>（1）判别深度
⇓</td><td>液化判别深度 $\begin{cases}\text{一般情况下} \to 20\text{m} \\ \text{满足规范第 4.2.1 条} \to 15\text{m}\end{cases}$</td><td colspan="2">下述规范第 4.2.1 条关键字：
单层、砌体、≤8 层且 24m</td></tr>
<tr><td>（2）液化复判
⇓</td><td>$N_{cr} = N_0\beta[\ln(0.6d_s + 1.5) - 0.1d_w]\sqrt{3/\rho_c}$
为方便计算器多次输入，改写为（最后不用括号）：
$N_{cr} = \sqrt{\dfrac{3}{\rho_c}} \cdot N_0\beta \cdot [-0.1d_w + \ln(1.5 + 0.6d_s)]$
⇓
$N > N_{cr}$→不液化；$N \leqslant N_{cr}$→液化
式中：N——标准贯入锤击数实测值（未经杆长修正）；
N_{cr}——液化判别标准贯入锤击数临界值</td><td colspan="2">N_0——标准贯入锤击数基准值：
7（0.1g） 10（0.15g） 12（0.2g） 16（0.3g） 19（0.4g）
β——调整系数：
第一组 0.8、第二组 0.95、第三组 1.05；
d_s——饱和土标准贯入点深度（m）；
d_w——地下水位深度（m）；设计基准期内年平均**最高水位**或近期年内**最高水位**（m）；
ρ_c——黏粒含量百分率：
粉土ρ_c小于 3%时取$\rho_c = 3\%$，砂土$\rho_c = 3\%$</td></tr>
<tr><td rowspan="2">（3）液化指数及液化等级
⇓</td><td>$I_{lE} = \sum\limits_{i=1}^{n}\left(1 - \dfrac{N_i}{N_{cri}}\right)d_iW_i \Rightarrow$</td><td colspan="2">**液化等级划分**<table><tr><td>液化等级</td><td>轻微</td><td>中等</td><td>严重</td></tr><tr><td>液化指数</td><td>$0< I_{lE} \leqslant 6$</td><td>$6< I_{lE} \leqslant 18$</td><td>$I_{lE} >18$</td></tr></table></td></tr>
<tr><td colspan="2">式中：d_i——第i点代表土层的厚度（m）：
上界→地下水位；下界→液化深度
W_i——**影响权函数值，计算如下：**
$W_i = \begin{cases}10 & z_i \leqslant 5\text{m} \\ \dfrac{2}{3}(20 - z_i) & 5\text{m} < z_i \leqslant 20\text{m}\end{cases}$
z_i——第i点代表土层的中点位置（m）。
关键：划分**标贯点代表土层**，从**水位**、**土层分界**、**计算深度**判断，同一层土层的**两标贯点从中心处**分开</td><td>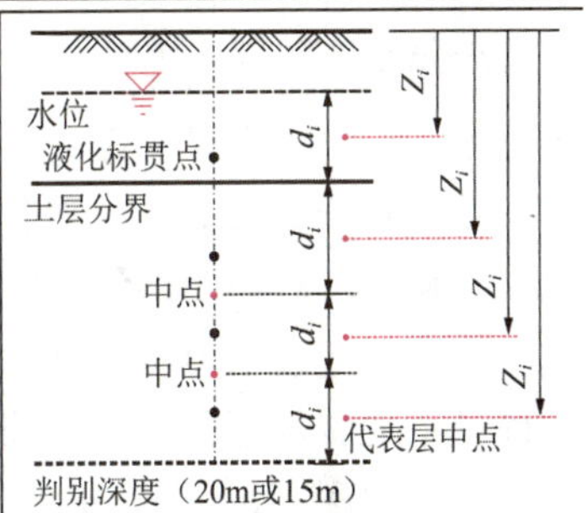</td></tr>
<tr><td>（4）抗液化措施</td><td colspan="3">详见规范第 4.3.6～4.3.9 条</td></tr>
</table>

注：本总结表格是规范的高度总结，属于特别重要的考点，需要通过大量刷题来熟练应用本表。

影响权函数值W_i计算表 表 8-30-19

z_i	5.5	6	6.5	7	7.5	8	8.5	9	9.5	10	10.5	11	11.5	12	12.5
W_i	9.67	9.33	**9**	8.67	8.33	**8**	7.67	7.33	**7**	6.67	6.33	**6**	5.67	5.33	**5**
z_i	13	13.5	14	14.5	15	15.5	16	16.5	17	17.5	18	18.5	19	19.5	20
W_i	4.67	4.33	**4**	3.67	3.33	**3**	2.67	2.33	**2**	1.67	1.33	**1**	0.67	0.33	**0**

注：液化判别标准贯入锤击数临界值N_{cr}推荐用计算器返回功能，非常方便且不易出错，为方便计算器快速移动，需要把规范公式调整为$N_{cr} = \sqrt{3/\rho_c} \cdot N_0\beta \cdot [-0.1d_w + \ln(1.5 + 0.6d_s)]$。因为主要变化的参数是$d_s$，其次是$\rho_c$，放在最前面和最后面可节省计算器来回移动的时间，计算器中式子最后面的括号可以不用输入，对于砂土就更为方便，只有一个参数变化。

题 8-27　（14C27）某乙类建筑位于抗震设防烈度 8 度地区，设计基本地震加速度值为 0.2g，设计地震分组为第一组，钻孔揭露的土层分布及实测的标贯锤击数如表 8-30-20 所示。近期内年最高地下水埋深 6.5m，拟建建筑基础埋深 1.5m，根据钻孔资料下列哪个选项的说法是正确的？

题 8-27 表　　　　表 8-30-20

层序	岩土名称和性状	层厚（m）	标贯试验深度（m）	实测标贯锤击数
①	粉质黏土	2	—	—
②	黏土	4	—	—
③	粉砂	3.5	8	10
④	细砂	15	13	23
			16	25

（A）可不考虑液化影响　　（B）轻微液化

（C）中等液化　　（D）严重液化

【解】

（1）液化初判：8 度区，砂土，查表得 $d_0 = 8\text{m}$，

$d_u = 6\text{m} <= 8 + 2 - 2 = 8\text{m}$，$d_w = 6.5\text{m} < 8 + 2 - 3 = 7\text{m}$

$d_u + d_w = 12.5\text{m} > 1.5 \times 8 + 2 \times 2 - 4.5 = 11.5\text{m}$

（2）初判可不考虑液化影响。

【点评】

①根据《建筑抗震设计规范》第 4.3.3 条。②d_w要取近年内最高水位，d_u的取值不能按地下水（6.5m）判定。③一定要先初判，再采用标贯复判，否则中了“陷阱”，花了大量时间，结果还是错的。④d_u取值方法：如果**地下水位于**砂土、粉土层，d_u可取至**该砂土、粉土层顶面**；如果**地下水不位于**砂土、粉土层，d_u可取至地下水以下的**首个砂土、粉土层顶面**。

题 8-28　（16D29）某建筑场地抗震设防烈度 7 度，设计基本地震加速度 0.15g，设计地震分组为第三组，拟建建筑基础埋深 2m，钻孔揭示的地层结构及间隔 2m（为方便计算所作的假设）测试得到的实测标准贯入锤击数N如图 8-30-5 所示。已知 20m 深度范围内地基土均为全新世冲积土层，粉土、粉砂和粉质黏性土的黏粒含量ρ_c分别为 13%、11%和 22%，近期内年最高地下水位埋深 1m，试按照《建筑抗震设计规范》GB 50011—2010（2016 年版）计算该钻孔的液化指数最接近下列哪个选项？

（A）7　　（B）13.2

（C）18.7　　（D）22.5

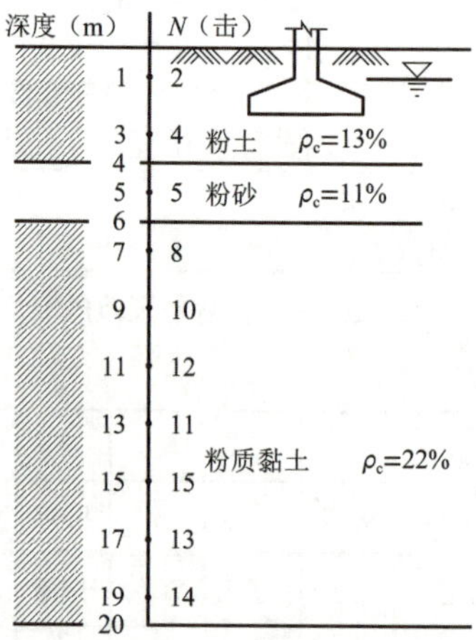

图 8-30-5　题 8-28 图

【解】

（1）初判：7 度区粉土层，$\rho_c = 13\% > 10\%$，可判为不液化

粉质黏土层为非液化土层。

（2）$N_{cr} = 10 \times 1.05 \times [\ln(0.6 \times 5 + 1.5) - 0.1 \times 1] = 14.74$

（3）$I_{lE} = \left(1 - \dfrac{5}{14.74}\right) \times 2 \times 10 = 13.2$

【点评】

①根据《建筑抗震设计规范》第 4.3.3～4.3.5 条；②经常过初判后计算量会大大降低，而且必须先初判，一定不能忘；③液化计算为必考题型，不涉及原理，无坑点，按部就班，平时加强练习；④W_i在 5m 处发生转折，本题计算不够严密，分成 4～5m，5～6m 两段计算更为精确，考试时灵活处理。

【同类型真题】02C21、02C22

题 8-29 （21D23）某建筑场地抗震设防烈度 8 度，设计基本地震加速度 0.2g，设计地震分组为第二组。钻孔揭露地层及原位测试数据如表 8-30-21 所示，历史最高地下水位埋深为 3.1m。已知拟建砌体房屋基础埋深为 3m，根据《建筑抗震设计规范》GB 50011—2010（2016 年版）计算该钻孔的液化指数最接近下列哪个选项？

题 8-29 表　　　　表 8-30-21

层序	土类	地质年代	层底深度（m）	黏粒含量（%）	标贯试验深度（m）	实测锤击数（击）
①	黏土	Q_4	3.5	—	—	—
②	粉质黏土	Q_4	8	—	—	—
③	粉土	Q_4	10	12.8	9	8
④	淤泥	Q_4	13	—	—	—
⑤	粉土	Q_4	17	14	14	18
				16	16	21
⑥	粉质黏土	Q_4	23	—	—	—

注：黏粒含量采用六偏磷酸钠作为分散剂测定。

（A）1.56　　（B）2.26　　（C）3.19　　（D）3.81

【解】

（1）8 度，第 5 层，$\rho_c > 13\% \Rightarrow$ 初判不液化。

第 3 层，$\rho_c < 13\%$且$d_u = 8m = 7 + 3 - 2 = 8m$，$d_w = 3.1m < 7 + 3 - 3 = 7m$

$d_u + d_w = 8 + 3.1 = 11.1m < 1.5 \times 7 + 2 \times 3 - 4.5 = 12m$

初判 3 层液化。

（2）$N_{cr} = 12 \times 0.95 \times [\ln(0.6 \times 9 + 1.5) - 0.1 \times 3.1] \times \sqrt{3/12.8} = 8.95 > 8$，液化。

（3）$W_i = \dfrac{2}{3} \times (20 - 9) = 7.33$，$I_{lE} = \left(1 - \dfrac{8}{8.95}\right) \times 2 \times 7.33 = 1.56$

【点评】

①根据《建筑抗震设计规范》第 4.3.3～4.3.4 条；②液化判别是先进行初判然后进行复判，复判液化计算液化指数，存在软弱黏性土不能只判别 15m；③初判时采用地质年代、黏粒含量以及三个判别公式验算，一般d_u、d_w均小于 4m 时可以简化不写步骤，直接写结果，本题数值较为接近，建议写上步骤。

题 8-30　（13C29）某建筑场地设计基本地震加速度 0.3g，设计地震分组为第二组，基础埋深小于 2m。某钻孔揭示地层结构如图 8-30-6 所示。勘察期间地下水位埋深 5.5m，近期内年最高水位埋深 4m。在地面下 3m 和 5m 处实测标准贯入试验锤击数均为 3 击，经初步判别认为需对细砂土进一步进行液化判别。若标准贯入锤击数不随土的含水率变化而变化，试按《建筑抗震设计规范》GB 50011—2010（2016 年版）计算该钻孔的液化指数最接近下列哪项数值？（只需判别 15m 深度范围以内的液化）

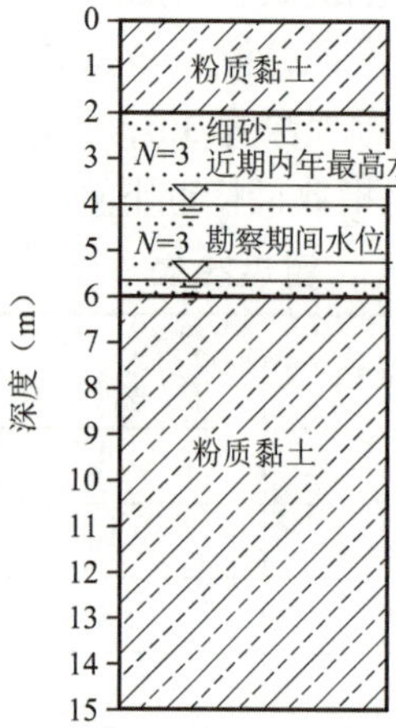

图 8-30-6　题 8-30 图

（A）3.9　　　　（B）8.2

（C）16.4　　　　（D）31.5

【解】

（1）取近期年最高水位 $d_w = 4\text{m}$

$$N_{cr} = N_0\beta[\ln(0.6d_s + 1.5) - 0.1 \times d_w] \times \sqrt{3/\rho_c}$$

$$= 16 \times 0.95 \times [\ln(0.6 \times 5 + 1.5) - 0.1 \times 4] \times \sqrt{3/3} = 16.78 > 3，液化。$$

液化土层为 4～6m，$d_i = 2\text{m}$，$z_i = 5\text{m}$，$W_i = 10$

（2）$I_{lE} = \sum_{i=1}^{n}\left(1 - \frac{N_i}{N_{cri}}\right)d_iW_i = \left(1 - \frac{3}{16.78}\right) \times 2 \times 10 = 16.4$

【点评】

①根据《建筑抗震设计规范》第 4.3.4～4.3.5 条；②计算水位要按照设计基准期内的年平均最高水位，也可采用近期内年最高水位；③先确定液化土层的深度范围，本题只需计算一个点的液化指数，按照规范，依次计算标准贯入锤击数临界值和钻孔液化指数即可；④本题按官方解答，实际 W_i 在 4～6m 非直线变化，应分 4～5m 和 5～6m 两段计算后相加。

题 8-31　（02C18）一砌体房屋承重墙条基埋深 2m，基底以下为 6m 厚粉土层，粉土黏粒含量为 9%，其下为 12m 厚粉砂层，粉砂层下为较厚的粉质黏土层，近期内年最高地下水位在地表以下 5m，该建筑所在场地地震烈度为 8 度，设计基本地震加速度为 0.2g，设计地震分组为第一组。勘察工作中为判断土及粉砂层密实程度，在现场沿不同深度进行了标准贯入试验，其实测$N_{63.5}$值如图 8-30-7 所示，根据提供的标准贯入试验结果中的有关数据，分析该建筑场地地基土层是否液化，若液化，它的液化指数I_{lE}值最接近下列哪个选项？

（A）不液化　　　　（B）$I_{lE}=7.5$

（C）$I_{lE}=12.5$　　（D）$I_{lE}=22$

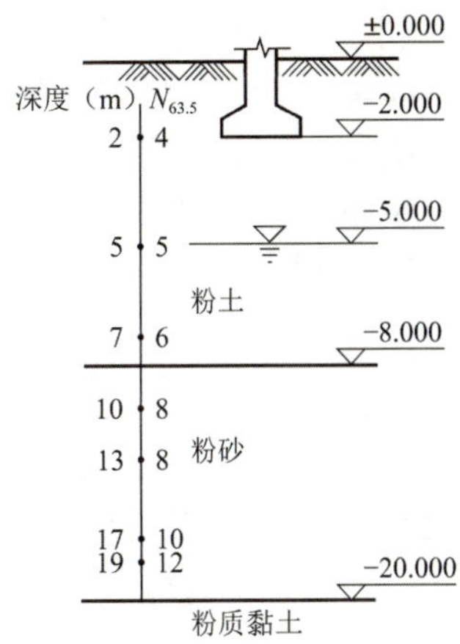

图 8-30-7　题 8-31 图

【解】

（1）砌体房屋，地基主要受力层范围内不存在软弱黏性土层，判别深度取 15m。

（2）$N_{cr}=N_0\beta[\ln(0.6d_s+1.5)-0.1d_w]\sqrt{3/\rho_c}$

5m 处：$N_{cr}=12\times0.8\times[\ln(0.6\times5+1.5)-0.1\times5]\times\sqrt{3/9}=5.57>5$，液化。

代表土层 5～6m，$d_i=1\text{m}$，$z_i=5.5\text{m}$，$W_i=\frac{2}{3}\times(20-5.5)=9.67$

同理：7m 处，$N_{cr}=6.88>6$，液化。

代表土层 6～8m，$d_i=2\text{m}$，$z_i=7\text{m}$，$W_i=\frac{2}{3}\times(20-7)=8.67$

10m 处，$N_{cr}=14.54>8$，液化。

代表土层 8～11.5m，$d_i=3.5\text{m}$，$z_i=9.75\text{m}$，$W_i=\frac{2}{3}\times(20-9.75)=6.83$

13m 处，$N_{cr}=16.61>8$，液化。

代表土层 11.5～15m，$d_i=3.5\text{m}$，$z_i=13.25\text{m}$，$W_i=\frac{2}{3}\times(20-13.25)=4.5$

（3）$I_{lE}=\sum_{i=1}^{n}\left(1-\frac{N_i}{N_{cri}}\right)d_iW_i$

$$=\left(1-\frac{5}{5.57}\right)\times1\times9.67+\left(1-\frac{6}{6.88}\right)\times2\times8.67+\left(1-\frac{8}{14.54}\right)\times3.5\times6.83$$

$$+\left(1-\frac{8}{16.61}\right)\times3.5\times4.5=22.1$$

【点评】

①根据《建筑抗震设计规范》第 4.3.4～4.3.5 条。②采用计算器的 CALC 功能，输入时设置两个变量，可以快速求取各个点的N_{cr}，群文件有教学视频。③首先要注意的是判别深度的确定是 15m 还是 20m，其次需要通过初判排除个别地层。④国家标准规范判别深度 15m 和 20m 时，W_i的计算公式相同，均为$W_i=2/3\times(20-z_i)$；公路抗震规范不同，判别 15m 时$W_i=15-z_i$，其中此处z_i为标贯代表土层的中点深度。

题8-32 （20C23）某重要厂房采用天然地基，独立基础，基础埋深1.5m，按照《建筑抗震设计规范》GB 50011—2010（2016年版）规定，场地抗震设防烈度为8度，设计基本地震加速度为0.2g，设计地震分组为第一组，历史最高地下水位埋深3m，地层资料见表8-30-22，试确定该钻孔液化指数最接近下列哪个选项？（注：黏粒含量采用六偏磷酸钠作分散剂测定）

题8-32表 表8-30-22

土层编号	土名	层底深度（m）	标贯点深度（m）	实测标贯击数（击）	黏粒含量ρ_c（%）
①	粉质黏土	1.5	—	—	—
②	粉砂	9	5	9	5
			7	10	5
③	粉土	12	10	10	14
			11	12	14
④	粉质黏土	18	17	15	22
⑤	粉土	22	19	12	15
			21	15	16

（A）1.66　　（B）13.56　　（C）14.16　　（D）16.89

【解】

（1）初判：③、⑤层粉土$\rho_c > 13\%$，初判不液化。

对粉砂层，$d_u = 1.5\text{m}$，$d_w = 3\text{m}$，粉砂层可能液化。

（2）复判：5m处，$N_{cr} = 12 \times 0.8 \times [\ln(0.6 \times 5 + 1.5) - 0.1 \times 3] \times \sqrt{3/3} = 11.56 > 9$，液化。

代表土层3～6m，$d_i = 3\text{m}$，$z_i = 4.5\text{m}$，$W_i = 10$

7m处，$N_{cr} = 13.83 > 10$，液化。

代表土层6～9m，$d_i = 3\text{m}$，$z_i = 7.5\text{m}$，$W_i = \frac{2}{3} \times (20 - 7.5) = 8.33$

$$I_{lE} = \left(1 - \frac{9}{11.56}\right) \times 3 \times 10 + \left(1 - \frac{10}{13.83}\right) \times 3 \times 8.33 = 13.56$$

【点评】

①根据《建筑抗震设计规范》第4.3.3～4.3.4条，现在考试很少有超过3个点的液化指数计算，一般先进行初判筛选液化计算点再进行复判；②只有饱和的粉土或砂土才判别液化；③2019年没考液化计算，考前强调2020年必出，2020年模拟题第6套第23题押中本题。

题 8-33　(18D23)某建筑场地抗震设防烈度为 8 度，设计基本地震加速度值 0.2g，设计地震分组第一组，场地地下水位埋深 6m，地层资料见表 8-30-23。按照《建筑抗震设计规范》GB 50011—2010（2016 年版）用标准贯入试验进行进一步液化判别，该场地液化等级为下列哪个选项？

题 8-33 表　　表 8-30-23

序号	名称	层底埋深（m）	标准贯入试验点深度（m）	标准试验锤击数试验值 N	黏粒含量 ρ_c（%）
①	粉砂	5	3	5	5
			4.5	6	5
②	粉质黏土	10	7	8	20
			9	9	20
③	饱和粉土	15	12	9	8
			13	8	8
④	粉质黏土	20	18	9	25
⑤	饱和细砂	25	22	13	5
			24	12	5

(A) 轻微　　(B) 一般　　(C) 中等　　(D) 严重

【解】

(1) 初判：①层在水位以上，不考虑液化；②、④层为黏土层，不考虑液化；⑤层超出地下 20m 判别深度，不考虑液化，故仅需对③层进行复判。

(2) $N_0 = 12$，$\beta = 0.8$，$d_w = 6\text{m}$

12m 处，$N_{cr} = 12 \times 0.8 \times [\ln(0.6 \times 12 + 1.5) - 0.1 \times 6] \times \sqrt{3/8} = 9.19 > N = 9$，考虑液化。

代表深度 10～12.5m，$d_i = 2.5\text{m}$，$z_i = 11.25\text{m}$，$W_i = \frac{2}{3} \times (20 - 11.25) = 5.83$

同理，13m 处，$N_{cr} = 9.58 > 8$，液化。

代表深度 12.5～15m，$d_i = 2.5\text{m}$，$z_i = 13.75\text{m}$，$W_i = \frac{2}{3} \times (20 - 13.75) = 4.17$

(3) $I_{lE} = \left(1 - \frac{9}{9.19}\right) \times 2.5 \times 5.83 + \left(1 - \frac{8}{9.58}\right) \times 2.5 \times 4.17 = 2.02$

(4) $I_{lE} < 6$，液化等级为轻微。

【点评】

①根据《建筑抗震设计规范》第 4.3.3～4.3.4 条；②先初判再详判，一般从地下水位、土层名称、地质年代、粉土的黏粒含量、判别深度进行初判，特殊情况下d_u、d_w较大时还需用三个d_u、d_w的公式进行初判；③液化计算量大，但难度并不大，加强熟练度。

题 8-34 （17C29）某建筑场地抗震设防烈度为 8 度，设计基本地震加速度 0.2g，设计地震分组为第二组，地下水位位于地表下 3m。某钻孔揭示的地层及标贯资料如表 8-30-24 所示，经初判，场地饱和砂土可能液化，试计算该钻孔的液化指数最接近下列哪个选项？（为简化计算，表中试验点数及深度为假设）

题 8-34 表　　表 8-30-24

土层序号	土名	土层厚度（m）	标贯深度（m）	标贯击数	黏粒含量ρ_c（%）
①	黏土	1	—	—	—
②	粉土	10	6	6	14
			8	7	
③	粉砂	5	12	18	3
			14	24	
④	细砂	6	17	25	2
			19	25	
⑤	黏土	3	—	—	—

（A）0　　（B）1.6　　（C）13.7　　（D）19

【解】

（1）8 度粉土层，$\rho_c = 14\% > 13\%$，初判不液化。

（2）复判：判别深度取 20m。

12m 处：$N_{cr} = 12 \times 0.95 \times [\ln(0.6 \times 12 + 1.5) - 0.1 \times 3] \times \sqrt{3/3} = 21.24 > 18$，液化。

代表深度 11～13m，$d_i = 2\text{m}$，$z_i = 12\text{m}$，$W_i = \frac{2}{3} \times (20 - 12) = 5.33$

同理，14m 处，$N_{cr} = 22.71 < 24$，不液化；17m 处，$N_{cr} = 24.62 < 25$，不液化；

19m 处：$N_{cr} = 25.73 > 25$，液化。

代表深度 18～20m，$d_i = 2\text{m}$，$z_i = 19\text{m}$，$W_i = \frac{2}{3} \times (20 - 19) = 0.67$

（3）$I_{lE} = \left(1 - \frac{18}{21.24}\right) \times 2 \times 5.33 + \left(1 - \frac{25}{25.73}\right) \times 2 \times 0.67 = 1.66$

【点评】

①根据《建筑抗震设计规范》第 4.2.1 条、第 4.3.3～4.3.5 条；②注意液化判别深度上限为 20m，标贯点代表土层分界线（水位处，土层分界处，同一土层两标贯中点，液化判别深度），要细心，如果错误判别至细砂底层 22m 处，则 19m 处的d_s误取为 20m，权函数W_i计算为$2/3 \times (20 - 20) = 0$；③液化指数计算每年必考，先初判再复判，通过多做题提高熟练度，一般计算点不超过 3 个，不建议列表作答，直接按判别点号顺序书写更流畅，不易出错。

题 8-35 （03C35）某7层住宅采用天然地基，基础埋深在地面下2m，地震设防烈度为7度，设计基本地震加速度值为0.1g，设计地震分组为第一组，场地典型地层条件如表8-30-25所示，拟建场地地下水位深度为1m。根据《建筑抗震设计规范》GB 50011—2010（2016年版），计算场地液化指数最接近下列哪个选项的数值？

题 8-35 表　　　　表 8-30-25

成因年代	土层编号	土名	层底深度（m）	剪切波速（m/s）	标准贯入试验点深度（m）	标准贯入击数（击/30cm）	黏粒含量 ρ_c（%）
Q_4	①	粉质黏土	1.50	90	1	2	16
	②	黏质粉土	3.00	140	2.5	4	12
	③	粉砂	6.00	160	4	5	2
					5.5	7	1.5
Q_3	④	细砂	11	350	7	12	0.5
					8.5	10	1
					10	15	2
		岩层		750			

（A）4.5　　（B）7　　（C）8.2　　（D）9.6

【解】

（1）7度时，第②层黏质粉土，黏粒含量为12%＞10%，可判为不液化。

第④层细砂，地质年代为Q_3，可判为不液化。

（2）4m处：$N_{cr} = 7 \times 0.8 \times [\ln(0.6 \times 4 + 1.5) - 0.1 \times 1] \times \sqrt{3/3} = 7.06 > 5$，液化。

代表厚度3～4.75m，$d_i = 1.75\text{m}$，$z_i = 3.875\text{m}$，$W_i = 10$

（3）5.5m处：$N_{cr} = 7 \times 0.8 \times [\ln(0.6 \times 5.5 + 1.5) - 0.1 \times 1] \times \sqrt{3/3} = 8.22 > 7$，液化。

代表厚度4.75～6m，$d_i = 1.25\text{m}$，$z_i = 5.375\text{m}$，$W_i = \frac{2}{3} \times (20 - 5.375) = 9.75$

（4）$I_{lE} = \left(1 - \frac{5}{7.06}\right) \times 1.75 \times 10 + \left(1 - \frac{7}{8.22}\right) \times 1.25 \times 9.75 = 7.1 = 6.91$

【点评】

①根据《建筑抗震设计规范》第4.3.3～4.3.5条；②一定要习惯先进行液化初判，往往这里存在坑点；③计算液化指数首先确定N_0和调整系数β，逐点计算判别液化情况，最后根据规范公式（4.3.5）计算液化指数，进行液化等级判断，属于工程实践中工程师的必备能力；④5.5m处标贯代表4.75～6m，由于5m处W_i发生折线变化，严格来说应进行分层，由于误差很小，按官方解析合并计算即可。

题 8-36 某框架式 5 层住宅基础为天然地基，基础埋深 2m，抗震设防烈度为 7 度，设计基本地震加速度值 0.15g，设计地震分组为第二组，近年最高地下水位埋深 5m，地层条件及标贯测试结果见表 8-30-26，试计算场地液化指数。

题 8-36 表　　表 8-30-26

成因年代	土层编号	土层名称	场地深度（m）	标贯深度（m）	N	黏粒含量（%）
Q_4	①	粉土	2	1	4	4
	②	粉土	9	4	8	11
				7	9	
	③	细砂	15	10	11	6
				13	12	
	④	中砂	18	16	14	2
Q_3	⑤	粗砂	25	19	16	2
		岩层				

【解】

（1）5 层住宅，只判断地面下 15m 范围内土的液化。

第二层粉土，黏粒含量 11%，初判不液化。

（2）第三层细砂；$N_0 = 10$，$\beta = 0.95$，$d_w = 5m$

$d_s = 10m$ 时，$N_{cr} = 10 \times 0.95 \times [\ln(0.6 \times 10 + 1.5) - 0.5] = 14.4 > N = 11$，液化。

代表深度 9～11.5m，$d_i = 2.5m$，$z_i = 10.25m$，$W_i = 2/3 \times (20 - 10.25) = 6.5$

同理，d_s =13m 时，$N_{cr} = 16.4 > 12$，液化。

代表深度 11.5～15m，$d_i = 3.5m$，$z_i = 13.25m$，$W_i = 2/3 \times (20 - 13.25) = 4.5$

（3）$I_{lE} = \left(1 - \frac{11}{14.4}\right) \times 2.5 \times 6.5 + \left(1 - \frac{12}{16.4}\right) \times 3.5 \times 4.5 = 8.06$

【点评】

根据《建筑抗震设计规范》第 4.4.3～4.4.5 条。

题 8-37 某建筑工程采用天然地基，基础埋深 2m，可不进行上部结构抗震验算，近期内年最高水位为地下 3m，地表至 5m 为黏性土，5m 以下均为砂层，黏粒含量 5%，标准贯入试验资料如表 8-30-27 所示，设计地震分组为第一组，设计基本地震加速度为 0.2g，根据《建筑抗震设计规范》GB 50011—2010（2016 年版），计算钻孔的液化指数最接近下列哪个选项？

题 8-37 表　　表 8-30-27

标准贯入深度（m）	6	8	10	12	14	16	18	20
实测标准贯入击数	10	12	15	19	22	25	27	30

（A）8.2　　（B）10.5　　（C）12.8　　（D）15.3

【解】

（1）初判液化，依题意，对 15m 范围内的砂土进行液化判别。

（2）查表$N_0 = 12$，$\beta = 0.8$，砂土$\rho_c = 3\%$，地面以下 15m 内

$N_{cr} = N_0\beta[\ln(0.6d_s + 1.5) - 0.1d_w]\sqrt{3/\rho_c}$

6m 处：$N_{cr} = 12 \times 0.8 \times [\ln(0.6 \times 6 + 1.5) - 0.1 \times 3] \times \sqrt{3/3} = 12.76 > 10$，液化。

代表土层 5～7m，$d_i = 2m$，$z_i = 6m$，$W_i = 2/3 \times (20 - 6) = 9.33$

同理，8m 处：N_{cr} =14.79>12，液化。

代表土层 7～9m，$d_i = 2m$，$z_i = 8m$，$W_i = 2/3 \times (20 - 8) = 8$

10m 处：N_{cr} =16.46>15，液化。

代表土层 9～11m，$d_i = 2m$，$z_i = 10m$，$W_i = 2/3 \times (20 - 10) = 6.67$

12m 处：$N_{cr} = 17.89 < 19$，不液化。

14m 处：$N_{cr} = 19.13 < 22$，不液化。

（3）$I_{lE} = \left(1 - \frac{10}{12.76}\right) \times 2 \times 9.33 + \left(1 - \frac{12}{14.79}\right) \times 2 \times 8 + \left(1 - \frac{15}{16.46}\right) \times 2 \times 6.67 = 8.24$

【点评】

①根据《建筑抗震设计规范》第 4.3.4～4.3.5 条；②首先要注意的是判别深度的确定是 15m 还是 20m；③建议按本题作答书写，思路顺畅不宜出错，不用列表格，常规题，仔细即可。

题 8-38　（12D29）某场地设计基本地震加速度为 0.15g，设计地震分组为第一组，地下水位深度 2m，地层分布和标准贯入点深度及锤击数见表 8-30-28。试按照《建筑抗震设计规范》GB 50011—2010（2016 年版）计算液化指数并确定液化等级。

题 8-38 表　　　　**表 8-30-28**

土层序号		土层名称	层底深度（m）	标贯深度d_s（m）	标贯击数N_i
①		填土	2	—	—
②	$②_1$	粉土（黏粒含量为6%）	8	4	5
	$②_2$			6	6
③	$③_1$	粉细砂	15	9	12
	$③_2$			12	18
④		中粗砂	20	16	24
⑤		卵石	—	—	—

【解】

（1）$N_{cr} = N_0\beta[\ln(0.6d_s + 1.5) - 0.1d_w]\sqrt{3/\rho_c}$

4m 处：$N_{cr} = 10 \times 0.8 \times [\ln(0.6 \times 4 + 1.5) - 0.1 \times 2] \times \sqrt{3/6} = 6.57 > 5$，液化。

代表土层 2～5m，$d_i = 3\text{m}$，$z_i = 3.5\text{m}$，$W_i = 10$

6m 处：$N_{cr} = 8.09 > 6$，液化。

代表土层 5～8m，$d_i = 3\text{m}$，$z_i = 6.5\text{m}$，$W_i = 2/3 \times (20 - 6.5) = 9$

9m 处：$N_{cr} = 13.85 > 12$，液化。

代表土层 8～10.5m，$d_i = 2.5\text{m}$，$z_i = 9.25\text{m}$，$W_i = 2/3 \times (20 - 9.25) = 7.17$

12m 处：$N_{cr} = 15.71 < 18$，不液化。

16m 处：$N_{cr} = 17.66 < 24$，不液化。

（2）
$$I_{lE} = \sum_{i=1}^{n}\left(1 - \frac{N_i}{N_{cri}}\right)d_iW_i$$
$$= \left(1 - \frac{5}{6.57}\right) \times 3 \times 10 + \left(1 - \frac{6}{8.09}\right) \times 3 \times 9 + \left(1 - \frac{12}{13.85}\right) \times 2.5 \times 7.17$$
$$= 16.5$$

查表知，为中等液化。

【点评】

①根据《建筑抗震设计规范》第 4.3.4～4.3.5 条；②液化指数计算，液化等级判别，是工程实践中岩土工程师的必备能力，必考题型，需要多练习，利用计算器只改动一个变量，大量重复计算功能可大大加快计算速度；③液化指数计算先初判再复判，一般考试液化点不会超过 3 个，无须列表作答，按点号判别后立即计算更为流畅，不易出错。

题 8-39　（03D34）建筑场地抗震设防烈度 8 度，设计地震分组为第一组，设计基本地震加速度值为 0.2g，基础埋深 2m，单层厂房，采用天然地基，场地地质剖面如图所示，地下水位于地面下 2m。为分析基础下粉砂、粉土、细砂液化问题，钻孔时沿不同深度进行了现场标准贯入试验，其位置标高及相应标准贯入试验击数如图 8-30-8 所示，粉砂、粉土及细砂的黏粒含量ρ_c也标明在图上，计算该地基液化指数I_{lE}及确定它的液化等级，为下列哪个选项？

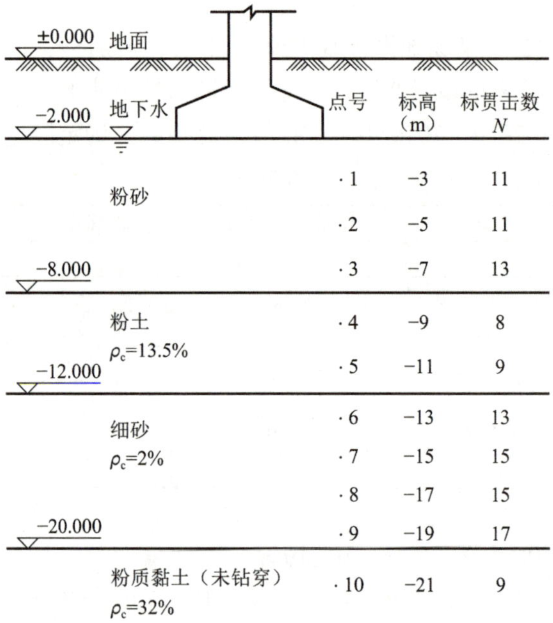

图 8-30-8　题 8-39 图

（A）轻微液化，$I_{lE}=2.37$　　（B）轻微液化，$I_{lE}=3.92$

（C）轻微液化，$I_{lE}=4.37$　　（D）中等液化，$I_{lE}=8.64$

【解】

（1）初判：8 度区粉土层，$\rho_c=13.5\%>13\%$，初判不液化。

（2）复判：单层厂房采用天然地基，基底不存在软黏土，判别深度取 15m。

−3m 处：$N_{cr}=12\times0.8\times[\ln(0.6\times3+1.5)-0.1\times2]\times\sqrt{3/3}=9.54<11$，不液化。

同理：−5m 处，$N_{cr}=12.52>11$，液化，代表深度 4～6m，$d_i=2$m，$z_i=5$m，$W_i=10$

−7m 处，$N_{cr}=14.79>13$，液化，代表深度 6～8m，$d_i=2$m，$z_i=7$m，$W_i=8.67$

−13m 处，$N_{cr}=19.49>13$，液化，代表深度 12～14m，$d_i=2$m，$z_i=13$m，$W_i=4.67$

−15m 处，$N_{cr}=20.65>15$，液化，代表深度 14～15m，$d_i=1$m，$z_i=14.5$m，$W_i=3.67$

（3）$$I_{lE}=\left(1-\frac{11}{12.52}\right)\times2\times10+\left(1-\frac{13}{14.79}\right)\times2\times8.67+\left(1-\frac{13}{19.49}\right)\times2\times4.67+\left(1-\frac{15}{20.65}\right)\times1\times3.67=8.64$$

$6\leqslant I_{lE}\leqslant18$，液化中等。

【点评】

①根据《建筑抗震设计规范》第 4.2.1 条、第 4.3.3～4.3.5 条；②首先要确定判别深度是 15m 还是 20m，然后进行初判，再复判；③各标贯点代表位置在水位处、层位处分开，同一层内两标贯点从中间分开；④本题计算N_{cr}时利用计算器的 CALC 功能特别快速。

题 8-40 （04C35）某一高层建筑物箱形基础建于天然地基上，基底标高−6.000m，地下水埋深−8.000m，地震设防烈度为 8 度，基本地震加速度为 0.2g，设计地震分组为第一组，为判定液化等级进行标准贯入试验，结果如图 8-30-9 所示，按《建筑抗震设计规范》GB 50011—2010（2016 年版）计算液化指数并划分液化等级，下列哪个选项是正确的？

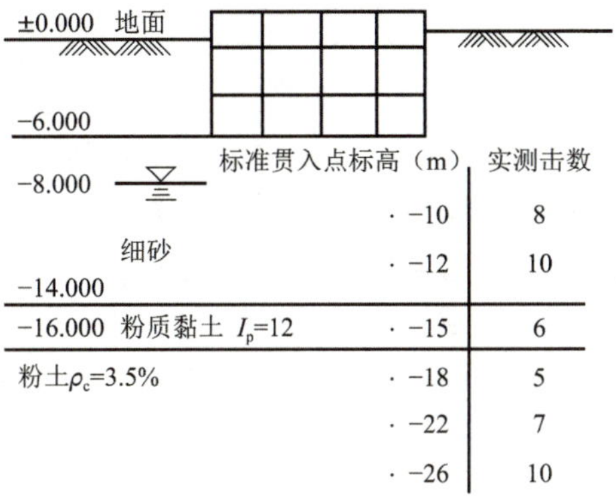

图 8-30-9 题 8-40 图

（A）$I_{lE}=5.7$，较微液化 （B）$I_{lE}=6.23$，中等液化

（C）$I_{lE}=9.19$，中等液化 （D）$I_{lE}=13.7$，中等液化

【解】

（1）初判粉质黏土不液化，粉土、砂土层可能液化。

（2）$N_{cr}=N_0\beta[\ln(0.6d_s+1.5)-0.1d_w]\sqrt{3/\rho_c}$

−10m 处细砂：$N_{cr}=12\times0.8\times[\ln(0.6\times10+1.5)-0.1\times8]\times\sqrt{3/3}=11.66>8$，液化。

代表深度 8～11m，$d_i=3$m，$d_s=9.5$m，$W_i=2/3\times(20-9.5)=7$

−12m 处细砂：$N_{cr}=12\times0.8\times[\ln(0.6\times12+1.5)-0.1\times8]\times\sqrt{3/3}=13.09>10$，液化。

代表深度 11～14m，$d_i=3$m，$d_s=12.5$m，$W_i=2/3\times(20-12.5)=5$

−18m 处粉土：$N_{cr}=12\times0.8\times[\ln(0.6\times18+1.5)-0.1\times8]\times\sqrt{3/3.5}=15.19>5$，液化。

代表深度 16～20m，$d_i=4$m，$d_s=18$m，$W_i=2/3\times(20-18)=1.33$

（3）$I_{lE}=\left(1-\dfrac{8}{11.66}\right)\times3\times7+\left(1-\dfrac{10}{13.09}\right)\times3\times5+\left(1-\dfrac{5}{15.19}\right)\times4\times1.33=13.7$

$6<I_{lE}\leqslant18$，属中等液化。

【点评】

①根据《建筑抗震设计规范》第 4.3.3～4.3.5 条；②真题反复考查，必考题型，先初判再复判；③对于砂土$\rho_c=3\%$，粉土ρ_c取实际值；④判断标贯点代表土层，从水位、土层分界、计算深度判断，同一层土层的两标贯从中心处分开。

题 8-41 某一般的单层厂房条基埋深2m，基底以下为6m厚粉土层，粉土黏粒含量为9%，其下为12m厚粉砂层，粉砂层下为深厚的粉质黏土层，近期内年最高地下水位在地表以下5m，该建筑所在场地地震烈度为8度，设计基本地震加速度为0.2g，设计地震分组为第一组。勘察工作中为判断土及粉砂层密实程度，在现场沿不同深度进行了标准贯入试验，数据见表8-30-29，试判断其液化等级。

题 8-41 表　　表 8-30-29

深度（m）	2	5	7	10	13	17	19
标贯击数	4	5	6	8	8	10	12

【解】

（1）$N_0 = 12$，$\beta = 0.8$

单层厂房，判别深度为15m。地下水位为−5m，因此2m处不液化，不需判别。

（2）液化复判：$N_{cr} = N_0\beta[\ln(0.6d_s + 1.5) - 0.1 \times d_w] \times \sqrt{3/\rho_c}$

5m处：$N_{cr} = 12 \times 0.8[\ln(0.6 \times 5 + 1.5) - 0.1 \times 5] \times \sqrt{3/9} = 5.56 > 5$，液化。

代表深度5～6m，$d_i = 1\text{m}$，$z_i = 5.5\text{m}$，$W_i = 2/3 \times (20 - 5.5) = 9.67$

同理，7m处：$N_{cr} = 6.87 > 6$，液化。

代表深度6～8m，$d_i = 2\text{m}$，$z_i = 7\text{m}$，$W_i = 2/3 \times (20 - 7) = 8.67$

10m处：$N_{cr} = 14.54 > 8$，液化。

代表深度8～11.5m，$d_i = 3.5\text{m}$，$z_i = 9.75\text{m}$，$W_i = 2/3 \times (20 - 9.75) = 6.83$

13m处：$N_{cr} = 16.6 > 8$，液化。

代表深度11.5～15m，$d_i = 3.5\text{m}$，$z_i = 13.25\text{m}$，$W_i = 2/3 \times (20 - 13.25) = 4.5$

（3）$I_{lE} = (1 - \frac{5}{5.56}) \times 1 \times 9.67 + (1 - \frac{6}{6.87}) \times 2 \times 8.67 + (1 - \frac{8}{14.54}) \times 3.5 \times 6.83$

$$+(1 - \frac{8}{16.6}) \times 3.5 \times 4.5 = 22.1$$

$I_{lE} > 18$，液化等级为严重。

【点评】

①根据《建筑抗震设计规范》第4.4.3～4.4.5条；②液化指数的计算中土层厚度及中点深度的确定需充分考虑地下水位深度、土层界限深度、测试点深度、液化深度等，对测试点数量较多的情况，难度较大，要注意选题；③对《建筑抗震设计规范》第4.2.1条规定可不进行天然地基及基础的抗震承载力验算的各类建筑，可只判别地面下15m范围内土的液化。

30.3.3 抗液化措施——《建筑抗震设计规范》第 4.3.6~4.3.9 条

1）**当液化砂土层、粉土层较平坦且均匀时，宜按表 8-30-30 选用地基抗液化措施**；尚可计入上部结构重力荷载对液化危害的影响，根据液化震陷量的估计适当调整抗液化措施。

不宜将未经处理的液化土层作为天然地基持力层。

抗液化措施　　表 8-30-30

建筑抗震设防类别	地基的液化等级		
	轻微	中等	严重
乙类	部分消除液化沉陷，或对基础和上部结构进行处理	全部消除液化沉陷，或部分消除液化沉陷且对基础和上部结构进行处理	全部消除液化沉陷
丙类	基础和上部结构处理，亦可不采取措施	基础和上部结构处理，或更高要求的措施	全部消除液化沉陷，或部分消除液化沉陷且对基础和上部结构进行处理
丁类	可不采取措施	可不采取措施	基础和上部结构处理，或其他经济的措施

2）**全部消除地基液化沉陷的措施，应符合下列要求：**

（1）采用**桩基**时，桩端伸入液化深度以下稳定土层中的长度（不包括桩尖部分），应按计算确定，且对碎石土，砾、粗、中砂，坚硬黏性土和密实粉土尚不应小于 0.8m，对其他非岩石土尚不宜小于 1.5m。

（2）采用**深基础**时，基础底面应埋入液化深度以下的稳定土层中，其深度不应小于 0.5m。

（3）采用**加密法**（如振冲、振动加密、挤密碎石桩、强夯等）加固时，应处理至液化深度下界；振冲或挤密碎石桩加固后，桩间土的标准贯入锤击数不宜小于本规范第 4.3.4 条规定的液化判别标准贯入锤击数临界值。

（4）用非液化土替换全部液化土层，或增加上覆非液化土层的厚度。

（5）采用**加密法或换土法**处理时，在基础边缘以外的处理宽度，应超过基础底面下处理深度的1/2且不小于基础宽度的1/5。

3）**部分消除地基液化沉陷的措施，应符合下列要求：**

（1）**处理深度**应使处理后的地基液化指数减小，其值不宜大于 5；**大面积筏形基础、箱形**基础的中心区域，处理后的液化指数可比上述规定降低 1；对独立基础和条形基础，尚不应小于基础底面下液化土特征深度和基础宽度的较大值。

注：中心区域指位于基础外边界以内沿长宽方向距外边界大于相应方向 1/4 长度的区域。

（2）采用振冲或挤密碎石桩加固后，桩间土的标准贯入锤击数不宜小于按本规范第 4.3.4 条规定的液化判别标准贯入锤击数临界值。

（3）基础边缘以外的处理宽度，应符合本规范第 4.3.7 条第 5 款的要求。

（4）采取减小液化震陷的其他方法，如增厚上覆非液化土层的厚度和改善周边的排水条件等。

4）**减轻液化影响的基础和上部结构处理，可综合采用下列各项措施：**

（1）选择合适的基础埋置深度。

（2）调整基础底面积，减少基础偏心。

（3）加强基础的整体性和刚度，如采用箱形基础、筏形基础或钢筋混凝土交叉条形基础，加设基础圈梁等。

（4）减轻荷载，增强上部结构的整体刚度和均匀对称性，合理设置沉降缝，避免采用对不均匀沉降敏感的结构形式等。

（5）管道穿过建筑处应预留足够尺寸或采用柔性接头等。

题 8-42 （22C13）某建筑场地，地面下 13m 深度内为松散细砂层，天然孔隙比为 0.95，具有液化特征，地基液化等级为严重级。细砂层以下为密实的卵石层，地下水位埋深 1m。拟建建筑物采用筏形基础，基础平面尺寸 15.2m × 15.2m，基础埋深 1m，抗震设防类别为乙类。为提高地基承载力并消除地基液化，拟采用振冲沉管砂石桩处理地基，砂石桩桩径 600mm，等边三角形布桩。要求处理后细砂平均孔隙比不大于 0.65，最少布桩数量最接近下列哪个选项？（振动下沉密实修正系数取 1.1）

（A）105 根　　（B）290 根　　（C）340 根　　（D）400 根

【解】

（1）乙类，严重液化，应全部消除液化。

处理范围扩边 $\geqslant \dfrac{13-1}{2}=6\text{m}$，且 $\geqslant 5\text{m}$，取 6m。

（2）$s=0.95\times1.1\times0.6\times\sqrt{\dfrac{1+0.95}{0.95-0.65}}=1.6\text{m}$

（3）$n=\dfrac{(15.2+12)^2}{\dfrac{3.14}{4}\times(1.05\times1.6)^2}=333.9$ 根

【点评】

①根据《建筑抗震设计规范》第 4.3.6～4.3.7 条、《建筑地基处理技术规范》第 7.2.2 条；②散体桩处理液化时均应注意外扩，基础四周都需要加，计算桩数时，采用处理总面积 ÷ 单桩处理面积即可。

30.3.4 砂土、粉土震陷量计算——《建筑抗震设计规范》第 4.3.6 条及条文说明

砂土、粉土震陷量计算应符合表 8-30-31 的规定。

抗液化措施　　　　表 8-30-31

由于液化指数不能反映上部结构的荷载影响，因此有趋势直接采用震陷量来评价液化的危害程度。例如，对 4 层以下的民用建筑，当精细计算的平均震陷值$S_E < 5$cm 时，可不采取抗液化措施；当$S_E = 5\sim15$cm 时，可优先考虑采取结构和基础的构造措施；当$S_E > 15$cm 时，需要进行地基处理，基本消除液化震陷。

估计砂土与粉土液化平均震陷量的经验方法如下：

$$\text{砂土：}S_E = \frac{0.44}{B}\xi S_0\left(d_1^2 - d_2^2\right)(0.01p)^{0.6}\left(\frac{1-D_r}{0.5}\right)^{1.5}$$

$$\text{粉土：}S_E = \frac{0.44}{B}\xi k S_0\left(d_1^2 - d_2^2\right)(0.01p)^{0.6}$$

式中：S_E——液化震陷量平均值；液化层为多层时，先按各层次分别计算后再相加；

B——基础宽度（m）；对住房等密集型基础取建筑平面宽度；当$B \leqslant 0.44d_1$时，取$B = 0.44d_1$；

S_0——经验系数，对第一组，7、8、9 度分别取 0.05、0.15 及 0.3；

d_1——由地面算起的液化深度（m）；

d_2——由地面算起的上覆非液化土层深度（m），液化层为持力层时取$d_2 = 0$；

p——宽度B基础底面地震作用效应标准组合的压力（kPa）；

D_r——土的相对密实度（%），可根据标贯锤击数N取$D_r = \left(\frac{N}{0.23\sigma_v'+16}\right)^{0.5}$；

k——经验系数，当承载力特征值$f_{ak} \leqslant 80$kPa 时取 0.3，当$f_{ak} \geqslant 300$kPa 时取 0.08，其余内插$k = 0.38 - 0.001f_{ak}$；

ξ——修正系数，直接位于基础下的非液化土层厚度d_u'满足本规范第 4.3.3 条第 3 款对上覆非液化土层厚度d_u的要求（$d_u = d_0 + d_b - 2$与$d_u = 1.5d_0 + 2d_b - 4.5 - d_w$取小值，$d_b$小于 2m 时取 2m 代入此处公式，宜扣除淤泥和淤泥质土）时，$\xi = 0$；无非液化层时，$\xi = 1$；中间情况内插确定（计算d_u'和ξ时，d_b取实际值）。

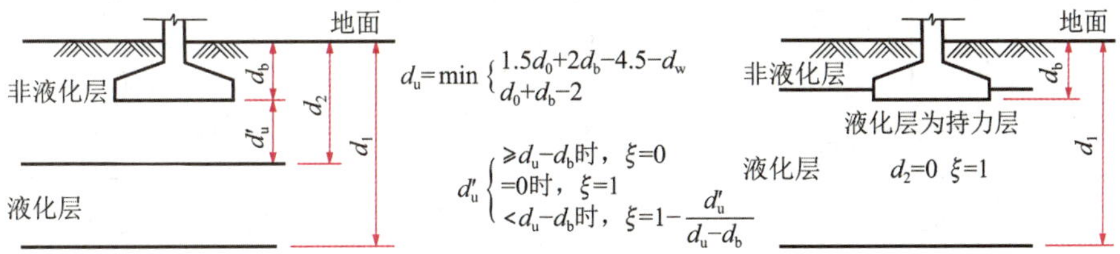

d_b——基础埋置深度（m）；

d_0——液化土特征深度（m）；

d_w——地下水位深度（m），设计基准期内年平均最高水位或近期年内最高水位

在同样的震陷量下，乙类建筑应该采取较丙类建筑更高的抗液化措施

注：本考点存在多处争议点，且计算震陷量与国内资料的符合程度较差，鉴于震陷量的评价方法目前还不够成熟，因此要根据题意灵活处理。

题 8-43　某 3 层民用框架建筑物，采用独立基础，基础尺寸为 2m × 4m，基础埋置深度 2.0m，地震动峰值加速为 0.2g，设计地震分组为第一组，地下水位深度 2m。场地地层为：0～4m 为可塑粉质黏土，$\gamma = 18.5\text{kN/m}^3$；4～8m 为松散细砂土，$\gamma = 18\text{kN/m}^3$，6m 处的标贯击数为 6 击。其下为密实卵石层，基础底面地震作用效应标准组合压力为 150kPa。根据《建筑抗震设计规范》GB 50011—2010（2016 年版）估算该建筑物发生地震时的液化震陷量平均值与下列哪个选项最接近？

（A）93cm　　（B）102cm　　（C）110cm　　（D）163cm

【解】

（1）$\sigma_v' = 18.5 \times 2 + 8.5 \times 2 + 8 \times 2 = 70\text{kPa}$

$$D_r = \left(\frac{N}{0.23\sigma_v' + 16}\right)^{0.5} = \left(\frac{6}{0.23 \times 70 + 16}\right)^{0.5} = 0.432$$

（2）$d_u = 8 + 2 - 2 = 8\text{m}$，$d_u = 1.5 \times 8 + 2 \times 2 - 4.5 - 2 = 9.5\text{m}$，取小值$d_u = 8\text{m}$

$d_u' = 8 - 2 = 6\text{m}$时，$\xi = 0$；当满足$d_u' = 0$时，$\xi = 1$

基底非液化土层厚度：$d_u' = 4 - 2 = 2\text{m} \Rightarrow \xi = 1 - \frac{2}{6} = \frac{2}{3}$

（3）$B = 2\text{m} < 0.44d_1 = 0.44 \times 8 = 3.52\text{m}$，取$B = 3.52\text{m}$

$$S_E = \frac{0.44}{3.52} \times \frac{2}{3} \times 0.15 \times (8^2 - 4^2) \times (0.01 \times 150)^{0.6} \times \left(\frac{1 - 0.432}{0.5}\right)^{1.5} = 0.93\text{m} = 93\text{cm}$$

【点评】

①根据《建筑抗震设计规范》第 4.3.6 条及条文说明；②修正系数ξ的插值计算是本题的关键，注意掌握。

题 8-44 某 3 层民用单栋建筑，场地位于 9 度抗震设防烈度区，设计地震分组为第一组，设计基本地震加速度为 0.4g，采用条形基础，基础埋深为 2.5m，基础宽度为 2m，场地地层及参数如表 8-30-32 所示，地下水位埋深 1.5m，地震作用效应标准组合下基础底面的压力$p = 140\text{kPa}$。根据《建筑抗震设计规范》GB 50011—2010（2016 年版），主要考虑液化震陷危害时，计算该场地液化震陷量，并判断该建筑应采取的抗液化措施宜为下列哪个选项？

题 8-44 表　　表 8-30-32

成因年代	土层编号	土层名称	层底深度（m）	实测标准贯入击数N	临界标准贯入击数N_{cr}	承载力特征值f_{ak}（kPa）
Q_4	①	粉质黏土	2	—	—	130
Q_4	②	粉土	7	5	10	100
Q_4	③	黏土	15	—	—	—
Q_3	④	细砂	20	22	18	—

（A）可不采取抗液化措施　　（B）采取结构和基础的构造措施

（C）进行地基处理，基本消除液化　　（D）地基不存在液化现象

【解】

（1）①、③层为非液化土层，不液化；②层为液化土；④层$N = 22 > N_{cr} = 18$，不液化。

（2）$d_1 = 7\text{m}$，$d_2 = 0\text{m}$，$B = 2\text{m} \leqslant 0.44 \times 7 = 3.08\text{m}$，取$B = 3.08\text{m}$

$f_{ak} = 100\text{kPa} \in (80,300)$，$k = 0.3 + \frac{0.08 - 0.3}{300 - 80} \times (100 - 80) = 0.28$

$d' = 0\text{m}$，$\xi = 1$

（3）$S_E = \frac{0.44}{3.08} \times 1 \times 0.28 \times 0.3 \times (7^2 - 0^2) \times (0.01 \times 140)^{0.6} = 0.72\text{m} > 0.15\text{m}$

需要进行地基处理，基本消除液化震陷。

【点评】

①根据《建筑抗震设计规范》第 4.3.6 条条文说明；②鉴于震陷量的评价方法目前还不够成熟，规范只是给出了必要时可以根据液化震陷量的评价结果适当调整抗液化措施的原则规定；③本题属于偏僻考点，历年真题未考查过，不排除有考查可能性。

30.3.5 软弱黏性土层的震陷判别——《建筑抗震设计规范》第 4.3.11 条

地基中软弱黏性土层的震陷判别，可采用下列方法。饱和粉质黏土震陷的危害性和抗震陷措施应根据沉降和横向变形大小等因素综合研究确定，8 度（0.3g）和 9 度时，当塑性指数$I_P < 15$且符合下式规定的饱和**粉质黏土时**可判为**震陷性软土**：

$$\text{同时满足}\begin{cases} w \geqslant 0.9w_L \\ I_L = \dfrac{w - w_P}{w_L - w_P} \geqslant 0.75 \\ I_P = w_L - w_P < 15 \end{cases}$$

式中：w——天然含水率；

w_L——液限含水率，采用液、塑限联合测定法测定；

I_L——液性指数；

I_P——塑性指数。

题 8-45　某饱和粉质黏土$w = 27\%$，液限含水率$w_L = 35.8\%$，$w_P = 20.5\%$，试计算该土的液性指数并判断其是否属于震陷性软土，下列哪个选项是正确的？

（A）0.15，属于　　（B）0.15，不属于

（C）0.42，属于　　（D）0.42，不属于

【解】

塑性指数$I_P = 35.8 - 20.5 = 15.3 > 15$，不满足。

天然含水率$w = 27\% < 0.9w_L = 0.9 \times 35.8 = 32.2\%$，不满足。

$I_L = \dfrac{27 - 20.5}{35.8 - 20.5} = 0.42 < 0.75$，不满足。

因此，不属于震陷性软土。

【点评】

①根据《建筑抗震设计规范》第 4.3.11 条；②需要同时满足三个条件才能判为震陷性软土。

30.3.6 按《岩土工程勘察规范》液化判别——《岩土工程勘察规范》第 5.7.9 条条文说明、《工程地质手册》第 739 页

按《岩土工程勘察规范》液化判别应符合表 8-30-33 的规定。

按《岩土工程勘察规范》液化判别 表 8-30-33

1）采用静力触探试验判别

当采用静力触探试验对地面下 15m（8 度、9 度地区 20m）深度范围内的饱和砂土或饱和粉土进行液化判别时，**临界值**可按下式计算：

$$\begin{cases} p_{scr} = p_{s0}\alpha_w\alpha_u\alpha_p \\ q_{ccr} = q_{c0}\alpha_w\alpha_u\alpha_p \end{cases} \Leftarrow \begin{cases} \alpha_w = 1 - 0.065(d_w - 2) \\ \alpha_u = 1 - 0.05(d_u - 2) \end{cases}$$

实测值小于临界值→液化土

式中：p_{scr}、q_{ccr}——分别为饱和土静力触探液化比贯入阻力临界值和锥尖阻力临界值（MPa）

p_{s0}、q_{c0}——分别为$d_w = 2m$、$d_u = 2m$时，饱和土液化判别比贯入阻力基准值和液化判别锥尖阻力基准值（MPa），可按下表取值；

α_w——地下水位埋深影响系数，地面常年有水且与地下水有水力联系时，取 1.13；

α_u——上覆非液化土层厚度修正系数，深基础时取 1；

d_w——地下水位深度（m）；

d_u——上覆非液化土层厚度（m），扣除淤泥（质）土；

α_p——与静力触探摩阻比有关的土性综合影响系数，按下表取值

液化判别p_{s0}、q_{c0}值

烈度	7 度	8 度	9 度
p_{s0}（MPa）	5～6	11.5～13	18～20
q_{c0}（MPa）	4.6～5.5	10.5～11.8	16.4～18.2

土性综合影响系数α_p值

土类	砂土	粉土	
		$I_P \leqslant 7$	$7 < I_P \leqslant 10$
静力触探摩阻比R_f	$R_f \leqslant 0.4$	$0.4 < R_f \leqslant 0.9$	$R_f > 0.9$
α_p	1	0.6	0.45

2）剪切波速试验判别

地面下 15m 深度范围内的饱和砂土或饱和粉土，其实测剪切波速值v_s大于按下式计算的土层剪切波速临界值v_{scr}时，可判别为不液化：

$$v_{scr} = v_{s0}(d_s - 0.0133d_s^2)^{0.5}\left(1 - 0.185\frac{d_w}{d_s}\right)\sqrt{3/\rho_c}$$

实测值v_s > 临界值v_{scr}→不液化

式中：v_{scr}——饱和砂土或饱和粉土液化剪切波速临界值（m/s）；

v_{s0}——与烈度、土类有关的经验系数，按下表取值；

d_s——剪切波速测点深度（m）；

d_w——地下水位深度（m）；

ρ_c——黏粒含量百分率；粉土ρ_c小于 3%时取$\rho_c = 3\%$，砂土$\rho_c = 3\%$

与烈度、土类有关的经验系数v_{s0}

土类	v_{s0}（m/s）		
	7 度	8 度	9 度
砂土	65	95	130
粉土	45	65	90

题 8-46　某粉土场地，抗震设防烈度为 7 度，场地土层分布：0～2m 为杂填土，2～4m 为粉质黏土，4～5m 为淤泥，5m 以下为粉土，地面常年干燥，地下水位于地表下 4m。对粉土层进行静力触探试验，摩阻比为 0.7，其锥尖阻力实测值为 1.8MPa。试根据《岩土工程勘察规范》GB 50021—2001（2009 年版）计算锥尖阻力临界值并判断其是否会液化，正确的为下列哪个选项？（规范表取小值）

（A）2，液化　（B）2，不液化　（C）2.2，液化　（D）2.2，不液化

【解】

（1）水下饱和粉土，抗震设防烈度 7 度，$R_f = 0.7$，介于 0.4～0.9 之间，$\alpha_p = 0.6$，$q_{c0} = 4.6\text{MPa}$

上覆非液化土层厚度扣除淤泥层厚度，$d_u = 5 - 1 = 4\text{m}$，$d_w = 4\text{m}$

（2）$a_w = 1 - 0.065(d_w - 2) = 1 - 0.065 \times (4 - 2) = 0.87$

$a_u = 1 - 0.05(d_u - 2) = 1 - 0.05 \times (4 - 2) = 0.9$

（3）$q_{ccr} = q_{c0}a_w a_u a_p = 4.6 \times 0.87 \times 0.9 \times 0.6 = 2.16\text{MPa} > 1.8\text{MPa}$，液化。

【点评】

①根据《岩土工程勘察规范》第 5.7.9 条条文说明；②通过静力触探判断液化，从未考查过，类似的有一定可考性且未考查过的考点，复习时应留意，每年的新考点都不少。

题 8-47　某建筑场地，抗震设防烈度为 8 度，设计基本地震加速度为 0.3g，设计地震分组为第二组，勘察期间地面下土层及波速测试情况见表 8-30-34，稳定地下水位埋深 1.5m。试根据《岩土工程勘察规范》GB 50021—2001（2009 年版），判定该场地饱和细砂液化土层厚度为下列哪个选项？

题 8-47 表　　表 8-30-34

层序	岩土名称和性状	层厚（m）	波速测试点深度（m）	实测剪切波速（m/s）	黏粒含量
①	粉质黏土	2	—	—	—
②	细砂	8	3	120	5%
			5	140	8%
			7	150	4%
			9	130	11%
③	黏土	10	—	—	—

（A）2m　（B）4m　（C）6m　（D）8m

【解】

（1）8 度，细砂，$v_{s0} = 95\text{m/s}$，$d_w = 1.5\text{m}$

（2）3m 深度处：$v_{scr1} = 95 \times (3 - 0.0133 \times 3^2)^{0.5} \times \left(1 - 0.185 \times \frac{1.5}{3}\right) \times 1 = 146.32\text{m/s} > 120\text{m/s}$，液化。

5m 深度处：$v_{scr2} = 95 \times (5 - 0.0133 \times 5^2)^{0.5} \times \left(1 - 0.185 \times \frac{1.5}{5}\right) \times 1 = 193.85\text{ m/s} > 140\text{m/s}$，液化。

7m 深度处：$v_{scr3} = 95 \times (7 - 0.0133 \times 7^2)^{0.5} \times \left(1 - 0.185 \times \frac{1.5}{7}\right) \times 1 = 229.87\text{ m/s} > 150\text{m/s}$，液化。

9m 深度处：$v_{scr4} = 95 \times (9 - 0.0133 \times 9^2)^{0.5} \times \left(1 - 0.185 \times \frac{1.5}{9}\right) \times 1 = 259.15\text{ m/s} > 130\text{m/s}$，液化。

综上，细砂液化土层厚度为 8m。

【点评】

①根据《岩土工程勘察规范》第 5.7.9 条条文说明；②根据剪切波速判断液化，需注意砂土时黏粒含量取 3%。

30.4　设计反应谱和地震作用——《建筑抗震设计规范》第 5.1～5.3 节

30.4.1 基本概念

1）**地震反应谱理论**：建立于强震观测基础上，通过将多个实测的地面振动波分别代入单自由度动反应方程，计算出各自最大弹性地震反应（加速度、速度、位移），从而得出结构最大地震反应与该结构自振周期的关系曲线。由反应谱可计算出最大地震作用，然后按静力分析法计算地震反应。

2）**地震作用**：抗震设计时，结构所承受的“地震力”实际上是由于地震地面运动引起的动态作用，包括地震加速度、速度和动位移的作用，按照《工程结构设计基本术语标准》GB/T 50083—2014 的规定，属于间接作用，不可称为“荷载”，应称“地震作用”。包括水平地震作用和竖向地震作用。

3）**地震加速度a、地震系数k、动力系数β、水平地震影响系数α之间的关系**：

（1）设计基本地震加速度a：即二类场地的地震动峰值水平加速度，6 度（0.05g）、7 度（0.10g）、7 度（0.15g）、8 度（0.20g）、8 度（0.30g）、9 度（0.40g）。

（2）地震系数k：6 度（0.05）、7 度（0.10）、7 度（0.15）、8 度（0.20）、8 度（0.30）、9 度（0.40）。

（3）动力系数β：体系最大加速度反应与地面最大加速度之比，动力系数曲线与地震影响系数曲线类似，规范取动力系数最大值$\beta_{max}=2.25$。

（4）水平地震影响系数α：地震系数k与动力系数β的乘积，按照规范的水平地震影响系数曲线，当阻尼比为 0.05 时，$\eta_2=1$，此时水平地震影响系数最大值与周期为 0 对应的影响系数比值为$1/0.45=2.25$，即动系数最大值$\beta_{max}=2.25$。设防地震水平地震影响系数最大值α_{max}计算过程如下：

6 度（0.05g）：$\alpha_{max}=0.05\times2.25=0.1125\approx0.12$；

7 度（0.10g）$\alpha_{max}=0.1\times2.25=0.225\approx0.23$

7 度（0.15g）：$\alpha_{max}=0.15\times2.25=0.3375\approx0.34$；8 度（0.20g）：$\alpha_{max}=0.2\times2.25=0.45$

8 度（0.30g）：$\alpha_{max}=0.30\times2.25=0.675\approx0.68$；9 度（0.40g）：$\alpha_{max}=0.4\times2.25=0.9$

30.4.2 设计特征周期T_g——《建筑抗震设计规范》第 5.1.4 条

设计特征周期：抗震设计用的地震影响系数曲线中，反映地震震级、震中距和场地类别等因素的下降段起始点对应的周期值，简称特征周期。特征周期应根据场地类别和设计地震分组按表 8-30-35 采用，计算罕遇地震作用时，特征周期应增加 0.05s。

特征周期T_g（s）　　表 8-30-35

设计地震分组	场地类别				
	$Ⅰ_0$	$Ⅰ_1$	Ⅱ	Ⅲ	Ⅳ
第一组	0.20	0.25	0.35	0.45	0.65
第二组	0.25	0.30	0.40	0.55	0.75
第三组	0.30	0.35	0.45	0.65	0.90

注：1. 计算**罕遇地震**时，特征周期应增加 0.05s→$T_g+0.05$；

2.《中国地震动参数区划图》没有地震分组的概念，而是直接采用区划图上查得的特征周期，对应关系：第一组（0.35s）、第二组（0.40s）、第三组（0.45s）。

规范第 4.1.6 条及条文说明：当有可靠的剪切波速和覆盖层厚度且其值处于表 8-30-35 所列场地类别的分界线附近时，应允许按插值方法确定地震作用计算所用的特征周期T_g。当有充分依据时，允许使用插入方法确定边界线附近（指相差 ± 15%的范围）的T_g值。规范第 4.1.6 条条文说明的图给出了一种连续化插入方案（用于设计特征周期第一组）。由于规范的图不高清且在理解上有很大难度，此处对规范的图进行了优化。

图 8-30-10 中红色区域内可以插值（相差 ± 15%的范围）。据罗开海、李孟青等（工程抗震与防灾研发部）在《建筑与市政工程抗震通用规范》GB 55002—2021 解说（1）："场地设计特征周期的插值方法"中所述：Ⅰ、Ⅱ类场地分界的特征周期为 0.30s，调整的幅度约为 ± 0.01s（0.29、**0.30**、0.31）；Ⅱ、Ⅲ类场地分界的特征周期为 0.40s，调整的幅度不超过 ± 0.03s（0.37、0.38、0.39、**0.40**、0.41、0.42、0.43）；Ⅲ、Ⅳ类场地分界的特征周期为 0.55s，调整的幅度不超过 ± 0.05s（0.50、0.51、0.52、0.53、0.54、**0.55**、0.56、0.57、0.58、0.59、0.60）。

红色区域之外的等值线不可插值，Ⅰ区 **0.25s**、Ⅱ区 **0.35s**、Ⅲ区 **0.45s**、Ⅳ区 **0.65s**。

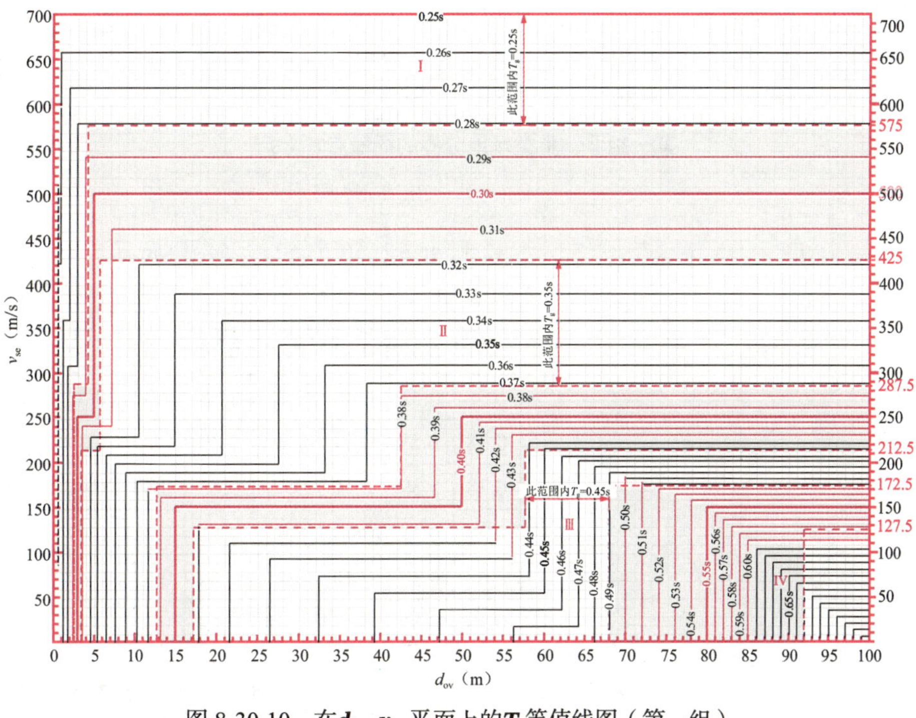

图 8-30-10　在d_{ov}-v_{se}平面上的T_g等值线图（第一组）

注：对于第二组和第三组，也可以插值，但规范上没有，不会考查。

对图 8-30-10 进行表格化处理如下页表格。注意：表格中的 **0.25、0.35、0.45、0.65s** 区域不参与插值计算，且要先确定好数据在几类场的分界处，查相对应的表格，不要查错表。（建议查上面的网络化等值线图，一横一竖出结果，速度更快）

对插值图进行表格化，数据如表 8-30-36～表 8-30-38 所示。

第一组Ⅰ、Ⅱ类场地分界的插值点T_g（s） 表 8-30-36

<table>
<tr><th rowspan="2">v_{se}（m/s）</th><th colspan="7">d_{ov}（m）</th></tr>
<tr><th>2.5</th><th>3</th><th>3.5</th><th>4.25</th><th>5</th><th>5.75</th><th>(5.75～100]</th></tr>
<tr><td>＞575</td><td rowspan="7" colspan="3">0.25</td><td colspan="4">0.25</td></tr>
<tr><td>(540～575]</td><td>0.29</td><td>0.29</td><td>0.29</td><td>0.29</td></tr>
<tr><td>540</td><td>0.29</td><td>0.29</td><td>0.29</td><td>0.29</td></tr>
<tr><td>500</td><td>0.29</td><td>0.30</td><td>0.30</td><td>0.30</td></tr>
<tr><td>460</td><td>0.29</td><td>0.30</td><td>0.30</td><td>0.31</td></tr>
<tr><td>(460～425]</td><td>0.29</td><td>0.30</td><td>0.30</td><td>0.31</td></tr>
<tr><td>(425～287.5)</td><td>0.29</td><td>0.30</td><td>0.30</td><td rowspan="4">0.35</td></tr>
<tr><td>[287.5～274]</td><td>0.29</td><td>0.29</td><td>0.29</td><td>0.29</td><td>0.30</td><td>0.30</td></tr>
<tr><td>250</td><td>0.29</td><td>0.30</td><td>0.30</td><td>0.30</td><td>0.30</td><td>0.30</td></tr>
<tr><td>[240～212.5)</td><td>0.29</td><td>0.30</td><td>0.31</td><td>0.31</td><td>0.31</td><td>0.31</td></tr>
<tr><td>[212.5～0]</td><td>0.29</td><td>0.30</td><td>0.31</td><td colspan="4">0.35</td></tr>
</table>

第一组Ⅱ、Ⅲ类场地分界的插值点T_g（s） 表 8-30-37

<table>
<tr><th rowspan="2">v_{se}（m/s）</th><th colspan="12">d_{ov}（m）</th></tr>
<tr><th>13</th><th>15</th><th>17</th><th>17.25～42</th><th>42.5</th><th>46.6</th><th>50</th><th>52</th><th>54</th><th>56</th><th>57.5</th><th>(57.5～100]</th></tr>
<tr><td>(425～287.5)</td><td rowspan="10" colspan="4">0.35</td><td colspan="8">0.35</td></tr>
<tr><td>287.5</td><td>0.37</td><td>0.37</td><td>0.37</td><td>0.37</td><td>0.37</td><td>0.37</td><td>0.37</td><td>0.37</td></tr>
<tr><td>273</td><td>0.38</td><td>0.38</td><td>0.38</td><td>0.38</td><td>0.38</td><td>0.38</td><td>0.38</td><td>0.38</td></tr>
<tr><td>260</td><td>0.38</td><td>0.39</td><td>0.39</td><td>0.39</td><td>0.39</td><td>0.39</td><td>0.39</td><td>0.39</td></tr>
<tr><td>250</td><td>0.38</td><td>0.39</td><td>0.40</td><td>0.40</td><td>0.40</td><td>0.40</td><td>0.40</td><td>0.40</td></tr>
<tr><td>243</td><td>0.38</td><td>0.39</td><td>0.40</td><td>0.41</td><td>0.41</td><td>0.41</td><td>0.41</td><td>0.41</td></tr>
<tr><td>237</td><td>0.38</td><td>0.39</td><td>0.40</td><td>0.41</td><td>0.42</td><td>0.42</td><td>0.42</td><td>0.42</td></tr>
<tr><td>230</td><td>0.38</td><td>0.39</td><td>0.40</td><td>0.41</td><td>0.42</td><td>0.43</td><td>0.43</td><td>0.43</td></tr>
<tr><td>212.5</td><td>0.38</td><td>0.39</td><td>0.40</td><td>0.41</td><td>0.42</td><td>0.43</td><td>0.43</td><td>0.43</td></tr>
<tr><td>(172.5～212.5)</td><td>0.38</td><td>0.39</td><td>0.40</td><td>0.41</td><td>0.42</td><td>0.43</td><td>0.43</td><td rowspan="7">0.45</td></tr>
<tr><td>172.5</td><td>0.377</td><td>0.377</td><td>0.377</td><td>0.377</td><td>0.38</td><td>0.39</td><td>0.40</td><td>0.41</td><td>0.42</td><td>0.43</td><td>0.43</td></tr>
<tr><td>170</td><td>0.38</td><td>0.38</td><td>0.38</td><td>0.38</td><td>0.38</td><td>0.39</td><td>0.40</td><td>0.41</td><td>0.42</td><td>0.43</td><td>0.43</td></tr>
<tr><td>160</td><td>0.39</td><td>0.39</td><td>0.39</td><td>0.39</td><td>0.39</td><td>0.39</td><td>0.40</td><td>0.41</td><td>0.42</td><td>0.43</td><td>0.43</td></tr>
<tr><td>150</td><td>0.39</td><td>0.40</td><td>0.40</td><td>0.40</td><td>0.40</td><td>0.40</td><td>0.40</td><td>0.41</td><td>0.42</td><td>0.43</td><td>0.43</td></tr>
<tr><td>130</td><td>0.39</td><td>0.40</td><td>0.41</td><td>0.41</td><td>0.41</td><td>0.41</td><td>0.41</td><td>0.41</td><td>0.42</td><td>0.43</td><td>0.43</td></tr>
<tr><td>127.5</td><td>0.39</td><td>0.40</td><td>0.41</td><td>0.41</td><td>0.41</td><td>0.41</td><td>0.41</td><td>0.41</td><td>0.42</td><td>0.43</td><td>0.43</td></tr>
<tr><td>(127.5～0]</td><td>0.39</td><td>0.40</td><td>0.41</td><td colspan="9">0.45</td></tr>
</table>

第一组Ⅲ、Ⅳ类场地分界的插值点 T_g（s）　　　　**表 8-30-38**

v_{se}（m/s）	d_{ov}（m）													
	68	70	72	74	76	78	80	81	82	83	84	85	92	(92～100]
172.5	0.50	0.50	0.51	0.516	0.516	0.516	0.516	0.516	0.516	0.516	0.516	0.516	0.516	0.516
170	0.50	0.50	0.51	0.52	0.52	0.52	0.52	0.52	0.52	0.52	0.52	0.52	0.52	0.52
163	0.50	0.50	0.51	0.52	0.53	0.53	0.53	0.53	0.53	0.53	0.53	0.53	0.53	0.53
157	0.50	0.50	0.51	0.52	0.53	0.54	0.54	0.54	0.54	0.54	0.54	0.54	0.54	0.54
150	0.50	0.50	0.51	0.52	0.53	0.54	0.55	0.55	0.55	0.55	0.55	0.55	0.55	0.55
143	0.50	0.50	0.51	0.52	0.53	0.54	0.55	0.56	0.56	0.56	0.56	0.56	0.56	0.56
135	0.50	0.50	0.51	0.52	0.53	0.54	0.55	0.56	0.57	0.57	0.57	0.57	0.57	0.57
127.5	0.50	0.50	0.51	0.52	0.53	0.54	0.55	0.56	0.57	0.58	0.58	0.58	0.58	0.58
120	0.50	0.50	0.51	0.52	0.53	0.54	0.55	0.56	0.57	0.58	0.59	0.59	0.59	
113	0.50	0.50	0.51	0.52	0.53	0.54	0.55	0.56	0.57	0.58	0.59	0.60	0.60	0.65
(113～0]	0.50	0.50	0.51	0.52	0.53	0.54	0.55	0.56	0.57	0.58	0.59	0.60	0.60	

注：1. **上述表格中的 0.25、0.35、0.45、0.65s 不参与插值计算；不要写试卷上的插值公式**（很多不是等步距的，不适用于插值公式）；

2. 据罗开海、李孟青等在《建筑与市政工程抗震通用规范》解说（1）："场地设计特征周期的插值方法"中所述：

Ⅰ、Ⅱ类场地分界的特征周期为 0.30s，调整幅度约为±0.01s（0.29、**0.30**、0.31）；

Ⅱ、Ⅲ类场地分界的特征周期为 0.40s，调整幅度不超过±0.03s（0.37、0.38、0.39、**0.40**、0.41、0.42、0.43）；

Ⅲ、Ⅳ类场地分界的特征周期为 0.55s，调整幅度不超过±0.05s（0.50、0.51、0.52、0.53、0.54、**0.55**、0.56、0.57、0.58、0.59、0.60）。

题 8-48　四川省汶川县建筑场地土层条件及测试数据如表 8-30-39 所示，当进行弹塑性变形验算时，根据《建筑抗震设计规范》GB 50011—2010（2016 年版），场地的特征周期为下列哪个选项？

题 8-48 表　　　　**表 8-30-39**

土层名称	厚度（m）	剪切波速（m/s）
粉土	3	110
粉质黏土	15	150
玄武岩夹层	2	550
中砂	8	280
粉砂岩	—	600

（A）0.35s　　（B）0.40s　　（C）0.45s　　（D）0.50s

【解】

（1）玄武岩属火山岩，其厚度应当从覆盖层中扣除：$d_{ov}=28-2=26\text{m}$

（2）$v_{se}=\dfrac{20-2}{\dfrac{3}{110}+\dfrac{15}{150}}=141.4\text{m/s}$

（3）查表知，场地类别为Ⅲ类。

（4）查表知，为第一组，罕遇地震，$T_g=0.45+0.05=0.50\text{s}$

【点评】

①根据《建筑抗震设计规范》第 4.1.4 条、第 5.1.4 条、附录 A、第 1.0.1 条条文说明；②土层中的火山岩硬夹层，应视为刚体，其厚度从覆盖土层中扣除；③计算v_{se}时，d_0无须向下补齐 20m；④弹塑性变形验算采用第三水准的罕遇地震。

【同类型真题】11D29

题 8-49 （03D33）已知有如图 8-30-11 所示属于同一设计地震分组的 A、B 两个土层模型，判断其场地特征周期T_g的大小，则下列哪个选项是正确的？

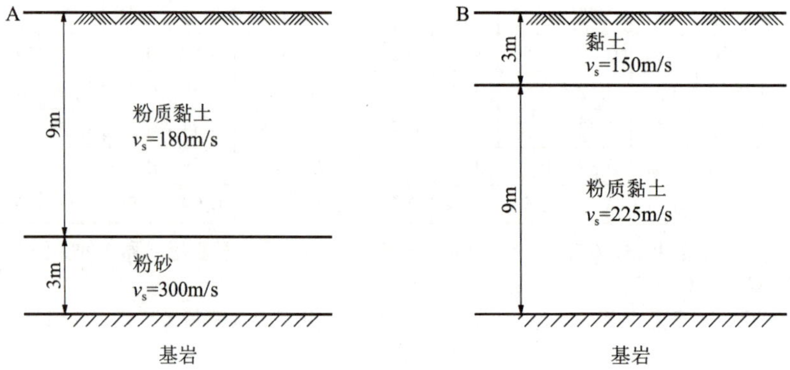

图 8-30-11 题 8-49 图

（A）土层模型 A 的T_g大于 B 的T_g （B）土层模型 A 的T_g等于 B 的T_g

（C）土层模型 A 的T_g小于 B 的T_g （D）不能确定

【解】

（1）模型 A：$v_{se}=\dfrac{d_0}{\sum\limits_{i=1}^{n}(d_i/v_{si})}=\dfrac{12}{\dfrac{9}{180}+\dfrac{3}{300}}=200\text{m/s}$

模型 B：$v_{se}=\dfrac{12}{\dfrac{3}{150}+\dfrac{9}{225}}=200\text{m/s}$

（2）由上述可知，A、B 场地等效剪切波速相等，且覆盖层厚度均为 12m，可判别 A、B 场地类型均为Ⅱ类，设计地震分组相同，则特征周期也相同。

【点评】

①根据《建筑抗震设计规范》第 4.1.4～4.1.6 条、第 5.1.4 条；②必考题型，结合场地类型划分考查特征周期。

题 8-50　（20D23）已知某场地处于不同场地类别的分界线附近，设计地震分组为第一组，典型钻孔资料和剪切波速测试结果详见表 8-30-40。试根据《建筑抗震设计规范》GB 50011—2010（2016 年版），用插值方法确定场地特征周期T_g最接近下列哪个选项？

题 8-50 表　　　　**表 8-30-40**

层序	岩土名称	层底深度（m）	平均剪切波速V_s（m/s）
1	填土	2	135
2	新近沉积粉质黏土	5	170
3	粉细砂	10	220
4	中粗砂	21	340
5	粉质黏土	29	260
6	粗砂	46	380
7	卵石	53	560
8	基岩	—	800

（A）0.25s　　（B）0.34s　　（C）0.39s　　（D）0.45s

【解】

（1）$d_{ov} = 46\text{m}$

$$v_{se} = \frac{20}{\frac{2}{135} + \frac{3}{170} + \frac{5}{220} + \frac{10}{340}} = 236.4\text{m/s}$$

（2）根据《建筑抗震设计规范》第 4.1.2～4.1.6 条条文说明第 319 页图 7：

$d_{ov} = 46\text{m}$，$v_{se} = 236.4\text{m/s}$，查图得：$T_g = 0.39\text{s}$

【点评】

①根据《建筑抗震设计规范》第 4.1.2～4.1.6 条及第 319 页条文说明；②《建筑抗震设计规范》第 4.1.6 条条文说明中的图 7 理解如下：图中折线为特征周期等值线，粗实线旁标注的是特征周期的数值，虚线表示±15%的插值的边界，注意条文说明的插值等值线图只可用于地震分组第一组；③查图直接出结果$T_g = 0.39$，2019 年“华山论剑”模拟题三第 23 题押中此题。

30.4.3 地震影响系数α——《建筑抗震设计规范》第 5.1.4、5.1.5、3.10.3 条及条文说明

建筑结构的地震影响系数应根据烈度、场地类别、设计地震分组和结构自振周期以及阻尼比确定。分为水平地震影响系数和竖向地震影响系数，水平地震影响系数按表 8-30-41 确定。

第一组Ⅲ、Ⅳ类场地分界的插值点T_g（s）　　表 8-30-41

1）特征周期T_g ⇓

特征周期T_g（s）

设计地震分组	场地类别				
	$Ⅰ_0$	$Ⅰ_1$	Ⅱ	Ⅲ	Ⅳ
第一组	0.20	0.25	0.35	0.45	0.65
第二组	0.25	0.30	0.40	0.55	0.75
第三组	0.30	0.35	0.45	0.65	0.90

注：计算**罕遇地震**时，特征周期应增加 0.05s→$T_g+0.05$

2）水平地震影响系数最大值α_{max} ⇓

水平地震影响系数最大值α_{max}

地震烈度	6 度	7 度		8 度		9 度
设计基本地震加速度a	0.05g	0.10g	0.15g	0.20g	0.30g	0.40g
多遇地震（50 年内超越概率约为 63%）	0.04	0.08	0.12	0.16	0.24	0.32
设防地震（50 年内超越概率为 10%）	0.12	0.23	0.34	0.45	0.68	0.90
罕遇地震（50 年内超越概率为 2%～3%）	0.28	0.50	0.72	0.90	1.20	1.40

注：1. 0.15g、0.30g相当于地震烈度 7 度强、8 度强的设计基本地震加速度值；

2. **竖向地震影响系数最大值**$\alpha_{vmax}=0.65\alpha_{max}$

3）地震影响系数α ⇓

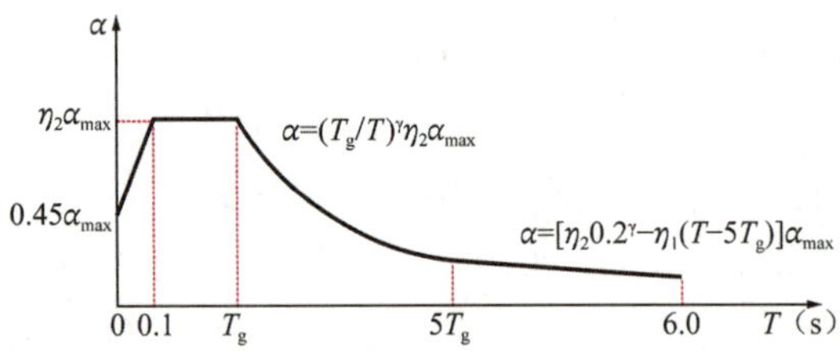

$$\alpha=\begin{cases}\left[0.45+\dfrac{T}{0.1}(\eta_2-0.45)\right]\alpha_{max} & 0\leqslant T<0.1\\ \eta_2\alpha_{max} & 0.1\leqslant T\leqslant T_g\\ \left(\dfrac{T_g}{T}\right)^{\gamma}\eta_2\alpha_{max} & T_g<T\leqslant 5T_g\\ \left[\eta_2 0.2^{\gamma}-\eta_1(T-5T_g)\right]\alpha_{max} & 5T_g<T\leqslant 6\end{cases}$$

阻尼比$\zeta=0.05$时：

$\gamma=0.9$；$\eta_2=1$；$\eta_1=0.02$

阻尼比$\zeta\neq0.05$时：

$$\gamma=0.9+\frac{0.05-\zeta}{0.3+6\zeta}$$

$$\eta_2=1+\frac{0.05-\zeta}{0.08+1.6\zeta}\geqslant 0.55$$

$$\eta_1=0.02+\frac{0.05-\zeta}{4+32\zeta}\geqslant 0$$

式中：γ——衰减指数；

η_1——直线下降段的下降斜率调整系数；

η_2——阻尼调整系数；

T——结构自振周期（s）

4）系数调整

建筑结构的**抗震性能化设计**应符合下列要求：

（1）对设计使用年限超过 50 年的结构，宜考虑实际需要和可能，经专门研究后对地震作用作适当调整。其调整系数的范围大体是：设计使用年限 70 年取 1.15～1.2；100 年取 1.3～1.4。

（2）对处于**发震断裂两侧 10km 以内**的结构，地震动参数应计入近场影响，5km 以内宜乘以增大系数 1.5，5km 以外宜乘以不小于 1.25 的增大系数

注：对照规范学习好本总结表，可极大提高解题速度。

地震影响系数参数γ、η_1、η_2的计算结果见表 8-30-42。

地震影响系数参数计算表 表 8-30-42

ζ	γ	η_1	η_2	ζ	γ	η_1	η_2	ζ	γ	η_1	η_2
0.01	1.011	0.029	1.417	0.18	0.806	0.007	0.647	0.35	0.775	0.000	0.550
0.02	0.971	0.026	1.268	0.19	0.803	0.006	0.635	0.36	0.774	0.000	0.550
0.03	0.942	0.024	1.156	0.20	0.800	0.006	0.625	0.37	0.773	0.000	0.550
0.04	0.919	0.022	1.069	0.21	0.797	0.005	0.615	0.38	0.772	0.000	0.550
0.05	**0.900**	**0.020**	**1.000**	0.22	0.795	0.005	0.606	0.39	0.771	0.000	0.550
0.06	0.885	0.018	0.943	0.23	0.793	0.004	0.598	0.40	0.770	0.000	0.550
0.07	0.872	0.017	0.896	0.24	0.791	0.004	0.591	0.41	0.770	0.000	0.550
0.08	0.862	0.015	0.856	0.25	0.789	0.003	0.583	0.42	0.769	0.000	0.550
0.09	0.852	0.014	0.821	0.26	0.787	0.003	0.577	0.43	0.768	0.000	0.550
0.10	0.844	0.013	0.792	0.27	0.785	0.003	0.570	0.44	0.767	0.000	0.550
0.11	0.838	0.012	0.766	0.28	0.784	0.002	0.564	0.45	0.767	0.000	0.550
0.12	0.831	0.011	0.743	0.29	0.782	0.002	0.559	0.46	0.766	0.000	0.550
0.13	0.826	0.010	0.722	0.30	0.781	0.002	0.554	0.47	0.765	0.000	0.550
0.14	0.821	0.009	0.704	0.31	0.780	0.001	0.550	0.48	0.765	0.000	0.550
0.15	0.817	0.009	0.688	0.32	0.778	0.001	0.550	0.49	0.764	0.000	0.550
0.16	0.813	0.008	0.673	0.33	0.777	0.001	0.550	0.50	0.764	0.000	0.550
0.17	0.809	0.007	0.659	0.34	0.776	0.001	0.550				

题 8-51 (03C33)某建筑场地抗震设防烈度为 8 度，设计基本地震加速度值为 0.2g，设计地震分组为第一组。场地地基土层的剪切波速如表 8-30-43 所示。按 50 年超越概率 63%考虑，阻尼比为 0.05，结构基本自振周期为 0.4s 的地震水平影响系数最接近下列哪个选项？

题 8-51 表 表 8-30-43

土层编号	土层名称	层底深度（m）	剪切波速v_s（m/s）
1	填土	5	120
2	淤泥	10	90
3	粉土	16	180
4	卵石	20	460
5	基岩	—	800

（A）0.14　　（B）0.16　　（C）0.24　　（D）0.9

【解】

（1）$460 > 180 \times 2.5 = 450$，依题意判断场地覆盖层厚度为 16m。

$$V_{se} = \frac{d_0}{\sum_{i=1}^{n}(d_i/v_{si})} = \frac{16}{\frac{5}{120}+\frac{5}{90}+\frac{6}{180}} = 122.6\text{m/s}$$，场地类别为Ⅲ类。

（2）Ⅲ类场地，第一组，多遇地震，查表得$T_g = 0.45\text{s}$，$\alpha_{max} = 0.16$

（3）$T = 0.4\text{s}$，$0.1 < T < T_g$，$\alpha = \eta_2\alpha_{max} = 1 \times 0.16 = 0.16$

【点评】

①根据《建筑抗震设计规范》第 4.1.4～4.1.6 条、第 5.1.4～5.1.5 条；②当地面 **5m 以下**存在剪切波速大于其**上各土层**剪切波速 2.5 倍的土层，且该层及其**下卧各层**岩土的剪切波速均小于 400m/s 时，可按地面至该土层顶面的距离确定，一定要注意是以上**各层**。

【同类型真题】10C27、08C27、07C27、06C28、05C30、04D33

题 8-52 （16C28）某建筑场地抗震设防烈度 8 度，设计基本地震加速度 0.3g，设计基本分组为第一组。场地土层及剪切波速见表 8-30-44，建筑结构的自振周期$T = 0.3$s，阻尼比为 0.05。问：特征周期和建筑结构的水平地震影响系数最接近下列哪一选项？（按多遇地震作用考虑）

题 8-52 表 **表 8-30-44**

层序	土层名称	层底深度（m）	剪切波速（m/s）
①	填土	2	130
②	淤泥质土	10	100
③	粉砂	14	170
④	卵石	18	450
⑤	基岩	—	800

（A）$T_g = 0.35$s；$\alpha = 0.16$ （B）$T_g = 0.45$s；$\alpha = 0.24$

（C）$T_g = 0.35$s；$\alpha = 0.24$ （D）$T_g = 0.45$s；$\alpha = 0.16$

【解】

（1）450m/s> $170 \times 2.5 = 425$m/s，场地覆盖层厚度为 14m。

$$v_{se} = \frac{d_0}{\sum_{i=1}^{n}(d_i/v_{si})} = \frac{14}{\frac{2}{130}+\frac{8}{100}+\frac{4}{170}} = 117.7\text{m/s}$$，场地类别为Ⅱ类。

（2）Ⅱ类场地，设计地震分组为第一组，多遇地震，0.3g，查表得$T_g = 0.35$s，

$\alpha_{max} = 0.24$

$T = 0.3$s，满足$0.1\text{s} < T < T_g$

$\alpha = 1 \times 0.24 = 0.24$

【点评】

①根据《建筑抗震设计规范》第 4.1.4～4.1.6 条、第 5.1.4～5.1.5 条；②当**地面 5m** 以下存在剪切波速大于其上部**各**土层剪切波速 **2.5 倍**的土层，**且**该层及其下卧层岩土的剪切波速均**不小于 400m/s** 时，可按地面至该土层顶面的距离确定场地覆盖层厚度，注意“**各**”加“**且**”的关键字；③常规考点，首先判断场地类别→查表确定特征周期和水平地震影响系数最大值→判断反应谱区间→计算地震影响系数（如阻尼比$\neq 0.05$，应计算衰减系数γ和调整系数η_1、η_2）。

题 8-53 （02C20）某场地抗震设防烈度 8 度，设计基本地震加速度为 0.2g，设计地震分组为第二组，场地类别I_1类，建筑物 A 和建筑物 B 的阻尼比均为 0.05，结构自振周期分别为：$T_A = 0.2$s 和$T_B = 0.4$s。根据《建筑抗震设计规范》GB 50011—2010（2016 年版），如果建筑物 A 和建筑物 B 的地震影响系数分别为α_A和α_B，则α_A/α_B的比值最接近下列哪个选项？

（A）0.5 （B）1.1 （C）1.3 （D）1.8

【解】

（1）I_1类场地，第二组，查表得$T_g = 0.3$s

（2）$0.1\text{s} < T_A < T_g$，$\alpha_A = \eta_2\alpha_{max}$

$$T_g < T_B < 5T_g \Rightarrow \alpha_B = \left(\frac{T_g}{T_B}\right)^{\gamma}\eta_2\alpha_{max} = \left(\frac{0.3}{0.4}\right)^{0.9}\eta_2\alpha_{max}$$

（3）$$\frac{\alpha_A}{\alpha_B} = \frac{\eta_2\alpha_{max}}{\left(\frac{0.3}{0.4}\right)^{0.9}\eta_2\alpha_{max}} = 1.3$$

【点评】

①根据《建筑抗震设计规范》第 5.1.4～5.1.5 条；②先确定结构自重周期位于地震影响系数曲线的哪一段，然后根据规范给出的计算公式计算；③原真题根据《建筑抗震设计规范》GB 50011—2001 默认阻尼比为 0.05，和《建筑抗震设计规范》GB 50011—2010（2016 年版）不符，增加了阻尼比的条件。

题 8-54　（09D28）某建筑场地抗震设防烈度 8 度，设计基本地震动加速度 0.2g，设计地震分组为第一组，场地土层及其剪切波速如表 8-30-45 所示，建筑物自震周期 0.4s，阻尼比 0.05，按 50 年超越概率 63%考虑，建筑结构的地震影响系数取值是下列哪个选项？

题 8-54 表　　　**表 8-30-45**

层序	土层名称	层底深度（m）	剪切波速（m/s）
①	填土	1	120
②	淤泥	10	90
③	粉土	16	180
④	卵石	20	460
⑤	基岩	—	800

（A）0.14　　（B）0.15　　（C）0.16　　（D）0.17

【解】

（1）由于$\dfrac{460}{180}=2.56>2.5$，且该层及其下各土层$v_s>400\text{m/s}$，覆盖层厚度 16m。

（2）$d_{ov}=16\text{m}$，$v_{se}=\dfrac{d_0}{\sum\limits_{i=1}^{n}(d_i/v_{si})}=\dfrac{16}{\dfrac{1}{120}+\dfrac{9}{90}+\dfrac{6}{180}}=112.9\text{m/s}$，查表为Ⅲ类。

（3）第一组，多遇地震，0.2g，查表$T_g=0.45\text{s}$，$\alpha_{max}=0.16$

（4）$0.1\text{s}<T<T_g$，阻尼比 0.05，$\alpha=\eta_2\alpha_{max}=1\times0.16=0.16$

【点评】

①根据《建筑抗震设计规范》第 4.1.4～4.1.6 条、第 5.1.4～5.1.5 条；②结合等效剪切波速计算和场地类型划分，计算地震影响系数，属于每年必考题型，尽量做到闭卷；③当地面 5m 以下存在剪切波速大于其上部各土层剪切波速 2.5 倍的土层，且该层及其下卧各层岩土的剪切波速均不小于 400m/s 时，可按地面至该土层顶面的距离确定建筑场地覆盖层厚度。

题 8-55　（12C29）某Ⅲ类场地上的建筑结构，设计基本地震加速度 0.3g，设计地震分组为第一组，按《建筑抗震设计规范》GB 50011—2010（2016 年版）规定，当有必要进行罕遇地震作用下的变形验算时，算得的水平地震影响系数与下列哪个选项的数值最为接近？（已知结构自振周期$T=0.75\text{s}$，阻尼比$\zeta=0.075$）

（A）0.55　　（B）0.62　　（C）0.74　　（D）0.83

【解】

（1）Ⅲ类场地，第一组，罕遇地震，0.3g，查表得$T_g=0.5\text{s}$，$\alpha_{max}=1.2$

（2）$T=0.75\text{s}$，满足$T_g<T<5T_g$

$$\gamma=0.9+\frac{0.05-\zeta}{0.3+6\zeta}=0.9+\frac{0.05-0.075}{0.3+6\times0.075}=0.87$$

$$\eta_2=1+\frac{0.05-\zeta}{0.08+1.6\zeta}=1+\frac{0.05-0.075}{0.08+1.6\times0.075}=0.875$$

$$\alpha=\left(\frac{T_g}{T}\right)^{\gamma}\eta_2\alpha_{max}=\left(\frac{0.50}{0.75}\right)^{0.87}\times0.875\times1.2=0.74$$

【点评】

①根据《建筑抗震设计规范》第5.1.4～5.1.5条；②必考题型，增加考查表格坑点2个，对于0.3g查α_{max}时采用8度括号中的数值，**计算罕遇地震作用时，特征周期应增大0.05s**，阻尼比$\boldsymbol{\zeta \neq 0.05}$时，需对系数$\gamma$、$\eta_1$、$\eta_2$进行修正，且要注意限值，其中$\boldsymbol{\eta_1 \geqslant 0}$，$\boldsymbol{\eta_2 \geqslant 0.55}$。

【同类型真题】10D29

题8-56 （18D24）某建筑场地抗震设防烈度为8度，不利地段，场地类别Ⅲ类，验算罕遇地震作用，设计地震分组为第一组，建筑物A和B的自振周期分别为0.3s和0.7s，阻尼比均为0.05，按照《建筑抗震设计规范》GB 50011—2010（2016年版），问建筑物A的地震影响系数α_A与建筑物B的地震影响系数α_B之比α_A/α_B最接近下列哪个选项？

（A）1　　（B）1.35　　（C）1.45　　（D）2.33

【解】

（1）查表得$T_g = 0.5s$

$$T_A = 0.3 \in [0.1, T_g] \Rightarrow \alpha_A = \eta_2 \cdot \alpha_{max}$$

$$T_B = 0.7 \in [T_g, 5T_g] \Rightarrow \alpha_B = \left(\frac{T_g}{T}\right)^{\gamma} \cdot \eta_2 \cdot \alpha_{max}$$

（2）$\zeta = 0.05$，$\eta_2 = 1$，$\gamma = 0.9$

$$\frac{\alpha_A}{\alpha_B} = \frac{1}{(0.5/0.7)^{0.9}} = 1.35$$

【点评】

①根据《建筑抗震设计规范》第5.1.4～5.1.5条；②查表5.1.4-2时，注意计算罕遇地震作用，特征周期+0.05s。

题8-57 （19D23）某民用建筑的结构自振周期为0.42s，阻尼比取0.05，场地位于甘肃省天水市麦积区，建设场地类别均为Ⅱ类，在多遇地震作用下其水平地震影响系数为下列哪个选项？

（A）0.15　　（B）0.16　　（C）0.23　　（D）0.24

（1）甘肃省天水市麦积区，8度、0.3g、第二组、Ⅱ类，多遇地震，查表得：

$T_g = 0.4s$，$\alpha_{max} = 0.24$

（2）$T_g < T < 5T_g$

$$\alpha = \left(\frac{T_g}{T}\right)^{\gamma} \eta_2 \alpha_{max} = \left(\frac{0.40}{0.42}\right)^{0.9} \times 1 \times 0.24 = 0.23$$

【点评】

①依据《建筑抗震设计规范》附录A.0.28、第5.1.5条；②根据区划图第219页天水市麦积区有3街道17镇，峰值加速度和反应谱特征周期稍有不同。

题 8-58　（14C28）某建筑场地位于抗震设防烈度 8 度地区，设计基本地震加速度值为 0.2g，设计地震分组为第一组。根据勘察资料，地面下 13m 范围内为淤泥和淤泥质土，其下为波速大于 500m/s 的卵石，若拟建建筑的结构自振周期为 3s，建筑结构的阻尼比为 0.05，则计算罕遇地震作用时，建筑结构的水平地震影响系数最接近于下列选项中的哪一个？

（A）0.023　　（B）0.034　　（C）0.147　　（D）0.194

【解】

（1）覆盖层厚度为 13m，查表判别场地类别为Ⅱ类。

（2）Ⅱ类，第一组，罕遇地震，0.2g，查表得$T_g = 0.4s$，$\alpha_{max} = 0.9$

（3）$T = 3s$，满足$T > 5T_g$，位于直线下滑段。

$$\alpha = [\eta_2 0.2^\gamma - \eta_1(T - 5T_g)]\alpha_{max} = [1 \times 0.2^{0.9} - 0.02 \times (3 - 5 \times 0.4)] \times 0.9 = 0.1934$$

【点评】

①根据《建筑抗震设计规范》第 4.1.3 条、第 4.1.6 条、第 5.1.4～5.1.5 条；②注意罕遇地震T_g增加 0.05，查表α_{max}也不同；③根据覆盖层厚度为 5～15m，直接判别场地类型为Ⅱ类。

题 8-59　（16D28）某场地抗震设防烈度为 9 度，设计基本地震加速度为 0.4g，设计地震分组为第三组，覆盖层厚度为 9m。建筑结构自振周期$T = 2.45s$，阻尼比$\zeta = 0.05$。根据《建筑抗震设计规范》GB 50011—2010（2016 年版），计算罕遇地震作用时建筑结构的水平地震影响系数值最接近下列哪一选项？

（A）0.074　　（B）0.265　　（C）0.305　　（D）0.335

【解】

（1）场地覆盖层厚度为 9m，查表知场地类别为Ⅱ类。

（2）Ⅱ类场地，第三组，罕遇地震，0.4g。

查表得$T_g = 0.45 + 0.05 = 0.5s$，$\alpha_{max} = 1.4$

（3）$T_g < T < 5T_g = 5 \times 0.5 = 2.5s$

$$\alpha = \left(\frac{T_g}{T}\right)^\gamma \eta_2 \alpha_{max} = \left(\frac{0.50}{2.45}\right)^{0.9} \times 1 \times 1.4 = 0.335$$

【点评】

①根据《建筑抗震设计规范》第 4.1.6、5.1.4 和 5.1.5 条；②审题要仔细，此类题型要条件反射先看清是多遇地震还是罕遇地震，罕遇地震特征周期增加 0.05s；③本题为必考考点，送分题型，灵活性增加，场地覆盖层厚度为 9m，可直接查表判定场地类别为Ⅱ类。

题 8-60 某建筑场地区划图上的峰值加速度为 0.2g，区划图上的反应谱特征周期为 0.4s，场地类别为Ⅲ类，建筑物的阻尼比$\zeta = 0.45$，结构物的自震周期$T = 2.3s$，根据《建筑抗震设计规范》GB 50011—2010（2016 年版），建筑结构的抗震性能化设计，选用设防地震时采用的水平地震影响系数为下列哪个选项?

（A）0.02　　（B）0.022　　（C）0.075　　（D）0.083

【解】

（1）区划图上的反应谱特征周期为 0.4s，对应第二组。

设防地震，0.2g，第二组，Ⅲ类场地，查表知$T_g = 0.55s$，$\alpha_{max} = 0.45$

（2）$T_g = 0.55s < T = 2.3s < 5T_g = 2.75s$

$$\gamma=0.9+\frac{0.05-0.45}{0.3+6\times0.45}=0.767$$

$$\eta_2 = 1+\frac{0.05-0.45}{0.08+1.6\times0.45}=0.5<0.55，取\eta_2=0.55$$

（3）$\alpha=\left(\frac{0.55}{2.3}\right)^{0.767}\times0.55\times0.45=0.083$

【点评】

①根据《建筑抗震设计规范》第 1.0.1 条条文说明、第 3.10.3 条、第 5.1.2～5.1.5 条、附录 A；②按第 3.10.3 条，建筑结构的抗震性能化设计，采用设防地震参数；③设计地震分组与《中国地震动参数区划图》中地震动加速度反应谱特征周期的对应关系在《建筑抗震设计规范》第 316 页；④注意坑点：当$\eta_2 < 0.55$时，直接取 0.55。

题 8-61 某场地地面下 12m 范围内为淤泥和淤泥质土，其下为波速大于 500m/s 的岩石。设计地震分组为第一组，场地抗震设防烈度为 8 度，设计基本地震加速度为 0.2g，场地中某建筑物自振周期为 2.8s，试确定相应于罕遇地震时建筑物的水平地震影响系数。（$\zeta = 0.05$）

【解】

淤泥和淤泥质土的剪切波速小于 150m/s，覆盖层厚度为 12m，因此场地类别为Ⅱ类。

设计地震分组为第一组，考虑罕遇地震时特征周期为$0.35+0.05=0.4s$

设计基本地震加速度为 0.2g，罕遇地震时，水平地震影响系数最大值$\alpha_{max}=0.9$

因为建筑物自振周期$T=2.8s>5T_g=2s$，因此水平地震影响系数处于影响系数曲线的直线下降段，阻尼比$\zeta=0.05$，则$\gamma=0.9$，$\eta_1=0.02$，$\eta_2=1$

$$\alpha=[\eta_2 0.2^{\gamma}-\eta_1(T-5T_g)\alpha_{max}]=[1\times0.2^{0.9}-0.02\times(2.8-2)]\times0.9=0.197$$

【点评】

根据《建筑抗震设计规范》第 4.1.4～4.1.6 条、第 5.1.4～5.1.5 条。

题 8-62　（20D24）已知某建筑场地覆盖层厚度为 8m，设计基本地震加速度为 0.3g，设计地震分组为第二组，若拟建建筑物自振周期为 0.55s，阻尼比为 0.45，按照《建筑抗震设计规范》GB 50011—2010（2016 年版），试计算罕遇地震作用时水平地震影响系数为下列哪个选项？

（A）0.11　　（B）0.47　　（C）0.52　　（D）0.57

【解】

（1）$d_{ov} = 8\text{m}$，场地属Ⅱ类，查表知$T_g = 0.4 + 0.05 = 0.45\text{s}$，$\alpha_{max} = 1.2$

（2）$T_g < T < 5T_g$，$\gamma = 0.9 + \dfrac{0.05 - 0.45}{0.3 + 6 \times 0.45} = 0.767$

$\eta_2 = 1 + \dfrac{0.05 - 0.45}{0.08 + 1.6 \times 0.45} = 0.5 < 0.55$，取$\eta_2 = 0.55$

（3）$\alpha = \left(\dfrac{0.45}{0.55}\right)^{0.767} \times 0.55 \times 1.2 = 0.566$

【点评】

①根据《建筑抗震设计规范》第 5.1.4～5.1.5 条、表 4.1.6；②根据表 4.1.6，覆盖层厚度为 5～15m 时，不需要知道土层的等效剪切波速，即可确定场地类别为Ⅱ类；③当$T_g < T < 5T_g$时，地震影响系数处于曲线下滑段，当阻尼比$\zeta \neq 0.05$时，计算η_1和η_2时注意限值；④计算罕遇地震作用时，特征周期应增加 0.05s，2020 年“华山论剑”模拟题押中此题。

题 8-63　（21C23）某场地设计基本地震加速度为 0.2g，地震分组为第一组，覆盖层厚度为 45m，20m 深度等效剪切波速为 235m/s。场地内某建筑物设计使用年限为 50 年，自振周期为 0.5s，阻尼比为 0.05，距离发震断裂约 3km。按《建筑抗震设计规范》GB 50011—2010（2016 年版）进行抗震性能化设计时，计算设防地震作用下的水平地震影响系数最接近下列哪个选项？

（A）0.12　　（B）0.17　　（C）0.33　　（D）0.49

【解】

（1）查表 4.1.6 知，场地类别为Ⅱ类。

（2）Ⅱ类场地，第一组，$T_g = 0.35\text{s}$；设防地震，0.2g，$\alpha_{max} = 0.45$

$T_g \leqslant T < 5T_g$，$\alpha = \left(\dfrac{0.35}{0.5}\right)^{0.9} \times 1 \times 0.45 = 0.326$

（3）距离发震断裂约 3km，宜增大 1.5 倍，$\alpha = 1.5 \times 0.326 = 0.49$

【点评】

①根据《建筑抗震设计规范》第 3.10.3 条、第 4.1.6 条、第 5.1.4～5.1.5 条。②抗震性能化设计，设防地震的地震影响系数最大值按第 3.10.3 条确定，$\alpha_{max} = 2.25 \times$基本地震加速度/g。③对处于发震断裂两侧 10km 以内的结构，地震动参数应计入近场影响，5km 以内宜乘以增大系数 1.5，5km 以外宜乘以不小于 1.25 的增大系数。2021 年 5 月 24 日每日作业原题。

题 8-64 （22C24）某破碎花岗岩场地设计基本加速度为 0.3g，设计地震分组为第一组，建筑物结构自振周期为 1.8s，阻尼比为 0.05，按《建筑抗震设计规范》GB 50011—2010（2016 年版），计算 50 年超越概率为 2%地震作用时，水平地震影响系数最接近下列哪个选项？

（A）0.206　　（B）0.239　　（C）0.269　　（D）0.275

【解】

（1）破碎花岗岩，查表知场地类别为 I_1。

0.3g，第一组，罕遇地震，查表知 $T_g = 0.25 + 0.05 = 0.03\mathrm{s}$，$\alpha_{max} = 1.2$

（2）$\zeta = 0.05$，则 $\gamma = 0.9$，$\eta_2 = 1$，$\eta_1 = 0.02$

$5T_g = 5 \times 0.3 = 1.5\mathrm{s} < 1.8\mathrm{s} < 6\mathrm{s}$

$\alpha = [1 \times 0.2^{0.9} - 0.02 \times (1.8 - 1.5)] \times 1.2 = 0.275$

【点评】

①根据《建筑抗震设计规范》表 4.1.3、表 4.1.6、第 5.1.4～5.1.5 条；②根据表 4.1.3，破碎的岩石为软质岩石，根据表 4.1.6 场地类别为 I_1 类；③根据第 3.1.3 条条文说明，50 年超越概率为 2%的地震为罕遇地震，罕遇地震时，场地的特征周期比设防地震大 0.05s。

题 8-65 由于Ⅱ类场地误判为Ⅲ类，在其他情况均不改变的情况下（设计地震分组为第一组，建筑结构自震周期 $T = 0.8\mathrm{s}$，阻尼比取 0.05，分别用 α_{II} 和 α_{III} 表示Ⅱ类场地和Ⅲ类场地的水平地震影响系数），试计算 $\alpha_{\mathrm{II}}/\alpha_{\mathrm{III}}$ 的数值。

【解】

设计地震分组为第一组，则Ⅱ类场地和Ⅲ类场地的特征周期分别为 0.35s 和 0.45s，结构自震周期为 $T = 0.8\mathrm{s}$，即地震影响系数处于曲线的下降段。

$$\alpha_{\mathrm{II}} = \left(\frac{0.35}{0.8}\right)^{0.9} \times \eta_2\alpha_{max}，\ \alpha_{\mathrm{III}} = \left(\frac{0.45}{0.8}\right)^{0.9} \times \eta_2\alpha_{max}$$

所以 $\dfrac{\alpha_{\mathrm{II}}}{\alpha_{\mathrm{III}}} = \left(\dfrac{0.35}{0.45}\right)^{0.9} = 0.8$

【点评】

根据《建筑抗震设计规范》第 5.1.4～5.1.5 条。

题 8-66 某高层建筑其结构自震周期 $T = 1.8\mathrm{s}$，阻尼比 $\zeta = 0.45$，天然地基场地覆盖土层厚度为 8m，设防烈度为 7 度，设计基本地震加速度为 0.15g，设计地震分组为第一组。根据《建筑抗震设计规范》GB 50011—2010（2016 年版），按多遇地震和罕遇地震考虑的水平地震影响系数 α 的比值为下列哪个选项？

（A）0.12　　（B）0.15　　（C）0.18　　（D）0.2

【解】

（1）$d_{ov} = 8\mathrm{m}$，Ⅱ类场地。

（2）0.15g，多遇地震，第一组：$\alpha_{max} = 0.12, T_g = 0.35\mathrm{s}$

$5T_g < T = 1.8\mathrm{s} < 6\mathrm{s}$，$\xi = 0.45$

$$\gamma = 0.9 + \frac{0.05 - 0.45}{0.3 + 6 \times 0.45} = 0.767，\ \eta_1 = 0.02 + \frac{0.05 - 0.45}{4 + 32 \times 0.45} = -1.74 \times 10^{-3} < 0$$

取 $\eta_1 = 0$

$$\eta_2 = 1 + \frac{0.05 - 0.45}{0.08 + 1.6 \times 0.45} = 0.5 < 0.55，\ 取\eta_2 = 0.55$$

$\alpha_1 = (0.55 \times 0.2^{0.767} - 0) \times 0.12 = 0.019$

（3）0.15g，罕遇地震，第一组：$\alpha_{max}=0.72$，$T_g=0.4s$

$T_g<T=1.8s<5T_g$，由（2）知：$\gamma=0.767$，$\eta_2=0.55$

$$\alpha_2=\left(\frac{0.4}{1.8}\right)^{0.767}\times 0.55\times 0.72=0.125$$

（4）$\dfrac{\alpha_1}{\alpha_2}=\dfrac{0.019}{0.125}=0.152$

【点评】

①根据《建筑抗震设计规范》第 4.1.6 条、第 5.1.4～5.1.5 条。②当$d_{ov}\in[5m, 15m]$时，可直接判为Ⅱ类场地。③计算罕遇地震时，特征周期应增加 0.05s。④要特别注意：当$\eta_1<0$时，取$\eta_1=0$；当$\eta_2<0.55$时，取$\eta_2=0.55$。

30.4.4 不利地段对设计动参数的放大作用——《建筑抗震设计规范》第 4.1.8 条及条文说明

当需要在条状突出的山嘴、高耸孤立的山丘、非岩石和强风化岩石的陡坡、河岸和边坡边缘等不利地段建造丙类及丙类以上建筑时，除保证其在地震作用下的稳定性外，尚应估计不利地段对设计地震动参数可能产生的放大作用，其水平地震影响系数最大值α_{max}应乘以放大系数λ，其值应根据不利地段的具体情况确定，在 1.1～1.6 范围内采用。放大系数λ可按表 8-30-46 计算。

不利地段对设计地震动参数的放大作用　　　表 8-30-46

$$\lambda=1+\xi\alpha$$

式中：ξ——附加调整系数：$\xi=\begin{cases}1 & L_1/H<2.5\\0.6 & 2.5\leqslant L_1/H<5\\0.3 & L_1/H\geqslant 5\end{cases}$

H——突出地形的高差（m）；

L、L_1——分别为坡脚至坡顶和坡顶至场地最近点的距离（m）；

α——局部突出地形地震动参数的增大幅度，按下表采用

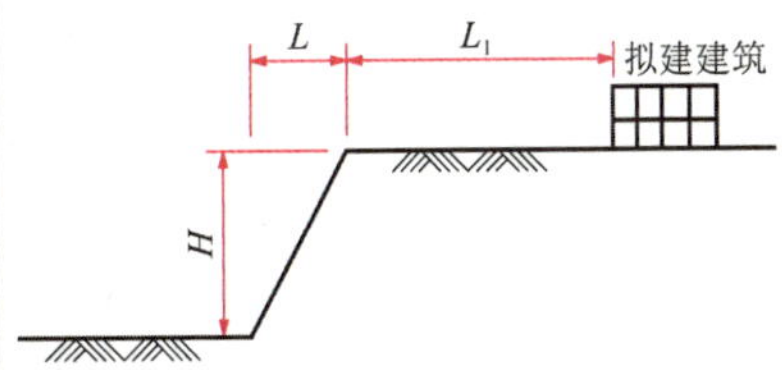

局部突出地形地震动参数的增大幅度α

突出地形的高度 H（m）	非岩质地层	$H<5$	$5\leqslant H<15$	$15\leqslant H<25$	$H\geqslant 25$
	岩质地层	$H<20$	$20\leqslant H<40$	$40\leqslant H<60$	$H\geqslant 60$
局部突出台地边缘的侧向平均坡降（H/L）	$H/L<0.3$	0	0.1	0.2	0.3
	$0.3\leqslant H/L<0.6$	0.1	0.2	0.3	0.4
	$0.6\leqslant H/L<1$	0.2	0.3	0.4	0.5
	$H/L\geqslant 1$	0.3	0.4	0.5	0.6

题 8-67 某拟建建筑位于卵石边坡，卵石下为基岩，相关尺寸如图 8-30-12 所示，所在场地区划图上的峰值加速度为 0.2g，区划图上的反应谱特征周期为 0.4s，卵石层的剪切波速为 550m/s。建筑采用框架结构，抗震设防分类属乙类建筑，结构自振周期$T = 1$s，阻尼比$\zeta = 0.35$。按《建筑抗震设计规范》GB 50011—2010（2016 年版），进行罕遇地震作用下的变形验算时，相应于结构自振周期的水平地震影响系数最接近下列哪个选项？

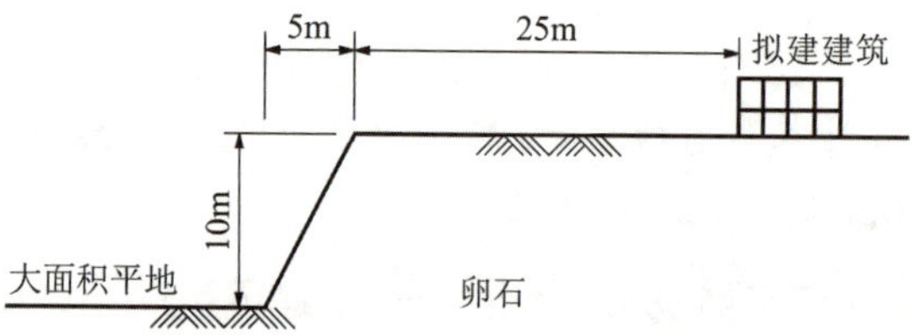

图 8-30-12 题 8-67 图

（A）0.219 （B）0.272

（C）0.287 （D）0.302

【解】

（1）非岩质地层，$H/L = \frac{10}{5} = 2 > 1$，$H = 10\text{m} \in (5\text{m}, 15\text{m})$，$\alpha = 0.4$

$L_1/H = \frac{25}{10} = 2.5$，$\zeta = 0.6 \Rightarrow \lambda = 1 + 0.6 \times 0.4 = 1.24$

（2）卵石，$v_{se} = 550\text{m/s} \Rightarrow$ 场地类别为 I_1。

反应谱特征周期为 0.4s，则$T_g = 0.3 + 0.05 = 0.35$s，$\alpha_{max} = 0.9$

（3）$\gamma = 0.9 + \frac{0.05-0.35}{0.3+6\times0.35} = 0.775$，$\eta_2 = 1 + \frac{0.05-0.35}{0.08+1.6\times0.35} = 0.53 < 0.55$，取0.55，

$T = 1\text{s} \in (T_g, 5T_g)$，则$\alpha = \left(\frac{0.35}{1}\right)^{0.775} \times 0.55 \times 0.9 \times 1.24 = 0.272$

【点评】

①根据《建筑抗震设计规范》第 4.1.6 条、第 4.1.8 条条文说明、第 5.1.4～5.1.5 条，以及《中国地震动参数区划图》第 8.2 节；②当丙类及丙类以上建筑位于边坡边缘等不利地段时，水平地震影响系数最大值应乘以增大系数，具体取值参见第 4.1.8 条条文说明；③场地基本地震动加速度反应谱特征周期应根据场地类别进行调整，罕遇地震 +0.05s；④阻尼调整系数η_2计算值小于 0.55 时取 0.55。

题 8-68　（13C28）某临近岩质边坡的建筑场地，所处地区抗震设防烈度为 8 度，设计基本地震加速度为 0.3g，设计地震分组为第一组。岩石剪切波速及有关尺寸如图 8-30-13 所示。建筑采用框架结构，抗震设防分类属丙类建筑，结构自振周期$T=0.4s$，阻尼比$\zeta=0.05$。按《建筑抗震设计规范》GB 50011—2010（2016 年版）进行多遇地震作用下的截面抗震验算时，相应于结构自振周期的水平地震影响系数值最接近下列哪个选项？

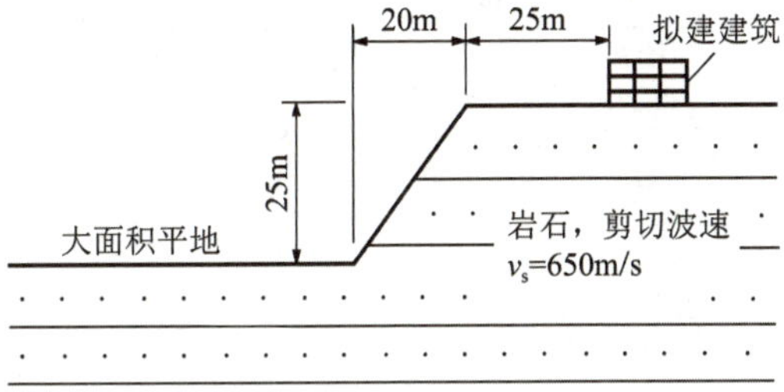

图 8-30-13　题 8-68 图

（A）0.13　　（B）0.16

（C）0.18　　（D）0.22

【解】

（1）$v_{se}=650\text{m/s}$，判定场地类别为 I_1。

第一组，0.3g，查表知$T_g=0.25\text{s}$，$\alpha_{max}=0.24$

$$T_g<T<5T_g,\ \alpha=\left(\frac{T_g}{T}\right)^{\gamma}\eta_2\alpha_{max}=\left(\frac{0.25}{0.40}\right)^{0.9}\times 1\times 0.24=0.157$$

（2）$\dfrac{L_1}{H}=\dfrac{25}{25}=1<2.5$，$\xi=1$；$\dfrac{H}{L}=\dfrac{25}{20}=1.25>1$，查表知$\alpha=0.4$

地震放大系数：$\lambda=1+1\times 0.4=1.4$，满足$1.1\leqslant\lambda\leqslant 1.6$

（3）放大后水平地震影响系数$\alpha=1.4\times 0.157=0.22$

【点评】

根据《建筑抗震设计规范》第 4.1.8 条及条文说明和第 5.1 节。

【同类型真题】 22 补考 C23

30.4.5 地震作用计算——《建筑抗震设计规范》第 5.2.1、5.3.1 条

地震时，地面因地震波的作用而发生强烈运动，带动结构的基础运动，结构则因基础的运动而被迫发生震动。在震动的过程中，结构的自重因受到地面运动加速度和结构震动相对加速度作用而产生惯性力。**这种由于地面运动而引起的惯性力称为地震作用。**它并非是直接作用在结构上的外力，而是施于结构基础以运动所引起的结构反应。地震惯性力的**方向是任意的**，和地震加速度的方向相反，其可分为水平地震惯性力和竖向地震惯性力，按表 8-30-47 计算。

地震作用计算 **表 8-30-47**

（1）结构的水平地震作用标准值F_{Ek}，可采用底部剪力法按下式计算：

$$F_{\mathrm{Ek}}=\alpha_1\cdot G_{\mathrm{eq}};\ F_i=\frac{G_iH_i}{\sum\limits_{j=1}^{n}G_jH_j}F_{\mathrm{Ek}}(1-\delta_n)\quad(i=1,2,\cdots,n)$$

（2）结构顶部附加水平地震作用ΔF_n：

$$\Delta F_n=\delta_n\cdot F_{\mathrm{Ek}}$$

式中：F_{Ek}——结构总水平地震作用标准值（kN）；

G_{eq}——结构**等效**总重力荷载（kN），**单质点**取总重力荷载代表值，**多质点**取总重力荷载代表值的 85%；

α_1——相应于结构基本自振周期的水平地震影响系数值，**多层砌体**房屋、**底部框架砌体**房屋，宜取水平地震影响系数最大值$\alpha_{\max}$；

F_i——质点i的水平地震作用标准值（kN）；

G_i、G_j——分别为集中于质点i、j的重力荷载代表值（kN），应按规范第 5.1.3 条确定；

H_i、H_j——分别为质点i、j的计算高度（m）；

δ_n——顶部附加地震作用系数，多层钢筋混凝土和钢结构房屋可按下表采用，其他房屋可采用 0

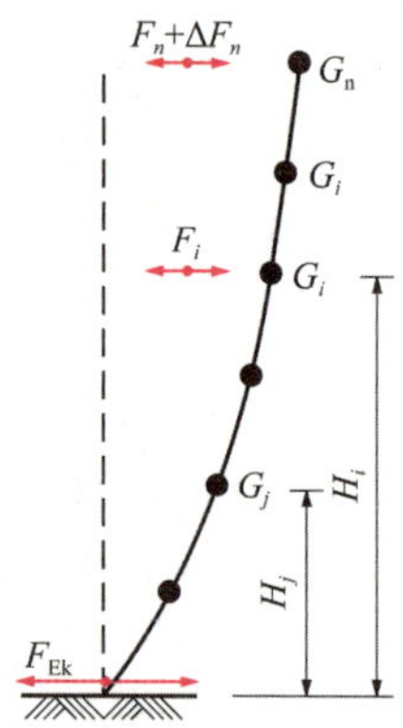

顶部附加地震作用系数δ_n

T_g（s）	$T_1>1.4T_g$	$T_1\leqslant1.4T_g$	
$T_g\leqslant0.35$	$0.08T_1+0.07$	0	T_1——结构基本自振周期（s）； T_g——设计特征周期（s）
$0.35<T_g\leqslant0.55$	$0.08T_1+0.01$	0	
$T_g>0.55$	$0.08T_1-0.02$	0	

（3）**9 度时的高层建筑的竖向地震作用标准值**F_{Evk}，可采用简化方法（类似底部剪力法）按下式确定：

$$F_{\mathrm{Evk}}=\alpha_{\mathrm{vmax}}\cdot G_{\mathrm{eq}};\ F_{\mathrm{v}i}=\frac{G_iH_i}{\sum G_jH_j}F_{\mathrm{Evk}}$$

式中：F_{Evk}——结构总水平地震作用标准值（kN）；

$F_{\mathrm{v}i}$——质点i的竖向地震作用标准值（kN）；

G_{eq}——结构**等效**总重力荷载（kN），可取其重力荷载代表值的 75%；

α_{vmax}——竖向地震影响系数的最大值，可取水平地震影响系数最大值$\alpha_{\max}$的 65%

注：1. **跨度、长度小于本规范第 5.1.2 条第 5 款规定且规则的平板型网架屋盖和跨度大于 24m 的屋架、屋盖横梁及托架**的竖向地震作用标准值，宜取其重力荷载代表值和竖向地震作用系数的乘积；竖向地震作用系数可按本规范表 5.3.2 采用；

2. **长悬臂构件和不属于本规范第5.3.2条的大跨结构**的竖向地震作用标准值，8 度和 9 度时可分别取该结构、构件重力荷载代表值的 10%和 20%，设计基本地震加速度为 0.3g时，可取该结构、构件重力荷载代表值的 15%

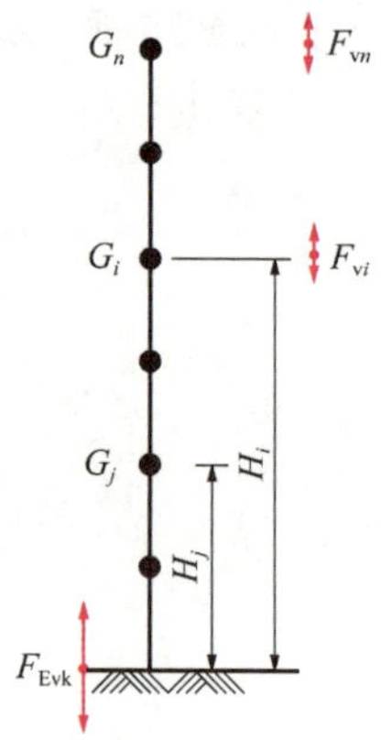

注：在实际运用中，可将质量集中度比较高的建筑简化为单质点体系来处理。比如水塔，可将质量看作集中于顶部水箱。而大多数其他建筑，都可以简化为多质点体系来处理。比如楼房，可以将每层楼板简化为一个质点。

题 8-69 （10C28）某建筑场地抗震设防烈度为 7 度，设计地震分组为第一组，设计基本地震加速度为 0.1g，场地类别Ⅲ类，拟建 10 层钢筋混凝土框架结构住宅。结构等效总重力荷载为 137062kN，结构基本自振周期为 0.9s（已考虑周期折减系数），阻尼比为 0.05。多遇地震当采用底部剪力法时，基础顶面处的结构总水平地震作用标准值最接近下列哪个选项？

（A）5875kN　　（B）6375kN

（C）6910kN　　（D）7500kN

【解】

（1）Ⅲ类，第一组，0.1g，多遇地震，查表知$T_g = 0.45s$，$\alpha_{max} = 0.08$

$T = 0.9s$，满足$T_g < T < 5T_g$，$\alpha_1 = \left(\frac{T_g}{T}\right)^{\gamma}\eta_2\alpha_{max} = \left(\frac{0.45}{0.9}\right)^{0.9} \times 1 \times 0.08 = 0.04287$

（2）$F_{Ek} = \alpha_1 \cdot G_{eq} = 0.04287 \times 137062 = 5875.8kN$

【点评】

①根据《建筑物抗震设计规范》第 5.1.4～5.1.5 条、第 5.2.1 条；②多层砌体房屋、底部框架砌体房屋，宜取$\alpha_1 = \alpha_{max}$；③G_{eq}为结构等效总重力荷载，**单质点**取总重力荷载代表值，多质点取重力荷载代表值的 **85%**；④注意：题目已经给出的是**等效**总重力荷载，不要重复计算。

题 8-70 某高层民用框架建筑物，地震动峰值加速度为 0.4g，设计地震分组为第二组，结构重力荷载代表值为 184000kN，结构基本自震周期为 0.8s，阻尼比为 0.05，场地工程地质详细勘察报告剪切波速测试结果如表 8-30-48 所示。

题 8-70 表　　　　表 8-30-48

土层序号	土层名称	层底深度（m）	剪切波速（m/s）
①	淤泥质土	2	100
②	粉土	12	180
③	粉质黏土	16	150
④	残积土	24	400
⑥	岩石	35	520

试问，根据《建筑抗震设计规范》GB 50011—2010（2016 年版）计算罕遇地震时，结构总竖向地震作用标准值最接近下列哪个选项？

（A）28.7MN　　（B）38.3MN　　（C）125.6MN　　（D）167.4MN

【解】

（1）0.4g，9 度，罕遇地震，查表知$\alpha_{hmax} = 1.4$

（2）$F_{Evk} = \alpha_{vmax}G_{eq} = 0.65 \times 1.4 \times 0.75 \times 184000 = 125580kN = 125.6MN$

【点评】

①根据《建筑抗震设计规范》第 5.1.4～5.1.6 条、第 5.3.1 条；②注意：结构等效总重力荷载取其**重力荷载代表值的 75%**，竖向地震影响系数的最大值取**水平影响系数最大值的 65%**，无须计算水平地震影响系数。

题 8-71 某5层砖砌体房屋，各层层高均为3m，采用现浇混凝土楼、屋盖，横墙承重。该房屋位于抗震设防烈度为8度、设计基本地震加速度为0.3g的地区，计算简图如图8-30-14所示。已知集中于各楼层、屋盖的重力荷载代表值相同，G_1～$G_5 = 2000\text{kN}$。试问，采用底部剪力法计算时，结构总水平地震作用标准值为多少？

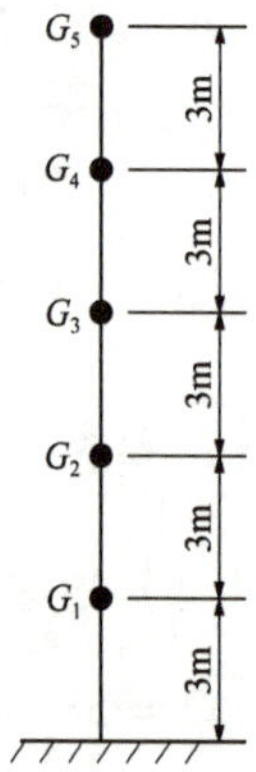

图8-30-14 题8-71图

【解】

多质点，取$G_{eq} = 0.85\sum G_i = 0.85 \times 2000 \times 5 = 8500\text{kN}$

$\alpha = 0.3g$，$\alpha_{max} = 0.24$，多层砌体房屋，取$\alpha_1 = \alpha_{max} = 0.24$

$F_{Ek} = \alpha_1 G_{eq} = 0.24 \times 8500 = 2040\text{kN}$

【点评】

根据《建筑抗震设计规范》第5.1.4条、第5.2.1条。

题 8-72 某中学拟建一座教学楼，该地区抗震设防烈度为7度（0.1g），场地类别为Ⅲ类，设计地震分组为第一组，拟建6层钢筋混凝土框架结构住宅。结构等效总重力荷载为140000kN，结构基本自振周期为0.9s（已考虑周期折减系数），阻尼比为0.05。多遇地震作用下采用底部剪力法计算：（1）基础顶面处的结构总水平地震作用标准值；（2）顶部附加水平地震作用标准值。

【解】

（1）查规范附录A，第一组，Ⅲ类场地，查表知$T_g = 0.45\text{s}$

$T = 0.9\text{s}$，满足$T_g < T < 5T_g$，$\alpha = \left(\dfrac{0.45}{0.9}\right)^{0.9} \times 1 \times 0.08 = 0.043$

$F_{Ek} = \alpha_1 \cdot G_{eq} = 0.043 \times 140000 = 6020\text{kN}$

（2）$T = 0.9\text{s} > 1.40T_g = 0.63\text{s}$，多层钢筋混凝土结构房屋，查表5.2.1知

$\delta_n = 0.08T + 0.01 = 0.08 \times 0.9 + 0.01 = 0.082$

$\Delta F_n = \delta_n F_{Ek} = 0.082 \times 6020 = 493.6\text{kN}$

【点评】

①根据《建筑抗震设计规范》第5.1.4～5.1.6条、第5.2.1条、附录A，注意掌握附录A；②对其他房屋，$\delta_n = 0$；③题目给的就是等效总重力荷载G_{eq}，不用再等效计算。

题 8-73 建筑场地拟建 6 层钢筋混凝土框架结构住宅（图 8-30-15），该地区抗震设防烈度为 8 度（0.2g），场地类别为Ⅲ类，设计地震分组为第一组。建筑结构总重力荷载代表值为 36000kN，层高均为 3m，每层简化为一个质点，每个质点的重力荷载代表值均为 6000kN，结构基本自振周期为 0.8s，阻尼比为 0.05。根据《建筑抗震设计规范》GB 50011—2010（2016 年版），多遇地震作用下采用底部剪力法时，计算作用于G_6的水平地震作用标准值最接近下列哪个选项？（各楼层仅取一个自由度）

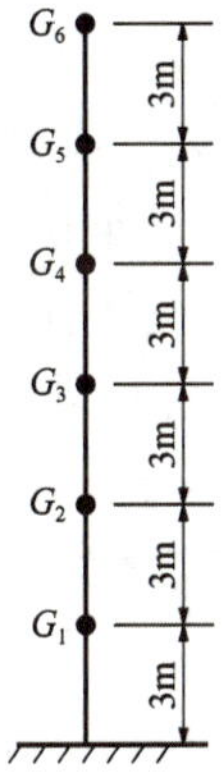

图 8-30-15　题 8-73 图

（A）770kN　　（B）890kN

（C）980kN　　（D）1110kN

【解】

（1）第一组，Ⅲ类场地⇒ $T_g = 0.45$

0.2g，多遇地震 ⇒ $\alpha_{max} = 0.16$

$$T = 0.8s \in (T_g, 5T_g) \Rightarrow \alpha = \left(\frac{0.45}{0.8}\right)^{0.9} \times 1 \times 0.24 = 0.095$$

$F_{EK} = 0.095 \times 36000 \times 0.85 = 2907kN$

（2）$T_1 = 0.8s > 1.4T_g = 0.63s \Rightarrow \delta_n = 0.08 \times 0.8 + 0.01 = 0.074$

$\Delta F_n = 0.074 \times 2907 = 215.1kN$

$$F_6 = \frac{6000 \times 18}{6000 \times (3+6+9+12+15+18)} \times 2907 \times (1 - 0.074) = 769.1kN$$

（3）$F_6' = 769.1 + 215.1 = 984.2kN$

【点评】

①根据《建筑抗震设计规范》第 5.1.4、5.1.5、5.2.1 条；②注意：顶层应加上顶部附加作用；③注意“等效总重力荷载”和“总重力荷载代表值”的区别和关系。

30.5　桩基础——《建筑抗震设计规范》第 4.4 节

1）承受竖向荷载为主的低承台桩基，当地面下无液化土层，且桩承台周围无淤泥、淤泥质土和地基承载力特征值不大于 100kPa 的填土时，**下列建筑可不进行桩基抗震承载力验算：**

（1）6～8 度时下列建筑：①一般的单层厂房和单层空旷房屋；②不超过 8 层且高度 24m 以下的一般民用框架房屋和框架-抗震墙房屋；③基础荷载与②项相当的多层框架厂房和多层混凝土抗震墙房屋。

（2）本规范第 4.2.1 条第 1 款规定的建筑及砌体房屋。

2）**非液化土中低承台桩基的抗震验算，应符合下列规定：**

（1）单桩的竖向和水平向抗震承载力特征值，可均比非抗震设计时提高 25%。

（2）当承台周围的回填土夯实至干密度不小于《建筑地基基础设计规范》GB 50007—2011 对填土的要求时，可由承台正面填土与桩共同承担水平地震作用；但不应计入承台底面与地基土间的摩擦力。

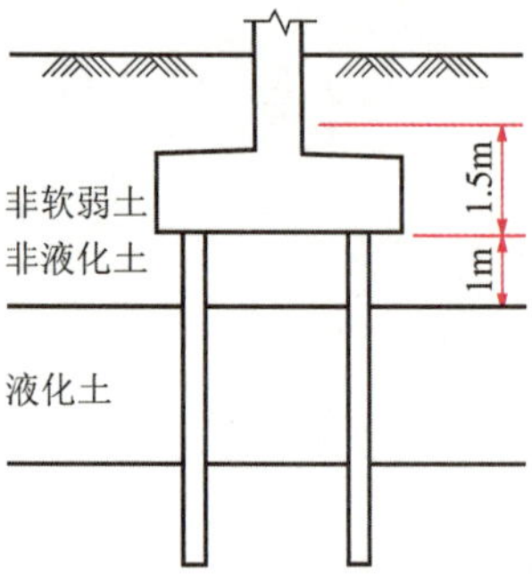

图 8-30-16　液化土层低承台桩

3）**存在液化土层的低承台桩基抗震验算，应符合下列规定：**

（1）承台埋深较浅时，不宜计入承台周围土的抗力或刚性地坪对水平地震作用的分担作用。

（2）当桩**承台底面上、下分别有厚度不小于 1.5、1m** 的非液化土层或非软弱土层时（图 8-30-16），可按表 8-30-49 中的两种情况进行桩的抗震验算，并按不利情况设计。

存在液化土层的低承台桩基抗震验算　　**表 8-30-49**

（1）非液化土中低承台桩基：$\begin{cases}R_{aE}=1.25R_a\\R_{haE}=1.25R_{ha}\end{cases}$	式中：R_a——单桩**竖向**承载力（kN）； R_{ha}——单桩**水平**承载力（kN）； R_{aE}——单桩**竖向抗震**承载力（kN）； R_{haE}——单桩**水平抗震**承载力（kN）
（2）当桩承台底面上、下分别有厚度**不小于 1.5m、1.0m** 的非液化土层或非软弱土层时，可按**下列两种情况**进行桩的抗震验算，并按**不利情况**设计：	
①桩承受**全部地震作用**：液化土的桩周摩阻力及桩水平抗力均应乘以下表所示的折减系数。 $\begin{cases}R_{aE}=1.25R_a\\R_{haE}=1.25R_{ha}\end{cases}$	②地震作用**按水平地震影响系数最大值的 10% 采用**： **扣除**液化土层的全部摩阻力及桩**承台下 2m** 深度范围内非液化土的桩周摩阻力。 $\begin{cases}R_{aE}=1.25R_a\\R_{haE}=1.25R_{ha}\end{cases}$

土层液化影响折减系数 ψ_l

$\lambda_N=\dfrac{实测值N}{临界值N_{cr}}$	自**地面算起**的液化土层深度 d_L（m）	ψ_l
$\lambda_N\leqslant 0.6$	$d_L\leqslant 10$	0
	$10<d_L\leqslant 20$	1/3
$0.6<\lambda_N\leqslant 0.8$	$d_L\leqslant 10$	1/3
	$10<d_L\leqslant 20$	2/3
$0.8<\lambda_N\leqslant 1$	$d_L\leqslant 10$	2/3
	$10<d_L\leqslant 20$	1

续表

（3）对于挤土桩，当桩距为 $2.5d \sim 4d$ 且桩数不少于 5×5 时： $N_1 = N_p + 100\rho(1 - e^{-0.3N_p})$ ⇓ $N_1 > N_{cr}$ ⇒不液化⇒单桩承载力可不折减	式中：N_1——打桩后的标准贯入锤击数； ρ——打入式预制桩的面积置换率； N_p——打桩前的标准贯入锤击数； N_{cr}——标准贯入锤击数临界值 $N_{cr} = N_0\beta[\ln(0.6d_s + 1.5) - 0.1d_w]\sqrt{3/\rho_c}$

注：两种情况分别验算，按不利情况设计，并不是按不利取承载力小值。

题 8-74　（12D28）某 8 度地区地下水位埋深 4m，某钻孔桩桩顶位于地面以下 1.5m，桩顶嵌入承台底面 0.5m，桩直径 0.8m，桩长 20.5m，地层资料见表 8-30-50，桩全部承受地震作用。问：按照《建筑抗震设计规范》GB 50011—2010（2016 年版）的规定，单桩竖向抗震承载力特征值最接近下列何值？

题 8-74 表　　　　表 8-30-50

土层名称	层底埋深（m）	土层厚度（m）	标贯 N	临界标 N_{cr}	侧阻（kPa）	端阻（kPa）
粉质黏土①	5	5	—	—	30	—
粉土②	15	10	7	10	20	—
密实中砂③	30	15	—	—	50	4000

（A）1680kN　　（B）2100kN　　（C）3110kN　　（D）3610kN

【解】

（1）承台上下分别有厚度不小于 1.5、1m 的非液化土。

粉土②中：$N/N_{cr} = 7/10 = 0.7$

折减系数查表：$d_s \leqslant 10\text{m}$ 取 1/3，$10\text{m} < d_s \leqslant 20\text{m}$ 取 2/3

（2）$Q_{uk} = 3.14 \times 0.8 \times (3 \times 30 + \frac{1}{3} \times 5 \times 20 + \frac{2}{3} \times 5 \times 20 + 7 \times 50) + 3.14 \times 0.4^2 \times 4000 = 3366\text{kN}$

（3）$R_{aE} = 1.25 \times \frac{3366}{2} = 2104\text{kN}$

【点评】

①根据《建筑抗震设计规范》第 4.4.2～4.4.3 条；②液化折减的前提一定是要满足承台上下分别有厚度不小于 1.5、1m 的非液化土或非软弱土层（都要满足），否则折减系数直接取 0，粉质黏土是非液化土满足的前提；③本题画草图确定承台埋深是 2m；④首先要清楚本规范第 4.4.2 条规定的单桩竖向抗震承载力特征值，可比非抗震设计时提高 25%，再者要清楚第 4.4.3 条第 2 款规定，桩承受全部地震作用，液化土的桩周摩阻力应乘以一个折减系数，注意液化土层的厚度、桩周摩阻力的折减系数，最后要注意单桩承载力特征值在数值上是单桩极限承载力的一半。

题 8-75　（18D09）某建筑采用灌注桩基础，桩径 0.8m，承台底深埋 4m，地下水位埋深 1.5m，拟建场地地层条件见表 8-30-51，按照《建筑桩基技术规范》JGJ 94—2008 规定，如需单桩竖向承载力特征值达到 2300kN，考虑液化效应时，估算最短桩长与下列哪个选项最接近？

题 8-75 表　　**表 8-30-51**

地层	层底埋深（m）	N/N_{cr}	桩的极限侧阻力标准值（kPa）	桩的极限端阻力标准值（kPa）
黏土	1	—	30	—
粉土	4	0.6	30	—
细砂	12	0.8	40	—
中粗砂	20	1.5	80	1800
卵石	35	—	150	3000

（A）16m　（B）20m　（C）23m　（D）26m

【解】

（1）承台埋深 4m，承台底面不满足液化土厚度的要求。

细砂层：$N/N_{cr} = 0.8$，会发生液化，不计侧摩阻力。

中粗砂层：$N/N_{cr} = 1.5 > 1$，不会发生液化，不折减。

$Q_{uk} = 2R_a = 2300 \times 2 = 4600\text{kN}$

（2）设桩端持力层为中粗砂，桩长为L。

则$3.14 \times 0.8 \times 80 \times (L - 8) + 3.14 \times 0.4^2 \times 1800 = 4600\text{kN}$，

解得$L = 26.4\text{m} > 16\text{m}$，地层不满足要求。

（3）设桩端持力层为卵石层，桩长为L。

则$3.14 \times 0.8 \times [80 \times 8 + 150 \times (L - 16)] + 3.14 \times 0.4^2 \times 3000 = 4600\text{kN}$，

解得$L = 19.94\text{m} > 16\text{m}$，满足要求。

取最短桩长 20m。

【点评】

①根据《建筑桩基技术规范》第 5.3.4 条、第 5.3.12 条；②注意：当承台底面上非液化土层厚度小于 1.5m 或承台底面下非液化土层小于 1m 时，土层液化折减系数ψ_l取 0，该坑点从未考过，特别容易定向思维掉坑；③难度一般，计算量也一般，常规考点加上坑点。

题 8-76 （19D09）某建筑场地设计基本地震加速度为 0.2g，设计地震分组为第一组，采用直径 800mm 的钻孔灌注桩基础，承台底面埋深 3m，承台底面以下桩长 25m，场地地层资料见表 8-30-52，地下水位埋深 4m。按照《建筑抗震设计规范》GB 50011—2010（2016 年版）的规定，地震作用按水平地震影响系数最大值的 10%采用时，单桩竖向抗震承载力特征值最接近于下列何值？

题 8-76 表 **表 8-30-52**

土层名称	层底埋深（m）	实测标准贯入锤击数 N	临界标准贯入锤击数 N_{cr}	极限侧阻力标准值（kPa）	极限端阻力标准值（kPa）
粉质黏土	5	—	—	35	—
粉土	8	9	13	40	—
密实中砂	50	—	—	70	2500

（A）2380kN （B）2650kN （C）2980kN （D）3320kN

【解】

（1）$N = 9 < N_{cr} = 13$，粉土层液化。

$Q_{uk} = 3.14 \times 0.8 \times 20 \times 70 + 2500 \times 3.14 \times 0.4^2 = 4772.8\text{kN}$

（2）$R_{aE} = 1.25 \times \dfrac{4772.8}{2} = 2983\text{kN}$

【点评】

①根据《建筑桩基技术规范》第 5.3.5 条及《建筑抗震设计规范》第 4.4.3 条；②按水平地震影响系数最大值的 10%采用时，单桩竖向抗震承载力特征值计算**应该扣除液化土层的全部摩阻力和承台下 2m 范围内非液化土层的桩周摩阻力**，抗震承载力乘以 1.25 的增大系数。

题 8-77 （19C24）某高层建筑采用钢筋混凝土桩基础，桩径 0.4m，桩长 12m，桩身配筋率大于 0.65%，桩周土层为黏性土，桩端持力层为粗砂，水平抗力系数的比例系数为 25MN/m^4。试估算单桩抗震水平承载力特征值最接近下列哪个选项？（假设桩顶自由，$EI = 32\text{MN}\cdot\text{m}^2$，桩顶允许水平位移取 10mm）

（A）85kN （B）105kN （C）110kN （D）117kN

【解】

（1）$b_0 = 0.9 \times (1.5 \times 0.4 + 0.5) = 0.99\text{m}$

（2）$\alpha = \sqrt[5]{\dfrac{25 \times 0.99}{32}} = 0.95$

（3）桩顶自由，$\alpha h = 12 \times 0.95 = 11.4\text{m} > 4\text{m}$，取 $\nu_x = 2.441\text{m/s}$

（4）$R_{haE} = 1.25 \times R_{ha} = 1.25 \times 0.75 \times \dfrac{0.95^3 \times 32}{2.441} \times 10 = 105.4\text{kN}$

【点评】

①根据《建筑桩基计算规范》第 5.7.2、5.7.5 条，本题为争议题，在于是否乘以 1.25 系数的问题，不乘选 A，乘 1.25 选 B；②对于桩基规范第 6 条计算得到的水平承载力特征值 $R_h = 0.75\dfrac{\alpha^3 EI}{v_x}\chi_{oa}$，验算地震作用时没有提到乘增大系数，此处应该是规范错误，但是没有勘误；③按《建筑抗震设计规范》考虑抗震作为偶然作用，应乘 1.25 的系数。

题 8-78 （14D29）某场地设计基本地震加速度为 0.15g，设计地震分组为第一组，其地层如下：①层黏土，可塑，层厚 8m；②层粉砂，层厚 4m，稍密状，在其埋深 9m 处标贯击数为 7 击，场地地下水位埋深 2m。拟用正方形布置，截面为 300mm × 300mm 的预制桩进行液化处理。根据《建筑抗震设计规范》GB 50011—2010（2016 年版），问其桩距至少不少于下列哪一项时才能达到不液化？

（A）800mm （B）1000mm （C）1200mm （D）1400mm

【解】

（1）$N_{cr} = 10 \times 0.8 \times [\ln(0.6 \times 9 + 1.5) - 0.1 \times 2] \times \sqrt{3/3} = 13.85$

（2）$7 + 100 \times \rho \times (1 - e^{-0.3N_p}) \geqslant 13.85 \Rightarrow \rho \geqslant 0.078$

（3）$\rho = \dfrac{b^2}{s^2} = \dfrac{0.3^2}{s^2} \geqslant 0.078 \Rightarrow s \leqslant 1.074\text{m} = 1074\text{mm}$

【点评】

①根据《建筑抗震设计规范》第 4.3.4 条、第 4.4.3 条；②根据面积置换率定义，**正方形桩、正方形布置，置换率$\boldsymbol{\rho = b^2/s^2}$**，圆形桩采用正方形布置时，才采用$\rho = b^2/(1.13s)^2$，注意区别，置换率的本质就是面积比，不要死记公式；③本题最后要选小于计算值的选项才能满足要求，对于题目这种问法，计算过程中要带着不等号，就不会发生结果算对了而选错项的情况。

题 8-79 （17D11）某工程低承台打入预制实心方桩，桩截面尺寸 500mm × 500mm，有效桩长 18m，桩为正方形布置，距离为 1.5m × 1.5m。地质条件及各土层的极限侧阻力、极限端阻力以及桩的入土深度、布桩方式如图 8-30-17 所示。根据《建筑桩基技术规范》JGJ 94—2008 和《建筑抗震设计规范》GB 50011—2010（2016 年版），在轴心竖向力作用下，进行桩基抗震验算时，所取用的单桩竖向抗震承载力特征值最接近下列哪个选项？（地下水位位于地表下 1m）

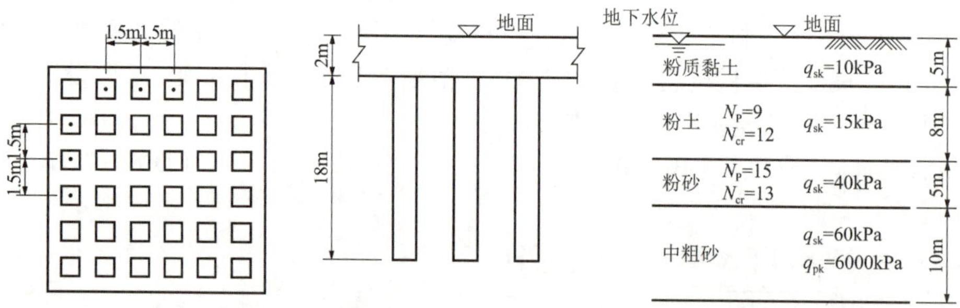

图 8-30-17 题 8-79 图

（A）1830kN （B）1520kN （C）1440kN （D）1220kN

【解】

（1）粉土层：$N_1 = N_p + 100\rho(1 - e^{-0.3N_p}) = 9 + 100 \times \dfrac{0.5^2}{1.5^2} \times (1 - e^{-0.3\times 9}) = 19.36$
$> N_{cr} = 12$，不液化。

粉砂层$N_1 > N_p = 15 > N_{cr} = 13$，不液化。

（2）$Q_{uk} = 4 \times 0.5 \times (10 \times 3 + 15 \times 8 + 40 \times 5 + 60 \times 2) + 6000 \times 0.5^2 = 2440\text{kN}$

（3）$R_{aE} = 1.25R_a = 1.25 \times \dfrac{2440}{2} = 1525\text{kN}$

【点评】

①根据《建筑桩基技术规范》第 5.3.5 条和《建筑抗震设计规范》第 4.4.2~4.4.3 条；②注意题目已知为打桩前的标贯参数N_p，要根据置换率计算出打桩后的标贯参数N_1，再对N_{cr}确定是否液化；③最后进行**抗震验算**，求**单桩**竖向**抗震承载力**特征值，别忘记乘以 1.25 的系数。

题 8-80 （04C33）某建筑场地抗震设防烈度为 7 度，地基设计基本地震加速度为 0.15g，设计地震分组为第二组，地下水位埋深 2m，未打桩前的液化判别等级如表 8-30-53 所示，采用打入式混凝土预制桩，桩截面为 400mm × 400mm，桩长$l = 15$m，桩间距$s = 1.6$m，桩数 20 × 20 根，置换率$\rho = 0.063$，打桩后液化指数由原来的 12.9 降为下列哪个选项？

题 8-80 表　　　　表 8-30-53

地质年代	土层名称	层底深度（m）	标准贯入试验深度（m）	实测击数	临界击数	计算厚度（m）	权函数	液化指数
新近	填土	1	—	—	—	—	—	—
Q_4	黏土	3.5	—	—	—	—	—	—
	粉砂	8.5	4	5	11	1	10	5.45
			5	9	12	1	10	2.5
			6	14	13	1	9.3	—
			7	6	14	1	8.7	4.95
			8	16	15	1	8	—
Q_3	粉质黏土	20	—	—	—	—	—	—

（A）2.7　　（B）4.5　　（C）6.8　　（D）8

【解】

（1）4m 处：$N = 5 + 100 \times 0.063 \times (1 - e^{-0.3\times5}) = 9.89 < 11$，液化。

同理，5m 处：$N = 14.88 > 12$，不液化。

7m 处：$N = 11.26 < 14$，液化。

（2）$I_{lE} = \left(1 - \frac{9.89}{11}\right) \times 1 \times 10 + \left(1 - \frac{11.26}{14}\right) \times 1 \times 8.7 = 2.71$

【点评】

①根据《建筑抗震设计规范》第 4.3.5 条、第 4.4.3 条；②关键是打桩后标贯要根据桩基的置换率进行修正，其他液化计算都一样。

题8-81 某高层建筑采用桩筏基础，筏形基础埋深7m，基础尺寸24m×48m，采用打入式预制方桩，边长250mm，正三角形布置，桩间距1m，场地地面下地层资料如下：①层0～10m黏土，可塑；②层10～15m细砂，松散；③层15m以下为密实粗砂。地下水位3m，打桩前，在9、11、13m处的标准贯入试验实测锤击数分别为7、9、11击。建筑地区的设计基本地震加速度为0.2g，设计地震分组为第二组。按照《建筑抗震设计规范》GB 50011—2010（2016年版），桩承受全部地震作用时，②细砂土层的侧阻力综合侧阻折减系数最接近下列哪个选项？

（A）0.33 （B）0.5 （C）0.67 （D）0.87

【解】

（1）$\alpha = 0.2g$，$N_0 = 12$；细砂，$\rho_c = 3\%$；地震分组为第二组，$\beta = 0.95$

11m处：$N_{cr} = 12 \times 0.95 \times [\ln(0.6 \times 11 + 1.5) - 0.1 \times 3] = 20.43$

同理，13m处：$N_{cr} = 22$

（2）打桩后的标准贯入锤击数N_1

$$\rho = \frac{\frac{1}{2} \times 0.25^2}{\frac{\sqrt{3}}{4} \times 1^2} = 0.072$$

11m处：$N_1 = 9 + 100 \times 0.072 \times (1 - e^{-0.3\times 9}) = 15.71$

同理，13m处：$N_1 = 17.93$

（3）11m处：$\frac{N_1}{N_{cr}} = \frac{15.71}{20.43} = 0.77$，$10m < d_s \leqslant 20m$，$\alpha_2 = \frac{2}{3}$

13m处：$\frac{N_1}{N_{cr}} = \frac{17.93}{22} = 0.82$，$10m < d_s \leqslant 20m$，$\alpha_2 = 1$

$$\text{土层加权平均折减系数}\bar{\alpha} = \frac{2 \times \frac{2}{3} + 3 \times 1}{5} = 0.87$$

【点评】

①根据《建筑抗震设计规范》第4.3.4条、第4.4.3条；②分层计算折减系数，再加权平均；③黏土层不液化，不需要计算。

题 8-82 某桩基工程，承台埋深 2m，采用直径为 0.6m 的灌注桩，桩身配筋率为 0.7%，桩长 22m，桩顶铰接，桩顶允许水平位移 0.006m，桩身抗弯刚度$EI = 1.7 \times 10^2 \text{MN} \cdot \text{m}^2$。场地土层参数如表 8-30-54 所示，按《建筑抗震设计规范》GB 50011—2010（2016 年版）的规定，估算单桩抗震水平承载力特征值为多少？

题 8-82 表　　　　表 8-30-54

层序	土名	层底深埋（m）	水平抗力系数的比例系数m（MN/m^4）	实测标准贯入击数N	临界标准贯入击数N_{cr}
①	粉质黏土	3	10	10	
②	粉土	8	6	7	11
③	砂土	23	15	20	15
④	密实卵石	—	—	—	—

【解】

（1）$h_\text{m} = 2 \times (0.6 + 1) = 3.2\text{m}$，$h_1 = 1\text{m}$，$h_2 = 3.2 - 1 = 2.2\text{m}$

粉土$\lambda_\text{N} = \dfrac{7}{11} = 0.636 \in (0.6,0.8) \Rightarrow \psi = \dfrac{1}{3} \Rightarrow m_2 = 6 \times \dfrac{1}{3} = 2\text{MN/m}^4$

$$m = \frac{10 \times 1^2 + 2 \times (2 \times 1 + 2.2) \times 2.2}{3.2^2} = 2.781\text{MN/m}^4$$

（2）$b_0 = 0.9 \times (1.5 \times 0.6 + 0.5) = 1.26\text{m}$，$\alpha = \sqrt[5]{\dfrac{2.781 \times 10^3 \times 1.26}{1.7 \times 10^2 \times 10^3}} = 0.46$

铰接，$\alpha h = 0.46 \times 22 = 10.12 > 4 \Rightarrow \upsilon_\text{x} = 2.441\text{m/s}$

$$R_\text{ha} = 0.75 \times \frac{0.46^3 \times 1.7 \times 10^5}{2.441} \times 0.006 = 30.5\text{kN}$$

（3）抗震承载力$R_\text{haE} = 30.5 \times 1.25 = 38.13\text{kN}$

【点评】

①根据《建筑桩基技术规范》第 5.7.2 条、第 5.7.5 条、附录 C.0.2 第 1 款、附录 C.0.4 第 3 款和《建筑抗震设计规范》第 4.4.2～4.4.3 条；②当基桩侧面为几层土组成时，应根据主要影响深度h_m内的水平抗力系数的比例系数m来求解桩的变形系数α；③当h_m范围内有液化土时，液化层的m_i值应先按液化折减系数进行折减，再代入式（C.0.2-1）或式（C.0.2-2）中计算h_m内的水平抗力系数的比例系数m。

题 8-83 （22D24）某建筑场地抗震设防烈度为 7 度，设计基本地震加速度为 0.15g，地震分组为第二组，地下水位埋深为 1.4m，场地地质剖面如图 8-30-18 所示。拟建建筑为住宅楼，地上 18 层，地下 1 层，筏形基础，基础尺寸为 80m × 20m，拟采用打入式预制桩方案，正方形布置，桩径 0.5m，桩间距为 1.8m。按桩承受全部地震作用考虑进行桩基抗震验算时，根据《建筑抗震设计规范》GB 50011—2010（2016 年版）确定的粉砂④层液化影响折减系数为下列哪个选项？

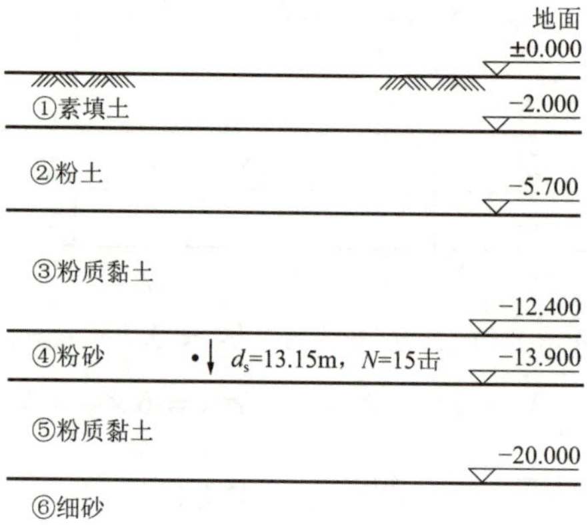

图 8-30-18　题 8-83 图

（A）0　　（B）1/3　　（C）2/3　　（D）1

【解】

（1）筏形基础80m × 20m，桩间距 1.8m，则桩数大于5 × 5根。

$S_a = \frac{1.8}{0.5}d = 3.6d$，满足 2.5$d$～4$d$，$m = \left(\frac{0.5}{1.13 \times 1.8}\right)^2 = 0.0604$

（2）$N_1 = 15 + 100 \times 0.0604 \times (1 - e^{-0.3\times15}) = 20.97$

$$N_{cr} = 10 \times 0.95 \times [\ln(0.6 \times 13.15 + 1.5) - 0.1 \times 1.4] \times \sqrt{\frac{3}{3}} = 19.95$$

$N_1 > N_{cr}$，不折减，系数取 1。

【点评】

①根据《建筑抗震设计规范》第 4.3.4 条、第 4.4.3 条；②桩承受全部地震作用：液化土的桩周摩阻力及桩水平抗力均应乘以折减系数；③对于挤土桩，当桩距为 2.5d～4d且桩数不少于 5×5 根时，可计入打桩对土的加密作用及桩身对液化土变形限制的有利影响，$N_1 > N_{cr}$时，单桩承载力可不折减。

第31章

水电工程水工建筑物抗震设计规范

31.1 场地类别划分——《水电工程水工建筑物抗震设计规范》第4.1.2～4.1.3条

水工建筑物开挖处理后的场地等效剪切波速计算和场地类别划分应符合表8-31-1的规定。

等效剪切波速计算和场地类别划分　　表8-31-1

<table>
<tr><td>1）覆盖层厚度 d_0 ⇓</td><td colspan="2">（1）一般情况下，应按建基面至剪切波速 > 500m/s 且其下卧各层岩土的剪切波速均 ≥ 500m/s 的土层顶面的距离确定。
（2）当建基面 5m 以下存在剪切波速 > 2.5 倍其上部各土层剪切波速的土层，且该层及其下卧各层岩土的剪切波速均 ≥ 400m/s 时，可按建基面至该土层顶面的距离确定。
（3）剪切波速 > 500m/s 的孤石、透镜体，应视同周围土层。
（4）土层中的火山岩硬夹层，应视为刚体，其厚度应从覆盖土层中扣除。
注：火山岩硬夹层一般指玄武岩、流纹岩等火山喷出岩夹层；视为孤石、透镜体时，一般为侵入岩如花岗岩、辉绿岩等，一般题目也会有“孤石、透镜体”等关键字</td></tr>
<tr><td>2）等效剪切波速 v_{se} ⇓</td><td>$$v_{se}=\frac{d_0}{\sum_{i=1}^{n}(d_i/v_{si})}$$</td><td>式中：d_0——计算深度（m），取覆盖层厚度（建基面起算）；
d_i——计算深度范围内第i土层的厚度（m）；
v_{si}——计算深度范围内第i土层的剪切波速（m/s）</td></tr>
<tr><td>3）场地类别</td><td colspan="2">（见下列两表）</td></tr>
</table>

场地土类型的划分

场地土类型	土层剪切波速	代表性岩土名称
硬岩	$v_s > 800$	坚硬、较硬且完整的岩石
软岩、坚硬场地土	$800 \geqslant v_s > 500$	破碎和较破碎或软、较软的岩石；密实的砂卵石
中硬场地土	$500 \geqslant v_s > 250$	中密、稍密的砂卵石，密实的粗砂、中砂；坚硬的黏土和粉土
中软场地土	$250 \geqslant v_s > 150$	稍密的砾、粗、中砂、细砂和粉砂；一般黏土和粉土
软弱场地土	$v_s \leqslant 150$	淤泥、淤泥质土；松散的砂土；人工杂填土

场地类别的划分

<table>
<tr><th rowspan="2">场地土类型</th><th colspan="7">建基面起算的覆盖层厚度d_0（m）</th></tr>
<tr><th>0</th><th>$0<d_0\leqslant 3$</th><th>$3<d_0\leqslant 5$</th><th>$5<d_0\leqslant 15$</th><th>$15<d_0\leqslant 50$</th><th>$50<d_0\leqslant 80$</th><th>$d_0>80$</th></tr>
<tr><td>硬岩</td><td>Ⅰ$_0$</td><td colspan="6">—</td></tr>
<tr><td>软岩、坚硬场地土</td><td>Ⅰ$_1$</td><td colspan="6">—</td></tr>
<tr><td>中硬场地土</td><td>—</td><td colspan="2">Ⅰ$_1$</td><td colspan="4">Ⅱ</td></tr>
<tr><td>中软场地土</td><td>—</td><td>Ⅰ$_1$</td><td colspan="3">Ⅱ</td><td colspan="2">Ⅲ</td></tr>
<tr><td>软弱场地土</td><td>—</td><td>Ⅰ$_1$</td><td colspan="2">Ⅱ</td><td colspan="2">Ⅲ</td><td>Ⅳ</td></tr>
</table>

注：与《建筑抗震设计规范》的主要区别是**场地类别查表**和**计算等效剪切波速**的d_0都从**建基面起算**，以满足水工建筑**开挖处理要求**。计算深度与覆盖层厚度一致（d_0）。

题 8-84 （14A36）某土石坝坝址的勘察资料见表 8-31-2，拟将场地土层开挖 15m 深度后建造土石坝。问：按照《水电工程水工建筑物抗震设计规范》NB 35047—2015，确定该工程场地类型为下列哪个选项？

题 8-84 表 **表 8-31-2**

岩土名称	层顶埋深（m）	实测剪切波速（m/s）
粉土	0	140
中砂	15	280
安山岩	30	700

（A）软弱场地土　　（B）中软场地土
（C）中硬场地土　　（D）坚硬场地土

【解】

（1）覆盖土层计算至安山岩顶面，覆盖土层厚度为 $30-15=15\text{m}$

（2）平均剪切波速计算取建基面至地面下 30m 范围，计算深度范围 15～30m

等效剪切波速 $v_s=\dfrac{d_0}{\sum\limits_{i=1}^{n}\dfrac{d_i}{v_{si}}}=280\text{m/s}$

查表知，场地上为中硬场地土，场地类别为Ⅱ类。

【点评】

①根据《水电工程水工建筑物抗震设计规范》第 4.1.2～4.1.3 条；②平均剪切波速计算与《建筑抗震设计规范》最大的不同点在于从建基面起算，而《建筑抗震设计规范》从地面起算。

题 8-85 某水闸地质勘察资料如下：①0～6m 粉土，$v_s=140\text{m/s}$；②6～18m 粗砂，$v_s=390\text{m/s}$；③18～28m 密实含砾中砂，$v_s=510\text{m/s}$；④28m 以下为基岩。水闸底板深度为 4.5m，试确定场地类别。

【解】

（1）取波速大于 500m/s 的深度确定覆盖层厚度，则该场地覆盖层厚度为 $18-4.5=13.5\text{m}$。等效剪切波速的计算范围取建基面下覆盖层厚度范围内所有的土层，因此计算深度范围为地面下 4.5m 至地下 18m。

（2）$v_s=\dfrac{d_0}{\sum\limits_{i=1}^{n}\dfrac{d_i}{v_{si}}}=\dfrac{13.5}{\dfrac{1.5}{140}+\dfrac{12}{390}}=325.4\text{m/s}$，为中硬场地土，场地类别为Ⅱ类。

【点评】

由于水利工程对天然地面的破坏和改造比较严重，若仍从原天然地面起算等效剪切波速，将与实际工程条件相差过大，因此此处所提的建基面应为经过场地平整以后的设计地面。

题 8-86　（22C23）某水工建筑物基础埋深 2.5m，场地钻探揭露地层分布特征及波速测试结果见表 8-31-3。按照《水电工程水工建筑物抗震设计规范》NB 35047—2015 计算的土层等效剪切波速最接近下列哪个选项？

题 8-86 表　　表 8-31-3

土层序号	土层名称	层底深度（m）	剪切波速（m/s）
①	填土	2	120
②	粉质黏土	6	145
③	粉细砂	10.5	160
④	残积土	13	420
⑤	花岗岩孤石	14.5	900
⑥	残积土	16	420
⑦	基岩	—	＞500

（A）145m/s　　（B）153m/s　　（C）187m/s　　（D）206m/s

【解】

（1）④层残积土，$\frac{420}{160}=2.6>2.5$，则覆盖层厚度$d=10.5-2.5=8\text{m}$

（2）$v_{se}=\dfrac{8}{\dfrac{3.5}{145}+\dfrac{4.5}{160}}$=153.1m/s

【点评】

①根据《水电工程水工建筑物抗震设计规范》第 4.1.2 条；②对于水工建筑物计算土层等效剪切波速时，取建基面下覆盖层各土层的深度计算；③特别要注意 400m/s、2.5 倍、孤石、硬夹层这些条件，首先考虑 400m/s 大于上覆各层 2.5 倍这个条件。

31.2 液化判别——《水利水电工程地质勘察规范》附录 P

土的地震液化判定工作可分初判和复判两个阶段。初判应排除不会发生地震液化的土层。对初判可能发生液化的土层，应进行复判。液化判别过程见表 8-31-4。

液化判别 表 8-31-4

1）**液化初判**符合下列规定：

（1）地层年代为第四纪晚更新世（Q_3）或以前的土，可判为不液化。

（2）土的粒径小于 5mm 颗粒含量$\rho_c \leqslant 30\%$时，可判为不液化。

（3）对粒径小于 5mm 颗粒含量 $\rho_c > 30\%$的土，其中粒径小于 0.005mm 的颗粒含量$\rho_c \geqslant 16\%$（0.1g）、17%（0.15g）、18%（0.2g）、19%（0.3g）和 20%（0.4g）时，可判为不液化。

（4）工程正常运用后，地下水位以上的非饱和土，可判为不液化。

（5）当土层的**剪切波速大于下式**计算的**上限剪切波速**V_{st}时，可判为不液化：

$$V_{st} = 291 \times \sqrt{K_H \cdot Z \cdot r_d}$$

式中：V_{st}——上限剪切波速度（m/s）；

K_H——地震动峰值加速度系数：

地震动峰值加速度去掉g即可，如 0.2g取 0.2；

Z——土层深度（m）；

r_d——深度折减系数

$$r_d = \begin{cases} 1-0.01Z \leftarrow Z = 0\sim10\text{m} \\ 1.1-0.02Z \leftarrow Z = 10\sim20\text{m} \\ 0.9-0.01Z \leftarrow Z = 20\sim30\text{m} \end{cases}$$

2）**液化复判：**

（1）**标准贯入锤击数法**（仅适用于地面以下 15m 范围以内饱和砂或少黏性土）

标准贯入锤击数**校正值**	分子(d_s、d_w)**正常运行时** $N = N'\dfrac{d_s + 0.9d_w + 0.7}{d'_s + 0.9d'_w + 0.7}$ 分母(d'_s、d'_w)**试验时**	$\Rightarrow N < N_{cr}$→液化土
液化判别标准贯入锤击数**临界值**	$N_{cr} = N_0[0.9 + 0.1(d_s - d_w)]\sqrt{3/\rho_c}$ ($d_s \geqslant 5$m、d_w)**正常运行时**	

式中：N'——实测标准贯入锤击数。

d_s——工程正常运用时，标准贯入点在当时地面以下的深度（m）；计算N_{cr}时，d_s小于 5m，取 5m。

d_w——工程正常运用时，地下水位在当时地面以下的深度（m）；当时地面淹没于水面以下时，d_w取 0。

d'_s——标准贯入试验时，标准贯入点在当时地面以下的深度（m）。

d'_w——标准贯入试验时，地下水位在当时地面以下的深度（m）；当时地面淹没于水面以下时，d'_w取 0。

ρ_c——土的黏粒含量；当$\rho_c < 3\%$时，取$\rho_c = 3\%$。

N_0——液化判别标准贯入锤击数**基准值**，按下表取值：

标准贯入锤击数基准值N_0

地震动峰值加速度	0.1g	0.15g	0.2g	0.3g	0.4g
近震	6	8	10	13	16
远震	8	10	12	15	18

注：当建筑物所在地区的地震设防烈度比相应的震中烈度小 2 度或 2 度以上时定为远震，否则为近震

（2）**相对密度复判法**（适用于饱和砂或砂砾）

$$D_r = \frac{e_{max} - e_0}{e_{max} - e_{min}} \leqslant [D_r]_{cr} \Rightarrow \text{可能液化}$$

液化临界相对密度$[D_r]_{cr}$ = 65%（0.05g）、70%（0.1g）、75%（0.2g）、85%（0.4g）

续表

（3）**相对含水率或液性指数复判法**（适用于饱和少黏性土） $W_u=\frac{W_s}{W_L}\geqslant 0.9$ 或 $I_L=\frac{W_s-W_P}{W_L-W_P}\geqslant 0.75\Rightarrow$满足其一，**可能液化**	式中：W_u——相对含水率（%）； W_s——饱和含水率（%）； W_L——液限含水率（%）； W_P——塑限含水率（%）； I_L——液性指数

题 8-87 （13D28）某水工建筑物场地地层 2m 以内为黏土，2～20m 为粉砂，地下水埋深 1.5m，场地地震动峰值加速度 0.2g。钻孔内深度 3、8、12m 处实测土层剪切波速分别为 180、220、260m/s。请用计算说明地震液化初判结果最合理的是下列哪一个选项？

（A）3m 处可能液化，8、12m 处不液化

（B）8m 处可能液化，3、12m 处不液化

（C）12m 处可能液化，3、8m 处不液化

（D）3、8、12m 处均可能液化

【解】

3m 处：$\upsilon_{st}=291\times\sqrt{0.2\times3\times(1-0.01\times3)}=222\text{m/s}>180\text{m/s}$，液化。

8m 处：$\upsilon_{st}=291\times\sqrt{0.2\times8\times(1-0.01\times8)}=353.1\text{m/s}>220\text{m/s}$，液化。

12m 处：$\upsilon_{st}=291\times\sqrt{0.2\times12\times(1.1-0.02\times12)}=418.1\text{m/s}>260\text{m/s}$，液化。

【点评】

①根据《水利水电工程地质勘察规范》附录 P 第 P.0.3 条第 5 款的规定；②考点为水利水电工程运用剪切波速进行地基液化初判；③上限剪切波计算公式为$\upsilon_{st}=291\times\sqrt{K_H\cdot Z\cdot r_d}$，实测剪切波速$\leqslant\upsilon_{st}$时，判断为液化，其中$K_H$为地震动峰值加速度系数，$Z$为土层深度，$r_d$为深度折减系数；④真题 04B40 考点再现，有时专业知识考点也会成为案例考点，特别是当年第一天的知识考试中出现新考点很可能第二天会出案例。

题 8-88 （09C29）某水利工程位于 8 度地震区，设计基本地震加速度 0.2g，抗震设计按近震考虑，勘察时地下水位在当时地面以下的深度为 2m，标准贯入点在当时地面以下的深度为 6m，实测砂土黏粒含量$\rho_c<3\%$，标准贯入锤击数为 20 击，工程正常运行后，下列哪个选项在地震液化复判中应将该砂土判为液化土？

（A）场地普遍填方 3m　　（B）场地普遍挖方 3m

（C）地下水位普遍上升 3m　　（D）地下水位普遍下降 3m

【解】

（1）挖方导致d_s减小、地下水位上升导致d_w减小，二者均会导致修正击数N减小，更易液化；而填方导致d_s增大、地下水位下降导致d_w增大，二者均会导致修正击数N增大，更不易液化，故排除 A、D 选项。

（2）选项 B：$d_s=6-3=3\text{m}$，$d_w=0$，$d'_s=6\text{m}$，$d'_w=2\text{m}$

$$N=N'\cdot\frac{d_s+0.9d_w+0.7}{d'_s+0.9d'_w+0.7}=20\times\frac{3+0+0.7}{6+0.9\times2+0.7}=8.7$$

$N_{cr}=N_{0r}[0.9+0.1(d_s-d_w)]\cdot\sqrt{3/\rho_c}=10\times[0.9+0.1\times(5-0)]\times\sqrt{3/3}=14>8.7$，液化。

（3）选项C，$d_s=6m$，$d_w=0$，$d_s'=6m$，$d_w'=2m$

$$N=20\times\frac{6+0+0.7}{6+0.9\times2+0.7}=15.76$$

$N_{cr}=10\times[0.9+0.1\times(6-0)]\times\sqrt{3/3}=15<15.76$，不液化。

【点评】

①根据《水利水电工程地质勘察规范》附录P第P.0.4条；②本题d_s和d_s'、d_w和d_w'很容易弄混淆，**工程正常运行后的d_s、d_w在上面，越大越有利**；③看似计算量很大，实际排除更不易液化的选项后，计算量小很多。

题8-89 （12C28）某水利工程场地勘察，在进行标准贯入试验时，标准贯入点在当时地面以下的深度为5m，地下水位在当时地面以下的深度为2m。工程正常运行时，场地已在原地面上覆盖了3m厚的填土。地下水位较原水位上升了4m。已知场地地震设防烈度为8度，比相应的震中烈度小2度。现需对该场地粉砂（黏粒含量$\rho_c=6\%$）进行地震液化复判。按照《水利水电工程地质勘察规范》GB 50487—2008，当时实测的标准贯入锤击数至少不小于下列哪个选项时，才可将该粉砂复判为不液化土？

（A）14　　（B）13　　（C）12　　（D）11

【解】

（1）$d_s=5+3=8m$，$d_w=2+3-4=1m$，$d_s'=5m$，$d_w'=2m$，

$$N=N'\cdot\frac{d_s+0.9d_w+0.7}{d_s'+0.9d_w'+0.7}=N'\times\frac{8+0.9\times1+0.7}{5+0.9\times2+0.7}=1.28N'$$

（2）$N_{cr}=N_0[0.9+0.1(d_s-d_w)]\cdot\sqrt{3/\rho_c}=12\times[0.9+0.1(8-1)]\times\sqrt{3/6}=13.6$

（3）令$N\geqslant N_{cr}$，即：$1.28N'\geqslant13.6$，解得：$N'\geqslant10.6$

【点评】

①根据《水利水电工程地质勘察规范》附录P第P.0.4条；②用标准贯入试验判别地震液化，当工程运行后地震来临时的地面标高以及地下水位，与前期勘察试验时条件不同，地震液化判别是需要进行修正调整的，按照规范附录P给的公式，进行计算和反算，就会得到结果；③本题易错点是勘察（试验）时的d_s'、d_w'与工程运行时的d_s、d_w在代入公式时一定不要混了，要自己标注在公式旁边；④两个**重要坑点**：计算N_{cr}时，**$d_s<5m$时用5m计算**，**砂土也采用实际的ρ_c**，和《建筑抗震设计规范》有区别；⑤本题8度的地震动峰值加速度为0.2g，烈度比相应的震中烈度小2度，属于远震，0.3g一般指8度半，老真题不特别说明，烈度7度指0.1g，8度指0.2g，新版地震动区划图实施后一般都会明确写出地震动峰值加速度。

【同类型真题】10D28

题 8-90　某水利工程地区的地震动峰值加速度为 0.2g，抗震设计按近震考虑，勘察时地下水位在当时地面以下的深度为 4m，标准贯入点在当时地面以下的深度为 8m，实测砂土黏粒含量$\rho_c = 4.3\%$，标准贯入锤击数为 10 击，工程正常运行后，地下水位普遍上升 2m。则根据《水利水电工程地质勘察规范》GB 50487—2008，场地普遍填方高度至少为下列哪个选项时，在地震液化复判时可将该砂土判为不液化土？

（A）1.3m　　（B）1.9m　　（C）2.6m　　（D）3.2m

【解】

（1）设填方高度为h，$d_w = h + 2$，$d_s = h + 8$，$d'_w = 4\text{m}$，$d'_s = 8\text{m}$

$N_{cr} = 10 \times [0.9 + 0.1 \times (h + 8 - h - 2)] \times \sqrt{3/4.3} = 12.53$

（2）$N = 10 \times \dfrac{h+8+0.9\times(h+2)+0.7}{8+0.9\times4+0.7} \geqslant 12.53 \Rightarrow h \geqslant 2.59\text{m}$

【点评】

①根据《水利水电工程地质勘察规范》附录 P 第 P.0.4 条；②当标贯试验贯入点深度和地下水位在试验时地面以下深度，不同于工程正常运用时，实测标准贯入锤击数应进行校正，并应以校正后的标贯锤击数N作为复判依据。

题 8-91　某水利工程地区的地震动峰值加速度为 0.15g，抗震按远震考虑，勘察时地下水位在当时地面以下的深度为 1m，标准贯入点在当时地面以下的深度为 7m，实测粉土黏粒含量$\rho_c = 2.5\%$，标准贯入锤击数为 15 击，工程正常运行后，场地普遍挖方 3m。则根据《水利水电工程地质勘察规范》GB 50487—2008，正常运行后地下水位下降多少米后在地震液化复判时可将该粉土判为不液化土，下列哪个选项是正确的？

（A）2.5m　　（B）3.5m　　（C）4.5m　　（D）5.5m

【解】

假设水位下降$h > 2\text{m}$，$d_w = 1 + h - 3 = h - 2$

$$N = 15 \times \left[\frac{4 + 0.9 \times (h-2) + 0.7}{7 + 0.9 \times 1 + 0.7}\right] \geqslant N_{cr} = 10 \times \{0.9 + 0.1 \times [5 - (h-2)]\} \times \sqrt{3/3}$$

$\Rightarrow h \geqslant 4.26\text{m}$

符合假设。

【点评】

①根据《水利水电工程地质勘察规范》附录 P 第 P.0.4 条。②当标贯试验贯入点深度和地下水位在试验时地面以下深度，不同于工程正常运用时，实测标准贯入锤击数应进行校正，并应以校正后的标贯锤击数N作为复判依据。③N_{cr}公式中$d_s \geqslant 5\text{m}$；d'_u和d'_w淹没于水下时取 0。

题 8-92　（20C24）某水利水电工程位于 8 度地震区，地震动峰值加速度为 0.3g，地基土为液化砂土，厚 8m，经试验得到砂土$e_{max} = 0.95$，$e_{min} = 0.58$，初始孔隙比$e_0 = 0.851$，拟采用不加填料振冲法对地基进行大范围处理，要求处理后地基不液化。根据《水利水电工程地质勘察规范》GB 50487—2008，处理后砂土地基地表最小下沉量最接近下列哪个选项？

（A）0.57m　　（B）0.65m　　（C）0.74m　　（D）0.85m

【解】

（1）地震动峰值加速度 0.3g，插值，$(D_r)_{cr} = 80\%$

（2）$e_{cr} = 0.950 - 0.8 \times (0.950 - 0.580) = 0.654$

（3）$\Delta h_{min} = \dfrac{0.851-0.654}{1+0.851} \times 8 = 0.851\text{m}$

【点评】

①根据《水利水电工程地质勘察规范》附录P第P.0.4条第2款，相对密度复判法，查表采用地震动峰值加速度**线性插值**确定临界相对密度；②不加填料振冲法处理前后土颗粒的体积不变，通过土力学的三相换算原理得到计算沉降量的常用公式。

题8-93 某水工建筑物基础，建造于砂土地基上，砂层厚度为6m，砂土的初始孔隙比$e_0=0.852$，最大孔隙比$e_{max}=0.975$，最小孔隙比$e_{min}=0.513$，对整个砂层进行振冲挤密处理，处理后地面平均下沉0.6m，若场区地震动峰值加速度为0.2g，处理后计算相对密度并判断液化性。

【解】

（1）由表P.0.4-2知，场区地震动峰值加速度为0.1g，液化临界相对密度$(D_r)_{cr}=75\%$

（2）处理后：$\dfrac{h_0}{1+e_0}=\dfrac{h_1}{1+e_1}\Rightarrow\dfrac{6}{1+0.852}=\dfrac{6-0.60}{1+e_1}\Rightarrow e_1=0.667$

（3）$D_r=\dfrac{0.975-0.667}{0.975-0.513}=0.667=66.7\%<75\%$，可能液化。

【点评】

①根据《水利水电工程地质勘察规范》附录P第P.0.4条；②考查相对密度复判法进行液化判别，需要根据已知条件计算相对密度。

题8-94 水工建筑物场地为厚层少黏土层，已知$G_s=2.7$，$\gamma=19\text{kN/m}^3$，$W=24\%$，$W_L=32\%$，$W_P=16\%$，蓄水后地面位于水位下3m，试确定土层的液化性。

【解】

$$\gamma=\frac{G_s(1+w)}{1+e}\gamma_w\Rightarrow 19=\frac{2.7\times(1+0.24)}{1+e}\times 10\Rightarrow e=0.762$$

$$W_s=\frac{e\cdot S_r}{G_s}=\frac{0.762\times 1}{2.7}=0.282，\ W_u=\frac{W_s}{W_L}=\frac{0.282}{0.32}=0.882$$

$$I_L=\frac{W_s-W_P}{W_L-W_P}=\frac{0.282-0.16}{0.32-0.16}=0.763>0.75，可能液化。$$

【点评】

根据《水利水电工程地质勘察规范》附录P第P.0.4条。

题8-95 某水电工程进行场地饱和少黏性土的液化性判别，用容积100cm³的环刀取原状土样，测得密度为1.8g/cm³，烘干后测得质量为125g，已知液限含水率为50%，塑限含水率为25%，判断土的液化性。

【解】

$$W_s=\frac{m_w}{m_s}=\frac{1.8\times 100-125}{125}=44\%$$

相对含水率：$W_u=\dfrac{W_s}{W_L}=\dfrac{0.44}{0.5}=0.88<0.9$

液性指数：$I_L=\dfrac{W_s-W_P}{W_L-W_P}=\dfrac{0.44-0.25}{0.5-0.25}=0.76>0.75$，故判定为液化土。

【点评】

根据《水利水电工程地质勘察规范》附录P第P.0.4条。

31.3　设计反应谱和地震作用

31.3.1　标准设计反应谱β——《水电工程水工建筑物抗震设计规范》第 5.3 节

对进行专门的场地地震安全性评价的抗震设防类别为甲类的工程，其设计反应谱应按规范第 3.0.2 条第 5 款的规定采用场地相关设计反应谱，其他工程的水平向和竖向设计反应谱应采用标准设计反应谱。标准设计反应谱应按表 8-31-5 采用。

标准设计反应谱β　　　　**表 8-31-5**

（1）特征周期T_g ⇓

设计特征周期T_g，按照《中国地震动参数区划图》查取，根据场地类别按下表进行调整。

场地基本地震动加速度反应谱特征周期T_g调整表（s）

Ⅱ类场地基本地震动加速度反应谱特征周期分区值	场地类别				
	$Ⅰ_0$	$Ⅰ_1$	Ⅱ	Ⅲ	Ⅳ
0.35	0.2	0.25	0.35	0.45	0.65
0.4	0.25	0.3	0.4	0.55	0.75
0.45	0.3	0.35	0.45	0.65	0.9

（2）标准设计反应谱β

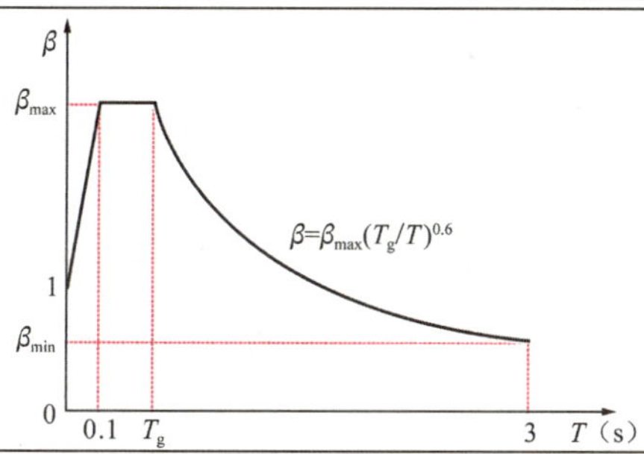

$$\beta=\begin{cases}10T(\beta_{max}-1)+1 & 0\leqslant T<0.1\\ \beta_{max} & 0.1\leqslant T\leqslant T_g\\ \beta_{max}(T_g/T)^{0.6} & T_g<T\leqslant 3.0\end{cases}$$

标准设计反应谱最大值的代表值β_{max}

建筑物类型	β_{max}
土石坝	1.6
重力坝	2
拱坝	2.5
水闸、进水塔等其他建筑物及边坡	2.25

反应谱下限值的代表值β_{min}：

$$\beta_{min}=\beta_{max}\left(\frac{T_g}{3}\right)^{0.6}\geqslant 0.2\beta_{max}$$

式中：T——结构基本自振周期（s）

题 8-96　（09C27）某混凝土水工重力坝场地的设计地震烈度为 8 度，在初步设计的建基面标高以下深度 15m 范围内地层和剪切波速如表 8-31-6 所示，下列等效剪切波速v_s和标准设计反应谱最大值的代表值β_{max}的不同组合中，哪个选项的取值是正确的？

题 8-96 表　　　　**表 8-31-6**

层序	地层	层底深度（m）	剪切波速（m/s）
①	中砂	6	235
②	圆砾	9	336
③	卵石	12	495
④	基岩	＞15	720

（A）$v_s=325\text{m/s}$；$\beta_{max}=2.5$　　（B）$v_s=325\text{m/s}$；$\beta_{max}=2$

（C）$v_s=296\text{m/s}$；$\beta_{max}=2.5$　　（D）$v_s=296\text{m/s}$；$\beta_{max}=2$

【解】

（1）$v_s=\dfrac{d_0}{\sum\limits_{i=1}^{n}(d_i/v_{si})}=\dfrac{12}{\frac{6}{235}+\frac{3}{336}+\frac{3}{495}}=296\text{m/s}$

（2）重力坝，查表知：$\beta_{max}=2$

【点评】

①根据《水电工程水工建筑物抗震设计规范》第4.1.2条、第5.3.3条；②覆盖层从建基面起算，和《建筑抗震设计规范》不同。

题8-97 （21D24）某水电工程重力坝位于Ⅲ类场地上，查《中国地震动参数区划图》GB 18306—2015，Ⅱ类场地基本地震动加速度反应谱特征周期分区值为0.4s，该重力坝的结构基本自振周期为1.5s，抗震设防类别为乙类。试计算该重力坝的标准设计反应谱β值最接近下列哪个选项？

（A）0.8　（B）0.9　（C）1　（D）1.1

【解】

（1）调整后为$T_g = 0.55s$

（2）查表知为乙类设防，重力坝$\beta_{max} = 2$

（3）$T_g = 0.55 < T = 1.5s < 3s$，位于曲线下滑段。

$$\beta = 2 \times \left(\frac{0.55}{1.5}\right)^{0.6} = 1.1$$

【点评】

①根据《水电工程水工建筑物抗震设计规范》第5.3.2～5.3.5条；②甲类设防工程应进行专门的场地地震安全性评价，乙类设防等其他工程应采用标准设计反应谱。

题8-98 某水库拟采用拱坝，坝址区场地类别为Ⅲ类，设计地震烈度为8度，查《中国地震动参数区划图》知特征周期$T_g = 0.35s$，结构基本自振周期为1.5s，设计反应谱值为多少？

【解】

场地类别Ⅲ类，调整后为$T_g = 0.45s$

拱坝，$\beta_{max} = 2.5$

$$T_g < T < 3s \Rightarrow \beta = \beta_{max} \cdot \left(\frac{T_g}{T}\right)^{0.6} = 2.5 \times \left(\frac{0.45}{1.5}\right)^{0.6} = 1.214$$

【点评】

根据《水电工程水工建筑物抗震设计规范》第5.3.2～5.3.5条。

题8-99 （19C23）某土石坝场地，根据《中国地震动参数区划图》GB 18306—2015，Ⅱ类场地基本地震动峰值加速度为0.15g，基本地震动加速度反应谱特征周期为0.4s，土石坝建基面以下的地层及剪切波速如表8-31-7所示。根据《水电工程水工建筑物抗震设计规范》NB 35047—2015，该土石坝的基本自振周期为1.8s时，标准设计反应谱β最接近下列哪个选项？

题8-99表　　表8-31-7

层序	岩土名称	层底深度（m）	剪切波速（m/s）
①	粉质黏土	1.5	220
②	粉土	3.2	270
③	黏土	4.8	310
④	花岗岩	＞4.8	680

（A）0.5　（B）0.55　（C）0.6　（D）0.65

【解】

（1）$v_s = \dfrac{d_0}{\sum\limits_{i=1}^{n}(d_i/v_{si})} = \dfrac{4.8}{\dfrac{1.5}{220}+\dfrac{1.7}{270}+\dfrac{1.6}{310}} = 262.6\text{m/s}$

中硬土场地，覆盖层厚度d_0= 4.8m，查表知为Ⅰ$_1$类场地。

（2）查表知$T_g = 0.3\text{s}$，$T = 1.8\text{s} > T_g$，土石坝$\beta_{max} = 1.6$

（3）$\beta = \beta_{max} \cdot \left(\dfrac{T_g}{T}\right)^{0.6} = 1.6 \times \left(\dfrac{0.3}{1.8}\right)^{0.6} = 0.546$

【点评】

①根据《水电工程水工建筑物抗震设计规范》第 4.1.2～4.1.3 条、第 5.3.2～5.3.5 条；②覆盖层厚度和等效剪切波速均从**建基面以下**起算。

31.3.2 设计地震动加速度代表值——《水电工程水工建筑物抗震设计规范》第 3.0.2、5.1.2 条

水平向设计地震动加速度代表值α_h和竖向设计地震动加速度代表值α_v应按表 8-31-8 确定。

设计地震动加速度代表值　　　　表 8-31-8

（1）对一般工程，取《中国地震动参数区划图》上工程场址所在地区的地震动峰值加速度分区值$\alpha_{max\text{Ⅱ}}$按场地类别**调整后**，作为**水平向**设计地震动峰值加速度代表值α_h。并将与之对应的地震基本烈度作为设计烈度。对抗震设防类别为甲类的水工建筑物，应在基本烈度基础上提高 1 度作为设计烈度，水平向设计地震动峰值加速度代表值α_h，相应增加 1 倍。

一般情况	$\alpha_h = F_a\alpha_{max\text{Ⅱ}}$
甲类抗震设防类别	$\alpha_h = 2F_a\alpha_{max\text{Ⅱ}}$

（2）**竖向**设计地震动加速度代表值α_v：

一般情况	$\alpha_v = \dfrac{2}{3}\alpha_h$
近场地震	$\alpha_v = \alpha_h$

注：**近场地震**指场址距震中不大于 10km

场地地震动峰值加速度调整系数F_a

Ⅱ类场地地震动峰值加速度分区值$\alpha_{max\text{Ⅱ}}$	场地类别				
	Ⅰ$_0$	Ⅰ$_1$	Ⅱ	Ⅲ	Ⅳ
≤0.05g	0.72	0.8	1	1.3	1.25
0.1g	0.74	0.82		1.25	1.2
0.15g	0.75	0.83		1.15	1.1
0.2g	0.76	0.85		1	1
0.3g	0.85	0.95		1	0.95
≥0.4g	0.9	1		1	0.9

$\alpha_{max\text{Ⅱ}}$与基本地震烈度对应表

Ⅱ类场地地震动峰值加速度分区值 $\alpha_{max\text{Ⅱ}}$	基本地震烈度
$0.04g \leqslant \alpha_{max\text{Ⅱ}} < 0.09g$	Ⅵ
$0.09g \leqslant \alpha_{max\text{Ⅱ}} < 0.19g$	Ⅶ
$0.19g \leqslant \alpha_{max\text{Ⅱ}} < 0.38g$	Ⅷ
$0.38g \leqslant \alpha_{max\text{Ⅱ}} < 0.75g$	Ⅸ
$\alpha_{max\text{Ⅱ}} \geqslant 0.75g$	≥Ⅹ

31.3.3 地震惯性力代表值（采用拟静力法）——《水电工程水工建筑物抗震设计规范》第 5.5.9 条

当采用拟静力法计算地震作用效应时，沿建筑物高度作用于质点i的水平向地震惯性力代表值应按下式计算：

$$E_i = a_h \xi G_{Ei} \alpha_i / g$$

式中：E_i——作用于质点i的水平向地震惯性力代表值（kN/m）；

a_h——水平向设计地震动峰值加速度代表值，计算方法见表 8-31-8；

ξ——地震作用效应折减系数，除规范另有规定外，取$\xi = 0.25$；

G_{Ei}——集中在质点i的重力作用标准值；

g——重力加速度，为 9.81m/s^2；

α_i——质点i的地震惯性力的动态分布系数，根据规范各类水工建筑物章节有关规定取值，见表 8-31-9。

质点i的地震惯性力的动态分布系数α_i 表 8-31-9

<table>
<tr><td rowspan="2">土石坝</td><td>坝高$H \leqslant 40$m</td><td>坝高$H > 40$m</td><td rowspan="2">按图插值：
$\alpha_m = 3$（7 度）、2.5（8 度）、2（9 度）
坝高$H \leqslant 40$m：$\alpha_i = 1 + \frac{h_i}{H}(\alpha_m - 1)$
坝高$H > 40$m：
$\begin{cases} 0 \sim 0.6H \to \alpha_i = 1 + \frac{h_i}{1.8H}(\alpha_m - 1) \\ 0.6H \sim H \to \alpha_i = 1 + \frac{\alpha_m - 1}{3} + \frac{h_i - 0.6H}{0.4H} \times \frac{2(\alpha_m - 1)}{3} \end{cases}$</td></tr>
<tr><td>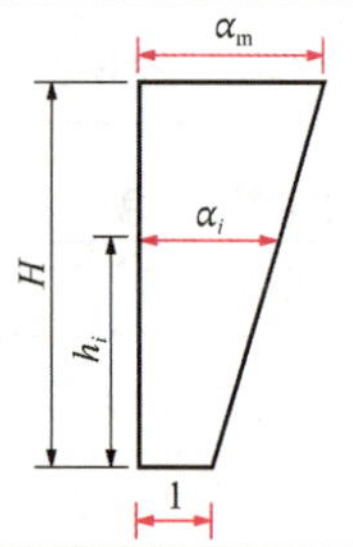</td><td>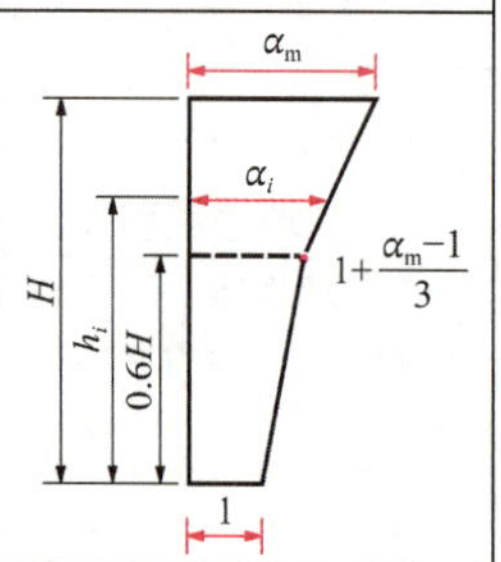</td></tr>
<tr><td>拱坝</td><td colspan="2">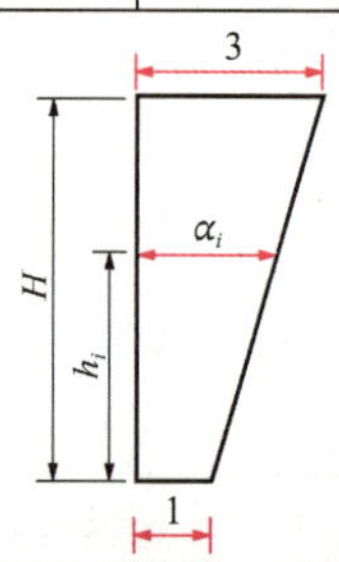</td><td>按图插值：
$\alpha_i = 1 + 2\frac{h_i}{H}$</td></tr>
<tr><td rowspan="2">进水塔</td><td>塔体</td><td>塔顶排架</td><td rowspan="2">按图插值：
$\alpha_m = 3 \leftarrow H = 10 \sim 30$m
$\alpha_m = 2 \leftarrow H > 30$m
塔体：$\begin{cases} 0 \sim H/2 \to \alpha_i = 1 \\ H/2 \sim H \to \alpha_i = 1 + \frac{2h_i - H}{H}(\alpha_m - 1) \end{cases}$
塔顶排架：$\alpha_i = \left(1 + \frac{h_i}{H}\right)\alpha_m$</td></tr>
<tr><td>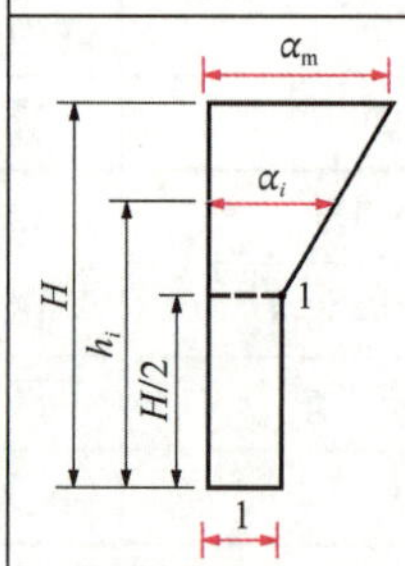</td><td>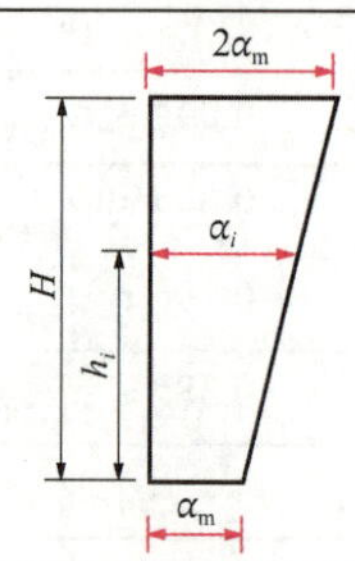</td></tr>
<tr><td colspan="4">重力坝和水闸较为复杂，自行参阅规范第 7.1.11 和 9.1.3 条，了解即可</td></tr>
</table>

题 8-100 （22 补考 D24）某土石坝坝高 48m，抗震设防类别为乙类，采用拟静力法进行抗震稳定性验算。在条分法的滑块计算中，某条块的重心高度为 32m，重力标准值为 5000kN/m。根据勘察报告，该土石坝场地类别为 I_1 类，按照《中国地震动参数区划图》GB 18306—2015 所在区域的地震动峰值加速度为 0.2g，抗震基本烈度为 8 度。则作用在该条块重心处的水平向地震惯性力代表值最接近下列哪个选项？

（A）300kN/m （B）350kN/m （C）415kN/m （D）450kN/m

【解】

（1）I_1 类，$a_h = 0.85 \times 0.2 = 0.17g$

（2）$\alpha_m = 2.5$，坝高大于 40m，$32m > 0.6 \times 48 = 28.8m$ 时

则 32m 处：$\alpha_i = 1 + \frac{2.5-1}{3} + \frac{32-28.8}{0.4\times48} \times \frac{2}{3} \times (2.5 - 1) = 1.67$

（3）$E_i = 0.17g \times 0.25 \times 5000 \times 1.67/g = 354.9\text{kN/m}$

【点评】

①根据《水电工程水工建筑物抗震设计规范》第 3.0.2 条、第 5.5.9 条、第 6.1.4 条，和《中国地震动参数区划图》附录 E、附录 G；②设计水平向地震动峰值加速度代表值，应按场地类别调整；③动态分布系数α_i根据重心高度插值计算，可直接按《华山论剑案例答题手册》总结的插值公式一步计算得到。

题 8-101 （07D29）采用拟静力法进行坝高 38m 土石坝的抗震稳定性验算。在滑动条分法的计算过程中，某滑动体条块的重力标准值为 4000kN/m，条块重心的高度为 19m。查《中国地震动参数区划图》知地震动峰值加速度$\alpha_{\max\text{II}} = 0.2g$。已知工程抗震设防烈度为甲类，$\text{I}_1$类场地，试计算作用在该土条重心处的水平向地震惯性力代表值E_h最接近下面哪个选项？

（A）300kN/m （B）350kN/m （C）400kN/m （D）510kN/m

【解】

（1）查《中国地震动参数区划图》知，$0.19g \leqslant \alpha_{\max\text{II}} = 0.2g < 0.38g$，地震基本烈度为 8 度。

I_1 类场地，$\alpha_{\max\text{II}} = 0.2g$，查表得调整系数为$F_a = 0.85$

地震动峰值加速度调整后为：$\alpha_{\max} = F_a \times \alpha_{\max\text{II}} = 0.85 \times 0.2 = 0.17g$

工程抗震设防类别为甲类，设计烈度为 9 度，设计地震加速度$a_h = 0.17g \times 2 = 0.34g$

（2）设计烈度为 9 度，取$\alpha_m = 2$

查表 6.1.4 知，坝高小于 40m，$\alpha_i = (2 + 1)/2 = 1.5$

$E_i = a_h \zeta G_{EI} \alpha_i / g = 0.34g \times 0.25 \times 4000 \times 1.5/g = 510\text{kN/m}$

【点评】

①根据《水电工程水工建筑物抗震设计规范》第 3.0.2 条、第 5.5.9 条、第 6.1.4 条，和《中国地震动参数区划图》附录 E、附录 G；②《水电工程水工建筑物抗震设计规范》中地震动峰值加速度需要调整，与《中国地震动参数区划图》一致；③特别注意：工程抗震设防类别为**甲类的水工建筑物，对设计烈度提高 1 度和设计地震加速度提高 1 倍。**

31.3.4 地震主动土压力——《水电工程水工建筑物抗震设计规范》第 5.9.1 条

地震主动土压力应按表 8-31-10 计算。

地震主动土压力 表 8-31-10

<table>
<tr><td colspan="2">地震主动土压力代表值F_E（kN/m）可按下式计算，并取公式中按“+”“−”号计算结果中的大值</td></tr>
<tr><td>

$$F_E=\left[q_0\frac{\cos\psi_1}{\cos(\psi_1-\psi_2)}H+\frac{1}{2}\gamma H^2\right]\left(1\pm\frac{\xi a_v}{g}\right)C_e$$

$$C_e=\frac{\cos^2(\varphi-\theta_e-\psi_1)}{\cos\theta_e\cos^2\psi_1\cos(\delta+\psi_1+\theta_e)(1+\sqrt{Z})^2}$$

$$Z=\frac{\sin(\delta+\varphi)\sin(\varphi-\theta_e-\psi_2)}{\cos(\delta+\psi_1+\theta_e)\cos(\psi_2-\psi_1)}$$

$$\theta_e=\arctan\frac{\xi a_h}{g\pm\xi a_v}$$

</td><td>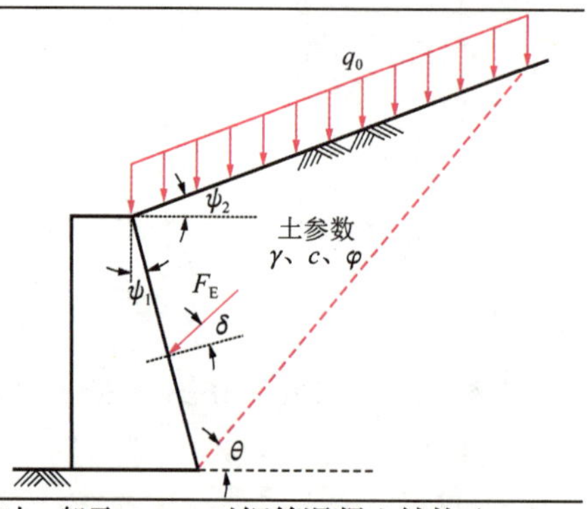
</td></tr>
<tr><td colspan="2">式中：ξ——地震作用效应折减系数，动力法时取 1，拟静力法时一般取 0.25，对钢筋混凝土结构取 0.35；
ψ_1——墙背与竖直方向夹角（°），俯斜为正，仰斜为负；
θ_e——地震系数角（°）</td></tr>
</table>

题 8-102 （02C19）水闸下游岸墙高 5m，墙背倾斜与垂线夹角$\psi_1=20°$，断面形状如图 8-31-1 所示，墙后填料为粗砂，填土表面水平，无超载（$q=0$），粗砂内摩擦角$\varphi=32°$（静动内摩擦角差值不大，计算均用 32°），墙背与粗砂间的摩擦角$\delta=15°$。岸墙所在地区地震烈度为 8 度，则参照《水电工程水工建筑物抗震设计规范》NB 35047—2015，在水平地震作用下（不计竖向地震作用）在岸墙上产生的地震主动土压力值F_E最接近下列哪个选项？（地震角θ_c取 3°）

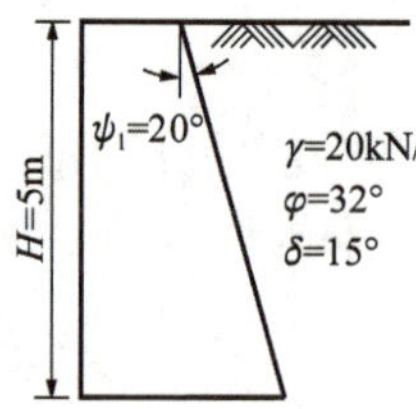

图 8-31-1 题 8-102 图

（A）28kN/m （B）62kN/m （C）85kN/m （D）120kN/m

【解】

（1）$Z=\dfrac{\sin(15°+32°)\times\sin(32°-3°-0°)}{\cos(15°+20°+3°)\times\cos(0°-20°)}=0.48$

（2）$C_e=\dfrac{\cos^2(32°-3°-20°)}{\cos 3°\cos^2 20°\cos(15°+20°+3°)\times\left(1+\sqrt{0.48}\right)^2}=0.49$

（3）$F_E=\dfrac{1}{2}\times 20\times 5^2\times 0.49=122.5\text{kN/m}$

【点评】

①根据《水电工程水工建筑物抗震设计规范》第 5.9.7 条；②原理为小库仑土压力公式，其中$\varphi_E=\varphi-\theta_c$，$\delta_E=\delta+\theta_c$，$\gamma_E=\gamma/\cos\theta_c$。

31.3.5 土石坝拟静力法抗震稳定性——《水电工程水工建筑物抗震设计规范》附录 A

土石坝拟静力法抗震稳定计算应符合表 8-31-11 的规定。

土石坝拟静力法抗震稳定计算　　　　**表 8-31-11**

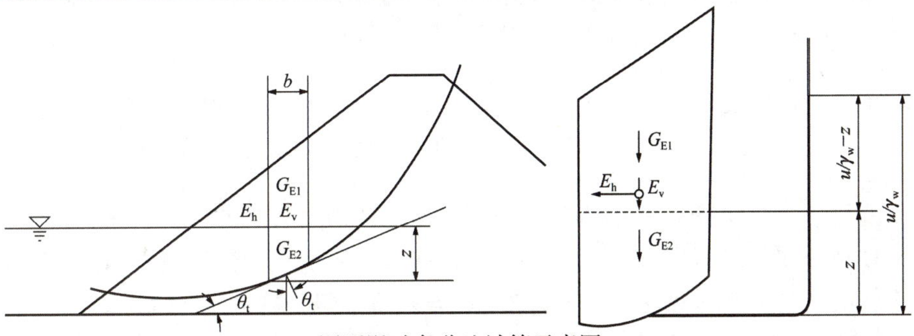

圆弧滑动条分法计算示意图

（1）采用计及条块间作用力的滑弧法（源自简化毕肖普法）时，可按下式确定坝坡抗震稳定的作用效应S代表值和抗力R标准值。

$$S=\sum(G_{E1}+G_{E2}\pm E_v)\sin\theta_t+M_h/r$$

$$R=\sum\left\{\left[(G_{E1}+G_{E2}\pm E_v)\sec\theta_t-(u-\gamma_w z)b\sec\theta_t\right]\frac{\tan\varphi}{\gamma_f}+\frac{c}{\gamma_c}b\sec\theta_t\right\}\left(\frac{1}{1+\tan\theta_t\tan\varphi/\gamma_R}\right)$$

$$\gamma_R=\frac{\gamma_0\psi\gamma_d(1+\rho_c)}{1/\gamma_f+\rho_c/\gamma_c}\Leftarrow\rho_c=\frac{cb\sec\theta_t}{\left[(G_{E1}+G_{E2}\pm E_v)\sec\theta_t-ub\sec\theta_t\right]\tan\varphi}$$

（2）采用不计及条块件作用力的滑弧法（源自瑞典圆弧法）时，可按下式确定坝坡抗震稳定的作用效应S代表值和抗力R标准值。

$$S=\sum(G_{E1}+G_{E2}\pm E_v)\sin\theta_t+M_h/r$$

$$R=\sum\left\{\left[(G_{E1}+G_{E2}\pm E_v)\cos\theta_t-(u-\gamma_w z)b\sec\theta_t-E_h\sin\theta_t\right]\frac{\tan\varphi}{\gamma_f}+\frac{c}{\gamma_c}b\sec\theta_t\right\}$$

G_{E1}——条块在坝坡外水位以上部分的实重标准值（kN）；

G_{E2}——条块在坝坡外水位以下部分的浮重标准值（kN）；

E_h——作用在条块重心处的水平向地震惯性力代表值（kN），即条块实重标准值乘以条块重心处的$a_h\xi\alpha_i/g$；

E_v——作用在条块重心处的垂直向地震惯性力代表值（kN），即条块实重标准值乘以条块重心处的$a_h\xi\alpha_i/3g$，其作用方向可向上（－）或向下（＋），以不利于稳定的方向为准；

a_h——水平向设计地震加速度代表值（m/s^2）；

ξ——地震作用效应的折减系数，一般取 0.25；

α_i——质点的动态分布系数；

g——重力加速度，取 9.81m/s^2；

M_h——E_h对圆心的力矩（kN·m）；

r——滑动圆弧半径（m）；

θ_t——通过条块底面中点的滑弧半径与通过滑动圆弧圆心铅直线间的夹角（°），当半径由铅直线偏向坝轴线时取正号，反之，取负号；

b——滑动体条块宽度（m）；

γ_w——水的密度（g/cm^3）；

u——条块底面中点的孔隙水压力代表值（kPa）；

续表

z——坝坡外水位高出条块底面中点的垂直距离（m）； c、φ——土体在地震作用下的凝聚力（kN）和摩擦角（°）； γ_0——结构重要性系数，按《水利水电工程结构可靠性设计统一标准》GB 50199—2013 的规定取值； ψ——设计状况系数，按规范第5.7.1条的规定，取值0.85； γ_d——结构系数； γ_c、γ_f——土体抗剪强度指标的材料性能分项系数，$\gamma_c=1.2$、$\gamma_f=1.05$，对于堆石、砂砾石等粗粒料非线性抗剪强度指标（土体滑动面的摩擦角）的材料性能分项系数可取$\gamma_f=1.1$

题 8-103　（06D30）某土石坝坝址区抗震设防烈度为8度，土石坝设计高度30m，根据图8-31-2，采用瑞典圆弧法计算上游填坡的抗震稳定性，其中第i个滑动条块的宽度$b=3.2$m，该条块底面中点的切线与水平线夹角$\theta_i=19.3°$，该条块内水位高出底面中点的距离$z=6$m，条块底面中点孔隙水压力值$u=100$kPa，考虑地震作用影响后，第i个滑动条块沿底面的下滑力$S_i=415$kN/m。当不计入孔隙水压力影响时，该土条底面的平均有效法向作用力为583kN/m，根据《水电工程水工建筑物抗震设计规范》NB 35047—2015 按照不考虑和考虑孔隙水压力影响两种工况条件分别计算得出第i个滑动条块的安全系数K_i（$=R_i/S_i$）为下列哪个选项？（注：土石坝填料凝聚力$c=0$，内摩擦角$\varphi=42°$）

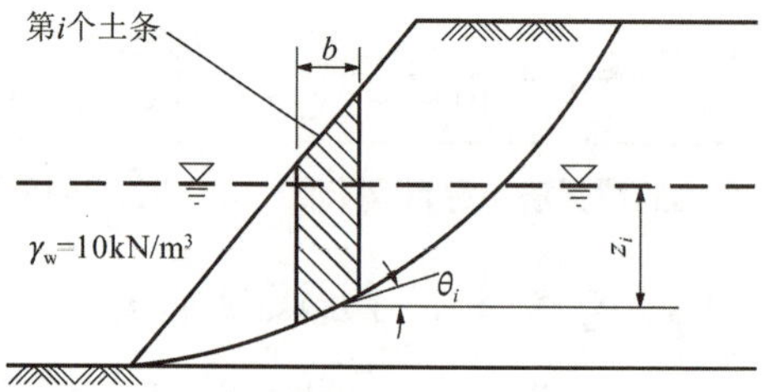

图8-31-2　题8-103图

（A）1.27；1.14　　（B）1.27；0.97　　（C）1.2；1.02　　（D）1.2；0.92

【解】

（1）不考虑孔隙水压力时：

$$K_1=\frac{R_1}{S_1}=\frac{N_t\tan\varphi/\gamma_f+cb\sec\theta_i/\gamma_c}{S_1}=\frac{583\times\tan42°/1.05+0}{415}=1.2$$

（2）考虑孔隙水压力时：

$$K_2=\frac{R_2}{S_2}=\frac{[N_i-(u-\gamma_w z)b\sec\theta_i]\tan\varphi/\gamma_f+cb\sec\theta_i/\gamma_c}{S_2}$$

$$=\frac{[583-(100-10\times6)\times3.2\times1/\cos19.3°]\times\tan42°/1.05+0}{415}=0.92$$

【点评】

①根据《水电工程水工建筑物抗震设计规范》附录A；②本题实质上是对有效应力原理的理解，地震会有超孔隙水压力的产生，题目中100kPa就是含了超孔压；③原题目没有指定规范，如果直接按土力学原理计算，结果不一样。

第 32 章

公路工程抗震规范

本章大部分内容同第一章《建筑抗震设计规范》，个别地方稍有差别，注意对比学习，对于相同内容，不过多配置例题，设置真题为主，通过配套习题集进行拓展练习。

32.1 地基和基础——《公路工程抗震规范》第 4 章

32.1.1 场地类别划分——《公路工程抗震规范》第 4.1.3 条

工程场地类别，根据土层平均剪切波速和场地覆盖土层厚度，按表 8-32-1 划分。

工程场地类别划分　　表 8-32-1

平均剪切波速（m/s）	场地类别			
	Ⅰ	Ⅱ	Ⅲ	Ⅳ
$v_{se}>500$	0	—	—	—
$500\geqslant v_{se}>250$	<5	⩾5	—	—
$250\geqslant v_{se}>140$	<3	3～50	>50	—
$v_{se}\leqslant 140$	<3	3～15	>15～80	>80

注：表中数据为场地覆盖土层厚度（m），土层平均剪切波速计算和场地覆盖土层厚度参照《公路工程抗震规范》。

题 8-104　某公路工程，场地土层分布及实测剪切波速如表 8-32-2 所示，试按《公路工程抗震规范》JTG B02—2013，确定该场地覆盖层厚度及等效剪切波速，并判定场地类别。

题 8-104 表　　表 8-32-2

层序	岩土名称	层厚d_i（m）	层底深度（m）	实测剪切波速v_{si}（m/s）
①	填土	2	2	150
②	粉质黏土	3	5	200
③	淤泥质粉质黏土	5	10	100
④	残积粉质黏土	5	15	300
⑤	花岗岩孤石	2	17	600
⑥	残积粉质黏土	8	25	300
⑦	风化花岗石			>500

【解】

（1）覆盖层厚度取至花岗岩层顶面，为 25m > 20m，取$d_0=20$m

（2）将第⑤层花岗岩孤石视同为第④层或第⑥层残积粉质黏土，取$v_{se}=300$m/s

$$v_{se}=\frac{d_0}{\sum_{i=1}^{n}\left(\frac{d_i}{v_{si}}\right)}=\frac{20}{\frac{2}{150}+\frac{3}{200}+\frac{5}{100}+\frac{7}{300}+\frac{3}{300}}=179.1\text{m/s}$$，场地类别为Ⅱ类。

【点评】

①根据《公路工程抗震规范》第4.1.3条；②《公路工程抗震规范》等效剪切波速计算和场地类别判定基本和《建筑抗震设计规范》一致；③孤石视同为周围土层处理，等效剪切波速计算深度取覆盖层厚度和20m二者中的较小值。

32.1.2 天然地基抗震承载力——《公路工程抗震规范》第4.2节

地基抗震验算时，应采用地震作用效应与永久作用效应组合，按表8-32-3计算。

天然地基抗震承载力计算　　表8-32-3

$f_{aE}=Kf_a \Rightarrow \begin{cases} 轴心 \rightarrow p \leqslant f_{aE} \\ 偏心 \rightarrow \begin{cases} p \leqslant f_{aE} \\ p_{max} \leqslant 1.2f_{aE} \end{cases} \end{cases}$	式中：f_a——深宽修正后的地基承载力容许值（kPa），按《公路桥涵地基与基础设计规范》JTG 3363—2019规定取值； K——地基抗震容许承载力调整系数，按下表采用

地基抗震容许承载力调整系数K

岩土名称和性状	K
岩石；密实的**碎石土**；密实的**砾、粗、中砂**；$f_{a0} \geqslant 300$kPa的**黏性土和粉土**	1.5
中密、稍密的**碎石土**；中密和稍密的**砾、粗、中砂**；密实和中密的**细、粉砂**；150kPa$\leqslant f_{a0}<300$kPa的**黏性土和粉土**；坚硬**黄土**	1.3
稍密的**细、粉砂**；100kPa$\leqslant f_{a0}<150$kPa的**黏性土和粉土**；可塑**黄土**	1.1
淤泥、淤泥质土；松散的**砂**，**杂填土**；新近堆积黄土及流塑**黄土**	1

注：f_{a0}为由荷载试验等方法得到的地基承载力基本容许值（kPa）。

注：液化土层及以上土层的地基承载力不应按上述规定提高。在计算液化土层以下地基承载力时，应计入液化土层及以上土层重力。

题 8-105 某公路工程按地震作用效应标准组合的基础底面边缘最大压力$p_{max}=400$kPa，地基土为中密状态的中砂，问该公路工程基础深宽修正后的地基承载力特征值f_a至少应达到多少时，才能满足验算天然地基地震作用下的竖向承载力要求。

【解】

（1）$f_{aE}=Kf_a=1.3f_a$

（2）$p_{kmax} \leqslant 1.2f_{aE}=1.2\times 1.3f_a$

$$f_a \geqslant \frac{p_{kmax}}{1.2\times 1.3}=\frac{400}{1.2\times 1.3}=256.41\text{kPa}$$

【点评】

根据《公路工程抗震规范》第4.2.2、4.2.3条，和《建筑抗震设计规范》一致。

32.1.3 液化初判——《公路工程抗震规范》第 4.3.2 条

一般地基地面以下 15m，桩基和基础埋置深度大于 5m 的天然地基地面以下 20m 范围内有饱和砂土或饱和粉土（不含黄土），符合表 8-32-4 中的条件之一时，可判定为不液化或不需考虑液化影响。

液化初判　　　　**表 8-32-4**

<table>
<tr><td colspan="2">液化判别深度：$\begin{cases}\text{一般地基} \rightarrow \text{地面下 15m} \\ \text{桩基和基础埋深大于 5m 的天然地基} \rightarrow \text{地面下 20m}\end{cases}$</td></tr>
<tr><td>饱和砂土或粉土：
（1）地质年代 Q_3 及以前→7、8 度时不液化
（2）粉土黏粒含量 $\rho_c \geqslant$ {10%（7 度）、13%（8 度）、16%（9 度）}→不液化
（3）天然地基，满足其一
$\begin{cases} d_u > d_0 + d_b - 2 \\ d_w > d_0 + d_b - 3 \\ d_u + d_w > 1.5d_0 + 2d_b - 4.5 \end{cases}$
（→不考虑液化）</td><td>式中：d_w——地下水位深度（m）；设计基准期内年平均最高水位或近期年内最高水位。
d_u——上覆非液化土层厚度（m）；扣除淤泥（质）土。
d_b——基础埋置深度（m）；$d_b \geqslant 2\text{m}$（重要坑点）。
d_0——液化土特征深度（m）：
$d_0 = \begin{cases} \text{粉土} \rightarrow 6\text{(7 度)、}7\text{(8 度)、}8\text{(9 度)} \\ \text{砂土} \rightarrow 7\text{(7 度)、}8\text{(8 度)、}9\text{(9 度)} \end{cases}$</td></tr>
</table>

题 8-106　（07C29）高度为 3m 的公路挡土墙，基础的设计埋深 1.8m，场区的抗震设防烈度为 8 度，自然地面以下深度 1.5m 为黏性土，深度 1.5～5m 为一般黏性土，深度 5～10m 为粉土，下卧地层为砂土层。根据《公路工程抗震规范》JTG B02—2013，在地下水位埋深至少大于下列哪个选项时，可初判不考虑场地土液化影响？

（A）5m　　（B）6m　　（C）6.5m　　（D）7m

【解】

（1）对粉土层，取 $d_u = 5\text{m}$，$d_b = 2\text{m}$，$d_0 = 7\text{m}$

$d_u = 5\text{m} < d_0 + d_b - 2 = 7 + 2 - 2 = 7\text{m}$

$d_w > d_0 + d_b - 3 = 7 + 2 - 3 = 6\text{m}$

$d_u + d_w > 1.5d_0 + 2d_b - 4.5 = 1.5 \times 7 + 2 \times 2 - 4.5 = 10\text{m}$，得 $d_w > 5\text{m}$

对粉土层，初判不考虑液化影响，最低要求取小值 $d_w > 5\text{m}$

（2）对砂土层，取 $d_u = 5\text{m}$，$d_b = 2\text{m}$，$d_0 = 8\text{m}$

$d_u = 5\text{m} < d_0 + d_b - 2 = 8 + 2 - 2 = 8\text{m}$

$d_w > d_0 + d_b - 3 = 8 + 2 - 3 = 7\text{m}$

$d_u + d_w > 1.5d_0 + 2d_b - 4.5 = 1.5 \times 8 + 2 \times 2 - 4.5 = 11.5\text{m}$，得 $d_w > 6.5\text{m}$

对砂土层，初判不考虑液化影响，最低要求取小值 $d_w > 6.5\text{m}$。

（3）综合判别，取大值，当至少 $d_w > 6.5\text{m}$ 时，可初判不考虑液化影响。

【点评】

①根据《公路工程抗震规范》第 4.3.2 条；②进行初判，与《建筑抗震设计规范》规定一致，特别注意本题中的取大值和取小值，初判为不考虑液化的土层不能当作下层的非液化土层，**d_u 计算至首个有地下水的粉土和砂层顶部**。

32.1.4 复判及液化指数计算——《公路工程抗震规范》第 4.3.3～4.3.9 条

当不能判别为不液化或不需考虑液化影响，需进一步进行液化判别时，应采用标准贯入试验进行地面下 15m 深度范围内土的液化判别；采用桩基或基础埋深大于 5m 的基础时，还进行地面下 15～20m 范围内土的液化判别。当饱和土标准贯入锤击数（未经杆长修正）小于液化判别标准贯入锤击数临界值N_{cr}时，应为液化土。有成熟经验时，也可采用其他判别方法。液化判别标准贯入锤击数临界值的计算，应符合表 8-32-5 的规定。

液化复判及液化指数计算 表 8-32-5

1）判别深度 ⇓

液化判别深度：
$$\begin{cases}\text{一般地基} \rightarrow \text{地面下 15m}\\ \text{桩基和基础埋深大于 5m 的天然地基} \rightarrow \text{地面下 20m}\end{cases}$$

2）液化复判 ⇓

$$N_{cr}=\begin{cases}N_0[0.9+0.1(d_s-d_w)]\sqrt{3/\rho_c} & d_s<15\text{m}\\ N_0(2.4-0.1d_w)\sqrt{3/\rho_c} & 15\leqslant d_s\leqslant 20\text{m}\end{cases}$$

⇓

$N>N_{cr}$→**不液化**；$N\leqslant N_{cr}$→**液化**

式中：d_s——地面下饱和土标准贯入点深度（m）；

d_w——地下水位深度（m）；最高水位；

ρ_c——黏粒含量（%）；粉土ρ_c小于 3% 时取$\rho_c=3\%$，砂土$\rho_c=3\%$；

N_{cr}——液化判别标准贯入锤击数临界值；

N——标准贯入锤击数实测值（未经杆长修正）

标准贯入锤击数基准值N_0

区划图上的特征周期（s）	设计基本地震动峰值加速度				
	0.1g	0.15g	0.2g	0.3g	0.4g
0.35	6	8	10	13	16
0.4、0.45	8	10	12	15	18

注：特征周期根据场地位置在《中国地震动参数区划图》GB 18306—2015 上查取

3）液化指数及液化等级 ⇓

$$I_{lE}=\sum_{i=1}^{n}\left(1-\frac{N_i}{N_{cri}}\right)d_iW_i$$

液化等级划分

液化等级	轻微	中等	严重
判别深度为 15m 的液化指数	$0<I_{lE}\leqslant 5$	$5<I_{lE}\leqslant 15$	$I_{lE}>15$
判别深度为 20m 的液化指数	$0<I_{lE}\leqslant 6$	$6<I_{lE}\leqslant 18$	$I_{lE}>18$

式中：d_i——i点**代表土层**的厚度（m）：上界→地下水位；下界→液化深度

W_i——**影响权函数值，计算如下：**

（1）**判别深度为** 15m **时：** $W_i\begin{cases}10 & z_i\leqslant 5\text{m}\\ 15-z_i & 5\text{m}<z_i\leqslant 15\text{m}\end{cases}$

（2）**判别深度为** 20m **时：** $W_i=\begin{cases}10 & z_i\leqslant 5\text{m}\\ \frac{2}{3}(20-z_i) & 5\text{m}<z_i\leqslant 20\text{m}\end{cases}$

z_i——i点**代表土层**的中点位置（m）

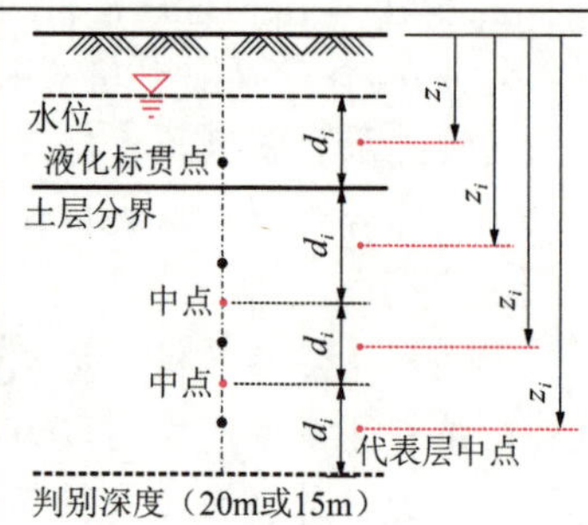

4）抗液化措施

详见《公路工程抗震规范》第 4.3.5～4.3.9 条

题 8-107　某公路工程中一般桥墩地基，基础埋深 4m，场地设计基本地震加速度为 0.2g，区划图上的场地反应谱特征周期为 0.35s，地下水位深度为 2.5m，场地图层分布和标准贯入点深度及实测锤击数如表 8-32-6 所示，按《公路工程抗震规范》JTG B02—2013，判定该场地液化等级为下列哪个选项？

题 8-107 表　　表 8-32-6

层号	土层名称	层底深度（m）	标贯点深度（m）	标贯实测击数
①	粉质黏土	4	3	6
②	粉土（黏粒含量 14%）	7.5	5	5
			7	6
③	粉细砂（黏粒含量 4%）	13.5	9	12
			11	15
			13	17
④	粗砂（Q_3）	20	15	21
			17	23
			19	26
⑤	卵石	—	—	

（A）不液化　　（B）轻微液化　　（C）中等液化　　（D）严重液化

【解】

（1）判别深度为 15m，8 度，粉土，$\rho_c = 14\% > 13\%$，不液化；Q_3，粗砂不液化。

$d_u = 4$m，$d_w = 2.5$，初判粉细砂层可能液化。

（2）9m 处：$N_{cr} = 10 \times [0.9 + 0.1 \times (9 - 2.5)] \times \sqrt{3/3} = 15.5 > 12$，液化。

代表土层 7.5～10m，$d_i = 2.5$m，$z_i = 8.75$m，$W_i = 15-8.75 = 6.25$

同理，11m 处：$N_{cr} = 17.5 > 15$，液化。

代表土层 10～12m，$d_i = 2$m，$z_i = 11$m，$W_i = 15-11 = 4$

13m 处：$N_{cr} = 19.5 > 17$，液化。

代表土层 12～13.5m，$d_i = 1.5$m，$z_i = 12.75$m，$W_i = 15-12.75 = 2.25$

（3）$I_{lE} = \left(1 - \dfrac{12}{15.5}\right) \times 2.5 \times 6.25 + \left(1 - \dfrac{15}{17.5}\right) \times 2 \times 4 + \left(1 - \dfrac{17}{19.5}\right) \times 1.5 \times 2.25 = 5.1$

$5 < I_{lE} \leqslant 15$，中等液化。

【点评】

①根据《公路工程抗震规范》第 4.3 节，与《建筑抗震设计规范》稍有区别；②首先进行液化初判，粉土和中砂层不液化；③基础埋深不大于 5m 时，只需要验算 15m 深度范围内的土。

【同类型真题】08D29

32.1.5 桩基础地基抗震容许承载力——《公路工程抗震规范》第 4.4 节

桩基础地基抗震容许承载力应符合表 8-32-7 的规定。

桩基础地基抗震容许承载力 表 8-32-7

（1）非液化地基的桩基	**柱桩**的地基抗震容许承载力调整系数可取 1.5； **摩擦桩**的地基抗震容许承载力调整系数K按天然地基取值（表 8-32-3）； 采用**荷载试验**确定单桩竖向承载力时，单桩竖向承载力 × 1.5，单桩水平承载力 × 1.25

（2）地基内有液化土层时， 液化土层的承载力（包括桩侧摩阻力）、土抗力（地基系数）、内摩擦角和黏聚力等应按右表折减。表中液化抵抗系数C_e值应按下式计算确定：

$$C_e = \frac{N_1}{N_{cr}}$$

式中：N_1——实际标准贯入锤击数；

N_{cr}——经修正的液化判别标准贯入锤击数临界值

土层的液化影响折减系数ψ_l

C_e	深度d_L（m）	折减系数ψ_l
$C_e \leqslant 0.6$	$d_L \leqslant 10$	0
	$10 < d_L \leqslant 20$	1/3
$0.6 < C_e \leqslant 0.8$	$d_L \leqslant 10$	1/3
	$10 < d_L \leqslant 20$	2/3
$0.8 < C_e \leqslant 1$	$d_L \leqslant 10$	2/3
	$10 < d_L \leqslant 20$	1

题 8-108 （17C27）某公路工程场地地面下的黏性土层厚 4m，其下为细砂，厚度为 12m，再其下为密实的卵石层，整个细砂层在 8 度地震的条件下将产生液化，已知细砂层的液化抵抗系数为 0.7，若采用桩基础，桩身穿越整个细砂层范围，进入其下的卵石层。根据《公路工程抗震规范》JTG B02—2013，试求桩长范围内细砂层的桩侧摩阻力折减系数最接近下列哪个选项？

（A）1/4　　（B）1/3　　（C）1/2　　（D）2/3

【解】

（1）$C_e = 0.7$，查表知：4～10m 段，$\alpha_1 = 1/3$；10～16m 段，$\alpha_2 = 2/3$

（2）$\alpha = \dfrac{\frac{1}{3} \times (10-4) + \frac{2}{3} \times (16-10)}{12} = \dfrac{1}{2}$

【点评】

①根据《公路工程抗震规范》第 4.4.2 条；②和《建筑桩基技术规范》类似，重要考点：液化抵抗系数，采用厚度加权平均。

【同类型真题】 02C23、06C30、14D28

32.2　桥梁设计加速度反应谱——《公路工程抗震规范》第 5.2 节

本小节适用于单跨跨径不超过 150m 的钢筋混凝土和预应力混凝土梁桥、圬工或钢筋混凝土拱桥的抗震设计。相关参数按表 8-32-8～表 8-32-11 确定。

桥梁设计加速度反应谱　　表 8-32-8

<table>
<tr><td>（1）设计特征周期T_g</td><td colspan="2">设计加速度反应谱特征周期T_g调整表（s）
<table>
<tr><td rowspan="2">Ⅱ类场地基本地震动加速度反应谱特征周期分区值</td><td colspan="4">场地类别</td></tr>
<tr><td>Ⅰ</td><td>Ⅱ</td><td>Ⅲ</td><td>Ⅳ</td></tr>
<tr><td>0.35</td><td>0.25</td><td>0.35</td><td>0.45</td><td>0.65</td></tr>
<tr><td>0.40</td><td>0.3</td><td>0.4</td><td>0.55</td><td>0.75</td></tr>
<tr><td>0.45</td><td>0.35</td><td>0.45</td><td>0.65</td><td>0.9</td></tr>
</table></td></tr>
<tr><td>（2）水平设计加速度反应谱最大值S_{max}
⇓</td><td>$$S_{max}=2.25C_iC_sC_dA_h$$
$$C_d=\begin{cases}1 & \xi=0.05\\ 1+\dfrac{0.05-\xi}{0.06+1.7\xi}\geqslant 0.55 & \xi\neq 0.05\end{cases}$$</td><td>式中：A_h——水平向设计基本地震动峰值加速度（见表 8-32-9）；
C_s——场地系数（见表 8-32-10）；
ξ——结构阻尼比；
C_i——桥梁抗震重要性修正系数（见表 8-32-11）；
C_d——阻尼调整系数，$C_d\geqslant 0.55$</td></tr>
<tr><td>（3）水平设计加速度反应谱S
⇓</td><td>阻尼比 0.05 的水平设计加速度反应谱S：
$$S=\begin{cases}S_{max}(5.5T+0.45) & T<0.1\text{s}\\ S_{max} & 0.1\text{s}\leqslant T\leqslant T_g\\ S_{max}(T_g/T) & T>T_g\end{cases}$$
式中：T_g——特征周期（s）；
T——结构自振周期（s）</td><td>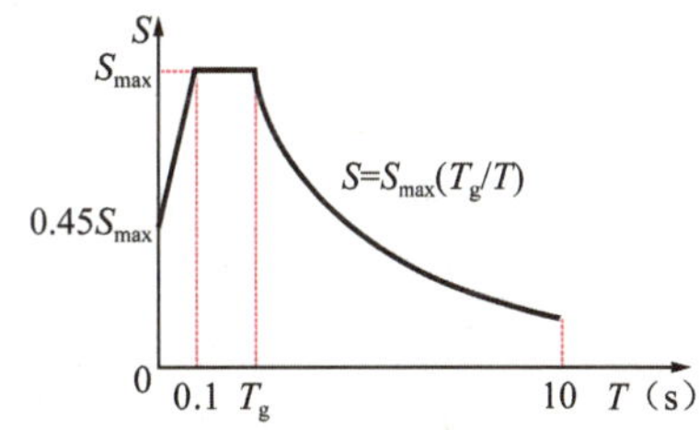
</td></tr>
<tr><td>（4）竖向设计加速度反应谱S_v</td><td colspan="2">$$S_v=R\cdot S\Leftarrow\begin{cases}\text{基岩场地}\rightarrow R=0.6\\ \text{土层场地}\rightarrow R=\begin{cases}1 & T\leqslant 0.1\text{s}\\ 1-2.5(T-0.1) & 0.1\text{s}<T<0.3\text{s}\\ 0.5 & T\geqslant 0.3\text{s}\end{cases}\end{cases}$$</td></tr>
</table>

地震基本烈度和设计基本地震动峰值加速度对应表（A_h、A_v）　　表 8-32-9

地震基本烈度	6	7		8		9
水平向A_h	≥0.05g	0.1g	0.15g	0.2g	0.3g	≥0.4g
竖向A_v	0	0	0	0.1g	0.17g	0.25g

场地系数C_s　　表 8-32-10

场地类别	设计基本地震动峰值加速度					
	0.05g	0.1g	0.15g	0.2g	0.3g	0.4g
Ⅰ	1.2	1	0.9	0.9	0.9	0.9
Ⅱ	1	1	1	1	1	1
Ⅲ	1.1	1.3	1.2	1.2	1	1
Ⅳ	1.2	1.4	1.3	1.3	1	0.9

桥梁抗震重要性修正系数 C_i　　表 8-32-11

桥梁分类	E_1 地震作用	E_2 地震作用
A 类	1	1.7
B 类	0.43（0.5）	1.3（1.7）
C 类	0.34	1
D 类	0.23	—

注：1. 高速公路和一级公路上单跨跨径不超过 150m 的大桥、特大桥，取 B 类括号内值；
2. E_1 地震作用指重现期为 475 年的地震作用；E_2 地震作用指重现期为 2000 年的地震作用。

桥梁抗震设防类别和桥梁涵洞分类，分别按表 8-32-12 和表 8-32-13 确定。

桥梁抗震设防类别　　表 8-32-12

设防类别	适用范围
A 类	单跨跨径超过 150m 的特大桥
B 类	单跨跨径不超过 150m 的高速公路、一级公路上的桥梁；单跨跨径不超过 150m 的二级公路上的特大桥、大桥
C 类	二级公路上的中桥、小桥，单跨跨径不超过 150m 的三、四级公路上的特大桥、大桥
D 类	三、四级公路上的中桥、小桥

桥梁涵洞分类　　表 8-32-13

桥涵分类	多孔跨径总长 L（m）	单孔跨径 L_K（m）
特大桥	$L>1000$	$L_K>150$
大桥	$100\leqslant L\leqslant 1000$	$40\leqslant L_K\leqslant 150$
中桥	$30<L<100$	$20\leqslant L_K<40$
小桥	$8\leqslant L\leqslant 30$	$5\leqslant L_K<20$
涵洞	—	$L_K<5$

题 8-109 （16C29）某高速公路单跨跨径 140m 的桥梁，其阻尼比为 0.04，场地水平向设计基本地震动峰值加速度为 0.2g。地震分组为第一组，场地类别为Ⅲ类。根据《公路工程抗震规范》JTG B02—2013，试计算在 E_1 地震作用下水平设计加速度反应最大值 S_{max} 最接近下列哪个选项？

（A）0.16g　　（B）0.24g　　（C）0.29g　　（D）0.32g

【解】

（1）查表 3.1.1 知，单跨跨度 140m < 150m，桥梁抗震设防类别为 B 类。

E_1 地震作用，高速公路 B 类桥梁，查表知：$C_i=0.5$

$A_h=0.2g$，Ⅲ类场地，查表知：$C_s=1.2$

$$C_d=1+\frac{0.05-\zeta}{0.06+1.7\zeta}=1+\frac{0.05-0.04}{0.06+1.7\times0.04}=1.078>0.55$$

（2）$S_{max}=2.25C_iC_sC_dA_h=2.25\times 0.5\times 1.2\times 1.078\times 0.2g=0.29g$

【点评】

①根据《公路工程抗震规范》第 3.1.1 条、第 3.1.3 条、第 5.2.1～5.2.5 条；②查表取 C_i 值时，注意表注的内容，高速公路和一级公路单跨跨径不超过 150m 的大桥、特大桥、桥梁抗震重要性系数 C_i 取 B 类括号内的值；③E_1 地震相当于常遇地震重现期 475 年，E_2 地震相当于罕遇地震重现期 2000 年。

题 8-110　（13D27）抗震设防烈度为 8 度地区的某高速公路特大桥，结构阻尼比为 0.05，结构自振周期（T）为 0.45s；场地类型为Ⅱ类，特征周期（T_g）为 0.35s；水平向设计基本地震动峰值加速度为 0.3g，进行E_2地震作用下的抗震设计时，按《公路工程抗震规范》JTG B02—2013 确定竖向设计加速度反应谱最接近下列哪项数值?

（A）0.3g　　（B）0.45g　　（C）0.89g　　（D）1.15g

【解】

（1）$S_{max} = 2.25C_iC_sC_dA_h = 2.25\times 1.7\times 1\times 1\times 0.3g = 1.15g$

（2）$T = 0.45s>T_g$，$S_{max} = S_{max}\left(\frac{T_g}{T}\right) = 1.15g\times\left(\frac{0.35}{0.45}\right) = 0.89g$

（3）$T = 0.45s > 0.3s$，$R = 0.5$，$S_v = 0.5\times 0.89g = 0.445g$

【点评】

①根据《公路工程抗震规范》第 3.1.3 条、第 5.2.1～5.2.5 条；②首先要按照本规范第 3.1.1 条判断出桥梁抗震设防类别为 A 类，E_2地震根据本规范第 3.1.3 条确定抗震重要性系数$C_i = 1.7$，根据表 5.2.2 确定场地系数$C_s = 1$，根据本规范第 5.2.4 条确定阻尼调整系数$C_d = 1$，然后按照本规范的公式计算水平设计加速度反应谱最大值$S_{max} = 2.25C_iC_sC_dA_h$；③$T > T_g$，根据本规范第 5.2.1 条求得$S$，根据本规范第 5.2.5 条，Ⅱ类为土层，$T$大于 0.3s，确定函数$R = 0.5$；④此类题型基本上无坑点，细心查参数，代公式即可。

题 8-111　（17D29）某高速公路桥梁，单跨跨径 150m，基岩场地，《中国地震动参数区划图》GB 18306—2015 上的特征周期$T_g = 0.35s$，结构自振周期$T = 0.3s$，结构的阻尼比$\zeta = 0.05$，水平向设计基本地震动峰值加速度$A_h = 0.3g$，进行E_1地震作用下的抗震设计时，按《公路工程抗震规范》JTG B02—2013 确定该桥梁水平向和竖向设计加速度反应谱应分别是哪一个选项?

（A）0.218g，0.131g　　（B）0.253g，0.152g

（C）0.304g，0.182g　　（D）0.355g，0.213g

【解】

（1）高速公路桥梁，单跨跨径 150m，查表为 B 类：

B 类桥梁，高速公路单跨跨径不超过 150m，查表知：$C_i = 0.5$

$A_h = 0.3g$，基岩场地（Ⅰ类场地），查表知：$C_s = 0.9$

$S_{max} = 2.25C_iC_sC_dA_h = 2.25\times 0.5\times 0.9\times 1\times 0.3g = 0.304g$

（2）基岩场地（Ⅰ类场地），查表调整后$T_g = 0.25s$

$T = 0.3g > T_g = 0.25s$，$S = S_{max}\left(\frac{T_g}{T}\right) = 0.304g\times\left(\frac{0.25}{0.3}\right) = 0.253g$

（3）基岩场地，取$R = 0.6$，$S_v = 0.253\times 0.6 = 0.152g$

【点评】

①根据《公路工程抗震规范》第 3.1.3 条、第 4.1.3 条、第 5.2 节；②注意基岩场地（Ⅰ类场地），查表知T_g要调整，由 0.35 调整为 0.25；③注意表 3.1.3 注：高速公路单跨跨径 150m，刚好定为 B 类，C_i查表取括号内值 0.5。

题 8-112　某二级公路桥位于Ⅲ类土层场地上，大桥单跨跨径为 120m，桥梁自振周期为 0.58s，按桥址位置在《中国地震动参数区划图》GB 18306—2015 上查取的反应谱特征周期为 0.35s、峰值加速度为 0.2g。试根据《公路工程抗震规范》JTG B02—2013 确定在E_2地震作用下的竖向设计加速度反应谱最接近下列哪个选项（阻尼比ξ取值 0.15）？

（A）0.073g　　（B）0.143g　　（C）0.186g　　（D）0.372g

【解】

（1）抗震设防类别为 B 类，$C_i = 1.3$；$C_s = 1.2$

$$C_d = 1 + \frac{0.05 - 0.15}{0.06 + 1.7 \times 0.15} = 0.683 > 0.55$$

$$S_{max} = 2.25 \times 1.3 \times 1.2 \times 0.2g \times 0.683 = 0.479g$$

（2）Ⅲ类场地，由表 5.2.3 可知$T_g = 0.45s < T = 0.58s$

$$S_h = 0.479g \times \left(\frac{0.45}{0.58}\right) = 0.372g$$

（3）$T = 0.58s > 0.3s \Rightarrow R=0.5$

$$S_v=0.372g \times 0.5 = 0.186g$$

【点评】

①根据《公路工程抗震规范》第 3.1 节、第 5.2 节；②当阻尼比不等于 0.05 时，C_d需要根据第 5.2.4 条计算，且不小于 0.55；③场地类别不是Ⅱ类时，特征周期需要根据表 5.2.3 进行调整；④注意题目是求水平向还是竖向加速度反应谱，两者需要进行转换。

32.3　地震作用

32.3.1　挡土墙的水平地震作用——《公路工程抗震规范》第 7.2.3、7.2.4 条

挡土墙的水平地震作用，应该按表 8-32-14 计算。

挡土墙的水平地震作用　　表 8-32-14

（1）按静力法验算时，挡土墙第i截面以上墙身重心处的水平地震作用E_{ih}（kN）： $E_{ih} = C_i C_z A_h \psi_i G_i / g$ $\psi_i = \begin{cases} \frac{h_i}{3H} + 1.0 & 0 \leqslant h_i \leqslant 0.6H \\ \frac{3h_i}{2H} + 0.3 & 0.6H \leqslant h_i \leqslant H \end{cases}$	C_i——其他公路工程抗震重要性修正系数（**不同于桥梁**），按下表采用； C_z——综合影响系数，**重力式**挡土墙取 0.25，**轻型**挡土墙取 0.3； A_h——水平向设计基本地震动峰值加速度（m/s²）（见上页）； G_i——第i截面以上墙体的重力（kN）； ψ_i——水平地震作用沿墙高的分布系数	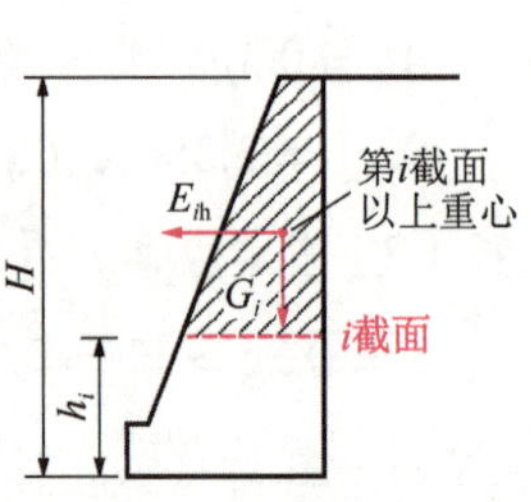

续表

（2）位于斜坡上的挡土墙，作用于其重心处的水平向总地震作用E_h（kN）：

$$E_h=\begin{cases}0.3C_iA_hW/g & \text{岩基}\\0.35C_iA_hW/g & \text{土基}\end{cases}$$

式中：W——挡土墙的总重力（kN）；其他参数同上

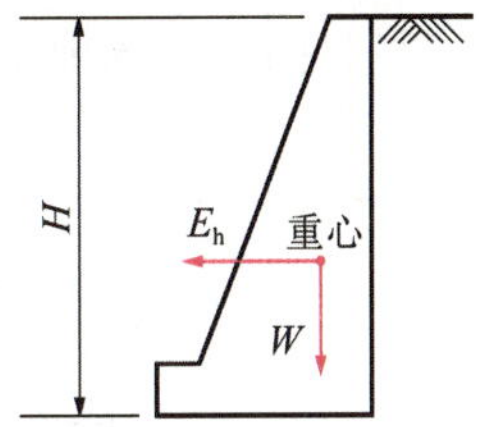

其他公路工程构筑物抗震重要性修正系数C_i

公路等级	构筑物重要程度	抗震重要性修正系数C_i
高速公路、一级公路	抗震重点工程	1.7
	一般工程	1.3
二级公路	抗震重点工程	1.3
	一般工程	1
三级公路	抗震重点工程	1
	一般工程	0.8
四级公路	抗震重点工程	0.8

注：抗震重点工程指隧道和破坏后抢修困难的路基、挡土墙工程

题 8-113　如图 8-32-1 所示，某高速公路抢修困难的轻型挡土墙工程，墙高 6m，顶宽 1m，底宽 2m，挡土墙墙趾至第i截面高度为 4m，场地水平向设计基本地震动峰值加速度为 0.15g，试按《公路工程抗震规范》JTG B02—2013 分别计算每延米i截面以上墙身重心处的水平地震作用E_{1h}和整个挡土墙的水平地震作用E_{1h}（墙身混凝土重度取 25kN/m³）。

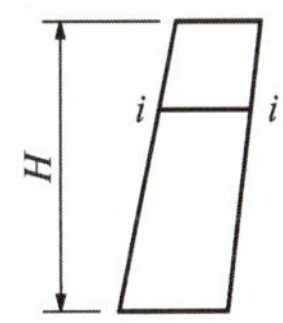

图 8-32-1　题 8-113 图

【解】

（1）计算i截面处：

高速公路，抗震重点工程，查表知$C_i=1.7$

轻型挡土墙，取$C_z=0.3$

i截面宽度：$b_i=1+2/6\approx1.33\text{m}$，$G_i=\frac{1}{2}\times(1+1.33)\times(6-4)\times25=58.25\text{kN/m}$

$0.6H<H_i=4<H$，$\psi_i=\frac{3}{2}\times\frac{h_i}{H}+0.3=\frac{3}{2}\times\frac{4}{6}+0.3=1.3$

$E_{1h}=1.7\times0.3\times0.15g\times1.3\times58.25/g=5.8\text{kN/m}$

（2）计算整个挡土墙：

底面宽度b =2m，$G=\frac{1}{2}\times(1+2)\times6\times25=225\text{kN/m}$

$h_i=0$，$\psi_i=\frac{1}{3}\times\frac{h_i}{H}+1=0+1=1$

$E_{2h}=1.7\times0.3\times0.15g\times1\times225/g=17.2\text{kN/m}$

【点评】

根据《公路工程抗震规范》第 7.2.3 条，本考点非重点，仅作了解即可。

32.3.2 路肩挡土墙地震主动土压力——《公路工程抗震规范》第7.2.5条

路肩挡土墙的地震主动土压力可按表8-32-15的规定计算。

路肩挡土墙的地震主动土压力 **表8-32-15**

$$E_{ea}=\frac{1}{2}\gamma H^2K_a(1+0.75C_iK_h\tan\varphi)$$

$$K_a=\frac{\cos^2\varphi}{(1+\sin\varphi)^2}=\tan^2\left(45°-\frac{\varphi}{2}\right)$$

式中：E_{ea}——地震时作用于挡土墙墙背每延米长度上的主动土压力（kN/m），其作用点为距挡土墙底0.4H处；

K_h——系数，$K_h=A_h/g$（地震动峰值加速度去掉g即可，如0.2g取0.2）；

C_i——其他公路工程抗震重要性修正系数，见上表

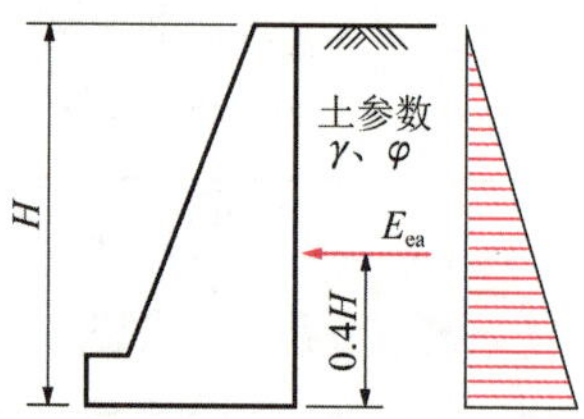

题8-114 （11D28）如图8-32-2所示，为位于地震区的二级公路一般工程的非浸水路肩挡土墙，墙高5m，墙后填料的内摩擦角$\varphi=36°$，墙背摩擦角$\delta=\varphi/2$，填料重度$\gamma=19\text{kN/m}^3$，抗震设防烈度为9度，无地下水。计算作用在该墙上的地震主动土压力E_a最接近下列哪个选项？

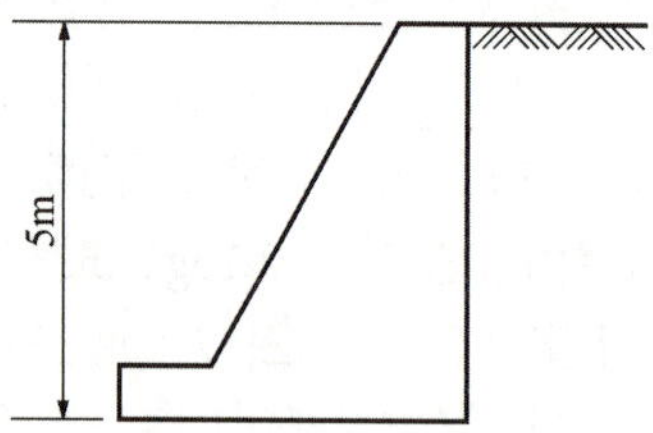

图8-32-2 题8-114图

（A）180kN/m （B）150kN/m （C）120kN/m （D）75kN/m

【解】

（1）$K_a=\frac{\cos^2\varphi}{(1+\sin\varphi)^2}=\frac{\cos^2 36°}{(1+\sin 36°)^2}=0.26$

（2）二级公路一般挡土墙工程，查表知：$C_i=1$

$$E_{ea}=\frac{1}{2}\gamma H^2K_a(1+0.75C_iK_h\tan\varphi)$$

$$=\frac{1}{2}\times19\times5^2\times0.26\times\left(1+0.75\times1\times\frac{0.4g}{g}\times\tan 36°\right)$$

$$=75.2\text{kN/m}$$

【点评】

①根据《公路工程抗震规范》第7.2.5条。②《公路工程抗震设计规范》JTJ 004—1989采用了建筑抗震设计规范条文说明的方法计算抗震土压力，新的《公路工程抗震规范》JTG B02—2013中对路肩挡土墙地震主动土压力E_a采用了新的算法；其他挡土墙地震主动土压力按新规范附录A的规定计算。

【同类型真题】12C27

32.3.3 其他挡土墙地震土压力——《公路工程抗震规范》附录 A

其他挡土墙地震土压力可按表 8-32-16 的规定计算。

其他挡土墙地震土压力 表 8-32-16

（1）地震主动土压力E_{ea}（kN/m）：

$$E_{ea}=\left[\frac{1}{2}\gamma H^2+qH\frac{\cos\alpha}{\cos(\alpha-\beta)}\right]K_a-2cHK_{ca}$$

$$K_a=\frac{\cos^2(\varphi-\alpha-\theta)}{\cos\theta\cos^2\alpha\cos(\alpha+\delta+\theta)\left[1+\sqrt{\frac{\sin(\varphi+\delta)\sin(\varphi-\beta-\theta)}{\cos(\alpha-\beta)\cos(\alpha+\delta+\theta)}}\right]^2}$$

$$K_{ca}=\frac{1-\sin\varphi}{\cos\varphi}$$

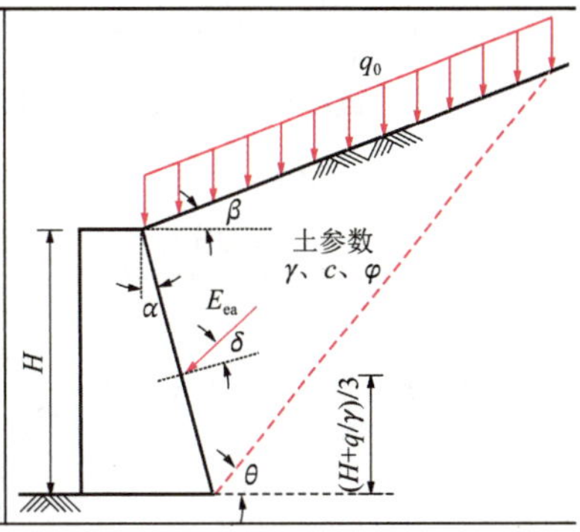

地震角θ（°）

设计基本地震动峰值加速度		0.1g（0.15g）	0.2g（0.3g）	0.4g
θ	水上	1.5	3	6
	水下	2.5	5	10

（2）地震被动土压力E_{ep}（kN/m）：

$$E_{ep}=\left[\frac{1}{2}\gamma H^2+qH\frac{\cos\alpha}{\cos(\alpha-\beta)}\right]K_{psp}+2cHK_{cp}$$

$$K_{psp}=\frac{\cos^2(\varphi+\alpha-\theta)}{\cos\theta\cos^2\alpha\cos(\alpha-\delta+\theta)\left[1+\sqrt{\frac{\sin(\varphi+\delta)\sin(\varphi+\beta-\theta)}{\cos(\alpha-\theta)\cos(\delta+\theta-\alpha)}}\right]^2}$$

$$K_{cp}=\frac{\sin(\varphi-\theta)+\cos\theta}{\cos\theta\cos\varphi}$$

注：α为墙背与竖直方向夹角，**俯斜为正**，**仰斜为负**；对于$c=0$时，计算结果与《建筑边坡工程技术规范》GB 50330—2013 公式(6.2.11)结果基本一致；对于$c>0$时，结果误差较大，建议按指定规范作答。

题 8-115 某公路桥台高 8m（图 8-32-3），桥台背面与竖直方向之间的夹角$\alpha=20°$，填土表面与水平面的夹角$\beta=10°$，滑裂楔体上的均布荷载$q=20kPa$，填土为黏性土，重度$\gamma=20kN/m^3$，$\varphi=30°$，$c=15kPa$，填土与桥台背面的摩擦角$\delta=15°$，8 度烈度区，地下水位于桥台底面以下。试按《公路工程抗震规范》JTG B02—2013 计算作用于桥台台背的地震主动土压力最接近下列哪个选项？

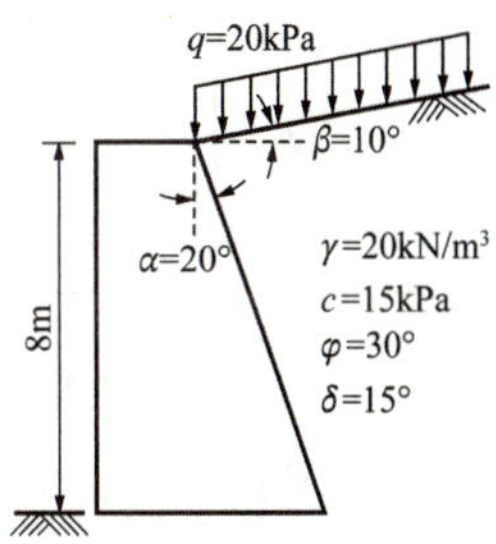

图 8-32-3 题 8-115 图

（A）290kN/m （B）325kN/m

（C）350kN/m （D）375kN/m

【解】

（1）8 度烈度区，水上，地震角取 3°。

$$K_a=\frac{\cos^2(\varphi-\alpha-\rho)}{\cos\rho\cos^2\alpha\cos(\alpha+\delta+\rho)\left[1+\sqrt{\dfrac{\sin(\varphi+\delta)\sin(\varphi-\beta-\rho)}{\cos(\alpha-\beta)\cos(\alpha+\delta+\rho)}}\right]^2}$$

$$=\frac{\cos^2(30°-20°-3°)}{\cos3°\cos^2 20°\cos(20°+15°+3°)\left[1+\sqrt{\dfrac{\sin(30°+15°)\sin(30°-10°-3°)}{\cos(20°-10°)\cos(20°+15°+3°)}}\right]^2}$$

$$=0.617$$

（2）$K_{ca}=\dfrac{1-\sin\varphi}{\cos\varphi}=\dfrac{1-\sin30°}{\cos30°}=0.577$

（3）$E_{ea}=\left[\dfrac{1}{2}\gamma H^2+qH\dfrac{\cos\alpha}{\cos(\alpha-\beta)}\right]K_a-2cHK_{ca}$

$$=\left(\frac{1}{2}\times20\times8^2+20\times8\times\frac{\cos20°}{\cos(20°-10°)}\right)\times0.617-2\times15\times8\times0.577$$

$$=350.6\text{kN/m}$$

【点评】

①根据《公路工程抗震规范》附录A第A.0.1条；②属于库仑土压力的一种简化形式，当有c值时，结果和边坡规范的大库仑公式结果相差较大，只有指定《公路工程抗震规范》时才用此公式求；③非重要考点，会直接代公式即可，不用过多研究。

32.3.4 路基边坡抗震稳定性验算——《公路工程抗震规范》第8.2.6条

采用拟静力法分别计算**条块重心处**的**水平**地震作用E_{hsi}（kN）和**竖向**地震作用E_{vsi}（kN）后，将其视作静力直接作用于条块的重心处进行整体稳定性验算，应符合表8-32-17的规定。

路基边坡抗震稳定性验算　　　表8-32-17

（1）作用于各土体条块重心处的**地震作用**： 水平：$E_{hsi}=C_iC_zA_h\psi_jG_{si}/g$ 竖向：$E_{vsi}=C_iC_zA_vG_{si}/g$ $\psi_j=\begin{cases}1 & H\leqslant20\text{m}\\ 1+0.6\dfrac{h_i-20}{H-20} & H>20\text{m}\end{cases}$	式中：C_i——其他公路工程抗震重要性修正系数； C_z——综合影响系数，取0.25； A_h、A_v——水平向、竖向设计基本地震动峰值加速度（m/s²）； ψ_j——水平地震作用沿坡高的增大系数； G_{si}——第i条块的重力（kN）； h_i——第i条块的高度（m）； H——路基边坡的高度（m）
（2）路基边坡**地震整体稳定性验算**： $K_c=\dfrac{\sum\limits_{i=1}^{n}\left\{\dfrac{cB}{\cos\theta}+[(G_{si}\pm E_{vsi})\cos\theta-E_{hsi}\sin\theta]\tan\varphi\right\}}{\sum\limits_{i=1}^{n}\left[(G_{si}\pm E_{vsi})\sin\theta+\dfrac{E_{hsi}\cdot x_i}{r}\right]}$ E_{vsi}方向向上时，取“$-$”；E_{vsi}方向向下时，取“+”；二者分别验算，取小值	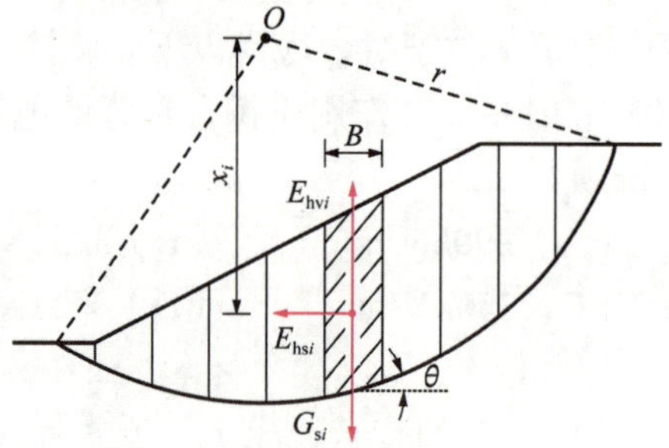
高速公路和一、二级公路路基边坡：高度大于20m的路基边坡抗震稳定系数不应小于1.15；路基边坡高度小于或等于20m的，不应小于1.1；三、四级公路的路基边坡抗震稳定系数不应小于1.05	

题 8-116　某二级公路抢修困难的路基工程（图 8-32-4），路基边坡高 25m，路基计算第i条土体高度为 22m，宽度为 4m，该条土体重 1800kN/m，条块底面中点切线与水平线的夹角$\theta = 30°$，场地水平向设计基本地震动峰值加速度为 0.2g，水平地震作用力对滑动圆心力臂为 30m，滑动圆弧半径为 40m，路基填料在地震作用下的黏聚力$c = 15\text{kPa}$，内摩擦角$\varphi = 30°$。试按《公路工程抗震规范》JTG B02—2013 计算该条土体的抗震稳定系数。

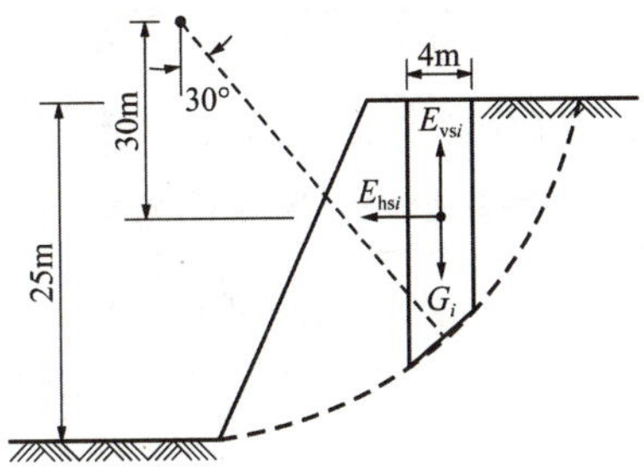

图 8-32-4　题 8-116 图

【解】

（1）计算水平地震作用E_{hsi}

二级公路，抢修困难，属抗震重点工程，查表知$C_i = 1.3$

$H = 25\text{m} > 20\text{m}$，$\psi_j = 1 + \dfrac{0.6}{H-20}(h_i - 20) = 1 + \dfrac{0.6}{25-20} \times (22 - 20) = 1.24$

$E_{hsi} = C_i C_z A_h \psi_j G_{si}/g = 1.3 \times 0.25 \times 0.2g \times 1.24 \times 1800/g = 145.1\text{kN/m}$

（2）计算竖向地震作用E_{vsi}

$A_h = 0.2g$，查表知对应的$A_v = 0.1g$

$E_{vsi} = C_i C_z A_v G_{si}/g = 1.3 \times 0.25 \times 0.1g \times 1800/g = 5 = 8.5\text{kN/m}$

（3）E_{vsi}取正值计算（竖向地震作用向下）

$$K_c = \frac{\sum_{i=1}^{n} \{cB\sec\theta + [(G_{si} + E_{vsi})\cos\theta - E_{hsi}\sin\theta]\tan\varphi\}}{\sum_{i=1}^{n} [(G_{si} + E_{vsi})\sin\theta + M_h/r]}$$

$$= \frac{15 \times 4/\cos 30° + [(1800 + 58.5) \times \cos 30° - 145.1 \times \sin 30°] \times \tan 30°}{(1800 + 58.5) \times \sin 30° + 145.1 \times 30/40} = 0.921$$

E_{vsi}取负值计算（竖向地震作用向上）

$$K_c = \frac{15 \times 4/\cos 30° + [(1800 - 58.5) \times \cos 30° - 145.1 \times \sin 30°] \times \tan 30°}{(1800 - 58.5) \times \sin 30° + 145.1 \times 30/40} = 0.917$$

取小值，$K_c = 0.917$

【点评】

①根据《公路工程抗震规范》第 8.2.6 条；②水平向地震惯性力代表值F_h即E_{hsi}；③A_v取值有正负之分，即稳定性计算中E_{vi}有正负值两种可能，取不利情况计算，可见竖向地震作用向上时，对路基更为不利。

32.4 按《公路工程地质勘察规范》液化判别——《公路工程地质勘察规范》第7.11节

《公路工程地质勘察规范》中的抗震内容，除了液化复判和液化指数计算外，其他内容均与《公路工程抗震规范》和《建筑抗震设计规范》基本相同。

32.4.1 复判及液化指数计算——《公路工程地质勘察规范》第7.11.8、7.11.9条

液化复判及液化指数计算，应符合表8-32-18的规定。

路基边坡抗震稳定性验算 表8-32-18

<table>
<tr><td>（1）判别深度</td><td colspan="2">规范上未明确，参考《公路工程抗震规范》或者《建筑抗震设计规范》</td></tr>
<tr><td rowspan="2">（2）液化复判
⇓</td><td>$N_1 = C_nN$
$N_{cr} = \left[11.8\left(1+13.06\frac{\sigma_0}{\sigma_e}K_hC_v\right)^{0.5} - 8.09\right]\xi$
⇓
$N_1 \geqslant N_{cr}$→**不液化**；$N_1 < N_{cr}$→**液化**</td><td>N_1——实测的修正标准贯入锤击数；
N——实测的标准贯入锤击数；
N_{cr}——液化判别标准贯入锤击数临界值；
d_s——标准贯入点深度（m）；
d_w——地下水位深度（m），最高水位；
ρ_c——黏粒含量（%）；
ξ——黏粒含量修正系数，$\xi = 1 - 0.17(\rho_c)^{0.5}$，如$\rho_c = 5.3\%$，取5.3%代入公式</td></tr>
<tr><td colspan="2">C_n——标准贯入锤击数的修正系数，按下表采用：

标准贯入锤击数的修正系数C_n
<table>
<tr><td>σ_0（kPa）</td><td>0</td><td>20</td><td>40</td><td>60</td><td>80</td><td>100</td><td>120</td><td>140</td><td>160</td><td>180</td></tr>
<tr><td>C_n</td><td>2</td><td>1.7</td><td>1.46</td><td>1.29</td><td>1.16</td><td>1.05</td><td>0.97</td><td>0.89</td><td>0.83</td><td>0.78</td></tr>
<tr><td>σ_0（kPa）</td><td>200</td><td>220</td><td>240</td><td>260</td><td>280</td><td>300</td><td>350</td><td>400</td><td>450</td><td>500</td></tr>
<tr><td>C_n</td><td>0.72</td><td>0.69</td><td>0.65</td><td>0.6</td><td>0.58</td><td>0.55</td><td>0.49</td><td>0.44</td><td>0.42</td><td>0.4</td></tr>
</table>
σ_0——标准贯入点处土的总上覆压力（kPa）：$\sigma_0 = \gamma_u d_w + \gamma_d(d_s - d_w)$
σ_e——标准贯入点处土的有效覆盖压力（kPa）：$\sigma_e = \gamma_u d_w + (\gamma_d - 10)(d_s - d_w)$
γ_u——地下水位以上土的重度（kN/m³），砂土$\gamma_u = 18.0\text{kN/m}^3$，粉土$\gamma_u = 18.5\text{kN/m}^3$（如题目已知，按题目数据）；
γ_d——地下水位以下土的重度（kN/m³），砂土$\gamma_d = 20\text{kN/m}^3$，粉土$\gamma_d = 20.5\text{kN/m}^3$（如题目已知，按题目数据）；
K_h——水平地震系数，7度取0.1，8度取0.2，9度取0.4；
C_v——地震剪应力随深度的折减系数，应按下表采用：

地震剪应力随深度的折减系数C_v
<table>
<tr><td>d_s（kPa）</td><td>1</td><td>2</td><td>3</td><td>4</td><td>5</td><td>6</td><td>7</td><td>8</td><td>9</td><td>10</td></tr>
<tr><td>C_v</td><td>0.994</td><td>0.991</td><td>0.986</td><td>0.976</td><td>0.965</td><td>0.958</td><td>0.945</td><td>0.935</td><td>0.920</td><td>0.902</td></tr>
<tr><td>d_s（kPa）</td><td>11</td><td>12</td><td>13</td><td>14</td><td>15</td><td>16</td><td>17</td><td>18</td><td>19</td><td>20</td></tr>
<tr><td>C_v</td><td>0.884</td><td>0.866</td><td>0.844</td><td>0.822</td><td>0.794</td><td>0.741</td><td>0.691</td><td>0.647</td><td>0.631</td><td>0.612</td></tr>
</table></td></tr>
</table>

续表

<table>
<tr>
<td rowspan="2">（3）液化指数及液化等级</td>
<td colspan="2">$I_{lE}=\sum_{i=1}^{n}\left(1-\frac{N_i}{N_{cri}}\right)d_iW_i$

液化等级划分
<table>
<tr><th>液化等级</th><th>轻微</th><th>中等</th><th>严重</th></tr>
<tr><td>判别深度为 15m 的液化指数</td><td>$0 < I_{lE} \leqslant 5$</td><td>$5 < I_{lE} \leqslant 15$</td><td>$I_{lE} > 15$</td></tr>
<tr><td>判别深度为 20m 的液化指数</td><td>$0 < I_{lE} \leqslant 6$</td><td>$6 < I_{lE} \leqslant 18$</td><td>$I_{lE} > 18$</td></tr>
</table>
</td>
</tr>
<tr>
<td>式中：d_i——第i点代表土层的厚度（m）：
上界→地下水位；下界→液化深度
W_i——影响权函数值，计算如下：
$$W_i=\begin{cases}10 & z_i \leqslant 5\text{m}\\ \frac{2}{3}(20-z_i) & 5\text{m} < z_i \leqslant 20\text{m}\end{cases}$$
z_i——第i点代表土层的中点位置（m）。
关键：划分标贯点代表土层，从水位、土层分界、计算深度判断，同一层土层的两标贯点从中心处分开</td>
<td>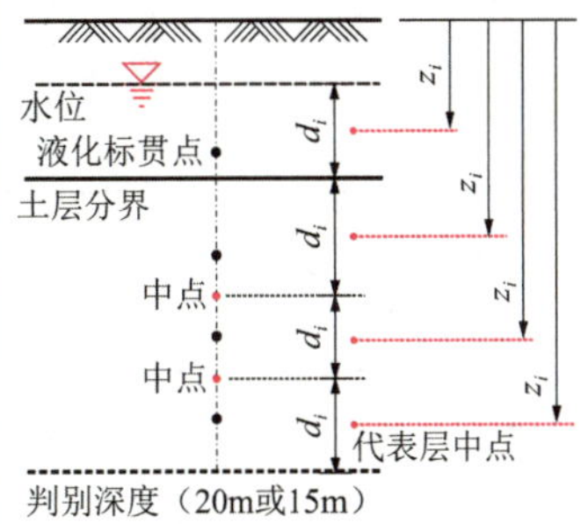
</td>
</tr>
</table>

题 8-117 某公路桥梁场地抗震设防烈度为 9 度，地面以下 3m 深度内为粉质黏土，重度 18.5kN/m^3；深度 3～10m 为粉砂，天然重度 18.5kN/m^3，饱和重度 19.5kN/m^3，地下水位埋深 5m。粉砂黏粒含量$\rho_c = 4.5\%$。按《公路工程地质勘察规范》JTG C20—2011，8m 深度处砂层的实测标准贯入锤击数N为多少击时可判为不液化？（取整数）

【解】

（1）$\sigma_0 = 3 \times 18.5 + 2 \times 18.5 + 3 \times 19.5 = 151\text{kPa}$

$\sigma_e = 3 \times 18.5 + 2 \times 18.5 + 3 \times 9.5 = 121\text{kPa}$

$\zeta = 1 - 0.17 \times 4.5^{\frac{1}{2}} = 0.639$；$d_s = 8\text{m} \Rightarrow C_v = 0.935$；9 度 $\Rightarrow K_h = 0.4$

（2）$N_{cr} = [11.8 \times (1 + 13.06 \times \frac{151}{121} \times 0.4 \times 0.935)^{\frac{1}{2}} - 8.09] \times 0.639 = 14.92$

（3）$\sigma_0 = 151\text{kPa} \Rightarrow C_n = 0.857$

由修正标贯值$N_1 = 0.857 \times N > N_{cr} = 14.92 \Rightarrow$实测标贯值$N > 17.41$，取18。

【点评】

①根据《公路工程地质勘察规范》第 7.11.8 条；②当土层实测的修正标贯锤击数N_1小于N_{cr}时，应判为液化，否则为不液化。

32.4.2 液化折减系数——《公路工程地质勘察规范》第7.11.10条

液化土层的承载力（包括桩侧摩阻力）、土抗力（地基系数）、内摩擦角和黏聚力等，可根据液化抵抗系数C_e予以折减。折减系数α应按表8-32-19采用。

$$C_e = \frac{N_1}{N_{cr}}$$

式中：N_1——实测的修正标准贯入锤击数；

N_{cr}——经修正的液化判别标准贯入锤击数临界值。

土层的液化影响折减系数α　　表8-32-19

C_e	深度d_s（m）	折减系数α
$C_e \leqslant 0.6$	$d_s \leqslant 10$	0
	$10 < d_s \leqslant 20$	1/3
$0.6 < C_e \leqslant 0.8$	$d_s \leqslant 10$	1/3
	$10 < d_s \leqslant 20$	2/3
$0.8 < C_e \leqslant 1$	$d_s \leqslant 10$	2/3
	$10 < d_s \leqslant 20$	1

题8-118　（22补考C24）某公路场地抗震设防烈度为7度，经初步判别场地内某粉土层有可能液化，在该层内进行了标准贯入试验，贯入点深度11m的实测锤击数为9击，根据《公路工程地质勘察规范》JTG C20—2011，粉土层的桩基侧摩阻力折减系数为下列哪个选项？（已知：标准贯入点总上覆压力：$\sigma_0 = 205\text{kPa}$，有效上覆压力：$\sigma_e = 115\text{kPa}$，粉土层黏粒含量为4%）

（A）0　　（B）1/3　　（C）2/3　　（D）1

【解】

（1）$\xi = 1 - 0.17 \times 4^{\frac{1}{2}} = 0.66$，查表知$C_v = 0.884$

$$N_{cr} = \left[11.8 \times \left(1 + 13.06 \times \frac{205}{115} \times 0.1 \times 0.884\right)^{\frac{1}{2}} - 8.09\right] \times 0.66 = 8.28$$

（2）$C_n = 0.72 - \frac{205-200}{220-200} \times (0.72 - 0.69) = 0.7125$

$N_1 = 0.7125 \times 9 = 6.41$

（3）$C_e = \frac{6.41}{8.28} = 0.77 \in (0.6, 0.8), 11\text{m} > 10\text{m}$，查表知折减系数为$\frac{2}{3}$。

【点评】

①根据《公路工程地质勘察规范》第7.11.8～7.11.10条，液化土层的桩侧摩阻力根据液化抵抗系数C_e予以折减；②注意将公式中的黏粒含量去除百分号带入，如年龄含量4%，则取4带入计算。

第 33 章 中国地震动参数区划图

33.1 基本术语——《中国地震动参数区划图》第 3 章

（1）《中国地震动参数区划图》GB 18306—2015 常用基本术语见表 8-33-1。

基本术语　　表 8-33-1

地震动	地震引起的地表及近地表介质的震动
地震动参数	表征抗震设防要求的地震动物理参数，包括地震动峰值加速度和地震动加速度反应谱特征周期等
地震动参数区划	以地震动参数为指标，将国土划分为不同抗震设防要求的区域
地震动峰值加速度	表征地震作用强弱程度的指标，对应于规准化地震动加速度反应谱最大值的水平加速度
地震动加速度反应谱特征周期	规准化地震动加速度反应谱曲线下降点所对应的周期值
超越概率	某场地遭遇大于或等于给定的地震动参数值的概率
基本地震动	相应于 50 年超越概率为 10%的地震动
多遇地震动	相应于 50 年超越概率为 63%的地震动
罕遇地震动	相应于 50 年超越概率为 2%的地震动
极罕遇地震动	相应于 50 年超越概率为 10^{-4} 的地震动

（2）《中国地震动参数区划图》峰值加速度和特征周期调整过程见图 8-33-1。

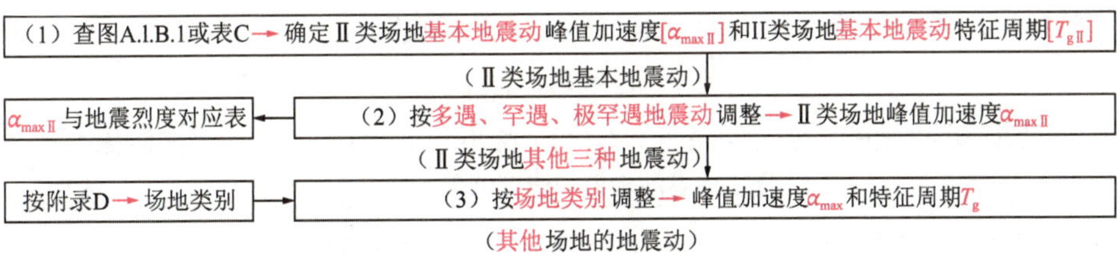

图 8-33-1　区划图规范思维导图

注：1. 场区α_{max}计算步骤：①查图 A.1、B.1 或表 C 确定[$\alpha_{max Ⅱ}$]→②按多遇≥1/3、基本（不变）、罕遇 1.6～2.3 倍、极罕遇 2.7～3.2 倍调整得$\alpha_{max Ⅱ}$（范围值）→③按$\alpha_{max Ⅱ}$和场地类别用插值法得F_a（范围值）→④最后计算$\alpha_{max} = F_a\alpha_{max Ⅱ}$。

2. 场区T_g直接按场地类别调整后，罕遇地震＋0.05s 即可。

33.2 Ⅱ类场地地震动参数——《中国地震动参数区划图》第6、7章

（1）**Ⅱ类场地基本地震动：Ⅱ类场地基本地震动峰值加速度**$[\alpha_{\max Ⅱ}]$应按《中国地震动参数区划图》附录图A.1取值，其中乡镇人民政府所在地、县级以上城市的$[\alpha_{\max Ⅱ}]$应按《中国地震动参数区划图》附录表C取值。**Ⅱ类场地基本地震动加速度反应谱特征周期**$[T_{gⅡ}]$应按《中国地震动参数区划图》附录图B.1取值，其中乡镇人民政府所在地、县级以上城市的$[T_{gⅡ}]$应按《中国地震动参数区划图》附录表C取值。《中国地震动参数区划图》附录图A.1、图B.1分区界线附近的基本地震动峰值加速度$[\alpha_{\max Ⅱ}]$和基本地震动加速度反应谱特征周期$[T_{gⅡ}]$应按就高原则确定。

（2）多遇地震动、罕遇地震动、极罕遇地震动峰值加速度应符合表8-33-2的规定。

Ⅱ类场地多遇、罕遇、极罕遇地震动参数　　表8-33-2

地震动类型	Ⅱ类场地峰值加速度$\alpha_{\max Ⅱ}$
多遇地震动	$\alpha_{\max Ⅱ} \geqslant \frac{1}{3}[\alpha_{\max Ⅱ}]$
罕遇地震动	$\alpha_{\max Ⅱ} = 1.6\sim2.3[\alpha_{\max Ⅱ}]$
极罕遇地震动	$\alpha_{\max Ⅱ} = 2.7\sim3.2[\alpha_{\max Ⅱ}]$

（3）当需要采用地震烈度作为地震危险性的宏观衡量尺度，用于工程抗震设防或防震减灾目的时，可根据《中国地震动参数区划图》确定Ⅱ类场地地震动峰值加速度$\alpha_{\max Ⅱ}$，按表8-33-3确定地震烈度。

Ⅱ类场地地震动峰值加速度$\alpha_{\max Ⅱ}$与地震烈度对照表　　表8-33-3

$\alpha_{\max Ⅱ}$	$0.04g \leqslant \alpha_{\max Ⅱ} < 0.09g$	$0.09g \leqslant \alpha_{\max Ⅱ} < 0.19g$	$0.19g \leqslant \alpha_{\max Ⅱ} < 0.38g$	$0.38g \leqslant \alpha_{\max Ⅱ} < 0.75g$	$\alpha_{\max Ⅱ} \geqslant 0.75g$
地震烈度	Ⅵ	Ⅶ	Ⅷ	Ⅸ	≥Ⅹ

33.3 场地地震动参数调整（非Ⅱ类场地）——《中国地震动参数区划图》第8章、附录E

（1）$Ⅰ_0$、$Ⅰ_1$、Ⅲ、Ⅳ类场地地震动峰值加速度$\alpha_{\max}$可根据Ⅱ类场地地震动峰值加速度$\alpha_{\max Ⅱ}$和场地地震动峰值加速度调整系数F_a，按下式确定：

$$\alpha_{\max} = F_a \alpha_{\max Ⅱ}$$

式中场地地震动峰值加速度调整系数F_a可按表8-33-4所给值分段**线性插值**确定。

场地地震动峰值加速度调整系数F_a　　表8-33-4

Ⅱ类场地地震动峰值加速度值$\alpha_{\max Ⅱ}$	场地类别				
	$Ⅰ_0$	$Ⅰ_1$	Ⅱ	Ⅲ	Ⅳ
≤0.05g	0.72	0.8	1	1.3	1.25
0.10g	0.74	0.82	1	1.25	1.2
0.15g	0.75	0.83	1	1.15	1.1
0.2g	0.76	0.85	1	1	1
0.3g	0.85	0.95	1	1	0.95
≥0.4g	0.9	1	1	1	0.9

注：表中$\alpha_{\max Ⅱ}$为Ⅱ类场地按**多遇、罕遇、极罕遇调整**后地震动峰值加速度值（不能直接按**基本**地震

动的[$\alpha_{max\,\mathrm{II}}$]直接查表）。再查表插值得$F_a$值，最后计算$\alpha_{max}=F_a\alpha_{max\,\mathrm{II}}$。

（2）Ⅰ$_0$、Ⅰ$_1$、Ⅲ、Ⅳ类场地**基本地震动**加速度反应谱特征周期T_g应根据Ⅱ类场地的[$T_{g\mathrm{II}}$]，按表 8-33-5 确定。

场地基本地震动加速度反应谱特征周期T_g调整表　　表 8-33-5

Ⅱ类场地**基本地震动**反应谱特征周期分区值[$T_{g\mathrm{II}}$]	场地类别				
	Ⅰ$_0$	Ⅰ$_1$	Ⅱ	Ⅲ	Ⅳ
0.35s	0.2s	0.25s	0.35s	0.45s	0.65s
0.4s	0.25s	0.3s	0.4s	0.55s	0.75s
0.45s	0.3s	0.35s	0.45s	0.65s	0.9s

注：**罕遇地震动**加速度反应谱特征周期应大于基本地震动加速度反应谱特征周期，增加值宜不低于0.05s，即**罕遇地震动**$T_g\geqslant$**基本地震动**$T_g+0.05s$；**多遇地震动**$T_g=$**基本地震动**T_g。

题 8-119　（18C24）某场地类别为Ⅳ类，查《中国地震动参数区划图》GB 18306—2015，在Ⅱ类场地条件下的基本地震动峰值加速度为 0.1g。问该场地在罕遇地震时动峰值加速度最接近下列哪个选项？

（A）0.08g　　（B）0.12g　　（C）0.25g　　（D）0.4g

【解】

（1）罕遇地震：$\alpha_{max\,\mathrm{II}}=0.1g\times(1.6\sim2.3)=0.16g\sim0.23g$

（2）场地类别为Ⅳ类，查表知插值：$F_a=0.985\sim1.08$

$\alpha_{max}=1.08\times0.16g\sim0.985\times0.23g=0.173g\sim0.227g$

【点评】

①依据《中国地震动参数区划图》第 6.2.2 条及附录 E；②修正过程应先根据多遇、罕遇还是极罕遇地震调整$\alpha_{max\,\mathrm{II}}$，再根据调整后的$\alpha_{max\,\mathrm{II}}$按附录表 E.1 插值求$F_a$；③《中国地震动参数区划图》是 2018 年新列入大纲的规范，文字部分需要认真阅读，因为抗震计算正处于向《中国地震动参数区划图》过渡中；④真题答案选项设置有问题，估计官方答案错误；⑤难度较大，因为是新规范第一次考查，很难把握调整$\alpha_{max\,\mathrm{II}}$和插值求$F_a$的先后顺序。

题 8-120　某场地类别为Ⅳ类，查《中国地震动参数区划图》GB 18306—2015，在Ⅱ类场地条件下的基本地震动峰值加速度为 0.2g。问该场地在多遇地震时动峰值加速度最接近下列哪个选项？

（A）0.05g　　（B）0.08g　　（C）0.35g　　（D）0.45g

【解】

（1）概率调整：$\frac{1}{3}a_{max}=\frac{1}{3}\times0.2g=0.067g$

（2）场地调整：0.067g，插值$a_{max}=\left[1.25-\frac{1.25-1.2}{0.1-0.05}\times(0.067-0.05)\right]\times0.067g=0.083g$

【点评】

①根据《中国地震动参数区划图》第 6.2 节及附录 E；②峰值加速度调整顺序为先概率后场地。

33.4　地震动参数分区范围——《中国地震动参数区划图》附录 F

（1）《中国地震动参数区划图》图 A.1 中地震动峰值加速度按阻尼比 5%的规准化地震动加速度反应谱最大值的 1/2.5 倍确定，并按 0.05g、0.1g、0.15g、0.2g、0.3g和 0.4g分区，各分区地震动峰值加速度范围见表 8-33-6。

地震动峰值加速度a_{max}分区的峰值加速度a_{max}范围　　表 8-33-6

地震动峰值加速度a_{max}分区值	地震动峰值加速度a_{max}范围
0.05g	$0.04g \leqslant \alpha_{max} < 0.09g$
0.1g	$0.09g \leqslant \alpha_{max} < 0.14g$
0.15g	$0.14g \leqslant \alpha_{max} < 0.19g$
0.2g	$0.19g \leqslant \alpha_{max} < 0.28g$
0.3g	$0.28g \leqslant \alpha_{max} < 0.38g$
0.4g	$0.38g \leqslant \alpha_{max} < 0.75g$

（2）《中国地震动参数区划图》图 B.1 中地震动加速度反应谱特征周期按阻尼比 5%的规准化地震动加速度反应谱确定，并按 0.35s、0.4s、0.45s 分区，各分区地震动加速度反应谱特征周期范围见表 8-33-7。

地震动加速度反应谱特征周期T_g分区的特征周期T_g范围　　表 8-33-7

地震动加速度反应谱特征周期T_g分区值	地震动加速度反应谱特征周期T_g范围
0.35s	$T_g \leqslant 0.4s$
0.4s	$0.4s < T_g < 0.45s$
0.45s	$T_g \geqslant 0.45s$

33.5　场地类型划分——《中国地震动参数区划图》附录 D

场地等效剪切波速计算和场地类别划分应符合表 8-33-8 的规定。

等效剪切波速计算和场地类别划分　　表 8-33-8

1）场地覆盖层厚度d ⇓	（1）一般情况下，应按地面至剪切波速＞500m/s 且其下卧各层岩土的剪切波速均≥500m/s 的土层顶面的距离确定； （2）当地面 5m 以下存在剪切波速＞**2.5 倍**其上部各土层剪切波速的土层，且该层及其下卧各层岩土的剪切波速均≥400m/s 时，可按地面至该土层顶面的距离确定； （3）剪切波速＞500m/s 的**孤石、透镜体**，应视同周围土层； （4）土层中的火山岩**硬夹层**，应视为刚体，其厚度应从覆盖土层中扣除	
2）等效剪切波速v_{se} ⇓	$v_{se}=\dfrac{d_0}{\sum_{i=1}^{n}(d_i/v_{si})}$	式中：d_0——计算深度（m），取覆盖层厚度和 20m 两者中的较小值； d_i——计算深度范围内第i土层的厚度（m）； v_{si}——计算深度范围内第i土层的剪切波速（m/s）

续表

<table>
<tr><td rowspan="8">3）场地类别</td><td colspan="8">场地类别划分表</td></tr>
<tr><td rowspan="2">场地覆盖土层等效剪切波速v_{se}（岩石剪切波速v_s）（m/s）</td><td colspan="7">场地覆盖土层厚度d（m）</td></tr>
<tr><td>$d=0$</td><td>$0<d<3$</td><td>$3\leqslant d<5$</td><td>$5\leqslant d<15$</td><td>$15\leqslant d<50$</td><td>$50\leqslant d<80$</td><td>$d\geqslant 80$</td></tr>
<tr><td>$v_s>800$</td><td>Ⅰ$_0$</td><td colspan="6">—</td></tr>
<tr><td>$800\geqslant v_s>500$</td><td>Ⅰ$_1$</td><td colspan="6">—</td></tr>
<tr><td>$500\geqslant v_{se}>250$</td><td>—</td><td colspan="2">Ⅰ$_1$</td><td colspan="4">Ⅱ</td></tr>
<tr><td>$250\geqslant v_{se}>150$</td><td>—</td><td>Ⅰ$_1$</td><td colspan="3">Ⅱ</td><td colspan="2">Ⅲ</td></tr>
<tr><td>$v_{se}\leqslant 150$</td><td>—</td><td>Ⅰ$_1$</td><td colspan="2">Ⅱ</td><td colspan="2">Ⅲ</td><td>Ⅳ</td></tr>
</table>

注：场地类别划分完全同《建筑抗震设计规范》。

题 8-121　（09C27 改编）某混凝土水工重力坝场地，查《中国地震动参数区划图》GB 18306—2015 知特征周期为 0.4s、基本地震动峰值加速度为 0.2g，多遇地震加速度调整系数取 1/3，在初步设计的建基面标高以下深度范围内地层和剪切波速如表 8-33-9 所示。已知该重力坝的基本自震周期为 0.9s，在考虑设计反应谱时，计算特征周期T_g、地震动峰值加速度α_{max}和设计反应谱最大值的代表值β_{max}。

题 8-121 表　　　　表 8-33-9

层序	地层	层底深度（m）	剪切波速（m/s）
①	圆砾	2	336
②	卵石	4	495
③	基岩	＞4	720

【解】

（1）$v_{se}=\dfrac{d_0}{\sum\limits_{i=1}^{n}(d_i/v_{si})}=\dfrac{4}{\dfrac{2}{336}+\dfrac{2}{495}}$=400.3m/s

$250<v_{se}\leqslant 500$，覆盖层厚 4m，场地类别为Ⅰ$_1$类。

《中国地震动参数区划图》上的特征周期按场地类别调整：Ⅰ$_1$类场地。

查表知由$T_g=0.4$s 调整为$T_g=0.3$s

（2）《中国地震动参数区划图》附录 C，根据多遇地震对基本动峰值加速度进行调整：

$\alpha_{max\,Ⅱ}=\dfrac{1}{3}\times 0.2g=0.067g$

Ⅰ$_1$类场地，查表知调整系数$F_a=0.807$

地震动峰值加速度调整后为$\alpha_{max}=F_a\times\alpha_{max\,Ⅱ}=0.807\times 0.067g=0.054g$

（3）重力坝，查表得：$\beta_{max}=2$

【点评】

①根据《中国地震动参数区划图》第 6.2.1 条、附录 C、附录 E、《水电工程水工建筑物抗震设计规范》第 4.1.2 条、第 5.3.3 条；②通过本题认真解读《中国地震动参数区划图》，其实本规范内容特别少，只有简单的几页纸和几条重要规定。

第9篇

岩土工程检测与监测

考试大纲

10.1 岩土工程检测

了解岩土工程检测的要求；了解岩土工程检测的方法和适用条件；**掌握检测数据分析与工程质量评价方法。**

10.2 岩土工程监测

了解岩土工程监测（包括地下水监测）的目的、内容和方法；掌握监测资料的整理与分析；了解监测数据在信息化施工中的应用。

考题特点

自 2007 年后，岩土工程检测题量均为 2 题，上午下午均 1 题，出现在最后一题，题号为 25。案例考点主要涉及 2 本，监测一般不出案例题，一般桩基检测出一题，地基检测出一题，总体来说难度不大，认真复习掌握拿分不难。桩基检测的题目一般在《建筑基桩检测技术规范》上，地基检测规范中的考点由于大部分与勘察中的原位测试一致，部分与桩基检测规范中的一致，仅有少部分不同考点。

复习方法

重点学习《建筑基桩检测技术规范》，熟悉常规桩基静载考点，理解低应变和高应变的原理及数据处理，学习《建筑地基检测技术规范》时结合勘察规范、地基规范、地基处理规范，相互对比，总结知识点。通过做题掌握答题思路，细节和坑点。

应试技巧

考场上可以先浏览一下，判断最后这道检测题的难度，简单的话快速拿下，如果有点棘手可以先放一放。

主要涉及规范

（1）《建筑基桩检测技术规范》JGJ 106—2014（重点）

（2）《建筑地基检测技术规范》JGJ 340—2015（次重点）

（3）《建筑地基处理技术规范》JGJ 79—2012（核心重点）

（4）《建筑边坡工程技术规范》GB 50330—2013（核心重点）

（5）《建筑基坑支护技术规程》JGJ 120—2012（核心重点）

（6）《建筑地基基础设计规范》GB 50007—2011（核心重点）

第34章

建筑基桩检测技术规范

《建筑基桩检测技术规范》是本篇重点规范，基本上每年必考，内容却少而易，重要考点有限，务必加强学习。

34.1 单桩竖向抗压静载试验——《建筑基桩检测技术规范》第4章

单桩竖向抗压静载试验应符合表9-34-1的规定。

单桩竖向抗压静载试验　　表9-34-1

1. 试验加载及反力装置	**（1）试验加载量：** ①为设计提供依据的试验桩，应加载至桩侧与桩端的岩土阻力达到极限状态；当桩的承载力以桩身强度控制时，可按设计要求的加载量进行； ②工程桩抽样检测时，**加载量不应小于设计要求单桩承载力特征值的2.0倍**：$P_{加载} \geqslant 2R_a = Q_{uk}$ **（2）反力装置：** ①加载反力装置能提供的**反力不得小于最大加载量的1.2倍**：$N_{反力} \geqslant 1.2P_{加载}$ ②压重施加于地基的**压应力不宜大于地基承载力特征值的1.5倍**：$p = \frac{N_{反力}}{A} \leqslant 1.5f_{ak}$
2. 终止加载条件	当出现下列情况之一时，可终止加载： （1）某级荷载作用下，桩顶沉降量大于前一级荷载作用下的沉降量的5倍，且桩顶总沉降量超过40mm；**→陡降型曲线** （2）某级荷载作用下，桩顶沉降量大于前一级荷载作用下的沉降量的2倍，且经24h尚未达到相对稳定标准（每一小时内的桩顶沉降量不超过0.1mm，并连续出现两次）；**→前一级荷载即为抗压极限承载力** （3）已达到设计要求的最大加载值且桩顶沉降达到相对稳定标准；**→最大加载量** （4）工程桩作锚桩时，锚桩上拔量已达到允许值；**→最大加载量** （5）荷载-沉降曲线呈缓变型时，可加载至桩顶总沉降量60～80mm；当桩端阻力尚未充分发挥时，可加载至桩顶累计沉降量超过80mm**→缓变型曲线**
3. 单桩竖向抗压极限承载力 Q_{uk}（kN）	单桩竖向抗压极限承载力Q_{uk}可按下列方法综合分析确定： （1）对于陡降型Q-s曲线，取其发生明显**陡降的起始点**对应的荷载值； （2）根据沉降随时间变化特征，取s-$\lg t$曲线尾部出现明显向下弯曲的**前一级荷载值**； （3）出现"终止加载条件第2款的情况"，宜取**前一级荷载值**； （4）对于缓变型Q-s曲线：宜根据桩顶总沉降量，取$s = 40$mm对应的荷载值； 对桩端直径$D \geqslant 800$mm的桩，可取$s = 0.05D$对应的荷载值； 当桩长大于40m时，宜考虑桩身弹性压缩量$s' = \frac{\overline{Q}L}{EA}$，桩身轴力三角形分布时：$\overline{Q} = \frac{Q_{桩顶}}{2}$，桩身轴力梯形分布时：$\overline{Q} = \frac{Q_{桩顶}+Q_{桩端}}{2}$ （5）不满足上述（1）～（4）项情况时，桩的竖向抗压极限承载力宜**取最大加载值**

续表

4. 数据统计	（1）对参加统计的试验桩检测结果，当满足其极差不超过平均值的30%时，取其算术平均值为单桩竖向抗压极限承载力；当极差超过平均值的30%时，应分析原因，结合桩型、施工工艺、地基条件、基础形式等工程具体情况综合确定极限承载力，不能明确极差过大的原因时，宜增加试桩数量；（**条文说明：**当极差验算大于30%，若低值承载力出现的原因并非偶然施工质量造成，按不利原则依次去掉高值后取平均，直到满足极验算） （2）试验桩数量小于3根或桩基承台下的桩数不大于3根时，应**取低值**
5. 单桩竖向抗压承载力特征值R_a（kN）	单桩竖向抗压承载力特征值应按单桩竖向抗压极限承载力的50%取值$R_a=\frac{Q_{uk}}{2}$

注：以《建筑基桩检测技术规范》为主，与《建筑地基基础设计规范》附录Q基本一致，自行对比学习。

题9-1 （13D30）某工程采用灌注桩基础，灌注桩桩径为800mm，桩长30m，设计要求单桩竖向抗压承载力特征值为3000kN，已知桩间土的地基承载力特征值为200kPa，按照《建筑基桩检测技术规范》JGJ 106—2014，采用压重平台反力装置对工程桩进行单桩竖向抗压承载力检测时，若压重平台的支座只能设置在桩间土上，则支座底面积不宜小于下列哪项？

（A）$20m^2$　　（B）$24m^2$　　（C）$30m^2$　　（D）$36m^2$

【解】

（1）反力：$3000\times2\times1.2=7200kN$

（2）压应力：$1.5\times200=300kPa$

（3）支座底面积：$A=\frac{7200}{300}=24m^2$

【点评】

①根据《建筑基桩检测技术规范》第4.1.3条、第4.2.2条；②此类题目记住三点，很重要，第一，加载量不应小于单桩承载力特征值的2.0倍（可理解为单桩极限值与特征值的关系）；第二，装置提供的反力不得小于最大加载量的1.2倍（可理解为1.2的安全系数，这是在第一条的基础上，即极限值的1.2倍）；第三，压重施加于地基的压应力不宜大于地基承载力特征值的1.5倍（可理解为承载力验算，在第二条的基础上反力除以面积得应力，该应力是可以大于地基承载力的，因为是临时的，但不能大于1.5倍）。这三条在以后很多试验中都会用到，要背下来（$P_{加载}\geqslant2R_a=Q_{uk}$，$R_{反力}\geqslant1.2P_{加载}$，$\frac{R_{反力}}{A}\leqslant1.5f_{ak}$）。

题 9-2　（14D30）某桩基工程设计要求单桩竖向抗压承载力特征值为 7000kN，静载试验利用邻近 4 根工程桩作为锚桩，锚桩主筋直径 25mm，钢筋抗拉强度设计值为 $360N/mm^2$。根据《建筑基桩检测技术规范》JGJ 106—2014，试计算每根锚桩提供上拔力所需的主筋根数至少为多少根？

（A）18　　（B）20　　（C）22　　（D）24

【解】

$4\times n\times 3.14\times 12.5^2\times 360\times 10^{-3}\geqslant 1.2\times 2.0\times 7000\Rightarrow n\geqslant 23.8$，取 24 根

【点评】

①根据《建筑基桩检测技术规范》第 4.1.3 条、第 4.2.2 条；②加载量不应小于设计要求的单桩承载力特征值的 2.0 倍，加载反力装置能提供的反力不得小于最大加载量的 1.2 倍；③列式中带着不等式计算，假如本题计算出来是$n=23.1$，也是取 24，而不能近似取 23（如果不带着不等式，很容易选错项）。

题 9-3　某大型炼油化工厂初步勘察后进行桩基工程试验，单桩设计竖向抗压承载力特征值 6000kN，采用锚桩压重联合反力装置，单桩周围布置 4 根锚桩，锚桩的主筋直径为 22mm，钢筋抗拉强度设计值 $360N/mm^2$，采用的压重混凝土块总重量为 200t，根据《建筑基桩检测技术规范》JGJ 106—2014,计算每根锚提供抗拔反力的主筋根数至少为下列那个选项?

（A）10　　（B）23　　（C）27　　（D）30

【解】

（1）最小反力$F=1.2\times 2\times 6000=1.44\times 10^4\text{kN}$

（2）$n=\dfrac{1.44\times 10^4-200\times 10}{4\times 360\times \dfrac{3.14}{4}\times 22^2\times 10^{-3}}=22.7$

【点评】

根据《建筑基桩检测技术规范》第 4.2.2 条，可选择桩锚压重联合；②加载反力装置提供的反力不得小于最大加载值的 1.2 倍。

题 9-4　某建筑采用桩基础，设计单桩竖向承载力特征值$R_a=4000\text{kN}$，拟施工结束后对桩基础进行单桩竖向抗压静载试验，当采用 4 根锚桩提供反力时，锚桩的桩径 800mm，假设土层为均质黏性土，桩的极限侧阻力标准值 40kPa，桩体的自重 $24kN/m^3$，抗拔系数取 0.7，无地下水，根据《建筑基桩检测技术规范》JGJ 106—2014，锚桩的入土深度最小为多少米？（不计锚桩地面以上长度重量）

【解】

（1）加载量：$2\times 4000=8000\text{kN}$；每根锚桩提供的反力：$\dfrac{1.2\times 8000}{4}=2400\text{kN}$

（2）$G_p=3.14\times 0.4^2\times 24\times l=12.06l$，$T_{uk}=3.14\times 0.8\times 40\times 0.7\times l=70.34l$

（3）$N=2400\leqslant 12.06l+70.34l\Rightarrow l\geqslant 29.1\text{m}$

【点评】

①根据《建筑基桩检测技术规范》第 4.1.3 条、第 4.2.2 条和《建筑桩基技术规范》第 5.4.5 条；②加载量不应小于设计要求的单桩承载力特征值的 2.0 倍；加载反力装置提供的反力不得小于最大加载值的 1.2 倍；③锚桩仅提供反力，不是桩基础中的抗拔桩不需要那么高的可靠度，而是抗拔力不需要除以 2 化为特征值，就如支墩的压力只需要小于 1.5 倍的f_{ak}（而不是小于f_{ak}）。

题 9-5 （12D30）某建筑工程基础采用灌注桩，基桩ϕ600，桩长 25m，低应变检测结果表明这 6 根桩均为Ⅰ类桩，对 6 根基桩进行单桩竖向抗压静载荷试验的成果见表 9-34-2，该工程的单桩竖向抗压承载力特征值最接近下列哪一选项？

题 9-5 表 **表 9-34-2**

试桩编号	1 号	2 号	3 号	4 号	5 号	6 号
Q_n（kN）	2880	2580	2940	3060	3530	3360

（A）1290kN （B）1480kN （C）1530kN （D）1680kN

【解】

（1）$Q_{um}=\dfrac{2880+2580+2940+3060+3530+3360}{6}=3058.3\text{kN}$

极差验算：$\dfrac{3530-2580}{3058.3}=31\%>30\%$，不满足

（2）剔除最大值后：

$$Q_{um}=\frac{2880+2580+2940+3060+3360}{5}=2964\text{kN}$$

极差验算：$\dfrac{3360-2580}{2964}=26\%<30\%$，满足

（3）$R_a=\dfrac{2964}{2}=1482\text{kN}$

【点评】

①根据《建筑基桩检测技术规范》第 4.4.3 条及条文说明、第 4.4.4 条；②当极差验算大于 30%，若低值承载力出现的原因并非偶然的施工质量造成，则依次去掉高值后取平均（不利原则），直到满足极差验算；③易错点，特征值与极限标准值，很多人容易忘记最后一步，功亏一篑，本类型题目做出来答案选项的设置肯定是特征值与极限标准值都有。

题 9-6 某柱下等腰三桩承台基础，采用水下灌注桩。现场静载荷试验，测得三根试桩的单桩竖向极限承载力实测值分别为$Q_1=830\text{kN}$、$Q_2=850\text{kN}$、$Q_3=860\text{kN}$，计算单桩竖向承载力特征R_a。

【解】

取最小值，$Q_{uk}=830\text{kN}$，$R_a=\dfrac{1}{2}\times 830=415\text{kN}$

【点评】

①根据《建筑基桩检测技术规范》第 4.4.3 条、第 4.4.4 条，或《建筑地基基础设计规范》附录 Q.0.10 第 6 款、附录 Q.0.11；②桩数为 3 根的承台，故采用最小值，与上题不同，注意区别。

题 9-7　某工程采用灌注桩基础，桩径 1000mm，桩长 20m，对某一根基桩进行单桩竖向抗压静载试验的成果如表 9-34-3 所示，试确定该基桩的单桩竖向抗压承载力特征值。

题 9-7 表　　表 9-34-3

Q（kN）	0	800	1200	1600	2000	2400	2800	3200	3600	4000
s（mm）	0	4.09	6.95	10.51	14.87	20.96	30.70	39.53	47.46	56.95

【解】

由表可知Q-s曲线为缓变型

取$s = 0.05 \times 1000 = 50$mm 对应的荷载

$$Q_{uk} = 3600 + \frac{4000 - 3600}{56.95 - 47.46} \times (50 - 47.46) = 3707\text{kN}$$

$$R_a = \frac{3707}{2} = 1853.5\text{kN}$$

【点评】

①根据《建筑基桩检测技术规范》第 4.4.2 条、第 4.4.4 条；②该考点未考过，需要引起重视，对比平板载荷试验学习，有相似之处；③不是缓变型的考点更简单，直接按第 4.4.2 条前 3 款取极限值，再按第 4.4.4 条除以 2 得特征值。

题 9-8　某工程进行灌注桩试验，某一根试验桩桩径 800mm，桩长 40m，进行单桩竖向抗压静载试验的成果如表 9-34-4 所示，根据《建筑基桩检测技术规范》，试确定该桩的单桩竖向抗压承载力特征值？

题 9-8 表　　表 9-34-4

荷载（kN）	800	1600	2400	3200	4000	4800	5600	6400
累计沉降（mm）	1.78	3.63	5.24	8.11	11.57	15.16	21.09	53.05

【解】

（1）由表可知，$P = 6400$kN 时：

$s = 53.05 - 21.09 = 31.96\text{mm} > 5 \times (21.09 - 15.19) = 29.65\text{mm}$

且累计沉降量 53.05mm > 40mm，故Q-s曲线为陡降型，取$Q_{uk} = 5600$kN

（2）$R_a = \dfrac{5600}{2} = 2800\text{kN}$

【点评】

①根据《建筑基桩检测技术规范》第 4.3.7 条、第 4.4.2 条、第 4.4.4 条；②题目难点在于判断曲线类型，选择相对应确定极限承载力的方法，需要仔细研读规范；③千万别忘记最后一步求的是特征值；④本考点可考性很强。

34.2 桩身内力测试——《建筑基桩检测技术规范》附录 A

桩身内力测试通过采用应变式传感器或钢弦式传感器，测出桩身断面有效测点的应变平均值，从而计算断面处桩身轴力，再由桩身轴力可计算出桩侧土层的分层极限摩阻力和极限端阻力值。桩身内力测试相关计算应符合表 9-34-5 的规定。

桩身内力测试　　　　**表 9-34-5**

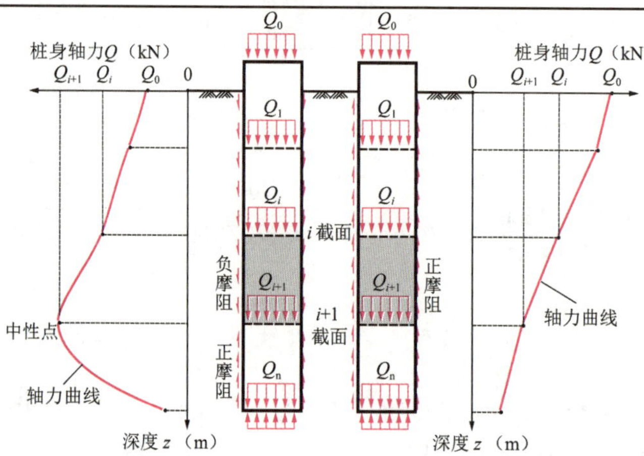

(a) 存在负摩阻力　　(b) 全长正摩阻力

桩身内力测试：通过仪器测出桩身断面有效测点的**应变平均值**$\bar{\varepsilon}_i$→计算断面处**桩身轴力**Q_i→计算出桩侧土层的**分层极限摩阻力**q_{si}**和极限端阻力**q_p**值** $Q_i=\bar{\varepsilon}_i\cdot E_i\cdot A_i$ $Q_{i+1}=Q_i-q_{si}\cdot u\cdot l_i\Rightarrow q_{si}=\dfrac{Q_i-Q_{i+1}}{u\cdot l_i}$ $q_p=\dfrac{Q_n}{A_0}$	Q_i——桩身第i断面处的轴力（kN）; $\bar{\varepsilon}_i$——第i断面处桩身材料应变平均值； E_i——第i断面处桩身材料弹性模量（kPa）; A_i——第i断面处桩身的截面净面积（m^2），空心桩应该扣除空心面积； q_{si}——桩第i断面与第$i+1$断面间的侧摩阻力（kPa）; l_i——第i断面与第$i+1$断面之间的桩长（m）; u——桩身周长（m）; q_p——桩的端阻力（kPa）; Q_n——桩端的轴力（kN）; A_0——桩端面积（m^2），注意敞口还是闭口状态

桩身材料应变值ε_i			
桩身材料应变值ε_{ci}	电阻应变式传感器	$\varepsilon_i=\varepsilon_i'\left(1+\dfrac{r}{R}\right)$ 半桥 $\varepsilon_i=\varepsilon_i'\left(1+\dfrac{2r}{R}\right)$ 全桥	ε_i——桩第i断面处**修正后**的应变值； ε_i'——桩第i断面处**修正前**的实测应变值； r——导线电阻（Q）; R——应变计电阻（Q）
	弦式钢筋计	$\varepsilon_{si}=\dfrac{\sigma_{si}}{E_s}$ $\varepsilon_i=\varepsilon_{si}$	ε_{si}——桩第i断面处钢筋应变值； σ_{si}——桩第i断面处钢筋应力值（kPa）; E_s——钢筋弹性模量（kPa），本书附录表Ⅱ.0.7; ε_i——桩第i断面处桩身材料应变值
	滑动测微计	$e=(e'-z_0)K$ ⇓ $\varepsilon_i=e-e_0$	e——仪器读数修正值；　z_0——仪器零点； e'——仪器读数；　K——率定系数； ε_i——桩第i断面处桩身材料应变值； e_0——初始测试仪器读数修正值

题 9-9 （07C30）某自重湿陷性黄土场地混凝土灌注桩桩径为 800mm，桩长为 34m（图 9-34-1），通过浸水载荷试验和应力测试得到桩身轴力在极限荷载下（2800kN）的数据如表 9-34-6 所示，此时桩侧平均负摩阻力值最接近下列哪个选项？

题 9-9 表　　表 9-34-6

深度（m）	2	4	6	8	10	12	14	16	18	22	26	30	34
桩身轴力（kN）	2900	3000	3110	3160	3200	3265	3270	2900	2150	1220	670	140	70

（A）−10.52kPa

（B）−12.14kPa

（C）−13.36kPa

（D）−14.38kPa

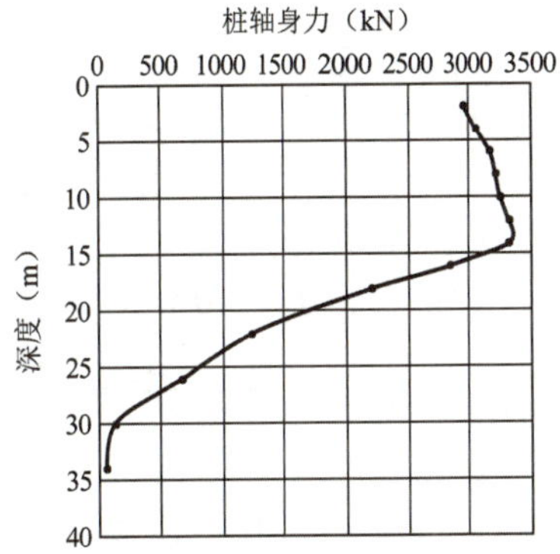

图 9-34-1　题 9-9 图

【解】

桩顶轴力 2800kN，14m 轴力最大点为中性点轴力 3270kN

$$q_{si}=\frac{Q_i-Q_{i+1}}{ul_i}=\frac{2800-3270}{3.14\times0.8\times14}=-13.36\text{kPa}$$

【点评】

①根据《建筑基桩检测技术规范》附录 A；②桩身某段侧阻等于桩顶荷载减该处轴力；③桩身轴力由小变大段为自重湿陷性黄土分布范围，为 0～14m，轴力最大点为中性点，负摩阻力自桩顶逐步减小；④**负摩阻力的计算值是负值**。

题 9-10 （19D25）某自重湿陷性黄土场地的建筑工程，灌注桩桩径为 1.0m，桩长 37m，柱顶出露地面 1.0m，自重湿陷性土层厚度为 18m。从地面处开始每 2m 设置一个桩身应变量测断面，将电阻应变计粘贴在主筋上。3000kN 荷载作用下，进行单桩竖向浸水载荷试验，实测应变值如表 9-34-7 所示，则此时该桩在桩顶下 9～11m 处的桩侧平均摩阻力值最接近下列哪个选项？（假定桩身变形均为弹性变形，桩身直径、弹性模量为定值）

题 9-10 表　　表 9-34-7

从桩顶起算深度（m）	1	3	5	7	9	11	13	17	21	25	29	33	37
应变ε（$\times10^{-5}$）	12.439	12.691	13.01	13.504	13.751	14.273	14.631	14.089	11.495	9.504	6.312	3.112	0.966

（A）15kPa　　（B）20kPa　　（C）−15kPa　　（D）−20kPa

【解】

（1）$Q_9-Q_{11}=\dfrac{3000}{12.439}\times(13.751-14.273)=-125.9\text{kN}$

（2）$q_s=\dfrac{Q_9-Q_{11}}{u\cdot l}=\dfrac{-125.9}{3.14\times1\times2}=-20.0\text{kPa}$

【点评】

①根据《建筑桩基检测技术规范》附录 A.0.13；②桩顶出露地面 1m 无侧阻，桩顶下 1m 轴力等于桩顶轴力，应变加大轴力加大，可知摩阻力为负摩阻力，为负值；③巧用应变的比例关系快速求得轴力的变化值。

题 9-11　（13C30）某工程采用钻孔灌注桩基础，桩径 800mm，桩长 40m，桩身混凝土强度为 C30。钢筋笼上埋设钢弦式应力计量测桩身内力。已知地层深度 3～14m 范围内为淤泥质黏土。建筑物结构封顶后进行大面积堆土造景，测得深度 3m、14m 处钢筋应力分别为 30000kPa 和 37500kPa，问此时淤泥质黏土层平均侧摩阻力最接近下列哪个选项？（钢筋弹性模量$E_s = 2.0 \times 10^5 N/mm^2$，桩身材料弹性模量$E = 3.0 \times 10^4 N/mm^2$）

（A）25.0kPa　　（B）20.5kPa　　（C）−20.5kPa　　（D）−25.0kPa

【解】

（1）钢筋应变 3m 处：$\varepsilon = \varepsilon_s = \dfrac{\sigma_s}{E_s} = \dfrac{30000}{2.0 \times 10^5 \times 10^3} = 1.5 \times 10^{-4}$

14m 处：$\varepsilon = \varepsilon_s = \dfrac{\sigma_s}{E_s} = \dfrac{37500}{2.0 \times 10^5 \times 10^3} = 1.875 \times 10^{-4}$

（2）桩身应力 3m 处：$\sigma = E_\varepsilon = 3.0 \times 10^4 \times 10^3 \times 1.5 \times 10^{-4} = 4.5 \times 10^3 kPa$

14m 处：$\sigma = 3.0 \times 10^4 \times 10^3 \times 1.875 \times 10^{-4} = 5.625 \times 10^3 kPa$

（3）$q_{sik} = \dfrac{Q_i - Q_{i+1}}{ul_i} = \dfrac{\Delta\sigma \cdot A_p}{\pi d \Delta l} = \dfrac{(4.5 \times 10^3 - 5.625 \times 10^3) \times 3.14 \times 0.4^2}{3.14 \times 0.8 \times (14-3)} = -20.45 kPa$

【点评】

①根据《建筑基桩检测技术规范》附录 A；②堆土引起淤泥质黏土下沉形成负摩阻力；③解题关键是桩身的应变和桩内钢筋的应变值相等；④本题实质为材料力学原理：应力 = 应变 × 弹性模量，注意作用力的方向，本题为负摩阻。

题 9-12　（10C30）某 PHC 管桩，桩径 500mm，壁厚 125mm，桩长 30m，桩身混凝土弹性模量为 $36 \times 10^6 kPa$（视为常量），桩底用钢板封口，对其进行单桩静载试验并进行桩身内力测试。根据实测资料，在极限荷载作用下，桩端阻力为 1835kPa，桩侧阻力如图 9-34-2 所示。则该 PHC 管桩在极限荷载条件下，桩顶面下 10m 处的桩身应变最接近下列哪个选项？

（A）4.16×10^{-4}　　（B）4.29×10^{-4}

（C）5.55×10^{-4}　　（D）5.72×10^{-4}

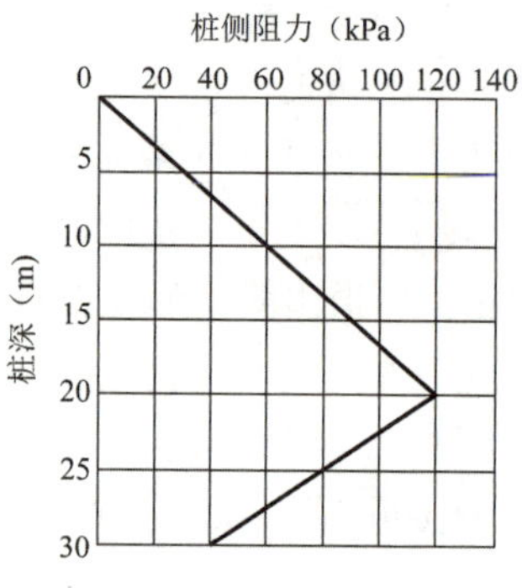

图 9-34-2　题 9-12 图

【解】

（1）10m 以下桩侧阻力：

$$Q_{sk} = \left(\frac{60+120}{2} \times 10 + \frac{40+120}{2} \times 10\right) \times 3.14 \times 0.5 = 2669 kN$$

$$Q_{pk} = q_p A_p = 1835 \times 3.14 \times 0.25^2 = 359.7 kN$$

（2）10m 处的轴力：

$$Q = Q_{sk} + Q_{pk} = 2669 + 359.7 = 3028.7 kN$$

（3）10m 处桩身应变：

$$\varepsilon = \frac{Q}{EA} = \frac{3028.7}{36 \times 10^6 \times 3.14 \times (0.25^2 - 0.125^2)} = 5.72 \times 10^{-4}$$

【点评】

①根据《建筑基桩检测技术规范》附录 A，桩身某处**轴力**等于“桩顶荷载”**减**“该处以上侧阻”，或“端阻”**加**“该处以下侧阻”（**顶减底加**）；②桩底封闭，底面积采用全面积，计算应变时采用桩身材料的实体面积，为管桩时应扣除空心部分；③真题 07C30 考点再现，难度稍有增加，其主要原理可参看《材料力学》教材。

题 9-13　某抗压钻孔灌注桩的桩长 30m，桩径 1m，无扩径，主筋 18ϕ22，采用 HRB400 钢筋，采用 C30 混凝土，土层分布：0～10m 粉质黏土，10～30m 为黏土，无地下水。30m 之内每 5m 粘贴电阻应变片，量测桩身内力，在桩顶加载力$Q_u = 1200$kN 下，量测混凝土表面应变值如表 9-34-8 所示，试计算粉质黏土和黏土土层的平均极限侧阻力标准值最接近下列哪个选项？（桩身材料$E = 3.0 \times 10^4$MPa，$\gamma_c = 23$kN/m^3）

题 9-13 表　　　　表 9-34-8

土层	粉质黏土		黏土			
测点深（m）	5	10	15	20	25	30
ε（$\times 10^{-5}$）	4.610	4.076	2.849	2.032	1.215	0.397

（A）7.5kPa，13.5kPa　　（B）7.5kPa，17.5kPa

（C）30.5kPa，13.5kPa　　（D）30.5kPa，17.5kPa

【解】

（1）10m 处：$Q_1 = 4.076 \times 10^{-5} \times 3.0 \times 10^7 \times 3.14 \times 0.5^2 = 959.9$kN

30m 处：$Q_2 = 0.397 \times 10^{-5} \times 3.0 \times 10^7 \times 3.14 \times 0.5^2 = 93.5$kN

（2）粉质黏土：$q_{si} = \dfrac{1200 - 959.9}{3.14 \times 1.0 \times 10} = 7.65$kPa

黏土：$q_{si} = \dfrac{959.9 - 93.5}{3.14 \times 1.0 \times 20} = 13.80$kPa

【点评】

①根据《建筑基桩检测技术规范》附录 A；②常规题目，重点掌握，闭卷程度。因为测试距离相等，仅计算桩身在土层顶和底的轴力即可。

题 9-14　某海上钢管桩，外径 0.9m，壁厚$\delta = 22$mm，桩长 59m，入土深度 27m，该桩进行静载荷试验，最大加荷$Q_{max} = 9600$kN，相应沉降$s = 78.73$mm，单桩极限承载力$Q_u = 9000$kN，钢管桩表面粘贴电阻应变片进行内力测试，泥面下 10～16m 为硬塑黏土，在其顶和底标高位置测得桩身应变值分别为 702με 和 532με，试计算黏土层平均侧阻力。（桩身材料$E = 2.1 \times 10^5$MPa）

【解】

$$q_{si} = \frac{(702 - 532) \times 10^{-6} \times 2.1 \times 10^8 \times 3.14 \times (0.45^2 - 0.428^2)}{3.14 \times 0.9 \times 6} = 127.7\text{kPa}$$

【点评】

①根据《建筑基桩检测技术规范》附录 A；②钢筋和混凝土应变值相等，熟练之后可简化计算，一步到位。

题 9-15　某试桩为钢筋混凝土预制方桩，边长为 400mm，混凝土强度等级为 C60，纵向配筋率为 1.5%。现场测得桩身某处的轴向应变为 400με。已知钢筋的弹性模量$E_1 = 2.06 \times 10^5$MPa，混凝土的弹性模量$E_2 = 3.60 \times 10^4$MPa。问此时试桩该处的轴力N为多大？

【解】

混凝土：$N_1 = 400 \times 10^{-6} \times 3.60 \times 10^7 \times 0.4^2 \times (1 - 0.015) = 2269$kN

钢筋：$N_2 = 400 \times 10^{-6} \times 2.06 \times 10^8 \times 0.4^2 \times 0.015 = 198$kN

桩：$N = 2269 + 198 = 2467$kN

【点评】

①根据《建筑基桩检测技术规范》附录 A；②从材料力学原理出发，钢筋和混凝土应变值相等。

34.3　单桩竖向抗拔静载试验——《建筑基桩检测技术规范》第 5 章

单桩竖向抗拔静载试验应符合表 9-34-9 的规定。

单桩竖向抗拔静载试验　表 9-34-9

1. 试验加载及反力装置	**（1）试验加载量：** ①为设计提供依据的试验桩，加载至桩侧岩土阻力达到极限状态或桩身材料达到设计强度； ②工程桩验收检测时，加载量不应小于设计要求的单桩抗拔承载力特征值的 2.0 倍或使桩顶产生的上拔量达到设计要求的限制。 **（2）反力装置：** ①所有试验加载反力装置能够提供的反力不得小于试验加载量的 1.2 倍； ②当采用地基提供反力时，施加于地基的压应力不宜超过地基承载力特征值的 1.5倍
2. 终止加载条件	当出现下列情况之一时，可终止加载： （1）某级荷载作用的桩顶上拔量大于前一级荷载作用下的上拔量的 5 倍；→**陡降型曲线** （2）按桩顶上拔量控制，累计桩顶上拔量超过 100mm； （3）按钢筋抗拉强度控制，钢筋应力达到钢筋强度设计值； （4）对于工程桩验收检测，达到设计或抗裂要求的最大上拔量或上拔荷载值
3. 单桩竖向抗拔极限承载力	单桩竖向抗拔极限承载力（**含桩自重**）应按下列方法分析确定： （1）由上拔量随荷载变化特征，对陡变型 U-δ 曲线，应取陡升起始点对应的荷载值； （2）由上拔量随时间变化特征，取 δ-lg t 曲线斜率明显变陡或曲线尾部出现明显弯曲的前一级荷载值； （3）当在某级荷载下抗拔钢筋断裂时，应取其前一级荷载值； （4）当验收检测的受检桩在最大上拔荷载作用下，未出现上述（1）～（3）项情况时，单桩竖向抗拔极限承载力应按下列情况对应的荷载取值： ①设计要求最大上拔量控制对应的荷载； ②施加的最大荷载； ③钢筋应力达到设计强度值时对应的荷载
4. 数据统计	（1）对参加统计的试验桩检测结果，当满足其极差不超过平均值的 30%时，取其算术平均值为单桩竖向抗拔极限承载力；当极差超过平均值的 30%时，应分析原因，结合桩型、施工工艺、地基条件、基础形式等工程具体情况综合确定极限承载力，不能明确极差过大的原因时，宜增加试桩数量。（**条文说明：**当极差验算大于 30%时，若低值承载力出现的原因并非偶然的施工质量造成，按不利原则依次去掉高值后取平均，直到满足极验算要求） （2）试验桩数量小于 3 根或桩基承台下的桩数不大于 3 根时，应**取低值**
5. 单桩竖向抗拔承载力特征值	（1）单桩竖向抗拔承载力特征值应按单桩竖向抗拔极限承载力的 50%取值； （2）当工程桩不允许带裂缝工作时，应取桩身开裂的前一级荷载作为单桩竖向抗拔承载力特征值，并与按极限荷载 50%取值确定的承载力特征值相比，取二者小值

注：1. 抗拔系数＝抗拔极限承载力（**不含桩自重**）/抗压极限**侧阻力**（**不含端阻**）。抗拔试验测得的单桩竖向抗拔极限承载力**含桩自重**，计算抗拔系数时需减去桩自重；
2. 本考点以《建筑基桩检测技术规范》为主，部分内容和《建筑地基基础设计规范》附录 T 单桩竖向抗拔载荷试验要点内容基本一致，自行对比学习。

题 9-16　（09D30 改）某灌注桩，桩径 1.5m，桩长 43m，桩身重度 $25kN/m^3$，土层分布依次为填土、粉质黏土、粉土、粉质黏土、粉砂和粉质黏土，对该桩进行竖向静载荷试验，单桩极限承载力$Q_{uk}=22000kN$，其中端阻力占 17%，之后又进行抗拔试验，上拔荷载和上拔量关系曲线（υ-δ）如图 9-34-3 所示，计算抗拔系数最接近下列哪个选项？

（A）0.62　　（B）0.72　　（C）0.74　　（D）0.80

【解】

（1）由图，$\upsilon_k=13200kN$

（2）$Q_{sk}=(1-0.17)Q_{uk}=(1-0.17)\times22000=18260kN$

（3）$\lambda=\dfrac{\upsilon_k}{Q_{sk}}=\dfrac{13200-25\times43\times3.14\times0.75^2}{18260}=0.62$

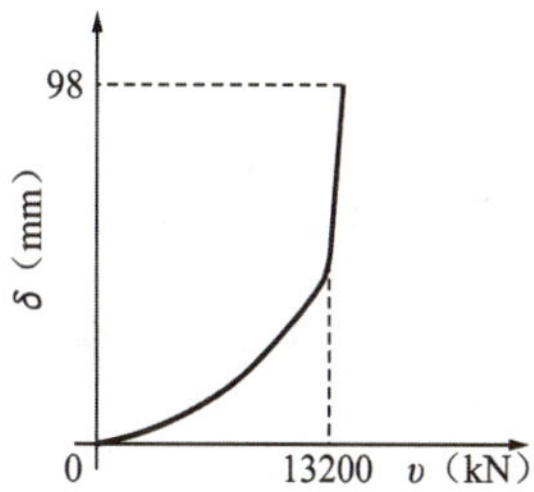

图 9-34-3　题 9-16 图

【点评】

①根据《建筑基桩检测技术规范》第 5.4.2 条；②《建筑桩基技术规范》第 5.4.6 条条文说明对抗拔系数的定义错误，正确的应该是抗拔极限承载力/抗压极限侧阻力（不含端阻），上拔荷载 = 抗拔极限承载力 + 桩身自重；③对于陡变型υ-δ曲线，取陡升起始点对应荷载值为单桩竖向抗拔极限承载力；④原题已不在考试大纲，本题替换一个新考点。

题 9-17　（22D25）某灌注桩桩径 1.0m，桩长 20m，桩身范围土层为黏性土，未见地下水。对该桩按《建筑基桩检测技术规范》JGJ 106—2014 分别进行了单桩竖向抗压静载试验和竖向抗拔静载试验（两次试验间隔时间满足要求）。单桩竖向抗压静载试验结果如图 9-34-4 所示，抗拔试验结果见δ-$\lg t$曲线。根据本场地同等条件下单桩竖向抗压静载试验统计数据，桩端阻力约占单桩抗压承载力的 15%。桩身重度按 $25kN/m^3$，试计算该桩的抗拔系数最接近下列哪个选项？

单桩竖向抗压静载试验结果

每级荷载Q（kN）	每级累计沉降s（mm）
1000	5.76
1500	9.03
2000	12.69
2500	18.27
3000	24.30
3500	31.51
4000	40.05
4500	49.96
5000	88.12

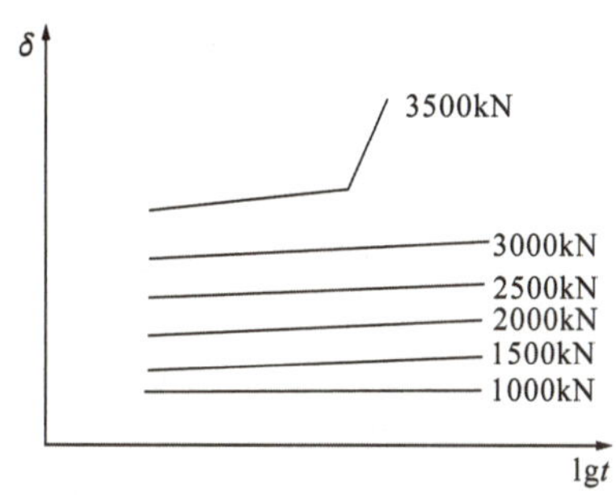

图 9-34-4　题 9-17 图

（A）0.64　　（B）0.68　　（C）0.76　　（D）0.88

【解】

（1）缓变型，取$s=0.05\times1000=50mm$ 对应的荷载，$Q_{uk}=4500kN$

（2）取尾部出现明显弯曲的前一级荷载值，单桩竖向抗拔极限承载力 = 3000kN

（3）$G_p=\dfrac{3.14}{4}\times1^2\times20\times25=392.5kN$

抗拔系数$\lambda=\dfrac{3000-392.5}{4500\times(1-15\%)}=0.682$

【点评】

①根据《建筑基桩检测技术规范》第 4.4.2 条、第 5.4.2 条；②单桩竖向抗压时最后一级的沉降量不超过前一级的 5 倍，不属于陡降型；③缓变型宜根据桩顶总沉降量，取$s=40$mm 对应的荷载值；对桩端直径$D\geqslant800$mm 的桩，可取$s=0.05D$对应的荷载值；④由上拔量随时间变化特征，取δ-lg$t$曲线斜率明显变陡或曲线尾部出现明显弯曲的前一级荷载值。

34.4 单桩水平静载试验——《建筑基桩检测技术规范》第 6 章

单桩水平静载试验应符合表 9-34-10 的规定。

单桩水平静载试验 表 9-34-10

1. 试验加载及反力装置	**（1）试验加载量：** ①为设计提供依据的试验桩，应加载至桩顶出现较大水平位移或桩身结构破坏； ②工程桩验收检测时，可按设计要求的水平位移允许值控制加载。 **（2）反力装置：** ①水平推力加载设备宜用卧式千斤顶，其加载能力不得小于最大试验加载量的 1.2 倍； ②反力可由相邻桩提供；专门设置反力结构时，其承载能力和刚度应大于试验桩的 1.2 倍
2. 终止加载条件	当出现下列情况之一时，可终止加载：（1）桩身折断；（2）水平位移超过 30～40mm，软土中的桩或大直径桩时，可取高值；（3）水平位移达到设计要求的水平位移允许值
3. 单桩水平临界荷载H_{cr}（kN）	单桩水平临界荷载H_{cr}，应按下列方法综合确定： （1）取单向多循环加载法时的H-t-Y_0曲线或慢速荷载维持法时的H-Y_0曲线出现拐点的**前一级**水平荷载值； （2）取H-$\Delta Y_0/\Delta H$曲线或lg H - lg Y_0曲线上**第一拐点**对应的水平荷载值； （3）取H-σ_s曲线**第一拐点**对应的水平荷载值
4. 单桩水平极限承载力H_u（kN）	单桩水平极限承载力H_u应按下列方法分析确定： （1）取单向多循环加载法时的H-t-Y_0曲线产生明显陡降的**前一级荷载**，或慢速荷载维持法时的H-Y_0曲线发生明显陡降的**起始点对应的**水平荷载值； （2）取慢速荷载维持法时的Y_0- lg t曲线尾部出现明显弯曲的**前一级水平荷载**值； （3）取H-$\Delta Y_0/\Delta H$曲线或lg H - lg Y_0曲线**第二拐点对应的**水平荷载值； （4）取桩身折断或受拉钢筋屈服时的**前一级**水平荷载值
5. 数据统计	（1）对参加统计的试验桩检测结果，当满足其极差不超过平均值的 30%时，取其算术平均值；当极差超过平均值的 30%时，应分析原因，结合桩型、施工工艺、地基条件、基础形式等工程具体情况综合确定，不能明确极差过大的原因时，宜增加试桩数量；（**条文说明：**当极差验算大于 30%时，若低值出现的原因并非偶然的施工质量造成，按不利原则依次去掉高值后取平均，直到满足极验算要求） （2）试验桩数量小于 3 根或桩基承台下的桩数不大于 3 根时，应**取低值**
6. 单桩水平承载力特征值R_{ha}（kN）	（1）当桩身不允许开裂或灌注桩的桩身配筋率$\rho_c<0.65\%$时，可取水平临界荷载H_{cr}的 0.75 倍作为单桩水平承载力特征值$R_{ha}=0.75H_{cr}$； （2）对钢筋混凝土预制桩、钢桩和桩身配筋率$\rho_c\geqslant0.65\%$的灌注桩，可取**设计桩顶标高处**水平位移χ_{oa}所对应的荷载H_Y的 0.75 倍作为单桩水平承载力特征值$R_{ha}=0.75H_Y$；其对水平**位移敏感**的建筑取 6mm；对水平**位移不敏感**的建筑取 10mm； （3）取**设计要求的**水平允许位移所对应的荷载作为单桩水平承载力特征值，且满足桩身抗裂缝要求

续表

7. 地基土的水平抗力系数的比例系数m（kN/m^4）	当桩顶自由且水平力作用位置位于地面处时，m值应按下式确定： $$m=\frac{(v_y\cdot H)^{5/3}}{b_0Y_0^{5/3}(EI)^{2/3}};\ \alpha=\sqrt[5]{\frac{mb_0}{EI}}$$ v_y——桩顶水平位移系数，当$\alpha h>4.0$时（h为桩的入土深度），$v_y=2.441$； α——桩的水平变形系数（m^{-1}）； Y_0——水平力作用点的水平位移（m）； H——作用于地面的水平力（kN），H与Y_0要对应，按题目给的水平力H计算m，没有给按$H=R_{ha}$； EI——桩身抗弯刚度（$kN\cdot m^2$），其中E为桩身材料弹性模量，I为桩身换算截面惯性矩； b_0——桩身计算宽度（m） 圆形桩$\begin{cases}d<1m\rightarrow b_0=0.9(1.5d+0.5)\\ d\geqslant 1m\rightarrow b_0=0.9(d+1)\end{cases}$　矩形桩$\begin{cases}b<1m\rightarrow b_0=1.5b+0.5\\ b\geqslant 1m\rightarrow b_0=b+1\end{cases}$

题 9-18　（17D30）对某建筑场地钻孔灌注桩进行水平静载试验，桩径 800mm，桩身抗弯刚度$EI=600000kN\cdot m^2$，桩顶自由且水平力作用于地面处，根据H-t-Y_0（水平力-时间-作用点位移）曲线判定，水平临界荷载为 150kN，相应的水平位移为 3.5mm。根据《建筑基桩检测技术规范》JGJ 106—2014 的规定，计算对应水平临界荷载的地基土水平抗力系数的比例系数m值最接近下列哪个选项？（桩顶水平位移系数为v_y为 2.441）

（A）$15.0MN/m^4$　　（B）$21.3MN/m^4$

（C）$30.5MN/m^4$　　（D）$40.8MN/m^4$

【解】

$$b_0=0.9\times(1.5d+0.5)=0.9\times(1.5\times 0.8+0.5)=1.53m$$

$$m=\frac{(v_y\cdot H)^{\frac{5}{3}}}{b_0Y_0^{\frac{5}{3}}(EI)^{\frac{2}{3}}}=\frac{(2.441\times 150)^{\frac{5}{3}}}{1.53\times(3.5\times 10^{-3})^{\frac{5}{3}}\times 600000^{\frac{2}{3}}}\times 10^{-3}=21.34MN/m^4$$

【点评】

①根据《建筑基桩检测技术规范》第 6.4.2 条、第 6.4.5 条；②重要考点：结合单桩水平静载试验考查已知单桩水平承载力反算地基土水平抗力系数的比例系数m值；③按题目要求的H计算对应的m，没有给时按$H=R_{ha}$，本题给的是按水平临界荷载，按$H=H_{cr}$计算，与《建筑桩基技术规范》低配筋率桩的计算方法一致；④注意单位的统一，难度小，与 06D15 考点相似，每年考试都有大量历年真题改编，需要引起重视，把每一个考题相关的知识点和坑点吃透。**更多例题见第三篇第一章第二节。**

题9-19 某建筑对水平位移不敏感，试验桩采用钢筋混凝土灌注桩，桩径600mm，桩长18m，配筋率0.69%，桩身抗弯刚度$EI = 150\text{MN}\cdot\text{m}^2$，水平静载试验采用单向多循环加载法，地面处水平力和对应的水平位移见表9-34-11。按《建筑基桩检测技术规范》JTG 106—2014，根据试验结果计算对应单桩水平承载力特征值的地基土水平抗力系数的比例系数m值为多少？（桩顶自由，桩基裂缝控制等级为一级，$\alpha h \geqslant 4.0$）

题9-19表　　表9-34-11

H（kN）	0	15	30	45	60	75	90	105	120	135
s（mm）	0	1.5	1.8	3.8	6	8.6 桩身开裂	11.7	15	19.7	24.9 桩身折断

【解】

（1）$\alpha h \geqslant 4.0 \Rightarrow v_y = 2.441$，$b_0 = 0.9\times(1.5\times0.6+0.5) = 1.26\text{m}$

（2）裂缝控制等级为一级，75kN时出现裂缝$\Rightarrow$临界水平荷载$H_{cr} = 60\text{kN}$

水平承载力特征值取临界水平荷载的75%，则$R_{ha} = 75\%\times60 = 45\text{kN}$

（3）水平承载力特征值$R_{ha} = 45\text{kN}$对应的水平位移$Y_0 = 0.0038\text{m}$

（4）$m = \dfrac{(2.441\times45)^{5/3}}{1.26\times0.0038^{5/3}\times150000^{2/3}} = 7654\text{kN/m}^4$

【点评】

①根据《建筑基桩检测技术规范》第6.4.2条、第6.4.7条；②当桩基裂缝控制等级为一、二级时，不允许出现裂缝，因此水平临界荷载H_{cr}为桩身产生开裂前所对应的前一级水平荷载；③当桩身不允许开裂时，可取水平临界荷载H_{cr}的0.75倍作为单桩水平承载力特征值R_{ha}。

题9-20（22补考C25）某建筑对水平位移敏感，采用钢筋混凝土预制桩基础，对某桩进行慢速维持荷载法的水平静载荷试验，每级荷载增量20kN，设计桩顶标高处的水平力H与水平位移Y_0测试结果曲线如图9-34-5所示。已知桩径500mm，桩身抗弯刚度$5\times10^5\text{kN}\cdot\text{m}^2$，桩顶水平位移系数取2.441。试计算该桩的单桩水平承载力特征值以及单桩水平极限承载力作用下的地基土水平抗力系数的比例系数，二者最接近下列哪个选项？

（A）105kN，5700kN·m⁴

（B）105kN，4700kN·m⁴

（C）128kN，5700kN·m⁴

（D）128kN，4700kN·m⁴

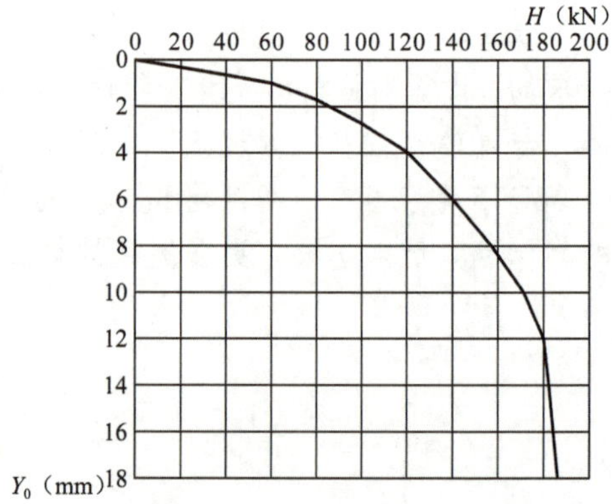

图9-34-5　题9-20图

【解】

（1）预制桩$Y_0 = 6\text{mm}$时，$H = 140\text{kN}$，故$R_a = 0.75\times140 = 105\text{kN}$

（2）200kN时发生明显陡降，故单桩水平极限承载力$= 180\text{kN}$，此时位移12mm

$b_0 = 0.9\times(1.5\times0.5+0.5) = 1.125\text{m}$

$$m = \frac{(2.441\times180)^{\frac{5}{3}}}{1.125\times0.012^{\frac{5}{3}}\times(5\times10^5)^{\frac{2}{3}}} = 5697\text{kN}\cdot\text{m}^4$$

【点评】

①根据《建筑基桩检测技术规范》第 6.4.2～6.4.4 条、第 6.4.7 条；②预制桩按水平位移确定单桩水平承载力特征值；③计算m值题目指定水平力按题目指定的计算，为指定时按单桩水平承载力特征值计算m，本题指定了桩水平极限承载力，按$H\text{-}Y_0$曲线出现拐点的前一级水平荷载值。

34.5　钻芯法——《建筑基桩检测技术规范》第 7 章

钻芯法适用于检测混凝土灌注桩的桩长、桩身混凝土强度、桩底沉渣厚度和桩身完整性。当采用本方法判定或鉴别桩端持力层岩土性状时，钻探深度应满足设计要求。钻芯法应符合表 9-34-12 的规定。

钻芯法　　表 9-34-12

<table>
<tr><td>1. 芯样试件截取与加工</td><td>（1）桩长小于 10m 时，每孔应截取 2 组芯样；桩长为 10～30m 时，每孔应截取 3 组芯样；桩长大于 30m 时，每孔应截取芯样不少于 4 组；每组芯样应制作 3 个芯样抗压试件；
（2）上部芯样位置距桩顶设计标高不宜大于 1 倍桩径或超过 2m，下部芯样位置距桩底不宜大于 1 倍桩径或超过 2m，中间芯样宜等间距截取；
（3）同一基桩的钻芯孔数大于 1 个，且某一孔在某深度存在缺陷时，应在其他孔的该深度处，截取 1 组芯样进行混凝土抗压强度试验</td></tr>
<tr><td>2. 芯样试件抗压强度试验</td><td>在混凝土芯样试件抗压强度试验中，当发现试件内部混凝土粗骨料最大粒径大于 0.5 倍芯样试件平均直径，且强度值异常时，该试样强度值不得参与统计平均；
混凝土芯样试件抗压强度f_{cor}（MPa）应按下式计算：
$$f_{cor}=\xi\frac{4P}{\pi d^2}$$
f_{cor}——混凝土芯样试件抗压强度（MPa），精确至 0.1MPa；
P——芯样试件抗压试验测定的破坏荷载（N）；
d——芯样试件的平均直径（mm）；
ξ——混凝土芯样试件抗压强度折算系数（混凝土芯样试件抗压强度可根据本地区的强度折算系数进行修正，一般取 1.0）</td></tr>
<tr><td>3. 数据分析和统计</td><td>每根受检桩混凝土芯样试件抗压强度的确定应符合下列规定：<table><tr><td>单组的检测值</td><td>每组 3 个芯样，取 3 个平均值（随机性）</td></tr><tr><td>同一根桩相同深度处的检测值</td><td>有两组或两组以上芯样时，取各组平均值（随机性）</td></tr><tr><td>该桩的检测值</td><td>取不同深度的最小值（不利原则）</td></tr></table>注：同一根桩各取样深度的一组或者多组试件（每组 3 个芯样）先求平均值，再按不利原则取这些“平均值”中的最小值作为该桩混凝土芯样试件抗压强度检测值</td></tr>
</table>

注：1. 以《建筑基桩检测技术规范》为主，与《建筑地基检测技术规范》第 11 章内容基本一致，自行对比学习；

2.《建筑基桩检测技术规范》第 7.6.4 条规定“成桩质量评价应按**单根受检桩**进行”，即取该桩不同深度的**最小值**；《建筑地基检测技术规范》第 11.5.2 条规定“桩身强度应按**单位工程**检验批进行评价。对单位工程同一条件下的受检桩，应取桩身芯样试件抗压强度代表值（检测值）进行统计，并分别计算平均强度、标准差和变异系数，并应按本规范附录 B 规定计算桩身强度**标准值**。”

题 9-21 （08C30）某钻孔灌注桩，桩长 15m，采用钻芯法对桩身混凝土强度进行检测，共采取 3 组芯样，试件抗压强度（单位：MPa）分别为：第一组，45.4、44.9、46.1；第二组，42.8、43.1，41.8；第三组，40.9、41.2、42.8。试求该桩身混凝土强度代表值最接近下列哪个选项？

（A）41.6MPa （B）42.6MPa （C）43.2MPa （D）45.5MPa

【解】

（1）第一组：$f_{cu1}=\dfrac{45.4+44.9+46.1}{3}=45.47\text{MPa}$

第二组：$f_{cu2}=\dfrac{42.8+43.1+41.8}{3}=42.57\text{MPa}$

第三组：$f_{cu3}=\dfrac{40.9+41.2+42.8}{3}=41.63\text{MPa}$

（2）取小值为 41.63MPa

【点评】

①根据《建筑桩基检测技术规范》第 7.6.1 条；②同一组内（3 块）取平均值（随机性），同一根桩不同深度位置取最小值（不利原则），同一根桩同一深度位置取平均值（随机性）；③本题不严谨，未说明 3 组芯样是不是在同一深度，若是在同一深度，仍是取平均（随机性）而不是最小值，不过由题意可以看出是不同深度处。

题 9-22 某淤泥质土场地采用水泥土搅拌桩复合地基处理，桩长 9m，地基处理施工完毕后，采用水泥土钻芯法检测某水泥土搅拌桩，取 3 组 9 个样品，数据如表 9-34-13 所示。试验抗压试件的直径 72mm、高度 72mm，所有试样的条件均一致。试计算该桩身水泥土芯样抗压强度代表值最接近下列哪个选项？

题 9-22 表 表 9-34-13

试件编号	取样深度（m）	破坏荷载P（kN）	试件编号	取样深度（m）	破坏荷载P（kN）
①	0.5	6.5	⑥	5.5	7.1
②	1.5	7.3	⑦	6.5	7.8
③	2.5	6.8	⑧	7.5	7.5
④	3.5	5.9	⑨	8.5	6.8
⑤	4.5	6.2			

（A）1.45MPa （B）1.57MPa （C）1.69MPa （D）1.81MPa

【解】

（1）$f_{cu}=\dfrac{4P}{\pi d^2}$

解 9-22 表 表 9-34-14

试件编号	①	②	③	④	⑤	⑥	⑦	⑧	⑨
f_{cu}（MPa）	1.60	1.79	1.67	1.45	1.52	1.74	1.92	1.84	1.67

（2）一段：$f_{cu}=\dfrac{1.60+1.79+1.67}{3}=1.69\text{MPa}$，

二段：$f_{cu}=\dfrac{1.45+1.52+1.74}{3}=1.57\text{MPa}$

三段：$f_{cu}=\dfrac{1.92+1.84+1.67}{3}=1.81\text{MPa}$

（3）取小值：$f_{cu}=1.57\text{MPa}$

【点评】

①根据《建筑基桩检测技术规范》第 7.5.3 条、第 7.6.1 条，或《建筑地基检测技术规范》第 11.1.2 条、第 11.5.1 条；②一组 3 块取平均，代表值取各段代表值的最小值，注意本题中 0～3m、3～6m、6～9m 范围共 3 段；③学会使用计算器 CLAC 功能，可快速计算。

题 9-23 （22C25）某混凝土灌注桩采用钻芯法检测桩身混凝土强度，已知桩长 9.5m，设钻芯孔 2 个，各采取 2 组芯样，芯样抗压试验结果如表 9-34-15 所示。若本地区混凝土芯样抗压强度折算系数为 0.9，则折算后该桩的桩身混凝土抗压强度最接近下列哪个选项？

题 9-23 表　　表 9-34-15

钻孔编号	试验编号	取样深度（m）	芯样试件抗压强度（MPa）
1	T1	1.6	40.5
			39.3
			39.6
	T2	8.2	40.3
			42.6
			41.8
2	T3	1.6	44.3
			45.0
			43.7
	T4	8.8	45.2
			44.7
			45.8

（A）37.4MPa　　（B）38.5MPa　　（C）41.6MPa　　（D）46.2MPa

【解法一】

（1）1.6m 处：$f_{cor1}=0.9\times\dfrac{40.5+39.3+39.6+44.3+45.0+43.7}{6}=37.9\text{MPa}$

（2）8.2m 处：$f_{cor2}=0.9\times\dfrac{40.3+42.6+41.8}{3}=37.4\text{MPa}$

（3）8.8m 处：$f_{cor3}=0.9\times\dfrac{45.2+44.7+45.8}{3}=40.7\text{MPa}$

（4）不同深度取小值，$f_{cor}=37.4\text{MPa}$

【解法二】

（1）1.6m 处：$f_{cor1}=\dfrac{1}{0.9}\times\dfrac{40.5+39.3+39.6+44.3+45.0+43.7}{6}=46.7\text{MPa}$

（2）8.2m 处：$f_{cor2}=\dfrac{1}{0.9}\times\dfrac{40.3+42.6+41.8}{3}=46.2\text{MPa}$

（3）8.8m 处：$f_{cor3}=\dfrac{1}{0.9}\times\dfrac{45.2+44.7+45.8}{3}=50.3\text{MPa}$

（4）不同深度取小值，$f_{cor}=46.2\text{MPa}$

【点评】

①根据《建筑基桩检测技术规范》第7.5.3条、第7.5.4条、第7.6.1条；②同一组或同一深度取平均值作为芯样试件抗压强度检测值，不同深度取最小值作为该桩混凝土芯样试件抗压强度检测值；③根据第7.5.4条，芯样试件抗压强度可根据本地区的强度折算系数进行修正，按2003版《建筑基桩检测技术规范》，一般来说折算系数直接相乘，或者1/折减系数，为解法一。大部分芯样抗压强度低于立方体试件的抗压强度，故一般折算系数大于1（如广东地方地基检测标准为1/0.88），本题为1/0.9，为解法二。官方阅卷选D，有一定的争议，如题目明确为折减系数则无争议。

34.6　低应变法——《建筑基桩检测技术规范》第8章

34.6.1 基本原理

低应变法是采用低能量瞬态或稳态激振方式在桩顶激振，利用低能量的激振力产生沿桩的纵向振动或沿桩身纵向传播的波动，实测桩顶部的速度时程曲线，通过波动理论分析或频域分析，对桩身完整性进行判定的检测方法。

如图9-34-6所示，桩顶受一瞬时锤击力，桩顶处压缩波以波速c向桩底传播。当桩身内存在缺陷面时，缺陷面形成波阻抗界面，当入射波到达该界面时，产生波的透射和反射，其中该缺陷面上的反射波沿桩身直接返回桩顶，被接受传感器采集。该缺陷面上的透射波继续沿桩身向下传播，直到到达桩底破阻抗界面，在桩底面再次产生波的透射和反射，其中的桩底反射波沿桩身返回桩顶接收传感器，桩底面的透射波会再次继续沿桩端岩土体等向下传播。周而复始，直到该压缩波的能量损耗完毕。

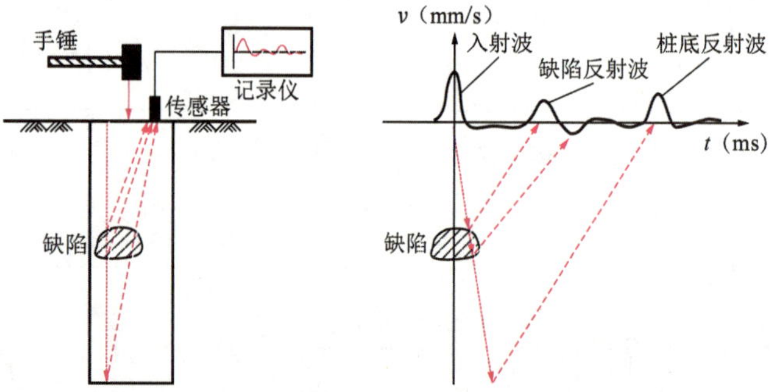

图9-34-6　低应变检测桩身完整性示意图

低应变法虽可以确定桩身存在的缺陷位置，进而判定桩身完整性，但其无法准确判定桩身缺陷的类型（缩颈、局部松散、夹泥层、空洞、混凝土离析等），需通过采取开挖、钻芯或声波透射等其他方法辅助验证。

34.6.2 时域信号特征判定

同缩异扩原理：缩颈波峰相同、扩颈波峰相反。如表9-34-16所示，阻抗变大（扩径、嵌岩桩端等）时波形反向；阻抗变小（缩颈、夹泥、空洞等缺陷及非岩石持力层等）时波形同向。扩径、局部扩径对承载力有利时，不属于缺陷。

时域信号特征判定　　　　表 9-34-16

缩径模型

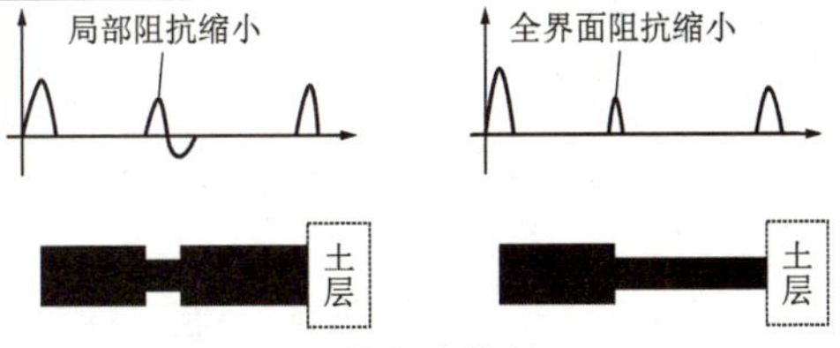

(a) 缩径摩擦桩

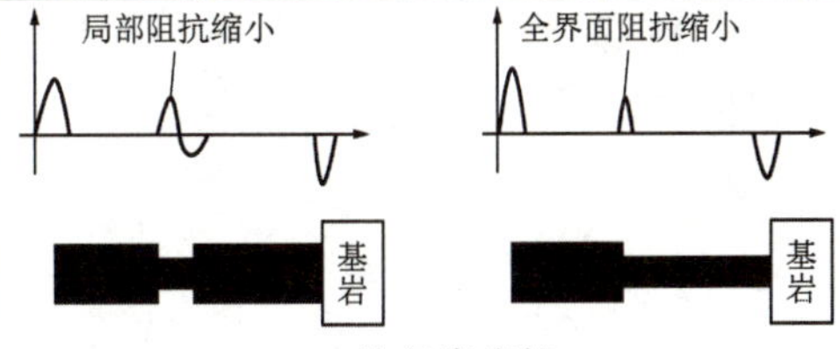

(b) 缩径嵌岩桩

扩径模型

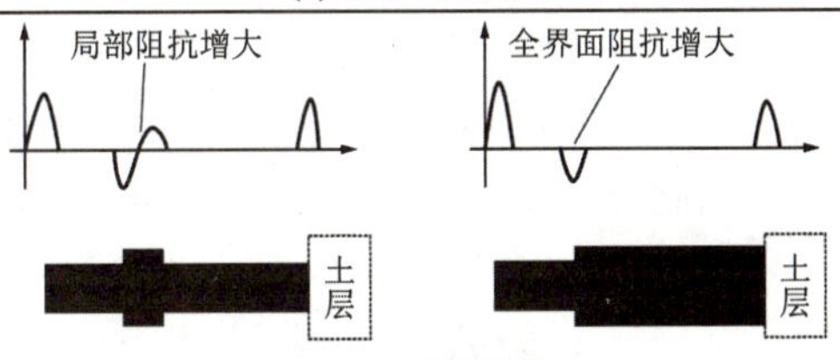

(c) 扩径摩擦桩

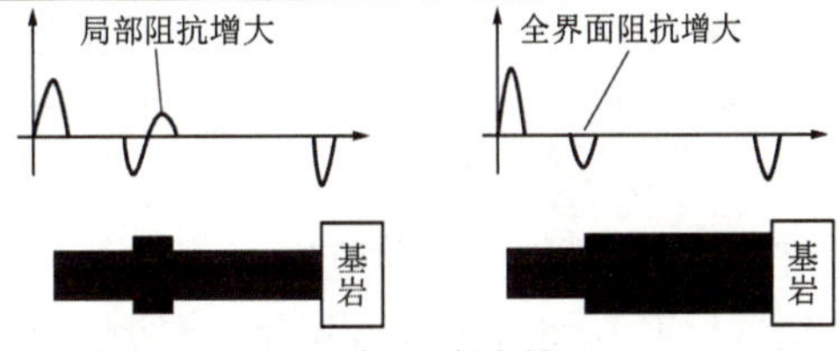

(d) 扩径嵌岩桩

34.6.3 桩身波速平均值计算和缺陷位置

桩身波速平均值计算和缺陷位置确定应符合表 9-34-17 的规定。

桩身波速平均值计算和缺陷位置　　　　表 9-34-17

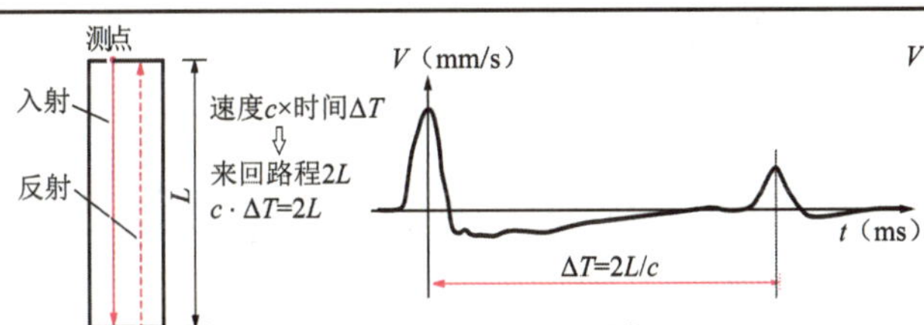

(a) 时域信号

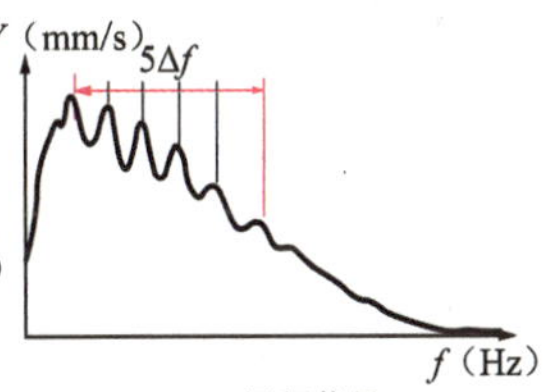

(b) 幅频信号

（1）**桩身波速平均值**：

当桩长已知、桩底反射信号明确时，应在地基条件、桩型、成桩工艺相同的基桩中，选取不少于 5 根 I 类桩的桩身波速值 c_i，按下式计算其平均值 c_m（m/s）：

$$c_m = \frac{1}{n}\sum_{i=1}^{n} c_i \Leftarrow c_i = \begin{cases} \dfrac{2000L}{\Delta T} & \text{时域分析} \\ 2L\cdot\Delta f & \text{幅频分析} \end{cases}$$

c_m——桩身波速平均值（m/s）；

c_i——第 i 根桩的桩身波速值（m/s），且 $|c_i - c_m|/c_m \leqslant 5\%$；

L——测点下桩长（m）；

ΔT——速度波第一峰与桩底反射波峰间的时间差（ms）；

Δf——幅频曲线上柱底相邻谐振峰间的频差（Hz）；

n——参加波速平均值计算的基桩数量（$n \geqslant 5$）

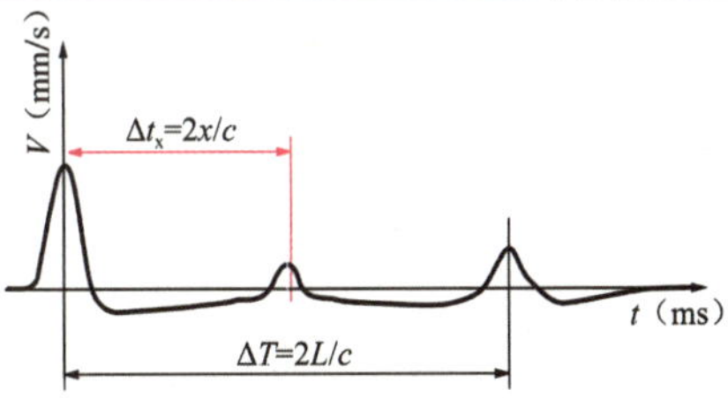

(a) 时域信号

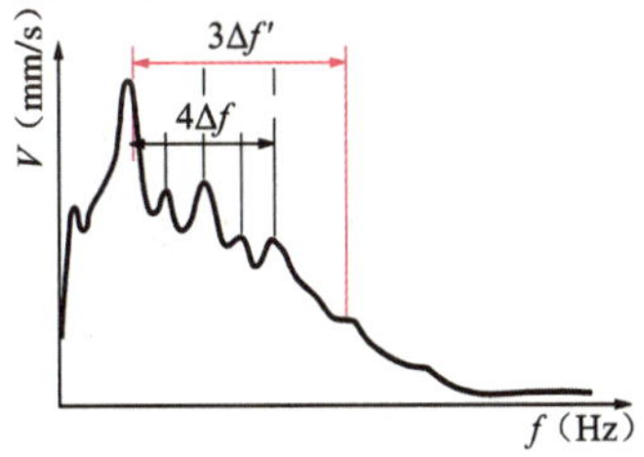

(b) 幅频信号

（2）**桩身缺陷位置**：

$$x = \begin{cases} \dfrac{1}{2000}\cdot\Delta t_x\cdot c & \text{时域分析} \\ \dfrac{1}{2}\cdot\dfrac{c}{\Delta f'} & \text{幅频分析} \end{cases}$$

x——桩身缺陷至传感器安装点的距离（m）；

Δt_x——速度波第一峰与缺陷反射波峰间的时间差（ms）；

c——受检桩的桩身波速（m/s），无法确定时用 c_m 值替代；

$\Delta f'$——幅频信号曲线上缺陷相邻谐振峰间的频差（Hz）

题 9-24 某直径 1.0m 的冲击成孔灌注桩，桩长 28m，桩端持力层为中风化岩，低应变反射波实测波形如图 9-34-7 所示，试计算波速。

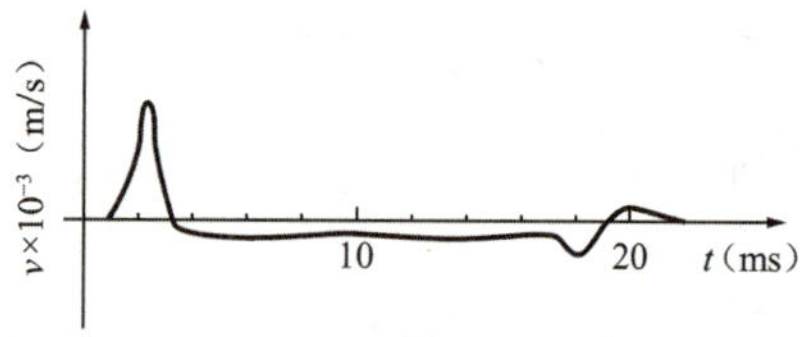

图 9-34-7 题 9-24 图

【解】

$$c=\frac{2\times 28}{(18-2)\times 10^{-3}}=3500\mathrm{m/s}$$

【点评】

学会看时域信号特征图，同缩异扩（缩颈波峰相同、扩颈波峰相反），该桩从桩底反射波判断，有良好的嵌岩效果（嵌岩相当于扩颈），中间没有缺陷或者扩径。

题 9-25 某预应力管桩，桩长 20m，由相同 2 节桩组成，经低应变反射波法检测，无桩底反射，但接头位置反射波如图 9-34-8 所示，试判定波速。

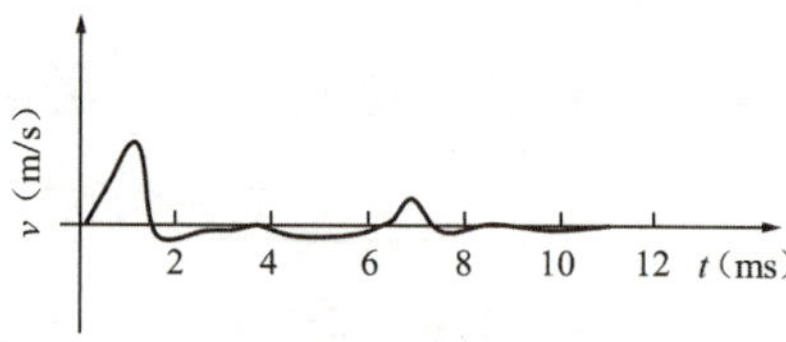

图 9-34-8 题 9-25 图

【解】

$$c=\frac{2\times\frac{20}{2}}{(7-1)\times 10^{-3}}=3333\mathrm{m/s}$$

【点评】

学会看时域信号特征图，根据“同缩异扩”原理，7ms 处出现相同波峰，存在缺陷（接头）。

题 9-26 某沉管灌注桩，桩径 600mm，桩长 22m，低应变反射波法实测波形如图 9-34-9 所示，试计算波速和桩身异常位置，并判断桩的完整性。

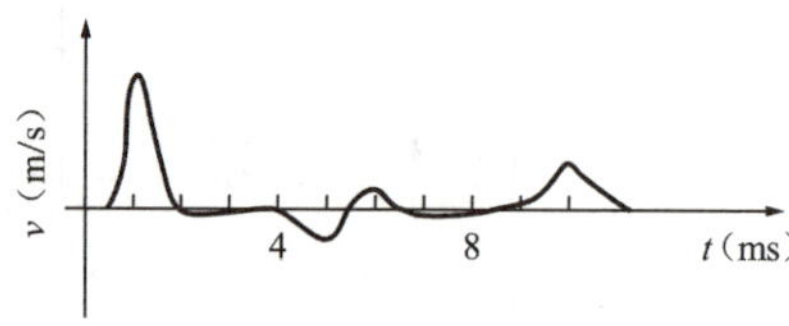

图 9-34-9 题 9-26 图

【解】

$$c=\frac{2\times 22}{(10-1)\times 10^{-3}}=4889\mathrm{m/s}$$

桩身在 5ms 处扩颈，$L'=\dfrac{4889\times(5-1)\times 10^{-3}}{2}=9.8\mathrm{m}$

桩身完整性为 I 类桩。

【点评】

学会看时域信号特征图，根据“同缩异扩”原理，5ms 处出现异向波峰，紧接着出现同向波峰，为明显的局部扩颈，扩颈不属于缺陷。

题 9-27 某长螺旋钻孔灌注桩，桩径 1.0m，桩长 14m，采用瞬态机械阻抗法检验桩的完整性，其速度导纳曲线如图 9-34-10 所示，试计算波速。

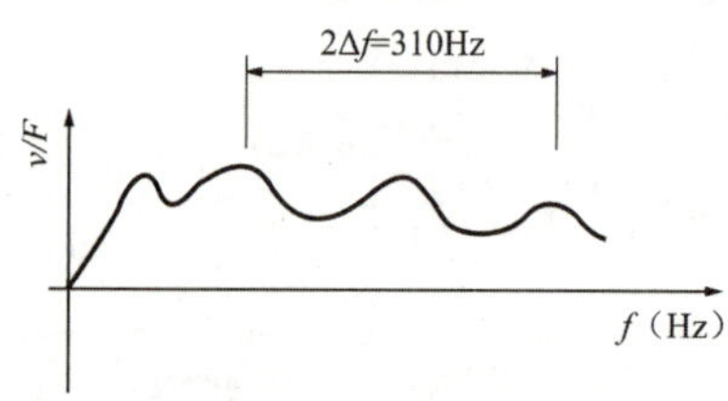

图 9-34-10 题 9-27 图

【解】

$$c=2L\times\Delta f=2\times 14\times\frac{310}{2}=4340\mathrm{m/s}$$

【点评】

①根据《建筑基桩检测技术规范》第 8.4.3 条及条文说明；②新考点，易得分，认真对照规范学习。

题 9-28　采用低应变反射波法检测某基桩，无桩底反射波，速度第一峰对应时刻为 1ms，缺陷反射峰对应时刻为 8ms，桩身应力波传播速度 3500m/s，试计算缺陷位置离桩顶传感器安装点的距离。

【解】

$$x = \frac{1}{2} \times (8-1) \times 10^{-3} \times 3500 = 12.25\text{m}$$

【点评】

距离 = 速度 × 时间，实际距离是往返距离的一半，闭卷作答。

题 9-29　某场地采用钻孔灌注桩基础，已知某根桩长 55m，其低应变时域信号测试曲线如图 9-34-11 所示，对应图中的时间t_1、t_2和t_3的数值分别为 0ms、14ms 和 30ms，则在桩身混凝土均匀性较好的情况下，根据《建筑基桩检测技术规范》JGJ 106—2014，计算缺陷的位置位于桩顶以下多少米？

（A）12.5m

（B）15.0m

（C）25.5m

（D）32.0m

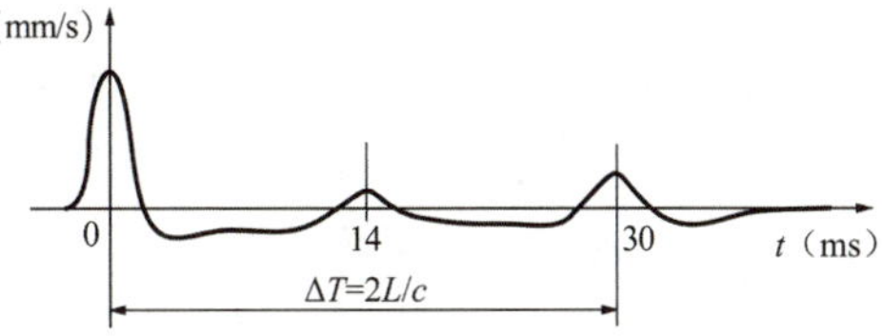

图 9-34-11　题 9-29 图

【解法一】（常规解法）

（1）$c = \dfrac{2 \times 55}{30 \times 10^{-3}} = 3666.67\text{m/s}$

（2）桩身缺陷点位置：$x = \dfrac{1}{2} \times \dfrac{(14-0)}{1000} \times 3666.67 = 25.67\text{m}$

【解法二】（仅供参考）

波速相等：$x = 55 \times \dfrac{14}{30} = 25.67\text{m}$

【点评】

①根据《建筑基桩检测技术规范》第 8.4.1 条、第 8.4.2 条；②桩身缺陷位置的时间为速度波第一峰与缺陷反射波峰间的时间差，单位是 ms。

题 9-30　（09C30）某场地钻孔灌注桩桩身平均波速为 3555.6m/s，其中某根桩低应变反射波动力测试曲线如图所示，对应图 9-34-12 中的时间t_1、t_2和t_3的数值分别为 60ms、66ms 和 73.5ms，则在混凝土强度变化不大的情况下，该桩长最接近下列哪个选项？

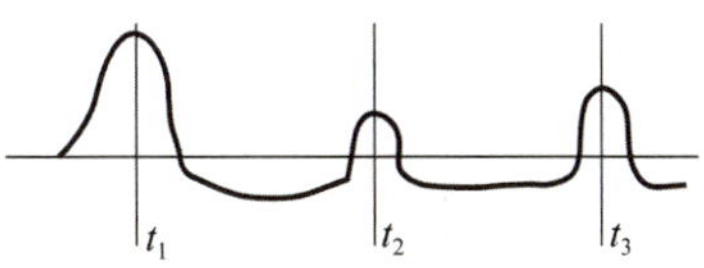

图 9-34-12　题 9-30 图

（A）10.7m　　　　（B）21.3m

（C）24m　　　　（D）48m

【解】

$$L = \frac{\Delta T \cdot C}{2000} = \frac{(73.5-60) \times 3555.6}{2000} = 24\text{m}$$

【点评】

①根据《建筑基桩检测技术规范》第 8.4.1 条；②首先要学会识别波形图，根据“同缩异扩”原理，t_2处波阻抗异常，t_2处突然变小，后又变回去，判断是缺陷位置，t_3处为桩底反射波；③同真题 08D30 考点，稍做变化，2018 年也再次考查，属于非常重要的简单考点即：根据低应变反射波动力测试曲线计算桩长。

题 9-31　（18C25）某钻孔灌注桩，桩长 20m，用低应变法进行桩身完整性检测时，发现速度时域曲线上有三个峰值，第一、第三峰值对应的时间刻度分别为 0.2ms 和 10.3ms，初步分析认为该桩存在缺陷。在速度幅频曲线上，发现正常频差为 100Hz，缺陷引起的相邻谐振峰间频差为 180Hz，试计算缺陷位置最接近下列哪个选项？

（A）7.1m　　（B）10.8m　　（C）11.0m　　（D）12.5m

【解】

（1）$c_i = \dfrac{2000 \times 20}{10.3 - 0.2} = 3960.4\text{m/s}$

（2）$x = \dfrac{1}{2} \times \dfrac{3960.4}{180} = 11.0\text{m}$

【点评】

①根据《建筑基桩检测技术规范》第 8.4.1 条、第 8.4.2 条，或《建筑地基检测技术规范》第 12.4.1 条、第 12.4.2 条；②**速度时域曲线的最后一个波峰肯定为桩底反射峰**，判断本题第三峰为桩底反射峰，已知桩长和第一峰、第三峰的时间刻度，可计算桩身波速值c_i；③正常频差是传感器安装点至桩底传播反射回来时间的倒数，缺陷引起的相邻谐振峰间频差是传感器安装点到缺陷位置传播回来时间的倒数，$\dfrac{2x}{c_i} = \dfrac{1}{\Delta f}$，则$x = \dfrac{c_i}{2\Delta f}$；④也可根据正常频差计算波速，根据相邻谐振峰间频差计算缺陷位置。

题 9-32　（19 模一 25）某钻孔灌注桩，桩长 24m，用低应变法进行桩身完整性检测时，发现速度幅频曲线如图 9-34-13 所示，试计算缺陷位置距离桩端最接近下列哪个选项？

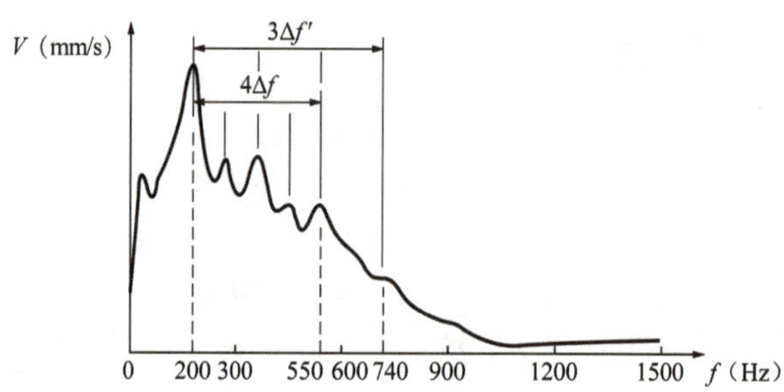

图 9-34-13　题 9-32 图

（A）2.3m　　（B）3.8m　　（C）11.7m　　（D）12.3m

【解】

（1）$\Delta f = \dfrac{550 - 200}{4} = 87.5\text{Hz}$，$\Delta f' = \dfrac{740 - 200}{3} = 180\text{Hz}$

（2）$c_i = 2 \times 24 \times 87.5 = 4200\text{m/s}$

（3）$x = \dfrac{1}{2} \times \dfrac{4200}{180} = 11.7\text{m}$

距离桩端$s = 24 - 11.7 = 12.3\text{m}$

【点评】

①根据《建筑基桩检测技术规范》第 8.4.1 条、第 8.4.2 条、第 8.4.3 条条文说明；②真题 18C25 稍有变化，频率为周期的倒数，一个周期的时间反射波传播 2 个桩长的距离，$c_i = 2L \cdot \Delta f$，同理$c_i = 2x \cdot \Delta f'$，得到缺陷位置。

34.6.4 桩身完整性判定

桩身完整性类别应结合缺陷出现的深度、测试信号衰减特性以及设计桩型、成桩工艺、地基条件、施工情况，按表 9-34-18 和表 9-34-19 所列时域信号特征或幅频信号特征进行综合分析判定。

桩身完整性分类表　　　　表 9-34-18

桩身完整性类别	分类原则
Ⅰ	桩身完整
Ⅱ	桩身有轻微缺陷，不会影响桩身结构承载力的正常发挥
Ⅲ	桩身有明显缺陷，对桩身结构承载力有影响
Ⅳ	桩身存在严重缺陷

桩身完整性判定　　　　表 9-34-19

类别	时域信号特征	频域信号特征
Ⅰ	$2L/c$时刻前无缺陷反射波，有桩底反射波	桩底谐振峰排列基本等间距，其相邻频差$\Delta f' \approx c/2L$
Ⅱ	$2L/c$时刻前出现轻微缺陷反射波，有桩底反射波	桩底谐振峰排列基本等间距，其相邻频差$\Delta f' \approx c/2L$；轻微缺陷产生谐振峰与桩底谐振峰之间频差$\Delta f' \approx c/2L$
Ⅲ	有明显缺陷反射波，其他特征介于Ⅱ～Ⅳ之间	
Ⅳ	$2L/c$时刻前出现严重缺陷反射波或周期性反射波，无桩底反射波；或因桩身浅部严重缺陷使波形呈现低频大幅度衰减振动，无桩底反射波	缺陷谐振峰排列基本等间距，相邻频差$\Delta f' > c/2L$，无桩底谐振峰；或因桩身浅部严重缺陷而只出现单一谐振峰，无桩底谐振峰

题 9-33　（08D30）某人工挖孔嵌岩灌注桩桩长为 8m，其低应变反射波动力测试曲线如图 9-34-14 所示。则该桩桩身完整性类别及桩身波速值应符合下列哪个选项？

（A）Ⅰ类桩，$C = 1777.8\text{m/s}$

（B）Ⅱ类桩，$C = 1777.8\text{m/s}$

（C）Ⅰ类桩，$C = 3555.6\text{m/s}$

（D）Ⅱ类桩，$C = 3555.6\text{m/s}$

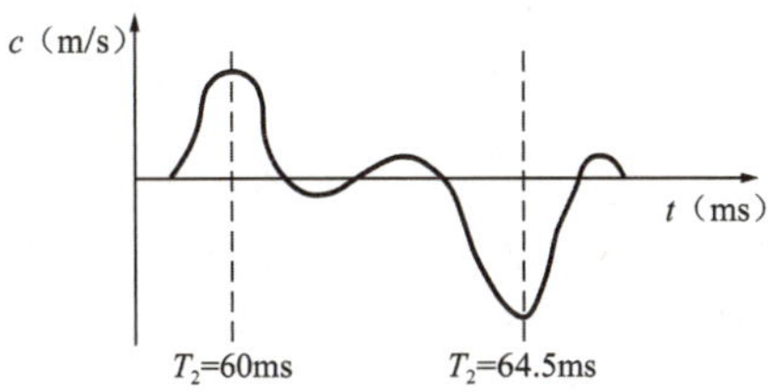

图 9-34-14　题 9-33 图

【解】

（1）$T_1 = 60\text{ms}$（速度波第一峰）与$T_2 = 64.5\text{ms}$（桩底反射波峰）时间差$\Delta T = 2L/c$，$2L/c$时刻前无缺陷反射波，有桩底反射波，判定桩身完整性为Ⅰ类

（2）$C = \dfrac{2000L}{\Delta T} = \dfrac{2000 \times 8}{64.5 - 60} = 3555.6\text{m/s}$

【点评】

①根据《建筑基桩检测技术规范》第 8.4.1 条、第 8.4.3 条；②根据“**同缩异扩**”原理（缩颈波峰相同、扩颈波峰相反），阻抗变大（扩径、嵌岩桩端等）时波形反向，阻抗变小（缩颈、夹泥、非岩石持力层等）时波形同向，该波形为局部扩径的嵌岩桩（嵌岩相当于扩颈）；③重要考点，需要理解公式的原理，学透彻，理解后可闭卷作答。

34.6.5 导纳值、动刚度法辅助判定桩身完整性

桩身缺陷的程度及位置除直接从时域信号或幅频曲线上判定外，还可根据速度幅频曲线或导纳曲线中基频位置，利用实测导纳值与计算导纳值相对高低、实测动刚度的相对高低进行判断。此外，还可对速度幅频信号曲线进行二次谱分析。根据完整桩的速度导纳曲线，计算导纳值N_c、实测导纳值N_m、动刚度K_d和判定桩身完整性应符合表 9-34-20 的规定。

桩身完整性分类表　　　　表 9-34-20

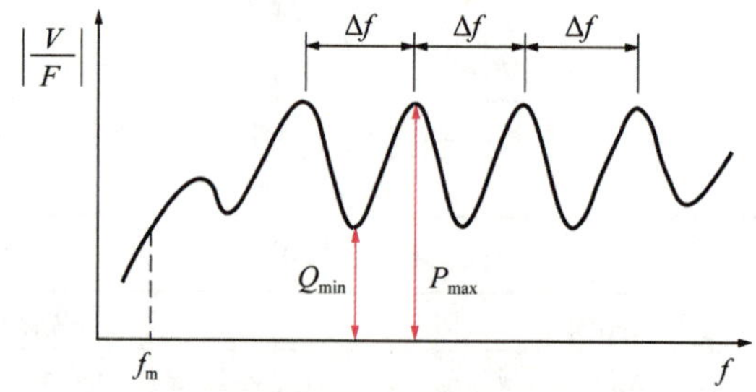

均匀完整桩的速度导纳曲线图

导纳理论计算值	$N_c=\dfrac{1}{\rho c_m A}$	ρ——桩材质量密度（kg/m^3）； c_m——桩身波速平均值（m/s）；
实测导纳几何平均值	$N_m=\sqrt{P_{max}\cdot Q_{min}}$	A——设计桩身截面积（m^2）； P_{max}——导纳曲线上谐振波峰的最大值（m/s · N^{-1}），如上图所示；
动刚度	$K_d=\dfrac{2\pi f_m}{\left\|\frac{V}{F}\right\|_m}$	Q_{min}——导纳曲线上谐振波谷的最小值（m/s · N^{-1}），如上图所示； f_m——导纳曲线上起始近似直线段上任一频率值（Hz）； $\left\|\frac{V}{F}\right\|_m$——$f_m$对应的导纳幅值（m/s · N^{-1}）
判断依据	完整桩：$N_m\approx N_c$，K_d值正常； 缺陷桩：$N_m>N_c$，K_d值低，且随缺陷程度的增加其差值增大； 扩径桩：$N_m<N_c$，K_d值高	

注：低应变以《建筑基桩检测技术规范》为主，低应变法为本规范重中之重，耗时少，易得分，重点掌握。与《建筑地基检测技术规范》第 12 章内容基本一致，自行对比学习。

题 9-34　某旋挖成孔嵌岩灌注桩，设计直径 0.8m，采用混凝土等级为 C35，桩体密度为 2.3g/cm^3，桩长 20m，低应变反射波实测波形如图 9-34-15 所示，试根据《建筑基桩检测技术规范》JGJ 106—2014，计算桩体的导纳值接近下列哪个选项？

（A）2.36×10^{-7}

（B）2.58×10^{-7}

（C）4.72×10^{-7}

（D）5.16×10^{-7}

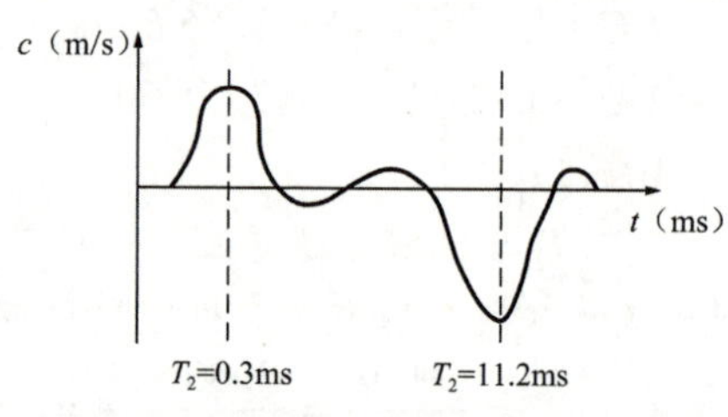

图 9-34-15　题 9-34 图

【解】

$$N_c=\frac{1}{2300\times\dfrac{2\times20}{(11.2-0.3)\times10^{-3}}\times3.14\times0.4^2}=2.358\times10^{-7}\text{s/kg}$$

【点评】

①根据《建筑基桩检测技术规范》第 8.4.3 条条文说明；②注意统一量纲。

34.7　高应变法——《建筑基桩检测技术规范》第 9 章

基本原理：高应变法是在桩顶作用一个高能量荷载，使桩和桩周土之间产生相对位移，从而激发出桩侧土的阻力。通过离桩顶适当距离处安装的加速度传感器和应力传感器，获得桩的动力响应曲线，根据一定假设条件，从获得的动力响应曲线中，可确定或估计桩身的承载力、桩侧土阻力分布、桩身的完整性等。

高应变法和低应变法的对比：低应变法主要功能是检测桩身完整性，快捷廉价，适用于完整性检测普查；高应变法主要功能是检测单桩竖向抗压承载力是否满足设计要求，检测桩身完整性是其附带功能，只是由于其作用于桩顶的能量大，检测桩完整性的有效深度大，特别在判定桩身水平整合裂缝、预制桩接头等缺陷时，能够在查明这些缺陷对竖向抗压承载力的影响基础上，合理判定桩身缺陷程度，此点明显优于低应变法。

（1）高应变法桩顶锤击力、桩身波速和单桩承载力计算应符合表 9-34-21 的规定。

桩顶锤击力、桩身波速和单桩承载力　　表 9-34-21

<table>
<tr><td>（1）桩顶锤击力F（kN）</td><td>$F = E \cdot \varepsilon \cdot A$
⇑
$E = \rho \cdot c^2$</td><td colspan="2">A——测点处的桩身截面积（m^2），空心桩需扣除空心面积；
ε——测点处的桩身材料实测应变值；
E——桩身材料的弹性模量（kPa）；
c——桩身应力波的速度（m/s）；
ρ——桩身材料的质量密度（t/m^3），可按《建筑基桩检测技术规范》表 9.3.2 取值</td></tr>
<tr><td>（2）桩身波速c（m/s）</td><td colspan="3">当桩底反射波明显时，桩身波速可根据速度波第一峰起升沿的起点到速度波反射峰起升或下降沿的起点之间的时差（Δt）与已知桩长（L）计算如下：
$c = \dfrac{2L}{\Delta t}$
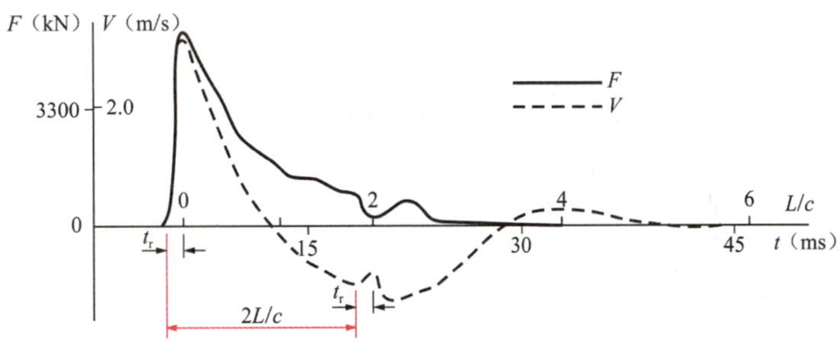
</td></tr>
<tr><td rowspan="3">（3）凯司法单桩承载力检测值R_c（kN）</td><td colspan="3">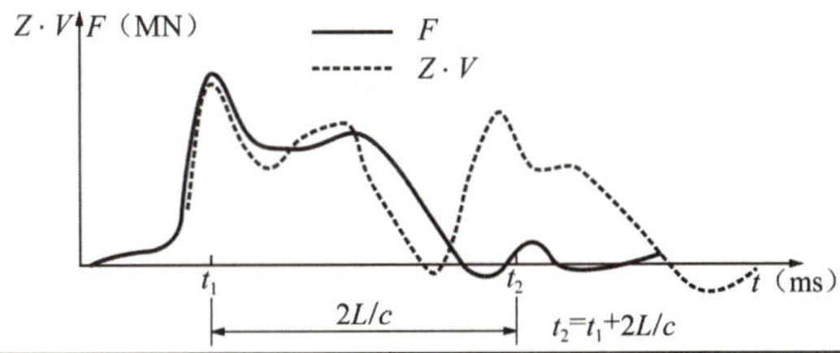
</td></tr>
<tr><td colspan="2">$R_c = \frac{1}{2}(1 - J_c)(F_1 + ZV_1) + \frac{1}{2}(1 + J_c)(F_2 - ZV_2)$
单桩承载力特征值R_a：$R_a = \frac{1}{2}R_c$</td><td rowspan="2">桩身截面力学阻抗Z（kN · s/m）
$\Leftarrow Z = \dfrac{E \cdot A}{c} = \rho \cdot c \cdot A$
A——测点处的桩身截面积（m^2），空心桩需扣除空心面积</td></tr>
<tr><td colspan="2">J_c——凯司法阻尼系数；
t_1——速度第一峰对应的时刻（ms）；$t_2 = t_1 + 2L/c$；
F_1、F_2——分别为t_1、t_2时刻的锤击力（kN）；
V_1、V_2——分别为t_1、t_2时刻的质点运动速度（m/s）；
L——测点下桩长（m）</td></tr>
</table>

题 9-35　已知某灌注桩直径 1.0m，纵波波速$c = 3600\text{m/s}$，混凝土重度$\gamma = 24\text{kN/m}^3$，试求该桩的力学阻抗Z。（$g = 9.81\text{m/s}^2$）

【解】

$$Z = \frac{EA}{c} = \rho cA = \frac{24}{9.81} \times 3600 \times 3.14 \times 0.5^2 = 6914\text{kN} \cdot \text{s/m}$$

【点评】

根据《建筑基桩检测技术规范》第 9.3.2 条、第 9.4.8 条。

题 9-36　已知某钢管桩外径 0.6m，内径 0.56m，材料质量密度$\rho = 7.5\text{t/m}^3$，纵波波速$c = 4800\text{m/s}$，试求出材料的弹性模量E和桩的力学阻抗Z。

【解】

$$E = \rho c^2 = 7.5 \times 4800^2 = 1.728 \times 10^8\text{kPa}$$

$$Z = \frac{1.728 \times 10^8 \times 3.14 \times (0.3^2 - 0.28^2)}{4800} = 1311\text{kN} \cdot \text{s/m}$$

【点评】

根据《建筑基桩检测技术规范》第 9.3.2 条、第 9.4.8 条。

题 9-37　某灌注桩进行高应变动力试桩，桩长 12m，由于桩底反射峰较宽，拟采用上升-上升沿法确定桩身波速，已知下行波波形起升沿的起点$t_1 = 1\text{ms}$，上行波下降沿的起点时间$t_1 = 7\text{ms}$，试计算桩身波速最接近下列哪个选项？

（A）1710m/s　　（B）2000m/s

（C）3430m/s　　（D）4000m/s

【解】

$$c = \frac{2L}{\Delta t} = \frac{2 \times 12}{(7-1) \times 10^{-3}} = 4000\text{m/s}$$

【点评】

①根据《建筑基桩检测技术规范》第 9.4.3 条条文说明上升-上升沿法；②规范第 9.4.3 条是峰-峰法，注意对比学习规范。

题 9-38　（21C25）某混凝土灌注桩进行了高应变测试，得到的测试曲线如图 9-34-16 所示，由图得到t_1、t_2、t_3、t_4的数据分别为 6.2ms、7.5ms、18.3ms、19.4ms。已知混凝土的质量密度为 2.40t/m³，桩长 25m，桩径 0.8m，传感器距离桩顶 1.0m。试求该桩桩身截面力学阻抗（Z）最接近下列哪个选项？

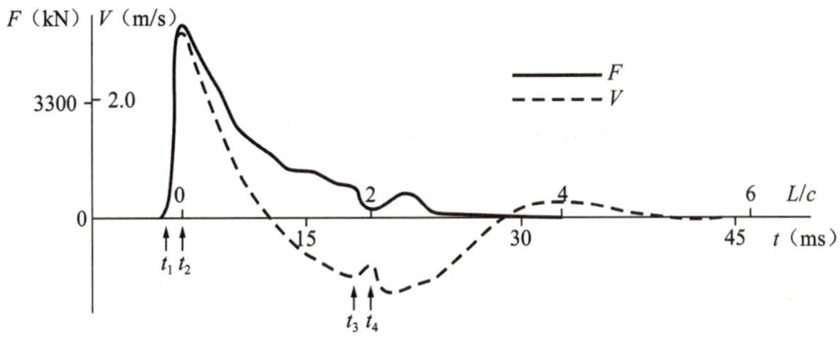

图 9-34-16　题 9-38 图

（A）4780kN · s/m　　　　（B）4860kN · s/m

（C）4980kN · s/m　　　　（D）5065kN · s/m

【解】

（1）$c = \dfrac{(25-1)\times 2}{(18.3-6.2)\times 10^{-3}} = 3967\text{m/s}$

（2）$Z = 2.4 \times 3967 \times 3.14 \times 0.4^2 = 4783\text{kN} \cdot \text{s/m}$

【点评】

①根据《建筑基桩检测技术规范》第 9.3.2 条、第 9.4.3 条、第 9.4.8 条；②根据规范桩底反射明显时，桩身波速可根据速度波第一峰**起升沿的起点**到速度反射峰**起升或下降沿的起点**之间的时差与已知桩长值确定，即采用t_1、t_3计算波速；③有部分行业规范和其他机构辅导书采用t_2、t_4计算波速，属于技术争议，建议按考试大纲指定规范作答，考前预测高应变考点，本题为华山论剑每日作业 2021.10.10 日原题。

题 9-39　某预应力高强混凝土管桩 PHC500（125）A 进行高应变动力试桩，桩身混凝土强度等级 C80，在桩顶下 1.0m 处的桩两侧面安装应变式力传感器，锤重 40kN，落锤高 1.2m，由传感器量测桩身混凝土表面应变值$\varepsilon = 2200\mu\varepsilon$，计算作用在锤顶的锤击力。

【解】

混凝土强度等级 C80，查表$E_c = 3.8 \times 10^4\text{MPa}$

$\sigma = \varepsilon E = 3.8 \times 10^7 \times 2200 \times 10^{-6} = 83600\text{kPa}$

$F = \sigma A_p = 83600 \times 3.14 \times (0.25^2 - 0.125^2) = 12305\text{kN}$

【点评】

根据《建筑基桩检测技术规范》第 9.3.2 条及条文说明，混凝土参数根据《混凝土结构设计规范》第 4.1.5 条查表。

题 9-40 （16C30）某高强混凝土管桩，外径500mm，壁厚125mm，桩身混凝土强度等级C80，弹性模量3.8×10^4MPa，进行高应变动力检测，在桩顶下1.0m处两侧安装应变式力传感器，锤重40kN，落锤高1.2m，某次锤击，由传感器测得峰值应变350με，则作用在桩顶处的峰值锤击力最接近下列哪个数值？

（A）1755kN　　（B）1955kN　　（C）2155kN　　（D）2355kN

【解】

（1）$A_p = 3.14\times(0.25^2-0.125^2)=0.147\text{m}^2$

（2）$\sigma = E\cdot\varepsilon = 3.8\times10^4\times10^3\times350\times10^{-6}=1.33\times10^4\text{kPa}$

（3）$F=\sigma\cdot A_p = 1.33\times10^4\times0.147=1955\text{kN}$

【点评】

①根据《建筑基桩检测技术规范》第9.3.2条及条文说明；②直接套公式，原理上也属于材料力学的基本理论：力＝应力×面积，应力＝应变×弹性模量；③检测部分可考的内容很少，且计算量非常小，规范也很薄，一般都是直接套公式，需要重点学习。

题 9-41 某钻孔灌注桩桩径0.8m，桩长25m，采用混凝土的强度等级为C35，进行高应变测试时传感器安装与桩顶以下1m处测试的F和V曲线如图9-34-17所示，$F(t_1)=8\text{MN}$，$F(t_2)=2\text{MN}$，$V(t_1)=1.6\text{m/s}$，$V(t_2)=1.1\text{m/s}$，凯司法阻尼系数取0.3，已知$t_2-t_1=12\text{ms}$，混凝土的重度$\gamma=25\text{kN/m}^3$，根据《建筑基桩检测技术规范》JGJ 106—2016，试用凯司法计算单桩承载力特征值最接近下列哪个选项？（重力加速度取9.81m/s^2）

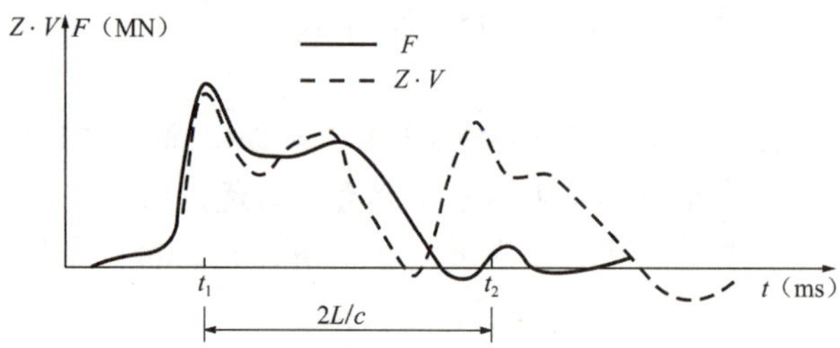

图9-34-17　题9-41图

（A）1650kN　　（B）2110kN　　（C）3300kN　　（D）4220kN

【解】

$$c=\frac{2\times(25-1)}{12\times10^{-3}}=4000\text{m/s}$$

$$Z=\frac{EA}{c}=\rho cA=\frac{25}{9.81}\times4000\times3.14\times0.4^2=5121\text{kN}\cdot\text{s/m}$$

$$R_c=\frac{1}{2}\times(1-0.3)\times(8000+5121\times1.6)+\frac{1}{2}\times(1+0.3)\times(2000-5121\times1.1)$$
$$=3306\text{kN}$$

$$R_a=\frac{3306}{2}=1653\text{kN}$$

【点评】

①根据《建筑基桩检测技术规范》第9.4.8条、第9.4.10条；②反复提醒特征值，这里是检测值的一半。

（2）等截面桩且缺陷深度x以上部位的土阻力R_x未出现卸载回弹时，桩身完整性系数β和桩身缺陷位置x应分别按表9-34-22计算并结合经验判定桩身完整性。

桩身完整性判定（β法）　　表 9-34-22

桩身完整性判定（β法）

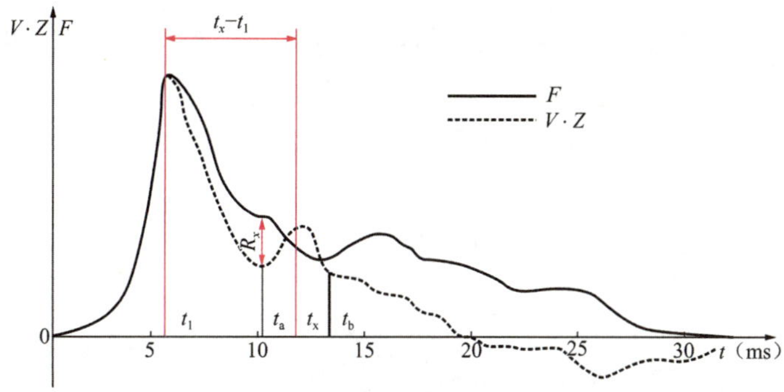

桩身完整性判定

类别	β值
Ⅰ	$\beta = 1.0$
Ⅱ	$0.8 \leqslant \beta < 1.0$
Ⅲ	$0.6 \leqslant \beta < 0.8$
Ⅳ	$\beta < 0.6$

$$\beta = \frac{F_1 + F_x + ZV_1 - ZV_x - 2R_x}{F_1 - F_x + ZV_1 + ZV_x};\quad x = c \cdot \frac{t_x - t_1}{2000}$$

β——桩身完整性系数，其值等于缺陷x处桩身截面阻抗与x以上桩身截面阻抗的比值；

t_x——缺陷反射峰对应的时刻（ms）；

x——桩身缺陷至传感器安装点的距离（m）；

F_1、F_x——分别为t_1、t_x时刻的锤击力（kN）；

V_1、V_x——分别为t_1、t_x时刻的质点运动速度（m/s）；

R_x——缺陷以上部位土阻力的估计值，等于缺陷反射波起始点的力与速度乘以桩身截面力学阻抗之差值，取值方法见上图

题 9-42　（11D30）某住宅楼钢筋混凝土灌注桩，桩径为 0.8m，桩长为 30m，桩身应力波传播速度为 3800m/s。对该桩进行高应变应力测试后得到如图 9-34-18 所示的曲线和数据，其中$R_x = 3\text{MN}$，判定该桩桩身完整性类别为下列哪个选项？

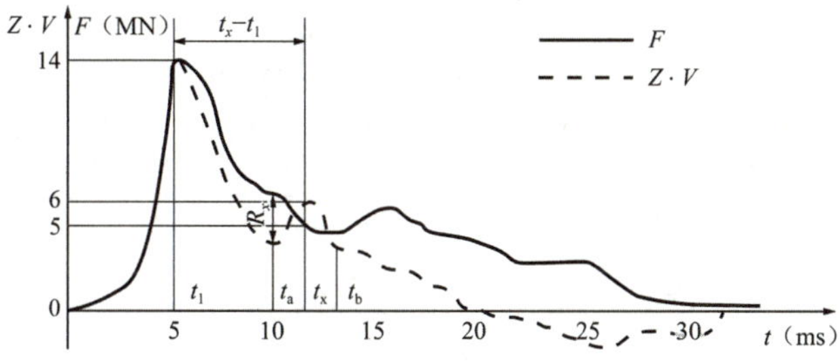

图 9-34-18　题 9-42 图

（A）Ⅰ类　　（B）Ⅱ类　　（C）Ⅲ类　　（D）Ⅳ类

【解】

（1）由题干和图可知：

$F(t_1) = Z \cdot V(t_1) = 14\text{MN}$，$R_x = 3\text{MN}$

$F(t_x) = 5\text{MN}$，$Z \cdot V(t_x) = 6\text{MN}$

（2）$\beta = \dfrac{F(t_1) + F(t_x) + Z \cdot [V(t_1) - V(t_x)] - 2R_x}{F(t_1) - F(t_x) + Z \cdot [V(t_1) + V(t_x)]} = \dfrac{14 + 5 + (14 - 6) - 2 \times 3}{14 - 5 + (14 + 6)} = 0.724$

$0.6 < \beta < 0.8$，判断为Ⅲ类

【点评】

①根据《建筑基桩检测技术规范》第 9.4.11 条；②较偏僻考点：高应变法判定基桩桩身完整性，看图代公式。

34.8　声波透射法——《建筑基桩检测技术规范》第 10 章

声波透射法是在桩顶内预埋若干根平行于桩的纵轴的声测管道，将声波**发射和接受换能器**通过声测管直接伸入桩身混凝土内部进行逐点、逐段检测。其基本原理就是通过分析实测声波在混凝土介质中传播的声学参数（声时、频率和波幅衰减）的相对变化，评价桩身完整性。声波透射法相关计算应符合表 9-34-23 的规定。

声波透射法　　　　表 9-34-23

<table>
<tr><td>（1）声测管埋设与测线布置</td><td colspan="3">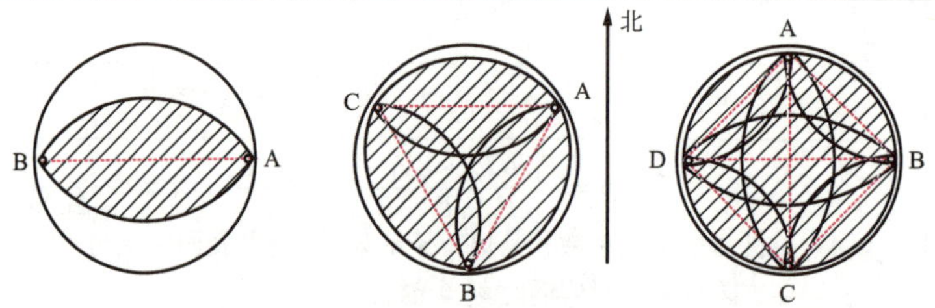

(a) 2 根管 1 测线 $D \leqslant 0.8m$　(b) 3 根管 3 测线 $0.8m < D \leqslant 1.6m$　(c) 4 根管 6 测线 $1.6m < D \leqslant 2.5m$</td></tr>
<tr><td>（2）检测方法</td><td colspan="3">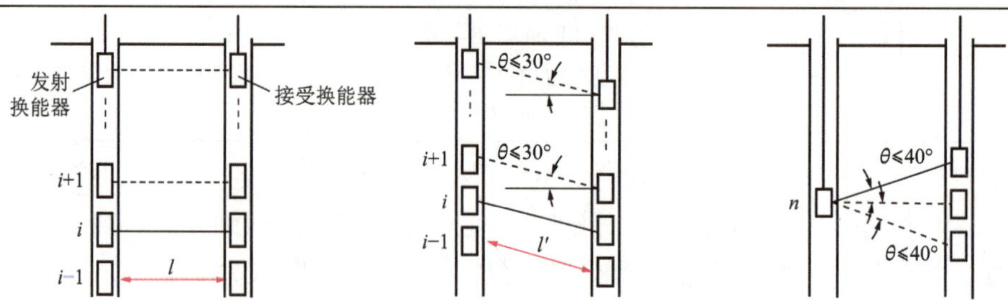

(a) 平测　(b) 斜测　(c) 扇形扫测
（a）平测：声波发射和接受换能器始终保持相同深度，从桩底同步提升；
（b）斜测：声波发射和接受换能器始终保持固定高差，从桩底同步提升；
（c）扇形扫测：平测、斜测普查后，对可疑声测线附近采用扇形扫测等方式复测和加密测试</td></tr>
<tr><td rowspan="4">（3）波幅、主频、声时及声速</td><td>波幅$A_{pi}=20\lg\frac{a_i}{a_0}$</td><td colspan="2">$A_{pi}$——第$i$测点波幅值（dB）；　a_i——第i测点信号首波峰值（V）；
a_0——零分贝信号幅值（V）</td></tr>
<tr><td>主频$f_i=\frac{1000}{T_i}$</td><td colspan="2">f_i——第i测点信号主频值（kHz）；
T_i——第i测点信号周期（μs）</td></tr>
<tr><td>声速$v_i=\frac{l_i'}{t_{ci}}$
⇑
声时$t_{ci}=t_i-t_0-t'$</td><td colspan="2">v_i——第i测点声速（km/s）；
l_i'——每检测剖面相应两声测管的外壁间净距离（mm）；
t_{ci}——第i测点声时（μs）；
t_i——第i测点声时测量值（μs）；
t_0——仪器系统延迟时间（μs）；
t'——声测管及耦合水层声时修正值（μs）</td></tr>
<tr><td>⇑
$t'=\frac{d_1-d_2}{v_t}+\frac{d_2-d'}{v_w}$
注：t'实质为发射和接收两根声测管内（水、声测管材料中）声波传播所需的时间，需要扣除</td><td>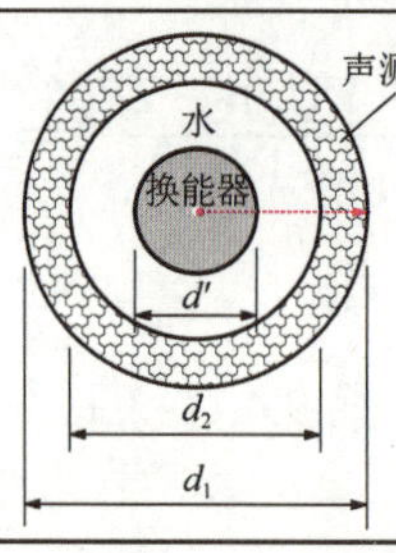
</td><td>d_1——声测管外径（mm）；
d_2——声测管内径（mm）；
d'——换能器外径（mm）；
v_t——声测管材料声速（km/s）；
v_w——水的声速（km/s）
注：斜测时要考虑角度修正，$t'/\cos\theta$</td></tr>
</table>

题 9-43　（11C30）某灌注桩，桩径 1.2m，桩长 60m，采用声波透射法检测桩身完整性，两根钢制声测管中心间距为 0.9m，管外径为 50mm，壁厚 2mm，声波探头外径 28mm。水位以下某一截面平测实测声时为 0.206ms，试计算该截面处桩身混凝土的声速最接近下列哪一选项？（注：声波探头位于测管中心；声波在钢材中的传播速度为 5420m/s，在水中的传播速度为 1480m/s；仪器系统延迟时间为 0s）

（A）4200m/s　　（B）4400m/s　　（C）4600m/s　　（D）4800m/s

【解】

（1）$t'=\dfrac{d_1-d_2}{v_t}+\dfrac{d_2-d'}{v_w}=\left(\dfrac{50-46}{5420}+\dfrac{46-28}{1480}\right)\times1000=12.9\mu s$

$t_{ci}=t_i-t_0-t'=0.206\times10^3-0-12.9=193.1\mu s$

（2）$v_i=\dfrac{l_i'}{t_{ci}}=\dfrac{0.9\times1000-50}{193.1}=4402m/s$

【点评】

①根据《建筑基桩检测技术规范》第 10.4.1 条条文说明及第 10.5.2 条；②直接套公式，注意d_2的计算应扣除 2 倍壁厚；③混凝土中传播的时间，应扣除声波在钢管和水中的传播时间、系统延迟时间。

题 9-44　（23C25）某混凝土灌注桩采用声波透射法检测桩身完整性（图 9-34-19），桩径 1.5m，桩长 50m，桩体埋置 3 根钢制声测管，测管外径 50mm，壁厚 2mm，相邻声测管中心距 1.0m，BC 剖面采用斜测法检测，某一截面实测声时 0.225ms，发射和接收声波换能器连线与水平线夹角 15°，换能器外径 26mm，测试时位于测管中心，已知仪器系统的延迟时间 1.56μs，声波在钢材中的传播速度为 5480m/s，在水中传播速度为 1470m/s，计算声波在该测面桩身混凝土中的传播速度最接近下列哪个选项？

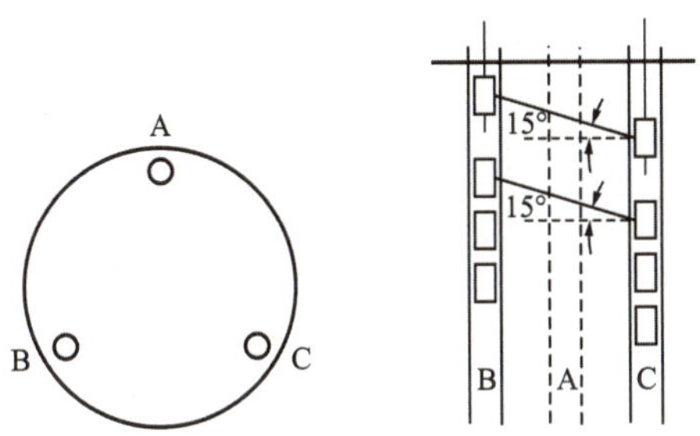

图 9-34-19　题 9-44 图

（A）4095m/s　　（B）4645m/s　　（C）4700m/s　　（D）4715m/s

【解】

（1）$t'=\dfrac{(2\times2)/\cos15^\circ}{5.48}+\dfrac{(50-4-26)/\cos15^\circ}{1.47}=14.84\mu s$

$t_{ci}=225-14.84-1.56=208.6\mu s$

（2）$v_i=\dfrac{(1000-50)/\cos15^\circ}{208.6}\times10^3=4175m/s$

【点评】

①根据《建筑基桩检测技术规范》第 10.3～10.5 节及条文说明；②注意t'要考虑倾斜修正，如果t'不考虑倾斜修正，则$t'=14.34\mu s$，最终结果为 4704，选 C。

题 9-45　（07D30）采用声波法对钻孔灌注桩孔底沉渣进行检测，桩直径 1.2m，桩长 35m，声波反射明显。测头从发射到接收到第一次反射波的相隔时间为 8.7ms，从发射到接收到第二次反射波的相隔时间为 9.3ms，若孔底沉渣声波波速按 1000m/s 考虑（图 9-34-20），孔底沉渣的厚度最接近下列何值？

（A）0.30m　　（B）0.50m

（C）0.70m　　（D）0.90m

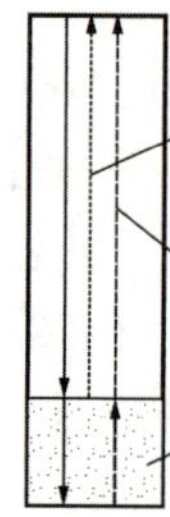

图 9-34-20　题 9-45 图

【解】

$$h = \frac{1}{2} \times \frac{c \cdot \Delta t}{1000} = \frac{1}{2} \times \frac{1000 \times (9.3 - 8.7)}{1000} = 0.30\text{m}$$

【点评】

①根据《建筑基桩检测技术规范》第 8.4 节；②完全可以闭卷，原理就是初中所学的速度乘以时间等于距离，只不过两次反射波路程增加的距离是往返距离 = 沉渣厚度的 2 倍，故沉渣厚度 = 1/2 往返距离。

第 35 章 其他规范检测内容

检测内容除上述第一章《建筑基桩检测技术规范》最为重要外，其他规范上的检测内容较为分散，主要集中在《建筑地基处理技术规范》《岩土工程勘察规范》《建筑地基基础设计规范》及《建筑地基检测技术规范》四本规范上，均有考查，且各试验都有重复介绍，注意对比学习这四本规范上相同试验的异同之处。

35.1 《建筑地基处理技术规范》和《建筑地基检测技术规范》

《建筑地基检测技术规范》除了第 14 节"多道瞬态面波试验"外，其他章节与《建筑地基处理技术规范》《岩土工程勘察规范》《建筑地基基础设计规范》及《建筑基桩检测技术规范》内容重复，大部分考点在第二篇工程勘察的原位测试部分和本篇前述《建筑基桩检测技术规范》部分，复合地基试验与《建筑地基处理技术规范》重复性大，合并到一章讲解，注意对比学习。

"检测"可出新题的地方越来越少，2018 年和 2020 年均在《建筑地基检测技术规范》上出题，建议把本规范通读一遍，限于篇幅，此处不再摘抄。

本节两本规范主要讲解以下六个考点：（1）**处理后地基静载荷试验**；（2）**复合地基静载荷试验**；（3）**复合地基增强体静载荷试验**；（4）**载荷试验最大加载量及加载反力**；（5）**各处理地基的质量检验**；（6）**多道瞬态面波试验计算等效剪切波速**。

35.1.1 处理后地基静载荷试验——《建筑地基处理技术规范》附录 A

处理后地基静载荷试验应符合表 9-35-1 的规定。

处理后地基静载荷试验　　表 9-35-1

适用范围	适用于确定换填垫层、预压地基、压实地基、夯实地基和注浆加固等处理后地基
承压板尺寸	平板静载荷试验采用的压板面积应按需检验土层的厚度确定，且不应小于 1.0m²，对夯实地基，不宜小于 2.0m²
试坑尺寸	试验基坑宽度不应小于承压板宽度或直径的 3 倍
试验终止条件	当出现下列情况之一时，即可终止加载，当满足前三种情况之一时，其对应的前一级荷载定为极限荷载： 1. 承压板周围的土明显地侧向挤出； 2. 沉降 s 急骤增大，压力-沉降曲线出现陡降段； 3. 在某一级荷载下，24h 内沉降速率不能达到稳定标准； 4. 承压板的累计沉降量已大于其宽度或直径的 6%

续表

处理后地基承载力特征值f_{ak}（kPa）	处理后的地基承载力特征值确定应符合下列规定： **1.** 当压力-沉降曲线上有比例界限时，取该**比例界限**所对应的荷载值； **2.** 当极限荷载小于对应比例界限荷载值的 2 倍时，取**极限荷载**值的一半； **3.** 当不能按上述两款要求确定时，可取$s/b=0.01$ 所对应的荷载，**但**其值不应大于**最大加载量**的一半。承载板的宽度或直径大于 2m 时，按 2m 计算
数据分析与统计	同一土层参加统计的试验点不应少于 3 点，各试验实测值的极差不超过其平均值的 30%时，取该平均值作为处理地基的承载力特征值；当极差超过平均值的 30%时，应分析极差过大的原因，需要时应增加试验数量并结合工程具体情况确定处理后地基的承载力特征值

注：对比“岩土工程勘察”章节“浅层平板载荷试验”，加深理解。

题 9-46 在夯实地基中进行浅层平板载荷试验，承压板为方形，面积为 4m²。各级荷载及相应的累计沉降如表 9-35-2 所示，试确定该地基的承载力特征值。

题 9-46 表 表 9-35-2

p（kPa）	56	84	112	140	168	196	224	252
s（mm）	2.20	5.15	8.85	13.95	21.55	30.50	40.45	48.55

【解】

由表格数据可知p-s曲线呈缓变型

$s=0.01\times\sqrt{4\times10^6}=20\text{mm}\Rightarrow$ 插值，$f_{ak}=162.3\text{kPa}$

$\frac{p_{max}}{2}=\frac{252}{2}=126\text{kPa}<162.3\text{kPa}$，取最小值$f_{ak}=126\text{kPa}$

【点评】

根据《建筑地基处理技术规范》附录 A.0.7。

35.1.2 复合地基静载荷试验——《建筑地基处理技术规范》附录 B

复合地基静载荷试验应符合表 9-35-3 的规定。

复合地基静载荷试验 表 9-35-3

适用范围	适用于单桩复合地基静载荷试验和多桩复合地基静载荷试验
承压板尺寸	**单桩**复合地基静载荷试验的承压板可用圆形或方形，面积为一根桩承担的处理面积； **多桩**复合地基静载荷试验的承压板可用方形或矩形，其尺寸按实际桩数所承担的处理面积确定
试坑尺寸	试验标高处的试坑宽度和长度不应小于承压板尺寸的 3 倍
加荷	预压荷载不得大于总加载量的 5%，**最大加载压力**不应小于设计要求**承载力特征值的 2 倍**
试验终止条件	当出现下列现象之一时可终止试验： **1.** 沉降急剧增大，土被挤出或承压板周围出现明显的隆起； **2.** 承压板的累计沉降量已大于其宽度或直径的 6%； **3.** 当达不到极限荷载，而最大加载压力已大于设计要求压力值的 2 倍

续表

复合地基承载力特征值 f_{ak}（kPa）	复合地基承载力特征值的确定应符合下列规定： **1.** 当压力-沉降曲线上极限荷载能确定，而其值不小于对应比例界限的 2 倍时，可取比例界限；当其值小于对应比例界限的 2 倍时，可取极限荷载的一半； **2.** 当压力-沉降曲线是平缓的光滑曲线时，可按相对变形值确定，并应符合下列规定： （1）对沉管砂石桩、振冲碎石桩和柱锤冲扩桩复合地基，可取 $s/b(d)=0.01$ 所对应压力； （2）对灰土挤密桩、土挤密桩复合地基，可取 $s/b(d)=0.008$ 所对应压力； （3）对水泥粉煤灰碎石桩或夯实水泥土桩复合地基，对以卵石、圆砾、密实粗中砂为主的地基，可取 $s/b(d)=0.008$ 所对应压力；对以黏性土、粉土为主的地基，可取 $s/b(d)=0.01$ 所对应压力； （4）对水泥土搅拌桩或旋喷桩复合地基，可取 $s/b(d)=0.006\sim0.008$ 所对应压力，桩身强度大于 1.0MPa 且桩身质量均匀时可取高值； （5）对有经验的地区，可按当地经验确定相对变形值，但原地基土为高压缩性土层时，相对变形量的最大值不应大于 0.015； （6）复合地基荷载试验，当试验承压板边长 b 或直径 d 大于 2m 时，按 2m 计； （7）按相对变形值确定的**承载力特征值不应大于最大加载压力的一半**
数据分析与统计	试验点的数量不应少于 3 点，当满足其极差不超过平均值的 30%时，可取其平均值为复合地基承载力特征值；当极差超过平均值的 30%时，应分析极差过大的原因，需要时应增加试验数量，并结合工程具体情况确定复合地基承载力特征值； **工程验收时**应视建筑物结构、基础形式综合评价，对于桩数**少于** 5 根的**独立基础**或桩数**少于** 3 排的**条形基础**，复合地基承载力特征值应取**最低值**

注：与《建筑地基检测技术规范》第 5 章稍有区别，自行对比学习。

题 9-47　某多层住宅采用水泥土搅拌桩复合地基，桩径 0.4m，桩间距 1.6m，正方形布桩，采用双桩复合静载荷试验检验复合地基承载力，试计算承压板面积。

【解法一】

$$m=\frac{d^2}{d_e^2}=\frac{0.4^2}{(1.13\times1.6)^2}=0.049,\ A_e=n\frac{A_p}{m}=2\times\frac{3.14\times0.2^2}{0.049}=5.13\text{m}^2$$

【解法二】

$$A_e=2\times1.6^2=5.12\text{m}^2$$

【点评】

①根据《建筑地基处理技术规范》附录 B.0.2，或按《建筑地基检测技术规范》第 5.2.1 条；②两种解法，原理一样，承压板的面积要等于多桩等效处理的面积。

题 9-48 某淤泥质土采用预制桩进行复合地基处理，选用边长 250mm 的预制方桩，等边三角形布置，桩间距 1.0m，设计要求符合地基承载力特征值$f_{spk}=250kPa$，请问双桩复合地基载荷试验最大加载压力不应小于多少？

【解】

（1）双桩处理面积为 4 个三角形面积$A=4\times\frac{1}{2}\times1\times\frac{\sqrt{3}}{2}=\sqrt{3}m^2$

（2）$P_{max}=2\times250\times\sqrt{3}=866kN$

【点评】

①根据《建筑地基处理技术规范》附录 B.0.2、附录 B.0.6，或按《建筑地基检测技术规范》第 5.2.1 条；②复合地基载荷试验承压板尺寸按实际桩数所承担的处理面积确定，复合地基载荷试验最大加载压力不应小于设计要求承载力特征值的 2 倍；③非常常规的考点，重点掌握，一般放在检测章节里考查，也可能放在地基处理章节考查。

题 9-49 某工程地基处理采用预制混凝土方桩复合地基，方桩边长 400mm，正三角形布桩，桩间距 1.6m，设计要求复合地基承载力特征值$f_{spk}=300kPa$，试请问三桩复合地基荷载试验最大加载压力不应小于下列哪项？

（A）333kN　（B）665kN　（C）1495kN　（D）3990kN

【解】

（1）单桩处理面积承载能力：$P=f_{spk}A=300\times\frac{\sqrt{3}}{2}\times1.6^2=665.1kN$

（2）最大加载压力：$P_{max}=2\times3\times665.1=3990kN$

【点评】

①根据《建筑地基处理技术规范》附录 B.0.2、附录 B.0.6，或按《建筑地基检测技术规范》第 5.1.3 条、第 5.2.1 条，最大加载压力不应小于设计承载力特征值的 2 倍；②可以先结算置换率，再计算$A=A_p/m$即承压板的面积（一根桩所承担的面积），也是面积置换率的概念。

题 9-50 （14C30）某工程采用 CFG 桩复合地基，设计选用 CFG 桩桩径 500mm，按等边三角形布桩，面积置换率为 6.25%，设计要求复合地基承载力特征值$f_{spk}=300kPa$，试请问单桩复合地基荷载试验最大加载压力不应小于下列哪项？

（A）2261kN　（B）1884kN　（C）1131kN　（D）942kN

【解】

（1）单桩处理面积承载力：$P=f_{spk}A=f_{spk}\frac{A_p}{m}=300\times\frac{3.14\times0.25^2}{0.0625}=942kN$

（2）最大加载压力：$P_{max}=2\times942=1884kN$

【点评】

①根据《建筑地基处理技术规范》附录 B.0.2、附录 B.0.6，或按《建筑地基检测技术规范》第 5.1.3 条、第 5.2.1 条，最大加载压力不应小于设计承载力特征值的 2 倍；②未指定规范时，优先按核心规范解答，结果一样；③$A=A_p/m$即承压板的面积（一根桩所承担的面积），也是面积置换率的概念。

题 9-51　（04C05）水泥土搅拌桩复合地基，桩径为 500mm，矩形布桩，桩间距 1200mm × 1600mm，做单桩复合地基静载试验，承压板应选用下列哪个选项的尺寸和形态？

（A）直径$d = 1200$mm 的圆形　　（B）1390mm × 1390mm 的方形

（C）1200mm × 1200mm 的方形　　（D）直径$d = 1390$mm 的圆形

【解】

（1）$A_e = 1.2 \times 1.6 = 1.92\text{m}^2$

（2）方形板$b = \sqrt{1.92} = 1.39\text{m}$

圆形板$\dfrac{3.14 \times d^2}{4} = 1.92 \Rightarrow d = 1.56\text{m}$

（3）综上，承压板面积为一根桩承担的处理面积，选 B 最合适

【点评】

①根据《建筑地基处理技术规范》附录 B.0.2，或按《建筑地基检测技术规范》第 5.2.1 条，结果一样；②单桩复合地基静载试验的承压板可用圆形或方形，面积为一根桩承担的处理面积，矩形布桩时单桩处理面积$A_e = lb$。

题 9-52　（10C14）为确定水泥土搅拌桩复合地基承载力，进行多桩复合地基静载试验，桩径为 500mm，正三角形布置，桩中心距 1.20m。则进行三桩复合地基载荷试验的圆形承压板直径应取下列哪个选项？

（A）2.00m　　（B）2.20m　　（C）2.40m　　（D）2.65m

【解】

$$\frac{3.14 \times d^2}{4} = 3 \times \frac{3.14 \times (1.05 \times 1.2)^2}{4} \Rightarrow d = 2.18\text{m}$$

【点评】

①根据《建筑地基处理技术规范》附录 B.0.2；②承压板面积为三根桩承担的处理面积，单桩处理等效圆直径为 1.05m × 1.2m。

题 9-53　（17D14）在某建筑地基上，对天然地基、复合地基进行静载荷试验，试验得出的天然地基承载力特征值为 150kPa，复合地基的承载力特征值为 400kPa。单桩复合地基试验承压板为边长 1.5m 的正方形，刚性桩直径 0.4m，试验加载至 400kPa 时测得刚性桩桩顶处轴力为 550kN。求桩间土承载力发挥系数最接近下列哪个选项？

（A）0.8　　（B）0.95　　（C）1.1　　（D）1.25

【解】

（1）$m = \dfrac{3.14 \times 0.2^2}{1.5^2} = 0.056$

（2）$400 = 1.0 \times 0.056 \times \dfrac{550}{3.14 \times 0.2^2} + \beta(1 - 0.056) \times 150 \Rightarrow \beta = 1.093$

【点评】

①根据《建筑地基处理技术规范》第 7.1.5 条、附录 B；②关键要理解复合地基承载力是由桩的承载力和桩间土的承载力两部分组成，本题桩的承载力为试验所测得，其发挥系数为 1，根据规范公式反求桩间土承载力发挥系数β；③也可以根据原理进行计算：$400 \times 1.5^2 = 550 + \beta \times (1.5^2 - 3.14 \times 0.2^2) \times 150 \Rightarrow \beta = 1.098$。

题 9-54 （21D25）某建筑物地基土以黏性土、粉土为主，采用独立基础，各基础下布置 4 根水泥粉煤灰碎石桩。验收检测阶段现场进行了 3 组单桩复合地基静载荷试验，方形承压板面积为 5m²，试验结果如表 9-35-4 所示。试根据《建筑地基处理技术规范》JGJ 79—2012 确定该复合地基的承载力特征值最接近下列哪个选项？

题 9-54 表　　　　表 9-35-4

压力 p（kPa）	沉降量 s（mm）		
	T1	T2	T3
100	6.02	4.01	7.52
150	9.54	7.22	10.50
200	13.44	10.80	14.22
250	17.82	14.42	18.60
300	22.68	18.92	23.60
350	28.02	23.70	29.32
400	33.90	29.02	35.60
450	40.35	34.90	42.54
500	47.33	41.40	50.02
550	55.06	48.50	58.02
600	63.51	56.24	67.22

（A）300kPa　（B）290kPa　（C）278kPa　（D）264kPa

【解】

（1）独立基础，且桩数少于 5 根，复合地基承载力取低值

（2）由表可知，p-s曲线属于光滑曲线，$b=\sqrt{5}=2.236\text{m}>2\text{m}$，取$b=2\text{m}$

黏性土，粉土为主，取相对变形$s=0.01\times2000=20\text{mm}$ 对应的压力

（3）由表可知，试验 3 最先达到相对变形 20mm

$$p=250+\frac{20-18.6}{23.6-18.6}\times50=264<\frac{600}{2}=300\text{，取 }264\text{kPa}$$

【点评】

①根据《建筑地基处理技术规范》附录 B；②复合地基承载力试验特征值的确定，对于p-s曲线是平缓的光滑曲线时，取相对变形量对应的压力为复合地基承载力特征值，且不得大于最大加载量的一半；③注意桩数小于 5 根的独立基础和桩数少于 3 排的条形基础，取最低值。

题 9-55 某湿陷性黄土地基进行了灰土挤密桩地基处理，采用挤密桩的桩径 0.5m，正三角形布置，桩中心距 1.4m，现场采用正方形承压板进行了三桩复合地基荷载试验，试验结果如表 9-35-5 所示，试计算复合地基承载力最接近下列哪个选项？

题 9-55 表　　　　表 9-35-5

p（kPa）	50	75	100	150	200	250	350	450	500
s（mm）	1.6	3.0	6.6	8.6	11.2	14.4	17.8	22.0	27.0

（A）200kPa　（B）250kPa　（C）300kPa　（D）360kPa

【解】

（1）$3\times3.14\times\frac{(1.05\times1.4)^2}{4}=b^2\Rightarrow b=2.26\text{m}>2\text{m}$，取$b=2\text{m}$

（2）p-s曲线呈缓变型，取$s=0.008\times2000=16\text{mm}$

（3）$p=250+\frac{350-250}{17.8-14.4}\times(16-14.4)=297\text{kPa}>\frac{500}{2}=250\text{kPa}$

取$f_{ak}=250\text{kPa}$

【点评】

①根据按《建筑地基处理技术规范》附录 B.0.02、附录 B.0.10；②缓变型确定的荷载值与最大加载值的一半比较后，取小值；③注意坑点$b > 2$m 时，取 2m。

题 9-56　（03C19）某粉土地基进行了振冲法地基处理的施工图设计，采用振冲桩桩径 1.2m，正三角形布置，桩中心距 1.80m。经检测，处理后桩间土承载力特征值为 100kPa，单桩载荷试验结果桩体承载力特征值为 450kPa，现场进行了三次复合地基荷载试验（编号为Z_1、Z_2和Z_3），承压板直径为 1.89m，试验结果如表 9-35-6 所示，试计算振冲桩复合地基承载力最接近下列哪个选项？

题 9-56 表　　**表 9-35-6**

压力p（kPa）	沉降s（mm）		
	Z_1	Z_2	Z_3
50	2.0	4.0	5.5
100	5.0	7.5	10.5
150	8.5	12.2	15.5
200	13.0	16.5	21.0
250	18.0	21.5	27.8
300	25.3	28.0	35.2
350	34.8	36.0	45.8
400	46.8	44.5	55.8
450	60.3	55.0	68.0
500	75.8	67.5	84.0

（A）220kPa　　（B）260kPa　　（C）290kPa　　（D）无法确定

【解】

（1）由表可知p-s曲线为缓变型，振冲碎石桩可取$s/d = 0.01$ 所对应的压力为复合地基承载力特征值，$s = 0.01 \times 1890 = 18.9$mm

（2）Z_1：$p_1 = 250 + 50 \times \dfrac{18.9 - 18}{25.3 - 18} = 256.2\text{kPa} > \dfrac{p_{\max}}{2} = \dfrac{500}{2} = 250\text{kPa}$，取$p_1 = 250$kPa

Z_2：$p_2 = 200 + 50 \times \dfrac{18.9 - 16.5}{21.5 - 16.5} = 224\text{kPa} < \dfrac{p_{\max}}{2} = 250\text{kPa}$，取$p_2 = 224$kPa

Z_3：$p_3 = 150 + 50 \times \dfrac{18.9 - 15.5}{21 - 15.5} = 180.9\text{kPa} < \dfrac{p_{\max}}{2} = 250\text{kPa}$，取$p_3 = 180.9$kPa

（3）平均值：$\overline{p} = \dfrac{250 + 224 + 180.9}{3} = 218.3$kPa

（4）极差验算：$\dfrac{250 - 180.9}{218.3} = 31.7\% > 30\%$，不满足要求

应分析极差过大的原因，需要增加试验数量再确定复合地基承载力特征值，目前数据无法确定。

【点评】

①根据《建筑地基处理技术规范》附录 B.0.10、附录 B.0.11，或按《建筑地基检测技术规范》第 5.4.3 条、第 5.4.4 条；②本题为当年错题，如果本题极差验算不大于 30%，则可以取平均值为复合地基承载力特征值；③注意两个坑点：一是承压板的边长或直径大于 2m 应该取 2m，二是如果是试验的桩数少于 5 根的独立基础，复合地基承载力特征值应取低值。

35.1.3 复合地基增强体静载荷试验——《建筑地基处理技术规范》附录 C

复合地基增强体静载荷试验应符合表 9-35-7 的规定。

复合地基增强体静载荷试验 表 9-35-7

适用范围	适用于复合地基增强体单桩竖向抗压静载荷试验
试验加载及反力装置	试验提供的反力装置可采用锚桩法或堆载法。当采用堆载法加载时，堆载支点施加于地基的**压应力不宜超过地基承载力特征值**
试验终止条件	当出现下列条件之一时可终止加载： **1.** 当荷载-沉降（Q-s）曲线上有可判定极限承载力的**陡降段**，**且**桩顶总沉降量超过 40mm； **2.** $\frac{\Delta s_{n+1}}{\Delta s_n} \geqslant 2$，且经 24h 沉降尚未稳； **3.** 桩身破坏，桩顶变形急剧增大； **4.** 当桩长超过 25m，Q-s曲线呈缓变型时，桩顶总沉降量大于 60～80mm； **5.** 验收检验时，最大加载量不应小于设计单桩承载力特征值的 2 倍
单桩竖向抗压极限承载力 Q_{uk}（kN）	单桩竖向抗压极限承载力的确定应符合下列规定： **1.** 曲线陡降段明显时，取相应于陡降段起点的荷载值； **2.** 当出现终止加载第 2 款的情况时，取前一级荷载值； **3.** Q-s曲线呈缓变型时，取桩顶总沉降量s为 40mm 所对应的荷载值
数据分析与统计	参加统计的试桩，当满足其极差不超过平均值 30%时，设计可取其平均值为单桩极限承载力；极差超过平均值的 30%时，应分析极差过大的原因，结合工程具体情况确定单桩极限承载力，需要时应增加试桩数量； 工程验收时应视建筑物结构、基础形式综合评价，对于桩数**少于** 5 根的**独立基础**或桩数**少于** 3 排的**条形基础**，应取**最低值**
单桩竖向抗压承载力特征值R_a（kN）	将单桩极限承载力除以安全系数 2，为单桩承载力特征值$R_a = \frac{Q_{uk}}{2}$

注：与《建筑地基检测技术规范》第 6 章内容稍有区别，自行对比学习。

题 9-57 某建筑场地地基持力层为粉质黏土，地基承载力特征值$f_{ak} = 100\text{kPa}$，采用夯实水泥土桩进行地基处理，桩径 0.4m，条形基础及平面布置见图 9-35-1。设计要求地基处理后复合承载力特征值达到 200kPa，已知处理后桩间土承载力特征值为 130kPa，桩间土承载力发挥系数取 0.9，单桩承载力发挥系数取 1.0，采用双支墩压重平台进行增强体单桩竖向抗压静载试验试验，支墩置于原地基土上，根据《建筑地基处理技术规范》JGJ 79—2012，试确定单个支墩底面积最小值为多少？

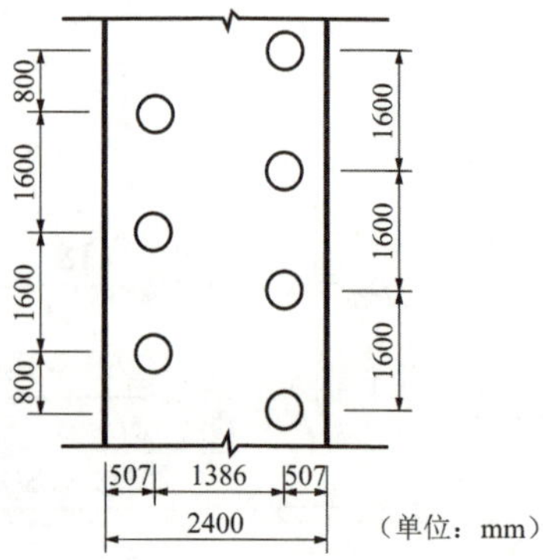

图 9-35-1 题 9-57 图

【解】

（1）$m = \frac{2 \times 3.14 \times 0.2^2}{1.6 \times 2.4} = 0.0654$

$200 = 1.0 \times 0.0654 \times \frac{R_a}{3.14 \times 0.2^2} + 0.9 \times (1 - 0.0654) \times 130$

$\Rightarrow R_a = 174.1\text{kN}$

（2）$A \geqslant \frac{1.2 \times 2 \times 174.1}{2 \times 100} = 2.09\text{m}^2$

【点评】

①根据《建筑地基处理技术规范》附录 C；②最大加载量不小于设计单桩承载力特征值的 2 倍，反力装置能提供的反力应不小于最大加载量的 1.2 倍；③按《建筑地基处理技术规范》附录 C.0.3 条第 1 款，堆载支点施加于地基的压应力不宜超过地基承载力特征值，与《建筑地基检测技术规范》的 1.5 倍不同。

题 9-58 某建筑基础采用条形基础，采用 CFG 桩复合地基处理，桩径 400mm，布桩形式如图 9-35-2 所示，工程验收时进行复合地基增强体单桩静载试验检测地基承载力，共进行了S_1、S_2和S_3三个试验点，各试验点数据如表 9-35-8 所示，按《建筑地基处理技术规范》JGJ 79—2012 估算该地基承载力特征值。（处理后桩间土承载力特征值为 120kPa，单桩承载力发挥系数取 0.8，桩间土承载力发挥系数取 0.9）

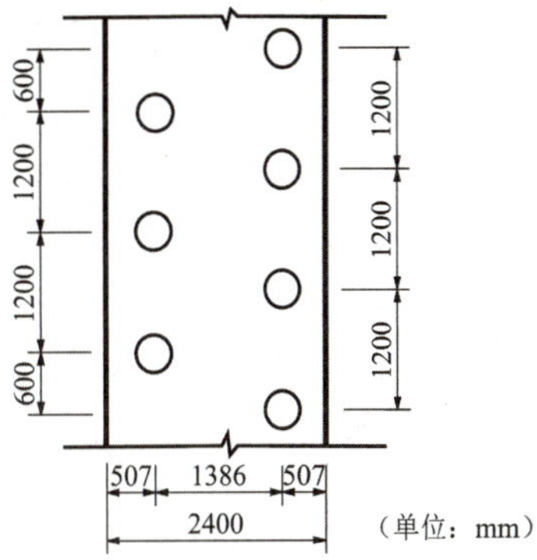

图 9-35-2　题 9-58 图

题 9-58 表　　　　表 9-35-8

荷载（kN）	S_1	S_2	S_3
	累计沉降量（mm）		
50	2.31	3.24	1.61
100	6.44	7.47	6.09
150	10.98	13.06	11.12
200	15.77	21.49	17.02
250	20.68	31.19	23.69
300	26.66	42.39	34.83
350	34.26	56.02	50.36
400	43.01	73.26	67.38
450	52.21	90.56	84.93

（A）180kPa　　（B）190kPa　　（C）260kPa　　（D）280kPa

【解】

（1）少于 3 排桩条基，取最低值，仅计算S_2即可，极限值取$s = 40$mm 对应荷载：

$$p_1 = 250 + \frac{300 - 250}{42.39 - 31.19} \times (40 - 31.19) = 289.3\text{kN}$$

（2）$R_a = 289.3/2 = 144.7$kN

（3）$m = \dfrac{2 \times 3.14 \times 0.2^2}{1.2 \times 2.4} = 0.0872$

（4）$f_{spk} = 0.8 \times 0.0872 \times \dfrac{144.7}{3.14 \times 0.2^2} + 0.9 \times (1 - 0.0872) \times 120 = 179.0$kPa

【点评】

根据《建筑地基处理技术规范》附录 C、第 7.1.5 条；②符合地基增强体单桩静载荷试验，对于桩数少于 5 根的独立基础或桩数少于 3 排的条形基础，应取最低值。

35.1.4 载荷试验最大加载量及加载反力——《建筑地基检测技术规范》第 4.1.3 条、第 4.2.6 条、第 5.2.2 条、第 6.2.2 条

本处载荷试验是指《建筑地基检测技术规范》上的“**土（岩）地基载荷试验**”“**复合地基静载荷试验**”和“**复合地基增强体静载荷试验**”三种试验，自行对比规范进行学习。

（1）根据《建筑地基检测技术规范》第 4.1.3 条，**工程验收**检测的**平板载荷试验**最大加载量不应小于设计承载力特征值的 2 倍，**岩石地基载荷试验**最大加载量不应小于设计承载力特征值的 3 倍；为**设计提供依据**的载荷试验应加载至极限状态。

（2）根据《建筑地基检测技术规范》第 5.1.3 条、第 6.1.3 条，对于“**复合地基静载荷试验**”和“**复合地基增强体静载荷试验**”，**工程验收**检测载荷试验**最大加载量不应小于**设计承载力特征值的 2 倍，为**设计提供依据**的载荷试验应加载至复合地基达到极限（破坏）状态。

（3）根据《建筑地基检测技术规范》第 4.2.6 条、第 5.2.2 条、第 6.2.2 条，**加载反力**宜选择压重平台反力装置。压重平台反力装置应符合下列规定：

①**加载反力装置能提供的反力F不得小于最大加载量的 1.2 倍（$1.2P_{max}$）；**

②**压重平台支墩施加于地基的压应力p不宜大于地基承载力特征值的 1.5 倍（$1.5f_{ak}$）。**

注：本知识点可对比“单桩竖向载荷试验”学习，考点基本一致，主要注意“2 倍、1.2 倍、1.5 倍”这三个倍数关系。

题 9-59　某多层住宅采用 CFG 桩复合地基，桩径 0.4m，桩间距 1.2m，正方形布置，设计要求复合地基承载力特征值 260kPa，采用双桩复合静载荷试验检查复合地基承载力，根据《建筑地基检测技术规范》JGJ 340—2015，试计算最小堆载重量。

【解】

（1）$m=\left(\dfrac{0.4}{1.13\times1.2}\right)^2=0.087$

（2）加载量$Q=2\times\dfrac{3.14\times0.2^2}{0.087}\times260\times2=1501\text{kN}$

（3）堆载量$N=1.2\times1501=1801\text{kN}$

【点评】

①根据《建筑地基检测技术规范》第 4.2.6 条，压重平台**反力不得小于最大加载量的 1.2 倍**；②第 4.1.3 条，试验**最大加载量不应小于设计承载力特征值的 2 倍**；③第 5.2.1 条，多桩复合地基载荷试验的**承压板**可采用方形或者矩形，**其尺寸按实际桩数所承担的处理面积确定**。

题 9-60（20D25）某建筑工程，地基土为黏性土，其地基承载力特征值$f_{ak}=$ 110kPa，拟采用 CFG 桩复合地基提高地基强度，桩间距取 1.4m，按正三角形布桩，设计要求复合地基承载力特征值为 260kPa。为了给设计提供依据，采用双支墩压重平台进行单桩复合地基载荷试验，支墩置于原地基土上，根据《建筑地基检测技术规范》JGJ 340—2015，试确定单个支墩底面积最小值最接近下列哪个选项？（假设支墩及反力装置刚度均满足要求）

（A）2.7m²　　（B）3.3m²　　（C）4.1m²　　（D）5.4m²

【解】

（1）加载量$P=\dfrac{3.14}{4}\times(1.05\times1.4)^2\times260\times2=882.1\text{kN}$

（2）反力$R=882.1\times1.2=1058.5\text{kN}$

（3）单个支墩底面积$A=\dfrac{1}{2}\times\dfrac{1058.5}{110\times1.5}=3.2\text{m}^2$

【点评】

①根据《建筑地基检测技术规范》第 5.1.3 条、第 5.2.2 条、第 4.2.6 条；②根据第 5.1.3 条，工程验收检测载荷试验最大加载量不应小于设计承载力特征值的 2 倍；③根据第 4.2.6 条第 1 款，加载反力装置能提供的反力不得小于最大加载量的 1.2 倍，第 4 款，压重平台支墩施加于地基的压应力不应大于地基承载力特征值的 1.5 倍；④本题注意 2 个支墩，面积除以 2，和华山论剑 2020 年模拟 1 第 25 题类似。

35.1.5 各处理地基的质量检验——《建筑地基处理技术规范》第 7.5.2 条及条文说明

灰土挤密桩、土挤密桩复合地基质量检验应符合表 9-35-9 的规定。

灰土挤密桩、土挤密桩复合地基质量检验　　表 9-35-9

（1）桩间土**平均挤密系数**按下式计算： $\bar{\eta}_c=\dfrac{\bar{\rho}_{d1}}{\rho_{dmax}}\geqslant0.93$	$\bar{\rho}_{d1}$——**处理后**桩间土的平均干密度； ρ_{dmax}——**处理后**桩间土的最大干密度
成孔挤密深度内，桩间土的平均干密度的取样，应自桩顶向下 0.5m 起，每 1m 不少于 2 点（一组），即由桩**孔外** 100mm 处 1 点、**桩孔之间**的中心距（1/2 处）1 点	
（2）桩长范围内，桩孔内填料的**平均压实系数**按下式计算： $\bar{\lambda}_c=\dfrac{\bar{\rho}_{d0}}{\rho_{dmax}}\geqslant0.97$ 且最小值$\lambda_{cmin}\geqslant0.93$	$\bar{\rho}_{d0}$——**夯实后填料**的平均干密度； ρ_{dmax}——**桩孔内填料**的最大干密度
成孔挤密深度内，桩体土的平均干密度的取样，应自桩顶向下 0.5m 起，每 1m 不少于 2 点（一组），即由桩**孔内**距桩孔边缘 50mm 处 1 点、**桩孔中心处** 1 点	

注：各处理地基的质量检验内容可参阅规范每节后面的“质量检验”部分，此处仅介绍案例考点。

题 9-61（12C30）某住宅楼采用灰土挤密桩法处理湿陷性黄土地基，桩径为 0.4m，桩长为 6.0m，桩中心距为 0.9m，呈正三角形布桩（图 9-35-3）。通过击实试验，桩间土在最优含水率$w_{op}=17.0\%$时的湿密度$\rho=2.00g/cm^3$。检测时在 A、B、C 三处分别测得的干密度ρ_d（g/cm^3）见表 9-35-10，试求桩间土的平均挤密系数η_c为下列哪一选项？

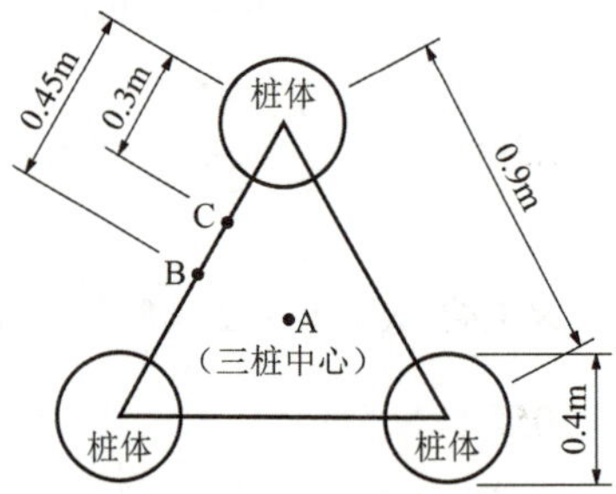

图 9-35-3　题 9-61 图

题 9-61 表　　表 9-35-10

取样深度（m）	取样位置		
	A	B	C
0.5	1.52	1.58	1.63
1.5	1.54	1.60	1.67
2.5	1.55	1.57	1.65
3.5	1.51	1.58	1.66
4.5	1.53	1.59	1.64
5.5	1.52	1.57	1.62

（A）0.894　（B）0.910　（C）0.927　（D）0.944

【解】

（1）取 B、C 两处土样干密度计算：

$$\rho_d=\frac{1.58+1.60+1.57+1.58+1.59+1.57+1.63+1.67+1.65+1.66+1.64+1.62}{12}=1.613g/cm^3$$

$$\rho_{dmax}=\frac{\rho}{1+w}=\frac{2.00}{1+0.17}=1.709g/cm^3$$

（2）$\eta_c=\frac{\rho_d}{\rho_{dmax}}=\frac{1.613}{1.709}=0.944$

【点评】

①根据《建筑地基处理技术规范》第 7.5.2 条条文说明第 4 款；②考点为计算桩间土的平均挤密系数；③关键是求**桩间土的平均干密度**，按规范要求取不少于 2 点进行计算，条文说明里规定：取**桩孔外 100mm 处 1 点**（C 点），**桩孔之间的中心距（1/2 处）1 点**（B点）。

35.1.6 多道瞬态面波试验计算等效剪切波速——《建筑地基检测技术规范》第 14.4.3 条、第 14.4.4 条

多道瞬态面波试验计算等效剪切波速应符合表 9-35-11 的规定。

多道瞬态面波试验计算等效剪切波速　　表 9-35-11

（1）根据实测瑞利波（面波）波速V_R和动泊松比μ_d，可按下列公式计算**剪切波波速**V_s（m/s）： $V_s=\dfrac{V_R}{\eta_s}\Leftarrow\begin{cases}V_R=\dfrac{2\pi f\Delta l}{\varphi}\\ \eta_s=\dfrac{0.87+1.12\mu_d}{1+\mu_d}\end{cases}$	V_s——剪切波波速（m/s）； V_R——瑞利波波速（m/s）； φ——两台传感器接收到的振动波之间的相位差（rad）； Δl——两台传感器之间的水平距离（m）； f——振源的频率（Hz）
（2）对于大面积普测场地，对剪切波速可以等厚度计算**等效剪切波速**V_{se}（m/s）： $V_{se}=\dfrac{d_0}{\sum\limits_{i=1}^{n}(d_i/V_{si})}$	V_{se}——等效剪切波速（m/s）； d_0——计算深度（m），一般取 2～4m； d_i——计算深度范围内第i层土的厚度（m）

注：规范公式错误，已经更正。《地基动力特性测试规范》及《多道瞬态面波勘察技术规程》上有正确公式，分子用“+”号，《工程地质手册》上公式用的“+”号，但公式数字有细微差别，不建议用。

题 9-62　（18D25）某地基采用强夯法处理填土，夯后填土层厚 3.5m，采用多道瞬态面波法检测处理效果，已知实测夯后填土层面波波速如表 9-35-12 所示，动泊松比均取 0.3，则根据《建筑地基检测技术规范》JGJ 340—2015，估算处理后填土层等效剪切波速最接近下列哪个选项？

题 9-62 表　　表 9-35-12

深度（m）	0～1	1～2	2～3.5
面波波速（m/s）	120	90	60

（A）80m/s　（B）85m/s　（C）190m/s　（D）208m/s

【解】

（1）$\eta_s=\dfrac{0.87+1.12\mu_d}{1+\mu_d}=\dfrac{0.87+1.12\times0.3}{1+0.3}=0.928$

（2）$V_{s1}=\dfrac{V_R}{\eta_s}=\dfrac{120}{0.928}=129.3\text{m/s}$，$V_{s2}=\dfrac{90}{0.928}=97.0\text{m/s}$，$V_{s3}=\dfrac{60}{0.928}=64.7\text{m/s}$

（3）$V_{se}=\dfrac{d_0}{\sum\limits_{i=1}^{n}(d_i/V_{si})}=\dfrac{3.5}{\dfrac{1}{129.3}+\dfrac{1}{97.0}+\dfrac{1.5}{64.7}}=84.9\text{m/s}$

【点评】

①根据《建筑地基检测技术规范》第 14.4.3 条、第 14.4.4 条；②纯代公式型题目，但题目指定的规范公式有误，这个比较坑。

35.2 《建筑基坑支护技术规范》和《建筑边坡工程技术规范》

35.2.1 锚杆抗拔试验——《建筑基坑支护技术规范》附录 A

《建筑基坑支护技术规范》附录 A 与《建筑地基基础设计规范》附录 M、附录 Y 和《建筑边坡工程技术规范》附录 C，锚杆抗拔试验的内容既类似又有区别，按表 9-35-13 对比学习。

锚杆抗拔试验　　　表 9-35-13

试验要求	**1.** 锚杆抗拔试验应在锚固段注浆固结体强度达到 15MPa 或达到设计强度的 75%后进行； **2.** 最大试验荷载下的锚杆杆体应力，不应超过其极限强度标准值的 0.85 倍
终止加载条件	**1.** 从第二级加载开始，后一级荷载产生的单位荷载下的锚头位移增量大于前一级荷载产生的单位荷载下的锚杆位移增量的 **5 倍**；**2.** 锚头位移不收敛；**3.** 锚杆杆体破坏。 **《建筑边坡工程技术规范》附录 C 和《建筑地基基础设计规范》附录 Y**： 1. 锚头位移不收敛，锚固体从岩土层拔出或锚杆从锚固体中拔出； 2. 锚头总位移量超过设计允许值； 3. 土层锚杆试验中后一级荷载产生的锚头位移增量大于上一级荷载位移增量的 **2 倍**
锚杆极限抗拔承载力标准值	在出现上述终止加载条件情况时，应取终止加载时的**前一级荷载值**；未出现时应取**终止加载时的荷载值（最大加载值）**
锚杆抗拔承载力特征值	锚杆极限抗拔承载力标准值除以安全系数 2，即为锚杆抗拔承载力特征值（**《建筑地基基础设计规范》**）
数据分析与统计	**《建筑基坑支护技术规范》附录 A 和《建筑地基基础设计规范》附录 Y**：参加统计的试验锚杆，当极限抗拔承载力的极差不超过其平均值的 30%时，锚杆极限抗拔承载力标准值可**取平均值**；当极差超过平均值的 30%时，宜增加试验锚杆数量，并应分析极差过大的原因，按实际情况重新进行统计后确定锚杆极限抗拔承载力标准值。 **《建筑边坡工程技术规范》**：当锚杆试验数量为 3 根，各根极限承载力值的最大差值小于 30%时，**取最小值**作为锚杆的极限承载力标准值；若最大差值超过 30%，应增加试验数量，按 95%的保证概率计算锚杆极限承载力标准值
锚杆变形量计算及要求	锚杆变形量由自由段变形量Δl_1和锚固段变形量Δl_2组成，自由段中锚杆轴力呈矩形分布、锚固段中锚杆轴力分布呈三角形，锚杆变形量Δl（mm）按下式计算： $$\Delta l = \Delta l_1 + \Delta l_2 = \frac{Ql_f}{EA} + \frac{Ql_a}{2EA}$$ 式中：Q——锚杆加载的载荷值（kN）； l_a——锚固段长度（m）； l_f——自由段长度（m）； A——杆体钢筋截面面积（m^2）； E——杆体钢筋弹性模量（MPa），本书附录表Ⅱ.0.7 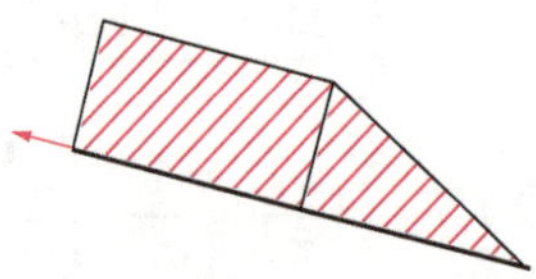 锚杆杆体轴向拉力分布图 **抗拔承载力检测值下测得的弹性位移量Δs应该大于杆体自由段理论弹性伸长量的** 80%： **《建筑基坑支护技术规范》**：$\Delta s > 0.8\frac{Ql_f}{EA}$ 注：**《建筑地基基础设计规范》**附录 Y.0.10 与**《建筑边坡工程技术规范》**附录 C.2.7 规定：锚杆弹性变形不小于（超过）杆体自由段长度变形计算值的 80%且不大于（小于）自由段长度与 1/2 锚固段长度之和的弹性变形计算值： **《建筑边坡工程技术规范》和《建筑地基基础设计规范》**：$0.8\frac{Ql_f}{EA} \leqslant \Delta s \leqslant \frac{Q(l_f+0.5l_a)}{EA}$ **考试按指定规范作答，并注意求的是最大值还是最小值**

续表

锚杆蠕变试验	蠕变试验的锚杆数量不应小于 3 根。蠕变试验通过分级加载和锚头位移观测，绘制每级荷载下锚杆的蠕变量-时间对数（s-$\lg t$）曲线。蠕变率应按下式计算： $k_c = \dfrac{s_2 - s_1}{\lg t_2 - \lg t_1} \leqslant 2\text{mm}$	k_c——锚杆蠕变率，**不应大于** 2.0mm； s_1——t_1时间测得的蠕变量（mm）； s_2——t_2时间测得的蠕变量（mm）

题 9-63（20C25）某建筑土质边坡采用锚杆进行支护，对锚杆进行了一组三根多循环加卸荷试验，各锚杆最后一个循环加载过程试验结果如表 9-35-14 所示，试根据《建筑边坡工程技术规范》GB 50330—2013 确定该工程锚杆的极限承载力标准值，最接近下列哪个选项？

题 9-63 表　　**表 9-35-14**

序号	试验荷载（kN）	锚头位移（mm）		
		第一根	第二根	第三根
1	0	0.00	0.00	0.00
2	40	9.88	10.40	11.28
3	120	26.27	22.06	21.25
4	200	47.50	38.22	30.94
5	280	62.97	62.18	49.26
6	360	82.16	88.12	67.37
7	400	92.06	174.50	82.11

（A）280kN　　（B）360kN　　（C）387kN　　（D）400kN

【解】

（1）锚头位移增量见表 9-35-15。

解 9-63 表　　**表 9-35-15**

序号	试验荷载（kN）	锚头位移增量（mm）		
		第一根	第二根	第三根
1	0	0.00	0.00	0.00
2	40	9.88	10.40	11.28
3	120	16.39	11.66	9.97
4	200	21.23	16.16	9.72
5	280	15.47	23.96	18.32
6	360	19.19	25.94	18.11
7	400	9.90	86.38	14.74

（2）第一根、第三根未发生破坏，取最大荷载$N_{k1} = N_{k3} = 400\text{kN}$

第二根在试验荷载为 400kN 时，锚头位移增量 = 86.38mm > 前一级荷载锚头位移增量的 2 倍 = 2 × 25.94 = 51.88mm，取前一级为最大载荷：$N_{k2} = 360\text{kN}$

（3）极差：$400 - 360 = 40\text{kN} < 0.3 \times \dfrac{400 + 400 + 360}{3} = 116\text{kN}$

故取最小值作为锚杆的极限承载力标准值：$N_k = 360\text{kN}$

【点评】

①根据《建筑边坡工程技术规范》附录C.2.5，土层锚杆试验中后一级荷载产生的锚头位移增量，超过上一级荷载位移增量的2倍时可视为破坏；②锚杆极限承载力标准值取破坏荷载前一级的荷载值；在最大试验荷载作用下未达到本规范附录C第C.2.5条规定的破坏标准时，锚杆极限承载力取**最大荷载值**为标准值；③锚杆试验数量为3根，各根极限承载力值的最大差值小于30%，取**最小值**作为锚杆的极限承载力标准值；④注意《建筑基坑支护技术规范》附录A和《建筑地基基础设计规范》附录Y"土层锚杆试验"中是取**平均值**作为锚杆的极限承载力标准值。

题 9-64 某建筑基坑采用桩锚支护，对锚杆进行了一组三根多循环加卸荷试验，各锚杆最后一个循环加载过程试验结果如表9-35-16所示，试根据《建筑基坑支护技术规程》JGJ 120—2012，确定该工程锚杆的极限抗拔承载力标准值为多少？

题 9-64 表　　表 9-35-16

序号	试验荷载（kN）	锚头位移（mm）		
		第一根	第二根	第三根
1	0	0.00	0.00	0.00
2	30	3.90	4.26	5.86
3	60	8.52	8.44	10.82
4	120	19.36	14.54	18.66
5	180	27.14	21.04	28.96
6	240	35.96	29.50	36.42
7	300	位移不收敛	34.08	79.11

【解】

（1）第一根：锚头位移不收敛，取终止加载的前一级荷载 $\Rightarrow N_{k1} = 240\text{kN}$

第二根：取终止加载时的荷载值 $\Rightarrow N_{k2} = 300\text{kN}$

第三根：$\dfrac{79.11-36.42}{36.42-28.96} = 5.7 > 5 \Rightarrow$ 取终止加载的前一级荷载 $N_{k3} = 240\text{kN}$

（2）$\overline{N}_k = \dfrac{240+300+240}{3} = 260\text{kN}$

极差：$300-240 = 60\text{kN} < 0.3\times260 = 78\text{kN} \Rightarrow N_k = 260\text{kN}$

【点评】

①根据《建筑基坑支护技术规程》附录A2.6和附录A2.8。②锚杆的极限抗拔承载力，在某级试验荷载下出现终止继续加载情况时，应取终止加载时的前一级荷载值；未出现时，应取终止加载时的荷载值。③终止继续加载情况主要有三种情况：从第二级加载开始，后一级荷载产生的单位荷载下的锚头位移增量大于前一级荷载产生的单位荷载下的锚杆位移增量的5倍；锚头位移不收敛；锚杆杆体破坏。④参加统计的试验锚杆，当极限抗拔承载力的极差不超过其平均值的30%时，锚杆极限抗拔承载力标准值可取平均值。

题 9-65　（22 补考 D25）某建筑物采用岩石锚杆基础，基岩为单一岩层，现场进行了 6 组锚杆抗拔试验。锚杆设计荷载为 400kN，试验结果如表 9-35-17 所示。该工程的锚杆抗拔承载力特征值最接近下列哪个选项？

题 9-65 表　　　　表 9-35-17

分级荷载（kN）	锚头位移（mm）					
	T1	T2	T3	T4	T5	T6
100	0.32	0.43	0.49	0.23	0.51	0.63
200	0.61	0.77	0.70	0.55	0.92	1.11
300	0.91	1.28	1.05	0.85	1.35	1.65
400	1.21	1.87	1.44	1.20	1.76	2.24
500	1.56	2.42	1.79	1.52	2.11	2.85
600	1.93	2.95	2.12	1.89	2.59	3.42
700	2.32	3.62	2.51	2.24	3.01	3.99
800	2.77	锚杆钢筋被拔出	2.86	2.56	3.46	4.67
900	3.23	—	3.22	2.83	3.93	上拔力不能保持稳定

（A）283kN　　（B）400kN　　（C）425kN　　（D）450kN

【解】

（1）各锚杆抗拔极限值分别为：

$R_{u1}=900\text{kN}$，$R_{u2}=700\text{kN}$，$R_{u3}=900\text{kN}$，$R_{u4}=900\text{kN}$，$R_{u5}=900\text{kN}$，$R_{u6}=800\text{kN}$

（2）$\overline{R}_{um}=\dfrac{900\times4+700+800}{6}=850\text{kN}$

（3）极差：$900-700=200<0.3\times850=255\text{kN}$，满足要求

（4）$R_t=\dfrac{850}{2}=425\text{kN}$

【点评】

①根据《建筑地基基础设计规范》附录 M.0.4～M.0.7；②当施加后无法使上拔力保持稳定或锚杆锚筋被拔出时，取前一级荷载为极限抗拔力；③极差不超过平均的 30%时，取平均值为锚杆极限承载力；④锚杆抗拔承载力特征值 = 锚杆极限抗拔承载力/2。

题 9-66　（12D22）某土层锚杆自由端长度为 6m，锚固段长度为 10m，主筋为两根直径 25mm 的 HRB400 钢筋，钢筋弹性模量为 $2.0\times10^5\text{N/mm}^2$。根据《建筑基坑支护技术规范》JGJ 120—2012 计算，锚杆验算最大加载至 300kN 时，试问满足判定为合格锚杆的最小弹性变形值为下列何值？

（A）0.45cm　　（B）0.73cm　　（C）1.68cm　　（D）2.37cm

【解】

$$\Delta s>0.8\frac{Ql_f}{EA}=0.8\times\frac{300\times6\times1000}{2\times10^5\times10^{-3}\times3.14\times12.5^2\times2}=7.3\text{mm}=0.73\text{cm}$$

【点评】

①根据《建筑基坑支护技术规范》(简称《基坑规范》)附录A.4.6；②在抗拔承载力检测值下测得的弹性位移量应大于杆体自由段理论弹性伸长量的80%；③根据胡克定律计算，注意求的是最大值还是最小值，计算带着不等号不易出错；④因规范更新，本题已改编，老的《基坑规范》与《建筑地基基础设计规范》附录Y.0.10、《建筑边坡工程技术规范》附录C.2.7规定一致，锚杆弹性变形不小于杆体自由段长度变形计算值的80%且不大于自由段长度与1/2锚固段长度之和的弹性变形计算值，计算如下：$\Delta s \leqslant \frac{Ql}{EA} = \frac{300\times(6+10/2)\times1000}{2\times10^5\times10^{-3}\times3.14\times12.5^2\times2} = 16.8\text{mm}$。

题9-67 （12D22改编）某土层锚杆自由端长度为6m，锚固段长度为10m，主筋为两根直径25mm的HRB400钢筋，钢筋弹性模量为$2.0\times10^5\text{N/mm}^2$。根据《建筑地基基础设计规范》GB 50007—2011计算，锚杆验算最大加载至300kN时，求满足判定为合格锚杆的最大弹性变形值。

【解】

$$\Delta s \leqslant \frac{Ql}{EA} = \frac{300\times(6+10/2)\times1000}{2\times10^5\times10^{-3}\times3.14\times12.5^2\times2} = 16.8\text{mm}$$

【点评】

①根据《建筑地基基础设计规范》附录Y.0.10，锚杆弹性变形不小于杆体自由段长度变形计算值的80%且不大于自由段长度与1/2锚固段长度之和的弹性变形计算值；②与《建筑边坡工程技术规范》附录C.2.7规定一致，与《建筑基坑支护技术规范》附录A.4.6规定略有区别；③注意求的是最大值还是最小值，计算带着不等号不易出错。

题9-68 某土层锚杆进行拉拔试验，已知锚杆自由端长度为8m，锚固段长度为12m，主筋为两根直径22mm的HRB400钢筋，钢筋弹性模量为$2.0\times10^5\text{N/mm}^2$，加载至设计荷载200kN后变形稳定，根据《建筑地基基础设计规范》GB 50007—2011计算，锚杆加载至200kN时，下列哪个弹性变形的锚杆属于合格锚杆？

（A）3.0mm （B）6.0mm （C）16.0mm （D）24.0mm

【解】

（1）自由段弹性变形的80%：$s_1 = \dfrac{200\times8\times0.8}{\left(2\times3.14\times\dfrac{0.022^2}{4}\right)\times2\times10^5} = 8.42\text{mm}$

（2）自由段和一半锚固段的弹性变形：$s_2 = \dfrac{200\times(8+12\div2)}{\left(2\times3.14\times\dfrac{0.022^2}{4}\right)\times2\times10^5} = 18.42\text{mm}$

（3）弹性变形$s\in(8.42\text{mm},18.42\text{mm})$时，属于合格锚杆$\Rightarrow$选C

【点评】

①根据《建筑地基基础设计规范》附录Y.0.10作答，注意统一量纲；②弹性变形不小于自由段弹性变形的80%，且不大于自由段和0.5倍锚固段长度的弹性变形；③弹性变形量$s = Nl/nAE$。

35.2.2 土钉抗拔试验——《建筑基坑支护技术规范》附录 D

土钉抗拔试验应符合表 9-35-18 的规定。

土钉抗拔试验　　　　**表 9-35-18**

试验要求	土钉抗拔试验应在注浆固结体强度达到 10MPa 或达到设计强度的 70%后进行； 加荷反力装置的承载力和刚度应满足最大试验荷载的要求，加载时千斤顶应与土钉同轴； 同一条件下的极限抗拔承载力试验的土钉数量不应少于 3 根； 确定土钉极限抗拔承载力的试验，最大试验荷载不应小于预估破坏荷载
终止加载条件	土钉试验中遇下列情况之一时，应终止继续加载： 1. 从第二级加载开始，后一级荷载产生的单位荷载下的土钉位移增量大于前一级荷载产生的单位荷载下的土钉**位移增量的 5 倍**； 2. 土钉位移不收敛； 3. 土钉杆体破坏
极限抗拔承载力标准值	土钉的极限抗拔承载力，在某级试验荷载下出现上述终止加载的情况时，应取终止加载时的**前一级荷载值；未出现时，应取终止加载时的荷载值**
数据分析与统计	参加统计的试验土钉，当满足其极差不超过平均值的 30%时，土钉极限抗拔承载力标准值可取平均值；当极差超过平均值的 30%时，宜增加试验土钉数量，并应根据极差过大的原因，按实际情况重新进行统计后确定土钉极限抗拔承载力标准值

土钉变形量计算与锚杆不同，土钉长度l，由于没有自由段，只需计算锚固段的变形量Δl（mm）：

$$\Delta l = \frac{Ql}{2EA}$$

式中：Q——土钉加载的载荷值（kN）；

l——土钉长度（m）；

E——土钉杆体钢筋弹性模量（MPa），本书附录表Ⅱ.0.7；

A——土钉杆体钢筋截面面积（m^2）

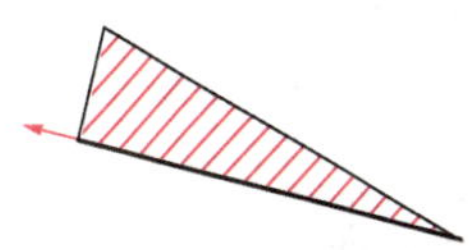

土钉杆体轴向拉力分布图

题 9-69　基坑土钉墙土采用 HRB400 钢筋，钉直径$d = 16$mm，长度为 12m。拉拔试验时，采用单循环加载，试验最大加载为 150kN，在 120kN 分级加载下发现土钉位移增量是前一级的 6.2 倍，在其他因素都已考虑的情况下，试求土钉极限抗拔承载力最接近下列哪个选项？

（A）80kN　　（B）105kN　　（C）120kN　　（D）150kN

【解】

（1）取 120kN 的前一级荷载，120kN 为加载 80%时的值，前一级为 70%

$R_k = 150 \times 0.7 = 105$kN

（2）$R_k = f_{yk}A_s = 400 \times 3.14 \times 8^2 \times 10^{-3} = 80.4\text{kN} < 175\text{kN}$

取$R_k = 80.4$kN

【点评】

①根据《建筑基坑支护技术规范》第 5.2.5 条、附录 D,《混凝土结构设计规范》第 4.2.2 条；②结合题目仔细阅读规范。

附录 I

附加应力系数和平均附加应力系数、沉降经验系数表格

矩形面积上均布荷载作用下角点附加应力系数α　　表 I.0.1

z/b	l/b											
	1.0	1.2	1.4	1.6	1.8	2.0	3.0	4.0	5.0	6.0	10.0	条形
0.0	0.250	0.250	0.250	0.250	0.250	0.250	0.250	0.250	0.250	0.250	0.250	0.250
0.2	0.249	0.249	0.249	0.249	0.249	0.249	0.249	0.249	0.249	0.249	0.249	0.249
0.4	0.240	0.242	0.243	0.243	0.244	0.244	0.244	0.244	0.244	0.244	0.244	0.244
0.6	0.223	0.228	0.230	0.232	0.232	0.233	0.234	0.234	0.234	0.234	0.234	0.234
0.8	0.200	0.207	0.212	0.215	0.216	0.218	0.220	0.220	0.220	0.220	0.220	0.220
1.0	0.175	0.185	0.191	0.195	0.198	0.200	0.203	0.204	0.204	0.204	0.205	0.205
1.2	0.152	0.163	0.171	0.176	0.179	0.182	0.187	0.188	0.189	0.189	0.189	0.189
1.4	0.131	0.142	0.151	0.157	0.161	0.164	0.171	0.173	0.174	0.174	0.174	0.174
1.6	0.112	0.124	0.133	0.140	0.145	0.148	0.157	0.159	0.160	0.160	0.160	0.160
1.8	0.097	0.108	0.117	0.124	0.129	0.133	0.143	0.146	0.147	0.148	0.148	0.148
2.0	0.084	0.095	0.103	0.110	0.116	0.120	0.131	0.135	0.136	0.137	0.137	0.137
2.2	0.073	0.083	0.092	0.098	0.104	0.108	0.121	0.125	0.126	0.127	0.128	0.128
2.4	0.064	0.073	0.081	0.088	0.093	0.098	0.111	0.116	0.118	0.118	0.119	0.119
2.6	0.057	0.065	0.072	0.079	0.084	0.089	0.102	0.107	0.110	0.111	0.112	0.112
2.8	0.050	0.058	0.065	0.071	0.076	0.080	0.094	0.100	0.102	0.104	0.105	0.105
3.0	0.045	0.052	0.058	0.064	0.069	0.073	0.087	0.093	0.096	0.097	0.099	0.099
3.2	0.040	0.047	0.053	0.058	0.063	0.067	0.081	0.087	0.090	0.092	0.093	0.094
3.4	0.036	0.042	0.048	0.053	0.057	0.061	0.075	0.081	0.085	0.086	0.088	0.089
3.6	0.033	0.038	0.043	0.048	0.052	0.056	0.069	0.076	0.080	0.082	0.084	0.084
3.8	0.030	0.035	0.040	0.044	0.048	0.052	0.065	0.072	0.075	0.077	0.080	0.080
4.0	0.027	0.032	0.036	0.040	0.044	0.048	0.060	0.067	0.071	0.073	0.076	0.076
4.2	0.025	0.029	0.033	0.037	0.041	0.044	0.056	0.063	0.067	0.070	0.072	0.073
4.4	0.023	0.027	0.031	0.034	0.038	0.041	0.053	0.060	0.064	0.066	0.069	0.070
4.6	0.021	0.025	0.028	0.032	0.035	0.038	0.049	0.056	0.061	0.063	0.066	0.067
4.8	0.019	0.023	0.026	0.029	0.032	0.035	0.046	0.053	0.058	0.060	0.064	0.064
5.0	0.018	0.021	0.024	0.027	0.030	0.033	0.043	0.050	0.055	0.057	0.061	0.062
6.0	0.013	0.015	0.017	0.020	0.022	0.024	0.033	0.039	0.043	0.046	0.051	0.052
7.0	0.009	0.011	0.013	0.015	0.016	0.018	0.025	0.031	0.035	0.038	0.043	0.045
8.0	0.007	0.009	0.010	0.011	0.013	0.014	0.020	0.025	0.028	0.031	0.037	0.039
9.0	0.006	0.007	0.008	0.009	0.010	0.011	0.016	0.020	0.024	0.026	0.032	0.035
10.0	0.005	0.006	0.007	0.007	0.008	0.009	0.013	0.017	0.020	0.022	0.028	0.032
12.0	0.003	0.004	0.005	0.005	0.006	0.006	0.009	0.012	0.014	0.017	0.022	0.026
14.0	0.002	0.003	0.003	0.004	0.004	0.005	0.007	0.009	0.011	0.013	0.018	0.023
16.0	0.002	0.002	0.003	0.003	0.003	0.004	0.005	0.007	0.009	0.010	0.014	0.020
18.0	0.001	0.002	0.002	0.002	0.003	0.003	0.004	0.006	0.007	0.008	0.012	0.018
20.0	0.001	0.001	0.002	0.002	0.002	0.002	0.004	0.005	0.006	0.007	0.010	0.016
25.0	0.001	0.001	0.001	0.001	0.001	0.002	0.002	0.003	0.004	0.004	0.007	0.013
30.0	0.001	0.001	0.001	0.001	0.001	0.001	0.002	0.002	0.003	0.002	0.005	0.011
35.0	0.000	0.000	0.001	0.001	0.001	0.001	0.001	0.002	0.002	0.002	0.004	0.009
40.0	0.000	0.000	0.000	0.000	0.001	0.001	0.001	0.001	0.001	0.002	0.003	0.008

注：l——矩形均布荷载长度（m）；b——矩形均布荷载宽度（m）；z——计算深度（m）

矩形面积上均布荷载作用下角点平均附加应力系数$\bar{\alpha}_i$ 表Ⅰ.0.2

z/b	l/b												
	1.0	1.2	1.4	1.6	1.8	2.0	2.4	2.8	3.2	3.6	4.0	5.0	10.0
0.0	0.2500	0.2500	0.2500	0.2500	0.2500	0.2500	0.2500	0.2500	0.2500	0.2500	0.2500	0.2500	0.2500
0.2	0.2496	0.2497	0.2497	0.2498	0.2498	0.2498	0.2498	0.2498	0.2498	0.2498	0.2498	0.2498	0.2498
0.4	0.2474	0.2479	0.2481	0.2483	0.2483	0.2484	0.2485	0.2485	0.2485	0.2485	0.2485	0.2485	0.2485
0.6	0.2423	0.2437	0.2444	0.2448	0.2451	0.2452	0.2454	0.2455	0.2455	0.2455	0.2455	0.2455	0.2456
0.8	0.2346	0.2372	0.2387	0.2395	0.2400	0.2403	0.2407	0.2408	0.2409	0.2409	0.2410	0.2410	0.2410
1.0	0.2252	0.2291	0.2313	0.2326	0.2335	0.2340	0.2346	0.2349	0.2351	0.2352	0.2352	0.2353	0.2353
1.2	0.2149	0.2199	0.2229	0.2248	0.2260	0.2268	0.2278	0.2282	0.2285	0.2286	0.2287	0.2288	0.2289
1.4	0.2043	0.2102	0.2140	0.2164	0.2180	0.2191	0.2204	0.2211	0.2215	0.2217	0.2218	0.2220	0.2221
1.6	0.1939	0.2006	0.2049	0.2079	0.2099	0.2113	0.2130	0.2138	0.2143	0.2146	0.2148	0.2150	0.2152
1.8	0.1840	0.1912	0.1960	0.1994	0.2018	0.2034	0.2055	0.2066	0.2073	0.2077	0.2079	0.2082	0.2084
2.0	0.1746	0.1822	0.1875	0.1912	0.1938	0.1958	0.1982	0.1996	0.2004	0.2009	0.2012	0.2015	0.2018
2.2	0.1659	0.1737	0.1793	0.1833	0.1862	0.1883	0.1911	0.1927	0.1937	0.1943	0.1947	0.1952	0.1955
2.4	0.1578	0.1657	0.1715	0.1757	0.1789	0.1812	0.1843	0.1862	0.1873	0.1880	0.1885	0.1890	0.1895
2.6	0.1503	0.1583	0.1642	0.1686	0.1719	0.1745	0.1779	0.1799	0.1812	0.1820	0.1825	0.1832	0.1838
2.8	0.1433	0.1514	0.1574	0.1619	0.1654	0.1680	0.1717	0.1739	0.1753	0.1763	0.1769	0.1777	0.1784
3.0	0.1369	0.1449	0.1510	0.1556	0.1592	0.1619	0.1658	0.1682	0.1698	0.1708	0.1715	0.1725	0.1733
3.2	0.1310	0.1390	0.1450	0.1497	0.1533	0.1562	0.1602	0.1628	0.1645	0.1657	0.1664	0.1675	0.1685
3.4	0.1256	0.1334	0.1394	0.1441	0.1478	0.1508	0.1550	0.1577	0.1595	0.1607	0.1616	0.1628	0.1639
3.6	0.1205	0.1282	0.1342	0.1389	0.1427	0.1456	0.1500	0.1528	0.1548	0.1561	0.1570	0.1583	0.1595
3.8	0.1158	0.1234	0.1293	0.1340	0.1378	0.1408	0.1452	0.1482	0.1502	0.1516	0.1526	0.1541	0.1554
4.0	0.1114	0.1189	0.1248	0.1294	0.1332	0.1362	0.1408	0.1438	0.1459	0.1474	0.1485	0.1500	0.1516
4.2	0.1073	0.1147	0.1205	0.1251	0.1289	0.1319	0.1365	0.1396	0.1418	0.1434	0.1445	0.1462	0.1479
4.4	0.1035	0.1107	0.1164	0.1210	0.1248	0.1279	0.1325	0.1357	0.1379	0.1396	0.1407	0.1425	0.1444
4.6	0.1000	0.1070	0.1127	0.1172	0.1209	0.1240	0.1287	0.1319	0.1342	0.1359	0.1371	0.1390	0.1410
4.8	0.0967	0.1036	0.1091	0.1136	0.1173	0.1204	0.1250	0.1283	0.1307	0.1324	0.1337	0.1357	0.1379
5.0	0.0935	0.1003	0.1057	0.1102	0.1139	0.1169	0.1216	0.1249	0.1273	0.1291	0.1304	0.1325	0.1348
5.2	0.0906	0.0972	0.1026	0.1070	0.1106	0.1136	0.1183	0.1217	0.1241	0.1259	0.1273	0.1295	0.1320
5.4	0.0878	0.0943	0.0996	0.1039	0.1075	0.1105	0.1152	0.1186	0.1211	0.1229	0.1243	0.1265	0.1292
5.6	0.0852	0.0916	0.0968	0.1010	0.1046	0.1076	0.1122	0.1156	0.1181	0.1200	0.1215	0.1238	0.1266
5.8	0.0828	0.0890	0.0941	0.0983	0.1018	0.1047	0.1094	0.1128	0.1153	0.1172	0.1187	0.1211	0.1240
6.0	0.0805	0.0866	0.0916	0.0957	0.0991	0.1021	0.1067	0.1101	0.1126	0.1146	0.1161	0.1185	0.1216
6.2	0.0783	0.0842	0.0891	0.0932	0.0966	0.0995	0.1041	0.1075	0.1101	0.1120	0.1136	0.1161	0.1193
6.4	0.0762	0.0820	0.0869	0.0909	0.0942	0.0971	0.1016	0.1050	0.1076	0.1096	0.1111	0.1137	0.1171
6.6	0.0742	0.0799	0.0847	0.0886	0.0919	0.0948	0.0993	0.1027	0.1053	0.1073	0.1088	0.1114	0.1149
6.8	0.0723	0.0779	0.0826	0.0865	0.0898	0.0926	0.0970	0.1004	0.1030	0.1050	0.1066	0.1092	0.1129
7.0	0.0705	0.0761	0.0806	0.0844	0.0877	0.0904	0.0949	0.0982	0.1008	0.1028	0.1044	0.1071	0.1109
7.2	0.0688	0.0742	0.0787	0.0825	0.0857	0.0884	0.0928	0.0962	0.0987	0.1008	0.1023	0.1051	0.1090
7.4	0.0672	0.0725	0.0769	0.0806	0.0838	0.0865	0.0908	0.0942	0.0967	0.0988	0.1004	0.1031	0.1071
7.6	0.0656	0.0709	0.0752	0.0789	0.0820	0.0846	0.0889	0.0922	0.0948	0.0968	0.0984	0.1012	0.1054
7.8	0.0642	0.0693	0.0736	0.0771	0.0802	0.0828	0.0871	0.0904	0.0929	0.0950	0.0966	0.0994	0.1036
8.0	0.0627	0.0678	0.072	0.0755	0.0785	0.0811	0.0853	0.0886	0.0912	0.0932	0.0948	0.0976	0.1020
8.2	0.0614	0.0663	0.0705	0.0739	0.0769	0.0795	0.0837	0.0869	0.0894	0.0914	0.0931	0.0959	0.1004
8.4	0.0601	0.0649	0.069	0.0724	0.0754	0.0779	0.082	0.0852	0.0878	0.0893	0.0914	0.0943	0.0990
8.6	0.0588	0.0636	0.0676	0.071	0.0739	0.0764	0.0805	0.0836	0.0862	0.0882	0.0898	0.0927	0.0973

矩形面积上三角形分布荷载作用下的附加应力系数α与平均附加应力系数$\bar{\alpha}$ 表Ⅰ.0.3

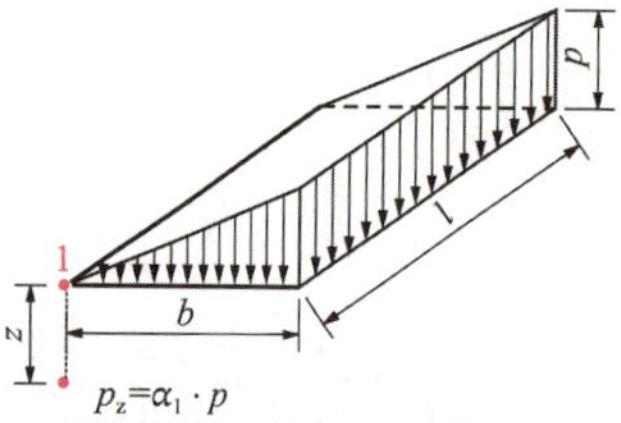

$p_z=\alpha_1 \cdot p$

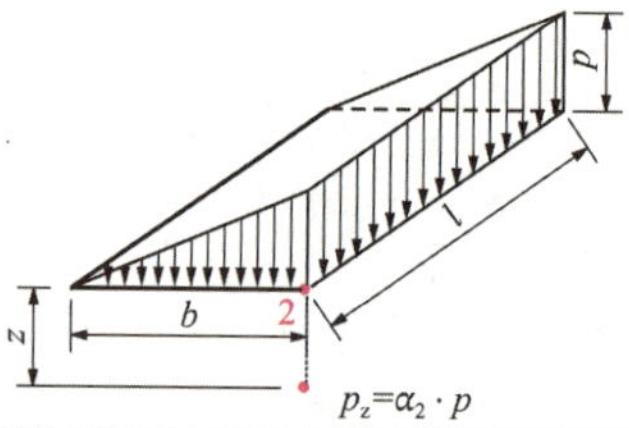

$p_z=\alpha_2 \cdot p$

l/b	0.2				0.4				0.6			
点	1		2		1		2		1		2	
z/b	系数											
	α_1	$\bar{\alpha}_1$	α_2	$\bar{\alpha}_2$	α_1	$\bar{\alpha}_1$	α_2	$\bar{\alpha}_2$	α_1	$\bar{\alpha}_1$	α_2	$\bar{\alpha}_2$
0.0	0.0000	0.0000	0.2500	0.2500	0.0000	0.0000	0.2500	0.2500	0.0000	0.0000	0.2500	0.2500
0.2	0.0223	0.0112	0.1821	0.2161	0.0280	0.0140	0.2115	0.2308	0.0296	0.0148	0.2165	0.2333
0.4	0.0269	0.0179	0.1094	0.1810	0.0420	0.0245	0.1604	0.2084	0.0487	0.0270	0.1781	0.2153
0.6	0.0259	0.0207	0.0700	0.1505	0.0448	0.0308	0.1165	0.1851	0.0560	0.0355	0.1405	0.1966
0.8	0.0232	0.0217	0.0480	0.1277	0.0421	0.0340	0.0853	0.1640	0.0553	0.0405	0.1093	0.1787
1.0	0.0201	0.0217	0.0346	0.1104	0.0375	0.0351	0.0638	0.1461	0.0508	0.0430	0.0852	0.1624
1.2	0.0171	0.0212	0.0260	0.0970	0.0324	0.0351	0.0491	0.1312	0.0450	0.0439	0.0673	0.1480
1.4	0.0145	0.0204	0.0202	0.0865	0.0278	0.0344	0.0386	0.1187	0.0392	0.0436	0.0540	0.1356
1.6	0.0123	0.0195	0.0160	0.0779	0.0238	0.0333	0.0310	0.1082	0.0339	0.0427	0.0440	0.1247
1.8	0.0105	0.0186	0.0130	0.0709	0.0204	0.0321	0.0254	0.0993	0.0294	0.0415	0.0363	0.1153
2.0	0.0090	0.0178	0.0108	0.0650	0.0176	0.0308	0.0211	0.0917	0.0255	0.0401	0.0304	0.1071
2.5	0.0063	0.0157	0.0072	0.0538	0.0125	0.0276	0.0140	0.0769	0.0183	0.0365	0.0205	0.0908
3.0	0.0046	0.0140	0.0051	0.0458	0.0092	0.0248	0.0100	0.0661	0.0135	0.0330	0.0148	0.0786
5.0	0.0018	0.0097	0.0019	0.0289	0.0036	0.0175	0.0038	0.0424	0.0054	0.0236	0.0056	0.0476
7.0	0.0009	0.0073	0.0010	0.0211	0.0019	0.0133	0.0019	0.0311	0.0028	0.0180	0.0029	0.0352
10.0	0.0005	0.0053	0.0004	0.0150	0.0009	0.0097	0.0010	0.0222	0.0014	0.0133	0.0014	0.0253

l/b	0.8				1.0				1.2			
点	1		2		1		2		1		2	
z/b	系数											
	α_1	$\bar{\alpha}_1$	α_2	$\bar{\alpha}_2$	α_1	$\bar{\alpha}_1$	α_2	$\bar{\alpha}_2$	α_1	$\bar{\alpha}_1$	α_2	$\bar{\alpha}_2$
0.0	0.0000	0.0000	0.2500	0.2500	0.0000	0.0000	0.2500	0.2500	0.0000	0.0000	0.2500	0.2500
0.2	0.0301	0.0151	0.2178	0.2339	0.0304	0.0152	0.2182	0.2341	0.0305	0.0153	0.2184	0.2342
0.4	0.0517	0.0280	0.1844	0.2175	0.0531	0.0285	0.1870	0.2184	0.0539	0.0288	0.1881	0.2187
0.6	0.0621	0.0376	0.1520	0.2011	0.0654	0.0388	0.1575	0.2030	0.0673	0.0394	0.1602	0.2039
0.8	0.0637	0.0440	0.1232	0.1852	0.0688	0.0459	0.1311	0.1883	0.0720	0.0470	0.1355	0.1899
1.0	0.0602	0.0476	0.0996	0.1704	0.0666	0.0502	0.1086	0.1746	0.0708	0.0518	0.1143	0.1769
1.2	0.0546	0.0492	0.0807	0.1571	0.0615	0.0525	0.0901	0.1621	0.0664	0.0546	0.0962	0.1649
1.4	0.0483	0.0495	0.0661	0.1451	0.0554	0.0534	0.0751	0.1507	0.0606	0.0559	0.0817	0.1541
1.6	0.0424	0.0490	0.0547	0.1345	0.0492	0.0533	0.0628	0.1405	0.0545	0.0561	0.0696	0.1443
1.8	0.0371	0.0480	0.0457	0.1252	0.0435	0.0525	0.0534	0.1313	0.0487	0.0556	0.0596	0.1354
2.0	0.0324	0.0467	0.0387	0.1169	0.0384	0.0513	0.0456	0.1232	0.0434	0.0547	0.0513	0.1274
2.5	0.0236	0.0429	0.0265	0.1000	0.0284	0.0478	0.0318	0.1063	0.0326	0.0513	0.0365	0.1107
3.0	0.0176	0.0392	0.0192	0.0871	0.0214	0.0439	0.0233	0.0931	0.0249	0.0476	0.0270	0.0976
5.0	0.0071	0.0285	0.0074	0.0576	0.0088	0.0324	0.0091	0.0624	0.0104	0.0356	0.0108	0.0661
7.0	0.0038	0.0219	0.0038	0.0427	0.0047	0.0251	0.0047	0.0465	0.0056	0.0277	0.0056	0.0496
10.0	0.0019	0.0162	0.0019	0.0308	0.0023	0.0186	0.0024	0.0336	0.0028	0.0207	0.0028	0.0359

续表

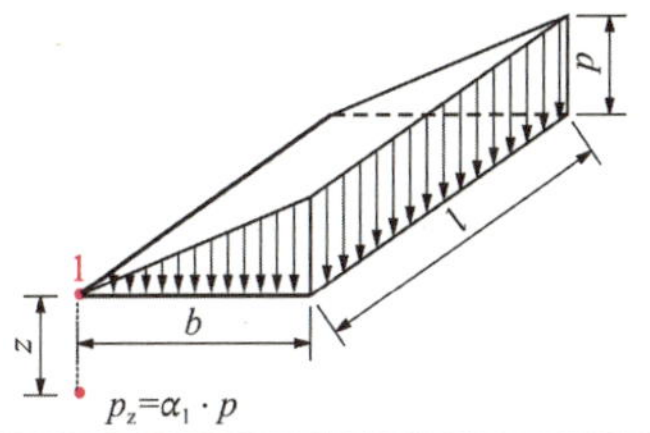

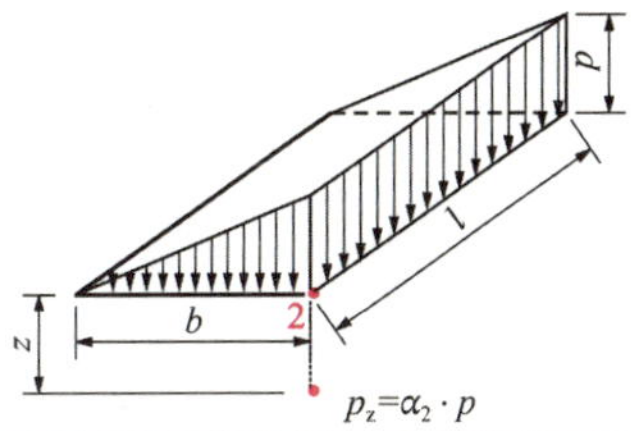

l/b	1.4				1.6				1.8			
点	1		2		1		2		1		2	
z/b	系数											
	α_1	$\bar{\alpha}_1$	α_2	$\bar{\alpha}_2$	α_1	$\bar{\alpha}_1$	α_2	$\bar{\alpha}_2$	α_1	$\bar{\alpha}_1$	α_2	$\bar{\alpha}_2$
0.0	0.0000	0.0000	0.2500	0.2500	0.0000	0.0000	0.2500	0.2500	0.0000	0.0000	0.2500	0.2500
0.2	0.0305	0.0153	0.2185	0.2343	0.0306	0.0153	0.2185	0.2343	0.0306	0.0153	0.2185	0.2343
0.4	0.0543	0.0289	0.1886	0.2189	0.0545	0.0290	0.1889	0.2190	0.0546	0.0290	0.1891	0.2190
0.6	0.0684	0.0397	0.1616	0.2043	0.0690	0.0399	0.1625	0.2046	0.0694	0.0400	0.1630	0.2047
0.8	0.0739	0.0476	0.1381	0.1907	0.0751	0.0480	0.1396	0.1912	0.0759	0.0482	0.1405	0.1915
1.0	0.0735	0.0528	0.1176	0.1781	0.0753	0.0534	0.1202	0.1789	0.0766	0.0538	0.1215	0.1794
1.2	0.0698	0.0560	0.1007	0.1666	0.0721	0.0568	0.1037	0.1678	0.0738	0.0574	0.1055	0.1684
1.4	0.0644	0.0575	0.0864	0.1562	0.0672	0.0586	0.0897	0.1576	0.0692	0.0594	0.0921	0.1585
1.6	0.0586	0.0580	0.0743	0.1467	0.0616	0.0594	0.0780	0.1484	0.0639	0.0603	0.0806	0.1494
1.8	0.0528	0.0578	0.0644	0.1381	0.0560	0.0593	0.0681	0.1400	0.0585	0.0604	0.0709	0.1413
2.0	0.0474	0.0570	0.0560	0.1303	0.0507	0.0587	0.0596	0.1324	0.0533	0.0599	0.0625	0.1338
2.5	0.0362	0.0540	0.0405	0.1139	0.0393	0.0560	0.0440	0.1163	0.0419	0.0575	0.0469	0.1180
3.0	0.0280	0.0503	0.0303	0.1008	0.0307	0.0525	0.0333	0.1033	0.0331	0.0541	0.0359	0.1052
5.0	0.0120	0.0382	0.0123	0.0690	0.0135	0.0403	0.0139	0.0714	0.0148	0.0421	0.0154	0.0734
7.0	0.0064	0.0299	0.0066	0.0520	0.0073	0.0318	0.0074	0.0541	0.0081	0.0333	0.0083	0.0558
10.0	0.0033	0.0224	0.0032	0.0379	0.0037	0.0239	0.0037	0.0395	0.0041	0.0252	0.0042	0.0409

l/b	2.0				3.0				4.0			
点	1		2		1		2		1		2	
z/b	系数											
	α_1	$\bar{\alpha}_1$	α_2	$\bar{\alpha}_2$	α_1	$\bar{\alpha}_1$	α_2	$\bar{\alpha}_2$	α_1	$\bar{\alpha}_1$	α_2	$\bar{\alpha}_2$
0.0	0.0000	0.0000	0.2500	0.2500	0.0000	0.0000	0.2500	0.2500	0.0000	0.0000	0.2500	0.2500
0.2	0.0306	0.0153	0.2185	0.2343	0.0306	0.0153	0.2186	0.2343	0.0306	0.0153	0.2186	0.2343
0.4	0.0547	0.0290	0.1892	0.2191	0.0548	0.0290	0.1894	0.2192	0.0549	0.0291	0.1894	0.2192
0.6	0.0696	0.0401	0.1633	0.2048	0.0701	0.0402	0.1638	0.2050	0.0702	0.0402	0.1639	0.2050
0.8	0.0764	0.0483	0.1412	0.1917	0.0773	0.0486	0.1423	0.1920	0.0776	0.0487	0.1424	0.1920
1.0	0.0774	0.0540	0.1225	0.1797	0.0790	0.0545	0.1244	0.1803	0.0794	0.0546	0.1248	0.1803
1.2	0.0749	0.0577	0.1069	0.1689	0.0774	0.0584	0.1096	0.1697	0.0779	0.0586	0.1103	0.1699
1.4	0.0707	0.0599	0.0937	0.1591	0.0739	0.0609	0.0973	0.1603	0.0748	0.0612	0.0982	0.1605
1.6	0.0656	0.0609	0.0826	0.1502	0.0697	0.0623	0.0870	0.1517	0.0708	0.0626	0.0882	0.1521
1.8	0.0604	0.0611	0.0730	0.1422	0.0652	0.0628	0.0782	0.1441	0.0666	0.0633	0.0797	0.1445
2.0	0.0553	0.0608	0.0649	0.1348	0.0607	0.0629	0.0707	0.1371	0.0624	0.0634	0.0726	0.1377
2.5	0.0440	0.0586	0.0491	0.1193	0.0504	0.0614	0.0559	0.1223	0.0529	0.0623	0.0585	0.1233
3.0	0.0352	0.0554	0.0380	0.1067	0.0419	0.0589	0.0451	0.1104	0.0449	0.0600	0.0482	0.1116
5.0	0.0161	0.0435	0.0167	0.0749	0.0214	0.0480	0.0221	0.0797	0.0248	0.0500	0.0256	0.0817
7.0	0.0089	0.0347	0.0091	0.0572	0.0124	0.0391	0.0126	0.0619	0.0152	0.0414	0.0154	0.0642
10.0	0.0046	0.0263	0.0046	0.0403	0.0066	0.0302	0.0066	0.0462	0.0084	0.0325	0.0083	0.0485

续表

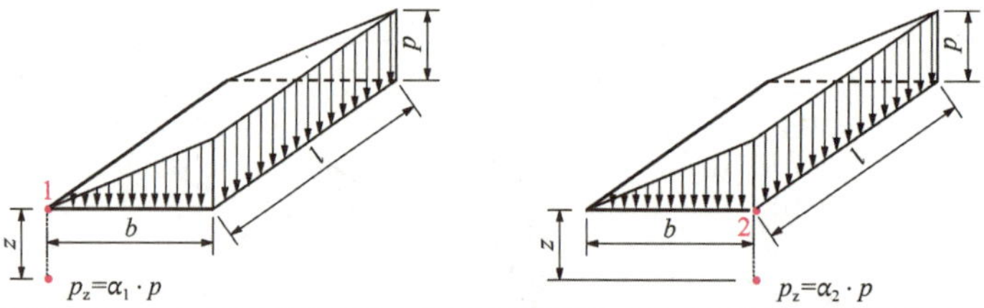

l/b	6.0				8.0				10.0			
点	1		2		1		2		1		2	
z/b	系数											
	α_1	$\bar{\alpha}_1$	α_2	$\bar{\alpha}_2$	α_1	$\bar{\alpha}_1$	α_2	$\bar{\alpha}_2$	α_1	$\bar{\alpha}_1$	α_2	$\bar{\alpha}_2$
0.0	0.0000	0.0000	0.2500	0.2500	0.0000	0.0000	0.2500	0.2500	0.0000	0.0000	0.2500	0.2500
0.2	0.0306	0.0153	0.2186	0.2343	0.0306	0.0153	0.2186	0.2343	0.0306	0.0153	0.2186	0.2343
0.4	0.0549	0.0291	0.1894	0.2192	0.0549	0.0291	0.1894	0.2192	0.0549	0.0291	0.1894	0.2192
0.6	0.0702	0.0402	0.1640	0.2050	0.0702	0.0402	0.1640	0.2050	0.0702	0.0402	0.1640	0.2050
0.8	0.0776	0.0487	0.1426	0.1921	0.0776	0.0487	0.1426	0.1921	0.0776	0.0487	0.1426	0.1921
1.0	0.0795	0.0546	0.1250	0.1804	0.0796	0.0546	0.1250	0.1804	0.0796	0.0546	0.1250	0.1804
1.2	0.0782	0.0587	0.1105	0.1700	0.0783	0.0587	0.1105	0.1700	0.0783	0.0587	0.1105	0.1700
1.4	0.0752	0.0613	0.0986	0.1606	0.0752	0.0613	0.0987	0.1606	0.0753	0.0613	0.0987	0.1606
1.6	0.0714	0.0628	0.0887	0.1523	0.0715	0.0628	0.0888	0.1523	0.0715	0.0628	0.0889	0.1523
1.8	0.0673	0.0635	0.0805	0.1447	0.0675	0.0635	0.0806	0.1448	0.0675	0.0635	0.0808	0.1448
2.0	0.0634	0.0637	0.0734	0.1380	0.0636	0.0638	0.0736	0.1380	0.0636	0.0638	0.0738	0.1380
2.5	0.0543	0.0627	0.0601	0.1237	0.0547	0.0628	0.0604	0.1238	0.0548	0.0628	0.0605	0.1239
3.0	0.0469	0.0607	0.0504	0.1123	0.0474	0.0609	0.0509	0.1124	0.0476	0.0609	0.0511	0.1125
5.0	0.0283	0.0515	0.0290	0.0833	0.0296	0.0519	0.0303	0.0837	0.0301	0.0521	0.0309	0.0839
7.0	0.0186	0.0435	0.0190	0.0663	0.0204	0.0442	0.0207	0.0671	0.0212	0.0445	0.0216	0.0674
10.0	0.0111	0.0349	0.0111	0.0509	0.0128	0.0359	0.0130	0.0520	0.0139	0.0364	0.0141	0.0526

下面沉降经验系数方便做题查表用。注意地基处理中垫层变形计算用表 1。强夯置换墩下地基土的变形可按置换墩材料的压力扩散角计算传至墩下土层的附加应力，用表 1；对饱和粉土地基，当处理后形成 2.0m 以上厚度的硬层时，可按复合地基变形计算，用表 2。

按《建筑地基基础设计规范》沉降计算经验系数ψ_s（可插值） 表 1

基底附加压力 p_0	$\bar{E}_s$（MPa） 2.5	2.5～4	4	4～7	7	7～15	15	15～20	20
$p_0 \geqslant f_{ak}$	1.4	$\frac{23.5-\bar{E}_s}{15}$	1.3	$\frac{17-\bar{E}_s}{10}$	1.0	$\frac{61-3\bar{E}_s}{40}$	0.4	$\frac{25-\bar{E}_s}{25}$	0.2
$p_0 \leqslant 0.75f_{ak}$	1.1	$\frac{19-\bar{E}_s}{15}$	1.0	$\frac{14-\bar{E}_s}{10}$	0.7	$\frac{77-3\bar{E}_s}{80}$	0.4		0.2

注：$\bar{E}_s \geqslant 15$MPa 时，ψ_s与p_0和f_{ak}的关系无关。

按《建筑地基处理技术规范》沉降计算经验系数ψ_s（可插值） 表 2

$\bar{E}_s$（MPa）	4	4～7	7	7～15	15	15～20	20	20～35	35
ψ_s	1.0	$\frac{14-\bar{E}_s}{10}$	0.7	$\frac{77-3\bar{E}_s}{80}$	0.4	$\frac{85-3\bar{E}_s}{100}$	0.25	$\frac{95-\bar{E}_s}{300}$	0.2

圆形面积上均布荷载作用下中点的附加应力系数α与平均附加应力系数$\bar{\alpha}$　表 I.0.4

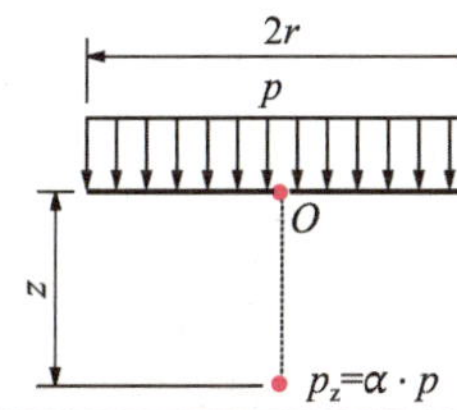

z/r	圆形		z/r	圆形	
	α	$\bar{\alpha}$		α	$\bar{\alpha}$
0.0	1.000	1.000	2.6	0.187	0.560
0.1	0.999	1.000	2.7	0.175	0.546
0.2	0.992	0.998	2.8	0.165	0.532
0.3	0.976	0.993	2.9	0.155	0.519
0.4	0.949	0.986	3.0	0.146	0.507
0.5	0.911	0.974	3.1	0.138	0.495
0.6	0.864	0.960	3.2	0.130	0.484
0.7	0.811	0.942	3.3	0.124	0.473
0.8	0.756	0.923	3.4	0.117	0.463
0.9	0.701	0.901	3.5	0.111	0.453
1.0	0.647	0.878	3.6	0.106	0.443
1.1	0.595	0.855	3.7	0.101	0.434
1.2	0.547	0.831	3.8	0.096	0.425
1.3	0.502	0.808	3.9	0.091	0.417
1.4	0.461	0.784	4.0	0.087	0.409
1.5	0.424	0.762	4.1	0.083	0.401
1.6	0.390	0.739	4.2	0.079	0.393
1.7	0.360	0.718	4.3	0.076	0.386
1.8	0.332	0.697	4.4	0.073	0.379
1.9	0.307	0.677	4.5	0.070	0.372
2.0	0.285	0.658	4.6	0.067	0.365
2.1	0.264	0.640	4.7	0.064	0.359
2.2	0.245	0.623	4.8	0.062	0.353
2.3	0.229	0.606	4.9	0.059	0.347
2.4	0.210	0.590	5.0	0.057	0.341
2.5	0.200	0.574			

圆形面积上三角形分布荷载作用下边点的附加应力系数α与平均附加应力系数$\bar{\alpha}$　表Ⅰ.0.5

z/r	点			
	1		2	
	系数			
	α_1	$\bar{\alpha}_1$	α_2	$\bar{\alpha}_2$
0.0	0.000	0.000	0.500	0.500
0.1	0.016	0.008	0.465	0.483
0.2	0.031	0.016	0.433	0.466
0.3	0.044	0.023	0.403	0.450
0.4	0.054	0.030	0.376	0.435
0.5	0.063	0.035	0.349	0.420
0.6	0.071	0.041	0.324	0.406
0.7	0.078	0.045	0.300	0.393
0.8	0.083	0.050	0.279	0.380
0.9	0.088	0.054	0.258	0.368
1.0	0.091	0.057	0.238	0.356
1.1	0.092	0.061	0.221	0.344
1.2	0.093	0.063	0.205	0.333
1.3	0.092	0.065	0.190	0.323
1.4	0.091	0.067	0.177	0.313
1.5	0.089	0.069	0.165	0.303
1.6	0.087	0.070	0.154	0.294
1.7	0.085	0.071	0.144	0.286
1.8	0.083	0.072	0.134	0.278
1.9	0.080	0.072	0.126	0.270
2.0	0.078	0.073	0.117	0.263
2.1	0.075	0.073	0.110	0.255
2.2	0.072	0.073	0.104	0.249
2.3	0.070	0.073	0.097	0.242
2.4	0.067	0.073	0.091	0.236
2.5	0.064	0.072	0.086	0.230
2.6	0.062	0.072	0.081	0.225
2.7	0.059	0.071	0.078	0.219
2.8	0.057	0.071	0.074	0.214
2.9	0.055	0.070	0.070	0.209
3.0	0.052	0.070	0.067	0.204
3.1	0.050	0.069	0.064	0.200
3.2	0.048	0.069	0.061	0.196
3.3	0.046	0.068	0.059	0.192
3.4	0.045	0.067	0.055	0.188
3.5	0.043	0.067	0.053	0.184
3.6	0.041	0.066	0.051	0.180
3.7	0.040	0.065	0.048	0.177
3.8	0.038	0.065	0.046	0.173
3.9	0.037	0.064	0.043	0.170
4.0	0.036	0.063	0.041	0.167
4.2	0.033	0.062	0.038	0.161
4.4	0.031	0.061	0.034	0.155
4.6	0.029	0.059	0.031	0.150
4.8	0.027	0.058	0.029	0.145
5.0	0.025	0.057	0.027	0.140

附录Ⅱ

混凝土和钢筋强度、弹性模量常用表格

混凝土轴心抗压强度设计值f_c（MPa）　　表Ⅱ.0.1

强度	混凝土强度等级													
	C15	C20	C25	C30	C35	C40	C45	C50	C55	C60	C65	C70	C75	C80
f_c	7.2	9.6	11.9	14.3	16.7	19.1	21.1	23.1	25.3	27.5	29.7	31.8	33.8	35.9

混凝土轴心抗拉强度设计值f_t（MPa）　　表Ⅱ.0.2

强度	混凝土强度等级													
	C15	C20	C25	C30	C35	C40	C45	C50	C55	C60	C65	C70	C75	C80
f_t	0.91	1.10	1.27	1.43	1.57	1.71	1.80	1.89	1.96	2.04	2.09	2.14	2.18	2.22

桩体试块立方体抗压强度平均值f_{cu}（MPa）　　表Ⅱ.0.3

强度	混凝土强度等级													
	C15	C20	C25	C30	C35	C40	C45	C50	C55	C60	C65	C70	C75	C80
f_{cu}	15	20	25	30	35	40	45	50	55	60	65	70	75	80

注：本表主要用于“地基处理”中有粘结强度复合地基的增强体桩身强度f_{cu}，对一般桩体为桩体试块（边长150mm立方体）标准养护28d的立方体抗压强度平均值，对水泥土搅拌桩为与搅拌桩桩身水泥土配比相同的室内加固土试块，边长为70.7mm的立方体在标准养护条件下90d龄期的立方体抗压强度平均值。

普通钢筋强度设计值（MPa）　　表Ⅱ.0.4

牌号	HPB300	HRB335	HRB400、HRBF400、RRB400	HRB500、HRBF500
抗拉强度设计值f_y	270	300	360	435（360）
抗压强度设计值f'_y	270	300	360	435（400）

注：对轴心受压构件，当采用HRB500、HRBF500钢筋时，钢筋的抗压强度设计值f'_y应取400MPa；横向钢筋用作受剪、受扭、受冲切承载力计算时，其抗拉强度设计值f_y大于360MPa时应取360MPa。

预应力筋强度设计值（MPa）　　表Ⅱ.0.5

种类	中强度预应力钢丝			消除应力钢丝			钢绞线				预应力螺纹钢筋		
极限强度标准值f_{ptk}	800	970	1270	1470	1570	1860	1570	1720	1860	1960	980	1080	1230
抗拉强度设计值f_{py}	510	650	810	1040	1110	1320	1110	1220	1320	1390	650	770	900
抗压强度设计值f'_{py}	410			410			390				400		

注：当预应力筋的强度标准值不符合表中规定时，其强度设计值应进行相应的比例换算。

混凝土的弹性模量E_c（$\times 10^4$MPa） 表Ⅱ.0.6

强度	混凝土强度等级													
	C15	C20	C25	C30	C35	C40	C45	C50	C55	C60	C65	C70	C75	C80
E_c	2.20	2.55	2.80	3.00	3.15	3.25	3.35	3.45	3.55	3.60	3.65	3.70	3.75	3.80

钢筋的弹性模量E_s（$\times 10^5$MPa） 表Ⅱ.0.7

牌号或种类	HPB300	HRB335、HRB400、HRB500、HRBF400、HRBF500、RRB400、预应力带肋钢筋	消除应力钢丝中强度预应力钢丝	钢绞线
E_s	2.10	2.00	2.05	1.95

附录Ⅲ

承载力修正系数η_b、η_d和承载力系数M_b、M_d、M_c

承载力修正系数η_b、η_d 表Ⅲ.0.1

<table>
<tr><td colspan="2">$f_a = f_{ak} + \eta_b\gamma(b-3) + \eta_d\gamma_m(d-0.5)$</td><td colspan="2">$b$——基础底面短边宽度（m），且 $3m \leqslant b \leqslant 6m$</td></tr>
<tr><td colspan="2">土的类别</td><td>η_b</td><td>η_d</td></tr>
<tr><td colspan="2">淤泥和淤泥质土</td><td rowspan="3">0</td><td rowspan="3">1.0</td></tr>
<tr><td colspan="2">人工填土</td></tr>
<tr><td colspan="2">$e \geqslant 0.85$ 或$I_L \geqslant 0.85$ 的黏性土</td></tr>
<tr><td rowspan="2">红黏土</td><td>含水比$a_w > 0.8$</td><td>0</td><td>1.2</td></tr>
<tr><td>含水比$a_w \leqslant 0.8$</td><td>0.15</td><td>1.4</td></tr>
<tr><td rowspan="2">大面积压实填土</td><td>压实系数大于 0.95，黏粒含量$\rho_c \geqslant 10\%$的粉土</td><td>0</td><td>1.5</td></tr>
<tr><td>最大干密度大于 2100kg/m^3 的级配砂石</td><td>0</td><td>2.0</td></tr>
<tr><td rowspan="2">粉土</td><td>黏粒含量$\rho_c \geqslant 10\%$的粉土</td><td>0.3</td><td>1.5</td></tr>
<tr><td>黏粒含量$\rho_c < 10\%$的粉土</td><td>0.5</td><td>2.0</td></tr>
<tr><td colspan="2">$e < 0.85$ 且$I_L < 0.85$ 的黏性土</td><td>0.3</td><td>1.6</td></tr>
<tr><td colspan="2">粉砂、细砂（不包括很湿与饱和时的稍密状态）</td><td>2.0</td><td>3.0</td></tr>
<tr><td colspan="2">中砂、粗砂、砾砂和碎石土</td><td>3.0</td><td>4.4</td></tr>
</table>

注：1. η_b、η_d分别为承载力宽度和深度修正系数，按基底下土的类别查表取值；

2. 强风化和全风化的岩石，可参照所风化成的相应土类取值，其他状态下的岩石不修正；

3. 地基承载力特征值按深层平板载荷试验确定时，η_d取 0；载荷试验测试深度和基础**埋深不一致时**，需要按二者的**深度差**进行深度修正；

4. 含水比a_w是指土的含水率与液限的比值；

5. 大面积压实填土是指填土范围大于两倍基础宽度的填土。

承载力系数M_b、M_d、M_c 表Ⅲ.0.2

<table>
<tr><td colspan="4">当偏心矩$e \leqslant 0.033b$时：
$f_a = M_b\gamma b + M_d\gamma_m d + M_c c_k$</td><td colspan="4">$b$——基础底面短边宽度（m），且$b \leqslant 6m$，对砂土 $3m \leqslant b \leqslant 6m$；
c_k——基础底面以下一倍短边宽度的深度范围内土的黏聚力标准值</td></tr>
<tr><td>内摩擦角标准值φ_k</td><td>M_b</td><td>M_d</td><td>M_c</td><td>内摩擦角标准值φ_k</td><td>M_b</td><td>M_d</td><td>M_c</td></tr>
<tr><td>0°</td><td>0</td><td>1.00</td><td>3.14</td><td>22°</td><td>0.61</td><td>3.44</td><td>6.04</td></tr>
<tr><td>2°</td><td>0.03</td><td>1.12</td><td>3.32</td><td>24°</td><td>0.80</td><td>3.87</td><td>6.45</td></tr>
<tr><td>4°</td><td>0.06</td><td>1.25</td><td>3.51</td><td>26°</td><td>1.10</td><td>4.37</td><td>6.90</td></tr>
<tr><td>6°</td><td>0.10</td><td>1.39</td><td>3.71</td><td>28°</td><td>1.40</td><td>4.93</td><td>7.40</td></tr>
<tr><td>8°</td><td>0.14</td><td>1.55</td><td>3.93</td><td>30°</td><td>1.90</td><td>5.59</td><td>7.95</td></tr>
<tr><td>10°</td><td>0.18</td><td>1.73</td><td>4.17</td><td>32°</td><td>2.60</td><td>6.35</td><td>8.55</td></tr>
<tr><td>12°</td><td>0.23</td><td>1.94</td><td>4.42</td><td>34°</td><td>3.40</td><td>7.21</td><td>9.22</td></tr>
<tr><td>14°</td><td>0.29</td><td>2.17</td><td>4.69</td><td>36°</td><td>4.20</td><td>8.25</td><td>9.97</td></tr>
<tr><td>16°</td><td>0.36</td><td>2.43</td><td>5.00</td><td>38°</td><td>5.00</td><td>9.44</td><td>10.80</td></tr>
<tr><td>18°</td><td>0.43</td><td>2.72</td><td>5.31</td><td>40°</td><td>5.80</td><td>10.84</td><td>11.73</td></tr>
<tr><td>20°</td><td>0.51</td><td>3.06</td><td>5.66</td><td></td><td></td><td></td><td></td></tr>
</table>

注：M_b、M_d、M_c为承载力系数，按基底以下一倍短边宽度的深度范围内土的内摩擦角标准值φ_k（°）查表取值。

附录Ⅳ

朗肯土压力系数表格

朗肯土压力系数表格 表Ⅳ.0.1

主动土压力系数K_a													
φ	10°	11°	12°	13°	14°	15°	16°	17°	18°	19°	20°	21°	22°
K_a	0.704	0.680	0.656	0.633	0.610	0.589	0.568	0.548	0.528	0.509	0.490	0.472	0.455
φ	23°	24°	25°	26°	27°	28°	29°	30°	31°	32°	33°	34°	35°
K_a	0.438	0.422	0.406	0.390	0.376	0.361	0.347	0.333	0.320	0.307	0.295	0.283	0.271
φ	36°	37°	38°	39°	40°	41°	42°	43°	44°	45°	46°	47°	48°
K_a	0.260	0.249	0.238	0.228	0.217	0.208	0.198	0.189	0.180	0.172	0.163	0.155	0.147
被动土压力系数K_p													
φ	10°	11°	12°	13°	14°	15°	16°	17°	18°	19°	20°	21°	22°
K_p	1.420	1.472	1.525	1.580	1.638	1.698	1.761	1.826	1.894	1.965	2.040	2.117	2.198
φ	23°	24°	25°	26°	27°	28°	29°	30°	31°	32°	33°	34°	35°
K_p	2.283	2.371	2.464	2.561	2.663	2.770	2.882	3.000	3.124	3.255	3.392	3.537	3.690
φ	36°	37°	38°	39°	40°	41°	42°	43°	44°	45°	46°	47°	48°
K_p	3.852	4.023	4.204	4.395	4.599	4.815	5.045	5.289	5.550	5.828	6.126	6.445	6.786

朗肯土压力公式 表Ⅳ.0.2

主动土压力		被动土压力
无黏性土	黏性土	
$E_a=\frac{1}{2}\gamma H^2K_a+qHK_a$ $K_a=\tan^2\left(45°-\frac{\varphi}{2}\right)$	$E_a=\frac{1}{2}\gamma(H-z_0)^2K_a$（$z_0$为负不可用） $z_0=\left(\frac{2c}{\sqrt{K_a}}-q\right)/\gamma$	$E_p=\frac{1}{2}\gamma H^2K_p+2cH\sqrt{K_p}+qHK_p$ $K_p=\tan^2\left(45°-\frac{\varphi}{2}\right)$
$e_{ai}=\left(\sum_{j=1}^{i}\gamma_jh_j+q\right)K_{ai}$	$e_{ai}=\left(\sum_{j=1}^{i}\gamma_jh_j+q\right)K_{ai}-2c_i\sqrt{K_{ai}}$	$e_{pi}=\left(\sum_{j=1}^{i}\gamma_jh_j+q\right)K_{pi}+2c_i\sqrt{K_{pi}}$ $E_p=\frac{\sum e_{pi}+e_{p(i+1)}}{2}h_j$
$E_a=\sum\frac{e_{ai}+e_{a(i+1)}}{2}h_j$（$z_0$为负只可用此式）		

注：★**重力式挡墙主动土压力增大系数**：1. **重力式挡墙**；2. **主动土压力**；3. **土质边坡**；4. **指定规范**（《建筑边坡工程技术规范》第 11.2.1 条或《建筑地基基础设计规范》第 6.7.3 条）；5. 水土分算时，土增大，水不增大；6. 增大系数对应墙高，与墙后填土高度无关。**同时满足前 4 项条件**时才乘以增大系数，墙高$H=5\sim8$m，乘 1.1，墙高$H>8$m，乘 1.2。

（**闭卷口诀**：“58 同乘 1.1”）

附录V

常用三角函数和单位换算

常用三角函数　　表V.0.1

六个基本三角函数	正弦：$\sin\alpha=\frac{对边}{斜边}$	正切：$\tan\alpha=\frac{对边}{邻边}$	正割：$\sec\alpha=\frac{1}{\cos\alpha}$	
	余弦：$\cos\alpha=\frac{邻边}{斜边}$	余切：$\cot\alpha=\frac{1}{\tan\alpha}$	余割：$\csc\alpha=\frac{1}{\sin\alpha}$	
	倒数关系：$\sin\alpha\cdot\csc\alpha=1$；　$\cos\alpha\cdot\sec\alpha=1$；　$\tan\alpha\cdot\cot\alpha=1$			
	商数关系：$\tan\alpha=\frac{\sin\alpha}{\cos\alpha}$；　$\cot\alpha=\frac{\cos\alpha}{\sin\alpha}$			
	平方关系：$\sin^2\alpha+\cos^2\alpha=1$　$1+\tan^2\alpha=\sec^2\alpha$　$1+\cot^2\alpha=\csc^2\alpha$			
诱导公式	$\sin(-\alpha)=-\sin\alpha$	$\cos(-\alpha)=\cos\alpha$	$\tan(-\alpha)=-\tan\alpha$	$\cot(-\alpha)=-\cot\alpha$
	$\sin\left(\frac{\pi}{2}-\alpha\right)=\cos\alpha$	$\cos\left(\frac{\pi}{2}-\alpha\right)=\sin\alpha$	$\sin\left(\frac{\pi}{2}+\alpha\right)=\cos\alpha$	$\cos\left(\frac{\pi}{2}+\alpha\right)=-\sin\alpha$
	$\sin(\pi-\alpha)=\sin\alpha$	$\cos(\pi-\alpha)=-\cos\alpha$	$\sin(\pi+\alpha)=-\sin\alpha$	$\cos(\pi+\alpha)=-\cos\alpha$
	$\tan\left(\frac{\pi}{2}+\alpha\right)=-\cot\alpha$	$\tan\left(\frac{\pi}{2}-\alpha\right)=\cot\alpha$	$\tan(\pi-\alpha)=-\tan\alpha$	$\tan(\pi+\alpha)=\tan\alpha$
正弦定理	在一个三角形中，各边和它所对角的正弦的比相等，即：$\frac{a}{\sin A}=\frac{b}{\sin B}=\frac{c}{\sin C}=2R$　（R为外接圆的半径）			
余弦定理	三角形中任何一边的平方等于其他两边的平方的和减去这两边与它们的夹角的余弦的积的两倍。即：$a^2=b^2+c^2-2bc\cos A$　$b^2=a^2+c^2-2ac\cos B$　$c^2=a^2+b^2-2ab\cos C$			

常用单位换算　　表V.0.2

重度	$g/cm^3=1000kg/m^3=t/m^3$			
体积	$L=10^3cm^3$	$m^3=1000L$	一般情况下	水 $1m^3=1t$ 水 $1L=1kg$
质量	$1t=1000kg$	$1kg=1000g$		
时间	$1d=24h=1440min=86400s$	1年$=365d$	$1d=24h=1440min$	
渗透系数	$cm/s=864m/d$	$cm/min=14.4m/d$		
固结系数	$cm^2/s=8.64m^2/d$	$m^2/s=86400m^2/d$		
流量	$L/min=1.44m^3/d=1440L/d$	$L/s=86.4m^3/d$	$cm^3/min=0.00144m^3/d$	
压强单位	$MPa=10^3kPa=10^6Pa=N/mm^2$	1m水柱$=9.81kPa$（或$10kPa$）$=0.01MPa$		
压缩系数	$MPa^{-1}=10^{-3}kPa^{-1}$			

附录Ⅵ

《公路桥涵地基与基础设计规范》地基承载力特征值f_{a0}表格

Ⅵ.0.1 一般岩石地基可根据强度等级、节理按表Ⅵ.0.1确定其承载力特征值f_{a0}。对复杂的岩层（如溶洞、断层、软弱夹层、易溶岩石、崩解性岩石、软化岩石等）应按各项因素综合确定。

岩石地基承载力特征值f_{a0}（kPa） 表Ⅵ.0.1

坚硬程度	节理发育程度		
	节理不发育	节理发育	节理很发育
坚硬岩、较硬岩	＞3000	3000～2000	2000～1500
较软岩	3000～1500	1500～1000	1000～800
软岩	1200～1000	1000～800	800～500
极软岩	500～400	400～300	300～200

Ⅵ.0.2 碎石土地基可根据其类别和密实程度按表Ⅵ.0.2确定其承载力特征值f_{a0}。

碎石土地基承载力特征值f_{a0}（kPa） 表Ⅵ.0.2

土名	密实程度			
	密实	中密	稍密	松散
卵石	1200～1000	1000～650	650～500	500～300
碎石	1000～800	800～550	550～400	400～200
圆砾	800～600	600～400	400～300	300～200
角砾	700～500	500～400	400～300	300～200

注：1. 由硬质岩组成，填充砂土者取高值；由软质岩组成，填充黏性土者取低值；
2. 半胶结的碎石土按密实的同类土提高10%～30%；
3. 松散的碎石土在天然河床中很少遇见，需特别注意鉴定；
4. 漂石、块石参照卵石、碎石取值并适当提高。

Ⅵ.0.3 砂土地基可根据土的密实度和水位情况按表Ⅵ.0.3确定其承载力特征值f_{a0}。

砂土地基承载力特征值f_{a0}（kPa） 表Ⅵ.0.3

土名	湿度	密实程度			
		密实	中密	稍密	松散
砾砂、粗砂	与湿度无关	550	430	370	200
中砂	与湿度无关	450	370	330	150
细砂	水上	350	270	230	100
	水下	300	210	190	—
粉砂	水上	300	210	190	—
	水下	200	110	90	—

Ⅵ.0.4 粉土地基可根据土的天然孔隙比e和天然含水率w（%）按表Ⅵ.0.4确定其承载力特征值f_{a0}。

粉土地基承载力特征值f_{a0}（kPa） 表Ⅵ.0.4

天然孔隙比e	天然含水率w（%）					
	10	15	20	25	30	35
0.5	400	380	355	—	—	—
0.6	300	290	280	270	—	—
0.7	250	235	225	215	205	—
0.8	200	190	180	170	165	—
0.9	160	150	145	140	130	125

Ⅵ.0.5 老黏性土地基可根据压缩模量E_s按表Ⅵ.0.5确定地基承载力特征值f_{a0}。

老黏性土地基承载力特征值f_{a0}（kPa） 表Ⅵ.0.5

压缩模量E_s（MPa）	10	15	20	25	30	35	40
f_{a0}（kPa）	380	430	470	510	550	580	620

注：当老黏性土$E_s < 10$MPa时，地基承载力特征值f_{a0}按一般黏性土（表Ⅵ.0.6）确定。

Ⅵ.0.6 一般黏性土可根据液性指数I_L和天然孔隙比e按表Ⅵ.0.6确定其地基承载力特征值f_{a0}。

一般黏性土地基承载力特征值f_{a0}（kPa） 表Ⅵ.0.6

天然孔隙比e	液性指数I_L												
	0	0.1	0.2	0.3	0.4	0.5	0.6	0.7	0.8	0.9	1.0	1.1	1.2
0.5	450	440	430	420	400	380	350	310	270	240	220	—	—
0.6	420	410	400	380	360	340	310	280	250	220	200	180	—
0.7	400	370	350	330	310	290	270	240	220	190	170	160	150
0.8	380	330	300	280	260	240	230	210	180	160	150	140	130
0.9	320	280	260	240	220	210	190	180	160	140	130	120	100
1.0	250	230	220	210	190	170	160	150	140	120	110	—	—
1.1	—	—	160	150	140	130	120	110	100	90	—	—	—

注：1. 土中含有粒径大于2mm的颗粒质量超过总质量30%以上者，f_{a0}可适当提高；

2. 当$e < 0.5$时，取$e = 0.5$；当$I_L < 0$时，取$I_L = 0$。此外，超过表列范围的一般黏性土，$f_{a0} = 57.22E_s^{0.57}$；

3. 一般黏性土地基承载力特征值f_{a0}取值大于300kPa时，应有原位测试数据作依据。

Ⅵ.0.7 新近沉积黏性土地基可根据液性指数I_L和天然孔隙比e按表Ⅵ.0.7确定其地基承载力特征值f_{a0}。

新近沉积黏性土地基承载力特征值f_{a0}（kPa） 表Ⅵ.0.7

天然孔隙比 e	液性指数I_L		
	⩽0.25	0.75	1.25
⩽0.8	140	120	100
0.9	130	110	90
1.0	120	100	80
1.1	110	90	—

附录Ⅶ

《公路桥涵地基与基础设计规范》桩基侧阻q_{ik}和端阻q_{rk}表格

沉桩桩侧土的摩阻力标准值q_{ik}　　表Ⅶ.0.1

土类	状态	摩阻力标准值q_{ik}（kPa）
黏性土	流塑（$1.5 \geq I_L \geq 1$）	15～30
	软塑（$1 > I_L \geq 0.75$）	30～45
	可塑（$0.75 > I_L \geq 0.5$）	45～60
	可塑（$0.5 > I_L \geq 0.25$）	60～75
	硬塑（$0.25 > I_L \geq 0$）	75～85
	坚硬（$0 > I_L$）	85～95
粉土	稍密	20～35
	中密	35～65
	密实	65～80
粉、细砂	稍密	20～35
	中密	35～65
	密实	65～80
中砂	中密	55～75
	密实	75～90
粗砂	中密	70～90
	密实	90～105

注：1. 表中土的液性指数I_L为按 76g 平衡锥测定的数值；
　　2. 对钢管桩宜取小值。

沉桩桩端处土的承载力标准值q_{rk}　　表Ⅶ.0.2

土类	状态	桩端承载力标准值q_{rk}（kPa）		
黏性土	$I_L \geq 1$	1000		
	$1 > I_L \geq 0.65$	1600		
	$0.65 > I_L \geq 0.35$	2200		
	$0.35 > I_L$	3000		
—		桩尖进入持力层的相对深度		
		$1 > (h_c/d)$	$4 > (h_c/d) \geq 1$	$(h_c/d) \geq 4$
粉土	中密	1700	2000	2300
	密实	2500	3000	3500
粉砂	中密	2500	3000	3500
	密实	5000	6000	7000
细砂	中密	3000	3500	4000
	密实	5500	6500	7500
中、粗砂	中密	3500	4000	4500
	密实	6000	7000	8000
圆砾石	中密	4000	4500	5000
	密实	7000	8000	9000

注：表中h_c为桩端进入持力层的深度（不包括桩靴）；d为桩身直径或边长。

钻孔桩桩侧土的摩阻力标准值q_{ik} 表Ⅶ.0.3

土类	状态	q_{ik}（kPa）
中密炉渣、粉煤灰		40～60
黏性土	流塑	20～30
	软塑	30～50
	可塑、硬塑	50～80
	坚硬	80～120
粉土	中密	30～55
	密实	55～80
粉砂、细砂	中密	35～55
	密实	55～70
中砂	中密	45～60
	密实	60～80
粗砂、砾砂	中密	60～90
	密实	90～140
圆砾、角砾	中密	120～150
	密实	150～180
碎石、卵石	中密	160～220
	密实	220～400
漂石、块石	—	400～600

注：挖孔桩的摩阻力标准值可参照本表采用。

附录Ⅷ

《铁路桥涵地基和基础设计规范》地基的基本承载力σ_0表格

Ⅷ.0.1 一般岩石地基可根据岩石类别、节理发育程度按表Ⅷ.0.1确定基本承载力σ_0。对于复杂的岩层（如溶洞、断层、软弱夹层、易溶岩石、软化岩石等）应按各项因素综合确定。

岩石地基的基本承载力σ_0（kPa） 表Ⅷ.0.1

岩石类别	节理间距（mm）		
	20～200	200～400	＞400
	节理很发育	节理发育	节理不发育
硬质岩	1500～2000	2000～3000	＞3000
较软岩	800～1000	1000～1500	1500～3000
软岩	500～800	700～1000	900～1200
极软岩	200～300	300～400	400～500

注：裂隙张开或有泥质充填时应取低值。

Ⅷ.0.2 碎石类土地基可根据其类别和密实程度按表Ⅷ.0.2确定基本承载力σ_0。

碎石类土地基的基本承载力σ_0（kPa） 表Ⅷ.0.2

土名	密实程度			
	松散	稍密	中密	密实
卵石土、粗圆砾土	300～500	500～650	650～1000	1000～1200
碎石土、粗角砾土	200～400	400～550	550～800	800～1000
细圆砾土	200～300	300～400	400～600	600～850
细角砾土	200～300	300～400	400～500	500～700

注：1. 半胶结的碎石类土可按密实的同类土的表值提高10%～30%；
2. 由硬质岩块组成，充填砂类土时用高值；由软质岩块组成，充填黏性土时用低值；
3. 自然界中很少见松散的碎石类土，其密实程度判定为松散时应慎重；
4. 漂石土、块石土的基本承载力值可参照卵石土、碎石土表值适当提高。

Ⅷ.0.3 砂类土地基可根据土的密实程度和潮湿程度按表Ⅷ.0.3确定基本承载力σ_0。

砂类土地基的基本承载力σ_0（kPa） 表Ⅷ.0.3

土名	湿度	密实程度			
		松散	稍密	中密	密实
砾砂、粗砂	与湿度无关	200	370	430	550
中砂	与湿度无关	150	330	370	450
细砂	稍湿或潮湿	100	230	270	350
	饱和	—	190	210	300
粉砂	稍湿或潮湿	—	190	210	300
	饱和	—	90	110	200

Ⅷ.0.4 粉土地基可根据土的天然孔隙比e和天然含水率w按表Ⅷ.0.4 确定基本承载力σ_0。

粉土地基的基本承载力σ_0（kPa） 表Ⅷ.0.4

天然孔隙比e	w（%）						
	10	15	20	25	30	35	40
0.5	400	380	(355)				
0.6	300	290	280	(270)			
0.7	250	235	225	215	(205)		
0.8	200	190	180	170	165		
0.9	160	150	145	140	130	(125)	
1.0	130	125	120	115	110	105	(100)

注：1. 表中括号内数值用于内插取值；

2. 在湖、塘、沟、谷与河漫滩地段以及新近沉积的粉土应根据当地经验取值。

Ⅷ.0.5 Q_4 冲、洪积黏性土地基可根据液性指数I_L和天然孔隙比e按表Ⅷ.0.5 确定基本承载力σ_0。

Q_4冲、洪积黏性土地基的基本承载力σ_0（kPa） 表Ⅷ.0.5

天然孔隙比e	液性指数I_L												
	0	0.1	0.2	0.3	0.4	0.5	0.6	0.7	0.8	0.9	1.0	1.1	1.2
0.5	450	440	430	420	400	380	350	310	270	240	220		
0.6	420	410	400	380	360	340	310	280	250	220	200	180	
0.7	400	370	350	330	310	290	270	240	220	190	170	160	150
0.8	380	330	300	280	260	240	230	210	180	160	150	140	130
0.9	320	280	260	240	220	210	190	180	160	140	130	120	100
1.0	250	230	220	210	190	170	160	150	140	120	110		
1.1			160	150	140	130	120	110	100	90			

注：土中含有粒径大于 2mm 的颗粒且按质量重计占全部质量的 30%以上时，σ_0可酌情提高。

Ⅷ.0.6 Q_3 及其以前冲、洪积黏性土地基可根据压缩模量按表Ⅷ.0.6 确定基本承载力σ_0。

Q_3及其以前冲、洪积黏性土地基的基本承载力σ_0（kPa） 表Ⅷ.0.6

压缩模量E_s（MPa）	10	15	20	25	30	35	40
基本承载力σ_0（kPa）	380	430	470	510	550	580	620

注：1. 压缩模量为对应于 0.1～0.2MPa 压力段的压缩模量；

2. 当压缩模量小于 10MPa 时，其基本承载力可按黏性土表Ⅷ.0.5 确定。

Ⅷ.0.7 残积黏性土地基可根据压缩模量按表Ⅷ.0.7 确定基本承载力σ_0。

残积黏性土地基的基本承载力σ_0（kPa） 表Ⅷ.0.7

压缩模量E_s（MPa）	4	6	8	10	12	14	16	18	20
基本承载力σ_0（kPa）	190	220	250	270	290	310	320	330	340

注：本表适用于西南地区碳酸盐类岩层的残积红土，其他地区可参照使用。

Ⅷ.0.8 黄土地基可根据天然孔隙比e、天然含水率w及液限w_L按表Ⅷ.0.8、表Ⅷ.0.9确定基本承载力σ_0。

新黄土（Q_4、Q_3）地基的基本承载力σ_0（kPa） **表Ⅷ.0.8**

液限w_L（%）	孔隙比e	天然含水率w（%）						
		5	10	15	20	25	30	35
24	0.7		230	190	150	110		
	0.9	240	200	160	125	85	（50）	
	1.1	210	170	130	100	60	（20）	
	1.3	180	140	100	70	40		
28	0.7	280	260	230	190	150	110	
	0.9	260	240	200	160	125	85	
	1.1	240	210	170	140	100	60	
	1.3	220	180	140	110	70	40	
32	0.7		280	260	230	180	150	
	0.9		260	240	200	150	125	
	1.1		240	210	170	130	100	60
	1.3		220	180	140	100	70	40

注：1. 非饱和Q_3新黄土，当$0.85 < e < 0.95$时，σ_0值可提高10%；
2. 本表不适用坡积、崩积和人工堆积等黄土；
3. 表中括号内数值用于内插取值；
4. 液限含水率试验采用圆锥仪法，圆锥仪总质量76g，入土深度10mm。

老黄土（Q_2、Q_1）地基的基本承载力σ_0（kPa） **表Ⅷ.0.9**

天然含水率w/液限w_L	天然孔隙比e			
	$e < 0.7$	$0.7 \leqslant e < 0.8$	$0.8 \leqslant e < 0.9$	$e > 0.9$
< 0.6	700	600	500	400
0.6～0.8	500	400	300	250
> 0.8	400	300	250	200

注：1. 老黄土黏聚力小于50kPa，内摩擦角小于25°，σ_0应降低20%左右；
2. 液限含水率试验采用圆锥仪法，圆锥仪总质量76g，入土深度10mm。

Ⅷ.0.9 多年冻土地基可根据基础底面的月平均最高土温（℃）按表Ⅷ.0.10 确定基本承载力σ_0。

多年冻土地基的基本承载力σ_0（kPa） **表Ⅷ.0.10**

序号	土名	基础底面的月平均最高土温（℃）					
		−0.5	−1.0	−1.5	−2.0	−2.5	−3.5
1	块石土、卵石土、碎石土、粗圆砾土、粗角砾土	800	950	1100	1250	1380	1650
2	细圆砾土、细角砾土、砾砂、粗砂、中砂	600	750	900	1050	1180	1450
3	细砂、粉砂	450	550	650	750	830	1000
4	粉土	400	450	550	650	710	850
5	粉质黏土、黏土	350	400	450	500	560	700
6	饱冰冻土	250	300	350	400	450	550

注：1. 表列数值不适用于含盐量和泥炭化程度超过表Ⅷ.0.11 及表Ⅷ.0.12 中数值的多年冻土；
2. 本表序号 1～5 类地基承载力适用于少冰冻土、多冰冻土，地基为富冰冻土时，表列数值应降低 20%；
3. 含土冰层的承载力应实测确定；
4. 基础置于饱冰冻土的土层上时，基础底面应敷设厚度不小于 0.20～0.30m 的砂垫层。

盐渍化冻土的盐渍程度界限值 **表Ⅷ.0.11**

土类	碎石类土、砂类土	粉土	粉质黏土	黏土
盐渍程度（%）	⩾0.10	⩾0.15	⩾0.20	⩾0.25

泥炭化冻土的泥炭化程度界限值 **表Ⅷ.0.12**

土类	碎石类土、砂类土	黏土、粉土
泥炭化程度（%）	⩾3	⩾5

附录Ⅸ

《铁路桥涵地基和基础设计规范》桩基侧阻f_i和端阻R表格

沉桩（打入、振动下沉和桩尖爆扩摩擦桩）桩周土的极限摩擦阻力f_i（kPa）表Ⅸ.0.1

土类	状态	极限摩阻力f_i
黏性土	流塑（$1.5 > I_L \geqslant 1$）	15～30
	软塑（$1 > I_L \geqslant 0.75$）	30～45
	可塑（$0.75 > I_L \geqslant 0.5$）	45～60
	可塑（$0.5 > I_L \geqslant 0.25$）	60～75
	硬塑（$0.25 > I_L \geqslant 0$）	75～85
	坚硬（$0 > I_L$）	85～95
粉土	稍密	20～35
	中密	35～65
	密实	65～80
粉、细砂	松散	20～35
	稍、中密	35～65
	密实	65～80
中砂	稍、中密	55～75
	密实	75～90
粗砂	稍、中密	70～90
	密实	90～105

沉桩（打入、振动下沉和桩尖爆扩摩擦桩）桩尖土的极限承载力R（kPa） 表Ⅸ.0.2

土类	状态	桩尖极限承载力R		
黏性土	$I_L \geqslant 1$	1000		
	$1 > I_L \geqslant 0.65$	1600		
	$0.65 > I_L \geqslant 0.35$	2200		
	$0.35 > I_L$	3000		
		桩尖进入持力层的相对深度		
		$1 > (h'/d)$	$4 > (h'/d) \geqslant 1$	$(h'/d) \geqslant 4$
粉土	中密	1700	2000	2300
	密实	2500	3000	3500
粉砂	中密	2500	3000	3500
	密实	5000	6000	7000
细砂	中密	3000	3500	4000
	密实	5500	6500	7500
中、粗砂	中密	3500	4000	4500
	密实	6000	7000	8000
圆砾石	中密	4000	4500	5000
	密实	7000	8000	9000

注：表中h'为桩尖进入持力层的深度（不包括桩靴）；d为桩身直径或边长。

钻（挖）孔灌注桩桩周极限摩阻力f_i（kPa） 表Ⅸ.0.3

土类	状态	极限摩阻力f_i
软土	—	12～22
黏性土	流塑	20～35
	软塑	35～55
	硬塑	55～75
粉土	中密	30～55
	密实	55～70
粉砂、细砂	中密	30～55
	密实	55～70
中砂	中密	45～70
	密实	70～90
粗砂、砾砂	中密	70～90
	密实	90～150
圆砾土、角砾土	中密	90～150
	密实	150～220
碎石土、卵石土	中密	150～220
	密实	220～420
漂石土、块石土	—	400～600

附录X

《铁路工程地质勘察规范》地基极限承载力p_u表格

岩土地基承载力分为基本承载力σ_0和极限承载力p_u。岩土地基的承载力宜采用载荷试验及其他原位测试方法、室内试验、理论公式计算、工程类比法等方法综合确定，也可按下列表格的规定确定，当有类似工程经验或用原位测试方法确定时，可不受下列表格的限制。房屋、厂房等工程建筑地基承载力应按现行国家标准《岩土工程勘察规范》《建筑地基基础设计规范》和《湿陷性黄土地区建筑标准》等有关规定执行。

注：基本承载力σ_0表格与《铁路桥涵地基和基础设计规范》上表格（本书附录Ⅷ）极为相似，限于篇幅，此处不摘抄，参阅规范表1～表13。

岩石地基极限承载力p_u（kPa） 表X.0.1

岩石类别	节理间距（mm）		
	20～200	200～400	＞400
	节理很发育	节理发育	节理不发育或较发育
硬质岩	4500～6000	6000～9000	＞9000
较软岩	2400～3000	3000～4500	4500～9000
软岩	1250～2400	2100～3000	2700～3600
极软岩	500～750	750～1000	1000～1250

注：裂隙张开或有泥质充填时应取低值。

碎石类土地基极限承载力p_u（kPa） 表X.0.2

土名	密实度			
	松散	稍密	中密	密实
卵石土、粗圆砾土	800～1000	1300～1600	1800～2100	2500～2800
碎石土、粗角砾土	600～800	1000～1200	1400～1700	2000～2200
细圆砾土	400～600	650～750	1000～1200	1500～1800
细角砾土	350～500	600～750	800～1000	1250～1500

注：1. 半胶结的碎石类土可按密实的同类土的表值提高10%～30%；
2. 由硬质岩块组成，充填砂类土时用高值；由软质岩块组成，充填黏性土时用低值；
3. 自然界中很少见松散的碎石类土，其密实程度判定为松散时应慎重；
4. 漂石土、块石土的基本承载力值可参照卵石土、碎石土表值适当提高。

砂类土地基极限承载力p_u（kPa） 表X.0.3

土名	湿度	密实度			
		松散	稍密	中密	密实
砾砂、粗砂	与湿度无关	400	740	860	1100
中砂	与湿度无关	300	660	740	900
细砂	稍湿或潮湿	200	460	540	700
	饱和		380	420	600
粉砂	稍湿或潮湿		380	420	600
	饱和		180	220	400

粉土地基极限承载力p_u（kPa） 表X.0.4

天然孔隙比e	天然含水率w（%）						
	10	15	20	25	30	35	40
0.5	744	707	（660）				
0.6	558	539	521	（502）			
0.7	465	437	419	400	（381）		
0.8	372	353	335	316	（307）		
0.9	298	279	270	260	242	（233）	
1.0	242	233	223	214	205	195	（186）

注：1. 表中括号内数值用于内插取值；
2. 在湖、塘、沟、谷与河漫滩地段以及新近沉积的粉土应根据当地经验取值。

Q_4冲、洪积黏性土地基极限承载力p_u（kPa） 表X.0.5

天然孔隙比e	液性指数I_L												
	0	0.1	0.2	0.3	0.4	0.5	0.6	0.7	0.8	0.9	1.0	1.1	1.2
0.5	837	818	800	781	744	707	651	577	502	446	409		
0.6	781	763	744	707	670	632	577	521	465	409	372	335	
0.7	744	688	651	614	577	539	502	446	409	353	316	298	279
0.8	707	614	558	521	484	446	428	391	335	298	279	260	342
0.9	595	521	484	446	409	391	353	335	298	260	242	223	186
1.0	465	428	409	391	353	316	298	279	260	223	205		
1.1			298	279	260	242	223	205	186	167			

注：土中含有粒径大于2mm的颗粒且按质量重计占全部质量的30%以上时，p_u可酌情提高。

Q_3及其以前冲、洪积黏性土地基极限承载力p_u 表X.0.6

压缩模量（MPa）	10	15	20	25	30	35	40
极限承载力p_u（kPa）	730	826	902	979	1056	1114	1190

注：1. 压缩模量为对应于0.1～0.2MPa压力段的压缩模量；
2. 当压缩模量小于10MPa时，其极限承载力可按黏性土表X.0.5确定。

残积黏性土地基极限承载力p_u 表X.0.7

压缩模量（MPa）	4	6	8	10	12	14	16	18	20
极限承载力p_u（kPa）	380	440	500	540	580	620	640	660	680

注：本表适用于西南地区碳酸盐类岩层的残积红土，其他地区可参照使用。

软土地基极限承载力p_u 表X.0.8

天然含水率w（%）	36	40	45	50	55	65	75
极限承载力p_u（kPa）	179	161	143	125	107	90	72

新黄土（Q_4、Q_3）地基极限承载力p_u（kPa） 表X.0.9

液限w_L（%）	孔隙比e	天然含水率w（%）						
		5	10	15	20	25	30	35
24	0.7		460	380	300	220		
	0.9	480	400	320	250	170	（100）	
	1.1	420	340	260	200	120	（40）	
	1.3	360	280	200	140	80		
28	0.7	560	520	460	380	300	220	
	0.9	520	480	400	320	250	170	
	1.1	480	420	340	280	200	120	
	1.3	440	360	280	220	140	80	
32	0.7		560	520	460	360	300	
	0.9		520	480	400	300	250	
	1.1		480	420	340	260	200	120
	1.3		440	360	280	200	140	80

注：1. 非饱和Q_3新黄土，当$0.85 < e < 0.95$时，p_u值可提高10%；
2. 本表不适用坡积、崩积和人工堆积等黄土；
3. 表中括号内数值用于内插取值；
4. 液限含水率试验采用圆锥仪法，圆锥仪总质量76g，入土深度10mm。

老黄土（Q_2、Q_1）地基极限承载力p_u（kPa） 表X.0.10

天然含水率w/液限w_L	天然孔隙比e			
	$e < 0.7$	$0.7 \leqslant e < 0.8$	$0.8 \leqslant e < 0.9$	$e > 0.9$
< 0.6	1400	1200	1000	800
0.6～0.8	1000	800	600	500
> 0.8	800	600	500	400

注：1. 老黄土黏聚力小于50kPa，内摩擦角小于25°，表中数值p_u应降低20%左右；
2. 液限含水率试验采用圆锥仪法，圆锥仪总质量76g，入土深度10mm。

多年冻土地基极限承载力p_u（kPa） 表X.0.11

序号	土名	基础底面的月平均最高土温（℃）					
		−0.5	−1.0	−1.5	−2.0	−2.5	−3.5
1	块石土、卵石土、碎石土、粗圆砾土、粗角砾土	1600	1900	2200	2500	2760	3300
2	细圆砾土、细角砾土、砾砂、粗砂、中砂	1200	1500	1800	2100	2360	2900
3	细砂、粉砂	900	1100	1300	1500	1660	2000
4	粉土	800	900	1000	1120	1420	1700
5	粉质黏土、黏土	700	800	900	1000	1120	1400
6	饱冰冻土	500	600	750	800	900	1100

注：1. 表列数值不适用于含盐量和泥炭化程度超过表X.0.12及表X.0.13中数值的多年冻土；
2. 本表序号1～5类适用于少冰冻土、多冰冻土，当序号1～5类为富冰冻土时，表列数值应降低20%；
3. 含土冰层的承载力应实测确定；
4. 基础置于饱冰冻土的土层上时，基础底面应敷设厚度不小于0.20～0.30m的砂垫层。

盐渍化冻土的盐渍程度界限值 表X.0.12

土类	碎石类土、砂类土	粉土	粉质黏土	黏土
盐渍程度（%）	≥0.10	≥0.15	≥0.20	≥0.25

泥炭化冻土的泥炭化程度界限值 表X.0.13

土类	碎石类土、砂类土	黏土、粉土
泥炭化程度（%）	≥3	≥5

多年冻土地温带划分 表X.0.14

多年冻土地温分带	多年冻土年平均地温值T_{CP}（℃）
稳定带	$T_{CP} < -2.0$
基本稳定带	$-2.0 \leqslant T_{CP} < -1.0$
不稳定带	$-1.0 \leqslant T_{CP} < -0.5$
极不稳定带	$T_{CP} \geqslant -0.5$